电子爱好者手册　电子创客案例集

2020年电子报合订本

（上册）

《电子报》编辑部　编

编辑出版说明

1."实用、资料、精选、精练"是《电子报合订本》的编辑原则。由于篇幅容量限制，只能从当年《电子报》的内容中选出实用性和资料性相对较强的技术版面和技术文章，保留并收入当年的《电子报合订本》，供读者长期保存查用。为了方便读者对报纸资料的查阅，报纸版面内容基本按期序编排，各期彩电维修版面相对集中编排，以方便读者使用。

2.《2019年电子报合订本》在保持历年电子报合订本"精选(正文)、增补(附录)、缩印(开本)式"的传统编印特色基础上，附赠光盘，将未能收录进书册的版面内容收入了光盘，最大限度地保持了报纸的完整性。

图纸及质量规范说明

1. 本书电路图中，因版面原因，部分计量单位未能标出全称，特在此统一说明。其中：p 全称为 pF；n 全称为 nF；μ 全称为 μF；k 全称为 kΩ；M 全称为 MΩ。

2. 本书文中的"英寸"为器件尺寸专业度量单位，不便换算成"厘米"。

3. 凡连载文章的作者署名，均在连载结束后的文尾处。

四川大学出版社

项目策划：梁　平
责任编辑：梁　平
责任校对：傅　奕
封面设计：王文果
责任印制：王　炜

图书在版编目（CIP）数据

2020年电子报合订本 / 《电子报》编辑部编. — 成都：四川大学出版社，2020.12
ISBN 978-7-5690-4155-2

Ⅰ. ①2… Ⅱ. ①电… Ⅲ. ①电子技术－期刊 Ⅳ. ①TN-55

中国版本图书馆CIP数据核字（2021）第001656号

书名　2020年电子报合订本
2020 NIAN DIANZIBAO HEDINGBEN

编　者	《电子报》编辑部
出　版	四川大学出版社
地　址	成都市一环路南一段24号（610065）
发　行	四川大学出版社
书　号	ISBN 978-7-5690-4155-2
印前制作	成都完美科技有限责任公司
印　刷	郫县犀浦印刷厂
成品尺寸	210mm×285mm
印　张	46
字　数	3654千字
版　次	2021年1月第1版
印　次	2021年1月第1次印刷
定　价	79.00元

◆ 读者邮购本书，请与本社发行科联系。
电话：(028)85408408/(028)85401670/
(028)86408023　邮政编码：610065
◆ 本社图书如有印装质量问题，请寄回出版社调换。
◆ 网址：http://press.scu.edu.cn

四川大学出版社
微信公众号

目　录

一、新闻言论类

二、维修技术类

1. 彩电维修技术

2. 电脑、数码技术与应用

3. 电脑、数码维修与技术

4. 综合家电维修技术

三、电子文摘

四、制作与开发类

1. 基础知识与职业技能

2. 制作与开发类

五、卫星与广播电视技术类

六、视听技术类

1. 音响实用技术类

2. 视觉产品技术类

七、专题类

1. 创新及技术类

2. 消费及实用类

3. EDA专栏

附　录

扫码下载附赠资料(约 3.67GB)

2020年1月5日出版 实用性 启发性 资料性 信息性

第1期 国内统一刊号:CN51-0091 定价:1.50元 邮局订阅代号:61-75

地址:(610041)成都市武侯区一环路南三段24号节能大厦4楼 网址:http://www.netdzb.com

(总第2042期) 让每篇文章都对读者有用

邮局订阅代号:61-75 国内统一刊号:CN51-0091

在求新、革新、创新中积蓄前行的力量

——2020年度《电子报》办报思想

岁月的流光悄然送走了2019年，在你我共同关注的目光中，《电子报》迎来了2020年的第一期，在此，我们仍然要向所有关心、支持、热爱《电子报》这张新闻纸的读者朋友们由衷道一声：谢谢！正是因为你们的热爱，过去的一年，我们收获着你们的深情和厚爱；正是因为你们的热爱，在2020年我们将继续在坚守中去求解和探索！

数字化时代，移动互联网飞速发展，新技术更新换代，在这样的时代转轨之中，毋庸置疑，网媒的迅速崛起深刻影响了传统媒体的格局。作为依然还如履薄冰般行走在新闻纸上的我们遇到的压力和挑战空前，面对着不断在变的宣传的载体和报道的形态，面对着未知的前途和机遇，我们在踌躇彷徨的同时也在想方设法破题突围，但无论如何变化，我们唯一不变的是电子报的宗旨和方向，是电子报的底色与担当。

2019年是新中国成立70周年，是全面建成小康社会关键之年。对于电子信息行业而言，作为5G商用元年，2019同样注定是被载入史册的一年。从6月6日5G商用牌照正式发放，到5G预约用户破千万，再到11月1日5G正式商用，5G为2019年的电子信息产业开辟了新的赛道。无论是物联网、云计算、人工智能，还是5G芯片、5G终端等，都在2019这一整年有亮眼的表现。

站在行业蓬勃发展的洪流中，2019年，我们倾听，我们观察，我们感受，我们思考，我们记录，我们报道。这一年，我们聚焦职业教育，由原来的1个版增加为2个版，我们的版面上既有“单片机系列”“传感器系列”这样比较系统的初学人门文章，也有指导学生参加职业技能竞赛的独到心得，还有一线教师摸索出来的独特的教学方法，更有广大电子爱好者制作的新颖实用的电子产品；这一年，我们为了推动“双创”升级，给中小企业创新和创业者打造舞台，帮助他们发展和走出去，本着“新时代、新思维、新做法”的创新精神，推出了“双创”栏目；这一年，我们继续推动“科普”栏目，坚持聚焦科技核心、力载科普重任，让科学精神与科学素养在读者心里潜移默化、生根发芽，从而使“科普”栏目所承载的社会价值与深刻意义实现传播最大化；这一年，我们完成了深受广大电子爱好者喜爱的《2019年电子报合订本》全部编印工作，组织完成了2019成都国际音响节等活动。

岁序常易，华章日新。时间以新旧更替的方式提醒我们，过去的成绩也好，困难和挫折也罢，不妨都暂且放下，在2020年开启新闻门之际，我们还是需要少一些“逝者如斯夫”的哀婉，多一点“总把新桃换旧符”的坦然和欣然。

积力之所举，则无不胜也；众智之所为，则无不成也。在2020年，我们仍然要在直面传媒业裂变的现实中，一如既往地朝着“特色化、专业化、融媒化”挺进：争取在栏目、专题策划上有所创新，争取提升电子报的内容质量和编辑出版质量，争取加大与专家、读者、作者的黏和度，吸引优质稿源，培养忠实、核心读者和作者群。

——近年来随着全球芯片和软件产业规模的不断扩大，以及芯片技术的更新升级，对EDA的需求越来越大，市场规模稳步提高，其中随着未来我国本土EDA产业的发展，将带动全球EDA市场规模的进一步扩大。本报联合清华大学周祖成教授开辟了EDA专题介绍(讲座)版，将邀约业界的专家，全面系统地介绍国内外EDA的状况和国产EDA的发展。

——更加聚焦电子方面的内容。比如：增加5G、人工智能、汽车电子、安防电器等新鲜事物的内容。软件方面侧重于电子行业密切相关的行业软件使用和仿真、单片机编程方面的内容。

——创新创业是稳定经济增长、推动产业升级的新引擎。2020年本报重点征集“大众创业、万众创新”与中国电子信息产业普惠民众业务相结合的典型案例，讲述电子产业助力百姓创业创富故事。

——进一步推进媒体融合发展。我们要统筹运用传统媒体和新兴媒体，使互联网这个最大变量成为推动电子报发展的最大增量。

——我们争取有能力输出一些具有市场研究价值的信息产品，比如把历年的维修资料归类建数据库维修档案等，不仅能为行业的发展留下宝贵的文献资料，而且还将进一步从信息内容的角度提升报社对行业的实用性和服务性。

辞旧迎新，是梦想启航的时候。一元复始，是希望萌动的时候。无论多么厚重难离，2019已挥挥衣袖离我们而去，而2020已然到来。纵然前路袭来风雨，我们也愿不改初衷！在此，我们真心感谢亲爱的你，不管你是我们的老读者，还是我们的新朋友，正是源自你们的真心爱护、不离不弃，我们才能走到今天。所以你们永远是我们心中的动力！2020让我们一起再出发！

2020年版面具体设置如下：

一版：新闻言论版将及时关注电子行业市场业态的发展，关注国家对电子信息市场的政策，评析业内热点事件、焦点问题，速递一周资讯等，用舆论推动行业持续健康发展。

二版：EDA是芯片之母，是芯片产业皇冠上的明珠，是IC设计最上游、最高端的产业。由周祖成教授主持的EDA专题介绍(讲座)版将邀约业界的专家，全面系统地介绍国内外EDA的状况和国产EDA的发展。

三版：彩电维修版有知识丰富的工程师的理论文章，技艺精湛的技师的维修解析，草根牛人的独到见解，初学者的简单真实；这里面有您技改需要的知识，有您维修的技巧与方法，有您高效判断故障的逻辑推理，也是您锻炼笔墨的最好平台。这是一个开放、包容、交流和学习的平台，在此欢迎您的加入，在2020年共创美好！

四版：数码园地版今年仍以数码产品的使用、评测、维修和升级等内容为主，特别是新型产品方面的，尤为受使用者和维修者欢迎；同时兼顾软件的使用和技巧方面的内容。

五版：综合维修版是介绍各种电器维修技能的版面，这里囊括了除彩电之外的所有电子电工领域电器设备的维修知识。请各位行家里手将您多年的维修经验、技能通过本版这个平台与大家交流共享，达到共同提高、促进就业、惠及民生的目的。

六版：电子文摘版译文的选题，多请大家关注国外的新技术和新动态，传译经典，将经典应用和案例，电子技术发展与开源技术引入电子报的朋友圈，让大家赏析国外电子技术精品，借鉴国外电子产品精华，完善和创新我国电子技术作品。

七版：互联网+时代归根到底还是电子信息技术+的应用，底层硬件与网络的互联互通、互控互通等现代电子制作特征已然形成，单机版的电子制作已经逐渐成为过去式，更受广大爱好者喜欢的是智能化制作。2020年制作与开发版将顺应时代技术发展需求，将创新制作完全融入电子信息技术+的新时代中去。

八版：作为职教与技能版之一，本版2020年将结合创新职业教育的案例、创新方法，以电子技术专业群中的应用等为重点，加强技能与初学知识栏目和选题，培育新时代、互联网+产业需求的高端人才。

九版：本版职教与技能是针对校园的师生开设的版面，又重点在于电子信息大类职业教育的技能知识传递。本版几乎为一线的老师和学生作品，虽然看起来有些文章技术低下，难以符合高端人才的技术技能需求，但针对创新的生力军，没有基础也是很难实现项目的。欢迎各位读者点题，作者“供菜”，再献上全民科普电子大餐。

十版：随着技术的飞跃发展，我们的选题也应跟紧时代需求，为适应新型技术发展需求和满足同行交流与学习的目的，广电卫视版将沿用传统模式，既要传播实用的技术改进与设备故障维修，还要传递5G在音视频传播中的技术动态及网络播放视频的相关技术、技改等问题。

十一版：消费电子版是从专业的角度提供消费电子产品、消费电子应用领域前沿新闻动态及各种消费电子应用实例和解决方案；发布消费电子产品市场分析及消费器材使用报告；介绍消费电子行业发展趋势热点及时尚电子生活方式。

十二版：影音技术版主要介绍家用AV、HiFi技术应用与最新产品，充分满足音、视频发烧友与广大用户的需求；重点介绍顺应电子科技发展潮流，与生活相关的视听、时尚、新潮电子消费产品的最新信息和消费指南，在保证原视听专版优势内容的基础上，使其更具时尚感和可读性。

《电子报》编辑部

彩电软故障分析与检修经验谈(一)

编前语

"知识就是财富,知识改变命运",说明了国人对知识尊重与渴求。改革开放以来,我们从引进到模仿再经过创新开始走向自主,建立了当今世界上门类最齐全的工业体系,使中国成功走向了工业大国。但是我们任然不是工业强国,中兴通讯因制裁差点破产,华为的最先进芯片也必须要靠中国台湾的台积电生产,因为我们没有生产先进芯片的光刻机,也没有生产先进OLED屏幕的蒸镀机。中国品牌的手机、电视等产品销量全球第一,但任然受制于人,这告诉我们核心知识和关键技术是买不来的,必须得靠自己解决。

电视机在中国的整个发展艰辛历程最能体现我们对知识的追求、学习、理解、运用和创新。电视机从黑白走向彩色,从小屏走向大屏,从CRT走向等离子/背投再到今天的液晶/OLED,每一步都参与其中,不断地去模仿、学习和理解,累积知识,积累创新,致使我们今天掌握了绝大部分来之不易的先进电视机的技术与知识。

《电子报》就是中国电子行业发展的一本活化石,翻阅其中的《电视机版》历来的期刊您就会深刻体会到电视机在不断地更新,技术在不断地进步。这里面有知识丰富的工程师的理论文章,技艺精湛的技师的维修解析,草根牛人的独到见解,初学者的简单真实;这里面有您技改需要的知识,有您维修的技巧与方法,有您高效判断故障的逻辑推理,也是您锻炼笔墨的最好平台。只要您翻阅就会增加您的知识,只要您浸泡其中就会使您进步。这是一个开放、包容、交流和学习的平台,在此欢迎您的加入,在2020年共创美好!

众所周知,彩电日久使用,不但出现典型故障,即使一般故障也容易出现复杂故障,即特殊故障。所谓软故障,表现为彩电动态下,时好时坏、时有时无,不像硬件那样直观好修。这里结合自己的实践经验体会及点滴分析,与读者共同探讨如下:

一、软故障其因:一台机子出毛病与同人体出毛病很相似,由于灰尘、污垢形成漏电以及老旧的关系,部件绝缘性能降低,出现老化、虚焊、接插件接触不良等。

二、软故障实修经验排除体会:笔者修软故障主要体会,首先观现象而后分析修复思路,切记手忙脚乱、对其机内元件、部件不分青红皂白地大拆大卸,粗枝大叶,无的放矢,否则,其后果使故障扩大化还会产生新的故障。可免少走弯路,同时保持冷静,考虑好针对性的诊断思路,仔细分析可能发生的故障部位然后再动手修。具体查故障时一定不要放过任何一个细小的环节,否则会将已经查到的故障漏掉而再走弯路,出奇兵乃一举歼"敌"。经验得知;细修软故障时,先仔细观察或用放大镜检查发热元件的焊点,时常能看到变色或细微的裂纹痕迹,尤其要对高压、高温部件细观焊盘是否断裂或松动。元器件虚焊与性能不良故障,有时不好区别,但仔细分析,诊断比较也能发现一些规律。如虚焊故障,往往在敲机壳或印制板时有变化的迹象,而元件性能不良故障则无敏感反应,而虚焊出现时间无较大规律,有时一开机就出现,元件性能不良则多半是开机一段时间,机温上升后易出现,与时间关系较大,时间越长故障越繁。可用冷却与加热法,对可疑部件试之,并配用电压表对可疑关键点电压检测;或用元件替换法即能有效快速捕捉到故障点。

三、对实修故障排除实例具体体会如下:

1. 接口、接插件及相关器件接触不良。

修理口诀:

软故障不稀奇,看现象来分析;

接触不良常见,动一动有变化;

可疑部位是它,顺藤即能摸瓜。

一台创维牌40E360E型液晶彩电,因逻辑板与主板间排线接插件内接触不良,易引起屏幕收看中不定时花屏、黑屏、屏线性不良的异常故障。可拆机后用无水酒精仔细清洗逻辑板插头与插座即可排除之。

创维牌47L20HW型液晶彩电(8DA6机芯)由于LVDS连线与逻辑板插头接触不良,使用过程将造成电视屏幕呈花屏。

长虹牌3D42C3100型液晶彩电,由于机内上屏排线及插座CN4、CN3接触不良,将造成屏幕字符正常,人脸变为绿色,较深色处为浅黑色,头发为浅灰色没有灰度层次。认真将其清洗干净,然后插好后试机,故障即排除。

传统北京牌8306型一老式CRT彩电,由于场偏转线圈插头接触不良而造成的水平亮线故障也时有发生。

索尼KV-2092CH型遥控彩电,因A板(包括相关CPU、存储器、数/模转换器等)与B板(包括色度、亮度、垂直/水平输出等)的接插件接触不良,也易引起图像时好时坏、时暗时亮等故障现象。其因系设计不太合理,B板承受较重的力给A板所致。

另外,还有因电位器接触不良、可调电阻氧化后造成接触欠佳,彩电显像管尾部与管座各电极之间不良,变压器铁芯松动,继电器触点不良等而引起的故障也较普遍。

又如:老式夏普牌C-1835DK型遥控彩电,现象:遥控"POWER"开关失灵,不能开关机。该机的电源通断是靠Q1105的导通和截止控制LY1001继电器线圈中的电流有无,从而实现继电器的闭合。据经验,测Q1105管的集电极电压有无变化,若有变化,肯定系继电器触点接触不良。如按下"POWER"时不能听到清脆的"嗒嗒"声,进一步说明继电器没有工作,此时,细心将其触点擦洗处理后故障排除。

2. 基础部件性能不良

在实际修理电视电路板时,因种种原因而使电子元件性能变坏时,其故障表现的各现象与形式多样,检修难度相对较大,维修者须加努力探索,耐心探测,即找出软故障点。举例分析如下:

例1 长虹牌【216】系列彩电,无规律自动关机的探测修理。曾修多台长虹2161、2162、2169等"216"系列电视,其故障现象均表现为:动态下,刚开机运行正常,约十几分钟至数十分钟后即出现无规律性自动关机故障,且电视机工作环境温度越高,故障出现也越频繁。开始判断为电源电路及行扫描电路相关元器件引脚虚焊,对可疑部件及易损件一一仔细补焊后仍无果。进一步用自制木镊沾无水酒精棉球对元件探测试验,配合电压测量法判断,此故障均是行输出变压器输出的14V电源支路整流二极管V418热温定性变差所致。建议选高频特性好,反向击穿电压大于110V,电流大于1A的优质二极管,可增加电路的稳定性。

例2 一台老式牌三洋CTP5904型彩电,当出现屏幕色彩时有时无,彩色异常故障时,经反复探测,查得其原因是色解码块(uPC1403CA)第⑯脚外接的APC时间常数电容C277(0.01μF)漏电,导致相位不能锁定,副载波振荡频率与色同步信号频率异同步。

例3 一台长虹牌LT32630X型液晶彩电,二次开机后,出现蓝灯闪数次后即蓝屏,屏幕下方的1/3处光暗,约过1.5s后黑屏。经分析与检查,系该机FSP150P—3HF02型二合一板上的高压变压器部分次级绕组异常损坏所致。板上的变压器共四只,测得初级端电阻均正常,而其他三只次级端内部均为915Ω,异常,分析系质量欠佳,漆包线耐高温、高压差造成故障。

例4 用东芝四片机芯组装的一台北京牌837—1机,出现一特殊故障现象,图像左侧下方出现一个亮小三角,同时图像上部有局部异常彩条。据此,重点检查了场消隐电路,仔细探测,发现场消隐二极管D202(1S1555)压降电压有微微抖动,其正向电阻稍大,约1.05KΩ左右,正常为600Ω,且温差略有异常,怀疑其性能有问题。将其更换,故障排除。

例5 海信牌液晶彩电,使用过程易出现电源指示灯忽亮忽暗,不能开机的故障现象。检修表明,此现象系部分机型的通病,经检查,是由于电源板(型号:RSAG7.820.1489)5VS供电滤波电容C851(470uF/16V)质量欠佳,性能变差所致。

例6 一台创维牌47L28RM—F型液晶彩电,用户称图像正常,却无正常伴音,之前曾出现过伴音时有时无现象,后来就变成无伴音了。据此分析判断,可能是伴音功放电路出了问题。

修理流程:从R、L声道输出端拔下插头,用DT-831型数字万用表测试左右声道扬声器,音圈呈低电阻,扬声器完好;又测得L、R插座内两插针对地电阻均很大,说明伴音功放输出端未有短路。又采用观察法检查,仔细观看屏背面的其他电路板,发现开关电源板上的滤波电容(标号:即板上的代号为CS02、CS30、CS32、CS33)表面颜色均不同程度变色,其顶部也各有凸起,还渗出少量液体。动态下,又触摸其均有温差异常感觉,故性能变差、漏电。再细查电路板这几只+5V、+12V、+24V的滤波电容,将其都换上优质新电解电容后,伴音稳定且正常。

例7 用三合一板(MT8277机芯)组装的康佳3300系列液晶彩电,使用中某些机子常出现黑屏,即三无,电源指示灯时好时坏,无规律性,二次开机异常,时开时不开机的故障现象。起初怀疑相关接插件接触不良,焊点虚焊等,经分段检查,结果以失败而告终;再次查资料及分析,试用替换法,乃电路12V过压保护电路中的稳压二极管VDW963(稳压值13V)性能不良所致。用13.5V稳压管替换后,故障排除。

例8 海信TLM52V67PK型液晶电视,开机出现蓝屏后自动关机,然后又自动开机,如此反复。探测5V、12V和24V电压一直正常;查主板上稳压输出的1.8V和3.3V也无问题。此时,经多次开/关机,出现图像,但无声音,且图像上有局部红色雪花点,随时间推移,隐约听到伴音,显然怀疑主板上某组件供电不良。用双踪示波器探头,测主板上1.8V、3.3V和1.3V供电波形,发现1.3V电压波形上的干扰杂波较多。观察电路走向,1.3V是给主芯片供电,顺线再查,是由于该电压的滤波电容C821(470μF/16V)性能变差所致。

例9 创维牌42L28RM—F型液晶彩电,用户说不开机。据此通电后面板上的红灯亮,但几秒后熄灭,按电源键不能开机。此时探测,测量电源板待机电压,在刚通电时仅为4.69V,过几秒后慢慢下降为3.69V,最后降至0V。分析其因,一是电源板内的5V待机电源本身不良;二是主板上相关电路有局部短路现象。因此,先把电源板至主板的5V电源线断开,串入电流表,通电后发现该电流为几十毫安,说明主板是好的,故障在电源板内的5V待机电源本身。再查该电源板的次级输出侧有一块面积较大的铝散热片,发现下面的两只电解电容其顶部均已凸起,显然异常。细查电路板,确认两只电容正是5V待机电源的整流滤波电容(1000μF/10V)。试用手头耐压稍高的16V,容量相同的优质电解电容替换后,故障排除。

例10 一台创维牌29D98HT(6D50机芯)电视机,在收看节目中时常出现个别台有杂音的故障现象。经检查得知,是由于声表面滤波器(LB9352)性能不良所致,换新即可。也可应急处理,用一只优质0.015μF耦合电容,接入声表面滤波器输入与输出之间,即可解决问题。

(未完待续)(下转第12页)

◇山东 张振友

开栏语

辞旧迎新，2019年已经过去，新的一年已经到来！感谢新老读者、作者对《电子报》一如既往的厚爱和支持，在新的一年里，我们一起携手共进、再创辉煌！

本版今年的选题还是以数码产品的使用、评测、维修和升级等内容为主，特别是新型产品方面的，尤为受使用者和维修者欢迎；同时兼顾软件的使用和技巧方面的选题。

欢迎广大作者踊跃来稿！

本栏编辑

初识"树莓派"积木编程

教育部在2018年4月13日发布的《教育信息化2.0行动计划》中明确提出——"加快教育现代化和教育强国建设，推进新时代教育信息化发展……结合国家'互联网+'、大数据、新一代人工智能等重大战略的任务安排……"仿佛一夜之间，Python编程语言、"树莓派"、人工智能、物联网、智能家居等名词迅速成为教育一线关键词。那么，到底什么是"树莓派"呢？

一、何谓"树莓派"？

"树莓派"是从英文Raspberry Pi翻译而来(简写为RPi)，是为学生计算机编程教育或进行嵌入式开发而设计的卡片式微型电脑，仅为信用卡大小，但却具备了电脑的所有基本功能，只需连接上显示器和键盘鼠标就能执行电子表格和文字处理，甚至是玩游戏和播放高清视频等诸多功能。

树莓派是由英国慈善组织"Raspberry Pi基金会"开发，分为简约A型和扩展B型共两个型号，比如早期的A型树莓派只有1个USB接口(无有线网络接口)、RAM内存为256MB RAM，而B型树莓派则拥有两个USB接口(同时支持有线网络、RAM内存为512MB；后来各自不断升级，各自延伸产生A+和B+的改进版。2019年6月24日，树莓派4代B版本发布，目前较为通用的树莓派是2018年3月14日(极具纪念意义的圆周率日)发布的3B+(如图1所示)。

树莓派3B+的主板芯片是BCM2837，集成64位1.4GHz的四核ARM Cortex-A53 CPU，低功耗蓝牙4.2和802.11AC无线2.4GHz/5GHz双频WiFi，内存为LPDDR2 SDRAM(1GB)，有线网络为千兆以太网(最大吞吐量为300Mbps)；主要接口为HDMI高清多媒体接口、3.5mm模拟音频视频插孔、4组USB 2.0接口、MicroSD插槽；同时还设计有CSI相机接口、DSI显示屏、40针扩展双排PoE接口；供电接口为Micro USB(5V/2.5A标准)，尺寸为85mm×56mm×19.5mm，质量为50g(如图2所示)。

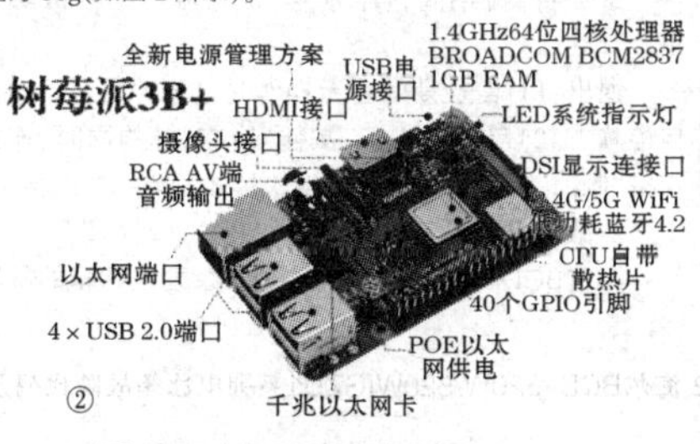

二、"树莓派"积木编程使用前的预备知识

1.易用的扩展板

树莓派提供的40针扩展双排高集成PoE接口各有其用，像GPIO（General-purpose input/output）通用输入输出、5V、3.3V及GND接地等等，使用起来并不十分方便。可借助第三方开发的扩展板来外接LED灯、开头及各种传感器，同时再结合使用杜邦线、面包板等即可极为方便地进行各种连接应用操作(如图3所示)。

2.周边各种支持元器件

想要让树莓派发挥出其最大化的功能，必须有强大的周边支持元器件，比如各种传感器：红外传感器、超声波传感器、声音传感器、光敏传感器，另外还有LED灯、模数转换器、数码带、灯带、摄像头、继电器、蜂鸣器、舵机、按钮和滑杆等等(如图4所示)。在诸多丰富的周边支持元器件支持下，树莓派才能有更多的"感觉"和"感知"，从而在对信息数据计算处理之后再进行各种动作(比如亮灯、显示或蜂鸣)的输出操作。

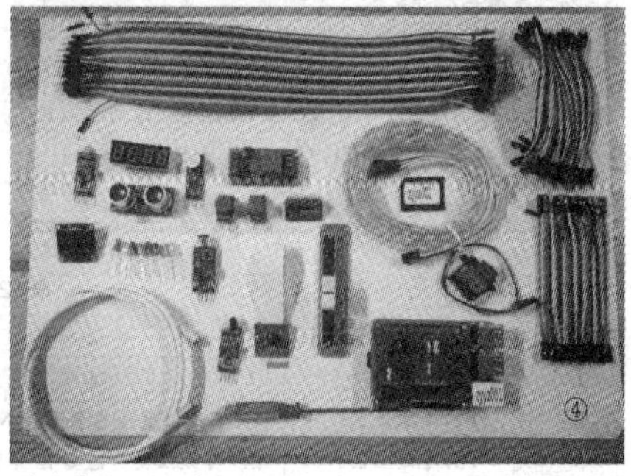

(未完待续)(下转第13页)

◇山东省招远一中 牟奕炫 牟晓东

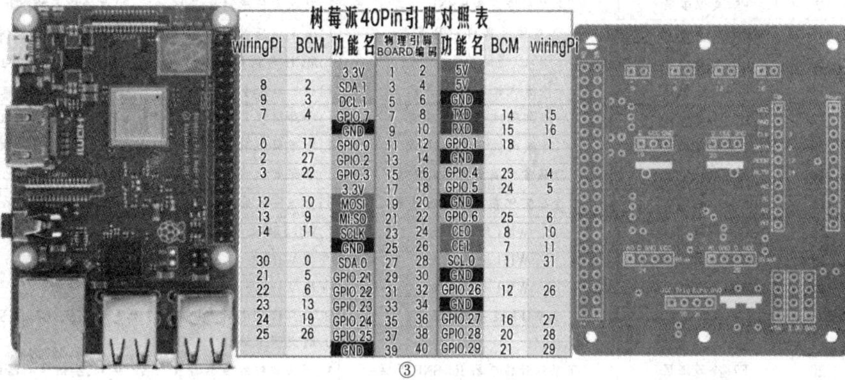

树莓派40Pin引脚对照表

wiringPi	BCM	功能名	物理引脚 BOARD编码		功能名	BCM	wiringPi
		3.3V	1	2	5V		
8	2	SDA.1	3	4	5V		
9	3	DCL.1	5	6	GND		
7	4	GPIO.7	7	8	TXD	14	15
		GND	9	10	RXD	15	16
0	17	GPIO.0	11	12	GPIO.1	18	1
2	27	GPIO.2	13	14	GND		
3	22	GPIO.3	15	16	GPIO.4	23	4
		3.3V	17	18	GPIO.5	24	5
12	10	MOSI	19	20	GND		
13	9	MI.SO	21	22	GPIO.6	25	6
14	11	SCLK	23	24	CEO	8	10
		GND	25	26	CE1	7	11
30	0	SDA.0	27	28	SCL.0	1	31
21	5	GPIO.21	29	30	GND		
22	6	GPIO.22	31	32	GPIO.26	12	26
23	13	GPIO.23	33	34	GND		
24	19	GPIO.24	35	36	GPIO.27	16	27
25	26	GPIO.25	37	38	GPIO.28	20	28
		GND	39	40	GPIO.29	21	29

③

提高AirPods的切换效率

很多朋友都入手了AirPods Pro，按照下面的方法，可以提高AirPods Pro的切换效率。

在与AirPods Pro配对的iPhone上打开设置界面，选择"辅助功能→AirPods"，向下滑动屏幕，在这里可以调整按住AirPods所需要的时长，这里提供了默认、短、更短等不同的选择(如附图所示)，我们可以选择"更短"，这样就可以获得最快的切换速度，当然也可以在这里启用单耳降噪的功能。

◇江苏 王志军

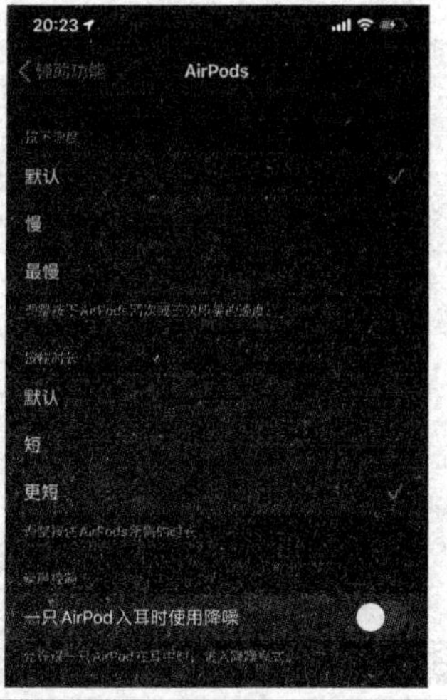

益智类玩具小修二例

一、么啊宝宝MUA-MZ-001魔纸琴维修实例

该琴可以单独工作或蓝牙连接魔纸音乐手机App程序，用于儿童听音乐、听故事、弹琴等启蒙教育。一台该琴只能在连接充电器时才可以使用，拔下充电器则无法开机。

拆开外壳，在连接充电器时检查供电电路(实测电路图如图1所示)：充电集成电路LTH7(TP4054)、稳压集成电路F133(RT9193-33)输出电压正常，而拔下充电器时，内置锂电池电压马上降低，机器无法工作。原锂电池为3.7V、210mAh容量且不带充放电保护板，该电池容量小已经早期老化了，故将其换为大容量的3.7V、2100mAh带充放电保护板的夏新手机电池。原壳内空间太小，只有将新电池固定在琴后壳外，并在机壳后背钻个小孔，用于电池的导线与主板连接。

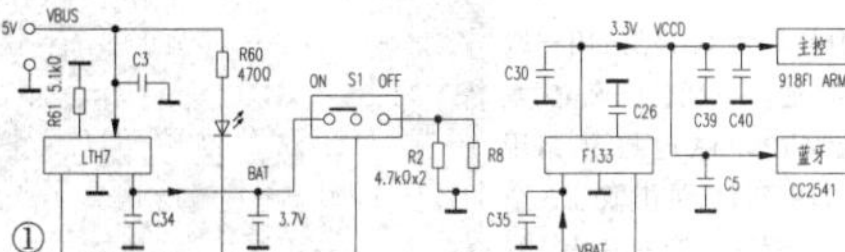

充电集成电路LTH7（TP4054）⑤脚的电阻R61设定为5.1kΩ，I BAT(mA)=(V PROG/R PROG)×1000，其实际充电电流=(1/5.1)×1000=196mA。对于210mAh容量的电池来说，充电电流偏大；但是对于2100mAh容量的电池来说，充电电流偏小，故在电阻上在并联一个4.7kΩ电阻，把充电电流增加到400mA，以缩短充电时间。充好电试机，该琴所有功能恢复正常。

此例该琴的维修很简单，主要是拆卸麻烦。由于螺丝在面纸之下，所以揭面纸时可以用美工刀挑起面纸的边角，然后用刀伸入纸下慢慢刮开即可。

二、米兔C-1智能故事机维修实例

该故事机可以单独播放机器内存的故事或连接手机APP程序听网上的故事，一台该型号故事机由于USB插座损坏，导致无法充电及开机。将USB插座换新后，机器能充电并开机，按功能按键时，提示音均正常；但是播放故事时，有像播放劣质VCD碟片一样的咔咔声和停顿。

检查原USB插座，其引脚有变形相碰的情况，怀疑这个原因引起机器内存数据干扰损坏。拆下主板上的TF卡，用电脑能读取卡上内容(如图2所示)，播放卡上SONG文件夹的内容，里面的故事的确也像播放劣质VCD一样的有咔咔声和停顿。在网上重新下载米兔SD预置内容20171206，(网址：https://sn9.us/file/11753764-299204767)并存到TF卡内。装好卡再开机，提示音及播放故事声音均正常了。

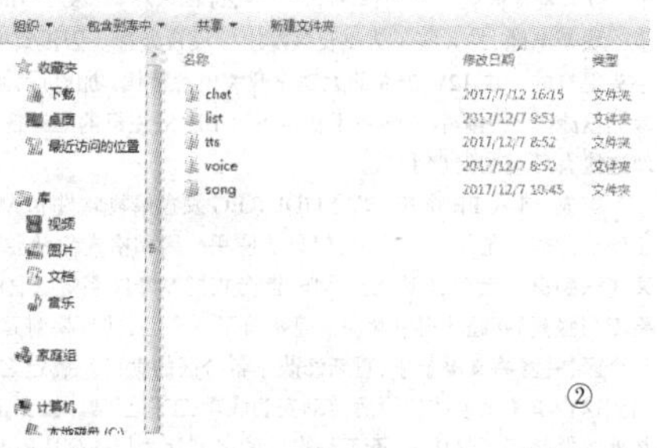

◇浙江 方位

维修平台　交流提高

综合维修版《电子报》是介绍各种电器维修技能的版面，除彩电之外这里囊括了所有电子电工领域电器设备的维修知识。

选题大多是各行各业具有普遍性的电器产品。诸如：1.白色家电，包括电冰箱、空调器、洗衣机等；2.小家电，包括厨用、取暖、纳凉、学习、清洁、照明、娱乐、保健等；3.办公用品，包括打印机、扫描仪、传真机、复印机等；4.医疗设备，包括心电诊断设备、B超机、CT机、消毒机、医用加湿器、康复机等；5.电工领域，包括PLC设备、电焊机、变压器设备等；6.自动化控制设备，包括监控设备、瓦斯检测、电动门、机器人等；7.其他设备，包括电动自行车、电动汽车及其充电器等。

本版就为电子电工从业人员交流、学习这些电器的维修技术提供一个平台，请各位行家里手将您多年的维修经验、技能通过这个平台与大家交流共享，达到共同提高，促进就业、惠及民生的目的，使本版办得越来越好。

◇本版责任编辑

海尔新型智能电冰箱故障自诊速查(五)

(紧接上期本版)

十二、海尔BCD-520W/520WIGZU1系列智能电冰箱

1.进入/察看/退出方法

进入：在锁定状态下，按住"冷冻"键的同时，连续点按"制冰"键3次，即可进入自检模式。

察看：自检期间，按"锁定"键可循环察看故障代码。

退出：1)自检期间若无操作时，1分钟后自动退出自检模式；2)自检模式下，按住"冷冻"键的同时，连续点按"制冰"键3次，即可退出自检模式。

2.故障代码及其原因

海尔BCD-520W/520WIGZU1系列电冰箱的故障代码及其原因如表12所示。

十三、海尔BCD-633W系列智能电冰箱

1.进入/察看/退出方法

进入：在锁定状态下，按住"冷冻"键的同时，连续点按"净化"键3次，即可进入自检模式。

察看：自检期间，按"锁定"键可循环察看故障代码。

退出：1)自检期间无操作时，1分钟后自动退出自检模式；2)自检模式下，按住"冷冻"键的同时，连续点按"净化"键3次，即可退出自检模式。

2.故障代码及其原因

海尔BCD-633W系列电冰箱的故障代码及其原因参见表12的1-19部分。(全文完)

◇内蒙古呼伦贝尔中心台 王明举

表12 海尔BCD-520W/520WIGZU1系列电冰箱故障代码及其原因

序号	故障代码及显示的温区	含义	故障原因
1	00-温区	正常	
2	F2-冷藏温区	环境温度传感器RT SNR异常	1)环境温度传感器RT SNR异常,2)该传感器的阻抗信号/电压信号变换电路异常,3)MCU或存储器异常
3	F3-冷藏温区	冷藏温度传感器R SNR异常	1)冷藏室温度传感器R SNR异常,2)该传感器的阻抗信号/电压信号变换电路异常,3)MCU或存储器异常
4	F4-冷冻温区	冷冻室温度传感器F SNR异常	1)冷冻室温度传感器F SNR异常,2)该传感器的阻抗信号/电压信号变换电路异常,3)MCU或存储器异常
5	F6-冷藏温区	冷藏室化霜传感器R/D SNR异常	1)冷藏室化霜传感器R/D SNR异常,2)该传感器的阻抗信号/电压信号变换电路异常,3)MCU或存储器异常
6	F6-冷冻温区	冷冻室化霜传感器F/D SNR异常	1)冷冻室化霜传感器F/D SNR异常,2)该传感器的阻抗信号/电压信号变换电路异常,3)MCU或存储器异常
7	F5-变温温区	变温室传感器S SNR异常	1)变温室传感器S SNR异常,2)该传感器的阻抗信号/电压信号变换电路异常,3)MCU或存储器异常
8	EH-冷藏温区	湿度传感器H SNR异常	1)湿度传感器H SNR异常,2)该传感器的阻抗信号/电压信号变换电路异常,3)MCU或存储器异常
10	E0-冷藏温区	通讯不良	1)MCU与被控电路间的通讯线路异常,2)被控电路异常,3)MCU或存储器异常
11	E1-冷冻温区	冷冻风机F FAN异常	1)冷冻风机F FAN或其供电电路异常,2)该风机的检测电路异常,3)MCU或存储器异常
12	E2-冷冻温区	冷却风机C FAN异常	1)冷却风机C FAN或其供电电路异常,2)该风机的检测电路异常,3)MCU或存储器异常
13	E6-冷藏温区	冷藏风机R FAN异常	1)冷藏风机R FAN或其供电电路异常,2)该风机的检测电路异常,3)MCU或存储器异常
14	Ed-冷藏温区	冷藏室化霜加热系统异常	1)冷藏室化霜加热器或其供电电路异常,2)该化霜检测电路异常,3)MCU或存储器异常
15	Ed-冷冻温区	冷冻室化霜加热系统异常	3)冷冻室化霜加热器或其供电电路异常,2)该化霜检测电路异常,3)MCU或存储器异常
16	U0-冷藏温区	WIFI通讯不良	1)WIFI接收电路或其供电异常,2)WIFI电路与MCU间电路异常,3)MCU或存储器异常
17	U1-冷藏温区	WIFI通讯不良	查找WIFI与本地路由器不能连接的原因即可
18	U2-冷藏温区	WIFI通讯不良	查找WIFI与远程服务器不能的原因即可
19	N0-n9	WIFI模块信号强度	进入自检模式后，当wifi的数值大于6,说明信号强度好;4-6表示信号强度一般;若低于3则表示信号弱;若为0,则说明未连接
20	F7-冷藏温区	下层红外传感器R1 SNR异常	1)下层红外线传感器R1 SNR异常,2)该传感器的阻抗信号/电压信号变换电路异常,3)MCU或存储器异常
21	F8-冷藏温区	中层红外传感器R2 SNR异常	1)中层红外传感器R2 SNR异常,2)该传感器的阻抗信号/电压信号变换电路异常,3)MCU或存储器异常
22	F9-冷藏温区	下层红外传感器R3SNR异常	1)下层红外传感器R3 SNR异常,2)该传感器的阻抗信号/电压信号变换电路异常,3)MCU或存储器异常
23	E9-冷冻温区	制冰机红外传感器异常	1)制冰机红外传感器异常,2)该传感器的阻抗信号/电压信号变换电路异常,3)MCU或存储器异常
24	E8-冷藏温区	滑动通讯不良	1)MCU与被控电路间的通讯线路异常,2)被控电路异常,3)MCU或存储器异常
25	E3-冷藏温区	调湿显示板通讯不良	1)调湿显示板与MCU间通讯线路异常,2)调湿显示板电路异常,3)MCU或存储器异常
26	U9-冷藏温区	真空泵进气漏气	1)真空泵进气系统泄露,2)真空泵气压检测电路异常,3)MCU或存储器异常
27	Ub-冷藏温区	真空泵进气堵	2)真空泵进气系统堵塞,2)真空泵气压检测电路异常,3)MCU或存储器异常
28	UA-冷藏温区	真空泵故障	3)真空泵或其供电系统异常,2)真空泵检测电路异常,3)MCU或存储器异常

实达嵌入式电脑故障维修1例

故障现象：一台应用在大屏幕广告屏的STAR(实达)TC-8080的嵌入式计算机不能正常工作。

分析与检修：经检查，故障是因硬盘的C盘有严重的坏道造成不能进入系统，并且软件已损坏。

该机原配的是2.5寸160G机械硬盘，分了2个区。原配的内存条为1G，已被用户取出。为了兼顾板载显卡，所以配了一条2G的内存条。检查BIOS电池时发现它已无电，换了一块新电池，并且做了放电及恢复出厂设置处理。因没有原配的12V/4A电源，所以用手头现有的一块12V/25A的大功率开关电源替代。加电后，测试主板正常，关机取下3个散热器涂上导热硅脂。随后重新设置了BIOS，主机的配置情况详见附图。接下来就是修理这块有坏道的硬盘了。

首先，进入PE系统，使用HDDREG硬盘修复软件和MHDD扫描软件反复修理均无效。此时只能用软件扫描，但只要使用分区和格式化就会出错，不再认盘，重新加电后又能认到盘。无奈之下，挂在另一台台式机WIN7系统上，使用系统磁盘管理(磁盘错误检查与修复)问题才得以解决。重新分了3个区，并且将前面大面积有严重坏道的部分分一个区，并且将其屏蔽了，重新修改了各分区的盘符。搞定之后，重新拷贝了XP系统，装回到这台机子上系统自检后自动安装成功，工作正常。直到目前为止也没搞明白，为什么其他软件修不了这块盘，而系统自带的修复软件却能解决问题，还有待于进一步研究。

◇内蒙古　夏金光

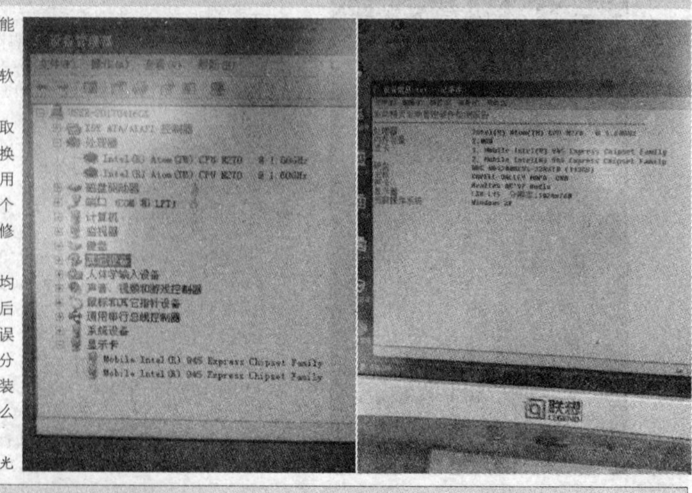

己亥年份已成过去式，庚子年已开启进行时模式。新年里，向关心和支持《电子报》及本版的读者、作者们给以新年的问候，祝愿各位朋友新年吉祥，健康如意。

本版译文的选题，多请大家关注国外的新技术和新动态，传译经典，将经典应用和案例，电子技术发展与开源技术引入电子报的朋友圈，让大家赏析国外电子技术精品，借鉴国外电子产品精华，完善和创新我国电子技术作品。

希望各位读者、作者一如既往的支持本版，给本版注入新的活力和动力，让我们在新的一年里，为电子爱好者们奉献出更多的美好国外电子技术佳肴。

本版责编

PWM DAC稳定在脉冲串的一个周期中

脉宽调制（PWM）是用于要求高精度和高分辨率的数控可变直流电压源的最佳转换方法。PWM方法是50年前发明的，如今已广泛用于开关电源，尤其是DC校准器，在那里可以实现26位分辨率和0.2 ppm的线性度。

在核心处，PWM数模转换器（DAC）定义了具有固定周期和可变占空比的脉冲序列中的DC分量。从理论上讲，此类信号的直流分量为：

通用PWM方程：VDC=(VP·tP)/T (1)

其中VP是脉冲幅度，tP是脉冲持续时间，T是信号周期。

为了加快转换过程，现代DAC使用由积分器和S/H（采样保持）电路组成的同步低通滤波器。在每个周期结束时，积分器的电压都存储在S/H电路中，这就是整个转换器的输出电压。

一些转换器在S/H电路的输出和积分器之间使用反馈电阻。为了获得快速准确的转换，必须使两个时间常数等于脉冲序列的周期。参考文献2明确说明了需求RF*C=T.没有讨论第二个需求RI*C=T，但可以通过将上面介绍的通用PWM方程应用于等式4来轻松找到。

调整两个时间常数归结为调整积分电容器C或脉冲序列的周期T。两种方法都面临一定的困难。最重要的细节是，没有关于如何自动进行调整的建议。

本设计实例提出了一个电路和一个简单的程序来填补空白。使用此方法仅需进行一次调整。代替时间常数，而是对积分器的充电电流进行调整，从而提供更好的分辨率和线性性能。

图1说明了这一概念。在输入脉冲期间，开关S断开，积分电容通过两个电流充电。第一电流I1=VP/R1来自脉冲序列；它是额定电流的95%。第二个电流来自辅助DAC。它提供0至10%的标称电流，从而为积分器电压的斜率提供了±5%的调节范围。在脉冲结束时，积分器的电压存储在S/H单元中，并且通过闭合开关S使积分器放电。

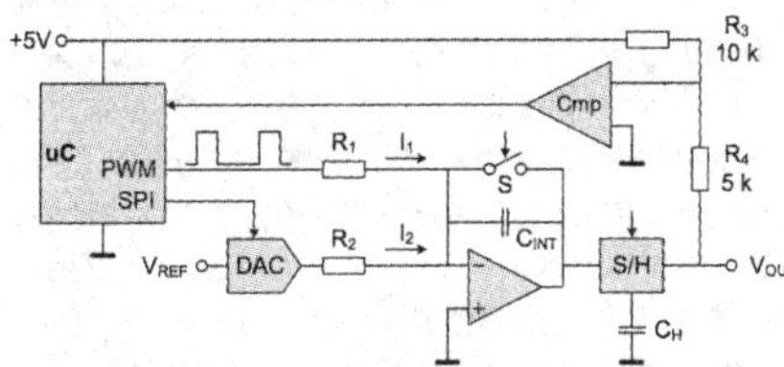

图1 辅助DAC为积分器的充电电流提供±5%的调节范围；比较器可帮助微处理器为DAC选择合适的编号。

通过将适当的数字写入DAC来设置第二个电流的值。使用逐次逼近技术分别定义数字的每一位。调整标准来自公式1：当占空比为50%时，输出电压必须为输入脉冲幅度的一半。电阻器R3和R4以及比较器Cmp告诉微处理器，输出电压与所需值的接近程度。

图2展示了硬件。它的操作由带有门G1至G4的时序电路控制，该时序电路为Q1，复位积分器开关和S/H单元内部的存储开关生成脉冲。

如图3的时序图所示，VG4在PWM信号的上升沿变为高电平。复位开关Q1打开，使积分器产生负斜坡。在PWM脉冲的下降沿，G1和G2产生一个10 μs

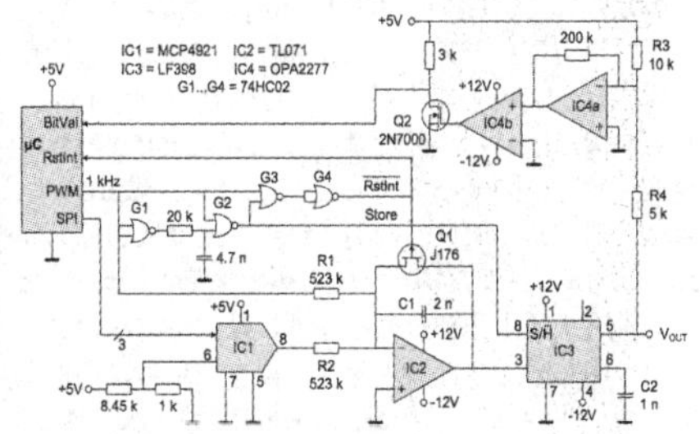

图2 完整的硬件使用定时电路（G1-G4）控制积分器和S/H操作，使用放大器（IC4a）提高比较器灵敏度，并使用电平转换器（Q2）连接比较器输出至微控制器。

的触发脉冲，使S/H电路捕获积分器电压。G3添加VPWM和VG2脉冲以保持复位开关断开，直到完成集成和存储。在存储脉冲结束时，开关接通。积分器复位为零，等待下一个PWM脉冲。

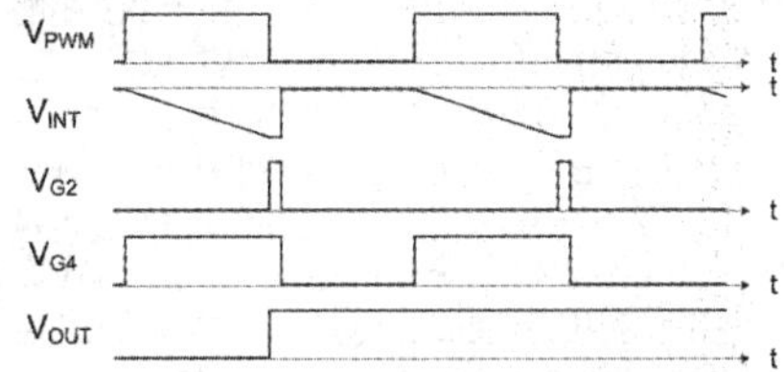

图3 这些是前两个转换周期中电路关键点的时序图。

理想情况下，当脉冲幅度为5V且占空比为50%时，输出电压应为-2.5V。校准从在微控制器（MCU）内配置PWM系统开始，以产生具有1 kHz频率和50%占空比的脉冲序列。然后，MCU将二进制数"100000000000"发送到DAC，并等待RstInt脉冲的下降沿。当边缘到来时，微控制器读取比较器输出。R3-R4网络和IC4将VOUT与-2.5V的理想值进行比较。如果VOUT比-2.5V正，则比较器输出为0，这意味着DAC编号的第一位必须变为0；否则，DAC的第一位必须变为0。否则，该位保持预设值1。然后，微控制器向DAC发送数字"x10000000000"，并根据比较器的反应调整第二位的值。第三个数字是"xx1000000000"，该过程继续进行，直到定义了DAC编号的所有12位为止。

图4演示了实际的校准过程。黄色痕迹指示该过程的开始；它发生在RstInt脉冲的下降沿。蓝色迹线是IC4a的输出信号。它在零电压的两侧反弹并逐渐到达零电压。零值表示S/H电路的输出电压是宽度调制脉冲幅度的一半。4.5位数字万用表测量的实际比率为0.49947。使用专业制造的PCB和高分辨率万用表可能会实现更好的匹配。

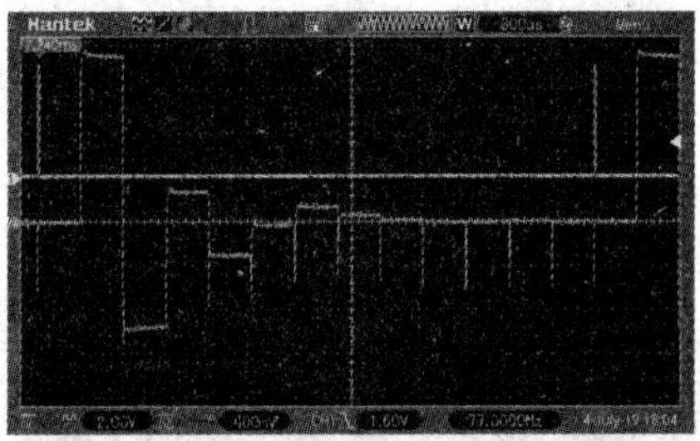

图4 逐次逼近法逐渐将输出带到VP/2的期望值。

校准完成后，MCU可以根据客户设置调整PWM信号的占空比。正确设置积分器斜坡的斜率后，新的电压将在脉冲序列的一个周期后出现在输出端。根据理论定义，输出电压将精确等于PWM信号中的直流分量，并且不会产生纹波。很棒的是，您可以随时完全自动地校准转换器。

专家提示：为了获得最佳的调节精度，请使用专用的参考电压而不是+5V电源。确保R3/R4之比尽可能接近2:1，并且IC2和IC4的失调电压尽可能低。R1和R2是金属膜1%电阻。C1是具有低介电吸收率的2%电容器。开关晶体管Q1应具有较小的RON电阻。也可以使用更高分辨率的DAC。

参考文献：

1. Sugiyama T.，K。Yamaguchi，《脉宽调制直流电位器》，《IEEE仪器仪表与测量学报》，第1卷。IM-19，第4号，1970年11月，286-290。

2. Sugiyama等人，美国专利3,636,458，1972年1月。

3. Binitha P.，T。Sanish Kumar，《PWM和开关转换器的单周期控制的比较》，IJETAE，第1卷。3，No.4，Apr，2013，332-336。

4. Eccleston等。1995年3月，美国专利5402082。

5. Woodward S.，DC精确度的32位DAC达到32位分辨率，EDN，2008年10月30日，第61-62页。

6. Fluke，5700A/5720A系列II多功能校准器，操作员手册，1996年5月，第1-8页。

◇湖北 朱少华

一款提供电池反接保护的电路

电池供电设备中的一个普遍问题是当最终用户（绝不仅仅是一个工程师）向后插入电池时，有造成电池反转损坏的危险。您可以通过插入单个二极管或使用二极管桥配置来避免损坏，但这些方法可以在电池和电源轨之间增加一个或两个二极管压降，从而固定浪费功率并降低电源电压。本设计实例的一个替代解决方案不仅可以防止电池反转损坏，还可以自动纠正反转。为了消除与分立二极管相关的压降，低导通电阻DPDT（双刀双掷）开关用作全波整流器。如图所示，以正确的极性插入电池时，上部开关S1处于常闭状态，因为其控制引脚处于低电平状态。从引脚2到引脚10的最终连接提供了从电池到VCC端子的低阻抗路径。相反，下部开关S2闭合其常开端子（未显示），因为其控制引脚处于高电平状态。从引脚⑦到引脚⑥的最终路径将电池的负极端子接地。

IC1中的ESD保护二极管可确保启动并充当全波整流器。当电池电压超过1V时，模拟开关内部的MOSFET导通。它们的接通时间不到20纳秒，因此可以通过快速交换反极性电池连接的引线来使电路保持正常工作。电路电阻与电池电压成正比。当电路由四个NiCd，NiMH或碱性电池供电时，整流器各分支的电阻为2.5Ω（总计5Ω）。用两节电池（2.4至3V）工作时，总电阻为10Ω。IC1的额定工作电压为5.5V，具有30mA的连续电流，这使该电路适用于无绳电话，便携式音频设备，手持式电子产品以及其他轻至中电流应用。IC1的微型⑩引脚μMAX封装比四个通孔信号二极管占用的空间小，几乎与两个SOT-23双信号二极管一样小。

◇湖北 朱少华

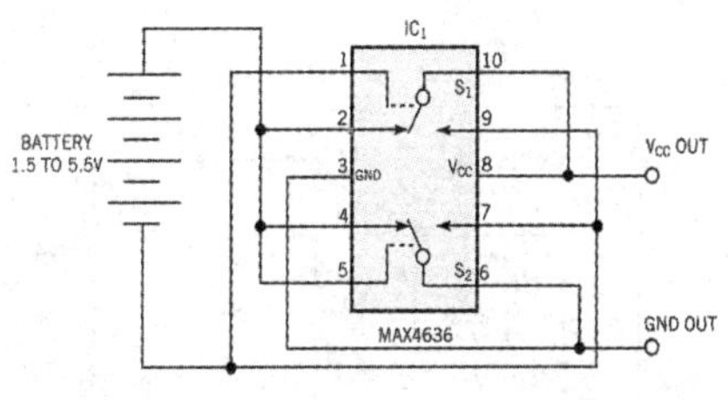

该电路检测电池极性，然后快速连接负载或交换电池引线

创新制作

电子信息技术+的新时代

《电子报》的"电子制作"版块，经历了几个时代。《电子报》创刊初期的电子制作，主要是晶体管时代，电路的构建主要由二极管、三极管等分离元器件组成。八十年代初期，风靡一时的555电路和324集成电路的民用，以及数字集成电路的广泛应用，电子制作才有了真正的含义，多元化的功能与设计，以竞赛促进制作电子时代也被大规模、超大规模的集成电路所驱使应用。到了98后的时期，单片机及可编程器件的普及应用，出现了智能化产品的电子制作。而当前，32位单片机、ARM、DSP、FPGA等可编程器件的普及，以及ARDUINO等开源智能硬件的当前流行，并结合避免电子爱好者语言程序困难的可视化模块型编程，使得当前的电子制作变得更加趣味性和可实施性。

互联网+时代，落到归根到底还是电子信息技术+的应用，底层硬件与网络的互联互通，互控互通等现代电子制作特征已经鲜明形成，单机版的电子制作已经逐渐成为过去式，将迎接更受广大爱好者喜欢的是智能化制作。

当你也已经熟悉开源硬件的开发，或其他智能硬件系统及单片机、ARM等制作经验与案例，请与我们一道，将创新制作完全融入电子信息技术+的新时代。欢迎各位作者、各位朋友踊跃投稿。

本版责任编辑

初学电子制作怎样做好焊接

读初二的孙子暑假上夏令营时迷上了电子制作，可他制作的收音机总是不响，查遍各元件对号入座都没错，三极管ebc三只脚和电解电容正负极上得也都正确，可为什么不响呢?问题出在焊接上。焊接不过关，元件引脚假焊，虚焊，电路不通或导通不良，自然响不了。电子制作焊接是关键，它直接影响电子作品的成败，所以，焊接环节一定要掌握好。对于初学者来说，怎样做好焊接?笔者以为，要做好焊接起码应该掌握以下几个注意事项和基本步骤。

一、正确选择焊接工具和焊料

1. 选择功率适当的电烙铁：电烙铁是电子制作的主要工具。电子元件是通过电烙铁固定到设计好印刷线路的电路板上的。一般电子制作中如果元件的引脚和焊盘比较小，散热小，功率20~30W的电烙铁已足够。如果元件引脚和焊盘比较大，印刷线路面积较大，散热厉害，那就要用到瓦数大一些的电烙铁，如45~150W。瓦数越大，发热越大，温度越高。瓦数大于45W的烙铁温度太高，可达300~500℃以上，不宜用来焊接小元件，否则可能把元件烫坏，特别是一些对温度敏感的元件如集成电路、三极管、陶瓷电容、热敏电阻等。另外，烙铁的烙铁头的工作部位最好用铁锤敲成扁铲状，这样既可以用它的尖角焊接小元件小焊点，也可以焊接引脚稍大一些的元件，从电路板上拆卸元件时还可以起到起子的作用，相当好用。其次，烙铁头在使用之前必须先上锡，方法是：先把烙铁头的工作部位用砂纸打磨光亮，去掉氧化层，然后插电加热到既定温度时在松香上蘸一下(以刚好冒烟为度)，然后立即蘸锡，让整个工作部位都均匀地涂上一层锡。这样做既可以防止烙铁头受热时进一步氧化，还可以让烙铁头很轻易地吃上锡，方便焊接。

孙子的烙铁是新买的30W电烙铁，用在收音机制作上刚刚好，但他不懂得给烙铁头上锡，烙铁头不吃锡，焊接起来就很困难，而且容易造成焊接不良。

2. 选择合适的焊料—焊锡。焊锡是电子制作的重要介质材料，电子元件通过它与印刷电路板牢固地结合在一起，完成电子通路，实现一定的电路功能。焊锡是锡与铅铜银铋等几种金属的合金，熔点在230℃以下，电子制作中一般用低熔点焊锡丝，其熔点大约在140~180℃，质地柔软，比较易于熔化和焊接。质地较硬的焊锡丝不容易熔化，不适于小功率烙铁使用。孙子采用了质地较硬的焊锡丝，不易熔化，焊接起来不流畅，假焊虚焊就难免了。

3. 正确选择助焊剂—松香或焊锡膏。二者都用于焊接时去除焊接物表面的氧化层，增强焊锡与焊接物的浸润性，以使焊接牢固。松香是中性的，对焊接物无腐蚀性，属于弱助焊剂，广泛应用在几乎所有的电子制作上。焊锡膏是酸性的，对焊接物有很强的腐蚀性，属于强助焊剂，尤其适用于铁制引脚的焊接(如LED灯的管脚的焊接)。酸性助焊剂焊接完成后一定要清除干净，否则可能对元件和印刷线路造成腐蚀，或引起漏电，电子制作过程中应该尽量少用。

二、焊接的基本方法和步骤

1. 焊接前的准备工作：为使焊接牢固，焊接前务必把将要焊接的元件的引脚和印刷板的焊盘表面清理干净(这是实现牢靠焊接最最关键的一步!)，办法是用锋利小刀、钢锯片将元件的引脚刮干净(要露出金属本色)，将焊盘表面用砂纸打磨光亮，然后给待焊接元件引脚和电路焊盘牢固地镀上一层锡—先让烙铁头蘸上一点锡，再蘸上一点松香(不要太多!)，然后立即将烙铁头移到焊接表面，在元件引脚和焊盘表面均匀涂上一层锡。记住!为使焊接牢固，避免假焊，虚焊，这个前期工作是很重要的，一定马虎不得!而孙子恰恰在这一关键步骤上完全没有做好，所以制作失败是必然的了。

2. 焊接过程：先用竹牙签配合烙铁给焊盘通孔，把元件引脚插入焊盘，用左手稍加固定，然后给烙铁蘸上适量的锡，再蘸上一点松香(不要太多!)，然后立即将烙铁头移到焊盘上，让蘸锡的烙铁头的尖角快速沿元件引脚绕一圈，然后移开烙铁头，看看焊上的焊锡是不是浑圆光亮，元件引脚和焊盘是不是紧密地黏结在一起，不光亮再重复一次，注意不要有尖刺，每次焊接时间不要超过3秒，务求焊接牢固(可通过拨动元件引脚来判定)。全部焊接完成后，用棉球蘸无水酒精将焊盘上多余的松香擦干净。孙子这一步从表面上看来还可以，但松香用得过多，也有可能造成虚焊。

从整个作品来看，除了元件对号入座这一步做得较好以外，其他焊接过程指导老师的作用是很不到位的，这是导致孩子作品失败的根本原因。知道问题的症结所在后，孙子立即采取了措施，该换的换，该拆的拆，该刮的刮，该上锡的上锡，该重新焊接的重新焊接，经过一个多钟头的认真操作，孙子的收音机终于响了。

焊接是个技术活，技术性很强，该注意的要注意，该遵循的步骤要严格遵守，必须要有极其认真负责的态度，不能马虎。只要认真遵照上述步骤和注意事项操作，就一定能够焊接得很牢固。多操作，多训练，技能是可以在实践中不断提高的。

◇福建 蔡文年

钟控烙铁盒的改进

本人发表在《电子报》2003年第32期上的《钟控烙铁盒》一文，电路如图1。编辑文禾老师在点评时指出：作者来稿的同时附寄了样品，经用台灯代电烙铁插入样品的电源插座中试验，按AN1或AN2能使台灯亮或灭，拨动开关K能使台灯有两种亮度，两只LED亮灭情况能区分电路工作状态，电路功能完全符合文中所述。

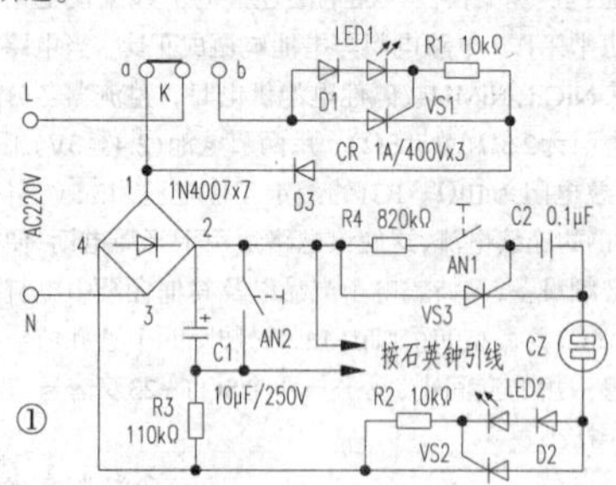

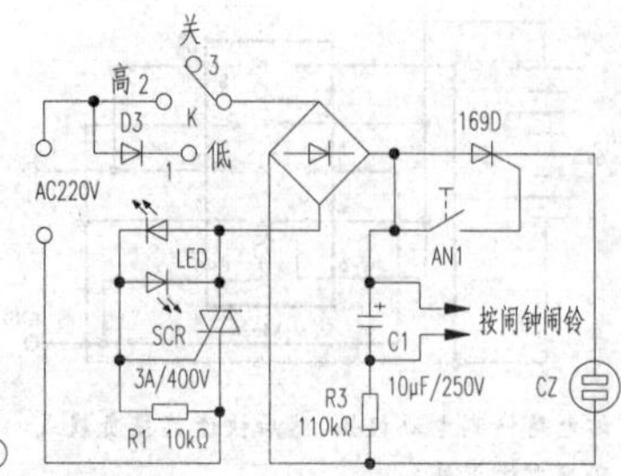

但是，电路比较复杂，钟控功能，实用意义不大，整点控制，将使电路每小时断电一次，如未及时启动电路，烙铁便冷却，反而给使用招致了麻烦。所以做了进一步的改进。

改进后的电路如图2。比原电路简单多了，原电路用了17个元件，改进后的电路只用了10个元件。

1. 原图电路的显示器就用了8个原件，其中有2只可控硅，2只发光二极管，2只二极管和2只电阻；改进后的显示器电路，只用了4个原件，其中一个是双向可控硅，两个发光二极管，1只电阻，比原电路节省了四个原件，可它的显示功能却没有改变。当调温开关调至高档时，电源220V直接经整流后，对电烙铁实行全波供电，两只发光二极管LED同时发光，表示电烙铁处于高温加热状态；当调温开关调至抵挡时，220V电源经二极管D，为110V电压，对电烙铁实行半波供电，此时只有一只LED发光，表示电烙铁处于低温加热状态。

2. 原图电路，可控硅控制极的触发，用了一个电阻R4和一个小电容C2，电阻是为了降压和限流用的，在实际使用中，测试其电压和电流微乎其微，根本用不着电阻R4来降压和限流，所以取消了。而电容C2在未改电路之前，是为了防止可控硅的误触发而设计的，改进后的电路也取消了，这是根据实用后，从未发生过可控硅的误触发，因此也被取消了。

3. 原图电路用了3个开关，一个调温开关、一个启动开关和一个关断开关，改进后的电路只用了两个开关，是将调温开关改成了高、低关开关，取消了关断按钮开关AN2。

4. 原图电路是用石英钟整点报时来定时的，每小时关断一次，改进后的电路，是用小闹钟1-12小时内，可任意定时，而且还有警铃提醒。再也不会因未及时启动开关，而招致麻烦了。

改进后的电路，简单实用，用前只要调一下闹钟定点和温度，再按一下启动按钮AN1就行了。到了定时时间，烙铁会自动断电，同时发出报警声，如果中途停止使用时，可将调温开关调至关档处，就能立即切断电源，烙铁也就会立即停止加热，两个指示灯LED同时熄灭。实体钟控烙铁盒如图3。

◇辽宁 麻继超

教学方法

浅谈LED灯箱广告制作的项目教学法

为了探讨电子电器应用与维修专业的教学方式，我在省级精品课程《LED显示屏的安装与调试》的教学中尝试使用项目教学法，即：将一个教学任务分解为若干个子项目来开展教学。现以"LED灯箱广告制作"为例，谈谈开展项目教学的注意事项。

【项目一】选题

灯箱广告按照四个字进行设计：贵定职校。将学生进行分组，每8人一组，每2人负责一个字的制作，最后拼成一块灯箱广告。

【项目二】选材

1. 板材的选择

灯箱广告用铝塑板制作，先用裁纸刀从一块铝塑板上切下长240cm、宽60cm的铝塑板，再将其平均分为4块，每块60cm×60cm。

2. 字体的选择

到打字店打印出"贵定职校"四个字，用刻字机刻好，将字贴在铝塑板上。

3. 发光二极管的选择

为了让学生了解各种颜色发光二极管的特性，要求每个字用不同颜色的发光管（Φ5mm，一串二极管有20颗）："贵"——蓝色，"定"——红色，"职"——黄色，"校"——绿色。"贵定职校"这4个字的周边用"红、蓝、绿"三种颜色进行装饰。设计图纸见图1。

贵定职校

图1　设计图纸

【项目三】钻孔

先用直尺和笔在字的周边确定要钻孔的位置。每个字要钻孔的位置如下："贵"——左、上、下，"定"——上、下，"职"——上、下，"校"——右、上、下。这样，把四个字拼接在一起时周边的图案才是连贯、完整的。然后选用略小于发光二极管的钻头，用手电钻对贴有字的铝塑板进行钻孔。

【项目四】安装发光二极管

1. 四字发光管的安装

看似简单的发光二极管安装，实际做起来并不是那么容易。首先要确定发光二极管的"正""负"极，把每个字的起始位置确定为"正"极，然后对字的笔画进行安装，按照"正""负"极性把发光管安装到每个字的孔上去。安装时要尽量做到发光二极管不交叉，以免后面接线时出现很多跳线。

2. 周边装饰发光管的安装

周边装饰发光管采用每隔3颗换一种颜色的方式，按照"红红红-蓝蓝蓝-绿绿绿"的顺序进行安装。特别提示：由于"贵定职校"四个字是分开的，安装装饰发光管时要注意按照字的先后顺序进行；同学之间要相互合作，不能各自为政，否则把四个字拼接在一起时可能会出现颜色不协调的情况。

3. 发光二极管的焊接

将每个字的发光二极管的正负极按顺序分别焊接起来，组成一串，再把正极用红导线焊接，负极用黑导线焊接。周边的三组LED灯依次用红、蓝、绿三色导线分别焊接。最后，选用带有八路叠加输出和三路循环输出的LED电子灯箱控制器（见图2）。将"贵定职校"四个字的发光管的负极分别接在八路叠加输出的1至4端，正极接入公共"正极"端；周边的"红蓝绿"三组发光管的负极分别接在循环输出的1至3端，正极同样接入公共"正极"端。

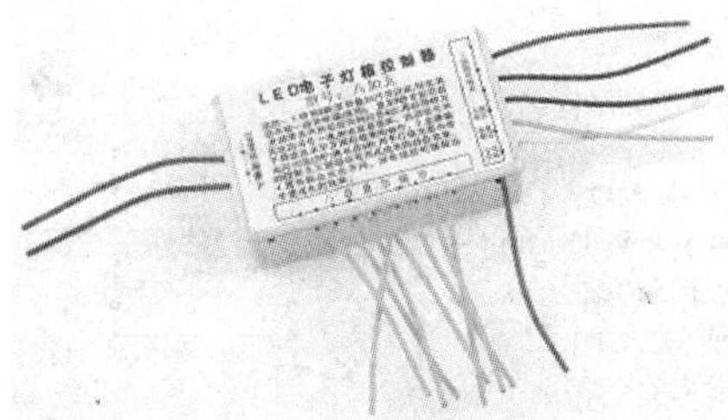

图2　LED电子灯箱控制器

4. 发光二极管的固定

固定发光二极管之前，要先检查有没有发光管没安装到位，如有，必须将发光管压到底后再固定，否则会造成有的发光管凹陷下去，影响美观和发光的亮度。检查无误后，用热熔胶枪融化热熔胶，涂抹在安装好发光管的铝塑板上，把发光管固定住。

【项目五】通电调试

连接好所有发光管并检查无误后，就可以进行调试了。把控制器的电源输入端与一个接线插头连接好，接通电源，观察到如下现象：中间4个字全部没有点亮，灯箱广告边缘的循环灯组（红色的）亮一下就熄灭了。分析其原因，主要如下：

1. 中间4个字没有点亮，是由于每个字所用的发光二极管都超过150颗（蓝色230颗、红色220颗、绿色216颗、黄色207颗），且当所有发光管是串联在一起的。而红、黄发光管的工作电压一般为1.8~2.2V，蓝、绿发光管的工作电压一般为3~3.3V，工作电流尽量控制8mA以内。由于是发光管是串联连接，每个字上的每颗发光管分得的电压低于发光管的工作电压，所以发光管无法点亮。

2. 循环灯组中的红色发光管亮一下就熄灭，是由于红色发光管的数量少（只有66颗），而其工作电压低（只有1.8V），当循环灯组接入220V电源时，红色发光管上分得的电压超过其额定电压，造成电压过高，击穿发光二极管，导致红色循环灯组熄灭。

【项目六】排除故障

1. 将每个字的发光管按照个数分成几串："贵"字（蓝色）的230颗发光管分为3串，每串77、77、76颗；"定"字（红色）的220颗发光管分为两串，每串110颗；"职"字（黄色）的216颗发光管分为两串，每串108颗；"校"字（绿色）的146颗发光管分为两串，每串73颗。接着，将每个字按照分好的串数分别并联焊接在一起，利用欧姆定律计算出应该接上一只3kΩ/10W的限流电阻。最后，把四个字的负极分别接到控制器的第1-4组叠加输出端，正极都接到公共"正极"端。

2. 由于边缘循环灯组中的红色发光管已被击穿，应先拆下被击穿的发光管，重新更换红色发光管并焊接好。由于红色发光管只有66颗，利用欧姆定律计算，必须串联一只9.1kΩ/10W的分压电阻。另外两组循环灯组也分别串联一只4.7kΩ/10W的限流电阻。重新用热熔胶固定更换的红色发光管。再将三组循环灯组的负极依次接到控制器的循环接线端，正极同样接到公共"正极"端。

【项目七】再次通电调试

重新检查所连接的电路有无短路情况，确认无误后，再次进行通电调试。接通电源后，看到如下现象："贵定职校"四个字依次点亮，然后有节奏地闪亮；边缘的循环灯组也按照"红""绿""蓝"的顺序循环点亮。至此，"LED灯箱广告"制作成功。调试好的灯箱广告如图3所示。

图3　通电状态下的灯箱广告

【项目八】总结经验

本次教学通过把一个实训项目分为若干个项目来进行教学，引导学生逐一完成每个子项目，学生很有成就感，学习兴趣自然很高。在每个子项目的进行过程中，知识点也一点一点地渗透，从而完成制作LED灯箱广告的任务。兴趣是最好的老师，有了兴趣学生才愿意自主地来学习。

总结"LED灯箱广告制作"的教学过程，以下几点需要注意：

1. 要先根据所做灯箱广告的尺寸来拆取铝塑板。

2. 根据灯箱广告的字数来确定字的大小，选择合适的发光管，合理安排每一个字所用发光管的个数，在铝塑板上均匀地打孔。

3. 安装发光管之前一定要先检测每一颗能否正常发光，并注意发光管的极性，否则一旦安装上去，就很难查找不发光或装反的发光管了。

4. 要根据不同颜色发光管的工作电压将每个字的发光管分成合适的串数，建议：红色、黄色每串105~115颗，绿色、蓝色每串65~70颗。

5. 要根据不同颜色发光管的工作电压和电流（8~10mA）计算需要串联的降压、限流电阻的阻值和功率。

6. 调试无误后，通电点亮一段时间，如果没有发现问题，就可以用热熔胶对发光管进行固定处理，用绝缘胶布把导线与发光管的焊接部位做绝缘处理。

7. 最后安装铝合金边框，接出220V的电源线，项目任务就全部完成了。

◇贵州省贵定县中等职业学校　王泽江

新年寄语

时光飞逝，转眼间，本报职教版与读者和作者朋友携手走过一年时光。一年来，我们的版面上既有"单片机系列""传感器系列"这样比较系统的初学入门文章，也有指导学生参加职业技能竞赛的独到心得，还有一线教师摸索出来的独特的教学方法，更有广大电子爱好者制作的新颖实用的电子产品。值此新年来临之际，本版编辑向长期支持我们的读者和作者致以崇高的敬意！

中国选手在第45届世界技能大赛上捷报频传，习近平总书记作出重要指示：要健全技能人才培养、使用、评价、激励制度，大力发展技工教育，大规模开展职业技能培训，加快培养大批高素质劳动者和技术技能人才。职业院校是培养大国工匠的摇篮，职业教育是教育体系的重要组成部分，《电子报》职教版致力于助推中国职业教育迈上新台阶。

今年，本报职教版面仍将开设以下栏目：

1. 教学教法。主要刊登职业院校（含技工院校，下同）电类教师在教学方法方面的独到见解，以及各种教学技术在教学中的应用。

2. 初学入门。主要刊登电类基础技术，注重系统性，注重理论与实际应用相结合，帮助职业院校的电类学生和初级电子爱好者入门。

3. 电子制作。主要刊登职业院校学生和电子爱好者的电类毕业设计成果和电子制作产品。

4. 技能竞赛。主要刊登技能竞赛电类赛项的竞赛试题或模拟试题及解题思路，以及竞赛指导教师指导选手的经验、竞赛获奖选手的成长心得和经验。

5. 职教资讯。主要刊登职教领域的重大资讯和创新举措，内容可涉及职业院校的专业建设、校企合作、培训鉴定、师资培训、教科研成果等，短小精悍为宜。

欢迎职业院校师生和职教主管部门工作人员赐稿。投稿邮箱：63019541@qq.com或dzbnew@163.com。稿件须原创，请勿一稿多投。投稿时以Word附件形式发送，文内注明作者姓名、单位及联系方式，以便奉寄稿酬。

我们相信，有您的支持，本报职教版面将为职业院校师生和电子爱好者奉献更多精彩！

本版编辑

2020年1月1日

低成本发声的扬声器纸盆振动演示器

摘要：义务教育教科书《物理》八年级全一册，教材中的两个实验“泡沫塑料小球在发声的扬声器中跳动”和“发声的音叉激起水花”是学生进行科学探究：通过观察和实验得出正确结论的关键，“泡沫塑料小球在发声的扬声器中跳动”的实验，没有成套的器材，实验操作繁琐。自制“低成本发声的扬声器纸盆振动演示器”便于操作、携带方便，可作为学具和教具使用。

关键词：低成本；NE555 脉冲信号发生器模块；TDA2030A 功放模块；学具；教具

一、重视实验　发现问题

上海科学技术出版社 2012 年 6 月第一版义务教育教科书《物理》八年级全一册，第三章声的世界第一节科学探究：声音的产生与传播，其中声音是怎样产生的，教材在引导学生观察和思考人与自然现象：“人们是怎样发声的？盛在盆中的水悄然无声，而奔流的溪水却能发出潺潺声响？”的基础上，进一步通过实验探究发声是否真的与振动有关？教材中的两个实验“泡沫塑料小球在发声的扬声器中跳动”和“发声的音叉激起水花”是学生进行科学探究：通过观察和实验得出正确结论的关键。因此，做好这两个实验也是课堂成功的关键，这两个实验不但能让学生通过感官感觉到发声现象，增强学生的感性认识，还能用科学的方法将不容易观察的发声的物体的振动进行转换放大，间接地表现出来，以利于学生观察，从而认清事物的本质，总结出规律性的东西，这也是对初中学生进行科学方法教育的启蒙。

教材中“泡沫塑料小球在发声的扬声器中跳动”的实验，需要较大功率的扬声器、音源、功放器、泡沫塑料小球。没有成套的器材，泡沫塑料小球容易散失，教师实验操作繁琐。随着制造工艺和技术的发展，有了廉价的功放模块和脉冲信号发生器模块，可以取代体积较大的功放器和音源，使实验微型化、简单化，低成本、低消耗，更节能、环保，自制“低成本发声的扬声器纸盆振动演示器”便于作为学具或教具使用。

二、教具、学具制作器材

（一）自制“低成本发声的扬声器纸盆振动演示器”的主要器材

（1）音源用 NE555 脉冲信号发生器模块取代，脉冲信号发生器模块工作电压 5~12V，输出信号为占空比为 50%的方波，板载可调电阻的频率调节控制范围为 2k-25k 赫兹，板子大小为 29mm×12mm，价格 2 元左右。

（2）功放器用 TDA2030A 功放模块取代，功放模块工作电压 6V-12V，单声道功率 18W，板载 10K 可调电阻可调音量大小，有电源指示灯显示，有输出接线座和输入引脚，板子大小为 31.6mm×23.2mm，价格 6 元左右。

（3）扬声器选用直径 2.9cm，8 欧姆、0.25W 小喇叭，价格 0.5 元左右。

（4）选用 9V 层叠电池，按钮小开关、若干导线、乒乓球，共计 3.5 元左右。

（5）底座木板大小为 20cm×10cm，支撑木条高 20cm，横杆长 10cm，共计 0.5 元左右。用细线悬挂乒乓球至小喇叭。

（二）自制“低成本发声的扬声器纸盆振动演示器”的材料估价

自制“低成本发声的扬声器纸盆振动演示器”，既可以作为教具，又可以作为学具，材料成本价格共计 12.5 元左右。

三、电路连接与调节使用

（1）电路连接：9V 层叠电池正极接按钮小开关，按钮小开关接 NE555 脉冲信号发生器模块 VCC 及 TDA2030A 功放模块供电正极，9V 层叠电池负极接 NE555 脉冲信号发生器模块 GND 及 TDA2030A 功放模块供电负极，NE555 脉冲信号发生器模块 OUT 接 TDA2030A 功放模块音频输入正极，TDA2030A 功放模块音频输入负极与其供电负极相连。TDA2030A 功放模块音频输出接小喇叭。

（2）调节使用：接通电路，功放模块电源指示灯亮，调节功放模块上的电位器使小喇叭发声最响，将乒乓球放置于小喇叭上，调节 NE555 脉冲信号发生器模块上的电位器，小喇叭发声频率较低时，乒乓球振动幅度最大。

四、使用效果

“低成本发声的扬声器纸盆振动演示器”操作简单，可控性好，打开开关，即可观察到：在小喇叭发声的同时，乒乓球随小喇叭的纸盆振动。“低成本发声的扬声器纸盆振动演示器”便于学生操作及近距离观察，移动、携带方便。

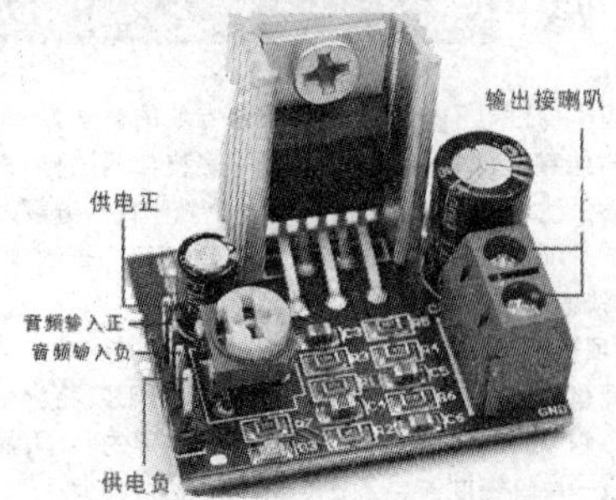

图 2　TDA2030A 功放模块实物图

图 3　8 欧姆、0.25W 小喇叭

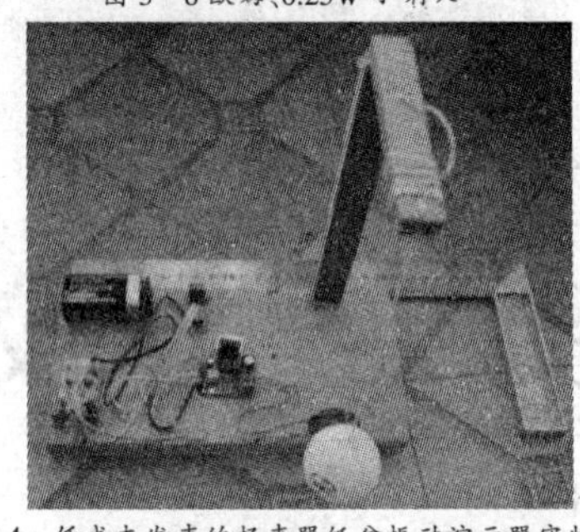

图 4　低成本发声的扬声器纸盆振动演示器实物图

学生在观察“发声的音叉激起水花”实验和“低成本发声的扬声器纸盆振动演示器”实验的基础上，学生自然能够得出结论：“声音是由物体振动产生的”。

参考文献：

罗海军　韩良“声音是由物体振动产生的”演示器在教学中的运用王兆军　扬声器和动圈式话筒演示器

◇山东省济宁市实验中学　王富民　夏洪旭

图 1　NE555 脉冲信号发生器模块实物图

创新需要基础　基础为创新服务

本版针对校园的师生开设的版面，又重点在于电子信息大类职业教育的技能知识传递。本版几乎为一线的老师和学生作品，虽然看起来有些文章技术低下，难以符合高端人才的技术技能需求，但针对创新的生力军，没有基础也是很难实现项目的。

本版的基础知识，择重于对校园电子技术的积累和体验，对初学者或接触电子技术不深的爱好者们以知识和技能学习提供帮助。本版热烈欢迎各位电子爱好者们做好初学者的老师，将自己的经验和知识传递出来，以帮助他们解决问题，提高学习效率。

欢迎各位读者点题，作者“供菜”，再献上全民科普电子大餐。

本版责任编辑

认识OC门电路和OD门电路

OC门和OD门它们的定义如下：OC：集电极开路（Open Collector）OD：漏极输出（Open Drain）这是相对于两个不同的元器件而命名的，OC门是相对于三极管而言，OD门是相对于MOS管。

1. OC门

我们先来分析下OC门电路的工作原理：当INPUT输入高电平，0.7V，三极管U3导通，U4的b点电位为0，U4截止，OUTPUT高电平当INPUT输入低电平，0.7V，三极管U3截止，U4的b点电位为高，U4导通，OUTPUT低电平OC门电路其中R25为上拉电阻：何为上拉电阻？将不确定的信号上拉至高电平。假设：没有R25，那么OUTPUT的输出是通过ce与地连接在一起的，输出端悬空了，即高阻态。这时候OUTPUT的电平状态未知，如果后面一个电阻负载（即使很轻的负载）到地，那么输出端的电平就被这个负载拉到低电平，它是不能输出高电平的。因此，需要接一个电阻到VCC，而这个电阻就叫上拉电阻。

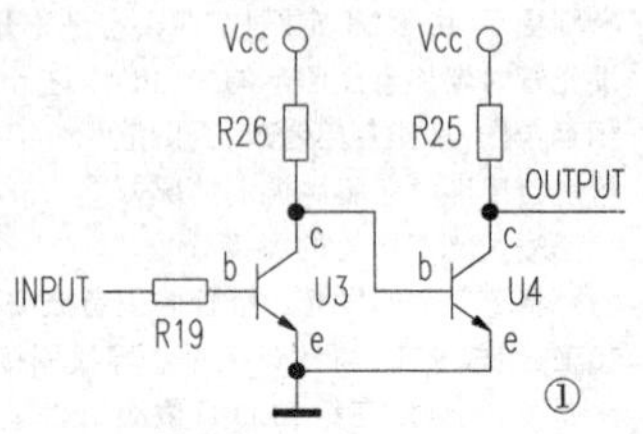

2. OD门

OC门与OD门是十分相似的，将三极管换成了MOS管当INPUT输入高电平，阈值电压，MOS管Q1导通，Q3的G点电位为0，Q3截止，OUTPUT高电平当INPUT输入低电平，阈值电压，MOS管Q1截止，Q3的G点电位为高，Q3导通，OUTPUT低电平开漏它其实利用了外围电路的驱动能力，减少了IC内部的驱动，因此想让它作为驱动电路，必须接上拉电阻才能正常工作，例单片机的P0口。而且驱动能力与上拉阻值和电压有关，电阻越大，相应的驱动电流就小。

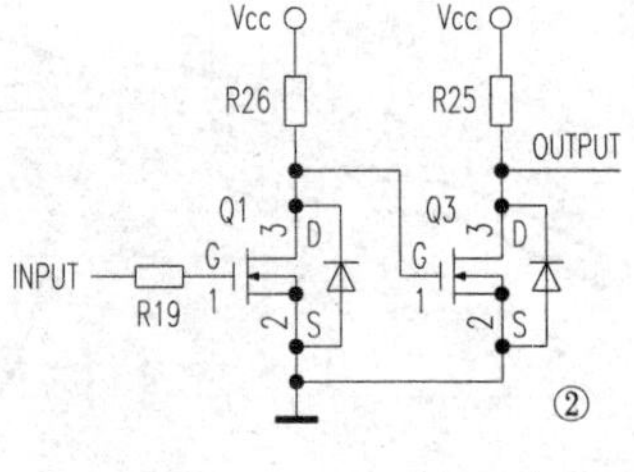

◇四川　秦士力

5G 在智能电视领域中应用的几点认识

5G 是最新一代蜂窝移动通信技术，是目前移动通信技术发展的最高峰。由于该项技术具有高速率、低时延、大容量等特征，在智能电视领域运用毫无疑问会有很大的益处，但目前也面临一定的困难，现谈谈个人在这方面粗浅认识，与大家共同探讨。

5G 第五代通信技术

智能电视

一、5G 能够推动智能电视领域快速发展

（一）提高了网络速度

相对于 4G，5G 网络有着超快的数据传输速度，理论上 5G 网络速率能够达到 10Gb/s(1.25GB/s)，传输速度最慢可达每秒 100 兆，是 4G 的一百倍，这为超高清视频的传输提供了条件。

网络速度提升，用户体验与感受才会有较大提高，网络才能面对 VR/超高清业务时不受限制，对网络速度要求很高的业务才能被广泛推广和使用。高速度的 5G 网络将承载增强移动宽带（eMBB）的应用场景，最贴近日常生活的就是在家里用智能电视收看超高清视频。可见，5G 将会替代家庭宽带。

（二）降低了设备功耗

随着技术的不断发展，网络速度变得越来越快，同时设备功耗也变得越来越高。降低设备功耗是大家比较向往的问题，5G 要支持大规模物联网应用，考虑到了降低功耗方面的要求，把功耗降下来，使越来越丰富的物联网产品才会得到普通大众的广泛接受。

降低功耗主要采用两种技术手段来实现，分别是美国高通等主导的 eMTC 和华为主导的 NB-IoT，它们都是 5G 网络体系的一个组成部分。

（三）缩短了信息传递延迟

延迟是将信息从发送方传递到接收方所需的时间。低通信延迟是 5G 的一个改进，5G 对于延迟的时延最低要求是 1 毫秒，甚至更低。较低的延迟可以帮助 5G 移动网络实现终端用户快速响应的任务，显著提高了工作效率。

（四）扩大了应用领域

5G 的出现将带来传输数据的变化，将会把人类社会带入万物互联的时代，为全球智能环境，为智能制造、智慧医疗、智能家居、智能出行等方面提供技术支持。人工智能在 5G 时代下，将提供更快的响应速度、更丰富的内容、更智能的应用模式以及更直观的用户体验，给人类生活带来极大的便利。

对于家电行业而言，5G 时代还会促进各大家电企业"智能家居"相关硬件和方案的落地。国联证券认为，智能电视作为智能家居的入口，将满足家庭娱乐、社交、家居控制等需求，成为智能家居的核心。

智能电视不仅会成为智能家居的中心，也会成为家庭智能生活的社交中心。随着 5G、AI、VR 和 AR 等技术的发展和日益成熟，未来家庭智能生活场景将和现在有很大不同，我们对未来的智能生活方式抱有强烈的期待。

智能电视功能的加大和应用领域的扩展，使其不再只是"电视"，而是智慧大屏。

（五）电视大屏化，8K 终将普及

现在用户对于电子设备的屏幕尺寸和显示效果有着无尽的贪婪，电视屏幕越来越大。从 2019 年三季度电视市场情况来看，屏幕尺寸已整体突破 50 英寸，越大卖得越好，中小尺寸市场萎缩。大尺寸电视价格也逐渐亲民，所售价格不是高不可攀，而使消费者能够轻松接受。

5G 时代，视频产业从 4K 到 8K 的变革将成为一个必然的过程。近几年，我国超高清视频的发展明显加速，公开数据显示，今年一季度 4K 电视的渗透率已接近 70%，市场上 4K 电视的热销也反映出广大受众对超高清内容充满期待。随着 5G 时代的到来，这一数据还将持续快速增长。

5G 的出现解决了长视频和超清视频的传输问题，也为未来 8K 电视的迅速普及提供了先决条件。目前虽然现在 4K 电视还没能够全面普及，8K 电视的热度已攀升。然而在 4G 的时代，网络传输速率对于 8K 资源来说还是一大挑战，但对于 5G 技术来说，这或许不是问题。聚焦 8K，5G 在超高清视频数据传输承载上有着天然优势，依赖于 5G 的高速传输特性，带来更大的数据通量，将加速 8K 超高清电视的普及。

（六）刺激产品更旧换新，加大了电视销量

技术的升级更迭必然会加速旧产品淘汰，大量的老设备在 5G 时代下无法发挥功用，亟待换新，这将在很大程度上刺激电视产品的更旧换新需求。由 5G 带来的内容、服务、体验的升级，也会进一步提振彩电市场需求。未来几年，当 5G 发展成熟，最后一批农村"家电下乡"产品也进入了"换购期"，5G 将毫不意外地成为产品换新的最佳理由。

我国彩电市场零售量规模自 2016 年突破 5000 万台大关后，始终未能有明显增长。5G 到来之后，由 5G 带来的一系列的产业链升级也将刺激更多用户购买、消费，带动彩电行业向着高品质的方向发展。

智能电视在崛起，将会逐步成为电视市场的主流。据有关数据显示，目前智能电视销售量占平板电视的比重已经接近五成。

二、面临的困境

智能电视领域运用 5G 技术绝不仅仅只是通信技术的迭代相加，在产品落地之前，它还会面临诸多的困境，厂商还需要满足更多的必要条件。

（一）缺乏应用场景

一方面是目前电视市场投身 5G 应用场景并未形成配套，单一切入 5G 必然面临应用受制的窘境；另一方面是电视迭代周期过长，并不具备手机那样的快消属性，用户在选购的时候会提出更多的要求以满足长期使用。在此情景下，推出缺乏应用场景的 5G 彩电产品无疑是在是否购买上为消费者出了一道难题。

（二）5G+8K 临时有着一定的困难

1. 当前 5G 的带宽资源与彩电产品发展略显脱节。虽然 4K 分辨率加速渗透，但仍具有较大换新市场；面板成本下降前提下，电视尺寸正在逐渐向上攀升，这两点是当下彩电产品的发展趋势。而 5G 丰富的带宽资源却与这股趋势略显脱节，超前许多。

2. 目前借助 5G 来承载 8K 内容困难较大。聚焦 8K，5G 在超高清视频数据传输承载上有着天然优势，这也是彩电领域应用的主要场景。然而就目前的面板演进来看，8K 仍旧属于真空区域，距离面向大众的商业化还有一段时间。不得不说，目前 8K 硬件生态自身尚不完善，要想在此基础上借助 5G 来承载内容就显得更加困难。如果没有 8K 超高清内容，5G 的实用性也会大打折扣。

（三）内容源的跟进短期内难以圆满

5G 电视明面上是新代通信技术与终端牵手的绝佳案例，但在其背后还寓意着与 5G 匹配的内容生态，其内容源产业链的跟进就绝非一朝一夕能够完成。

1. 4K 内容片源长期滞后。此前工信部等部分联合发布了《超高清视频产业发展行动计划》，其中坚持路线为"4K 先行，8K 兼顾"，以此来逐渐打通产业链上下游。从现状来看，这也需要一定的时间来进行推进。4K 面板渗透已久，但其内容片源长期滞后，以至于反向拖累了终端需求。如果不是面板价格下行、厂商推出相应算法补偿，在实际应用层面，4K 的需求度仍然是处于偏低的水准。

2. 5G+8K 时代，内容生产更是落后。及至 5G+8K 时代，内容生产更是远远落后于终端需求，两者互相紧密挂钩，单一推出其中任何一者作为卖点都会显得过于草率，此前运营商 4G 终端绑定 5G 合约销售的套路便是如此。而且彩电产品自身具有较长的使用周期，片面残缺的体验也并不利好产品的长期使用。

相信随着科技技术的快速发展，5G 在智能电视领域里的运用所面临的各项困难都是发展中的临时困难，均会很快被彻底克服的。

电视行业对 5G 满怀期待，5G 时代人们绝对离不开智能电视。在 5G 时代 5G 电视将是一大市场，单靠人工智能或者单靠 5G，都不足以推动智能电视机的产业升级，必须注重将它们融合发展。发展中要把握好 5G 技术优势，积极创造条件尽早摆脱面临的困境，努力推动智能电视领域的迅速发展。

◇山东省广播电视局蒙山转播台　范玉梅

5G与通信，音视频信号传输与演绎的新结合体

当前的音视频信号传播，已经远不止广播电视、卫星传输等传统方式，当 4G 结合微信、直播等实时通信软件后，多元化、流媒体、自媒体等多样化的音视频信息传输就得到了广泛应用。特别是 5G 通信的商用，音视频传输就更加便捷化。

本版将沿用传统模式，既要传播实用的技术改进与设备故障维修，还要传递 5G 在音视频传播中的技术动态及网络播放视频的相关技术、技改等问题。

随着技术的飞跃发展，我们的选题也应跟紧时代需求，为适应新型技术发展需求和满足同行交流与学习的目的，欢迎各位作者、读者及技术工程师们勇于参加本版面投稿，共同把本版及电子报推向新 5G 时代下的信息传播和保存王。

本版责任编辑

2020年发烧随笔！

纵观国内音响展二十多年，国产音响器材有了较大的进步；特别是专业音响，如今国内大小音响工程若无特别要求几乎都用国产器材，从每年的广州灯光音响展可以体会到国产音响的强势。但从每年的广州发烧音响唱片展也可以看出，参展的厂家与商家越来越多、参展的器材品质越来越高、观展的音响发烧友也越来越多、但成交量越来越少，单一在展会上较难给厂家带来较大的订单。展会看多了，有点审美疲劳，总是熟悉的面孔，有些器材在展会上看了十多年，换汤不换药，总觉得现在的发烧音响器材成了奢侈品，价格越来越高，为有钱的爱乐人士服务；有钱人士可能爱好更广泛，可能在其他领域比在音响器材方面更乐意花钱。普通消费者对那些发烧器材则是敬而远之，更多的是购买那些性价比更高的便携式移动音响或蓝牙音响，经济决定了消费能力。

生产发烧音响的厂家为了迎合某些发烧人士，也是为了获得更高的利润，也不愿放弃眼前某些利益，很多新技术不愿采用。因为新科技、新技术研发要投资，产品推广有风险，做传统的产品最保险。而专业音响就不同了，利用新技术的产品拿下某个音响工程，听感比别家的要好，赚更多的钱，看看各大城市各个大型工程开业、庆典所用的音响器材、看看各地较有特色的音乐酒吧、音乐餐厅就会觉得这个市场很大，音响用途较广。智能手机在国内已普及，若没创新电脑还只能用于办公室办公，其价格可能还是高高在上。有时也在想音响生产厂家能否在技术上做些改进，跳出传统思维模式，把发烧音响器材售价搞低一些，或者让更多的利给用户，让更多的平民大众用平价器材体验到高品质音乐？让科技惠及每个人！

从理论上讲该计划完全可行！你看现在几乎人手一部智能手机，交流、生活、娱乐、办公一部手机基本就能搞定，这在过去根本不可想象，难道音响器材开发要强于手机硬件开发？传统音响电路已很成熟，20世纪九十年代发烧音响辉煌时期，很多国产功放都借鉴名机电路再改进，翻翻早期的《电子报》与《实用影音技术》杂志，可找到很多有价值的信息。对专业人员来说，音响行业已无多少核心机密可言，都讲配套产业。如今中国大陆承接了全球绝大多数的扬声器生产业务，国内很多厂家为国内外音响公司提供配套服务。若我们部分生产厂家把给国外采购商、国外经销商的优惠同样给予国内用户，或者国内用户购买音响器材时多关照一下国内厂家，这种双向互惠又如何？其实国人要自信一点，很多高端进口器材可能就出自身边某个工厂，身边某个好友可能就是生产某些进口器材的工人。

现在专业音响用料不差，物料预算充足，若用2倍成本的专业功放或专业音箱费用来作家用功放与家用音箱，即使研发成本很高，但批量生产平摊到每个产品相对还是较低的。当前各行各业都在不断地技术更新，给人们带来平价、实用的好产品，特别是各类数码产品，但发烧音响系统一直高高在上，离大众越来越远。

科技在发展！很多新平台、新模式出现，为更多人更好服务。举个例子，以前过年大家可能要提前10~20天办年货，为了年夜饭忙前忙后，需要充足的时间准备；如今生活节奏加快了，根本没时间按原来的方式进行，怎么办？有多种选择，可以在家准备年夜饭、也可在酒店、饭店去吃年夜饭。现在商家服务更为周到，客户可以提前订制各类半成品菜、成品菜，客户收到后只需稍微加工或加热一下即可食用。

再说远一点，就像这几年市场销售的多种新款方便食品，如川味特色菜煲仔饭、特色菜面条、特色鱼汤(娃娃鱼)，这些快餐食品自带加热装置(把米包与纯净水混合，再把包装里面的菜放上面，加热若干分钟即可食用)。还有便捷的保鲜饭盒，也就是在市场普通的透明塑料饭盒上盖增加一个小装置，用手压几下，饭盒内就抽成了真空，普通食物在里面最高可保鲜15天。

那么音响厂家能否在发烧音响方面也做点小改进或小创新，为更多人提供更多的便利服务？总觉得在发烧音响领域厂家一直在吃老本，很多厂家拒绝创新，一个电路可以用上20年~50年，虽然专业音响厂家一直在创新、接受新事物很快，如DSP处理、数字调音台、DSP声场测试，只要国外有前沿的音响技术，国内就有专业人员学习、研发，快速推出平价、高端的音响设备在行业内大量使用；但在发烧音响这一块，新技术的应用就相形见绌了。

即使普通的音响电路，也可通过电路改进可把声音做得更完美一些，早期的《电子报》音响技术版有很多实用新思路可借鉴。现在很多厂家不敢创新、不愿创新，迎合消费者的口味，作胆机必是2A3、300B、845管的机，其他好管不敢用，怕用户不接受。一定要用纸盆的喇叭作音箱，别的音盆的喇叭不敢用，也没资源。某些发烧友现在还迷恋“X京”“X乐”这些喇叭，非这些喇叭不用，不是说这些喇叭不好，现在即使有这些库存喇叭，其盆边早已老化或损坏；另外这些厂家早已倒闭，市场若有新货销售，其性能值得考究。这种思维造成的结果是国外高端发烧音箱低音喇叭已用复合金属膜（铝膜、钛膜、生物纤维+金属膜）、石墨稀复合材料等新型材料，售价在数万元~数百万元一对音响；国外高端的晶体管功放售价在数万元~二、三十万元一台。不要迷信做发烧音响、极品音响的国外公司的都是大公司，公司大不在人多，可能核心人员就是3~5人，拥有核心技术即可，其他都可以外包，同样的规模在国内只能算小作坊了，这一点不仅体现在音响上、其他设备也有类似的情况！

共享模式的乱象，在国内作共享即“收钱”，做到最后本意很好的新事物大多都“死”掉了，以“ofo”为代表的共享单车等，一些大城市成堆的共享单车当废品一样乱叠在一起，无人管理，有时共享单车乱放造成道路拥堵影响了人们出行，每过一段时间还有新公司在附近投放共享单车。共享单车被人丢弃在水中、河涌、垃圾堆边，看到的人都很心痛，也造成社会资源浪费。

进一步解读共享模式，即分享模式，可包括产品分享、也包括信息分享、技术分享、也可以好的思路分享，比如区块链技术，国内外很多公司，包括阿里、腾讯、华为公司等都有很多区块链的专利与技术，但专利也可以不用收钱、技术也可以开源，可让国内外更多企业与个人参于到区块链的大潮中。

模式在变，何为创新？何为发展？有时也在想能否跳出发烧圈子玩发烧音响？部分老音响迷在音响市场、音响展会学习多年，要求越来越高，若生产与销售只围绕这部分潜在客户转，肯定生意越来越难作。若针对年轻一代，这部分爱乐人士大多经费有限，多从玩耳机、耳放起步，年轻人知识丰富愿接受新事物，开发一些平价、实用性强的发烧音响器材，应该很有前景。

传统的家用发烧音响听音乐这一块就不多谈了。能否把发烧音响用于其他领域？或许可以，比如音乐健康理疗或者像胎教这类的音乐益智的大脑开发。

用音乐作健康理疗早有先例。如佛教、道教的某些音乐很易让人内心平静，也很易让人入睡。虽然某些音乐由于语言不同，我们可能听不懂，但我们内心能够感知音乐，也不需要听懂。

用音乐益智开发大脑的例子也很多。很多孕妇听莫扎特的音乐作胎教，还有一些培训机构让小孩听某些频率的电波来促进大脑发育。这些都可以通过移动PC、智能手机产生所需的信号源，如各类电波、音频等。

经过多年的发展，为了解国产音响器材与进口音响器材有多大的差距，也为了广大音响爱好者与音乐爱好者有能力打造实用、平价的发烧利器，我们可以打造一个平台，分享多款音响精品，包括产品分享、技术分享、信息分享，用分享模式为他人服务，利他才能利己，让《电子报》这个平台吸引更多的朋友分享版功放、音箱等影音产品。

用发展的眼光看待新事物！2020年《电子报》愿与各位电子爱好者分享各自的快乐！也愿更多的国产音响好产品好资源为国人服务！

关于SSD断电后的数据保存问题

有不少人觉得在长时间存储数据的情况下，机械硬盘的安全性是要高于固态硬盘的，这有一定的道理；因为机械硬盘是通过磁盘来存储数据，断电存放时间可以达到十年甚至更久，而固态硬盘是使用浮栅晶体管和内部电子保存数据，假设固态硬盘在相当长时间不通电的情况下，内部数据会有很大的概率因浮栅内电子的衰减而彻底丢失，并且无法恢复。

我们先从原理上来分析，固态硬盘采用NAND Flash作为存储介质，能防止SSD在一定时间不通电的情况下数据丢失，所以即使SSD在长时间不通电的情况下，出现数据丢失的现象还要看具体(温度)环境。

NAND Flash单元的寿命是由擦写(P/E)次数决定的，其公式为：寿命(年)=【实际容量(GB)×P/E数】÷【每日写入量(GB/天)×365(天)】；目前大部分的SSD都是由TLC颗粒甚至是QLC颗粒组成，一般的TLC有1000次左右的擦写寿命，QLC有300次。但这不代表这块SSD写入1000次数据就报废了，它的寿命是跟主控、容量、OP空间、电压等众多因素相关。比如主控搭配QLC闪存时也必须支持更高级的ECC，像东芝就发展了自己的QSBC纠错技术，号称比TLC设备上常用的LDPC更加先进。东芝甚至宣称，他们的QLC NAND拥有多达1000次左右的P/E编程擦写循环，大大高于业界此前几年预计的100~150次，几乎已经和TLC闪存相当了！

根据众多实测证明，SSD的实际承载写入量要远远大于标称写入量，事实上在正常的使用情况下将个人数据存放在SSD内几乎是安全的，大可以放心。

为什么会出现SSD“断电数据丢失说”？来看看固态技术协会(JEDEC)对此做出的相关解释：在30℃不通电保存的情况下，消费级SSD里的数据可以存放一年，但是如果掉电保存温度过高，丢失数据的风险将会大幅增加。

APPlication Class	Workload	Active Use(power on)	Retention Use(power off)	Functional Failure Rqmt(FFR)	UBER
Client	Client	40℃ 8hrs/day	30℃ 1 year	≤3%	$\leq 10^{-15}$
Enterprise	Enterprise	55℃ 24 hrs/day	40℃ 3 months	≤3%	$\leq 10^{-16}$

NAND是通过把电子禁锢在Gate里来存储数据，当温度越高时，电子便会越活跃，进而会造成电子丢失的现象，这也就会造成数据丢失。

因此对于经常使用电脑的朋友来说，大可不必担心SSD丢失数据的问题。

（本文原载第5期11版）

邮局订阅代号：61-75 国内统一刊号：CN51-0091

微信订阅纸质版
请直接扫描
邮政二维码
每份1.50元 全年定价78元
每周日出版

扫描添加电子报微信号
或在微信订阅号里搜索“电子报”

2020年1月12日出版
实用性 启发性 资料性 信息性
第2期
国内统一刊号:CN51-0091 定价:1.50元 邮局订阅代号:61-75
地址:(610041)成都市武侯区一环路南三段24号节能大厦4楼 网址:http://www.netdzb.com
(总第2043期)
让每篇文章都对读者有用

推荐几款有特色的无线充电器

对于无线充电，有的人觉得很鸡肋，有的人又觉得很时髦；目前市场上的无线充电器种类繁多，价格区间也很大，便宜的有几十元，贵的有上千元。

那么我们在选择无线充电器时要注意些什么？先从参数上看看几款有特色的性价比无线充电器。

小米无线充电器

详细规格参数：

名称：小米无线充电器(通用快充版)

产品型号:WPC01ZM

输入接口:USB-C

输入:5V/2A,9V/1.6A

输出:5V/5W max,9V/10W max

传输距离:≤4mm

工作温度:0~40℃

制造商:江苏紫米电子技术有限公司

售价:69元

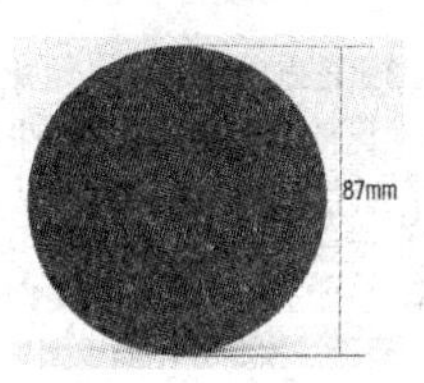

包装内含小米无线充电器1个、使用说明书一份以及一条USB Type-C数据线一条，没有附赠充电器，用户如果想要使用快速无线充电功能的话，需要自己配一个QC3.0充电器。

优点：1. 能够支持苹果7.5W以及三星10W无线充充电。2.铝合金+硅胶材质，手感和质感均不错，铝合金可加强散热，硅胶可起防滑作用。3.支持自由位置充电。4.戴手机壳也可充手机，免去脱掉手机壳的烦恼。5.小米用户无需另外购买充电器，搭配标配的QC3.0充电器即可快充。

缺点：1. 使用USB PD快充充电器无法开启苹果7.5W快充；2.硅胶材质容易附着灰尘，不耐脏；3.充iPhone时快充持续时间较短。

南孚aircharge

详细规格参数：

产品名称：南孚AirCharge防水无线充电器；

产品型号:AC512。

输出参数:5W/7.5W/10W

输入参数:5V-2A 9V-1.8A

输入接口:USB-A

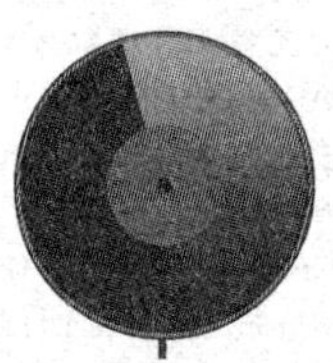

尺寸:85×5mm。

售价:99元

这款防水无线充(面板IP67级防水)内置南孚自主研发的AirCO双解码芯片，可以智能识别手机充电时的电池状态，进而大功率输出平稳电压、电流，保护手机电池。兼容苹果官方的7.5W，安卓10W这些规格的最快速无线充电。另外，该款无线充改进了内部绕线工艺和线圈材料，开发出了新一代黑磁x线圈，充电效率提升10%，充电速度相对普通无线充也会快上一些。

南孚AC005立式无线充电器

传统固有思维的无线充电器都是躺在桌上的一块“几何”形状，手机需要充电时，往上一搁就能充电。而南孚则别出心裁地将立式手机支架的造型和无线充电器相结合。南孚AC005不仅仅是重新“整容”了无线充的颜值，内部构造也采用了边充边散热的设计(传统的风扇散热设计)。为了方便用户日常使用，贴近使用习惯，南孚AC005采用了双无线充电线圈设计，这样的好处是南孚AC005技能站着充电，还能侧躺着充电。极大地方便了爱追剧的朋友，这样手机不但能无线充电，还能架在AC005上，方便看手机视频。该产品目前售价为128元。

倍思智能三合一无线充

对于资深果粉来说，iPhone，Apple Watch，AirPods 2都支持无线充电。苹果曾经在发布会上发布过一款可以同时给多个设备充电的AirPower，其中之一功能是可以同时给苹果手机手表耳机充电。

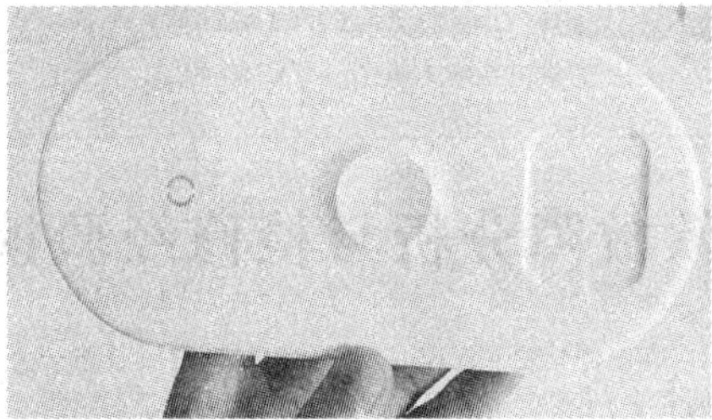

不过AirPower的预售价可不便宜，这里为大家推荐一款AirPower的可替代品——倍思智能三合一无线充。左侧是专为iPhone充电设计的，中间是一个类似Apple Watch充电器的部分，右侧则是为AirPods设计的槽。该产品简单粗暴的用三个线圈分别给三个产品充电，而不需要考虑产品放上去任意位置都能充电这样的麻烦。

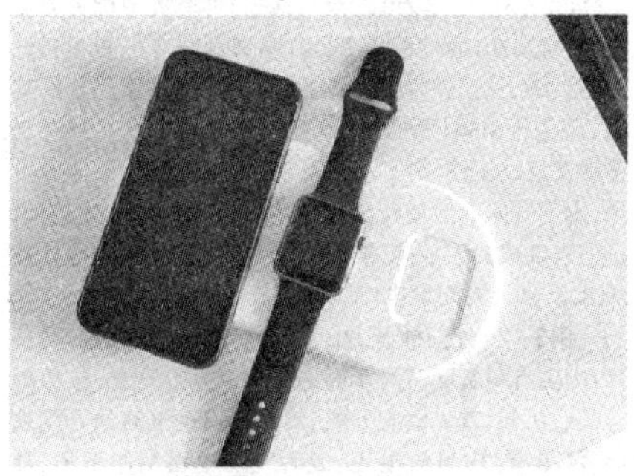

倍思的这款无线充电板三个位置上，手机支持5W/7.5W两个挡位，手表支持2.5W，耳机支持2.5W，可以同时给两部手机充电，并且都可以达到7.5W的充电功率。而充电板的输入支持5V/2A和9V/2A两种规格。充电板采用Type-C接口输入，这是目前最流行的接口了，使用起来非常的方便。这款充电板有黑色和白色两个颜色可供选择。目前售价为169元。

洛斐魔毯无线充垫

不少朋友更喜欢边使用电脑边使用手机，当键盘、鼠标、手机等设备都具有无线充电功能时，能使用统一的无线充电器该有多方便啊。LOFREE洛斐魔毯无线充垫就基于该需求而推出的。

900×320mm大幅面 所有零散充电一应收入

该产品看上就像一张超大的鼠标垫，实际上它是一款无线充。在材质上，LOFREE洛斐魔毯采用了4层6mm超厚皮质垫面，手感细腻，触感优良。同时物理层面兼具了防污、防油和防水特性，面积也达到了900×320mm，“过流保护”“短路保护”“过温保护”“过充保护”一应俱全，几个无线充电设备可以随意摆放。唯一的缺点就是输出功率稍弱，只有10W。目前售价为299元。

AirPower

遗憾地告诉大家，在几经周折之后，苹果公司不得不取消了AirPower这款产品。苹果最初的构想是让iPhone，Apple Watch以及AirPods无线耳机一起在AirPower上充电，但最终，因无法解决无线充电的散热问题而半路夭折。AirPower不仅仅是无线充电，它还旨在帮助设备之间的通信来管理功耗。苹果公司在2017年9月的AirPower演示中显示，iPhone的屏幕跟踪了充电器上的所有设备，显示了它们的电池状态。当时，还不清楚这款产品是否适用于非苹果设备，也不清楚这项技术是否已经嵌入了当前的iPhone和AirPower pad。

AirPower本来是苹果设计的第一个无线充电技术，但它的无线设备都使用第三方充电器。

以上的几款无线充电器基本涵盖了目前大部分可以无线充电的手机，不知道您喜欢哪一款呢？

(本文原载第5期11版)

液晶彩电主板维修与代换探讨(一)

液晶彩电的主板是液晶彩电元器件最多、体积最大、接口最多的电路板，也是液晶彩电中技术含量最高、更新速度最快的部件。主板采用双面印制电路板，大量使用贴片元件，元件体积小、引脚密集，往往导致电压测试不便；另外电路走向从印制板的一面走向另一面，互相穿插，给电路识别和追寻电压信号走向造成困难，容易造成故障判断方向不清、关键点把握不准；再加上所修主板往往无图纸、无数据，给故障维修带来困难。没有条件的维修人员，往往采用换板维修的方法，技术含量低，但成本过高。有理论基础、有维修实践的维修人员，建议采用换件维修的方式，找到和更换故障元件进行修复，即可减少维修成本，又可锻炼和提高维修技能。常见故障和维修方法如下：

一、主板常见维修方法

1. 不脱机维修前准备

由于主板要正常工作，输入端需要正确的供电电压、输出端需要匹配正确的逻辑板和显示屏。逻辑板和显示屏多种多样，不同的主板或逻辑板的信号格式不同，LVDS信号连接器引脚功能不同，这给进行脱板维修匹配造成困难，因此建议采用不脱机维修。

维修时一定要如图1所示，寻找面积够大、结实、平整的维修平台，拆机后主板与平台之间铺垫一层柔软的软布或毯子。如果主板连接线短，不能放在维修平台上，要在主板和平台之间加垫平整方正的东西，将主板托起来。注意加垫的东西一定要结实、牢固、平整、绝缘，避免主板滑落、碰坏或短路。

图1 主板维修平台示意图

维修时显示屏最好直立起来，显示屏前面放置一片镜子，便于观察图像效果。注意显示屏和镜子要直立牢固，避免滑倒造成磕碰损坏。

保持主板与电源板、背光灯板、逻辑板、键控板、遥控板的连接不变，选择DVD、机顶盒、电视RF天线等信号源，并与主板连接正确后，将信号源开机。主板能开机时，选择正确信号源输入信号。

2. 直观检测法

一是眼看：维修主板时，本着先简后繁的原则，首先用眼睛直观检测电路板上的组件，检查有无冒顶、烧焦、开焊、破皮、变色的组件和电路走线。

二是手摸：大规模集成电路由于功能较多，内部电路复杂，工作时电流较大，往往发热，产生较高的温度。有的为了降低其温度，采用紧贴散热片的方法降温。伴音功放和整机供电稳压电路，由于提供的电流较大，工作时也产生一定的热量。维修主板时，可用手摸集成电路的方法，体感集成电路的温度，正常时在40~80℃之间。如果没有温度，说明该集成电路未工作或工作不正常；如果温度过高，说明该集成电路有短路、漏电现象。主板上的滤波供电电路中的电感、变压器等，正常工作时一般温度很低，如果温度上升，甚至将外皮烧焦，说明该电感或变压器内部线圈短路或者负载短路严重。

三是按压：当怀疑某个集成电路开焊时，可在开机时用手指按压该集成电路，致使其引脚下移与焊点贴近。如果图像或伴音按压时有改善或恢复正常，则是该集成电路发生接触不良或开焊故障。

四是通焊：对可疑发生接触不良故障的集成电路，用热风枪对集成电路引脚进行补焊，如果补焊后故障排除，说明判断正确。

3. 电压测量法

电压测量法是主板维修的主要手段，维修时首先测量主板的供电系统，只有各路供电电压正常，主板方能正常工作。测量时首先熟悉主板的供电系统方框图，了解各种供电电压的先后次序，了解稳压电路的输入电压来源和输出电压走向及其负载电路，了解各种稳压电路和控制电路的输出电压是多少，所测电压是待机时的供电电压，还是开机后的供电电压。

为了保证测试安全，建议将万用表表笔前端的金属探头打磨成尖状，并在金属探头套上塑料绝缘套(简单好用的就是加装合适尺寸的热缩管)，只留出最前端的表笔尖端。表笔磨尖后，一是可刺破测试点的表面绝缘漆；二是不易打滑移位，防止移位触碰到附近电路元件造成短路；三是可测量比较密集、面积较小的测试点和焊点；四是金属探头绝缘套可防止表笔与其他组件相触造成短路。

由于主板电路密集，特别是大规模集成电路的引脚排列紧密，直接测量引脚电压很容易造成相邻的两个引脚短路，因此测量电压时，最好测量被测引脚的测试点。如果被测电路引脚没有测试点，建议测量该引脚电路延伸后，在该脚电路上的电阻、电容等其他器件的焊点。

测量电压时，要准确找到被测电路的测试点，保证表笔与被测电路测试点接触良好，不要在测试时产生滑落，造成电路板短路故障。

当测量某个稳压电路输出电压不正常或无电压时，应先检测其输入电压是否正常，输入电压不正常，检查其输入电压相关稳压和供电电路；输入电压正常，但无输出电压或输出电压不正常，检查输出电压滤波电容和负载电路，如果正常多为该稳压器损坏。

如果是受控的稳压器或MOSFET开关管，如上屏电压控制电路、开关机控制电路、点灯控制电路、USB控制电路等，必须检测受控引脚的开关电压是否正常，如果不正常检查受控引脚前面的控制电路，微处理器电路等。

需要说明的是，主板的供电电压均很低，但电流很大，对电压的稳定性要求很高。如为主芯片供电的1.26V、3.3V电压，有时降低零点几伏，就会造成主芯片工作不正常，甚至不开机或自动关机。如果测量具有取样和回馈电路的稳压器，当输出电压偏低或偏高时，应检查其取样和回馈电路是否正常，并可通过调整取样电路的分压电阻，调整输出电压到正常值。

(未完待续)(下转第22页)

◇海南 孙德印

彩电软故障分析与检修经验谈(二)

(紧接上期本版)

3. 元器件虚焊、焊点假焊、包焊

电路板线路中出现虚焊、假焊等故障在实修中屡见不鲜，实践得知，发热元件的焊点极易产生虚焊，还有人为造成假焊，还有的焊点老化，主要之因系元件物理性热胀冷缩所致。

检修口诀：

软故障真捣蛋，假焊虚焊常见；
表面虚焊好观，隐避假焊难寻；
电位探测有法，该点抖动是它；
对地电阻来证，排此故障好法。

例1 一台老式菲利浦20CT6050/93T型彩电，出现伴音正常无光栅的故障现象。经仔细检查行扫描电路，测得保护电阻R3590已烧断，换一电阻故障排除。但开机一段时间此电阻又被烧断。据经验知，连续烧电阻可能是电压高或是交流脉冲电压有突变。继查行输出电路发现行输出变压器引脚⑱脚虚焊，造成115V供电电压突变，使保护电阻烧坏。将此点焊好，故障彻底排除。

例2 东芝牌2840XH型彩电，无规律性自动停机故障。该机有时开机能正常工作，但工作一段时间后(工作时间长短无规律，有时3—5分钟，有时长达一小时左右)出现自动停机呈三无状态，但面板上红色指示灯仍亮，此时若按下遥控器上"工作/待机"钮，只听到机内发出较响的"哒哒"声，机子无法二次启动，而有时一开机就无法正常工作。

此现象重点检查行扫描相关电路，查行管Q401各电极未见虚焊、假焊、开裂现象。强行开机时，测行推动管Q402的b极电压为0V，异常；继而再查周围相关元器件，发现M501插件焊接处D01焊脚周围有一圈不易觉察的裂缝，重新焊好此焊脚后，试机故障排除。分析其因，是由于M501插件D01焊脚虚焊，在冷态下有时又接触良好，工作一段时间后因接触电阻较大而造成发热，出现开路而致使行激励信号中断，使行输出级无激励信号造成三无故障。若强行开机，使限流电路继电器SR82反复吸放而发出"哒哒"声。

例3 一台创维牌22E121W型液晶电视机，现象为：出现有声音而背光不亮的故障。据此现象，按原理与实践可知，首先动态开机，测LED驱动电路的升压输出，测得有43V直流电压，说明升压电路工作正常，故障判断大概可能出在恒流电路上。经探测，查得Q917(2N3904)的e极(发射极)电压为0V，异常，正常应为2.5V。继续检查，发现R952(1KΩ/1/8W)的一端微裂，已经脱焊。补焊后，故障排除。

例4 一台创维牌21D98HT型(3D21机芯)彩电，故障现象为：场线性不良，图像压缩。经仔细检查，这是由于输字板上场锯齿波形成电容C608(82nF/100V)引脚松动虚焊，补焊后故障排除。

例5 一台老式西湖牌47CD3型彩色电视机，开机水平一条亮线，伴音正常。据此故障，应重点检查场扫描电路。经查场输出电路相关元器件时，偶尔碰触场输出耦合电容C316(330μF/50V)，屏幕水平亮线上下展宽，查看发现正极一脚松动虚焊。关机，继而认真将其C316正极重焊牢，再试机故障排除。

例6 一台旧式长风牌CFC47—3型彩电，使用中出现光栅逐渐变暗，直至消失，关机过一会儿再开机，上述故障重复出现，但伴音始终正常。检查灯丝供电电路相关元器件，并用放大镜对其可疑部件，仔细一一观察，发现R920灯丝供电保险电阻，两端引脚有细小裂痕。究其原因，是由于R920发热后，致使焊点脱离，导致光栅逐渐消失。认真补焊后故障排除。

(未完待续)(下转第22页)

◇山东 张振友

初识“树莓派”积木编程(续)

(紧接上期本版)

3. 硬件连接注意事项

使用树莓派之前的硬件连接操作非常重要，需要操作者仔细检查并进行正确的连接，比如最为简单的LED灯，必须要注意分辨其“长腿”为正极(“短腿”为负极)，扩展板一侧提供有5、6、12、16共四组接线柱，应该将LED灯的“长腿”对应插入标注有“+”符号的柱孔内。以红外传感器为例，三支引腿依次标注有VCC、GND和OUT，即分别应该对应电源正极、接地和输出，可直接插入到扩展板24一侧，引腿与柱孔要一一对应(VCC、GND和OUT)；如果待插入的某元器件引腿标注与扩展板某组柱孔有个别交叉的话，就需要借助公对母(或根据实际情况选用公对公或母对母类型)杜邦线来完成正确的对接(如图5所示)，切记绝对不可以将标注为不同含义的两端进行连接！

三、一个简单的“红外控制LED灯”积木编程案例

本“红外控制LED灯”案例是要实现用红外线传感器来控制LED灯的亮和灭：当有障碍物靠近时(约5cm)，红外线传感器就会检测到“危险”并将这个信号传至树莓派，树莓派立刻根据“危险”信号来做出反应——发出指令指示LED亮起；当障碍物远离后，LED灯熄灭。

1. 首次使用树莓派前的WiFi设置方法

树莓派在首次使用时需要与电脑连接在同一个WiFi中(组成内网)，操作方法非常简单——首先将写有系统文件的TF卡插入到笔记本读卡器中，接着在其根目录中使用记事本程序新建一个名为“wpa_supplicant.conf”的文件(与目前的智能手机Android几乎一样)，逐行输入以下内容：

```
country=CN
ctrl_interface =DIR =/var/run/wpa_supplicant GROUP =
netdev
update_config=1
network={
 ssid="TP-LINK_108"
 psk="zyyz0108"
 key_mgmt=WPA-PSK
 priority=1
}
```

其中，最为重要的信息是“ssid="TP-LINK_108"”行，表示树莓派准备接入的WiFi服务集标识ssid为“TP-LINK_108”，而“psk="zyyz0108"”行则代表该WiFi的连接密码(zyyz0108)；其它的一般保持不变即可(如图6所示)。

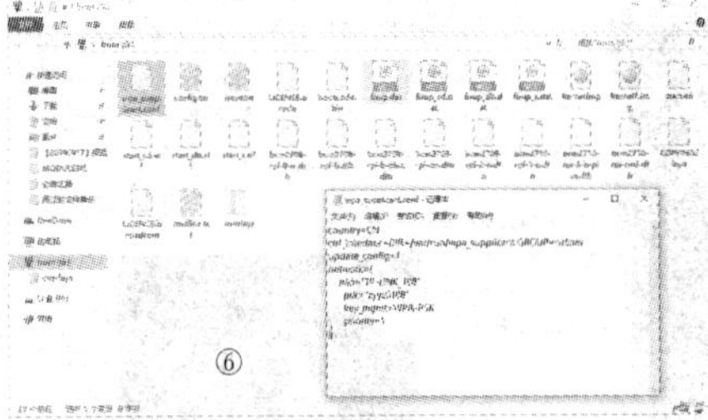

2. 将元器件连接到树莓派上并通电

首先将TF卡从笔记本读卡器中取出并插入树莓派的Micro SD Card插槽(注意其金手指面要紧贴树莓派电路板一侧)，接着将一枚LED灯插入四个GPIO中的任意一个(比如6号)，注意其长腿对应为正极；将红外线传感器插入24号GPIO，注意三个“腿”与柱孔标注的VCC、GND和OUT务必要一一对应；最后将电源线插入，建议使用专用的变压器(比如手机充电器)而不是使用电脑的USB供电——防止连接过多元器件时易产生供电不足的故障现象。

接通电源，树莓派系统启动(主板底部有绿灯闪烁、红灯常亮)，同时红外线传感器的通电指示灯也会亮起(如图7所示)；当树莓派主板底部的绿灯熄灭、红灯常亮时，说明系统已经正常启动，准备进入下一步操作。

3. 登录古德微机器人网站并连接树莓派

在电脑浏览器中访问古德微机器人网站编程平台(http://www.gdwrobot.cn)，点击右上角的“登录”，输入账号和密码后再点击“登录”按钮进入自己的账号首页，此时就会显示有“我的设备：1，已连接：1”“我的课程进行中：物联网编程”等相关信息，点击上方的“设备控制”项；再点击“连接设备”，网站右侧就会迅速出现“服务器连接已经建立”、“准备连接到reikrobot”“Robot Server连接已经建立”“Reikrobot connecting:192.168.1.120”和“reikRobot Socket连接建立”共五个表示连接成功的绿色提示(如图8所示)，说明树莓派已经与网站对话成功，可以进行程序的编写了。

注意，此时网站会提示这个zyyz001设备所对应的IP是192.168.1.120，我们可以使用Windows“远程桌面连接”来登录进入树莓派内的操作系统，在“计算机”后粘贴上该IP地址后点击“连接”按钮之后在弹出的登录对话框中输入账号和密码(分别是pi和1)，再点击“OK”按钮就会出现树莓派的操作系统界面，可以点击左上角的“树莓”-“编程”-“Thonny Python IDE”，很快就会弹出Python编程语言的IDE编辑器，下方的Shell处也已经出现了Python解释界面的“>>>”运行提示符(如图9所示)。

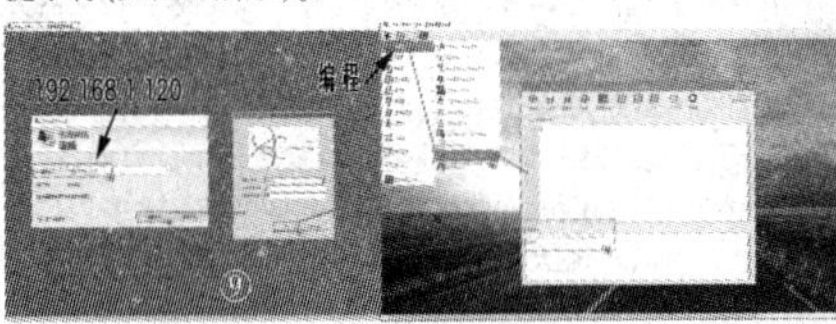

4. 在古德微机器人网站中进行“积木”编程

对于一个熟练的Python编程者而言，此时完全可以在这个IDE集成开发环境中进行Python语言程序的编写调试和运行；而对于Python语言的初学者而言，直接通过操纵Python语言编程来实现类似于“红外控制LED灯”这样的功能无疑是十分困难的——尤其是一些中学生。此时，最简易可行的实现方式就是在古德微机器人网站中进行“积木”编程：通过简单的拖动“积木”模块及小规模的修改设置操作来完成“红外控制LED灯”。

程序结构是一个循环中嵌套一个条件分支判断，让树莓派“指挥”接入6号GPIO的LED灯由接入24号GPIO的红外线传感器来控制(如图10所示)。

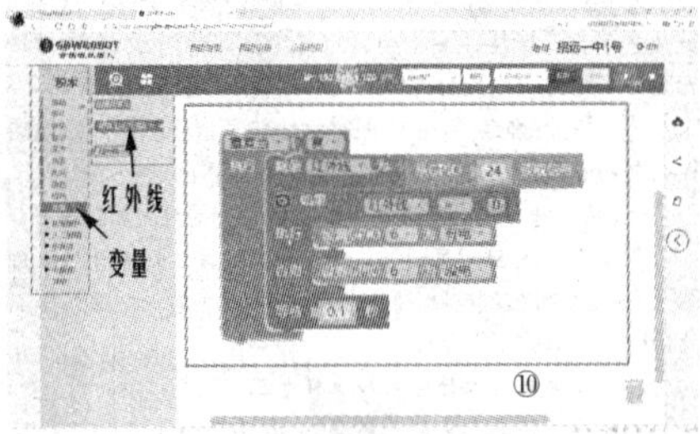

此时可点击右上方的“运行”按钮来测试一下：当红外传感器周围(顶部两个“小灯”)没有障碍物时，LED灯是灭的；当有第三方物体靠近并进入有效检测范围时，红外传感器除了载电绿灯亮还会亮起第二个绿色警示灯，同时树莓派上的LED灯也会亮，说明感应到了“危险”，直至第三方物体远离才会灭(如图11所示)。

看上去貌似只有这短短的五六行代码，其实“背后”的程序代码远非看上去这么简单。此时我们可通过点击右侧的“代码库”-“选择要显示的代码”-“红外线控制LED灯”，再点击后面的“下载”按钮进行“直接打开”查看——原来是密密麻麻好几十行的代码才会实现了这个“红外控制LED灯”(如图12所示)。

建议程序初学者(比如初中生、高中生)不妨先以此入手，熟悉树莓派的操作流程及古德微机器人网站的积木编程，当研究深入后再将Python逐步引入，最终在人工智能、物联网等领域中一试身手。

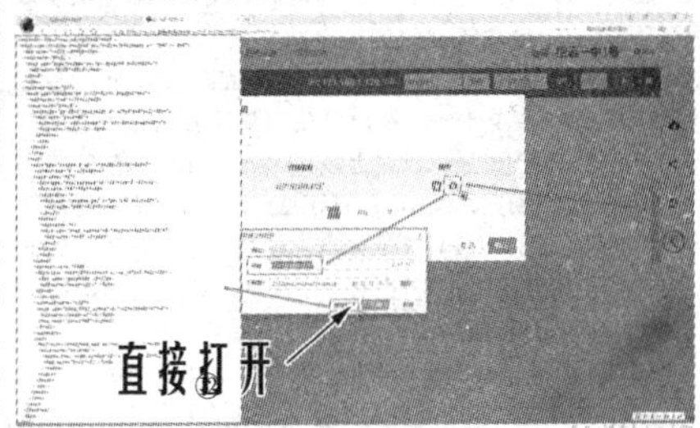

(全文完)

◇山东省招远一中 牟奕炫 牟晓东

利用iCloud恢复被误删的照片

前几天不小心在iPhone 11上误删除了一些照片，后来发现这些照片还有用处，于是准备将其恢复。遗憾的是，从“照片”App进入“相簿”界面之后，即使向下滑动屏幕(如图1所示)，也没有在这里找到以前版本就有的“最近删除”项目，难道被误删的照片就再也找不回来了？

后来终于想到了解决的办法，由于默认设置下iPhone都会自动启用“iCloud照片”，因此我们可以利用iCloud找回被误删除的照片。在浏览器上访问https://www.icloud.com/，使用Apple ID账号和密码登录，选择“照片”，在左侧目录树下选择“最近删除”(如图2所示)，在右侧界面选择需要恢复的照片，最后点击右上角的“恢复”按钮就可以了。

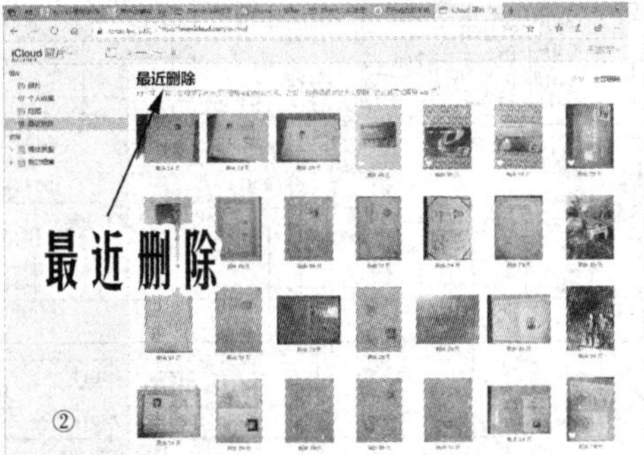

◇江苏 天地之间有轩轩

弘乐SVC-10kVA交流稳压器不稳压故障维修1例

一台弘乐牌SVC-10kVA型交流稳压器出现不稳压的故障送来修理。其外观比较新,查看产品合格证为2017年7月出厂的,稳压器的前面正视图如图1所示(面板上的元器件布置及其名称已标注在图1中);打开稳压器前门,内部的结构如图2所示;打开后盖,可见的内部结构如图3所示。

为了排除故障,首先根据实物绘制了该稳压器控制电路板的电路原理图和整机的电气图,分别如图4和图5所示。

一、弘乐牌SVC型10kVA型交流稳压器电路原理分析

图4是弘乐SVC型10kVA交流稳压器的控制电路原理图,图5是整机结构电路图,也可称它为一次主回路图。下面分析该稳压器的工作原理:

1. 控制电路的工作电源和取样电压

图5中变压器T2输出的13V电压经图4中的二极管D11~D14桥式整流,利用电容C6滤波后,由R33限流、稳压二极管DW2稳压,输出12V直流电压,一路供控制电路使用;另一路由DW3稳压,得到很稳定的6.2V电压。该电压作为基准电压源,经R30接到芯片IC4(IC1~IC4的型号是LM324,用作电压比较器)的负输入端⑥脚;经R8~R10分压,加到IC1、IC2的相应输入端;经R19和R20分压加到IC3的负输入端②脚。同时,13V交流电压还经D1~D4桥式整流,由电位器RP1调整取样,将取样电压加到IC3的正输入端③脚;由电位器RP2调整,将取样电压加到IC1和IC2的相应输入端。其中RP1用于过压动作值设定,RP2用于稳压器输出电压值的调整。变压器T2输出的11V电压经D15~D18桥式整流,利用电容C9滤波后产生约12V直流电压,用作电动机M和继电器J1~J3的驱动电源。

2. 输出电压的稳定控制电路

稳压器出厂时,已将电位器RP2调整好,稳压器正常工作时的输出电压在220V±4%范围以内,这时,芯片IC1、IC2的输出端均为低电平,三极管Q1、Q2截止,继电器J1、J2不动作,电动机不转。若因某种原因致使稳压器输出电压超过220V×1.04,则IC1正输入端⑫脚的取样电压会高过负输入端⑬脚的基准电压(见图4),IC1的输出端电位变高,使Q1导通,继电器J1动作,电动机得电拖动碳刷旋转使输出电压恢复到正常值。电动机绕组的供电回路是:电容C9正极→XK1→J1常开触点→电动机M→J2常闭触点→地。电动机运转拖动碳刷调整电压,将输出电压调整至220V±4%范围以内。实际上,输出电压可以稳定在220V±(1~2V)的范围内。

如果因故稳压器输出电压低于220V×0.96,则IC2的负输入端⑨脚取样电压会低于正输入端⑩脚基准电压,这时IC2的输出端⑧脚电位变高,使Q2导通,继电器J2动作,电动机得电,拖动碳刷以与上次相反的方向旋转使输出电压恢复到正常值。这时电动机绕组的供电回路是:C9正极→XK2→J2常开触点→电动机M→J1常闭触点→地。

3. 开机延时送电与过压保护电路

开机延时送电与过压保护电路分别由芯片IC4、IC3及其外围元件组成。IC4的负输入端⑥脚接有6.2V的基准电压,正输入端⑤脚接有由电阻R27和电容C5组成的充电回路。

稳压器刚开机时,电容C5上的电压低于IC4负输入端第⑥脚的基准电压,所以IC4的输出端⑦脚为低电平,三极管Q4截止。继电器J3不动作,稳压器输出端无电。当C5上的充电电压等于或大于⑥脚的基准电压时,IC4输出端状态反转,三极管Q4饱和导通,继电器J3吸合,其常开触点闭合后接通稳压器的输出通路。C5充电的过程实际上就是稳压器开机延时送电的过程,大约需要5~7分钟。如果不需要这么长时间的开机延时,按下可锁定的(按下后可使常开触点自我锁定在闭合状态)短延时按钮AN可使该延时时间缩短,这时阻值仅有20kΩ的R28与阻值2MΩ的R27并联,大大加快了电容C5的充电速度,使得稳压器的开机延时时间缩短为几秒钟。

芯片IC3用作过压检测。IC3的负输入端②脚接有一个基准电压,正输入端③脚接有由电位器RP1调整所得的取样电压,当输出电压高于220V的1.1倍时,③脚所接的取样电压经电位器RP1调整刚好等于或略大于②脚的基准电压,IC3输出端①脚电位反转为高电平,经电阻R24、R25和稳压管DW1后使三极管Q3导通饱和,电容器C5经Q3迅速放电,之后IC4输出端状态反转,三极管Q4截止,继电器J3释放,切断稳压器输出端的输出电压,实施过压保护。

图4中的LED1是过压指示灯,LED2是延时指示灯,LED3是工作指示灯。图5中的V_O是稳压器输出电压表,电流互感器TA和电流表A,用于指示稳压器负载电流的大小。

二、稳压器不稳压故障分析

根据维修经验,交流稳压器出现不稳压的故障,概率最高的是驱动碳刷的直流电动机损坏,这种电动机在稳压器中使用,寿命通常在两年以上,有些长期在干净卫生、干燥通风的环境中运行的稳压器,其电动机使用5年以上的也不罕见。电动机损坏可有绕组短路和开路两种情况,而短路故障又占大多数。电动机绕组出现短路故障后,又会导致控制电路板上的元件损坏。例如,三极管直接驱动电动机的,三极管会烧毁;三极管驱动继电器线圈,继而由继电器触点驱动电动机的,往往会将串联在电动机供电回路中的熔断电阻烧断,或者将可恢复熔断器烧坏(电流太大时使可恢复熔断器呈永久性开路)。对于一些使用了低劣质量元器件、工艺水平低的稳压器,故障原因可能就五花八门啦。

对于上述电动机损坏继而烧毁电路控制版的故障,维修比较简单,更换这两个元件,并做必要的调整调试即可修复。

1. 弘乐SVC-10kVA交流稳压器不稳压故障的修理

首先将电动机与与控制电路板之间的连接插头分离开,用一台输出DC12V的电源给电动机供电,结果是电动机不转,电流还特别大,于是根据经验判断电动机损坏,将稳压器的后盖壳打开,发现碳刷架停留在一个极限位置,如图6所示,且与行程开关靠的较近。对此未予理会,直接将碳刷架从电动机轴上拆下,接着更换了电动机。更换了怀疑处于短路状态的电动机(因为给电动机通电时电流很大),考虑到新电动机不会导致控制电路板继续损坏,于是给稳压器通电试机,电动机居然可以正常运转,稳压器也能输出正常的电压,说明控制板没有元件损坏,稳压器故障已经排除。

在整理维修现场时,顺手将替换下来的电动机再次用12V直流电源通电试验,发现电动机能正常运转,不能认定其损害,至此,对维修过程重新进行了梳理。

2. 查找与分析故障真谛

由于电动机没有损坏,为什么装在稳压器上不能旋转,且电流很大,拆下后又未见异常,这里再次进行分析判断。

稳压器出现故障时,碳刷架处在图6所示的位置,维修时并未在意,因为碳刷架停留在任意位置都是有可能的。而这台稳压器更换了电动机后,实际上是改变了碳刷架的位置,这才使故障得以排除,说明故障与碳刷架所处的位置相关。仔细观察,这台稳压器使用的行程开关体积较大,与其他稳压器使用的行程开关组件相比,其垂直高度要高约5mm。图7是两种结构样式的行程开关组件,从图7可见(图7照片中上边的行程开关组件与故障稳压器的样式型号相同),两个放置在同一平面上的两个行程开关组件,下边那个行程开关组件的触动臂甚至可以轻松地放在上边触动臂的下边。另外图7中上边那组行程开关安装使用的固定螺丝是沉头螺丝,而故障稳压器使用圆柱头螺丝固定行程开关,如图8所示,这无形中又使行程开关组件的高度增加了1mm多。

稳压器实现稳压功能时,碳刷架在电动机的带动下,可在变压器的圆形平台上旋转超过350°,当输入到稳压器输入端子上的电压偏高或偏低时,有可能使碳刷架运行到行程开关的上方,如图6所示。行程开关的作用是,当碳刷架运行至极端位置,触碰了行程开关的触动臂,行程开关动作,切断电动机的工作电源,对电动机起到保护作用。

由于碳刷架的安装高度受图9样式的碳刷尺寸的限制,不能无限制抬高,当其运行到图6位置时,碳刷架的金属结构可能与行程开关的固定螺丝相互接触甚至卡滞而不能移动。这种状况是逐渐演变来的:新出厂的稳压器,由于碳刷较长,碳刷架的高度较大,不会使碳刷架与行程开关的固定螺丝相互接触。但碳刷是一个磨损件,它的碳质触头(见图9)随着运行时间的延长会越磨越短,尽管碳刷的结构缺口处的弹簧会使碳刷的接触压力得到调整,但碳刷架仍然会有稍许的形态变化,即安装碳刷的这一端高度减小,使得碳刷架与行程开关的固定螺丝发生碰撞卡滞,引发本例故障。

对于本例故障,笔者已向该稳压器的生产厂家技术部门提出建议,最好选用厚度较小的行程开关,有困难时,起码使用沉头螺丝固定行程开关,可以空出1mm多的空间,也能大大减小出现此类故障的概率。厂家对此建议高度重视并表示感谢。

◇山西 连继普

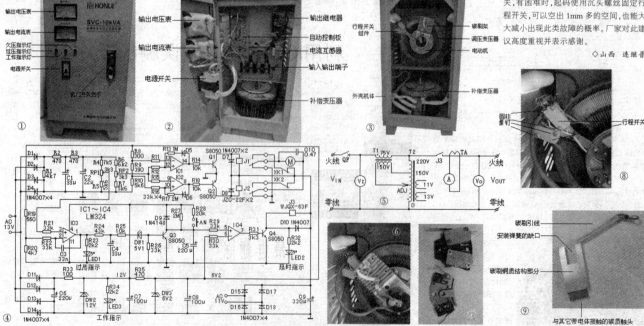

输出电压表
输出电流表
欠压指示灯
过压指示灯
工作指示灯
电源开关
①

输出电压表
输出电流表
电源开关
输出继电器
自动控制板
电流互感器
输入输出端子
补偿变压器
②

行程开关组件
外壳机体
碳刷架
调压变压器
电动机
补偿变压器
③

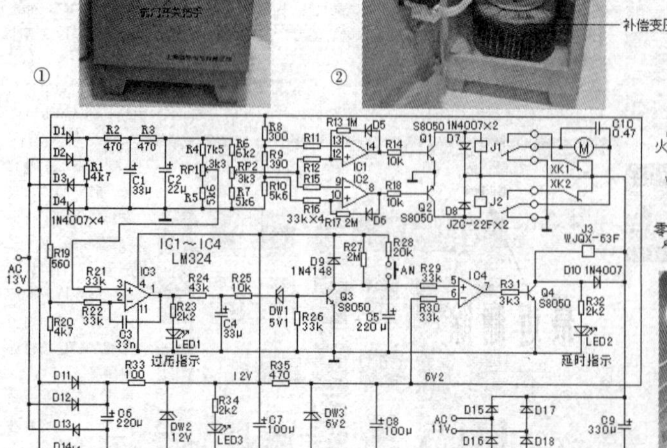

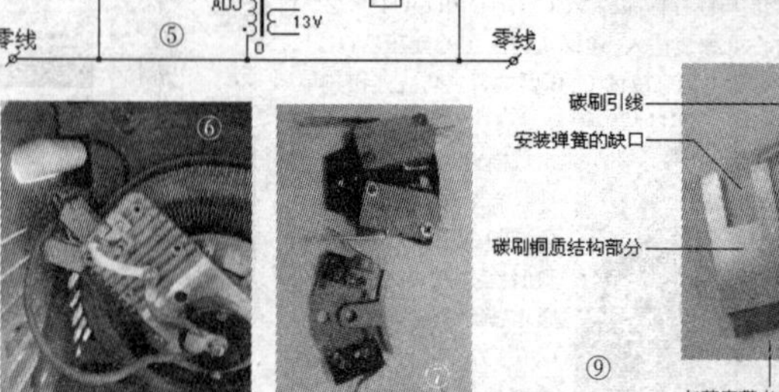

圆柱头螺钉
行程开关
⑧

碳刷引线
安装弹簧的缺口
碳刷铜质结构部分
与其它带电体接触的碳质触头
⑨

在进行PCB设计之前需要做好哪些前期准备

你了解PCB设计吗？你知道设计前要做那些准备么？今天就带你一起学习一下PCB设计基础知识吧！

了解PCB设计流程前要先理解什么是PCB。PCB是英文Printed Circuit Board（印制线路板或印刷电路板）的简称。通常把在绝缘材料上按预定设计制成印制线路、印制组件或者两者组合而成的导电图形称为印制电路。PCB于1936年诞生，美国于1943年将该技术大量使用于军用收音机内；自20世纪50年代中期起，PCB技术开始被广泛采用。目前，PCB已然成为"电子产品之母"，其应用几乎渗透于电子产业的各个终端领域中，包括计算机、通信、消费电子、工业控制、医疗仪器、国防军工、航天航空等诸多领域。

一、前期准备

包括准备元件库和原理图。在进行PCB设计之前，首先要准备好原理图SCH元件库和PCB元件封装库。PCB元件封装库最好是工程师根据所选器件的标准尺寸资料建立。原则上先建立PC的元件封装库，再建立原理图SCH元件库。PCB元件封装库要求较高，它直接影响PCB的安装；原理图SCH元件库要求相对宽松，但要注意定义好管脚属性和与PCB元件封装库的对应关系。

二、PCB结构设计

根据已经确定的电路板尺寸和各项机械定位，在PCB设计环境下绘制PCB板框，并按定位要求放置所需的接插件、按键/开关、螺丝孔、装配孔等等。充分考虑和确定布线区域和非布线区域（如螺丝孔周围多大范围属于非布线区域）。

三、PCB布局设计

布局设计即是在PCB板框内按照设计要求摆放器件。在原理图工具中生成网络表（Design→Create? Netlist)，之后在PCB软件中导入网络表(Design→Import? Netlist)。网络表导入成功后会存在于软件后台，通过Placement操作可以将所有器件调出、各管脚之间有飞线提示连接，这时就可以对器件进行布局设计了。PCB布局设计是PCB整个设计流程中的首个重要工序，越复杂的PCB板，布局的好坏越能直接影响到后期布线的实现难易程度。布局设计依靠电路板设计师的电路基础功底与设计经验丰富程度，对电路板设计师属于较高级别的要求。初级电路板设计师经验尚浅，适合小模块布局设计或整板难度较低的PCB布局设计任务。

PCB布线设计是整个PCB设计中工作量最大的工序，直接影响着PCB板的性能好坏。在PCB的设计过程中，布线一般有三种境界：首先是布通，这是PCB设计的最基本的入门要求；其次是电气性能的满足，这是衡量一块PCB板是否合格的标准，在线路布通之后，认真调整布线、使其能达到最佳的电气性能；再次是整齐美观，杂乱无章的布线、即使电气性能过关也会给后期改板优化及测试与维修带来极大不便，布线要求整齐划一，不能纵横交错毫无章法。

布线优化及丝印摆放"PCB设计没有最好、只有更好"，"PCB设计是一门缺陷的艺术"，这主要是因为PCB设计要实现硬件各方面的设计需求，而个别需求之间可能是冲突的、鱼与熊掌不可兼得。例如：某个PCB设计项目经过电路板设计师评估需要设计成6层板，但是产品硬件出于成本考虑、要求必须设计为4层板，那么只能牺牲掉信号屏蔽地层、从而导致相邻布线层之间的信号串扰增加、信号质量会降低。一般设计的经验是：优化布线的时间是初次布线的时间的两倍。PCB布线优化完成后，需要进行后处理，首要处理的是PCB板面的丝印标识，设计时底层的丝印字符需要做镜像处理，以免与顶层丝印混淆。

四、网络DRC检查及结构检查

质量控制是PCB设计流程的重要组成部分，一般的质量控制手段包括：设计自检、设计互检、专家评审会议、专项检查等。原理图和结构要素图是最基本的设计要求，网络DRC检查和结构检查就是分别确认PCB设计满足原理图网表和结构要素图两项输入条件。一般电路板设计师都会有自己积累的设计质量检查Checklist，其中的条目部分来源于公司或部门的规范、另一部分来源于自身的经验总结。专项检查包括设计的Valor检查及DFM检查，这两部分内容关注的是PCB设计输出后端加工光绘文件。

结语

在PCB正式加工制板之前，电路板设计师需要与PCB甲供板厂的PE进行沟通，答复厂家关于PCB板加工的确认问题。这其中包括但不限于：PCB板材型号的选择、线路层线宽线距的调整、阻抗控制的调整、PCB层叠厚度的调整、表面处理加工工艺、孔径公差控制与交付标准等。

◇四川 张凯恒

液压冲击形成的原因 预防液压冲击的方法

液压冲击形成的原因

1)管路中阀口突然关闭

当阀门开启时设管路中压力恒定不变，若阀门突然关死，则管路中流体立即停止运动，此时油液流动的动能将转化为油液的挤压能，从而使压力急剧升高，造成液压冲击，即产生完全液压冲击。液压冲击的实质主要是，管路中流体因突然停止流动而导致其动能向压能的瞬间转变。

2)高速运动的部件突然被制动

高速运动的工作部件的惯性力也会引起系统中的压力冲击，例如油缸部件要换向时，换向阀迅速关闭油缸原来的排油管路，这时油液不再排除，但活塞由于惯性作用仍在运动从而引起压力急剧上升造成压力冲击。液压缸活塞在行程中途或缸端突然停止或反向，主换向阀换向过快，均会产生液压冲击。

3)某些元件动作不够灵敏

如系统压力突然升高，但溢流阀反应迟钝，不能迅速打开时便会产生压力超高现象。

液压冲击的危害

1)冲击压力可高达正常工作压力的3~4倍，使液压系统中的元件、管道、仪表等遭到破坏。

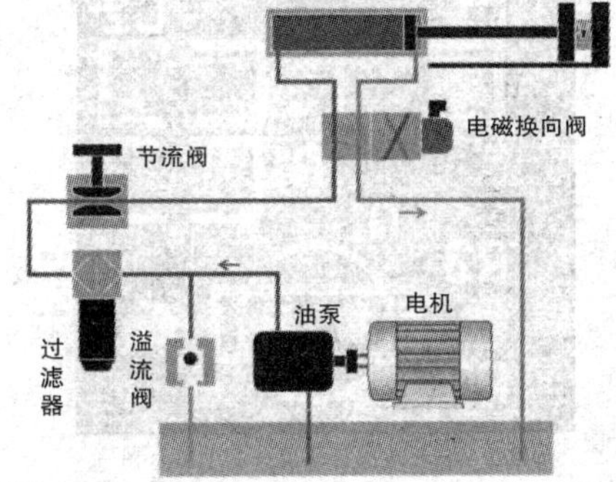

2)液压冲击使压力继电器误发信号，干扰液压系统的正常工作，影响液压系统的工作稳定性和可靠性。

3)液压冲击引起震动和噪声、连接件松动，造成漏油、压力阀调节压力改变。

预防液压冲击的方法

1)对阀门突然关闭而产生液压冲击的防治方法

①减慢换向阀的关闭速度、增大管路半径和液体流速，这样做可以在换向阀关闭时间来减小瞬时产生的压力，避免出现液压冲击。如采用直流电磁阀，其所产生的液压冲击要比交流电磁阀的小。

例如采用直流电磁阀比交流的液压冲击要小，或采用带阻尼的电液换向阀可以通过调节阻尼以及控制通过先导阀的压力和流量来减缓主换向阀阀芯的换向(关闭)速度。

②适当增大管径，减小流速，从而可减小流速的变化值，以减小缓冲压力；缩短管长，避免不必要的弯曲；采用软管也可获得良好减缓液压冲击的效果。

③在滑阀完全关闭前降低液压油的流速。如改进换向阀控制边界的结构（在阀芯的棱边上开除长方形或V形槽或将其做成锥形），液压冲击可大为减小。

④在容易产生液压冲击能力的地方设置蓄能器。蓄能器不但能缩短压力波的传播距离、时间，还能吸收压力冲击。

2)对运动部件突然制动、减速或停止而产生液压冲击的防治方法

①采取措施适当延长制动时间。

②在液压缸端部设置缓冲装置，行程重点安装减速阀，能缓慢地关闭油路，缓解液压冲击。

③在液压缸端部设置缓冲装置(如单向节流阀)控制排油速度，可使活塞到液压缸地端部停止时，平稳无冲击。

④在液压缸或有控制油路中设置平衡阀或背压阀，以控制工作装置下降时或水平运动时的冲击速度，并可适当调高背压压力。

⑤采用橡胶软管吸收液压冲击能量，降低液压冲击力。

⑥在易产生液压冲击的管路上设置蓄能器，以吸收冲击压力。

⑦采用带阻尼的液压转向阀，并调大阻尼值(即关小两端的单向节流阀)。

⑧正确设计有关闭口的形状，使运动部件在制动时速度的变化比较缓慢、一致。

⑨重新选配或更换活塞密封圈，并适当降低工作压力，可减轻或消除液压冲击现象。

3)通过电气控制方式预防液压冲击的方法

①启动液压阀时先输出电磁阀控制信号，然后输出系统压力流量控制信号，关闭液压阀时先清零系统压力控制信号，然后再关闭液压阀控制信号，这样就可以保证开关液压阀时系统环境是抵押或者是无压状态，可以有效降低液压冲击。

在此过程中增加的延时环节一般取0.1秒（100毫秒）为宜，因为液压系统的相应时间一般为十毫秒级别，时间过长会影响系统的相应速度，时间太短起不到减少液压冲击的目的。

②有效灵活的利用比例压力流量信号输出斜坡将可以大大提高液压系统平稳性和控制精度。

采用电气方式预防液压冲击问题的优点是比较简洁、方便和高效，不需要对液压系统进行更多的调整，但其最大的缺陷是降低了系统的相应速度，并且不能解决所有的液压冲击问题，所以要从根本上解决液压冲击问题需要从液压回路和液压元件上着手。

液压系统在设计时，还可以通过缩短管路的长度、减少非必要弯曲或采用有卸除冲击力作用的软管等方式，来减小液体流速的变化，以帮助换向阀关闭时减少瞬时压力，来防止液压冲击的出现。针对具体的液压回路和工况对液压元件结构进行改进，也可在液压回路中增加各类辅助液压元件等。

◇四川 唐渊

制作一款电容ESR测量电路

电容正常运作时是毫无问题的，但有时会遇上电源故障或无法正常运转的问题。如果这个问题是噪声，那么有个简单的解决办法，只需加入更多的电容即可。但如果这样也无法解决，究竟是哪出错了呢？

问题的根源就在于我们理所当然地将电容看为了理想设备，但它们并非如此。这些非预期的结果都是因为内部电阻，或者称为等效串联电阻(ESR)。因为其内部构造的材料，电容拥有有限的内部阻值。同样的还有等效电感(ESL)。

不同种类的电容有着不同的ESR范围。比如电解电容一般比陶瓷电容的ESR要高。如今许多应用中，得到电容的等效电阻也成了重要的设计因素之一。本次我们将用555定时器和三极管来测量电容的ESR。

电容ESR测量

ESR测量看起来很简单，施加恒定电流并测量设备的压降可以计算出阻值。

如果我们将恒定电流施加到电容上呢？电压线性增加，最后定值到输入电压，这样的值对计算ESR是毫无用处的。

这时候我们要想一下我们在学校里听到的一句话-"电容隔直流通交流"

简化后我们可以将电容理解为高频下的短路，其容性部分从电路中切断，而剩下的电压则施加在内部电阻上。

这一方法的优势在于如果我们知道信号源内阻时，就不需要了解电流值为多少，因为ESR和信号源内阻组成了分压器，其阻值比例及电压比例，知道其中三个参数就可以知道剩下的一个参数。

我们用示波器来测量输入和电容上的波形。

所需元器件

示波器端

1. 555定时器——CMOS和三极管的都可以，但高频的话建议用CMOS。
2. 100kΩ电位计——用于调整频率
3. 1nF电容——控制时间
4. 10uF陶瓷电容——去耦

功率级：

1. BC548 NPN三极管
2. BC558 PNP三极管

在选择三极管的时候需要注意——任何高增益的小信号三极管并能承受大电流(50mA以上)都可以

3. 560Ω电阻
4. 47Ω输出电阻——可以选取10Ω到100Ω范围内的电阻

电路图

ESR测量电路可以被分为两个部分，555定时器和输出级。

1. 555定时器

555定时器是一个传统的非稳态多谐振荡器，可以产生几百kHz的方波。这个频率下，近乎所有电容都等同于短路。而100kΩ的电位计可以让我们在电容上得到尽可能低的电压值。

2. 功率级

我们可以将电容直接与555定时器相连，但那样的话我们就必须知道精确的输出阻抗。

为了解决这一问题，这里我们采用一个推挽输出级与一个串联电阻。该电阻来提供输出阻抗。以下是这个ESR测量电路的实物图。

电容ESR的计算

从分压器等式我们可以得到以下等式：

ESR=(VCAP ROUTPUT)/(VOUTPUT - VCAP)

其中ESR为电容内阻，VCAP为电容间的信号电压(于CAP+点测得)，ROUTPUT为功率级的输出电阻(47Ω)，VOUTPUT为A点测得的输出信号电压。

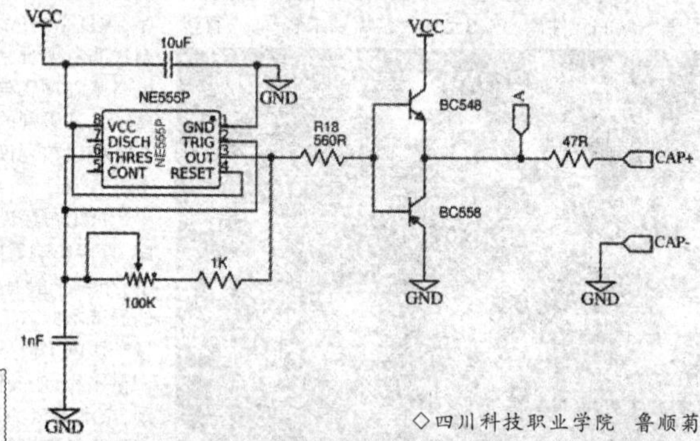

◇四川科技职业学院 鲁顺菊

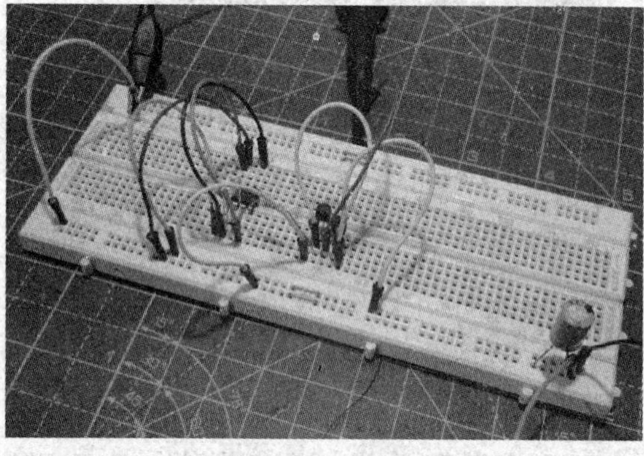

两端模拟量传感器实训三用电路板的设计与制作

2019年2月17日《电子报》刊登了笔者拙作《传感器实训四用电路板》，介绍了针对开关量传感器而设计的一种四用PCB板。本文针对简单而常用的三种两端传感器设计了一种实训三用电路板，即用一块电路板即可完成3种常用两端模拟量传感器的实训。

光线亮度传感器采用光敏电阻来检测周围环境光线的亮度。光敏电阻的电阻值随入射光的强弱而改变：入射光强，电阻减小；入射光弱，电阻增大。若将1只光敏电阻与1只分压电阻串联，则光强的变化会改变光敏电阻的阻值，从而改变光敏电阻两端的输出电压，据此来检测周围环境光线的亮度，电路原理见图1。

图1中R1为分压电阻，R2为光敏电阻，S为输出电压信号，J1为输入输出接线端子。图2为市场上出售的一款光线亮度传感器电路板，左侧元件是光敏电阻。

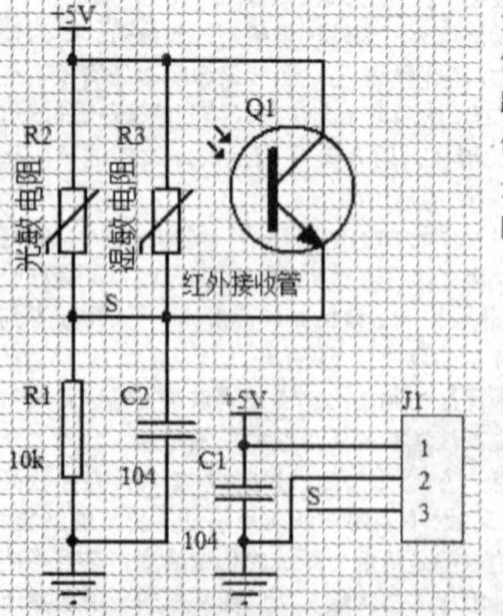

图1 三种两端传感器的电路原理图

HR202L湿敏传感器采用湿敏电阻HR202L来检测周围环境的湿度。湿敏电阻的电阻值会随着湿度的增加而急剧下降，基本按指数规律下降。若将1只湿敏电阻与1只分压电阻串联，则湿度的变化会改变湿敏电阻的阻值，从而改变湿敏电阻两端的输出电压，据此来检测周围环境湿度，电路原理见图1，R3为湿敏电阻。图3为湿敏电阻HR202L实物图。

火焰传感器利用红外线接收管来探测火源或其他一些波长在760纳米~1100纳米范围内的热源。红外线接收管将外界红外光的强弱变化转化为电流的变化，通过串联电阻转换为模拟量电压信号，据此来检测周围环境火源或热源，电路原理见图1，Q1为红外线接收管。图4为市场上出售的一款火焰传感器电路板，左侧元件是红外线接收管。

从图1中显而易见，上诉3种传感器的电路原理图相同，电路结构一样，所以可将3种传感器的印刷电路板图(PCB)绘制在1块PCB图上。将光敏电阻R2和湿敏电阻R3的PCB封装重叠放置，红外线接收管Q1的PCB封装放置在电阻R3封装内，布完连线的PCB见图5。

图3 湿敏电阻HR202L实物图

按图5生产制作PCB板，可分别用作三种两端传感器的实训PCB板：在R2处焊上光敏电阻元件，就是光线亮度传感器；在R3处焊上湿敏电阻HR202L，就是湿敏传感器；在Q1处焊上元件红外线接收管，就是火焰传感器。这样可以节省2块PCB板的工程费，减少备板的种类和数量，灵活生产制作。

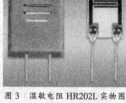

◇哈尔滨远东理工学院 解文军

图2 一款光线亮度传感器电路板

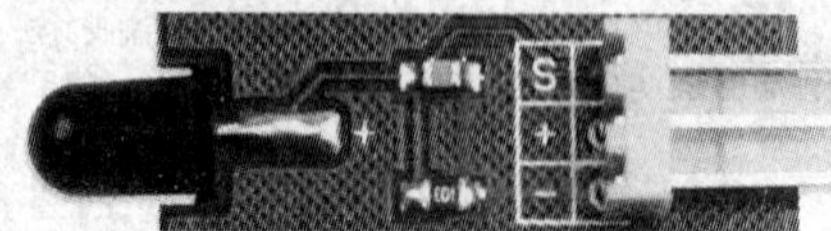

图4 一款火焰传感器电路板

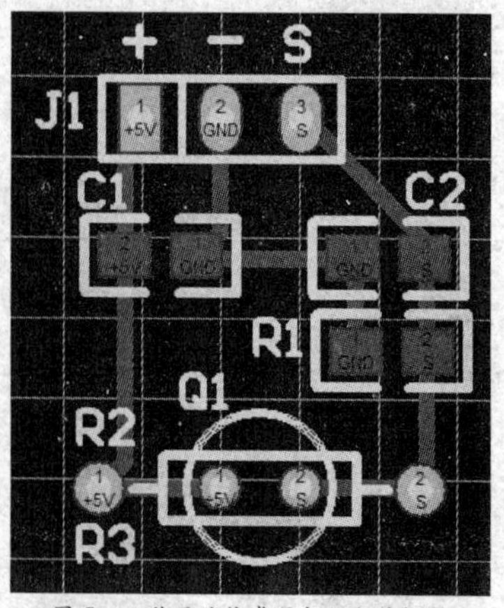

图5 三种两端传感器印刷电路板图

博途应用1:TIA博途基础知识(一)

本系列以西门子公司的S7-1200PLC为例，帮助初学者了解基于TIA博途的编程软件Step7V13 SP1和仿真软件S7-PLCSIM V13 SP1的应用。

一、S7-1200的硬件

1. S7-1200的硬件结构

S7-1200主要由CPU、信号板、信号模块、通信模块(如图1所示)和编程软件组成,各模块安装在标准DIN导轨上。S7-1200的硬件组成具有高度的灵活性,用户可以根据自身需求确定PLC的结构,系统扩展十分方便。

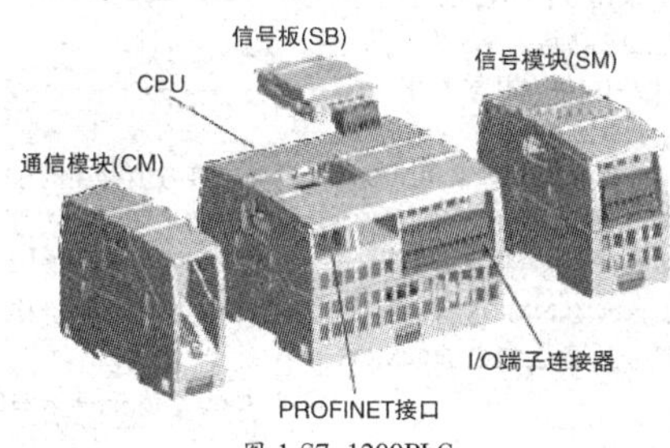

图1 S7-1200PLC

2. CPU模块

S7-1200有5种型号的CPU模块:CPU1211C、CPU1212C、CPU1214C、CPU1215C、CPU1217C,此外还有故障安全型CPU。CPU可以扩展1块信号板,左侧可以扩展3块通信模块。每种CPU有3种不同电源电压和输入、输出电压的版本,见表1。

以CPU 1214C AC/DC/Relay型为例,CPU的外部接线如图2所示。输入回路一般使用图中标有①的CPU内置的DC 24V传感器电源,漏型输入时需要去除标有②的外接DC电源，将输入回路的1M端子与DC 24V传感器电源的M端子连接起来，将内置的24V电源的L+端子接到外接触点的公共端。源型输入时DC 24V传感器电源的L+端子连接到1M端子。

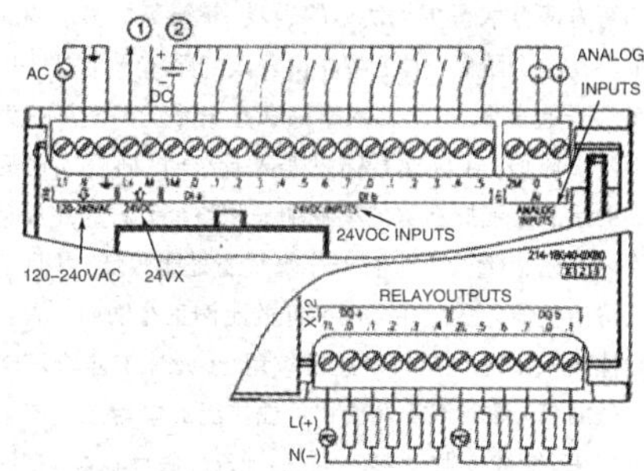

图2 CPU 1214C AC/DC/Relay外部接线图

二、TIA博途的安装与升级

S7-1200用TIA博途STEP7 Basic（基本版)或STEP7 Professional(专业版)编程。STEP7专业版可用于S7-1200/15000、S7-300/400和WinAC的组态和编程。TIA博途中的WinCC是用于西门子HMI、工业PC和标准PC的组态软件，精简面板可使用WinCC的基本版。STEP7集成了WinCC的基本版。SIMATIC STEP7 Safety适用于标准和故障安全自动化的工程组态系统,支持所有S7-1200F/1500F-CPU和老型号F-CPU。

SINAMICS Startdrive是适用于所有西门子驱动装置和控制器的工程组态平台,集成了硬件组态、参数设置以及调试和诊断功能，可以无缝集成到SIMATIC自动化解决方案。TIA博途结合面向运动控制的SCOUT软件，可以实现对SIMOTION运动控制器的组态和程序编辑。

1. 计算机配置要求

安装STEP7专业版和基本版的计算机硬件配置推荐如下：处理器主频3.3 GHz或更高(最小2.2GHz),内存8GB或更大(最小4GB)，硬盘300GB,15.6inch宽屏显示器，分辨率1920×1080。

TIA博途V13 SP1要求的计算机操作系统为非家用版的32位或64位的Windows 7 SP1，或非家用版的64位的Windows8.1和某些Windows服务器,不支持Windows XP。

2. 软件的安装和升级

软件应按下列顺序安装:STEP 7 Professional、S7-PLCSIM、WinCC Professional、Startdrive、STEP 7 Safety Advanced。

建议在安装博途软件之前关闭或卸载杀毒软件和360卫士之类的软件。如果没有软件的自动化许可证,第一次使用软件时会出现"未发现有效许可证密钥"的对话框,选中STEP 7 Professional,激活试用许可证密钥,可获得21天试用期。

三、项目视图结构

TIA Portal提供两种不同的工具视图，即基于任务的Portal(门户)视图和基于项目的项目视图。软件启动后显示Portal视图,点击其左下方的"项目视图"即可切换到项目视图,如图3所示。本系列内容主要使用项目视图。

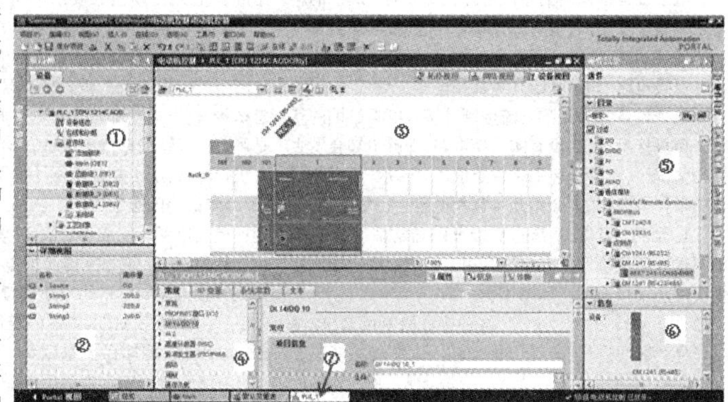

图3 在项目视图中组态硬件

图中①为项目树，可用它访问所有设备和项目数据,添加新的设备,编辑已有的设备,打开处理项目数据的编辑器。②是详细视图,选中其中的"数据块3_",详细窗口显示出该数据块中的数据。③为工作区,可以同时打开几个编辑器,在⑦中会显示被打开的编辑器,单击可切换。④为巡视窗口,用来显示选中的工作区中的对象附加的信息，还可设置对象的属性。⑤为任务卡,其功能与编辑器有关,可通过任务卡进行进一步或附加操作,例如从库或硬件目录中选择对象,搜索与替代项目中的对象,将预定义的对象拖拽到工作区。⑥为"信息"窗格,是在"目录"窗格选中的硬件对象的图形和对它的简要描述。

四、创建项目与硬件组态

执行菜单命令"项目"→"新建",即可创建一个新项目。通过项目树中的"添加新设备",即可添加一个PLC。

1. 设置项目参数

单击"选项"→"设置",选中工作区左边浏览窗口的"常规"。用户界面语言为默认的"中文",助记符为默认的"国际"(英语助记符)。建议选中"起始视图"区的"项目视图"或"最近的视图",以便启动博途时自动打开项目视图或上一次关闭时的视图。在"存储设置"区可以选择最近使用的存储位置或默认的存储位置。

2. 在设备视图中添加模块

打开项目树中的"PLC_1"文件夹,双击"设备组态",打开设备视图,可看到1号插槽中的CPU模块。在硬件组态时,需要将I/O模块或通信模块放置到工作区的机架的插槽内。可以用"拖拽"的方法放置硬件对象,还可以双击放置,后者更为简便。先单击机架中需要放置模块的插槽，再双击硬件目录中要放置的模块的订货号,该模块就出现在选中的插槽中了。

信号模块和信号板的放置方法同上。信号板安装在CPU模块内,信号模块安装在CPU右侧的2~9号槽。

3. 删除复制粘贴硬件组件

可以删除设备视图或网络视图中的硬件组件,不能单独删除CPU和机架，只能在网络视图或项目树中删除整个PLC站。删除硬件组件后,可能在项目中产生矛盾，即违反了插槽规则。选中指令树中"PLC_1",单击工具栏上的编译按钮,对硬件组态进行编译,编译时进行一致性检查,如果出错应改正后重新编译。

可以在项目树、网络视图或设备视图中复制硬件组件,粘贴到其他地方。还可以在网络视图中复制和粘贴站点,在设备视图中复制和粘贴模块。可以用拖拽的方法或通过剪贴板在设备视图或网络视图中移动硬件组件,但CPU必须在1号槽。

五、信号模块与信号板的地址分配

双击项目树的PLC_1文件夹中的"设备组态",打开PLC_1的设备视图。CPU、信号板和信号模块的I、Q地址是自动分配的。

单击设备视图右边竖条上向左的小三角形按钮,会弹出"设备概览"视图。在该视图中,可以看到CPU集成的I/O点和信号模块的字节地址。

CPU1211C集成的6点数字量输入的字节地址为0(I0.0~I0.5),4点数字量输出的字节地址为0(Q0.0~Q0.3)。CPU集成的模拟量输入点的地址为IW64和IW66,每个通道占一个字或两个字节(CPU1211C无模拟量输出功能)。DI、DQ的地址以字节为单位分配,如果没有用完分配给它的某个字节中所有的位，剩余的位也不能再作它用。

从设备概览视图还可以看到分配给各插槽的信号模块的输入、输出字节地址。选中设备概览中某个插槽的模块,可以修改自动分配的I、Q地址,建议采用自动分配的地址,不要修改它。但在编程时必须使用分配给各I/O点的地址。

(未完待续)(下转第27页)

◇福建省上杭职业中专学校 吴永康

表1 S7-1200CPU的3种版本

版本	电源电压	DI输入电压	DQ输出电压	DQ输出电流
DC/DC/DC	DC 24V	DC 24V	DC 24V	0.5A,MOSFET
DC/DC/Relay	DC 24V	DC 24V	DC 5~30V,AC 5~250V	2A,DC 30W/AC 200W
AC/DC/Realy	AC 85~264V	DC 24V	DC 5~30V,AC 5~250V	2A,DC 30W/AC 200W

常用反防接电路设计与应用

电子设备都须用到直流电源，接入电源最怕的就是正负极接反了。若没有防反接电路，那就不知会发生什么情况了，元件损坏那是肯定的了。所以一般电路都会加反接电路，如下介绍几种常用电路。

电子设备都须用到直流电源，接入电源最怕的就是正负极接反了。若没有防反接电路，那就不知会发生什么情况了，元件损坏那是肯定的了。所以一般电路都会加反接电路，如下介绍几种常用电路。

1. 利用一个二极管防反接电路通常情况下直流电源输入防反接保护电路是利用二极管的单向导电性来实现防反接保护。如图1所示：

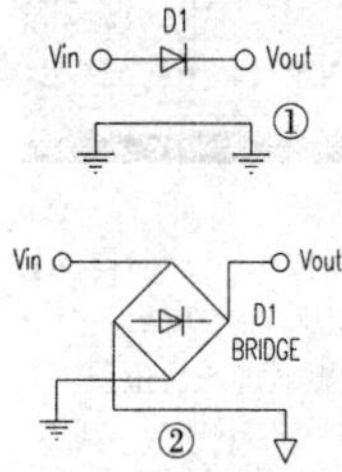

这种接法简单可靠，成本低，但当输入大电流的情况下功耗影响是非常大的。若输入电流额定值达到3A，一般二极管压降为0.7V，那么功耗至少也要达到：Pd =3A ×0.7V = 2.1W，损耗这么大，这样效率必定低，且发热量大，要加散热器。这就不划不来了。所以这种只能用在小电流，要求不高的电路中。

2. 利用桥式整流管做防反接电路利用二极管桥对输入做整流，这样电路就永远有正确的极性。如图2电路个二极管组成的桥式整流器，不论输入电源正负怎么接，输出极性都是正常的。原理与方法1一样，都是利用二极管的单向导通性，但桥式整流同时有两个二极管导通，所以功耗是图1的两倍。

当输入电流为3A时，Pd=3A×0.7V×2=4.2W，更要加散热片了。这成本更高，不实用。

3. MOS管型防反接保护电路利用了MOS管的开关特性，控制电路的导通和断开来设计防反接保护电路，由于功率MOS管的内阻很小，现在MOSFET Rds(on)已经能够做到毫欧级，解决了现有采用二极管电源防反接方案存在的压降和功耗过大的问题。极性反接保护将保护用场效应管与被保护电路串联连接。一旦被保护电路的电源极性反接，保护用场效应管会形成断路，防止电流烧毁电路中的场效应管元件，保护整体电路。N沟道MOS管防反接保护电路如图3所示N沟道MOS管通过S管脚和D管脚串接于电源和负载之间，电阻R1为MOS管提供电压偏置，利用MOS管的开关特性控制电路的导通和断开，从而防止电源反接给负载带来损坏。正接时候，R1提供VGS电压，MOS饱和导通。反接的时候MOS不能导通，所以起到防反接作用。功率MOS管的Rds(on)只有20mΩ实际损耗很小，3A的电流，功耗为 (3×3)×0.02=0.18W根本不用外加散热片。

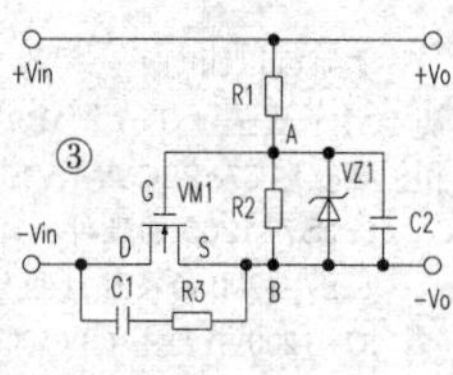

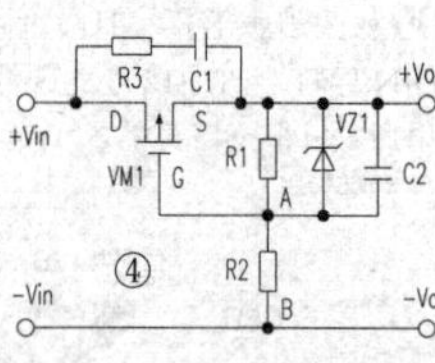

解决了现有采用二极管电源防反接方案存在的压降和功耗过大的问题。VZ1为稳压管防止栅源电压过高击穿mos管。P沟道MOS管防反接保护电路如图4示，因为NMOS管的导通电阻比PMOS的小且价格相对更便宜，最好选NMOS。

◇四川 刘光乾 陈丹 马兴茹

人工智能在智能机器系统中的应用作用研究

人工智能主要研究人类智力活动的智能机制和计算机模拟的形式，在经过长时间的发展后，人工智能的研究取得了长足的发展和进步，让人们更加信任它是一个可以信赖的学科，尤其是在人工智能机器人领域的应用更加令人欣喜。通过对人工智能的研究，提出其在智能机器人领域的应用，促进科技的发展。

1 人工智能的主要研究内容

1.1 模式识别

人工智能研究在该系统中对模式识别的研究过程基本上是计算机技术的应用。其原理是由一个特定的程序，根据对外部环境的感知，智能机器人系统进行调整和设置一个智能识别系统。智能机器人系统可以呈现个人感知和识别能力，就像人类本身的感知和识别一样，为以后的使用奠定良好的基础，保障数据的收集、处理以及分析，帮助人们进行处理各种复杂的数据。能够在很大程度上模拟人类的感知力和识别能力，是人工智能的重要研究方向，也是模拟人类自身的一些行为能力的总要组成部分。

1.2 机器学习

机器学习主要包括以下几个方面的内容：一是在不断变化的环境中提高机器人的适应性，以收集大量的信息资源和分析准确;二是使用机器人的学习，提高自身的智慧和改变，通过人们掌握的科学知识及时解决相应的问题。第三是机器学习科学知识开始的时候，机器人开发人员可以帮助其实现最优化的设计目的。通过在使用的过程中不断降低它的人力资源成本，从而大幅度降低生产成本，有效的帮助人类进行生产和生活，达到生产的目的，促进人类社会的发展和进步。

2 智能机器人领域的人工智能应用

2.1 定位人工神经网络和机器人导航的应用

人工神经网络是处理生物神经系统开发的信息资源的重要方式，它的独特之处在于它可以处理无法在模型或相关规范中使用的程序和系统。关于结构和非线性系统的性能的解释中它显示了一定程度的统一，具备多种数据的人工整合和数据处理分析的能力，满足人们的日常使用需要。这种类型的人工智能在移动机器人的定位和引导中具有很高的使用频率。此时，要开发机器人外部传感器的信息资源，并发送人工神经网络并且处理目标物，从而使操作者可以检测与移动机器人本身的位置容易的信息。在同一时间进行的位置，形状和封锁的尺寸的相对准确的评估。众所周知，相机校准是移动机器人系统的重要组成部分。同时，自动相对定位坐标系和外部坐标系也反映了目标物的清晰度，科研人员通过人工神经网络成功实现了这一目标。尤其是在人工智能的帮助下，采用信息处理的方式帮助人们进行信息图像分析，确定信息资源，帮助人们进行信息的获取。然后，构建三维坐标系(X, Y, Z)，以便使用内部地理位置之间的相关性，来解释摄像机的几何形状和光电参数以及自动坐标系和外部坐标系。人工神经网络的第一层是输入层，第二层是隐藏层，最后一层是输出层。隐藏层和输出层神经元都是S型激活功能，并且网络输入平面是三个相机的图像信息的来源，在输出层创建一个三维世界坐标系。人造神经网络在移动机器人的操作中的应用允许操作者在目标物体的三维空间中获得更准确的位置信息。借助人工智能，智能机器人可以在指导方向上使障碍物的方向更加清晰，从而轨迹跟踪也实现了。

2.2 动态数学模型在机器人智能中的应用

目前，智能控制和人工智能涉及到不同的领域，通过在智能机器人系统中建立动态数学模型，能够使智能机器人更加适应人类的生产生活需要，满足人们的实际生活中对于人工智能的依赖，帮助智能机器人更加符合现代人类对它的愿望，满足人类的实际使用需求，促进智能领域在智能机器人系统中的应用，实现科技的发展和进步。数学基础知识蕴含着处理智能问题的基本思想与方法，也是理解复杂算法的必备要素。今天的种种人工智能技术归根到底都建立在数学模型之上，要了解人工智能，首先要掌握必备的数学基础知识，掌握一定的动态数学模型，应用到人工智能领域，达到促进人工智能发展的目的，帮助人类取得更大的科学和成就。不断实现我国在这领域的发展，实现科技的发展和进步，使人工智能机器人更加广泛的应用到生产生活实际中，解放人类的双手，提高社会生产力，使人们的生活更加和谐。

3 人工智能的发展前景

人们在预测电子技术、人工智能和机器人技术的趋势方面会取得更加快速的进步，获得更加喜人的成果。在这个阶段，人工智能机器人的示范水平已经提高到一定水平，但机器人学习和想象功能的发展还处于发展阶段，在创建智能机器人系统时，研究人员面临的挑战是模拟右脑的模糊功能和整个大脑的处理功能。在这个阶段人工智能化水平还是比较低，并且可以得出机器人在应用人工智能的比例正在增加。人工智能技术不论是在技术还是应用上，未来一定会不断突破瓶颈，得到不断发展和更加广泛的应用。在不远的将来，智能客服（导购、导医），智能医疗诊断、智能教师、智慧物流、智能金融系统等都有望广泛出现在我们的生活中。人工智能化的发展将继续加强自身实力，全面增强智能机器人的实效，为社会经济发展提供更大动力。

4 结论

综上所述，随着社会生产的不断发展发展和进步，智能机器人系统设备应用于生产和生活的领域也越来越广泛。智能设备的应用不仅提高了生产效率和产品质量，而且解决了生产中难以克服的技术难题，能够为社会创造巨大的经济和社会效益。机器人智能领域是人工智能的重要组成部分，不断为人类的生产和生活带来新的挑战。机器人经历了从最初的替代方案，到模拟从事人工的简单而重复的任务，并逐渐过渡到智能化，使他们具备分析和调整环境的能力。随着智能领域研究的深入和实施，智能机器人系统必将具有更加广阔的发展前景。

◇山东省广播电视局蒙山转播台 马存兵

巧用Excel电子表格计算统计广播电视播出数据

摘要：本文简要介绍Excel在广播电视安全播出数据统计方面的运用，通过建立Excel电子表格，对每月和每季度收集相关播出台(站)播出时间和停播时间进行统计分类计算，如广播电视停播事故分为三类，责任事故、技术事故和其他事故等。保护台站信息，Excel电子表格中的台站频率/频道、本月应播时间、季度播出时间、半年播出时间、停播事故及时间数据均为假设。

关键词：Excel、停播时间、停播率

1.引言

现如今是经济快速发展的时代，顺应时代发展，响应国家号召无纸化办公。无纸化办公顾名思义是指在不用纸张办公，在无纸化办公环境中进行的一种工作方式，无纸化办公需要硬件、软件与通信网络协力才能达到的办公体验。在电脑尚未普及的时候，计算广播电视停播率只能通过人工一个数据一个数据地计算汇总，计算量大并且将计算结果填入报表中容易出现人为的失误，人为的失误不易避免。在办公软件中，利用Excel计算广播电视停播率，将有助于减少人为因素发生的失误。在实践过程中Excel可以边输入数据通过两种计算的公式边核对输入的正误。两种公式可以避免手填写数据的失误。广播电视停播率是发射台站的重要考核指标之一，其保证停播率正确性非常必要。

2.建立表格内容

根据总局62号令和单位要求建立表格，数据来源每月收集各台(站)上报的停播率登记表，表中填写的内容有：单位、频率/频道、播出时间、责任事故、技术事故、其他事故、总停播时间、停播率、备注等(保护各台站信息数据均为假设)。

3.计算停播率

根据《广播电视停播统计方法规范》(GY/T 264-2012)。节目播出总时长指某一统计时段内，每套节目按照既定编排应播出的时间。统计多套节目时，按照各套节目播出时长累计计算。其中，卫星广播电视节目播出时长按照24小时每天计算。停播时长指某一统计时段内节目播累计时长。统计多套节目时，按照各套节目停播时长累计计算。停播率指某一统计时段内所有播出节目停播时长与播出总时长的比值，单位为秒每百小时。

计算公式：

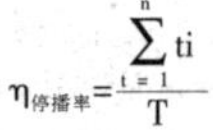

$$\eta_{停播率}=\frac{\sum_{i=1}^{n} ti}{T}$$

式中：

n—停播次数；

ti—第i次停播所影响节目的停播总时长；

T—所有节目播出总时长，单位为百小时。

以单位A台为例计算停播率：

550kHz的总停播时间t1：

次数：P5=D1+H5+L5；

小时：Q5=E5+I5+M5；

分：R5=E5+J5+N5；

秒：S5=G5+K5+O5；

t1=Q5x3600+R5x60+S5=1284秒；

依次类推就可以计算出：

540kHz总停播时间：t2=Q6x3600+R6x60+S6=1467秒；

530kHz总停播时间：t3=Q7x3600+R7x60+S7=1650秒；

510kHz总停播时间：t4=Q8x3600+R8x60+S8=1833秒；

A台停播次数：n=P5+P6+P7+p8=15+18+21+24=78次；

A台停播总时长：ti=t1+t2+t3+t4=1284+1467+1650+1833=6234秒

A台播出时间：T=T1+T2+T3+T4=510+520+540+560=2130小时；

$$\eta_{停播率}=\frac{\Sigma}{t=1tiT}=\frac{t1+t2+t3+t4}{(T1+T2+T3+T4)/100}=292.68\text{秒/百小时；}$$

相应的符号如图1所示：

2019年各台（站）月播出情况汇总表

2019年5月

单位	频率/频道	五月应播时间（小时）	责任事故				技术事故				其它事故				总停播时间				停播率(秒/百小时)	备注
			次	时	分	秒	次	时	分	秒	次	时	分	秒	次	时	分	秒		
A台	550KHz	510.00	1	0	3	4	5	0	7	8	9	0	11	12	15	0	21	24	292.68	
	540KHz	520.00	2	0	4	5	6	0	8	9	10	0	12	13	18	0	24	27		
	530KHz	540.00	3	0	5	6	7	0	9	10	11	0	13	14	21	0	27	30		
	510KHz	560.00	4	0	6	7	8	0	10	11	12	0	14	15	24	0	30	33		

①

4.计算季度播出时间

在2019年各台(站)月播出情况汇总表里，以播出单位A台为例；

方法一：A台第二季度总播出时间：

550KHz：C5=四月！C5+五月！C5+六月！C5；

540KHz：C6=四月！C6+五月！C6+六月！C6；

530KHz：C7=四月！C7+五月！C7+六月！C7；

510KHz：C8=四月！C8+五月！C8+六月！C8；

依次可计算出其他播出次数、停播时间、停播率。如图2所示；

方法二：A台第二季度总播出时间：

四月播出时间：C5=四月！C5；

五月播出时间：D5=五月！C5；

六月播出时间：E5=六月！C5；

第二季度播出时间：F5=C5+D5+E5；

依次可计算出其他播出次数、停播时间、停播率。如图3所示；

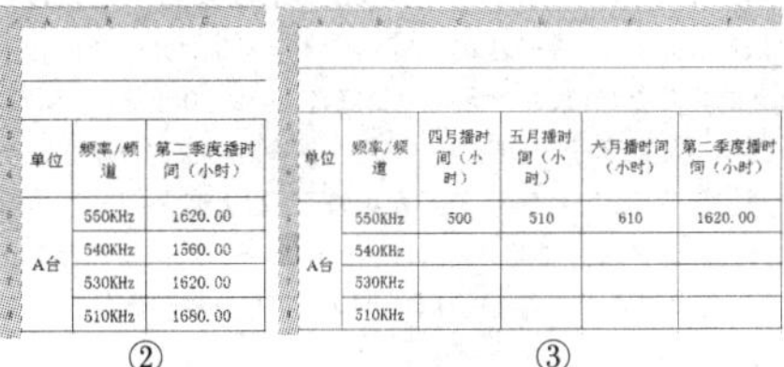

单位	频率/频道	第二季度播时间（小时）
A台	550KHz	1620.00
	540KHz	1560.00
	530KHz	1620.00
	510KHz	1680.00

②

单位	频率/频道	四月播时间（小时）	五月播时间（小时）	六月播时间（小时）	第二季度播时间（小时）
A台	550KHz	500	510	610	1620.00
	540KHz				
	530KHz				
	510KHz				

③

5. 计算上半年广播电视播出时间

在2019年各台(站)月播出情况汇总表里，以单位A台550KHz为例；

方法一：

通过Excel电子表格中的函数公式将第一季度中一月、二月、三月的数据和第二季度四月、五月、六月的数据直接计算到第二季度报表中的上半年播出时间的单元格里。

上半年播出时间(小时)：C5=[第一季度.xls]一月！C5+[第一季度.xls]二月！C5+[第一季度.xls]三月！C5+四月！C5+五月！C5+六月！C5；

计算结果如图4所示；

方法二：

通过Excel电子表格中的函数公式将第一季度中一月、二月、三月的数据和第二季度四月、五月、六月的数据引用到第二季度报表中的上半年相应的单元格里。

第二季度A台550KHz上半年播出时间：

一月播出时间(小时)：C5=[第一季度.xls]一月！C5；

二月播出时间(小时)：D5=[第一季度.xls]二月！C5；

三月播出时间(小时)：E5=[第一季度.xls]三月！C5；

四月播出时间(小时)：F5=四月！C5；

五月播出时间(小时)：G5=五月！C5；

六月播出时间(小时)：H5=六月！C5；

上半年播出时间(小时)：I5=SUM(C5:H5)或=C5+D5+E5+F5+G5+H5；

根据以上函数公式，将第一季度的数据引用到第二季度报表中，如图5所示；

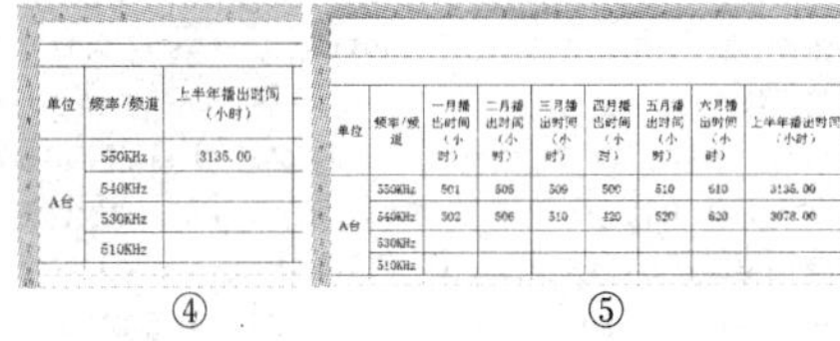

单位	频率/频道	上半年播出时间（小时）
A台	550KHz	3135.00
	540KHz	
	530KHz	
	510KHz	

④

单位	频率/频道	一月播出时间（小时）	二月播出时间（小时）	三月播出时间（小时）	四月播出时间（小时）	五月播出时间（小时）	六月播出时间（小时）	上半年播出时间（小时）
A台	550KHz	501	505	509	500	510	610	3135.00
	540KHz	502	506	510	420	520	620	3078.00
	530KHz							
	510KHz							

⑤

6.结语

工作中的Excel电子表格计算是已经将计算公式设定到相应的单元格里，工作中每月收集各播出单位安全播出停播率报表和每季度收集9个市(州)播出情况汇总表(季度报表)。通过Excel电子表格设置相应的计算公式，将所需的数据提取出来，录入相应的单元格里，计算出来的季度播出时间、半年播出时间、停播率数据真实无误，将不同计算方法用于一个表中相互比对，可以核对计算结果是否一致。除了利用Excel电子表格计算方法外，它又便于存档携带，因而可减少购置资料柜的费用。

参考文献

GY/T 264-2012《广播电视停播统计方法规范》

◇贵州 李俊岑

区块链技术在广电领域的应用

一、区块链

区块链(Blockchain)，是比特币的一个重要概念，它本质上是一个去中心化的数据库。区块链丰富的应用场景，基本上都基于区块链能够解决信息不对称问题，实现多个主体之间的协作信任与一致行动。

区块链技术被认为是继蒸汽机、电力、互联网之后，下一代颠覆性的核心技术。如果说蒸汽机释放了人们的生产力，电力解决了人们基本的生活需求，互联网彻底改变了信息传递的方式，那么区块链作为构造信任的机器，将可能彻底改变整个人类社会价值传递的方式。

二、广电领域区块链的应用

早在2008年就出现的比特币，是区块链技术落地的第一个"结晶"，根据区块链科学研究所创始人梅兰妮·斯万的观点，区块链技术发展分为3个阶段：

1.0时期，可编程货币；2.0时期，可编程金融；3.0时期，可编程社会，"它更多地对应人类组织形态的变革，包括健康、科学、文化和基于区块链的司法、投票等。"

文娱，是区块链3.0时代的其中一支应用，也会是最难落地的一支。但如果真的落地为网，将会真正影响到普通老百姓的点滴生活。如今，随着区块链技术的快速发展；区块链的应用不再仅限于金融领域，也具备了扩展到电视领域的巨大潜力。

有报道指出，区块链技术在电视领域有众多应用可能，其中包括：

应用于数字资产版权管理。有线电视网络企业可建立数字资产版权交易平台，利用区块链技术，使版权所有者通过区块链平台进行的知识产权交易在用途、收费方面全程透明、可信，确保版权所有者的收益不产生流失。

除此之外，区块链还可应用于支撑"即用即付"型更灵活的业务交易；应用于智慧城市与智慧社区建设；应用于身份认证管理，以及广播电视物联网。

值得一提的是，物联网和区块链技术都具有终端分布式的特点，都符合智能合约的发展，都需要健壮的加密算法来保障系统的安全运行，这使得区块链在广播电视物联网中有很广泛的应用前景。

其中，应用方向主要包括基于区块链的物联网设备鉴权、构建物联网共识网络、物联网设备行为记录、基于智能合约的智慧家庭、基于区块链技术非对称加密思想建立可信的物联网加密系统等。

如果区块链技术能够成功应用于电视领域，无疑能够帮助有线电视网络运营商降低业务运营成本，提高各类业务的市场竞争力。

但不可否认的是，新技术也是一把双刃剑。区块链作为一项新兴技术，具有不可篡改、匿名性等特性，在给国家发展带来机遇、给社会生活带来便利的同时，也带来了一定的安全风险。

2019年1月10日，国家互联网信息办公室发布《区块链信息服务管理规定》，自2019年2月15日起施行。国家互联网信息办公室有关负责人表示，出台《规定》旨在明确区块链信息服务提供者的信息安全管理责任，规范和促进区块链技术及相关服务健康发展，规避区块链信息服务安全风险，为区块链信息服务的提供、使用、管理等提供有效的法律依据。

◇四川 刘游双

分享版FX 3/5A音箱

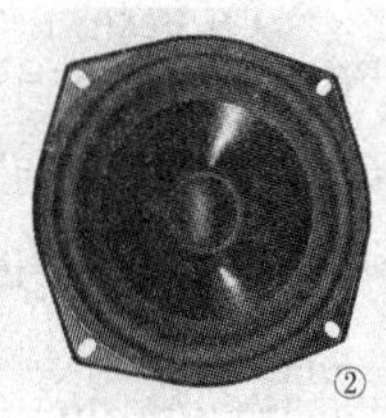

②

③

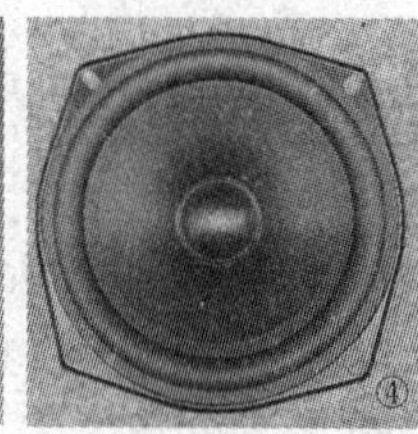

④

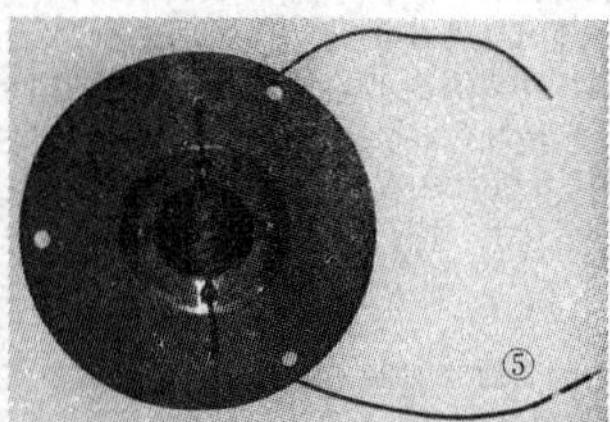

⑤

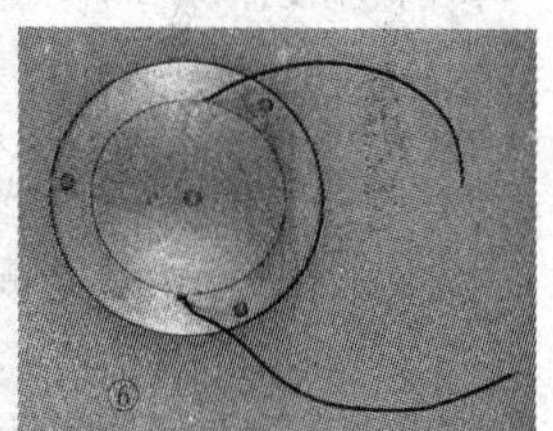

⑥

LS 3/5A音箱，是由英国诸多知名音箱商根据BBC(英国广播公司)的技术要求而各自生产出来的音箱，作近距离监听音箱使用，主要由KEF提供扬声器单元。LS 3/5A音箱最初由香港的代理商在国内代理销售并作市场推广。该箱销量较大，国内老烧友比较熟悉，从1974年开始投产到1998年正式停产，成为音响史上的传奇。作为一款经典名箱每个时期的产品在音色和阻抗上都有明显的区别，如Chartwell LS 3/5A(15Ω)、Rogers(小金牌)LS 3/5A(15Ω)、Rogers LS 3/5A(黑牌)(15Ω)、Rogers LS 3/5A(11Ω)，其中KEF也生产LS 3/5A音箱。KEF在1998年宣布停止供应LS 3/5A所使用T27高音和B110低音后，LS 3/5A逐步变得奇货可居，部分旧音箱被炒到近2万元一对。

LS 3/5A在为BBC服役期间不同厂家出过不同的版本，LS 3/5A音箱分频器都比较复杂，此前《电子报》相关文章也介绍过。从多款LS 3/5A音箱分频器电路分析，LS 3/5A箱有的频率均衡，有的突出中频部分，也就是所谓的“英国声”。常用胆机的输出阻抗多为4Ω或8Ω，用来推动15Ω或11Ω阻抗的音箱会失真较大，高低频也不一定平衡，所以有的发烧友专门定制输出阻抗多为15Ω的胆机用来推动LS 3/5A音箱。

在国内也有很多厂家在复刻LS 3/5A音箱，如上世90年代发烧音响辉煌时期国内十多家音响生产厂家都开发出自己品牌的3/5A音箱。现在国外还有少数厂家利用库存配件在生产LS 3/5A音箱，也开发了新配件作改进版3/5A音箱。如今发烧音响市场低迷，在音展上仍可以看到台湾的乐霸3/5A SE、德生HB-80A这类3/5A复刻版的音箱。

笔者也听过一些品牌的LS 3/5A音箱，如图1所示，对其特点也较了解，对比过其他大口径单元的音箱，觉得两种箱各有特点，笔者也知道LS 3/5A音箱早期供英国BBC电台使用，为了能够适应录音室狭小的空间，只能选择小口径单元的书架箱。当然5寸口径的单元兼顾中频与低频。笔者早期一直不明白，为何那么多LS 3/5A音箱在香港好卖?为何不买大口径落地箱?国内部份音响发烧友受一些媒体的宣传也买了3/5A音箱，听了一段时间后还是升级为大口径落地音箱。

直到国内某些城市的房价开始暴涨，房价售价在3~5万元/m²，从某些信息得知香港的房价在10~20万元/平方米，部分香港家庭一家4~6人居住在总面积30~50平米的房子里，其中小房间7~15平方米，才明白LS 3/5A音箱在香港地区好卖的原因，寸土寸金只能减少部份生活设施，当然小口径书架音箱是首选，在较小的空间内欣赏音乐，比大口径低音单元的音箱更好用，并不会感觉到低音不足。20世纪90年代，国内居住的房子空间较大，用小口径书架箱欣赏音乐肯定会觉得低音不足，可能用于听人声较好，若需要全面或许要升级为大口径落地音箱。同理现在国内部分家庭由于居住环境所限，也考虑小口径音箱用于小客厅、书房或卧室进行音乐欣赏。

如今发烧音响圈子有个怪象，某些古董配件只要与音响沾边其价格就会飞涨，某些二手的音响器材比一些新产品的售价还高。科技在发展、创新不停止，能否用千元左右打造一款高品质书架音箱，给爱乐人士带来真正的实惠，这是一个需要解决的难题!应该搞一款平价、实用的音箱，这款音箱笔者暂命名为分享版FX 3/5A音箱。

传统的思路是扬声器生产厂家先研发扬声器，然后生产多款研扬声器，供音箱生产厂家选购。音箱生产厂家可根据扬声器的性能来设计音箱外观尺寸与音箱分频器。由于LS 3/5A所用的喇叭单元现已停产，只能根据音箱现有尺寸来设计扬声器，这是一个系统工程，可以通过逆向思维，以现有技术完全能够做到，按设计要求生产满足各项参数的扬声器单元。

图2、图3(黑色款)是广州蓝舰公司为分享版3/5A音箱开发的低音单元，暂命名为FX01A，采用特殊工艺开发的5.5寸生物纤维纸盆，采用传统工艺生产喇叭，该单元主要参数如下:“频响:55Hz~2500Hz”“功率:100W”“灵敏度:84dB”“阻抗:6Ω”;有FX01A与FX01B两个版本，图4、图3(白色款)是FX01B的外观图，FX01B与FX01A的参数相同，音色有稍许差异，可作为一个备选方案满足不同的客户需求。图5、图6是为分享版3/5A音箱开发的高音单元，暂命名为FX02，该单元主要参数如下:“频响:1500Hz~20kHz”“功率:10W”“灵敏度:88dB”“阻抗:6欧姆”。

找木箱厂将箱体加工成密闭式，箱体尺寸190mm×300mm×160mm;由于箱体体积不大，可以根据成本预算自行选择各种材料，比如高密度板材、中纤板、夹板、实木板、竹纤板、石材板、各类合成新材料等。若用中纤板或夹板，外观可以贴各类PVC皮或木皮，打造个性化外观，还可以选择自己喜好的颜色，如图7所示。

若用于消费类，可以根据成本预算作多种方案，该音箱可以简化分频电路用于一般听音环境，也可重新设计用于监听级听音场所。如图8所示是参考的分频电路，先根据原理图装配好音箱分频器，分频器可用木板搭棚完成，如图9所示;装好的分频器如图10所示。

如图11所示的箱体，由于音箱前板可拆下，装配也较简单，高音、低音喇叭用螺丝固定在前板上，高音由外往里安装，低音由里往外安装。把装好的分频器成品板固定于音箱内部，分频器上的线材连接好音箱接线柱与高音、低音喇叭，然后用配套螺丝把音箱前板固定在音箱上，如图12、图13、图14所示是装好的成品箱外观图，图15是成品箱的频响测试曲线(如图所示的红色曲线部份，其中蓝色曲线是没加分频时低音的频响曲线图)。从频响曲线图可以看出，分享版FX 3/5A音箱的频响在60Hz~20kHz、灵敏度:84dB(±3dB)、功率:100W、阻抗:8Ω。单从测试指标来看，该音箱达到了设计要求，可进入HiFi行列。

根据实际听感，该音箱与传统功放易搭配。该音箱曾搭配过LM3886×2的晶体管功放(输出功率为50W×2)，也搭配过用300B装配的单端功放，均可轻松推好分享版FX 3/5A音箱。考虑到成本问题，最后选了一台共用8只6C19电子管的小胆机作配套使用，虽然是低成本制作功放与音箱，但感觉音箱高、中、低三段频率很均衡、很耐听，没刻意把音箱搞成英国声。听音习惯不同，人为地把音箱搞成所谓的“英国声”“美国声”“德国声”“日本声”等，也是一种音染。好音箱应该能适合多数人的听音习惯，应该是较均衡的、较真实的声音、也应该是有鲜活感的声音，这是现代音箱的特点。若有特殊爱好，可以通过音响前级来调节音色。笔者暂不对分享版FX 3/5A音箱作过多评价，愿留给使用过的读者作评测。

若重新设计分频器，还可调出适合自己口味的音箱。若用新技术、新材料(如图16所示)，还可开发出更高端的5.5寸喇叭单元，可做出更高品质的分享版FX 3/5A音箱。

◇广州 秦福忠

⑦

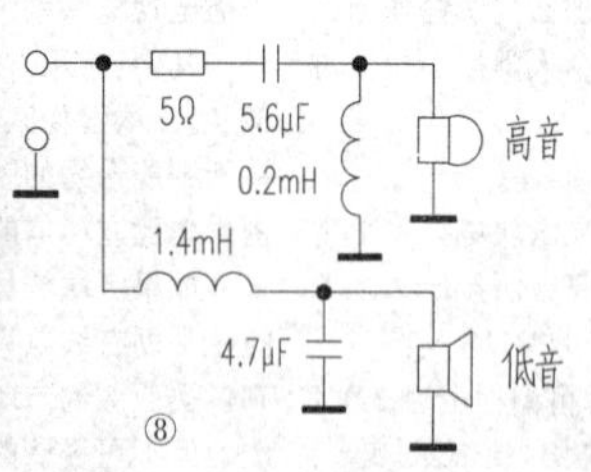

⑧

⑨

⑩

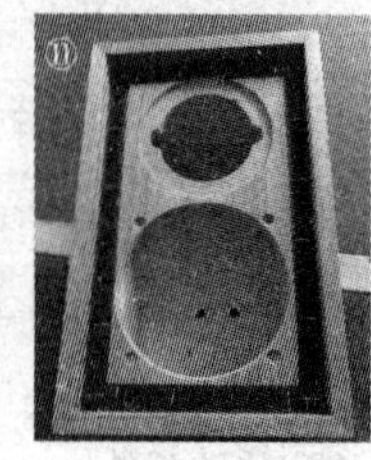

⑪

⑫

⑬

⑭

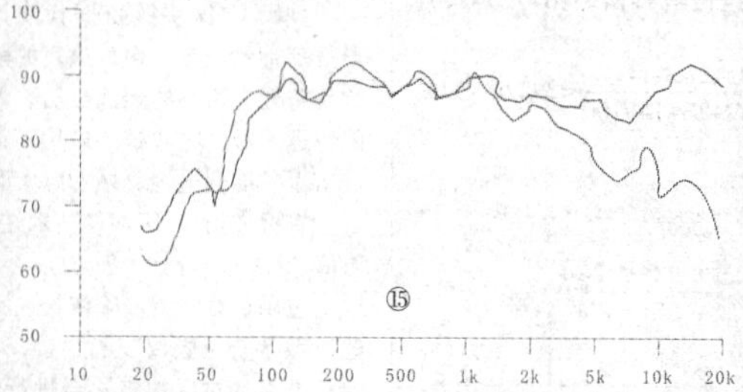

⑮

⑯

邮局订阅代号：61-75 国内统一刊号：CN51-0091

微信订阅纸质版 请直接扫描 邮政二维码 每份1.50元 全年定价78元 每周日出版

扫描添加电子报微信号 或在微信订阅号里搜索“电子报”

2020年1月19日出版 实用性 启发性 资料性 信息性

第3期 国内统一刊号:CN51-0091 定价:1.50元 邮局订阅代号:61-75

地址:(610041)成都市武侯区一环路南三段24号节能大厦4楼 网址:http://www.netdzb.com

(总第2044期) 让每篇文章都对读者有用

屏下发声技术

传统手机听筒在屏幕顶部占了很大空间，为了减少屏幕顶部边框范围，厂商都采取缩小甚至取消屏幕顶部的开孔。为了追求极致的屏占比，越来越多的全面屏手机开始采用屏幕发声技术，比如小米MIX、vivo NEX和华为P30 Pro等。

在传统的手机听筒方案中，都是通过扬声器振动发声；但传统的扬声器有一个缺点，就是需要开孔，因为这样才能让声波传出来，否则声音的效果则会大打折扣，这也是很多防水手机的音质没有那么好的原因。而开孔又会占用屏幕，导致顶部边框无法做到极致。

因此厂商想到了屏幕发声方案，也就是通过其他部位来发声。

悬臂压电陶瓷方案

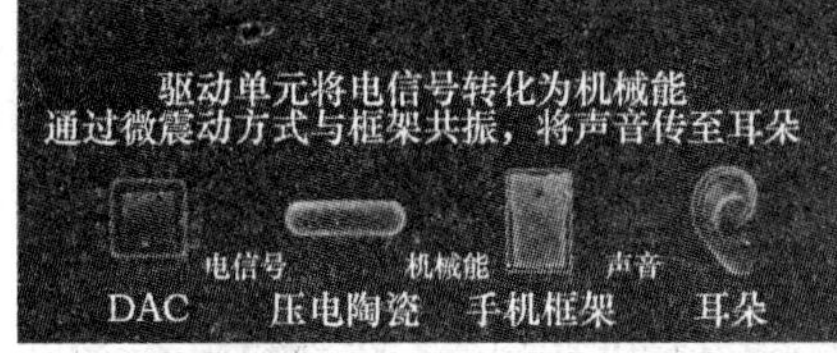

主要原理：给振动膜加以交替变化的电压(振动膜就是多层压电陶瓷片附着的金属薄片)，然后随着电压的变化，不停地上下弯曲驱动负载结构来振动发声。通过不断变化电压，驱动震动单元发声。

将巨大的悬臂梁式压电陶瓷固定在了金属的手机中框上，然后接电话时手机与人体接触传递声波震动。不过这个方案也有缺点就是声音没有指向性，比如模块带动整个中框震动，从而导致声音的传递方向不够明确，导致打电话时隐秘性较差。

屏幕激励器方案

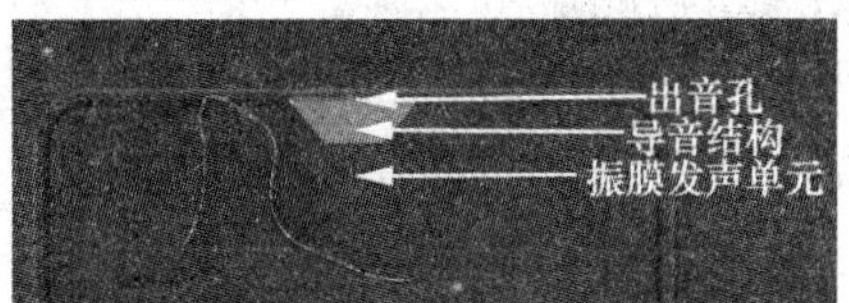

这个可以看作升级版的屏幕发声方案，主要是解决了手机发声更有导向性的问题。主要原理是将震动机械能直接传输到屏幕，然后让屏幕代替传统扬声器振膜发声。例如采用细缝听筒和PCB放在屏幕后面的设计，使用了以屏幕为介质发声的技术。相对完美的解决了屏幕上端开口的问题，也比陶瓷悬臂梁更加实用。

音频激励器被紧紧地固定在了屏幕上，通过磁铁与线圈的电磁感应原理，然后将电能转化为机械能，并带动屏幕震动。其实原理和传统动圈式扬声器类似，不过震动单元换成了屏幕。

这与动圈式扬声器的驱动原理相同，当震动由屏幕向外界传播的时候，声音就有了一定的指向性，虽然私密性仍然很难达到传统扬声器的效果，但相比之前的悬臂压电陶瓷方案要好得多。

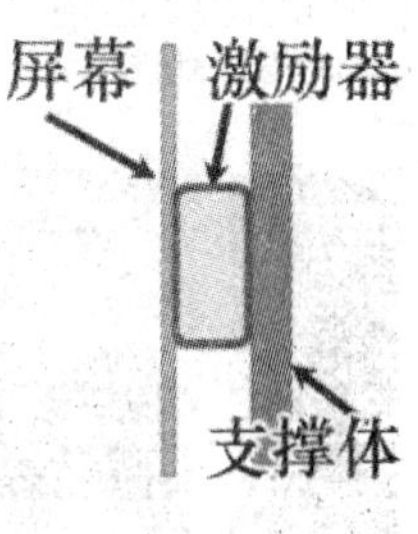

不过这里又有人要问采用屏幕发声的手机外放效果如何？目前来说屏幕发声技术还无法兼顾听筒与扬声器共用的问题。要知道最新的vivo APEX2019虽然号称的无音孔，在解决听筒开孔问题之后，将屏幕发声技术进一步优化，将声音传导单元紧密地贴合在一体化玻璃后盖上的基础上实现了外放功能，避免了扬声器开孔问题也保证了外放音质的效果。但这两者发声技术原理严格意义上是不一样的，会让人产生一种“通过全面屏发生技术解决了听筒外放和通话问题”的误导判断。不过从以后的趋势来看，手机开孔越来越少是一种趋势。

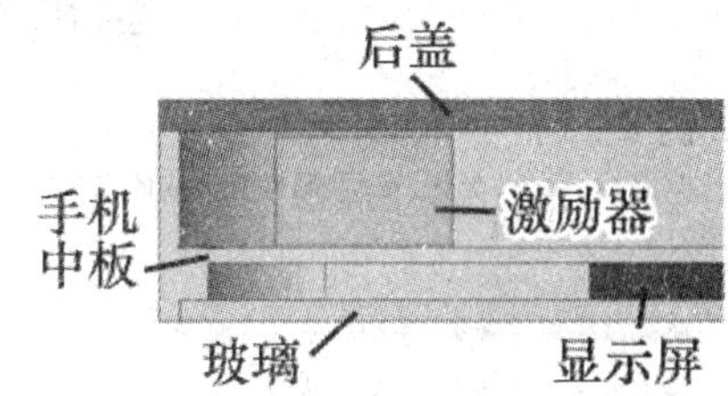

(本文原载第6期11版)

ARM A77 架构简介

今年的骁龙865和天玑1000在处理器方面都采用了ARM最新发布的Cortex-A77 CPU，在图像处理方面骁龙865采用Adreno 650 GPU而天玑1000采用Mali-G77 GPU架构；其中Cortex-A77代号为“Deimos(戴莫斯，畏惧之神)，采用了和Cortex-A76一脉相传的CPU微架构，虽然只在原来的基础上进行了优化，但是也获得了更高的IPC性能提升。

先简单说下Cortex-A76，首先制程上采用了台积电的7nm工艺，然后设计了更强劲的CPU微架构(基于ARMv8.2指令集设计)，单看性能骁龙855 (Cortex-A76) 比骁龙845 (Cortex-A75)有着40%多的CPU性能提升，而麒麟980的图像处理性能比970更是提升了将近46%，并且Cortex-A76制程的芯片能使得手机电池寿命有所延长。

目前ARM官方给出的数据是Cortex-A77较Cortex-A76内存带宽提升了20%、在SPEC int2006和Geekbench 4有着20%的性能提升，浮点定性能则有30-35%的提升。

而在图像处理这一方面，Mali-G77 GPU较前一代提升的幅度更大。在图像处理领域，ARM自家的Mali-G系列的GPU一直弱于高通和苹果的Adreno GPU。

这次ARM终于放弃了使用了5代的“Bifrost”架构，改用了“Valhall”的全新架构，通过全新的ISA总线和计算核心设计，前瞻性地加入了适配4K分辨率屏幕和支持游戏HDR的顶级标准。根据ARM的官方数据显示，Mali-G77较之Mali-G76可以提升30%的性能和能效，AI性能更是提升了60%，每平方毫米的性能是G76的1.4倍。并且Mali-G77即将用上最新的第二代7nm EUV工艺，因此功耗也有所下降，让Mali-G77架构有抗衡高通Adreno 640GPU的希望，当然对比Adreno 650GPU还是有点差距的。

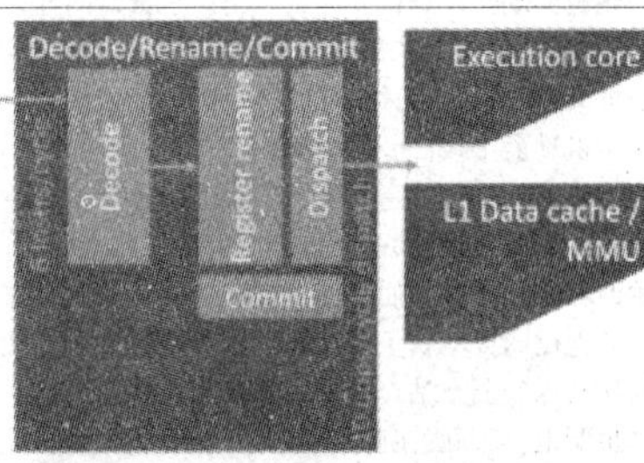

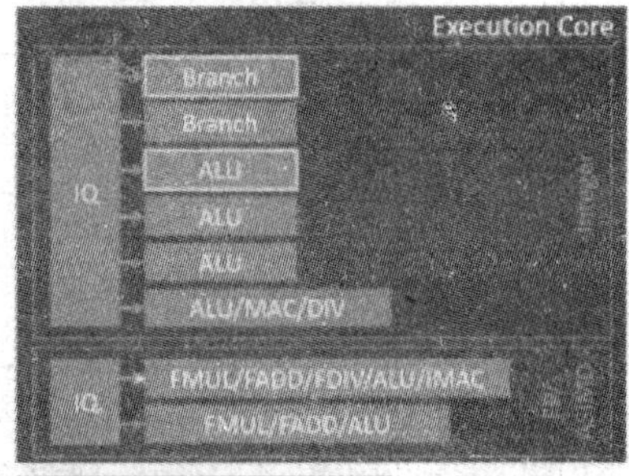

(本文原载第6期11版)

液晶彩电主板维修与代换探讨(二)

(紧接上期本版)

4. 电阻测量法

电阻测量法是维修主板的主要手段，维修时测量电压不正常时，往往用电阻测量法测量相关器件、电路是否发生开路、短路、漏电故障，直到找到发生故障的器件。

测量电阻之前应对被测量的器件、电路的对地电阻、线路电阻、器件之间引脚电阻有所了解，一般相同功能的引脚电压和对地电阻基本相同，以便对被测电阻结果做出准确的判断。由于主板器件供电电压低，电路器件的内阻和对地电阻较低，一般在几十欧姆到几千欧姆之间，如果非接地脚电阻为0，则是该脚对地短路。

电阻测量法一是测量电阻、电容、集成电路等器件是否发生短路、开路、漏电故障。测量在路电阻的阻值，由于电阻两端与其他电路的电阻并联在该电阻的两端，其实际测量阻值多低于其标称阻值，如果高于其标称阻值，则该电阻阻值变大或开路。其他器件的在路电阻，由于其引脚外部电路的电阻并联，其在路电阻均小于其非在路电阻。二是测量电路走线是否发生接触不良或开路、漏电故障，常见为电路板两面走线的过孔，容易发生接触不良或开路故障，造成供电或信号中断，应急维修可采用飞线连接方式，将过孔两侧的电路连接起来。测量电阻时，应选择适当的量程，确保测量结果指针停留在表头刻度线的中间部位。

5. 信号寻迹法

维修工具除了万用表、电烙铁、热风枪等工具外，最好配置示波表或示波器，对主板的图像、伴音、晶振、数据、时钟信号进行检测和跟踪，可快速判断信号中断的部位和损坏的器件。

维修前必须对主板的图像信号、伴音信号、数据信号、时钟信号的处理电路了如指掌，弄清楚信号的流程，经过的放大和处理电路，找到放大处理电路的信号输入、输出引脚和测试点，了解被测信号的波形形状、频率、幅度等，方能对信号进行追踪和测量，并判断波形是否正常。

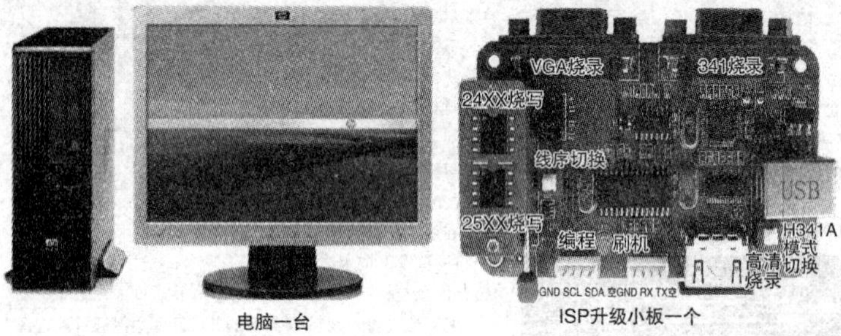

图像、伴音信号寻迹必须有相应的图像和伴音信号输入。检测时要估测被测信号的幅度、频率，示波器或示波表选择适当的频率、幅度测试范围，采用从输入端向后逐级检测波形的方法，正常时随着放大级数的增加和延伸，波形的幅度逐级增大。当某个放大器或单元电路输入端有波形，输出端无波形，则故障就在该放大电路或单元电路。

电脑一台

ISP升级小板一个

图 2 打印信息需要的电脑和 ISP 升级工具

对于晶振波形和 SDA、SCL 及其控制系统与内存之间的信号存取波形、图像处理电路与 DDR 内存之间的波形，图像输出的 LVDS 数字信号，应了解其波形的有无、频率、幅度，以便对被测波形做出正确的判断。

测量波形时，要准确找到被测电路的测试点，保证示波器或示波表的探头与被测电路测试点接触良好，不要在测试时产生滑落，造成电路板短路故障。

6. 打印信息法

供电和晶振正常，系统仍无法启动，有条件的可通过打印通信信息，判断故障范围。所为打印信息并不是从打印机打印出来，而是通过技术手段在计算机显示屏上显示控制系统的开机检测信息。

打印信息是运行程序的一种功能，打印信息能够实时显示内部程序指令的运行状态和进行速度。通过打印信息可快速判断机器故障所在位置。比如 FLASH 或 DDR 内存损坏，电视机可能不能正常开机，有些电视机有 2 块到 4 块 DDR，那么不开机是由哪个 DDR 引起的，这些问题打印信息会告诉我们。打印信息还是网络液晶电视升级必须掌握的软件，串口加网线，串口加 U 盘，都需要此软件配合使用。

获取打印信息需要计算机一台，图 2 所示的液晶彩电的 ISP 升级小板一个，ISP 升级程序和超级终端工具软件 secureCRT。ISP 升级工具利用它来建立计算机 USB 接口和主板主芯片串口之间的通讯。

(未完待续)(下转第 32 页)

◇海南 孙德印

彩电软故障分析与检修经验谈(三)

(紧接上期本版)

4. 灰尘、污垢、老化、变质、漏电等造成的电视机故障

排除口诀：

软故障修理不稀奇，分析判断探究根源；

先清灰尘可防漏电，意想不到的好办法。

例1 一台飞利浦32PFL340/93型液晶彩电出现无规律自动跳台。据修理经验，无规律自动跳台一般是选台控制键误动作。分析其因，一是本机键盘内部有故障；二是遥控器键盘有故障。为区别两者，可将遥控器电池拆下再注意观察，结果故障依旧。因而说明故障点是在该机键盘上。继而观察其跳台时的节目反转方向，结果发现出现跳台时总是从低数台位向高数台位跳变，因而可以判断是频道加控制键内部有漏电现象。故将频道加键直接换新后，故障排除。小结：该机频道加键与其他键一样均属于微型触发键，在长期按压使用后易使其内部触点粘连或分离不彻底，加之污物受潮而产生漏电。因此，在此类故障检修中，也要注意检查其他按键，必要时将全部换新。

例2 曾修一台多年老式汤姆逊TFE5114DK型彩电，其特殊现象为：光栅过亮，满屏白色，看不到亮点。据此分析亮度通道不能通过视频信号，故连噪点也看不见。此时，当把光栅调得暗一点以后，偶然能观到一点黑影，由于亮度仍过大和严重散焦，看似一片浅灰色。既然能看出有散焦现象，首先检测聚焦电压，电压过低，空载时升高的幅度较大，判断是显像管管座漏电。因无此种管座，只有试修理，小心打开管座的塑壳，取出管脚的各个插头，用无水酒精清洗塑壳，用电吹风烘干后在聚焦极周围涂上高压防弧胶，装好固定后，结果能正常使用，彩色正常。分析其因，系聚焦极对地漏电，电压过低，形成严重散焦，同时聚焦极和加速极之间也漏电，使加速极电压上升，亮度过亮，故而造成此故障。

例3 一台海信牌TLM22V66型液晶电视机，故障现象：起初黑屏时有时无，尔后一直黑屏，但有伴音。据此，按黑屏故障检修，应重点查背光源控制电路。经采用观察法，仔细检查关键部件N803(FAN7313)芯片及周围相关元器件，发现其⑦脚外接电容C865表面局部变色，系可疑对象，焊下测量，果真漏电。试用手头一支0.1μF瓷片电容代换后，故障排除。

例4 CRT彩色显像管高压嘴漏电打火的巧排除。维修CRT彩色电视机有时遇到显像管高压嘴打火之异常故障。如：TCL—AT29211型彩电，发现显像管高压嘴偶尔局部打火现象。究其原因，系高压嘴处与外界密封介质不佳，当有潮湿空气或尘埃时，极易形成高压对显像接地部位打火。故此，经实践验证：具体安全根除巧法是，先用无水酒精棉球仔细擦除高压嘴内的锈斑，其重点是，铁红色绝缘部分及周边约3cm的范围处理干净即可；高压线的老化部分应剪掉，再用酒精将高压线清洗干净。而在更换新购高压帽时，要求与高压线吻合，高压帽插高压线的圆孔内径应小于高压线的外径；插之前先在高压线前端涂上少许硅脂，这样插时不费力又能保证该处密封，空气难进入。把卡簧卡上高压嘴，按帽顶以排除帽内多余空气，放手后高压帽不再拱起，即说明密封良好。其次，焊接钢丝轧头一定要焊接在高压线上，焊点要牢固光滑而无毛刺。最后涂硅脂，高压嘴处及铁红色绝缘部分，高压帽内的高压线也仔细涂上硅脂，扣好钢丝扎头，挤压、排出高压帽内空气，并旋转高压帽使高压帽与显像管玻璃部位安全密封即可。顺便说一句：显像管高压帽老化无弹性，因而使其接触不好时，可用婴儿橡胶奶嘴代用，效果不错。

例5 用AT7698AP色解码器组装的彩色电视机，如老式西湖牌47CD4型机，使用中常出现初开机时，彩色图像正常，20分钟左右图像色彩消失，但伴音及黑白画面清晰如初，关机断电停歇十几分钟之后再开机观看，故障现象同上述过程。据经验，此现象多系解码集块本身或其周围元器件热特性不佳所致。经采用加热法与冷却法相互结合，对其解码块及外围相关可疑元器件细查后未找到根源及故障点；又采用双踪示波器探头并配合万用表电压挡进一步测量发现，此故障是由于Q501(AT7698AAT)的㊳脚的外围RC支路的电容C444(0.47μF/250V)受热异常造成。此电容受热损坏时，行逆程脉冲将被阻，因而㊳脚无行脉冲信号，使Q501内的双稳态不能按行序交替工作，同时选通门发生器也因失去行脉冲而阻止色同步信号不能顺利通过，进而导致识别消色电路工作，造成无色。在冷态开机时，C444尚好，电视如同"无病"，整机按常规工作，一旦开机一段时间电容C444损坏或变质时(不一定是受热损之，有些电容在用表测时正常，加电工作一段时间开始漏电)，便会出现无彩色疑难故障。

例6 一台创维牌42LO5HR型液晶电视机，故障现象是起初开机有时偶尔正常，后再开机即屏幕一亮就灭，但伴音正常。据此分析判断，故障可能发生在背光灯供电电路，即高压逆变电路。该机采用编号为168P—42TLQ—0010的电源背光一体板。背光亮一下即灭，大多都是控制板上的C742(1μF/50V)电容性能不良及相关元器件热稳定性欠佳所致。故经仔细查C724、C728均正常；接着再查发现电流检测电路的整流二极管D711反向漏电造成。试用手头IN5408二极管代换后，逆变器恢复正常，故障排除。

(全文完)

◇山东 张振友

合理利用元器件修复安桥 CR-T2 微型桌面音响

该机是日版 110V 机型，因误接 220V 电源而损坏。拆开机器检查发现：原待机用小变压器和主变压器的初级绕组均已烧坏开路，而功放集成电路（LA4282）的供电端⑩脚已对地击穿短路。测低压侧其他元件无明显短路现象，决定换掉 2 个变压器和功放集成电路来修复该机。

待机变压器是提供 CPU(RH-IXA234AW00Q)及电源继电器的工作电压，其工作电流不大，故用一个 220V 转 9V (300mA)的小变压器代换。

原主变压器低压侧有三个绕组（实测供电电路如图 1 所示）：一个绕组为功放集成电路 LA4282 供电；一个绕组为 CD 电路（TC94A14FAG、TA2157FNG、6261）、收音电路、音调电路（LC75343）、VFD 显示电路（M66005-0001AHP）供电，还用倍压整流电路升压后给显示电路提供负偏压；还有一个绕组给 VFD 显示屏提供所需的灯丝电压。

主变压器的功率、电压大小要按照电路的参数选取。机器铭牌标示功耗 37W，功放集成电路的主滤波电容用的是 50V 耐压，查 LA4282 参数可知其推荐工作电压为 32V 时，输出功率为 10W×2(8Ω)。对于乙类功放的效率来说，此功放电路的功耗要求在 30W 左右，而 CD 电路有激光头和电机等较大的负载，其功耗一般也要 10W 左右。为此，选择一个参数接近的 220V 变压器，该变压器有 2 个绕组：一个绕组是为交流 21V/2A，其整流滤波后直流电压在 30V 左右，功率在 40W 左右，符合功放集成电路对功耗的要求；另一个绕组为交流 10V/1A，其整流滤波后直流电压在 14V 左右，功率在 10W 左右，符合 CD 电路、收音电路、音调电路、VFD 显示电路对功耗的要求。但是 VFD 显示屏所需要的灯丝电压还没有，好在此变压器比原机变压器功率大、有余量，故用细漆包线在变压器上加绕一二十圈左右，单独给显示屏灯丝提供 3V~4V 的交流电压。

由于手头没有三洋功放集成电路 LA4282，故用输出功率差不多的飞利浦功放集成电路 TDA1521 代替，改动前后的功放电路如图 2、图 3 所示。TDA1521 的应用电路所用元件比 LA4282 简单，故在原线路板拆掉不用的元件，需要改动的地方则用切断铜箔、改接跳线的办法处理。

安装好功放集成电路和固定好变压器后试验，机器的吸入式 CD 读碟、VFD 显示均正常，就是机器的音量要开得较大（屏幕显示 30 以上），音箱才比较响，这是 TDA1521 比 LA4282 的增益要略低的缘故。但是，瑕不掩瑜，该机播放的音质像别的安桥音响一样比较理性平衡。

◇浙江 方位

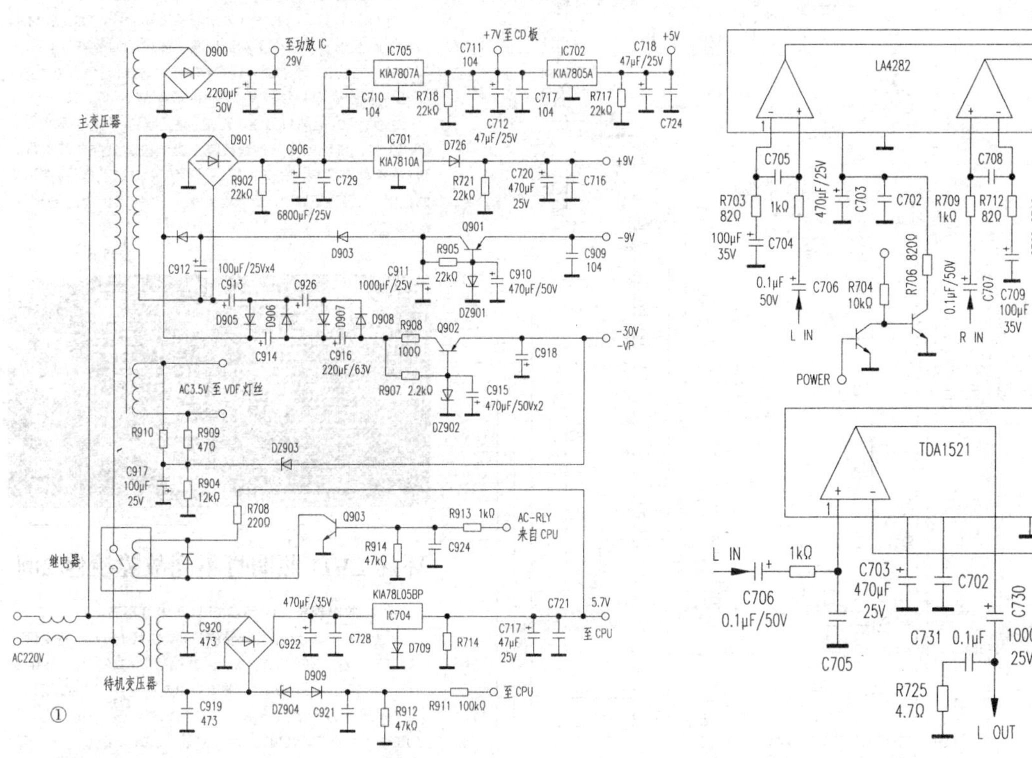

①

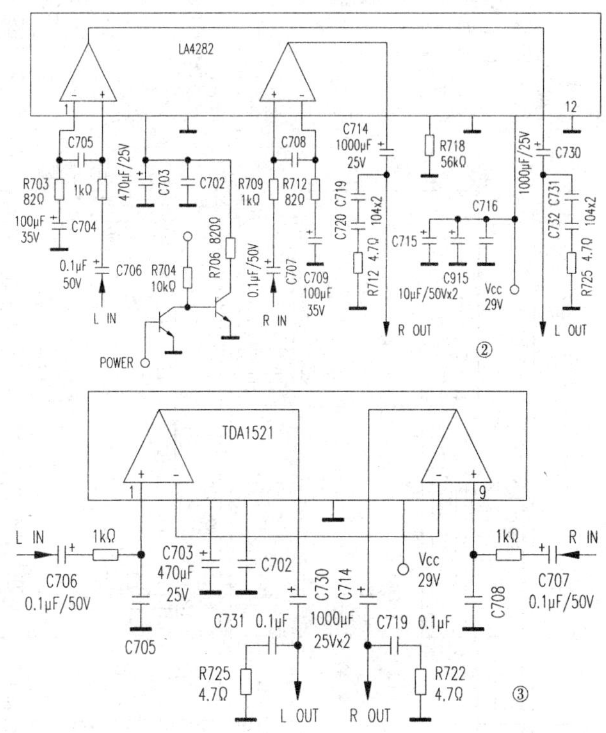

② ③

解决微信通知延迟的问题

在更新 iPhone 的 iOS 版本之后，有时微信会出现这样的问题，无论是 4G 或是 WiFi 网络，iPhone 上的微信都无法即时收到消息通知，不仅存在延迟的问题，而且有时只有进入微信界面才能收到消息。其实，这是电信服务器到微信服务器的网络延迟问题，此时可以按照下面的方法解决。

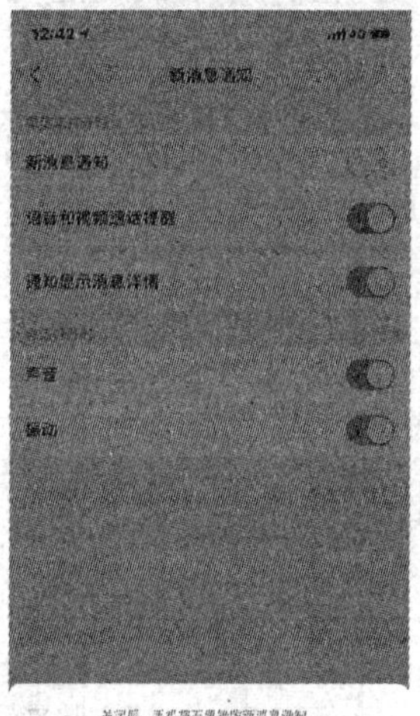

在 iPhone 上进入微信，切换到"我"选项卡，进入"设置→新消息通知"段，在这里关闭"新消息通知"选项（如附图所示），确认关闭，此时会接收到一条关于"---"的通知，重新进入设置界面打开"新消息通知"选项；返回 iPhone 的"设置"界面，选择"通知→微信"，关闭并重新打开"允许通知"即可。

◇江苏 王志军

iOS 13键盘输入小技巧

本文以 iOS 13 版本为例，介绍几个键盘输入的小技巧：

技巧一 文字自动转化为 Emoji 表情

如果是在信息界面的场景下输入文字，可以在输入完成后点击左下角的 Emoji 表情按钮（如图 1 所示），此时 iOS 系统会自动检测文字中所包含的可转化为 Emoji 的文字，并且使用闪亮的动画和橙色进行标记，点击橙色标记即可转化为 Emoji 表情。

技巧二 快速切换数字和拼音输入面板

输入文字时，有时可能会希望插入一个数字，此时需要按下左下角的"123"按钮进入数字符号界面，输入数字之后需要再次点击"123"按钮才可以返回拼音输入面板。其实，只要按住"123"按钮并拖向你需要的数字或符号，松开手指，这时你会发现输入面板自动跳回拼音界面了，不需要手动点按"123"按钮返回。

技巧三 扩展候选词

在输完拼音，选择候选词时，如果前几个没有发现你需要的词条，我们通常都是滑动候选栏或者点击栏右侧的向下箭头继续查阅。其实我们可以选择更为快捷的方法：直接对着候选栏下拉（如图 2 所示），即可快速展开候选面板。也可以在进入候选面板之后继续下拉，按照"拼音""部首""词频"、"表情"等类别进一步筛选。

◇江苏 大江东去

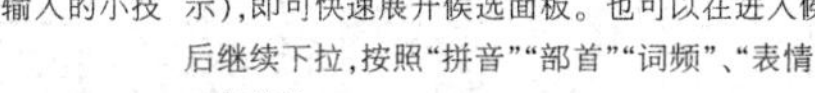
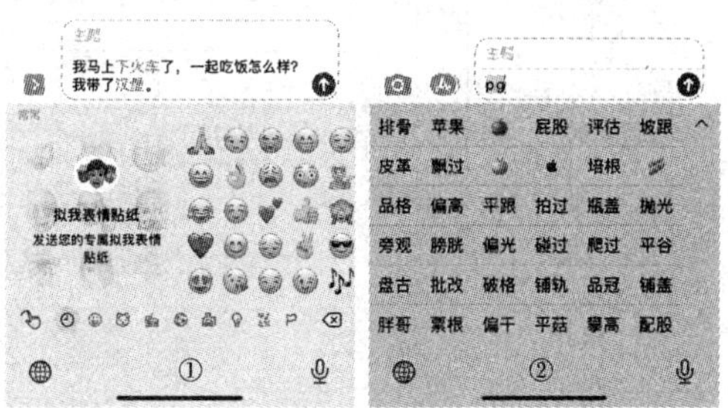

① ②

美国标乐ElectroMet4电解腐蚀抛光仪的基本原理与维修实例

电解腐蚀抛光仪是利用电化学原理进行金相试样制备，既可用于金相试样抛光，也可用于金相试样腐蚀的金相试验设备。可在恒定电压、恒定电流方式下工作，可控制样试样的电解电流密度，能快速而有效地对金属材料进行电解抛光和腐蚀，具有重复性好、操作方便等特点。

一、基本原理

电解抛光原理有争论，最常用的是薄膜理论。薄膜理论解释的电解抛光过程是：电解抛光时，靠近试样阳极表面的电解液，在试样上随着表面的凸凹不平形成了一层薄厚不均匀的黏性薄膜，这种薄膜在工件的凸起处较薄，凹处较厚，此薄膜具有很高的电阻，因凸起处薄膜薄而电阻小，电流密度高而熔解快；凹处薄膜厚而电阻大，电流密度低而熔解慢，由于熔解速度的不同，凹凸不断变化，粗糙的表面逐渐被平整，最后形成光亮平滑的抛光面。

电解抛光过程的关键是形成稳定的薄膜，而薄膜的稳定与抛光材料的性质、电解液的种类、抛光时的电压大小和电流密度都密切相关。根据实验得出的电压和电流的关系曲线称为电解抛光特性曲线，由它决定合适的电解抛光度。

与传统机械抛光方法相比较，电解抛光具有鲜明的特点由于没有机械力的作用，电解抛光没有变形层产生，也没有金属扰动层，能够显示试样材质的真实组织。由于抛光时试样是浸泡在电解液中，电解液对试样有侵蚀作用，有些试样抛光后就可直接观察组织，不必再进行组织显示。电解抛光特别适用于容易产生塑性变形而引起加工硬化的金属材料和硬度较低的单相合金，比如高锰钢、有色金属、易剥落硬质点的合金和奥氏体不锈钢等。

尽管电解抛光有如上优点，但它仍不能完全代替机械抛光，因为电解抛光对金属材料化学成分的不均匀性、显微偏析特别敏感，所以具有偏析的金属材料基本上不能进行电解抛光。含有夹杂物的金属材料，如果夹杂物被电解液侵蚀，则夹杂物有部分或全部被抛掉，这样就无法对夹杂物进行分析。如果夹杂物不被电解液侵蚀，则夹杂物保留下来在抛光面上形成突起。对于只有两相的金属材料，如果这两个相的电化学性相差很大，则电解抛光时会产生浮雕。

二、检修实例

近日，笔者单位的一台美国标乐公司生产的ElectroMet4型电解腐蚀抛光仪发生了腐蚀液泵不能启动的故障。

分析与检修：通过故障现象结合图1分析，怀疑故障范围在电源控制板、泵控制板及排线X8等部位。

参见图2，检测排线X8正常，并且泵控制板电源输入端电压正常，排除电源及排线故障，说明检测泵控制板电路异常。在路检查该板上的晶闸管、三极管、三极管正常，检查相关的电阻、电容也正常，怀疑芯片14029异常，用相同的更换后，故障排除。

◇内蒙古 钟旭东

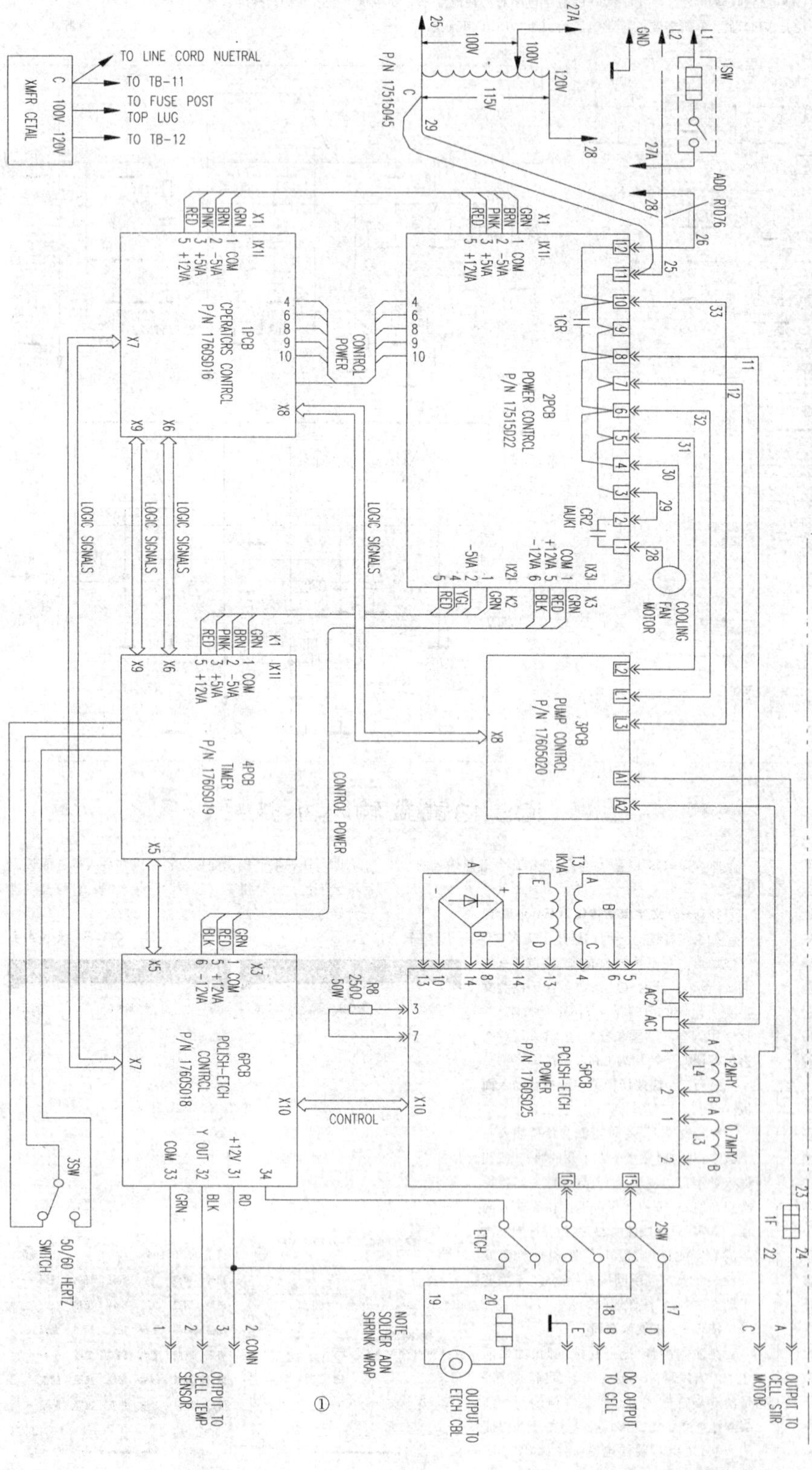

①

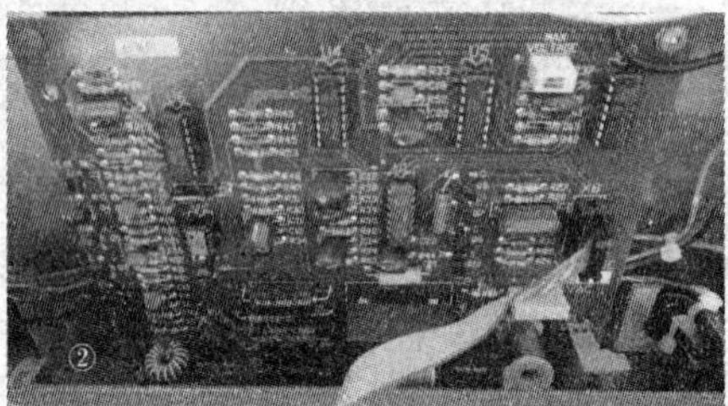

环鑫LED照明灯不亮故障检修2例

例1 故障现象：5W环鑫LED玉米灯不亮。

分析与检修：通过故障现象分析，怀疑LED灯串或供电电路异常。为了便于维修，按实际线路绘制的环鑫照明5W玉米灯的原理图如图1所示。图1中R3未装，用一跳线连接。

首先，将万用表置于R×10k挡，黑表笔接LED+、红表笔接LED−时，正常的LED会微亮且表针偏转。测量结果是第6串LED圆形铝基灯板上有一只LED损坏。因手头正好有一盏同类型的坏灯，用其正常的LED圆形铝基灯板替换后，盖好圆形灯板，通电后灯点亮，故障排除。

例2 故障现象：9W环鑫LED球泡灯不亮。

分析与检修：用小头一字螺丝刀撬开球泡盖，灯泡内有一方形线路板，如图2所示。为了便于维修，按实际线路绘制的环鑫照明9W玉米灯的原理图如图3所示。

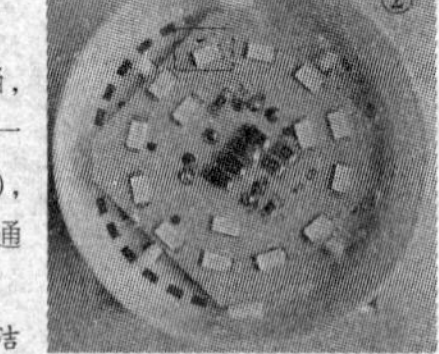

将万用表置于R×10k挡，逐个测量LED灯，结果发现一只LED损坏（图2中黑框内），用同类型的LED换上后给灯通电，灯点亮，故障排除。

◇江苏 陈洁

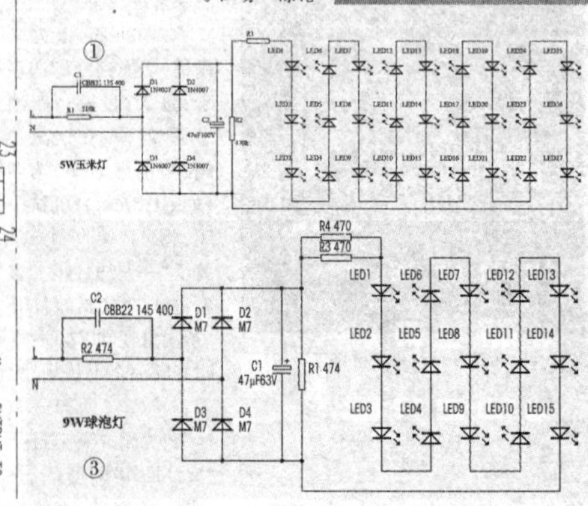

如何通过USB通信来升级传统设计(一)

设计具有通用串行总线(USB)通信功能的应用可使系统能够通过各种USB主机设备进行通信，并通过USB连接提供方便的电源选择方案。如今的打印机、手机、数码相机、媒体播放机、外部硬盘驱动器和游戏机都采用USB协议传输数据。通过一条数据线同时提供电源和数据通信功能可以给应用带来方便和灵活性。USB通信可以设计成新系统或者增加到传统系统中，通过增加固定功能USB通信桥接器或者带定制USB固件的USB微控制器(MCU)来更新传统系统。

各种USB开发选择方案的主要折中因素在于数据吞吐能力与开发时间以及是否需要USB专门知识来实现。小型USB MCU和固定功能USB通信桥接器可为在设计中增加USB通信功能提供一种极具成本效益的解决方案。USB通信接口包括四个信号:D+、D−、接地信号和VBUS。D+和D−信号为差分数据线路，VBUS信号是由USB主机设备提供的5V线路。VBUS信号用于指示USB端口中的USB数据线是否存在，但是它还能通过供电集线器向系统提供高达500mA的电源或者通过非供电集线器向系统提供100mA的电源。

带5V至3V片上稳压器的MCU或固定功能USB通信桥接器可通过稳压器输出来给整个应用供电。此规格还支持各种不同尺寸和形状的USB连接器，包括标准、迷你和微型连接器。各种USB连接器尺寸给开发人员提供了诸多在应用中集成USB通信功能的选择方案。

此外，此USB规格还支持单个总线连接多达127个设备，并支持各种设备类别，包括人机接口设备(HID)类，这类设备本身就受大多数操作系统支持，并且不需要安装驱动程序。主机在枚举过程中确定相连的USB设备的类型。将USB设备插入主机后，USB设备将指示设备类型和要加载的驱动程序的描述符发送给主机。

开发人员可以升级传统系统以增加USB连接，也可以从头开始设计包含USB的新系统。USB MCU或固定功能USB桥接器可以同时满足这两种方案。表1列出了在系统中增加USB通信功能的四种选择方案以及对开发人员和终端用户的要求。

选择USB通信选择方案取决于几个因素，包括开发人员是升级现有系统还是创建新系统。这里我们首先阐述如何设计具有USB功能的新系统。

开发人员在创建新系统时可以灵活选择增加USB通信功能的最佳方法。他们可以USB MCU或固定功能USB通信桥接器为中心进行系统的设计，然后为适合USB解决方案而对系统的各个方面进行更改。例如，最初的印制电路板(PCB)设计将包含USB设备和USB连接器等所有必需的元器件，电路板设计人员可以根据需要对它们进行重新配置。此外，USB通信与系统的连接方法不受限制，开发人员可从上表中的四个USB通信选择方案中任意选择。

要在新系统中增加USB通信功能，固定功能USB通信桥接器可提供最简单的解决方案来，但是其灵活性最低。它们可作为HID或非HID固定功能USB通信桥接器提供，如USB转UART虚拟COM端口(VCP)桥接器。使用这些通信桥接器时，由于不需要开发USB固件和驱动程序，因此USB专门知识不是必需的。对于非HID类设备而言，制造商为不受支持的操作系统提供必需的驱动程序。此外，制造商往往还提供动态链接库(DLL)，为开发USB主机应用提供帮助。无需开发USB固件、DLL和驱动程序可以缩短应用的面市时间。借助这种技术，USB接口不直接与目标系统连接，而是另一种桥接设备接口比如UART、串行外设接口(SPI)或内置集成电路(I2C)，直接与目标应用连接。USB转UART VCP桥接器(图1)通过UART接口与目标系统通信。

开发人员采用这种选择方案为系统增加USB通信功能时必须确保目标系统能够通过UART接口进行通信，同时考虑桥接设备的吞吐能力，该能力往往受UART通信速度限制。此外，开发人员需向终端用户提供驱动程序和驱动程序安装包。终端用户需安装驱动程序才能使用该设备。在这个实例中，桥接设备作为USB主机系统的COM端口。需要固定功能USB通信桥接器(无需安装主机端驱动程序)的开发人员应考虑HID通信桥接器。

由于HID设备类具有灵活性和总吞吐能力，且无需安装驱动程序，因此这类设备正作为嵌入式系统的常规连接选择方案而获得业界认可。由于HID设备类本身受多数操作系统支持，因此无需开发驱动程序。终端用户直接将其插入设备中即可开始使用，而无需安装驱动程序。在上述USB转UART VCP实例中，桥接设备可用HID USB转UART设备替代(图2)。

表1 在系统中增加USB通信功能的四种选择方案以及对开发人员和终端用户的要求

		固定功能虚拟COM端口桥接器	固定功能HID桥接器	HID USB MCU	定制USB MCU
开发人员任务	开发驱动程序	否，制造商提供驱动程序	否，本身得到操作系统支持	否，本身得到操作系统支持	是
	开发USB固件	否	否	是	是
	重新设计PCB	是	是	是	是
终端用户任务	安装驱动程序	是	否	否	是

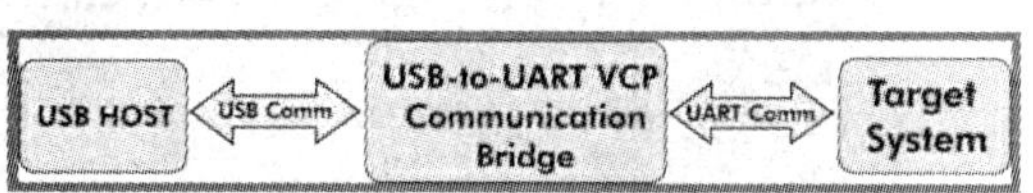

图1 USB转UART VCP桥，接器通过UART接口与目标系统通信。

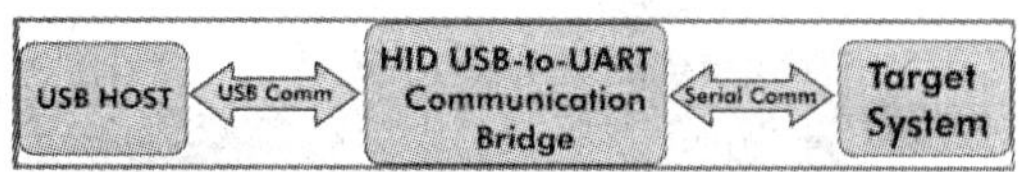

图2 在USB转VART VCP实例中，桥接设备可用HID USB转UART设备替代。

图3 使用USB MCU时，USB通信可提供与目标系统的直接连接。

图4

HID桥接器的大多数设计考虑因素都与上述VCP桥接器实例相同，但是HID与VCP USB转UART桥接器实例在设计上略有不同。通过HID配置，桥接设备的吞吐能力限制为最大HID吞吐能力，即64KBps。此外，此设备不作为USB主机的COM端口，而是作为HID类设备。HID固定功能通信桥接器可为希望在向系统增加USB通信功能时最大限度地缩短总USB开发时间的开发人员提供直接替代方案。如果对于一个应用而言，固定功能USB通信桥接器的吞吐能力或常规功能不够用，开发人员应考虑增加USB MCU。

USB MCU可提供USB通信接口的最大灵活性和控制，但需要大量设计工作。开发人员必须构建所有的USB固件，如果创建了非HID类设备，开发人员必须编写设备驱动程序。这需要一些USB方面的经验，因为编写USB固件和设备驱动程序并非小事一桩。由于所有MCU固件都可定制，因此USB MCU可在需要时执行额外的任务。这提供了通信桥接器无法实现的更高灵活性。例如，如果USB MCU具有模数转换器(ADC)，开发人员可增加固件来配置ADC并在需要时进行测量。USB描述符在固件中也是可以完全定制的。USB主机在枚举过程中通过从设备接收的描述符来确定设备是HID设备还是非HID设备。

使用USB MCU时，USB通信可提供与目标系统的直接连接，系统可以基于USB MCU来构建(图3)。除了更长的开发时间之外，开发人员还需考虑所需的吞吐能力。HID类设备的吞吐能力限制是64KBps (即512Kbps)。非HID类设备的吞吐能力限制为12Mbps(即12,000Kbps)。与HID设备相比，非HID类设备可以实现更高的吞吐能力，但是也需要开发定制驱动程序，终端用户则需要安装驱动程序。这就增加了应用的总开发时间。使用配置HID的USB MCU可以避免开发和安装驱动程序，但是前提是HID的吞吐能力能够满足应用的要求。

创建包含USB MCU的系统可以灵活地更改设计的各个方面，从而根据要求组合最佳的USB解决方案。例如，开发人员在设计通过USB通信向主机发送测量数据的医疗设备时可以更改USB MCU数据传递类型，以满足所需的USB MCU解决方案的吞吐能力限制，或者实现多接口设备，比如带同步HID接口的设备。设计新的USB应用时，开发人员可对每个USB选择方案的要求进行分析，然后选择最适合的方案。

开发人员通过USB通信升级传统系统时可在为新设计提供的四个方案中任选一个，但是必须选择适合现有应用的USB解决方案，而不是设计一个适合USB解决方案的应用。此时，开发人员需考虑当前的通信方法、所需的USB数据吞吐能力和可供附加元器件使用的PCB空间。传统设计拥有成熟的与主机系统的通信方法。如果桥接设备中提供用于与主机通信的接口，那么增加固定功能USB通信桥接器是唯一的选择方案。在多数应用中，这种接口为UART接口。对于这些应用，可在设计中增加USB转UART通信桥接芯片。图4显示了如何使增加的桥接设备适合传统设计。

从硬件层面看，现有的PCB需进行重新设计，以使USB设备和USB连接器适合现有的电路板。从软件层面看，USB转UART设备的制造商一般会为开发人员提供VCP驱动程序，因此无需开发驱动程序。在这个实例中，桥接设备的吞吐能力限制是UART接口的波特率。只要桥接设备能够支持应用所需的波特率，吞吐能力就不存在问题。设备将仍作为USB主机的COM端口，这样传统主机应用不需要进行修改即可正常工作。传统设计与升级的设计之间的主要区别在于通过USB提供与主机的接口以及需要终端用户安装驱动程序。

如果需要无驱动程序的选择方案，HID固定功能USB通信桥接器就是一个可能的解决方案。选择此方案时，其设计考虑因素与VCP固定功能通信桥接器的考虑因素相同，但是此桥接器的吞吐能力限定为64KBps，这是最高HID吞吐能力。在上述传统设计升级的实例中，开发人员可以使用HID USB转UART桥接器，但是设备不作为主机系统的COM端口，而是作为HID。这样，传统主机应用如不进行修改将无法正常工作。尽管此解决方案无需安装驱动程序，但是现有的主机应用需进行修改后才能与HID OS应用程序编程接口(API)通信，而不是与COM端口API通信。固定功能USB通信桥接器是大多数传统设计升级的理想选择，因为它们可以为在设计中增加USB通信提供最简单的解决方案，且无需USB专门知识。

(未完待续)(下转第35页)

◇四川绵阳 刘光乾

实验调频调幅同步收音机

两台收音机同时收一个电台的播音，对于搞维修和喜好玩收音机的朋友，一定都经历过。也许还曾有过以下感觉呢！

1. 先用一台收音机收到一个电台播音，再用另外一台也调谐到同样的电台频率。这个过程中你一定会发现：后面的收音机在调谐过程中，会使得前面台突然发出杂音或者干脆无声音了。换个方向后，两台收音机又能正常放音。可是，当你换了一个电台，前面说的干扰可能又会出现；

2. 当两台收音机正常放音时候，你会感觉声音增大了，声场变宽了，声音比一台好听了，貌似立体声的感觉。

这里给各位介绍的调频调幅同步收音机，简单说，就是安装在同一个壳子里的 2 台相同的调频调幅两波段收音机。详见附图。

附图 1 中 TA7642 是一只微型集成电路调幅中波简易收音机，外形和 TO-92 封装的三极管相似（如 9013），其内部包含了高放、检波和音频前置放大电路。可变电容 C1、C2 和调谐线圈 L1、L2 分别组成调谐回路。按照图中数据，频率可覆盖在 540kHz—1560kHz 兹。

调频波段采用 CD9088 的芯片，其采用贴片元器件 SMT 封装，接收频率范围 76-108MHz，不仅能接收调频广播，还能接收校园广播和部分电视台的音频信号。为了能推动喇叭放音，笔者用了大家比较熟悉的 TDA2822 小功率双声道音频放大器，负责本机的两个声道功放。

为了尽可能地保证相同两台机器同步收音，采取图四所示的方法：两只调幅调谐圈分别安装在同一根磁棒的两头；第一次收听时，如果出现细微的不同步现象，可以通过适当调整调谐线圈的位置或者可变电容上的微调来修正，并固定，以后基本上不需要再做调整了。鉴于两只调频调谐线圈是空心线圈，直接焊接在电路板上的，第一次收听时，如果出现细微的不同步现象，可以适当改变其中一只的线圈的线间距，也可调整可变并联的微调来修正。还可以在收听广播中，调整天线的长短和方向来修正。

图 4 中，因条件限制，也力求简单，笔者使用了两片相同的成品印刷电路板，外购套件组装。动手能力强的朋友，可以自制印刷电路板。但需要注意的是做好调频部分两个调谐线圈的隔离；元件参数尽量选择一致性好的。调谐可变电容是双 270P 和双 30P 同轴四联；音量控制用的电位器采用 5-10K 双联电位器；波段转换开关采用双刀单抛两挡拨动开关，分别控制两个 FM/AM 的转换。

该机器虽然在同一个壳子里，使用中基本上没有互相干扰，在上海郊区，能准确地收到周边省市电台播音。整机用一节 18650 电池供电，机器灵敏度高，放音洪亮。

机器收音视频：

FM:

https://v.youku.com/v_show/id_XNDQ-zODk1MjA2NA==.html?f=52316316

AM:

https://v.youku.com/v_show/id_XNDQ-zODk1MTQ2NA==.html?f=52316316

收音机也HIFI

http://v.youku.com/v_show/id_XNDQ-zOTk0MjM3Ng==.html?f=52316316

http://v.youku.com/v_show/id_XNDQ-zOTk0MzU4MA==.html?f=52316316

http://v.youku.com/v_show/id_XNDQ-zOTk0NDE4OA==.html?f=52316316

http://v.youku.com/v_show/id_XNDQzOTk0ND-czMg==.html?f=52316316

◇路神

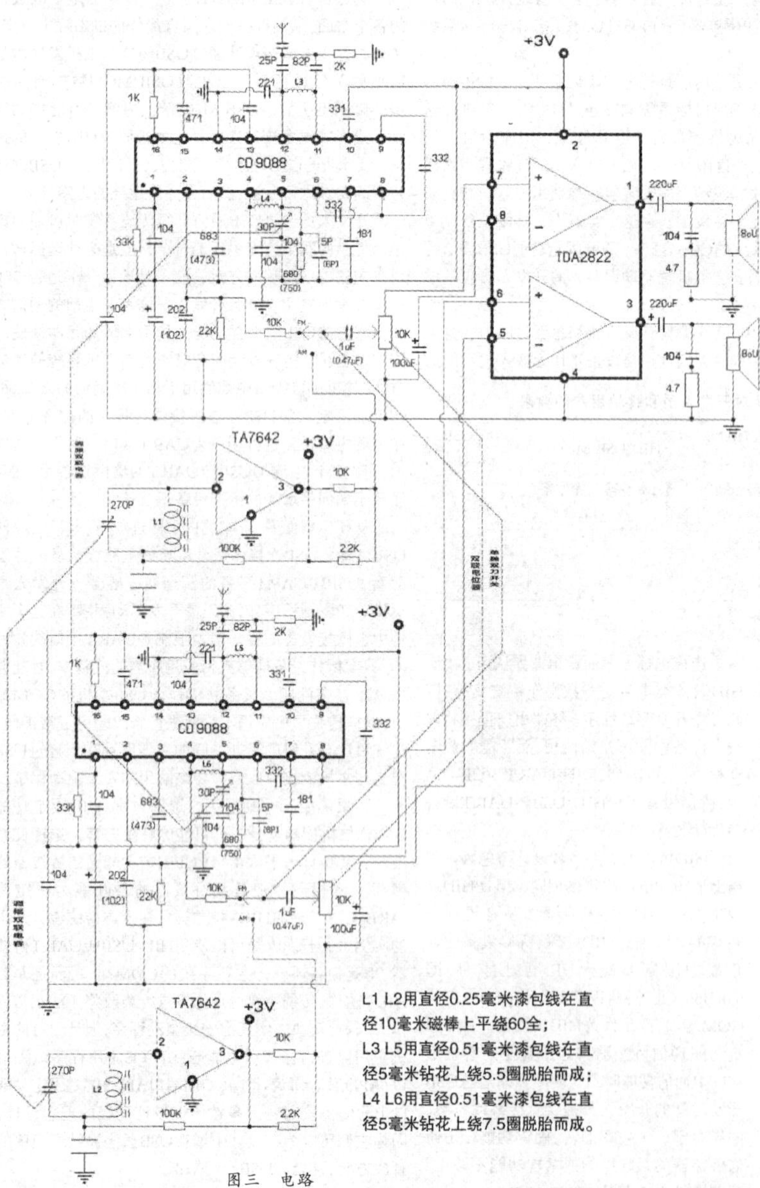

+3V
CD9088
TDA2822
TA7642
L1 L2用直径0.25毫米漆包线在直径10毫米磁棒上平绕60全;
L3 L5用直径0.51毫米漆包线在直径5毫米钻花上绕5.5圈脱胎而成;
L4 L6用直径0.51毫米漆包线在直径5毫米钻花上绕7.5圈脱胎而成。

图三　电路

图一　实验机器外观 1

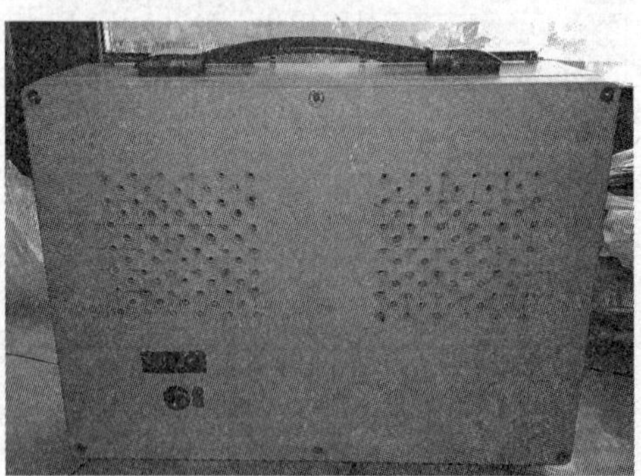

图二　实验机器外观 2

图四　内部结构

博途应用1:TIA博途基础知识(二)

(紧接上期本版)

六、CPU模块的参数设置

1. 设置系统存储器字节与时钟存储器字节

双击项目树某个PLC文件夹中的“设备组态”,打开设备视图。选中CPU后,再选中巡视窗口的“属性>常规>系统和时钟存储器”,启用系统存储器字节(默认地址为MB1)和时钟存储器字节(默认地址为MB0)设置它们的地址值。

将MB1设置为系统存储器字节后,该字节的M1.0~M1.3的意义如下:(1)M1.0(首次循环):仅在刚进入RUN模式的首次扫描时为TRUE(1),以后为FALSE(0);(2)M1.1(诊断状态已更改):诊断状态发生变化;(3)M1.2(始终为1):总是为TRUE,其常开触点总是闭合;(4)M1.3(始终为0):总是为FALSE,其常闭触点总是闭合。

时钟存储器的各位在一个周期内为FALSE和为TRUE的时间各为50%。时钟存储器字节每一位的周期和频率见表2。CPU在扫描循环开始时初始化这些位。

表2 时钟存储器字节各位的周期和频率

位	7	6	5	4	3	2	1	0
周期/s	2	1.6	1	0.8	0.5	0.4	0.2	0.1
频率/Hz	0.5	0.625	1	1.25	2	2.5	5	10

M0.5的时钟脉冲周期为1s,可以用它的触点来控制指示灯,指示灯将以1Hz的频率闪动。

指定了系统存储器和时钟存储器字节后,这两个字节不能再作其他用途,否则将会使用户程序运行出错,甚至造成设备损坏或人身伤害。建议始终使用默认的系统存储器字节和时钟存储器字节的地址(MB1和MB0)。

2. 设置PLC上电后的启动方式

选中设备视图中的CPU后,再选中巡视窗口的“属性>常规>启动”,可选择上电后的启动方式,共有三种:(1)不重新启动,保持在STOP模式;(2)暖启动,进入RUN模式;(3)暖启动,进入断电之前的操作模式。

暖启动将非断电保持存储器复位为默认的初始值,但是断电保持存储器中的值不变。可以用选择框设置当预设的组态与实际的硬件不匹配(不兼容)时,是否启动CPU。

在CPU启动过程中,如果中央I/O或分布式I/O在组态的时间段内没有准备就绪(默认值为1min),则CPU的启动特性取决于“将比较预设为实际组态”的设置。

3. 设置读写保护和密码

选中设备视图中的CPU后,再选中巡视窗口的“属性>常规>保护”,可以选择4个访问级别。其中打钩表示不需要密码即可执行,没打钩的需要输入密码方可执行。如果S7-1200的CPU在S7通信中做服务器,必须在右边窗口下面的“连接机制”区勾选复选框“允许从远程伙伴(PLC、HMI、OPC、...)使用PUT/GET通信访问”。

4. 设置循环周期监视时间

循环时间是操作系统刷新过程映像和执行程序循环OB的时间,包括所有中断此循环的程序的执行时间。选中设备视图中的CPU后,再选中巡视窗口的“属性>常规>周期”,可以设置循环周期监视时间,默认值为150ms。

5. 组态网络时间同步

网络时间协议NTP广泛应用于互联网计算机时钟的时间同步,局域网内的时间同步精度可达1ms。选中CPU的以太网接口,再选中巡视窗口的“属性>常规>PROFINET接口[×1]”,勾选“通过NTP服务器启动同步时间”复选框,然后设置时间同步的服务器的IP地址和更新的时间间隔。设置的参数下载后起作用。

(全文完)

◇福建省上杭职业中专学校 吴永康

博途应用2:编写用户程序与使用变量表(一)

一、编写用户程序

1. 生成项目并添加新设备

打开博途软件,切换到项目视图,生成一个新项目,项目名称为“电动机控制”。

双击项目树中的“添加新设备”,单击打开的对话框中的“控制器”按钮,选中右边窗口SIMATIC S7-1200中“CPU 1214C”文件夹中的某个订货号(如图1所示),单击“确定”按钮,生成名为“PLC_1”的新PLC。该设备只有CPU模块。

2. 程序编辑器

双击项目树的文件夹PLC_1 [CPU1241C AC/C/Rly]\程序块\Main[OB1],打开主程序如图2所示。选中项目树中的“默认变量表”后,标有②的详细视图显示该变量表中的变量,可以将其中的变量直接拖拽到梯形图中使用。拖拽到已设置的地址上时,原来的地址将会被替换。

将鼠标的光标放在0B1的程序区最上面的水平分隔条上,按住鼠标左键,往下拉动分隔条。分隔条上面是代码块的接口区(标有⑦的区域),下面是程序区(标有③的区域)。将分隔条拉至程序编辑器视窗的顶部,不再显示接口区。

程序区下面标有④的区域是打开的程序块的巡视窗口,标有⑥的区域是任务卡中的指令列表。标有⑤的区域是指令的收藏夹,用于快速访问常用的指令。单击程序编辑器工具栏上的按钮,可以在程序区的上面显示收藏夹。可以将指令列表中自己常用的指令拖拽到收藏夹,也可以用鼠标右键快捷菜单中的命令删除收藏夹中的指令。

3. 电路

图3是异步电动机星形—三角形降压启动的主电路和PLC的外部接线图。启动时主电路中的接触器KM1和KM2动作,异步电动机在星形接线方式下运行,以减小启动电流。延时后KM1和KM3动作,在三角形接线方式下运行。

停车按钮和过载保护器的常开触点并联后接在I0.1对应的输入端,可以节约一个输入点。输入回路使用CPU模块内置的DC24V电源,其负极M点与输入电路内部的公共点1M连接,L+是DC24V电源的正极。工作过程如下:

按下启动按钮I0.0,Q0.0和Q0.1同时变为1状态(见图4),使KM1和KM2同时动作,电动机按星形接线方式运行,定时器TON的IN输入端为1状态,开始定时。8s后定时器的定时时间到,其输出位“T1”.Q的常闭触点断开,使Q0.1和KM2的线圈断电,“T1”.Q的常开触点闭合,使Q0.2和KM3的线圈通电,电动机改为三角形接线方式运行。按下停车按钮,梯形图中I0.1的常闭触点断开,使KM1和KM3的线圈断电,电动机停止运行。过载时I0.1的常闭触点也会断开,使电动机停机。

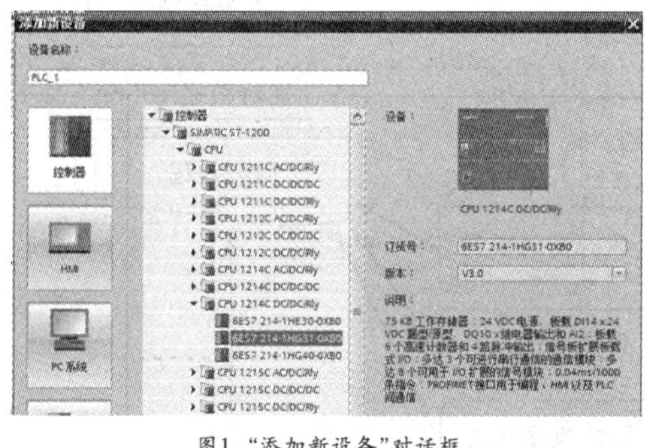

图1 “添加新设备”对话框

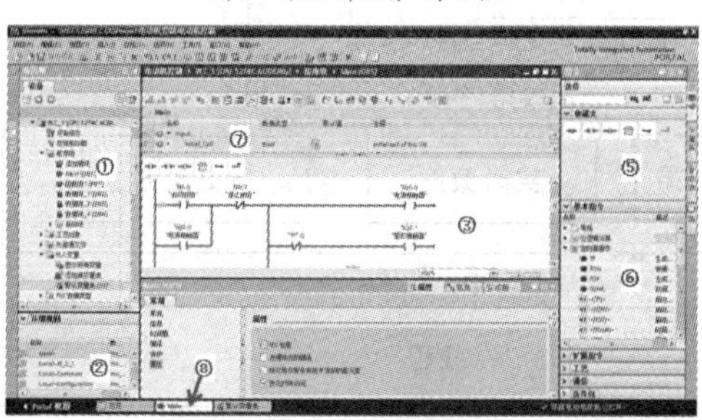

图2 项目视图中的程序编辑器

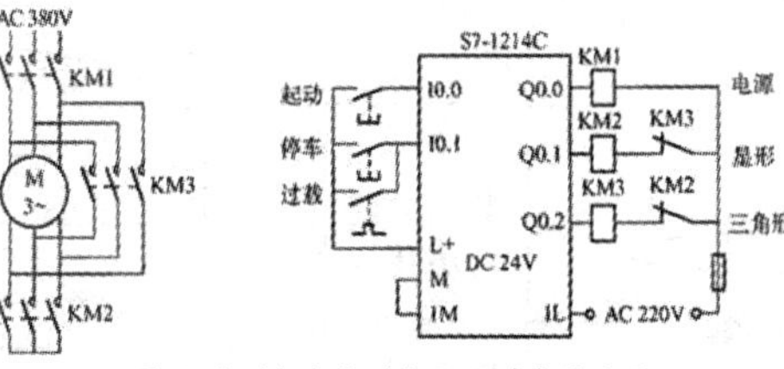

图3 电动机主电路与PLC外部接线图

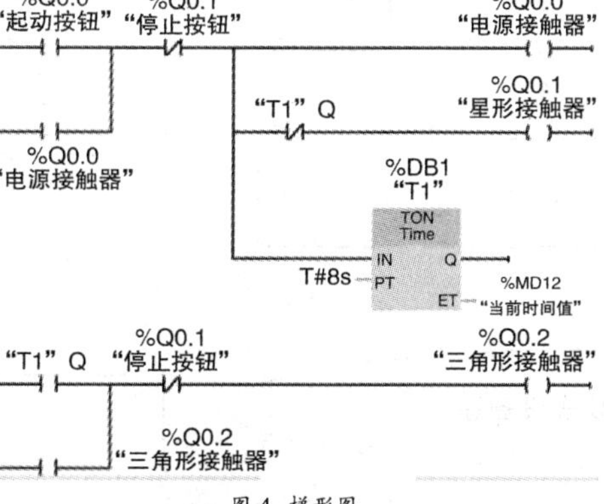

图4 梯形图

(未完待续)(下转第37页)

◇福建省上杭职业中专学校 吴永康

有关工业实时数据库的研究

摘要：工业实时数据库在工业控制领域中处于重要的位置。文章分析了工业控制应用对实时数据库的要求,设计并实现了一个工业实时数据库,并详细介绍了该数据库的系统结构和在实现中所采用的关键技术。

关键词:实时数据库;过程控制;实时压缩;海量数据

现代工业迅猛发展，尤其是计算机在工业过程控制中得到广泛应用，极大地提高了生产过程的自动化程度，随着系统规模的不断扩大和系统集成程度的加强,工业控制系统对工控软件提出了更高的要求。如今工业实时数据库系统已经成为工业控制软件的核心。它与配套的控制组态、数据分析等子系统一起,构成了企业的实时数据平台，为面向大型的实时数据应用系统和企业上层管理分析系统提供了基础。另外,为了提高控制系统的运行效果，增强控制系统的鲁棒性(robustness)和开放性,先进的监控系统必须有一个实时数据库系统,为整个系统的数据处理、组织和管理提供支持。

1 应用要求

实时数据库系统需要结合实时数据处理技术和数据库技术,并同时满足数据实时性和一致性的要求。实时数据库系统的主要目标是使尽量多的事务在规定的时间要求内完成,而不是公平地分配系统资源,从而使得所有事务能得以执行。概括地讲,实时数据库系统有如下特点:

(1)时间约束。实时数据库是其数据和事务都有明确的时间限制的数据库。在实时系统中,具有时间约束的数据主要是来自外部的动态数据，以及由这些数据求导出的新的数据。数据库中的数据必须如实反映现场设备的运行情况。

(2)事务调度。实时数据库系统的正确性不仅依赖于事务的逻辑结果，而且依赖于该逻辑结果所产生的时间。事务调度既要考虑事务的执行时间,也要考虑事务的截期、紧迫程度等因素。

(3)数据存储。实时数据库主要承担系统所有实时数据的存储和管理,为相关的功能提供快速、正确的实时信息。为了达到实时性,实时数据库在系统运行过程中,应常驻内存,以保证读取速度。对于实时性要求不高的数据可存放在外存储空间。因此,在实时数据库设计时,要妥善处理时间与存储空间的矛盾,以保证系统的实时性。

(4)数据在线压缩。在实际的数据存储中,实时数据库还要解决如何高效处理海量数据的问题。如果数据被原封不动地存储势必需要大量内存和磁盘空间以及耗费大量的 CPU 时间，因此必须对实时数据进行在线压缩存储。

通过对实时数据库系统特点的分析，结合实际工业控制应用的要求。实时数据库系统作为工业控制系统中实时数据管理和共享的软件,必须提供如下功能:

(1)能够有效地集成现场的各类数据,为应用程序提供统一的实时数据平台。

(2)现实时数据的采集、存储和管理,并且能接受对实时数据的查询和修改。

(3)能够通过脚本形式来定义和配置数据库,并提供相应的图形化管理工具。

(4)具有开放性,能通过标准接口开发和集成第三方应用。

2 系统设计

2.1 系统结构

本文介绍的实时数据库系统作为服务器，它在 Windows 操作系统和 Linux 操作系统中分别以 NT 服务(NT Server)和守护进程(Daemon)形式在后台运行。工业控制应用程序作为客户通过预定义的标准接口来和实时数据库服务器进行通信。系统结构如图 1 所示。

(1)核心模块

核心模块主要负责接受、处理来自服务接口模块的应用服务请求;接受、处理以及存储来自数据采集接口模块的数据;完成任务调度。本模块是系统的关键部分。

(2)数据采集接口模块

实时数据库系统通过数据采集接口模块的服务屏蔽了实际物理设备连接的细节。通过该模块,系统能与任何在系统内部设备注册表(在下文介绍)注册的设备通信。

(3)服务接口模块

该模块接受客户应用程序(如工控组态、实时优化等控制程序)的数据服务请求。

(4)其他事务处理模块

除了核心模块、数据采集接口模块和服务接口模块以外，系统还包括其他多个模块，如数据库配置模块,它是用来进行设备配置和测控点配置;日志、用户管理模块用来进行日志管理和用户管理。

3 性能测试

对于实时数据库系统来说，其事务实时性与数据的有效性是同样重要的。实时数据库系统应该保证数据库中的数据与现场设备中的数据一致。测试重点放在系统对事务的响应时间和成功率上。

分别进行单机下和网络环境下的测试。单机环境下，测试所用的计算机的处理器为 Intel PII 933MHz，内存为 256MB,操作系统为 Windows 2000 Professionalo 测试的控制系统具有 10 000 个测控点。在测试中,分别进行了只读测试、只写测试和读写测试。

在只读测试中,用户对数据库访问都是读访问,而在只写测试中,用户的访问都是写访问,此时,数据库系统的并发控制机制处理较简单，所以系统反应速度快。在读写测试中,用户的访问既有写访问,又有读访问,为了数据的一致性,并发控制调度各事务,因此,系统响应速度有所下降。

4 结论

工业生产过程中现场数据的有效采集和存储是工业控制领域的重要课题。为了提高效率,今后的研究方向是在现有的基础上，使数据库系统能根据用户定义的 Event-Condition-Action 形式的实时规则来更有效地进行数据处理。由于多线程结构依赖操作系统的支持，其性能和线程调度策略以及任务调度策略也有待进一步优化。

◇山东省广播电视局蒙山转播台 马存兵

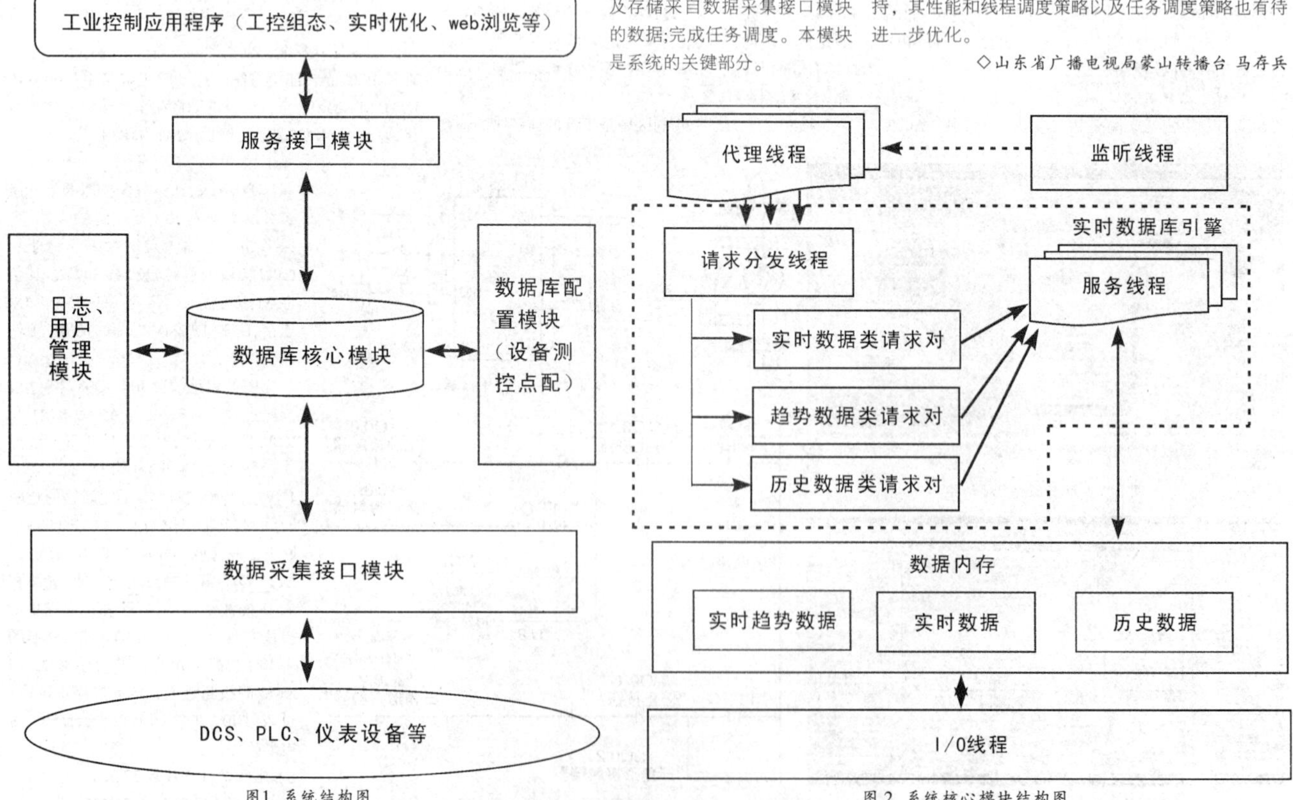

图1 系统结构图

图 2 系统核心模块结构图

话说当代电视不可认同的8个点

自有记忆起，电视便陪伴在国人的身边。小时候，和爸爸妈妈围坐一起一边吃晚饭一边看《新闻联播》；上学后，赶在爸爸妈妈回家前紧急给电视降温，防止挨揍；看比赛时，突遇信号不好，猛拍两下，电视画面立刻恢复如初。

如何"对付"电视，每个人都是专业级别选手。但伴随时间的流逝、科技的进步，旧有的关于电视的认知开始变得不准确，甚至出现了一些基于个体经验所产生的刻板印象。

与此前相比，究竟当前的电视发生了怎样的变化？人们又对电视强加了怎样错误的认知？酷云互动《关于电视，那些颠覆"三观"的认知！》报告（以下简称《报告》）给你想要的答案，彻底颠覆你的所思所想！

颠覆一：

智能电视只分布在一二线城市？

错！智能电视的下沉幅度已超过手机！

说出来你可能不信，几乎人手一部的手机居然在下沉市场的"厮杀"中，输给了智能电视。根据《报告》数据显示，智能电视下沉用户占比已达到55.9%，超出移动互联网1.6个百分点。

其实，智能电视作为家庭智能设备的主力，同时也是客厅经济的核心，始终是一个家庭不能或缺的存在。80年代，因经济条件限制，昂贵的"冰箱、电视、洗衣机"成为结婚必需的"三大件"，此时电视尚未大规模走入千家万户。但伴随社会环境的变化以及科技的发展，电视的科技成分日渐高涨同时价格也日益低廉，这使得下沉市场智能电视用户占比较2015年高出7.4个百分点，增速明显。

同时，在智能电视用户分布上，也与常住人口分布趋势日渐一致，其中广东更是成为全国拥有最多电视用户的省份，可谓是爱看电视第一省！

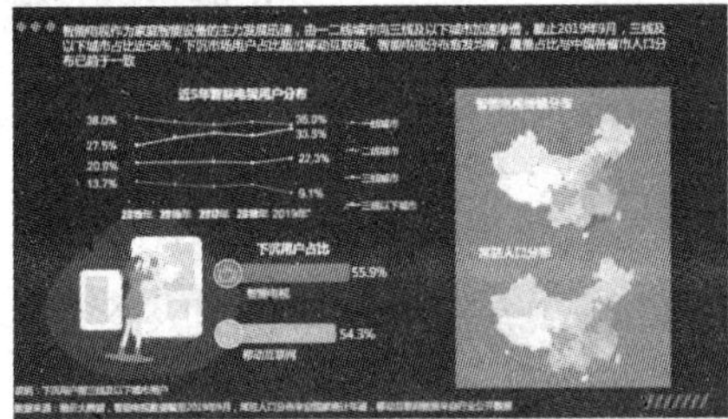

颠覆二：

电视是装饰品，买来也不看？

错！智能电视开机率已超过50%！

近年来，关于电视的唱衰之声不绝于耳，论调集中在电视开机率低，买来只做客厅装饰品上。但事实可能让这些"唱衰者"失望了。目前，智能电视的日开机率达到51%，日开机时间达到348分钟，使用时长远高于传统电视。同时，从日均使用时长上来看，智能电视在与手机的"比拼"中，也不落下风。

在对智能电视使用趋势的研究中，酷云互动还发现，每逢节假日，智能电视开机率及开机时长便双双增长，这也从侧面反映了当前中国社会普遍出现的"宅经济""懒经济"现象，经过繁忙的工作后，更多用户选择呆在家中看电视，享受生活。

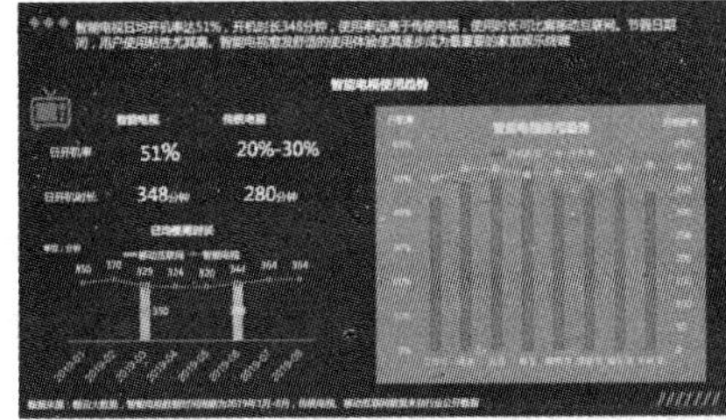

颠覆三：

看电视是中老年人的专属？

错！年轻人正在回归大屏！

同酷云互动此前在《消费主力人群电视大屏用户行为揭秘》报告中提出的观点一致，年轻人正在回归电视大屏，主宰"智能电视"的依然还是年轻用户。《报告》显示，目前智能电视34岁以下年轻用户占比达到63%，超出互联网年轻用户4个百分点。

假期期间，年轻用户回归电视大屏趋势更为明显。以国庆假期为例，期间直播、点播年轻用户皆有所增长，分别提高0.8个百分点和0.3个百分点，"70年阅兵"的隆重与盛大强势拉动年轻用户回归，因为从传播质量、公信力以及观看体验方面来看，电视依然具有无法撼动的权威地位。

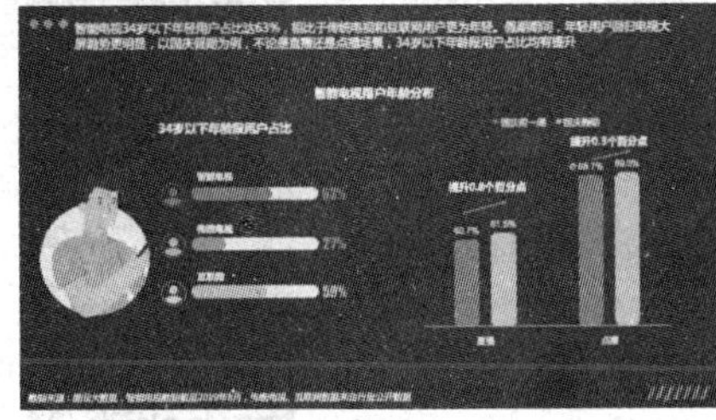

颠覆四：

大家都去买互联网品牌电视了，传统品牌无人理？

错！传统品牌和互联网品牌平分秋色！

自2013年中国步入互联网电视元年后，低价且科技意味浓郁的互联网电视似乎成为市场的宠儿，这自然会让人怀疑，是不是传统品牌电视不再受人欢迎？

实际上，在互联网品牌电视的冲击下，传统品牌也依然保持着强劲的势头，在科技创新及市场表现上皆为亮眼。从创新上看，创维推出S系列新品，康佳发布APHAEA SmartWall未来屏电视，长虹揭晓CHiQ极智屏……传统品牌集体发力，将电视赋予更为浓厚的科技属性。

从市场表现来看，35–44岁的用户群体更偏爱选择传统品牌电视，占比达到24.1%；25–34岁的消费主力人群虽然更偏好互联网品牌电视，但传统品牌电视依然占比38.2%，只比互联网品牌电视低1.9个百分点。

因此，从《报告》来看，虽然不同年龄段消费者在电视品牌选择上的倾向略有不同，但整体而言平分秋色，无论是哪种品牌类型，电视作为家庭娱乐首选，都是用户生活中不可或缺的家电TOP 1。

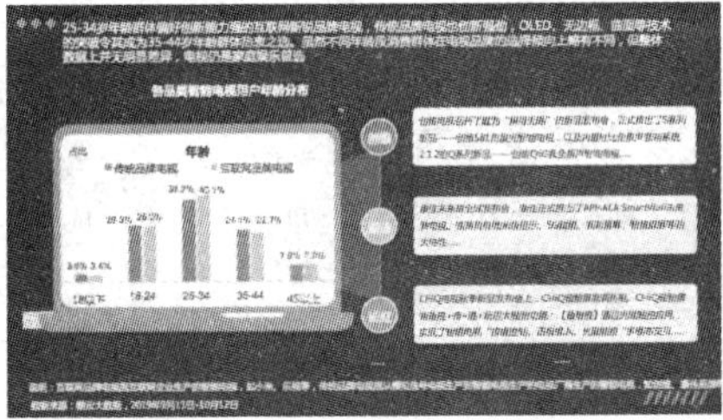

颠覆五：

除了影视综，其他节目没有市场？

错！青少类节目是隐藏的"王者"

还记得每逢9月1日家里电视就被《开学第一课》支配的恐惧吗？根据酷云EYE Grow数据显示，2019年的《开学第一课》直播关注度达到了11.0389%，与2018年相比直播关注度增长了2.2080%。如此高关注度背后映射出的是，青少类节目已成为影视综之外，最具增长实力的节目类型。

《报告》显示，目前在点播场景下青少节目排名仅次连续剧，占比近30%，且假期期间用户更倾向选择青少节目。究其原因，酷云互动认为，非假日期间家长为安抚年幼的孩童，更乐于点播青少类节目，以此使孩子安静下来，降低其在家中的"破坏性"。假期期间，父母会将电视选择权交给孩子，让他们点播自己喜爱的青少类节目。因此，青少类节目正成为继影视综外，观众观看需求增长迅速的节目类型。

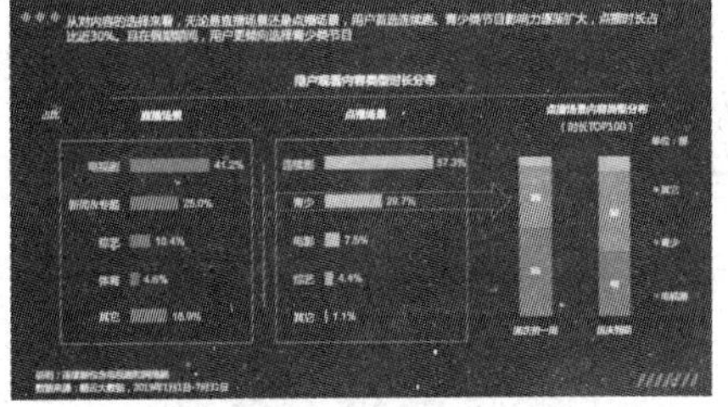

颠覆六：

非一线卫视没有广告投放价值？

错！非一线卫视同样聚集高品质消费人群！

近一段时间，包括湖南、东方、浙江、江苏、北京在内的五大卫视纷纷召开2020年招商会，以当家顶级资源吸引各方广告主的投放资金。那与这些一线卫视相比，天津、山东、安徽、广东、深圳这些非一线卫视是否具备广告投放价值？

答案是肯定的。从用户年龄上看，非一线卫视用户年轻化程度甚至超越一线卫视，34岁以下用户占比达到62.2%，超出一线卫视0.4个百分点。从消费能力上看，非一线卫视也不乏高消费用户群体，9.8%高学历用户占比及44%的高消费人群占比，使非一线卫视同样能够满足广告主的投放需求，实现目标人群的精准覆盖。

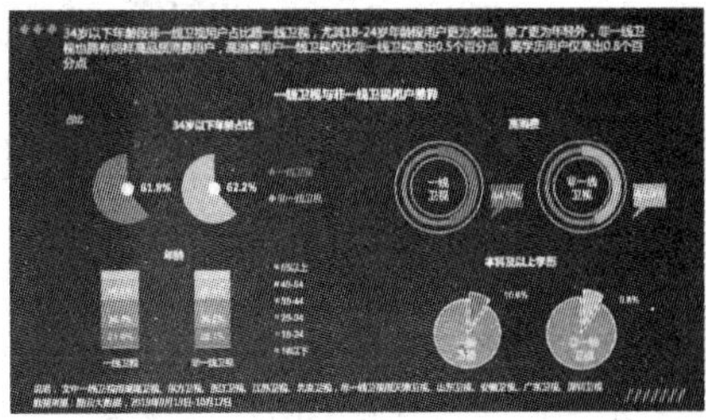

颠覆七：

年轻人都去一、二线城市打拼，家乡只剩老年人？

错！一线城市才是老人多、年轻人少！

提起北京、上海、深圳这些大城市，人们的固有印象大多是在外打拼的年轻人格外多。但事实果然如此吗？《报告》数据显示，相对一、二线城市，其实下沉市场的年轻用户反而更多，且呈现出越下沉越年轻的趋势。也就是说，我们认知中下沉市场年轻人缺失、老人与孩童留守的印象其实并不正确。

目前，18–24岁用户在一线城市中只占比26%，而五线城市则达到了30.8%！45–54岁用户在一线城市中占比8.8%，而五线城市则占比6.5%。相比下沉市场，一、二线城市老龄化严重。即使每年都涌入大量年轻人口，但巨大的生活压力及晚婚晚育甚至不育的个人选择，都令一、二线城市在年轻化程度上不及下沉市场用户。

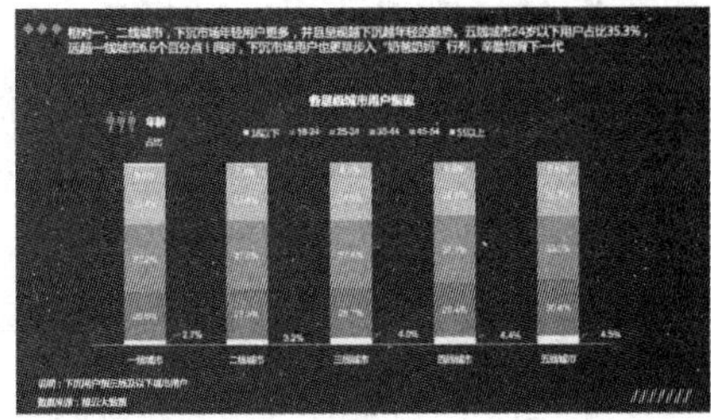

颠覆八：

下沉市场用户消费能力差？

错！下沉市场用户消费意识正在觉醒！

只赚钱不花钱再也不是下沉市场用户的标配，拼多多的崛起见证着下沉市场用户巨大的消费潜力。近5年来，农村居民人均消费支出增速已明显超越城镇居民，2018年农村居民消费支出增速高达10.68%，超出城镇居民3.86个百分点。

较小的生存成本与压力、舒适的生活节奏，都使下沉市场用户能更为放心大胆地进行消费，因而目前农村居民消费支出增速已大于人均可支配收入增速，而且旺盛的消费需求也在促使其消费升级。

◇王平纶

几种常见的音响插头

作为音响发烧友，无论是耳机还是音响，在使用线材时会遇到有很多规格的插头，下面我们就把常见的几类音响插头为大家捋一捋。

2.5mm/3.5mm

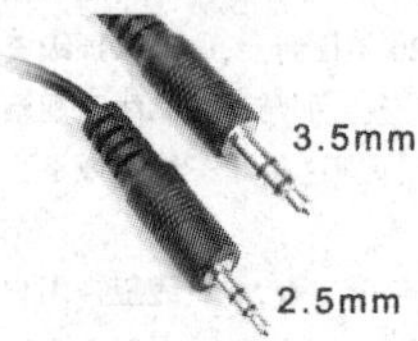

作为最常用的耳机，其插头分为两种标准：OMTP标准通常被叫作国家标准，CTIA被称为国际标准。两者的区别在于插头最后两节GND和MIC顺序相反。CTIA耳机是兼容OMTP设备的。CTIA耳机插入OMTP设备会造成声音小且失真，按下MIC键后声音恢复。由此可通过下面的图示四段式鉴定出到底是OMTP标准的，还是CTIA标准。

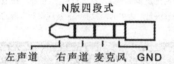

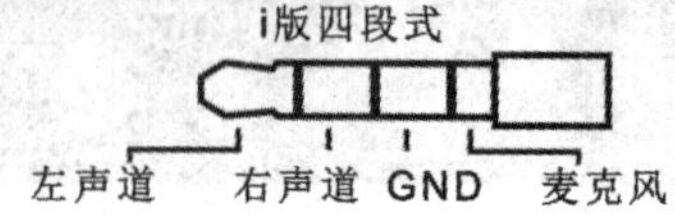

OMTP是带MIC的耳机3.5mm接口标准，通常称为国家标准，国家所用。插针接法是(从小头算起)：左声道-右声道-麦克风-地线(见图N版四段式)。

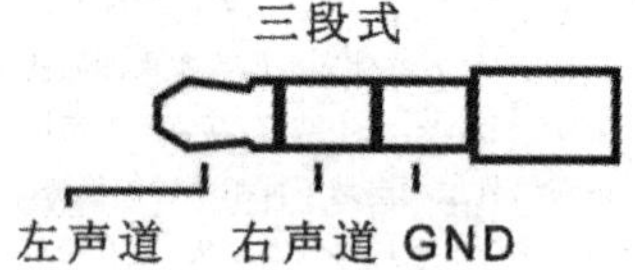

还有一种带MIC的耳机3.5mm接口是国际标准，称为CTIA，插针接法是：左声道-右声道-地线-麦克风(见图i版四段式)。

三段式

左声道 右声道 GND

不带麦克风的则是三段式，按图示从右至左分别是左声道、右声道、GND接地。

6.35mm

6.35mm音频插头

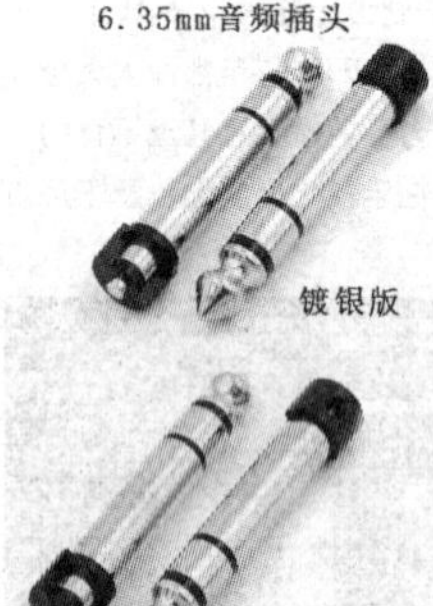

很多发烧友又叫6.3插头，所以见到6.3mm音频插头也是6.35mm音频插头。

6.35插头可看作是3.5插头的升级版本，一般来说使用在麦克风、头戴式耳机、电子乐器(如电吉他等)、键盘等。会额外划分为只有2节金属的Mono单声道以及三节金属的Stereo立体声版本，前者用于麦克风与电子乐器；后者则用于头戴式耳机等用途。6.3插头能提供比3.5耳机插头更稳固的连接，常被用于广播系统、录音系统、舞台演奏等应用场景。通常分为镀金和镀银两种，镀金的导电能力强，传输效果会更好一些，当然镀银的导电能力也很不错。

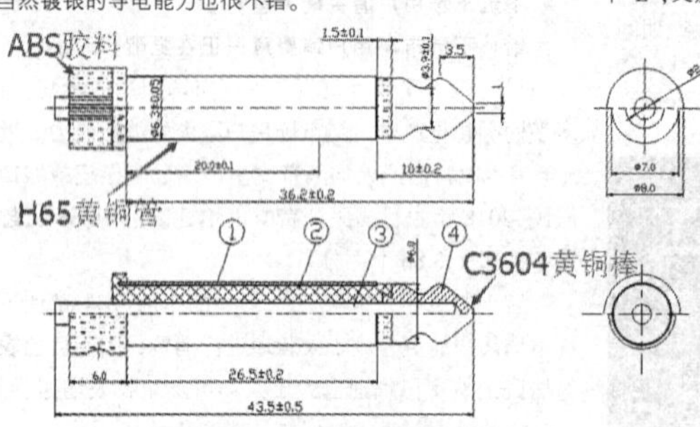

6.35mm音频头剖面图

RCA插头

RCA插头(RCA jack，或RCA connector)又叫梅花插头和AV端子。可以应用的场合包括了模拟视频/音频(例：AV端子(三色线))、数字音频(例：S/PDIF)与色差分量(例：色差端子)传输等。大多用于讯源与放大之间的声音讯号传递，一个插头只能传递一个声道，所以如2.0声道音响就需要使用2条RCA线来传递左右声道声音。这也是RCA的一个不足表现在，每当需要一个独立的信号，就需要有一个独立的线缆。线缆多，一方面造成了接线的困难，此外，接好线缆之后，杂乱的线缆也影响美观。现在不少电视、多媒体喇叭也使用RCA插头来充当喇叭端子，而音响数字线材中的同轴线，同样是使用这种插头，但其阻抗匹配性能普遍较差。

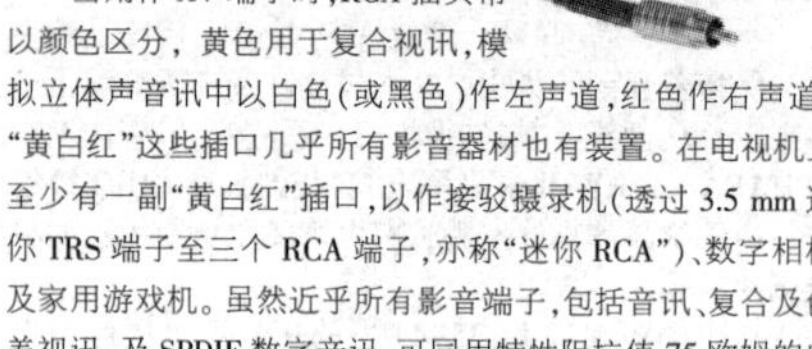

当用作AV端子时，RCA插头常以颜色区分，黄色用于复合视讯，模拟立体声音讯中以白色(或黑色)作左声道，红色作右声道。"黄白红"这些插口几乎所有影音器材也有装置。在电视机上至少有一副"黄白红"插口，以作接驳摄录机(透过3.5mm迷你TRS端子至三个RCA端子，亦称"迷你RCA")、数字相机及家用游戏机。虽然近乎所有影音端子，包括音讯、复合及色差视讯，及SPDIF数字音讯，可同用特性阻抗值75欧姆的电线，但市面上有些特别用途的电线，其电阻值会较高。

模拟音频	左声道/单声道	白
	右声道	红
	中置	绿
	左环绕	蓝
	右环绕	灰
	左后环绕	棕
	右环绕	棕褐
	低音单元	紫
数字音频	S/PDIF	橘
复合模拟视讯	复合	黄
色差模拟视讯(YPbPr)	Y	绿
	Pb	蓝
	Pr	红
色差模拟视讯/VGA(RGB/HV)	R	红
	G	绿
	B	蓝
	H/水平同步	黄
	V/垂直同步	白

XLR

又叫XLR平衡端子，也就是常说的"Cannon(卡农)头"(其由来是发明的人叫作James H.Cannon)。原本叫作Cannon X的插头，后来加上了锁扣设计(Latch)，因此在"X"多了个"L"，又加上了橡皮(Rubber)，又在后面多了个"R"，成了现今耳熟能详的"XLR"。

XLR通常有三个pin，一条是正极线，一条是地线，一条是负极线，当正负两条讯号线都收到一样的噪声时，由于一个是正一个是负，相互抵消，这样一来，可有效过滤所有正负电流传输中所产生的噪声。常见到的XLR插头是③脚的，当然也有②脚、④脚、⑤脚、⑥脚的，比如在一些高档耳机线上，也会看到四芯XLR平衡接头。XLR接口与"大三芯"TRS接口一样，可以用来传输音频平衡信号。XLR配备的线材通常看起来会较粗一些，线芯也为平衡式电路设计，传输的带宽较高，更适合长距离地完整传导音讯。当然，XLR接口也跟"大三芯"TRS接口一样，可以传输非平衡信号，不过光从接口看，是看不出来它到底传输的是哪种信号。

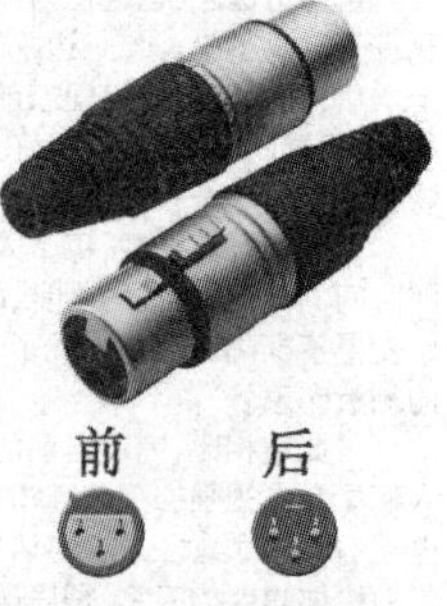

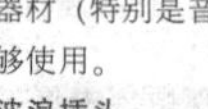

被动式喇叭插头

常见的被动式喇叭插头主要有三种：香蕉、波浪、Y型插，这三种插头都拥有相同的特性以及传输功能，在形状、固定方式与声音表现等方面有差异。喇叭插头与以上的多接点插头不同，一个喇叭插头只能导通"一个极性(正负极其中之一)"，因此一个声道必须用上两个插头才能完成传递，比RCA插头更加麻烦。但喇叭插头接触面积大、且能容纳更粗的线材，在传递讯号的能量上会比前面的几种插头都还要大，对于喜欢强调讯号能量的喇叭线材来说就特别合适。

香蕉插头

英文名Banana Plug，这种插头的名字来自它稍稍鼓起的外形，插入后可以形成非常大的接触面积。这种特性使得它被优先使用在大功率输出的器材中，用以连接音箱和接收机/放大器。有时候也可以看到被分为两组的香蕉插头，称作"双香蕉插"，不过并不是在所有器材(特别是音箱)上都能够使用。

波浪插头

波浪插头则是利用硬度较高的铜片冲压而成，在铜片被压成圆形的切口处切出波浪形状，让插头能维持向外撑的弹力，让插头能自己撑在插口之中并确保插头不会松脱。

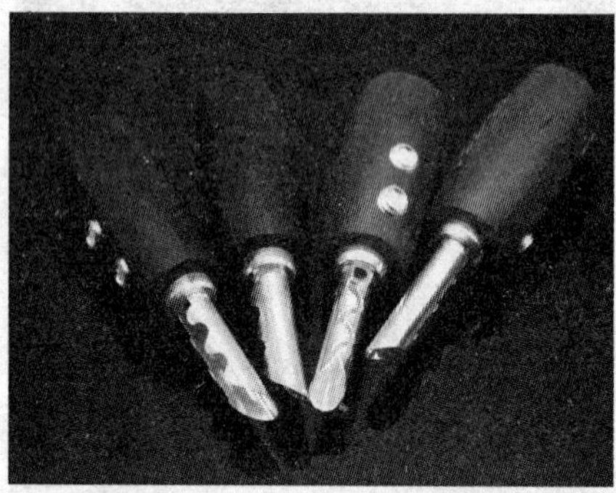

Y型插头

Y型插头一般需要先将喇叭座上的旋钮拧开，再把上面这种插头的缺口从拧开的地方塞进喇叭端子座中，再将旋钮拧回去夹紧喇叭插头，让插头不会松脱掉落。

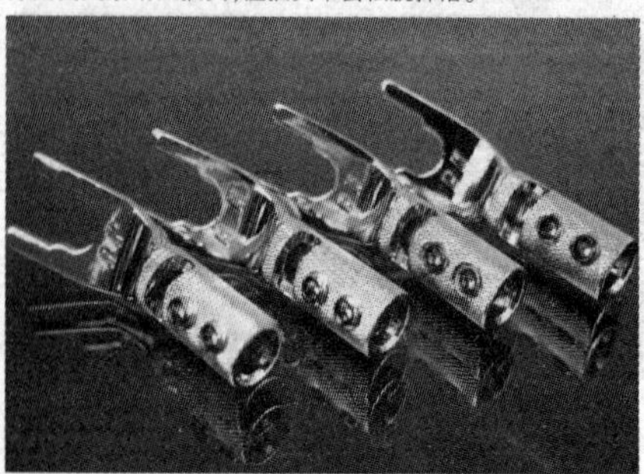

由于香蕉与波浪插头都是直接插入喇叭座，属于直线接触，而Y型插头接触面积较小，与喇叭端子的连接处呈直角接触，所以理论上Y型插头在声音动态、高低频延伸上逊色于香蕉插头与波浪插头。

邮局订阅代号：61-75 国内统一刊号：CN51-0091

微信订阅**纸质版**
请直接扫描
邮政二维码
每份1.50元 全年定价78元
每周日出版

扫描添加**电子报微信号**
或在微信订阅号里搜索“电子报”

2020年1月26日出版 实用性 启发性 资料性 信息性

第 4 期 （总第2045期）

国内统一刊号:CN51-0091 定价:1.50元 邮局订阅代号:61-75
地址：(610041)成都市武侯区一环路南三段24号节能大厦4楼 网址：http://www.netdzb.com

让每篇文章都对读者有用

挑战与机遇并存 5G与AI在2020将重塑数据中心

2019年是跨多个领域和行业的数字化转型之年，数据中心市场也不例外。在维护自身地位和保持与新技术同步发展的双重压力之下，数据中心供应商看到了转型的必要性，也在为即将到来的挑战做好准备。

根据观研天下发布的最新报告，由于移动互联网、物联网、大数据等互联网细分行业的崛起，中国数据中心市场规模增速远高于全球平均水平，过去5年复合年增长率为37.8%。未来5年，中国IDC市场规模将持续上升，预计2020年中国新增数据中心市场容量将占全球新增量的50%左右，在2022年中国市场容量将达到美国现有存量规模。

随着2020年的到来，数据中心开始采用更新、更成熟的技术。具体来说，我们不仅将看到5G对边缘计算需求增长的推动作用，还将目睹人工智能(AI)在该市场进一步加强为终端用户和内部员工部署新服务。基于这一背景，针对2020年数据中心市场发展做出如下三大趋势预测。

趋势一：得益于5G，2020将见证边缘计算的崛起

2020年，我们将见证首波5G超高速、低延迟、机器对机器通信技术的应用出现，包括高清云游戏、工业物联网流程控制以及面向员工的增强现实(AR)现场指导等。我们相信这些应用将会展现5G的价值与魅力。

虽然新的一年里上述应用还不会得到广泛部署，但这些应用的潜力毫无疑问将开始重塑包括数据中心在内的多个行业。例如，低延迟5G应用的部署将因为5G 10毫秒以内的低延迟而变得更加简便。因此，我们预测认为2020年正是数据中心为迎接这些应用做好准备的关键一年。

低延迟应用如果想要获得成功，需要的不仅仅是5G，包括边缘数据中心在内的边缘计算技术也十分重要。边缘计算可以在靠近数据源的位置处理所产生的应用数据，有效避免了边缘设备上的数据与数据中心之间的远距离双向传输，从而大幅降低延迟，并让这些全新、低延迟的5G应用的潜力能够得到充分发挥。所以，我们预测认为将会在2020年看到更多数据中心采用边缘计算技术。

趋势二：2020年，AI将推动数据中心新技术的采用

机器学习、深度学习及其他人工智能技术的部署已成为主流，也正是这些技术在为我们日常使用的云服务提供支持。

我们预测认为，伴随着越来越多的企业开始利用收集来的数据构建部署AI模型，以支持新服务，从而产生新的商业洞察，AI的应用在2020年将会得到提速。面对这一趋势，数据中心企业需要采取应对措施，以确保在核心位置部署更快速的网络与服务器的同时，还要在边缘，即更接近终端用户的位置部署AI模型。

虽然人工智能(AI)技术在数据中心的部署给数据中心企业带来了挑战，但与此同时也带来了机遇：如果企业能够将网络、计算和边缘数据中心技术正确有效地结合起来以支持人工智能(AI)，那么企业将能够吸引到更多的客户。正是因为看到挑战与机遇并存，我们预测认为在2020年数据中心所有者和企业都将愈发关注如何为客户提供支持人工智能(AI)的云服务。

趋势三：2020年，越来越多的企业将倚重AI来提高员工生产力

随着边缘计算的发展，越来越多的企业把基础设施建在远离一线城市的地方。然而，由于偏远的地方技术人才匮乏，这样的发展趋势将给数据中心企业在人才招聘和技术型人才保留等方面带来挑战。

基于这种现象，我们预测认为在2020年数据中心运维企业将更多地采用新型AI及其他智能技术来最大限度地提高员工生产力。AI通过一些先进的工具，例如使用AR头戴显示设备，协助技术人员完成复杂任务。同时，数据中心设备供应商将采用由AI驱动的预测式维护系统来提高设备的工作效率并降低成本，从而帮助数据中心企业用更少的人力资源完成更多的任务。

对这些新AI应用仍持观望态度的数据中心企业，由于无法挖掘或留住所需人才，导致其难以在当今竞争激烈的市场中提供客户所需的所有服务，进而将导致这些数据中心企业发展增速放缓。

为数据中心的发展做好准备

2020年，5G等先进技术将首次在数据中心得到应用，而机器学习及其他AI技术的应用也将创造新的学习和工作方式。这意味着，在新的一年里，数据中心供应商将有更多的机会发展和增强其现有业务。尽管这些技术的优势可能仍需至少几年的时间才能得到完全体现，但现在就将其纳入业务战略的数据中心企业则更有可能在未来的市场竞争中获得优势。

◇康普企业网络北亚区副总裁 陈岚

为父母解决安卓手机广告问题

下载
轻启动

现在手机淘汰率非常高，很多老年朋友除了购买新的智能手机外，使用年轻人淘汰下来的二手手机比例也是很高的。这些淘汰的手机大多数性能也不算差，有的也许仅仅是电池衰减得快，换块电池就能继续使用，或者是空间存储偏小。并且随着版本越来越高，很多设置(比如字号大小的调节)也是非常的方便，“看不清楚字”早已不是老年朋友使用智能手机的最大问题了。

由于安卓系统是开源的缘故，随之而来的麻烦或者疑惑主要是使用各种App后安装的其他推广性App，这一点别说老年朋友，就是一些“眼疾手快”的年轻人也觉得非常麻烦：点开某个App程序，需要先看广告几秒钟，这些广告一方面浪费时间，另一方面一不小心就会误点，从而跳转到浏览器或者其他App，往往淘汰下来的二手手机一般都是32G或者64G的，这些App所占据的面积实在是太大，一般老年朋友使用后就会发现手机会多出一些“不明”的App，若是又点击进去很有可能又会出现推广广告，这样的恶性循环导致父母对智能手机的使用体验非常不好。

那么怎样才能跳过这些“可恶”的开屏广告？这里为大家推荐一款专门针对手机广告过滤的App。

这是一款辅助功能的App，名为“轻启动”，无需root权限就能帮助手机自动跳过开屏广告，最关键的是它本身没有广告，也没有多余的权限，非常绿色，还是比较值得信任的。

轻启动App在使用前，先需要作一些设置。开启App后，即可看到服务的开关，开启之后需按照提示，开启悬浮窗权限以及相应的服务，这可以在App中跳转到系统相应的设置项，并不算复杂。完成后，轻启动App的自动跳过开屏广告功能，就算激活了。然后开启悬浮窗权限和辅助功能服务，在后台运行进行相应的App广告过滤设置。

“轻启动”App除了过滤广告功能外，还可以对跳过的广告次数进行记录。包括设置的App分别跳过了几次开屏广告以及统计哪个App的广告最多等功能。

当然也可以选择性地设置相关App的过滤功能。

不过这里要提醒大家一下，该App还是分为免费版和收费版。免费版会有跳过广告的提示语；而收费版除了不再显示跳过广告的提示语外，还有QQ微信自动登录的功能。

不管怎么样，免费版还是能体现出该App过滤广告的初衷，总比直接被各种花里胡哨的开屏广告“胡乱”点击安装的好。

必要权限
必须开启，否则无法正常运行
允许使用悬浮窗 去授权
开启辅助服务 去授权
后台运行权限
建议开启，否则影响稳定性
允许后台自启动 快速设置
允许后台使用电量 快速设置
在任务切换界面中锁定 快速设置
不会设置？查看教程

（本文原载第6期11版）

液晶彩电主板维修与代换探讨(三)

(紧接上期本版)

第一次读取打印信息，需要在计算机上安装好串口驱动，将ISP升级小板的USB端口接计算机的USB端口，将ISP升级小板的VGA端口接电视机的VGA端口，在计算机上打开ISP工具，注意此时要将串口工具SecureCRT关闭。如果不能断开SecureCRT会造成烧写出错，为了确保连接成功，务必在点击ISP的Connect按钮的同时，将电视机交流电源上电。连接成功OK后，进入ISP的Read，选择待烧写的mboot程序接口，将ISP程序写入后（具体烧写程序方法因机型、机芯而不同，具体方法参见厂家相关数据），安装串口驱动后，在计算机的设备管理器上会显示正确安装好的端口，点击右键“我的计算机”，选择管理，即可看到可使用的USB接口，打开串口工具secureCRT，选择连接，设置相关参数后，点击连接，此时给主板上电，在上电开机时显示打印信息。图3是显示的打印信息示意图，要保存打印信息，可在文件菜单里设置保存地址和文件名称，进行保存。

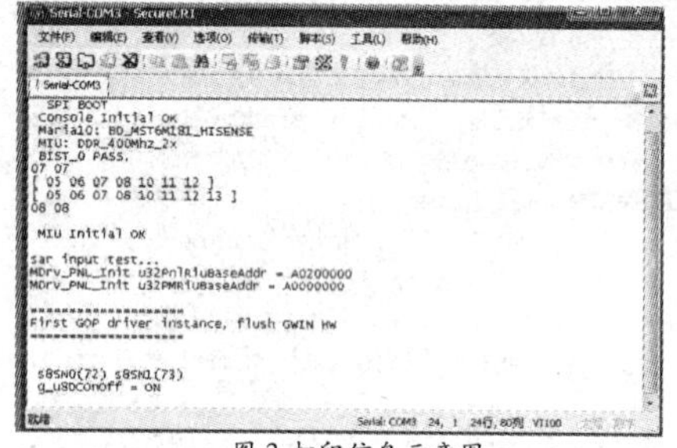

图3 打印信息示意图

一般液晶彩电的控制系统在开机时，会对下面电路的通讯情况和状态进行检查：一是检测DDR的版本以及DDR与主芯片之间的通讯是否畅通；二是对引导程序即U-BOOT的版本和运行情况进行检测；三是检测主程序即NAND FLASH的版本和运行情况进行检测；四是对USB电路、功放电路、高频头等组件通讯和运行情况进行检测。上述检测情况会通过打印信息显示处理，正常时在组件或通讯项目英文名称的后面显示“OK”或“ack”，如果显示“FAIL”或“error”或打印信息到此停止，说明该电路或通讯发生故障。

图4是MST6I48或MST6I78机芯不开机故障的一个打印信息。图中的BIST0、BIST1代表机器的两块DDR内存，在实际板位上编号为U12、U13。其中U12负责处理开关机等信息存储，U13负责处理图像信息存储。BIST0的后面显示“FAIL”，表示检测失败；BIST1的后面显示“OK”，表示版本检测正常；第4、5行中的第一个中括号内部显示的是输入端DDR的信息；第二个中括号内部显示的是DDR输出返回到主芯片中的信息。很显然，第一个DDR输入和输出信息不正常，可判断不开机的原因很可能是U12的DDR内存故障造成的。

UART 115200 （波特率 Baud Rate ）
BIST0-FAIL（检测DDR1，FAIL!）
BIST1-OK (检测DDR2，OK!)
[][]-55（未检测到BIST0输入输出信息）
[0123456789A][0123456789A]-55
跑到此处信息停止打印!

图4 MST6I487机芯不开机故障打印信息示意图

利用打印信息维修液晶彩电，是一种新型高科技的维修手段，要读懂打印信息，请参考和学习厂家的有关打印信息的数据、维修书籍和维修软件中的相关内容，读懂的信息越多，对快速维修液晶彩电故障越有利。

需要说明的是打印信息功能必须在MCU控制系统的供电、晶振、复位正常的情况下方能进行。如果不能进行打印信息，首先需要对上述工作条件进行检测；如果工作条件正常，仍不能打印信息，可能是控制系统软件问题。连接上串口升级板，打开ISP TOOL升级工具，可排除软件故障引起的不能打印信息。

有的彩电可能对打印信息功能禁用了，或对打印功能进行部分禁用，致使打印信息功能失效或打印信息减少。如MS99机芯被禁用后只能打印6行信息。需要进入工厂模式，打开打印信息开关，方能进行打印信息。有时MBOOT内部有关打印程序损坏，也会出现没有打印信息的情况，这种情况在MS28、MS99等机心中很常见，故障现象是不开机。

打印信息中如果是FLASH内存或DDR内存之间的通信故障，重点检查主芯片与FLASH、DDR之间的引脚及电阻，DDR的工作异常也会引起此问题。如果检测到主芯片无法读取FLASH数据，一般来说升级一遍软件即可，也不排除主芯片损坏或是NAND硬件损坏。

7. 软件维修法

软件升级是液晶彩电I²C总线系统维修的新方法，所为软件就是液晶彩电MCU控制系统的各种程序，它存储在FLASH内存和用户内存中。当FLASH内存和用户内存损坏或内部的程序软件数据出错时，必须通过总线调整和软件升级的方法解决，方能排除故障。

软件故障引发死机、失控和其他奇特疑难故障的概率较高。根据机型、电路、故障部位的不同，常见死机故障现象有：不开机；能开机，瞬间或工作一会进入关机状态；白光栅或暗光栅，无图像、无伴音；有光栅、有图像和伴音，但某些项目不正常；有的甚至多种故障并存。其共同的特点是，遥控或电视机上的全部或部分控制功能失调，无法对电视机进行正常的调整和控制。

软件维修必须掌握故障机型的总线调整方法、软件升级方法和调整数据。一是进入工厂菜单，对相关数据进行调整和更正；二是重新写入程序和软件升级。由于总线调整、软件升级方法和数据掌握在厂家手中，且在彩电说明书中不公布，而掌握新型彩电的总线调整和软件升级方法又是家电维修人员必须掌握的技能。

由于网络技术的发展和家电维修软件的面世，为普通维修人员获得软件升级和总线调整方法、数据、程序提供方便。当维修的电视机发生软件故障时，可通过网络上的家电维修网站、家电维修软件获取软件调整数据，也可参考笔者编写的《新型彩电软件升级和总线调整速查手册》《新型平板彩电总线调整速查手册》两本书和相关书籍期刊，对电视机的软件数据进行调整和更正，或对软件程序进行重新安装或升级，排除软件故障。

例如一台康佳LED39E2200NE液晶彩电，故障现象是开机一直处于“智能启动中……”该机的机号为：LHJ1228W 8001664JFXX1。检测主板上的控制系统供电、晶振、复位电压正常，测量总线电压也未见异常，估计是软件故障引起的。考虑到可以开机，因此先升级软件，该机的软件为72000175YT 4BOM或72000175YT 5BOM，在网上未找到相同型号的软件，后来下载一个相同机芯的LED40F2200N-99009710-V1.0.09.rar程序。网上查找到升级方法：按住本机“待机键”不松手，再开电源总开关，等电源指示灯闪时松手，正常升级时指示灯会一闪一闪，大约2分钟后，升级完成就会自动开机。升级后故障排除。

由此可见，软件故障必须用软件升级或软件调整的方法解决，希望家电维修人员掌握更多的软件升级方法，收藏更多的升级软件，为快速排除液晶彩电软件故障打下技术和数据基础。

8. 主板代换法

主板代换法是主板维修常用的方法。一是临时代换，用于判断是否主板故障，如果代换后故障排除，则可判断主板发生故障，再对主板进行维修；二是永久代换，当判断主板发生故障，由于维修能力或维修组件等原因，造成主板不能修复时，用同型号或万能主板进行代换，将电视机修复。

二、主板常见故障维修

由于主板工作于低电压状态，其故障率远低于电源板和背光灯板，但维修难度却高于电源板和背光灯板。由于主板集图像处理、伴音处理、控制系统于一身，其功能较多，引发的故障现象也多。不同的主板，采用的集成电路不同，板上的集成电路功能不同，引发的故障现象也不同，

维修人员应通过理论学习和维修实践，掌握不同主板上的集成电路损坏后引发的故障现象，做到心中有数，为快速维修彩电主板打下基础。集成电路的功能不同，发生故障时引发的故障现象也不相同，但是肯定与其集成电路功能相关联，熟悉板上集成电路的功能，即可对其引发的故障做到心中有数。图5是创维8TR1多片集成电路主板各个集成电路引发的故障示意图；图6是创维8H01机心单片集成电路主板各个集成电路引发的故障示意图。

(未完待续)(下转第42页)

◇海南 孙德印

图5 创维8TR1机芯多片集成电路主板故障示意图

图6 创维8H01机芯单片集成电路主板故障示意图

巧借百度AI与树莓派编程实现"人脸识别"

一、实验课题的提出与分析"人脸识别"

近几年不断有"XX火车站'人脸识别'成功抓获逃犯"、"'人脸识别'地铁站抓罪犯 黑科技引领刷脸新时代"和"张学友演唱会上7次抓罪犯 你不知道的人脸识别"之类的新闻见诸报端，类似的情节也早已不是电影大片中所展现的主角利用监控(包括卫星)实现对犯罪分子的在线识别与追踪所特有，"人脸识别"已经真实再现于我们的现实生活中。其实，所谓的"人脸识别"并不神秘，它是基于人的脸部特征信息来进行对应身份识别的一种生物识别技术。通常情况下，人们需要事先用摄像头对待识别的人群进行人脸采集（图像或视频流），然后按照一定的算法在图像中进行人脸的检测和跟踪，进而对检测到的人脸进行脸部识别(俗称"以貌识人")的一系列相关技术。在理想状态下，如果将全国所有人的"人脸"信息全部进行年龄、性别、住址、工作单位等信息分类保存，再将这个大型数据库在公安、银行、教育等行业进行共享和实时更新的话，结合各处布防的各种监控摄像头，"人脸识别"将会在车站"无票刷脸"坐车、"刷脸"开门和打击违法犯罪等领域发挥巨大的作用。

最简单的"人脸识别"工作原理是先拍照并进行人脸图像预处理及图像特征的提取，然后保存于对应的数据库中；识别时，将抓取到的人脸与数据库中的记录进行匹配和识别，当相似度达到某限度(比如90%)以上时则认定为识别匹配成功，接下来，将其对应的记录调出，最终实现身份识别的功能。笔者在学校的创客实验室里，借助百度AI(人工智能)和树莓派编程，完全就可以实现简单的"人脸识别"。

二、在百度AI中建立自己的"人脸库"

百度AI(Artificial Intelligence：人工智能)开放平台提供了语音识别、合成与唤醒、车辆分析与图像识别、人脸识别与行为分析等较为丰富的开放能力项目，普通用户可以根据实际需要来免费使用。

1. 登录百度账号，建立"新应用"

访问https://ai.baidu.com/进行注册登录（建议进行实名认证以获取更多更好的服务），进入自己账号的"控制台"；再点击左侧"百度智能云"下的"人脸识别"项，在右侧点击"创建应用"按钮进行人脸新应用项目的建立——"应用名称"：face(可任意命名但最好要"见名知义")，"应用类型"设置为"智能硬件"，"接口选择"保持默认即可，"应用描述"处可简单地标注为"人工智能：人脸识别"(如图1所示)；最后点击下方的"立即创建"按钮，百度会提示"创建完毕"。

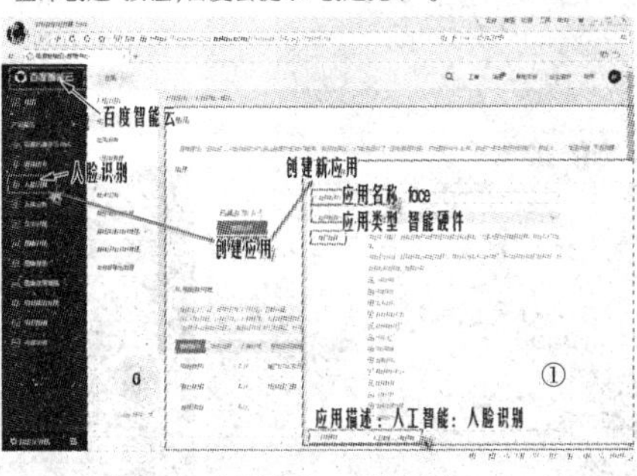

2. 保存好"face应用"中的三处关键信息

现在，我们在自己的账号下便生成了一个名为"face"的"新应用"项，其中的关键信息包括AppID（应用编号）、API Key(开发密钥)和Secret Key(密钥)。

AppID：17598582

API Key：srLfBxDdL1W2EGlFA6bp6Iv9

Secret Key：apW6N8QIyPNvLvk5FWB83cGF0le2GbXc

将它们复制之后，接着打开Windows的记事本程序执行粘贴操作，保存形成一个名为"人脸识别百度ID"的文本文件(如图2所示)，待用。

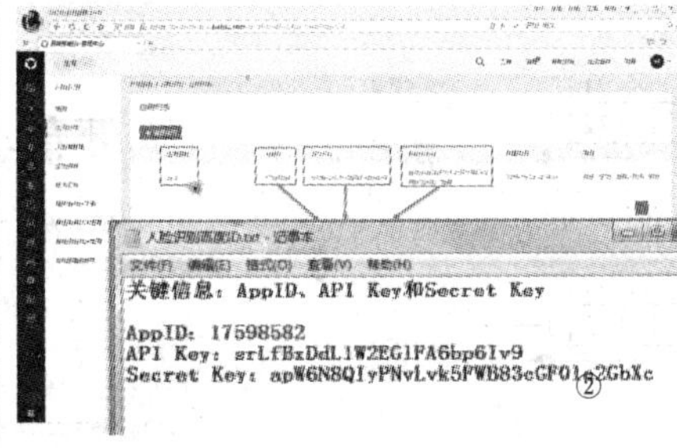

3. 建立"face_01用户组"

此时，我们只是建立了一个空的应用——点击"查看人脸库"会有"没有相关的用户组"的提示；点击"马上创建"项，在弹出的"新建用户组"窗口中新建"组ID"，比如命名为"face_01"后再点击"确认"按钮，百度会提示我们已经生成了"face_01用户组"，只不过其中的用户数为0，对应的人脸数目也是0(如图3所示)。

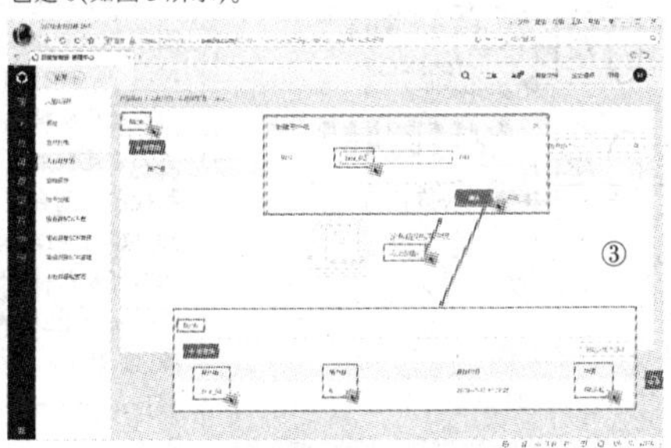

4. 第一种采集人脸方式："点击添加图片"

点击进入"face"-"face_01"项，百度会提示我们"新建用户：没有相关的用户"，点击"马上创建"，在弹出的"新建用户"窗口中先将"用户ID"的信息设置完整(比如"ZhangSan")，接着点击下方的"点击添加图片"按钮，将"ZhangSan"这个用户的人脸图片(在此以某张身份证为例)导入，此时该人脸库中就提示有"1张人脸"，人脸采集成功(如图4所示)。

接下来，可依次将其他用户的人脸信息通过继续点击"添加人脸"操作来进行人脸库数据的填充。

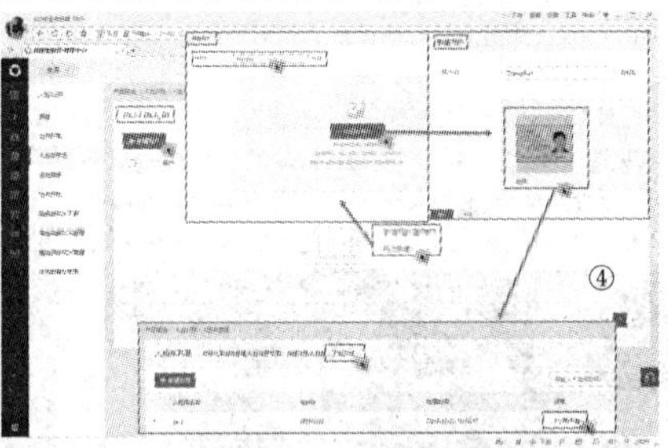

5. 第二种采集人脸方式：用户扫描二维码自行采集

如果待采集人脸的用户并没有人脸图片，而且用户也不在我们身边，怎么办？建议采取用户自行采集人脸"入库"的方式来进行——点击"了解详情"，在弹出的"人脸注册工具"页面中点击"立即使用"；再点击"新建项目"-"马上创建"按钮，此时百度会弹出"新建人脸注册方案"，进行如下设置。

1)选择人脸库："人脸图片存储至"人脸库：face，人脸组：face_01，保持"用户信息是否审批"为默认的"否"，点击"保存并继续"按钮；

2)设置采集信息项：将"人脸注册页标题"设置为"人脸采集测试"，"采集项表单内容"中的"反馈方案"设置为"您的人脸信息已经采集，谢谢合作！"，点击"保存并继续"按钮；

3)设置用户自定义ID：保持"用户名设置"和"用户名预览"项不变，点击"保存并继续"按钮；

4)设置图片质量&活体检测参数："保留用户人脸原图"和"进行在线活体检测"两项均保持默认的"否"不变，点击"保存并继续"按钮；

5)设置数据接收地址：将默认的"需要数据回传"项修改设置为下方的"无需数据回传"，点击"保存并继续"按钮，完成所有设置，这五步设置都可以随时点击对应的"编辑"按钮进行多次修改(如图5所示)；

6)点击底部的"创建"按钮，百度会提示"恭喜您注册页面创建完成，已生成微信小程序和H5页面"，同时页面中间就会显示出生成的"微信小程序二维码"和"H5二维码"；点击下方的"查看列表"项，显示出我们刚刚创建的"人脸采集测试"项目已经处于"创建成功"状态，此时把鼠标移至"小程序"列或"H5"列，下方的缩略微信小程序二维码或H5二维码也会放大显示(如图6所示)。

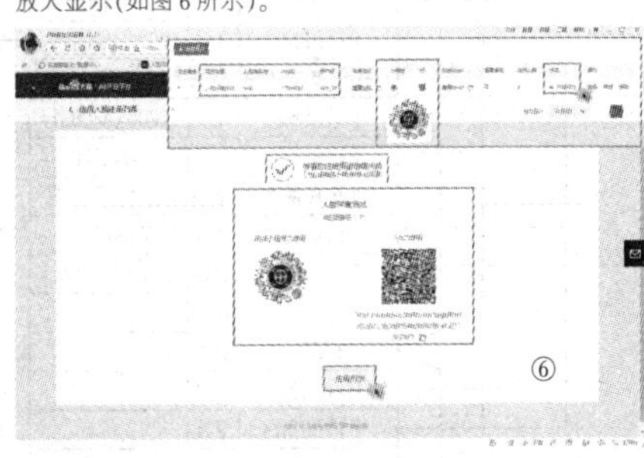

(未完待续)(下转第43页)

◇山东省招远一中 牟奕炫 牟晓东

解决iPhone充电只能到80%的问题

很多已经在使用iOS 13系统的iPhone用户发现，自己的iPhone在充电时，每次只能充到80%，但确确实实使用的是官方原装的正品充电器，这是怎么回事呢？

原来这是iOS 13的充电机制在发生作用（如附图所示），iOS 13会默认启用"更为优化的电池充电"服务，此时iOS 13并非依赖于预定的阈值去限制充放电，而是内设机器学习程序，学习并记忆用户的日常充电习惯，并在一般的闲置充电时间中完成快速充电并停留在80%电量，随后进入缓慢充电状态，直到需要用到额外的电量为止，这样可以通过减少设备充满电的时间以防止电池老化。

解决的办法很简单，我们只要进入"设置→电池→电池健康"界面，在这里关闭这一服务即可。如果关闭之后有时仍然只能充电至80%，可能此时正在使用iPhone观看视频或打游戏，导致iPhone由于过度使用电池发热，把iPhone放置10分钟左右再继续充电就可以了。

◇江苏 王志军

压力变送器维护期间烧保险故障检修3例

在工业自动控制系统中，使用了各种压力、流量、液位等变送器，它们将采集的各种信号传送给PLC机柜，以便根据设计要求进行自动运行和数据的检测记录，确保系统安全正常的运行。但任何设备长期运行后都会出现各种各样的故障。这就需要作业人员定期巡检，以便及时发现问题并解决，保证各个设备能正常工作。下面是近期几次设备维护，在对各种变送器进行校验拆卸时或完成校验后回装时，发生了多次烧变送器24V供电保险的故障。经认真分析和检查，最终发现问题的根源所在，并提出整改建议及工作中的注意事项，以免再次发生同类问题。

例1 在对流量变送器进行校验前察看，发现仪表上有显示(见图1)，从接线端拆下后盖时，却没有了显示(见图2)。

分析与检修：通过故障现象分析，怀疑供电电路异常。检测输出电压时，发现无24V供电，说明24V电源或其负载异常。按照图纸找到PLC机柜的接线端子排(见图3)后仔细检查，发现保险烧毁，检查负载元件正常，用相同的保险更换后，恢复正常显示，故障排除。

例2 在对压力变送器校验前，察看仪表有显示；在拆下接线后，分别进行单股包扎，以防止24V电源的正极对地短路，在校验完成回装接线后仪表恢复显示，但在回装仪表后盖并基本快旋紧时失去了显示。

分析与检修：拆掉后盖，测量无24V供电，测对地阻值为112KΩ，怀疑仪表有问题。拆掉接线后测对地阻值为无穷大，检查24V供电的保险烧毁。为了安全起见，在不接变送器时更换保险，测量24V电压正常，将万用表置于mA电流挡，串在压力变送器的正极之间，所测电流为4.012mA，变送器有显示，去掉万用表，恢复接线后正常，故障排除。

例3 在对差压压力变送器校验前仪表上有显示，在拆下接线时包扎良好，校验结束后回装接线时，压力变送器显示正常，在回装后盖还没有对准丝扣时，瞬时失去了显示，同样是保险被烧毁。

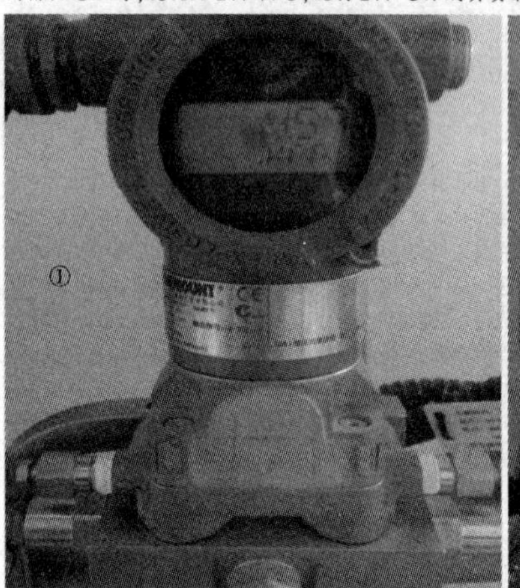

①

②

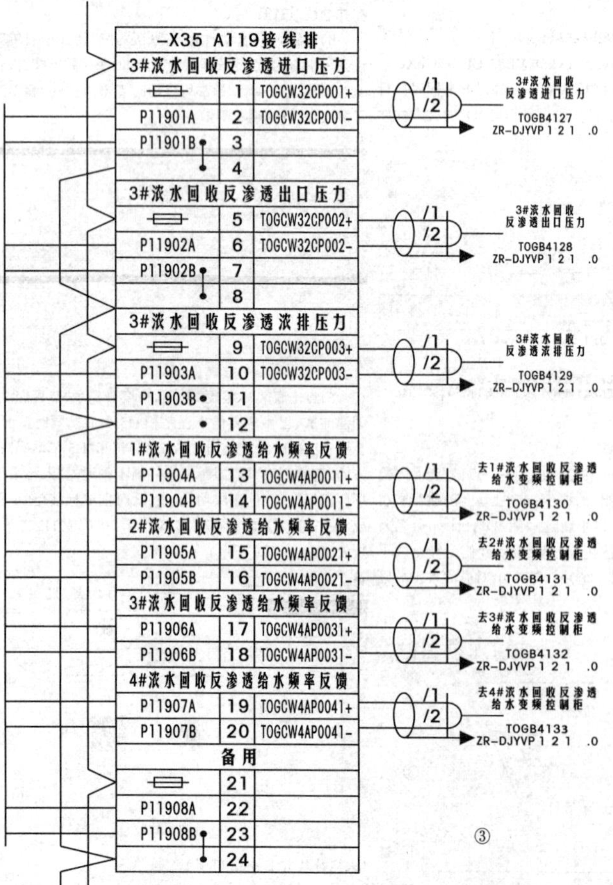

③

针对以上3例烧保险的问题，都是出在校验过程中或完成后回装后盖时发生的故障，不存在接线包扎不严的问题。那么主要问题就是检查后盖和接线端子有无缺陷和接地故障。

1)出现问题的变送器，都是靠墙近或距电缆托盘的狭小位置，在安装接线端子后盖时，不能很好地将变送器内丝扣和后盖外丝扣对正，存在一定的倾斜角度，导致后盖倾斜。而这个不确定的倾斜角就会碰触到接线端子的正极校验片上，引起短路，从而产生烧24V供电保险的故障。

2)新型变送器为了便于校验方便，在接线端子上都设置了用于连接校验仪的表笔挂钩。在进行校验时，一般都将这个挂钩撬起来一点，以便于连接表笔，但在校验结束后未压回去，导致这个挂钩高出端子排。这样，在后盖旋紧到位时它和后盖发生短路，造成了安全隐患。

3)接线端子上的24V供电的正极都设置在最外边(见图4)，也就是距离外壳最近，一旦安装后盖时有点倾斜，就有可能造成短路。

因此，针对以上发生短路的案例进行检查和分析，做出以后工作中的建议和安装的注意事项，要求在变送器校验结束后，将挂钩压回到原始位置；再一个就是回装时先接线，确认有显示后，手拿着变送器，对准位置再上好后盖，最后将变送器回装到支架上并连接仪表管，确保校验维护回装可靠完成。

◇江苏 庞守军

④

正极接线端和挂钩

不能小觑的电线老化带来的隐患

当家电发生故障时，往往第一时间考虑的是哪个元件坏了？紧接着就是用万用表去检测排查，然而电线老化、金属氧化带来的隐患却往往被维修者忽视。

今年初夏跟随笔者10多年的"漫步者"音箱，突然左声道无声，仅右声道发声。将插头拔出一点后，两声道均有声音，但音量明显减小，怀疑音箱内立体声插座和音频输出的左声道插头间接触不良。待买回新的立体声插头和插座后，拆出音箱的器件接线板，用万用表R×10Ω挡一查，发现是音频输出的右声道插头和插座间的阻值为0，而左声道插头和插座之间电阻无穷大(即断路)，说明音箱音频输出插头中的右声道导线老化导致断裂。笔者换了一只新的3.5mm立体声音频输出的插头后，喇叭发出悦耳动听的立体声，故障排除。

刚能正常播出立体声，但好景不长，第二天又出现了DVD开机时，左声道声音正常，但右声道声音很低的故障。因该"漫步者"音箱的音频输入，是一个和箱内引出导线连接的立体声插头，而DVD立体声输出是两个各自独立的左右声道插座。为了能使两者妥然衔接，笔者在DVD左右声道输出线和音频输入之间接了一个立体声插座。首先，用金相纸细擦DVD右声道输出插头和机后盖的插座，声音依然很低。看来"毛病"是出在音箱音频输入的立体声插头和DVD右声道输出延伸出来的插座上。于是我即用万用表测了一下DVD左右声道外插头和它连接的立体声插座：左声道阻值为0，右声道阻值为6Ω，说明右声道插头和插座之间金属氧化，导致电阻增大，随之音量因衰减而降低。经网上查阅后知，信号在6Ω的电阻上衰减较大(大约12dB)，难怪声音要偏低了！换上新的立体声插座后，右声道声音恢复正常，故障排除。

从以上2例的维修，得到一点有益的启示：对于年深日久的家电一旦出现故障，在原理上进行分析的同时，电线的老化和金属的氧化不可小觑，要高度重视！尽量让检测数据"说话"，以便能达到"单刀直入"，快速根除故障的效果！

江苏 徐振新

有源频率表面用于电磁兼容的可行性仿真分析

随着科学技术的进步，人类社会进入信息化社会。人类的生存环境也同电磁环境互相交融。早在1975年就有专家曾预言，随着城市人口的迅速增长和科技的进步，汽车、计算机等电气设备进入家庭，空间人为电磁能量每年增长7%~14%，也就是说25年电磁能量密度最高可增加26倍，50年可增加700倍，21世纪电磁环境日益恶化。在这种复杂的电磁环境中，如何减少相互间的电磁干扰，使各种设备正常运转，即电磁兼容，是一个亟待解决的问题。

1.电磁兼容及有源频率表面

谓电磁兼容是指一切电气、电子设备及系统在它们所处的电磁环境中(有电磁干扰的情况下)能正常工作而不减低其性能的能力。为实现电磁兼容，选择FSS贴在敏感器件周围，滤除干扰信号。接地、屏蔽、滤波是抑制电磁干扰的3大技术，这是电子设备和系统在进行电磁兼容性设计过程中通用的3种主要电磁干扰抑制方法。滤波是利用元器件减小或消除干扰信号，是抑制电磁干扰的重要手段之一。

频率选择表面(FSS)是由大量导体贴片单元(带阻型)或导体屏周期性开孔单元(带通型)组成的二维周期性阵列结构，其特性是可以有效地控制电磁波的反射和传输。FSS的应用几乎涉及所有的电磁波谱，如卫星天线的频率复用、天线罩、电路模拟吸收体，以及各种空间滤波器和准光频率器件等。然而使用无源FSS结构构成的装备，一旦成型，其谐振频率、工作带宽等电磁特性就再也没办法改变了，一旦所面对的外部环境发生改变，其性能将会大幅度降低。因此，为了克服上述缺陷，有学者提出了有源FSS结构，这种结构是在传统频率选择表面引入PIN二极管这种有源器件，其基本结构如图1所示。

图1(a)是构成有源FSS结构(直边蝶形)的基本单元，由许多这样的基本单元组成的阵列就构成了有源FSS的吸收表面，如图1(b)所示。由该结构构成的吸波材料与普通吸波材料不同，普通的吸波材料是靠介质本身的电阻性或磁阻性将入射过来的电磁波能量转换为热能，从而起到吸波的作用。普通的吸波材料一旦结构给定后，其电阻层阻抗、介质的电磁参数以及介质厚度等就固定了，其输入阻抗也就固定了，因此由普通吸波材料构成的吸收体一旦结构给定了，其吸波性能也

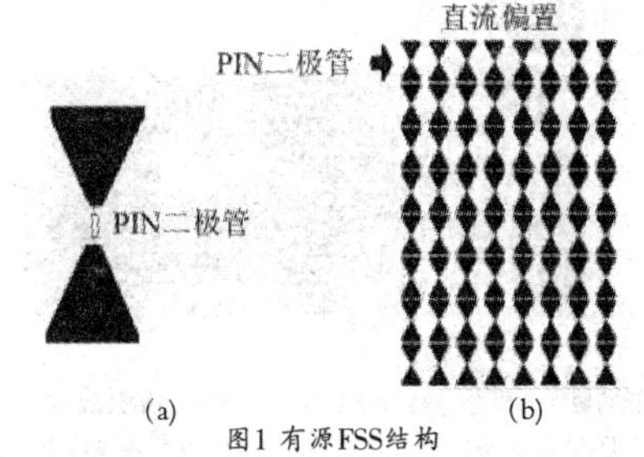

图1 有源FSS结构

就固定了。有源FSS结构因为在吸波材料中加入了二极管，而二极管的阻性可以通过外接偏置电压对其控制，从而实现对吸波结构电阻层阻抗进行控制。这是设计吸波材料的一种新思路。由于采用这种结构构成的吸波材料，其反射是可以控制的，因此具有非常灵活的特性，在军用和民用中将具有非常广泛的应用前景。

2.吸波原理

当电磁波在空气中传播遇到媒质时，由于媒质的阻抗与自由空间的阻抗不匹配，电磁波在空气与媒质界面发生反射和透射。当透射波进入媒质内部后，可通过吸收、散射、干涉等多种手段，将电磁波转换成其他形式的能量，衰耗在媒质内部，从而使材料表面的电磁波反射大大减小。因此，吸波体与空气媒质的阻抗是否匹配对吸波材料的吸波特性具有重要影响。如图2所示单层吸波结构。

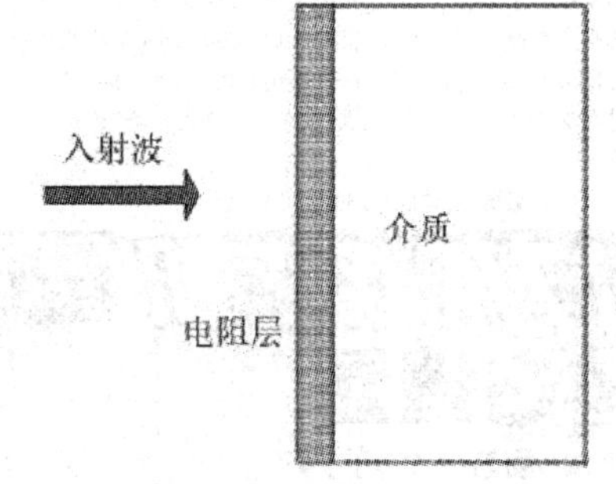

图2 单层吸波结构模型

当电磁波垂直入射时：

$$Z_{in}=\frac{jZsZtan(\beta d)}{Zs+jZtan(\beta d)} \quad (1)$$

式中：Z为电阻层阻抗；ZS为介质的特征阻抗；为电磁波传输系数，且$=2\sqrt{\varepsilon r}/\lambda$，εr为介电常数；d为介质厚度。相应的反射系数为：

$$\rho=\frac{Zin-Z0}{Zin+Z0} \quad (2)$$

式中：ZO为自由空间的波阻抗。由式(2)可知，当Zin=ZO时，反射系数为0，此时电磁波完全进入吸波材料内部，无电磁波反射，即阻抗匹配。由式(1)可知，可以通过调节电阻层阻抗、介质的电磁参数以及介质厚度来改变输入阻抗，从而实现阻抗匹配，其中最容易调节的是电阻层的阻抗。

3.理论分析

在入射波作用下FSS表现出来的物理现象，可以通过传输线理论近似，因此根据等效电路的原理，加以不同的极化和角度入射条件，可将FSS单元用相应的电路元件来等效，从而对FSS进行快捷的分析。有源FSS是在FSS中加载二极管，使其在不同的偏置电压下呈现出不同的电阻特性，从等效电路的角度看，在分析时可以将二极管等效为一可变电阻，因此采用传输线理论模型，有源FSS结构可等效为图3的电路模型。

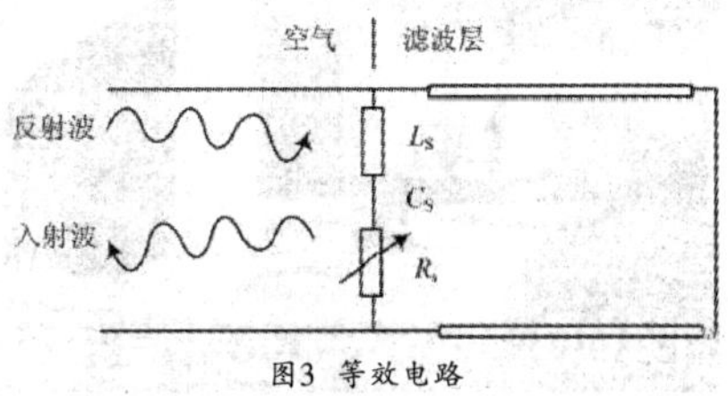

图3 等效电路

在这个模型中，金属板等效为短路面，介质层等效为一段传输线，短路面通过介质层接到频率选择表面上，其阻抗表现为：

$$Z=jZ0tan(k0d) \quad (3)$$

式中：ZO为自由空间阻抗，由FSS引入的电抗，即通过串联电感LS和电容CS表示；PIN二极管用可变电阻作为其模型，由外接偏置电流来调节其阻抗。当频率选择表面表现为一定容性时就会产生谐振。在谐振点上，电阻负载将吸收掉大量的电磁波能量。由此模型可以得出：

当X是感性时：

$$Y_{in}=\frac{\omega^2C^2R}{1+\omega^2C^2R}+j\frac{\omega C}{1+\omega^2C^2R}+\frac{1}{Z} \quad (4)$$

当X是容性时：

$$Y_{in}=\frac{R}{R^2+\omega^2L^2}-j\frac{\omega L}{R^2+\omega^2L^2}+\frac{1}{Z} \quad (5)$$

由式(2)可以计算出反射系数的表达式：

$$\rho=\frac{Y0-Yin}{Y0+Yin} \quad (6)$$

由式(6)可知，通过调节PIN二极管的偏置电流，可以实现不同的谐振特性。

4.数值仿真

这里在波导中放置一个图1的吸波结构单元，但该结构单元中的PIN二极管用纯电阻替代，电阻值从20~250?变化。当电磁波进入该波导后，首先经过吸波结构单元将被吸收掉一部分电磁波能量，而后经过金属壁反射回来再次被吸波结构单元吸收掉一部分电磁波能量，通过观察激励端口的S11参数就可以观察到吸波结构单元对电磁波的吸收情况。图4为仿真所得到的S11曲线。通过观察可以看出，吸波结构在3~11.5 GHz频率段内吸波特性随着加载电阻的阻值变化而变化。在这个频段外，电阻阻值的变化对吸波结构的吸波特性影响很小。当吸波结构单元中的纯电阻为PIN二极管时，就可以通过控制二极管的直流偏置来控制其阻值，从而控制吸波材料的吸波性能如图4所示，但电流过大或过小，该结构都不具有吸波特性如图5所示。

5.结 语

在此首先介绍了有源频率选择表面的基本结构及吸波原理，然后在此基础上用传输线理论对该吸波结构进行理论分析，最后，同过波导中放置该结构，对其仿真分析。分析结果表明，适当的改变PIN二极管的直流偏置，可以改变吸波结构的吸波特性。可见，有源FSS用于电磁兼容是可行的。

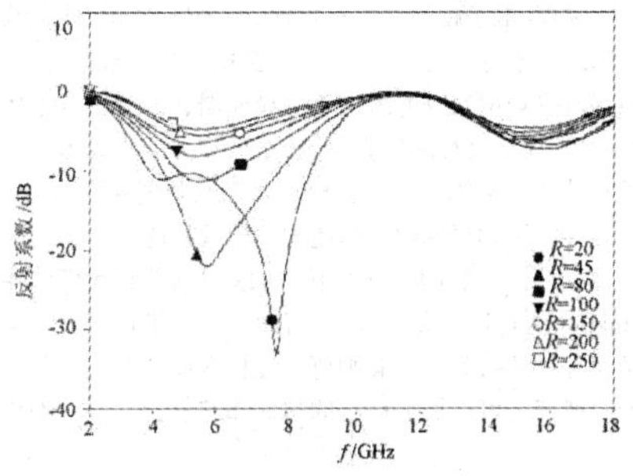

图4 S11曲线一

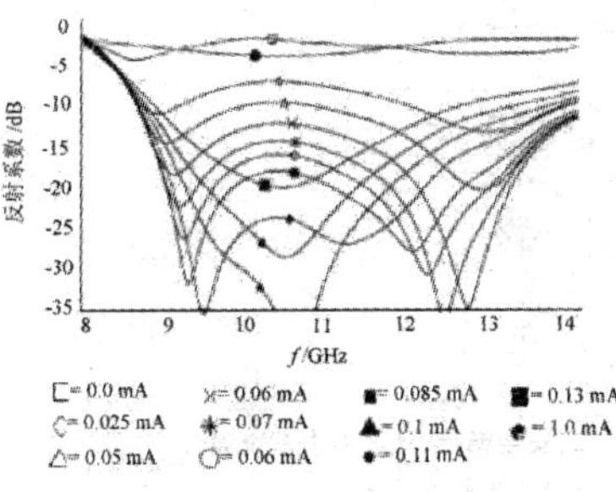

图5 S11曲线二

◇四川 刘应慧

如何通过USB通信来升级传统设计(二)

(紧接上期本版)

对于需要更高吞吐能力、额外功能或定制USB固件的传统设计，USB MCU是最佳选择。新设计方案的许多设计考虑因素都适用于此方案。由于开发人员必须编写所有的USB固件，因此该选择方案需要一定的USB专门知识。VCP USB设备还需开发和安装驱动程序。USB MCU必须具有通过GPIO引脚或系统管理总线(SMBus)或SPI等外设接口与现有传统应用进行通信的途径(图5)。

此外，需通过增加额外元器件对现有PCB进行重新设计。若开发人员所需的吞吐能力比桥接设备所能实现的吞吐能力高或者使用桥接设备无法实现的通信方法，使用USB MCU升级传统应用是最佳选择。

选择在设计中增加固定功能通信桥还是增加USB MCU，取决于目标应用、开发人员的USB经验和开发时间。使用USB MCU可提供最高的灵活性，但也需要USB专门知识，并且可能需要开发驱动程序。选择固定功能USB通信桥接器无需任何USB固件，也不需要开发驱动程序，这样就缩短了总开发时间。这是在系统中增加USB只进行极少的重新设计的最简单方法。

在系统中增加USB功能可以实现与各种USB主机设备的通信，同时能以一根数据线增加500mA的电源方案，因此可为应用带来方便和灵活性。小型USB MCU和固定功能USB通信桥接器可为在新设计或传统系统中增加USB通信功能提供极具成本效益的方案。

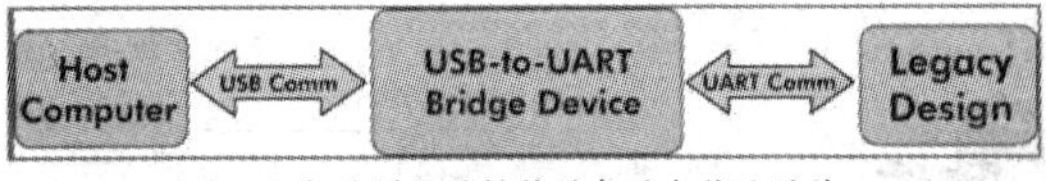

图5 如何使增加的桥接设备适合传统设计。

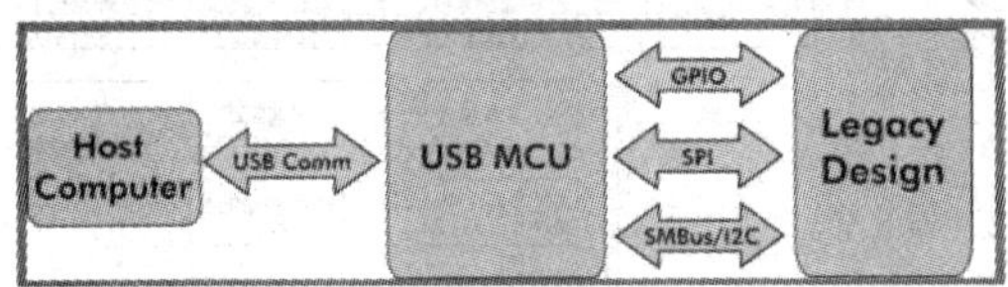

图6 USB MCU能够通过GPIO引脚或、SMBus或SPI等外设接口与现有传统应用进行通信。

◇四川绵阳 刘光乾

元老级"智商检测"显卡

如今显卡市场每个主流价位段早已经被AMD/NVIDIA两家精准瓜分得差不多,消费者也大多数"成精"了,新上市的都是类似GTX1660Ti或者RTX2060 Super这样的优秀定位精准的显卡,再也没有什么新出来的"智商检测卡"了。不过在X宝装机市场上,光显卡这一块来说,"坑"还是有不少的。

元老级坑货:GT610/30 4G显存版

典型的"智商检测"主机

一般不懂电脑的小白,配电脑如果只问多少显存,这就是很容易上当的地方。这里不得不提到GeForce 600系列显卡。

该系列显卡已经上市八年多,按电脑硬件的正常更新频率来说已经退出主流市场,但是各大网购平台还时不时有这些显卡伪装成"高性能显卡"出售。

GT610 2G显存版和GT630 4G显存版是显卡历史上最为经典的"智商检测卡",上市时间为2012年,在那个"年代"中低端显卡的显存一般都只有1G,但是在初始公版GT610和GT630上市后不久,显存为2G的GT610和显存为4G的GT630先后打着"大显存"显卡的旗号,伪装成"高性能显卡"上市。

当时线下电脑城依然是购买DIY硬件的主要方式,由于当时(甚至是现在)的消费者对显卡的性能参数并不了解,在忽悠之下,这些高显存低性能的显卡被大批大批地安装到消费者的电脑里,这种显卡的售价比普通的1GB显存版本高出一大截(4G版GT630可以卖到800块,1G版本在400元以内),看着数据很舒服,但实际游戏性能没有本质区别,绝大部分消费者根本无法在正常使用中用完4G显存,但显卡已经进入满载状态。

而如今网购时代,1000多元的主机,打着4GB的显卡信息,除了CPU是初代I7/I5、各种二手配件外,显卡也是这种N卡GeForce 600系列才能保证商家才有利润;因此消费者不能贪图便宜,购买这种1000多的主机。

不建议入手

GTX1060/GTX1050/GTX1050Ti

以GTX1060和GTX1050系列为代表的GTX10系列入门到中端价位的代表性显卡,2016年上市的时候算是"甜品"级显卡,尤其是GTX1060,如今依然是Steam上装机量最高的独立显卡,可见其稳健的产品力,6GB版本的综合性能在2020年也并不落伍,在1080P分辨中画质下能畅玩市面上的绝大多数主流游戏。

但是对于电子产品来说,GTX10系列的产品生命周期已经到了退市的阶段,但是许多不良商家依然拿出一堆翻新卡和二手卡来卖,价格也并不便宜,其中3GB和5GB版本大多数还是"矿渣卡",性价比低不说,还有质量不佳带来的"翻车"风险,虽然GTX1060的保有量非常高,但是如今还在商家手里以1000多元的价格来出售就是毫无疑问的"智商检测卡",该价位下新一代GTX16系列或者A卡都有性价比更高的产品。

而GTX1050/GTX1050Ti这两款产品就更加离谱,尤其是GTX1050Ti,如今主流网购平台上还有全新的产品出售,这款显卡在其上市初期产品力就不是很强,4G显存的版本随着挖矿潮的来临火了一把,价格也涨了上去,但这张卡如今也只能玩一下硬件要求不高的游戏,根本不值得购买,能一直销售到现在,主要还是靠销售商不断给这些"远古"产品续命。

如果非要购买这些产品,价位应该在500元左右入手,但是矿卡的风险也很大,总的说来不值得购买。

(本文原载第16期11版)

基于Arduino Nano和Linkboy图形化编程应用

山地车骑旅智能助行器

——之安全畅行、陡坡助力系统(一)

一、基于Linkboy的创作理念

linkboy是一种高度模块化的电子积木,综合了图形化编程、电子模块和机械构件,融兴趣、知识、体验为一体。它本身包含从软件、电子到机械的一整套方案,拥有自主知识产权的编程语言编译器,因此可以把软件、电子模块进行深度整合,使整个产品架构成为一个紧密结合的整体,并且支持对著名开源硬件平台Arduino进行图形化编程,避免了代码编程的繁琐和高门槛,更适合入门创客进行创作,如图1。因此我们使用Linkboy进行图形化编程,一方面是考虑了程序方便易懂,好操作性,另一方面则可以让更多的创客们在此程序的理解上可以加上自己的想法和理念,进行二次创作。

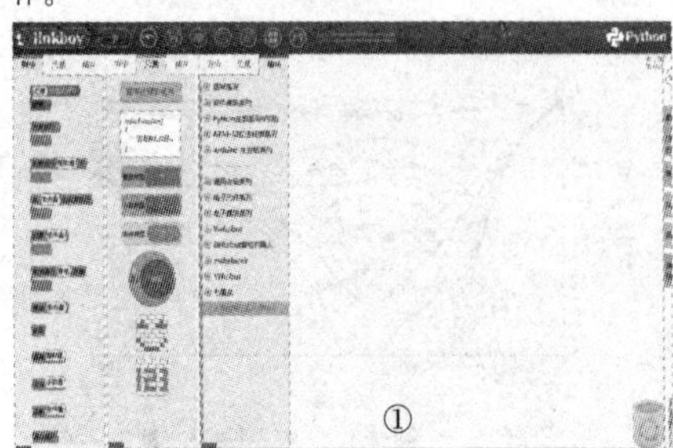

二、安全畅行、陡坡助力系统简介

(一)系统创作背景

在山地自行车骑旅中,难免会遇到特殊路况或紧急意外情况,为了在突发情况出现前可以进行有效的提醒,突发状况出行时可以进行更好的应对,因此就需要进行实时监测、提前预警和及时安全保护。

常见的特殊路况包括路面出现障碍物或塌陷、急弯崖边以及陡坡。这些路段都需要实时进行路况监测,以保证骑行中能提前安全预警来保证安全,同时在陡坡上行而动力不足时进行电机助力,而在陡坡下行超速失控或遇到特殊路况及紧急情况时需要减速制动,以提供在出现安全隐患时尽可能保护骑行者的安全措施。

骑行中常见的特殊情况包括突遇行人或动物、突降障碍物到前面及自行车出现故障或骑行者疲惫异常等情况。此时就需要紧急减速制动,以保护骑行者的人身安全。同样在陡坡上行时蹬车很吃力的情况时,利用系统平时动力发电和太阳能蓄电后的能量转换供电,启动助力电机将在陡坡上行时进行助力行进。

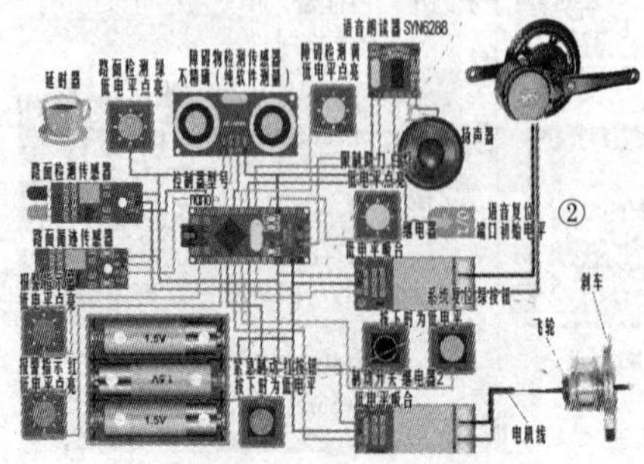

基于以上需求,我们进行项目分析和比对,采用以Arduino NANO的开源控制平台为系统主控制器,用路面循迹传感器做路面行迹检测,以红外避障传感器作为路面检测传感器,用作弯道悬崖处路面出限的监测,以超声波障碍物检测传感器做路面障碍物的监测,用指示灯做相应的状态及报警指示,用语音合成播报器和喇叭做报警信息提示,用助力电子开关控制助力电机提供助力,用制动电子开关控制制动电机进行限速和制动,用按钮实现制动和系统复位,相应硬件连接图如图2。

(二)系统原理图

安全畅行、陡坡助力系统的系统原理图如3:

(未完待续)

◇西南科技大学城市学院(鼎利学院)电信1802班:刘庆、张建波、赵传亚

指导老师:刘光乾

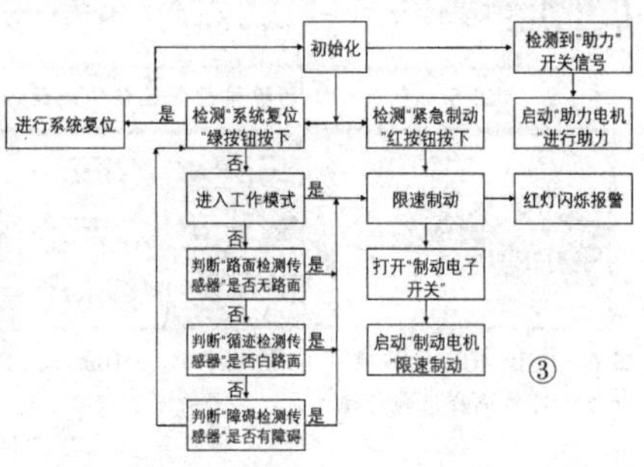

博途应用2:编写用户程序与使用变量表(二)

(紧接上期本版)

4. 生成用户程序

选中图2中程序段1中的水平线，依次单击图2中标有⑤的收藏夹中的⊣⊢、⊣/⊢和–( )–按钮,水平线上出现从左到右串联的常开触点、常闭触点和线圈,元件上面红色的地址域 <??.?> 用来输入元件的地址。选中最左边的垂直"电源线",依次单击收藏夹中的按钮↦、⊣⊢和↲,生成一个与上面的常开触点并联的Q0.0的常开触点。

选中图4中I0.1的常闭触点之后的水平线,依次单击↲、⊣/⊢和–( )–按钮,出现图中Q0.1线圈所在的支路。

输入触点和线圈的绝对地址后，自动生成名为"tag_x"(x为数字)的符号地址,可以在PLC变量表中修改它们。绝对地址前面的字符%是编程软件自动添加的。

S7-1200使用的IEC定时器和计数器属于函数块(FB),在调用它们时,需要生成对应的背景数据块。选中图4中"T1".Q的常闭触点左边的水平线,单击↦按钮,然后打开指令列表中的文件夹"定时器操作",双击其中的接通延时定时器TON的图标，出现如图5所示的"调用选项"对话框,将数据块默认的名称改为"T1"。单击确定按钮，生成指令TON的背景数据块DB1。S7-1200的定时器和计数器没有编号,可以用背景数据块的名称来作它们的标识符。

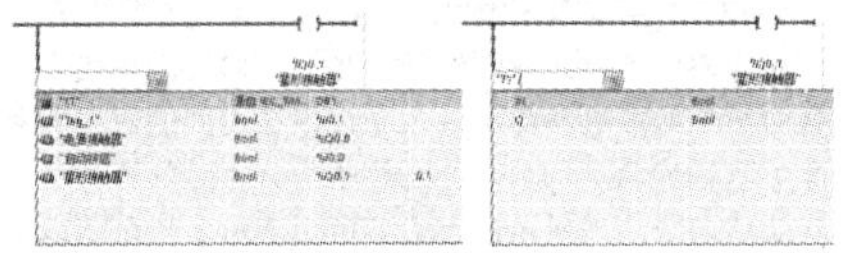

图5 生成定时器的背景数据块

在定时器的PT输入端输入预设值T#8s。定时器的输出位Q是它的背景数据块"T1"中的Bool变量，符号名为"T1".Q。为了输入定时器左上方的常闭触点的地址"T1".Q,双击触点上面的 <??.?> ,再单击出现的小框右边的按钮,单击出现的地址列表中的"T1"(见图6左图),地址域出现"T1".。单击地址列表中的Q(见图6右图),地址列表消失,地址域出现"T1".Q。

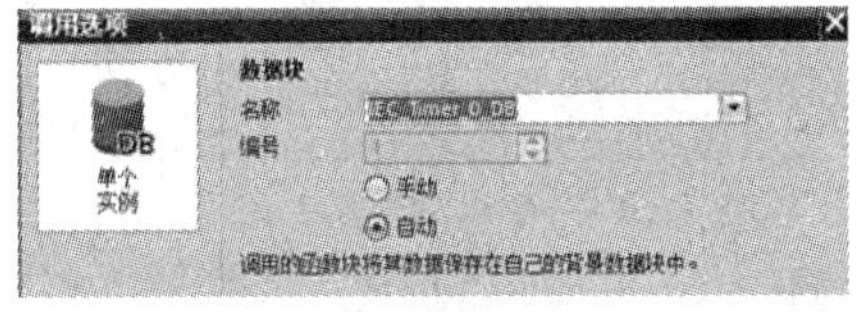

图6 生成地址"T1".Q

生成定时器时，也可以将收藏夹的 ?? 图标拖拽到指定的位置,单击出现的图标中的问号,再单击图标中出现的按钮,用下拉式列表选中TON,或者直接输入TON。可以用这个方法输入任意指令。

选中最左边垂直"电源线",单击↦按钮,生成图4中用"T1".Q和I0.1控制Q0.2的电路。

与S7-200和S7-300/400不同,S7-1200的梯形图允许在一个程序段内生成多个独立电路。

单击工具栏上的按钮,将在选中的程序段的下面插入一个新的程序段。按钮用于删除选中的程序段。和用于打开或关闭所有程序段。按钮用于关闭或打开程序段的注释。单击程序编辑器工具栏上的按钮,可以用下拉式菜单选择只显示绝对地址、只显示符号地址,或同时显示两种地址。单击工具栏上的按钮,可以在上述3种地址显示方式之间切换。

二、使用变量表

1. 生成和修改变量

打开项目树的文件夹"PLC变量"，双击其中的"默认变量表",打开变量编辑器。选项卡"变量"用来定义PLC的变量,选项卡"系统常数"是系统自动生成的与PLC的硬件和中断事件有关的常数值。

在"变量"选项卡最下面的空白行的"名称"列输入变量的名称,单击"数据类型"列右侧隐藏的按钮,设置变量的数据类型,可用的PLC变量地址和数据类型见TIA博途的在线帮助。在"地址"列输入变量的绝对地址,"%"是自动添加的。

符号地址使程序易于阅读和理解。可以首先用PLC变量表定义变量的符号地址,然后在用户程序中使用它们，也可以在变量表中修改自动生成的符号地址的名称。

修改变量名称后项目"电动机控制"的PLC变量表如图7所示。

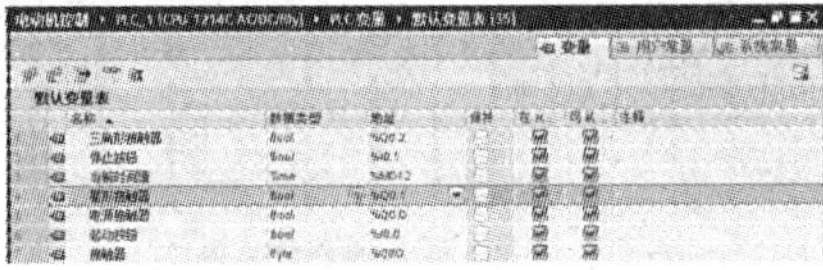

图7 PLC变量表的"变量"选项卡

2. 变量表中变量的排序

单击默认变量表表头"名称""数据类型""地址",该单元出现向上的三角形，各变量按地址的第一个字母从A到Z升序排列。再单击一次该单元,三角形的方向向下,各变量按地址的第一个字母从Z到A降序排列。可以用同样的方法,根据变量的名称和数据类型等来排列变量。

3. 快速生成变量

用鼠标右键单击图7的变量"电源接触器",执行出现的快捷菜单中的命令"插入行",在该变量上面出现一行空白行。单击"星形接触器"最左边的单元,选中变量"星形接触器"所在的整行。将光标放到该行的标签列单元左下角的小正方形上。光标变为深蓝色的小十字。按住鼠标左键不放,向下移动鼠标,在空白行生成新的变量"星形接触器_1",它继承了上一行的变量"接触器"的数据类型和地址,其名称、数据类型和地址QB1是自动生成的。如果选中最下面一行的变量,用上述方法可以快速生成多个同类型的变量。

4. 设置变量的保持性功能

单击工具栏上的按钮，可以用打开的对话框(见图8)设置M区从MB0开始的具有保持性功能的字节数。设置后变量表中有保持功能的M区的变量的"保持性"列的复选框中出现"√",将项目下载到CPU后,M区的保持功能起作用。

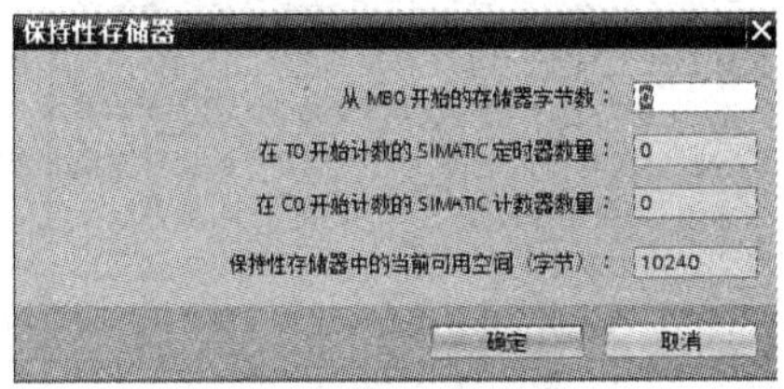

图8 设置保持性存储器

5. 设置变量表中地址的显示方式

与程序编辑器相同,可以用或按钮来选择显示绝对地址、符号地址或同时显示两种地址。右键单击TIA博途中某些表格灰色的表头，执行快捷菜单中的"调整所有列宽度"命令,可以使表格各列的排列尽量紧凑。

6. 全局变量与局部变量

PLC变量表中的变量可以用于整个PLC中所有的代码块，在所有代码块中具有相同的意义和唯一的名称。可以在变量表中为输入I、输出Q和位存储器M的位、字节、字和双字定义全局变量。在程序中,全局变量被自动添加双引号,例如"启动按钮"。

局部变量只能在它被定义的块中使用，同一个变量的名称可以在不同的块中分别使用一次。可以在块的接口区定义块的输入/输出参数（Input、Output和Inout参数)和临时数据(Temp),以及定义FB的静态数据(Static)。在程序中,局部变量被自动添加#号,例如"#启动按钮"。

7. 设置块的变量只能用符号访问

用右键单击项目树中的某个全局数据块、FB或FC,选中快捷菜单中的"属性",再勾选打开的对话框的"属性"视图中的"优化的块访问"复选框,此后在全局数据块、FB和FC的接口区声明的变量在块内没有固定的地址,只有符号名。在编译时变量的绝对地址被动态地传送,并且不会在全局数据块内或在FB、FC的接口区显示出来。变量以优化的方式保存,可以提高存储区的利用率。只能用符号地址的方式访问声明的变量。例如用"Date".Level2访问数据块Data中的变量Level2。

(全文完)

◇福建省上杭职业中专学校 吴永康

让时间“出彩”！——新型七彩电子钟(1)

山重水复

本文给大家介绍一种新型计时工具——“七彩电子钟”。在这里我们之所以称其为“新型”,是因为我们这里所介绍的“七彩电子钟”不论它的外形还是工作原理都是大大不同于我们平时所见的“电子钟”的,那么新型电子钟的外形与平时所见的各种各样的电子钟之间有哪些不同?新型电子钟又是怎么工作的?为何还要冠以“七彩”?它有哪些优点?又有哪些缺点?一个小小的“钟”到底有什么值得我们兴师动众的利用连篇文章来介绍?如果您想知道这些问题的答案,那就继续向下看我们的文章吧。

我们现有的时间显示方法主要有指针模拟指示式和数码管数字显示式两种(如图1、2),以上两种时间显示方法本质上都是属于利用图形来显示时间,显示界面比较复杂:指针模拟指示式需要综合各指针的粗细、长短、角度以及盘面刻度等方面的信息才可以确定具体的时间;数码管数字显示式则需要多个笔划段复杂的数码管。由于显示界面的复杂,当人们从相对于显示装置距离较远、或角度较偏的位置读取时间时,将会造成读取难度的增加和准确度的降低。与显示界面的复杂性相对应的是显示装置内部结构的复杂:指针模拟指示式需要复杂的齿轮传动、变速等机械结构;数码管数字显示式需要复杂的驱动电路驱动多个数码管同时工作;复杂的内部结构将会使装置工作的稳定性降低。

图1 指针时钟

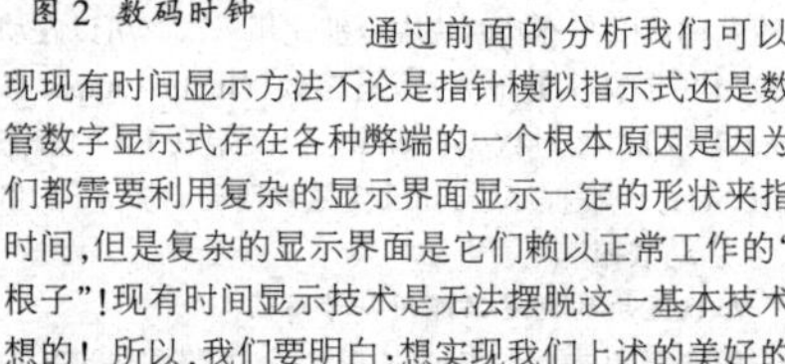

图2 数码时钟

通过前面的分析我们可以发现现有时间显示方法不论是指针模拟指示式还是数码管数字显示式存在各种弊端的一个根本原因是因为它们都需要利用复杂的显示界面显示一定的形状来指示时间,但是复杂的显示界面是它们赖以正常工作的“命根子”!现有时间显示技术是无法摆脱这一基本技术思想的!所以,我们要明白:想实现我们上述的美好的梦想就要从根本上寻找一种“革命”性的新的时间显示方法来替代现有显示方法,而不是在现有技术基础上的修修补补。

柳暗花明

考虑到以上分析的各方面的因素,受现在流行的色环电阻阻值的彩色标注方式(如图3)的启发,本人通过一系列试验,找到了一种利用不同颜色来表示各计时数位上的不同数值并在时间或/和空间上依次显示的时间显示方法。该方法已经申请国家专利,并已获得国家知识产权局的授权,专利申请号:201420035347.5(如图4)。

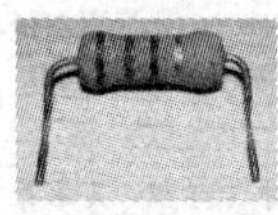

图3 色环电阻

(19) 中华人民共和国国家知识产权局

(12) 实用新型专利

(10) 授权公告号 CN 203673258 U
(45) 授权公告日 2014.06.25

(21) 申请号 201420035347.5
(22) 申请日 2014.01.14
(73) 专利权人 姚宗栋
地址 273405 山东省临沂市费县胡阳镇祼庄小学
(72) 发明人 姚宗栋 常广英
(51) Int. Cl.
G04G 9/00(2006.01)
(ESM) 同样的发明创造已同日申请发明专利

权利要求书1页 说明书13页 附图12页

(54) 实用新型名称
一种利用颜色显示时间的时间显示装置
(57) 摘要
一种利用颜色显示时间的时间显示装置,属于时间显示技术领域,目的在于解决现有时间显示技术不能简单、清晰地进行时间显示的技术问题,本实用新型时间显示装置包括计时驱动部分、显示部分和壳体。所述显示部分包含一个或多个可以在计时驱动部分的驱动下显示不同颜色以表示年、月、日、小时、分钟、秒钟、星期各计时数位中一位或多位数值大小的显示单元;各显示单元均包含一组或多组可以发出6种或10种颜色的光源,每组均含有3个可以分别发出红、绿、蓝3种颜色的光源;所述光源包括:发光二极管,LCD、PDP、OLED或CRT显示屏、激光发射器;所述多个显示单元在壳体上的分布方式包括:横向分布、竖向分布、同心环状分布。

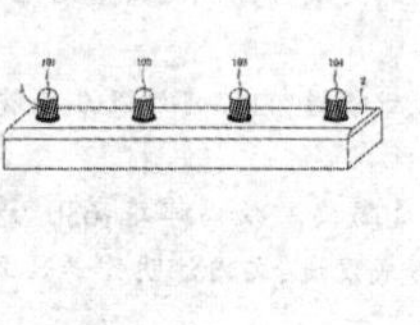

图4 专利申请图

本人发现的时间显示方法主要包括以下步骤:

(1)利用确定的不同颜色分别表示各计时数位上的不同数值;

(2)在时间或/和空间上依次显示表示各计时数位数值大小的颜色;

(3)综合显示的颜色所表示的各计时数位数值大小以确定显示的时间。

以上时间显示方法具体实施时,可以采用常用的12(24)时制计时法,利用黑、红、橙、黄、绿、青、蓝、紫、白、灰或其他的10种颜色分别表示各计时数位上相应的数值,10种颜色和各计时数位上数值的对应关系(如图5)分别为:

第一、二、三、四、五、六、七、八、九、十种颜色分别表示年、月、日、小时、分钟、秒钟各计时数位上的0、1、2、3、4、5、6、7、8、9;

其中黑色用显示单元不发光来表示,白色用显示单元以全亮度发白光来表示,灰色用显示单元以半亮度发白光来表示。

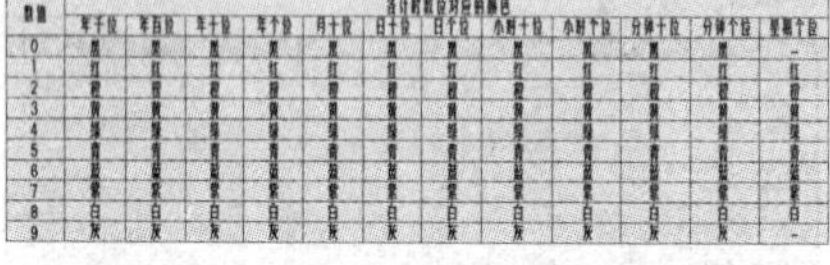

数值	年千位	年百位	年十位	年个位	月十位	月个位	日十位	日个位	小时十位	小时个位	分钟十位	分钟个位	秒钟十位	秒钟个位	星期个位
0	黑	黑	黑	黑	黑	黑	黑	黑	黑	黑	黑	黑	黑	黑	-
1	红	红	红	红	红	红	红	红	红	红	红	红	红	红	红
2	橙	橙	橙	橙	橙	橙	橙	橙	橙	橙	橙	橙	橙	橙	橙
3	黄	黄	黄	黄	黄	黄	黄	黄	黄	黄	黄	黄	黄	黄	黄
4	绿	绿	绿	绿	绿	绿	绿	绿	绿	绿	绿	绿	绿	绿	绿
5	青	青	青	青	青	青	青	青	青	青	青	青	青	青	青
6	蓝	蓝	蓝	蓝	蓝	蓝	蓝	蓝	蓝	蓝	蓝	蓝	蓝	蓝	蓝
7	紫	紫	紫	紫	紫	紫	紫	紫	紫	紫	紫	紫	紫	紫	紫
8	白	白	白	白	白	白	白	白	白	白	白	白	白	白	白
9	灰	灰	灰	灰	灰	灰	灰	灰	灰	灰	灰	灰	灰	灰	-

图5 数位颜色对应图

以上时间显示方法具体实施时,还可以采用6时制计时法,每6个小时为一计时循环;利用白、红、黄、绿、蓝、紫或其他的6种颜色分别表示各计时数位上相应的数值;6种颜色和各计时数位上数值的对应关系(如图6)分别为:

第一种颜色分别表示小时个位、分钟十位、分钟个位上的0,以及星期个位上的6;

第二种颜色分别表示小时个位、分钟十位、星期个位上的1,以及分钟个位上的2;

第三种颜色分别表示小时个位、分钟十位、星期个位上的2,以及分钟个位上的4;

第四种颜色分别表示小时个位、分钟十位、星期个位上的3,以及分钟个位上的6;

第五种颜色分别表示小时个位、分钟十位、星期个位上的4,以及分钟个位上的8;

第六种颜色分别表示小时个位、分钟十位、星期个位上的5。

数值	时十位	时个位	分十位	分个位	星期位
0	白	白	白	白	白
1(2)	红	红	红	红	红
2(4)	黄	黄	黄	黄	黄
3(6)	绿	绿	绿	绿	绿
4(8)	蓝	蓝	蓝	蓝	蓝
5	紫	紫	紫	-	紫

图6 数位颜色对应表

上面所称的6时制计时法,即类似于12(24)时制计时法每12(24)个小时为一计时循环,6时制计时法每6个小时为一计时循环(如图7);虽然如此将会使一天24小时内出现4个计时循环,但是因为与这4个计时循环周期中数值相同的时刻相对应的周边环境的光照、声音等因素存在明显的区别,所以只要综合利用以上相关外部环境因素便可以准确的判断显示单元指示的数值具体是指哪一个计时循环中的时间,不必担心会造成时间判断的混乱。

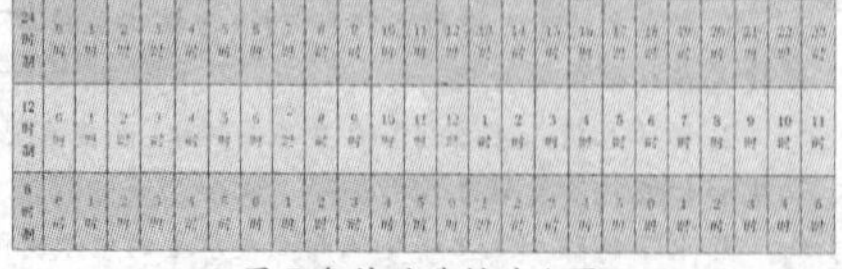

24时制	0时	1时	2时	3时	4时	5时	6时	7时	8时	9时	10时	11时	12时	13时	14时	15时	16时	17时	18时	19时	20时	21时	22时	23时
12时制	0时	1时	2时	3时	4时	5时	6时	7时	8时	9时	10时	11时	12时	1时	2时	3时	4时	5时	6时	7时	8时	9时	10时	11时
6时制	0时	1时	2时	3时	4时	5时	0时	1时	2时	3时	4时	5时	0时	1时	2时	3时	4时	5时	0时	1时	2时	3时	4时	5时

图7 各计时进制对比图

采用6时制计时法,时间的显示将变得相对简单:

小时的十位将不再需要显示;只用6种颜色便可以显示小时个位上的数值,指示出计时循环中的每一个小时。

对于分钟的十位,利用6种颜色分别对应指示;对于分钟的个位则采取每2分钟为一计时步进的方法,只用6种颜色中的5种便可以指示出分钟个位的数值。虽然这样一来时间的精确度似乎下降一点,但是已经完全可以满足日常生活计时精度的需要。

对于星期位,利用6种颜色分别对应指示每星期中的6天,剩下的1天以不做指示来区分。

对于年、月、日三个计时单位,由于本方案只采用6种颜色来指示时间,指示能力有限,所以不做指示。

新的时间显示方案有了,我们如何根据确定的方案设计制作出实现上述方案的时间显示装置呢?可以发现,问题的关键是如何按照时间显示的需要显示出表示各个计时数位的数值大小的颜色!我们可以将每个需要显示的计时数位的颜色的显示任务交由一个或多个时间显示单元完成,所述的显示单元均包含一组或多组可以在计时驱动部分的驱动下可以显示6种或10种颜色的光源,其中每组均包含3个可以分别发出红、绿、蓝3种颜色的光源;现在大量应用的、技术比较成熟的LED发光二极管非常适合作为显示光源,当然还可以利用的光源还有LCD液晶显示屏、OLED显示屏或者激光发射器等。其中每个显示单元只在空间上对应显示一个计时数位的颜色(如图8a、b),或者也可以在时间上按照确定的先后顺序依次循环显示多个计时数位的颜色(如图9a、b)。合理安排各显示单元在空间上或时间上按照一定的显示顺序显示各个计时数位的颜色,判读时按照和显示时规定的一致的顺序去判读显示的各个计时数位的颜色,便可以获得需要的时间信息。

至此,解决问题的整个技术方案已经初步确定,本文也将暂时告一段落,在后面的文章中我们将介绍如何在上述技术方案的指导下,将我们的想法付诸具体实施,通过灵活利用上述时间显示方法我们可以制作出多种完全不同于现在的“电子钟”的“七彩钟”。为了满足生活中各种不同情况下的不同需要,它几乎具有孙悟空般的“七十二般”变化。其中有可以让我们看见“时间的颜色”的美丽的“美少女四人组”;有每时每刻都在为你讲述时光飞逝的、流“光”溢“彩”的“小美女”;有体积小如黄豆,却可以几乎让你在房间的每个角落都可以轻松看清时间的“七彩时光小精灵”;有大小仅如篮球,但几乎可以让一个城镇里的每个人都可以看清时间的“八面玲珑”的“夜明珠”。它们都是利用了不同的颜色来传递相应的时间信息,显示方式各不相同,相信每一款都会带给你耳目一新、赏心悦目的显示效果!都会让你一见“钟”情!心动了吗?那就让我们期待在下期再相见吧。在后面的每一篇文章里我们会介绍如何利用新方案制作上述各种精彩纷呈的时间显示装置,将种种精彩为你一一奉上!

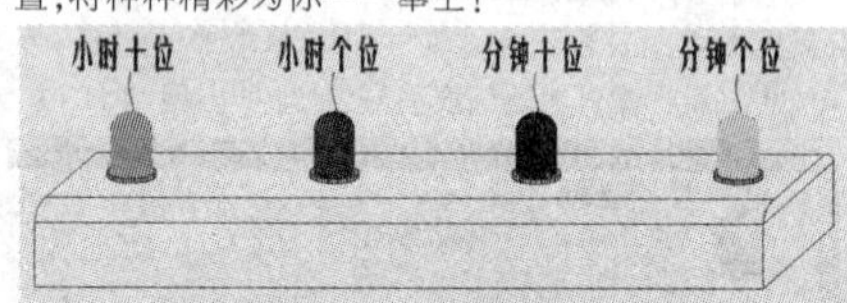

图8a 空间显示

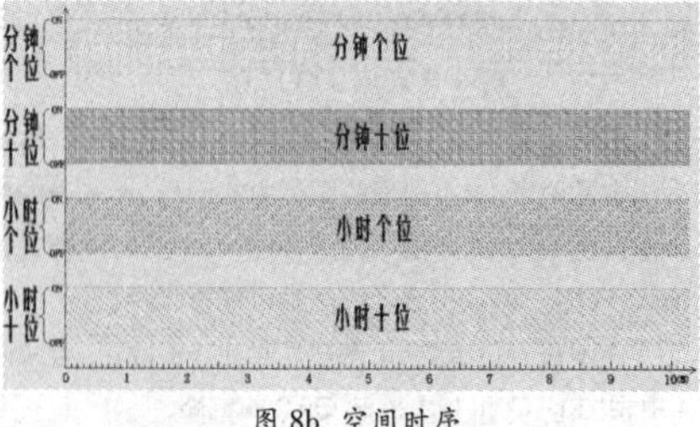

图8b 空间时序

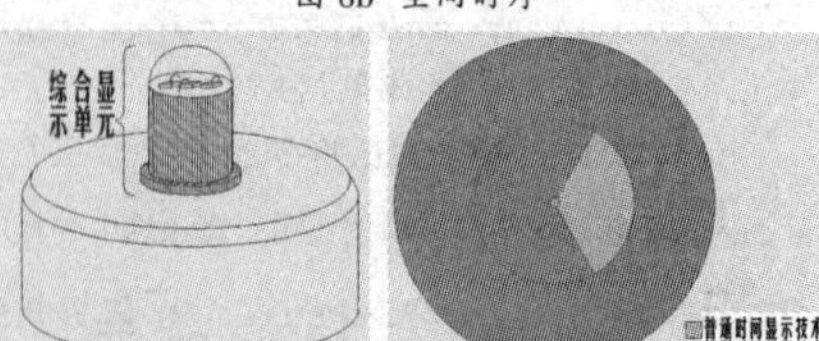

图9a 时间显示　图10 显示区域对比

图9b 时间时序

◇张春云 姚宗栋

浅谈HARRIS发射机中频电路校准原理

固态电视发射机的图像调制器中，设计了中频信号均衡调整电路。校准时，首先在激励器的视频输入端，加一个五阶梯波形。把激励器上的所有的旁路开关，都拨到旁路位置。在激励器的输出端，解调出已调五阶梯波形，并用波形监测仪观察相位的变化。调整平衡电位器，使白电平处的相位变化最小。重新调整图像调制器的偏置 MOD BIAS，参照图1波形校正白电平处的调制度。

如果信号的相位在前面的电路中已经预校正了，那么微分相位和中频寄生调相 ICPM 指标，在激励器恢复正常状态时，必须重新调整。根据实际情况，参考频响均衡调整，在激励器的输出端检查频率特性曲线。如果更换了图像调制器，或者安装新的印刷电路板，必须重复进行上面的调整。否则，一般情况下，不要轻易调整平衡电位器。在调整平衡之前，一定要保证其他方面的设置都已经校准了，才可以进行调整。

频响均衡调整：在图像调制器上，有3个地方共同控制着电路的频率响应，它们分别是：斜率控制 SLOPE、品质因数 Q 和频响校正 FREQUENCY。其中斜率控制 SLOPE，用来倾斜整个扫描曲线的波形。Q 值和频率响应 FREQUENCY 这两个电位器配合使用，用来校正载频附近的频响。

这些控制电位器，仅仅用来把激励器的频响特性曲线调整的平坦，而不能校正其他地方的频响误差。如果电路不需要进行均衡，就把 Q 电位器 R20 和频响调整电容 C11 逆时针旋转到底，这样就能有效地把相关电路从整个线路中分割出来。这部分调整，是在输出电平和调制度已经校准的前提下进行的。否则，要先对图像调制器进行设置。在均衡调整过程中，不允许对电路作很大的均衡补偿，最好不要超过 1dB。因为校正量过大，会衰减调制器板的输出电平，而且还要重新调整视频输入电平。所以，只能对这部分电路作轻微的调整就可以了。

校准步骤：在激励器的视频输入端，加一个 0–5MHz 的同步脉冲扫频信号。38.9MHz 中频信号的下边带，到了图像载频信号就变成了上边带。这是因为本振频率比图像载频高的缘故，在中频通道监测频响代替在射频通道监测频响，波形是不一样的，要引起注意。由于亮度通道的带宽较宽，所需的扫频范围也就大，共有 0–5MHz 六个频标。如果测量色度通道，由于色度通道的带宽较窄，所需的扫频范围也就小，最大为 2.5MHz。

观察激励器输出端的频响曲线，把残留边带电路板上的切换开关 S1 拨到 OUT 位置，调制器电路板上的群延时补偿开关 S101 和 S102 拨到 OUT 位置。逆时针方向，把 Q 值电位器和频响电位器 FREQ 都旋转到底。此时，扫频曲线应该只有轻微的倾斜。用斜率控制电位器 SLOPE 调整，让曲线尽可能大地倾斜，使光标处的电平超过要求校正的边带门限位置。

如果频响特性曲线已经平坦了，就让 Q 值电位器和频响电位器 FREQ 离开原来的位置。如果两个光标的位置没变，但光标之间的频响发生了变化，就要调整 Q 值电位器和频响电位器 FREQ。顺时针缓慢调整 Q 值电位器，然后调整频响电位器 FREQ，直到通带内的频响发生明显的变化。再看一下载频下面的曲线，可能要反复调整几次。顺时针方向，尽可能在很小的范围内调整 Q 值电位器，轮流调整 Q 值电位器、频率电位器 FREQ 和斜率控制电位器，使整个通带内的频响特性曲线平坦。把残留边带滤波器切换开关拨到 IN 位置，根据需要，再重新调整频响。

整机延时补偿调整：如果需要测量和校正中频寄生调相 ICPM，要在整个发射机群时延调整之前来进行。还有，发射机的激励器上安装了接收机均衡电路时，定要把接收机伴音陷波器接入电路中。正常情况下，每一部分的平衡电位器“BALANCE”和相位控制电位器“PHASE”，能够在很小的范围内校正频响特性曲线的缺陷，而不相互影响群延时的校正。参考着图2的图形，适当地调整群延时部分的 Q 值和频响控制 FREQ，将不会影响频响的调整。

把多波群和同步头信号，加到激励器的输入端。在边带波分析仪上，观察发射机的输出波形。在发射机双工器之前进行取样，而且要把双工器均衡电路旁路。把群延时补偿开关 DELAY COMP 拨到“OUT”位置。把残留边带滤波器开关 VSB IN/OUT 拨到“OUT”位置。要确保发射机的频响特性，在残留边带滤波器和群延时补偿都处于旁路状态下，进行校正。如果以前没有对群延时校正过，不知道从哪些地方着手调整群延时，或者不知道群延时调整需要哪些条件，就按照前面“校准步骤”段落中叙述的方法，进行调整。把残留边带滤波器 VSB 和群延时补偿 DELAY COMPS 旁路开关，拨到“IN”的位置上。

用平衡控制电位器和相位控制电位器，调整整个发射机的幅频特性曲线处于最平坦的形状。印刷电路板前面的校正电位器主要控制下边带波形，而电路板后面的调整主要控制上边带波形。Q 值电位器和频响电位器 FREQ 对群延时的影响，可以通过观察下面的波形进行调整。在上图中，2T 脉冲波形上出现振铃的幅度要最小，12.5T 或者 20T 脉冲的基线出现的失真要最小。

注意：千万不要把频响控制电位器 FREQ，从预先调整好的位置上旋转超过2圈，更不要随意拨动旁路开关。否则，将看不到调整这些电位器对幅频特性的影响。你期望看到的那些光标，可能已经离开了起始点，不会在示波器上出现。

给激励器加一个复合视频信号，调整电路板前面的频响电位器 FREQ，观察 2T 脉冲两边的对称过冲波形变化情况。调整电路板前面的 Q 值电位器，观察 2T 脉冲波形，让过冲的振铃最小。调整电路板后面的频响电位器 FREQ，观察 12.5T 或者 20T 脉冲两边对称的基线变化情况。调整电路板后面的 Q 值电位器，让 12.5T 或者 20T 脉冲振铃的幅度最小，振铃边缘变得缓和，最好让这两种情况得到折中的波形。反复调整幅频特性曲线和脉冲波形，直到这两个条件都达到满意的效果。每次调整完群延时指标，都要紧接着检查别的参数。因为，校正群延时指标时，会引起微分增益、ICPM 和微分相位的变化。如果需要的话，可以从双工器后面取样，并且要对双工器进行适当调整。经过上面的调整，图像中频信号可以达到最佳状态。

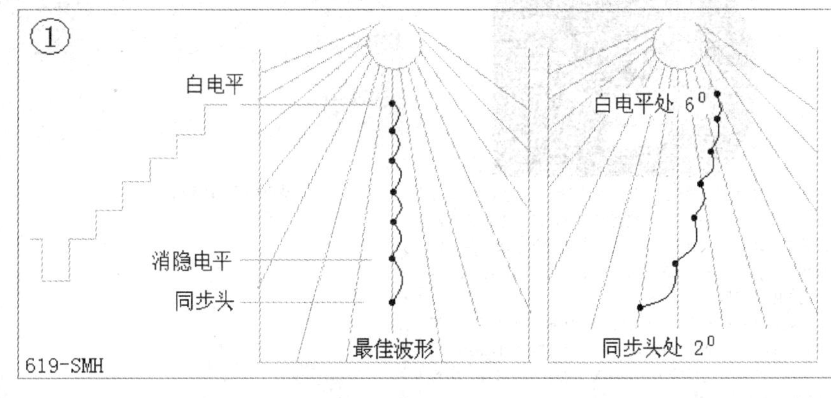

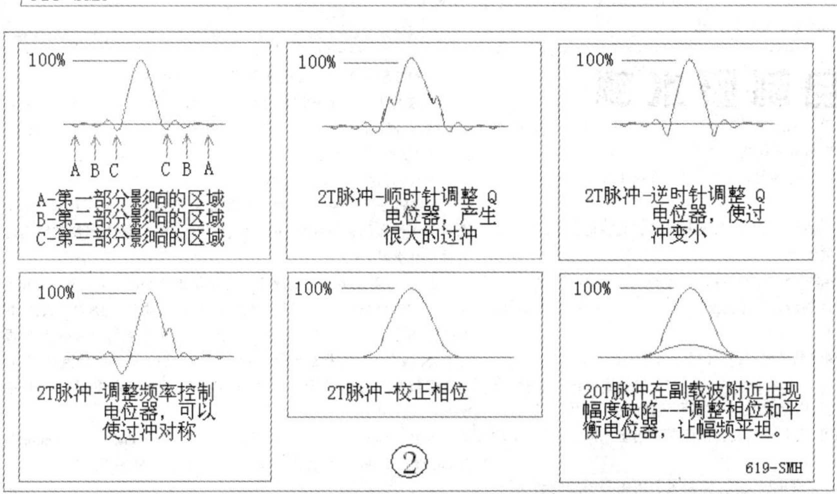

◇山东省广播电视局大泽山转播台 彭海明 宿明洪

华为进军智能音响

随着物联网的布局，音箱也和人工智能打得火热，在音箱与智能设备厂商的跨界组合中，苹果于2018年上市的HomePod备受广大消费者和其他厂商的关注，仅上市1个月，就砍下了智能音响3%的市场份额，让同行格外"眼红"。

不过由于HomePod只能通过IOS系统进行操控，加上很多服务功能在国内阉割严重，另外国内安卓用户市场也是一大空白，作为国内安卓巨头的华为很适时地推出了自家的智能音响——华为Sound X。

2019年11月25日，华为在上海举办了全场景新品发布会，并推出了Sound家族首款智能音箱——华为Sound X智能音箱。与传统智能音箱不同，华为新品智能音箱与国际专业音响公司帝瓦雷深度合作，并搭载了60W帝瓦雷双稀土强磁低音扬声器设计。别看它的体积不大，小小的结构里却蕴藏的震撼功率，能够为用户带来HiFi级顶尖的低频体验。

相比于Homepod的30W低音峰值功率，华为Sound X超越了其两倍之多。这主要得益于华为Sound X使用了高端喇叭常采用高磁性钕铁硼稀土材质扬声器。相比于普通的铁氧体材质，这种扬声器具有更强的磁性、能够为震膜带来更大的推力。对于搭载了钕铁硼稀土的华为Sound X这款音箱产品来说，它喇叭的振幅高达20mm。在高音量模式下播放低音较强的音乐时，华为Sound X音箱低音喇叭释放的强劲功率甚至能够将蜡烛直接"轰"灭，这是稀土强磁高水平低频表现。

在外观设计上华为Sound X也是下足了功夫，箱体的色彩处理上可分成上下两部分，上半部分漆黑透亮，下半部分深沉如墨。顶部是通过触碰操作，实现人机交互的功能显示，触碰交互区默认是红色环状流光，其中光环充当了指示灯的作用，在具体功能场景下会显示不同的颜色，比如系统升级时的绿色，待机时的红色等。上半部分最关键、最精彩的地方是对称设计的喇叭，将八个喇叭置入一个智能音箱内。通过箱体的开口，能隐约地看到两个直径3.5英寸的低频喇叭。

下半部分则是网格状的复合材料，类似传统音箱的防尘盖。内置了6颗全频单元，彼此成60°交错，也就是6×60°=360°的全方位覆盖效果。

单从外形上，人们确实不自觉地拿华为Sound X和HomePod进行比较。但实际上，我们还是从音响效果入手，看看两者的区别。

位于华为Sound X上半部的双低音喇叭采用了帝瓦雷技术，其对称设计与特殊材质的扬声器在环境中呈现出非常强劲的低音表现，峰值功率高达60W。相比之下，HomePod只有一枚喇叭，在峰值功率仅有华为Sound X的一半。

下半部底座的六个高音单元阵列通过AI智能算法，模拟出相应的最佳声场布局或360°的均匀声场，达到家庭影院5.1全景声效的效果，而HomePod只能做到3.1声道。

既然是一款智能音响，华为Sound X的功能性和娱乐性也是十分丰富的。

扫描音箱底部二维码，可以直接下载对应的华为AI音箱专用App，通过App可以直接对华为Sound X进行系统升级以及各项设定进行配置，也可由此直接进行播放控制。这里提醒一下，华为Sound X的用户可以直接领取酷狗音乐1个月的VIP会员服务。

再回到前面讲的生态链问题，由于HomePod并不开放苹果以外的其他设备蓝牙连接，安卓用户无法连接HomePod而苹果手机用户可以连接华为Sound X，从兼容性来说，华为Sound X更为开放一些。

HUAWEI的LOGO正上方，有个NFC的标识，也是华为Sound X最有特色的一个功能，叫作"一碰传音"。NFC是现在常用的近距离无线通信技术，可以在移动设备、消费类电子产品、PC和智能控件工具间进行近距离无线通信。华为正是利用了这样的技术，使用具有NFC功能的手机触碰华为Sound X的NFC标识之后即可播放，一碰一秒即可传音，省去了蓝牙配对搜索的这相对复杂的过程。

最后在体现物联网的应用上，华为Sound X同样支持HiLink智能家居控制系统，能够实现和美的、海尔、TCL等家电品牌的智能互联，打造真真实实的智能物联网生活。

安卓设备如何连接使用AirPod

有的朋友也许会很喜欢苹果的AirPods，但又没有苹果手机或者平板，那么不禁要问"安卓设备可以使用AirPods吗？"

答案当然是可以了，虽然打开AirPods Pro的盒子，就可以自动连接iOS设备了。但安卓系统要麻烦一些。先开启AirPods Pro盒子的盖子，不要拿出耳机。然后长按盒子背后的圆形按钮，直到盒子的LED小灯转为白色闪烁状态。接着，在安卓系统的蓝牙菜单中，就可以看到AirPods Pro了，点击即可连接匹配。

还有另一种情况，AirPods Pro只有一副，已经在之前匹配过安卓机和iOS设备了，要如何在iOS设备和安卓机间切换连接？

首先开启AirPods Pro盒子的盖子，不要拿出耳机。如果当前连接的是安卓机，那么则开启iOS的蓝牙菜单，找到AirPods Pro点击则可连接上iOS；如果想从iOS设备转而连接到安卓机上，则进行相反的操作，点开安卓的蓝牙菜单，从中点选AirPods Pro，则可连接到安卓机。连接安卓的AirPods Pro要重新切换到iOS连接，掀开盖子不拿出耳机，然后在iOS的蓝牙列表中连接即可。

需要注意的是，某些安卓机连接AirPods Pro，会默认使用SBC协议传输，此时音质明显不如和iOS连接的情况，这里需要将连接模式为AAC即可恢复音质。

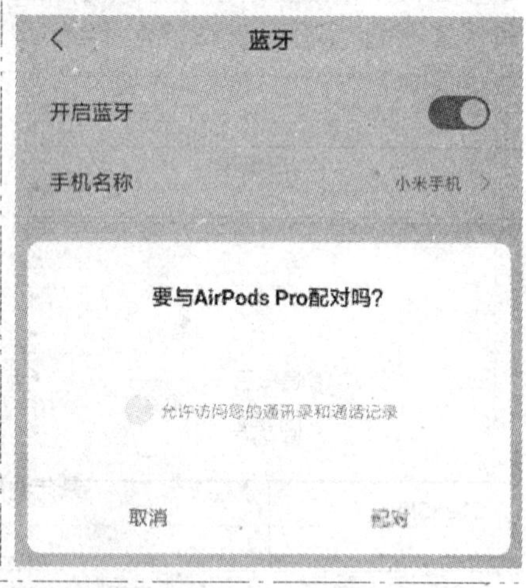

自制磁水杯

80mm
40mm
15mm
磁环内孔
N极
S极
100mm
3mm
15mm
磁环内孔
N极
S极
40mm
80mm

磁处理水疗法是内服或外用磁处理水，达到治疗疾病、预防疾病、保证身体健康，能日常进行的一种治疗方法。

由于磁处理水在一些物理方面的变化，引起生物学效应，因而对人体有着不同的作用。

1. 可防止动脉内皮细胞的损伤，抑制血清胆固醇的升高，能防止脑和心脏动脉硬化的发生。

2. 可降低水、白酒等液体的黏液，防止脑和心脏血栓的产生。

3. 可使溶液的溶钙能力明显提高，因而能预防和治疗泌尿系统结石、胆结石。

4. 能使脾脏、胸腺重量增加，有提高抗病及抗衰老的能力。

5. 可使机体的IgG、IgM等免疫球蛋的含量显著升高，还可以提高肝、脾及血管内皮细胞吞噬功能，均有利于细胞免疫和体液免疫。

6. 可使全血肌酐、血浆尿素及游离氨基酸含量下降，对预防肾功衰竭有一定作用。

7. 保护胃黏膜，促进小肠运动，提高蛋白酶和淀粉酶的活性，有利于食物消化吸收。

8. 磁处理水含漱可治疗牙周病，预防口腔疾病。

9. 磁处理水治疗疾病的范围：可治疗动脉硬化、高血压、冠心病、泌尿结石、慢性肠道疾病、口腔病、糖尿病。也可预防多种病的发生。长期饮用磁处理水没有副作用。

磁水杯制作方法如左图所示。

制作时按图标注：准备好一个陶瓷水杯（或玻璃水杯），到电子市场买两块铁氧体喇叭磁杯（或带磁铁芯的喇叭），将水杯和磁环清洗干后即可使用。

使用时，首先将烧开的水倒入杯中杀杀菌倒出，再往磁上用开水冲一冲，然后将开水或温开水倒入杯中，将一块浮现铁放在桌上，N极在上，S极在下面，将水杯座上，在杯的上端放置另一块磁铁，S极在下，N极在上，这样磁水杯的磁力线走向是由杯底扩散到杯盖，磁力穿透整个杯内空间，杯内的水全被磁化，过两三分钟，取下上盖磁铁就可以饮用了。

经笔者测试，用本文介绍的磁环外径80mm，内径40mm厚15mm吸引长9mm的钢针，在间距130mm远就能吸引针的跳动。

◇华忠

（本文原载第16期11版）

2020年2月2日出版 实用性 启发性 资料性 信息性

第 5 期 国内统一刊号:CN51-0091 定价:1.50元 邮局订阅代号:61-75

地址:(610041)成都市武侯区一环路南三段24号节能大厦4楼 网址:http://www.netdzb.com

(总第2046期) 让每篇文章都对读者有用

邮局订阅代号:61-75 国内统一刊号:CN51-0091

微信订阅纸质版 请直接扫描 邮政二维码 每份1.50元 全年定价78元 每周日出版

扫描添加电子报微信号 或在微信订阅号里搜索“电子报”

手机闪存

在 2 月发布的新手机中，小米 10 系列终于舍得使用 UFS 3.0 了，在这个处理器性能普遍过剩的时代，除了骁龙 865 处理器和高刷新频率屏幕外，LPDDR5 内存及 UFS 3.0 闪存也是旗舰机手机不可缺失的参数之一。

UFS 3.0 在顺序读写和随机读写速度上都超越 UFS 2.1 和 eMMC 5.1 不少。也正因为此，安卓阵营中(iPhone 使用的是 NVMe，这里暂且不谈)，UFS 3.0 是行业所公认的闪存芯片最高标准。值得一提的是，虽然三星官网公布的数据，UFS 3.0 闪存最大顺序读写速度为 2Gb/s，但如果在双通道的加持下，理论速度可以达到 2.9Gb/s。

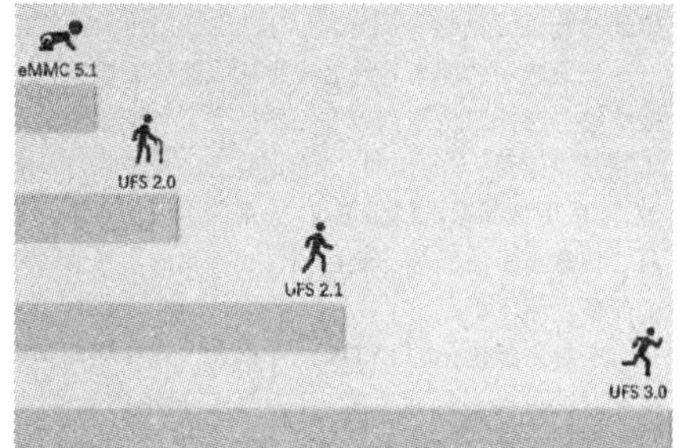

可能在很多人印象里，手机的读写速度=拷文件的速度。其实实际上手机使用体验并不都是由处理器来决定的，手机快不快不单单由 SoC 和内存决定，还有闪存速度。举几个最常见的例子，软件安装速度、游戏载入速度、相片等文件的读取速度等都很依赖闪存速度(同理内存颗粒也一样重要)。

而在 5G 时代已经到来，即将大规模普及的背景下，UFS 3.0 闪存高速率以及低功耗的特性显得尤为重要。

首先，5G 网络理论最大速度是 20Gbps，换算成下载速度也就是 2.5Gb/s，这已经完全超过了 UFS 2.1 闪存芯片的承受能力，面对未来成熟的 5G 网络，UFS 2.1 闪存只会显得力不从心。

其次，UFS 3.0 闪存的工作电压为 2.5V，相比 UFS 2.1 闪存更低，对于智能手机而言，功耗的重要性不言而喻。因此，去年的旗舰级处理器骁龙 855 Plus 以及今年的处理器骁龙 865 和 UFS 3.0 闪存芯片，才会成为安卓 5G 旗舰的标配。

再回顾一下手机闪存的发展史，从早期的 eMMC4.3、eMMC5.1、UFS 2.0、UFS 2.1、UFS 3.0，看看它们的原理和特点。

一般闪存(ROM)都由 NAND 颗粒、主控芯片和数据接口组成，UFS、eMMC 和 NVMe 都是指传输协议，可以当作是主控芯片和数据接口部分。

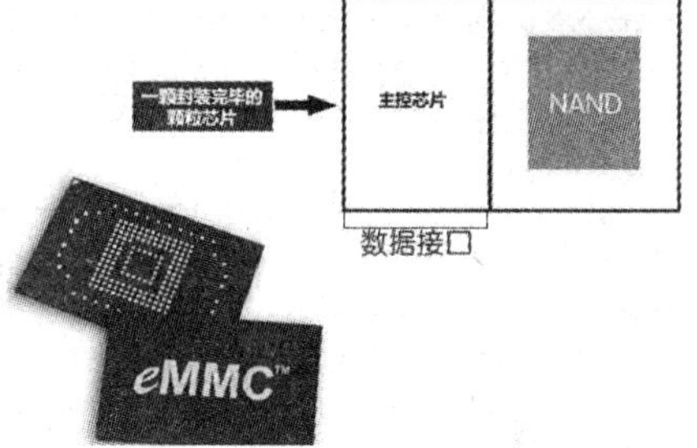

早期的 eMMC 标准从 eMMC4.3 发展到 eMMC5.1，传输速度从 50MB/s 升级到 600MB/s 的速度。但是 eMMC 标准的传输速度已经到了上限，所以更强的 UFS 和 NVMe 协议就登场了。

eMMC 和 UFS 的区别主要在于 eMMC 在同一时间只能维持读取或者写入一种状态，而 UFS 支持同时读写数据，并且在待机状态下，UFS 的功耗要低得多。速度方面差异就更大了，理论上 eMMC5.1 最快可以达到 400MB/s，而 UFS2.0 则是 742.4MB/s，UFS2.1 更是达到了惊人的 1.45GB/s。实际传输速度，eMMC5.1 大概在达到 200MB/s 左右，而 UFS2.0 则是 500MB/s 左右，UFS2.1 实际传输速度在 700MB/s 左右。

至于 UFS 3.0 闪存，相比于 UFS 2.1 闪存采用全新标准，并在性能、低功耗，以及速度提升上有着显著的变化。同时，UFS 3.0 闪存的单通道速度达到了 UFS2.1 闪存的两倍以上。由于 UFS 支持双通道的双向读写，所以 UFS 3.0 闪存的接口带宽最高可达 23.2Gbps，也就是 2.9GB/s。

这里要特别提醒一下，UFS2.0/2.1 有两类标准 (High Speed Gear)，强制 HS-G2 与可选 HS-G3，HS-G2 单通道 (1lane) 带宽 2.9Gb，双通道 (2lane) 带宽 5.8Gb，HS-G3 单通道带宽 5.8Gb，双通道 11.6Gb。同样受限于颗粒主控等原因，不同厂家的产品速度也略有差异，不过基本上都在 400~500MB/s。

需要注意的是，有些机型是单通道的 UFS2.0 和 UFS2.1，高通 6 系与 7 系的某些支持 UFS 的 SoC，比如 670/710/712/730 等等，只支持 (1lane) 单通道 UFS2.0/2.1，而 8 系从 835 开始支持双通道，所以某些用 730/710/670 之类的手机宣传用 UFS2.1，其实话没有说透，和高端机的 2lane UFS2.1 是不一样。

还有一个误区就是，“UFS2.1 一定比 UFS2.0 快！”速度的快慢还要看通道数，比如 UFS2.1 是单通道的话，那么 2lane UFS2.0>1lane UFS2.1。另外不同厂家的产品速度也略有差异，比如 Mate9 上混用的三星 UFS2.0 和海力士 UFS2.1，同样是 2lane 但前者速度比后者还快一点。

eMMC 4.41
DDR 52MHz 8bit bus =104MB/s
↓
eMMC 4.5
SDR 200MHz 8bit bus =200MB/s
↓
eMMC 5.0
DDR 200MHz 8bit bus =400MB/s
↓
UFS 2.0
HS-G2×2lane @2.9Gbps =5.8Gbps
↓
UFS 2.1
HS-G3×2lane @5.8Gbps =11.6Gbps
↓
UFS 3.0
HS-G4×2lane @11.6Gbps =23.2Gbps

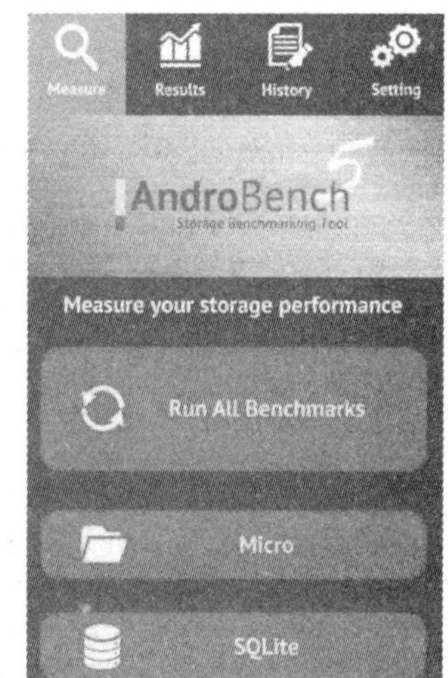

大家可以通过下载安装 AndroBench 查询自己的存储器设备信息。

2020 年，各厂家的旗舰级手机(甚至一些中端机)毫无例外地都会用 UFS3.0。至于更高的 UFS3.1，近日 JEDEC 固态技术协会才发布通用闪存标准 (Universal Flash Storage) UFS 3.1 版(JESD220E)，相比于目前的 3.0，主要有三个方面的更新；首先是写增强(Write Booster)，通过一个 SLC 非易失性缓存，来提高数据写入速度；然后是深度睡眠(Deep-Sleep)，通过提供一种新的低功耗状态，让低成本 UFS 设备可以使用统一的稳压器；最后是性能限制通知，可以让存储设备在温度过高时即使通知主机，以免影响使用。

此外，JEDEC 固态技术协会还新发布的新版主机性能增强器(HPB)扩展标准(JESD220-3)。允许将 UFS 设备逻辑到物理地址(LTP)的映射缓存在系统内存中，简单来说就是将 UFS 存储设备在功能上更接近 SSD。

不过今年看到智能手机全面升级到 UFS3.1 并不现实，除了新标准的普及需要一段时间和成本原因外，还需要手机 SoC 提供支持。

(本文原载第 9 期 11 版)

液晶彩电主板维修与代换探讨(四)

(紧接上期本版)

1. 死机或自动关机

引发死机和自动关机故障，多由于主板的控制系统发生故障。故障现象有：指示灯亮，不能遥控或键控开机；收看中自动关机或自动开机等等。维修时主要围绕主板的控制系统进行检查和测量。

一是测量与控制系统相关的供电、晶振、复位电压是否正常，常见为供电不足、晶振失效、复位电路发生故障，造成控制系统工作条件不足而无法工作，引发不开机故障。

二是检查控制系统外设的键控、遥控电路是否正常，常见为键控电路按键漏电，向控制系统误发控制指令，造成控制系统功能紊乱，引发自动关机或不定时出现信号源切换、自动调整图像伴音等故障。

三是检查控制系统的程序存取电路、用户存取电路是否正常，常见为程序内存或用户内存的供电不正常、存取电路发生开路或短路、存储电路内部损坏、存储的程序出错或丢失等故障，引发不开机、失控、控制紊乱、图声异常等故障。

四是如果MCU控制系统工作条件正常，但仍不开机，可通过打印信息的方法，判断故障部位，对打印信息中显示的故障部位和组件进行检查和维修。

2. 无图像或图像异常

引发无图像或图像异常故障是主板的图像处理系统发生故障。故障现象有：无图像；无字符；图像暗淡；图像呈现马赛克；图像有横带或竖带干扰等等。如果发生各种信号源均无图像或图像不良，则是图像公共处理电路发生故障。维修时主要围绕图像处理电路进行检查和维修。

一是测量图像处理电路的供电电压是否正常。如果无电压或电压低于正常值、高于正常值，都会引起无图像或图像异常故障。由于图像系统的供电较低，有时低于正常值零点几伏，就会造成图像处理电路工作失常，引发图像故障。如有的核心处理电路供电仅为1.2V，当该电压低于1.1V时就会引发无图像或图像异常故障，测量时应引起注意！常见为DC-DC供电电路性能变差，供电电路退偶电容漏电，供电系统限流电阻阻值变大等等。如果限流电阻烧断，说明负载电路或稳压电路发生短路、漏电故障，应首先排除漏电短路故障，再更换稳压电路和限流电阻。

二是测量图像处理电路与DDR图像存储电路之间的通讯电路和供电是否正常。正常工作时，手摸数字处理电路RTD2674S和DDR内存应有一定温度，如果无温度说明该电路未工作，如果温度过高说明该电路有短路漏电现象或供电电压升高。图像处理电路和DDR内存之间有多条数据通信电路，由于各脚的功能相同，其外部电路和内部电路也基本相同，因此相同功能引脚的电压和对地电阻，通信电路两端之间的电阻基本相同。如果发现哪个通信引脚与其他通信电路引脚电压或电阻不同，可判断该引脚通信电路发生故障。引起电压和电阻不同的原因：一是图像处理电路通讯端口或内部发生故障；二是DDR内存通讯端口内部发生故障；三是图像处理电路通讯端口与DDR通讯端口之间的匹配电阻发生变质或电路发生漏电、开路故障。排除的方法是断开图像处理电路与DDR内存的通讯端口，分别测量两侧端口和二者之间通讯电路的电阻，找到故障元件。常见为数字图像处理电路接触不良，引脚开焊，与DDR内存之间发生开路、短路故障，连接线中的过孔开路或接触不良。

三是用示波表或示波器测量图像处理电路的晶振信号、图像信号、数字信号、输出的LVDS低压差分信号、SDA和SCL控制信号波形，测量屏供电电压是否正常。正常时主板与逻辑板之间的连接器LVDS输出信号，由于主板输入的信号不同，输出的信号波形随信号的改变而改变。用DCV的10V挡测量数字板与逻辑板连接器的引脚电压，正常时在1V~1.4V之间，如果哪个引脚电压不正常，检查相关电路。常见为图像处理电路LVDS信号输出引脚虚焊、主板到逻辑板之间的连接线接触不良或开路、显示屏供电电路发生故障等。

四是发生个别信号源无图像故障，首先确定其信号源和连接线是否正常。用示波表或示波器测量相应输入电路的波形，判断是否有信号输入。信号源输入信号正常，检查该信号源的放大电路、选择电路和图像处理电路及相关联的接口电路。如：TV电视信号无图像，则测量高频头有无中频信号输出，无中频信号输出，检查高频头的供电、SDA、SCL总线电压、33V调谐电压、RF AGC自动增益控制电压等引脚电压是否正常，如果上述电压正常，则是高频头内部损坏。

3. 无伴音或伴音异常

引发无伴音或伴音异常故障是主板的音频处理系统或伴音功放电路发生故障。故障现象有：无伴音；伴音时有时无；伴音失真沙哑；一个声道有伴音，一个声道无伴音等等。如果发生各种信号源均无伴音或伴音异常，则是通用的音频处理电路发生故障。维修时主要围绕音频处理电路和伴音功放电路进行检查和维修。

一是测量音频处理电路和伴音功放电路的供电电压是否正常，前置伴音处理电路的供电一般在5V或3.3V左右；伴音功放电路供电电压多为24V、18V、12V；供电不正常，检查相应的供电电路。当检测到功放电路无供电或供电不足时，应首先排除功放电路是否发生击穿短路故障。

二是重点检测功放电路是否损坏。由于伴音功放电路电流较大，输出功率大，易发击穿、短路、漏电、开路故障。维修时首先测量伴音功放电路的供电电压是否正常，供电电压正常情况下，测量输出电压是否正常。采用OTL形式的伴音功放电路输出电压正常时是供电电压的二分之一；如果输出电压偏离供电电压的二分之一过多，则可判断功放电路发生故障。由于数字功放电路的引脚密集，测量输出电压时，建议测量输出偶合电容的正极电压。采用OCL形式的伴音功放电路输出电压正常时为0V，如果偏离0V正常电压较多，达到1V以上，则可判断功放电路内部损坏，并尽快关机，因为较高的输出电压会造成扬声器音圈烧毁。进一步判断功放电路是否损坏，可用电阻测量法测量功放电路的引脚对地电阻，判断功放电路是否正常，如果输出端对地电阻为0，则可判断功放电路内部短路。

三是检测静音控制电路。围绕音频处理电路或功放电路大多设有静音控制电路，常见有：微处理器控制系统静音控制电路，该电路受用户指令的控制，对音频电路进行静音控制；开关机静音控制电路，在开机或关机的瞬间，对音频电路进行静音控制；耳机插孔静音控制电路，插入耳机时断开后级音频信号，使音频功放电路无信号输出给扬声器。当发生无伴音故障时，不要忘记对静音电路进行检测，方法是测量静音电路输出的控制电压，多数静音电路输出电压为低电平时静音启动，输出高电平时解除静音，也有少数静音电路控制电压相反。如果测量静音控制启动，应对静音控制电路进行检测，排除误静音的故障。常见为静音控制电路的元件变质，电容器容量不足、漏电，三极管击穿、失效等。

四是用示波表或示波器测量音频处理电路的信号波形。在信号源的输入端输入音频信号，用示波表或示波器从前到后逐级测量音频信号波形。如果哪个放大电路或音频处理电路有信号输入，无信号输出，则是该放大电路或处理电路发生故障；如功放电路的输入端有音频信号，但输出端无音频信号，则是功放电路发生故障。也可用干扰法或信号发生器在功放电路音频信号输入端注入音频信号或干扰信号，听听扬声器是否发声。

五是发生个别信号源无伴音故障，首先确定其信号源和连接线是否正常。用示波表或示波器测量相应输入电路的波形，判断是否有信号输入。无信号则检测相应的输入连接器和输入电路；信号源输入信号正常，检查该信号源的放大电路、选择电路和音频处理电路相关联的接口电路。

三、主板的代换探讨

1. 代换主板的要求

主板代换一是选用与原主板型号相同的主板进行代换；二是选用其他液晶彩电主板代换；三是选用市售万能主板代换。代换主板时，主板的编号很重要。建议在选购和更换主板时，不能单靠机型下单选购主板，还要注意显示屏厂家、显示屏型号，尤其是通用主板，不能只凭机器型号更换主板，还要注意主板的编号一致，以便更换主板后获得最佳的匹配。代换主板时选用的主板必须注意如下问题：

一是选用的主板供电电压必须与原主板的供电电压相同，常见电源板为主板供电的电压为5V、12V，主板上的伴音功放电压为12V、24V。主板接电源板的供电插排的供电、开关机、点灯控制、背光亮度调整、接地端等引脚功能应相同，开关机和点灯控制、背光亮度调整的电压极性应相同。如果引脚功能排列不同，可对应引脚功能进行更改。

二是选用的主板各种信号源输入接口，应与原主板的信号源接口位置和方向相同，便于与原机壳的信号源开口位置、方向相同，便于安装。信号源的功能多少，应采用液晶彩电机主意见，选用的主板信号源功能最好与原主板信号源功能相同，或选用的主板信号源功能多于原主板。

三是主板输出的LVDS信号格式、连接线插头插座形式必须与逻辑板插座相符，插头插排的供电、接地、总线控制、LVSD信号等引脚功能排列不能搞错，特别是供电和接地引脚千万不能搞错，否则会造成逻辑板损坏或主板上屏电压控制电路损坏。

四是主板输出的LVDS信号必须符合液晶屏的格式和清晰度要求。显示屏分为高分屏和低分屏，主板的输出信号必须与显示屏的分辨率符合，方能正确显示图像。主板输出高分信号还是输出低分信号，一是由主板的图像处理电路功能决定，二是由软件程序决定，三是由外部设置电压决定。如果主板的输出信号与显示屏的分辨率不符，可通过软件改写和外部电压设置进行改变。

五是上屏电压必须符合。所谓上屏电压，就是主板控制后为逻辑板提供的供电电压，常见的上屏电压有12V、5V、3.3V。如果主板输出的上屏电压与逻辑板不符，应对主板提供的上屏电压进行更改，如果上屏电压过高，会烧毁逻辑板；上屏电压过低，逻辑板无法正常工作，产生图像不良或无图像故障。

(未完待续)(下转第52页)

◇海南 孙德印

巧借百度AI与树莓派编程实现"人脸识别"(续)

(紧接上期本版)

7)现在,我们就可以将这两个二维码中的任意一个通过网络发送给待采集用户,对方打开手机微信的"扫一扫"对二维码进行识别,就会弹出"人脸采集测试":将姓名、手机号填写完之后点击"发送验证码",输入手机验证码后进行"自拍"(人脸正面免冠照),点击"提交"按钮,返回"您的人脸信息已经采集,谢谢合作!"信息(如图7所示)。

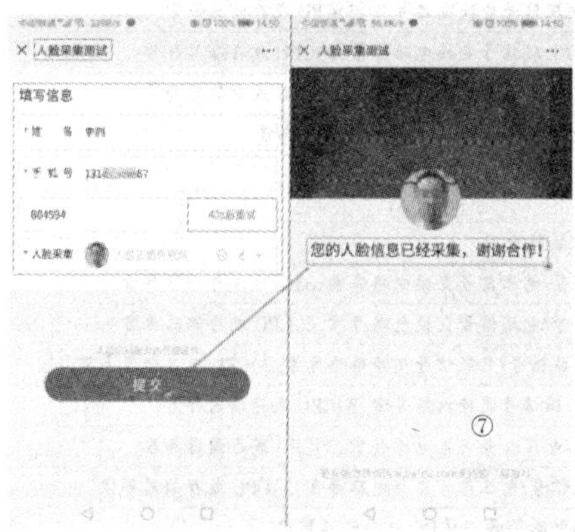

⑦

我们已经通过"点击添加图片"和"用户自行采集"两种方式分别进行了人脸采集,此时在库"face_01"用户组中就保存有两张人脸信息;点击查看一下刚刚通过手机微信扫描二维码方式采集的用户人脸信息,也是正常显示状态(如图8所示)。根据实际情况,可选择任意一种方式将自己的人脸库进行不断的扩充。

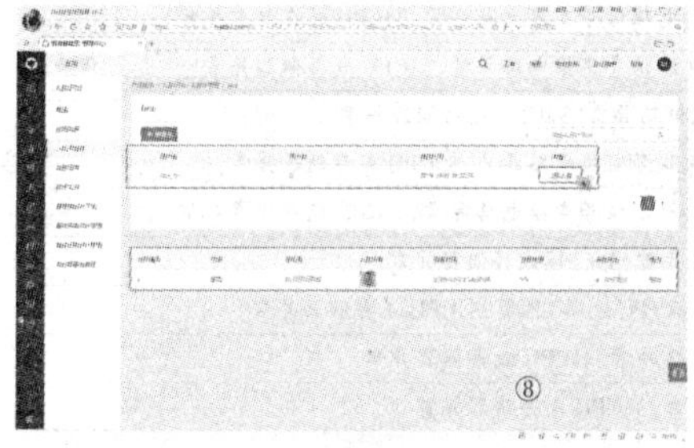
⑧

三、树莓派编程与测试

百度AI人脸采集的准备工作已经完成,开始进入树莓派编程阶段,完成将摄像头动态采集到的人脸与百度AI库中的"人脸"进行相似度比对并做出是否为"熟人"的正确判断的任务。

1. 树莓派硬件器材的连接

将树莓派主板(去除扩展板后的"裸板")先用螺丝钉小心固定于套件木板,摄像头与排线间的固定端也用螺丝钉固定于木板;将排线的另一端小心插入到树莓派主板标注有"CAMERA"字样的摄像头卡槽,注意其金手指面与卡槽内有焊点的那一面连接,插紧后将卡槽向下稍用力卡紧;然后,将套件木板平稳安放于水平桌面上,给树莓派主板连接好电源线并且接通电源(如图9所示)。

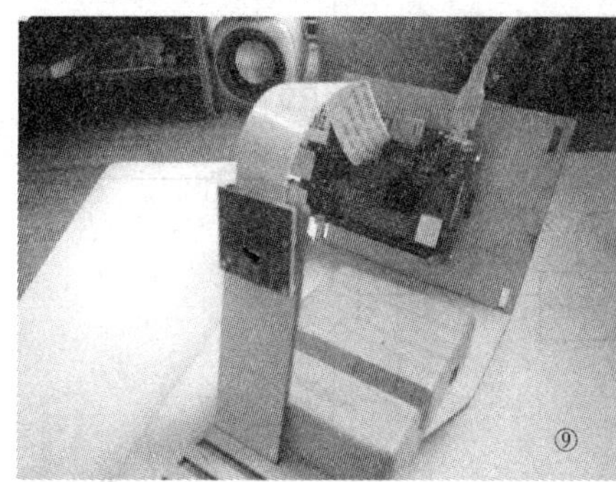
⑨

2. 启动树莓派,连接设备

当树莓派主板绿灯闪烁结束、只有红灯常亮时(大约七八秒),说明操作系统已经启动成功;接着,在笔记本电脑上访问古德微机器人网站(http://www.gdwrobot.cn/)并登录自己的账号(zyyz001),然后点击"连接设备"项,出现五个常规成功提示(绿色符号)后,点击进入"设备控制"界面,显示出树莓派的IP地址为192.168.1.113,将其复制备用(如图10所示)。

⑩

3. 在树莓派远程操作系统内修改config配置文件

运行Windows的"远程桌面连接"程序,将树莓派的访问IP地址(192.168.1.113)粘贴后进行连接,登录进入树莓派的远程操作系统界面;接着,点击左上角第三个"文件管理器"图标,逐层访问/home/pi/back/testWrite文件夹,双击打开config配置文件;其中的"[baiduFaceKey]"(百度人脸识别密钥)部分便是树莓派与百度AI人脸库的连接信息,包括FaceAppID(人脸识别应用编号)、FaceAPIKey(人脸识别开发密钥)和FaceSecretKey(人脸识别密钥)共三段信息代码,这三处信息是与建立百度AI人脸库中的AppID、API Key和Secret Key一一对应的;其他的信息均保持不变,分别将这三个键值原来的字符串值删除,再用之前我们在百度AI中建立的"人脸库"所对应的值来替代(即上一操作步骤中用记事本粘贴保存形成的那个"人脸识别百度ID"的文本文件内容),内容为:

```
[baiduFaceKey]
FaceAppID=17598582
FaceAPIKey=srLfBxDdL1W2EGlFA6bp6Iv9
FaceSecretKey=apW6N8QIyPNvLvk5FWB83cGF0le2GbXc
```

存盘关闭config配置文件(如图11所示),并且要重启一下树莓派系统,这样才能让config配置文件生效。修改设置这三个键值的目的是"告诉"树莓派要进行人脸查找对比的目标数据库是在百度AI中,也就是说,在FaceAppID、FaceAPIKey和FaceSecretKey这三个键值的指引下,树莓派系统就能正确从百度AI网站找到之前建立好的人脸库"face_01"用户组中所保存的两张人脸信息记录。

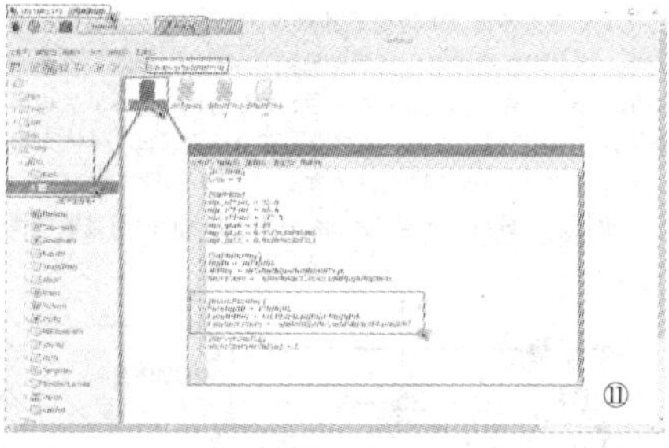
⑪

4. 编程并进行人脸识别测试

再次在古德微机器人网站登录自己的账号并连接设备,从左侧的"积木"中分别拖动相关的模块至中央编程区域:通过建立的变量"strpath"来接收树莓派摄像头所抓拍到的人脸,另外一个"人脸在人脸库的概率"变量则用来计算变量"strpath"人脸值在百度AI人脸库"face_01"中的概率比值;接下来,程序要判断这个概率比值是否大于90%——该条件为真,说明摄像头抓拍到的人脸与人脸库中某人脸数据是高度吻合的,就会输出该概率比值并得出结论:"熟人";若条件为假,说明吻合度不符合预设的90%相似度值,结论就是:"不认识"。

打开Log显示区,点击"运行"按钮,保持测试者正面对视树莓派摄像头;由于之前在百度AI人脸库中采集的就是自己的人脸像,因此程序在进行比对之后很快就得出结论——"熟人"(95%以上的相似概率值);如果再找个"陌生人"(之前未采集进入百度AI人脸库"face_01")来测试,树莓派输出的结论是"不认识"(如图12所示)。

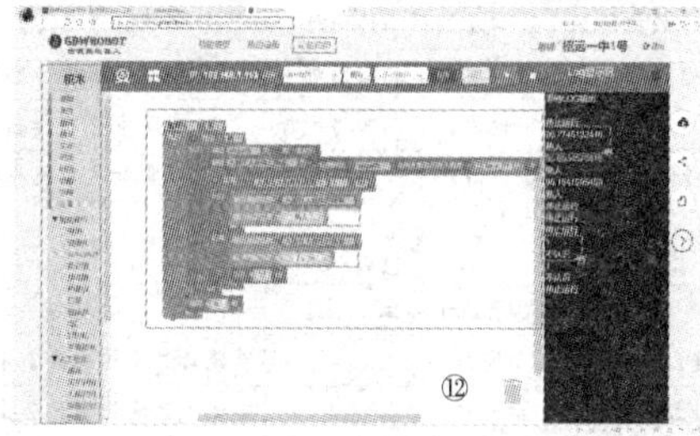
⑫

注意:如果程序中设置的"人脸在人脸库的概率"变量比对相似概率比值过小的话(比如30%),对于摄像头抓拍到的人脸信息就会因相似度高于该值而出现"误判":"陌生人"变成了"熟人"。或者,该值如果设置得过高(比如98%),同样也会出现将"熟人"识别为"不认识"的"误判"。

(全文完)

◇山东省招远一中 牟奕炫 牟晓东

iPhone XR系列快速清理缓存

iPhone也会偶尔出现卡顿或反应迟钝的现象,以前我们可以在附图所示的关机界面长按Home键清理iPhone的缓存,不过,从iPhone XR/Max/XS系列开始,iPhone取消了Home按键,此时该如何清理缓存呢?

我们并不需要关闭或重启iPhone,操作很简单,首先按下音量"+",松开之后再按一下音量"-",然后长按右侧的电源键,此时会弹出是否关机的询问界面,注意不出现SOS的滑动按钮才是正确的打开方式,长按取消,松手就会弹出输入密码的界面,输入密码即可清理缓存。当然,也可以进入设置界面,依次选择"iPhone储存空间",在这里根据需要进行清理操作。

也可以直接按音量键跟电源键就出关机界面,然后长按取消,松手会跳出输入密码界面,输完密码就清缓存了,就这么简单。

◇江苏 大江东去

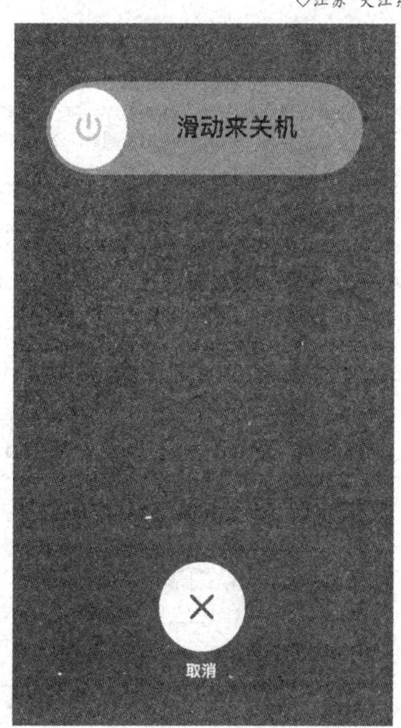

海尔518WS、Y5对开门系列控制型电冰箱故障代码含义与故障原因

为了便于生产和维修，海尔518WS、Y5对开门系列智能型电冰箱的控制系统具有故障自我诊断功能。当温度传感器或其阻抗信号/电压信号变换电路异常时，被微处理器检测后，自动通过显示屏显示故障代码，提醒该机进入保护状态和故障原因。

1. 海尔518WS/558WBT系列电冰箱故障代码

海尔518WS挡位显示系列电冰箱故障代码与故障原因如表1所示，海尔518WS液晶显示系列电冰箱故障代码与故障原因如表2所示。

2. 海尔Y5系列电冰箱故障代码

海尔Y5系列电冰箱故障代码与故障原因如表3所示。

◇内蒙古 孙广杰

表1 海尔518WS挡位显示系列电冰箱的故障代码

故障代码	含义	故障原因
冷藏挡位显示窗口左侧第一格闪烁	冷藏室温度传感器1异常	1)冷藏室温度传感器1异常,2)该传感器的阻抗信号/电压信号变换电路异常,3)CPU或存储器异常
冷藏挡位显示窗口左侧第二格闪烁	冷藏室温度传感器2异常	1)冷藏室温度传感器2异常,2)该传感器的阻抗信号/电压信号变换电路异常,3)CPU或存储器异常
冷藏挡位显示窗口左侧第四格闪烁	冷藏室蒸发器传感器异常	1)冷藏室蒸发器传感器异常,2)该传感器的阻抗信号/电压信号变换电路异常,3)CPU或存储器异常
冷藏挡位显示窗口左侧第三格闪烁	环境温度传感器异常	1)环境温度传感器异常,2)该传感器的阻抗信号/电压信号变换电路异常,3)CPU或存储器异常
冷冻挡位显示窗口右侧第三格闪烁	冷冻室温度传感器异常	1)冷冻室温度传感器异常,2)该传感器的阻抗信号/电压信号变换电路异常,3)CPU或存储器异常
冷冻挡位显示窗口右侧第二四格闪烁	冷藏室化霜传感器异常	1)冷藏室化霜传感器异常,2)该传感器的阻抗信号/电压信号变换电路异常,3)CPU或存储器异常
冷冻挡位显示窗口右侧第一格闪烁	化霜加热系统异常	1)冷冻化霜加热器或其供电电路异常,2)该化霜检测电路异常,3)CPU或存储器异常

表2 海尔518WS液晶显示系列电冰箱故障代码与故障原因

故障代码/显示部位	含义	故障原因
F1/冷藏温度显示窗口	冷藏室温度传感器1异常	1)冷藏室温度传感器1异常,2)该传感器的阻抗信号/电压信号变换电路异常,3)CPU或存储器异常
F2/冷藏温度显示窗口	冷藏室温度传感器2异常	1)冷藏室温度传感器2异常,2)该传感器的阻抗信号/电压信号变换电路异常,3)CPU或存储器异常
F4/冷藏温度显示窗口	冷藏室蒸发器温度传感器异常	1)冷藏室蒸发器温度传感器异常,2)该传感器的阻抗信号/电压信号变换电路异常,3)CPU或存储器异常
F3/冷藏温度显示窗口	环境温度传感器异常	1)环境温度传感器异常,2)该传感器的阻抗信号/电压信号变换电路异常,3)CPU或存储器异常
F1/冷冻温度显示窗口	冷冻室温度传感器异常	1)冷冻室温度传感器异常,2)该传感器的阻抗信号/电压信号变换电路异常,3)CPU或存储器异常
F2/冷冻温度显示窗口	冷冻室化霜温度传感器异常	1)冷冻室化霜温度传感器异常,2)该传感器的阻抗信号/电压信号变换电路异常,3)CPU或存储器异常
F3/冷冻温度显示窗口	冷冻室化霜加热系统异常	1)化霜加热器或其供电电路异常,2)化霜温度检测电路异常,3)CPU或存储器异常

表3 海尔Y5系列电冰箱的故障代码

故障代码/显示部位	含义	故障原因
F1/冷藏温度显示窗口	冷藏室温度传感器1异常	1)冷藏室温度传感器1异常,2)该传感器的阻抗信号/电压信号变换电路异常,3)CPU或存储器异常
F2/冷藏温度显示窗口	冷藏室温度传感器2异常	1)冷藏室温度传感器2异常,2)该传感器的阻抗信号/电压信号变换电路异常,3)CPU或存储器异常
F3/冷藏温度显示窗口	环境温度传感器异常	1)环境温度传感器异常,2)该传感器的阻抗信号/电压信号变换电路异常,3)CPU或存储器异常
F4/冷冻温度显示窗口	冷冻室温度传感器异常	1)冷冻室温度传感器异常,2)该传感器的阻抗信号/电压信号变换电路异常,3)CPU或存储器异常
F6/冷藏温度显示窗口	化霜温度传感器异常	1)化霜温度传感器异常,2)该传感器的阻抗信号/电压信号变换电路异常,3)CPU或存储器异常
Ed/冷藏温度显示窗口	化霜加热系统异常	1)化霜加热器或其供电电路异常,2)化霜温度检测电路异常,3)CPU或存储器异常
F7/冷藏温度显示窗口	制冰机传感器异常	1)制冰机传感器异常,2)该传感器的阻抗信号/电压信号变换电路异常,3)CPU或存储器异常
F5/冷藏温度显示窗口	变温室温度传感器异常	1)变温室温度传感器异常,2)该传感器的阻抗信号/电压信号变换电路异常,3)CPU或存储器异常
EO/冷藏温度显示窗口	通讯不良	1)CPU与被控电路间的通讯线路异常,2)被控电路异常,3)CPU或存储器异常
E1/冷藏温度显示窗口	冷冻风机异常	1)冷冻风机或其供电电路异常,2)该风机的检测电路(PC电路)异常,3)CPU或存储器异常
E2/冷藏温度显示窗口	冷却风机异常	1)冷却风机或其供电电路异常,2)该风机的检测电路异常,3)CPU或存储器异常
Er/冷藏温度显示窗口	制冰机异常	1)制冰机或其供电电路异常,2)制冰机检测电路异常,3)CPU或存储器异常

拉杆音箱充电电路剖析及改进

对于现在用得比较多的拉杆电瓶音箱，容易出现电瓶无法充电的故障，其充电控制电路中管理芯片的型号一般被打磨掉，这给维修带来很大困难。笔者对某一品牌的电瓶音箱充电电路进行测绘，如图1所示。本文对原理进行分析，并提出了电路修改的方案，在此分享给广大读者。

参见图1，由Q2、Q3组成稳压电路，输出14.4V的电瓶充电电压。充电管理芯片的④脚监测电瓶电压，通过LED1、LED2、LED3、LED4组成的电平显示电路显示电瓶电压，同时，芯片经过运算处理，由⑤脚输出控制信号，经Q6、Q1，驱动继电器K1，实现对电瓶的充电控制。当电瓶电压高于6V(估计值)但低于充满电压时，经R7送给充电管理芯片的④脚，被其识别后，从⑤脚输出低电平控制信号，使Q4截止，进而使Q1饱和导通，K1得电后其触点闭合，电路导通对电瓶充电。当④脚监测的电压达到电瓶的充满电压，则芯片的⑤脚输出高电平，通过R6使Q4导通，致使Q1截止，K1失电后触点断开，电瓶停止充电。当芯片④脚检测电压低于6V，则判定为电瓶损坏，芯片⑤脚同样为高电平，充电电路不接通。

根据以上分析，当电瓶长时间忘记充电而出现过放电情况，使电瓶电压过低，则即使插上电源也充不了电。为了解决这个问题，笔者在原电路上增加了图2的电路。LED2为电瓶电压指示，当LED2为高电平，则电瓶电压处于正常范围，Q5导通，K1由芯片⑤脚控制；当电瓶电压过低，则LED2为低电平，Q5截止，使A点高电平，从而使K1得电接通充电电路。这样就解决了电瓶过放电后就充不了电的问题。

◇江苏连云港 陈旭昌

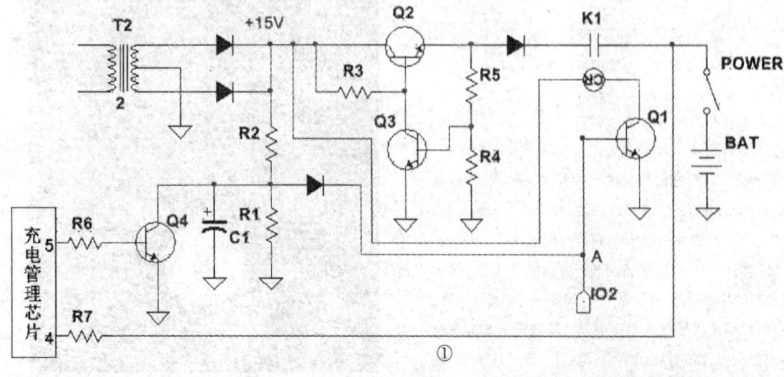

①

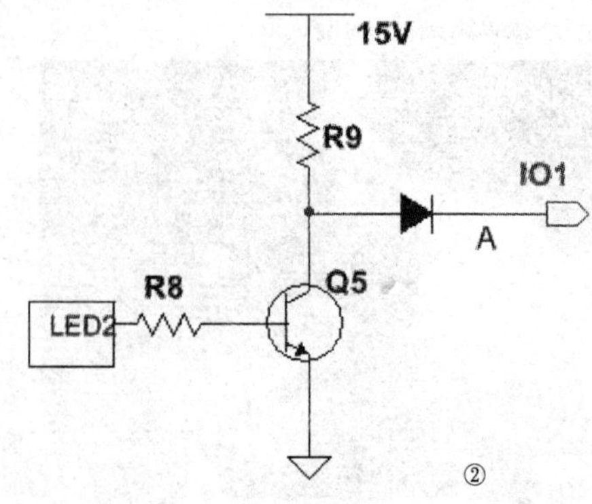

②

Li-Fi：Wi-Fi的有吸引力的替代品

爱丁堡大学的Harald Hass教授在2011年TED演讲"来自每个灯泡的无线数据"中提出了"Li-Fi或光保真"这一术语。与所有光学无线通信一样，Li-Fi也使用光来传输数据，特别是在可见光谱。LED光源是Li-Fi通信的理想选择，因为它们能够以非常快的速度循环而不会造成破坏。用于Li-Fi信号数据传输的LED的调制速度太快而无法被人眼察觉，因此，空间中的光不会发生闪烁或其他可辨别的变化。

这给我们带来了Li-Fi的最大优势，即它几乎没有带宽限制。可见光谱比无线电频谱宽几个数量级，因此，虽然已发出有关Wi-Fi达到容量的警报，但Li-Fi实际上没有这种限制。拥护者坚持认为，广泛采用将有助于解决Wi-Fi当前的带宽限制，因此，它将成为5G实施的基本组成部分。

Li-Fi通过包括信号处理电路和固件的LED照明组件在一个空间中实现。就像Wi-Fi一样，来自互联网路由器的数据通过硬线提供，然后通过光调制的方式嵌入到发出的光中。光接收器将接收到的光转换回二进制数据。使用正确的硬件和固件，数据传输可以是双向的。从理论上讲，速度可以达到200 Gbps以上。

Li-Fi也具有其他优点，其中不仅仅包括增强的安全性，因为当然，光线不会穿过墙壁。另一个优点是提高了网络可靠性。Li-Fi发射器可以集成到房间或建筑物中的每个灯具中，从而消除了Wi-Fi的瓶颈节点结构。这些品质使Li-Fi在容易中断或不允许Wi-Fi信号的应用(例如核电站)或需要快速安全地传输大数据文件的应用(例如医院)中成为极具吸引力的替代方案。

由于Li-Fi接收器正在寻找光强度的变化，因此Li-Fi可以在日光环境下甚至在直射的阳光下运行。在室内空间中，Li-Fi不需要光源和接收器之间的直接视线，因为可以检测到墙壁和其他表面的反射。它也可以在低至10%的环境中可靠地运行，因此尽管人眼看起来该空间是黑暗的，但实际上仍在传输数据。但是，与任何技术一样，Li-Fi也有缺点，最突出的是范围有限和实施成本高，至少目前是这样。

Li-Fi在过去几年已用于利基应用中，涉及与移动应用的定向通信。其中最著名的是通过提供优惠券或其他促销信息来引导购物者进入零售空间，以增加销售量。通信是单向的，要求购物者能够通过手机应用程序接收信号。

Signify(前身是飞利浦照明)最近发布的一套名为Trulifi的系统套件是进入Li-Fi市场的一个重要入口。该公司声称其速度高达150 Mbps，可以在用户空间中从一盏灯无缝切换到另一盏灯，以及高达250 Mbps的固定点对点连接。它设计用于合并到新的或改装的Signify照明产品中。最近，在德国足球队Hamburger SV的体育馆新闻发布室中安装了Trulifi系统，以缓解记者遇到的Wi-Fi瓶颈。记者为笔记本电脑配备了USB软件狗，该软件狗可以与支持Li-Fi的头顶灯实现双向通讯。

尽管该技术具有一些吸引人的功能，但尚未广泛采用。除了范围和成本限制外，目前缺乏行业标准还阻碍了Li-Fi的采用，因为没有制造商，制造商不愿意将Li-Fi功能整合到他们的产品中。在达成标准之前，Li-Fi可能会降级到较小的精品项目。

◇湖北 朱少华

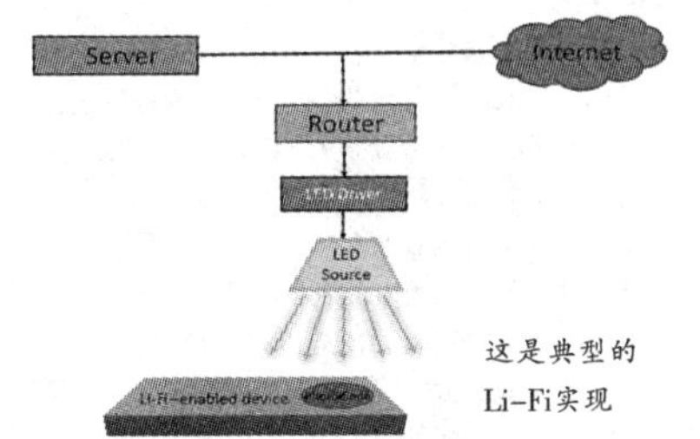

这是典型的Li-Fi实现

快速建立几乎没有纹波的同步PWM-DAC滤波器

实现高分辨率数模转换的一种廉价方法是将微控制器PWM（脉宽调制）输出与精密模拟电压基准，CMOS开关和模拟滤波相结合(参考文献1)。但是，PWM-DAC设计提出了一个很大的设计问题：如何充分抑制开关输出中不可避免地存在的大型交流纹波分量？当您使用典型的16位微控制器-PWM外设进行DAC控制时，纹波问题变得尤为严重。由于16位定时器和比较器的216倒数模数很大，因此此类高分辨率PWM功能通常具有较长的周期。这种情况会导致交流频率分量缓慢地慢到100或200 Hz。在如此低的纹波频率下，如果您采用足够的普通模拟低通滤波来将纹波抑制到16位(即-96 dB)的噪声水平，则DAC稳定时间可能变为整整一秒或更长。

图1中的电路通过将差分积分器A1与采样保持放大器A2组合在与PWM周期T2同步工作的反馈环路中，避免了大多数低通滤波问题。使积分器时间常数等于PWM周期时间(即R1×C1=T2)，并且，如果采样电容器C2等于保持电容器C3，则滤波器可以获取并建立一个新的DAC该值恰好在一个PWM周期内。尽管这种方法很难使最终的DAC完全"高速"，但0.01秒的建立时间仍然比1秒的建立时间好100倍。与速度一样重要，建立时间的这种改善不会影响纹波衰减。从理论上讲，同步滤波器的纹波抑制是无限的，实际上唯一的限制是从S2到C3的非零电荷注入。为S2选择低注入电荷开关，为C3选择大约1μF的电容，很容易导致微伏的纹波幅度。

图1该DAC纹波滤波器在一个与PWM同步运行的反馈环路中，将差分积分器A1与采样保持放大器A2结合在一起。

图2 DAC输出在一个周期内稳定。

可选的反馈分压器R2/R3在具有通用基准电压源的DAC输出范围内提供灵活性。例如，如果R2=R3，则5V参考电压将产生0至10V的输出范围。这种跨度调节方法的另一个优点是输出纹波保持独立于基准放大。

参考文献：

1. Woodward, Steve，"将两个8位输出组合成一个16位DAC"，EDN，2004年9月30日，第85页。

◇湖北 朱少华

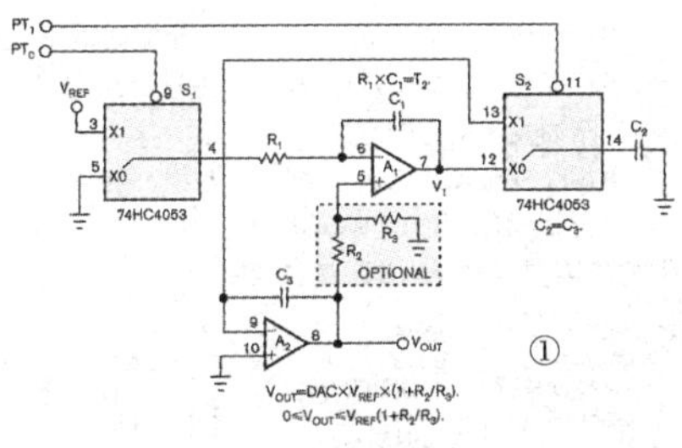

①

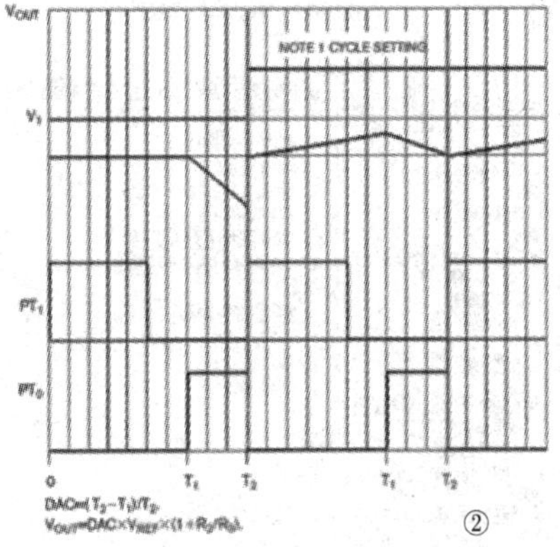

②

脉冲雷达发射机的电磁兼容性设计方案解析

1.引言

现代电子技术和信息技术的集成度越来越高、密度越来越大，电路模块之间、设备之间的干扰问题日益突出，已经到了严重影响设备功能的程度。另一方面，电子设备的迅速增加也导致了电磁环境的进一步恶化。电磁辐射不仅对电子设备产生不良影响，还会对人体健康造成危害，影响人类赖以生存的自然环境。

为了解决电磁兼容问题，我国强制实施了电磁兼容标准。该标准对电子设备产生的电磁干扰进行了限制，也对电子设备的抗干扰性提出了要求。国标和国军标对军事电子装备的电磁兼容性做出了详细的规范和标准。脉冲雷达发射机输入、输出功率大，工作在脉冲工作状态，是雷达系统中电磁辐射最为严重的设备。良好的电磁兼容性设计是发射机本身、雷达系统乃至其他相关电子设备稳定工作的前提。本文从电磁兼容的三个方面(干扰源、敏感源、祸合途径)入手，从电讯设计、结构工艺设计等角度简要分析并介绍了脉冲雷达发射机的电磁兼容性设计一思路和方法。

2.脉冲雷达发射机干扰源分析

脉冲雷达发射机不管采用栅极调制方式还是阴极调制方式都工作在高压大电流的脉冲状态，一般由发射管、脉冲调制器、直流高压电源和控制保护等单元模块组成(组成框图见图1)

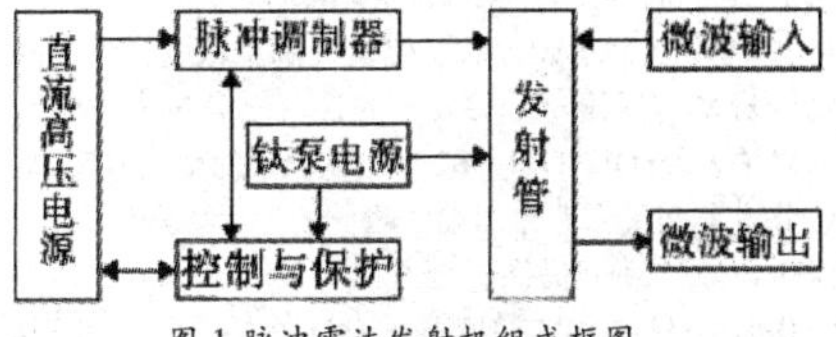

图1 脉冲雷达发射机组成框图

当发射机正常工作时，其本身就是一个强干扰源，干扰源主要来自以下几方面。

3.脉冲调制干扰

发射机工作时，受定时信号的控制，脉冲调制器为发射管提供性能合乎要求的视频调制脉冲，将直流高压电源的能量转换为脉冲能量。这种工作状态相当于一个电控电容放电式脉冲源，电原理如图2所示。

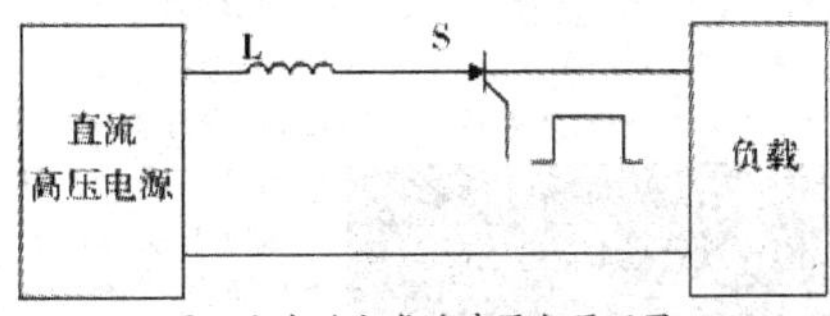

图2 电容放电式脉冲源电原理图

回路的等效电路如图3所示，为一个标准的RLC串联放电回路。当开关S在i=0时刻接通，电路的方程为：

$$L\frac{d^2i}{dt}+R\frac{di}{dt}+\frac{1}{C}i=0$$

图3 电容放电式脉冲源等效电路

由公式可知，脉冲电流的峰值与回路电感L、电容能W和负载电阻R有关。由于发射机上作在周期脉冲状态，脉冲电压高、电流大，在调制开关及发射管导通与关断的瞬间会产生电磁脉冲，通过各种藕合途径进入相邻电路的电磁脉冲能量在设备元器件上或组件输入端建立的电流、电压一旦超过某一阈值，轻则使电路受到干扰，重则造成元器件或组件的损伤。

◇吴明

基于Arduino Nano和Linkboy图形化编程应用

山地车骑旅智能助行器

——之安全畅行、陡坡助力系统(二)

(紧接上期本版)

(三)基于Arduino NANO控制板的系统主程序

本系统主控系统采用Arduino NANO控制板做主控制器，在Linkboy图形化编程软件中对其进行初始化设置和主控程序。

初始化程序如图4，在初始化程序中需要将“报警指示_红灯”、“障碍检测_黄灯”、“路面检测_绿灯”、“路面循迹_蓝灯”全部关闭，将“助力开关_继电器”和“制动开关_继电器”关闭。

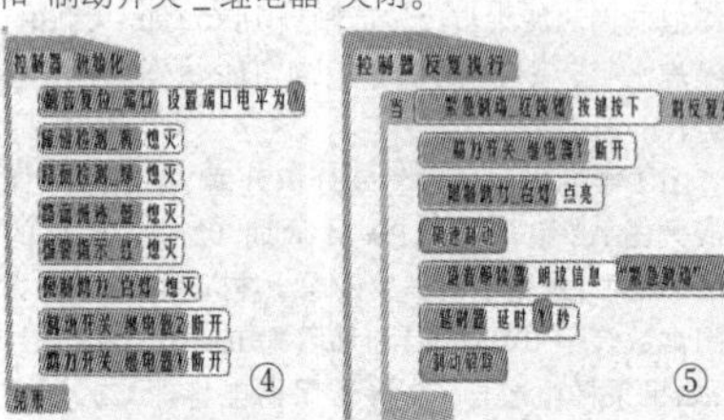

④ ⑤

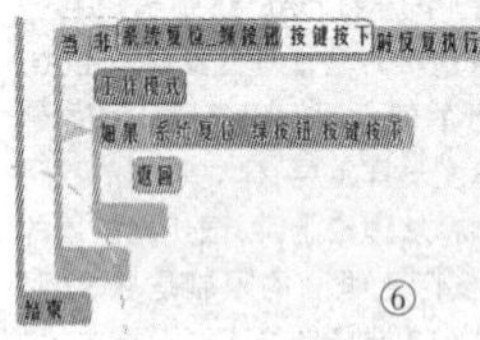

⑥

主程序见图5，在主控制程序里面，先进行一个不是“系统复位_红按钮”按下的判断，以保证系统复位的优先执行权，进入到工作模式；如果检测到“系统复位_绿按钮”按下，则优先执行系统复位，相当于所有报警人为解除如图6。再进行“紧急制动_红按钮”是否按下的检测，如果是图6“紧急制动_红按钮”按下，将执行“限速制动”程序，实现报警和报警红灯闪烁，见图7。

当系统初始化完成进入主控程序后没有检测到“系统复位_绿按钮”和“紧急制动_红按钮”时，则进入工作模式。

工作模式程序如图8，在工作模式程序里面，放置“路面循迹”、“路面检测”、“障碍物检测”三个监测条件判断，和一个手动加速旋钮开关。当三个监测程序任意一个监测到异常情况，则会启动相应的子程序，并进行限速和制动。而监测到手动加速开关超过一定的值，则启动加速电子开关，以打开助力电机进行助力，以帮助陡坡助力行进，同时红色指示灯亮。

三、安全畅行、陡坡助力系统三大核心模块

(一)、路面检测模块

路面检测模块主要是为了检测路面突然中断，如陡坡下行遇急弯路外是悬崖，如果速度过快，则会有失控冲出路面发生危险的隐患。

采用红外避障传感器，巧妙地利用检测到路面为正常情况，而监测到指定距离内没有路面，即路面突然消失，则需要紧急提示并限速甚至制动。

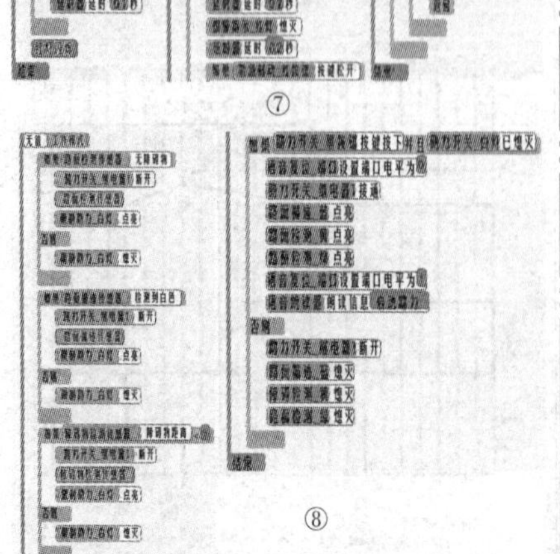

⑦

⑧

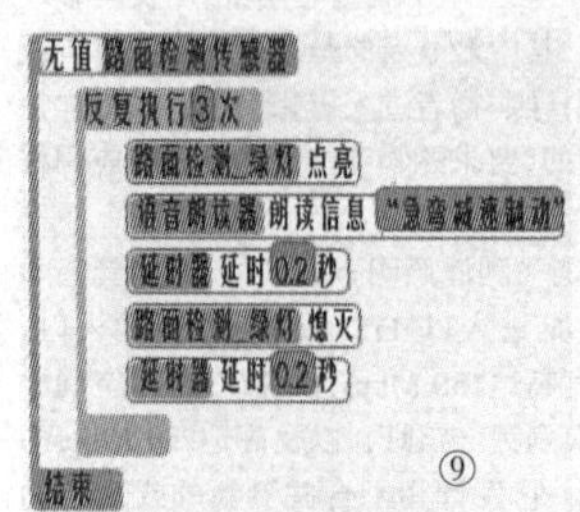

⑨

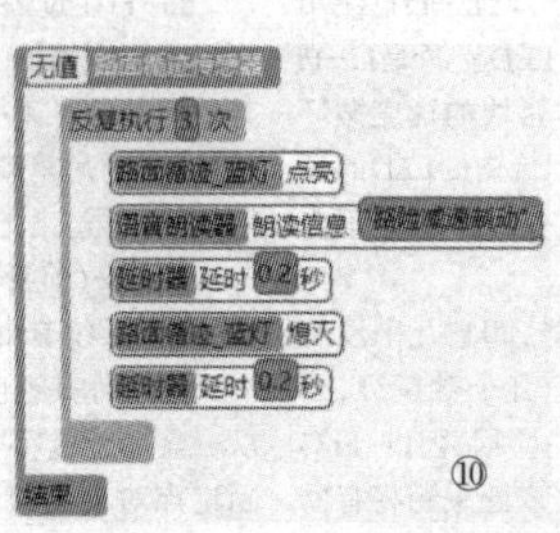

⑩

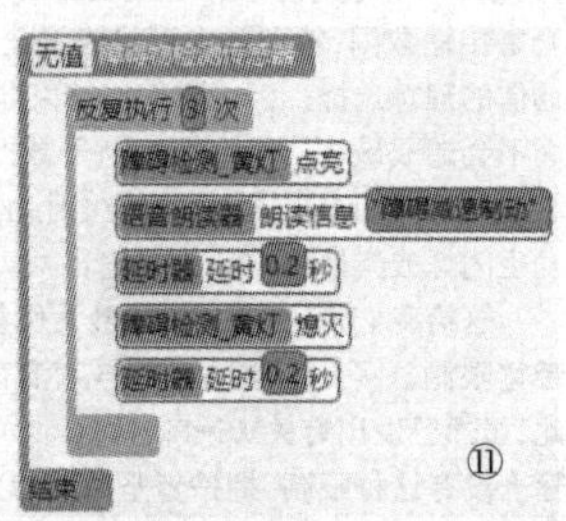

⑪

当路面检测传感器检测到没有障碍物也即是没有路面了，则控制器立即启动

“路面检测程序”，系统进行“急弯减速制动”的警告提醒，且绿色指示灯闪烁，同时打开“制动电机”进行点刹限速甚至刹车，程序如图9。

(二)路面循迹模块

路面循迹模块是自行车在行进过程中，难免会遇到路面低洼或者沉陷、路面泥泞、路面中断、路面因急弯外悬崖等情况，利用红外循迹传感器对常规路面(水泥路面默认选择白循迹)进行超前循迹探测和预警。

设置骑行自行车前5米左右的探测距离，当红外循迹传感器诸如路面低洼或沉陷中断、路面泥泞或因急弯外悬崖超限，将会使自行车超出路面或没有路面的情况，提前预警提示“路险减速制动”的提示信息，同时蓝色指示灯闪烁3次警告并启动制动电机进行点刹限速制动。相应软件程序编制如图10。

(三)障碍物监测模块

障碍物监测模块是在自行车行进过程中，因意外突然出现人或动物在近距离如5米之内，以及路里面悬崖落石或者树木倒下等障碍物近距离出现的情况，进行实时监测提前预警，以采取保护措施。

采用超声波探测传感器作为障碍物监测传感器，设置有效距离为5米，当自行车在行进过程中监测到有障碍物时，立即进行“障碍减速制动”的警告信息播报，黄色指示灯闪烁3次作为警告状态。

指示并启动“减速制动”程序，打开“制动开关开关”控制“制动电机”进行点刹制动，如图11。

四、陡坡助力系统

该系统是在陡坡上行时蹬车很吃力的情况时，利用系统平时动力发电和太阳能蓄电后的能量转换供电，启动助力电机将在陡坡上行时进行助力行进。相应程序部分如图8所示。

综上所述，为基于Arduino Nano和Linkboy图形化编程应用山地车骑旅智能助行器的安全畅行、陡坡助力系统通过系统软硬件设计、系统组装与调试，已经完全实现设计的功能。

后记：本文为笔者所组成的智能硬件设计大赛“山地车骑旅智能助行器”项目之中的“安全畅行与陡坡助力”部分内容，谨以此文献给更多的青少年创客朋友互相学习共勉，如有不足之处，欢迎指正与交流。

(全文完)

◇西南科技大学城市学院(鼎利学院)电信1802班：刘庆、张建波、赵传亚
指导老师：刘光乾

OUSTER推出两款新型的高分辨率数字激光雷达传感器

作为一家致力于自动驾驶汽车、机器人和测绘等领域的高分辨率激光雷达领先提供商，OUSTER推出两款新型的高分辨率数字激光雷达传感器，即超宽视野激光雷达传感器OS0和远程激光雷达传感器OS2-128。OS0标志着针对自动驾驶汽车和机器人应用而优化的超宽视野激光雷达这一新类别的诞生。国际消费电子展(CES)创新奖得主OS2-128具有行业领先的分辨率和适合高速驾驶应用的240多米的量程。两种传感器都在CES 2020上展出，现已开始向客户发货。

全新OS0将OUSTER的坚固耐用、价格适中的数字激光雷达技术与90度视角相结合。通过与领先的OEM和机器人公司合作研发出的OS0可以将高分辨率的深度成像技术提高到一个新的水平，并将其无缝集成到机器人平台和自动驾驶汽车中。OS0-128专为严苛的商业部署而设计，且已多次赢得业内领先的自动驾驶出租车和自动驾驶卡车OEM的设计大奖。

“高分辨率感知一直用于昂贵的远程应用，但是现在这种情况终于开始改变。“凭借OUSTER的全系列128通道传感器，我们为每个应用程序提供了完整的高分辨率传感器套件，并为短距离应用提供专属的OS0-128产品。”

拓展后的OUSTER数字激光雷达产品组合可满足各大行业的每个激光雷达用例，目前所有OS0、OS1和OS2系列数字激光雷达传感器上都可以选择128通道分辨率。更新后的产品还具有较低的最小量程，同时改进了量程重复性和窗口阻塞检测功能，这些都是在推动商业自主的过程中解决客户边缘情况的关键功能。

MAY MOBILITY自治工程总监TOMVOORHEIS表示：“如果不安装超宽视野激光雷达传感器，MAY-MOBILITY作为提供自动出行即服务的公司，将无法取得今天的成就。OUSTER OS0将为充满狭小空间和拥挤街道的城市环境中的导航提供关键信息。”

新的OS0系列和新开发的128通道传感器延续了OUSTER的使命，即打造具有最佳分辨率的最可靠传感器，并能以合理价格实现大规模商业部署。OUSTER OS0-128和OS2-128激光雷达传感器现已接受订购，目前正在向主要客户和合作伙伴发货。

NVIDIA汽车硬件和系统高级副总裁说：“可靠的高分辨率传感器对于将安全的自动驾驶技术推向市场至关重要。OUSTER OS2是一款强大的解决方案，将在分辨率和可靠性方面增强我们的远程感知产品。”OS0和OS2系列提供了全方位的分辨率选项，其中OS0提供32或128通道，而OS2提供32、64和128配置。

博途应用3：三相异步电动机直接启动连续运行控制(一)

一、基础知识

1. 电动机直接启动连续运行电路分析

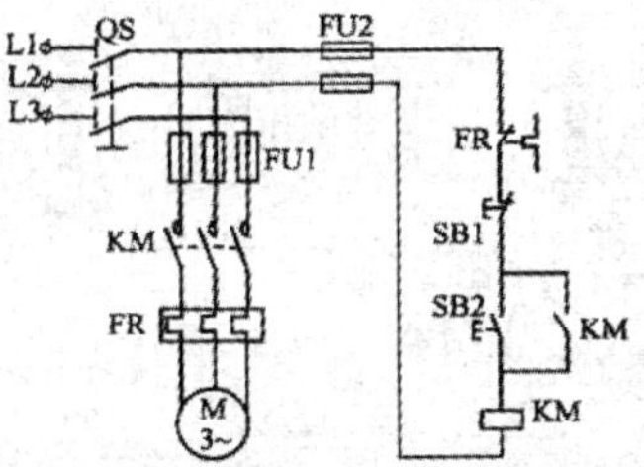

图1 电动机直接启动连续运行控制电路

电动机直接启动连续运行控制电路如图1所示。主电路元件包括电源开关QS、熔断器FU1、三相交流接触器KM、热继电器FR，通过接触器KM接通与断开电动机主电路。启动时，合上电源开关QS，引入三相电源，同时接通控制电路电源。按下启动按钮SB2，接触器KM线圈通电，KM主触点闭合，电动机因接通三相交流电源而启动。同时与启动按钮SB2并联的KM常开辅助触点闭合自锁(自保)。当松开启动按钮SB2时，KM线圈继续保持通电，从而保证了电动机的连续运转。当需要电动机停止时，可按下停止按钮SB1，切断KM线圈电路，此时KM主触点与常开辅助触点均断开，电动机电源断开，停止运转。

2. 位逻辑指令介绍

(1)常开触点⊣⊢与常闭触点⊣/⊢

常开触点在指定的位为1状态(TRUE)时闭合，为0状态(FALSE)时断开。常闭触点在指定的位为1状态时断开，为0状态时闭合。两个触点串联将进行"与"运算，两个触点并联将进行"或"运算。

(2)取反RLO触点⊣NOT⊢

RLO是逻辑运算结果的简称，图2中间有"NOT"的触点为取反RLO触点，它用来转换能流输入的逻辑状态。如果有能流流入取反RLO触点，该触点输入端的RLO为1状态，反之为0状态。如果没有能流流入取反RLO触点，则有能流流出(见图2上图)。如果有能流流入取反RLO触点，则没有能流流出(见图2下图)。

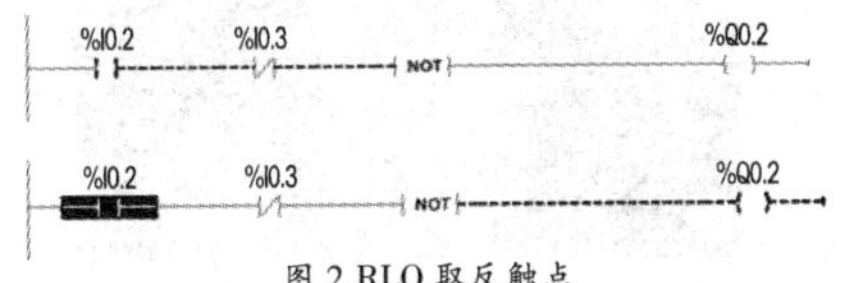

图2 RLO取反触点

(3)取反线圈-(/)-

线圈将输入的逻辑运算结果(RLO)的信号状态写入指定的地址，线圈通电(RLO的状态为"1")时写入1，断电时写入0。如图3所示，可以用Q0.4:P的线圈将位数据值写入过程映像输出Q0.4，同时立即直接写给对应的物理输出点。

取反线圈中间有"/"，如果有电流流过M4.1的取反线圈(见图3上图)，M4.1为0状态，其常开触点断开(见图3下图)。反之M4.1为1状态，其常开触点闭合。

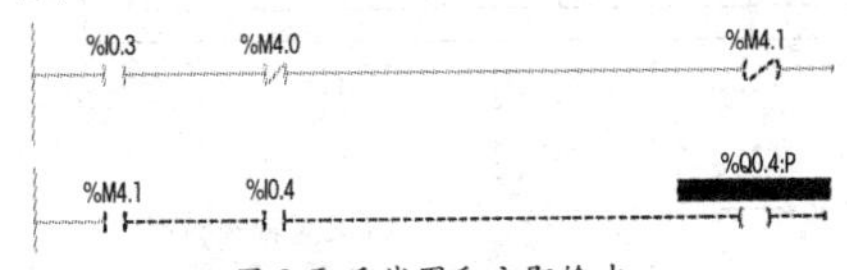

图3 取反线圈和立即输出

(4)置位输出指令-(S)-、复位输出指令-(R)-

S(Set，置位输出)指令：将指定的位操作数置位(变为1状态并保持)。

R(Reset，复位输出)指令：将指定的位操作数复位(变为0状态并保持)。

如果同一操作数的S线圈和R线圈同时断电(线圈输入端的RLO为"0")，则指定操作数的信号状态保持不变。

置位输出指令与复位输出指令最主要的特点是有记忆和保持功能。

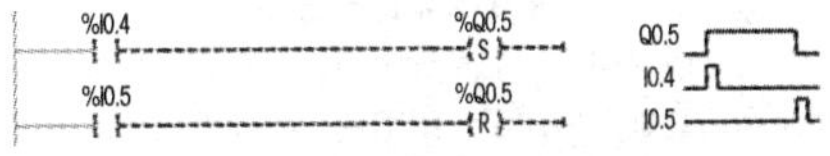

图4 置位输出与复位输出指令

如果图4中I0.4的常开触点闭合，Q0.5变为1状态并保持该状态。即使I0.4的常开触点断开，Q0.5也仍然保持为1状态(见图4波形图)。在程序状态中，用Q0.5的S和R线圈连续的绿色圆弧和绿色的字母表示Q0.5为1状态，用间断的蓝色圆弧和蓝色的字母表示0状态。图4中Q0.5为0状态。

I0.5的常开触点闭合时，Q0.5变为0状态并保持该状态，即使I0.5的常开触点断开，Q0.5也保持为0状态。

二、PLC控制系统的设计步骤

1. 分析控制对象的控制要求

首先要充分了解系统设计的目的及任务要求。比如要控制一台设备，就要了解设备相关的生产工艺以及操作动作，设备需要哪些操作设置(如按钮、主令开关)及配备哪些检测单元，设备需要哪些执行机构，如接触器或电磁阀等。同时，还要弄清这些装置之间的操作配合及制约关系，并清点接入PLC信号的数量及选择合适的机型。

2. PLC的资源分配及接线设计

控制对象的主令信号、反馈信号及执行信号都要输入PLC或由PLC输出，要为每一个信号分配连接PLC的输入/输出接口。例如，某个按钮接入某个输入接口，某个接触器线圈接入某个输出接口等。同时还应考虑PLC及外围接入设备的电源。

输入/输出接线的连接分配实际上也是PLC内存储单元(输入映像寄存器和输出映像寄存器)的分配。此外，还要考虑编程方法及程序中还需要使用哪些内部元器件，如定时器、计数器及其他内部存储器等，这些内部器件也要落实到具体的器件编号。

3. 编制和完善PLC控制程序

PLC控制系统的功能是通过程序实现的。编程时首先要选择合适的编程方法和程序结构，还要选择编程语言形式等。

本系列以西门子S7-1200 PLC为例，用TIA博途中的STEP 7 Basic(基本版)或STEP 7 Professional(专业版)编程。后者可用于S7-1200/15000、S7-300/400和WinAC的组态和编程。

一般情况下，初步编制的程序需下载到PLC中实际运行，并与控制设备联机调试修改后才能达到较好的效果。

三、用户程序设计与仿真调试

1. 控制功能分析与设计

如图1所示，三相异步电动机的运行控制实际上是对三相交流接触器KM的控制，接触器KM通电吸合，电动机M运转；KM断电释放，电动机就停止运转。控制系统输入控制部件包括启动按钮SB2、停止按钮SB1和热继电器FR的触点。SB2、SB1均采用常开触点，并采用热继电器FR的常开触点提供电动机过载信号。输出元件包括控制电动机运转的三相交流接触器KM和用于电动机状态指示的指示灯，指示灯包括运行指示灯HL1、停止指示灯HL2和故障指示灯HL3。选用线圈额定工作电压为交流220V的接触器和额定工作电压为交流220V的指示灯。

根据功能要求，控制系统控制过程如下：

接通电源总开关QS，按下启动按钮SB2，接触器KM通电并自保，松开启动按钮，KM持续通电。按下停止按钮或热继电器FR的触点动作，接触器KM断电。KM通电时，运行指示灯HL1亮，KM断电时，停止指示灯HL2亮，FR的触点动作时故障指示灯HL3亮。

2. I/O地址分配

根据控制功能要求，PLC系统需要3个开关量输入点和4个开关量输出点，可选用CPU 1214C AC/DC/Rly。本任务中PLC开关量输入信号采用直流24V输入，开关量输出采用继电器输出。各I/O点的地址分配见表1。

表1 I/O地址分配

输入元件	输入端子地址	输出元件	输出端子地址
启动按钮SB2	I0.0	接触器线圈KM	Q0.0
停止按钮SB1	I0.1	运行指示灯HL1	Q0.1
热继电器触点FR	I0.2	停止指示灯HL2	Q0.2
		故障指示灯HL3	Q0.3

3. I/O线路连接

CPU模块工作电源采用交流220V，开关量输入由CPU模块上提供的直流24V传感器电源供电。因输出元件额定工作电压为交流220V，因此PLC输出点接交流220V电源。系统的主电路及PLC的I/O接线如图5所示。

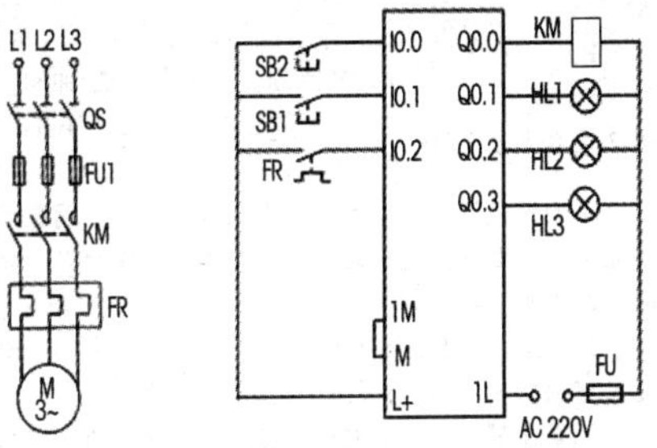

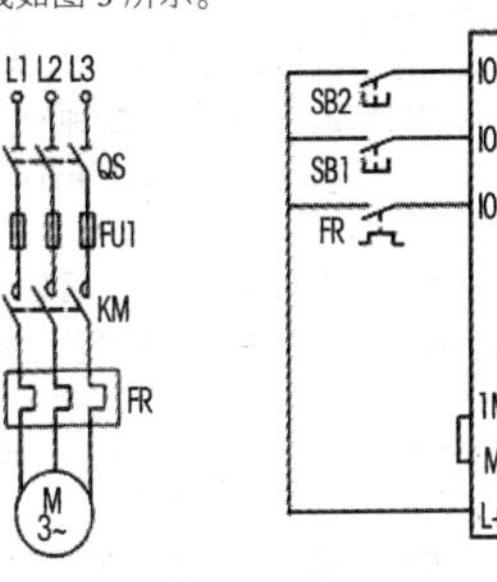

(a)主电路　　(b)PLC的I/O线路连接

图5 PLC控制的电动机启动连续运转电路

4. 用户程序设计

实现同一控制功能，PLC可以有多种程序设计方法，下面是实现三相异步电动机直接启动连续运转控制的两种程序设计方案。

(1)采用触点、线圈指令实现

直接用触点的串、并联指令和输出线圈指令来实现控制功能，梯形图如图6所示。

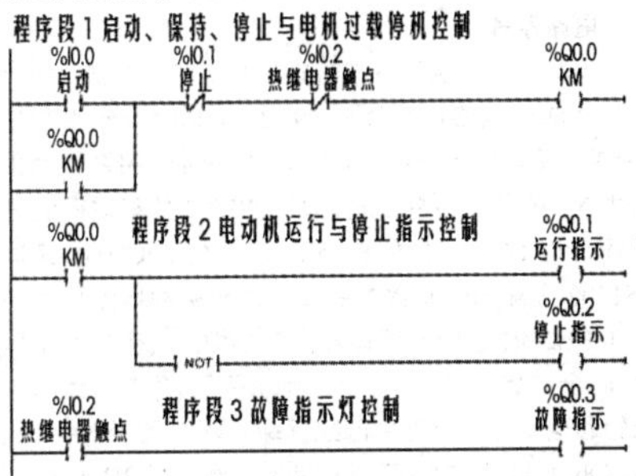

图6 用触点、线圈指令实现控制功能的PLC程序

(未完待续)(下转第57页)

◇福建省上杭职业中专学校 吴永康

时间的颜色——新型七彩电子钟(2)

在上一篇文章里，我们一起通过努力找到了一种可以消除现有时间显示技术存在的缺陷的全新的时间显示方法，并且初步确立了利用这种时间显示方法制作出相应的时间显示装置的技术方案。在本文中，我们就将共同探讨如何将我们的想法一步步变为现实，做出我们需要的"七彩电子钟"，并让它为我们好好工作，实现我们的设计目标。

制作方案

在上一篇文章中我们提到，利用新的时间显示方案，可以制作出多种适应不同应用环境的时间显示装置，下面我们就先从比较容易实现的装置开始：只显示小时和分钟位的数值，即小时的十位和个位，分钟的十位和个位这4个计时数位。因此，计时器的显示部分的显示单元只需要4个：时十位显示单元、时个位显示单元、分十位显示单元、分个位显示单元。将4个显示单元自左向右依次横向分布，相邻两显示单元之间间隔数厘米的距离，仿照数码管时钟的数位显示顺序依次显示小时的十位和个位、分钟的十位和个位，以便于时间数值的读取(如图1)。

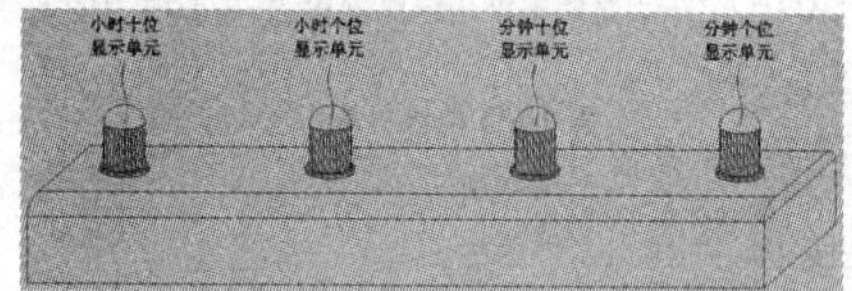

图1 显示单元图

本制作中各显示单元均为1个复合彩色发光二极管，其管体内部均含有3个可以分别发出红、绿、蓝3种颜色的发光二极管。

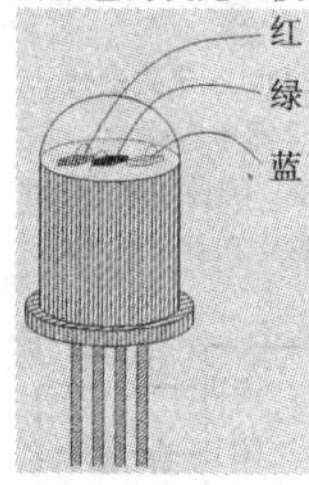

图2 复合彩色LED

本制作中采用24时制计时法，利用10种不同的颜色来分别表示小时、分钟的十位和个位上数值的大小，10种颜色和各计时数位上的数值的对应关系为(如图2)：

黑、红、橙、黄、绿、青、蓝、紫、白、灰色分别表示小时、分钟的十位和个位上的0、1、2、3、4、5、6、7、8、9。

其中黑色用显示单元不发光来表示，白色用显示单元以全亮度发白光来表示，灰色用显示单元以半亮度发白光来表示。

4个显示单元的显示时序(如图3)为：每个显示单元一直保持显示相对应的计时数位上的颜色。

如果在某一时刻的显示为：时十位显示单元显示红色；时个位显示单元显示绿色；分十位显示单元显示黄色；分个位显示单元显示紫色。则其指示的时间对应于24时制计时法中的：14时37分。

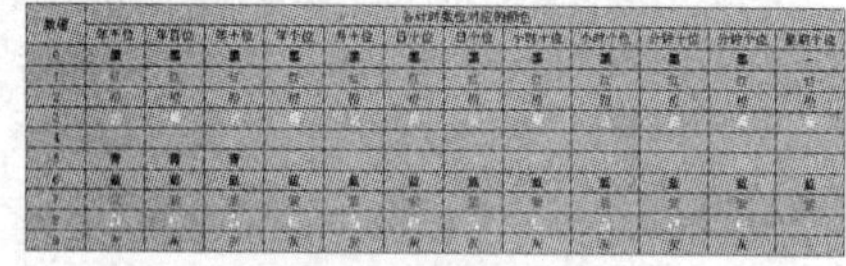

图3 数位颜色对应图

电路原理

为实现上述制作方案所确定的功能，本制作的计时驱动部分电路由单片机89C2051和时钟专用芯片DS1302及其外围电路共同组成(如图4)。时基信号由晶体X2振荡产生并通过芯片DS1302处理后得到各时间计时数位的数值信息，单片机89C2051读取DS1302内部的时间数据由其内部相关程序处理后通过其P1.2、P1.1、P1.0端口输出控制组成时十位显示单元、时个位显示单元、分十位显示单元、分个位显示单元的彩色发光二极管中的红、绿、蓝发光二极管Dr、Dg、Db所需要的"段"驱动信号，通过其P3.0、P3.1、P3.2、P3.3端口控制Q101、Q102、Q103、Q104输出相应的位驱动信号；各显示单元在两种信号的共同驱动下按照上述的显示时序正确显示各计时数位的颜色。K1、K2为调整按键，利用两键完成时间的校对、调整等功能的设置。

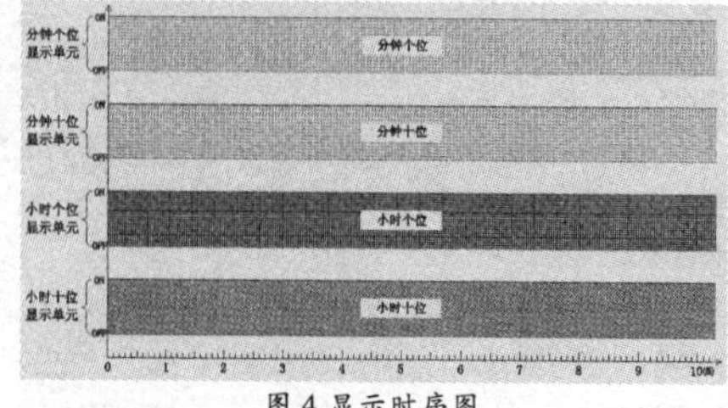

图4 显示时序图

为了使本制作更加具有实用性，在完成基本的时间显示的基础上增加了一组闹钟，闹钟模块可以选用简单的蜂鸣器、音乐卡片，或者也可以选用具有MP3等音乐播放功能的电路模块。单片机在检测到设定的闹钟时间到后，通过其P3.7脚控制Qn驱动闹钟模块发声，提示设定时间到达。

另外，利用单片机P3.5脚外接的光敏电阻检测外界环境光照强度，利用单片机内部程序控制显示单元根据外界环境的光照强度自动调整显示单元的亮度。

元件选取

考虑到灵活的安排时间显示部分的4个显示单元的位置将会获得不同的显示效果，因此本制作的电路板上设计了两种不同间距布置的显示单元的LED发光二极管的安装孔位(如图5)。

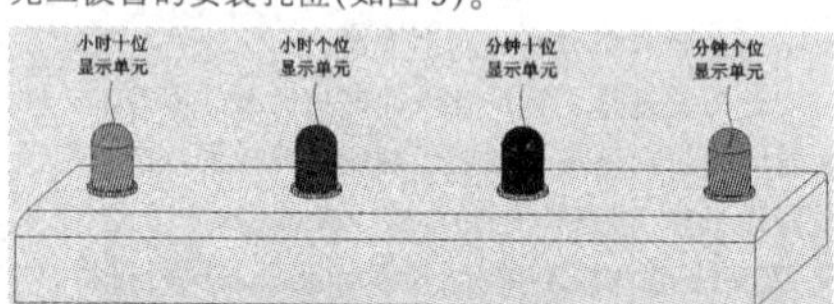

图5 数位颜色图

为保证整个制作的性能，单片机89C2051和计时芯片DS1302均选用原厂正品。5个小功率三极管选择常用的2SA1015的即可。32768Hz时基晶振X2选用精度高达5ppm的高精度石英晶振。12MHz晶振X1的精度要求不高，只要保证质量即可。后备电池BT1本制作选用了漏电小、容量2200μF的优质电解电容。

本制作选用了直径10㎜的雾面发光高亮度复合发光彩色二极管作为显示单元的显示器件。光敏电阻选用常用的型号为GL5528的小型光敏电阻即可。

本制作的机壳考虑到为各显示单元显示颜色提供纯净良好的显示背景的实际需要，最好选择黑色的，也可以选择白色的，但是不宜选择其他红绿蓝等彩色的，以免造成显示单元显示的颜色受机壳背景的影响出现偏差，影响判读时间时的准确性。本制作选用一小型全铝合金机壳(如图6，图中本制作的电路板已经安装于壳体的卡槽内)。

闹钟模块、选择一款供电电压3.7-5V的自带小功率功放的TF卡MP3解码板(如图7)，配套的扬声器可以选择音质优美的常见的手机用小口径扬声器或者常见的MP3随身听上的小口径超薄扬声器。

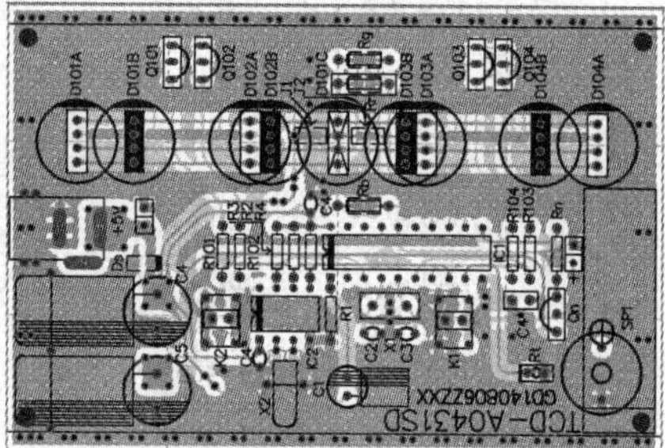

图7 电路布局图

电路中需要的其他元件没有特殊的性能要求，只要保证质量即可。

程序设计

很容易就可以发现，本制作的程序与常见的时钟程序的明显不同点就是如何准确的产生需要的各种颜色，以及如何控制各种颜色按照确定的显示方案在相对应的时间进行准确的显示。产生需要的各种颜色需要根据颜色混色原理，并且参照颜色混色比例进行有关程序的设计(如图8、图9)。

为了使本制作的实用性更强，本程序在完成以上基本时间显示功能的基础上还添加了一些附加功能，主要有：日期显示、一组闹钟、走时快慢微调、显示模式切换、显示亮度自动调整等，使本制作具备更多的功能。

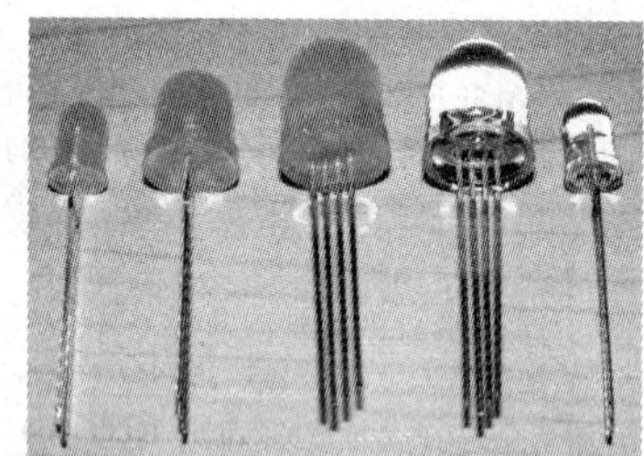

图8 10mm LED

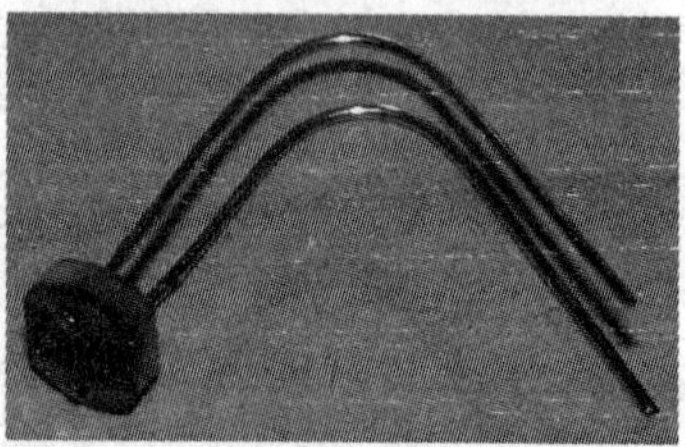

图9 光敏电阻

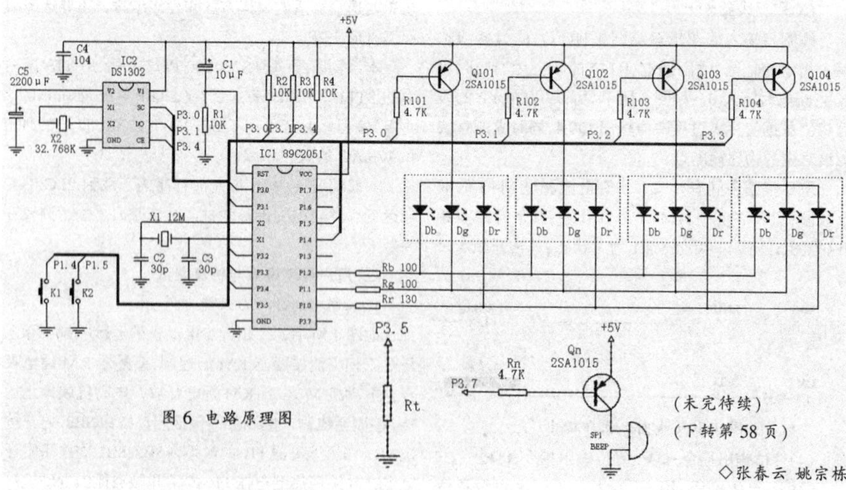

图6 电路原理图

(未完待续)

(下转第58页)

◇张春云 姚宗栋

数据中心机房设计与建设(一)

【摘要】纵观广电发展趋势和国家政策,电视节目的高清制作和播出已经成为主流。以高清制播为基础平台的数据中心机房建设,满足了当前迫切的高清需求,同时兼顾了电台、新媒体,融媒体等传统和新兴媒体的平台技术发展需求。本文主要讨论了数据中心机房的设计规划、电气系统、接地系统和UPS供配电系统。

【关键词】机房、配电、接地、UPS

一、引言

我台广电中心大楼网络机房建成使用近20年,初建规划为广电台和网络公司共用机房。随着广播电视和网络公司业务的快速发展,机房新增上架设备数量巨大,原机房内机柜、UPS、电池组等设备容量趋近饱和,不能满足当前高清制播机房的发展需要。台党委讨论并通过大楼机房的扩建改造方案,从而保证数据中心机房的规划建设和制播安全。

二、机房详细规划和设计

1.机房装修、机柜、桥架等布局设计

机房系统装修是整个项目的基础工程,主要包括传统机房所使用的抗静电地板、墙板、隔断,还包括机柜的位置规划设计,机柜机架、服务器等设备的预留空间。在设计中,不仅注重机房空间环境并保证精密空调的效率和节能,同时还要考虑到机房的整体性,保证机房简洁、精致、适用,具备现代机房的风格形象。

机房机柜布局平面设计:

房间总体区域为11.7m×9.7m的长方形房间,中间使用实墙进行分割,将分割后9.7m×6.7m的房间作为数据机房使用,另一侧9.7m×5m的房间作为监控室使用。机房设计摆放15台机柜、3台机柜式电池柜、1台UPS、1台机柜式配电列头柜,共计20台机柜,分为两列每列十台排列;在机房顶端一侧并列摆放二台精密空调。

平面布局设计图示:

机房装修设计:

隔断:使用实砖砌水泥实墙以隔音;

墙面:机房墙面采用乳胶漆饰面和彩钢板处理;

顶面:使用方形铝合金微孔吊顶,预留嵌入式灯具和消防报警探测器位置;

地面:地板敷设高度为200mm,采用防静电全钢活动地板;

地面防水:在靠南北隔墙处、精密空调四周设计防水坝,并作防水处理;

防火门:进出门均采用甲级钢质防火门。

2.电气系统工程设计

低压配电系统、供配电传输:

大楼配电房提供双路市电电源引入机房列头配电柜;市电配电换柜主要用于精密空调电源及机房内市电电源,市电配电柜由大楼统一安装,机房精密空调电源、照明电源的市电电源从该配电柜引入;UPS输入输出的电源列头柜放置在一列机柜的末端。

出于安全性考虑,设计原则为在满足维护要求的情况下,尽量减少控制环节,干线中间禁止断接,UPS和市电分别采用独立供电线缆连接,供电电缆线径按国标配置。

机房服务器机柜采用双路供电的模式,依据机柜满载负载计算,机房配置一台120kVA模块化UPS主机,配置3块25kVA的UPS模块,以满足机柜负载需求,同时方便以后的UPS容量扩充。

配电柜及电缆走向架构:

配电柜引出的电缆均从桥架引出后穿金属管敷设至机柜PDU;

机房内的机柜接入电缆、列头柜电缆、市电插座均穿金属管从地板下桥架内敷设;

电源列头柜分二路电器开关,配电柜分别从120kVA模块化UPS(75kVA)的输出电源及大楼的另一路UPS电源引入;

机柜PDU插排设计:

机柜内设备电源采用每个机柜设计二条20×10A+2×16A多功能国标PDU插排,并分别从一体化配电柜A/B面分别供配电。

机房照明系统设计:

机房照明系统采用单独照明配电箱,安装在机房进门处,由各个回路的照明开关控制,灯具采用分组控制的方式以方便控制并节约能源。机房照明系统采用嵌入式三管LED灯具,简洁美观。

配电列头柜线路图示:

3.机房接地系统设计

为保障机房工作人员的人身安全和强弱电系统的安全可靠,保证机房内的计算机、电子、网络、电气等设备正常稳定的运行,机房必须要有良好的接地系统来支持。

直流工作接地:

机房内的电子设备(服务器、计算机、网络设备等)正常运行需要相同的等电位基准点,基准电位须取自总等电位铜排上,直流接地引线须单独使用直径2×50mm平方的铜芯软线。机房内需要直流接地设备较多,在机柜设备地板下面采用40×3mm平方的铜排组成一个闭合铜排网格,设备直流接地引线从等电位铜排上就近接地,接地电阻值要求小于等于1欧姆。

安全保护接地:

由于机房相较其他场所干燥,这种环境容易产生静电,会对电子设备产生干扰破坏,严重情况下可能击穿电子元器件造成火灾和人员伤害的发生。为了防止静电的产生,机房内地板采用防静电地板,墙体和吊顶采用防静电材料,地板、墙体和吊顶金属部分之间应相互连接后通过铜芯绝缘线引入等电位箱,最大限度降低静电的产生和破坏。

机房电源防雷接地:

机房设计了三级防雷措施,大楼配电房采用一级防雷,机房采用二级及三级防雷措施。将防雷接地、交流工作地、直流工作地及保护接地与机房建筑物框架主钢筋相连接,并做好防腐处理,构成综合共用接地网,以避免感应雷击和雷电磁脉冲伤害。

(未完待续)(下转第59页)

◇常州市金坛区广播电视台
薛忠明 吴杰 刘志成

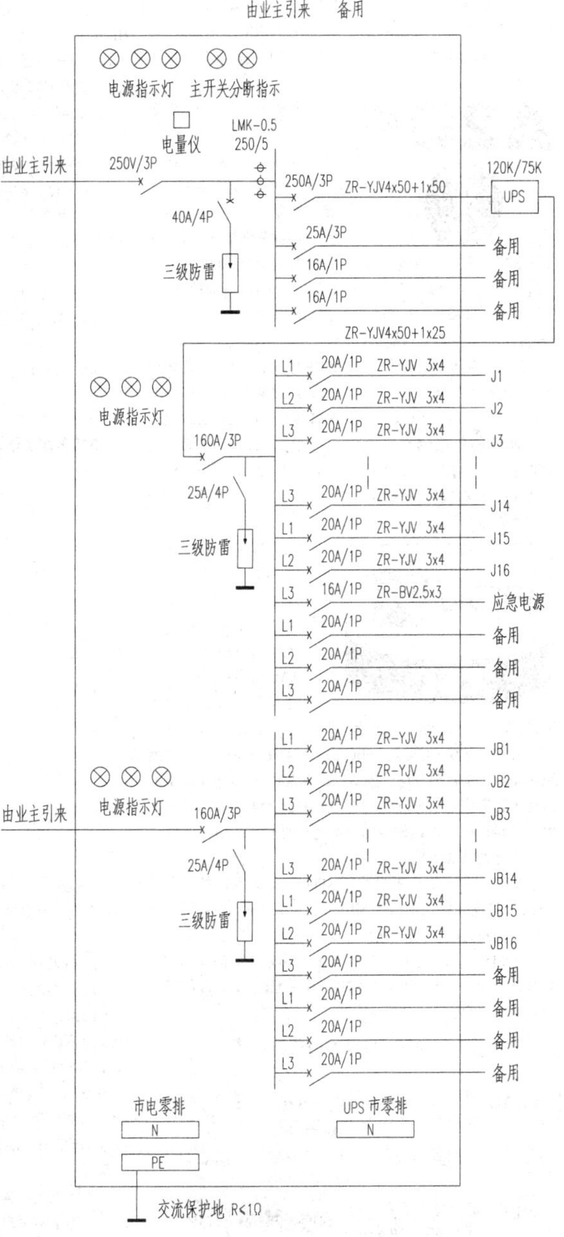

配电列头柜线路图

小议 LDAC

LDAC 是索尼研发的一种颠覆性的无线音频编码技术，在 2015 年的 CES 消费电子设备大展上首次亮相。相比传统标准的蓝牙编码、压缩系统 328kbps 的传输速率，LDAC 技术最高可达 990 kbps，比常见采用 A2DP 协议、SBC 编码的标准蓝牙高出三倍多(328Kbps，44.1KHz)。

LDAC

提供高质量音频体验

说起有线耳机音质和蓝牙耳机音质哪个更好，可能还有人停留在"10 元的有线耳机都比蓝牙耳机好""蓝牙耳机就是听个响"的印象上。然而 LDAC 技术的诞生，打破这种认知，让好音质也可以无线传输。

在此之前，蓝牙耳机依靠无线进行传输，音乐数据将会进行封装、压缩，再通过无线通路进行传输。在这个过程中，难以避免的数据将会有所损失。因此，蓝牙耳机不如有线耳机的音质，也算是有根据的。

不同的传输协议对数据的封装、压缩和传输有着不同的方案。目前市面上一般的蓝牙耳机都采用 SBC 传输协议，低码流是它比较典型的缺点，这样的内容传输自然无法与有线耳机媲美。

在同等硬件条件下，蓝牙耳机由于没有实体传输介质——线材，音质普遍不如有线耳机，其中蓝牙传输带宽不足是重要原因。当然传输带宽不足也不能都怪蓝牙，因为从蓝牙 3.0 之后，传输带宽已提升到 24Mbps 以上，就算实际速率折去一大半也远远高于 CD 无损音乐(1.41Mbps)的要求。但一些蓝牙音质依然还停留在有损 MP3 音乐格式的水平，其"罪魁祸首"是 A2DP 传输协议。

蓝牙传输音频主要依赖于 A2DP 协议，该协议在蓝牙标准的早期确立，当时未能预见技术的快速发展，对传输的数据量进行了限制。A2DP 协议限制音频数据的速率必须足够小于蓝牙的传输速率，这使得音频数据最高只能达到 328kbps。所以即使全新的蓝牙标准带来了更大的带宽，但由于 A2DP 协议并没有更新，所以新的蓝牙标准并未带来蓝牙音质上的提升。

既然 A2DP 协议无法改变，那么要想提高蓝牙的音质，就出现了 2 种解决方案，一种是从压缩与编码的优化上入手。基于此产生了 SBC、AAC、apt-X 编码规范。三种规范中以 SBC 最为常见，基本上所有的智能手机、蓝牙耳机与音箱都支持。

A2DP 协议中规定，SBC 最大允许速率是单声道 320kbps、双声道 512kbps，数据看起来很频率，然而实际上的销售产品都是降标准制造，用得最多的是 44.1kHz 双声道最大为 328kbps。所以即便是你的发射端增大编码码率，接收设备不支持也只是徒劳。

AAC 目前主要由苹果使用，iPhone、iPad 等设备都支持 AAC，虽然支持的速率相比 SBC 并没有太多的提高，但是算法优秀一些，音质也有一定提升。

而 LDAC，虽然依旧是使用 A2DP 协议，但它的编码技术又有进一步的提升，提高传输的带宽并配合"更有效的编码和经过优化的信息封装"。

LDAC与SBC的传输量对比

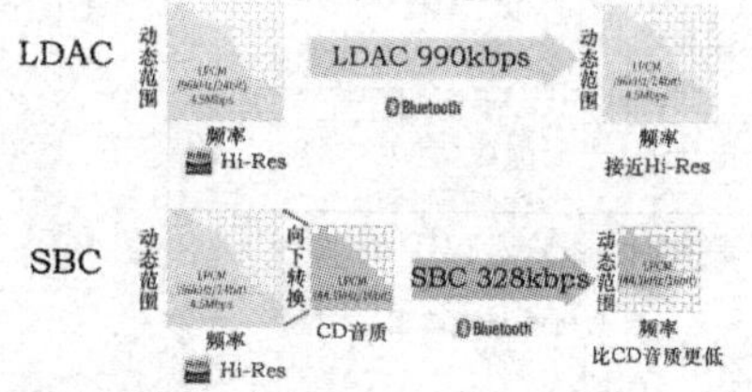

LDAC 技术最大的特点，就是它保证了无线音频传输速度，也能够有足够多的信息量，这落实到实际的音乐听感，就是声音更加饱满了。传统的 SBC 蓝牙传输因信息量缺失，显得干瘪贫乏，就像在听着没有感情的声音一样。在 LDAC 技术的加持下，声音的密度和力度显得更高，音乐细节丰富许多，低频也显得更有深度，不仅是空泛的量，而是"质感"更强了。

当然不能指望 LDAC 的听感能够与有线耳机相抗衡。考虑到两者的传输速率和抗干扰能力的差距，这一点实在不现实。

不过，LDAC 环境下的无线音乐，质量确实非常接近有线了。值得注意的是，LDAC 传输并不代表它能神奇到让低码率音频也能出现超出它自身水平的效果，因为这个技术解决的是无线传输带宽的问题。所以，在一定的限度内音频码率越高，LDAC 的潜力才能够被更多地发挥出来。

需要注意的是，尽管获得 LDAC 认证，在实际使用过程中，不同安卓手机型号能实现的 LDAC 码率有细微差别，这与手机品牌是否开通与 LDAC 的协议有关，与耳机本身并无关系。

LDAC 技术的诞生虽然让蓝牙无线音质也能够达到 Hi-Res 级别，但起初这项技术却被索尼自己独占，用户必须在索尼自家的智能手机、播放器、耳机、音响等产品上才能使用。所以，LDAC 也成为索粉的"专属福利"。

好在安卓 8.0(2017 年 3 月发布)及其以上的版本就支持 LDAC 技术了，这意味着使用安卓 8.0 以上的设备用户，就可以使用蓝牙设备，享受到超高音质。

目前市面上支持 LDAC 的蓝牙产品还不是很多，LDAC 技术虽好，但使用了这项技术的产品在业内仍属于少数。

目前蓝牙主要有下面这几种，分别是 SBC、AAC、aptX(包括 aptX、aptX LL、aptX HD 以及 aptX Adaptive)、LDAC，以及 HWA。

1. SBC(Sub-band coding，子带编码)

这是最早的蓝牙音频编码，是 A2DP (Advanced Audio Distribution Profile，蓝牙音频传输协议) 协议强制规定的编码格式，所有的蓝牙设备都会支持这个协议。SBC 最主要的问题就在于比特率较低、压缩率较高，带来的问题就是传输过程中损失细节，导致音乐听感变差。这一编码可以说是最为原始的蓝牙编码了，早期使用蓝牙耳机听歌音质很差。

2. ACC(Advanced Audio Coding，高级音频编码)

AAC 出现于 1997 年，由 Fraunhofer IIS、杜比实验室、AT&T、Sony 等公司共同开发，目的是取代 MP3 格式，看参与研发的公司名字就可以知道，其中杜比、Sony 都是音频大厂，确保了 AAC 有着不错的音质表现。一般来说，同样的码率下，AAC 的听感会优于 MP3。资源方面，Apple 提供了较大的 AAC 音频，因此在苹果的设备中，包括 iPhone，有着广泛的运营。

市面上支持 AAC 的蓝牙耳机也还是不少的，除了苹果自家的耳机之外，还有一些其他厂商的蓝牙耳机也支持 AAC 编码。

3. aptX

aptX 是一种基于子带 ADPCM(SB-ADPCM)技术的数字音频压缩算法，最早由 Stephen Smyth 博士与 20 世纪 80 年代提出，后由 CSR 公司进一步发展，并命名为 aptX。本质上，aptX 和上面 SBC、AAC 一样，也是一种音频编码格式，但是因为其低延时性，渐渐在蓝牙传输领域表现出其出色的一面。

后来 CSR 被高通收购，所以如今看到宣传的时候，往往会写作 Qualcomm aptX。并且得益于高通的大力宣传，aptX 在安卓手机里面得到了大力的推广。

而在 aptX 家族里面，还有着更进一步的细分。最基础的自然是 aptX，码率方面与前面两者相当，但编码更为高效，使得声音能够保留更多的细节，带来更好的听感。

aptX LL，即 aptx Low Latency，它的主要特点就是低延时，延迟可以达到 40ms 以下，而人耳可以感受到的延迟极限是 70ms，能够达到 40ms 基本就等于感觉不到延迟。这样的特点，对于玩游戏、看视频来说是相当有利的。

不过目前支持 aptX LL 的设备并不是很多，森海塞尔(Sennheiser)MOMENTUM Wireless 是为数不多的耳机选择。

aptX HD 则主打高清音频，它基于经典 aptX 增加了通道，支持 24 bit 48KHz 的音频格式，传输速率大幅增加，并且有着更低的信噪比和更少的失真，提供"优于 CD"的聆听体验，可以让你在使用无线蓝牙设备的时候，也能享受无与伦比的聆听体验。

aptX Adaptive，如同它名字一样，自适应，集成了 aptX LL 与 aptX HD，可以按需自动进行切换。

4. LDAC

LDAC 是由索尼推出的无线音频编码技术，在 2015 年 CES 展上亮相，索尼非常粗暴地提高了信道，传输速率最高可达 990kbps，相比 SBC 编码高出三倍多，可以说是目前无线传输中最接近无损编码的方式。

5. HWA(HiRes Wireless Audio)

2018 年，华为在 P20 系列发布会上，首次提出了 HWA (HiRes Wireless Audio)高音质蓝牙协定，这也是继 aptX HD、LDAC 之后，业界的第三个蓝牙高音质协定。HWA 是基于一项名为 LHDC 的编码协定，提供三种码率模式，分别是 400kbps、500kbps/560kbps 与 900kbps。华为同时宣布，这项蓝牙高清传输协议将免费授权给其他需要的手机厂商，并且也有众多知名厂商加入进来。

不过要在高通的 aptX、索尼的 LDAC 之前，再走出一条路，显然是不容易的。根据近期的消息显示，华为暂时停止了 HWA 的支持，至少笔者手上支持 HWA 的耳机，目前在连接到华为 P30 Pro 的时候，已经无法选择 HWA 编码了。据说华为会对 HWA 做较大的升级，至于具体如何，也只能观望了。

以上即是目前蓝牙所支持的编码，至于如何选择耳机，其实也相当明了了。如果你使用的是苹果的设备，毫无疑问，选择苹果自己的 AirPods 系列吧，或者明确标注了支持 AAC、支持苹果的第三方耳机产品。而如果是安卓手机，显而易见，选择支持 aptX 或者 LADC 编码的耳机，当然，你也需要确认下，你的手机支持怎样的编码输出。

Hi-Res 全称为 High Resolution Audio，又称为高解析音频，Hi-Res Audio 是由索尼提出并定义、由 JAS(日本音频协会)和 CEA(消费电子协会)制定的高品质音频产品设计标准。Hi-Res 音频的目的是表现音乐品质极致和原音重现，获得真实感受原唱者或演奏者在现场演出的临场氛围。高解析音乐是指声音信息量超越 CD 音质的音乐格式，即采样率大于 44.1kHz 以及比特深度大于 16bit。

邮局订阅代号：61-75 国内统一刊号：CN51-0091

微信订阅**纸质版**
请直接扫描
邮政二维码
每份1.50元 全年定价78元
每周日出版

扫描添加**电子报微信号**
或在微信订阅号里搜索“电子报”

2020年2月9日出版
实用性 启发性 资料性 信息性

第 6 期
国内统一刊号:CN51-0091 定价:1.50元 邮局订阅代号:61-75
地址:(610041)成都市武侯区一环路南三段24号节能大厦4楼 网址:http://www.netdzb.com

(总第2047期)
让每篇文章都对读者有用

2020将是无线运营商的关键决策之年

关于5G将如何带来更加高速、高效的连接，我们都有所耳闻。但直到2019年，我们方始看到世界各地陆续部署5G的迹象。虽然目前还在早期阶段，但各国政府和运营商都致力于在本地区投资开发和部署5G网络。GSMA大中华区总裁、亚洲首席代表陈斯寒女士表示，中国移动、中国联通和中国电信均推出了5G计划，其中包括与地方政府签署谅解备忘录、建设新的5G基站和测试基地、确定垂直行业应用重点、品牌策略和投资资金。GSMA预计，到2025年，全球运营商75%的资本支出将用于5G网络。

同时，5G的正式商用也给手机等通信设备厂商带来利好机会，各大厂商在2019年的小规模试水后，都将在2020年全面推出5G产品，因此我们相信2020年将开启一个更加“互联”的未来。

5G将不断发展，其改变人们生活的用例也将如雨后春笋般涌现，例如游戏和增强现实技术(Augmented Reality)等将推动低延迟应用的发展。尽管有预计2020年视频将占所有IP流量的82%，但是不论是游戏、增强现实还是视频，都不是推动消费者对新体验和5G需求的杀手级应用。而运营商不会坐等杀手级应用问世，他们将在2020年忙于在各种频段上推出、落实和强化网络相关功能，同时努力推动标准和技术的发展。

频段的选择

除美国外，世界各地的运营商已将中频段（主要为3.5GHz)指定为5G的主力频段。运营商需要根据每单位面积的每比特成本来提高效率，这决定了他们部署方式、部署位置以及频段选择。换句话说，当使用高频段时，每比特成本会下降，但是覆盖面积会相对缩小，因此需要增加蜂窝基站的部署数量，而这又会使成本增加。当使用中频段或低频段频谱时，同一区域内所需部署的蜂窝基站数量会减少，而每比特成本随着无线带宽的显著减少而上升。因此，优化的关键将是如何在高密度区域使用高频，而在低密度区域使用低频。

运营商拥有和部署哪些频段将决定覆盖、范围和速度。我们最终将得到“覆盖王”、“容量王”和“固定无线”。

“覆盖王”将使用其频谱和选定的技术来覆盖较大的地理区域。例如在澳大利亚，大部分人口集中在沿海地区，但内陆地区仍然需要覆盖。“容量王”将专注于纽约、巴黎、伦敦等城市，以及其他依靠小型蜂窝网络等技术的人口密集地区，为消费者、企业和联网设备提供快速和低延迟的服务。5G拥有处理物联网产生的庞大数据量的绝对速度和高带宽，因此对于智慧城市建设至关重要。“固定无线”将专注于为低人口密度用户提供大范围且经济的宽带连接服务。

随着时间的推移，世界各国通过拍卖或分配将更多的频谱投入使用。GSMA研究显示，频谱拍卖是大多数国家认为最公平也是最有效的频谱分配手段。然而，高昂的频谱拍卖价格将不可避免地提高运营商成本，进而影响消费者的服务体验。而国内主要运营商以行政分配的方式获得了符合自身需求的5G频谱。

2020年将见证共享频谱的推出，其潜力也将得到印证。美国的公民宽带无线电服务(CBRS)将进入全面商用部署阶段，并利用频谱接入系统来分配频谱。其他地区将会观察该实验是否成功，并进行调整以在世界其他地区实施。

除了授权和共享频谱，2020年也将是Wi-Fi 6成为主流的一年。近期一项由无线宽带联盟（Wireless Broadband Alliance)实施的调研结果也佐证了这一点，调研显示有90%的受访对象已经开始计划部署Wi-Fi 6，同时66%的受访对象表示将在2020年底之前部署新一代Wi-Fi。

运营商正在努力增加6GHz频段内Wi-Fi的可用频谱，并利用所有授权和未授权频谱来满足消费者的需求。尽管Statista预测2025年全球移动5G连接数量将达到11亿，但Wi-Fi 6仍然为企业和人口密集地区的无线覆盖提供了一个不错的选择。

标准与技术

开放标准依旧会是讨论的主题，我们认为2020年开始的三年时间将证明开放标准是否对无线运营商有利。O-RAN联盟致力于发展全球无线电接入网络，以虚拟化整个网络中的各种网络元素(包括白盒硬件和标准化接口)为愿景。尽管该组织2018年成立，但已经拥有120多家致力于“开放”和“智能”的成员公司。我们相信，2020年O-RAN将在关键领域达成一致，并加快5G网络的部署。

许多无线运营商也开始了5G网络部署，对大规模多输入多输出(MIMO)技术进行了小规模试验。随着2020年5G网络的上线，所需的数据量以及电力、回程和站点获取的成本，将决定大规模MIMO是否以及何时在网络部署中发挥作用。如果需要更多容量，2020年大规模MIMO部署可能会增加，然而，随着大规模MIMO的部署，在效率提高的同时，复杂性和成本也会上升。

Wi-Fi使用时分双工技术(Time Division Duplex)，而大多数蜂窝网络使用频分双工技术（Frequency Division Duplex)。随着更高频率授权频谱的引入，TDD技术现已成为5G的主流。TDD与其传统频段的集成将带来新的挑战和优势，以及更多的复杂性。不过，TDD频谱的增加将促使无线网络与有线网络竞争。

推出5G网络

我们认为2020年将是5G覆盖和容量建设的重要一年。5G不仅需要宏基站，还需要增加城域蜂窝基站的密度并加强室内系统。虽然现在还处于早期阶段，但数据处理已经开始从网络核心向边缘迁移，以消除瓶颈。随着网络的虚拟化，这一趋势将更为普遍。

随着网络的城域层变得越来越重要，从成本和时间的角度来看，为这些位置供电将至关重要。康普长期以来一直在谈论PBS——电力(Power)、回程(Backhaul)和站点获取(Site Acquisition)是构建网络的三大关键要素，而这对于5G而言更为如此。

5G虽然已经在世界各地陆续推出，但还处于起步阶段。为了发挥5G技术的潜力，网络运营商仍有许多工作要做。我们相信2020年将是网络运营商兑现5G承诺的一年。同时，我们也会看到无线和有线之间的界限变得愈加模糊。

◇康普 林海峰

高通骁龙 XR2 平台

虚拟现实技术(XR)此前由于体验感有待提高、内容也不够完善，在沉寂了一段时间后，也许接下来的几年内会凭借5G的低时延、超高速率等特性助力用户体验迈上新台阶，如观看更高分辨率(8K、甚至更高)在线视频内容与直播等体验。

高通发布的骁龙XR2平台具备高通领先的5G、AI领域创新技术，并具备诸多定制特性，可支持增强现实(AR)、虚拟现实(VR)和混合现实(MR)。骁龙XR2相比XR平台实现了CPU、GPU高达2倍的性能提升、4倍视频带宽提升、6倍分辨率提升和11倍AI性能提升。多家OEM厂商已经计划推出或者已经推出了搭载骁龙XR2平台的商用终端。

骁龙XR2是全球首个支持七路并行摄像头且具备计算机视觉专用处理器的XR平台。此外，该平台还是首个通过支持低时延摄像头透视(camera pass-through)实现真正MR体验的XR平台，因此当用户配搭搭载该平台设备时可以获得虚拟与现实融合度体验，进行交互、创作。

骁龙XR2的显示单元可支持高达90fps的3K×3K单眼分辨率，也是首个在流传输和本地播放中支持60fps的8K 360°视频的XR平台。针对AR显示特别开发的定制芯片可帮助减少整体系统时延，以实现沉浸式的AR体验。交互性方面，骁龙XR2引入七路并行摄像头支持和定制化的计算机视觉处理器。多路并行摄像头支持高度精确地实时追踪用户的头部、嘴唇和眼球，并且支持26点手部骨骼追踪，可在虚拟世界中提供更逼真的交互体验。

无论是虚拟现实体验还是传统2D、3D内容，音频都是提升沉浸感的重要环节。骁龙XR2平台在丰富的3D空间音效中提供全新水平的音频层，同时提供非常清晰的语音交互以深化沉浸感。该平台包含一个定制的始终开启的、低功耗的Qualcomm Hexagon DSP，支持诸如语音激活和情境侦测等硬件加速特性。

法国初创公司LYNX日前正式发布了支持AR透视功能并采用高通骁龙XR2芯片的VR一体机：R-1。这款企业向的设备同时采用了新颖的透镜设计，令整体更为紧凑。

尽管这款代号为Lynx R-1的企业向设备选择了闭合型显示器，但它支持AR透视功能，从而实现单设备支持VR和AR的混合现实头显。

Lynx R-1是首批宣布采用高通骁龙XR2芯片的产品之一，是具备内向外追踪功能的MR一体机。利用XR2对多摄像头的支持，LYNX为R-1配备了六个摄像头：两个用于位置追踪，两个用于透视AR功能(RGB)，两个用于眼动追踪。

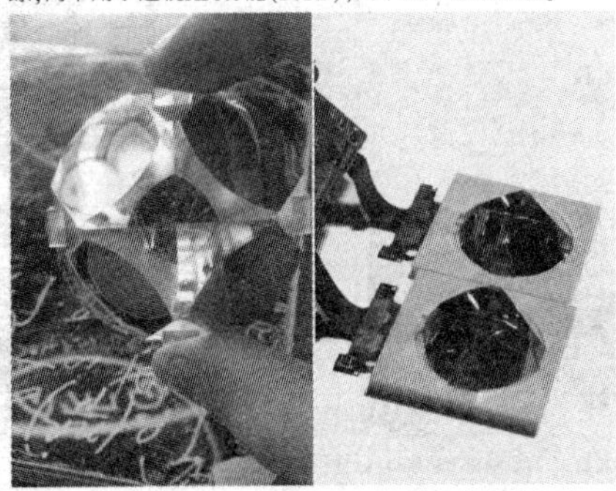

R-1同时采用了独特的透镜设计，Lynx将其描述为“4叠折射反射自由曲面棱镜”。这种新颖的透镜(虽然体积庞大)似乎可以允许显示器非常靠近透镜，从而实现比采用简单透镜的头显(如Quest和Vive Cosmos)更为紧凑的形状参数。

头显为每只眼睛配备一个LCD显示屏，分辨率1600×1600，刷新率则额为90Hz。产品视场为90°，每度18像素。

其他规格信息包括基于Android的底层系统，集成音频，无控制器手动追踪，眼动追踪，6GB RAM，128GB存储空间，WiFi 6(802.11ax)，蓝牙5.0和USB type-C端口。非待机期间的续航为2小时。

Lynx R-1将于今年夏天发售，目标是医疗，军事和工业用例，其价格也不菲，标价1500美元。

PS:高通除了想做移动端霸主外，其他领域也在尝试。

针对PC平台，高通早先有骁龙835、骁龙850等移动平台的移植版，2018年底就发布了专用的骁龙8cx，面向高端笔记本，而新发的骁龙8c、骁龙7c则分别针对主流和入门级笔记本。骁龙8c和骁龙8cx一样都是台积电7nm工艺，芯片面积一致，相当于后者的精简版，但是性能仍比骁龙850高出30%，集成骁龙X24 LTE基带和AI引擎，算力超过6万亿次每秒。

骁龙7c则是三星8nm工艺制造，并采用了SiP整合封装，规格类似骁龙730，集成八核心Kryo 468 CPU、Adreno 618 GPU、骁龙X15 LTE基带，号称性能比竞品高25%，电池续时间长1倍，AI算力超过5万亿次每秒。

骁龙XR2则是高通专门针对XR打造的第二代平台，定位高端体验，此前的骁龙XR则继续用于主流领域。它首次将5G、XR、AI整合在了一起，首次支持七路并行摄像头并具备计算机视觉专用处理器，还首次支持低时延摄像头透视，支持90fps 3Kx3K单眼分辨率，CPU和GPU性能提升2倍、视频带宽提升4倍、分辨率提升6倍、AI性能提升11倍。

（本文原载第7期11版）

液晶彩电主板维修与代换探讨(五)

(紧接上期本版)

2. 市售万能主板

根据上述代换主板的要求和注意事项，选用与原来型号相同的主板进行代换，是最省事、最省心的选择；但是原厂的主板一是不易得到，二是价格昂贵。如果没有原厂同型号主板代换，建议采用市售的万能主板进行代换，目前网上销售的液晶彩电万能主板主要有：

采用单片MT6820-MD芯片的MT561-MD型主板，见图7所示。适合10英寸~42英寸LVDS液晶屏，支持更多数据位分辨率，最高支持1920*1200分辨率。有的是设有25种跳线，可选择屏参和屏线的模式，直接跳线即可改变多种不同的分辨率，支持多种规格液晶屏无需烧录程序，无需改装12V供电和5V供电直接工作。

采用单片TSUMV29LV芯片的V29型系列主板，见图8所示。带HDMI、TV、AV、VGA四种输入接口，支持各种LVDS接口的液晶屏。特点是具有USB接口烧写程序功能，根据不同的屏参，烧写不同的驱动程序。部分V29万能主板不支持U盘放电影和图像倒屏功能。

采用单片TSUMV59XC芯片的V59型系列主板，见图9所示。支持USB接口烧写程序，支持各种LVDS接口的液晶屏，支持电视、计算机、AV、HDMI五种功能，支持U盘放电影，支持图像倒屏功能，支持修改开机LOGO功能。支持8.9~55英寸屏，支持的最高分辨率为1920×1080。

采用单片TSUMV59XC芯片的V59型主板+电源+背光灯三合一板，见图10所示。是在V59型系列主板的基础上开发的具有电源板、背光灯板、主板的三合一板。支持SPDIF输出，AVOUT，支持模拟电视的所有特殊功能包括图、文、丽音等，还具有强大的多媒体播放功能，支持全高清（1920×1080）液晶屏或者PDP屏，并支持3D功能，可直接点60HZ 3D屏，配转接板可支持120Hz 3D屏。

还有多种系列万能液晶彩电主板，在此不一一介绍。由于液晶显示屏的不断发展，逻辑板的LVDS接口和连接线多种多样，为了适应更换万能主板时配套LVDS连接线的需求，配套出售的LVDS连接线多种多样。市售万能主板和多种LVDS连接线，为液晶彩电的主板维修带来方便。

3. 万能主板代换

第一步：选择万能主板型号和LVDS连接线。首先根据所修液晶彩电的显示屏参数、LVDS接口，选择合适的万能主板和LVDS连接线，如果对所选万能主板和连接线不熟悉，可将显示屏参数、LVDS接口情况通报给万能主板的卖家，由卖家为你选择万能主板、驱动程序和LVDS连接线。

需要说明的是显示屏的型号种类太多，万能主板不是适应所有的显示屏和逻辑板，只是支持大部分显示屏。另外更换万能主板不是买一块万能板和随便一条LVDS连接线就能成功代换，需要一定的维修技术和代换经验。购买万能主板时要谨慎选择，不要盲目购买，一是了解清楚，所选万能主板是否符合你的液晶彩电显示屏和逻辑板；二是选择有技术支撑的淘宝店，能帮助你解决换板中遇到的技术难题。

第二步：连接万能主板的供电。根据万能主板的供电电压标准，将电源板的输出电压连接器与万能主板的供电输入端相连接。一是注意供电电压的高低要符合主板的要求，二是供电、接地、开关机引脚要连接正确，开关机电压的高低模式要符合电源板的开关机要求。将万能主板的点灯控制和背光灯亮度调整输出端，与背光灯板相连接，由于多数的点灯控制和背光灯亮度调整控制多由电源板转接，可根据具体情况连接正确即可。

第三步：烧写驱动程序或跨接相应的跳线。收到万能主板后，根据所修液晶彩电显示屏的参数，将卖家提供的驱动程序写入主板。烧录方法：把要烧录的厂家或商家提供的屏程序及引导文件存放在U盘里，把U盘插到主板上，插上按键板，为万能主板通电，按键板指示灯会红绿交替闪，灯闪就开始写程序(请勿断电)，灯在慢闪，慢闪一会后就会快闪，快闪后就是程序写好了，断电拿下U盘，完成程序烧录。如果是采用跳线方式选择显示屏参数，则根据显示屏的参数和万能主板的跳线说明，正确的安装连接跳线。

第四步：选择正确的屏供电电压。万能板屏供电电压有3.3V、5V、12V三种可供选择，根据液晶屏逻辑板需要的供电电压和万能板的说明书，用跳线选择正确的屏供电电压。

第五步：正确连接LVDS连接线。一是注意插头的形式是否与逻辑板和主板相适应；二是注意LVDS连接线的两端插头的引脚功能，连接主板的一端要与主板LVDS输出插座的功能相对应，连接逻辑板的一端与逻辑板LVDS插座的引脚功能相对应，千万不能插错，特别是屏供电和接地引脚不能搞错，否则会损坏逻辑板或主板图像输出电路。如果引脚功能不对应，可根据插座的功能，更改LVDS引线的位置，直到功能引脚对应，再插入LVDS插座。

第六步：连接万能主板其他接口。将遥控接收、键控输入、扬声器等连接线连接到万能主板相应的接口上，连接时注意引脚功能必输与万能主板的引脚功能相对应，不能搞错。

第七步：通电试机。上述连接线全部连接完毕，检查连接无误后，可为万能主板通电试机。通电时要一只手放到电源开关上，观察主板和其他电路板是否正常，如果有冒烟、打火等故障现象，随时关闭电源开关。通电后观察显示屏是否点亮，如果点亮，用遥控器转换信号源到有信号输入的端子，观察显示屏图像是否正常，伴音是否正常。如果图像不正常，用遥控器操作对相关联的图像调整项目进行适当的调整。如果图像倒置，则是显示屏相关驱动程序或显示屏参数设置不正确，根据使用说明书或联系万能主板卖家，重新写入驱动程序、设置相关数据或改换跳线位置。

第八步：将主板安装于液晶彩电内部适当的位置，照顾各种信号源输入接口正对原来主板信号源输入接口的位置，位置不符或错位的，应处理和开口相应的机壳，确保各个信号源接口露出机壳外部，便于信号源的连接，然后固定好万能主板。如果信号源插座露出机壳外部有困难，可采用原主板的信号源插座，用导线连接到万能主板的相应插座上。

(全文完)

◇海南 孙德印

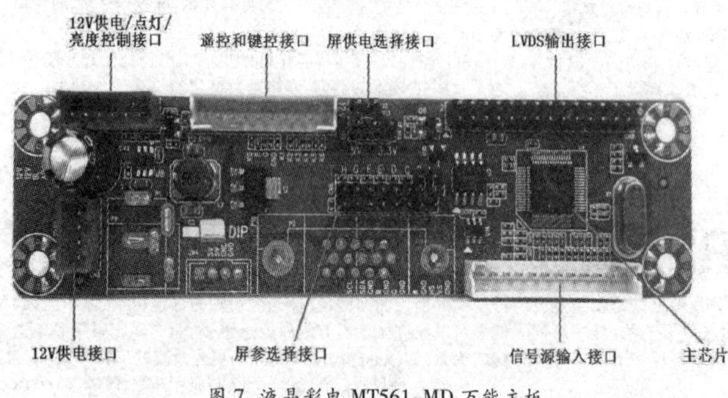

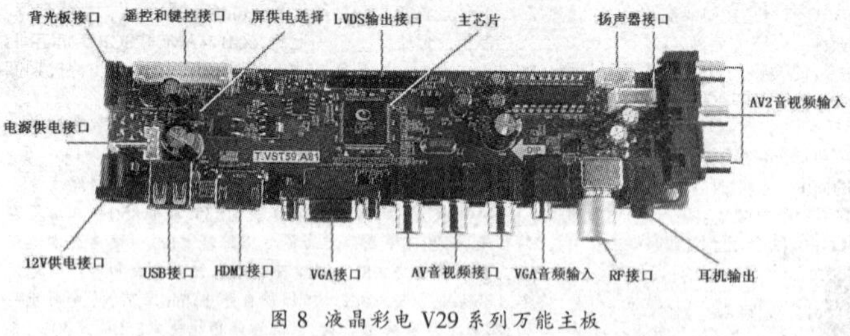

图7 液晶彩电MT561-MD万能主板

图8 液晶彩电V29系列万能主板

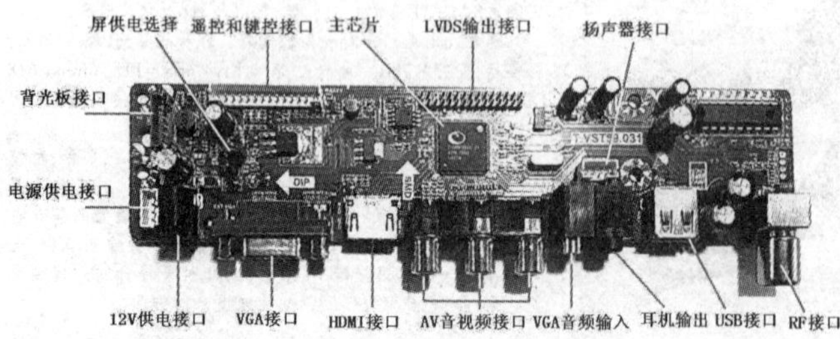

图9 液晶彩电V59系列万能主板

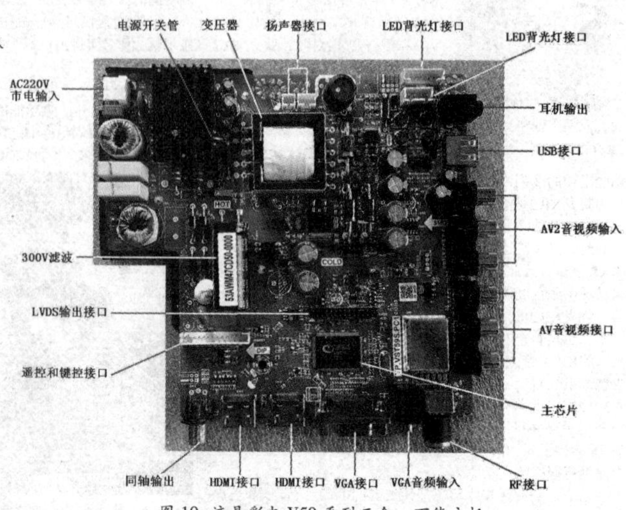

图10 液晶彩电V59系列三合一万能主板

华录蓝光DVD机维修二例

一、华录BDP0801蓝光DVD机维修实例

该机用同轴、光纤及HDMI接口输出数字音频信号至功放的声音正常，而用7.1声道模拟输出接口输出的模拟音频信号不正常：表现为没有音频输出，只有类似调频广播无台时的沙沙噪音。

该机7.1声道模拟输出电路单独用一块小板，与主板用二组排线连接。一组输入SCLK、LRCK、MCLK、DATA1~DATA4等数字信号及MUTE静噪信号；另一组输入几路供电电压：5V供应24bit/192kHz立体声D/A转换电路CS4344C,12V及6V供应双声道运放集成电路4580。该机7.1声道每2个声道用一片CS4344C和4580集成电路，8个声道共用图1所示电路四路，每路中CS4344C引脚功能不同之处见附表。

①

根据故障现象，放入一张DVD碟片，用示波器观测SCLK、LRCK、MCLK、DATA1~DATA4等数字信号的波形(如图2所示)，SCLK为3.07MHz、LRCK为48kHz、MCLK为12.3MHz，基本正常。怀疑主板程序紊乱，在机器设置菜单里将机器恢复出厂设置后再试机，故障未变。用万用表测试供电电压时动了排线，声音会偶尔恢复正常。将该板供电插座及供电排线插头用电子清洁剂清洗并插拔数次以去除氧化层。再试机，机器的7.1声道模拟输出信号已恢复正常。

小结：音频电路供电不良一般会引起音频输出无声或失真，在本例故障中噪音输出并非输入的数字信号错误引起，而是供电线路与该线路板的接插件之间接触不良造成的，值得注意。

二、华录BDP2012蓝光DVD机维修实例

该机能开机，电视上也有显示。但是放入的碟片不能读盘，也无法出仓。拨动机箱底部机芯的塑料滑杆手动退出碟仓托盘，感到碟仓装载机构缺少润滑，观察蓝光机芯的激光头滑杆及螺杆上的油脂也已干涸硬化，造成激光头移动不畅。

拆下碟仓装载机构及蓝光激光头机芯，分别给其清洗并加润滑油，使其动作顺畅(如图3、图4所示)，要注意的是清洗激光头滑杆及螺杆时会需要拆下激光头，务必不要拆下激光头滑杆下的螺丝，只要用老虎钳移开上面的压簧就能拆下滑杆及激光头。清洗润滑部件后安装激光头上去时，再把压簧恢复原样即可(因为螺丝是用来调整激光头滑杆的高度的，若安装的高度偏差太大，会影响激光头正常读盘，这对读碟精度要求极高的蓝光DVD来说尤其重要。)。将机芯装好后试机，碟仓托盘进出仓顺畅，托盘进仓后，激光头也能自动从碟片外侧移动到碟片中心位置，但激光头未读碟。

检查激光头排线正常，再查激光头供电电路。该机激光头用的是索尼KEM460AAA蓝光激光头，其与主板连接的排线有45针脚，功能如图5所示。该激光头工作时需要三组工作电压：㊱脚的8V是由12V经U802(1117ADJ)稳压为8V后提供；㉞脚和⑰脚的5V是由VCC 5V经电感FB803及FB904、FB903滤波后提供；㉜脚的3.3V是由VCC 5V经U3(G966A-25)稳压为3.3V后提供。测量出激光头缺少5V供电，而线路板VCC 5V侧电压正常，进一步查出是线路板上FB803贴片电感烧坏开路。因为手头无同型号贴片电感，将其直接用焊锡短接(位置如图6所示)，并在该线路靠近激光头侧加并一个220μF的滤波电容(位置如图7所示)。应急处理后，实际使用效果很好，机器播放蓝光高清碟片清晰流畅。

小结：KEM460AAA蓝光激光头工作时同时需要8V、5V、3.3V三组供电，㉞脚和⑰脚的5V是给内部电路及激光发光管供电的，5V供电的丢失就会使得激光头无法读盘。

◇浙江 方位

⑥

⑦

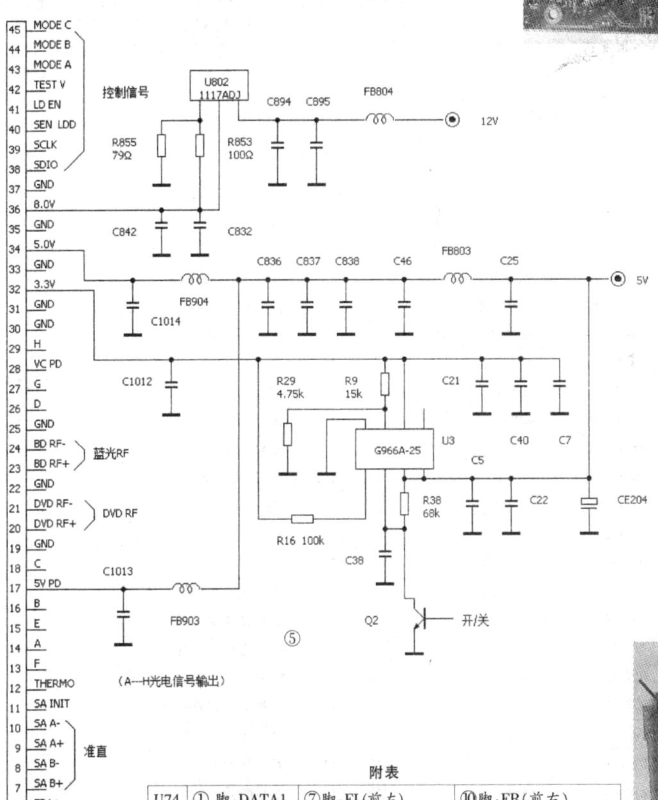

⑤

附表

U74	① 脚:DATA1	⑦脚:FL(前左)	⑩脚:FR(前右)
U76	① 脚:DATA2	⑦脚:C(中置)	⑩脚:LFE(低音)
U78	① 脚:DATA3	⑦脚:LS(环绕左)	⑩脚:RS(环绕右)
U80	① 脚:DATA4	⑦脚:RLS(后环绕左)	⑩脚:RRS(后环绕右)

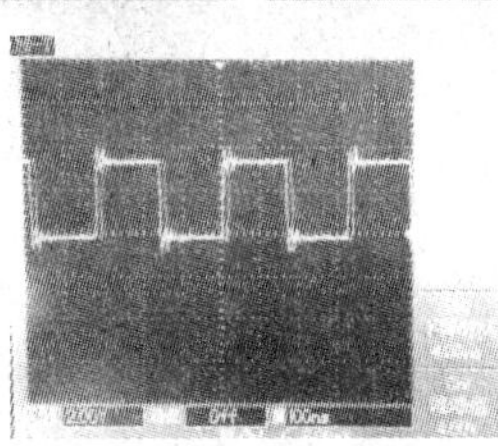
SCLK 3.07MHz

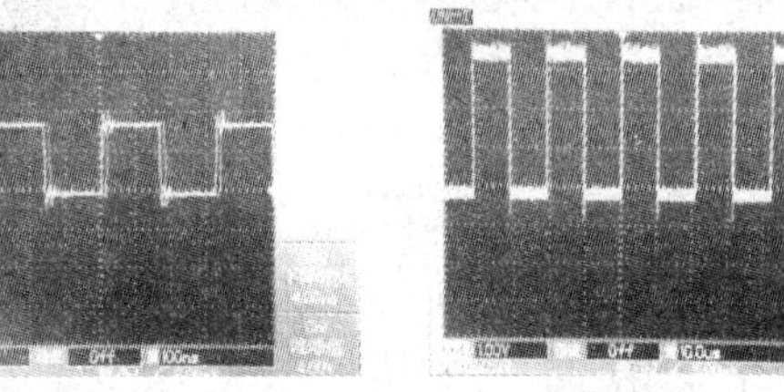
LRCK 48kHz

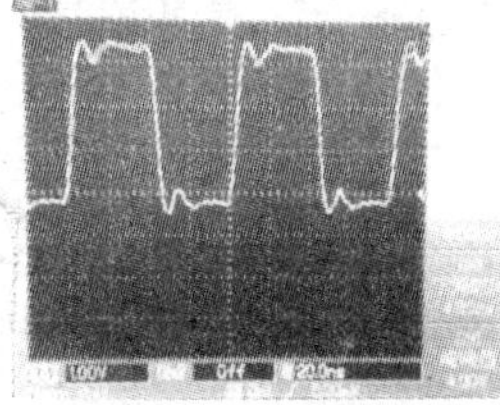
MCLK 12.3MHz

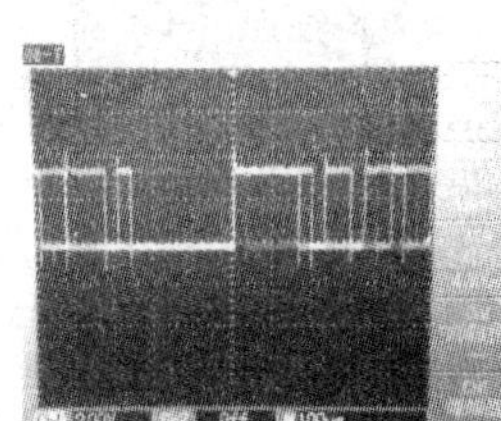

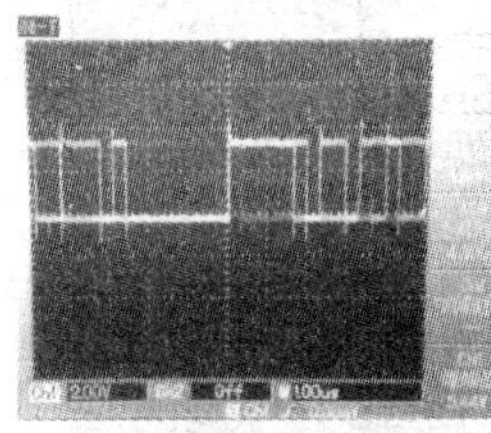
DATA

②

③

④

CA6140车床电气工作原理及常见故障维修

CA6140车床是一种应用广泛的金属切削机床，可加工各种回转表面，也可用于车削螺纹，并可用钻头、铰刀等进行加工。为了使维修时胸有成竹，下面首先介绍CA6140车床的外形结构、电路控制原理图，并对电路原理图进行简要分析，然后介绍故障维修的思路。

一、CA6140车床的外形结构及电路原理

1.CA6140车床的外形结构

图1是CA6140型车床的外形结构示意图。由图可见，CA6140型车床主要由床身、主轴箱、进给箱、挂轮箱、溜板箱、卡盘、尾架、丝杠、光杠、溜板与刀架等组成。

2. CA6140型车床电气控制电路图

CA6140型车床的电气控制电路见图2。

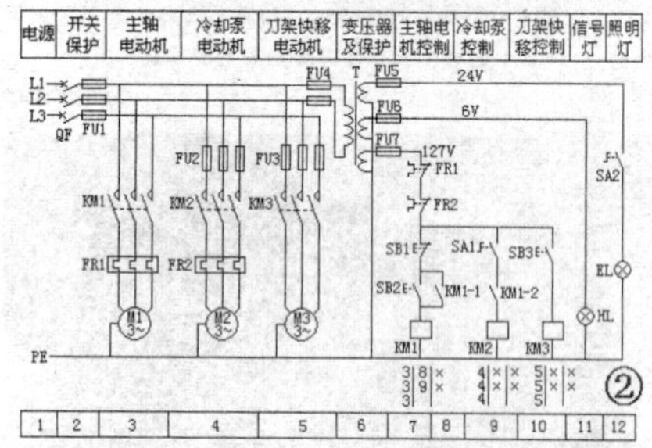

图2中，中间部位是电气原理图，包含CA6140型车床电路中的一次电路和二次电路。标注在图2下部的1~12个矩形框是对电路划分的区域框，每个区域框对应着电路图中的一个局部电路，它可能是一次电路或二次电路中一个具有独立功能的电路单元。图2上部的矩形方框内标注的是文字，标示出中部电路相应位置电路的功能单元的名称。上部的文字框和下部的数字框有着大体一致的对应关系。

区域标号的作用是便于检修人员快速查找到控制元件的触点位置。为了达到这个目的，机床电路图中通常还给出继电器或接触器的触点所处的区域号，如图2右下角区域号与电路图之间给出的标记。关于这些标记的具体说明见图3。

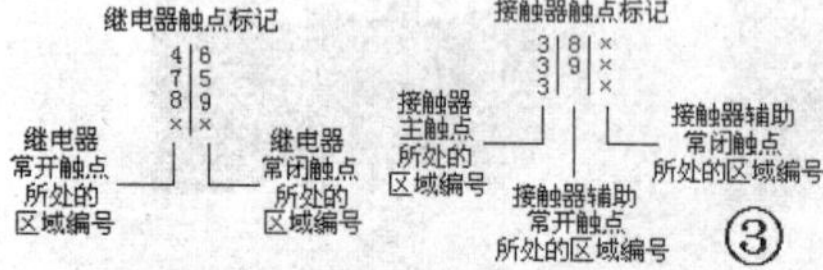

对于继电器的触点，图3中用一条竖线将常开触点与常闭触点分开，竖线左边是常开触点所处的区域编号，竖线右边是常闭触点所处的区域编号。由于继电器只有常开和常闭两种触点，所以标记中使用一条竖线。继电器的这个标记符号画在电路图中相应继电器下方的适当位置。

接触器的触点除了有辅助常开触点和辅助常闭触点外，还有主触点，共有3类触点，所以图3中交流接触器的触点使用两条竖线将3类触点分开，标记中的3类触点如果没有完全使用，则未使用的触点类别位置空缺，或者使用符号“×”去填充那些未使用的触点位置，而将使用的触点类别标注在竖线旁边，读图时只要观察到哪条竖线旁有数字，就会知道这些数字代表的是主触点、辅助常开触点或者辅助常闭触点，并根据数字从电路图中找到这些触点所处的位置。

3. CA6140型车床电气控制电路原理分析

(1)CA6140型车床使用的电器元件

CA6140型车床使用的电器元件明细见表1。

(2)控制电路原理分析

在图2所示的CA6140型车床电路中，合上断路器QF，整机获得工作电源。该车床使用了3台电机，其中M1是主轴电机，它带动主轴旋转和刀架的给进运动；M2是冷却泵电机，用以输送冷却液；M3为刀架快速移动电机，用来拖动刀架快速移动。

电机M1由交流接触器KM1控制其启动或停止，由热继电器FR1实施过载保护，由熔断器FU1和断路器QF实施短路保护。电机M2由交流接触器KM2控制其启动或停止，由熔断器FU2和热继电器FR2分别进行短路保护和过载保护。电机M3由熔断器FU3进行短路保护，这台电机为间歇性工作，所以未设置过载保护。

CA6140型车床由一台变压器T提供控制电源，变压器初级线圈接380V电源，熔断器FU4实施短路保护，二次线圈分别输出24V、6V和127V电压，并分别由熔断器FU5、FU6和FU7进行短路保护。24V输出用作工作照明灯EL的电源，并受旋钮开关SA2控制。信号灯HL是电源指示灯，只要断路器QF合上，该灯就点亮，用以指示电源有电。127V输出是交流接触器线圈的工作电源。下面介绍3台电机的控制机理。

1）主轴电机M1的控制

断路器QF合闸后，电源指示灯HL点亮。按压按钮SB2，接触器KM1线圈得电，其辅助常开触点KM1-1闭合实现自保持。主触点闭合，电机M1通电开始运行。接触器KM1辅助常开触点KM1-2串联在接触器KM2的线圈回路中，其控制效果是，只有主轴电机M1启动后，才能启动冷却泵电机M2。这其中的道理其实很简单，因为主轴电机启动前，是没有必要启动冷却泵的。

主轴电机运行中如果出现过电流等异常情况并持续一定时间，热继电器FR1动作，其常闭触点FR1(在图2中的7区)断开，接触器KM1线圈失电，主触点释放，电机M1断电得到保护。接触器KM1的自锁触点KM1-1(在8区)断开并解除自锁；接触器KM1的常开触点KM1-2(在9区)断开，接触器KM2释放，电机M2也同时断电停止运行。

按压按钮SB1，电机M1停止运行。

接触器KM1线圈下方的触点所处位置标记的含义是，接触器主触点在电路图的区域3；辅助常开触点所处位置在电路图中的区域8和区域9。

2）冷却泵电机M2控制

主轴电机M1启动后，即可启动冷却泵电机M2。操作旋钮开关SA1，接触器KM2线圈得电，主触点闭合，电机M2启动开始运行。热继电器FR2对电机M2实施过电流即过载保护。当电机M2过载时，由于FR2的常闭触点串联在KM1的线圈回路中，因此电机M1和M2因失电而同时停止运行。

接触器KM2的触点所处区域已在图2中示出，即只有主触点处于区域4，辅助触点并未使用。

3）刀架快速移动控制

需要快速移动刀架时，按下点动按钮SB3(在10区)，电机M3启动，刀架快速移动；刀架移动到位后，松开按钮SB3。

接触器KM3的触点所处位置已在图2中示出，即只有主触点控制电机M3的通电与断电，使电机M3运行与停止，未使用其他辅助触点。

二、CA6140车床的常见故障维修

1.主轴电机M1不能启动

维修主轴电机不能启动的故障，首先要区分故障在一次电路，还是二次电路。方法很简单。按压主轴电机的启动按钮SB2(在图2中的7区)，如果接触器KM1线圈(在图2中的7区)能够得电动作吸合，而主轴电机不启动，说明故障在一次电路。按压启动按钮SB2后，接触器KM1不能闭合，则说明故障在二次电路。

一次电路(在图2中的2区)的故障原因，可以检查一次性熔断器FU1有无熔断，接触器KM1的主触点接触情况，接触器、热继电器以及电机之间的连接导线有无松脱，电机是否有机械卡滞或因机械卡滞导致热继电器保护动作等。

二次电路需检查变压器T(在图2中的6区)的127V输出电压是否正常，熔断器FU7是否完好，热继电器FR1和FR2(在图2中的7区)是否已经保护动作，这两个热继电器有其中一个保护动作，接触器KM1就无法获得电源动作。还有接触器KM1的线圈接线是否松动、线圈是否开路、KM1的常开辅助触点KM1-1接触不良等也是发生该故障的常见原因。

2.主轴电机M1启动后不能持续运行

当按下启动按钮SB2(在图2中的7区)时，主轴电机启动运转，但松开SB2后，主轴电机M1也随之停转。造成这种故障的原因是接触器KM1的自锁触头KM1-1(在图2中的7区)接触不良或连接导线松脱，这时只要将接触器KM1的自锁触点进行修整，或更换接触器KM1，也可能需要整理拧紧相关导线的紧固螺钉即可排除故障。

3.主轴电机在运行中突然停车

这种故障的常见原因是热继电器FR1(热继电器FR1的热元件在图2中的3区，常闭触点在图2中的7区)动作。发生这种故障后，一定要找出热继电器FR1动作的原因，排除故障后才能使其复位。引起热继电器FR1动作的原因可能有：三相电源电压不平衡；电源电压较长时间过低；车床负载过重以及主轴电机M1自身绕组匝间短路、接地、连接导线接触不良等。

4.冷却泵电机不能启动

冷却泵须在主轴电机启动后才能启动，这是因为接触器KM2线圈回路中串联了一个KM1的辅助常开触点KM1-2(在图2中的9区)。这就是说，主轴电机不启动时，不允许、也没有必要启动冷却泵电机。主轴电机启动后，操作旋钮开关SA1(在图2中的9区)使接触器KM2的线圈得电，即应能启动冷却泵电机M2。若不能启动，可检查常开辅助触点KM1-2是否接触不良，KM2线圈或其接线是否开路，熔断器FU2是否熔断(在图2中的4区)，接触器KM2的主触点接触情况等。

5.刀架快速移动电机不能启动

刀架快速移动电机M3的控制电路较简单，它只在必要时做短时间的运动，所以没有启动后的自保持电路，点动按钮SB3(在图2中的10区)，即可启动，松开按钮SB3，M3即应停止。若不能启动，可检查按钮SB3触点是否接触不良，接触器KM3线圈是否开路，熔断器FU3(在图2中的5区)完好否，KM3的主触点接触是否良好。当然电机M3本身也应该是质量合格的。

在检修CA6140 车床电气故障时，不仅要熟悉车床电气控制线路的结构和工作原理，而且还要熟练掌握检修方法和灵活使用电工仪表，这样才能准确迅速地找出故障点，顺利排除电气故障。

◇山西 杨电功

表1 CA6140型车床电器元件明细表

元件代号	元件名称	型号	规格	单位	数量	功能
KM1	交流接触器	CJ10-20	线圈电压127V	台	1	控制电机M1
KM2	交流接触器	CJ10-10	线圈电压127V	台	1	控制电机M2
KM3	交流接触器	CJ10-10	线圈电压127V	台	1	控制电机M3
T	控制变压器	JBK2-100	380V/127V/24V/6V	台	1	控制电路电源
QF	断路器	AM2-40	20A	台	1	电源开关
M1	主轴电机	Y132M-4-B3	7.5kW	台	1	主轴及进给驱动
M2	冷却泵电机	AOB-25	90W	台	1	供冷却液
M3	刀架快移电机	AOS5634	250W	台	1	刀架快速移动
FR1	热继电器	JR36-20/3	15.4A	只	1	M1过载保护
FR2	热继电器	JR36-20/3	0.32A	只	1	M2过载保护
FU1	熔断器	BZ001	熔体20A	只	3	整机保护
FU2	熔断器	BZ001	熔体1A	只	3	电机M2保护
FU3	熔断器	BZ001	熔体2A	只	3	电机M3保护
FU4	熔断器	BZ001	熔体1A	只	2	变压器T保护
FU5	熔断器	BZ001	熔体2A	只	1	照明电路短路保护
FU6	熔断器	BZ001	熔体1A	只	1	信号灯电路短路保护
FU7	熔断器	BZ001	熔体1A	只	1	控制电路短路保护
SA1	旋钮开关	LAY3-10X		只	1	启动M2
SA2	旋钮开关	LAY3-01Y		只	1	开启照明灯
HL	信号灯	ZDS-0	6V	只	1	电源指示
EL	照明灯	JC11	24V	只	1	工作照明
SB1	按钮	LAY3-01		只	1	停止M1
SB2	按钮	LAY3-10		只	1	启动M1
SB3	按钮	LA9		只	1	启动M3

可保护电池供电设备的极性校正电路

先前发布的“设计实例”概述了一种极性保护电路,该电路可将电池正确连接到负载,而不管电池在其固定器中的方向如何。该电路基于 Maxim Integrated 提供的快速开关,低压,双 SPDT CMOS 模拟开关 IC MAX4636,可以工作,但存在一些缺点。它的电源电压范围(1.8-5.5V)受到一定限制,并且内部电阻略高,这使其只能用于电流负荷不超过 30 mA 的产品。幸运的是,由于 MOSFET 技术的一些重大进步,现在可以克服这些限制。

图 1 说明了使用 P 沟道 MOSFET 晶体管对负载进行反极性电池保护的方法。通常,要导通 P 沟道 MOSFET,您需要向其控制栅极-源极结施加适当的电压(栅极端为负电位,源极端为正电位)。图 1 所示的 P 沟道 MOSFET 的连接稍有不同,其工作方式如下。

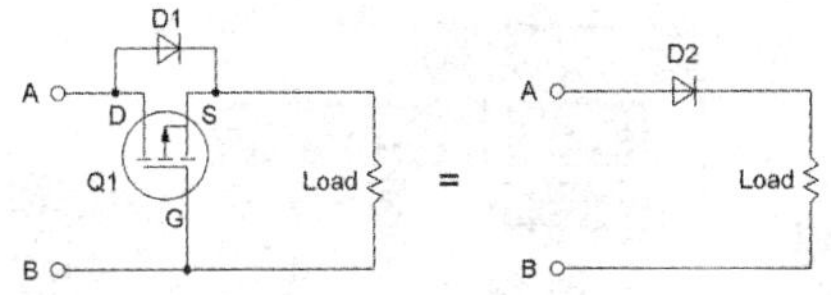

图 1 该电路使用 P 沟道 MOSFET 保护负载免受反向电池的损坏。

当电源加到 A 和 B 端子(A 为正,B 为负)时,晶体管的内部二极管 D1 正向偏置,并提供 Q1 的控制栅-源电压,从而将其导通。MOSFET 的低电阻充当二极管 D1 的旁路,并将电流馈入负载。

当电池反向时,电压施加到 A 和 B 端子(现在 A 为负,B 为正),并且晶体管的内部二极管 D1 被反向偏置,并且 Q1 的栅极-源极电压为 0。其结果为,Q1 晶体管截止,负载无电流。

换句话说,该电路中的 P 沟道 MOSFET Q1 的性能类似于二极管(即虚拟“D2”),具有非常低的正向阈值电压。可以类似的方式使用 N 沟道 MOSFET (图 2)。

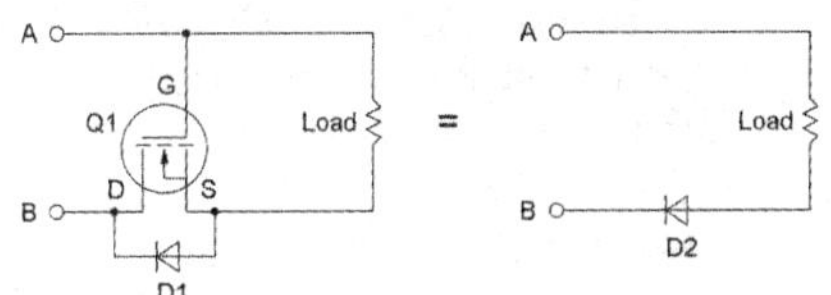

图 2 该电路使用 N 沟道 MOSFET 保护负载免受反向电池的损坏。

当 A 端为正而 B 端为负时,晶体管的内部二极管 D1 获得正向偏置并提供 Q1 的控制栅-漏电压,从而将其导通。MOSFET 的低电阻使 D1 二极管分流,从而将电流馈入负载。

当向 A 和 B 端子反向供电(A 为负且 B 为正)时,晶体管的内部二极管 D1 被反向偏置,并且栅-源极电压等于 0。MOSFETQ1 截止,并且负载没有电流。

图 1 和 2 所示的电路可用于保护负载免受电池反接,而不是使用普通的二极管反极性保护,但如果电池反向安装,则无法为负载供电。

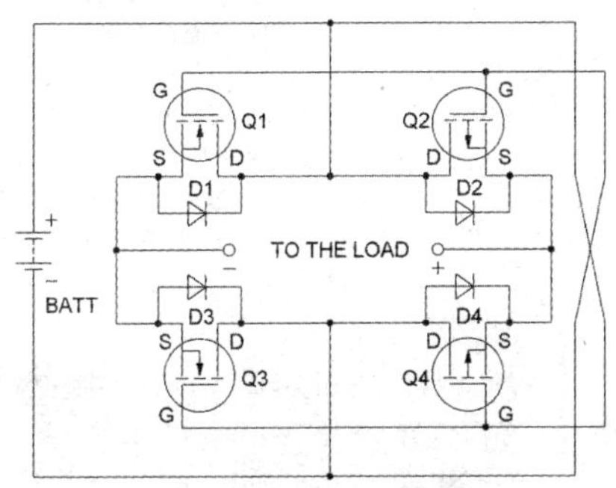

图 3 该电路可在任何安装电池的情况下为负载供电。

如图 3 所示安装电池时,正电位通过其正向偏置内部二极管 D2 施加到 P 沟道晶体管 Q2 的源极。这会将 Q2 的栅极置于电池负极端子的电位,从而将其导通。电池的负极端子通过其正向偏置内部二极管 D3 连接到 N 沟道晶体管 Q3 的源极。在这种情况下,Q3 导通,因为其栅极处于电池正极的电位。总结一下,当电池处于此方向时,Q2 和 Q3 处于活动状态,并在 Q1 和 Q4 保持断开的同时将电池的电压传送到负载。

在下一种情况下,电池的安装方向相反。现在,正电势通过其正向偏置内部二极管 D4 施加到 P 沟道晶体管 Q4 的源极。由于 Q4 的栅极处于电池负极的电位,因此它导通。Q1 的内部二极管 D1 正向偏置,从而可以将来自电池负极端子的电势施加到 N 沟道晶体管 Q1 的源极。由于 Q1 的栅极处于电池正极的电位,因此 Q1 导通。由于 Q1 和 Q4 均打开,因此电池已还接至负载,而 Q2 和 Q3 均关闭。

请注意,此设计包括一项安全功能,该功能利用了 MOSFET 的内部二极管。连接晶体管 Q1-Q4 中的二极管以形成全桥整流器。万一 MOSFET 无法工作,二极管桥仍可以对输入进行整流,从而为负载提供适当极性的功率。

附录

图 3 所示的电路旨在用于相对较低的电压,该电压不超过 N 沟道和 P 沟道 MOSFET 的最大允许栅-源结,通常为±15-20V。对于需要更高电池电压的应用,应修改图 3 中的电路以保护 MOSFET 的栅源结,如图 4 所示。

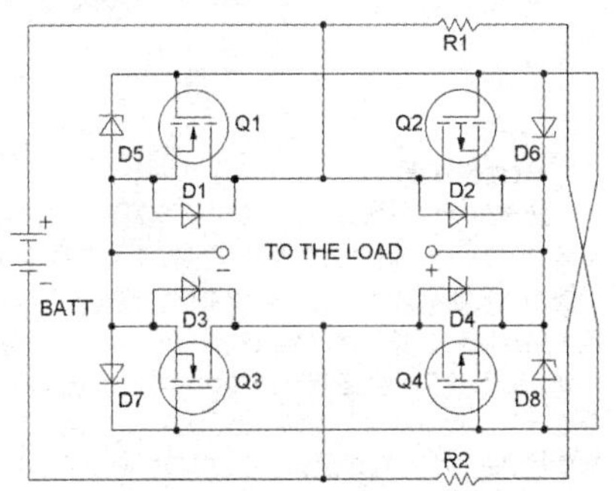

图 4 保护 MOSFET 的栅-源结。

该电路增加了齐纳二极管 D5-D8,以保护 MOSFET 的栅-源结。电阻 R1 和 R2 提供电流限制。在大多数情况下,D5-D8 的 Vzener(反向击穿电压)值应在 12 至 13V 之间。只需打开 MOSFET 的最低 Rds-on 值即可。R1 和 R2 的值(R1=R2=R)可以如下计算:

$$R=(V_{batt}-R_{ds-on}xI_{load}-V_{zener})/I_{zen}$$

其中 Vbatt 是电池的电压,Rds-on 是接通的 MOSFET 的漏-源电阻,Iload 是负载电流,Vzener 是齐纳二极管的反向击穿电压,而 Izen 是齐纳二极管的工作电流。

注意:Maxim 器件在+3V 电源时引入 11 欧姆 (2×5.5 欧姆)的串联电阻,而在+5V 电源时引入 8 欧姆(2×4 欧姆)的串联电阻。

◇湖北 朱少华

交流电源为基于微控制器的风扇速度调节器供电

微控制器需要 2 至 5.5V 的直流工作电源,这是电池或辅助电源可以轻松提供的电量。但是,在某些情况下,基于微控制器的产品必须直接从 120 或 220V 交流电源插座运行,而无需使用降压变压器或生热降压电阻器。另外,额定用于交流电源的聚酯/聚丙烯薄膜电容器可以用作非耗散电抗(图 1)。电容 C1,2 μF AVX FFB16C0205K 额定电压为 150V rms,可提供显著的交流压降,从而降低了您应用于二极管桥式整流器 D1 的电压。耐火的金属膜电阻器 R1 可以限制雷击和负载突然变化在交流电源线中感应的电流尖峰和瞬态电压。在此应用中,交流电流不超过 100 mA rms,并且一个 51Ω,1W 的电阻器提供了足够的电流限制。R2 是 5W,160Ω Yageo J 型电阻器,D2 是 1N4733A 齐纳二极管,为微控制器 Freescale C68HC908 QT2 提供 5V 稳压电源。

该示意图显示了基于微控制器的风扇速度调节器的代表性电路,其中热敏电阻感测空气温度,微控制器驱动风扇的电动机。图 2 示出了一个光强调节器,该光强调节器基于便宜的两极整流器和双向晶闸管-灯控制器,它们共享一个公共地。IC2 是 Fairchild MOC 3021-M 双向晶闸管驱动器光电隔离器,将灯的返回路径与微控制器的接地回路分开(图 3)。在这三个电路的每一个中,Kingbright W934GD5V0 LED 指示器均包含一个内置的限流电阻器(未显示)。

◇湖北 朱少华

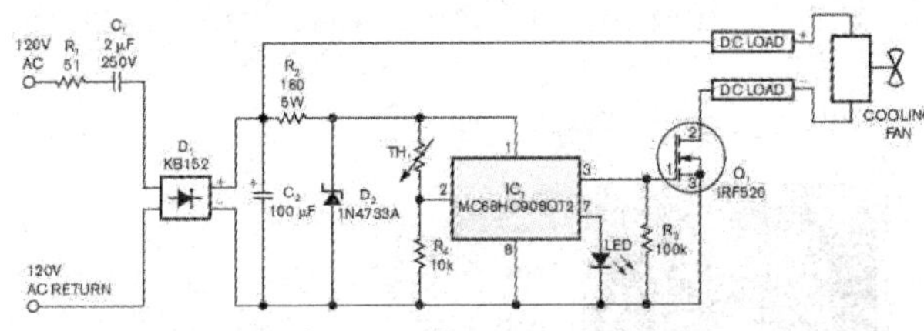

图 1 C1 提供了电容电抗,该电容电抗限制了交流输入电流,而不会散发该直流风扇速度控制器中的过多热量。

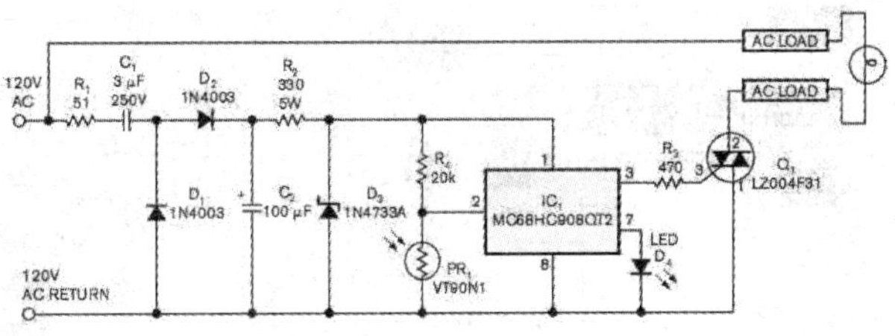

图 2 两二极管整流器和灯控制双向晶闸管共享一条通向 ac 线的公共返回路径。

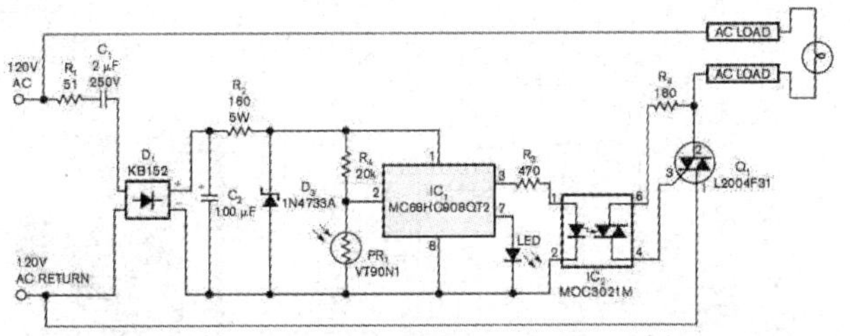

图 3 光电隔离器将双向晶闸管的大电流交流线路返回路径与微控制器的电源分开。

基于 Arduino Nano 和 Linkboy 图形化编程应用

山地车骑旅智能助行器

——之辅助导行、照明系统

一、创作背景

随着生活质量的提高，进行户外运动的人也越来越多。山地车骑行既能锻炼身体又融入了大自然，因此山地车骑行也就成了自行车热爱者们的首选。基于山地车骑行时间较长、路况风险较大等给骑行者带来的不便。因此，我们团队运用动能转化为电能的新能源概念设计了山地车骑旅智能助行器，为骑行者定制了一套便捷，安全的出行系统，方便了骑行者的出行，保障了骑行者的安全，让骑行者全面体验骑旅的舒心愉悦。

二、项目介绍

在山地自行车骑旅中，我们难免会进入陌生的地区，也可能遇到恶劣的天气，对此，我们需要进行实时监测，准确定位、信息显示及辅助照明。

在某些特殊路段或区域，天气变化较为频繁，比如云南很多地方有“一天有四季，十里不同天”的说法，这些特殊区域的天气因环境而改变，而这些特殊区域的突变对一些“导航”和“天气预报不是很准确，因此，我们需要及时对周围环境温度及湿度进行检测，以达到对此区域天气的预测。

在自己不熟悉的路段骑行，我们可能因骑行集中注意力于前方路面状况，及道路车辆情况，忽视了周围环境和地理位置，此时车辆如果发生意外，如爆胎、链条滑落或断裂等，周围又没有旁人，我们一般需要求救，同时也需要清楚地知道自己及车辆的位置。

同时，在骑旅过程中，我们难免会遇见阴暗天气或夜晚等光线不足的情况，以及茂密的林荫路段及大雾天气，在这些光线不足的情况下骑行，不仅影响我们的心情，还对我们的人身安全造成了威胁，因而我们必须对光线进行补充，既解决不影响我们的视线，也保证了骑行安全。

三、系统与仿真

基于以上需求，我们进行项目分析和比对，采用以

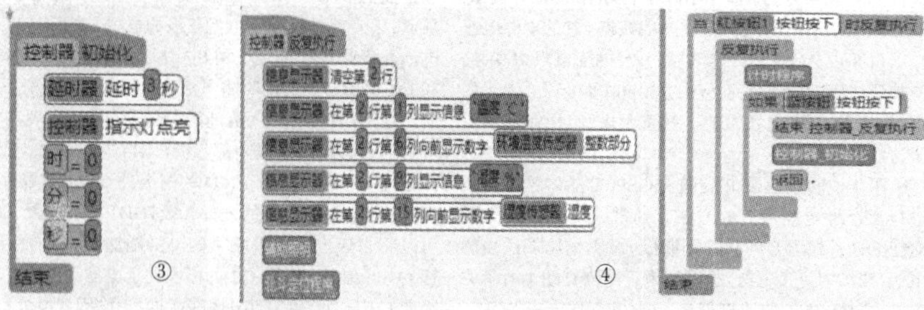

③ ④

Arduino NANO 的开源控制平台为系统主控制器，用 DS18B20 温度传感器监测骑行周围的环境温度，以 DHT11 温湿度传感器监测骑行区域的湿度，以北斗定位器定位车辆的位置，用两个按钮控制骑行计时开始和结束，以 ST7920S 屏幕为信息显示器的屏幕，显示周围环境温度和湿度以及北斗定位位置和骑行时间，相应硬件连接图如图 1。

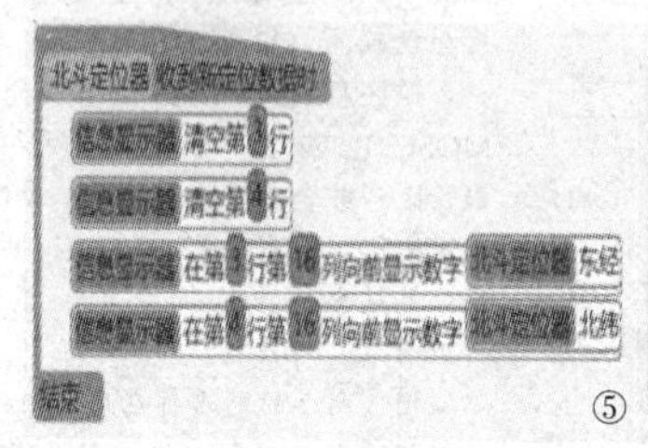

⑤

软件采用了当下青少年创客常用的 Linkboy 图形化编程软件，以实现低成本的高性价比控制系统，相应原理框图如图 2。

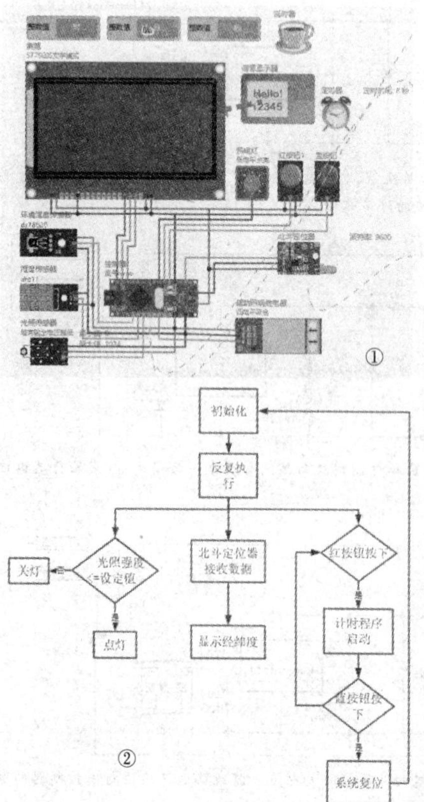

①

②

四、控制程序及各小系统

本系统主控系统采用 Arduino NANO 控制板做主控制器，在 Linkboy 图形化编程软件中对其进行初始化设置和主控程序。

初始化程序如图 3，在初始化程序中需要将“延时器”延时 3 秒后，“控制器指示灯”点亮，控制器开始工作。

主程序见图 4，在控制器主程序里，先清空信息显示器第二行，并在第二行第一列显示“温度‘C”，第九列显示信息“湿度%”。

1. 温湿度传感系统

当环境温度传感器开始工作，并感受到区域环境的温度时，在第六列向前显示数字“环境温度传感器的整数部分”，对区域温度进行收集；当湿度传感器开始工作，并感应到周围环境湿度时，在第 15 列向前显示数字“湿度传感器的湿度数值”，对湿度进行收集；与此同时，主程序还要运行“辅助照明和北斗定位程序”；当红按钮按下时，启动计时程序，如果骑行结束，按下蓝按钮时，结束计时程序和控制器反复执行程序，并将控制器初始化，最后返回。

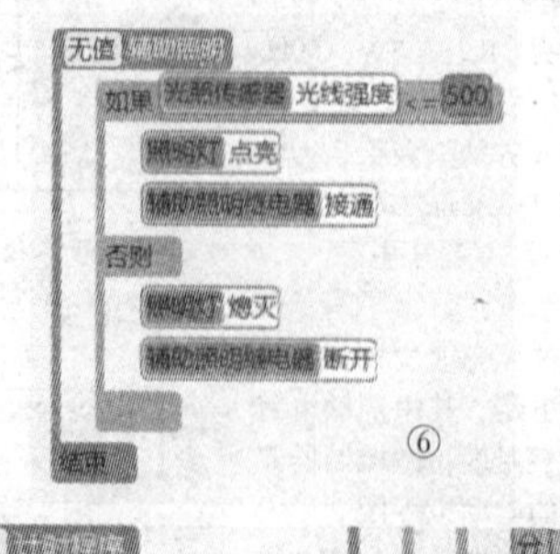

⑥

2. 北斗定位系统

在骑行途中，北斗定位器收到新的定位数据时，启动北斗定位程序，信息显示器清空第三、四行，并在第三、四行的第十六列向前显示北斗定位器的度和纬度，经度数值前显示“经度：”同理，纬度数值前显示“纬度”，如图 5。

3. 辅助照明系统

在阴暗天气或夜晚，以及茂密的林荫路段及大雾天气等光线不足的情况骑行时，辅助照明程序就会启动如图 6，如果光照传感器接收到的光线强度小于某个设定值（此图 500 忽略）照明灯（指示灯）点亮，辅助照明继电器接通，对照明灯进行供电，对光线进行相应补充，增加骑行视线，相反，光线强度大于设定值时，照明灯熄灭，辅助照明继电器断开，灯熄灭。

4. 计时程序系统

在骑行开始，按下红按钮后启动计时程序（计时程序按标准计时法进行计时）后，再在信息显示器第一行按“时：分：秒=00：00：00”进行显示，如图 7。计时系统可以用于计时和疲劳提醒，当系统暂停后可以重新启动，如果误启动计时可以按蓝按钮进行系统复位，等待重新开始。

五、创作感想

山地车骑旅智能助行器的创作过程对于我一个新手来说是很艰辛而又有趣的，在这一过程中，不断遇到困难，也在不断寻找解决方法，也得到了指导老师的帮助，在今后的创作道路上，我会从不同的角度思考分析问题，不断调试自己创作的作品，并对其进行修改，而兴趣方面也会只增不减，不断提高自己的技术知识和个人能力，争取创作出更好、更具有意义的作品。

初次创作并发表文章，认知水平有限，文章或有不妥之处，还望加以指正，并欢迎同行交流分享。

◇西南科技大学城市学院（鼎利学院）：
张建波、刘庆、赵传亚
指导老师：刘光乾

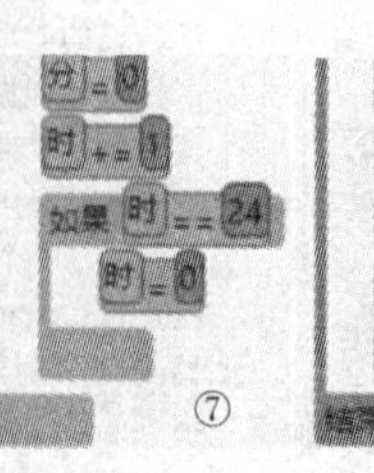

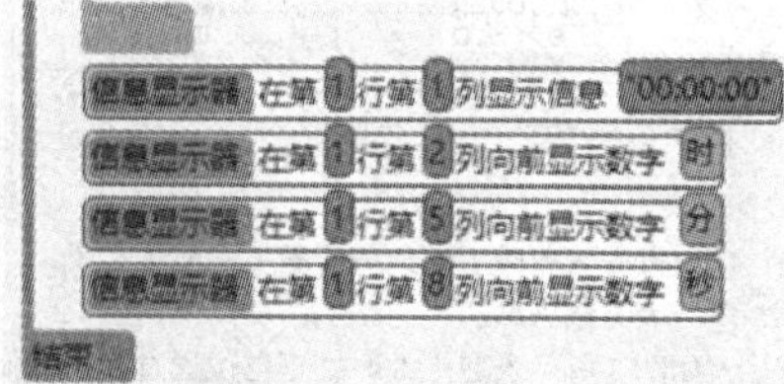

⑦

博途应用3:三相异步电动机直接启动连续运行控制(二)

(紧接上期本版)

程序段1用于电动机控制与过载保护,程序段2、3用于电动机运行状态和过载故障指示灯控制。

在程序段1中,输出线圈Q0.0用于控制主电路接触器KM的通电与断电,I0.0、I0.1和I0.2分别用于检测启动按钮、停止按钮和热继电器的状态,I0.1和I0.2的常闭触点与输出线圈Q0.0串联,分别用于正常停机和过载保护停机控制。不按停止按钮时,I0.1为0,其常闭触点闭合;电动机没过载,热继电器常开触点保持断开,I0.2为0,其常闭触点闭合,若此时按下启动按钮,I0.0为1,其常开触点闭合,输出线圈Q0.0回路接通通电,使外电路接触器KM通电,电动机运转。Q0.0常开触点用于自保,松开启动按钮后I0.0变为0,输出线圈Q0.0通过自保触点继续"通电"。当按下停止按钮时,I0.1为1,其常闭触点断开,输出线圈Q0.0"断电",电动机停转。当电动机过载致热继电器动作时,其常开触点闭合,I0.2为1,其常闭触点断开,输出线圈Q0.0"断电",电动机停转实现过载保护。

程序段1所示电路又称为"起-保-停"电路,它是梯形图中最基本的电路之一,其最主要的特点是具有"记忆"功能。

(2)采用置位/复位指令实现

用置位/复位指令来实现相同功能的梯形图如图7所示。

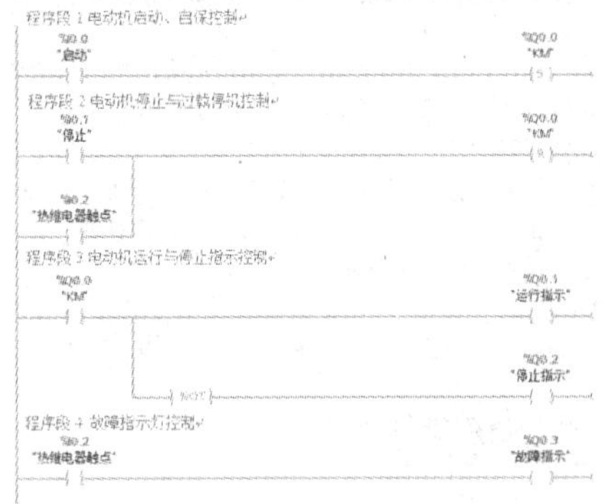

图7 用置位/复位指令实现控制功能的PLC程序

5. 组态CPU的PROFINET接口

双击项目树中PLC文件夹内的"设备组态",打开该PLC的设备视图。双击CPU的以太网接口,打开该接口的巡视窗口,选中左边的"以太网地址",采用在右边窗口默认的IP地址和子网掩码,如图8所示,设置的地址在下载后才起作用。

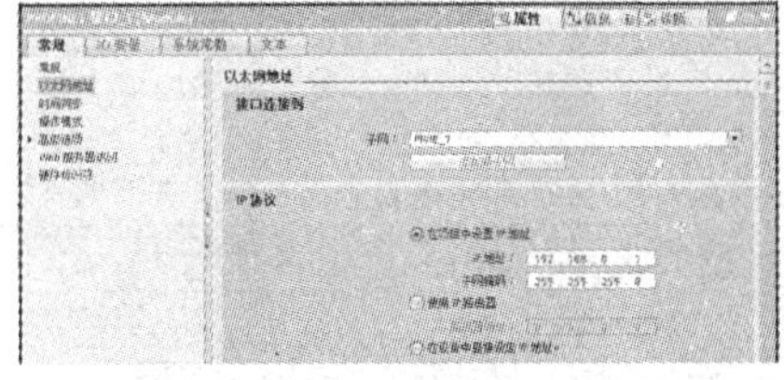

图8 设置CPU集成的以太网接口的地址

6. 设置计算机网卡的IP地址

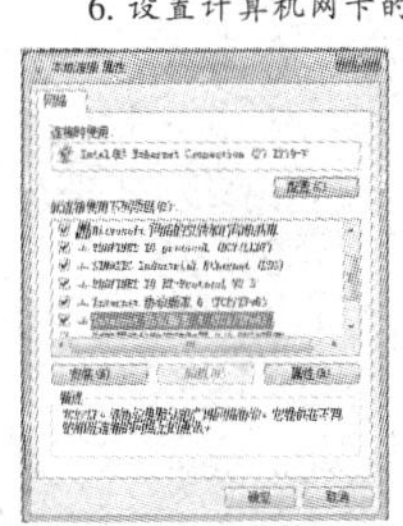

图9 设置计算机网卡的IP地址

如图9所示,用单选框选中"使用下面的IP地址",键入PLC以太网接口默认的子网地址:192.168.0.(应与CPU的子网地址相同),IP地址的第4个字节是子网内设备的地址,可以取0~255中的某个值,但是不能与子网中其他设备的IP地址重叠。单击"子网掩码"输入框,自动出现默认的子网掩码255.255.255.0。一般不用设置网关的IP地址。

使用宽带上互联网时,一般只需要用单选框选中图9中的"自动获得IP地址"。

7. 下载项目到CPU

做好上述准备工作后,接通PLC的电源。新出厂的CPU还没有IP地址,只有厂家设置的MAC地址。此时选中项目树中的PLC_1,单击工具栏上的下载按钮,打开"扩展的下载到设备"对话框,如图10所示(此处采用仿真界面)。

有的计算机有多块以太网卡,例如笔记本电脑一般有一块有线网卡和一块无线网卡,用"PG/PC接口"下拉式列表设置实际使用的网卡。

单击"开始搜索"按钮,在"目标子网中的兼容设备"列表中,出现网络上的S7-1200 CPU和它的MAC地址,图10中计算机与PLC之间的连线由断开变为接通。CPU所在方框的背景色变为实心的橙色,表示CPU进入在线状态。

如果网络上有多个CPU,为了确认设备列表中的CPU对应的硬件,选中列表中的某个CPU,勾选左边的CPU图标下面的"闪烁LED"复选框,对应的硬件CPU上的LED将会闪动。

选中列表中的S7-1200,"下载"按钮上的字符由灰色变为黑色。单击该按钮,出现"下载预览"对话框,如图11所示。编程软件首先对项目进行编译,编译成功后,勾选"全部覆盖"复选框,单击"下载"按钮,开始下载。

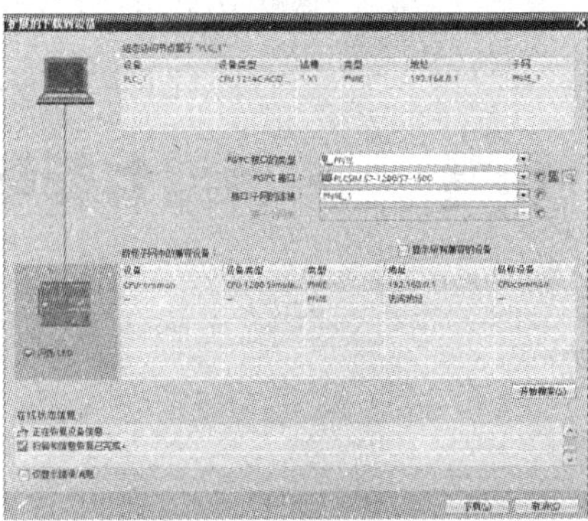

图10 "扩展的下载到设备"对话框

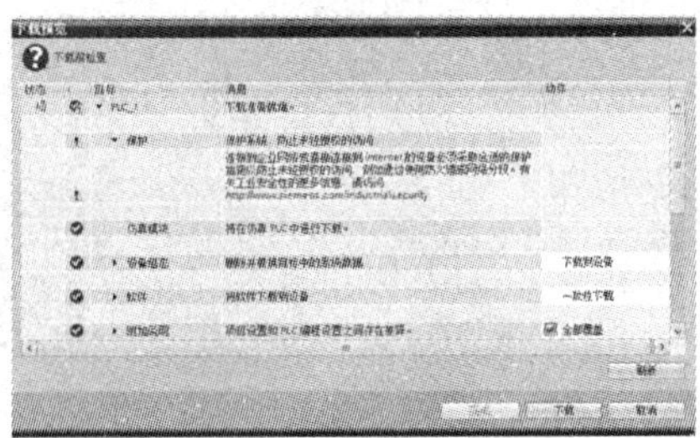

图11 "下载预览"对话框

下载结束后,出现"下载结果"对话框,如图12所示。勾选"全部启动"复选框,单击"完成"按钮,PLC切换到RUN模式,RUN/STOP LED变为绿色。

下载过程如下:

选中项目树中的PLC_1,单击工具栏上的下载按钮,出现"下载预览"对话框(见图11)。如果PLC处于RUN模式,将会出现"模块因下载到设备而停止"的信息。

单击下载按钮,出现"下载结果"对话框(见图12),CPU切换到STOP模式。选中复选框"全部启动",单击"完成"按钮,完成下载,下载后CPU进入RUN模式。

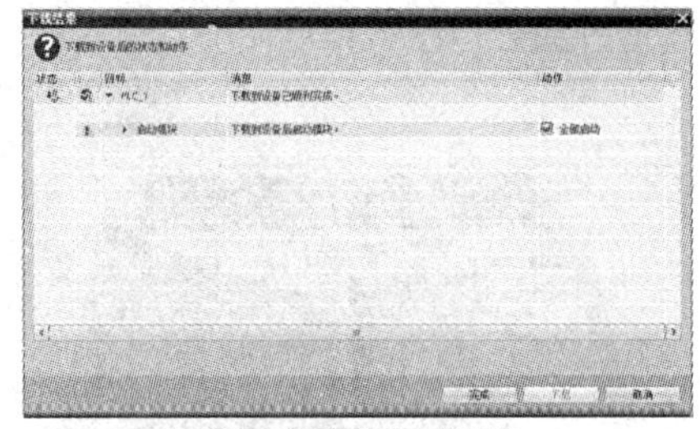

图12 "下载结果"对话框

8. 使用菜单命令下载

(1)选中PLC_1,执行菜单命令"在线"→"下载到设备",将已编译的硬件组态数据和程序下载给选中的设备。

(2)执行菜单命令"在线"→"扩展的下载到设备",出现"扩展的下载到设备"对话框,将硬件组态数据和程序下载给选中的设备。

9. 用快捷菜单下载部分内容

用鼠标右键单击项目树的中PLC_1,选中快捷菜单中的"下载到设备"和其中的子选项"硬件和软件""硬件配置"或"软件",执行相应的操作。

也可以在打开某个代码块时,单击工具栏上的下载按钮,下载该代码块。

特别提示,下载时找不到连接的PLC的处理方法如下:假设PLC原来的IP地址为192.168.0.1,在组态以太网接口时将它改为192.168.0.2,下载时将打开"扩展的下载到设备"对话框(见图3),单击"开始搜索"按钮,找不到可访问的设备,不能下载。此时应勾选"显示所有兼容的设备"复选框,单击"开始搜索"按钮,在"目标子网中的兼容设备"列表中显示出IP地址为192.168.0.1的CPU,选中它以后,单击下载按钮,下载后CPU的IP地址就被修改为192.168.0.2了。

10. 上传设备作为新站

CPU固件版本V4.0及以上,TIA博途V13及以上版本新增了"上传设备作为新站"功能。做好计算机与PLC通信的准备工作后,生成一个新项目,选中项目树中的项目名称,执行菜单命令"在线"→"将设备作为新站上传(硬件和软件)",出现"将设备上传至PG/PC"对话框,如图13所示。用"PG/PC接口"下拉式列表选择实际使用的网卡。

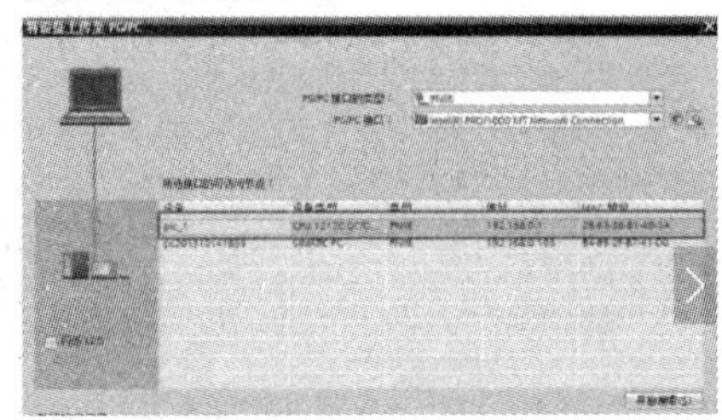

图13 "将设备上传至PG/PC"对话框

单击"开始搜索"按钮,在"所选接口的可访问节点"列表中,出现连接的CPU和它的IP地址。计算机与PLC之间的连线由断开变为接通,CPU所在方框的背景色变为实心的橙色,表示CPU进入在线状态。

选中可访问节点列表中的CPU,单击对话框下面的"从设备上传"按钮,上传成功后,可以获得CPU完整的硬件配置和用户程序。

(未完待续)(下转第67页)

◇福建省上杭职业中专学校 吴永康

时间的颜色——新型七彩电子钟(2)(续)

(紧接上期本版)

制作步骤

(1)电路板的焊接

将需要焊接的单片机和时钟芯片的插座等除了显示单元的发光二极管和轻触按键之外的电路元件在电路板上焊接完毕。需要注意的是,由于设计的需要,显示单元的发光二极管以及轻触按键均是安装于电路板的"背面"的(如图10),应该在"正面"的元件安装完毕后再安装焊接按键,最后再安装焊接显示单元的发光二极管。

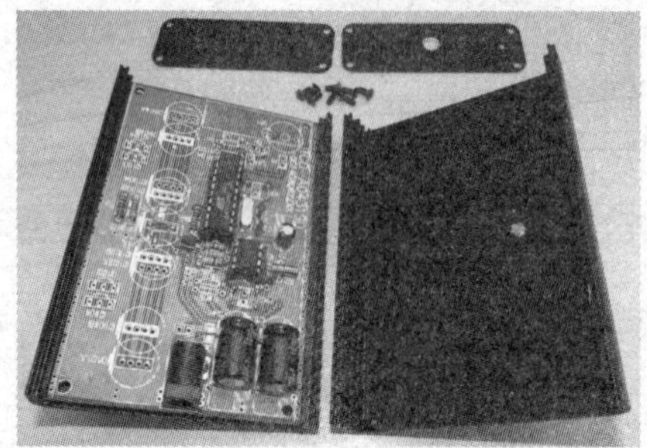

图10 铝合金机壳

(2)显示单元的安装

显示单元的发光二极管的安装需要在电路板上的其他元器件都焊接完毕后再进行。

将显示单元的4个二极管的引脚按照对应的顺序插入焊孔后通电,对电路板进行简单的检测和调试,待到检测电路板工作均正常时,再开始显示单元发光二极管的焊接固定。

固定显示单元的各个发光二极管时将发光二极管的管体紧压在面板上,使其管体底部与面板之间接触尽量紧密无缝隙,然后再焊接。

确认连线无误后将时钟芯片和烧好程序的单片机芯片按照正确的方向插入对应的插座,便可以通电试机了!

使用方法

初次通电,时钟显示的颜色并非准确的实时时间,而是程序预设的一个初始时间,所以需要根据实时时间进行调整。调整时先短暂按一下功能按键(如图11中靠近面板中部的左键)进入小时位的数值调整模式,然后再反复的短暂按压调整键(如图11中靠近面板中部的右键),即可调整小时位的数值,因为本制作对于时间的显示是通过颜色来显示的,所以调整时需要注意颜色的即时变化。完成小时位的调整后,再次短暂按压功能键即可进入分钟位的数值调整模式,按照上述相同的方式进行分钟位的调整以及后面的闹钟时、闹钟分、闹钟开关、走时快慢、显示模式切换、月、日的调整即可。调整日的数值到需要的大小后,再次按压功能键即可退出调整状态进入正常走时状态,计时器将按照调整好的时间走时。

图11 MP3电路板

设定闹钟时间到时,根据程序设定将会响闹1分钟左右,之后闹钟将会自动关闭。

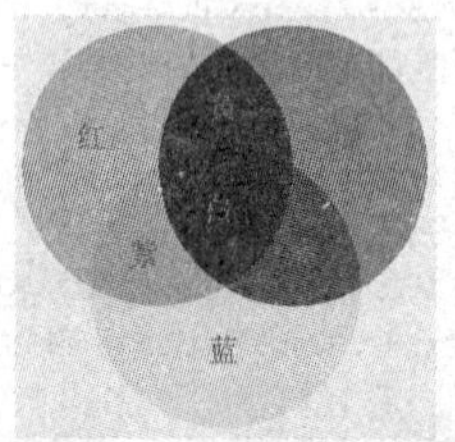

图12 三基混色图

将制作完成后的本机置于您的案头,当您伏案工作时、当您将要进入梦乡时,看到"静若处女"般(如图12)默默地待在那里时刻陪伴着您的她,悠悠的绽放出变化多端、美丽多彩的颜色,像不像一个文静美丽的"美少女四人组"呢?在下一期里我们将为您介绍我们上一篇文章里曾经提到过的那位每时每刻都在讲述时光飞逝的、流"光"溢"彩"的"小美女"。本次制作我们需要四位"美女"才能完成基本的时间显示任务,"她"独自一人能完成吗?如何为我们讲述"时光飞逝"?怎么才能流"光"溢"彩"?想知道这一切的答案吗?那就让我们在下期与"她"相会吧!

代表数值	混合颜色	三基色数值		
		红	绿	蓝
0	黑	0(00)	0(00)	0(00)
1	红	255(FF)	0(00)	0(00)
2	橙	255(FF)	165(A5)	0(00)
3	[illegible]	[illegible]	[illegible]	[illegible]
4				
5				
6	蓝	0(00)	0(00)	255(FF)
7	紫	255(FF)	0(00)	255(FF)
8	灰	128(80)	128(80)	128(80)
9	[illegible]	[illegible]	[illegible]	[illegible]

图13 混色比例图

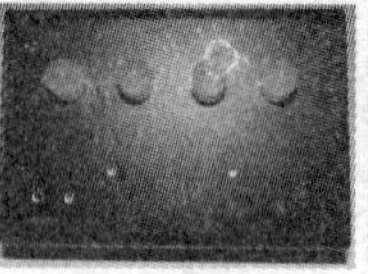

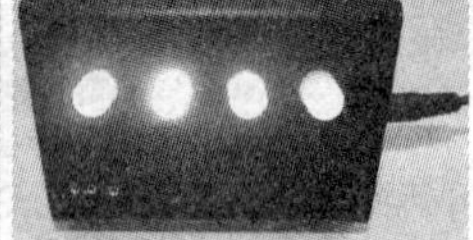

图14 焊接方法

图15 按键　　图16 美少女

特别提示:本系列制作中采用的有关时间显示新技术已申请并获得国家专利(专利号:201420035347.5/201410026895.6),受到国家相关法律保护,未经专利权人的同意,不得对发明进行商业性制造、使用、销售,使用相关专利技术必须遵守有关国家法律规定,在国家法律规定的范围内进行!

(全文完)　◇张春云 姚宗栋

流"光"溢"彩"!——新型七彩电子钟(3)

在上一篇文章里我们利用新发现的时间显示方法制作出了一款新型的七彩电子钟,领略到了新的时间显示方法的美丽的显示效果,在接下来的文章里我们将要一起认识一位流"光"溢"彩"的"小美女"!"小美女"长的什么模样?独自一"人"如何完成我们上篇文章里四"人"才能完成的时间显示任务?答案马上揭晓,让我们开始吧!

制作方案

为了制作上的简单,本制作确定的显示目标稍微低一些,本制作显示的计时数位只有3位:小时的个位、分钟的十位、分钟的个位。显示部分的显示单元只有1个:综合显示单元。显示方式为3个计时数位分别利用1个综合显示单元轮流显示。

上述综合显示单元由1个与上一制作类似的复合彩色发光二极管构成(如图1)。

本制作采用6时制计时法,利用6种不同的颜色来分别表示小时个位和分钟十位、分钟个位上的数值大小(如图2):

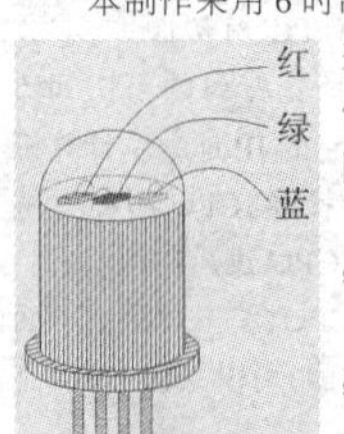

图1 复合彩色LED

白色分别表示小时个位、分钟十位、分钟个位上的0;

红色分别表示小时个位、分钟十位上的1,以及分钟个位上的2;

绿色分别表示小时个位、分钟十位上的2,以及分钟个位上的4;

黄色分别表示小时个位、分钟十位上的3,以及分钟个位上的6;

蓝色分别表示小时个位、分钟十位上的4,以及分钟个位上的8;

紫色分别表示小时个位、分钟十位上的5。

各计时数位的显示时序示意图(如图3):

(1)小时的个位显示0.4秒,关闭显示0.1秒;

(2)分钟的十位显示0.4秒,关闭显示0.1秒;

(3)分钟的个位显示0.4秒,关闭显示1.4秒。

综合显示单元按照上述显示时序完成一个显示周期的显示后,以相同的时序不断重复显示新的显示周期。

本制作中,如果综合显示单元一个显示周期的显示(如图4)为:

(1)显示红色0.4秒,关闭显示0.1秒;

(2)显示黄色0.4秒,关闭显示0.1秒;

(3)显示绿色0.4秒,关闭显示1.4秒。

则表示的时间可能是24时制计时法中的1时34分、7时34分、13时34分、19时34分。综合利用周边环境光照、声音因素便可以轻松准确的判断显示单元指示的数值具体是哪一个计时循环中的时间。

本制作中所采用的6时制计时法,类似于12(24)时制计时法每12(24)个小时为一计时循环,6时制计时法每6个小时为一计时循环;虽然如此将会使一天24小时内出现4个计时循环,但是因为与这4个计时循环周期中数值相同的时刻相对应的周边环境的光照、声音等因素存在明显的区别,所以只要综合利用以上相关外部环境因素便可以准确地判断显示单元指示的数值具体是指哪一个计时循环中的时间。

(未完待续)(下转第68页)　◇董洪明 姚宗栋

数值	各计时数位对应的颜色				
	时十位	时个位	分十位	分个位	星期位
0	白	白	白	白	白
1(2)	红	红	红	(红)	红
2(4)	[illegible]	[illegible]	[illegible]	[illegible]	[illegible]
3(6)	[illegible]	[illegible]	[illegible]	[illegible]	[illegible]
4(8)	蓝	蓝	蓝	(蓝)	蓝
5	紫	紫	紫		紫

图2 数位颜色对应表

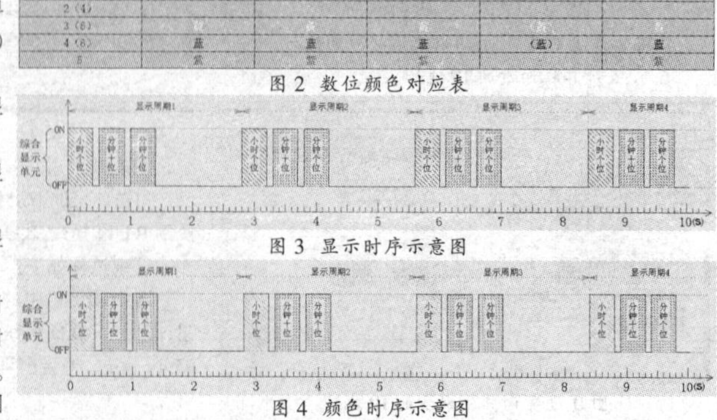

图3 显示时序示意图

图4 颜色时序示意图

数据中心机房设计与建设(二)

(紧接上期本版)

2.4 不间断电源 UPS 性能及技术指标

供配电和 UPS 系统是数据中心机房的核心部分，为保证长期稳定运行，其输出电压、频率、谐波失真度等稳定精度应控制在技术指标内。大楼配电房至机房为 380V 三相交流供电，经 UPS 整流器整流滤波为纯净直流电，由逆变器转换为稳频稳压的交流电，通过静态开关向负载供电。当交流电或整流器发生故障时，逆变器利用蓄电池电能无间断向负载提供稳定可靠的交流电；当交流电恢复供电后，UPS 将无间断转换为的正常工作方式。

通过对机柜数量和负载的估算，本项目配置 1 个 UPS 主机，3 个 25KVA 的功率模块，单机功率总容量为 75KVA，以满足机房系统的容量需求。

电源输入输出要求：

供电电源为三相输入，三相输出，输入交流系统自动侦测并适应 50/60Hz 频率制式，系统可以根据需求设置，通过 UPS 主机面板设定为单进单出、单进三出、三进单出或三进三出的进出方式。

电源模块技术：

UPS 主机为模块化结构，采用 IGBT 整流及逆变技术，功率变换器和系统均采用 DSP 数字控制技术；单个模块电源主机柜最大可扩容至 150KVA，自适应并机技术，支持冗余并机；

控制模块和功率模块均具备在线热插拔功能，在线更换模块不影响系统运行，MTBF（系统无故障安全运行时间）达到 20 万小时以上，MTTR（故障换件修复时间）为 10 分钟以内。具有遥测、遥信功能，并提供通信协议；任一功率模块均具有输入、输出和充电功率的平衡分配功能；

电池管理、转换效率技术：

具备完善的电池管理功能，如电池自放电、自动均浮充转换、温度补偿、自动均流等功能；可根据环境温度的变化自动调节浮充电压，最大限度地保证电池的有效容量，智能化管理电池，延长电池使用寿命。

采用可并联的自动均流充电器，均流不平衡度<5%，满足 2 小时的后备时间且 10 小时内电池容量达到 90%的储备；提供电池自放电功能，对于长期无法进行电池放电操作的系统，可手动进行放电操作。放电过程设有多级保护，在活化电池的同时，保障负载安全。

整机效率要求大于 95%（AC-AC），逆变效率大于 98%（DC-AC），输入电流谐波（THDI）小于 3%，输入功率因数（PF）大于 0.99；交流输入采用连续电流模式（CCM）运行，减少对电网干扰（RFI/EMI）；可配置输入、输出 K 值隔离变压器、手动维修开关、C 级防雷模块、LAN、RS232、RS485/RS422 通信接口，远程监控软件。

功率模块技术：

功率模块采用多制式在线双变换技术，将市电进行整流、滤波、稳压后转换为直流电输出，为后级逆变电路供电的同时又对电池组进行充电和管理。后级逆变电路为高效率的三阶正弦波调制电路，再将直流电重新逆变为交流电，为负载提供稳压、稳频、持续可靠的电源。简而言之，当输入为交流三相或单相市电时，输出±384V 的直流电为电池组充电，同时输出三相或单相正弦波交流电。

模块内部具备开机自检功能、交流输入过/欠压保护、交流输出过/欠压保护、输出过载保护、短路保护、过温保护、输出异常自动脱离保护、电池过放电保护等；系统柜集成功率模块、旁路模块、控制模块、LCD 显示模块，系统为模块式结构，由静态开关模块、监控模块和 N 个功率模块并联组成，模块 N+X 冗余，根据需求进行在线升级扩容；

模块具备通信功能，可与系统监控进行通信，即时发送和接收工作指令及告警信息。主机配置触摸屏液晶显示操作面板，支持中英文等多种语言，便于用户查看数据和进行操作控制；界面显示输入、输出、市电模式、负载容量、电池模式、电池容量等，并可存储 1000 条以上的历史信息日志。

2.5 精密空调给水排水设计

加湿给水系统：

数据中心机房的湿度调节系统使用的是精密空调集中加湿，只需提供通常的自来水供给接入就能正常运行。给水系统主要用于精密空调的加湿用水，通过 UPVC 管道连接大楼内的加压区给水系统管道立管，水量、水压可由大楼加压给水系统保证。

排水系统：

排水系统主要包括空调冷凝水、加湿排污水及事故泄漏消防废水。排水管道通过建筑外立面接至大楼竖井内的原有废水排污管；机房内挡水围堰地面找坡，坡向外墙处排水管道，坡度不小于 0.003；精密空调冷凝排水及加湿排污水管道于架空地板下敷设至靠内走道隔墙处的事故泄漏排水地漏处。

机房及其支持区域排水常规为一般清洁废水，接至大楼排水管道系统中。精密空调机组区域下方设置排水漏斗，供精密空调的冷凝水排水；空调区域内的楼板上及架空地板上均设机房专用洁净地漏，以供机房内事故排水。

精密空调区域设置挡水围堰，安装漏水检测，并做好防水处理；机房区域的走廊部分亦设排水地漏，以供发生意外时的消防排水，排水管道采用 UPVC 材料以保证长期使用质量。

三、数据中心机房实景图

四、总结

本项目从规划设计到调试运行，主要依靠台里自己的技术力量，学习先进机房建设经验，取长补短，群策群力，成功建设了金坛广电台数据、传输为主要功能的广电核心机房。经过实际运行，证明系统设计合理，安装调试到位，满足了当前高清编辑制作网、高清播出网和电台制播网络机房的需求。

（全文完）

◇常州市金坛区广播电视台　薛忠明　吴杰　刘志成

手机的消毒清理

在乘坐公共交通出行的时候，几乎所有人都喜欢使用手机打发时间，其附着细菌、病毒的概率也最高；因此疫情期间手机的消毒是必不可少的一个环节。

那么如何有效又安全地做到手机消毒呢？

首先关闭手机电源，等手机冷却后，优先选用适量的 75%医用酒精，或使用其他对电子产品没有损害的消毒产品，包括一些消毒纸巾来擦拭手机表面。

这里需要指出，84消毒液是一种以次氯酸钠为主的高效消毒剂，对金属具有一定的腐蚀性，加上需将消毒物品浸泡10~15分钟才能起到消毒效果，所以不适用于手机（电器类）消毒。

另外建议使用棉球（软布），从安全角度不建议使用喷壶进行喷射消毒，因为75%浓度的医用酒精易燃易爆，一定要远离明火。具体操作：将75%的医用酒精均匀地喷在棉球（软布）上；使用棉球（软布）从上到下同一方向擦拭手机屏幕、背面、侧面，手机按键缝隙、充电接口等部位；将手机静置5分钟，等待手机表面酒精挥发，完成手机消毒。如果手机有保护套，等手机挥发干后再重新佩戴保护壳，同样保护壳也需要消毒，尤其是外壳那一面。

当然市面上还有一些手机消毒器，主要是通过紫外线

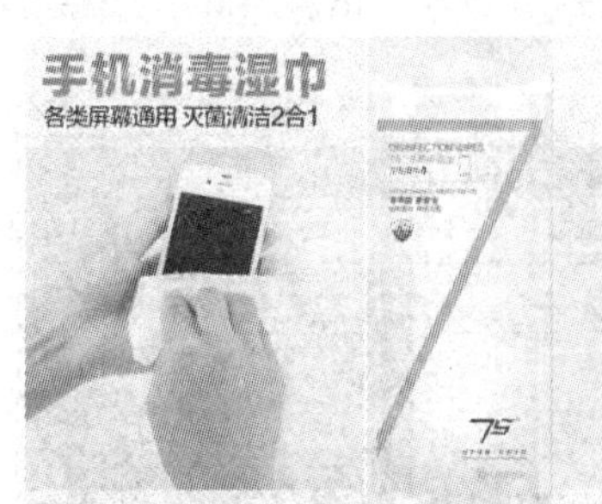

手机消毒湿巾
各类屏幕通用 灭菌清洁2合1

嫌麻烦可以直接购买使用手机消毒湿巾

消毒，紫外线杀菌消毒是利用适当波长的紫外线能够破坏微生物机体细胞中的DNA的分子结构，造成生长性细胞或再生性细胞死亡，无论皮肤、细菌、还是病毒，真菌，大部分都可以有效灭杀。

比如小米有品众筹就上架了一款优一手机紫外线杀菌消毒包，30秒快速为手机杀菌，售价199元。其内置双紫外线灯，仅需1分钟，快速高效杀菌。

外壳采用TPU材质，可有效阻隔紫外线，保证产品使用的安全性。可折叠收纳设计，方便携带，拉起后内舱空间更大，消毒更均衡。16cm×9cm的尺寸可适配目前主流机型以及一些小型的佩戴部件，包括口罩、眼镜、钥匙等物品。

（本文原载第 9 期 11 版）

一款AI录音笔

传统的录音笔说白了就是一个简化版的录音机，除了在内存扩展和声音清晰度记录方面外别无亮点。随着人工智能的发展，AI录音笔通过大数据的学习分析，在整理和转换文字方面大大提高了使用者的工作效率。这里就为大家推荐一款带人工智能的录音笔——搜狗AI录音笔C1 Pro。

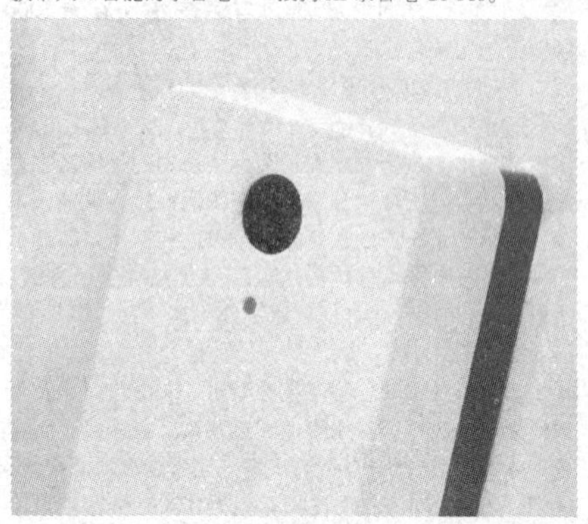

在机身正面，相较于上一代C1，其麦克风孔尺寸更大了，并新增一颗麦克风指示灯，当麦克风太近或讲话声音过大时，会有红灯提示，配合两枚全数字双麦克风组成的阵列，可针对不同录音场景进行精准捕捉并高度还原声音。再通过搜狗自研AI SmartVoice数字降噪算法，针对不同的使用场景对噪音进行多重优化，有效提升录音转写准确率。

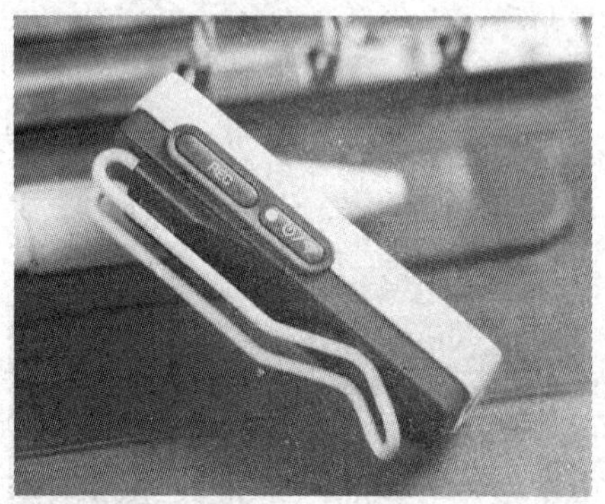

仅有的两个操作按键简单易懂，外挂也非常适合外出采访

通过手机下载“搜狗录音助手”App，长按录音笔电源键5秒进入蓝牙配对模式，再次短按电源键即可完成蓝牙连接。

傍晚6:02

搜狗录音助手

2.6分　25.5万次下载　实用工具

安全　人工客服

详情　评论　精选

搜狗听写、发现声音的价值

在录音功能方面，支持“演讲速记”“采访速记”“普通录音”“同声传译”等功能。

在转写功能方面，支持边录边写功能，将录音笔连接搜狗录音助手App，录音就能实时转换成文字内容，还可以对文字内容进行更改和添加。一般一个小时的采访录音文件，不足10分钟就能出稿，得益于算法的功效，录音转文字的准确率可以高达97%，这是人工整理所不能达到的。在手机App里，录音转写文字过程实时跟进，方便用户随时查看录音转写状态。

在数据传输方面，1个小时的录音数据量使用普通的蓝牙传输模式将录音内容传输到手机App大约需要30分钟左右；而“WiFi快传”模式仅需1分钟就可以搞定。

在同声传译方面，只需在手机App首页底部的“+”号中选择“同声传译”，即可自动开启同传。录音笔录音的同时，手机App上会实时显示翻译结果；退出页面后，同传功能自动关闭。不过需要注意的是，“同声传译”目前仅支持中英同声传译，其他语言尚不支持，可能后续App升级会引入更多的语种。

还有“同传分屏”功能，系统会生成一个二维码，将二维码分享给微信好友或群聊，他人即可通过手机扫码查阅翻译结果，还支持多人同步查阅同传内容和翻译结果，非常便捷。

待机方面，最长可实现40天的待机时间，方便用户出差长时间使用，满电续航也能达到10个小时以上。最后还赠送首次注册会员的VIP用户100小时的云储存空间，录音转写内容可自动备份至云端（支持手动删除），手机和电脑均可同步云端数据，使用更加便捷。

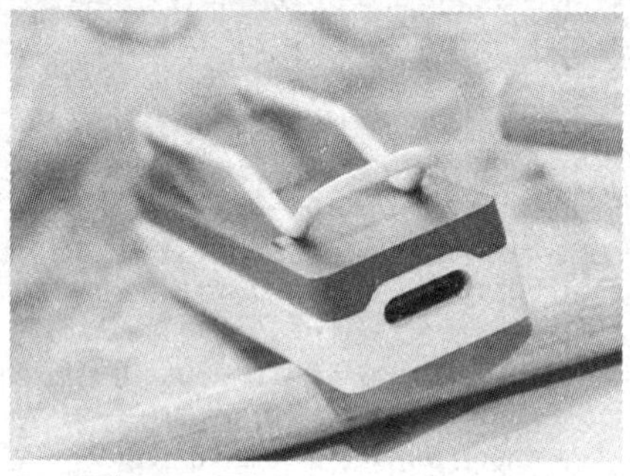

主要参数

存储容量：32GB

录音功能：WAV，MP3

电池类型：锂电池

供电时间：210小时

材质：塑料

颜色：黑色，蓝色，白色

外形尺寸：57×17×17mm

产品重量：19g

售价：598元

音与色的结合——柔宇发布全新智能音箱

在今年召开的CES 2020国际消费电子展上，作为柔性屏幕材质的生产厂家柔宇公司正式发布了全新的智能音箱（题外话：全球第一款柔性屏手机发布就是这家公司）。这款智能音箱最大的特点就是具有环绕式触摸屏，整个外形呈一个圆柱体。

柔宇的这款智能音箱名为Mirage，搭载了8英寸的“完全柔性”AMOLED触摸屏。柔宇Mirage将支持Amazon Alexa，并配备了3个“全频驱动器”和1个“无源低音辐射器”。顶部设置了四个触摸按钮，能够实现动作、麦克风关闭、音量大小调整四个功能。音频配置方面，Royole称Mirage内置了三个全频扬声器和一个被动式低音单元。至于实际效果，还得找个安静的地方听一下真机才行。

此外，Mirage配备了两个远场麦克风，支持亚马逊Alexa语音助理，另有5MP摄像头和一个实体物理开关，不用时可以遮挡起来。

这款音响最快将于今年第二季度上市，售价为约6000元。

电脑如何投屏到电视

现在手机和平板都能很方便的投屏在电视机上，其实电脑也可以不用连接网线，直接采用投屏的方式连接在智能电视机或电视盒子上。

首先在电脑端搜索下载安装“AirPin”，基于此类软件有很多，能够支持AirPlay及DLNA双协议的媒体接收端软件，这两个协议也是目前主流进行音视频、图片的投射协议，不仅能够支持苹果、安卓设备投屏，还能够实现电脑屏幕镜像功能。该类软件具有以下三种功能：屏幕镜像、推送媒体、媒体URL（在线视频网址）。屏幕镜像会直接显示电脑桌面，推送媒体则能够把电脑的本地视频推送到智能电视、电视盒子上，而媒体URL则是直接把在线视频推送至智能电视或电视盒子上。

具体操作：在电脑端下载安装“AirPin”类应用软件，点击运行后，进入到电脑左下角的任务图标栏内，鼠标右键，会弹出对话框。保持电脑和智能电视或电视盒子在同一网络环境下，选择相应的设备即可投屏，这里可选择“相关的智能设备”进行投屏推送。

这里需要注意：对网络的要求较高，高清（特别是超高清）画面延迟还存在一些问题，需要再优化。

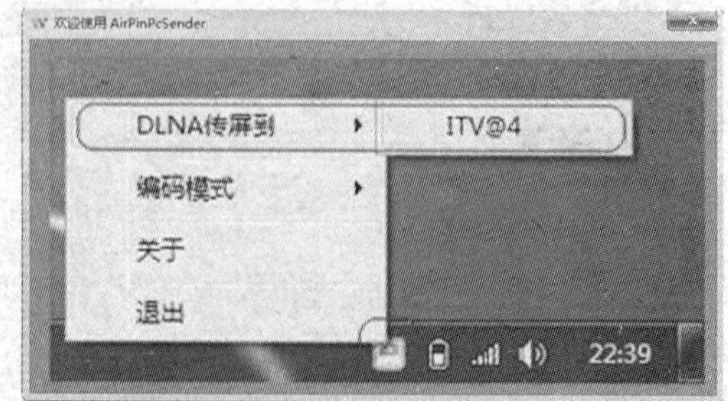

邮局订阅代号：61-75　国内统一刊号：CN51-0091

微信订阅纸质版 请直接扫描 邮政二维码 每份1.50元 全年定价78元 每周日出版

扫描添加电子报微信号 或在微信订阅号里搜索“电子报”

2020年2月16日出版　实用性　启发性　资料性　信息性

第7期　国内统一刊号:CN51-0091　定价:1.50元　邮局订阅代号:61-75

地址:(610041)成都市武侯区一环路南三段24号节能大厦4楼　网址:http://www.netdzb.com

(总第2048期)　让每篇文章都对读者有用

花式挤牙膏?

最近Intel展示了全新的3D Foveros立体封装技术，由此技术生产的首款产品将会使用代号Lakefield，被行业视为Soc处理器未来新方向之一。

Foveros 3D封装改变了以往将不同IP模块使用同一工艺、放置在同一2D平面上的做法，改为3D立体式堆栈，而且不同IP模块可以灵活选择最适合自己的工艺制程，有助于合理优化方案降低成本。

该技术的应用，让Lakefield在面积为12×12毫米，厚度仅1毫米的极小的封装尺寸中取得了性能、能效的优化平衡，并具备最出色的连接性。其内部核心混合式CPU架构融合了10nm工艺Tremont高能效核心*4+Sunny Cove高性能核心*1，可以智能地分配负载，平衡性能和续航。

这也就意味着Intel可能会继续放缓纳米制程的工艺，通过堆栈来增加处理器性能。

而第十代酷睿的信息也越来越多，其中桌面端的Comet Lake-S处理器，型号多达22款。

BX8070110900K	BX8070110500
BX8070110900KF	BX8070110400
BX8070110900	BX8070110400F
BX8070110900F	BX8070110320
BX8070110700K	BX8070110300
BX8070110700KF	BX8070110100
BX8070110700	BX80701G6600
BX8070110700F	BX80701G6500
BX8070110600K	BX80701G6400
BX8070110600KF	BX80701G5920
BX8070110600	BX80701G5900

型号就包括之前说过的10核20线程的旗舰i9-10900K、次旗舰i9-10900、8核16线程的i7等等。并且九代酷睿中无核显的F系列也保留了下来，有i9-10900KF、i9-10900F、i7-10700KF、i7-10700F、i5-10600KF和i5-10400F共6个型号。

除此以外新一代的奔腾、赛扬也会有更新，最快大家将于4月份看到这些芯片的陆续发布，不得不说“挤牙膏”的能力真是厉害。　(本文原载第10期11版)

英特尔500系芯片组曝光

本次曝光的500系列芯片组的资料为0.7版本，并非为最终版。英特尔500系列芯片组将支持第二代10nm制程处理器Tiger Lake-U系列(虽然Tiger Lake-U对应的是500系芯片组，但是移动级500系芯片组与最终的桌面级500系芯片组还是有一些差别的，移动级500系芯片组规格基本对应的是400系桌面级规格。)。500系列芯片组与马上将要发布的400系列芯片组是同期进度，所以规格方面两者可能比较相似。其猜测500系列芯片组将支持雷电4和USB4，并不支持PCIe 4.0。　(本文原载第10期11版)

安培构架预览

NVIDIA的第一代光线追踪显卡图灵(Turing)架构上市已经有一年半的时间，下一代安培(Ampere)架构产品最快将在年中发布，其中三月份的GTC大会上，应该能看到安培架构核心的相关演示。目前安培系列的高端序列为GA103、GA104两个核心代号，而以数字3结尾的核心代号也是首次看到。

规格方面，安培架构的GA103拥有60组SM阵列，3480个CUDA，搭配320bit位宽显存，提供10/20GB的GDDR6显存；GA104则是48组SM阵列，3072个CUDA，256bit显存位宽，8/16GB的GDDR6显存。这两款产品将分别对应RTX 3080和RTX 3070，规格远高于RTX 2080 Super和RTX 2070 Super，CUDA数量和显存位宽、显存容量都有所增加。

7nm安培GPU的FP64性能可达18TFLOPS，作为对比的是Tesla V100加速卡是7-7.8TFLOPS，最新的Tesla V100s是8.2TFLOPS。在Tesla系列的加速卡中，FP32:FP64是2:1的，也就是说7nm安培显卡的FP32性能可达36TFLOPS，是目前Tesla V100系列的2倍还多，后者最强也不过16TFLOPS。

但7nm的游戏级安培性能如何还不好说，因为NVIDIA最近几代GPU中Tesla与GeForce系列都是分开的，RTX显卡用的12nm图灵GPU完整版也只有4608个CUDA核心，Volta是5120个，而且游戏GPU的FP64性能阉割到1:32，可比的只有FP32性能，TU102核心跟GV100核心的FP32性能差不多，都在14-16TFLOPS左右。

至于首发是否会继续隐藏部分实力、后续再出Super完整版目前还无定论，工艺良率和AMD、英特尔显卡时促成产品推出的重要原因。

至于两个新核心都会采用7nm工艺，但是台积电还是三星代工目前尚不明朗，考虑到二者规格比较接近，不排除分别由台积电、三星代工的可能，毕竟台积电7nm产能非常紧张，据说三星会给非常优惠的价格提供代工服务。

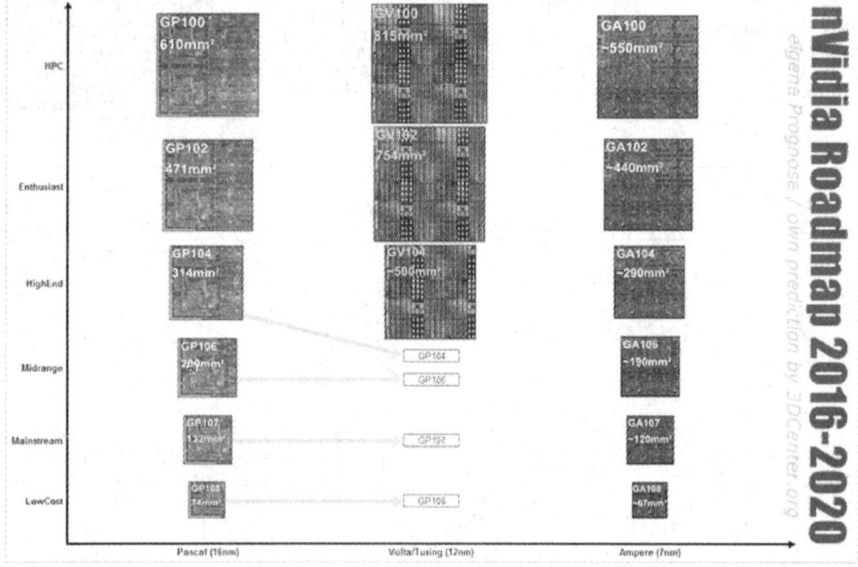

早期的规划图并无GA103核心

疫情期间电动车的养护问题

受新型冠状病毒疫情影响，很多人都选择不出行或者少出行，因此家里的电动车也差不多快闲置1个月了。这里提醒一下各位，在低温季节电动车停放时间超过1个月就应该充一下电了。

由于电池会出现自放电现象，即使每天不使用都会有电量流失，其中冬季平均的电量流失大约在0.4%-0.6%之间。因此放置一个月以上的电动车，没有及时充电的话，很容易造成电池容量降低，电池寿命缩短等现象。

使用电动车要养成一个好习惯才能尽可能延长使用寿命。最好在室内(一般小区都在地下室设有专用的电动车停放室)充电，当电量低于30%时间就要尽快充电，低于20%最好不要使用，否则会减少电池的循环寿命。充电时间一般在10小时内，过充也会对电池造成损害。放置不用，先要把电动车电充满，然后7-15日给电动车充一次电，这样可以避免电池因硫化而造成电池的损伤。充满电后，假如不使用的话，可以关闭电动车空气开关；空气开关位于后座桶内，除了可以保护电池避免快速“亏电”外，还能起到一点点防盗作用。

康佳35017677三合一板电源和背光灯电路原理与维修(一)

康佳LED液晶彩电采用的是主板+电源+背光灯三合一组合35017677型板，与版本号为35018186、35018669的三合一板基本相同，只是LED驱动电路不同。该板应用于康佳LED47M3500PDE、LED47E350PDE、LED47F3550F、LEDE47M3500PDE等液晶彩电中。

实物图解和简单工作原理见图1所示。

其中主板部分由主芯片MSD6I981BTC、调谐电路TDA18273、功放电路HSH9010等IC和其它器件组成，对TV、AV、HDMI、VGA、HDTV、USB等各种信号进行放大和处理，形成的图像显示信号送到显示屏，产生的音频信号送到扬声器，同时对整机各个系统和单元电路进行调整和控制；开关电源中的PFC驱动电路采用FAN7930，电源驱动电路采用FAN6755W，输出+24V和VCC12V电压，为主板和背光灯电路供电；LED背光灯升压驱动电路采用AP3041，将+24V电压提升到33V~50V左右，为LED背光灯串正极供电；LED背光灯串负极通过专用调流电路iW7023进行电流调整和控制。

一、电源电路工作原理

康佳35017677三合一板的开关电源电路组成方框图见图2所示，电路图见图3所示，由抗干扰和市电整流滤波电路、PFC功率因数校正电路、开关电源电路三部分组成。

通电后AC220V市电经过抗干扰电路滤除干扰脉冲，全桥整流后，产生100Hz的脉动直流电压，该电压经过PFC电路储能电感和升压二极管在大滤波电容CF917/CF919两端形成+300V的直流电压，为开关电源供电，开关电源启动工作，输出较低的直流电压为主板控制系统供电，整机进入待机状态。遥控开机后，PFC电路启动工作，开关电源输出电压上升到正常值，背光灯电路和主板信号处理电路启动工作，整机进入开机状态。

(未完待续)(下转第72页)

◇海南 孙德印

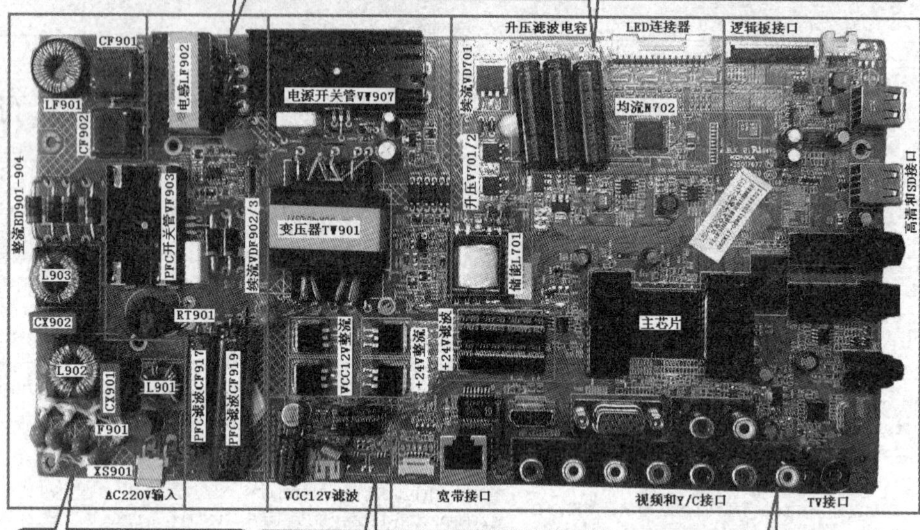

图1 35017677三合一板实物图解

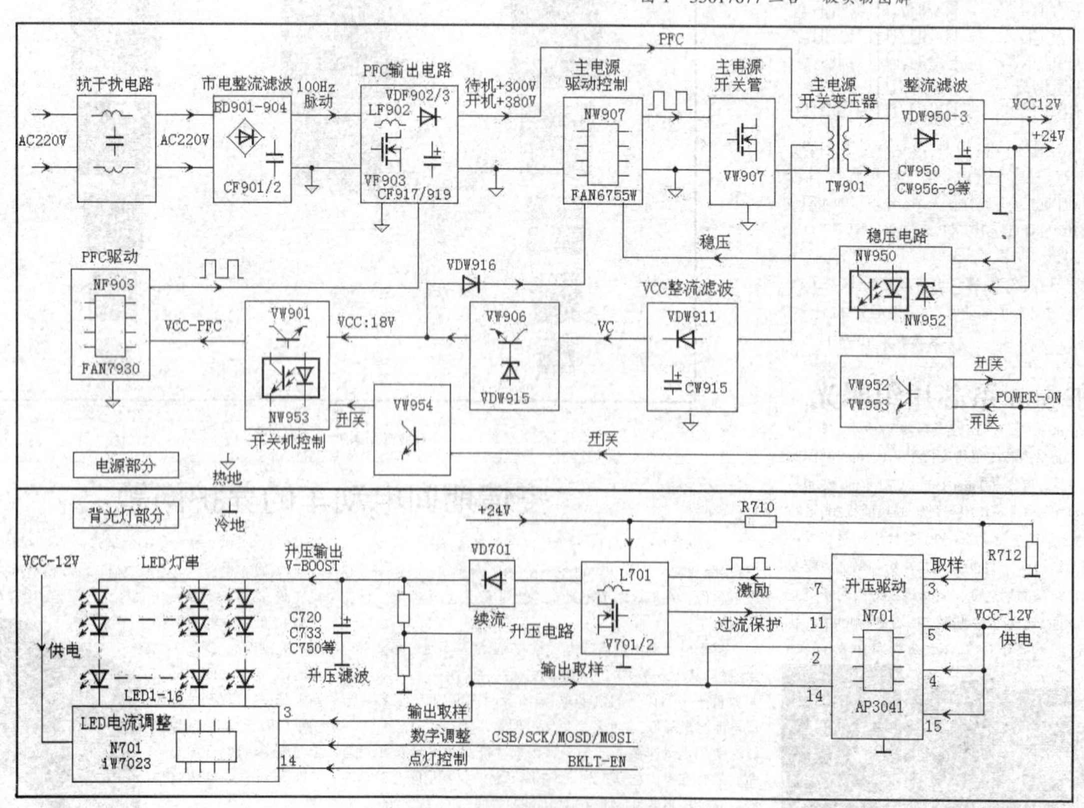

图2 康佳35017677三合一板电源和背光灯电路组成方框图

双树莓派编程实现遇障报警的“物联网”实验

“物联网”IOT(the Internet Of Things)指的是“万物”相连的互联网,它是在互联网基础之上的延伸和扩展。通过全球定位系统和各种信息传感器、射频识别等装置与技术,物联网可以进行声、光、热、电、力、位置等多种信息的实时采集,最终实现在任何时间、任何地点的物与人、物与物之间的互通互连。目前在STEM教育环境下的中学创客实验室中,通过使用树莓派和相关的外设进行编程测试,可以完成一些功能相对简单但却极具实际应用价值的实验,比如“双树莓派编程实现遇障报警的‘物联网’实验”,其实质与汽车的“倒车防撞雷达”是完全一致的;同样,它与无人机(比如大疆精灵4)的超声波“定位避障”也是如出一辙。

实验名称:双树莓派编程实现遇障报警的“物联网”实验

实验目的:学会超声波传感器、蜂鸣器和OLED屏等器件与树莓派扩展板的正确安装连接方法;掌握利用古德微机器人网站的“积木”编程来实现对超声波传感器的检测距离数据的处理,学会控制OLED屏、蜂鸣器和LED灯的方法,尤其是两个树莓派之间传递信号实现“物联”的控制方法。

实验原理:利用树莓派等硬件设备的连接和古德微机器人网站的“积木”编程,实现由一个树莓派(带超声波传感器)检测到的障碍物是否进入“危险”范围的距离信号、去驱动第二个树莓派(带LED灯、蜂鸣器和OLED屏)的多个设备向外发出声、光等警报信号。

实验器材:树莓派主板和古德微扩展板各两件,超声波传感器、OLED屏、低电平触发蜂鸣器、绿黄红蓝色LED灯各一只,公对母杜邦线三根,联网电脑一台(如图1所示)。

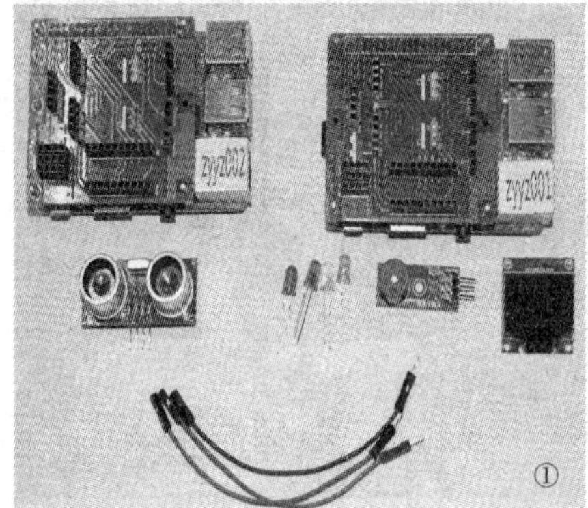

①

实验步骤:

一、调试2号树莓派(超声波测距模块)

1.预备知识:关于超声波测距和HC-SR04型超声波传感器

超声波是一种频率高于20000Hz(人耳能听到的声波频率为20Hz~20000Hz)的声波,具有方向性好和穿透能力强等优点,广泛应用于测距和测速等方面。超声波测距就是利用超声波发射装置发出超声波,然后根据接收器感应到遇障碍反射回来的超声波所用的时间(超声波在空气中的传播速度是340m/s),从而计算出与前方障碍物之间的距离(类似于雷达测距原理)。

在创客实验室中与树莓派配套使用的超声波传感器型号为HC-SR04,除了控制电路(四个引脚)外,它还包括两个圆柱形探头:一个可以发射超声波,另一个则用来接收超声波。HC-SR04超声波传感器的有效测距范围为2cm~400cm,精确度可达3mm,但必须要注意:2cm以内是它的“盲区”——即最短有效测量距离为3cm(测量角度为15°)。

2.连接树莓派与超声波传感器

在2号树莓派主板上正确插入古德微扩展板(注意均匀小心用力),插好电源线。超声波传感器的四个引脚分别标注为VCC、TRIG、ECHO和GND,分别对应电源正极、控制端、接收端和接地。扩展板的20号和21号是相邻的四个引脚,其位置次序与超声波传感器是一一对应的,直接“对号”轻轻插入即可(如图2所示)。

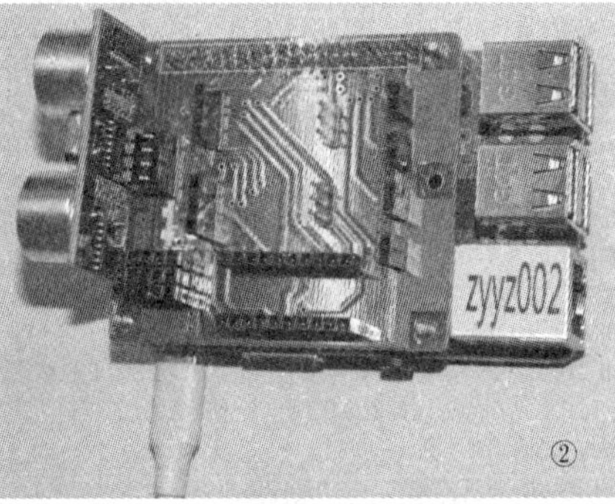

②

3.进入古德微网站进行编程

在联网电脑上使用360浏览器访问古德微机器人网站(http://www.gdwrobot.com/),登录2号树莓派的账号(zyyz002),进入“设备控制”项进行“积木”编程,其关键代码作用解释如下。

一是要保证超声波传感器在正常运行的时间段内一直在进行距离探测,使用循环语句:“重复当‘真’”;二是建立一个名为“间距”的变量,用来保存超声波传感器测试前方障碍物的距离值(单位是cm),代码为:“赋值‘间距’为‘超声波测距’”;三是对“间距”进行条件判断,如果与前方障碍物的距离为50cm——即“‘间距’<50”,符合设定的报警范围值(该值可根据实际情况来设定),就要向1号树莓派发送条件为“真”(数字1)的响应信号(否则便发送数字0——条件为“假”);四是发送信号的代码,包括接收目标、主题及具体的信号数据:“向‘zyyz001’发送主题‘LED’的数据‘1’”(或0)。

最后,保存代码为“超声波测距”(如图3所示)。

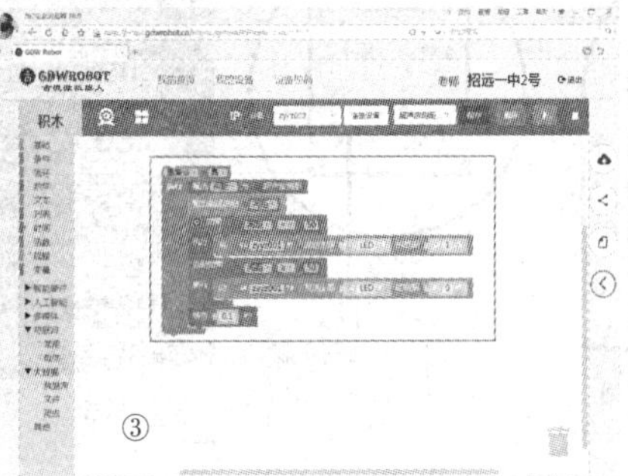

③

二、调试1号树莓派(遇障报警模块)

1.连接树莓派与LED灯、OLED屏和蜂鸣器设备

在1号树莓派主板上正确插入古德微扩展板(注意均匀小心用力),插好电源线。

将四支不同颜色的LED灯分别插入扩展板的5号、6号、12号和16号针脚,注意各自的“长腿”正极要对应插入到标注有“+”号的针脚中;OLED屏有四个针脚,分别是VCC、GND、SCL和SDA,对应的是电源正极、接地、时钟和数据,由于扩展板标注为Up一列的10个引脚与LED灯距离较近,无法在此正常插入OLED屏(除非使用杜邦线),因此选择Down列(与Up列是对角线相连的连接规律),对应的标注是VCC、GND、CLK和DATA,将OLED屏小心插入;低电平触发的蜂鸣器有三个引脚,分别是VCC、I/O和GND,对应的是3.3V低电平正极、输入/输出和接地,需要使用三根公对母杜邦线连接到扩展板的3.3V低电平正极、25针脚的O和GND(如图4所示)。

④

必须要注意的是,低电平触发的蜂鸣器遵循的是“有电不响、没电才响”的发声规则,而树莓派在正常情况下启动后的3.3V低电平正极都是处于“无电”状态,此时就会直接触发蜂鸣器发声,可先发一条“设置GPIO‘25’为‘有电’”命令将其鸣叫声关闭,从而进入“正常”的待机状态。

2.进入古德微网站进行编程

由于要在同一台联网电脑上同时控制1号和2号树莓派,可选择分别使用360浏览器和Google浏览器来登录各自的账号,这样彼此不会冲突(否则便需要两台联网电脑)。打开Google浏览器访问古德微机器人网站,登录1号树莓派的账号(zyyz001),进入“设备控制”项进行“积木”编程,其关键代码作用解释如下。

一是设置系统处于“非报警”状态,即接收2号树莓派发送过来的信号为条件“假”,代码为:“监听主题‘LED’并设置初始值‘0’”;二是同样要建立循环结构,使整个报警模块一直处于监听状态,第一层判断条件为“如果‘物联网是否收到新数据’”,第二层判断条件为“获取主题‘LED’的数据=‘1’”,都符合的话则开始启动报警模块;三是OLED屏显报警,通过一个名为“图片对象”的内置变量来将显示屏设置为通用的显示状态(包括宽、高及颜色等),然后在上面显示文字报警信息“危险,闪!”,也要设置其显示的大小及坐标位置(可根据文字内容多次调试);四是LED灯矩阵闪烁报警,分别控制5号、6号、12号和16号针脚的四种颜色LED灯先亮、再灭(中间要有等待时间代码),使用循环语句来执行5次;五是蜂鸣器报警,可直接将代码插入到LED灯矩阵代码中,即分别将“设置GPIO‘25’为‘有电’”(不响)和“设置GPIO‘25’为‘没电’”(响),记得报警循环5次结束后再添加一个“有电”设置,关闭蜂鸣器的警报声,最后再通过一条“清空OLED显示屏”命令代码来关闭OLED屏幕显示信息(如图5所示)。

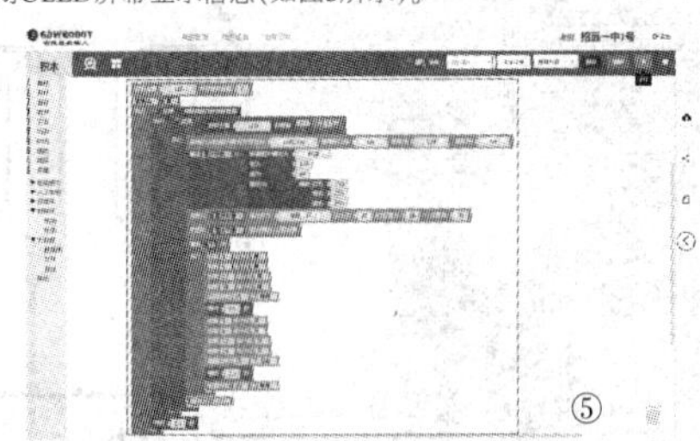

⑤

三、运行程序代码来检测双树莓派的遇障报警

所有的准备工作已经完成,开始进入程序代码运行阶段。分别给1号和2号树莓派通电启动,接着在两个浏览器中登录两个账号,点击“连接设备”按钮,正常情况下应该有各自的IP地址(1号IP:192.168.1.113,2号IP:192.168.1.117)出现,说明已经进入各自的操作系统中。

接着,在1号树莓派报警模块的程序界面中点击“运行”按钮进入等待遇障信号的接收状态;然后,在2号树莓派超声波测距模块的程序界面中点击“运行”按钮,启动超声波对其前方障碍物距离的检测。当超声波传感器正前方无障碍物或与障碍物的距离大于50cm时,1号树莓派报警模块是无任何反应的(安全的避障范围内);移动某障碍物至超声波传感器的预警范围(小于50cm),1号树莓派报警模块立刻启动:OLED屏显示“危险,闪!”字样、四种颜色的LED灯闪烁、蜂鸣器“滴滴”鸣叫(如图6所示)。当障碍物移除后,OLED屏恢复“黑屏”、LED熄灭、蜂鸣器也不再鸣叫,实验成功。

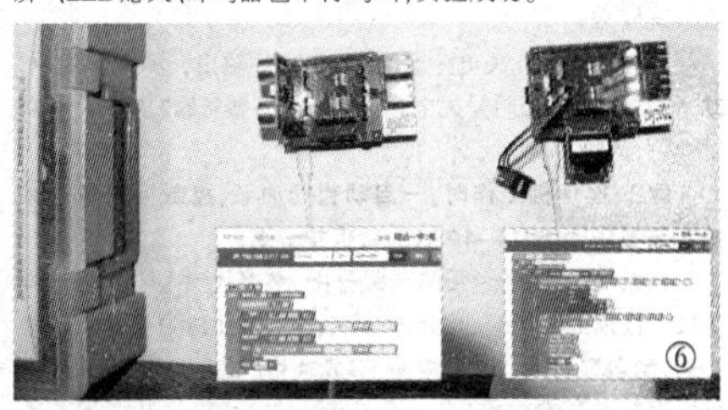

⑥

◇山东省招远一中 牟晓东 牟奕炫

卧式燃油锅炉自动熄火的故障维修1例

故障现象：一台大型工业卧式燃油锅炉正常运行4天后，出现燃烧器故障报警而自动停炉的故障。

分析与检修：针对燃烧器的故障报警信号，上位机上只显示(燃烧器故障)和后面的(LOW)及报警停机的时间。根据故障现象分析，认为LOW即为低信号故障保护，那么燃烧器在工作条件里面，有进风量低，燃油流量低或压力低，但这3种状态在画面里都是正常的，没有出现低信号报警，那会是什么问题呢？

在点击LOW后，菜单画面出现了一组设备的编码，按照这个编码查找这台设备，发现该设备是火焰信号探测器，这样问题原因就明白了，即火焰信号探测器损坏后失去反馈信号，二次表就没有提供给上位机的炉膛着火信号，PLC就认为炉膛熄火了，随后供油泵，送风机，引风机相继自动停机，从而产生本例故障。

首先，察看抽出的火焰信号探测器(见图1)时，发现接线插件上面的探测头保护塑料外壳断裂，探测器头(玻璃管)完好。而库房里却没有相应的备件更换。通过维护人员了解到，近几年出现了多次损坏火焰信号探测器的故障，并且有几个换下来的故障件。笔者找到这些故障件后，将它们全部解体并挑选出外观好的探测器头(见图2)，用细砂纸将插针打磨干净，按照实物进行测量绘图(见图3、4)。该探测器内部接一只二极管(进口用芝麻管，国产用1N4007)，和一支阻值为2.7k的1/4W电阻(进口用金属膜，国产用碳膜)。挑选正向电阻小的二极管。

探测器头的检测方法：将万用表置于电阻挡，表笔分别接在b和c极上，显示的阻值为无穷大，用打火机点着大火后接近探测器头，万用表快速显示从大到小有不断跳变的阻值，阻值越小就越灵敏。选择好后进行元件的焊接和装配(见图5)。拿到现场装机后进行验证，用打火机打火后距离探测器头10cm左右，探测器头内部两个相邻的椭圆形金属圈中间靠近处，就像老式日光灯的启辉器氖泡启动那样发出闪烁的辉光，这时主控炉膛点火画面就会出现一个火苗状的红色图形(见图6)，证明修复成功。

经检测发现，解体的几个探测器有的故障原因是探测器头管脚氧化，也有的是管脚断裂，还有管脚插座氧化和断裂。这是因为该设备安装在燃烧器腔内，运行时受到火焰的烧烤，工作条件比较恶劣，所以故障率比较高。以前出现故障后，有备件时更换新件即可排除故障，并没有打开做过解体维修，也没有人认真地去研究分析故障原因。因此，作为仪控维修来说，要有一定的好奇心和多动手多动脑的能力，只有这样，才能在关键的时候解决设备维修应急的燃眉之急。

【科普知识】下面简单介绍一下火焰信号探测器的原理

物质燃烧时不仅产生烟和热，而且会产生的可见光或不可见光辐射。火焰探测头就是检测这些光辐射，并响应火焰的光特性，即检测光的强度和火焰闪烁的频率的一种火焰探测器。当火焰探测头检测到火焰频率达到报警值时，它会输出一个光量信号。

火焰探测器的工作原理是使用固体材料作为传感元件，如碳化硅或硝酸铝，或使用充气管作为传感元件，如盖革—米勒管。其中，盖革—米勒管可以感测火焰产生的0.185~0.26μm波长的紫外线辐射；硫化铅传感器可用于火焰产生的2.5~3μm波长的红外辐射；硒化铅或钽酸铝传感器可用于火焰产生的4.4~4.6μm波长的红外辐射。根据不同燃料的发射光谱，可以选择不同的传感器即可。

【方法与技巧】因火焰探测头是光敏感元件，所以可用光源来检测火焰探测头的质量。检测时，可以用手电筒、白炽灯泡、打火机等。

◇江苏 庞守军

①

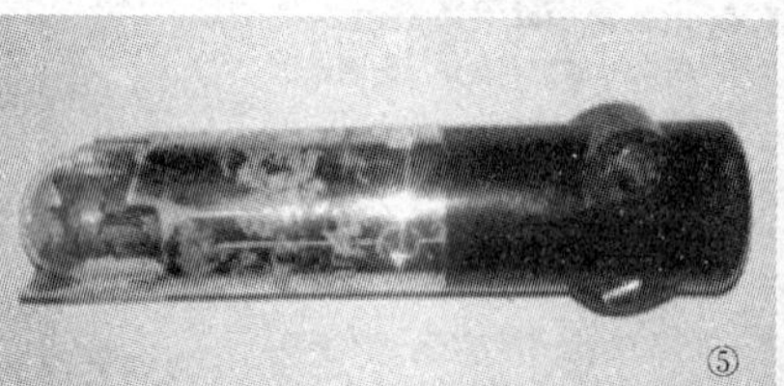
⑤

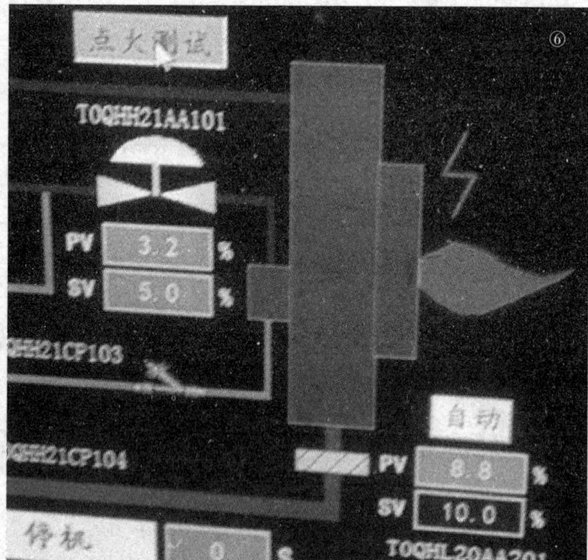

⑥

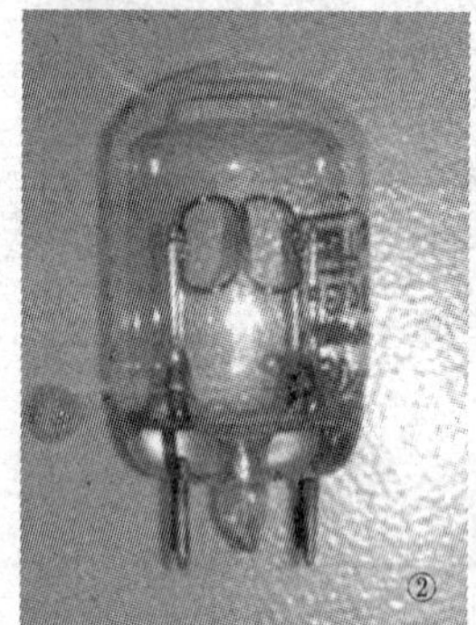
②

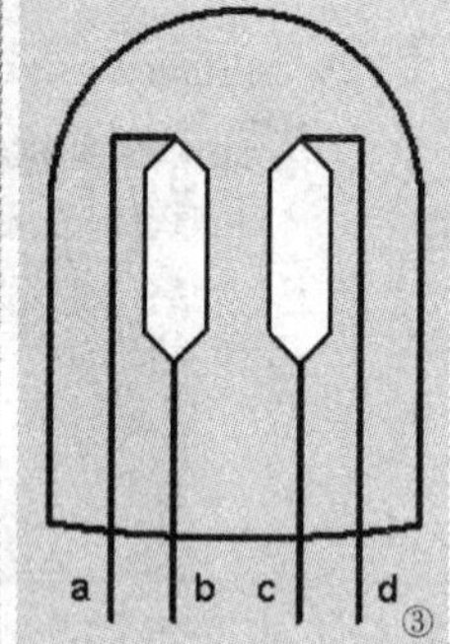

③

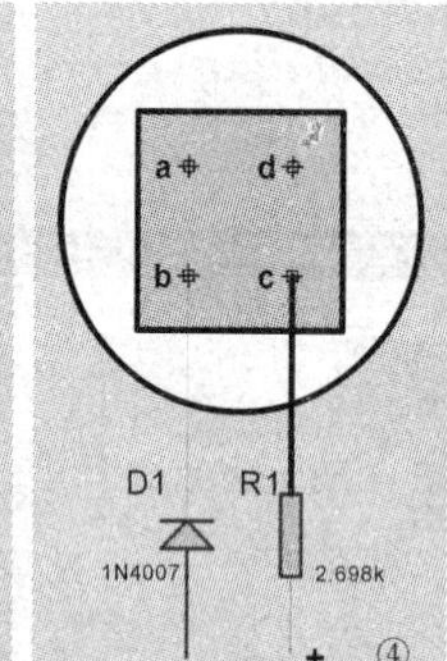

④

搅拌站设备故障维修7例

搅拌站设备多，电流大，对电源线路、防潮湿、防漏电、防静电要求高，所以故障率高且种类繁多。笔者在搅拌站从事维修维护工作几年来，得到点滴经验，下面通过维修实例与读者交流，共同提高。

例1 沙石分离机不工作，察看沙石分离机的显示屏不显示。

分析与检修：通过故障现象分析，怀疑电源电路或市电供电系统异常。

首先，测量开关电源无24V直流电压输出，测量它的AC 220V供电正常，说明开关电源损坏。用同型号的24V开关电源更换后，故障排除。

例2 搅拌机工作时，一启动料门油泵，控制柜的马达保护断路器(3RV6011-4AA10)就保护分离。

分析与检修：通过故障现象分析，怀疑故障主要是因过流所致。根据维修经验，接触器(西门子3RT6018-1AN21)频繁启动，触点容易因打火而损伤，造成缺相。首先，断电时测量该接触器触点，发现有1组触点不通，确认它已损坏。用正泰CJX2-1210型接触器代换后，工作恢复正常，故障排除。

例3 标准恒温养护箱漏电。

分析与检修：造成漏电的原因很简单，主要是电热管损坏。察看电热管锈蚀严重，将电热管的接线卸下，测量电热管与机箱间有阻值，说明它已漏电。检查其他部件正常，用相同的电热管更换后，故障排除。

例4 自动抽水浮球经常损坏。

分析与检修：通过故障现象分析，该故障的主要原因是过流造成。浮球内的微动开关的负载应低于2000kW。当负载过大时，加装1只接触器，用浮球控制接触器。这样处理后，微动开关就不过流了，保证浮球正常工作。

例5 地磅数据不稳。

分析与检修：通过故障现象分析，造成这种现象的原因是电脑未接保护地线。因该设备的电源采用的是三相五线制，而未设置保护地线。于是，在磅房屋外做一个防静电地线，在室外挖3m长，1m深的地槽，将1.5m长25×25mm的镀锌角铁或镀锌钢管镶入地槽，再用镀锌扁铁焊接后，接到电脑电源插座，或接到电脑主机的外壳上，数据恢复正常，故障排除。

例6 240站联动故障。

分析与检修：正常的工作状态是斜皮不启动时，平皮就不会工作。由于这台设备是二手的，斜皮电机不转了，平皮依然转动加料，致使石子在斜皮和平皮间堆积，以致划破了平皮输料带。简单的解决方法是：把平皮交流接触器的控制线一端接在斜皮交流接触器的输出端上。这样，斜皮不工作，平皮就不会工作，从而排除了该故障。

例7 起动添加剂按钮时电源跳闸。

分析与检修：通过故障现象分析，说明故障多为添加剂电路漏电所致。检查后，发现是上次维修时安装错误，导致添加剂下面的电磁阀浸湿了，将该组件卸下，烘干后再旋转180°后装上，故障排除。

【体会】通过以上维修实例得到的体会是：更换元件要原样安装，图省事会造成故障；电线连接能焊接的，一定要焊接，避免产生接触不良故障；保护地线很重要，做好防护，有备无患；功率匹配要注意，元件输出功率要大于负载的功率，避免小马拉大车。

◇山东 郑亚芸

多芯片 LED 模块驱动器

LED 的使用寿命取决于在所有可能的工作条件下流过它的电流如何有效地保持在指定的限制内。对于多芯片 LED 模块，紧密装箱的 LED 排列成串，其中多个 LED 串联，并联或串联-并联配置，共享一个公共恒定电流或电压源，每个 LED 串通常以调节电流驱动在所有 LED 串之间基本上相等。尽管灯串电流的微小不平衡不会引起明显的亮度差异，但是诸如复合正向电压(串联的所有 LED 的 VF 之和)之类的参数及其对温度和流过它的正向电流(IF)大小的关键依赖性除了依赖过程的其他变化之外，长期来看，使电流平衡成为一项艰巨的任务。而且，由于任何一个或多个 LED 的故障，或由于热点的形成导致 LED 泄漏或效率降低的可能性，能够进一步给这些 LED 施加更大的负担，并导致其使用寿命的缩短，最终导致 SSL 及其相关驱动源发生灾难性故障。

开发该驱动器的动机是提供一种高效且容错的能力，尤其是对于包括串联或串联-并联组合配置的中功率和大功率 LED 的集成 LED 模块。与由分立功率 LED 制成的固态灯不同，如果集成 LED 芯片由于在操作过程中遇到的电或热应力而变得开路，短路或漏电，则没有更换或维修任何故障 LED 的空间。电路可以处理此类事故并隔离故障 LED 串，而不会给功率预算造成任何损失或影响其他正常工作的 LED 串。

拟议的设计思想采用了一种技术，该技术通过将参考电流(IB)精确地注入多个与 LED 灯串相连的电流敏感开关中，从而允许并联驱动的 LED 灯串在指定的调节电流范围内工作，并据此在以下条件下调整其大小正常和预期的电气故障，可能会在其使用寿命内发生，因此可提供容错保护，以防止在短路，泄漏或开路情况下 LED 灯串中的电流不平衡。与其他电路不同，该电路的简单性，成本效益和效率除其独创性外，还具有许多其他优点。

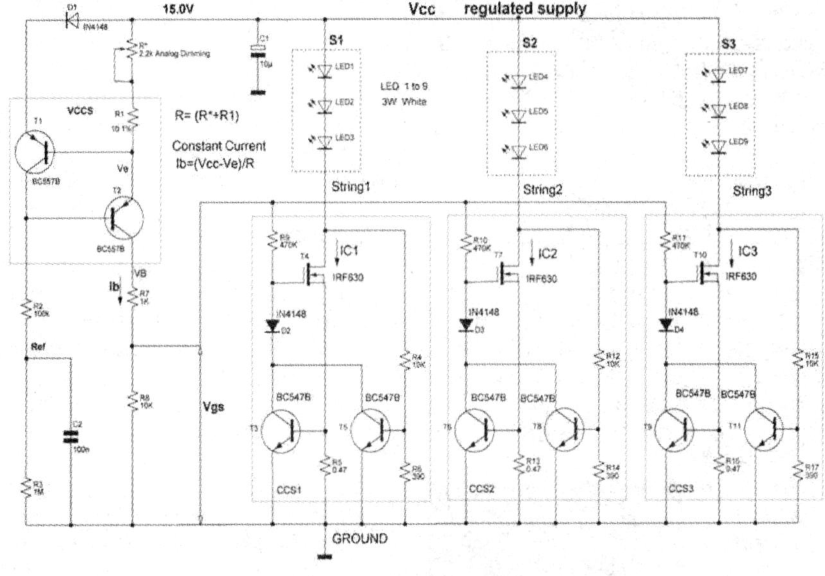

该电路由三个 LED 串 S1，S2 和 S3 组成，每个 LED 串具有三个串联的 3W 白光 LED，这些白光 LED 连接到基于 MOSFET/BJT 的恒定电流吸收器(CCS)。流入每个串的电流(IC1。。。IC3)由恒定电流 IB 决定，从而产生 VGS，该电流同时施加到所有 MOSFET 的栅极。恒定电流 IB 将栅极至源极电压 VGS 设置为 T4，T7 和 T10。一旦 R5 两端的电位降达到 600mV，T3(我们将仅考虑 LED 串 1)就限制流过电流的电流，从而降低了栅极驱动。

通过将 T5 与 T3 并联，已将另一个功能集成到每个电流吸收器中。通常，T5 保持截止状态，直到漏极电压上升到接近 Vcc 为止，从而在 R6 两端产生足够的电压，以使 T5 进入饱和状态，从而通过使栅极接地来使 MOSFET 断电。

R* 的位置控制围绕 T1，T2 和(R1+R*)配置的压控电流源(VCCS)中恒定电流(IB)的大小，并相应地产生适当的 VGS 来驱动 MOSFET，但是它还提供模拟电流调光功能。原理图中的 Ref 节点已作为紧急关闭功能提供，以通过施加接近 Vcc 的电压，将恒定电流 IB 推至零来禁用所有串。IB 等于：

IB=(Vcc-Ve)/(R1+R*)

性能：对于给定的组件值，正常的串电流已设置为 1A 左右。可以看出，最坏情况下的电流通常保持在 1A 左右，除非在极端泄漏，短路或开路情况下，串电流降至几 mA 或可以忽略不计。对于给定的组件值，IB 的变化范围为 0.4mA 至 1.4mA。如果需要，可以通过适当减小感测电阻器 R5 来增加串电流。LED 和功率 MOSFET 必须安装在合适的散热器/金属芯 PCB 上，以避免热失控。

防止短路：如果特定串中的任何 LED 短路，则 SSL 将继续正常工作，但是，如果整个串都短路，则 MOSFET 漏极上的电势将升至 Vcc，并且在这种情况下，相应的 MOSFET 将被禁用，迫使漏极电流为零。

防止泄漏的 LED：如果特定串中的任何 LED 泄漏，它将继续正常工作，但是，如果整个串泄漏，则 MOSFET 的漏极将上升到 Vcc，并且在这种情况下 MOSFET 将处于禁用，迫使漏极电流为零。

◇湖北 朱少华

使脉宽调制的 DAC 吞吐量最大化的电路

通过低通滤波微控制器生成的脉宽调制(PWM)信号实现的简单 DAC 的响应通常为 PWM 频率的十分之一。本设计实例是先前发布的方法的一种新颖实现，该方法采用了基准斜坡，其输出由 PWM 信号采样并保持。这种方法导致吞吐速率等于 PWM 频率。

您可以使用图 1 中的电路来实现±10V 的 10 位 DAC，其吞吐量为 20 kHz。DSPIC30F4011 微控制器(未显示)以 96 MHz 的时钟频率运行，以生成捕获信号 OC1 和 OC4。时钟/4 被馈送到内部 16 位定时器，该定时器的周期设置为 1200，与 20 kHz 的 PWM 频率相对应。信号 OC4 大多为高电平，并在固定计数 1170 处变为低电平，以作为斜坡生成的参考。IC1A 与 Q1 一起构成了一个精密恒流源，当 Q2 关断时，它对电容器 C2 进行线性充电。由 IC3A 反转的该信号将 Q2 接通 30 个计数周期，以使 C2 放电，以开始下一个斜坡。IC1B 缓冲，放大和补偿斜坡；电位器 R2 和 R5 调整失调和增益。

OC1 下降沿控制相对于斜坡电压的 PWM DAC 采样时序。待转换的数据字通过在微控制器内部与内部 16 位定时器进行比较来确定 OC1 占空比。C3 和 R9 区分产生的 PWM 信号；然后，IC3B 将其反相，从而为采样保持 IC2 形成一个 1 微秒的采样信号。IC2 的引脚 5 形成 DAC 输出，并针对 OC1 PWM 计数分别为 88、600 和 1112 调整为-10、0 和+10V，对应于 10 位计数 1024。

计数偏移为 88 有助于避免斜坡的初始非线性区域，因此 PWM DAC 具有 20 mV 的 LSB 和±40 mV 的精度，具有良好的线性度。还可以使用捕获 PWM 输出 OC2 和 OC3 来实现其他 PWM DAC。

图 2 显示了与 256 对应的 DAC 输出的预期波形，其 10 位标度为 1024。OC4 构成 PWM 参考，基于该参考，在 IC1B 的引脚 7 输出 20 kHz 双极性斜坡信号。该斜坡被采样并保持为 256+88=344 的计数，对应于-5V 的 DAC 输出。

◇湖北 朱少华

图 1 页面外的微控制器生成用于斜坡控制(OC4)和采样时序(OC1)的信号。

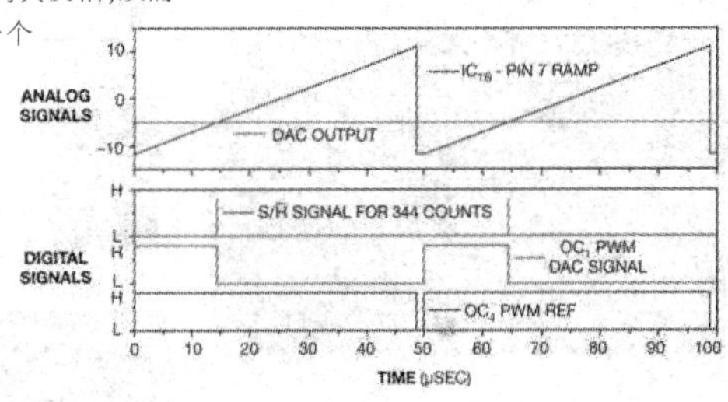

图 2 差分 OC1 下降沿在斜坡-5V 点产生 S/H 采样脉冲。

智慧环境监测设计与应用

一、项目需求

在智能电子设备和数字信息化的时代，让我们校园环境指标实时采集并通过网页显示，是现代信息交换和学生创新实践体验的需要。

根据"智慧校园 Web 开发"项目要求，项目设计为通过校园相关位置点设置的温度、湿度、风向、风速等传感器装置，实时运行并采集相关数据，经过单片机系统处理进行显示，并通过 WIFI 联网上传给"智慧校园"网站平台服务器，通过网页实时显示关于温度、湿度、风向、风速等校园环境指标。

1. 项目概要

"智慧校园"的"环境监测"要求采用智能控制系统对温度、湿度、风向、风速等传感器采集的数据进行实时处理并传送给网络服务器，最后在"智慧校园"的 Web 网页上相应的窗口进行查看显示。

基于项目需求，我们经过项目分析和比对，决定采用性价比较高的 Arduino 控制器作为控制系统，并结合与之相应的 Linkboy 图形化编程软件进行系统编程，实现对温度、湿度、风向、风速等环境指标传感器的数据采集和处理，并通过 WIFI 联网进行传送到"智慧校园"Web 网站服务器。

Arduino 控制器是目前智能电子开发特别是创客经常采用的高性价比开源控制器，Arduino Mega 2560 是基于 ATmega2560 的微控制板，有 54 路数字输入/输出端口(其中 15 个可以作为 PWM 输出)，16 路模拟输入端口，4 路 UART 串口，16MHz 的晶振，USB 连接口，电池接口，ICSP 头和复位按钮。简单地用 USB 连接电脑或者用交直流变压器就能使用，Mega 2560 是 Arduino Mega 系列的升级版，与之其他系列相比它没用 FTDI USB-to-serial 驱动芯片，而是用 ATmega16U2 编程作为 USB-to-serial 传输器(V1 版本使用 8U2)。

宽电压输入、多 I/O 口并大电流容量、256K 的大容量闪存外加 8K SRAM 和 4K eepROM 等优良的性能，保证了多数据采集口的兼容和程序顺畅运行。

linkboy 是一门纯国产的编程语言，已支持 RISC-V 系列处理器(目前基于 GD32VF103 系列完成编译器移植和测试)。具有如下特点：

(1)完全国产自主的编译器架构，没有基于任何国外的编译框架；

(2)支持电脑模拟仿真功能，可以直接在电脑上模拟执行 RISC-V 处理器的运行过程，驱动各类电子模块和外设效果直观，方便调试；

(3)支持静态语言中嵌入 python(子集语法)程序对 GD32V 芯片编程。并且 linkboy 中的 python 从编译器到虚拟机也是完全自主设计开发，未使用国外的 micropython 架构；

(4)支持图形化指令编辑器，除工程开发外，也适合面向低年龄段用户做入门编程。

Arduino 控制器和 Linkboy 软件的完美结合，实现对传感器的数据采集和处理，是智能电子产品实现数字网络化的优先选择。

2. 详细设计

根据项目需求，选用 Arduino Mega 2560 控制器，作为环境监测部分的系统控制，如图 1。

①

3. 温度、湿度：

本系统温湿度数据采集模块选用 DHT 温湿度一体化传感器如图 2。该传感器不仅性价比较高，且工作温度，采集数据精确度较高，比较适合一般环境温湿度数据采集。

DHT11 温湿度检测模块的温度检测为实时环境温度，湿度范围为 1%~100%，均可实时检测相应的数据并通过 OUT 端传送给控制器的 D11 数据口。

②

4. 风向：

对于风向数据采集，系统可以采用成品 485 模式的三杯风向传感器，但为了增加教学对学生的实践锻炼，根据项目需求，进行了自主设计。

本系统采用电阻式角度传感器 A01650 如图 2。结合风向标的轴连，利用风向使风向标转动到顺风风向位置，则角度传感器从信号输出端子输出角度信息，经传输线到控制器 A5 数据口。而在软件设置中采用了类似的风向转换模块来代替自主设计组装的风向传感器。

5. 风速：

对于风速，本系统同样采用了自主设计，这种设计不仅节约了几百上千的开发成本(特别对于参赛选手自主费用减轻了负担)，同时更加锻炼了学生动手动脑在工程应用中的思维开拓能力。

本系统采用了光电对管模块如图 3。用乒乓球半球做风杯，用笔芯做支撑杆，在轴盘上固定成互为 120 度的风杯转盘，再安装在废旧减速电机模架上，从而组装和实现三杯式风速检测模块，当有风作用于风杯时，风杯顺时针方向推动转轴转动，带动连接在转轴上的计数码片依次在光电对管模块的对管内旋转出现而实现计数，风杯的转速正比于风速。被检测的风速信号经由传输线传输到 A7 数据口。

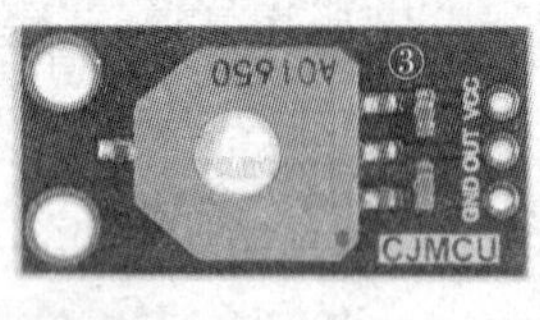

③

二、数据处理及硬件搭建

传感器检测模块将采集的数据传入控制器相应的数据口，控制器将相应的数据进行识别和处理，并在系统显示屏幕上显示，这里涉及联网上传数据，因此还需要 WIFI 模块和相应的联网上传数据程序，该硬件连接如图 4。

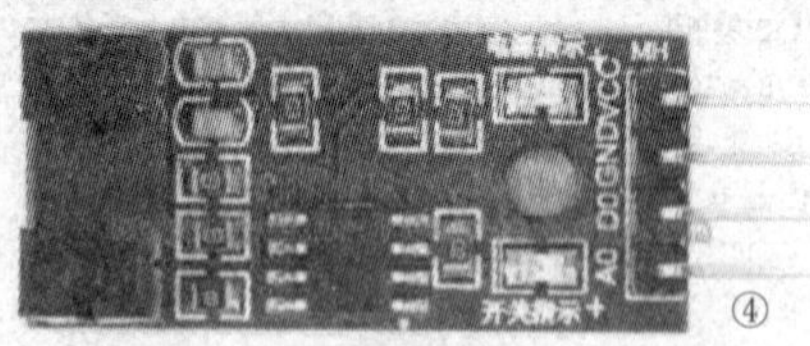

④

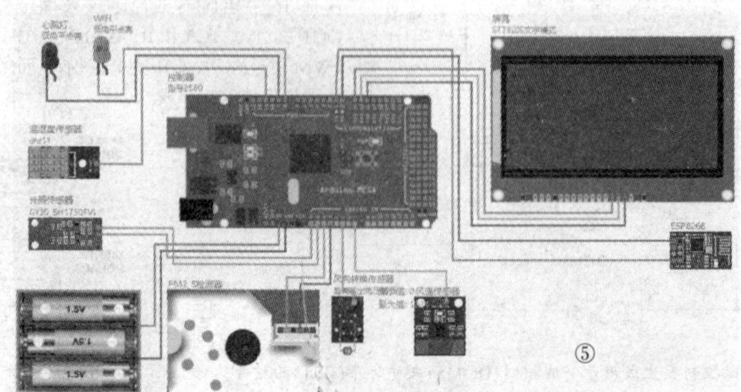
⑤

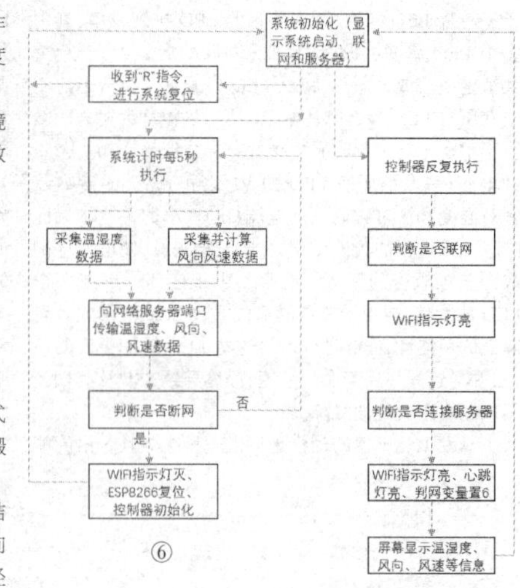

⑥

图中除了温湿度模块、风向转换模块和风速转换模块，ESP8266 是用来做联网上传数据到本项目指定的服务器，WIFI 指示灯是用来指示连接网络状态，心跳等用来指示连接服务器的状态，屏幕用来实时监测数据采集状态。

三、原理框图

系统功能主要包括三部分，第一部分是收到"R"指令，进行系统复位重启，第二部分是系统采集温湿度、风向、风速数据，每 5 秒向网络服务器传送一次，第三部分是系统自身监测显示部分，相关原理框图如图 6。

四、源代码

如对本文有兴趣的读者，可向本报编辑部或作者索要程序代码。

五、操作说明

本环境监测系统，应"智慧校园 Web 开发"项目需求，采用 Arduino 2560 控制板和 Linkboy 图形化编程软件为平台，采用自主设计传感器模块进行采集数据，并通过 WIFI 模块 ESP8266 进行联网上传数据到指定的网络服务器，在"智慧校园"网站页面相应窗口进行实时查看。

系统供电直流 5~6V，严禁超过额定电压工作(过高的电压将使 12864B 液晶屏幕损坏，还有烧坏控制板的风险)。系统上电后将进行初始化，初始化主要完成显示"系统启动"和连接网络及服务器。

初始化过后，系统根据功能设计将会执行三部分操作，一部分是每 5 秒进行一次温湿度、风向、风速数据的上传，一部分是实时监测并显示系统工作采集数据的情况，工作过程中，只要收到网站发出的"R"指令，则系统复位重新启动。

温湿度传感器安装在需要监测的位置，风向、风速安装在没有遮挡的地方，并进行水平调整和风向 0 方向对准正北方。所有设备需要安全供电并防雨和稳固。

系统安装调试完毕，在保证网络畅通的情况下将进行自动工作，不需要其他操作即可完成自动采集数据并上传。

◇西南科技大学城市学院鼎利学院 刘光乾 陈丹 马兴茹

博途应用3:三相异步电动机直接启动连续运行控制(三)

(紧接上期本版)

11. 仿真调试

(1)S7-1200/S7-1500仿真软件

S7-1200对仿真的硬件、软件的要求如下:固件版本为V4.0或更高版本的S7-1200和固件版本为V4.12或更高版本的S7-1200F,S7-PLCSIM的版本为V13SP1以上。

S7-PLCSIM V13 SP1不支持所有指令,不支持计数、PID和运动控制工艺模块,不支持PID和运动控制工艺对象。

(2)启动仿真和下载程序

图14 S7-PLCSIM的精简视图

选中项目树中的PLC_1,单击工具栏上的"开始仿真"按钮,S7-PLCSIM V13被启动,出现"自动化许可证管理器"对话框,显示"启动仿真将禁用所有其他的在线接口"。勾选"不再显示此消息"复选框,以后启动仿真时不会再显示该对话框。单击"确定"按钮,出现S7-PLCSIM的精简视图,如图14所示。

如果没有在S7-PLCSIM中设置"启动时加载最近运行的项目",将会在默认的文件夹中自动生成一个S7-PLCSIM项目。

打开仿真软件后,如果出现"扩展的下载到设备"对话框,如图15所示,按图设置好"PG/PC接口的类型"和"PG/PC接口",用以太网接口下载程序。单击"开始搜索"按钮,"目标子网中的兼容设备"列表中显示出搜索到的仿真CPU的以太网接口的IP地址。

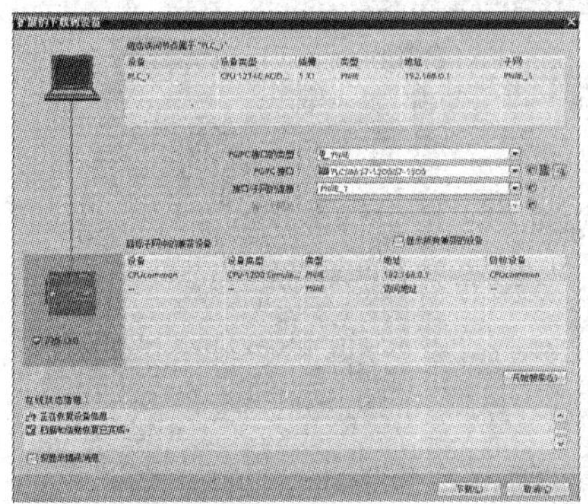

图15"扩展的下载到设备"对话框

单击"下载"按钮,出现的对话框询问"是否将这些设置保存为PG/PC接口的默认值",选择"是"。出现"下载预览"对话框,如图16所示。编译组态成功后,勾选"全部覆盖"复选框,单击"下载"按钮,将程序下载到PLC。

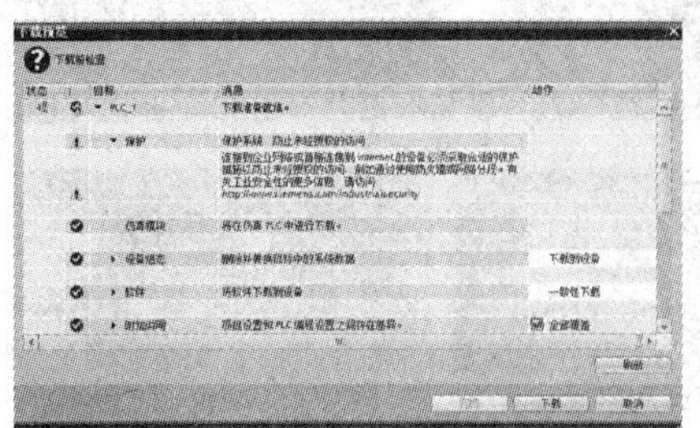

图16"下载预览"对话框

下载结束后,出现"下载结果"对话框,如图17所示。勾选其中的"全部启动"复选框,完成后,仿真PLC被切换到RUN模式。

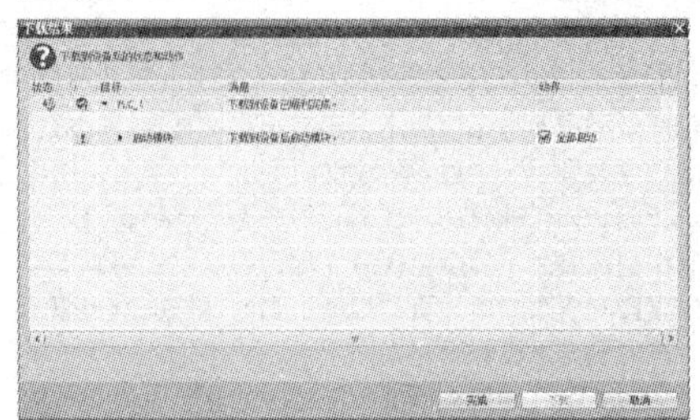

图17"下载结果"对话框

也可以单击桌面的S7-PLCSIM V13图标,打开S7-PLCSIM,生成一个新的仿真项目或打开一个现有的项目。选中TIA博途中的PLC,单击工具栏上的下载按钮,将用户程序下载到仿真PLC。

(3)生成仿真表SM1

单击精简视图右下角的按钮,切换到项目视图,如图18所示。双击项目树的"SIM表"文件夹中的"SIM表1",打开该仿真表。在"地址"列输入I0.0、I0.1、I0.2和Q0.0、Q0.1、Q0.2、Q0.3。

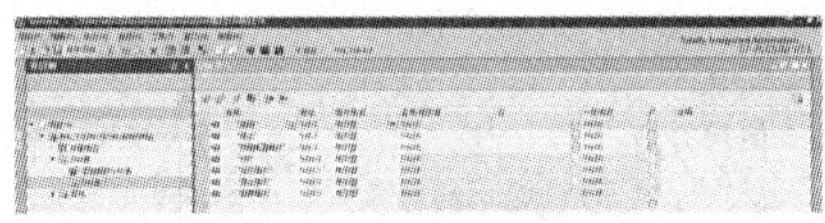

图18 S7-PLCSIM的项目视图

如果在SIM表中生成IB0,可以用一行来分别设置和显示I0.0~I0.7的状态,同样生成QB0,也可以用一行来分别设置和显示Q0.0~Q0.7的状态。

(4)两次单击图18中第一行"位"列中的小方框,方框中出现"√"后又消失,I0.0变为TRUE后又变为FALSE,模拟按下和放开启动按钮,梯形图中I0.0的常开触点闭合后又断开。由于OB1中程序的作用,Q0.0、Q0.1变为TRUE,梯形图中其线圈通电,SIM表1中Q0.0和Q0.1所在行右边对应"位"列的小方框中出现"√",如图19所示。电动机启动运行,运行指示灯HL1亮。

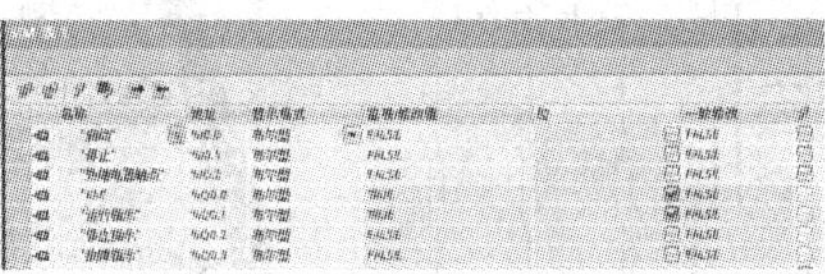

图19 S7-PLCSIM的项目视图(运行状态)

(5)两次单击I0.1对应的小方框,模拟按下和放开停止按钮的操作。由于用户程序的作用,Q0.0和Q0.1变为FALSE,仿真表中对应的小方框中的勾消失;Q0.2变为TRUE,梯形图中其线圈通电,SIM表1中Q0.2所在行右边对应"位"列的小方框中出现"√",电动机停机,如图20所示。停止指示灯HL2亮。

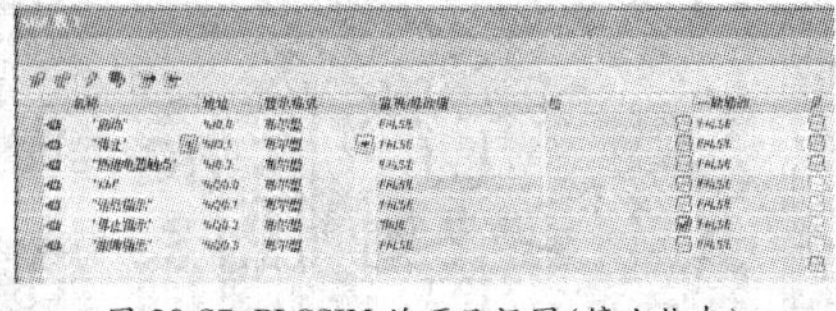

图20 S7-PLCSIM的项目视图(停止状态)

(6)单击I0.2对应的小方框,模拟热继电器动作。由于用户程序的作用,Q0.0和Q0.1变为FALSE,仿真表中对应的小方框中的勾消失;Q0.2、Q0.3变为TRUE,梯形图中其线圈通电,SIM表1中Q0.2、Q0.3所在行右边对应"位"列的小方框中出现"√",电动机停机,如图21所示。停止指示灯HL2、故障指示灯HL3亮。

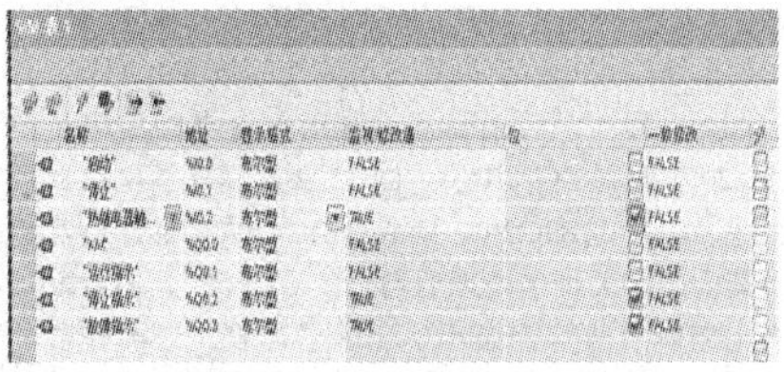

图21 S7-PLCSIM的项目视图(故障状态)

12. PLC常闭触点输入信号的处理

前面在介绍梯形图的设计方法时,实际上有一个前提,就是假设输入的数字量信号均由外部常开触点提供,但是在实际工程项目设计时,有些输入信号只能由常闭触点提供。在继电器电路中,热继电器和停止按钮也往往习惯用常闭触点进行控制。

如果将图1中接在PLC输入端I0.2处的FR常开触点改为常闭触点,未过载时它是闭合的,I0.2为1状态,梯形图中I0.2的常开触点闭合。显然,应将I0.2的常开触点而不是常闭触点与Q0.0线圈串联。过载时FR的常闭触点断开,I0.2为0状态,梯形图中I0.2的常开触点断开,起到了过载保护的作用。同样道理,若把输入端I0.1处的停止按钮改为常闭触点,梯形图中应将I0.1的常开触点与Q0.0的线圈串联。上述电路热继电器FR和停止按钮SB1均采用常闭触点的PLC程序如图22所示。

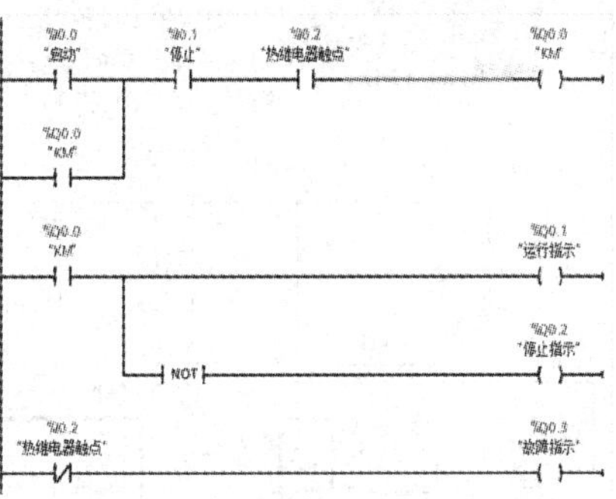

图22 采用常闭触点的PLC程序

采用常闭触点后,继电器电路图中SB1、FR的触点类型(常闭)和梯形图中对应的I0.1、I0.2的触点类型(常开)刚好相反,给电路的分析带来不便。为了使梯形图和继电器电路图中触点的类型相同,建议尽可能用常开触点作PLC的输入信号。如果某些信号只能用常闭触点输入,可以按输入全部为常开触点来设计,然后将梯形图中相应的输入位的触点改为相反的触点,即常开触点改为常闭触点,常闭触点改为常开触点。

急停按钮和用于安全保护的限位开关的硬件常闭触点比常开触点更为可靠。如果外接的急停按钮的常开触点接触不好或线路断线,紧急情况时按急停按钮不起作用。如果PLC外接的是急停按钮的常闭触点,出现上述问题时将会使设备停机,有利于及时发现和处理触点的问题。因此建议用急停按钮和安全保护的限位开关的常闭触点给PLC提供输入信号。

(全文完)

◇福建省上杭职业中专学校 吴永康

流“光”溢“彩”！——新型七彩电子钟(3)(续)

(紧接上期本版)

电路原理

根据上述制作方案，最后确定的本制作的电路原理图(如图5)所示，可以发现电路与上一篇文章中介绍的电路基本一致，只是显示单元的数量由4个变为1个。由图可以看出，计时驱动部分电路由单片机89C2051和时钟专用芯片DS1302及其外围电路共同组成。单片机89C2051读取DS1302内部的时间数据由其内部相关程序处理后通过其P1.2、P1.1、P1.0端口输出控制组成综合显示单元的彩色发光二极管中的红、绿、蓝发光二极管Dr、Dg、Db所需要的驱动信号。显示单元在驱动下按照上述的显示时序正确显示各计时数位的颜色。K1、K2为调整按键，利用两键完成时间的校对等调整设置。

元件选取

本制作的电路板可以选用上篇文章中的电路板，因为在上篇文章的电路板的设计时已经考虑到了本制作的要求，在电路板上预留了本制作需要的所有有关元件的安装孔位和线路布局(如图6)，用来作为本制作时只要将需要的元件安装到对应的孔位，没有采用的元件位空置，然后将综合显示单元的发光二极管安装到电路板上的“D101C”孔位，再将电路板上的“J1”焊盘短接即可(如图7)。

复合彩色发光二极管常见的有直径分别为5mm、8mm和10mm等系列(如图8；图中从左至右分别为雾面5mm/8mm/10mm、透明10mm/5mm)，本制作选用了直径10㎜的雾面发光高亮度复合发光彩色二极管。

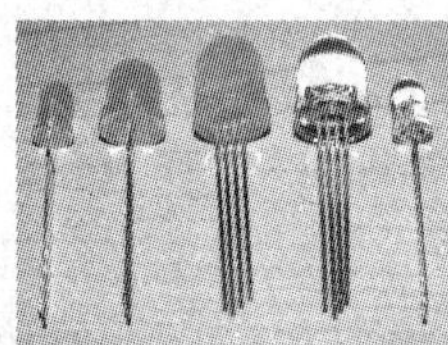

图8 10mm LED

本制作选用和上一制作基本一样的小型全铝合金机壳(如图9)。

电路中需要的其他元件没有特殊的性能要求，只要保证质量即可。

程序设计

可以发现，本制作与上一篇文章中介绍的时钟制作明显不同的一点就是时间的显示不是利用10种颜色而是利用6种颜色显示，还有一点就是各计时数位的颜色要利用一个显示单元在时间上轮流显示。

对于如何准确的产生需要的颜色的问题，由于本制作中需要显示的颜色仅有6种，所以我们可以简单的直接利用改变单片机的相关引脚的高低电位来驱动对应的发光二极管发光来产生。

对于程序如何准确的按照相应的显示时序显示需要的颜色的问题，只需要读取程序整体读取P1端口的数位数据信息，然后按照相应的时序直接控制相应的管脚的电位拉低即可。

电路制作

(1)电路板的焊接

电路板的焊接方法与上一制作相似。本制作的电路板虽然采用了上一制作的电路板，但是因为电路板布局设计时已经充分考虑了本制作方案的需要，为综合显示单元的发光二极管预留了安装孔位，所以完全适合本制作的需要，制作时将各元器件对应安装到相应的孔位后，按照上一制作的方法(如图10)焊接组装即可，只是一定要记得将电路板上的“J1”焊盘(如图7)短接，接通综合显示单元“D101C”的电源供电，否则显示单元是不会显示任何颜色的！

使用方法

初次通电，时钟显示的颜色并非准确的实时时间，而是程序预设的一个初始时间，所以需要根据实时时间进行适当的调整。调整时先短暂按一下功能按键进入小时位的数值调整模式，然后再反复的短暂按压调整键(如图11)，即可调整小时位的数值，因为本制作对于时间的显示是通过颜色来显示的，而且程序设计时并没有特意对调整状态和正常走时状态进行独特的标示、区别，所以调整时需要认真观看显示单元的颜色的即时变化，以免调整错误。完成小时位的调整后，再次短暂按压功能键即可进入分钟位的数值调整模式，按照上述相同的方式进行分钟位的调整即可。因为本制作的目标是功能实用，结构简单，所以只显示了小时和分钟位，当然就不需要其他功能的调整了。在分钟调整状态再次按压调整键，将会保存调整的结果，并恢复到正常走时状态。

本制作时间显示装置只用一个显示单元就完成了时间的现实任务，显示界面简洁、显示效果美观(如图12)。至此，本系列制作已经介绍了两种时间显示装置，通过它们我们可以认识到本发明的技术思想之所在，俗话说：“好戏在后头！”是的，如果前面的作品能够让你感到满意话，那么后面的作品带给你的将会是惊喜！可以让我们更深入透彻的认识到本发明技术方案的明独特优势之所在！在下一篇文章里我们将先为大家奉上一款体积“超小”、显示角度范围却“超广”的“七彩时光小精灵”，“超小”！到底有多小呢？“超广”！到底有多广呢？“小精灵”？为何称作“小精灵”？现在先透漏一点吧：它的体积只有普通黄豆粒大小！够小了吗？！它可以实现水平范围内360度的近似半球面的显示角度范围！够广了吗？！之所以称呼它为“小精灵”是因为它在实现上述优越性能的同时却只需要两个元件！够“精”了吗？相信你可能又会怀疑我们上述的话语！“怎么可能？！只有两个元件？！”是的，我们很肯定地说：只利用两个元件就实现上述的目标看起来确实好像是有些天方夜谭！但是，我们实实在在就是可以把不可能变为可能，因为我们已经做到了。到底如何实现，下一篇文章我们将为你一一揭晓，之后，你——也可以做到！

(全文完)

◇董洪明 姚宗栋

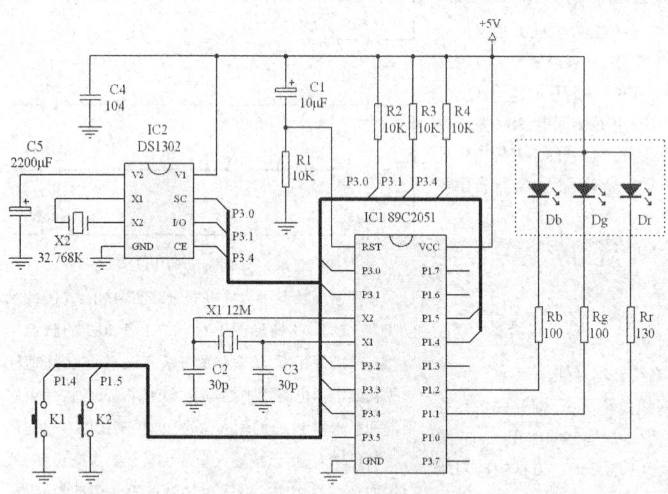

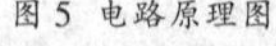

图5 电路原理图

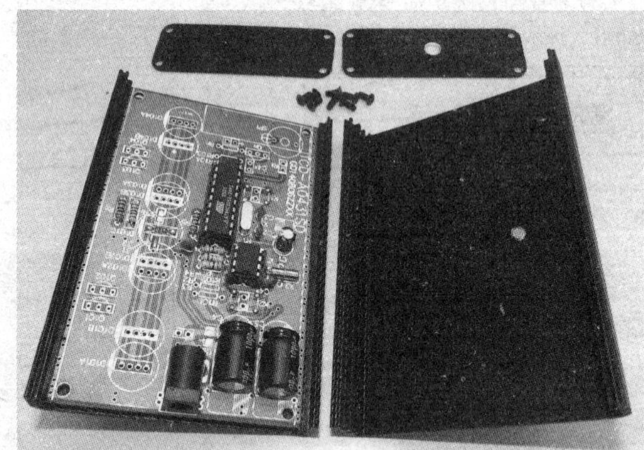

图9 铝合金机壳

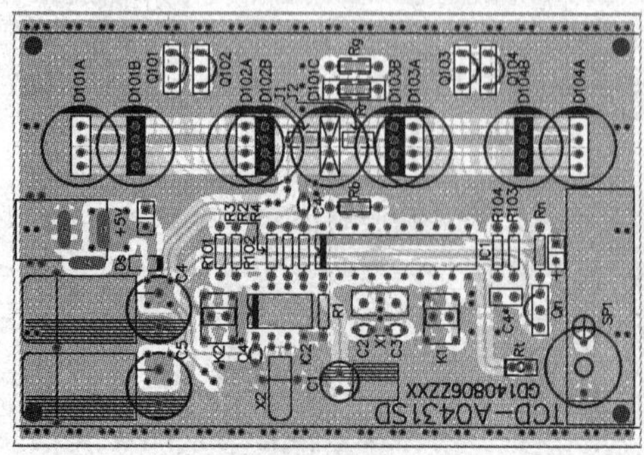

图6 D101C

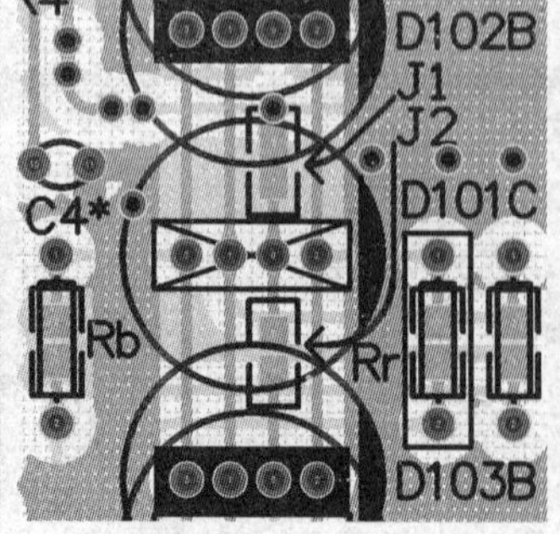

图7 D101C

图10 焊接方法

图11 按键分布

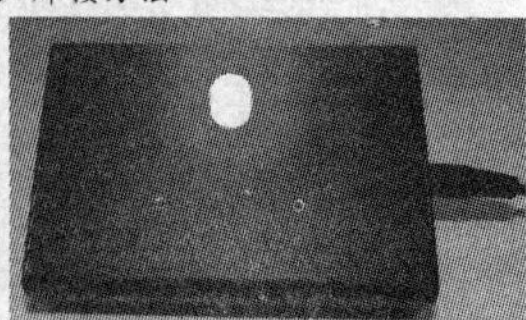

图12 显示效果

户户通卫星接收机检修实例六则

案例1：康佳SDS623L21户户通（本地政府免费发放给贫困户使用的机器）开机后音量自动调到最大值32且音量提示符不消失。从原理分析可知是前面板"音量加"键一直处于导通状态导致的故障，拆下前面板更换对应按键故障不变，回想起曾经维修的138数码专机数码管损坏后引起的各种古怪故障，于是将该机4位数码管拆下，通电故障消失，看来数码管内部有漏电现象。通过跑线发现"音量加"键两根引线分别并接在数码管第6脚和第8脚，断开8脚后装上数码管故障依旧，而断开6脚后不再自动加音量，如图1所示，只是数码管第一位不显示，而前面板上的按键也正常，跟机主讲清后同意这样修复。

案例2：康佳SDS623L21户户通（上海高清HD3601方案，M51定位模块，版本为22060013）开机收看一段时间后出现"异常2"提示。阅读户户通相关文档可知"异常2"是定位模块签名校验不通过造成的，通常是24C128芯片内数据出错导致，用遥控器清空24C128（即菜单→系统设置→密码1597→基站信号→F1、F3、F2、F4，俗称手遥清除24芯片）再用空白卡引导"埋种"后正常（俗称一清二白），不过第二天故障再次重现，更换24C128芯片还是不行。怀疑定位模块内程序有问题，干脆用M4小板代替，如图2所示，一清二白后故障完全消失。

案例3：南京熊猫PANDA3281-GK户户通接收机开机只有红灯亮。该机使用外置12V供电方式，通电测量电源适配器输入的12V供电正常。此机供电流程大致是12V通过DC/DC电路分别变成5V和4V，5V再分别变成3.3V和1.2V，而3.3V经过一支二极管降压后变成2.5V为DDR芯片供电。用万用表测量3.3V和1.2V均正常，测量D5(M7)正极有3.3V电压，而其负极电压为0V，如图3所示，拆下测量发现已开路，从料板上拆一支相同型号二极管装上后机器恢复正常。

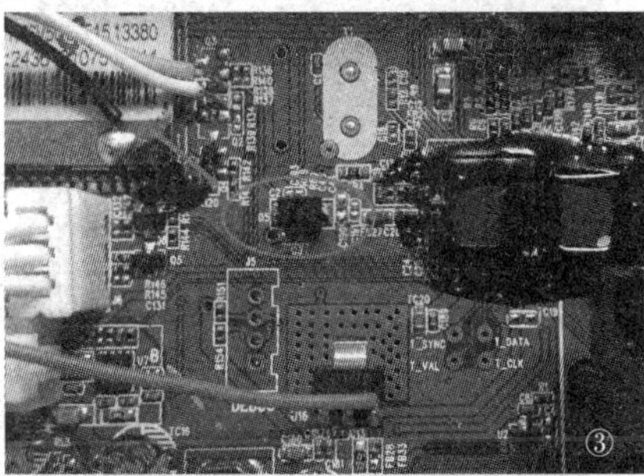

案例4：科海KH-2008D-CA02C1户户通接收机不定时出现E02故障。首先用磨砂橡皮将CA卡芯片擦干净，再用细砂纸插入卡槽内将8个触点打磨一下，插入CA卡后故障依旧。考虑到本机使用的读卡芯片ET8024易坏，用TDA8024T代换故障还是如此，如图4所示。无意中发现读卡器与PCB板间排线有些松动，拔下排线发现内部插针较短，干脆将PCB板上的塑料插座取下而直接插上排线，如图5所示，这样因插入更深而更稳当，再用热熔胶固定，长时间通电故障不再出现。

案例5：长江电讯ABS2008DB1户户通接收机开机无声音，图像正常。接手后通电测试发现是RCA插座中的白插座无声，而红插座声音正常。该机主芯片GK6105输出左右声道音频信号经U7(JRC4558)放大后送至机身RCA插座，用万用表测量JRC4558各脚电压如下表所示，查资料可知该芯片第①、⑦脚为信号输出端口，而两脚电压却不一样，怀疑芯片已损坏，可没想到更换JRC4558故障不变。于是直接将白插座中间焊点与红插座中间焊点连起来，万万没想到故障还是如此，这才明白故障出在插座本身，仔细观察发现白插座负极与PCB板间已断开（估计是插线时用力过大导致），用一根导线连接好，如图6所示，通电试机故障消失。

引脚	1	2	3	4	5	6	7	8
电压(V)	7	5.91	5.9	0	5.9	5.9	5.9	11.85

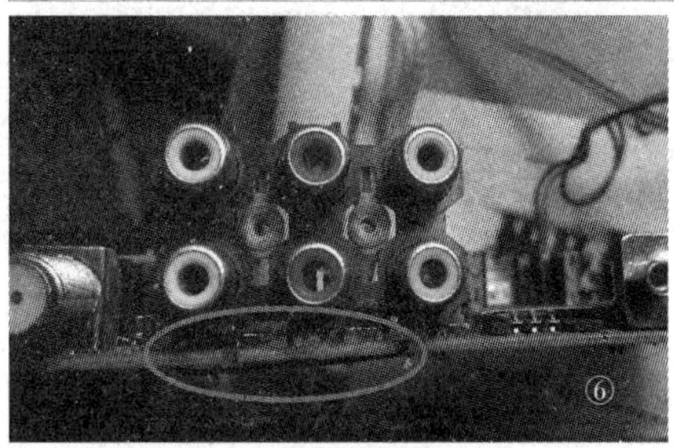

案例6：佰思特ABS-GK001-CA001户户通接收机开机提示"001无信号"。接上室外单元通电测试发现极化电压能在13-18V间切换，说明极化供电完全正常。测量调谐芯片AV2028旁晶振两脚电压分别为0.73V和0.75V，凭经验判断是正常值，再测量QN和PN正交信号输出端电压均在1V左右，也属于正常电压。怀疑主芯片GK6105芯片工作不正常，测量其3.3V、2.5V和1.2V三大供电时发现1.2V仅1V，该机1.2V是由3.3V经U12(1117-ADJ)降压得到，如图7所示，用SE1117TA代换U12后机器恢复正常。

◇安徽省六安市舒城县舒茶初级中学 陈晓军

常用天线、无源器件原理及功能（一）

一、天线原理

1.天线的定义

能够有效地向空间某特定方向辐射电磁波或能够有效的接收空间某特定方向来的电磁波的装置。

2.天线的功能

能量转换-导行波和自由空间波的转换；定向辐射(接收)-具有一定的方向性。

3.天线辐射原理

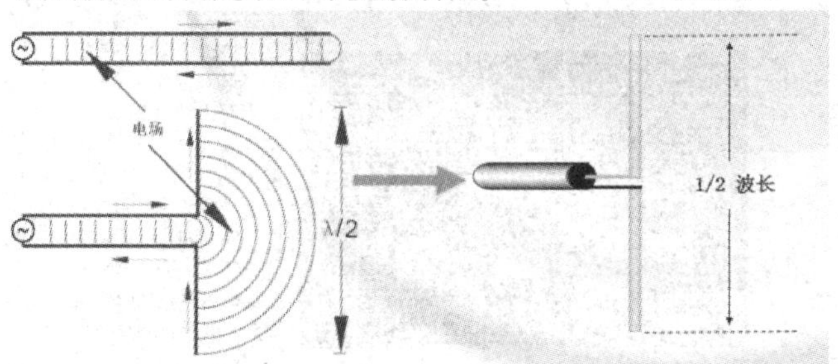

4.天线参数

辐射参数 半功率波束宽度、前后比；极化方式、交叉极化鉴别率；方向性系数、天线增益；主瓣、副瓣、旁瓣抑制、零点填充、波束下倾。。。

电路参数 电压驻波比VSWR、反射系数Γ、回波损耗RL；输入阻抗Zin、传输损耗TL；隔离度Iso；无源三阶互调PIM3。。。

天线旁瓣

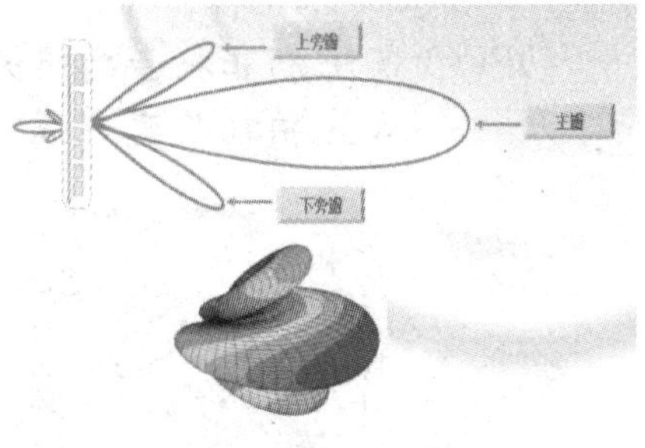

（未完待续）（下转第79页）

USB接口的游戏耳机(一)

LDAC-HD 990kbps
LDAC-Normal 660kbps
AptX-HD 576kbps
AptX 352kbps
LDAC330kbps
SBC-Max 328kbps
SBC-Mid 229kbps

部分蓝牙编码器比特率

说到耳机接口,3.5mm插孔是很多人的第一印象。不过在游戏耳机领域,越来越多产品尤其是高端的游戏耳机都在采用USB接口,主要原因还得从电脑主板说起。

由于绝大部分主板都采用集成声卡,因此无论多贵的电脑主机或是笔记本,其音质表现都非常一般。考虑到玩家们对游戏过程中的高品质音效需求,厂商干脆就在游戏耳机上集成DAC解码器,避免因主板的集成音频芯片性能原因导致游戏声音体验感不佳。

并且还有一些游戏耳机采用蓝牙传输,各种编码模式能解决大部分无线传声中的损失问题。当然鉴于成本问题,在蓝牙5.0和相关技术未得到普及之前,大部分无线游戏耳机依然采用2.4G无线技术而并非传统蓝牙。但不管怎么说,目前游戏耳机采用USB接口的仍属于多数。

除了各种解码器以外,游戏耳机还能在此基础上加入特殊设置(比如7.1虚拟环绕立体声系统),加强音效表现,增强环境声的立体层次感,令游戏画面与立体环绕音效结合得更为逼真自然,帮助玩家实现精准快速地判断和出击。

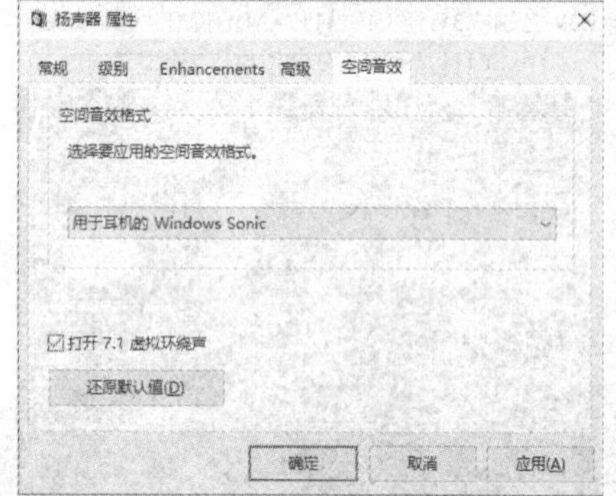

而且在操作系统中,Windows10系统也原生支持虚拟7.1声道输出,无需再单独安装驱动。借助虚拟7.1声道技术,只需要通过函数音效定位方法来改变声场和强弱,使得用户听到声音从不同的方位传来,即可完成预设的目标。由于采用算法实现,因此虚拟7.1声道技术的声音定位感,比起2.1声道和5.1声道会更有判断优势。

不过话说回来,虚拟7.1声道比起物理7.1声道技术,虽然在声音定位感的确有所保证,但由于是采用算法改变声场和

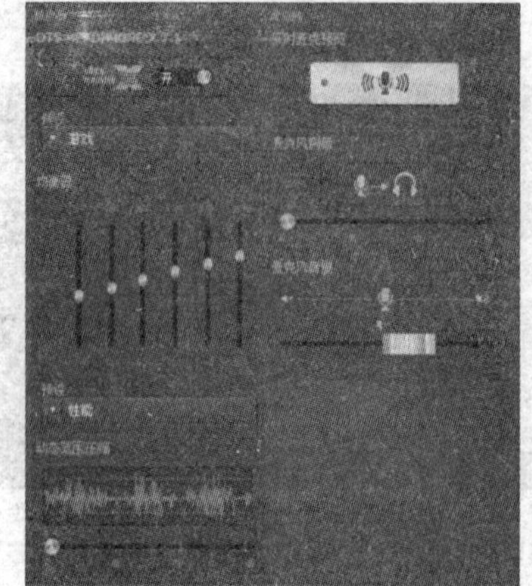

声音强弱,因此声场的真实度还是打了折扣。比起"独立声卡"+"物理7.1声道耳机",虚拟7.1声道耳机不一定就好,但是用户花费的价格却是两者不能比较的。

再者以往的游戏耳机通过3.5mm接口,得到的是模拟信号,电脑已经对声音进行了预处理。同时,当时很多游戏耳机为了向消费者强调震撼感,因此声音曲线会倾向于一个"V"字形的调教。两者相加,造成游戏耳机在回放音乐的时候,听感往往不如人意。等到游戏耳机接口USB化,这种情况有了转变的可能性。由于USB接口向耳机提供的是数字信号,因此信号的数模转换和放大,最终直接将数字信号交给耳机,不仅可以避免在电脑中数模转换时产生的干扰,还在声音的表现效果上更加优异。

另外USB接口耳机一般都附带有一个多功能线控(或者其他功能按键),或者耳机上集成有多功能控制按键,这样的好处是不需要对电脑上设置进行任何调整,像启动麦克风、切换预设音效等都可以进行调整,这样用户体验感更佳。

USB接口供电够足,可以满足RGB灯效、3D振动、云参数存储以及最能体现出各外设厂家的驱动(设置)软件等特色服务,这些功能也必须要求游戏耳机采用USB接口才行。

写在最后

既然USB游戏耳机有"游戏"两个字,就说明USB游戏耳机主要满足用户在追求"音质"以外的功能。一台采用非独立声卡的主机,USB游戏耳机可以通过改变7.1声道、双声道等效果来应对电影、游戏等需求。而在游戏定位感上,专为电竞设计的声卡往往优化得更为得当。传统3.5mm游戏耳机只能靠单元的素质来提升音质,不能随时改变风格。

但是在中低端USB游戏耳机中,其内置音频芯片解析力是不如集成声卡的,单论听音乐音质:"1000元USB游戏耳机"<"500元声卡"+"500元3.5mm耳机";当然千元以上的高端USB游戏耳机音质还是不错的。如何选择消费还得看自己的需求重点在游戏体验还是音乐欣赏。

下面为大家推荐几款USB游戏耳机,价位从低到高排列。

雷柏VH500

售价:169元

个性化搭配,耳机配套专属驱动,可调整均衡器数值、3D效果、环境仿真音效、麦克风ENC降噪、虚拟7.1卫星音响位置和距离调整、声音变声等操作;共设置四组自定义设置文件,可存储可读取。有效针对FPS大逃杀、FPP射击、MOBA战术竞技等游戏的复杂高要求,辅助个性张扬的你在技术层面更出彩。

特色自定义设置:【等化器】页面包括设置均衡器数值、3D效果功能启动/关闭选择功能;【音效】页面包括5组环境仿真音效选择功能;【麦克风】页面包括实现静音功能,调整增益值功能;【虚拟7.1】页面实现启动/关闭选择功能,调整每个卫星音箱的位置和距离;【ENC】页面包括实现麦克风ENC降噪功能,消除环境杂音;【VM Eff】页面包括实现变声开启/关闭功能,四种声音选择。

(未完待续)(下转第80页)

OPPO模块化相机专利曝光——后置相机秒变前置

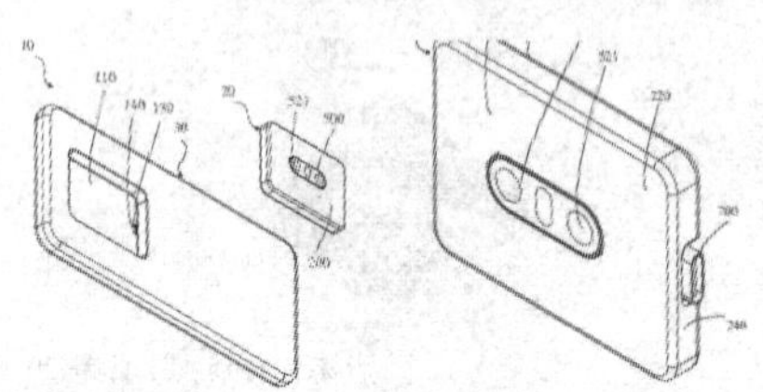

OPPO曝光了一项摄像头专利,OPPO将手机后置相机模组做成了可拆卸的模块化设计,模块取下后可以直接变成前置镜头,非常的方便。

该相机模块内置电池并支持USB-C、Wi-Fi、蓝牙、NFC连接。另外,相机模块拥有两个传感器和一个药丸状的LED闪光灯。

(本文原载第50期11版)

SK海力士发布176层4D NAND闪存

近日,SK海力士公司发布了176层512 Gb三层TLC 4D NAND闪存。其数据传输速度提高了33%,达到1.6 Gbps。

2021年年中,SK海力士将推出最大读取速度提高70%、最大写入速度提高35%的移动解决方案产品,并计划推出消费者和企业SSD产品,进而扩大该产品的应用市场。

SK海力士还计划开发基于176层4D NAND的1Tb密度的闪存,从而持续增强其在NAND闪存业务的竞争力。

(本文原载第50期11版)

邮局订阅代号：61-75 国内统一刊号：CN51-0091

微信订阅纸质版
请直接扫描
邮政二维码
每份1.50元 全年定价78元
每周日出版

扫描添加电子报微信号
或在微信订阅号里搜索“电子报”

2020年2月23日出版 实用性 启发性 资料性 信息性

第 8 期 国内统一刊号:CN51-0091 定价:1.50元 邮局订阅代号:61-75
地址:(610041)成都市武侯区一环路南三段24号节能大厦4楼 网址:http://www.netdzb.com

(总第2049期) 让每篇文章都对读者有用

MX350 独显性能如何

从MX150到MX250，性能提升可以说是微乎其微，这让MX250倍显尴尬。但是随着英特尔和AMD相继推出性能更为强劲的核显，如果MX350的升级再走马甲路线，就有点真说不过去了，因此，MX350采用了全新的GP107核心，并且将流处理器数量翻倍，从而切实提高图形性能。

来看MX350独显的最终规格：

TechPowerUp GPU-Z 2.29.0

Graphics Card Sensors Advanced Validation

Name	NVIDIA GeForce MX350			Lookup	
GPU	1C94	Revision	A1		
Technology	Unknown	Die Size	Unknown		
Release Date	Unknown	Transistors	Unknown	NVIDIA	
BIOS Version	86.07.90.00.6E			UEFI	
Subvendor	Lenovo	Device ID	10DE 1C94 - 17AA 3FD3		
ROPs/TMUs	16 / 53	Bus Interface	PCIe x16 3.0 @ x4 1.1	?	
Shaders	640 Unified	DirectX Support	Unknown		
Pixel Fillrate	23.5 GPixel/s	Texture Fillrate	77.8 GTexel/s		
Memory Type	GDDR5 (Hynix)	Bus Width	64 bit		
Memory Size	2048 MB	Bandwidth	56.1 GB/s		
Driver Version	26.21.14.4137 (NVIDIA 441.37) DCH / Win10 64				
Driver Date	Nov 18, 2019	Digital Signature	WHQL		
GPU Clock	1354 MHz	Memory	1752 MHz	Boost	1468 MHz
Default Clock	1354 MHz	Memory	1752 MHz	Boost	1468 MHz
NVIDIA SLI	Disabled				
Computing	☑OpenCL	☑CUDA	☑DirectCompute	☑DirectML	
Technologies	☑Vulkan	☐Ray Tracing	☑PhysX	☑OpenGL 4.6	

从GPU-Z检索来看，MX350拥有640个流处理器、2GB GDDR5显存，64bit显存带宽，核心频率1354MHz，显存频率1752MHz，Boost频率可达1468MHz。

对比MX250独显的规格：

Graphics Card Sensors Advanced Validation

Name	NVIDIA GeForce MX250			Lookup	
GPU	GP108	Revision	A1		
Technology	14 nm	Die Size	71 mm²		
Release Date	Feb 20, 2019	Transistors	1800M	NVIDIA	
BIOS Version	86.08.40.00.55			UEFI	
Subvendor	Unknown	Device ID	10DE 1D13 - 1E83 3E1A		
ROPs/TMUs	16 / 24	Bus Interface	PCIe x4 3.0 @ x4 3.0	?	
Shaders	384 Unified	DirectX Support	12 (12_1)		
Pixel Fillrate	25.3 GPixel/s	Texture Fillrate	38.0 GTexel/s		
Memory Type	GDDR5 (Hynix)	Bus Width	64 bit		
Memory Size	2048 MB	Bandwidth	56.1 GB/s		
Driver Version	26.21.14.4108 (NVIDIA 441.08) DCH / Win10 64				
Driver Date	Oct 22, 2019	Digital Signature	WHQL		
GPU Clock	1519 MHz	Memory	1752 MHz	Boost	1582 MHz
Default Clock	1519 MHz	Memory	1752 MHz	Boost	1582 MHz
NVIDIA SLI	Disabled				
Computing	☑OpenCL	☑CUDA	☑DirectCompute	☑DirectML	
Technologies	☑Vulkan	☐Ray Tracing	☑PhysX	☑OpenGL 4.6	

二者相比可以看出，MX350独显性能提升主要来自流处理器数量的翻倍，虽然显存频率没变，但核心频率和Boost频率都略有降低，其他参数没有变化，所以MX350性能提升的方法就是简单暴力的将流处理器数量翻倍，这种做法是最直接的提升图形性能的方法。

由于MX350采用了GP107核心，基本可以看作是GTX 1050/1050Ti的性能阉割版；换句话说，MX350将使轻薄型笔记本电脑具备更为出色的游戏功能，《DOTA 2》、《CS:GO》、《英雄联盟》、《魔兽世界》等对硬件要求不算太高的主流网游都能在最高画质下无压力运行了。

（本文原载第10期11版）

内存颗粒解读

细心的用户会发现，自己电脑上的独立显卡已经使用的是GDDR6显存颗粒了，而内存还在使用DDR4内存颗粒，为什么两者不统一或者差异这么大呢？

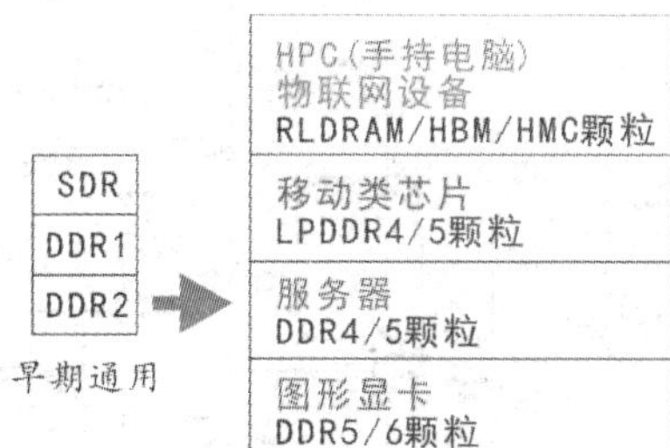

各领域对应颗粒

首先DDR指的是双倍数据传输率（Double Data Rate）；而GDDR指的是图形用双倍数据传输率（Graphics Double Data Rate）。

在早期，DDR和GDDR的差别在早期并不大，第一代及第二代的DDR和GDDR颗粒还可以通用的。

但是随着对硬件的要求不断提高，术有专攻，显卡和内存对各自的领域都有要求，差异化也逐渐增大，因此在第三代就不能通用了。

GDDR显存针对存储有关图形的数据进行了优化，带宽更高，可以承受更多的数据吞吐量。而DDR内存搭配CPU，针对不用类型的任务作出更低延迟的反应，对存储颗粒的要求就是延时更低，能极其快速地传输少量数据。

最后，两者成本也不一样。以某彩虹RTX 2060 GDDR6 6G和RTX 2060 GDDR6 8G为例，同样参数，8G比6G多了约600元。而这600元可以买两条普通型号的8GB的DDR4 2666内存条了。

（本文原载第10期11版）

AMD下一代显卡核心曝光

近日AMD下一代计算卡“Arcturus”(大角星)被曝光了，新显卡命名为MI 100，搭配32GB的HBM 2显存，显存带宽预计为1TB/s。

除此以外显卡的有128组NCU计算单元，共8196颗流处理器，要知道以AMD旗舰游戏显卡RX VEGA 64为例也只有64组NCU，共4096颗流处理器，这代的Radeon VII(MI 50的游戏版本)是60组NCU，3840个流处理器，MI 100在规格上直接翻倍。

由于基于7nm工艺和VEGA架构，MI 100的功耗仅为200W，在规模翻倍的情况下功耗比MI 60还要少100W。不过MI 100基本和游戏显卡无关了，因为未来AMD也将会学习NVIDIA，分成游戏显卡和计算卡两产品线。

（本文原载第10期11版）

愚人节的玩笑 让电脑快速死机

愚人节要到了，有时候实在无聊可以制作一个主动让电脑死机的无毒小程序，这个死机小程序很简单，也无门槛，具体方法如下：

新建一个记事本，输入字符：“%0|%0”，再将记事本保存为“.bat”格式；再次运行这个程序，电脑就会出现运行速度变慢，CPU和内存占用率变高导致死机，当然运行前最好保存好重要资料，如果发给对方开玩笑的话，可以修改一下文档名称，不过一定请先考虑后果。

原理是什么呢？

“.bat”是DOS下的批处理文件；“%0”代表当前正在执行的文件的名称；“|”是管道命令，其作用是将上一条命令的结果作为参数传递给下一条命令；那么“%0|%0”就表示“%0”运行该文件本身，再“|%0”该文件，一直到内存和CPU和满负荷，最终导致死机。

虽说死机比起中毒来是小事一桩，不过对方如果有重要文件没来得及保存，那么友谊的小船翻不翻就看各人之间具体的情谊到哪一步了。

（本文原载第12期11版）

康佳35017677三合一板电源和背光灯电路原理与维修(二)

(紧接上期本版)

1.保护电路

(1)市电过压保护电路

该保护电路由驱动电路NW907的①脚内外电路组成。NW907的①脚内设电压检测和保护电路。市电整流滤波后产生的VAC电压经RW901、RW903、RW902、RW904与RW905分压后，送到NW907的①脚。当市电电压过高或过低时，达到保护设计阈值时，NW907保护电路启动，开关电源停止工作。

(2)输出过压保护电路

过压保护电路由稳压管VDW954、VDW959、VW957、光耦NW958为核心组成。当开关电源输出的VCC12V电压达到13V以上时，将击穿13V稳压管VDW954；当+24V电压达到28V以上时，将击穿28V稳压管VDW959。二者迫使VW957导通，光耦NW958导通，其内部光敏三极管导通，从③脚输出高电平，经VDW909向NW907的①脚注入高电平，NW907据此进入保护状态，开关电源停止工作。

2.开关机控制电路

开关机控制电路由两部分路组成：一是由VW953、VW952组成的取样电压控制电路；二是由VW954、光耦NW953、VW901为核心组成的VCC-PFC控制电路。主板电路送来的POWER-ON控制电压对上述两个电路进行控制。

(1)开机状态

开机时，主板电路送来POWER-ON为高电平，一是使VW953导通，c极输出低电平，将VW952的b极电压拉低，VW952截止，对取样电压不产生影响，开关电源正常输出+24V和VCC12V；二是使VW954、光耦NW953、VW901导通，输出VCC-PFC电压，PFC电路启动工作，将开关电源供电提升到380V。

(2)待机状态

待机时，主板电路送来POWER-ON变为低电平，一是使VW953截止，VW952导通，将取样电压提升，开关电源输出电压降低，维持控制系统供电；二是使VW954、光耦NW953、VW901截止，切断VCC-PFC电压，PFC电路停止工作，开关电源供电电压降低到300V。控制电压和低电平PWM亮度调整电压，使背光灯电路停止工作，进入待机状态。

二、背光灯电路工作原理

康佳35017677三合一板的LED背光灯驱动电路由升压输出电路和调流控制电路两部分组成。方框图见图2所示，电路图见图4所示。

遥控开机后，背光灯电路启动工作，将+24V电压提升到33V~50V的直流输出电压，为16路LED背光灯串供电，同时对背光灯串电流进行调整和均衡。

1.保护电路

(1)+24V供电欠压保护

N701的③脚内部设有欠压UVLO保护电路，+24V供电经R710与R712分压取样后送到N701的③脚。+24V电压正常时，N701正常工作；当+24V电压过低，③脚的取样电压低于1.25V时，N701欠压保护电路启动，N701停止输出激励脉冲。

(2)调光电路

背光灯驱动电路采用PWM脉冲数字调光的方式，主板电路或外部电路通过N702的SPI通信接口电路的时钟(SCK)、数据输入/输出(MOSI/MISO)、片选信号(CSB)，对N702内部调流驱动脉冲进行控制和调整，进而控制LED-灯串的点亮或者熄灭的时间比来调节亮度，达到调整背光灯亮度的目的。

(3)稳压与同步电路

升压输出电路输出的33V~50V输出电压，经R729、R730、R738与R731//R732分压取样，不仅送到升压驱动电路N701的⑭脚，对输出电压进行控制，还经R735、R734送到调流驱动电路N702的③脚，对N702内部驱动电路进行控制，稳定输出电流，与升压电路配合，达到最佳匹配状态。

另外，主板控制电路输出的VSYNC-LIKE帧同步脉冲信号，送到N702的㊿脚，控制N702调流电路与图像同步工作，根据图像的亮度明暗进行同步调整LED灯串电流，提高图像的对比度和效果。

(未完待续)(下转第82页) ◇海南 孙德印

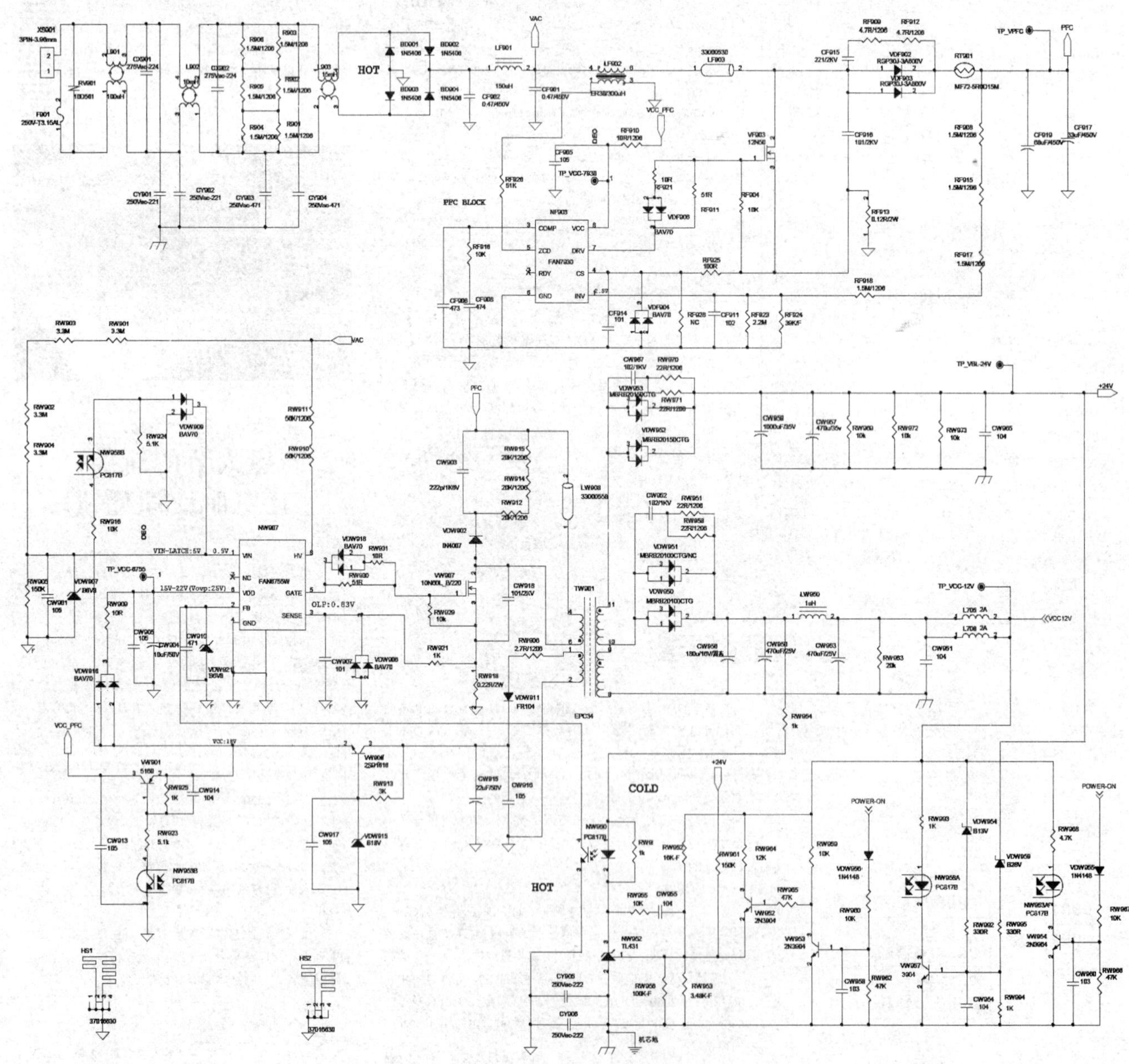

图3 康佳35017677三合一板开关电源电路图

DENON(天龙)AVR1604家庭影院功放维修及摩机全程实录(上)

笔者在淘宝上购买到一台天龙AVR1604家庭影院功放故障二手机，用了一两周的业余时间将其修复并作摩机，现将过程记录如下，供读者朋友们参考。

该机开机后，VFD显示屏能显示，但是输入模拟信号或同轴、光纤数字信号，功放均不能推动喇叭发出声音，喇叭中只有类似数码干扰的啸叫声，且啸叫声音量不可调。

首先检查机内各个元件并未发现明显烧坏的痕迹，但发现5V稳压块IC104(7805)发热严重，测量其输出电压也只有4.6V，断电测量其输出端对地电阻值只有10Ω。检查该线路走向，IC104(7805)是给OPT—IN BOARD(前置光纤输入板)和DSP BOARD(数字解码板)供电的。拔下前置光纤输入板接线插头CN202，IC104输出端对地电阻值仍为10Ω；拔下DSP板，IC104输出端对地电阻值恢复正常。再通电时，IC104输出端输出电压也恢复为5V，可见DSP板有元件击穿损坏。

DSP板供电线路如图1所示，DSP线路板实物如图2所示。DSP +5V电压直接供应的芯片有IC814(74HC00)、IC812(74HCT244)、IC808(AD1837AS)及IC801、IC802、IC803、IC817四个光纤端口，还给3.3V稳压块IC823(1117-3.3)和2.5V稳压块IC824(1117-2.5)供电。IC823(1117-3.3)稳压后供应：IC805、IC806、IC807、IC809、IC810、IC811、IC813、IC821、IC804，IC824稳压后供应IC804。

由于一个一个拆元件检查的办法太麻烦，故用断线法检测，即用刀割断待测元件与供电线路相连的铜箔，然后检测该元器件供电脚对地电阻是否正常，复原时用锡重新焊接连通断开处即可。用此法查出IC814(74HC00)供电脚对地电阻值只有180Ω，不正常；IC812(74HCT244)供电脚对地电阻值只有120Ω，不正常；IC808 (AD1837AS) 供电脚对地电阻值只有10Ω，明显已击穿短路。而测出IC823(1117-3.3)和IC824(1117-2.5)供电输入脚对地电阻值正常，其输出脚所带负载元器件对地电阻值也基本正常。给IC823(1117-3.3)和IC824(1117-2.5)单独供电，其输出3.3V、2.5V也正常稳定。看来DSP板上的IC814、IC812、IC808已击穿损坏，故在网上购买新元件来代换。

维修中发现，拔下DSP板后给机器通电，喇叭输出仍旧有啸叫声，转动音量旋钮(其为编码开关)时，喇叭中伴有编码开关转动时有规律的咔咔声，但是喇叭中仍无音频输出。试着将INPUT-VOLUME BOARD(输入、音量、音调板)上的信号选择、音量、音调芯片BD3811K1的前置左右声道输出端到缓冲放大运放IC781(NJM2068)的输入端③脚及⑤脚的信号用一颗10μF电容旁路到地，喇叭中的啸叫声能减轻，看来啸叫声是BD3811K1产生的。首先怀疑该芯片的接地脚与地之间是有开路情况，造成有杂音输出，检测BD3811K1的各个接地脚均接地良好，BD3811K1的+7V供电线路正常，但是其-7V供电线路异常，电路中R732(220Ω)与BD3811K1的VEE供电脚㊿脚之间已经开路，进一步查出BD3812F的VEE供电脚⑤脚也与R732不通，而BD3811K1的㊿脚与BD3812F的⑤脚之间连通，二个芯片与R732不通是双面线路板的通孔锈蚀开路所致，故用导线就近将R732一端与BD3812F的⑤脚直接焊接连好，再开机，机器啸叫故障已排除，原来BD3811K1与BD3812F缺少-7V供电会产生啸叫声输出(部分电路如图3所示)。

在各路2声道输入端口输入模拟信号，功放接的喇叭无声音输出，怀疑可能是输入的2声道模拟信号要在DSP板转为数字信号进行声场处理，然后输入INPUT-VOLUME板。由于DSP板拔下，故无声音输出。但在6CH EXT.IN模拟6声道输入信号时，功放接的喇叭能输出声音。但只有音量调节有效，音调调整旋钮无效，无法调高低音效果。

趁元件还在运输路途上，先试听机器，没有音调调节的机器音质还行，但是有时搬动机器或震动机器时，喇叭会偶尔无声，估计板子的接插件接触不良。用手按压维修过重新插上的INPUT-VOLUME板，机器竟然跳开继电器，面板红灯闪烁。断电后再重新按下开关机键，红灯一直亮，但是VFD显示屏不亮，机器已经无法正常开机了。查看网上帖子，知道不少型号的天龙功放具有故障记忆功能，若有故障被检测到，CPU会记忆而保护不开机，可以试着将CPU记忆电容放电使CPU数据清零。于是在机器断电时，用一个小阻值电阻将磁珠电感BD201一端对地放电几秒，再开机，机器恢复正常。但是，故障并未根除，在使用中时常有种种表现：如继电器偶尔会乱跳，喇叭偶尔会有冲击声，喇叭发出的声音偶尔有堵塞失真。用手按压板子有时能恢复正常，有时却跳开继电器而再保护关机。期间经历多次拆装线路板，补焊数个接插件，故障仍时不时会出现。笔者索性将CPU板上的与其他板(INPUT-VOLUME板、DSP板、CNT转接板等) 相连接的接插件焊盘全部都补焊了一遍，上述异常现象才得以消除。看来老机器接插件焊盘的焊锡外部看似没有虚焊，焊锡内部与接插件仍有松动的可能。对于老机器此类时有时无的异常故障，最好将易松动的接插件焊盘都补焊一下。

购买的芯片很快就到了，认真地将其代换到DSP板上，并将割断的铜箔恢复连接。由于DSP板原先芯片的故障是5V供电回路引起的，因不知道其是机器受潮还是前面维修者误操作或其他的原因造成，故特意在DSP +5V端子上对地并一个IN4735A(6.2V)稳压二极管，这样防止万一5V电压异常升高的话，也可使稳压管击穿，保护DSP板上元器件。检查焊接无误后，将DSP板插到CPU板上试机，功放接的喇叭除了在6CH EXT.IN 6声道端口输入模拟信号时有声音输出外，在其他各个2声道输入端口输入模拟信号时以及在同轴或光纤端口输入数字信号时，功放接的喇叭仍无声音输出。按面板上的STATUS(状态)键，功放显示48kHz,不知道是否机器只能处理最高48 kHz数字音频信号而无声。试着在碟机设置菜单里将数字音频的降采样频率改为48 kHz，以免机器不能解码192 kHz、96 kHz取样频率的数字音频信号。但调整后，功放接的喇叭仍不出声，只能拆下DSP板检查，硬件无明显损坏迹象。分析DSP板没有出声的原因可能是：1.FLASH闪存芯片M29W800A里的运行程序数据损坏；2. 损坏的芯片连带损坏了DSP数字信号处理器主芯片MELODY32；3.静噪电路有问题。业余条件下难以购买到主芯片和运行程序数据，不过芯片也许没有损坏，抱着这个想法先从静噪电路找找原因。但是拔下DSP板后，CPU由于没有了和DSP板的通讯联系，所以CPU给DSP板的ERR MUTE OFF和ERR MUTE电压不一定正确。

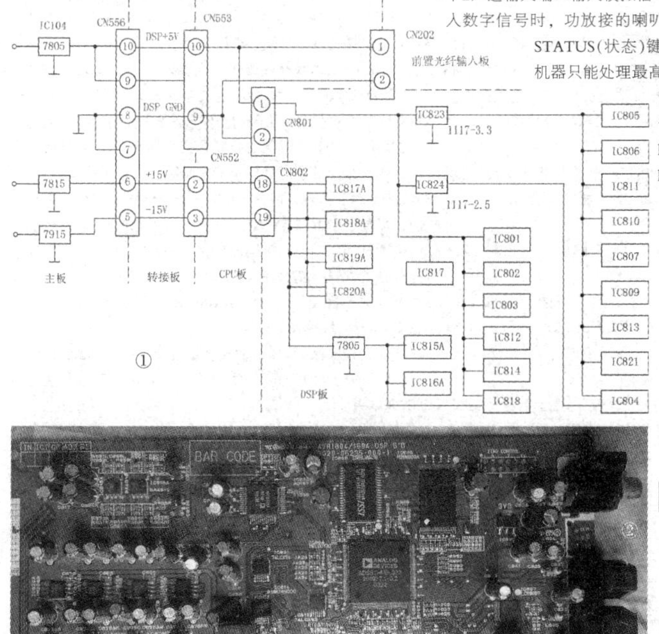

①

②

但是，不经意的检测将DSP板修复了。笔者在测量了CPU板至DSP板的DSP +5V接插针脚电压正常后顺便检测了+15V针脚电压和-15V针脚电压，测出-15V针脚电压正常，而+15V针脚电压只有0.5V。测量CNT转接板接插件+15V脚电压正常，断电测量CNT转接板+15V脚和CPU板+15V针之间电阻值不稳定，按压转接板接插件时，转接板+15V端和CPU板+15V端之间电阻值变导通，但是不按压时，其电阻值又增大。由于老机器的接插件氧化处理困难，故将CNT转接板+15V端(铜箔上)与CPU板+15V端(J227跨接线上)直接用导线焊接连接起来。插上DSP板试机，在各路2声道输入端口输入模拟信号时以及在同轴或光纤端口输入数字信号时，功放接的喇叭也均有声音输出了。用同轴输入数字信号时：放CD碟时，功放显示PCM 44.1kHZ，而放DVD碟片时，功放显示DOLBY DIGITAL 48 kHz或DTS 48 kHz。原来功放的DSP数字信号处理器不是只能处理48 kHz取样频率的信号，而是能支持96kHZ、48kHZ、44.1kHz多种取样频率的PCM、DOLBY DIGITAL或DTS信号。查DSP板线路可知：+15V不但给D/A转换后的运放IC817A、IC818A、IC819A、IC820A(NJM2068)供电，还经过IC822(7805)稳压后给A/D转换前的运放IC815A、IC816A(BA4510F)及IC808(24BIT/96kHz两声道A/D转换及8声道D/A转换芯片AD1837AS)的AVDD脚供应5V电压。而DSP数字信号处理器MELODY32和闪存芯片M29W800A里的运行程序并没有损坏，原先功放能显示48 kHz，其实是DSP数字信号处理器MELODY32已经解码出数字信号并识别出信号的取样频率是48 kHz。只不过由于AD1837AS的AVDD脚缺+5V电压，A/D变换前的运放缺+5V电压和D/A转换后的运放缺+15V电压，使这几个芯片无法正常工作而造成无声音输出而已。

鉴于面板有部分按键不起作用，又将按键线路检查一下，原来是按键板有部分铜箔开裂，用锡连接断开的线路后，面板所有按键功能恢复正常。这时在6CH EXT.IN 6声道端口输入模拟信号、在各路2声道输入端口输入模拟信号时以及在同轴或光纤端口输入数字信号时，高低音调都可调了。在各路2声道输入端口输入模拟信号时将声场模式切换为STEREO (立体声)或DIRECT(直通)时试验发现，这两种模式下不接DSP板的话，功放也能输出2声道声音。由此可见，若该机DSP板损坏难以修复的话，在没有数字解码和数字声场模式时也可以：在各路2声道输入端口输入模拟信号时输出普通2声道或在6CH EXT.IN 6声道端口输入模拟信号时输出5.1声道。原先认为无DSP板，用各个2声道输入端口输入模拟信号时功放喇叭没有输出的想法有误。

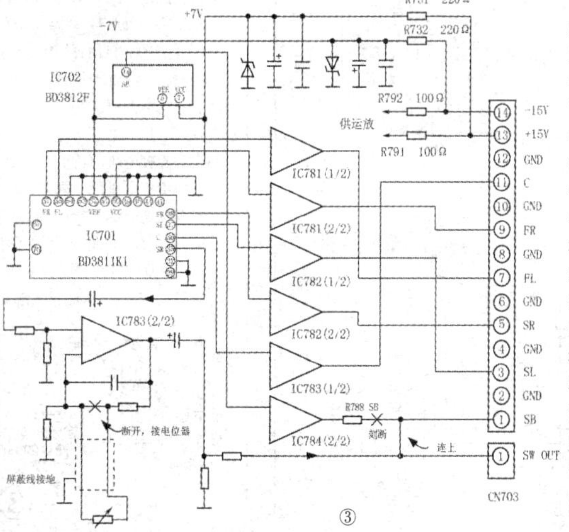

③

至此，功放放音功能完全正常了，但是又一个问题凸显了。功放按开关机键关机后，会偶尔不能开机。有时关机几分钟后就不能开机，有时却第二天还能开机，不开机的情况毫无规律。不能开机时，给记忆电容放电后再按开关机键，机器又能工作。

(未完待续)

(下转第83页)

◇浙江 方位

T68型卧式镗床的电气控制原理与故障维修(一)

镗床的功能较多,可以镗孔、钻孔、铰孔、扩孔,还可以用镗轴或平旋盘铣削平面,加上螺纹附件后还能车削螺纹,装上平旋盘刀架可加工大的孔径、断面和外圆。

镗床的结构形式有多种,包括卧式镗床、立式镗床、坐标镗床、金刚镗床和专门化镗床等。而卧式镗床应用最多,下面以常用的T68型卧式镗床为例,介绍其基本结构、电路控制原理和维修实例,供感兴趣的朋友参考。

一、T68型卧式镗床的基本结构与运动形式

T68型镗床主要由床身、前立柱、后立柱、镗头架、工作台和尾架等部分组成。其外形样式与基本结构见图1。床身是整体铸件,前立柱固定在床身上,镗头架装在前立柱的导轨上,并可在导轨上作上下移动,镗头架里装有主轴、变速箱、进给箱和操纵机构等。切削刀具装在镗轴前端或花盘的刀具溜板上,在切削过程中,镗轴一面旋转,一面沿轴向做进给运动。花盘也可单独旋转,装在花盘上的刀具可作径向的进给运动。后立柱在床身的另一端,后立柱上的尾架用来支持镗杆的末端,尾架与镗头架可同时升降,前后立柱可随镗杆的长短来调整它们之间的距离。工作台安装在床身中部导轨上,可借助溜板做纵向或径向运动,并可绕中心作垂直运动。

①

T68型镗床的运动形式包括主运动,即镗轴和花盘的旋转运动;镗床的进给运动,即镗轴的轴向运动,花盘刀具溜板的径向运动,工作台的横向运动,工作台的纵向运动和镗头架的垂直运动等。另外还有镗床的辅助运动,包括工作台的旋转运动、后立柱的水平移动、尾架的垂直运动及各部分的快速移动等。

二、T68型卧式镗床控制电路工作原理

T68型卧式镗床的电气控制原理图见图2。

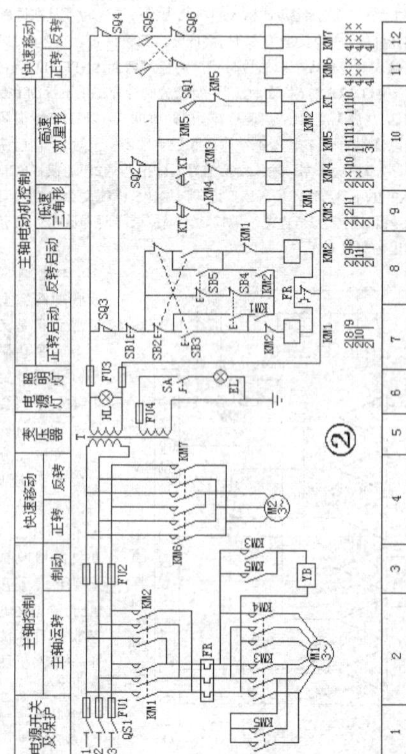

②

图2中,中间部位是电气原理图,包含T68卧式镗床电路中的一次电路和二次电路。标注在图2下部的1~12个矩形框是对电路划分的区域框,每个区域框对应着电路图中的一个局部电路,它可能是一次电路或二次电路中一个具有独立功能的电路单元。图2上部的矩形方框内标注的是文字,标示出中部电路相应位置电路的功能单元的名称。上部的文字框和下部的数字框有着大体一致的对应关系。

区域标号的作用是便于检修人员快速查找到控制元件的触点位置。为了达到这个目的,机床电路图中通常还给出继电器或接触器的触点所处的区域号,如图2右下角区域号与电路图之间给出的标记。关于这些标记的具体说明见图3。

对于继电器(包括时间继电器等)的触点,图3(a)中用一条竖线将常开触点与常闭触点分开,竖线左边是常开触点所处的区域编号,竖线右边是常闭触点所处的区域编号。由于继电器只有常开和常闭两种触点,所以标记中使用一条竖线。继电器的这个标记符号画在电路图中相应继电器下方的适当位置。

接触器的触点除了有辅助常开触点和辅助常闭触点外,还有主触点,共有三类触点,所以图3(b)中交流接触器的触点使用两条竖线将三类触点分开,标记中的三类触点如果没有完全使用,则未使用的触点类别位置空缺,或者使用符号"×"去填充那些未使用的触点位置,而将使用的触点类别标注在竖线旁边,读图时只要观察到哪条竖线旁有数字,就会知道这些数字代表的是主触点、辅助常开触点或者辅助常闭触点,并根据数字从电路图中找到这些触点所处的位置。

1. T68型卧式镗床电力拖动的基本要求

卧式镗床对电力拖动有如下基本要求。

卧式镗床采用双速笼形异步电机M1作为主拖动电机,低速时将电机定子绕组接成三角形,高速时将定子绕组接成双星形。双速电机启动时要求先启动低速运行,需要高速时,须待延时后再行转换,不能直接启动高速。

卧式镗床要求主拖动电机能正反转点动,以及准确地制动,以满足主轴、进给及花盘运转及调整的需要。

在主轴变速和进给变速时,应设有冲动环节,以保证变速后齿轮进入良好的啮合状态。

工作台或镗头架的自动进给与主轴或花盘刀架的自动进给之间应有联锁,两者不能同时进行。

为了减少辅助动作时间,卧式镗床应能采用快速电机保证各运动部件的快速移动。

2. T68型卧式镗床的主电路分析

主电路中有两台电机,其中M1为主轴与进给电机,这是一台4极、2极可转换的双速电机,低速时,定子绕组接成三角形,高速时,定子绕组接成双星形。

电机M1由5台交流接触器KM1~KM5控制,其中KM1和KM2控制M1的正反转,KM3控制M1的低速运转,KM4、KM5控制M1的高速运转。热继电器FR对电机M1进行过载保护。

YB为主轴制动电磁铁的线圈,由接触器KM3和KM5的常开触点控制其通电与否。

M2为快速移动电机,由KM6和KM7控制其正反转,实现快进与快退。因为M2为短时间断工作,所以不设过载保护。

3. 主轴电机M1的启动控制

对主轴电机M1的控制包括的低速正转、高速正转、低速反转、高速反转以及M1的点动控制等。

合上电源开关QS1(在图2中的1区),电源指示灯HL(在6区)点亮,指示电源有电。调整好工作台和镗头架的位置后,就可启动主轴电机M1,拖动镗轴正反转运行。

1)主轴电机的正转启动控制

当需要低速运转时,须将速度选择手柄置于低速挡,此时与速度选择手柄有联动关系的限位行程开关SQ1不受压,常开触点SQ1(在10区)断开不闭合。这时按下正转启动按钮SB3(在7区),接触器KM1通电自锁(在7区,经接触器KM1的辅助触点KM1、按钮SB4、SB5的常闭触点形成自锁),KM1的常开触点(在9区)闭合,KM3线圈通电,电机M1的绕组经接触器KM1和KM3的主触点(在2区)接通电源,电机M1在三角形接法下全压启动并低速运行。

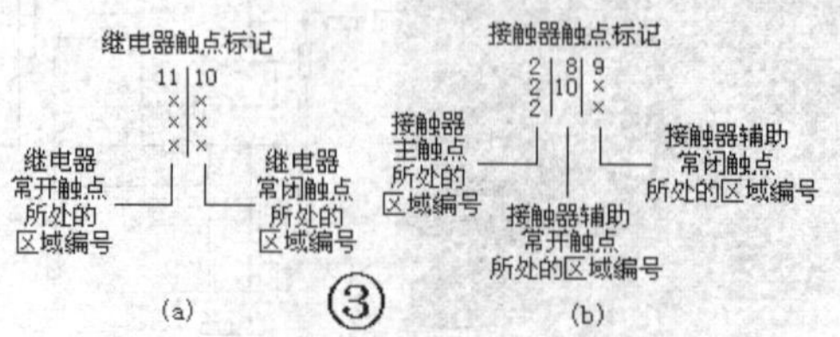

③

T68型卧式镗床采用电磁操作的机械制动装置,图2中的YB(在3区)是制动电磁铁的线圈,无论M1正转或反转,还是高速、低速运行,YB线圈均通电吸合,电磁铁松开电机轴上的制动轮,电机可自由启动。

当需要主轴电机高速正转时,将速度选择手柄置于高速挡,速度选择手柄的联动机构将限位行程开关SQ1压下,常开触点SQ1(在10区)闭合,这样,在接触器KM1、KM3通电的同时,时间继电器KT的线圈也通电,于是,在速度选择手柄置于高速挡后,电机M1在时间继电器延时期间会继续低速运行一段时间。待延时时间到达,时间继电器KT的常闭触点KT(在9区)断开,使KM3断电;时间继电器延时闭合的常开触点KT(在10区)闭合,使接触器KM4和KM5线圈得电,它们的主触点(在1、2区)使电机由低速三角形接法转换为高速双星形接法,电机M1进入高速运转状态。

主轴电机M1可以低速启动后,维持在低速状态下运行,也可低速启动后转换为高速运行,但不能直接启动高速挡。这也是对所有双速电机或多速电机的启动要求。须先启动低速,后启动中速,最后启动高速或更高速。T68型卧式镗床的控制电路已经保证了这种启动要求。

2)主轴电机的反转启动控制

主轴电机M1的反转启动与正转启动的操作控制过程相同,只是启动时操作的按钮由SB3(在7区)改换成SB2(在7区),操作按钮SB2后合闸的接触器由KM1更换为KM2。KM1和KM2合闸时对于电机M1来说,区别就是改变了加在M1绕组上的电源的相序,所以可以实现反转。

3)主轴电机的点动控制

正转点动时,按下点动按钮SB4(在7区),接触器KM1线圈得电,几乎同时,接触器KM3线圈得电,电机开始低速正向运转。由于SB4的常闭触点切断了KM1的自锁通路,所以,松开按钮SB4后,电机M1随即断电停机,形成正转点动效果。

反转点动时,按下点动按钮SB5(在8区),接触器KM2线圈得电,几乎同时,接触器KM3的线圈得电,电机开始低速反向运转。由于SB5的常闭触点切断了KM2的自锁通路,所以,松开按钮SB5后,电机M1随即断电停机,形成反转点动效果。

4. 主轴电机M1的制动与停车

停车时,按下位于7区的停止钮SB1,便切断了接触器KM1(正转时)或KM2(反转时)的线圈电路,其主触点断开电机M1的电源,电机停转;与此同时,电磁铁YB的线圈断电,在制动装置弹簧作用下,经杠杆将制动带紧箍在制动轮上进行制动,电机停转并实现快速机械制动。

5. 镗头架、工作台快速移动的控制

为了减少辅助工作时间,提高生产效率,由快速移动电机M2经传动机构拖动镗头架和工作台作各种快速移动。运动部件及其运动方向的预选由装设在工作台前方的操作手柄进行。而镗头架上的快速操作手柄控制镗头架的快速移动。当扳动快速操作手柄时,相应压合行程开关SQ5或SQ6(在11、12区),接触器KM6或KM7线圈得电,实现电机M2的正转或反转,再通过相应的传动机构,使操纵手柄预选的运动部件按选定方向作快速移动。当快速移动操作手柄复位时,行程开关SQ5或SQ6不再受压,接触器KM6或KM7线圈断电释放,电机M2停止转动,快速移动结束。

所以,镗头架、工作台快速移动的持续时间,就是操作快速移动手柄持续的时间。当快速移动操作手柄复位时,快速移动随即结束。

6. 主轴变速与进给变速控制

主轴变速与进给变速是在电机M1运转时进行的。当主轴变速手柄拉出时,限位开关SQ2(在10区)被压下,该常闭触点断开,接触器KM3(低速时)或KM4、KM5(高速时)断电而使电机M1断电停转。当主轴转速选择好以后,推回变速手柄,则SQ2恢复到变速前的接通状态,M1便可启动工作。同样,需要进给变速时,拉出进给变速操作手柄,限位开关SQ2(在10区)受压而断开,使电机M1停车,选好合适的进给量后,将进给变速手柄推回,SQ2恢复原来的接通状态,电机M1重新启动工作。

(未完待续)(下转第84页)

◇内蒙古呼伦贝尔中心台 王明举

没有电压降的简单反极性保护电路

常见的反向电压保护方法是使用二极管来防止损坏电路。在一种方法中，串联二极管仅在施加正确极性的情况下才允许电流流动(图1)。您也可以使用二极管桥对输入进行整流，以使电路始终接收正确的极性(图2)。这些方法的缺点是它们浪费了二极管两端的电压降中的功率。输入电流为1A时，图1中的电路浪费了0.7W，图2中的电路浪费了1.4W。本设计实例提出了一种简单的方法，该方法不存在电压降或功率浪费(图3)。

选择一个继电器以反极性电压工作。例如，将12V继电器用于12V电源系统。当您对电路施加正确的极性时，D1变成反向偏置，并且S1继电器保持关闭状态。然后将输入和输出电源线连接到继电器的正常连接的引脚，这样电流就流到了末端电路。二极管D1阻止继电器的电源，并且保护电路不消耗功率。

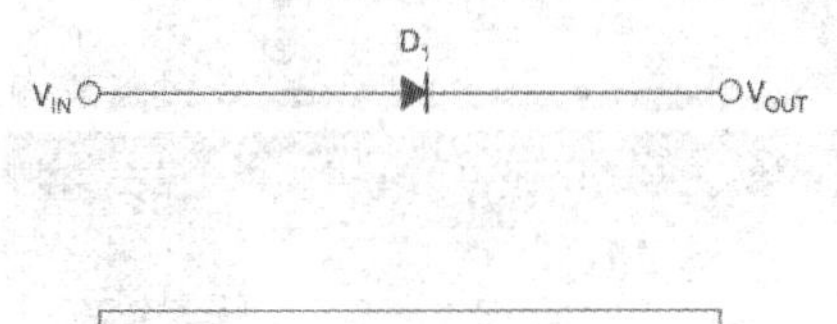

图1　串联二极管可保护系统免受反极性影响，但会浪费功率，造成二极管损耗。

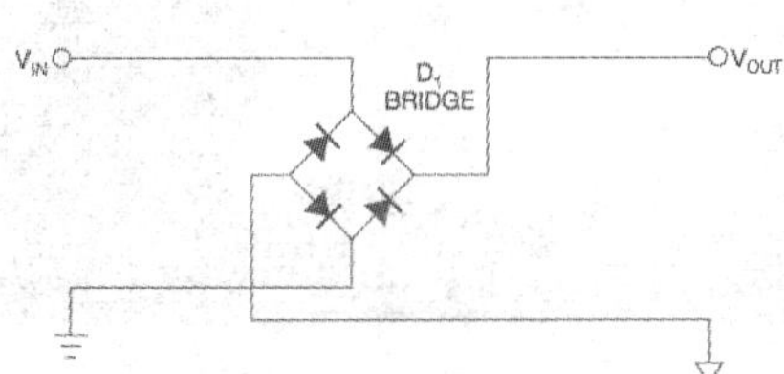

图2　让你的系统的工作原理，无论输入极性是什么，你可以使用桥式整流器。该电路浪费的功率是图1中电路的两倍(二极管损耗)。

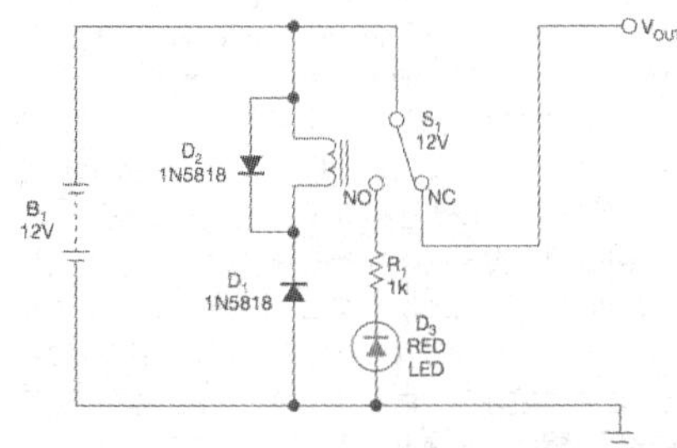

图3　您可以连接继电器开关，以在没有功率损耗的情况下为系统供电。D2箝位继电器线圈的感应突跳。

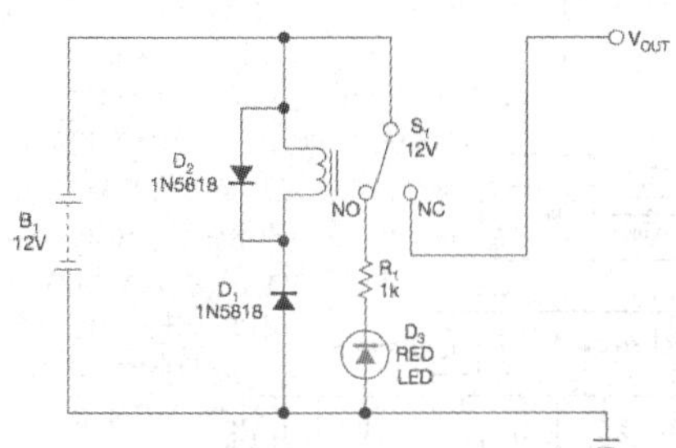

图4　在反向输入电压的情况下，继电器开关闭合，中断系统电源，并且LED点亮。

当您施加错误的反极性时，二极管D1变为正偏，从而打开继电器(图4)。打开继电器将切断端电路的电源，红色LED D3点亮，表示电压反向。仅当施加反极性时，电路才会消耗功率。与FET或半导体开关不同，继电器触点开关的导通电阻很低，这意味着它们不会在输入电源和需要保护的电路之间引起电压降。因此，该设计适用于具有严格电压裕量的系统。

◇湖北　朱少华

使用电流镜控制电源

在许多应用中，例如电池充电器，太阳能控制器等，控制电源是一项必不可少的任务。工业上提供了很多现成的集成电源，不幸的是，它们没有提供控制输出的简单方法。通常，电源可以设计为功率运算放大器，其同相输入连接到参考电压(在图1中的绿色矩形中)。

通常，在电源IC(即TI的Simple Switcher)中，您唯一需要更改Vout的通道就是控制反馈的反相引脚(图1中的FB)。控制FB的一种非常简单的方法是用可控电流源代替Rb，最简单，最便宜的方法是使用电流镜(图2)。

通过这种设计获得的精度与将要使用的当前反射镜的精度有关。如果您决定采用Widlar基本的两晶体管设计，则必须依靠BCV61等有意制造的匹配对。很容易在性能更好的Wilson 4晶体管电流镜中使用此类组件。仅当Vin超过镜像晶体管的VBE(on)时，电流镜像才开始工作，因此开始时存在非线性。如果建议的设计是一个环路的一部分，那么所有这些并不是很有限，反馈可以通过反馈魔力来补偿误差。

图3显示了当Vin介于0至10V之间时，Vref=1.2V的图2电路的P-Spice模拟比例。

图4中显示了图2所示原理的直接实现。这里，众所周知的LM2596由现成的电流镜BCV61控制。

通过将未稳压的DC输入连接到22V电源，将V控制连接到跨度为0-10V@5Hz的锯齿波发生器，并用示波器对输出(负载50Ω电阻)进行采样，已对图4的原型进行了线性度测试。脉冲发生器(0-8V,0.5s)已用于检查时间响应。

结果如图5所示。该电路具有良好的线性度(左图)，并且在上升时间(达到稳定点大约需要1ms)时具有相当快的瞬态响应。下降时间与输出电容器(220μF)和负载(测试期间为50Ω)有关。

图4电路的这些测试结果显示了驱动电压(蓝色轨迹)和输出(红色轨迹位于左侧)。右侧，对方波的响应表示与输出电容器和负载电阻相关的上升时间为1ms，下降时间缓慢。

◇湖北　朱少华

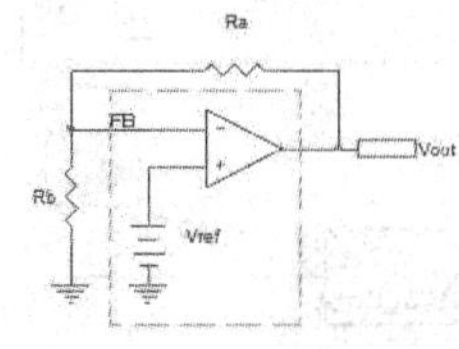

$$V_{out}=V_{ref}\frac{R_a}{R_b}$$

图1　这是一个反馈稳定的电源方案。

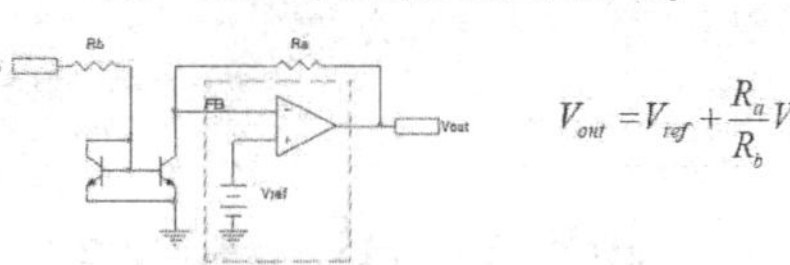

$$V_{out}=V_{ref}+\frac{R_a}{R_b}V_{in}$$

图2　此电压控制电源使用电流镜。

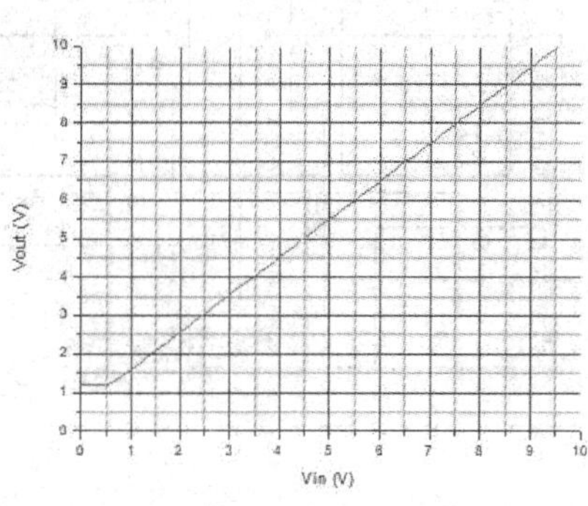

图3　该图显示了图2中电路的P-Spice模拟比例。

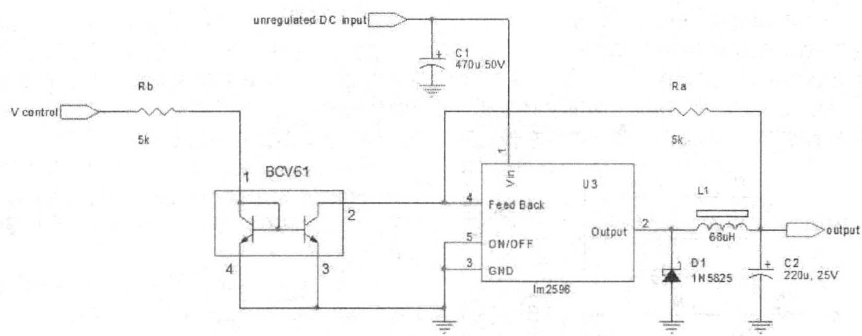

图4　这是图2原理的“按设计工作”应用。

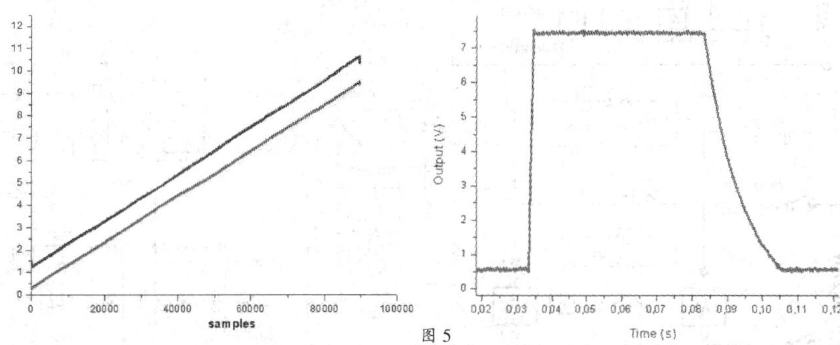

图5

数码万年历改造记

家里有一台十年前自己制作的壁挂式万年历（附图1），最近由于小区不定时的频繁停电，特别是晚上，很不方便。近日双休决定用现有的材料对其进行升级改造，以便在停电时既能给室内门口应急照明又能显示时间，实现一举两得的实用功能。

准备改造材料：照明材料选用32粒自带充电电源板的长方形LED照明板2块，9V开关电源一个，4档转换开关一个，18650电池6节以及3只1N4007二极管和连接线。

改造目的：在停电时，能够达到可选择弱光和亮光两种照明模式，并同时万年历有显示。

改造方法：首先根据框内原电路的结构进行设计并画出电路图，然后按照图纸进行改造施工（附图2）。

第一步：打开玻璃面板，去掉原先安装的椭圆形灯管和整流电路板（不适用，这种灯管寿命也短，平常也不用，停电就更不能用了）。然后分别在框内的两侧安装焊好接线的LED照明板（附图3）。

第二步：在木框的左下面靠近进线的位置开孔后，从内用两颗小螺丝固定安装一个在旧电风扇上拆下来的4挡风扇转速转换开关，并在外面的旋钮处标注转换功能说明和位置（附图4），还需要将原先的电源开关改为给电池充电的控制开关（附图5）。

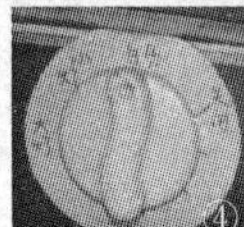

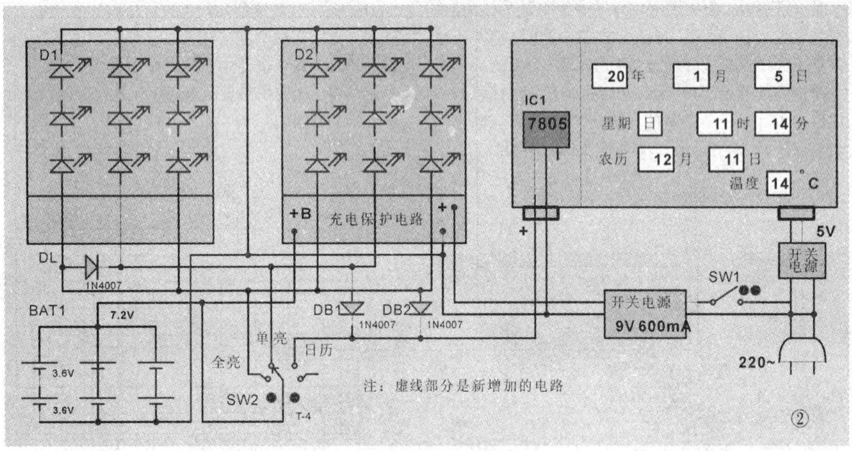

第三步：按照设计图开始接线，为了保证在停电期间能够更长的维持照明和时间的显示，将6节18650电池两节串联（7.2V），正好和照明板的输出电压相配套。再将3组电池进行并联组装以增大容量并捆绑在一起，然后将正负极线分别接在一个LED照明板的BAT电源输出端（需要将输出端和原LED相连的电路断开）。

第四步：连接好所有接线后，开始验证效果，拔掉220~的电源插头，开启小灯弱光（附图6），全开启强光（附图7），回装面板后开启弱光状态（附图8），开启强光（附图9）。进行断电验证电池容量，基本上能够达到3个多小时以上的应急照明和时间显示是没有问题的，取得了比较理想的使用效果和改造目的。

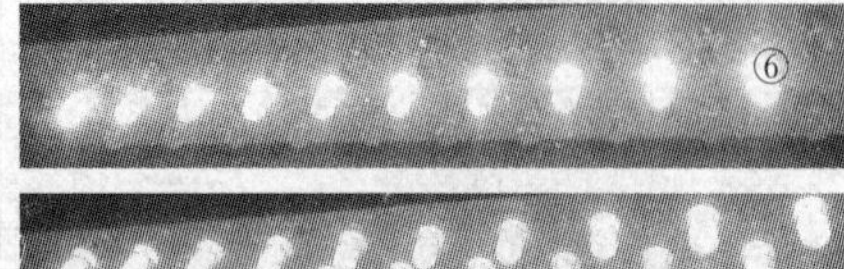

注：虚线部分是新增加的电路

◇江苏 庞守军

自制电动门

家有手动推拉门，开闭频繁，颇为不便，有意改造，查了下玻璃门自动控制系统，造价数千元，且安装复杂，不适合现有手动门改造。

恰逢春节期间，被"武汉新冠"困在家中。于是自行设计，利用家中现有元器件，折腾一周，完成改造，手动门变自动门，实现开门关门全自动。

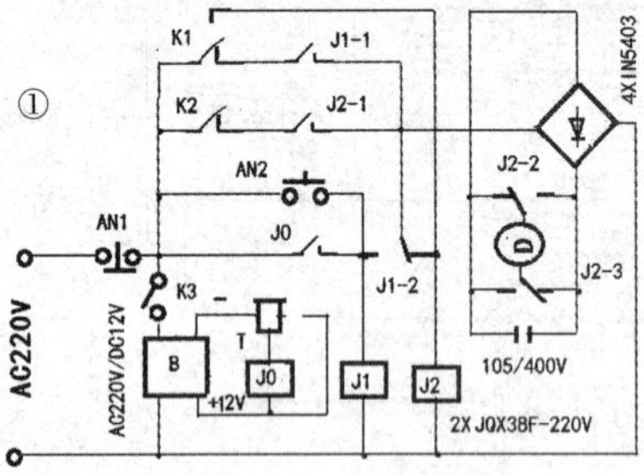

工作原理见图1：当人体接近门时，感应探头T输出控制信号，驱动继电器，J0吸合，J1吸合并自锁。AC220V市电通过按钮AN1、行程开关k1、J1触头，经整流，得到约DC260V直流，驱动电机D执行开门任务。

开门到达终点，触动行程开关k1，k1常闭触头断开，常开触头闭合，J1断电释放，J2得电吸合。J2吸合自锁的同时，也完成了电机D的正负极性互换。电机得电反转，执行关门任务。

关门到达终点，触动行程开关k2，常闭触头断开，J2断电释放，完成一个开门关门过程，等待下一次任务。

关于人身安全和电气安全问题：一是如果关门过程中有人误入，探头T则输出控制信号，驱动J1执行开门动作，以保证人和脑壳都不被门夹。二是设置了AN1和AN2手动启停按钮。如果不喜欢自动玻璃门模式，可以通过k3关掉待机电源，转换成电梯模式，手动按下AN2开门并自动关门。在这种模式下，平时整个系统处于电气关闭状态，没有任何电流，确保电气安全。

图1是简易控制电路，能够满足普通要求。为了让电动门更加人性化，动作温柔一点，以及改善直流电机自感电动势的冲击等，本人完成后的实际电路如图2-4所示，增加了延时互换电极、延时关门，独立控制，以及关门警示等电路。原理看图自明，其中k2是开门终端行程开关，k1和k3是关门终端行程开关。

主要元器件：一是电机。功率应在60W~120W之间，可以轻松推动35牛顿以下阻力的门；转速55转/min，配XL型50节皮带轮，直线行走速度250mm/s左右，可6秒钟完成1.5米门的开或关。二是继电器。电路工作电流零点几安，取降额系数15%，继电器电流10A足矣，图中40A的JQX38F继电器是利用现有存品。三是感应头和时基555等元件。感应头可取感应距离1000mm以内，三端输出，直接驱动12V继电器的。其他元件按图示数据取用即可。

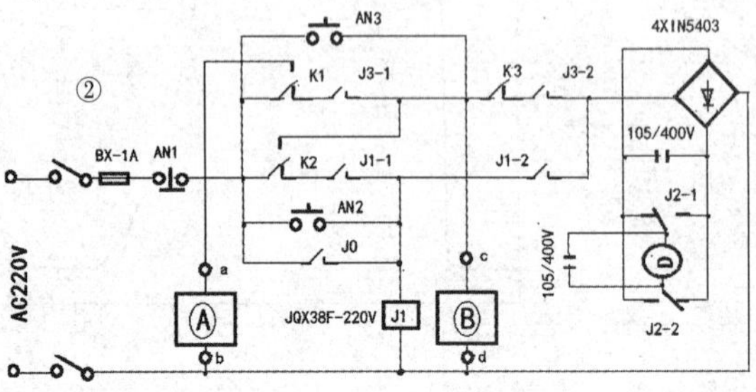

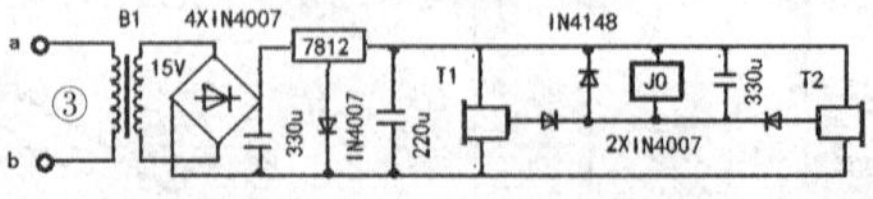

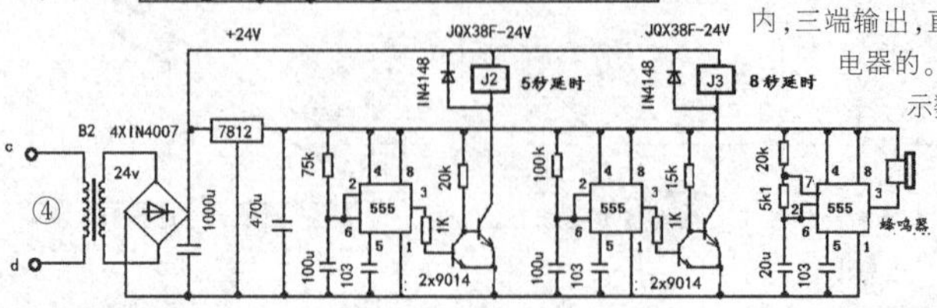

◇贵州 曹廷华

博途应用4：三相异步电动机的多点控制

一、基础知识

1. 三相异步电动机两点控制电路

有些生产机械常需要在两个或两个以上地点进行控制，即所谓"多点"控制。图1所示为某船舶机舱泵浦电动机两点控制的电气原理图，图中停止按钮SB1及启动按钮SB2安装于机旁，停止按钮SB3及启动按钮SB4安装于集控室，既可以在机旁对设备进行起停控制，也可以在集控室进行遥控。

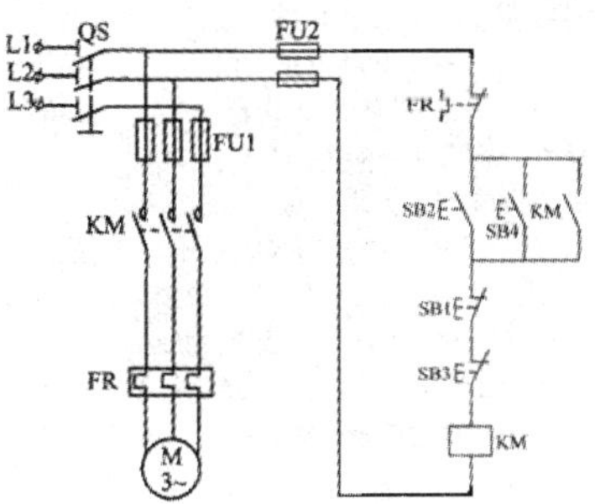

图1 两点控制的三相异步电动机控制电路

2. 多点控制原理

在继电器控制电路中，多点控制是用多组启动按钮、停止按钮来进行控制的，把多点启动按钮的常开触点并联，形成逻辑"或"的关系，把多点停止按钮的常闭触点串联，形成逻辑"与"的关系。在图1中，安装于机旁的停止按钮SB1与安装于集控室的停止按钮SB3均采用常闭触点且相互串联，安装于机旁的启动按钮SB2与安装于集控室的启动按钮SB4均采用常开触点且相互并联。当两点之中任一操作人员按下启动按钮，KM都得电并自锁；停止时只需要两点中的其中一点的停止按钮被按下即可实现。

二、用户程序的设计与仿真调试

1. 控制功能分析与设计

控制系统输入控制部件包括机旁启动按钮SB2、机旁停止按钮SB1、集控室遥控启动按钮SB4、遥控停止按钮SB3和热继电器FR的触点。各启动按钮均采用常开触点，停止按钮均采用常闭触点。采用热继电器FR的常开触点提供电动机过载信号。输出执行元件只有一个控制电动机运转的交流接触器KM，线圈额定工作电压为交流220V。

根据功能要求，控制系统控制过程如下：

接通电源总开关QS，按下启动按钮SB2或SB4，接触器KM通电并自保，松开启动按钮，KM持续通电。按下停止按钮SB1或SB3，或者热继电器FR的触点动作，接触器KM断电。

2. I/O地址分配

PLC接线时，把两点启动按钮SB2、SB4的常开触点并联共用一个PLC输入点，把两点停止按钮SB1、SB3的常闭触点串联后接到一个PLC输入点。因此，根据控制要求，可以确定PLC需要3个输入点和1个输出点，选用CPU 1214C AC/DC/Rly。PLC开关量输入信号采用直流24V输入，开关量输出采用继电器输出。各I/O点的地址分配见下表。

I/O地址分配表

输入元件	输入端子地址	输出元件	输出端子地址
起动按钮SB2、SB4(并联)	I0.0	接触器KMK	Q0.0
停止按钮SB1、SB3(串联)	I0.1		
热保护继电器触点FR			

3. I/O线路连接

CPU模块工作电源采用交流220V，开关量输入由CPU模块上提供的直流24V传感器电源供电。因接触器KM线圈额定工作电压为交流220V，因此PLC输出点接交流220V电源。系统的主电路及PLC的I/O接线如图2所示。

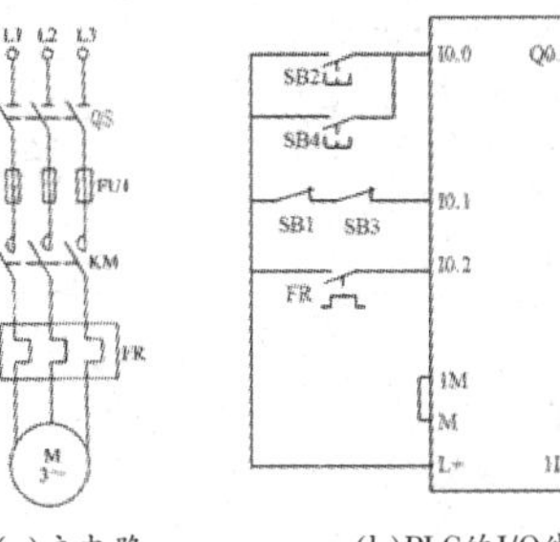

(a)主电路　　(b)PLC的I/O线路连接

图2 PLC控制的电动机两点控制电路

4. 用户程序设计

用触点的串、并联来实现异步电动机两点控制的梯形图如图3所示。根据I/O地址分配，当启动按钮SB2或SB4被按下时，输入映像寄存器I0.0为1，其常开触点接通，输出线圈Q0.0"得电"，Q0.0常开触点接通自保，并使交流接触器KM线圈通电，电动机连续运行。电动机运行时，停止按钮均闭合，I0.1为1，按下停止按钮SB1或SB3，切断I0.1输入电路，输入映像寄存器I0.1变为0，与输出线圈串联的常开触点断开，Q0.0"失电"，接触器KM断电，电动机停止运行。若电动机过载使热继电器FR动作，其常开触点闭合，输入映像寄存器I0.2变为1，其常闭触点断开，也会使输出线圈Q0.0"失电"，接触器KM断电，电动机停转实现过载保护。

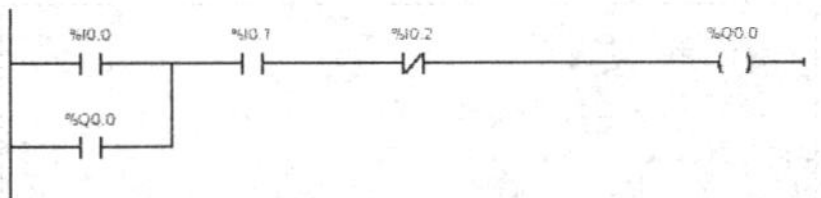

图3 异步电动机的两点控制PLC程序

5. 仿真调试

单击工具栏上的"开始仿真"按钮，启动S7-PLCSIM V13。

(1)生成SIM表1，如图4所示。

图4 S7-PLCSIM的项目视图

(2)因本电路的输入端I0.1采用常闭按钮SB1和SB3，故在仿真时应在图4第二行"位"列中的小方框，方框中出现"√"，I0.1变为TRUE，再两次单击图4中第一行"位"列中的小方框，方框中出现"√"后又消失，I0.0变为TRUE后又变为FALSE，模拟按下和放开启动按钮，梯形图中I0.0的常开触点闭合后又断开。由于OB1中程序的作用，Q0.0变为TRUE，梯形图中其线圈通电，SIM表1中Q0.0所在行右边对应"位"列的小方框中出现"√"(见图5)，电动机启动运行。

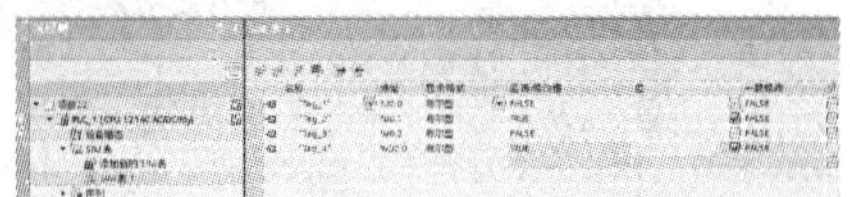

图5 S7-PLCSIM的项目视图(运行状态)

在项目视图中，单击程序编辑器工具栏上的按钮，启动程序状态监视，程序状态如图6所示。

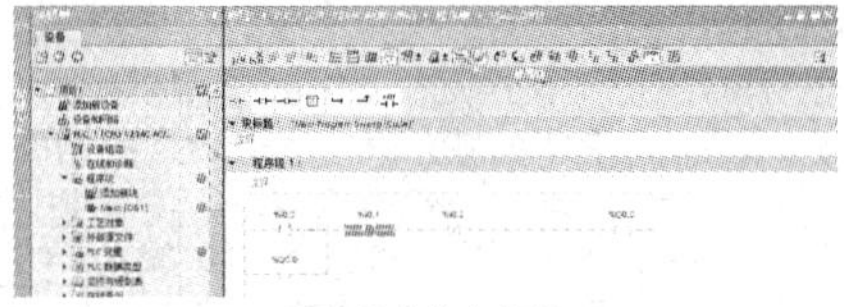

图6 程序状态监视

6. PLC系统触点合并原则

在PLC系统设计时，可以把实现同样控制功能的按钮、开关、继电器触点等合并后接入同一个PLC输入点，以节省PLC输入点数目，节省开发成本。

触点合并的原则是：若采用常开触点，则把所有的触点并联，若采用常闭触点，则把所有的触点串联。例如，在用于电动机多点控制的PLC系统中，各控制地点的启动按钮均采用常开触点并进行并联连接，各控制地点的停止按钮均采用常闭触点并进行串联连接。图2中的PLC接线还可以把热继电器FR的触点改用常闭触点，并与停止按钮串联，如图7所示，进一步减少PLC的输入点。

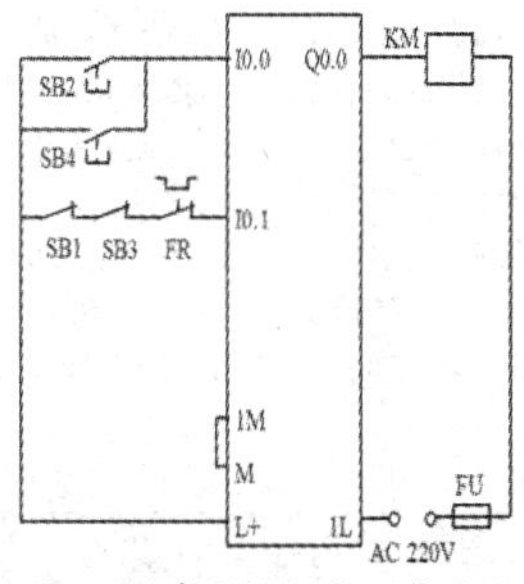

图7 FR改常闭触点的PLC接线图

需要注意的是：采用这种节省PLC输入点的方法，PLC内部不能明确表明是哪个开关信号控制相应设备动作，要根据系统控制要求确定是否进行输入触点的合并。例如，图7所示的PLC控制系统，若需要根据热继电器的输入信号进行电动机过载的报警显示，则FR的触点信号必须单独输入。

在图7中，要实现电动机的过载保护，还可以把热继电器FR的常闭辅助触点直接与电动机的接触器KM线圈串联，而不接入PLC输入端。当电动机过载时，热继电器的常闭触点断开而使接触器KM线圈断电释放，使电动机停转。采用这种方案，热继电器的触点状态不会影响到PLC内部程序的运行，若电动机过载停转，热继电器一复位，电动机会马上恢复运转。

◇福建省上杭职业中专学校 吴永康

七彩时光“小精灵”！——新型七彩电子钟(4)

在本篇文章中我们将告别上几篇文章中的众“美女”，来认识一个同样有着美丽的七彩外貌的“小精灵”，在上一篇文章的末尾我们曾为大家简单的介绍过“它”，在本篇文章中我们将详细地为您介绍如何只利用两个元件就实现近乎360°半球面的显示角度范围、体积小到只有黄豆大小这看起来似乎天方夜谭的制作目标！用我们所能利用的、容易觅到的现有元件来制作一个体积尽量小，而显示效果却丝毫不“小”的七彩时光“小精灵”，体验一下相对于现有时间显示方式让我们的感觉焕然一新的“小”！

制作方案

本制作选择显示单元数目较少的利用一个显示单元在“时间”上依次显示表示各计时数位数值大小的颜色的显示方案。显示的计时数位只有3位：小时的个位、分钟的十位、分钟的个位。显示部分的显示单元只有1个：综合显示单元。显示方式为3个计时数位利用1个综合显示单元显示。为了实现本制作体积尽量小的目标，将所有不会影响制作性能的可以省略的元件全部省略，仅需两个元件即完成本制作的所有功能。

上述综合显示单元由1个复合彩色发光二极管构成所示。

本制作采用6时制计时法，利用6种不同的颜色来分别表示小时个位和分钟十位上的数值大小（如图1）：

白色分别表示小时个位、分钟十位、分钟个位上的0；

红色分别表示小时个位、分钟十位上的1，以及分钟个位上的2；

绿色分别表示小时个位、分钟十位上的2，以及分钟个位上的4；

黄色分别表示小时个位、分钟十位上的3，以及分钟个位上的6；

蓝色分别表示小时个位、分钟十位上的4，以及分钟个位上的8；

紫色分别表示小时个位、分钟十位上的5。

各计时数位的显示时序示意图(如图2)所示：

(1)小时的个位显示0.2秒，关闭显示0.5秒；

(2)分钟的十位显示0.2秒，关闭显示0.5秒；

(3)分钟的个位显示0.2秒，关闭显示0.9秒。

综合显示单元按照上述显示时序完成一个显示周期的显示后，以相同的时序不断重复显示新的显示周期。

本制作中，如果综合显示单元一个显示周期的显示(如图3)为：

(1)显示红色0.2秒，关闭显示0.5秒；

(2)显示绿色0.2秒，关闭显示0.5秒；

(3)显示蓝色0.2秒，关闭显示0.9秒。

则表示的时间可能是24时制计时法中的1时28分、7时28分、13时28分、19时28分。综合利用周边环境光照、声音因素便可以准确判断显示单元指示的数值具体是哪一个计时循环中的时间。

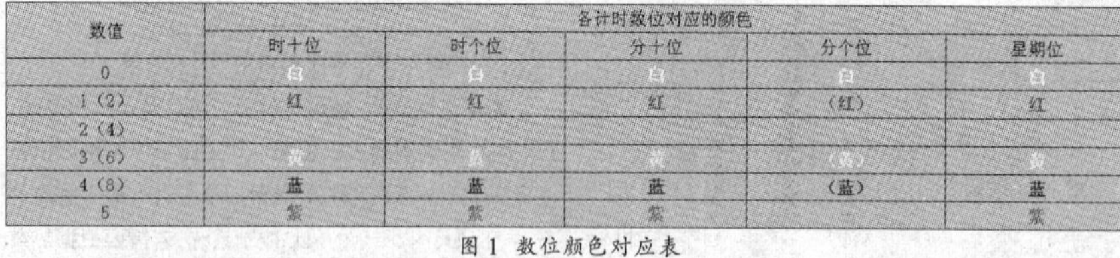

数值	各计时数位对应的颜色				
	时十位	时个位	分十位	分个位	星期位
0	白	白	白	白	白
1 (2)	红	红	红	（红）	红
2 (4)					
3 (6)	黄	黄	黄	（黄）	黄
4 (8)	蓝	蓝	蓝	（蓝）	蓝
5	紫	紫	紫		紫

图1 数位颜色对应表

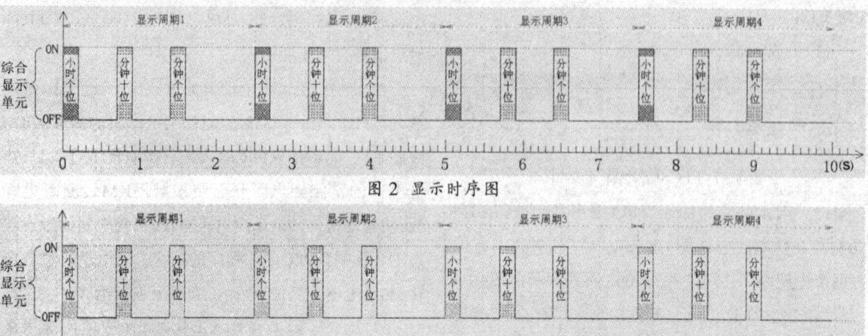

图2 显示时序图

图3 时序颜色图

电路原理

根据以上制作方案确定的电路图（如图4）“相当”的简单！不算电源部分仅有两个元件：一个单片机芯片ATtiny13A和一个红、绿、蓝三色LED发光模块构成，可以说是精简到极致！单片机芯片ATtiny13A运行其内部计时驱动程序完成计时驱动功能，红、绿、蓝三色LED发光模块在ATtiny13A的驱动下显示与需要指示的时间相对应的颜色完成时间的显示功能。

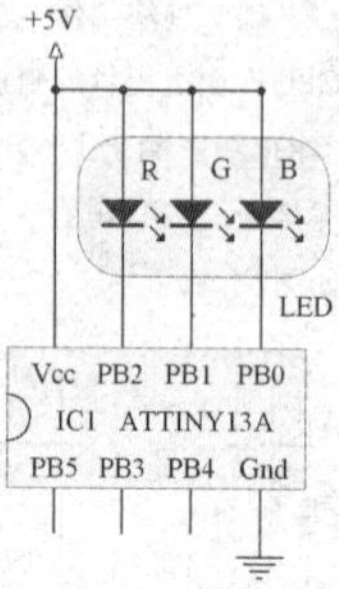

图4 电路原理图

通过电路图可以看出，在每个发光二极管的电流回路里并没有常见的限流电阻的影子，这是因为本制作为了制作简单，缩小体积，所以将3个属于“硬件”的限流电阻加以省略，而在“软件”程序中添加适当的程序，限制流过发光二极管的电流，流过3个发光二极管的电流可以通过调整程序中的相关数值方便的进行调整。

元件选取

为了缩小整个制作的体积，单片机芯片ATtiny13A采用美国Atmel公司以高密度非易失性存储器技术生产的基于增强的AVR RISC结构的低功耗8位CMOS表贴型DIP8封装的小体积芯片（如图5）。

红、绿、蓝三色LED发光模块选用了一款1206封装的共阳型贴片LED雾面发光模块(如图6)，其体积极小，实测仅有1.1mm×1.3mm×2.9mm，而发光性能完全满足要求。

因为选用的LED模块体积极小，其输出引脚的间距非常小，焊接时对于新手可能有一定的难度，如果感到难以完成，也可以选用封装体积大一些的5050封装的LED模块(如图7)，其管脚的间距和布局可以基本和表贴型的单片机芯片ATtiny13A相吻合，采用搭焊的方式很方便地进行电路的连接，焊接难度小一些，而且其光线辐射角度范围更广！只是如果选用的发光模组不是雾面的话，显示颜色的混色性会相对差一些！

图5 ATtiny13A

图6 1206LED模块

图7 5050LED

本制作中PB3、PB4分别为时和分的调整管脚，需要调整时，可以利用螺丝刀、镊子等导电的金属物短接需要调整的管脚和地即可。

制作方法

(1)向单片机芯片ATtiny13A内部烧写程序。

本制作用普通USB插口的ISP烧写器，将ISP插座的相应插针利用排线焊接到单片机ATtiny13A的相应管脚上(如图8)，完成程序的烧写，然后焊除引线，并将单片机引脚的杂余焊锡进行适当的清理即可进行下面的工作。

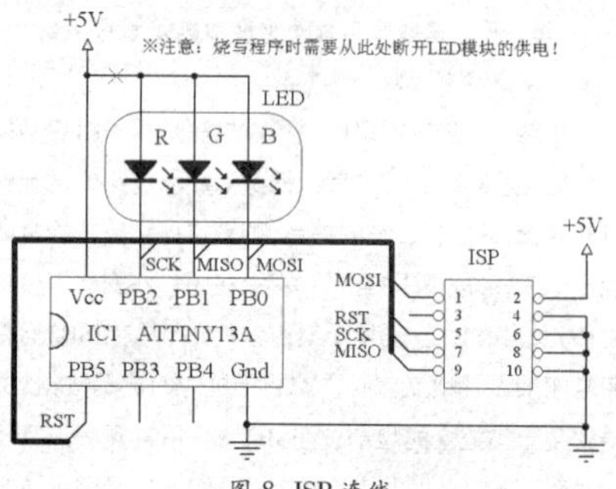

图8 ISP连线

(2)确定单片机芯片和LED模组正确的组装方向。

将单片机芯片和LED模组都保持正面向上放置，要注意LED模组芯片的公共阳极引脚对应单片机芯片的电源供应引脚(第8引脚)(如图9)。然后将LED模组的引出脚置于单片机芯片引脚的上方，将单片机引出脚根据LED模组引出脚的间距适当弯折一下以保证对齐，方便下面的焊接工作。

图9 对正方式

(3)连接单片机芯片和LED模组的相应管脚。

将单片机芯片的5、6、7引脚和LED模组的3个发光二极管阴极引出引脚和公共阳极的引脚小心靠近对正后，利用尖嘴烙铁将需要连接的管脚加以可靠的焊接(如图10)。将公共阳极的引脚直接连接到单片机的电源输入引脚(第8脚)。

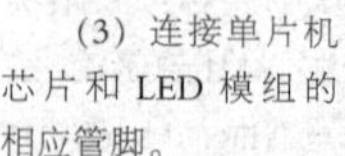

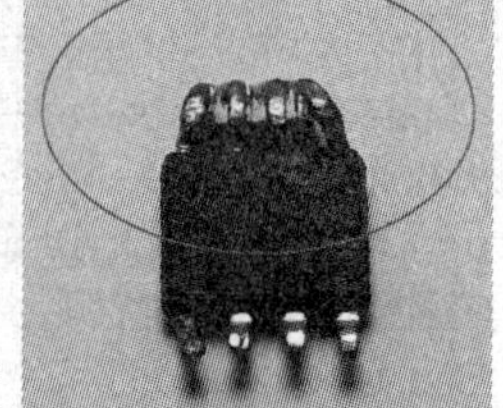

图10 焊接方式

(4)连接电源引线。

本制作中选取的单片机芯片需要的供电电压范围为3.3V至5.5V，电源的供电方式可以利用开关电源将交流电网降压供电获得，或者采用适当电压和体积的电池供电。

(未完待续)(下转第88页)

常用天线、无源器件原理及功能(二)

(紧接上期本版)

水平面波束宽度

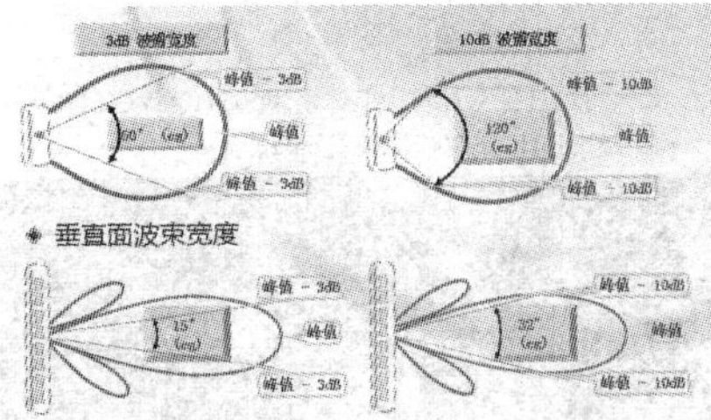

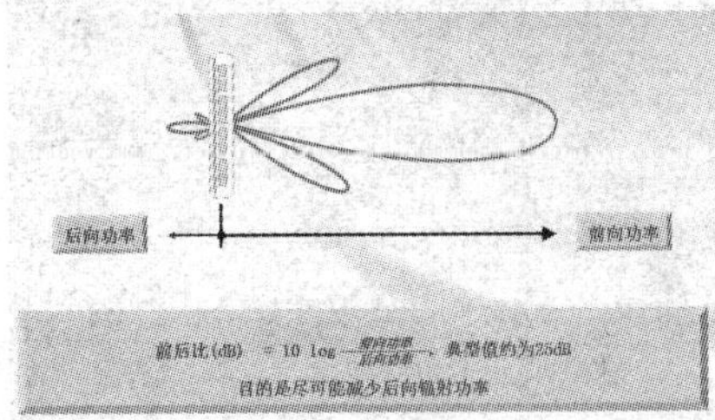

前后比:指定向天线的前向辐射功率和后向±30°内辐射功率之比。

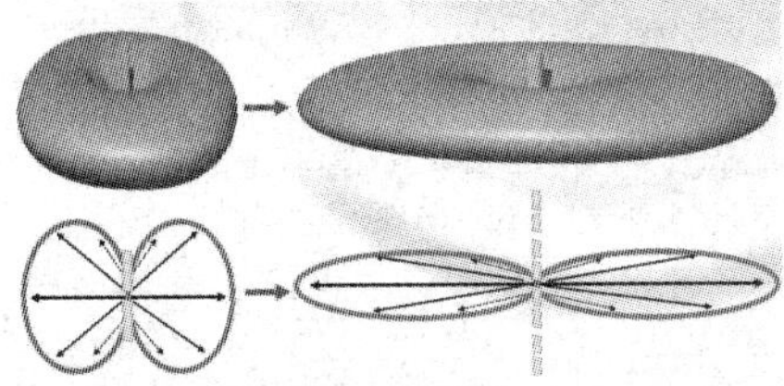

增益和天线尺寸及波束宽度的关系将“轮胎”压扁,信号就越集中,增益就越高,天线尺寸就越大,波束宽度越窄;

天线增益的几个要点:天线是无源器件,不能产生能量。天线增益只是将能量有效集中向某特定方向辐射或接受电磁波的能力。天线的增益由振子叠加而产生。增益越高,天线长度越长。增益增加 3dB,体积增大一倍。天线增益越高,方向性越好,能量越集中,波瓣越窄。

5.辐射参数

极化:指电场矢量在空间运动的轨迹或变化的状态。

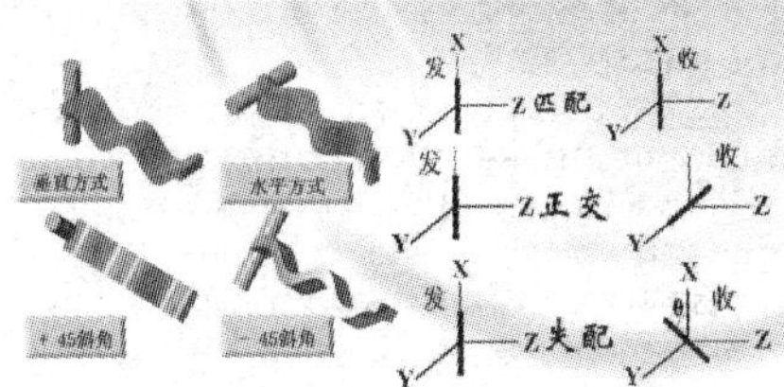

6.电路参数 回波损耗

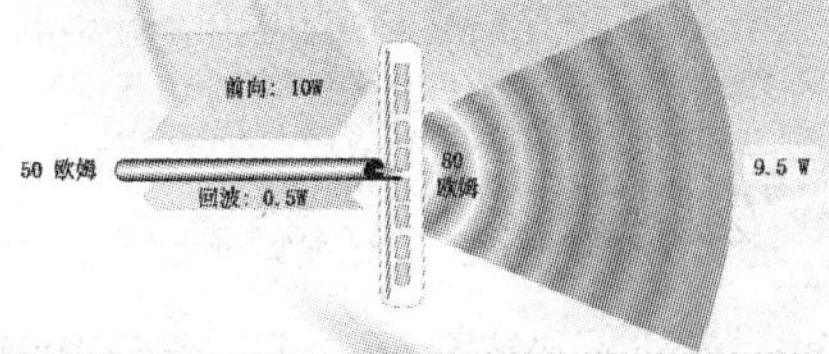

此例中,回波损耗为 10log(10/0.5)=13dBVSWR(驻波比)是对此现象的另一种度量方法。

隔离度:是某一极化接收到的另一极化信号的比例

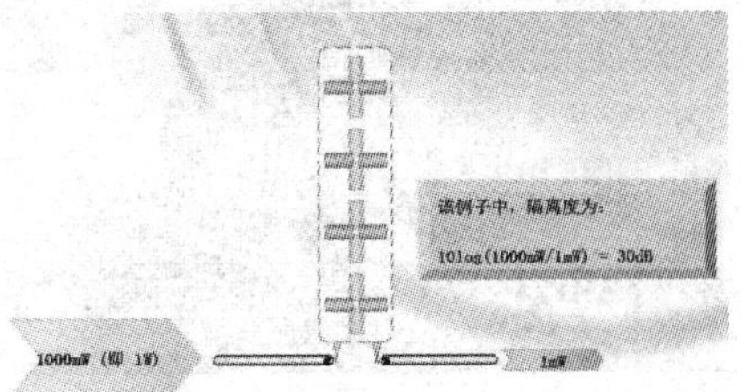

无源交调(PIM):当两个频率 f1 和 f2 输入到天线,由于非线性效应,天线辐射的信号除频率 f1 和 f2 外,还包括有其他频率,如 2f1-f2 和 2f2-f1 (3 阶)等。

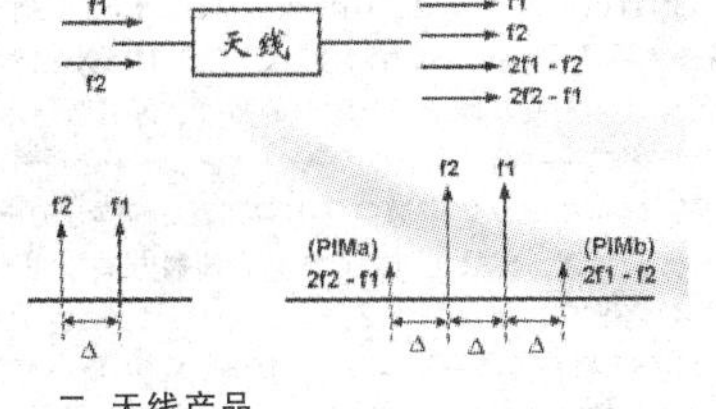

二、天线产品

1.天线命名方式

天线类别:ODP(室外定向板状天线),OOA(室外全向天线),IXD(室内吸顶天线),OCS(室外双向天线),OCA(室外集束天线),OYI(室外八木天线),ORA(室外抛面天线),IWH(室内壁挂天线)等等. 半功率角:032,065,090,105,360(基站天线)020,030,040,050,060,075,090,120,160,360(直放站天线)极化方式:R(双极化),V(单极化)增益:按照实际指标,目前最大为 21dbi 接头类型:D (Din 头),N (N 型头),S (SMA 头),T (TNC 头)等等频段:规格代码:罗马字母表示第几代产品.后面字母和数字表示电调下倾角、赋形、电调等信息.F 赋型;V 电调;RV 远程电调。

2.基站天线

全向天线

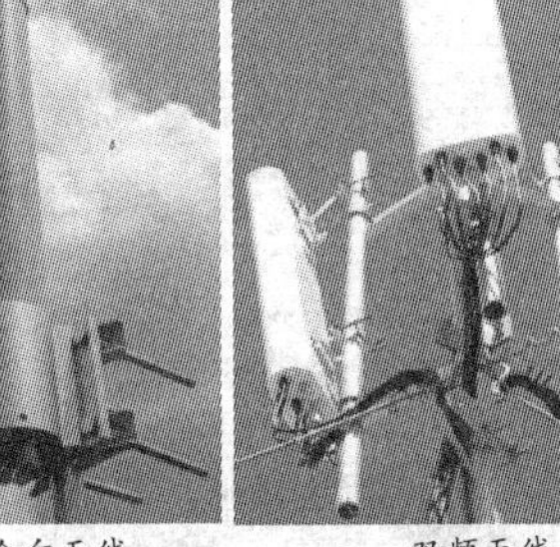
双频天线

三频天线

全向天线 薄型天线 双频天线 高增益天线

3.分布系统天线

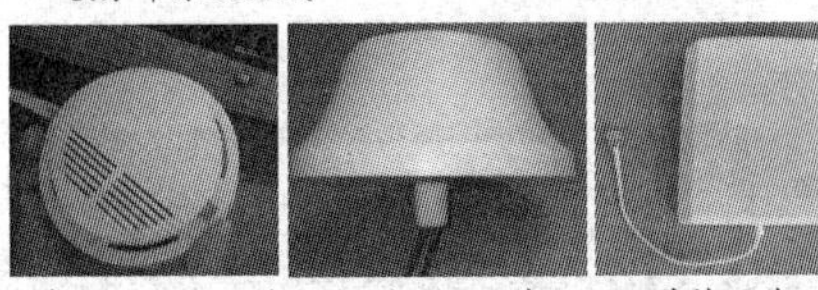
烟感器型吸顶天线 灯型吸顶天线 壁挂天线

4.室外天线施主天线

窄波束、方向性强 高前后比

八木天线

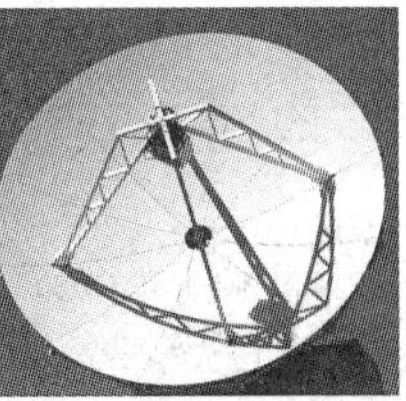
角反射天线

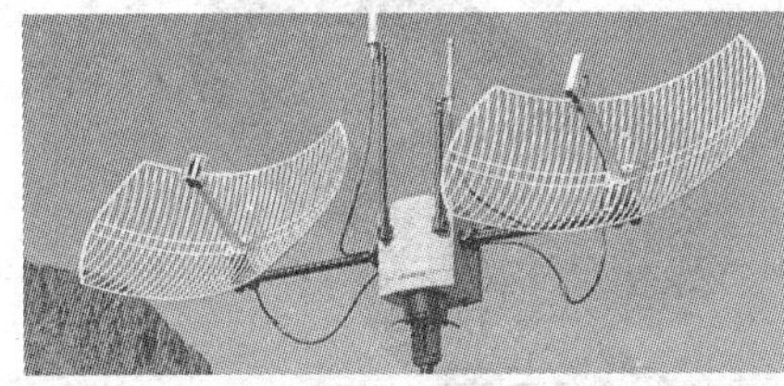

宽频全向天线

对数周期天线

板状天线

三、无源器件概述

1.微波无源器件概述

无源器件分为线性器件与非线性器件。线形无源器件又有互易与非互易之分。线形互易元件只对微波信号进行线形变换而不改变频率特性,并满足互易原理。通常我们所说的无源器件指的都是线性互易元件。

2.线性互易元件树状图

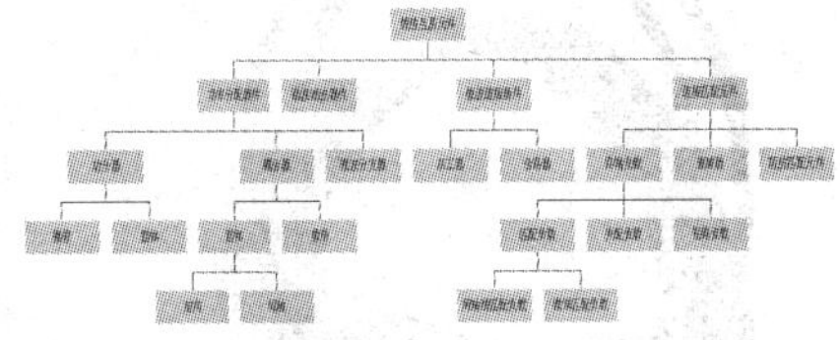

3.功分器

功分器是一种将一路输出信号能量分成两路或多路输出的器件。本质上是一个阻抗变换器。是否可以将功分器逆用以取代合路器呢?在作为合成器使用时,不仅需要高隔离,低驻波比,更侧重于要求承受大功率。考虑到常用的腔体功分器输出端口不匹配,大驻波;微带功分器反向承受低功率的特点,我们不建议使用功分器逆用来取代合路器。

4.功分器的分类

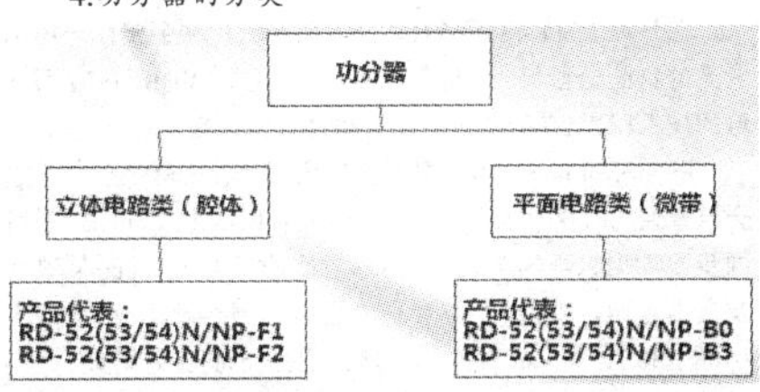

5.功分器分类比较

	微带线	同轴腔体
插损	相对稍大	小
输出口驻波	小	不作为声明值
输出隔离	保证一定程度隔离	不作为声明值
功率容量	小	大
可靠性	相对稍差	高可靠,长寿命
三阶互调失真	典型值-140dBC	典型值-150dBC
对终端要求	要求负载驻波小	无
应用	室内中小功率场合	所有场合

6.腔体功分器特点

腔体功分器,采用优质合金作为导体,填充介质为空气;能承受比较大的功率,最大可达 200W;而介质损耗,导体损耗基本上可忽略不计,插入损耗小,能做到 0.1dB 以下。但由于没有隔离电阻,输出端口隔离度很小,因此腔体功分器不能作为功率合成器使用。

(未完待续)(下转第 89 页)

USB接口的游戏耳机(二)

（紧接上期本版）

微星MMERSE GH30

售价:299元

优点:1、这款产品采用了便携可折叠设计,携带便携。2、环绕音效出色,玩游戏听声辨位精准,可精准辨别脚步声、操作细节声音。3、耳机重量较轻,佩戴舒适,头型兼容性较好。

缺点:1、听歌娱乐存在声音层次不够丰富的问题。2、无RGB灯效,无法满足追求炫酷用户的需求。

1MORE Spearhead VR

售价:599元

在外形上Spearhead VR耳机兼顾未来机械金属风与RGB背光的搭配恰到好处,而在音质上,得益于1MORE在音频领域的技术积累,在听音乐时表现也是非常优秀。

既然Spearhead VR耳机主打VR这个词,在硬件方面肯定会与普通的耳机有所不同。Spearhead VR采用了50mm石墨烯同步振动喇叭声学单元,石墨烯材质的超低失真、高灵敏度及高声导速等性能,配合专利磁悬浮式声学设计,当低频达到低于30 Hz时,双耳将体验到喇叭发出的真实振动波,这样在游戏中的枪炮声、爆炸声都会更加震撼真实。

赛睿西伯利亚350

售价:629元

最大的特色莫过于采用了DTS Headphone:X 7.1环绕声技术,这是为玩家提供沉浸式游戏体验所打造。DTS:X在技术上与杜比全景声相似,都是基于对象的多维空间音频技术。虽然从官方表述——前所未有的沉浸式体验,不再受到固定位置的扬声器布局或具体声道信号的束缚这点来看,DTS:X可能与杜比全景声一样采用点对点的声音传播方式,以再现真实的音效临场感。

另外DTS:X将完美向后兼容现有的DTS标准,即便你家里的功放只支持DTS-HD Master Audio也同样可以播放DTS:X音轨。而且还能单独进行对白的音量控制,使用更灵活的扬声器布局,最高可达11.2个扬声器输出。

可以想象在游戏整体的空间感以及临场感上会有比较出色的表现,摆脱固定位置扬声器的束缚。特别是FPS游戏,能够为玩家带来震撼的音效。

HyperX 阿尔法加强版

售价:1099元

最大特色就是双音腔构造,采用50mm含钕磁铁发声单元,频响范围13Hz-27000Hz,阻抗65Ω。

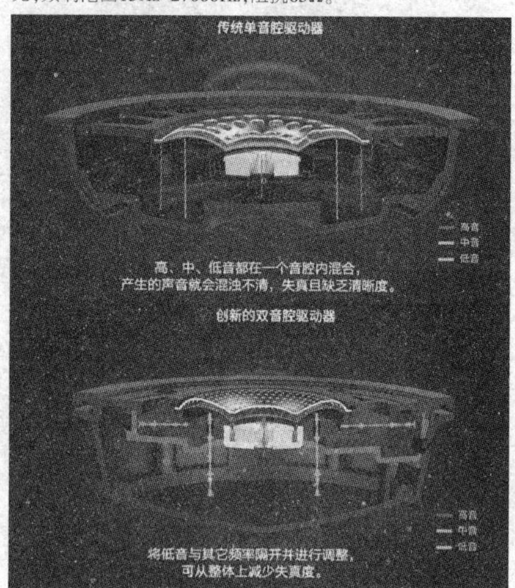

简单介绍下双音腔结构:双腔驱动器将低音跟中音、高音隔离出来,减少中高音对低音的影响,特别是在声音环境复杂的fps游戏中,可以让音频更加清晰,既能体验到增强的低音效果,又不影响游戏中的听声辨位,这点在PUBG吃鸡类游戏中应用的很好。在职业选手调查报告中,使用阿尔法耳机的人数位于前十位。另外,加了声卡实用性能提升了不少,不止游戏,影音功能也能很好满足用户需求。

关于HiFi耳机使用和保养

使用耳机后要把耳机线上的汗水等擦掉,这些人体分泌物,是线材的隐形杀手。时间久了,线材就会老化,最后导致开缝、断裂。

1.最好不要在睡觉时佩戴耳机,会导致耳机线缠绕在脖子上或线拧在一起,甚至会导致外壳被压坏。如果需要,最好办法是把耳机吊起来,在头上方用皮筋拴着耳机线挂在床头。这样即使翻身也不会压到耳机。

2.使用耳机后要把耳机线上的汗水等擦掉。这些人体分泌物,是线材的隐形杀手。时间久了,线材就会老化,最后导致开缝、断裂。

3.使用前一定要关小音源设备音量。如果输出设备的音量过大,不仅有损耳朵,轻者震破膜褶皱,重者把耳机的音圈烧毁。

4.耳机远离强磁。否则单元的磁体磁性会下降,久而久之灵敏度就会下降。

5.耳机远离潮湿。耳机单元内的焊盘会生锈,电阻增大,导致耳机偏音。

6.插头部分。如把随身听播放器放在裤兜里,插头出线部分很容易折,导致断线。

7.不要随便拆卸耳机。这样会导致耳机彻底损坏。

8.冬季最好不要在外界使用。冬季天气寒冷,线材比较硬、脆,过度的折弯很容易弄断线材。此时不能对耳机线加热,高温会加速线材的老化。

9.远离化学物品。耳机外壳的漆容易溶解在有机化学物质里。

10.保证耳机网罩清洁,不要让单元部分过多的接触灰尘。

11.在使用过程中耳机线应尽量避免拉扯、重压等人为损坏。

12.新买来的耳机尽量不要马上进行CS游戏。因为CS中的各种音效对于振膜还比较紧的新耳机来说刺激还是比较大的。所以应该先用较舒缓的音乐进行适当的"煲",待其慢慢进入状态以后再正常使用。

13.耳机经不起经常性的摔打,以及突发性的高空牵拉,这样会对耳机整体,音圈,震膜以及线材伤害很大。

14.拔耳机插头的时候要抓住前端的插头处,不要直接拿住线来拉。

15.耳机是私人物品,最好不要交流使用,交流使用后一定要弄干净,耳塞更要注意。

16.收线时注意不要折线,而是用一定的弧度收线,避免导线折断。

17.多数耳塞在背后的透气孔外面设计隔音棉,可避免磁铁等吸入灰尘而加速老化,建议不要去掉隔音棉;多数耳塞的前面采用了一层比较细密的网,避免大的灰尘进入。在长期不使用耳塞的时候建议加上海绵套。

◇江西省南昌市艾溪湖三路武警水电第二总队 谭明裕

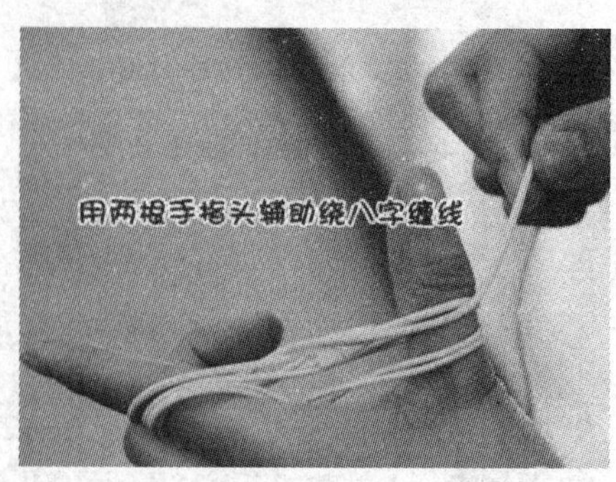

邮局订阅代号：61-75 国内统一刊号：CN51-0091

微信订阅**纸质版**
请直接扫描
邮政二维码
每份1.50元 全年定价78元
每周日出版

扫描添加**电子报微信号**
或在微信订阅号里搜索“电子报”

2020年3月1日出版 实用性 启发性 资料性 信息性

第9期 国内统一刊号:CN51-0091 定价:1.50元 邮局订阅代号:61-75
地址:(610041)成都市武侯区一环路南三段24号节能大厦4楼 网址:http://www.netdzb.com

(总第2050期) 让每篇文章都对读者有用

超级计算机助力新冠药物

如果您仔细看西药的说明书，会发现有效成分就是一个分子。那么如何找到适合治疗某种疾病的分子呢？根据科学家估算，可能的有机物大约有10的60次幂之多，如何从无数的可能分子中找到潜在成为药物的分子，成为今天计算机领域的前沿课题。超级计算机可以模拟分子在人体内复杂的生化过程，进而选出有希望成为药物的分子，进行进一步的研究和实验。

美国能源部橡树岭国家实验室的研究人员，已经使用了世界上最强大，最智能的超级计算机Summit来演算77种小分子药物化合物，这些化合物可能需要进一步研究以对抗SARS-CoV-2冠状病毒，用于COVID-19疾病暴发。两位研究人员在Summit超级计算机上对8000多种化合物进行了模拟，以筛选出最有可能与冠状病毒主要“刺突”蛋白结合的化合物，从而使其无法感染宿主细胞。他们对可能在该病毒的实验研究中有价值的感兴趣的化合物进行了排名。

这个想法是出于对冠状病毒进入宿主细胞的切入点的兴趣而产生的。当研究人员对该病毒进行测序时，他们发现该病毒通过一种与严重急性呼吸系统综合症(SARS)相同的机制感染人体，该病毒在2003年SARS流行期间扩散到了26个国家。这两种病毒的结构相似促进了对新病毒的研究。

田纳西大学州长兼UT/ORNL分子生物物理中心主任杰里米·史密斯(Jeremy C. Smith)的假设是，两种病毒甚至可能以相同的方式“对接”至细胞。小组成员和UT/ORNL CMB博士后研究员Micholas Smith基于对该结构的早期研究，建立了冠状病毒刺突蛋白(也称为S蛋白)的模型。

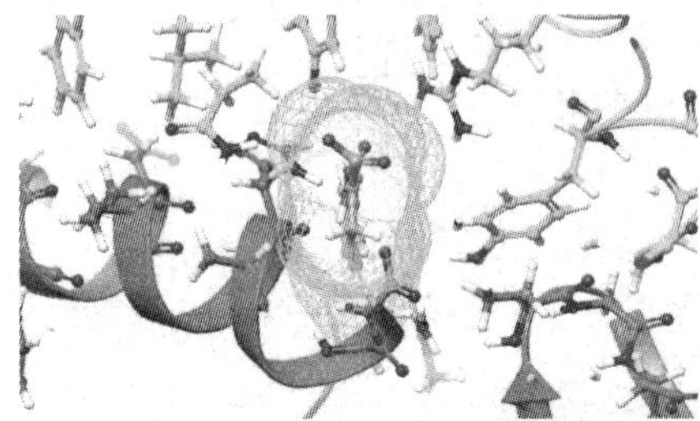

这个想法是出于对冠状病毒进入宿主细胞的切入点的兴趣而产生的。当研究人员对该病毒进行测序时，他们发现该病毒通过一种与严重急性呼吸系统综合症(SARS)相同的机制感染人体，该病毒在2003年SARS流行期间扩散到了26个国家。这两种病毒的结构相似促进了对新病毒的研究。

田纳西大学州长兼UT/ORNL分子生物物理中心主任杰里米·史密斯(Jeremy C. Smith)的假设是，两种病毒甚至可能以相同的方式“对接”至细胞。小组成员和UT/ORNL CMB博士后研究员Micholas Smith基于对该结构的早期研究，建立了冠状病毒刺突蛋白(也称为S蛋白)的模型。

该化合物以灰色显示，经计算可与以青色显示的SARS-CoV-2刺突蛋白结合，以防止其与紫色显示的人类血紧张素转化酶2或ACE2受体对接。图片来源：Micholas Smith/美国能源部橡树岭国家实验室

“我们能够基于最近才在该病毒文献上发表的信息来设计全面的计算模型，”Micholas Smith指的是一项研究发表在《中国生命科学》上的研究。在通过主任的全权分配给Summit的计算时间后，Micholas Smith使用了化学模拟代码来进行分子动力学模拟，从而分析蛋白质中原子和粒子的运动。他模拟了对接于冠状病毒S蛋白刺突的不同化合物，以确定它们中的任何一种是否都可以防止该刺突黏附在人类细胞上。

Micholas Smith说：“使用Summit，我们根据一组与它们结合S蛋白峰值的可能性有关的标准对这些化合物进行了排名。”研究小组发现了77种小分子化合物，例如药物和天然化合物，我们怀疑这些化合物可能对实验测试有价值。在模拟中，这些化合物会结合到对人体细胞很重要的刺突区域，因此可能会干扰感染过程。在《科学》杂志上发布了高度精确的S蛋白模型后，研究小组计划使用新版本的S蛋白再次快速运行计算研究，这可能会改变可能最常用的化学药品的等级。研究人员强调必须对77种化合物进行实验测试，然后才能确定其可用性。

“需要领导会议来迅速获得我们所需的仿真结果。我们花了一两天的时间，而在一台普通超级计算机上要花上几个月的时间，”杰里米·史密斯说。“我们的结果并不意味着我们已经找到了治疗新型冠状病毒的方法。但是，我们非常希望，我们的计算结果将为将来的研究提供参考，并为实验人员提供用于进一步研究这些化合物的框架。只有到那时，我们才知道它们中的任何一个是否都具有减轻这种病毒所需的特征。”计算之后必须进行实验。杰里米·史密斯(Jeremy Smith)说，计算筛选实质上是对有希望的实验研究候选人“高亮”，这对于验证某些化学物质能对抗病毒至关重要。使用诸如Summit之类的超级计算机对于快速获得结果很重要。这项研究由实验室指导研究与开发计划资助，并使用了OLCF的资源，OLCF是位于ORNL的能源部科学用户设施办公室。

由IBM建造的Summit超级计算机，95%的算力都来自nVidia的Volta GPU，这是Summit登顶Top500超算排行榜的关键。

◇本文转自中关村

(本文原载第12期11版)

能源部橡树岭实验室，长期拥有世界最快超算

国产处理器紫光展锐

Unisoc(紫光展锐)正式发布了其新一代5G SoC移动平台T7520。T7520使用最先进的处理技术，通过大幅增强的AI计算和多媒体成像处理能力，实现了优化的5G体验，同时降低了功耗。T7520是UNISOC的第二代5G智能手机平台。它基于6纳米EUV工艺技术构建，并采用了一些最新的设计技术，可在比以往更低的功耗水平上提供显著增强的性能。

T7520具有四个Arm Cortex-A76内核和四个Arm Cortex-A55内核以及一个基于Arm Mali-G57的GPU，以5G速度提供了令人难以置信的流媒体和游戏体验。T7520是在Unisoc(紫光展锐)的Makalu 5G平台上开发的，集成了世界上第一个5G调制解调器，可支持任何应用场景的覆盖范围增强。通过允许运营商在其现有的4G频谱上部署5G，T7520扩展了UNISOC的专利大带宽动态频谱共享技术的应用，最大限度地利用了现有资源以促进合作和共享，从而实现了更便宜，更快的5G部署。特别是T7520经过优化，可用于500KM/h的高速铁路，为乘客提供优质的5G体验。

(本文原载第12期11版)

康佳35017677三合一板电源和背光灯电路原理与维修(三)

(紧接上期本版)

三、电源+背光灯电路维修提示

康佳35017677三合一板开关电源+背光灯电路发生故障,主要引发不开机、开机三无、开机黑屏幕故障,可通过观察待机指示灯是否点亮,测量关键的电压,解除保护的方法进行维修。

1.待机指示灯不亮

指示灯不亮主要故障在电源电路中。首先测量PFC电路输出滤波电容器CF919、CF917两端是否有待机300V电压、开机380V左右电压,无电压故障在市电输入抗干扰电路和市电整流滤波电路,先检查保险丝是否熔断。

(1)保险丝烧断

如果测量保险丝F901已经熔断,说明开关电源存在严重短路故障,主要对以下电路进行检测。一是检查交流抗干扰电路CX901、CX902、CY901~CY904和整流滤波BD901~BD904、CF901、CF902是否击穿漏电;二是检查PFC功率因数校正电路的开关管VF903是否击穿;三是检查主电源开关管VW907是否击穿。如果VW907击穿,进一步检查TW901的④-⑥绕组并接尖峰吸收件是否失效开路;检查NW907的②脚外部稳压控制电路的NW950、NW952,检查NW907的③脚外部过流检测电路的RW918和RW921是否连带损坏。

(2)保险丝未断

如果测量保险丝F901未断,测量电源无电压输出,指示灯不亮,主要是开关电源电路未工作。检查测量电源NW907的⑧脚启动电压和⑥脚的VDD电压。⑧脚无启动电压多为外部启动电路RW911、RW910开路;⑥脚无VDD电压,检查RW906、VDW911、CW915整流滤波电路和VW906、VDW915稳压电路。

如果启动和VDD供电电压正常,测量NW907的⑤脚有无激励脉冲输出,无脉冲输出检测NW907及其外部电路元件;有激励脉冲输出,检查开关管VW907、开关变压器TW901及其次级整流滤波电路。电源的输出端负载电路发生严重短路故障,也会造成电源无电压输出。

2.待机指示灯亮

指示灯亮,说明开关电源基本正常,可按遥控器"POWER"键,测有无POWER-ON开机高电平,无开机高电平故障在微处理器控制系统;有开机高电平,测主电源开关变压器TW901的次级有无+24V、VCC12V直流电压输出,如果测量开关电源始终输出低电压,说明开关电源稳压电路和开关机控制电路发生故障。

(1)检查PFC电路

由于开关电源的380V供电由PFC电路提供,先查PFC输出端大滤波电容CF919、CF917的电压是否正常,如果仅为300V左右,则PFC电路未工作。检查PFC驱动电路NF903的⑧脚有无VCC-PFC电压,无VCC-PFC电压检查开关机控制电路VW954、光耦NW953、VW901;有VCC-PFC供电,则检测PFC控制集成电路NF903的⑦脚输出的驱动波形是否正常,如异常请更换NF903。注意检查PFC滤波电容CF919、CF917是否开路失效。

(2)检查开关电源电路

PFC输出380V电压正常,测量开关电源输出电压,如果始终输出低电平,多为开关机取样电压控制电路故障。检查由VW953、VW952组成的取样电压控制电路。

3.自动关机维修

发生自动关机故障,一是开关电源接触不良,二是保护电路启动。维修时,可采取测量关键点电压,判断是否保护和解除保护的方法进行维修。

(1)测量关键点电压

在开机的瞬间测量保护电路VW957的b极电压,该电压正常时为低电平0V。如果开机时或发生故障时,VW957的b极电压变为高电平0.7V以上,则是过压保护电路启动。一是检查引起过压的主电源的稳压控制电路NW952、NW950,二是检查过压保护取样电路稳压管VDW954、VDW959是否漏电。

(2)解除保护

确定保护之后,可采取解除保护的方法,通电测量开关电源输出电压,确定故障部位。为防止开关电源输出电压过高,引起负载电路损坏,建议先接假负载测量开关电源输出电压,在输出电压正常时,再连接负载电路。解除保护方法是将VW957的b极对地短路。

(未完待续)(下转第92页)

◇海南 孙德印

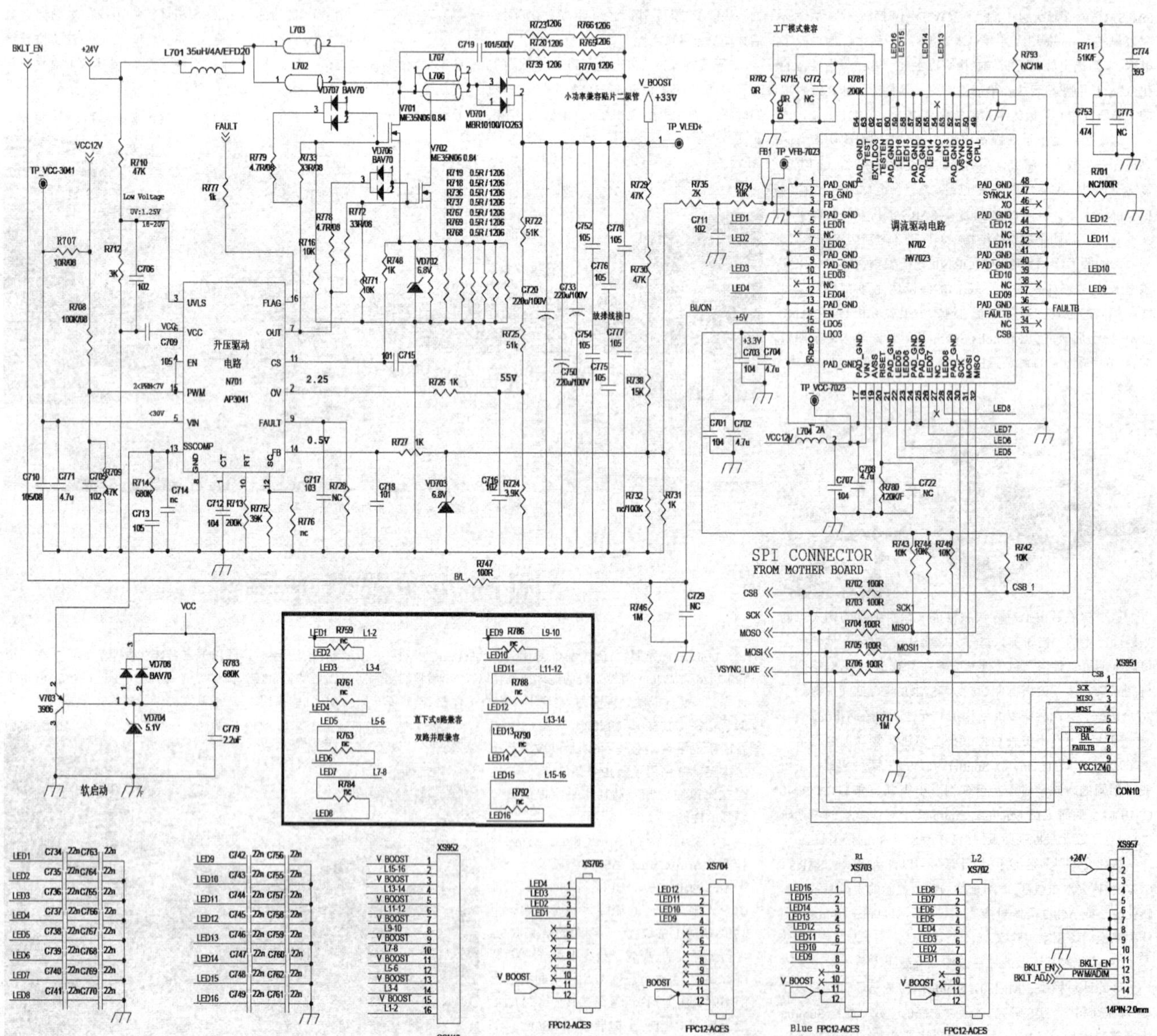

图4 康佳35017677三合一板背光灯驱动电路图

DENON(天龙)AVR1604家庭影院功放维修及摩机全程实录(下)

(紧接上期本版)

查看记忆电容供电电路(如图4所示),发现CPU的复位脚㊵脚是由记忆电容BC201供电的,怀疑记忆电容放电后又能正常开机是因为开机瞬间复位脚没有供电为低电平,故CPU有正常复位而顺利开机了,那就可能是复位电路有元件不稳定。测量相关元件正常,试将复位电路电容C204和三极管Q202换新后,故障仍未根除。测量记忆电容两端电压,发现开机时其电压是4.9V,关机时为4.6V左右,而不能开机时的该电容电压大多数时候是3.3V。怀疑该电容老化而容量不足引起故障,又用1F/5.5V记忆电容换上去,关机时电容电压下降变得很慢了,但是故障还未根除。又怀疑CPU供电电路滤波不良,在供电端(53)脚、(54)脚加并0.1μF小电容,但也收效甚微,一时没有办法了。从功放说明书了解到:按下开关机键关机后,同时按住SPEAKER(喇叭)A和SPEAKER B键,再按下开关机键,在VFD屏幕闪动后放开SPEAKER A和SPEAKER B键,功放能将CPU数据清零。用了这个方法,的确能将CPU清零而顺利开机,免除了给记忆电容放电的麻烦。但是,即使这样操作可以开机,但是每次清零都会把调整好的设定参数也清除掉了,又需要重新设定,故此维修结果尚不令人满意。

不过在使用中发现,用开关机键关机后也不是每一次都不能开机,而直接拔电源插头断电后则必定每一次都不能开机。从这个现象分析:因为用开关机键关机是切断副变压器给CPU的供电,CPU掉电后又切断电源继电器供电,使得主变压器再停止给功放电路供电。若功放正负电源放电快慢不同而有不平衡的信号也不会被CPU检测记忆,而直接拔电源插头断电是同时给CPU和功放电路断电的,电源不平衡的信号可能被CPU检测记忆了,因此怀疑CPU PROTECT脚(64)脚在按关机键关机的时候也可能记忆了故障保护信号。用万用表笔在按开关机键关机的同时检测PROTECT电压,由于关机瞬间时间太短并未检测出故障保护电压。而用万用表插在转接板的PROTECT接插脚上关机时,必定每一次都不能开机。万用表笔线较长会引入干扰,看来PROTECT脚受到干扰会记忆故障。虽然PROTECT脚是低电平有效,但笔者还是决定在该线路上对地并一个0.1μF小电容以滤除干扰杂波试一下。在转接板上焊接好小电容时,看到与PROTECT线路相连的功放板上保护电路部分灰尘很多,决定用毛刷对其除尘。正是踏破铁鞋无觅处,得来全不费工夫,用毛刷除尘时碰到一个330μF/63V大电容,电容竟然一碰就倒,用手轻而易举地就将其从功放板上拿下了。查看线路,此电容正是VFD显示所需要-VKK(-33V)电压的稳压电路的主滤波电容。拆下功放板太麻烦,于是将其就近焊接安装在与其相连的其他元件引脚上(如图5所示),再试机,功放完美修复,每一次按开关机键关机后,下一次都能按开关机键顺利开机。故障原因很简单,就是因为C178该电容虚焊,导致-VKK电压时而正常,时而纹波过大。因为转接板上PROTECT接插针脚与-VKK接插针脚紧紧相邻,关机时-VKK过大的纹波干扰了相邻的PROTECT线,而且-VKK的纹波相对于地是负极性的,符合PROTECT信号低电平有效的要求,此干扰电压被CPU检测到且被记忆,就导致时常不开机的故障。

电容原位置及现位置

⑤

此机器能输出6.1声道,比一般的5.1声道多一个环绕中置声道,能解码6.1声道编码的DOLBY DIGITAL EX或DTS ES信号。而对标准的5.1声道DOLBY DIGITAL或DTS信号,功放也能解码输出5.1声道或经过DSP数字处理成6.1声道输出,当然此时的环绕中置声道信号是根据环绕左和环绕右声道信号运算处理而来的。对于2声道的模拟信号,功放也能经DSP数字声场处理成5.1声道输出或6.1声道输出。不过大多数DVD碟片或网上视频都是标准的5.1声道DOLBY DIGITAL或DTS音频编码,真正6.1声道编码的DOLBY DIGITAL EX或DTS ES音频不是很多。而本功放也具有5.1声道输出或6.1声道输出切换功能,若不想让功放把5.1声道处理成6.1声道输出,只需要标准5.1声道输出的话,只要按SURROUND BACK键即可开启或关闭环绕中置声道。虽然据称增加一个环绕中置声道可以提高环绕声的包围感和空间扩展效果,但是笔者还是喜欢原汁原味的5.1声道DOLBY DIGITAL或DTS音频编码,故有了将本功放的环绕中置声道功放电路改为低音炮功放电路的想法。该功放主变压器看体积估计功率在250W以上,而该机的6声道功放电路都是等功率设计,每个声道都具有75 W/8Ω(130W/6Ω,日本标准)的输出能力。这就给改制提供了较好的基础,不会因为环绕中置声道输出功率不足而推不动中大功率低音炮音箱。

改制的地方:按SURROUND BACK键关闭环绕中置声道后,功放就作标准5.1声道输出。这时不但没有环绕中置声道音频信号输入到环绕中置声道功放电路,而且CPU也控制环绕中置声道继电器断开与喇叭的连接,同时也控制该声道功放电路静噪,所以要把这两个控制信号取消。因为不管功放是设定为2.1声道、3.1声道、4.1声道及5.1声道中何种输出模式,前置左右声道信号始终是应用的,所以在转接板上CN552的⑤脚侧将CPU控制环绕中置声道继电器的连线断开,将CN555侧⑫脚与⑤脚CPU控制前置声道继电器的连线并接在一起即可;在CN552侧将CPU控制环绕中置声道静噪三极管Q556的连线断开,将Q556的连线与CPU控制前置声道静噪三极管Q555的连线并接在一起即可(如图6所示)。

再将INPUT-VOLUME板(输入、音量、音调板)上输出缓冲放大运放IC784(2/2)的输出端电阻R788SB与CN551的①脚SB的线路断开,将缓冲放大运放IC783 (2/2) 的输出端电阻R788SW与CN551的SB线路连接好就行。由于该功放INPUT-VOLUME板SW低音信号输出电平较低,有天龙功放遥控器的话,可以在设置菜单里将低音声道的参数调到正8dB~10dB左右就可以有饱满的低音输出了,没有遥控器的话,可以试着增加缓冲放大运放IC783(2/2)的增益,笔者在线路板上R784SW电阻与运放⑥脚之间串接一个50kΩ电位器用于改变运放的放大倍数,效果也较好。电位器安装固定在功放塑料面板上没有零件的地方,电位器连接运放的线用屏蔽线(如图7所示),线的外层屏蔽层连接电位器外壳及INPUT-VOL板的地线,以免引入干扰,至此,改装完毕(如图8所示)。

用本功放接书架式主音箱和8寸无源低音炮音箱,将功放切换在DIRECT(直通)模式(音调和数字声场模式均不起作用),适量调整新加装的低音电位器,听一曲雨果CD的《闲云孤鹤》,其中高音表现真实质朴,低音表现深潜饱满、荡气回肠。

(全文完)

◇浙江 方位

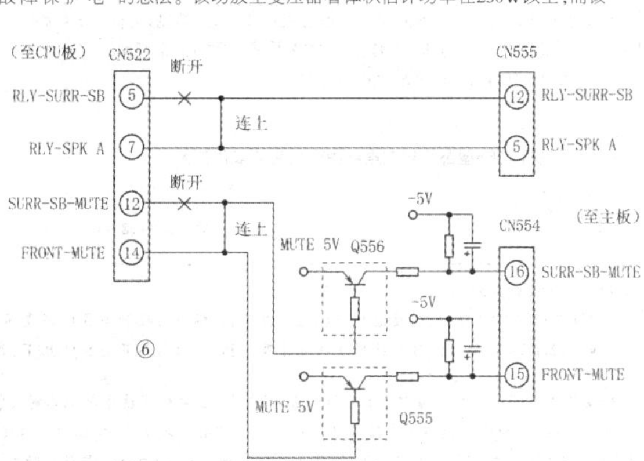

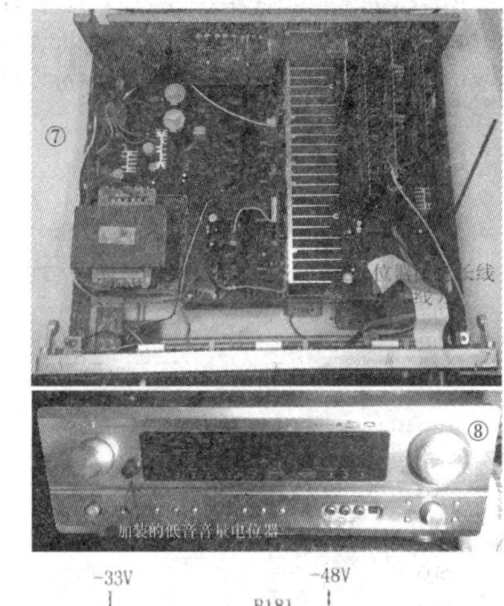

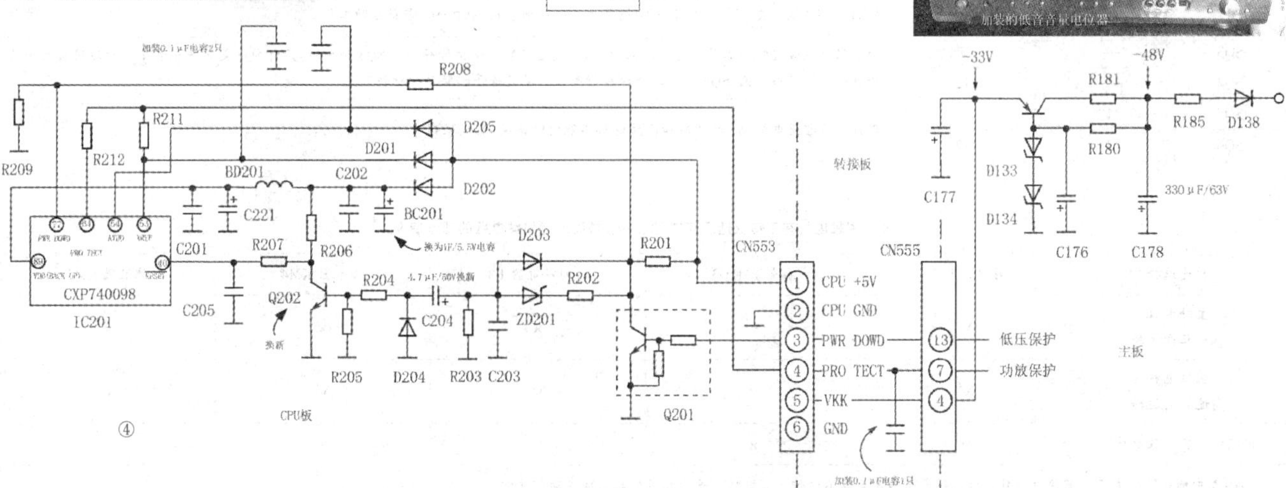

T68型卧式镗床的电气控制原理与故障维修(二)

(紧接上期本版)

三、T68型卧式镗床的电路联锁与安全保护

为了防止机床、工作台或刀具损坏,应保证主轴进给和工作台进给不同时进行,为此,机床设置了两个联锁保护行程开关SQ3和SQ4,其中SQ3是与主轴和平旋盘刀架自动进给手柄联动的行程开关,SQ4是与工作台和镗头架自动进给手柄联动的行程开关,行程开关SQ3(在7区)、SQ4(在12区)的常闭触点并联后串联在控制电路中,当这两个操作手柄中任意一个扳到进给位置时,SQ3、SQ4中只有一个常闭触点断开,另一个常闭触点依然闭合,所以电机M1、M2仍然都可以启动,实现自动进给。如果两种进给同时被选择,SQ3、SQ4都被压下,它们的常闭触点均断开,将控制电路切断,M1和M2无法启动,这时两种进给都不能进行,实现联锁保护。

主轴电机M1的正反转控制电路具有双重联锁保护,即由按钮SB2和SB3的常闭触点,以及接触器KM1和KM2的辅助常闭触点互锁实现联锁保护。

电机M1的高速、低速启动有顺序要求,即必须先启动低速,才能启动高速。为了保证这种启动程序,将接触器KM1、KM2(用于低速启动运行)的辅助常开触点(分别在9区和10区)串联在接触器KM4、KM5(用于高速启动运行)的线圈回路中,保证主轴电机有正确的启动顺序。

快速电机M2的正反转联锁控制:将行程开关SQ5、SQ6的常闭触点(在11、12区),分别串联在对方的正转或反转启动电路中,保证快速电机M2的正转和反转电路不能同时接通,实现联锁。

T68型卧式镗床控制电路中使用了6只限位开关,也称行程开关。限位行程开关在保护电路安全、方便操作等方面发挥着无可替代的重要作用。这在上述电路分析中已有介绍。表1对这些行程开关的功能作用给以梳理,供分析电路时参考。

四、T68型卧式镗床的故障维修

由于镗床的机械电气联锁较多,主轴电机还采用了双速电机,在运行中会出现一些特有的故障。

例1 主轴电机不能启动

分析与检修:若欲启动主轴电机,须合上电源开关QS1(在图2中的1区),之后电源指示灯HL(在6区)点亮,指示电源有电。调整好工作台和镗头架的位置后,就可启动主轴电机M1,拖动镗轴正反转运行。

主轴电机须先启动低速,然后根据需要,让其持续在低速运转,或者使其转换为高速运转。将速度选择手柄置于低速挡,这时按下正转启动按钮SB3(在7区),接触器KM1通电自锁(在7区,经接触器KM1的辅助触点KM1、按钮SB4、SB5的常闭触点形成自锁),KM1的常开触点(在9区)闭合,KM3线圈通电,电机M1的绕组经接触器KM1和KM3的主触点(在2区)接通电源,电机M1在三角形接法下全压启动并低速运行。

现在各项准备工作就绪后,点按启动按钮SB3(在7区),接触器KM1和KM3均无相应动作,对照图2,检查接触器KM1的线圈电路,从行程开关SQ3开始,其通路是:行程开关SQ3常闭触点(在7区)→按钮SB1(在7区)→按钮SB2(在7区)→按钮SB3(在7区)→接触器KM2辅助常闭触点(在7区)→接触器KM1线圈(在7区)→热继电器常闭触点FR1(在7区),经检查,热继电器常闭触点FR1不通。经询问镗床操作工,之前曾因机械卡滞,致使镗床停机。与镗床操作工配合,排除机械故障,复位热继电器的常闭触点,故障排除,镗床恢复正常。

例2 主轴电机只有低速挡,没有高速挡

分析与检修:当需要主轴电机高速正转时,将速度选择手柄置于高速挡,速度选择手柄的联动机构将限位行程开关SQ1压下,常开触点SQ1(在10区)闭合,这样,在接触器KM1、KM3通电的同时,时间继电器KT的线圈也通电,待时间继电器KT延时时间到达,其常闭触点KT(在9区)断开,使KM3断电;时间继电器延时闭合的常开触点KT(在10区)闭合,使接触器KM4和KM5线圈得电,它们的主触点(在1、2区)使电机由低速三角形接法转换为高速双星形接法,电机M1进入高速运转状态。

根据以上介绍,结合分析图2电路原理,以及表1中关于行程开关SQ1的功能描述可知,主轴电机的低速与高速转换,仅借助行程开关SQ1的常开触点的动作情况,该触点断开时,主轴电机低速运转,闭合时,主轴电机高速运转。这部分电路在图2中的9区和10区。行程开关SQ1经速度选择手柄的联动机构压下后,常开触点闭合,将使时间继电器KT线圈得电,触点动作,并使主轴电机由低速转换为高速。现在主轴电机转速不能转换,说明时间继电器线圈没有得电。原因可能是线圈开路、接线端子引线松脱、行程开关SQ1触点接触状态不良。经过实际检测,发现行程开关SQ1安装位置发生位移,致使速度选择手柄的联动机构不能压下SQ1,出现本例故障。重新调整行程开关的安装位置,通电开机试机,故障排除。

例3 主轴电机启动低速运转后,将速度选择手柄置于高速挡时,不能将主轴电机转换为高速挡,而且低速运转也停止了。将速度选择手柄恢复至低速挡时,主轴电机重新开始低速运转。

分析与检修:当需要主轴电机高速正转时,须将速度选择手柄置于高速挡,这时速度选择手柄将行程开关SQ1压下,其常开触点SQ1(在10区)闭合,这样,在接触器KM1、KM3通电的同时,时间继电器KT的线圈也通电,待延时时间到达,时间继电器KT的常闭触点KT(在9区)断开,使KM3断电;时间继电器延时闭合的常开触点KT(在10区)闭合,使接触器KM4和KM5线圈得电,它们的主触点(在1、2区)使电机由低速三角形接法转换为高速双星形接法,电机M1进入高速运转状态。

综上所述,主轴电机在低速运转和高速运转时的接触器、时间继电器的动作情况如表2所示。

在出现本例故障时,经过实地观察与测量,只有接触器KM1线圈得电并驱动触点动作,其余相关接触器,包括KM3、KM4、KM5均未动作。据此分析如下。镗床已经启动低速运转,说明接触器KM1、KM3动作正常;将速度选择手柄置于高速挡后,接触器KM3断电释放,说明行程开关SQ1已经动作,时间继电器KT线圈也已得电动作(接触器KM3线圈断电并释放就是证明),接触器KM4和KM5未能动作,应检查图2中9区和10区的行程开关SQ2的常闭触点、时间继电器延时闭合的常开触点KT、接触器KM3的辅助常闭触点、接触器KM4和KM5的线圈状况及其接线、接触器KM1的辅助常开触点。经过认真检查测量,时间继电器KT的延时闭合的常开触点在延时结束后未能闭合,导致接触器KM4、KM5的线圈未能得电动作。出现速度选择手柄置于高速挡后不能将主轴电机转换为高速运转。又由于时间继电器延时断开的常闭触点断开了接触器KM3的线圈通路,所以KM3释放,切断了主轴电机正转低速运转的主电路电源,致使低速运转也停止了。

将速度选择手柄恢复至低速挡时,行程开关SQ1不再受压,导致时间继电器线圈断电,其延时断开的常闭触点重新闭合,接触器KM3的线圈再次获得电源,因此,低速运转又恢复了。更换相同型号规格的时间继电器后,故障排除。

(全文完)

◇内蒙古呼伦贝尔中心台 王明举

表1 T68型卧式镗床电路图中使用的限位开关

行程开关编号	行程开关所处的区号		功能介绍与说明
	常开	常闭	
SQ1	10	——	主轴电机变速行程开关。 主轴电机M1低速启动时,速度选择手柄置于低速挡,限位行程开关SQ1不受压,其常开触点SQ1断开不闭合。 主轴电机M1高速启动时,速度选择手柄置于高速挡,限位行程开关SQ1压下,其常开触点SQ1闭合。
SQ2	——	10	主轴变速手柄变速操作与电机M1运转的互锁控制。当主轴变速手柄拉出时,SQ2使电机M1停转。当主轴转速选择好以后,推回变速手柄,则SQ2可使M1自动启动工作。同样,需要进给变速时,拉出进给变速操作手柄,限位开关SQ2受压而断开,使电机M1停车,将进给变速手柄推回,SQ2恢复原来的接通状态,电机M1重新启动工作。
SQ3	——	7	为了保证主轴进给和工作台进给不同时进行,设置了联锁保护行程开关SQ3和SQ4,其中SQ3是与主轴和平旋盘刀架自动进给手柄联动的行程开关,SQ4是与工作台和镗头架自动进给手柄联动的行程开关。
SQ4	——	12	
SQ5	12	11	保证快速移动电机M2的正转和反转电路不能同时接通,实现联锁。
SQ6	11	12	

表2 主轴电机在正转低速及高速时相关接触器及时间继电器的动作情况

转速选择	接触器KM1	接触器KM3	时间继电器KT	接触器KM4	接触器KM5
主轴电机 低速正向运转	√	√	×	×	×
主轴电机 高速正向运转	√	×	√	√	√
出现维修实例3故障时	√	×	?	×	×
注:表中标记"√"表示线圈得电动作,标记"×"表示线圈无电不动作。标记"?"表示线圈得电但触点动作异常。					

提高低噪声模拟TE散热器驱动器的效率

用于热电(TE)冷却器应用的典型驱动器可以使用脉冲宽度调制(PWM)来驱动H桥电路。此方案有效,但以非常大的电流脉冲驱动TE器件。这些方波通常是设备的最大额定电流,它们会在PCB的电源和接地/总线上产生大量噪声,可能会干扰敏感的模拟电路。可以使用噪声滤波器和PCB布局技术来降低PWM引起的噪声,但是这些措施会使设计复杂化,并且可能仍无法为敏感电路提供足够的噪声降低。

一种解决方案是使用线性电路来驱动TE冷却器,从而消除PWM驱动器的高dv/dt高电流脉冲。另一方面,线性驱动器往往效率低下,导致驱动设备中的散热更多。

本设计实例的电路采用了基于H桥驱动器拓扑的第三种方法。在该电路中,传输晶体管在接近其饱和点的位置运行,以减少功耗。在熟悉了电路之后,我们将比较5V和3.3V电源电压的情况。

在桥的低端使用电压控制的电流吸收器,并在满量程下接近饱和运行,而在高端则使用完全饱和的开关,这使我们可以将电源电压降低至电压总和下降的程度。传输晶体管和负载仅小于产生驱动器最大输出电流所需的电源电压(图1)。

驱动晶体管M3和M4的最大耗散发生在满量程电流下。这些器件在饱和或截止状态下工作,因此功耗永远不会超过几十毫瓦。

使用这种架构,可以调节电源电压以最大限度地减少浪费的功率,同时允许按需在TE冷却器中流过接近满额定电流。选择非常接近最低实际值的非常低的Rds(on)FET和电流检测电阻器可以帮助减少浪费的功率。对于此应用,FET的Vth规格必须小于2V。

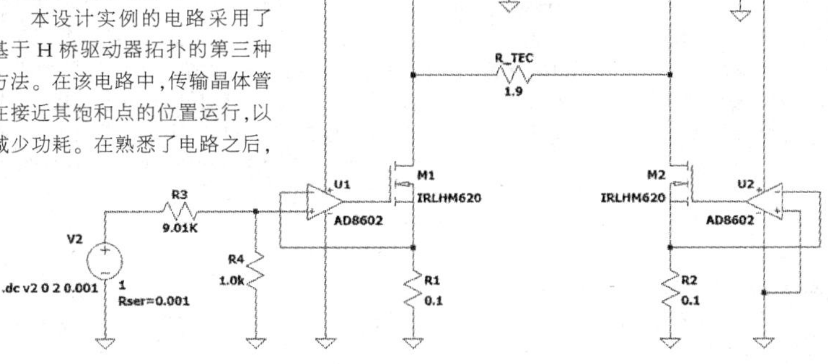

图1 H桥由低端VCCS的模拟信号和数字信号驱动,以切换电流极性,从而逆转热流。

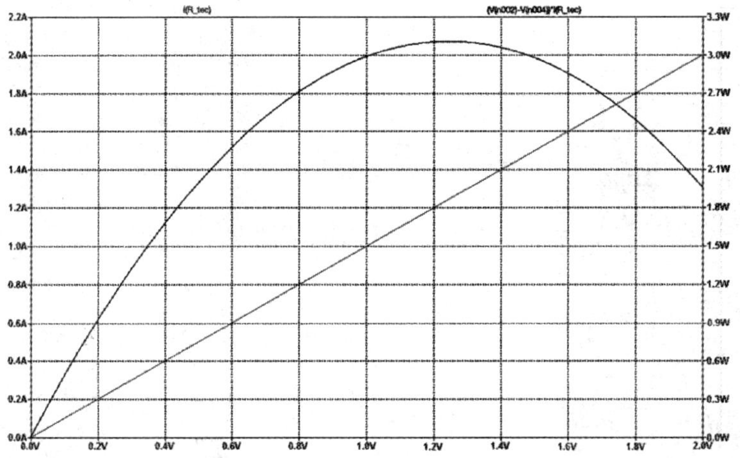

图2 当电源电压为5V时,在I(TEC)=1.25 A时,驱动晶体管M1的最大功耗为3.15W。在全范围电流为2.0 A时,M1的功耗为1.9W。

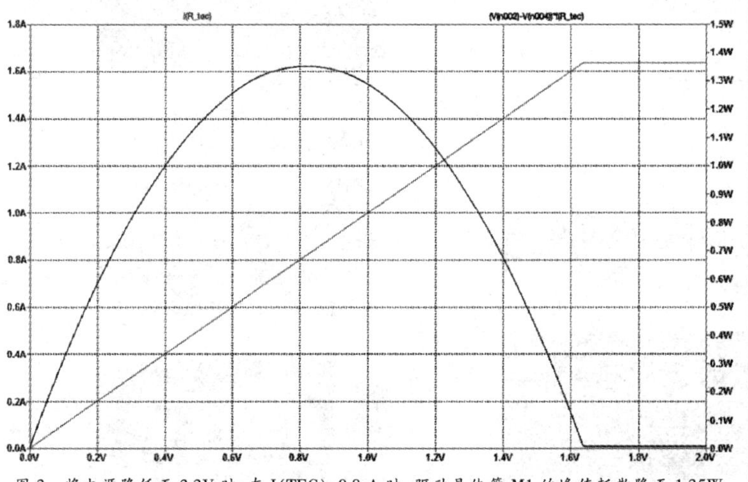

图3 将电源降低至3.3V时,在I(TEC)=0.8 A时,驱动晶体管M1的峰值耗散降至1.35W。在全范围电流1.65 A时,M1的耗散仅为20 mW。

通过将电源电压从5V降低到3.3V,满量程电流已从2V输入时的2 A降低到1.63V输入时的1.63 A(图2和3)。只要这不影响设计的热流要求,好处就很明显。电流传输晶体管的峰值耗散已从3.3W降低至0.8W,热损耗降低了75%。

驱动晶体管M1在1.63 A时的耗散(在5V和3.3V电源情况下比较相等的负载电流)已从2 W降低至20 mW(图3)。

驱动晶体管M3和M4的最大耗散发生在满量程电流下。这些器件在饱和或截止状态下工作,因此功耗永远不会超过几十毫瓦。

这种线性驱动器解决方案提供的效率特别适合电池供电的TE冷却器应用。该电路还通过消除由尖锐的PWM电流脉冲产生的电噪声,在交流线路供电系统中提供了优势。

为简单起见,图1中的示例电路仅显示冷却(或加热,取决于TE冷却器的安装方式)驱动器,但可以轻松地使其适应双峰运行。对于需要数字控制的应用,将冷却器驱动电路连接到微控制器的数字和模拟输出以实现加热和冷却操作非常简单。

◇湖北 朱少华

印刷电路板PCB的主要功能介绍

印刷电路板(Printed circuit board,PCB)几乎会出现在每一种电子设备当中。如果在某样设备中有电子零件,那么它们也都是镶在大小各异的PCB上。除了固定各种小零件外,PCB的主要功能是提供上头各项零件的相互电气连接。随着电子设备越来越复杂,需要的零件越来越多,PCB上头的线路与零件也越来越密集了。标准的PCB长得就像这样。裸板(上头没有零件)也常被称为「印刷线路板Printed Wiring Board(PWB)」。

板子本身的基板是由绝缘隔热、并不易弯曲的材质所制作成。在表面可以看到的细小线路材料是铜箔,原本铜箔是覆盖在整个板子上的,而在制造过程中部分被蚀刻处理掉,留下来的部份就变成网状的细小线路了。这些线路被称作导线(conductor pattern)或称布线,并用来提供PCB上零件的电路连接。

为了将零件固定在PCB上面,我们将它们的接脚直接焊在布线上。在最基本的PCB(单面板)上,零件都集中在其中一面,导线则都集中在另一面。这么一来我们就需要在板子上打洞,这样接脚才能穿过板子到另一面,所以零件的接脚是焊在另一面上的。因为如此,PCB的正反面分别被称为零件面(Component Side)与焊接面(Solder Side)。

如果PCB上头有某些零件,需要在制作完成后也可以拿掉或装回去,那么该零件安装时会用到插座(Socket)。由于插座是直接焊在板子上的,零件可以任意的拆装。下面看到的是ZIF(Zero Insertion Force,零拔插力式)插座,它可以让零件(这里指的是CPU)可以轻松插进插座,也可以拆下来。插座旁的固定杆,可以在您插进零件后将其固定。

如果要将两块PCB相互连接,一般我们都会用到俗称「金手指」的边接头(edge connector)。金手指上包含了许多裸露的铜垫,这些铜垫事实上也是PCB布线的一部分。通常连接时,我们将其中一片PCB上的金手指插进另一片PCB上合适的插槽上(一般叫作扩充槽Slot)。在计算机中,像是显示卡,声卡或是其他类似的界面卡,都是借着金手指来与主机板连接的。

PCB上的绿色或是棕色,是阻焊漆(solder mask)的颜色。这层是绝缘的防护层,可以保护铜线,也可以防止零件被焊到不正确的地方。在阻焊层上另外会印刷上一层丝网印刷面(silk screen)。通常在这上面会印上文字与符号(大多是白色的),以标示出各零件在板子上的位置。丝网印刷面也被称作图标面(legend)。

◇四川省广元市职业高级中学校 兰虎

自制汽车应急启动电源

不知不觉笔者的汽车已进入第六个年头，在几个月前发现车辆发动开始不利索了。笔者知道这是汽车蓄电池老化的表现，终有一天会无法发动车辆。及时更换蓄电池虽然可以避免这种情况的发生，但是让“亚健康”的蓄电池马上下岗显然不能充分发挥它的余热。于是笔者决定自制汽车应急启动电源。就在最近的一次寒潮来袭，本已衰老的蓄电池在低温下进一步衰减，以致汽车无法发动，夹上笔者自制的汽车应急启动电源后可以顺利发动。于是笔者怀着成功后的喜悦心情将制作过程写下来，与读者们一同学习，共同提高。

典型的汽车应急启动电源由电池、电池保护板、导线、连接器、电池夹和外壳组成，附件为充电器、收纳袋等。也有一些汽车应急启动电源增加了电量显示功能，方便用户掌握电池电量。

我们知道发动汽车是一瞬间的事情，通常也就2秒左右。而一般轿车起动机的功率1千瓦到3千瓦之间，也就是说起动电流在100A到300A之间，排量越大，起动电流越大。因为起动时间短，而且汽车一旦成功发动，应急启动电源就可以功成身退，所以对应急启动电源的容量要求不高。但因为启动时瞬时电流很大，所以要求电池能够耐受高倍率放电。所谓放电倍率，就是放电电流与电池容量的比值。例如某电池的放电电流是50A，它的容量是5AH，那么我们就说它的放电倍率是10C。笔者出于组装工艺和成本考虑，选用物美价廉而又带螺纹接口的32650磷酸铁锂电池。这种电池使用紫铜电极，它的正极是M3公螺纹，负极是M3母螺纹。这样即使没有点焊机也能直接通过螺纹首尾相接把它们串联起来。四节串联起来的额定电压是14.4V(3.6V/节×4节)，刚好和铅酸电池的电压相仿。当然也可以选择其他封装规格或者材料的电池。如果选用钴酸锂电池、锰酸锂电池或者三元锂电池，因为它们的额定电压较高，只要使用3节/组电池串联起来就可以了。如果电池的放电电流较小，不足以起动汽车，就可以通过先并联，再串联的方式来加大放电电流。为降低整个电池组的内阻，电池组的导线或者镍带要足够粗，使用镍带点焊连接的，焊点也要足够多和紧密。

用于组装电池组的电池一定要匹配好，电池的容量、内阻越接近越好，不要把不同规格的电池混合一起使用。正因为电池有一定的弥散性，每节电池的参数不可能完全一样，如果串联成电池组后直接使用或充电，就会造成各个电池放电/充电不均衡（部分电池过充/过放，部分电池欠充），轻则加速电池组老化，重则引起危险事故。所以锂电池必须配合保护板使用。笔者在电商平台上购买成品的3串/4串12V锂电池100A保护板QS-B305ABL-50A。该保护板针对使用磷酸锂、三元锂电、钴酸锂、锰酸锂组装12V电池组设计。采用成熟保护电路，使用大电流超低内阻MOS，具有完善稳定的充电和放电各种保护功能，电芯硬件平衡处理，平衡电流适当，均衡发热合理，不影响电池组性能。保护板的设计有同口和分口两种模式，同口模式支持放电电流60A，充电电流60A，分口模式放电电流80A，充电电流60A。接线方法见图1、图2，其中B-、C-、P-线要用粗线连接，选用其他方案的保护板亦然。但无论选择什么成品板，它的放电电流一定要够大，从MOS管数量和MOS管的内阻，铜箔的厚度、宽度基本可以判断保护板是否为大电流设计。如果保护板的放电电流不足以起动汽车，我们可以只使用保护板的充电保护功能，电池组直接输出。目前市售的成品汽车应急启动电源，基本都采用电池组直接输出的方案。这样的好处是使用较小容量的电池组，也可以顺利起动汽车，将成本控制在一个较低的水平。

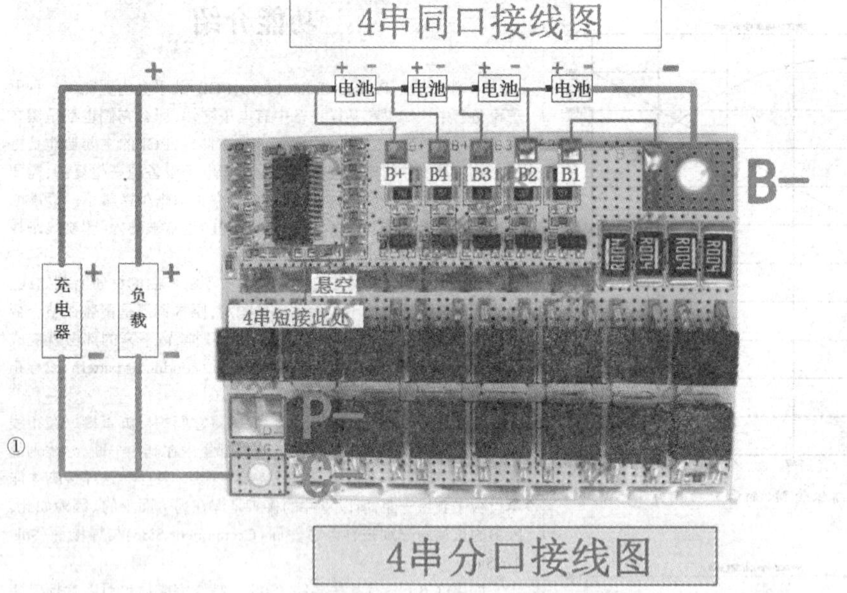

①

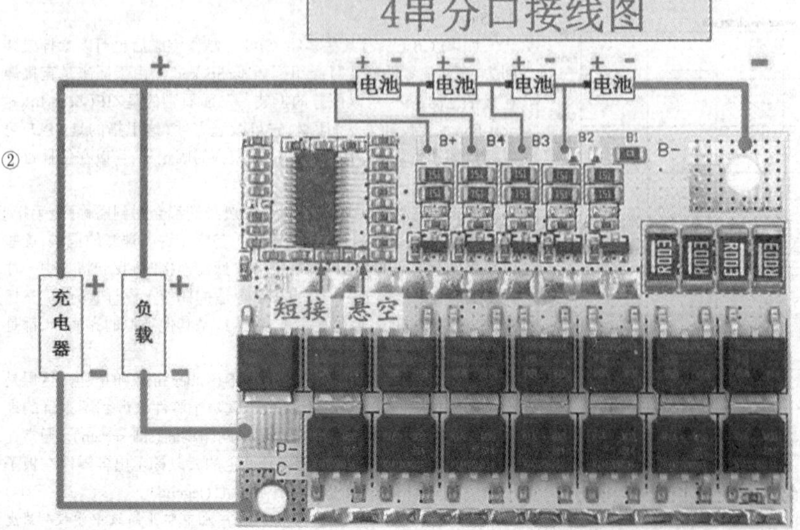

②

导线的选择，笔者建议使用10AWG硅胶线(等效2.5mm铜质电线)。连接器可以使用EC5、XT60等大功率连接器(图3、图4)，母头用在电池端，公头用在电池夹端。虽然T型插头也能承受大电流，但是不耐拔插，不建议使用。当然，也可以使用带绝缘护套的铜芯接线柱做输出连接器，而且护套要以不同颜色来区分正负极。插头、电池夹的猫腻很多，注意要用铜芯的，虽然有些插头、电池夹表面看上去铜光闪闪，但本质还是铁的，这个用磁铁试一下就一目了然。

本来焊接是各位电子爱好者的基本技能了，但笔者认为还是有必要说一下EC5、XT60等模型插头的焊接机巧：焊接前先将公、母插头对接插上，这样插着插头焊接的好处是能够有效地给插头散热，避免烙铁(尤其是小功率电烙铁)长时间的焊接带来的高温熔化插头塑料，还有一个作用就是如果出现了塑料软化或者熔化，另一半插头还可以给被焊接的插头起到固定的作用，内部的金属接件不会因为塑料熔化而偏移原来的位置。焊接电线前记得先套上热缩管，否则又要焊下来返工。

所有材料准备好后，选择一个适合大小的盒子就可以总装了。现在电商平台上各种规格的仪表盒、工具箱都有，根据自己的电池组以及保护板大小，选择适合大小的仪表盒或者塑料手提工具箱都可以。电池组需要用热熔胶或强力双面胶固定，最好还以一定的海绵加压填充空隙，避免日后电池组松脱晃动。如果想了解电池电量，也可以加装一个电池电量显示表(图5)，价钱也相当便宜，4元左右就能买一个。电量显示表通过轻触开关连接电池组两端，按下轻触开关就可以直观地了解电池的大致余量。当然，也可以加装微型数字显示电压表头，安装方法和电池电量显示表一样。

另外，由于自制锂电池充电器并不能降低整体成本，如果手头没有现成的充电器，建议在淘宝等电商平台上采购。笔者在网上以13元包邮的价格就能买到一个14.6V2A磷酸铁锂电池充电器。至于5V USB输出、照明等附加功能不在本文讨论范畴，在此不再赘述。汽车应急启动电源实用性强，制作成本也不高，有兴趣的读者不妨一试。

◇广东 潘邦文

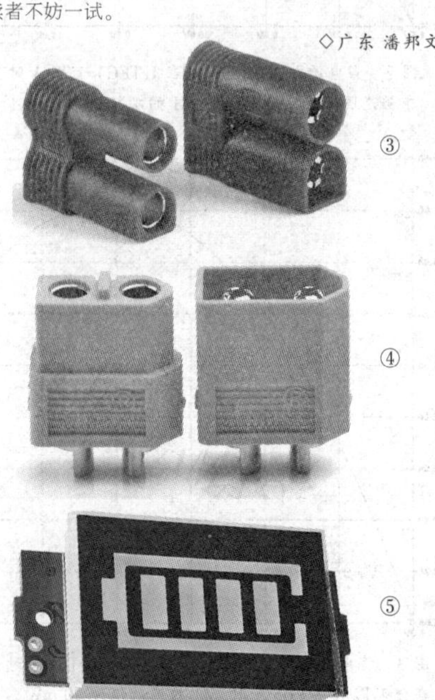
③

④

⑤

博途应用5：三相异步电动机的顺序启动控制

一、基础知识

1. 电动机的顺序启动

具有多台拖动电动机的生产机械常有各电动机顺序起停的要求，如在液压控制系统中，辅助油泵启动后，主油泵才能启动，主油泵停止后，辅助油泵才能停止；在电动起货机控制系统中的主拖动电动机，只有为它冷却的风机电动机启动后它才能启动。根据启动与停止的顺序不同，顺序启动控制可分为：顺序启动同时停止、顺序启动顺序停止、顺序启动逆序停止和任意启动顺序停止等。

2. 两台电动机顺序启动控制电路分析

两台异步电动机顺序启动逆序停止控制电路如图1所示。系统工作时电动机M1先启动，然后电动机M2才可能启动，停止时要先停止M2，然后才能停止M1。电动机M1的启动按钮为SB2、停止按钮为SB1，电动机M2的启动按钮为SB4、停止按钮为SB3。

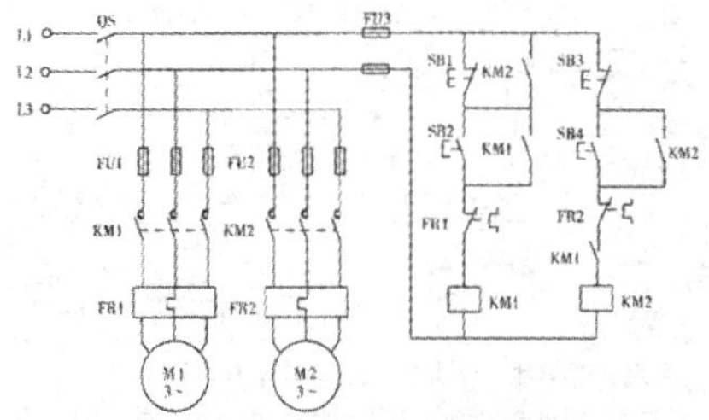

图1 两台电动机顺序启动控制电路

电路中，在M2的接触器KM2线圈电路中串联M1的接触器KM1的常开辅助触点，即只有在接触器KM1吸合M1启动运转后，M2才有可能启动，满足了M1先于M2的顺序启动要求。此外，在M1的停止按钮SB1的两端并联接触器KM2的常开触点。这样，当接触器KM2吸合M2运转时，M1的停止按钮被短接，亦即在M2运行期间，SB1失去了停止功能，只有当接触器KM2释放、M2停车后，SB1才恢复停止功能，这样便满足了M2先于M1的逆序停止要求。

二、用户程序的设计与仿真调试

1. 控制功能分析与设计

控制系统输入控制部件包括电动机M1的启动按钮SB2、停止按钮SB1，电动机M2的启动按钮SB4、停止按钮SB3，热继电器FR1和FR2的常开触点。各控制按钮均采用常开触点，由热继电器FR1的常开触点提供电动机M1的过载信号，FR2的常开触点提供电动机M2的过载信号。输出执行元件包括控制电动机M1运转的交流接触器KM1和控制电动机M2运转的交流接触器KM2，接触器线圈额定工作电压均为交流220V。

根据控制功能要求，电动机M1、M2的起停顺序如下：

系统启动时先按下启动按钮SB2，接触器KM1通电并自保；KM1通电后，再按下启动按钮SB4，接触器KM2通电并自保。停止时先按下停止按钮SB3，接触器KM2断电；再按下停止按钮SB1，接触器KM1断电。若KM1没有通电，KM2不能通电；若KM2已通电，KM1不能断电。电动机M1过载，KM1、KM2同时断电；电动机M2过载，KM2断电，对KM1无影响。

2. I/O地址分配

根据控制任务要求，PLC系统需要6个开关量输入点和2个开关量输出点。这里选用CPU 1214C AC/DC/Rly。PLC开关量输入信号采用直流24V输入，开关量输出采用继电器输出。各I/O点的地址分配见下表。

输入/输出	元件	端子地址	元件	端子地址
输入	M1停止按钮SB1	I0.0	M2启动按钮SB4	I0.3
	M1启动按钮SB2	I0.1	热继电器触点FR1	I0.4
	M2停止按钮SB3	I0.2	热继电器触点FR2	I0.5
输出	接触器线圈KM1	Q0.0	接触器线圈KM2	Q0.1

3. I/O线路连接

CPU模块工作电源采用交流220V，开关量输入由CPU模块上提供的直流24V传感器电源供电。因输出元件额定工作电压为交流220V，因此PLC输出点接交流220V电源。系统的主电路及PLC的外部接线如图2所示。

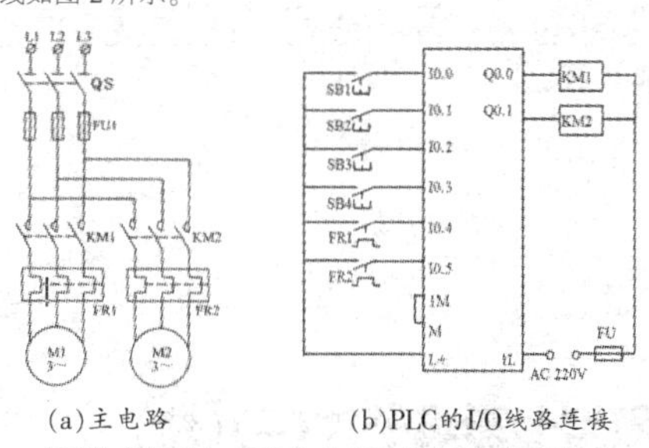

(a)主电路　　(b)PLC的I/O线路连接

图2异步电动机顺序启动逆序停止PLC控制电路

4. 用户程序设计

实现顺序启动的关键是：先启动的接触器的常开辅助触点与后启动的接触器的启动回路串联。实现逆序停止的关键是：先停止接触器的常开辅助触点与后停止接触器的停止按钮并联。实现两台电动机顺序启动逆序停止的梯形图如图3所示。

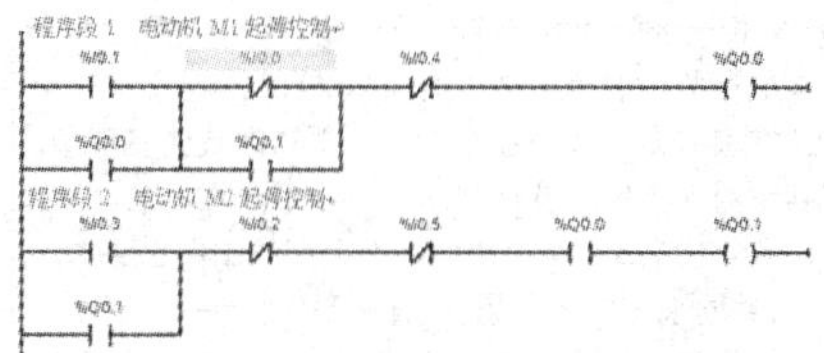

图3 两台电动机顺序启动逆序停止PLC程序

常开触点Q0.1的生成方法：选中常开触点Q0.1左边垂直线，依次单击↦、⊣⊢、⬏即可。

程序段1用于M1电动机控制，输出线圈Q0.0的常开触点与I0.0的常开触点并联用于自保，与I0.0常闭触点并联的Q0.1常开触点确保电动机M2运行时M1无法停止。

程序段2用于M2电动机控制，与输出线圈Q0.1串联的Q0.0常开触点确保只有M1运行后电动机M2才能启动。

5.仿真调试

单击工具栏上的“开始仿真”按钮，启动S7-PLCSIM V13。

(1)生成SIM表1，如图4所示。

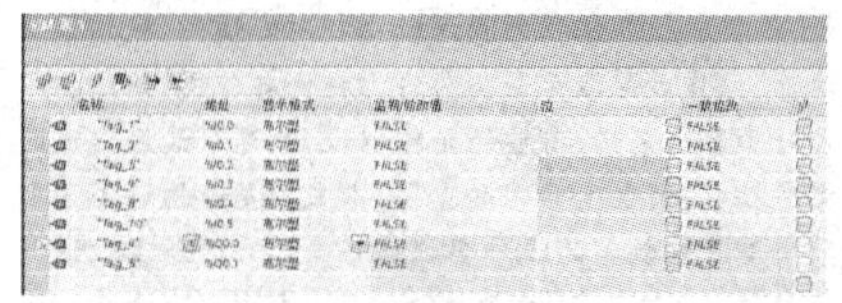
图4 S7-PLCSIM的项目视图

(2)两次单击图4中第二行“位”列中的小方框，方框中出现“√”后又消失，I0.1变为TRUE后又变为FALSE，模拟按下和放开启动按钮SB2，梯形图中I0.1的常开触点闭合后又断开。由于OB1中程序的作用，Q0.0变为TRUE，梯形图中其线圈通电，SIM表1中Q0.0所在行右边对应“位”列的小方框中出现“√”(见图5)，电动机M1启动运行。

图5 S7-PLCSIM的项目视图(M1运行状态)

在项目视图中，单击程序编辑器工具栏上的按钮，启动程序状态监视，程序状态如图6所示。

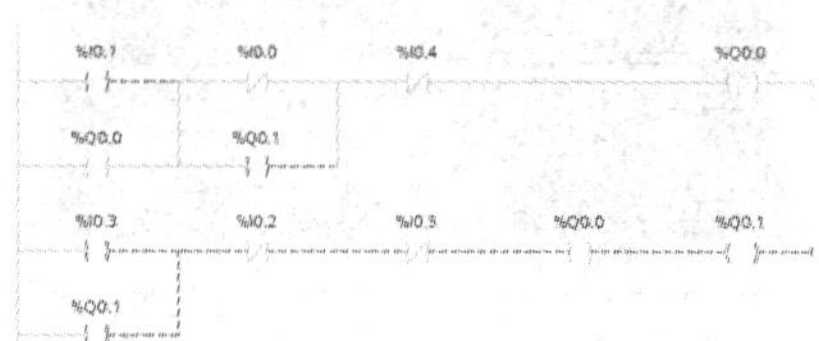

图6 程序状态监视(M1运行状态)

(3)两次单击图4中第四行“位”列中的小方框，I0.3变为TRUE后又变为FALSE，模拟按下和放开启动按钮SB4，梯形图中I0.3的常开触点闭合后又断开，Q0.1变为TRUE，梯形图中其线圈通电，SIM表1中Q0.1所在行右边对应“位”列的小方框中出现“√”(见图7)，电动机M2启动运行。

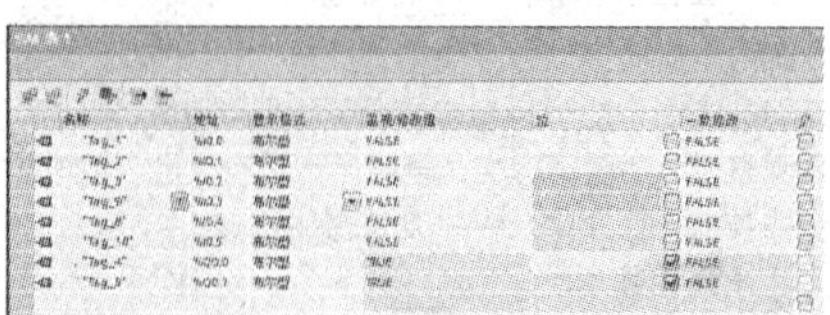
图7　项目视图(M1/M2运行状态)

在项目视图中，单击程序编辑器工具栏上的按钮，启动程序状态监视，程序状态如图8所示。

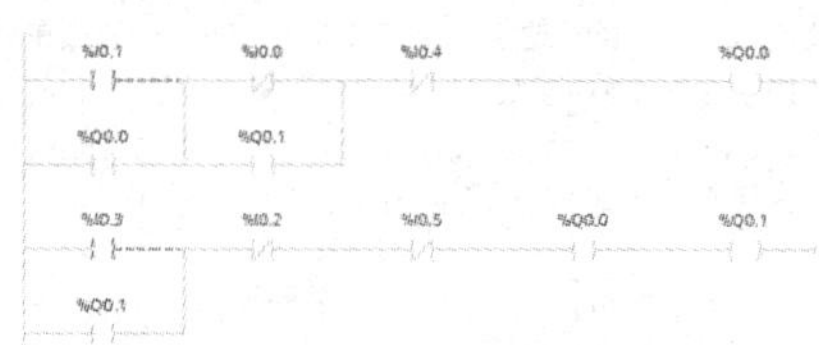

图8 程序状态监视(M1/M2运行状态)

(4)两次单击图4中第二行“位”列中的小方框，I0.1变为TRUE后又变为FALSE，模拟按下和放开停止按钮SB1，梯形图中I0.1的常开触点闭合后又断开，Q0.0变为FALSE，梯形图中其线圈断电，SIM表1中Q0.0所在行右边对应“位”列小方框中的“√”消失，电动机M1、M2停止运行。

◇福建省上杭职业中专学校　吴永康

手把手进行Keil C编程调试和仿真(上)

编者按：停课不停学是当前全国疫情阶段实施在教育系统的基本要求。作为职业技能院校的授课和学习，都采用网上授课的形式实施，一般理论课程还好进行，但实践技能课程的授课就要相对麻烦些。操作录屏示范，操作示范演示等均为线上授课之必须。但这些方式对于学生来讲，有些还是难以进行，那么最为传统的文字教学，则也是非常的重要。本文则是一篇适用于大学中单片机教学的操作实训编写，非常适合实践课程的教学。步骤翔实，操作环环相扣。本文作为疫情教学的实践课程模板，欢迎更多的实践课程老师撰写在疫情期间的授课经验分享。

单片机的Keil C编程，还是困扰了很多单片机编程的初学者，往往看书看视频都容易懵圈，笔者通过亲自操作和体验，总结出一个比较完整的Keil C单片机编程的调试、仿真及程序下载等完整过程，很详细的手把手演示，供初学者进行单片机学习编程入门。

首先我们需要安装好Keil uVision4集成编译软件、stc-isp-15xx-v6.86O程序下载烧录软件（不需安装）及CH340串口驱动软件。(如有不会的可参考笔者在2019电子报第48~51期的第9版关于Keil C的应用文章）

然后我们启动Keil C软件，就可以开启编程之旅了，如图1所示。

一、编程篇

启动起来的Keil uVision4软件是空白的，如图2。如果已经有工程文件可以关闭工程或者打开工程文件，我们这里是新建工程和文件。

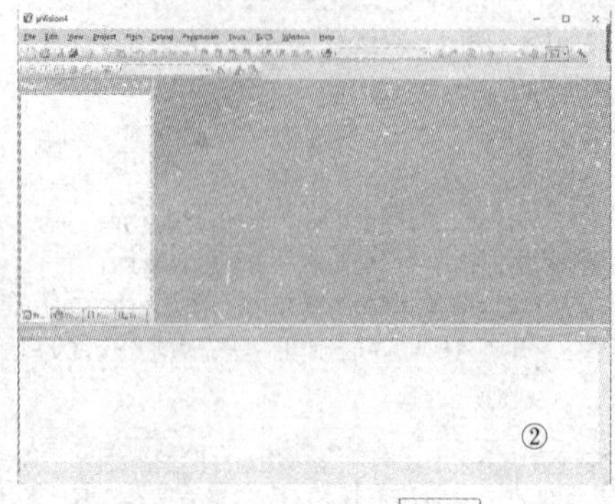

新建工程需要点击菜单 Project ，再选择 New μVision Project... 项，如图3。

选择新建uVision工程后，则会出现选择存放位置的页面，需要在专门的位置建立工程文件夹，用于存放工程及相关的文件，一般不要建在桌面或C盘，文件路径尽量短，且最后不要使用中文文件名，如图4。

建好工程文件夹和项目文件夹，则需要写上工程名字，工程名字尽量简洁便于识别，工程名文件的默认扩展名是Project Files(*uvproj)，如图5。

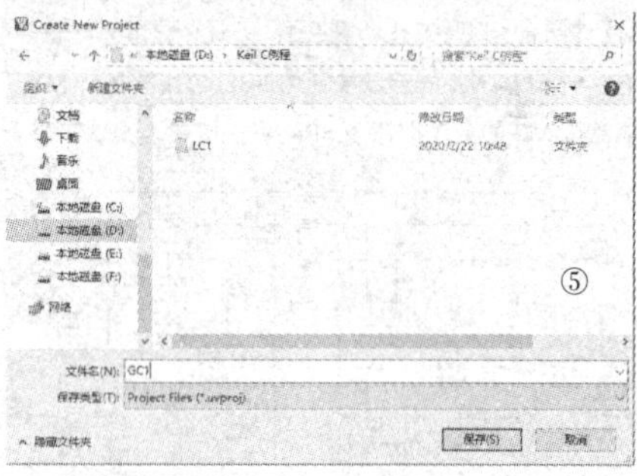

点击"保存"按钮后，窗口弹出"添加标注8051代码到项目"的对话框，选"确定"即可，随后会出现选择单片机型号的页面，如图6。

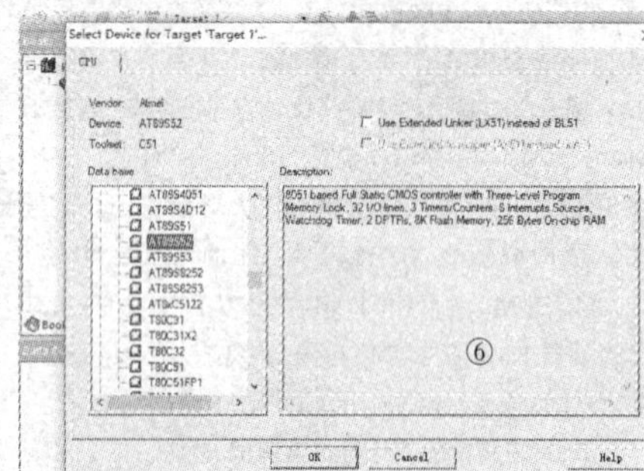

这里选择Atmel里面的AT89S52与实训平台对应，然后点击"OK"完成单片机型号的选择。然后需要新建项目文件，点击菜单 File ，然后选择 New... 项，选择新建过后，则在软件主窗口自动出现Text1的文件编辑页面，点击软件里面的保存菜单项或图标，则在出现的页面"文件名"后面输入文件的名字，文件名同样要尽量简洁明了，尽量不要用中文。文件名的扩展名默认是All Files(*.*)，虽然扩展名是所有文件，但这里是要建立C文件，在文件名后面必须要输入".c"，如果是汇编程序，则输入".asm"，如图7。

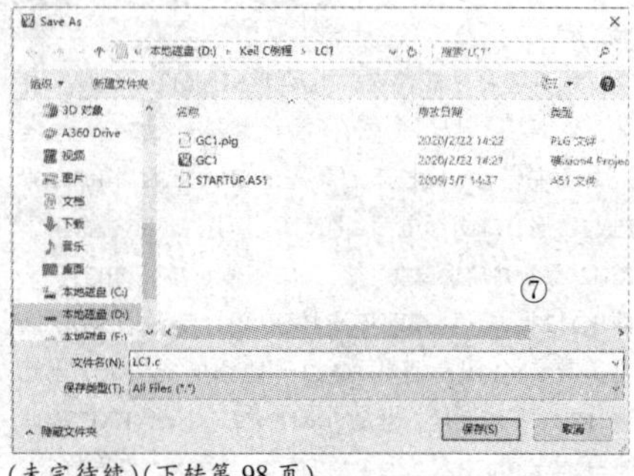

(未完待续)(下转第98页)

◇西南科技大学城市学院 刘光乾 陈丹 马兴茹

七彩时光"小精灵"！——新型七彩电子钟(4)(续)

(紧接上期本版)

使用方法

本制作因为没有采用实时时钟模块，所以在外部电源停止供电时单片机将会停止走时，待到供电恢复时，将重新从程序预设的时间开始计时，所以本制作在初次使用或者断电后重新使用时需将时间调整到正确的走时时间后方可使用，调整时可以用镊子或螺丝刀的去短暂的短接相应的调整引脚与地端，同时认真观察显示的时间的变化直到显示正确为止。调整的步骤与上一篇文章介绍的类似，不再赘述！

注意事项

(1)程序的烧写最好在单片机和LED模组的管脚焊接连接之前进行。

(2)本计时器为了追求体积的小巧，采用单片机内部集成的振荡电路，频率都是3.3V、25℃下的标称数值，当电源电压或芯片温度发生变化时，振荡频率都将会发生变化，导致计时精度的下降(如图11、12)，因此，本制作的计时装置作为一款"概念性"的作品，并不适合于长时间计时使用的高精度时间显示场合应用。

本次制作仅仅是一次业余条件下的手工制作，便以极小的体积提供很宽的时间显示角度范围，相信对相关的器件进行优化组合后，整个时间显示装置的体积将会可以做的更小，计时精度将会可以做得更高！会以更为优异的性能呈现在我们面前，就像一个机灵鬼怪的"小精灵"陪伴在我们的身边！

如果用一个字来概括本文的话，"小"字应是比较合适的，整个制作的过程中追求的目标就是体积要小，在下一篇文章里，如果像概括本制作一样用一个字来描述的话，就和本制作完全相反，应该用一个"大"字来描述。因为看完下一篇文章你就会发现，我们制作的中心思想就是制作一个显示范围尽量"大"的作品。下一篇文章中我们将把我们的制作思路加以转变，共同来完成一件堪称"伟大"的作品——制作一个几乎可以为一个小城市提供时间指示的"八面玲珑"的"夜明珠"，而它的体积只需篮球大小！"整座城市"?！"只有篮球大小"?！怎么样？当你想到我们现在的过两个十字路口可能就难看清时间指示的体积庞大到要占据一层甚至数层"楼"的塔钟时，您是否又要怀疑我们的能力了呢？如何能做出显示范围如此之广的"钟"？体积能做到这么小吗？答案"马上"揭晓，下期见！

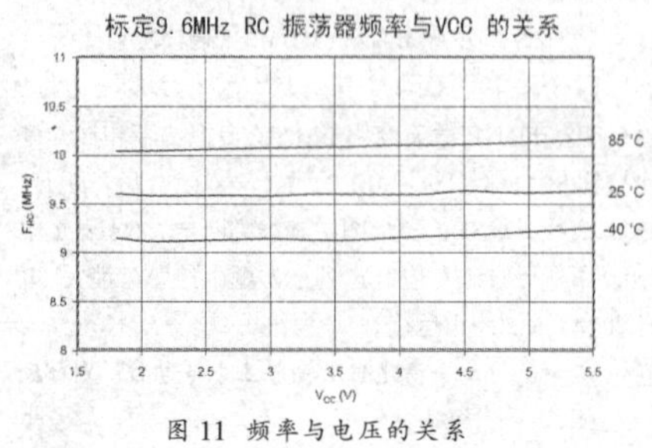

图11 频率与电压的关系

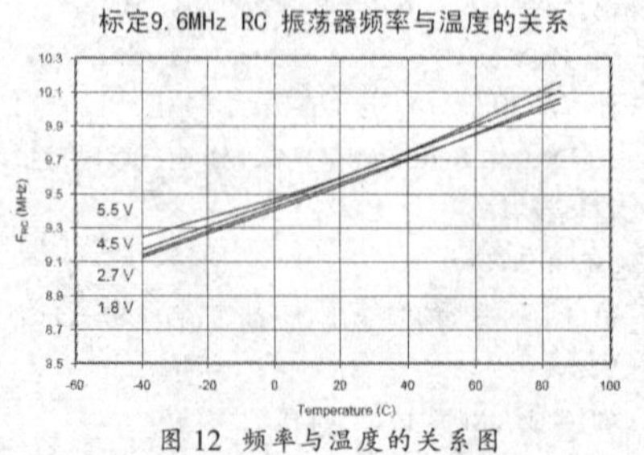

图12 频率与温度的关系图

(全文完)

◇杨兴芹 姚宗栋

常用天线、无源器件原理及功能(三)

(紧接上期本版)

7.功分器测试指标示意图

如图所示,1 口可测得驻波比;2,3 口可测得插入损耗,而由于腔体功分器本身的器件特点,输出口驻波以及输出口的隔离不作为声明值提出。

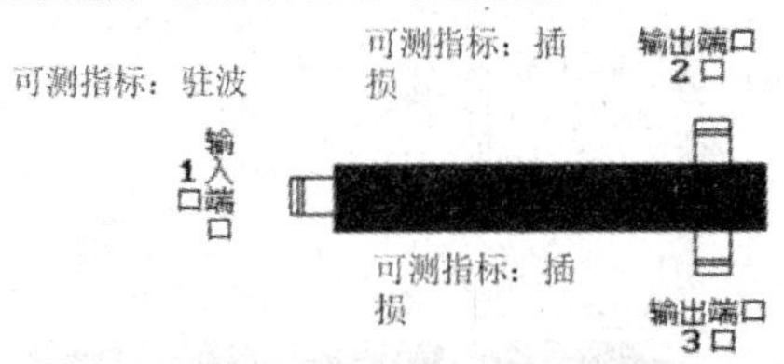

四、耦合器介绍

1.耦合器

耦合器是一种将输入信号的能量通过电场、磁场耦合分配出来一部分成为耦合端输出,剩余部分成为输出端输出,以完成功率分配的元件。耦合器的功率分配是不等分的。又称功率取样器。

2.四口网络耦合器原理说明图

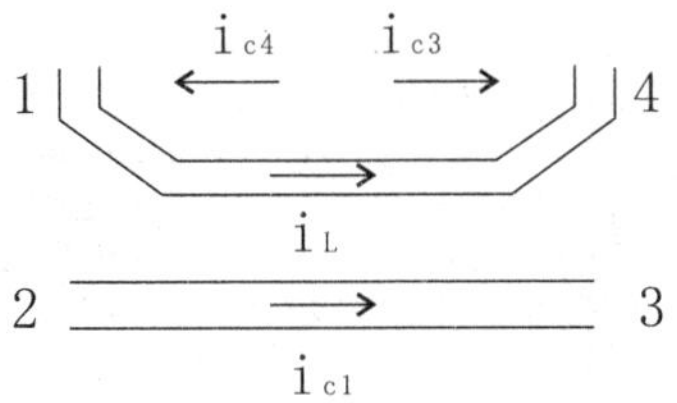

3.耦合器分类

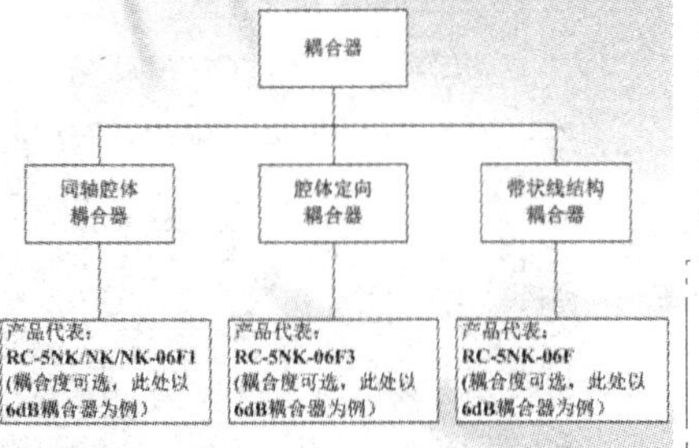

	微带线耦合器	腔体定向耦器	同轴腔体耦合器
插损	大	较小	小
驻波比	较差	较好	差
方向性	较好	较好	不作为声明值
功率容量	小	中	大
端口匹配	所有端口阻抗匹配	所有端口阻抗匹配	输入口匹配
内部结构	焊接方式	有隔离电阻	空气介质,无焊点
可靠性	中	中	高

4.定向耦合器

定向耦合器常用与对规定流向微波信号进行取样,主要目的是分离及隔离信号,或是相反地混合不同的信号,在无内负载时,定向耦合器往往是一四端口网络。定向耦合器常有两种方法实现。

耦合线定向耦合器 输出端与耦合端结构上不相临

分支线定向耦合器 输出端与耦合端结构上相临

5.腔体耦合器特点

承载大功率,表现低损耗。原因:1.腔体内部填充介质为空气,在传输过程中,因空气介质原因引起的介质耗散要低得多。2.其耦合线带一般采用导电性良好的导体(如铜表面镀银)制成,导体损耗基本上可忽略不计。3.腔体体积大,散热快,承受高功率。

6.耦合器指标测试示意简图

如图所示,其中,方向性=隔离度-耦合度,无法接读取数据。

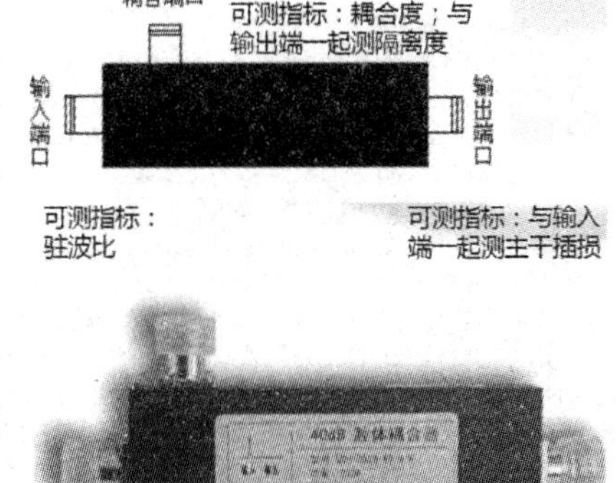

五、3dB 电桥介绍

1.3dB 电桥

3dB 电桥耦合器是定向耦合器的一种。作为功率合成器使用时,两路输入信号接入互为隔离端口,而耦合输出和直通输出端口互易.如作为两路输出,不考虑损耗,则输入信号功率之和平分于两输出口。而当作为单端口输出使用时,另一输出端必须连接匹配功率负载以吸收该端口的输出功率,否则将严重影响到系统传输特性,而这同时,也带来了附加的 3dB 损耗,这对于系统应用来说,对其有源部分的成本和可靠性都会有影响。

2.主要工程应用

主要应用于同频段内不同载波间的合路应用。由于电路和加工装配上的离散性,电桥耦合器输入端口的隔离度比较低,不建议应用在不同频段间的合路应用。综上,在异频合路应用时,除了同频段内相邻载频(如 GSM 下行频段内的相邻载频)等只能采用 3dB 电桥而不适用双工/多工合路器情况外,建议在使用中优先选用双工/多工合路器,以改善系统的性能指标,增加可靠性。

3.功分器 VS 耦合器

	功分器	耦合器
特点	输出同相位;两路以上输出;等分输出	输出相位差 90 度;两路输出;可灵活实现不同的差值输出
应用	在工程应用中,当需要对不同区域进行等功率覆盖时,如各区域与分配点等距离,多选用功分器。	如不然,则先选用耦合器,再用功分器实现多区域的覆盖。

六、合路器介绍

1.合路器

作用:将多路信号合成一路信号输出?分类:按实际合路频段进行分类

2.合路器 VS 电桥 VS 功分器

合路器	为选频合路器,以滤波多工方式工作,可实现两路以上信号合成,能实现高隔离合成,主要用于不同频段的合路,可提供不同系统间最小的干扰。
3dB 电桥	为同频合路,只能实现两路信号合成,隔离度较低,可实现两路等幅输出。
功分器(合成器)	为同频合路,可实现多路合成,隔离度较低,只能提供一路输出。

七、衰减器介绍

衰减器是二端口互易元件 衰减器最常用的是吸收式衰减器。工程中通常使用的是同轴型衰减器,由"π"型或"T"型衰减网络组成。同轴衰减器通常有固定及可变衰减两种。衰减器主要用于检测系统中控制微波信号传输能量、消耗超额能量,因而扩展信号测量的动态范围,诸如功率计,频谱分析仪,放大器,接收器等。(全文完)

◇西南科技大学城市学院鼎利学院 张继

数字电视与电视的交互功能(一)

电视的产生,从开始的黑白电视到彩色电视,发展到现在,又开始了从模拟电视到数字电视的过渡。电视在它这短短数十年的发展历程中,对人们的日常生活产生了极其重大的影响。人们通过电视了解国家大政方针,获取丰富全面的各种信息。同时收看电视节目也是人们丰富文化生活的重要方式。但是从电视的诞生发展到模拟电视的后期阶段,人们收看电视节目的方式都是被动接收,即电视台播放什么节目,人们就只能收看什么节目。虽然后来有线电视技术使电视频道的数量成倍增加,也出现了各种专业频道,增加了观众收看电视节目的选择性,但仍然没能改变人们被动收看电视的方式。随着人们文化生活水平的提高,对电视节目的要求也越来越多,迫切需要电视具有交互功能,即可以自主选择自己希望看到的节目,具有这种功能的电视就是当前所说的交互电视。

说到交互电视,必然要涉及到数字电视。因为数字电视是交互电视的技术基础,只有在数字电视平台上才能实现电视的交互功能。因此,要想了解交互电视,必须先对数字电视进行介绍。

数字电视是指电视信号在发送、传输及接收解调的整个过程中,都是以数字形式进行的。由电视演播室送出的图像及声音信号,经过数字处理形成数字码流,再进行各种校正及调制后发送,数字电视接收机对接收的数字电视信号,进行数字解调和数字解码处理后才能还原出原来的模拟图像及伴音信号。

数字电视和原来的模拟电视相比,有很多优点。首先,数字电视节目在图像质量上比模拟电视提高很大。因为数字电视采用数字传输方式并且具有很好的误码纠错能力,所以抗干扰能力很强。伴音接近CD数字光盘的放音质量,并且可具有多声道及环绕声功能。其次,数字电视可以提供更高的频道利用率,可以收到更多的电视节目。我国PAL制式电视每套节目占有8兆赫的带宽内传送4-8套数字电视节目,所以数字电视实施以后,观众可以收到上百套的数字电视节目,从而大大丰富了电视节目数量,并增加了观众的选择性。第三,由于数字电视是采用数字传输方式,所以它可以将多种节目传输到用户,实现综合信息业务。最后,就是数字电视广播可以与通讯网及计算机网相结合,进行交互广播,从而改变观众收看电视节目的形式,由被动收看电视转为主动有选择地收看电视,实现用户自由点播节目的功能,还可以自由选取网上的各种形式的信息,这就是电视的交互功能,即交互电视。 (未完待续)(下转第99页)

◇山东省广播电视局蒙山转播台 张振为

监听音箱如何摆放效果会更好？

近场监听音箱一般是放在支架或桌子上。如果近场监听音箱放在架子上或者桌子，则应该使用弹性材料（如橡胶或毛毡）隔离音箱与架子或桌面，避免音箱的振动会传给架子或桌面。

中场音箱可以放在架子上也可以埋在墙里。当然，近场音箱也可以。

远场监听音箱，一般都是埋在隔音墙里。这样可以让录音师获得不受反射声干扰的最准确声音。

但是，需要注意的是，一般嵌入式音箱都是无源音箱，这样不会有潜入后音箱发热的问题。一般情况下有源音箱不嵌入墙内，如果要嵌入，需要做通风与散热处理。

1. 安装的角度和高度

正确的角度是：两个音箱正对着录音师的耳朵，与录音师的头形成一个等边三角形。

2. 安放距离

监听音箱距离人头有多远，是有一定讲究的，但并不严格。近场监听音箱一般放在距离人头1~2米处比较合适，中场监听音箱可以放在2~4米。主监听音箱（远场）可以放在3~6米处。

3. 其他注意事项

要特别注意防止桌面或调音台成为反射源，影响我们的监听质量。还要注意要按照厂家建议的方向放置音箱，不要自以为是自作主张。

4. 横放还是竖放

有种说法是把音箱横过来放的，声音会更好。这种说法是没有根据的。虽然很多录音棚和工作室的照片里的近场监听音箱是横放的，但这并不表明我们认为他们的做法是正确的。

那么音箱应该横放，还是竖放呢？厂家最有发言权。科学实验表明，两个单元的音箱，竖放比横放好。

首先，把音箱竖放，会增大与调音台台面的距离和角度，减少由调音台台面反射音箱的声音给录音师的声音，减少这种反射所带来的"梳状滤波"效果（本来是平直的频响，却变得不平直）。这是科学实验可以证明的。频响曲线中的灰色曲线，是音箱的频响曲线，绿色曲线，是音箱竖放时，经过调音台的反射后的最终频响曲线，红色则是音箱横放时的曲线。可以看到，当音箱横放时，会给声音带来严重的影响。

其次，任何由多个单元（喇叭）组成的音箱（例如近场监听音箱都有两个单元），都有个毛病：如果两个单元与人耳的距离不一样，那么此时从两个单元传到人耳的相同频率的声音是不相同的，叠加后会相互抵消一部分，甚至在相位相反的时候会完全抵消，从频响曲线上看，就是中间有个缺口（好像是被斧子砍了一下的）。所以我们要保持两个单元与人耳的距离一致。而我们知道录音师的脑袋在工作时要经常横向移动，但很少纵向移动（要站起坐下才能达到），因此，把音箱竖放就能保持两个单元与录音师的距离是一样的，不管录音师是否在正中间的位置上。这样就能避免音箱的这个缺点。

综上所述，竖向放置近场监听音箱要比横着放置获得的声音效果要好，所以放置音箱时一定要注意选择正确放置方法。

江西 谭明裕

净化空气的耳机

看标题很多朋友会认为是不是搞错了？耳机和净化器应该是两个毫不沾边的事物，然而作为居家电器的戴森电器就准备把两者结合在一起。虽然产品还没有上市，但是戴森能在个人健康与个人娱乐市场之间进行跨界合作也未尝不是不可能的事。

第一眼看专利图，外形就是一个很普通的头戴式耳机。但戴森在耳罩内加入了戴森的空气净化技术，两个耳罩中都有一个35~40mm的扇叶和马达相连接。通过空气净化系统的电机，能够让扇叶以12000rpm的速度旋转，每秒大约能吸入1.4L的空气进入内部的过滤系统，过滤掉空气中的灰尘、细菌等飘浮在空气中的颗粒，然后产生纯净空气，这些空气可以供一个人的呼吸空气需求。

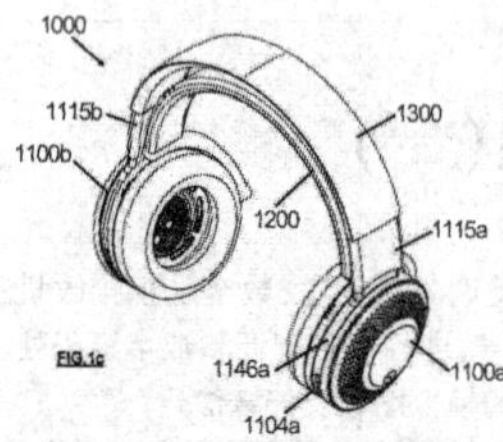

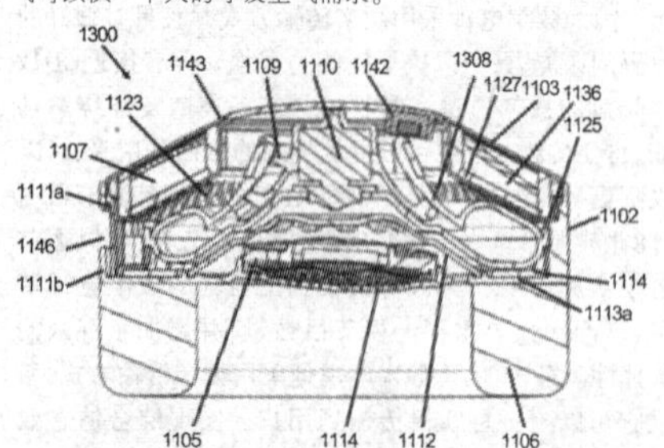

这里不仅有人要问，如何保证净化后的空气能有效地进入用户的口鼻部位？这个耳机除了头戴束带外还有第二个束带，可以360°调节方向，不需要的时候可以折叠起来，需要使用的时候将束带向下折叠放置下巴附近，能够保证净化后的空气最大化吹到佩戴者的鼻腔和嘴巴附近。操作逻辑和一些有独立麦克风的头戴耳机类似，收起来后束带位于耳机上方，不会对使用者造成不便。

不过考虑到该耳机要兼顾听音乐和净化空气，最大的矛盾就是电机必须有极高的转速才能进行空气净化的工作的，但产生的噪音分贝如何？毕竟是耳机还要听音乐，这样降噪的问题就来了。而解决方案是该设备将带有一种反馈式麦克风，可以主动消除噪音。

然后是续航问题，插电源还好；如果不插电源的话，如何保证足够的功率来进行电机的工作，续航时间又有多长？

最后是重量问题，安装了净化系统后，与普通耳机相比增加了多少重量？带在头上会不会影响用户的使用体验感？

相比这种头戴式净化设备Atmos Faceware，戴森的便携耳机式净化设备更容易接受。

海信社交云享电视

疫情期间宅在家里，如果大家只能单一地看电视估计早已经厌烦了，那么电视可以边看边进行互动也许就会没那么单调了。

早在2019年8月，海信就推出了国内首款社交电视S7，首创6路视频畅聊功能，即六个人同时视频在线聊天，实现边看边聊的新应用体验，开创了多路视频通话的先河，这种创新的多路视频通话应用，也许在未来将成为趋势。同时还有共享放映厅、3DA-vatar K歌、AI健身、全场景语音、AIoT等全新体验。

而在2020年2月12日，海信举行线上发布会，适时推出升级版社交云享电视。除了具备6路视频通话功能外，还可以直接在电视上进行微博互动以及无需下载的电视云游戏体验等功能。

这次推出的社交云享电视，进一步优化了视频通话的清晰度和流畅度，视频通话画质从720P提升到1080P，新增了拨号、一键发起群聊等功能。同时，新版本还优化了边看边聊时"人声增强"算法，实时检测调整电视背景音和聊天声音的音量，带来清晰流畅的通话体验。

在亲友圈中引入新浪微博，能看到最新的热门分享。同时，社交电视账户与微博账户建立关联，用户在社交电视对微博大V的关注等社交动作也与微博打通，这对于喜爱电影及影评的粉丝来说，确实方便不少。

用户还可以通过文字、图片、语音、视频四种形式进行在电视留言板上留言，非常方便提醒家人告知相关消息。

通过AI算法，用户可以在电视里进行短视频录制，创造性地将音乐、语音、手势相结合，用户可以根据网上热门短视频拍摄同款家庭VLOG；以及拍照背景的切换，世界各地的名胜古迹可以随意出现在你的背景里，至于照片瘦身、美白、磨皮等功能更是信手拈来。

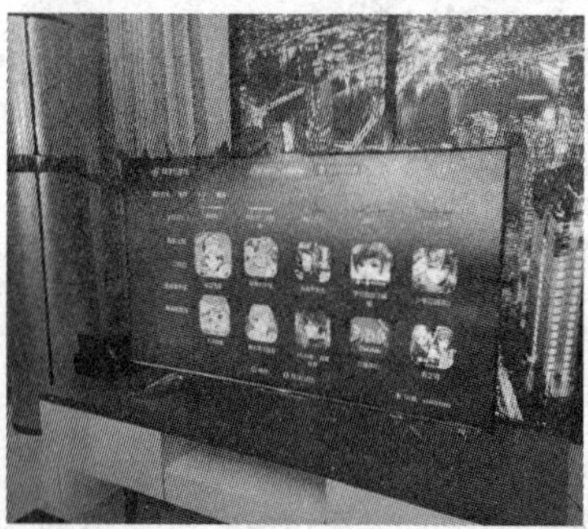

最后3+32GB的内存模式以及1000款云端电视游戏对于喜欢玩游戏的朋友来说也是非常受欢迎的。

邮局订阅代号：61-75 国内统一刊号：CN51-0091

微信订阅**纸质版**
请直接扫描
邮政二维码
每份1.50元 全年定价78元
每周日出版

扫描添加**电子报微信号**
或在微信订阅号里搜索“电子报”

2020年3月8日出版 实用性 启发性 资料性 信息性

第10期 国内统一刊号:CN51-0091 定价:1.50元 邮局订阅代号:61-75

地址：(610041)成都市武侯区一环路南三段24号节能大厦4楼 网址：http://www.netdzb.com

（总第2051期） 让每篇文章都对读者有用

2020三大关键词：带宽、边缘设备、PoE

在刚过去的一年里，我们见证了Wi-Fi CERTIFIED 6认证产品的面世，迎来了人们翘首以盼的5G设备和服务，经历了共享频谱的初步商用部署，也目睹了全球对于专网关注度的日渐增长。康普预计，2020年这些新标准、新产品和新服务将推动边缘设备对更高带宽和更多PoE供电的需求，影响将覆盖智能家居和智慧城市、智能楼宇和体育馆，以及矿场、工厂和仓库等广泛的联网环境。

带宽需求催生多种连接方式

如上所述，2019年我们见证了一系列Wi-Fi CERTIFIED 6认证产品的面世，包括无线接入点(AP)和消费电子设备等产品。我们预计2020年开始，获Wi-Fi 6标准认证的AP出货量将不断增加，以支持诸如高清视频会议、AR/VR、电子竞技和4K视频流传输等高带宽的应用需求。事实上，只需集中部署多个Wi-Fi 6接入点，就可以定制化地为办公楼、体育场和智慧城市街道等超高密度设备环境中的更多用户提供所需的高品质服务。

康普认为，新的一年将为共享频谱和运营商专享频段提供方案，覆盖工业物联网和人口密集场所等应用场景。共享频谱的一大优势在于，能够为矿场、发电厂、工厂和仓库等偏远地点或临时场所的工业建筑物提供高度可靠的连接性。

新的一年，我们还将见证首批5G真实商用的落地实施，这些应用将推动从室内开始的应用部署。为了确保这些应用的实施，无线运营商将分析政府机构分配所获取的频段，并据此做出有利决策以实现投资收益的最大化。这些决策无疑将会影响5G的技术优势在联网环境中的发挥，从而影响物联网等场景部署5G应用的预期目标。以物联网为例，机器对机器通信可让数十亿台设备将瞬时突发信息发送至其他系统，从而打造出真正的智能楼宇和智慧城市，实现更高效的运营和更多新功能。

使用PoE为边缘设备供电

2020年，Wi-Fi 6、5G和共享频谱等多种新的连接方案将加速物联网(IoT)和边缘设备的融合部署，例如IP监控摄像头、LED照明、4K/高清数字标牌等。其他边缘设备还包括销售终端(POS)设备，以及智能楼宇管理系统和传感器，如接入控制(智能锁)、定位服务、火灾探测和疏散等。

以太网供电(PoE)是向边缘设备和无线接入点供电的首选技术。最新802.3bt PoE标准（也称4线对PoE或简称4PPoE）规定通过Cat 6A类线缆可输送最高90W的功率。旧有AP消耗功率往往很小，但一些新式AP则需要更大功率来传输无线信号。预计2020年对PoE供电需求更高的边缘设备的数量将持续增加，覆盖4K/高清数字标牌、PTZ摄像机以及智能LED照明等领域。

随着偏远地点和临时场所借助共享频谱和专用网络来部署任务关键应用，PoE也将越来越多地被用作边缘融合设备的稳定备用电源。例如，高清摄像机可能需要将数据发送至多个应用，如监控系统、人数统计、机器学习(ML)分析和空间占用传感器等。简而言之，单个边缘设备需传输的应用数据越多，确保其正常运行时间的任务就越具挑战。

此外，对于关键应用还需使用PoE来缩短故障的排查时间，尤其是在偏远地区。对于非PoE系统，一旦发生断电事故，电工必须前往现场调查断电事故的根源；而若使用PoE供电设备，供电信息和数据都会通过专用供电网络整合并集中在同一机房内的网络交换机中，从而能够简化并自动执行故障排查流程。这有利于缩短断电故障排查及维修时间，从而显著缩短平均修复时间(MTTR)。

采用新型基础设施以应对新需求

2020年，上述技术及其应用对高带宽的需求将变得尤为重要。新的连接方案和PoE边缘融合设备将成为后端基础架构升级的主要推动力，包括可支持90W PoE供电的新型多千兆交换机和布线系统。由于Cat 6A类线缆可支持10 Gbps的传输速率，IT部门也将首选部署Cat 6A类铜缆来未来应用，以避免网络瓶颈问题并全面满足新型PoE供电需求。

总而言之，随着Wi-Fi 6等新技术的出现、共享频谱的推出以及5G网络的持续部署，消费者和企业用户将在新的一年里拥有更多连接选择。

◇康普 吴健

清洗机——疫情期间有效清除病菌

疫情期间不管怎么样，总要出门买菜或者取外卖，除了勤洗手外，选购一台厨房清洗机能有助于在一定程度上有效地去除各种病毒、细菌和农药残余等物质。

主要工作原理

超声波

超声波是一种频率高于20000赫兹的声波，它的方向性好，穿透能力强，易于获得较集中的声能，在水中传播距离远。超声波在启用时会让液体内部出现空化现象，（空化现象：超声波振动在液体中传播的音波压强达到一个大气压时，其功率密度为0.35w/cm²，这时超声波的音波压强峰值就可达到真空或负压，但实际上无负压存在，因此在液体中产生一个很大的压力，将液体分子拉裂成空洞一空化核。）

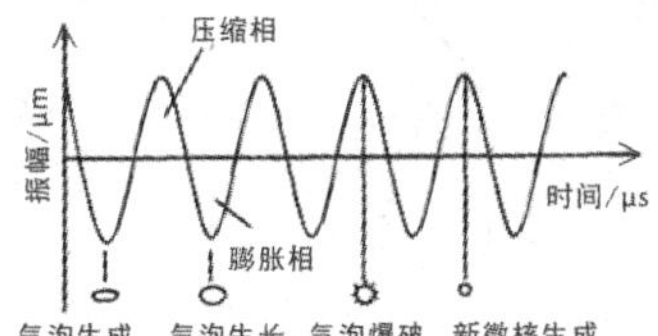

当溶解在其中的空气因负压而出现过饱和的现象时，它们从液体中逸出并形成微小的气泡。这些小气泡会随着周围介质的震动不断的运动、震荡、生长、收缩及破裂。而它们在破裂的瞬间会产生局部高温高压和高速冲击流，虽然受到冲击的范围极小，但是在众多小气泡的共同作用下，它还是能对果蔬进行物理清洗并消毒杀菌。经过测试，当超声波的功率为1千瓦时，只需要15分钟就能达到良好的去除农药的效果，但是果蔬的表面会出现破损现象。

臭氧

臭氧(O_3)是氧气(O_2)的同素异形体，在常温下，它是一种有强氧化性的特殊臭味的淡蓝色气体；在常温常压下，稳定性较差，可自行分解为氧气。它在水中的氧化还原电位为2.07V，仅次于氟(2.5V)，其氧化能力高于氯(1.36V)和二氧化

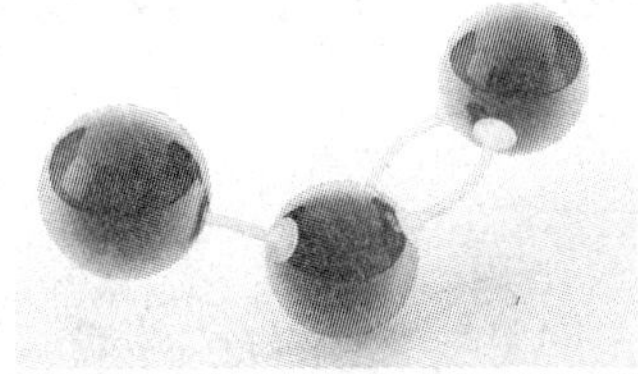

氯(1.5V)，能破坏分解细菌的细胞壁，很快地扩散透进细胞内，氧化分解细菌内部氧化葡萄糖所必需的葡萄糖氧化酶等，也可以直接与细菌、病毒发生作用，破坏细胞、核糖核酸(RNA)，分解脱氧核糖核酸(DNA)、RNA、蛋白质、脂质类和多糖等大分子聚合物，使细菌的代谢和繁殖过程遭到破坏。它常用于杀菌消毒、防止发霉、除臭等，在生产和生活中的应用较为广泛。臭氧能与果蔬中的有机磷或氨基甲酸酯等农药发生化学反应，即通过化学的方法去除残留。由于发生化学反应需要一定的时间，因此处理的时间越久，降解的效果也会越好。经过测试，经过30分钟的处理后，果蔬中农药的降解率能达到50%以上。虽然有一定的效果，但是远不如超声波处理的效果好。

另外要注意，低浓度的臭氧可消毒，但超标的臭氧则是个无形杀手。

活性水燃基

活性水燃基是主要成分为氢氧自由基（又名羟基自由基），原子量17，化学式：·OH，即氢氧根(OH^-)中失去一个电子，具有强氧化能力(氧化电位2.8V)，在自然界中氧化性

DDT + 活性水燃基 剧烈反应 排除无害

二氧化碳 + 水 + 无机盐

仅次于氟(2.87V)。利用特殊的材料及先进的材料加工技术，并在超低电压的驱动下，从水中激发出来的一种复合净化因子。活性水燃基是果蔬清洗机中较新的技术，它几乎能和所有的生物大分子、有机物或无机物发生化学反应，并且反应速率快。在遇见C-H键、C-C键的有机物时，它的反应速率能比臭氧反应快7个数量级，10秒内就能完成反应，并且产生和臭氧反应相同的降解物。农药作为大分子化合物可以在活性水燃基的作用小分解为小分子，最后彻底分解为二氧化碳、水、无机盐，离开果蔬表面，达到极佳的清洁效果。

要注意由于活性水燃基有较强的氧化性，应尽量避免皮肤表面伤口、口鼻腔、眼睛等部位的直接接触。

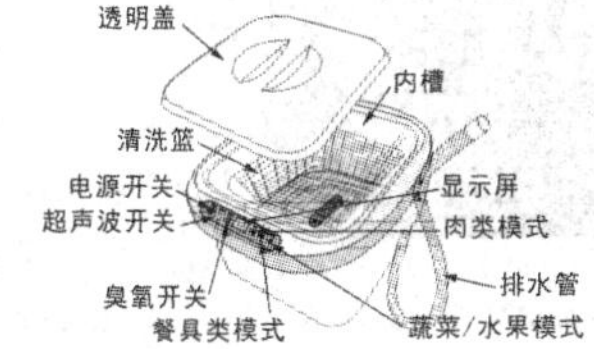

目前市面上大多数清洗机采用的是超声波+臭氧的清洗模式。这种清洗机的清洗效果比单一采用某一原理的产品要好；不过实际效果对比广告中的理想环境要差一些。主要原因是为了避免噪音过大，很多产品的功率都有所保留，虽然起到降低噪声和震动的效果，但对于通过震动才能工作的超声波而言，由于降低了超声波的强度，导致效果有所减弱。另外根据清洗桶的结构，超声波的强度大多集中在发生器(振动子)的正上方，位于果蔬清洗机角落的果蔬并不能受到大强度的震动，成了果蔬清洗的盲区。清洗时应尽量将果蔬、肉类等放置于清洗篮中间位置；并且果蔬清洗机在清洗不同种类的果蔬时效果也很不一样，比如草莓这一类农药基本残留在表面的果蔬有着很好的效果；而苹果、茄子、青椒等农药吸附较深的果蔬时，效果则会大打折扣。

（本文原载第8期11版）

康佳35017677三合一板电源和背光灯电路原理与维修(四)

(紧接上期本版)

4.背光灯电路检修

显示屏LED背光灯串全部不亮，主要检查背光灯电路供电、驱动电路等共用电路，也不排除一个背光灯驱动电路发生短路故障，造成共用的供电电路发生开路等故障。

(1)检查背光灯板工作条件

显示屏始终不亮，伴音、遥控、面板按键控制均正常。此故障主要是LED背光灯电路未工作，需检测以下几个工作条件：

一是检测背光灯电路的+24V、VCC12V供电是否正常。供电不正常，首先检测开关电源并排除故障；如果开关电源输出电压正常，但N701的⑤脚无供电输入，则是限流电阻R707阻值变大或烧断，引发R707烧断，是N701内部短路、C710、C771电容器击穿等。+24V供电电压不正常，检查+24V整流滤波电路。当+24V电压过低或R710阻值变大时，会造成N701的③脚取样电压降低，N701内部欠压保护电路启动，背光灯电路停止工作。

二是测量N702的⑨脚BKLT-EN点灯控制电压是否为高电平，点灯控制和调光电压不正常，检修主板控制系统相关电路。

(2)检修升压输出电路

如果工作条件正常，背光灯电路仍不工作，则是背光灯驱动控制电路和升压输出电路发生故障。通过测量N701的⑦脚是否有激励脉冲输出来判断故障范围。无激励脉冲输出，则是以N701内部电路故障；如果N701的⑦脚有激励脉冲输出，升压输出电路仍不工作，则是升压输出电路发生故障。常见为储能电感L701内部绕组短路、升压开关管V701//V702击穿短路或失效、输出滤波电容C720//C750//C733击穿或失效、续流管VD701击穿短路等。通过电阻测量可快速判断故障所在。

(3)检修调流电路

检查调流电路N702的⑫脚VCC12V供电是否正常，如果正常，测量⑮脚输出的5V基准电压和⑯脚输出的3.3V基准电压是否正常。如果无电压输出或低于正常值，则是N702内部稳压电路发生故障或外部滤波电容及其负载电路发生短路、漏电故障。检查N702的③脚FB电压是否正常，该电压过高或过低，N702都会停止工作。

如果发生光栅局部不亮或暗淡故障，多为个别LED背光灯串发生故障，或调流电路N702内部个别调流MOSFET损坏。由于16路LED灯串调流电路相同，可通过测量LED1~LED16的负极电压或对地电阻，并通过相同部位的电压和电阻值进行比较的方法判断故障范围。那路LED负极电压或对地电阻异常，则是该LED灯串或调流电路发生故障。正常时LED负极电压在2V左右。

如果N702温度过高，显示屏一直闪烁，则是N702过热保护了，多为LED背光灯串有多个LED灯发生短路故障。N702的正常温度在50-60摄氏度之间。

四、电源+背光灯电路维修实例

例1：开机黑屏幕，指示灯不亮

分析与检修：测量市电输入电路的保险丝F901未断，测量开关电源无电压输出，判断该开关电源电路发生故障。

对开关电源进行检测，测量驱动电路NW907的⑧脚电压正常，但①脚的市电检测电压为0V，对①脚外部市电取样电路RW901~RW904进行检测，发现RW901烧断，更换RW901后，故障排除。

例2：开机黑屏幕，指示灯不亮

分析与检修：测量市电输入电路的保险丝F901烧黑且断路，说明电源板有严重短路故障。对电源板大功率元件进行电阻检测，发现MOSFET开关管VW907的D极对地电阻最小，为7Ω，拆下VW907测量其极间电阻，内部击穿。检查容易引发开关管击穿的尖峰脉冲吸收电路发现CW903变色，且表明有裂纹；VW907的S极电阻RW918烧焦，更换CW903和VW907、RW918后，故障彻底排除。

例3：开机有伴音，显示屏不亮

分析与检修：遇到显示屏不亮，一是背光灯板工作条件不具备，二是背光灯板发生严重短路、击穿故障。

首先测量背光灯板的VCC12V和+24V供电正常，测量升压大滤波电容两端电压为+24V，与供电电压相同，说明升压电路未工作。测量N701各脚电压，发现③脚电压仅为0.6V左右，低于正常值，内部欠压保护电路启动。检查③脚外部取样电路，发现R710阻值变大，更换R710故障排除。

例4：开机有伴音，显示屏局部亮度变暗

分析与检修：遇到显示屏亮度不均匀，多为16条LED灯串个别发生故障，检查LED负极电压和对地电阻，发现LED7灯串的负极电压和对地电阻与其他LED灯串负极电压和电阻不同，怀疑该灯串或灯串电流回路、调流电路发生故障。仔细检查LED灯串连接器，发现LED7的引脚烧焦接触不良，干脆将LED7灯串引线直接焊在连接器焊点上，故障排除。

(全文完)

◇海南 孙德印

TCL平板电视维修实例分析

维修案例1 机型：L40P11，机芯：MS48S

故障现象：开机花屏。

检修与分析：通过上机架测试发现确实是有很小的规则圆点干扰，首先认为DDR有问题。先上BGA焊台进行加热，问题没有解决，再单个测量LVDS输出电感，发现L204电感开路。更换后试机发现还是有问题，并且还是花屏，于是分别检测两组LVDS线，发现还有一组LVDS输出电感L203开路(见图1)，更换后问题彻底解决。

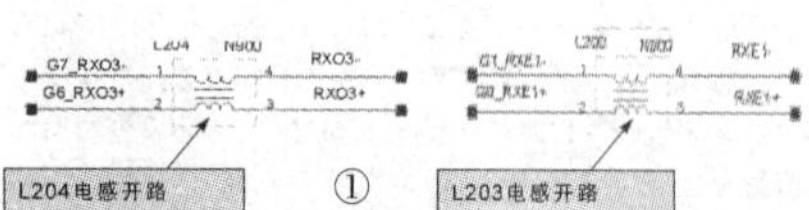

维修案例2 机型：L55F3600A-3D，机芯：MT55

故障现象：自动开机。

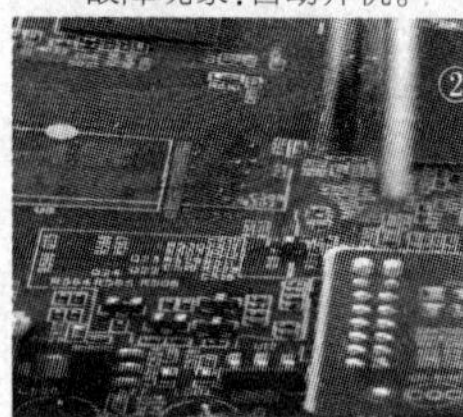

检修与分析：该机待机后不定时自动开机。拆板检测，断开遥控和按键部分，发现待机后敲打主板就会自动开机，由此分析应该是有部分元件焊接不良。首先从遥控和按键开机反馈脚IR和KEY这两个脚入手，测电压都正常，但是有时候待机后按按键的待机键却不能开机，顺着此脚往前检测发现从R430(具体位置详见图2)到主芯片不通，刮开铜皮用飞线连接后故障排除。

维修案例3 机型：L42F3309B，机芯：3MV69AX

故障现象：不定时无声。

检修与分析：开机老化发现放几个小时后无声，测功放(TPA3110)各脚电压发现第①-②脚静音脚电压只有1.4V，明显不正常(正常位3.3V)。查图纸发现此脚经电阻RA30、RA49直接到主芯片的第㊸脚，为防止是功放的问题，直接断开RA30，老化一段时间后电压慢慢变低，由此判断可能是过孔漏电。断开铜皮，直接飞了一根线(见图3)后故障排除。

维修案例4 机型：L42E5300A，机芯：MS99

故障现象：死机。

检修与分析：据该机主反映升级多次，每次升级过后几天就又死机了。于是先换了一块板子，开机一会就死机了，于是再强制升级，但没过几天又死机了，怀疑换的主板还有问题，再次更换了一块主板，但是几天后还是死机，维修陷入困境。死机一般都是主板问题，不可能换的两块板子都是坏的，接着把换下来的主板在机架上面试机结果是好的，主板问题造成死机可以排除了，剩下电源板。于是代换电源板问题依旧存在，再找了一块逻辑板(具体样式见图4)进行代换，老化一个星期没有出问题，问题解决。

维修案例5 机型：L48F3600A-3D，机芯：MT55

故障现象：不定时开关机。

分析与维修：出现该现象，首先检测各路输出电压均正常，重新升级软件后试机故障依旧存在。再用串口打印信息监测自动待机时只是显示待机模式，首先肯定BGA没有存在热机虚焊现象，只是怀疑某个元件有热性能不良现象。用加热方法逐个排除，最后查到向主芯片1.2V供电输出电感L3(见图5)存在热机阻值变大现象，更换后故障排除。

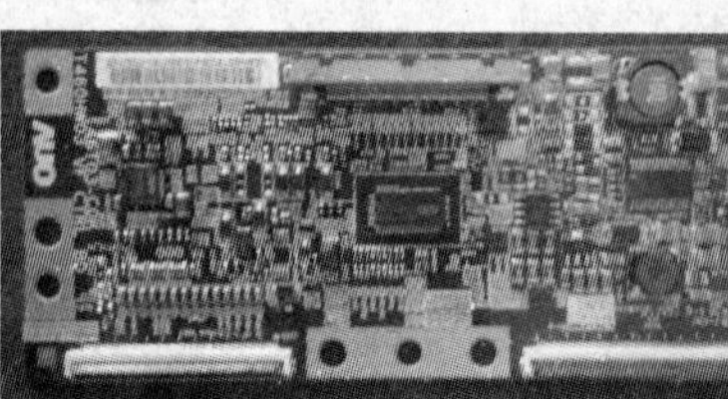

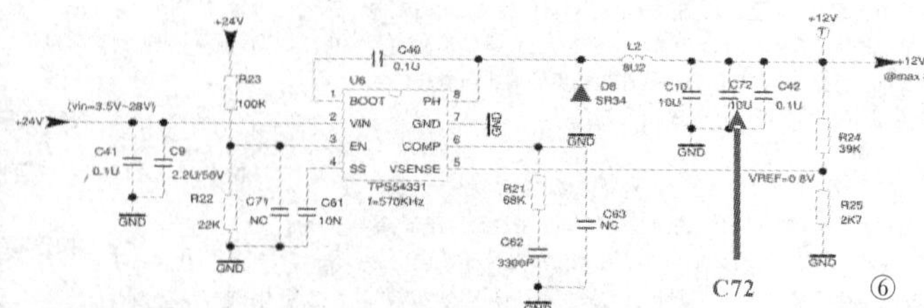

维修案例6 机型：L50F3600A-3D，机芯：MT55

故障现象：不定时灰屏后自动关机。

分析与维修：出现该故障现象，首先检测各路输出电压正常。当出现灰屏现象时快速测量屏供电电压和LVDS上屏信号，发现屏供电只有12V，偏低，当电压降到6V左右时就自动关机了。顺着线路继续查，发现U6(TPS54331DR)发烫严重，更换后重试机不到5分钟故障依旧，怀疑后级电路有元件热机性能不良。由于U6直接是向屏供电，为了快速判断是否屏有问题，直接将LVDS线拔掉试机，U6发烫还是比较严重，故障缩小到12V输出电路上面。仔细检查发现屏供电12V输出电容C72(10μF/25V，见图6)漏电，更换C72后重试机故障排除。

◇江西 吴轶 罗锋华

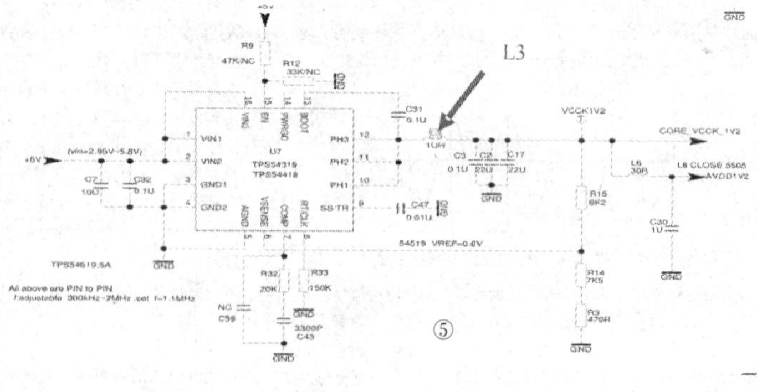

任意设置Word的默认输入法

【发现问题】

英语老师惯用的输入法是五笔，但每次打开Word 2016进行文字编辑的时候，输入法却总是处于默认的"微软拼音"，"只能"不得不再按一次Ctrl-Shift组合键来切换，比较苦恼。于是，徐老师来"请教"我这个微机科代表——是否可以让五笔输入法在每次打开Word 2016时自动就切换出来？

【解决问题】

Word 2016的默认输入法的修改设置其实非常简单，只需经过以下两步操作。

第一步：将自己惯用的QQ五笔输入法设置为操作系统(以Win 7为例)的默认输入语言。右键点击桌面任务栏右下角的输入法图标，选择最底部的"设置"项；在弹出的"文本服务和输入语言"窗口中点击切换至第一个"常规"选项卡，在"默认输入语言"中将"QQ五笔输入法"设置为有效状态，点击下方的"确定"按钮退出(如图1所示)。

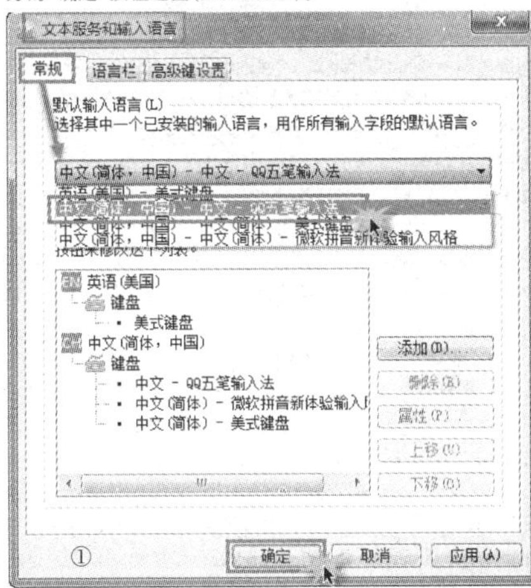

①

第二步：取消Word 2016的"输入法控制处于活动状态"。打开任意一个Word文件，点击菜单"文件"-"选项"，在弹出的"Word选项"窗口中点击切换至"高级"选项，从右侧各项目中找到处于激活状态下的"输入法控制处于活动状态"项(前有对勾)，将其对勾点击取消后再点击右下角的"确定"按钮；此时Word会弹出提示信息："退出并重新启动Microsoft Word以使更改生效。"(如图2所示)，点击"确定"按钮将Word关闭。

当再次打开Word 2016时，QQ五笔输入法已经自动随Word的启动而处于激活状态，成为其默认的输入法，可以直接使用而不必再按Ctrl-Shift组合键来切换，顺利解决了老师的"难题"。

◇山东 牟奕炫 牟晓东

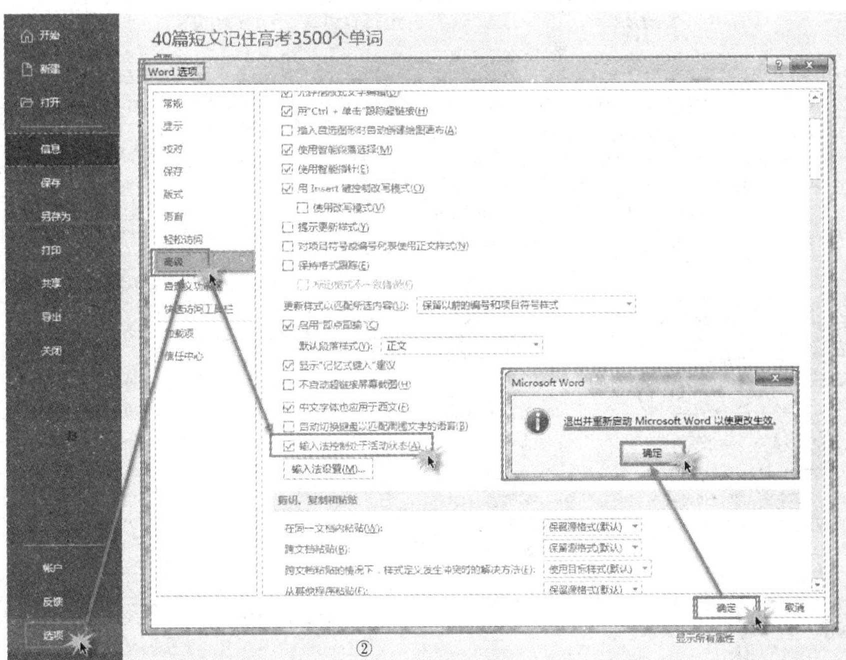

②

降低Apple Watch的耗电量

很多朋友的Apple Watch都已经更新到了Watch OS 6.x系列，但会绝望的发现，即使是在晚上休息时处于飞行模式，耗电量也会在10%左右甚至更高，询问官方的解决方案是重新配对或还原，不过效果很是一般。

解决的办法很简单，在Apple Watch向上滑动屏幕，进入控制中心(如附图所示)，在这里关闭WiFi。究其原因，这是由于Watch OS 6.x支持独立下载App，因此要求WiFi一直连接，而之前WiFi的作用仅仅是蓝牙无法连接时才偶尔使用。即使是蓝牙连接范围之内，Apple Watch依然会不断尝试连接WiFi，自然就会导致耗电量的增加。

◇江苏 大江东去

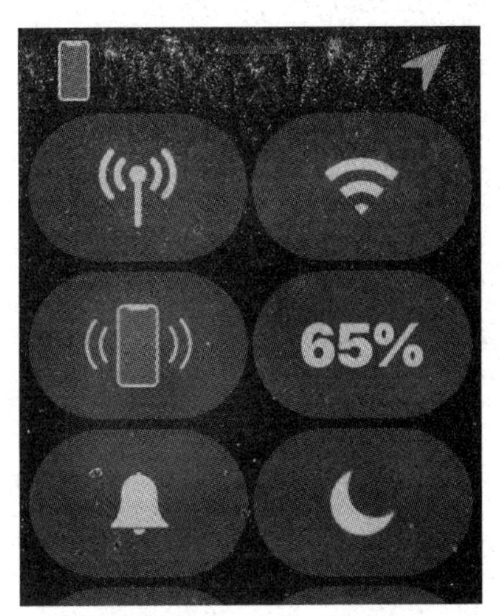

借助iTunes直接更新iPCC

很多朋友为了VoLTE功能，不得不更新iPhone的iOS版本，操作既麻烦而且也有许多担心。其实，我们并不需要更新iOS的系统版本，直接更新iPCC就可以了。

首先请获取适配的iPCC文件，将i-Phone与计算机进行连接，打开iTunes，按住Shift键，点击"更新"按钮，随后会弹出文件选择框，在这里选择"iPhone/iPad运营商配置文件(*.ipcc)"，如果没有发现这一选项，请更新iTunes的版本。如附图所示，选择已经事先准备好的配置文件，稍等片刻即可完成。

补充：也可以利用爱思助手完成iPCC的更新操作

◇江苏 天地之间有杆秤

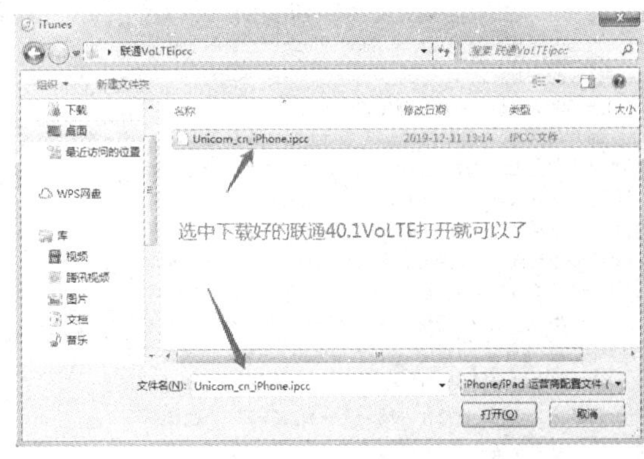

"找回"iPhone 11的横版计算

前几天忽然想使用科学计算器功能，于是在iPhone 11上下滑屏幕打开计算器，将屏幕横放，但横了好几次，却始终没有见到以往和科学计算器效果，难道iPhone 11的计算器竟然取消了此项功能？

当然不是，其实这是屏幕竖排方向被锁定的原因。解决的办法很简单，下滑屏幕进入控制中心，取消竖排方向锁定，然后重新进入计算器界面，将iPhone 11横放，我们就可以见到附图所示的科学计算器效果了，如果需要返回简易计算器的界面，只要重新变为竖屏即可。

◇江苏 王志军

一台自耦降压启动的660V电动机启动异常的故障维修

660V 电动机在一些大中型企业、工矿企业中有较多应用,其功率一般在几百千瓦或以上。根据我国相关标准规定,低压电动机除了额定电压 380V 以外,还有 660V 和 1140V 等电压规格。这些较高电压等级的电动机,与相同功率的 380V 电动机相比,额定电流相对较小,这对减小配电线路的导线截面积、优化电动机的制造工艺会有好处。

380V、660V 和 1140V 这几个电压等级并不是随意确定的,它们与相邻的电压等级有一个固定的数学比值,这个比值就是 $\sqrt{3}$。例如,660V 电压是 380V 的 $\sqrt{3}$ 倍,1140V 电压是 660V 电压的 $\sqrt{3}$ 倍。当然,1140V 电压是 380V 电压的 3 倍。这样的一种电压比值关系,可以使任何一台电动机都能工作在两种相邻的电源电压上。例如,我国的国家标准规定,380V 的电动机,其定子绕组均为三角形接法。若将这台电动机改接成星形接法,就可应用在 660V 的电源系统中。显而易见,这就扩大了电动机的应用灵活性。

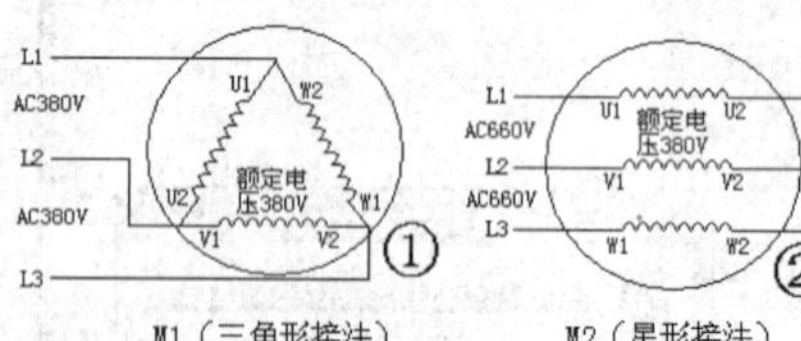

M1（三角形接法）　　M2（星形接法）

这种一机两用的应用模式,其工作原理可如图 1 和图 2 所示。其中图 1 是将电动机绕组接成三角形,每相绕组(U1-U2,V1-V2,W1-W2)承受的是线电压即 380V。而在图 2 中,将相同一台电动机改接成星形接法,这样每一相绕组承受的工作电压依然为 380V,但这个 380V 电压却是星形接法电动机的相电压,要让电动机能够正常工作,电源电压则应为 380V 相电压的 $\sqrt{3}$ 倍,即 660V。

根据以上分析,只要将电动机绕组的接线方法给以改变,就能使一台电动机即可使用 380V 的工作电源,也可使用 660V 工作电源。

对于额定电压为 1140V 的电动机,其绕组接线应是星形接法,若欲使用 660V 的电源电压,只需将电动机绕组改接成三角形接法即可。

对于额定电压更高的电动机,例如 3kV(国家标准中不推荐使用 3kV 电压等级)、6kV 和 10kV 的电动机,则属于高压电动机的范畴啦。

一、660V 电动机启动控制电路的特点

660V 电动机的启动控制电路使用主触点额定工作电压 690V 的交流接触器或真空接触器作为主控开关,而尽管主触点额定工作电压可以达到 690V,但其线圈的额定电压一般为 380V 或 220V,为此,须将 660V 的电源电压通过控制变压器将其降低为与接触器线圈电压相一致的电压值。另外,660V 的电动机通常功率较大,在生产过程中发挥的作用相对较重要,因此,对电动机须设置较完备的保护,包括过电压、欠电压、断相和相序异常、过载、温升过大等保护。实现这些保护,需检测三相电压,所以使用两台控制变压器进行电压变换。这些特点都是电动机运行操作人员以及维修人员应该熟悉掌握的电路知识。

二、660V 电动机启动控制电路的工作原理

1. 一次电路

660V 电动机启动控制电路的一次电路如图 3 所示。图中 L1、L2 和 L3 是 660V 电动机工作电源;QS 是隔离开关;三只熔断器 FU 用于电动机或电路的短路保护;自耦变压器 T 提供降压启动的较低电压,可能是电源电压的 65%或 80%;热继电器用于电动机的过载保护;电流互感器 TA_U、TA_V、TA_W 用于电动机启动电流与运行电流的测量;交流接触器 KM1、KM2 和 KM3 在二次控制电路的控制下,相互配合完成自耦降压的启动过程。

电动机启动时,首先使接触器 KM3 的主触点闭合,使自耦变压器呈星形接法,然后接触器 KM2 合闸,电动机开始降压启动,待电动机的转速上升至接近额定转速时,断开接触器 KM3 和 KM2,合上接触器 KM1,电动机启动过程结束,进入正常运行状态。

2. 二次控制电路

660V 电动机的二次控制电路见图 4。

图 4 中的控制电源 L11、L12、L13 与一次电路使用相同的一个电源,它的电路接入点可参见图 3,在交流接触器 KM1 的主接点与熔断器 FU 之间。

二次控制电路使用了 FU1~FU5 共 5 只熔断器;T1 和 T2 是 2 台控制变压器,变压比是 660V/380V;它们输出的 380V 电压作用:一是作为二次控制电路的控制电源,二是给电动机保护器 XJ 提供电压信号;这里使用的电动机保护器 XJ 具有功能完善的电压保护功能,这些功能包括过电压、欠电压、缺相和相序异常等保护。变压器 T1 的容量是 500VA,它要给二次电路中的指示灯、中间继电器、时间继电器和交流接触器的驱动部件(线圈)供电,所以功率较大;T2 的容量是 50VA,它仅向电动机保护器 XJ 提供工作电源与电压信号,所以其功率相对较小。

电路工作时,如果电源电压正常,而且相序正确,电动机保护器的常开触点 XJ-1 闭合,中间继电器 KA1 线圈得电,其动合触点 KA1-1 闭合,二次电路可以正常工作。如果电源电压偏高、过低,或相序错误,电动机保护器的常开触点 XJ-1 断开,中间继电器 KA1 线圈失电,其常开触点 KA1-1 断开,则所有交流接触器线圈断电并退出运行,实现对电动机的电压保护。

图 4 控制电路中有一个"手动-自动"切换开关,它的作用是,在电动机自耦降压启动过程中,可以选择由时间继电器 KT 实现降压启动与全压运行的切换,也可选择使用按钮 SB3 进行手动切换。这个"手动-自动"切换开关共有 3 个挡位,当将其旋转至自动挡时,触点 3 和 4 接通(与自动挡对应的虚线上有个小黑点),时间继电器 KT 线圈得电,延时时间到达时,自动实现切换;当将其旋转至手动挡时,触点 5 和 6 接通(与手动挡对应的虚线上有个小黑点),这时可通过操作按钮 SB3 实现切换。

SB1 和 SB2 分别是启动柜上的停止与启动按钮;按下启动按钮 SB2,交流接触器 KM3 线圈得电动作,其主触点在电流为零的情况下将自耦变压器 T 的三相绕组接成星形;接触器 KM3 的辅助触点 KM3-1 使接触器 KM2 的线圈和时间继电器 KT 的线圈得电("手动-自动"切换开关旋转至自动挡位)进入工作状态,并由辅助触点 KM2-3 自保持。接触器 KM2 的主触点接通自耦变压器 T 的三相电源,电动机开始降压启动过程。时间继电器 KT 的延时时间应根据负载等情况调整为 8~20 秒,延时结束后,其延时动合触点 KT-1 闭合,这将依次出现以下动作:1. 中间继电器 KA2 线圈得电动作,触点 KA2-2 进行自保持;它的动断触点 KA2-1 切断接触器 KM2 的线圈电源,KM2 的动合触点 2-3 断开,KM3 线圈失电释放,变压器 T 的星中点打开;KM3 的辅助动断触点 KM3-2 复位闭合,为接触器 KM1 吸合作好准备。2. 中间继电器 KA2 的动合触点 K2-3 闭合,接触器 KM1 线圈得电动作,主触点闭合,电动机由启动状态转换为全压运行状态;3. 接触器 KM1 的动断触点 KM1-3 断开,使中间继电器 KA2 线圈并退出运行。至此,交流接触器 KM2、KM3、时间继电器 KT、中间继电器 KA2 的线圈全部断电,电动机完成启动过程。

若欲对电动机的启动状态、全压运行状态进行手动切换,可在电动机启动之前将图 4 中的"手动-自动"切换开关旋转至手动挡位,启动过程中,由操作人员根据电动机的转速变化,在适当时刻操作切换按钮 SB3,即可实现电动机工作状态的切换。

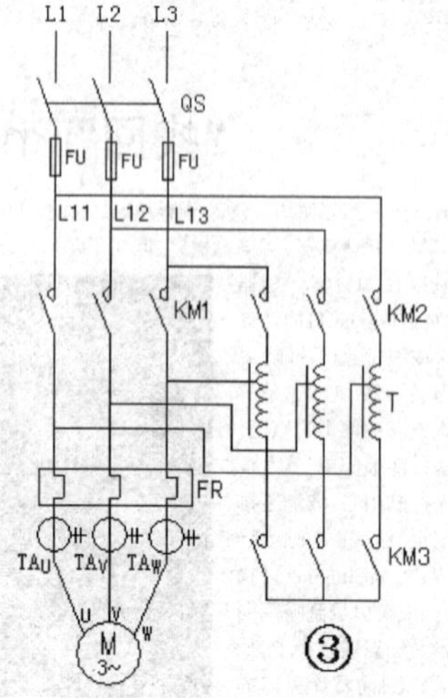

图 4 中的 SB1 是停止按钮,按压之则电动机停止运行。热继电器 FR 可对电动机的过电流等异常进行保护。出现异常时,其动断触点断开,接触器 KM1 线圈断电释放,电动机停止运行。红灯 HR 是运行指示灯,黄灯 HY 是启动指示灯,绿灯 HG 是停止指示灯。PA1、PA2 和 PA3 是 3 只电流表,可同时监测三相电流。电压表 PV 可用来监测电源电压。

以上介绍的是自耦降压启动电路的一种典型应用,根据电动机功率大小的不同,电网容量的差异,对测量和保护功能的要求变化,二次控制电路也有很多种派生方案,这些方案之间的主要区别有:1. 功率几十千瓦以下的小功率电动机,二次电路中可不使用中间继电器,直接由时间继电器的触点去控制接触器线圈的通断电。2. 电网供电系统空裕容量不足,电动机负载较轻,启动时电动机可接自耦变压器 65%的抽头,用以减小启动电流;否则接 80%抽头。3. 短时间运行的电动机,或保护功能完善的场合,可仅用一只电流表测量单相电流。4. 大功率电动机自耦降压启动柜往往装有手动-自动转换开关,该开关转向"自动"挡时,降压启动状态与全压运行状态的转换,由时间继电器控制自动完成。转向"手动"挡时,状态的转换由操作人员根据启动电流的变化幅度以及电动机的转速上升情况通过操作按钮实现。

三、启动装置故障维修 1 例

一台额定电压 660V 的电动机,使用图 4 所示的启动控制电路,启动前将手动-自动转换开关选择在自动挡。按压启动按钮 SB2 后,电动机开始降压启动,但是较长时间未能切换至全压运行状态,还发现自耦变压器出现异味和冒烟的异常情况。随即按压停机按钮 SB1。之后将手动-自动转换开关选择在手动挡,启动过程中用按钮 SB3 进行降压启动和全压运行的切换,操作得以成功。

根据以上异常情况的介绍,分析认为故障应该在控制切换动作的时间继电器或相关电路出现问题。于是单刀直入,直接找见时间继电器 KT,检查其接线,或者准备将其更换后再试。但发现故障的过程很顺利,是时间继电器的线圈接线端子螺钉松动;将其拧紧后再试,故障得以排除,电动机启动过程恢复正常。

【提示】*我们之所以能较快地排除故障,是基于对启动控制电路工作原理的充分了解。维修时根据故障现象直接查找怀疑的故障电路或元器件。因此,平时熟悉自己维护的电气设备的工作原理,对设备出现故障时的快速维修会大有裨益。*

◇山西　李军刚

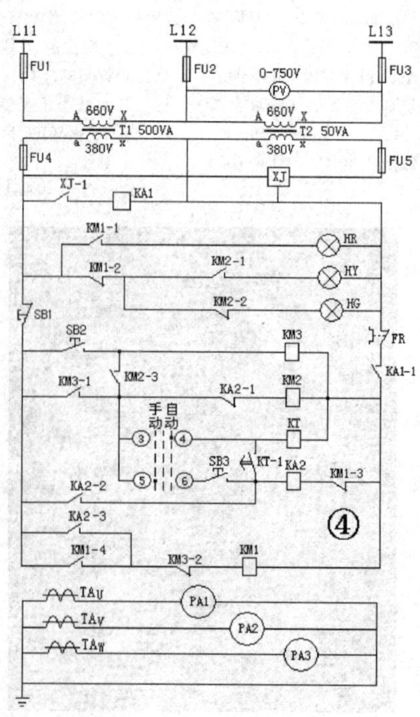

通过加权电压反馈减少电压变化

受驱变压器的拓扑结构如反激式转换器允许电源通过在变压器上增加次级绕组来轻松产生多个输出电压。这就产生了一种情况，您必须选择要调节的输出电压，这并不总是那么容易。它可能是具有最高功率的输出，也可能是需要严格调节的低压输出。

一旦选择输出后，该电压将用作控制器的反馈。直接反馈仅对特定输出提供出色的调节，而对其他输出(或多个输出)进行“宽松”调节。在许多情况下，未稳压电压可能会在不希望的宽范围内变化，这很大程度上取决于变压器的漏感。为了加强调节，一种可能的解决方案是增加电压并添加一个线性调节器。但这增加了成本和热量，并降低了系统效率。在本电源技巧中，我将研究双电阻分压器网络的使用，该网络可使两个输出电压共享电压调节。

图 1 显示了具有双输出的反激式转换器的简化原理图。输出电压 V1 和 V2 馈入控制器用于反馈的双向电阻分压器。这种方法通常称为“加权平均”，因为每个输出电压都会对控制器的占空比产生一定的影响。有效的结果是，每个电压可以根据在连接到每个输出(R1 和 R2)的电阻器中流动的电流相对于 R3 中的总电流的百分比而变化。如果 R3 的大部分电流流向 R1，则输出 V1 的变化最小(因为权重很大)，而 V2 的变化可能很大。如果每个输出电压提供 R3 电流的一半，则每个输出电压应变化大约相同的百分比。但是，在极端负载差异下的电压调节在很大程度上取决于变压器的漏感，元件寄生效应，甚至是印刷电路板的布局。因此，您可以预期会有一些偏差。

加权平均的最常见应用是松开一个电压以拉紧另一个电压。例如，最好不要使一个电压具有±3%的容差(调节)，而使第二个电压具有±20%的容差(未调节)，而最好使每个电压的变化幅度为±10%。

确定 R1，R2 和 R3 的值仅需要根据两个输出所需的平衡来确定权重百分比目标。

请按照以下步骤选择分压电阻 R1 和 R2：

1.为 R3 选择所需的值。

2.计算 R3 中的电流：

$$IR3=\frac{V_{FB}}{R_3}$$

3. 在 0 到 1 之间分配一个希望应用于 V1 的加权百分比(p)。

4.计算 R1：(其中 V1 等于其标称值)。

$$R1=\frac{(V_1-V_{FB})}{(IR_3)p}$$

5.计算 R2：(其中 V2 等于其标称值)。

$$R2=\frac{(V2-V_{FB})}{(IR3)(1-p)}$$

6.对于任何预期的 V1 电压：

$$V_2=(V_{FB}-\frac{V_1(R2\parallel R3)}{R2\parallel R3+R1})(\frac{R1\parallel R3+R2}{R1\parallel R3})$$

图 2 为图 1 所示的双反馈网络绘制了 4 条计算得出的调节线。这些线根据上述第 6 步中的公式绘制了可能的输出电压。在此示例中，V1 和 V2 的标称输出电压分别为 3.35 V 和 9 V，这由变压器 T1 的匝数比确定。四行代表分配给 V1 的权重，分别等于 100%，90%，70%和 50%。100%的权重与使用单个输出电压进行调节相同。由于在 3.35-V 输出上的权重为 100%，因此不考虑第二个输出，因此绘制的线是水平的，并且 9-V 输出独立变化。

对于其他三条调节线，仅特定的调节电压组满足控制器的反馈。如果输出负载较重，其电压会因电压降的增加而下降。如果第二个输出轻载，则其输出电压可能会浮动得远远高于其标称值。这造成一种情况，其中一个输出低于标称值，而另一个输出则比标称值高得多。

像往常一样，控制器尝试通过调整占空比进行补偿，这会迫使两个输出同时升高或降低。R3 中的电流会一直调整，直到反馈电压等于控制器的内部 VFB 参考电压并且两个输出电压都与调节线上的一个点相交为止。对于平衡负载和低泄漏变压器，电压将趋于保持在曲线的收敛点附近，接近其标称值。但是，输出电压的极端交叉负载以及松散耦合的变压器绕组将使调节电压进一步偏离标称值。

图 3 显示了来自反激式转换器的测量数据，类似于图 1 所示。绘制的数据与图 2 的计算数据非常匹配，只有很小的变化，这主要是由于电阻和 VFB 容差所致。每条绘制的线由四个数据点组成，这些数据点表示两个输出转换器上的四个可能的输出电压极限(最大值/最大值，最大值/最小值，最小值/最大值和最小值/最小值)。平衡负载(即最大/最大和最小/最小)可提供更严格的调节，并位于线路的中心部分附近。端点代表最大/最小和最小/最大条件下的调节极限。在此示例中，最小值是无负载。该负载确定了输出电压容差的外边界。比较绘制的线条，您会发现较重的权重会以一种电压为代价而收紧一个电压的容差。

预算限制并不总是让您对多路输出转换器中的每个输出电压进行精确的调节，但是某些输出电压可能不需要严格的调节。例如，场效应晶体管栅极驱动器可以在±30%的松散电压下工作。通过增加一个电阻，如果可以允许另一个电阻具有更大的容差，则可以将非常松散调节的电压恢复到规格范围。因此，在多路输出转换器上进行加权平均的无损技术可能是电源工具箱中的另一个有用工具。

◇湖北 朱少华

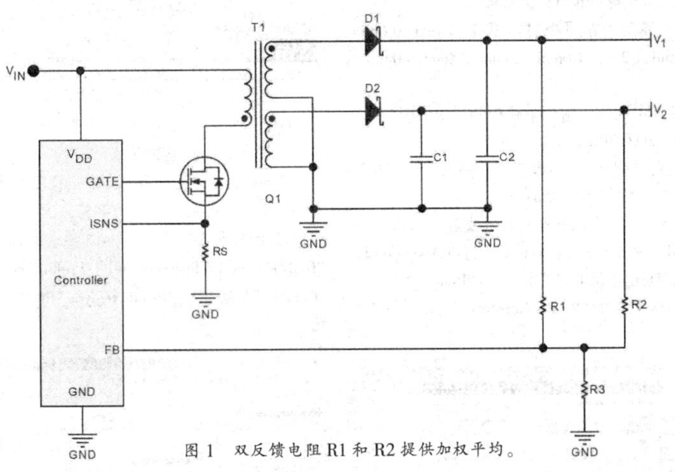

图 1　双反馈电阻 R1 和 R2 提供加权平均。

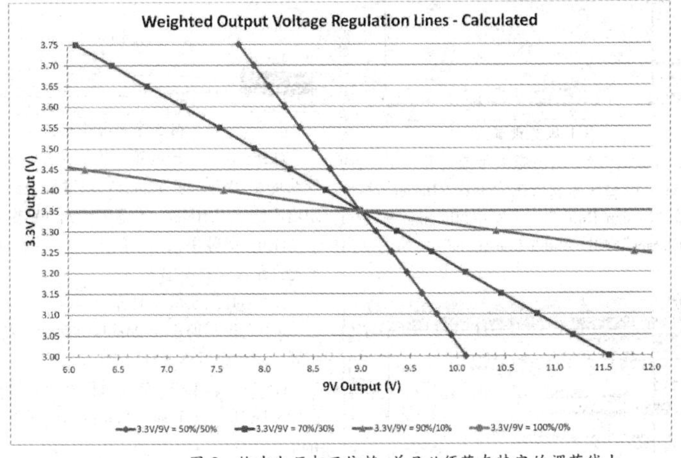

图 2　输出电压相互依赖，并且必须落在特定的调节线上。

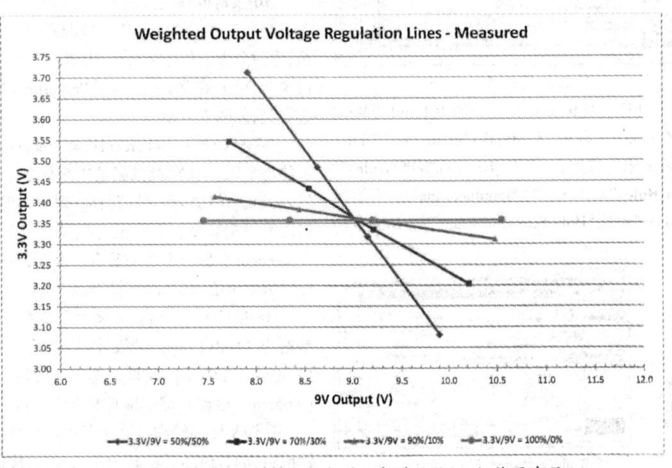

图 3　测得的数据与图 2 相关性很好，但范围有限。

用Protel软件设计印制电路板时的若干工艺要求

电脑的普及使电子爱好者在进行设计制作电子作品时采用Portel等软件来绘制电路板。最常用的是双面板，即在一块绝缘板的上面和底面都敷设有一层铜箔的敷铜板。当人们满怀喜悦的心情把绘制好电路板的文件交给生产厂家制板后，得到的却是一块废板。这样不仅浪费了时间和财力，而且此时的心情也可想而知。本文就印制电路板设计和生产中的若干工艺要求作一介绍，避免一些小错误造成废板，力争做到打样一次满意。

1. 板子设计

(1)布线层数。层数是指PCB中电气层数量，即敷铜层数。常见的有1~6层。最多用的是2层，即顶层和底层布线的双面板。

(2)板材类型。常用的板材类型有纸板(普通和阻燃)、半玻纤、全玻纤(FR-4)、铝基板。

(3) 板材厚度。常见板材厚度有：0.4mm、0.6mm、0.8mm、1.0mm、1.2mm、1.6mm、2.0mm、2.4mm、3.0mm等。

(4)成品外层铜厚。常规电路板外层线路铜箔厚度1OZ(35μm)~2OZ(70μm)。

(5)成品内层铜厚。电路板内层线路铜箔厚度0.5oz(17μm)，有的厂家是1oz(35μm)。

(6)最小线宽。最小线宽应大于或等于6mil，有的厂家是5mil。该要求的设置在“设置(Design)/规则(Rules)”的“Design Rules”对话框中“Routing”标签页内“Rule Classes”中的“Width Constraint”中，如图1所示。

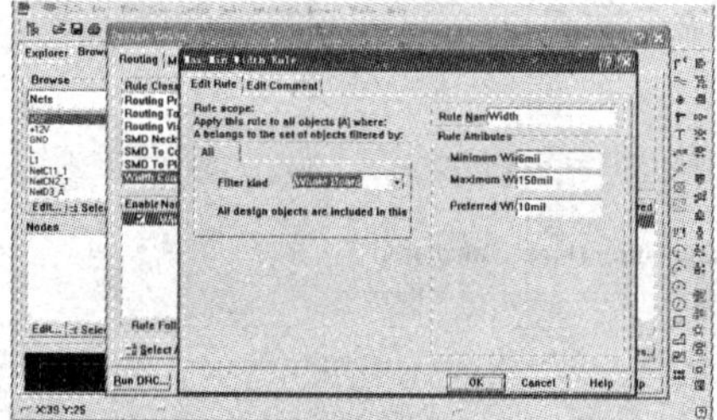

图1 线宽设置

(7)最小间隙。最小间隙应大于或等于6mil，有的厂家是5mil。该要求的设置在“设置(Design)/规则(Rules)”的“Design Rules”对话框中“Routing”标签页内“Rule Classes”中的“Width Constraint”中，如图2所示。

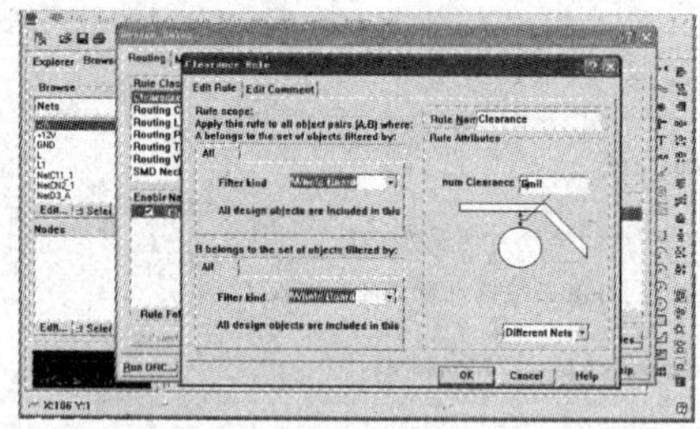

图2 线宽设置

(8)钻孔孔径。机械钻孔孔径一般为12mil~248mil(0.3mm~6.3mm)，有的是10mil~260mil (0.25mm~6.5mm)。该要求的设置在“设置(Design)/规则(Rules)”的“Design Rules”对话框中“Manufacturing”标签页内“Rule Classes”中的“Hole Size Constraint”中，如图3所示。

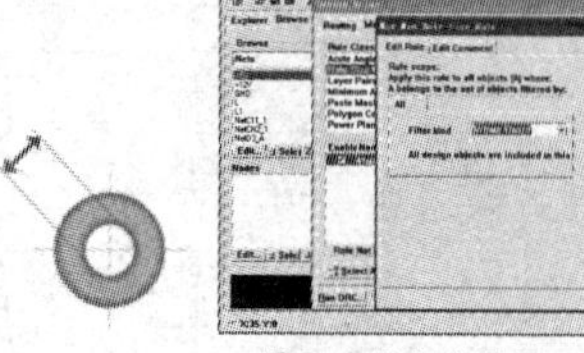

图3 孔径大小设置

焊盘孔径比实物孔径至少大8mil(0.2mm)，焊盘直径至少比焊盘孔径大8mil (0.2mm)，建议至少大16mil(0.4mm)，以方便焊接。

(9)过孔单边焊环。在没有足够大空间且密集走线时，最小单边焊环不得小于6mil。该要求的设置在“设置(Design)/规则(Rules)”的“Design Rules”对话框中“Manufacturing”标签页内“Rule Classes”中的“Minimum Annular Ring”中，如图4所示。

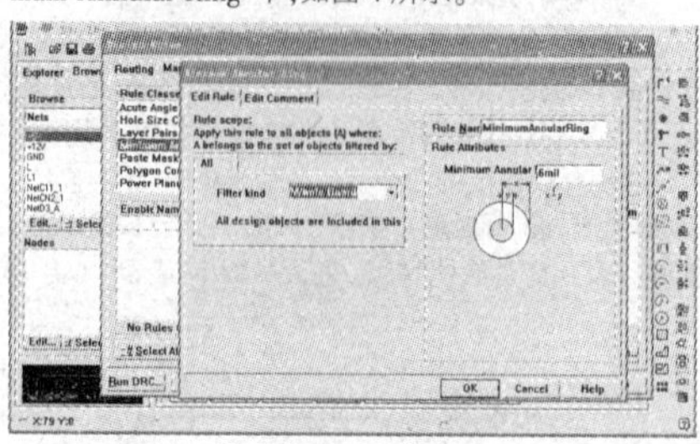

图4 单边环尺寸设置

(10)阻焊类型。常用的阻焊类型是感光油墨，热固油一般用在低档的单面纸板上。

(11)最小字符宽和高度。字符宽度如果小于6mil，实物板上的字符会不清晰。字符高度如果小于40mil，实物板上的字符会不清晰。该要求的设置在“工具(Tools)/性能(Prefernences)”的“Prefernences”对话框中“Defaults”标签页内“Primitive type”中的“String”中，如图5所示。

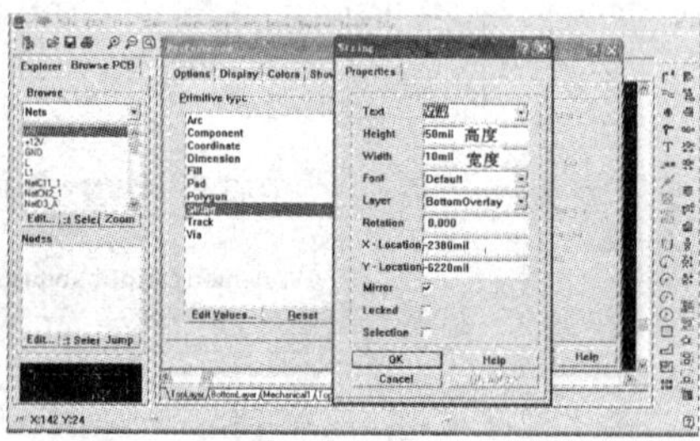

图5 字符大小设置

(12)走线与外形间距。锣板线路层走线距板子外形线的距离不小于12mil；V割拼板走线距V割中心距离不能小于16mil。不同厂家允许距离会有所出入。

(13)有间隙拼板的。间隙不要小于80mil，不同厂家允许距离会有所出入。

(14)半孔工艺最小孔径。半孔工艺是一种特殊工艺，最小孔径不得小于24mil，个数量约在10个左右，不同厂家允许距离会有所变化。

(15)设计镀锡线。镀锡线即在阻焊层开窗，开窗应在“Solder”层上，不能在“Paste”上，开窗最小宽度为4mil。

(16)设置被锁定导致做错。在设计的PCB文件中若安装孔或槽被锁定，这种情况在生产中会漏孔或漏槽，导致废板。要避免漏孔、漏槽，不能将设计锁定。双击该元件后，在弹出的属性(Properties)标签页内可以查看到，如图6所示。

(17)机械层(mechanical1)和keepout层混用而导致的漏加工。通常机械层是用来做外形的层，keepout层为禁止布线层。两者同时存在时，生产厂家一般按机械层做外形和安装孔，没有机械层只有keepout层则用keepout层做外形和安装孔。因此，凡涉及外形的应在机械层上绘制，如隔离槽等。

(18)槽和方孔。槽长必须大于槽宽。最小非金属化槽宽为39mil(1.0mm)若设计时小于39mil(1.0mm)，则按39mil (1.0mm) 处理。最小金属化槽宽为26mil(0.65mm)，金属化槽的槽长要大于槽宽的两倍。

在涉及接插件和直插元器件布置时就会遇到其插针或引脚的方孔问题。其一式正方孔，接插件中的插针

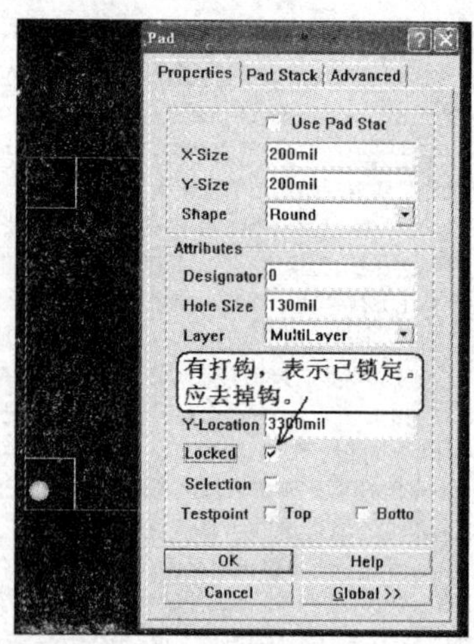

图6 孔被锁定

通常是方形的，有时直插元器件的引脚也是方形的，设计孔径时应按其对角线的尺寸确定。例如对于0.6mm的插针，不能以为只要按照0.8mm孔径就可以了，实际上方形的元件脚需要按照其对角线来测量，0.6mm边长方形脚的对角线是0.85mm，因此在设计孔径尺寸时一定要大于或等于0.85mm。其二式长方孔开孔问题，设置方式与边框线一样或可用多个钻孔拼接而成。

除此之外，还有最大尺寸、外形尺寸精度、板厚公差、孔径公差等要求需要注意的方面。上面这些参数，厂家不同会有所变化。

2. 工艺说明

(1)沉金工艺。目的是在印制线路表面上沉积颜色稳定、光亮度好、镀层平整、可焊性良好的镍金镀层。基本分为四个阶段：前处理(除油、微、活化、后浸)，沉镍，沉金，后期处理(废金水洗、DI水洗、烘干)。

(2)有铅喷锡。有铅共晶温度比无铅要低，具体多少要看无铅合金的成分，象SNAGCU的共晶217度，焊接温度式共晶温度加上30~50度，要看实际调整，有铅共晶是183度。机械强度、光亮度等有铅笔无铅好。

(3)无铅喷锡。铅会提高锡线在焊接过程中的活性，有铅锡线相对比无铅锡线好用，不过铅有毒，长期使用对人体不好，而且无铅锡会比有铅锡熔点高，这样就焊接点牢固很多。

(4)SOP(抗氧化)。具有防氧化、耐热冲击、耐湿性，用于保护铜表面于常态环境中不再继续生锈(氧化或硫化)。但在后续的焊接高温中，此种保护膜又必须很容易被助焊剂所迅速清除，如此方可使露出干净铜表面得以在极短的时间内与熔融焊锡立即结合成为牢固的焊点。

(5)过孔盖油。过孔盖油是一个标准的量产工业级的设计要求，不管设计文件中是如何设置的(Gerber文件除外)，生产厂家通常默认是盖油的。若需要改变应单独作出说明。

(6)多层线是不会喷锡的。多层线就是在Multilayer层上布置的线路。设计时须一定注意，看起来好像是同焊盘一样的，实际上是不会做成焊盘的，并且会在顶层和底层都产生走线。

就电子爱好者而言，最常用到的是单层板和双层板。大部分线路板生产厂家对双面板的默认工艺为：FR-4板(阻燃覆铜箔环氧E玻纤布层压板及其黏结片材料)、1.6板厚、绿油白字、有铅喷锡、铜厚1OZ、过孔盖油、线宽和距离8mil (0.2mm) 以上、过孔直径12mil(0.3mm)以上、打样片数有5片或10片。

◇江苏 键 谈

博途应用6：三相异步电动机的正反转控制(一)

一、基础知识

1. 电动机的正反转控制

有些生产机械既需要正向运转，又需要反向运转。例如起重机的提升货物与降落货物，通风机的供风和排气运行等，这就要求控制系统能保证电动机可靠地正转与反转。对于三相异步电动机，只要改变三相交流电源的相序，即把接入电动机三相电源进线中的任意两相对调接线，就可改变电动机的旋转方向。实际电路构成时，是在主电路中用两个接触器的主触点实现正转相序接线和反转相序接线，如图1所示。图中，电动机正向启动按钮为SB2，反向启动按钮为SB3，停止按钮为SB1。

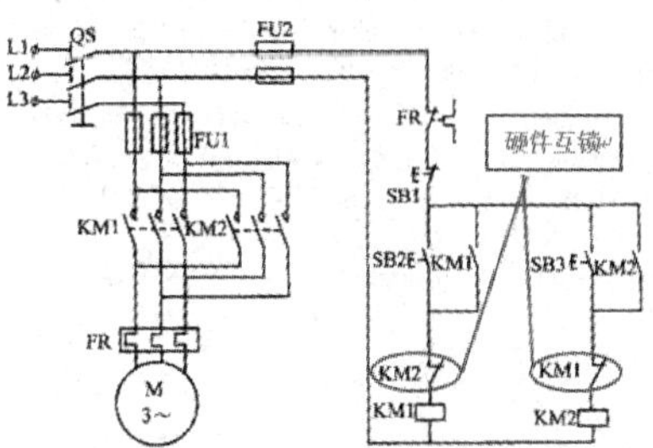

图1 三相异步电动机正/反转控制电路

2. 三相异步电动机正反转控制电路分析

如图1所示，接通电源总开关QS，按下正向启动按钮SB2，正向控制接触器KM1线圈得电动作，电动机正向转动；反向启动时，要先按下停止按钮SB1，接触器KM1线圈断电，主电路断开，电动机停转；按下反向启动按钮SB3，反向接触器KM2线圈得电动作，电动机反转。同样，电动机反向运转时，要正向启动，必须先按下停止按钮SB1，接触器KM2线圈断电，再按下正向启动按钮SB2，电动机才能正转。当电动机运转时，直接按相反转向的启动按钮不能进行转向的切换。无论电动机正转还是反转运行，按下停止按钮SB1或者热继电器FR的常闭触点断开，接触器KM1、KM2均断电，电动机停止运转。

由图1的主电路可知，若KM1与KM2的主触点同时闭合，将会造成电源短路，因此任何时候，只能允许一个接触器通电工作。要实现这样的控制要求，接触器KM1和KM2之间必须进行硬件互锁，即分别在正、反转控制电路中串接了对方接触器的一对辅助常闭触头，如图中分别与接触器线圈KM1、KM2串联的常闭触点KM2、KM1。

二、用户程序的设计与仿真调试

1. 控制功能分析与设计

控制系统输入控制部件包括正转启动按钮SB2、反转启动按钮SB3、停止按钮SB1，以及热继电器FR的常开触点。各控制按钮均采用常开触点，由热继电器FR的常开触点提供电动机过载信号。输出元件包括控制电动机运转的正转接触器KM1、反转接触器KM2和用于电动机状态指示的正转运行指示灯HL1、反转运行指示灯HL2、停止指示灯HL3和故障指示灯HL4。接触器线圈和各指示灯额定工作电压为交流220V。

电动机正转运行时正转运行指示灯HL1亮，反转运行时反转运行指示灯HL2亮，停止时停止指示灯HL3亮，过载时故障指示灯HL4亮。

2. I/O地址分配

根据控制任务要求，PLC系统需要4个开关量输入点和6个开关量输出点。这里选用CPU 1214C AC/DC/Rly。PLC开关量输入信号采用直流24V输入，开关量输出采用继电器输出。各I/O点的地址分配见下表。

输入元件	输入端子地址	输出元件	输出端子地址
正转启动按钮SB2	I0.0	正转接触器线圈KM1	Q0.0
反转启动按钮SB3	I0.1	反转接触器线圈KM2	Q0.1
停止按钮SB1	I0.2	正转运行指示灯HL1	Q0.2
热继电器触点FR	I0.3	反转运行指示灯HL2	Q0.3
		停止指示灯HL3	Q0.4
		故障指示灯HL4	Q0.5

3. I/O线路连接

CPU模块工作电源采用交流220V，开关量输入由CPU模块上提供的直流24V传感器电源供电。因输出元件额定工作电压为交流220V，因此PLC输出点接交流220V电源。为防止正转接触器和反转接触器同时通电，二者之间要在外电路进行电气互锁。系统的主电路及PLC的外部接线图如图2所示。

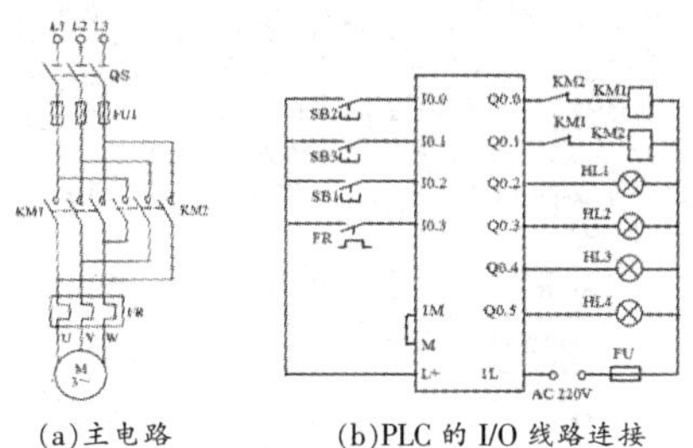

(a)主电路　(b)PLC的I/O线路连接

图2 PLC控制的电动机正反转控制电路

4. 用户程序设计

根据I/O地址分配和控制功能要求，当输出线圈Q0.0、Q0.1均为0时按下SB2按钮，输入点I0.0变为1，输出点Q0.0置1，接触器KM1线圈得电，这时电动机正转连续运行；当Q0.0、Q0.1均为0时按下SB3按钮，输入点I0.1变为1，输出继电器Q0.1置1，交流接触器KM2线圈得电，这时电动机反转连续运行。当按下停止按钮SB1时输入点I0.2变为1（或当热继电器FR的常开触点闭合时输入点I0.3变为1），Q0.0、Q0.1均置0，正、反转接触器均断电，电动机停止运行。若电动机运行，即Q0.0、Q0.1其中一个为1，必须先按停止按钮使Q0.0、Q0.1复位，才能相反方向启动。输出线圈Q0.0、Q0.1不能同时为1，以确保接触器KM1、KM2线圈不会同时得电。

(1)用触点、线圈指令实现

采用触点、线圈指令来实现电动机正反转控制的PLC程序如图3所示。

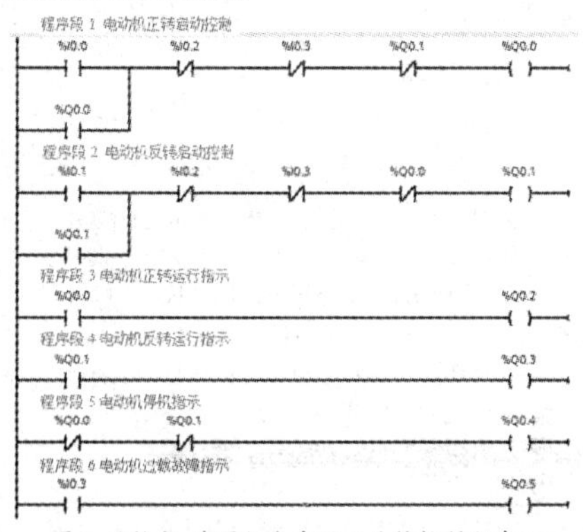

图3 用触点、线圈指令实现正反转控制程序1

程序段1和2为电动机的正反转控制程序，其余程序段用于状态显示。程序段1和2中，把Q0.0和Q0.1的常闭辅助触点串联到对方输出线圈回路中，目的是实现软件互锁，防止Q0.0和Q0.1同时为1而使接触器KM1、KM2同时通电吸合，导致电动机主电路短路。因为PLC程序扫描执行很快，外界物理器件来不及响应，仅靠PLC内部软件互锁往往达不到效果。

例如，电动机在反转时，同时按下停止按钮和正转启动按钮，在第一个扫描周期，Q0.1变为0，反转接触器KM2线圈断电，在下一个扫描周期，Q0.0即变为1，正转接触器KM1线圈通电。但由于动作时间和电弧的原因，接触器触点完全断开有一定延迟时间，可能会出现KM2的触点还未断开，KM1的触点已经接通的情况，引起主电路短路。因此，不仅要在梯形图中加入软继电器的互锁触点，而且还要在外部硬件输出电路中进行互锁(见图1)，这也就是常说的“软、硬件双重互锁”。采用双重互锁还可以避免因接触器KM1和KM2的主触点熔焊而引起电动机主电路短路。

图4所示PLC程序也可实现电动机的正反转控制，状态显示部分程序与图3程序段3~6部分相同，因此只列出电动机启动控制程序。与图3程序相比，图4梯形图程序更接近实际继电器电路的设计方法。

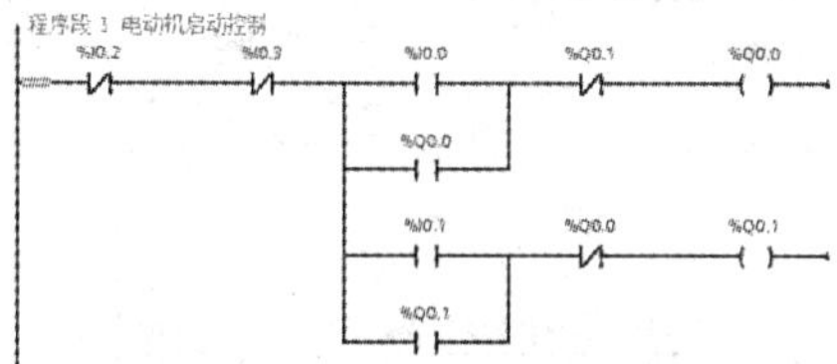

图4 用触点、线圈指令实现正反转控制程序2

(2)用置位、复位指令来实现

利用置位、复位指令来实现电动机正反转运行控制的PLC程序如图5所示，图中省略了状态显示部分程序。

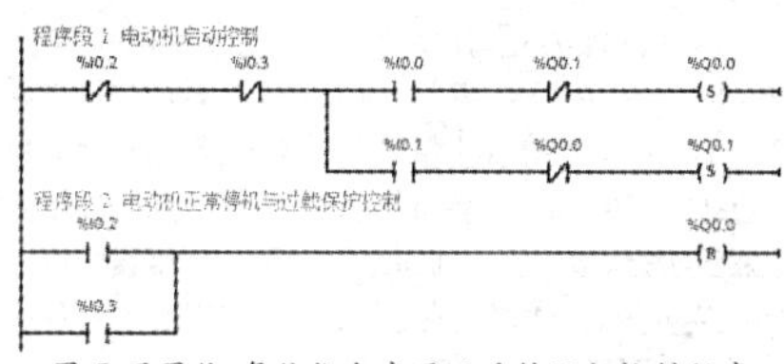

图5 用置位、复位指令实现正反转运行控制程序

5. 仿真调试

仿真调试方法参考本系列之前文章所述。

6. 复合按钮的处理

在上述电动机正反转控制电路中，当变换电动机转向时，必须先按下停止按钮，才能实现反向运行，这样很不方便。如图6所示的控制电路利用复合按钮SB2、SB3的联锁功能，可直接实现由正转变为反转的控制(反之亦然)。

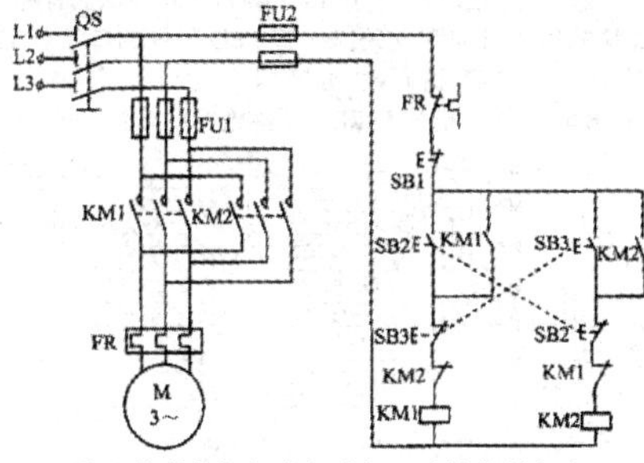

图6 带复合按钮的电动机正反转控制电路

接触器KM1线圈通电，电动机正向运转时，按下反向启动按钮SB3，则会使串联在接触器KM1线圈回路中的常闭触点先断开，接触器KM1失电，电动机停转。然后KM2线圈回路中的SB3常开触点闭合，接触器KM2通电自保，电动机反向启动运转；同样，当电动机反向运转时，按下正向启动按钮可实现电动机反向停止，然后正向启动运转控制。

(未完待续)(下转第107页)

◇福建省上杭职业中专学校 吴永康

手把手进行Keil C编程调试和仿真(中)

(紧接上期本版)

点击"保存"过后，则新建并保存了项目文件，该文件可以进行编辑程序，但是还没有加载到对应的工程里面。在左边"Project"窗口里面的 Target 1 处，鼠标右击，在出现的菜单页面选择 Add Files to Group 'Source Group 1'... 选项，如图8。

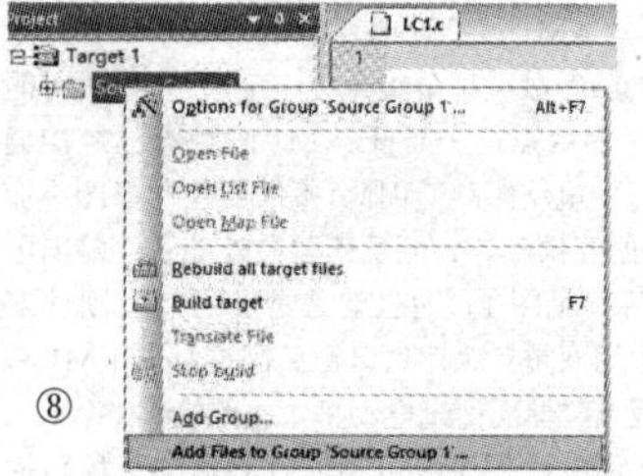

⑧

在出现的选择对话框里面选中需要加载的C文件，点击"Add"则相应的C文件已经加入到当前工程中，如图9。

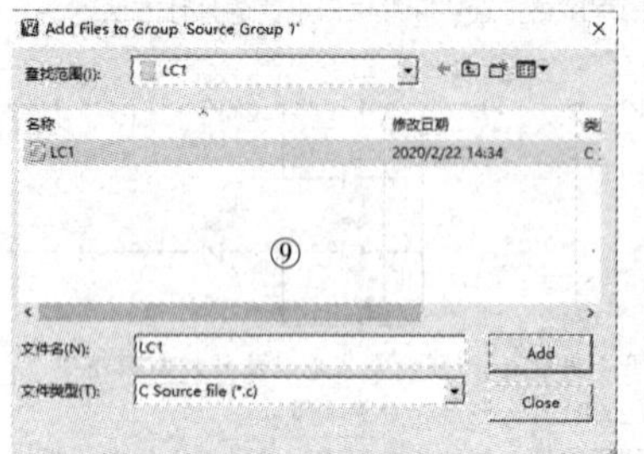

⑨

现在，在当前工程管理窗口里面已经有加入的当前项目文件了，接下来就可以进行编程，期待已久的编程现在就可以开始了。

首先，需要在主窗口的第一行添加头文件，则输入#include<reg52.h>，如果字体较小，可以进行设置调整。点击快捷菜单按钮，打开设置页面，选择里面的 Colors & Fonts 页面，在Window窗口里面选择 8051: Editor C Files，在"Element"里面选择 Text，点击 Font: Courier New ... 按钮，在弹出的"Font"页面 Size: 里面选择合适的字体大小，如图10。

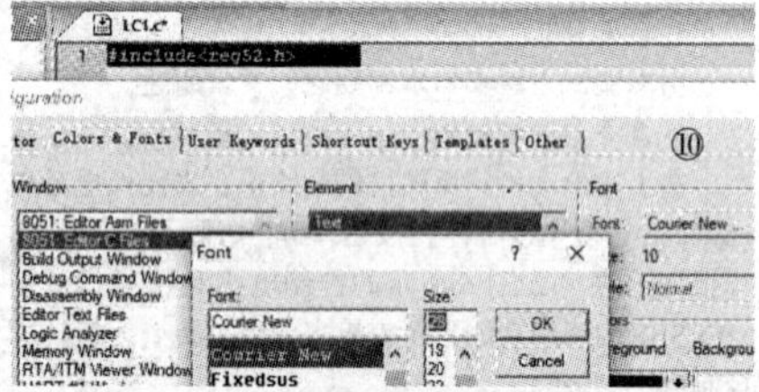
⑩

这里我们编制一个LED间隔500ms闪烁的程序。要编制单片机控制发光二极管LED闪烁的单片机C程序，先要熟悉硬件连接情况和定义引脚，用STC89C52单片机控制LED硬件连接可以参考图11。

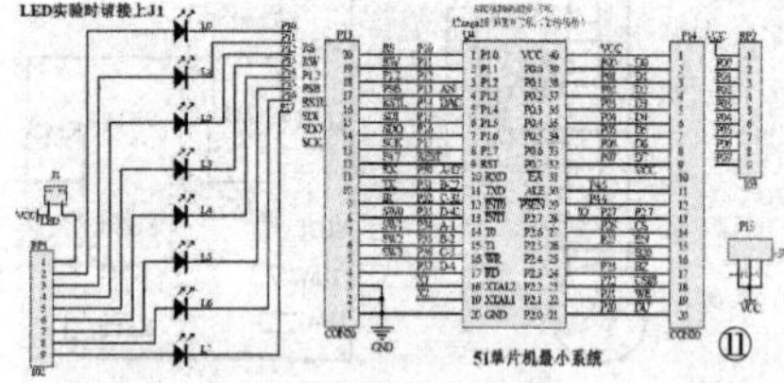
⑪

由图11可以看出，要控制LED闪烁，只需要控制LED的阴极的高低电平，即是控制LED的导通与截至，也就是控制与之相连接的单片机STC89C52的P1_1脚即P1^0口的高低电平，以500ms的时间间隔转换，则可以用循环延时实现。在编程中，根据C程序的格式进行位定义和变量说明，再进行编写主程序，程序如图12。

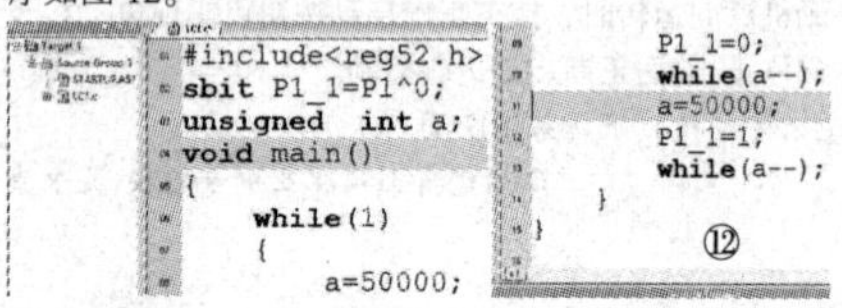

```
#include<reg52.h>
sbit P1_1=P1^0;
unsigned int a;
void main()
{
    while(1)
    {
        a=50000;
        P1_1=0;
        while(a--);
        a=50000;
        P1_1=1;
        while(a--);
    }
}
```

⑫

在用到程序体"{}"时，要成对出现，括号内的语句用";"隔开，每一层用"Tab"键缩进，缩进的空格数可以点击快捷按钮，进入设置页面进行设置，如图13。

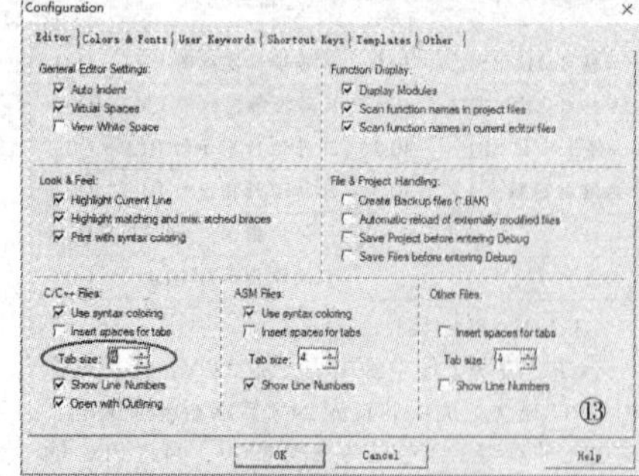
⑬

编制完程序先进行保存，再进行编译，编译时点击快捷按钮上的编译按钮。此三个按钮第一个表示编译当前界面的C文件，用时最短；第二个表示联合编译当前工程文件过程，比较常用；第三个表示联合编译整个过程，所有文件重新编译，用时较多。我们一般选择第二个编译按钮，进行程序编译，编译主要是把C程序翻译成对应的机器指令，编译通过会在程序窗口下面的Build Output的窗口将相应信息显示出来，如图14。

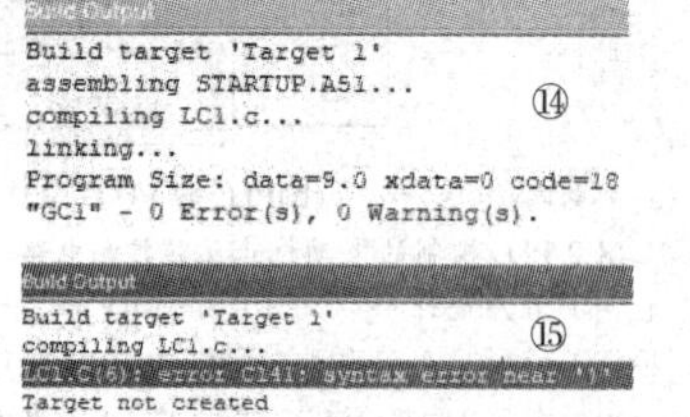

```
Build Output
Build target 'Target 1'
assembling STARTUP.A51...
compiling LC1.c...
linking...
Program Size: data=9.0 xdata=0 code=18
"GC1" - 0 Error(s), 0 Warning(s).
```

⑭

```
Build Output
Build target 'Target 1'
compiling LC1.c...
LC1.C(6): error C141: syntax error near '}'
Target not created
```

⑮

编译中如果出现语法、逻辑错误，也会在Build Output的窗口将相应的警告或错误信息显示出来，如图15是头文件后面多了分号的错误消息显示。

编译完程序，需要下载烧写到单片机运行，能下载到单片机的程序分为hex(十六进制)和bin(二进制)文件两种，也就是能够在单片机上运行的可执行文件，我们这里需要在编译后生成hex文件。点击软件设置快捷按钮，进入相关设置项，如图16。

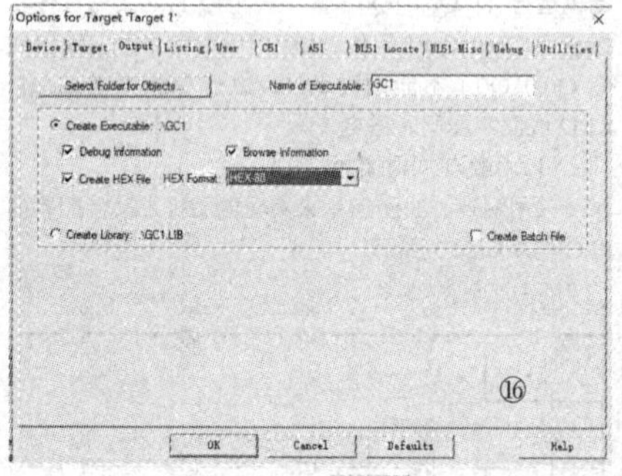
⑯

在图17中，选择 Output 页面按钮，在 Create HEX File HEX Format: HEX-80 选项前面进行勾选，则在编译后系统会生成相应的hex文件，如图17。在设置时，需要在 Target 页面里面设置晶振频率，在 Xtal (MHz): 11.0592 项后面设置为与单片机配置相适应的晶振频率，我们这里是11.0592M。

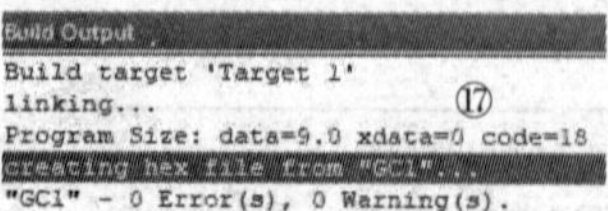

```
Build Output
Build target 'Target 1'
linking...
Program Size: data=9.0 xdata=0 code=18
creating hex file from "GC1"...
"GC1" - 0 Error(s), 0 Warning(s).
```

⑰

至此一个基本的单片机控制LED灯闪烁的C程序就编写完成了，如果程序没有错误，就可以进行下载烧录程序到单片机进行执行应用了。

二、下载篇

下载单片机的C程序之前，需要安装CH340的驱动和识别COM串口，这里就不再讲述，有不会的读者可以参考前面提到我在电子报上的文章指导。找到电脑桌面的stc-isp软件快捷图标，以管理员身份打开启动，确定版本提示信息，将会启动stc-isp软件，如图18。

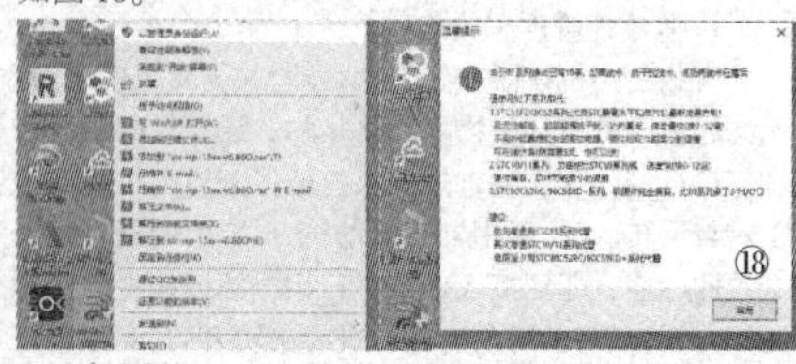
⑱

打开的stc-isp软件，在刚启动的软件界面，注意波特率兼容设置的提示，因为此PL2303SA版本对2400、9600、38400支持不好，所以最低波特率选择1200或2400，最高波特率选择57600或115200。

在打开的stc-isp软件界面，先进行单片机型号的选择，这里为了与实训平台的STC89C52RC单片机对应，则选择STC89C52RC/LE52RC型号，如图19。

前面编程的Keil C里面选择单片机型号只有AT89S52与之对应，是因为Keil uv4有两个版本，一个是MDK，给arm用的，现在用来写stm32f103ve；另一个是C51的，是给51单片机用的。

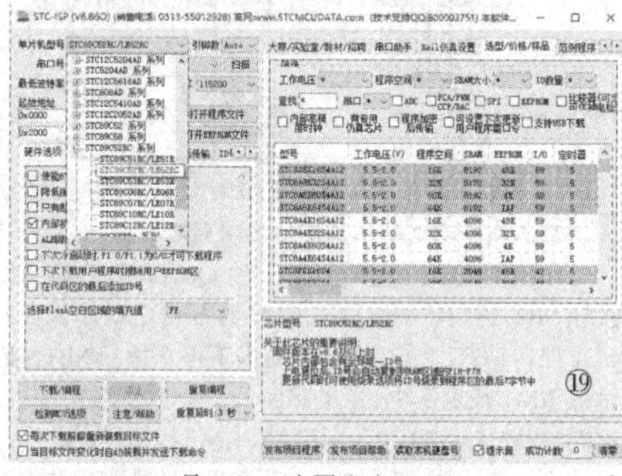
⑲

AT89C52是Atmel公司生产，4K ROM（1000次擦写）、128b RAM，只有T0、T1两个16位定时器，AT89S52是8K ROM，256b RAM，没有EEPROM，已经停产了；STC89C52是宏晶公司生产的低功耗、高性能单片机，8K Flash(10万次擦写)可编程程序存储器，512b RAM，三个16位定时器/计数器，4K内置EEPROM，而STC89C52RC是增强型MCS51单片机更具备P4口、支持STC的2线下载方式、支持6T模式。在某些情况下抗干扰能力不如Atmel的MCS-51单片机。

接着，打开需要的hex文件，如图20。同时，在 串口号 COM3 选择电脑连接单片机主板默认的端口号，并设置最低波特率 最低波特率 2400，和最高波特率 最高波特率 115200。

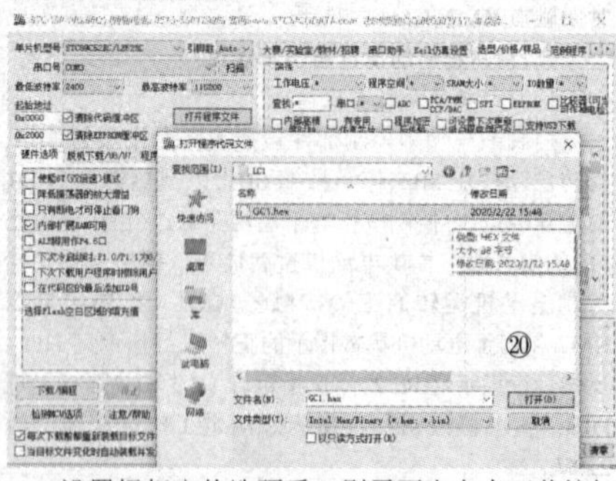
⑳

设置好相应的选项后，则需要先点击下载按钮 下载/编程，再冷启动单片机主板上的电源开关，这是因为单片机上电后需要检测到端口给出的下载信号才能进入程序下载烧录模式，如果没有检测到则不会进入。

此时，就可以查看单片机主板的程序下载指示灯情况、坐等程序下载烧录到单片机中，STC89C52RC单片机的这种支持2线下载模式，一般具有板载CH340下载芯片，用USB口连线分分钟就可以下载好，至此程序下载过程就结束了。

(未完待续)(下转第108页)

◇西南科技大学城市学院鼎利学院 刘光乾 陈丹 马兴茹

HARRIS调频发射机电源控制器故障分析

为了方便维修人员能够尽快地排除故障，下面把与电源控制器有联系、并且容易出现的故障，详细地叙述出来。电源控制器部分的故障包括两个方面，严重故障和不严重故障。严重故障出现时，将关闭发射机的电源；不严重故障出现时，只把故障内容写入故障纪录中，并且在前面板诊断菜单上显示出来。当电源部分出现故障时，首先要分清楚究竟是电源出现了故障，还是电源控制器出现了问题。因为每一块电源控制器控制两块电源，而且是交叉控制。所以，紧急抢修之前，必须明白电源控制器与电源的分配方式。

1. *检查电源故障的办法*

出现故障后，首先把电源控制器后面的控制电缆J1和J2相互调换一下。然后，通过前面板的诊断菜单进行分析。在显示菜单中，主要看当前的电源故障，是否跟随控制电缆到了另一块电源控制器上。如果故障跟随控制电缆到了另一块电源控制器上了，那么就说明这根控制电缆连接的电源有问题，把调换过来的那块电源进行维修即可。因为每一块电源都有自己的地址标示号ID，所以不管电源控制器后面的电缆如何连接，在不同的电源控制器上都显示同一块电源的故障。如果控制电缆调换后，原来的控制器还存在相同的故障。那么，只能断定电源控制器存在故障。唯一的办法就是，重新更换值得怀疑的电源控制器。更换电源控制器板，要重新设置电源控制器的地址标示号。

在严重的电源故障状态下，电源控制器就会关闭电源。通过复位方式，把故障电源启动的唯一办法是，按前面板上的开机按键ON。这样，前面板的开机指令，就等于送出一个复位信号，送给所有的控制器。发射机的控制系统，就试图重新初始化，并返回到满功率播出状态。如果电源故障仍然存在，发射机将重新关闭。由于一个电源控制器控制两块电源，所以，一块电源出现故障时，这块电源被关闭而另一个却可以继续工作。按照电源对功率放大器PAs的电压分配方式，电源故障也会影响到功放控制器联系的PAs的工作。因此，一块电源出现了故障，和一个功放控制器出现故障产生的影响一样。发射机在这种情况下，能够输出的最大功率只有额定功率的30%。

2. *软启动电路故障 PS#-START*

如果软启动电路工作后，3秒钟内功放电源的电压达不到最低门限40V，就触发软启动故障PS#-START，同时关闭电源。这种设计方法，可以防止其他抽头上的可控硅导通后，变压器次级试图向已经部分放电或者可能全部放了电的电容充电。其目的也就是防止保险丝由于这种充电方式发生过载而烧断。这种情况下，最容易引起的问题是：软启动电路和放电电路共用的电阻R48烧断开路；软启动电路中的可控硅或者是连接可控硅的保险丝烧断开路。

3. *整流器板上散热器温度过高 PS#-HS-TEMP*

在变压器顶部，安装了整流器散热片。散热片是一个铝合金平板，中间有一个用于监测温度的热敏电阻RT1，用螺丝固定在铝合金板上。当散热器温度超过100℃时，就出现这个故障。如果热敏电阻或者热敏电阻上的连接线发生短路现象，温度指示变成155℃。而且，155℃这个读数不发生变化。如果在诊断菜单中查看散热器温度，可以按，屏幕上就会显示每一块电源的散热器温度。

4. *放电电路故障 PS#-DSCHG*

出现这种故障只会引起发生故障的电源关闭而不会影响其他电源。如果电源正常运行过程中，由于放电电路被误触发而启动了放电程序，就会出现这种故障指示。设计放电电路故障的目的，是防止在同一时间既出现放电又开始充电的现象发生。正常情况下，软启动电路和放电电路共用的电阻R48上的电压必须接近0V，这个电压就是放电取样电压。在电源控制器板上，这个取样电压送到电压比较器U1。如果这个取样电压不够低，就会触发锁存器，出现故障显示。发生这种故障时，最容易损坏的元件是：整流器板上放电电路的场效应管Q29、Q31击穿，或者放电电阻R48开路。

5. *缺相故障 PS#-PHS-LS*

如果电源控制器监测到交流电源缺相，就封锁发射机20秒钟，然后试图重新开机。发射机反复重复这个过程，直到成功为止。对于所有使用三相交流电源的发射机，这个监测过程是在电源控制器板上进行的。电源控制器在数字信号处理DSP中，利用带通滤波器监测直流电压数据中100-120Hz纹波电压的电平。直流电压取样信号取自电源次级，即星型接法的中心抽头上，而且是在滤波之前。100Hz的纹波电平过高就说明变压器次级有故障或者是电源缺相了。DSP滤波器作为一个整体，通过微处理器由软件来实现相关功能。因此，不需要做任何调整。一相或者多相之间出现太大的不平衡，也会引起此故障。注意：缺相还会引起其他的故障显示，包括PAC#-VOLTS、·IPA-LOW和EXC#-AFC。这些故障显示是伴随着缺相故障而产生的，一旦出现，设备就能监测到它。所以，值班人员在查看故障纪录时，要通过多种途径来分析产生故障的原因。

6. *+20V 电源故障 PSC#+20V*

这个电源对于控制器的正常运行来说，非常重要。因为没有+20V电源，就不能稳压输出+6.8V。因此，控制电路就不能把模拟量的取样值读出来。从整流器板送过来的+20V，由监视器集成块U4连续不间断地监视着。当电压低于+12V时，就出现此故障。进行故障检查时，要从低压电源开始，跟踪查找+20V电压，找出此电压究竟是在何处丢失的。+20V电源的源头在低压电源板上，由变压器降压、整流产生。用黄色独股线送到整流器板上，再次进行稳压处理。+20V电源在每一块整流器板上稳压调整后，由二极管或门电路合在一起，通过电缆W21送到控制器底板上。

7. *电源配置故障 PS#-CONFIG*

发射机在正常运行过程中，电源控制器连续不断地检查配置。也就是检查接入电源的数目，和它们自身认定的标示号。在这个过程中，也可以检查出有效的配置或者是无效配置。不允许电源的数目超过4，或者有两个相同的标示号。电源的数目通过整流器板上的跳接线JP1、JP2和JP3来设置。

8. *电源抽头跳变故障 PS#-JUMP*

如果一个电源抽头出现故障，而下一个可以使用的抽头距离此抽头不是最近的一个，而是第三个或更远的一个，那么这个故障就会出现，控制器将关闭电源而且进行放电。只有在以下三个抽头的位置会出现此故障：如果正在使用抽头1，但它出现了故障。抽头2在此以前已经损坏失效，只能使用抽头3或者抽头4。如果正在使用抽头2，但它出现了故障。抽头1和抽头3在此以前已经损坏失效，只能使用抽头4。如果正在使用抽头3，但它出现了故障。抽头2和抽头4在此以前已经损坏失效，只能使用抽头1。

9. *电源抽头故障 PS#-TAP#*

是指电源存在着问题，出现了电源故障指示，这是不严重的电源故障。目前，这些问题还没有严重到需要对发射机采取措施的程度，但必须尽快解决。控制器监测这种故障，是通过电源控制器板上的数字信号处理器DSP和带通滤波器BPF来执行的。监测的对象，是输出直流电压中50Hz纹波的电平。带通滤波器BPF监测着功放电源+52V的直流电压数据，从中说明了变压器次级的保险丝和可控硅的情况。如果一个抽头被监测出有故障，那么下一个可以使用的抽头就被连接上。离此抽头较近的抽头首先被连接，远一点的是第二个选择。注意：如果电源底板没有良好接地，或者完全悬空，就会在整流器板到电源控制器之间的取样线上感应出大量的50Hz纹波。一旦出现50Hz纹波，电源控制器就错误地认为电源产生了故障，要引起足够的重视。

◇宿明洪 彭海明

数字电视与电视的交互功能(二)

(*紧接上期本版*)

交互电视就是观众可以主动地有选择地收看电视。从交互的性质上讲，交互应用主要分两大类。第一类是本地交互，也称为准交互或广播交互；第二类是异地交互，也称为交互或在线交互。本地交互是指在广播前端将节目或信息周期性传送，这样用户可以在本地有选择地收看节目或信息，即实现本地交互。本地交互不需要回传信道，即不需要向前端发送信息，严格地讲是广播的一种变形。本地交互的应用有准视频点播、电子节目指南、股票交易信息等。异地交互意味着其业务需要与远端服务器连接，并进行数据交换。因此，异地交互需要网络具有回传信道。异地交互的应用有视频点播、在线游戏、Internet浏览、电子购物、电视银行等。

数字电视平台上的交互应用。在数字电视平台上可以提供许多交互应用，其中一些应用与电视节目有关，而另外一些则与电视节目毫无关系。这些应用服务包括如下一些类型：

1. 节目浏览应用。节目浏览应用，主要分成简单的节目浏览和电视节目指南。简单的节目浏览应用显示每个频道当前的和将要播出的节目信息，而且可以在频道之间进行切换。电子节目指南，简称为EPG。EPG能够显示每个频道多天的节目播出时间表，EPG可以按不同的分类方式，以全屏方式显示节目信息。EPG便于观众搜索和关注感兴趣的频道及其节目。

2. 付费电视应用。付费电视应用预先购买的电子货币，能够使观众按照自己的爱好有选择地观看即时按次付费电视节目。这种应用能够显示详细的节目信息，包括时间、价格、购买方式等。

3. 数据广播应用。数据广播应用提供给用户连续的周期性的数据流信息，如股票交易信息、天气预报、电子报纸等。对于观众，数据广播应用类似于网页浏览，观众只是从所列的各种信息中选取自己感兴趣的内容。

4. 互联网和电子邮件服务。互联网和电子邮件应用有两种接入方式。一是用电视，二是用PC机。电视高速互联网接入使用户能用电视在lnternet上冲浪，而无需通过PC。

高速互联网接入，把PC与数字机顶盒连接，这个应用能够提供给用户更高的lnternet访问速度和IP组播服务。

5. 电视购物。使用户能够通过电视交互订购商品，比如书籍、CD或其他任何东西。付费是通过信用卡方式，而且由于有条件接收系统，这种付费是很安全的。

6. 数据库信息服务。这类应用使运营商能够提供某些特殊数据库所存信息的浏览服务，例如招聘信息的搜索服务。

7. 电视银行。这使用户能在电视上查寻某银行账户信息，进行账户的交易。数字电视机顶盒的信用卡阅读器使用密码认证用户，来确保交易的安全。

8. 游戏。这种应用能够使TV和机顶盒成为游戏平台。用户只需选择游戏菜单中的某一项即可进行某个游戏，此时遥控器就成了游戏手柄，它也支持多个参与者的网络游戏。

9. 交互广告。这个应用能够在TV上显示一个广告服务扉页，如果用户需要某个详细的信息，可以用遥控器选中进入，然后机顶盒就与相应的服务器连接，这样广告商就能收到来自用户的信息。

以上只是简单介绍了电视的交互功能，随着经济社会的高速发展以及数字电视的普及，相信还会有更多更新的交互功能应用出现。

(*全文完*)

◇山东省广播电视局蒙山转播台 张振为

降噪耳机一二（一）

相信不少朋友都听过降噪耳机能保护听力的说法，那么这种说法有何科学依据呢？当使用降噪耳机时，周围的低频噪声都被抵消了，那么播放音乐的音量也就可以相应降低；因此，不需要那么大的声音就可以有很好的愉悦感，从而对耳朵起到一定的保护作用，相对降低了听音乐时耳机对耳朵的伤害。

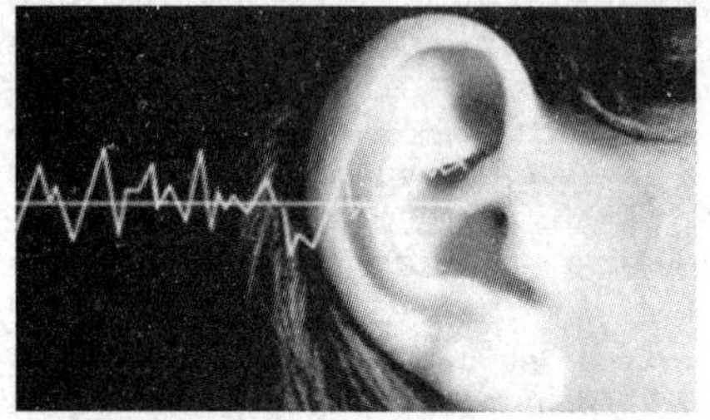

首先在听音乐时，过大的噪音对于音乐的细节表现有很大的影响，这是因为声音的遮蔽效应，当所有的声音进入耳朵时，如果同时存在一个较强的声音和一个较弱的声音，普通人都会感受到较强的声音比较清晰而较弱的声音会被掩盖掉。也就是说无论是较强的声音还是较弱的声音都存在，而且比较弱的声音在较强声音面前并不是消失了，而是被掩盖掉了，造成“听觉”听不到。

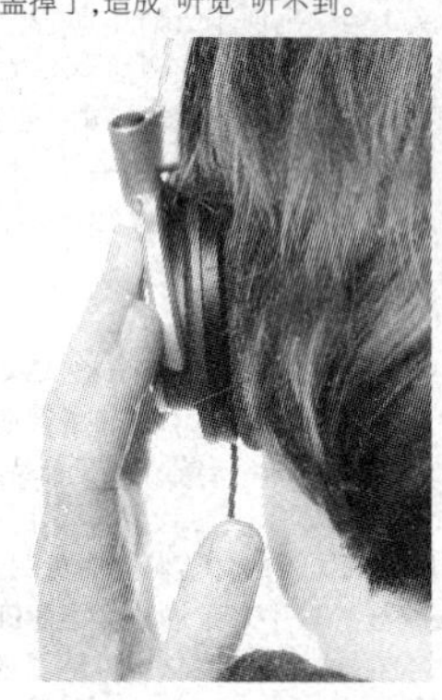

举个例子，同一副耳机，在白天喧闹的公众场所听音乐和晚上夜深人静时听音乐时选择的音量完全不同，白天你可能会开得很大而晚上相对就会低一些，这就是声音屏蔽效应。

现在很多人在乘坐公共交通出行时，喜欢边看手机边听音乐；行进中的车辆噪音一般会在50~80分贝左右，要在这样的噪音环境下从耳机中听到声音，就需要将耳机的音量调的足够大。虽然很多朋友选用效果相对较好的入耳式耳机，还是会把音量开得相对大一些，如果选用的是平头塞，那可能开的音量就更大一点了。耳边被音乐声包围的感觉是不错，但如果常年累日暴露在这种条件中，就很容易损害听觉了。

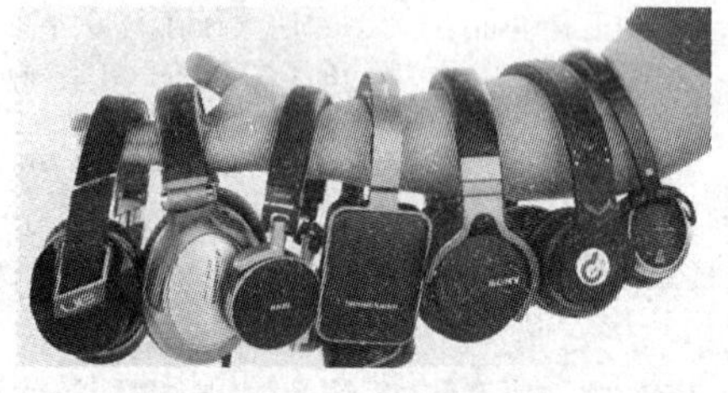

如果连续使用的时间太长（一般超过1小时就算长时间聆听音乐了），并且每天重复的话，肯定会对听觉产生一定影响的。为了降低长时间大音量聆听音乐的危害，无论是厂商还是消费者，都将目光投向了降噪耳机。

降噪耳机在耳机音源线外配备一条接收噪音的麦克风，收到噪音后抗噪程序会依据噪音的声波发出相反音讯抵销之。主动式抗噪耳机能够对付低频噪音，使低频噪音分贝能够再下修10分贝左右（但主动式抗噪耳机对于高频噪音的防御较弱，仍须透过传统隔音罩来补强）。

其实在降噪耳机推出之前，市面上的耳机在设计之初也考虑到了一定的降噪功能。比如包耳式头戴耳机是通过包围耳朵的方式隔绝噪音，而入耳式耳机则是通过硅胶、海绵等材质制作的耳套填充耳道，从而实现隔音的效果。

当然传统形态的耳机的降噪只能叫作被动降噪，另外还因自身特点带来一些不便。在较为炎热的天气下佩戴包耳式头戴耳机并不适合，而有线入耳式耳机在使用时会有听诊器效应（指使用时因运动使得线材发生摩擦而产生噪音）。

同时包耳式头戴耳机的被动降噪量比较大，戴上之后，环境的声音听起来比较小。但这样做有一定安全隐患。比如，戴上耳机走在路上，有可能因听不到喇叭的声音而存在一定风险。所以这也是为什么在马路上跑步听音乐时，过去往往提倡使用开放式耳机，因为开放式耳机在听音乐的时候，周围环境的声音也会听得比较清楚。

日常的噪声大多是中低频阶段的声音，比如地铁、高铁以及飞机上的噪声等。生活中高频的噪声比较少，但一些警示声，如车喇叭声中有部分高频成分。而乐器当中，鼓声属于低频声音，贝斯的声音也比较低，小提琴的声音相对比较高。人讲话的声音频率也比较高，其中女性和孩子声音的频率相对更高些。由于其频段特点，很难通过被动降噪的方式完全消除（传统的密闭式耳机只能实现对中高频声音的降噪，要实现对中低频的降噪很困难）。

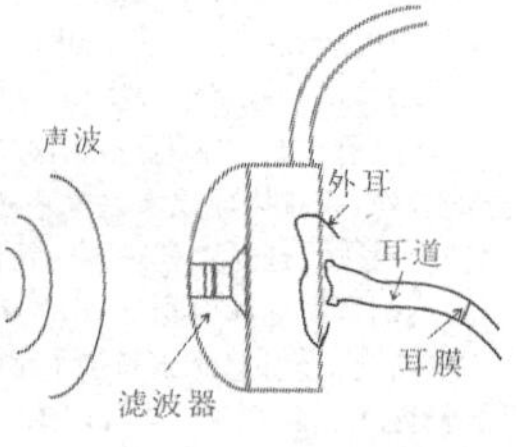

人耳能够听到的频率范围是20Hz~20KHz，在日常生活中，大部分环境和车辆噪音在100Hz~1KHz范围内，人声的频率范围是100Hz~8KHz，汽车的鸣笛、激烈的敲击、撞击的频率会更高。为了有效地消除影响聆听音乐的噪声，大部分降噪耳机的针对频率段落都在100~1KHz之间。汽车喇叭、鸣响、警报等提示音则是超过了1KHz频段，为了避免消费者在路上使用降噪耳机时发生危险，主动降噪耳机对1KHz以上频段的降噪效果会不那么着重，以免使用时发生意外。

为了解决这些情况，主动降噪式耳机应运而生。降噪耳机面对噪声时，不是被动地屏蔽，而是主动发出与噪声相位相反的声音，在耳内与噪声形成干涉而抵消。主动降噪耳机在中低频的降噪效果很好，在高频的降噪效果比较差。这样，它既能消除日常生活中的常见噪声，又不会影响紧急情况下尖鸣的喇叭等警示音。

第一款主动式降噪耳机，当属Bose在1999年推出第一款降噪耳机Aviation Headset X，不过当时是专为航空军用降噪耳机而研发的，只有军队和航空公司等专业领域的人在使用。

随着近几年DSP芯片技术的进步，主动降噪的技术成本也逐年下降，不少音频厂商开始研发自家的DSP芯片，开发属于自己的降噪算法，相继推出了降噪耳机产品。由于DSP芯片可以打包方案出售，市场上也涌现出一些前所未见的新品牌降噪耳机。

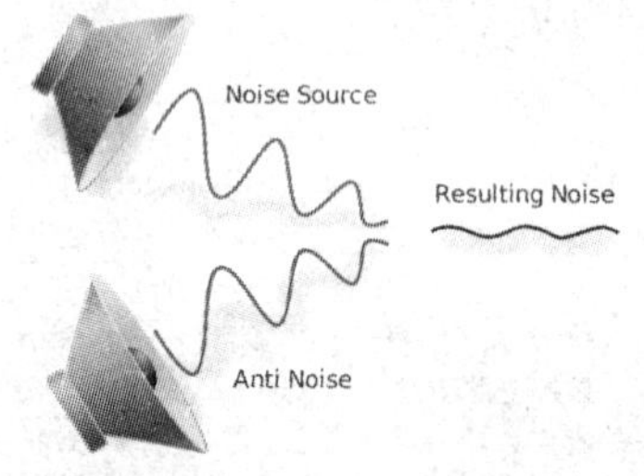

这是一张主动降噪耳机的原理图，当电子降噪系统在采集环境噪音之后，通过处理芯片进行分析，然后产生与外界噪音相等的反向声波，将噪音中和，从而实现降噪的效果。为了实现这样的效果，主动降噪耳机内部组成为拾音器（手机环境噪音）、处理芯片（分析噪音）、扬声器（产生反响声波）、电源系统，完成整个降噪过程。

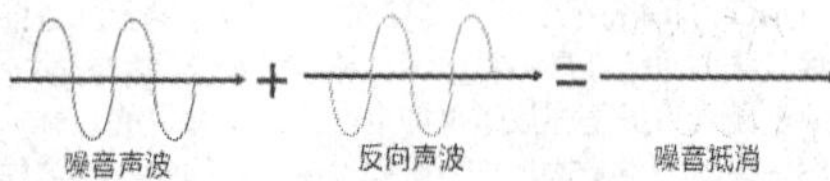

通过收集并分析噪音后，在耳机内产生与外界噪声相等的反向声波，中和了噪音，实现降噪的效果。不过这种“相消干涉”的消除方法并不是将所有的声音都过滤掉，还是会听到比较高频的声音。

（未完待续）（下转第110页）

消毒柜选购指南

随着健康生活理念的提倡，家用消毒柜也成为爱家人士厨卫生活必需品。市场上消毒柜琳琅满目，要怎样选购合适自己的家用消毒柜呢？

一、消毒柜类型

从消毒方式看，目前市面常见的消毒柜有三种。

1.红外线高温消毒。

温度：120摄氏度以上。

原理：利用高温灭菌，是比较传统的消毒方式。

限制：许多不耐高温的餐具材质，如塑料、木质等，不能放进去消毒。

注意：高温消毒柜分一星级消毒和二星级消毒，二星级的温度更高，病菌杀灭率也更高。

2.紫外线臭氧低温消毒。

温度：一般在60摄氏度以下。

原理：紫外线可以杀菌抑菌，而臭氧的氧化性很强，可以使病菌失去活性。两者结合，能达到很好的消毒效果。

限制：对餐具的限制不高，奶瓶、儿童玩具、塑料餐具、玻璃制品等都能使用，还能用于蔬果的杀菌保鲜，更适合家庭使用。

3.组合式消毒柜。

特点：上层是臭氧消毒，下层是高温消毒，可以根据餐具的材质自由选择消毒方式。

二、如何选购

1. 看外观。优质消毒柜做工精良，无论是外壳还是消毒柜的内部托网等，都没有任何毛糙的地方。从外部检查消毒柜柜门的周正度、并尝试开启、关闭柜门。确定各个开关、旋钮灵活可靠。确定在打开柜门时消毒柜是否立即停止工作，关闭柜门时消毒柜是否立即重新开始工作或重新开机。

2. 看选材。优质消毒柜内胆大多选用不锈钢板材，经过多次高温消毒也不会出现变色、变形的状况，更不会产生有害物质。而劣质消毒柜为降低成本，往往采用一些成分不明的合金，因此在挑选时，要向促销员仔细咨询。

3. 看款式。消毒柜大致分卧式、柜式、壁挂式等几种，建议消费者提前看好款式，设置好安放消毒柜的地点。

4. 看消毒原理。家用消毒柜根据消毒方式的不同，主要被分为紫外线臭氧、臭氧、红外线高温、超高温蒸汽、紫外线臭氧加高温等类型。臭氧、紫外线臭氧属于超低温消毒，消毒温度一般在60℃以下，适合各类餐具，特别适合于不耐高温的塑料、玻璃制品。而红外线高温、超高温蒸汽、紫外线臭氧加高温属于热消毒或多重消毒方式，消毒温度一般在100℃以上，消毒效果好，适合于陶瓷、不锈钢等耐高温制品的消毒。通常情况下，具备两种消毒方式的消毒柜，消毒更为彻底，也更适合家庭使用。

5. 看大小。目前市场上的消毒柜容积主要有30升、50升、80升、150升等规格。作为日常家用的消毒碗柜，功率不宜过大，600瓦是比较适宜的数值。容积方面，3口之家，选择50~60升的消毒柜一般就够用了；4个人以上的家庭，可选择60~80升消毒柜。

◇江西 谭明裕

（本文原载第20期11版）

邮局订阅代号：61-75 国内统一刊号：CN51-0091

微信订阅**纸质版**
请直接扫描
邮政二维码
每份1.50元 全年定价78元
每周日出版

扫描添加**电子报微信号**
或在微信订阅号里搜索“电子报”

2020年3月15日出版 实用性 启发性 资料性 信息性

第11期 国内统一刊号:CN51-0091 定价:1.50元 邮局订阅代号:61-75

地址：(610041)成都市武侯区一环路南三段24号节能大厦4楼 网址：http://www.netdzb.com

（总第2052期） 让每篇文章都对读者有用

识别二手苹果手机

虽然现在有人戏称“安卓越来越贵，苹果越来越便宜”，这只是因为各品牌的安卓旗舰机价格不断攀升；不管怎么说，苹果的“官换机”“二手机”等仍然是不少人的选购考虑范围。

官方零售机

这是苹果官方直营店或者授权店直接发售的全新原封手机，也是购买苹果手机的首选。

全新原封机器可以通过检查三码合一(通过对比【手机包装盒】、【机身背面标签】、【手机拨号盘输入 *#06#】三者展示的手机串码IMEI是相同的)来进行查询，同时在苹果官方网站也可以查询到“未激活”状态。

手机包装盒背面的IMEI

*#06#

1 2 3

ABC DEF

通用 关于本机

蓝牙

IMEI

拨号键输入【*#06#】查看IMEI号

买来的新手机在没有联网激活状态下，我们可以通过在拨号键盘中，输入【*#06#】字符，然后就可以看到主板上IMEI号。

而iPhone新机型背面不再印有IMEI号，将IMEI号转移到了卡托上，打开卡托就可以看到了(卡托上面的IMEI序列号和手机上面的IMEI序列号完全对应的)。

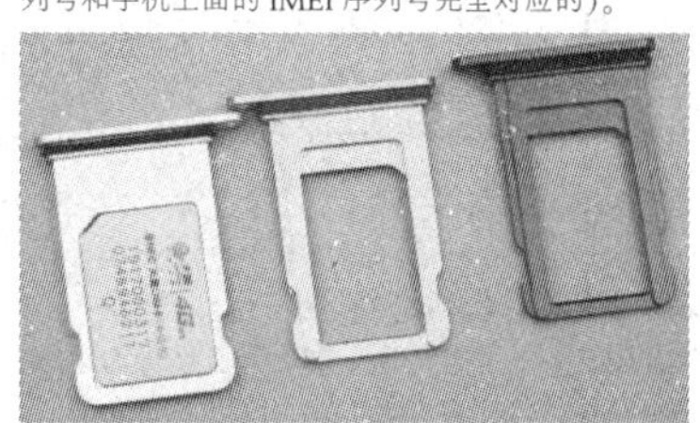

如果手机已经激活了，这里一般的鉴别方法，点开【设置】—【关于本机】里，零售机型号只会是“M”开头。

版本	9.3.1 (13E238)
运营商	中国电信 24.0
型号	ML2H2CH/A
序列号	

官换机

一般情况下，在保修期内，非人为损坏并且符合苹果售后换新标准，苹果官方会帮你置换一台新的iPhone，但是这台机子是裸机，即不带任何的配件，官换机型号只会是“N”开头。

版本	9.3.3 (13G12)
运营商	中国电信 24.0
型号	NL2J2CH/A
序列号	

这种手机可能已激活，也可能是未激活状态需要自行激活。并且在未激活状态下，虽然享受保修，但保修的天数也是会随时间减少的。

官方翻新机

受行业竞争影响，苹果官方也从2018年下半年开始出售官方翻新机，这种一般是把卖出去几天就有问题的手机收回来，然后再按照标准维修，然后再拿出来打折出售。在标准上和售后服务上，都是跟新机一样享受一样的标准和售后政策。苹果官网上写的是“Apple认证的翻新产品”(手机型号一般为F开头，极少数N开头)。苹果经常把官翻的产品放在Apple在线商店销售，当然官网上明确说明这是官方翻新的产品，而且价格会比全新机低得多。

以上几类机型都没有多大的问题，下面说下重点了，非官方翻新机——也就是水最深的二手翻新机。

二手翻新机

有句话很有道理，“淹死的都是会游泳的”。总有一些自认为“聪明”的用户，以为自己会插电脑验机，会查序列号就去“捡漏”。

殊不知，在过去两年的时间华强北就已经有技术可以将这些数据统统修改，即使更换过电池或者其他的零部件，在这里也不会出现红色警告。只不过过去修改全绿需要拆机需要拆下硬盘写资料才能完成，这样一来手机被拆卸的就非常的明显，如果稍微懂行一点的消费者打开屏幕就能看出这台手机的拆卸痕迹。

DFU BOX 华强北大佬出品

而最近华强北的大神又推出了一款名为“DFU-BOX”的刷写工具，可能将会成为了未来很长一段时间消费者的噩梦。

举个例子，一台美版的iPhone没有办法卖出高价格，商家假如想要卖出高价，就直接用“”DFU BOX连接手机直接修改手机的底层数据，将一个大陆行货的序列号写入这台美版的手机，让这台美版的手机显示大陆行货的序列号，消费者查询也只能查询到这是一台大陆行货的手机，觉得有便宜可占就买了下来。

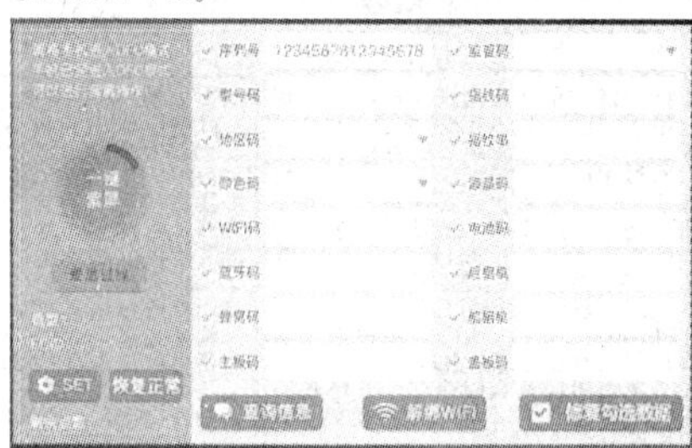

DFU BOX刷写功能一览

另外，个别消费者的心态也是助长了这种“造假”之风。比如商家收购了一台二手机，因为SD卡损坏而重新置换了一张新的，然后挂在网上出售，也备注了“SD卡置换”的信息，但有一种结果就是挂了N天都卖不出去，因为一些消费者因各种原因认为很不爽。于是商家做了手脚，用“DFU BOX”将SD卡的数据修改为“全绿”，然后在网上挂着“全新二手机”(价格兴许比之前还高了一些)没过多久就卖出去了。作者倒不是赞同商家的刷数据作假的行为，但这种抱着既要便宜又要捡便宜的心态确实是害了消费者自己。。。

甚至还有一些不良翻新商家，不管配件好坏和寿命长短，所有数据直接刷成“全绿”，对于做翻新机的商家来说，更省时省力了。

目前这个免拆机修改序列号的设备支持A7~A11系列的所有苹果设备，也就是说iPhoneX及其以下的二手设备未来都有可能是通过这款软件修改之后再进行销售的。

目前暂时这款软件还不能修改的机型是iPhoneXS、iPhoneXR、iPhoneXSMax、iPhone11、iPhone11Pro、iPhone11ProMax这几款近两年推出的机型，因此最近在购买iPhoneX及其以下二手设备的时候就需要开始更加的小心谨慎，会有很多低价修改过序列号来欺骗消费者的机型出现。

据说这款软件和产品已经于2020年5月11日以后陆续向全国各地的“商家”发货了，在此之后请消费者谨慎购买非官方渠道的二手、全新苹果产品。

（本文原载第20期11版）

创维LED液晶彩电168P-P65EQF-00电源板原理与维修(一)

创维 LED 液晶电视采用的型号为 168P-P65EQF-00 的电源板，编号为 5800-P65EQF-0020。由 PFC 电路、副电源、两个主电源组成，集成电路采用 FAN9611 +FSDH321 +FSFR2100 +FSFR2100 组合方案，输出 5V、12V-MB、24V-PANEL、24V-AUDIO 四组电压，应用于创维 65E900U 等大屏幕 LED 液晶电视中。由于输出功率较大，采用双通道 BCM 交错式模式的两个 PFC 功率因数校正电路，主电源采用两个大功率厚膜电路 FSFR2100 组成两个独立的开关电源，为主板和背光灯板供电。

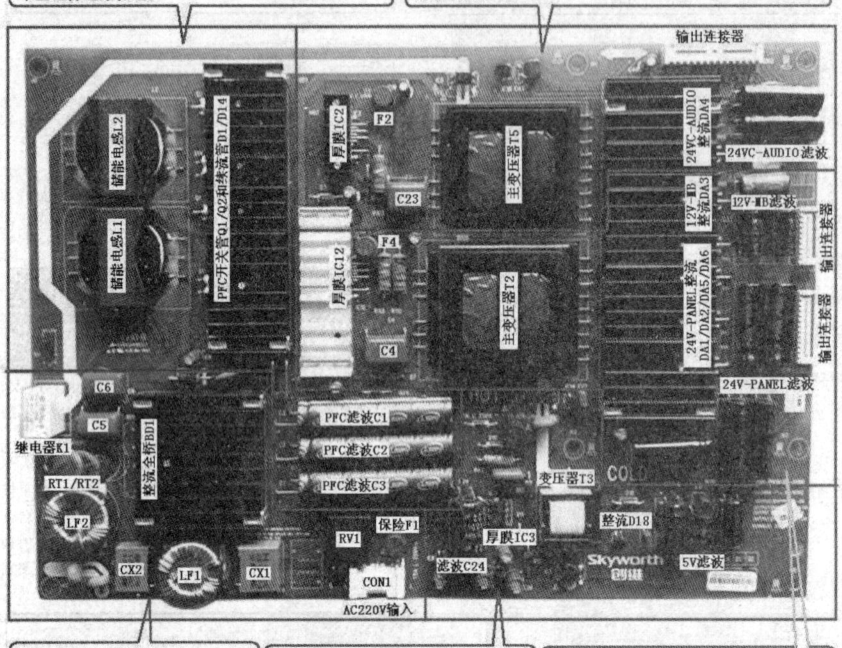
PFC电路：由双PFC驱动电路FAN9611(IC1)和大功率MOS开关管Q1、Q2、储能电感L1、L2为核心组成2个PFC电路。二次开机后，开关机控制电路为IC1的⑭脚提供PFC-VCC供电，该电路启动工作，IC1从⑬、⑫脚输出DRV1、DRV2两路激励脉冲，推动MOSFET开关管Q1、Q2工作于开关状态，与储能电感L1、L2和PFC整流滤波电路D1、D14、C1~C3配合，将供电电压和电流校正为同相位，提高功率因数，减少污染，并将供电电压提升到+400V，输出HV-DC电压，为两个主电源电路供电。
24VC-AUDIO主电源2电路：由内含振荡驱动和半桥式输出电路MOSFET开关管的厚膜电路FSFR2100（IC2）、变压器T5为核心组成。遥控开机后，PFC电路输出的+400V的HV-DC电压为IC2的①脚内部半桥式输出电路MOS开关管供电，同时开关机控制电路输出的PWM-VCC电压为IC2的⑦脚内部振荡驱动电路提供工作电压，该主电源2启动工作，内部驱动脉冲推动半桥式输出电路MOSFET开关管轮流导通和截止，产生的脉冲电流在T5中产生感应电压，次级感应电压经整流滤波后输出24VC-AUDIO电压，为伴音功放等负载电路供电。
输出连接器
储能电感L2
储能电感L1
PFC开关管Q1/Q2和续流管D1/D14
厚膜IC2
F2
主变压器T5
C23
24VC-AUDIO 整流DA4
24VC-AUDIO滤波
12V-MB 整流DA3
12V-MB滤波
输出连接器
厚膜IC12
F4
主变压器T2
24V-PANEL整流 DA1/DA2/DA5/DA6
C4
24V-PANEL滤波
C6
C5
继电器K1
整流全桥BD1
PFC滤波C1
PFC滤波C2
PFC滤波C3
变压器T3
RT1/RT2
LF2
保险F1
RV1
厚膜IC3
整流D18
CX2
LF1
CX1
CON1
滤波C24
5V滤波
AC220V输入
抗干扰和市电整流滤波电路：利用电感线圈LF1、LF2和电容器CX1、CX2和CY1、CY2组成的共模、差模滤波电路，一是滤除市电电网干扰信号，二是防止开关电源产生的干扰信号窜入电网；滤除干扰脉冲后的市电通过全桥BD1整流、电容C5、C6滤波后，因滤波电容容量小，产生100Hz脉动300V电压，送到PFC电路。RT1、RT2限流电阻，防止开机冲击电流；RV1为压敏电阻，市电电压过高时击穿，烧断保险丝F1断电保护。继电器K1控制主电源AC220V输入。
5V副电源：由厚膜电路FSDH321(IC3)、和变压器T3为核心组成。通电后，AC220V经D9、D10整流\C24滤波产生+300V电压为副电源供电，一是通过变压器T3的初级为IC3的⑥、⑦、⑧脚内部开关管供电，二是经R40~R42为IC3的⑤脚提供启动电压，副电源首先启动工作，内部开关管的脉冲电流在T3中产生感应电压，经整流滤波后一是在冷地端输出+5V电压，为主板控制系统供电；二是在热地端产生VCC1电压，经开关机控制后，输出PFC-VCC电压为PFC驱动电路供电，输出PWM-VCC电压为主电源驱动电路供电。
24V-PANEL+12V-MB主电源1电路：由内含振荡驱动和半桥式电路MOSFET开关管的厚膜电路FSFR2100（IC12）、变压器T2为核心组成。遥控开机后，PFC电路输出的+400V的HV-DC电压为IC12的①脚内部半桥式输出电路供电，同时开关机控制电路输出的PWM-VCC电压为IC12的⑦脚内部振荡驱动电路提供工作电压，该主电源1启动工作，内部驱动脉冲推动半桥式输出电路MOSFET开关管轮流导通和截止，产生的脉冲电流在T2中产生感应电压，次级感应电压经整流滤波后输出24V-PANEL和+12V-MB电压，为背光灯和主板等负载电路供电。

图 1 创维 168P-P65EQF-00 电源板实物图

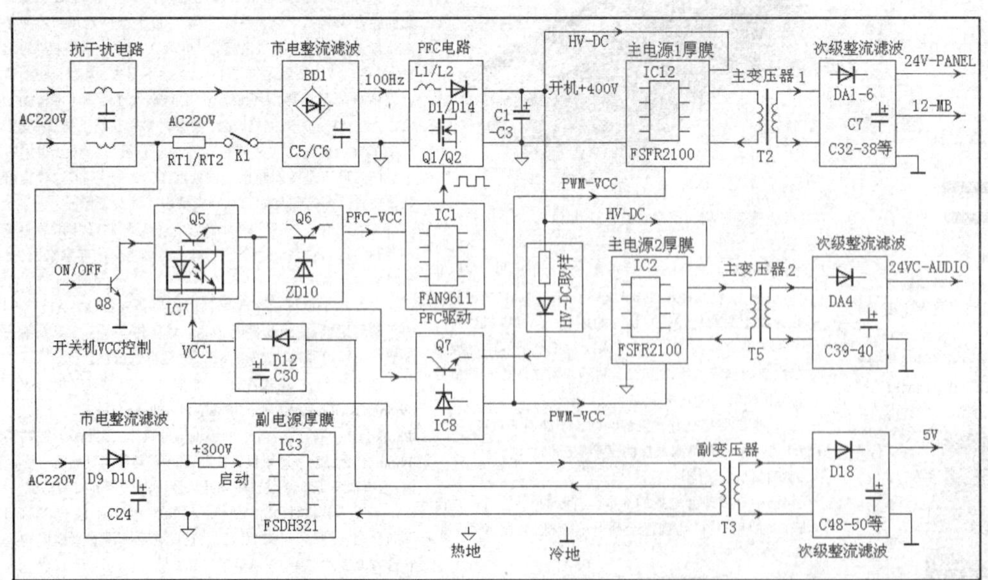
抗干扰电路
市电整流滤波
PFC电路
HV-DC
主电源1厚膜
次级整流滤波
AC220V
BD1
100Hz
L1/L2
D1/D14
开机+400V
C1
-C3
IC12
主变压器 1
DA1-6
24V-PANEL
12-MB
C7
AC220V
RT1/RT2
K1
C5/C6
Q1/Q2
FSFR2100
T2
C32-38等
Q5
Q6
PFC-VCC
IC1
PWM-VCC
HV-DC
主电源2厚膜
次级整流滤波
ON/OFF
Q8
IC7
ZD10
FAN9611
PFC驱动
HV-DC取样
IC2
主变压器 2
24VC-AUDIO
DA4
开关机VCC控制
VCC1
D12
C30
Q7
FSFR2100
T5
C39-40
IC8
PWM-VCC
市电整流滤波
副电源厚膜
5V
+300V
IC3
副变压器
AC220V
D9 D10
启动
D18
C24
FSDH321
T3
C48-50等
热地
冷地
次级整流滤波

图 2 创维 168P-P65EQF-00 电源板电路组成方框图

一、电源板工作原理

创维 168P-P65EQF-00 电源板实物图解见图 1 所示，电路组成方框图见图 2 所示。

电源板由四部分组成：一是以 FSDH321(IC3)为核心组成的副电源，通电后首先工作，输出 5V 电压，为主板控制系统供电，同时输出 VCC1 电压，经开关机电路控制后，为两个主电源驱动电路和 PFC 驱动电路供电；二是以 FAN9611(IC1)为核心组成的 PFC 功率因数校正电路，输出 HV-DC 的 400V 电压，为两个主电源供电；三是以 FSFR2100(IC12)为核心组成的第一主电源，输出 12V-MB 和 24V-PANEL 电压，为主板和背光灯板等负载电路供电；四是以 FSFR2100(IC2)为核心组成的第二主电源，输出 24VC-AUDIO 电压，为伴音功放电路供电。

该电源的工作流程：220V 交流电经 EMI 抗干扰电路滤除干扰脉冲后，分为两路：一路送到副电源供电电路，副电源首先工作，输出 5V 电压为主板控制系统供电，输出 VCC1 电压送到开关机电路；另一路送到主电源的桥式整流滤波电路，产生 100Hz 脉动电压，送到 PFC 电路。开机后，主板控制系统向电源板送来高电平开机信号，开关机控制电路将 VCC1 电压输出，为 PFC 驱动电路提供 PFC-VCC 供电，为两个主电源驱动电路提供 PWM-VCC 供电，PFC 电路启动工作，产生 400V 电压，为两个主电源供电；同时两个主电源也启动工作，输出 12V-MB 和 24V-PANEL、24VC-AUDIO 电压为主板和背光板供电。

(一)抗干扰和市电整流滤波电路

创维 168P-P65EQF-00 电源板抗干扰电路、市电整流滤波电路、限流控制电路见图 3 左侧所示。

1. 抗干扰 EMI 电路

抗干扰利用电感线圈 LF1、LF2、LF3 和电容器 CX1、CX2、CY1、CY2 等组成的共模、差模滤波电路，滤除市电电网干扰信号，同时防止开关电源产生的干扰信号窜入电网。

F1 为保险丝，电源板发生短路故障时，烧断保险丝断电保护；RV1 为压敏电阻，用于防止浪涌冲击(包括防雷击)，当市电电压过高时，击穿 RV1，送到保险丝 F1，断电保护。R1~R6 为泄放电阻，用于关机时将 CX1、CX2 两端电压泄放掉，以免电荷积累而影响滤波特性。

2. 限流控制电路

RT1、RT2 组成限流电路，开机瞬间限制大滤波电容的充电电流。继电器 K1 控制主电源的 AC220V 供电，受开关机电路 Q11 控制。开机时 Q11 导通，K1 闭合，通过 PFC 电路为主电源供电；待机时 Q11 截止，K1 释放，切断主电源供电。

3. 市电整流滤波电路

滤除干扰脉冲和限流后的交流市电，分为两路：一路输出 K1B 电压，送到副电源的整流滤波电路，产生+300V 电压，为副电源供电，副电源首先工作；另一路通过继电器 K1 控制后，通过全桥 BD1、电容 C5、C6 整流滤波，由于 C5、C6 容量较小，产生 100Hz 脉动直流电压，送到 PFC 电路，经 PFC 电路校正后，输出+400V 的 HV-DC 直流电压，为两个主电源电路供电。

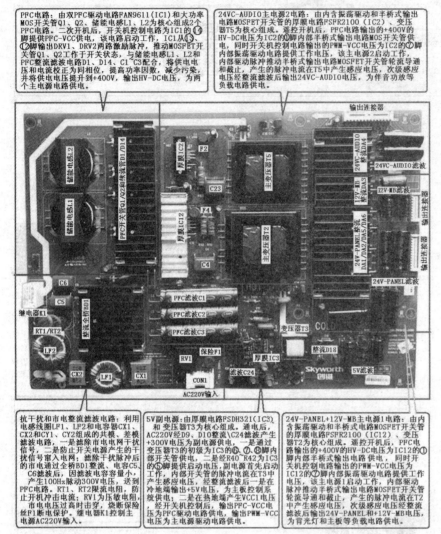

(未完待续)(下转第 112 页)

◇海南 影视

编辑：王友和 投稿邮箱:dzbnew@163.com

库存Neon MC4000C CD机小修及简析

在淘宝上买到一套Neon品牌4碟CD功放，型号是MC4000C。该机外观设计时尚，落地座架结构，放在书房客厅的确很养眼。要知道使用4个独立CD机芯的CD机，以前只有在国外高端品牌（如B&O等）上才看到过，现在淘宝有国产库存处理品出售，对于喜爱研究的爱好者来说是个不错的选择。库存全新无故障机器是二百多元，笔者买的是故障处理品，价格是120元，共买了三台（淘宝搜"丽阳4CD"即可找到）。打开包装盒，里面有CD主机和底座各一个，还有遥控器和中波环形天线（见附图1、图2所示）

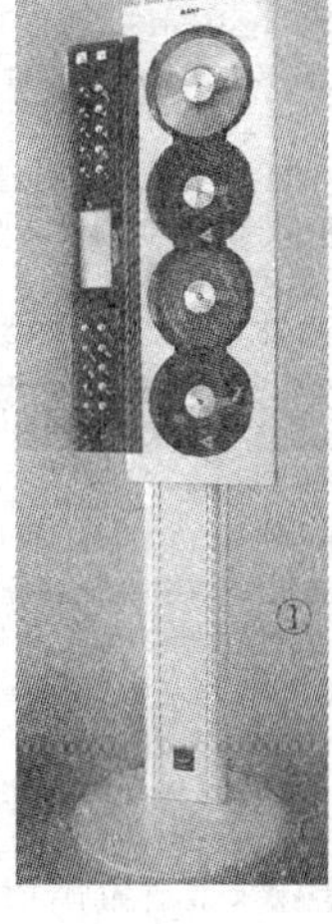
①

②

1号机维修过程

接通电源，按开机键，机器的确不能开机，外接音箱也没有声音输出，但是用遥控器能开机，液晶屏马上显示蓝色背景的字符。放入CD碟片，外接音箱中立即传出优美的音乐，试着转换碟片，4个CD机芯能分别独立转动并读盘。再试验收音机，FM及AM波段均正常，发现机器除了不能用面板按键开机外，其他一点故障也没有。而且，在开机一段时间后，面板控制按键也有用了，估计是机器长久不用，内部受潮所致。但是使用一段时间后，发现面板控制按键仍会偶尔失效。另外还发现功放输出有时会有削波失真——声音阻塞的现象，机器的声音是时而失真时而正常。

由于故障是偶尔出现，怀疑是机器内部的接插件有氧化或接触不良现象（内部图如图3所示），所以对各个线路板的排线插头和插座、面板按键用电子清洁剂做了彻底清洗，并把每个插头都插拔数次，以使其接触良好。再试机，居然连用遥控器都无法开机了，只能再检查一遍所有接插件，没有发现漏插及插错情况。再查CPU工作条件：供电、时钟、复位，在测量晶振电压时，发现液晶屏又有显示了，马上用遥控器实验，机器所有功能又可用了。仔细观察晶振处的线路板上有不少黄色的胶水是固定边上零件用的，由于胶水漏电导致电路工作异常是常见的情况，故把晶振旁边影响其振荡的胶水清除干净。再试机，面板按键失效及功放输出声音阻塞的现象全部排除，试听数月一直正常（对于库存机来说：胶水老化和接插件氧化的情况值得注意）。

③

该机整机耗电65W左右，内部功放用的是双BTL功放LA4725，输出在20W+20W左右，试听，cd机音质不错。由于原设计该机输出接的是卫星式音箱（音柱），加有源低音炮，所以主声道音质偏清亮。喜欢重低音的爱好者，可以从机后低音信号输出口接信号至有源低音炮，以增强低音效果。

整机线路框图如图4所示，CD部分用了4个机芯（包括4个KSS-213C激光头）。CD信号放大（TA2153FNG）和数字信号处理、数字伺服、1BIT数模转换（TC9462F）电路由4个机芯共用，信号切换由显示控制CPU（CM24F-4GN4）控制5片双四选一模拟开关（TC4052BP）达到：如选择机芯1时，双四选一模拟开关（TC4052BP）把A、B、C、D、E、F几路激光头的光电信号选择在1号激光头这端。TA2153FNG和TC9462F电路把信号处理后输出的循迹、聚焦、滑动、主轴这四路驱动信号也输入到驱动1号机芯的电机驱动电路（BA6898FP）驱动1号机芯动作；而循迹、聚焦、滑动、主轴这四路驱动信号选择输出到1号机芯的路径也是由CPU（CM24F-4GN4）控制双四选一模拟开关（TC4052BP）达到的。选择其他机芯道理一样。

收音机电路由高频头和FM、AM收音（TA2099N）和锁相环PLL（TC9257P）电路在CPU（CM24F-4GN4）控制下数字调谐，收音信号和CD信号及外接AUX信号输入到信号切换、音量控制、音调控制集成电路（TC9421F），在CPU(CM24F-4GN4)控制后输出到双BTL功放电路（LA4725），放大后的信号输出到音箱还音。

KSS-213C 激光头x4　①②③④　A,B,C,D,E,F等6路光电信号　TA2153FNG RF放大　TC9462F DSP 数字伺服 1bit D/A　高频头　TA2099N FM/AM收音　TC9257P PLL　AUX IN　SW低音输出　TC9421F 信号切换.音量.音调　LA4725 双BTL功放　静噪　TC4052BPx3 双四选一模拟开关　循迹.聚焦.滑动.主轴 等4路驱动信号　CM2AF-4GN4 显示控制　TC4052BPx2 双四选一模拟开关　TA7291S 电机驱动　遥控　LCD　按键　BA6898FPx4 电机驱动　机芯x4 ①②③④　仓门电机

④

2号机维修过程

该机故障是CD功能时只有一个声道有声音。查收音机和AUX信号时，喇叭的声音两个声道都正常。CD停止时，机器静噪，所以在播放CD碟片的同时，用信号注入法（用万用表笔）分别干扰LOUT和ROUT信号通道的电容C329和C321，以及信号切换、音量、音调集成电路TC9421F的信号输入脚㊷脚和㊱脚时，喇叭发出的干扰噪声两个声道一样大，说明该集成电路正常。把故障点放在CD电路板上，干扰与CD集成电路TC9462F的音频输出脚82脚和85脚的焊盘相连的L107和L108，发现干扰L107时，喇叭发出的噪音比干扰L108时要大得多（而该L107的声道CD音频声音没有）。用万用表检测出是TC9462F芯片的82脚与焊盘虚焊，补焊后，CD两声道声音都正常了（见图5所示）。

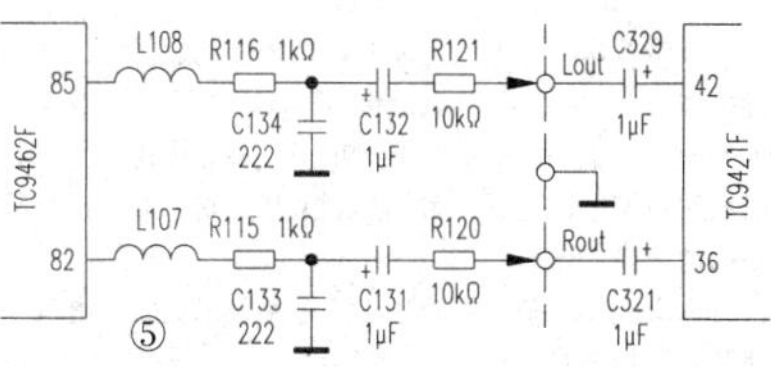

⑤

3号机维修过程

该机是开机后3个CD机芯能读出碟片信息TOC，而第4个机芯一直没有动作，然后所有4个机芯均不能播放CD碟片。检修时观察到第4个机芯的激光头停在碟片外侧，没有复位到碟片内侧，估计是CPU没有检测到第4个机芯的复位信号而保护了。用手推动激光头到碟片内侧后，该机芯也能读出碟片信息TOC，这时播放其他3个机芯的CD碟片，碟片均能播放，而第四个机芯仍无法播放CD。分析是该机芯的循迹电机故障，拆下机芯测量循迹电机绕组阻值正常，再检查发现造成激光头无法移动的原因是齿轮掉齿卡死。将循迹齿轮更换后（该机使用常用的索尼KSS-213激光头机芯，以前的VCD机上很容易找到配件），故障排除（见图6所示）

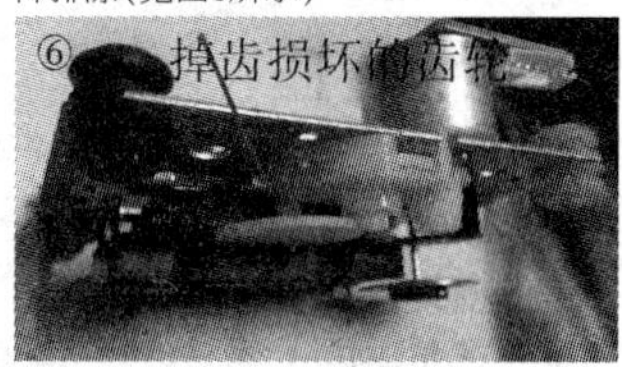

⑥

◇浙江　方　位

iPhone双卡临时更换副卡拨打电话的方法

如果你拥有双卡功能的iPhone，需要临时更改为副卡拨打通话记录中的某一电话，或者从副卡更换为主卡进行拨打，此时可以按照下面的步骤进行操作。

打开"电话"，切换到"所有通话"界面，点击相应电话后面的"i"按钮，在这里可以看到当前使用的是设置为主卡的信息，点击后面的">"按钮（如图1所示），可以在这里重新选择始终使用的是哪一张卡，例如这里选择"个人"，最后点击右上角的"完成"按钮，接下来拨打出去的就是另外一张副卡了。

如果是拨打陌生电话，请点击后面的感叹号，在号码上长按，出现"拷贝"字样之后点击复制，然后进入拨号界面，在号码上面点击"粘贴"（如图2所示），接下来再选择需要使用的号码就可以了。

◇江苏　王志军

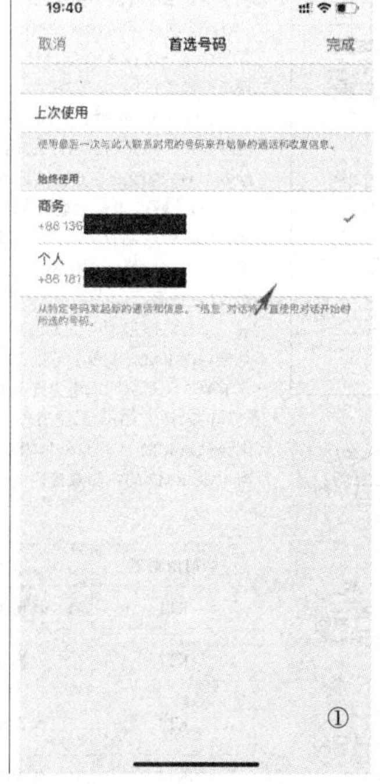

①

②

皮带输送机控制电路原理与故障维修

皮带输送机是连续运输机中效率较高、使用很普遍的一种机型，广泛应用于采矿、冶金、建设工地、港口以及工业企业内部流水线上。在散货港口装卸作业，皮带输送机已成为不可或缺的重要装卸输送设备。在散粮、矿石等场合也适合采用长距离的皮带输送机。

本文介绍3条皮带输送机运输系统的构成、电气工作原理及其故障维修。

一、三条皮带输送机的结构

图1示出的是由3条皮带输送机组成的运输系统，图中左上角是物料箱，物料经过漏斗下泄到1号输送带上，经1号输送带运输一定距离后，物料转移到2号输送带上继续传输，之后再经3号输送带将物料运输到目的地，完成输送任务。每一台输送带均须由电机驱动，3条输送机共使用3台电机。

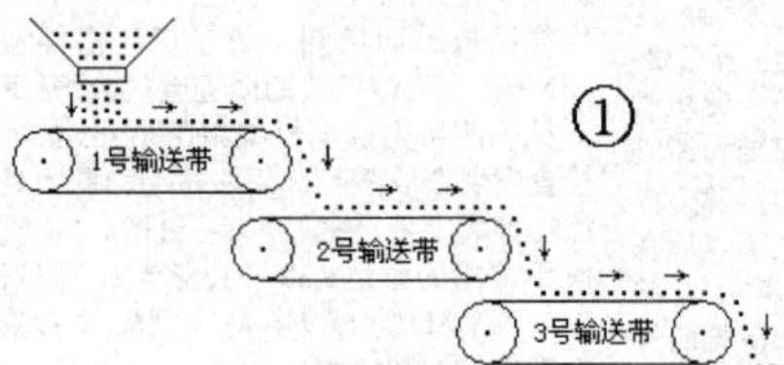

为了防止物料在皮带上产生堆积现象，3条皮带输送机应逆序启动，即图1中的3条皮带输送机的启动顺序应为3号→2号→1号。皮带机停机时，停机的顺序是1号→2号→3号。无论哪一条输送带出现故障，都要把第一级皮带停止，以防止继续传送物料，导致物料在传送带上堆积。

二、皮带输送机的电气工作原理

3条皮带输送机的电气控制原理图见图2。

图2中使用了4只不同特性的时间继电器。为了方便分析其工作原理，这里首先介绍电路中使用的时间继电器。

1. 时间继电器

通常在电路中使用的时间继电器是线圈通电即开始延时，延时时间到达，常开触点闭合，常闭触点断开。而图2中除了使用上述特性的时间继电器KT1和KT2外，还使用了线圈断电开始延时的时间继电器KT3和KT4。如果一篇技术文档或一幅电路图中仅使用一种时间继电器，则其线圈可使用普通继电器线圈通用的图形符号；如果一幅电路图中兼有上述两种或更多种类的时间继电器，则为了有所区别，按照国家标准的规定，这些时间继电器应使用不同的图形符号，如图3所示。

图3(a)是线圈通电开始延时的时间继电器的图形符号，包括线圈符号和触点符号。其常开触点须待延时结束才闭合，常闭触点须待延时结束才断开。

图3(b)是线圈断电开始延时的时间继电器的图形符号，包括线圈符号和触点符号。触点在线圈通电时瞬时动作；线圈断电时，其常开触点须待延时结束才断开，常闭触点须待延时结束才闭合。

图3(c)是线圈通电和断电均有延时的时间继电器的图形符号。其常开触点在线圈通电时延时闭合，线圈断电时延时断开；其常闭触点在线圈通电时延时断开，线圈断电时延时闭合。

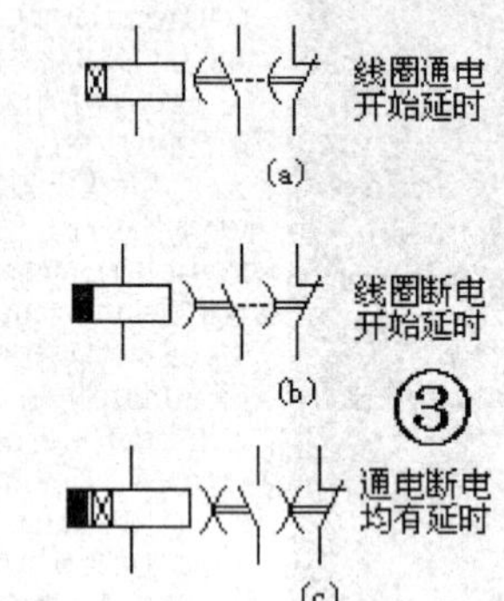

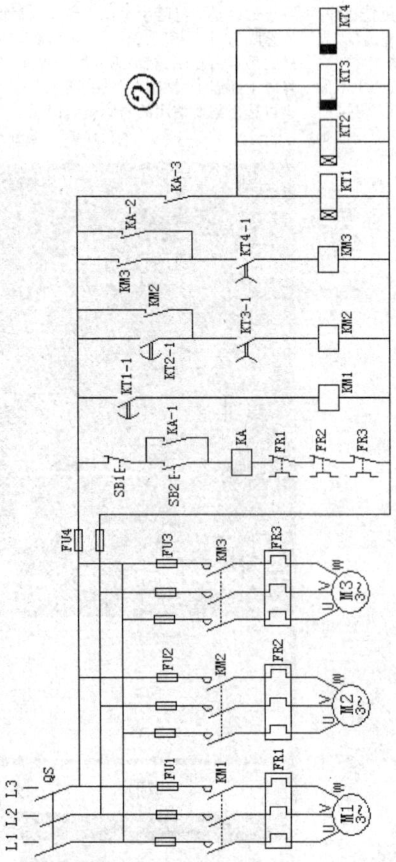

2. 皮带输送机电路工作原理

图2电路包括皮带输送机的一次主电路和二次控制电路。下面分别给以介绍。

(1)皮带输送机主电路

图2所示的皮带输送机使用了3台电机M1、M2和M3，它们的启动与停止由交流接触器KM1、KM2和KM3控制。启动顺序是，首先启动电机M3，然后启动电机M2，最后启动电机M1。停机时的顺序是，先停止电机M1，然后停止电机M2，最后停止电机M3。

3台电机均各自安装有熔断器和热继电器，用于短路保护和过载保护。

(2)二次电路对3台电机的顺序启动与停止

皮带输送机的二次控制电路应能满足系统总的控制要求，即电机开机顺序为M3→M2→M1，而停机顺序为M1→M2→M3。

皮带输送机开机时点按启动按钮SB2(参见图2)，这时中间继电器KA线圈得电，其3个常开触点同时闭合，其中KA-1闭合实现自保持；KA-2闭合为接触器KM3的线圈获得电源作好了准备；KA-3闭合使4只时间继电器KT1~KT4线圈得电开始工作。

由于KT4的触点KT4-1是线圈通电瞬间动作闭合、线圈断电延时断开的，所以，KT4的瞬时闭合触点KT4-1使接触器KM3的线圈在点按启动按钮SB2的同时即获得电源，KM3的主触点闭合，电机M3驱动3号输送带首先开始运转。KM3的线圈有电后，其辅助常开触点KM3闭合实现自保持。该触点的另一个作用就是停机时使电机M3最后停止运转，详见后述。

之后应该启动电机M2。控制电机M2启动运转与停机的是接触器KM2，由图2可见，其线圈回路中，在中间继电器触点KA-3闭合、时间继电器KT3线圈获得电源后，KT3瞬时动作的触点KT3-1已经闭合，之后时间继电器KT2的延时闭合触点KT2-1一旦延时闭合，接触器KM2的线圈即可获得电源，KM2的主触点接通电机M2的工作电源，M2开始运转。KM2吸合动作后，其辅助常开触点闭合，实现自保持。由此看来，时间继电器KT2的延时时间，就是电机M3和M2两台电机的启动时间间隔。

时间继电器KT1是线圈通电开始延时的继电器，其延时结束后，延时闭合的常开触点KT1-1闭合，接触器KM1线圈得电，电动M1开始运转。

显然，只要时间继电器KT1比KT2的延时时间长，就能保证电机M1比电机M2启动的更晚一些。

综上所述，皮带输送机的二次控制电路可以实现3台电机正确的启动顺序。

(3)二次控制电路中的电机停机过程

皮带输送机停机时，点按图2中的停机按钮SB1，中间继电器KA线圈断电，其所有触点释放。时间继电器KT1~KT4线圈断电，KT1的线圈断电后触点KT1-1瞬间释放，接触器KM1线圈断电，电机M1首先断电停机。之后KT3线圈断电后延时动作的触点KT3-1延时断开，接触器KM2线圈断电，电机M2断电停机。这里要说明一下与时间继电器的触点KT2-1并联的接触器KM2的辅助常开触点的作用，它在电机M2的启动与运行中似乎均可有可无，但它是电机M2顺序停机不可或缺的。因为停机时点按了停机按钮SB1后，4只时间继电器线圈均断电，KT1和KT2的延时触点KT1-1和KT2-1同时断开，如果没有触点KM2辅助常开触点的作用，那么接触器KM1和KM2的线圈将同时断电，导致电机M1和M2同时断电停机。显然这不符合系统控制的要求。另外，与中间继电器的触点KA-2并联的接触器KM3的辅助常开触点，作用与上雷同，都是为了实现顺序停机而设置的。

时间继电器KT4也是线圈断电后延时动作的，但其延时时间较KT3长一些，所以其触点KT4-1稍后才使接触器KM3线圈断电，致使电机M3最后停机。这样的停机过程也正是系统工作所需要的。

梳理4只时间继电器的工作情况，如表1所示，它们相互配合，完成了皮带输送机的开机与停机的顺序要求。

三、皮带输送机故障维修实例

一个由3条皮带输送机组成的运输系统，启动开机时应该按照3号→2号→1号的顺序启动，但近期出现故障，每次启动都是启动到2号机，启动程序就停止了，1号机不能启动。

根据分析，1号机的正常启动，依赖于二次控制电路中的时间继电器KT1、交流接触器KM1的器件本身完好，接线规范，压线螺钉无松动；一次电路中的熔断器FU1正常，接触器KM1的主触点未严重烧蚀并未见接线松动。而隔离开关QS的工作情况可以暂缓考虑，因为如果它工作异常，则2号和3号皮带机也不能正常工作。另外热继电器FR1也应是正常的，因为它的常闭触点串联在二次控制电路的公用电路中，影响的是3台接触器、电机的控制与运行。

检修该例故障时，暂时停止向传送带上投放物料，然后点按启动按钮SB2，发现3号和2号输送带可以启动，但1号输送带长时间不能启动。用万用表交流电压档测量时间继电器触点KT1-1两端电压，测量值为380V，说明该触点未接通，因为触点一旦接通，其两端是不会有电压的，如此可以确定时间继电器KT1已经损坏。更换一只触点容量较大(允许的工作电压更高，工作电流更大)的时间继电器，工作恢复正常，故障排除。

这台皮带输送机使用时间继电器的触点KT1-1直接接通接触器KM1的线圈电路，并长期通过时间继电器触点给接触器线圈供电，是时间继电器损坏的重要原因。本例故障维修时，选用了一款触点容量较大的时间继电器，应该可以运行较长时间。也可以由时间继电器KT1接通一只中间继电器的线圈，然后用中间继电器的触点去控制接触器KM1的线圈通电与否，应该更可靠。但须给中间继电器安排安装位置。

◇山西 杜旭良

表1 时间继电器的特性、功能与调整要求

时间继电器	动作特性	延时时间	功能用途
KT1	线圈通电开始延时	较KT2长	确保电机M1最后开机
KT2	线圈通电开始延时	较KT1短	确保电机M2早于M1、迟于M3开机
KT3	线圈断电开始延时	较KT4短	确保电机M2早于M3、迟于M1关机
KT4	线圈断电开始延时	较KT3长	确保电机M3最后关机

支持定时工作的按钮式浴室风扇开关设计

这是 Anthony Smith 的闩锁接通/断开开关设计的改进版本(请参见下面的整个系列)。新设计可切换120VAC负载,并包括电源上一些急需的细节,定时自动关闭,与电源的连接以及其他微小变化。

按下瞬时(ON)按钮开关可打开或关闭浴室排气扇(或其他负载)。按下开关和T2,BS170 NFET锁存,风扇打开;再次推动它,T2被锁住,风扇关闭。保持风扇运转,并在27分钟后自动关闭。

在图1中指定为A的节点是关键结点。当A在启动时为低时,所有晶体管和风扇都关闭,4060二进制计数器上的Reset输入为高,因此它是无效的,并且其所有输出都为低。静态电流小于0.1 μA,加上通过齐纳二极管和开关中可选LED的电流。当A为高电平时,所有晶体管(T3除外)均导通,4060复位驱动为低电平(即激活/启用状态),并且风扇导通。在这种状态下,开关的电流负载为15 mA,加上齐纳二极管的电流为4mA。

当瞬时按钮(PB)开关闭合时,来自C3的12V施加在A上,导致T2导通。该状态使复位总线接地,通过R6和R7分压器将Vgs(on)置于其栅极上,从而使PFET T4导通,使PNP T5导通,从而驱动光隔离器接通电源三端双向可控硅开关,并启动4060定时器。将其复位引脚拉低。T4在R5和R6两端施加VD,从而将10V置于A,保持T2锁定,并在T1上进行开关,以通过R2释放C3的电荷,并在PB断开的开关处留下0V的电压,以准备关闭开关按钮。

可以在打开开关几秒钟后手动关闭按钮,反之亦然。如果现在关闭了PB瞬时开关,则在A处施加0V,以关闭所有电源。可以将开关保持2秒钟而不会影响操作。R1,R2,R6和C3形成RC延时电路,可防止开关弹跳。

4060的OUT-14在27分钟后变为高电平,并接通T3,在A上施加0V。这将关闭T2,T1,T4,T5,光隔离器,三端双向可控硅开关和风扇关断,并将VD施加到4060的复位,停止其振荡器并使OUT-14变为低电平,从而将T3重新关断。

T2关断后,T4关断并在A上闩锁接地需要花费几百纳秒至几微秒的时间。但是,4060的复位变为高电平,在芯片中传播以及重新关闭T3。为确保在A被T4锁存为低电平之前,复位不会变为高电平,需要插入一个较大的1.25秒R-C延迟(R11和C4),以将复位保持在6V的VH/L以下。

计数器/计时器

CD4060BE是带振荡器的14级二进制计数器,采用标准CMOS逻辑制造。当复位为低电平时,振荡器将通过二进制级进行计数。在计数达到其阶段之前,输出一直保持低电平,然后在其周期内上下波动。

4060的振荡器周期为2.2×R13×C6或2.2×402K×0.22 μf=0.195秒(f=5.1 Hz)。R12应该是3到10×R13。由于制造,VD或元件差异,振荡器可能会变化±10%。

当经过13个二进制纹波阶段后OUT-13返回低电平时,OUT-14变为高电平以通过打开T3关断负载:0.195秒×2^{13}=1594秒=26.6分钟。

驱动电路

T5驱动IL4208光耦合器的LED,该LED点亮其三端双向可控硅开关元件以为功率三端双向可控硅开关元件的栅极供电。饱和的T5通过R10和1.16V的VF以5.2 mA(IFT(MIN)=1 mA)驱动光电LED。当主双向可控硅导通时,其VMT2-VMT1为1.1V。光耦合器的三端双向可控硅开关元件的导通状态VT为1.7V,加上T635的1.3V VGT=3.0V压降,因此在功率三端双向可控硅开关元件开启时,没有栅极电流流过IL420三端双向可控硅开关元件。

当功率三端双向可控硅开关元件电流过零之前,在零交叉之前为57μs的IACOLD阈值降至12mA的IHOLD阈值以下,估计的ILOAD(PEAK)为556mA,则三端双向可控硅开关切换(例如,实际的IHOLD和ILATCH是IGATE的部分功能-例如,两者均降低具有更高的栅极电流和数据表规格不精确)。当相角为38°(假设功率因数为0.79)时,两个三端双向可控硅开关通断时的VT跳升至-102V。这将通过2KΩR14和IL4208三端双向可控硅开关元件以50 mA (IGT=2-35 mA;IGM=4A)驱动IGATE,用于功率三端双向可控硅开关元件的tON开启5至10 μsec。

请注意,在电阻性负载(电压和电流同相)的情况下,三端双向可控硅开关换流后,在VT为栅极驱动器通电之前,2KΩ电阻将滞后25°。这将实现的平均负载功率降低到大约90%。

T635-T是800V,6-A双向可控硅。它的dV/dt为6-10,000V/μsec,并且不需要具有正常感性负载的缓冲器(IL4208的双向可控硅也是无缓冲器的)。在IT(RMS)=0.4 A(大约是普通浴室排气扇的高端)时,其耗散0.4W。它可以在2.1A(250W负载)下耗散2W的功率,足以容纳150W的灯泡,但没有电加热器,没有散热器。

缓冲电路

带有220Ω电阻器R15和0.18μf电容器C7的缓冲电路(不是T635不需要的常规三端双向可控硅dV/dt保护)可增强三端双向可控硅开关的导通。三端双向可控硅开关在-IHOLD截止,直到负载电流达到+15 mA的ILATCH或大约120微秒后才恢复导通。如果没有缓冲器,则双向可控硅将在完全开启之前的每个半周期开启和关闭大约8次,从而产生不需要的RFI。

当双向可控硅开关断开时,缓冲电容器将通过220Ω电阻充电至约24V。当三端双向可控硅开关元件导通时,它会放电,最初为104 mA,这会增加负载电流,此时的负载电流为零。它的放电足以使总双向可控硅电流保持高于ILATCH的状态超过120 μs,从而消除了振荡。

风扇关闭时,缓冲器将吸收大约8 mA(RMS)的负载,即正常负载的2%。缓冲电容对功率因数没有影响。

电源

该电路具有无变压器电容式电源。通过电容器的平均交流电流=C(dv/dt)=4VPEAK(f)(C),其作用类似于电流源。0.47μf/330VAC,自修复金属化膜,X-1安全额定馈电电容器可提供19+mA电流。该电路在接通时消耗15.1 mA,在断开时消耗7.4 mA。多余的电流通过齐纳二极管排出。添加了一个1-A保险丝以防止电容器短路故障,并在电容器周围包括一个22MΩ的分流电阻,以防止电击。

一个33Ω/2W的限流电阻将浪涌电流限制在5.2A,持续约16μsec。看到该浪涌电流的所有六个元件,馈电电容器,限流电阻器,保险丝,桥式整流器,齐纳二极管和滤波电容器均可以承受5.2A的浪涌。820μf滤波电容器的纹波系数约为0.6%。0.1μf C5进一步将VD滤波到4060。一个400A的压敏电阻可防止线路功率尖峰。

连接电源

连接到主电源看似微不足道,但事实并非如此。大多数示例三端双向可控硅开关控制电路只是简单地显示出电源神奇地出现在左侧,就像牙仙子提供的那样。

该电路需要直接连接到火线和零线市电-线路和零线都不能通过负载连接。这需要在墙壁开关盒处接入电源。如果主电源通道位于天花板固定装置上,则在以下情况下可以使用:(1)中性线连接到负载,并且热旁路负载,这是标准的房屋接线协议,并且(2)使用绿色接地线违反了代码电路的零线。这在电源接地上的电流微不足道,为19 mA,但这仍然是违反代码的行为。风扇电路主回路中的GFCI不太可能,这种接地线的使用可能会导致误跳闸。

该开关是16毫米(9/16英寸)PV6系列PB开关,带有E-Switch的LED背光灯。任何瞬时(ON)PB开关都可以使用。圆形的蓝色LED通过其2.68V的VF和7.5 V的驱动电流来驱动。1.2 K下降电阻(R8)PV6开关具有其他LED颜色。

该电路代替普通的拨动开关安装在开关壁盒中。我使用了BUD实用工具盒CU-18425 (3.56英寸×2.03英寸×1.65英寸-紧贴在墙盒中)以及Kyle的双开关板。PCB为2.58英寸×1.8英寸。图2和3是PCB布局和完整电路板的图像,导线的连接是从焊盘到电源的16到18号线规导线;从焊盘到PB开关,其LED以及R10到IL4208跳线的18-22线规导线。

◇湖北 朱少华

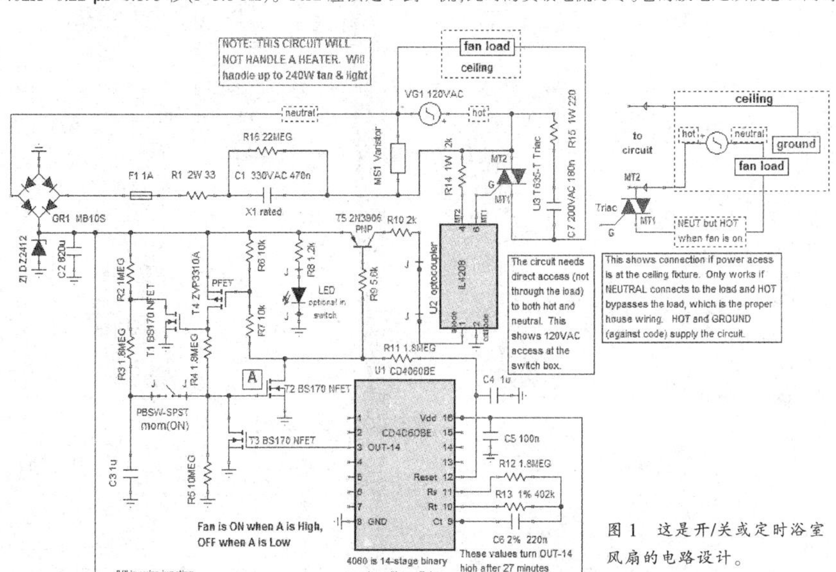

图1 这是开/关或定时浴室风扇的电路设计。

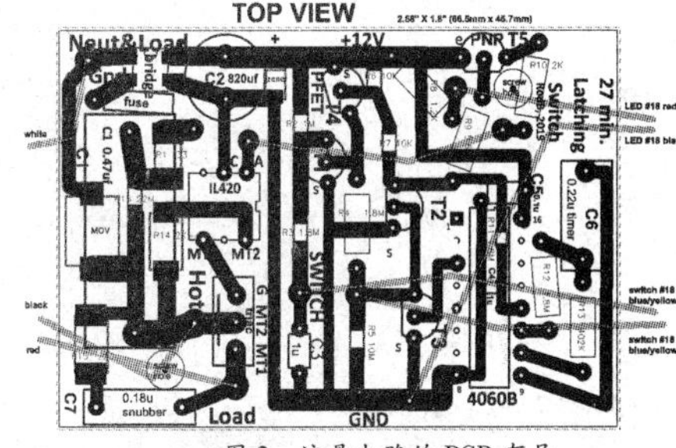

图2 这是电路的PCB布局。

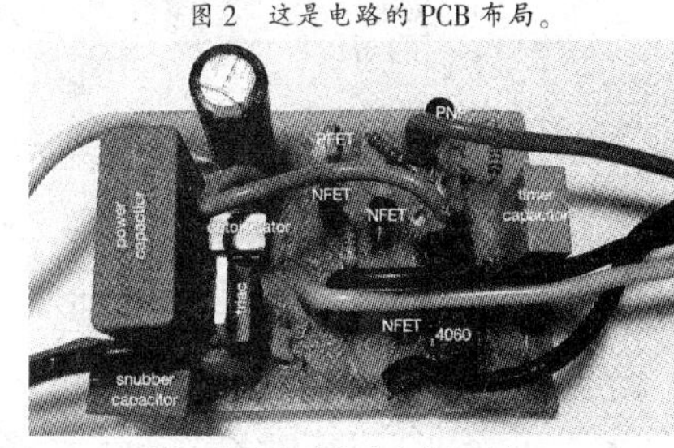

图3 这是此设计的完整电路板。

用梯形图编程进行STC单片机应用设计制作
—拼装式单片机控制板及应用(一)

用梯形图编程进行单片机应用设计制作，虽然使用的梯形图受到转换软件的限制，只能是三菱FX_{1N}PLC中的一个子集，但这种方法的明显优点在于输入输出点数的配置灵活，明显的缺点是需要根据控制系统来定制控制板。该缺点的存在使一些不熟悉单片机及PCB板设计的电气技术人员面前出现了一只“拦路虎”，为此，本文介绍一套可拼装的单片机控制板，以方便学习和应用。该套拼装板分三种：MCU板、4路开关量输入板和4路晶体管输出板。当采用STC11F60XE的单片机时，除去芯片上的电源端、时钟端和通信端外，最多可有34路输入或输出点。能够满足一些常见控制系统的要求，特别是适用于老设备的改造。

1. MCU板

MCU板的印刷电路板如图1所示，采用双层布线设计，其中图1(a)和1(b)分别为顶层和底层线路布置，图1(c)为线路板实物。该线路板的电原理图请参见《电子报》2019年第31期第8版。

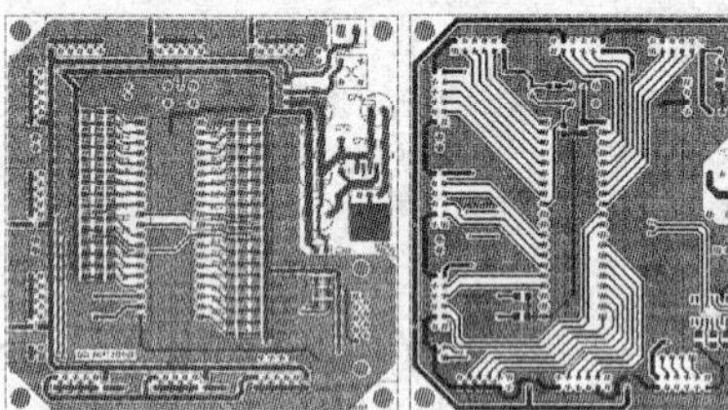

(a)顶层电线路　(b)底层线路

(c)线路板实物

图1 MCU电路板

MCU板所用元器件如表1所示，元器件在板上的布置如图2所示。将每个元器件按照其代号所在位置进行焊接，建议先焊接低矮的元器件，如贴片电阻、电容和发光二极管等，再焊接IC插座和电解电容之类比较高的元件，最后焊接接插件。焊接完成后的MCU板实物如图3所示，板上各接口对应单片机引脚如表2所示。

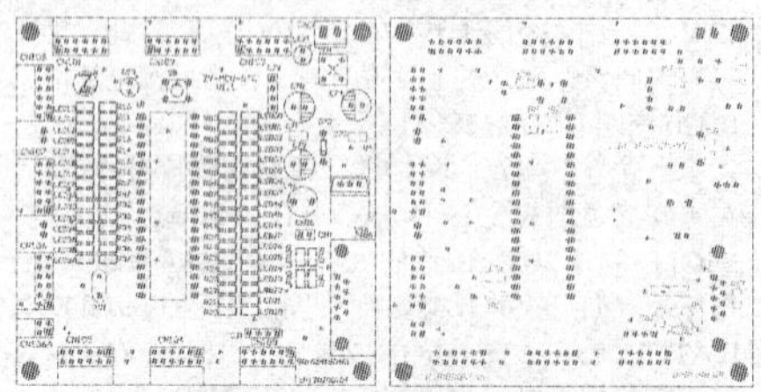

(a)顶层　(b)底层

图2 MCU板元器件布置

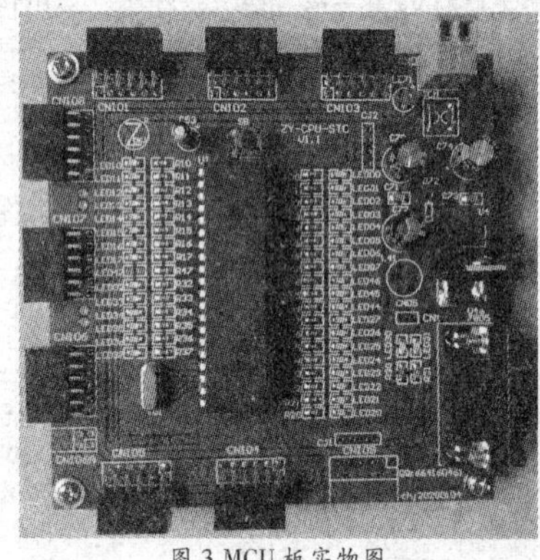

图3 MCU板实物图

2. 开关量输入板

开关量输入板的印刷电路板如图4所示，有4路输入，也采用双层布线设计，其中图4(a)和4(b)分别为顶层和底层线路布置。该线路板的电原理图请参见《电子报》2019年第35期8版。

板上所用元器件如表3所示，元器件在板上的布置如图5所示。焊接完成后的4路输入板实物如图6所示，板上各接口引脚定义如表4所示。

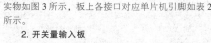

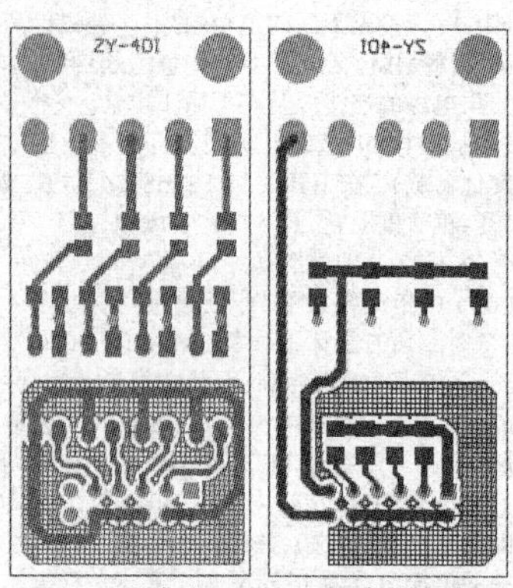

(a)顶层线路　(b)底层线路

图4 晶体管输出板

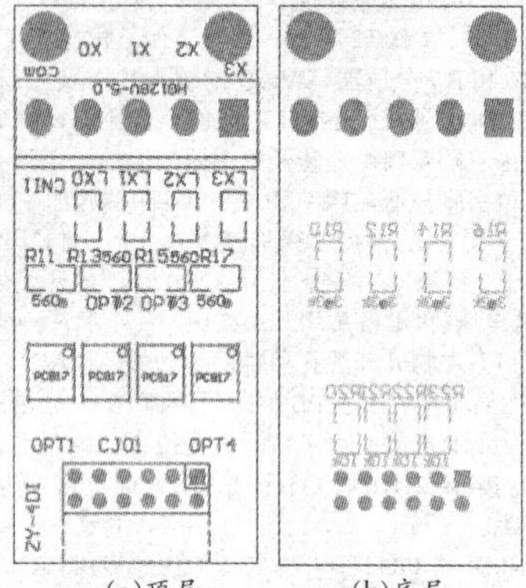

(a)顶层　(b)底层

图5 输出板元器件布置

图6 开关量输入板实物图

(未完待续)

(下转第116页)

◇江苏 键 谈

表1 MCU板材料清单

电路	代号	名称	型号规格	数量
单片机电路	U1	单片机	STC11F60XE，PDIP-40	1
		集成电路插座	PDIP-40，圆孔	1
	C54	电容器	104(0.1μF)，1206	1
时钟电路	Y01	无源晶体	11.0592MHz	1
	C51、C52	电容器	27P，1206	2
复位电路	R51、R52	电阻器	10k、100Ω，1206	各1
	C53	电解电容	10uF/10V，6mm×7mm，铝	1
	SB	轻触按键开关	6mm×6mm	1
电源电路	U4a	集成稳压电路	L7805CV，TO-220	1
	C74	电解电容	220 uF/35V，铝	1
	C70、C72		1000 uF/10V，铝	2
	C71、C73	电容器	104(0.1μF)，1206	1
	LD71	发光二极管	Φ3，红色	1
	R71	电阻	470，1206	1
	CND	接线端子	EX-2EDG-3.81 2P	1
通信电路	Ut	通信集成电路	MAX232，SOP-16	1
	C61、C62、C63、C64	电容	1uF/50V，1206	4
	CNt	接插件	DB9或DR9母头	1
端口接插件	CNIO1~CNIO9	接插件	2.54mm、2×6P、弯母座	9
	CNIO5A		2.54mm、2×2P、弯母座	1
	CJ1		2.54mm、1×4P、直母座	1
状态指示电路	LED00~07、LED 10~17、LED 20~27、LED 30~37 LED 44~47	发光二极管	红色，0805	36
	R00~R07、R10~R17、R20~R27、R30~R37 R44~R47	电阻	2kΩ，0805	36
电路板	ZY-MCU-STC	MCU板	99.5mm×99mm	1

表2 板载接口的单片机引脚

接口号	1	2	3	4	5	6	7	8	9	10	11	12
CNIO1	24V+	地	P1.3	地	P1.2	地	P1.1	地	P1.0	地	5V+	地
CNIO2	24V+	24V-	P0.1	地	P0.1	地	P0.2	地	P0.3	地	5V+	地
CNIO3	24V+	24V-	P0.4	地	P0.5	地	P0.6	地	P0.7	地	5V+	地
CNIO4	24V+	24V-	P2.7	地	P2.6	地	P2.5	地	P2.4	地	5V+	地
CNIO5	24V+	24V-	P2.3	地	P2.2	地	P2.1	地	P2.0	地	5V+	地
CNIO6	24V+	24V-	P4.5	地	P4.6	地	P3.7	地	P3.6	地	5V+	地
CNI6A	P4.4	地	RST	地	-	-	-	-	-	-	-	-
CNIO7	24V+	24V-	P3.5	地	P3.4	地	P3.3	地	P3.2	地	5V+	地
CNIO8	24V+	地	P1.7	地	P1.6	地	P1.5	地	P1.4	地	5V+	地

表3 开关量输入板材料清单

电路	代号	名称	型号规格	数量
开关量输入电路	CNI1	输入端子	HG128V-5.0	4
	CJO1	输出接插件	2.54mm、2×6P、弯针	4
	R10、R12、R14、R16	电阻	3.3kΩ，1206	4
	R11、R13、R15、R17	电阻	560，1206	4
	R20、R21、R22、R23	电阻	10kΩ，1206	4
	LX0、LX1、LX2、LX3	发光二极管	红色，1206	4
	OPT1、OPT2、OPT3、OPT4	光电耦合器	P817，SOP4	4

表4 板载接口引脚定义

接口号	1	2	3	4	5	6	7	8	9	10	11	12
CNI1	信号输入	信号输入	信号输入	信号输入	24V-	-	-	-	-	-	-	-
CNIO1	5V+	地	信号输出	地	信号输出	地	信号输出	地	信号输出	地	24V+	24V-

博途应用6:三相异步电动机的顺序启动控制(二)

(紧接上期本版)

对于PLC系统,在PLC外部I/O电路保持不变的情况下,通过编写不同的PLC程序,可以获得不同的控制功能,这也是PLC控制系统相对于继电器电路的一大优点。例如,在本系列的电动机正反转控制任务中,保持图2所示PLC的I/O电路不变,对PLC程序稍作修改,就可以在软件中实现复合按钮的功能,修改后的程序如图7所示(省略了状态显示部分程序)。

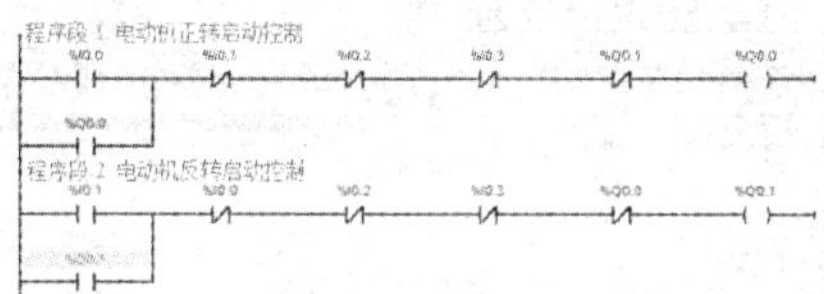

图7 带复合按钮功能的PLC程序

在图7中,程序段1中I0.0的常开触点和程序段2中与输出线圈串联的I0.0常闭触点实现了复合按钮的功能;同理,程序段2中I0.1的常开触点与程序段1中I0.1的常闭触点也组成了复合按钮。当电动机正向运转时,程序段1中输出线圈Q0.0通电自保,触点Q0.0闭合。当按下启动按钮SB3进行反向启动时,I0.1变为1,与输出线圈Q0.0串联的I0.1常闭触点断开,输出线圈Q0.0断电;程序段2中的I0.1常开触点闭合,输出线圈Q0.1通电自保。因此电动机直接进行正转到反转的切换。

需要注意的是:外电路接触器KM1、KM2必须进行硬件互锁(见图1),否则可能因为接触器的动作延迟导致两接触器的主触点同时闭合而引起主电路短路。

7. 行程开关的处理

行程控制一般采用行程开关进行控制,在所需要限制的位置上装设行程开关,并将其常闭触点与控制电路中的停止按钮(或接触器线圈回路)串联。同时在生产机械的运动部件上设置撞块,当运动部件移动到极限位置时,撞块碰压行程开关,使其常闭触点断开。由于行程开关的常闭触点与停止按钮串联,常闭触点断开的作用与停止按钮被按压动作的作用相同,控制电动机的接触器线圈断电,电动机停止运转。行程控制的实质是限位控制,其作用是避免生产机械进入异常位置,是一种限位保护。图8所示就是行程控制电路,图中采用SQ1和SQ2两个行程开关作为行程控制的元件,保证行程控制的可靠性。

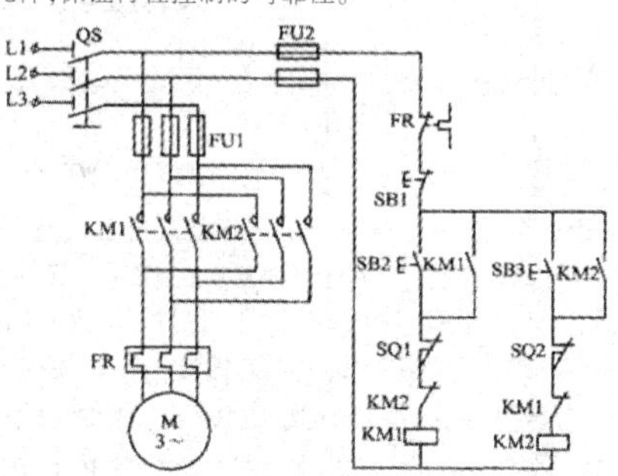

图8 带有行程开关的正反转控制电路

在图2所示的I/O电路基础,把行程开关SQ1和SQ2的状态信号输入PLC(如图9所示),并对PLC程序稍作修改,即可实现具有限位保护的电动机正反转控制功能。修改后的程序如图10所示。

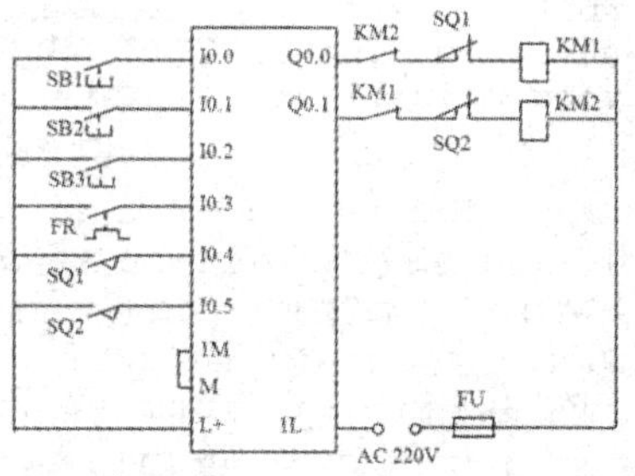

图9 带行程开关的正反转PLC控制外电路

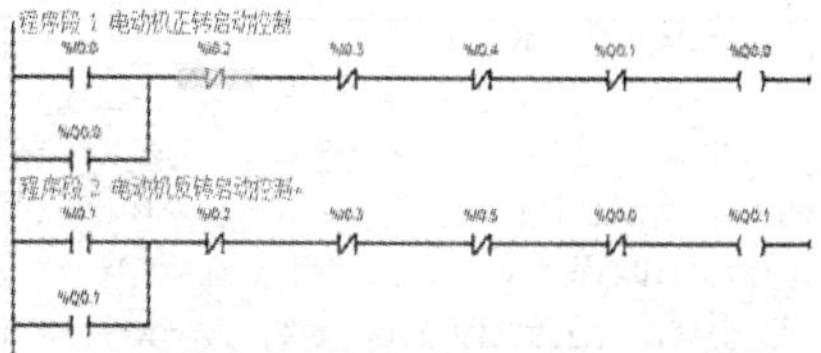

图10 带行程开关的正反转PLC控制程序

在图10所示的梯形图程序中,I0.4的常闭触点与输出线圈Q0.0串联,I0.5的常闭触点与输出线圈Q0.1串联,实现限位保护。当电动机正向运转使设备运行达到极限位置时,行程开关SQ1的常开触点闭合,I0.4变为1,其常闭触点断开,使输出线圈Q0.0断电,电动机停止运转;同理,当电动机反向运转达到极限位置时,行程开关SQ2的常开触点闭合,I0.5变为1,其常闭触点断开,使输出继电器线圈Q0.1断电,电动机停止运转。如此,便可在软件中实现限位保护功能。在PLC的外电路中,把行程开关SQ1的常闭触点与正转接触器KM1线圈串联,把行程开关SQ2的常闭触点与反转接触器KM2线圈串联,实现硬、软件双重限位保护。在某些情况下,为了节省PLC的输入点,也可只采用硬件电路限位保护。

8. 自动往返的处理

某些生产机械工作时,其运动部件不仅有行程范围限制,而且要求在达到行程限制位置时能够自动返回,实现运动部件的自动往复运动,例如煤矿自动往返运煤小车的控制。这就要求电动机不仅能够限位停止,而且能够反向启动。小车自动往返运动的继电器控制电路如图11所示。

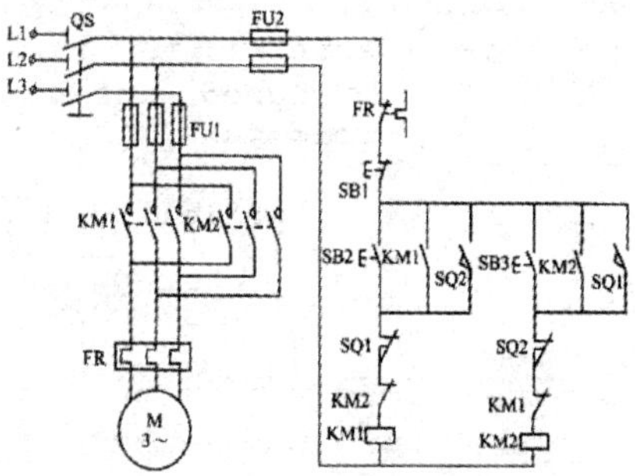

图11 自动往返运动小车控制电路

图11是在图9带限位停止保护的电动机正反转控制电路基础上进行改进,把限位停止保护用行程开关的常开触点与相反运动方向的启动按钮并联连接,在实现限位停止的同时进行反向启动,例如:正转停止的行程开关SQ1的常开触点与反转启动按钮SB3并联。

保持图9所示控制系统的I/O电路不变,对PLC程序稍作修改(如图12所示),即可实现控制机械的自动往返运动。程序中采用了与继电器控制电路类似的方法进行编程,即把行程开关输入I0.4、I0.5的常开触点分别与启动用常开触点I0.1、I0.0并联。

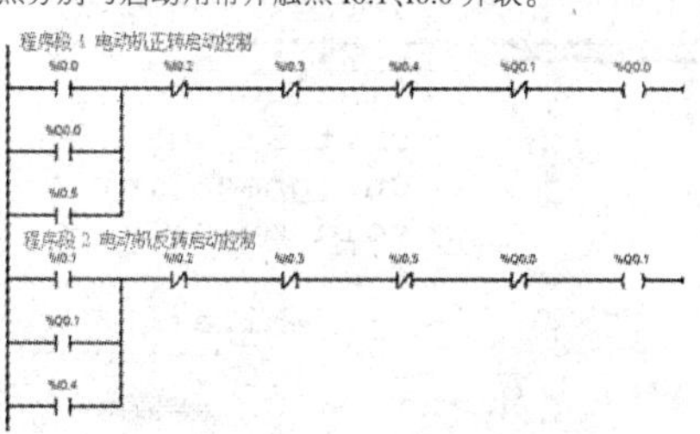

图12 自动往返运动小车控制PLC程序

(全文完)

◇福建省上杭职业中专学校 吴永康

《电子报》职业教育版约稿函

《电子报》创办于1977年,一直是电子爱好者、技术开发人员的案头宝典,具有实用性、启发性、资料性、信息性。国内统一刊号:CN51-0091,邮局订阅代号:61-75。

职业教育是教育的重要组成部分,职业院校是培养大国工匠的摇篮。2020年,《电子报》开设的"职业教育"版面诚邀职业院校、技工院校、职业教育机构师生,以及职教主管部门工作人员赐稿。稿酬从优。

一、栏目和内容

1. 教学教法:职教教师在教学方法方面的独到见解,以及新兴教学技术的应用,给同行以启迪。授课专业一般为电类。

2. 初学入门:结合应用实例的电类基础知识,注重系统性,帮助电类学生和初级电子爱好者入门。

3. 电子制作:职教学生或电子爱好者新颖实用的电子小制作或毕业设计成果。

4. 技能竞赛:技能竞赛电类赛项的竞赛试题、模拟试题及解题思路,指导老师培养选手的经验,获奖选手的成长心得和建议。

5. 职教资讯:职教领域的重大资讯和创新举措,含专业建设、校企合作、培训鉴定、师资培训、教科研成果等,短小精悍为宜。

二、投稿要求

1. 所有投稿于《电子报》的稿件,已视其版权交予电子报社。电子报社可对文章进行删改。文章可以用于电子报期刊、合订本及网站。

2. 原创首发,一稿一投,以Word附件形式发送,稿件内文请注明作者姓名、单位及联系方式,以便奉寄稿酬。

3. 除从权威报刊摘录的文章(必须明确标注出处)之外,其他稿件须为原创,严禁剽窃。

三、联系方式

投稿邮箱:63019541@qq.com或dzbnew@163.com

联系人:黄丽辉

本约稿函长期有效,欢迎投稿!

《电子报》编辑部

手把手进行Keil C编程调试和仿真(下)

(紧接上期本版)

三、仿真调试篇

仿真调试作为单片机编程的提高应用，也是平时编程调试中不可缺少的部分，此部分不仅要求对编程的理解、对Keil C软件相应功能操作的熟练，更要对单片机内部功能结构及工作原理有更深的了解。

仿真调试分为软件仿真和硬件仿真，软件仿真是在Keil C软件里面，通过软件的设置调试运行，模拟和查看硬件相应功能的运行实现情况；硬件仿真时将编译(语法)通过的程序，通过电脑串口连接单片机主板，在线运行程序，调试查看对应单片机主板运行控制硬件的状态，做进一步调试及程序完善，一直到符合要求为止。

(1)软件仿真调试

调试程序是在编译过后，发现语法或逻辑错误系统给出警告或错误信息后，利用调试进行运行程序，找出程序出错的地方和原因，从而进行修改和完善；仿真调试是在一般调试基础上，结合对硬件或者功能实现效果的检验和修改。

在系统设置里面，即点击软件设置按钮后的设置页面选择 Debug 按钮，在 Use Simulator 项前面点选，则为软件仿真模式。在此模式设置好后，点击调试按钮，则进入调试模式，如图21，此按钮既是调试启动按钮，也是结束按钮，即在启动调试模式后，再按一次调试按钮，则程序退出调试模式。

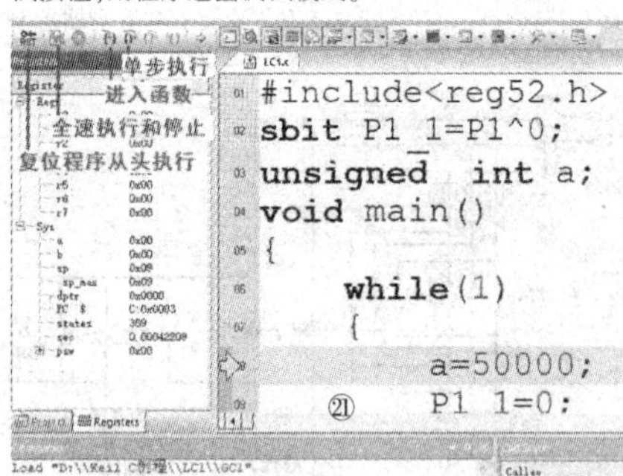

进入程序调试模式，新增的调试快捷按钮中第一个RST按钮是程序复位从头开始执行。第二个是程序全速运行，后面的停止按钮，只有在程序全速运行时才为红色可用，当按下停止按钮时则停止程序执行。第四个是进入函数体，第五个是单步执行，也就是程序按顺序一条一条的执行语句。复位、全速和单步执行是常用的调试功能按钮，在调试模式中，对应执行的语句前有一个黄色箭头，执行完该语句，箭头则根据语句功能指向下一条指令。

在调试程序时有必要打开寄存器窗口和相应硬件执行状态窗口，首先点击 View，选择 Registers Window 项，则打开寄存器窗口，如图22。

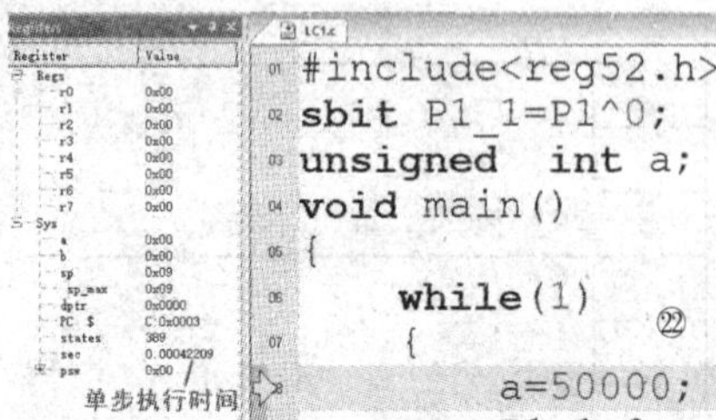

从图22中可以看出，程序执行时相关寄存器的状态值，在"sec"处可以看到程序执行的时间，如果是单步执行，则在此处看到每执行一条语句的时间（微秒us），如果是设置了断点则在states处能看到程序执行一段后用的时间，如果经过复位后，此时程序回到从头起始部分，计时处也会清零，如图23。

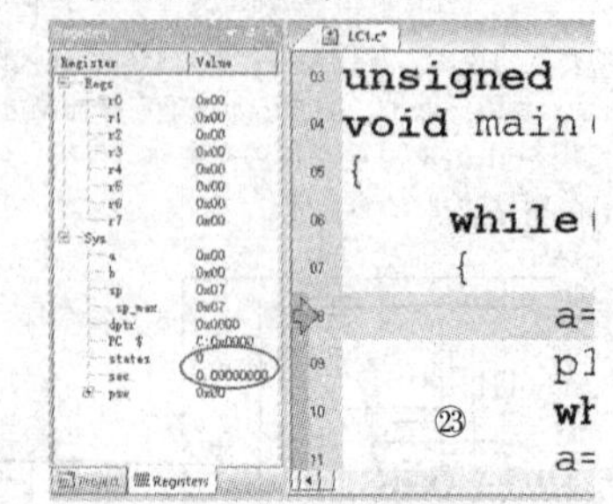

调试程序时，往往还会涉及单片机端口等硬件部分，此处用到单片的P1口，我们可以打开软件里面硬件资源部分查看相应硬件的状态情况。点击软件菜单按钮 Peripherals，在下拉的选项中选择 I/O-Ports，再选择下拉选项 Port 1，则出现如图24所示的P1^0脚也就是P1口的第一脚P1_1的窗口显示情况。

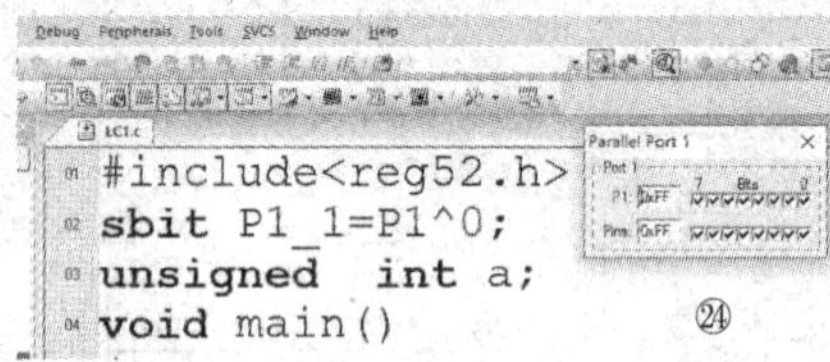

从窗口可以看出，当程序刚开始执行或复位时，P1口8个引脚P1^0~P1^7都是高电平即FF(11111111)，也就是每个引脚上对应的LED是关闭不亮的；要使LED点亮，则需要P1^0脚为低电平使LED导通，即P1口的状态为FE(11111110)。

当程序执行到语句"P1_1=0"时，则会使P1^0的值被赋为0，P1口的状态变为FE，也就是P1_1脚为低电平，实现第一个LED导通被点亮，如图25。

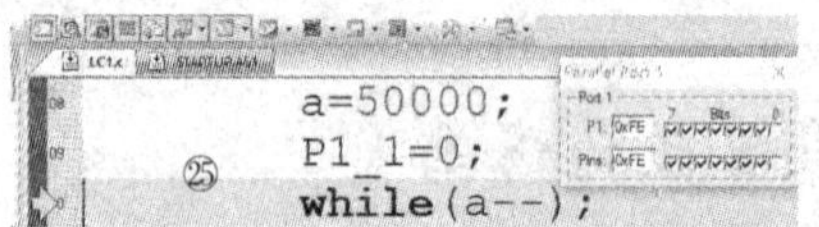

在调试程序时，如果进入循环程序采用单步执行则会用很多时间，可以采用设置断点，让程序在断点前进行全速执行，而执行到断点处会自动停止，如图26。

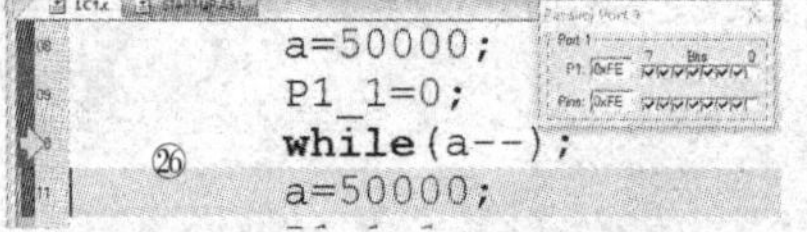

在调试程序时，特别是循环程序运行调试，还可以看到变量的变化情况，这时可以打开参数查看窗口进行实时查看。点击 View 菜单按钮，选择下拉选项 Watch Windows，并选择下拉 Watch 1 选项，则可打开参数查看窗口，如图27。

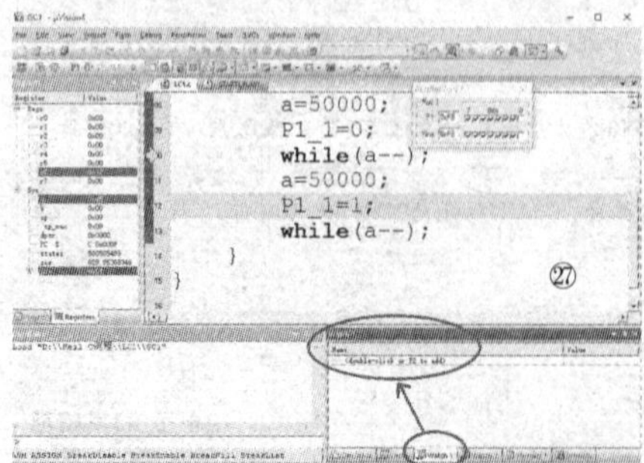

打开Wath1参数查看窗口后，可以双击输入a，同时鼠标右键a所在行，可以设置a的值显示的方式为十进制，如图28。

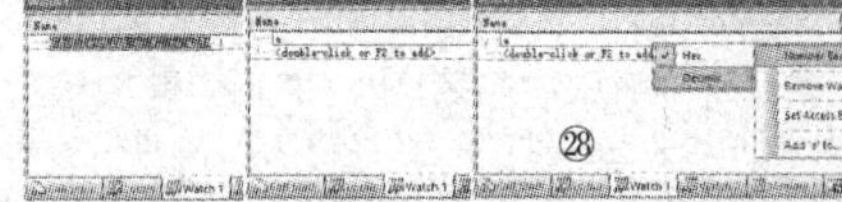

进入循环体内单步执行程序时即可看到变量a的参数变化情况，如图29。

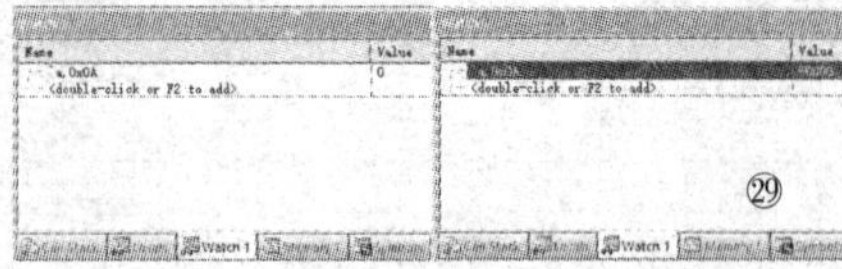

(2)硬件仿真调试

硬件仿真调试可以将程序运行到仿真单片机中，真实模拟硬件运行的情况。进行硬件仿真调试前，需要切换到在线仿真模式。点击软件设置按钮，在出现的设置页面，选择 Use: Keil Monitor-51 Driver 项，对 Settings 功能按钮里面的COM串口进行设置，并对此区域的所有勾选项目进行勾选，如图30。

在硬件仿真调试时，需要用USB线连接单片机主板，并使用专门的仿真单片机芯片。进行硬件仿真调试时，应该先连接好程序电脑和单片机板，并打开电源，使电脑串口能够识别单片机主板且能传送程序。连接好硬件后，在Keil C软件里面进行调试运行程序，则可看到程序执行时对应LED点亮和关闭的情况。

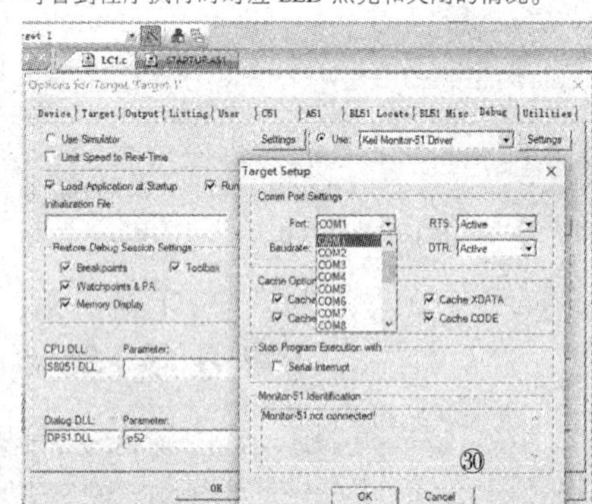

硬件仿真调试是程序在单片机里面运行控制外设的情况，如图31。但是不能了解单片机内部资源的运行情况，因此软件仿真调试也很重要。硬件仿真调试结束时，需要先点击软件复位按钮 RST，再点击调试按钮结束调试，再关闭硬件。

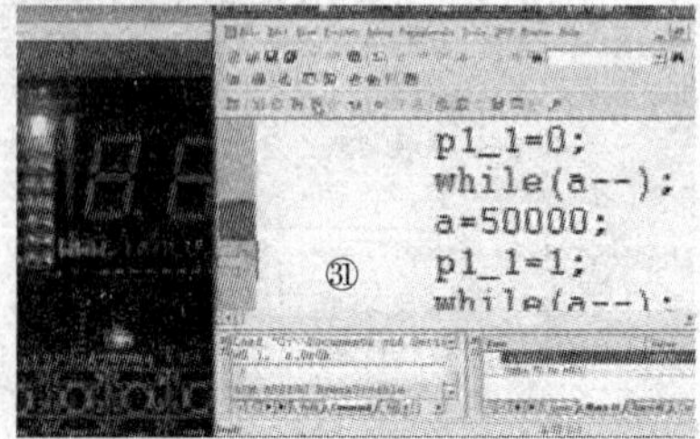

后记：单片机的学习中软件硬件都很重要，特别是要学透硬件结构原理才能更好地使用软件编程，而软件编译、调试、仿真是单片机软件编程中很重要的环节，谨以此文与读者特别是单片机初学者朋友共勉，文中如有不妥之处，欢迎指导交流。

(全文完)

◇西南科技大学城市学院鼎利学院 刘光乾 陈丹 马兴茹

编辑：春 魏 投稿邮箱:dzbnew@163.com

电视发射机激励器功放原理分析

电视发射机的激励器有三个接口，J1是射频信号输入端，它来自带通滤波器的输出口。J2是射频信号输出端，它送到下一级带通滤波器的输入口。J3是功率放大器与激励器底板之间的接口，图像功率放大器的J3接在激励器底板的J16上，伴音功率放大器的J3接在激励器底板的J17上。激励器末级功率放大器，最大输出功率可以达到1W。

在图1中，激励器有两个相同的甲类功率放大器，这两个功率放大器的电路完全相同。当跳接线P1的①、②脚连接时，用于伴音功率放大。当跳接线P1的①、③脚连接时，用于图像功率放大或者双载频伴音功率放大。P1插在①、③脚时，③脚接地，外部功率控制电压J3-3对电路不起作用。当P1插在①、②位置时，功率控制电压经过U4加到CR3的正端，对电路产生一定的衰减量。用在单载频伴音功率放大器中时，起到了自动增益控制AGC的作用。

混频器R端输出的射频信号，经过带通滤波器滤波后，送到了图像功率放大器的输入插口J1上。射频信号经过电容C31，加到了放大器U3的输入端②脚。U3的增益大约是18dB，它的输出端连接着由二极管CR2、CR3和CR4构成的衰减器上。这些二极管相当于可以由电流控制衰减量的可变电阻。稳压器U5(7812)、R1和CR1，给这些二极管提供偏置电压。当跳接片P1插在①、③脚时，流经二极管的电流基本固定不变，二极管构成的衰减器的最小衰减量是3 dB。当P1插到①、②脚时，放大器U4和外部J3-3的功率控制信号power control一起，共同控制二极管的衰减量。射频信号经过衰减后，由小型分配器HY1分成幅度和相位都相同的两路信号。这两路信号分别送到了放大器U1和U2中，分别被放大35 dB后，又送到小型合成器HY2中。经过HY2功率合成后，在HY2的①脚输出1W的射频功率。

定向耦合器DC1的耦合端，输出一个-10 dB的取样信号。这个信号由检波器CR5整流、C23滤波后，转换成一个直流电压。这个直流电压与射频功率成正比例，它送到了缓冲放大器U4的第⑩脚。当二极管发热时，它的电抗将增大，阻抗将变小，不能正确反映输出功率的大小。为了克服温度对取样电路的影响，在CR5的旁边，又增加了一只二极管CR6。-15V经稳压块U6稳压后，在R12和R13的连接点上，产生-5V直流电压，经过R12、R13分别加到CR5、CR6的负端。这样，CR6负端的电位差，加在U4的⑫脚，补偿了温度对CR5的影响。U4第⑧脚加到U4的同相端③脚，U4的⑭脚加到U4的反相端②脚，U4第①脚输出的误差电压就能够正比于射频输出功率了。

U4第①脚输出的射频功率取样电压，经过R17和功率放大器接口J3-10，送到了激励器底板接口的J16-10上。在图纸上，这个取样电压信号标记为图像功率visual power。它又接到了激励器底板的24针和J19-20中。在残留边带滤波器VSB/中频AGC电路中，取样信号作为一个监测信号，由激励器底板的24针，送到这个电路的P6-24上detector input，作为差分放大器U101的同相输入信号。经过这个环路的控制，把末级功率放大器的输出功率，限制在最低功率电平上。只有通过手动功率控制，才能按照维护人员的操作，把激励器提高到需要的功率。

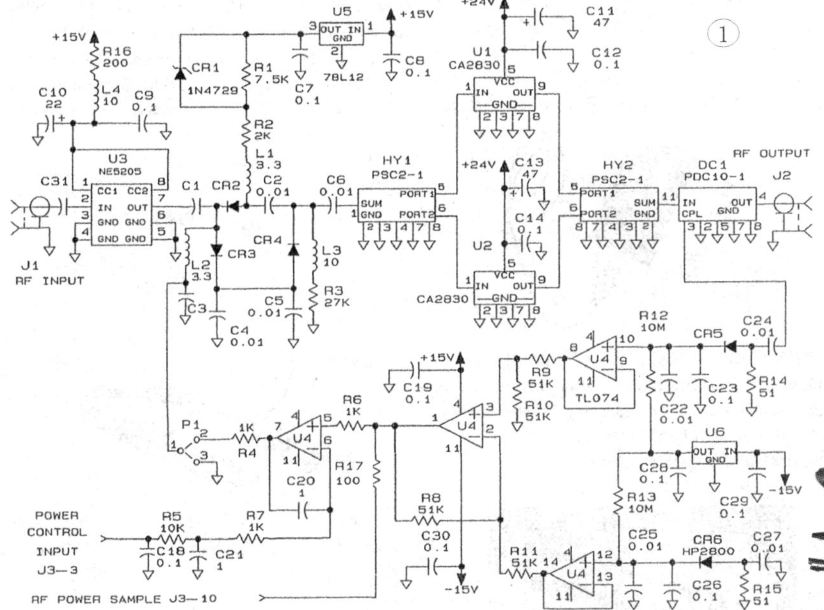

在伴音功率放大器中，J3接口连接在激励器底板接口的J17上。激励器前面板上的伴音功率控制J19-25，接到了J17-3上，再送到伴音功率放大器的J3-3上。在末级功率放大器图纸上，J3-3的功率控制信号，经过R5和R7加到了电压比较放大器U4的反相端⑥脚上，与同相端的功率取样电压进行比较。改变伴音通道的功率控制电位器或者通过前面板的按键控制，就能改变伴音功率放大器的输出功率。

在末级功率放大器实物图2中，除跳接片P1可以改变设置外，没有其他的元件可以调整。所以，正常工作情况下，末级功率放大器不需要作任何调整。但是，如果更换末级功率放大器的电路板，必须把AGC环路的相关门限电平，按照要求重新调整，才能保证电路正常工作。

◇山东省新闻出版广电局大泽山转播台 宿明洪

数码专机收看艺华解锁节目E26解决方法

去年腊月笔者使用飞马D-202S数码专机收看C套餐节目，后来得知艺华平台春节期间开锁播出，于是在接收机上输入艺华转发器参数12354V43000，几分钟后机器顺利搜索到四十多套艺华节目，可切换到艺华频道播放几秒后却弹出“E26系统不认识当前节目”对话框，如图1所示。通过查找相关资料得知可以按遥控器上“菜单或信息”键，再按“退出”键即可解决问题，可笔者尝试后发现均无效。

经过一番摸索终于找到去除E26对话框的方法，并且在笔者的D-202S接收机上有效，具体方法是：先转到数码平台自己的频道上，此时播放不会出现E26对话框，接着按遥控器上“OK”键，此时会弹出“电视节目列表”对话框，如图2所示，通过按压遥控器上的“上下左右”键选择要收看的艺华频道，最后按“OK”键即可正常收看到节目，如图3所示。如果你已经记住了艺华频道节目号，在收看数码节目时直接输入节目号也可以正常收看，如图4所示，有兴趣的烧友不妨试试看。

◇安徽 陈晓军

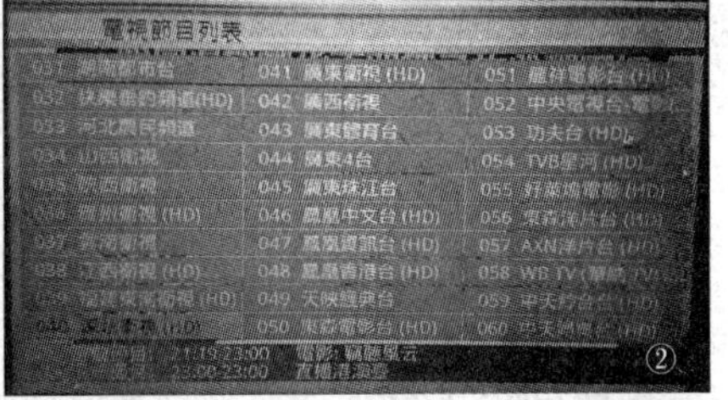

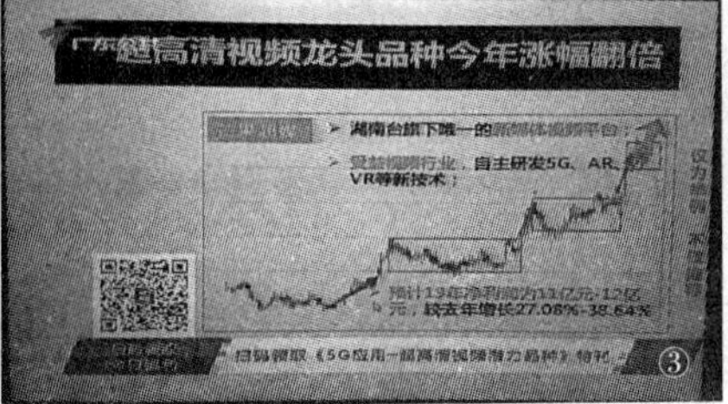

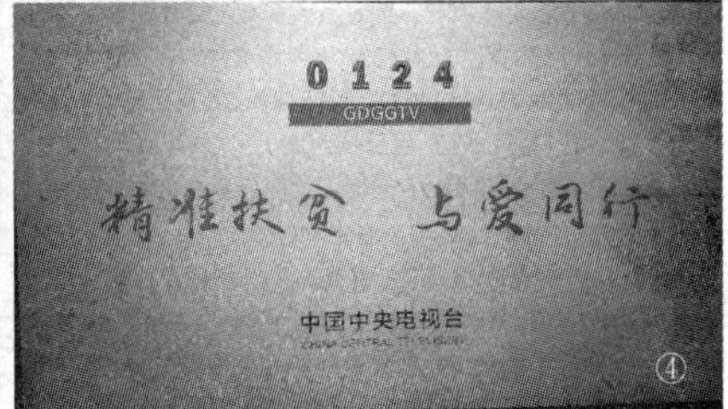

降噪耳机一二(二)

(紧接上期本版)

使用主动降噪耳机后，普遍会觉得环境声音变得高频了，其实不是降噪耳机把环境声变得高频了，而是降噪耳机主要过滤掉了中低频声音，因此会听到高频的环境声音。

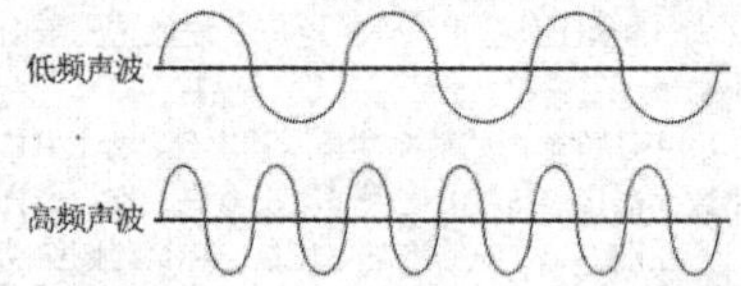

从高、低频声波的波形图对比中可以看出，中低频的波形较长而且稳定，高频波形比较短而且变化很快。说明中低频噪音能够很好地被降噪耳机中的麦克风拾取并妥善处理，而高频噪音很有可能在还没有被麦克风捕捉到之前就已经被人耳听到了。

那么我们在选购主动式降噪耳机时，究竟是头戴式还是入耳式好呢？这要从降噪耳机的结构原理分析。

开环结构

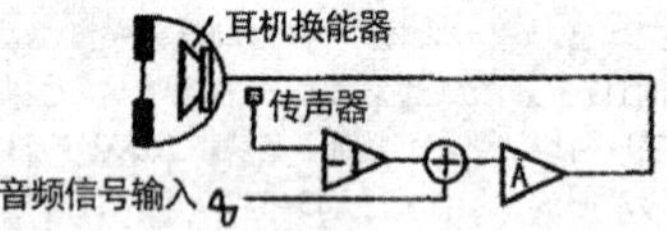

通过一个外置在耳机上的麦克风来拾取噪声信号，然后经反相放大器输出得到抗噪信号，再与所需的音频信号混合，最终在耳机换能器中重放音乐，打造降噪的效果。这种结构虽然简单，但由于麦克风外置，采集的噪音和实际在耳机中听到的外界噪音有所区别，因此降噪效果并不算理想。

闭环结构

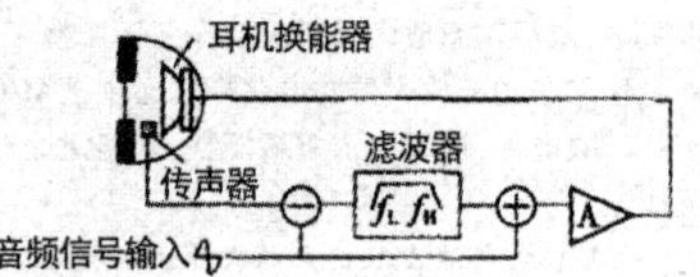

将麦克风放在耳罩内换能器的前方，以生成一个相对精确的抗噪信号；系统会将所需信号从混合信号中分离，然后对噪声信号，再对反相的噪声信号进行补偿，更好地抵消闭环系统中的噪声。由于牵涉到补偿，并且采用的是模拟滤波器，因此在某些情况下，闭环系统可能会不稳定。

自适应结构

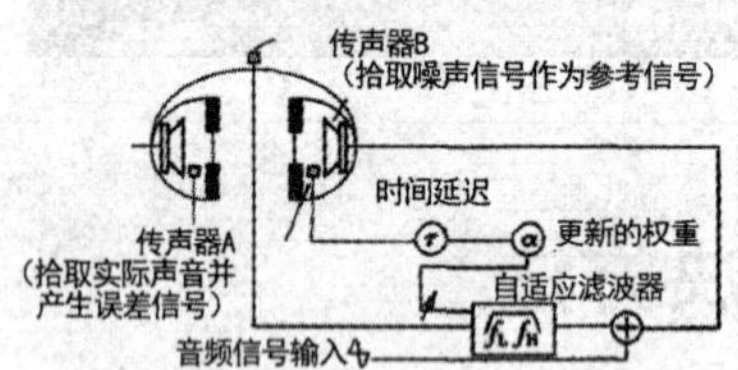

开环结构和闭环结构都是采用模拟滤波器来产生抗噪信号，而自适应结构采用的数字滤波器的功能更强大，设置更简单。数字滤波器可以通过耳机系统模型的转移函数来预测耳罩内的噪声，同时实现纠正相位错误和幅度错误，而且硬件结构集成度也更高。前面提到的很多新品牌采用的DSP方案就是这种结构设计。

从原理上来说，噪声抑制或消除的方法只有前馈和反馈两种方法，都需要对耳机进行声学分析，以确定噪声在到达耳朵时在频率、相位和振幅上的变化。在电气上建立传递函数G(w)模型，并将其插在麦克风和扬声器之间使用具有相移的信号消除不想要的声音。当前绝大多数主动式降噪耳机不外乎都是通过"测量""反向控制""声场叠加"三步来实现声场抵消和降噪效果：拾音器(监测环境噪音)→处理芯片(分析噪音曲线)→扬声器(产生反响声波)→完成降噪合成的过程。如何展现各家的降噪效果呢？主要还是在对控制噪音源上下功夫，对声源或近场域实施主动控制。

由于结构优势和适应性，头戴式耳机相对入耳式更能带来更好的密闭性，不过从便携上反过来讲，入耳式相比头戴式耳机会更适合在天气炎热或运动环境下进行佩戴。在选购的时候，大家可以根据自己的需求来进行选择。

下面为大家推荐几款主动式降噪耳机。

华为主动降噪耳机3

售价：399元

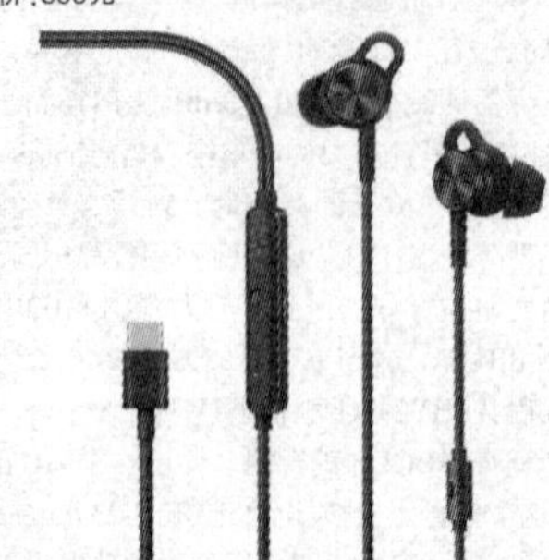

该耳机使用Type-C接口连接手机，内置支持Hi-Res的DAC，主动降噪系统和MEMS硅麦，硅麦可以很好地防风噪。数字Type-C接口支持采样率高达96KHz的音频。

全新降噪数字体验包含旅游、办公、休闲三种降噪模式可供选择；防风噪麦克风为硅麦材质，高效降低风噪；使用USB Type-C数字接口可以从一定程度上减少手机输出到耳机这个过程中的失真，同时可以直接对耳机上的一些驱动芯片进行供电；配有多套耳撑与耳帽；获得了Hi-Res高品质音频认证。

产品型号：CM-03，喇叭额定功率：10mW，喇叭最大功率：40mW，阻抗：32欧，喇叭灵敏度：101dB+1.5/-3.5，麦克风灵敏度：-42dB+/-3dB，工作电压3.3-5V，工作电流<100mA，配合华为中高端手机使用效果更佳。

飞利浦TAPN505CN降噪蓝牙耳机

售价：759元

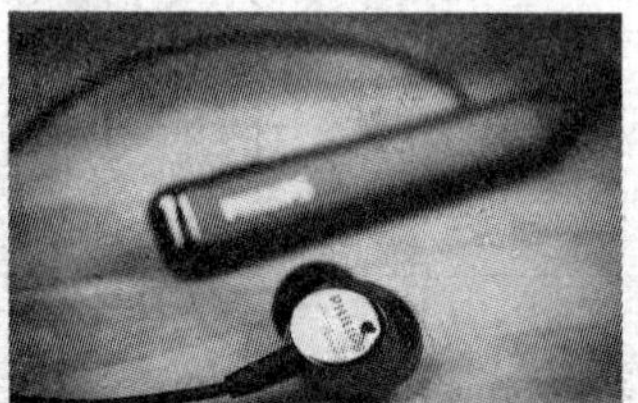

飞利浦TAPN505CN采用了12.2mm的高品质钕制单元，这种单元具有很强劲的性能，在千元级HiFi耳机中较为常见。单个耳机上带有两个反馈麦克风分别是前馈和后馈，两边总共四个麦克风用于收集环境音并给出反相音波相抵消。在蓝牙技术上，这款耳机采用了旗舰的蓝牙5.0芯片，这不仅实现了更大数据量的实施投送，其相比于前代蓝牙4.0，在信号的稳定性和可连接范围上都得到了显著提升。

1MORE圈铁蓝牙降噪耳机

售价：799元

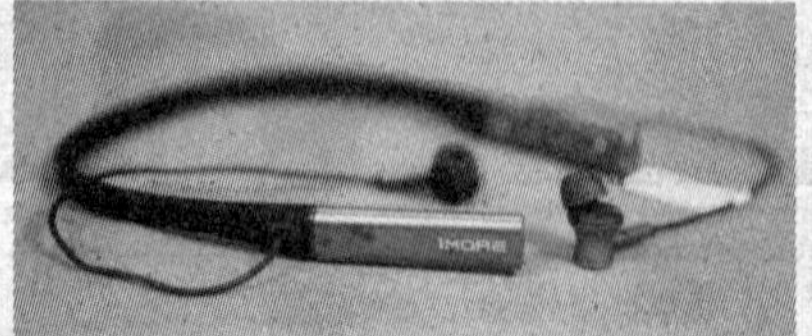

这是一款颈挂式耳机，1MORE圈铁蓝牙降噪耳机的U型颈带内置记忆钢丝，拥有非常不错的柔性和回弹性；颈带的亲肤材质及耳机轻量化的设计，能够提供舒适无感的佩戴效果。

该耳机采用两档主动降噪调节技术，支持3C快充(充电10分钟，可使用3小时)，搭载腾讯叮当智能语音助手，一键启动语音并说出指令即可播放音乐。为了方便随身携带和收纳，耳机还使用了磁吸技术；加上7小时的续航，基本可以满足日常出街、办公或短途出游使用。

该耳机有四挡听感，分别是环境音增强、什么都不干、降噪一档、降噪二挡。以降噪来说这耳机还是很不错的，虽然做不到完全隔音，但起码可以让外界的声音比较有效地进行隔离。

除了主打降噪，还采用了"单圈+单铁声学设计"，虽说在Hi-Fi上也不能勉强但是实际听起来效果还算不错。

另外，在开发者模式中蓝牙选项是根据耳机自动调整的，这款耳机支持蓝牙V4.2版本但不支持apt-X，其中SBC的编码格式支持44.1kHz双声道最大为328kbit/s，要知道SBC在日常生活中应用最广，也是QQ音乐和网易云音乐的通用编码之一。1MORE降噪耳机的三频十分均衡，高音稳定有延展性，中音十分通透，低频量不足但比较有质感不散。音场较为开阔，有层次感，细节非常丰富。

漫步者W380NB蓝牙耳机

售价：799元

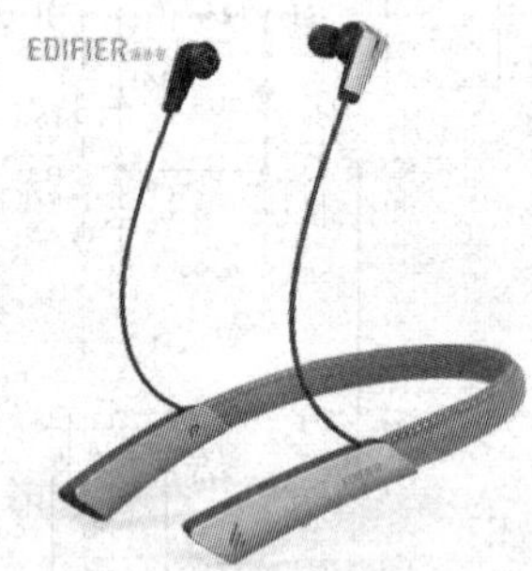

该款是漫步者2019年的颈挂式耳机降噪旗舰，W380NB采用ANC主动降噪技术，通过内置的4个麦克风来形成反向声波抵消噪音，同时在降噪深度和宽度上也做了专业的优化处理。

听感上，W380NB的声音风格比较"杂食"，它的高、中、低频分布的比较均衡，饱满且富有弹性的低频是这款耳机的一个亮点，听各种音乐类型都有不俗的表现。W380NB低频的厚度虽然多了点，但解析力不错而且声音一点也不松散。续航方面，W380NB在蓝牙+降噪模式下可使用约9个小时，纯蓝牙模式下可使用约16个小时。

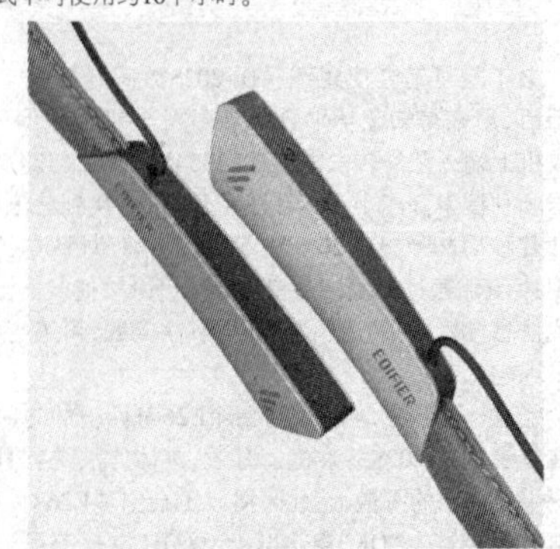

其搭载的Edifier Connect"App的UI设计简洁，功能也比较简单。除了可以控制降噪和环境声侦听，还支持音乐播放控制、定时关机、调节EQ(3种预设模式)和查看耳机剩余电量。

稍有遗憾的是充电接口并没有使用现在比较流行的Type-C接口，而是传统的Micro USB接口，这点算是个小小的不足。

(全文完)

邮局订阅代号：61-75 国内统一刊号：CN51-0091

微信订阅**纸质版**
请直接扫描
邮政二维码
每份1.50元 全年定价78元
每周日出版

扫描添加**电子报微信号**
或在微信订阅号里搜索“电子报”

2020年3月22日出版
实用性 启发性 资料性 信息性
第12期
(总第2053期)
国内统一刊号:CN51-0091 定价:1.50元 邮局订阅代号:61-75
地址：(610041)成都市武侯区一环路南三段24号节能大厦4楼 网址：http://www.netdzb.com
让每篇文章都对读者有用

从 e-SIM 卡谈信息安全

随着中国电信、中国联通相继发布了5G SIM卡，作为中国最大的通讯运营商中国移动也发布了5G SIM卡。

那么假如我们升级5G卡是不是只需要更换5G手机就不需要再去运营商门店更换卡号了呢？

事实上，推出5G SIM卡和使用4G卡上5G网络并不冲突。之所以要推出5G SIM卡更多的是考虑到移动通信的安全性问题(鉴权流程)。

PS：在2G时代，SIM卡使用单向鉴权方式验证用户身份，这使得用户网络可以相对轻易地被伪基站截获，进而让不法分子有机可乘，实施电信诈骗。

到了3G/4G(USIM)时代，SIM卡的鉴权方式由单向升级为双向，鉴权算法也由原来千疮百孔的Comp128升级为更严密的MILENAGE。虽然新的鉴权方式提升了验证过程的安全性，也增强了识别伪基站的能力，但仍存在被不法分子降维打击，实行“GSM中间人攻击”的可能。

5G SIM卡则是着力在“数据匿名化”和“环境可信化”两大方面去完善鉴权流程。一方面，5G SIM卡可以实现从设备到网络的端到端的完全匿名化，换句话来说用户的身份数据在整个鉴权流程上都是处于加密状态的。另一方面，5G SIM卡具备密钥轮换功能，运营商能够根据需要远程切换SIM卡中包含的身份验证算法，即便发现算法存在漏洞，也能快速部署新的验证环境。

GSM网络的鉴权采用的是Comp128-1/2/3算法，又称A3A8算法，而2G的CDMA采用的是CAVE算法，3G网络采用的是MILENAGE算法。因为上面提到的算法并不像DES/RSA那样具有公开性，所以在此就重点介绍一下他们的鉴权过程。

无线电通信的安全问题(网络通信安全)主要分为接入鉴权和加密两部分：接入鉴权是为了保护用户身份的合法性，加密是为了解决通信内容的安全性。2G的接入鉴权采用的都是单向鉴权，即只是网络对接入的终端进行鉴权，而终端不对网络进行鉴权。

Comp128鉴权

GSM的加密系统里面大致涉及三种算法，A3,A5,A8，这些并不特定指代什么算法，只是给出算法的输入和输出规范，以及对算法的要求，GSM对于每种算法各有一个范例实现，理论上并没有限制大家使用哪种算法。

在手机登录移动网络的时候，移动网络会产生一个16字节的随机数据(通常称为RAND)发给手机，手机将这个数据发给SIM卡，SIM卡用自己的密钥Ki和RAND做运算以后，生成一个4字节的应答(SRES)发回给手机，并转发给移动网络，与此同时，移动网络也进行了相同算法的运算，移动网络会比较一下这两个结果是否相同，相同就表明这个卡是我发出来的，允许其登录。这个验证算法在GSM规范里面叫做A3，m=128 bit，k=128 bit，c=32 bit，很显然，这个算法要求已知m和k可以很简单的算出c，但是已知m和c却很难算出k。

在移动网络发送RAND过来的时候，手机还会让SIM卡对RAND和Ki计算出另一个密钥以供全程通信加密使用，这个密钥的长度是64 bits，通常叫做Kc，生成Kc的算法是A8，因为A3和A8接受的输入完全相同，所以实现者偷了个懒，用一个算法同时生成SRES和Kc。这就是为什么称做A3A8算法的原因了。

在通信过程中的加密就是用Kc了，这个算法叫做A5，因为A5的加密量很巨大，而且SIM卡的速度很慢，因此所有通信过程中的加密都是在手机上面完成的。

A3A8的函数形式一般如下：

```
void A3A8(BYTE *rand,BYTE *key,BYTE *output)
{
}
```

具体过程其实就是一个8次的循环计算。

VAVE鉴权

机卡分离的CDMA2000 1x网络在空中沿用了2G的安全机制，采用了基于CAVE(Cellular Authentication and Voice Encryption)算法的接入鉴权，其鉴权过程涉及的内容有：共享密钥A-KEY、共享秘密数据SSD、SSD的更新。在终端用户入网时，一些重要数据是需要预先存在终端(UIM卡)和网络鉴权中心(AC)的，这些数据包括密钥A-Key、终端的IMSI、ESN(UIM ID)、鉴权算法等。

1)共享密钥A-KEY

密钥A-Key是仅为终端(UIM卡)和网络AC共享的密钥，其他实体无权知道A-Key的值。A-Key的长度为64bits，A-Key的值是由运营商来决定的，A-Key的值被写入后通常就不再做改变。因为A-Key是产生其他秘密数据的基础，所以A-Key的安全是非常重要的。

2)共享秘密数据SSD

共享秘密数据SSD是128bits的值，它由终端(UIM卡)和AC共享。SSD是网络对终端进行鉴权以及信息加密过程中的重要数据。

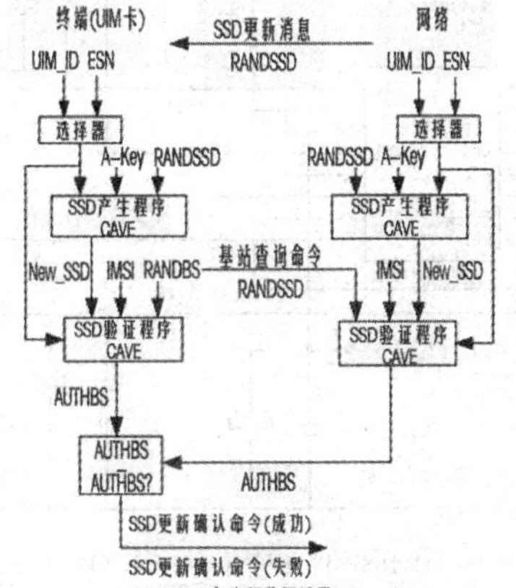

SSD产生和验证过程

SSD不能在空中接口传送，SSD生成或更新过程是由AC发起的，在终端和AC使用相同的算法计算完成，更新过程可以在控制信道进行也可以在业务信道进行。SSD分为SSD-A和SSD-B两部分，各为64bits。SSD-A用于鉴权，SSD-B用于加密。图描述的是生成新的SSD以及对新的SSD进行验证的过程。

SSD更新由HLR/AC发起，AC首先要将SSD更新请求的消息发送到终端；终端收到SSD更新消息后，将其中的RANDSSD作为终端侧的输入参数，与其他参数一起计算出新的SSD值后，终端侧选择一个随机数RANDBS传给AC；终端和AC使用同样的算法和输入参数进行计算，计算出AUTHBS；AC发送消息将自己计算出的AUTHBS值传给终端；终端比较自己计算的AUTHBS值和AC计算的AUTHBS值，如果两个值相同，则新的SSD通过验证，终端将SSD值状态变为可用状态；终端发送消息向网络侧确认SSD更新成功，AC收到此消息后，也将新SSD值变为可用状态，则SSD更新过程完成。

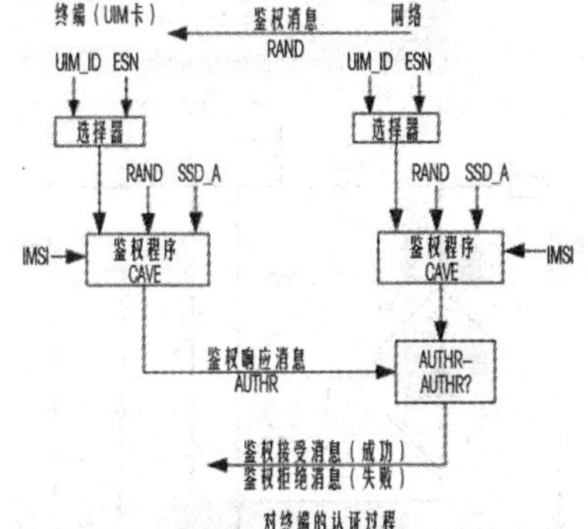

对终端的认证过程

3)CAVE急鉴权过程

CAVE算法为2G安全中基本的算法，在共享秘密数据的更新、验证过程中，鉴权过程中都会使用到CAVE算法。根据输入参数的不同CAVE算法参数初始化和输出结果不同，从而能够被应用到CDMA2000安全的各个环节中去。其主要的应用环节包括SSD更新过程和对终端的鉴权过程。前面已经说明了CAVE算法用于SSD更新的过程，下面介绍对终端鉴权过程的鉴权算法。

终端和AC分别用SSD与其他参数进行CAVE算法，终端将CAVE算法产生的值传送给AC，AC将此值与自身执行CAVE算法计算出的值比较，若相等则鉴权成功。

(本文原载第15期11版)

创维LED液晶彩电168P-P65EQF-00电源板原理与维修(二)

(紧接上期本版)

(二)PFC电路

创维168P-P65EQF-00电源板中的PFC电路见图3所示,为了满足整机较大的功耗,本电源特使用双通道BCM交错式PFC功率因数校正电路。由双PFC驱动电路FAN9611 (IC1) 和大功率MOSFET开关管Q1、Q2、储能电感L1、L2为核心组成2个PFC电路。

1. FAN9611简介

FAN9611与FAN9612是双通道PFC功率因数校正电路专用集成电路,二者引脚功能和内部电路基本相同,只是电气参数不同。内含启动和同步电路、振荡器、输入电压检测和欠压保护电路、过流保护、保护逻辑控制电路等。FAN9611和FAN9612引脚功能见表1。

表1 FAN9611和FAN9612引脚功能

引脚	符号	功能
①	ZCD1	1通道过零检测输入
②	ZCD2	2通道过零检测输入
③	5VB	5VB参考电压输出
④	MOT	最大导通时间限制使能控制端
⑤	AGND	模拟电路接地
⑥	SS	软启动设定
⑦	COMP	误差放大器输出补偿
⑧	FB	PFC输出取样反馈输入
⑨	OVP	PFC输出过压保护输入
⑩	VIN	市电电压取样输入
⑪	PGND	功率输出电路接地
⑫	DRV2	2通道PFC激励脉冲输出
⑬	DRV1	1通道PFC激励脉冲输出
⑭	VDD	VCC供电电压输入
⑮	CS2	2通道过流保护输入
⑯	CS1	1通道过流保护输入

2. 启动工作过程

二次开机后,市电整流滤波后产生的100Hz脉动300V电压经储能电感L1、L2,送到功率开关管Q2、Q1的D极,同时开关机控制电路为IC1的⑭脚提供PFC-VCC供电,该电路启动工作,IC1从⑬、⑫脚输出DRV1、DRV2两路激励脉冲,推动MOSFET开关管Q1、Q2工作于开关状态。当Q1、Q2导通时,100Hz脉动300V电压经L1、L2→Q2、Q1的D-S极到地。在L1、L2上产生左正右负的感应电动势并储能。当Q1、Q2截止时,100Hz脉动300V电压经L1、L2、续流管D1、D14向PFC滤波电容C1~C3充电,并向负载电路主电源供电;此时在L1、L2产生的感应电压翻转,100Hz脉动300V电压与L1、L2储存的电压叠加,充电后在C1~C3产生400V左右的HV-DC电压,为两个主电源电路供电。同时将供电电压和电流校正为同相位,提高功率因数,减少污染。

3. 稳压电路

PFC电路输出400V的HV-DC直流电压,经R55~R58与R54分压取样,加到IC1的反馈电压FB输入端⑧脚,形成反映PFC输出电压高低的反馈信号。市电整流后的100Hz脉动电压经R19~R21与R23分压取样,通过R12,送到IC1的⑩脚。当交流输入电压变高或其他原因造成400V的HV-DC电压升高时,经分压取样网络加到⑩脚和⑧脚的电压也跟着升高,在其内部与基准电压比较后,使⑫、⑬脚输出的脉冲占空比下降,MOSFET开关管Q1、Q2导通时间缩短,电感L1、L2的储能时间减小,自感电压降低,经D1、D14整流,C1~C3滤波后输出的HV-DC电压下降到正常值。

4. 过零检测电路

因PFC电路输入的是100Hz脉动直流电,输入电压随交流电压的时间变化而变化,如果Q1、Q2在脉动直流电为零的时候导通,Q1、Q2自身功耗就很大,会损坏功率管。因此,PFC电路都设置有过零电压检测电路,防止Q1、Q2在脉动直流电为零时导通。

储能电感L1、L2的次级感应电压与100Hz脉动电压同步,该感应电压经R50、R7送到IC1的①、②脚内部,经内部电路比较、处理后,控制⑫、⑬脚输出激励脉冲的相位,控制振荡器在交流脉冲接近过零时停止输出,避免Q1、Q2在交流电压过零时导通,减少不必要的损耗。

5. 过压保护电路

过压保护电路由IC1的⑨脚内外电路组成。PFC电路输出的400V直流电压,经R25~R28与R24分压取样,得到PFC-OVP过压保护取样电压,加到IC1的⑨脚过压保护检测输入端。当HV-DC输出电压过高,反馈到IC1的⑨脚PFC-OVP电压达到保护设计值时,IC1内部保护电路启动,IC1电路停止输出激励脉冲,PFC电路停止工作。

6. 过流保护电路

过流保护电路由IC1的⑮、⑯脚内外电路组成。IC1的⑮、⑯脚芯片内部预设有一个电流比较器,外接MOSFET开关管Q1、Q2的S极电阻R70、R17。当MOSFET开关管Q1、Q2电流过大,在R70、R17上端产生的电压降增加,该电压经R13、R14反馈到IC1的⑮、⑯脚,当送入⑮、⑯脚电流信号达到保护设定值时,保护电路启动,IC1电路停止输出激励脉冲,PFC电路停止工作。

(未完待续)(下转第122页)

◇海南 影视

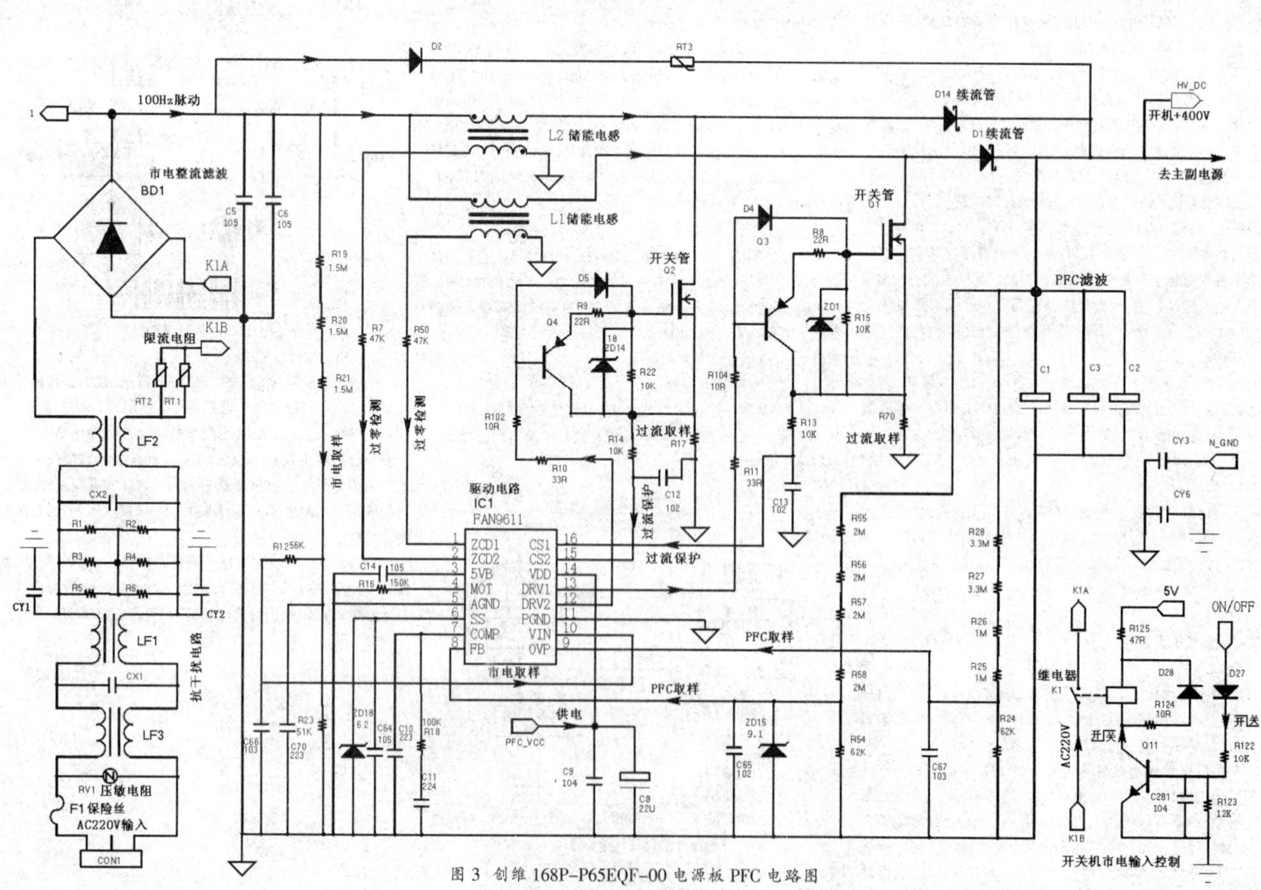

图3 创维168P-P65EQF-00电源板PFC电路图

树莓派 Python 语言编程实现简易红绿灯功能

一、树莓派与 Python 语言编程

树莓派是尺寸仅有信用卡般大小的微型电脑，可用于嵌入式开发和计算机编程，目前在中小学创客教育活动领域有着极为广泛的应用。借助于扩展板及"积木"编程(比如古德微机器人网站)，中小学生就可以比较轻松地使用树莓派开发出例如超声波测距、定时闹钟、声控楼道灯、倒车提醒器等具有实际应用价值的"产品"，甚至还有智能语音输出、文字识别等更为高端的人工智能方面的应用(与百度 AI 关联)。作为树莓派的编程"黄金搭档"，Python 语言是目前正在广泛使用的通用高级编程语言，它主要是为了强调代码可读性而开发的，语法允许使用更少的代码行来表达概念；配合使用丰富的通用型传感器和功能强大的语言"库"模块，使用 Python 语言编程进行创客实验已经成为树莓派最为强势的应用之一(如图1所示)。

①

二、简易红绿灯实验的预备知识

1. 实验的预期效果

三只并列排布的 LED 灯依次闪亮——先是绿灯亮 10 秒，再熄灭；接着是黄灯持续闪烁三次，每次 1 秒；然后是红灯亮 10 秒，熄灭，再绿灯亮 10 秒……反复循环这一过程，这是生活中最为常见的十字路口一组红绿灯中的雏形。

2. 实验器材

树莓派(带电源线)主板一块、红黄绿 LED 灯各一只、六根母对母杜邦线，一台联网电脑(或直接给树莓派接上显示器、鼠标和键盘)。

3. 树莓派的 40Pin 引脚

树莓派主板一侧有两排引脚，共 40Pin(物理引脚 BOARD 编码是从 1 依次到 40)。在树莓派的命令行窗口(通过远程桌面连接)中输入"gpio readall"命令，可显示出所有的引脚编号及功能对应关系(如图 2 所示)。

②

通常情况下，Python 语言编程库都是使用 BCM 编码(WiringPi 编码一般应用于 C++等编程平台)，这种编码依据是 BCM2835 芯片的 GPIO 寄存器编号。如果按照功能来分类，除了 8 个 GND(接地)端、3.3V 和 5V 的电源正极各两个之外，最为主要的部分就是 17 个可编程的 GPIO(GeneralPurposeInput/Output："通用型输入输出接口")，其 BCM 编码分别是 0~7、21~29 两组(物理引脚位置并非连续分布)，可以用来驱动传感器、舵机等各种外设。

使用树莓派 GPIO 引脚与外设连接时必须要仔细，在确定好待用的 BCM 编码号后再与物理引脚一一对应。本次实验所使用的红、黄、绿三只 LED 灯的长引脚(正极)BCM 编码分别设置为 5、6 和 13，所对应的物理引脚 BOARD 编码是 29、31 和 33，分别用母对母杜邦线连接好；短引脚(负极)同样使用杜邦线与三个 GND 连接，比如物理引脚 BOARD 编码为 25、30 和 39(如图 3 所示)。

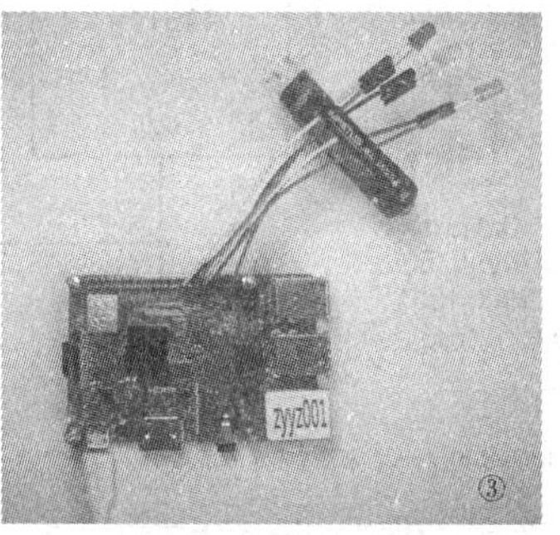

③

三、在树莓派中使用 Python 编程实现对 LED 灯的控制

1. 测试控制一只红色 LED 灯的亮与灭

连接好实验设备后给树莓派通电开机，稍后在联网电脑的远程桌面连接中进入命令行模式(出现"pi@raspberrypi:~$"提示符)，输入"python"后回车进入 Python 界面(命令提示符变为">>>")；接着再输入"import RPi.GPIO as GPIO"命令，作用是以 GPIO 为名导入 RPi.GPIO 库，无错误提示的话就代表 Python 已经成功加载了 RPi.GHIO 库(出现错误提示就必须按照提示进行更新或安装)；值得一提的是，RPi.GPIO 本身是 Python 的一个库模块，树莓派官方系统默认已经安装，其作用就是允许用户从代码中控制各 GPIO 引脚。

接着，输入"GPIO.setmode(GPIO.BCM)"命令，意思是"通知"Python 准备使用树莓派的 BCM 编码模式来对各引脚进行控制。由于红色 LED 灯正极是接在 BCM 编码 5 号上，因此在使用 Python 编程控制时就必须通过数字"5"来控制(而不是其对应的物理引脚 BOARD 编码 25)。输入命令"GPIO.setup(5,GPIO.OUT)"，意思是设置 5 号 GPIO 为输出端(GPIO.OUT)；接着输入"GPIO.output(5,GPIO.HIGH)"命令，设置 5 号 GPIO 输出高电平(GPIO.HIGH)。此时回车执行该命令后，树莓派上的红色 LED 灯就会瞬间被"点亮"(如图 4 所示)。

④

发光测试成功后，接着再发一条"GPIO.output(5,GPIO.LOW)"命令，设置 5 号 GPIO 输出低电平(GPIO.LOW)；回车，红色 LED 灯熄灭，测试工作完成。

2. 编写完整的 Python 程序

在联网电脑的 Windows 系统中使用 PyCharm 程序编辑器来编写 TrafficLED.py(或者可以直接远程进入树莓派系统中调用"编程"-"Thonny Python IDE"来编写)，程序的主体内容就是控制三个 LED 灯依次点亮和熄灭(如图 5 所示)，以绿灯亮 10 秒为例，其命令语句为：

```
GPIO.output(13,GPIO.HIGH)
time.sleep(10.0)
GPIO.output(13,GPIO.LOW)
```

需要注意几点：一是程序的最开始语句"#! /usr/bin/python3"的作用是指定由哪个 Python 解释器来执行脚本，因为有的操作系统同时安装了 Python2 和 Python3(二者并不兼容)；二是需要通过"import time"命令来导入时间库，因为程序中使用了 sleep 语句来控制灯亮、灭的持续时间，其中的数值参数单位为秒；三是程序的主体需要一直循环，可使用语句"while 1:"(条件永远为真)；四是分别设置 print 语句用来显示提示当前 LED 灯的状态，比如"黄灯闪 3s"。

所有命令语句均输入完成后，将其保存为 Python 文件 TrafficLED.py(如图 5 所示)，并通过远程桌面复制粘贴到树莓派的用户目录中(/home/pi/)。

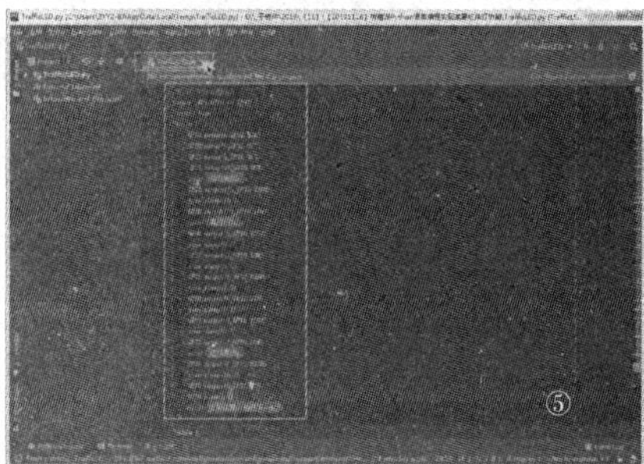
⑤

3. 调试运行 Python 程序，控制 LED 灯实现红绿灯效果

在远程桌面窗口中双击从 Windows 中传递过来的 TrafficLED.py 程序文件，调用树莓派中已经安装的 Thonny Python IDE 来打开；接着点击上方的"Run"按钮，程序就开始运行：

IDE 窗口下方的 Shell 区域先是显示"绿灯亮 10s"的提示，此时连接在树莓派上的绿色 LED 灯开始发光；10 秒钟后，提示信息变为"黄灯闪 3s"，绿色 LED 灯熄灭，黄色 LED 灯闪烁 3 秒；之后，提示信息变为"红灯亮 10s"，绿色和黄色 LED 灯都为熄灭状态，红色 LED 灯发光(如图 6 所示)；10 秒之后，提示信息变为"本轮结束，进行下一轮"、"绿灯亮 10s"，绿色 LED 灯又会再次亮起……

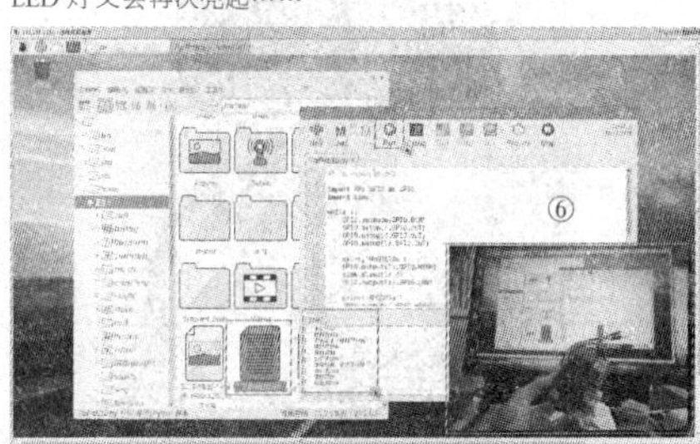
⑥

◇山东 牟晓东 牟奕炫

HP1020plus打印机通电无反应维修速修一例

单位一台HP1020plus打印机突然出现通电无反应故障，检查电源线及市电插座均没有问题，估计是打印机电源板出现问题。

拆机检测发现220V输入端5A保险已经熔断，通常情况下说明后级有元件短路存在。拆下压敏电阻VZ104短路现象依然存在，继续向后检测发现整流桥中的D102和D104已击穿，由于找不到原型号DD607C，只好从料板上拆两只IN5399代替(如附图所示)，再换上新的5A保险管，通电测量电源板输出端24V已经恢复正常，装机后故障完全消失。

◇安徽 陈晓军

快速获取微信的新功能

微信官方经常会进行一些细致的更新，例如微信新增加的表情，但这些更新内容并不会发布到大版本上，我们该如何获取这些新功能呢？

其实并不需要卸载微信之后重新下载安装，毕竟这会导致聊天记录等重要数据的丢失。操作很简单，打开微信，切换到"我"选项卡，依次选择"设置→帮助与反馈"，进入"帮助与反馈"界面，单击右上角的扳手图标，进入"微信修复工具"界面，在这里选择"重新载入数据"(如附图所示)，点击"重新载入数据"按钮，确认之后即可重新进行初始化，点击"强制关闭"，重新打开微信，这时会发现自己所希望的新功能已经可以正常使用，当然该方法还可以修复通讯录异常等小错误，有需要的朋友不妨一试。

◇江苏 王志军

高档LED水晶灯维修札记

今年的春节过的很无奈，也很充实，终于维修解决了具有半年多时间有2/3都不亮的客厅LED满天星和群星灯，以下是该故障的维修经过。

拆除几十个玻璃挂件后，取下底板，看到里面有一个分控器和5个LED电源模块。通电后，通过测量电压找到那组不亮的电源模块，断电后在输出端接上万用表，把220V输入端从集线束分开后单独通电测量输出电压直流为348V，电压如此之高，说明该电源模块或其负载异常。于是，先从负载查找，从灯珠的正极端往后找，终于在第32位看到一只灯珠中间有一个黑点，用万用表蜂鸣挡测量已没有发光的痕迹，说明它已开路。更换了一颗新灯珠后，通电灯串全亮了，这时测量输出电压为170V，计算170/48=3.5416V，这个电压超过单个LED灯珠3.2V的工作电压。对比测量其它4个电源模块的输出电压，都在正常的160V左右，单株LED的工作电压在3.333V。

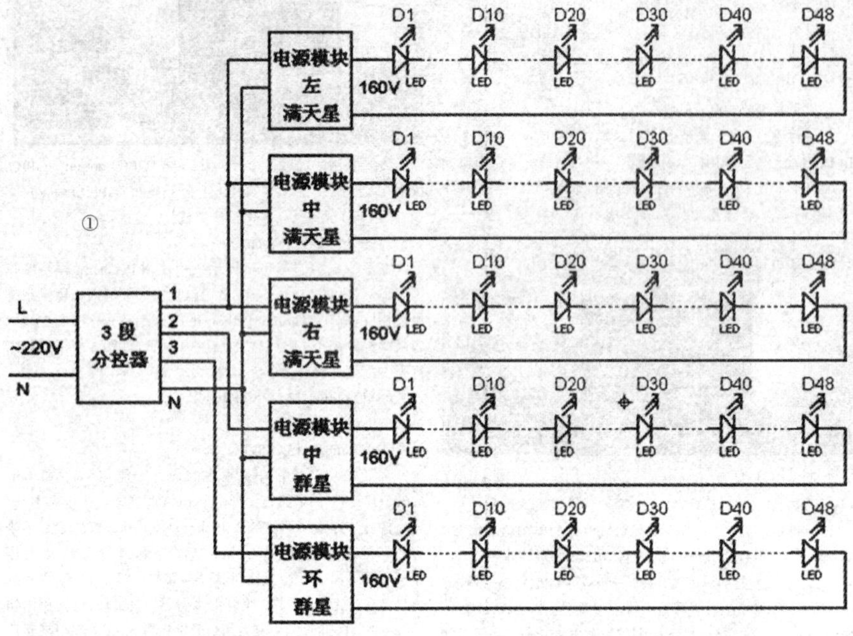

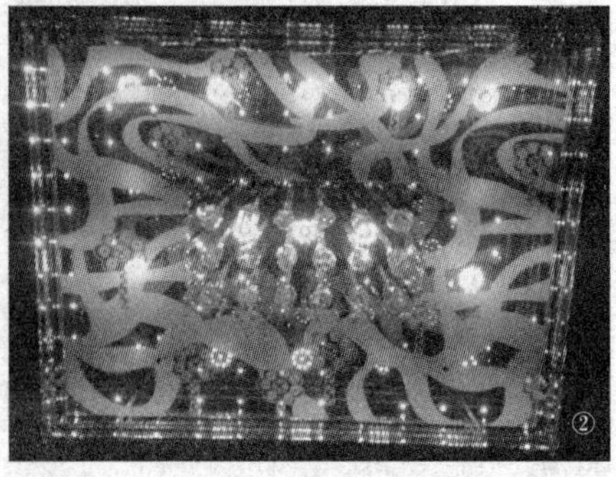

为什么只有这个电源模块输出是170V呢？原计划在这个灯串上增加3只灯珠，以此来降低单个灯珠上的电压，使单株恢复到正常电压值。后来为了搞清楚这个输出不同的电源模块，打开盖板，根据实物绘制了电路原理图，如图1所示。根据图1检查，发现输出滤波电容6.8μF/400v的正极根部有电解液溢出，测量它的容量只有0.8μF，说明它已容量不足。更换掉这只电容后，输出电压恢复到160V，解决了输出电压高的问题，也同时搞明白了烧毁第32位LED的真正原因(。

接下来解决遥控和分控都不能正常分段控制和全开照明的问题，打开分控器盖板察看，没有发现任何异常，测量12V滤波电容两端的输出电压为12.14V。当按下遥控器2挡键时，第2组出现闪亮后瞬间马上熄灭。熄灭后，当电压下降到9.16V时马上又跳变恢复到12.14V，按下全开键，电压又下降到7.82V，其他2个继电器都没有吸合动作，也只有第1组灯亮，说明这个分控器异常。检查后，发现它的降压电容155(1.5μF)/400V容量减小，不能够承担起控制其它2个12V继电器线圈所需要吸合的电量。用同容量的电容更换后，遥控和手控都能将灯点亮(见图2)，故障排除。

◇江苏 庞守军

高欣GX POWER氧离子车载电源USB接口无5V输出故障检修

故障现象：一台高欣GX POWER氧离子车载电源(见图1)的USB接口无5V输出。

分析与检修：笔者打开电源外壳，发现USB接口金属壳部分熏黑，但里面的簧片正常。

为了便于检修，根据实物绘制了USB电路的原理图，如图2所示。

在路检查3端可调电源块Q10(LM317T)的3极间未短路，并且EC1两端在路阻值正常，接着测5环精密调整电阻(误差±1%)R35(220Ω)、R36(680Ω)正常。从图2中可知，USB端口输出的5V电压由R35、R36决定，输出电压为1.25(1+R36/R35)，约为5.11V。用计算机12V电源，接入车载电源12V输入端，测USB输出电压为0，怀疑Q10异常。更换后测EC1两端的5.1V电压正常且稳定，用22Ω/5W电阻做假负载，测输出电压仍为5V。故障排除。

【提示】此车载电源还有两路输出：一路是由12V蓄电池逆变成AC220/50Hz输出，最大为150W；另一路是负氧离子输出，为150万个/cm³。

◇山东 黄杨

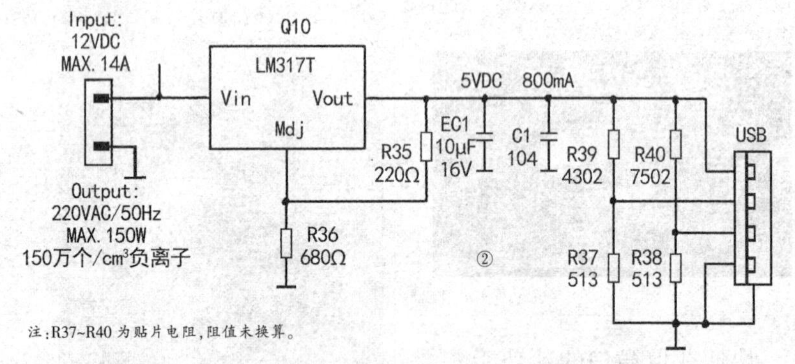

注：R37~R40为贴片电阻，阻值未换算。

凯丰牌KFS-C1型电子数字秤不显示故障检修1例

故障现象：一台凯丰牌KFS-C1型电子秤的显示屏不显示。

分析与检修：通过故障现象分析，怀疑电池或其微处理器电路异常。为了便于故障的检修，根据实物绘制了电路的原理图，如附图所示。图中电阻为标称值，未换算。

此秤故障为不显示，原以为电池没电，换新电池也一样。开壳检查，未发现元件的引脚有脱焊的现象，检查轻触按键开关也正常。测C1右端、C4非接地端与VDD相通，证明其在IC芯片内部与供电端相连，但LED+端在按键(ON/OFF)按下以及3个轻触按键非接地端皆无电压，显然不对。此时，将VDD与R1左端用跨接线相连，背光灯LED亮，按下3个按键时，液晶屏有显示，但缺笔划，说明芯片IC异常。因无法购到该芯片，只有更换相同的电路板才能排除故障。

◇山东 黄杨

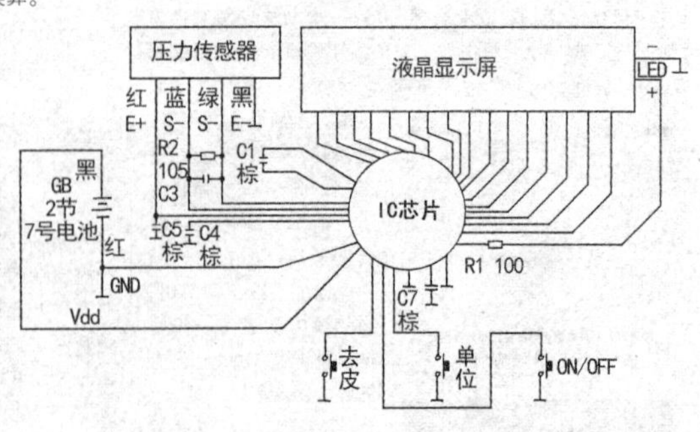

颠倒的降压如何为非隔离反激式提供拓扑替代方案

离线电源是最常见的电源之一，也称为交流电源。随着旨在集成典型家庭功能的产品的增加，对要求输出功率不到1瓦的低功率离线转换器的需求也越来越大。对于这些应用，最关键的设计方面是效率，集成度和低成本。

在确定拓扑时，反激通常是任何低功耗离线转换器的首选。但是，在不需要隔离的情况下，这可能不是最佳方法。假设终端设备是一个智能灯开关，用户可以通过智能手机应用进行控制。在这种情况下，用户在操作过程中永远不会接触裸露的电压，因此不需要隔离。

对于离线电源，反激式拓扑是一种合理的解决方案，因为它的材料清单(BOM)数量很少，并且只有几个功率级组件，而且可以将变压器设计为能够处理多种输入电压范围。但是，如果设计的最终应用程序不需要隔离怎么办？如果是这种情况，考虑到输入是离线的，设计人员会倾向于仍然使用反激式。具有集成的场效应晶体管(FET)和初级侧调节功能的控制器将创建小型反激解决方案。

图1显示了使用UCC28910反激式切换器进行初级侧调节的非隔离反激式示例示意图。尽管这是一个可行的选择，但与反激式相比，离线倒置降压拓扑将提供更高的效率，且BOM数量更少。在本电源技巧中，我将探讨低功率AC/DC转换的颠倒价格优势。

图2显示了颠倒降压的功率级。像反激式一样，有两个开关组件，一个磁性元件(一个功率电感器而不是一个变压器)，以及两个电容器。顾名思义，上下颠倒的降压拓扑类似于降压转换器。开关在输入电压和地之间产生转换波形，然后由电感器-电容器网络将其滤除。不同之处在于，将输出电压调节为低于输入电压的电势。即使输出"浮动"在输入电压以下，它仍可以正常为下游电子设备供电。

将FET置于低端意味着它可以直接由反激控制器驱动。图3显示了使用UCC28910反激式切换器的倒置降压器。一对一的耦合电感器用作磁性开关组件。初级绕组充当功率级的电感器。次级绕组向控制器提供时序和输出电压调节信息，并对控制器的本地偏置电源(VDD)电容器充电。

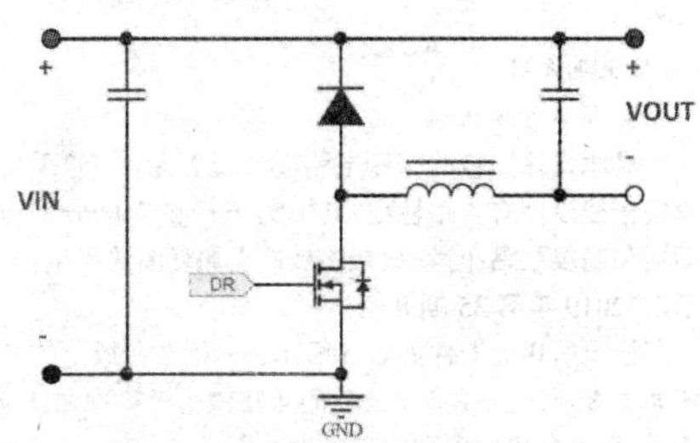

图2 颠倒的降压功率级的简化示意图

反激式拓扑的缺点之一是能量如何在变压器之间传输。这种拓扑结构在FET导通期间将能量存储在气隙中，并在FET断开时将能量转移到次级。实际的变压器在初级侧会有一些漏感。当能量转移到次级侧时，剩下的存储在漏感中。该能量不可用，需要使用齐纳二极管或电阻-电容网络进行耗散。

在降压拓扑中，泄漏能量在FET的关断时间内通过二极管D2传递到输出。这减少了组件数量并提高了效率。

另一个区别是每种磁性材料的设计和传导损耗。因为上下颠倒的降压转换器只有一个绕组来传输功率，所以用于传输功率的所有电流都流经它，从而提供了良好的铜利用率。反激式铜的利用率不高。当FET导通时，电流流经初级绕组，但不流经次级绕组。当FET关断时，电流流经次级绕组而不是初级绕组。因此，更多的能量存储在变压器中，并在反激设计中使用更多的铜来传递相同量的输出功率。

图4比较了具有相同输入和输出规格的降压电感器和反激式变压器的初级和次级绕组的电流波形。降压电感器波形在左侧的单个蓝色框中，反激的初级和次级绕组在右侧的两个红色框中。

对于每个波形，传导损耗的计算方式是均方根电流平方乘以绕组的电阻。由于降压转换器仅具有一个绕组，因此磁性元件中的总传导损耗就是来自一个绕组的损耗。但是，反激的总传导损耗是初级绕组和次级绕组的损耗之和。此外，与具有类似功率水平的倒置降压设计相比，反激式磁体的物理尺寸更大。任一组件的能量存储等于1/2 $L \times I_{PK}^2$。

对于图4所示的波形，我计算出上下颠倒的降压仅需要存储反激需要存储的功率的四分之一。结果，与同等功率的反激设计相比，上下颠倒的降压设计的占用尺寸要小得多。

如果不需要隔离，则对于低功耗的离线应用程序而言，反激式拓扑并不总是最佳的解决方案。上下颠倒的降压可以提供更高的效率，并且BOM成本更低，因为您可以使用可能更小的变压器/电感器。对于电力电子设计人员而言，考虑所有可能的拓扑解决方案以确定最适合给定规格的解决方案非常重要。

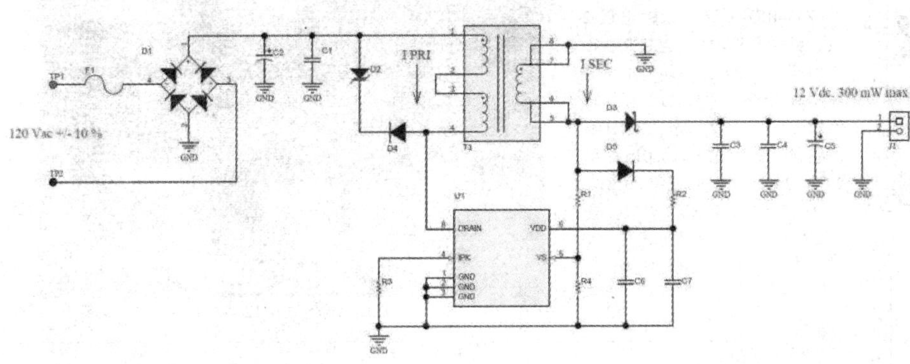

图1 使用UCC28910反激式转换器的这种非隔离式反激设计将交流电转换为直流电，但是离线上下颠倒的降压拓扑可以更有效地完成工作。

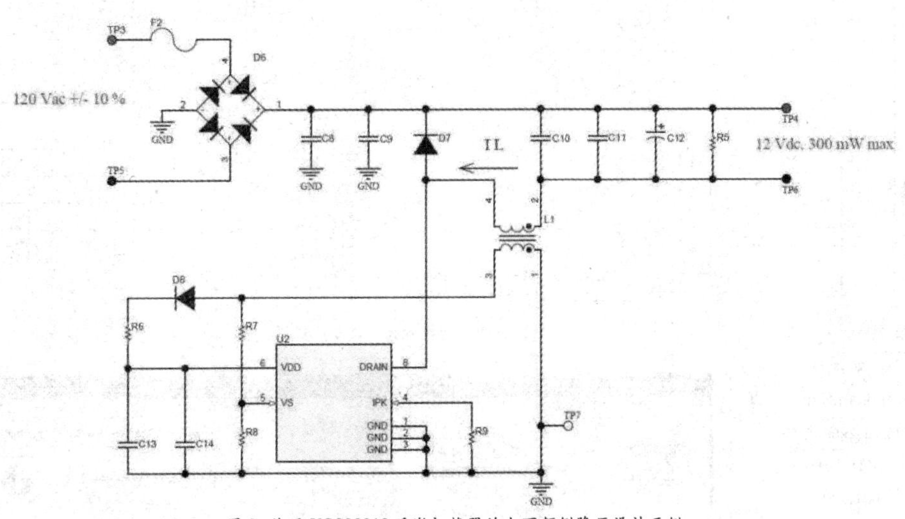

图3 使用UCC28910反激切换器的上下颠倒降压设计示例

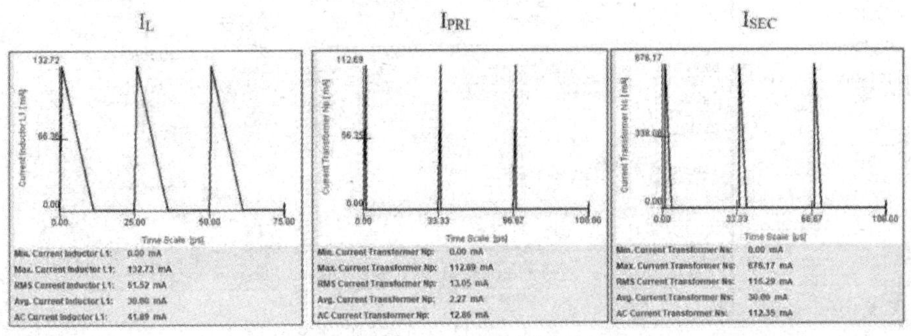

图4 比较降压和反激拓扑中的电流波形

◇湖北 朱少华 编译

用梯形图编程进行STC单片机应用设计制作
——拼装式单片机控制板及应用(二)

(紧接上期本版)

3. 晶体管输出板

晶体管输出板的印刷电路板如图7所示，也采用双层布线设计有4路输出，其中图7(a)和7(b)分别为顶层和底层线路布置。该线路板的电原理图请参见《电子报》2019年第35期8版。

板上所用元器件如表5所示，元器件在板上的布置如图8所示。焊接完成后的4路输出板实物如图9所示，板上各接口引脚定义如表6所示。

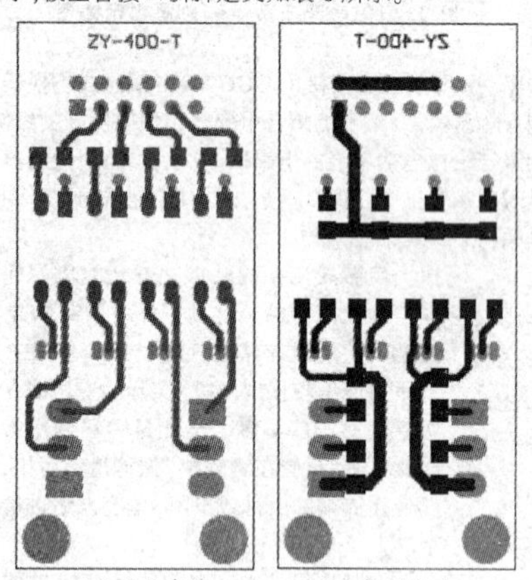

(a)顶层线路　(b)底层线路

图7 晶体管输出板

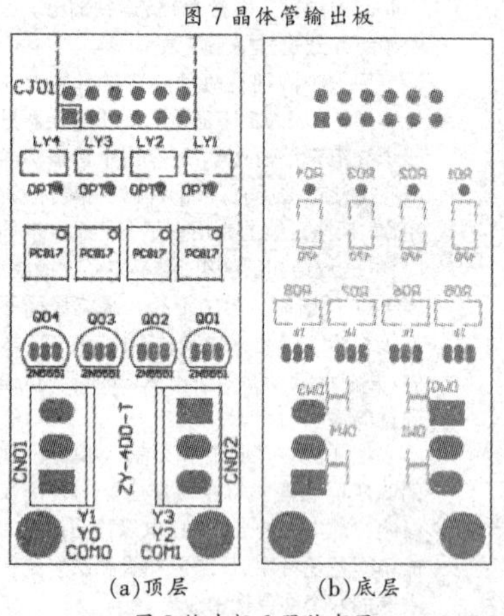

(a)顶层　(b)底层

图8 输出板元器件布置

由1块ZY-MCU-STC板、4块ZY-4DI开关量输入板和3块ZY-4DO-T晶体管输出板组合成16路光电隔离开关量输入、12路光电隔离晶体管输出的单片机控制器如图10所示。

4. 应用实例

4.1 异步电动机星角降压起动控制

三相交流异步电动机不能满足直接起动条件的情况下，通常采用降压起动，而首选的是星形三角形切换起动。用拼装式单片机控制板进行电动机星角降压起动控制，需要配置ZY-MCU-STC板1块、ZY-4DI开关量输入板2块、ZY-4DO-T晶体管输出板2块，用拼装式单片机控制板进行三相异步电动机正反转的星角降压起动电原理图如图11所示。转换软设置如图12所示，控制梯形图编制请参见《电子报》2015年第28期、2017年第50期和2018年第27期等相关文章。

(未完待续)(下转第126页)

◇江苏 键 谈

图9 晶体管输出板实物图

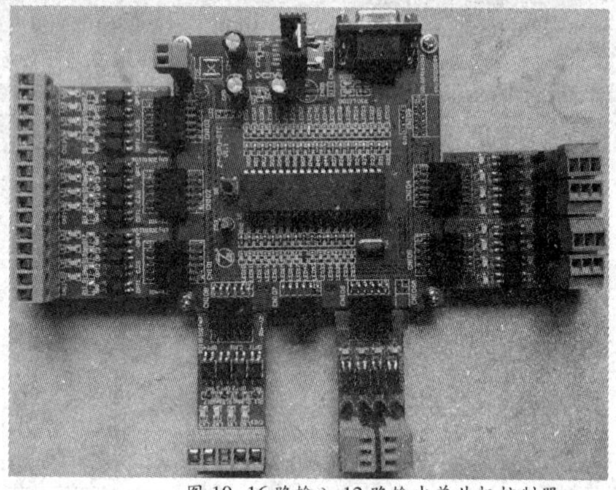

图10 16路输入12路输出单片机控制器

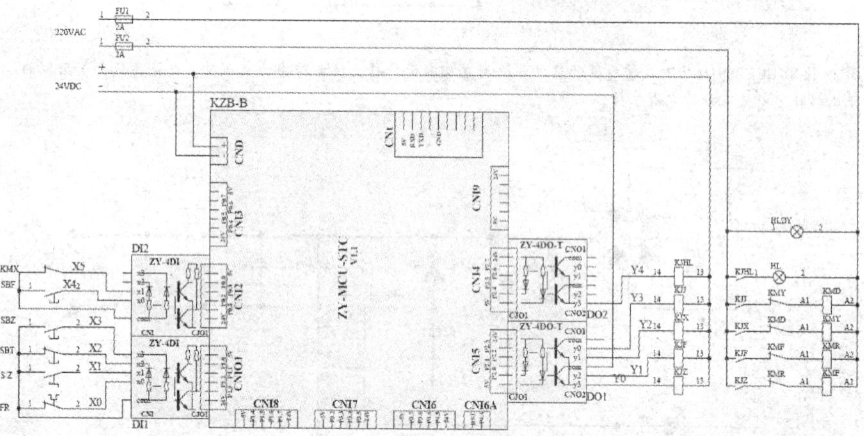

图11 星角起动拼装板控制电原理图

表5 晶体管输出板材料清单

电路	代号	名称	型号规格	数量
开关量输入电路	CNO1、CNO2	输处端子	2EDG3.18-3P	4
	CJO1	输出接插件	2.54mm、2×6P、弯针	4
	RO1、RO2、RO3、RO4	电阻	470Ω,1206	4
	RO5、RO6、RO7、RO8	电阻	1kΩ,1206	4
	QO1、QO2、QO3、QO4	晶体三极管	2N5551,直插	4
	LX0、LX1、LX2、LX3	发光二极管	红色,1206	4
	DW1、DW2、DW3、DW4	稳压管	33V,1206	
	OPT1、OPT2、OPT3、OPT4	光电耦合器	P817,SOP4	4

表6 板载接口引脚定义

接口号	1	2	3	4	5	6	7	8	9	10	11	12
CNO1	公共端	信号输出	信号输出									
CNO2	信号输出	信号输出	公共端		-	-	-	-	-	-	-	-
CNJO1	5V+	地	信号输出	地	信号输出	地	信号输出	地	信号输出	地	24V+	24V-

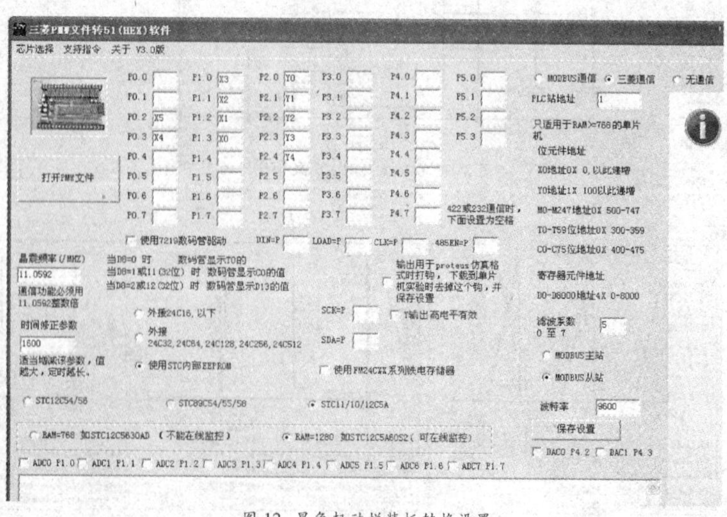

图12 星角起动拼装板转换设置

博途应用7：三相异步电动机延时顺启逆停控制（一）

一、基础知识

1. 两台电动机延时顺启逆停控制电路分析

两台电动机延时顺序启动逆序停止控制电路如图1所示，按下启动按钮SB2，第1台电动机M1开始运行，5s后第2台电动机M2开始运行；按下停止按钮SB3，第2台电动机M2停止运行，10s后第1台电动机M1停止运行。SB1为紧急停止按钮，当出现故障时，只要按下SB1，两台电动机均立即停止运行。

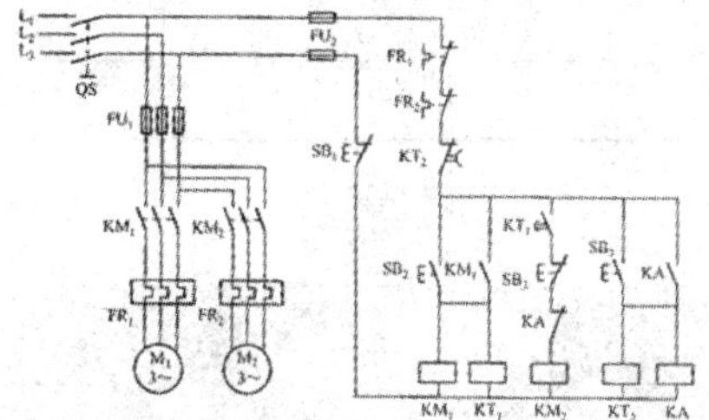

图1 两台电动机延时顺启逆停控制电路

2. 定时器指令

在继电器控制电路中，用时间继电器进行定时控制，在PLC控制系统中，与时间继电器相对应的编程元件是定时器。定时器是PLC重要的编程元件，编程时给定时器输入时间预设值。当输入条件满足时，定时器开始计时，定时器的当前值从0开始按一定的时间单位递增，当定时器的当前值与预设值相等时，定时器动作，定时器所对应的常开触点闭合，常闭触点断开。连接在定时器触点后的线圈或功能块，可在预定的延时后启动作。

（1）脉冲定时器

IEC定时器和IEC计数器属于函数块，调用时需要指定配套的背景数据块，定时器和计数器指令的数据保存在背景数据块中。打开程序编辑器右边的指令列表窗口，将"定时器操作"文件夹中的定时器指令拖放到梯形图中适当的位置。在出现的"调用选项"对话框中，可以修改默认的背景数据块的名称，如图2所示。

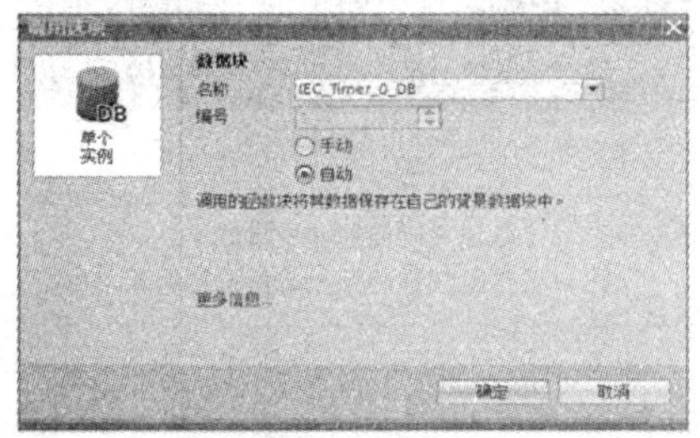

图2 生成定时器的背景数据

IEC定时器没有编号，可以用背景数据块的名称（例如"T1"，或"1号电机启动延时"）来做定时器的标示符。单击"确定"按钮，自动生成的背景数据块见图3（目录树/系统块/程序资源/T1）。

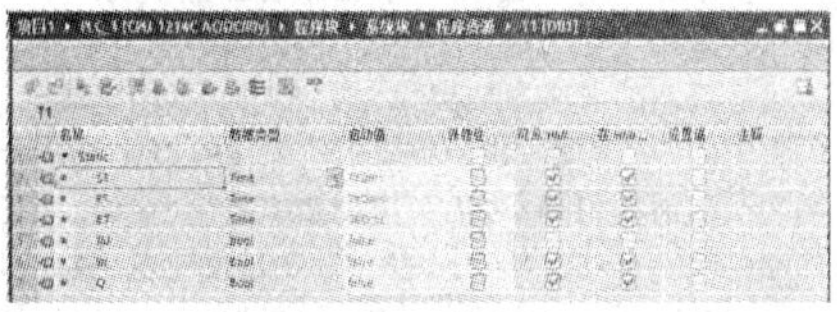

图3 定时器的背景数据块

定时器的输入IN（见图4）为启动输入端，在输入IN的上升沿（从0状态变为1状态）启动TP、TON和TONR开始定时，在输入IN的下降沿启动TOF开始定时。

PT（Preset Time）为预设时间值，ET（Elapsed Time）为定时开始后经过的时间，称为当前时间值，它

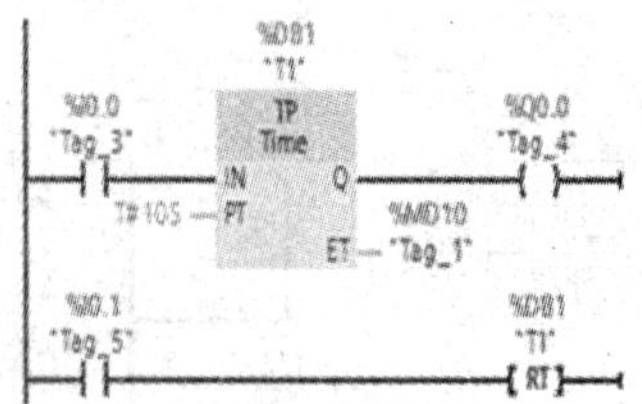

图4 脉冲定时器的程序状态

们的数据类型为32位Time，单位为ms，最大定时时间为T#24D_20H_31M_23S_647MS，D、H、M、S、MS分别为日、小时、分、秒和毫秒。可以不给输出Q和ET指定地址。Q为定时器的位输出，各参数均可以使用I（仅用于输入参数）、Q、M、D、L存储区，PT可以使用常量。定时器指令可以放在程序段的中间或结束处。

脉冲定时器的指令名称为"生成脉冲"，用于将输出Q置位为PT预设的一段时间。用程序状态功能可以观察当前时间值的变化情况，如图5所示。

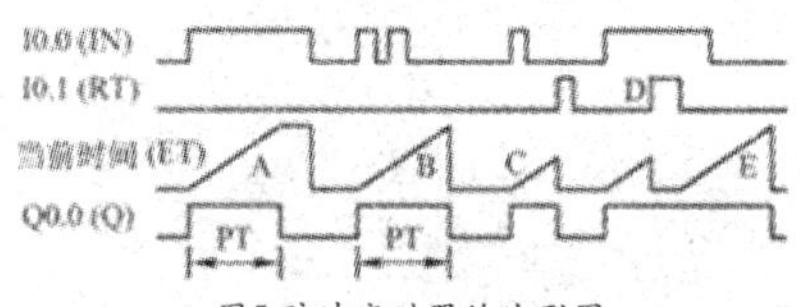

图5 脉冲定时器的波形图

在IN输入信号的上升沿启动该指令，Q输出变为1状态，开始输出脉冲。定时开始后，当前时间ET从0ms开始不断增大，达到PT预设的时间时，Q输出变为0状态。如果IN输入信号为1状态，则当前时间值保持不变（见图5的波形A）。如果IN输入信号为0状态，则当前时间变为0s（见波形B）。

IN输入的脉冲宽度可以小于预设值，在脉冲输出期间，即使IN输入出现下降沿和上升沿（见波形B），也不会影响脉冲的输出。

图4中的I0.1为1时，定时器复位线圈（RT）通电，定时器被复位。用定时器的背景数据块的编号或符号名来指定需要复位的定时器。如果此时正在定时，且IN输入信号为0状态，将使当前时间值ET清零，Q输出也变为0状态（见波形C）。如果此时正在定时，且IN输入信号为1状态，将使当前时间清零，但是Q输出保持为1状态（见波形D）。复位信号I0.1变为0状态时，如果IN输入信号为1状态，将重新开始定时（见波形E）。只有在需要时才对定时器使用RT指令。

（2）接通延时定时器

接通延时定时器（TON）如图6所示，用于将Q输出的置位操作延时PT指定的一段时间。

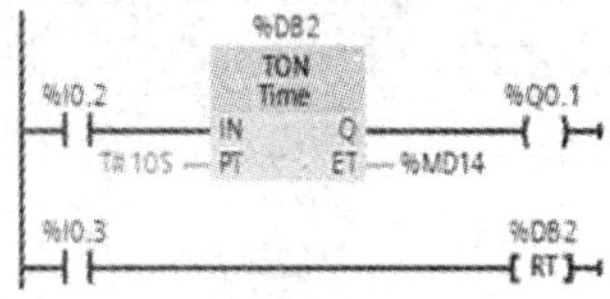

图6 接通延时定时器

IN输入端的输入电路由断开变为接通时开始定时。定时时间大于等于预设时间PT指定的设定值时，输出Q变为1状态，当前时间值ET保持不变（见图7中波形A）。

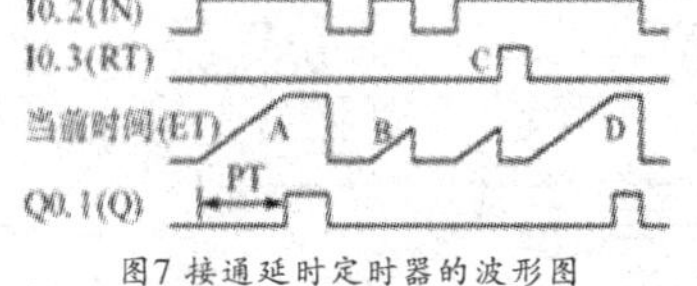

图7 接通延时定时器的波形图

IN输入端的电路断开时，定时器被复位，当前时间被清零，输出Q变为0状态。CPU第一次扫描时，定时器输出Q被清零。如果IN输入信号在未达到PT设定的时间时变为0状态（见波形B），输出Q保持0状态不变。

图6中的I0.3为1状态时，定时器复位线圈RT通电（见波形C），定时器被复位，当前时间被清零，Q输出为0状态。复位输入I0.3变为0状态时，如果IN输入信号为1状态，将开始重新定时（见波形D）。

（3）关断延时定时器

关断延时定时器（TOF）如图8所示，用于将Q输出的复位操作延时PT指定的一段时间。

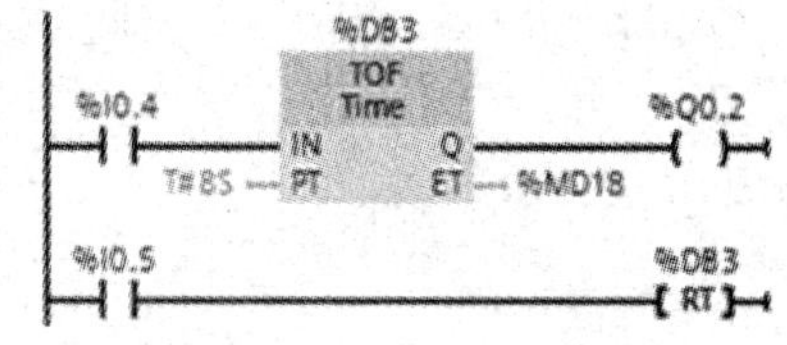

图8 关断延时定时器

IN输入电路接通时，输出Q为1状态，当前时间被清零。IN输入电路由接通变为断开时（IN输入的下降沿）开始定时，当前值从0逐渐增大。当前时间等于预设值时，输出Q变为0状态，当前时间保持不变，直到IN输入电路接通（见图9的波形A）。关断延时定时器可以用于设备停机后的延时，例如大型变频电动机的冷却风扇的延时。

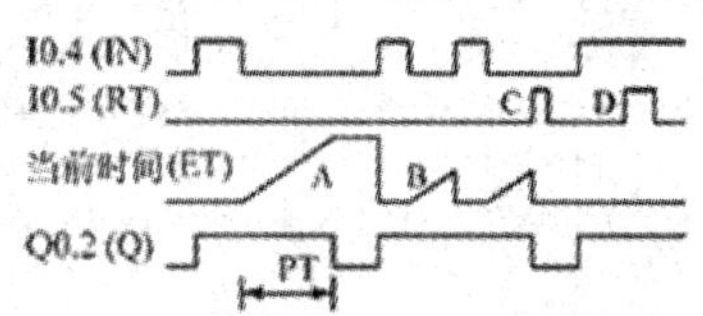

图9 关断延时定时器的波形图

如果当前时间未达到PT预设的值，IN输入信号就变为1状态，当前时间被清0，输出Q将保持1状态不变（见波形B）。

图8中的I0.5为1时，定时器复位线圈RT通电。如果此时IN输入信号为0状态，则定时器被复位，当前时间被清零，输出Q变为0状态（见波形C）。如果复位时IN输入信号为1状态，则复位信号不起作用（见波形D）。

二、用户程序的设计与仿真调试

1. 控制功能分析与设计

控制系统输入控制部件包括控制按钮和热继电器。控制按钮包括启动按钮SB2、停止按钮SB3、应急停止按钮SB1，各控制按钮均采用常开触点。由热继电器FR1提供电动机M1的过载信号，FR2提供电动机M2的过载信号，任何一台电动机过载，两台电动机均停止运行，因此两个热继电器采用常闭触点并进行串联连接。输出元件包括控制电动机M1运转的交流接触器KM1和控制电动机M2运转的交流接触器KM2，接触器线圈额定工作电压均为交流220V。

根据控制功能要求，系统控制过程如下：

按下启动按钮SB2，接触器KM1通电，电动机M1开始运行，5s后接触器KM2通电，电动机M2开始运行；按下停止按钮SB3，接触器KM2断电，电动机M2停止运行，10s后，接触器KM1断电，电动机M1停止运行；两台电动机运行时，按下紧急停止按钮SB1或任一热继电器动作，接触器KM1、KM2均立即断电，两台电动机停止运行。

（未完待续）（下转第127页）

◇福建省上杭职业中专学校 吴永康

八面玲珑！——新型七彩电子钟(5)

在上一篇文章结束时，我们曾经说过在本篇文章里，我们将要一起来制作一个几乎可以为一座小城市提供时间指示的“八面玲珑”的“夜明珠”！在本文中，我们就将一起来将我们的想法一步步变为现实，做出我们需要的“夜明珠”，它的体积只有篮球大小，只需要一个这种装置就几乎可以为一个小镇提供时间显示；而且制作所需元器件全部为常见易购件，制作成本很低。如何才能做到用这么小的体积实现这么大的显示范围呢？是什么样的装置可以以这么低的成本而具有这么高的“魔力”呢？谜底马上揭晓，看我们如何把梦想变为现实。

制作方案

本制作确定的制作方案如下：

(1)本制作的显示方式、显示时序、颜色定义与上两篇文章中介绍的基本相似(如图1,图2,图3)。

(2) 综合显示单元利用具有一定的光线辐射角度范围的高亮度、大功率RGB复合彩色发光二极管模块面向4个方向辐射发光综合实现360°的显示范围(如图4)。

(3) 计时驱动部分电路采用单片机加功率驱动的电路方式(如图5),计时部分电路由单片机89C2051和时钟专用芯片DS1302及其外围电路组成。功率驱动部分电路由大功率场效应管及其外围电路共同组成。

(4)电源采用成品电源,降低制作难度。

电路原理

依据上面确定的制作方案最终设计确定的电路(如图6)所示。计时驱动部分电路采用单片机加功率驱动的电路方式,计时部分电路由单片机89C2051和时钟专用芯片DS1302及其外围电路组成。时基信号由晶体X2振荡产生并通过芯片DS1302处理后得到各时间计时数位的数值信息,单片机89C2051通过其P1.2、P1.1、P1.0端口输出控制信号控制综合显示单元的彩色发光二极管中的红、绿、蓝发光二极管Dr、Dg、Db所需要的驱动信号,驱动大功率场效应管工作。功率驱动部分电路由大功率场效应管及其外围电路共同组成。显示部分由大功率RGB复合LED发光模块构成。K1、K2为调整按键。

元件选取

为保证整个制作的性能,单片机89C2051和计时芯片DS1302均选用原厂正品。32768Hz时基晶振X2选用精度高达5ppm的高精度石英晶振,12MHz晶振X1的精度要求不高，只要保证质量即可。后备电池BT1选用了漏电小、容量1000uF的优质电解电容。功率驱动场效应管由于流过的电流较大，消耗的功率较高，选择确定的型号为IRF260。其漏极电流 (Id)为50A,漏极耗散功率(Pd)为300W。

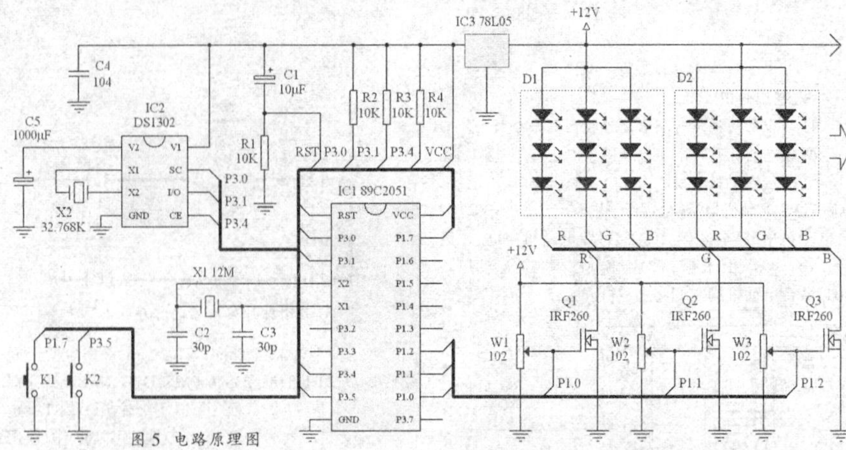

图5 电路原理图

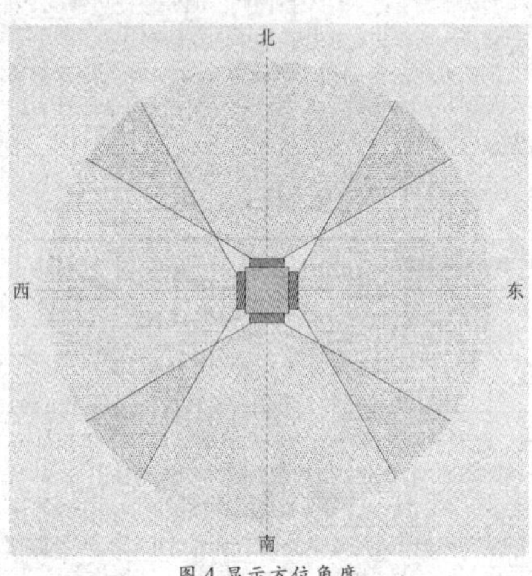

图4 显示方位角度

图7 10W LED

大功率彩色LED选用了一款标称功率10W的RGB复合LED发光模块(如图7),由于每个方向选用4个10W的功率模块,4个方向一共使用了16个LED模块。因为大功率LED模块消耗的功率较大,本制作选取了大功率管散热铝合金散热片(如图8)为其散热。

图8 LED散热片

为降低制作难度和成本、提高制作的稳定性,本制作的电源选择了一款台式电脑主机电源——航嘉HK350-55BP，其12V电源输出端电流输出能力达到18A,完全可以胜任本制作的电源需求。

电路中需要的其他元件没有特殊的性能要求,只要保证质量即可。

程序设计

本制作与上两篇文章中介绍的时钟制作的显示时序和功能基本一致，只是各个计时数位的颜色的显示时间稍加延长,不再赘述。

电路制作

(1)电源的改制

改动的第一步是拆除不需要的各输出引线，原有的引线清除完毕之后，便可以将新的线径符合制作电流供应需要的导线焊接到“+12V”和“地”的引出端,以供整个制作的需要。同时将开机信号“PS-ON”端焊盘利用一阻值在100Ω左右的电阻直接接地,这样,只要外部电网给本电源供电,电源的输出端便有电压输出。引线的改动工作完成后，需要测试其输出电压是否为12V。

(2)电路板的焊接

电路板的焊接方法与上一制作相似，将需要焊接的单片机和时钟芯片的插座等电路元件在电路板上按照高度从低到高的顺序分别安装好，检查无误后加以焊接。完成后,可以单独给本电路板供电,测试实时时钟芯片和单片机芯片及外围电路工作是否正常。

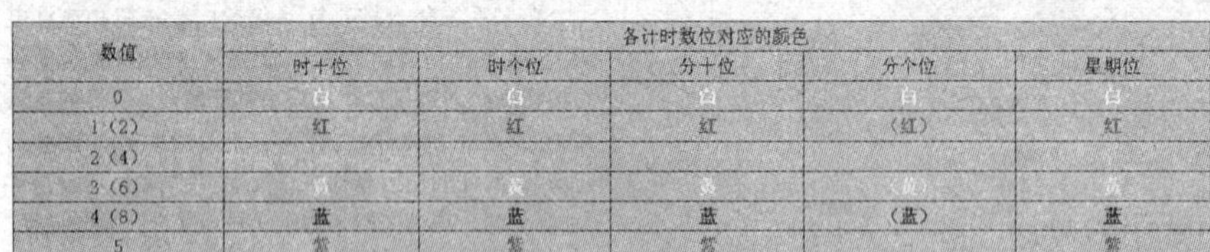

数值	各计时数位对应的颜色				
	时十位	时个位	分十位	分个位	星期位
0	白	白	白	白	白
1(2)	红	红	红	(红)	红
2(4)					
3(6)	黄	黄	黄	(黄)	黄
4(8)	蓝	蓝	蓝	(蓝)	蓝
5	紫	紫	紫		紫

图1 数位颜色对应表

图2 显示时序

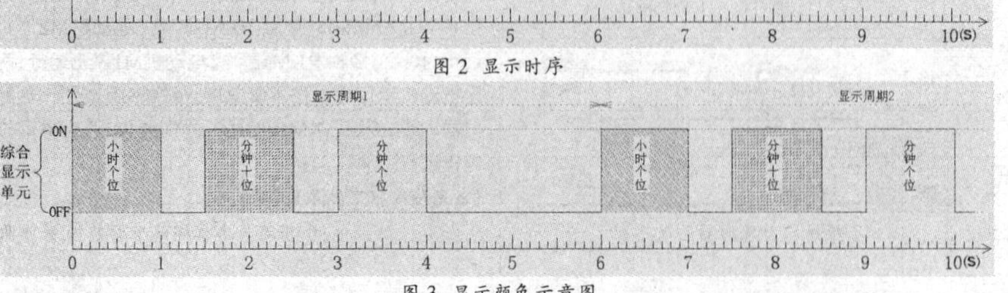

图3 显示颜色示意图

(未完待续)(下转第128页) ◇常广英 姚宗栋

R&S电视发射机天线控制联锁保护改造

摘要：为了保护电视发射机设备的安全，确保电视节目的安全、优质播出，设计制作天线控制联锁保护装置是很有必要的。本文阐述了作者所在单位设计、安装和使用天线控制联锁保护装置的情况，实践证实该装置对发射机起到了有效的保护作用，对安全运行和安全播出提供了有力保障。

关键词：R&S电视发射机；设备；天线控制联锁；保护；改造

R/S电视发射机和HARISS电视发射机都是国际上质量和技术比较先进的电视发射设备，蒙山转播配置了三部德国R/S进口电视发射机，其中一部是用于山东卫视节目发射的主机，而原来用于山东卫视节目的HARISS电视发射机作为备机，蒙山台山东卫视节目发射机的配置应该算是一流的。发射系统其他附属设备如天馈线系统、配电系统和天线控制系统的可靠性和安全性也必须配套，不然的话发射机再好，其他环节设备安全性有问题同样对安全播出造成隐患。主备发射机和天线切换用的同轴开关的安全保护措施对安全优质播出是十分必要的，例如发射机与天线切换装置必须有安全保护措施和技术要求，一是当天线切换不倒位时，不能开启发射机；二是发射机在工作中，不准手动、自动或误切换天线。为了保护发射机设备安全，而设计制作了天线控制联锁保护装置。

一、发射机联锁接口现状与改造思路

山东卫视节目电视发射机采用1+1模式，主用发射机是R/S电视发射机，HARISS电视发射机作为备用发射机，主机与备机使用同轴开关共用一套天馈系统进行发射。

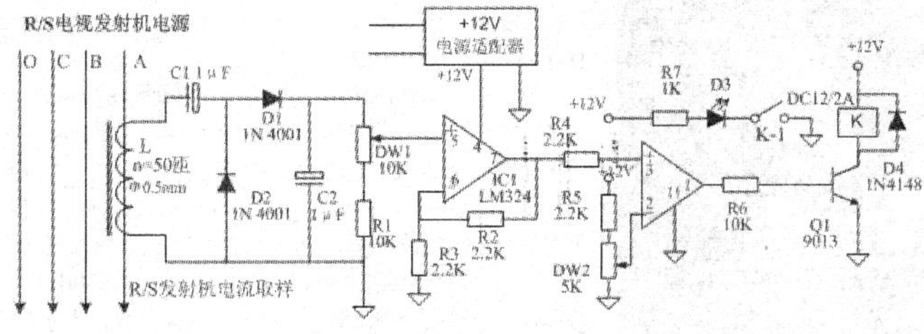

① R/S发射机开机状态取样

R/S电视发射机天线状态在CCU屏幕上有动态工况图，需要将天线状态接入到CCU接口上，发射机电控箱中有天线(或负载)到位联锁接口，我们制作的天线控制器上提供了天线状态接口，将其对接上就实现了天线到位联锁保护功能。而开机工作中不能倒天线这个功能没有，发射机工作状态取样没有提供接口，供电开关不是传统的交流接触器，而是采用逻辑控制与电子开关电路，通过与厂家维护人员交流也是这样，因设备比较先进，又是新设备，不易从设备内部电路改造进行取样，从外部取样的话，代表发射机工作状态的有射频功率，另一个是电源电流，射频功率监测口也没找到，并且电缆头也和过去常见的不一样，所以只好从电流这个参数进行取样，来实现发射机工作中不准切换天线这个保护措施。

HARISS电视发射机提供了天线状态联锁接口功能，直接将天线控制器中天线状态接到发射机接口上即可，而在发射机工作时，不准倒天线的功能接口也没有提供，发射机开机工作是通过控制交流接触器吸合，交流接触上没有辅助接点，但发射机的工作状态可很方便取出，即在交流接触器吸合接点上引出电源，加装一个交流220V中小型电磁继电器，将其一组常闭接点作为开机状态取样。

二、电视发射机开机状态取样原理图

1. R/S发射机开机状态取样原理图

2. HARISS发射机开机状态取样及联锁控制原理图

三、R/S开机状态取样工作原理

为了保证R/S发射机的完整性，故采用如上1图开机状态取样。此取样电路包括发射机工作电流取样、取样电流整流电路、取样电流/电压转换电路、取样电压与基准电压比较电路、驱动控制电路。

发射机待机时输入三相交流电线电流为2A，额定功率工作时三相交流电线电流是32A，待机与额定功率

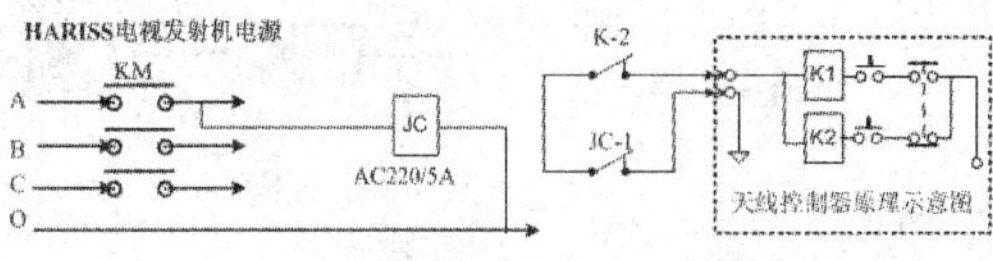

HARISS开机状态取样 ② 天线控制联锁

工作时电流变化较大，可以直接从DW1输出直接控制开关管Q1的基极实现取样状态，这时取样电流点变的较大(20A)，不能任意改变动作点，并且控制动作不灵敏(K吸合或断开时间长)，这里有必要加运放电路解决此不足。

首先自制一个母线型电流互感器，线径为0.5mm绝缘铜导线，匝数为50，正常情况下，电流互感器的负载不宜过大，因为一次电流不是太大，线圈匝少，对设备和人身没有不良后果。

互感器二次端取样电流经过C1、C2、D1、D2倍压整流后，经过DW1电位器电流校准，进入同相放大器进行电压转换，根据输入信号大小调整运放的放大倍数(R2/R3)，使输出电压小于电源电压，进入第二级比较运算放大器，调整DW2可以改变电流(功率)启动门限。当取样电压高于基准电压时，1脚输入高电平，驱动开关三极管导通，继电器K吸合，表示发射机开机工作。

四、发射机联锁控制工作原理

1图中当K吸合时，其常闭接点K-2用于R/S发射机开机状态取样。2图中是备机状态取样，当发射机开机工作时，KM吸合，交流继电器JC也吸合，其一组常闭接点JC-1用于HARISS发射机状态取样。

当K或JC只要有一个动作，其常闭接点断开，两组常闭接点串接后接到天线控制联锁控制接点，使天线控制器动作失效，即天线切换不动作起到保护发射机作用。

五、结束语

此项改造不改动发射机任何硬件电路，保证发射机设备的完整性，此设备对原发射机没有任何不良影响，对维护人员也是安全的。改造电路简单，此改造成本不足30元。功能可行、可靠，能起到对发射机保护作用，对安全运行和安全播出提供了有力保障。

◇山东广播电视局蒙山转播台 范玉梅

无线电波传播及微波通信浅析(一)

发射天线或自然辐射源所辐射的无线电波，通过自然条件下的媒质到达接收天线的过程，就称为无线电波传播。无线电波与可见光、X射线及γ射线一样都同属于电磁波，它们都是以电场和磁场为其特征的一种电磁振动。电磁波的频谱范围极其宽阔，其频谱从几赫兹到3×10^{23}Hz(波长从几十兆米到$10^{-9}\mu$m)。在电磁波频谱中，无线电波是频率从几赫兹到3000GHz(波长从几十兆米到0.1mm)频谱范围的电磁波，无线电波频段的划分如表，其中，频率从300MHz~3000GHz(波长从1m~0.1mm)的无线电波是微波波段。

无线电波的频段划分

段号	频段名称	频率范围	波段名称		波长范围
1	极低频	3~30Hz	极长波		100~10Mm
2	超低频	30~300Hz	超长波		10~1Mm
3	特低频	300~3000Hz	特长波		1000~100Km
4	甚低频(VLF)	3~30KHz	甚长波		100~10Km
5	低频(LF)	30~300KHz	长波		10~1Km
6	中频(MF)	300~3000KHz	中波		1000~100m
7	高频(HF)	3~30MHz	短波		100~10m
8	甚高频(VHF)	30~300MHz	米波		10~1m
9	特高频(UHF)	300~3000MHz	分米波	微波	1000~100mm
10	超高频(SHF)	3~30GHz	厘米波		100~10mm
11	极高频(EHF)	30~300GHz	毫米波		10~1mm
12	至高频	300~3000GHz	亚毫米波		1~0.1mm

任何一种信号传播都是由发送端、接收端和传输媒质三部分组成。无线电波从发送端到接收端必定要经历一定的传输媒质，这个经历的过程也就是无线电波传播的过程。最基本的传输媒质是地球及其周围附近的区域，主要有地表、对流层、电离层等。这些媒质的电特性对不同频段的无线电波的传播有着不同的影响。根据媒质及不同媒质分界面对电波传播产生的主要影响，可将无线电波的传播方式分为下列几种。

(1)地面波传播：无线电波沿着地球表面的传播，称为地面波传播。其特点是信号比较稳定，但电波频率愈高，地面波随距离的增加衰减愈快。因此，这种传播方式主要适用于长波和各中波波段。

(2)天波传播：天波传播是指电波由高空电离层反射回来到达地面接收点的这种传播方式。短波是利用天波进行远距离通信。

(3)散射传播：散射传播是利用对流层或电离层中介质的不均匀性或流星通过大气时的电离余迹对电磁波的散射作用来实现远距离传播的。这种方式主要用于超短波和微波远距离通信。

(4)视距传播：视距传播是指在发射天线和接收天线间能相互"看见"的距离内，电波直接从发射端传送到接收端(有时包括地面反射波)的一种传播方式，又称为直接波或空间波传播。微波波段的无线电波就是以视距传播方式进行传送的，因为微波波段频率很高，波长很短，沿地面传播时衰减很大，投射到高空电离层时会穿过电离层而不能被反射回地面。视距传播大体上可分为3类情况。第一类是指地面上(如移动通信和微波接力传输等)的视距传播；第二类是指地面上与空中目标之间(如与飞机、通信卫星等)的视距传播；第三类是指空间通信系统之间(如飞机之间、宇宙飞行器之间)的视距传播。

无线电波是由随时间变化的电场和磁场组成的，电场与磁场相互依存、相互转化，形成统一的时变电磁场体系。时变电磁场是以波动的形式在空间存在和运动的，因此称为电磁波或无线电波。电磁波作为一种物质形式具有能量，当电磁波以波动的形式在空间运动和传播时，电磁能量以能流的形式在空间中运动和转移。从而将信息能量从一点传到另一点。

(未完待续)(下转第129页)

◇山东省广播电视局蒙山转播台 马存兵

组建高端影K系统的利器
——FX-DSP-860 7.1声道DSP影K功放

2020年一场疫情，很多行业都受到了影响，如电影院、酒吧、卡拉OK厅等娱乐场所都关闭了，很多人在家中度过了很长一段时间，疫情改变了人们的生活方式，或许以后好长一段时间人们会习惯在家中娱乐。很多家庭已有大屏幕电视机，如何利用现有电视打造一套多功能影院系统，满足看电影、K歌、玩游戏、音乐欣赏的需求，这是很多影音爱好者关心的话题。

2020年很多公司都在布局5G+4K、5G+8K，这几年很多电影或演唱会都出杜比全景声Dolby Atmos或DTS X版本的4K蓝光碟片，如电影《三打白骨精》、巫启贤MTV《太傻》，这是一个潮流，如图1、图2所示演示片。主流的11.1声道(7.1.4)影K系统多采用专业影K解码器搭配多通道后级功放，推动相应的多通道音箱，但成本稍高一些，可参考去年第13期本报第12版《两套实用的商业娱乐用音响系统方案》一文。中国的国情是人口多，众口难调，所以某些产品研发时就要考虑到很多因素，特别是成本问题，要开发多数国人能买得起、用得起的好产品。分享版FX-DSP-860 7.1声道DSP影K功放就是近期为适应市场新环境而开发、生产的高端影K系统用的功放，可满足高保真音乐欣赏、多声道影院扩音、卡拉OK等多种需求。

① ②

该功放有如下特点：

一、简捷的外观

该机外观如图3、与图4所示，整机尺寸：420mm×270mm×90mm，整机重量仅4.5kg。作为一款专业AV功放，功放面板与遥控器能实现基本功能操作，如音源选择与音乐音量大小调节、话筒音量大小调节等等，如图5所示。功放后板虽没有日系AV功放那么多繁多的接口，但保留了必要的接口，能满足日常使用，如图6所示，该机更多功能需用配套的软件调试，如图7所示。

二、真材实料

只有拥有前沿技术，产品才会有较长的生命力。打开机壳上盖可以看到该机器内部组成，可以看出该机由多个核心板卡组合而成，比如HDMI信号输入板、音频DSP信号处理板、电源功放一体化大板、信号指示板等，为减小体积某些板卡采用叠加方式组合，如图8所示。

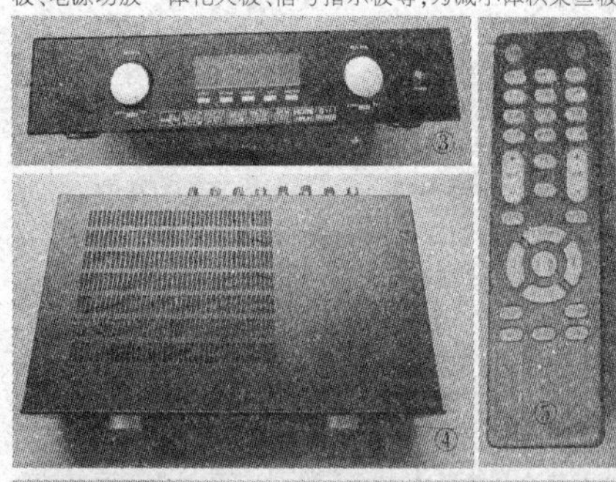
③ ④ ⑤

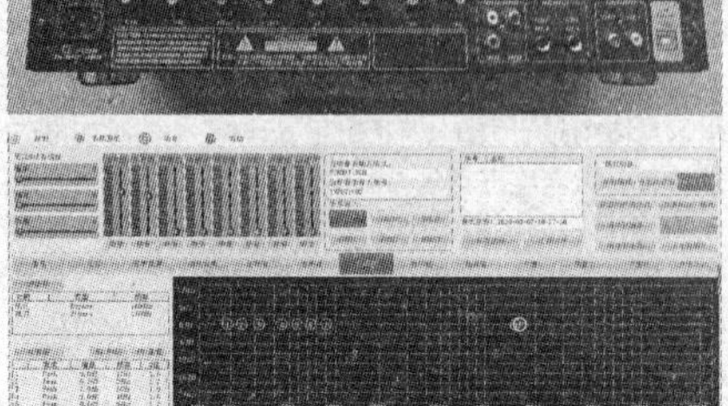
⑥ ⑦

该机开关电源功率高达2000瓦以上，采用1000μF/350V音频专用高压滤波电容，4只1000Mf/63V音频专用滤波电容为后级功放提供充沛的能量，如图9所示。为达到理想的效果，该功放在元器件方面精挑细选，所用核心器件不惜工本，比如采用更前沿技术的美国ESS公司最新64 BIT音频DSP作多声道音频解码，如图10所示。采用192kHz/24Bit ADC与DAC，采用美国AD公司最新64 Bit音频DSP ADSP-21489作多声道卡拉OK信号处理，如图11所示。采用800kHz PWM技术的专业音频驱动IC驱动300瓦大功率功率管作数字功放功率放大，比市场上通用的PWM技术的功放有更好的听感，如图12所示。

⑧

⑨

⑩ ⑪

⑫

三、功能多

很多专业音频处理器与某些DSP专业功放都配备相应的调试软件供专业人员使用，当然各项参数调试好后可保存，普通用户只需简单操作即可。现在很多家庭都有电脑，如台式电脑或笔记本电脑，电脑安装FX-DSP-860 7.1声道DSP影K功放配套的软件后就可进行相应的操作，操作界面在电脑显示器上显示。当然若想节约开支，也可利用一些闲置的电脑主机，如某些单位淘汰下来的小主机，体积与某些DVD机大小接近，售价仅二百多元，可以参考。现在家中的大屏幕电视都有VGA接口，可把电脑小主机的VGA输出与大屏幕电视相连接，直接用大屏幕电视作软件调试显示。调试完成后电视切换到HDMI高清显示界面即可。

FX-DSP-860 7.1声道DSP影K功放有如下功能特点：

(1)HDMI、光纤、同轴数字音频输入，1组模拟音频输入，3进1出4K HDMI切换。2组低音炮线路输出，1个USB调试接口，1个串口调试接口，如图13所示，相应的电脑调试主界面如图14所示。

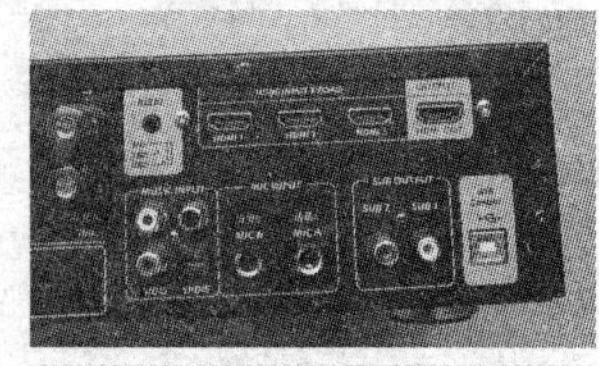

⑬

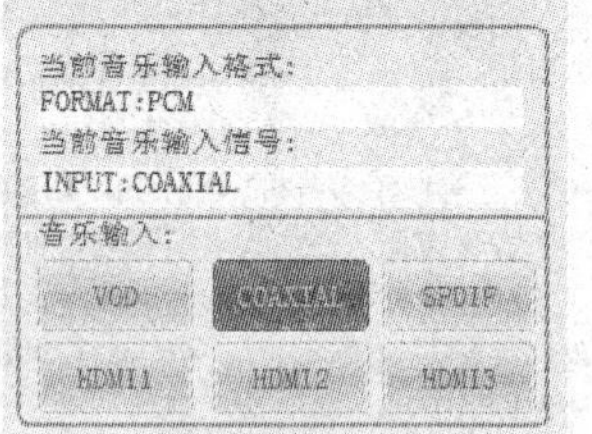

⑭

(2)多个高速音频DSP处理，支持杜比全景声Dolby Atmos解码、DTS X音频解码，自动识别音频格式，兼容多种格式解码如支持Dolby TrueHD与DTS-HD解码，支持Dolby数字解码与DTS解码。可实现7.1包括全景声5.1.2解码声道输出，如图15所示。5.1与7.1声道很多读者都熟悉，5.1.2解码声道输出是在原5.1声道的基础上增加了2个头顶环绕声道。相比于7.1.4解码系统，5.1.2解码系统少了2个后置环绕声道与少了2个头顶环绕声道。

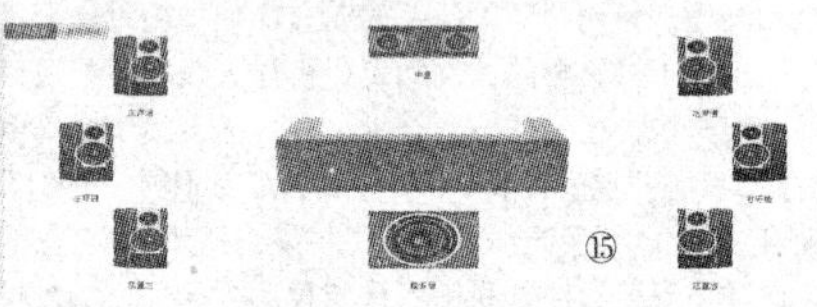
⑮

(3)输出功率200W×8，主声道输出7段均衡，环绕声道输出7段均衡，顶部环绕输出7段均衡，中置与超低音输出7段均衡，每个通道都为参量式频率均衡，频率点任意设定可调，Q值可调，每个通道都有高通、低通、延时、压限、极性变换、音量控制、静音等功能，如图16、图17所示。该功放由于输出功率较大，可以驱动配套的大功率音箱，比如左右主音箱可选用10英寸口径的低音单元，超低音可选12英寸或15英寸口径的单元，其他通道可选6.5英寸口径的低音单元，如图18所示。并且可根据音箱的特性与听感作相应的频率均衡，比如配套的主声道音箱，可以切掉35Hz以下的超低频与18kHz以上的高频，如图17所示。

(4)专业音频DSP ADSP-21489可以实现多种功能，比如多声道音频解码与音频信号处理，也可用于卡拉OK信号处理，国内很多高端的卡拉OK处理器都用此方案。

该机有2组麦克风输入，独立的15段参量均衡器，麦克风高通与低通滤波器，如图19、图20所示，并且可根据话筒的特性与听感作相应的频率均衡，比如可以切掉150Hz以下的低频与10kHz以上的高频，如图20所示。该机话筒音量可调，卡拉OK混响时间与回声时间可调，由于是专业数字处理，可以实现超长的混响时间，并且左右声道可独立调节混响时间，这样可获得较强的立体感，如图21、图22所示。为防止话筒啸叫，该机还设有压限器与噪声门等功能，如图23所示。为适应复杂的使用环境，该机还具有12级音乐变调功能，如图24所示，可以说专业卡拉OK处理器有的功能该机同样拥有。

(5)功能升级

该机主板预留有6个通道的解码信号模拟输出，如图25所示，FX-DSP-860A机除具有FX-DSP-860机的功能外，该机后板还具有6个通道的模拟音频输出接口，如左右前置、左右环绕、中置、超低音这6路信号，可以外接配置更大功率的功放与音箱，玩法多样。FX-DSP-860A也可看作是带功放的解码器，比如左右前置可接1台双500瓦的功放推动1对400瓦的15寸低音的落地箱，2路超低音信号可接1台双600瓦的功放推动2只单500瓦的15寸超低音箱，而其他5个通道(中置、左右环绕、左右顶置环绕)仍利用FX-DSP-860A来扩音。

可以根据系统方案接好信号源、显示器、功放与配套音箱，可通过噪声测试调试各声道听感平衡，如图15、图26所示。为在特定环境安全使用，可设定音乐的最大音量与话筒的最大音量，还可设置开机时音乐的初始音量与话筒的初始音量，以方便使用，如图27所示。利用该机当然可以把早期的影音系统升级改造，比如利用传统的5.1音响系统的音箱，如图28所示，另外增加2只吊顶音箱，把5.1影院升级为5.1.2全景声影K系统影院。

FX-DSP-860是DSP效果器和杜比全景声Dolby Atmos、DTS-X音频解码器的完美结合，是组建高端影K系统的利器，可轻松打造全景声影院系统。FX-DSP-860适用性较宽广，主要应用于家庭、别墅、中小型娱乐场所、中小型音乐酒吧、KTV、高端会所、小型影剧院等。

(由于排版原因，图16~18请见第130页)◇广州 秦福忠

编辑：小 进 投稿邮箱：dzbnew@163.com

邮局订阅代号：61-75 国内统一刊号：CN51-0091

微信订阅**纸质版**
请直接扫描
邮政二维码
每份1.50元 全年定价78元
每周日出版

扫描添加**电子报微信号**
或在微信订阅号里搜索"电子报"

2020年3月29日出版 实用性 启发性 资料性 信息性

第13期 国内统一刊号:CN51-0091 定价:1.50元 邮局订阅代号:61-75
地址:(610041)成都市武侯区一环路南三段24号节能大厦4楼 网址:http://www.netdzb.com

(总第2054期) 让每篇文章都对读者有用

钉钉大翻身

钉钉作为一款远程办公软件,在此前大众的主要印象也就是"上班打卡"而已;但这次受疫情影响在家办公和上学,钉钉的下载量成倍疯长。在初期,很多单位还是使用微信的接龙上报各自的出行情况或健康情况,随着"不出门办公"时间进一步增加,越来越多的学校和单位开始要求使用钉钉进行远程教学和办公。那么目前钉钉究竟有哪些特色?

打卡

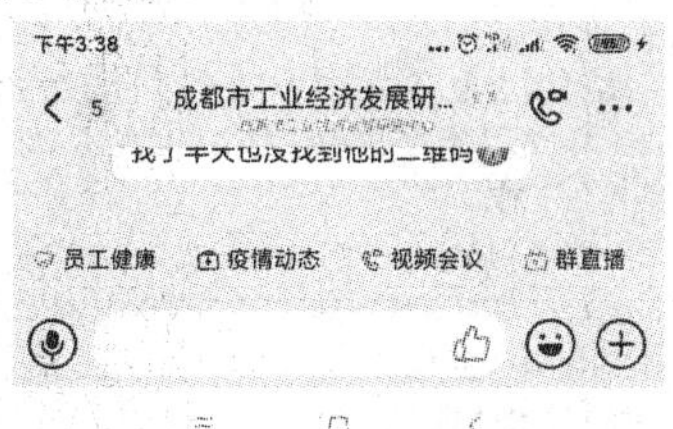

这个是当初钉钉面市时的最基本功能,有范围定点打卡和外出出勤打卡,可以了解出行状况,还能从"员工健康"了解实时健康,这个比微信单一的接龙方式要方便得多。

消息未读

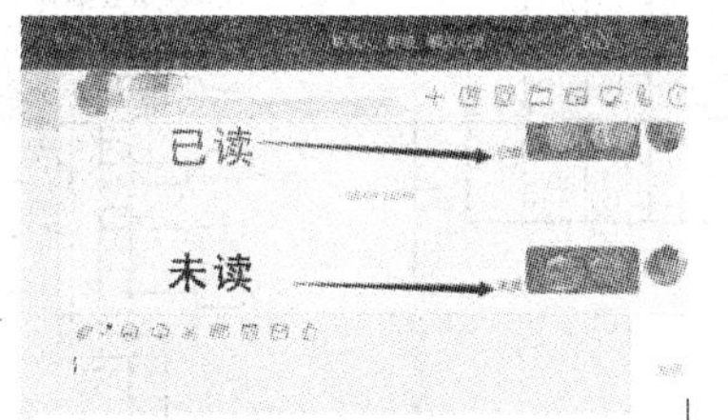

这是一个老板喜欢,员工不喜欢的功能——消息已读/未读功能,就是说一条消息发过来,你读没读看没看到,对方立马就知道了。

比如晚上9点,老板要通知临时加班,如果在微信上说的话,你可以借口有事没看到留言。但是换成钉钉,点开消息框的一秒,就泄露了你阅读了的"秘密"。

同样钉钉上课,老师布置了作业,如果是微信可以假装没看到,换成钉钉,就没法偷懒了,已读还是未读;甚至远程上课时间千别的去了,发个消息别人都是已读,你未读,老师都是知道得一清二楚的(当然认真读进去、记没记住是两码事)。

相对单一

微信的朋友圈、公众号、各种小程序等,这是它的优点,能获取更多的娱乐、交流功能;但反过来对于专心上班和学习来说,就显得不适时宜了。

视频

这是钉钉的核心功能,微信现在只能一对一视频,多对多语言和视频没有录播功能,通过微信录视频只能发15秒。

而钉钉可以多对多视频,也可以专门对一个学生视频,还可以录播视频。另外,钉钉对视频内容都不限制,不像一些直播平台或者课程平台,有审核机制,对敏感词(生理卫生课、政治课、历史课这些难免会遇到)会进行自动屏蔽。

随着在线复工的人数越来越多,钉钉的服务器资源受到了前所未有的挑战,正常办公的时候,很多企业已经在使用钉钉等在线工具来实现打卡、通知协同等工作,但是这次在线办公,视频会议,群直播等功能十分耗损服务器资源,这让钉钉一度崩溃。为支持这次疫情期间的办公需求,钉钉利用弹性计算资源编排服务(ROS)在阿里云上紧急扩容1万台云服务器来保障钉钉视频会议、群直播、办公协同等功能,保障用户流畅体验。

PS:目前市场上主流的综合性在线办公软件主要包括企业微信、阿里钉钉、华为云WeLink、字节跳动飞书等,这几款软件的功能相似,主要满足OA管理、视频会议、在线协作等需求。

企业微信

主要功能是办公沟通。目前版本的企业微信支持10000人全员群、疫情期间支持300人音视频会议、1000人紧急通知,以及群直播、收集表、在线问诊、疫情专区等能力。针对办公场景,企业微信目前提供免费的基础应用,包括:公告、打卡、审批、汇报、日程,以及微文档、微盘等协作工具,基本操作与微信相同。

飞书

2月2日,字节跳动旗下办公套件飞书宣布推出"线上办公室"功能。根据介绍,"飞书线上办公室"默认提供语音沟通,每个办公室支持最多50人同时在线,提供一键入会、禁言等功能。目前,飞书已面向所有用户免费开放全部远程协作功能。1月28日–5月1日期间,飞书免费提供不限时长的音视频会议、无限量在线文档和表格协作、远程打卡及审批管理等服务。

华为云WeLink

WeLink是华为云在2019年底上线的智能工作平台,提供健康打卡、信息通知、1000人在线协作、千人视频会议、有声知识音频、云端文档、在线培训、工作报告等功能,同时支持连接大屏、智能摄像机、云打印机、NFC等外部硬件设备。

阿里钉钉

具有全员群、群直播、打卡、在线协作文档、钉钉审批、日志等功能,支持外接智能硬件、音视频通话,视频会议免费开放102方,针对医疗、教育、政务等行业有适配方案。

(本文原载第8期11版)

一款支持无线充电的充电宝

随着有无线充电功能的手机越来越多,如果有一款支持无线充电的充电宝那就省去了携带充电线的麻烦,而UGREEN绿联就推出了这样一款新品,支持无线充的移动电源。

这是一款绿联推出的无线充移动电源——PB124,容量10000mAh,配备主流的USB-A和USB-C接口,支持多种快充协议,实现最大18W双向有线快充,支持苹果、三星、小米等10W无线快充和5W无线充电,因此产品可同时为三台设备充电(有线+无线)。

产品长、宽、厚度分别为144.6mm、72.7mm、17.5mm,重量为248g。

表面TPE软胶覆盖保护,防止刮伤手机。纹面设计,防止手机滑动。中心位置有一个无线充的标志,手机对准即可实现无线充电。

背面底部有具体参数:10000mAh无线充移动电源;型号:PB124;输入5V2.4A、9V2A;总输出18W(Max);无线充输出10W(Max);USB-A输出5V3A、9V2A、12V1.5A;电芯能量10000mAh 3.8V(38Wh)。

得益于移动电源无线充模块的大线圈设计方案,其采用了双线圈开创性合并设计,且内置隔磁片,电量集中充电更稳更快速(10W无线,18W有线)。

目前京东售价在110元以内,有兴趣的朋友不妨试试。

(本文原载第15期11版)

创维LED液晶彩电168P-P65EQF-00电源板原理与维修(三)

(紧接上期本版)

(三)待机副电源

创维 168P-P65EQF-00 电源板中的副电源如图 4 所示，由厚膜电路 IC3(FSDH321)、开关变压器 T3、取样误差放大电路 IC9、光电耦合器 IC6 等元件组成。产生 5V 电压，为主板供电。

1. FSDH321 简介

FSDH321 是小功率开关电源厚膜电路，集成了启动电路、振荡电路、误差放大电路、驱动控制电路、MOSFET 开关管等。其引脚功能和工作电压见表 2 所示。

2. 启动工作过程

AC220V 的交流电压经抗干扰电路滤除干扰脉冲后，输出的 K1B 电压送到 D9、D10 整流电路，经 D9、D10 整流、C24 滤波，产生约 300V 的直流电压，为副电源供电。

300V 电压分为两路：一路经开关变压器 T3 的初级绕组加到厚膜电路 IC3(FSDH321)的⑥、⑦、⑧脚，为内部 MOSFET 开关管的 D 极供电，二是经过 R40、R41、R42 降压为 IC3 的⑤脚提供启动电压，IC3 启动工作，产生激励脉冲，推动内部 MOSFET 开关管工作于开关状态，在 T3 的各个绕组产生感应电压。

表 2 FSDH321 引脚功能和对地电压

引脚	符号	功能	工作电压(V)
①	GND	接地，MOSFET 开关管 S 极	0
②	VCC	VCC 供电电压输入	11.1
③	VFB	稳压控制端	0.36
④	IPK	电流检测	0.89
⑤	VSTR	启动电压输入	398.0
⑥	DRAIN6	MOSFET 开关管 D 极	403.0
⑦	DRAIN7	MOSFET 开关管 D 极	403.0
⑧	DRAIN8	MOSFET 开关管 D 极	403.0

T3 的热地端下部绕组产生的感应电压，经 R44 限流、D11 整流、C28 滤波，提供稳定的直流电压给 IC3 的③脚，为其提供工作电源，IC3 进入正常工作状态。T3 的热地端上部绕组产生的感应电压，经 R46//R47 限流、D12 整流、C30 滤波，产生 VCC1 直流电压，经待机电路稳压控制后，为 PFC 校正和主电源驱动电路供电；T3 的冷地端绕组感应电压，经 D18 整流，C48、L3、C49、C50 滤波，得到稳定的 5V 电压输出，为主板控制系统供电。

3. 稳压控制电路

副电源的稳压控制电路是由取样电路 R77、R78、R79，稳压基准误差放大器 IC9 (TL431)，光耦 IC6 (PC817)和 IC3 的③脚内部电路组成。

当市电升高或负载变轻引起开关变压器 T3 输出的 5V 电压升高时，取样放大电路 IC9 的 R 脚电压随之升高，经 IC9 内部比较放大后，导致 IC9 的 K 脚电压下降，流过光耦合器 IC6 中发光二极管的电流增大，发光强度增强，则光敏晶体管导通加强，使 IC3 的③脚电压降低，经内部电路检测后，控制内部开关管提前截止，使开关电源的输出电压下降到正常值；反之，当输出电压降低时，经上述稳压电路的负反馈作用，开关管导通时间变长，使输出电压上升到正常值。

4. 尖峰脉冲吸收电路

为了防止 IC3 内部开关管在截止期间，其 D 极的反峰脉冲电压击穿 IC3，该开关电源电路设置了由 D13、C25、R43 组成的尖峰吸收回路。IC3 的 D 极产生的反峰脉冲电压经 D13 对 C25 充电，使尖峰脉冲电压被有效地吸收。

5. 开关机控制电路

创维 168P-P65EQF-00 电源板中的开关机控制电路由两部分组成：一是图 3 右下部所示的由 Q11、继电器 K1 组成的主电源 AC220V 输入控制电路；二是如图 4 下部所示的由 Q8、光耦 IC7、Q5、Q6、ZD10、Q7、IC8 为核心组成 VCC 控制电路。

(1)开机状态

遥控开机时，主板送来的 ON/OFF 控制信号为高电平时分为两路：

一路送到主电源 AC220V 输入控制电路，使 Q11 导通、K1 吸合，将 AC220V 电压送到整流全桥 BD1，整流滤波后送到 PFC 电路，校正后输出 400V 的 HV-DC 电压，为两个主电源电路供电。

另一路送到 VCC 控制电路，使 Q8 导通，IC7 导通，为 Q5 的 b 极提供高电平，Q5 导通，副电源产生的 VCC1 电压经 Q5 输出，分别送到 Q6 的 c 极和 Q7 的 e 极，经 Q6、ZD10 稳压输出 15V 左右的 PFC-VCC 电压，为 PFC 驱动电路 IC1 的⑭脚供电，PFC 电路启动工作，输出 400V 的 HV-DC 电压，为两个主电源输出电路供电；同时 HV-DC 电压经 R105、R106、R109、R110 与 R11 分压，获取 PFC-OK 电压，经 R100、D8 送到 IC8 的输入端，IC8 导通，迫使 Q7 导通，输出 PWM-VCC 电压，为两个主电源驱动电路供电，两个主电源启动工作，为主板、背光灯板等负载电路供电，整机进入开机状态。

(2)待机状态

遥控关机时，主板送来的 ON/OFF 控制信号变为低电平，分为两路：

一路送到主电源 AC220V 输入控制电路，使 Q11 截止、K1 释放，切断主电源的 AC220V 电压，两个主电源电路停止工作。

另一路送到 VCC 控制电路，使 Q8、IC7 截止，控制 Q5 截止，切断 PFC-VCC 和 PWM-VCC 电压，PFC 电路和两个主电源停止工作，整机进入开机状态。(未完待续)(下转第 132 页)

◇海南 影视

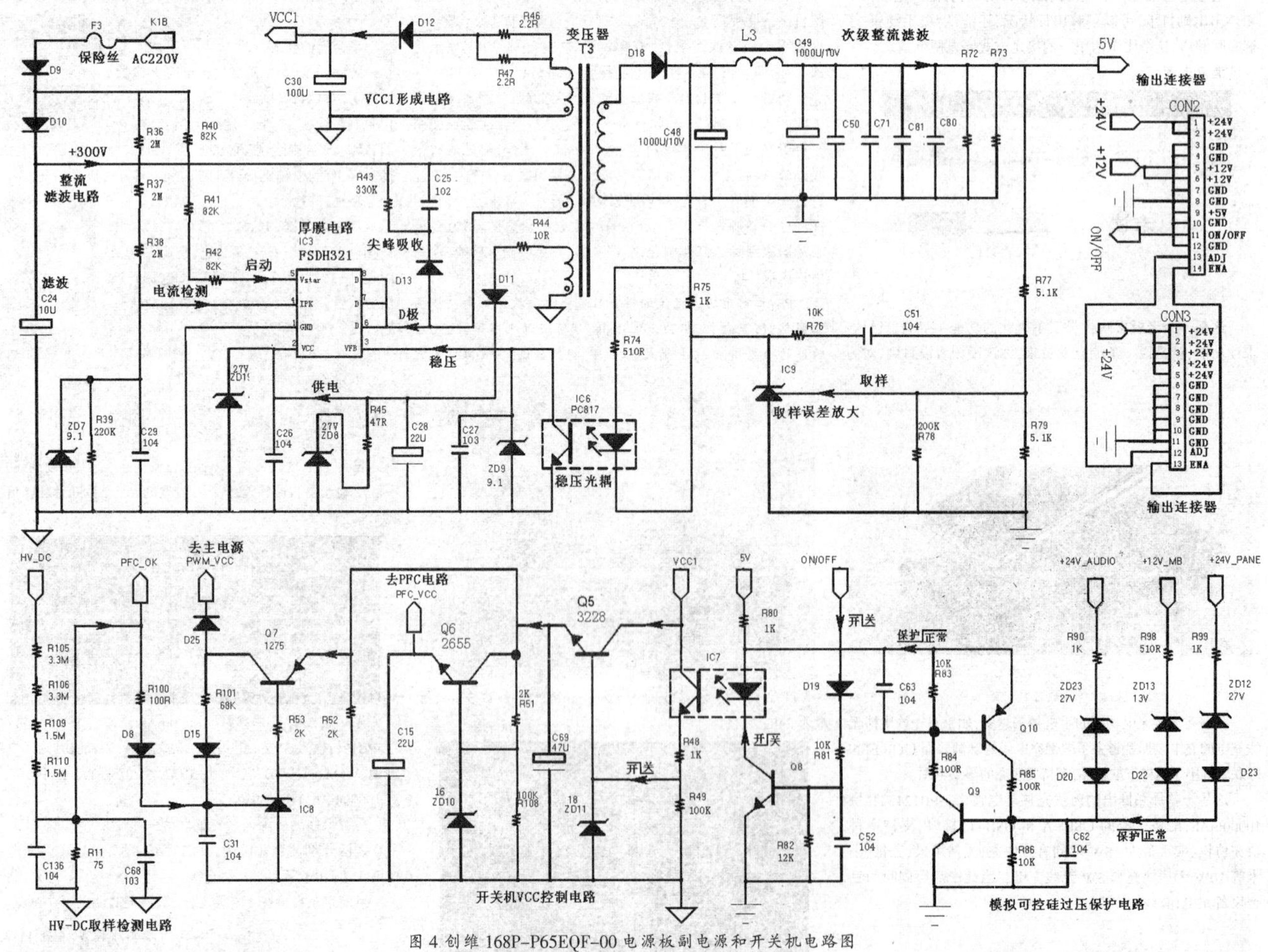

图 4 创维 168P-P65EQF-00 电源板副电源和开关机电路图

荣耀畅玩7X手机因电池鼓包造成屏凸的处理

2017年华为荣耀发布了新一代的荣耀手机，即是荣耀畅玩7X，它是荣耀首款采用全面屏的手机，当时售价1299元起。荣耀畅玩7X在配置、颜值、工艺、品质等方面均可说是千元旗舰机，该机外形经典、手感特好、功能强悍，因而它的社会拥有量很大，为很多人所喜爱。

荣耀畅玩7X面市已有两年多了，随着使用时间的增加，它有个通病，就是内置锂电池容易鼓包，其膨胀压力会造成整个屏幕凸起(如图1所示)，这严重影响携带和使用。

个人经验认为，手机锂电池鼓包，就并不意味它要寿终正寝，只需把造成鼓包的气体泄漏完，就可以继续使用。当然，手机拆装是门精细技术活，稍有电子技术的人，只要操作时注意电板正负极不发生短路，都可以顺利完成锂电池的修复和置换。

华为手机售后服务规定，一年之内为保修期可免费修理，超过保修期换电池收费99元，外面更贵，最高要近两百块。该型号锂电池京东有货，同型号电池还不少，但价格差距大，笔者选了同型号的49元锂电池，包快递，还送全套拆装小工具及粘胶，确实非常超值！

闲话少说，拆装开始。

先用对应起子拆下手机下巴下面两颗螺钉，再用随送的塑料片，绕屏板一圈望上挑起，就能把屏板和背壳分离，这是第一步，操作要小心，以免损坏精密结构器件。拆开后就可发现，锂电池外包装鼓鼓的(如图2所示)，内有因密封无法泄放的少许气体，其膨胀力不断外推，于是把整个屏幕推出来了。

至于锂电池具体情况如何，就必须把电池拆卸下来才能判断。目测可见，欲拆换锂电池，需拆下横跨电池表面的三根扁平排线，可先拆卸主板上两个金属压片，就可拿下所有排线的主板上端，这下锂电池全面暴露；深圳华为公司产品，容量3340mAh。

锂电池是用双面胶黏在屏板上，比较牢固，可以用坚硬适度的废卡片从电池四周反复抬起(如图3所示)，慢慢使起与屏板分离，这时锂电池底部外包铂纸多半会撕裂，因撕裂其间的气体也就泄漏光了。

仔细查看拆下的锂离子电池，外形方正，无任何凸凹变形(如图4所示)，手机使用也就一年左右，因此完全还可以继续使用，新购电池可暂收藏留作备用。

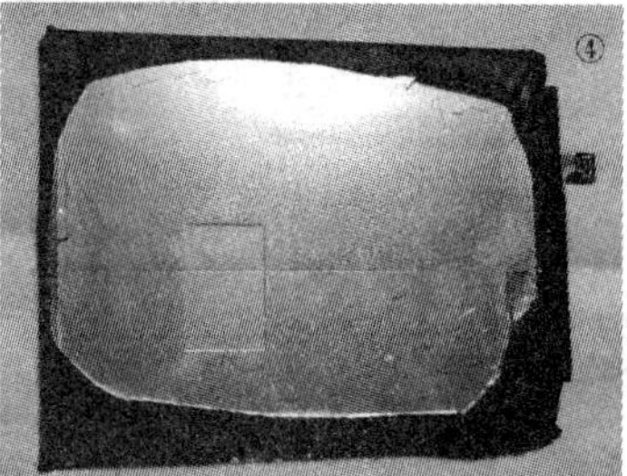

接下来修剪撕裂的包装外壳，恢复其体积厚度，剪电池大小的隔离纸垫之屏板里，电池现不用粘胶，也同样牢固(如图5所示)，同时方便以后电池失效后更换备用的新锂电。

必须注意，拆卸锂电池时，不得弄破第二层包装，不得破坏正负电极附近包装纸，以免造成短路起火，损坏锂电。

装回跨越电池的三条排线及两个金属压片，三颗螺钉固定金属压片，最后用点巧劲，把屏板和金属背壳合二为一，这机型不需要使用配送的沾胶，也是贴合紧密，密封得天衣无缝(如图6所示)。

因为该锂电板底部已是未完全封闭状况，所以该电池即使使用到失效报废，也不可能再次出现鼓包造成屏凸情况。至此，荣耀畅玩7X手机因锂电池鼓包造成屏凸的处理已经修复完成。

◇江西 易建勇

为Word文档巧妙添加各类横线

很多时候，我们需要为Word文档添加一些横线，例如公文标题下面的那条长横线，有些朋友苦于不会制作这条横线，甚至不得不从其他的文档复制过来，其实这里有一些简单的技巧。

1. 加一条横线

在一空行内，连续输入三个以上的减号"-"，按下回车键，就会出现一条横线，效果如图1所示。

2. 加一条波浪线

在一空行内，连续输入三个以上的波浪号"~"，这个符号需要按住Shift键才能输入，按下回车键，此时就会出现一条波浪线。

3. 加多条线

在一空行内，连续输入三个以上的井号"#"，按下回车键，就会出现由二条细线和一条粗线组成的多重线，效果如图2所示。如果需要加两条细线，只要在空行内连续输入三个以上的等号"="，按下回车键，就出现由两条细线组成的线。

②

如果什么时候需要去除这些横线，可以选择横线以上的文字内容，如果没有文字，请选中横线上方的空行，返回"开始"选项卡，在"段落"命令组中设置下划线样式为"无框线"(如图3所示)，预览界面就会出现去除横线的效果。

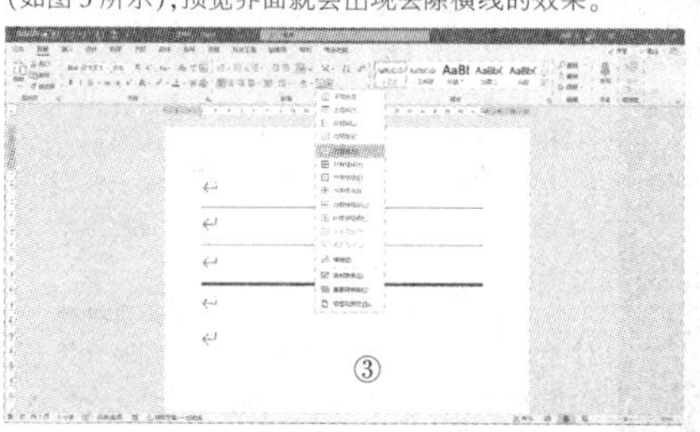

◇江苏 王志军

台式电脑的日期突变及风扇异响的维修

前几天早上，笔者刚按下电脑主机的按钮时，突然听到主机盖面上的散热孔传来呼呼的风扇声，并伴有嘀嘀嘀的鸣叫声，且屏幕上出现满幅的英文字母，即关机。隔了一会儿，重新开机，呼呼声依然发出，细观了屏幕下面的几个英文字母：Press F1 to continue(请按F1继续)，随即按下了键盘上的F1键，电脑能开机，但在右下角的年份、日期和时间变更了，年份由原来的2020年变为2010年；日期由原来的2月9日变为1月12日；时间也变为23:00。年份、日期和时间的错误，这是电脑主板上的纽扣电池电量不足的缘故。取出旧电池用万用表测量，电压居然为零。随即用新锂电池换上，开机后再对年份、日期和时间进行了校正，桌面上即能正常显示，但遗憾的是主机盖上的风扇声仍然很大。

带着问题去"百度"查找，突然一段有启发性的文字映入的眼帘：声音本来不大，突然变大，这可以判断为CPU风扇或显卡风扇出问题。解决方法：可以给CPU风扇和显卡风扇除灰尘，并用手指转动风扇，看是否灵活，如果不灵活，可以加一点润滑油在风扇电机轴上。

笔者阅后针对实际情况，采取了相应的措施：1.清理CPU、显卡风扇散热片上的灰尘；2.将主板印刷电路及箱内所有元件上的灰尘用干药棉也擦了一下，尔后用电吹风的冷风挡在箱内各个角落都吹一遍，以确保箱内剩余的灰尘能得到有效的清理；3.用蘸有无水酒精的药棉在两条内存条金手指的两面及槽内都擦一遍。略等一会，重新开机，瞬间呼呼的风扇声遁然而去，且开机速度较先前亦有明显的提增。

通过这次维修，查阅了相关资料，笔者对电脑的内置电池有一个新的认识：它是在电脑关闭以后继续为主板上的BIOS模块供电，以保存BIOS设置信息。若无它，信息将全部丢失，检出不到COMS电池的存在，就无法正常开机。由此可以看出它对电脑能不能开机起到一个举足轻重的作用！

◇浒浦高级中学 徐振新

华生牌即热式水龙头短路故障维修1例

故障现象：一台使用一年多的华生牌(HY30-12C)即热式电热水龙头(见图1)，在使用中由于内部打火后引起房间总空开跳闸。

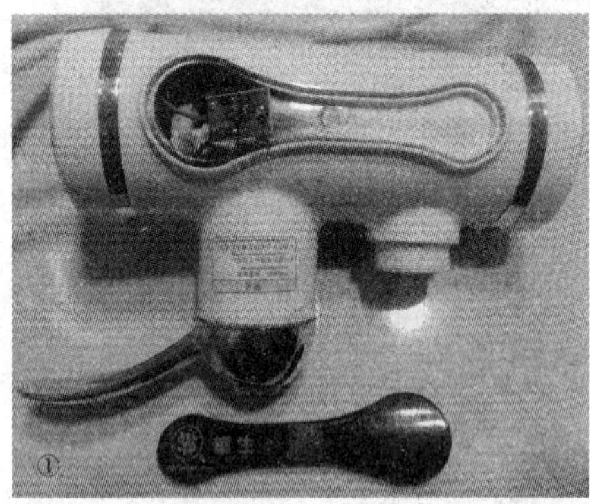

分析与检修：通过故障现象分析，怀疑该水龙头内部电路发生接触不良或短路故障。

维修时，笔者将它清洁干净后打开接线端盖察看，并没有发现看到有任何打火烧毁的痕迹(见图2)。怀疑加热管异常，测量加热管的阻值为16.2Ω(该加热管功率为3kW，根据欧姆定律计算，其工作电流为13.63A，阻值为16.14Ω)，说明加热管正常。接着，检查用于保护的温控器也正常，怀疑电路板上有元件异常。当撬开侧面的黑色盖板后察看，发现电路板上有大量的水渍，并有打火烧黑的痕迹，上面的贴片元件都烧得面目全非，如图3所示。

根据两根接线来分析，这是加热指示灯电路，两根线直接并接在加热管的两个接线柱上。为了找到漏水的原因，打开冷热阀门，看到内部只是一个3孔的冷热切换阀，再没有任何机构(见图4)。最后，在电源线的接口处的下侧发现了一个小孔(见图5)，用绝缘胶布进行封堵。

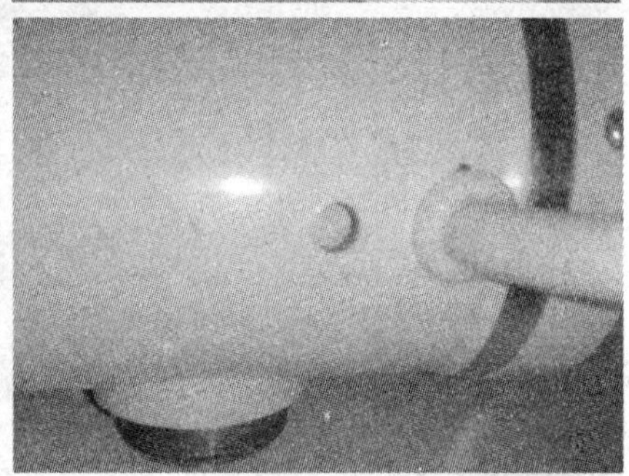

为了便于故障维修，根据实物绘制了电路图原理图，如图6所示。从图6可以看出，当打开水阀后，水压将水压开关顶到闭合状态后，一路使加热管L1得电加热，让水温快速升高；另一路通过R1限流、D2半波整流后为指示灯D1供电使其发光，提醒用户处于加热状态。参照电热饮水机的加热指示灯电路，拆接了一只56k电阻和红色发光二极管、1N4007进行组装，如图7所示。

固定电路板并复原该水龙头，安装后使用一切正常，故障排除。

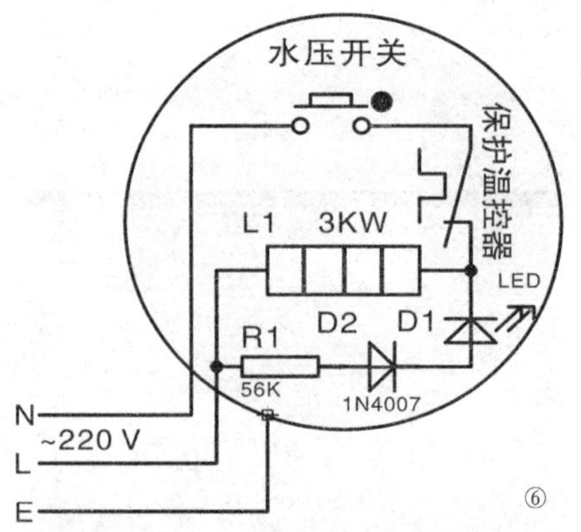

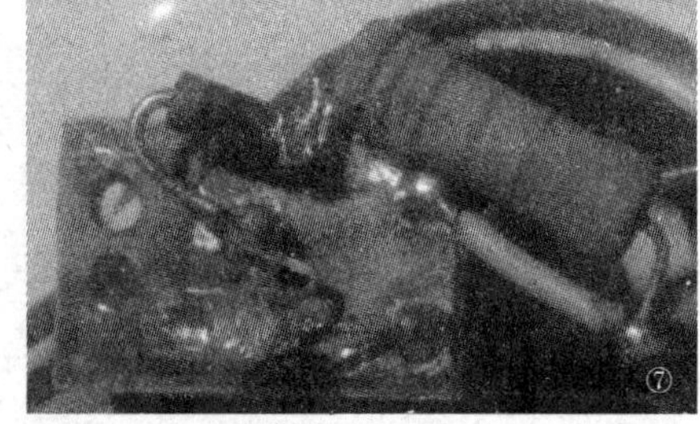

◇江苏 庞守军

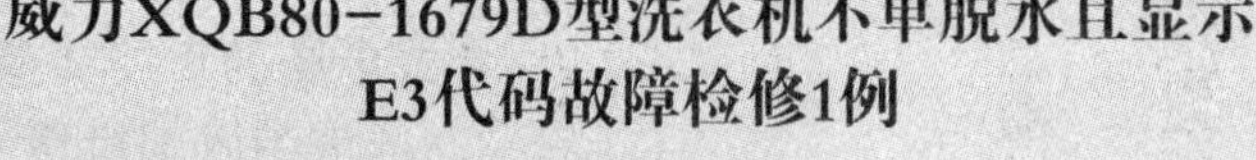

威力XQB80-1679D型洗衣机不单脱水且显示E3代码故障检修1例

故障现象：洗衣服时不能单脱水，并且显示故障代码E3。

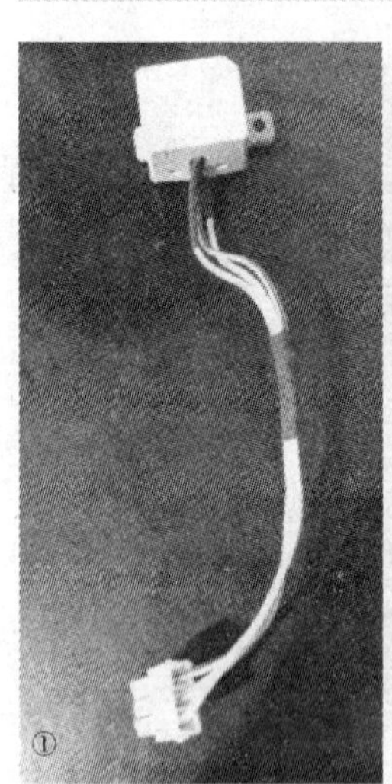

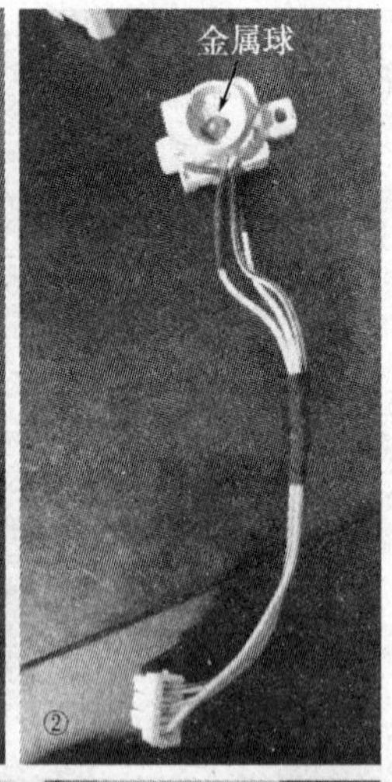

分析与检修：通过故障现象分析，说明平衡开关或其控制电路异常。通常维修时，更换相同的开关或将其连接线短接即可。开盖后，在端盖的左上角没找到平衡开关，而发现了图1所示的装置。

撬开图1所示装置的白色盖子，发现有一个金属小球，如图2所示。察看该装置的连接线时发现有2只二极管，其中一只用于发射光信号，另一只接用于收光信号。正常情况下，发射管发出的光线被小球遮挡，接收二极管接收不到光信号，洗衣机正常单脱水。当洗衣机脱水时的摆动幅度较大，把小球颠簸起后，发射管发出的光信号接收管接收，传给电脑板，转换为电信号送给单片机识别，被单片机识别后发出停止脱水的控制指令，洗衣机不能脱水，并且通过显示屏显示故障代码E3。笔者测量这2只二极管都已损坏，更换相同的二极管或平衡开关组件后，洗衣机就能正常脱水。但店里没有此类配件。网上查了有，但疫情期间，快递公司不能正常配送。经仔细分析，考虑通过应急修理的办法来排除故障。

首先，将该组件的3根线中任意2根线短接，当实验到其中2根线短接，而断开另一根线后，单脱水恢复正常。待快递业务恢复后，再购买相同的配件，以根除该故障。

◇宜宾　黄辉林

反激转换器设计注意事项

反激转换器的许多优点包括：成本最低的隔离式电源转换器，轻松提供多个输出电压，简单的初级侧控制器以及高达300W的功率输出。反激转换器用于从电视到电话充电器的许多离线应用中，以及电信和工业应用中。它们的基本操作可能会令人生畏，并且设计选择很多，特别是对于那些以前从未设计过的人。让我们看一下在5A连续传导模式(CCM)反激时53 VDC至12V的一些关键设计注意事项。

图1给出了工作在250 kHz时的详细60W反激原理图。当FET Q2导通时，输入电压施加在变压器的初级绕组上。现在，绕组中的电流逐渐增加，从而将能量存储在变压器中。由于输出整流器D1为反向偏置，因此阻止了流向输出的电流。当Q2关断时，初级电流被中断，迫使绕组的电压极性反转。现在，电流从次级绕组流出，使点电压为正时使绕组电压的极性反转。D1导通，将电流输送到输出负载并为输出电容器充电。

可以添加其他变压器绕组，甚至将其堆叠在其他绕组的顶部，以获得额外的输出。但是，增加的产出越多，其监管就会越差。这是由于绕组与铁心之间的磁通不完善(耦合)以及绕组的物理隔离，从而产生了漏感。漏感与初级绕组和输出绕组串联，作为杂散电感。这会导致与绕组串联的意外电压降，从而有效降低输出电压调节精度。一般的经验法则是，在交叉负载情况下，使用适当绕制的变压器，预期非稳压输出的变化范围为+/-5%至10%。此外，通过峰值检测泄漏引起的电压尖峰，重负载的调节输出可能会导致空载的次级输出电压大大增加。在这种情况下，预负载或软钳位可以帮助限制电压。

CCM和不连续导电模式（DCM）操作各有其优点。根据定义，当下一个周期开始之前，输出整流器电流降至0A时，就会发生DCM操作。DCM的运行优势包括较低的初级电感（通常可实现较小的电源变压器），消除了整流器的反向恢复损耗和FET导通损耗，并且没有右半平面零。但是，与CCM相比，这些优点被初级和次级中较高的峰值电流，增加的输入和输出电容，增加的电磁干扰(EMI)以及在轻负载下的占空比降低所抵消。

图2说明了在最小VIN时Q2和D1中的电流如何变化，在CCM和DCM中，负载从最大减小到约25%。在CCM中，对于固定输入电压以及负载在其最大和最小设计水平(约25%)之间时，占空比是恒定的。当前的“基座”电平随着负载的减小而减小，直到达到DCM，此时占空比减小。在DCM中，最大占空比仅在最小VIN和最大负载时发生。占空比减小以增加输入电压或减小负载。

这样可以在高负载和最小负载时减小占空比，因此请确保您的控制器可以在此最小导通时间内正常工作。在整流器电流达到0-A之后，DCM工作会导致占空比低于50%的空载时间。它的特征是FET漏极上的正弦电压，并由残余电流，寄生电容和漏感设置，但通常是良性的。对于此设计，选择CCM操作是因为可以通过减少开关和变压器损耗来实现更高的效率。

该设计使用一个参考电压为14V的初级偏置绕组，在12V输出达到稳压后为控制器供电，与直接由输入供电相比，降低了损耗。我选择了两级输出滤波器以实现低纹波电压。第一级陶瓷电容器处理来自D1中脉动电流的高RMS电流。滤波器L1和C9/C10降低了它们的纹波电压，提供了约10倍的纹波减小以及C9/C10中的RMS电流减小。如果可以接受更高的输出纹波电压，则可以省去L/C滤波器，但是输出电容器必须能够处理全部RMS电流。

UCC3809-1或UCC3809-2控制器设计为直接与U2光耦合器接口，以实现隔离应用。在非隔离设计中，可以省去U2和U3以及直接连接到控制器的电压反馈电阻分压器，例如带有内部误差放大器的UCC3813-x系列。

Q2和D1上的开关电压会在变压器绕组和组件寄生电容中产生高频共模电流。在没有EMI电容器C12提供返回路径的情况下，这些电流将流入输入和/或输出，从而增加噪声或可能使操作不稳定。

Q3/R19/C18/R17的组合通过将振荡器的电压斜坡加到R18的初级电流检测电压中来提供斜率补偿，该电流检测电压用于电流模式控制。斜率补偿消除了次谐波振荡，这种现象的特征是占空比脉冲很宽，然后又很窄。由于该转换器设计为不超过50%的工作频率，因此我添加了斜率补偿以降低开关抖动的敏感性。但是，过大的电压斜率可能会将控制环路推向电压模式控制，并可能导致不稳定。最后，光耦合器从次级侧传输误差信号，以保持输出电压稳定。反馈(FB)信号包括电流斜坡，斜率补偿，输出误差信号和DC偏移以减小过电流阈值。

图3显示了Q2和D1的电压波形，显示了一些漏感和二极管反向恢复引起的振铃。

在需要低成本隔离式转换器的应用中，反激被认为是标准配置。此设计示例涵盖了CCM反激设计的基本设计注意事项。

◇湖北 朱少华 编译

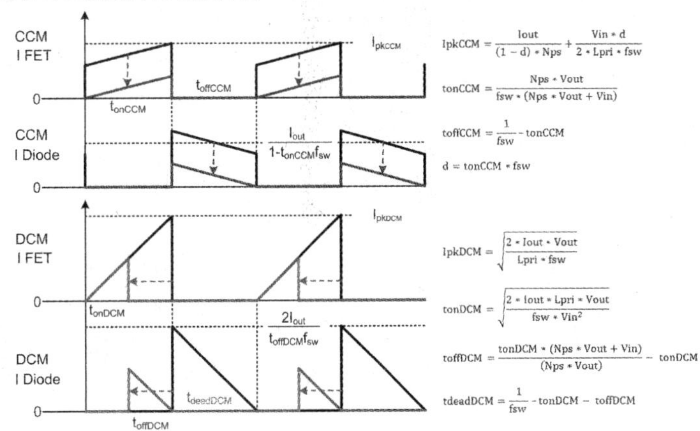

图2 CCM和DCM反激FET和整流器电流的比较

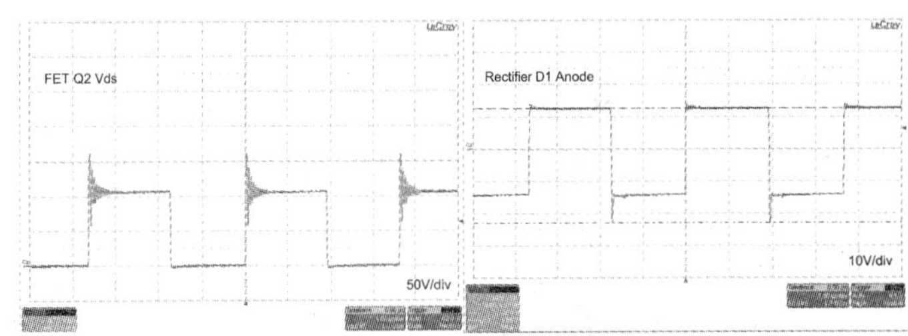

图3 FET和整流器振铃受钳位和缓冲电路限制(57 VIN,5 A时为12 V)

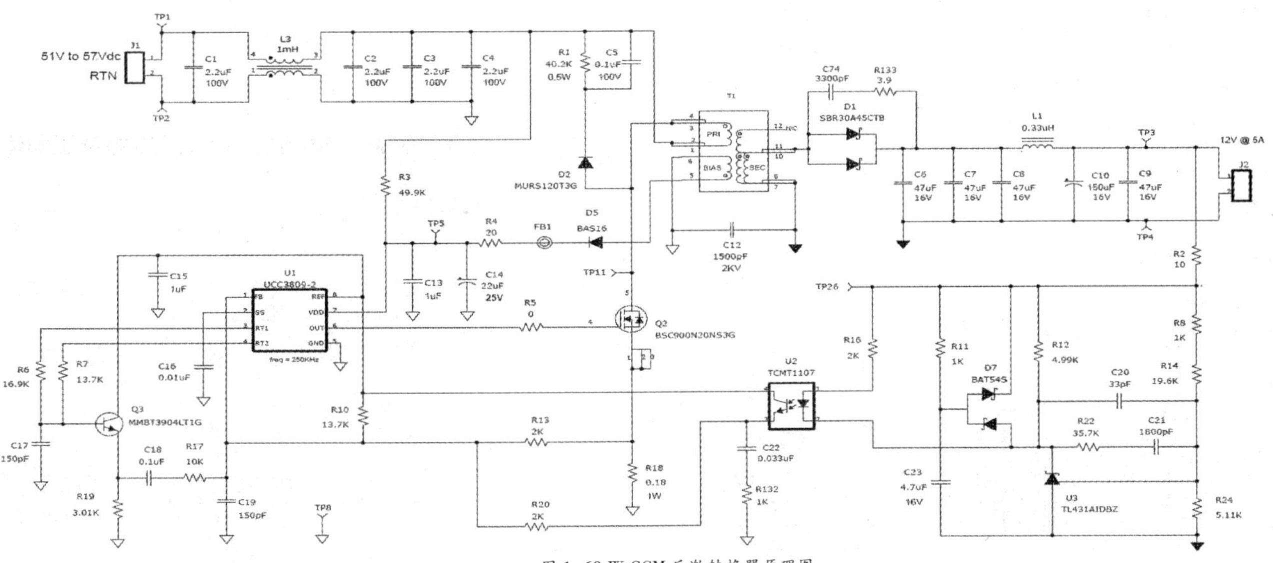

图1 60 W CCM反激转换器原理图

用梯形图编程进行STC单片机应用设计制作——拼装式单片机控制板及应用(三)

(紧接上期本版)

4.2 多台异步电动机顺序起停控制

用拼装式单片机控制板进行多台异步电动机顺序起停控制的电原理图如图13所示。需要配置ZY-MCU-STC板1块、ZY-4DI开关量输入板3块、ZY-4DO-T晶体管输出板2块，转换软件设置如图14所示，控制梯形图编制请参见《电子报》2019年第6期和第7期第7版。

4.3 台机组互为备用的液位控制

用拼装式单片机控制板进行2台机组互为备用的液位控制的电原理图如图15所示。需要配置ZY-MCU-STC板1块、ZY-4DI开关量输入板2块、ZY-4DO-T晶体管输出板2块，转换软件设置如图16所示，控制梯形图编制请参见《电子报》2019年第11期和第12期第7版。

4.4 真石漆搅拌控制

用拼装式单片机控制板进行真石漆搅拌控制的电原理图如图17所示。需要配置ZY-MCU-STC板1块、ZY-4DI开关量输入板3块、ZY-4DO-T晶体管输出板2块，转换软件设置如图18所示，控制梯形图编制请参见《电子报》2019年第13期第7版。

4.5 绕线式异步电动机频敏变阻器起动控制

用拼装式单片机控制板进行绕线式异步电动机频敏变阻器起动控制的电原理图如图19所示。需要配置ZY-MCU-STC板1块、ZY-4DI开关量输入板2块、ZY-4DO-T晶体管输出板1块，转换软件设置如图20所示，控制梯形图编制请参见《电子报》2019年第20期第7版。

(未完待续)(下转第36页)

◇江苏 键 谈

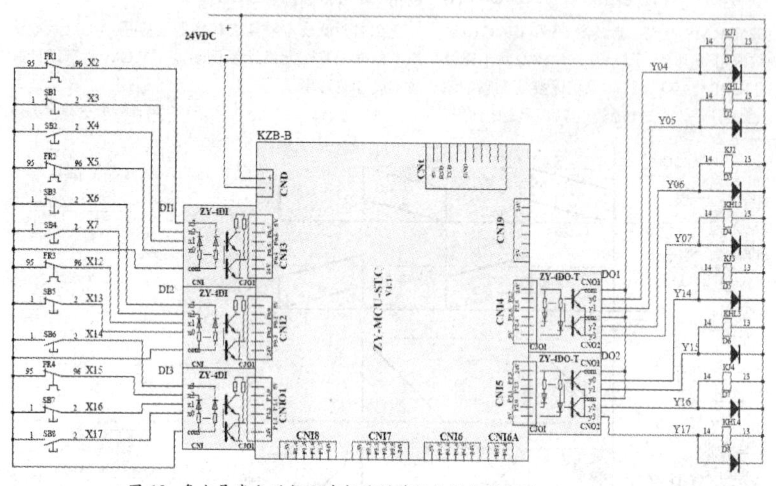

图13 多台异步电动机顺序起停拼装板控制电原理图

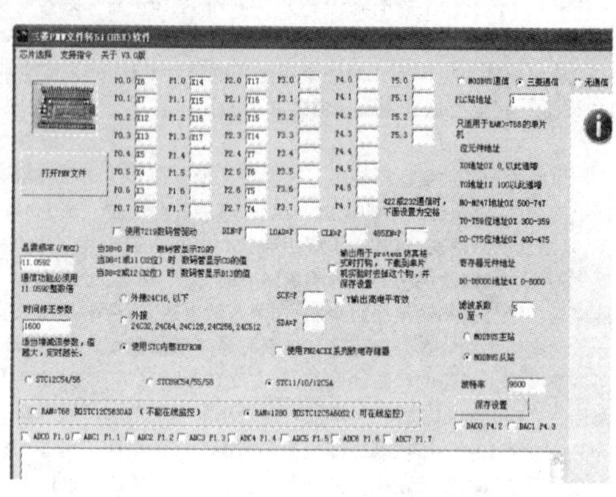

图14 多台异步电动机顺序起停拼装板转换设置

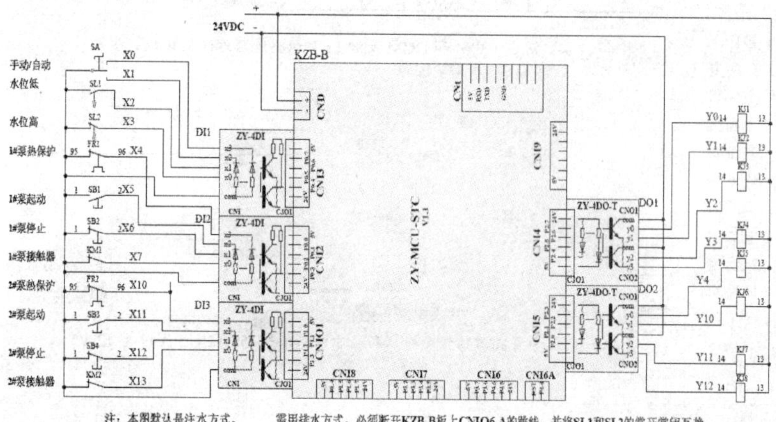

图15 2台机组互为备用的液位拼装板控制电原理图

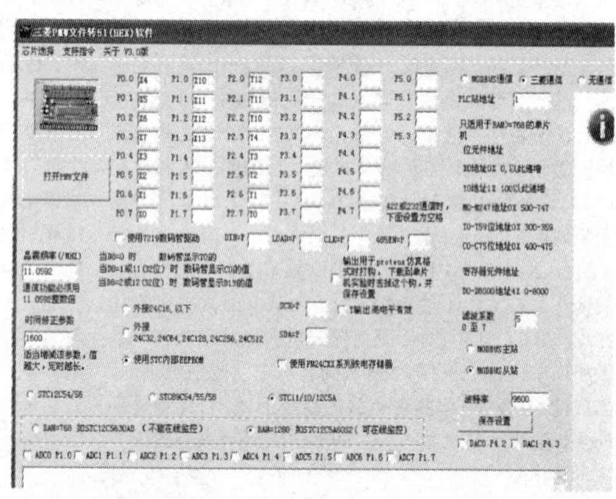

图16 2台机组互为备用的液位拼装板转换设置

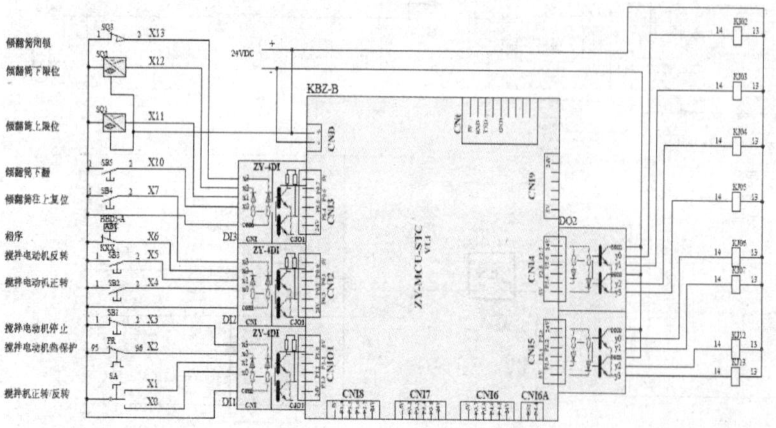

图17 真石漆搅拌拼装式控制板控制的电原理图

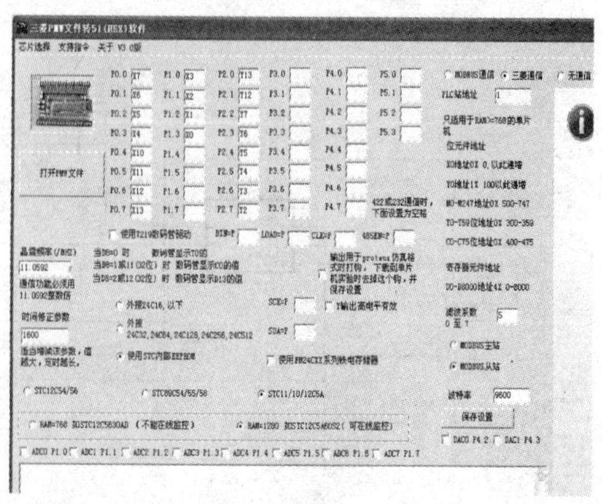

图18 真石漆搅拌控制拼装板控制转换设置

博途应用7：三相异步电动机延时顺启逆停控制(二)

(紧接上期本版)

2. I/O地址分配

根据控制任务要求，PLC系统需要4个开关量输入点和2个开关量输出点，在此选用CPU 1214C AC/DC/Rly。开关量输入信号采用直流24V输入，开关量输出采用继电器输出。各I/O点的地址分配见下表，KM1为电动机M1运行用交流接触器，KM2为电动机M2运行用交流接触器。FR1和FR2为电动机M1和M2热继电器的常闭触点，二者串联，可节省PLC的输入点。

I/O地址分配表

输入元件	输入端子地址	输出元件	输出端子地址
紧急停止按钮SB1	I0.0	接触器KM1	Q0.0
起动按钮SB2	I0.1	接触器KM2	Q0.1
停止按钮SB3	I0.2		
FR1·FR2	I0.3		

3. I/O线路连接

系统的主电路及PLC的外部接线如图10所示。

CPU模块工作电源采用交流220V，开关量输入由CPU模块上提供的直流24V传感器电源供电。因接触器KM1和KM2线圈额定工作电压均为交流220V，因此PLC输出点接交流220V电源。

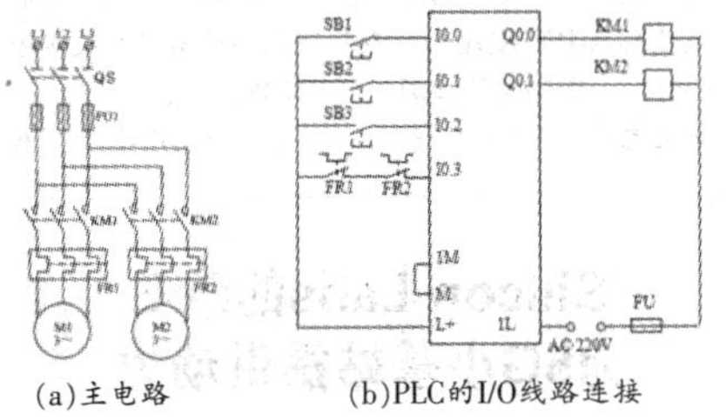

(a)主电路　(b)PLC的I/O线路连接

图10　两台电动机延时顺启逆停PLC控制电路

4. 用户程序设计

根据控制要求和I/O地址分配，两台电动机延时顺序启动逆序停止控制的PLC程序如图11所示。

程序段1为电动机过载故障停机、应急停机判断。按下应急停机按钮，I0.0常开触点闭合，或者电动机过载致热继电器常闭触点断开，I0.3常闭触点闭合，内部存储位M0.0线圈接通变为1，进行应急或故障停机。正常时M0.0为0。

程序段2为设备运行与停止控制。当启动按钮SB2被按下时，I0.1变为1，M0.1线圈"通电"并自保；当按下停止按钮SB3时，I0.2变为1，其常闭触点断开，或M0.0为1，其常闭触点断开，M0.1线圈"断电"。M0.1"通电"，设备运行，M0.1"断电"，设备停止。

程序段3为电动机M1运行控制。设备启动时，

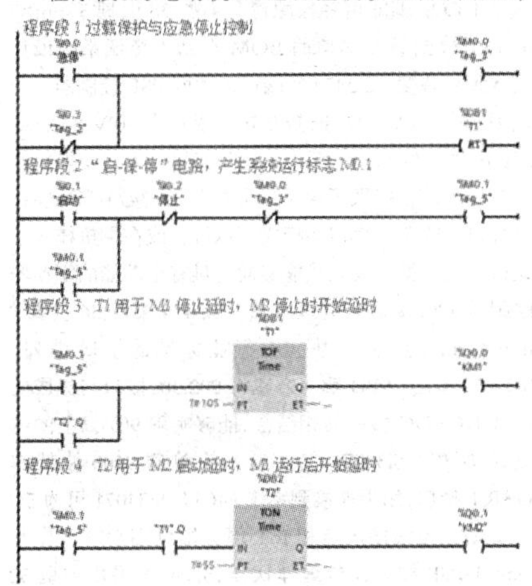

图11 两台电动机顺启逆停PLC程序

M0.1"通电"，其常开触点一接通，断电延时定时器T1立即动作，状态变为1，使输出线圈Q0.0"通电"，电动机M1启动运行。M0.1、T2触点均断开后，M1延时10s停止。与M0.1并联T2常开触点的目的是确保电动机M2停止后M1才能停止。

程序段4为电动机M2运行控制。设备启动时，M0.1为1，且电动机M1运行，T1为1，通电延时定时器T2开始计时，延时5s变为1，使输出线圈Q0.1"通电"，电动机M2启动。设备停止时，M0.1变为0，T2立即复位，使电动机M2停止。与M0.1串联T1常开触点的目的是确保电动机M1运行后M2才能运行。

当任一台电动机过载或按应急停机按钮时，M0.0线圈"通电"，并复位定时器T1、T1，两台电动机停转。

5. 仿真调试

单击工具栏上的"开始仿真"按钮，启动S7-PLCSIM V13。

(1)生成SIM表1，如图12所示。

图12 S7-PLCSIM的项目视图

(2)因电动机的过载保护用常闭触点作为I0.3的输入元件，所示仿真调试时应把I0.3的值修改为TRUE，即单击图12中第四行"位"列中的小方框，使方框中出现"√"。

(3)两次单击图中第二行"位"列中的小方框，方框中出现"√"后又消失，I0.1变为TRUE后又变为FALSE，模拟按下和放开启动按钮SB2，梯形图中I0.1的常开触点闭合后又断开。由于OB1中程序的作用，断电延时定时器T1立即动作，Q0.0变为TRUE，电动机M1启动运行，同时通电延时定时器T2开始计时，延时5s后，Q0.1变为TRUE，电动机M2启动运行。SIM表1中Q0.0、Q0.1所在行右边对应"位"列的小方框中出现"√"，如图13所示。

图13 S7-PLCSIM的项目视图(M1/M2运行状态)

(4)两次单击图中第三行"位"列中的小方框，方框中出现"√"后又消失，I0.2变为TRUE后又变为FALSE，模拟按下和放开停止按钮SB3，梯形图中I0.2的常开触点闭合后又断开。由于OB1中程序的作用，定时器T2立即动作，Q0.1变为FALSE，电动机M2立即停止，定时器T1开始计时，延时10s后，Q0.0变为FALSE，电动机M1停止运行。SIM表1中Q0.0、Q0.1所在行右边对应"位"列的小方框中的"√"消失。

(全文完)

◇福建省上杭职业中专学校 吴永康

关于中职电工教材中白炽灯功率的探讨

某中职电工教材《电工基础》中，在第一章的《巩固练习》题目中有一道关于白炽灯降低电压后功率的问题。这个题目是：

2.一只额定值220V/40W的灯泡，正常发光时通过的电流为_A，灯丝的热电阻为_Ω，如果把它接到110V的电源上，它实际消耗的功率为_W。

无独有偶，在另一本《高压电工作业》培训教材中，也有一个极其相似的问题。这本教材是对特种作业人员培训的正规教材，其题面是：

24. 额定电压为220V的灯泡接在110V电源上，灯泡的功率是原来的( )倍。A.1/4 B.4 C.1/2

作为一道单项选择题，该题目给出了三个供选择的答案，编者显然认为有且只有一个是正确的。

我们先看《高压电工作业》中的问题。由于将220V的灯泡接在110V电源上，灯泡消耗的功率应该比接在正常工作电压220V电源上时要小，所以答案B肯定不对，只能在答案A或者C两者之中选择。当灯泡电压由220V变为110V时，电压降低到原来的1/2，如果灯泡的电阻值维持恒定的话，那么电流也会降低到原来的1/2，这样，110V时灯泡消耗的功率$P_{110}=U/2\times I/2=1/4UI=1/4P_{220}$。式中U=220V，I是灯泡电压为220V时的工作电流，P_{110}是灯泡接入110V电源时消耗的功率，P_{220}是灯泡接入220V电源消耗的功率。计算结果表明，灯泡电压降低为110V时，功率是220V时的1/4，好像答案A是正确的。但这是基于一个前提，即灯泡的电阻值维持恒定。我们要探讨的是，这个前提成立吗？回答应该是否定的。

由于灯泡接入110V电源时，通过灯泡的电流会减小，灯丝的温度会比接入220V电源时低，灯丝电阻会比接入220V时的热电阻小，所以，虽然电压由220V降低到原来的1/2，但电流会大于220V时的1/2。这样灯泡接入110V电源时的功率会大于接入220V电源时的1/4倍。同时，由于电压已经降低到原来的1/2，电流虽然会大于220V时的1/2，但110V时的消耗功率应该小于原来的1/2倍。

根据以上的定性分析，灯泡接入110V电压时，消耗的功率应该是$1/4P_{220}<P_{110}<1/2P_{220}$，也就是说，《高压电工作业》培训教材中给出的三个可供选择的答案均不可选。

我们再回过头来讨论《电工基础》中的那个问题。该问题的第一问，即40W灯泡正常发光时通过的电流可以计算：I=P/U=40/220=0.182A；第二问，灯丝的热电阻(灯泡在额定电压220V时的电阻)也可以计算：$R=U^2/P=220^2/40=1210\Omega$；唯只有第三问，把灯泡接到110V的电源上时，实际消耗的功率难以准确计算。

在电工计算中，电压、电流、电阻和功率这四个物理量，只要知道其中任意两个，就可以计算出其余两个。计算公式如下：$U=IR+P/I=\sqrt{PR}$，$R=U/I=U^2/P=P/I^2$，$P=UI=I^2R=U^2/R$，$I=U/R=P/U=\sqrt{P/R}$。而上述问题的第三问，只知道电压为110V一个参数，其余三个参数均难以确定。虽然电阻好像还是40W的那个灯泡的电阻，但是灯泡的灯丝电阻在冷态、接入110V电源和接入220V电源时的差别相当大。冷态电阻可以用万用表测得；接入220V电源时的电阻可以用公式计算；而接入110V电源时的电阻则无法以简单的方法获得。所以此题目难以解答。

当然，可以在实验室使用间接测量的方法测得，即在给灯泡接入110V电压时，同时测量流过灯泡的电流，利用R=U/I计算电阻。而有了电压和电流值也可直接计算灯泡接入110V电压时的功率。但这个题目考核的是学生的理论知识，通过实验的方法得出问题的答案已经不是题目本来的用意。

关于电阻值的大小，它与导体的材料、长度和横截面积有关。在工程实践中，一些电器元件或设备，它们工作时会产生较大甚至很大的热量，例如照明用的白炽灯泡、电热丝等，它们的冷态与热态电阻变化较大，这可以用导线电阻率的温度系数来解释或者计算。

对于本文涉及的教科书和培训教材中的问题，建议删除该题目，或者对题目进行适当修正；将灯泡更换为热容量较大的元器件或导线。当导线的热容量很大时，导线电流变化使导线产生的温升变化很小，当温升对电阻值变化的影响可以忽略不计时，两本书中的问题就不会使回答问题者无所适从了。

◇运城市职业技能学校 张志强 周天赐
指导老师 杨德印

八面玲珑！——新型七彩电子钟(5)

（紧接上期本版）

(3)功率驱动部分的安装

将功率驱动管按照合理的布局加装适当大小的绝缘垫片后涂抹散热硅脂固定在散热片上（如图9），然后将散热片固定在电源外壳的散热风扇入口处。本制作为了制作方便，直接将场效应管各栅极的偏置可调电阻搭焊到其栅极上，并用热熔胶加以适当的固定(如图10)。

图9 场效应散热

图10 连线方法

(4)LED模块的组装

由于每个方向都由4个LED模块组成，为了模块能够良好的散热以及连线的方便，需要认真安排4个LED在散热片上的位置，待到确定合理的安装位置后钻适当直径的孔，钻孔最好要台钻，可以相应的提高钻孔的质量。钻孔完毕，涂抹散热硅脂后将LED模组进行良好固定，然后进行连线的焊接。

(5)整体电路的组装调试

LED模块组装完毕后，将其与功率场效应连接，然后缓慢从低至高调整场效应管栅极的可调电阻，缓慢升高其栅极偏压，同时认真观察电流表的读数，直到其达到并稳定在LED模块正常工作所需要的额定电流(16×0.3=4.8A)，通电试机一段时间，在确认没有散热片温度过高，驱动电流漂移或偏差过大等不正常现象后便完成了功率驱动部分的电路调整。

功率驱动部分调整完毕后，便可以将前面调整好的单片机计时部分电路板上的驱动信号利用引线连接到相应的场效应管的栅极(如图10)，将电路板进行适当的固定(如图11)，进行整机的通电试机。正常情况下，应该可以看到所有的LED模块步调一致的显示代表相应的时间的颜色(如图12)。通电试机一段时间，没有问题的话，整个制作就算成功完成了(如图13a、b、c)！

图11 电路板固定

图12 显示颜色

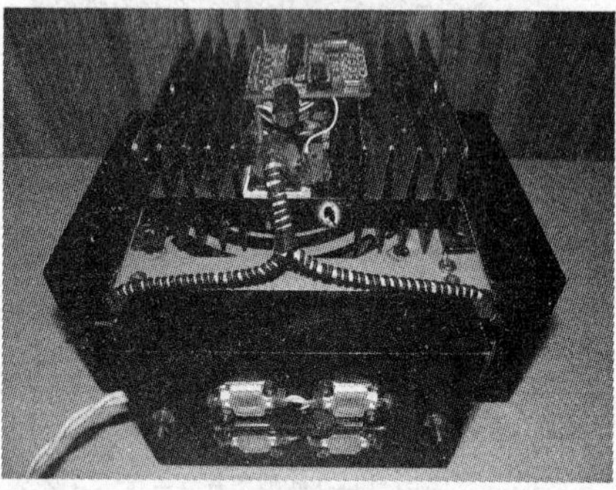

图13a

图13b

图13c

使用方法

本制作初次通电显示的时间为程序预置的一固定时间，需要通过调整按键调整到实时时间，调整方法与前面制作中的类似，不再赘述。

制作完成后，对本机的显示效果做了简单的试验，将本机置于离地50米左右高度的铁塔上，实地观测表明在距离本机1000米的各个方向的位置上，都可以清晰地分辨代表时间的各种颜色以判断时间。在距离本机2000米左右的距离仍然可以分清本机显示的颜色，显示效果令人非常满意！

结语

本系列制作至此就结束了，很容易就可以发现，通过灵活的选择不同的显示单元的光源类型、数量、形状、排列方式以及显示的计时数位的个数、显示时序和采用不同的计时制，可以制作出多种多样、各具特色的时间显示装置，其显示方式的灵活性远高于传统时间显示方法，各具特色的时间显示方案可以更好地适应于各种需要显示时间的场合的不同要求。

也许对于这种新的时间显示方式您刚开始可能感到有些许不适应，但是相信这种感觉不会持续到第二天的早上；也许您可能感到新型电子钟的识别好像有点复杂，但是，回想一下你小时候学习钟表时所付出的努力，你就会发现它原来并不复杂！

一种新的事物的出现，总要我们付出一定的精力去认识、了解、接受它！如果我们总是习惯于手握一根缰绳，讨厌方向盘、挡位的复杂，那么我们就只能永远停留在“马蹄”时代，在马背上风吹、雨淋、日晒！如果我们总是习惯于拨弄那细弱的灯芯，无法消除对“电”的恐惧，那么今天陪伴我们度过漫漫长夜的还将是那微弱的烛光！如果我们总是留恋于纸香墨韵，厌烦记住电脑复杂的键位，那么我们将永远无法进入今天飞速发展的网络时代！

最后需要特别提醒的是：本系列制作中采用的有关时间显示新技术已申请并获得国家专利（专利号：201420035347.5/201410026895.6），受到国家相关法律保护，未经专利权人的同意，不得对发明进行商业性制造、使用、销售，使用相关专利技术必须遵守有关国家法律规定，在国家法律规定的范围内进行！

（全文完）　◇常广英 姚宗栋

Silicon Labs的PoE为5G小基站提供动力

Silicon Labs(亦称“芯科科技”，NASDAQ:SLAB)宣布推出完整的以太网供电(PoE)产品组合，旨在为添加90W PoE到供电端设备（PSE）和受电端设备(PD)时降低设计成本和复杂度。全新的90W PoE产品组合符合IEEE 802.3bt标准，该标准将标准PoE功率提高了一倍以上，扩展了无线接入点和IoT无线网关的功能。该产品组合所提供的更高功率能力有助于实现PoE供电的5G小基站和数字化楼宇。

Si3471 PSE控制器是业界首个完全自治的90W单端口、符合802.3bt标准的供电解决方案。Si3471可轻松为单端口中跨或“注入”增加90W的功率。它会自动管理与802.3bt标准相关的所有细微差别。Si3471不需要外部主机MCU、固件下载或软件编程，使用三个数字I/O引脚即可轻松配置。小型38引脚5 mm×7 mm QFN封装和简单的BOM有助于降低系统设计成本和复杂度。Si3474四端口以太网PSE控制器可为最多四个90W 802.3bt PoE端口或八个30W 802.3at/af PoE端口供电，从而为工业和商用以太网交换机和安全记录设备提供了通用解决方案。Si3474支持在每个端口上的全功率自治模式下运行，或在主机模式下运行，这使得开发人员能够通过具有全功能的寄存器映射的I2C接口来管理电源。Si3474采用56引脚8 mm×8 mm封装，并具有行业标准的引脚排列。Si34071单芯片PD解决方案将802.3bt接口与集成的高效DC-DC转换器相结合，能够实现90%以上的端到端效率。Si34071包含一个简单的9600波特率UART接口，用于连接到系统MCU。Si34071可为5G小基站、无线接入点和IoT网关提供高功率。作为Si3471 PSE控制器的最佳伙伴，Si34071采用小型32引脚5 mm×5 mm QFN封装。

中九户户通专用接收机检修四例

1. 康佳SDS623L21户户通接收机有时开机只亮红灯。因碰到过很多科海HD3601方案的打胶机出现此类故障都是重做BGA修复，所以笔者也将本机主芯片U604(HD3601)重做BGA，等板子冷却后通电试机故障依旧，多次重做BGA还是不行，无奈之下只好用万用表测量关键点电压看能否排除故障。测量内存RAM旁CM409两端电压为1.31V而正常应该为1.25V左右（内存REF参考电压应为其工作电压2.5V的一半），该电压由RM25和RM26将2.5V分压所得，两只电阻均为1KΩ，同时更换两只电阻故障不变。无意中测量Y1(27M)晶振两脚电压均为3.3V，如图1所示，而正常应为1.6V左右，明显不正常，更换27M晶振后故障完全排除。无独有偶，后来又接修台SDS623L6户户通接收机，故障是色彩异常且有干扰条纹，也是更换27M晶振排除故障，估计是厂家采购的这批晶振有问题。

2. 希典ABS-208-GC06C户户通接收机开机提示001无信号。笔者接手后通电测试发现实际上是右旋无信号，因为F头处LNB电压始终在18V左右。拆开机器检查发现D4(IN4007)、D5(IN4007)及Q3(Y2)极化切换电路元件都正常，测量主板电源时发现15V和20V两个接口均为20V，拔下电源板接线测量电源板输出15V和20V正常，说明故障出在主板上。进一步检查发现主板15V和20V接口已短路且插座旁有胶，除胶后发现15V和20V铜箔已裸露在外，如图2所示，怀疑是铜箔间漏电所致，用手术刀在两根铜箔之间划几下发现不再短路，最后涂上绿油固化，接上电源线后所有节目收视正常。

3 井冈山JGS-AS01-AB接收机收看过程中不定时出现E02或异常1提示框。拆机目测主芯片U1(GX3011B)没有打胶，基本上可以排除主芯片虚焊造成的故障，看来只能从供电查起。测量电源板5V输出为4.6V，怀疑滤波电容有问题，于是用2200uF/16V电容代替电源板上滤波电容C5(1000uF/16V)，如图3所示，通电测量发现此时5V输出为5.13V，长时间收看一切正常。该机定位模块供电由5V经DP2（M7）和DP5(SS15)两只二极管降压获得(大约4V)，当电源板送来的5V降低后肯定会导致模块供电电压下降引起模块无法正常工作，从而出现异常1提示；而读卡芯片CS4524LO工作时也需要5V供电，当5V降低后势必引起读卡不正常，出现E02错误也就不足为怪了，即机器出现E02或异常1都与5V密切相关。而3.3V（包括2.5V)、1.2V分别是由UP5+LP2和UP4+LP1电路转换所得，当输入端稍微下降点并不影响输出电压，所以机器可以正常启动。

4. 尚科RK-YF2005-CA01户户通接收机每次开机收看一段时间后便出现无信号故障。本人接手后连上室外单元测试发现是右旋无信号，测量右旋时极化电压在16.2V左右，比正常值13V稍微偏高，根据过去维修经验判断是S8550软击穿所致。拆开机器通电测量发现刚通电15V和20V两组电压正常，过一段时间后分别升到17V和24V，看来并非S8550问题。由于5V降到4.71V，怀疑滤波电容有问题，可更换1000uF/10V电容无效，又先后代换电源板上误差取样TL431、光耦PC817和电源管理芯片SP7623故障依旧，因找不到同型号开关变压器代换，抱着“死马当活马医”的态度更换了5V整流二极SR560，如图4所示，没想到故障完全排除。估计是原整流管热稳定性不良，工作一段时间后压降变大引起5V下降，而电源管理芯片为达到稳压目的只得升高电压，这样就造成15V和20V两组电压也跟着升高从而造成前述古怪故障。

◇安徽 陈晓军

无线电波传播及微波通信浅析(二)

(紧接上期本版)

微波通信是一种先进的通信方式，它利用微波来携带信息，通过电波空间同时传送若干相互无关的信息，并且还能再生中继。从第二次世界大战后期开始，四十多年来，微波通信获得了迅速的发展和广泛应用，不仅限于国内通信，而且还应用于国际通信，不仅限于邮电、广播电视系统，而且还应用于国防、交通等公交系统，它具有传输容量大、长途传输质量稳定、投资少、建设周期短和维护方便等特点。微波通信的基本特点是：微波、多路、接力。利用一条通信线路同时进行多路通信的方式称为多路复用，一般有四种复用方法：空分多路复用、频分多路复用、时分多路复用和码分多路复用，微波通信中常用频分多路复用。频分多路复用的基本原理是利用载波的办法在发信端把基带信号搬到各个不同的载波上形成载波来传输，到了收信端再将基带信号从载波上卸下来。微波通信方式，除地面微波“接力”通信外，微波还可以利用大气对流层不均匀气团的散射作用，使一部分微波波束返回地面，实现远距离地面通信，一次跨越通信距离可达数百公里，这种通信方式叫微波散射通信。还可以利用卫星作为微波通信的中间接力站，一上一下所跨越通信距离上万公里，这种通信方式叫卫星通信。

微波通信根据所传基带信号的不同，又可分为两种制式。用于传输频分多路——调频(FDM-FM)基带信号的系统叫做模拟微波通信系统，随着科学技术的发展，模拟微波逐渐被淘汰，而建立在微波通信和数字基础上的数字微波通信，用于传输数字基带信号，同时具有数字通信和微波通信的优点。数字微波通信系进一步分为准同步数字系列（PDH）和同步数字系列(SDH)，SDH微波通信系统是今后微波通信系统发展的主方向。因此，数字微波中继通信、光纤通信和卫星通信一起被称为现代通信传输的三大主要手段。

我国的数字微波通信研究始于20世纪60年代。在20世纪60年代至70年代初为起步阶段，研制出了小、中容量数字微波通信系统，并很快投入了应用，调制方式以四相相移键控(QPSK)为主，并有少量设备使用八相相移键控(8PSK)调制。20世纪80年代，我国数字微波通信的单波传输速率上升到140Mb/s，调制方式一般采用正交幅度调制16QAM，同时自适应均衡、中频合成和空间分集接等高新技术开始出现。20世纪80年代后期至今，随着同步数字系列(SDH)在传输系统中的推广应用及通信设备的数字化，数字微波通信进入了重要的发展时期。目前，单波道传输速率可达300Mb/s以上。数字微波除了具有微波通信的普遍特点外，还具有数字通信的特点：

①抗干扰性强，整个线路噪声不累积。经数字微波信道传输的数字信号，要经过微波中继站的多次转发，站上有对数字信号进行处理的再生中继器。而再生中继器是采用抽样判决的办法来接收每一个码元。经过一个中继段传输后，只要干扰噪声还没大到影响对信码错判的程度，经过判决识别后，就可以把干扰噪声清除掉，再生出与发送端一样的“干净”波形，从而继续传输。这种再生作用使数字微波通信的线路噪声不逐渐累积，提高了抗干扰性。而模拟微波通信的线路噪声是随线路长度增加而增加，并且逐站积累的。必须说明的是，一旦噪声干扰对数字信号造成了误码，在继续传输过程中被纠正过来的可能性是很小的，所以误码被认为是逐站积累的。

②保密性强，便于加密。数字信号本身就具有一定的保密性，又因为各种信号数字化后形成的信码，可采用不同的规律或方式，方便灵活地加进密码在线路中传输，接收端再按相同的规律解除密码，所以这种通信方式的保密性强。

③器件便于固态化和集成化，设备体积小、耗电少。

④便于组成综合业务数字网(ISDN)。

数字微波的主要缺点是要求传输信道带宽较宽，因而产生了频率选择性衰落，其抗衰落技术比模拟微波中相应的技术要复杂。

为了进一步提高数字微波系统的频谱利用率，除了使用64QAM、128QAM或512QAM方式外，同波道交叉极化传输、多重空间分集接收、频域和时域自适应均衡器、交叉极化干扰抵消器和无损伤切换等技术得到了使用，用于消除微波传播时变特性的影响，这些新技术的使用将进一步推动数字微波中继通信系统的发展。

(全文完)

◇山东省广播电视局蒙山转播台 马存兵

关于音响和音响发烧

许多音响迷大概也都和我一样，多年以来一直都在孜孜不倦地拆呀焊呀换呀的，总是想把音响升级了又升级，完善了又完善，以便达到无可挑剔的地步，但往往总是一厢情愿，因为限于器材本身的质地或电路的局限性，或器材搭配的欠缺，或因囊中羞涩等等，总是无法达到理想的境地，总是改了又改，拆了又拆，也还是遗憾多多。其实呢，一套器材，要想满足全方位诸多方面的要求是不可能的，这就像一个运动员，即使他体力、毅力、智力样样超群，出类拔萃，但要成就全能，谈何容易！事实上，一套器材既要能满足器乐，又要能满足人声；既要能满足古典，又要能满足现代，实在是勉为其难的。这也正像一台央视的贺岁晚会一样，要满足十三亿国人的口味要求，确实不是一件容易的事。所以，发烧友们不妨理性一点，现实一点，放低一点要求，理性发烧—发烧无止境，天价发烧更不可取。实际上，一套器材的好坏，不单单由造价的高低和所采用的补品元件的多少来决定，并不是造价越高，器材越高档，音质就越好，优秀的电路和可靠的制作工艺同样起着决定性的作用。归根结底，不论采用什么样的器材，只有音质好的音响才有存在的价值，才能为人们所认可，否则的话，即使造价再高，器材再高档，也是不会有人问津的。

那么，什么样的音响才是好听的音响呢？笔者以为，一套音响如果能够让人久听不烦，百听不厌，听了还想听，人声清晰甜美，乐器铿锵动人，音乐味浓郁，对音乐的还原真实准确，如临乐坛，如晤歌者，这样的音响让人有一种身临其境、难舍难分、如醉如痴的感觉，不想听都难，这样的音响才是好音响，所谓的天籁之音大概就是指的这个吧，不知道是否符合大多数国人的胃口？现代的许多音响器材，不论胆机石机，保真度其实都做得不错，单从产品技术数据上看是很诱人的，但实际放音的效果却并不怎么样，没有什么音乐味—一句话，对音乐的演绎太直白了，就像是一杯白开水—没味道。只有极少量的器材可以称得上靓声二字。那么，怎样的器材才能得靓声呢？依本人的看法，要获得靓声，不但要有高质量的放音器材，而且要有靓声的高保真音源，同时还要有适宜的听音环境和合适的心境。这四样缺一不可。要知道，高质量的好听的音源是保证靓声的前提条件—音乐本身若不好听，那么再好的器材又有什么用?音乐不能让人愉悦，再好的器材都是白搭。而高质量的放音器材是靓声的必要条件，没有高质量的放音器材，音源质量再好也无法重放。而适宜的听音环境才能让人心情愉悦，融入美妙的音乐的情境之中；反之，嘈杂纷扰的氛围则只能使人厌恶。合适的心境才能得靓声，这一点应该毋庸置疑—一个人如果心境不佳，那么，再好听的音乐对他来说可能只是一片噪声，只会让人心情更加沮丧。所以说，这四样是缺一不可的。可见要满足靓声的条件还是蛮苛刻的呢，是不是？所以，音响爱好者们不单单要在完善音响器材上着力，更应该在完善音源方面着眼，有条件的还应该在改善听音环境方面做做文章，适当调整自己的心绪，努力营造一个适宜的听音环境，如此这般，才能使优秀的器材发挥出优异的性能。

说到音源，可选择的太多了。现代音源种类繁多，像电唱盘、磁带卡座、MD、CD、VCD、DVD、各种数码音乐播放器如MP3、MP4、MP5,还有PC、平板电脑、各种档次的音乐解码器，甚至收音机、手机、DVB、各种电子乐器都可以作为音响器材的音源使用，但笔者首推带遥控器能够播放APE、FLAC等无损音乐格式的数码音乐播放器，这类播放器不但保真度高，音乐还原性能好，而且大多带有数码音量控制，可以非常方便地使用遥控器控制音量的大小，随意选曲，AB重放，有的还带有环绕声和多种音乐厅模式功能，使用十分方便，简直可以做到随心所欲，完全省却了频繁手动调节音量、高低音的麻烦，真是太方便了，最重要的是，这类数码播放器价格不高而性能不错，且又使用方便。给这类播放器配备几张TF卡或SD卡，4G、8G、16G均可，将网上提供的海量无损音乐按照自己喜欢的类型分门别类地下载在各张卡上，相当于给自己建了一个海量音乐库，使用起来别提有多方便。

然后，再给自己配一台自己喜欢的高质量的带音调控制功能的前后级合并式立体声功放，输出功率有2×25W就可以了，不必太大，对于家庭听音来说，足够了，进口的国产的都行，重要的是好听，音乐味要浓。自装的也可以，自己觉得好听就行。笔者用的就是自己组装的器材：用AD8712×2制作的前级直耦反馈式音调+LM1875×2后级功放，效果还不错。事实上，笔者做过不少各种各样的功放，如早期的用3DD15或MJE3055做的准互补分立件850功放、用大功率FET管做的场效应管功放、用HA1392、TDA1521、2030、LA7240、7270、TEA2024、2025、UPC1316、TA4508、LM1875、4766、3886、STK465、4151、6153、TDA7293等功率IC以及用AMP1100、傻瓜175制作的功放，还有用2SC3280、3281、2SA1301、1302等东芝音频专用互补管制作的全对称分立件功放等等，不少了吧，但听来听去，要说最讨好耳朵的还是得算LM1875.所以，笔者建议朋友们，如果家中有功放需要升级的话，不妨考虑采用LM1875，虽然它输出功率不大（仅25W），但音质确实不错，而且电路十分简洁，制作简便，用它取代家用功放的功率输出级，实在是上上之选（电路可选用网上介绍的国半公布的标准电路）。另外，用TDA2030A制作的OTL、OCL功放也不错，只是输出功率比LM1875稍微小一点。许多人一提功率运放就摇头，谓之垃圾，笔者不敢苟同，殊不知现在国内外许多名牌功放的末级用的都是运放，所谓前胆后石者也。

好功放还得有好音箱相配合才能发挥其优异的性能，音箱不好，前面的配置再好也没用。所以，许多资深发烧友都强调，整套音响器材中，音箱的造价应该是最重的，至少应占整套器材造价的?因此，选择一款高质量的音箱很重要，而决定音箱质量的关键在扬声器单元，喇叭好音质才好。笔者听过一对GUOSHENG的二分频书架箱就不错，比较中听，整个频段比较均衡，只不知道是哪里生产的，是我在二手市场上买到的。惠威的也不错。早年广州产的世代二分频音箱也很好。笔者自制用国产珠江、银笛单元的落地箱也可以，效果不比一些洋品牌的差；当然进口的一些名牌音箱也行，只是太贵了。另外，购买进口品牌的音箱要谨慎，谨防上当受骗，买了高价低质的音箱，悔之不及。现今的音响市场上鱼龙混杂，冒牌的贴牌的太多了，要当心。当然，再好的音箱都要亲自聆听过才算数。如果要买线材，国产秋叶原的就不错，价廉物美，可别相信那些天价的线材，白白糟蹋了自己的辛苦钱。至于听音环境的改善就是见仁见智因人而异的了，应该本着节约和环保的理念，因地制宜——比如居室比较大，比较空旷，墙壁比较光滑的可以适当挂一些窗帘和壁毯等吸音材料以减少声反射；房间比较小，杂物比较多的则可以适当移除一些以减少声音的吸收。有条件建听音室当然好，但这对于绝大多数工薪阶层的朋友来说恐怕是不太现实的。

好音源+好功放+好音箱，这样，一套好音响器材就算置办好了，可以开机细细聆听了。怎么样？感觉如何？爽吧？写篇心得体会，跟朋友们一起分享吧。花不多的钱，得高质量的音乐享受，还提升了自己的动手能力和音乐鉴赏能力，真是太值了—不跟风，不奢侈，理性发烧才是真正的发烧。

◇福建 蔡文年

组建高端影K系统的利器
——FX-DSP-860 7.1声道DSP影K功放(续)

（紧接上期本版）

由于排版缘故，图16–图28请见本期。

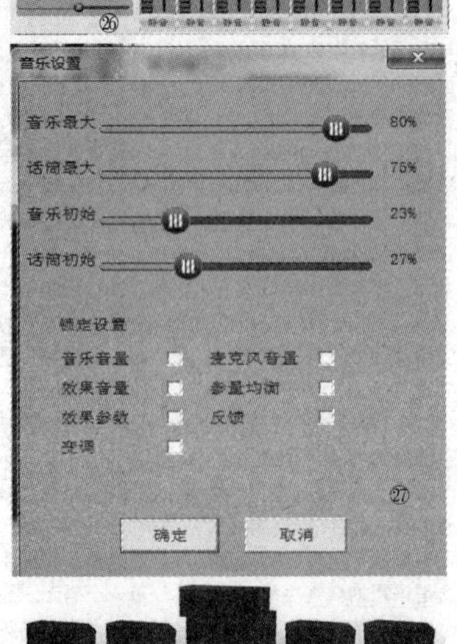

邮局订阅代号：61-75 国内统一刊号：CN51-0091

微信订阅纸质版
请直接扫描
邮政二维码
每份1.50元 全年定价78元
每周日出版

扫描添加电子报微信号
或在微信订阅号里搜索“电子报”

2020年4月5日出版

实用性 启发性 资料性 信息性

第14期
（总第2055期）

国内统一刊号:CN51-0091 定价:1.50元 邮局订阅代号:61-75
地址：(610041)成都市武侯区一环路南三段24号节能大厦4楼 网址：http://www.netdzb.com

让每篇文章都对读者有用

显卡船坞发展史

早期的显卡船坞还是受当时的笔记本启发，一般笔记本都是集成显卡，功能性较差。因此工程师都是通过传输数据接口或者插槽，插上一个独立的显卡，将单独显卡的图形编辑能力赋予笔记本电脑，弥补笔记本电脑因空间造成的性能缺失，这种设计可以让用户在无法安装台式机的环境下同样可以享受到与高端PC一样的图形性能，同时还兼顾了笔记本电脑便携性高的优势。

在某些工作环境下，显卡扩展坞可以有效地帮助用户解决轻薄笔记本无法胜任的图形运算工作，例如人工智能技术就需要应用到GPU中的矩阵浮点运算能力以及并行运算能力，在深度学习在神经网络训练中，需要很高的内在并行度、大量的浮点计算以及矩阵运算，而GPU可以提供这些能力，并且在相同的精度下，相对传统CPU的方式，拥有更快的处理速度、更少的服务器投入和更低的功耗。这也是更需要外接显卡而不是价格相对低廉的计算棒的原因。

英特尔AI Core计算棒，仍然取代不了外接显卡

同时(外接)显卡的算力也和PC的接口发展息息相关，下面我们就从接口的发展史看看显卡船坞如何一步一步演变的。

USB接口

2003年就出现了造型和读卡器非常相近的外置显卡，那时候还不叫显卡扩展坞，采用了USB接口的方式，通过一个VGA输出接口连接到插口，当时这种外接显卡装置只支持2D Windows桌面显示，分辨率仅为1024×768。这款外接显卡还并不能独立于内置显卡存在，只能算得上是辅助的2D移动显卡，算是外接显卡的雏形。

ExpressCard插槽

2008年的华硕第一代XG Station外接显卡才算是真正意义上的显卡扩展坞。为了满足用户的广泛需求，华硕推出了第一代XG Station外接显卡，这款显卡扩展坞内置一块8600GT显卡，采用笔记本ExpressCard插槽引出的PCI-E×1接口的方式接入，随后第二年技嘉也推出了自家可外接显卡的笔记本M1305；不过两者高昂的售价以及不可更换显卡、无法发挥完美的游戏性能等缺陷显得非常鸡肋。

2011年，索尼推出了Power Media Dock显卡扩展坞，它内置一块AMD Radeon HD 6650M独立显卡，通过Light Peak接入，这种技术的峰值单向数据传输速度可达10Gbps，并可支持双向同时传输；与USB线一样，Light Peak线缆还可以传输电能，完美的解决了外接显卡带宽不足的问题。

不过Power Media Dock的售价还是很高，主要针对的

第一代XG Station(2008年)

XG Station Pro(2018年)

还是商务人士在面对集成显卡无法应对的高级图形应用时给出的合理解决方案，普通用户还是难以接受。

雷电3接口

采用雷电3的索泰Zbox MI660 nano显卡船坞

2015年，英特尔与苹果宣布将开发新一代雷电接口，接口规格与Type-C相同，兼容USB 3.1标准，这就是现在被广泛应用到各领域数据传输的雷电3接口。它的传输速度可达到40Gbps，也就是5GB/s。如果笔记本和扩展坞同时具备雷电3接口，那么就可以完美解决传输带宽不足等问题，也正是雷电3的出现，让显卡扩展坞这一技术在近几年开始出现井喷式的发展。

在2017年，最耀眼的显卡扩展坞当属技嘉的AORUS GTX 1070 GAMING BOX，212×96×162mm的机身被称为全球最小的的显卡扩展坞，内置技嘉GTX 1070 mini显卡、450W等效电源。整个显卡扩展坞通过雷电3协议的USB Type-C接口与PC相连。外观看起来只有标准单反相机包大小，性能却完全不输全尺寸GTX 1070非公版，让当时使用超极本的用户一阵心动。

曼帝思—eGPU显卡船坞，售价2199元(不含显卡)

2018年又有几家品牌厂商发布了新一代显卡扩展坞，在外形和功能上都非常相近，同样采用雷电三接口，支持NVIDIA的Geforce系列显卡、Quadro系列专业显卡以及AMD的Radeon / Radeon Pro系列显卡，在功能上均可为笔记本充电，可外接SATA硬盘，可拆卸式升级显卡。

雷蛇Core X扩展坞，售价2799元(不含显卡)

Mac专属显卡船坞

苹果Mac自然也少不了其专属的显卡船坞了，2018年7月，苹果官网在更新了最新的MacBook Pro产品后，同步更新了Mac专属显卡扩展坞。这是雷电3接口的研发者之一苹果公司自家生产的首款显卡扩展坞。包括两个雷电3接口，使用最新的固件版本26.3，可以同步连接5k显示器做视频输出。唯一遗憾的这款显卡扩展坞为内置“RX 580”显卡，并不能更换。

Mini PCI-E接口

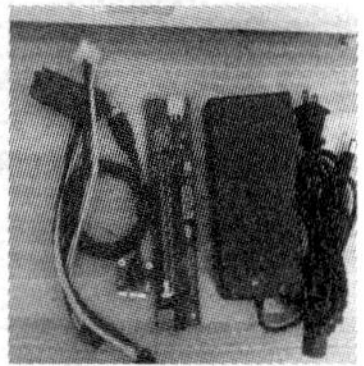

由于前面几种接口，其官方成品都面临售价不菲的问题，DIY发烧友开始利用起了笔记本闲置的Mini PCI-E接口，自制显卡接口，网上也可以买到售价低廉的Mini PCI-E接口显卡扩展坞。

这类显卡扩展坞没有通过Light Peak接口的传输速度快，受接口影响，在实际使用过程中性能损失严重，但关键在于投入成本低。DIY玩家通过主板上空余的Mini PCI-E接口进行外接显卡的数据交换，通用性非常强，也就有了易更换显卡的特点。虽然现在某宝有现成的Mini PCI-E外置显卡卖，不过并不建议玩家尝试，因为这类外接显卡使用门槛相对而言还是非常高的，同时易用性也不大。

虽然各大互联网巨头都在推荐自家的云服务平台，但就目前而言，显卡扩展坞仍有存在的必要性。毕竟目前高性能显卡芯片功耗高，轻薄本、手机等完全无法承担。

得益于雷电3的传输能力，很好地解决了传输过程中外置高性能显卡性能损失的问题，但外置显卡受制于显卡自身功耗以及需要保留足够的空间为其提供充足的散热，造成体积相对过大，不方便携带，售价高昂(一个空置显卡船坞售价基本都在2000元以上，这足以买到一款中高端显卡了)等原因，始终不是解决笔记本性能的最佳方案。

为了让笔记本的性能更强，除了强化升级笔记本自身部件以外，现在主要有外接显卡船坞和云端加速(含PC端和移动端)两种方案。虽然云端加速非常便携，但有一个弱点也很明显，就是受网络影响很大，并且技术有待提高，加速效果也是弱于外接显卡船坞。因此要流畅尤其是高帧数地玩游戏和渲染来看，外接显卡船坞还会占据一段很长的时间。

（本文原载第11期11版）

创维LED液晶彩电168P-P65EQF-00电源板原理与维修(四)

(紧接上期本版)

(四)主电源电路1

创维168P-P65EQF-00电源板中的主电源电路1见图5所示，由厚膜电路FSFR2100(IC12)、变压器T2、误差放大器IC14、光耦IC13为核心组成。遥控开机后启动工作，输出12V-MB、24V-PANEL，为主电路板和背光灯板供电。

1. FSFR1700~2100系列厚膜电路简介

FSFR1700~2100系列是仙童公司生产的开关电源厚膜电路，型号有FSFR1700、FSFR1800、FSFR1900、FSFR2000、FSFR2100。几款IC内部电路和引脚功能相同，主要区别是输出功率有差异，其主要参数见表3所示，使用时可用大功率的IC代换小功率的IC。集成了振荡驱动控制电路和LLC半桥式谐振MOSFET开关管电路，通过对频率的控制达到稳定输出电压的目的，可以方便地调节软启动，内置了OVP、OCP、OTP等功能。FSFR1700~2100系列IC的引脚功能和参考电压见表4。

表3 FSFR1700~2100系列厚膜电路主要参数

型号	R_{DS}/Ω	最大输出功率	
		没有散热片	加散热片
FSFR2100	0.38	200W	450W
FSFR2000	0.67	160W	350W
FSFR1900	0.85	140W	300W
FSFR1800	0.95	120W	260W
FSFR1700	1.25	100W	200W

说明：上述功率是在厚膜电路工作电压为直流350V~400V，在50°C时开放式状态下所测得的最大连续功率。

表4 FSFR1700-2100系列厚膜电路引脚功能和维修数据

引脚	符号	功能	参考电压/V
①	VDL	高端门极驱动D极供电	396.2
②	CON	使能端及异常保护	0.66
③	RT	内置开关频率及反馈电压控制	1.4
④	CS	过流检测输入	0.01
⑤	SG	内部信号公共地	0
⑥	PG	内部电源公共地	0
⑦	LVCC	VCC供电电源输入	15.2
⑧	NC	空脚	–
⑨	HVCC	内置上桥MOSFET管驱动供电	196.1
⑩	VCTR	高端门极驱动浮地	396.2

2. 启动供电过程

IC12(FSFR2100)是一款采用零电压软开关技术的半桥LLC谐振变换集成电路；T2为脉冲变压器；C4为谐振电容(与T2中的电感一起组成LLC谐振)；R114为限流电阻；D7为自举升压二极管；C255为自举升压电容；R113//R112为过流检测取样电阻；R129、R130与R119//R121为取样电阻；IC13为光电耦合器；IC14为具有精密电压基准的稳压集成电路；R126、C72用于防止寄生振荡。遥控开机PFC电路启动工作后，将输出的HV-DC的400V电压，加到主电源厚膜电路IC12的①脚，内部半桥式推挽输出电路上MOSFET开关管的D极；同时开关机控制电路为IC12的⑦脚内部振荡驱动电路提供PWM-VCC工作电压，当IC12内部的欠压锁定检测电路检测到输入⑦脚的电压低于门阀电压12.5V时，欠压锁定检测电路将会输出使能控制信号去相关电路，同时，稳压电路为相关电路提供工作电压。当IC12的③脚内部的振荡电路得到正常供电后，振荡电路开始振荡，振荡产生的信号经过分频器、延时器、或非门、电平移相/平衡延时器、G极驱动器，形成相位完全相反的两组激励脉冲信号，送到高端、低端功率开关管的控制极，半桥LLC谐振变换电路开始工作，变化电流流过开关变压器T2的初级绕组，在T2中产生感应电压。

T2次级绕组产生的感应脉冲电压，一是经DA3整流、C7、C32、C33滤波后，产生12V-MB电压；二是经DA1、DA2、DA5、DA6整流、C35~C38、C63滤波后，产生24V-PANEL电压。两个电压经连接器输出，为主板、背光灯板等负载电路供电。

3. 稳压控制电路

主开关电源的稳压电路由光电耦合器IC13、取样误差放大电路IC14组成，对T2次级输出的12V-MB、24V-PANEL电压进行取样。

当12V-MB、24V-PANEL输出电压偏高时，此偏高的电压经电阻取样分压，IC14的输入电压升高，输出电压降低，IC13内部发光二极管通过的电流加大，光敏三极管通过的电流加大，IC12的③脚、②脚得到的反馈电压比正常时低，开关管的导通时间相应地变短，T2上的各感应电压会相应地降低，12V-MB、24V-PANEL输出电压恢复到正常值；当12V-MB、24V-PANEL输出电压偏低时，其稳压过程与前述相反。

4. 过压保护过程

当IC12的⑦脚供电电压超过典型门阀电压23.5V时，过压保护电路会马上起控，强制振荡器停止振荡，内部功率开关管无法得到驱动信号而被关断，从而实现过压保护。

5. 过流保护过程

当由于某些原因使得功率输出回路的电流过大时，此过大的电流经R112//R113取样，R115、C256积分，反馈到IC12的④脚。只要IC12的④脚低于⑤脚0.58V且持续时间超过1.5μs时，过流保护电路启控，强制振荡器停止振荡，内部功率开关管无驱动信号而关断，从而实现过流保护。

6. 过热保护过程

当功率开关管的温度超过130℃时，过热保护电路启控，强制振荡器停止振荡，内部功率开关管无驱动信号而关断，从而实现过热保护。

(未完待续)(下转第142页)

◇海南 影视

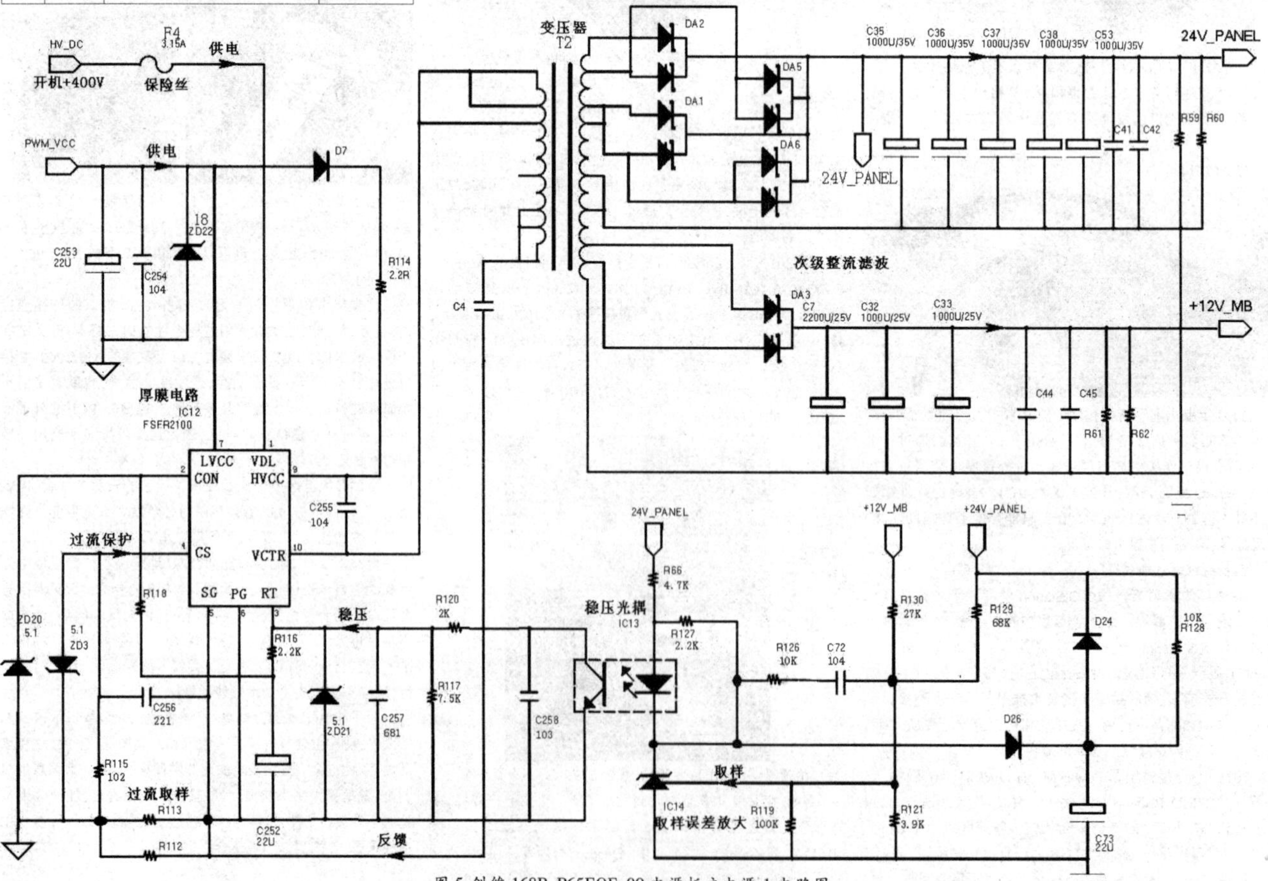

图5 创维168P-P65EQF-00电源板主电源1电路图

联想 Y450 笔记本“无线网络不可用”故障处理方法

一台联想 IdeaPad Y450 笔记本，因出现不能开机故障而更换了主板。换主板后机器能够正常启动，并顺利地安装了 Windows 操作系统，但不管是安装 Windows XP 还是 Windows 7 系统，均出现“无线网络不可用”故障。具体现象是：系统开启后，面板上的 WiFi 和蓝牙指示灯均不亮，机器正侧面的无线网络指示灯不亮，将鼠标移动到桌面右下方的无线网络指示图标，提示“无线网络不可用”，且找不到附近的无线网络连接，笔记本无法通过 WiFi 上网。经过一番努力，笔者最终解决了该型笔记本无法通过无线上网的问题。为使遇到此类问题的同志能够少走弯路，愿将处理方法与《电子报》的广大读者分享，具体步骤如下：

1. 检查无线网卡和天线接口接触是否良好。打开笔记本后盖，从插槽取出无线网卡，分别清洁网卡的金手指和天线插头插座，仔细检查并安装好无线网卡和天线，确保无线网卡总线和天线接触良好。

2. 检查 CMOS 设置中“WLAN”项是否为“Enable”。开机按 F2 键，进入 CMOS 设置，将“WLAN”项设置为“Enable”。

3. 检查无线相关的硬件驱动是否正常。启动系统后(Win7 系统)，用鼠标右键单击“计算机”并点击“管理”进入“计算机管理”控制面板，单击“设备管理器”选项，打开“网络适配器”，可以看到下级有“Broadcom 802.11g 网络适配器”、Broadcom NetLink (TM) Gigabit Ethernet 和 Microsoft Virtual WiFi Miniport Adapter 三项内容(如图 1 所示)。如果第一项或第三项前面有黄色的感叹号，说明无线网卡的设备驱动不正确，需到联想官网下载并重新安装无线网卡的驱动。

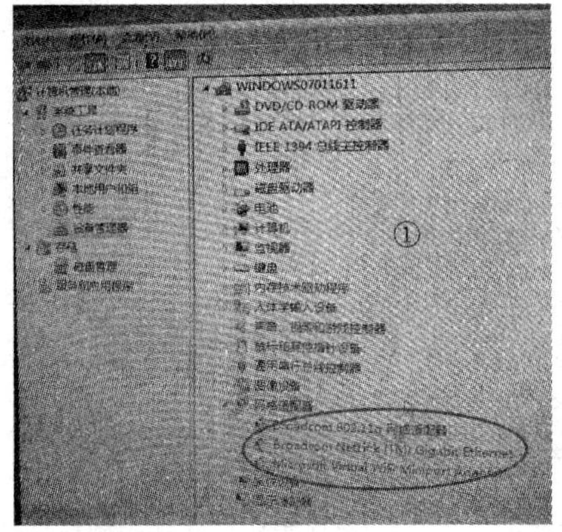

①

4. 检查无线网络相关的服务项是否已经正常开启。在“计算机管理”控制面板，单击“服务和应用程序”项，双击右框中的“服务”项，重点查看“Network Connections”、“Network List Service”、“Network Location Awareness”、“Network Store Interface Service”以及“WLAN AutoConfig”这 5 个与无线相关的服务项目是否被禁用(如图 2 所示)。如果哪个服务项目被禁用了，在其上用右键选择开启即可。

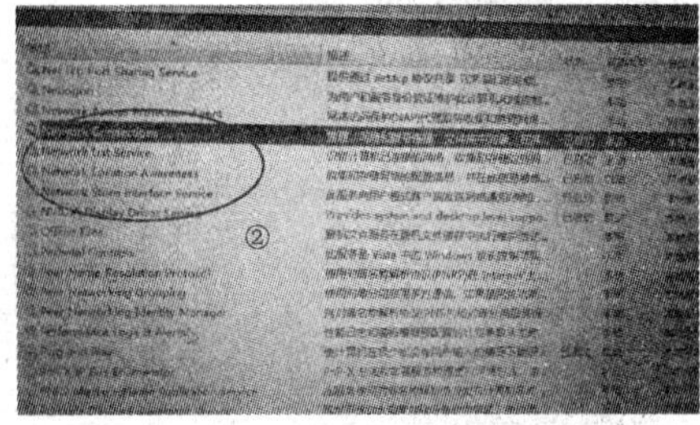

②

5. 检查无线网卡的参数设置。将鼠标移到桌面右下角无线网络指示图标上，单击“打开网络和共享中心”，单击“更改适配器设置”项，右击“无线网络连接”图标，单击“属性”，检查 Broadcom 802.11g 网络适配器的连接使用项目，单击“配置(C)”按钮，在“常规”选项卡应显示“这个设备运转正常”；单击“高级”选项卡，将“属性”栏中的“IBSS 54g(tm)模式”属性值由“仅 802.11b”改为“54g-自动”，点击“确认”键(如图 3 所示)。右击“无线网络连接 2”图标，单击“属性”，打开 Microsoft Virtual WiFi Miniport Adapter 属性，在“常规”选项卡内，应显示“这个设备运转正常”。

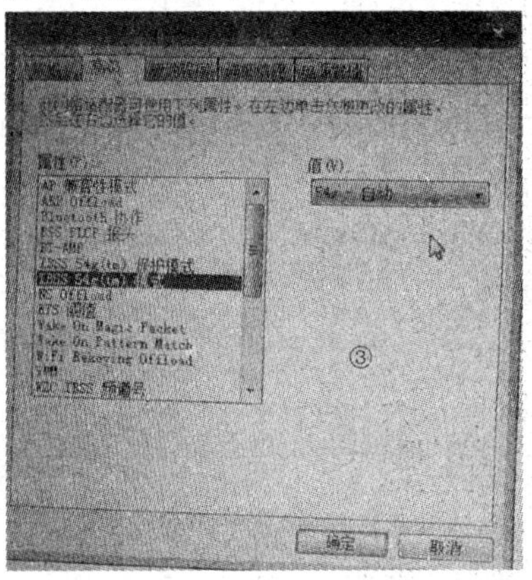

③

6. 检查 WiFi 无线网络是否处于开启状态。在笔记本前侧面的右边，有一个拨动开关，拨到右边表示打开 WiFi 无线网络，相反，拨到左边表示关闭 WiFi 无线网络。如果该开关已经打开了 WiFi 无线网络，按 Fn+F5 组合键，桌面应出现如图 4 所示的“无线装置设定”界面，在该界面可以看到 WiFi 无线网络的当前状态。如果无线网卡或蓝牙处于关闭状态，可以用鼠标点击界面右边的软开关，开启无线网卡或蓝牙的无线功能。

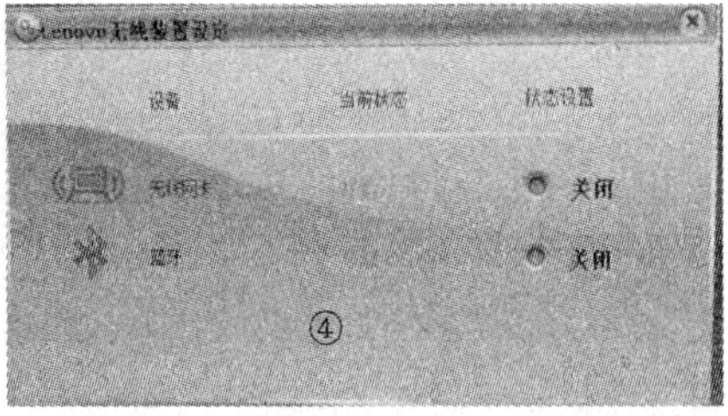

④

7. 如果按 Fn+F5 组合键后，桌面不出现如图 4 所示的“无线装置设定”界面，很可能是系统缺少“电源管理”驱动软件，需要从联想官网下载并安装“电源管理”驱动软件。笔者用其他可以上网的机器进入联想官网下载，下载网址是 https://newsupport.lenovo.com.cn/driveDownloads_index.html，进入“在站内查找设备驱动”后，输入设备的型号“PN:200xx”及编号“SN:EB160306xx”，下载了该笔记本的电源管理驱动 Y450_WIN7_32bit_PM_4.exe，然后到该笔记本上运行，并重新启动系统。按第 6 步所述方法开启无线网络后，点击在桌面右下方的无线网络指示图标，奇迹出现了，笔记本搜索到了附近的无线网络连接(如图 5 所示)。

⑤

◇青岛　孙海善　林鹏

下载云展网电子教材有妙招

受疫情影响，笔者上小学的女儿要求在家在线学习，班主任利用微信给家长发送了 3D 翻页式电子教材和教辅的链接地址，学生可以利用手机或平板之类的设备在线观看。考虑到小孩长时间观看电子屏幕对眼睛不好，笔者准备用 A4 纸打印出来让小孩学习使用，可在网上没找到相应的 PDF 版文件，而通过截屏方式打印并不美观，后来经过摸索终于找到解决办法。

登录 https://book.yunzhan365.com/bookcase/uhvb/index.html 找到自己所需的电子教材并记住总页数(后面下载时要用到页数这个参数)，然后选择“新页面打开”以获得该电子教材的详细地址(即统一资源定位符 URL，如图 1 所示)，比如笔者要下载的人教版一年级下册语文《课时学练测》地址为 https://book.yunzhan365.com/mlpe/eczw/mobile/index.html，共计 63 页，那么这本书第 1 页高清图片地址即为 https://book.yunzhan365.com/mlpe/eczw/files/mobile/1.jpg，就是在中间增加“/files”目录，以此类推，第 63 页地址为 https://book.yunzhan365.com/mlpe/eczw/files/mobile/63.jpg，此时只要将 63 个高清图片全部下载到电脑即可得到完整电子书。

当然这么做太麻烦，我们可以完全借助 IDM 软件完成批量下载工作，具体操作是：将 IDM 批量下载设置为“https://book.yunzhan365.com/mlpe/psqc/files/mobile/*.jpg?x-oss-process=image/format,jpg”(不含引号)，其中 * 号代表书本总页数，通配符长度为 1(如图 2 所示)，再点击确定按钮设置好文件保存的目录(如图 3 所示)，最后再次点击确定按钮稍等几分钟就能下载好所有图片文件(如图 4 所示)，直接打印这些图片文件便能得到纸质教材了，当然也可以借助迅捷 PDF 转换器之类的软件将这些图片转成 PDF 格式，清晰度很高，有兴趣的朋友可以试试看。

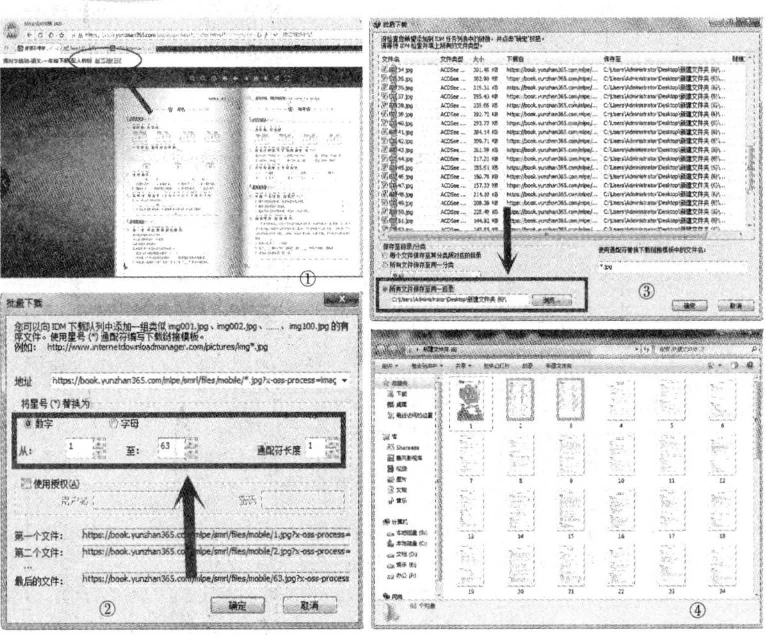

①②③④

◇安徽　陈晓军

电动机延边三角形启动控制电路维修 1 例

电动机(以下简称电机)的延边三角形启动方式有其独到的特点，除了具有其他降压启动方式所具有的启动电流较小的优点外，它的启动转矩可以比较大，甚至可以达到全压启动时的2/3左右，所以在某些场合有一定的应用。

采用延边三角形(⊿-△)降压启动的电机，其定子绕组有九个接线端子，即每相绕组有一个中间抽头。这种降压启动方法可在不增加专用启动设备的情况下，达到适当提高启动转矩的效果。

三相笼形异步电机的延边三角形启动，是在启动过程中将定子绕组的一部分Y联结，而另一部分△联结，使整个绕组成为⊿联接，从图形上看，就好像把一个三角形的三条边延长，因此叫作延边三角形。待启动结束后，再将绕组接成△联结。其启动前、启动中以及启动结束进入运行状态时的接线情况如图1所示。

当电机定子绕组作⊿联接时，每相绕组承受的相电压比三角形联接时低，比星形联接时高，介于二者之间，若在电源线电压为380V的电路中，则每相绕组的电压在250~350V之间。这可通过改变每相绕组的抽头位置调整，例如，在图1(b)中，将抽头U″向U′端移动，电机绕组的连接更趋向于星形连接，所以，每相绕组承受的相电压会降低。如果将抽头U″向U端移动，则电机绕组的连接更趋向于三角形连接，这样，每相绕组承受的相电压会升高。因此，电机⊿联接时定子绕组相电压与电源线电压的数量关系，由定子绕组三条延边中任何一条边的匝数与三角形内任何一条边的匝数之比来决定。

由于⊿-△启动时电机的启动转矩可以比Y—△启动时大，这样既可以实现降压启动，又可以提高启动转矩，所以说，⊿-△降压启动是Y—△降压启动的发展与改进。

三相鼠笼式异步电机的⊿-△降压启动方法具有启动转矩大，允许频繁启动，以及启动转矩可以在一定范围内选择等优点。但是，使用这种启动方法的电机，不但应在电机上备有9个出线端，而且还应在绕组上备有一定数量的抽头，以备调整启动转矩，因此其制造工艺复杂，同时控制系统安装与接线的技术要求较高，难度较大，因此，延边三角形降压启动方式的应用受到一定影响。

一、电机延边三角形启动控制的电路原理

延边三角形启动的电机在启动时将电机定子绕组连接成⊿形，启动结束进入运行状态时又将绕组连接成三角形，这样，在电机的启动结束继而转换为三角形运行状态时，就有一个转换方式问题。这里有两种转换方式，一种是由操作工根据电机的运行状态实施操作转换按钮进行转换；另一种方法是由时间继电器实现自动转换。下面分别介绍这两种转换电路。

1. 使用按钮的转换电路

使用按钮控制操作的转换电路见图2。

图2电路中，如果准备启动电机，可在隔离开关QS合闸之后，点按启动按钮SB2，之后交流接触器KM1线圈得电，其主触点闭合；辅助动合触点KM1也闭合实现自保持。同时，接触器KM2线圈得电，这样KM1和KM2的主触点均闭合，使电机M的绕组连接成延边三角形开始降压启动，如图3所示，接触器KM1和KM2主触点闭合时，电机的绕组连接成图1(b)所示的延边三角形的样式。操作人员根据运行经验，在电机转速升高到一定速度时，点按切换按钮SB3，之后接触器KM2线圈断电，触点释放；SB3的动合触点使接触器KM3线圈得电，这时，电机绕组连接成三角形，并在该接线方式下运行，可参见图3，电机的启动过程结束，这时接触器KM1和KM3的主触点闭合，电机的绕组连接成图1(c)所示的样式。

若欲停止电机运行，只须点按停机按钮SB1即可。

运行中电机若有过负载等异常情况，热继电器的动断触点FR断开，接触器KM1和KM3线圈断电，它们的主触点释放，电机断电停机受到保护。

2. 用时间继电器自动切换

用时间继电器实现自动切换的电路见图4。

图4为⊿-△降压启动控制、使用时间继电器实现自动切换的电路，这种启动控制电路的工作原理分析如下。

电机启动时，按下启动按钮SB2→接触器KM1线圈通电并自锁→KM1主触点闭合，同时：

1)KM2线圈通电→KM2主触点闭合→电机⊿联接降压启动

2)KM2动断触点断开→切断KM3线圈回路

3)KT线圈通电开始延时→延时结束后KT动断触点断开→切断KM2线圈回路→KM2主触点断开；KT动合触点闭合，接触器KM3线圈得电，KM3辅助动合触点闭合→KM3线圈供电得以自保持→KM3主触点闭合→电机全压运行，电机的⊿-△降压启动过程结束。

接触器KM2和KM3的动断触点串联在对方的线圈回路中，具有互锁的电路效果。

若要停止电机运行，点按停机按钮SB1即可。

运行中电机若有过负载等异常情况，热继电器的动断触点FR断开，接触器KM1和KM3线圈断电，电机受到保护。

二、电机⊿-△降压启动控制故障维修1例

一台使用时间继电器对⊿降压启动与全压三角形运行进行自动切换的控制电路，点按启动按钮后，不能切换进入全压三角形运行状态。

电机点按启动按钮SB2后，电机开始延边三角形降压启动，但是持续较长时间未能自动切换至三角形全压运行状态。

这台电机启动装置的电路原理图可参见图4。状态的切换依赖于时间继电器触点的动作。由图4可见，电路使用了时间继电器KT的一个动合触点和一个动断触点。这两个触点在时间继电器内部实际上是一个转换触点，如图5所示。其中带有圆圈的几个数字是时间继电器内部的小体积继电器外联端子编号。时间继电器制造时，为了缩小体积，也会选用体积较小的输出继电器，这些继电器的触点间隙往往较小，工作电压有限，用在AC220V的电路中较为安全，用在AC380V的控制电路中，其触点工作的可靠性须引起注意。尤其是受时间继电器控制的交流接触器电流规格值较大时更应注意。有时可以先用时间继电器的触点控制中间继电器，再由中间继电器去控制交流接触器的线圈。

本例故障经检测就是因为时间继电器的触点粘连，导致其动断触点未能切断接触器KM2的线圈供电，致使启动控制电路不能正常切换。更换相同的时间继电器后，故障排除。

◇山西 杜旭良

(a) 三相绕组与9个接线端子的原始状态

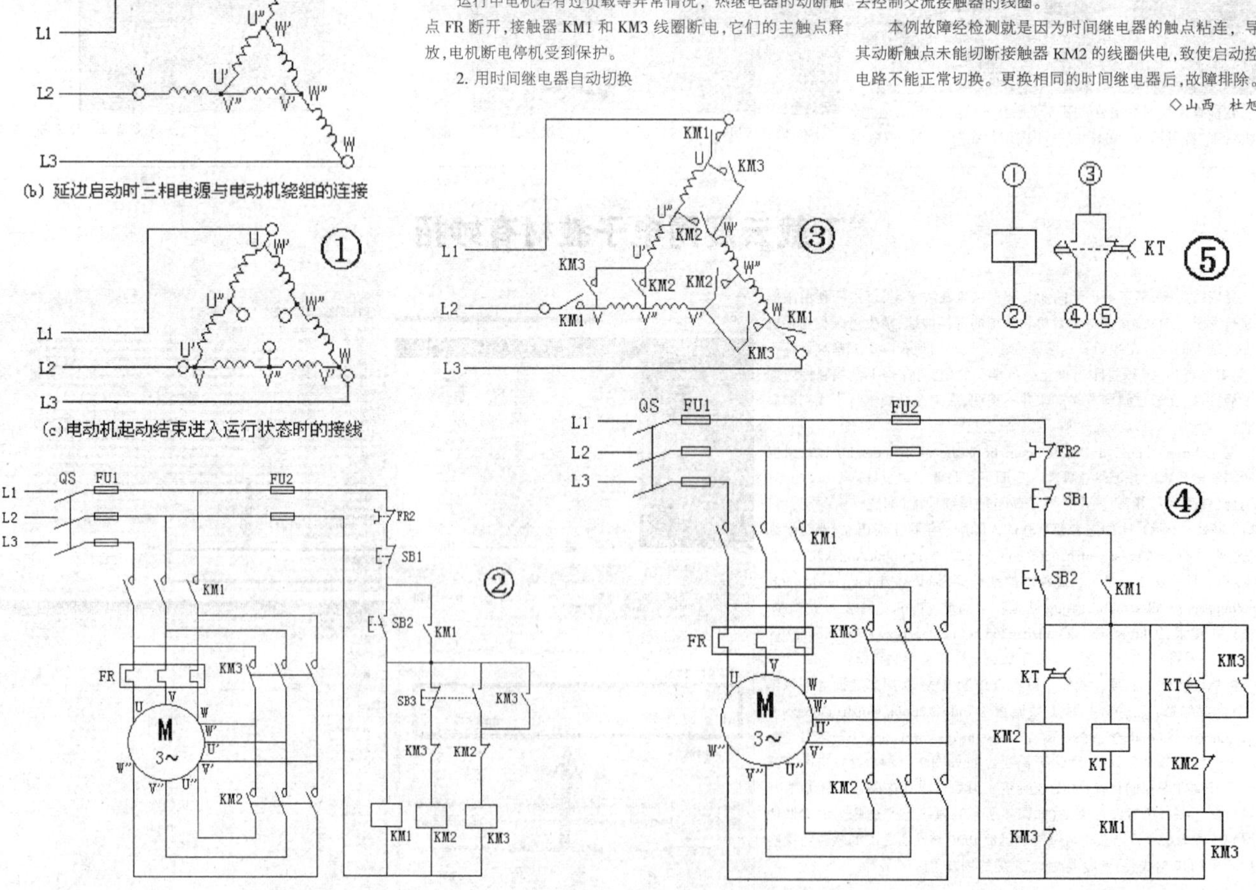

(b) 延边启动时三相电源与电动机绕组的连接

(c)电动机起动结束进入运行状态时的接线

如何使用非耗散钳位来提高反激效率

在反激转换器的标准形式下，变压器的漏感会在初级场效应晶体管（FET）的漏极上产生一个电压尖峰。为防止尖峰变得过大和损坏，FET 需要一个钳位网络，通常使用耗散钳位，如图 1 所示。但是，耗散钳位中的功率损耗限制了反激式转换器的效率。在本电源设计实例中，我将研究反激式转换器的两种不同变体，它们使用非耗散钳位技术来回收泄漏能量并提高效率。

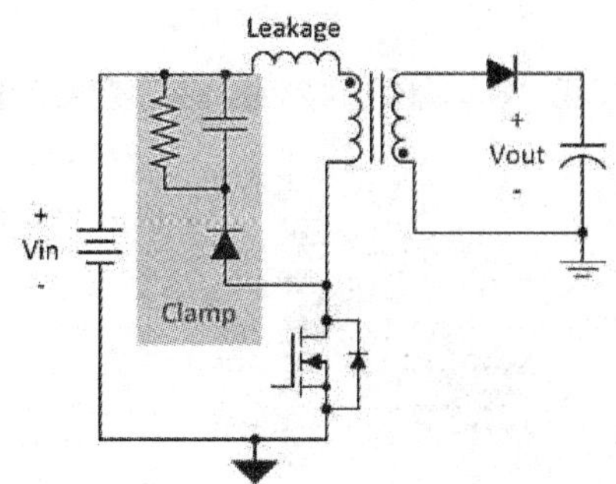

图 1 大多数反激式转换器采用耗散钳位

耗散钳位中的功耗与每个开关周期的漏感中存储的能量有关。当 FET 导通时，变压器初级绕组中的电流增加到由控制器确定的峰值电流值。该峰值电流在初级励磁电感和泄漏电感中均流过。当 FET 关断时，磁化能量通过变压器的次级绕组传递到输出。泄漏能量没有通过变压器铁芯耦合，因此它保留在初级侧并流入钳位。

重要的是要理解，不仅泄漏能量会散发在夹具中，而且还会消耗更多的能量。磁化能量的一部分也是如此，将初级绕组电压钳位到比反射输出电压高得多的位置，可以最大限度地减少钳位中消耗的磁化能量。

两开关反激是反激转换器的常见变体，可回收泄漏能量。图 2 是两开关反激式的简化示意图。两个初级 FET 串联连接，它们之间具有初级绕组。这两个 FET 同时打开或关闭。当它们接通时，初级绕组连接到输入并被激励到峰值电流。当它们关闭时，次级绕组将磁化能量传递到输出，并且泄漏能量通过 D1 和 D2 循环回到输入。通过回收泄漏能量，两开关反激式的效率要高于其单开关耗散钳形的效率。

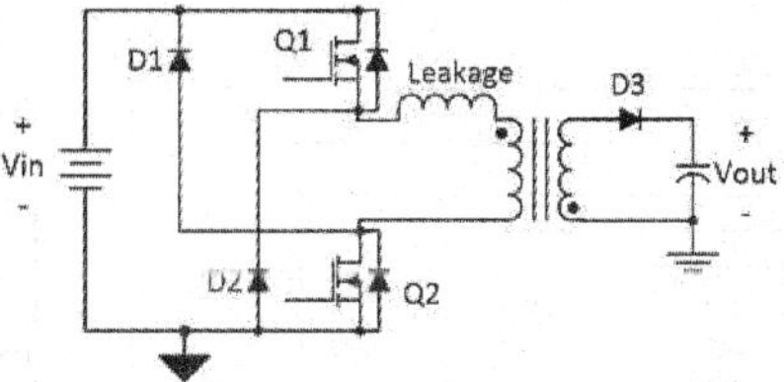

图 2 双开关反激式将泄漏能量再循环到输入

两个开关同时导通的事实在某种程度上抵消了所获得的效率，因此导通损耗趋于增加，尤其是在低输入电压应用中。幸运的是，两个 FET 的漏极到源极电压都钳位到输入电压，因此与单开关反激式相比，您可以使用额定电压更低的 FET。钳位电压应力在高输入电压应用中也是有利的。

效率增益与漏感与磁化电感之比有关，通常约为 2%。回收泄漏能量除提高效率外还具有其他优势。在大功率反激式应用中（通常大于 75W），耗散钳位中的损耗会造成热管理的噩梦。两开关反激式完全消除了这种热源。

为了获得更高的效率和改善的热性能，需要付出的代价是增加成本和增加复杂性。不仅需要额外的 FET，而且高端 FET 的隔离驱动器也是如此。另外，需要设置变压器的匝数比，以使反射的输出电压小于最小输入电压。否则，输出电压将被钳位，变压器将无法正确复位。结果，两开关反激固有地被限制为最大 50% 占空比。实际上，反射的输出电压应充分低于最小输入电压，以使漏感迅速复位。

图 3 中的电路显示了另一种回收泄漏能量的方法，但使用了单开关反激。这种非耗散的钳位并不是新事物，但也不是众所周知的。但是，它提供了与两开关反激相同的许多优点。

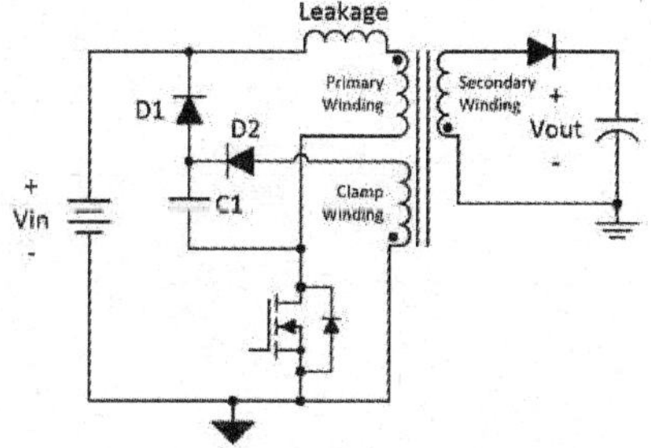

图 3 添加到单开关反激式的简单无耗散钳位

要实现这种钳位，需要在变压器的初级侧增加一个钳位绕组。该绕组必须具有与初级绕组相同的匝数。添加了一个钳位电容器，该电容器连接到 FET 的漏极。钳位电容器的另一端通过二极管 D1 钳位到输入电压，并通过二极管 D2 钳位到钳位绕组。

钳位绕组和 D2 将钳位电容器两端的电压限制为等于输入电压的最大值，这在将基尔霍夫的电压定律应用于初级环路周围时很明显，如图 4 所示。注意，两个初级绕组电压相互抵消，而与极性或大小无关。此方法仅在两个绕组上使用相同匝数时才有效。

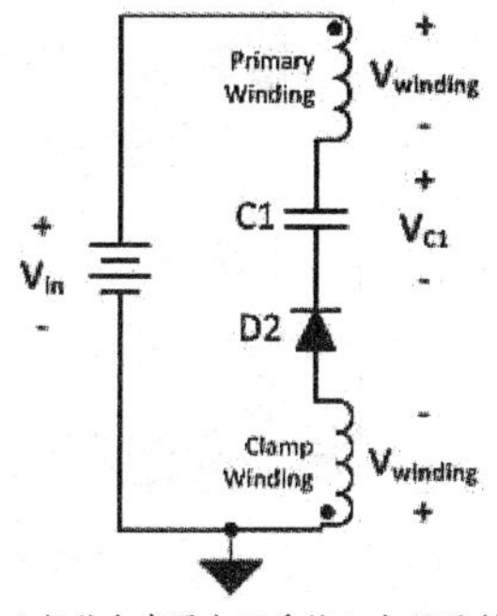

图 4 钳位电容器电压受输入电压限制

要了解该钳位的工作原理，请考虑 FET 关断时会发生什么。当初级 FET 关断时，漏感中的电流流过钳位电容器和正向偏置二极管 D1。当 D1 导通时，漏电感两端的电压等于输入电压与反射输出电压之差。一旦漏感中的电流降至零，D1 便关断。传递到钳位电容器中的泄漏能量会暂时使钳位电容器上的电压略微高于输入电压。当 D1 关断时，D2 钳位有效地将存储的电荷通过变压器绕组中的耦合传递到输出。

该钳位电路所需的元件更少，并且比两开关反激式电路便宜。就像两个开关的反激式一样，它可以将效率提高几个百分点，并消除了与耗散泄漏能量有关的散热问题。该钳位电路还将占空比限制为最大 50%。折衷方案是该电路需要更高电压的 FET，其额定值必须是输入电压的两倍以上。FET 漏极上的较高电压也可能比两开关反激式对电磁干扰提出更大的挑战。

有源钳位反激是反激的另一种形式，可回收泄漏能量，同时可提供零电压开关。有源钳位反激更加复杂，并且需要专门的控制器（例如 UCC28780），使其值得拥有自己的 Power Tip，因此，我将保留该讨论供以后使用。下次设计大功率反激时，请考虑使用非耗散钳位来提高效率并保持电源冷却。

◇湖北 朱少华 编译

英特尔 Loihi 神经形态芯片可识别气味中的有害化学物质

英特尔实验室和康奈尔大学的研究人员，刚刚展示了英特尔神经形态研究芯片 Loihi 的独特能力——仅通过气味来识别多种有害的化学物质。研究人员称：Loihi 可分析识别测试样品中的每种化学物质，而不会破坏先前学习到的有关气味的记忆。与传统识别系统（包括深度学习）相比，Loihi 还显示出了更高的准确性。

作为对比，深度学习系统需要大约 3000 倍的样本训练量，才能达到与 Loihi 相当的水平。英特尔实验室高级研究科学家 Nabil Imam 表示：我们正在 Loihi 上开发神经算法，以模仿闻到气味后，大脑中发生的相关反应。

这项工作是当代神经科学与人工智能交叉路口的一个典范，证明了 Loihi 具有提供重要传感功能的潜力，可使各个行业都获益。

据悉，作为一款硬件，英特尔 Loihi 芯片旨在模仿人脑是如何处理和解决问题的。其于 2017 年 9 月首次公布，当时英特尔称其具有“令人难以置信的学习速度”。

该芯片的独特之处，在于能够利用已知的知识来推断新数据，从而随着时间推移、以指数方式加速其学习过程。

Loihi 芯片采用了基于‘神经形态计算’的架构设计，受到了科学家对人脑及其解决问题的最新研究理解的启发。

根据今日发表在《自然机器智能》（Nature Machine Intelligence）杂志上的研究描述，可知英特尔实验室和康奈尔大学的研究团队是如何基于人脑嗅觉回路的结构和动力学，从头开始构建相关神经算法的。

目前这款芯片可以学习并识别 10 种不同的危险化学品的气味，背后原理与人脑感知不同气味的方式相同。

比如，当一个人拿起葡萄柚并闻到气味时，水果的分子会刺激鼻子中的嗅觉细胞，然后将相关讯号发送道大脑。

然后，在相互连接的神经元组中的电脉冲，可以产生有关该气味的独特感受。

英特尔研究人员解释称：“无论您闻到的是葡萄柚、玫瑰、还是有害的气体，大脑中的神经元网络都会产生特定于该物体的感觉”。

视觉和听觉上的感受与之类似，人脑的记忆、兴趣、决策，都具有各自的神经网络，并以特定的方式展开计算。

在最新研究中，英特尔团队使用了一个数据集，其中包含了大脑中 72 种已知化学感受器的活动、以及它们是如何响应每种物质的化学气味的。

研究团队将该数据用于 Loihi 上所谓的‘生物嗅觉电路’，以使 Loihi 能够识别每种气味的神经回路。

Moor Insights&Strategy 分析师 Patrick Moorhead 告诉在接受 SiliconANGLE 采访时称，这项研究是确定各种有害化学物质气味的神经形态计算的一个绝佳案例。

展望未来，这项技术可作为电子鼻系统，帮助医生在各种疾病种展开诊断。其他用途包括开发更有效的烟雾/一氧化碳报警器，或者机场的爆炸物生物中探测系统。

下一步，研究团队还希望将相关技术推广到更多的问题解决方案中，从感官场景分析（理解观察到的物体之间的联系）、到抽象的问题（例如计划和决策）等。

用梯形图编程进行STC单片机应用设计制作
——拼装式单片机控制板及应用(四)

(紧接上期本版)

4.6 变频器有级调速控制

用拼装式单片机控制板进行变频器有级调速控制的电原理图如图21所示。需要配置ZY-MCU-STC板1块、ZY-4DI开关量输入板2块、ZY-4DO-T晶体管输出板3块，转换软件设置如图22所示，控制梯形图编制请参见《电子报》2018年第51期和52期第7版。

4.7 三相异步电动机延边三角起动控制

用拼装式单片机控制板进行三相异步电动机延边三角起动控制的电原理图如图23所示。需要配置ZY-MCU-STC板1块、ZY-4DI开关量输入板1块、ZY-4DO-T晶体管输出板1块，转换软件设置如图24所示，控制梯形图编制请参见《电子报》2018年第39期和40期第8版。

(全文完)

◇江苏 键 谈

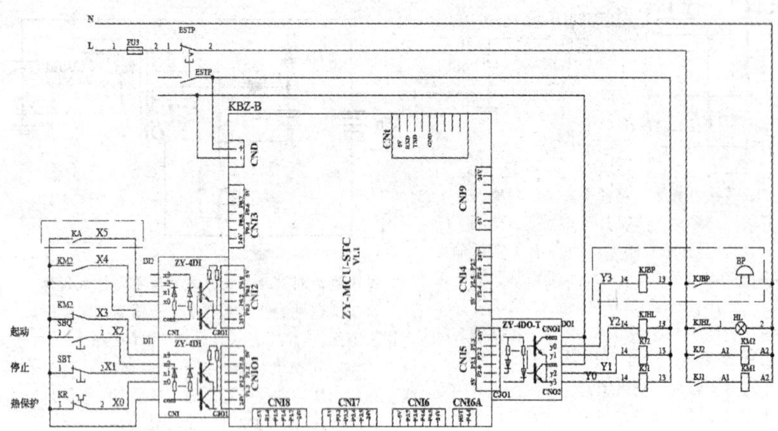

图19 绕线电机频敏变阻器起动拼装式控制板电原理图

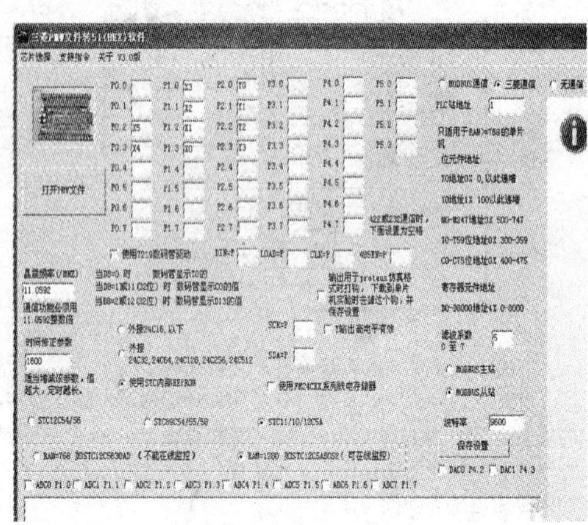

图20 绕线电机频敏变阻器起动拼装板控制转换设置

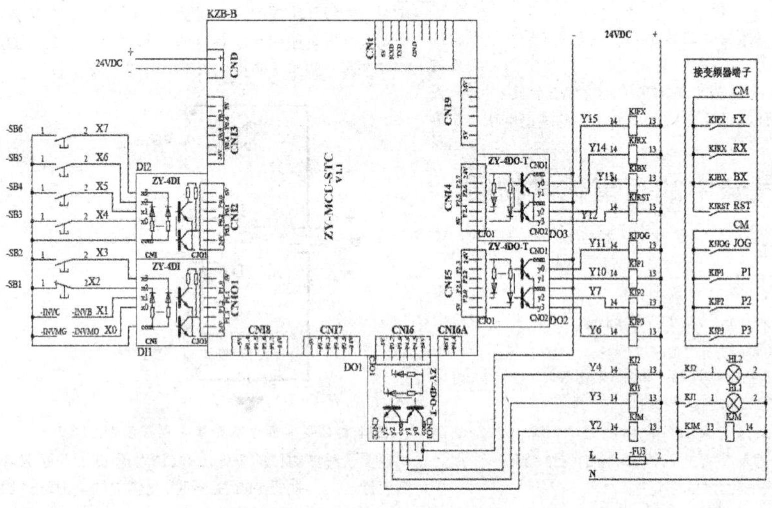

图21 变频器有级调速拼装板控制电原理图

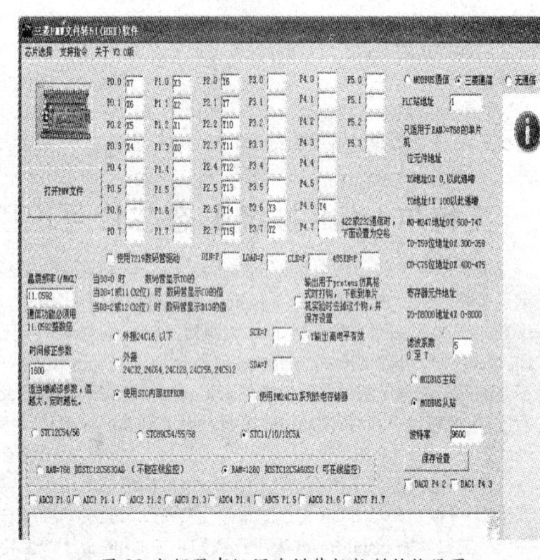

图22 变频器有级调速拼装板控制转换设置

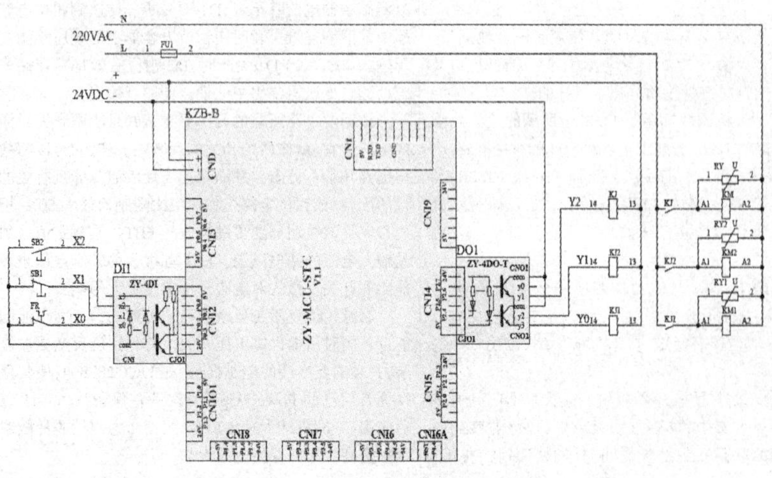

图23 延边三角起动拼装板控制电原理图

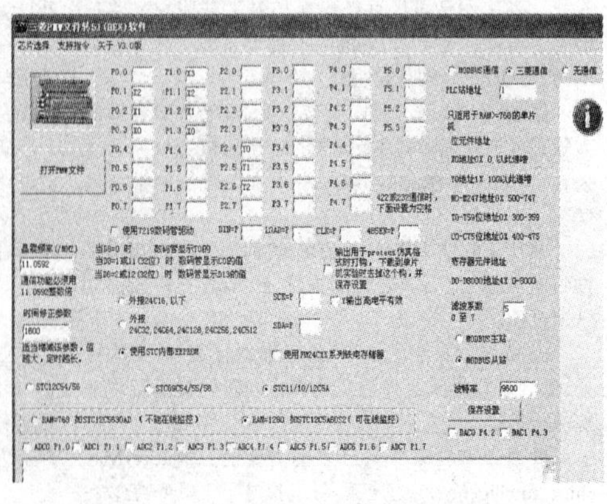

图24 延边三角起动拼装板控制转换设置

中职校升学考试PLC控制运行小车试题解析

编前

即日起，本版开设"备考指南"栏目，主要刊发电工电子类考试或鉴定的知识要点、备考建议、解题思路等，服务于参加考试或鉴定的职业院校（含技工院校和社会培训机构）的学生和社会从业人员。

1. 中职校和技工院校学生学业水平测试
2. 中职校和技工院校学生升学考试
3. 职业技能鉴定（电工初级、中级、高级、技师、高级技师等级考试）
4. 电工电子专业取证类考试（如注册电气工程师等）

欢迎从事上述考试或鉴定辅导工作的工作人员赐稿，也欢迎通过考试的亲历者谈学习心得和备考建议。投稿邮箱：63019541@qq.com或dzbnew@163.com。稿件须原创，请勿一稿多投。投稿时以Word附件形式发送，文内注明作者姓名、单位及联系方式，以便奉寄稿酬。

本版编辑

湖南省普通高等学校对口招生考试是针对中职校学生组织的升学考试。2019年该类型考试电子电工类专业综合试题中，有如下一道综合题：

3. 综合题（本题15分）

如图26所示，某设备由一台三相异步电动机拖动，其控制要求如下：当小车停在A点按下启动按钮时，电机正转带动小车向B点运行，到达B点后停留30秒返回至A点停止，运行途中按停止按钮则小车立刻返回至A点后停止。请根据题意在答题卡上作答。

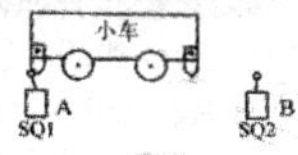

图26

（1）绘出采用交流接触器、继电器、时间继电器等电气元件的电动机主电路及控制电路；
（2）绘出采用PLC进行控制的接线图；
（3）绘出符合控制要求的PLC梯形图。

图1 试题

一、解题分析

通读本题，明确本题有三个问题需要解答，问题(1)是要求采用接触器、继电器控制系统实现小车运行要求；问题(2)是要将PLC本体与外围元件实现连线；问题(3)则是要对小车实施PLC编程控制。其中问题(2)(3)都属于PLC控制系统内容，与问题(1)接触器、继电器控制系统内容相比是不同的。不过虽然所采用的控制系统不同，但控制功能是一样的，小车运行具有三种状态：停止、向左、向右，也就是三步。要实现对小车的控制功能，首先要绘出电原理图或功能图，再根据电原理图或功能图绘制梯形图程序。

二、解题步骤

1. 绘制接触器、继电器系统控制主电路和控制电路

根据问题(1)的要求，采用包括交流接触器、热继电器、时间继电器等电器元件对小车进行控制。小车的运行由三相异步电动机来驱动，由电动机正反转实现其可逆运行，根据控制功能要求绘制出主电路和控制电路如图1所示。

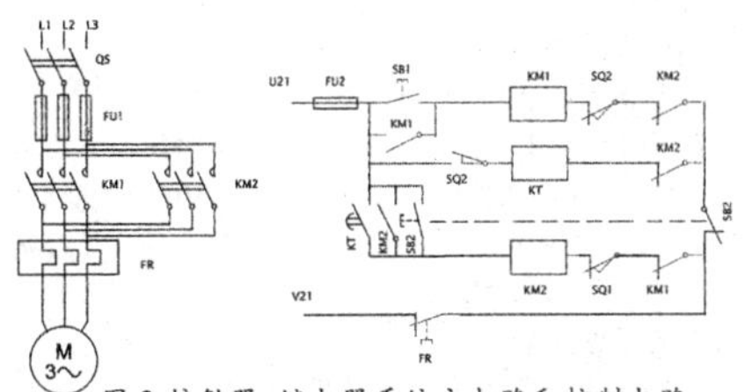

图2 接触器、继电器系统主电路和控制电路

控制功能分析：

①按下启动按钮SB1，交流接触器KM1线圈得电，其主触头闭合，辅助触头自锁，电动机持续正转，小车向右运行。当小车到达B点因触碰行程开关SQ2，造成交流接触器KM1线圈失电电动机正转停转，小车运行停止。与此同时，时间继电器KT线圈得电开始计时，30秒后，其延时触头闭合，交流接触器KM2线圈得电，其主触头闭合，辅助触头自锁，电动机持续反转，小车向左运行。当小车到达A点因触碰行程开关SQ1，造成交流接触器KM2线圈失电电动机停转，小车运行停止。

②若在小车向右运行过程中，按下停止按钮SB2，其动断触点将使交流接触器KM1线圈失电，电动机正转停转，其动合触点将使交流接触器KM2线圈得电，电动机反转，小车向左运行。当小车到达A点因触碰行程开关SQ1，造成交流接触器KM2线圈失电电动机停转，小车运行停止。

2. PLC控制接线图

根据问题(2)要求，需要绘制PLC控制接线图，因电动机控制主电路和接触器、继电器控制系统一致，所以本问题就没有再要求重新绘制主电路了。本问题是要将PLC主机作为本体，然后将其他外围设备都连接到PLC主体上。接线时要注意元器件摆放整齐，采用直线连接，线路横平竖直，转弯地方成直角，线头长短、线距基本一致，尽量避免交叉线出现，不重复接线。整体要求是简洁、明快、规范。PLC控制接线图见图3。

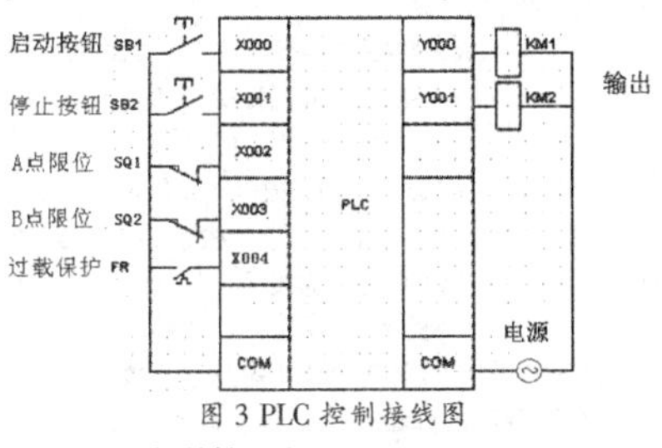

图3 PLC控制接线图

3. PLC控制梯形图

根据问题(3)要求，需要用PLC控制小车的运行状态，包括启动、向左运行、向右运行和停止。根据控制要求绘制出功能状态见图4。此功能图中使用状态继电器S表示小车运行的三种状态，S0表示初始状态，S20表示向右运行，S21表示向左运行。小车的运行状态通过输入的转换条件改变，其中输入转换条件包括启动按钮SB1(X000)、停止按钮SB2(X001)、右限位行程开关SQ2(X002)、左限位行程开关SQ1(X003)、定时器触点T0(X004)。输出状态由输出继电器控制，其中小车右行KM1(Y000)输出继电器输出、小车左行KM2(Y001)输出继电器输出。

考生可根据自己所熟悉的编程方式来进行编程，只要能够实现控制功能即可，因此本题的答案不是唯一的。这里分别采用两种编程方式来进行解答。

第一种采用基本指令经验编程法，依据接触器、继电器系统正反控制原理编写。该系统自保环节均由各自继电器动合触点与启动开关（触头）并联来实现，互锁环节由继电器本身与其他继电器动断触点串联实现，使Y000和Y001在任何时刻均只能有一个输出，具体控制过程与接触器、继电器系统相似，不再赘述，采用基本指令编程梯形图程序见图5。

第二种为步进指令编程法，用STL步进指令编程。电源接通时系统处于初始步，S0接通。按下启动按钮X000，系统由初始步转到S20，S20的STL触点使Y000接通，小车向右运行。小车行至最右端压下右限位开关X002，使T0置位，计时开始，系统程序将前级S20复位，Y000断开，小车停止运行。当S21的STL触点和T0的延时触头同时接通，或者在小车运行中按下停止按钮，会使Y001接通，小车向左运行。当小车运行至最左端压下右限位开关X003时，系统程序将前级S21复位，Y001断开，小车再次停止运行，S0再次置位，小车处于初始位置。采用步进指令编程的梯形图程序见图6。

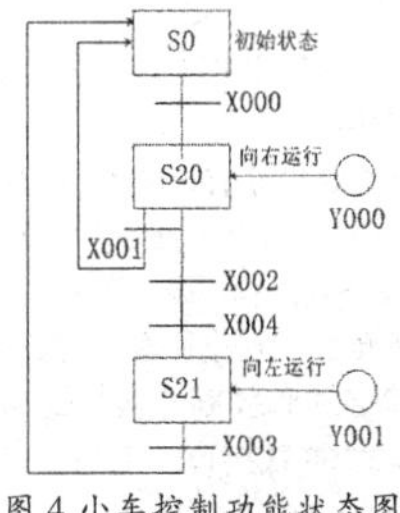

图4 小车控制功能状态图

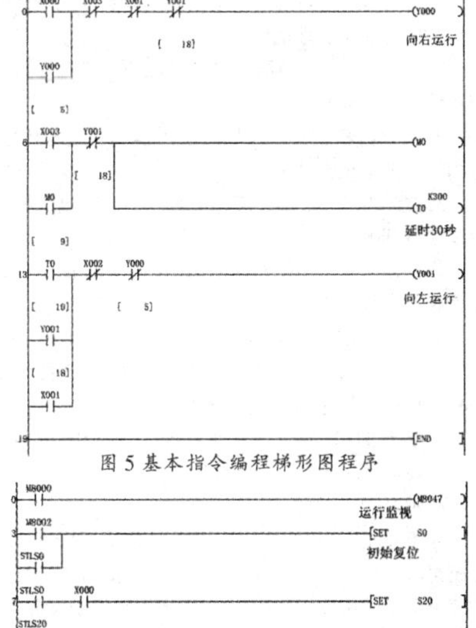

图5 基本指令编程梯形图程序

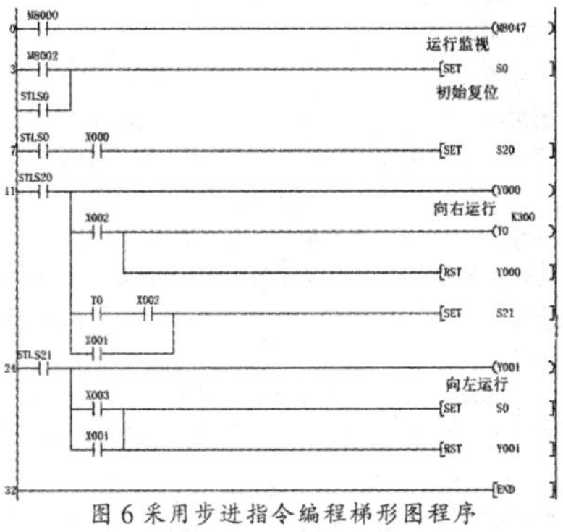

图6 采用步进指令编程梯形图程序

三、常见问题

1.不注意审题，不通读。只将题目简单看了一下，心想这个简单，马上就开始做。比如第(1)题，有的考生只看到要画图，就画出主电路，却把控制电路给漏掉了，究其原因是根本就没看清题。

2.不注重分析，想当然。比如本题中提到，按下停止按钮电动机回到A点后再停止，而不是立即停止运行，这与往常做的很多题不一样。有的考生一看到按下停止按钮，想当然地认为电动机就此停转。面对这样的问题，解答时一要认真分析，二是要有信心。其实最为关键的是，要把输入和输出的关系搞清楚，发出停止指令先回A点，触碰行程开关SQ1后小车停止运行。此题可先用接触器、继电器控制系统实现控制功能，因为大多数考生对其比较熟悉，只要把控制电路设计出来，PLC控制系统参照进行就可以了。

3.不规范标注，不注释。对于同一个控制功能要求，在进行控制电路和PLC程序设计时，由于设计者的思路和理念不同，会采用不同的设计或编程方式，为了便于阅卷者识读和评卷，考生应采用规范的电气符号制图和标注，进行必要的注释。比如本文图5和图6，因为有了相关的标注、注释，识读会更加清晰明了。

◇湖南省华容县职业中专 张政军

一款适合学生制作的点阵电子钟(一)

随着人们生活水平的提高，人们对于各种生活用品的使用要求不再局限于原先满足基本功能，而更有了美观、灵活等更高的追求。现在市面上销售的电子钟很多已经注意到这一需求，在外形的美观方面有了很大的提高，但是应该说大多只是注重外壳等外在因素的美的提升，核心显示部分却没有很大的提升，而且功能比较单一，用户难以根据自己的实际需要和个人爱好对显示的内容和形式进行灵活的调整。

针对以上问题，本文介绍一款适合学生制作的，可以根据自己的实际需要和个人爱好对显示的内容和形式进行灵活调整的、制作简单、功能强大的“万能”电子钟，之所以称其为“万能”电子钟，是因为制作完成后电子钟可以达到如下性能：

1. 显示格式：数码指示式/表盘指针式（两种显示模式可随意切换）

2. 显示内容：年、月、日、时、分、秒、公历、农历(内容和格式随意组合调整)

3. 显示颜色：红、绿、黄、蓝、紫、粉……(显示颜色可以随意调配)

4. 显示字体：宋体、楷体、黑体……(可以达到电脑中安装字体数量)

5. 显示亮度：16 级可调或根据环境光照自动调整

6. 调整方式：利用电脑或手机 WIFI 数据接口配合相应程序调整各功能、自动校时；

7. 显示面积：最小 16×32 点阵，可根据显示需要自由调整显示面积。

8. 消耗功率：2W(最小)。

除上述功能，它还可以显示温度、农历、倒计时，甚至还可以显示天气、动画……，还可以根据需要自由设定每天开机关机时间，关机时屏幕不显示但走时照常，以进一步降低功耗、延长设备的正常工作寿命。几乎可以说它的任何一个显示参数都是可调的，因此，相对于普通电子钟单一的显示模式、固定不变的显示界面、显示字体，我们将其冠以“万能”电子钟的称号可以说是名副其实的了。

看到如此丰富灵活的功能，可能会让人马上联想到众多的元器件、密密麻麻的电路板、蜘蛛网般的信号线、冗长的程序、繁杂的制作过程……，怎么可能还会和“简单”有关系呢?!是的，没错，我们的目标就是既要在功能上实现尽可能“多”的“万能”，又要在制作上实现尽可能“少”的“简单”。如何做到上述极为矛盾的两个方面呢?! 实际上很简单，本制作就是借助了现在应用广泛的 LED 点阵显示屏的显示技术，充分利用其技术成熟、功能完善、价格低廉的软件和硬件，化繁就简，通过对软硬件进行适当的设置改进，消除掉其作为 led 大显示屏时造价高、耗电大、电路复杂、成本高等缺点，让其完全适应时间显示的各方面要求，来完成本制作。为了保证制作成品的质量、降低制作工作量和难度。本制作中使用的各种材料完全采用了市售的成品模块，所以整个制作过程可以“简单”到几乎完全不用电烙铁的程度，一把螺丝刀几乎就可以完成！而且模块化的制作模式也使得制作方案可以非常灵活，根据实际需要可以灵活的选择显示模块的颜色种类、数量以最为灵活的满足显示需要，其功能完善的控制软件也使得制作的效果可以达到相当专业的程度。因此，本制作也适合在校学生等对于制作时间和制作难度都有一定要求的电子爱好者制作，简单高效的制作出一款效果优异、功能完善的电子钟。完成后的制作既可以应用于学校、工厂等场合，也可以应用于家庭，是一款非常不错的制作。下面对制作的原理、方法、注意事项等作以简单的介绍。

制作原理

如上所述，本制作的工作原理非常简单(如图 1)，硬件部分主要由 led 控制卡模块、led 点阵单元板模块、电源构成。led 控制卡模块通过其 wifi 数据接口接收来自电脑或手机利用配套软件发送来的有关显示内容和显示形式的设置信息，根据相关设置信息输出相应的驱动信号控制 led 显示模块按设定的方式显示需要显示的内容；led 显示模块的数量和种类可以根据需要灵活的选择调整，本制作以比较简单的 1 块 32×64 红绿双色 LED 点阵显示模块的制作方案为例进行介绍，更多颜色数量和模块数量的制作方法基本相同，参照本制作方法可以轻松完成，不再赘述。

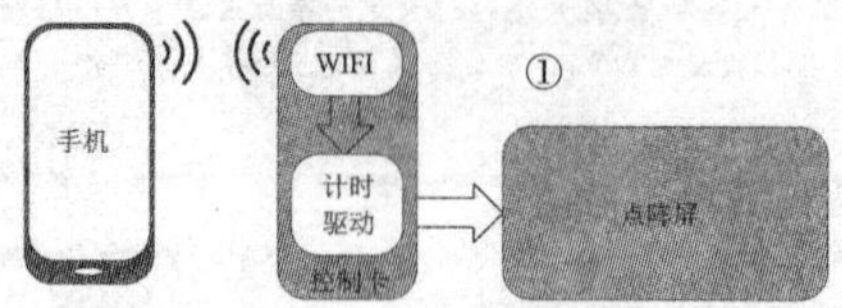

材料选取

上述控制模块和显示模块均采用现在应用广泛的 LED 点阵显示屏的相关配件，既避免了繁琐的制作过程，又保证了制作成品的质量和显示效果。依据确定的制作方案，本制作需要 1 块 LED 控制卡和 1 块 32×64 红绿双色 LED 点阵屏。

控制卡的选取决定着整个制作完成后所具备的各种功能，因此在选取控制卡时一定要先熟悉其各种功能。首先肯定需要有时间计时显示功能，这是本制作最为需要的功能，从外观上看，就是在控制板上可以找到一块可以为显示板提供断电后继续走时功能的纽扣电池。其次，可以通过其配套的设置程序了解其所具备的时间显示格式等各种功能。控制卡的设置数据接口有多种：网线，串口，GRPS，USB，WIFI 等。个人制作中感觉 WIFI 接口比较适合本制作：没有线束的束缚，也不必爬上爬下插拔优盘更改设置数据；时间可以达到自动校正，不像优盘设置存在一定误差。选择控制卡时另一个必须特别注意的问题就是其输出驱动数据接口必须和选择的显示点阵模块的数据接口模式很好的匹配，只有如此才可以很好地驱动显示模块显示信息。本制作选用的控制模块为中航的一款控制卡“ZH - Wo”(如图 2)，其技术参数如下：

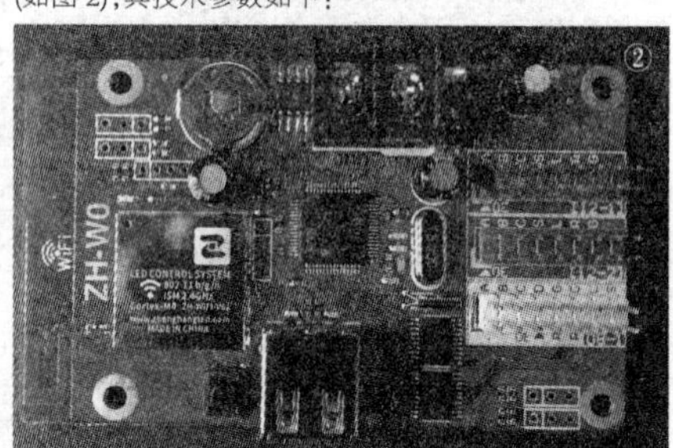

1. 控制点数：最多 32*1024 或 16*2048。

2. 短距离无线 WIFI 控制系统：真正免布线，内置无线路由功能；支持智能手机、平板电脑、笔记本电脑；电脑软件智能切换 WIFI 网络；无需繁杂设置，完全代替 U 盘。

3. 最大传输距离：空旷距离 20M(实际应用根据网络环境不同会有所变化)

4. 工作频段：2.412GHz-2.484GHz

5. 驱动接口：二组 12 接口，一组 08 接口

6. 控制接口：WIFI,USB

7. 工作电压：5V(4.6V-6V)

8. 工作温度：-30℃~70℃

该控制板结构紧凑，工艺精湛，安装简洁明快，比较适合本制作。

LED 点阵屏的种类按使用环境分有户内板，半户外板，户外板，其显示的最大亮度和防水级别依次增高。点阵屏按显示的颜色种类分有红、黄、绿、蓝、紫、白等；按显示的颜色数量分有单色、双色、全彩等。当然选取的点阵屏的数据接口类型必须和控制卡很好的匹配。本制作选择一块 32×64 的 08 线接口类型的红绿双色表贴型半户外单元板(如图 3a/b)，制作完成后显示效果良好。

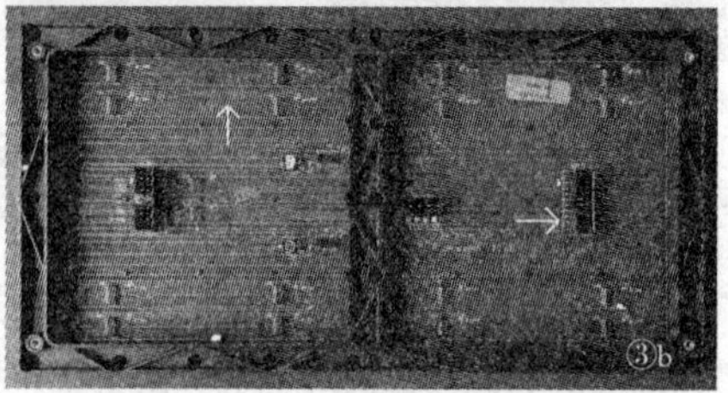

考虑到长期使用的功耗和器件的稳定性以及寿命等因素，本制作正常工作时将亮度尽量调低一些，电源的平均电流在 400mA 左右，但是，在调试过程中，特别是亮度没有设置调低之前，个别情况下电流数值可能比较大，达到数安，因此，调试时使用的电源的电流容量需要大一些，在 5A 左右的电源，而正常工作时如果将亮度降低的话，则只需要选择电流容量较低的 1A 或 2A 左右的 5V 电源即可。本制作调试时选取的电源的电流输出容量可以达到 10A 的可调稳压电源，调试完成后使用一款 5V/2A 的电源(如图 4)。

制作步骤

1. 固定显示单元板：本制作采用 1 块驱动板和 1 块 LED 显示单元板，作为整个制作的中心内容，需要对显示单元板进行有效的固定，单元板的固定方案有许多，考虑到本制作完成后主要作为室内应用，防水和防尘没有特殊要求，因此，本着简单实用的原则，本制作选用了在墙上安装金属钉利用点阵屏配套的磁铁吸附固定的方案，当然也可以利用适当的悬挂吊件固定。固定单元板时要注意单元板背面有关单元板的上下方向以及信号走向的标识(如图 3b)，如果采取两块或多块单元板，也要注意各单元板板面的 LED 点阵的对齐，避免显示的文字发生笔画不连贯、错位的现象。固定好单元板后，LED 控制卡选择合适的位置固定，要注意做好绝缘工作。由于采用 WIFI 数据接口进行相关设置，所以固定时尽量把控制卡的 WIFI 天线部分电路(如图 2 左下部)放置于周围线路较少的比较开阔的区域，以利于无线信号的有效传输，避免控制距离过近等情况的发生。

2. 连接线路：将信号排线和电源线按照电路板的标识进行可靠的连接，其中要注意信号排线插头的插接方向标识，连接电源线时一定要注意正负极性，并且要避免接线柱间的杂乱铜丝发生短路现象。因为本制作中电流数值不是很大，所以对于连接线径有很高的要求，有 0.5 平方或以上就可以。

本机制作完成后的布线如图 5。

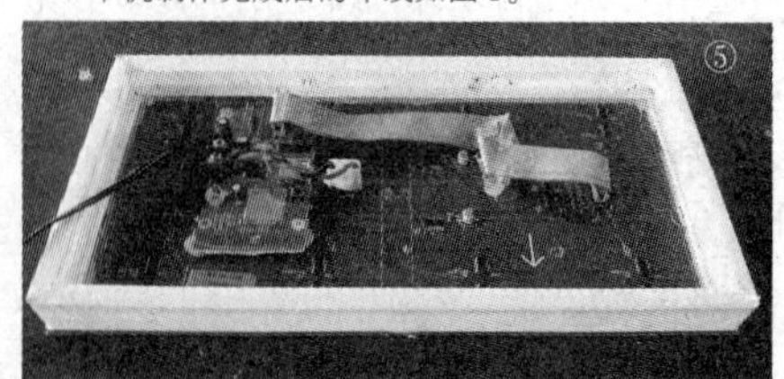

(未完待续)(下转第 148 页)

◇姚宗栋

调频广播多工器扩容改造探索

【摘要】根据旅游景区规划建设需要，蒙山台对中国之声发射天线所在桅塔进行拆除。为了确保节目发射工作的顺利开展，将调频三工器改装为四工器，使各项调频发射指标均保持优质状态，运行良好稳定。

【关键词】多工器；3dB耦合器；带通滤波器；功率合成/分配；四工

蒙山转播台是山东省广播电视局所属的一所高山转播台，担负着中央和省级多套调频广播电视节目的转播工作，节目的转播发射场所建在海拔1156米的蒙山龟蒙顶，处于蒙山旅游景区内。应蒙山旅游景区的要求，该台对中国之声发射天线所在桅塔进行拆除，为了确保不能因拆除工程而影响节目发射，经过全台技术人员的多次研讨和求证，最终探索出一个既经济、又可行的解决途径，以原先调频三工器为基础改装为四工器，现将改造应用情况进行简要介绍，供大家参考。

一、多工器原理简介

多工器的种类很多，既有双工器，又有三工、四工……N工器等，但双工器是其基础，其他多工器都是由此组合而来。蒙山台调频双工器由两个3dB耦合器，两个带通滤波器和一个吸收负载R组成，其中3dB定向耦合器是双工器重要工作环节，它是由两对传输线构成的，通常线长为中心频率对应的1/4波长，各端口都接以匹配负载，其结构如图一所示：

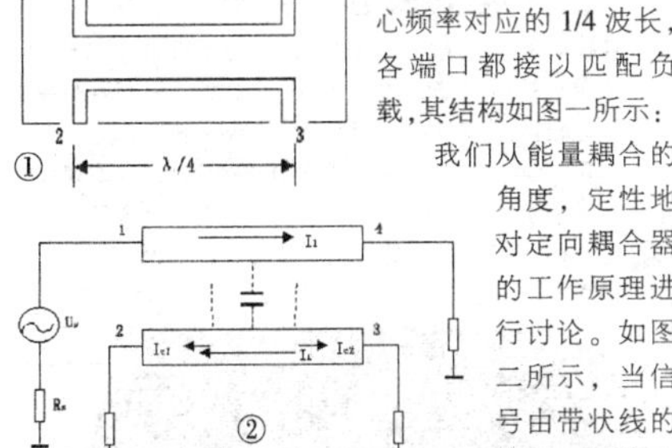

我们从能量耦合的角度，定性地对定向耦合器的工作原理进行讨论。如图二所示，当信号由带状线的端口1输入时，带状线1—4中有交变电流I_1流过，由于带状线2—3与1—4线相互靠近，故2—3线中便耦合有能量，此能量既通过电场（以耦合电容C表示），又通过磁场耦合过来。通过C的耦合在带状线2—3中引起的电流为I_{C1}、I_{C2}，分别流向端口2和端口3。同时，由于交变磁场的作用，在2—3线上感应有电流I_L，根据电磁感应定律，感应电流I_L的方向与I_1方向相反。在理想情况下，当带状线长度为λ/4时，两线间耦合最大，并且输入端口1和输出端口2、4与耦合器相匹配时，端口3没有能量输出，而端口2和4各输出信号源功率的一半。$U_2=U_4$，U_2与U_1同相，U_4滞后$U_1 90^0$（因为1—4线长为λ/4），所以U_2和U_4间相差90°。当作为功率分配时，如果端口1为输入端，所加输入信号电压为U_1，可得：

$$P_1=\frac{U_1^2}{R}$$

$$\vec{U}_2=\frac{\sqrt{2}}{2}\vec{U}_1\angle 0^0$$

$$P_2=\frac{\left(\frac{\sqrt{2}}{2}U_1\right)}{R}=\frac{1}{2}P_1$$

$$P_3=0$$

$$\vec{U}_4=\frac{\sqrt{2}}{2}\vec{U}_1\angle 90^0$$

$$P_4=\frac{\left(\frac{\sqrt{2}}{2}U_1\right)^2}{R}=\frac{1}{2}P_1$$

由此可见，当输入功率由端口1注入时，在端口2和4分别得到输入功率的一半。因为在2、4端口功率下降一半，也即下降3dB，所以称为3dB定向耦合器。

当耦合器的输入/输出口转变一下，可实现功率的合成，在端口2、4处分别输入信号源U_2、U_4，$U_2=U_4=U$，U_2与U_4相位差90^0可得：

对于U_2而言，在1端得：$\vec{U}_1=\frac{\sqrt{2}}{2}\vec{U}_2\angle 0^0$；

在3端得：$\vec{U}_3=\frac{\sqrt{2}}{2}\vec{U}_2\angle 90^0$；

对于U_4而言，在1端得：$U_1=\frac{\sqrt{2}}{2}\vec{U}_4\angle 90^0$

在3端得：$\vec{U}_3=\frac{\sqrt{2}}{2}\vec{U}_4\angle 0^0$，由于输入信号源：$\vec{U}_2=\vec{U}_4\angle 90^0$；$U_2=U^4=U$，

将以上各式联立，可得：$\vec{U}_1=0$，$\vec{U}_3=\sqrt{2}\,\vec{U}\angle 90^0$；

则$P_1=0$，$P_3=2=P_2+P4$

可见，在功率合成时1端没有功率，而在3端获得2、4端的功率叠加。

双工器就是在通过相应频率的滤波后，获得较为“纯净”目标频率，再充分利用功率的分配与合成特性实现两信号源的叠加传输。

二、改造前三工器

原先调频广播三工器，实现了山东广播新闻频道（95.2MHz）、文艺频道（92.8MHz）、经济频道（93.9MHz）共用一副天线发射播出，如图三所示：

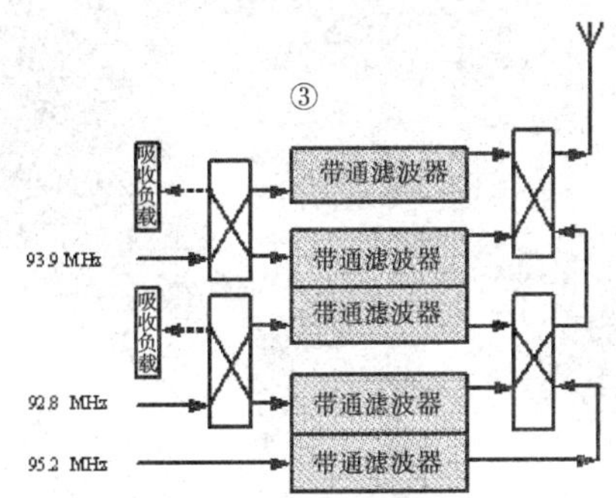

现截取其中一部分为例简述其工作原理，在图四中92.8MHz经过第一个3dB耦合器时，从1端输入，2、4端分别以二分之一功率通过带通滤波器传输到第二个3dB耦合器，此时耦合器可视作功率合成器在8端得到1端的全功率，而95.2MHz经过滤波后，从6端输入，分别在5、7端得到二分之一功率，由于带通滤波器对于95.2MHz为全反射，故此同前文所述，在8端得到95.2MHz的全功率。实现了92.8MHz与95.2MHz的功率叠加输出。实际上，两个带通滤波器并不能完全对95.2进行反射，必定有少部分泄漏到3dB耦合器的2和4端口，在端口3相加而被吸收电阻吸收，它并不会窜到端口1而对92.8造成串扰。虽两个信号间的频率间隔取得较小，但仍能有较高的隔离度。例如，当频率间隔1.3MHz时，测得隔离度可达到35dB左右。

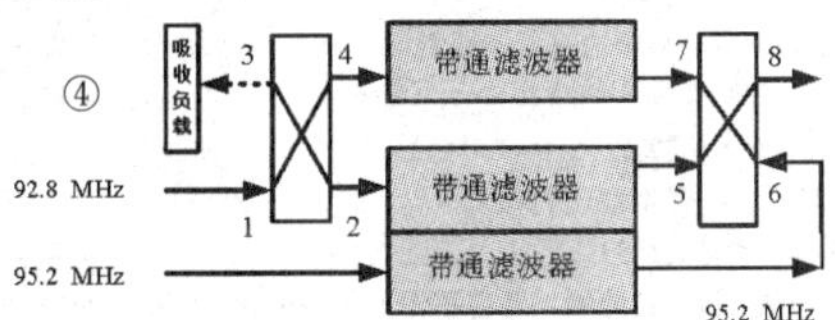

三、改造后四工器

综合分析原有三工器的三个频率和中国之声（90.9MHz）后，我们从可行性、安全性和成本经济考虑，将90.9MHz加到95.2MHz和92.8MHz之间以实现四工器的功能，对于90.9MHz同样采取一组3dB耦合器、两个带通滤波器和吸收负载的组合。

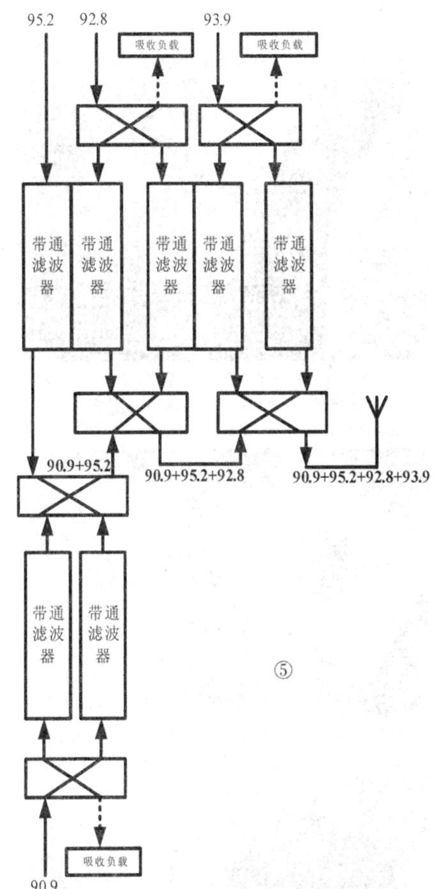

同前面对双工器工作原理的分析，新添加的90.9MHz信号如图五所示，先与95.2MHz叠加，再依次与92.8MHz、93.9MHz叠加，其可简化为以95.2MHz为起点将另三个频率的3dB耦合器串联输出的四工器，该串联型多工器具有较高的隔离度，即使在频率间隔较小（≥2MHz）的情况下，可以获得>45dB的隔离度，最终实现四套调频共同传输至天线发射播出。

图六为改造后的调频广播四工器实物图，其中黑色部分为新添加的中国之声（90.9MHz）部分。

四、结束语

蒙山转播台调频广播多工器的扩容改造完成后，各项调频发射指标均保持甲级，确保了节目优质转播。此次扩容改造很好地解决了之前遇到的技改难题，不仅使中国之声的发射天线和馈线均不用迁移或更换，还大大缩短了停播时间，杜绝了不必要的停播，有着令人非常满意的效果。

◇山东 范玉梅

为爱车增加智能语音系统

在智能语音普及的时代，各种AI智能充斥了我们的生活，而对于很多旧车来说也许不方便体验到AI智能语音，更没必要花费大量的金钱去更换设备，今天就为大家介绍一款简单、实惠的智能车载——DOSS小度智能语音车载。

DOSS小度智能语音车载拥有的特色功能有：小度智能、语音点播、语音导航、语音拨号、百度资源、娱乐资讯、学习栏目；适合全车型通用。

DOSS小度车载主机机身采用的是蓄电使用，也减少了附送的充电线，可直接用手机充电线充电即可。

该设备非常轻巧，重量在20g左右，仅比一元硬币稍大，外观纽扣型设计，材质上使用磨砂塑料材质，在正面分段式设计，内圈是语音实体按键，外圈属于机身外壳，在正面边框上还附有使用指示灯设计，在工作时不同的状态下灯光不同。

机身的充电接口还是目前主流的Micro usb，如果你的手机是type-c的充电线，需要单独自行购买一款Micro USB线。

DOSS小度车载背部是采用胶贴设计，解下胶贴后可粘贴在使用方便的地方，本身重量很轻，所以车内大部分的位置都可以粘贴使用。

而背部胶贴与机身是分开式设计，底座是磁吸附独立装置，打开后机身底部还隐藏有Reset重置功能，这样的设计也方便取下来单独充电和调试。

连接很简单，下载小度APP，按照步骤把DOSS小度车载连接上手机，同时手机连接上车机，连接成功后即可控制使用，可单独连接手机使用，也可手机、机身一起使用。

内置2000万百度云端资源，800+的生活技巧，不管是外出还是居家使用，都可以随时随地的查询喜爱的音乐、天气、导航等，只需要按住机身的语音键说话即可控制。

语音导航地图

语音控制简单方便，放在触手可及处，全程语音操控机车，这对于市面上很多没有智能语音系统的车辆来说尤为方便，让驾车安全上更有保障，不低头不动手，声音控制拨打电话、切换音乐、切换地图等等，大大增加了驾车的安全系数。

DOSS小度语音车载售价不到百元，无智能车载的朋友完全可以考虑购买。

专业调音台使用三大技巧

一、调音台的信号输入

调音台的输入信号大体上分为低阻话筒信号输入和高阻线路信号输入两种。每一路输入都可以把它看成一条水管，也就是如果一个调音台有多路信号输入就好像是有多条水管的水流到调音台里进行处理一样。大家可以把低阻和高阻的区分看成是水压力或流水速度的不同。比如：高阻输入的电平高，就好像水压很大，水流较急，直接输入到调音台这个水池里就合适了，不用在中间加什么环节来调整水压和水流速了；但低阻输入的电平低，就好像水压很低，水流很慢，直接输入到调音台这个水池里就不合适，大家就需要在大水池里加上一台抽水机，把低阻的低水压给它加大，让水流速度加快，所以调音台的低阻输入通道里都内置了专门的电路放大器，把低电平放大到合适的电平。这样用水的特点来形容低阻信号和高阻信号大家应该就很好理解了。

二、增益的调整

要输入到调音台里的音源，大家首先要分清它是低阻还是高阻，然后用标准的信号线正确的连接到调音台上。如果要让每一路输入都达到完美的音质，大家就需要仔细的调整了。调音台每个输入通道的增益是很重要很关键的，但好多音响师好像只是把增益简单的看成了是一个音量旋钮而已，这样就大错特错了。其实增益主要是用来控制输入信号动态范围的，一般增益调到最大不失真时就是最大的有效动态范围了，也是最好的效果状态了。这样说比较难理解，还是用水形容吧：调音台的输入通道和输入线路都会有个基本的本底噪声，这个本底噪声就好像是河底里的泥沙，是不可消除的。大家知道，当河水不深的时候，流动的水是泥沙俱底下的，这样的水质肯定不好。所以也就是说如果增益调整的动态范围不足，音源信号就好像是泥沙俱底下的流水了，本底噪声就会突现出来，这时的音质肯定不好了；相反当河水比较深的时候，流动的水是比较清的，水质肯定很好，也就是说增益调整的动态范围较大，比较合理，这样音质肯定很好了；当然如果水势浩大，连河坝都冲垮了，河底都给掀翻了，这就是相当于电平信号大到失真了，这时候也谈不上什么音质了，还会对设备造成损害，所以也不是增益越大越好，要有个度，合适才好。

三、声像平衡调整

调音台的声像一般音响师都理解了，但好多都是死板的理解，比如一个两通道的立体声音乐信号输入到调音台，大部分音响师都会把这两个通道的声像旋钮往左和往右打到底，认为这样就是"立体声"，其实这样的话这两个通道出来的声音就会显得很飘，中间发虚、无力；如果把声像旋钮都打到中间就会觉得音乐声音都顶到头上去了，很难受，而且声音的宽度也不够；最好的位置就是左边通道的声像旋钮转到时钟的9点位置，右边通道的声像旋钮转到时钟的15点位置，这样的音乐既不会发飘动态范围又宽，力度和穿透力又好。

◇江西 谭明裕

邮局订阅代号：61-75 国内统一刊号：CN51-0091

微信订阅**纸质版**
请直接扫描
邮政二维码
每份1.50元 全年定价78元
每周日出版

扫描添加**电子报微信号**
或在微信订阅号里搜索"电子报"

2020年4月12日出版
实用性 启发性 资料性 信息性

第**15**期
（总第2056期）

国内统一刊号:CN51-0091 定价:1.50元 邮局订阅代号:61-75
地址:(610041)成都市武侯区一环路南三段24号节能大厦4楼 网址:http://www.netdzb.com

让每篇文章都对读者有用

一款PC和安卓机互传软件

苹果系统的AirDrop是一款非常好用的文件互传软件，然而只能用于iMac、iPhone、iPad之间互传文件。对于使用安卓和PC设备而言就很麻烦了，需要一些第三方软件才能实现。

今天为大家推荐一款可以在PC、安卓甚至是iOS、Linux、Mac等平台上互传的软件—Feem。

从官网下载各个平台对应的版本，这里以PC版和Android版为例。需要注意，官网的Android版下载链接会跳转到Google Play商店，这在国内是难以访问的，大家可以自己找其他的包。安装后，不同的设备需要连接到同一个局域网，开启软件就可以使用了。

Feem会自动识别出同一个局域网内，开启了Feem的设备，并显示在主界面的列表当中。这个过程无需注册、登录，也不需要有任何的手动操作，只要开启相应的软件应用就可以了。随后，点击你想要传文件的设备，就可以开始传输了。

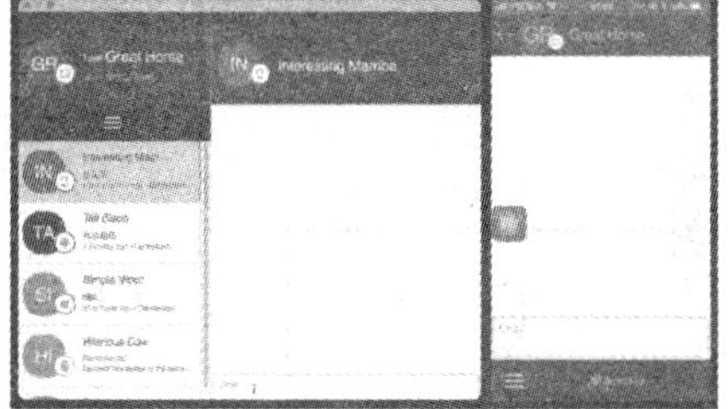

同一局域网下的设备，只要打开Feem就会自动配对连接，发送完了目标设备也就接收完了。其中免费用户接收的文件会被自动分配到设备上相应的文件夹里面，付费用户可以修改文件储存位置。

除了传输文件，在这个界面中，还可以发送信息聊天，在局域网中可以当聊天软件使用。

优点：

1.无需注册、登录，处于同一个局域网就可以自动发现设备传文件。

2.无需开启软件，直接用分享功能就可以传文件。

3. 无平台限制，Windows、Android、Linux、iOS、macOS可以互传文件。

缺点：

1. 界面

Feem是把同一套界面应用在每个系统平台上，很多细节看上去很奇怪。比如Android端上会有双顶栏，iOS端上看上去会有每个元素都放大了的感觉，各种图标也很不统一。

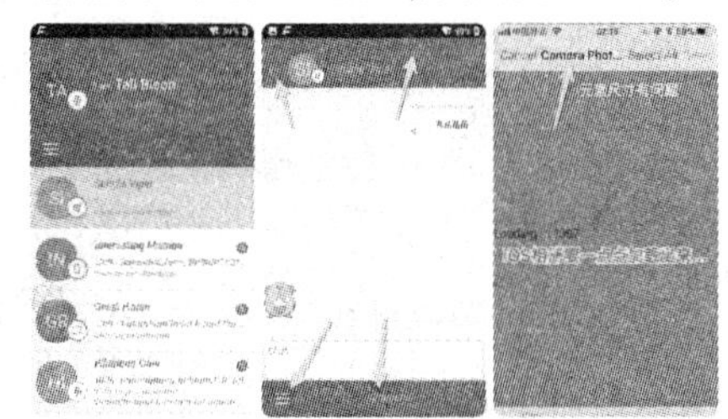

2. Bug

在iOS端上选择一张图片传输时，总会慢吞吞地加载整个相册；而Android端向Mac端传文件有时候会中途停止。

3. 菜单

没有集成到iOS和macOS的分享菜单。在Android设备上，选择任何一个文件，都可以通过分享菜单里的Feem直接分享出去，甚至可以同时选择多个设备一键分享。但是Feem还没有集成到iOS和macOS的系统分享菜单，在这两个平台上只能先打开Feem，再选择设备发送文件，WIN10上面也只能这样。

4. 局限

Feem只能在同一局域网传文件，AirDrop能够通过i-Cloud在互联网传文件。

5. 费用

Feem免费版有广告；免费用户不能修改设备名字、头像以及接收文件的位置。

收费方案

（本文原载第22期11版）

工信部正式将700MHz黄金频段划归5G

事件：4月1日工信部发布了《关于调整700MHz频段频率使用规划的通知》，要求将部分原用于广播电视业务的频谱资源重新规划用于移动通信系统。明确将702-798MHz频段频率使用规划调整用于移动通信系统，并将703-743/758-798MHz频段规划用于频分双工(FDD)工作方式的移动通信系统。至此工信部关于700Mhz频谱分配问题，总算是尘埃落定了。

频段是通信网络建设核心宝贵资源，影响着运营商在5G建网、区域规划的一系列问题。据了解，700MHz一直被视为"黄金频段"，虽然容量不大，但是作为低频段，具备传播损耗低、覆盖面广、穿透力强、组网成本低等优势，在5G时代尤为突出，已经被分配给中国广电。另值得一提的是，近日，中国广电700MHz频段提案被纳入了5G国际标准，也是全球第一个低频段大带宽5G标准。

就其为何要对700MHz频段规划进行调整？工信部称，关于700MHz频段的讨论已经持续好几年，700MHz频段本是传统的广播电视系统频段，但近几年地面数字电视技术正逐渐取代传统的模拟电视技术，原模拟电视占用的部分频段可以释放出来。目前，包括我国在内的全球多数国家已经完成或正在进行700MHz频段的地面电视"模数转换"，并将释放出的频谱用于频谱利用率更高的移动通信系统。另一方面700MHz频段具有良好的传播特性，是开展移动通信业务的黄金频段，而且如今国内移动通信产业在该频段已形成了较为完备的网络设备和终端产业链。因此在考虑到700MHz频段的产业发展情况、国内地面电视"模数转换"进展以及移动通信系统的频率使用需求后，特将700MHz频段部分频率调整用于移动通信系统。工信部接着表示，现在将700MHz频段规划用于移动通信系统，不仅为5G发展提供了宝贵的低频段频谱资源，而且还将推动5G高、中、低频段协同发展。因为1GHz以下低频段具有良好的传播特性，可更好地支持5G广域覆盖和高速移动场景下的通信体验以及海量的设备连接，进一步推进5G的多场景应用。

此外，对调整后的700MHz频段频率使用规划与国际主流方案是否兼容？工信部在《通知》的解读文件中表示，目前，全球已有超过56个国家或地区已经开始或计划在700MHz频段部署频分双工(FDD)方式的4G网络。从各国已公布的700MHz频段规划方案来看，703~748/758~803MHz方案是使用最广泛、频谱资源利用最为充分的频率规划方案，并支持向5G系统演进。我国将703~743/758~798MHz频段规划用于FDD方式的移动通信系统，这与全球主流规划方案兼容，有利于共享全球产业基础。

众所周知，700MHz这个频段一直是广电在使用，以往这一频段主要用在广播电视的无线传输中。自从广电拿到牌照以来，广电在5G方面的发展就相对比较缓慢，其中很大一部分原因是中国广电的5G用频没有明确，尤其是被称为黄金频段的700MHz的归属问题。对此，业界解读认为，该《通知》的发布无疑给中国广电扫除了政策上最后的障碍，广电终于可以合规合理地将700MHz频段用于5G建网。其中值得注意的是，此次广电获发的是703~743/758~798MHz频段，上下行各40MHz，共计80MHz的带宽，而不是此前业界传的30M×2的带宽。这就意味着，广电可以充分地利用更多的低频优质资源，提升5G网络峰值速率以及用户体验，加速5G建设进程。

不过，也有观点认为，虽然该《通知》对于广电而言无疑是打通了政策最后一公里，利好可想而知，但是广电5G要想突围还面临网络整合以及清频这两大难题，而这些问题在此前也一直是广电最棘手的。总之，广电的5G之路还道阻且长。

◇林一

创维LED液晶彩电168P-P65EQF-00电源板原理与维修(五)

(紧接上期本版)

(五)主电源电路2

创维168P-P65EQF-00电源板中的主电源电路2见图6所示，由厚膜电路FSFR2100(IC2)、变压器T5、稳压电路误差放大器IC10、光耦IC5为核心组成。遥控开机后启动工作，输出24VC-AUDIO电压，为伴音功放电路供电。

主电源电路2和主开关电源1都是采用厚膜电路FSFR2100，二者的电路结构相同，只是元件编号不同，工作原理完全相同，可参照上面主开关电源1的工作原理进行分析和维修，不再介绍。

(六)电源板保护电路

创维168P-P65EQF-00电源板除了在各个单元电路设有相应的保护电路外，还设有由模拟可控硅Q9、Q10组成的过压保护电路。见图4右下部所示。当Q9的b极输入高电平时，Q9和Q10饱和导通，将开关机控制电路光耦IC7的①脚供电拉低，IC7截止，Q5截止，切断PFC驱动电路的PFC-VCC供电和主电源驱动电路的PWM-VCC供电，PFC电路和主电源电路停止工作。

1. 主电源1过压保护电路

24V-PANEL过压保护电路由27V稳压管ZD12、隔离二极管D23组成，当24V-PANEL电压过高，超过27V时，击穿ZD12，通过D23向模拟可控硅Q9的b极注入高电平，保护电路启动。

12V-MB过压保护电路由13V稳压管ZD13、隔离二极管D22组成，当12V-MB电压过高，超过13V时，击穿稳压管ZD13，通过D22向模拟可控硅Q9的b极注入高电平，保护电路启动。

2. 主电源2过压保护

24VC-AUDIO过压保护电路由27V稳压管ZD23、隔离二极管D20组成，当24VC-AUDIO电压过高，超过27V时，击穿ZD23，通过D20向模拟可控硅Q9的b极注入高电平，保护电路启动。

二、电源板维修提示

创维168P-P65EQF-00电源板发生故障，主要引发不开机、开机三无、开机黑屏幕故障，可通过观察待机指示灯是否点亮，测量关键点电压，解除保护的方法进行维修。

维修时，先直观检查电源板上有无烧焦、损坏、虚焊、接触不良的器件，用电阻测量对市电整流滤波电路电容器C5和C6、副电源滤波电容C24、PFC输出滤波电容C1~C3两端电阻进行测量，如果电阻过大，且无充放电现象，说明相关负载电路开路，滤波电容器开路或失效；如果测量电阻过小，说明相关负载电路发生短路故障。

维修顺序是：首先检查副电源，确保副电源输出的5V电压正常；再检查PFC电路输出的400V电压是否正常，最后检查两个主电源输出的24V-PANEL、12V-MB和24VC-AUDIO电压是否正常。

(一)检修副电源

测量副电源供电C24两端有无+300V电压输出，无电压输出检查市电抗干扰电路，特别是检查保险丝F1是否烧断。如果F1烧断，多为电源板初级有严重短路故障，常见为PFC、主电源、副电源厚膜电路或MOSFET开关管击穿。

如果有300V供电，检查副电源厚膜电路U2及其外部电路元件。一是检查U2的⑤脚启动电压及其启动电路；二是检查U2的④脚市电取样电压及其市电取样电路；三是检查U2的②脚VCC供电及其VCC整流滤波电路；四是检查T3次级整流滤波电路是否发生短路、开路故障。上述检查正常，更换芯片U2试之。

如果5V电压过高或过低，首先检查稳压反馈电路是否正常，测量IC5的R77与R78//R79的交接点电压是否正常，该电压正常时为2.45V~2.55V。必要时，可断开IC6，在IC6的③、④脚并上一只10kΩ电阻来判断，然后可试更换IC6进行判断。

(二)检修开关机控制电路

如果电源板5V输出电压正常，无12V-MB、24V-PANEL输出，则是主电源1发生故障。首先检查开关机ON/OFF电压是否为高电平，开机电压应大于1.4V以上。然后测量开关机控制电路Q5的e极是否有18~24V的VCC1电压输出。如果无VCC1电压输出，检查开关机控制电路。

如果开关机电路输出的VCC1电压正常，测量Q6输出的PFC-VCC电压是否在14~16V之间，Q7输出的PWM-VCC电压是否正常，如果不正常，检查开关机控制电路和VCC稳压控制电路。如果正常，需检查PFC驱动电路IC1和两个主电源电路。必要时更换PFC和主电源芯片。

(三)维修PFC电路

对于PFC电路无HV-DC电压输出故障，可以先考虑是否有过流元件，然后检查IC1的工作条件是否具备，PFC升压回路是否正常，IC1的⑫、⑬脚输出到开关管Q1、Q2的G极信号传输回路是否正常，查⑧、⑨、⑩及⑮、⑯脚外部电流、电压反馈回路是否正常，最后考虑更换IC1。

对于PFC电路输出HV-DC电压偏高/偏低故障，首先可以考虑检测输入电压是否偏高或偏低，然后考虑⑧脚稳压反馈回路是否正常，最后考虑更换IC1。(未完待续)(下转第152页)

◇海南 影视

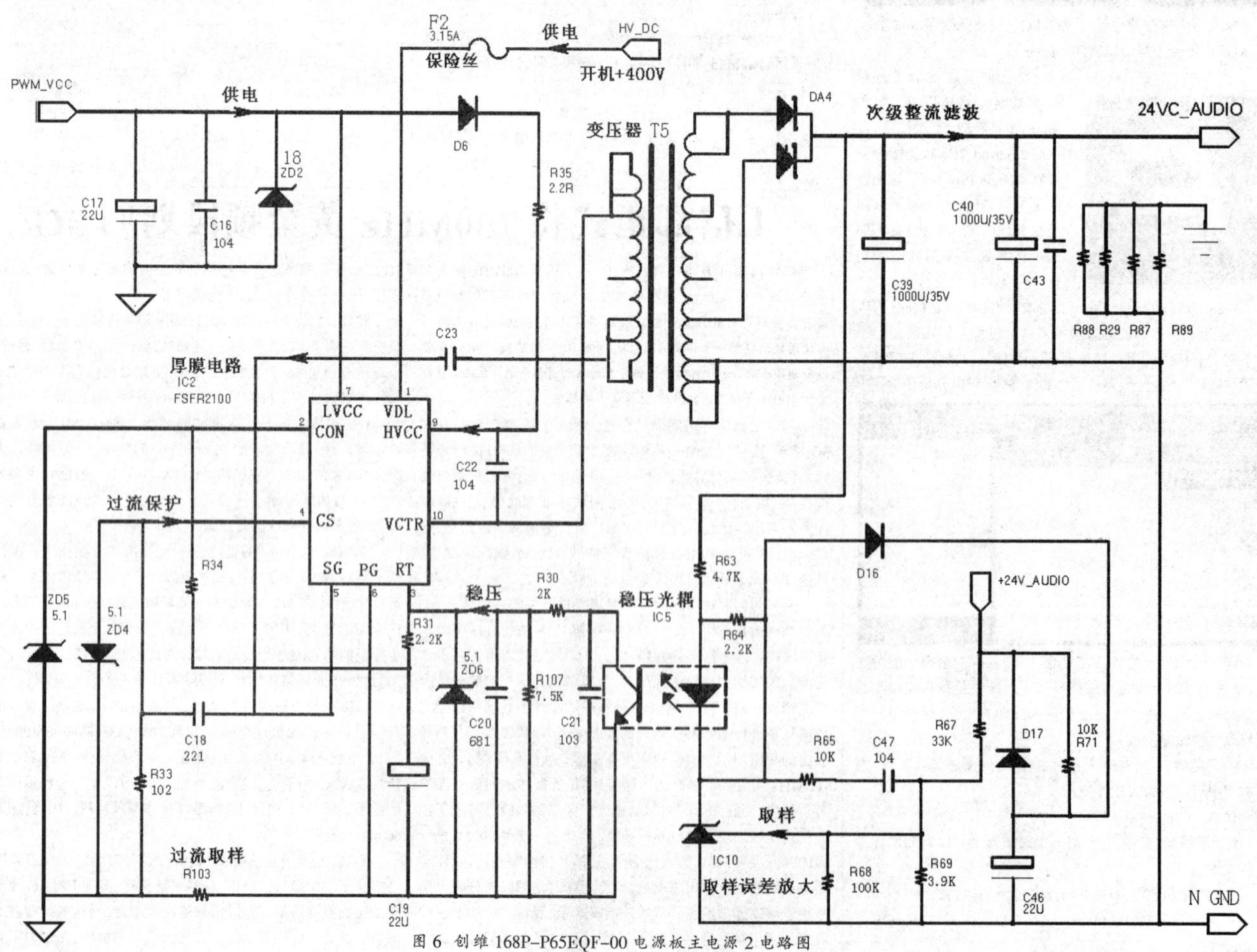

图6 创维168P-P65EQF-00电源板主电源2电路图

校园网络疑难故障的巧妙解决方法

笔者所在单位的校园网拓扑如图1所示，整个校园网络通过基于端口方式划分6个VLAN进行隔离，使每个区域互不影响，其中电信政企网关设备Office Ten1800和H3C S7506E核心交换机放在监控室内，自建成以来网络使用一直正常。

前段时间突然出现网络不定时出现无法上网的故障，由于所有用户均不能上网，初步估计故障点在监控室，加上故障发生在暑假期间，怀疑是监控室温度过高导致。

来到监控室发现H3C S7506E核心交换机主控板上FAN指示灯闪红色，说明内部风扇有问题，松开两颗螺丝将风扇板抽出(如图2所示)，发现9个风扇(型号为AFB0912VH)上面全是灰尘，靠近PCB板那边有一个不转，用手碰一下发现阻尼较大，对其除尘后发现阻尼恢复到正常状态，再将风扇板装回发现FAN灯已经正常，又将监控室所有设备断电再开一次，整个校园网络恢复正常，为预防温度过高导致故障重现还特意将空调打开来降温。

没想到三四个小时后故障再次重现，说明之前的判断是错误的。为区分故障部位，通过单独给设备断电再重启的方式发现问题出在电信网关设备上，即故障出现时只要给电信网关Office Ten1800断开再开机即可解决问题，考虑到该网关已使用近十年可能已老化，所以打电话给电信公司让其更换设备。第二天早上电信技术人员便来到单位，并带来新政企网关MSG2100-UPON-4V更换，由于新网关支持GPON上行，所以技术人员还通知电信机房将原光纤由原EPON跳成GPON方式，设置好相关参数后网络恢复正常。本以为大功告成，没想到当晚十点零几分网络再次中断，重启电信网关MSG2100-UPON-4V后正常，不过第二天晚上还是掉线，经过几天比较后发现都是晚上相同时间掉线，无奈又打电话向电信公司报修，这时电信公司技术员声称设备刚更换肯定没有问题，让学校检查内部网络是否正常，比如有电脑中毒之类的原因。由于单位内部联网设备较多查找比较困难，所以找来一台正常电脑直接与电信网关相连，同时将其他线路全部断开，晚上十点零几分钟后还是掉线，说明掉线与单位内网无关。将该情况告之电信技术人员后，他们也想不到问题出在何处，此时笔者想到上次更换设备时将EPON改成GPON方式了，会不会与这有关呢？电信技术人员同意笔者的看法，所以他们从库房里找来一台早期的MSG2100-UPON-4V网关(早期产品只支持EPON上行)更换，设置好参数后网络彻底恢复正常，原来是EPON上行方式与电信机房OLT设备兼容性有问题导致的奇特故障。EPON方式上下行均为1.25G，GPON上行是1.25G，下行是2.5G，不过本单位接入速率是200M，所以无论是EPON还是GPON均无影响。

约三个月后，位于教工24户的住户反应网络不正常，而其他区域的用户网络正常，说明故障出在VALN3中，初步估计问题出在光纤或两边光纤模块身上。到教工24户楼道查看E126A交换机上光纤口及网口指示灯正常，说明此处到监控室的光纤以及光纤模块都没有问题。笔者带上笔记本电脑来到不能上网的某用户家中，查看住户家中接的小路由器(用于有线转WiFi)上WAN口指示灯也正常，说明从住户家中到楼道交换机间网络也正常。笔者将住户家网线插从小路由器上拔下并插入自带的笔记本电脑，打开浏览器输入“www.baidu.com”无法打开网站，在CMD提示符下输入“ping 192.168.1.1(学校电信网关内网地址)”测试完全正常，这说明网络是通畅的，那为什么无法访问外网呢？难道电信网关MSG2100或S7506E核心交换机内部参数被人恶意篡改？于是在浏览器中键入“192.168.1.1”打算以WEB方式登录电信网关MSG2100查看情况，没想到却弹出图3所示的登录界面，这明显是家用MW150R路由器登录界面而非学校网关登录界面，这时才恍然大悟：教工24户这个VLAN中有人把MW150R路由器网线接错，外网线应该插到WAN口而用户错误地插到LAN口，此时VLAN3中就有两个DHCP在工作，因延时关系教工24户这个VALN中的IP都由MW150R分配而非S7506E核心交换机分配，用户电脑得到错误的IP地址肯定是无法访问互联网，笔者之前ping 192.168.1.1正常也只是说明到MW150R路由器正常而不是到电信网关MSG2100正常。

如何排除故障也是个棘手的问题，因为无法定位MW150R路由器的具体位置，抱着试试看的态度在图3界面中用“admin”作为用户名和密码登录竟然成功(如图4所示)，直接关闭该路由器DHCP功能并将其IP地址更改为“172.16.3.253”，这样既不影响其他用户上网也能保证MW150R路由器主人能够正常访问网络(MW150R路由器工作在AP状态)，设置好并保存后再通知其他用户重启家中的网络设备，几分钟后得到回复全部正常，至此网络故障完全解决。后来想想笔者排除此故障时也走了点弯路，如果在住户家接上自带笔者本电脑后马上查看IP地址就能快速找出问题，因为S7506E核心交换机给VALN3分配的IP地址与MW150R路由器分配的IP地址完全不同，抓住这点就能快速判断出VLAN3中有另外一个DHCP存在。另外，能轻松解决故障也得益于MW150R路由器默认密码没有更改，如果机主更改掉默认密码的话，那笔者只能挨家挨户查找了。

◇舒城县教育局电化教育馆 涂小娟 陈晓军

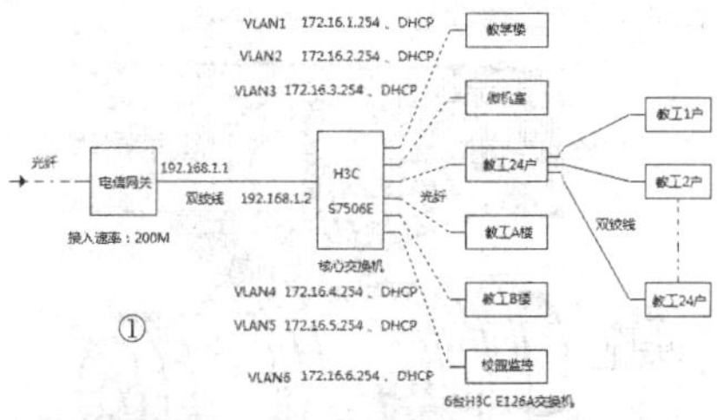

①

② ③

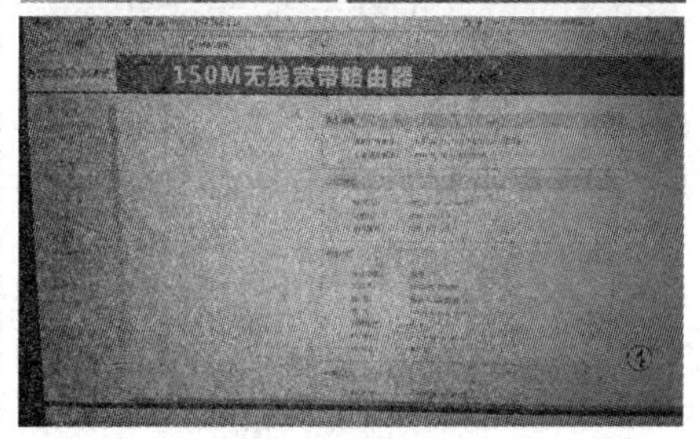

④

在蓝天CLEVO P170HM上安装Nvidia GTX680M驱动

笔者的一台笔记本电脑最近升级了显卡，笔记本型号是蓝天CLEVO P170HM，操作系统是Windows 7 64位旗舰版，本以为显卡安装后能进入系统再安装显卡驱动后就大功告成了，想不到安装中颇费了一番功夫。

在Nvidia官网下载了GTX 680M的驱动，版本号是：425.31，安装开始后程序会进行硬件兼容性测试，稍等片刻后弹出“此图形驱动程序无法找到兼容的图形硬件”(如图1所示)。

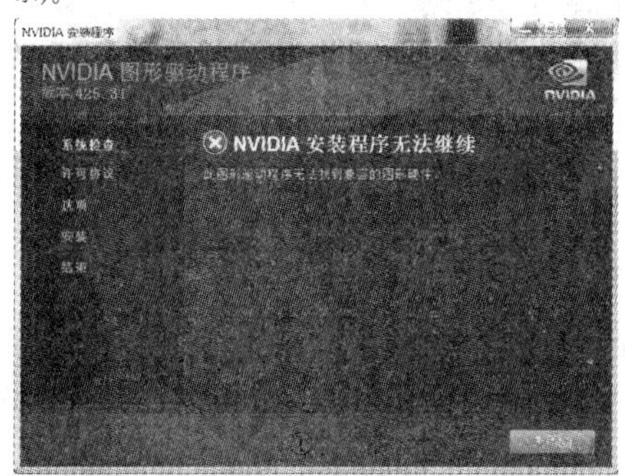

①

笔者大惑不解，能进入Windows 7系统，说明硬件兼容性没问题，至少显卡的VBIOS是正确的，否则开机即黑屏或者卡在自检状态，现在的情况虽然能进入Windows 7，但是装不上显卡驱动，屏幕亮度分辨率都不能调节，3D加速也没有，基本不能进行其他应用。经过一番摸索，发现可以用下面的方法强制安装显卡驱动。

1. 首先安装Intel芯片组驱动，然后解压缩刚才下载的驱动(425.31)，找到目录Display.Driver中的nvcvi.inf文件；

2. 使用UltraEdit编辑器查找NVIDIA_DEV.11A0.5105.1558这个字符串；

3. 将5105改成0000，同时“=”后面的5105也改成0000(如图2所示)；

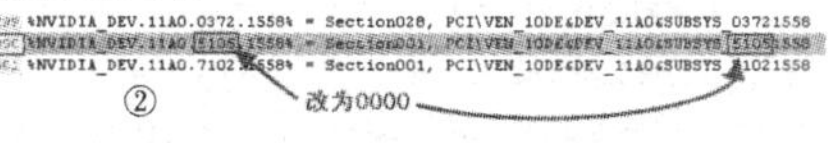

②

4. 需要改动的地方有三处：300行、639行、978行；

5. 保存后双击Setup.exe开始安装，这样驱动安装就可以顺利地进行下去了，在安装时会提示：Windows无法确认驱动发布者，不予理睬，始终安装。

这样修改后虽然可以安装显卡驱动，但是有一个小小的瑕疵，就是用GPU-Z查看显卡信息时，显卡名称显示的是：NVIDIA_DEV.11A0.0000.1558，看着很别扭，这时可以通过修改注册表使GPU-Z显示正确的名称(如图3所示)。

注册表键值为：

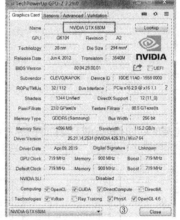

HKEY_LOCAL_MACHINEhellunas]

@="管理员取得所有权"

"NoWorkingDirectory"=""

hellunasommand]

@="cmd.exe /c takeown /f "%1" && icacls "%1" /grant administrators:F"

"IsolatedCommand"="cmd.exe /c takeown /f "%1" && icacls "%1" /grant administrators:F"

xefilehellunas2]

@="管理员取得所有权"

"NoWorkingDirectory"=""

xefilehellunas2ommand]

@="cmd.exe /c takeown /f "%1" && icacls "%1" /grant administrators:F"

"IsolatedCommand"="cmd.exe /c takeown /f "%1" && icacls "%1" /grant administrators:F"

hellunas]

@="管理员取得所有权"

"NoWorkingDirectory"=""

hellunasommand]

@="cmd.exe /c takeown /f "%1" /r /d y && icacls "%1" /grant administrators:F /t"

"IsolatedCommand"="cmd.exe /c takeown /f "%1" /r /d y && icacls "%1" /grant administrators:F /t"

◇北京 中华

电动葫芦控制电路原理与维修

电动葫芦在工矿企业的修理与安装工作中发挥着重要作用，它是一种自身重量较小、结构较简单的起重机械，CD型钢丝绳电动葫芦的起重量有多种不同规格，分别可以起重0.5t、2t、3t、5t等不同重量。

电动葫芦的外形结构如图1所示。由提升部分和水平移动部分组成，并分别由电动机(以下简称电机)拖动。使用时由一台电机经过减速箱拖动钢丝绳卷筒，提升或降低重物。水平移动电机可在工字钢轨道上向前或向后移动。

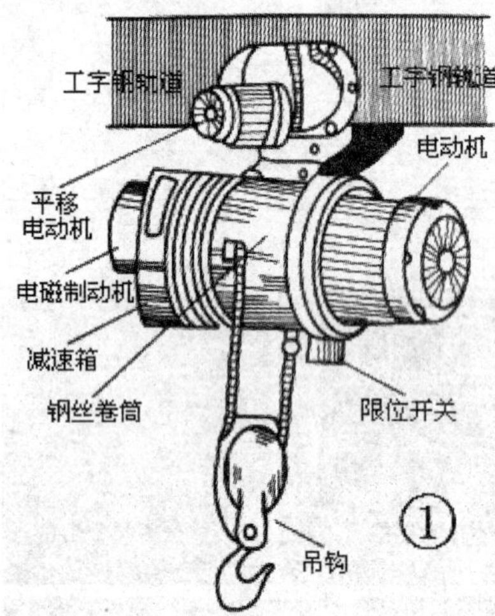

为了保证操作安全，提升用的电机有电磁制动装置，电机提升或下降重物时，若遇停电或其他意外情况时，制动电磁铁失电，在制动装置弹簧力的作用下，对提升机构产生制动力，使吊钩停留在停电位置，以策安全。

一、电气控制电路及原理分析

电动葫芦的电气控制电路如图2所示。

图2的中部是常规的电气原理图，包括电动葫芦的一次电路和二次控制电路。上部的矩形框是对电气原理图的标注及简要的文字说明。下部的矩形框内标记的是数字，它将电气原理图按基本功能单元划分成若干个区域，这些区域与图2上部的文字标注框成对应关系。在图2右下角交流接触器线圈图形符号下侧，标注的是接触器主触点与辅助触点所在的电路区号，图3对这些标注作了说明。

图3中有两条竖线将接触器的主触点和辅助触点分离开来，其中最左侧的数字是指接触器主触点所在的电路区号；两条竖线中间的数字是接触器辅助常开触点所在的电路区号，如果触点未被使用，则用符号"×"填充；最右侧一列数字是接触器辅助常闭触点所在的电路区号。

这些标记画在交流接触器线圈图形符号的下方，使得触点标记与接触器的图形符号呈上下对应关系。

电动葫芦使用2台锥形转子电机。图2中的KM1和KM2是吊钩升降电机M1的正、反转接触器，YB为吊钩电机的电磁制动器。当电机M1通电工作时，不管吊钩上升或者下降，电磁制动器YB均可通电，制动器放松，电机可以转动。当电机M1断电时，YB也断电，在制动器弹簧力作用下将电机刹车制动。

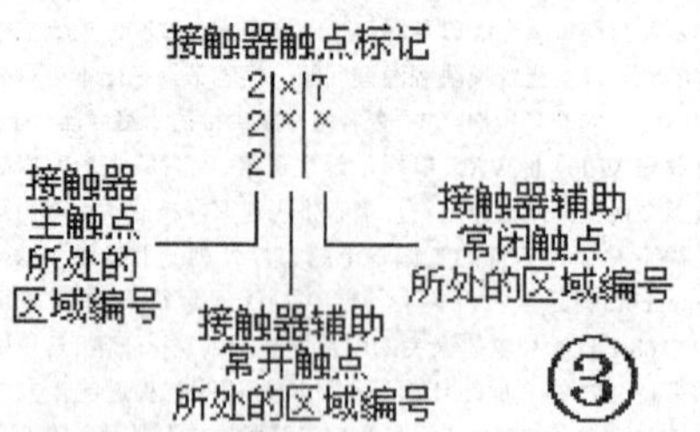

按钮SB1和SB2是吊钩电机M1的正反转点动启动复合按钮。所谓复合按钮，是说操作该按钮时，其常开触点、常闭触点均接入电路并产生相应的动作效果。行程开关SQ1和SQ2为限位保护，可使吊钩上升或下降到极限位置时及时断电停机。水平移动电机M2的电气控制电路与升降电机M1的控制电路相似，只是没有制动装置。水平移动电机的控制电路中也设置有两只行程开关SQ3和SQ4进行限位保护，防止电动葫芦在移动时超出移动范围。

1. 吊钩提升电机控制电路

合上电源开关QS(QS开关在图2中的1区)，按下上升动作复合按钮SB1(在图2中的6区)，接触器KM1线圈(在图2中的6区)通电吸合，其主触点(在图2中的2区)闭合，电磁制动器YB(在图2中的3区)通电释放，电机M1(在图2中的2区)定子线圈同时得电开始正转，吊钩上升，吊钩上升到需要位置时松开按钮SB1，接触器KM1线圈断电，主触点断开，电机M1断电，同时电磁制动器YB也断电，在制动器弹簧力作用下对电机进行制动，吊钩上升动作结束。

2. 吊钩下降控制电路

需要吊钩下降时，按下下降动作复合按钮SB2(在图2中的7区)，接触器KM2线圈(在图2中的7区)通电吸合，其主触点(在图2中的3区)闭合，电磁制动器YB(在图2中的3区)通电释放，电机M1(在图2中的2区)定子绕组获得反相序电源开始反转，吊钩开始下降，吊钩下降到需要位置时松开按钮SB2，接触器KM1线圈断电，主触点断开，电机M1断电，同时电磁制动器YB也断电，在制动器弹簧力作用下对电机进行制动，吊钩下降动作结束。

吊钩升降电机的上升与下降动作，在电路上有双重互锁措施，可以保证电机M1定子绕组不可能同时获得正相序电源和反相序电源，从而防止电源短路事故的发生。这里的双重互锁措施就是使用复合按钮的互锁措施(在图2中的6区和7区)，以及将交流接触器辅助常闭触点串联在对方接触器线圈的控制电路中(在图2中的6区和7区)的互锁措施。

3. 吊钩向前、向后移动

按下复合按钮SB3(在图2中的8区)，接触器KM3线圈(在图2中的8区)得电，电机M2(在图2中的4区)定子绕组得电开始正转，吊钩装置在工字钢轨道上向前移动。吊钩移动到适当位置时松开按钮SB3，接触器KM3线圈断电，其主触点断开，电机M2停止移动，吊钩向前移动结束。

需要吊钩向后移动时，按下向后移动的复合按钮SB4(在图2中的9区)，电机M2(在图2中的4区)定子绕组获得相反相序的电源开始转动，吊钩向后移动，到达适当位置时松开按钮SB4，吊钩向后移动结束。

吊钩向前与向后移动时，电路同样有双重互锁的保护措施，其保护原理与吊钩上升、下降时雷同，此处不再赘述。

二、故障维修

例1 一台5t的电动葫芦不能启动使用

这台电动葫芦在前一天下班前能正常使用，次日上班后开机，发现操作任何按钮都没有反应。

由于任何操作均无效，分析故障原因可能是电路的公用部分发生异常，包括电源开关QS，熔断器FU1，以及将它们连接起来的线路等。经检测熔断器，未见熔断或接触不良的情况。用万用表交流电压挡测量熔断器出口一侧(图2中熔断器FU1的右端，在图2中的1区)的电压，发现A、B相间测不到电压。继续依次检测熔断器FU1左端电源侧及电源开关QS的输入端电压，结合低压验电笔的检测，判定是低压B相(L2)无电。与车间电工联系，确定系统中B相电源故障。排除系统电源故障后，电动葫芦的工作自动恢复正常。

例2 一台3t的电动葫芦不能向前移动

欲使电动葫芦向前移动，须操作按压复合按钮SB3(在图2中的8区)，使交流接触器KM3线圈(在图2中的8区)得电。然后经过KM3的主触点(在图2中的4区)使电机M2定子绕组(在图2中的4区)获得电源，电机转动使吊钩向前移动。现在按下复合按钮SB3后，听不到接触器KM3的吸合声，说明KM3的线圈控制通路异常。

在控制电源正常的情况下，与KM3的吸合动作有关的是图2中8区的全部电路，包括复合按钮SB3的常开触点(按下后即应闭合)、复合按钮SB4的常闭触点、行程开关SQ3的常闭触点以及交流接触器KM4的辅助常闭触点。检查发现，行程开关SQ3的安装螺钉松动，且其触动杆受一金属构件施力导致SQ3的常闭触点始终处于断开状态。停电后重新安装固定行程开关，并移除对行程开关有作用力的结构部件，之后通电开机，电动葫芦恢复正常。

例3 一台2t的电动葫芦的吊钩不能作上升动作，且开机时电机有较大的嗡嗡声

电动葫芦的吊钩作上升运行时，电机M1能正常运转是基本条件，这要求电机的定子绕组能获得上升运转所需的三相电源，而且电磁制动器YB也已获得电源，释放了制动装置。

现在操作欲使吊钩上升，电机嗡嗡作响，说明电机定子绕组上已有电源，吊钩仍然没有上升动作，原因可能有二：一个是电源缺相，另一个是电磁制动器未获得电源，继续对吊钩制动。

由于电机不允许在有"嗡嗡"声的情况下长时间通电，所以可在接触器KM1线圈无电的情况下用万用表的交流电压挡测量KM1上口(电源侧)的电压，看有无缺相；同时检查电磁制动器有无损毁，并确认其接线良好。经仔细检查，发现电磁制动器的两条电源线中有一条接线松动。将接线端子重新处理，并将紧固螺钉旋紧后，电动葫芦的上升动作恢复如初，故障排除。

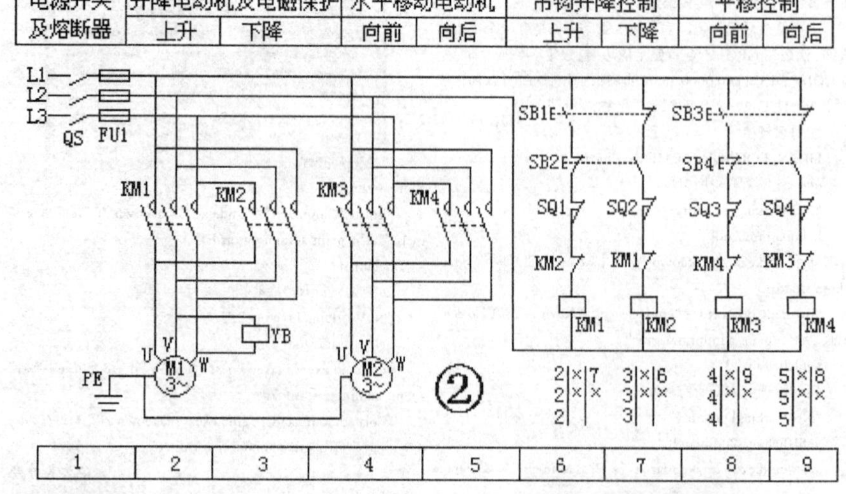

◇山西 李军刚

让你的手机摇身变成“频谱分析仪”(一)

本文为大家介绍一款APP,它能让手机变成“音频频谱分析仪”。这款软件名叫Spectrum Analyser (from KEUWLSOFT),能在google play平台注册下载。频谱分析仪的主要用途是测量已知和未知信号频谱的功率。频谱分析仪测量的输入信号是电信号,但是,可以通过使用适当的换能器来测量其他信号的频谱成分,例如声压波和光波。通过分析电信号的频谱,可以观察到在时域波形中不容易检测到的信号的主频率,功率,失真,谐波,带宽和其他频谱分量。这些参数可用于表征电子设备,例如无线发射器。频谱分析仪在水平轴上显示频率,在垂直轴上显示幅度或相位。下面介绍该APP的主要功能。

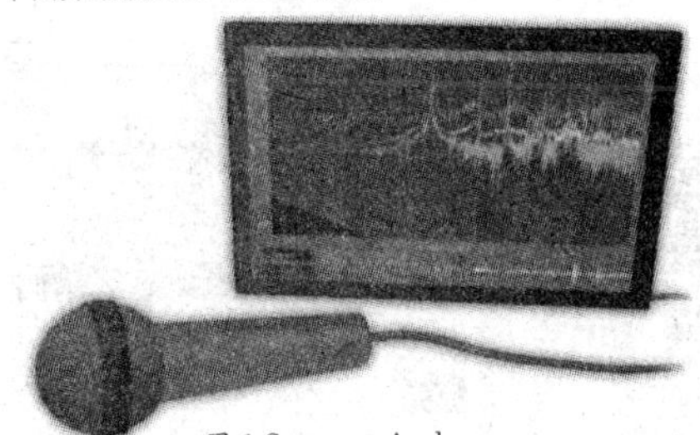

图1 Spectrum Analyser

1. 概要

Spectrum Analyser是基于麦克风的音频频谱分析仪。功能包括:

64个高达8192个分频(FFT大小为128到16384)。

22 kHz频谱范围(可降低至1 kHz以获得更高分辨率)。

FFT窗口(Bartlett,Blackman,Flat Top,Hanning,Hamming,Tukey,Welch或none)

自动缩放或手动缩放,拖动以平移。

线性或对数刻度。

峰值频率检测(多项式拟合)。

可获取平均值,最小值和最大值。

保存CSV数据文件(使用写入外部存储许可)。

自由或捕捉到峰值光标。

加权方式-A,C或无。(加权根据耳朵感知声音响度的方式过滤高频和低频)。

频段选择-全频段,半频段,第三频段,第六频道,第九频段或第十二频段。

音调指示器(绿色和橙色)。

自动缩放麦克风输入轨迹。

2. FFT大小和FFT范围

FFT大小越大,频谱的频率分辨率越高,但需要更长的处理时间。FFT大小可以设置为128,256,512,1024,2048,4096,8192或16384。由于FFT频谱包含实部和虚部,因此提取的幅度谱仅为其大小的一半。为了在较慢的单核设备上获得最佳响应,请保持较低

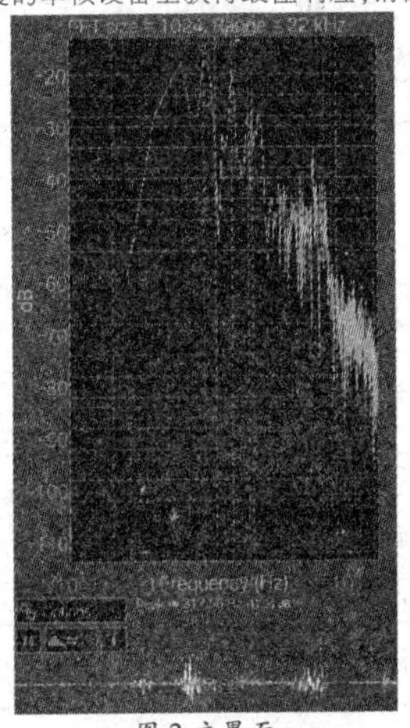

图2 主界面

的FFT大小。

3. FFT窗口

窗口可以应用于时间序列数据以减少频谱泄漏。当只有少数波形固定在数据集中时,频谱泄漏在较低频率下更明显。如果确切数量的波形适合时间序列数据集,则不存在泄漏,否则FFT中的峰值幅度将减小并扩散。为了减少频谱泄漏,时间序列数据可以乘以窗函数,该函数在数据集的两端将数据淡化为零。最佳使用窗口取决于应用程序。例如,如果您想要良好的幅度分辨率,可以使用平顶窗口,而矩形窗口将提供最佳的频率分辨率。

FFT范围可以设置为1.1 kHz,2.2 kHz,5.5 kHz,11 kHz或22 kHz。通过在相同数量的点上在较小频率范围上执行FFT,可以实现更好的分辨率,尽管还需要更长的数据样本。

Tukey窗口由一个矩形中央部分组成,边缘呈余弦状逐渐变细。它具有从0到1的参数α,其对应于逐渐变细的窗口的分数。在α=0时,它变成矩形窗口,在α=1时,它变成汉宁窗口。在频谱分析仪APP中,α可以选择为0.1,0.2,0.5或0.8。

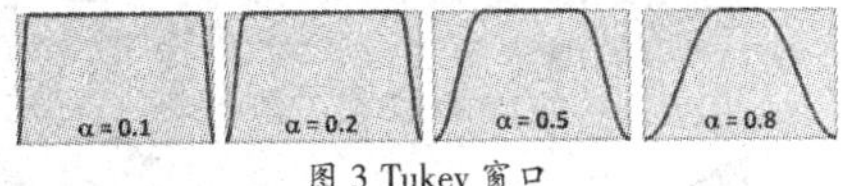

图3 Tukey窗口

4. 权重

人类听觉范围从20 Hz到20 kHz。声音的感知响度在此范围内变化,此范围边缘的声音感觉更安静。为了考虑人类听觉,声音通常根据其频率进行加权,以更好地指示声音水平。A和C加权曲线在IEC 61672:2003中定义,A加权是最常用的。下图显示了应用程序中可用的三个加权选项如何应用于20-20 kHz频率范围。

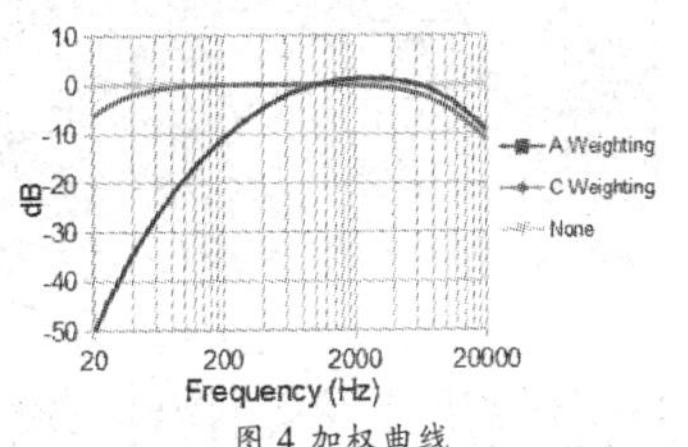

图4 加权曲线

5. 八度音阶

主轨迹可以显示为八度音阶,并通过按下暂停和信息按钮之间的按钮来打开或关闭。这将在跟踪,八度音阶和组合模式之间切换。每个八度音阶可以分为1,2,3,6,9或12个频段,如选项菜单中所选。仅当该频带的频率宽度至少为2个数据点宽时才显示频带。更改FFT大小和范围将影响显示的波段数。频带的中心频率基于1 kHz,是其中一个频带的中心。

6. 轴选项

通过选择选项>自动缩放>,可以将X和Y轴设置为自动缩放。

如果未设置为自动缩放或暂停,则可以通过点击适合按钮使轨迹适合屏幕。可以通过捏合或拖动图形来缩放或平移图形。

X轴显示频率,可以设置为线性或对数刻度。Y轴可以显示分贝,幅度或强度。振幅和强度可以线性或对数刻度显示。

麦克风输入电压与声压大致成比例。声音的功率或强度与声压平方成正比。分贝是表示相对于参考值的声强的对数方式。对于这个APP,参考是对应于满幅值时麦克风的dB。

对于自定义y轴选项,点击设置将打开另一个框,在该框中可以为设备指定名称并输入满刻度值。输入单元用于测量时域中的麦克风数据。满量程值是新单位从零到满量程的变化。FFT具有相同的y轴单位,但数据在频域中绘制。

7. 平均

通过选择选项>平均可以打开或关闭平均值,当打开时,将显示黄色的平均迹线。此平均迹线的峰值也显示在图表下方的显示中。要重置平均值,请点击零按钮或转到选项>平均>重置。

8. 最大和最小

通过选择选项>最大值和最小值,可以显示每个频率记录的最大值和最小值的跟踪。最大轨迹的最大值将显示在图表下方的显示中。要重置最大和最小曲线,请点击零按钮,或转到选项>最大和最小>重置。

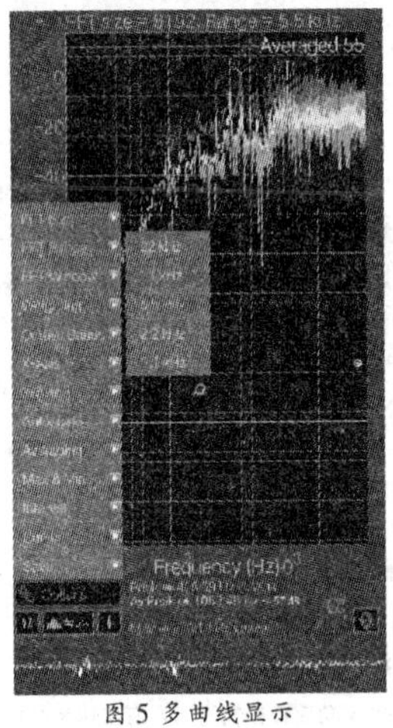

图5 多曲线显示

9. 间隔

此选项允许您将FFT更新间隔设置为1秒,500毫秒,250毫秒或最快。实际的FFT刷新率取决于器件的速度。当使用大的规模和低范围时,使用的数据长度可能大于更新间隔(对于16384规模和1.1 kHz范围,最多为7.43 s)。

10. 光标

要打开光标,请转到选项>光标。光标可以设置为空闲或捕捉到峰值。在捕捉到峰值模式下,光标将捕捉到任何附近的峰值,并且该峰值的频率和幅度显示在图表下方。在自由模式下,光标将保持您放置的频率。要移动光标,只需将其拖动到所需位置即可。

11. 保存数据

频谱数据可以保存为逗号分隔值(CSV)数据文件。文件以序列编号保存在根目录中。第一列是频率(以Hz为单位)。其余列用于当前跟踪,如果使用,则用于平均,最大和最小跟踪。这些值在当前选择的任何y轴单位选择中。在FFT数据下方,包括当前FFT的原始时间序列数据,包括时间列,原始数据(带符号的16位整数)和窗口化,应用窗口函数后的数据。时间序列数据下面是每个八度音阶带的值示例数据文件:

Spectrum Analyzer Data File

2014-09-12 00:12:26°

Frequency(Hz),dB,Average dB,Max dB,Min dB

0.0,-23.920067,-23.843828,-20.213928,-30.78797

34.453125,-31.675877,-31.634691,-20.734623,-70.90754

...

Time(s),Raw data,Windowed Data

0.0,-16.0,-0.0

2.2675737E-4,-15.0,-0.4761902

...

Twelfth Octave Bands°

Center Frequency(Hz),dB

2996.6143,-58.675697

3174.8020,-55.430584

...

(未完待续)(下转第155页)

◇湖南 欧阳宏志

小制作:利用钮子拨动开关实现功放机快速切换

最近由于传染性冠状病毒原因不得不“家里蹲”,十几天待在家里少有外出。难得今天出太阳,正好找点事做。将多年前自己制作的“功放机快速音源切换器”拆开拍图片,编辑此文,以供音响爱好者参考。一般音响爱好者都不止一台功放机的,且经常会拿两台功放机作试听对比。但一般都是关机后插上拔下的来切换功放机试听,既麻烦又费事。为此以前本人利用⑫脚钮子扭动开关可实现快速切换音源,也就是快速切换功率放大器。其电路原理图见以下图1所示。

该实物图片整体外观见图2所示。

图3为拆开上盖后的图片。

图4为拆开后的底部图片。

具体制作方法:需要准备12个音响纯铜接线柱,塑料绝缘铜导线,直径最好不小于0.75mm²。插座底盒两个(固定钮子开关,分别作上下盒之用),还需要找一个插座面板,固定钮子开关。将12个铜接线柱按照图3所示固定在一个底盒上。然后参照图1所示,“功放机快速切换器电路原理图”,用导线将接线柱与⑫脚钮子开关对应焊接起来。全部焊接完成后,如图4所示,还要在上螺丝的位置打入两个直径6mm的胶塞。然后再将另一个底盒合上用螺丝固定好。然后就是装面板了!面板中间位置需要钻10mm的孔,以固定钮子开关,最后再用两颗螺丝紧固好面板即可。以上为就地取材制作的,当然,也不一定完全按照以上所说用插座底盒来做外壳。也可利用其他材料做外壳,甚至更好看一些。

该功率放大切换器还需要一个AV(音视频)切换器,用来作两台功率放大器的输入音频的切换。也就是,音频信号(CD机输出或其他音频信号源)要通过AV(音视频)切换器来控制输出到不同的功率放大器。两台功率放大器又通过钮子开关来切换功放机,如此就能快速方便的切换两台不同的功率放大器试听了!

该AV(音视频)切换器,无论拨动开关放在什么位置,其输入输出经过万用表测试,除有零点几欧姆接触电阻外。进出均为直通状态,所以也可以倒过来用,看成“三出一进”使用(此只利用了两组,见图5),完全没有什么影响。

图6所示为两台不同的功率放大器和自制的快速切换开关、AV切换器“全家图”。

最后再多说一句,音响爱好者有时候需要用一台功率放大器,试听不同的两组音箱(左右声道),也就是对不同的音箱作放音对比。有了图1所示的原理图,想必只要仔细研究一下,即可将图1改为“一台功率放大器快速切换两组不同音箱(左右声道)”的方法了,此处就不需我再废话了!

◇贵州 马惠民

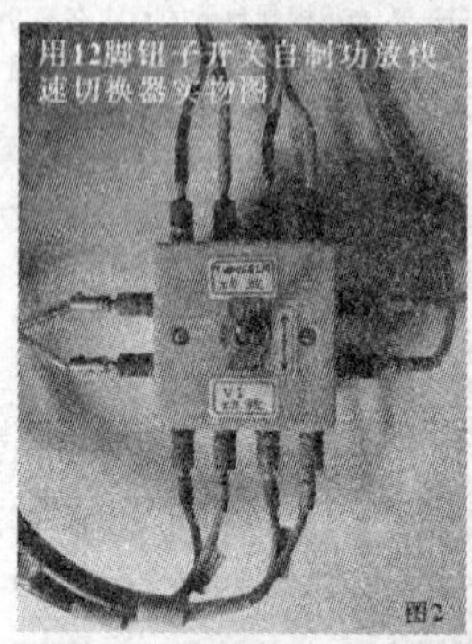

用12脚钮子开关自制功放快速切换器实物图

图2

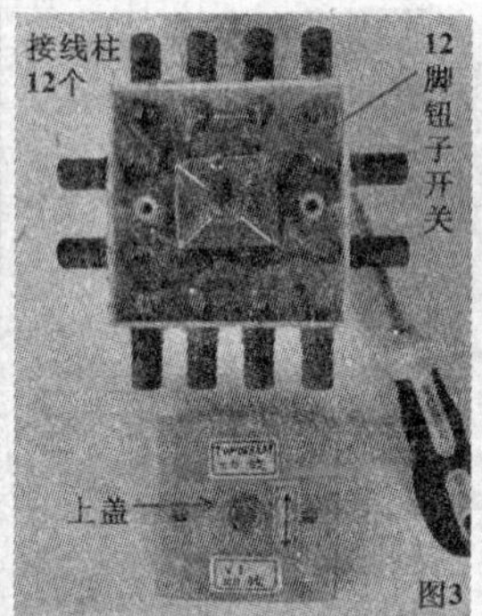

图3

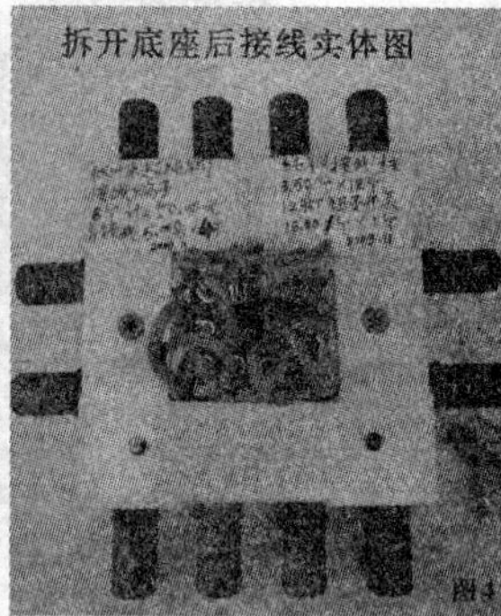

图4

12脚钮子拨动开关作功放机快速切换器原理图

TW-268LM功放音频输出(左右立体声道)

左 右 左 右

接左声道音箱 左 右 —— 左 右 接右声道音箱

左 右 左 右

V1功放音频输出(左右立体声道)

图1

AV切换器三进一出

图5

整体实拍图片

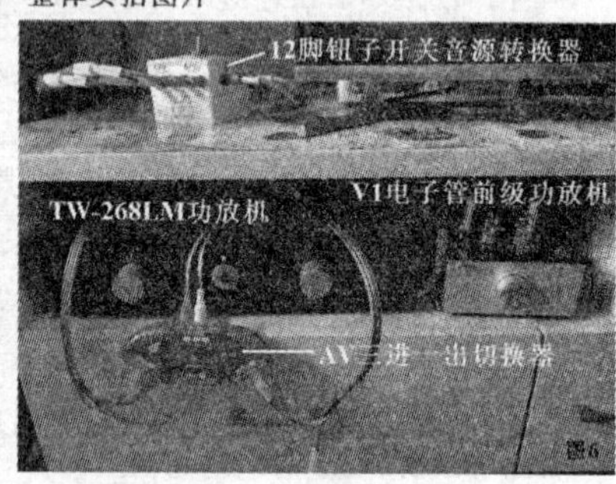

图6

玩一玩拆机大容量电池(一)

在淘宝里发现,有商家卖电动自行车拆机电池。每一块5000—5800mah,铝壳的电池售价10元。因为我制作的焊具箱里,有一把24V/60W的烙铁,需要使用24V电源。还有一把无刷的角磨机,也是用25.2V电源。那家伙耗电很大,配来的标志98V的电池(不代表电压),几分钟就没电了。如果把大容量电池盒改装一下,应该可以为无刷角磨机提供持续较长的电源。抱着玩一玩的态度,以不到70元(含运费)的支出,买了6块电动自行车拆机电池。

收到货后,发现这些电池和我使用的电动自行车电池是一模一样的。容量应该也是10ah以上。商家对每一块电池都进行了编号和外表处理,包了一层蓝色的保护膜。没有一个鼓包的。正负两个接触片,处理得很干净。然后,我立即对电池进行命名和测试。第一印象还不错,电压都在3.6V左右。需要重点检测的是电池的容量和内阻。

首先,用4.2V/4A的充电器电池进行充电,并记录充电时间。A电池,初始电压为3.601V,经过3小时充电,测量电池电压为4.14V。预计半小时后能充满。没想到,半个小时过去了,电池电压仅仅升高了0.02V。利用USB/2A充电器充电的另一块电池,两个多小时过去了,电压还没有升到4.0V。可见,4.2V/4A充电器的充电电流还是比较大的。

然后,进行充满电压的测量。如下表。

最后,进行内阻测量。

根据内阻=(空载电压-负载电压)÷负载电流的公式,求得6块电池的内阻如下。最大26mΩ,最小16mΩ。多数内阻集中在18mΩ±2mΩ。

电池序号	初始电压	内阻(以4.1Ω为负载)	充满电压
A	3.601	0.026	4.177
B	3.622	0.022	4.177
C	3.579	0.017	4.201
D	3.620	0.020	4.183
E	3.466	0.018	4.160
F	3.790	0.016	4.182

以下这段文字应该是电池专业工作者的判断:“锂电池内阻大小会关系至待机时间,以1200MAH的手机锂电为例,成品电池内阻的典型值以110毫欧为好,移动电源的内阻以,6000mah为例,成品电池内阻的典型值以70毫欧为好。”

若以这段话为依据:上面测量的6块锂电池,内阻都属于正常的范围。

但是,如果按以下表格中的数据为电池内阻,这些电池都不合格。

项目	规格
4.1 外观	无破裂、划痕、变形、 电解液泄漏等
4.2 尺寸	φ33.4mm*140.0mm(含 外包膜)
4.3 重量	267g±4.0g
4.4 标称电压	3.2V
	3.1V
4.5 交流内阻	1.5mΩ≤R≤3mΩ
4.6 直流内阻	<8mΩ
4.7 额定容量	≥15.8Ah
	≥15Ah
4.8 工作电压	2.0V～3.65V
4.9 质量能量密度	≥189Wh/kg
	≥179Wh/kg

(未完待续)(下转第156页)

◇曾广伦

排烟加压风机电路的PLC控制和程序设计(一)

民用建筑中电动机拖动的设备主要有风机和水泵两大类。控制这些电动机运行的控制线路仍沿用继电器-接触器控制方式。本文以一款排烟加压风机控制电路为例,对其改用可编程序控制器进行控制。文中分析了继电器-接触器控制原理,设计了PLC控制电路,较详细地叙述了控制程序编制过程,并给出了验证时两种情况的监控状态。为方便同行参考,控制电路中各元器件代号尽量与图集中保持一致。

1.继电器-接触器控制电路解析

排烟加压风机控制电路如图1所示。当运行方式开关SAC打在“手动”位置时,编号为“3”和“4”“7”和“8”触头断开,消防联动控制不起作用;编号为“1”和“2”“5”和“6”触头接通,此时按下起动按钮“SF1”则接触器QAC吸合并自保、指示灯PGG点亮,风机电动机运转。风机运转状态下,按下停止按钮“SS1”,则接触器QAC释放,指示灯PGG熄灭,风机电动机停转。

当运行方式开关SAC打在“自动”位置时,编号为“1”和“2”“5”和“6”触头断开,手动控制不起作用;编号为“3”和“4”“7”和“8”触头接通,此时若消防联动控制起动按钮SF2被按下,那么中间继电器KA6吸合并自保,然后接触器QAC吸合,指示灯PGG点亮,风机电动机运转。若运行中,消防联动控制起动按钮SF3被按下,则接触器QAC释放,指示灯PGG熄灭,风机电动机停转。

若电动机过载,则保护热继电器BB动作,BB的“97”和“98”编号触头接通,中间继电器KA2吸合,指示灯PGY点亮、蜂鸣器PB发声。此时按下消声按钮SR,中间继电器KA3吸合,蜂鸣器停止发声。在常态情况下,只要按下试验按钮ST,指示灯PGY就会点亮、蜂鸣器PB便发声。需说明的是,该继电器-接触器控制电路的电动机过载保护只是动作于信号,而不动作于切断电源。

2. PLC控制电路的设计

从图1可以列出需要接入PLC输入端的电器有:运行方式选择开关SAC、手控停止和起动按钮SS1和SF1、防火阀KH、风机热保护器BB、声光试验ST、报警消声SR、消防联动手动停止和起动按钮SF2和SF3、消防联动起动KA1。PLC应该输出的电器有:风机电动机接触器QAC、运行信号PGG、声光报警信号PB和PGY,以及QAC、KA2、SAC的消防返回信号。这样,共需要11个输入点和8个输出点。这里选用西门子S7-200系列中的CPU224 DC/DC/DC控制器。

CPU224控制器输入输出点的功能及资源分配如表1所示,控制电路如图2所示。

(未完待续)(下转第157页)

◇江苏 键谈

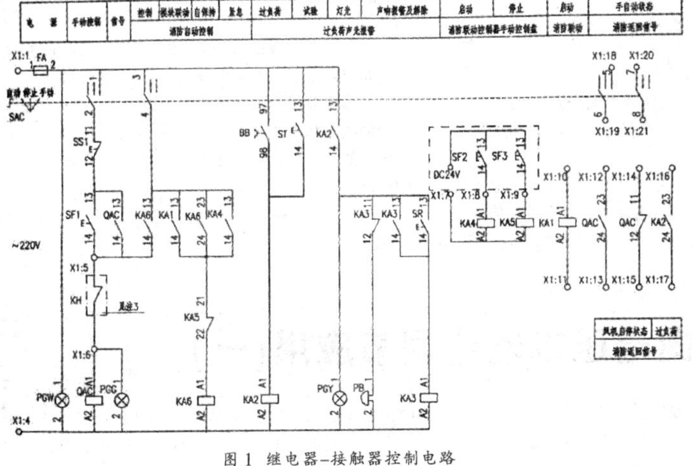

图1 继电器-接触器控制电路

表1 输入输出点功能及资源分配表

输入点	功能	说明	输出点	功能	说明
I0.0	手动		Q0.0	声响报警	
I0.1	自动		Q 0.1	闪光报警	
I0.2	热保护		Q 0.2	风机电动机	
I0.3	停止		Q 0.3	风机运行指示灯	
I0.4	起动		Q 0.4	备用	
I0.5	防火阀		Q 0.5	QAC返回信号	备用一组触头
I0.6	声光试验		Q 0.6	KA2返回信号	
I0.7	消声		Q 0.7	备用	
I1.0	联动停止	改用常闭点	Q 1.0	SAC返回信号	
I1.1	联动起动		Q 1.1	SAC返回信号	
I1.2	消防联动	来自KA1触头			
I1.3	备用		位存储器		
I1.4	备用		M1.3	KA3	
I1.5	备用		M1.6	KA6	

图2 PLC控制原理图

一款适合学生制作的点阵电子钟(二)

(紧接上期本版)

调试方法

固定连线工作完成后,就可以进行调试工作。需要注意的是虽然本机将亮度调低后正常工作时可以做到电流仅400mA左右,这是在将设备的亮度降低后的结果,制作调试时因为初始亮度可能较高,消耗电流比较大,所以调试电源的电流容量必须达到5A或以上,以免容量过小调试过程中亮度高时烧坏电源或本制作,调试完成后不需要高亮度显示时则不需要大电流输出的电源供电。

在通电测试前需要再检查一遍各部分的连线是否正确牢固,然后再通电试机。通电后一般控制卡都会显示预先设定的测试显示内容。下面的调试需要利用电脑或手机、平板与控制卡通过WIFI进行连接,本制作以手机调试为例进行介绍,首先在手机上安装控制卡配套的设置软件,软件一般可以从随机光盘或控制卡

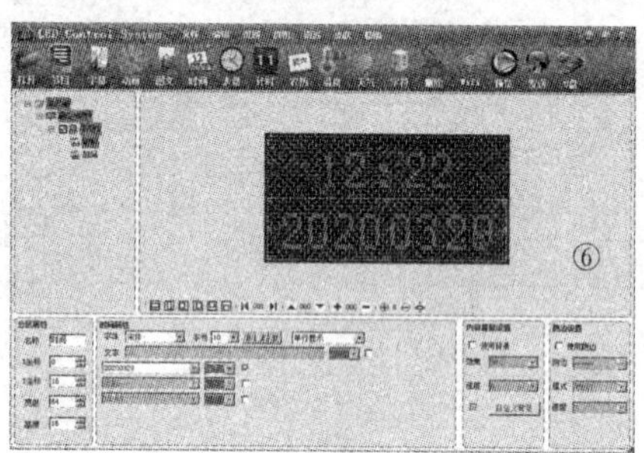

⑥

提供的网页上获得。然后打开安装的设置软件,进行相应的设置,设置内容一般有如下几项(如图6),需要注意的是在设置之前需要对所采用的控制卡与点阵屏的有关参数进行比较透彻的了解,以在调整设置时做到有针对性地进行:

1. 首先打开并利用电脑的WIFI功能搜索到控制卡的WIFI并进行连接。

2. 设置屏幕点阵大小:显示屏幕点阵的数目可以根据选择的显示板的实际点阵数目设定,本制作设定为64×16,当然点阵数目可以根据显示需要灵活调整,一般可以设置为16×64、32×64、32×128或64×128,显示点阵数目越高,则显示的字体越细腻、美观!

3. 显示内容:显示卡对于年、月、日、时、分、秒、星期等显示的时间内容提供灵活的显示组合方案和显示格式,设置时根据需要进行确定即可,本制作只选择显示小时和分钟部分。时间部分一般不必手工调整设置,在手机电脑连接网络时可以自动接收网络时间信息并调整到与其同步。

4. 显示格式:显示的字体、字号等显示形式可以根据自己喜好自由设定,非常灵活!字体小、线条细,可以在一定程度上降低耗电量。

5. 对于其中的"OE极性、数据极性"等参数一般不必更改,选择默认的设置即可。不要随便改动,以免影响正常显示。

设置好后,点击发送,稍候片刻,控制卡会按照接收到的新的设置数据驱动显示屏显示新的内容。

详细的设置方法可参见控制卡的使用说明书,本文不再赘述。

注意事项

1. 调试使用时注意所使用电源的电流容量需要足够,连接电源线时注意电源正负极性,避免接错线路,烧坏电路板。

2. 安装控制卡时,注意WIFI天线的安放位置应处于相对开阔的位置,周围尽量不要有杂散线路,以保证良好的WIFI信号接收距离。

3. 制作完成后,作为户外屏使用时需要注意对电路采取适当的防水防尘保护措施。

4. 购买控制卡时需要了解其显示性能和显示信息是否满足制作需要,另外还要注意其驱动数据接口必须和点阵屏数据接口类型一致或兼容才可以,否则将控制卡将无法驱动点阵屏显示信息。

5. 如果在调整菜单中将亮度设置为最低时仍嫌亮度太高,则可以在点阵屏的电源输入端串接一电流容量足够的二极管或适当阻值的电阻降低点阵屏的供电电压以进一步降低亮度,控制卡的电源直接接5V电源,不必降低。

本制作以比较简单的一块双色单元板的方式介绍了简易点阵电子钟的制作调试方法,实际制作时可以根据具体需要灵活选择单元板的数量、颜色以及设置显示的内容和形式,以最大限度的满足实际显示需要,制作出最适合自己的需要的、最为"钟"意的电子钟。

(全文完)

◇姚宗栋

ADI LT8228 100V双向电压或电流调节应用(一)

ADI公司的LT8228是100V双向电压或电流同步调节器,具有反向电源,反向电流和故障保护功能,-60V输入和输出负压保护,双向浪涌电流限制和升压输出短路保护以及开关MOSFET短路检测和保护,高达100V的宽输入和输出电压范围和10V栅极驱动,具有广泛的自检,诊断和故障报告功能,可编程的固定或可同步开关频率从80kHz至600kHz,可编程软启动和动态电流限制.在整个温度范围内反馈电压容差为±1.0%。主要用在工业、汽车、医疗、军事和航空电子设备应用中需要N+1冗余或其他保护的高可靠性系统。

LT8228是一个100V双向峰值可控制的电流模式功率器件,本控制器能提供一个降压输出电压(V2降压模式)或升压输出时(输入电压V1处于升压模式时),输入和输出电压可以设置为双向100V。其升压或降压的操作模式可通过进行外部控制DRXN引脚或自动选择的方式进行。

除此之外,LT8228具有用于V1和V2的保护MOSFET终端。保护MOSFET提供负电压保护,输入和输出之间的隔离内部或外部故障期间的端子,反向电流保护和浪涌电流控制。在应用中例如备用电池系统,双向功能允许从较高的电池充电低压电源。当电压供应不可用时,电池可以增加或减少电源的能量。

LT8228还具有两个误差放大器:升压模式下的EA1和降压模式下的EA2分别具有独立的补偿引脚VC1和VC2,且控制器的不连续导通模式,在检测到反向电感电流时符合轻载运行等条件。

LT8228提供输入和输出电流限制编程模式,在降压和升压模式下,使用四个引脚ISET1P、ISET1N、ISET2P和ISET2N进行配合应用。控制器还提供独立的输入和输出电流监控,使用IMON1和IMON2引脚及能达到电流检测的目的。限流编程和监控对整个系统有作用,输入和输出电压范围为0V至100V。动态控制输入和输出电流限制可通过调制ISET引脚实施。这些功能允许最大化的保护多项应用程序的设计灵活性,以适应电池充电配置的复杂应用环境。LT8228采用了无主设备容错电流共享方案,使用ISHARE和IGND引脚允许更大的负载电流调节与控制,同时也更好地进行热量管理和减少不必要的供电电流而减少热量的产生。

LT8228的电压控制电路主要由10V栅极驱动器的BIAS引脚提供。BIAS引脚连接到V1或V2的独立电源供给系统。电压的控制也随着BIAS引脚上的电压控制以降低散热性能。10V栅极驱动功能补充了高压、高电流开关MOSFET,其在具体使用中或将可以设置高点的阈值电压。

LT8228的典型应用电路见附图1所示。

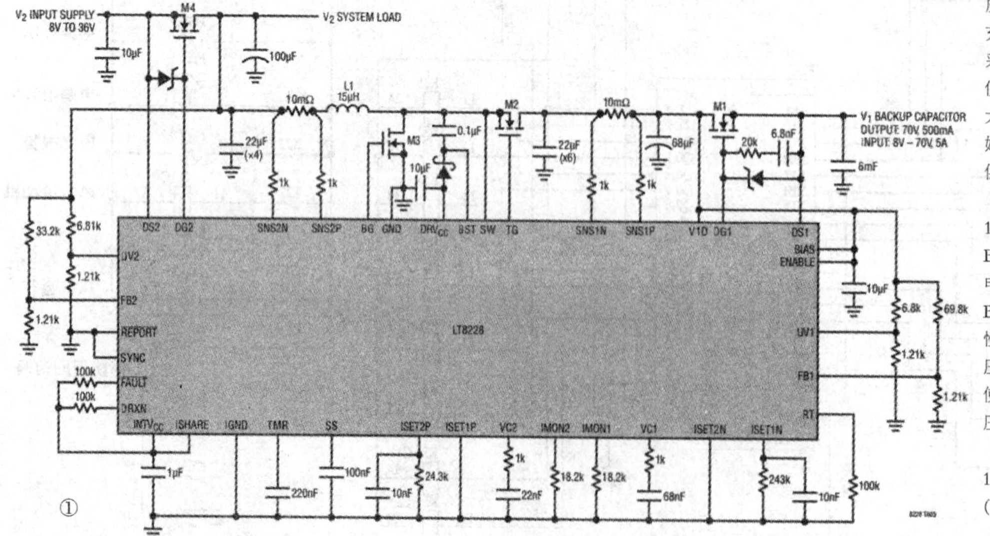

①

(未完待续)(下转第158页)

◇四川 刘赞

浅谈更换调频发射机 EEPROM 的方法和步骤

维修人员更换调频发射机主控器时，需要更换主控板上的 EEPROM。一种情况是把旧板上的 EEPROM U39 更换过来，另一种情况是用新的 EEPROM U39 替换旧的 U39。同时，固化程序的集成块 U18 和 U28，也必须从旧板上拆卸下来或者更换新的。EEPROM U39 内，包含了发射机所有的配置、校正后设置的数据、校正软件的版本、各种功率电平和故障门限等。

如果更换主控制器板时，需要把旧板上的 EEPROM U39 拆卸下来，维修人员必须按照以下步骤进行：第一步：关闭发射机，断开交流电源。第二步：拆下有故障的主控制器板，小心地拆卸 EEPROM U39。第三步：从新主控板上拆下 U39，重新安装从旧板上拆下来的 U39。第四步：把旧板上的固化程序 ICs 拆下来，安装在新板上，或者直接安装新的固化 ICs。第五步：根据下面标准的设置方法，设置所有的跳线和拨码开关：S1 的 1~4 脚，是用户自己设置 RS-232 的 ID。S1 的 5 脚在闭合 ON 位置，设置 U39 的型号是 25040，U18 和 U28 的固化程序的编号是 #917-2435-205，验证码是 AA。S1 的 5 脚在断开位置 OFF 时，U39 的型号是 2504，固化程序的序号是随机的。固化程序的编号和验证码，喷绘在 U18 和 U28 的表面上。S1 的 6、7、8 脚断开，属于厂家使用功能。S1 的 9 脚正常时断开，在 ON 位置时，把微处理器复位。S1 的 10 脚闭合 ON，表示 APC 环路已经接入。第六步：安装好新的主控制器板后，给发射机加上交流电。最恰当的方法是，在诊断显示菜单中，验证一下发射机的配置。默认的设置数据如下：入射因数 0.015393、反射因数 0.000613、预功放因数 200、激励器因数 200、校正频率 98MHz、运行频率 98MHz、校正 APC 因 15.15、输出功率 10KW、最高功率 12KW、最低功率 5KW、UPS 设置 5KW、低功率报警门限 9KW、VSWR 过大功率反馈门限 1.35、VSWR 故障门限 1.5。第七步：开启发射机，检查各种校正因数是否正确。如果校准和配置都正确，那么，更换主控制板的过程才算全部完成。如果不正确，就要重新更换 EEPROM U39。

如果安装新的 EEPROM U39，必须执行以下步骤：第一步：关闭发射机，切断交流电源。第二步：拆下主控制器板，如果仅仅需要更换 EEPROM U39，那么就把新的 EEPROM U39 换上。安装好主控制器板，然后跳到第六步，向下执行。如果主控制器板也更换，就要执行第三步：在主控制器板上安装新的 EEPROM。第四步：从旧板上把固化程序的集成块 U18 和 U28 拆卸过来，或者安装新的 U18 和 U28，然后，继续向下执行。第五步：根据上面提供的数据，在新的主控制器板上设置所有的 DIP 拨码开关。第六步：合上发射机后面的低压开关 CB1，如果 EEPROM 是空白的，故障纪录中就出现一个 EEPROM-DE 的故障。意思是说 EEPROM 是默认设置，把故障纪录复位即可。第七步：所有需要设置的参数已经在前面说明，这些参数可以通过诊断显示菜单进行编辑。如果这些工厂测试的数据并不合适，或者你不想使用这些数据，那么，你可以根据需要，把参数进行编辑修改。按住键，就出现编辑控制显示的内容了。第八步：按高开按键 HIGH ON 开机，然后，迅速按住 LOWER 按键，并保持 10 秒钟。这样，虽然开启了发射机，但是让发射机输出功率为 0，再一次关闭发射机。第九步：向下执行系统配置和校正里的步骤。

系统配置和校正工作，主要由工厂技术人员对发射机进行首次设置。下面进行的步骤，不要作为日常维护的一部分或者经常性的调整。关闭发射机，但不要切断发射机的交流电源，前面板上的 REMOTE DISABLE 指示灯应亮。下面的设置过程，要根据诊断显示菜单树中的详细内容、通过屏幕提示来进行系统的校正和设置。在设置过程中，只要屏幕不提示你按或按键，千万不要按这两个按键：

第一步：按，从这个屏幕里面选择你所需要操作的内容：①、ALTERNATE EXCITER-YES or NO，如果发射机安装了备用激励器，就选择"YES"。②、INTLK LOG-ON or OFF，如果想让互锁故障进入诊断显示故障纪录中，就选择"ON"；如果不想让互锁故障进入诊断显示故障纪录中，就选择"OFF"。③、PSC Number，电源控制器的数目是 1 或 2，Z10 发射机选择"2"。

第二步：按按键，继续向下进行：①、AC PHASE，选择 1 相或 3 相，与用户所使用的交流电相匹配。②、UPS / EXCITER，这是在遥控接口的 TB1 的 9 脚，选择遥控输入配置的。如果使用低功率 UPS 模式，就选择"UPS"；如果用于遥控选择激励器，就选择"EXC"。③、FAN SPEED，此项应选择自动"AUTO"，否则，风扇将始终处在高速状态。

第三步：按按键，继续向下进行：①、AUTO MAX EFF，正常运行时，设置为"ON"。这样，在没有故障的情况下，发射机每 12 个小时自动优化效率一次。如果不需要此功能，就设置为"OFF"。在其它一些情况下，可以手动优化发射机的效率。

第四步：按键，就更新了刚才设置好了的内容，并且返回到上一层菜单。然后按保存更新后的数据。④、按键，进行 UPS SET，这个显示屏幕，用来设置发射机在 UPS 模式下进行播出时，能够输出的功率门限电平。默认值是 1.0KW，设置完成后，按保存更新后的数据。⑤、按保存更新后的数据。第五步：按键，校正使用的最佳频率 FREQUENCY CAL，这个显示屏幕，显示了发射机的运行频率。如果发射机用 N+1 方式运行，就把频率修改成 98.1MHz。设置完成后，按保存更新后的数据。

除生命支持板外，每一块控制板都有 2 块固化程序的集成电路，这些集成块内部装有微处理器的软件。它们可以用已经升级了的 ICs 来替换或者把它们从旧板上拆卸到新板上。每一块 IC 的表面都印着一个标签，标签包括如下内容：软件的编号和软件的验证码，主控器是 AG 或 AH，功放控制器是 B，电源控制器是 K。拆卸固化程序 ICs 时，第一步：关闭发射机后面的低压电路断路器 CB1，抽出控制器，拆下固定托架。第二步：拆下所要维护的印刷线路板，并且放在防静电的工作台上。如果防静电的垫子效果不好，就要把它放在防静电的袋子中操作，效果会很好。PA 控制器板和 PS 控制器板的后面连接着电缆，拔下电缆之前，要注明它们的位置。第三步：PA 控制器板和 PS 控制器板都有自己的标示号 ID，它们从哪一个槽中取下来，必须重新安装在与自己对应的槽中。第四步：拔出集成块之前，注意集成块上有一个倾斜角，集成块底座上部有一个指示倾斜角的蚀刻点，如右图所示。第五步：制造商为这些 ICs 准备了特殊的起拔工具，这个工具有尖锐导引头。把工具的尖头插入一角的槽中，轻轻拔出一点。然后，把相对的角也拔出一点，来回轮流拔出四个角，直到整个集成块全部拔出来。第六步：如果这个集成块以后还要重新安装，就要把它放在防静电的垫子上或防静电的袋子内。安装固化程序第一步：安装固化程序的 IC，首先要确定集成块表面的编号必须和底座的编号一致。例如，主控制器板上固化程序 IC 的编号是 U18 和 U28，就要把它们安装到印刷线路板标记为 U18 和 U28 的位置。第二步：把集成块放在底座上，让倾斜角正确定位。用拇指按下去，保证集成块顶部全部按下为止。至此，更换调频发射机 EEPROM 的步骤全部结束。

◇山东 宿明洪 付恺

弱电与弱电线路铺设

一、强弱电概念与区别

在建筑电气技术领域，一般把电分为强电和弱电两部分。下表可以更清晰地了解两者的区别。

	强电	弱电
概念简述	强电系统可以把电能引入建筑物，经过用电设备转换成机械能、热能、光能等。	弱电是指把传播信号进行信息交换的电能，以完成建筑物内部或内外部间的信息传递与交换。
处理对象	能源（电力）	信息
显著特点	电压高、电流大、功率大、频率低（交流 220V、50Hz 及以上）。	电压低、电流小、功率小、频率高（交流 36V 以下，直流 24V 以下；高频或特高频，以 KHz、MHz 计）
优化方向	减少损耗、提高效率	信息传送的保真度、速度、广度、可靠性
传输方式	电线传输（有线）、电磁波传输（无线）	电线传输（有线）、电磁波传输（无线）。
常见设备	照明灯具、电热水器、冰箱、电视机、空调等	电话、电脑、电视机的信号输入（有线电视线路）、音响设备（输出端线路）等
常见系统	一般是指市电系统，照明系统等供配电系统，包括照明、插座、开关等	电话通信系统、计算机局域网系统、消防报警系统及为上述工程服务的综合布线系统等

值得一提的是，强、弱是一个相对的概念，电压并不是强电和弱电的主要区别，两者主要区别是处理对象的不同。

而对弱电可以进行更详细的划分：一类是国家规定的安全电压等级，有交流与直流之分，交流36V以下，直流24V以下；第二类是载有语音、图像、数据等信息的信息源，如电话、电视、计算机的信息；一般我们所说的弱电系统就是指第二类的应用。与强电相比，弱电是一门综合性的技术，它涉及的学科十分得多，并朝着综合化、智能化的方向发展。被广泛应用于建筑楼宇、广场、校园等建筑智能化工程中。

二、强弱电布线要分开

强弱电布线主要注意以下5点：

1. 强弱电要分开

在施工中，强弱电布线时绝对不能穿同一条管子！电路布线最忌讳的是把所有线路收纳到一起。规范上，要求强弱电要分开走线，禁止共管共盒，且强弱电之间线路的平行距不得小于30cm。

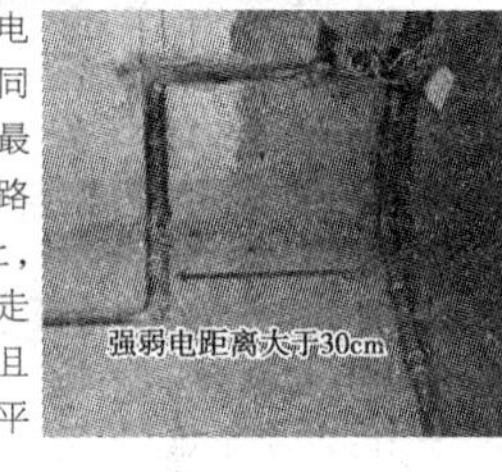

一则是因为强电周围有磁场，如果强电弱电布线距离过近就会对弱电的信号产生干扰。具体表现为：如果是电视线，信号就不会很清楚；如果是电话线，电话就会出现杂音；如果是网线，网络传输速度就会受到影响等等。

二则，强电线路是发热的，会导致电力线路和弱电线路的绝缘破损，绝缘破损后，所有的导线都可能和电力导线接触，从而导致高电压对弱电设备（如通信设备绝缘击穿，机房着火）和人身的伤害，这是十分危险的事情。

至于插座间距，其实和管线的道理是一样的。规范上，强弱电插座20cm，电源插座和电视插座间距50cm。

2. 不同弱电线也要分开

强、弱线不能混搭，那不同的弱电线能混在一起吗？答案是不行，同样会造成信号干扰。为避免这种情况，像电话线、网线、电视线等弱电线在线路作业时一定要分开穿管，不可共用同一条管。

3. 装管在前走线在后

无论是强电还是弱电，在布线施工时，应遵循先安装管路再穿线的规则，这样做是为了防止出现无法抽动的现象，方便以后进行维护换线。

4. 同一管内线路不宜过多

在强弱电线路布设时，所需管数应当根据导线数量而变化，原则上一根管子不能超过四根导线，千万不能有导线把管内空间塞满的情况。像一般弯管的利用率在四成到五成之间，直线管可以稍高一些，在五成到六成之间为宜。

5. 避免折断式直弯角

在施工走线中，遇到线路需转弯的情况，千万不能出现折断式的转直角，这样很可能会影响信号强度，且造成导线无法穿过的情况，因此，最好采用大弯，金属角来过弯连接导线。

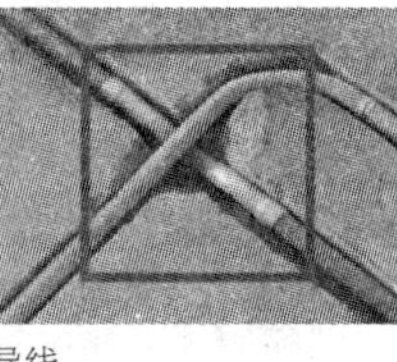

◇四川 寒冰

可以玩小游戏的音箱

如今单一功能的蓝牙音箱越难越在市场上脱颖而出了，各种附加功能层出不穷。今天为大家推荐一款可以玩小游戏的高颜值音箱——Divoom点音Ditoo智能复古像素蓝牙音箱，除了具备一个基本的（蓝牙）音箱功能外，还是一个像素图画创作工具，也是一个游戏机，还是一个闹钟。

该音箱第一主打的就是颜值，单从外包装来讲就非常吸引人。外包装采用了一个半透明铁质收纳盒设计，外搭一个手提硅胶把手，使整个产品的质感就提升了不少。

打开盒子取出音箱，是一个复古的台式电脑造型设计。在整体外观设计上，采用的粉蓝式色彩搭配。整体具有复古风的一款设计，非常像小时候游戏机厅玩恐龙快打、三国志等大型游戏机的感觉，也是一款向“80后”致敬的一款像素音箱。

键盘设计采用的是极具现代感的机械键盘，按下去有哒哒哒的声音，键盘底部还巧妙的设计了灯光。6个键可以用来切换歌曲、调节音量等，按键右侧还有一个老式游戏机摇杆，复古情怀满满。

机身的右侧有一个TF卡卡槽和type-C充电口，中间还有一多功能按键，短按可查看电量，双击断开蓝牙，长按开关机。机身顶部则是全频扬声器扩音部分，内置了45mm，10W功率的高灵敏全频喇叭和两个重低音被动膜，可以实现360°全方位立体声效。

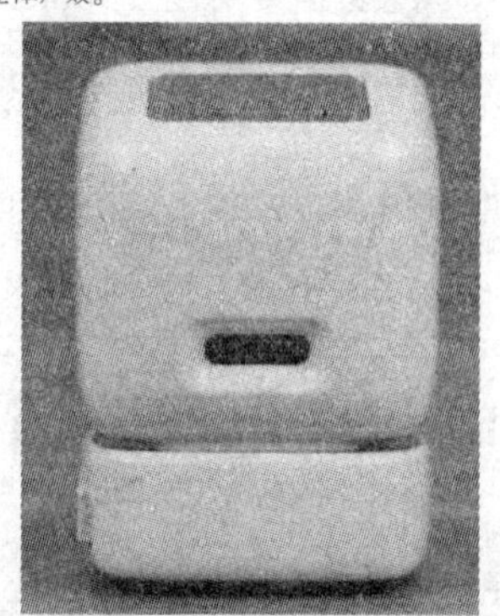

机身背面的小孔是低音反射端口，让重低音听着更有感觉。

下载Divoom App后，进入首页可以看到很多达人设计的像素动画，选中你喜欢的动画，在播放歌曲的时候就可以展示动画了。像素动画还可以通过微信、QQ等进行分享，还可以存储成表情包。

当把手机与音箱连接上后，选择动画的时候音箱屏幕会同步动画，可以根据实际屏幕上的展示效果来觉得是否使用。

如果不满意App里的图像模块，还可以通过256个像素块，多种颜色的自定义，进行像素绘画的涂鸦。此外Divoom还提供了创意动画功能，可以将多祯图画串在一起做成动画，不仅可以调节动画速度还可以添加背景音乐等。当然还可以编辑文字，文字会在屏幕上滚动。

游戏功能，既然它是一款像素智能音箱，就可以通过游戏摇把，玩玩俄罗斯方块、老虎机、骰子、弹弹球、贪吃蛇、像素赛车、像素消消乐等9款像素游戏，以后也许还会通过App更新新的游戏。

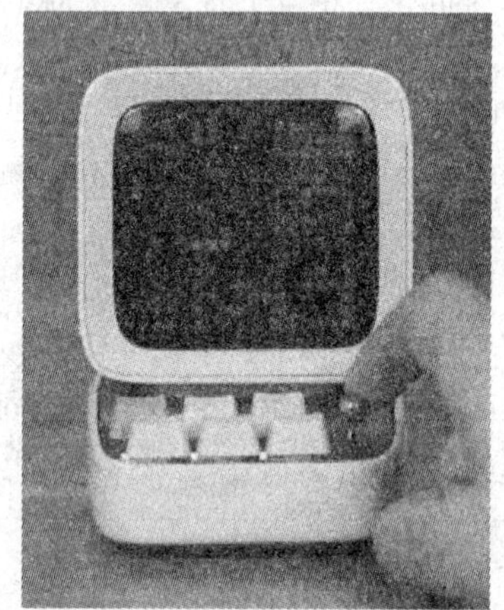

还有炫音工厂，其内置了DJ打碟、钢琴、架子鼓、提琴类等超多音乐特效；其他功能还有小夜灯、推送频道、VJ灯效、音乐EQ和使用者的自定义功能，功能多得让你无法想象，绝对爱不释手。

目前Divoom Ditoo在网上的售价为499元，感兴趣的朋友可以试试。

特斯拉无钴电池汽车

特斯拉电动汽车是埃隆马斯克最为有名的产品之一，而电动车真要大行其道，主要是从成本（不单是用电成本，还有购买成本和电池衰竭更换成本），续航和安全这三点出发。

在电动车推出的前几年，续航里程是最大的问题，因此三元锂电池也成了当时众多家用新能源汽车的首选；再加上此前的国家电动车补贴政策，三元锂一度成为标准。

钴的作用在于可以稳定材料的层状结构，而且可以提高材料的循环和倍率性能。作为稀有金属，钴的价格一直偏高，目前已知的钴矿60%出自刚果。在新能源车行业中，电池占了成本很大一部分，而钴又占了电池成本的很大一部分（正极材料中原材料价格：“镍”10万/吨、“钴”27.7万/吨、“锰”0.64万/吨。）。

当续航达到一定范围（400~600km），成本问题就突显出来。目前电池厂商都在致力于降低三元锂电池正极中“钴”所占的比例，越低的钴含量意味着理论电池的成本就越低。

目前宁德时代量产产品中最低钴的比例降到10%，特斯拉和松下合作的NCA三元锂电池，钴的比例也降到个位数百分比。

而特斯拉最新采用的宁德时代无钴电池就是LFP磷酸铁锂电池，就如同另一大电动车巨头比亚迪的刀片电池一样，“去钴化”“无钴化”是电动车的一个趋势。

磷酸铁锂有3大优点：价格便宜、安全性高、寿命长，今年第14期11版的文章已经介绍过优点，就不再累述，这里重点说下缺点。

由于磷酸铁锂电池的特性，磷酸铁锂电池的能量密度发展到120Wh/kg已经非常极限。因此在三元锂用于家用电动车时，磷酸铁锂更多被用在货车或者巴士这种对空间要求低、对循环寿命和安全性要求高的车型上。而宁德时代和比亚迪分别采用CTP和刀片电池技术提高电池包整体的能量密度，其中CTP磷酸铁锂电池包能量密度预计有160 Wh/kg，刀片电池能量密度也达到140 Wh/kg（三元锂电池目前已达到180Wh/kg）。

而低温性差是三元锂电池和磷酸铁锂电池共有的特性，只不过三元锂电池的活性更高，所以低温性能相对较好一下，而磷酸铁锂电池活性更差，所以低温环境性能差的弊端会愈发明显。

在低温环境下，相同的电量，磷酸铁锂的实际续航会短于三元锂电池，充电速度也慢于三元锂电池。

在6月11日，工信部发布新能源汽车推广应用推荐车型目录中（2020年第7批），特斯拉中国的Model 3标准续航版的登记信息显示，新车将会搭载不含钴的磷酸铁锂电池。以Model 3为例，现有标准续航升级版（三元锂电芯），重1614kg；新的标准续航升级版（磷酸铁锂电芯），重1745kg，这个重量跟现有的长续航后驱版（三元锂电芯）一样了，但续航却少了200公里。

搭载磷酸铁锂电池的Model 3，预计下降15~20%的电池成本，Model 3降价至25万元以下有了更大空间，改用磷酸铁锂电池后，Model 3将具有更高的安全性和更长的使用寿命。预计搭载磷酸铁锂电池的Model 3最快会在今年的8月份与9月份上市，磷酸铁锂电池版本的Model 3有望降到20万到25万的价位。

（本文原载第25期11版）

TD

邮局订阅代号：61-75 国内统一刊号：CN51-0091

微信订阅纸质版
请直接扫描
邮政二维码
每份1.50元 全年定价78元
每周日出版

扫描添加电子报微信号
或在微信订阅号里搜索“电子报”

2020年4月19日出版 实用性 启发性 资料性 信息性

第16期 国内统一刊号:CN51-0091 定价:1.50元 邮局订阅代号:61-75
地址:(610041)成都市武侯区一环路南三段24号节能大厦4楼 网址:http://www.netdzb.com

(总第2057期) 让每篇文章都对读者有用

SpaceX 的一些趣谈

2020 年 5 月 31 日，SpaceX 载人飞船成功发射，这是商业主导太空探索的历史性的重要一步。既然作为商业发射，如何降低成本是最重要的问题之一。

以现有载人飞船搭载的星载计算机和控制器举例，单个控制器价格为 500 万人民币左右，一共 14 个系统，为了追求高可靠性，每个系统 1+1 备份，一共 28 个控制器，成本总计约 1.4 亿人民币！

要知道航天器所有的器件都必须经历非常苛刻的环境。首先发射时要禁得住剧烈的抖动和很高的温度，才能飞出地球。进入轨道后，面向太阳面时，最高温度接近 120℃；背离太阳面时，最低温度接近-150℃。并且这个温度变换时间很快，每 90 分钟就是一圈，周而复始，每圈都是 270℃的温差。

然后还有太空辐射，除了要面临来自太阳以及太阳系以外恒星的高能粒子，还有来自地球的磁场。

这些粒子将引发电子器件的工作紊乱，即“粒子翻转”。

10	0 1 0 1 0	
+		
10	0 1 0 1 0	
20	1 0 1 0 0	

10	0 1 0 1 0	
+		
10	0 1 1 1 0	14
24	1 1 0 0 0	

举个例子：在二进制计算中，如果指令 20 是向上爬升，指令 24 是停止推进，一旦发生“1 和 0 不分”的指令错误，后果是难以想象的。

在 1996 年的阿里安 501 火箭发射过程中，虽然没有粒子翻转，但系统试图将一个 64 位的数字，放到一个 16 位的地址里面去，随即发生了 1/0 错乱的现象，造成火箭点火 37 秒后，就开始侧翻随后爆炸。

而 SpaceX 仅仅用民用级 CPU、C++和 Python 就解决了程序指令问题，那么他们是怎么做到的呢？

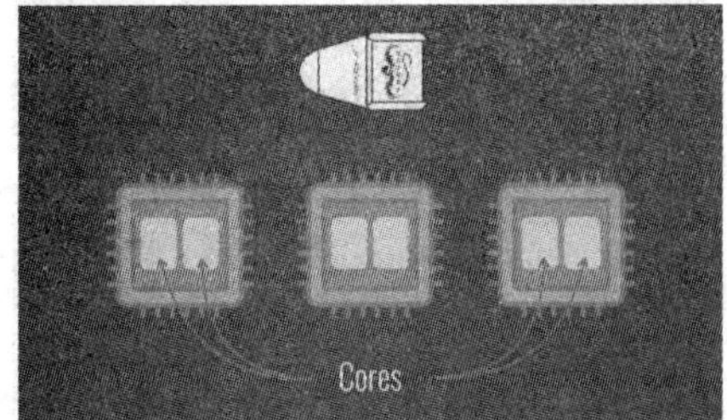

SpaceX 选择的是 Intel 的一款 X86 双核处理器，并且把双核拆成了两个单核，分别计算同样的数据。每个系统配置 3 块芯片做冗余，也就是 6 个核做计算。如果其中 1 个核的数据和其他 5 个核不同，那么主控系统会告诉这个核重新启动，再把其他 5 个核的数据拷贝给重启的核，从而达到数据一直同步，如此循环工作。

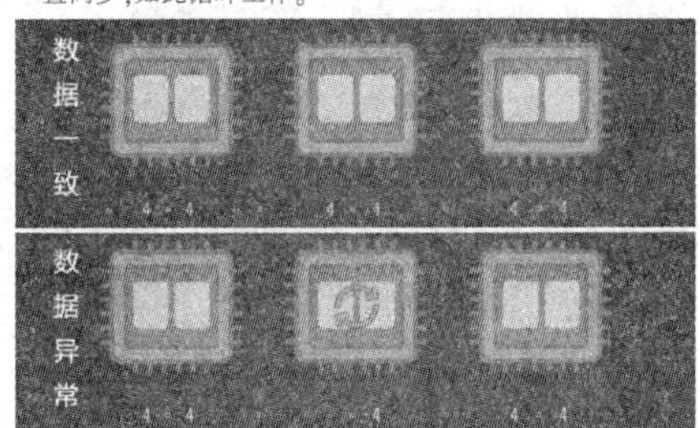

也就是说如果单一的芯片识别不了翻转这样的问题，那就多放几个一样的芯片，通过比较，把不一样的结果给踢出去。

其中龙飞船一共有 18 个系统，每个系统配置了 3 块 X86 芯片，龙飞船一共有 54 块，主控芯片的总价约：2.6 万人民币，3600 美元。

而猎鹰九号一共有 9 个分立式发动机，每个发动机配置了 3 块 X86 芯片，加上主控系统配置了 3 块，猎鹰九号一共有 30 块这样的芯片，主控芯片的总价约：1.4 万人民币，2000 美元。

在程序这块，SpaceX 用的开源 Linux 写的操作系统，程序语言是 C++，用开源的 GCC 或者 GDB 做火箭的主控程序。

SpaceX 还用 LabView，一款图形化编辑语言，对于火箭程序来讲，它更容易实现可视化和流程化，更容易做复杂的算法设计和数据分析。

在仿真和矩阵计算方面，SpaceX 用的是 Matlab。

龙飞船，猎鹰九号，猎鹰重型分享同一款代码，分享同一类迭代，完全是模块化和互联网的思路进行工作。

2018 年，SpaceX 一共发射 21 次，一个公司占全球发射数量约 20%，SpaceX 的工程师和分析师，手里有大量的测试数据和实际数据，而且他们也被鼓励用不同的维度，去检验飞行器的安全性，形成最新的也最实用的测试程序，从而降低实测成本。

PS：创始人埃隆马斯克的一些个人经历

埃隆马斯克 1971 年 6 月出生在南非，其父是一名机电工程师，小时候马斯克对科学技术十分痴迷。1981 年，10 岁的马斯克利用自己攒的零花钱和父亲赞助的部分资金买了人生中第一台电脑，之后又买了一本编程教科书，并且学会了如何编程。

当然，马斯克不仅仅是一个科技人才，其商业头脑也强于常人。学习编程两年后，仅 12 岁的埃隆·马斯克成功设计出一个名叫“Blastar”的太空游戏软件，之后以 500 美元的价格出售给了《PC and Office Technology》杂志，赚到了人生的第一桶金。

1988 年，17 岁的马斯克高中毕业后只身去了加拿大其母亲亲戚(9 岁时其父母离异)，次年申请进入了位于安大略省的皇后大学；1992 年，马斯克依靠奖学金转入美国宾夕法尼亚大学沃顿商学院攻读经济学，大学期间，马斯克开始深入关注互联网、清洁能源、太空这三个影响人类未来发展的领域。在取得经济学学士学位后，又留校一年拿到了物理学学士学位。

1995 年，24 岁的马斯克进入斯坦福大学攻读材料科学和应用物理博士课程，但在入学后的第 2 天，马斯克决定离开学校开始创业。并于当年与弟弟卡姆巴·马斯克拿着硅谷的一个小集团的随机天使投资创办了一家为新闻机构开发在线内容出版软件的公司——Zip2。

1999 年，美国电脑制造商康柏公司以 3.07 亿美元现金和 3400 万美元股票期权收购了 Zip2 公司，28 岁的马斯克在这笔收购中获利 2200 万美元。同年 3 月，马斯克投资 1000 万美元，与两位来自硅谷的合伙人创办了一家在线金融服务和电子邮件支付业务公司——X.com。

2000 年，X.com 公司与彼得·蒂尔和麦克斯·拉夫琴创办的 Confinity 公司合并，这家新公司于次年 2 月沿用 Confinity 公司的 PayPal——贝宝支付系统。

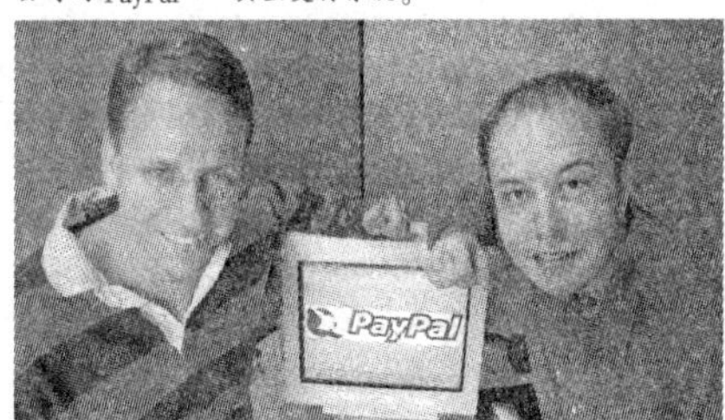

2002 年 10 月，专注移动支付领域的贝宝被当时全球最大的网商公司 eBay 以 15 亿美元全资收购，埃隆·马斯克是贝宝最大股东，拥有 11.7%股权，拿到了其中的 1.65 亿美元。但不久之后马斯克在公司内部的斗争中失败而被逐出公司。

马斯克的梦想是“互联网”“清洁能源”“太空”，看看如何一步一步实现的。

2001 年初，马斯克在 PayPal 期间就计划在火星上建立一个小型实验温室，让来自地球的农作物在火星的土壤里试着生长，即“火星绿洲”的项目。不过当时需要依托俄罗斯宇航公司购买运载火箭，其成本太高，于是马斯克暂缓了该计划的实施，准备自行研发火箭。因此 2002 年 6 月，马斯克成立了太空探索技术公司(Space X)，除了研究如何降低火箭发射成本外，最终目标是实现“人类移民火星”。

2004 年，马斯克向马丁·艾伯哈德(Martin Eberhard)创立的特斯拉公司投资 630 万美元，并担任该公司的董事长。

2008 年，金融危机爆发，Space X 的三次火箭发射都失败了，数千万美元的投入化成爆炸后的大火球；就连 Tesla 也因研发成本过高濒临破产，算是马斯克的低谷时期。

2010 年 6 月，Tesla 在纳斯达克上市，成功完成 IPO，净募集资金约 1.84 亿美元，在账面上赚了 6.3 亿美元；Tesla 获得美国国家能源部 4.65 亿美元的低息贷款，并以每辆 10 万美元卖出了不少电动跑车。同年 12 月 8 日，SpaceX 研发的猎鹰 9 号火箭成功将“龙飞船”发射到地球轨道，这是全球有史以来首次由私人企业发射到太空，并能顺利折返的飞船。

2016 年 12 月，马斯克还成立 The Boring Company，这是一家用于解决地面拥堵问题的轨道交通公司。根据马斯克的设想，他将在地面上安装汽车暂停的“托盘”，汽车停好后，托盘会下降到地底，将车子在地底隧道间快速运输，最快时速甚至到达 200 公里。

2019 年开始，马斯克还计划发射若干近地轨道的小型卫星(2019~2024 年计划发射 1.2 万颗，最终发射约 4.2 万颗)，在全球范围内提供低成本的互联网连接服务——星链(Starlink)。

(本文原载第 25 期 11 版)

创维LED液晶彩电168P-P65EQF-00电源板原理与维修(六)

(紧接上期本版)

(四)检修主电源电路

对于主电源1无12V-MB、24V-PANEL输出或主电源2无24VC-AUDIO输出故障，首先要检查厚膜电路⑦脚有没有PWM-VCC供电；无PWM-VCC供电检查开关机控制电路Q6、IC8和HV-DC取样电路及相关元件是否损坏；检查主电源振荡电容C4、C23是否变质虚焊，自举升压的电容、电阻和二极管是否损坏；然后是对比检修次级整流电路元件；最后考虑更换U1。对于主电源1的12V-MB、24V-PANEL或主电源2的24VC-AUDIO输出电压偏高/偏低故障，主要查相关的稳压控制电路中的误差放大器和光耦元件是否有故障。

(五)检修保护电路

当主电源不工作，开关机控制电路无VCC1电压输出，多为保护电路启动所致。由于开关机控制电路光耦IC7的①脚外接模拟可控硅保护电路，应首先确定保护电路是否启动，方法是测量Q9的b极电压，正常时为0V，如果为高电平0.7V，则是保护电路启动。解除保护的方法是将Q9的b极对地短路。

由于Q9的b极外接多路保护检测电路，可在开机后，保护前的瞬间，测量各路保护检测电路隔离二极管D20、D22、D23的正极电压，判断是哪路检测电路引起的保护。

也可采用逐个断开隔离二极管D20、D22、D23的方法，逐路解除保护进行维修。如果断开哪个隔离二极管后，通电不再保护，则是该隔离二极管相关的检测电路引起的保护。

(六)维修实例

例1：开机三无，指示灯不亮

分析与检修：测量保险丝F1未断，测量副电源供电C24两端有300V左右供电电压，判断故障在U2为核心的副电源电路。测量U2的⑤脚无启动电压，但测量U2的⑤脚外部启动电路电阻R40~R42，发现R40颜色变深，拆下测量其阻值为无限大，用普通82KΩ电阻代换后，⑤脚电压恢复正常，故障排除。

例2：开机三无，指示灯亮

分析与检修：测量副电源输出的5V电压正常，测量主电源1和主电源2均无电压输出，判断两个主电源均未工作，故障在两个主电源的共用部分，包括PFC供电电压和PWM-VCC供电电压。测量PFC输出电容C1~C35两端电压仅为300V左右，判断PFC电路未工作。测量开关机控制电路输出的PFC-VCC供电为0V，判断故障在开关机VCC控制电路。

检查开关机控制电路，测量Q5的e极无VCC1电压输出，但Q5的c极有24V左右的AUX-VCC电压。测量开关机控制电压ON/OFF为高电平，且Q7已经导通，Q7的c极呈低电平，测量待机光耦IC7的①脚为高电平2V，判断光耦IC7内部开路。将IC7的③、④脚短接后，通电试机，电源板主电源输出电压恢复正常，PFC输出电压也上升到400V。更换IC7后，故障排除。

例3：开机指示灯亮，三无，自动关机

分析与检修：测量副电源输出的5V电压正常，测量主电源开机的瞬间有电压输出，然后降为0V。说明开关电源能正常启动，启动后又关闭，符合保护电路启动引发的故障现象。对模拟可控硅保护电路Q9、Q10进行维修。

开机的瞬间测量Q9的b极为高电平0.7V，进一步判断保护电路启动。采取脱板维修，接假负载的方法，解除保护，将Q9的b极对地短路，通电试机，两个主电源输出12V-MB、24V-PANEL和24VC-AUDIO电压正常，怀疑保护电路检测稳压管漏电。逐个测量检测电路隔离二极管D20、D22、D23的正极电压，发现D22的正极电压为高电平，怀疑13V稳压管ZD13漏电，更换ZD13后故障排除。

(全文完)

◇海南 影视

海尔LE32B310P液晶电视有声无图

最近家人正常使用两年有余的海尔LE32B310P液晶电视忽然出现有声无图的故障。经笔者查看，发现虽然无图，但贴近屏幕仔细查看，显示屏是有图的，说明故障在背光部分。

该型号液晶电视号称LED电视，笔者在维修时发现，所谓的LED并非真正的LED屏幕，只是背光从CCFL灯管换成了LED灯珠而已。笔者在网上看到一例维修案例，过压保护取样电阻RB814阻值变小，导致UB802背光芯片保护不输出。

如图1、图2、图3所示，笔者焊下图1中RB814的一脚，该电阻接至芯片UB802(型号SN51DP)的⑨脚。该电阻实物图中为5103(见图3红色指示箭头)，笔者测量该电阻为507KΩ，判断正常。将电阻恢复，在路测量图1中LED+的电压，在待机状态时，该电压在35V左右，因此时QB801没有导通，等于是VBL过来的电压。当遥控开机时，该电压迅速升至直流110V左右，维持几秒后，跌至42V并保持不变，这个过程中背光始终没有亮。

笔者因为没有LED背光灯测试仪，且考虑到LED灯损坏的概率不大，遂网购了几只SN51DP背光芯片，换上去故障如前。至此，笔者重点怀疑起背光LED起来。于是网购了两根原装背光LED灯条，该灯条为7个灯珠串联方式，每个灯珠电压6V，两根灯条之间也是串联使用(图4)，等于说工作电压在84V左右。待新LED灯条到货后，先焊接好测试一下，LED可以正常点亮，说明故障确实就是原背光损坏所致。

拆卸屏幕需要特别小心，因网上没有相关教程，笔者通过自行拆卸维修，特将经验分享给广大报友。首先是需要把带海尔Logo的塑料边框拆掉，小心从边框四边的中间往下按，边框就能脱离，拆卸的主要问题在于边框的四个边角，每个边分别有两个卡扣，这个地方可用尖一字小心撬开，四个边角都撬开后，即可分离塑料边框。见图5。

接下来，图5的液晶屏幕有一侧的整个胶条撕开，即可取下屏幕，建议撕开胶条后，把屏幕朝下，主框体往上提，这样能降低损坏屏幕的风险，这个过程，必须把屏线的侧面电路预先拆掉，见图6。

接下来，将图7的滤光板拿掉，就能看到LED背光了，更换之。安装时小心翼翼按以上顺序从下往上还原即可。

◇江苏 张光华

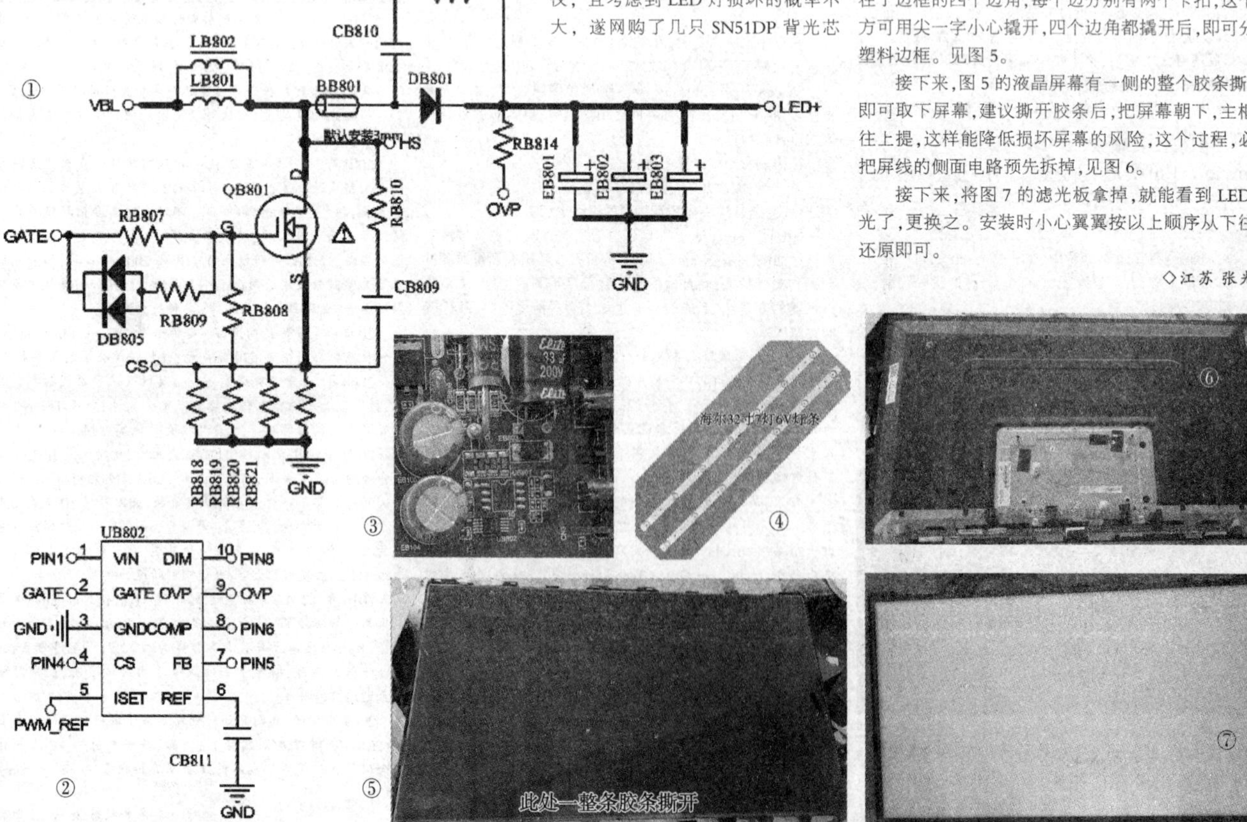

FENCE AUDIO 有源低音炮过载保护电路简析

一款国内代工的挪威 FENCE AUDIO 品牌有源低音炮，功率为 200W/4Ω，其过载保护电路有其特点，本文根据实测整机电路图对其作简要分析。

一、前级板

实测电路如图 1 所示。运放 U102(1/2)为缓冲放大，U102(2/2)为高通滤波，U103(1/2)、U103(2/2)为低通滤波，U104(1/2)、U105(1/2)、U104(2/2)为缓冲放大。

而 U105(2/2)为过载保护电路（动态压缩）：当输入音频信号幅度较大时，流过电阻 R168 的电流及压降也较大，运放 U105(2/2)正输入端电压（U）大于负输入端电压（U×R173/(R168+R173)）时，其输出端输出高电平驱动三极管 Q103 的 B 极，使其 C、E 极之间等效电阻降低；三极管 Q103 的 C、E 极之间等效电阻降低，又使得输入 U104(1/2)的⑥脚负输入端的音频信号幅度降低。而 U105(2/2)正输入端接有偏压（经 R169 接-15V），U105(2/2)的输出端要经过 D105、D104 两个整流检波二极管，所接电容 C130、C* 均接有偏压（接-15V），而这些电阻电容的大小取值决定了信号起控电平的大小范围。控制的作用最终使得从 U104(2/2)输出至功放板的音频信号的最大幅度限定在一定范围内。

二、功放板

实测电路如图 2 所示。运放 U1(1/2)、U1(2/2)为缓冲放大，三极管 Q4、Q* 为差分输入对管，Q14 是其 E 极恒流源；Q6、Q8、Q15 为电压放大，Q7 为 Q6、Q8 提供工作电流；推动管 Q9、Q10、场效应功率管 FET4 与推动管 Q3、Q1、场效应功率管 FET2 组成准互补对称电路。

运放 U2 为过载保护电路，当输出给喇叭的功率较大时，流过康铜丝电阻 R4、R20 的音频电流也较大。电流越大，R4、R20 的电压降也越大，都会使得输入给 U2 正输入端的电压越高，当 U2 正输入端的电压大于负输入端电压时，其输出端输出高电平经过二极管 D2 控制三极管 Q13 的 B 极，使其 C、E 极之间等效电阻降低，导致 Q14 的 B、E 极之间电压降低，从而 Q14 的 C、E 极之间等效电阻变大，故使得 Q4、Q* 的 E 极静态电流变小，最终导致功率管 FET2、FET4 的输出电流变小，降低输出功率在一定允许范围内。

当输出给喇叭的功率达到功放极限值，运放 U2 经 D2 输出的电压使 Q13 的 C、E 极之间能够饱和导通时，其作用使得 Q14 的 B、E 极之间电压为零，导致 Q14 的 C、E 极之间截止，故使得 Q4、Q* 的 E 极无静态电流，最终功率管 FET2、FET4 无输出电流，功放无功率输出。同时，运放 U2 经 D2 输出的电压使 Q18 的 C、E 极之间能够饱和导通时，Q17 的 B 极为低电平，Q17 的 E、C 极饱和导通。Q16 的作用是使得 Q17 的导通能够自保持，故 Q17 的 C 极输出高电平经二极管 D10 使得前级板上保护指示灯 LED 点亮，也控制 Q100 饱和导通，使工作指示灯 LED 熄灭。Q100 的 C、E 极饱和导通后，使得功放板 Q# 的 B 极为低电平（Q# 的另一个作用是开机时延时给 Q6、Q8 提供工作电流，关机时立即切断 Q6、Q8 的工作电流，达到防止开关机冲击喇叭的作用。），Q# 的 C、E 极截止，Q7 的 B 极变为高电平，Q7 C、E 极截止，Q7 就无电流提供给 Q6、Q8，起的作用同样也是使功率管 FET2、FET4 无输出电流，功放无功率输出。

而运放 U2 的正输入端接有偏压（由 R123、D17A2、D17A1 组成），负输入端接有偏压（运放正电源-29V 与负电源-40V 经 R118、R119 的分压值），有关元件的大小取值决定保护起控电平的大小范围。

三、开关电源板

实测电路如图 3 所示。高压侧由两个 IRF740 功率管推挽工作在开关状态，低压侧的三个绕组：一组经 D13、D15 全波整流后产生正负 40V 供应功放电路；一组经 D8~D11 全波整流及 Q1、Q2 稳压后输出正负 15V 供应运放电路；另一组经整流滤波后与正 40V 叠加后产生 57V 供应功放部分。当功率管击穿损坏，前面提到的过载保护电路无法起作用时，电源板正负 40V 的保险丝 FUSE1、FUSE2 就会熔断，保护电路及喇叭。

③

◇浙江 方位

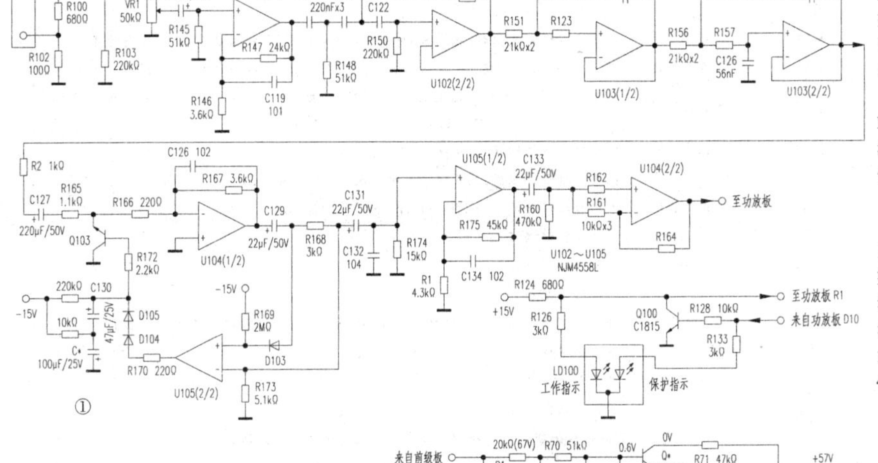

①

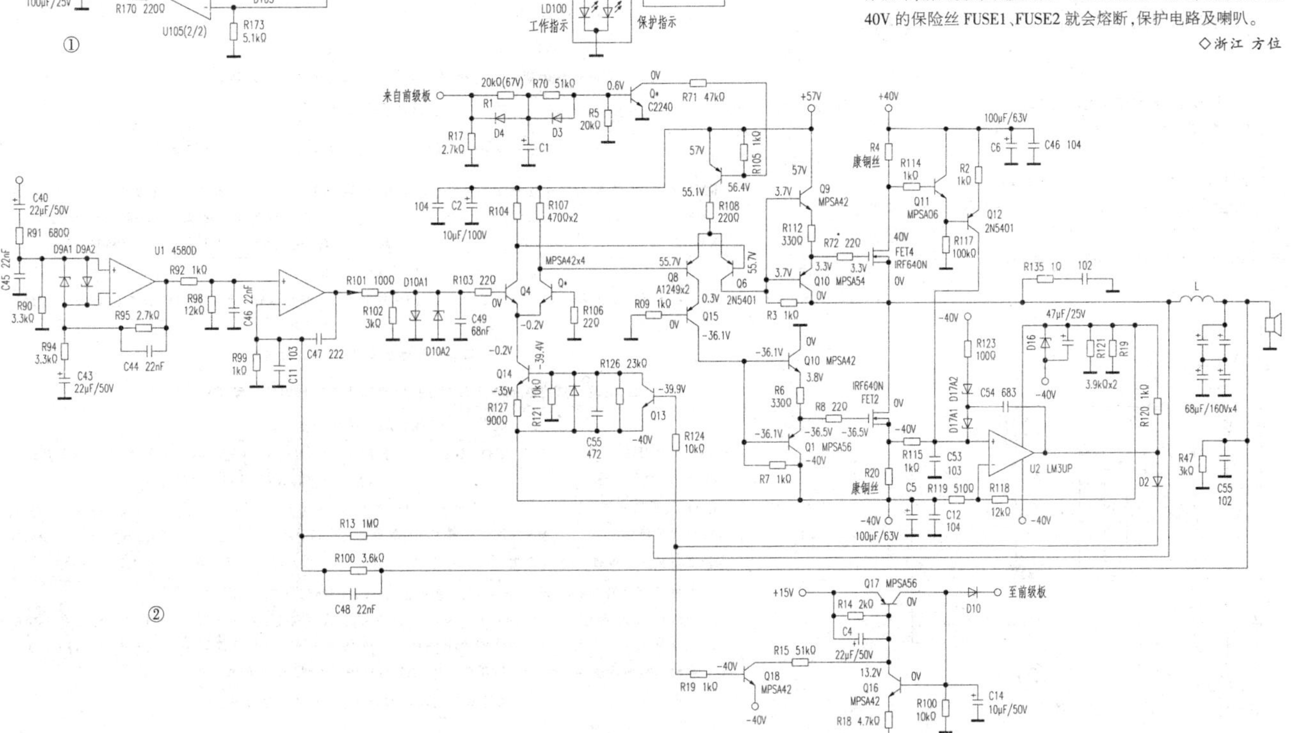

②

电动机电源反接制动电路的工作原理及故障维修实例(一)

电动机(以下简称电机)的制动，是指电机断电停止运行时使电机快速停转的一项技术措施，有机械制动和电气制动之分。

电气制动又有电源反接制动、能耗制动、再生回馈制动和电容制动等多种方式。本文介绍电机电源反接制动电路的工作原理以及相关故障维修实例。

一、电机电源反接制动简述

使用改变电机定子绕组电源相序的方法来获得制动力矩就叫作电源反接制动。当电机需要停转制动时，先使电机脱离电源，随后迅速给电机接上一个与电动状态相序相反的电源，使电机产生一个与原转动方向相反的电磁转矩，迫使电机转速迅速下降直至停转。但在电机转速降低并接近一个较小值(例如每分钟100转)时，应立即切断反接制动电源，否则，电机将反向起动。为了能在电机转速接近较小值时及时切断电机的反接制动电源，防止反转起动，通常在制动电路中接入一个速度继电器KS。速度继电器的转子与电机的轴相连，电机运转将使速度继电器KS的转子跟随旋转，电机起动加速使转速等于或超过120r/min时，KS的常开触点闭合；电机在制动过程中，转速降低至一个较小值时，例如转速从较高值降至低于100r/min时，KS的常开触点断开。

为了方便分析电机电源反接制动的工作原理，这里首先对速度继电器给以介绍。

二、速度继电器

速度继电器是一种信号继电器，它输入的是非电信号即电机的转速，输出的是触点动作信号。

速度继电器由定子、转子和触头系统三部分组成，使用时，连接头与电机轴相连，当电机起动旋转时，速度继电器的转子随着转动，定子也随转子旋转方向转动，与定子相连的胶木摆杆随之偏转，当偏转到一定角度时，速度继电器的常闭触头打开，而常开触头闭合。当电机转速下降时，继电器转子转速也随之下降，当转子转速下降到一定值时，继电器触头恢复到原来状态。一般速度继电器触头的动作转速为120r/min，触头的复位转速为100r/min。

速度继电器有正向旋转动作触头和反向旋转动作触头，电机正向运转时，可使正向运转常开触头闭合，常闭触头断开；当电机反向运转时，速度继电器的反向运转动作触头动作，情况与正向运转时相同。

常用的速度继电器有JY1和JFZ0系列。它们都具有2对常开、常闭触头，触头额定电压为380V，额定电流为2A。

速度继电器在电路中的图形符号和文字符号见图1。

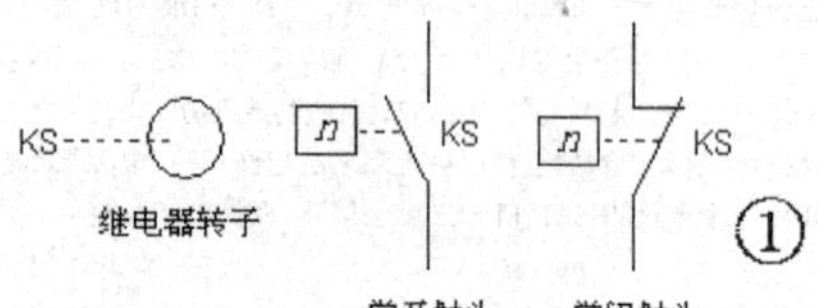

三、电机电源反接制动的应用电路

电源反接制动可以应用在电机单向运转的电路中，也可以应用在电机双向运转的电路中。

1. 电机单向运转的电源反接制动电路

向运转电机的电源反接制动控制电路见图2，图中KM1是运转接触器，KM2是反接制动接触器，KS是速度继电器，R是反接制动限流电阻，可以防止反接制动时产生过大的制动电流。

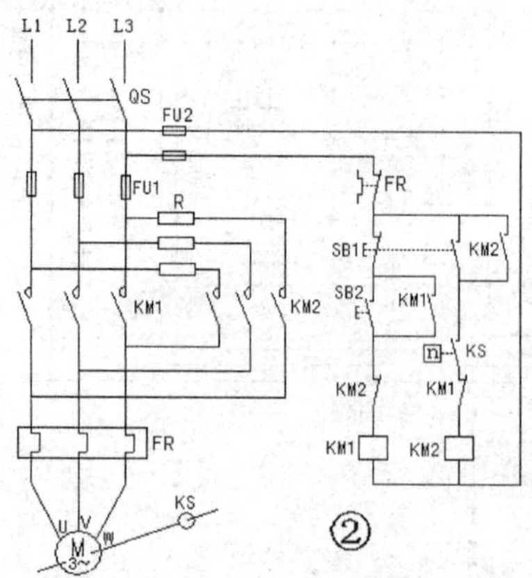

图2中的按钮SB2是起动按钮。点按该按钮，交流接触器KM1线圈得电，其主触点闭合，电机开始起动运转。当电机的转速达到速度继电器KS的动作速度120r/min时，其常开触点KS(串联在交流接触器KM2的线圈回路中)闭合，为电机电源反接制动做好准备。

当需要电机停止运转时，点按停机按钮SB1，按钮的常闭触点切断了交流接触器KM1的线圈电源，主触点断开，切断电机的电源，电机转速将从额定转速逐渐降低，但不会很快停转。在点按停机按钮SB1的同时，其常开触点闭合，由图2可见，这时交流接触器KM2的线圈得电，KM2的主触点在串联了限流电阻R的情况下，给电机定子线圈接入了一个与正常运转时相序相反的电源，该相序电源产生的电磁力矩与正常运行时的电磁力矩方向相反，对电机有制动作用。在该制动电磁力矩的作用下，电机转速快速降低。当转速降低到速度继电器KS复位速度(等于小于100r/min)时，触点KS断开，切断交流接触器KM2的线圈电源，反接制动过程结束。之后电机自由停机。

图2电路中，如果电机因过载使热继电器FR动作，并实施过载保护而停机，这时将没有反接制动的电路效果。虽然如此，但过载保护可能预防了一次电机烧毁的故障，与没有反接制动效果引发的缺失，权衡利弊，经济技术上是合理的。

若某些应用场合确实需要在过载保护时也希望有电源反接制动，可将图2电路中的二次电路按图3那样改接，将热继电器的常开、常闭触点全部使用即可。电路改接后，电机出现过载保护时，也可启动电源反接制动功能。

2. 电机双向运转的电源反接制动电路

电机双向运转电机的电源反接制动控制电路见图4。图4电路中使用的元件及其在电路中的作用见表1。

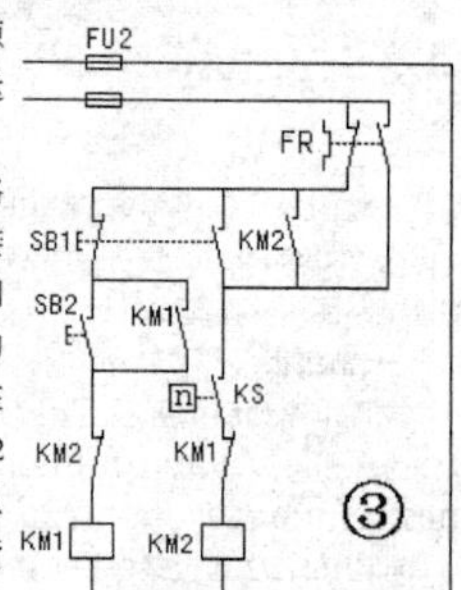

双向运转电机的电源反接制动控制电路，正向运转时的起动过程见表2。

对于图3所示的电路图，有两点需要说明：1)接触器KM3的两个辅助常闭触点KM3-1和KM3-2的功能用途，它们分别串联在交流接触器KM1和KM2的线圈回路中，这保证了只有接触器KM3线圈不带电、其主触点不闭合、电机起动时必然串联接入限流电阻R的情况下，电机才能进入起动状态；2)速度继电器KS的两对常开触点，它们不会同时动作，KS-1只对电机正转运行有反应，KS-2只对电机反转运行有反应，这对分析图3电路原理很重要。

双向运转电机的电源反接制动控制电路，正向运转时的制动过程分析见表3。

电机反向运转的起动、以及停机时的反接制动过程与上述分析相似，主要区别是：1)正向运转起动使用按钮SB2，反向运转起动使用按钮SB3；2) 正向运转起动时给电机接通正相序电源的是接触器KM1，而反向运转起动时给电机接通反相序电源的是接触器KM2；3)正向运转的停机制动由速度继电器的正向运转触点KS-1和中间继电器KA1参与控制，而反向运转的停机制动由速度继电器的反向运转触点KS-2和中间继电器KA2参与控制。

(未完待续)(下转第164页)

◇山西 杨电功

表1 双向运转电机电源反接制动控制电路电器元件表

符号	名称	功能
KA1	中间继电器	电机正转运行停机时，触点KA1-1接通接触器KM2线圈电源，使反接制动开始
KA2	中间继电器	电机反转运行停机时，触点KA2-1接通KM1接触器线圈电源，使反接制动开始
KA3	中间继电器	电机停机时，中间继电器KA3线圈得电，常开触点KA3-3闭合，经KA1或KA2触点接通接触器KM2或KM1线圈电源，启动反接制动
KM1	交流接触器	1)正转运行接触器，2)反转运行时的反接制动接触器
KM2	交流接触器	1)反转运行接触器，2)正转运行时的反接制动接触器
KM3	交流接触器	电机起动时转速达到120r/min，KM3动作短接限流电阻R
SB1	复合按钮	停机及制动按钮
SB2	按钮	正转起动按钮
SB3	按钮	反转起动按钮
KS	速度继电器	检测电机正转或反转的转速，低于100r/min时控制结束制动过程
R	限流电阻	起动及反接制动时的限流电阻
FU1	熔断器	电机短路保护
FR	热继电器	电机过载保护

表2 双向运转电机电源反接制动控制电路正向运转时的起动过程

序号	操作器件	操作后的动作顺序		
1	正转起动按钮SB2	接触器KM1线圈得电→常开辅助触点KM1-1闭合自锁		
2		KM1的常闭辅助触点KM1-2断开，与接触器KM2互锁	接触器KM1的常开辅助触点KM1-3闭合，为接触器KM3线圈得电做好准备	KM1的主触点闭合，定子绕组串入电阻R，电机按正相序降压起动→电机转速达到120r/min时，速度继电器KS常开触点KS-1闭合
3		接触器KM3线圈得电		
4		接触器KM3主触点闭合→短接限流电阻R→电机进入全压运行状态		接触器KM3的常闭辅助触点KM3-1和KM3-2断开
5		电机正转起动结束，进入正常运行状态		

表3 双向运转电机电源反接制动控制电路正向运转时的制动过程

序号	操作器件	操作后的动作顺序			
1	复合按钮SB1	SB1常闭触点断开→接触器KM1线圈断电→KM1-1断开，KM1自锁解除		复合按钮SB1的常开触点闭合→中间继电器KA3线圈得电动作	
2		KM1主触点断开，电机断开正转电源	KM1的常开触点KM1-3断开→KM3线圈断电释放，主触点断开	KA3的常闭触点KA3-2断开→再次切断接触器KM3线圈电源	KA3的常开触点KA3-3闭合→中间继电器KA1线圈得电
3		电机断开正转电源后继续因惯性而高速旋转			
4		中间继电器KA1的常开触点KA1-2闭合，使KA3维持在吸合动作状态 同时，KA1的常开触点KA1-1闭合→接触器KM2线圈得电，主触点闭合，电机定子绕组在串联限流电阻R的情况下接入反相序制动电源→电机转速快速下降→当转速降至100r/min或以下时，速度继电器的正转触点KS-1断开→中间继电器KA1和接触器KM2相继断电释放			
5		电源反接制动过程结束，之后电机自由停机			

让你的手机摇身变成"频谱分析仪"(二)

(紧接上期本版)

12. 存储/调用设置

在"保存"菜单中,可以选择将当前设置保存或调用到5个内存插槽之一。存储/检索缩放,平均,FFT大小,FFT窗口,……在调用先前的设置时,任何平均或最小和最大轨迹将重新启动,就像在纵向和横向之间旋转手机也将导致它们重新启动一样。点击左下角中间的按钮,可以在线性图和柱状图中间切换,如图所示。软件的一些帮助信息可以点击惊叹号获取,这里不再赘述。

最后,我用这款APP做了实际的测试。找一个安静的环境,先用Function Generator产生不同的波形,用Spectrum Analyzer观察频谱的情况。图7是测试1 kHz正弦波的频谱图,基波分量非常突出,峰值频率为992 Hz,误差为0.8%。

图8是测试1 kHz方波的频谱图,方波的频谱只有奇次谐波,峰值频率为3013 Hz,与基波分量接近,但与理论值不符,可能是测试环境的噪声引起的。图9是测试1 kHz三角波的频谱图,基波分量对应的频率就是峰值频率,为993 Hz,且奇次谐波远大于偶次谐波,这与傅里叶级数理论是相符的。

然后,探究一下吉他的音色频谱。把吉他调到C调,弹响中音do,频谱如图10所示,峰值频率为130 Hz,谐波比较丰富;再弹响高音do,频谱如图11所示;峰值频率为518 Hz。可见,我的吉他调音不准(捂脸)。最后做个申明,该软件只是针对业余爱好或者教育者使用,重要场合请购买标准的频谱分析仪。

(全文完)

◇湖南 欧阳宏志

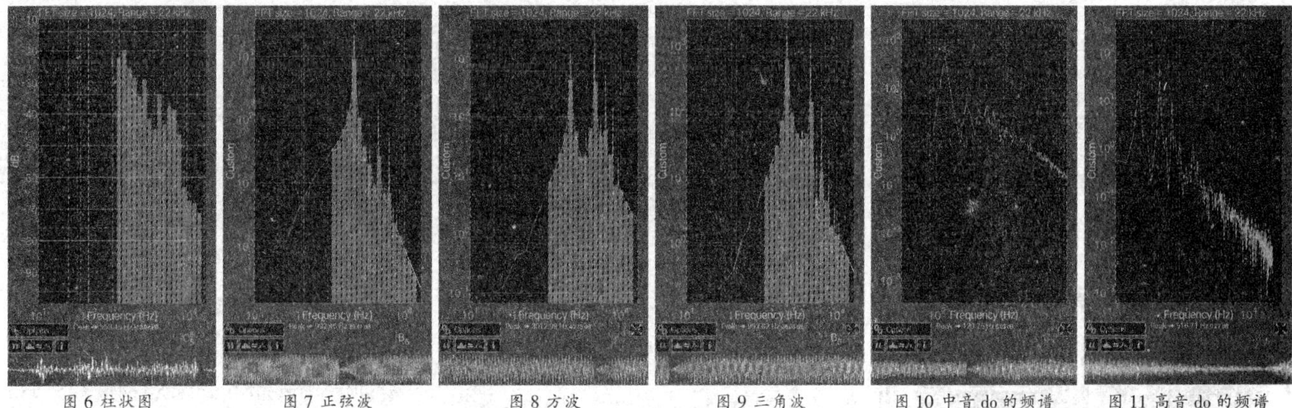

图6 柱状图　图7 正弦波　图8 方波　图9 三角波　图10 中音do的频谱　图11 高音do的频谱

常见的二极管、三极管、MOS封装类型汇集(一)

电子元器件有着不同的封装类型,不同类的元器件外形虽然差不多,但内部结构及用途却大不同,譬如TO220封装的元件可能是三极管、可控硅、场效应管甚至是双二极管。TO-3封装的元器件有三极管,集成电路等。本文将汇集一下常见的二极管、三极管、MOS封装类型,下图含精确尺寸。

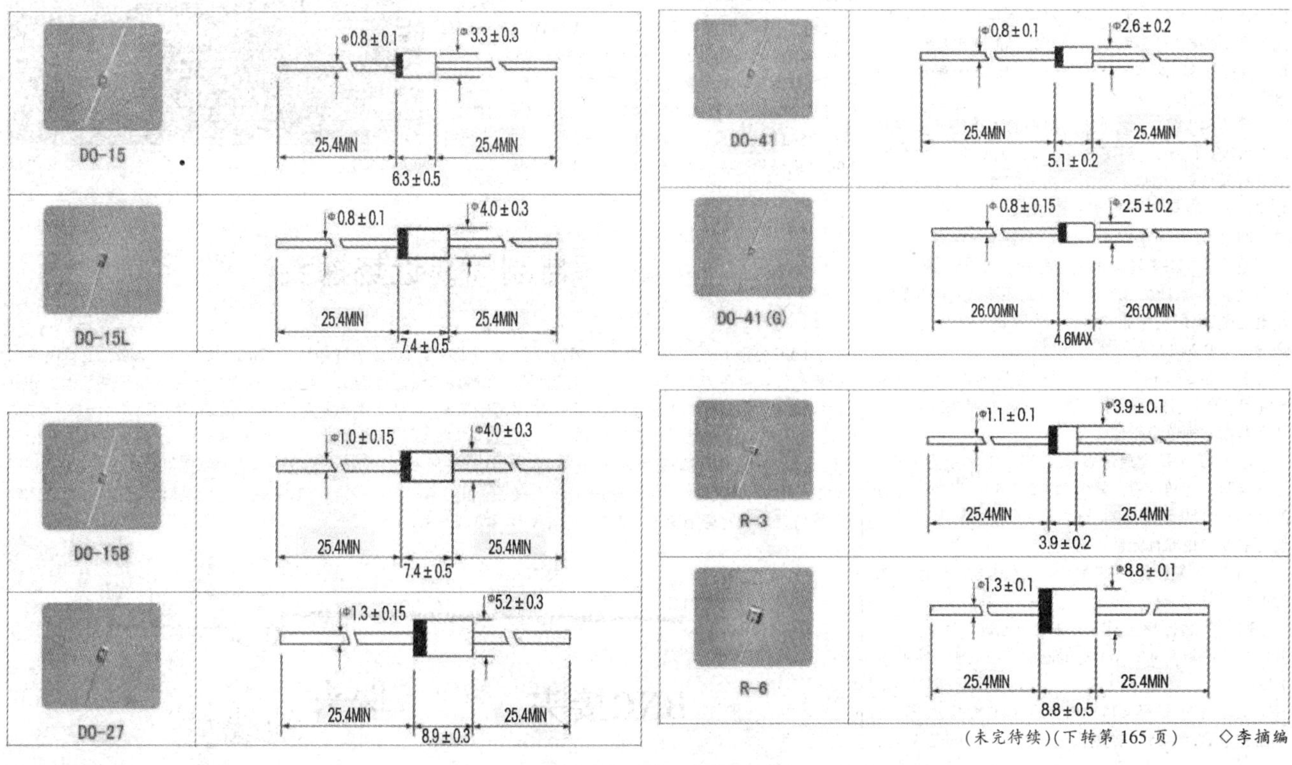

(未完待续)(下转第165页) ◇李摘编

玩一玩拆机大容量电池(二)

(紧接上期本版)

这是某种15ah圆柱形磷酸铁锂电池的内阻:小于8mΩ。还有一种也是圆柱形,25ah的三元锂电池,内阻只有0.9mΩ。假设内阻与容量成比例,15ah的内阻为8mΩ时,1500mah的同类型电池的内阻,就应该在80mΩ左右。25ah的三元锂电池,如果内阻只有0.9mΩ,那么,2.5ah的同类电池,其内阻就应该在9mΩ左右?

另外,充电时间的长短,往往也是电池容量大小的一种判断。在起始电压相同,使用同样充电器的条件下,很短时间就充满的电池,容量都不会大的。通过比较发现:这些拆机大容量电池,充电的转换效率约为70%。就是说:10ah容量的电池,需要14.3ah的充电量。反过来,如果某一电池以2A充电10小时后,充满。亦即充电量为20ah。依据70%转换效率的经验,此电池的实际容量应该在14ah左右。

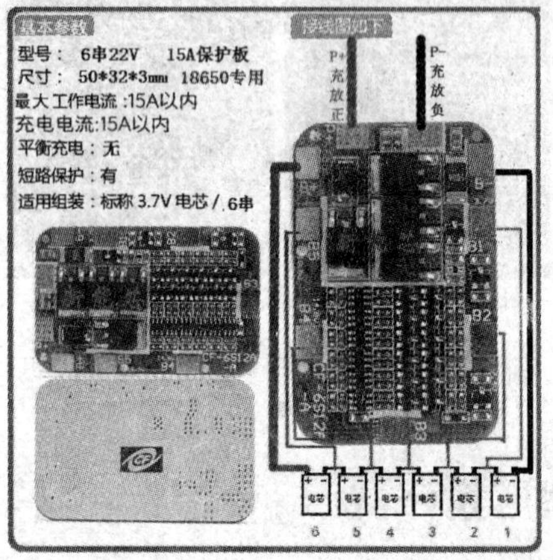

上图是6串保护板的接线原理图。因为我需要24V电源,只有6串才能最接近24V。充满理论上是25.2V。单节电池降低到3.7V时,就成22.2V了。有了这块保护板,就可以用25.2V充电器进行快速安全的充电了。

给大容量电池充电,有大电流的充电器才好玩。否则,一块电池的充电可能要24小时以上。关于4.2V充电器的输出电压事,很多商家出品的充电器很不一致。有些只有4.0伏。为买到一只标准4.2V输出的充电器,以下是我跟商家的对话。

我的要求是:一定要输出精准的4.2V。很多商家没有做到。比如,之前买的一个4.2V/4A的充电器,输出只有4.17V。你们在说明书里专门说了是输出精准4.2V。所以我买了。希望确实如此。

商家:要准确4.2V就没有。都是差一点点。

差一点点都不好。比如,有些输出4.17V。都不好。宁可高一点点,比如4.25V。但绝对不要低。这样影响充电速度,也影响电池的容量。如果要串联电流表,压降通常有0.2伏左右。低了就更不好了。

你们还是很专业的。特别在说明书里标注出"精准4.2V"的文字。一般商家都没有写。这是关键词。购买者非常重视这个数值。

没关系。我不会退货的。只是出于职业习惯说说而已。从职业的角度看。能做到4.2V精准,也是不容易的。因为取样电阻是标准化的。还有一定的误差。精准,就可能要使用非标元件。难啊!

商家:我们就给您测试高一点点的电压。谢谢你的谅解。

收到货后,我急于对上述的电池进行补充充电。并即刻检测新购4.2V/6A充电器的空载电压。实测为4.23V。

试验结果:曾经4.17V充满的电池,再经过新购充电器充电后,约15分钟进入间歇充电状态(一会红灯,一会绿灯)。此状态下,测量电池的空载电压为4.20V。很满意。

新充电器充电过程中,想看看充电电流多大,由于没有直流钳表,只能用指针万用表10A电流挡进行测试。档位放到10A位置,把红表笔插到mA10A的插孔上,断开正电源线,将正表笔接充电器正线,万用表黑笔接电池正极,可惜,没有电流。充电器处于绿灯状态。再用数字万用表进行相同的电流测试操作,也没有电流,充电器始终处在绿灯状态。为什么测不出电流?此问题仍需继续寻找原因。

建议你们再研发一种带电流电压显示的充电器。高端的用户可能喜欢。如何?

是。肯定有难度。成本也要增大。但是,成果可以扩展到所有电池充电器。如果还有累计充电统计,立即就知道电池的衰减程度了!就有可能成为一个检测仪器。在将来,每一个家庭都可能是发电厂的时候,大量需要具有这种检测能力的仪表。你说是不是?

忍不住还是买了一个3.7V 25ah的大容量电池。单价65元。到货后测电压3.59V。据卖家提供的内阻测试照片,内阻仅0.9mΩ。观察检测仪表上的数据,电池电压不高。联想到,测试内阻应该在电池的什么电压上进行会更合适?我之前的测试,都是在电池充满之后的第二天进行的。在最高电压状态下测试,是否电压的稳定性最差,导致内阻变大了呢?又购进2块自称全新的3.7V/15ah电池。体检与电动自行车的一样。测得电压均为3.75V。利用两只7.5Ω电阻并联,获得3.75Ω电阻。分别测得这两只电池的内阻均为10mΩ。一致性如此高,甚至怀疑测试,结果证实如此。可见,低电压下测试的内阻比较低。该电池充满电压后,停滞几天,再测空载电压为4.230V。加负载4.1Ω测试,电压为4.217V。求得内阻为13mΩ。与3.75V电压时测得的10mΩ相比,大了3mΩ。网购的交直流钳表(NJTY328D)终于到货了。急着用它来测量这种只有10mΩ内阻的大容量电池的充电电流。一钳,电流读数出来了,3.82A。只充了3小时就充满了。用新购的6A充电器对25ah的电池充电,某刻用328D钳表测量电流,竟然达到4.82A的惊人数值。7个小时后,电池终于充满了。接下来是测试这个电池的内阻。充满电放置一个晚上,第二天测得开路电压为4.243V,接上4.1Ω负载时测得电压为4.218V。计算出内阻为25mΩ。由于使用的数字表精确度为小数点后三位。最后一位已经代表着个位数了。根本不可能测出零点几毫欧的数据。测得25mΩ的结果,离1mΩ还远着呢。所以,我对0.9mΩ的结果还保持怀疑。

至今为止,在测量内阻这门功课上,已经做了一些作业了。18650电池,电动自行车拆机电池,号称新的15ah电池,25ah电池等等。内阻最小电池是两个号称新的15ah的电池,都是10mΩ。内阻最大的是18650电池,590mΩ。见下表。

序号	空载电压	负载电压	1A条件内阻	电池型号
A	4.2	4.02	0.18Ω	18650
B	4.02	3.72	0.3Ω	18650
C	4.14	3.86	0.28Ω	18650
D	3.77	3.18	0.59Ω	18650
E	4.16	4.11	0.05Ω	爱玛拆电池10A
F	4.14	4.09	0.05Ω	爱玛拆电池10A

之后,我把这只15ah的电池改装成充电宝。由孙子用它来给平板电脑供电。试验真正代表它好坏的实际容量。之前,电动自行车拆机的大容量电池,测得其内阻为50mΩ,在给平板电脑边看边充电的情况下,经不起平板电脑的考验,听半天课,电就没了(但平板电脑里还充有电)。看看这个像航空母舰那样,号称25ah的电池,到底能让平板电脑续航多久呢?

从3月28日下午开始到29日12:30,孙子都用苹果平板电脑听课和玩游戏。航空母舰的容量显示竟然还在满容量状态。应该说,标称25ah,自制的《航空母舰充电宝》,打破了所有充电宝的容量记录。孙子妈妈说,这个充电宝不能带上飞机。没关系,能在家里经得起用就好。

使用电池,尽量不要串并联。串联,输出的容量以最小的为标准。为保证其容量的一致性,要进行使用前的精准分容。即使这样,依然存在很大的风险。串联越多,风险越多。并联,也不提倡。自放电大的一块电池,会导致并联电池组容量整体降低。为保证安全,保护板的设计出现了。用7000多只18650串并联来实现80度电输出的特斯拉电动车,对电池组的控制和要求,可能是史无前例的苛刻。我自制的充电宝,都只用一块电池。控制上非常简单。比那些10只或8只18650构成的充电宝,应该是合理多了,价格也便宜。

(全文完)　◇曾广伦

自制简易近场探头

EMC整改是个头痛的事情,有时自制一些简易工具,可以更好地解决EMC问题。辐射电磁场的诊断测试所需的仪器设备为频谱分析仪(或者示波器)和近场探头。近场探头是辐射场强诊断测试和改进过程十分有效的工具。用一根1:1的示波器探头,取走活动探钩,将接地鳄鱼夹夹到探针上,如下图所示。

地线与探针构成一个环形回路,用电工胶布将裸露的部分包好,这样一根效果不错的近场探头便做好了。注意这是一根近场磁场探头,也可将接地线延长后多绕一圈。近场电场探头的制作更加简单,只需要将活动探钩取掉,就可以当一个简易电场探头使用。虽然不能定量确定电磁辐射强度,但是对于查找辐射源、比较不同位置的相对辐射值还是很有用的,大家不妨试一试。

◇湖南 欧阳宏志

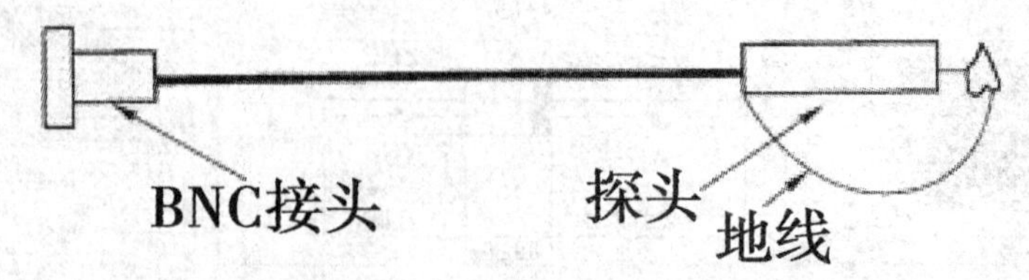

电路设计

排烟加压风机电路的PLC控制和程序设计(二)

（紧接上期本版）

3. 应用程序编制

由于该继电器-接触器控制线路典型、成熟，因此应用程序以该控制线路为原型，通过元件替换、符号替换、触头修改、按规则整理四个步骤，由“替换法”得到控制程序的梯形图。

首先绘制出继电器-接触器控制电路，如图3(a)所示。第1步进行“元件代号替换”，将图3(a)中的代号用表1中对应的输入点或输出点或内部位存储器替换，替换后如图3(b)所示。第2步进行符号图形替换，将3(b)中符号用梯形图替换，替换后的如图3(c)所示；第3步进行触头动合/动断修改，将PLC输入点外接常闭触头的元件，其常闭图形改为常开图形，如I0.3等，修改后的梯形图如图3(d)所示；第4步按PLC编程规则整理，整理得到的梯形图如图3(e)所示。图3中未包括消防返回信号输出部分。

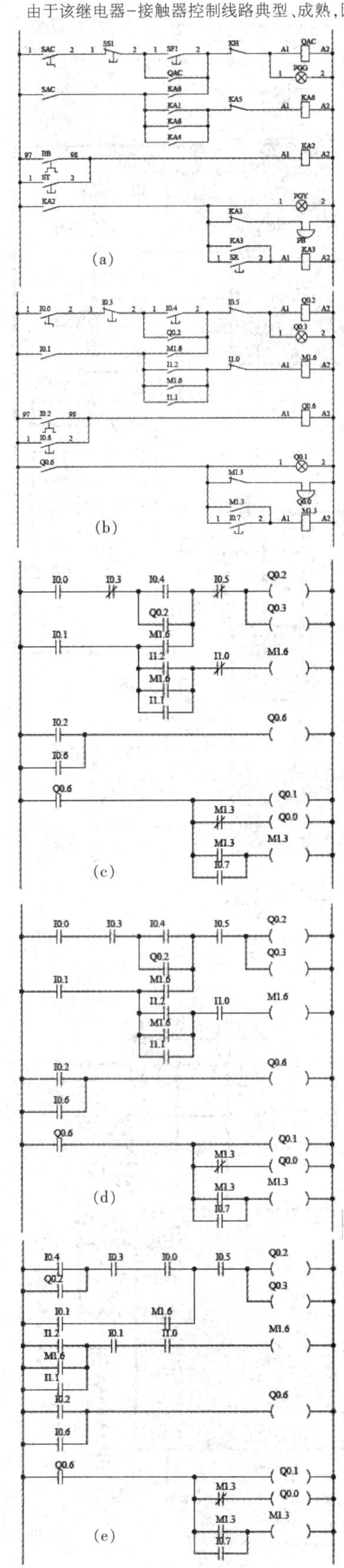

图3 梯形图编写过程

4. 调试与验证

按照图2所示电路，连接好外围电器，并将梯形图程序下载到西门子CPU224PLC中。先进行手动控制调试，操作手动起动按钮、停止按钮，核对其工作过程。其次进行自动控制调试，用联动控制按钮起动或停止操作，核对其工作过程。再进行防火阀、消防联动、过载报警和消声等功能验证。其中，联动起动的监控状态如图4所示，过载报警后进行消声后的监控状态如图5所示。

（全文完）

◇江苏 键谈

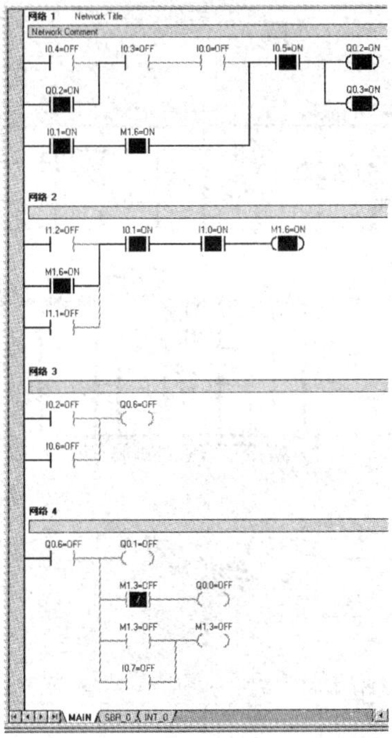

图4 联动起动

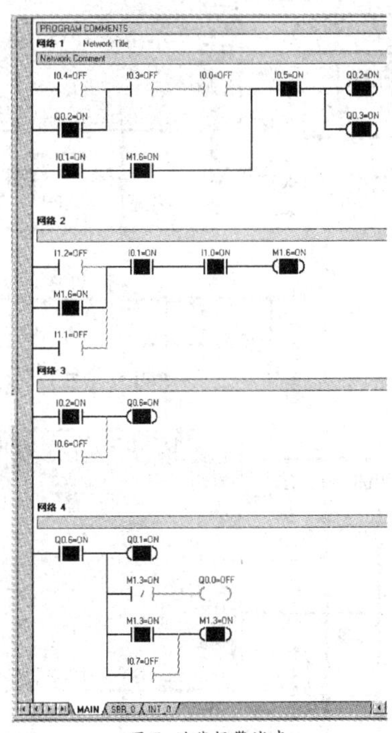

图5 过载报警消声

电子制作

STC系列单片机不断电远程烧写技巧

对大多数电子爱好者来说，单片机程序一般是使用PC的串口或者USB直接烧写。当单片机设备不在身边时要修改程序，而且修改的部分只有几段代码，常规办法是直接到设备所在位置，使用在线或者离线的办法更改程序。本文介绍两个小技巧：一是使STC单片机不断电烧写程序，二是使用网络实现局域网甚至广域网烧写。

第一点其实很简单，只需要在代码中加入串口接收功能并实现特殊接收，然后在STC-ISP软件中更改设置即可。

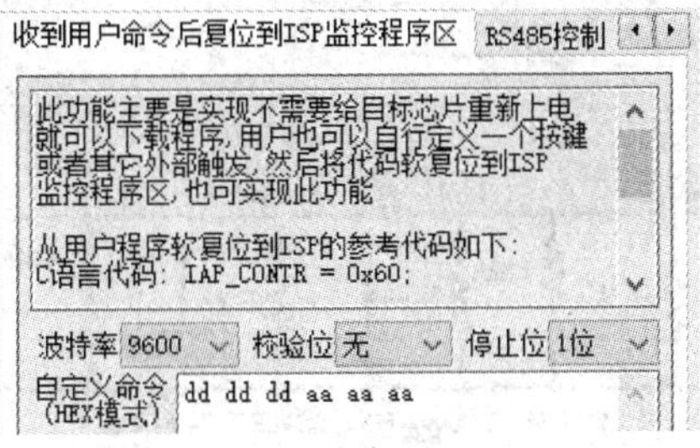

图1 自定义命令设置

在单片机程序中加入：当接收到“ddddddaaaaaa”时，程序跳入ISP程序区，从而实现不断电烧写程序。

实现远程的操作：利用网络(有线无线皆可)转串口设备，实现网络到串口数据的转发，市面上这样的设备应有尽有。然后在电脑端安装虚拟串口软件，实现STC-ISP软件下载程序端口为虚拟出来的网络端口，从而实现局域网的程序烧写，再利用DDNS的域名解析功能实现广域网的程序烧写。

图2 波特率设置

要特别注意的是，在STC-ISP软件设置界面，通信波特率的最低和最高值需要设置相同，具体参数需要参考网络转串口设备参数。建议设置低一些，虽然速率会降低，但是可以提高下载的成功率。因为默认设置的最初通信波特率和数据传输波特率是不一样的，而市面上的网络转串口设备不会立刻改变通信波特率，这样会造成下载失败。

◇重庆 聂航

ADI LT8228 100V 双向电压或电流调节应用(二)

(紧接上期本版)

降压 840W(14V 60A)和升压 960W(48V 20A)并联稳压器电路见图 2 所示。

降压 560W(14V 40A)和升压480W(48V 10A)并联稳压器应用电路见图 3 所示。

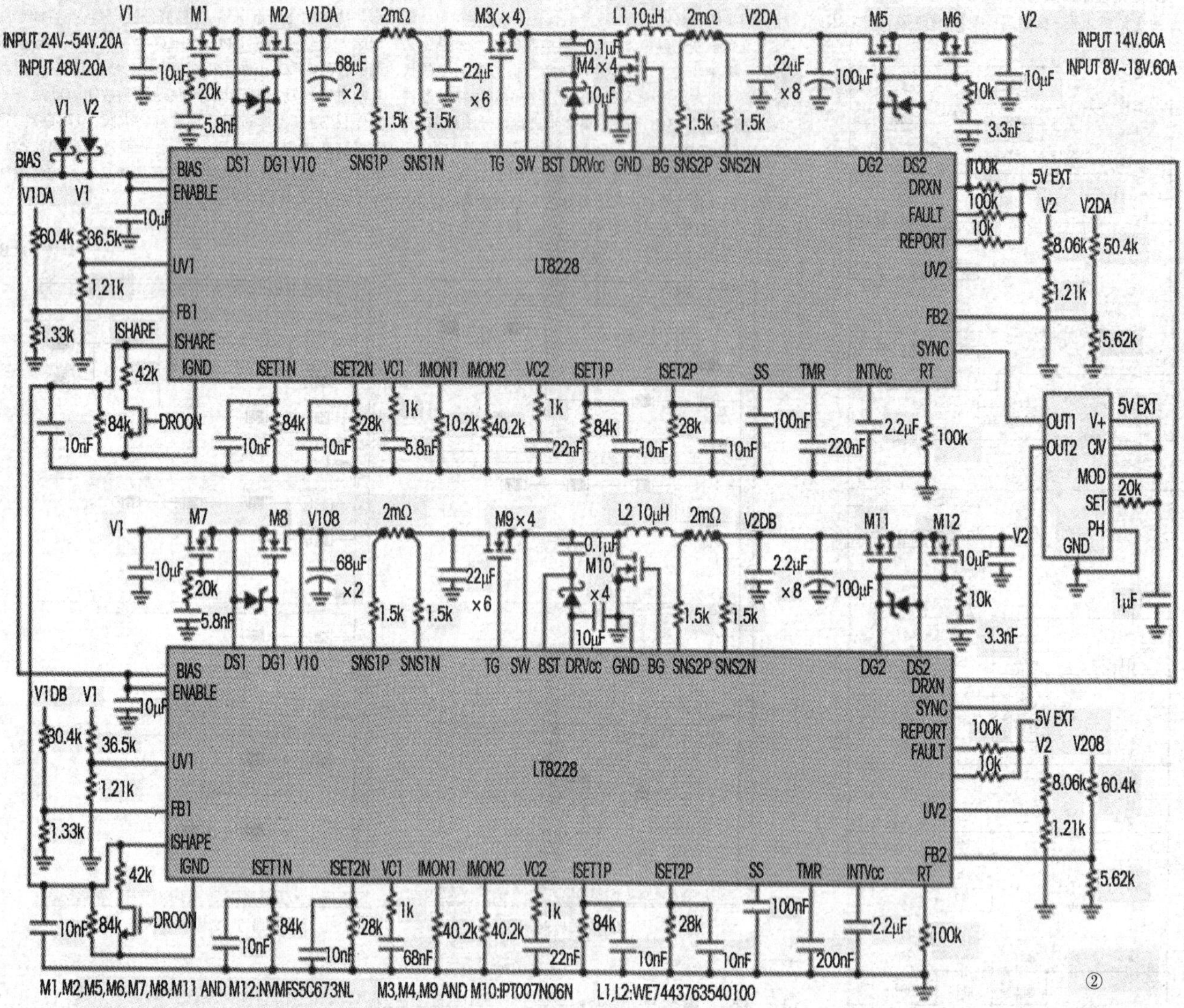

M1,M2,M5,M6,M7,M8,M11 AND M12:NVMFS5C673NL　　M3,M4,M9 AND M10:IPT007N06N　　L1,L2:WE7443763540100

②

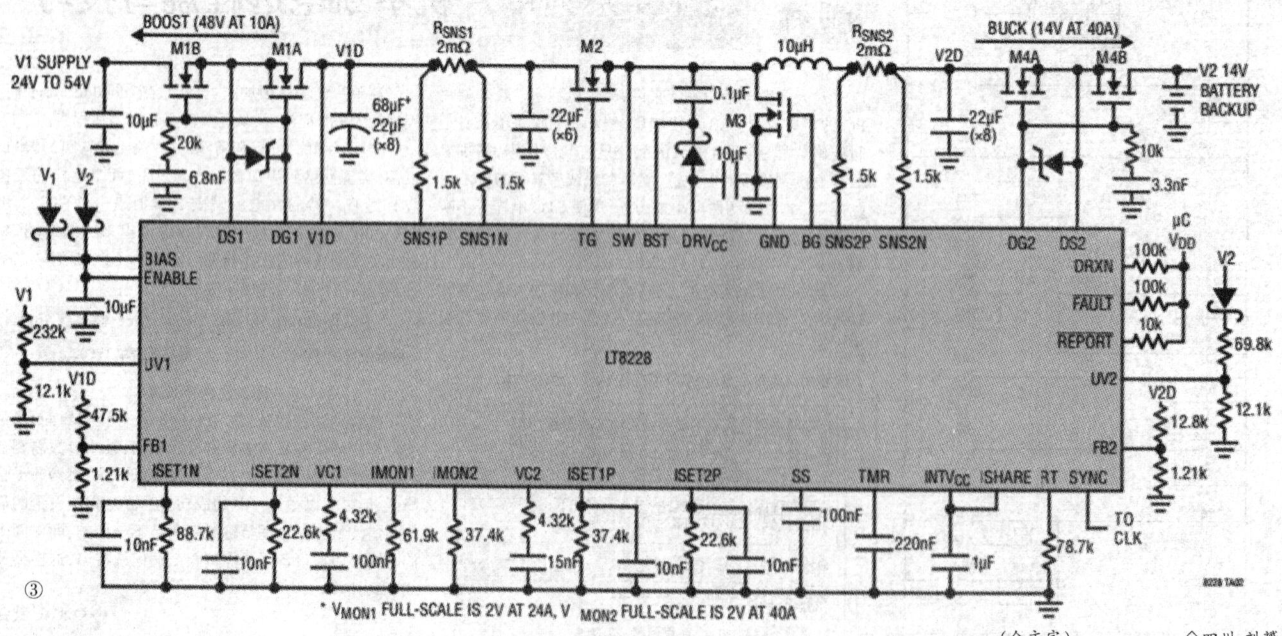

③

* V_{MON1} FULL-SCALE IS 2V AT 24A, V_{MON2} FULL-SCALE IS 2V AT 40A

(全文完)

◇四川 刘赟

正确区分调频发射机隔离电阻的方法

在Z10调频发射机中，有七种类型的隔离电阻。这些隔离电阻的温度，由主控器和PA控制器同时监测着。主控制器通过监测隔离电阻的温度，履行系统的保护责任。PA控制器只不过是在主控制器失效的情况下，作为主控制器的备用系统来进行监测控制。要想正确区分这些隔离电阻，必须要明白它们所在的位置和作用。

1. 四个平面的隔离电阻，标记是ISO-AZ、BZ、CZ和DZ。这四个平面隔离电阻在2.5kW合成器上，它们位于隔离器板的中间位置。分配器的输入信号大约是160W，它首先被第一级Wilkinson分配器分成两路阻抗大约为35Ω的信号。这两路信号之间的隔离电阻阻值是70.7Ω，功率为10W，如图1所示。电阻的上下两边，是第二级四路Wilkinson分配器。Wilkinson分配器中，有隔离电阻R1-R8。当各路的输出端都正确地接上负载时，在隔离电阻上几乎没有功率损耗。如果任意拔出一个PA模块后，这一路的输出端就成为开路状态。这些隔离电阻在隔离板上设计的编号是R9，标称阻值70.7欧姆、容量400瓦。每个Z平面的分配器上有8个隔离电阻，每个功率放大器对应一个隔离电阻。所有的功放模块都插在分配器插槽上，正常工作时，这些隔离电阻根本看不到。但是，如果拔出了一个功放模块，为了保持其它3个功率放大器的负载阻抗和4个功率放大器都插入时的负载阻抗相同，就会使这个功率放大器的隔离电阻分流而消耗功率。如果在同一个分配四元组上拔出第二个功率放大器(不是合成四元组)，那么与它们相联系的两个隔离电阻耗散的功率就会增加，也就有可能把隔离电阻烧毁。

由于这些电阻没有安装温度传感器，主控制器用一种特殊的计算方法，来核算隔离电阻究竟耗散了多少功率，计算出从任意一个分配四元组中拔出模块的最大数目和风流量百分数的最大值。然后，主控器设置预功放IPA的电流门限来防止这些电阻耗散太多的功率，降低APC电压，保持预功放IPA电流低于这个门限值，从而降低预功放的功率来保证这些隔离电阻的安全。

2. 两个5kW合成器的隔离电阻，标记是ISO-AB和ISO-CD。A面2.5kW和B面2.5kW的输出功率合成一路5kW，而C面2.5kW和D面2.5kW的输出功率合成另一路5kW。每一路都有一个隔离吸收电阻，共有两个。它们安装在5kW功率合成组件的上面，在系统框图中的设计编号是A2A5R1和A2A7R1，标称阻值50欧姆、容量800瓦。A面和B面输出的两路2.5kW功率(或者C面和D面)，都是用3dB合成器来合成5kW功率的。这个3dB合成器，安装在这两个平面之间，C面和D面也是如此。在Z平面中，各个平面之间已经具有所需要的90°相位关系。所以，只要所有的功率放大器正常工作，在合成器的输出端基本上没有功率损耗。如果两个平面之间的幅度或相位出现不平衡，AB面或者CD面的隔离负载电阻就会吸收这些不平衡造成的功率损耗。比如一个功率放大器出现了故障，这个放大器所处平面的输出功率，就会比其他平面的输出功率低。拔出一个模块不会引起不平衡，但却同时影响相关的两个平面A面和B面、或者C面和D面。系统越不平衡，隔离负载电阻的温度越高。如果这种不平衡大于某个参数值，控制器就会启动反馈程序，降低发射机的输出功率，保证隔离负载电阻的温度在容许的范围以内。A面和B面5kW合成器输出端的相位是-90°，C面和D面5kW合成器输出端的相位是-180°。这两路合成器的输出，直接送到功率放大器组件下面的10kW合成器中。5kW合成器组件中包括以下元器件：两个Z平面、8个功放模块，也就是16个功率放大器和一个3dB合成器。其中3dB合成器是一个非常稳定的器件，它允许输入端射频功率的幅度和相位存在一定的容差范围。在这个容差范围内，最大限度地合成输出功率。主控制器和PA控制器，同时监测合成系统的隔离电阻和它们的温度情况，主控制器监测它们，是为了发出反馈指令，降低发射机的输出功率。当主控制器不工作，或者出现异常时，PA控制器就单独地监测它们。此时，PA控制器仅仅起到保护作用。5kW合成器上的温度监测信号，从各自的J4端输出，如图2所示。AB面5kW合成器取样信号送到控制器的J15端，CD面5kW合成器取样信号送到控制器的J16，10kW合成器取样信号送到控制器的J17端。

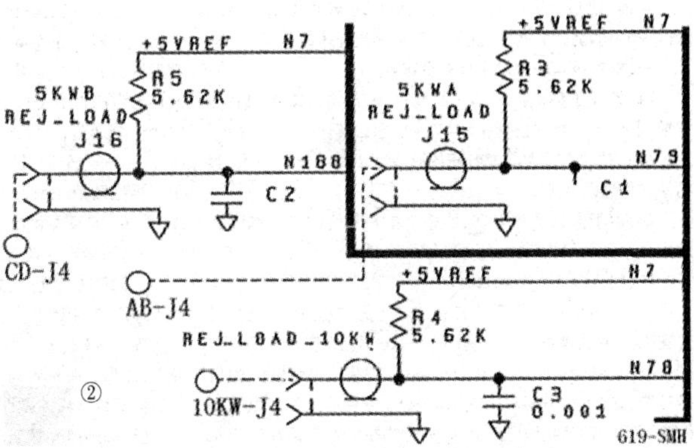

②

3. 10kW合成器的隔离电阻是ISO-ABCD，这个隔离电阻是两路5kW功率单元合成10kW功率时的隔离吸收负载。它安装在合成器铝盒子的前面，也就是PA模块机箱下面的底板里、在电源组件的正上方(在电源机箱内)，它在系统框图中的编号是A2A6R1。两个5kW合成器的输出端，接在最后一个3dB合成器的输入端，最终输出10kW额定功率，设计值不超过11kW。因为它把四个四元组的输出功率合成在一起，所以叫作ISO-ABCD。隔离吸收负载的温度取样，用来监测两路5kW合成器输出功率的平衡情况。

4. 隔离电阻本身的故障，是通过热敏电阻温度读数的变化来体现的。每一个功率放大器的隔离电阻温度故障门限，设置为150℃，这些隔离电阻安装在5kW功率合成单元两侧的隔离器板上。正常情况下，几乎没有电流流经这些隔离电阻，它们运行在40~100℃的温度范围内。如果在同一个四元组中，某个功率放大器隔离电阻的相位和增益，与其他三个功率放大器相比较出现了差别，那么隔离电阻就通过吸收电流来改善这种不平衡。同时隔离电阻的温度也就会升高，不平衡程度越大，温度升高越快。每个隔离电阻上面都用特制的环氧树脂粘贴了一个热敏电阻，用来监测温度。当这个温度即将接近150℃或已经超过150℃，就出现故障记录A、B、C、或D#-ISO。(这里面的#代表数字1~8)。同时，发射机被封锁120ms。存在故障的功率放大器也被切换出去，然后把封锁解除。这种温度测量方法，实际上是一定时间内隔离电阻的预测过载温度。也就是说，系统出现此故障时，隔离电阻的温度并没有真正达到150℃。但是，控制器将根据隔离电阻温度上升的比率，把这个有问题的功率放大器提前从系统中切换出去。查看功率放大器隔离电阻的温度，按前面板的诊断显示菜单。在环境温度低于75℃的情况下，每个功率放大器隔离电阻的温度有些差别是正常的。

通过上面对每个部分隔离电阻的分析，可以清楚地知道它们的具体位置和故障现象，一旦出现问题，能够很快地排除故障，为安全优质播出提供了保障。

◇山东 宿明洪 毕思超

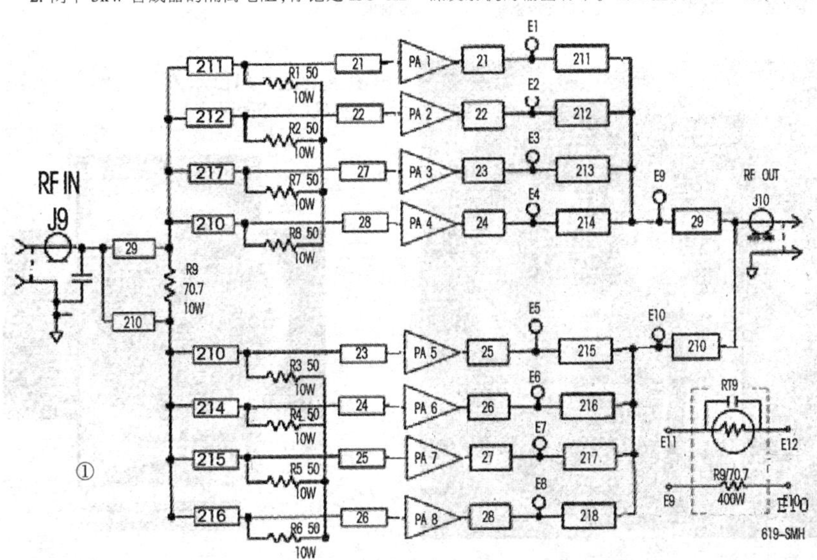

①

如何防止麦克风防啸叫

麦克风拾音后，经调音台、周边设备、功率放大器、音箱扩大出声音，这种声音又通过直接辐射方式或声反射方式进入传声器，使整个扩声系统产生正反馈，引起声电信号自我激励，扬声器随即啸叫声，这种现象称为麦克风的声音反馈。

一、麦克风啸叫会产生什么危害？

(1)破坏了整个扩声环境的气氛，使演讲人或演唱者非常狼狈，使听众非常扫兴，甚至产生厌恶心理。

(2) 对功率放大器或音箱的高音喇叭单元影响很大，容易使它们过载烧毁。

(3)由于声反馈的存在，使整个扩声系统的传声增益和放声功率受到限制(也就是不能增大音量)。

二、如何避免麦克风啸叫？

(1)避免将麦克风置于音箱的辐射区内(起码不能正对着喇叭)。首先调好一只话筒的电平，先不加调音台的话筒均衡，调音台通道推杆放在0分贝位置(如果给舞台监听的信号是取自推子后辅助输出就这样做)。话筒放到舞台上主要位置，打开监听输出总控(AUX)逐渐推高输出，等话筒引起某个频段啸叫后，微调AUX旋钮使啸叫稳定在某个音量水平上，然后调整对应的均衡器，使这个频段的啸叫消除，再继续提高音量，等另一个频段的啸叫产生后，再通过调节均衡器消除，依此类推，等调音台输出电平推杆或AUX旋钮调整到正常位置(比如0dB)，话筒不再产生啸叫了，拉下调音台推子。此方法用于找出声场内容易引起共振的啸叫点，然后适当降低话筒通道的电平，找个人上台对着话筒讲话，再逐渐提高话筒音量到正常位置，如果还有啸叫的，再通过均衡器消除。操作要点：一定要控制好电平，让啸叫出现后能保持在一个稳定的水平然后再调节就比较准确。操作一定要慢，不然一叫起来，就没办法逐个找到正确的啸叫点了。房间内的共振点一般都在5-6个点左右，如果反馈点过多，那就需要检查音箱的摆位是否合理了。调完监听的啸叫点后，再按照同样的方法调节主扩声系统，如果主扩声是双声道系统，先关闭一个通道，推调音台的输入推子，逐渐加大音量来找啸叫点。调好一个通道后，关掉这个通道调另一个，两边都调好后，再把两个通道同时推起来再检查是否还有其他的啸叫点，再通过均衡器消除。

(2)根据实际情况选择合适的麦克风，用一只品质比较高的话筒作为参考，(推荐使用SHURE BETA87A)，调节话筒输入通道的均衡，使用的话筒音色尽量接近用来参照的高品质话筒，完成这一步后，话筒音色一般都能满足大部分人的要求，然后让使用者对话筒试音，按使用者的要求，对调音台通道均衡做适当的微调即可。

(3)搞好房间建筑声学设计充分考虑吸声材料和吸声结构对各个频率吸收(反射)均匀的问题，以减少对不同频率的声音反射或吸收不一致的情况，尤其在放置传声器的附近空间，应尽量减弱声反射。

(4)设备之间连接牢靠，避免虚焊现象(虚焊或连接不牢固可导致瞬间电阻增大和衰减，电压不稳定)。

(5)调试设备必须进行统调，每种设备都不能处于临界工作状态，否则会出现信号不稳定或震荡现象。

(6)可加入反馈抑制器或移频器，抑制消除啸叫声。话筒原音色调整好后，可以把混响加入，用效果器选择合适的效果类型，打开调音台的对应的AUX输出，同时调整效果器输入电平和调音台辅助输出电平，对话筒讲话，看输出到效果器的信号是否过大或者过小，一般把此信号控制在0分贝。效果器混合比设置为100%，然后逐渐开大效果器的输出电平，检测输出回调音台的电平是否正常，如果正常了，逐渐加大效果器返回的旋钮，根据使用者的要求，把效果器的量设置到合适的水平。加效果以后，由于人工混响的存在，可能产生新的啸叫点，一般容易在低频段出现第一个啸叫点，最好效果器返回是接入到调音台的线路输入的，这时就可以调节这个输入通道的均衡来消除啸叫。

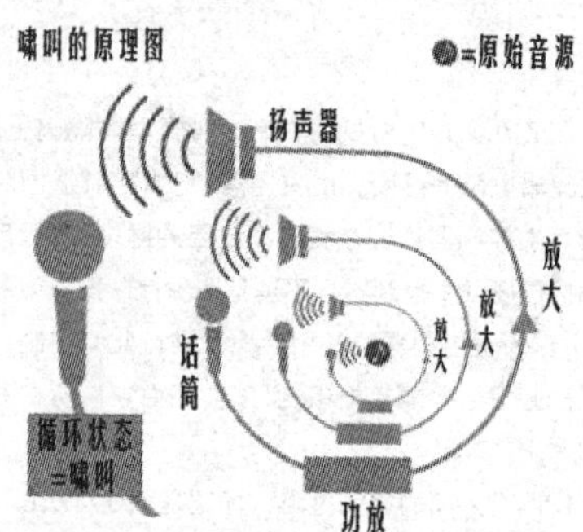

◇江西 谭明裕

有意思的竖屏电视

随着手机拍摄视频的分辨率越来越高，所谓的互联网电视除了网络基本功能外，也有设计师大开脑洞地将电视与手机(竖屏)播放联系在一起。三星就准备推出一款名为"The Sero"(43英寸)的电视产品，这款电视主打就是能旋转进行竖屏播放功能。

除了可以像传统电视一样横屏观看，三星The Sero还可以将屏幕进行90°旋转，切换成纵向屏幕，方便用户浏览各种社交网络平台，为用户带来更好观看体验。这一设计在当时大获好评，它代表的不只是简单的形态改变，更是大屏市场面对小屏产品冲击的有力回击。

无独有偶，三星并不是唯一想到这个解决方案的电视品牌。2019年，TCL推出了XESS智屏(55英寸)，可以说颠覆了传统的大屏概念。不过当时的竖屏概念和现在还有所差别，配合手机摇一摇，就可实现智屏从横到竖的AI自动旋转，看上去像是一个放大的手机屏幕。

海信更是直接量产了一款55英寸自旋转竖屏电视——海信VIDAA 55V5F，这款电视采用屏幕和主机分离的设计，屏幕通过壁挂式安装在墙上，同样支持竖屏旋转。使用时可通过AI语音智能控制，5米范围内一句"旋转"，就能随意横竖切换，此外投屏的时候，55V5F会自动识别手机横竖状态，自动旋转。

屏幕超薄可贴墙，主机支持Qi标准认证的无线充电功能，此外新品还搭载了JBL定制音响(2×18W)、一键K歌等功能。

在核心配置方面，VIDAA自旋转竖屏电视搭载了55英寸的4K HDR画质屏幕，配备了A73+A55双架构、4核MAX 1.7GHz 64位处理器，配备3+32GB存储，目前价格为4199~4599元(含优惠券)。

相信随着市场的竞争和技术的不断成熟，还会有更多的品牌推出旋转屏电视。

Hisense VIDAA

— 海信旗下互联网年轻潮牌 —

邮局订阅代号：61-75 国内统一刊号：CN51-0091

微信订阅**纸质版**
请直接扫描
邮政二维码
每份1.50元 全年定价78元
每周日出版

扫描添加**电子报微信号**
或在微信订阅号里搜索“电子报”

2020年4月26日出版 实用性 启发性 资料性 信息性

第17期 国内统一刊号:CN51-0091 定价:1.50元 邮局订阅代号:61-75
地址：(610041)成都市武侯区一环路南三段24号节能大厦4楼 网址：http://www.netdzb.com

(总第2058期) 让每篇文章都对读者有用

硬盘选购参考

消费者在购买硬盘(HDD)时，肯定优先考虑故障率；光看厂家宣传实际参考意义不大，因此故障率还得从消费者回馈才能知道。著名的数据存储厂商Backblaze发布了2019年度硬盘故障率报告。该报告以Backblaze名下运行的124956块硬盘为样本，其中2229块为系统启动盘，122658块为数据存储盘。

通过列表我们将各类旗下的HDD故障率做了个对比，希望对消费者有一定参考帮助。

通过数据报告列表我们可以看到，唯一一款年化故障率(AFR)为零的硬盘来自东芝，型号MD04ABA400V，4TB容量，总数99块。故障率第二低的是HGST(日立，西部数据收购了其硬盘业务)HUH721212ALN604，容量12TB，总数10859块，第三低的依然是日立。所有硬盘的平均年化故障率为1.89%，高于平均值的有两款，均来自希捷，型号分别是ST4000DM000(2%)和ST12000NM0007(3.32%)。不过，这两款硬盘的保有数量分别列第一、第二，通电时间也颇长。

(本文原载第24期11版)

			2017		2018		2019	
制造商	型号	容量	数量	平均故障率	数量	平均故障率	数量	平均故障率
WDC	WD30EFRX	3 TB	180	1.09%				
HGST	HDS5C4040ALE	4 TB	2,346	0.34%	50	1.58%		
HGST	HMS5C4040ALE640	4 TB	6,033	0.33%	4,704	0.49%	2,852	0.45%
HGST	HMS5C4040BLE640	4 TB	14,797	0.63%	14,550	0.36%	12,746	0.79%
Seagate	ST4000DM000	4 TB	31,936	3.17%	23,236	2.13%	19,211	2.00%
Toshiba	MD04ABA400V	4 TB	146	0.70%	145	0.69%	99	0.00%
WDC	WD40EFRX	4 TB	45	2.21%				
Toshiba	MD04ABA500V	5 TB	45	0.00%	45	0.00%		
Seagate	ST6000DX000	6 TB	1,792	0.70%	1,524	0.98%	886	0.96%
WDC	WD60EFRX	6 TB	436	2.06%	383	2.15%		
HGST	HUH728080ALE600	8 TB	45	0.00%	1,045	0.68%	1,000	0.79%
Seagate	ST8000DM002	8 TB	9,886	0.96%	9,874	0.94%	9,809	1.27%
Seagate	ST8000NM0055	8 TB	14,396	1.21%	14,383	0.88%	14,447	1.57%
Seagate	ST10000NM0086	10 TB	1,220	0.89%	1,210	0.33%	1,200	1.00%
HGST	HUH721212ALE600	12 TB					1,560	0.56%
HGST	HUH721212ALN604	12 TB			1,278	0.51%	10,859	0.40%
Seagate	ST12000NM0007	12 TB	7,220	2.01%	31,146	1.39%	37,004	3.32%
Seagate	ST12000NM0008	12 TB					7,215	1.14%
Toshiba	MG07ACA14TA	14 TB			1,205	3.03%	3,619	0.65%
		Totals	90,523	1.77%	104,778	1.25%	122,507	1.89%

备注：WDC(西部数据)、HGST(日立)、Seagate(希捷)、Toshiba(东芝)

长江存储宣布128层QLC 3D NAND闪存芯片

长江存储近日宣布其128层QLC 3D NAND闪存芯片X2-6070研发成功，并已在多家控制器厂商SSD等终端存储产品上通过验证。长江存储表示，X2-6070是业内首款128层QLC规格的3D NAND闪存，拥有业内已知型号产品中最高单位面积存储密度，最高I/O传输速度和最高单颗NAND闪存芯片容量。

此次同时发布的还有128层512Gb TLC(3 bit/cell)规格闪存芯片X2-9060，以满足不同应用场景的需求。每颗X2-6070 QLC闪存芯片共提供1.33Tb的存储容量。而在I/O读写性能方面，X2-6070及X2-9060均可在1.2V Vccq电压下实现1.6Gbps(Gigabits/s千兆位/秒)的数据传输速率。

预计2020年底~2021年中陆续量产，目标达到月产能10万片；如此一来，国内有望用上价格相对较低又大容量的固态盘。

(本文原载第16期11版)

手机清理深层扫盲

不得不说很多时候手机内存是个头疼的事，现在买手机基本都是标配128G起，随手几个视频文件，音乐文件，再装几个大容量的游戏；空间就不富裕了。而2、3年前中低端价位的手机几乎都是64G的存储空间，手机性能过剩恐怕只是针对处理器和运行内存，手头若是不富裕，又患有清理强迫症，那就非常麻烦了。

像作者这种64G的老机，不留个5G左右的空间就觉得浑身不自在

空间不足了，随时都会“情不自禁”地按下手机管家，但是没多久又会收到系统的提示，那么想要自己手动清理手机空间的朋友就请仔细看好了。

如果你的英文不好，对系统也是一知半解，那么就需要了解一下各文件夹代表什么意思了。

Download(download)

该文件会分为两类，其中大写开头的是指联网后下载的文件目录，小写开头的是指手机自身存储的下载传输文件；这些都可以定期清理。

DCIM

该文件包含手机拍摄的照片、视频缩略图等等。照片是非常占手机存储空间的，如果手机内存不大，可以先把照片上传到手机云端(像华为云、小米云这种免费的云相册一般在5G左右；再高就需要参加活动或者购买了)，或备份到电脑，这样更便于永久保存，然后再清理这个文件夹。

Cache

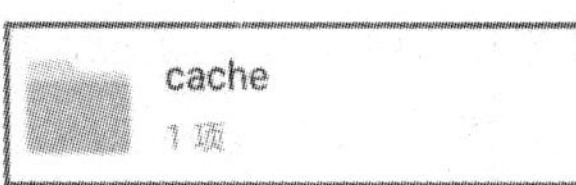

该文件夹代表缓存，平时在使用APP时，应用需要自动缓存的一些东西，这类文件夹一般没有重要的数据。但长时间不清理会占据存储空间，可以选择性的删除释放手机内存。

Temp

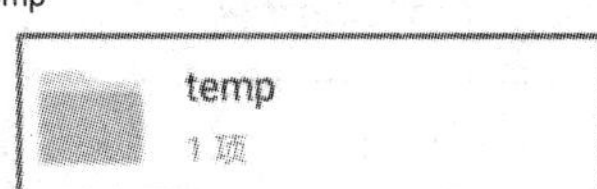

该文件代表临时性文件，比如浏览网页的信息会自动产生缓存垃圾，临时文件堆积多了自然会影响系统运行速度，需要定期进行清理。

以上这些都是随时可以清理的，基本上手机管家清理的也是这几类。

下面几个就基本不要动了。

Backup

这个文件夹主要是存放自动备份文件，例如通讯录、短信等数据的备份，当这类数据不小心丢失后可以从这个文件夹恢复。如果自己没有主动备份过文件，是可以选择删除的，但如果自己主动备份过相关的文件就要注意筛选了，不能乱删，因此不建议删除。

System

这个文件夹一般存放一些与系统运行相关的文件，删除可能会破坏Android系统的正常运行，容易造成系统卡顿，建议不要随便清理System文件夹里的东西。

Android

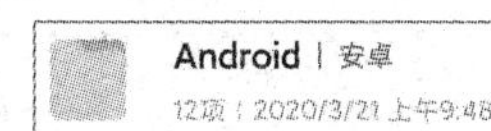

与“system”文件夹类似，代表安卓系统文件。主要存储一些Android系统数据、目录或文件，一旦删除手机里的部分功能就会丢失，严重的会影响手机整体流畅度，所以一般不可以乱删，务必保证文件的完整性。

至于“tencent(腾讯)”“Alipay(支付宝)”“baidu(百度)”等App的文件夹，可以根据自己的使用习惯进行删除。

不管怎么说，手机现在已经完全融入生活日常了，建议购买新机时最低也要满足128GB的存储空间。

(本文原载第22期11版)

长虹教育触摸一体机LED55B10T维修八例(一)

在2012~2014年，安徽省教育系统资源全覆盖项目和薄改项目中的模式四项目，显示终端大多采用的是长虹教育触摸一体机LED55B10T型号，据不完全统计大约有13000多台。目前这一体机型号至少使用了5年以上，逐步进入了维修期。笔者接触这个机型比较早，维修也比较多，现将维修中的有关故障现象及检修方法整理出来，供学校管理员和业余维修者参考。

例一、故障现象：电源指示灯不亮，电源板型号：FSPL35D-8M7

故障检修：拆机通电，用万用表测滤波电容C1两端电压(450V/100μF)无320V直流电压，继续检查发现保险丝熔断、Q5击穿。更换以上坏配件后，仔细检查无短路现象，通电测输出电压为12V，电源指示灯亮，按电源开机按钮，背光不亮。测PS-ON信号脚有3.2V，说明主板已经送来了高电平的开机信号，再测C1两端电压，只有320V，正常应该为380V左右，说明PFC电路没有工作。PFC电路由芯片U2(NCP1608B)、开关管Q5、激励管Q4等组成，如图1所示。待机时各脚电压基本为0，工作正常时，①脚2.5V；②脚0.8V；③脚1.13V；④脚0.9V；⑤脚0V；⑥脚接地；⑦脚2.23V；⑧脚15V。测各脚除了⑧脚之外，其他脚无电压，怀疑U2损坏。更换U2，开机，背光灯亮，再测C1两端电压380V，试机一小时一切正常。

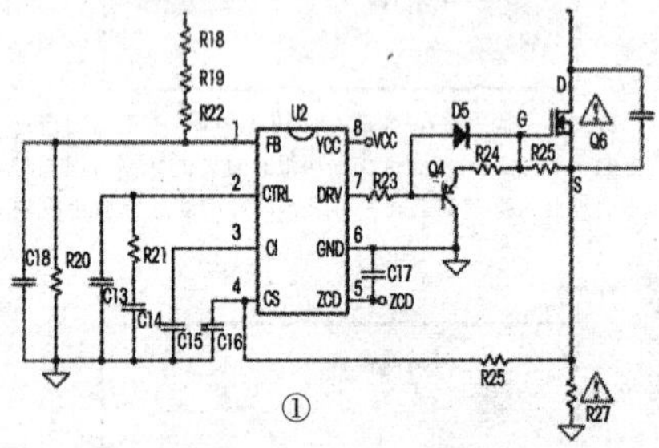

①

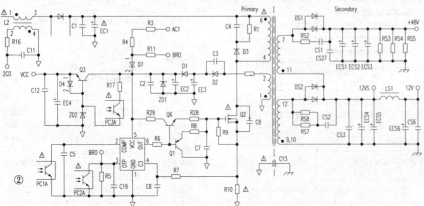

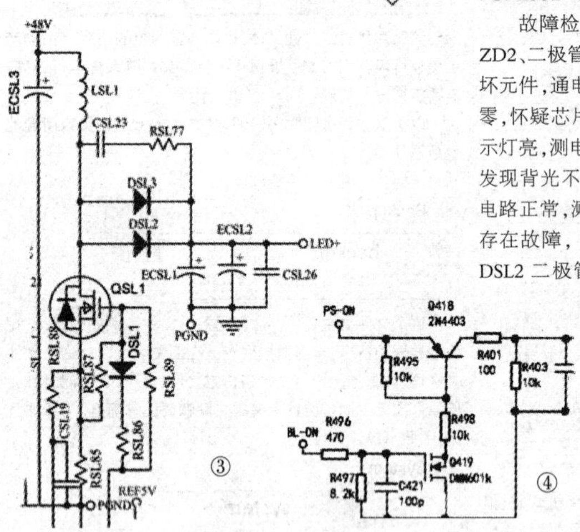

③

④

②

例二、故障现象：电源指示灯不亮，电源板型号：FSPL35D-8M7

故障检修：测滤波电容C1两端电压有320V左右，测次级电容ECS6两端无12V输出电压，再测U1电源芯片(丝印37s)的⑤脚电源脚只有4V，正常应该为15V左右，⑤脚与D1、D2、ZD1、Q6、EC2、EC3等连接，如(图2)。在路测各个元件的电阻值未发现明显短路问题，分别拆下检查发现ZD1的反向电阻2.9KΩ，正常应该为无穷大。更换ZD1后，通电测试U1的⑤脚有15V正常电压，测电容ECS6两端有12V正常电压。按下电源启动键，背光灯亮，系统进入桌面。这时测正常工作U1的各脚电压：①脚接地；②脚1.8V；③脚2.0V；④脚0V；⑤脚15V；⑥脚0.8V。

例三、故障现象：电源指示灯不亮，电源板型号：FSPL35D-8M7

故障检修：拆机，用万用表在路检查，发现稳压管ZD2、二极管D4、三极管Q3明显损坏。更换这三个损坏元件，通电测U1的⑤脚有15V，其他脚电压几乎为零，怀疑芯片损坏。更换芯片，打开电源开关，电视指示灯亮，测电容ECS6两端，12V正常。按面板电源键，发现背光不亮，测C1两端电压380V左右，说明PFC电路正常，测ps-on电源脚，3.2V正常，说明电源板还存在故障，故障范围应该在背光控制电路。通电测DSL2二极管的负极端电压40V左右，与正常电压48V相差较大，断开DSL2与DSL3，如图3，测LSL1的两端电压均为48V正常，说明DSL2与DSL3之后的负载电路过重，即有元件漏电或者短路。替换电容ECSL1和ECSL2，故障不变，直接把CSL26焊下，再测电压正常。原来是CSL26漏电造成，通电试机，背光灯亮，一切正常。

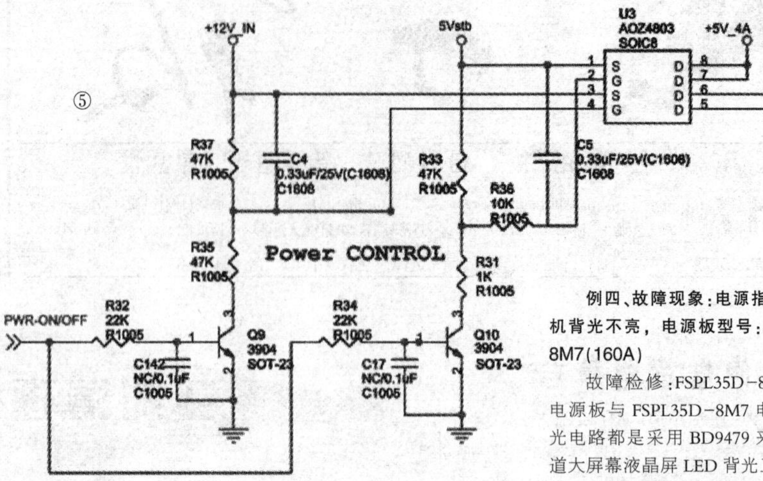

⑤

例四、故障现象：电源指示灯亮，开机背光不亮，电源板型号：FSPL35D-8M7(160A)

故障检修：FSPL35D-8M7(160A)电源板与FSPL35D-8M7电源板的背光电路都是采用BD9479来驱动8通道大屏幕液晶屏LED背光工作，内有BOOST自举电压提升控制和8路电流恒定控制电路，以及过压0VP、过流OCP和短路保护SCP等。该IC广泛应用在长虹HSL35D-8M7(160)或(132)、HSL35D-8M6(132)等电源组件上，进而生产出不同的电源板型号。此IC组成电路的外围元件参数几乎相同，甚至元件编号都没大变化，维修时能相互参考。开机测PS-ON脚，只有2.5V左右，正常是3.2V左右。断开PS-ON脚与其他元件的连接，测电压3.2V正常，说明主板已经送来了高电平的开机信号，3.2V电压偏低可能与R495、R498、Q418等元件有关，如(图4)所示。着重检查这一部分电路，首先怀疑Q418有问题。更换Q418，开机背光点亮，一切正常。

例五、故障现象：电源指示灯亮，按电源开机键不开机，主板型号：JUC7.820.00090615

故障检修：拆机测电源供电12V正常，为何不能开机。查看二次开机电路，它是由主芯片提供PWR-ON/OFF控制信号给开关机电路，如(图5)。当PWR-ON/OFF高电平时，通过R32、R34分别加到Q9、Q10的b极，Q9、Q10导通，它们的c极电压由高电平变成低电平，即U3(AOZ4803)的②、④脚电压也由高电平变成低电平，此时U3内部双P沟道增强型场效晶体导通，分别从U3的⑦、⑧脚输出5V_4A，⑤、⑥脚输出12V_3A电压给后端负载电路供电；反之，当PWR-ON/OFF位高电平时，开关机电路停止工作。通电测U3发现开机时⑦、⑧脚为0V，正常为5V，⑤、⑥脚应该为12V，结果为0V，查外围电路，没有发现元件损坏，更换U3，故障依旧。测U3的②、④脚没有开关机的变化电压，顺测Q9、Q10的b极也没有开关机的变化电压，怀疑主芯片TSUMV69MDS有问题。从淘宝上购买了一块，更换后开机指示灯亮，但色彩不对，重刷数据问题解决。

例六、故障现象：电源指示灯亮，按电源开机键不开机，主板型号：JUC7.820.00090615

故障检修：学校管理员告诉笔者，暑假由于网线没有拔被雷击，电脑和外接的电视机都损坏了。平时电脑采用VGA信号接口与电视机VGA接口相连接，所以电视也损坏，造成指示灯亮不开机。考虑网线接到电脑主板上，是主板的信号输入端，而VGA电路是电脑主板的信号输出端，再到电视机的VGA输入端，需经过比较多的电路，连线也有一段距离，综合分析电视机损坏得应该不太严重。拆机用放大镜看VGA电路处，没有发现明显的损坏痕迹。考虑到雷击，直接替换U320，还是不开机。正准备测试时，U321冒烟了，迅速关机。从其他板上找了一个丝印A253换上，通电，二次开机，正常。用VGA线把电视与电脑连接测试，电视机一切正常。这故障维修好，有巧合的因素。(未完待续)(下转第172页)

◇安徽 黄山 余明华

服务器主板BMC远程显示"Memory Status Critical"报警维修实例

服务器主板BMC远程显示"Memory Status Critical"报警(如图1所示)，BMC(Baseboard Management Controller)中文译为"基板管理控制器"，有如下作用(来自百度)：支持行业标准的IPMI规范。该规范描述了已经内置到主板上的管理功能，这些功能包括：本地和远程诊断、控制台支持、配置管理、硬件管理和故障排除。BMC提供下列功能：与IPMI 1.0的兼容性，用于风扇转速监视的转速计输入，用于风扇转速控制的脉冲宽度调节器输出，用于前面板按钮和开关的按钮输入与服务器控制台端口进行多路传输的一个串行端口远程访问和ICMB (Intelligent Chassis Management Bus，智能机箱管理总线)支持多个I²C主端口及备用端口(其中一个端口用于智能机箱管理总线)LPC(Low Pin Count，低针计数)，总线提供对三种KCS(Keyboard Controller Style，键盘控制器方式)和BT(One-Block Transfer，单块传输)接口的访问，32位ARM7处理器160针LQFP(Low Profile Flat Pack，薄形扁平封装)为下列接口提供固件：IPMI、IPMB。

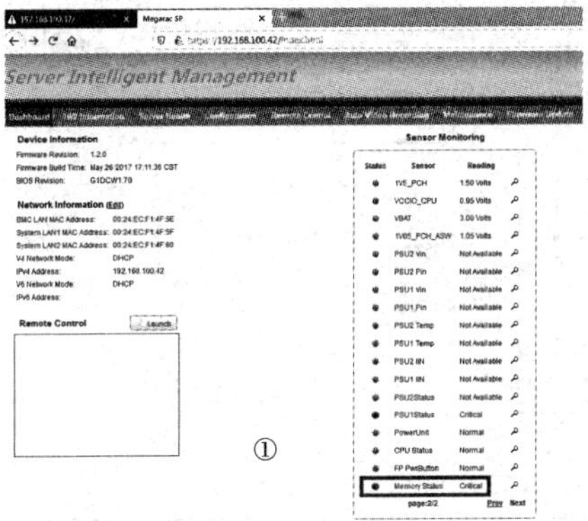

点开右边的放大镜图标显示具体报错来源，"Memory Channel CD Critical Overtemperature"翻译为中文为：内存CD通道临界值超温(如图2所示)。

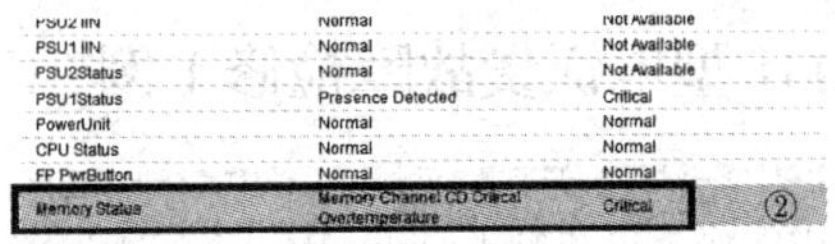

测量C、D通道内存供电1.2V、2.5V正常，波形也正常。打开电路图查看C、D通道PWM供电控制芯片(如图3所示)，查找这个芯片与温度有关的引脚，发现㊴脚VR_HOT#为芯片过热保护脚，带#号表示低电平有效。实际检查㊴脚通过10kΩ电阻上拉至3V3_DUAL(图4所示)，正常工作时芯片内部开路，当检测到内存供电过流及温度增高时芯片内部启动将㊴脚接地为低电平，停止脉冲输出，防止过热损坏主板及CPU和内存条，测量㊴脚为正常的3.3V高电平，问题似乎不是出在这里。

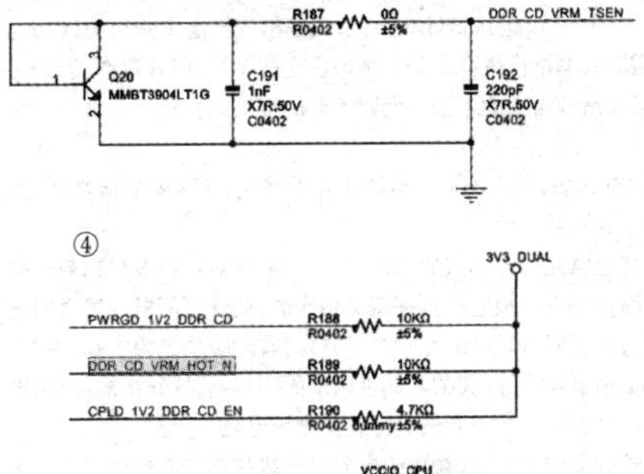

继续查找DDR_CD_VRM _HOT_N这个信号去向，经一个电阻到了Q62的G极，两个MOS管延时隔离后转入下一路。测量Q62 G极电压为3.3V，D极为亦为3.3V高电平，这明显不正常。按照以往经验，N沟道为高电平导通，现在G极是3.3V高电平，D极依旧为高电平。要么Q62损坏，要么就是R722上拉电阻阻值变小，将万用表拨至蜂鸣二极管挡位，测量R722发现为0Ω，以往遇到电阻阻值变大的居多，阻值变小的也有，但几乎很少有直接变为0Ω的情况。测量Q62 G极的电阻为4.7kΩ，查看线路图(如图5所示)G极的R724应该是个0Ω电阻，怎么可能会是4.7 kΩ呢？难道是上错了料或是被人为替换了呢？

这两颗电阻互换会后为何出现上述内存报警故障，先来看下电路原理：正常工作时Q62因G极为3.3V高电平而导通，Q63 G极为低则截止，Q63 D极保持为高电平。内存过热检测信号是由CPU发出(如图6所示)，外部上拉至高电平经转换后最终由BMC发出警示信号，正常工作时CPU内部将该脚位信号悬空，若检测到温度升高则内部将这个信号接地。这个高电平由R683上拉至VCCIO_CPU，然后连接到U58的③脚，U58是一个4位LVTTL至GTL收发器(如图7所示)。实测③脚为低电平，R683一端为0.95V电压，一端为0V不正常，测⑫脚也为0V，U58的⑫脚直接接到BMC芯片的内存热检测脚(如图8所示)，因CPU0_DDR_CD_HOT_LVT3_N信号为低电平，BMC检测到C、D通道过温发出报警。

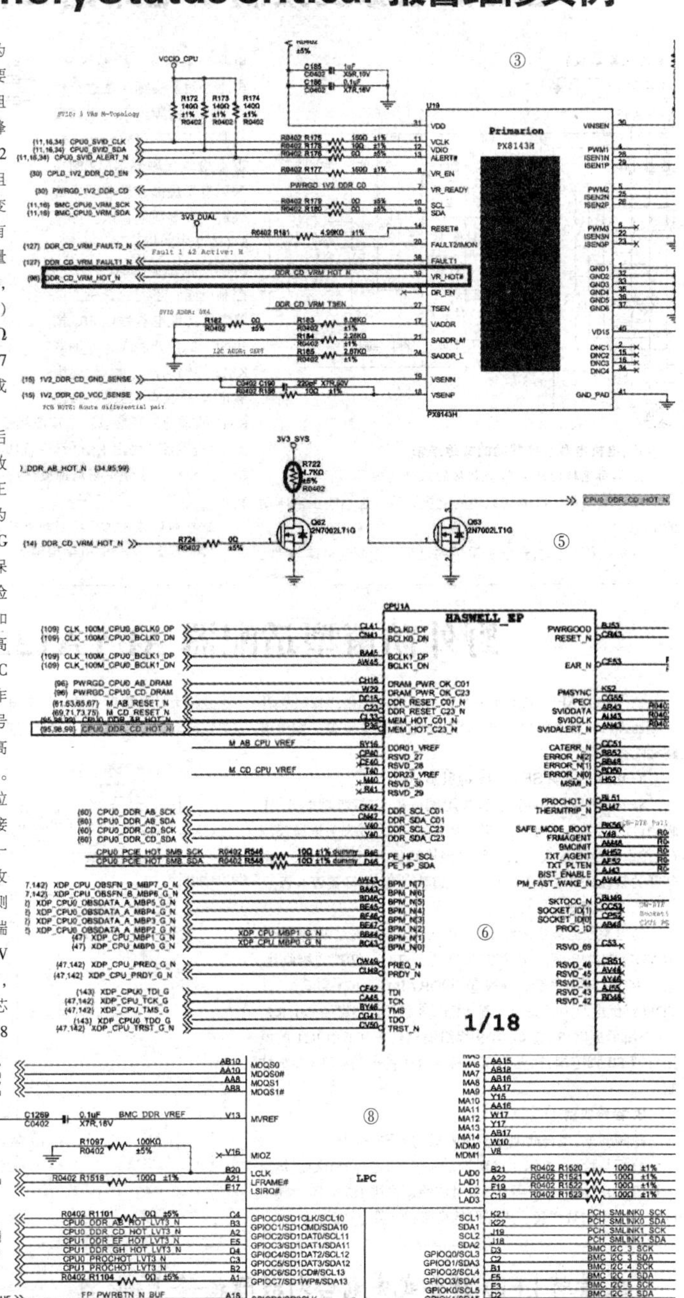

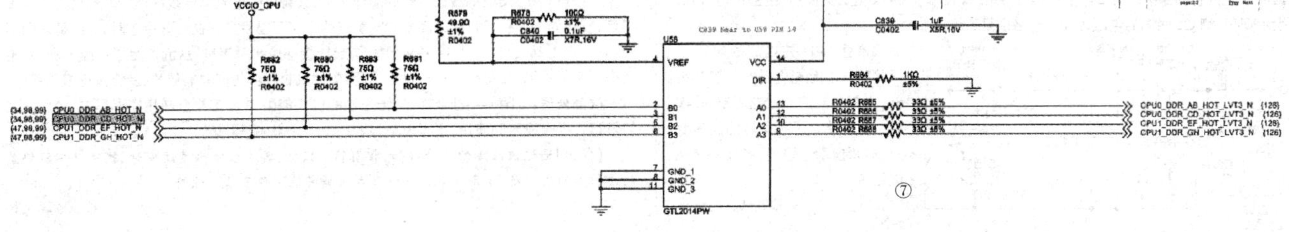

理清了电路原理后，接下来将R722、R724恢复为按线路图中的正常阻值，通电测试内存报警消失，故障排除(如图9所示)。

◇湖南 郑鹏

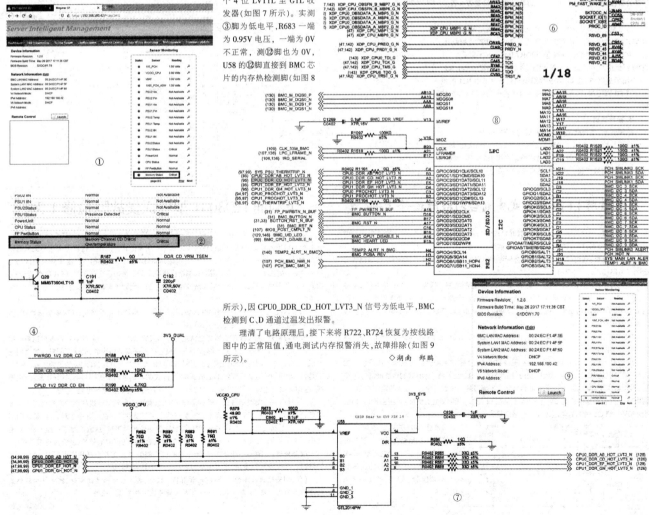

电动机电源反接制动电路的工作原理及故障维修实例(二)

（紧接上期本版）

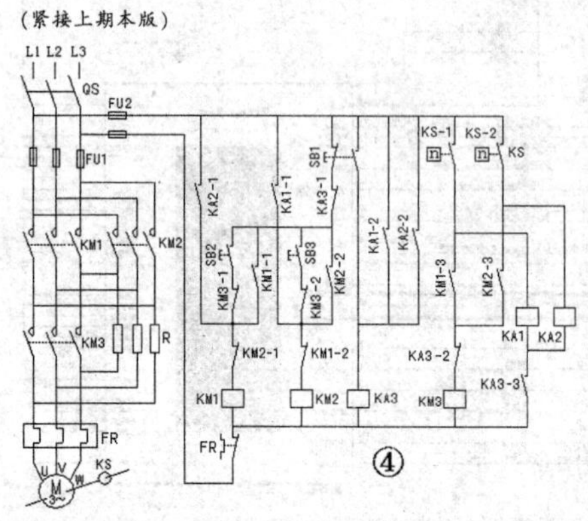

四、电机电源反接制动的故障维修

1. 单向运转时反接制动电路的维修实例

故障现象：一台单向运转的电机近期发生不能正常制动的故障。

分析与检修：这台电机采用的电源反接制动电路与图2电路非常相似，故参照图2电路并对照实际接线进行检查。由于故障现象是电源反接制动工作不可靠，所以应重点检查接触器KM2的主触点有无烧蚀、粘连引发的接触不良等现象，以及如图5（图2中的相关局部电路）所示的接触器KM2线圈的控制电路，还需检查图5电路中的热继电器触点FR、按钮SB1的常开触点、接触器KM2的辅助常开触点、速度继电器的触点KS、接触器KM1的辅助常开触点，以及接触器KM2的线圈引线接触情况。检查发现接触器KM2线圈接线因长期工作振动引起接线松动。将相关接线重新清理氧化层并拧紧固定螺钉后故障排除。

2. 双向运转电机反接制动电路故障维修

故障现象：一台电机采用图4所示的电源反接制动电路，运行中发现电机反向运转时没有电源反接制动功能。

分析与检修：由于电机正转及反转均可正常工作，说明图4中的接触器KM1、KM2、KM3的主触点接触良好。而正转时的电源反接制动功能正常，说明停机按钮SB1以及中间继电器KA3的线圈供电、KA3的触点KA3-3的接触或工作情况均应正常。

分析至此，电机反向运转时的电源反接制动功能异常，其故障已经被缩小在一个很小的电路范围内了，即图4中速度继电器KS的触点KS-2和中间继电器KA2的线圈接线上，如果电机反转时，转速已经达到或超过速度继电器KS的动作速度，则触点KS-2应该闭合。电机反转时一旦需要停机并按压了停机按钮SB1，则中间继电器KA3线圈立即得电，其触点KA3-3闭合，中间继电器KA2线圈得电，触点KA2-1闭合，接通接触器KM1的线圈电源，电机立即开始反接制动。

经检查发现，速度继电器的触点KS-2在电机反转并达到较高转速时未能闭合，致使反转运行的电机需要停机并反接制动时，中间继电器KA2线圈不能得电，继而使得接触器KM1的线圈不能获得电源，从而产生本例故障。更换相同型号的速度继电器后，故障排除。

（全文完）

◇山西 杨电功

野外防雨型适配器AFYA1220#电路原理与故障检修

该适配器AFYA1220#采用的是以电源模块SE1221#、开关变压器T1为核心构成的并联型他激式开关电源，实绘电路如附图所示。

1. 电源集成块SE1221#的引脚功能

SE1221#无资料可查，根据附图分析，其管脚功能为：①脚为电源供电端，②脚为误差放大器滤波端，③脚为电压反馈（误差取样信号输入）端，④脚电流检测信号端，⑤、⑥脚为内部开关管（MOS功率管）D极，⑦、⑧脚为接地、开关管S极。

2. 工作原理

市电整流滤波后的约DC310电压，一路通过R2给IC1的VDD脚供电，另一路经开关变压器T1①、②脚初级绕组，进入IC1内部功率管的漏极⑤、⑥DRAIN脚，IC1启动后，其VDD脚供电改由开关变压器T1④、③脚反馈绕组经D6、R7、C5整流后提供，T1⑤⑥、⑧⑨绕组输出电压高低由IC1的电压反馈FB脚控制，输出工作电流由IC1的电流检测CS脚控制。

3. 检修实例

故障现象：多台此型电源适配器均被雷击损坏

分析与检修：检修中发现均是保险丝（熔丝管）FU1、整流二极管D1~D4、电源块IC1、过流检测电阻R3损坏，其中FU1及IC1均被炸裂。用好件替换所损元件，故障排除。

此机大批量损坏，估计与市电输入端未设过压保护元件有关。由此可见，市电输入端设置过压保护元件有多么的重要。

【提示】如果想加装压敏电阻，可以选用常见的471型压敏电阻。将其并接在L1输入端焊点上即可。

◇山东 黄杨

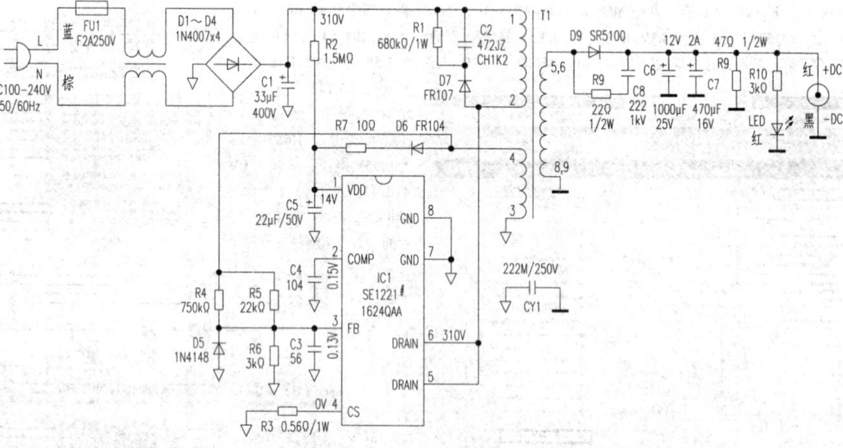

久景牌LED折叠式充电台灯故障检修1例

故障现象：一台久景LED—666型折叠式充电台灯在充电过程中，突然充电指示灯熄灭，且冒出一股烟；数秒钟后，焦味消失，但能继续充电。

分析与检修：通过故障现象分析，怀疑电源电路异常。为了便于故障的检修，根据实物绘制了电路图，如附图所示。

参见附图，该充电灯采用了传统的阻容降压式电源电路。通电后，220V市电经C1降压，利用D1~D4桥式整流获得脉动直流电压。该电压一路经R2限流，使电源指示灯（红色LED）发光，表明其处于充电状态；另一路经C2滤波后，产生的4V左右直流电压为4V的蓄电池充电。

R3为限流电阻；K为拨动开关，它有ON1、ON2和off三个挡位，调节ON1、ON2可以改变台灯的亮度。

维修时，首先查找冒烟的元件，发现电解电容C2鼓包且流出黑色胶状液体，说明C2损坏，同时发现R2表面色环烧坏发白，检测后确认R2已开路。将泄露的电解液清理干净后，再用耐压160V的同容量电解电容替代C2，提高其工作的可靠性。R2为限流电阻，根据电路分析它的压降约为2V，它的阻值应在1k左右。用1k电阻更换后，接上市电，LED指示灯亮，测C2两端的电压为4V，电路恢复正常。

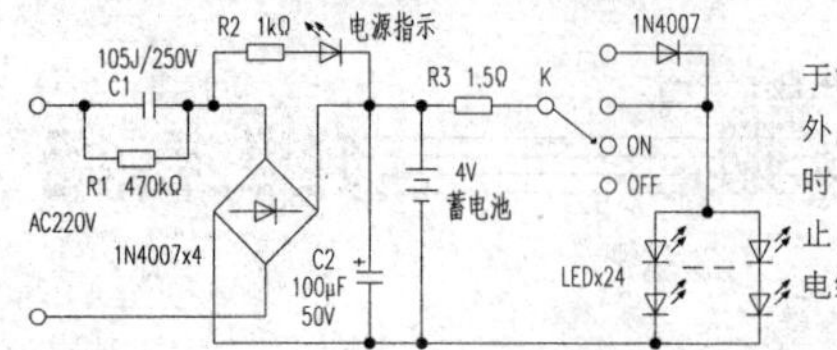

该款LED充电灯的电路过于简单，没有充电保护装置。另外，当蓄电池的充电电压超过4V时，就会使电源指示灯的反偏截止，电源指示灯熄灭，提醒用户充电结束。

◇江西 高福光

飞利浦HD3031型电饭煲故障检修1例

故障现象：约一年前，偶尔会出现蒸煮过程中，开了锅盖再合上时会出现声光报警现象，只有把整机电源切断，重新开机，再次设定工作程序才能正常工作。近半年来这种现象越来越严重，即使不开锅，也会突然进入报警状态，同时伴随着从锅盖出气孔溢出煮饭的米汤也日益严重，煮粥时尤甚，以至于后期只能把出气孔上的2个盖子全部拿掉，任其冒泡，否则每次煮粥后都要为电饭煲外壳和桌面清理溢出的米汤。而时不时的报警则打乱了正常的煮饭节奏。

由于这是采用单片机控制的电饭煲，对它的控制电路不是很清楚，所以就能拖则拖，直到故障频繁出现，严重影响使用了才动手处理。

分析与检修：因为报警的情况经常是与开锅盖的动作有关，因此就重点检查与锅盖有关的部件，拆开电饭煲确实看到电路板上有两根导线与锅盖是相连的，测量了两根导线之间的电阻，在打开锅盖时约100k电阻，合上锅盖时电阻有时为无穷大，有时阻值仍为100k左右。于是再拆开锅盖，这2根导线由铝箔覆盖，用硅胶粘在锅盖内壁的铝材上，拆开铝箔，取出导线，退掉导线上的硅胶管，里面包裹的是一只100k玻璃封装型热敏电阻。

仔细检查后，发现锅盖铰链处的导线正常，察看热敏电阻与导线的连接方式采用了压接工艺，压接的铜片在长时间的高温和水蒸气的作用下已发黑。在打开锅盖时，导线是弯曲不受力的，盖上锅盖时，导线会有些受力，引起压接部位接触不良，从而产生了测温不准，煮粥溢出严重的故障。当电阻完全接触不上时，单片机收不到传感器的信号，就会执行报警程序。

故障处理：故障的处理很简单，把压接的接头剪去，2个接头全部用锡焊焊牢，按原样装好就行。经一段时间使用，不再出现报警和溢出现象，故障排除。

【提示】通过该故障的检修得知，相同的电饭煲，再次检修此类故障时，就可以怀疑锅盖的热敏电阻有问题，不用像笔者一样让电饭煲带病工作了很长时间。

◇江苏 王讯

常见的二极管、三极管、MOS 封装类型汇集(二)

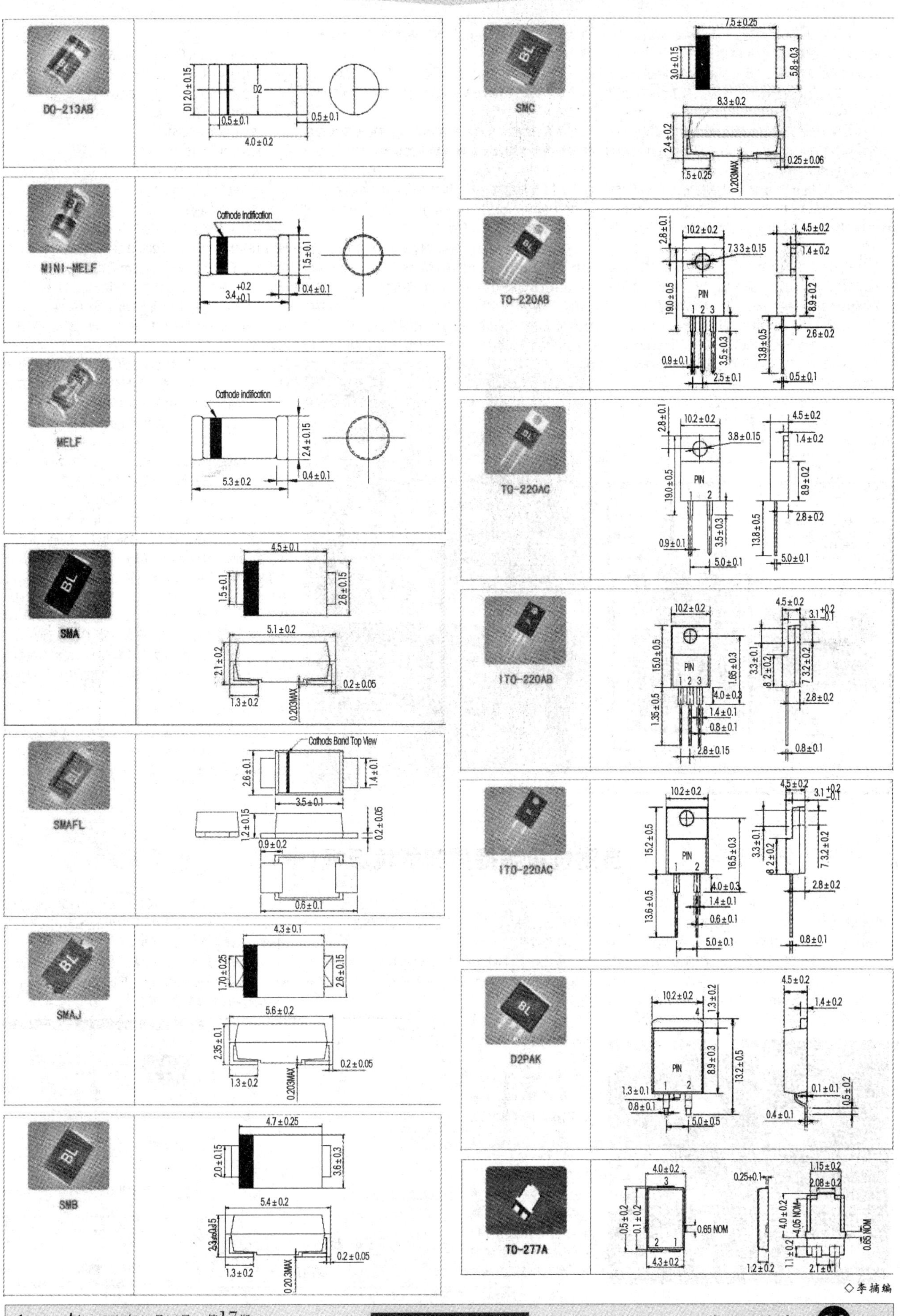

◇李摘编

自制大容量电池组之二

今天又收到了几件快递：一是大容量电池；二是防水接插头；三是带鳄鱼夹的10条测试线。

要组装的25.2V大容量6电池串组，除了有保护板，有了接插头，还有连接线，完全具备了组装必需的配件。

固定保护板费了不少心思。最终还是选择用高强度的双面胶把它固定好了，之后再用固封胶连同裸露的金属焊接部位一起处理。

焊接大容量电池，需要大功率的烙铁。这把75W的烙铁很给力。2小时之后，我已经完全按保护板的接线原理图焊接好了。用万用表检测输出点的电压，正常。

紧接着，要把24V烙铁与大容量电池连接，这就要给烙铁加开关和插头。都不是难事。没想到，开关里一颗固定导线的螺钉打滑了，为寻找这颗螺钉，比做所有事情花的时间还长。可见，满足需求在工程上是一件多么不容易的事啊。如果是在我的工作坊里做这些事，简直就是老猪吃豆芽，小菜一碟。可惜是在出租屋里，要啥没啥啊！

为满足孙子网上听课的平板电脑供电需求，餐厅离电源插头比较远，也不想拉电源板，最好的方法是配备大容量的充电宝了。大容量电池有了，可以2A充放电的大电流控制板也有了，就可以组装了。这件事之前已经做过，非常简单。

基本参数

型号： 6串22V 15A保护板
尺寸： 50*32*3mm 18650专用
最大工作电流:15A以内
充电电流:15A以内
平衡充电：无
短路保护：有
适用组装：标称3.7V电芯/6串

P+ 充放正
P- 充放负
电芯 6 5 4 3 2 1

又用了一天，我把25.2V充电器的接头也换好了。测量这个标称25.2V/5A充电器的空载电压为25.3V。然后给电池组充电。

注意：这是一个相对危险的时候，有可能因为连接错误等各种原因发生短路或跳火的现象。

连接好后，非常警惕地打开电源开关，还好，充电指示灯转换为红色。测量其充电电流为1.6A。在已经有24.93V电压的情况下，充电电流是会少一些的。很快，充电器转绿灯了。非常好，说明一切正常。

自制的6串锂电池组给24V电烙铁供电的情况会如何呢？想利用这个机会再次测量一下电池组的内阻。因为有了直流电流钳表，电流的测量就变得非常方便了。测量一下空载电压，然后再测量一下负载电流和负载下的电压，就能求得电池组的内阻了。

一切准备就绪后，开始测试自制25.2V电池组的内阻。

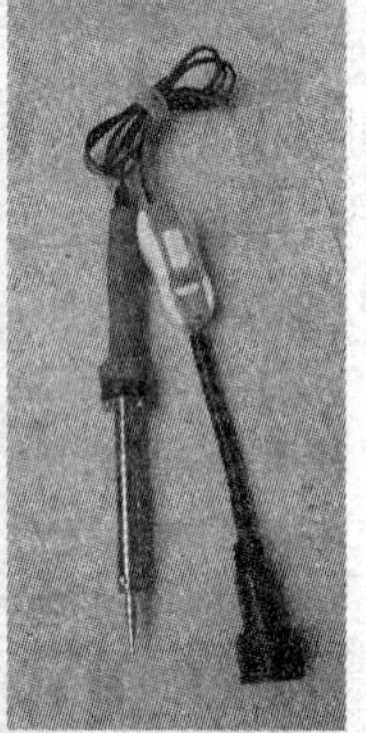

1. 测量电池组空载电压为25.00V。
2. 接上烙铁，钳表显示电流为2.31A。
3. 负载下的电池电压为24.65V。

根据内阻计算公式：

25.00-24.65=0.35V

0.35÷2.31=0.153Ω

总内阻为153mΩ

单只电池的平均内阻为

153÷6=25.3mΩ

由结果可见：单只电池测量内阻时，最大26mΩ，最小16mΩ，其余4只为20mΩ左右。根据串联原理求得内阻之和为122mΩ。与这次测得的总内阻153mΩ相差不大。判断结果可信。应该说明的是：

一、单只电池测试内阻时，电流为1A；测量电池组内阻时，测试电流为2.31A。是在不同负载电流时测得的数据。

二、严格说，6块电池的串联，增加了连接线，虽然已经使用了足够电流能力的导线(裸铜线)，而且距离很短，但，包括接触电阻在内，仍会有微小的增量。

三、测试点是首只电池的正极和最后一只电池的负极。

这次试验使用的电烙铁，实测功率为24.65x2.31=56.9W。加热几分钟，烙铁就能熔化焊锡了。

应该说，大容量电池组制作成功了。既能充电，又能放电。能否给无刷角磨机提供大电流供电呢？要知道，角磨机电源内有15节18650电池。2400mah的日本原装18650锂电池，每节15元以上。算下来，比无刷角磨机150元还贵。因此，随机配置的电池，都不是原装电池，用几分钟就没电了。如果这个电池组可以替代它的电源，经济意义重大。毕竟我仅花了百元(含电池68元，保护板18元，连接导线15元)，就制成了一个容量比它大几倍的电源。等大截面连接导线到货后，再进一步实验证明这个电池组能否用在无刷角磨机上。

编辑提醒：

在制作大容量充电电池时一定要注意安全，一旦发生短路等现象极易发生起火、爆炸，从安全角度出发，不建议大家像本文作者一样自制大容量电池组。

◇曾广伦

自制垃圾满提醒智能垃圾桶(一)

罗马不是一天建成，垃圾也不是一天就能生成的，总要积累几天，我们才需要倒垃圾。而正因为如此，我们往往也会忘了倒，以至让瓜果什么的腐烂，滋生蚊虫。若是有个智能垃圾桶，能让堆满时提醒我们该倒了，那多好。

国外一位网友就做了个智能桶，能让你及时了解容量状况，这在有多个分布广泛的垃圾桶时非常有用。虽然作品还有待完善，而且功能不齐全，但也展示了智能类设备的制作思路。看看他是怎么做的吧。

准备材料

联发科的LinkIt One开发板(或机智云开发板、或百度智能板、阿里云开发板，甚至单片机板带WIFI模块功能均可)

Grove IR Distance Interrupter 红外距离检测器

垃圾桶一个

联发科的云服务账号(或其他云账户)

螺丝刀

胶带

一、设置硬件

这一步很直接，将红外距离检测模块直接插上开发板的接口就行，接口都是现成的。接下来还要为开发板准备一块电池，因为垃圾桶不会一直固定在那，会随时被移动。值得注意的是，开发板的电源开关要变为“BAT”，这样才能用电池供电。

由于要将数据存到云端，所以还要将板子连上WiFi。LinkIt One会附带一个WiFi电线，接上即可。(未完待续)(下转第176页)

◇四川 王平

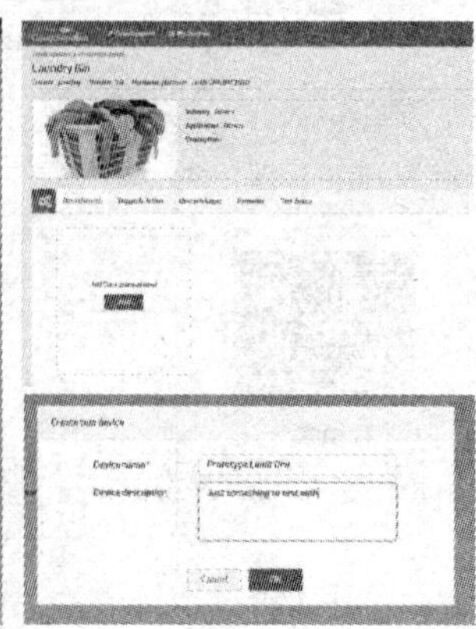

模拟电路综合练习及教学组织方法

职业院校学生学习模拟电路不能仅仅停留在书本的理论知识，还要多实践，一是通过实践能更深刻地理解书本上的理论知识，二是理论计算的参数与具体电路中实际应用的参数并不一定完全相同，往往会有许多细节上的改进变化，这就是"调试电路"，有些电路需要通过调试才能达到设计的指标。模拟电路难学，这大概是其中的原因之一。本文以模拟电路的一项综合练习为例，介绍教学组织方法。

一、布置设计任务

在模拟电路教学中，当组织学生完成集成电路的各项电路，并做过相关单元的实验之后，我们安排做一项综合练习——设计制作简易信号发生器，让学生对实际电路进行组装和调试，使电路满足实际应用的要求。

简易信号发生器的设计和制作是比较复杂的综合练习，该练习可以强化学生对所学知识的理解和记忆。具体实施时，老师可提前一个星期，向学生布置设计简易信号发生器的要求和指标，要求每位学生在课外通过查找资料，先试着设计一个能产生三种波形（正弦波、矩形波、三角波）的电路。

电路设计指标如下：

1.工作电压：±12V

2.输出频率范围：200~2kHz（点频）

3.输出电压：正弦波 U_{PP}>5V，方波 U_{PP}≤24V，三角波 U_{PP}≤8V

4.频率稳定度：<10^{-2}

电路设计提高内容如下：

1.工作电压：12V 单电源

2.输出频率：350Hz±5%

3.输出阻抗：600Ω

4.输出电压：正弦波 U_{PP}=5V±0.5V，方波 U_{PP}=4V±0.5V，三角波 U_{PP}=1V±0.2V

任务要求如下：

1. 原理图设计
2. 元器件参数设计
3. 元器件选型
4. 电路制作与调试
5. 电路性能检测
6. 答辩

学生设计好电路后，绘制出设计图纸，于课前把设计图纸交给老师。老师批阅学生的设计图纸，根据完成的情况给予打分。同时，挑选出存在典型错误的图纸，在课堂上讲解，指导学生改进设计方案，同时提醒其他学生重蹈覆辙，避开"雷区"，优化自己的电路设计。设计参考电路图如下图所示。

二、组装调试电路

综合练习在实验室进行，安排半天时间连续进行。学生分组制作电路，一般二人一组。

每个小组配备一台模拟电路实验箱：有±12V电源，±0.5V、±5V电源，680kΩ、22kΩ电位器，面包板。配备以下仪器：双踪示波器一台，频率计一台，万用表一块。元器件方面，每组一盒元器件，每盒中的元器件包括学生在调试时可能要用到的各种数值的电阻和电容。另外，老师还要准备更多品种的备件，只要学生现场提出需要的器件都要尽量满足。与参考电路图对应的元器件清单如表所示。

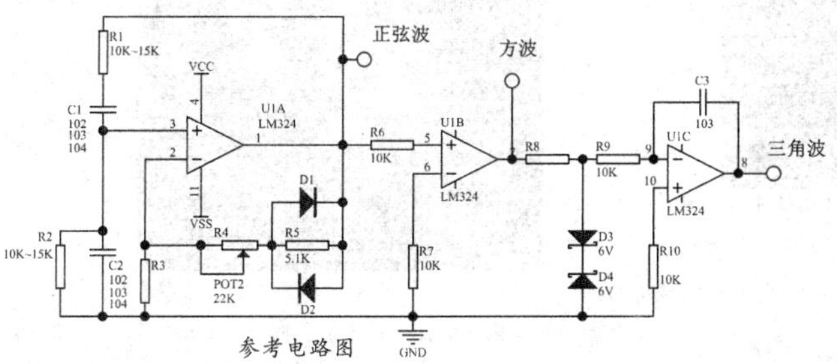

参考电路图

电路在模拟电路实验箱的面包板上搭试，部分元器件及电源可利用实验箱上原有的。建议学生在制作过程中，不要一口气把电路全部搭好，宜先逐个电路调试，调试好后再搭建后续电路。以参考电路图为例，宜先调试好正弦波发生器，接着搭建后续的方波发生器部分，再调试好后，最后搭建后续的三角波发生器部分。

提醒学生，在整个组装与调试过程中，要做好后续答辩的各项准备工作。要把碰到的问题、现象详细记录下来，如测量的参数、各种波形的照片等；要及时分析产生各种问题的原因，找出解决问题的理论依据，要记录当时的想法和采取的措施，以及事后经验证的结论等。

综合练习由两位老师共同负责。老师的任务包括：维持课堂秩序，给学生补充元器件，指出各小组电路组装和调试中出现的问题，指导和督促学生改进，对每组的实验结果进行现场打分。老师对学生的完成情况进行评价时，以完成速度快和波形质量好的为高分。对于没有完全调试好的小组，按已完成的波形数和波形的质量给分，以免拖延综合练习的时间。

元器件清单表

元件名	器件标号	器件参数	数量	器件封装	备注
电容	C1,C2,C3	102	3	RAD0.1	提供给学生的元器件盒里的器件。这里的器件需要全部用到，是供学生调试时选用的
电容	C1,C2,C3	103	3	RAD0.1	
电容	C1,C2,C3	223	3	RAD0.1	
电容	C1,C2,C3	104	3	RAD0.1	
电容		224	2	RAD0.1	
电容		105	2	RAD0.1	
二极管	D1,D2	IN4148	2	DIODE0.2	
稳压管	D3,D4	6V	2	DIODE0.1	
φ3mm LED			2		做提高内容用
3362P 电位器		5K	2		做提高内容用
碳膜电阻		1K	1	AXIAL0.4	
碳膜电阻		2.7K	1	AXIAL0.4	
碳膜电阻		4.7K	3	AXIAL0.4	
碳膜电阻		5.1K	2	AXIAL0.4	
碳膜电阻		10K	6	AXIAL0.4	
碳膜电阻		15K	2	AXIAL0.4	
碳膜电阻		47K	1	AXIAL0.4	
碳膜电阻		100K	1	AXIAL0.4	
碳膜电阻		330K	1	AXIAL0.4	
碳膜电阻		1M	1	AXIAL0.4	
单股铜芯线			若干		
集成电路	U1	LM324	1	DIP-14	

三、组织实践答辩

答辩环节安排在一星期之后进行。这时，实验报告的草稿均已写好，该做的复习和分析工作都有了充裕的时间。这样，学生在答辩环节就不会无话可讲或胡言乱语。

集中答辩环节安排2~4节课进行，以制作时的小组为单位，每组答辩时间一般为10分钟，内容较为广泛。一般要求回答3~4个知识点的问题。有关答辩的知识点举例如下：

1. 文氏振荡器的工作频率计算
2. 文氏振荡器的工作条件
3. 文氏振荡器中既有正反馈又有负反馈，如何确定它是线性应用还是非线性应用
4. 根据R4电位器的阻值范围，如何选定R3的阻值
5. 文氏振荡器中二极管稳幅电路的工作原理
6. 如何控制正弦波的输出幅度
7. 如何改善正弦波的波形失真，其改善机理是什么
8. 形成方波的电路名称是什么电路，其输出幅值理论上是多少，实际幅值是多少
9. 当比较器分别是同相过零比较器、反相过零比较器、带参考电位的比较器、迟滞比较器时，输入输出的波形图各有什么不同（在黑板上画图说明）
10. 当输入比较器的频率比较高时，为什么输出的不是方波而是梯形波，如何解决
11. 给定稳压管参数，计算R8限流电阻的阻值
12. 如何确定积分常数
13. 如果积分常数与输入频率不匹配，会出现什么现象（积分常数偏大或小）
14. 积分电容两端并联电阻为什么能改善失真，产生这种失真的原因是什么，你是如何查找并确定引起失真的原因的（必须有测量的具体参数作支撑）
15. 积分电路几种波形失真的原因及改善方法
16. 纠正直流偏移的方法有几种。在加纠正直流偏移措施时，电路没有加负反馈行不行，为什么
17. 如何用频率计测量频率，如何用示波器测量频率
18. 用频率计测量的频率与你计算出来的频率为什么不一致
19. 对做提高内容的同学：规定了电路的输出阻抗，你是如何设计的
20. 对做提高内容的同学：如何用测量数据来证明电路的输出阻抗达到了设计要求
21. 对做提高内容的同学：如何把电路的工作频率调整到规定的频率值上

实际问题比上述内容多得多，比如还可以问：二极管的各种参数，使用各种等效模型的条件，如何测量二极管等等。答辩问题的难易程度由老师掌握。

先上台的同学一般会讲述一些电路的工作原理、设计中的注意事项等内容。后上台的同学不允许重复前面同学已讲述过的内容，若是同一内容，只能是对前面同学讲错的进行纠正，遗漏的进行补充。制定这样的规则，是为了鼓励学生踊跃上台参与答辩，因为越迟上台，答辩的内容会越难。这样的规则使得后上台的同学必须想办法避开常规内容，选择前面同学没有讲过的问题进行分析、讲解，多数学生会更加关注自己在调试制作过程中碰到的问题。对于那些没有完全做完的同学，同样要求上台答辩，要求他们分析没做完的原因，制作过程中出现的问题及事后思考的对策。

答辩过程中，老师要当场给学生打分。为了能在答辩时取得好成绩，学生一般会认真准备答辩材料，复习前面学过的所有知识，认真翻看之前的课堂笔记。我们要的就是"温故而知新"，要的就是知道怎样用学过的理论来指导实践，培养自觉学习的习惯。

答辩结束时，老师要对答辩情况进行总结，对答辩中出现的普遍性错误进行进一步阐述和纠正。

通过这样的答辩形式，能使学生对模拟电路有更深刻的理解，通过聆听其他同学的答辩，能学到更多的相关电路的知识。同时，还能锻炼学生在大众面前大声表达自己想法的能力。

◇常州信息职业技术学院 王迅

Allegro PCB 设计:贴片封装制作过程步骤(一)

Allegro 软件绘制 PCB 封装,比其他 EDA 软件相对于复杂一些,步骤更多一些,我们这里简单地列一下通过 Allegro 软件绘制的 PCB 封装的步骤,分 2 类不同封装,即贴片类型封装和插件类型封装,具体的操作步骤如下所示:

贴片类型封装制作过程可按以下步骤:

第一步,需要制作贴片焊盘,打开焊盘设计组件 Pad Designer,如图 1 所示,选择到 Parameters,是钻孔信息参数;如图 2 所示,选择 Layers,是焊盘信息参数,具体的每个参数的含义在图 1 与图 2 有详细描述;

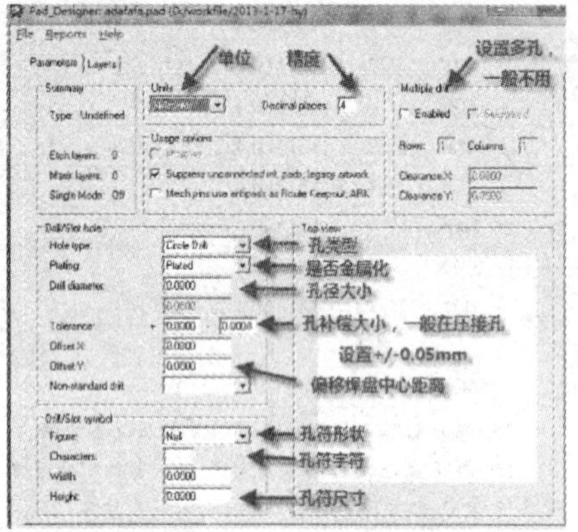

图 1 钻孔信息参数示意图

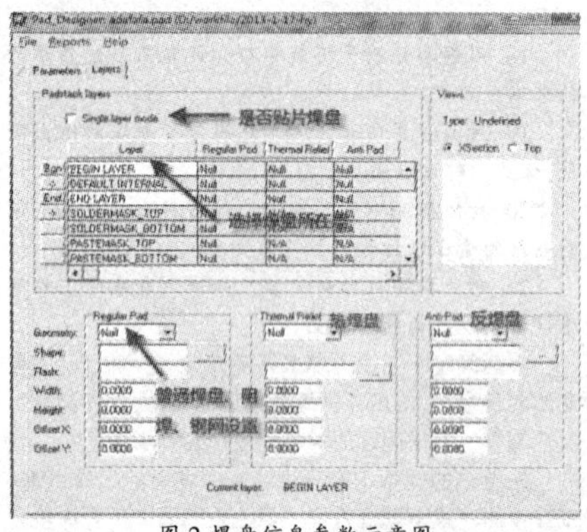

图 2 焊盘信息参数示意图

第二步,在图 1 的 Units 中设置好单位和精度,一般单位设置为 MM,精度设置 4 位,然后在 Layers 中设置普通焊盘、阻焊及钢网层尺寸,如图 3 中所示,Soldermask 尺寸一般单边比 Regular Pad 大 4mil 以上(推荐 5mil),而 Pastemask 与 Regular Pad 一致大小;

Layer	Regular Pad	Thermal Relief
TOP	Rect 1.9000×2.7000	Null
SOLDERMASK_TOP	Rect 2.1000×2.9000	N/A
SOLDERMASK_BOTTOM	Null	N/A
PASTEMASK_TOP	Rect 1.9000×2.7000	N/A
PASTEMASK_BOTTOM	Null	N/A

图 3 焊盘参数设置示意图

第三步,建立焊盘前,先把文件夹路径设置好,在 Set Up->User Preferences Editor 里设置,如图 4 所示;

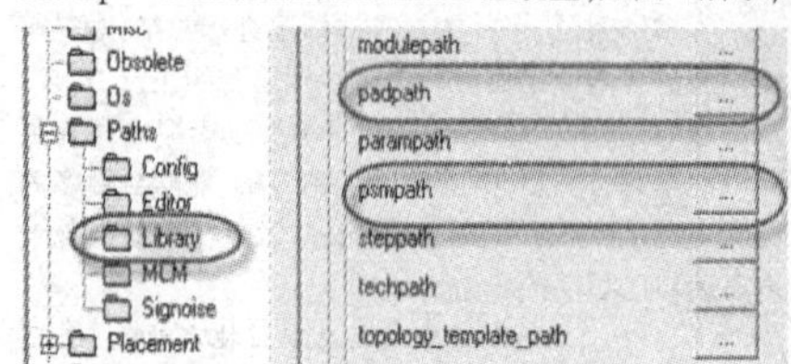

图 4 焊盘路径调用设置示意图

第四步,打开 PCB Editor 程序,选择 File->new 命令,在弹出的对话框中进行如图 5 所示设置;

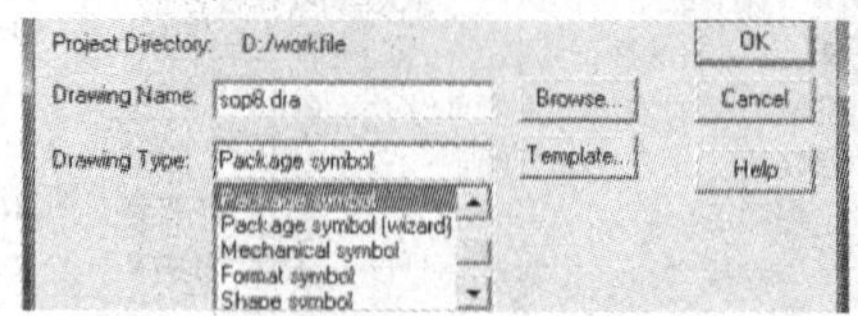

图 5 新建 PCB 封装示意图

第五步,新建后,点击菜单命令 Setup-Design Parameters,进行参数设置。选择 Design 面板,在 Size 面板中设置封装设计单位以及精度,如图 6 所示,User Units 为设计单位,一般设置为 MM,Accuracy 为设计精度,一般设置为 4 位,在 Extents 面板中设置整个画布的面积大大小以及原点的位置,按图 6 所示设置即可;

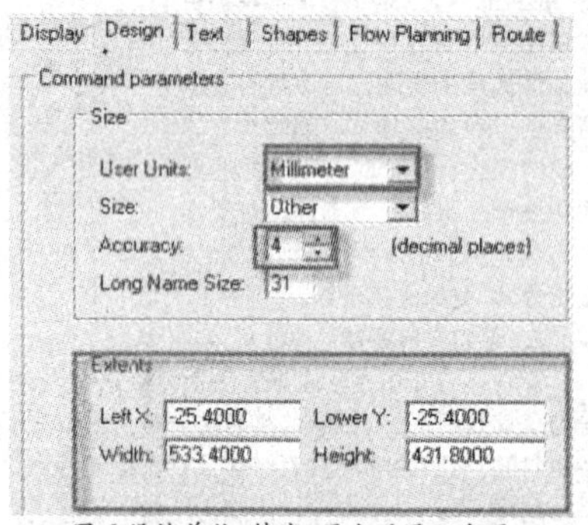

图 6 设计单位、精度、原点设置示意图

第六步,点击菜单命令 Setup-Grids,进行格点设置,打开格点设置面板,按图 7 面板进行设置即可;

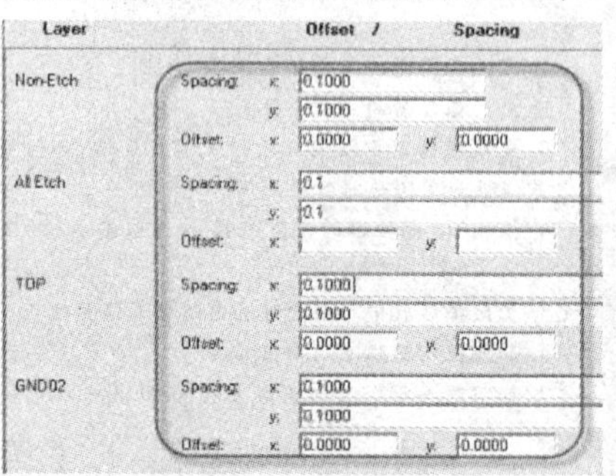

图 7 封装设计格点设置示意图

第七步,按需要绘制封装规格书给出的焊盘的相应位置,把焊盘放到对应位置,如图 8 所示;

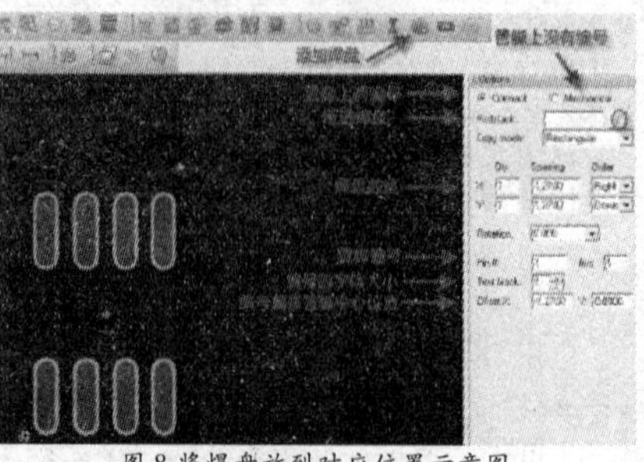

图 8 将焊盘放到对应位置示意图

第八步,放置完焊焊盘,接下来画装配线,执行菜单命令 Add Line,在 Options 面板中选择绘制的层以及线宽,如图 9 所示;

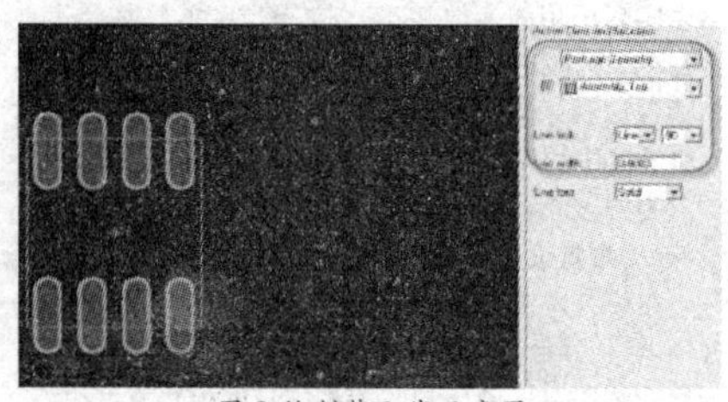

图 9 绘制装配线示意图

第九步,绘制完装配线以后,执行菜单命令 Add Line,画上丝印框和 1 脚标识,在 Options 面板中选择绘制的层以及线宽,丝印线宽 4mil 以上(一般用 0.15mm 或者 0.2mm),如图 10 所示;

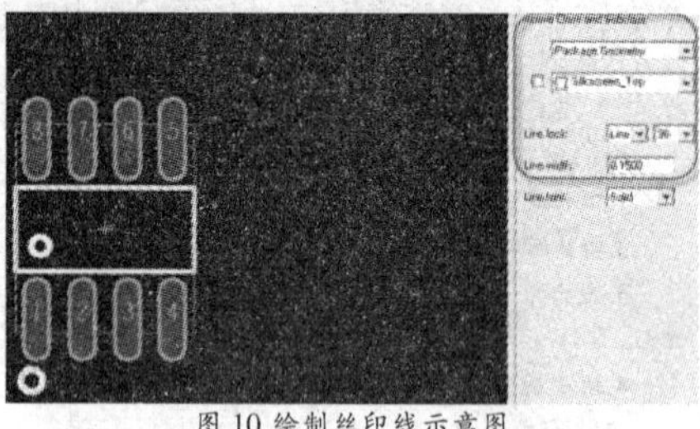

图 10 绘制丝印线示意图

第十步,画好后,执行菜单命令 Shape Rectangular 绘制设置实体的范围和高度,先画 Place_bound,设置好占地面积,在 Options 面板设置绘制的层,如图 4-11 所示,再在 Setup->Araes->Package Height 里设置最大高度,如图 12 所示;

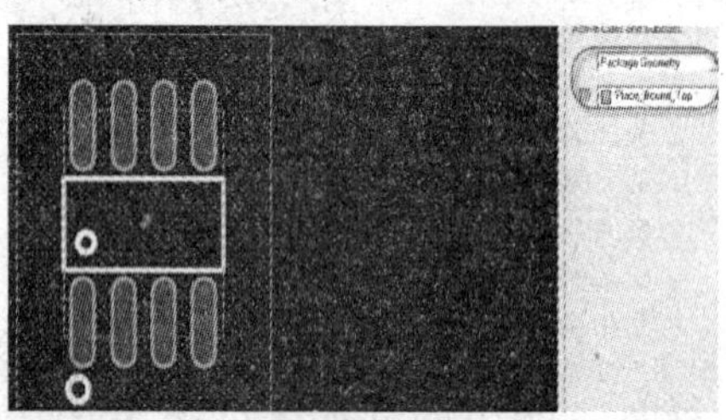

图 11 绘制占地面积示意图

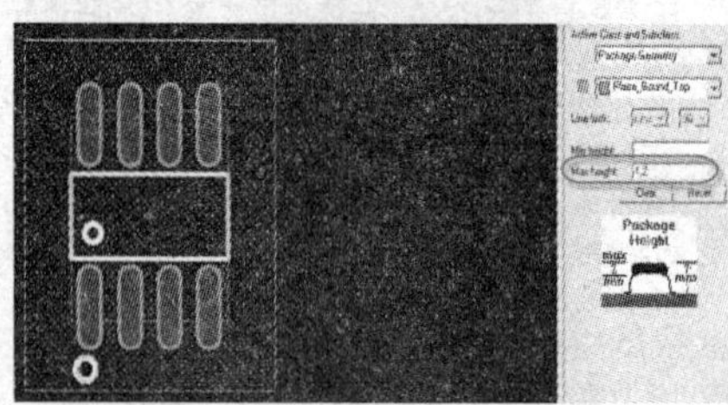

图 12 添加器件高度信息示意图

最后,添加元器件的装配和丝印位号字符。执行菜单命令 Add Text,在 Options 面板选择对应的层,装配字符添加在添加后,保存退出,如图 13 所示。

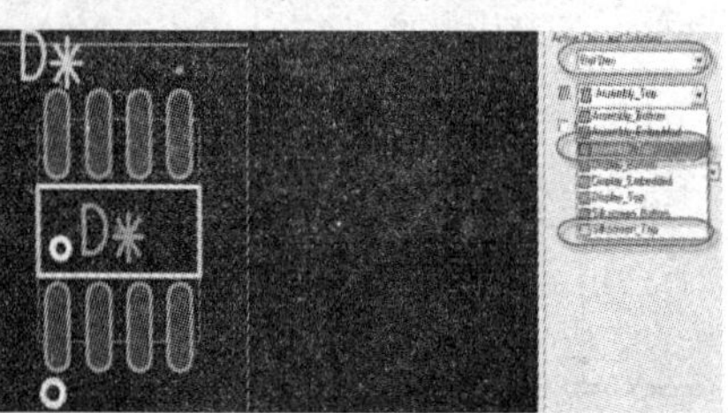

图 13 添加丝印位号信息示意图

(未完待续)(下转第 178 页)

◇生烙

广电系统已经实质性启动700MHz清频工作

2020年3月16日，湖南广电系统专门召集广电5G700M频段清频工作第一次专题会议。参会人员互相交流了前段时间以来广电5G工作有关动态、政策，讨论并初步研究了全省广电5G700M频段清频工作思路。

这一专题会议的背景是，广电总局于2020年1月份左右制定印发了《全国地面数字电视广播频率规划》，该《规划》是优化广播电视无线频谱资源的一项重大政策调整，统筹规划了700MHz频段以下的地面数字电视频率，明确了实施步骤和频率迁移方案，在确保不影响公共服务播出质量的前提下，实现700MHz迁移的平滑过渡。

从规划出台到专题会议，这意味着，广电系统已经全面实质性启动700MHz清频工作，这将为广电5G网络建设打下坚实基础。

专题会议

湖南广电系统召集的5G 700MHz会议指出，各方要高度重视广电5G 700M清频工作，通过700M清频夯实广电未来发展的基础，筑牢规范广电无线传输覆盖秩序的根基。

会议表示，要迅速成立工作小组，定期碰头交流信息、研究清频工作开展；要尽快梳理无线电方面的全部政策，摸清全省特别是长株潭地区广电无线频率频道底数，针对我省实际，分门别类、有的放矢研究制定全省清频工作方案。

公开资料显示，湖南省2014年实现全省地面数字电视全覆盖，包括长沙、株洲、湘潭、常德、岳阳、益阳、郴州、衡阳、邵阳、永州、怀化、张家界等地。但另一方面，湖南省广播电视无线频率秩序存在一定乱象，为此湖南广电系统也多次召开专门会议进行整治。

因此，会议提出要摸底无线频率频道底数，这样才能有的放矢制定全省清频工作方案。

会议还指出，要对清频工作可能存在的风险点进行梳理、预判，提前制定预案；要遵照总局统一部署，遵从国网总体规划，稳妥有序推进清频工作。

实际上，所谓的风险点，主要是我国无线频率存在中央模拟/数字、地方模拟/数字、CMMB等多个使用场景，这里面的实施主体也相对多元化，客观上造成了清频工作的复杂性，包括模拟转数字的时间表，各方的协调等。

另外从会议传达的“遵照总局统一部署，遵从国网总体规划”来看，全国清频工作将是同步进行的，相信其他地方也已经启动700MHz的清频工作。

广电700MHz之重

按照广电之前公布的5G技术方案，广电将建设一张中低频协同覆盖的5G网络。其中700MHz是一张打底的基础广覆盖网，以充分利用700MHz的黄金频谱优势，广电也将重点推动700MHz产业链的形成，包括设备制造环节和技术人才储备工作。

而在室内覆盖方面，广电的5G网络或将主要由中频承担。其中4.9G目前产业链成熟度不够，考虑到中国移动也在5G网络上分配了4.9G，取决于中国移动在推进4.9G产业链成熟上的决心和力度。而随着工信部同意中国广电、中国电信、中国联通三家企业在全国范围共同使用3300-3400MHz频段频率用于5G室内覆盖，广电有了多个室内覆盖频段方案。

这意味着，中国广电的室内覆盖可以充分借助三家电信运营商的产业链力量，谁的方案成熟和推进快，广电可能就将采取哪个频段进行室内覆盖。

具体到700MHz的产业链建设方面，单纯依靠广电的力量能否推动，目前还存在一些不确定性，但广电已经为推动700MHz 5G的成熟做了许多工作，甚至在全球范围内被认为树立了全球700MHz频谱资源开发使用的新标杆。

具体而言，广电完成了全球首个5G 700MHz(Band n28)大载频带宽提案在3GPP全会立项通过，R-16版本将支持Band n28 2x30MHz上下行载波频宽。在5G NR广播特性方面，中国广电联合行业伙伴作为支持者共同推动R-17 NR广播提案立项，此提案已在刚结束的3GPP #86全会上获得通过。

700MHz清频工作

有一种分析认为，700MHz清频之后释放的频谱将达到100MHz左右。广电会将700MHz的部分频率释放给电信运营商，这有利于更快推进700MHz产业链的成熟。但也有消息认为，考虑到700MHz的频谱并不充裕，广电有可能自己全部“消化”。事实上，工信部在颁布5G实验频率时，700MHz并未在列，所有未来这腾出来的100MHz如何分配，将会是一个持续性的博弈过程。不过从工信部向广电降低网间结算价格、颁发5G系统室内频率等种种“利好”来看，似乎700MHz由多家分配的可能性更大一些。

但如论如何，广电的5G网络建设首先必须进行700MHz清频，这是最重要的工作。根据广电的规划部署，核心原则是满足标清、高清、超高清和移动电视业务需求，全国、省、地市、县域四级覆盖，兼顾已批复的地面数字电视频率。其次清频过程中要确保在播电视节目安全播出，各频道迁移完成后才能关停原有频道。

根据相关方案，全国12700多个地面数字电视频道和7600多个地面模拟电视频道，将分别在调整、新增的地面数字频道中播出，包括以下四种情况：

1. 保留：发射台站的地面数字电视现状频道与全数字规划方案中的频道一致。

2. 调整：发射台站的地面数字电视现状频道与全数字规划方案中的频道不一致。

3. 新增：对于播出省、地、县节目的模拟频道，需在同台新启用一个全数字规划方案中的频道播出相应的省、地、县节目。

4. 关闭：由于中央节目已在保留或调整的数字频道中播出，因此可以直接关闭播出中央节目的模拟频道；新增数字频道播出模拟省、地、县节目后，相应的模拟频道也可以关闭。

根据广播电视总局规划院的测算，在超过2万个电视频道中，保留、调整、新增、关闭的比例分别为：

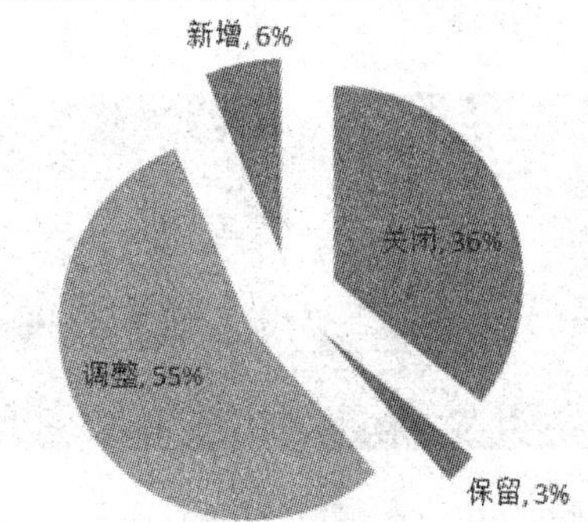

测算数据显示，700MHz清频工作中受到影响最大的是中央无线电视覆盖工程——在总计超过2万台发射机关闭/新增/调整中，中央无线电视覆盖工程达到1.5万台，占比达到75%左右。另外，全国400余台CMMB发射机中，需要调整的也达到375台以上，达到90%以上。

而无论是中央无线电视覆盖工程，还是CMMB工程，广电系统为此投入的资金已经达到数百亿元。因此，广电700MHz的清频工作将是一个耗时耗力耗财的事情，但又是非常急迫的事情。

广电5G+700MHz部署提速

广电700MHz试点部署在全国已经遍地开花，但主要是基于有线无线卫星融合网展开，广电后续的700MHz试点部署将升级围绕5G展开。

根据相关媒体报道，中国广电5G试验网建设方案显示，中国广电计划2020年1月至2020年6月实施完成清频工作的40个大中型城市建网，并启动商用工作，2020年7月至2020年12月，实施完成清频工作的334个地市及重点旅游城市的网络建设。

而中国广电系统在经过前期密集的5G战略合作签约之后，基于700MHz的5G网络建设终于如火如荼地展开了，近期明显提速。

实际上，中国铁塔最新披露的信息也显示，2019年底前已在个别省市接到广电5G站址需求超过1500个。有业内人士预计，中国广电2020年也将建成5万个左右的5G基站。考虑到中国推出的新基建中，5G网络建设为重中之重，从政策角度来看，广电5G网络建设提速也符合逻辑。

2019年7月，山东广电网络有限公司济宁分公司与济宁高新区、华为技术有限公司三方联合举行5G创新应用合作协议签订暨广电5G试点开通仪式，这是目前已知的广电5G+700MHz最早的应用试点。据了解，山东广电网络济宁分公司先期建设的37个700MHz基站已覆盖整个高新区、嘉祥城区和济宁城区大半区域，在嘉祥和高新区公安系统的应用得到各方高度认可，后续这些站点将围绕5G网络展开。

2019年9月，中国广电在上海虹口启动了首批5G测试基站部署，为深化上海“双千兆宽带城市”建设注入新动能。

2019年11月，湖南有线在长沙开通全球首个700MHz+4.9GHz 5G基站，该基站通过700MHz+4.9GHz混合组网，覆盖圣爵菲斯酒店、世界之窗、金鹰大厦、芒果粉丝街，聚焦湖南广电智慧内容生产应用场景。湖南有线在2020年将联合中国广电建设1000个5G基站，在智慧内容生产、一洲两岸、智慧校园、智慧酒店、智慧社区等多场景得以应用。

2020年1月，中国广电5G项目在湖北正式建设启动，快速完成施工审批、1200公里长途运输、网络规划、站点勘测、站点环境准备、中国有线和湖北广电传输链路打通、基站安装、核心网联调、网络优化和业务调测等众多环节，创造了从北京5G核心网联调到武汉基站开通仅用72小时的神奇速度。

2020年2月，歌华有线公司积极协调北京铁塔公司、中国广电、华为公司等，开展了覆盖小汤山医院广电700M 5G基站建设，实现了广电5G网络的覆盖。

2020年2月，在中国广电的统筹部署下，贵广网络积极响应贵州省疫情防控的相关精神，在贵州省疫情防控定点救治医院“将军山”院区开展中国广电5G基站建设，旨在通过5G的创新应用，提供宽带上网、视频监控、视频会议及远程调度等业务，最大限度地减少人员聚集，减少群发性感染的风险。

国家广电总局在召开的《全国有线电视网络整合发展实施方案》电视电话会议中指出，建设具有广电特色的5G网络，实现“全国一网”与5G的融合发展，推动大屏小屏联动、无线与有线对接、卫星与地面协同，全面实施智慧广电战略，将显著提升全国有线电视网络的承载能力和内容支撑能力。

但这一切的起点，或者说基础，正是广电700MHz的清频工作，广电人也期待尽快取得实质性进展。

工信部通知：调整700MHz频段频率使用规划

3月24日，工信部向中国广电、中国电信、中国移动、中国联通、中国铁塔五家运营商印发了《工业和信息化部关于推动5G加快发展的通知》。

该通知要求各运营商加快部署5G网，特别是加快建设5G独立组网(SA)，推进在重点城市的部署，逐步延伸至重点县镇。

提出要调整700MHz频段频率使用规划，加快实施700MHz频段5G频率使用许可；适时发布部分5G毫米波频段频率使用规划，开展5G行业(含工业互联网)专用频率规划研究，适时实施技术试验频率许可。

此外，“通知”还提出进一步深化铁塔、室内分布系统、杆路、管道及配套设施共建共享。引导基础电信企业加强协调配合，整合优势资源，开展5G网络共享和异网漫游。

◇四川 莫萍

图像算法也有弊端?

目前绝大多数电视对于屏幕材质和图像解码芯片以及图像算法都朝着高清解码、高超动态的方向发展;力求在画质和音质的效果上进行最大的突破;然而一些从事电影拍摄的导演们不愿意了。。。

部分好莱坞导演克里斯托弗·诺兰(Christopher Nolan)、马丁·斯科塞斯 (Martin Scorsese)、保罗·托马斯·安德森(Paul Thomas Anderson)、瑞恩·库格勒(Ryan Coogler)和帕蒂·詹金斯(Patty Jenkins) 联名抗议:"这些顶级电视上的强大画质芯片以及最先进的转换算法,在一定程度上会毁掉我们的作品!"

顶级旗舰产品所内置的画面处理机制,有时候过于敏感且强大,反而会把导演和制片人一开始想要传达的影片画面氛围给修改得面目全非。

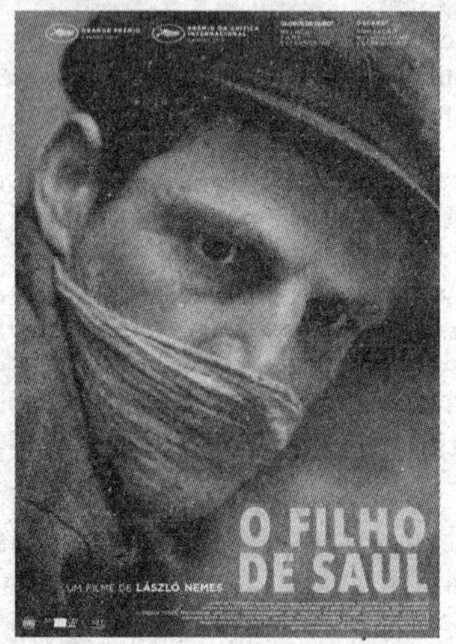

以电影《索尔之子》举例,该片反映的是二战期间集中营"犹太人特遣队"的一段悲惨经历(具体内容这里就不剧透了,大家有兴趣可以看看);影片开头本身有一段刻意处理的阴暗而模糊的画面,用于营造讲述集中营的悲惨气氛。

但旗舰级的电视会通过各种画质算法,"聪明地"将昏暗模糊的背景进行计算,把本来刻意做出的画面颗粒感给"处理"掉。通过MEMC甚至把24帧的电影画面经过后处理变成了120帧、240帧,甚至960帧的超流畅图像。。。导致影片原本要表现的艺术氛围完全丢失(对于这种表现普通观众在理解力上当然不及导演),顿时影片要表达的效果会丧失不少。

电影制作人通过一个叫作超高清联盟 (UHD Alliance)的行业组织,正式向电视制造商提出了交涉。在双方通力的技术合作下,包括Vizio、松下、三星和LG等多家电视品牌最终向他们妥协,在自家2020年的最新产品中集成了超高清联盟推出的一项叫作"电影制片人模式"的特殊模式。

在这种模式下,电视会禁用了内置画面处理技术,包括不再自动强化色彩、不再自动提高帧率、不再针对画面上噪点进行降噪处理、也不再锐化图像的边缘。。。这样一来,电视播放的画质就是这些导演和制片人"原来想要传达的"画面质感了。

当然普通的观众,并不是不能理解这些电影人这种对自己作品的执念,而且从欣赏的角度来说,这样做也并没有错。毕竟很多职业电影人所追求的并不会是人眼看着舒服的画面,而这些比较大的反差感的画面与处理后的画面之间,普通观众往往会选择后者。

但对于制片人和资深影迷来说,更在乎的是艺术表现力和故事情节,就像影评打分,张艺谋的《活着》高过《英雄》、陈凯歌的《霸王别姬》高过《无极》一样。换句话说,追求商业化的影片更需要高清画质,而艺术片则更看重画面的表现力;这一点相信爱看影片的朋友都有感悟。

MEMC

全称为MotionEstimation and Motion Compensation,可以直接译为运动估计与运动补偿。简单来说就是通过芯片和算法预估物体运动的轨迹,最终补偿出视频源中本身没有的画面,达到画面更为流畅的目的。

几乎所有的电视厂商们在讲到图像画质处理部分的时候,第一个提及的就是它了。MEMC最开始由美国人研发的,很早就被日本彩电厂商采用了。只不过当时大部分运用在高端电视上(这一点"高端"被某些厂商狠狠抓住,不过投机取巧了,都是十多年前的高端电视,现在还能算么),而近几年大部分传统电视厂商的产品基本都会采用这一技术。这个技术的确是衡量电视的一个重要指标,现在大家不断被"刷新率"这么一个概念洗脑之后,运动补偿显得尤为重要。简单点说,MEMC就是通过算法来提升画面的流畅度,原本24Hz的视频,通过算法处理之后达到60Hz甚至120Hz,让视频内容不拖硬件的后腿。

早先有一个类似的技术叫pull-up/pull-down,它也可以把30Hz的内容提升到60Hz,但是它的做法比较简单粗暴,只是把30Hz的帧率简单的每帧复制成2帧变成60Hz,如果是24Hz帧率则当前帧复制成2帧,下一帧复制成3帧。但是这种方法并没有给视频添加新的画面内容,运动画面的质量没有得到真正的改变。而MEMC运动补偿技术,则是让芯片自行预测每一帧后面一帧会是什么,也就是对动态画面的运动轨迹做出判断,然后生成原始视频中没有的画面帧,插入到原始帧之间。

为什么要采用这样的技术呢?其实就是一个木桶原理,硬件性能已经达到解码60Hz的能力了,传输技术的信号帧率也达到60Hz了,唯独视频内容方面60Hz的内容少之又少。所以即便你用了60Hz的电视,没有对应的硬件还是无法达到最好的效果。这就跟你用了4K电视,却没有4K片源,看着标清视频还是朦朦胧胧一个道理。MEMC运动补偿可以说只是一个折中的方案,但节目源多数都是24Hz或者30Hz拍摄,这个技术也成了必备手段。不过呢,即便是很多电视采用了MEMC运动补偿,但是大多为60Hz的刷新率,这一点当然会被巧妙地隐藏。考虑到成本,很难采用120Hz刷新率的面板,这样也让这个技术的用武之地憋屈了很多。但是真正的日韩高端电视,60Hz只是打底的标准,240Hz刷新率的电视也屡见不鲜。当然这个刷新率似乎也带有那么一点玄学味道。很多人说人眼能分辨的刷新率是24Hz,为什么看60Hz的视频总比24Hz的要舒服,看着120Hz的要比60Hz更舒服呢?这也好比乔布斯认为Retina是人眼分辨清晰度的极限了,可当看到4K分辨率笔记本的时候还是被惊艳到了。

惠威复古小音箱

最近蓝牙类小音箱都主打复古风,作为专注于高保真音质的惠威也不例外,通过惠威工程师们凝聚出色的电声技术与前瞻性的匠心设计,将复古的收音机技术与现代的无线蓝牙听音进行完美的融合,推出新的音箱产品系列:Classical 古典系列蓝牙 FM 收音机有源音箱。

M2R 奏鸣曲音箱采用了左右独立腔体设计和优化的全频段电子调校,并在精巧的箱体内配置了两只惠威专业的40mm 全频带扬声器。M2R 的前方面板配备了三枚旋钮,功能分别为:左侧为收音机/蓝牙/AUX 选择旋钮;右侧为音量/电源旋钮;中间为收音机调谐旋钮。值得一提的是,前方收音机刻度盘底部还配备了一个指示灯,可根据不同的输入显示对应不同的灯光颜色,方便用户使用。

背面则配备了多个接口:耳机插座,方便用户连接耳机听音;micro USB 充电插座,可对 M2R 内置电池进行充电;FM_ANT/Aux 两用插座,可外接 FM 天线增强收音效果或插入声频设备播放音乐。

除了可以与传统音源进行高保真的有线连接外,还支持 Apt-X 的蓝牙 5.0 输入,能够进行高速的无线音频传输,使 M2R 得以与各类智能移动设备连接,为用户推送丰富的互联网音乐。

M2R 采用了内置 DSP 的 FM 收音芯片及 R 类防 FM 干扰、防破音、电源多阶自适应输出增益的双功放,构成二路倒相式全频带系统,频响范围 150Hz~20kHz,确保了出色的电声性能。此外,M2R 也拥有明晰的收音效果,外置的可伸缩金属天线不仅让 M2R 在造型上更具古朴雅致的魅力,还能大幅增强收音信号接收,无论身处何地,都能畅享电台广播的情怀与魅力。

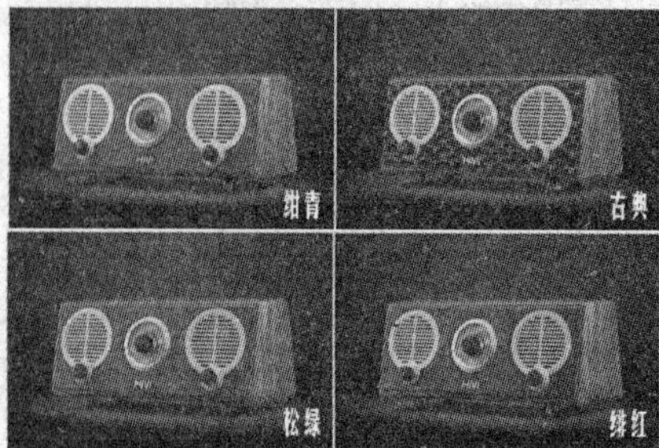

续航方面,M2R 内置的 2200mAh 容量电池,正常播放音量续航在 8 小时左右;产品尺寸:180×90×85mm(裸机);配色有绀青、古典、松绿、绯红四种;重量为 0.55kg,十分方便携带。

目前该产品售价约 999 元,感兴趣的朋友不妨试试。

邮局订阅代号：61-75 国内统一刊号：CN51-0091

微信订阅**纸质版**
请直接扫描
邮政二维码
每份1.50元 全年定价78元
每周日出版

扫描添加**电子报微信号**
或在微信订阅号里搜索“电子报”

2020年5月3日出版 实用性 启发性 资料性 信息性

第18期
（总第2059期）

国内统一刊号:CN51-0091 定价:1.50元 邮局订阅代号:61-75
地址:(610041)成都市武侯区一环路南三段24号节能大厦4楼 网址:http://www.netdzb.com

让每篇文章都对读者有用

快充别连错——几组常见的快充协议

现在手机性能越来越先进，不过带来的就是功耗问题也很明显，除了电池这一块，其他技术都突飞猛进，因此只能将功夫花在快充上解决电量消耗过快问题。不过很多快充技术都采用的是各厂商的私有快充协议，这也造成了一些充电头以及数据线与手机的快充功能相冲突，除了导致充电速度很慢外，还会对电池寿命甚至主板都有一定的影响。下面就为大家分类了目前几大常见的快充协议。

PD快充协议

即USB Power Delivery协议，USB PD是利用USB电缆，最大可支持100W供电受电的USB供电扩展标准。USB PD因其广泛的通用性和最大支持100W供电的特性，除了被移动设备广泛采用之外，也被应用于笔记本电脑乃至显示器等设备之上。一般情况下，PD协议充电线的两端均采用Type-C接口，不过也有个别手机厂商通过修改在供电端使用Type-A接口的情况。

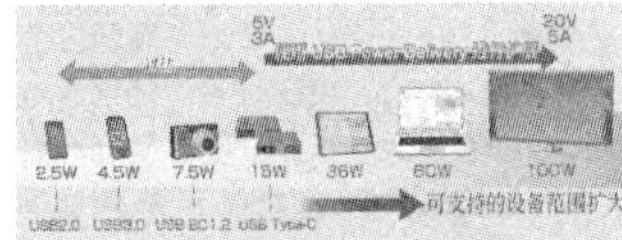

USB Power Delivery协议发展规划

PD协议是目前最有可能实现广泛普及的快充协议，当前常见的新款智能手机绝大多都支持PD协议快充，其中苹果直接采用了PD 18W快充标准作为iPhone(iPhone8以上，以及一根采用C94端子头的Type-C to Lightning数据线，注意：老款的Lightning数据线不支持PD快充协议)的快充协议，并且大多数支持PD协议的充电器同时也兼容高通QC快充协议。

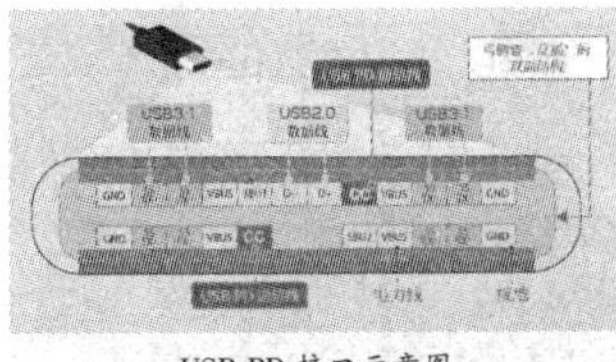

USB PD接口示意图

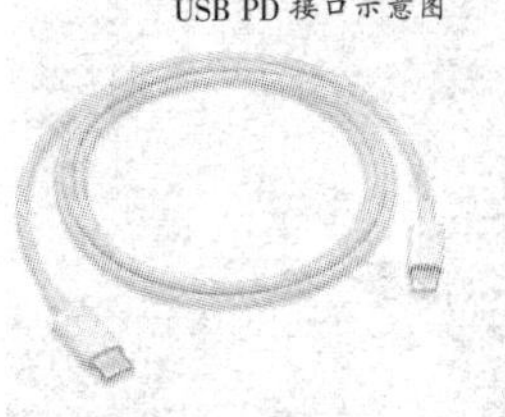

Type-C to Lightning数据线

高通QC

高通QC快充协议是高通为配备骁龙处理器研发的快充技术，全名为Quick Charge。高通QC快充目前以及发布了四代标准，分别为QC1.0、QC2.0、QC3.0、QC4.0。

Quick Charge 4.0

最新版的QC4.0支持3.6~20V波动电压，理论上最高可以实现100W(20V/5A)的充电功率。与QC 3.0相比，其充电速度提升20%，效率提升30%，并且还兼容PD快充协议。QC4.0能够在电量到达90%时，自动转化成涓流充电，有效保护手机电池。

目前大多数的采用了高通新款骁龙处理器的手机均支持高通QC快充协议，兼容高通QC快充协议的充电头也比较常见，只需使用USB快充数据线和QC充电器进行快充即可。

需要注意的是：QC3.0向下兼容QC2.0和1.0，QC4.0支持USB PD但不兼容QC2.0/3.0，QC4.0+支持QC2.0、QC3.0以及USB PD。如果不知道手上的充电头支持哪种QC标准，可以查看一下充电头底部，部分充电头会在底部印上所支持QC标准信息。

OPPO VOOC

OPPO VOOC是现在最知名的私有快充协议之一，早先几年的“充电5分钟，通话2小时”是OPPO的主打广告语之一。OPPO自主研发的VOOC充电协议现在在全球范围内已申请超过1000项核心专利。其独有的智能全端式五级防护技术可为用户提供安全、快速、可靠的手机充电保障。

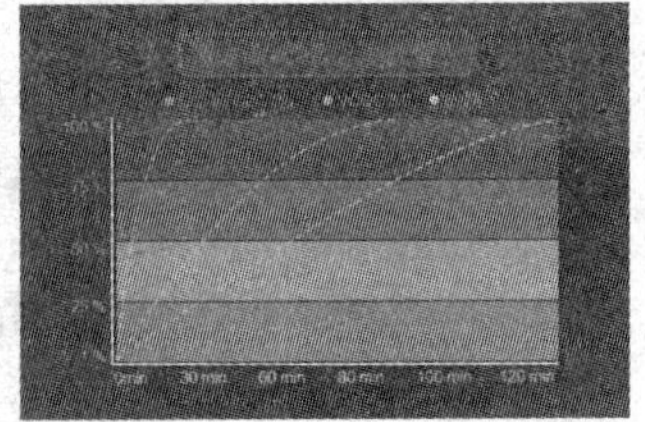

VOOC充电速度演示图

目前最新的VOOC闪充协议有两个版本，分别是VOOC 4.0和SuperVOOC 2.0。例如搭载VOOC 4.0的OPPO Reno3 Pro支持30W的快充速度，搭载了SuperVOOC 2.0的OPPO Ace2则支持65W的充电速度。

目前支持VOOC闪充协议的OPPO手机必须使用专用的VOOC闪充充电器和闪充数据线才能够实现相应的闪充效果，65W的SuperVOOC 2.0 USB充电器向下兼容其他VOOC闪充协议。不过OPPO已经宣布开放了VOOC闪充专利授权，预计在不久之后就可以见到搭载VOOC闪充的第三方配件产品上市。

vivo Super FlashCharge

同样作为蓝绿厂的vivo，其私有快充技术也一样引人关注，目前vivo最新的快充协议是Super FlashCharge 2.0超快闪充技术。该快充协议目前最高支持55W的充电功率，采用了双电荷泵技术，转化率高达97%。在15分钟内即可为容量为4440mAh的电池充满50%。

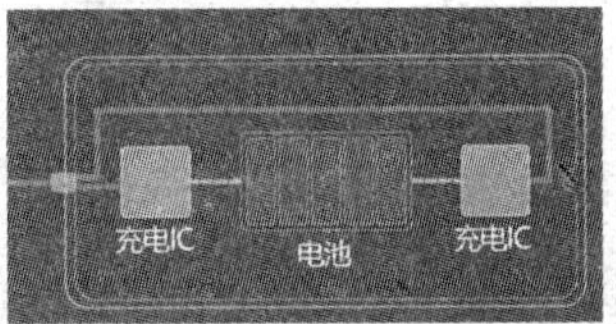

55W SuperFlashCharge 2.0

另外，vivo常见还有44W Super FlashCharge和33W vivo闪充2.0等闪充协议。不过在实际使用中，搭载Super FlashCharge闪充协议的机型必须使用相对应的原装充电器和数据线才能实现相应的闪充效果。目前在售最高规格为vivo 55W超快闪充充电器，支持向下兼容44W、33W、22.5W、18W等vivo闪充协议。

华为SuperCharge

华为SuperCharge超级快充技术作为华为的私有快充协议广泛地应用于华为和荣耀的主流机型上，目前最高支持40W的有线充电功率，采用10V 4A的充电规格。

华为40W SuperCharge超级快充

此外，华为还有22.5W SCP超级快充以及华为18W FCP快充两种快充协议。

不过，目前想要使用华为40W SuperCharge超级快充也需要使用原装的华为40W SuperCharge充电器以及5A数据线，但是华为22.5W SCP超级快充与华为18W FCP快充均有第三方配件可供选择，并且很多第三方充电器也兼容这两个充电协议。

小米ChargeTurbo

与其他的手机厂商自研私有快充协议不同，小米采用了魔改PD快充协议的方式，这种好处是USB-A和Type-C都能使用。

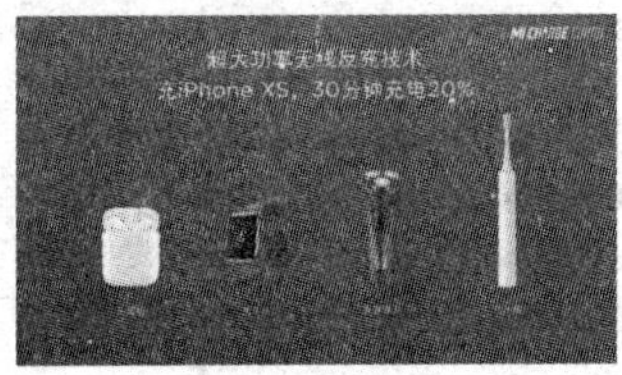

目前小米快充有50W(10V5A)、40W(10V4A)、30W(10V3A)等快充规格，最新的小米10 Pro便采用了单电池设计的50W快充规格。同样目前小米快充必须使用原装充电器和数据线才能实现最佳的快充效果，需要注意的是，因为小米的快充数据线采用了魔改方案，所以只有小米原装数据线才支持小米的高功率快充。

另外，小米旗下采用高通骁龙处理器的机型均对高通QC快充协议具有良好的支持，例如小米10 Pro便支持QC4+和PD3.0，而新发布的小米10青春版则支持全新的Quick Charge 3+。

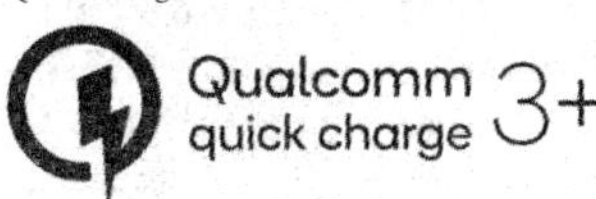

Quick Charge 3+

看完这几种目前主流常见的快充协议介绍，这下再也不用担心接错充电器造成充电速度不理想了吧。

（本文原载第28期11版）

长虹教育触摸一体机LED55B10T维修八例(二)

(紧接上期本版)

例七、故障现象:电源指示灯亮,能开机,但屏幕不亮,主板型号:JUC7.820.00090615

故障检修:这是一位学校管理员寄来的信号板,管理员说能开机就是屏幕不亮,但液晶屏背光能点亮,通常说的灰屏故障。将该主板接到正常机器上测试,确实是灰屏,排除了液晶屏和逻辑板的问题。通电测J152 LVDS-51-0.5C的㊼脚5V供电正常,①、②、③、④脚12V也正常,按理说,不应该灰屏。难道数据有问题,按先软件后硬件的维修方法,重新刷写数据,再开机,屏幕显示正常。后来与管理员交流,原来该机原始故障是指示灯亮不开机,他怀疑存储器有问题,从淘宝里购买一个U盘升级程序,重新升级,结果造成灰屏,估计购买的数据有问题造成。

例八、故障现象:电源指示灯亮,能开机,无声音,主板型号:JUC7.820.00090615

故障检修:该机伴音功放电路采用TPA3110D2,检修时测量U80(TPA3110D2)的各脚电压如表1,对比伴音正常的机器,各脚电压基本吻合,再采用人工干扰的方法,用镊子碰③脚,扬声器发出咔咔的声音,基本可以排除功放块的损坏。进一步检查静噪控制电路,也没有发现问题。PC的声音左声道和右声道分别经过R396/C160和R397/C165输入到CPU(TSUMV69MDS)的㊴和㊵脚,经过内部调制,由㊺脚和㊻脚输出到TPA3110D2的③脚和⑫脚。用示波器测试㊴脚和㊵脚有正常的波形,㊺脚和㊻脚没有波形。确定CPU(TSUMV69MDS)内部伴音前置出现问题。考虑到学校伴音平时开到最大,音量高低基本用系统的播放器按钮控制比较多,与学校沟通后决定用伴音模块改。伴音模块采用最常见的TP2003功放块,淘宝上售价5元左右,按模块上的标注,接好电源线,伴音输入线,伴音输出线就可以了。固定好模块,试机正常。(全文完)

◇安徽 黄山 余明华

表1

TPA3110D2伴音功放正常各脚工作电压(单位V)														
脚位	①	②	③	④	⑤	⑥	⑦	⑧	⑨	⑩	⑪	⑫	⑬	⑭
电压	11.1	11.2	2.9	2.9	11.2	0	12.2	0	6.9	2.7	2.9	2.9	0	0
脚位	⑮	⑯	⑰	⑱	⑲	⑳	㉑	㉒	㉓	㉔	㉕	㉖	㉗	㉘
电压	12.2	12.2	12.2	6.07	0	6.07	12.3	12.3	6.1	0	6	12	0	12

TCL液晶电视热机花屏现象的处理分析

故障现象:热机花屏(机型:60A730U/机芯:T968A1)

处理方法:此机冷开机正常,开机三十分钟左右出现花屏现象,判断此机故障应该是主芯片和EMMC不良,供电不正常,以及EMMC和主芯片通讯不良而造成的。先对比测量正常机子和故障出现时各个IC的供电电压,发现UD019的输出端正常情况是1.8V,故障出现时为1.2V,从而造成EMMC供电电压降低,导致EMMC工作异常,于是更换UD019后老化未出现故障,故障排除。

故障现象:热机花屏死机(机型:43C2/机芯:MS838C)

处理方法:通电试机数字板开机一切正常,用焊枪调到200摄氏度对主板进行加热,发现加热到DDR附近就会出现花屏后死机现象,等该故障现象出现后,再测量主供电未发现异常,翻过主板测量板底供电电压时发现给DDR供电的一路1.2V电压变低。仔细查找发现断开CB11(具体位置见图1所示)后电压恢复正常,用焊枪加热后死机也未出现,更换CB11后老化试机,故障排除。

故障现象:热机花屏死机(机型:55C6/机芯:MS848)

处理方法:主板通电后查看打印信息正常,接图像声音未发现主板异常现象,接到机架上老化后一会出现花屏死机现象。此时测量主板各供电发现LDJ1(具体位置见2所示)处电压偏低,该电压是DDR 1.5V供电偏低。更换DC芯片UDJ1后电压正常,热机未出现故障,故障排除。

故障现象:热机花屏(机型:75X5/机芯:MA838A)

处理方法:该机通电当出现图像为绿色和白色相间的花屏(但声音正常)时,首先测量主板上的各组DC-DC转换电压全部正常。本着先软后硬的原则,先升级软件,故障现象依旧存在。考虑到此机主板是有MEMC部分的,而MEMC部分的主芯片是MST6M60FV,根据经验,此芯片的故障率较高(在早期的MS828机芯上使用较多,且故障率较高)。测量MST6M60FV的供电及外围未发现问题,代换该芯片后长时间测试未出现以上故障现象,故障排除。

故障现象:热机花屏死机(机型:D43A810/机芯:MT07P)

处理方法:通电检测图像声音都正常,此时把风枪温度调试到150摄氏度,对主板进行加热,当加热到3分钟的时候出现死机现象,死机的时候图像突然花屏,声音也伴有异常。根据经验,故障部位应该是在DDR到主芯片的通讯问题,此时开始检查通讯部分的排阻阻值是否有异常,当检测到RPD5时发现阻值异常,此时直接测量RPD5阻值有50多欧姆,正常阻值是22欧姆。更换RPD5后故障现象未出现,故障排除。

◇江西 程豪 罗锋华

先锋42V800花屏故障维修

这台电视开机一片绿色横线,反复开机又会显示带"Pioneer"的先锋标志的各种方块。该机主板输出的信号通过一根屏数据线与一块正方形数字转换板(见附图)相连,该数字转换板又通过两条数据线将信号输给逻辑板,这个数字板是典型的2K转4K板子。考虑普通机型很难出现这样的故障现象,所以检修重点转移到数字板上,又考虑是上门维修,不利于长时间观察,所以跟顾客协商,拉回来修理。

回来重启多次,发现电视有时会正常,一旦正常,无论开多长时间,机器都可以正常工作。而这种启动不良的故障,根据笔者经验应重点怀疑电解电容。首先考虑热源周边的电解电容,因为它们受高温的烘烤更容易损坏,所以先换掉三端稳压上端的CT14和CA23两个电解电容,结果故障不再出现。第二天,开机发现绿色横线是没了,可带先锋标志的方块还是有的,而看了一下,这个数字板子就八个电解电容,已经换了两个了,还只剩下6个了,索性一起都换掉。这次实验都好了,于是,电话告知顾客:明天给他送电视。

第二天,送机前又送电一次,结果带先锋标志的方块又出现,这次彻底心凉了。关键是答应顾客送电视了,有点被动。仔细看了数字板,发现有一存储器,网上竟然有这个存储器的数据,把它焊下来,用编程器重新写入,不过,为了防止不测,把原机数据也保存了。结果电视还是以前的问题。

反复琢磨维修过程,好像是只要电视机启动正常,不拔掉电源遥控关机,电视就一直是好的。不拔掉电源,有电的不是数字板,而是主板,这才考虑主板问题。把主板数据程序重写,问题不再出现。

小结:这个电视绿色横线故障是数字板问题,而先锋标志的方块是主板问题,故障都是花屏,却出现在两块板子上,一时没有想到,走了弯路。希望大家注意!

◇大连 林锡坚

利用电阻对比法检修康佳LC24FS66C液晶彩电无法二次开机

故障现象:黑屏,待机红灯亮,无法开机。

打开电源开关瞬间,仔细看屏闪亮一下,黑屏。按遥控键或者待机键,红灯始终无法转化为蓝灯。

故障分析:该机为电源与背光高压板二合一板,板号码KIP+048U02C-01(34006621),只有一路12V输出,经三端稳压电路变为5V,供主板主控电路使用。

待机灯亮,说明电源正常,故障原因可能为高压电路过压或者过流电路保护。重点检查背光高压电路。拔掉两个高压变压器绕组接灯管的插头,用数字万用表欧姆挡测高压绕组的直流电阻,T701为569欧姆,T703为586欧姆,因电路完全对称,阻值应完全相同,怀疑低阻值的那只绕组轻微短路。无变压器可换,网购一款板子代换,故障排除。测量新购板子两只变压器电阻均为571欧姆,完全相等。

小结:对比法可以测量对称电路,对应阻值应相等。同理也适合测量地址总线、数据总线对地电阻,相同属性的引脚对地阻值应相差不大,这不失为一种检修的好方法。

◇山东省烟台市招远市烟台机械工程学校 侯金叶

利用 WinRAR 批量修改批注

实际工作中，有时要求批量修改 Excel 的批注（如图 1 所示），现在需要批量去除批注中的“，请发布。”这些信息，如果逐一手工修改，既麻烦而且也容易遗漏。其实，我们可以利用 WinRAR 解决这一问题。

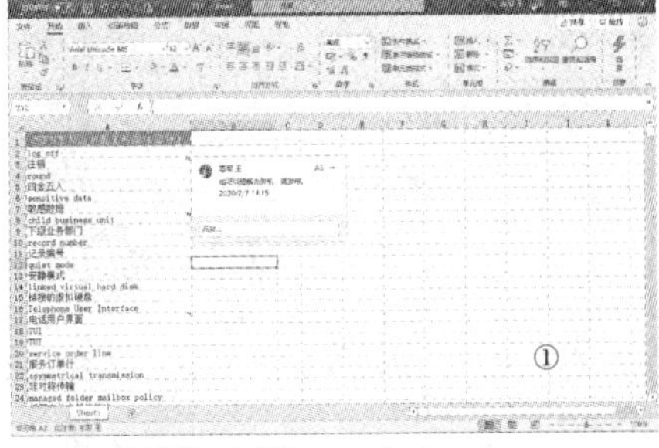
①

第一步：查找 xml 文件

首先需要将首先将 Excel 文档的后缀名由.xlsx 修改为.rar，接下来使用 WinRAR 打开这个由 xlsx 转换而来的 RAR 压缩包，双击打开 xl 文件夹，找到其中名为 comments1.xml 的文件，将其拖拽到压缩软件界面以外的地方。

第二步：替换为空

右键单击这个文件，从快捷菜单中依次单击“打开方式→记事本”，在记事本中打开后（如图 2 所示），按下“Ctrl+H”组合键，将“，请发布。”全部替换为空，这里其实就是记录了所有批注信息的一个文件，完成替换之后保存并关闭记事本。

第三步：更新压缩包

鼠标左键按住 comments1.xml 不放，将其拖拽到 WinRAR 界面中，更新压缩包，关闭 WinRAR 程序。

最后仍然将 RAR 压缩包的后缀名修改为.xlsx，这时可以看到所有批注中的已经被清除。当然，如果发现批注作者的名字自动变更为“作者”，可以打开“Excel 选项→信任中心→个人信息选项”界面，在这里清除“保存时从文件属性中删除个人信息”勾选框就可以了。

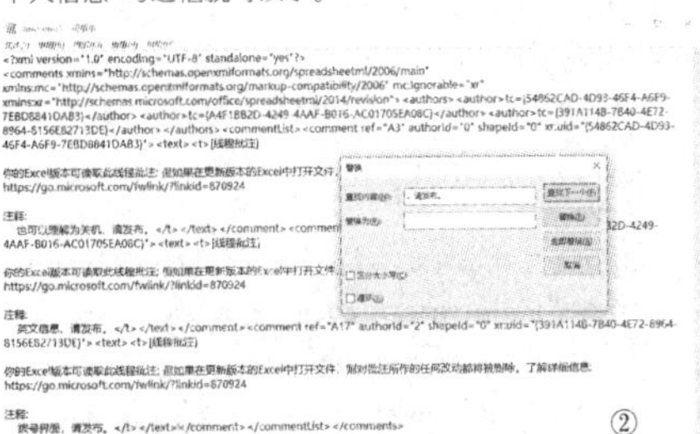
②

◇江苏 王志军

让 iPhone 也能解锁口罩面容

如果戴了口罩，目的当然是为了防止各种病毒通过空气进入口鼻，但随之而来的一个问题就是 iPhone 的面容解锁功能会失去效果，这时不得不手工输入密码才能解锁。当然，如果一定要在戴口罩的情况下解锁 iPhone，可以按照下面的步骤进行操作。

我们知道，Face ID 是通过 iPhone 前置的原深感镜头来映射用户的面部几何结构，从而进行解锁。Face ID 会通过机器学习能力自动适应使用者的外观变化，例如戴帽子、戴眼镜、化妆或者变胖，都可以精准识别，如果使用者的外观出现了更为显著的变化（如剃掉了络腮胡等），iPhone 会先让输入解锁密码，然后更新使用者面部数据。

根据这个原理，我们可以尝试“训练”你的 iPhone 来重新认识。

1. 人脸识别不出你的脸后，解锁失败；

2. 需要输入密码；

3. 密码输入完成后，证实是使用者本人，Face ID 就会记录使用者模样变化。

也就是说，当我们戴着口罩用 Face ID 解锁失败后（如附图所示），通过输入密码的方式解锁（不要摘下口罩）。如此重复数十次步骤，Face ID 即可成功解锁，即使戴着口罩也没有关系。为了提高解锁识别的效率，建议露出鼻梁、尽量用同款口罩。

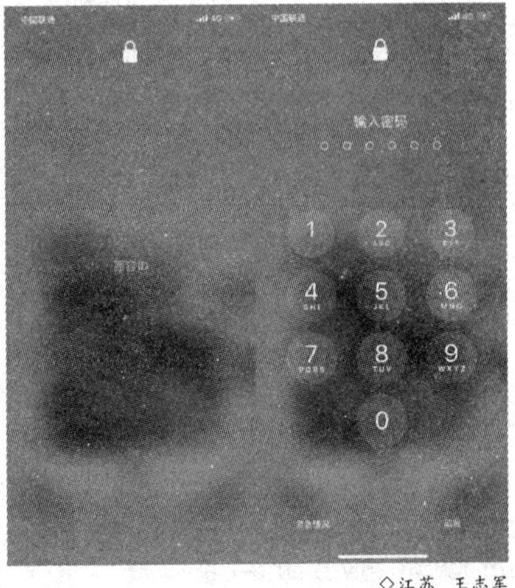

◇江苏 王志军

自定义 iPhone 的通信范围

从 iOS 12 版本开始，iOS 引入了名为“屏幕使用时间”的功能，我们可以查看自己每天花了多少时间在 iPhone 的使用上，同时还可以限制某些特定 App 的使用。不过，如果你的 iPhone 已经更新至 13.3 系列版本，那么可以更进一步限制通信范围：

进入设置界面，选择“屏幕使用时间→限定通信”，进入之后点击“允许通信”小节的“受允许的屏幕使用时间内”右侧的“>”按钮（如图 1 所示），在这里可以选择“所有人”或“仅限联系人”，如果选择后者，那么在允许的屏幕使用时间间，只有联系人才可以进行通信，这对于公考一族或考研党可是十分有用的哟，家长也可以使用这一功能设置在给孩子分配的屏幕时间之内仅允许联系人进行通信，这里还有一个切换按钮，可以允许或禁止在联系人和家庭成员中群组聊天。

如果需要在屏幕时间停用期间限定通信，请点击“停用期间”右侧的“>”按钮，这里可以选择“特定联系人”（如图 2 所示），可以从通讯录中选取，也可以添加新的联系人。

可以放心的是，无论是选择何种设置，限定通信功能时是始终允许拨打紧急电话的，例如 119、110、112 等。

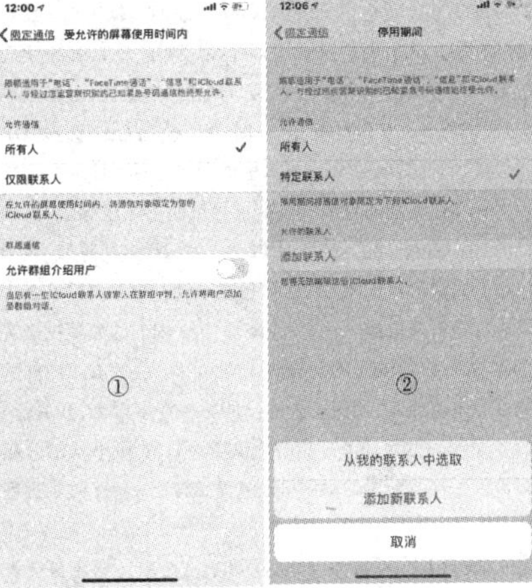

① ②

◇江苏 天地之间有杆秤

电脑网络故障处理一例

今年情况特殊，受疫情影响，前段时间不能返校上学，只有通过网络上课。为了方便学习，家里使用台式电脑通过无线网卡上网。

某天下午，笔者提前打开浏览器登录所要上课的网站（http://cd20.jikejy.com），准备上课，刚开始一切正常，网络状态也是满格，但是过了几分钟浏览器就突然变得空白并显示出几个字——“你尚未连接”，因为离正式上课时间只有几分钟了，当时就比较着急，直接将目光转向电脑任务栏中网络的状态，发现并没有网络，无线网卡信号图标上有个红“X”（如附图所示）。冷静想了一下，这台电脑是通过无线网卡上网的，是不是网卡有问题？马上查看主机后面的无线网卡，经检查发现网卡好像有点松动，于是就将网卡拔出来查看，没有异样，试着将网卡重新插进 USB插口，几秒钟后，网络状态正常了，再查看浏览器，已经恢复，终于可以正常上课了，这时老师刚好正式讲课，没有耽误。

此例故障对于专业人员来说，肯定是再简单不过了，可是对于我们初二学生来说，修复还是有点难度。通过这次处理的过程，个人感觉收获良多，遇到问题时不要慌张，要冷静下来，思考问题所在，然后才能去解决，这样即锻炼了自己的动手能力，也没有耽误学习时间，可谓一举两得。

◇成都二十中八年级一班 黄志宇

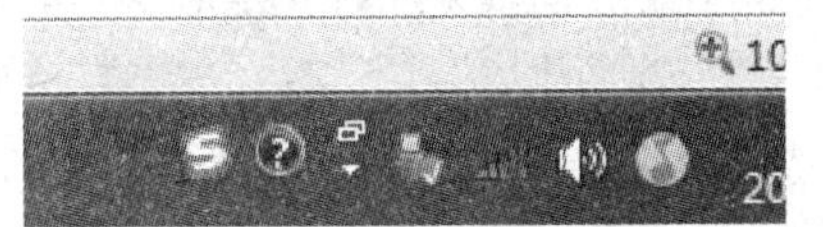

解决Watch播放微信语音中断的问题

某些时候，我们可能会在Apple Watch上播放微信语音，但在聆听微信语音的时候，经常会出现播放断续的问题，尤其是稍长一些的语音，屏幕一黑或无意翻转了手腕，就没有声音了，有没有解决办法呢？

其实这是设置的问题，在iPhone上打开“Watch”应用，切换到“我的手表”选项卡，依次选择“通用→唤醒屏幕”，在这里将“在轻点时”修改默认设置为“唤醒70秒”就可以了（如附图所示）。当然，在播放语音时，我们最好保持手腕不要发生大的动作。

◇江苏 大江东去

让百度输入法不再成为耗电大户

有些朋友喜欢在 iPhone 上使用第三方输入法，例如百度输入法，但这个输入法如果设置不当，很容易成为耗电大户，严重时耗电量高达 30%，即使是最新的 9.10 版本也是如此。正确的设置方法如下：

进入“输入设置”界面，选择“语音设置”（如附图所示），在这里关闭智能场景语音、极简语音模式、面板内语音输入等三项服务即可。

◇江苏 王志军

08:17 4G
〈输入设置 语音设置
句末标点模式 自动省略句末句号 >
离线语音 >
语音输入免跳转 >
智能场景语音
极简语音模式
面板内语音输入

TH-242型硬盘录像机电源适配器原理分析与故障检修

TH-242型硬盘录像机电源适配器的输入电压为交流100~240V，频率范围为47Hz~53Hz，输出12V直流电压，最大输出电流为2A。其采用电源控制芯片PR9853、开关变压器T1为核心构成的并联型开关电源，如附图所示。

一、工作原理

1. PR9853的简介

该芯片采用电流反馈式PWM(脉宽调制)&PFM(脉冲频率调制)工作模式，工作频率由外接电阻设定。芯片内置振荡器、软启动电路、工作模式选择电路、脉宽调制逻辑电路、LEB前沿消隐电路、同步斜坡补偿等电路。具有OCP(过流保护)、OVP(过压保护)、OLP(过载保护)、SCP(短路保护)等多种保护功能。在轻负载或零负载情况下，自动进入PWM&PFM或CRM（周期复位模式）工作模式，使得电源更加环保节能。PR9853的引脚功能如下：

①脚(Gate)为驱动信号输出端，输出幅度最高为18V的脉冲信号，用于驱动外接开关管(MOSFET型场效应管)。②脚(VDD)为电源端，允许最高的供电电压为34V。④脚(Sen)为电流检测输入端，输入该脚的电压用于控制Gate脚输出脉冲信号的占空比(最大为78%)，实现电源电路的电流反馈工作模式。⑤脚(RI)与地间外接的R16用于设置芯片的工作频率，在PWM模式时的工作频率为30~150kHz。⑦脚(FB)为电压反馈端，除了和Sen脚一起控制PWM的占空比外，还可控制芯片进入PWM&PFM以及CRM工作模式，实现过载(OLP)和短路(SCP)保护功能。⑧脚(Gnd)为热地端。③、⑥脚为NC。

【提示】IC1的振荡频率fosc=6500/R16，因R16的阻值为100kΩ，所以振荡频率为65kHz。

2. 市电滤波与300V供电电路

220V市电经2A保险管(熔丝管)FS1输入后，利用XC1和L1组成的输入滤波电路滤波，通过D1~D4桥式整流，再由C1滤波，产生300V左右的直流电压V0。

输入滤波电路用于防止外部电磁脉冲信号对适配器的干扰，同时也可防止电源自身产生的高频电磁信号向外辐射，R1、R2用于断电时泄放XC1上的电荷。

3. 启动与功率变换

供电电压V0不仅经开关变压器T1的初级绕组(4-3绕组)加到开关管Q1(4N60A)的漏极为其供电，而且经启动电阻R10、R11对C2进行充电。当C2两端的充电电压超过14V时，电源控制芯片IC1(PR9853)②脚内的启动电路、振荡器等电路相继工作，于是内部振荡器产生的65kHz时钟振荡信号控制PWM电路产生PWM激励信号。该信号经放大后从IC1的①脚输出，通过R14、R13驱动Q1工作在开关状态。Q1导通时，T1的4-3绕组流过高频脉冲电流，使T1的初级绕组产生电动势。Q1截止时，T1在互感的作用下，它的1-2绕组两端产生感应电压经D5整流、R15限流，C2滤波后，得到满足IC1持续工作所需的供电电压；5-6绕组产生的感应电压经D7整流，C9、C8、L2和C7组成的滤波网络滤波，不仅对外输出12V直流电压，给硬盘录像机供电，而且通过R2将LED点亮，表明适配器处于工作状态。

4. 稳压电路

稳压控制电路由三端误差放大器IC3（431）、R17~R21、C6、光耦合器IC2(817B)以及C4、R12、R7~R9等元件组成。

开关管Q1工作后，其S极电流在取样电阻R7~R9两端产生锯齿波电压，该电压经R12限流、C4滤波后加到IC1的④脚(Sen)上，设为Vsen，该电压与IC1芯片内部的溢出补偿电路共同作用产生一个随Vsen增大而增大的电压Vsense；12V输出电压经R19与R20分压后，加到IC3的①脚，控制IC3的③脚的电位，使光耦IC2内的发光二极管一定程度地发光，使IC2内的光敏三极管处于一定导通状态，将IC1的⑦脚(FB)置于一定电位，设为V_{FB}。当Gate脚的输出高电压驱动Q1导通时，IC1内的比较器将随Sen脚电压Vsen变化而变化的锯齿波电压Vsense与FB脚的电位V_{FB}进行比较，当锯齿波电压Vsense上升到大于V_{FB}时，IC1控制Gate脚的输出信号为低，从而实现对Gate脚输出脉冲宽度的控制。

当市电电压降低或负载变重导致输出电压低于12V时，经R19、R20取样后使IC3①脚输入的取样电位降低，经内部比较放大器比较放大后使①脚电位升高，导致流过IC2内部发光二极管的电流减小，发光减弱，IC2内部的光敏三极管的内阻增大，使得IC1的⑦脚输入的V_{FB}升高，经IC1内部的控制逻辑电路控制，使得①脚输出的脉冲宽度增大，开关管Q1的导通时间增大，T1存储的能量增大，12V供电自动升高到正常值。当适配器的输出电压高于12V时，稳压控制过程相反。

【提示】在PWM模式下，①脚输出的驱动脉冲的最大占空比为78%，对应的V_{FB}为3.3V，Vsen为1.05V。

5. 保护功能

尖峰脉冲吸收回路：该保护电路由R3、R6、C3及D6组成。该电路可以吸收Q1进入截止状态瞬间，开关变压器T1初级绕组产生的尖峰脉冲，以免Q1被过高的尖峰脉冲损坏。

过流保护：功率管Q1导通时，R7~R9的两端会产生锯齿波电压。该电压经R12加到IC1的Sen脚，当该电压超过1.05V时，IC1内保护电路动作，切断①脚输出的驱动信号，Q1截止，以免Q1因电流过大而击穿。R7//R8//R9=0.7Ω，因此，允许流过Q1的最大电流约为1.5A。

电流限制电路还包括一个前沿消隐电路。该电路用来延时电流采样，因为在开关导通瞬间会有脉冲峰值电流，如果此时采样电流值并进行控制，会因脉冲前沿的尖峰产生误触发动作，影响电路启动，前沿消隐电路对检测脉冲进行延迟，就可以避免这种误触发隐患。

VDD过压/欠压保护：芯片PR9853内设一个VDD检测电路。当VDD大于34V或小于8.8V时，芯片自动关断Gate脚输出，使Q1保持截止状态。

误差取样放大电路异常保护：当适配器负载短路或过载时，12V输出会大幅降低，经IC3的控制使得IC2内部的光敏三极管截止或导通程度大幅下降，导致IC1的FB的电位V_{FB}上升，当该电位大于3.7V时，经35ms延时，IC1内部的检测逻辑电路关闭①脚输出的脉冲信号，使Q1截止，使得芯片失去供电VDD，IC1停止工作，以免Q1过压损坏，实现误差取样放大电路异常保护。

绿色节能工作：开关电源的功率损耗，主要由控制电路、变压器损耗和功率开关管的损耗产生，通过降低工作频率可以有效减少损耗。PR9853采用了PWM(脉宽调制)、PFM(脉冲频率调制)和CRM(周期复位模式)综合调制的方式实现电源的绿色节能。在中等负载和重负载的情况下，芯片工作在PWM方式，工作频率为65kHz(RI=100kΩ时)，当负载变轻时，电源的12V输出会升高，在稳压控制电路的作用下，使⑦脚电位V_{FB}下降，从该脚流出的反馈电流I_{FB}增大，当⑦脚电位低于1.8V（I_{FB}电流大于0.5mA）时，芯片IC1进入PWM&PFM工作模式，①脚输出脉冲频率随I_{FB}的增大而线性降低；当负载更轻或空载，使得⑦脚电位V_{FB}低于1.4V(I_{FB}大于0.55mA)时，芯片IC1再次进入PWM工作模式，但输出脉冲频率变为固定的22kHz；当负载进一步变小或空载时，使得V_{FB}低于1.08V(I_{FB}大于0.59mA)时，IC1工作在CRM模式，IC1内部寄存器始终被复位，①脚无输出脉冲，Q1停止工作；直到输出电压低于12V时，IC1内部寄存器再次被置位，①脚输出的脉冲频率将进一步下降或变为猝发脉冲形式，其频率大小与指示灯电路、R23的阻值以及输出滤波网络C7~C9、L2的参数有关。

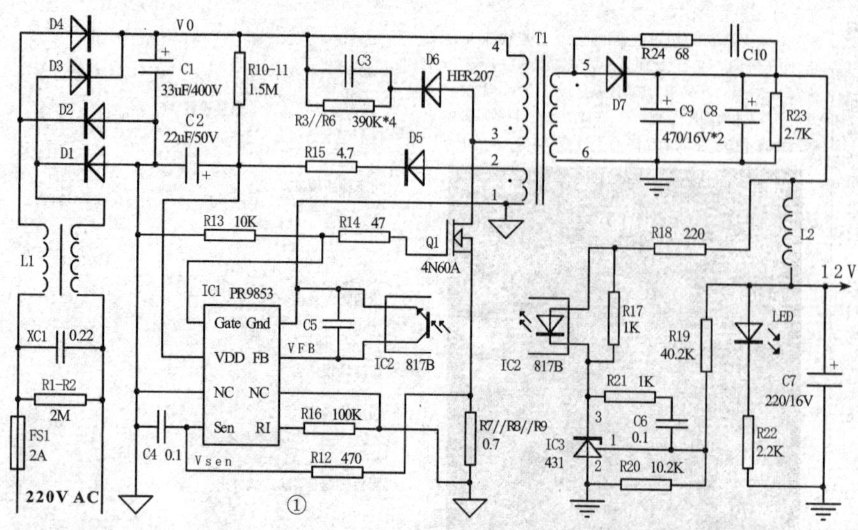

①

二、检修实例

故障现象：运行过程中硬盘录像机机内蜂鸣器突然不停地鸣叫，断电再开机，故障依旧。打开硬盘录像机测量电源电压，发现电源电压由12V变为4.5V。

分析与检修：从上述故障现象看，引起电源适配器输出电压变低的原因无外乎两种情况，一是电源适配器自身故障，因带负载能力下降，使带硬盘录像机工作时输出电压降低；二是硬盘录像机故障，负载电流过大将适配器输出电压拉低。先将外接电源适配器与硬盘录像机断开，空载时加电测其输出电压为12V，用一只10Ω大功率电阻做负载，接到适配器输出端，测输出端电压从12V变为5.7V，确定故障属于第一种情况，即适配器出现了带负载能力下降的故障。打开适配器塑料封盖，观测电路板，发现12V输出滤波电解电容C8(470μF/16V)顶部鼓包。考虑到该适配器已经连续工作了4年多，为了保险起见，将12V供电的2个输出滤波电容C8、C9用470μF/25V的电解电容更换，再用10Ω大功率电阻做负载，加电后测适配器输出电压为12V。恢复适配器封装并将该适配器接入硬盘录像机，蜂鸣器不再鸣叫，并且供电电压保持为12V，硬盘录像机连续工作20天未见异常，故障修复。

◇山东 孙海善 张戈 刘文昊

常见的二极管、三极管、MOS 封装类型汇集(三)

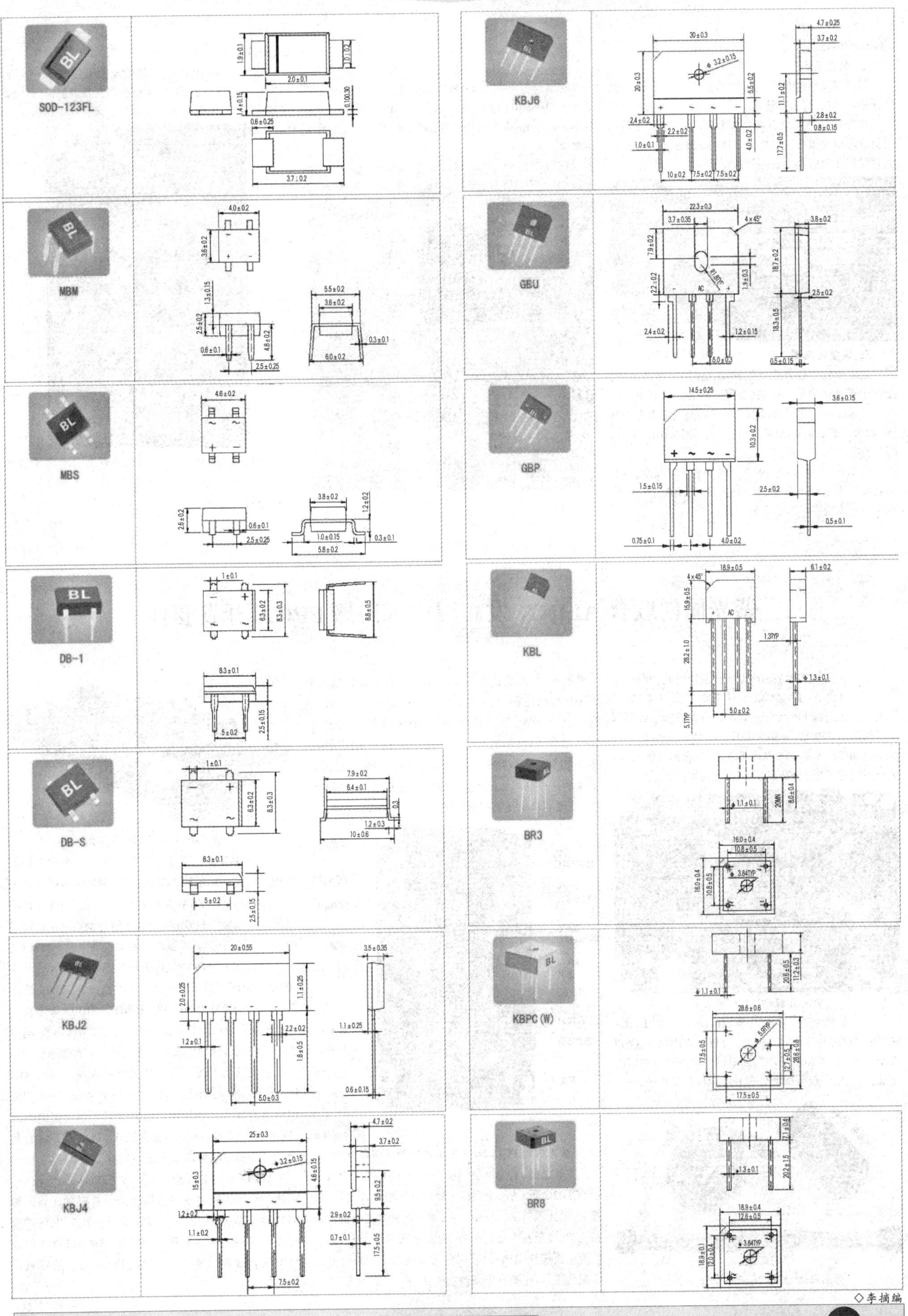

◇李摘编

自制垃圾满提醒智能垃圾桶(二)

(紧接上期本版)

二、配置云服务

用了联发科的板，也可以用它的云服务MCS,当然开始项目前,得有个账号。

首先在开发页面下建立一个新项目,根据上图的指引填入相关信息。记得记下DeviceID和DeviceKey,到时候将开发板接上云端时用得着。

三、调整传感器

这里用到的红外距离检测器在使用前需要调整,让它知道具体的检测距离,这可以通过拧动模块上的电位计来完成。它可检测前方一定距离内是否存在物体,如果没有,返回LOW值;如果有,返回HIGHT值,两个值在代码中会用到。

具体而言,就是桶内的东西堆积到一定高度,传感器就能知道已经太多了,然后通过你要清理了。所以也要将它固定在桶上适当的高度。

四、部署代码

首先下载代码，不过下完后要做些修改才能用。一是要填入自己的WiFi名称和密码,然后替代掉之前设置的DeviceID和DeviceKey。代码的作用是让开发板连上网络和MCS账号,并每隔一段时间上传传感器的数据。

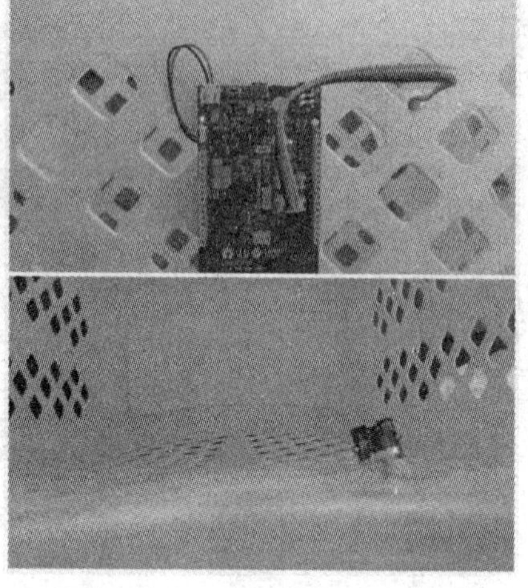

五、安装硬件

这一步很简单，用胶带把开发板贴在桶上就行。开发板置于桶外侧,距离检测器则放到内侧,且要面朝下方,这样它才能告诉你桶是不是满了。

一切准备就绪,智能垃圾桶就诞生了,即使你身处地球另一端,也能登陆MCS查看桶是不是满了。

(全文完)

◇四川 王平

紫光同创联合ALINX发布国产入门级FPGA开发套件

近日，国产FPGA芯片龙头企业紫光同创联合国内知名的FPGA方案提供商ALINX(芯驿电子)共同推出国产入门级FPGA开发套件，开发板加下载器套餐价格低至470元,为初学者及高校学生、研究院所提供了更加低成本的FPGA开发平台,二者的强强联合,进一步完善了国产FPGA开发生态环境!

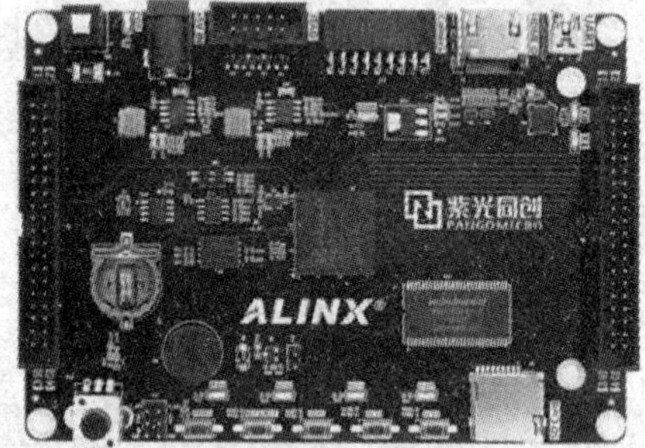

紫光同创 PGL12G 开发板

该开发套件基于紫光同创LOGOS系列PGL12G-6CFBG256芯片，核心部分由FPGA+SDRAM+QSPI FLASH构成,能够满足数据处理过程中对高缓冲区的需求,可应用于视频图像处理和工业控制等领域。

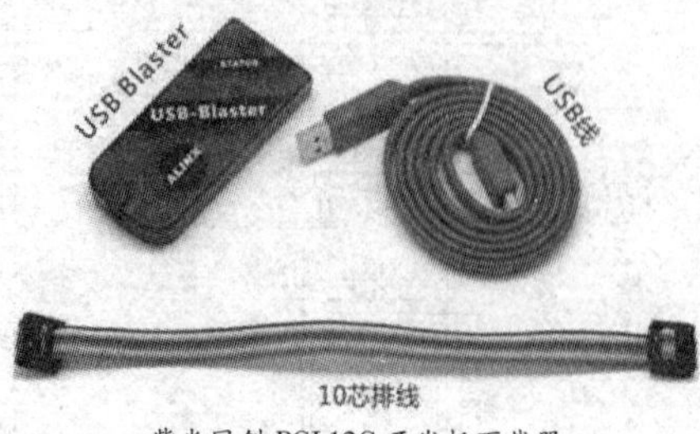

紫光同创 PGL12G 开发板下载器

此外,该开发套件还具有丰富的外围接口,包含1路HDMI输出接口、1路UART串口接口、1路SD卡接口、1个JTAG调试接口、2路AD接口、一个摄像头接口、2路40针的扩展口和一些按键、LED、RTC、蜂鸣器和EEPROM电路等。加之简便的控制和供电,以及完备的用户指南文档和应用案例，非常适合从事FPGA开发的学生及工程师等群体。

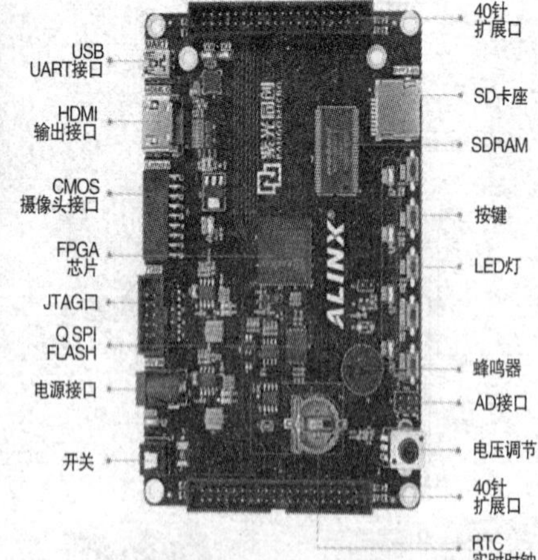

紫光同创 PGL12G 开发板丰富的外围接口

在此之前,紫光同创已经联合ALINX在去年推出了PGL22G开发板,采用核心板加扩展板的模式。扩展板上,设计了丰富的外围接口,满足各种高速数据传输和处理、视频图像处理和工业控制的要求。此外,用户也可以直接使用核心板,根据具体应用场景设计底板搭配使用,由此激发更多创意设计。

紫光同创 PGL22G 开发板

目前,PGL22G开发板已经广泛用于客户早期评估和紫光同创大学计划项目,如全国集成电路创新大赛、全国大学生FPGA创新设计大赛、国产FPGA课程编制等，为国内FPGA专业人才培养及应用生态建设作出了积极的贡献,得到客户和高校师生的一致认可!

紫光同创LOGOS系列高性价比FPGA，采用40NM CMOS工艺和全新LUT5结构,12K-100K逻辑资源,集成RAM、DSP、ADC、SERDES、DDR3等丰富的片上资源和IO接口,广泛应用于工业控制、通信、消费类等领域,是大批量、成本敏感型项目的理想选择。

紫光同创市场总监吕喆表示:“很高兴能与ALINX合作共同推动国产FPGA的开发生态，为用户提供快捷方便和高性价比的评估学习平台，支撑国产FPGA用户群体培养，为提升国产FPGA用户体验助力,为促进国产FPGA发展进步赋能。”

ALINX公司总经理马瑞表示:“FPGA国产化迫在眉睫，需要国内企业的共同努力。希望紫光同创和ALINX能够发挥芯片和开发领域领头羊作用,继续深化合作,强化应用生态建设,携手助推中国FPGA产业的发展和进步，早日实现国产FPGA芯片的批量供应。”

用CMOS集成电路制作计数计米器(一)

工业生产线上有许多地方需要对生产产品的数量或长度进行计量，本文介绍用CMOS集成电路CD40192计数器芯片制作累加计数器。若计数器的传感器用来计数周长为1米的码盘圈数时，就成为计米器了。

1. 芯片介绍

本计数计米器用到的CMOS集成电路有CD40192和CD4511两种。

CD40192为十进制同步加/减计数器(有预置端，双时钟)可预置BCD可逆计数器，其内部主要由四位D型触发器组成，与一般计数器不同之处在于加计数器和减计数器分别由两个时钟输入端控制。其引脚图如图1所示。

40192具有复位MR、置数控制PL、并行数据P0~P3、加计数时钟CPU、减计数时钟CPD等输入。当MR为高电平时，计数器置零。当PL为低电平时，进行预置数操作，P0~P3上的数据被置入计数器中，计数操作由两个时钟输入控制。当CPD=1时，在CPU上跳变时计数器进行加1计数；当CPU=1时，在CPD上跳变时计数器进行减1计数。除四个Q输出外，40192还有一个进位输出TCU和一个借位输出TCD，TCU和TCD一般为高电平，只有在加计数模式下当计数器达到最大状态时，TCU输出一个宽度为半个时钟周期的负脉冲；在减计数模式下当计数器全为零时，TCD输出一个宽度为半个时钟周期的负脉冲。

CD4511是BCD锁存/7段译码器/驱动器，是常用的LED数码管显示译码器件。其引脚图如图2所示。

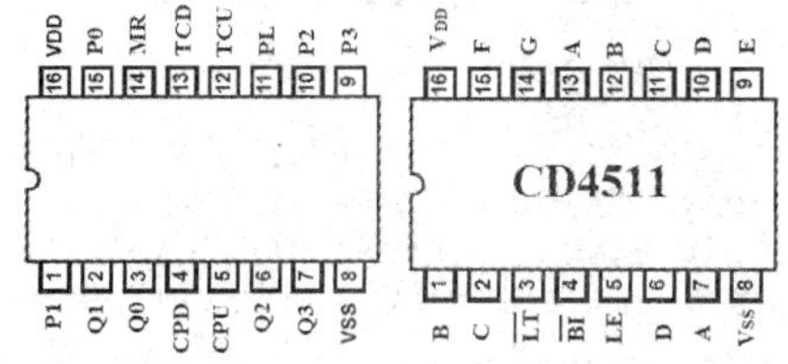

图1 CD40192引脚图　　图2 CD4511引脚图

图2中 $\overline{BI}$ 是消隐输入控制端，当 $\overline{BI}$=0时，不管其他输入端是什么状态，七段数码管都会处于消隐也就是不显示的状态。LE脚锁定控制端，当LE=0时允许译码输出，LE=1时译码器是锁定保持状态，译码器输出被保持在LE=0时的数值。$\overline{LT}$ 是测试信号的输入端，当 $\overline{BI}$=1，$\overline{LT}$=0时，译码器输出全为1，不管输入DCBA状态如何，七段均全部发亮，用于检测7段数码管是否存在物理损坏。D、C、B、A脚为8421BCD码输入端。A、B、C、D、E、F、G脚为译码输出端，输出为高电平1有效。CD4511的内部有上拉电阻，可直接或者接一个电阻与七段数码管接口。

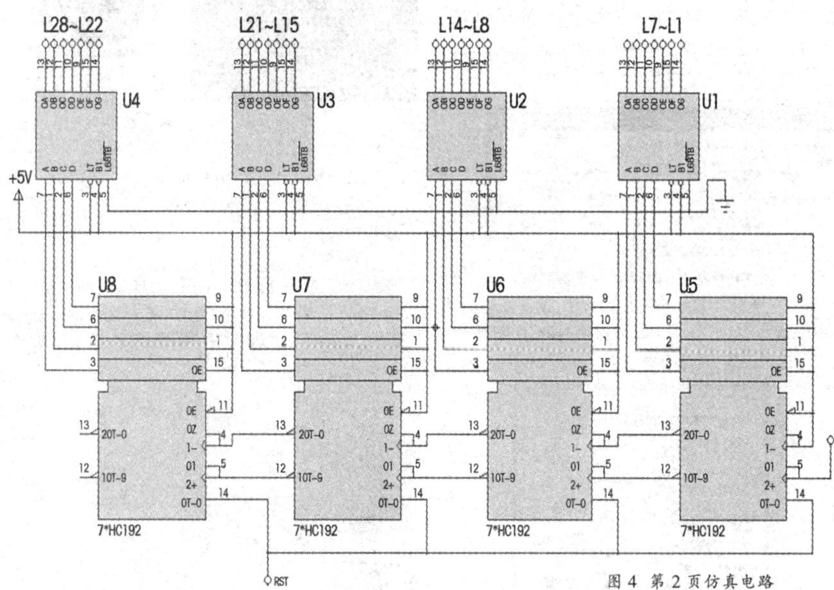

图4 第2页仿真电路

2. 电路组成

由CD4511和CD40192组成的四位累加计数器原理图如图3所示。图中每一个CD40192计数器的Q输出端接入一片CD4511进行译码后，送到共阴极LED数码管显示。CN1/2/3为外接传感器插座，CN1/3分别是电源的正/负极，CN2是信号端，当CN2端从0V变成+12V时，计数计米器加1。

3. 电路仿真

为了制作顺利，我们用Proteus软件进行仿真，验证电路的功能。仿真电路省去图3中的光电耦合器OPT。

1.仿真电路图设计

首先新建一设计，命名为"计数器"。在工作空间内放置7段LED数码管4个。然后设置页面属性，点下拉菜单"Design(设计)"，在弹出的菜单中点"Edit Sheet Properties(编辑页属性)"，在弹出的对话框中"Sheet Title(页标题)"右侧的文本框内输入页标题"display(显示)"，点"OK"按钮关闭对话框，完成第1页设置。

接着新建第2个页面。点下拉菜单"Design(设计)"，在弹出的菜单中点"New Sheet(新建页)"。然后点下拉菜单"Design(设计)"，在下拉菜单中选"Edit Sheet Properties(编辑页属性)"，在弹出的对话框中"Sheet Title(页标题)"右侧的文本框内输入页标题"4511"后，点"OK"按钮关闭对话框，完成第2页设置。若需要可以继续进行第3、4页的设置。

在第2页的工作空间，放置集成电路CD4511四块、CD40192四块，以及电阻R、电源、接地，并把线路连接好。各元器件在库中的位置如下：集成电路CD4511在"CMOS 4000 series(4000系列)"中；由于CMOS库中CD40192器件没有模型，所以改用"74HC192"，在"TTL 74HC series"中；电阻在"Resistors"中；电源和接地在左边工具栏"Terminals Mode"中。

除此以外，还要把与第1页电路相连的线路设置上相同的网络标号，如：接LED数码管的各集成电路CD4511的输出脚，计数脉冲的输入端、复位等。网络标号是左边工具栏"Terminals Mode"中的"DEFAULT"。第2页的电路如图4所示。

(未完待续)(下转第187页)

◇江苏 键谈

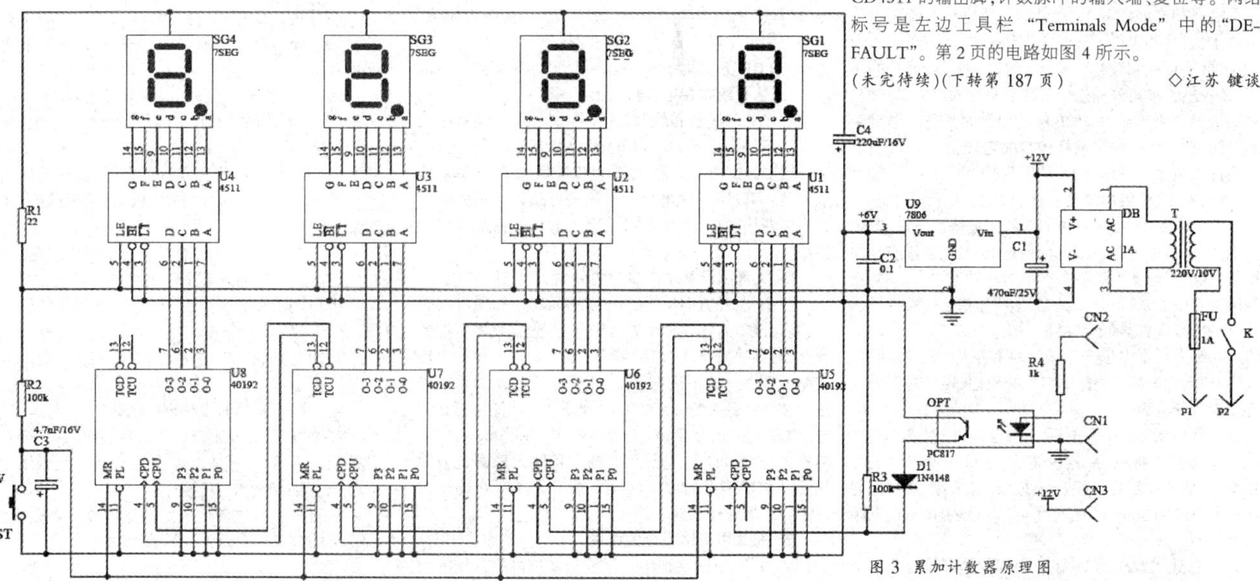

图3 累加计数器原理图

Allegro PCB 设计:贴片封装制作过程步骤(二)

(紧接上期本版)

插件类型封装制作过程可按以下步骤:

第一步,需要制作 Flash 焊盘。打开 Allegro 软件,选择 File->new 命令,在弹出的对话框中选择 Flash symbol,如图 14 所示;

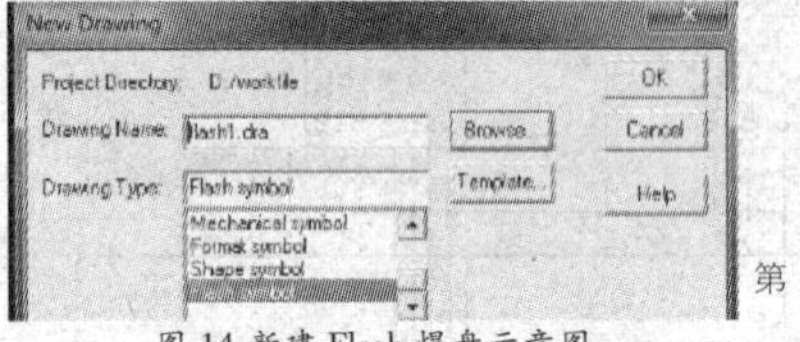

图 14 新建 Flash 焊盘示意图

第二步,按照上述贴片器件中的设置方法,设置好单位、精度以及格点,执行菜单命令 Add->Flash,按照器件规格尺寸进行设置,具体参数的含义如图 15 所示;

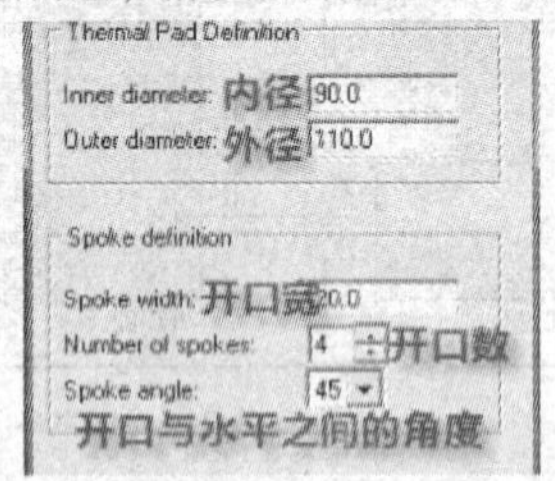

图 15 设置 flash 相关参数示意图

第三步,设置好后点击 OK,设置参数经验值为外径比内径大 20mil 左右,开口宽为孔径的 4 分之一左右但大于 8mil,设置 OK 以后如图 16 所示;

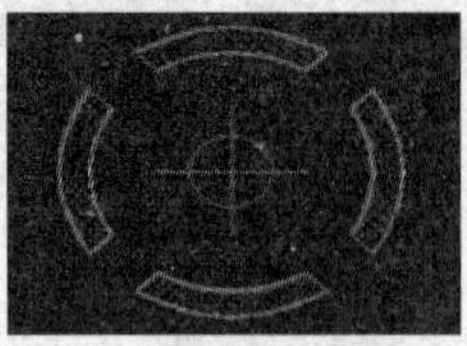

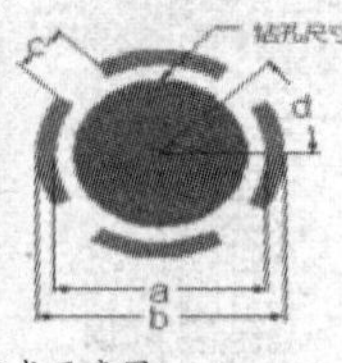

图 16 flash 绘制完成示意图

Flash 的尺寸大小可按以下公式计算:

1)a=钻孔孔径大小+0.4 mm;

2)b=钻孔孔径大小+0.8 mm;

3)c=0.4 mm;

4)d=45。

第四步,打开 Pad Designer,按照上述贴片器件中的设置方法,设置好单位、精度,然后在 Pad Designer 界面设置钻孔信息以及焊盘信息,通孔焊盘只需设置孔径大小、孔符、Flash(负片工艺)、Anti_Pad(负片工艺)、Regular Pad、Soldermask,如图 17 所示与图 18 所示;

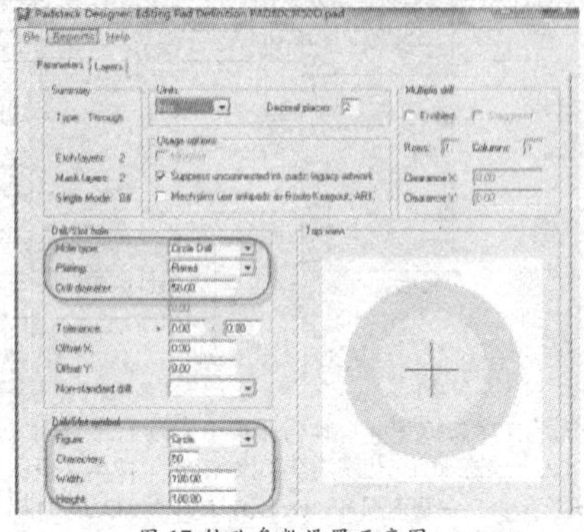

图 17 钻孔参数设置示意图

第五步,焊盘建好后,就设置好库的路径,可以建封装。建封装的步骤与贴片封装的过程是一模一样的,可参考贴片封装制作过程。有一点不一样,如果封装中有非金属化孔(Non plated),那么就要为非金属化孔添加禁布区,禁布区大小单边(半径)比孔大 0.3mm 以上,如图 19 所示。

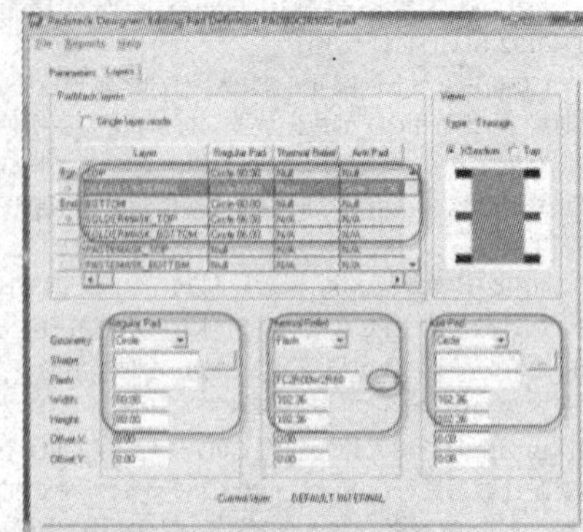

图 4-18 焊盘参数设置示意图

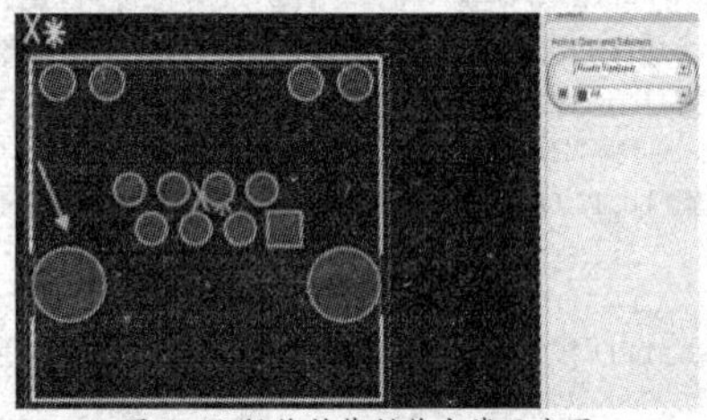

图 4-19 插件封装制作完毕示意图

(全文完)　　◇生烙

PCB布线地的处理及规则检查

在 PCB 设计中,布线是完成产品设计的重要步骤,可以说前面的准备工作都是为它而做的,在整个 PCB 中,以布线的设计过程限定最高,技巧最细、工作量最大。PCB 布线有单面布线、双面布线及多层布线。

布线的方式也有两种:自动布线及交互式布线,在自动布线之前,可以用交互式预先对要求比较严格的线进行布线,输入端与输出端的边线应避免相邻平行,以免产生反射干扰。必要时应加地线隔离,两相邻层的布线要互相垂直,平行容易产生寄生耦合。

自动布线的布通率,依赖于良好的布局,布线规则可以预先设定,包括走线的弯曲次数、导通孔的数目、步进的数目等。一般先进行探索式布经线,快速地把短线连通,然后进行迷宫式布线,先把要布的连线进行全局的布线路径优化,它可以根据需要断开已布的线。并试着重新再布线,以改进总体效果。

对目前高密度的 PCB 设计已感觉到贯通孔不太适应了,它浪费了许多宝贵的布线通道,为解决这一矛盾,出现了盲孔和埋孔技术,它不仅完成了导通孔的作用,还省出许多布线通道使布线过程完成得更加方便,更加流畅,更为完善,PCB 板的设计过程是一个复杂而又简单的过程,要想很好地掌握它,还需广大电子工程设计人员去自已体会,才能得到其中的真谛。

一、电源、地线的处理

即使在整个 PCB 板中的布线完成得都很好,但由于电源、地线的考虑不周到而引起的干扰,会使产品的性能下降,有时甚至影响到产品的成功率。所以对电、地线的布线要认真对待,把电、地线所产生的噪音干扰降到最低限度,以保证产品的质量。

对每个从事电子产品设计的工程人员来说都明白地线与电源线之间噪音所产生的原因,现只对降低式抑制噪音作以表述:

1. 众所周知的是在电源、地线之间加上去耦电容。

2. 尽量加宽电源、地线宽度,最好是地线比电源线宽,它们的关系是:地线>电源线>信号线,通常信号线宽为:0.2~0.3mm,最细宽度可达 0.05~0.07mm,电源线为 1.2~2.5mm

3. 对数字电路的 PCB 可用宽的地导线组成一个回路,即构成一个地网来使用(模拟电路的地不能这样使用)

4. 用大面积铜层作地线用,在印制板上把没被用上的地方都与地相连接作为地线用。或是做成多层板,电源,地线各占用一层。

二、数字电路与模拟电路的共地处理

现在有许多 PCB 不再是单一功能电路(数字或模拟电路),而是由数字电路和模拟电路混合构成的。因此在布线时就需要考虑它们之间互相干扰问题,特别是地线上的噪音干扰。

数字电路的频率高,模拟电路的敏感度强,对信号线来说,高频的信号线尽可能远离敏感的模拟电路器件,对地线来说,整个 PCB 对外界只有一个结点,所以必须在 PCB 内部进行处理数、模共地的问题,而在板内部数字地和模拟地实际上是分开的它们之间互不相连,只是在 PCB 与外界连接的接口处(如插头等)。数字地与模拟地有一点短接,请注意,只有一个连接点。也有在 PCB 上不共地的,这由系统设计来决定。

三、信号线布在电(地)层上

在多层印制板布线时,由于在信号线层没有布完的线剩下已经不多,再多加层数就会造成浪费也会给生产增加一定的工作量,成本也相应增加了,为解决这个矛盾,可以考虑在电(地)层上进行布线。首先应考虑用电源层,其次才是地层。因为最好是保留地层的完整性。

四、大面积导体中连接腿的处理

在大面积的接地(电)中,常用元器件的腿与其连接,对连接腿的处理需要进行综合的考虑,就电气性能而言,元件腿的焊盘与铜面满接为好,但对元件的焊接装配就存在一些不良隐患如:①焊接需要大功率加热器。②容易造成虚焊点。所以兼顾电气性能与工艺需要,做成十字花焊盘,称之为热隔离(heat shield)俗称热焊盘(Thermal),这样,可使在焊接时因截面过分散热而产生虚焊点的可能性大大减少。多层板的接电(地)层腿的处理相同。

五、布线中网络系统的作用

在许多 CAD 系统中,布线是依据网络系统决定的。网格过密,通路虽然有所增加,但步进太小,图场的数据量过大,这必然对设备的存贮空间有更高的要求,同时也对象计算机类电子产品的运算速度有极大的影响。而有些通路是无效的,如被元件腿的焊盘占用的或被安装孔、定们孔所占用的等。网格过疏,通路太少对布通率的影响极大。所以要有一个疏密合理的网格系统来支持布线的进行。

标准元器件两腿之间的距离为 0.1 英寸(2.54mm),所以网格系统的基础一般就定为 0.1 英寸(2.54 mm)或小于 0.1 英寸的整倍数,如:0.05 英寸、0.025 英寸、0.02 英寸等。

六、设计规则检查(DRC)

布线设计完成后,需认真检查布线设计是否符合设计者所制定的规则,同时也需确认所制定的规则是否符合印制板生产工艺的需求,一般检查有如下几个方面:

1. 线与线,线与元件焊盘,线与贯通孔,元件焊盘与贯通孔,贯通孔与贯通孔之间的距离是否合理,是否满足生产要求。

2. 电源线和地线的宽度是否合适,电源与地线之间是否紧耦合(低的波阻抗)?在 PCB 中是否还有能让地线加宽的地方。

3. 对于关键的信号线是否采取了最佳措施,如长度最短,加保护线,输入线及输出线被明显地分开。

—模拟电路和数字电路部分,是否有各自独立的地线。

—后加在 PCB 中的图形(如图标、注标)是否会造成信号短路。

—对一些不理想的线形进行修改。

—在 PCB 上是否加有工艺线?阻焊是否符合生产工艺的要求,阻焊尺寸是否合适,字符标志是否压在器件焊盘上,以免影响电装质量。

—多层板中的电源地层的外框边缘是否缩小,如电源地层的铜箔露出板外容易造成短路。

◇广西 何文

广播后级扩音机运作模式A类到D类

当我们去了解更多关于音响的世界，想知道每种器材的基本概念时，我们总会看到不同的器材，当中扩音机乃音响当中某一个最基础的部分。我们知道扩音机分为前级扩音机，后级扩音机和合并式扩音机三个不同的种类，今天我们主要介绍后级的扩音机，后级的扩音机世界中，当我们要选择一台新的扩音机时，就会发现一些名词包括A类,D类，或A/B类的扩音机，那么到底这些名词对于我们而言有何作用？又该如何分辨这些类型的扩音机？

其实作为一个音乐发烧友，最重要的追求是好声音，而不是追求用哪一种特定的器材。当然不同的器材各有不同的特性和优点去吸引我们选择使用，了解基本的概念有助于对市场上形形色色的后级扩音机作出最适合的选择和理解。我们只简介音响器材上最常见的3种种类，分别是A类、AB类和D类扩音机。

扩音机的类别

A类扩音机：长期充满力量

A类的扩音机是长期都恒定电流而全功率运作的扩音机

一般老一辈的发烧友最推崇备置的扩音机工作类别，好多人都会认为扩音机的A类才是最好的，A类的这种工作方式具有最佳的线性，每个输出晶体管均放大讯号全波，完全不存在交越失真(SwitchingDistortion)，因此被称为是声音最理想的放大线路设计。不过这大多数是属于旧式扩音机的设计方式，现代的后级扩音机已较少以A类的运作方式生产。例如在欧洲，出产不符合环保节能要求的产品不被鼓励。世界的潮流是更节能环保的机器。A类的输出效率较低例如单声道100W的输出就要用400W的电，非常之浪费能源，也因此器材体积好大，而机身很热。

A类的出品一般是声音较快速直接而全面纤细，其特点是通透和低失真，还原度有保证，但缺点显然而见，就烧钱，也就是发烧音响中所指发烧，真的是高温，热得很，用的电非常多，电费惊人，玩得class A肯定不是环保人士，也不在乎一切单纯只想追求声音质素。

A/B级：任何时候都有一点力量。当需要更多功率时，马上切换到更高效的操作。

现时市场上最常见的一种后级扩音机的类型，大多数新的后级扩音机都是使用这一种类的工作方式，它是融合A类和B类的扩大器优点的一种设计。针对改善A类扩音机的缺点。

当没有讯号或讯号非常小时，晶体管的正负信道都常开，这时功率(即用电流同电量)有所损耗，但没有A类耗电严重。当讯号是正相时，负相信道在讯号变强前还是常开的，但讯号转强则负信道闭。当讯号是负相时，正负通道的工作刚好相反。AB类功率放大器的缺陷在于会产生一丁点的交越失真，但是相对于它的效率比以及传真度而言，都优于A类和B类功放。现时市场上的A/B类的后级设计上已非常成熟并克服失真的难题上已表现得好全面。

由于市场上实在太多A/B类的机器，故要作出一个好客观的评价不容易，可以肯定是好多非常优秀的出品都是来自A/B类，而无需要比较，总有最好最擅长于此的设计师和品牌，甚至会是扩音机中最杰出的。

Class D:直接能量转换 能源效益好高 技术需求相对更高

近二十年愈来愈多新派的音响品牌推出class D的后级，而好多都设计出创新的方式去克服class D的技术挑战。

D类扩音机是放大组件处于开关工作状态的一种放大模式。无讯号输入时，扩音机处于截止状态，不耗电。工作时，靠输入讯号让晶体管进入饱和状态，晶体管相当于一个接通的开关，把电源与负载直接接通。理想的晶体管因为没有饱和压降而不耗电，实际上晶体管总会有很小的饱和压降而消耗部分电能。这种耗电只与晶体管的特性有关，而与讯号输出的大小无关，所以特别有利于超大功率的场合。

因此D类的声音定位一般非常好，低音的表达也非常直接快速有力强大。

不过由于推出D类的影音器材以小型随身喇叭较多，在highend的两声道传统音响上，产品的数量相对a/b类少得多，但我以看到近年愈来愈多高阶的D类放大扩音机推出市场，而技术和声音也推陈出新，以旧有眼光看待D类放大产品开始不合时宜。

近年，也有结合A类和D类的扩音机，结合A类的放大线路设计加上D类的驱动力，例如法国high-end影音Devialet的扩大机等等，反正，一个优秀的品牌和产品不管它使用的是那一种工作的模式，一定有方法有能力让其设计成就最好的声音。作为发烧友我们不应该因为其工作模式分类去区分产品，相信自己的耳朵，面向新的世纪，新科技正改变我们的影音体验，说近五十年影音科技没有大长进？长期醉心于中古class A扩音机的朋友，也许只是你没有给予新世代机种机会，不代表科技没有改革过影音产品。

◇四川 梁盘

无线麦克风各个频段的性能和使用场合

无线麦克风分为三个频段，FM段、VHF段和UHF段。下面简单给大家介绍各个频段的性能，使用场合等。

1. FM段：

大家都知FM收音机。FM收音机的频率是88-108MHz。FM频段的无线麦克风频率都高过108MHz。一般要110-120MHz之间，所以FM电台的信号不会对FM段的无线麦克风造成干扰，不过会受到其他杂波的干扰；

FM无线麦克风的优点是：电路结构简单，成本低，利于厂家生产；

缺点是：音质差，频率会随时间/环境温度的变化而变化，经常会出现接收不良，断讯的情况，受到的干扰大。对着话筒大声叫会出现断音；

使用场合：对使用要求很低，对音质没有多大要求。只要求有声音的这种情况下就可以选用FM无线麦克风了。

2. VHF段

VHF段大家习惯简称V段，频率在180-280MHz之间。由于频率较高，一般受到的干扰很少，采用晶体锁频，不会出现变频的情况，接收性能较为稳定。V段频无线麦克风一般有两种电路：

第一种电路：高频部分就只用一个2003集成IC。其中包括。信号接收，射频放大，混频，鉴频等一步完成。灵敏度不高，音频部分采用31101线路。把音频进行压缩，扩展处理，音质比FM有很大的改善。接收性能提高了一个档次；

优点：接收稳定。短距离一般很少出现断讯；

缺点是：高频部分不太稳定，音频频响不够宽，专业场合使用效果不够理想，使用场合：一般家用，要求性能相对稳定，音质还过得去的这样场合下。就可以选用此类无线麦克风。

第二种电路：高频部分采用分立式处理，高频放大，中频放大。混频，鉴频。分步处理，效果较好，灵敏度较高，性能较为稳定。音频处理部分采用571线路，音质较好，音频频响较宽。

优点：性能稳定，音质很好；

使用场合：KTV厅，家用，中小型演唱会，效果理想。

3. UHF段

UHF段一般习惯叫成U段。频率一般在700-900MHz。如此高的频率基本上没有其他的外来频率可以干扰到，U段的大多采用贴片元件。性能非常稳定，U做一般有三种电路。音频得理电路全是采用最新的571线路，音质较好；

第一种：单频式。和V段频的电路相似，高频放大，中频放大。混频，鉴频。分步处理，高放分几集进行放大，音频处理采用571线路设计，音质清晰。使用场合：在不满足于V段，对使用要求不是很高。或者在使用V段机的环境中存在干扰的就可以选用此类机型；

第二种：可调频式；此类机采用微电脑程序控制。高频振荡采用锁相环(PLL)控制。一般有多个频道可调，多的上千个可调频点供选择。有效地避免干扰，可以多台机在同一地点同时使用而相互之间互不干扰，如有干扰把频点调到其他的频点就可以避免干扰，静噪控制，。音频处理都采用全新的设计，性能稳定，使用场合：此类机使用于高档的多个KTV房。中小型演唱会。或要求多人同事演唱时使用，效果理想；

第三种：分集式；所谓分集式就是分集式接收，一种是单频式分集。一种是可调频试分集，此类机在拥有U段机的各项功能外，每个信道采用了两路接收电路系统。如一路接收系统出现死点，还有一路可以接收到信号，有效地避免信号死区，大大提高了整机的技术水平，保证了接收信号的稳定，接收不断讯，此类机是较先进的无线麦克风。最远的使用距离可达200米以上。

使用场合：各种大中型演唱会。使用环境要求很高，使用环境较为复杂，此类型机是最佳选择。

◇四川 官梁

“1+1>2”发烧音响方案（一）

——用 DEXP AL5000 4K 硬盘播放机+NEON MTB680 发烧组合音响组建平价、实用的发烧音响系统

如今再谈发烧音响与高清播放等器材已提不起读者的兴趣，引用央视一位名人的话：“为什么音乐让我如此觉得生命苦短与留恋，因为这里头有各种微妙的情感、有最美好的声音，但现在人们特别好像不愿意舍得为这么美好的东西去花钱”原因是多方面的，比如人们的生活节奏加快、感兴趣的东西太多，虽然手机、随身插卡音响、广场舞拉杆箱等音响使用方便，但很多爱音乐的高烧友仍在使用以能播 CD 唱片的 CD 机作音源，这里有多方面的因素，但最终是为了更好听！

去年笔者在本报发表了《一套书房、卧室用组合音响—TEAC TC-538D》一文（可在 2019 年第 12 期 12 版和公众号上查询），部分读者与笔者交流，希望能推荐更多的实用影音器材，当然平价是关键，只有价平多数读者才能感兴趣。由于今年疫情影响，无论线下或线上很多企业都在自救，我们能获得到很多平价商品信息，当然也包括很多平价发烧影音器材，对我们广大影音爱好者来说有了更多的选择、也是购货的最佳时机。如何通过这些平价影音器材来组建自己的发烧音响系统，笔者给出部分方案供参考。

一、NEON MTB680 发烧组合音响

经过三十多年的发展，CD 组合音响技术已很成熟，由于是整体设计无论是音质或是外观基本上能满足多数爱乐人士的需求，发烧友也可 DIY 音响，但与厂机相比，在外观设计方面总有些不足。这十多年里日韩、欧美很多公司都在国内找生产厂家代工影音产品。广东中山力泰电子工业公司作为一老牌企业，该公司一直为国内外公司音响公司代工，包括 TEAC 等品牌，NEON MTB680 是该公司生产的组合音响，如图 1 所示。

①

NEON MTB680 是 CD 组合音响，是在传统音响的基础上加了一些时尚功能，整个套装有 1 台主机与配套 2 只 HIFI 音箱组成，如图 2 所示，外观尺寸如图 2 所标注。主机外壳采用高端工艺，银色拉丝面板，常用功能按键面板都设计到位，功能也可遥控器操作，主机内置 CD 播放、前级放大、信号处理、功放等，如图 3、图 4、图 5 所示。配套音箱有 1 只 4.5 寸低音与 1 只球顶丝膜高音组成，如图 6 所示。

②

该机主要功能如下：

③
④

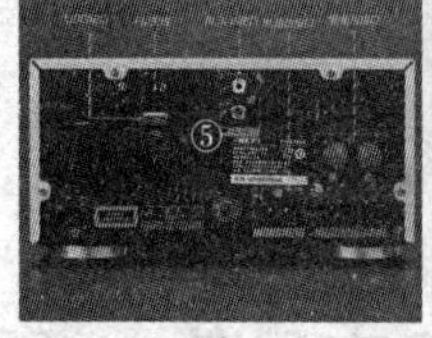
⑤

1. CD、MP3、WMA 光盘播放；
2. 采用 12AX7 电子管作前置放大器，还原纯真音乐体验
3. USB 接口支持 MP3、WMA 音频文件播放；
4. AUX 线路输入功能
5. 蓝牙音乐播放
6. FM 收音功能
7. 内置 HIFI 功放，输出功率：35W+35W

配套音箱功率：35W+35W，频率响应:65Hz~20kHz。

该机采用荧光显示屏作功能指示，透过面板的有机玻璃镜片可看到电子管的工作状态，冷俊硬朗的机器配上淡黄色的灯光整体氛围较融洽。后板接口如图 5 所示，遥控器如图 7 所示。给人感觉该 CD 组合音响采用了日系机的设计风格，总觉得有 TEAC TC-538D 机的影子，由于众多音响器材设计、生产来自中国大陆的团队，音响相似化也不足为奇。

该系统操作也较简单，根据图示连接好各附加设备，如图 5 所示。笔者对 TEAC TC-538D 机性能较熟悉，所以使用 NEON MTB680 CD 组合音响很顺手，在小房间使用该系统听了一个多月，以听 CD 唱片为主，听感该套系统还比较平衡，属于耐听类的音响器材，笔者把录音放于朋友圈与视频号与好友分享，当然读者也可进入直播间与笔者交流。

用电子管作线路放大与功率放大其有势明显，其音乐味浓、泛音丰富，比如国内部分厂家生产的 CD 机、功放用电子管作线路放大。该机采用国产曙光 12AX 7 作线路放大，如图 8 所示，优势更明显，听音乐更耐听、听人声更有情感。

该 CD 组合音响套装前几年市场售价达三千多元，如今疫情影响商家清仓出货价低至一千多元，感觉还是物超所值，以前笔者买一台带电子管信号输出的国产 CD 机较平价的都要两千多元，现在用很少的费用买到全套器材，感觉到科技发展带给我们了更多的实惠，也感到商业时代的残酷与无奈。

发烧不止步，我们也可跳出厂家的设计模式对该器材进行升级。由于该主机性能较好，音箱由于成本所限只能采取折中的方案，我们也可用性能更好的音箱来升级系统，为此笔者用该主机搭配英国猛牌 BX-2 音箱试听，该箱为 6.5 寸低音两分频书架箱设计，频响 50Hz~20kHz，功率 100 瓦，原担心 CD 组合音响推不好猛牌 BX-2 音箱，但驳接音箱后试听觉得音箱低频听感更沉，大口径低频单元更有优势，其声场开阔，声音更引人坐下慢慢品味，这得益于 CD 组合音响与猛牌 BX-2 音箱其优异的性能与较佳的组合搭配，虽然组合音响的功率输出仅有 35 瓦，但在一般小房间，石机功率输出有 10W~20W 即可满足一般的听音需要，更多的是作为功率储备，如图 9 所示。若采用高品质音箱升级系统，置换后的 4.5 寸低音音箱还可用于影院系统作环绕音箱使用。

该机其他功能如 USB 插卡播放、蓝牙音乐播放、FM 收音等功能，由于使用较简单，读者接触到此类信息也较多，笔者不再多谈。该机具有 AUX 线路输入功能，我们要充分利用该接口，可以进行外部音源扩展。

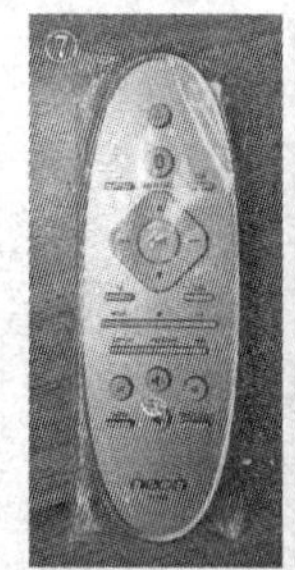
⑦

⑧

⑨

（未完待续）（下转第 190 页）

◇广州 秦福忠

再谈手机双通道

我们都知道双通道的定义是：使用两个内存控制器分别控制两条（组）内存，当一个控制器准备进行下一次存取内存的时候，另一个控制器就在读/写主内存，从而在理论上把内存带宽提高一倍。

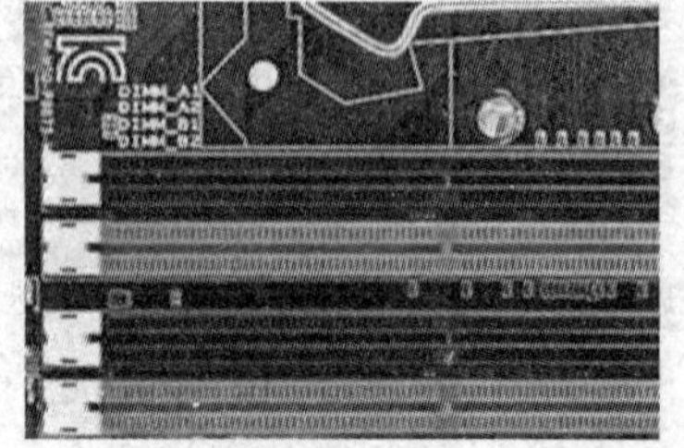

在实际生活中，PC 采用内存双通道早已运用多年了，现在配机时绝大多数人都会选择双通道。不过在手机内存上，近几年才开始普及 4G/6G/8G 甚至是 12G 这样的大内存，今天就来谈一谈手机内存的双通道影响。

刚才提到过，在 PC 上，组建双通道可以得到 4+4>8 的情况，那么假设手机是 8G（4+4 颗粒）内存，会不会比单个 12G 的性能更强呢？

早在骁龙 810 时，高通便实现了手机 CPU 支持内存双通道了，但是要知道手机采用的是 POP 封装，不管是 2 个 4G 颗粒还是一个 8G 颗粒甚至是 4 个 2G 颗粒，都是采用先“合”在一起，再连接到主控上的。

因此，手机上的内存颗粒其实跟单条内存上的颗粒是一个道理，本质上还是单通道内存，也就是说“手机上的双通道内存”是个噱头。

PC 的双通道内存架构由两个 64bit DDR 内存控制器构筑而成，在双通道的模式下，可以有 128bit 的内存位宽，从而实现内存带宽翻倍，这样就可以同时运转，让等待时间缩减 50%。

而手机的 CPU 性能完全不能和 PC 的相比较，其双通道内存与单通道内存相比较在实际 App 运行中差别不大，除了测试带宽的软件能测出了，其他测试软件相对提升很少，说夸张点就是“跑分”用的。

因此在选购手机时，同等条件下，内存当然是容量更大、代数更新最好了。

（本文原载第 28 期 11 版）

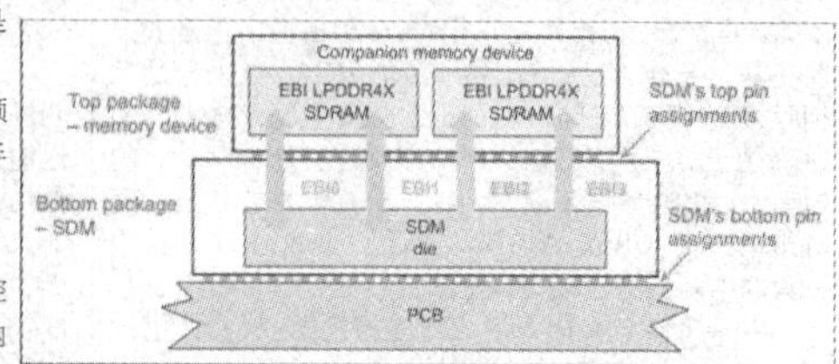

邮局订阅代号：61-75 国内统一刊号：CN51-0091

微信订阅纸质版
请直接扫描
邮政二维码
每份1.50元 全年定价78元
每周日出版

扫描添加电子报微信号
或在微信订阅号里搜索“电子报”

2020年5月10日出版 实用性 启发性 资料性 信息性

第19期 国内统一刊号:CN51-0091 定价:1.50元 邮局订阅代号:61-75
地址:(610041)成都市武侯区一环路南三段24号节能大厦4楼 网址:http://www.netdzb.com

(总第2060期) 让每篇文章都对读者有用

OPPO125W 超级闪充

OPPO 的快充一直在手机界里享有盛誉，当初闻名遐迩的“充电五分钟，通话两小时”，如今最新的 OPPO 快充技术恐怕要用“充电五分钟，畅玩四小时”来形容了。

在 7 月中旬，OPPO 的“不止于快，2020 OPPO 新一代超级闪充发布会”上，一口气发布了 125W 超级闪充、65W AirVOOC 无线闪充、50W 超闪饼干充电器、110W 超闪 mini 充电器四款不同的闪充技术。其中 125W 有线超级闪充，甚至超越了目前主流的笔记本充电功率。不少朋友也纷纷表示 125W 超级闪充速度这么快，安全性、发热以及电池寿命如何保障？

以前我们讲过，大多数快充方案都倾向于“高压快充”，但是这种方案有个缺点，由于锂电池存在耐受电压限制，所以即便是高电压最后也需要经过降压过程，这一过程的存在最终也导致机身的发热会相对严重一些。OPPO 的快充方案是“高电流低电压”，同样能做到强力快充，最终实现低压快充的头部位置。并且 OPPO 的闪充从原本的 SuperVOOC 闪充技术构架保留并发展了两点设计：串联双电芯设计和充电协议闭环管理。

串联双电芯设计

OPPO SuperVOOC 闪充技术构架采用串联双电芯设计的原因是安全，毕竟充满一块 4000mAh 电池的安全风险远高于充满两块 2000mAh 电池。

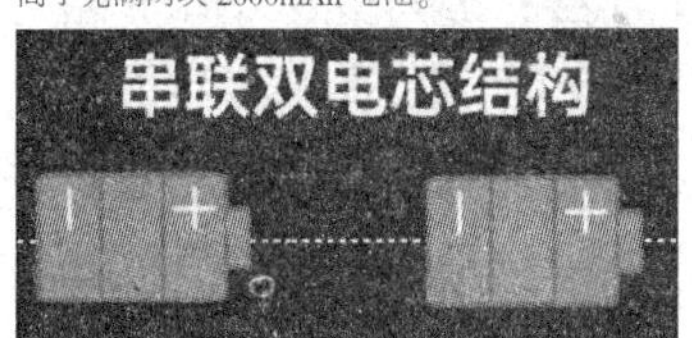

串联双电芯技术让其完成了 50W SuperVOOC 的快速充电典范，同样在 OPPO Reno Ace 上再度创新，65W SuperVOOC 2.0 让充电比快更快。当然，在 125W 超级闪充技术支持下，采用串联双电芯技术，在充电过程中保证最佳充电效率；放电时利用电荷泵将双电芯电压减半，兼容当前手机芯片组，最大化利用电荷泵技术。

在安全的前提下，串联双电芯设计能够保证最佳的充电效率，放电时利用电荷泵将双电芯电压减半，最大化利用电荷泵技术。

充电协议闭环管理

极高的充电效率给充电过程增加了很高的技术难度，在充电过程中的每一个环节变量都必须控制在合理范围内。而 OPPO 早在 SuperVOOC 闪充技术创立之初就实现了充电流程全面闭环管理。

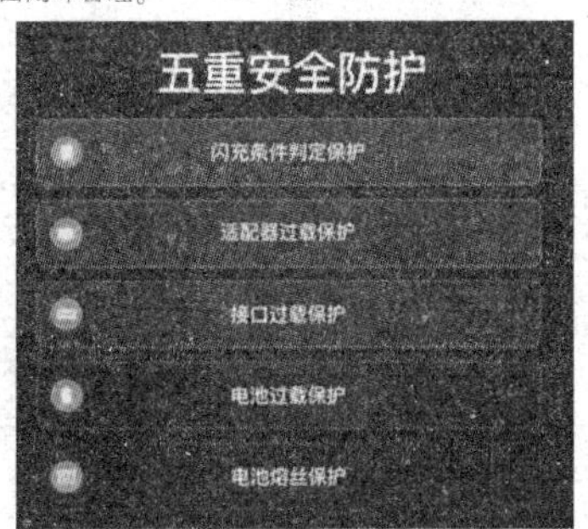

这次的 125W 超级闪充升级中不仅保留了这种全面的闭环管理，还在标准制定上更为严苛。为此 OPPO 定制了充电协议与多颗芯片，实现了从协议到芯片，从充电器到数据线到手机的充电协议全面闭环。

在 125W 超级闪充上，OPPO 加入了“三并联电荷泵分压”+“温度传感器”，以此保证手机温度。

并联三电荷泵

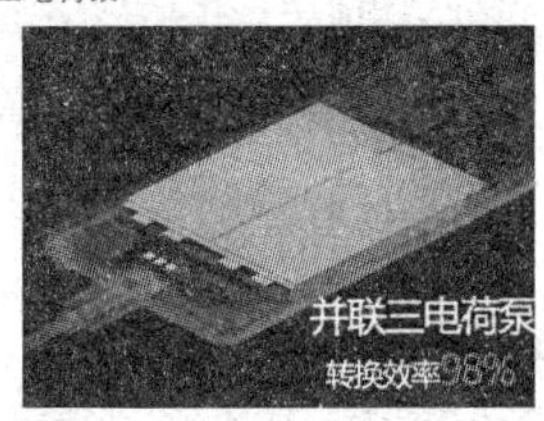

125W 超级闪充采用转换效率高达 98%的并联三电荷泵方案，充电器输出的 20V 6.25A 功率经过三个并联的电荷泵降压转换成 10V 12.5A 进入电池，每个电荷泵只需要转换 20V 2.1A 大约 42W 左右的功率，有效地避免了大电流造成的电荷泵过载、过热的情况。

多极耳双 6C 电芯

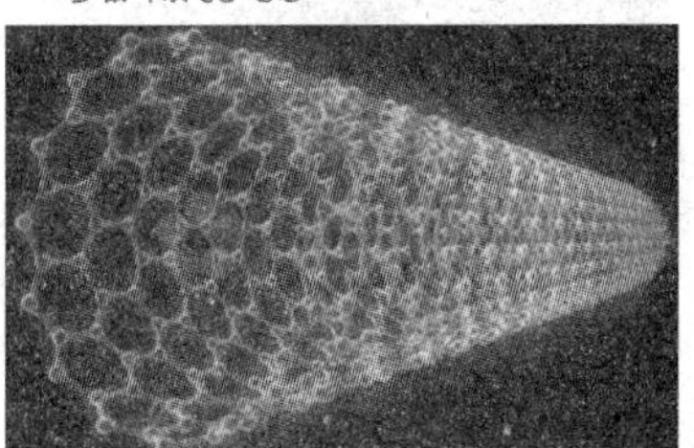

石墨烯是由单层碳原子构成的六角形蜂巢晶格的平面二维材料，理论厚度仅为 0.34 纳米，具有优良的导热性能、力学性能、较高的电子迁移率、较高的比表面积和量子霍尔效应等性质。不过目前要大规模量产剥离单层石墨烯片还没有实现，而且石墨烯材料本身纳米材料的高比表面积等性质与现在的锂离子电池工业的技术体系是不兼容的；也就是说所谓的“石墨烯电池”还是个伪命题。

在诸如石墨烯电池技术仍未彻底落地的情况下，电池规格的提升是提升充电效率还有充电安全性必须要经历的一步。

在 125W 超级闪充的庞大功率下，OPPO 将电池规格由 3C 提升到 6C，输入电流从上一代的 6.5A 增加到了 12.5A，电芯升级到充放倍率更高的双 6C 电芯。电池工艺由极耳中置(MMT)升级为多极耳(MTW)工艺，让极耳几乎无处不在。电芯的每一层都有正负极，电荷的运动路径成倍的缩短，电芯阻抗进一步降低，就能允许高达 12.5A 的电流输入，有效降低电池充电时的发热。

机身温度监控

根据 Q=W=UIT =I^2Rt =u^2/R×t 可知，当通过充电器的电流越大，对其发热量的影响成几何倍数增长，对于高电流充电发热量的控制是必须回答的问题。

为加强温度防护，在原有 4 颗温度传感器的基础上(手机三颗，充电器一颗)，手机端新增 10 颗温度传感器，极耳、BTB 电源主板连接处等都设有温度传感器，实时监测充电情况，提供远超以往的温度监测力度，充电时机身最高温度不超过 40℃。智能充电策略可以在边玩游戏边充电时实时快速调节充电功率，减少发热，避免充电异常。

另外还增加了 128 位 OPPO 独家加密算法。高电压大电流，无论对充电芯片、充电线亦或是充电头都是一个巨大的考验，如何解决用户购买或使用到不合格的第三方数据线成为了 OPPO 必须回答的问题。在 125W 超级闪充技术下，OPPO 定制了加密 E-marker 线缆，若识别 OPPO 加密信息可支持高达 6.25A 电流，最大限度保护用户的用机安全。

除 125W 超级闪充外，还有无线充电最快 65W AirVOOC，速度可匹敌 65W 有线超闪，另外还有 50W 超闪饼干充电器，便携易收纳，至于支持手机电脑平板的 110W 超闪 mini 充电器，更是在最小体积的情况下做到了最快充电。

由于各家快充协议不同，导致不同的设备采用的快充协议不完全相同，用户在出门时不得不带上各种充电器甚至数据线。为了解决这个问题，OPPO 在充电领域努力推动兼容协议的进程，积极参与到快充行业标准的制定中。

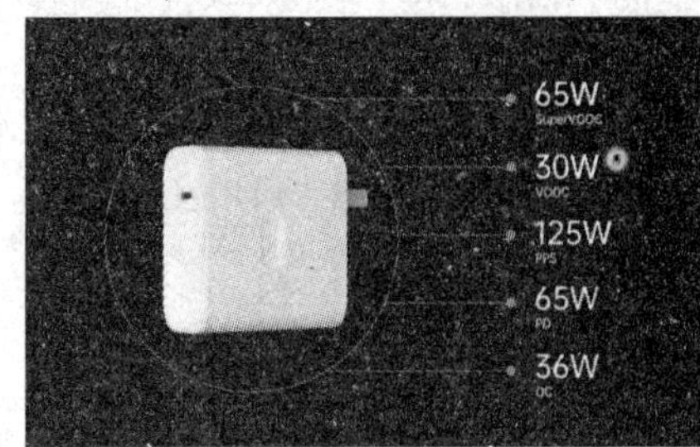

在自家的手机端，OPPO 的 Reno Ace、Find X2 系列以及 Reno4 系列支持 27W PD (9V 3A)、18W QC、30W PPS (10V 3A)等行业内广泛应用的快充协议，在手机低电量的时候以大功率输出，快速“回血”，缓解“低电焦虑”。

在充电器端，由于采用 Type-C 接口输出，125W 超级闪充全面兼容 65W SuperVOOC、30W VOOC，更支持 65W PD、125W PPS、36W QC 协议，还可为笔记本电脑等设备快速充电。

目前，OPPO 在闪充领域专利全球申请超过 2800 件，累计授权近 1250 件。从快充角度讲，OPPO 在这一领域确实处于领先优势，对用电量较大的手机朋友们，可以考虑一下。

(本文原载第 35 期 11 版)

彩电修理实用小知识(一)

（初学者修理须知）

电视机系家用最主要的电器之一,几乎家家户户都有一台或两台电视机。黑白机已进历史,传统机CRT彩电已经"日落夕阳",液晶电视机如今正是光辉灿烂好时候,但对其保养、维护、维修需要大量专业维修人员,所以学一点小技能,掌握些小知识,有利无弊。"纵横不出方圆,万变不离其宗",彩电纵有千变万化,其掌握修理点滴知识意义重大。这里,结合实践,仅对市面部分CRT彩机、液晶电视机介绍点修理小常识,仅供参考:

1. CRT彩电日久使用,渐渐老化,如软故障、疑难故障、莫名其妙复杂现象等。再如主板局部漏电,必需换主板,但选购时,其主板功率大小,要符合CRT显管需求。市售主板有14~21英寸、25~29英寸、34英寸等多种,据此显管尺寸选功率合适主板,以避"小马拉大车"现象。同时,选口碑好、售量大、焊接工艺好的产品,最好在店里接上显像管试之,仔细检查各功能是否正常,并轻抖动主板,查查有无接触不良现象,以免在换板后出现异常现象。

2. CRT彩电主板的行变压器初级一般有三个插头,在其附近设有三个插针,接在行管C极(集电极)上的插针为中阻抗行偏转线圈的接入点,线圈圈数增多的插针为高阻抗行偏转线圈的接入点,线圈圈数减少的插针为低阻抗行偏转线圈的接入点。说明:改变行偏转线圈与插针的连接位置,可改变行幅的宽窄,以便适应不同阻值的行偏转线圈。

彩电行偏转线圈阻值可用万用表R×1Ω挡测量,阻值一般在0.58Ω~2.52Ω此范围,大屏彩电行偏转线圈阻值小,小屏彩电行偏转线圈阻值大。改变插针至一适当位置,能使行幅满足要求,再细调行电阻完全符合要求。切忌改变插针位置须静态断电操作。具体操作:行偏阻值要合适,如阻值大于2.5Ω,行幅过小,行逆程时间过长,致使行管增大损耗易烧毁;如果阻值小于0.58Ω,行幅过大,行输出负载过重,也易损行管,致使行偏转线圈的磁芯也易过热。若遇此情况,可改变行偏转线圈连接方式,即阻值小者改为串联,阻值大者改并联,使其符合在范围内。

与此同时,场偏转线圈也有高、低阻抗之分,因主流主板的场输出是集成电路,则要求场偏转线圈是低阻值,一般在7.98Ω~9.98Ω之间。如果场偏是高阻抗,阻值在30Ω~60Ω,只须将其两组线圈由串联改并联,即附合要求。要正确分清行、场偏转线圈引出线,以防后患,行偏阻值小于2.5Ω,场偏阻值大于5Ω,二者引线不能接错,否则易烧行管、开关管、场输出集成块和其他元件,造成不必要的损失。如果图像出现左右或上下颠倒,分别把行、场偏转线的头尾对调就行。调整行幅时,若无法增大,可减小S校正电容的容量,无法再减小行幅时,可增大S校正电容的容量。如果无法再增大和减少场幅时,可适当改变场反馈电阻的阻值,场幅过大,增大阻值,场幅过小,减小阻值,该电阻阻值一般在0.85Ω~2Ω之间。

3. 市面的CRT彩电主板管座有7脚或9脚的,可在视放板上稍加改动即能互换。有29英寸以上的纯屏显像管,采用的系8脚管座,有两个聚焦极,即中心聚焦和边沿聚焦是分别调整的。应须另购双聚焦的8脚管座,用导线将管座的引脚加长,对应接在视放板的管座焊点上。由于高压包上没有双聚焦电压引出线,则换板时可将管座中两个聚焦极连在一起,仔细调整聚焦电位器,且保证中心聚焦良好,图像清晰即可。

又如:业余更换主板时,须知显像管的外壳地线是用插头和视放板相连的,通常再通过220KΩ~510kΩ的电阻和主板的地线相连。更换主板时,要断开这根地线,但更换完毕后,容易忽视连接此根地线,也有人把显像管电线和主板上的地线相连,这样通电试机,轻者机子异常,重者因打火而烧坏相关元件(如CPU与主芯片等),故此,在开机之前必须认真检查,高压线、偏转线和地线即"三线"准确连接无误后,方可动态试机。

再如:在更换大屏幕彩电主板时,必须另加一块南北枕校电路板,否则图像失真,质量欠佳。市面的大屏主板只设有东西枕校电路,无南北枕校电路。近期厂家生产的主板专门设有南北枕校接口,可方便接入。

4. CRT彩电主板拆卸可分成三步(典型机如:TCL—AT2921型彩电):第1步先拆除主电路板与显像管连接的高压引线;第2步拆主电路板与其它部件的连接引线;第3步是将主电路板与主板支架分离。拆主板与显管的高压引线时,高压帽与显管连线处可能含有未释放的高压,为保险起见,在拆其引线之前,要对高压引线进行放电处理,以防止高压引线带电而造成电击伤人。一般情况下,可用万用表测试连接线进行放电,将表笔端插入到高压帽中,接触高压引线的高压卡簧,将表笔接头端接地即可完成放电操作。与此同时,除了高压引线外,还有主电路板上的音频连线、行场偏转线圈连接引线、AV连接引线、电源引线分别与电视上的扬声器、显像管尾管上的偏转线圈、AV接口侧面板、电源线相连,需要将其依次拔除。说明:机中插件较多,要注意引线的连接位置与连接方向,有些插件的外表很相似,在连接时易将相似的连接插件连接错位,或将引线的正负极性顺序颠倒,那样会造成二次故障。因此在拆卸时要特别注意,可随手记下它们之间的位置关系。

5. 液晶电视修理相关知识:修液晶是一项细致而复杂之工作,不但了解故障特征和原因,而且还要从现象入手进行故障追踪,最后找到故障元件为目的。修时,首先准备好相应的图纸、资料、弄清整机的结构及线路的原理。其次,还准备必要的修理工具及测量仪表,方可动手修,决不能盲目下手操作,以免造成不必要的损失。具体须知:

1)注意保护好液晶屏。液晶屏是一个精密的光电器件,因液晶屏非常脆弱,在搬运或翻转液晶机时,动作幅度要小,且要保证整个液晶机受力均匀,不可挤压或碰撞液晶屏,过度的压力会导致液晶屏永久性的损坏;更不能用尖锐、锋利的物品划刺屏幕。在清洁液晶屏前,应当关闭主电源,使用柔软、非纤维材料的防静电软布清洁。有条件,可使用液晶屏专用的清洁剂擦拭,清洁完毕,必须要等屏幕完全干燥之后,才能通电。

在修机前,应准备一些泡沫塑料置于工作台上,然后将机子后盖朝上铺在泡沫塑料上,使泡沫塑料顶在机器的左右边框上,这样液晶屏就不会受任何力的挤压,接着便可拆卸后盖。拆卸时注意不同位置螺钉的长短,最好作上标志,以防安装时出错。对于采用子母扣安装的部件,应先观察子母扣所在的具体位置,再插入硬塑料片,轻轻地将其撬开。

实践得知,绝大多数液晶电视机的前、后壳上设有栓卡,拆卸要仔仔细细,其正确的拆卸方法是:先拧下后壳上的所有螺钉,再用一个薄金属片插入到前、后壳的缝隙中,施加适度的力将前壳的卡子从后壳的卡槽中剥离出来,待四周的卡子全部剥离后,即可取下后壳。

2)请注意防静电,避免静电损坏元器件。液晶电视机的电路,可分为模拟区域、数字区域。电源/背光板(属模拟区域),主板属数字区域。数字区(即主板)中的芯片都是静电敏感器件,很易被静电击穿(多为CMOS类晶片元件,则器件抗静电冲击能力很差)。模拟区域(即电源/背光板)中也有静电敏感元件,如绝缘栅场效应管、电源管理芯片、逆变器控制芯片等都是静电敏感元件,操作这些元件时,应注意防静电。修数字板时,一定要戴防静电手套或防静电手环,焊接元件,一定要使用防静电烙铁。修电源/背光板时,凡涉及静电敏感元件的操作,一定要注意防静电,静电造成故障修理难度相对低一点。另一种情况是元器件间歇性失去功能,此时元器件虽然可以工作,但性能不稳定,此种故障的修理难度较大,需用替换法与对比法和示波器追踪检测排除。

在实际修理中,静电的来源渠道是人体和焊接工具。人体的静电主要来自于身体与衣服间的摩擦,影响其强弱的因素较多,在通常情况下,身着化纤衣服所产生的静电较强,尤其是在气候干燥的冬天;而焊接工具的静电主要来自工具对AC220V的感应静电。据此,有效措施可通过导线让人体与大地相连接,即把人体的静电导入大地。具体是:带上防静电手腕,腕带与皮肤接触,接地线的金属夹与接地线相连。注意:此处所说的接地线并不是接零线,接地是指直接与大地相通的导线或金属体。若工作台下无专用接地线,可将自来水钢管作为零地线。若无接地的条件,尤其是上门修理时,一是带上防静电手套进行操作,二是修理前先用手摸一下自来水钢管、防盗门、铝合金窗框等导电物体,尽可能减少人体的静电,然后再用手触摸电路板件,且在挪动板时,尽可能用手抓住电路板上有金属外壳的元件,如高频头、AV输入/输出插口等部件,不可用手直接接触大规模集成块引脚、上屏线的插针等部件。另外,在拿多脚集块及板件时,应戴静电手套,手持集成块的对角或电路板件的边缘,对其修理取下的静电敏感元件或板件应置于防静电塑料袋中进行存放之。注意:在修液晶电视机时,严禁在通电状态下插拔机芯组件或相连的排线;也严禁在动态下即通电状态下拆焊元器件。

3)不要对液晶屏内部进行拆卸。液晶屏是一个完整的整体,其内部结构包含有许多防静电排线、精密光电器件、液晶模组等,其内部必须保持高度清洁,不允许有任何杂质。在修理中,若随意对其内部进行拆卸,则很易引入杂质和静电,使液晶屏不知不觉中招(损坏之),造成不必要的痛心损失。

与此同时,更换主板或液晶屏时,一定要与原型号一致。实践得知,不同的液晶屏,其供电电压有差异,主板与液晶屏接口也不一样,液晶屏的驱动软件也不同,故而根本不能互相代用(替换)。所以,更换主板或液晶屏时,最好与原型号一致。

4)液晶电视机修理识图法。机子使用中出现的故障现象,是内部电路异常的外在反映,要能透过现象找到内部电路的故障所在,就需对其内电路有一定的了解。每一种机子都有自己的电路图,有的还配有元件分布图和实物图,为修理者了解该机的结构提供了重要的依据。具体法及步骤是:

(1)正确识图,练好基本功。识图时了解元器件的用途,首先了解核心元器件在电路图上的位置,起什么作用,有何特点。对核心件用途了解越清楚,分析故障的思路就越清晰。识图要以三极管、场效应管和集成块为中心。如果将管子、场效应管的周围元件和集成电路的各脚功能弄清楚了,则对电路工作原理也就有了大概的了解。进一步理清电源电压的形成过程及整机的信号流程。

(未完待续)(下转第192页)

◇山东 张振友

小试树莓派摄像头之古德微编程拍摄与识别

众所周知，树莓派(Raspberry Pi)是一台"麻雀虽小"但"五脏俱全"的微型电脑，连接上各种传感器等外设后，在Python等语言编程控制下(尤其是与互联网AI人工智能库相关联)，就会实现诸如自动浇水控制、室温监控、人脸识别、延时摄影、家庭影院等功能。但对于中小学生初学者而言，在树莓派中直接使用Python语言编程进行模块功能的开发，难度相对比较大，比较好的选择是在古德微机器人网站(http://www.gdwrobot.cn/)中进行"积木"编程——非常类似于Scratch语言的编程模式，只需简单地通过拖动所需的功能模块进行有序组合，就能开发出诸如红绿灯自动控制、坐姿提醒器、声光双控灯等具有实际应用意义的"创客"产品。

在树莓派上有个连接摄像头的"CAMERA"CSI卡槽接口，通过PFC软排数据线与官方标本的P5V04A SUNNY定焦摄像头连接，既能实现拍照和录像基本功能，也能轻松实现车牌识别和文字识别等延伸功能。

1. 拍摄一张照片

编程代码如下：

赋值"ImagePath"为"拍一张照片"

输出调试信息"ImagePath"

设置好待拍摄的场景(一面奖牌)后点击"运行"按钮，在Log显示区会有提示"/home/pi/imageTemp/image.jpg"；通过"远程桌面连接"到树莓派的/home/pi/imageTemp文件夹中查看，其中的image.jpg文件便是刚刚通过程序拍摄到的照片(如图1所示)。值得注意的是，如果程序多次执行的话将会不断覆盖生成image.jpg文件。

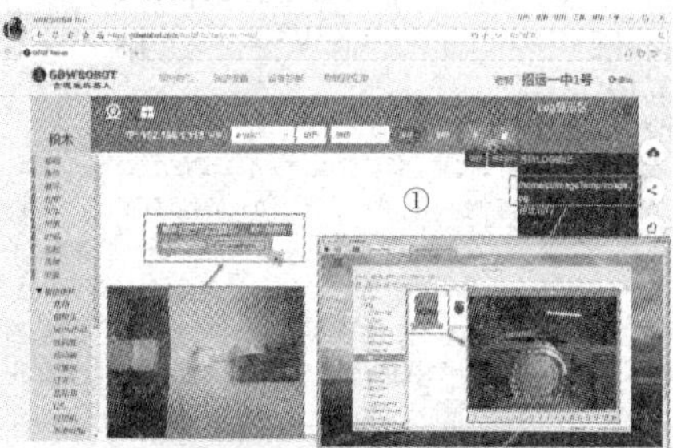

2. 拍摄一段录像

编程代码如下：

赋值"MoviePath"为"拍'10'秒视频保存到路径'/home/pi/imageTemp/video.mp4'"

输出调试信息"MoviePath"

设置好待拍摄的场景(一台DV播放视频)后点击"运行"按钮，十几秒钟之后通过远程桌面连接查看，在树莓派的/home/pi/imageTemp文件夹中有个名为video.mp4的视频文件；双击调用播放器观看其内容，正是刚才拍摄的场景(如图2所示)。

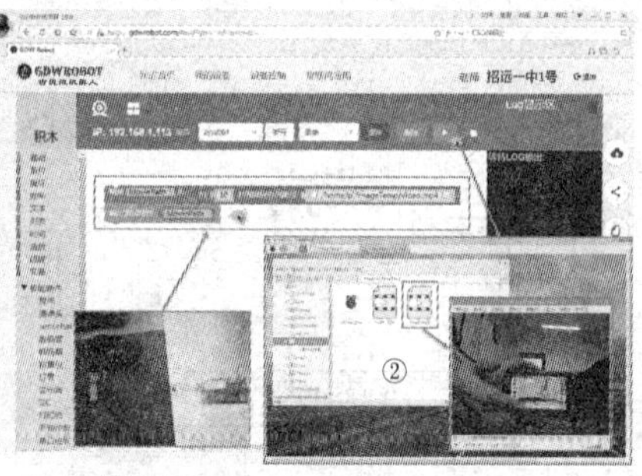

3. 识别车牌信息

编程代码如下：

赋值"ImagePath"为"拍一张照片"

赋值"车牌"为"获取图片'ImagePath'的车牌信息"

输出调试信息"车牌"

首先在停车场拍摄一张汽车正面照片，将它打印并放置于树莓派摄像头正前方(等同于携带树莓派和摄像头去正面拍摄车牌的操作)；接着点击"运行"按钮，同样会将拍摄到的相片存储于树莓派的/home/pi/imageTemp/目录中(image.jpg文件)，最关键的是在Log显示区有"鲁FAN580"的车牌识别信息(如图3所示)，正确识别出真实的车牌号码。

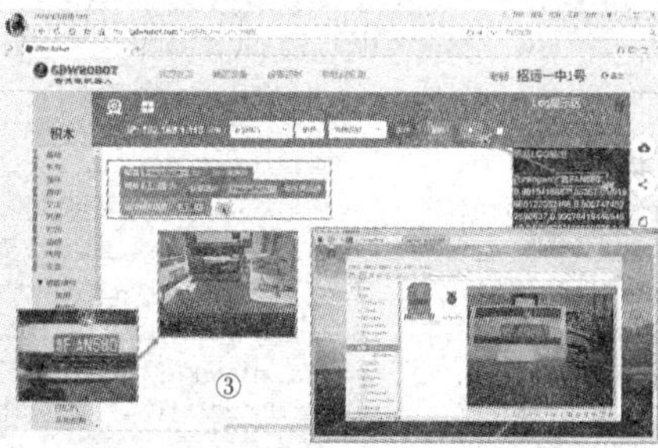

4. 识别文字信息

文字识别包括两个实验：打印文字识别和手写文字识别。

1)打印文字识别的编程代码如下：

赋值"ImagePath"为"拍一张照片"

赋值"文字识别"为"获得图片'ImagePath'的文字信息"

输出调试信息"文字识别"

找在Word中编辑一段文字信息并排版打印出来，调整好角度后放置于树莓派摄像头正前方；点击"运行"按钮，摄像头拍摄到的打印文字画面便被存储到树莓派的/home/pi/imageTemp/目录中，生成image.jpg文件；在Log显示区很快就有"……技术人员现场打分，测试题目……"文字信息显示出来(如图4所示)，识别率极高，除了一个英语单词丢失一个字母外，其他的汉字和数字的识别均为百分之百准确。

2)手写文字识别的编程代码如下：

赋值"ImagePath"为"拍一张照片"

赋值"手写文字识别"为"获得图片'ImagePath'的手写文字信息"

输出调试信息"手写文字识别"

首先在纸上工整地书写两句话："利用计算机自动识别字符的技术，是模式识别应用的一个重要领域。文字识别：Text Recognition"，同样也是调整好角度后放置于树莓派摄像头正前方；点击"运行"按钮，程序仍然在/home/pi/imageTemp/目录中生成image.jpg文件(存储的是拍摄到的手写文字画面)，在Log区显示识别后的信息为："利用计算机自动识别字符的技术，是模式识别应用的一个重要领域。文字识别：[extKecoqnition"(如图5所示)。汉字识别率为百分之百，英文字母识别错了3处：字母"T"识别为左方括号"["，字母"R"识别为字母"K"，字母"g"识别为字母"q"，这与不同的手写风格也有较大的关系，但总体的识别效果相当不错。

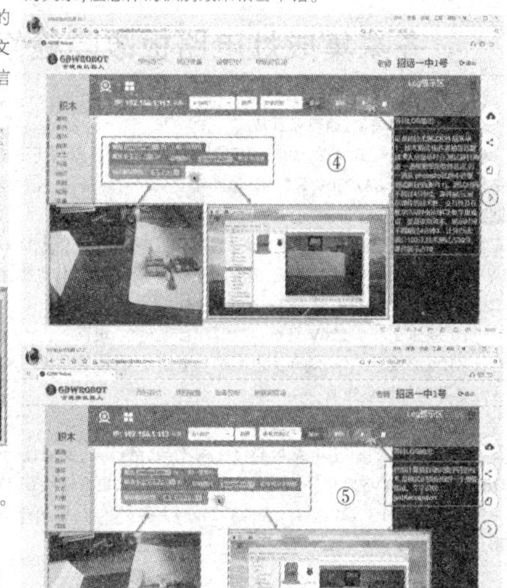

◇山东 牟晓东 牟奕炫

修改注册表解决应用窗口错位的尴尬

一台安装了Windows 10系统的计算机在睡眠后再唤醒，所有的应用窗口都跑到屏幕的左上角，而且窗口也变小了，每次都是这样，令人不胜其烦。如果使用的是双屏显示的方式，唤醒之后原来显示在副屏的项目会全部上主屏显示。

其实这是显卡驱动程序的原因，可以通过修改注册表的方法解决这一问题：打开注册表编辑器，跳转到HKEY_LOCAL_MACHINE\SYSTEM\CurrentControlSet \Control\GraphicsDrivers\Configuration，其下是各个显示设备的设置，如果有多个显卡，接过多个显示器、多个接口，安装过多个版本驱动，在这里的子项数目会很多，删除后会自动生成目前所用到显示模式子项。如附图所示，我们只需要将各个显示设备的子项00以及00/00子项下的PrimSurfSize.cx和PrimSurfSize.cy两个项目的键值修改为十进制显示器的原生水平和垂直分辨率，最后重启系统就可以了。

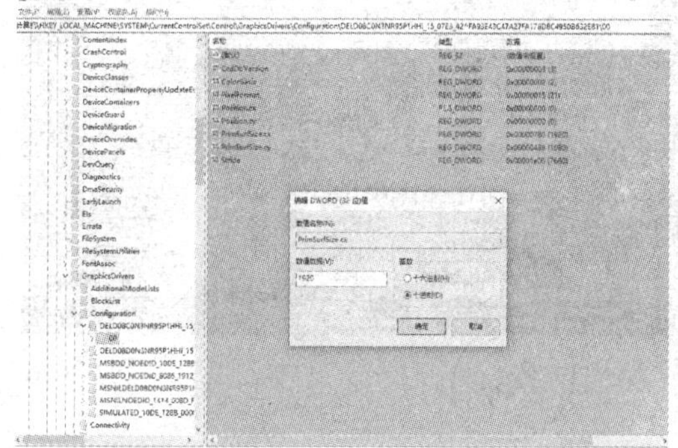

◇江苏 王志军

激活Watch的离线支付功能

如果拥有Apple Watch，而且习惯于使用支付宝购物，那么可以激活Watch的离线支付功能，这样就不需要在这一特殊的时期拉下口罩进行面部识别来完成支付了。

首先请在iPhone上打开"支付宝"App，切换到"我的"选项卡，依次进入"设置→支付设置→智能设备"，这里点击"+"添加Apple Watch为支付设备(如图1所示)。如果是在Apple Watch进行设置，打开"支付宝"，向左滑动进入离线支付设置界面，在这里确认开通之后，使用iPhone扫描下方的二维码进行绑定。

以后需要付款的时候，可以手动打开"支付宝"App(如图2所示)，在这里选择"付款码"，或者将付款码添加到表盘中，更快捷的方法是直接"嘿，Siri，打开付款码"，接下来让对方直接扫码支付即可。这里需要提醒的是，请务必启用"手腕检测"功能，这样Apple Watch在检测到脱离手腕时，就会立即锁定，不用担心隐私泄露，其他用户也无法使用离线支付功能。

①
②

◇江苏 大江东去

电磁炉故障检修2例

例1 故障现象：一台小神厨DC500型2000W电磁炉，开机2秒钟自动关机，不能正常使用。

分析与检修：此故障现象比较少见，通过故障现象分析，说明辅助电源工作基本正常。

打开面盖察看，未发现异常元件。从故障率高的同步电路入手检查，发现采样电阻R21(410k)变质为395k，R7(410k)变质为401k，R22(410k)已开路。将异常的电阻换新后试机，故障依旧。经查遍所有可疑部位，都查不到原因，真是"丈八和尚摸不着脑袋"，这时觉得有些悲催，于是暂时堆放在墙角处待修。

时过两天后想：对于这种少见的故障，为什么只停留在静态检查的方法？于是重新搬出来着手对其通电，采取电压法动态检查。还是先易后难，先测量同步电路送到单片机的电压状态，发现单片机的加热线盘左侧取样信号输入端⑩脚电压为0.95V，而加热线盘另一端采样信号输入端⑪脚电压却为0，怀疑新换上的电阻有问题。于是，复查新换上的电阻，未发现故障元件，说明线路板的铜箔开路。用数字表的二极管挡(通断测量挡)测量该路铜箔时，发现IGBT管C极与R9之间的铜箔呈开路状态，用导线接通(见图1)后，测单片机⑪脚电压为0.82V，坐锅试机，加热恢复正常，故障排除。

新焊接的导线

这段铜箔有暗断故障

①

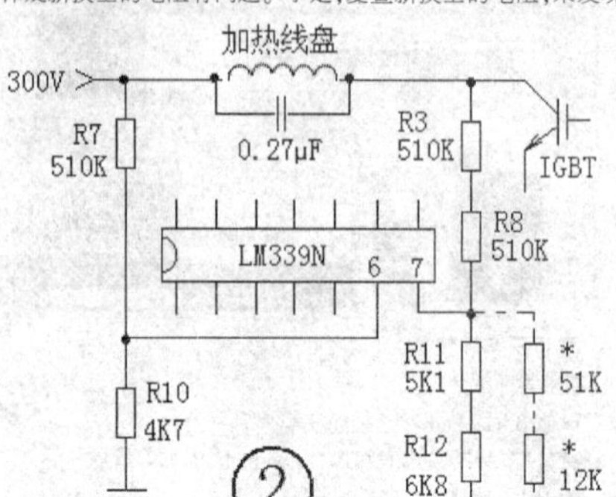

例2 故障现象：一台金壶春牌JH100A型1000W烧茶电磁炉，面板按键操作与显示都正常，只是不加热，无法烧茶。

分析与检修：根据例1的经验，遵循先易后难的原则，测电压比较器LM339N的⑥、⑦脚(见图2)电压分别为2.36V和3.55V，说明同步取样电路异常。而正常的LM339的同相输入端要大于反相输入端0.2V左右，才能正常工作。断电，分别焊脱同步电路中每只电阻的1个脚后测量，发现R3、R7、R8都有不同程度变质，而几只对地分压电阻完好。由于手头无510k电阻，于是把R7、R3、R8都改换上620k的电阻，焊好后通电测量(提示：这时一定要记得插好加热线盘)，LM339的⑥脚电压为2.36V，⑦脚电压为2.91V，压差不能满足要求，接着在LM339的同相端⑦脚对地加焊2只串联的分压电阻与原分压电阻并联(见图2中的虚线，焊此电阻前要用电位器先调整确定好数值)后通电，测⑥、⑦脚电压分别为2.36V和2.56V，刚好符合比较器的同相端比反相端高出0.2V的要求。把电路板还原安装通电试机，坐锅加水开机，不一会水热了，说明加热恢复正常，故障排除。

◇福建 谢振翼 苏丽香

齐家集成灶电路板故障检修2例

例1 故障现象：通电无反应

分析与检修：确认故障发生在集成灶，移去灶台，发现下面有一块电路板，拆出电路板检查，发现6A/250V保险管(熔丝管)已损坏，怀疑其过流损坏。为了便于检修，根据实物绘制其局部原理图，如附图所示。

根据附图检查，发现共模电感滤波器UU9.8烧断、整流桥DB107击穿、电源模块LY9527损坏、6.2V稳压二极管击穿。检查其余无故障后，更换保险管、LY9527及稳压二极管，DB107用DB157替换，而UU9.8可以用一支体积相当的拆机件更换。为保险起见，串联了100W/220V灯泡(白炽灯)接通市电，电路板上的蜂鸣器发出"嘀"的一声响，说明电路板已工作，测开关电源输出电压正常，故障排除。将电路板装回集成灶，集成灶各项功能恢复正常。

例2 故障现象：通电无反应

分析与检修：拆出电路板与例1的相同，经检查，发现保险管损坏、UU9.8烧断、DB107击穿、LY9527损坏。检查其余元件正常后，更换保险管、DB107、LY9527，UU9.8用网购的30mH共模电感(线径为0.2mm)更换。通电，检测开关电源输出电压恢复正常，故障排除。

◇贵州 吴兆辉

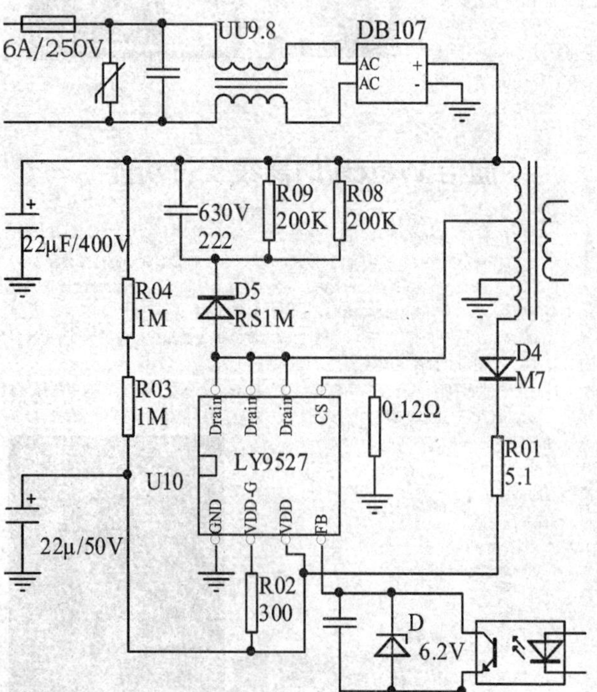

飞利浦HD3160电饭煲不加热故障检修1例

飞利浦HD3160是一款颜值高的迷你型电饭煲，具有米饭、煲汤、煮粥、酸奶、炖品等多种功能，功率330W，轻触式操作简单方便，功能面板LED灯显示亮丽悦目，是一款深受单身及年轻人喜爱的电炊器具，如图1所示。

故障现象：通电后指示灯不亮，按所有功能键均无反应。

分析与检修：用户反映，一次正常煲汤可能因加水过量，水开后溢出，造成现在的故障。

断电打开底盖，闻到轻微的焦煳味，测发热盘阻值正常，检测10A/180℃的控温保险(一次性过热保护器)正常，并且上盖温度传感器正常，所以怀疑控制板上的电路有问题。拆下控制板(见图2)察看，发现R110、R121、C102、D102的表面均有烧糊、烧焦现象，检测后发现R121开路，C102、D102击穿，R102、R121、R110、D102用同规格的新品更换，而C102是0.1μF/280V的小体积电容，用手头有的同规格的电容新品更换后通电试机，功能面板所有LED灯显示正常。因更换的电容体积过大，影响控制板的安装，只好改用2只体积小些的0.22μF/150V的电容串联后替代，通电试机工作正常，故障排除。

◇安徽 陈勇

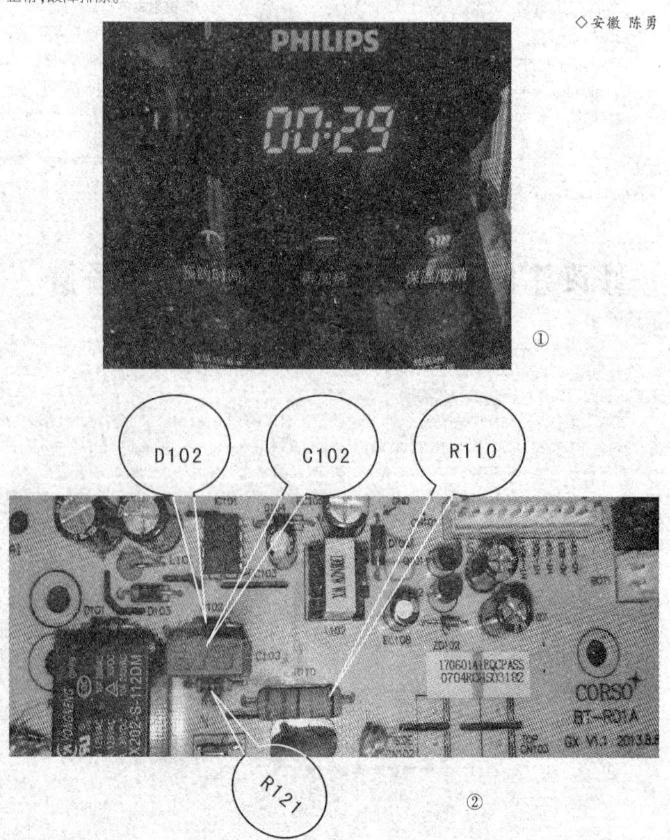

①
②

常见的二极管、三极管、MOS 封装类型汇集(四)

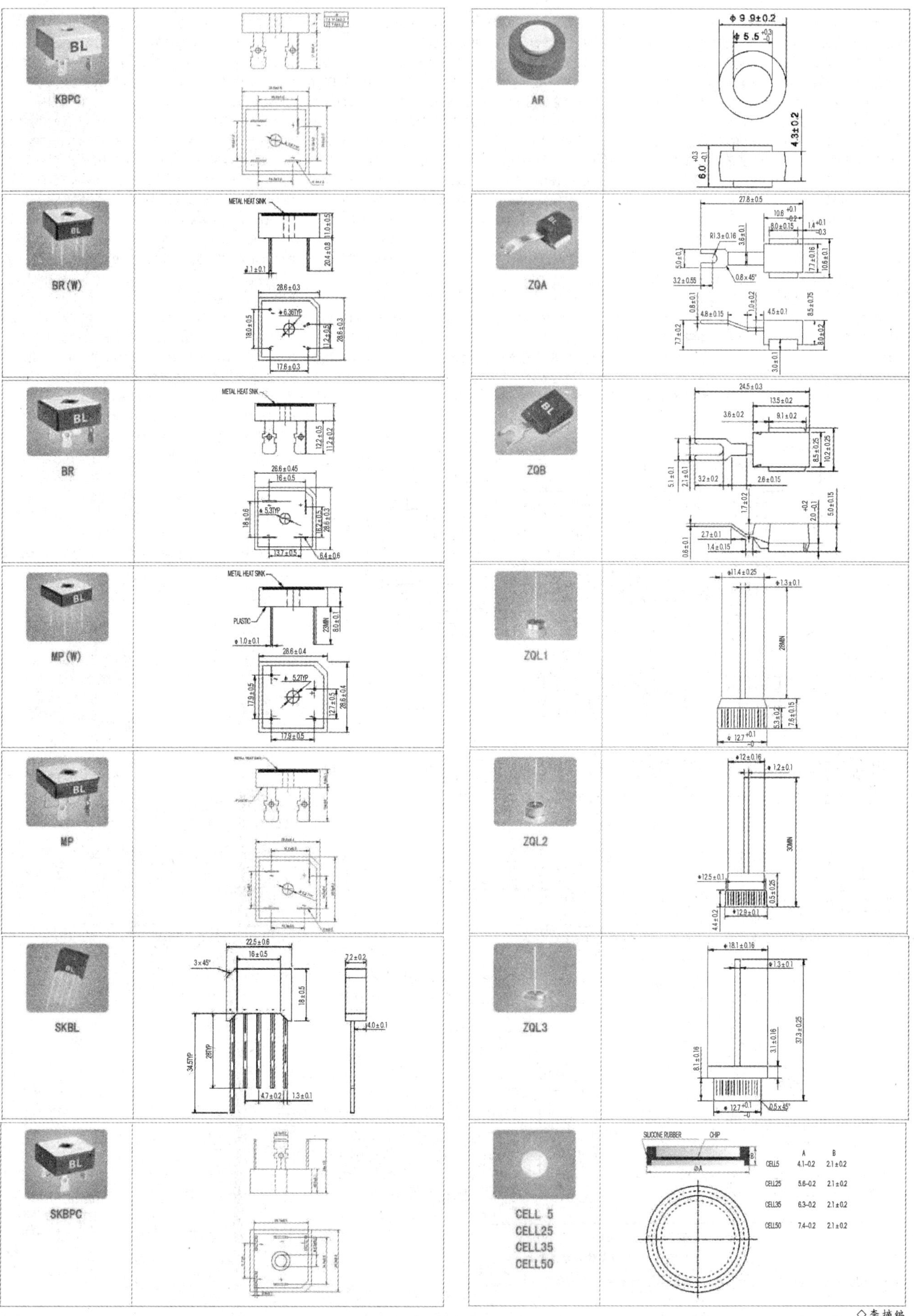

◇李摘编

示波万用电源综合测试仪(一)

奔笔且荒废爱好多年而转向出门旅游，正准备鼠年春节再出走云南，却遇上新冠病毒之天灾，为避免感染宅居家中，无聊之极。想到退休前作了部分工作的仪器还闲置一边，赶紧取出重新梳理，荒了十多年，原设计为图示仪十晶体管毫伏表兼电视显像管衰老激活栅阴电阻测试以及实验用电源。因为电子工业发展之快，电视显像管已被淘汰，激活象管阴极电子发射能力及栅阴电阻测试已无必要，故改动为示波器十台式万用表十实验电源。于是根据手头现有器材，修改设计部分电路介绍如下

晶体管示波器：

以我厂里成品ST75A晶体管示波器（系北京电子显示仪器厂生产）为蓝本，先做好示波器，有条件再增设电子开关升级为双踪示波器。考察ST75A说明书及其电路图，保留垂直偏转系统和时基水平偏转系统，更改电源电路和高频高压电路及增辉电路，将13SJ58J示波管改为7SJ32J，该示波器仅给出电路原理图。分述如下：

垂直偏转系统原理见图1。

待测信号经插口、交直流信号选择开关1K1及信号幅度选择（从0.02V/cm~19V/cm9档量程选择）开关1K2进入源极跟随器1BG3栅极用以提高输入阻抗和降低输出阻抗。源极跟随器1BG4则用于直流平衡和移位，以获得低阻抗的平衡移位电平。经1BG5、1BG6组成的单端输入双端输出差分放大及1BG7、1BG8共同组成串并负反馈，调节1W3、1W4可改变发射极电阻而改变放大器的增益，这两级的总增益等于并联反馈电阻和串联反馈电阻之比。经此放大推动由1BG9、1BG10、1BG11、1BG12组成的单端推挽放大器推动示波管Y轴偏转板。由1R44、1C29及1R49、1C30送水平时基系统作内触发信号。图2为垂直偏转系统印刷电路板图。

本印刷电路根据原机原件位置描绘的，和原机印刷板插座引线位置有区别。

时基水平偏转系统原理见图3。

由触发源选择开关K2送入所需信号经BG3场效应管组成的源极跟随器用以提高输入阻抗并降低输出阻抗，隔离信号源与后面的触发电路。BG4、BG7是施密特触发脉冲形成电路将信号源整形成方波输出，再经C9、R16微分，由BG9输出负向触发另一施密特触发器控制扫描闸门电路。触发起始点由电平电位器W1调节，和W1联动的K3A将R2接地，K3B则将源极跟随器输出接入C6到触发器输入端，形成约50Hz的触发脉冲触发扫描。当Y轴来的输入频率高于50Hz，则触发脉冲同步于输入信号而触发扫描，转入自动同步状态，屏显出自动同步波形，因此得到触发和自动同步两种工作状态。BG10、BG13组成施密触发器控制着扫描闸门开关二极管D15、D16，当负向触发脉冲令施密特触发器中的BG13集电极输出负向方波，使D15、D16反偏，此时密勒积分电路通过K4六刀19掷转(t/cm时基选择开关)换开关选出不同时间电阻向不同时间电容充电，由BG19输出线性锯齿波，一路经K4A、K4D、W7、R51送BG21、BG22、BG23水平放大器放大倒相叠加推动水平偏转板。另一路经R46、W5、R47分压经D17对释抑电容充电，BG12源极随器将逐渐上升，其栅极电位馈入BG10令其导通，闸门电路翻转BG13集电极输出高电平，D15、D16导通呈低阻态，时间电容经D15、D16迅速放电，BG19集电极随之回到低电位，同时D17反偏，释抑电容经R31放电，完成一次扫描。R31延迟了释抑电容的放电从而保证时间电容的充分放电，闸门电路BG10基极电位才能回到待触发态，接受下一触发脉冲控制，开始下一次扫描。W5调节BG12的栅极电位，从而调节了输出锯齿波幅度也就调节了扫描线长度。在垂直输入选择开关置零位时，水平稳定度电位器接地点断开，扫描发生器呈自激状态，屏幕会显示一条零电平线。图4为时基水平系统印刷电路板图及时基开关接线图。

(未完待续)(下转第196页)

◇重庆 李元林

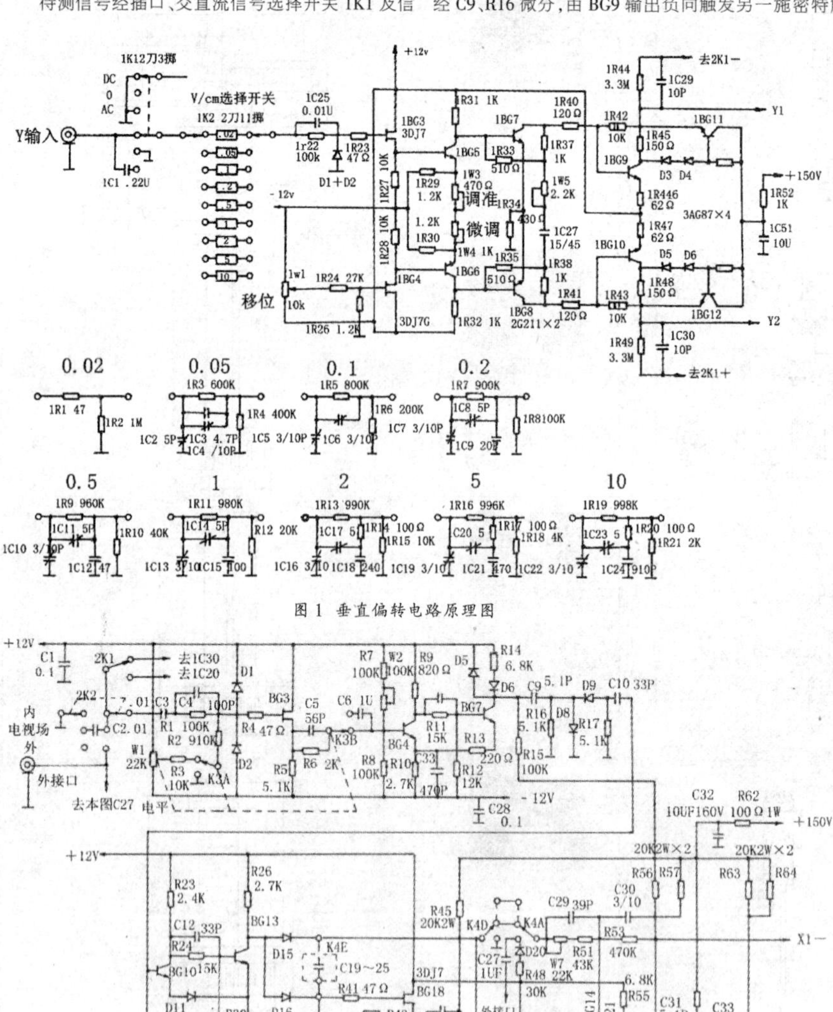

图1 垂直偏转电路原理图

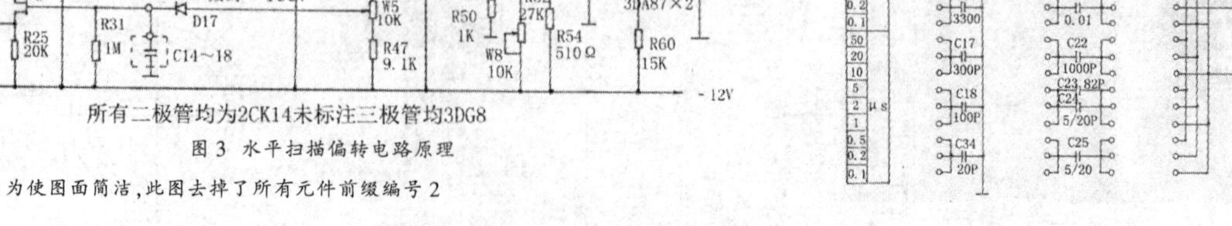

所有二极管均为2CK14未标注三极管均3DG8

图3 水平扫描偏转电路原理

注：去1C20应为1C29为使图面简洁，此图去掉了所有元件前缀编号2

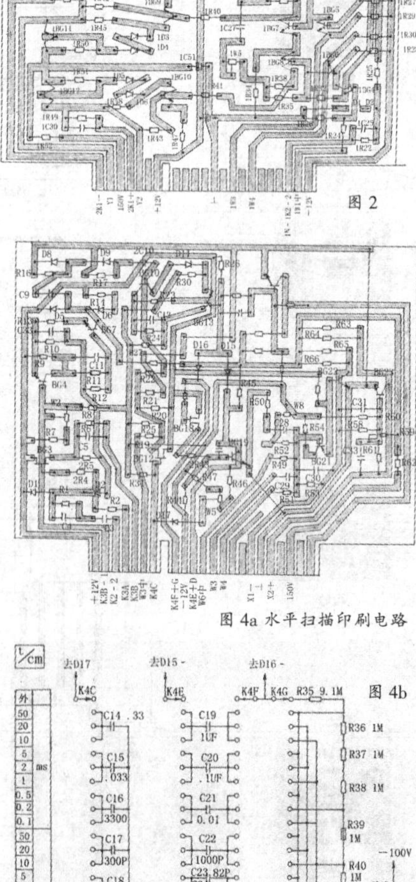

图2

图4a 水平扫描印刷电路

图4b

用CMOS集成电路制作计数计米器(二)

(紧接上期本版)

第2页电路设计完后,返回到第1页电路进行设计。点下拉菜单"Design(设计)",在弹出的菜单中点"Goto Sheet(进入页面)",在弹出的对话框中点"display(显示)",使其变蓝色,再点"OK"按钮关闭对话框。

在第1页的工作空间上继续放置其他元器件。其中按钮用"Switches & Relays"中的"BUTTON",用于计数;开关用"SW-STSP",用于复位。第1页的电路如图5所示。

(2)仿真操作

用鼠标左键单击下面的仿真运行按钮,即可进入仿真运行状态。在仿真状态中,将光标移至按钮上,当光标变成一只"手"时便可点击鼠标左键,每点击一次就能看到最低位的LED数码管数值加1,如图6所示。若需要清零复位,只要把光标移至开关上,当光标变成一只"手"时连续点击鼠标左键两次即可。

通过仿真,证实电路能正常工作,设计到达要求。

4. 元器件选择与电路板制作

所用元器件见图3原理图中所标,其中数码管可用共阴极的高亮管,如LC5021-11。

图7是四位LED数码管显示器的印制电路板;图8是主电路板,板上CZ3为传感器插座、CZ4为复位按钮插座、CZ5为10V交流电源插座。显示板与主电路板之间用34芯扁平电缆连接。

焊接时需注意集成电路插座和连接电缆插座的方向。安装四位LED数码管时,先用一块40脚的集成电路插座焊接在板上,然后把数码管插在插座上。只要元器件焊接无误,接上传感器,电路就能正常工作。笔者用现存材料制作的实物如图9所示。

(全文完)

◇江苏 键谈

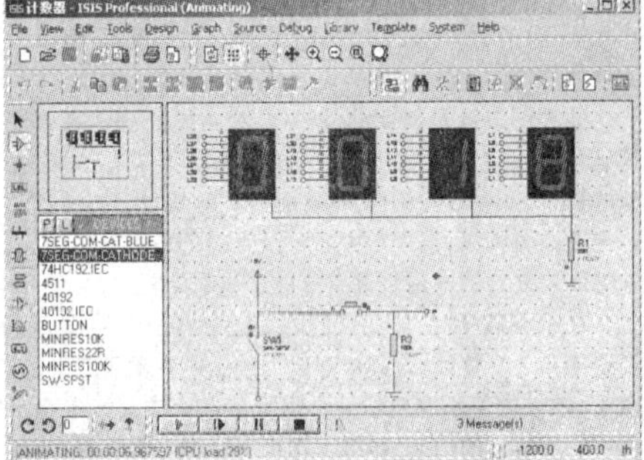

图6 电路在仿真运行状态

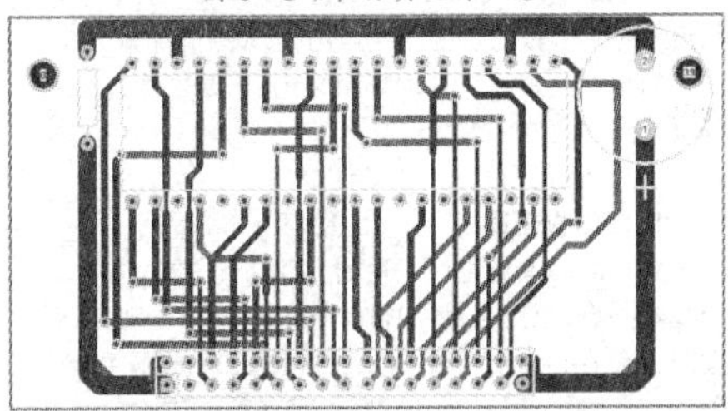

图7 LED数码管显示板

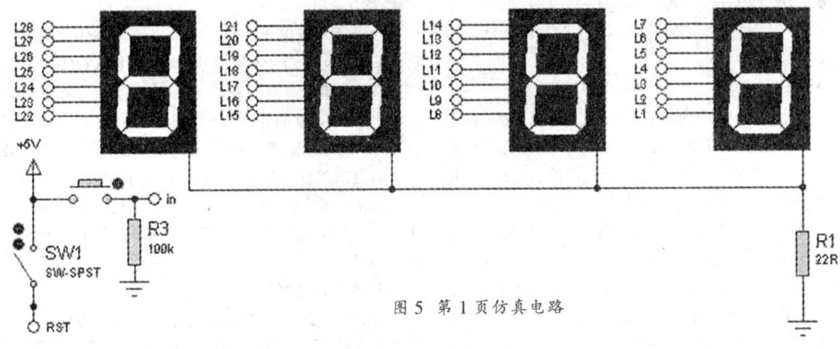

图5 第1页仿真电路

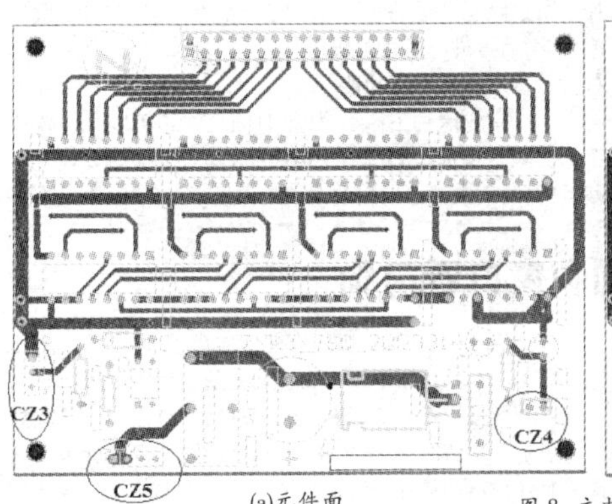

(a)元件面

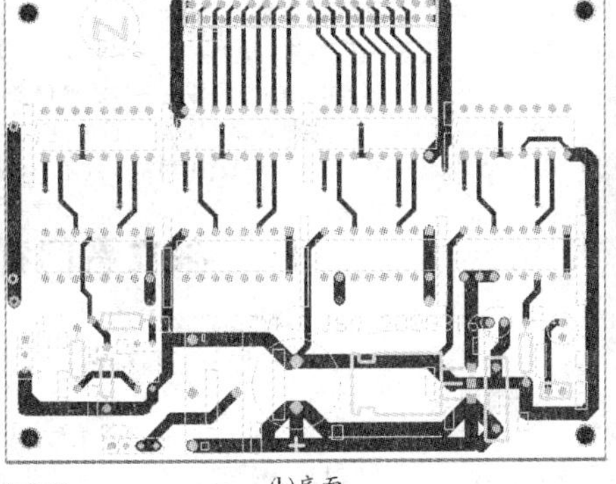

(b)底面

图8 主电路板

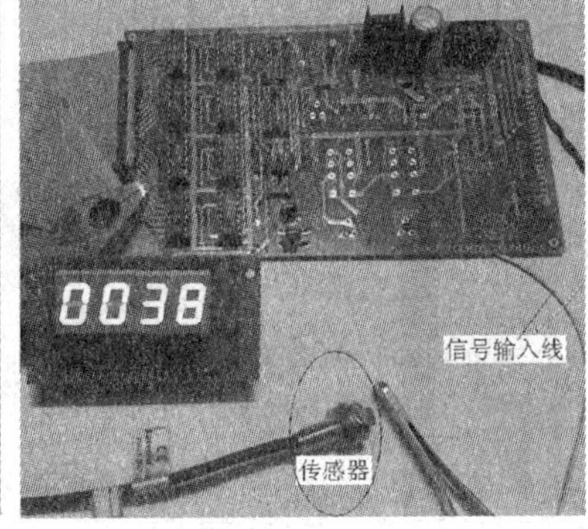

图9 计数器实物

单片机驱动红外发射管的电路设计

红外发射是日常生活中最常见的一种通信方式,使用频率很高,广泛应用于电视、风扇、空调等家用电子设备。很多人家里有多个遥控器,每个遥控器上的常用按键其实就几个,可以将这几个常用按键集中在一个其他品牌(避免干扰)的遥控器上,对所有电器进行集中控制。

信号传递过程是:解码其他品牌遥控器的信号,经单片机处理完成后,通过红外发射二极管发射我们需要的信号,去控制对应的设备。这里涉及红外编码(单片机)、红外发射(红外发射二极管)、红外解码(一体化接收头)三个技术问题,本文探讨的是其中红外发射二极管的驱动问题。

流过红外发射二极管的电流越大,有效控制距离越远。单片机的输出或者灌入电流一般最大也就20mA,不足以实现远距离控制,因此,要用三极管进行电流放大。常用单片机引脚上电默认输出高电平,所以要选用低电平使能控制方式驱动。驱动电路如图1所示。

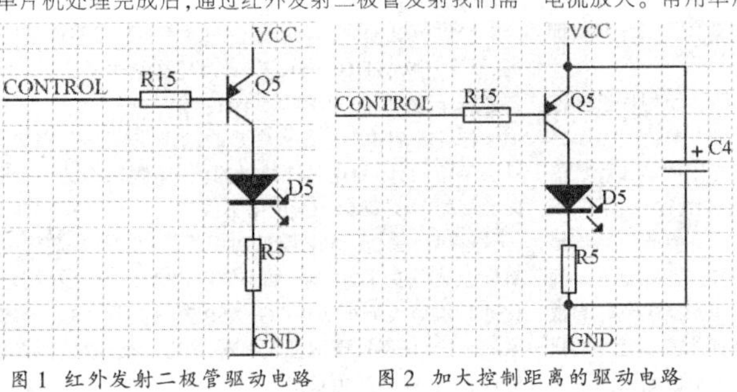

图1 红外发射二极管驱动电路　　图2 加大控制距离的驱动电路

其中VCC为5V电源正,GND为电源负,CONTROL为单片机控制引脚输出,CONTROL为低电平时红外发射二极管向外发射红外光。R15选用1kΩ电阻,R5选用10Ω电阻,Q5选用常用的三极管9012(理论放大倍数=180,饱和时U_{EB}=0.7V,U_{EC}=0.3V),D5为红外发射二极管(典型压降=1.4V)。则:

$I_C=180*I_B=180*(5-0.7)/1000=0.774(A)=774(mA)$

$I_{Cmax}\approx(5-0.3-1.4)/10=0.33(A)=330(mA)$

这样的电路参数,使得三极管Q5工作于截止和饱和两个工作区。如果在CONTROL连接上拉电阻,三极管的工作区切换将会更快。在实际电路中,330mA的电流会使红外发射二极管击穿,所以在CONTROL中经常引入38kHz的方波,以降低等效电流。有时甚至可以通过降低占空比的方式来进一步降低等效电流,有的编码格式将占空比降至30%。

实际应用时,上述电路还是存在控制距离短的问题。为什么呢?因为发射时的连续电流过大,电源来不及提供电能。改进的办法是在电源两端并联一个电解电容。改进后的电路如图2所示。

电路中,C4为100uF的电解电容,将其与电源并联,相当于一个存储池,为红外线的发射提供电能保障,从而加大遥控器的控制距离。

◇重庆 聂航

PCB 制板程序中的问题及解决方法

作为一个电子工程师设计电路是一项必备的硬功夫，但是原理设计再完美，如果电路板设计不合理性能将大打折扣，严重时甚至不能正常工作。根据我的经验，我总结出以下一些 PCB 设计中应该注意的地方，希望能对您有所启示。

不管用什么软件，PCB 设计有个大致的程序，按顺序来会省时省力，因此我将按制作流程来介绍一下。(由于 protel 界面风格与 windows 视窗接近，操作习惯也相近，且有强大的仿真功能，使用的人比较多，将以此软件作说明。)

原理图设计是前期准备工作，经常见到初学者为了省事直接就去画 PCB 板了，这样将得不偿失，对简单的板子，如果熟练流程，不妨跳过。但是对于初学者一定要按流程来，这样一方面可以养成良好的习惯，另一方面对复杂的电路也只有这样才能避免出错。

在画原理图时，层次设计时要注意各个文件最后要连接为一个整体，这同样对以后的工作有重要意义。由于，软件的差别有些软件会出现看似相连实际未连(电气性能上)的情况。如果不用相关检测工具检测，万一出了问题，等板子做好了才发现就晚了。因此一再强调按顺序来做的重要性，希望引起大家的注意。

原理图是根据设计的项目来的，只要电性连接正确没什么好说的。下面我们重点讨论一下具体的制板程序中的问题。

1. 制作物理边框

封闭的物理边框对以后的元件布局、走线来说是个基本平台，也对自动布局起着约束作用，否则，从原理图过来的元件会不知所措的。但这里一定要注意精确，否则以后出现安装问题麻烦可就大了。还有就是拐角地方最好用圆弧，一方面可以避免尖角划伤工人，同时又可以减轻应力作用。以前我的一个产品老是在运输过程中有个别机器出现面壳 PCB 板断裂的情况，改用圆弧后就好了。

2. 元件和网络的引入

把元件和网络引入画好的边框中应该很简单，但是这里往往会出问题，一定要细心地按提示的错误逐个解决，不然后面要费更大的力气。这里的问题一般来说有以下一些：

元件的封装形式找不到，元件网络问题，有未使用的元件或管脚，对照提示这些问题可以很快搞定的。

3. 元件的布局

元件的布局与走线对产品的寿命、稳定性、电磁兼容都有很大的影响，是应该特别注意的地方。一般来说应该有以下一些原则：

放置顺序

先放置与结构有关的固定位置的元器件，如电源插座、指示灯、开关、连接件之类，这些器件放置好后用软件的 LOCK 功能将其锁定，使之以后不会被误移动。再放置线路上的特殊元件和大的元器件，如发热元件、变压器、IC 等。最后放置小器件。

注意散热

元件布局还要特别注意散热问题。对于大功率电路，应该将那些发热元件如功率管、变压器等尽量靠边分散布局放置，便于热量散发，不要集中在一个地方，也不要高电容太近以免使电解液过早老化。

4. 布线

布线原则

走线的学问是非常高深的，每人都会有自己的体会，但还是有些通行的原则的。

◆高频数字电路走线细一些、短一些好

◆大电流信号、高电压信号与小信号之间应该注意隔离(隔离距离与要承受的耐压有关，通常情况下在 2KV 时板上要距离 2mm，在此之上以比例算还要加大，例如若要承受 3KV 的耐压测试，则高低压线路之间的距离应在 3.5mm 以上，许多情况下为避免爬电，还在印制线路板上的高低压之间开槽。)

◆两面板布线时，两面的导线宜相互垂直、斜交、或弯曲走线，避免相互平行，以减小寄生耦合；作为电路的输入及输出用的印制导线应尽量避免相邻平行，以免发生回授，在这些导线之间最好加接地线。

◆走线拐角尽可能大于 90 度，杜绝 90 度以下的拐角，也尽量少用 90 度拐角

◆同是地址线或者数据线，走线长度差异不要太大，否则短线部分要人为走弯线作补偿

◆走线尽量走在焊接面，特别是通孔工艺的 PCB

◆尽量少用过孔、跳线

◆单面板焊盘必须要大，焊盘相连的线一定要粗，能放泪滴就放泪滴，一般的单面板厂家质量不会很好，否则对焊接和 RE-WORK 都会有问题

◆大面积敷铜要用网格状的，以防止波焊时板子产生气泡和因为热应力作用而弯曲，但在特殊场合下要考虑 GND 的流向，大小，不能简单地用铜箔填充了事，而是需要去走线

◆元器件和走线不能太靠边放，一般的单面板多为纸质板，受力后容易断裂，如果在边缘连线或放元器件就会受到影响

◆必须考虑生产、调试、维修的方便性

对模拟电路来说处理地的问题是很重要的，地上产生的噪声往往不便预料，可是一旦产生将会带来极大的麻烦，应该未雨绸缪。对于功放电路，极微小的地噪声都会因为后级的放大对音质产生明显的影响；在高精度 A/D 转换电路中，如果地线上有高频分量存在将会产生一定的温漂，影响放大器的工作。这时可以在板子的 4 角加退藕电容，一脚和板子上的地连，一脚连到安装孔上去(通过螺钉和机壳连)，这样可将此分量虑去，放大器及 AD 也就稳定了。

另外，电磁兼容问题在目前人们对环保产品倍加关注的情况下显得更加重要了。一般来说电磁信号的来源有 3 个：信号源，辐射，传输线。晶振是常见的一种高频信号源，在功率谱上晶振的各次谐波能量值会明显高出平均值。可行的做法是控制信号的幅度，晶振外壳接地，对干扰信号进行屏蔽，采用特殊的滤波电路及器件等。

需要特别说明的是蛇形走线，因为应用场合不同其作用也是不同的，在电脑的主板中用在一些时钟信号上，如 PCIClk、AGP-Clk，它的作用有两点：1、阻抗匹配；2、滤波电感。

对一些重要信号，如 INTELHUB 架构中的 HUBLink，一共 13 根，频率可达 233MHZ，要求必须严格等长，以消除时滞造成的隐患，这时，蛇形走线是唯一的解决办法。

一般来讲，蛇形走线的线距>=2 倍的线宽；若在普通 PCB 板中，除了具有滤波电感的作用外，还可作为收音机天线的电感线圈等等。

5. 调整完善

完成布线后，要做的就是对文字、个别元件、走线做些调整以及敷铜(这项工作不宜太早，否则会影响速度，又给布线带来麻烦)，同样是为了便于进行生产、调试、维修。

敷铜通常指以大面积的铜箔去填充布线后留下的空白区，可以铺 GND 的铜箔，也可以铺 VCC 的铜箔(但这样一旦短路容易烧毁器件，最好接地，除非不得已用来加大电源的导通面积，以承受较大的电流才接 VCC)。包地则通常指用两根地线(TRAC)包住一撮有特殊要求的信号线，防止它被别人干扰或干扰别人。

如果用敷铜代替地线一定要注意整个地是否连通，电流大小、流向与有无特殊要求，以确保减少不必要的失误。

6. 检查核对网络

有时候会因为误操作或疏忽造成所画的板子的网络关系与原理图不同，这时检察核对是很有必要的。所以画完以后切不可急于交给制版厂家，应该先做核对，后再进行后续工作。

7. 使用仿真功能

完成这些工作后，如果时间允许还可以进行软件仿真。特别是高频数字电路，这样可以提前发现一些问题，大大减少以后的调试工作量。 ◇湖北 李明

独立看门狗和窗口看门狗

1)独立看门狗没有中断，窗口看门狗有中断

2)独立看门狗有硬件软件之分，窗口看门狗只能软件控制

3)独立看门狗只有下限，窗口看门狗又下限和上限

4)独立看门狗是12位递减的。窗口看门狗是7位递减的

5)独立看门狗是用的内部的大约40KHZ RC振荡器，窗口看门狗是用的系统时钟APB1ENR

接下来我们介绍一下独立看门狗和窗口看门狗，这里我们就不讲解程序了，很简单的，配置一下寄存器就可以使用了。

独立看门狗没有中断功能，只要在计数器减到0(下限)之前，重新装载计数器的值，就不会产生复位，独立看门够有硬件和软件之分，硬件是通过烧写器的"设定选项几节等"配置，一旦开启了硬件看门狗，那么就停不下来了，只能在重新配置"设定选项几节等"才能关掉硬件看门狗，软件看门狗只需要设置IWDG->KR=0XCCCC;就可以启动看门狗了，软件狗可以在系统复位时关掉，如果在初始化里开启软件看门狗，那就开启了软件看门狗。

独立看门狗是12位递减的寄存器，使用片子内部的RC振荡器，这个振荡器是关不掉的。

窗口看门狗有中断，这个中断的作用是在计数器达到下限0x40的时候，产生中断，让你喂狗，如果你不喂狗，计数器的值变为0x3f的时候，将会产生系统复位，即使是喂狗，也应该在中断里快速喂狗，要不时间长了计数器减一也会变成0x3f产生复位，这个时间根据芯片手册的公式进行计算即可得到，窗口看门狗只有软件开启方式，还有一个上限值，这个值如果大于计数器的初始值，那么就没有任何作用了，这个值小于计数器的初始值得时候，当计数器的值大于上限值时你对计数器进行装载，将会产生复位，只有在计数器减到小于上限值时，你才能重新装载计数器，意思就是说只有计数器的值在上限值和下限值之间你才能装载计数器，否则就会产生系统复位，当上限值小于下限值，也没有意义。

独立看门狗Iwdg——我的理解是独立于系统之外，因为有独立时钟，所以不受系统影响的系统故障探测器。主要用于监视硬件错误。

窗口看门狗wwdg——我的理解是系统内部的故障探测器，时钟与系统相同。如果系统时钟不走了，这个狗也就失去作用了。主要用于监视软件错误。

以下是经过测试发现的：

发现1：当窗口值大于等于计数器的值，无论怎么更改配置的顺序，都是正确的运行结果。

发现2：当窗口值小于计数器的值，顺序一旦改变就运行错误。

经过测试发现，当初始化的顺序不是正常顺序的话，就会把WWDG->SR置一，为什么我也不知道，谁知道片子里面怎么搞的

你在开启中断就进入中断的，这时你又进行喂狗，就会复位的，因为这时计数器的值>上限窗口的值，所以会复位，所以就会一直出错下去。

解决办法是，初始话的时候最后两句是先清除中断标志然后在开启中断，如果你不这么干，那么在初始化的时候很可能把WWDG->SR置位，那么你在开启中断，就会毫不犹豫地进入中断，你在中断重装计数器值得时候，就会产生复位。 ◇广西 米米力

浅谈电视发射机信号传输路径及电平分配

HARRIS低波段全固态电视发射机，配置了两个激励器、一个控制柜、一个功放柜和一个陷波双工器。激励器输出的射频信号，送到激励器切换电路，通过小型定向耦合器检测出的取样信号，控制激励器的切换。被选中的图像信号和伴音信号，分别送到图像AGC电路和伴音AGC电路，进行自动增益控制。然后，经过控制柜与功放柜之间的转接电缆，把图像信号和伴音信号送到功放柜的驱动模块中。在功放柜中，图像驱动模块输出的射频信号分成了12路，分别送到了12个功率放大器模块中进行放大，然后由Gysel合成器把这12路图像信号合成在一起，总功率大约是10.97kW，图像电平是70.4dBm。伴音驱动信号分成了2路，由两个伴音功放模块进行放大，合成后的伴音信号功率大约是1.15kW，伴音电平是60.6dBm。图像信号通过硬馈管送到双工器的图像输入端口，伴音信号通过软电缆送到双工器伴音输入端口。经过双工器合成后，射频信号功率是10.0kW，图像电平是70.0dBm，伴音电平是60.0dBm。经过低通滤波器后送到同轴切换开关，由它把射频信号输出到天线上或者送到假负载上，如框图所示。

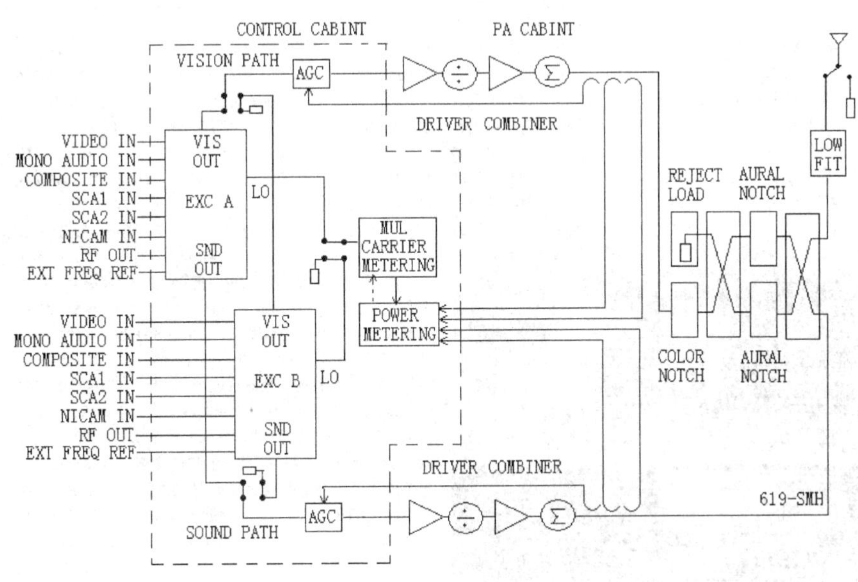

发射机各部分电路的输出功率、增益及插入损耗如下：激励器输出功率500mw，电平27dBm，激励器切换盘插入损耗-0.5dB。图像AGC输入信号功率407mw，电平26.1dBm。图像AGC输出信号功率79.4mw，电平19dBm，插入损耗-7.1dB。图像驱动模块输入信号功率70.8mw，电平18.5dBm。图像驱动模块输出信号功率199.5w，电平53.0dBm，增益34.5dB。12路功率分配器插入损耗0.3dB，分配衰减-10.8dB。功放模块输入信号功率15.5w，电平41.9dBm。功放模块输出信号功率980w，电平59.9dBm，增益18dB。12路功率合成器插入损耗0.3dB，合成衰减-10.8dB。12路功率合成器输出信号功率10.97kW，电平70.4dBm。伴音AGC输入信号功率417mw，电平26.2dBm。伴音AGC输出信号功率22.4mw，电平13.5dBm，插入损耗-12.7dB。伴音驱动模块输入信号功率19.5mw，电平12.9dBm。伴音驱动模块输出信号功率55w，电平47.4dBm，增益34.5dB。2路功率分配器插入损耗0.3dB，分配衰减-6.0dB。伴音功放模块输入信号功率12.9w，电平41.1dBm。伴音功放模块输出信号功率616w，电平57.9dBm，增益12.2dB。12路功率合成器插入损耗0.3dB，合成衰减-3.0dB。12路功率合成器输出信号功率1.15kW，电平60.6dBm。双工器插入损耗图像-0.3dB，伴音-0.5dB。双工器输出图像功率10.23kW，电平70.1dBm。伴音功率1.02kW，电平60.1dBm。低通滤波器输出信号图像功率10.00kW，电平70.0dBm。伴音功率1.0kW，电平60.0dBm，插入损耗-0.1dB。

HARRIS固态电视发射机的10kW合成器上，安装了带有油冷散热导管的隔离电阻，散热效果非常好。所有功放模块都插在机柜内，而且正常工作时，隔离电阻上几乎不消耗功率。拔出或者关闭某一个模块，只在这个模块的隔离电阻上消耗很少的一点功率。发射机控制器1A3B中安装了驱动封锁电路，让驱动电路在这种情况下，跟随故障模块恢复的比率，提高驱动电平，保护模块。在主控制电路1A3B中，用S403设置输出电路封锁之后，允许存在故障的图像功放模块，在封锁解除后重新复位恢复正常的模块数量。S403的BCD码，设置了允许出现故障的模块数量。如果出现故障的模块数量超出了设置的数字，系统复位后，控制器仍然封锁激励器的输出。在日常播出时，根据上面记录的数据，可以直观地了解发射机信号的传输情况，对维修人员提供了很好的帮助。

◇山东 宿明洪 张文涛

浅谈中九户户通接收机T02故障解决方法

笔者最近接修不少奥视通和科海（包括处处通）收看半小时后出现T02故障的户户通接收机，如图1所示，在室外信号正常的情况下考虑到主芯片打胶会引起此类故障，所以首先给主芯片除胶并重做BGA，不过问题依旧。后来经过摸索发现出现T02故障采用GK6105S-T+泰和TP5001的奥视通OST168和采用HD3601方案的科海机器均无基站信息（模块版本号显示正常），如图2所示，并且奥视通OST168机器在CA信息里看到的相关信息全是0，如图所3示；而科海机器虽然可以看到CA信息，但按两下F4键进入工厂菜单会发现定位模块处于"OFFLINE（离线）"状态，如图4所示。经过对比正常机器发现，这些出现T02故障的机器应用软件版本均比正常机器要高（GK6105S-T+泰和TP5001方案是164版本，HD3601方案是163版本），原来这些机器收看过程中被执行了空中升级，导致应用软件版本与机器定位模块版本不匹配，从而引起收看半小时后出现T02故障。

解决方法就是使应用软件版本与机器定位模块版本匹配即可，不过GK6105S-T+泰和TP5001方案164版本和HD3601方案163版本都是六代签名，而目前市面上模块方式的六代签名M系列小板还没有问世，所以通过加小板解决的方法行不通，只能通过拆下25Q64闪存降版本来解决，如图5所示。对于GK6105S-T+泰和TP5001方案的奥视通接收机，如果定位模块版本是25010010就降成15E版本，定位模块版本是25010014降成161版本，定位模块版本是25010020降成163版本。而HD3601方案的科海接收机，如果定位模块版本是2206000F降成15E版本，其他版本依旧类推。注意一点：降版本后要恢复出厂设置一次，以彻底解决部分卫视台或广播出现T02问题。

◇安徽 陈晓军

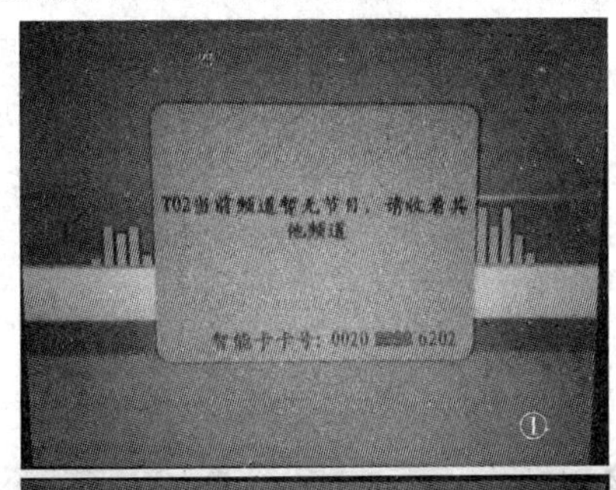

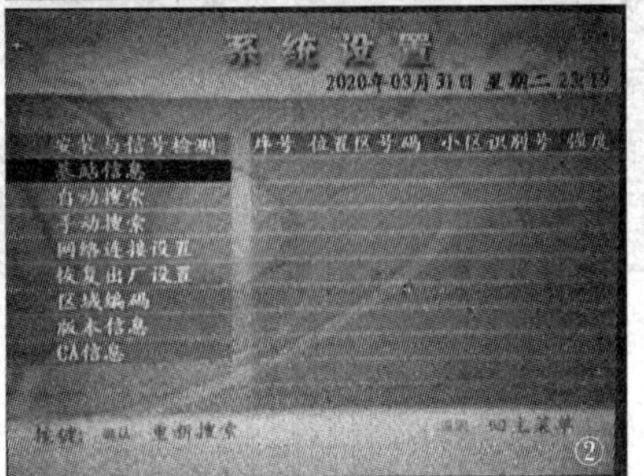

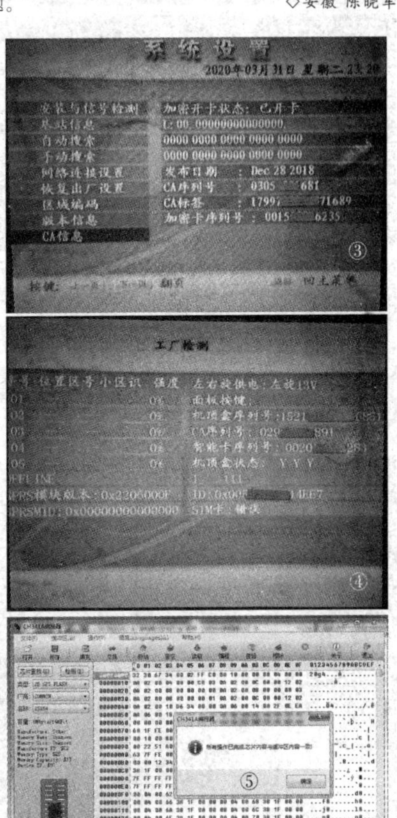

"1+1>2"发烧音响方案(二)

——用 DEXP AL5000 4K 硬盘播放机+NEON MTB680 发烧组合音响组建平价、实用的发烧音响系统

(紧接上期本版)

二、由 DEXP AL5000 4K 硬盘播放机

现在网络播放机较普及,4K 高清播放机在市场上也很常见,但低价的产品都不支持内置硬盘,质量差别也较大。影音工程用的 4K 播放机都支持内置硬盘,可以装配 3TB、4TB 的大容量硬盘,市场上也有发烧级的 4K 光盘、硬盘播放机供应,该类型的机器多采用高速处理器、发烧级的音频 DAC、发烧运放滤波与线路放大,为改善音质,这类机多采用传统的环形变压器与低内阻的线性稳压电源供电,支持网络音视频在线播放,不过这类发烧级的高清播放机都不便宜,如早期的 OPPO 等品牌,笔者接触过几款发烧级 4K 机售价都在 6 千元以上,部分品牌的机器售价达 1 万多元。好产品当然大家都喜欢,但费用需在自己的购买预算范围之内。

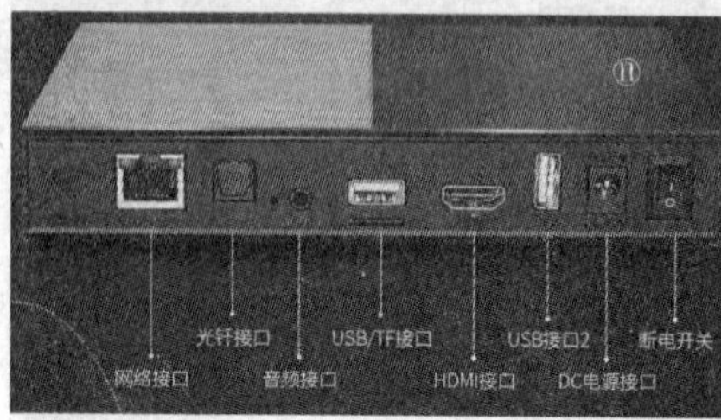

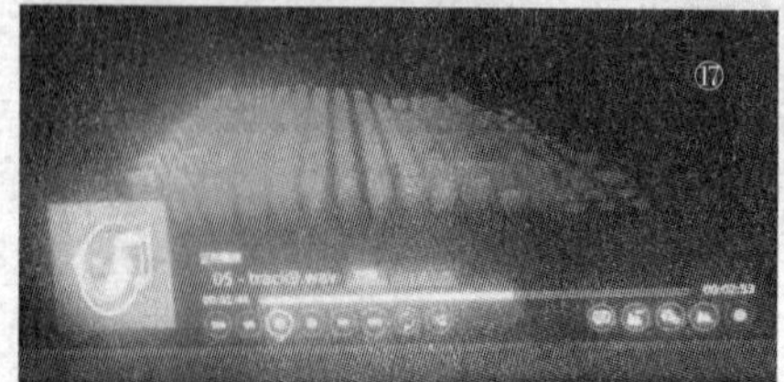

DEXP AL5000 4K 硬盘播放机是国内公司为国外代工的硬盘播放机,该机外观图如图 10 所示,整机尺寸仅 166mm×110mm×28mm,外壳同样采用高端塑料工艺,黑白搭配、拉丝面板。笔者选用该机主要是该机支持 2.5 寸笔记本硬盘,后板接口较丰富,如图 11 所示。该机开机界面如图 12 所示,其功能较多,我们可以大材小用,可以把 4K 播放机降级使用仅用于数字音频播放,如播放 192kHz/24Bit 以内的 WAV、APE、FLAC 的数字音乐,也可播放 DSD64、DSD128 规格的数字音乐;另一方面是可以播放在线音乐,如酷狗音乐、百度音乐、喜马拉雅等,免费的资源当然可选择使用,我们可试听某些音乐,若好听再去买 CD 唱片或在线购买数字音乐,如图 13 所示。若用于 4K 播放硬盘容量越大越好,多选择 3.5 寸大硬盘。用于音乐播放,需尽可能降低整机噪音,包括硬盘转动时的噪音,用笔记本硬盘或固态硬盘性能更理想。用硬盘存储音乐,1 个 1TB 的硬盘可以存储近千盒 CD 唱片,可以建立私家音乐库。市场上已有 4TB、5TB 的 2.5 寸硬盘供应,用户可选择购买,如图 14 所示。机器安装硬盘也很简单,由于是组合设计,打开机器一半上盖并取出上盖,机器支持标准的 2.5 寸 SATA 接口,可以直接把硬盘安装在盒身中,如图 15 所示,把硬盘卡好盖好上盖。若硬盘较多,也可通过 USB 硬盘盒接机器 USB 口扩展。机器还可以安装、使用自己的喜欢的音乐播放软件,或用多个音频软件配合使用,笔者一直看好 XBMC,这款专业媒体播放软件动态频谱显示很美,如图 16、图 17 所示,本报介绍这类数字音频播放软件的文章较多,在这不必重述。

若用于 4K 超高清显示,电视画面越大越好。若仅用于音乐文件播放显示,可以购买带 HDMI 输入接口的小屏幕电视机,也可以利用一些闲置的 15 寸~22 寸液晶显示器作显示,由于这类早期产的显示器大多只有 VGA 接口,我们需要购买一条 HDMI 转 VGA 线,价格在 30 元以内,如图 18 所示,这类线内置国产视频处理芯片,通过自身的 HDMI 线供电,支持 1080P、720P 显示,由于仅作小屏幕显示,可在 4K 播放机的系统设置里画面设置为相应的分辨率即可。

由于销售对象不同与成本所限,某些影音器材可能满足不了高烧友的需求,但针对不足之处,发烧友可以改进,这就是音响 DIY 的用武之地。用户还可对用于音频播放的 4K 硬盘播放机进行系统升级,比如用 LM317 作一个 12V 稳压电源供电代替原机所配套的 220V 交流转 12V 直流电源适配器供电,采用 USB 音频解码器或外接光纤信号输入的解码器进行外置音频解码。上述升级方案同样适用于其他 4K HDR 网络高清机,可做到音频与视频的完美协调。

由于 NEON MTB680 CD 组合音响具有 AUX 线路输入功能,我们要充分利用该接口,这时我们可把外接音源比如 4K 播放机的模拟音频输入,利用组合音响的电子管信号放大部分对外接模拟音频进行系统升级。由于是系统设计、综合考虑,用 4K 播放机作音源,其听感能得到某些发烧友的好评。

DEXP AL5000 4K 硬盘播放机参考价仅数百元,NEON MTB680 发烧组合音响参考价仅一千多元,两者总价不到两千元,即使包括硬盘、显示器等全套器材也仅两千多元。在这个价位能搭配出一套新潮、实用、多功能的发烧音响系统确实不易,值得交流与参考。

针对对象不同参考思路也不同,音响发烧有时需化繁为简、有时也需商品器材与 DIY 音响器材相结合,作到不同设备之间资源互补,若搭配好发烧音响完全可以作到"1+1>2"。

(全文完)

◇广州 秦福忠

再谈 MEMC

在今年 17 期 12 版《图像算法也有弊端?》一文中,提到了 MEMC(Motion Estimation and Motion Compensation,即运动补偿)技术,笔者认为该技术除了在电视上运用外,对于今后的手机特别是中高端机型来说,都是必不可少的一个重要功能。

MEMC 早已成为目前高端电视的标配,通过观看的实际效果可以知道,MEMC 有以下特点:

减小运动抖动:MEMC 芯片会对播放的画面进行运动轨迹,帧率饱满带来的是更小的画面抖动。

减弱画面拖尾与虚影:MEMC 的插帧技术会增加视频的帧率,从而提升视频播放的过渡,低帧率的拖尾与虚影都有大幅度改善。

增强画面清晰度:画面虚影的减少也对应提升了整体画面的清晰度。

若将 MEMC 技术运用于手机屏幕效果如何?这里先看看 MEMC 的几个缺点。

块效应

当 MEMC 运算时会造成画面边缘出现明显的马赛克与色斑。MEMC 技术将每帧的图像分成若干像素块来进行分区域补足帧率。但在物体快速运动的边缘往往会出现 MEMC 技术无法识别导致像素断裂导致,进而在画面中出现马赛克与色斑。

振铃效应

在 MEMC 运算导致补足过多进而造成画面模糊。画面播放时物体本身会有一定程度的抖动,而 MEMC 技术补足后往往会造成画面模糊甚至重影。这种问题多发生在球类运动比赛中,传球中"球"往往会模糊成一团,甚至一连串的重影,严重的还会造成球传递过程中的轨迹中断。

另外在玩游戏的时候,MEMC 还会带来副作用。游戏本身是实时生成画面的,整体变化频繁。如果这是再进行 MEMC 的计算,无疑加大了芯片的运算负载,会对画面输出带来较高的延迟;若是进行频繁变换的画面为 MEMC 的计算带来更大问题,会出现大量计算错误的问题。

因此智能手机在玩游戏过程中会关闭 MEMC,这样智能手机的性能才能保证游戏过程以高帧率运行。

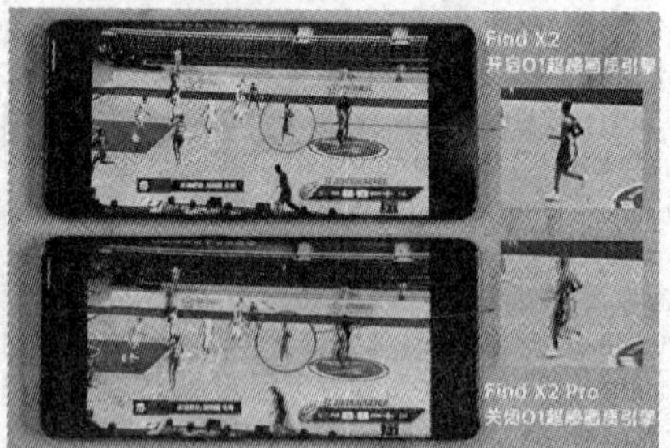

今年 3 月发布的 OPPO Find X2 上使用 Motion Clear 视频动态插帧技术也是一种 MEMC 技术

而在视频播放时,智能手机的显示屏面积相对传统显示器较小、ppi 精细度更高,相较于传统显示器/电视,MEMC 配合视频超分技术,在播放低帧率、低画质(相对于大屏电视,手机更适合小分辨率)视频的过程中体验更佳,这样才能两全其美。

随着 MEMC 算法技术的进步与智能手机中 AI 技术的进化,手机端 MEMC 技术也会越来越精准,随着智能手机中高刷新率的普及,加上 MEMC 技术能进一步提升了屏幕的视觉观感:高刷新率从硬件奠定基础,MEMC 则是针对智能手机缺失的高帧率内容提供一种可行的方法。

当然高帧率生态仅仅在智能手机端通过高刷新率屏幕+MEMC 是远远不够,除了硬件厂商的下场外,服务提供商和内容供给方都要从源头上给予深层次的支持。

可以预见随着高刷新率屏幕在智能手机上的普及,搭载 MEMC 的手机会越来越多。

邮局订阅代号：61-75 国内统一刊号：CN51-0091

微信订阅**纸质版**
请直接扫描
邮政二维码
每份1.50元 全年定价78元
每周日出版

扫描添加**电子报微信号**
或在微信订阅号里搜索"电子报"

2020年5月17日出版 实用性 启发性 资料性 信息性

第20期 国内统一刊号:CN51-0091 定价:1.50元 邮局订阅代号:61-75
地址:(610041)成都市武侯区一环路南三段24号节能大厦4楼 网址:http://www.netdzb.com

(总第2061期) 让每篇文章都对读者有用

制造业数字经济将加速发展 呈现八大趋势

据报道，近日国家信息中心首席信息师张新红在相关媒体上表示，这次新冠肺炎疫情暴露了线下经济的脆弱性，同时凸显了数字经济的优势，也让很多人对在线学习、在线上岗等数字生活来了一次"强制体验"。据统计，从2012年至2018年，我国数字经济规模从11.2万亿元增长到31.3万亿元，总量居世界第二，占GDP比重从20.8%扩大到34.8%。

据介绍，总体上看，未来几年数字经济加速发展态势明显。工信部数据显示，我国数字经济可以分为数字产业化(如信息基础设施、软件、电子制造业)和产业数字化(如移动支付、工业互联网、人工智能)。2018年，产业数字化总量达24.9万亿元，占数字经济比重接近80%，是我国数字经济发展的主引擎。在产业数字化方面，有人认为，2020年数字经济与制造业融合需求将进一步培育和释放，制造业数字经济发展将走向深入。对于产业数字化，尤其是制造业数字经济发展的趋势，张新红认为制造业数字经济将沿着以下几个方向向前发展：

一是数字化。制造业的所有要素及其环节将越来越多地利用新一代数字技术，利用数字技术提升效率、发现新需求、创造新价值。具体来讲，包括研发的数字化、生产的数字化、管理运营的数字化、服务的数字化等。

二是网络化。制造业的资源配置将更多地建立在互联网之上，数据、技术、产品、生产能力、人才、资金、渠道等企业发展所需要的资源会越来越多地通过互联网获得，并通过互联网发挥更大的作用。在这方面，产业互联网是一个典型应用。

三是数据化。大数据在制造业中的作用会更加普遍、更加重要，需求捕捉、产品推送、研发和生产的改进、管理和服务的精细化等越来越离不开大数据的支撑。用数据说话、靠数据决策、以数据行动，数据驱动一切成为可能。

四是智能化。越来越多的工作将由智能机器人参与完成，机器学习的应用会更加普及。

五是平台化。通过平台整合供给和需求并实现智能化匹配，实现利用全社会的资源服务全社会。平台经济的资源动员能力、快速匹配能力和强大的赋能效应是过去单个企业模式所无法比拟的。对于整个制造业而言，多数细分行业都会出现专业化的垂直平台，"一业一平台"趋势明显。对于具体企业而言，如果没有条件建设平台，也应该学会使用好别人的平台。

六是生态化。平台经济无边界地发展必然会带来生态化扩张，海量的供给与海量的需求一旦结合会产生新的需求和供给。制造企业尤其是平台型企业利用积累的数据、技术、渠道等会发现更多的市场需求，以此为基础可以提供新的产品和服务。产业发展的基本逻辑将从价值链向生态圈转变。

七是个性化。在数字经济全面发展和提升的大环境下，需求的个性化会引发供给的个性化，个性化产品、个性化生产、个性化服务会创造更多的价值和更好的体验。

八是共享化。所有能共享的终将被共享，越来越多的企业会利用共享经济平台获取自身发展所需要的资源，让自己拥有的资源产生更大的价值。在这方面，产能共享将是主战场。

◇文编

WinRAR压缩包密码忘了怎么办

如果WinRAR压缩包忘记了密码，只能采取暴力破解法，先下载一款辅助软件RAR Password Unlocker(可以在页面的关联中进行下载)。

解压并运行其中的可执行程序，点击"帮助"->"注册"项，然后输入任意内容完成注册操作。

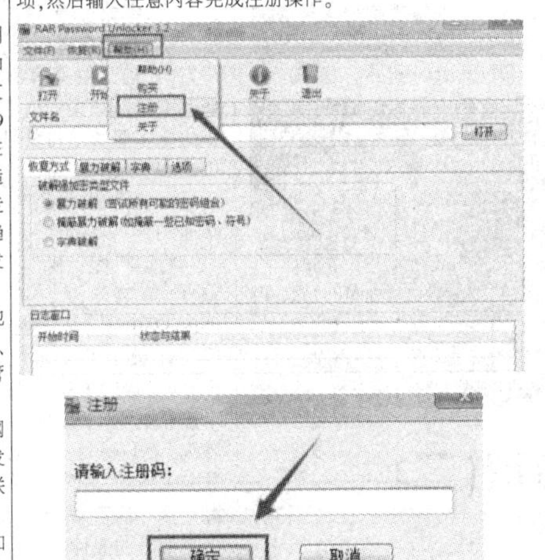

然后点击"打开"按钮选择要破解的WinRAR文件，选择"暴力破解"项，点击"开始"按钮正式进入破解过程。

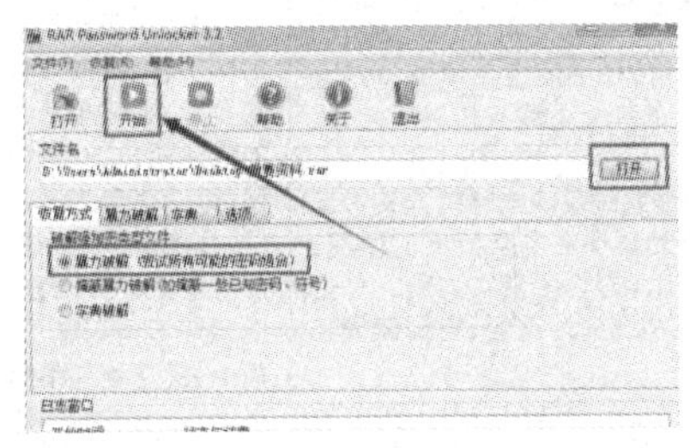

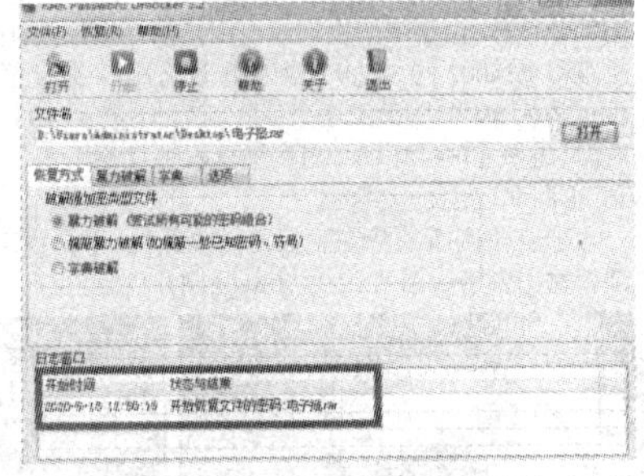

如果要破解的压缩文件是自己所设置的密码(有大概的印象)，那么可以利用"掩蔽暴力破解"方式进行破解，从而大大减少破解所需要的时间。勾选"掩蔽暴力破解"项。

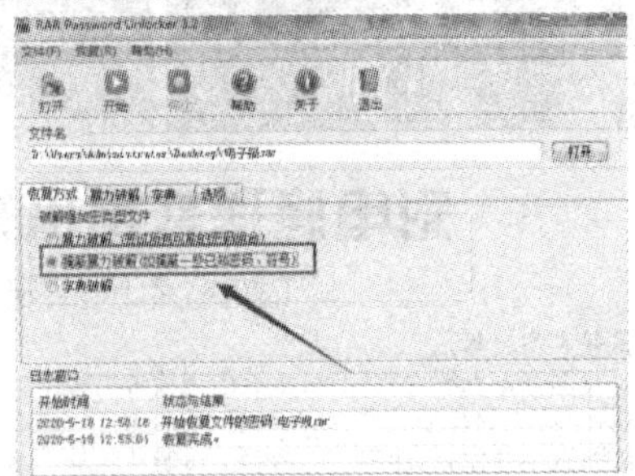

再切换至"暴-力-破解"选项卡，然后根据自己的记忆来设置要破解的密码组合，最后点击"开始"按钮。

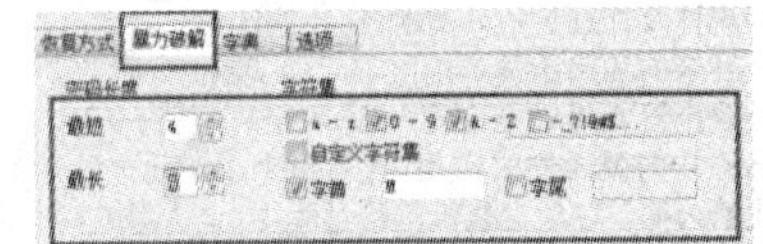

当密码破解成功以后会出现新的密码设置，这次可不要再忘记了哦。

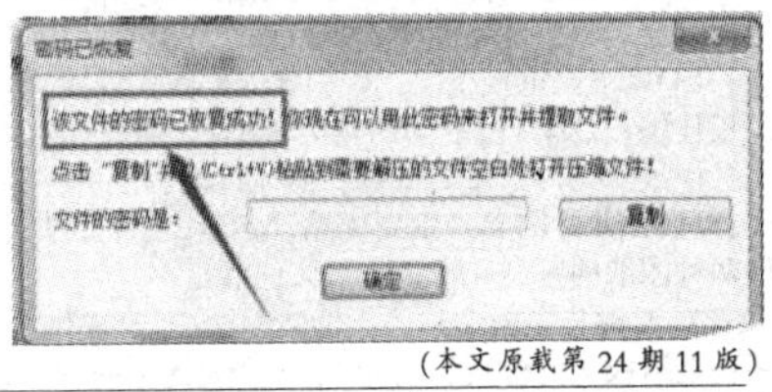

(本文原载第24期11版)

苹果双向无线充电池背夹专利技术曝光

苹果近日获批了一项技术专利，描述了一种具备双向无线充电功能的电池背夹。此前苹果曾经计划推出一款完全没有端口的iPhone设备，而配合这项技术专利，能够让电池背夹配合没有端口的iPhone进行充电操作。

苹果现有的电池背夹主要是通过Lightning端口来为设备进行充电的，如果未来计划推出完全没有端口的iPhone，那么将不得不对保护套的设计做出一些改变，以提供双向无线充电。

在专利概述中称该电池背夹具有第一和第二线圈，分别位于电池的相对两侧，并具有在第一和第二线圈之间耦合的开关电路。双线圈将使电池盒能够通过无线充电为自己充电，同时也为设备充电。

在关机状态下，电池背夹会将两个线圈连接起来，这样电流就可以通过第一个线圈传到第二个线圈，从而为设备充电。

这预示着当电池背夹处于开启状态时，设备放在无线充电器上也可以直接充电，电池背夹会先给设备充电，再给自己充电。 (本文原载第35期11版)

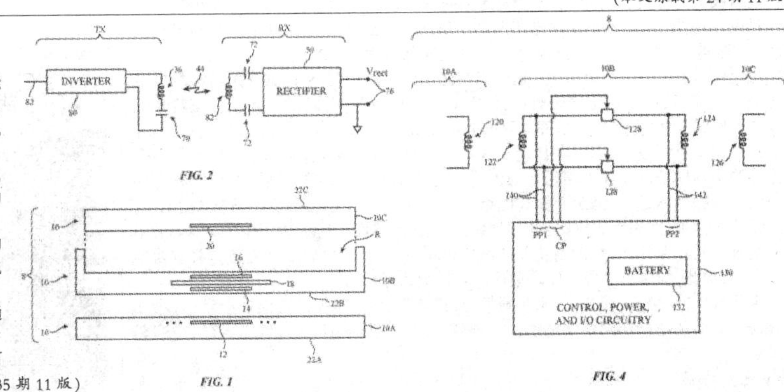

长虹3D50A3700ID等离子无规律自动关机

接修一台长虹3D50A3700ID等离子电视机，故障现象表现为：该机有时能正常开机使用，大约一个小时左右故障出现，此时屏幕黑屏，伴音消失，电视自动断电，指示灯熄灭，瞬间电源指示灯又亮起，机内继电器反复吸合/断开发出嗒嗒的声音，无法实现二次开机。关闭电源开关，停机一段时间后再次开机，有时又能正常启动工作，但仍然表现出上述故障，且正常工作的时间也随之缩短。据用户介绍，该机去年曾出现过这样的现象，用户自行拆开机器用电吹风吹了一阵子后又能使用了，这次故障再现此法却不灵验了。

了解情况后，打开机壳，通电试机，这次电视却顺利启动，此时测试各路输出电压均正常，监测电源板关键点电压等待故障出现，可二十分钟过去了故障仍然未再现，只好用遥控器反复开关机来碰碰运气，然却未能如愿，无奈只好一直对电源的输出电压进行监测。根据现象分析，由于故障出现时电源指示灯也熄灭，所以重点对CN802的5Vstb电源输出进行跟踪监测，这次没过多久5V电压果然逐渐下降，直到下降到4.17V左右时(见图1)故障出现，随后继电器嗒嗒响个不停，5Vstb电源输出也起伏不定。

为进一步判断故障在主板还是电源板，于是拔下电源板输出各条线路，接上假负载强制开机，经过几次试验，故障出现，由此判定故障在电源电路。接下来对5Vstb电源形成电路做详细的检测，由PCB线路可知，5Vstb是由Q307控制输出的，Q307的导通受Q312和Q317的控制。主板的开机电平信号STBY-ON送到Q317的基极，经Q317、Q312控制Q307的导通状态实现5Vstb的供给。分析5Vstb下降的主要原因：一是滤波元件性能下降或负载过重；二是5V输出场效应管不良；三是5V输出场效应的控制极电路发生变化导致输出不稳。根据此思路对各种原因进行逐一排查，首先去掉与输出端连接的所有负载只留下滤波元件，检查最易出现故障的滤波电容，未发现明显的鼓包或漏液，然对其更换后故障依旧。测试场效应管也未见异常，剩下就只有控制极电路引起输出电压下降。于是重点对控制极电路R330、R329、C328及供电部分D300、C320、C316元件进行在路测试均未发现明显异常。仔细想想觉得这样检测不太对劲，因为此故障是在开机一段时间并且是不定时发生的，说明应该是元件质量稳定性的问题。于是果断更换控制极所连接的电容C328和电阻R330后(见图2)开机，听见继电器吸合清脆的声音，随后屏幕点亮LOGO再现，电视顺利完成启动并稳定工作。为证明确系这些元件质量问题，随后拆掉更换后的元件将原机拆下的两个元件装回，再次试机，这次电视仍旧顺利开机并能正常工作。由此看来不是元件故障而是粘接元件的胶体漏电所致，为确保彻底排除故障，于是再次拆除元件仔细清理粘胶后换上新元件，通电观看数小时，并反复开关机试机故障未再出现。

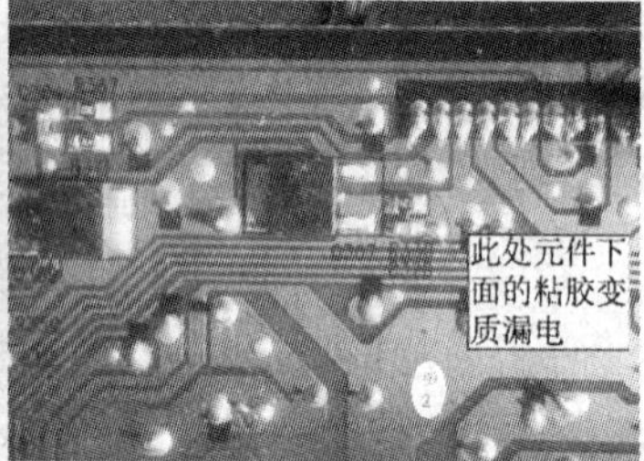

◇重庆 彭永川

长虹等离子PT42618NHD马虎维修记

一客户将自己家中一台长虹等离子电视辗转几地再经人推荐送到笔者处，听他描述讲：该机无法开机，但有时能听到开机音乐，屏幕始终不亮，找了几任师傅，有的说不修等离子，有的说这是屏幕坏了修不了，只能报废。听他这么一说，不敢怠慢。接过电视上电开机，指示灯闪烁，第一次开机确实能听到开机音乐，随后声音消失，果然如用户所言，屏幕无任何反应。试机过程中询问用户得知，前几位师傅都没有开机检查，交谈中用户还感叹道，难道等离子竟有如此难修？其实等离子和液晶电视都一样，结构复杂，故障现象多种多样，但是相比之下等离子维修要麻烦一些，难度也更高。交谈中用户最有价值的话：这机器用了几年了第一次坏，且他还说前几位师傅都没有开盖检查，这让笔者看到了一线希望，给用户交代清楚具体情况后留下了他的电话，让他回家等待诊断通知。

将该机搬上操作台，其铭牌上型号为PT42618NHD，采用三星S42AX-YD12等离子屏，其主板物料编号为:JUC7.820.00006947，电源板号为：PSPF32501B。根据经验和故障现象，开盖直奔电源板屏供电高压输出端子，测得只有VS供电对地短路，其于各组供电端对地电阻基本正常。拔下输出插头再测电源板VS输出端对地电阻未见短路现象，分别测量X板和Y板，发现短路出在X驱动板上。拆下X板观察到板上D4002的一只脚其PCB过孔已经烧糊，但D4002完好无损，只是其焊盘开裂接触电阻变大，这是功耗增加发热量变大所致。再测Q4000和Q4001(见图1所示)，两只管子均已"壮烈殉职"，拆下损坏的管子，再仔细测量与之相关的周边驱动器件未见异常。将两只管子用同型号的元件换新后，再次裸板测量未见异常，于是将X板装回并连接好供电连线后并再次测量VS对地电阻，均未发现异常，遂通电试机。原本以为可以捡个便宜，没想到老天爷不够眷恋咱，开机指示灯闪烁后，响起一段动听的开机音乐后没了反应，故障涛声依旧。

毫无疑问VS驱动又挂了，实测果然RJH30E2已击穿短路，难道是管子自身质量问题？还是有故障原件没有排除？仔细想想还是慎重为妙，好在这次只损坏了这一只管子。冷静下来思考有什么原因会导致该管击穿，望着故障机，突然发现还有一块X缓冲板被忽略了。测X缓冲板输出至屏体FPC软排线对地电阻，万用表蜂鸣器发现尖锐的蜂鸣声，短路了！拔掉进屏软排线再测试仍然短路，缓冲板果然有故障。接下来仔细清查与之相关线路，怀疑与缓冲板上接插件CN4502的Xout脚相连的Q4503、Q4504贴片场效应管G7S313U损坏，用万用表测试该件确以击穿。由于两只并联在一起，遂将两只管子从板子上取下，确认两只管均以损坏。有了上次的马虎损失，这次把Q4503和Q4504的驱动控制电路做了全面检查，最后确定除与管子控制极相连的R4523、R4524两只20欧姆限流电阻(原机为贴片电阻，找了两只22欧姆直插电阻代替，见图2)断路外，没有其他元件损坏。换新上述元件，重新连接好所有排插线后，为确保万无一失，再次对X板、Y板相关电路做了一遍检查，确认无误后准备上电试机。怀着郁闷而又忐忑的心情打开电源开关，按下POWER键，随着指示灯不停闪烁，开机音乐响起，随之屏幕点亮，久违的开机LOGO闪耀在屏幕中央，监测各路输出电压均以达标。接上信号源，图声俱佳，继续开机老化数小时，一切正常，故障彻底排除。(附X板及缓冲板损坏元件位置图)

◇重庆 彭永川

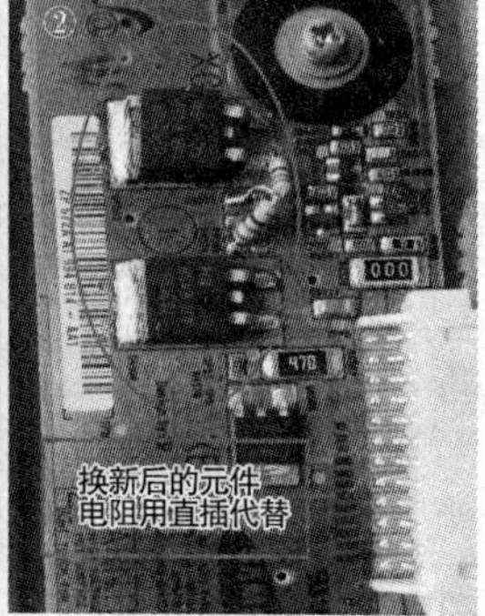

彩电修理实用小知识(二)

(初学者修理须知)

(紧接上期本版)

(2)在识电源电路图时，重点应理清各组输出电压的形成过程及供给对象。注意掌握电路中的易损元件，如开关管、厚膜IC、电源管理芯片、稳压二极管、保护电路中晶体管(半导体)元件等。实践得知，电源故障绝大多数都是易损元件损坏所致。同时，必需还要掌握液晶板处理信号的来龙去脉。其关键信号有三种，即图像信号、伴音信号和控制信号。认识主板电路时，要自始至终抓住这三种信号，熟悉并弄清每种信号的流程及处理过程。初学者，在识读整机电路图时，往往感到不知从何人手，但无论多么复杂的线路图都是由阻容元件、晶体管元件等组成的。故此，识图时只要以三极管、场效应管或集成电路为中心，将整机电路分解为若干个小单元。先弄清每个小单元电路的功能及元件的作用，再将每个小单元电路用一个简单的框图表示，即化整为零、化繁为简。在分析整机电路过程中，也许对某些电路和元件不太了解，可暂不管它，待整机电路分析完成后，再返回仔细研究，即可"柳暗花明"。

与此同时，在弄清各单元电路的功能之后，应认真分析，仔细观察各单元电路之间存在何种联系。然后将单元电路进行综合归纳，把分散的单元电路有机联系起来，这样就会对整机电路图有一个完整的认识了。

(3)修液晶电视机时正确识读元件图实物图。电路图能系统反映电路的连接情况及工作情况，是分析故障的重要依据；元件分布图能指出元器件在电路板上的位置，是寻找故障元件的重要依据；而元件实物图能直观显示出元器件的真实面貌，是查找、更换元器件的另一重要依据。然而，三种图纸之中，电路图最为重要，它是读懂其他两种图纸的基础和依据。具体识法是：

A. 元件分布图又称为元件装配图(厂家提供给维修站)，它详细地给出了每个元件在电路板上的位置，且标明了每个元器件的编号，元器件的编号与电路图中的编号一一对应。识图时可以根据元件分布图进一步认识实物图，并能较快找到要检测的元器件。实践得知：速识图法是，先确定元器件在电路原理图上的编号，然后在电路板上找到对应编号元器件的具体位置。这一点在修理时非常重要，有的维修人员在根据电路图分析故障时，虽已锁定嫌疑对象，但因无元件分布图，迟迟在电路板上花费时间来找该元件的具体位置，致使故障排除的效率降低。

B. 识读实物图法。元件实物图是认识元件最直观的一种图。它清晰地显示了每个元器件的实物样子以及在电路板上的位置。要读懂实物图必须先读懂电路图和元件分布图。读图具体是：先确定元件在电路图上的编号，根据编号在元件分布图上找到对应元件的位置，然后在实物图上找到相应位置的元器件。有些实物图还详细地给出了一些重要元器件的名称、作用及损坏后的故障现象，此类实物图对检修有着重要的指导作用，故此，维修人员应养成收集此类实物图的好习惯。

由此可见，初学者，朋友们，愿共同学习，相互交流，从掌握点滴修理小常识(小知识)做起，动手又动脑，要"拳不离手，曲不离口"，做一个名副其实的维修人员，欢迎登堂入室。

(全文完)

◇山东 张振友

索尼PLM-50头戴液晶显示器重生记(上)

笔者手头收藏的一个电子老物件：索尼PLM-50头戴液晶显示器故障配件机，已经存放好几年，一直没有修理。这次乘着肺病疫情放假期间的空闲时间，经过分析、试验、改装，终于让这个显示器恢复了显示功能，还连带做了个带BBE和重低音提升功能的耳放。

PLM-50头戴液晶显示器属于索尼公司开发的第一代头戴显示器的中低端型号，上市时间在1996年。拆开显示器外壳，观察到内部有背光组件、主板及两片液晶面板(如图1所示)。当时的背光还未采用LED，用的还是冷阴极灯管，液晶面板用了两片型号为LCX009的0.7英寸液晶面板，主板上的主芯片是CXA1854AR，其作用是将输入的视频信号转为LCX009液晶面板所需的R、G、B信号和行、场同步信号及控制信号。

一、分析

为了解芯片的接线和功能，测绘出主板的电路如图2所示。分析线路可知道：CN401是显示器主板与线控器之间连接线的插座，主要引脚功能：①脚是地；③脚、⑥脚是线控器来的供电端；⑥脚给液晶面板供电，该电压还通过Q405稳压后为CXA1854AR的㊺脚供电。CN401的③脚为CXA1854AR的㊼脚供电，查CXA1854AR的资料可知：㊺脚供电端需要12V电压，CXA1854AR的㊼脚供电端需要5V电压。据此可知，液晶面板所需要的供电电压应略高于12V。

CN401的②脚、⑤脚是线控器来的图像信号输入端。②脚经Q401缓冲后输入到CXA1854AR的①脚同步信号输入端和②脚Y亮度信号输入端；⑤脚经Q402缓冲后输入到CXA1854AR的(62)脚C色度信号输入端；CXA1854AR的⑦脚是制式选择端，该脚接在5V高电平；CXA1854AR的(54)脚外接晶振频率为3.5795MHz,可见芯片设定在NTSC制式；CXA1854AR的⑧脚是Y/C或复合视频输入选择端，该脚接地为低电平，可见芯片设定在亮/色分离输入方式。

CN401的⑦脚接CXA1854AR的㉟脚，功能不详，怀疑可能是字符显示端。CN401的④脚接CXA1854AR的(61)脚对比度控制端，线控器上有电位器可以随时调整其电位高低。CN401的⑧脚、⑨脚是显示器的透光/遮光LCD片的控制端(透光/遮光LCD相关电路如图3所示，该电路用于在用户观看视频时，通过调整透光/遮光LCD的透明程度，控制外界环境光通过显示屏的程度)，线控器上也有调整电位器。

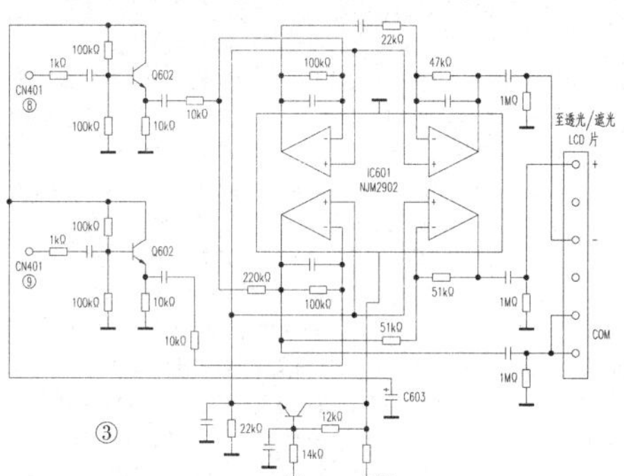

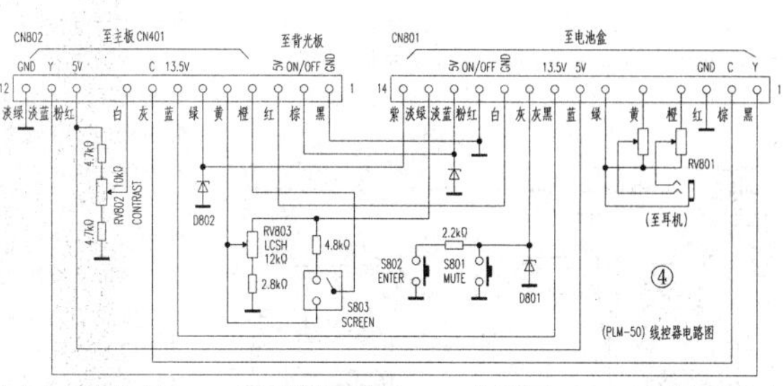

(PLM-50)线控器电路图

通过测绘，发现CN401的②脚与Q401之间的耦合电容C402丢失，导致同步信号和亮度信号输入CXA1854AR，这可能是原机无法显示的原因，故用一个10uF贴片电容补焊上去。

原机器的线控器与电池盒（控制器）的连接插头已被剪去，由于线控器与电池盒(控制器)这端连接线的功能定义不详，故再测绘出线控器的电路如图4所示。CN802是线控器与显示器主板和背光板连接线的插座，CN802的⑫脚—④脚与主板CN401的①脚—⑨脚相连，功能定义如前所述；CN802的③脚—①脚与背光板相连，功能定义分析：③脚是背光供电端，②脚是背光开关控制端，①脚是地。CN801是线控器与电池盒(控制器)连接线的插座，其线路与CN802相连，按照电路图3所示，可知其功能定义。

CN801的⑭脚功能不详(待试验)，⑬脚是显示器的透光/遮光LCD片的控制信号输入端，经过S803开关及RV803电位器调节幅度大小后控制透光/遮光LCD电路，由于此功能需要另装振荡电路产生振荡信号；鉴于透光/遮光调节功能用处不大，故此脚也不用；⑥脚、⑤脚、④脚是耳机信号输入端，经RV801电位器调节音量后输出至耳机，由于耳机输出插座特殊非通用标准，故也不用；⑨脚是原电池盒(控制器)的功能控制端，由于无实际控制电路，也不用。

(未完待续)(下转第203页)

◇浙江 方位

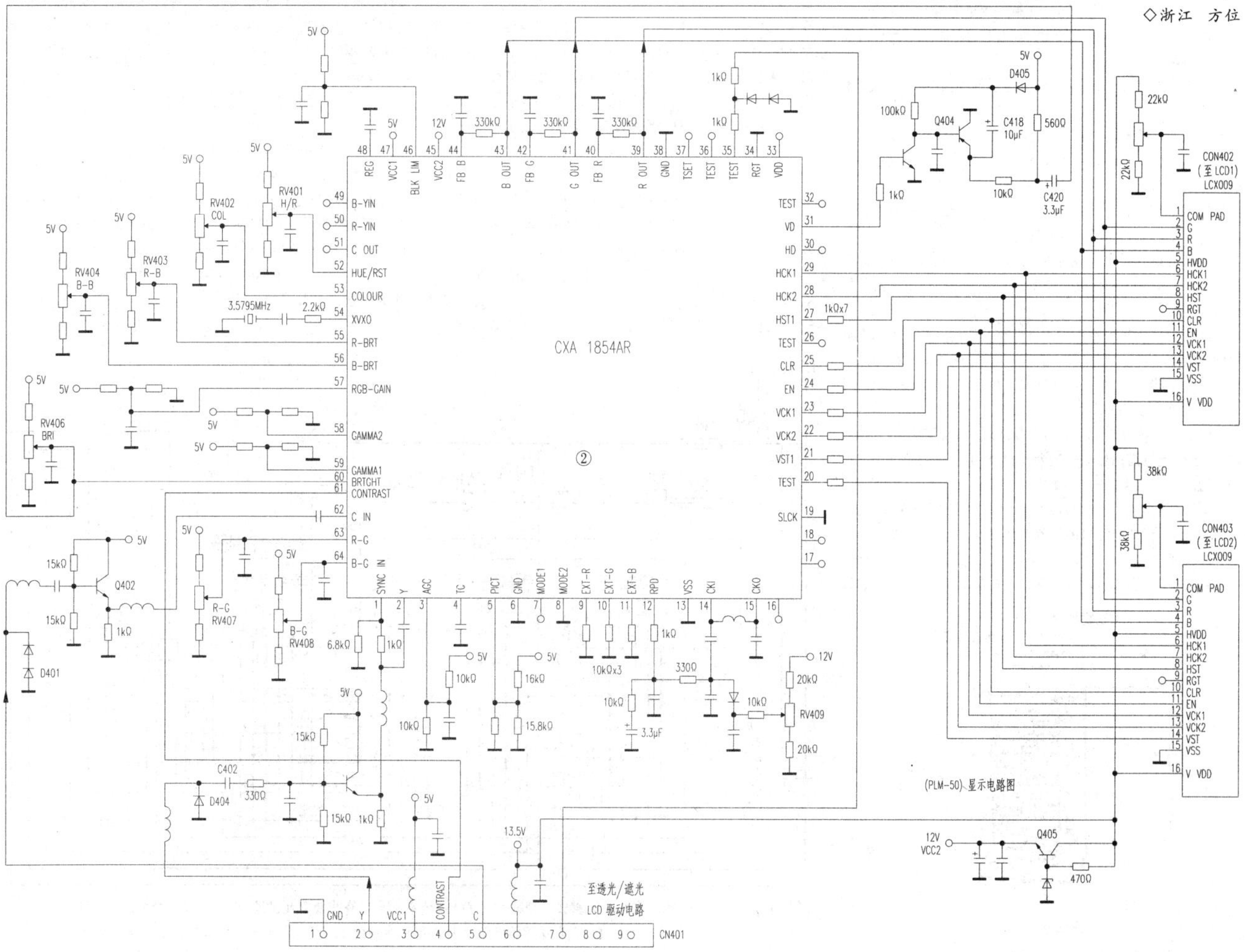

②

(PLM-50)显示电路图

桥式起重机电气工作原理与故障检修(一)

桥式起重机是在码头、货场、仓库、车间等地方广泛使用的起重机械,它主要由桥架(即大车)、大车移行机构、滑线、装有提升机构的起重小车、驾驶室等部分组成。如图1所示。

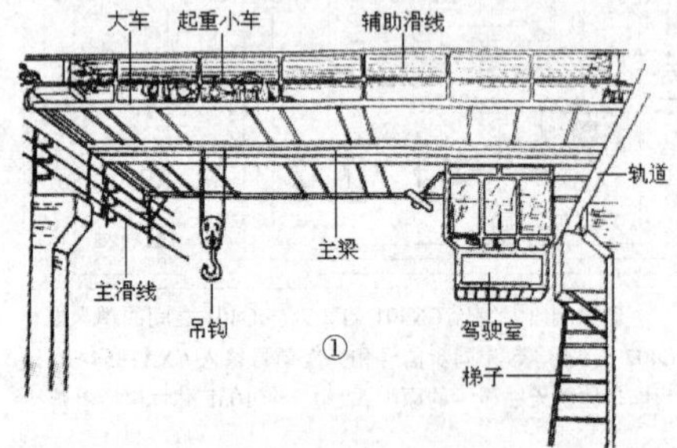

桥式起重机的基本运动形式有3种:1)起重机由大车驱动沿车间两边的轨道作纵向前后运动;2)小车及提升机构由小车电动机驱动沿桥架上的轨道作横向左右运动;3)升降重物时由起重电动机驱动吊钩作垂直上下运动。

桥式起重机按照起重量的大小分为小型、中型和重型3个等级,其中起重量在5~10t之间的为小型起重机,起重量在15~50t之间的为中型起重机,起重量在50t以上的为重型起重机。小型起重机只有一个吊钩;15t以上的中型和重型起重机有主、副2个吊钩。2个吊钩的起重机,其起重量可用一个分数标注其起重量,例如,起重量标注为"15/3t"的起重机,分子"15"表示主钩起重量为15t,分母"3"表示副钩起重量为3t。

图1所示的起重机只有一个吊钩,属于小型起重机。本文对小型起重机的电气原理以及故障维修给以介绍。

一、桥式起重机对电力拖动的要求

1.起重电动机为重复短时工作制,电动机经常处于启动、制动和反转状态,而且负载不规律,时轻时重,因此要求电动机有较强的过载能力。

2.具有一定的调速范围,普通起重机高速和低速的调速比一般为3:1,要求较高的则能达到(5~10):1。

3.桥式起重机的大车运行如果采用集中驱动,则为一台大车电动机;如果采用分别驱动,则由两台相同的电动机分别驱动左右两边的主动轮。

4.为了确保安全,提升电动机应设有机械抱闸,并配有电气制动。

5.由于起重机的应用很广泛,所以其电气控制设备都已标准化。小型桥式起重机常采用凸轮控制器直接去控制电动机的启动、停止、正反转、调速和制动。

6.空钩应能够快速升降,以减少辅助工时;轻载时的提升速度应大于额定负载时的提升速度。

7.刚开始提升重物或重物下降至接近预定位置时,应能低速运行,同时要求由高速向低速过渡时应逐级减速以保持运行稳定。

8.起重电动机的负载特点是负载转矩的方向并不随电动机的转向而改变,因此要求在下放重物时起重电动机可以工作在电动机状态、反接制动状态或再生发电制动状态,以满足对不同下降速度的要求。

9.要有完备的电气保护与连锁环节。对于短时的过载保护,由于热继电器的热惯性较大,因此起重机多采用过流继电器做过载保护。要有失压保护。在6个运行方向上,除了向下运行以外,其余5个方向均要求有行程开关作限位保护。

二、小型桥式起重机的电气工作原理

小型桥式起重机一般使用4台电动机驱动,包括一台吊钩电动机,一台小车电动机和两台大车电动机。根据起重装置的技术特点,通常4台电动机均使用绕线转子型异步电动机。考虑到经济技术上的合理性要求,小型桥式起重机使用的电动机选用凸轮控制器对其启动、调速、正反转进行控制。凸轮控制器的型号规格很多,图2是KT12-25J系列凸轮控制器的外形结构。

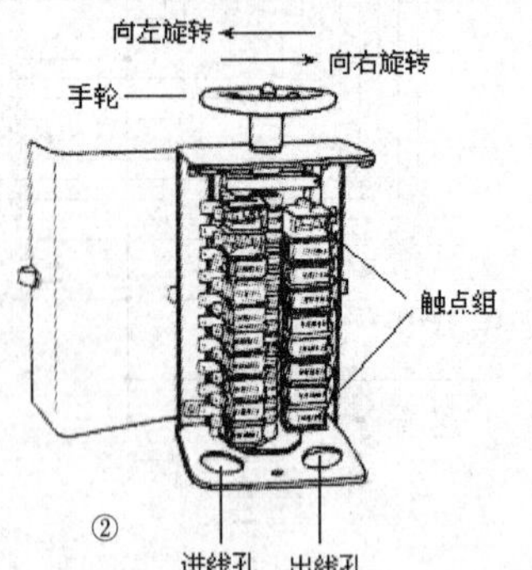

1. 小车控制电路

小型桥式起重机的小车与吊钩的控制电路几乎相同,现以小车电气控制电路为例介绍其工作原理。相关电路见图3。

使用凸轮控制器QM(图3中将凸轮控制器标记为QM)可以控制绕线转子型电动机的正反转,以及转子绕组上串联电阻的切除,它的手轮可向左、向右旋转,以实现对电动机的正转或反转控制。每种旋转方向各有5档,用来依次切除绕线转子异步电动机转子回路中的电阻,用来调节启动电流,并可实现调速。

图3电路中使用的凸轮控制器有12对触点,其中有4对是用来对电动机进行正反转控制用的,即图3中的触点1~4;有5对是用来依次切除启动电阻的,即图3中的触点5~9;而10~12这3对触点则用于0位保护或行程保护(限位保护)。

所谓小车的运行控制,是对桥式起重机桥架上的起重机构左右运动的控制。除此之外,桥式起重机还有大车运行的控制。大车是桥式起重机桥架整体沿轨道前进、后退的运动。大车的运动应有两侧轨道上的两台电动机驱动。当然桥式起重机还有用来升降重物的吊钩作上下垂直运动,也须由绕线转子型异步电动机配合凸轮控制器进行控制。

图3中点画线方框内是凸轮控制器QM的电路结构,控制器的手轮左旋或右旋各有5挡,还有中间一个0位挡。与每一挡对应的各个触点的通断情况,则须看某触点在各挡位线上有无小黑点。有黑点表示接通,没有黑点表示断开。

若启动电动机,须操作凸轮控制器使其处于0位。然后点按启动按钮SB,参见图3,这时交流接触器KM的线圈供电通路被接通,路径如下:电源L3→隔离开关QS→熔断器FU→启动按钮SB→凸轮控制器的触点12(凸轮控制器在0位时接通)→行程开关SQ6→紧急开关SA1→电流继电器KA2常闭触点(KA2是一只双线圈的电流继电器)→电流继电器KA0常闭触点(KA0是一只单线圈的电流继电器)→接触器KM线圈→熔断器FU→隔离开关QS→电源L1,如此接触器KM线圈得电吸合,其主触点闭合。之后接触器KM的线圈经过另一条通路实现自保持,这条通路是:电源L3→隔离开关QS→熔断器FU→接触器辅助常开触点KM-1→凸轮控制器的触点11(凸轮控制器触点11在0位及右旋1~5挡时均接通)→行程开关SQ2的常闭触点→接触器辅助常开触点KM-2→行程开关SQ6→紧急开关SA1→电流继电器KA2常闭触点→电流继电器KA0常闭触点→接触器KM线圈→熔断器FU→隔离开关QS→电源L1。

这时由于凸轮控制器处在0位,其他触点1、2、3、4、5、6、7、8、9均断开,所以这时电动机处于待启动状态。如果需要桥式起重机的小车向右移动,则将凸轮控制器手轮向右旋转至1挡,由图3可见,其触点1、3闭合,L1和L2相电源经接触器KM的主触点、电流继电器的线圈、凸轮控制器的触点1、3送达电动机的定子绕组,而L3相电源也同时送达电动机的定子绕组,电动机M2开始启动。由于此时凸轮控制器的触点5、6、7、8、9均不闭合,所以,电动机的转子回路接入全部电阻进入启动状态。电阻值此时最大,限制了启动电流,也保证了较大的启动转矩。

随着电动机转速的逐渐增高,转子电流也相应减小,即可将凸轮控制器的手轮由1挡转向2挡,此时会有一段电阻被切除,电动机转速会有加速。随着手轮挡位的逐次旋转,当旋转至5挡时,转子回路中的电阻将全部切除,电动机即可进入正常运转状态。

当然,桥式起重机的小车左右运动的行程毕竟不会很长,所以,也可根据运行情况,将手轮停留在1~5挡中间的一个合适挡位,让小车以一个合适的速度移动。并不一定需要每次移动小车都将凸轮控制器旋转至5挡的较高行走速度。

当小车向右移动到极限位置,司机因故未能及时将手轮回转至零位停车时,将会撞击到行程开关SQ2,这会使交流接触器线圈断电,保护设备安全。保护停机后,制动电磁铁YB2线圈也同时断电,对小车进行制动。

若遇这种情况,司机应在保护停机后,将凸轮控制器的手轮操作至0位,点按按钮SB使接触器KM线圈得电动作,然后操作凸轮控制器的手轮向左旋转,让小车离开保护停机的位置。

小车向左移动时,接触器KM线圈得电的电路通道与向右移动相同,而接触器的自保持电路略有不同,这个自保持通路是:电源L3→隔离开关QS→熔断器FU→接触器辅助常开触点KM-1→凸轮控制器的触点10→行程开关SQ1的常闭触点→接触器辅助常开触点KM-2→行程开关SQ6→紧急开关SA1→电流继电器KA2常闭触点→电流继电器KA0常闭触点→接触器KM线圈→熔断器FU→隔离开关QS→电源L1。

在凸轮控制器手轮左旋操作时,电动机的运转方向与右旋时相反,这是由于凸轮控制器的触点在手轮左旋时,其触点2、4接通(见图3),这与手轮右旋时触点1、3接通不同,它使加到电动机定子绕组上的电源相序发生了变化,从而实现了电动机旋转方向的转变。

继续左旋凸轮控制器手轮,同样可以逐次切除电阻并调速。

图3中,有几个元器件的编号顺序不是从1开始,例如电动机M2,制动电磁铁YB2;或者未与已有的同类元件顺序编号,例如行程开关SQ6。这是因为图3电路是桥式起重机整机电路的一部分,元件编号是其在整机电路中的编号。这里分析了起重机整机电路中的小车电路,为分析整机电路打下了基础。整机电路中的小车电路将绘制得更加简洁。

(未完待续)(下转第204页)

◇山西 杨德印

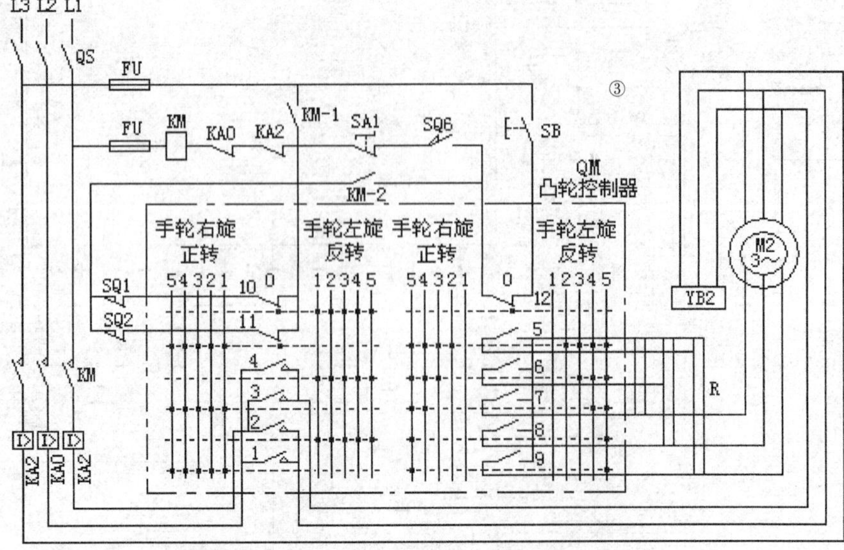

【提示】用凸轮控制器操作控制绕线转子型异步电动机,在其转子回路中串联的电阻R是非对称型的,即每相转子绕组上串联的电阻,阻值并不相等,这是为了在保证电动机顺利启动的前提下,尽量减小凸轮控制器的触点数量。

编辑:孙立群 投稿邮箱:dzbnew@163.com

音频功率放大器的温度漂移补偿(一)

本文介绍一种补偿直接耦合的 AB 类音频功率放大器输出中的 DC 电压漂移的技术。

直接耦合输出的主要好处是改善了低音响应。由于该设计省去了隔直电容器,因此其低频传输特性得到了显著改善。

电容器耦合输出

图 1 显示了一个电容器耦合输出,其中截止低频由负载 R(通常为 8Ω)和电容器 Cc 决定。在此示例中,电容器 Cc 阻止了可能出现在输出中的任何 DC 偏移。

直接耦合输出

在直接耦合的对象中不是这种情况(图 2)。其较低的截止频率不受输出限制,因此前级的任何波动都将导致 DC 值波动,从而导致直流电流流经负载(扬声器)。除了降低放大器的动态范围和 THD 之外,这也是为什么有时在打开或关闭分立音频放大器时会听到"喀哒"声的原因。

为了纠正此问题,我们将首先进行深入分析,以了解离散双极结型晶体管(BJT)音频放大器的 DC 偏移背后的原因。接下来,我们将设计一种方法来消除或至少减轻该问题。

首先,创建一个简单的放大器模型,包括主要阶段。

顾名思义,VAS(电压放大器级)是一种系统元件,用于放大来自输入的信号,从而通过驱动器级(通常是公共发射器)驱动 AB 级。驱动器连接到 AB 级,AB 级是互补的射极跟随器,可提供高电流增益。最后,负反馈环路会影响 VAS 级的增益,从而使整个系统线性且稳定。

VAS 级通常使用差分放大器架构构建,其中一侧接收输入信号,另一侧接收负反馈信号。为了简单起见,让我们用一个运算放大器代替 VAS(仅用于说明失调问题),并分析级数和失调之间的关系,这在数学上已有所讨论。

图 4 显示了简化的 VAS 和驱动程序。这个简单的模型将为我们提供有关输出直流偏移的宝贵见解。R1 和 R2 形成局部负反馈,而 Rf1 和 Rf2 形成全局负反馈网络。通常为公共发射极级的驱动器产生负增益-G。为简单起见,忽略了 AB 级,因为对于射极跟随器,电压增益约为-1。

VAS 增益由 R1 和 R2 之间的关系,R2>>R1 和 Va1=Va2=Va 确定。驱动器增益非常高,因此整个放大器增益取决于 Rf1 和 Rf2 之间的关系:

(Vin-Va)/R1=(Va-Vo')/R2

Va=Vo×Rf2/(Rf2+Rf1)

替换 Va 并进行操作,我们得到:

Vin=Vo×[Rf2/(Rf2+Rf1)×(R1+R2)/R2+R1/(G×R2)]

(R1+R2)/R2?1 R1/(G×R2)?0

Vo=Vin×(Rf2+Rf1)/Rf1(1)

这并不是一个令人印象深刻的结论,因此,让我们分析一下 Vo 与驱动器输入 Vo 上的电压(接地)之间的关系:

Va1 =Vo' ×R1/(R2 +R1)Va2 =Vo ×Rf2/(Rf2 +Rf1)Va1=Va2

Vo=Vo'×R1/(R2+R1)×(Rf2+Rf1)/Rf2(2)

最后一个方程式非常重要,因为它显示了驱动器级的直流电压和放大器的输出直流电压之间的关系,表明 Vo 的较小波动会在 Vo 中产生较大的偏移。

如前所述,驱动器级通常由一个简单的共发射极级(图 1 中的 Q3)和一个固定所需的基极至发射极电压的小电阻器(Rpol)组成。该晶体管为输出晶体管提供基极电流,因此此阶段的集电极电流在毫安范围内并不罕见。

让我们暂时忘记温度的影响,因此,当我们第一次打开电路时,我们会校准 VAS,以使输出 DC 电压处于 VCC 和 VEE 的中间,零伏。如果未施加任何信号,则由于 AB 级是电压跟随器(共集电极),驱动器晶体管 Q3 保持大部分 VEE 电压(VEE-VBE),因此 Q3 上流过偏置电流 IBias,因此 Q3 消耗了大约功率由下式决定:

PQ3?VEE×IBias

该功率正在加热 Q3,并且该热量以-2.2 mV/℃的已知速率改变了器件的 Vbe,从而改变了先前调整的输出 DC 电压。

如果晶体管开始加热,例如比环境温度高 40°C,则其 Vbe 将下降约 88 mV。

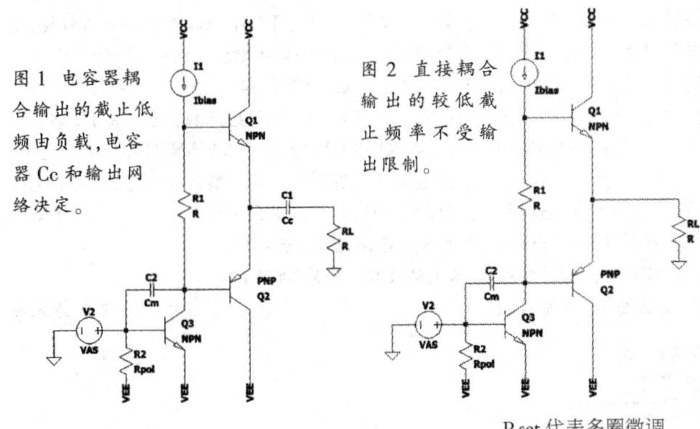

图 1 电容器耦合输出的截止低频由负载,电容器 Cc 和输出网络决定。

图 2 直接耦合输出的较低截止频率不受输出限制。

在晶体管温度升高时出现的这个较小的 Vbe 要求使 VAS 的输出处的 Vo′(电压已在前面解释)相应地发生变化,从而在输出处产生 DC 电压漂移。

一个真实的例子

温度漂移补偿电路图 5 这是该电路的一阶实际实现。

为了保持较低的失调,将 Vo 设置为尽可能接近零是很方便的。这就是 Rset 的目的,Rset 代表多圈微调。

这里,基准电压和 Vo'之间的关系为:

Vo'=Vbase×(Rpol+Rset)/Rpol

因此,基于基极-发射极电压变化的输出电压漂移为:

Vo=Vbase×(Rpol+Rset)/Rpol×R1/(R2+R1)×(Rf2+Rf1)/Rf2(3)

通过这个方程式,我们可以计算出驱动电压的每℃变化,输出电压将变化多少,例如,如果我们给元件分配值(取自真实放大器),例如:

Vo=-2.2mV/℃×(120+4K)/120×470/(15K+470)×(2K2+10K)/2K2

Vo=-12.8 mV/℃

PQ3?24V×5mA=0.12W

假设第三季度采用 TO92 封装。在这种情况下,可以使用此封装的结至环境热阻来计算结温增量:

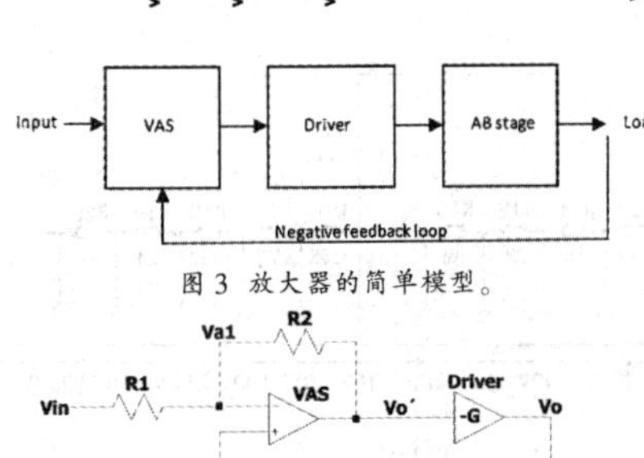

图 3 放大器的简单模型。

图 4 简化的放大器忽略输出级,VAS 和驱动器的简化模型将为我们提供有关输出 DC 偏移的宝贵见解。

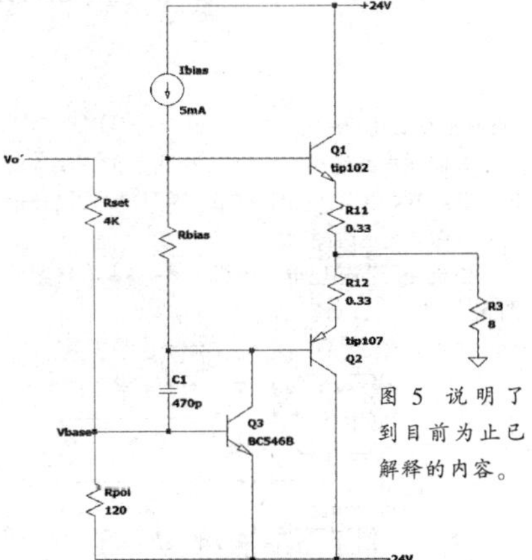

图 5 说明了到目前为止已解释的内容。

Rθja=200℃/瓦

Δ 温度=200℃/W×0.12W=24℃

ΔVo=24℃×(-12.8mV/℃)

ΔVo=-305mV

总之,如果不应用补偿,则输出将漂移约 305 mV。这仅考虑了晶体管的自热效应。如果环境温度由于任何原因升高,则此偏移量可能会增加。

如何减轻这种影响

Q3 的基极-发射极电压由 Rpol 固定,因此补偿 Vbe 电压变化的一种方法是使 Rpol 以某种方式遵循此变化。这可以通过使用与温度相关的电阻器(如 Rpol)连接到晶体管(如热敏电阻)来实现。由于 Vbe 的变化率为负,因此热敏电阻必须为 NTC。

让我们计算 Rpol 所需的热系数:

IRpol(可以认为是恒定的)流过 Rpol,并且 Vbe 等于 VRpol:

Rpol=Vbe/IRpol

(dRpol)/(dVbe)=1/IRpol

ΔRpol=1/IRpol×ΔVbe

在我们的示例中,Rpol=120Ω 和 IRpol=5.6mA,因此:

Rpol=1/5.6mA×(-2.2mV/(℃))

ΔRpol=-0.4Ω/(℃)

我们需要找到在 25℃时具有精确热系数和电阻值的热敏电阻。由于这是不可能的,因为大多数 NTC 热敏电阻具有更高的温度系数,因此解决方案是将一个或多个较高值的热敏电阻与 Rpol 并联。

这是模拟热敏电阻温度依赖性的方程式:

$Rth=Rth0\times e^{B(1/T-1/T0)}$,

其中 Rth0 是环境温度(我们要计算的)下的热敏电阻电阻,B 是参数,通常为 3400°K,T 为绝对温度,T0 为环境温度,约为 298.16°K。

因此,环境温度下的斜率可以这样计算:

$(dRth)/dT=(-B\times Rth0\times e^{B(1/T-1/T0)}/T2)$

这是每℃的电阻变化率:

(dRth)/dT=-38.24e-3×Rth0[Ω/(℃)]

热敏电阻与 Rpol 并联:

R||=(Rth×Rpol)/(Rth×Rpol),

和:

$dR||/dRth=Rpol^2/(Rth0\times Rpol)^2$

这样我们得到了并联电阻的变化:

$\Delta R||=Rpol^2/(Rth0\times Rpol)^2\times?Rth$

并用每℃的热敏电阻电阻增量代替:

$\Delta R||=Rpol^2/(Rth0\times Rpol)^2\times(-38.24e-3\times Rth0[\Omega/(℃)])$

现在,我们可以为正在分析的示例计算 Rth0:

-0.4Ω/(℃)=1202/(Rth0×120)2×(-38.24e-3×Rth0[Ω/(℃)])

Rth0=1.12KΩ

为了实用,可以将热敏电阻的值取整至 1.2KΩ。

(未完待续)(下转第 205 页)

◇武汉 朱硕 编译

示波万用电源综合测试仪(二)

(紧接上期本版)

为简化电路结构，拆除了图4b中的开关K5,令R40直入W4中点,电位器右旋到底即为校准,转动电位器为微调充电时间。

整机变压器输出电压等级较多,基本电路组成见图5。

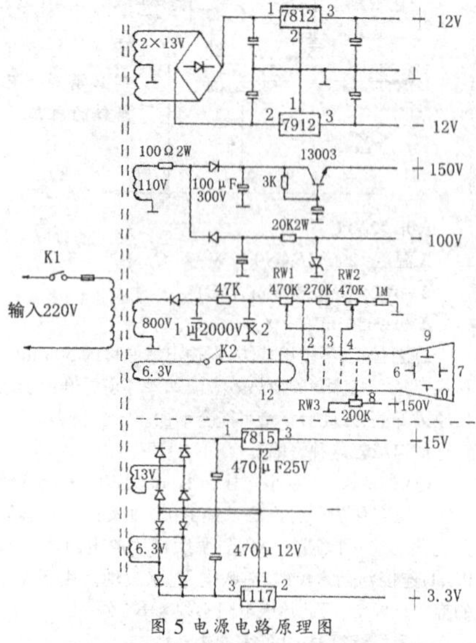

图5 电源电路原理图

虚线以上为示波器电源,以下为台式万用表电阻测试用电源。

为简化调试用78,79系列三端稳压器组成±12V作为垂直水平放大前置电源。推动垂直水平放大的偏转电源则由110V交流一路经半波整流滤波提供+150V电压,另一路则经负半波整流滤波并稳压-100V供水平扫描。800V经整流滤波输出-1100V聚焦电压,其中RW1、RW2、RW3分别为辉度、聚焦、增辉调节电位器。示波管引入开关K2的目的是,仅用台式万用表或实验电源时切断示波管灯丝电源关闭示波显示。其余为实验电源和台式万用表电阻测量用电源。

元件选择利用及改造:两个三端稳压器要作配对挑选,7812和7912的输出偏差在10mv内。垂直放大中的差分管原用3DG8现改用手中的9018,2G211则改用手中的S9107,这两管特性频率均达1.1G。水平放大中BG4、7、9、10均用2SC2757,BG19也改用手中的2SC5706(此管扫描线性极佳)尽可能利用手中器材。用在垂直、水平系统的Y轴衰减器和时基扫描电阻要求选用0.5%高精度电阻,所用电容也要质量好的才行,否则造成衰减比例和扫描时基偏差。t/cm时基选择开关也利用手中4刀24掷开关进行改造,方法是:用锯条在开关转轴尾部开槽深1mm,卡入1.2×9×12mm铁块并用150W烙铁焊牢,再用塑料片烤成U型卡入铁块增加柔性。如果开关是360°旋转,则要让铁块宽度大出转轴直径部分集中偏向一边,才能保证旋转一周只有一次触动。将时基开关向左旋到首位,再把两个鼠标用微动开关重叠靠近铁块刀口,使两微动开关动作断开常闭触头而闭合常开触头,要反复验证在首位(外接X信号)时微动开关均动作,离开首位均复位,然后加以固定。图6照片为改动后的时基开关。

图6

组装调试及维修:先通测所用元件良好后,将垂直、水平系统中的1K1、1K2、K1、K2、K4开关及电位器1W1、1W3、1W4、W1、W3、W4、W6、W7安装在机器面板上,并将其相应引线引入到垂直系统和水平系统的印刷板插座上。检查印刷板元件有无虚焊,线路有否短路,一切正常即可进入调试。开机首先观察示波管屏幕,看光点是否在屏中心,调垂直水平移位,光点应能在垂直和水平方向移动。调RW1、让光点亮度适中,太亮在关机后光点会长久停留在屏上,长久下去屏幕上会出现黄斑影响观看。RW2能让光点聚焦,聚焦光点越小越好。影响聚焦不良除RW1、RW2质量不佳外还有150、-100V电源易出现电压异常增高电压形成的散焦故障,是因为用同一电源电压取出的±电压谐振所致的虚假电压,注意不能在限流电阻前后分别取出±电压,这样更易造成散焦。X扫描触发系统中稳定度W3、时间微调W4、位移调节W6及调准(水平增益)W7互有影响,须慢慢仔细调节。如不能调节应检查时基开关,积分电路BG18、BG19及水平放大器BG21、BG22和倒相管BG23。因没有信号源,暂从本机取6.3V交流电压送Y输入端,适当调整1K2Y衰减、1W3微调、时基开关K4置20ms使屏上显示出不失真50Hz正弦波形。下一步待有适当波形发生器再调试高频波形,最简想法是寻找小型老电视测试其行输出波形。示波器原属高端仪器,有关调试是要配标准方波信号发生器,XC27比较信号发生器,时标发生器等才能进行调试。这里只能谈一些在业余条件下的简单问题处理。

示波器应用:灵活使用好示波也是一个学习过程,不怕做不到,就怕想不到。它不但可测电流电压还可观察波形,既可测时间间隔,也可测量频率,相位、噪声。通过应变传感器还可测压力、加速度等。演示电磁感应现象也能通过示波器观察感应电动势的变化。很多地方用到串并联谐振电路,其作用是比较抽象的,在这里也可用示波器直观看到谐振时波形幅度的突变。设计变压器或其他电磁回路用到的磁滞回线也能用示波器进行观察。可控硅应用十分广泛,其调压的原理却比较抽象,这里用示波器能直观看到正弦波输出波形被切割的变化,总之示波器应用十分广泛。只要拥有示波器即可让你展开想象的翅膀,助你遨游电子世界,其乐无穷。

台式万用表:

笔者用过多种万用表,像天桥MF18型万用表精度达1级,MF10型万用表灵敏度却是指针式万用表中最高的。其优点是直流电流灵敏度0.5伏压降(10μA档),电压灵敏度100V内达100KΩ/V,其余20KΩ/V,交流20KΩ/V。直流电阻除常规5档外还有X100K高阻挡,以前用此档判断行管耐压只要表针不动,则行管耐压不成问题。还可区分出三极管发射极和集电极,因为发射极对基极有反向电阻存在,只有此档才能区分。因此笔者就偏爱此表。万用表制作设计要充分利用表头灵敏度,根据你手中表头灵敏度作最大化设计。

下面谈制作过程。

表头用报废医用温度表中的44L1表头,粗测内阻1050欧,灵敏度46微安。手中另一宝贝是两刀24掷KXM-5密封式大电流波段开关,有了这两样东西就能顺利组成一台万用表。本想交直流电流电压及微阻高阻(小于1Ω大于10M)等测量一并考虑。受限于两个较大因素:一是波段开关档位有限仅24档。二是交流测量必须增设2×2手动转换开关,而成品万用表是通过档位拨盘中的凸轮进行联动切换,从而简化操作(参见万用电表维修手册)就没有这样的麻烦。放弃交流电流测量,设计成直流电流、电压和交流电压及直流阻测量四大类系统。初期想法是因为转换开关是两刀,直流电流电压和交流电压测量共用一刀作K1,电阻用一刀作K2。组成电路切换均可独立,不必另设开关且互不影响。用此开关组成电路十分简洁直观,无需分解画出等效电路即可看出电路原理,请见图7。

图中K1、K2为2刀24掷开关,其中刀臂断口显示是为了节省K1、K2展开绘图的长度,将K2移到了左边,和K1没有对应关系。K3为新增鼠标开关。虽然电流电压电阻等四部分电路整合在一起,交直流电压及电阻各档均为开放式的没有形成回路,只有在所需拨盘档位电路元件才起作用。

(未完待续)(下转第206页)

◇重庆 李元林

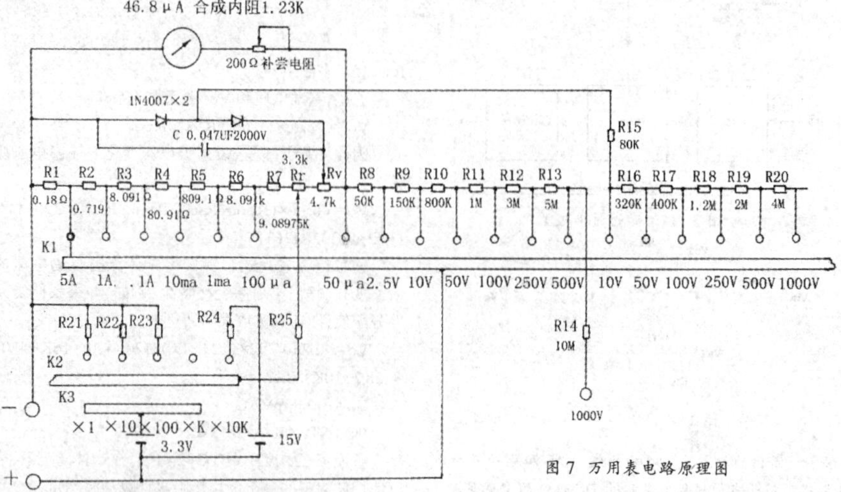

图7 万用表电路原理图

编辑:余 寒 投稿邮箱:dzbnew@163.com

技能竞赛 中职“机电一体化设备组装与调试”技能竞赛辅导(一)

中职“机电一体化设备组装与调试”是机电技术类专业学生技能竞赛的一个项目,该项目主要包括生产线的供料单元、加工单元、检测单元、机器人单元、立体仓库单元等设备的安装和调试。想要取得好的竞赛成绩,除了要选拔优秀选手集训备赛外,还需加强对项目任务的分析研究,有针对性地对选手进行竞赛辅导。本文以机电一体化设备组装与调试技能竞赛的试题为例,对该竞赛项目进行分析。

一、明确任务

本项目竞赛在亚龙公司235A机电一体化设备装置上进行,竞赛项目满分100分,项目比赛时间为240分钟。

1. 请你在完成工作任务的过程中,遵守安全操作规程;

2. 选手应随时注意存盘,将编写的程序保存在“E:\机电技能大赛\工位号\程序”文件夹下。

项目工作任务书

(包含设备部件安装、电路的绘制和连接、连接气动回路、设置变频器参数、编写PLC控制程序、项目任务的整体调试)

1. 按生产线分拣设备部件组装图(图1,附件图号为001)及其要求,请在铝合金工作台上组装生产线分拣设备。

2. 请你仔细阅读生产线分拣设备的有关说明,根据PLC输入输出端子(I/O)分配表(如表1所示),在赛场提供的图纸(见图3,附件图号003)上,画出生产线分拣设备的电气原理图,注意电气控制原理图和连接的电路应符合电气设计规范要求,并在标题栏的“设计”和“制图”行填写自己的工位号。根据你画出的电气原理图,连接生产线分拣设备的电路。电路的导线必须放入线槽,凡是你连接的导线,必须套上写有编号的编号管。

3. 按生产线分拣设备气动系统图(见图2,附件图号为002)及其要求和说明,连接生产线分拣设备的气路。生产线分拣设备各部分的名称见图3(附件图号003)。

4. 请你根据皮带输送机控制内容设置变频器的参数。

5. 请你正确理解设备的正常工作过程和故障状态的处理方式,编写生产设备的PLC控制程序。

6. 请你调整传感器的位置和灵敏度,调整机械部件的位置,完成生产设备部分部件整体调试,使该设备能正常工作,完成物件的加工、分拣和组合。

二、项目实施

项目任务实施前需认真解读任务要求,安装人员和编程人员各负其责,分工协作,共同参与调试。

1. 机械设备部件安装与调试

(1)组装内容及要求

本次安装包括了皮带输送机、机械手装置、处理盘、气源组件和警示灯等各部件的组装。对于散件的组装,原则上是化零为整。要求将散件(主要包括传感器、L型固定支架、缓冲阀、推料气缸和出料斜槽等)组装后装到部件上,要注意按尺寸精确地组装。而对于部件组装,一般是整体安装。先根据装配尺寸来定大体位置,然后再进行调整定位。

(2)安装注意事项

安装时要注意以下三点:一是要注意在皮带输送机组装时与交流异步电机同轴度的要求,否则会影响皮带送机的运行。二是要注意机械手的组装要与皮带输送机盘配合,调试机械手时立柱与手臂都应与悬臂垂直。三是所有部件均需严格按照图纸的要求组装,安装过程中先要求检查所需组装部件的数目与质量,部件不能多装或少装,避免设备二次组装。

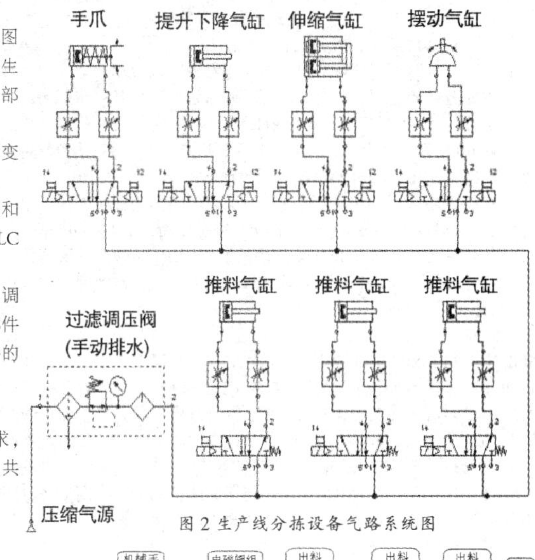

图2 生产线分拣设备气路系统图

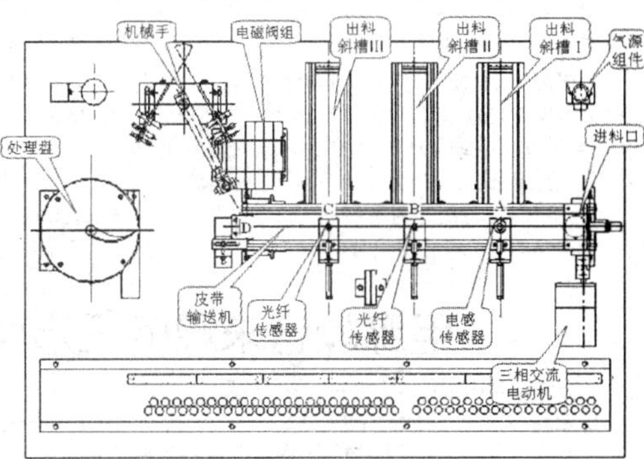

图3 生产线分拣设备各部分的名称

(3)安装调试内容

安装完成后需对各安装部件进行调试,检查部件的组装位置是否正确、零件是否松动、皮带松紧度如何、两轴的同轴度是否符合要求等。(未完待续)

(下转第207页)

◇湖南省华容县职业中专业学校 张政军

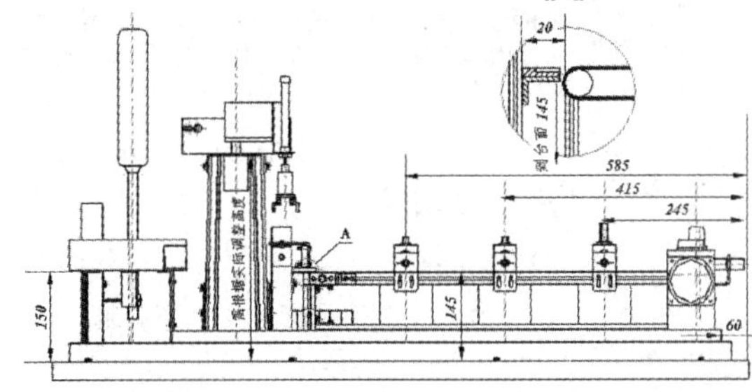

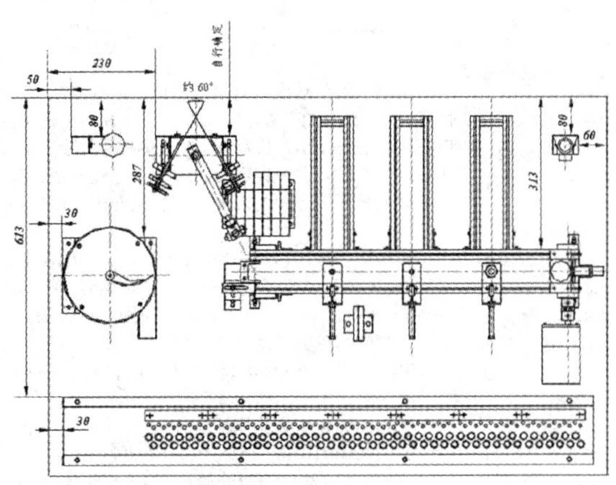

要求和说明:

1. 以实训台左右两端为尺寸的基准时,端面包括封口的硬塑盖,各处安装尺寸的误差不大于±1mm。

2. 气动机械手的安装尺寸仅供参考,需要根据实际进行调整,以机械手能从皮带输送机抓取工件并顺利搬运到处理盘中为准。

3. 传感器的安装高度,检测灵敏度,均需根据生产要求,进行调整。

图1 生产线分拣设备部件组装图

表1 PLC输入输出端子(I/O)分配表

输入			输出		
序号	地址	说明	序号	地址	说明
1	X0	启动	1	Y0	STF
2	X1	停止	2	Y1	STR
3	X2	物料检测光电传感器	3	Y2	RH
4	X3	光电传感器	4	Y3	RM
5	X4	电感式传感器	5	Y4	处理盘电机
6	X5	光纤传感器Ⅰ	6	Y5	手爪夹紧
7	X6	光纤传感器Ⅱ	7	Y6	手爪松开
8	X7	机械手左限位	8	Y7	手臂上升
9	X10	机械手右限位	9	Y10	手臂下降
10	X11	悬臂伸出限位	10	Y11	悬臂伸出
11	X12	悬臂缩回限位	11	Y12	悬臂缩回
12	X13	手臂下降限位	12	Y13	机械手左摆
13	X14	手臂上升限位	13	Y14	机械手右摆
14	X15	手爪传感器	14	Y15	气缸Ⅰ
15	X16	气缸Ⅰ伸出限位	15	Y16	气缸Ⅱ
16	X17	气缸Ⅰ缩回限位	16	Y17	气缸Ⅲ
17	X20	气缸Ⅱ伸出限位	17	Y20	指示灯HL1
18	X21	气缸Ⅱ缩回限位	18	Y21	报警指示
19	X22	气缸Ⅲ伸出限位	19		
20	X23	气缸Ⅲ缩回限位	20		
21	X24	工作方式切换	21		
22	X25	继续运行	22		

提高 PCB 对电源变化抗扰度的设计方法

对于转换器和最终的系统而言，必须确保任意给定输入上的噪声不会影响性能。为了了解电源噪声并满足系统设计需求，我们应当注意哪些方面呢？

1. 先选择转换器，然后选择调节器、LDO、开关调节器等。并非所有调节器都适用。应当查看调节器数据手册中的噪声和纹波指标，以及开关频率(如果使用开关调节器)。典型调节器在 100 kHz 带宽内可能具有 10 μV rms 噪声。假设该噪声为白噪声，则它在目标频段内相当于 31.6 nV rms/√Hz 的噪声密度。

2. 检查转换器的电源抑制指标，了解转换器的性能何时会因为电源噪声而下降。在第一奈奎斯特区 fS/2，大多数高速转换器的 PSRR 典型值为 60 dB(1 mV/V)。如果数据手册未给出该值，请按照前述方法进行测量，或者询问厂家。

3. 使用一个 2 V p-p 满量程输入范围、78 dB SNR 和 125 MSPS 采样速率的 16 位 ADC，其噪底为 11.26 nV rms。任何来源的噪声都必须低于此值，以防其影响转换器。在第一奈奎斯特区，转换器噪声将是 89.02 μV rms(11.26 nV rms/√Hz)×√(125 MHz/2)。虽然调节器的噪声(31.6 nv/√Hz)是转换器的两倍以上，但转换器有 60 dB 的 PSRR，它会将开关调节器的噪声抑制到 31.6 pV/√Hz(31.6 nV/√Hz×1 mV/V)。这一噪声比转换器的噪底小得多，因此调节器的噪声不会降低转换器的性能。

4. 电源滤波、接地和布局同样重要。在 ADC 电源引脚上增加 0.1 μF 电容可使噪声低于前述计算值。请记住，某些电源引脚吸取的电流较多，或者比其他电源引脚更敏感。因此应当慎用去耦电容，但要注意某些电源引脚可能需要额外的去耦电容。在电源输出端增加一个简单的 LC 滤波器也有助于降低噪声。不过，当使用开关调节器时，级联滤波器能将噪声抑制到更低水平。需要记住的是，每增加一级增益就会每 10 倍频程增加大约 20 dB。

5. 需要注意的一点是，上述分析仅针对单个转换器而言。如果系统涉及多个转换器或通道，噪声分析将有所不同。例如，超声系统采用许多 ADC 通道，这些通道以数字方式求和来提高动态范围。基本而言，通道数量每增加一倍，转换器/系统的噪底就会降低 3 dB。对于上例，如果使用两个转换器，转换器的噪底将变为一半(-3 dB)；如果使用四个转换器，噪底将变为-6 dB。之所以如此，是因为每个转换器可以当作不相关的噪声源来对待。不相关噪声源彼此之间是独立的，因此可以进行 RSS(平方和的平方根)计算。最终，随着通道数量增加，系统的噪底降低，系统将变得更敏感，对电源的设计约束条件也更严格。

要想消除应用中的所有电源噪声是不可能的，因为任何系统都不可能完全不受电源噪声的影响。因此，作为 ADC 的用户，我们必须在电源设计和布局布线阶段就做好积极应对。

下面是一些有用的提示，可帮助你最大限度地提高 PCB 对电源变化的抗扰度：

- 对到达系统板的所有电源轨和总线电压去耦。
- 记住：每增加一级增益就会每 10 倍频程增加大约 20 dB。
- 如果电源引线较长并为特定 IC、器件和/或区域供电，则应再次去耦。
- 对高频和低频都要去耦。
- 去耦电容接地前的电源入口点常常使用串联铁氧体磁珠。对进入系统板的每个电源电压都要这样做，无论它是来自 LDO 还是来自开关调节器。
- 对于加入的电容，应使用紧密叠置的电源和接地层(间距≤4 密尔)，从而使 PCB 设计本身具备高频去耦能力。
- 同任何良好的电路板布局一样，电源应远离敏感的模拟电路，如 ADC 的前端级和时钟电路等。
- 良好的电路分割至关重要，可以将一些元件放在 PCB 的背面以增强隔离。
- 注意接地返回路径，特别是数字侧，确保数字瞬变不会返回到电路板的模拟部分。某些情况下，分离接地层也可能有用。
- 将模拟和数字参考元件保持在各自的层面上。这一常规做法可增强对噪声和耦合交互作用的隔离。
- 遵循 IC 制造商的建议。如果应用笔记或数据手册没有直接说明，则应研究评估板。这些都是非常好的起步工具。

◇艾回零

电源噪音来源的三方面及抑制方法

噪音来源于PCB设计、电路振荡和磁元件三方面：

1. 电路震荡

电源输出有很大的低频稳波。多是电路稳定余度不够引起。理论上可以用系统控制理论中的频域法/时域法或劳斯判据做理论分析。现在，可以用计算机仿真方法方便的验证电路稳定性，以避免自激振荡发生，有多款软件可以用。对于已经做好的电路，可以增加输出滤波电容或电感、改变信号反馈位置、增加PI调节的积分电容、减少开环放大倍数等方法改善。

2. PCB设计

主要是EMI噪音引起，射频噪音调整PI调节器，使输出误差信号中包含扰动。主要查看高频电容是否离开关元件太远，是否有大的C形环绕布线等。

控制电路的PCB线至少有两点以上和功率电路共用。PCB覆铜线并非理想导体，它总是可以等效成电感或电阻体，当功率电流流过了和控制回路共用的PCB线，在PCB上产生电压降落，控制电路各节点分散在不同位置时，功率电流引起的电压降对控制网络加入了扰动，使电路发出噪音。这显现多发生在功率地线上，注意单点接地可以改善。

3. 磁元件

磁材有磁至应变的特点，漆包线也会在泄露磁场中受到电动力的左右，这些因素的共同作用下，局部会发生泛音或1/N频率的共振。改变开关频率和磁元件浸漆可以改善。

(1)噪音干扰源

由以上分析可以知道开关电源中的噪声干扰源很多，干扰途径是多种多样的，影响较大的噪声干扰源可以归纳为以下三种：

1)二极管的反向恢复时间引起的干扰。

2)开关管工作时产生的谐波干扰。

功率开关管在导通时流过较大的脉冲电流，在截止期间，高频变压器绕组漏感引起的电流突变，也会产生尖峰干扰。

3)交流输入回路产生的干扰。

开关电源输入端整流管在反向恢复期间也会引起高频衰减振荡产生干扰。一般整流电路后面总要接比较大的滤波电容，因而整流管的导通角较小，会引起很大的充电电流，使交流输入侧的交流电流发生畸变，影响了电网的供电质量。另外，滤波电容的等效串联电感对产生干扰也有较大的影响。

所有这些干扰按传播途径可以分为传导干扰和辐射干扰两类。开关电源产生的尖峰干扰和谐波干扰能量通过开关电源输入输出线传播出去形成的干扰称为传导干扰。谐波和寄生振荡的能量，通过输入输出线传播时，在空间产生电场和磁场，这些通过电磁辐射产生的干扰称为辐射干扰。

正因为开关电源本身就是一个强干扰源、所以除了电路上采取措施抑制其电磁干扰产生外，还应对开关电源进行有效的电磁屏蔽，滤波以及接地。

(2)抑制噪音的方法

形成电磁干扰的三要素是干扰源，传播途径和受扰设备，因而，抑制电磁干扰也应该从这三个方面着手。首先应该抑制干扰源，直接消除干扰原因；其次是消除干扰源和受扰设备之间的耦合和辐射，切断电磁干扰的传播途径；第三是提高受扰设备的抗扰能力，降低其对噪声的敏感度。第三点不是本文讨论的范围。

采用功率因数校正(PFC)技术和软开关功率变换技术能大大降低噪声幅度。

1)电路上的措施

开关电源产生电磁干扰的主要原因是电压和电流的急剧变化，因此需要尽可能地降低电路中的电压和电流的变化率(du/dt、di/dt)。采用吸收电路也是抑制电磁干扰的好办法。吸收电路的基本原理就是开关断开时为开关提供旁路，吸收蓄积在寄生分布参数中的能量，从而抑制干扰发生。常用的吸收电路有RC、RCD、LC无源吸收网络和有源吸收网络。

滤波是抑制传导干扰的一种很好的方法。例如，在电源输入端接上滤波器可以抑制开关电源产生并向电网反馈的干扰，也可以抑制来自电网的噪声对电源本身的侵害。在滤波电路中，还采用很多专用的滤波元件，如穿心电容器，三端电容器，铁氧体磁环，他们能够改善电路的滤波特性。恰当的设计或选择滤波器，并正确地安装滤波器，是抗干扰技术的重要组成部分。

2)结构上的措施：屏蔽

屏蔽是解决电磁兼容问题的重要手段之一，目的是切断电磁波的传播途径。大部分电磁兼容问题都可以通过电磁屏蔽来解决。用电磁屏蔽的方法解决电磁干扰问题的最大好处是不会影响电路的正常工作。

屏蔽分为电屏蔽、磁屏蔽和电磁屏蔽。

对开关电源来说，主要是要做好机壳的屏蔽、高频变压器的屏蔽、开关管和整流二极管的屏蔽以及控制、驱动电路的屏蔽等，并要通过各种方法提高屏蔽效能。

◇棋名

认识窗口看门狗

stm32有两个看门狗，独立看门狗和窗口看门狗，其实两者的功能是类似的，只是喂狗的限制时间不同。

独立看门狗是限制喂狗时间在0-x内，x由你的相关寄存器决定。喂狗的时间不能过晚。

窗口看门狗，所以称之为窗口就是因为其喂狗时间是一个有上下限的范围内，你可以通过设定相关寄存器，设定其上限时间和下限时间。喂狗的时间不能过早也不能过晚。

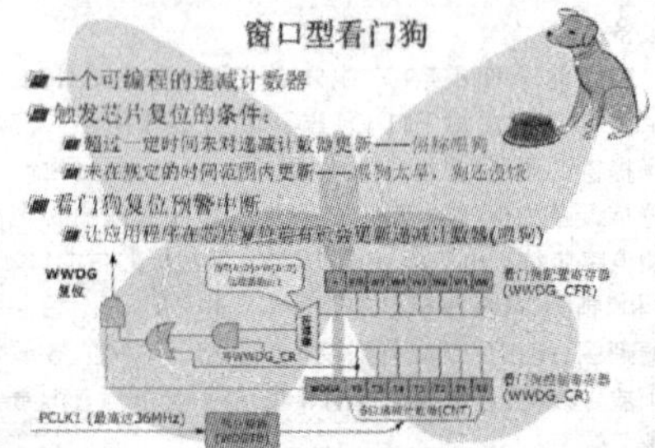

窗口看门狗的上窗口就是配置寄存器WWDG->CFR里设定的W[6:0]；下窗口是固定的0x40；当窗口看门狗的计数器在上窗口值之外，或是低于下窗口值都会产生复位。

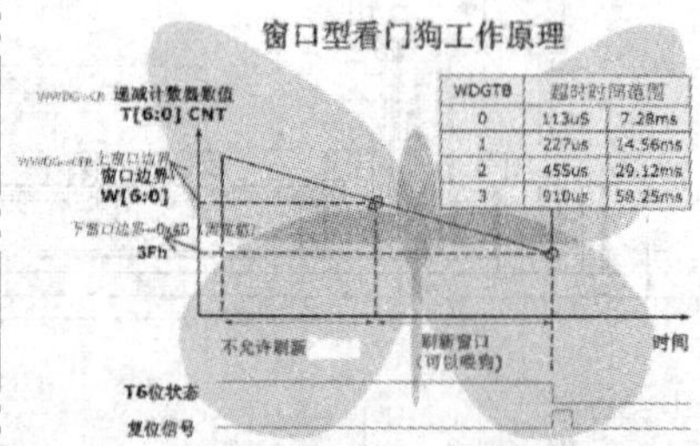

上窗口的值可以只有设定，7位二进制数最大只可以设定为127(0x7F)，最小又必须大于下窗口的0x40，所以其取值范围为64~127(即：0x40~0x7F)；配置寄存器WWDG->CFR中为计数器设定时钟分频系数，确定这个计数器可以定时的时间范围，从而确定窗口的时间范围。

窗口看门狗的时钟来自PCLK1，在时钟配置中，其频率为外部时钟经倍频器后的二分频时钟，即为36MHz，根据手册可以知道其定时时间计算方法：

计算超时的公式如下：

$T_{WWDG}=T_{PCLK1}\times 4096\times 2^{WDGTB}\times (T[5:0]+1)$；(ms)

其中：

T_{WWDG}：WWDG超时时间

T_{PCLK1}：APB1以ms为单位的时钟间隔

在PCLK1=36MHz时的最小-最大超时值

WDGTB	最小超时值	最大超时值
0	113μs	7.28ms
1	227μs	14.56ms
2	455μs	29.12ms
3	910μs	58.25ms

◇方凡零

广播电视节目监控系统简单故障处理

以前广播电视信号的监测传统的办法是采用多台监视器组成电视墙和调频广播接收机一起，由值班人员耳听眼看监测信号是否正常，这种方式要使用大量的监视器和广播接收机，设备投资大，维护费用高，而且对空间要求较大，同时存在着劳动强度大、获取故障信息不及时、故障定位不准确等弊端。而现在的广播电视播出监控系统由广播电视硬件以及应用软件共同组成，多画面同时监控是其主要功能之一，能够支持多屏显示，利用图形化呈现音频信号，其本身就具有回放、检测以及录像等一系列的功能。同时其功能的优势在于信号源的智能切换，这样就可以满足实时监控的要求。在对广播电视进行检测的时候，也需要对信号的存在、视频黑场以及图像静帧等是否处于正常的范围进行分析，之后利用系统的控制命令，就可以满足智能的切换以及信号源的可靠性要求。广播电视播出监管功能还在于通过 GSM 短信和声、光等模式，直接进行报警。如果有了以上的监控功能，这样可以有效地减少人为的疏忽造成的播出事故的发生。

广播电视监控体系本身需要将其作用有效地呈现出来，同时在安全方面也需要对自动化监控体系的使用加以考虑，在这个体系中囊括了自动播出、信号质量、环境监控等多个方面的内容，利用彼此的配合，就可以减少播出事故的发生，满足安全播出的要求。以下是阐述了本台的梦迪监控系统一些常见小故障处理。

故障一：节目管理中节目名称都消失，无监测画面。

故障分析：电脑一定时间自动格式化，不正常的关机或系统记忆功能失灵。如果是网络版传输宽带达不到要求。

故障处理：首先系统控制电脑是不是正常模式启动，如不是，重启从正常模式启动电脑，格式化后数据名称只能手动输入，按原来的链路通道相对应的输入，贵州调频 103.4Mhz 对应的通道设置 1、2，中央调频 100.4Mhz 对应的通道设置 3、4，广播有立体声，有左右声道，电视通道只有一个，具体的设置步骤下面会叙述。网络版使用时必须保证传输宽带，否则会造成系统运行不稳定，甚至会造成系统死机或瘫痪的情况，所以网络版每路视音频传输宽带不小于 600K。

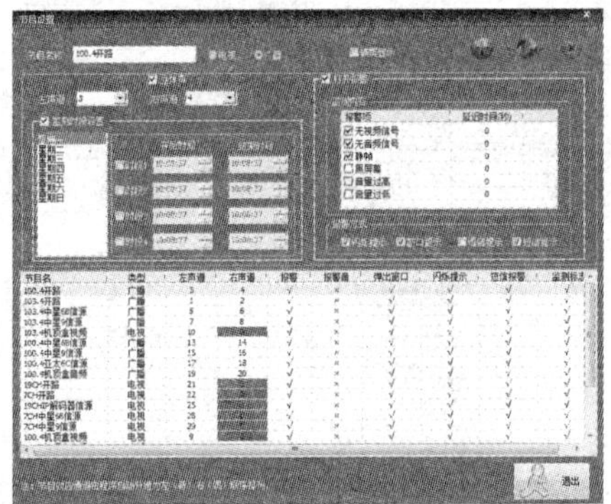

故障二：主屏关闭，主屏画面跳到辅屏，开主屏原来主屏画面不回到主屏。

故障分析：这可能是系统自带的设计，以主屏显示为主，主屏画面没有显示器显示时，主动调到辅屏显示器上显示，主屏内容可以设置系统各项功能。

故障处理：检查显示屏电源有无松动，VGA 连接线有无问题，连接信号线有无脱落，主屏和辅屏显示一定要保证两个显示器，而且两个显示器都正常开机。

故障三：单个监测画面出现黑屏。

故障分析：相应的节目没有设置，设置的节目由于信号源的问题而失真或消失不见，电脑的显卡和内存条的原因，都会造成屏幕不显示、计算机不启动。

故障处理：1、重新开关系统监测电脑和信号源主机；2、内存条松动、接触不好、积尘，都会造成屏幕不显示、不能启动。拔掉电源，取下内存条，用橡皮除去接口处的浮尘，再用信纸擦拭干净。将内存条对位，双手食指顶住卡座两端，大拇指压住内存条，向下压，听到“咔”紧声，就可以了；3、如果是显卡问题或者显卡驱动问题，更换显卡驱动或者重新插拔显卡。拔掉电源，取下显卡，用橡皮除去接口处的浮尘，再用信纸擦拭干净。将显卡对位，向下压紧固定。显卡损坏，需更换。

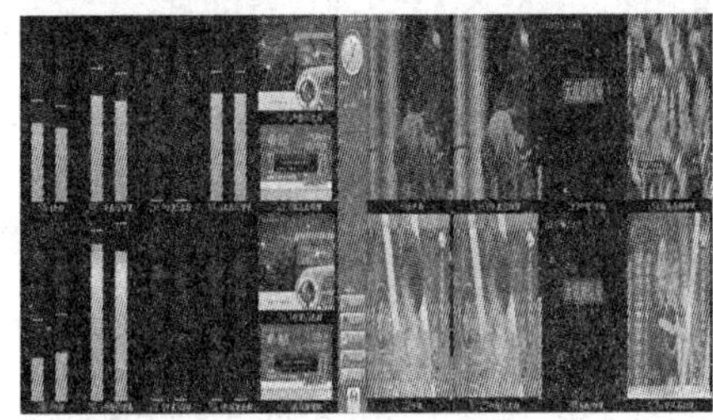

故障四：鼠标不能移到另外一个屏幕上，鼠标被困在一个屏幕上。

故障分析：有可能鼠标损坏或链接线没有插好，1 屏和 2 屏或更多屏，显示设置的顺序和位置、模式没有设置正确，

故障处理：1、检查鼠标是否完好无损，检查连接线是否接好。2、检查显示设置是否正确，如不正确按以下设置操作。显示系统设置（以 WIN7 系统为例）：1、右击桌面空白处——屏幕分辨率，进入“更改显示器的外观”窗口。2、在弹出的窗口中，如果未出现显示器 2（一般会自动识别并显示），则点击“检测”或“识别”，分别给显示器 1 和 2 设置合适的分辨率，一般都是系统推荐。如下图所示：3、在“多显示器”选项处，点击倒三角形选择“扩展这些显示”（这样设置才能使两个显示器显示内容可以不同）或复制这些显示（则两台显示器显示的内容相同），再确定。

注：一台电脑可以安装和使用多个鼠标和键盘，但同一时间不能使用两个鼠标或键盘。

现今广播电视事业在不断发展，为了更好合理最大化利用资源，一个台站往往要播出数十套广播电视节目，这样监控报警系统就不可少，也显得十分必要。怎样更好地实现监控智能化，广播电视工作人员掌握监控系统的使用、维护和一些常见故障的处理能力，就是一个值得考虑的问题。以上监控系统简单常见的小问题只是自己在实际应用中遇到的和大家分享一下，望各位读者指正，谢谢。

◇贵州 李文涛

中波全固态数字调制广播发射机输出网络故障维修心得

数字调制发射机是一种运用数字技术进行调幅广播的全新的中波广播发射机。它将音频模拟信号经过模数转换、调制编码后产生数字音频信号。用这数字音频信号去控制开启或关闭一系列射频功放，以功率合成的方式在末级的合成变压器中实现高电平数模转换，并通过带通滤波器的滤波产生调幅已调波。

和其他中波发射机一样，全固态发射机一般由四部分组成：射频系统、音频调制系统、控制监测系统、电源供电和冷却系统。它取消了传统的高电平音频功率放大器，直接用数字化音频控制信号在射频功率放大器末级实行高电平调幅。它把主整、调制器和射频功放三合一，是整机性的脉冲阶梯调制。它把射频功率放大器的末级化整为零。不再使用耗电大的真空电子管，而使用了大量微处理器件和半导体器件，如可编程逻辑控制器和大中规模的集成电路。全固态中波机用音频信号直接对射频激励源进行调制，省去了整个调制级，大大提高了转换效率。

在一次早起开机时，发现低压正常，上不去高压。而且高整二档接触器根本没有吸合的声音。先查有无线圈电压，经查 24V 交流电压正常，再测线圈阻值为无穷大，说明接触线圈已开路。于是将其更换。但换上新的接触器后，高压吸合正常，但功率加不上去。

初步怀疑是 4 类故障：关功放（高压仍然接通），发射机输出功率为零，但功放模块的供电仍然保持（经查熔断器组件板上的高压 230V 保险一个也没有断。）此类故障产生一个“功放模块关”逻辑信号到调制编码板及模拟输入板，清除所有锁存器中数字功率数据，并将全部射频功放关断，此故障包括模拟输入板和 A/D 上的所有供电故障，故障处理是产生“关功放”信号，使输出功率为零。

经查 A/D 转换板 A34 上+15V、-15V 电源，模拟输入板 A35 上+15V、-15V 电源全部正常，激励信号源也正常，监测逻辑电路正常。正当修理陷入僵局时，突然发现了一个细节。正当维修陷入僵局时，突然发现了一个细微之处，就是当升功率时功率表指针略微动一下，说明功率不是全零。这就初步判为 3 类故障——降低发射机的输出功率。而 3 类故障的原因是由输出网络或无线传输系统故障或是严重失谐时发射机产生降功率操作。于是先到匹配间查看匹配网络没有发现异常。接着查发射机输出网络。先查电感线圈一切正常，再查电容。当查到陶瓷电容 C101 时，发现已击穿短路。于是更换新的电容。试机发现可以加功率了。但需重新调整就，经过反复调谐，使功率最大，电流最小。同时驻波比反射最小，工作十几分钟发射机运行良好，调试正常。

最后得出结论，由于 C101 击穿使高频已调波对地短路，造成发射机无功率输出。

◇衡水市 张强

音频功放失真及常见改善方法

音频功放失真是指重放音频信号波形畸变的现象，通常分为电失真和声失真两大类。电失真就是信号电流在放大过程中产生了失真，而声失真是信号电流通过扬声器，扬声器未能如实地重现声音。

无论是电失真还是声失真，按失真的性质来分，主要有频率失真和非线性失真两种。其中，引起信号各频率分量间幅度和相位的关系变化，仅出现波形失真，不增加新的频率成分，属于线性失真。而谐波失真(THD)、互调失真(IMD)等可产生新的频率成分，或各频率分量的调制产物，这些多余产物与原信号极不和谐，引起声音畸变，粗糙刺耳，这些失真属于非线性失真。在这里，我们分别对谐波失真、互调失真、瞬态互调失真(TIM)、交流接口失真(IHM)等加以讨论。

一、谐波失真

谐波失真是由功放中的非线性元器件引起的一种失真。这种失真使音频信号产生许多新的谐波成分，叠加在原信号上，形成了波形失真的信号。将各谐波引起的失真叠加起来，就是总谐波失真度，其值常用输出信号中的所有谐波均方根值与基波电压有效值之比的百分数来表示。在这里，基波信号就是输入信号，所有谐波信号为由非线性失真引入的各次谐波信号。显然，该百分数越小，谐波失真越小，电路性能越好。目前，Hi-Fi功放的谐波失真一般控制在0.05%以下，许多优质功放的谐波失真已小于0.01%，而专业级音频功放的谐波失真度一般控制在0.03%以下。事实上，当总谐波失真度小于0.1%时，人耳就很难分辨了。另需说明的是，对于一台指定的音频功放而言，例如，某音频功放的总谐波失真指标表示为THD<0.009%(1W)。初看起来，似乎总谐波失真很小，但它只是在输出功率为1W时的总谐波失真，这与在有关标准要求的测量条件下所得的总谐波失真值是不同的。所以，在标明音频功放的总谐波失真指标时，一般都会注明测量条件。

众所周知，人的听觉系统是极其复杂的，有时谐波失真小的功放不如谐波失真大的耐听，这种现象的原因是多方面的。其中，与各次谐波成分对音质的影响程度不同有直接关系。尽管石机与胆机的稳态测试数据相同，但人们总觉得胆机的低音醇厚激荡、中音明亮圆润、高音纤细清澈，极为耐听；石机则低频强劲有力，中高频通透明亮，但高频发毛，声音生硬，音色偏冷。经频谱分析发现，石机含有大量的奇次谐波，奇次谐波给人耳造成刺耳难听的感觉；胆机则含有丰富的偶次谐波，而人耳对偶次谐波不敏感。此外，人耳对偶次谐波失真分辨力较低，对高次谐波却非常敏感，这也是上述现象的重要原因之一。

降低谐波失真的办法主要有：

1)施加适量的电压负反馈或电流负反馈；2)选用fT高、NF小、线性好的放大元器件；3)尽可能地提高各单元电路中对管的一致性；4)采用甲类放大方式，选用优秀的电路程式；5)提高电源的功率储备，改善电源的滤波性能。

二、互调失真

两种或多种不同频率的信号通过放大器后或扬声器发声时互相调制而产生了和频与差频以及各次谐波组合产生了和频与差频信号，这些新增加的频率成分构成的非线性失真称为互调失真。通常，将两个振幅按一定比例(多取4:1)的高低频信号，混合进入电路，新产生的非线性信号的均方根值与原较高频率信号的振幅之比的百分数来量度互调失真，即互调失真的大小，可用互调产物电平与额定信号电平的百分比来表示。此值越大，互调失真越大。显然，互调失真度的大小与输出功率有关。由于新产生的这些频率成分与原信号没有相似性，因而较小的互调失真也很容易被人耳觉察到，听起来感到又尖、又刺耳，且伴有"声染色"现象。也就是说，互调失真带来的影响，会使整个重放系统的声场缺乏层次感，清晰度下降。在Hi-Fi功放中，总希望互调失真度越小越好，要做到这一点是非常困难的，因而高保真功放要求该值小于0.1%即可。当然，石机与胆机相比，前者的互调失真要大一些，这也是为什么石机的音色不及胆机甜美的一个原因。

减小互调失真的方法，常见的有：

1)采用电子分频方式，限制放大电路或扬声器的工作带宽；2)在音频功放的输入端增设高通滤波器，消除次低频信号；3)选用线性好的管子或电路结构。

三、瞬态失真

瞬态失真是现代声学的一个重要指标，它反映了功放电路对瞬态跃变信号的保持跟踪能力，故又称为瞬态反映。发生瞬态失真的高保真系统，输出的音乐信号缺少层次感和透明度。一般地，发生瞬态失真的原因有：

1)电路内电抗元器件的作用过大，频率范围不够宽；2)扬声器振动系统的动作跟不上瞬变电信号的变化。

瞬态失真的主要表现形式有两种，即瞬态互调失真和转换速率(SR)过低引起的失真。

A.瞬态互调失真

在输入脉冲性瞬态信号时，因电路中电容(如滞后补偿电容、管子极间电容等)的存在使输出端不能立即得到应有的输出电压(即相位滞后)而使输入级不能及时获得应有的负反馈，放大器在这一瞬间处于开环状态，使输入级瞬间过载，此时的输入电压比正常时要高出好几十倍，导致输入级瞬间的严重削波，这一削波失真称为瞬态互调失真。它实质上是一种瞬态过载现象。

由于胆机抗过载能力强，放大倍数低，没有深度级间负反馈，仅有一些局部负反馈，因而不易产生瞬态互调失真。而一般石机都采用了大环路深度负反馈网络来满足低失真、宽频带的要求。可见，瞬态互调失真主要发生在石机中。此外，音量大、频率高、动态范围大的节目源最容易产生瞬态互调失真。原因在于：音乐在零信号电平附近的时间变化率最大，会使声音变得不完全清晰，特别是中低档石机，往往出现在高频部分，产生尖硬、刺耳的感觉，即所谓的"晶体管声"和"金属声"。

瞬态互调失真是在20世纪70年代提出来的一项动态指标，主要由音频功放内部的深度负反馈引起的。被公认为是影响石机音质，导致"晶体管声"和"金属声"的罪魁祸首，人们对此极为重视。改善TIM可从其形成机理入手，常采用的方法有：

1)将放大器的开环增益和负反馈量分别控制在50dB和20dB左右；2)选用高fT的管子，前级采用fT大于100MHz的管子，末级功率管的fT应大于20MHz，尽量拓宽电路的开环频响，并加大各级自身的电流负反馈，取消大环路负反馈。目前有部分功放(如钟声JA-100)的末级扩流电路不介入环路负反馈，其目的之一便在于此；3)采用全互补对称电路，提高功率输出级的工作电流，并在输出级前增设缓冲放大级，改善电路的瞬态响应；4)取消相位滞后电容，改滞后补偿为超前补偿，即不用滞后补偿电容，而在大环路反馈电阻上并联一只适当容量的小电容；5)适当加大输入级的静态电流，增大其动态范围，并在其输入电路中设置低通滤波器，消除80kHz以上的高频杂波信号，防止高频干扰信号导致输入级瞬间过载。

B.转换速率过低引起的失真

转换速率指音频设备对猝发声信号或脉冲信号的跟踪或反应能力，是反映功放电路瞬态应变能力的重要参数。转换速率过低引起的瞬态失真是由于放大器输出信号的变化跟不上输入信号的迅速变化而引起的。如果给放大器输入一个足够大的脉冲信号时，其电压的最大变化速率应是电压上升值与所需时间之比，单位是每秒上升多少伏，写成数字表达式为SR=V/μs。SR对高保真功放来说，它直接影响放大器的瞬态响应和反应速度，SR值高的功放，解析力、层次感及定位感都好，听感佳，重放流行音乐更是如此。SR数值的大小与功放的输出电压和输出高频截止频率等有关，输出功率大的，SR值就大；高频截止频率高的，SR值也大，优质功放的SR值可达100V/μs。为了提高功放的SR值，通常采用超高速、低噪声的管子，但SR值过高，易使电路自激，稳定性变差。此外，前级电路的SR值不应高于后级电路，否则易引起瞬态互调失真。顺便多说几句，功放的SR可用示波器来估测，方法是先给音频功放馈送一方波信号，作为输入信号，其输出信号波形前沿上升至额定值所需时间，所得的结果用V/μs表示便是转换速率的大小。显然，如果音频功放能够很好地处理方波信号，那就表明它具有很好的转换速率和较宽的频率特性。

四、交流接口失真

交流接口失真是由扬声器的反电动势通过线路反馈到电路而引起的。改善这种失真的方法有：

1)减少电路级数，适当加大电路的静态工作电流；2)选择适合的扬声器，使阻尼系数更趋合理；3)采用大容量优质电源变压器，并适当提高滤波电容的容量，在滤波电容上并联小容量CBB电容。

此外，由于电路直流工作点选择不当或元器件质量不高，还会出现另一些非线性失真，诸如交叉失真和削波失真，它们均可以引起谐波失真和互调失真。交叉失真又称为交越失真，它是对推挽功放而言的，主要由乙类推挽功放中的功率管起始导通非线性而引起的，特别是在小电流的情况下，其输出电流在交界处产生非线性失真，且信号幅度越小，失真越严重。削波失真是功放管动态范围不够，由饱和导通引起大信号被限幅削波而造成的，削波失真产生了大量超声波，使声音变得模糊而抖动，听久了使人头痛。减小交叉失真常用的方法，是适当提高推挽输出管的直流工作点；而改善削波失真的措施，一般是适当加大电路的线性工作范围。

◇江西 谭明裕

夜景拍摄小妙招

三脚架

想要拍摄夜晚灯光璀璨特别是车流的效果，三脚架是必备工具。使用三脚架可以拍摄慢门夜景，让车流拖出美丽的轨迹。使用三脚架时可以用小光圈拍摄，使夜晚的灯光产生美丽的星芒，同时也能使用更低的ISO，减少画面的噪点。

白平衡

城市灯光经过空气中的微尘的散射，在画面上呈现出暖色调。若要得到冷色调效果，可以将白平衡设置为白炽灯模式，或者设定为手动模式；建议先选择自动白平衡，查看拍摄后的色温值，再调到自定义色温K值进行调整，每调低500左右的色温会有不一样的效果。将色温调整至3000K~4000K左右即可。

曝光过度

由于夜景中的光线反差是很大的，城市灯光的高光点较亮，拍摄时稍不注意就容易高光溢出，这样拍出来的画面就会显得曝光过度。会使用Photoshop的朋友可以分别拍摄一张正常曝光、一张曝光过度、一张曝光不足，三张照片可以分别记录画面中的高光部分和阴影部分的亮度信息，在后期处理的时候使三张照片合成，就能得到细节丰富高光不会溢出的照片了。

在曝光三要素中，光圈视拍摄效果而定。感光度在夜景拍摄中建议设置在100~1600的范围内，高端的相机可以放宽到100~6400，这个范围的噪点表现较容易忍受。

最后就是快门速度，因为感光度调高幅度有限，光圈调到最大光圈也没法继续调大，只有快门速度可以调慢来增加曝光。特别是拍摄大场景的大景深，光圈小，感光度小，快门速度只能调慢到极致。

时间选择

在太阳刚刚落山，天空还有一丝亮光(即落日前半个小时)的时候进行拍摄，这时候天空仍能保持一些层次。同时城市华灯初上，这时候城市的光比反差并不是特别大，同时画面能够拥有十分丰富的层次，这个时刻也被摄影爱好者称之为"蓝调时刻"，此时画面的蓝色饱和较高，可以得到特殊的画面效果。

烟花拍摄

有人认为烟花绽放时间很短，应当使用高速快门拍摄，但这是错的，拍出来的只有一些光点。烟花拍摄与光绘、车轨同理，也是利用慢门来记录烟花绽放轨迹，所以烟花要用慢门，拍摄模式建议使用B门。

邮局订阅代号：61-75 国内统一刊号：CN51-0091

微信订阅**纸质版** 请直接扫描 **邮政二维码** 每份1.50元 全年定价78元 每周日出版

扫描添加**电子报微信号** 或在微信订阅号里搜索“电子报”

2020年5月24日出版 实用性 启发性 资料性 信息性

第21期 国内统一刊号：CN51-0091 定价：1.50元 邮局订阅代号：61-75

地址：(610041)成都市武侯区一环路南三段24号节能大厦4楼 网址：http://www.netdzb.com

(总第2062期) 让每篇文章都对读者有用

家用水净化器的选择和使用(一)

一些地方的饮用水源受到不同程度的污染已是不争的事实。作为普通家庭而言，唯一可行的应对措施就是安装水净化器，对生活用水进行净化处理。别无他法。目前常用的水净化手段有两种，一种是超滤过滤，一种是反渗透过滤。如下简单介绍这两种家用水净化装置的选择和使用。

一、超滤水净化器的选择和使用

1. 超滤水净化器的工作原理

图1是一条水净化专用的PVC中空纤维的示意图。如图所示，若排污口处于关闭状态(即关闭废水开关)，在压力的作用下，自来水(原水)通过PVC中空纤维时，由于中空纤维壁上布满了直径0.01μm的通孔，于是原水中的水分子及其他直径小于0.01μm的物质就会经由这些通孔被挤到中空纤维外面。把中空纤维外面的这些杂质含量较少的水溶液收集起来，就成了所谓的“净水”。留在中空纤维内部的剩余部分就成了所谓的“废水”。自然，在原水净化的过程中，原水中一些较大的颗粒物也会逐渐沉积在中空纤维的内壁上，堵塞通孔、使水的净化速度逐渐变慢。此时，若关闭净水开关或开启废水开关，水净化过程停止。若继续开启废水开关，中空纤维内壁上的附着物被流水清除后，接下来流出的就是普通的自来水。

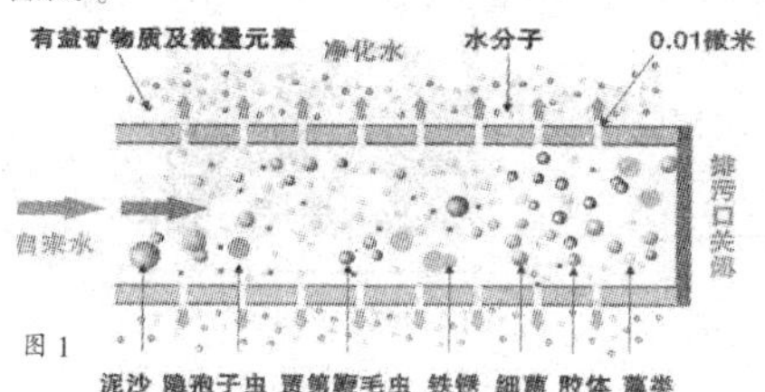

图1

真实的超滤水净化器，内部不是仅用一条这样的PVC中空纤维，而是一个由成百上千条直径2.5mm左右的PVC中空纤维集合而成的中空纤维束。常见的超滤水净化器见图2a。内部使用的PVC中空纤维滤芯见图2b。

在实际应用中，人们也并非把超滤过滤器的原水进口与自来水管网直接连接在一起，而是在超滤过滤器(主过滤器)之前加一级前置过滤。见附图3。前置过滤器内部装有PP棉滤芯，可有效拦截原水中的泥沙、水藻，胶状物等，以保护主过滤器。石灰岩水质的地区，原水中含有较多的碳酸氢钙，为了阻止水垢的生成，在PP棉前置过滤器之前，还应增加一硅磷晶添加级。“硅磷晶”又名偏硅酸钠，已在国内、外应用多年，不但无毒、无味、防垢效果良好，而且使用成本低廉，处理一吨水的成本大概为0.03元左右。常见的球状硅磷晶见图4a所示。

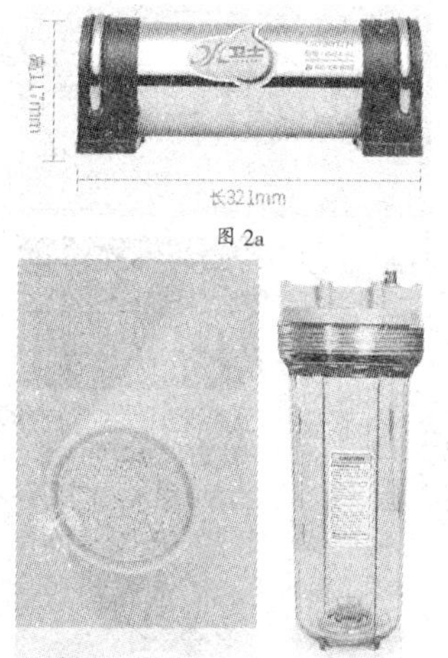

图2a　图2b　图3

图4a

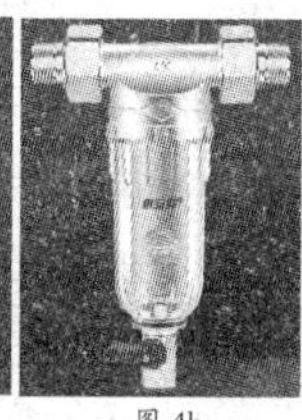
图4b

添加硅磷晶，可使用专用的硅磷晶添加器。有的硅磷晶添加器内部还增加了一只不锈钢过滤网，使之成为复合型硅磷晶添加器，外形见图4b。另外，在自来水水压不稳或高于3.5kg的地方——尤其是那些容易出现水锤的地方，为了保证主过滤器内的滤芯免遭破坏，在前置过滤器之前还应加装减压阀，使水压稳定在1.5~2kg之间。常见的减压阀见图5。

图5

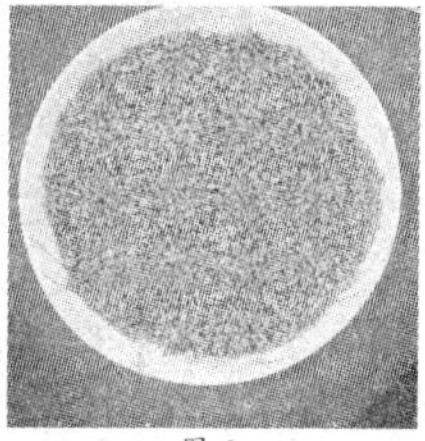
图6

为了滤除净水中的重金属、三氯甲烷等有害成分，有的在主过滤器之后还增加一级“KDF”过滤。KDF是一种高纯度的锌铜合金，呈黄色颗粒状，见图6。它能够清除水中高达99%的氯、98%的重金属、二价铁、锰、砷、氯、硫化氢等，也能够减少水垢的生成，抑制微生物的繁殖。为了进一步的去除水中的杂质和改善口感，KDF过滤之后还可以增加一级活性炭过滤。淘宝网上有一种称作“超滤伴侣”的产品，就是将以上两种功能整合在一起的超滤后置过滤器，外形见图7。使用“超滤伴侣”。可减少超滤净水器的组装环节。

图7

超滤水净化器的全部生产流程见图8所示。

①→②→③→④→⑤→⑧；⑤→⑥→⑦

图8

①原水进口 ②减压阀 ③硅磷晶添加 ④PP棉过滤 ⑤超滤过滤 ⑥超滤伴侣 ⑦饮用水出口 ⑧废水出口

2. 超滤水净化器的选择

1)主过滤器建议选用“立升”牌产品。立升，世界首家研制开发出了PVC超滤滤芯。这种滤芯跟其他材质的超滤滤芯相比，效率更高、成本更低、更具竞争力，如今已在国内外市场上占了相当大的份额。立升超滤净水器有多个型号，作为一般家用，选用2L/min的就可以了。当然，若考虑全部生活用水的净化，也可选用产水量大一些的超滤水净化器。

2)减压阀可选“永德信”牌DN15的锌铜合金产品。

3)硅磷晶添加器建议选择复合型的，网孔直径以100μm的为好。对所用硅磷晶的要求是：一、纯度达到食品级要求。二、崩解速度慢。有些质量差的硅磷晶，不但杂质含量高，而且容易在水中崩解成糊状，或附着在过滤网上，或沉积在添加器的底部，既加大了硅磷晶的使用量、又影响硅磷晶性能的发挥、还增加了添加器清洗的次数。

4)PP棉过滤器一定要选材质无毒，强度高的产品。建议选“滨特尔”牌。内部使用的PP棉过滤精度高一些为好，建议选1μm的。

5)后置KDF过滤器和活性炭过滤器，可选用“立升超滤伴侣”。

请注意：组装所用的金属连接件、阀门等，有条件的，请选用不锈钢304材质的产品。若选用铜质的，要了解清楚铅的含量，起码要达59铜的标准，以防铅过量，引起慢性铅中毒。饮用水系统，切忌选用铝及铝合金材质的连接件、阀门等。

3. 使用注意事项

1)文中所指的原水必须是达标的市政自来水。若使用其他水源，必须另外增加相应的过滤级。

2)硅磷晶可视情形1年左右添加一次。在添加硅磷晶的同时，应把添加器的内壁和过滤网上的附着物全部清洗干净。

3)PP棉滤芯根据所用水源的水质不同，可3到6个月更换一次。透明材质的PP棉过滤瓶，使用中最好套以黑色外罩，以防内部水藻滋生。

4)一般家庭使用，主过滤器的滤芯通常5到6年之内无需考虑更换。具体更换时间，应根据净水出水的速度而定，在原水水压正常的情况下，若出水速度无法满足要求，就可考虑换芯。如果长时间不换，只是出水速度越来越慢，并不影响水质。不过，超滤滤芯一旦启用，必须长期浸泡在水中，如果脱水超过24小时，滤芯报废。换新超滤滤芯时，超滤过滤器的不锈钢壳内壁注意清洗干净。

5)超滤伴侣最好1到2年更换一次。

超滤水净化器的优缺点。优点是：1)能可靠地除去水中的泥沙、水藻、虫卵、胶状物、铁锈等较大的颗粒物及部分化肥、农药、重金属、三氯甲烷、细菌、病毒等有害成分。能满足一般的水净化需要。在水源污染不太严重的地方使用，应是不错的选择。2)对水压要求较宽，只要在1—3.5kg的范围内都可正常使用。3)使用寿命长，一般能达10年以上。不用电，运行成本低，可考虑用于家中全部生活用水的净化。4)净化后的水中还剩下部分对健康有益的矿物元素。5)废水排放量小。而且不是定时、定比，收集利用容易。对节水大有好处。缺点是净化后的水中尚有部分有害物质的残留。

请记住：那些几十元一只的、直接安装在水龙头上就可使用的所谓的“水净化器”，都是用来忽悠人的。世界上本来就没有如此便宜的事。

(未完待续)(下转第211页)

◇山东 田连华

(本文原载第3期11版)

MT3151A05-5-XC-5 一体化逻辑板电路分析与维修(一)

MT3151A05-5-XC-5 逻辑板为一体化逻辑板，即逻辑板和屏是连接在一起的。该逻辑板应用在很多型号的屏上，如创维 SDL320HY 屏、TCL 液晶电视 LVW320NDAL 屏和 LVW320CSOTE276 屏、乐华 E32-0A35 屏、LG 的 LC420DUN(SE)屏等。另外，与该逻辑板电路相似的还有华星光电 ST315A05-8 逻辑板。下面以创维 SDL320HY 屏为例，介绍 MT3151A05-5-XC-5 逻辑板的电路原理及常见故障维修。

一、电路分析

MT3151A05-5-XC-5 逻辑板电路由三部分电路组成，一是以 CS902(IC12)为核心组成的 DC-DC 电路；二是以 CS11103(IC11)为核心组成的时序控制电路；三是以 CS801(IC10)为核心组成的伽马电压校正电路。

1. DC-DC 变换电路

该逻辑板的 DC-DC 变换电路采用了新型电源管理芯片 CS902，该 IC 集成度高，只需少量外围元件就可以产生液晶屏需要的电压(VDD33、VAA、VGH、VGL)。DC-DC 变换电路如图 1 所示。

(1)VDD33(3.3V)电压的形成

该电压形成电路主要由 IC12 的㊲~㊵脚内部电路、储能电感 L1、续流二极管 D9、滤波电容 C249 和 C250 组成，是一个串联型降压开关电源(BUCK)。工作时，IC12 的㊳、㊴脚输出幅度约 $12V_{P-P}$，周期约 1.3μs(频率为 750kHz)的高频脉冲，经二极管 D9 续流，C249、C250 滤波，产生约 3.3V 直流电压，即 VDD33 电压。IC12 的㊲脚为 VDD33 电压的反馈脚，调整 VDD33 的大小。

VDD33 电压是一非常重要的电压，送主时序控制处理芯片 IC11 及存储器 IC2(32A)，还送屏上栅源驱动电路。

(2)VAA(14.8V)电压的形成

该电压形成电路由 IC12 的⑮、⑯脚内部电路和外部的储能电感 L2、续流二极管 D12、滤波电容 C454 等元件组成，是一个并联型升压开关电源(BOOST)。工作时，L2 的上端加上 12V 的直流电压，IC12 的⑮、⑯脚输出幅度约 $15V_{P-P}$，周期约 1.3μs(频率为 750kHz)的高频脉冲，在 L2 中产生感应电压，该电压与 12V 供电电压叠加，并经二极管 D12 续流，C454 滤波后，得到约 14.8V 的 VAA_FB 电压，此电压从⑰脚送回到 IC12 的内部，经内部开/关控制管后形成 VAA 电压(约 14.8V)，从 IC12 的⑱、⑲脚输出。

VAA 电压主要是向伽马电路提供工作电压，同时也为屏后级的驱动电路提供工作电压。当维修图像伽马失真(灰度异常)故障时，应首先对此 VAA 电压进行确认。

(3)VGH(脉冲电压，峰值为 30V 左右)的形成

VGH 是液晶屏栅极驱动脉冲。要产生 VGH 脉冲，需要电源管理芯片先产生 VGHF 直流电压，然后在时序控制芯片送来的 GVON 信号作用下，才会将 VGHF 直流电压转换为 VGH 脉冲电压。

VGHF 直流电压形成电路由 IC12 的⑮、⑯脚内部电路和外接元件 T2、C229、C230、D7、D11、C231、C234 等组成。其中，T2 是直流供电回路中的电源调整管，相当于可调电阻，T2 的导通程度受 IC12 的㉓脚输出电压的控制。C229、D7、C231 组成一个正电压电荷泵电路，C230、D11、C234 组成另一个正电压电荷泵电路，两个正电压电荷泵电路串联使用，C229、C230 都是诸能电容。工作时，14.8V 的 VAA 电压经 T2 调节后，从其 c 极输出的直流电压(实测为 12.4V 左右)作为第一个正电压电荷泵电路的输入电压，方波脉冲信号 SW(该脉冲是从 IC12 的⑮、⑯脚输出送来的)加到储能电容 C229 的左端，通过正电压电荷泵电路的作用，就可在其输出端(即 C231 两端)得到高于输入电压的输出电压(实测为 19V 左右)。第一级正电压电荷泵电路的输出电压作为第二级正电压电荷泵电路的输入电压，方波脉冲信号 SW 加到储能电容 C230 的左端，通过此正电压电荷泵电路的作用，就可在其输出端(即 C234 两端)得到 VGHF 电压(实测为 32V 左右的直流电压)。

VGHF 直流电压转换为 VGH 脉冲电压是在 IC12 内部进行的。正电压电荷泵电路形成的 VGHF 直流电压从㉞脚送回到 IC12 的内部，时序控制芯片 CS11103 送来的启动 VGH 电压的控制信号 GVON 从㉖脚送入 IC12 的内部，IC12 内部电路在 GVON 信号的作用下，将 VGHF 直流电压转换为 VGH 脉冲电压，从㉟脚输出，送往液晶屏栅极驱动电路。

(4)VGL(-6V)电压的形成

该电压形成电路由 IC12 的㊳、㊴脚内部电路和外接元件 T3、C235、D6、C238、C239 等元件组成。该电路是一个负电压电荷泵电路，C235 是诸能电容，T3 是 D6 的②脚与地之间的调整管，也相当于可调电阻，T3 的导通程度受 IC12 的㉑脚输出电压的控制。工作时，IC12 的㊳、㊴脚输出幅度约 12V 的方波脉冲 SWB，经过 C235、D6 负压半波整流及 C238、C239 滤波，得到约-6.2V 的 VGL 电压。VGL 电压还从⑳脚回送到 IC12 的内部，内部电路对输入的 VGL 电压进行检测，并形成取样电压，此电压与 IC 内部的基准电压相比较，输出误差电压，通过㉑脚控制 T3 基极电流大小变化，利用了三极管集电极与发射极之间阻抗随基极电流大小变化而变化的特性，进行 VGL 输出电压的自动调整，实现直流输出电压的稳定。

(5)HVAA 电压的形成

IC12 内部电路形成约 7.5V 的 HVAA 电压，从㉙、㉚脚输出。

(未完待续)(下转第 212 页)

◇四川 贺学金

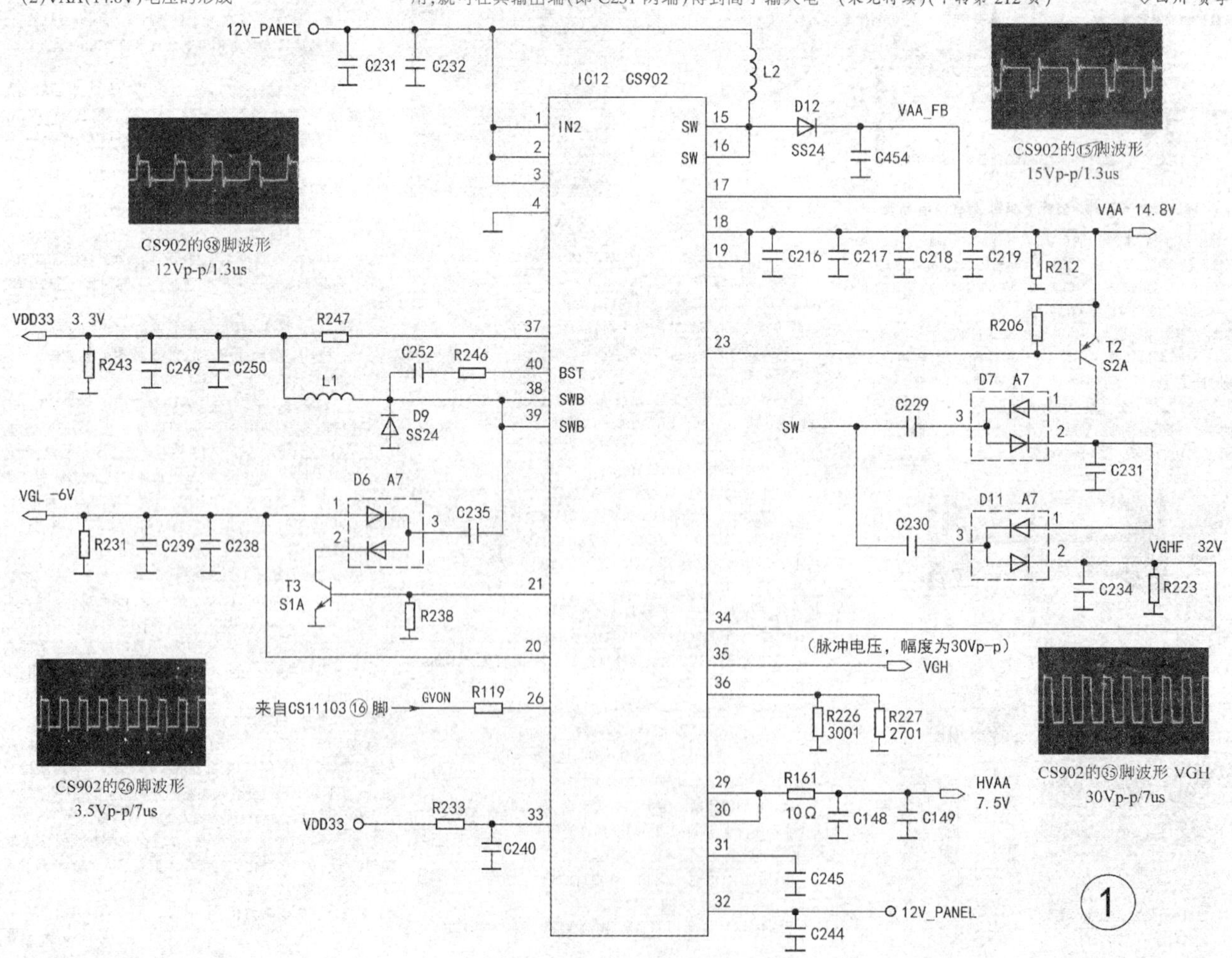

索尼 PLM-50 头戴液晶显示器重生记(下)

（紧接上期本版）

二、试验

手头有 15V 可调开关电源和 5V 电源适配器，先临时接线试验。15V 正电源接 CN801 的⑧脚灰黑线(给液晶面板供电)，接着将 15V 正电源输出接一个 DC/DC 降压模块调到 6V 左右接 CN801 的⑩脚的白线（给背光板供电)，再把 6V 经 1kΩ 电阻接 CN801 的⑫脚的淡蓝线(背光开关控制端接高电平)，再用一个 5V 电源适配器输出的 5V 正电源接 CN801 的⑦脚的蓝线（给 CXA1854AR 供电)。

接下来从 DVD 机的 S-VIDEO 输出端引出 Y 及 C 信号接至 CN801 的①脚的黑线和②脚的棕线，并把碟机输出制式调为 NTSC 制式。

检查无误后通电试机：显示器能够显示 DVD 输出的图像，这很使笔者受鼓舞，不过显示的画面发白缺乏层次感，且伴有网纹干扰。试着调整线控器上对比度旋钮，对比度虽然有变化，但是画面整体色彩还是缺乏层次感。怀疑给液晶面板的供电电压 15V 不是最佳值，于是从低往高调整可调电源的输出电压，发现在 8.6V 时，液晶屏有竖条纹显示；低于 12.9V 时，画面左偏移；在 13.2V~14.3V 时，画面对比度较好，色彩鲜明有层次；而大于 14.5V 时，画面又变淡发白。最终决定将液晶屏供电电压调在 13.5V 左右。对于网纹干扰，试着调整信号地和电源地的接地点位置，调到干扰最小为止。CN801 功能不详的⑭脚紫线，试着将其接高电平，画面无变化；若将其接地，画面的水平隔行现象变明显，故此线也不用。

三、改装

基于临时接线试验的成功，笔者决定给显示器正式做一个实用的电池盒(信号输入盒)。手头有个机芯损坏的松下 RQ-SX73 磁带随身听外壳，还有一个 8.4V/2500mA 聚合物锂电池，电池的容量较大，能满足显示器数个小时的工作。另外，扁平状的锂电池和磁带差不多大小，正好可以放进松下随身听外壳里(如图 5 所示)。

前面已经试验过，液晶屏需要 13.5V 电压供电，所以利用升压模块，将 8.4V 的电压升到 13.5V；CXA1854AR 需要 5V 电压供电，故利用 DC/DC 降压模块，将 8.4V 的电压降为 5V。另外，试验时背光板用的是 6V 电压，但是随身听外壳内空间有限，还要考虑放置其他元件，再增加降压模块的话，估计很难放得下。不过，凭经验知道，背光板一般都有恒流(恒压)电路，对供电电压有一定容许范围。所以试着用一个可调降压模块给背光板供电试验，将供电电压降到 5V，背光板能正常

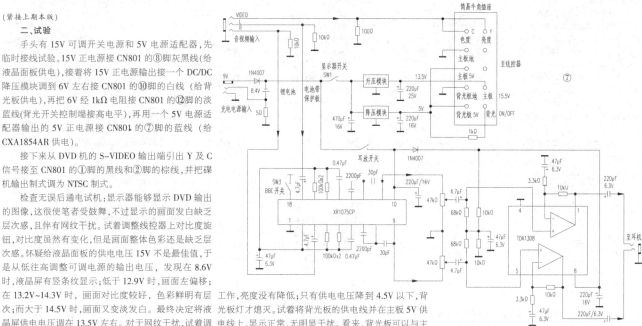

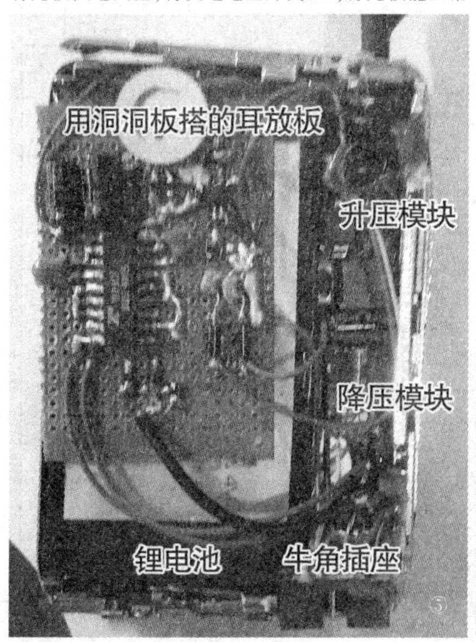

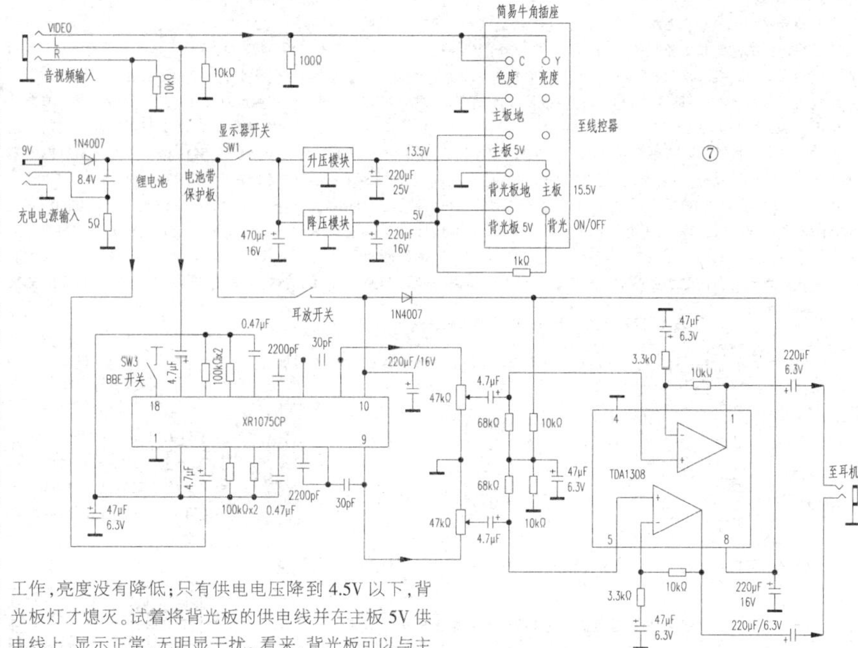

工作，亮度没有降低；只有供电电压降到 4.5V 以下，背光板灯才熄灭。试着将背光板的供电线并在主板 5V 供电线上，显示正常，无明显干扰。看来，背光板可以与主板共用 5V 供电电压，这样电池盒里只需要 5V 和 13.5V 两个稳压供电模块就可以了。

原显示器主板的 CXA1854AR 的⑧脚接地为低电平，设定在亮/色分离输入方式。将其改接到 5V 高电平，即可设定为复合视频输入方式，观察亮/色分离输入方式及复合视频输入方式，两者在显示器的清晰度差异并不明显。故音视频输入接口可以不用专门的 S-VIDEO 插头插座，而是选用标准的 3.5mm4 节插头插座，用来分别输入左右声道音频信号和视频信号，方便与便携式 DVD 机、MP4 的 AV 输出接口相连。

线控器和电池盒相连的连接线实际用到 8 根：①黑色(亮度 Y)、②棕色(色度 C)、③红色(主板地)、⑦蓝色(主板 5V)、⑧灰黑色(主板 13.5V)、⑩白色(背光板 5V)、⑪粉红(背光板地)、⑫淡蓝(背光开关)。因为有 8 根线，故插头插座难找。曾想过用有 15 个针脚的 VGA 连线插头插座，但是 VGA 插头插座对于电池盒来说偏大，也不宜携带。经过多番寻找，终于发现廉价的简易牛角插头插座可以胜任(如图 6 所示)：1.连接线可以不用焊接而方便地压接在牛角插头里；2.牛角插座体积较小，能装在电池盒里；3.牛角插头插座针脚规格较多，这里选用 10 个针脚的规格，故电池盒内具体接线如图 7 所示。元件找齐后，按照构思的图 7 将电池盒内元件焊接连接好，线控器到电池盒的连线也压接在牛角插头里。核对压接及焊接无错误后试机，PLM-50 显示器显示的画面柔和质朴，有胶片般质感。

PLM-50 头戴显示器的显示功能是恢复了，但是由于其画面略显粗糙，只有 320×240 分辨率(相当于 VCD 清晰度)。对于看惯 HMZ-T1 头戴显示器高清画面的笔者来说，本机平时也不会太多使用。不过对于电池盒里 8.4V/2500mA 大容量锂电池来说，就有点资源浪费了。故此，有把电池盒也同时兼做耳放的想法。平时大多数

时间电池盒可以做 HI-FI 耳放使用，偶尔也可以给 PLM-50 显示器做供电电源使用。

原本想利用松下 RQ-SX73 磁带随身听的主板改作耳放，先试着将线路改动后再接入 LR 音频信号试听。但是的确如大多数发烧友所述：该机电路唯一优点是低功耗省电，但是输出给耳机的声音单薄无力、乏善可陈。

为了改装的耳放有较好的听感，决定另起炉灶，用两款老芯片：XR1075 和 TDA1308 来制作耳放。XR1075 电路具有 BBE 清晰度改善和重低音提升功能，TDA1308 则是常用的 HiFi 耳机功放电路。XR1075 推介工作电压为 12V 左右，TDA1308 最大工作电压为 8V。故先将 XR1075 的供电端接在升压模块的 13.5V 输出端，TDA1308 的供电端用锂电池经一个 IN4007 二极管降压为 7.8V 后供电。用 AUKEY EP-C6 耳机试听音质，的确比原便携式 DVD 机、台电 MP4、乐视 LE X820 手机直接输出的声音更好听：人声更清晰，低音更饱满，声场更宽阔，犹如置身演唱现场。

但是，耳放"嗞嗞"的底噪偏大。试验给线路板加屏蔽、加大滤波电容、改耳放接地点，但都收效甚微。由于音量电位器调小后，底噪听不到，故分析噪音是来自 XR1075 电路。将 XR1075 的信号输入端用 10μF 电容接地，噪音还是有。原本以为 XR1075 芯片有问题，但是将 XR1075 接的 13.5V 供电断开后，"嗞嗞"的底噪基本消失。原来升压模块输出的 13.5V 电压中高频纹波太大，不够纯净。将 XR1075 改为 8.4V 锂电池直接供电，试听一下，供电电压虽然低了点，不过音效及动态仍很好，但是"嗞嗞"的底噪已经很小，达到索尼爱华商品随身听的水平。

小结：1.对于国内销售量不大，维修资料奇缺的电子产品来说，修复最好的办法还是要从剖析电路原理开始，这个显示器主机估计原来没有什么大故障，只是亮度信号耦合电容虚焊丢失的小问题。经过剖析电路，得以预先发现这个问题，使得后面的修复过程少走了弯路。

2.用 XR1075 和 TDA1308 制作的耳放，配合优质耳机，的确类似有爱华中高档磁带随身听的优美音质，爱好者用这两个芯片加 8.4V 锂电池 DIY 制作耳放的话，元件取值可参考图 7 试验成功的电路。外壳难找的话，建议可以用旧充电宝的外壳。

（全文完）

◇浙江 方位

桥式起重机电气工作原理与故障检修(二)

(紧接上期本版)

2. 桥式起重机的整机电路

图4是桥式起重机的整机电路,包括QM1(凸轮控制器1)控制的吊钩电动机电路(在图4中的3区)、QM2控制的小车电动机电路(在图4中的4区)和使用QM3控制的两台大车电动机M3和M4的控制电路(在图4中的5区);R1~R4分别为4台电动机转子电路串入的调速电阻;YB1~YB4分别为4台电动机的制动电磁铁。过流继电器KA0~KA4用作过电流保护,其中KA1~KA4为双线圈式,分别保护电动机M1~M4;KA0为单线圈式,串联在主电路的一相电源线中,作为电路的总保护。

桥式起重机的保护电路在图4中的6~9区,保护功能包括零压、0位、过流、行程终端限位保护,以及驾驶室舱门开关SQ6、横梁栏杆门开关SQ7和SQ8的安全保护等。

由于在桥式起重机控制电路中,需要保护的电动机有4台,而且保护种类较多,因此,在接触器KM的线圈回路中串联的触点也较多,这些触点有:KA0~KA4这5只过电流继电器的常闭触点;SA1紧急停车开关(紧急情况出现时切断总电源);SQ6驾驶室舱门安全开关;SQ7和SQ8横梁栏杆门的安全开关(SQ6~SQ8连接的是其常开触点,相关的门关闭后才能将其压合至闭合状态。所以,若有任何一个安全门没有关闭,按压启动按钮也不能使接触器KM通电);与接触器KM的线圈回路串联的触点还有3台凸轮控制器的0位保护触点,即QM1、QM2的触点12(在图4中的7区)和QM3的触点17(在图4中的7区);另外,桥式起重机的大车、小车和吊钩共有前后、左右、上下6个方向的运动,除了吊钩下降不需要限位保护外,其余5个方向都需要行程终端限位保护,实施5个限位保护的行程开关的常闭触点SQ1~SQ5也串联在接触器KM线圈的自保持电路中,这5个行程开关处在图4电路图中的6区。行程开关与受保护电器的关联关系见表1。

图4整机电路中的大车控制电路,用一台凸轮控制器QM3(在图4中的5区)控制两台绕线转子型电动机M3和M4(在图4中的5区)。这里使用的凸轮控制器,与仅能控制一台电动机的凸轮控制器不同。前者有17对触点,后者仅有12对触点。两种凸轮控制器的相同之处是:(1)都使用触点1~4控制受控电动机的旋转方向;(2)都使用触点5~9依次切除一台绕线转子型电动机转子回路中的串联的电阻。它们的不同之处是:(1)凸轮控制器QM3多了5个触点,即触点10~14,这5个触点用于依次切除电动机M4转子回路中的串联的电阻;这5个触点和电动机M4在图4中的5区;(2)两种凸轮控制器用于0位保护和限位保护的3个触点的编号不同,详见图4中的6区和7区电路。

图4电路中,4台电动机各有自己的制动电磁铁YB1~YB4,只要电动机处于断电停机状态,制动电磁铁就对电动机进行制动,从而保证设备安全。

三、桥式起重机电气故障的维修处理

桥式起重机电气故障的维修处理方法参阅表2。

(全文完)

◇山西 杨德印

表1 行程开关与受保护电器的关联关系

运行方向		驱动电动机	凸轮控制器及保护触点		行程开关
小车	左行	M2	QM2	10	SQ1
	右行			11	SQ2
大车	前行	M3、M4	QM3	15	SQ3
	后行			16	SQ4
吊钩	向上	M1	QM1	11	SQ5

表2 桥式起重机电气故障的维修处理方法

故障现象	故障原因	维修处理
合上电源开关QS,按下按钮SB,接触器KM不吸合	1.电源无电。 2.熔断器FU熔断。 3.凸轮控制器手柄不在0位,0位保护触点断开。 4.接触器KM自身损坏。 5.事故紧急开关SA1的触点未闭合。 6.舱门开关SQ6、横梁栏杆门开关SQ7或SQ8开关断开未闭合。	1.用万用表的交流电压挡测量电源开关QS的进线端有无电压,电压不正常时给以处理。 2.更换新的熔断器。 3.将三台凸轮控制器手柄全部放在0位。 4.更换新的接触器。 5.操作使其闭合。 6.应将舱门及栏杆门关闭,使SQ6、SQ7及SQ8均处于闭合状态。
合上电源开关QS后,按下按钮SB,接触器KM吸合,但过流继电器动作	凸轮控制器有接地故障。	用万用表及兆欧表对凸轮控制器逐个检查,找出并排除接地故障。
电源已接通,接触器KM已动作吸合,但凸轮控制器离开0位后电动机不转动	1.凸轮控制器的动、静触点未接触或接触不良。 2.调速电阻损坏或电动机转子绕组损坏。 3.电刷与滑触线未接触或接触不良。	1.调整凸轮控制器的触点,或更换凸轮控制器。 2.修理或更换调速电阻或电动机。 3.调整电刷与滑触线的接触状态,使其恢复正常。
电动机电刷产生火花超过规定等级或滑环被烧毛	1.电刷接触不良或有油污。 2.电刷接触太紧或太松。 3.维修时更换的电刷规格不对	1.修复电刷,保证接触良好。 2.调整电刷弹簧。使电刷具有正常接触压力。 3.更换电刷。
凸轮控制器的动静触点间火花大,烧损严重。	凸轮控制器的动、静触点接触压力不当或有毛刺	调整触点接触压力,处理毛刺,或更换动、静触点。
电动机输出功率不够,转速慢。	1.制动电磁铁未彻底松开。 2.电网电压降低。 3.有机械卡滞现象。	1.检查调整制动电磁铁。 2.调整负荷或排除电压偏低的原因。 3.排除机械故障。
电磁铁断电后衔铁不复位	1.机构被卡主。 2.铁芯面有油污粘住。 3.寒冷季节润滑油冻结	1.整修机构。 2.清除铁芯面上的油污。 3.处理或更换润滑油。

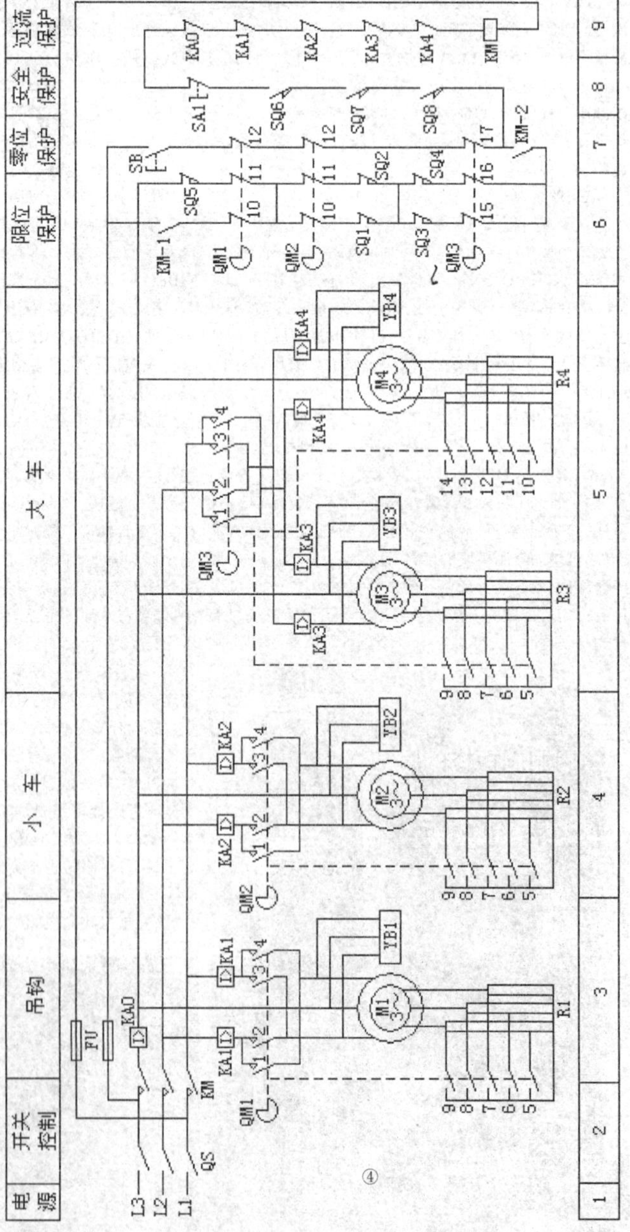

④

Cadence 封装尺寸汇总

1. 表贴 IC

a)焊盘

表贴 IC 的焊盘取决于四个参数：脚趾长度 W，脚趾宽度 Z，脚趾指尖与芯片中心的距离 D，引脚间距 P，如下图：

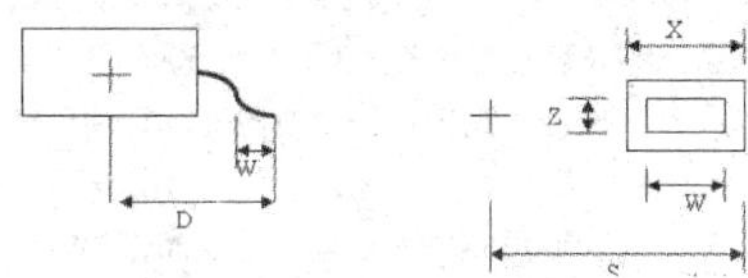

焊盘尺寸及位置计算：

X=W+48

S=D+24

Y=P/2+1，当 P<=26mil 时

Y=Z+8，当 P>26mil 时

b)silkscreen

丝印框与引脚内边间距>=10mil，线宽 6mil，矩形即可。对于 sop 等两侧引脚的封装，长度边界取 IC 的非引脚边界即可。丝印框内靠近第一脚打点标记，丝印框外，第一脚附近打点标记，打点线宽视元件大小而定，合适即可。对于 QFP 和 BGA 封装（引脚在芯片底部的封装），一般在丝印框上切角表示第一脚的位置。

c)place bound

该区域是为防止元件重叠而设置的，大小可取元件焊盘外边缘以及元件体外侧+20mil 即可，线宽不用设置，矩形即可。即，沿元件体以及元件焊盘的外侧画一矩形，然后将矩形的长宽分别+20mil。

d)assembly

该区域可比 silkscreen 小 10mil，线宽不用设置，矩形即可。对于外形不规则的器件，assembly 指的是器件体的区域（一般也是矩形），切不可粗略的以一个几乎覆盖整个封装区域的矩形代替。

PS：对于比较确定的封装类型，可应用 LP Wizard 来计算详细的焊盘尺寸和位置，再得到焊盘尺寸和位置的同时还会得到 silkscreen 和 place bound 的相关数据，对于后两个数据，可以采纳，也可以不采纳。

2. 通孔 IC

a)焊盘

对于通孔元件，需要设置常规焊盘，热焊盘，阻焊盘，最好把 begin 层，internal 层，bottom 层都设置好上述三种焊盘。因为顶层和底层也可能是阴片，也可能被作为内层使用。

通孔直径：比针脚直径大 8–20mil，通常可取 10mil。

常规焊盘直径：一般要求常规焊盘宽度不得小于 10mil，通常可取比通孔直径大 20mil（此时常规焊盘的大小正好和花焊盘的内径相同）。这个数值可变，通孔大则大些，比如+20mil，通孔小则小些，比如+12mil。

花焊盘直径：花焊盘内径一般比通孔直径大 20mil。花焊盘外径一般比常规焊盘大 20mil（如果常规焊盘取比通孔大 20mil，则花焊盘外径比花焊盘内径大 20mil）。这两个数值也是可以变化的，依据通孔大小灵活选择，通孔小时可取+10–12mil。

阻焊盘直径：一般比常规焊盘大 20mil，即应该与花焊盘外径一致。这个数值也可以根据通孔大小调整为+10–12mil。注意需要与花盘外径一致。

对于插件 IC，第一引脚的 TOP(begin)焊盘需要设置成方形。

b)Silkscreen

与表贴 IC 的画法相同。

c)Place bound

与表贴 IC 的画法相同。

d)Assembly

与表贴 IC 的画法相同。

3. 表贴分立元件

分立元件一般包括电阻、电容、电感、二极管、三极管等。

对于贴片分立元件，封装规则如下：

a)焊盘

表贴分立元件，主要对于电阻电容，焊盘尺寸计算如下：

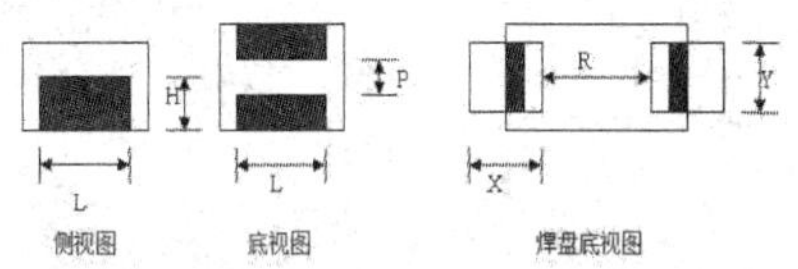

X=W+2/3*Hmax+8

Y=L，一般这个数值应该比 L 稍微大些，比如+6–8mil。

R=P–8，该数值用来确定焊盘的位置。

一般也可以通过 LPWizard 来获得符合 IPC 标准的焊盘数据。

b)Place bound

与表贴 IC 相同。即元件体以及焊盘的外边缘矩形+20mil，线宽不用设置，矩形即可。

c)silkscreen

一般选择比 place bound 略小的矩形框代替，比如–4mil，线宽 6mil 即可。对于有极性的分立元件，需要在丝印框上显示出来，比如正极的丝印框线条稍微粗一点，比如 8mil，也可在正极画双线表示。对于表贴三极管丝印层如下图：

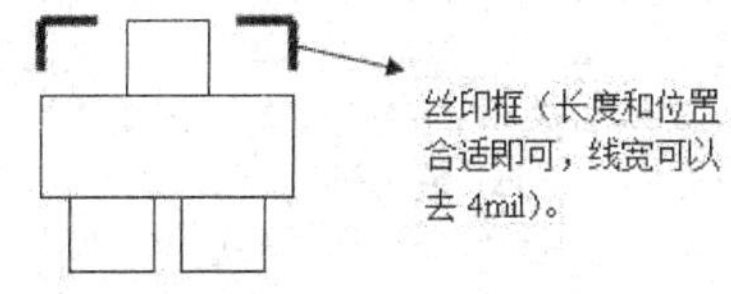

d)assembly

比丝印框稍微小一点，比如–4mil，线宽不用设置，矩形即可。但是对于不规则的封装，比如 TO 或者 SOT，assembly 区域指的是元件体的区域（一般也是矩形），切不可以一个几乎覆盖全部区域的矩形代替，否则贴片时将出现贴片位置不准的大问题。

PS：由于分立元件尺寸都比较小，因此线宽的选择可以稍微细些。

4. 直插分立元件

比如插针，按钮等。

对于这些元件，焊盘的参数与上面通孔 IC 的焊盘参数计算方法相同。

Place bound，assembly，silkscreen 与表贴分立元件相应的参数基本相同。

总结：元件的封装，对于焊盘的要求比较严格，如果能够使用 LP Wizard 计算，最好采用 LP Wizard 得出的焊盘参数。Assembly 也是比较严格的，最起码，元件体的中心要与所画的 assembly 中心重合，这样才能使表贴的位置有保证。

焊盘类别解释：

常规焊盘：即用于阳片的焊盘，通过布线与其他资源连接在一起，主要用于信号层。

热风焊盘：也称为花焊盘，主要用于阴片，作用是为了防止热量散失产生虚焊等，主要用于电源层以及地层，即在地层或者电源层，通过花焊盘与地层或者电源层取得连接。

阻焊盘：主要用于阴片，即断开该过孔与相应内层（比如电源或者地层）的电气连接。

总之，常规焊盘用于阳片的电气连接，花焊盘用于阴片的电气连接，阻焊盘用于阴片的电气隔离。

◇王峰闵

音频功率放大器的温度漂移补偿(二)

（紧接上期本版）

注意事项

热敏电阻应比晶体管小得多，因此热敏电阻的温度将等于或非常接近晶体管外壳的温度。这也将减少热惯性，使系统更快地达到稳态。应使用热黏合剂将热敏电阻连接到晶体管外壳。

测试概念

为了确定该概念对电路的真实行为建模的准确性，我构造了一个测试电路。由于没有 1.2kΩ 的热敏电阻（NTC 0402），我并联了 8 个 10kΩ 的热敏电阻（0402 Murata NCP15XH103D03RC）（图 6），以产生非常相似的值（1250Ω）。请注意，并联连接热敏电阻不会改变我们计算出的温度系数。

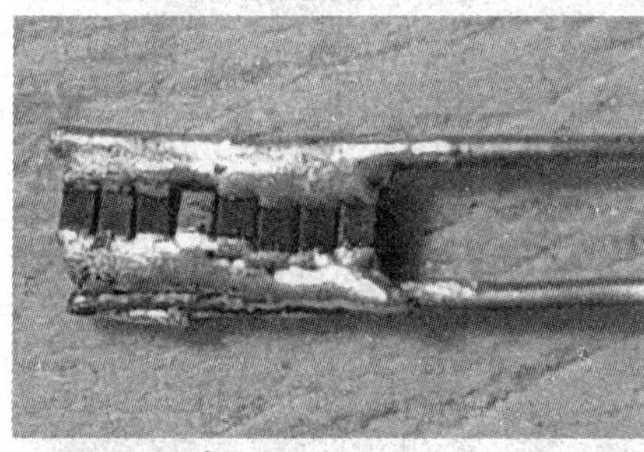

温度传感器图 6 这是一个 1.25KΩ 热敏电阻，由八个并联的 10kΩ 热敏电阻制成。

然后，我使用热黏合剂将传感器连接到 Q3 的平坦侧，并将其与 Rpol（在板的另一侧是 SMD 电阻器）并联。

安装的传感器原理图图 7 先前原理图（图 6）中所示的热敏电阻热黏合到 Q3。

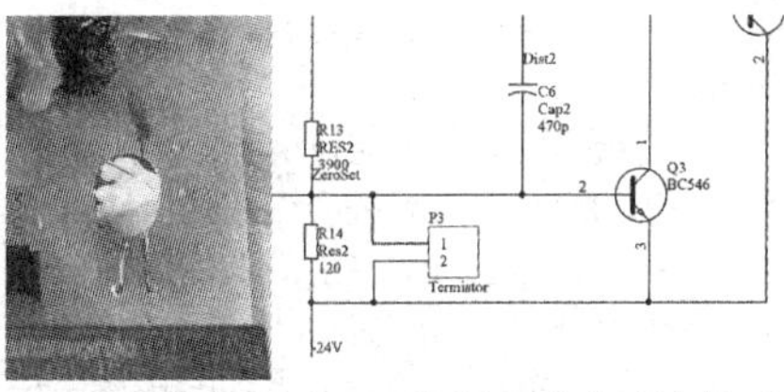

最后，在这里我们可以看到在连接有（橙色线）和没有（蓝色线）热敏电阻的情况下输出电压漂移，在此状态下，经过大约 2 分钟后达到了稳态。

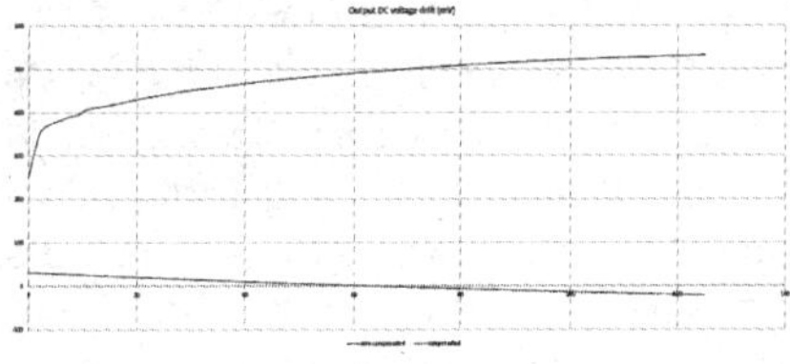

输出电压漂移图图 8 在这里我们可以看到在连接有（橙色线）和没有（蓝色线）热敏电阻的情况下的输出电压漂移。

阅读更多设计思想电路的补偿响应（橙色线）比未补偿响应（蓝色线）要平坦得多，这表明补偿正在起作用。斜率为负的事实可能意味着它有点补偿过了，但这不是问题，因为直流漂移仍然很小。

还值得一提的是，我们在 25℃下计算了所需的温度系数，但热敏电阻不是线性的。这意味着温度系数在整个范围内不是恒定的。但是，由于补偿旨在在有限的温度范围内工作，因此可以忽略热敏电阻的非线性。（全文完）

◇武汉 朱硕 编译

示波万用电源综合测试仪(三)

(紧接上期本版)

设计万用表须要准确知道表头灵敏度及表头内阻是多少微安和多少欧，才能正确计算选择出各分流分压电阻值，否则计算选择的结果不能对上号给调试带来很多麻烦。而表头内阻在业余条件下不易测量，用常见的替代法测试表头灵敏度不成问题，而测其内阻不甚理想，这里介绍用扩程反推演法。图8为替代法和扩程法测试电路。

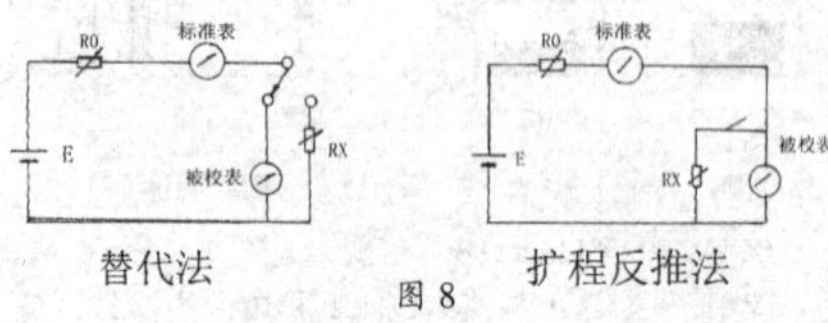

图 8

用扩程法时先切断开关，置10型表在50μA挡上，调R0被校表满刻度时，10型表指示为46.8μA即为被校表灵敏度。按下开关接入RX，被校表读数会下降，慢慢调节电流源电阻R0及扩程分流电阻RX，使10型表和被校表指示均满刻度，然后再测量出可调电位器RX之当前值16.46K，用此值反推出内阻为1.12547008546896K，这么多位小数计算分流电阻实为不便，所以成品万用在表前加入一个表头补偿电位器来进行调节，但这要降低电流电压灵敏度。实际上既然已经得到总分流电阻值，直接用抽头式扩程法，则有I1R1=I2R2=…INRN。用16.46K×最小扩程50μA=【0.823V】，再从最大挡开始用0.823/5000=0.165Ω得出分流电阻。然后下一挡计算值应减去前一挡之值才是本挡应得值，这样选择精度1%电阻调配就能一次成功。用于表头微调补偿电阻取值不宜太大或不用，首先考虑量程设计取值方便同时尽量考虑提高电流电压灵敏度。显然适当加入表头补偿电阻还是有必要，这里将表头通过200Ω可调补偿R0为1.23K，最小量程扩到50μA则调配后的总分流电阻变为【17.98875K】。以50μα×17.98875K=【0.899V】为基准，计算出图中R1~R7各电流量程(计算从略，主要谈制作难点)的分流电阻。这里将R7剩余分流总阻17.09K分解为9090Ω+3.3K+4.7K两个线绕可调电位器。3.6K用于欧姆调零，4.7K用于交流电压补偿调节。要注意两个可调电位器用作总分流永远在路，必须实测其阻值，如有偏差在9090Ω电阻上进行±调配，令总值等于17.09K。直流电压各挡降压电阻按20KΩ/V计算减去前挡阻值，即为当前阻值没有悬念。交流电压各挡阻值按8KΩ/V计算，以上电阻除R1~R3要用Φ0.6锰铜丝制作，其余均用1%精度电阻，个别电阻不好选择，可同等级精度下串并搭配选择。如有单臂电桥则可在已有电阻堆中按计算值进行串并挑选搭配，只是多花点精力。电阻测量要引进电源，因和示波器同框作台式，故采用交流供电整流稳压为3.3V、15V两种电源用于电阻测量用电源，避免了固体电池电压衰减，从此永远不考虑更换万用表电池。电阻中心值确定为13K，常规万用表电阻测量是一刀三电刷或二刀多掷进行转换，想到是2刀24掷开关，专用一刀作电阻测量选择应该没有问题，试将3.3V引入这一刀臂，问题只能解决R×1、×10、×100、×1K四挡电阻倍率测量，再引入×10K挡接入高阻电源就成问题，造成无法实现高阻测量，非引入三电刷结构开关挡位才行。这就麻烦了，怎么办呢？直接增加一钮子开关即可解决，但要多一次手动操作，给使用带来麻烦，想到和转换开关联动，又因为开关是密封的，没有改造空间，问题十分棘手，放弃该项目测试心有不干。回头观察旋钮到固定面板还有空间，给转换开关时带来挡位上的视觉误差影响，何不在加一面板提升高度，既减小了视觉误差还可利用下面几毫米空间进行改造，有了想法，着手改造。首先在面板上做好R×1~R×1K四挡的标记，在开关轴柄下方钻孔固定一L型呈扇形凸轮，其结构示意见图9。

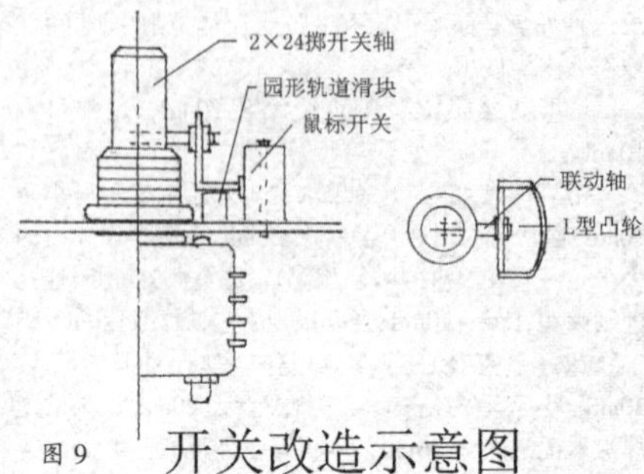

图 9 开关改造示意图

转动开关在四挡标记处，将鼠标用微动开关固定在这四挡均能可靠触动导通的面板位置上(注意要反复验证)即可模拟三刷开关之转换功能，这样3.3V电源通过微动开关K3引入，离开这4个挡位则自动断开。而这时的高阻电源15V再串入100K倍率电阻加上K挡倍率电阻共同形成高倍率电阻，即可完成高阻测量。整机除两个调节电位器，电表和电表补偿调节电阻外，其余所有元件均装在一块92×71mm有焊盘孔位的面包板上，包括2刀24掷开关。该开关后面有两个4mm螺栓正好可固定面包板，给整体安装带来方便。

业余条件下的调试：没有标准表及调试所用附属设备，笔者就用自己信得过的MF10型万用表作标准，再配上相应几个电位器、调压器、整流器等器材，逐一对四类参数进行调试，现分述如下：

1. 直流电流调试：用200K+47K+2K+100Ω电位器串联(均按右旋阻值减小电流增大连接)和6.3V3A(取自示波器上)交流整流滤波后组成可调电流源，串入10型表和被校表，首先验证50μA挡，调200K电位器令10型表满度50μA，观察被校表是否到满刻度上，如有偏差可调表头补偿电位器使之在满度位置。随后从1A挡开始逐渐向下进行调试。需要说明一下，因为10型表无5A量程，这里只能从1A挡开始。调好1A挡回头将被校表转到5A挡上，观察10型表1A满度时被校表转动(没办法只能是估计)弧度是否恰当。调试过程中先观察满度值是否正常，如未满度则是该挡分流电阻偏小，反之则偏大。正常后再按十等分刻度记录下被校表当前刻度数，便于以后绘制表盘作参考。

2. 直流电压调试：所用器材，受开关控制的交流调压器+大于500V整流器+有15V、60V、300V电压输出的隔离变压器。引入隔离变压器能提供相对安全的保障，并使调控更加灵活，例如接入隔离变压器15V、300V，通过调压器能获得10V、250V调试用电源。先将两表+-表笔接在整流器+-电极上，调压器调到零，两表置好相应挡位，打开调压器开关，从零逐渐提升电压到满度，看被校表是否满度，未满则是该挡电阻偏大，反之则偏小。注意记录好每个挡位下被校表的十等分刻度数备用。调250V挡时隔离变压器置300V即可，直流500V电源则需将变压器置300V作倍压整流获得。

3. 交流电压调试：上述器材去掉整流器，两表并联接入隔离变压器相应输出电压，转动调压器到10型表满度时，观察被校表是否满度，出现偏差可调R7中的交流补偿调节器使之满度。然后记录好十等分刻度值以备绘制表盘时作参考。获取交流500V电压虽借助其他升压电源，笔者是用示波器电源经调压获取。

4. 直流电阻调试：所需器材电阻箱和20Ω15W(可用2000W电炉丝代替)、200Ω5W、2K、20K、200K，五个可调电阻。先置K挡从K倍率进行调试，将20K可调电位器替代R并调到12K，两表笔短路调节零位，然后两表笔接入电阻箱并置到13K上，看表针是否在中心刻度上，有偏离微调电位器使指针指到中心刻度，此步骤需从可调电阻和欧姆调零间反复仔细认真调试核对，稳定后再换上与电位器等值的固定电阻即可。之后耐心1K、1K拨动电阻箱，记录下表针当前指示值，直到无穷大，记录数据用于以后绘制表盘电阻刻度。其他倍率挡位只需按前述方法调整好中心刻度值，以后共用一条电阻刻度按挡位按倍率读数即可。

表盘绘制：表盘绘制必须根据自己原始表头刻度按以上调试记录进行绘制。找出原表盘弧度半径，以此画出电流、电压、电阻刻度的弧线，加上原始刻度线共同组成。有条件可用相机拍照成1:1高对比度照片附于表盘上。图10即为整理绘制的表盘刻度图。注意换表头表盘时和千万不要动表头转动部分，否则在重装时恢复不了表头原有灵敏度，造成不必要的麻烦。

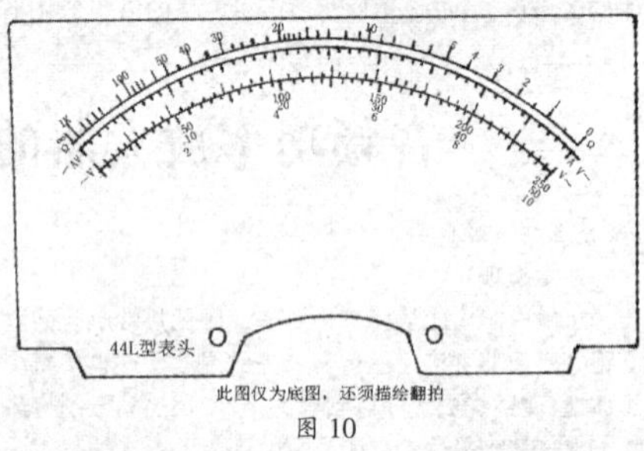

44L型表头
此图仅为底图，还须描绘翻拍

图 10

实验电源：

配备实验电源是必须的，这里仅配一个双电源和一个可调单电源。用三端稳压集成电路7812和7912组成±12V双电源，可调电源则用三端可调精密电压基准IC组成。电源部分电路简洁不作过多介绍。下面是本次制作的初始外观照片。

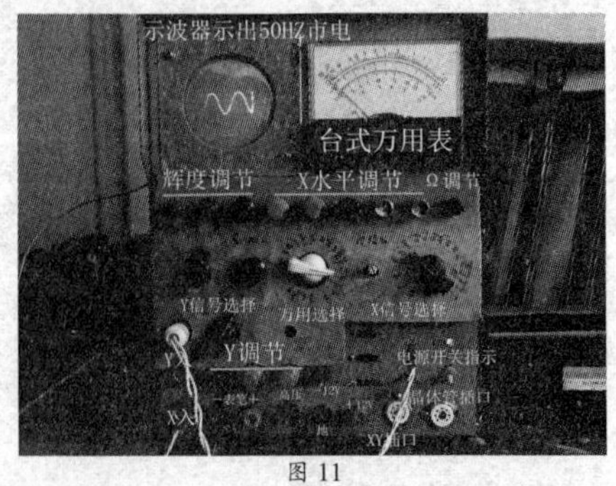

图 11

龟蛇山刮冠毒风，全民奋战齐抗疫，宅在家中不添乱，点燃情趣正当时，光阴流逝莫虚度，抗疫取乐两相宜。

(全文完)

◇重庆 李元林

中职“机电一体化设备组装与调试”技能竞赛辅导(二)

(紧接上期本版)

2. 电气控制原理图绘制与电路连接

(1)确定 PLC 输入/输出点数

分析项目任务所需实现的功能,列出输入输出设备及点数,如表 2 所示。

表 2 输入输出设备及点数

输入			输出		
序号	名称	点数	序号	名称	点数
1	按钮	4	1	DC24V 指示灯	1
2	传感器	18	2	直流减速电机	1
			3	蜂鸣器	1
			4	双作用缸	3
			5	机械手动作	8
			6	变频器的控制端子	4
合计		22	合计		18

(2) 电气控制原理图绘制与电路连接根据项目任务要求及 PLC 输入输出端子(I/O)分配表,绘制电气控制原理图,如图 4 所示。根据所绘电气控制原理图,对设备进行电路连接。绘制电气控制原理图时一定要按电气制图规范要求进行,要注意用元件图形符号正确绘制,元件间连线的走向与间距要符合要求;在进行电路连接时,要依据电气控制原理图连接,注意工艺要求,连接布线要整齐、牢固,线头裸露部分不能过长,导线线头要套上带编号异形管,除线头外其余部分放入线槽。

3. 气动回路连接与调试

从生产线分拣设备气路系统图得知,该设备使用了表 3 所示的气动元件。

表 3 气动系统元件名称与数量

序号	名称	单位	数量
1	两位五通的双控电磁阀	个	4
2	两位五通的单控电磁阀	个	3
3	双作用直线气缸	个	5
4	气手指	个	1
5	摆动气缸	个	1
6	单向节流阀	个	14
7	气源	组	1

安装气动回路之前应先清点元器件数量,依据气动系统图对气动回路进行连接。具体连接要求:气管长短适中,走向合理,连接可靠,不能出现漏气、漏接等现象。连接完后通气检查,观察气路的连接情况,手动控制电磁阀看是否能驱动气缸正常工作。

4. 设置变频器参数与调试

(1)变频器参数设置

根据项目任务的要求,分析皮带输送机有正转、反转、35Hz 和 25Hz 四种控制方式,变频器设置的参数如表 4 所示。

表 4 变频器参数设置

序号	参数代号	参数值	说明
1	P4	35Hz	高速(RH)
2	P5	25Hz	中速(RM)
3	P8	0.2s	减速时间(根据程序需求设置)
4	P79	2	电动机控制模式(外部操作模式)

(2)电路和气路调试

变频器参数设置完成,要通电检查变频器是否可以正常工作。对前面已安装的电路和气路进行一次整体的检查与调试,先检查各部件安装是否到位,电气线路和气动回路连接是否可靠,再通气手动控制各气缸的动作,通电检测各个传感器是否有信号,检查电磁阀、指示灯、蜂鸣器等是否正常。

5. PLC 控制程序编写

(1)项目任务控制功能分析

项目任务控制功能包含五个控制功能:设备复位、工作方式切换、连续出现不合格元件、突然断电、设备停止。

设备复位主要对设备进行复位,指示灯 HL1 为电源指示灯,上电就应闪亮。

工作方式设置在设备停止状态下才能进行,通过转换开关 SA1 切换,左位置为工作方式一,右位置为工作方式二。

连续出现不合格元件是连续出现三个不合格元件时,在处理完第三个后,设备回到初始位置停止并报警,按下停止可解除报警,报警解除后系统才能重新启动。

突然断电主要是对断电前后设备状态的处理,断电后之前的状态要保持,重新上电启动后应按原来的方式和程序继续运行。

设备停止设备属于正常停止,即按了停止后,设备完成当前任务后回到初始状态后停止。

(2)项目任务生产功能分析

项目任务生产功能包含三个控制功能:元件加工、工作方式一、工作方式二。

元件加工是指设备启动后,从进料口放到传送带上的元件被送到位置 C 进行 3s 的加工,加工完成后按照设定好的工作方式进行分拣。

工作方式一主要是对加工完成的三种元件进行分拣。位置 A 处的出料斜槽Ⅰ:金属元件;位置 B 处的出料斜槽Ⅱ:白色元件;位置 D:黑色元件,到达后由机械手搬运到处理盘进行处理。

工作方式二主要是:

位置 A 处的出料斜槽Ⅰ:第一个金属元件,第二个白色塑料元件。

位置 B 处的出料斜槽Ⅱ:第一个金属元件,第二个白色塑料元件。

位置 C 处的出料斜槽Ⅲ:不满足出料斜槽Ⅰ、Ⅱ的金属元件和白色塑料元件。

位置 D:黑色塑料元件,到达后由机械手搬运到处理盘进行处理,出料斜槽Ⅰ、Ⅱ为交替入料与包装,即出料斜槽Ⅰ入料时出料斜槽Ⅱ进行包装,出料斜槽Ⅱ入料时出料斜槽Ⅰ进行包装。

项目任务程序编写可根据项目任务控制分段编写,因程序篇幅过长,本文略。

(未完待续)(下转第 217 页)

◇湖南省华容县职业中专业学校 张政军

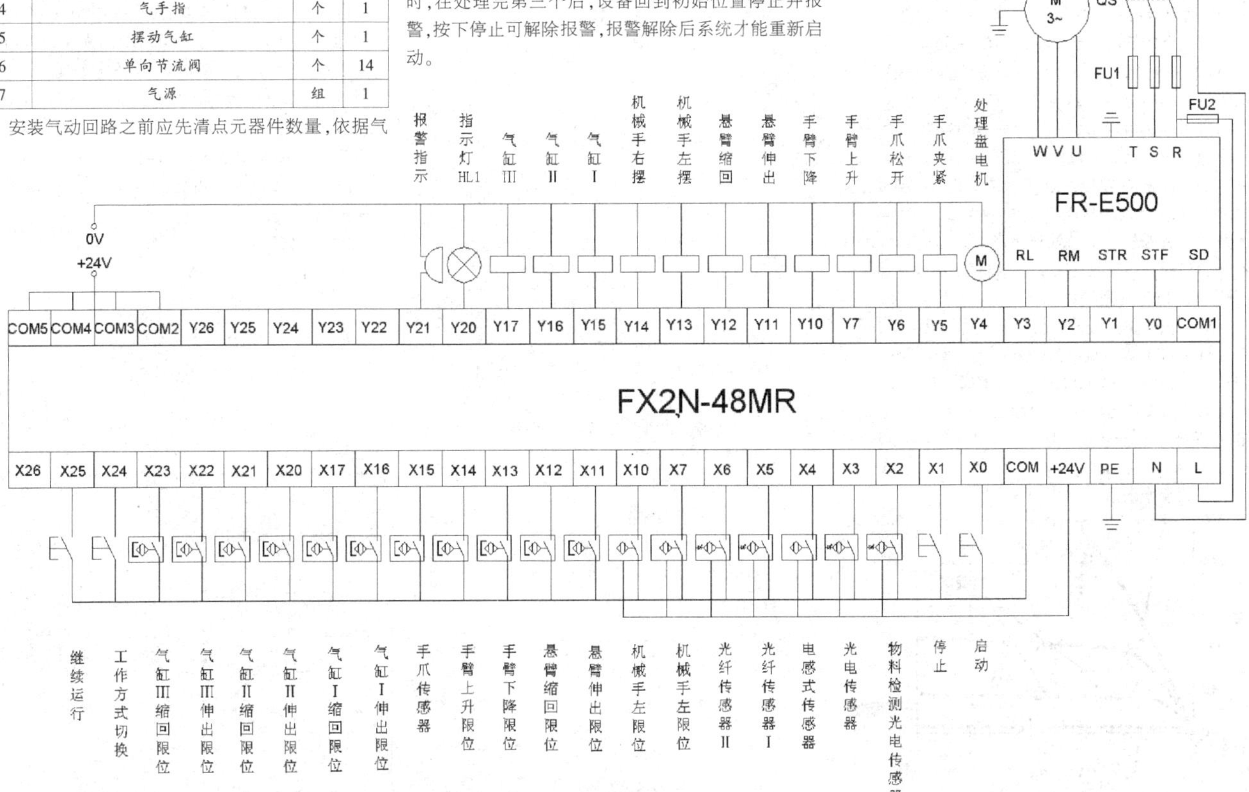

图 4 电气控制原理图

MOS 管控制实现电源缓启动实施与设计(一)

在电信工业和微波电路设计领域,普遍使用 MOS 管控制冲击电流的方法达到电流缓启动的目的。MOS 管有导通阻抗 Rds_on 低和驱动简单的特点,在周围加上少量元器件就可以构成缓慢启动电路。虽然电路比较简单,但只有吃透 MOS 管的相关开关特性后才能对这个电路有深入的理解。

本文首先从 MOSFET 的开通过程进行叙述:

尽管 MOSFET 在开关电源、电机控制等一些电子系统中得到广泛的应用,但是许多电子工程师并没有十分清楚地理解 MOSFET 开关过程,以及 MOSFET 在开关过程中所处的状态一般来说,电子工程师通常基于栅极电荷理解 MOSFET 的开通的过程,如图 1 所示此图在 MOSFET 数据表中可以查到。

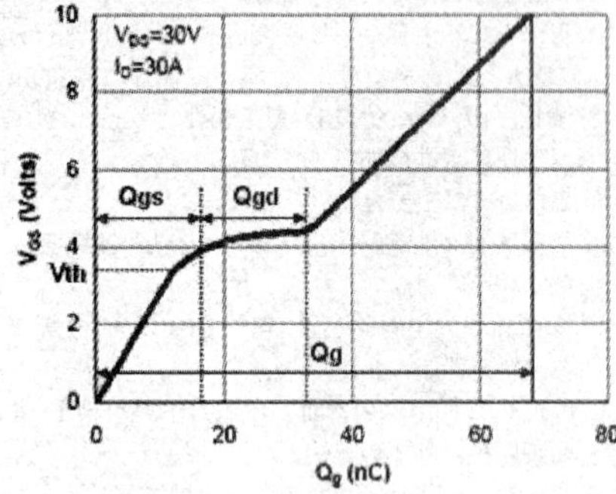

图 1 AOT460 栅极电荷特性

MOSFET 的 D 和 S 极加电压为 VDD,当驱动开通脉冲加到 MOSFET 的 G 和 S 极时,输入电容 Ciss 充电,G 和 S 极电压 Vgs 线性上升并到达门槛电压 VGS(th),Vgs 上升到 VGS(th)之前漏极电流 Id≈0A,没有漏极电流流过,Vds 的电压保持 VDD 不变。

当 Vgs 到达 VGS(th)时,漏极开始流过电流 Id,然后 Vgs 继续上升,Id 也逐渐上升,Vds 仍然保持 VDD 当 Vgs 到达米勒平台电压 VGS(pl)时,Id 也上升到负载电流最大值 ID,Vds 的电压开始从 VDD 下降。

米勒平台期间,Id 电流维持 ID,Vds 电压不断降低。米勒平台结束时刻,Id 电流仍然维持 ID,Vds 电压降低到一个较低的值米勒平台结束后,Id 电流仍然维持 ID,Vds 电压继续降低,但此时降低的斜率很小,因此降低的幅度也很小,最后稳定在 Vds=Id×Rds(on)因此通常可以认为米勒平台结束后 MOSFET 基本上已经导通。对于上述的过程,理解难点在于为什么在米勒平台区,Vgs 的电压恒定?驱动电路仍然对栅极提供驱动电流,仍然对栅极电容充电,为什么栅极的电压不上升?而且栅极电荷特性对于形象的理解 MOSFET 的开通过程并不直观因此,下面将基于漏极导通特性理解 MOSFET 开通过程。

MOSFET 的漏极导通特性与开关过程。

MOSFET 的漏极导通特性如图 2 所示 MOSFET 与三极管一样,当 MOSFET 应用于放大电路时,通常要使用此曲线研究其放大特性只是三极管使用的基极电流、集电极电流和放大倍数,而 MOSFET 使用栅极电压、漏极电流和跨导。

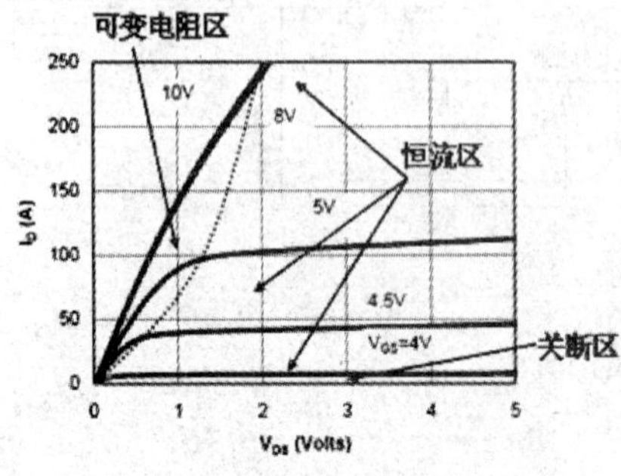

图 2 AOT460 的漏极导通特性

三极管有三个工作区:截止区、放大区和饱和区,MOSFET 对应是关断区、恒流区和可变电阻区注意:MOSFET 恒流区有时也称饱和区或放大区当驱动开通脉冲加到 MOSFET 的 G 和 S 极时,Vgs 的电压逐渐升高时,MOSFET 的开通轨迹 A-B-C-D 如图 3 中的路线所示。

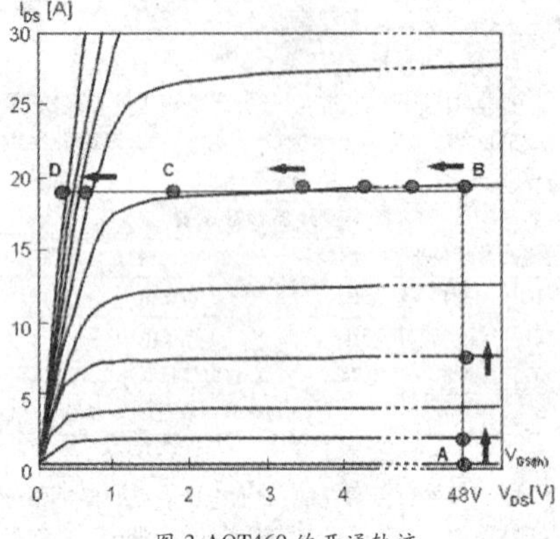

图 3 AOT460 的开通轨迹

开通前,MOSFET 起始工作点位于图 3 的右下角 A 点,AOT460 的 VDD 电压为 48V,Vgs 的电压逐渐升高,Id 电流为 0,Vgs 的电压达到 VGS(th),Id 电流从 0 开始逐渐增大。

A-B 就是 Vgs 的电压从 VGS(th)增加到 VGS(pl)的过程从 A 到 B 点的过程中,可以非常直观地发现,此过程工作于 MOSFET 的恒流区,也就是 Vgs 电压和 Id 电流自动找平衡的过程,即 Vgs 电压的变化伴随着 Id 电流相应的变化,其变化关系就是 MOSFET 的跨导:Gfs=Id/Vgs,跨导可以在 MOSFET 数据表中查到。

当 Id 电流达到负载的最大允许电流 ID 时,此时对应的栅级电压 Vgs (pl)=Id/gFS 由于此时 Id 电流恒定,因此栅极 Vgs 电压也恒定不变,见图 3 中的 B-C,此时 MOSFET 处于相对稳定的恒流区,工作于放大器的状态。

开通前,Vgd 的电压为 Vgs-Vds,为负压,进入米勒平台,Vgd 的负电压绝对值不断下降,过 0 后转为正电压驱动电路的电流绝大部分流过 CGD,以扫除米勒电容的电荷,因此栅极的电压基本维持不变 Vds 电压降低到很低的值后,米勒电容的电荷基本上被扫除,即图 3 中的 C 点,于是,栅极的电压在驱动电流的充电下又开始升高,如图 3 中的 C-D,使 MOSFET 进一步完全导通。

C-D 为可变电阻区,相应的 Vgs 电压对应着一定的 Vds 电压 Vgs 电压达到最大值,Vds 电压达到最小值,由于 Id 电流为 ID 恒定,因此 Vds 的电压即为 ID 和 MOSFET 的导通电阻的乘积。

基于 MOSFET 的漏极导通特性曲线可以直观的理解 MOSFET 开通时,跨越关断区、恒流区和可变电阻区的过程米勒平台即为恒流区,MOSFET 工作于放大状态,Id 电流为 Vgs 电压和跨导乘积。

电路原理详细说明:

MOS 管是电压控制器件,其极间电容等效电路如图 4 所示。

MOS 管的极间电容栅漏电容 Cgd、栅源电容 Cgs、漏源电容 Cds 可以由以下公式确定:

$$C_{gd}=C_{rss} \quad (1)$$

$$C_{gs}=Ciss-C_{rss} \quad (2)$$

$$C_{ds}=C_{oss}-C_{rss} \quad (3)$$

公式中 MOS 管的反馈电容 Crss,输入电容 Ciss 和输出电容 Coss 的数值在 MOS 管的手册上可以查到。

电容充放电快慢决定 MOS 管开通和关断的快慢,Vgs 首先给 Cgs 充电,随着 Vgs 的上升,使得 MOS 管从截止区进入可变电阻区。进入可变电阻区后,Ids 电流增大,但是 Vds 电压不变。随着 Vgs 的持续增大,MOS 管进入米勒平台区,在米勒平台区,Vgs 维持不变,电荷都给 Cgd 充电,Ids 不变,Vds 持续降低。在米勒平台后期,MOS 管 Vds 非常小,MOS 进入了饱和导通期。为确保 MOS 管状态间转换是线性的和可预知的,外接电容 C2 并联在 Cgd 上,如果外接电容 C2 比 MOS 管内部栅漏电容 Cgd 大很多,就会减小 MOS 管内部非线性栅漏电容 Cgd 在状态间转换时的作用,另外可以达到增大米勒平台时间,减缓电压下降的速度的目的。外接电容 C2 被用来作为积分器对 MOS 管的开关特性进行精确控制。控制了漏极电压线性度就能精确控制冲击电流。

电路描述:

图 5 所示为基于 MOS 管的自启动有源冲击电流限制法电路。MOS 管 Q1 放在 DC/DC 电源模块的负电压输入端,在上电瞬间,DC/DC 电源模块的第 1 脚电平和第 4 脚一样,然后控制电路按一定的速率将它降到负电压,电压下降的速度由时间常数 C2*R2 决定,这个斜率决定了最大冲击电流。

C2 可以按以下公式选定:

R2 由允许冲击电流决定:

其中 Vmax 为最大输入电压,Cload 为 C3 和 DC/DC 电源模块内部电容的总和,Iinrush 为允许冲击电流的幅度。

R3 为阻尼电阻,可按以下公式选定:

$$R_3 \ll R2 \quad (6)$$

D1 是一个稳压二极管,用来限制 MOS 管 Q1 的栅源电压。元器件 R1,C1 和 D2 用来保证 MOS 管 Q1 在刚上电时保持关断状态。具体情况是:

上电后,MOS 管的栅极电压要慢慢上升,当栅源电压 Vgs 高到一定程度后,二极管 D2 导通,这样所有的电荷都给电容 C1 以时间常数 R1×C1 充电,栅源电压 Vgs 以相同的速度上升,直到 MOS 管 Q1 导通产生冲击电流。

以下是计算 C1 和 R1 的公式:

$$C1 \geq \frac{C2*(V_{max}-V_{th}+V_{D2})}{V_{th}-V_{D2}} \quad (7)$$

$$R1 \geq \frac{5*R3*C2}{C1*absln\left(1-\frac{V_{ph}-V_{th}}{V_{max}}\right)} \quad (8)$$

其中 Vth 为 MOS 管 Q1 的最小门槛电压,VD2 为二极管 D2 的正向导通压降,Vplt 为产生 Iinrush 冲击电流时的栅源电压。Vplt 可以在 MOS 管供应商所提供的产品资料里找到。

(未完待续)(下转第 218 页)

◇代民盟

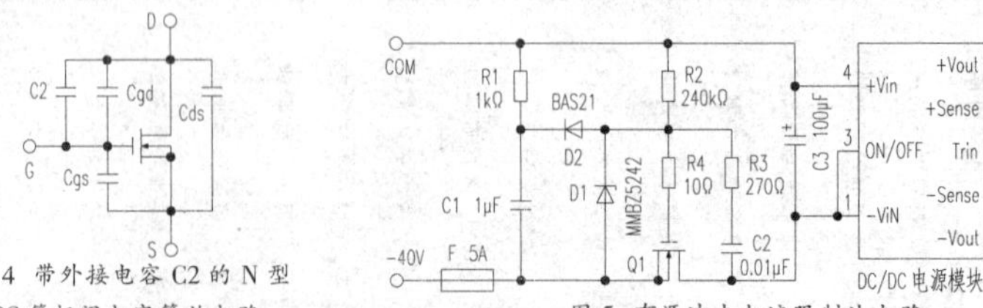

图 4 带外接电容 C2 的 N 型 MOS 管极间电容等效电路

图 5 有源冲击电流限制法电路

户户通卫星接收机维修五例

实例1：佰思特ABS-S GK001-CA01户户通接收机开机几秒后绿屏。

接手后通电测试发现开机出现"正在启动"字样时正常，出现户户通LOGO画面时便绿屏，此时前面板显示"0000"字样。故障时测量主板3.3V、2.5V和1.2V均正常，考虑主芯片打胶会出现一系列古怪问题，于是给主芯片GK6105S除胶并重做BGA，不过故障依旧，先后代换27M晶振及复位芯片还是不行。后来监测U12(1117-ADJ)输出端电压发现出现绿屏那一刹那电压变成0.9V左右，估计此时负载所需电流较大造成的，后来又恢复到1.2V左右，难怪笔者之前测试时是正常值。从这一过程看明显LDO芯片1117-1.2性能不良，用1117-1.2代换后机器完全正常，如图1所示。注：1117-ADJ是输出端电压可调，如果将调整端直接接地则输出1.25V，而1117-1.2是固定输出1.2V电压，所以这里可以代换，若1117-ADJ调整端已接入分压电阻则不可以直接代换。

实例2：创维S3100 ABS-S户户通开机只亮红灯。

拆开机器目测主芯片没有打胶，基本排除虚焊导致的故障。测量主芯片核心供电1.2V为0V，用电阻档测量1.2V负载端阻值正常，于是更换DC/DC芯片STI3408B(丝印S10打头)，可工作一会儿又烧坏。进一步检查发现电源板5V输出端在5-8V间变动，这已超出STI3408B输入端最高电压范围，肯定会烧坏DC/DC芯片。因电源板输出电压不稳定，考虑误差取样电路有问题，代换PC817和TL431均无效，更换电源管理芯片DK112后5V输出稳定，再次更换STI3408B机器完全恢复正常。

实例3：创维S690 ABS-S户户通接收机开机无视频输出。

此机之前进行过埋基站改免操作，收看几个月后开机前面板"LOAD"一闪一闪的，接电视无任何画面，等一会儿后LOAD字样也消失。由维修经验可知：采用GK6105S-T(包括GK6105系列)方案的户户通接收机，当I2C总线有问题时前面板数码管便会闪烁，而本机之前埋基站改免时又动过E2PROM芯片，所以怀疑本机也是24C128(UE01)芯片出现问题导致的。从料板上拆下一块同型号24C128装上后开机正常，如图2所示，不过几分钟后出现异常2错误，拆下24C128用编程器清空再装上，插入白卡"埋种"后一切正常。

实例4：希典ABS-208-GC06C户户通接收机有时开机过一会儿无视频输出，有时压根儿开机只亮红灯。

笔者接手后通电测试发现可以开机，不过几十秒后便无视频输出，此时测量主板3.3、2.5V及1.2V三大供电都正常，因主芯片HD3601没有打胶，可以排除虚焊引发的故障，代换27M晶振也无效。测量复位芯片U22(UM809R)发现第2脚(Reset)始终为低电平，而正常时应该是开机瞬间为低电平，然后转为高电平，怀疑此复位芯片已损坏，从料板上拆个装上，如图3所示，前述故障均彻底消失。

实例5：TCL-DBSG110户户通接收机输出音量小。

通电试机发现无论是内置广播还是外接电视声音均较小，根据维修经验来看声音小一般与音频放大电路相关，目测本机音频放大由JRC4558组成，测量其供电为正常12V，看来放大芯片本身有问题，可代换后故障依旧。仔细观察PCB板发现本机音频部分还有开机静噪电路，原理如图4所示，开机后+5V经R223对CE172进行充电，此时CE172正端电压较低，使Q14和Q15导通，Q14和Q15导通后集电极便呈高位，这样又使Q4和Q5导通，而Q4和Q5导通后便将音频信号接入地，从而达到静音目的。经过一段时间后CE172充电完成，此时电容正端电压就会变高，Q14、Q15、Q4及Q5相继由饱和变成截止，对音频输出电路便没有影响了。从前述原理可知，如果某种原因使Q14和Q15没有完全截止，这样对音频信号就有一定的分流作用，表现出来的故障现象就是声音变小。抱着试试看的想法拆除Q4和Q5后声音恢复正常，而开机也没有什么噪音，客户也非常满意。

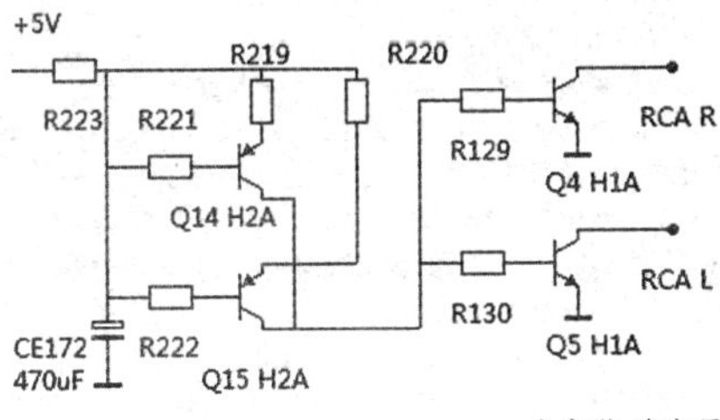

◇安徽 陈晓军

全固态发射机包络故障的检修

全固态数字调制发射机的射频部分包括从振荡器到48个射频放大器和T型阻抗匹配网络。

振荡器产生一射频信号，并经缓冲放大器、预推动、推动级将该信号放大到一个足够高的电平，然后去推动功放级，在功放级将该信号放大，经射频功率合成器合成后，送到带通滤波器输出网络，将滤除经功率合成器D/A转换后的量化频率成分，并将阻抗匹配至50欧姆，然后再有50欧姆射频输出点输出。

在一次播出故障中，发射机面板上射频放大器包络灯亮，说明书中称"包络出错"属于6类故障。是由于功放模块的损坏或者由于供电引起的某些模块不能工作使功率合成后还原的音频信号发生畸变，严重影响音频质量。

首先介绍这种故障的检测原理是将两个相关的音频信号进行比较。一个信号是A/D转换板上的数字音频信号；另一个则是从发射机输出端取样的已调制信号经解调后得到的音频信号。检测电路将两个音频信号进行比较，正常时两个音频信号波形基本相同，"包络"灯呈绿色。倘若有某个功放发生故障或元器件的参数发生漂移，调幅波的包络就会失真，解调后得到的音频信号波形与A/D板上重建的音频信号不再相同。在误差超过一定值时，比较器将给出故障信号，"包络"灯红。

检查后发现并没有功放损坏，面板多用表"天线零位"也不偏高，看来是A32显示板包络检测电路N25、N26、N73及相关元件失效或参数改变所致。

N25为精密集成乘法器AD534C，由其组成电源补偿电路。其作用是对因外电供电电压波动引起的包络畸变进行补偿，以消除供电电压波动引起的包络误差。晶体管V2组成过调失真补偿电路，用于在过调幅时对调制负峰进行补偿。N26A、N26B为跟随器，作用为音频信号的缓冲隔离。N73为电压比较器，由输出监视板的包络检波器来的音频信号送到比较器的反向输入端，由于外电电压变化或功放模块损坏，检波器来的包络信号某一瞬时值将下降，这是比较器将输出一个高电平信号，并由N11驱动显示器点亮红灯。

结合以上分析并根据实时收听效果失真变大但功放模块并没有损坏判断此故障并非由功放损坏和外电波动引起。对比同厂家同型号正常工作的发射机后发现，N25第6脚电平值差异较大，调电位器R65使其值接近并使包络发光二极管指示由红变绿，观察运行一段时间后并无变化，判定是由于元器件老化参数漂移所致。

◇河北 张强

户户通接收机进水故障速修两例

1. 天地星TDX-468B进水后无信号强度和质量。首先测量F头处极化电压为0V，拆开机器目测F头内芯已经锈断，如图1所示，由于断点在F头插座的根部，以致无法用电烙铁拖锡焊接，只好从料板上拆个F头座换上，更换后故障完全排除。

2. 乐百视ABS-A488-HQM进水导致开机无信号强度及质量。测量F头插座无LNB极化供电输出，拆开机器测量主板S8550输出的极化电压正常，用天那水将F头插座与PCB板间污迹清洗干净后发现PCB板焊盘铜箔存在断点，如图2所示，用手术刀刮干净后再用焊锡小心补接上，通电试机故障完全消失。

◇安徽 陈晓军

使用调音台，这些错误不能犯

一台调音台，不管简单复杂、高档低档，要让它充分发挥性能，那就必须掌握调音台的使用技巧和调音经验，下面这些错误切切不能犯。

一、乱按按钮和乱调各种旋钮

调音台虽然有简有繁，路数（通道数）有多有少。在我们不熟悉该音台或对现场系统接法以及使用要求不了解的情况下，切忌乱按按钮和乱调各种旋钮。

调音台作为音响系统的核心设备，不同的系统有不同的接法，在系统调试完毕时，相关旋钮已经处于工作状态，如果我们贸然乱按、乱调，势必破坏了其工作状态，轻者使效果遭到破坏，重者可能造成无声、系统设备损坏。

二、乱调通道增益旋钮

一般调音台的每一输入通道，均有增益选择按钮（有不衰减和衰减二十分贝）和增益调整旋钮。这两个钮的作用就是控制进入该通道音频信号的大小。如果信号过大，势必造成输入放大器进入饱和状态，音频信号严重失真；如果信号过小，要么使声音很轻，要么降低信噪比，影响扩声效果。切忌不能乱调通道增益旋钮。

正确的办法应该是：根据输入信号的类型大小，选择增益选择按钮。该按钮有两种选择，如按下，则衰减20-30dB（视调音台不同而不同）；不按下，则不衰减。当我们输入的是话筒类信号时（这类信号大小一般为几毫伏），就不必按下衰减钮；当我们输入的是线路级信号时（如DVD、卡座等，这类信号大小一般为100-200毫伏），就必须按下衰减钮。

之后再调整增益调整钮，是否处于正确位置，当PEAK指示灯很亮或常亮时，该旋钮向逆时针方向旋5-10°（一个刻度线）。

三、不使用或乱使用参数式音调控制器

一般调音台均设有3段或4段参数式音调控制器，有6个或8个旋钮组成。这些旋钮分为两类：一类是增益控制，标示有-10~+10，另一类是频率旋钮，根据现场需要，选择提升或衰减的频点。这些旋钮的调整要求有一定的调音经验，在不熟悉或缺乏调音经验的情况下，切记不要乱调这些旋钮，尤其是增益钮，一般处于“0”。但也要反对，不管什么情况下，不使用参数式音调控制器，这不成了摆设了？

四、不注意声像调整钮

调音台的每一个输入通道中，设置了声像调整钮PAN，并标注了L或R，这个旋钮的作用是旋到L位置时，表示此通道的信号全部传输给了L路输出，同理，旋到R时，表示此通道的信号全部传输给了R路输出，当处于中间位置时，表示此通道信号L、R路均有输出。

按一般扩声要求，话筒等不强调声像位置时，PAN处于中间位置，作为立体声信号输入（如DVD、卡座等）且系统是两路扩声输出形式时，如果是使用了两个输入通道，则一个通道的PAN处于L，另一个通道的PAN处于R，切忌盲目乱调。立体声输入通道则要把平衡旋钮处于中间。

五、不注意辅助输出旋钮

调音台的每一路输入都设置了给辅助输出信号大小的调整钮AUX，多的有5、6路，少的也有3、4路。这些旋钮要根据调音台最终使用辅助通道的情况处于不同位置，切忌不管使用不使用，要么处于关闭位置“0”位，要么处于中间位置（人们习惯于把不知道使用的旋钮置于中间位置）。

其实调音台的使用是非常灵活的，不同的系统，不同的使用场合，有不同的用法，对辅助通道也是一样，有的接辅助音箱输出，有的接效果器输入，有的给其他设备作为信号输入，如不了解，贸然置于“关”的位置或处于中间位置，岂不乱套了？

这里要特别说说辅助输出通道接效果器的问题，大家知道，效果器主要是给人声增加效果的。播放音乐时，是不用施加效果的，加了只能破坏音乐的效果，降低还原清晰度。这就要求根据效果器的接法弄明白，哪些辅助通道的旋钮要开启，哪些辅助通道的旋钮要关闭，并且要与第几路辅助输出相对应。

六、不注意分路音量推子与主输出音量推子的配合

分路音量推子与主输出音量推子都可以控制调音台输出的大小，但怎样使用是有讲究的。

一般对于分路音量推子，我们要打开该路的输出VU表，在使分路音量推子处于0dB位置时，调整该路的增益选择钮及增益调整钮，使监听状态的VU表或发光二极管处于0db时，即可（如为发光二极管显示时，黄灯亮的区域）。

各路基本一致，然后根据现场扩声的要求，调整主输出音量推子至合适状态，切忌随便一推了事，这样对信号的动态范围压缩最小，信噪比最高。

七、不及时关闭不用的各路音量推子

每一分路的音量推子都对应着该路的输入信号。当本路不用时，即讲话结束或音乐信号停止后，应及时关闭该路的音量推子，以免拾取无用的声音，经调音台馈送给扩声系统。

这方面是调音的需要。因为不及时关闭音量推子，把周边的各种干扰声不加选择的播放出去，影响了扩声质量，同时由于话筒在讲话人不使用时，往往被推离讲话者，其使用角度发生变化，极易产生声音回授，出现啸叫；另一方面也是尊重人的需要。由于未及时关闭音量推子，把主席台上一些私下交谈的内容播放出去，会引起误会及笑话。

因此，应养成及时关闭不用的调音台输入通路的音量推子的习惯，切忌一推了事，走开干别的事。

八、乱打开幻象电源开关

调音台上一般均设置了幻象电源，这主要是在使用电容话筒时，需要施加极化电压。

这种幻象电源一般由总开关及分路开关控制，按下打开，再按一下关闭。其电压为48V，也有15V或连续可调的。根据电容话筒的使用要求选择。

幻象电源的施加方法是直接通过话筒连接线（在平衡接法时，通过②+③-）加到电容话筒上。正因为这样的原因，我们只在使用电容话筒且为平衡接法时，才可以将幻象电源打开，其他情况下均应确认处于关闭状态。否则要么造成话筒无声引起麻烦，要么造成幻象电源供电故障。

以上8个要点，是我们在调音过程中，多不曾留意到的小细节。往往，胜败乃出现在细节之中，以后可要多多注意。

◇江西 谭明裕

接口旋钮介绍

总输出不平衡接口　总输出平衡接口

监听线路输出
效果返回
录音输出
录音输入
辅助输出
监听耳机输出
监听耳机音量调整
混响电平调整
返回电平调整
延时调整
分配调整
辅助输出音量调整
主信号输出双声推子
独立开关
效果通道量总推子

投影机选购要点

随着投影机进入家庭的比例越来越多，去年家用消费投影机出货量超过279万台，同比增长23%，其中极米XGIMI、Epson、坚果、BenQ和NEC夺得国内市场前5名，合计份额达到42%。那么哪里功能需要注意呢？

自动对焦与自动梯形校正

当投影机与屏幕距离改变，屏幕就会出现模糊不清的情况，进行手动调节不仅费事而且十分繁琐。一旦不小心碰触到投影机发生移位导致又要重新调焦，有了自动对焦这些问题都可以迎刃而解。

现在不少品牌投影机都已经完成了“手动对焦”“电子对焦”“自动对焦”“全画面自动对焦+实时清晰度补偿”到最新的“无感对焦”一系列的迭代升级，其中“无感对焦”做到了极速完成、无对焦图干扰观影，始终保持清晰，无论是从对焦速度还是对焦效果来讲都让用户几乎感知不到对焦过程的存在，用户在打开或挪动投影始终都是清晰的画面。

运动补偿和高刷新率

传统的投影机一般会出现画面不流畅和拖尾的现象。从原理上来说，平时所看到的视频一般都是以一幅幅静态的画面依次播放形成的，静态画面的数量越多，所看到的画面也就越流畅。但由于受到技术、成本以及制式等多种因素的影响，现如今观看到的网络视频帧率都不会很高，一般来说通常为24帧。而当画面进行高速运动时，由于画面的帧数有限，就会导致运动的过程中会出现很多细节无法展示。虽然投影机在输出画面时会把图像处理成60帧的视频，但更多的画面其实都是重复帧。当观看动作视频时，由于同一画面的信息持续的时间较长，人眼观看后就会感觉物体运动的不流畅。

HDR

HDR就是高动态范围图像（High-Dynamic Range，简称HDR），相比普通的图像，可以提供更多的动态范围和图像细节。一般来讲，HDR技术带来的画质提升是直观可感的，即使是普通观众也能用肉眼辨别，因此2016年众多厂商纷纷在电视产品上搭载HDR技术。

而对于投影机而言，有了HDR的加持画面的质感也会得到明显的提升。开启HDR功能后，游戏画面拥有了更高的动态范围。最为直观的就是色彩层次更加丰富，同时拥有了更多的亮部细节以及暗部细节，总体体验下来开启HDR功能后，游戏画面更为真实，也更加震撼，可见HDR功能带来的提升是肉眼可见的。

上下左右 ±45° 梯形校正
无需正对幕布，摆放更自由

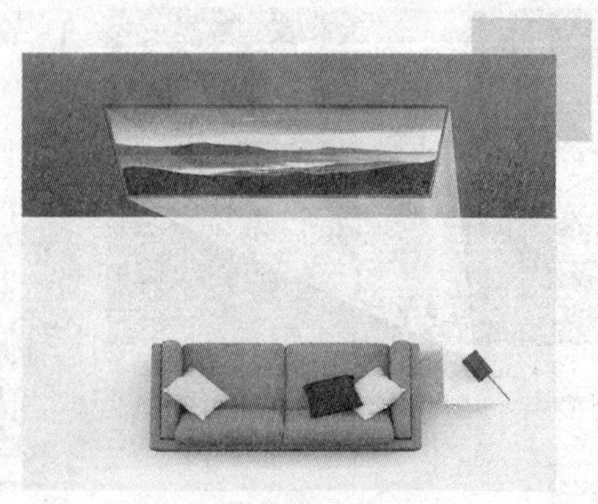

邮局订阅代号：61-75 国内统一刊号：CN51-0091

微信订阅纸质版
请直接扫描
邮政二维码
每份1.50元 全年定价78元
每周日出版

扫描添加电子报微信号
或在微信订阅号里搜索"电子报"

2020年5月31日出版
实用性 启发性 资料性 信息性
第22期
(总第2063期)
国内统一刊号:CN51-0091 定价:1.50元 邮局订阅代号:61-75
地址:(610041)成都市武侯区一环路南三段24号节能大厦4楼 网址:http://www.netdzb.com
让每篇文章都对读者有用

家用水净化器的选择和使用(二)

(紧接第201页)

二、反渗透水净化器的选择与使用

1. 反渗透水净化器的选择

1)反渗透水净化器的工作原理

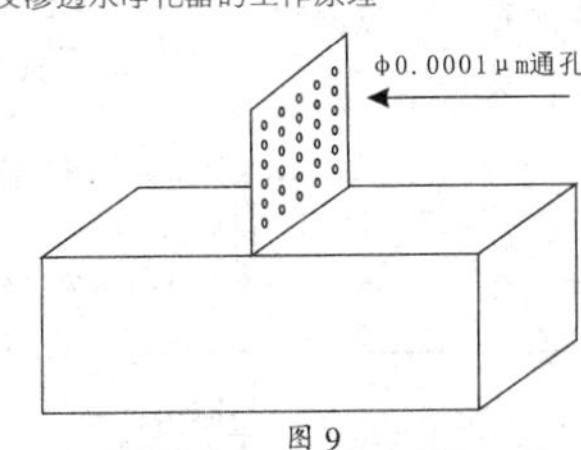

图9

反渗透水净化器使用的主过滤原件称作"反渗透膜"。反渗透膜又称"RO膜",RO是英文Reverse Osmosis的缩写,中文的意思是反渗透。RO膜上密布直径0.0001μm的通孔。如图9所示,取一容器,用一张RO膜把它分为两个部分,然后分别加入不同浓度、但液面高度相同的水溶液。此后,溶液浓度小的一侧的水分子、及其他直径小于0.0001μm的矿物质离子就会通过通孔向溶液浓度高的一侧转移。于是高溶液浓度一侧的液面就不断升高,另侧就不断下降。当高浓度溶液一侧的液面上升到一定高度时,上述转移过程停止。这时两侧的压差就是所谓的"渗透压"。此时,若在高溶液浓度一侧加压,水分子及上述矿物质离子就会向低溶液浓度的一侧转移。这就是RO膜水净化的原理。这样,不光水中的大一点颗粒物、胶状物、细菌、病毒、二价离子等被清除,连大部分的一价矿物质离子也被清除。所剩下来的几乎就是纯净的水分子了。当然,在反向转移的过程中,就会有一些直径大于通孔的杂质逐渐附着在RO膜上,堵塞通孔,使水分子及上述矿物质离子的转移速度变慢。只有把这些杂质清除,RO膜的工作才能恢复正常。因此,在水净化过程中,RO膜需要进行间隔地冲洗。常见的反渗透水净化器用的RO膜过滤芯见图10。

图10

实际应用中的RO膜水净化器的构造,也不像附图9所介绍的那样简单,要复杂得多。通常由五级过滤外加一个储水罐组成。除外,为了保证机器有条不紊地运行,还要有交直转换电路、控制电路、显示电路和增压泵、电磁阀等部件。其中,交直转换电路提供24V的直流电源;控制电路发出各种运行指令,使各执行部分按指令动作;显示电路显示机器的运行状态;增压泵使系统的水压保持在一个既定的范围;电磁阀则控制相关输水管路的通断。

图11是一种常见的RO膜水净化器的结构示意图。

2)反渗透膜水净化器的选择

反渗透膜水净化器,又称纯水机。所有的商品纯水机都是复合型的,出厂时各种重要的功能部分都已组装完毕。买回后,只要按要求装好各种滤芯,并用塑料管路把储水罐连接好,再接上进水管、废水管,通电就可以工作。如果你使用的水源污染较为严重,或者氟化钠含量太高、氯化钠含量太高,用超滤水净化器根本无法达到净化的目的。那么,你就只能选用纯水机。购买时注意选择使用通用滤芯的机型。常见

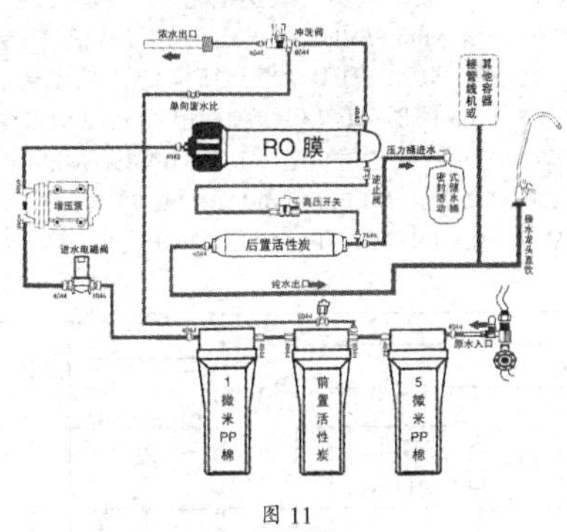

图11

的PP棉滤芯的高度与活性炭滤芯的高度相同,都是252mm,PP棉滤芯的直径多为60mm左右,活性炭滤芯的直径为72mm。实物见图12a和图12b。

图12a pp棉滤芯　图12b 活性炭滤芯

常见的RO膜滤芯长300mm,直径依据产水速度而异,产水速度越大直径也越大。如每小时产水200加仑的直径70mm。见图13。常见的RO膜滤芯,又分世韩膜和陶氏膜。两种RO膜在性能上各有千秋,很难定义孰优孰劣。如今,用世韩膜制成的滤芯和用陶氏膜制成的滤芯相比,售价也相差无几。故选用陶氏膜滤芯还是世韩膜滤芯,请根据自己的具体情况。但是,由于目前所使用的陶氏膜滤芯多为低耐压的聚酰胺材质,这种材质的RO膜对氯非常敏感,尤其在重金属离子的作用下,易氧化造成永久性的损坏。自来水中又多含重金属离子,在活性炭失效后,极易造成上述结果。再则,自来水中余氯的含量是不断变化的。因此,仅靠估计无法确定活性炭滤芯是否失效。与否可继续使用,应以测试结果为准。这一点,在陶氏膜使用的过程中应尤加注意。在我看来,如果你的水处理系统尚存余氯的威胁,自己又无相应的监测能力,建议直接选用世韩膜滤芯的机型。为此,纯水机使用的是何种RO膜?购机时一定要问清楚。

图13

反渗透膜水净化器的品牌很多,如美的、沁园、安吉尔、荣事达、海尔、佳尼特、安之星、容声等。图14是常见的反渗透膜水净化器。

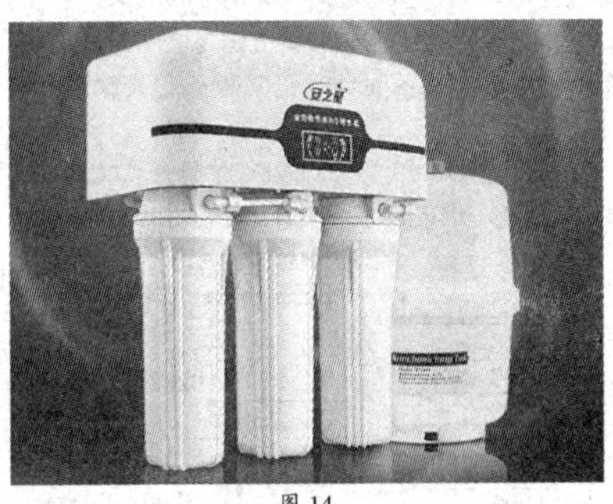

图14

注意:有的超滤水净化器,从外观看起来与反渗透膜水净化器有点相似,也是由四五支过滤瓶组成。但是反渗透膜水净化器必须外接电源才能工作,超滤水净化器不用。切莫将二者混为一谈。

2. 纯水机的使用注意事项

1)经常用TDS笔测一下水质。TDS是英文Total dissolved solids的缩写,中文的意思是溶解性固体总量。此数值越低越好,50以下为正常。常见的TDS笔见图15。

图15

2)RO膜滤芯的更换。一般情况下,RO膜滤芯1至2年更换一次。具体更换时间以TDS笔测定的读数为准,低于50可继续使用。事实上不少用户买了RO膜水净化器后,各级滤芯多年不予更换,使用中也从来不用TDS笔检测一下水质。如此做法,不光水质的变化无从了解,连RO膜滤芯是否已经损坏也无从得知,基本上失去了安装纯水机的意义。换此滤芯时一定要注意操作卫生,不能使滤芯、滤瓶受到污染。

3)其他滤芯的更换可参照商家规定。储水罐的清洗也参照商家规定。有的用户不光滤芯从不更换,储水罐也从不清洗。储水罐长期不清洗,罐内可能出现水藻滋生的问题。

3. RO膜水净化器的优缺点。

优点是净化水的纯度高,几乎是除了水分子外不含其他任何杂质。缺点是:1)离开交流电无法工作。2)RO膜滤芯售价较高,而且更换相对频繁,因而运行成本较高。故生产的水无法用于除饮用以外的其他生活方面。3)纯水生产的速度慢,必须配合储水罐才能使用。4)废水伴随纯水的生产而产生。而且产量大,生产一升纯水就有三升左右的废水排放。收集利用相对困难。缺水地区应用受限。

不过,在不少人看来是优点的RO膜水净化方式,有时也被某些人看成缺点。有人认为,人类自出现以来,喝的就是水溶液,而不是纯水。因此,喝纯水,一方面无法从水中得到矿物质补充,另方面,胃肠黏膜内、外的渗透压相差太大,会对消化系统造成不利影响。不过也有人反驳说,人类的矿物质补充,主要依靠的是食物,饮水只占5%,可以忽略不计……到底何去何从,读者自行判断。以个人之愚见,与其喝高氟水、高氯化钠水,不如喝所谓的纯水。再说了,纯水渗透压低的问题,也是可以通过添加食糖等电解质加以调整的。

(全文完)

◇山东 田连华

(本文原载第4期11版)

MT3151A05-5-XC-5一体化逻辑板电路分析与维修(二)

(紧接上期本版)

2. 时序控制电路

时序控制电路由集成块IC11(CS11103)为核心构成,如图2所示。该电路负责将主板送来的LVDS信号转换成Mini-LVDS信号和产生相应的时序控制信号。时序控制器IC11外挂E²PROM存储器IC2(32A),用于存储液晶屏参数。

CS11103的工作电压为VDD33(3.3V),该电压由TCON板上DC-DC转换电路产生;内部电路工作所需的1.2V电压则由CS11103内部产生,㊶脚外接1.2V电压的滤波电容。LVDS信号在转换过程中根据不同屏的分辨率、屏尺寸、屏特性,由软件控制转换。该逻辑板电路中还有一块专门存储液晶屏参数的E²PROM存储器IC2(32A),时序控制电路就是根据这块存储器里面的数据,结合行、场同步信号生成图像数据信号及行、列驱动电路所需的STV、CKV、POL、TP1控制信号。IC1的㊻、㊺脚分别与IC2的⑥、⑤脚相连,构成I²C总线的时钟线和数据线,以传输数据和时钟信号。

主板通过上屏线送来的LVDS信号,经TCON板上的接口CN1进入集成块IC11的②~⑪脚。该机的LVDS信号包括3对差分数据信号(板上标为LV0N/LV0P、LV1N/LV1P、LV2N/LV2P、LV3N/LV3P)和1对差分时钟信号(标为LVCKN/LVCKP),在这3对差分数据信号中包括有:表示图像内容的数据信号(RGB)、行同步信号(HS)、场同步信号(VS)。CS11103可以适应两种格式的LVDS信号,IC11的㊽脚(SEL_LVDS)是LVDS信号选择引脚,也就是输入信号VESA格式及JEIDA格式的选择引脚,该脚悬空或接地是VESA格式,接高电平是JEIDA格式。SEL_LVDS控制电压来自CN1⑨脚,该脚为低电平0V。IC11的⑬脚(OD_EN)是过激励选择和控制引脚,当帧频为60Hz时,该脚为低电平;当帧频为50Hz时,该脚为高电平。

时序控制芯片CS11103内部对输入的LVDS信号进行处理,最终输出两大类信号:一种是反映图像内容的以Mini-LVDS格式输出的图像信号;另一类是液晶屏行、列驱动电路所需的各种控制信号。CS11103的㉖~㉛、㉝~㊵脚输出Mini-LVDS信号,包括5对数据信号(板上标为MLV0N/MLV0P、MLV1N/MLV1P、MLV2N/MLV2P、MLV3N/MLV3P、MLV4N/MLV4P、MLV5N/MLV5P)和1对时钟信号(MLVCKN/MLVCKP),这些输出信号经排线加到液晶屏周边的“源极驱动电路”上。CS11103输出的控制液晶屏行、列驱动电路工作的控制信号主要有STV、CKV、POL、TP1等信号。其中,㉑脚输出的STV信号是栅极驱动电路的垂直位移起始信号(重复频率是场频),㉒脚输出的CKV信号是栅极驱动电路的垂直位移触发时钟信号,㉓脚输出的POL信号是控制一个像素点相邻场信号的极性逐场翻转180度的控制信号,以便满足液晶分子交流驱动的要求,㉔脚输出TP1信号,是数据驱动IC输出数据信号的使能控制信号,为高电平时,一行数据锁存到行存储器内;为低电平时,一行数据释放,对液晶电容充电。

另外,CS11102还要输出控制DC-DC转换电路工作状态的控制信号,如⑯脚输出的GVON信号(VGH时序控制信号),这个信号直接控制DC-DC转换芯片CS902的㉖脚,作为把VGHF直流电压形成规定标准(时间标准、幅度标准)液晶屏栅极触发脉冲(VGH)的控制信号。

(未完待续)(下转第222页)

◇四川 贺学金

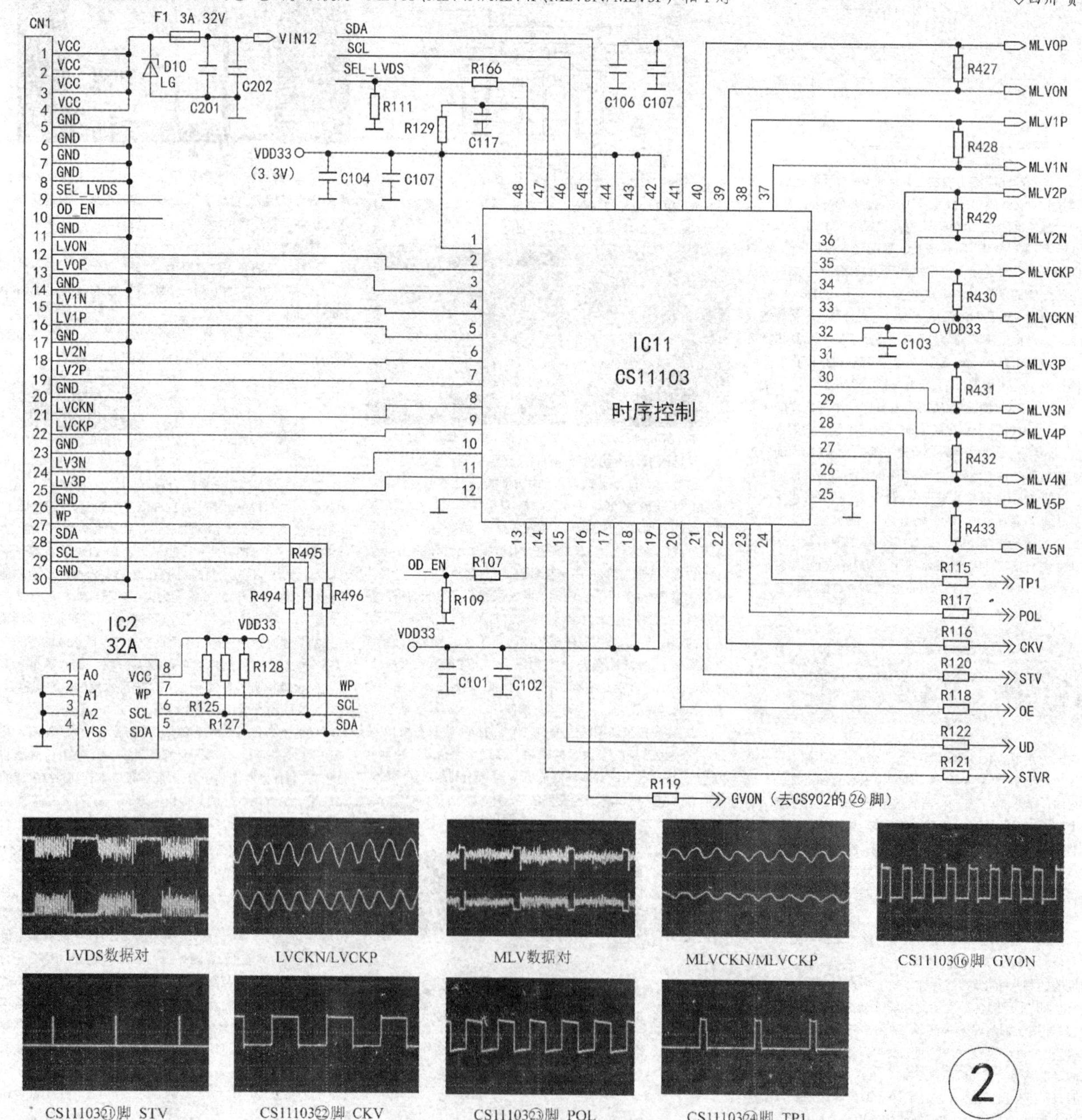

2

自行开通 Apple Watch 的 ECG 功能

如果 Apple Watch 是港版等海外版本，那么是原生提供对于 ECG 功能的支持，但必须在海外区域才可以激活，虽然网络上有登录他人已激活 ECG 功能的 Apple ID 得以曲线使用的方法，但这样做一来风险较大，二来会显示多余的信息。借助下面的步骤，我们可以自行开通 ECG 功能。

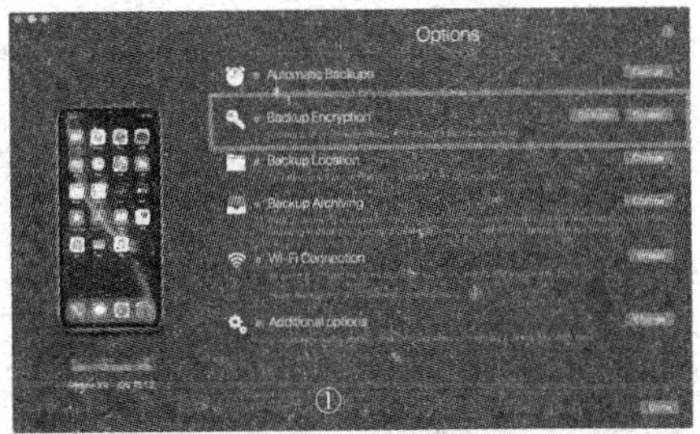

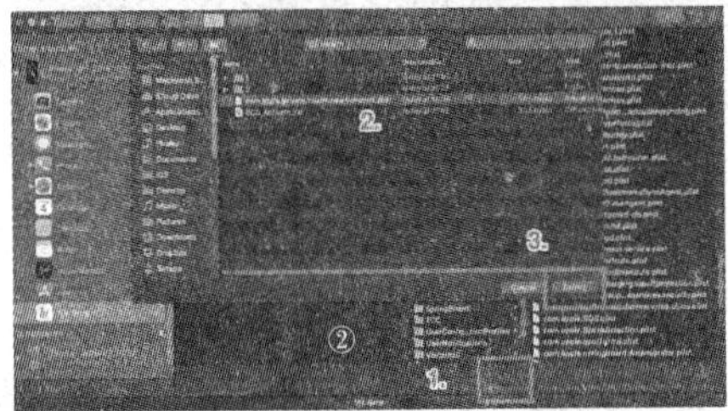

第一步：下载相应文件

首先确保自己的 Apple Watch 支持 ECG 功能，国行版本就不要尝试了。接下来请自行下载安装 iMazing（下载页面为 https://partner.lizhi.io/hiraku/imazing）和 ECG 启用文件（下载地址为 https://download.hiraku.tw/iOS/ECG_Activate.zip），后者是已启用 ECG 功能的 iPhone 的“健康”描述文件，解压缩之后会得到一个扩展名为.plist 的描述文件。

当然，与 Apple Watch 配对的 iPhone 的“健康”App 必须有纪录，正常情况下不会没有吧？

第二步：解除配对

为了让 Apple Watch 能够正确读取我们之后导入的 ECG 开通信息，请事先解除 Apple Watch 与 iPhone 的配对。

第三步：创建备份

使用 iMazing 对 iPhone 创建一次备份，点击主界面中间窗格的“Back Up”按钮进入备份界面（如图 1 所示），注意务必选择“Backup Encryption”以打开备份加密的选项，否则无法备份之前的“健康”数据，其余选项可以根据需要自行决定，建议不作更改。

第四步：修改备份

仍然在 iMazing 界面进行操作，点击窗口顶部的按钮以显示所有备份，选择刚才创建的备份，点击右下角的“Edit”按钮，iMazing 会弹出安全提示框，直接确认，在左侧文件树窗格依次进入 HomeDomain/Library/Preferences（如图 2 所示），现在将先前解压缩得到的 com.apple.private.health.heart-rhythm.plist 文件复制过来，此时会弹出一个警告框，确认之后进行覆盖操作。

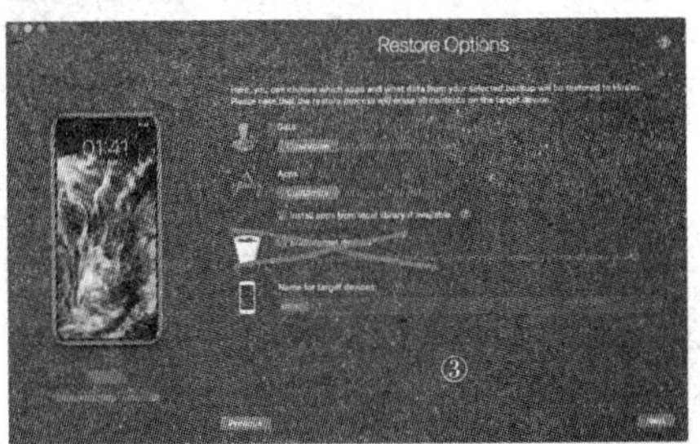

第五步：恢复备份

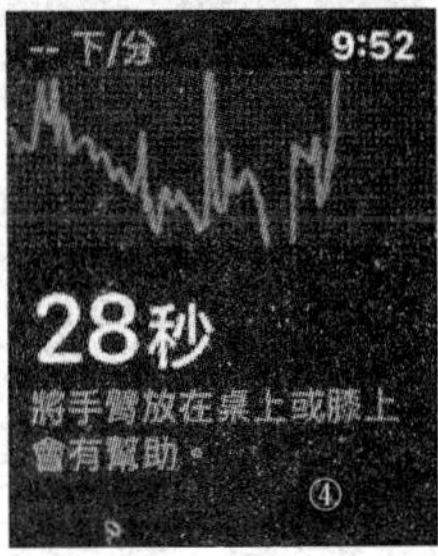

返回已经完成修改的备份，点击“Restore to Devices”按钮，如果已经启用 eSIM 功能（如图 3 所示），请不要勾选 iMazing 的“Erase target devices”复选框，恢复操作完成之后重新与 Apple Watch 进行配对，注意配对时请选择“新的 Apple Watch”。

上述操作完成之后，我们就可以正常使用 ECG 功能了（如图 4 所示）。如果配对完成之后，发现“心电图”服务一直卡在安全进程，可以尝试重新启动 iPhone 或再次配对。

◇江苏 王志军

为 iPhone 11 启用“Deep Fusion”拍摄模式

iPhone 11 系列提供了名为“Deep Fusion”的图像合成技术，这是一项深度融合的功能，可以在用户按下快门前拍下 8 张照片，在用户按下快门后再拍摄一张长曝光照片，然后利用机器学习技术合成一张含有更多细节的照片，同时还能有效减少图像中的噪点，所以在拍摄完打开照片的一瞬间，照片仍旧是模糊状态，1 秒钟之后变成处理好的照片。

不过，和夜景模式一样，iOS 并没有为“Deep Fusion”功能提供开关入口，该功能由系统自动识别和触发，iOS 会根据拍摄时的环境自动触发该功能。需要提醒的是，Deep Fusion、HDR、夜间模式这几项功能是无法同时启用的，所以如果已经手动开启夜间模式或是智慧 HDR，那么就无法看到 Deep Fusion 的效果。我们可以按照下面的设置进行操作：

进入设置界面，选择“相机”，向下滑动屏幕（如附图所示），在这里将“构图”小节的“超取景框拍摄照片”设置为禁用状态，这样可以强制相机使用 Deep Fusion 方式进行拍摄。以后，使用广角镜头时，只有在光线较低的环境下会触发 Deep Fusion 功能，反之系统会使用智能 HDR 功能进行拍摄；使用长焦镜头时，大部分情况下系统会使用 Deep Fusion 功能进行拍摄，只有在光线很亮的情况下才会使用智能 HDR 功能进行拍摄。

需要指出的是，我们不仅可以使用 Deep Fusion 功能拍摄照片，而且还可以在视频拍摄界面直接修改拍摄视频的清晰度和帧率，不需要在拍摄前在系统设置应用中进行修改。

由于 iPhone 是在照片存到照片 App 后才开始进行处理，所以当你拍完照片立刻进入相簿，可以发现照片会稍微地抖动一下，而那个抖动，就代表 Deep Fusion 开始运作并完成了。

◇江苏 王志军

激活 Edge 浏览器的多线程下载功能

很多朋友都在使用 Chrome 内核的 Microsoft Edge 浏览器，其实只需要简单设置，即可激活多线程下载功能，以后在那些支持多线程下载服务的网站下载资源时，下载速度将有明显的提高。具体操作如下：

打开 Chrome 内核的 Microsoft Edge 浏览器，在地址栏输入“chrome://flags”，随后会进入“实验”页面，在这里可以启用或禁用一些实验性功能，在搜索框输入“Parallel downloading”进行搜索，查找到这个选项，在这里将默认的“Default”更改为“Enabled”（如附图所示），点击右下角的“重启”按钮即可生效。

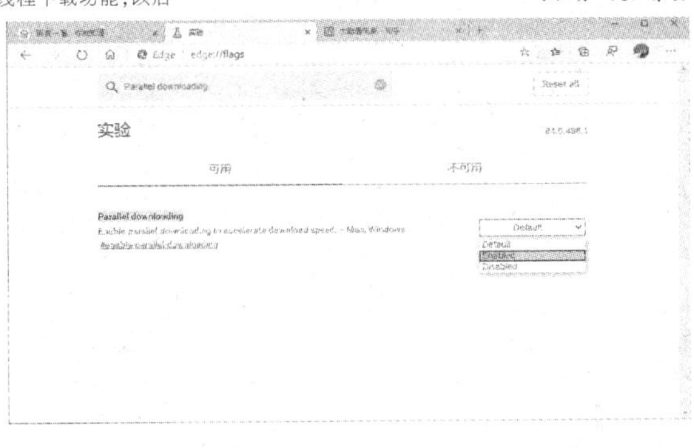

补充：上述方法适用于所有桌面版本的 Chrome 内核浏览器。

◇江苏 大江东去

妙用 iOS 的“限定通信”功能

在 iOS 13.3/iPadOS 13.3 以及更高版本中，Apple 为“屏幕使用时间”增加了“限定通信”的功能，我们可以利用此功能始终阻止，或在特定时段内阻止家庭成员在 iPhone 上与联系人的双向通信，包括电话、FaceTime 通话和信息。

在 iPhone 进入设置界面，依次选择“Apple ID→iCloud”，在这里启用“通讯录”；切换到“屏幕使用时间”界面，选择“限定通信”，这里提供了“在屏幕使用时间内”和“停用期间”两个选项。如果希望随时限定通信，请选择“在屏幕使用时间内”（如图 1 所示），默认设置是“所有人”，此时将允许与任何人进行通信，如果选择“仅限联系人”则将通信对象限定为家庭成员通讯录中的联系人。

如果希望在停用期间对通信进行限定，那么需要选择“停用期间”，默认选项仍然是“所有人”，如果选择“特定联系人”（如图 2 所示），接下来可以选择“从我的联系人中选取”或“添加新联系人”以允许与特定联系人进行通信。

◇江苏 天地之间有杆秤

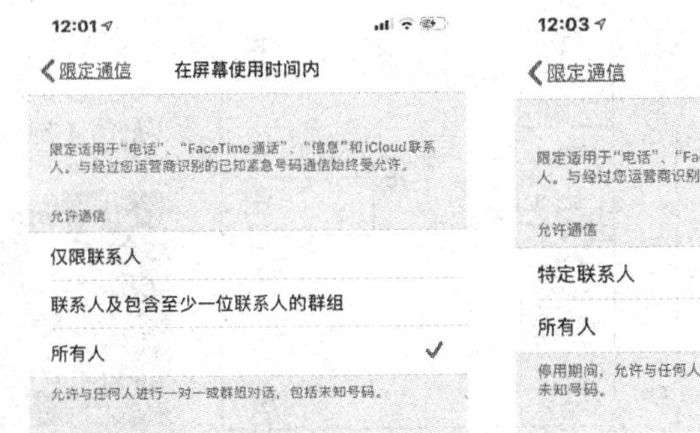

电动机星三角启动控制电路维修1例

一位相邻企业的电工求助维修一台电动机启动装置，到达现场后，这位电工介绍情况说，电动机以前运行一直正常，近期发现按压启动按钮后，能启动运转，但时间不长就自己停下来了。这台电动机的启动柜上有正转启动按钮和反转起动按钮，无论用什么转向的启动按钮启动，效果都是如此。他自己已经尝试维修了一整天未能修复，无奈才来求助。

一、初步判断

这台电动机的启动柜的前面板如图1所示，由图1可见，启动柜配置有1只电压表；3只指示灯，分别是绿灯HG；黄灯HY和红灯HR。其中，绿灯HG是停机指示灯，它点亮则提示电动机未运行；红灯HR是运行指示灯，它点亮提示电动机当前已完成启动过程并进入正常运行状态；黄灯HY点亮表示电动机处于启动状态，启动过程正在进行。

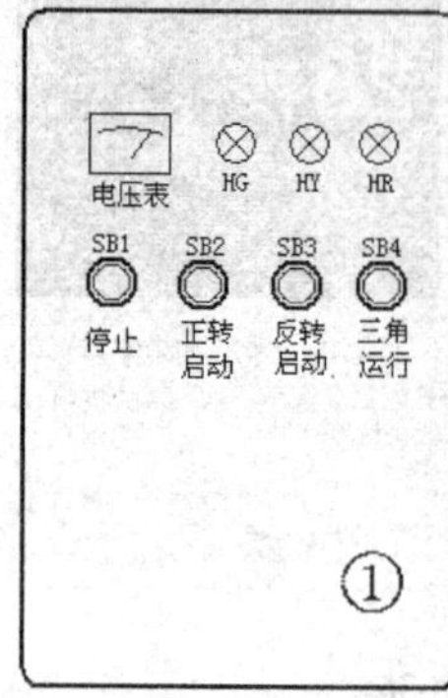

启动柜前面板上有4只按钮，包括停止按钮SB1，电动机在运行状态时操作该按钮，电动机由运行状态转变为停机状态。SB2和SB3分别是正转启动和反转起动按钮，说明这台电动机可以正反两个方向运转。SB4是三角运行按钮，说明这台电动机采用星三角启动控制电路。按钮SB4的作用，一种可能是，电动机在星形启动时，通过按压SB4使电动机转换为三角运行状态；另一种可能是，电动机启动控制电路中已经含有星三角转换的时间继电器，但有时电动机处于轻负荷启动时，时间继电器设置的时间较长，可以操作按钮SB4，使电动机较早结束星形启动过程，以提高生产效率。经过检查线路，该启动装置属于后一种情况。

通过以上观察、分析和初步判断，可以确定这台电动机使用的是正反转运行的星三角启动控制电路，于是准备开始打开启动柜对内部电路进行检查维修。这时企业电工提议，让把这台启动柜的电路图给测绘出来，这样，它可对照电路图，结合跟随维修过程而有所提高。于是，客随主便，下了一些功夫，绘制出了启动柜的电路图，如图2所示。

二、正反转星三角启动控制电路原理分析

根据图2所示的电路，首先分析一下其工作原理，供感兴趣的朋友参考。

这台电动机启动装置可以使电动机正转星三角启动，也可实现反转的星三角启动。正转启动时点按正转启动按钮SB2，反转启动时点按反转启动按钮SB3，之后，在时间继电器的作用下，即可完成启动过程。

星三角启动也写成Y-△启动。所谓Y-△启动，是指启动时电动机绕组接成星形，启动结束进入运行状态后电动机绕组接成三角形。这种启动方式只适用于定子绕组在正常工作时为三角形接法的三相异步电动机。

Y-△启动方式可使每相定子绕组承受的电压在起动时降低到电源电压的$1/\sqrt{3}$ (57.7%)，定子绕组接成星形时的启动电流是接成三角形时的1/3。由于启动电流的减小，启动转矩也同时减小到直接启动时的1/3，所以这种启动方式只能工作在空载或轻载启动的场合。例如轴流风机应将出风阀门打开，离心水泵应将出水阀门关闭，使设备处于轻载状态，才能使用这种启动方式。

图2中左边是电动机Y-△启动的一次电路图，U1-U2、V2-V2、W1-W2是电动机M的三相绕组。如果将U2、V2和W2在接线盒内短接，则电动机被接成星形；如果将U1和W2、V1和U2、W1和V2分别短接，则电动机被接成三角形。图2右边的二次电路可控制图2左边的一次元件实现电动机的Y-△启动。

现在分析Y-△启动电路的工作过程。按下正转启动按钮SB2(需要反转启动时则按以下SB3)，接触器KM1的线圈得电，在其主触点闭合的同时，辅助常开触点KM1-3闭合，使得接触器KM3和时间继电器KT的线圈同时得电，KM3的主触点闭合，将电动机的三相绕组接成星形；KM1主触点闭合，给电动机接通电源，电动机开始星形启动。KM1的辅助常开触点KM1-1闭合使电路维持在启动状态。待电动机转速接近额定转速时，时间继电器KT延时时间到，其延时断开的常闭(动断)触点KT1-1断开，接触器KM3线圈失电，主触点断开，电动机绕组退出星形连接状态；时间继电器KT的延时闭合的常开(动合)触点KT1-2闭合，接触器KM4线圈得电工作，其主触点闭合，使电动机进入三角运行状态。之后KM4的辅助常闭触点KM4-3断开，时间继电器线圈断电退出运行。至此，只有接触器KM1和KM4线圈带电，使电动机维持在三角形运行状态，正转运行的启动过程结束。

如果欲使电动机反转运行，则开始时点按反转启动按钮SB3，启动过程结束后持续工作的是接触器KM2和KM4。启动过程不再赘述。

如果电动机在某次启动时负载较轻，电动机转速较快接近额定转速，也可点按前面板上的"三角运行"按钮SB4，使电动机提前进入三角形运行状态。

这里时间继电器KT的延时时间应根据电动机功率的大小、负载的轻重等因素进行调整，其时间长短应与电动机启动后转速达到接近额定转速的时长相接近。一般在5~15秒之间。

图2电路中，电动机正转启动控制电路与反转启动控制电路使用了双重互锁的保护电路措施，一是按钮互锁，即正转启动按钮SB2的常闭触点串联在反转接触器KM2的线圈回路中，反转启动按钮SB3的常闭触点串联在正转接触器KM1的线圈回路中；二是将接触器的辅助常闭触点串联在对方的接触器线圈回路中。双重互锁的保护措施大大提高了运行的安全性。

按一下停止按钮SB1，或电动机出现异常过电流使热继电器FR动作，电动机均会停止运行。电动机停运时绿灯HG点亮；起动过程中黄灯HY点亮；运行过程则红灯HR点亮。电压表PV用于电动机运行电压的测量。

热继电器的调整，应根据负载轻重和运行电流的大小，在热态（热继电器接入电路，并经过起动电流和运行电流的预热）实地进行。观察电流表的读数，按照读数的1.05~1.1倍整定其电流动作钮。电动机出现1.1倍的异常电流时，热继电器会在20分钟内动作。如果电动机运行电流是随负载不断变化的，则整定值可按较大电流值计算选取，但最大不能超过电动机额定电流的1.1倍。

三、故障维修

电动机的运行管理人员报称，电动机刚启动时，启动过程中的逐渐加速正常，但不能转换成三角形运行就停了下来，按压停止按钮SB1后再按启动按钮，机器还是启动不久后停下来，不能稳定的持续运行。

这台电动机启动柜有2种Y-△转换方法，一是通过时间继电器KT的延时触点控制，二是通过星三角切换按钮SB4控制。电动机的运行管理人员平时习惯于由时间继电器自动切换，甚至遗忘了还可以使用按钮切换。现在现场测试，在按压正转启动按钮后12秒（时间继电器设定的延时时间为15秒）时按压切换按钮SB4，电动机能顺利转换为三角形运行状态，这就证明故障出现在时间继电器或其相关电路。

将启动柜中的隔离开关QS拉开断电，拆下时间继电器KT，给其线圈通电，通过观察和用万用表测量，发现时间继电器的延时闭合的常开触点KT1-2在延时结束时不能良好接通。新购一只相同型号规格的时间继电器更换后，通电试机，故障排除，电动机恢复正常运行。

◇山西 崔靖

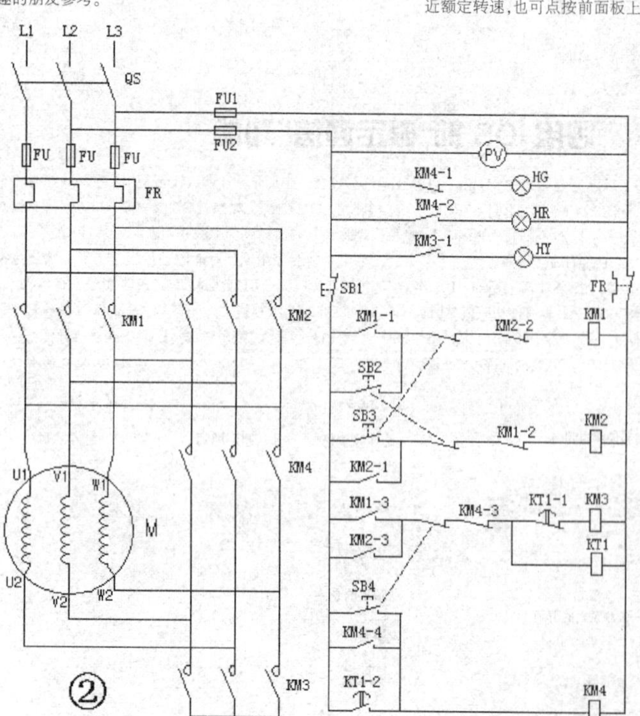

尚朋堂SR-2886AR双体电磁炉无反应故障检修1例

故障现象：一台尚朋堂SR-2886AR双体电磁炉(见图1)通电后没反应。

分析与检修：打开上面板(见图2)后仔细察看，发现电源保险管(熔丝管)烧坏，用于过压保护的压敏电阻烧坏。接着，用万用表在路检查2只大功率管IGBT和整流桥，发现1只IGBT、整流桥已烧坏，估计损坏的时候用户只使用了其中一台。

【提示】检修电磁炉电源保险管烧坏的故障时，应重点应该先查看整流桥和大功率管IGBT，其次应检测300V供电的滤波电容是否短路(损坏率并不高)。

因这台机子的主电路上串联了1只互感变压器，利用该变压器为微处理器的电源电路提供取样信号，所以只有主电路工作后控制面板才能得电工作。因此，试机时应外接一个假负载，控制面板才能正常操作。

拆掉损坏的元件并换上一只小容量的保险管(熔丝管)后加电，若保险管不再熔断，说明短路现象消失。从报废的电磁炉电路板上拆下参数相同且正常的IGBT、整流堆，更换后检查其他元件正常后通电试机，一切正常，故障排除。

【提示】这台电磁炉采用触摸操作方式，并且电路设计的比较实用，将2台电磁炉合二为一，只是体积稍大了一点。机内共使用了6只散热风扇，中间前后各使用1只大涡轮风扇，4个角各使用1只小风扇。从整体来看散热效果较好，但风扇噪音稍大。

◇内蒙古 夏金光

60GHz 无线数据互联适用于滑环应用(一)

第四次工业革命正在生产过程中实现新的场景，进而推动数字化制造向前发展(参见图1)。这些场景依赖于基本的设计原则，包括器件互联、信息透明、技术协助，以及分散决策。所有这些原则若没有先进的无线通信技术，就无法在现代智能工厂中实现。它们支持在各种领域实现多种应用，包括过程自动化、资产跟踪、机械控制、内部物流和基础设施网络。

Mechanization, Steam/Water Power

Assembly Line, Mass Production, Electricity

Automation, Computers

Digitalization, Cyber Physical Systems

图1 工业革命概述

智能工厂集成了多种信息物理系统，这些系统需要速度更快、更加可靠的无线解决方案，来处理严苛的工业环境中不断增长的数据量。在要求更高的工业4.0场景中，推动这些解决方案发展部署的主要因素包括：实现移动SCADA(数据采集与监视控制)系统，更换传统系统，以及实现(以前无法实现或者有限的)移动设备数据传输。本文主要探讨最后这一方面推动的无线技术。

本文第一部分概述了现代工业应用对于机械旋转子系统之间通信接口的主要要求。第二部分尝试根据在转子和定子之间传送数据所用的机制类型，来对当今这些子系统中所使用的多种数据接口技术进行分类。这部分简要概述了这些技术，并且讨论了它们的主要优缺点。第三部分介绍了一种支持高速、低延迟通信的60GHz创新无线解决方案，其能够在滑环组件中实现先进的数据接口架构，从而满足新工业场景的严苛要求。

旋转接头中数据接口的工业要求

旋转接头，也经常被称为滑环，是在旋转连接中传输数据和电能的组件(参见图2)。现代工业场景要求在旋转部件之间提供更快、更可靠的数据传输，进而使得对旋转接头中所用数据接口的带宽、串扰和EMI性能的要求也日益严格。满足这些要求对于保证相应工业设备的实时运行、连续正常运行和最大效率至关重要。

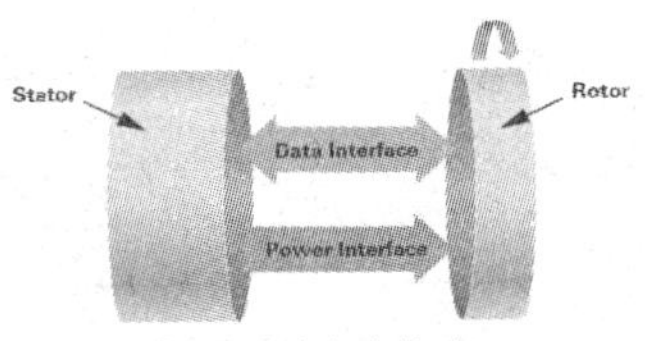

Parameter	Description
Rotational speeds	5000 rpm to 6000 rpm
Data rates	100 Mbps, 1 Gbps+
Protocol	IEEE802.3, TSN, and other
BER	1×10^{-12} or better
Immune to misalignments, EMI, cross-talk, and contaminants, maintenance-free, compatible with power interface	

图2 旋转接头——高层框图和要求

工业旋转数据接口组件必须确保能在非常快的转速下(5000rpm至6000rpm)，以100Mbps的典型数据速率实现高品质的持续传输。在大多数情况下，这样的数据速率足以满足，但有些特殊应用需要以1Gbps或更高的速率进行快速传输，从而就成了当今的基准指标。工业应用还要求支持IEEE 802.3(以太网)等工业总线协议，以及确定性实时通信，从而支持时间敏感型应用和IIoT功能。面向这些应用的数据接口解决方案必须能够不受物理失调、电磁干扰和串扰的影响，实现误比特率(BER)等于或优于1×10^{-12}的无误差数据传输。理想情况下旋转接头应无需维护并且不会磨损，因此工业环境中的污染不应影响其运行。最后，数据接口技术必须与旋转接头组件的动力传输子系统兼容，从而满足目标应用的所有功能要求。

数据接口技术

旋转接头多种多样，其功能特性、外形大小、转速(rpm)、最大数据速率、功率范围、支持的接口类型和通道数量等设计因素，都会随应用要求而有所不同。在这些设计考虑因素中，有关数据接口的一些要求非常重要，因此，要在滑环组件中正确实现数据接口，选择适当的技术非常关键。用于实现这一功能的数据通信技术通常可分为接触式和非接触式。这些技术之间存在一些差异，具体取决于它们为了实现数据传输通信通道所采用的耦合类型。

接触式接口

接触式解决方案通常在定子上采用复合材料、单丝或复合丝电刷，它靠着转子上的导电环滑动，从而在移动部件和静止部件之间形成不间断的电信号通道(参见图3)。与数据通信相关的电刷类型选择取决于信号带宽、数据传输速率、所需的传输质量、工作电流和转速。虽然这是一项较为完善的技术，自问世以来一直用于滑环中，但它也存在一定的局限性。由于接触式滑环的机械式接触点需要定期维护，因此在恶劣的工作环境中使用时可靠性会受到影响。机电旋转接头也容易受电磁干扰的影响。此外，用于建立接触式接口的物理介质的特性，以及各种失配效应，都会对通道带宽造成很大影响。而且，滑动接触所产生的电阻变化会降低传输质量，这在高数据速率实时应用中尤为重要。

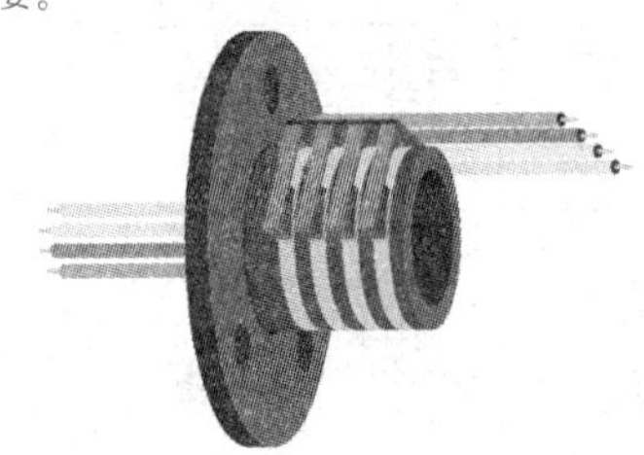

图3 接触式滑环

图片来源：Servotectica/CC BY-SA 4.0。

非接触式接口

非接触式旋转接头采用辐射或非辐射电磁场在旋转部件之间传输数据，因此可以解决这些局限性。与电信号传输技术相比，这种技术具有几个性能优势。它没有机械式接触点，因此不存在接触磨损，可减少维护需求；以高速旋转时，也不会因为阻抗导致数据丢失。

光纤旋转接头

最常见的非接触式解决方案是光纤滑环，也称为光纤旋转接头(FORJ)，其原理图如图4所示。FORJ依靠光辐射来传输数据，通常在850nm至1550nm的红外波长下工作，能够以几十Gbps的极高数据速率传输各种类型的模拟或数字光纤信号，而且不受电磁干扰影响。但是，光纤解决方案并非没有挑战。它们会遭受较强的非本征损耗，从而因角度和轴向失调而导致信号衰减。这些失调也是造成旋转信号波动的主要因素，从而对于某些应用来说非常关键。此外，光纤旋转接头在恶劣的工业环境中通常需要高水平的保护。

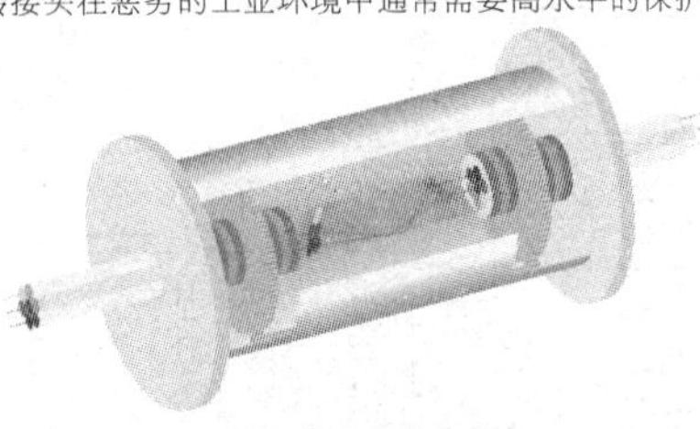

图4 光纤旋转接头

图片来源：Servotectica/CC BY-SA 4.0。

感性和容性接口

另一种非接触式技术是基于近场耦合机制实现的，即利用本来无辐射的感性和容性电路元件来生成低电磁频谱频段的电场和磁场。

感性方法利用电磁感应原理来连接组件中的活动部件。使用这种耦合方式的滑环(原理图如图5所示)对于高转速工业应用非常有用，但它们更适合进行电力传输，而不是高速数据传输。它们也广泛应用于风力涡轮机应用，而为桨距控制系统提供电信号和电力；以及应用于封装应用，在这类应用中，活动组件会以高转速运行。

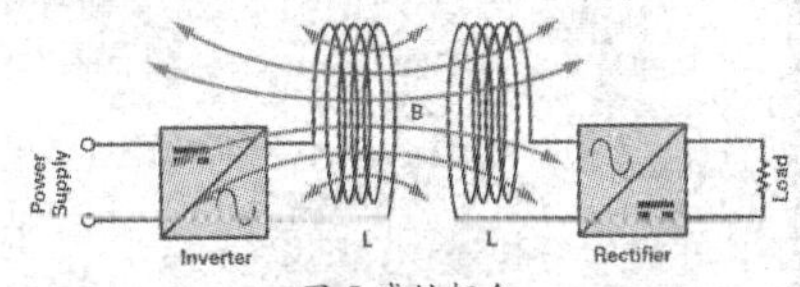

图5 感性耦合

与依赖磁场的感性滑环不同，基于电容技术的滑环在转子和定子之间利用电场传输数据。图6所示的容性耦合方法提供了一种成本较低的轻量级解决方案，其涡流损耗可以忽略不计，且失准性能出色。这项技术能够在恶劣的运行环境中以几Gbps的高速可靠传输数据，且不受转速影响。容性滑环通常设计用于与以太网现场总线组合使用，广泛用于时间敏感型工业应用中。

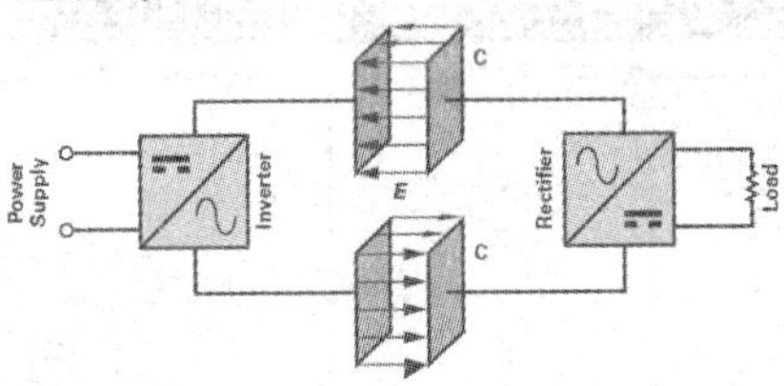

图6 容性耦合

其他类型的接口

除了主要利用感性或容性耦合机制的非接触式滑环技术外，还可以使用适当的耦合结构，例如波导元件或传输线元件，实现采用这两类机制组合的解决方案。还有一些特殊类型的滑环；例如，依靠水银作为传导介质的滑环。但是，浸水银滑环对操作环境的要求非常严格，不能在高温环境中使用，因此不适合工业应用领域。

表1 基于数据接口耦合技术进行旋转接头分类

Type		Features	
Contacting	Composite brushes	High currents, high rpm, low data rates	Contact wear, EMI, channel bandwidth, resistance variation
	Monofilament wires	Low currents, low noise, low contact resistance	
	Polyfilament wires	Multiple contacts per channel, minimal noise, minimal contact resistance, high data rates	
	Mercury-wetted	Low resistance, stable connection, cannot be used at high temperatures, safety concerns	
Contactless	FORJ	EMI-free, Gbps-level data rates, strong losses, sensitive to misalignments, require protection	
	Inductive	Near-field, magnetic field coupling, high rpm, high power	
	Capacitive	Near-field, electric field coupling, low cost, light weight, less sensitive to misalignments, high rpm, Gbps-level data rates	
	Electromagnetic	Near/far-field, large volume data transmission, less sensitive to misalignments, Gbps-level data rates	

表1总结了所探讨的各类数据接口技术，它们提供众多特性和功能，能够满足典型的工业滑环应用要求。但是，这些传统技术大多仅支持短距离数据传输，这要求转子和定子上的收发器元件彼此非常靠近。此外，第四次工业革命还对滑环应用数据接口的可配置性、可靠性和速度提出了严格的要求，而现有的传统技术往往不能满足这些要求。

本文介绍了一种基于非接触式技术的新型解决方案，该方案依靠电磁毫米波在辐射近场(菲涅耳)和远场区域远距离传输数据，解决了其他方法存在的一些关键限制。这种解决方案不但为滑环应用提供了一种紧凑且经济高效的先进微波数据接口，还能与传统的非辐射旋转接头的耦合元件组合，以较低成本实现更出色的性能。

(未完待续)(下转第225页)

◇湖北 朱少华

EL34 推挽胆机“精装”记(一)

玩胆机几十年，大体过程是这样的：选定线路、准备元器件、设计结构、布局布线、精心安装、调试、试听等一系列漫长而辛苦的工作。简单来说，就是将一堆零件装成整机；不久，因不如意又变回一堆零件。如此反复，剪过脚的优质元器件变成了一推残次品。

鉴于此，笔者在后续的制作中，为提高效率、节约成本，改变战略战术，将制作分成两个阶段：试验阶段、精装阶段。

为此，笔者将整机结构设计成“电源部分”“放大部分”两大块(放大部分为整体可拆卸模块化设计，见图1)，二者通过接线排连接，方便试验不同的放大模块。我的这台精装机就是通过3年的严格考核试验后，于今年疫情期间精装而成(整机外观见图2)。

一、试验阶段

1. 电路优化。

本机电路见图3。电路程式是吸收多种品牌机的特点，优化改良而来。一是，电源部分自整流滤波开始，采用二个声道各自独立供电设计(笔者在电子报已有介绍，不再详述)；二是，取消输入级12AX7阴极的100Ω电流负反馈电阻及并联在1K电阻上的旁路电容，使其工作在标准的三极管状态。该电路简洁稳定，实际试听效果很好。

2. 放大电路模块

本次试验前，利用数控设备加工制作了二块相同尺寸的放大模块底板(见图4，管座孔同步完成)，分别用于试验与精装。这样做的好处是，一旦试验满意，即可在精装板上展开精装而不中断试验器材的使用；还可针对试验模块的不足，优化改进布局，避免多余打孔，提高精装的完成度。

3. 元器件、导线的使用

由于是试验模块，电阻电容尽量采用以前拆下来的剪脚品(品质优良)，进行搭棚焊接，尽量不再剪脚。这样可以提高元器件的使用率和装配效率。管座使用国产良品。

导线使用相应规格的优质常规导线，配线合理，适当美观，干扰最小即可。

4. 机器稳定性验证

a.静态指标：

输入端不送信号，音量电位器旋至最小，耳朵离音箱100mm内，听不到交流声或噪音；逐渐开大音量，音箱里没有杂音或啸叫，开关机安静无杂音。笔者发现某国产一线品牌机，开关机过程有短暂的啸叫，说明机器的稳定性欠佳。

用万用表交流10V挡搭接在功放的喇叭输出端，临时拔去音箱插头(机器处于空载状态)，旋动音量电位器，万用表示数均显示0，为正常。反之，万用表示数有几伏或几十伏，则说明机器存在高频自激等不稳定工况。

b.动态指标：

自小音量至最大输出，应听不出明显失真。否则，应检查供电及相关电路。

(未完待续)(下转第226页) ◇江苏 孙建东

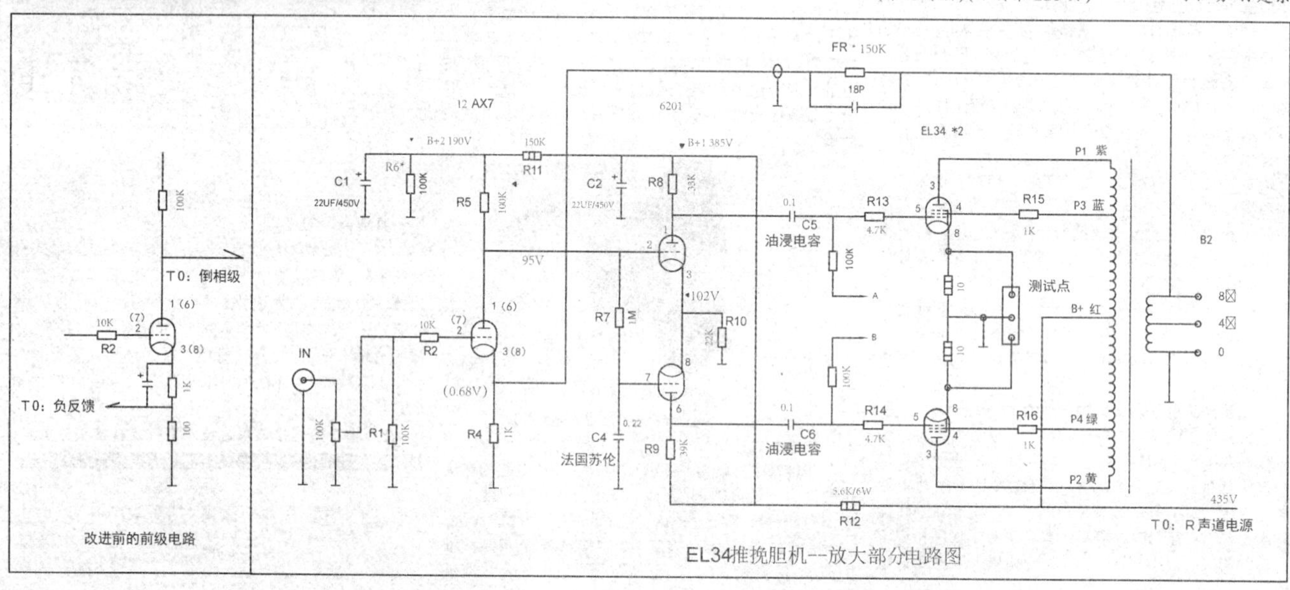

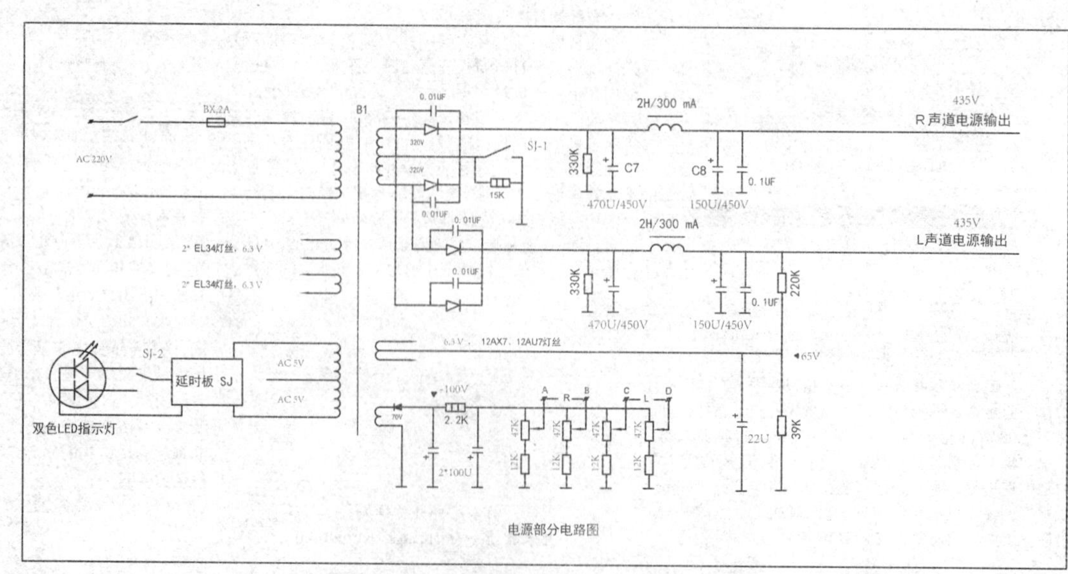

中职“机电一体化设备组装与调试”技能竞赛辅导(三)

(紧接上期本版)

6. 项目任务调试

通过调整传感器和机械部件的位置使生产设备运行,实现项目任务控制功能,按要求完成各工序的规定任务。以下是按程序分步进行调试的内容。

0 步:设备初始状态

12 步:清除存储器

17~26 步:工作方式切换

48~56 步:设备停止及数据清零

71 步:工作指示灯

80 步:处理盘电机工作

93 步:黑色元件处理完成置位

97 步:有料辅助继电器复位

102 步:无料时设备的停止

105 步:不连续出现三个黑色时黑色元件计数器的复位

109 步:连续出现三个黑色元件设备的报警

114 步:设备处于初始位置时指示灯的运行

128~131 步:出现突然掉电,重新供电后指示灯的运行

142~156 步:设备上电及启动

169 步:断电重新上电后设备继续运行

173 步:进入主控

178~181 步:设备复位

200~201 步:设备检测到有料

209~233 步:元件检测、加工

248~255 步:元件分拣

258~270 步:金属元件的入槽

280~292 步:白色塑料元件的入槽

302~303 步:黑色塑料元件送到位置 D

309~363 步:机械手把黑色塑料元件从位置 D 搬运到处理盘

372 步:工作方式二

373 步:合格元件入出料斜槽Ⅰ

388 步:合格元件入出料斜槽Ⅱ

403 步:不符合出料斜槽Ⅰ、Ⅱ的合格元件入出料斜槽Ⅲ

415 步:不合格元件的处理

421~433 步:符合出料斜槽Ⅰ的金属元件入槽

444~458 步:符合出料斜槽Ⅰ的白色塑料元件入槽

472~484 步:符合出料斜槽Ⅱ的金属元件入槽

495~507 步:符合出料斜槽Ⅱ的白色塑料元件入槽

521~527 步:不符合出料斜槽Ⅰ、Ⅱ的合格元件入出料斜槽Ⅲ

542~543 步:不合格元件送到位置 D

548~602 步:机械手把送到位置 D 处的不合格元件搬运到处理盘

614 步:主控复位

616 步:程序结束

三、成绩评定

评分表如表 5 所示。参加技能竞赛的选手可对照表中的项目和评分点、点配分,统筹安排时间和精力,按照相关要求完成任务。

表 5 评分表

(完成任务后将此评分表放在工作台上,不能将此表丢失)

项目	项目配分	评分点	点配分	点得分	项目得分	评委签名
部件组装	20	皮带输送机	8			
		机械手装置	8			
		处理盘	2			
		气源组件	1			
		警示灯	1			
气路连接	10	元件选择	3			
		气路连接	4			
		气路工艺	3			
电路连接	10	元件选择	2			
		连接工艺	4			
		编号管	4			
电路图	10	元件使用	2			
		图形符号	3			
		原理正确	5			
部件初始位置和启动	10	接通电源	1			
		部件初始位置	2			
		启动	4			
		放上元件	3			
工作方式一	12	金属元件	3			
		白色元件	3			
		黑色元件	6			
工作方式二	18	出料斜槽Ⅰ	4			
		出料斜槽Ⅱ	4			
		两斜槽交替	2			
		出料斜槽Ⅲ	2			
		黑色元件处理	6			
停止	2					
意外情况处理	8	突然断电	4			
		连续 3 个不合格元件	4			

(全文完)

◇湖南省华容县职业中专业学校 张政军

家电延保服务应弄清楚再下单

气温逐渐升高,眼下又到了各种家电的销售旺季。近来,笔者走访家电卖场发现,从手机、豆浆机、电磁炉、电饭煲等小家电,到彩电、冰箱、空调等大家电,多数均已推出延保服务。除大卖场外,一些大型电商平台也推出了延保服务,如苏宁针对电器推出的“阳光包”延长保修服务品牌、国美的“家安保”、京东商城的“京东服务管家”以及天猫等。

据了解,延保实质上是商家为促销推出的增值服务,延保服务价格从每年几十元到数百元不等,延保时长按照产品价位、品类及使用年限,大多分为一到三年。那么延保服务是否应该购买,到底有没有用,购买时还应该注意哪些事项?让广大消费者颇为纠结。

哪些家电更适合延保?

据专业人士介绍,对家电产品来讲,电视、冰箱、空调等家电安全使用期限一般为 8~10 年,其正常质保期一般要远小于家电实际使用寿命。而家电延保服务多是在“三包”期外再提供 1~3 年的免费维修服务,计算时间都是从三包截止时间开始。但是,家电故障高发期有 2 个,一是购买后使用的 1 年内,二是 5 年以上至产品使用寿命结束期间。绝大多数家电厂商和卖场提供的“延保期”,是家电正常保修期后的 1~3 年内,其实,这时候家电出故障的可能性并不高。

相对来讲,大家电和价格较高的数码产品购买延保服务更为划算,如平板电视、空调、冰箱以及智能手机、电脑等,原因在于这些商品使用率高,出故障的概率较大,且维修费用相对较高。以彩电为例,消费者花几千元购买一台大彩电,厂家提供的保修期限一般为 3 年。超出保修期一年,若显示屏等主要器件损坏就得自找售后网点,自掏腰包。按目前市场收费标准,消费者约需花掉一、两千元,但如购买 3 年延保服务,一般不到 1000 元。

而一部数千元的智能手机也是如此,若屏幕损坏,换一次屏一、两千元,而购买延保服务就较为划算,因此一定要将主要部件如液晶屏、等离子屏等纳入延保范畴。而相对于电磁灶、微波炉、电风扇等小家电保修期一般在 1~2 年,这些电器更新换代比较快,价格又比较便宜,且维修费用也不高,消费者没必要购买延保服务。

需签订明确的延保合同

有家电行业分析师表示,延保服务是企业竞争力和自身社会责任的体现,本来是个好事情,可是目前国内的延保服务很多由第三方在提供,其中鱼目混珠,良莠不齐,加大了消费者享受延保服务的风险性,因为第三方是否能够很好地确保消费者享受到与厂家一样的保修服务,这是无法保障的。当前,延保服务本是为消费者节省维修费用而生,然而,个别延保服务存在捆绑销售、合同不明、混淆保修方等现象,与之相关的纠纷不断增加,成为消费者投诉的热点问题。

为此,业内人士建议,消费者在选择家电延保服务时,务必要问清楚延保服务的提供者,提供延保服务的是家电卖场还是产品原厂负责维修,然后根据自己所购家电特点,理性选择是否购买延保服务。而购买延保服务时,要与商家签订书面协议。可具体参照“三包”规定,与提供延保的企业签订具体、详细的延保合同,对范围、期限、故障的责任界定、承保单位的名称、联系方式等内容予以明确。同时,尽量选择由商品生产厂家提供的延保服务,或质量过硬、信誉度高的第三方延保公司或知名品牌商家提供的延保服务。

◇刘国信

(本文原载第 22 期 1 版)

示波器的各种探头识别与应用(一)

一、示波器的探头

示波器是电子工程师最常用的测量仪器,而示波器探头毫无疑问是示波器最常用的配件。示波器探头是连接被测电路与示波器输入端的电子部件。没有探头,示波器就成了个摆件,只能作为装饰品啦。

在选择示波器探头之前,我们最好看看示波器的说明书,了解我们使用的示波器适合怎么样的探头。下面几点我们认为应该是在选探头时比较重要的:

● 确保探头的接口和我们示波器的接口相匹配。大多数示波器的探头接口都是BNC接口。有的示波器可能是SMA接口。

● 观察选择的探头的输入阻抗和电容是否和示波器的输入阻抗和电容相匹配。因为我们都希望探针对被测电路的影响降到最小。探头阻抗和电容同示波器的匹配程度会大大影响测量信号的精确度。

BNC接口

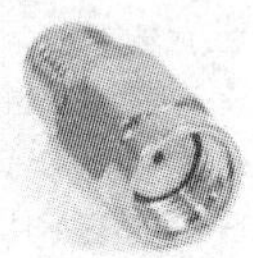

SMA接口

有的示波器会支持 50 Ω or 1 MΩ 输入阻抗切换。但对于大多数的测量,1 MΩ 是最常见的。50 Ω 的输入阻抗往往被用于测量高速信号,比如微波。还有逻辑电路中的信号传输延迟和电路板阻抗测量等。

示波器的输入阻抗往往可以定格为 1 MΩ 或 50 Ω,但示波器的输入电容却受带宽和其他设计因素影响。通常而言,1 MΩ阻抗的示波器常见的输入电容为14pF。这个数值也可能在5pF到100pF之间。所以为了让探头匹配示波器的输入电容,在选择探头之前要了解探头的电容范围,然后通过校准棒来调节探头的电容,这就是探头的补偿,也是我们使用探头时应该注意的第一步。

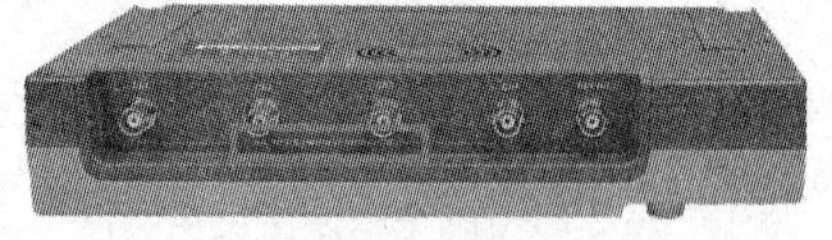

二、探头在测试中的应用

根据我们测量需求的不同,对探头的数量和种类要求也是不同的。这有点像玩单反的人,也许他只有一台相机,但是往往却有很多个镜头。比如说,如果只是简单的测量直流电压,那么1 MΩ的无源探头基本就足够了。然而如果是电源系统测试中经常要求测量的三相供电中的火线与火线,或者火线与零(中)线的相对电压差,那么我们就需要用到差分探头了。

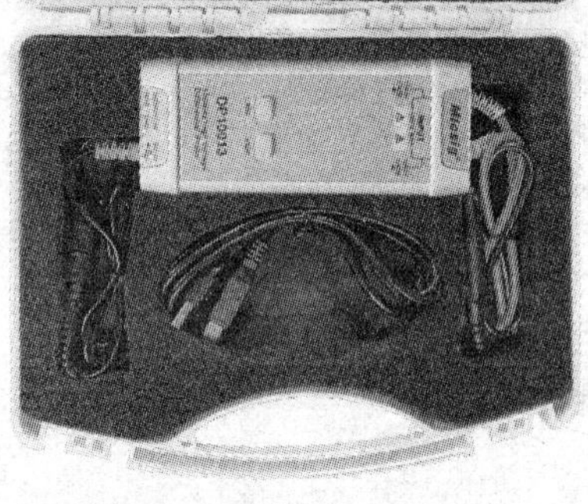

差分探头

无源探头

无源探头是最常见的探头,一般购买示波器的时候厂家就会标配几个。常见的无源探头由探头头部、探头电缆、补偿设备或其他信号调节网络和探头连接头组成。在这些类型的探针中没有使用有源元件,如晶体管或放大器,所以不需要为探头供电。总的来说,无源探头更常见,更容易使用,也更便宜。常见的无源探头可调衰减比例有:

1×: 没有衰减

10×: 10倍衰减

100×: 100倍衰减

1000×: 1000倍衰减

无源电压探头为不同电压范围提供了各种衰减系数。在这些无源探头中,10×无源电压探头是最常用的探头。对信号幅度是1V峰峰值或更低的应用,1×探头可能比较适合,甚至是必不可少的。在低幅度和中等幅度信号混合(几十毫伏到几十伏)的应用中,可切换1×/10×探头要方便得多。但是,可切换1×/10×探头在本质上是一个探头中的两个不同探头,不仅其衰减系数不同,而且其带宽、上升时间和阻抗(R和C)特点也不同。因此,这些探头不能与示波器的输入完全匹配,不能提供标准10×探头实现的最优性能。

探头衰减是通过内部电阻器来扩大示波器的电压测量范围的,该内部电阻器与示波器的输入电阻一起使用时,会创建一个分压器。例如,一个典型的10x探头装有一个内部9MΩ电阻器,当与1MΩ输入阻抗的示波器连接使用时,会在示波器的输入通道上产生10:1的衰减比。这意味着示波器上显示的信号将是实际测量信号幅度的1/10,所以我们往往还需要去示波器的通道设置里将衰减比也调成10×。

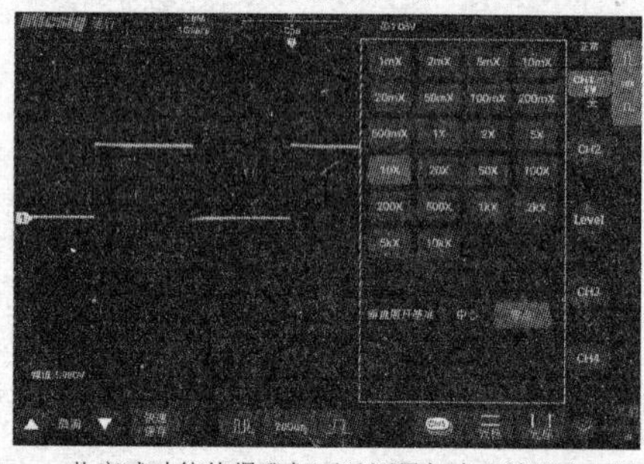

此衰减功能使得我们可以测量超出示波器电压限制范围的信号。而且衰减电路会导致较高的电阻(通常是一件好事)和较低的电容,这对于高频测量很重要。

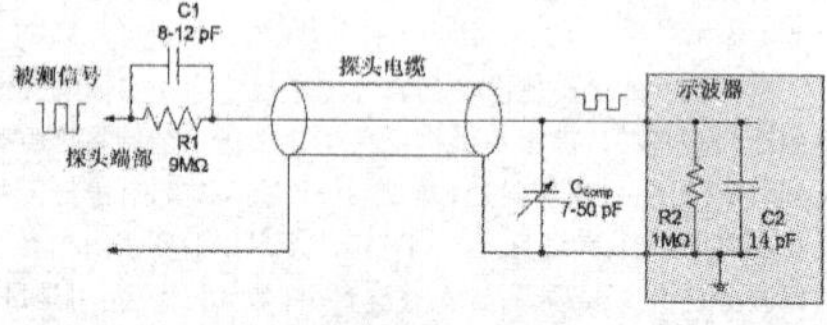

10×无源探头原理图

三、有源探头

由于有源探头里包含了类似晶体管和放大器的有源部件,需要供电支持,因此称作有源探头。最常见的情况下,有源设备是一种场效应晶体管(PET),它提供了非常低的输入电容,低电容会在更宽的频段上导致高输入阻抗。有源FET探头的规定带宽一般在500MHz ~4GHz之间。除带宽更高外,有源FET探头的高输入阻抗允许在阻抗未知的测试点上进行测量,而产生负荷效应的风险要低得多。另外,由于低电容降低了地线影响,可以使用更长的地线。有源FET探头没有无源探头的电压范围。有源探头的线性动态范围一般在±0.6V到±10V之间。

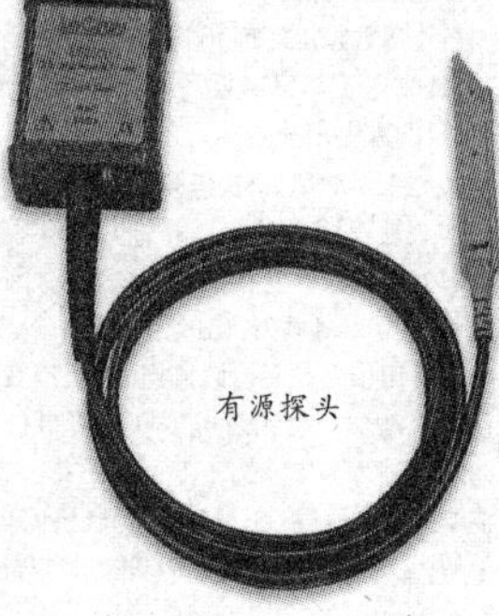

有源探头

(未完待续)(下转第 228 页)

◇程渠

MOS 管控制实现电源缓启动实施与设计(二)

(紧接上期本版)

MOS 管选择

以下参数对于有源冲击电流限制电路的 MOS 管选择非常重要:

漏极击穿电压 Vds

必须选择 Vds 比最大输入电压 Vmax 和最大输入瞬态电压还要高的 MOS 管,对于通信系统中用的 MOS 管,一般选择 Vds≥100V。

栅源电压 Vgs

稳压管 D1 是用来保护 MOS 管 Q1 的栅极以防止其过压击穿,显然 MOS 管 Q1 的栅源电压 Vgs 必须高于稳压管 D1 的最大反向击穿电压。一般 MOS 管的栅源电压 Vgs 为 20V,推荐 12V 的稳压二极管。

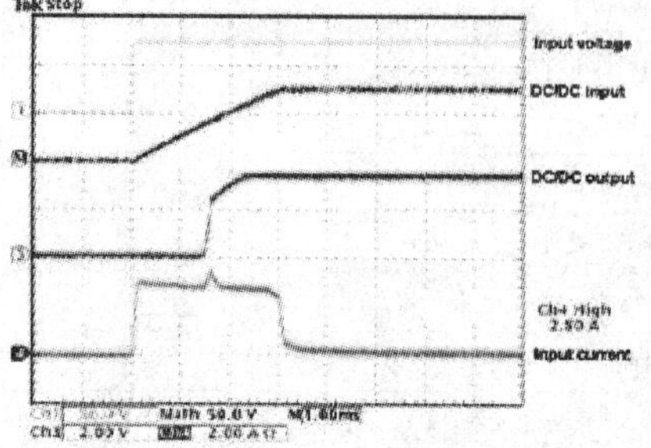

图 6 有源冲击电流限制电路在 75V 输入,DC/DC 输出空载时的波形

导通电阻 Rds_on

MOS 管必须能够耗散导通电阻 Rds_on 所引起的热量,热耗计算公式为:

其中 Idc 为 DC/DC 电源的最大输入电流,Idc 由以下公式确定:

其中 Pout 为 DC/DC 电源的最大输出功率,Vmin 为最小输入电压,η 为 DC/DC 电源在输入电压为 Vmin 输出功率为 Pout 时的效率。η 可以在 DC/DC 电源供应商所提供的数据手册里查到。MOS 管的 Rds_on 必须很小,它所引起的压降和输入电压相比才可以忽略。

设计举例

已知:Vmax=72V

Iinrush=3A

选择 MOS 管 Q1 为 IRF540S

选择二极管 D2 为 BAS21

按公式(4)计算:C2≫1700pF。选择 C2=0.01μF;

按公式(5)计算:R2=252.5kW。选择 R2=240kW,选择 R3=270W≪R2;

按公式(7)计算:C1=0.75μF。选择 C1=1μF;

按公式(8)计算:R1=499.5W。选择 R1=1kW。

图 6 所示为图 5 电路的实测波形,其中 DC/DC 电源输出为空载。

(全文完)

◇代民盟

关于应急广播系统设计及实施的探索(一)

我国地域辽阔，人口密集，又是农业大国，当自然灾害等突发事件发生时，如果没有健全的预警机制很容易给广大人民群众带来经济损失和人员伤亡。近几年我国正在大力推广和建设村村响应急广播系统，其高效、安全且及时的预警功能对防范自然灾害、推动我国救灾减灾的建设工作有重要意义。本文主要从县级角度对如何建设好村村响应急广播系统进行了分析研究，希望能够对村村响应急广播系统的大范围推广和应用有一定的促进意义。

1.概述

广播，作为党和政府的宣传喉舌，是架设在党和人民群众之间的桥梁，传递着党和政府的各项方针政策，在社会经济、防灾减灾、政治和文化等方面发挥着主要的舆论宣传作用，尤其是广播的被动收听功能，更是其他媒体无法代替的。农村广播在20世纪70年代曾经有很好的网络基础和管理、维护机构，基本上是户户都有小喇叭、乡乡都有"放大站"。但是随着电视、互联网等多媒体的兴起与推广，原有的农村广播年久失修，作为主要宣传阵地的农村广播渐渐失去其主体地位，发展到现在已经所剩无几，广播逐渐淡出了我们的视野，当前的情况是绝大多数村寨已经听不到广播的声音，导致县与乡、县与村、乡与村之间广播网络中断。使得天气、医疗、种植、养殖、党政方针以及防汛抗灾等信息渠道不畅，农村精神文明建设不能与时代发展步伐和谐共进，已无法适应农民对生产、生活、文化等信息获取的需求。

为了促进文化建设、推进文化繁荣，加快有线广播全覆盖工程，在突发事件来临时第一时间告知民众，在突发灾难中最大限度地减少国家和人民财产的损失，保障人民的生命安全，充分发挥紧急状态下广播在应急指挥、群众疏导、心理抚慰等方面的突出作用，进一步巩固占领宣传阵地，活跃群众文化生活，增强应急救灾能力，不断促进经济发展和社会进步，为全面推进社会主义新农村建设提供精神动力和舆论支持，应急广播系统建设应运而生。

应急广播网络建设是构建政府应急管理体系的重要组成部分，是"村村通"工程的有效延伸，也是政府应急调度指挥系统的重要工具，在文化惠民和应对重大公共活动管理中发挥着不可替代的作用。在新时期，构建科学的、覆盖全县的广播公共服务网络和应急广播管理体系，是文化建设的新任务，也是摆在我们广电人面前的一个新课题。

2.应急广播技术方案设计思路、原则和特点

根据《国家自然灾害救助条例》及农村广播之要求，充分运用现有农村有线广播电视网络，完成与当地政府应急工作体系对接，建设县、乡镇、村三级贯通、统一联动、安全可控、反应敏捷的应急广播体系，确保在应急响应情况下，县政府能在第一时间通过有线广播网络实现应急信息在广大农村地区户内外的全覆盖。

应急广播系统主要由播控、传输和接收三部分构成。

县有线广播网络保持全线贯通的基础上，按照县台为应急信息发布的最高等级、乡镇站为第二等级、村广播室为第三等级进行播控权限设置：在日常情况下，整个有线广播网络传输县台和乡镇站自办的广播节目；在紧急情况下，市县台、乡镇站、村广播室可根据需要迅速中断节目，向当地干部群众发布应急信息；县应急广播室作为应急信息发布的最高等级，乡镇站、村广播室必须保证县政府所发布的应急信息在全网中的传播。

根据现有广播电视有线网络现状，县级到乡镇级广播信号可采用有线电视与调频广播信号共缆传输的方式，此方式能很好地节约广播信号的网络传输费用，且具有信号稳定、无需单独维护等优点，也是调频广播信号传输的首选方式。县到乡镇系统采用智能寻址编码广播技术，不受网络信号交叉等影响，能实现县对乡镇广播系统的寻址控制。系统还配备了电话应急播出通道，能在应急情况下通过电话的方式将广播讲话送到需要播出的乡镇。

乡镇到村级也采用有线电视与调频广播信号共缆传输的方式，有线电视已通的行政村采用的是双通道寻址广播技术，本系统不仅能实现乡镇级对所有行政村的寻址控制，还能实现单独行政村的控制，不影响其他行政村的正常联播，且系统具有很强的抗非法信号攻击能力：平时村级不仅可以通过村广播室设备进行广播播出，应急情况也可以通过电话远程播出的方式，实现对本村的电话讲话播出，且整套广播系统具有上级应急播出优先功能，即普通广播时段，下级播出优先，下级可以插播本级的广播节目音频；上级应急播出时，禁止下级插播，将强制转播上级的应急广播内容；系统可支持短信和电话应急广播，最终将"村村响"信号通过无线或光缆传输至各行政村；在全县各行政村建设村级广播室，播出村级自办节目，村级以下采用无线调频发射的方式，实现广播信号的全县覆盖；在城区、乡镇街道、自然村架设智能调频接收终端，真正意义上的实现全县广播"村村响"；同时预留上级部门（省、市、应急办、气象局、水利局等）应急广播接入端口。

3.应急广播技术方案实施

3.1 县级广播系统平台

县广播电视台设立主播控平台及全县防灾减灾应急广播指挥中心，实现将广播信号由有线光缆传输到各乡镇广播室，县广播电台实行每天定时对乡镇进行日常广播。若发生自然灾害或突发事件时，县广播应急指挥中心可远程强制开通全县全部或指定乡镇前端并对所有村组或特定村组实时紧急广播。

县级设备主要由寻址播出软件，节目音源（通过卫星转发接收的上级广播电台音频、本地广播音频、电脑音频等），音频切换器、调音台、智能寻址编码控制器、电话远程播控调制器等组成。系统平时可由寻址播出软件自动管理节目的播出，包括节目源的切换、电脑内置音频的播出、各乡镇广播设备的寻址开关机和音量控制、单独乡镇不同广播时段的控制等。软件还具有手动寻址控制功能，可以实现对单独乡镇或分区进行手动的开关机、音量控制等。

县级电话远程播控调制器的主要功能为将县级的广播节目音频信号和经智能寻址编码控制器编码的SCA信号调制成调频信号，通过网络送到乡镇，为各乡镇级广播设备提供县级的广播节目信号和寻址控制信号。县级可通过设备的应急话筒输入和远程电话播出功能对各乡镇进行应急讲话，应急话筒和远程电话播出具有最高优先级别，县级应急播出时，乡镇自办节目和村级插播将自动中断，强制转播为县级的应急广播内容。电话远程应急播出采用了密码验证的方式，确保了电话播出的安全性。

本系统采用了智能寻址编码控制技术，确保了系统的抗干扰能力和安全性能。系统网络图如图所示。

(未完待续)(下转第229页)

◇贵州 贺子宽

县机房系统网络图

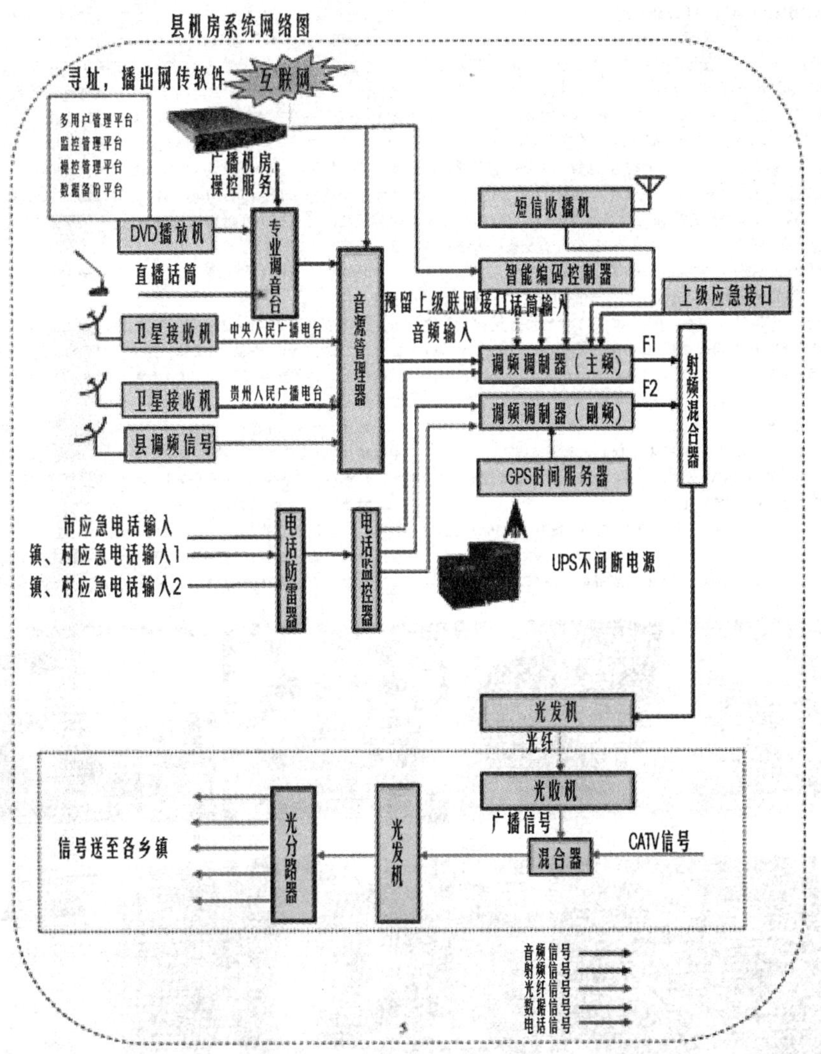

用USB音频模块低成本系统设计打造高端发烧音源方案

发烧音响系统3大件：音源、功放、音箱，三者搭配很重要。这几年笔者接触了部分音源，有CD唱机、SACD播放机、数字音频播放机，也有黑胶唱机和开盘磁带播放机，参考如图1与图2所示。国内复古风盛行，高烧友多追求黑胶唱机、开盘磁带机、胆机、全频音箱等等，并且有一定数量的烧友追求着。每种机都有特色，若玩好可能费用不会少花，特别是唱片部分，无论是CD唱片或是黑胶唱盘，高品质制作的唱盘售价不平，售价数百元或数千元一张是很平常的事，多看看一些唱片展你会收获很多，如图3所示。笔者看好CD唱机与数字音频播放机，因CD唱机与CD唱盘技术成熟，数字音频播放机因硬件成本较低，这几年风头正劲。黑胶唱机、开盘磁带机毕竟是早期技术的产物，时过境迁，若发烧友怀旧玩玩可以，若音响厂家花大力研发推广笔者觉得有点不妥，毕竟过时的产品用户数量太少，其不足以支撑整个产业长期健康发展。

而在国外，感觉整个家用音源以数码音源为主，CD、SACD播放与流媒体播放一体机仍是音响厂家的前沿产品，很多厂家花巨资研发。如日本Luxman力士公司推出了最新的高端音源数码产品D-03X CD/数字媒体播放机，如图4所示，该机支持CD光盘播放与USB输入，可解码WAV、FLAC、Mp3、DSF、DSDIFF、ALAC、和AIFF文件，该机采用了PCM1795解码方案，最高支持384KHz/32Bit的PCM文件，USB输入可支持采样率为2.82MHz、5.64MHz、11.28MHz的DSD音频文件。

日本Esoteric公司去年推出了N-01旗舰版网络串流播放机，如图5所示。该机采用了AK4497解码方案，最高支持768KHz/32Bit的PCM文件。USB输入可支持采样率为2.82MHz、5.64MHz、11.28MHz的DSD音频文件。

透过现象看本质，这些高端音源多采用新技术，采用最新的USB音频桥接IC，使用较高端的音频DAC来开发高端信号源。然而这些高端音源售价不便宜，售价数万元或数十万元是很正常的事。如今台式电脑、笔记本电脑、网络硬盘播放机、智能手机等其他数码播放设备售价很平，我们可以通过这些设备作数字音频播放转盘，通过外接USB音频接码器来改善音质。详情可参考笔者在本报发表的《采用模块打造前卫的音频解码器方案》一文(可在2019年2月2日《电子报》公众号查询)，针对该文的不足，部分音响爱好者选料或制作DAC部分可能存在部分困难。部分模块作了升级，这次把音频桥接控制器和高性能的数模转换器及部分模拟放大电路系统设计集成在一起，该板暂命名为蓝舰智慧分享LJAV-FX-DAC001，如图6所示，该板体积较小仅55mm×14.5mm×8mm，有如下功能特点：

1. USB2.0高速音频，Type-c接口。

2. USB接口供电。

3. 过USB播放的PCM和DSD音频硬解码。

4. 支持PCM规格：16/24/32bit，44.1/48/88.2/96/176.4/192/352.8/384/705.6/768 KHz。

5. 支持DSD规格：DSD 64/DSD 128/DSD 256/DSD 512等。

6. 支持Windows、Mac OS、Android、iOS等。

7. 模拟音频输出。

日本AKM公司的音频DAC应用较广，在专业音频设备、如一些音频分析仪与专业音频DSP处理器中总能见到其身影，如AK4395/AK4397/AK4490/AK4495/AK4493/AK4497等，蓝舰智慧分享FX-LJAV-DAC001使用AK4493作音频解码。

动态范围和失真度是衡量DAC芯片性能的两个重要指标，AK4493EQ是日本AKM公司2018年的最新产品，用图示意各DAC之间的关系，如图7所示。AK4493在整个DAC产品线的地位较高，DR为123dB THD+N为-113dB，AK4493的动态范围与AK4495持平，仅次于AK4497，比顶级的AK4497仅低4 db，而在失真度方面，比AK4495低8dB，是仅次于AK4497，比顶级的AK 4497仅高2 dB，然而AK 4493成本却大幅度降低。

并且AK4493和AK4497都属于AKM VELVET SOUND系列芯片，并都使用了OSRD(过采样频率倍增器)技术，可大幅度的降低带外噪声，为播放器或处理器提供更优质、更纯净的声音。

AK4493自带6种数字滤波器：短延时快速滚降、短延时慢速滚降、快速滚降、慢速滚降、低分散短延时、超级慢速滚降等，可给用户不同的音乐体验。

DAC进化越来越高，从第1代进化到了第3+代，对应22.4MHz DSD，实现了高规格水平，最高兼容768KHz/32Bit PCM，USB输入可支持采样率为2.82MHz、5.64MHz、11.28MHz、22.4MHz DSD的DSD音频文件。

厂机由于批量生产，多采用发烧运放作线路放大，如图8所示，业余条件下，发烧友对模拟音频放大都有一些独门绝技，可以用发烧运放、也可以用分立元件设计的电路作线路放大，也可不计成本用电子管作线路放大，放大倍数设为1~5倍，电子管主要作阻抗变换与线路放大，参考如图9所示。若要自己喜爱的音色还可用古老的音频变压器作线络放大，如图10所示。很多人喜欢磁带开盘机的暖声，殊不知磁头就是一个电感器件，与胆功放的输出变压器有着异曲同工之处。用电子管作线路放大与音频变压器作线络放大结合使用，用作蓝舰智慧分享FX-LJAV-DAC001的模拟放大部分，能否得到黑胶唱机与磁带开盘机的类似音色，我们探索者，或许这是个捷径。

蓝舰智慧分享LJAV-FX-DAC001能有哪些用途？很多用途，如：

1. 低成本打造个性化的USB音频DAC，如上面所述，可让台式电脑、笔记本电脑、网络硬盘播放机、智能手机等其他数码播放设备的音频快速升级，成本可控制在数百元，也可在千元左右。

2. 由于该板体积较小，该板卡可与x86电脑主板或ARM主板整合，可快速开发高端数字音频播放机，还利用现有资源如触摸屏、外壳等，开发成带触摸大屏功能的发烧级数字音频播放机，参考如图11所示，操作更人性化。

3. 创新是发展的动力！由于该板体积较小，还可内置集成发烧耳机放大器，直接驱动发烧耳机，如图12所示是蓝舰智慧分享一款发烧耳机LJAV-FX-EJ 01，该耳机按监听级标准设计，频响可达10Hz~25KHz，灵敏度：100±3dB；额定功率：30mW；最大功率：100mW；阻抗：32Ω。该耳机可设计为单端输入与平衡输入两个版本，LJAV-FX-DAC001也可采用专用集成耳机放大器，可设计为单端输出与平衡输出，推动相应的耳机，或者直接把LJAV-FX-DAC001内置于耳机头盔内部，外部只保留一条USB连接线。利用现有数码播放设备如手机、电脑等，或许花费不足千元，即可组建监听级高保真耳机音乐系统。其效果如何，或许只有体验后才知其"妙"，在较小的空间内可让用户体验到"纯净之声"。与发烧组合音响相比，除声场定位稍逊色外，其他优势更明显，用途不一样。看看每年各地的耳机音响展，除吸引年青一代的发烧友，特别是学生朋友，也吸引了更多年长一辈的发烧友，生活环境改变，很多生活方式也随之改变。

很多读者会问，CD格式为44.1KHz/16Bit，SACD的格式为DSD64，蓝舰智慧分享LJAV-FX-DAC001 768KHz/32Bit与DSD512高规格音频解码是否有意义？笔者暂不急着回答这个问题。社会在发展，科技在进步！现在4K电视机已普及，很多影音爱好者都在购买、搜集4K影片资料，4K影院也很平常，现在还有多少影音爱好者在购买、搜集VCD、DVD影片？生产厂家与商业机构更是看好8K电视，特别是在商业场所，这也是其利润增长点的必经之路，同理使用高规格音频解码也是大趋势。

十多年前国内外的音响厂家的CD机或音频解码器都主打升频功能，部分产品也赢得了发烧友的口碑，这类升频功能多采用硬件升频，如一些专用IC：AD1896、CS8421，把信号最高升频到192KHz/24Bit，详情可参考本报相关文章。也可用示意图如图13所示来说明重采样之间的差异，若设计较好新采样波形能更好接近原始波形。某些音频DAC其PCM解码与DSD解码音色有稍许差异，也可以说是不同的音色。现在一部二手笔记本电脑低至五百元左右，即是组装一台新台式电脑也仅一千多元。可以硬件升频也可软件升频，电脑就是一个很好的升频工具，很多音频软件具有升频功能，也有降频功能，参数可任意设置，可以把PCM信号转为DSD信号，也可把DSD信号转为PCM信号，若升频音频文件变大，比如把44.1KHz/16Bit的PCM信号转成DSD256的信号，文件会增大数十倍；也可把DSD128的信号升频到DSD512，现在硬盘存储费用很低，对音响发烧友不是难事。某些音响发烧友花数百元、数千元、数万元去玩信号线、喇叭线、电源线，这或许仅是"量"的变化。LJAV-FX-DAC001支持768KHz/32Bit的PCM解码与DSD512解码，是"质"的飞变，可把用户的器材潜能发挥到极致！在此笔者暂不多谈，本文也没给出具体的模拟放大电路，读者可任意发挥，欢迎音响爱好者交流，可通过电子报读者与影音爱好者交流群与笔者互动。

怎样作能让您的发烧音响更好听？怎样作能让您的专业音响更耐听？怎样作能让您的手机更动听？"量变"太慢，要变就"质"的飞越。不改变原有结构性能，或许你的音响系统核心之处升级一下即可"立竿见影"，也能让您的数码音频播放设备轻松拥有黑胶唱机或开盘磁带机的"风味"，我们一起探索！

◇广州 秦福忠

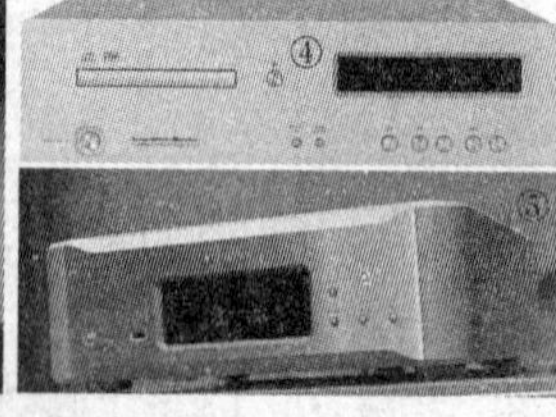
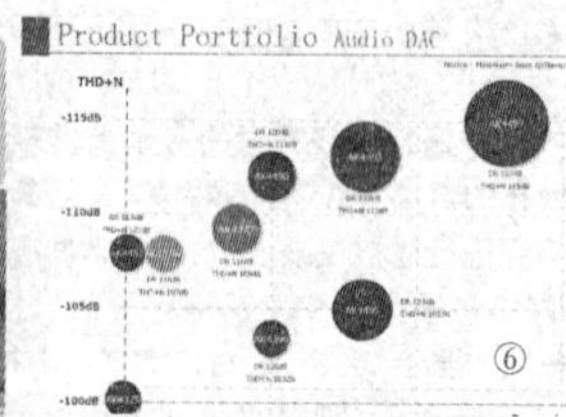

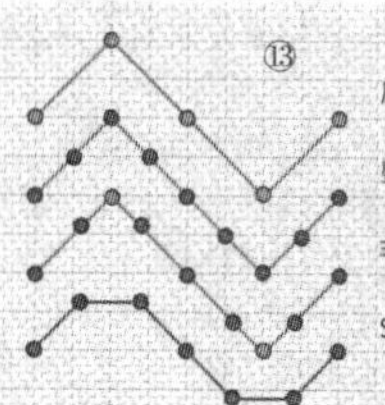

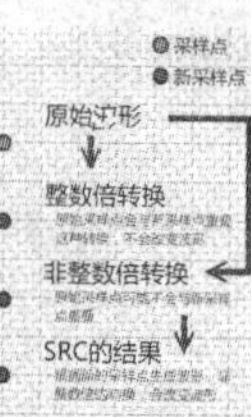

邮局订阅代号：61-75 国内统一刊号：CN51-0091
微信订阅纸质版
请直接扫描

邮政二维码
每份1.50元 全年定价78元
每周日出版
扫描添加电子报微信号
或在微信订阅号里搜索“电子报”
2020年6月7日出版
实用性 启发性 资料性 信息性
第23期
(总第2064期)
国内统一刊号:CN51-0091 定价:1.50元 邮局订阅代号:61-75
地址:(610041)成都市武侯区一环路南三段24号节能大厦4楼 网址:http://www.netdzb.com
让每篇文章都对读者有用

如何看懂区块链？区块链技术知识小科普(一)

说起区块链，在不少人心中是这样一个映像：五年前，它是“传销”！两年，它是“骗局”！2019年10月23日前再提区块链，它是一个风口！10月24日后提区块链，它是一个时代！

网络时代信息满天飞，如何找到有用、有价值的信息还真难，需费很多精力，还要有一定的鉴赏力。“比特币”“空气币”“量子币”“A币”“B币”“C币”等一些数字货币传言很多；若谈论“挖矿”“矿工”“矿池”“矿场”等这些网络新名词让很多外行人摸不着头脑。“区块链”“区块猪”“区块鸡”“区块A”“区块B”……与区块链毫无关系的事或物这段时间都有可与“区块链”这几个字搭上关系。各种“链”信息混杂，真假区块链满天飞，各种“币”信息乱推送。虽然十年前网上就有人谈论“比特币”，一些人靠炒“数字币”身家过亿，但不少的人靠炒“币”血本无归。

如今打着区块链旗号的各种陷阱较多！多学习、多了解才能避免失误，也有可能抓住机遇！很多人对“比特币”“区块链”的关系搞不清，即使专业人员也要多学习、多交流才能理清头序。笔者从自己的角度理解区块链，与广大朋友一起学习区块链，分享自己对区块链的理解。

区块链是一种技术，特点是去中心化、分布式计账账本。区块链领域的成功应用主要有：Bitcoin(比特币)、以太坊、IPFS这3个代表作。谈区块链绕不过比特币，比特币是3个代表中起步较早的、比特币是区块链技术的一个最成功应用，影响面也是较广的，而后起之秀IPFS如今风头正劲、潜力较大。

2019年5月份的数据显示，比特币区块链的全球节点数量已经超过10万。正是这些由个人投资，由“比特大陆”一类的矿池管理的比特币矿机，在支撑着1870亿美元的市值的比特币大市场。

比特币的诞生背景是2008年的全球金融危机，发明者宫本聪(作为比特币的第一个链址始终没有兑现，因此至今仍不知道其真实身份)的初衷是：人们需要一款不受主权控制、不受地域影响，能对冲金融风险、低抗通胀保值、全球流通的资产。比特币的诞生正好解决这一痛点。比特币总量恒定、不会增发、去中心化，点对点支付，不受地域限制。比特币从2009年到现在，在这十年间没有中心机构管理，平稳安全的运行着。

正是借助于区块链的技术的神奇，分布在于全球各地的十几万台比特币矿机正在协调一致地工作，构成了一个全球化的、开放式的、安全可靠的电子货币支付平台。

在数据处理方面，比特币矿机扮演的角色，与那些售价几百万元美元的、运行于数据中心的大型IBM主机是完全相同的。

谷歌位于芬兰的数据中心

我们知道数据的存储分为：个人存储、企业级存储、云存储，这3大块读者都较易理解。国内越来越多的公司把数据中心建在云、贵、川等地，一是环境温度较低、二是电价稍平一些。为了降低成本，比如房租场地费、空调电费、人工维护费等等，2018年6月1日微软将装有864台服务器和相应冷却设施数据中心(长12米，直径3米))沉入海底。可见传统技术的存储能量消耗巨大，如今区块链存储开始抢占存储市场。

IPFS又称星级文件系统，它视一种永久的、去中心化保存和共享文件的方法，是一种内容可寻址、版本化、点对点的超媒体分布式存储及传输协议。IPFS对外公布的白皮书明确写着，整个项目总共发行20亿枚Filecoin，将会把其中70%的代币作为奖励发放给勤劳的矿工们。IPFS它弥补了现有区块链系统在文件存储方面的短版，一是区块链存储效率低、成本高，二是跨链需要各链之间协同配合、难以协调。

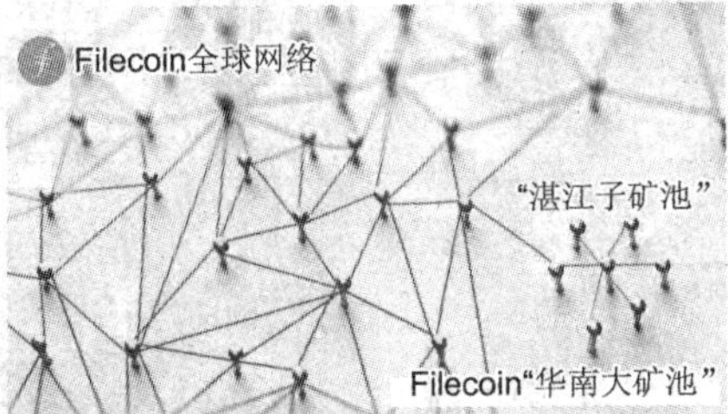

利用区块链技术，将分步于全球各地的几百万台机器整合在一起，变成一个巨大的分布式系统，为几十亿人提供快速的、廉价的数据存储服务，这将是WEB万维网出现以来的一个最大的超级工程，如图所示案例来参考。

即便是比特币和以太坊，这两个区块链领域最成功的应用也面临着许多问题：如不能提供通用计算、只能作交易相关计算，只能存储小账本数据等存储和计算问题。而IPFS作为区块链的后起之秀正被很多人看好。IPFS最根本的构想是文件的分布式存储。比如当前的HTTP协议是将网页从一个单一的位置下载下来，并且没有内置的机制来归档在线页面，而IPFS文件系统允许用户从多个位置同时下载一个页面，并包括程序员所称的历史版本控制，这样迭代就不会从历史中消失。

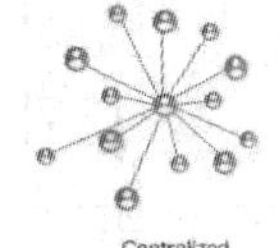

VS
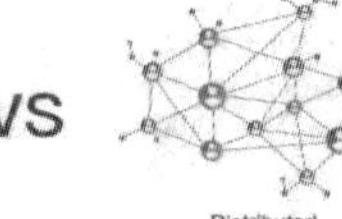

http：//传统互联网25年　　Ipfs://新一代互联网4年

可以总结一下HTPP与IPFS的关系就是中心化存储与去中心化分布式存储的关系。去中心化的存储与计算有很多优势，比如能够降低成本，能够避免中心化存储的集中式风险，即便某一块数据泄露，也只是部分数据而非全面数据。更重要的是去中心化存储数据不会被某一巨头私有，可使数据保持开放的状态。一种技术的出现，必然有另一种技术与之竞争，对原有技术的不足加一改进、完善、或作技术升级换代，如下图所示。也可概括如下，集中式：在线看片，数据在云端；分布式：下载看片，数据在电脑。

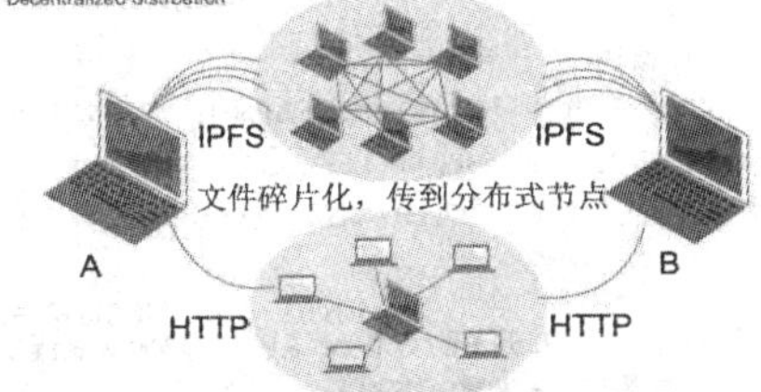

现在网上的所有信息都是存储在服务器里，IPFS就是把文件打碎，分散地存储到不同的硬盘中，下载的时候再从散落在全球各地的硬盘里读取。其实IPFS就是一种Bittorrent协议，开发团对在Bittorrent协议的基础上进行了优化升级。

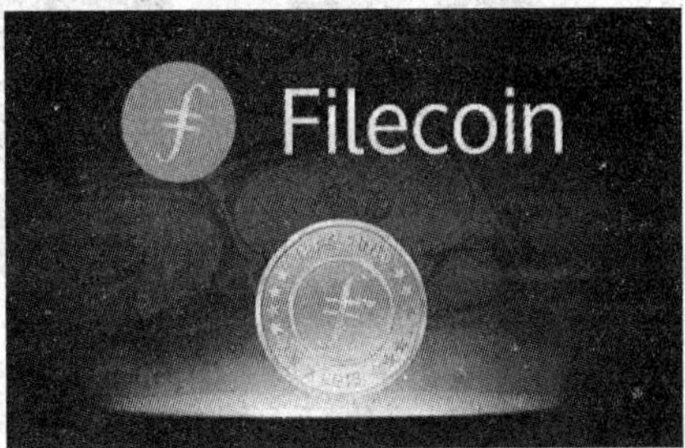

(未完待续)(下转第231页)

◇广州　秦福忠

(本文原载第1期11版)

受国家政策的号召，区域链的技术应用也会开始推广；不再是早期单一的“挖矿”行为了，可以简要地看作是大数据时代下虚拟数字货币的一种规范，当然这个规范还在初期探索中，今年会更多地为大家讲解和推广区域链的具体应用。

MT3151A05-5-XC-5 一体化逻辑板电路分析与维修(三)

(紧接上期本版)

3. 伽马校正电路

该逻辑板采用了CS801(IC10)作为伽马校正集成电路。CS801是一块8通道可编程伽马电压生成集成电路，同时还带有一个通道VCM电压输出，采用I²C总线控制方式。CS801外围电路比较简单，如图3所示。

IC10的④、⑤脚为3.3V供电端，⑨、⑩、⑲脚为VAA(14.8V)供电端。IC10的㉓、①脚与时序控制芯片IC11的㊺、㊻脚相连，构成I²C总线。I²C总线上还挂接了E²PROM存储器IC2(32A)，该存储器中存储有各种状态的伽马数据。时序控制器动态读取E²PROM存储器中的数据，在I²C总线的控制下，伽马校正块IC10内部D/A转换电路将工作电压VAA转换为模拟直流电压，再通过电流缓冲器放大，就可以自动产生符合当前帧图像所需的伽马电压，从IC10的⑬~⑱、⑳、㉑脚输出。

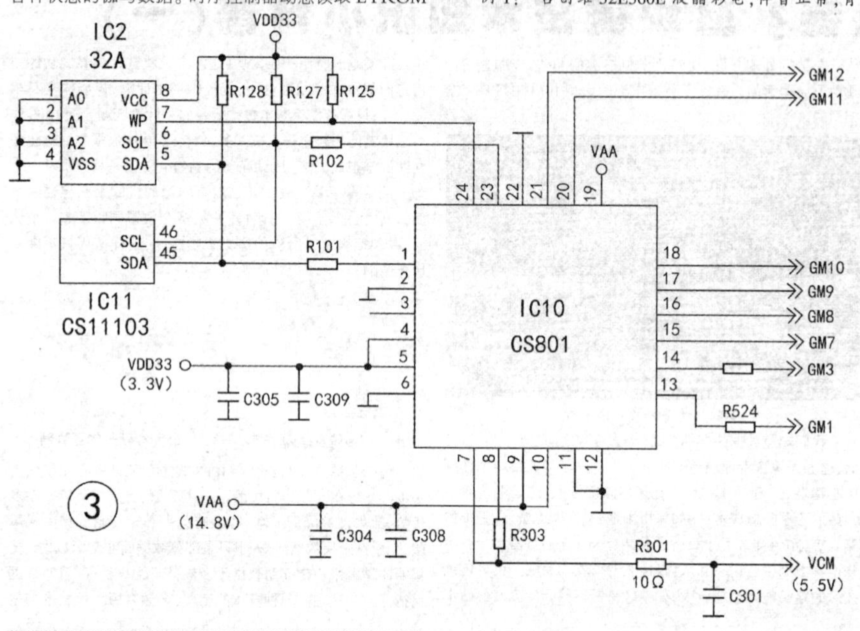

③

IC10的⑦脚输出的是VCM电压，VCM电压是液晶屏公共电极电压，该电压经电阻R301送往屏共用电极供电。VCM电压对液晶屏显示效果影响很大，该电压是检修液晶屏图像显示故障时，必须要测量的一个关键电压。VCM电压为5.5V。

二、维修实例

例1：一台创维32E360E液晶彩电，伴音正常，背光亮，但图像很暗。

分析检修：首先把图像的亮度值调整为100，图像仍很暗，分析故障应在逻辑板。该机液晶屏型号为创维SDL320HY，配套的逻辑板型号是MT3151A05-5-XC-5。开机测量逻辑板输入的12V电压正常，F1保险丝未熔断，测量逻辑板上各主要工作电压，发现VDD33、VGL电压正常，但VAA、VGH、HVAA电压均为0V。分析电路，VAA、VGH、HVAA电压的形成及输出都与电源管理块IC12(CS902)的㉝脚(使能控制端)的电压有关，如果该脚无高电平的开启电压，电源管理块内部的BOOST部分不会进入正常的工作状态，不会有VAA、VGH、HVAA电压输出。于是测量IC12(CS902)㉝脚的电压，果然为0V。顺着线路查找，发现㉝脚通过贴片电阻R233接在VDD33电源上，测量R233接VDD33的一端有3.2V电压，但接㉝脚的一端无电压。R233开路、㉝脚外接滤波电容C240短路、㉝脚内部对地短路都会导致㉝脚无电压。逐一检查，发现R233断裂。用1kΩ的贴片电阻更换R233后，测量㉝脚电压为高电平3.2V，VAA、VGH、HVAA输出电压恢复正常，机器故障排除。

例2：一台创维32E360E液晶彩电，图像对比度差，人脸上有色斑。

分析检修：从故障现象上看，怀疑伽马电路有问题。按照逻辑板的标识找到GM1、GM3、GM7~GM12的测试点，逐一测试这8个检测点电压。正常情况下该电压应该是从GM1至GM12递减的。结果测试发现，GM1、GM2、GM7、GM8电压呈递减规律，GM9~GM12电压突然升到了8V多，这显然是不对的，怀疑伽马校正芯片CS801损坏，换新后故障排除。此时测得GM1为13.9V，GM3为10.9V，GM7为9.5V，GM8为7.8V，GM9为7.5V，GM10为7.1V，GM11为6.8V，GM12为4.8V，VCM为5.5V。

(全文完)

◇四川 贺学金

二合一电源OB5269CP+AP3041方案——原理与维修(一)

1. 概述

二合一电源板(OB5269CP+AP3041方案)主要运用在长虹32J2000、43J2000、LED42538N等机型上。为方便阐述，下面以32J2000为代表进行分析，其电源板型号代码9012-112437-07509211。电源输出12V/2A、DC5V/1.5A、DC5VSB/1.0A三路及LED驱动电压120V、LED驱动电流280mA/单路/50W。增加少量元器件即可扩展到6路LED驱动，满足大屏幕背光要求。

2. 电源实物图解

32J2000电源板实物正面图解如图1所示，电源板实物背面图解如图2所示。

(未完待续)(下转第232页) ◇周强

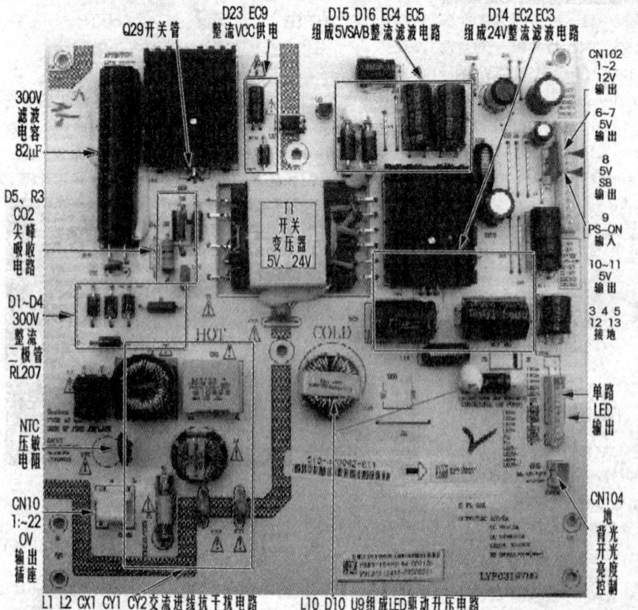

图1 电源实物图正面

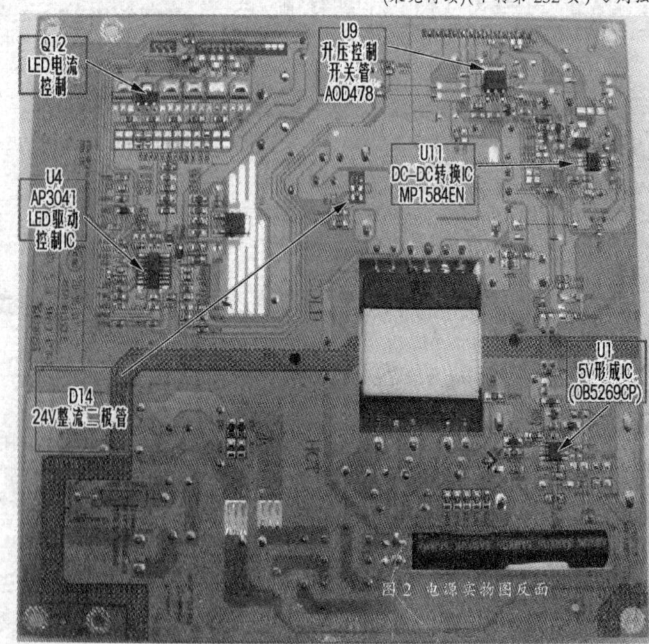

图2 电源实物图反面

一次网络故障处理之曲折经历

2020庚子年春节，新冠病毒疫情暴发，自我隔离，宅在家中。而令人悲催的是：返回家中无WiFi网络，因为离家一年多，已经撤机（光猫）断网。要再恢复时，则必须电信人员到家中安装“光猫”，开通WiFi网络才能上网，疫情期间，这是根本不可能的事情。

家里有一台2008年的老台式电脑，尽管由XP更换为Win7系统，但打“星际争霸”时，还是慢得要命，老是卡，便拆卸了。那就用笔记本电脑打打游戏吧，屋漏偏逢连夜雨，坏了。现在，唯一慰藉的便是手机了。

终于坚持到2月底了，疫情有所缓解，便打电信10000号，预约装宽带业务。等待到2月28日电信小哥师傅带着手套、工具等，上门安装，先清理光纤，安装“光猫”（电信名称为天翼网关）。很快设置、调试好，测试“光猫”输出口信号，有150M左右，达到订购宽带量的标准。顺便请他关闭“光猫”的无线网络发射功能，以减少发热量。“光猫”上共有五个指示灯，第一个是电源指示灯，第二个是光纤正常，第三个是网络信号正常，第四个是无线网络正常……此处熄灭，表示关闭。从图1中可见，只有前面三个灯亮，达到关闭“光猫”的无线网络发射功能。

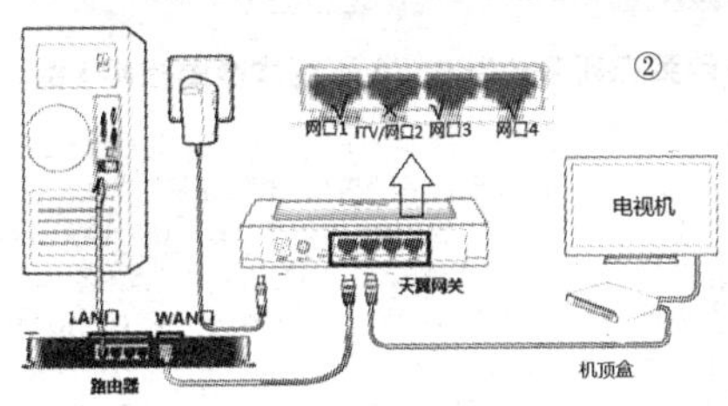

电信官网上的一张标准接线图如图2所示，而在电信师傅实际连接无线路由器的时候，不是按照图2的标准接法。而是用了两根网线，在“光猫”和路由器之间来回连接（如图3所示），一根蓝色网线的水晶插头插入千兆网口1上，另一头接入无线路由器的输入WAN口里，再从无线路由器的任一输出LAN口上，一根黄色的水晶插头接回到“光猫”百兆输出口2上，另一个百兆输出口1是接台式电脑，用白色的网线。

无线局域网
忽略此网络
自动加入
低数据模式
“低数据模式”可帮助iPhone上的App减少网络数据的使用。
IPV4地址
配置IP 自动
IP地址 192.168.1.2
子网掩码 255.255.255.0
路由器 ④ 192.168.1.1

这样接好后，告知笔者说手机可以上网了，笔者看见手机是有WiFi信号图标，查看微信，正在连接，但始终还没有连上？便说在手机设置里，关断无线局域网一会儿，再打开连接，手机会自动搜索到网址的。果然，有信号了（如图4所示），心中很是高兴。

再检查电视机的情况：打开小米电视盒子和电视机，发现电视画面还是停留在2018年的《精选》菜单上，不能继续收看节目。电信小哥又找出一根网线，插入“光猫”的iTV插孔里，找电视机背后的水晶插口，想用这种接线方式来收看电视节目。笔者告知是老电视，没有网络插口，而小米盒子只能接受无线信号（无网络插口），再通过高清电缆插口接入电视，而且要进行无线路由器内部的参数修改，才能正常工作。电信小哥说不是这次电信装宽带业务的内容，也因为当时手上没有能用的电脑，便就此作罢。反正手机能够正常上网，先就凑合着用用吧，等以后电脑好了再弄。

晚上想想，总有哪里不对？便微信上传照片中的接法，请教高手指点，答复说这可能是所谓的“桥接”吧？先不要争论啥子接法，打开电视盒子的设置，找到无线网络菜单，查看手动栏目的IP地址，和手机IP地址参数是否一致？若不一致，就按手机参数修改。果然，电视盒子里的参数不对，电视机中的IP地址是10.16.0.51。用遥控器左右调节光标，打开手动设置，改IP地址为192.168.1.5（1.5为的是和手机的最后一位错开）……修改完后保存，再回到起始页面，画面马上就变了，可以看节目。

这种所谓的“桥接”是不稳定的，手机在其他地方上网后，回到家里，手机的IP地址又回到10.16.0.1了；电信“光猫”停电复位，重新再启动后，手机和电视的IP地址，均回到10.16.0.1等等（如图5所示）。这种种麻烦，笔者要弄好电脑，以便解决此项问题。

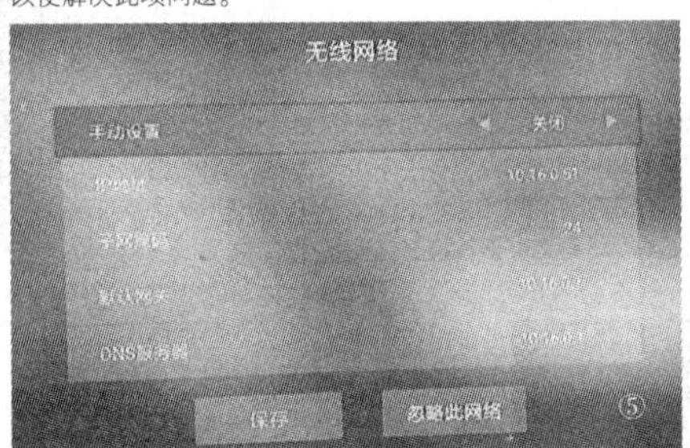

再看看笔记本电脑（戴尔XPSM1330，2008年购买）是啥问题？开机后，屏幕上英文指出硬盘驱动的问题如图6所示，请按F1重置引导boot，按F2进行设置setup，按F5进行电脑诊断diagnostics。通过操作检查等，没有发现什么，进入维修maintenance菜单，进行维护检查，也发现不了问题。

Internal hard disk drive not found
To resolve this issue, try to reseat the drive. ⑥
No bootable devices--strike F1 to retry boot, F2 for setup utility
Press F5 to run onboard diagnostics.

这时想到另外一招：外接启动优盘（原先制作好的），笔记本电脑能够进入启动优盘所装载的操作系统中，运行正常。但是仍然看不见硬盘，底是笔记本的主板电路坏了，还是硬盘坏了呢？确定不了。

再次咨询高手吧，说为什么不把笔记本硬盘取下来，再插在台式机上，看这样能否找到硬盘呢？便可确认硬盘的好坏。一句话提醒了笔者，台式机里也有SATA接口的机械硬盘，马上撤开台式机箱，把笔记本电脑的硬盘接好。

这样，台式机中就有老中青三种磁盘了：笔记本固态硬盘SSD，装有Win10操作系统；SATA接口的机械硬盘，装有Win7操作系统；IDE接口的机械硬盘。

开机看见Win10启动画面，那么说明笔记本硬盘是好的，运行速度相对原来的机械硬盘，快了很多。下载和上传文件，速度在数百k/s至数M/s之间，最高出现过5M/s。系统也比较稳定，能够满足现在Office和AutoCAD的一般需要。

看来基本正常了，正在逐步安装应用软件的时候，电脑显示屏，开始闪烁，立即保存并关闭电脑。看来九九八十一难，还有一难，是什么东西坏了呢？手接触到风扇时，感觉有些松动，和CPU接触不够紧密，造成风扇散热不足，使CPU芯片过热而自我保护状态。取下风扇，清刷灰尘，加散热脂再压紧，重新开机，显示器还是黑屏，用电视机做显示器测试，能正确显示，那就是显示器坏了，决定打开看看，啥毛病？

卸掉螺丝撬开后盖，看见两块印板电路板（如图7所示），上面是电源部分，下面是控制部分。检查发现电源功率逆变三极管处，有严重烧损的痕迹，另有两只电解电容鼓包。先检查逆变三极管，基极b对发射极e之间，呈现二极管特性，再对集电极c间，正反电阻均无穷大。拆下来单独再测量三极管情况，和在线结果一样。马上更换逆变三极管和电解电容，再查查其他地方，没有问题。便准备通电试机，分别拔掉去背光管的插头，再去掉到控制板的插头，单独接通市电电源，即不带负载，测量12V情况，正常。便接上负载插头，全部装好显示器，按启动按键，一会儿，显示器屏幕上出现“无信号”几个字，说明显示器好了，连接VGA插头，电脑正常运行。

真是多灾多难，终于修成正果。下一步，将用电脑去设置路由器了……

总之，通过多次反复折腾，浪费了不少精力，看起来是不值得的，但是也学到了很多东西，也有一些提高。人总是有一种精神的，但在技术日新月异发展的今天，有条件的话还是买新产品吧，代表着先进的生产工具和生产力。

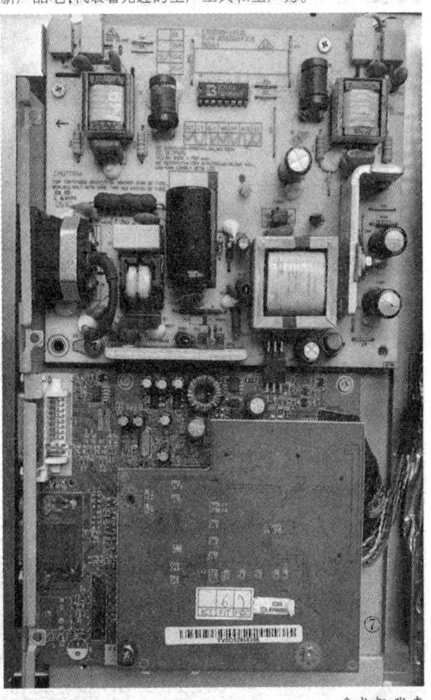

◇成都 张声

为国行Watch启用HRV功能

HRV（心率变异性）表示心跳测量间隔时间的差异，非国行版本的3代以上Apple Watch可以使用心率传感器测量到心跳间隔之标准差来计算HRV数据，国行版本则必须借助iMazing写入相应的ECG启用文件进行替换，操作相当繁琐。

不过，如果Apple Watch已经更新至测试版本6.2 beta1，iPhone更新至最新的13.4 beta1，那么只要在Apple Watch上手工添加数据，再使用几次呼吸功能，在iPhone上打开“健康”，我们很快就可以在“心脏→心率变异性”下看到相应的数据，效果如附图所示，是不是很有意思？

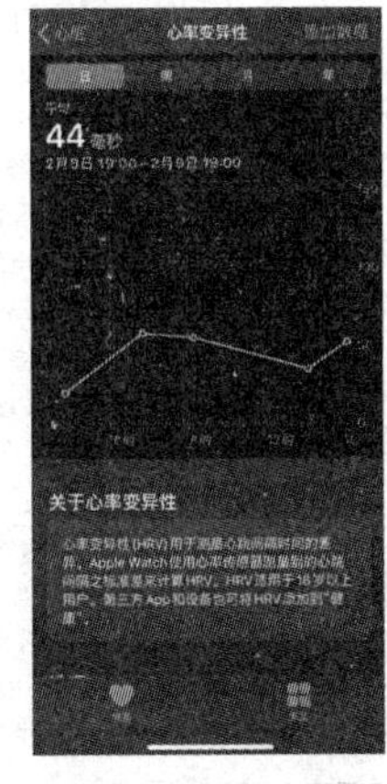

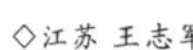

◇江苏 王志军

MF10 型万用表特殊故障检修 1 例

故障现象：一台 MF10 型万用表出现了特殊故障，即使用 250V 直流电压挡测试 100V 左右的直流电压时，表针的指示会超越 250V；用 500V 挡测量时也会超越 500V。开始认为被测电路不正常，反复检查被测电路的元件未见异常，改用另一表测试上述电压时为 105V，才发这块 MF10 型表出了故障。

分析与检修：通过调校发现，该表的直流电流、交流电压各挡正常，直流 1~100V 四挡正常，而 250V、500V 两挡出现异常，咨询上海电表四厂的维修部顾师傅，告知在太阳下晒一天就能解决问题。心中虽然有疑惑，但还是照办了，经一天 40℃左右的低温烘烤，确实奏效，故障消失。可是两天后故障复发，拆开后察看这 2 挡印刷电路时，发现印刷线穿过电流挡的分流电阻区，怀疑印刷板受潮后对分流电路造成影响，于是在分流区前段靠圆孔处切断该印刷线，从前端跳线到降压电阻上，但故障依旧。仔细分析电路后发现，100V 前 4 挡进入电流表的 10μA 挡，电压灵敏度为 100kΩ/V；后 2 挡是从 50μA 挡（20kΩ/V）处进入电流表，于是着重查 50μA 的线路走向。

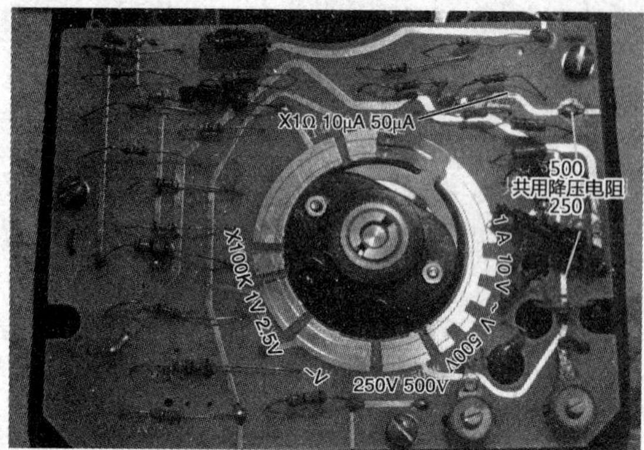

参见附图，黄线标示出这 2 挡进入焊盘下共用的降压电阻，该电阻在背面通过切换开关与 50μA 挡相连，由红线表示。从红线指向的印刷线查找也未发现异常，而用放大镜观察，发现切换开关在跳挡的沟槽上有金属划痕。于是马上明白了，印刷板稍微受潮，上面 1V~500V 挡位中的 2 沟槽短路了下面的降压电阻，仅保留了黄线标示的 240k 电阻。按 20kΩ/V 计算，这 2 挡降压总阻应为 5M、10M，而 240k 的降压电阻在 12V 电压时就会满度。查到问题的真相后，用小方什锦锉锉去金属划痕，装上后盖试测，这 2 挡恢复正常，故障排除。

◇重庆 李元林

劲普超声波发生器工作异常故障检修 1 例

为支持防疫工作，笔者的朋友开了家口罩生产厂。前段时间一台超声波焊接机出现问题，因本地找不到相关维修人员，所以找到笔者帮忙看看能否修复。来到工厂后发现是一台气动超声波半自动点焊机，其大致工作过程是：当踩下脚踏开关后，一方面电磁阀门打开使焊头向下冲压，另一方面延时继电器也得电，经延时后使超声波发生器（或叫超声波电源）主板上的 12V 继电器吸合，产生超声波使换能器工作，在压力和超声波的共同作用下使耳带与口罩焊接在一起。通过观察发现：踩下脚踏开关后 12V 继电器上的绿色指示灯会点亮，却听不到继电器吸合时发出的“咔嗒”声，怀疑继电器（见附图）或其驱动电路损坏。经检测后确认继电器损坏，用 JQX-13F 型继电器代换后，机器恢复正常，故障排除。

因每只口罩要焊接 4 次，一个工人一天大概可以焊接 4000 只口罩，这样继电器就要动作 16000 次，再加上每天是两班人工作，平均下来就要动作 3 万多次，所以确认故障是因继电器动作太频繁导致的。

【提示】该超声波发生器主板上采用的是常闭型继电器 JQX-13F，它的线圈不通电时它的常闭触点短接功率管 b、e 极，功率管停止工作；线圈通电后常闭触点断开，功率管开始工作，产生超声波。因此，在不装继电器的情况下千万不能通电试机。另外，JQX-13F 工作电压有多种，通常红色指示灯表示采用的是交流 220V 工作电压，绿色指示灯表示采用的是直流 12V 或 24V 等工作电压，使用时要注意区分。

◇安徽 陈晓军

快速排除 LED 灯不亮故障 2 例

一只正常的 LED 灯往往用多只发光二极管串联组合而成。正因为是串联，只要其中一只发光二极管烧毁，就会导致整只 LED 灯“黯然失色”。从中不难看出，一只 LED 灯若突然“失明”，往往是因一只发光二极管内部烧毁而使灯内整个电路构成断路。所以要修复“失明”的 LED 灯的关键是要检测出“失明”的“源头”——哪只发光二极管被烧毁？一旦检测出烧毁的发光二极管，接下来就用“短路法”，直接将一根短导线并在该管两端进行“短接”，使整个 LED 灯内部电路构成通路，顷刻之间那“失明”的 LED 灯就能“复明”如前。

笔者在两年内遇到了 2 只 LED 灯突然“失明”，分别用 2 种不同的方法将损坏的发光二极管（灯珠、灯芯）检测出来。

2018 年笔者用 2 节一号电池串联（其电压是 3V）分别并在每只灯珠的两端（即电池的正极和发光二极管正极连接，负极和该管的负极连接），发现 23 只 LED 灯珠能发光，只有 1 只“失明”。于是，用一根短导线并在该管的两端进行短接后接上电源，该灯立即复明。经此法修复后，虽然每只灯珠两端的电压有所增加，但增加的幅度很小，基本上不影响正常工作。

2019 年另一只 LED 灯在接上电源 5 分钟后，突然熄灭。维修时，笔者采用了万用电表 R×10k 挡进行检测。黑表棒接发光灯珠的正极，红表棒接负极，发现 23 只灯珠能发光，1 只不能发光。随即就用短导线将不发光的灯珠短接，接上电源后 LED 灯即刻复明。

该法较先前一法更简单、便捷，而且从 R×1Ok 刻度盘上的指针读数可以看出，虽然是同一电压加在 23 只灯珠上，但它们的“非线性电阻值”略有不同。在这里值得一提的是：此时万用表 R×10k 挡表盘上指针的读数不应称“电阻值”为多少欧姆（Ω），而应称“非线性电阻值”为多少欧姆。因为发光二极管是非线性元件，即它的伏安性的图像是一条曲线，而不是一条直线，故它不是“线性电阻”而是“非线性电阻”。从以上两法可以明显地看出：同一电器去维修，方法择优靠研究，科学探索重实践，妙手回春即排忧！

◇江苏 徐振新

电风扇电机不转故障巧修 1 例

故障现象：一台长城牌16寸落地电风扇不转。

分析与检修：拆下面罩，用手拨动风扇叶，向右拨动就正转，向左拨动就反转，而且转动速度慢且无力。

根据经验，在不通电时用手拨动叶片，如果转动灵活，多为启动电容损坏所致，更换相同容量的电容即可排除故障。采用该方法检测本机后，认为是启动电容失效。但测量该电容的容量为 1.1μF（标称容量为是 1.2μF），说明电容是好的。接着，用万用表测量电容两端的阻值（实为测量电机内部绕组的阻值，参见附图），结果显示不通，怀疑启动绕组烧坏。通常情况下，排除该故障的方法是更换相同的电机。但考虑该电机仅为启动绕组开路，报废有点可惜，能否研究一下让其重新使用呢？于是动手拆开按键盖板，用万用表对着按键上的电机引线测量电机各个绕组的阻值情况。测量结果是：黑、红线间的阻值为 0.829k，红、白线间的阻值为 0.096k，白、蓝线间的阻值为 0.096k，蓝、黑线间的阻值为 1.05k。根据附图的标注，说明不通的是电容右边引线与电机内部绕组开路（附图中打叉处），而电机的各绕组是完好的，说明有解救的希望！

先把蓝线从开关上剪断，并把蓝线从塑料套管中拉出并剪短，保留能与启动电容右边引线相连的适宜长度，再用电烙铁把蓝线与电容右边引线焊接起来（见附图），经此改接后，装好扇叶，通电试机运转正常，修复成功。遗憾的是缺少了蓝线一挡的慢速功能，但总比报废有价值。

◇福建 谢振翼

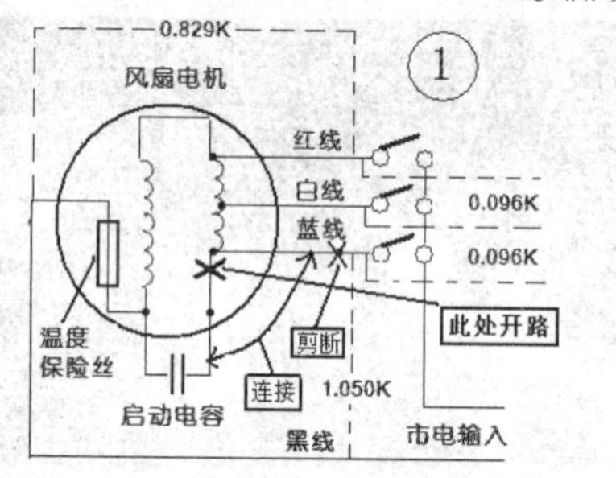

伊莱克斯 EHC3507VA 不制冷故障检修 1 例

故障现象：一台伊莱克斯 EHC3507VA 无霜风冷冰箱整机不工作，显示屏也不显示，但屏内可见微弱的背景灯光。

分析与检修：据用户说，前一段时间冰箱工作时还发出异响且声音很大隔着房间都能听到。拆机，打开电源盒察看，发现很多蟑螂，清理电路板后，察看电路板的型号为 B1076-ML MLK1007，其电源管理芯片 IC3 为 AP3902P-E1。用万用表电压挡测三端稳压器 IC1（7805）输出端电压在 2V 左右跳动，并且 IC1 的输入端电压也偏低，几次通断电后，12V、5V 电压又恢复正常，但电路无法带载工作，说明电源的确有故障。首先，徒弟拆下滤波电容 CE4、CE5 测量，容量果然减小，更换过程中又发现 300V 供电的滤波电容引脚有锈迹，测其容量不足，更换这 3 只电容后通电试机，故障依旧。于是，又断开 IC1 试机，12V 供电仍偏低且不稳定。到此，徒弟无从下手，请教笔者，笔者送给他 3 个字——查反馈（编者注：应为稳压控制电路）。徒弟做好保护后，首先短路光耦合器的输入端，测其直流输出无变化，再短路光耦合输出端，没有了直流电压输出，更换光耦合器无效。他又对误差取样电路进行了大清查，均一无所获。笔者接过电路板察看了 AP3902 的外围电路后，给了他第 2 个建议——代换 CE2（见附图）。他用一只参数相同的新电容更换后通电，只见 12V 假负载跳起舞来，万用表显示 12V 电压稳如泰山，故障排除。修复后，徒弟拿出刚换下的电容测量，发现其容量已降为标称值的 1/10 左右。

◇重庆 彭永川

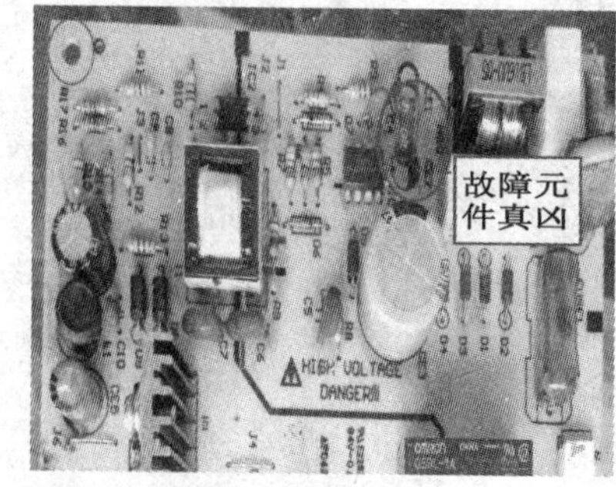

60GHz 无线数据互联适用于滑环应用(二)

(紧接上期本版)

毫米波数据接口解决方案

60GHz 频段

低成本微波元件制造技术的出现,使其在军事领域之外的各类商业市场都实现了广泛应用。特别是60GHz 毫米波技术,凭借其位于微波频谱上半部分的独特优势,正日益受到市场的广泛关注。这一全球范围内免授权且基本未占用的频段能够提供高达 9GHz 的宽带宽,支持高数据速率,提供的短波长可以实现紧凑的系统设计,且具备高衰减比,因此干扰水平低。这些优点使得 60GHz 技术对诸如多千兆 WiGig 网络(IEEE 802.11ad 和下一代 IEEE 802.11ay 标准)、无线回程连接和高清视频无线传输(WirelessHD/UltraGig 专有标准)等应用具有吸引力。

在工业领域,60GHz 技术主要用于毫米波雷达传感器和数据速率较低的遥测链路中。但是,随着该领域的快速发展,60GHz 技术很可能在工业子系统中实现高速、超低延迟的数据传输。

集成式数据接口架构

本文介绍了一种采用 60GHz 频段、适用于工业滑环应用的新型毫米波数据接口解决方案。该解决方案的关键功能性元件是 ADI 公司的 60GHz 集成式芯片组,由 HMC6300 发射器和 HMC6301 接收器组成,其原理图分别如图 7 和图 8 所示。这款完整的硅锗(SiGe)收发器解决方案最初针对小蜂窝回程应用进行了优化,完全可以满足工业滑环应用的数据通信需求。芯片组在 57GHz 至 64GHz 频率范围内工作,可以使用集成式频率合成器以 250MHz、500MHz 或 540MHz 的不连续频率步进进行调谐,也可以使用外部 LO 信号进行调谐,以满足目标应用特定的调制、一致性和相位噪声要求。

收发器芯片组支持多种调制方式,包括开关键控(OOK)、FSK、MSK 和 QAM,最大调制带宽为 1.8GHz。它提供最大 15dBm 的输出功率,可以使用集成式检波器进行监控。这个芯片组支持完全的数字或模拟 IF/RF 增益控制、低噪声系数,以及可调的低通和高通基带滤波器。此解决方案非常适合超低延迟工业滑环应用,其中一个独特优势是在接收器信号链中集成了一个 AM 检波器,可用于对 OOK 等幅度调制进行解调。

OOK 调制方法由于无需使用成本高昂、高耗电的高速数据转换器,而能实现简单、低成本的通信解决方案,因此在控制应用中非常常用。此外,由于 OOK 系统架构不包含复杂的调制和解调级,因此能够提供低延迟性能,这对于工业实时应用非常重要。

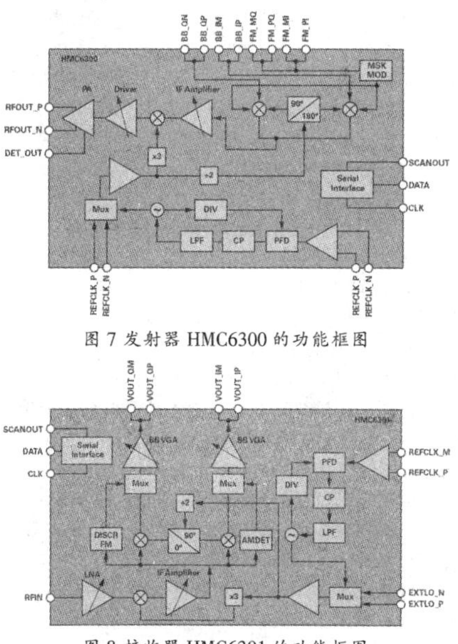

图 7 发射器 HMC6300 的功能框图

图 8 接收器 HMC6301 的功能框图

ADI 公司的发射器 HMC6300 和接收器 HMC6301 集成解决方案都采用小型 4mm×6mm BGA 封装,将特性和性能优势以独特的方式组合在一起,可以满足现代高速滑环应用的严苛要求。除了核心收发器元件外,全双工滑环数据接口的完整概念设计还包括天线、电源管理、I/O 模块和辅助信号调理元器件,可以根据目标应用的需求进行选择。有关整个 60GHz 全双工数据接口解决方案概念的详细框图,请参见图 9。此解决方案能够以高于 1Gbps 的速度实现高度、超低延迟数据传输,且误比特率可以忽略不计。使用适当的天线设计和增益设置可以在几十厘米距离内实现可靠通信,这为在特定的工业场景中广泛使用滑环解决方案开启了契机。

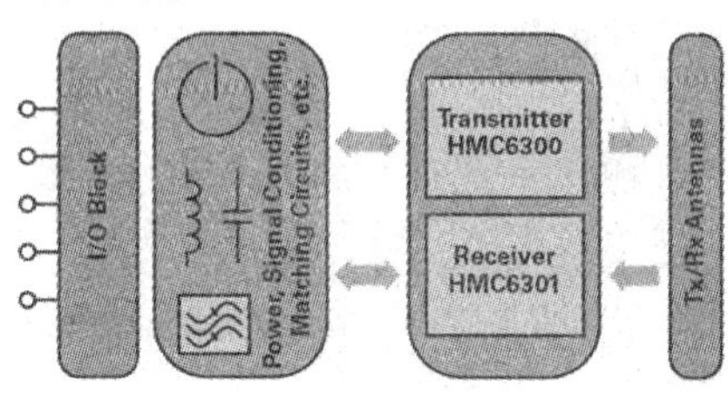

图 9 60GHz 全双工数据接口的框图

分立式数据接口架构

本文介绍的集成式解决方案的性能和功能足以满足大部分工业滑环应用的需求,但是,受工业元器件定制趋势的广泛影响,数据接口可能需要支持数千兆位的更高数据速率。因此,可能需要使用分立式元器件来配置定制解决方案,以满足特定需求。

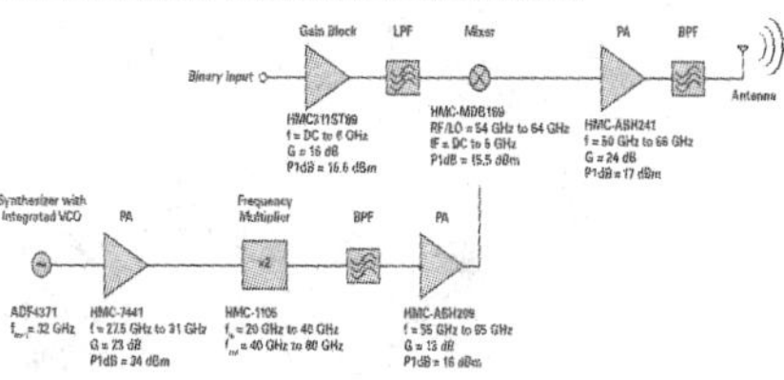

图 10 适用于 60GHz 发射器的完整信号链解决方案(OOK 调制器)

图 11 适用于 60GHz 接收器的完整信号链解决方案(OOK 解调器)

图 10 和图 11 举出了支持 5Gbps 以上数据速率的 60GHz 数据接口的完整信号链解决方案示例。这种 OOK 解决方案通过采用 ADI 公司的标准 RF 元器件和基本自定义模块来实现,包括无源元件、匹配电路、分支型滤波器、偏置器、衰减器等(图中未显示所有组件)。

这种分立式解决方案基于单个检测系统架构实现。但是,根据性能要求也可以在视频检测阶段之前对 RF 信号进行下变频处理,从而有助于实现超外差架构。

本文小结

工业 4.0 正在推动许多技术的变革,其中一个就是工业通信。第四次工业革命所催生的新应用场景,要求在实时运行的自动化设备旋转件之间,实现更快、更可靠、更准确的超低延迟数据传输。

ADI 公司提供广泛的涵盖整个频谱范围的高性能集成式和分立式 RF 和微波元器件,支持通过旋转接头实现非接触式 Gbps 级数据传输的特定应用设计。本文介绍了一种集成式和分立式数据接口解决方案,它利用毫米波电磁波实现了转子和定子之间的数据传输。本文介绍的解决方案不仅可提供高速数据传输、超低延迟、可忽略不计的误比特率、强干扰衰减和免维护操作,还可以经受更高程度的失准,并支持在更远距离内传输数据,实现更广泛的滑环组件,以满足日益增长的现代工业应用需求。

ADI 公司为工业 4.0 合作伙伴提供深厚的工业领域专业知识和新一代功能经验,帮助当今的工厂基础设施开发更快、更经济高效的先进解决方案,而做好迎接未来的准备。

(全文完)

◇湖北 朱少华

一种电子听诊器电路(一)

电子听诊器可以把人的心、肺、脉搏等声音经放大后,直接由扬声器放出来。如配合计算机还可以把异常声音录下来,作为病历档案保存。本文介绍的电子听诊器,具有声音清晰、音量可调、同步 LED 指示等特点,可取代无放大功能的传统听诊器。电路图如下所示。

1. 电路描述

● U1a 用作低噪声麦克风前置放大器。由于驻极体麦克风内部 FET 漏极的高输出阻抗导致 U1a 的有效输入电阻约为 12.2kΩ,因此其增益仅为 3.9。C2 具有相当大的值,以便传递非常低频率(大约 20 到 30Hz)的心跳声。

● U1b 用作截止频率约为 103Hz 的低噪声巴特沃斯低通滤波器。R7 和 R8 提供约 1.6 的增益,并允许对 C3 和 C4 使用相等的值,但仍会产生明显的巴特沃思响应。衰减率是 12dB/倍频程。可以将 C3 和 C4 减小到 4.7nF,以将截止频率提高到 1kHz,以听到呼吸或机械(汽车发动机)的声音。

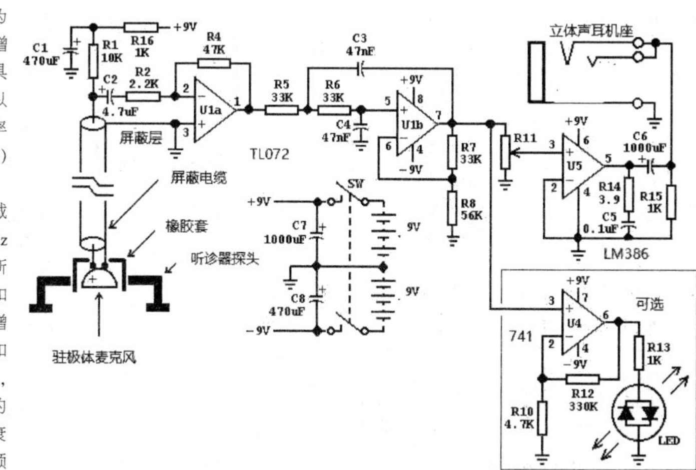

● U4 电路是可选的,增益为 71 的同相放大器,以驱动双色 LED,LED 可以随着心跳声同步闪烁。

● U5 是一个 4W 的功率放大器 LM386,具有内置偏置和相对于地的输入。它的增益为 20。它可以驱动任何类型的耳机,包括低阻抗(8 欧姆)的耳机。

(未完待续)(下转第 235 页)

EL34 推挽胆机“精装”记(二)

(紧接上期本版)

5. 试听与校音

这个过程是最费时费力的工程。本次精装前，在试验机上，历时三年的反复对比试听、验证，性能稳定，各方面表现优良，符合预期。

a.对比试听：

利用每年的“上海音响展”，约上三五好友、带上自己喜欢的CD发烧碟(蔡琴、李双江、李谷一等名家)，去展会现场，选择同类高级器材对比聆听。这些器材，制作精良、工艺讲究，声音自然差不到哪里去。有的优秀器材，可以打开底板展示，尽管商家不会提供电路图，但凭笔者多年的实践，足以“窥一斑而见全貌”。比如，前级电路的改良、音色的取向、制作工艺等，就是由此获得灵感；

选择与周边烧友家的优秀器材对比试听，或借其音箱回家仔细对比，检验功放的适应性。为接下来的校音工作做好铺垫。

b.验证、校音工作

对照各电子管的特性，核测工作参数，验证是否符合；

通过更换不同类型的音频电容、不同类型前级电子管获取符合自己预期的音色音效。

试验结果：功放管输入电容，使用CSC古董油浸电容效果最好，声音宽松大气、人声真切；长尾倒相管在12AU7、12AT7、6201三种管子中选择，各有特色：12AU7声音醇和，通透感略欠；美国产6201声音通透靓丽、高中低频兼顾恰当、音乐信息量丰富、音色飘逸；12AT7介于二者之间。对比试验后，选取6201电子管。这个管子，圈内普遍认为可直接替代12AT7，参数不详。实际试听，感觉放大系数比12AT7略大些，因长尾倒相的增益略大于1，所以并不影响整机的稳定性。

6. 发现问题

试验阶段后期发现了二个问题：一是，使用近6年的4个EL34B功放管，其中一个管子内部不定期跳火，且越来越频繁。无奈只得换用一对新的EL34B备用管暂代。年前干脆重新购买了4个俄罗斯产“天梭”EL34B，以备精装使用；

二是，国产管座质量不可靠、接触不良，造成一个管子“红屏”。

问题是在试听新购的4个“天梭”EL34B功放管时发现的：试听第一天，效果良好，声音明显比国产管通透、干净，低频更结实且做工精致。第二天试听，开机刚听完二首歌，只听音箱中“翁”的一声，机器电源保险丝熔断。观察发现，一只管子屏极通红，心痛不已。换好保险，装上老管开机，一切正常。仔细观瞧，发现新管的管脚要比老管略细，由于管座内部夹片弹性不佳，造成栅极接触不良，出现“红屏”。幸亏卖家通情达理(卖家承诺，质量问题一个月包换)，破例给我换了一只新管。由此可见，管座品质千万不可忽视！毕竟好管价格不菲！

二、精装阶段

1. 利用CAD，结合试验机的不足，优化放大模块结构布局。这个方法非常有效，省时省力(整机优化后的效果，见图5；模块设计图见图6)；

2. 鉴于试验阶段发现的隐患，所有管座使用美国CMC(台湾产)，价格虽然贵了些，但为了昂贵的管子及可靠性，还是下决心更换。要知道，当年我国从万米高空打下来的美国U2侦察机上，好多电子管设备居然还能正常工作，供我们的科研人员研究。说明他们的产品质量是何等过硬！实践证明，CMC管座无论品质还是可靠性确实无可挑剔、物有所值。

3. 使用特氟龙镀银导线，试验机使用的普通导线不耐高温，影响焊接质量与美观。

4. 前级管灯丝及供电导线从模块底板与机壳间的“夹层”走线，使机器内部更整洁。

5. 输出变压器仍采用6位接线排连接，灯丝供电直接与电源变压器灯丝绕组焊接，确保可靠性。

三、小结

一部好机器的背后，凝聚着智慧与执着、理论与实践的高度统一(配套器材：马兰士6005；M1书架箱)。

旨在抛砖引玉，与广大烧友共享！

◇江苏 孙建东

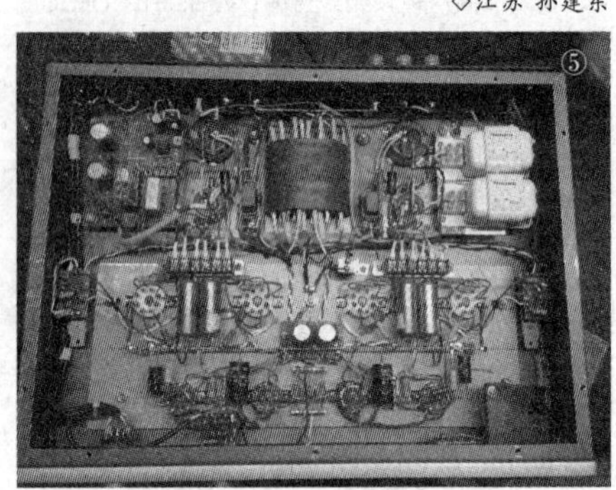

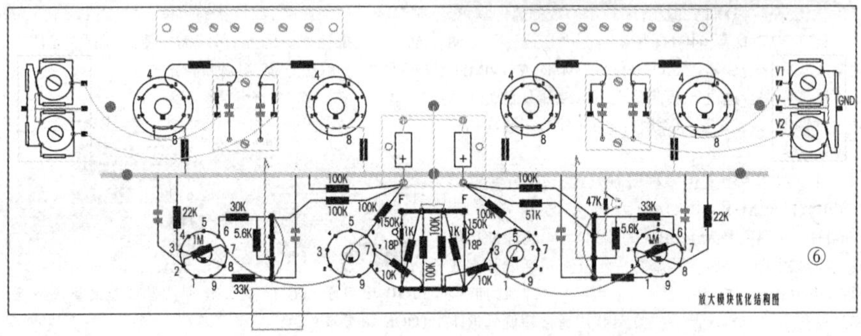

让你的手机摇身变成“电路模拟器”

电脑版的电路仿真软件很多，有没有手机版的软件呢？答案是有。今天就给大家介绍一个。iCircuit是一款优秀的电路仿真设计程序，其先进的模拟引擎可以处理模拟和数字电路，并提供强大的实时分析的功能。无论你是学生，计算机业余爱好者还是工程师，这都将是你最好的模拟工具。你可以使用它将任何支持的仿真元器件连接在一起，并各自设置其属性。

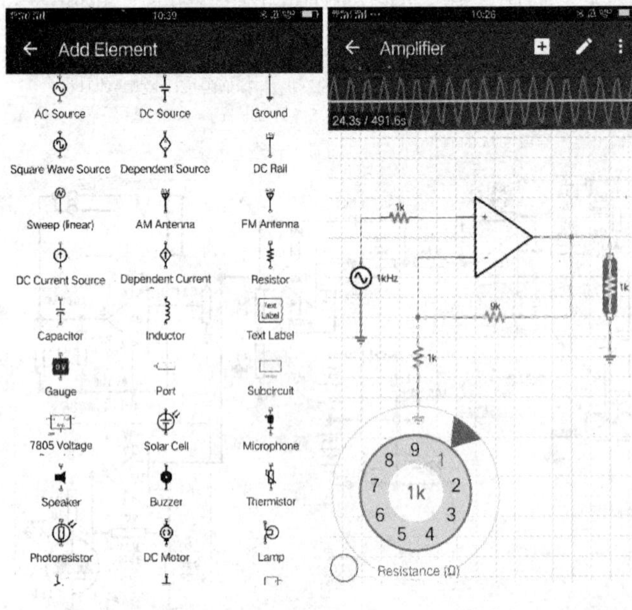

元件库(部分)　　运行界面

iCircuit不像其他的模拟程序需要静止测量或者花费很长时间来设置参数。仅需简单的几步操作，就可以媲美花费很多时间连接好的实际电路！它提供了超过30种元件来建立你的仿真电路，从简单的电阻、电容，到MOS管、FET管和数字门元件，一应俱全。

模拟程序可以使用模拟的万用表来探测电路的参数，并即时显示电压和电流。如果你想看到电路参数如何随着时间的推移而变化，你可以使用内置的示波器来观察。示波器还支持同时跟踪多个信号并描绘在同一个坐标系中，非常易于观察比较。

支持的元件包括：

信号发生器，电压源，电流源和受控源

直流电动机和LED

ADC和DAC

逻辑门：AND，OR，NAND，NOR，XOR

JK和D触发器

38 7400系列数字元件

7段显示器和驱动器

具有模拟AM和FM信号的天线

扬声器，麦克风，蜂鸣器(在Windows上不可用)

你还可以创建子电路，以引入新元件并将组件设计化。无论你的技能如何，都可以立即使用iCircuit玩电路。

你甚至可以导出电路以及PNG，PDF和SVG文件，以便将它们轻松保存在报告或网站中。示波器数据甚至可以导出以进行离线分析。

该软件有安卓版、苹果版和电脑版，感兴趣的朋友可以去软件商店下载获取。祝大家玩得愉快！

◇湖南 欧阳宏志

磁耦合谐振式无线电能传输演示实验

无线电能传输技术具有很大的发展潜力和市场前景，让职业院校学生接触无线电能传输技术，可以激发学生的学习兴趣和创造热情，培养学生理论联系实际、学以致用、手脑并用的学习习惯和解决问题的能力。

本文介绍电感三点式振荡器工作时进行磁耦合谐振式无线电能传输的演示实验，让学生接触和理解科学前沿的实验研究。该实验利用中功率三极管自制电感三点式振荡器电路，进行低成本无线电能传输。

一、实验背景

1890年特斯拉提出无线电能传输的理念，在1893年的哥伦比亚世博会上，特斯拉展示了他的无线磷光照明灯，他在没有任何导线连接的情况下，利用无线电能传输原理点亮了灯泡。当今，无线电能传输技术仍然是电气工程领域最活跃的热点研究方向之一。2007年美国麻省理工学院的科学家利用磁耦合谐振原理，使用两个直径为60 cm的铜线圈，通过调整发射频率，使两个线圈在10MHz产生共振，从而成功点亮了距离电力发射端2m以外的一盏60W灯泡，传输效率为40%。

无线电能传输技术涉及电磁场、电力电子、电力系统、自动控制、物理学、材料学、信息通信等诸多学科领域，无线电能传输技术在交通运输、工业应用、智能家居(消费电子)、植入医疗及空间太阳能等领域，都具有极大的发展潜力和市场前景。美国《技术评论》杂志将无线电能传输技术评选为未来十大科研方向之一。我国21世纪初才开始无线电能传输技术的研究工作，但进展迅速。

按传输机理不同，无线电能传输技术可分为磁感应耦合式、磁耦合谐振式、微波辐射式、激光方式等。磁感应耦合式与磁耦合谐振式是利用发射线圈产生的交变磁场，将电能耦合到接收线圈，实现电能的传输。磁感应耦合式技术发展比较成熟，效率较高，但传输距离短，其工作原理可以用变压器原理来解释。磁耦合谐振式是磁感应耦合式的特例，通过发射线圈与接收线圈的磁耦合谐振，实现高效的非辐射能量传输，传输距离适中，利用的是共振原理，除电源外，其传输技术的关键是高品质因数的谐振线圈的设计。磁耦合谐振式无线电能传输是无线电能传输的研究热点。

磁感应耦合式的工作频率为10kHz~50kHz，而磁耦合谐振式的工作频率一般在100kHz~30MHz。制造高输出频率的大功率电源有很大的难度，因此，低频化成为目前磁耦合共振式无线电能传输发展的趋势。降低线圈的谐振频率，降低对电源输出频率的要求，使系统更加稳定安全。

二、实验电路和原理

1. 磁耦合谐振式无线电能传输原理

磁耦合谐振式无线电能传输原理如图1所示。

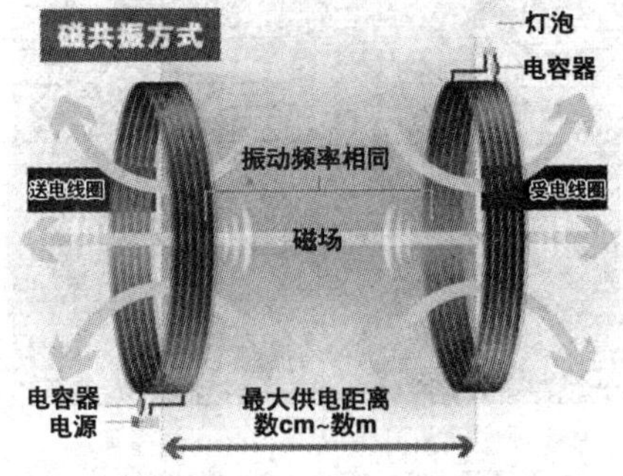

图1 磁耦合谐振式无线电能传输原理图

2. 磁耦合谐振式无线电能传输实验电路

实验采用利用电感三点式振荡器的磁耦合谐振式无线电能传输电路，包括发射电路和接收电路，电路图分别如图2、图3所示。电感三点式振荡器起振容易，失真较大，用于要求不高的场合。

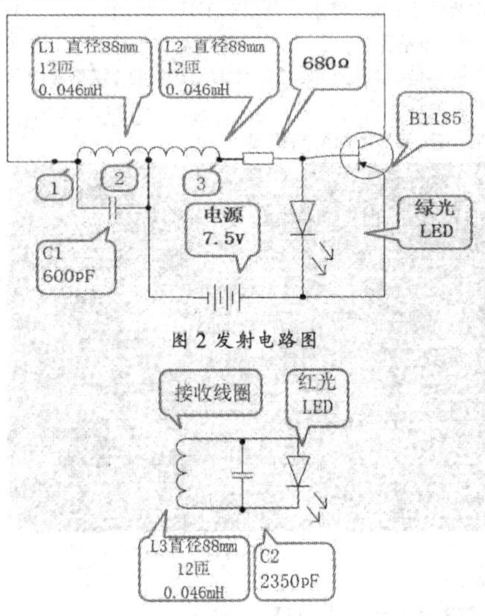

图2 发射电路图

图3 接收电路图

3. 电感三点式振荡器工作原理

图2中，L1和C1组成并联谐振电路的选频网络。电感L有首端、中间抽头和尾端三个端点，其交流通路分别与放大电路的集电极、发射极(地)和基极相连，反馈信号取自电感L2上的电压。谐振时，回路电流远比外电路电流大，1、2两端近似呈现纯电阻特性。电感三点式振荡器的交流等效电路如图4所示。当选取抽头2为参考电位(交流地电位)点时，首1尾3两端的电位极性相反。

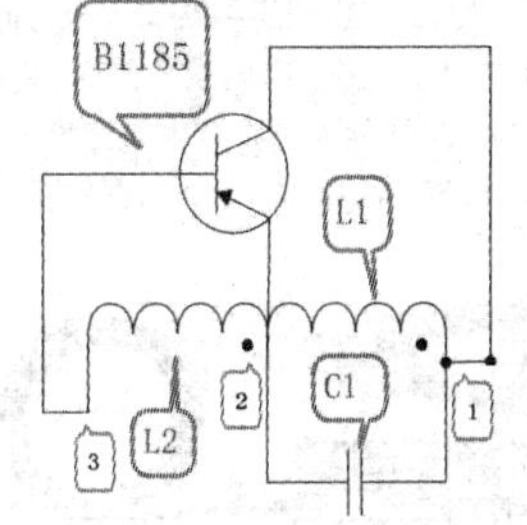

图4 电感三点式振荡器的交流等效电路图

设基极输入信号Ub的极性为(+)，由于在纯电阻负载的条件下，共射电路具有倒相作用，所以集电极电位瞬时极性为(-)。由于2端交流接地，因此3端的瞬时电位极性为(+)，即反馈信号Uf与输入信号Ub同相，满足相位平衡条件。

三极管B1185为PNP型功放开关管，耐压60V，最大电流3A，功率25W，截止频率70MHz。由于B1185的电流放大倍数在30左右，且L2/L1=1，电路很容易实现起振。

三、实验数据

接通发射电路，电感三点式振荡器工作，将频率表接在振荡电容两端。将接收线圈靠近发射线圈，即可验证无线电能传输。实验操作如图5所示。

图5 实验操作图

电路中，线圈的匝数、直径均相同，12匝，漆包线直径0.5mm，线圈直径8.8厘米。电源为5节1号电池(7.5V)，振荡频率=102.5kHz(实验电路振荡频率的计算应考虑L1、L2间的互感)，电路总电流=0.3A。实验数据如表所示。

从表中可以看出，当12匝接收线圈不并接补偿电容直接接LED时，接收线圈与发射线圈相距5cm，可以点亮接收线圈上的LED，可以实现磁感应耦合式无线电能传输。当12匝接收线圈并联2350pF的补偿电容，在接收线圈距离发射线圈12cm时，可以点亮接收线圈上的LED，可以实现磁耦合谐振式无线电能传输的临界耦合状态传输。当接收线圈匝数改为30匝并接0.01μF的补偿电容时，经高频开关二极管2AK20整流后，接收线圈与发射线圈相距5cm时，可以带动2V小电动机转动，可以实现磁耦合谐振式无线电能传输的过耦合状态传输。

四、实验结论

当由5节1号干电池供电时，通电测量结果是：供电电压变化时，电感三点式振荡电路的振荡频率有变化。进一步说：接收线圈由远及近靠近发射线圈，由欠耦合进入过耦合时，消耗的功率在变化，由5节1号干电池供电时，路端电压在变化，振荡电路的振荡频率也在变化；或者说，发射线圈与接收线圈的耦合系数变化时，振荡电路的振荡频率也在变化，所以，对于磁耦合谐振无线电能传输电路，过耦合时谐振电路出现频率分裂现象。电感三点式振荡器工作频率范围为几百kHz至几MHz。

◇深圳大学电子与信息工程学院 王亚龙

实验数据

序号	接收线圈状态	收发间距(cm)	接收端现象	磁感应耦合状态	接收线圈Q值和振荡频率
1	不并接补偿电容，直接接LED	5	红色LED发光	磁感应耦合式无线电能传输	分别得到不同振荡频率和不同品质因数的接收线圈
2	并接1800pF补偿电容后接LED	11	红色LED发光	磁耦合谐振式无线电能传输的欠耦合状态传输	
3	并接2350pF补偿电容后接LED	12	红色LED发光	磁耦合谐振式无线电能传输的临界耦合状态传输	
4	并接0.01μF补偿电容后接LED	10	红色LED发光	磁耦合谐振式无线电能传输的欠耦合状态传输	
5	并接0.05μF补偿电容后接LED	5	红色LED发光	磁耦合谐振式无线电能传输的欠耦合状态传输	
6	接收线圈匝数改为30匝，并接0.01μF补偿电容	5	经高频开关二极管2AK20整流后带动2V小电动机转动	磁耦合谐振式无线电能传输的过耦合状态传输	

示波器应用基础技能(一)

一、认识示波器的波形

一句话概括：水平坐标代表时间，垂直坐标代表电压(一般是电压)，电压随时间变化的曲线就是示波器显示的波形。

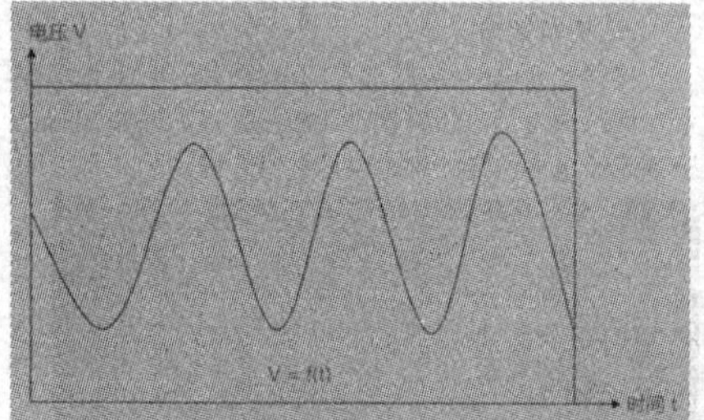

垂直坐标比较好理解，就是电压的大小。水平坐标代表时间，有很多人被绕了进去，但是只要注意以下一点就可以了：

注意：示波器是一个实时工具，示波器显示的，就是当前时刻正在发生的。

为什么要强调这个问题呢？因为曾经有人问我：我的示波器怎么这么慢，显示一条波形要等十几秒钟，作为电子设备，显示一条波形不是一瞬间的事么？我一看，可不要十几秒么，他设置的水平坐标长度就是十几秒。他认为这十几秒只是信号的特征，和真实时间没有关系。

二、波形区的网格识读

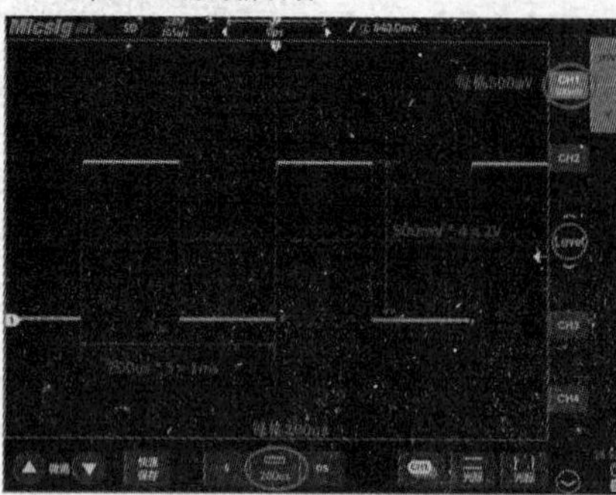

示波器波形区水平方向网格代表时间，如图所示，当前水平方向每格是200us，方波周期为5格，即1ms，则该方波频率为1KHz；

示波器波形区垂直方向网格代表电压，如图所示，当前垂直方向每格是500mV，方波幅值为4格，即2V。

三、探针补偿应用

测量一个1KHz的标准方波（示波器一般会自己输出这个信号)，正常的显示如下：

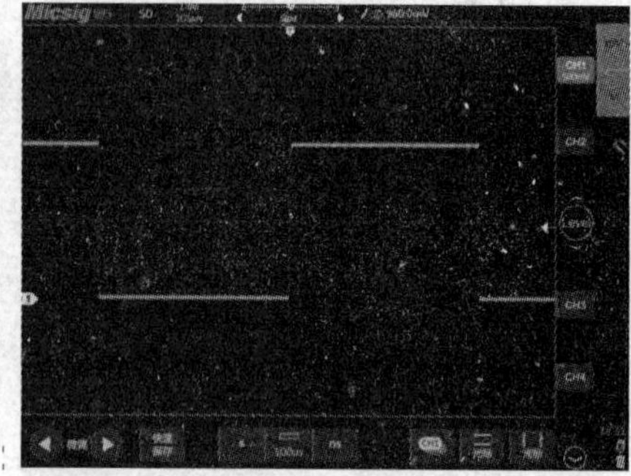

如果出现以下这两种情况，需要进行探针补偿：

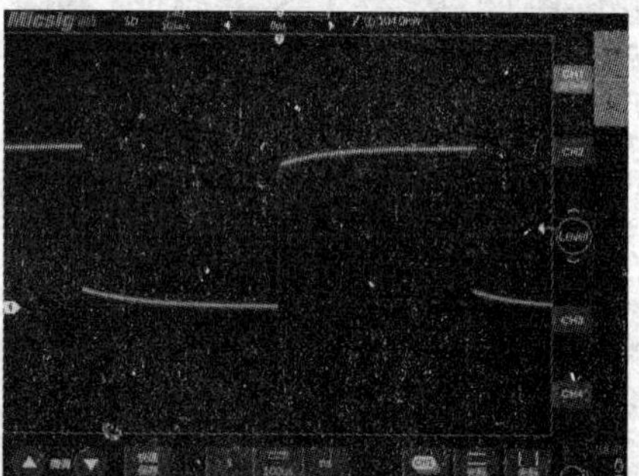

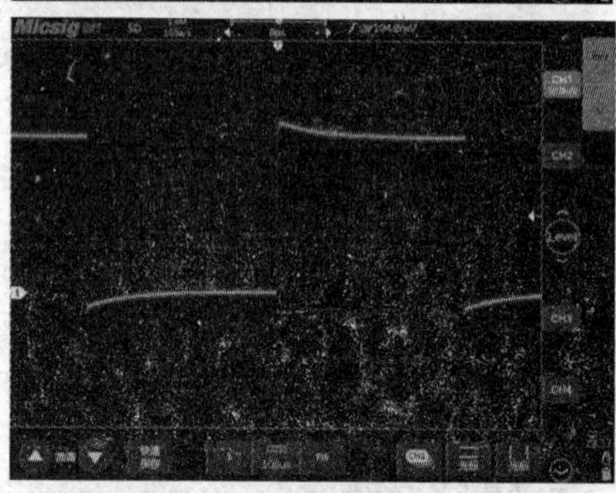

调节探针补偿的位置，如下图所示：

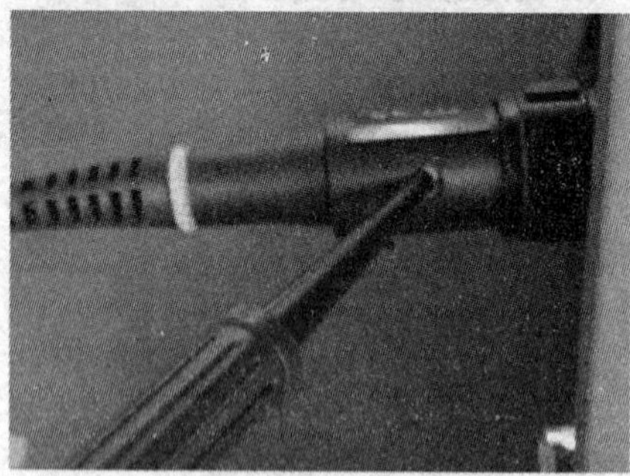

调试时注意事项：

1. 必须用无感螺丝刀（非金属　非导电　非导磁)，一般探针里有配该工具；

2. X1探针无需补偿，也不能补偿；

3. 调节的元件是一个可调电容，部分探针不能进行360°旋转，因此不要太用力。

(未完待续)(下转第238页)

◇李柏桥

示波器的各种探头识别与应用(二)

(紧接上期本版)

四、差分探头

差分探头测量的是差分信号。差分信号是互相参考，而不是参考接地的信号。差分探头可测量浮置器件的信号，实质上它是两个对称的电压探头组成，分别对地段有良好绝缘和较高阻抗。差分探头可以在更宽的频率范围内提供很高的共模抑制比(CMRR)。差分信号和普通的单端信号走线相比，最明显的优势体现在以下三个方面：

- 抗干扰能力强，因为两根差分走线之间的耦合很好，当外界存在噪声干扰时，几乎是同时被耦合到两条线上，而接收端关心的只是两信号的差值，所以外界的共模噪声可以被最大程度抵消。
- 能有效抑制EMI，同样的道理，由于两根信号的极性相反，他们对外辐射的电磁场可以相互抵消，耦合的越紧密，泄放到外界的电磁能量越少。
- 时序定位精确，由于差分信号的开关变化是位于两个信号的交点，而不像普通单端信号依靠高低两个阈值电压判断，因而受工艺，温度的影响小，能降低时序上的误差，同时也更适合于低幅度信号的电路。目前流行的LVDS就是指这种小振幅差分信号技术。

差分放大原理是指一对信号同时输入到放大电路中，然后相减，得到原始信号。差分放大器是由两个参数特性相同的晶体管用直接耦合方式构成的放大器。若两个输入端上分别输入大小相同且相位相同的信号时，输出为零，从而克服零点漂移。

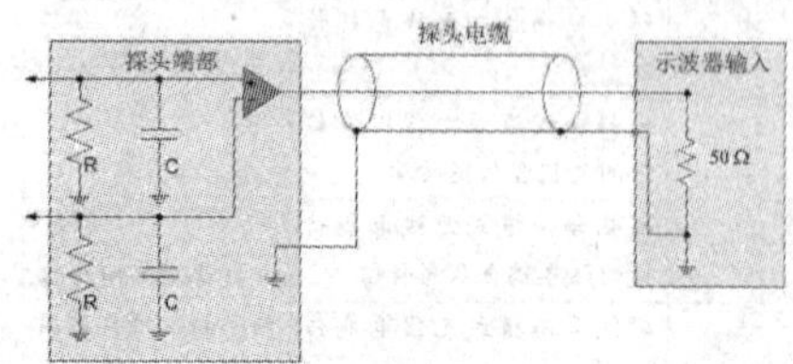

差分探头原理图

五、电流探头

也许你会想，用电压探头测得电压值，除以被测阻抗值，很容易就可以获得电流值，为啥要专门搞个电流探头来测？因为实际上，这种测量引入的误差非常之大，我们一般不采用电压换算电流的方法。电流探头可以精确测得电流波形，方法是采用电流互感器输入，信号电流磁通经互感变压器变换成电压，再由探头内的放大器放大后送到示波器。电流探头基本上又分成两类，交流电流探头和交直流电流探头，交流电流探头通常是无源探头，无需外接供电，而交直流电流探头通常是有源探头。传统电流探头只能测量交流交流信号，因为稳定的直流电流不能在互感器中感应电流。交流电流在互感器中，随着电流方向的变化，产生电场的变化，并感应出电压。然而，利用霍尔效应，电流偏流的半导体设备将产生与直流电场对应的电压。所以，直流电流探头是一种有源设备，需要外接供电。

交直流电流探头

六、探头使用注意事项

- 对探头进行正确的补偿：不同的示波器输入电容可能不同，甚至同一台示波器不同通道也会有略微差别。为了解决这个问题，学会给探头补偿调节是工程师应该掌握的最基本的技能。
- 探头与被测电路连接时，探头的接地端务必与被测电路的地线相联。否则在悬浮状态下，示波器与其他设备或大地间的电位差可能导致触电或损坏示波器、探头或其他设备。
- 尽量将探头的接地导线与被测点的位置邻近。接地导线过长，可能会引起振铃或过冲等波形失真
- 对于两个测试点都不处于接地电位时，要进行“浮动”测量，也称差分测量，要使用专业的差分探头。

探头对示波器的测量至关重要，首先要求探头对探测的电路影响必须达到最小，并希望对测量值保持足够的信号保真度。如果探头以任何方式改变信号或改变电路运行方式，示波器看到实际信号会失真比较严重，进而可能导致错误的或者误导性的测量结果。通过以上介绍得出，探头的选购和正确使用有许多值得我们注意的地方。

(全文完)

◇程淏

关于应急广播系统设计及实施的探索(二)

(紧接上期本版)

3.2 乡镇广播系统平台

1. 在未建设广播乡镇设立分控前端、转发平台，由有线光缆或无线发射传输到各村广播终端设备(调频收扩机加高音喇叭或调频音箱)。乡镇设立乡镇应急指挥中心，平时乡镇定时自动或手动转播县广播电台节目和乡镇自办节目。发生自然灾害时，乡镇指挥中心可通过本系统发布紧急指令。

2. 乡镇级广播机房建设。乡镇级设备主要由智能寻址编码控制器、智能调频调制器、调频副载波编码器、智能收转控制器、调频发射机等组成；在乡镇到村有线或无线调频都覆盖不到的行政村，增加IP网络适配器、IP广播服务器等主要设备，将调频信号转换成IP信号同时下发，乡镇设备平时处于待机状态，乡镇可以手动播出本级通过电脑、DVD、话筒等设备提供音源的自办节目。

乡镇级智能调频调制器(主频机)的主要功能为将乡镇级的广播节目音频信号和经智能寻址编码控制器编码的调频副载波信号混合调制，通过网络送到各行政村，为有线电视信号已通的村级广播设备提供乡镇的广播节目信号和寻址控制信号。

乡镇级通过无线传输的方式，将镇级广播信号覆盖到有线电视没有通的行政村，且整个无线系统采用数控编码控制的方式，保证了系统的可靠性和抗干扰能力。

乡镇调频信号无法覆盖的行政村，通过IP网络或Internet将镇级广播信号传送到村级应急广播控制器，通过IP接收，在控制调频发射机工作，由调频发射机将信号发送给自然村调频收扩机或音箱接收，村委会驻地通过应急广播控制器所连接的100W定压功放推动4只高压喇叭覆盖。

乡镇级没有自办节目播出时，设备可直接接收上级的广播信号(县级)，并且镇级设备的开关机自动受控于上级设备。县级应急播出时，乡镇级自办节目自动中断，强制转播上级的应急广播内容(预留接口)。

乡镇级可通过智能调频调制器的应急话筒输入和远程电话播出功能实现对行政村的应急讲话，电话远程应急播出采用了密码验证的方式，确保了电话播出的安全性。本系统采用了智能寻址编码控制技术，确保了系统的抗干扰能力和安全性能。

乡镇无线能够覆盖的直接采用村级终端设备，无线覆盖不到的乡镇，增加二次差转发送信号至终端。乡镇广播机房到发射机房信号传输用小调频发射进行信号传输。

乡镇广播站前端机房系统网络：

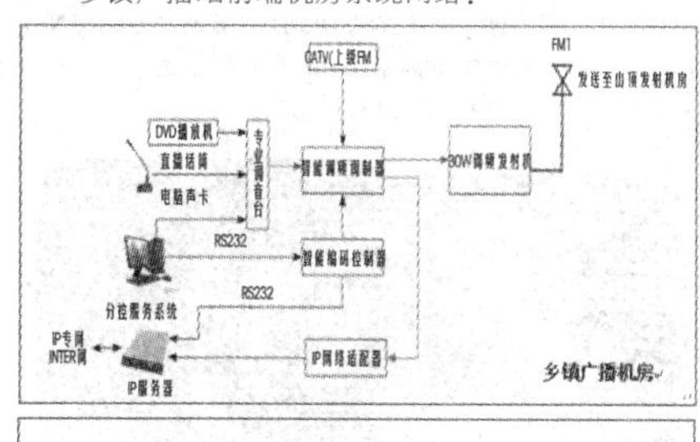

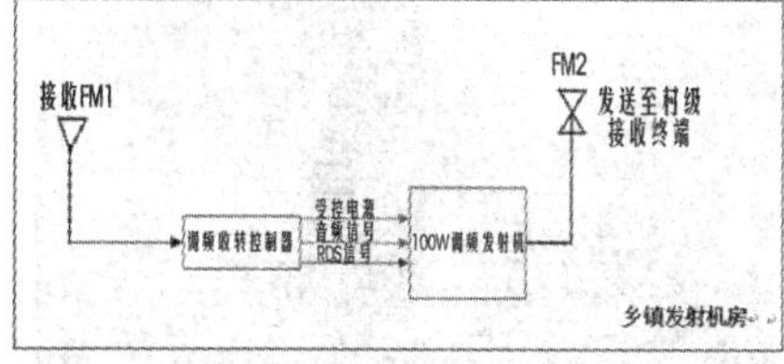

3.3 村级广播系统

村广播收扩机平时处于待机状态，当检测到上级广播信号时，自动开机，开始广播。

当村级需要广播时，只需将调频收扩机或IP收转控制器切换到本地档，根据需要通过话筒或U盘等进行广播；广播结束后切换回收音档或IP档即可。

调频收扩机采用智能编码技术，安全性好，有效防止非法信号误开机。根据安装位置和需要选择图示不同组合。

4 实施情况及取得效果

本项目农村调频(应急)广播设备安装调试、系统集成后实与原系统无缝对接，并实现以下功能及要求：

1. 自动定时广播：通过县级广播中心实现定时自动日常广播，乡镇定时正常转播县级信号，普通调频接收设备能正常接收县级，软件可控制乡镇机房设备、终端设备正常开机广播。

2. 应急广播。县级或乡镇应急广播时，指定设置的调频接收设备和普通调频接收设备同时接收县级或乡镇的应急信号。

3. 上级优先：县级广播优先乡镇广播。

4. 应急优先：应急广播优先常规广播，县级正常广播时，镇级可通过线路和话筒自动插播。

5. 传输信号：县到乡采用有线电视共缆传输，乡镇播控设备与无线发射设备不在一起的可根据实地情况采用无线小调频输信号。

6. 寻址广播：可开通全部或部分系统广播设备(音箱、收扩机、发射机等终端设备)。

7. 智能自动开关机：可实行无人值守。

8. 可控可管：防插播、防干扰，实行安全播出。

9.远程播控：在发生应急事件时，应急指挥员可在异地或现场通过手机、电话对发生应急事件区域发布(授权)应急广播。

10. 短信转换语音功能，在任意地方可通过手机编辑短信或直接拨打的方式进行授权应急广播。

11. 乡镇可以通过授权电话登录进行全乡镇应急电话广播。

12. 乡镇可以通过线路或话筒插播乡镇节目。

13. 通过设置电话、短信短信白名单，确保播出安全。

14. 无线接收终端具有终端设备遥控器更改频率(87MHz~108MHz)，地址码、音量大小功能。

15. 前端设备具有不同时段控制终端设备音量大小功能。

16. 在县级机房可对终端设备进行开关机、音量大小控制。可对指定乡镇广播或几个乡镇设正常播出，其他乡镇关机。所有广播终端在日常都处于待命状态，可在任何时间开机发送应急广播。

金沙县调频应急广播系统项目建设于2015年，由县财政投入210万元，经招标采购，在地质灾害易发区大田乡、新化乡、安洛乡及火箭戏骸落区桂花乡、岩孔镇、西洛乡，特色小城镇示范镇安底镇、茶园镇、沙土镇共9乡(镇、街道)建成调频(应急)广播并投入试运行。2016年建成的调频(应急)广播得到县移动公司的支持，末级发射设备安装在移动基站机房，乡(镇、街道)机房信号发射到移动基站进行接收转发，再通过安装在移动机房的广播发射设备发射，大大提高了覆盖效率。村所在地都安装了150W自动接收终端设备(每个村为150W自动收扩机和4只25W高音喇叭)、能接收调频应急广播的村寨每个行政村都安装了6个以上的自动接收终端设备(每个点为50W自动接收机和2只25W高音喇叭)。为了减少集镇噪音，乡(镇、街道)所在地街道间距100-150米间安装1只25W调频音柱。已建乡(镇、街道)调频(应急)广播实现了100%的村村覆盖，并且建立了系统运行监管平台，可对乡(镇、街道)机房主要设备及部分终端设备工作状态进行监测管控。

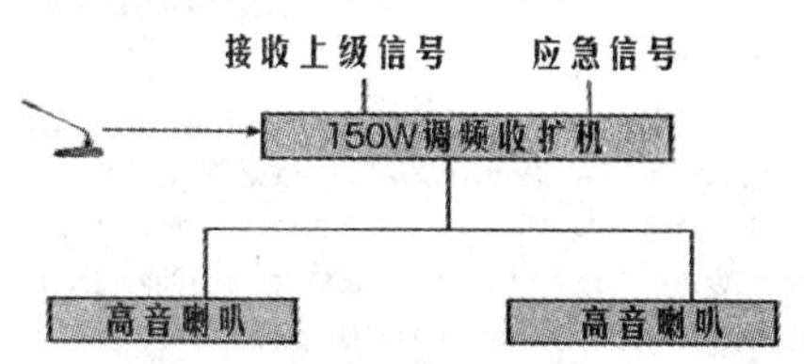

行政村FM广播方案（调频信号能覆盖的行政村）

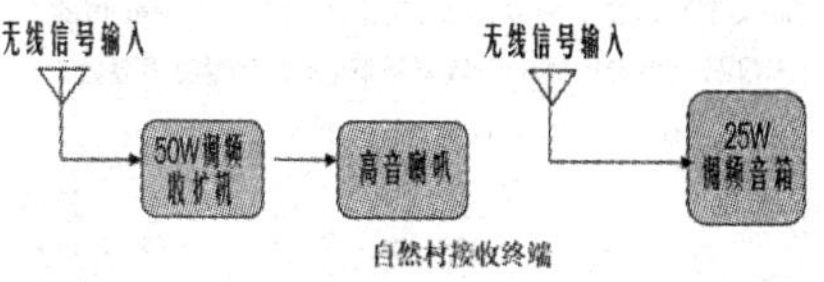

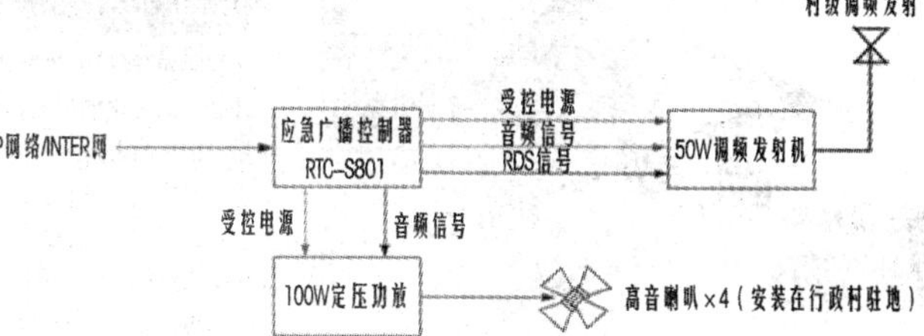

行政村IP广播方案（调频信号不能覆盖的行政村）

上述乡(镇、街道)调频(应急)广播覆盖工程实施后，党委政府充分发挥农村调频(应急)广播进行政策宣传、传播信息、繁荣农村文化的主阵地。农民群众无论在家里，还是在田间地头都可随时掌握全县的大事、要事，帮助农民群众及时了解到各项惠农政策、致富信息、养殖种植、法律法规、防火防盗等方面知识。同时，农村调频(应急)广播覆盖工程的实施，成为乡(镇、街道)村干部工作的好帮手，提高了村干部的工作效率，也提高了乡镇村应对突发事件的能力，在应对自然灾害和突发事件工作中发挥独特的作用，能及时向群众发布天气形势、防御重点及措施等信息，有效提高了地质灾害的防御和控制能力，保障了群众的生命和财产安全，可以说农村应急广播在关键时刻能发挥到生命线和信息桥的作用。

目前，广电业正处于三网融合时代大背景下的双向网络建设与改造的热潮中，结合农村网络应用特点，建设和管理好应急广播，让各基层组织能用并用好广播这个宣传工具，并在网络建设和改造的同时考虑应急广播的发展，可使有线广播发挥更大的作用。经过努力，目前我县已建成县、乡镇、村三级贯通应急广播系统，这标志着一个由县委、县政府统一调度，各部门协调配合，广电统一播控，技术先进、覆盖广泛的应急广播在我县已基本建成。一旦发生突发性自然灾害、事故灾难及社会群体事件，应急广播就会立即启动，在关键时刻成为县委、县政府有效组织抗灾避灾、处置突发事件的有力工具。目前我县调频应急广播第二期工程计划对余下的几个乡镇进行建设，计划全县26个乡镇进行全覆盖，现已经开始实施。同时，我们还对前期的实施方案进行了优化，针对不同地域条件，实施不同的方案实现与县应急广播平台的接入。

(全文完)

◇贵州 贺子宽

投影机使用注意事项

随着居住环境越来越好以及私人影院的搭建，很多都选择了中高端家用投影机。投影机在工作(特别是连续工作)的时候，发热成了第一大问题。在投影机狭小的空间内连续工作很长时间，灯泡将发出巨大的热量。投影机重量和体积越来越小，投影机的亮度整体也在提高，这意味着产生的热量也越来越高。同时，内置的投影机稳压电源也会发出很多热量，如果不及时将之散发出去，投影机内部会产生很高的温度，不仅会使投影机的工作效率降低，还会缩短使用寿命。

在使用投影机时，大家要注意以下几点：

安装

这种升降式安装更要注意散热

尽量将投影机放置于四周都通风的位置，一般都选用吊装的方式，机身上面千万不要放置任何杂物，机身与墙面留有一定的距离以便散热，最好附近有通风口(冷风)，如果是放置于地面，一定要远离易燃物，注意使用安全。

清洁

即使采用LED光源的投影机也十分注重散热效果

为了保证散热，投影机外壳上都有开孔或镂空设计，能保证投影机有效通风；但这样一来灰尘的渗透又难免了，虽说内部安装的通风罩也能过滤各种污染物或灰尘，时间久了一定要清洁这些部位，否则灰尘会阻碍投影机内外空气的流通。养成定期清洁通风罩上的灰尘或其他污染物的习惯，也是保证投影机顺畅散热的一种措施。

时长

有时候"体积小""重量轻"不一定就是好事，优秀的散热设计除了大功率的风扇(这样一来噪音问题又出现了)还会采用大面积的金属鳍片(铜、铝等)进行散热引流。

一般来说，投影机每次工作的持续时间应限制在4个小时左右，如果的确需要进行长时间投影，最好让其每隔4小时休息20分钟，以保证投影机能有效散热。

环境

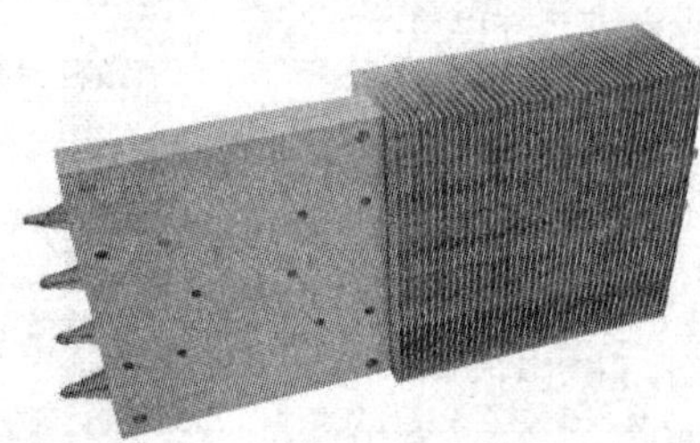

投影机专用散热器

尽量处于环境温度较低、能通风的空间；如果是卧室使用投影机的话，冬天使用还好，相当于一个小型的取暖器，夏天一定要开空调。

电源

如果停止投影了，请不要立刻关闭投影机，这样内部的散热风扇也会停止工作，导致内容余热无法及时散发出来。应当先按下投影机控制面板中的"软"电源开关，这样，散热风扇仍能继续工作。等到散热风扇自动停止工作时，再按下"硬"电源开关，这样投影机的余热才会在风扇的作用下散发完毕。

胆味十六管耳放

在2016年发表《最简单的十六管耳放》后感觉还可以再做款场管输入的类似耳放听下有否不同风格和效果试下。

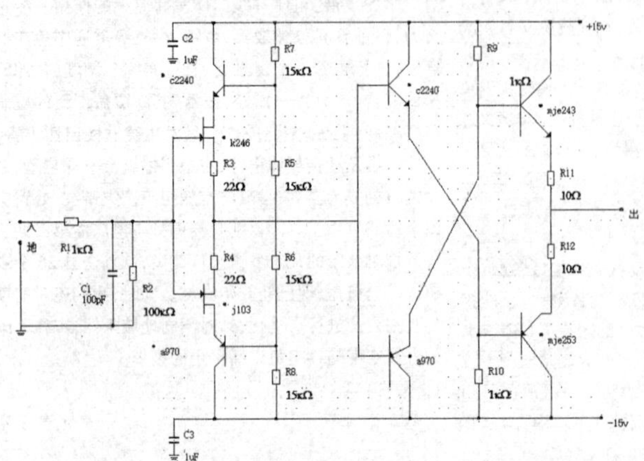

在计算放大倍数后感觉可以使用三级电流放大也可以很好地推动耳机。经过大量收集资料，发现一款前级电路合用。它是一款场效应管缓冲前级，互补射极缓冲输出，增益0分贝，通过2SK246与2SJ103这对有名的场管配上C2240和A970三极管组成一级缓冲输出。它降低了输入的信号阻抗，提高了输出电流使我可以用一级菱形缓冲器与其搭配就可以推动耳机了。图如附图。

这个电路可以正负12到正负18伏直流供电。按图焊好不必调试即可，音质与原16管耳放相当，仅风格有所细微不同。

◇绵阳 张文茂

OLED屏幕哪家强？

目前世界最先进的面板制造商"之一"三星，凭借对于小尺寸AMOLED屏幕的绝对掌控权，同时三星作为苹果高端iPhone屏幕的上游供应商，至少在目前阶段来看，是唯一的选择。

有关测试机构对三星的Galaxy S20进行了专业测试，发现这款手机拥有目前可用的最好的OLED屏幕技术。通过浏览互联网内容时的功耗测试，其平均功耗为1.3瓦，相较于之前产品约下降15%。UL基于此授予新OLED"节能"认证。

在蓝光测试方面，瑞士公证机构(Societe Generale de Surveillance)的测试，三星新款OLED屏幕也应该比此前产品更具健康优势，它发出的蓝光比例为6.5%，在去年OLED产品7.5%的基础上继续下降1%，与普通LCD产品相比则下降70%。基于这个数据，该机构给这款屏幕颁发了"护眼"认证。

iPhone 11 Pro

当然，在Galaxy S20之前，iPhone 11 Pro拥有当时最好的OLED屏幕，再往前最好的OLED屏幕则是Galaxy Note 10。对于即将发布的iPhone 12 Pro，分析师认为它至少采用与Galaxy S20同样素质的OLED屏幕。

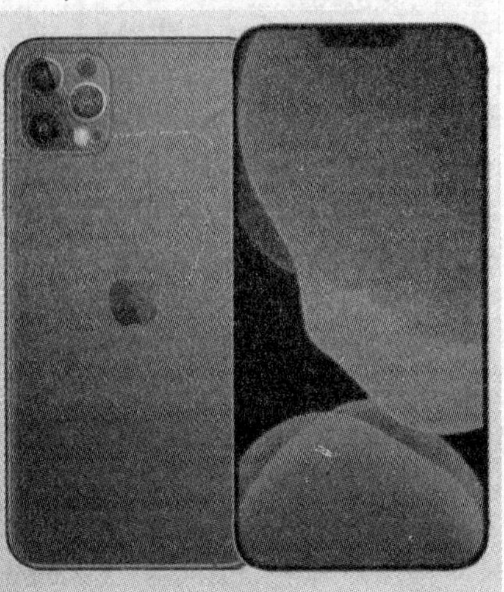

网曝的iPhone 12 Pro

邮局订阅代号：61-75　国内统一刊号：CN51-0091

微信订阅**纸质版**
请直接扫描
邮政二维码
每份1.50元 全年定价78元
每周日出版

扫描添加**电子报微信号**
或在微信订阅号里搜索“电子报”

2020年6月14日出版　■实用性 ■启发性 ■资料性 ■信息性

第24期　国内统一刊号:CN51-0091　定价:1.50元　邮局订阅代号:61-75
地址:(610041)成都市武侯区一环路南三段24号节能大厦4楼　网址:http://www.netdzb.com
(总第2065期)

让每篇文章都对读者有用

如何看懂区块链？区块链技术知识小科普(二)

(紧接第221页)

创造这个项目最根本的想法是就是把千千万万个人用户的闲置存储空间利用起来，这样就会带来无限大的存储空间，Benet还创建了一个名为Filecoin的系统，鼓励用户出租未使用的硬盘。现在电脑便宜、机械硬盘便宜，宽带普及，这将降低存储成本。

传统行业的挖矿很多人都能理解，我国早期自然资源丰富，如在山西、云南挖煤、挖矿石。矿工也好理解，从事挖矿的工人叫矿工。互联网时代的挖矿是指以比特币等以区块链技术为代表的加密数字货币的挖矿，全网节点争相用技术挖出一个区块并拥有这个区块的记账权，而新区块会奖励这个节点一定数量的加密数字货币。

理论上任何一台电脑都有可能成为挖矿机，也包括我们所用的智能手机、智能电视、网络播放盒等其他智能电器，当然挖矿设备硬件设备配置越高越好。比特币挖矿设备经历了CPU挖矿、GPU挖矿、FPGA挖矿，效率越来越高。挖矿又分为个人挖矿、矿场、矿池等。

随着比特币挖矿参与的人员越来越多，挖矿所需的算力越来越高，比特币挖矿难度也越来越大，个人挖比特币的概率越来越小，聚合N多台矿机的算力一起挖矿，这些矿机组成“矿场”。矿场耗电较大，所以矿场多建在电价较低四川、云南、贵州、新疆等地，而“矿池”指联合不同地方的矿机或矿场作空间与算力上的集中。比如1个士兵的战斗力、1个连的战斗力、1个团的战斗力、1个师的战斗力、1个战区的战斗力，可以对比一下哪个强大？比如东部战区、南部战区跨军种跨区域联合作战其力量是极其强大的！

文章开头提到，中共中央政治局2019年10月24日下午就区块链技术发展现状和趋势进行十八次集体学习。会上指出，区块链技术应用已延伸到数字金融、物联网、智能制造、供应链管理、数字资产交易等多个领域。目前，全球主要国家都在加快布局区块链技术发展，我国区块链领域拥有良好的基础，要加快推动区块链技术和产业创新发展，积极推进区块链和经济社会融合发展。

比特币：用区块链记账技术记录的货币，本身没有资产技术，没有内在价值。

区块链：一种记账技术，国家可利用这种技术发行数字货币，或者做其他交易计账。

区块链的时代来了，它比互联网来得更为汹涌、彻底，更具有颠覆性。各国政府对比特币的态度都不同，有支持的、也有反对的、也有暂未禁止的。各国都在搞区块链、数字货币主导权之争必是一场大战，中央也明确要发布央行数字货币(CBDC)。国家对于区块链的态度，可以用三句话来概括：一是大力支持区块链技术，二是谨慎对待金融创新，三是严厉打击币圈乱象。

区块链还可以理解为“区块”+“链”，万物即可链，只要能上“链”，其功能更强大，可以作联盟链、可以作公链。2019年，对于国家、企业、个人来说，区块链已经成为时代的浪潮。可以作有币区块链，也可以作无币区块链。若作无币区块链，也可用“通证”代替“币”作相关应用。

区块链作为一项全新技术，在行业中落地应用则更能体现技术的价值。在广东的不少行业应用中，其实区块链新技术早已经得到应用，并且就在每一个人的身边默默地发挥着作用。2018年8月10日，深圳国贸旋转餐厅开出了全国首张区块链电子发票。2019年5月，全国首张出租车区块链电子发票在深圳开出，只需一个微信小程序。

2020年，可能是区块链的应用年，区块链+IPFS、5G+IPFS、物联网+IPFS。只有把区块链、人工智能、5G、云计算相融合，才能把区块链价值最大化。无论是分布式存储、人工智能、物联网耐至手机移动端，将会实现资源的优化配置，全球各地的终端链接到区块链的网络中来。区块链在教育、物流、文化、媒体等领域都会引来变革，区块链技术助力打通中小企业融资“肠梗阻”，使企业的各种资产盘活，包括有形资产与数字资产。

举例来说，现在比特币挖矿已经非常耗费电力资源了，比特币挖矿会受到限制或禁止，也许比特币作为个人的虚拟资产可能会受到保护，但更合理的币种还会不断推出。而Filecoin挖矿对硬件配置要求稍低，个人挖矿机会较多，若矿场、矿池运作肯定如虎添翼。

2019年12月11日Filecoin测试网上线，2020年3月Filecoin网正式上线，也有部分媒体认为区块链将是普通人咸鱼翻身的机遇。如下图所示是比特币挖矿与IPFS挖矿两者的比较。

BTC挖矿		IPFS挖矿
算力挖矿		存储挖矿
消耗电力和算力		投入硬盘和宽带资源
数据计算设备挖矿（性能要求高）	VS	数据存储设备挖矿（内存要求高）
矿场要求：电价低、通风散热		矿场要求：人流量大、恒温恒湿防静电
待挖币量：400万枚		待挖币量：14亿枚

单独谈技术理论可能较枯燥，笔者举个例帮助用户理解区块链技术。20世纪60、70、80年代的人都深有体会，早期要交公粮，国家要建粮仓。比如国家在北京建一个大粮仓，粮食都存放在北京粮仓(这个大粮仓相当于国内某个大企业的数据中心，粮食相当于计算机数据)。粮食收获后全国各地的粮食都要放到北京的粮仓存放，粮食的发放也要通过北京粮仓发往全国各地。由于人口增加运进粮食与运出粮食的数量越来越大，粮食仓库越建越大，建设成本越来越高，维护粮仓的成本越来越高，粮仓的安全性越来越重要，如何保护粮食不丢失、不损坏、不变质等问题，要解决这些问题需要花很多费用；同时又要防止敌人来偷粮、抢粮或者来搞破坏，比如防止敌人投毒、放火，破坏粮仓等行为。

解决方法是多建几个粮仓，但建粮仓需要费用、维护需要费用，这个费用怎么降低？同理现在服务器的数据备份多是1、2份，不能多备份，成本太高了。

再者以前湖南长沙产的大米要用到北京仓库去存放，若湖南衡阳需要大米又需从北京仓库发往湖南衡阳，来回需要多天时间(可以看作数据访问)，若能解决湖南长沙大米直接发往湖南衡阳不是更好？

于是大家坐下来商谈解决粮食存放的问题，最后意见统一：在全国各地建粮仓，粮食分开存放(这叫分布式存储，去中心化)。这样感兴趣的人开始建自己的仓库(矿机)，建立一个平台(比特网或Filecoin)，全国各地的仓库可挂靠在这个平台之下，全国各地需要存放粮食都可在全国各地的仓库存放，谁存放粮食谁出存放粮食的保管费。然后在平台发布消息，现有五千吨粮食需要在国内存放，现在全国各地仓库拥有者(矿工)开始抢单，湖南长沙的李先生获得了200吨的仓储订单，湖北襄阳的张先生获得了80吨的仓储订单，四川成都的陈先生获得了300吨的仓储订单，广西桂林的高先生获得了50吨的仓储订单，广东佛山的何先生获得了20吨的仓储订单……这样一批订单就消化掉了。以前在北京仓库保存五千吨粮食可能一年需50万元费用，现在分部全国存储或许总费用10万元不到。这只是第1批订单的收入，若你的仓库足够大(硬盘存储空间够大)，那么可多次接单，为客户存储食。

也有人会问，早期为何在全国各地建“粮仓”，早期粮食的需求量不大，没有解决粮食安全问题之前必需集中建粮仓。后期由于高速公路网发达与汽车的速度提高，货运能快速低成本运输粮食，再者由于建设仓库的成本降低，国家政策许可从而保证在全国各地建粮仓的合法性。

同理，后期由于个人PC价格降低、硬盘费用降低、高速宽带费用降低，用于数据分布存储的个人电脑维护费用降低，而且从技术上解决了数据分布存储的难题。

平台推广初期，为了激励大家参与，每天拿出一定数量的购物代币券发放给参与的人，比如第1个月每天价值300万元的代币，第2个月每天价值250万元的代币，第3个月每天价值200万元的代币……

这种初期的推广方式又叫抢币(数字货币)，假设早期1元的代币券可以抵扣购1元人民币的粮食，但中途不使用这个代币券(数字货币)，若千年后该1元的代币券可以抵扣50元人民币的粮食(比特币升值就是这样的)。

上次广东佛山的何先生获得了20吨的仓储订单，收益较少，想多赚点仓储费用，怎么办？多种方法：把自己的仓库扩建一下，由100立方扩建到50万方(硬盘扩容)，但这需要花钱买材料，何先生想到了好点子，何先生的亲朋好友有数十个，他们都有仓库(旧电脑、旧硬盘)闲置，利用这些闲置的仓库成立一个佛山仓储中心(佛山子矿池)，可由一个负责人对外营运管理，收益以后按比例分成。

同时，何先生佛山仓储中心(佛山子矿池)也扩大了，获得大单的机会也相应地增多了，收益也比以前增加了。但何先生还想组团搞联盟链，用类似的方法，建立了广州仓储中心(广州子矿池)，东莞仓储中心(东莞子矿池)，深圳仓储中心(深圳子矿池)，湛江仓储中心(湛江子矿池)……然后这数家仓储中心(子矿池)通过地域关系又成立了广东仓储中心(广东矿池中心)。

何先生通过平台中心接仓储订单获得收益，但何先生不满足这点收益，我的仓储中心(子矿池)这么多，平时也可对外承接仓储工程，比如平台中心接仓储订单获得收益，也可承接当地的仓储服务(落地项目)，比如佛山仓储中心(佛山子矿池)可以和当地的学校、医院、工厂联系，为这些单位提供食品配送业务(教育链、医疗链、工业链、商业链服务)；广州仓储中心(广州子矿池)可以承接电器、服装等的仓储服务；东莞仓储中心(东莞子矿池)可以承接工业设备、家电的仓储服务；深圳仓储中心(深圳子矿池)可以承接数码产品、医疗设备的仓储服务；湛江仓储(湛江子矿池)可以承接水果、海鲜产品的仓储服务；甚至具备一定规模后，像广东仓储中心(广东矿池中心)这样还可以承接国内外进口电商的各类仓储服务(跨境电商产业链服务)。这个就叫区块链落地服务，也可理解为“挖双币”或“挖多币”。

在企业的发展中，还可对企业的资产作一评估，利用通证，用区块链交易计账，比如何先生的企业发行“代币凭证”，承诺可用现金回收“代币凭证”，当然“代币凭证”与何先生的企业资产与信誉挂钩的。支付各类费用，包括员工工资，合作伙伴的结算费用，场地的使用费用。以前年终工作总结大会，何先生从外面买电脑、手机作奖品发给员工，员工可能并不很需要，拿到奖品后低价销售变现金在手。现在发“代币凭证”给员工，员工可保留“代币凭证”等待后其升值变现，也可现在低价转让给其他需要的人(包括转让给何先生)变现。该“代币凭证”可在各企业之间或在社会上流通，那就盘活了资产，轻松助企业融资，“代币凭证”类似于“股票”，有涨有跌，等何先生手上现金宽余时可回购“代币凭证”，也可在“代币凭证”低价时随时收购。若众多企业或各行各业都上“链”，都有自己的“代币凭证”，那资产就盘活了，经济也发展了。

通过这个例子来帮助读者学习区块链不知是否恰当？

风险与机遇并存，2020年愿更多的个人与企业参与区块链大潮中，让区块链技术能作更多的落地服务！

(全文完)　◇广州　秦福忠

(本文原载第2期11版)

二合一电源 OB5269CP+AP3041 方案——原理与维修(二)

(紧接上期本版)

3. 工作原理精要

接通电源后,整机处于待机状态,指示灯亮,这时电源板输出两路电压:一路 5VSB 电压给主板供电,主板 CPU 控制系统上电后,按照预先设置好的程序进入待机工作状态;一路 24V 电压输出到 LED 驱动电路,等待开机后通过开关电路形成驱动 LED 灯串电压 60V。

通过遥控器或者按键开机后,主板 CUP 控制系统输出开机信号 PS-NO(高电平),高电平分三路控制信号输出:一路 PS-NO 信号经 Q103 控制输出 5V 电压供主板;一路 PS-NO 信号经 Q10 控制输出 11.5V 电压给 LED 驱动 IC(AP3041)供电;一路 PS-NO 信号经 U11(MP1584)控制输出 12V 给主板供电。电源 LED 驱动进入工作状态,主板得到 12.3V、5V,整机正常开启,下图 3 为电源工作流程简图。

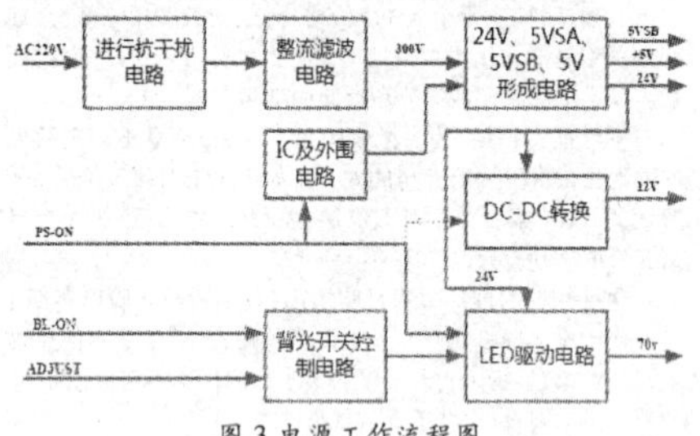

图 3 电源工作流程图

4. 单元电路解析

1)电源 EMI 电路及整流电路

交流电通过两级抗干扰电路加到整流二极管,经整流滤波后形成 300V 的直流电压。其中,由扼流圈电感 L1、L2 和共模电容 CY1、CY2,差模电容 CX1、CX12 组成共模抗干扰电路,滤除电源进线和电源自身产生的共模干扰脉冲;电阻 RXA/B/C/D 对抗干扰电容起泄放作用,关闭电源后迅速放掉 CX 上存储的电能,防止带电损坏电路上的器件;NTC 为压敏电阻,当电压超过它的阈值电压时,漏电电流增大,接近短路状态,导致保险管 F1 因过流而熔断,起到保护后级电路的作用。整流电路由 D1、D2、D3、D4、EC8 组成,经四只二极管整流 EC8 滤波后形成 300V 的直流电压供电源后级使用,如图 4 所示。

2)5VSB、24V 形成电路

5VSB、24V 形成电路主要由 U1(OB5269CP)、Q27、Q29、D23、次级电路 D13、D14、D15、D16 组成。300V 直流电压分两路:一路输出到开关变压器 T1A 的⑫-⑪脚,形成上正下负的感应电动势;一路通过电阻 R257、R258 降压输出到 U1 控制芯片的⑧脚作为芯片的高压启动电压。由 R3、C02、R4、D5 组成尖峰吸收电路,当功率 U1 MOSFET 开关管截止瞬间,T1A 初级绕组瞬间会产生一个很高的尖峰脉冲,该尖峰脉冲使 D5 导通,经 R3、C02 回到电源,使尖峰脉冲降低,保护了芯片在功率 MOSFET 开关管截止瞬间不过压损坏。C02 主要用于吸收功率 MOSFET 管转换瞬间的尖峰干扰,如图 5 所示。

U1 是一个高性能的电流模式 PWM 控制控制器,集成了高压启动,高性能,低待机功耗和成本效益的离线反激式转换器,其主要特点及内部框图如下图 6 所示:

OB5269CP 特点:

- 高电压启动电路;
- 超低待机功耗;
- 电源,软启动,减少 MOSFET 的 VDS 应力;
- 为 EMI 的频率抖动扩展突发模式(Burst Mode)控制以提高效率和最低的待机功耗设计;
- 固定的 65kHz 开关频率;
- VDD 与滞后欠压锁定(UVLO);
- 循环周期过流阈值设置为恒定输出功率限制在通用输入电压范围;
- 自动恢复过载保护(OLP);
- 过温保护(OTP),锁存关闭;
- VDD 过电压保护(OVP),锁存关闭;
- 通过外部稳压可调过压保护(OVP)。

引脚功能:

引脚	标注	功能	引脚	标注	功能
①	RT	内置过温保护、过压保护	⑤	Gate	驱动信号输出
②	FB	电压反馈端	⑥	VDD	供电
③	CS	过流反馈	⑦	空	未用
④	GND	接到脚	⑧	HV	高压启动

关键脚工作原理分析:

⑧脚:开机时 300V 电压经过电阻 R257、R258 分压输入到 U1 OB5269 的⑧脚,内集成了高压启动电路,并提供了大约 2.8 mA 电流给 VDD 引脚充电,供电来自 HV 引脚。当 VDD 上限电压高于 UVLO(关闭),电荷电流关闭,这时候 OB5269 VDD 电容器提供的电流由辅助绕组的主变压器为 IC 提供工作电流。

⑥脚:开关变压器辅助绕组⑦~⑧端提供感应电动势,经 R248/0Ω 电阻、整流二极管 D23、滤波电容 EC9 后,形成 20V 直流电压,加载到由稳压二极管 D27/18v、Q27/MMBT2222、电阻 R249/1.5KΩ 组成的 18V 基准稳压电路,给⑥脚提供供电电压。

在⑥脚内设置了欠压保护电路,当输入电压低于 8.3V~10.3V 时,此时 UVLO 电路开启,IC 停止输出;当输入电压高于 14.3V~16.5V 时,UVLO 电路关闭,不影响芯片的正常工作。

OB5269CP 还设置了过压保护电路(OVP),当输入电压高于 24V~26V 且 FB 反馈电压为 3V 时,过压保护电路启动被闩锁,芯片停止工作。

OB5269 内部有一个 4ms 的软启动电路,主要用在电源启动的过程中,在通电时被激活按时序进行。当 VDD 达到 UVLO(OFF)时,CS 峰值电压从 0V 逐渐增加到最大时,每次重启都将重新执行软启动,来保护后级电路不被大电流损坏。

②脚:OB5269 提供绿色能模式下控制方式,以减少在轻负载和无负载条件下开关频率。VFB 电压是从反馈回路得到被取作参考值,一旦 VFB 小于阈值电压(Vref 绿色 2V)下,开关频率被连续地降低到 22KHz 的最小绿色模式频率。

在轻载或空载情况下,FB 输入降至突发模式的阈值电压(Vref_burst_L),芯片进入突发模式控制;门驱动器输出开关信号只有在 FB 电压高于阈值电压(Vref_burst_H)输出一个状态。只有这样栅极驱动器保持在关闭状态,可减少开关损耗和降低待机功耗。

从图 7 可以看出,FB 反馈电压来自由:U3、U2A、R237、R236、R231 组成的基准稳压取样反馈电路。24V、5VSB 通过电阻 R237、R236、R235、R234 分压在 U3 上形成标准的 2.5V 电压,如果某路电压升高时,势必导致 U3 导通对地,那么 5VSA 通过光耦电流增大,②脚电压被拉低到地,低于阈值电压时,芯片进入突发控制模式,栅极停止输出。

(未完待续)(下转第 242 页)

◇周强

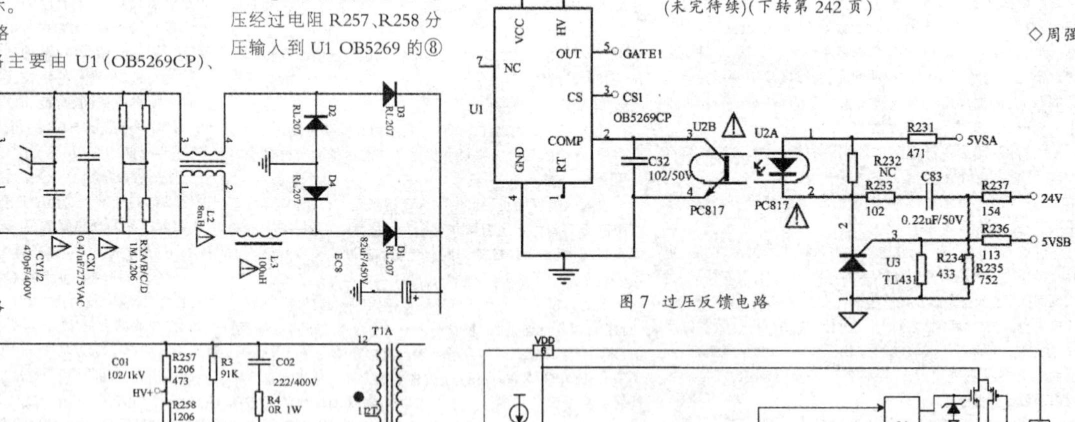

图 4 抗干扰及整流电路

图 7 过压反馈电路

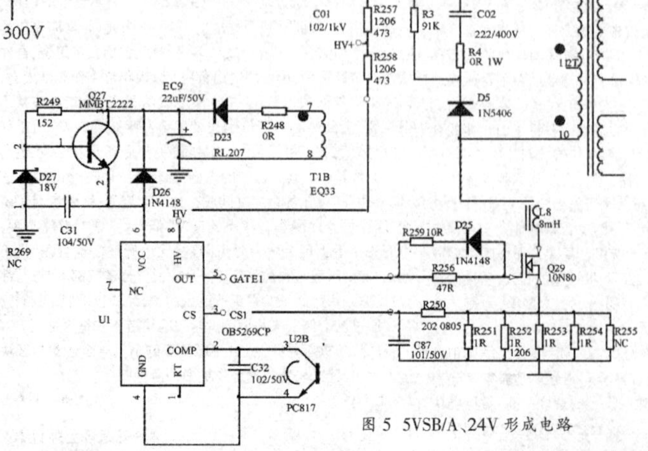

图 5 5VSB/A、24V 形成电路

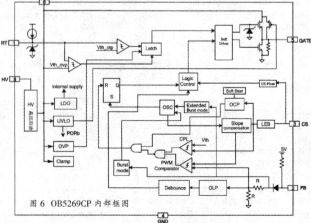

图 6 OB5269CP 内部框图

Python"库"在树莓派中的应用解析

一、何谓 Python 语言的"库"？

与其他编程语言类似，Python 语言中也提供有内置的或用户可自定义编写的"函数"(Function)，即能够完成某具体功能的一段程序代码，可在程序中通过参数调用和返回值来使用函数；在 Python 中，"模块"(Module)则是包含对象定义和可执行代码的 Python 源文件(扩展名为 py)，在模块内可以定义变量和函数，它相当于规模更大的"函数"群；比模块更为强大的是"库"(Library)，它是 Python 的特色之一，是具有相关联功能的模块集合，包括标准库和第三方扩展库，可用于文件读写、网络抓取和解析、数据计算和统计分析、图像和视频处理、数据可视化和交互学习等，功能非常强大。

Python 的标准库不需要安装，只要通过 import 命令导入程序中即可调用，比如 os 模块库提供了与操作系统交互的函数，编写程序时可以在源文件开始部分写入"import os"语句进行整体导入。Python 标准库的具体内容可到其官网进行查看，比如 3 版本系列的官网标准库对应的地址是 https://docs.python.org/3/library/index.html。另外，常见的使用方法还有部分导入，比如用于访问互联网及处理网络通信协议的 urllib.request，可使用语句"from urllib.request import urlopen"来进行 urllib.request 中 urlopen(类)的导入。Python 的第三方扩展库必须要先进行安装及配置才能使用，比如 NumPy 库为 Python 提供了很多高级的数学方法，SciPy 库则是 Python 的算法和数学工具库，而 BeautifulSoup 库提供了对 xml 和 html 的解析(一般用于编写爬虫程序)等等。第三方扩展库的导入方法同标准库完全一样，比如"from bs4 import BeautifulSoup"。无论是 Python 标准库还是第三方扩展库，用户都不必关心其内部编程结构及算法是如何实现的，只需按照其语法规则(包括变量名)来调用并完成相关功能即可。

值得一提的是，在 Python 的命令行模式中可以通过"dir"命令简单地查看库模块信息，以"os"为例：首先打开 CMD 窗口输入"pyhton"回车，在">>>"Python 命令提示符后输入"dir('os')"，回车后就会显示 os 的属性；如果想更详细地查看其属性，输入"help('os')"命令来进行查看——按空格键可向下翻页(如图 1 所示)。

二、Python 第三方扩展库的杰出代表：GPIOZERO 库

在树莓派中使用 Python 语言进行编程开发的过程中，自然少不了对 GPIO(General Purpose Input/Output)通用型输入输出引脚的控制。最初，大家都是引用 RPi.GPIO 库来进行编程——RPi.GPIO 库允许用户使用代码来控制树莓派的 GPIO 引脚，功能非常强大，以至于在很多 Python 程序的开头部分都能看到"import RPi.GPIO as GPIO"(以 GPIO 为名导入 RPi.GPIO 库)引用语句。

以 GPIOZERO 库为例，它是构建于 RPi.GPIO 库之上的"前端语言包装器"，面向 Python 的最初级用户，代码十分精简且更通俗易懂。与 RPi.GPIO 库相比，GPIOZERO 库并不要求用户使用语句进行引脚模式的设置(默认即为 BCM 编码模式)，对各引脚的控制模块均遵循"易读、尽可能短"的引用原则，比如以下三行代码即可实现点亮一只 LED 灯的功能：

```
from gpiozero import LED
led = LED(27)
led.on()
```

第一行代码的作用是导入 GPIOZERO 库的 LED 类模块，第二行代码是将 BCM 编码为 27 (物理引脚 BOARD 编码为 13)的引脚赋值给变量 led，第三行代码是设置该引脚为"打开"状态(高电平)。

GPIOZERO 库的安装比较简单，首先在 Windows 的远程桌面连接中登录树莓派，接着点击运行"LX 终端"并且在"pi@raspberrypi:~$"命令提示符后输入"sudo apt update"命令，其作用是更新存储列表，完成后会提示"所有软件包均为最新"；接着输入命令"sudo apt install python-gpiozero"进行 GPIOZERO 库的安装，完成后会提示"python-gpiozero 已经是最新版"(如图 2 所示)。

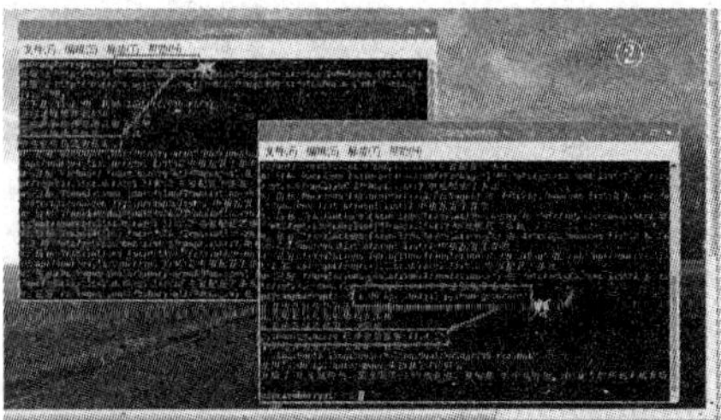

如果不习惯使用命令行操作的话，我们还可以在本地已经安装好的 Python 编辑器(比如 PyCharm)中进行安装，具体步骤为：首先打开 PyCharm，点击执行"File"-"Settings"菜单命令，在弹出的 Settings 设置窗口的左侧点击"Project: 1_1code_of_video"-"Project Interpreter"项；接着点击右侧上方的小加号图标，在弹出"Available Packages"(获取包)窗口搜索框内输入待安装的第三方扩展库名称"GPIOZERO"，PyCharm 就会显示出该项的多个下载源，点击选中后再点击左下角的"Install Package"(安装包)按钮，安装结束后就会有"Package 'gpiozero' installed successfully"的成功提示(如图 3 所示)。

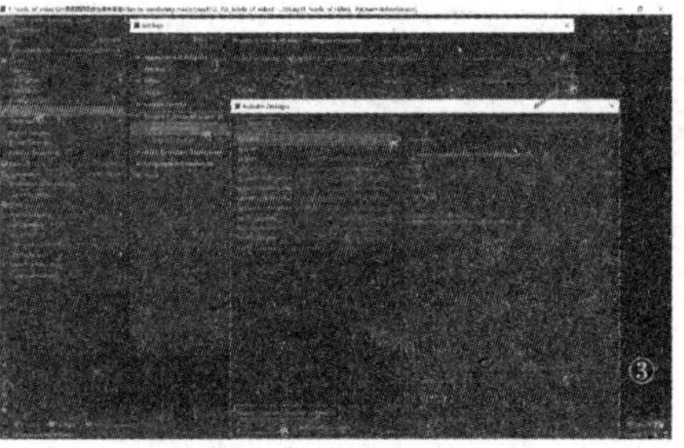

三、应用 GPIOZERO 库简单快速实现三种 LED 灯光效果

准备一只 LED 灯和两根母对母杜邦线，将红色杜邦线一端连接 LED 灯长脚(正极)，另一端连接树莓派 11 号物理引脚——BCM 编码为 17；白色杜邦线一端连接 LED 灯短脚(负极)，另一端连接树莓派 39 号物理引脚(GND 接地端)。闪烁灯和呼吸灯的硬件连接准备工作便完成，按钮灯需要再使用一只按钮和两根母对母杜邦线，将其 VCC(电源端)、OUT(输出端)分别接至树莓派 3 号(BCM 编码为 2)和 6 号物理引脚。在本地的 Windows 环境中使用 PyCharm 新建三个 Python 文件，分别命名为 Sparkle_LED.py、Breath_LED.py 和 Button_LED.py，对应于闪烁灯、呼吸灯和按钮灯程序(内容如下)，保存后通过远程桌面程序复制粘贴到树莓派系统的 home/pi 文件夹中。

1. 实现闪烁灯效果的 Python 程序：Sparkle_LED.py

双击 home/pi/Sparkle_LED.py 文件，调用 Thonny Python IDE 打开，其有效执行代码共 8 行(加 2 行库导入语句)，如下：

```
from gpiozero import LED
from time import sleep
red = LED(17)
while True:
red.on()
sleep(0.2)
red.off()
sleep(0.2)
```

解析：第一行"from gpiozero import LED"是从 GPIOZERO 库中导入类 LED，第二行"from time import sleep"是从 TIME 库中导入类 sleep；第三行"red = LED(17)"是将 BCM 编码为 17 的 LED 灯的引脚赋值给变量 red；接下来就是一个循环，条件永远为真(True)，"red.on()"是控制 LED 灯发光，而"red.off()"则是控制其熄灭，后面各接一条"sleep(0.2)"语句的作用是等待 0.2 秒。

点击"Run"运行按钮执行该程序，红色 LED 灯就开始闪烁起来：亮 0.2 秒、灭 0.2 秒，再亮 0.2 秒、灭 0.2 秒……(如图 4 所示)。

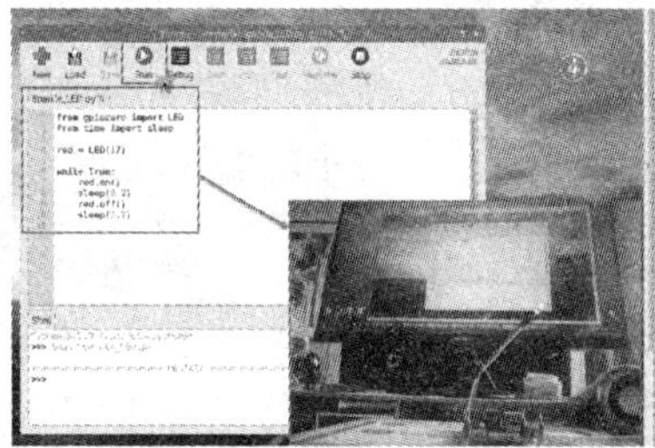

2. 实现呼吸灯效果的 Python 程序：Breath_LED.py

打开 home/pi/Breath_LED.py 文件，有效执行代码共 5 行(加 2 行库导入语句)，如下：

```
from gpiozero import PWMLED
from signal import pause
led = PWMLED(17)
led.pulse()
pause()
```

解析：与闪烁灯程序类似，第一行"from gpiozero import PWMLED"是从 GPIOZERO 库中导入类 PWMLED，第二行"from signal import pause"是从 signal 库中导入类 pause；第三行"led = PWMLED(17)"将 PWM(脉冲宽度调制)赋值给变量 led，结合第四行"led.pulse()"就相当于连续地进行淡入和淡出值的设置，最后一行"pause()"的作用是暂停。

点击"Run"运行按钮执行该程序，红色 LED 灯的亮度就会非常均匀地开始逐渐从暗变亮、再从亮变暗，然后一直这样"呼吸"起来……(如图 5 所示)。

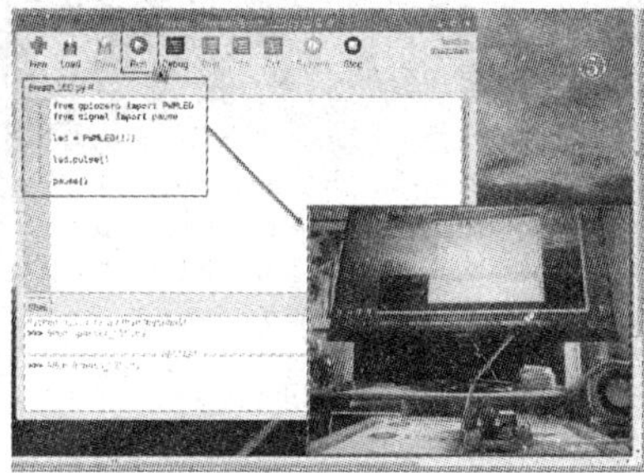

3. 实现按钮灯效果的 Python 程序：Button_LED.py

打开 home/pi/Button_LED.py 文件，有效执行代码共 7 行(加 2 行库导入语句)，如下：

```
from gpiozero import Button,LED
from signal import pause
led = LED(17)
button = Button(2)
button.when_pressed = led.on
button.when_released = led.off
pause()
```

解析：与上面两种灯光效果的程序类似，不同之处在于，一个是在第四行"button = Button(2)"，作用是将连接在 BCM 编码为 2 引脚的按钮赋值给变量 button 来控制；第二个是第五行"button.when_pressed = led.on"，作用是当检测到按钮被按下(Press)时控制 LED 灯发光(led.on)；第三个是第六行"button.when_released = led.off"，作用是当检测到按钮被松开(Release)时控制 LED 灯熄灭(led.off)。

点击"Run"运行按钮执行该程序，LED 灯先是处于熄灭状态；当按下按钮时，LED 灯发光；当松开按钮时，LED 灯熄灭(如图 6 所示)。

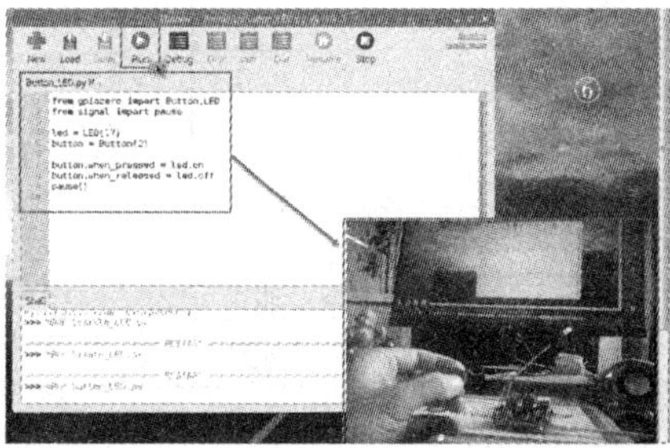

◇山东 牟晓东 牟奕炫

雅马哈 RX-V465 型 AV 功放不开机故障检修 1 例

故障现象：一台雅马哈 RX-V465 型 AV 功放不能开机，荧光显示屏无显示，所有按键没有任何反应。

分析与检修：反复检查外部电源插座供电正常，插头接触良好，并且音箱的负载线也正常，初步判断为功放内部电路发生故障，估计是晚上交流电源的浪涌电压造成电源部分损坏或保险丝（熔丝管）烧了。因为功放机有待机功能，所以始终处于待机状态，没拔过电源插头。

原以为这台功放使用的是变压器供电的线性电源，打开机器后察看，发现其采用的是开关电源，并且交流输入回路的保险丝正常，电源板上的元器件也没有明显的发黑和烧毁现象，看来故障没有想象的那般简单。功放的问题看起来有点小复杂，要想修复，常规的电子产品设计，依据功能模块来划分，绝大多数的都可以分成电源变换、信号处理、控制或显示部分 3 大部分模块组成。对 AV 功放而言，其电路基本包括：音频信号处理、功率放大级、控制及显示系统、节目源信号输入输出部分的切换选择、电源供应 5 部分。很显然，这台雅马哈的 AV 功放很有可能是电源部分出了问题。

图 1 所示为机内电源部分的实物图，红线圈出来的部分是电源相关的 PCBA 板。为了便于故障的分析与检修，依据实物画出相关电路的原理图，如图 2 所示。

【提示】日系的影音产品中，除少数插件外，绝大多数器件均为贴片件。贴片技术的广泛应用对业余维修来说，最大的障碍就是器件规格型号难以辨认，致使非产品设计人员在根据实物绘制电原理图时，器件的规格型号难免不完整，所以图 2 中的器件和位号仅供分析参考。

根据图 2 可知，AV 功放的电源由 2 部分构成：一部分是由 TOP254PN 为核心构成的开关电源，为 MCU 电路提供待机用的 5.5V 电源；另一部分为常规的 EI 型变压器为核心构成线性电源，该电源的工作状态由继电器 RY371（见图 3）进行切换，受 MCU 的控制。开不了机，首先要确认微控制器电路的 5.5V 供电是否正常。通电后，用万用表测量待机电源输出端 CB379 处的电压为 0V，再测整流输出端的直流电压为 310V 左右，表明市电整流、滤波电路正常，问题出在开关电源。断电后，脱开连接器 CB379，检查负载无短路，测开关电源输出侧整流器件 D3709 和滤波电容 C3712~C3716 等器件均正常，说明故障发生在开关电源的功率变换部分。

检查电源模块 TOP254PN 周边元器件未见异常，在线测试时，发现 TOP254PN②脚对地阻值近于 0，怀疑 TOP254PN 内部损坏。拆掉该模块后，测量其②脚对⑤脚的阻值为 0，说明它内部电路的确短路。更换新模块后，测②脚对地阻值恢复正常，通电后测开关电源的输出电压仍为 0，说明开关电源还有故障。重新测 TOP254PN 的各脚电压，发现②脚电压仍异常，居然在 50~64V 间变化。根据图 2 分析，怀疑光耦合器 IC372 损坏。该光耦合器的型号为 EL816，而非常见的 PC817。能否相互代换呢？经查，两者的主要区别在输出端耐压上。EL816 的输出端耐压值为 70V，PC817 的输出端耐压仅为 35V，很明显，是不能直接替代的。

手头没有该规格器件，购买又要等很久。无奈，重新察看图 2，发现用于市电检测的 IC375 也使用了 EL816。通过图 2 可知，IC375 工作在开关状态，给系统控制电路提供市电检测信号。应急修理时，拆除 IC375 后，直接将 IC375 的输出侧引脚短接应没问题。于是，将 IC375 上的 EL816 安装在 IC372 的位置上，再将 IC375 的输出端用焊锡短接（见图 4）。焊接无误后通电，测开关电源仍没有 5.5V 电压输出，维修顿时陷入困局。反复分析和检查外围元件都正常，怀疑 IC372 损坏后，有可能导致 TOP254PN②脚内部电路损坏。测量 TOP254PN 的确损坏，再次更换 OP254PN 后通电，测开关电源输出的 5.5V 电压正常，面板显示、按键控制功能恢复异常，接入音源，输出音乐正常，故障排除。

【总结】本机不开机故障是因待机电源的 TOP254PN、IC372 损坏所致。检修此类故障，确认 TOP254PN 损坏时，不要忽略检查 IC372 等元件，以免更换后的 TOP254PN 再次损坏。

另外，影音类等家用电器若不经常使用，建议拔掉电源插头，这不仅节能，而且可以避免夜间电网异常引发故障。

【编者注】该机短接 IC375 的输出端后 MCU 能正常工作，而对于很多机器不能为 MCU 提供市电检测信号时，会导致 MCU 不能工作或工作异常。因 IC375 为 MCU 提供检测信号，其输出端电压较低，所以维修时建议在此处安装 PC817，确保为 MCU 提供正常的市电检测信号。

◇湖南 孙勇

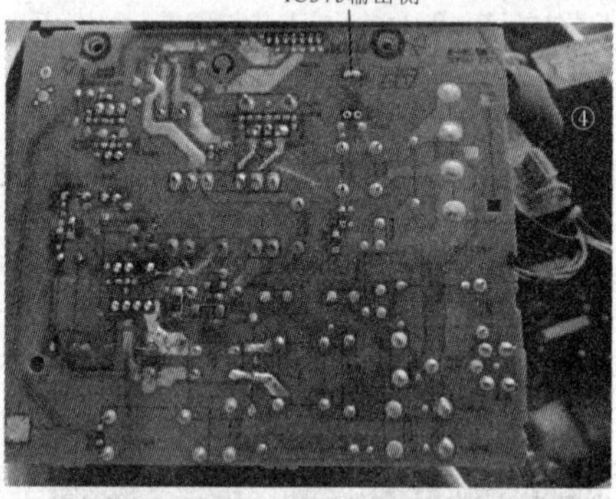

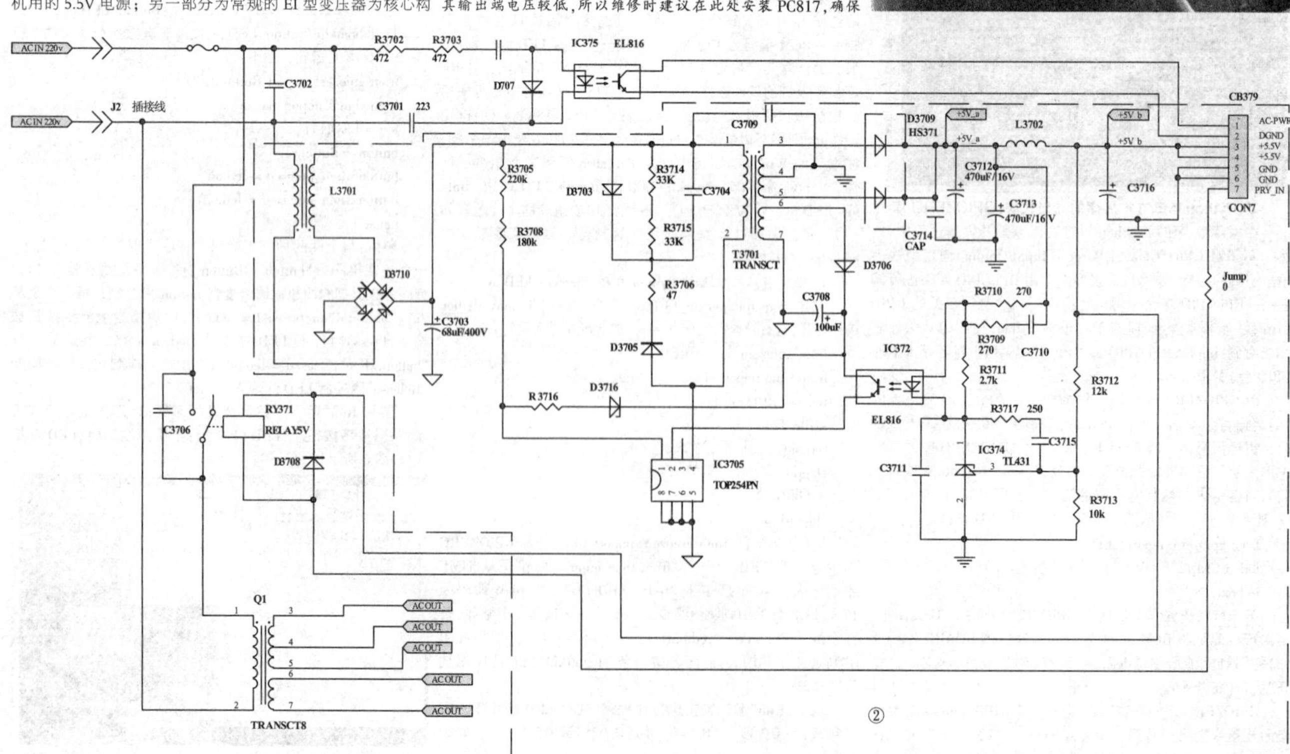

关于预测和负延迟滤波器的五件事(一)

所有系统,包括滤波器,都是因果关系的。这意味着他们无法在刺激出台之前对(不可预测的)刺激做出反应。因此,您如何才能构建一个“预测”某些东西的滤波器?好吧,这完全取决于您对预测的质量和相关性有多高的期望。

在这里,让我们问五个核心问题,这些问题的答案可以帮助我们度过这个困惑的泥潭。

1. 滤波器如何延迟信号?

信息可以通过多种方式加在信号上,并且始终需要有限的时间才能通过处理系统。您将非常熟悉数字块传播延迟的概念。这只是从输入的状态更改到该块的输出的相应状态更改之间经过的时间。具有数字思维的读者首先想到的可能是一堆“1”和“0”,它们在物理上表示为可检测到的不同电压或电流水平。传播延迟对于此类信号来说是很好的选择,但当我们考虑模拟信号时,这些信号实际上没有与特定时间点相关的定义特征,就没有意义了。

我们经常对信号和数据序列进行低通滤波,以消除“噪声”,即我们认为高频变化没有意义,并且正在妨碍观察更重要的基本特征。但是,过滤过程可以使我们的观察结果“颇为沉重”。肯定是观察者影响观察的情况。当我们以图形方式查看响应时,常规滤波的最明显结果是,在输入信号的变化和滤波后的输出的相应变化之间显然存在时间延迟。当我们看一些示例时,我们会在测试信号上清楚地看到这一点。

2. 我们如何量化这种形式的延迟?

滤波器(或任何其他线性信号处理模块)的输入信号与结果输出之间的这种“滞后”与群时延密切相关,群时延等于(减去)相位响应随频率的导数。为此使用明智的单位;如果以弧度为单位测量相位并以弧度/秒的角度形式表示频率,则(弧度)除以(弧度/秒)可以在几秒钟内为您提供方便的答案。或者,您可以使用“周期”,即一个完整的旋转周期,即360度。以周期为单位的相位差除以以赫兹为单位的常规频率差(与每秒的周期相同),也可以在几秒钟内给出答案。

因此,很想问一个问题,为什么我们不只是设计一个没有任何群延迟的滤波器,如果我们想避免这种延迟。如果您之前阅读过我的专栏文章,那么您可能会发现该句子中的“危险设置”。因为,您猜对了,没那么容易。如果您查看或计算低通滤波器响应的“标准”类型的行为(大体上以数学家死了而命名),您会发现它们的群延迟固执地为正,直至零频率。我们需要在这里进行一下修改。

3. 我们能否消除这种延迟?

如果您希望每个频率都为零,则严格的答案是“不”。但是,有一种开发补偿滤波器的精确技术,当与原始滤波器级联时,可以使您在DC处的零或正至是负的组延迟。我们将看到,这可能非常有用。

假设您有一些低通传递函数H,在DC处具有单位增益。显而易见,新的传递函数H′=2 H在DC处也是单位增益,并且在DC处具有与H相同的幅度但为负的群延迟。如果您将H和H’级联(即,将它们串联),则将获得一个整体传递函数,我们称其为H1,它在DC处具有单位增益,在DC处具有零组延迟。对于s域或z域中的任何线性传递函数,H1都等于HH’,即H1=H(2 H)。如果H是可实现的,则无论滤波器的类型如何,这始终是可实现的。

这似乎是一件奇怪的事情。因为函数H′与H的阶次相同(无论我们使用的是模拟还是数字滤波器),您都可以看到,将它们组合在一起会使滤波器的“大小”加倍,从而实现该滤波器所需的资源也将增加。可能不太容易看到,这可能会大大降低滤波器的衰减性能。如果H是一个低通函数,在DC上具有单位增益,而在所有其他频率上具有一个单位增益或更低,那么函数2 H的值可以在1到3之间振荡,即它可能引入响应高达9.5 dB。如果这落在整个滤波器的阻带中,那么所有发生的就是衰减的降低。如果凸点在通带内,那么级联的整体通带响应将与单独的H响应有很大不同。

这是一个简单的例子。让我们从n=2巴特沃思滤波器开始,它以10 kHz的H频率进行数字化处理,采样率为100 ksps。为了设计滤波器并获得曲线,我使用了赛普拉斯半导体PSoC Creator IDE中的滤波器工具,该工具提供了以下H系数以及图1中的幅度和群延迟图:

Biquad滤波器的最终系数:

系数的顺序为A0,A1,A2,B1和B2

0.0674552917480469

0.134910583496094

0.0674552917480469

−1.14298057556152

0.412801742553711

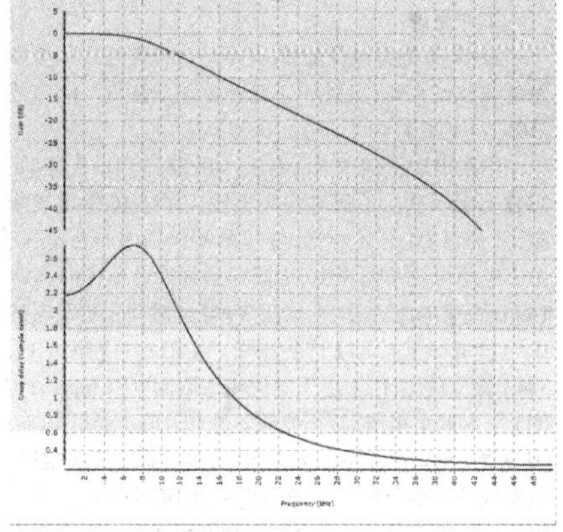

图1 示例滤波器是一个n=2巴特沃思滤波器(0.01 FS),具有幅值和群延迟,如图所示。

补偿滤波器H’与H的分母相同,并且分子等于2减(H的分子)。我在一个快速电子表格中进行了计算,然后将其粘贴回该工具中。该工具检查两个双二阶部分的最佳排序和增益(使用我设计的算法);它获取了4 dB的增益,以确保颠簸响应不高于0 dB,请参见图2:

Biquad滤波器的最终系数:

系数的顺序为A0,A1,A2,B1和B2

0.216065168380737

−0.2706618309021

0.0847635269165039

−1.14298057556152

0.412801742553711

0.372884273529053

0.745768547058105

0.372884273529053

−1.14298057556152

0.412801742553711

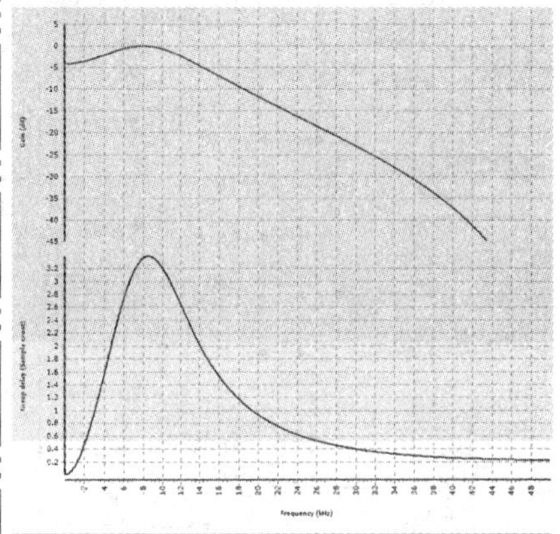

图2 级联的n=2巴特沃思低通及其补偿滤波器产生零直流群延迟。

(未完待续)(下转第245页)

◇湖北 朱少华

一种电子听诊器电路(二)

(紧接上期本版)

2. 组装

- 使用万能板或PCB组装电路。
- 对麦克风要使用屏蔽电缆。
- 用橡胶隔离套将麦克风固定在听诊器头上,或在其头部使用一小段橡胶管。厚的广口瓶盖可用作听诊器头。麦克风必须与皮肤保持一定距离,但必须将听诊器头压在皮肤上,将麦克风与背景噪音隔离开,并避免耳机产生声音反馈。
- 聆听心跳时,请勿移动麦克风或者听诊器的头部,以免产生摩擦声。
- 保护您的听力。使麦克风远离耳机,以避免声学反馈。

3. 元器件清单

元器件	数量	描述
R1	1	10K 1/4W 电阻
R2	1	2.2K 1/4W 电阻
R3, R9	0	没用到
R4	1	47K 1/4W 电阻
R5, R6, R7	3	33K 1/4W 电阻
R8	1	56K 1/4W 电阻
R10	1	4.7K 1/4W 电阻
R11	1	2.2K to 10K 音量电位器
R12	1	330K 1/4W 电阻
R13, R15, R16	3	1K 1/4W 电阻
R14	1	3.9 Ohm 1/4W 电阻
C1, C8	2	470uF/16V 电解电容
C2	1	4.7uF/16V 电解电容
C3, C4	3	0.047uF/50V 金属薄膜电容
C5	1	0.1uF/50V 瓷片电容
C6, C7	2	1000uF/16V 电解电容
U1	1	TL072 低噪声,双运放
U2, U3	0	没用到
U4	1	741 运放
U5	1	LM386 功放
MIC	1	两线驻极体麦克风
J1	1	1/8英寸立体声耳机接口
LED	1	红绿两线发光二极管
Batt1, Batt2	2	9V 层叠电池
SW	1	双刀单掷开关
Misc.	1	听诊器头或罐盖,麦克风的橡胶套

(全文完)

◇湖南 欧阳宏志

基于UC3843制作45W反激电源遇到的问题及解决办法

反激式开关电源由于其结构简单，成本低廉，广泛应用于各种小功率用电器中。奔着结构较为简单这一点，对于初学者是个不错的选择。

简介

UC384x是开关电源用电流控制方式的脉宽调制电路。与电压控制方式相比在负载响应和线性调整度等方面有很多优越之处。1.内含欠电压锁定电路；2.低启动电流(典型值0.12mA)；3.大电流推挽输出(驱动电流达1A能直接驱动mos)；4.自动负反馈补偿电路等。

反激变压器在开关管导通时储能，在开关管断开时给次级释放能量，严格来说，反激变压器工作方式更接近于一个电感。

工作原理

220V市电经过保险管，被四个二极管组成的全桥整流成脉动直流，后经C1储能滤波成直流。峰值约310V。(见图1)

电阻R1给C4充电，电压达到3843启动电压时，3843开始工作，⑥脚输出高电压，经过10欧电阻限流，开关管Q1开始导通，变压器初级两端产生电压，由于电感电流不能突变，电流开始线性上升(Imax=V×Ton/L峰值电流A=两端电压V×导通时间s/初级电感H)电流取样电阻R11产生压降。当R11压降超过1v，3843截止输出(R11也作电流峰值限制电阻Imax=1V/R11限制峰值电流，防止变压器饱和并确定储能功率)Q1关断，电感电流不能突变，也可看作楞次定律，线圈极性开始反转，辅助绕组整流D6输出绕组整流D8导通，变压器磁芯储存的能量开始释放。主辅输出的储能电容电压开始上升(C9 C4)。当主输出电压达到设定值(C9电压)，TL431(可调稳压二极管)导通，光耦通过电流，光敏三极管端输出电流给R13转换成电流，送到3843的2脚，此脚电压大于2.5V时，3843截止，调节占空比，起到稳压的作用。

各线圈之间由于电磁耦合，磁芯释放能量时，各线圈的电压为线圈匝数比的关系。如初级75匝，辅助绕组10匝，主输出绕组12匝时设由TL431设定的输出电压为15，则辅助输出为(15-0.7)/12×10=11.92约为12伏(0.7为硅整流二极管压降，肖特基为0.4左右)，映射到初级的电压为(15-0.7)/12×75=89.38。

所以开关管耐压得大于310+89.38约400V以上，但是，由于存在漏感(不被磁芯耦合的部分)，且初级漏感不对负载做功，并会在开关管D极(漏极)产生高压尖峰，威胁开关管使用寿命，为此初级上的R2 C2 D7构成RCD尖峰吸收电路，漏感能量释放给C2，并被R2消耗。漏感大小与变压器有关，对于初学者没有足够仪器测量，所以只能提高开关管耐压，和吸收电容等600V耐压管子102 1kV高压瓷介电容33k释放电阻，足以应对多数使用情况。

表1 不同的电源电压，变压器温升在50℃左右的功率和绕组导线载流密度

定格容量	电流	ΔT=35℃		ΔT=40℃		ΔT=45℃		ΔT=50℃		电源电压(V)
	I=A	J=A/mm²	φ~mm	J=A/mm²	φ~mm	J=A/mm²	φ~mm	J=A/mm²	φ~mm	
3	0.250	4.90	0.25	5.10	0.25	5.20	0.25	5.30	0.25	12
4	0.333	4.70	0.30	4.80	0.30	5.00	0.29	5.20	0.29	
5	0.417	4.50	0.34	4.70	0.34	4.80	0.33	5.00	0.33	
6	0.500	4.30	0.38	4.40	0.38	4.60	0.37	4.80	0.36	
7	0.583	4.10	0.43	4.30	0.42	4.50	0.41	4.70	0.40	
8	0.667	3.90	0.47	4.10	0.46	4.30	0.44	4.50	0.43	
9	0.750	3.80	0.50	4.00	0.49	4.20	0.48	4.40	0.47	
10	0.833	3.70	0.54	3.90	0.52	4.10	0.51	4.30	0.50	
15	1.250	3.40	0.68	3.60	0.66	3.90	0.64	4.10	0.62	
20	1.667	3.20	0.81	3.40	0.79	3.60	0.77	3.80	0.75	
25	2.083	3.00	0.94	3.20	0.91	3.50	0.87	3.70	0.85	
30	2.500	2.80	1.07	3.10	1.01	3.30	0.98	3.60	0.94	
40	3.333	2.70	1.25	2.90	1.21	3.20	1.15	3.40	1.12	
50	4.167	2.50	1.46	2.80	1.38	3.10	1.31	3.30	1.27	
70	5.833	2.40	1.76	2.60	1.69	2.90	1.60	3.10	1.55	
100	8.333	2.20	2.20	2.40	2.10	2.70	1.98	3.00	1.88	
150	12.500	2.00	2.82	2.30	2.63	2.60	2.47	2.80	2.38	
200	16.667	1.90	3.34	2.20	3.11	2.50	2.91	2.70	2.80	
250	20.833	1.80	3.84	2.10	3.55	2.30	3.40	2.60	3.19	

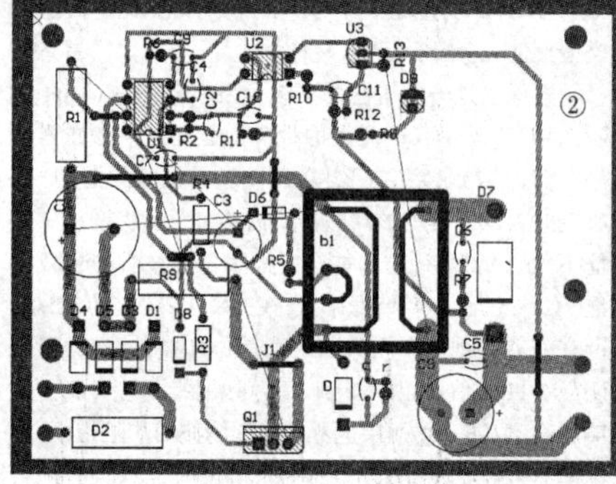
②

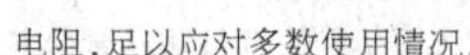

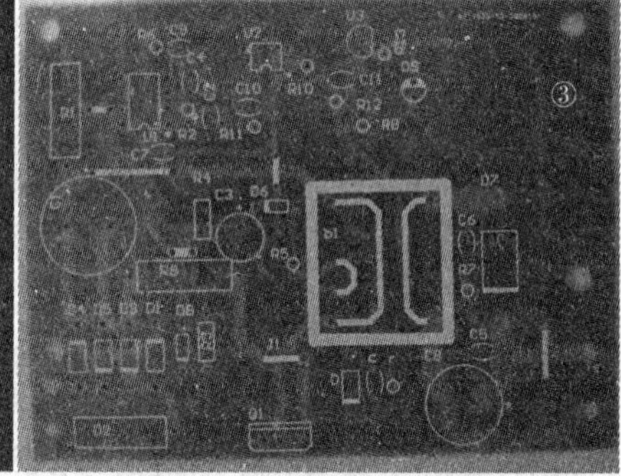
③

制作过程

注意事项：R1、R9均为1W电阻，其余0.25W。D6、D7为快回复二极管D7需要大电流，4A以上均可。如MUR410、HER504等快恢复，耐压100V以上即可。

因为设备原因，不建议新手自制变压器，漏感、耐压、电感量无设备测量，推荐使用拆机反激变压器，如废弃电动车充电器。设备齐全则，变压器骨架选择EE25以上，磁芯开气隙(用胶布隔离两磁芯直接接触)初级绕制25mH，记下匝数，初级、辅助、输出绕组之比为75：10：12，输出其他电压者，自行更改主输出匝数，但确保辅助绕组电压大于12V，不高于18V输出电压由TL431的外围分压电阻R15、R16确定输出电压E=2.5×(1+R15/R16)。

本图为2.5×(1+5.1/1)=15.25V但务必确保R16流过大于1mA电流防止TL431不稳。

变压器线径由下表给出(见表1)

45w初级不到45/310×2=0.29(A)选用0.34mm及以上即可初级约3A这里选0.68双线并绕，由于高频趋肤效应，不建议使用单股粗线d=66.1$\sqrt{f}$mm(d为趋肤深度，f为频率线径大于2d时建议多股并绕)。

绘制好的PCB如下，用洞洞板焊接也行。

成品板：工作如下：

制作过程有遇见啸叫，通过调整R11，R12即可。电压输出有尖峰，于是次级加入LC滤波器，也可多并联几个104瓷介电容代替。尖峰是由于寄生电感在导通一瞬间感抗过大导致。

此电源因为具有高压，不建议无实际电路搭建经验者尝试!!!

部分数据取至网络，本人技术有限，但是希望能给喜欢电源的朋友一点帮助，不足之处望各位见谅。

◇肖勇杰

①

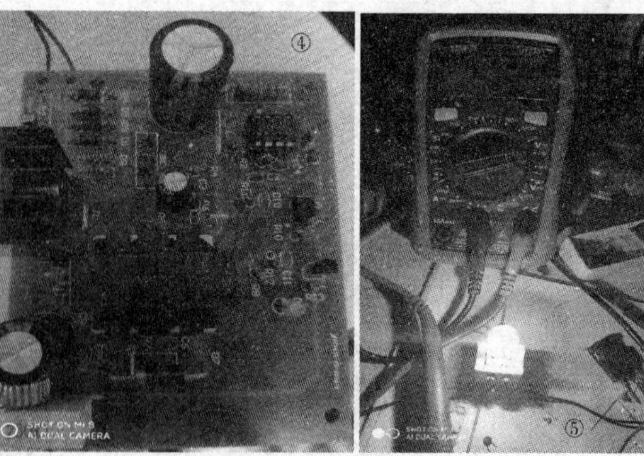
④ ⑤

“极经济楼道灯”的功耗计算与电路改进

我们是高级技工学校学生，在实习制作楼道夜间自动照明灯时查阅了大量报刊资料，包括学校资料室收存的历年《电子报》。我们看到《电子报》2015年43期13版有一篇题目为《介绍一种极经济的楼道灯》的文章，该文介绍该楼道灯白天耗电功率为0.062W，夜间照明时的耗电功率为0.3W。认真学习后，我们感觉原文在基本概念介绍、电路图绘制、数值计算等方面有商榷之处，便在实训老师的指导下，斗胆进行解析，并给出改进电路。

一、问题探讨

为了分析讨论方便，将原文附图重新绘制，如图1所示(图形符号均沿用原文画法)。

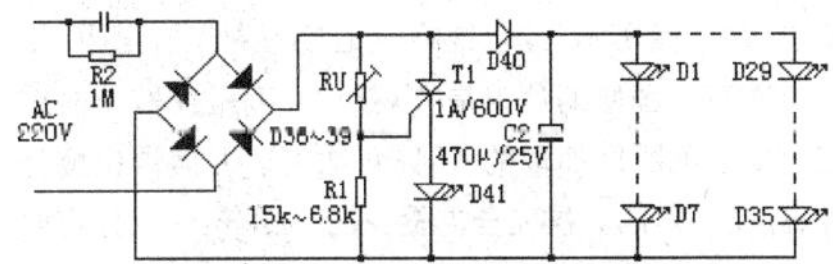

图1 《电子报》2015年43期13版电路图

首先，这是一个电容降压电路，该电路之所以“极经济”，与使用电容降压有直接关系。可见，降压电容是一个至关重要的元件，其容量决定了工作电流大小，亦即决定了这款楼道灯的功耗。但原电路图未标注电容的容量、耐压值等参数，在此情况下凭空计算功耗并得出“极经济”的结论，似有不妥。

其次，降压电容的位号是什么呢？原电路图中没有标注。原文介绍说，“白天功耗之所以如此之小”，是因为“市电电压几乎全部降在电容C1上，C1上电压为无功电压，故白天耗电能极少”，但原电路图中找不到标注为“C1”的电容。据此推断，降压电容的位号应为C1(原图漏标)，即与R2并联的电容。

第三，在电工电子技术领域，“无功电压”的提法不规范。业内说无功功率，而不说无功电压。在分析功率因数时，以电压波形为参照依据；如果电流波形与电压波形同相位，则认为功率因数为1，无功功率为0；如果电流波形超前或滞后于电压波形，则系统中有无功电流的成分，系统功率中含有无功功率。可见，电压是分析功率因数问题时的一个参照参数，其本身并没有“有功电压”与“无功电压”之说。

第四，原文电路图的绘制不够规范，没有使用规范的图形符号。例如二极管与发光管的画法，D36~D39与D40同样是二极管，有的是实心画法，有的是空心画法；二极管、发光管、单向可控硅的图形符号中，其正负极引线在内部是贯通的，而D40、D41、可控硅T1、发光管D1~D35的画法均不规范。另外，电解电容器C2使用了淘汰的画法。

第五，电路中只有一个感光元件，但原文中有“光敏电阻RU”和“光敏二极管”两种表述，会使读者学习阅读时无所适从。

二、功耗计算

对于原文电路“极经济”的节能效果，原文说“白天在光敏电阻的作用下，单相可控硅T1导通，LED熄灭”，这里的“LED熄灭”应是作为照明光源的D1~D35熄灭。D1~D35是发光二极管，宜标注为LED1~LED35。

原文介绍楼道灯白天的功耗时说，白天时与单相可控硅T1串联的发光管D41点亮，“耗电功率为5V×0.14mA×0.89=0.062W”。首先，从计算结果看，有误，应为0.00062W。其次，从计算式看，负载端电压5V可信，因为原文说LED的额定电压为3~3.3V，加上T1的压降，约为5V；但是，计算式中的0.14mA和0.89从何而来？不得而知。

那么，这款楼道灯白天的耗电功率到底应该怎么计算呢？按照原文所说的单珠LED的工作电流为2.5mA计算，5个LED照明支路的总电流是12.5mA，由于该电路是电容降压供电电路，具有恒流特性，白天晚上的工作电流相等，都是12.5mA，计算可得，白天的耗电功率为5V×12.5mA=0.0625W，这与原文介绍的白天功耗为0.063W相近或相等，但与原文的计算式“5V×0.14mA×0.89=0.062W”大相径庭。

这款楼道灯晚上的功耗是多少呢？可以如此考虑，晚上光照较暗时，光敏电阻RU的阻值变大，可控硅T1不能被触发导通，T1阳极的电位升高，使得发光管D1~D35点亮。每串LED有7只，点亮时的串联电压降为3.3V×7=23.1V，再加上二极管D40的正向压降，晚上的工作电压为23.8V。计算可得，晚上楼道灯的功耗为23.8V×12.5mA=0.2975W，与原文的计算结果相等。但这里有个问题，原文电路使用35只LED，点亮时总共仅有0.2975W的功率，每只LED仅有2.5mA的工作电流，其亮度可能类似于电源插排上指示灯的亮度，难以起到照明的作用。

三、改进电路

改进后的电路如图2所示，共使用9只LED，即LED1~LED8和LED9。改进的思路是如下：

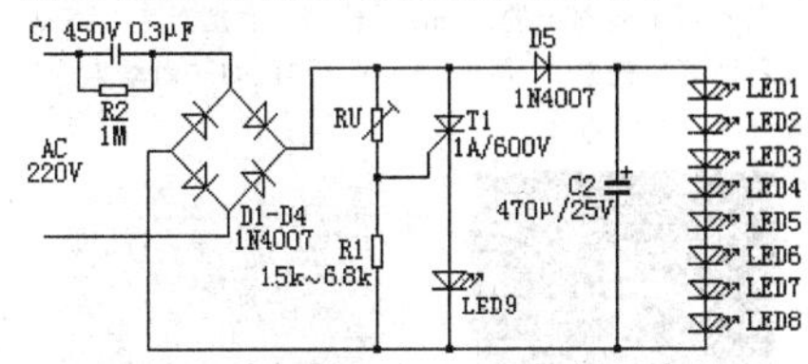

图2 改进的电路图

(1)9只LED使用相同型号规格的元件，即原文介绍的额定电压3.3V、额定电流20mA的LED，并将它们点亮时的电流选定为20mA，比原文电路的2.5mA大幅度提高，以使LED发光效果能够较好地发挥；

(2)夜间的照明灯支路由5个缩减为1个，以解决太多LED造成发热量大、电效率低的问题；

(3)LED选用白光二极管，不能选用红色、绿色、蓝色等颜色的发光二极管；

(4)作为电容降压供电的电容器C1，其规格选额定电压450V、电容量0.3μF。电容器之所以能降压限流，是因为它在交流电路中有容抗，容抗大小的计算式是：$Xc=1/\omega C=1/(2\pi fC)$。式中，Xc是电容器的容抗，单位为Ω；ω是角频率，$\omega=2\pi f$；$\pi=3.14$；f是电源频率，单位为Hz；C为电容器的电容量，单位为法拉(F)，1F=10^6μF。

图2电路中的电容器C1选0.3μF，那么C1在50Hz电源电路中的容抗$Xc=1/(2\times3.14\times50\times0.3\times10^{-6})=10616\Omega$。C1作为降压元件，可向电路提供的电流$I=U/Xc=220V/10616\Omega=0.0207A=20.7mA$。

图2电路中，白天可控硅T1导通，LED9点亮，白天的功耗=5V×20.7mA=0.1035W；晚上的功耗=(3.3V×8+0.7V)×20.7mA=0.56W。改进后电路白天和晚上的功耗比原文电路的计算功耗略大，但白光LED的电流参数趋于合理，照明亮度明显提高，更具有实用性。

◇运城市高级技工学校 姚博红 张志强
指导老师 杨德印

电子电路中0欧电阻的作用

电阻、电容、电感是电子电路中常用的电器元件。其中，电阻在电路中具有降压、限流、分压等作用。中职学校的电子技术课程教材中，将对电阻知识的介绍作为必选内容。诸多基本的电工定律，例如欧姆定律、基尔霍夫定律等，也必须有电阻这种元器件的参与计算才能证明其正确性。可见，电阻在电路中是不可或缺的。但有一种0欧电阻(如图1所示)，它不能参与欧姆定律、基尔霍夫定律等电工经典原理的验证，又愈来愈频繁地出现在电子电路中，这种电阻大部分是贴片电阻。那么，它存在的意义是什么呢？

1. 在设计印制电路板中的作用

有的设计人员为了节约成本或有其他原因而采用单面电路板，碰到不能布线的地方时，会使用飞线或过孔来连接电路被分割开的两个部分。但大规模工业生产中越来越多地使用贴片元器件，生产贴片单面电路板遇到跨越问题时，飞线很难焊接到贴片的焊盘里，这时候采用0欧电阻可以在较细的线路上跨越过去，减小设计的难度。如图2所示。

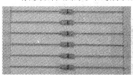

分立元件0欧电阻

R000

贴片元件0欧电阻

图1 0欧电阻

贴片元件0欧电阻

图2 利用贴片元件0欧电阻代替飞线

2. 在电路安装调试过程中的作用

在电路的安装调试过程中，0欧电阻主要有以下几个作用。

(1)方便测量电流。电路在调试过程中，若欲测试某部分的工作电流时，可以拆掉0欧电阻，串联上电流表，测量完毕将电路恢复即可，使得测量电流变得很方便。

(2)调试时作为替代电阻。在电路参数不确定的时候，暂时以0欧电阻代替某电阻，调试完成可以确定相应电阻值时，再以合适参数的元件代替。

(3)可以作为熔丝使用。0欧电阻贴片元件的允许电流是有限的，一般0603封装尺寸贴片元件的允许电流是1A，0805封装尺寸贴片元件的允许电流是2A，当某部分电路的工作电流有可能过大或短路时，在该电路的电源接入端串联安装一个0欧电阻。当异常情况出现时，0欧电阻将熔断。0欧电阻的这种功能类似于分立元件电路中的熔断电阻，但在全部使用贴片元件的电路板上，使用熔断电阻是不适宜的。

(4)减小干扰。有时候某信号回路不得不绕道很长的印制板距离，占用很大的环路印制板面积，电场和磁场的影响就变大了，容易干扰或被干扰。这时，可在适当位置安排一只0欧电阻，以提供较短的回流路径，减小干扰。

(5)在高频信号电路中充当电感或电容。主要是解决EMC(电磁兼容性)问题，如在地与地、电源和IC引脚之间使用。

(6)用于模拟地和数字地之间的连接。如果把模拟地和数字地大面积直接相连，会导致互相干扰，不短接又不妥。这时可用磁珠、电容、电感、0欧电阻进行连接。磁珠的等效电路相当于带阻限波器，只对某个频点的噪声有显著抑制作用，使用时需要预先估计噪点频率，以便选用适当型号。对于频率不确定或无法预知的情况，磁珠不合适。电容有隔直流通交流的作用，会使模拟地或数字地变成浮地状态，显然不妥。而电感体积大，杂散参数多，不稳定。0欧电阻相当于很窄的电流通路，能够有效地限制环路电流，使噪声得到抑制。而且，电阻在所有频带上都有衰减作用，这一特性比使用磁珠效果好。所以，在模拟地和数字地之间选用0欧电阻连接是妥当的。

(7)有时为了满足以上两项或更多种需求而选用0欧电阻，例如为了实现温度补偿，并希望兼顾EMC的效果。

◇山西 杨德印

示波器应用基础技能(二)

(紧接上期本版)

四、自动测量应用

当我们要测试一个信号时,最简单的测试办法,就是点一下示波器上的"Auto",不同的示波器这个按键的名称有一些差异,例如"AutoSet""自动""自动设置"等等。

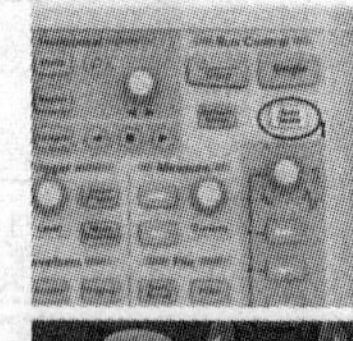
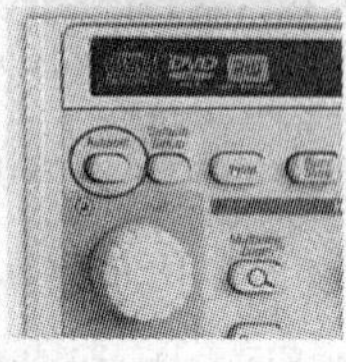

注意事项:一定要先把探针接到信号上再按"自动"按键。

按下"自动"按键以后,示波器会根据信号的参数进行自动调节,让信号波形以合适的幅度和时基稳定显示在屏幕上。

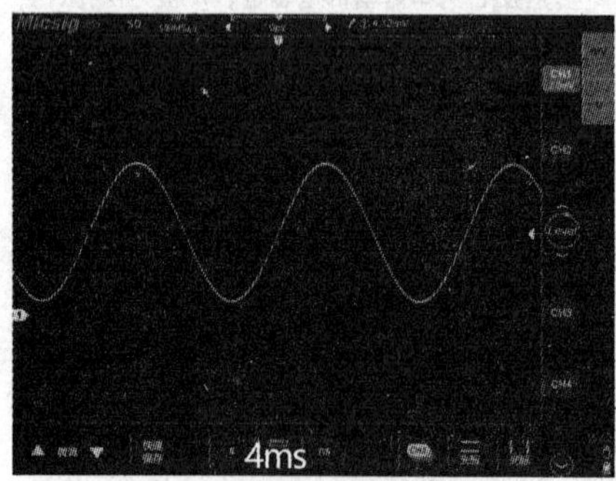

由这里我们可以知道示波器的设置包含了三个部分:

垂直幅度设置、水平时间设置、稳定波形

接下来我们将逐个介绍。

五、垂直幅度、水平时间设置应用

垂直幅度:

信号必须以合适的幅度(即垂直方向的大小)显示

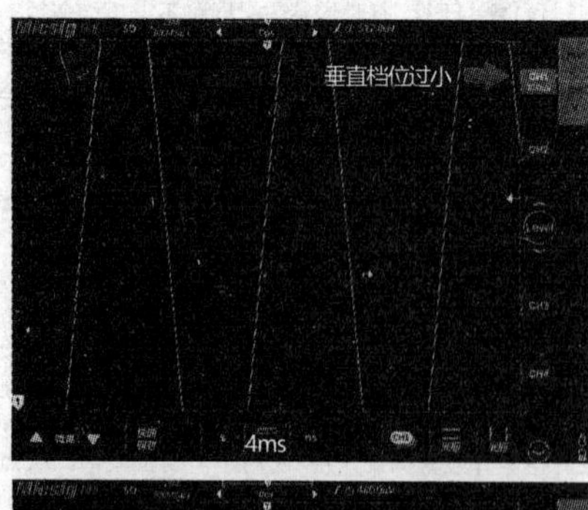

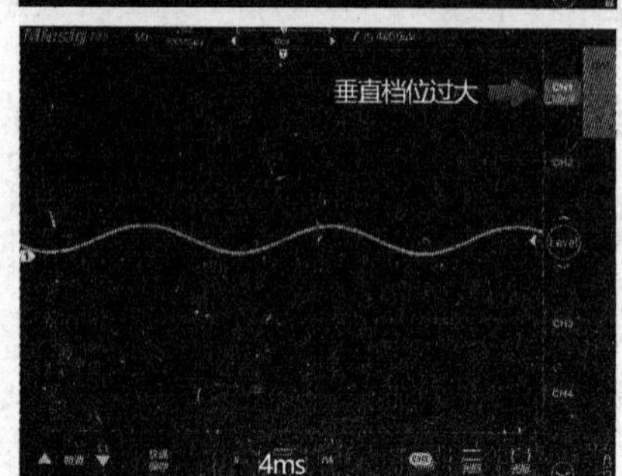

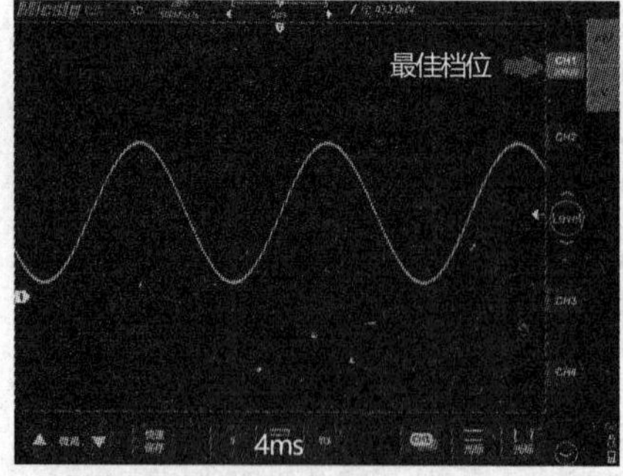

在屏幕上。垂直档位过小,信号波形会超出屏幕,不能完整显示;垂直档位过大,不仅看不清楚信号的细节,看起来也不舒服;

水平时间:

信号必须以合适的时基(即水平方向上的时间长度)显示在屏幕上。如果时基档位过小,信号波形被拉伸得太开,也看不了完整的周期。时基档位过大的话,信号波形被压缩在一起看不了细节。

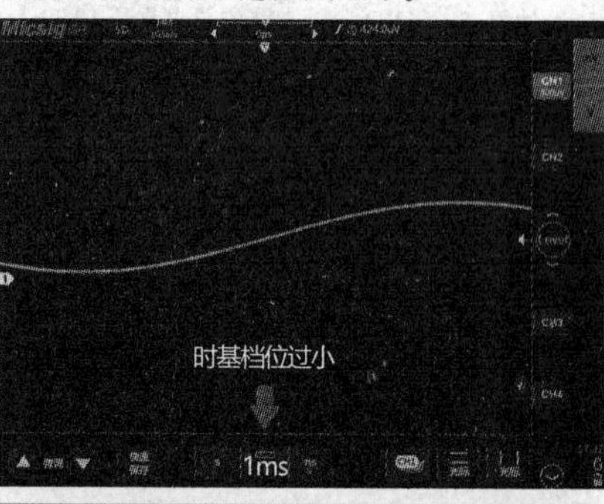

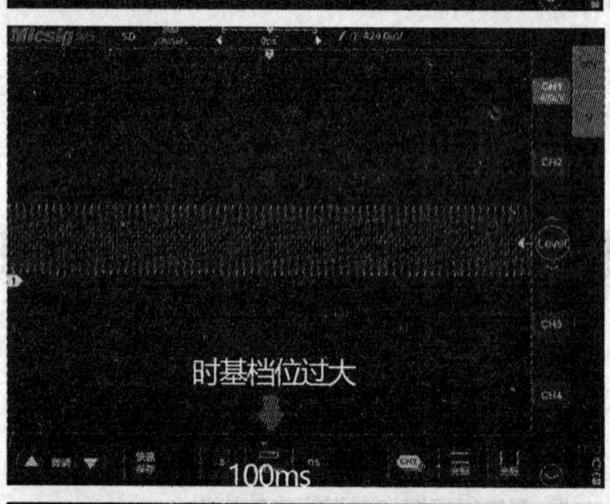

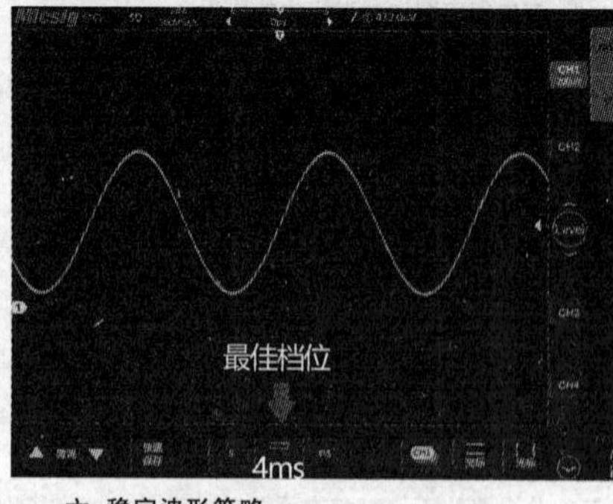

六、稳定波形策略

稳定波形,专业上讲就是触发。

只有满足一个预设的条件,示波器才会捕获一条波形,这个根据条件捕获波形的动作就是触发。

为什么要触发呢?

如下图,示波器没有触发的时候,会随机抓取信号(自动模式)并生成图像,由于信号是连续不断的,随机抓取的位置并无规律,这些静态的图像逐个显示,就像放电影一样,组合在一起就形成了动态的显示,最终在屏幕上的效果就是看到波形来回滚动,如下图所示:

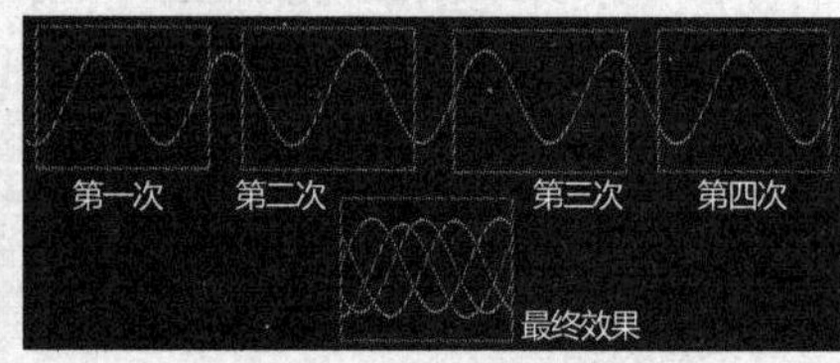

我们设定一个条件,用一个直流电平作为参考,当信号的电压大于直流电平的一瞬间作为抓取信号的起始点,如下图所示,红色细线就是参考的直流电平,由于每次抓取图像的位置是有规律的,都是在信号的过直流电平的瞬间抓取的,所以每次抓取的信号相位一样,连续显示的时候完全重叠,看上去就是一条稳定的波形。

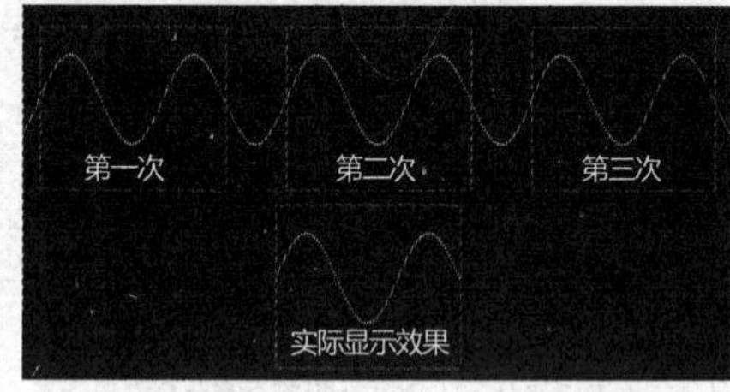

这就是触发最本质的意义:在设定的条件下抓取波形,而不是随机抓取。

七、带宽调整

带宽是示波器的基本指标,和放大器的带宽一样,是所谓的-3dB点,即:

在示波器的输入端加正弦波,幅度衰减为实际幅度的70.7%时的频率点称为带宽。

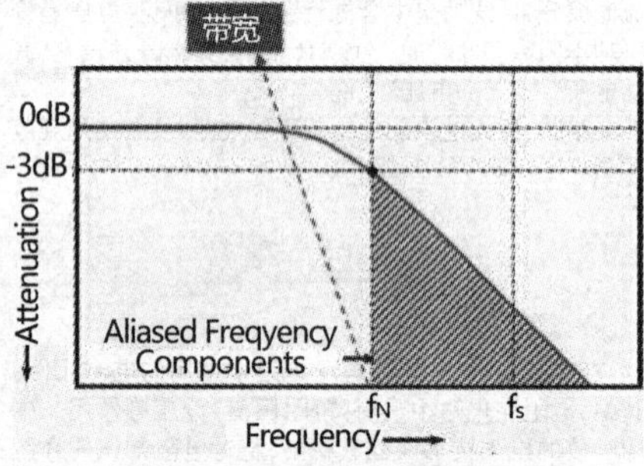

也就是说用100MHz带宽的示波器测量幅值为1V频率为100MHz的正弦波,实际得到的幅值会不小于0.707V。

理解了这样的含义,我们也可以得到上升时间和带宽的关系,即:

上升时间=0.35/带宽。

下图是示波器带宽对方波测试的影响,对比比较直接。

不同带宽的示波器观察到的20MHz的方波信号

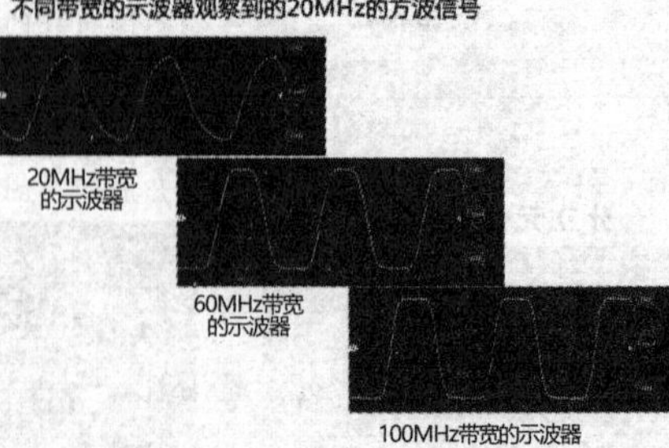

(未完待续)(下转第248页)

◇李柏桥

调频发射机监控功能的拓展

10kW 调频发射机的操作系统，把发射机容易出现的故障划分成两类，严重故障和不严重故障。出现严重故障时，将关闭发射机的功放模块、电源、甚至整机。而不严重的故障，只不过把故障内容写入故障纪录中，在前面板诊断菜单上显示出来，不会出现关闭发射机的现象。值班人员巡机时，如果不能发现故障，虽然可以继续播出，但是不及时排除故障的话，就有可能使故障范围继续扩大，造成不必要的损失。因此，我们对发射机监测系统进行了拓展，根据实际需要增加了部分电路。目的是让值班人员能够随时了解发射机的运行状态，保证安全优质播出。

在整个发射机中，有两个非常有代表性的严重故障。一个是生命支持板上的+5V 参考电压，它供给所有的控制器。这个电压在系统校准中，低于 4.6V 时，就出现故障。系统校准和过载设置过程中，+5V 参考电压轻微的变化，就会引起很严重的错误，所以这是一个严重的故障，发射机也将关闭。另一个是 PA 控制器-15V 电压故障 PAC#-15V，这也是一种严重的故障，因为一旦没有了-15V 电压，就会导致 PA 控制器失去了利用-15V 电压去封锁功率放大器的能力。当监测到这一故障时，受-15V 电压影响的 PA 控制器，就要求另一个 PA 控制器去封锁自己所控制的功率放大器，即进行交叉控制 XOVER，并且把这些功率放大器切换出去。这样，将引起系统严重的不平衡。所以，发射机的功率降低到了正常情况下的 30%。

出现不严重故障时，可以选择故障复位 FAULT RESET，清除当前故障记录中的所有内容，同时前面板上的故障指示灯 FAULT 熄灭。这种情况下，只能恢复一些不严重的软性故障。例如功放模块温度故障，它的温度取样值是一个预测值，并不是实际的温度。每一个功率放大器的隔离电阻温度故障门限，设置为 150℃，系统出现此故障时，隔离电阻的温度并没有真正达到 150℃。但是，控制器将根据隔离电阻温度上升的比率，把这个有问题的功率放大器提前从系统中切换出去。这样设计的目的，就是提前保护好功率放大器和相关的合成器免受损坏。但是，带来的问题是多个模块切换出去后，功率下降，影响播出质量。所以，发射机一旦出现异常现象，我们必须第一时间知道。为此，我们利用语音提示的方法，不用翻看菜单，就可以比较直观地知道发射机的故障位置，给值班和维修人员带来了很大地方便。

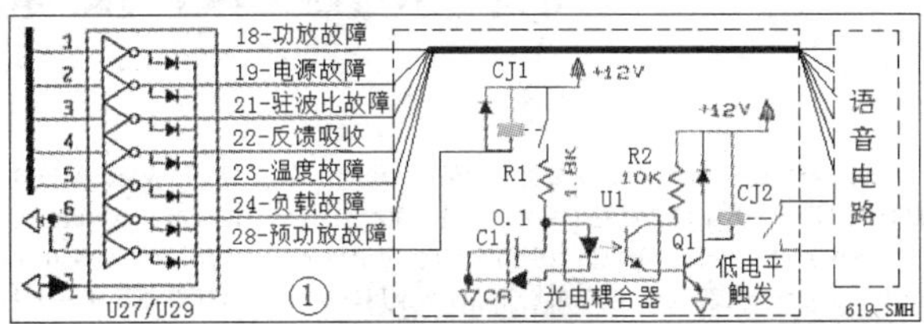

电路设计：在发射机的后面 TB1 端子排上输出的发射机工作状态，是晶体管集电极开路型。既可以外接 TTL 逻辑电路，又可以外接继电器。外接的电源电压最大不能超过+28V，输出状态线最大承受的电流低于 25mA。如果这些输出电路驱动小型继电器，一定要检查继电器线圈的电流要求。因此，我们设计电路时，在继电器线圈上并接了一个 1N4007 续流保护二极管。为了不影响发射机的工作状态，我们还设计了光电耦合器，保证外加的电路与发射机的逻辑电路相互隔离。

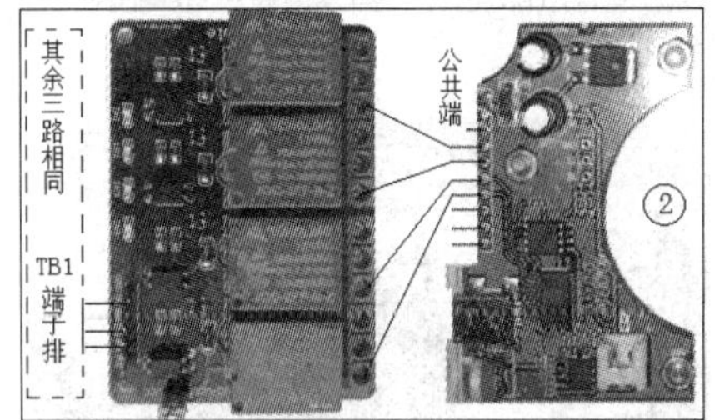

调频发射机中 U27 和 U29，使用了 SN75468 作为输出驱动电路。它是由 7 个达林顿晶体管阵列组成的，最大输出电压 100V，最大开关电压 50V，最高峰值电流 500mA。输入端连接方式既可以是 COMS 电路，又可以连接 TTL 电路，延时时间 250ns。我们在查找电路走向时，首先从主控制板 J3 开始查找，J3 是指主控制器板上的插口编号，在电路总图中是 J1。例如：查找发射机功放模块温度故障，在电路总图中是 J1-E18，线号是 N116，它连接到了遥控接口的 J20-23，然后又连接到了用户扩展接口 TB1-23 上，如图 1 所示。

以预功放故障为例，说明电路的工作原理。当发射机的预功放模块出现故障时，TB1 的 28 脚变成低电平，CJ1 动作，常开接点闭合，+12V 通过 R1 给光电耦合器 U1 加电，U1 和晶体管 Q1 导通，CJ2 吸合触发语音电路，发出语音提示信号。可擦写语音报警提示器使用工业级语音芯片，内置音频放大器，声音响亮，清晰度高。接线方式：红线：电源正极(9-12V)；黑线：电源负极；灰线：公共端；黄线：ID00001(语音 1)；绿线：ID 00002(语音 2)；蓝线：ID 00003(语音 3)；橙线：ID 00005（语音 5)；紫线：ID 00006（语音 6)；棕线：ID 00007(语音 7)。哪根信号线跟公共端触发，则播放哪种声音。语音提示的内容，用软件在电脑上提前合成，通过 USB 接口写入电路。调频发射机经常出现的七类故障，分别是：功放模块故障，电源故障，驻波比故障，驻波比过大反射吸收故障，温度故障，吸收负载故障，预功放故障。我们设计出光电耦合器隔离电路和继电器触发电路，委托印刷线路板制作单位统一加工，每四路组成一个组件，如图 2 所示。采用低电平触发，便于安装和通用。

使用效果：我们在调频发射机上安装了这套系统后，值班人员能够及时发现每一部调频发射机出现了哪个方面的问题，给维修人员带来了很大的方便，防止发射机长时间运行在故障状态下，避免了故障范围的扩大，为安全播出提供了技术保障，使用效果非常理想。

◇山东 宿明洪 张文涛

常用的三种信号完整性测试方法

信号完整性测试的手段有很多，主要的一些手段有波形测试、眼图测试、抖动测试等，目前应用比较广泛的信号完整性测试手段应该是波形测试，即使用示波器测试波形幅度、边沿和毛刺等，通过测试波形的参数，可以看出幅度、边沿时间等是否满足器件接口电平的要求，有没有存在信号毛刺等。

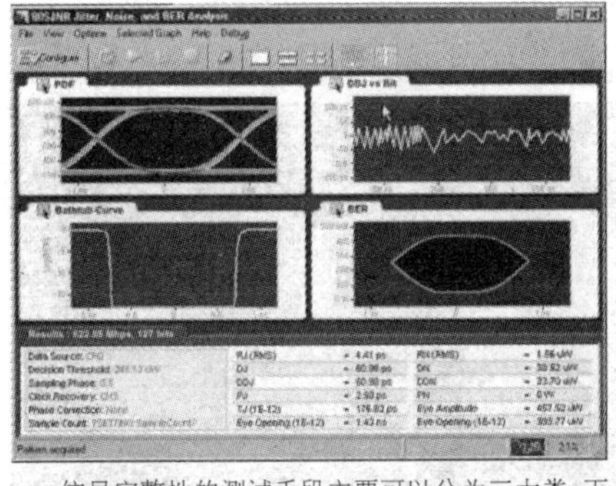

信号完整性的测试手段主要可以分为三大类，下面对这些手段进行一些说明。

1. 抖动测试

抖动测试现在越来越受到重视，因为专用的抖动测试仪器，比如TIA(时间间隔分析仪)、SIA3000，价格非常昂贵，使用得比较少。使用得最多是示波器加上软件处理，如TEK的TDSJIT3软件。通过软件处理，分离出各个分量，比如RJ和DJ，以及DJ中的各个分量。对于这种测试，选择的示波器，长存储和高速采样是必要条件，比如2M以上的存储器，20GSa/s的采样速率。不过目前抖动测试，各个公司的解决方案得到结果还有相当差异，还没有哪个是权威或者行业标准。

2. 波形测试

首先是要求主机和探头一起组成的带宽要足够。基本上测试系统的带宽是测试信号带宽的3倍以上就可以了。实际使用中，有一些工程师随便找一些探头就去测试，甚至是A公司的探头插到B公司的示波器去，这种测试很难得到准确的结果。

波形测试是信号完整性测试中最常用的手段，一般是使用示波器进行，主要测试波形幅度、边沿和毛刺等，通过测试波形的参数，可以看出幅度、边沿时间等是否满足器件接口电平的要求，有没有存在信号毛刺等。由于示波器是极为通用的仪器，几乎所有的硬件工程师都会使用，但并不表示大家都使用得好。波形测试也要遵循一些要求，才能够得到准确的信号。

其次要注重细节。比如测试点通常选择放在接收器件的管脚，如果条件限制放不到上面去的，比如BGA封装的器件，可以放到最靠近管脚的PCB走线上或者过孔上面。距离接收器件管脚过远，因为信号反射，可能会导致测试结果和实际信号差异比较大；探头的地线尽量选择短地线等。

最后，需要注意一下匹配。这个主要是针对使用同轴电缆去测试的情况，同轴直接接到示波器上去，负载通常是50欧姆，并且是直流耦合，而对于某些电路，需要直流偏置，直接将测试系统接入时会影响电路工作状态，从而测试不到正常的波形。

3. 眼图测试

眼图测试是常用的测试手段，特别是对于有规范要求的接口，比如E1/T1、USB、10/100BASE-T，还有光接口等。这些标准接口信号的眼图测试，主要是用带MASK(模板)的示波器，包括通用示波器，采样示波器或者信号分析仪，这些示波器内置的时钟提取功能，可以显示眼图，对于没有MASK的示波器，可以使用外接时钟进行触发。使用眼图测试功能，需要注意测试波形的数量，特别是对于判断接口眼图是否符合规范时，数量过少，波形的抖动比较小，也许有一下违规的情况，比如波形进入MASK的某部部分，就可能采集不到，出现误判为通过，数量太多，会导致整个测试时间过长，效率不高，通常情况下，测试波形数量不少于2000，在3000左右为适宜。

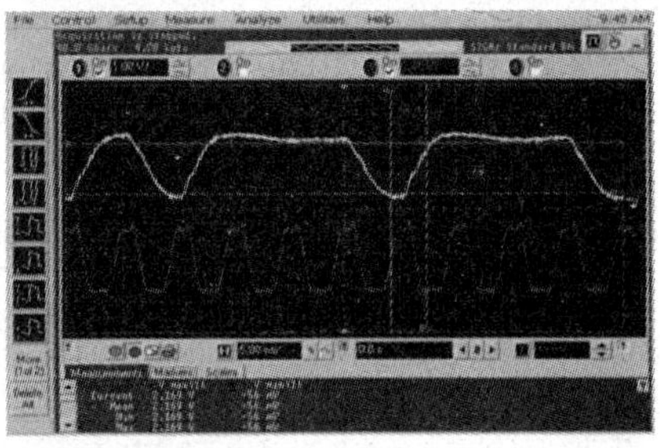

利用分析软件，可以对眼图中的违规详细情况进行查看，比如在MASK中落入了一些采样点，在以前是不知道哪些情况下落入的，因为所有的采样点是累加进去的，总的效果看起来就像是长余晖显示。而新的仪器，利用了其长存储的优势，将波形采集进来后进行处理显示，因此波形的每一个细节都可以保留，因此它可以查看波形的违规情况，比如波形是000010还是101010，这个功能可以帮助硬件工程师查找问题的根源所在。

◇河北 李凡

家用4K投影和激光投影区别

现在投影机按光源分类，主要有三大类：传统的灯泡、LED以及激光。其中传统灯泡光源目前的适用面很广，市场比重还很大；激光光源目前可以做到超高亮度，用于数字电影等专业领域和工程领域，近年来也开始涉猎家用领域（例如激光电视）；LED光源则主要应用于娱乐、微型随身投影设备等领域。

传统灯泡光源

传统光源主要是超高压汞灯和氙气灯。

优点

发展时间最久，技术比较成熟的投影光源，因此价格也最为低廉。适用面很广，涵盖了家用，商务，工程以及教育等各个领域。是目前投影机市场上比重较高的光源。传统光源的亮度高，最高可达上万流明。在色彩方面可调整的空间很大，使其适应面更广。

虽说传统光源技术相对低廉，不过除了基础产品外，高端产品同样也在采用，主要还是因为色彩表现力好，所以在高端家庭影院还有灯泡光源的产品存在。

缺点

寿命短，正常使用情况下的灯泡光源的寿命一般集中在4000~6000小时左右，与其他光源相比相差很多。光源在使用过程中的衰减会使图像变暗变黄，尤其是私人影院这样的高要求，不得不为此而更换灯泡，这也就造成了后期维护的成本很高。

LED光源

LED光源投影机的发展时间也很久远，其特点是机身较小，便携性高，使用简单。目前LED光源投影机性能已经达到高清水平。

不过主流的LED光源投影机还是以几百流明高清投影机为主，亮度是LED光源投影机最大的弊端，始终很难突破。因为LED光源的技术瓶颈还比较明显，绿色LED的发光频率较低，散热问题比较的突出，另外，成本也比较昂贵。

由于LED光源的成像结构上更加简单，有效缩小了投影机的体积和耗电，使LED光源投影机更加便携。同时LED光源的寿命较长，一般在上万小时左右，在色域方面的表现也很突出。

激光光源

激光光源的投影机可以说是近几年最受关注的投影光源。传统光源和LED都是采用用氙气灯或LED+色轮来获得R、G、B三色，而激光投影则是利用半导体泵浦固态激光工作物质，产生R、G、B三种波长的连续激光作为光源，因此激光电视相对于4K家用投影机来讲，色彩亮度更高，寿命也更久。这两年来激光光源逐渐从专业领域走向日常生活领域。在商务、教育、工程、家用等各大领域都有着极大的潜力。

优点

激光是冷光源，机器温度会大幅降低，对显示芯片的灼烧成都也会大幅降低，并且可以在长时间内保持优异的色彩；激光机可以瞬时开关机，无需预热、散热，开机可以达到100%亮度，因此性能稳定。

激光投影机在长期使用期间亮度的衰减缓慢，使用寿命可以达到2万小时以上，同流明下清晰度高，长期使用亮度衰减小。

传统灯泡投影机的灯泡在使用了几千小时左右之后，亮度衰减快，平均1.5年要更换灯泡一次，再加上易损配件，保养维护等费用，售后成本相对比较高。而激光投影机则无需售后成本，故障率低，提高工作效果。

一般光源都采用长焦投影，需要远距投影才能呈现画面，而激光电视则采用反射式超短焦投影技术，距离墙面十几厘米即可投射画面。

缺点

主要还是价格相对普通投影机较贵，单看光源成本激光光源有优势，但由于其超高的亮度。LED投影最高亮度仅能达到1000ANSI流明左右，而激光投影的亮度能够达到3000~6000ANSI流明，甚至更高，其售价也是相对比较高的。

购买建议

大家在购买家用投影机时，主要面临传统光源和激光光源两种产品，说的更大众一点（主流消费），主要是4K家用投影机和1080P激光投影比较。

清晰度

在画质方面，4K分辨率为3840×2160，而1080P的分辨率为1920×1080，4K分辨率的像素点是1080P的四倍，清晰度自然也是1080P的四倍，所以清晰度对比毫无悬念，4K传统家用投影更胜一筹。

当分辨率在投射画面达到百寸以上时，4K与1080P的差距就非常大了，在4K分辨率下，用户可以看到画面的每一处细节，甚至连鸟类的羽毛、下落的水滴这种微小部分都可以一览无余，这是1080P所不具备的。如果要享受百英寸大屏的沉浸式观影，4K自然是首选。

亮度

在亮度方面，中端的4K传统家用投影和1080P激光投影，普遍亮度在1500ANSI流明左右，虽然远远高于入门级投影产品，但是在光照充足的环境下使用，依然会受到影响，对比度下降，画面泛白。所以两者在亮度对比方面，不分伯仲。

维护

知道了光源原理，4K家用投影的灯泡使用寿命大致在5000小时左右（标准亮度下），再使用一段时间后需要更换灯泡（价值500元左右），而激光投影的光源寿命普遍在2万小时以上。从日常维护角度讲，激光投影更省心。

屏下摄像头技术有望量产

国内手机产业链确实发达，庞大的手机消费群体以及几大品牌手机商的竞争造就了手机部件技术的迅速迭代更新（芯片、摄像头除外）。目前手机已经进入全面屏时代差不多3年，在柔性屏成为可能之前，手机造型追求的是越简洁越好；因此屏下三技术（屏下指纹解锁、屏下发声技术、屏下摄像头技术）是厂商仍在研究或改进的攻关项目。其中屏下指纹解锁早已运用，屏下发声技术也趋于成熟，不过屏下摄像头技术面临的难度就要相对大得多了。

主要的原因还是CMOS有非常大的尺寸，而显示屏的密度似乎决定了根本没法在屏幕下方容纳这么大一个东西。目前包括京东方、三星在内的大厂家都在用各种方式尝试屏下摄像头方案，虽然OLED屏幕天生适合在屏幕后面隐藏部件，但屏幕像素密度太大加上自身发光，大大影响了屏幕的透光性，也就成了屏下摄像头的难点。

比如三星的屏下摄像头方案之一就是只打穿几层屏幕模组，不全部打穿（图1）。这样可以保证更多的进光量同时也可以做到隐藏住摄像头。而做到隐藏摄像头之后，前置摄像头就没有必要再放在手机的边框了，直接放在屏幕中间都可以，甚至还能将摄像头居中，这样自拍时候的眼神更加自然。

而国内的维信诺则推出了自己的解决方案：将摄像头上方的屏幕材质改用高透明部件，包括基板都更换成透明材质，这样确保摄像头能够穿透屏幕拍摄图像（图2）。至于实际效果目前还不得而知，只能说在原理上说得通，这部分是通过屏幕驱动来控制的，可能在使用摄像头时要切换一下状态。

不过严格意义上讲，维信诺的方案对于"全面屏"而言有点耍"小滑头"，它降低了摄像头区域的屏幕分辨率，由此让摄像头能和屏幕并存，并且摄像头可以通过屏幕之间的空隙进行拍照；这与力争"全面屏无缝少开口"的理念有些相悖（图3）。

不管怎么样，维信诺这套方案通过开发应用新透明OLED器件、新型驱动电路和像素结构、导入高透明新材料，达到了显示效果和屏幕透明度最佳平衡，呈现出更为优质的显示和拍照效果已经是目前已知最接近量产的屏下摄像头技术了。

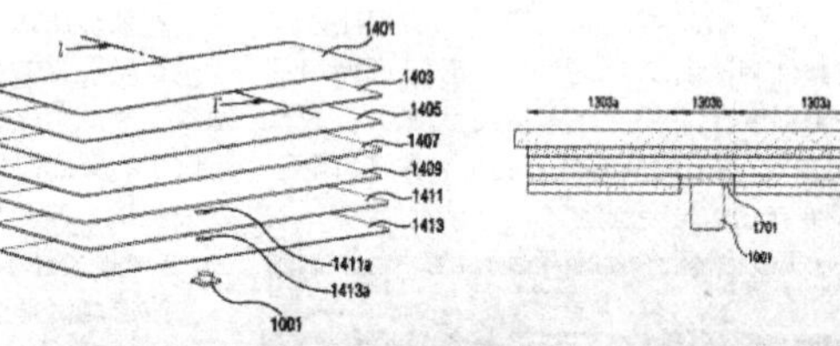

①

②

③

邮局订阅代号：61-75 国内统一刊号：CN51-0091

微信订阅**纸质版**
请直接扫描
邮政二维码
每份1.50元 全年定价78元
每周日出版

扫描添加**电子报微信号**
或在微信订阅号里搜索“电子报”

2020年6月21日出版
实用性 启发性 资料性 信息性
第**25**期
国内统一刊号:CN51-0091 定价:1.50元 邮局订阅代号:61-75
地址:（610041）成都市武侯区一环路南三段24号节能大厦4楼 网址:http://www.netdzb.com
（总第2066期）
让每篇文章都对读者有用

EDA专栏

提供市场化、精准化的专业服务

——记专栏合作方之南京集成电路产业服务中心

EDA作为集成电路产业发展的技术核心，成为产业布局的关键。在国家大力发展集成电路产业的趋势下，围绕集成电路产业布局和建设，在[2019]13号 宁政办发《南京市打造集成电路产业地标行动计划》中，多次提到关于EDA的科技创新和产业生态建设。以江北新区为例，作为全市集成电路产业发展核心区，重点集聚和承载全球集成电路先进制造龙头企业、国际领先的自主可控集成电路设计企业、重大创新平台和研发机构以及顶尖高端人才等，孵化和培育一批具有自主创新能力的集成电路创业企业，打造有全球影响力的芯片之城。目前已瞄准关键环节，把晶圆制造、IC(集成电路)设计作为产业主攻方向，已经集聚世界各地近350余家集成电路企业，涵盖芯片设计、晶圆制造、封装测试、终端制造等产业链上下游全部环节。在台积电、紫光存储等龙头项目的带领下，华大半导体、展讯通信、中星微电子等芯片设计领域国内排名前10的企业有一半落户新区。全球集成电路知名企业安谋电子、新思科技、镓腾电子布局江北。创意电子、台湾欣铨、中科芯、中电科、灵动微电子、国家ASIC工程中心、赛宝工业技术研究院等一大批重点项目落户纷至沓来，助力“芯片之城”全面提速。

在此背景下，2019年7月成立国家集成电路设计服务(EDA)产业创新中心，通过建设产业创新中心，江北新区将打造支持先进工艺的全流程EDA工具平台，实现EDA工具国产化，填补我国在EDA全流程覆盖的缺失，完善IP库平台，形成全面支撑我国IC产业的技术能力，为我国半导体产业安全及产业链完整性提供重要的支撑和保障。

南京集成电路产业服务中心(简称ICisC)是由南京江北新区成立的集成电路产业专业服务机构，作为首批国家“芯火”计划双创平台，是全国首个涵盖人才、技术、资金、市场等全方位产业要素的集成电路公共服务平台。ICisC以需求为导向，提供市场化、精准化的专业服务，打造可持续发展的产业生态，促进产业要素集聚，下设四大特色服务平台。人才资源平台为产业发展提供招聘、培训等人力资源保障，以及营造产业氛围的特色竞赛、暑期学校及活动。开放创新平台围绕产学研项目开展产业技术创新服务。公共服务平台围绕流片、EDA、IP、仪器设备等为芯片设计及系统应用提供专业技术资源服务。产业促进平台为产业提供企业落地、产业链对接、市场联动、资源整合等配套服务。作为专业的集成电路产业服务机构，承办了中国半导体市场年会、2019年第一届世界半导体大会、2019年中国集成电路设计年会(ICCAD)、全国大学生FPGA创新设计邀请赛、全国大学生嵌入式芯片与系统设计竞赛暨全国大学生智能互联创新大赛、集成电路EDA设计精英挑战赛等重要活动和赛事。

为了做好EDA产业布局的技术和高端人才支撑，由中国半导体行业协会、中国电子教育学会、示范性微电子学院产学融合发展联盟、南京市江北新区管理委员会联合发起，清华大学、复旦大学、北京大学、西安电子科技大学、电子科技大学、上海交通大学、东南大学、南京大学、北京理工大学、浙江大学、杭州电子科技大学、西南交通大学、上海科技大学、南京集成电路产业服务中心(ICisC)联合承办，Synopsys、Cadence、华大九天、华为技术、概伦电子等代表企业参与，共同组织发起面向国内外高校的“集成电路EDA设计精英挑战赛”于2019年6月启动，受到了众多高校和企业的关注、支持。

经过四个月的赛前辅导和推广，清华大学、北京大学、西安电子科技大学、杭州电子科技大学、电子科技大学、复旦大学、福州大学、东南大学、上海交通大学、四川大学、西南交通大学、西安邮电大学、华中科技大学、北京航空航天大学、北京

理工大学等41所高校，104支队伍（其中硕士博士队伍占比69%），总计254位同学参与到了大赛中。截至2019年12月，148位同学成功晋级总决赛，取得了极佳的成绩。

此次参与《电子报》EDA专栏的筹措，作为主办单位之一，南京集成电路产业服务中心(ICisC)将继续整合国内外的优质资源，全力参与，贡献力量，也祝愿EDA专栏群英集萃，越办越好！

很高兴看到由周祖成教授牵头，清华海峡研究院协同南京集成电路产业服务中心，联合《电子报》共同开辟EDA专栏。作为国家战略，在要抓“自主可控的国产EDA软件”的形势感召下，《电子报》开辟一个以讲座形式的EDA专栏，邀约了业界的专家，学者和企业家，行业领军人物来全面系统地介绍国内外EDA的状况和国产EDA的发展。

EDA是电子行业设计必需的，也是最重要的工具。随着电子行业设计复杂度的提升，新工艺的发展，EDA行业有非常大的发展空间。我很赞赏《电子报》作为电子专业媒体积极参与EDA产业的发展的服务和宣传。行业应该与媒体进行更深入的融合，才能共同进步，一起提高。透过专栏，行业和读者之间可以取长补短，在学术上共同探讨，促进整体IC业的技术进步。

倪光南

（本文原载第6期2版）

电子科技博物馆专栏

你想了解的展品之空警2000

在2009年10月1日新中国成立60周年大阅兵上，空警-2000首次公开露面。空警-2000预警机，是中国自行研制并形成战斗力的大型预警机，它的诞生填补了中国空军没有大型预警机的空白。

中国对预警机的渴求是被现实逼迫出来的。面对日本、美国在台海问题上的立场和现有能力不断刺激中国发展预警机，因为一旦发生冲突，如果没有预警机，大陆军队也只能束手无策。早在2000年，中国购买外国预警机计划没有成功的时候，周边国家和地区却拥有了越来越多的预警机。日本有13架E-2C“鹰眼”预警机，还有4架自行研制的E-767预警机。1999年，中国曾经计划从以色列购买预警机，因美国阻拦未能成功。后来中国便主动中断从俄罗斯购买价格和性能都不符要求的预警机，转而全力发展更先进的大型预警机。

主要设备

雷达：其固定三片式相控阵雷达，呈三角姿态安装，从而达到360度全方位覆盖，特别擅于探测速度较高的空中或海上目标，扩充侦察能力，加强对电子情报、电磁情报、无线电情报收集，提高作战效能60%以上。

平台：中国的“空警-2000”以伊尔-76运输机为载机平台。该机类似于美国的C-141重型运输机。伊尔-76机身为全金属半硬壳结构，截面与安-124不同，基本呈圆形。机头呈尖锥形。机舱后部装有两扇蚌式大型舱门，货舱内有内置的大型伸缩装卸跳板。机头最前部为安装有大量观察窗的领航舱，其下为圆形雷达天线罩。

天线：中国“空警-2000”的雷达天线并不像美俄预警机一样是旋转的，相反是固定不动的，天线阵列上的独立发射和接收模块，可完成多目标搜索、监视、跟踪并能实施地图测绘。

性能与任务

“空警-2000”的技术性能接近于以色列为印度研制的“费尔康”(载体为俄制伊尔-76TD)。该机可在5000~10000米的高度以600~700公里/小时的速度持续执勤7~8个小时(无空中加油)。如果得到伊尔-78加油机的空中补给，其巡逻时间还会大幅度提高。另外，由于该机的探测雷达为固定三片式，能够360度全方位扫描覆盖，因此，该机特别擅长探测速度较高的空中和海上目标。它的主要任务是空中巡逻、警戒、监视、识别、跟踪空中和海上目标，指挥引导我方战机和地面防空武器系统作战。此外，该机还可以海陆两军配合作战，极大地提高海陆空三军协同作战能力。

◇电子科技博物馆

（本文原载第6期2版）

电子科技博物馆“我与电子科技或产品”

本栏目欢迎您讲述科技产品故事，科技人物故事，稿件一旦采用，稿费从优，且将在电子科技博物馆官网发布。欢迎积极赐稿！

电子科技博物馆藏品持续征集：实物；文件、书籍与资料；图像照片、影音资料。包括但不限于下列领域：各类通信设备及其系统；各类雷达、天线设备及系统；各类电子元器件、材料及相关设备；各类电子测量仪器；各类广播电视、设备及系统；各类计算机、软件及系统等。

电子科技博物馆开放时间：每周一至周五9:00--17:00,16:30停止入馆。

联系方式

联系人：任老师 联系电话/传真：028--61831082

电子邮箱：bwg@uestc.edu.cn 网址：http://www.museum.uestc.edu.cn/

地址：(611731)成都市高新区(西区)西源大道2006号

电子科技大学清水河校区图书馆报告厅附楼

二合一电源 OB5269CP+AP3041 方案——原理与维修(三)

(紧接上期本版)

3)12V 形成电路

开关变压器次级绕组输出电流经 D14/13 整流，EC1 滤波形成的 24V 电压，一路到 LED 驱动升压电路，另一路到 U11 DC—DC 集成块降压形成电路，输出 12V 电压供给主板，12V 形成电路图如图 8 所示。24V 电压加到 U11 的⑦脚，同时在②脚通过 R240 得到 PS-ON 高电平信号，使其内部进入工作状态，由①脚输出 12V 电压。

MP1584EN-LF-Z 是 DC-DC 电压转换器，输入电压范围 4.5V~28V，输出电流 3A，高达 1.5MHz 的可编程开关频率，内置软启动等，为 8 PIN SOIC 封装，下表为 MP1584 引脚功能。

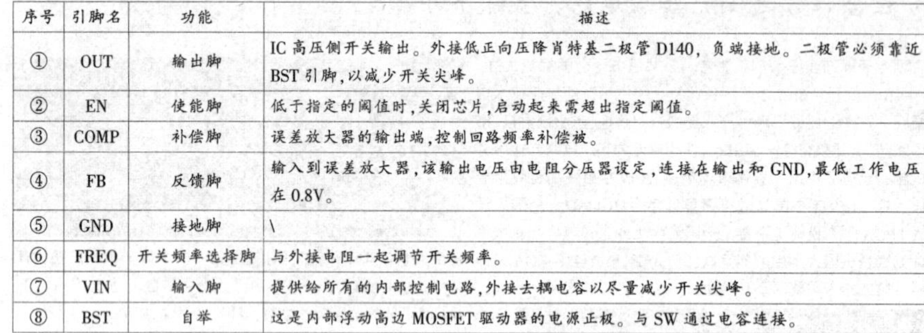

序号	引脚名	功能	描述
①	OUT	输出脚	IC 高压侧开关输出。外接低正向压降肖特基二极管 D140，负端接地。二极管必须靠近 BST 引脚，以减少开关尖峰。
②	EN	使能脚	低于指定的阈值时，关闭芯片，启动起来需超出指定阈值。
③	COMP	补偿脚	误差放大器的输出端，控制回路频率补偿被。
④	FB	反馈脚	输入到误差放大器，该输出电压由电阻分压器设定，连接在输出和 GND，最低工作电压在 0.8V。
⑤	GND	接地脚	\
⑥	FREQ	开关频率选择脚	与外接电阻一起调节开关频率。
⑦	VIN	输入脚	提供给所有的内部控制电路，外接去耦电容以尽量减少开关尖峰。
⑧	BST	自举	这是内部浮动高边 MOSFET 驱动器的电源正极。与 SW 通过电容连接。

芯片内部工作原理：

A. 该 MP1584 是一个可变频率、非同步、降压开关调节器，集成高电压功率 MOSFET。是一个高度电流模式控制，有效的解决快速环路响应，易于补偿。在中高输出电流的 MP1584 工作在固定频率，通过峰值电流控制方式来调节输出电压。PWM 周期是由内部时钟启动，该功率 MOSFET 导通，并保持在直到它的电流达到所设定的值 COMP 电压。当电源开关处于关闭状态，保持关闭有 100ns 的周期才开始。如果在一个 PWM 周期中，电流在功率 MOSFET 到不达 COMP 设定电流值，功率 MOSFET 保持为 ON，节约了关断操作。MP1584 内部框图如图 9 所示。

B. 误差放大器：FB 引脚电压与内部参考值(REF)比较输出一定比例的电流差。输出电流用于充电的外部补偿网络，以形成 COMP 电压，用来控制功率 MOSFET 的电流。在工作期间，最小 COMP 电压被钳位至 0.9V，其最大被钳位至 2.0V。COMP 是内部下拉至 GND 时为关断模式。

C. 内部稳压器：内部的电路是从供电 2.6V 内部稳压器获得。该稳压器采用 VIN 输入，工作在全 VIN 范围。当 VIN 大于 3.0V，输出被全部检测。当 VIN 低于 3.0V 时，输出降低。

D. 使能控制：MP1584 有一个专用的使能控制引脚(EN)。输入电压高时，芯片启用，内部 EN 具有禁用正逻辑关系。下降阈值是精密的 1.2V，上升阈值为 1.5V。当 EN 被拉低低于 1.2V，芯片进入停机电流模式。

E. 欠压锁定(UVLO)：欠压锁定(UVLO)工作电压不足使其芯片保护。在 UVLO 上升门限约 3.0V，下限阈值 2.6V。

F. 内部软启动：在启动过程中，以防止转换器过度转换输出电压。当芯片启动时，将内部电路产生一个软启动电压(SS)斜坡从 0V 到 2.6V。

G. 热关断：以防止芯片工作在非常高的温度下。当硅晶片温度比上阈值高时，关闭整个芯片。当温度低于低阈值时，芯片使能再次开启。

E. 浮动驱动器和自举充电：浮动功率 MOSFET 驱动器供电，由外部自举电容形成。这个浮动驱动器有它自己的 UVLO 保护，上升门限 2.2V。

F. 电流比较器和限流：功率 MOSFET 可以准确得通过电流感应，当感测到的电流是大于 COMP 高电压时，比较器输出为低电平，使其关断功率 MOSFET。

关键引脚原理分析：

④脚电压 0.8V，无电压输出或者输出不正常时，重点检查该脚电压，R227、R228 参数在维修时不能轻易更改或者使用同规格的电阻。

③脚的补偿网络，参数不能轻易更改，该网络可保证 IC 在负载、温度等变化时使 IC 工作稳定。

②脚使能脚，高电平有效，一般直接和输入电压连接。

①脚 L7 的参数及负载电容的大小影响 IC 带负载的能力，替换时须使用同规格的电感。

D140 的续流二极管必须接，且规格不能轻易更换，位置靠近电源 IC。

⑦脚电压输入脚，范围 4.5V~28V。

⑥脚外接电阻 R226 可以调整开关频率，为保证整机 EMC 性能，不能更改该电阻。

4)VIN、开待机控制电路

(1)整机上电，二次开机后，主板给出 PS-ON 开机指令信号，高电平经 R198 限压到 Q103 的 b 极，Q103 导通到地，5VSB 经电阻 R221、R222 分压，Q112 的 G 脚电压低于 S 脚电压后导通。5VSB 经 Q112 控制后 C1/100UF 滤波输出 5V 电压给主板供电，见图 10 所示。

(2)整机上电，二次开机后，主板给出 PS-ON 开机指令信号，高电平经电阻 R301、R302 分压约 0.7V 电压使 Q10 导通，Q9 基极电压拉低，发射极上 24V 电压一路经 Q9 在 Z2 稳压管上形成 18V 稳压电压，同时与 Q7 组成标准的 18V 稳压电源，由 Q7 发射极输出 18V 电压 VIN，如图 11 所示。此 18V 电压供给 12V 形成电路 U11 的⑦脚供电，通过 U11 降压后输出 12V 电压给主板供电。VIN 电压另一路到 U14(AP3041)⑤脚供电。

(未完待续)(下转第 252 页)

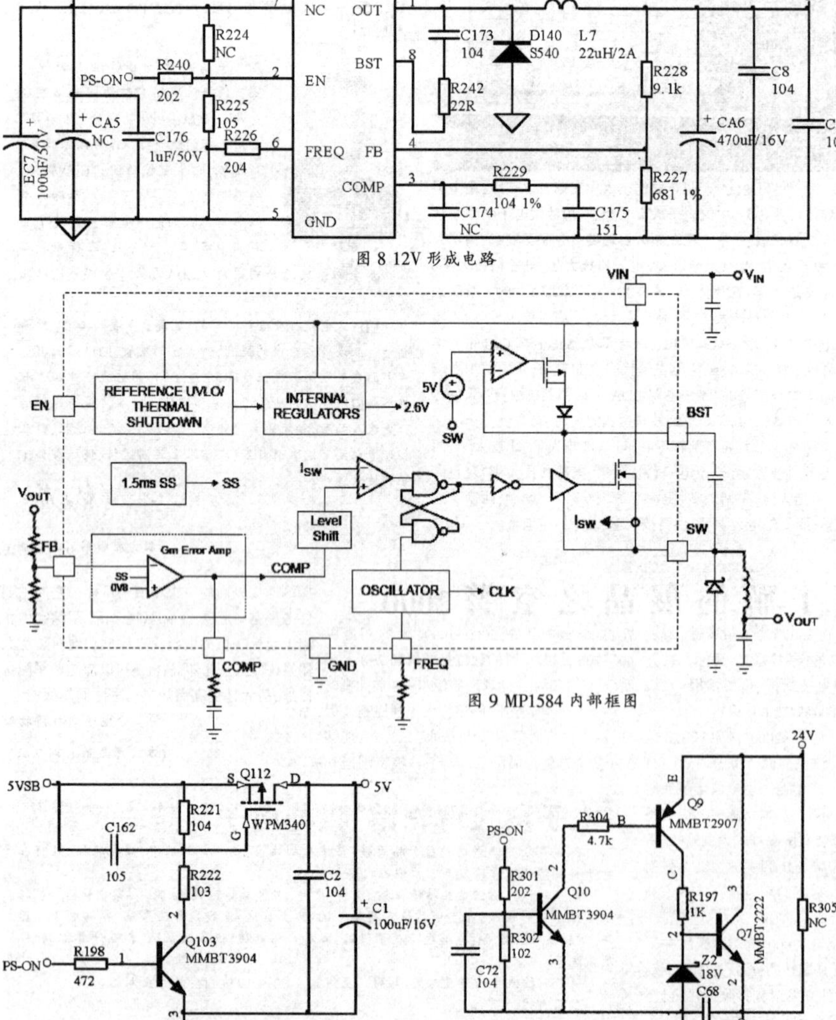

图 8 12V 形成电路

图 9 MP1584 内部框图

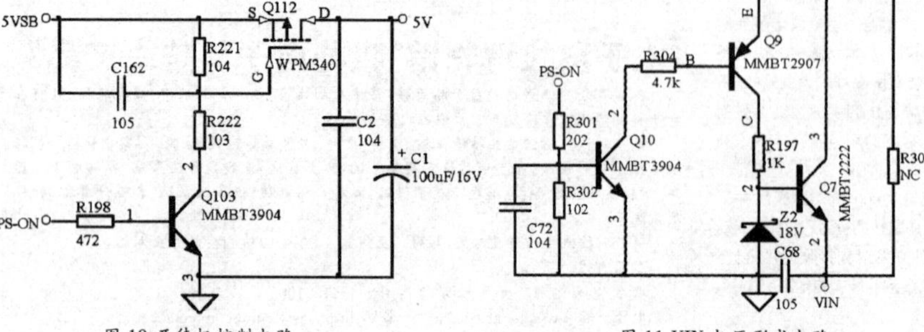

图 10 开待机控制电路

图 11 VIN 电压形成电路

◇周强

认识Word中的镜像效果

某些情况下，我们会在Word中看到镜像风格的文字或表格，特征是表格的左右顺序是反的，包括文字的段落标记都是反的，但汉字顺序和显示都是正的，字母和数字等字符是反的，也就是说一切显示与操作，与我们通常习惯相比，都是反的……

一、添加支持从右向左阅读效果的语种

镜像效果与Word版本的高低并无本质关系，我们可以通过添加支持从右向左阅读的语种实现该效果。从开始菜单依次选择"Microsoft Office 工具→Office语言首选项"，此时会打开"Microsoft Office 语言首选项"对话框，在"添加其他编辑语言"列表下选择"维吾尔语(中国)"，当然也可以选择其他支持从右向左阅读的语种，点击"添加"按钮，此时会显示"未启用"和"未安装"的信息，由于我们一般情况下并不需要使用输入法或校正的功能，因此直接点击"确定"按钮即可。

在Word界面下切换到"审阅"选项卡，在这里选择"语言→语言首选项"也可以完成新语种的添加操作。

二、如何创建镜像效果

上述操作完成之后，重新启动Word，我们可以在"开始"选项卡的"段落"功能组中发现新增加的从左向右文字方向、从右向左文字方向两个功能按钮。打开"段落"对话框(如图1所示)，我们也可以在这里发现从右向左、从左向右这两个新的选项。如果选择文档内容，在工具栏或者对话框里选择"从右向左"，这时文字的段落标记就会跑到左边。

制作表格之后，打开"表格属性"对话框，在"表格"选项卡也会多出"从右向左"和"从左向右"两个选项(如图2所示)，可以看到表格的段落标记已经到了左侧的位置，这就是所谓的镜像表格。

三、还原镜像效果为正常

如果遇到镜像效果的文字或表格，但你希望将其恢复为正常的阅读效果，那么首先必须为Word添加一种支持从右向左阅读效果的语种，例如阿拉伯语(共有16种)、波斯语、达利语(阿富汗)、克什米尔语(阿拉伯文)、马尔代夫语、旁遮普语(巴基斯坦)、普什图语、维吾尔语(中国)、乌尔都语、希伯来语、信德语(阿拉伯文)、叙利亚语、意第绪语、中央库尔德语(伊拉克)，然后将其设置为"从左向右"就可以了。

例如图3所示的竖向镜像表格，如果需要还原为正常效果，那么可以按照下面的步骤进行操作。

将Word表格粘贴到Excel，复制之后执行"选择性粘贴→转置"；打开"设置单元格格式"对话框，切换到"对齐"选项卡，设置方向为横向0度，此时可以看到表格和文字都变成了横向的效果(如图4所示)；将Excel表格粘贴回Word，打开"表格属性"对话框，切换到"表格"选项卡，将指定宽度设置为"100%"，此时的效果如图5所示；设置表格方向为"从右向左"即可。

◇江苏 王志军

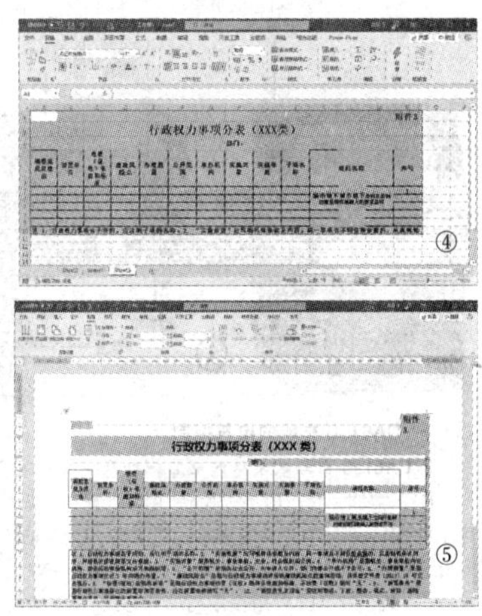

①

②

③

数码产品小故障速修两例

例一 同事的一支16G金士顿DT101型U盘插入电脑后能听到电脑发现"叮咚"声，但在"计算机"中没有对应的盘符出现，因U盘内有重要数据，于是找笔者帮忙看能否恢复里面的文件。

在计算机的设备管理器中可以看到"USB大容量存储设备"(如图1所示)，在"磁盘管理"中也可以看到对应的磁盘，但显示"无媒体"信息，按网上讲的"磁盘驱动器"→"属性"→"卷"→"写入"方法操作也无效，尝试用RescuePRO Deluxe和DiskGenius之类恢复软件也因找不到对应盘符而无法继续操作。无奈之下打开U盘，发现主控芯片FC1178与闪存颗粒FT16B08UCM1之间有很多污迹，马上用天那水清洗干净，并用热风枪加焊一下(如图2所示)，这时再插上电脑，没想到一切正常，里面的数据也完好无损。

例二 朋友的一台DELL笔记本电脑开机后出现图3所示的对话框，从提示看明显是电源适配器有问题，按F3键可以正常进入桌面状态，但不能给内部电池充电，于是请求笔者帮忙解决。笔者接手后准备更换一个电源适配器测试时发现原适配器插头没有完全插入到电脑中，拔下插头后发现中间针脚已歪了，难怪无法完全插入。而中间针刚好又是传送电源ID信号，当该针无法与主板上EC通信时，EC肯定会判断电源适配器有问题。用镊子小心将中间针调正(如图4所示)，这时便能完全插入电脑接口里，开机后系统不再报错，电池充电功能也自然正常了，至此故障完全排除。

◇安徽 陈晓军

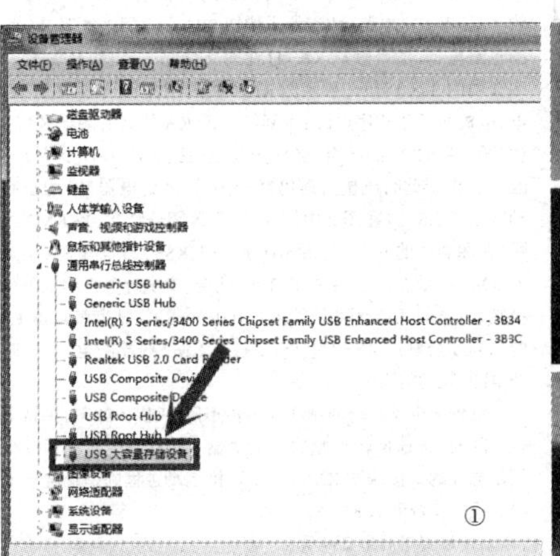

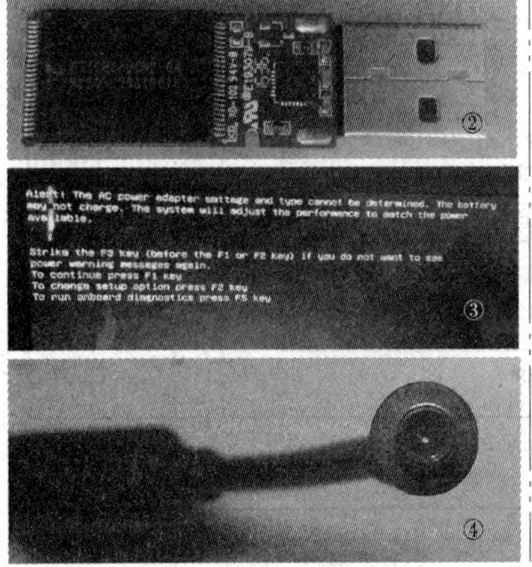

电脑"蓝屏"故障处理一例

去年仲夏，笔者的DELL台式电脑突然出现蓝色背景屏上呈现白色的英文字母，且在右侧顶上有一红色标记，关机后再开机该现象立即消失。但好景不长，隔了近十天时间该现象又出现了，如法炮制关机后又重新开机，电脑即能恢复如前。虽不知是什么缘故导致这样的"造次"，但只要"随关随开"电脑就能正常工作也就算了！可是某天不正常的现象悄然"升级"了，电脑屏上出现的是自上而下土黄、草绿的相间条纹，犹如微微波浪，泛泛而出。但关机后再开机，此现象消失得杳无影踪，笔者立即警觉：此现象的出现是前两次"蓝屏"的"升级"，必须要找到缘由，进行根除！否则"病态"会发展得更严重！

立即打开电脑，在"百度"中查找到有启发性的一段：当电脑旁有电磁器材时，由于放置显示器的附近有强电场或强磁场干扰(如音箱的低音炮、磁化杯等)，则会导致显示器整个画面产生白色水平条纹，只要将电磁器材从电脑附近拿开，然后把显示器关掉，再重开几次，以达到消磁的目的(现在的CRT显示器在打开时均具有自动消磁功能)，此现象即能消除。虽然笔者的电脑出现的"怪现象"不属于以上类型，但有两点雷同：1.关机后即开机，怪现象立即消失；2.有水平条纹出现。笔者初步估计此次"怪现象"的出现是受到"外部电磁场的干扰"。仔细观察了一下电脑安置桌上的"现场"，在"怪现象"出现后，电脑桌上只多了一台日产的Sezze功率为20W的电扇。在入夏时气温不高，开了低档，未出现以上现象；仲夏时气温升高，电扇调到中档，出现"蓝屏"；盛夏时气温很高，电扇调到高档，为了凉快将它移近于笔者(即移近显示器)，该扇产生强烈的电磁干扰，导致显示器整个画面产生土黄、草绿相间条纹。于是立即移去台扇，关机后再开机，果然"怪现象"立即消失，使用至今一切正常。

去年电脑"蓝屏"的出现是开关失灵，主机输入电压明显降低而不能开机，它是电源内部原因所造成的。而今年电脑"蓝屏"和条纹的出现是旁边的台扇，高速运转时产生强烈的电磁干扰而形成，它是电脑外部原因造成的后果。同样是"蓝屏"，但它们产生的原因是"内、外"有别！真乃是：同"病"起因异，勘查入细微，勤学长知识，修复欣无比。

◇浒浦高级中学 徐振新

CA6150型卧式车床电气控制电路故障维修实例(一)

《电子报》以前刊登过关于CA6140型车床的电路原理及其维修的文章,读后受益匪浅。但这种车床加工工件的最大直径为400mm,对于工件直径大于400mm的加工需求则无能为力。本文介绍的CA6150型车床的最大工件直径可达500mm,加工能力大幅提升。由于CA6150型车床可加工的工件直径更大,它的主轴电机功率也由CA6140型车床的7.5kW增加到20kW;同时由于加工所需,它的主轴电机还要求能够正转和反转。较大功率电机的停车惯性较大,所以要求主轴电机停机时需采用制动措施。在CA6150型车床电路中采用的是电源反接制动方案。维修实践说明,较多车床操作工甚至维修电工对该型车床的电路控制原理理解不准确,甚至出现分析错误,致使排除设备故障时困难较多。本文对CA6150型车床的电路原理给以分析,并提供维修实例供参考。

CA6150型车床属于中型车床,其外形结构如图1所示。主要组成部件有主轴箱、进给箱、溜板箱、刀架、尾架、光杠、丝杠、床身及冷却系统等。可用来加工各种回转表面、螺纹和端面。

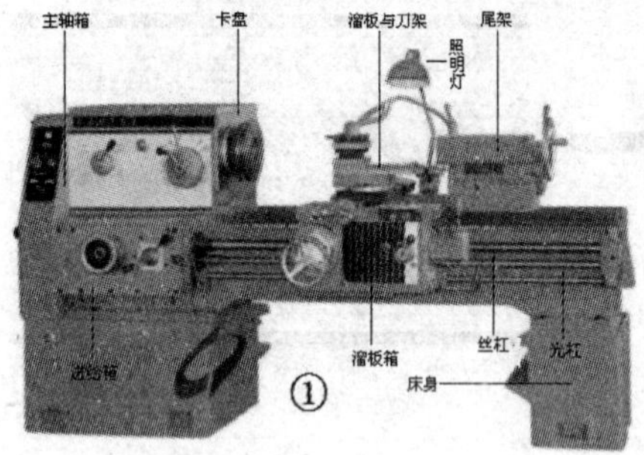

一、CA6150车床的电气控制

1. CA6150型卧式车床的电力拖动及控制要求

(1)正常加工时一般不需反转,但加工螺纹时需反转退刀,且工件旋转速度与刀具的进给速度要保持严格的比例关系,为此主轴的转动和溜板箱的移动由同一台20kW的电机M1拖动。主轴电机M1采用直接启动的方式,可正反两个方向旋转,为加工调整方便,还应具有点动功能。由于加工的工件比较大,加工时其转动惯量也比较大,停车时不易立即停止转动,必须有停车制动的功能。CA6150型车床的正反向停车采用速度继电器控制的电源反接制动。

(2)M2为冷却泵电机,单向旋转,采用直接启动、停止方式。

(3)M3为快速移动电机,利用M3带动刀架和溜板箱快速移动。电机可根据使用需要随时手动控制启停。

(4)采用一只电流表检测电机的负载电流。

2. CA6150型卧式车床电气控制原理电路分析

CA6150卧式车床的电气控制原理图如图2所示。

(1)一次主电路分析

图2电路中由隔离开关QS(在图2中的1区)将三相电源引入。主电路中有3台电机,其中主轴电机M1(在图2中的2区)电路接线分为3部分,第1部分由正转控制交流接触器KM1和反转控制交流接触器KM2的两组主触点构成电机的正反转控制接线;第2部分(在图2中的2区)为一只电流表A经电流互感器TA接在主轴电机M1的一次电路中,以监视电机绕组工作时的电流变化;利用一只时间继电器的延时动断触点,在启动的短时间内将电流表暂时短接,以防止电流表被启动电流冲击损坏;第3部分为一串联电阻限流控制部分,交流接触器KM3的主触点控制限流电阻R的接入和切除。

车床在点动调整时,为防止连续的启动电流造成电机过载,点动主回路中串联限流电阻R(在图2中的2区),保证电路安全工作。

速度继电器KS(在图2中的2区)用作主轴电机停机时的电源反接制动,其速度检测部分与电机的主轴同轴相连,在停车制动过程中,当电机转速低于100r/min时,其动合触点断开,将控制电路中反接制动相应电路切断,完成停车制动。

冷却泵电机M2(在图2中的3区)由交流接触器KM4的主触点(在图2中的3区)控制其电源的接通与断开;快速移动电机M3(在图2中的4区)由交流接触器KM5(在图2中的4区)控制,为保证主电路的正常运行,主电路采用熔断器实现短路保护、采用热继电器对电机进行过载保护。

(2)二次控制电路分析

1)接触器、继电器的触点分布图

图2的下部矩形框内标注的数字,是控制电路按功能单元给出的区域标号,它的作用是便于检修人员快速查找到控制元件的位置。为了达到这个目的,图2中还给出继电器或接触器的触点所处的区域号,如图2右下角区域号与电路图之间给出的标记。关于这些标记的具体说明见图3。

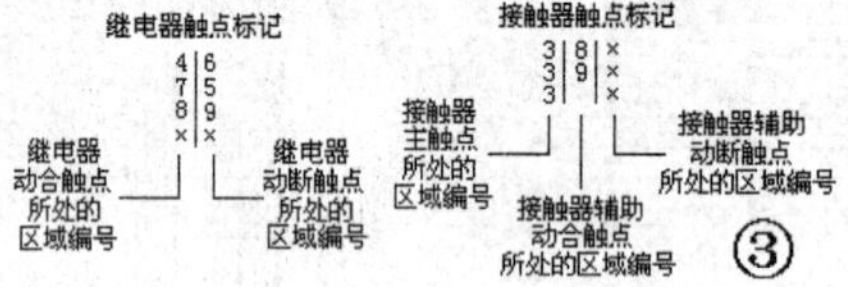

对于继电器的触点,图3中用一条竖线将动合触点与动断触点分开,竖线左边是动合触点所处的区域编号,竖线右边是动断触点所处的区域编号。由于继电器只有动合和动断两种触点,所以标记中使用一条竖线。继电器的这个标记符号画在电路图中相应继电器下方的适当位置。

接触器的触点除了有辅助动合触点和辅助动断触点外,还有主触点,共有3类触点,所以图3中交流接触器的触点使用两条竖线将3类触点分开,最左边一列数字是接触器主触点所处的电路区号,3个相同的数字表示接触器有3个主触点处在同一电路区号内;2条竖线中间的一列数字是接触器辅助动合触点所处的电路区号;最右边一列数字是接触器辅助动断触点所处的电路区号。标记中的3类触点如果没有完全使用,则未使用的触点类别位置空缺,或者使用符号"×"去填充那些触点位置。将使用的触点类别标注在竖线旁边,读图时只要观察到哪条竖线旁有数字,就会知道这些数字代表的是主触点、辅助动合触点或者辅助动断触点,并根据数字从电路图中找到这些触点所处的位置。

2)主轴电机M1的正、反转控制

电路中接触器KM1为电机M1的正转启动接触器,KM2为反转启动接触器,KA为中间继电器。

需要正转时,点按正转按钮SB3(在图2中的7区),接触器KM3线圈(在图2中的8区)和时间继电器KT线圈(在图2中的9区)通电,KM3主触点(在图2中的2区)动作吸合,电阻R被短接。接触器的辅助动合触点KM3-1(在图2中的10区)闭合,使中间继电器KA线圈(在图2中的10区)通电,其动合触点KA-1(在图2中的7区)闭合,使接触器KM1线圈(在图2中的7区)通电,主轴电机M1在全压下启动;接触器辅助动合触点KM1-1(在图2中的7区)闭合、中间继电器KA的动合触点KA-3(在图2中的8区)闭合使KM1自锁。如此,主轴电机M1完成了正转启动过程。

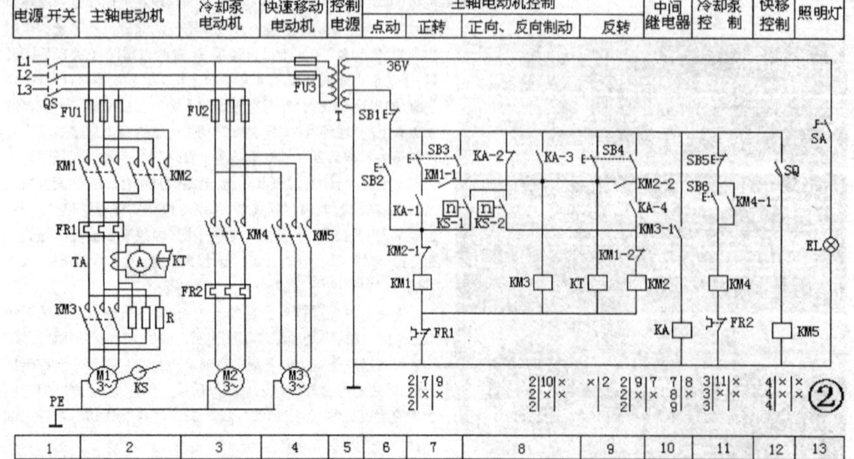

主轴电机须在停机情况下才能启动反转。需要反转时,点按反转按钮SB4,控制过程与正转类似。

KM1的辅助动断触点KM1-2(在图2中的9区)和KM2的辅助动断触点KM2-1(在图2中的7区)分别串在对方的接触器线圈的回路中,起正反转的互锁作用。

3)主轴电机M1的点动控制

调整车床时,要求主轴电机能够点动控制。点动操作过程如下。

按下点动按钮SB2(在图2中的6区),接触器KM1线圈(在图2中的7区)通电,主触点闭合,电机经限流电阻R(在图2中的2区)接通电源,在低速下实现点动。松开点动按钮SB2,接触器KM1线圈断电,电机断开电源,停车。

4)主轴电机M1的反接制动控制

CA6150型卧式车床采用速度继电器KS实现主轴电机停车时的反接制动。为了方便理解电源反接制动的工作原理,下面介绍一下速度继电器。

速度继电器是一种信号继电器,它输入的是电机的转速,输出的是触头动作信号。

速度继电器通常应用在三相异步电机的制动过程中。为了在电机电源反接制动使转速降低到一定程度时及时切断制动电源,防止电机反向启动,可以用速度继电器检测电机的减速过程,一般在转速降低到100r/min时,其触头动作,切断电机的反接制动电源,制动过程结束。

速度继电器由定子、转子和触头系统3部分组成,使用时,连接头与电机轴相连,当电机启动旋转时,速度继电器的转子随着转动,定子也随转子旋转方向转动,与定子相连的胶木摆杆随之偏转,当偏转到一定角度时,速度继电器的动断触头打开,而动合触头闭合。当电机转速下降时,继电器转子转速也随之下降,当转子转速下降到一定值时,继电器触头恢复到原来状态。一般速度继电器触头的动作转速为120r/min,触头的复位转速为100r/min。

速度继电器有正向旋转动作触头和反向旋转动作触头,电机正向运转时,可使正向动合触头闭合,动断触头断开;当电机反向运转时,可使速度继电器的反向动合触头闭合,动断触头断开。

常用的速度继电器都具有两对常开、常闭触头,触头额定电压为380V,额定电流为2A。

速度继电器在电路中的图形符号和文字符号见图4。下面以正转为例分析反接制动的过程。

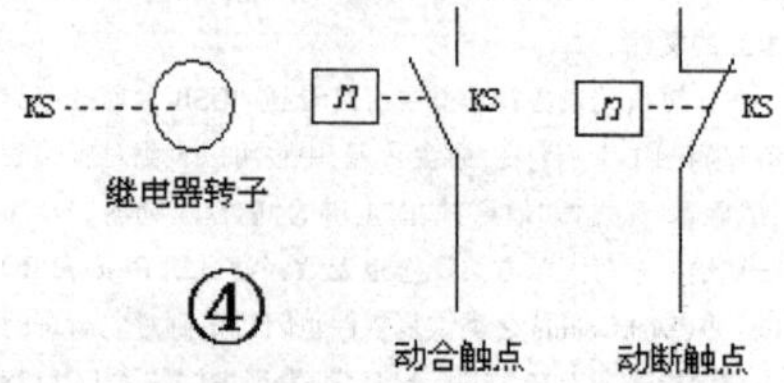

设主轴电机正在正转运行,停车时按下停止按钮SB1(在图2中的6区),接触器KM3线圈(在图2中的8区)断电,KM3主触点(在图2中的2区)断开,限流电阻R(在图2中的2区)串入主电路;按下停止按钮SB1后中间继电器KA线圈也断电,其动合触点KA-1(在图2中的7区)和KA-3(在图2中的8区)断开,接触器KM1线圈(在图2中的7区)断电,电机断开正相序电源;中间继电器KA的动断触点KA-2(在图2中的8区)闭合,当松开停止按钮SB1(在图2中的6区)后,由于此时电机转速仍然较高,速度继电器KS的正向动合触点KS-2(在图2中的8区)仍为闭合状态,故KM2线圈(在图2中的9区)经由SB1、KA-2、KS-2获得电源,接触器KM2主触点(在图2中的2区)闭合,实现对电机的电源反接制动;当电机转速降低到低于100r/min时,速度继电器KS的正向动合触点KS-2断开,接触器KM2线圈断电,电机断开电源,制动结束。

主轴电机反转时的制动与正转相似,仅提示如下。主轴电机反转时,接通反转电源的是接触器KM2;停机时接通反接制动电源的是接触器KM1,终止反接制动过程的是速度继电器的反向动合触点KS-1。

(未完待续)(下转第254页)

◇山西 杨德印

关于预测和负延迟滤波器的五件事(二)

(紧接上期本版)

频率响应在通带中明显不平坦(有凹凸),并且已经放弃了一些相对的阻带抑制。如果您熟悉控制系统理论,您会立即看到我们实现的是传递函数零的加法,其群延迟贡献正好抵消了原始滤波器极点(以及随之而来的新极点)的影响。但这并不是一个坏反应,它对于消除数据序列的高频噪声仍然很有用,如图3所示,对于一些神秘的数据:

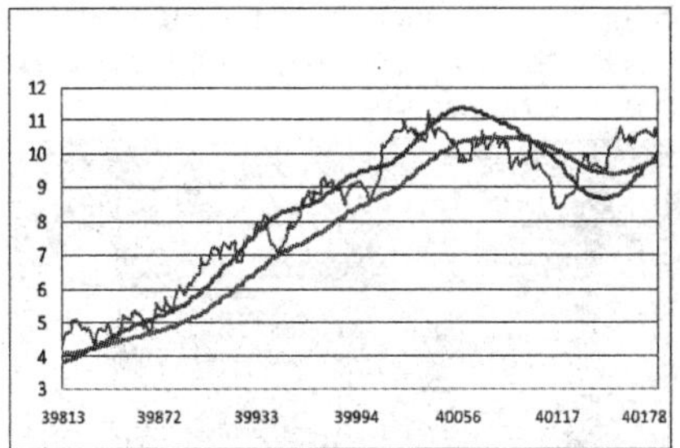

图3 比较原始数据(蓝色),用Butterworth滤波(粉红色)和用零延迟补偿设计滤波(绿色)比较显示零延迟滤波器具有可容忍的响应。

我们不必使用相同的函数H来构造补偿滤波器。如果两个传递函数HA和HB都具有统一的DC增益和相同的DC组延迟值,则H1 = HA(2 HB)也具有统一的DC增益和零DC组延迟。

特别是,如果HB是一个纯时间延迟,其值T等于HA的DC群延迟,那么我们可以在FIR实现中得到一个很好的简化。对于T恰好等于N个采样周期的传递函数,我们得到H1=HA(2 z N),几乎可以在任何数字滤波器结构中轻松实现,因为z的这些负幂直接映射到单位采样上延迟。对于具有2N + 1个抽头的对称FIR滤波器,始终满足此条件;经过更多的工作,它可以适应N不是整数的非对称情况。

因此,无论我们选择在s域还是z域中工作,我们都可以在DC处构建零群延迟的低通传递函数。我们不必在零组延迟时停止;我们可以将其设为负面。这是我们进入预测领域的时间。在一个采样系统中,拥有一个滤波器的输出将很方便,该滤波器的输出是对下一个采样时刻输入信号的预测。换句话说,其直流群延迟为负一个采样周期的滤波器。在上述FIR案例中,这非常简单。代替使用$2-z^{-N}$的补偿函数,我们仅使用$2-z^{(N+1)}$。

现在,如果某些能量实际上在滤波器进入之前就从滤波器中逸出,那么因果关系就会被破坏。因此,任何包含信息的信号都不可能以负延迟的形式出现在输出中。但是,有些信号无法传达任何信息-如果观察者在心理上投入到他们身上,无论某些观察者会相信什么,因此,当群延迟为负时,就没有违反的因果关系。

4. 这样的过滤器如何工作?

这些功能具有有用的属性。显然,对于恒定(即DC)输入,就像常规的低通滤波器一样,输出电压等于输入。但是现在,恒定速率的输入斜坡也满足了相等性。与"标准"低通传递函数不同,在斜坡激励下,滤波器的输出与输入信号之间没有"滞后"。让我们构建另一个示例,并更仔细地检查其属性。

这次我们将做一个FIR示例。HA的起始滤波器是对称的9抽头FIR滤波器(因此具有4个样本的恒定组延迟)。该设计旨在对AC线路频率进行陷波,并具有大约60 Hz的宽容差。我将在以后的过滤器向导中解释其原理以及如何显式设计此类"拨号为空"过滤器,但现在让我们将其作为已读内容。

对于我们的HB,要获得零延迟滤波器,我们将仅使用4个样本的简单延迟。这使2 HB看起来像一个系数为(2,0,0,0,1)的5抽头FIR滤波器。通过将两个z平面序列卷积在一起以获得13个抽头结果滤波器,可将级联HAHB实现为单个FIR滤波器。HA和HAHB的大小和群延迟如图4所示,这次是LT-spice。频率和时间之所以比较奇怪,是因为该滤波器的设计工作频率为每秒220个样本。同样,我们的通带不完整,丢失了一些阻带响应。

现在我们可以进入预测领域。如果我们将HB'设置为5个采样延迟而不是4个采样延迟,然后重新计算(现在为14个抽头)级联,则得到的HAHB也会如图4所示(绿色轨迹)。您可以看到,直流组延迟现在为负值,大约为4.5 ms,这是所希望的。

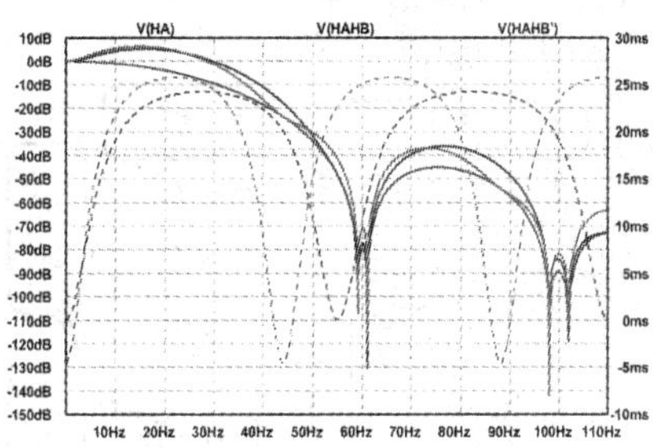

图4 在FIR示例中,比较滤波器,零延迟和负一样本版本(绿色)表明可以实现负延迟。

这里的回报是多少?好吧,让我们看一下时域行为。三个滤波器中的每一个都受到三角形刺激的激励,该刺激再次向上和向下倾斜。激励和响应如图5所示。

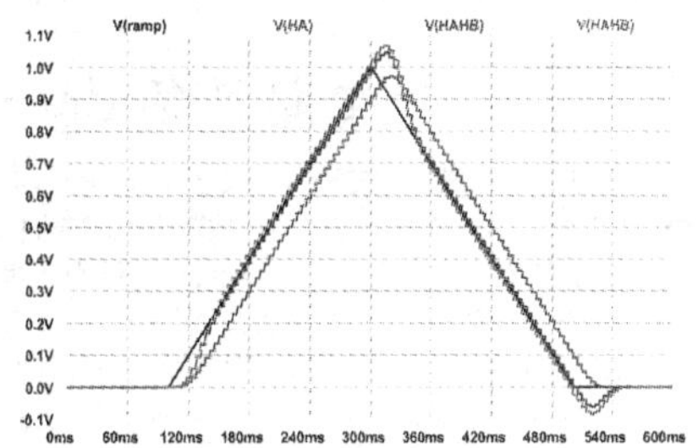

图5 未补偿和补偿的FIR滤波器对斜坡的响应显示了补偿对滞后的影响。

显而易见,最初的低通滤波器HA造成的"滞后"。如果您试图检测信号通过某个极限点的位置,则显然会遇到检测响应的延迟。HAHB迹线显示了零直流群延迟滤波器的输出-它具有零延迟!这突出了一个非常重要的观点,对于低通滤波器而言,这是正确的:此类滤波器的输出和输入之间的斜坡滞后在数值上等于直流下的群延迟值。因此,如果我们对滤波器设计进行补偿,以使DC群延迟为零,则可以消除滞后。当然,总要付出代价,我们可以看到,在输入波形的斜率突然变化之后,这样的滤波器并不令人满意。

如果放大HAHB轨迹,您会看到每个新样本都达到了输入斜坡轨迹。正如我们所预测的那样,预测版本HAHB′的输出值将移至下一个采样周期开始时斜坡将具有的值。

5. 这些过滤器在哪里有用?

在许多工业监控应用中,"正常"行为意味着信号是稳定的(但有噪声,代表温度,压力,物理结构中的压力等)。"异常"行为是某些测得的系统参数变得不可控制,并开始逐渐消失。

在需要过滤反馈路径的控制系统中,这种零延迟类型的过滤器很有用。消除极低频率下的群延迟可以显著提高控制环路抑制这些频率下的某些感测行为的效率。控制工程师习惯于操纵系统传递函数的零,以强制执行所需的循环行为,而这正是我们在此处所做的一种更具分析性的方式。我们的传递函数算法创建了零点,这些零点抵消了极点的DC群延迟特性。我已经说过了,不是吗!

这种零延迟或负延迟滤波器通常也用于处理非电子信号。例如,如果金融工具(例如股票)的价格被认为是线性上升,但是这种上升被短期交易噪声破坏,那么零延迟过滤器可能是提取基本行为的有用方法。从图5中的过滤器行为可以推断出,当三角形改变方向时,这样的过滤器会在一段时间内为您提供非常不准确的结果,直到价格行为再次平滑上升。图3的神秘数据实际上是一系列股价值。

这种金融工具的交易者实际上在其价格数据序列上使用了一些相当复杂的过滤过程。经常有人告诉我,如果电子市场不再触底,那么金融部门的筛选向导将总有一份工作,从大量价格数据中嗅出有趣的信号。但是,让我们越过那个特定的警报器巢,将它们牢固地绑在坚固的工程桅杆上,然后回到正轨!

在这样的延迟操纵中很有价值的工程应用是补偿D类数字放大器的电源电压变化。对于给定的输出开关处的mark:space比,这种放大器的平均输出电压与电源电压成正比-即它没有电源抑制。当人们似乎想花很少的钱在消费类音频设备的电源上时,这是一件坏事。

我们可以测量瞬时电源电压,并将其反馈到开关控制算法中。但是,由于在测量此类放大器的电源电压以及将数据注入控制系统时会涉及滤波器延迟,最终您无法校正的是现在的电源电压,而是校正了一段时间之前的电压。这种差异限制了我们可以通过环路实现的电源抑制。如果我们使用在DC处具有适当的负组延迟的低通滤波器(不会过分强调存在的某些高频垃圾)对测量的电源电压进行滤波,则至少在非常低的频率下,我们可以补偿这种影响较低的相对频率,例如交流线路频率的谐波。该技术可以对数字功率放大器的交流线路纹波抑制产生重大影响,并且该方法已在某些商用数字放大器设计中采用。

(全文完)

◇湖北 朱少华

自制低成本数码显示电容电感特性演示器

摘要：介绍了利用数码显示PWM脉冲频率可调模块，产生频率可调的脉冲信号，去控制PWM控制模块，输出方波信号，驱动灯泡、电感、电容三路指示灯发光，从而，显示电容电感对交流电的影响。

关键词：数码显示PWM脉冲频率可调模块；PWM控制模块；电容；电感

一、技术背景

1. 高二物理(人教版《物理》选修3-2)第五章第三节的内容：电感和电容对交变电流的影响，本节课的知识目标是形成对电感和电容的认识，即对电感“通直流，阻交流”“通低频，阻高频”电容“通交流，隔直流”“通高频，阻低频”的理解，这也是教学的难点。教学演示实验缺少成套设备，演示实验需要搭接器材，费力费时。

2. 现有技术中演示交流电路中的感抗和容抗的特性，有的是通过直流电经过换向器转换，制作出脉冲模拟交流电的，其频率变化仍然有限。

3. 现有技术有利用逆变器的，逆变器驱动板产生正弦波逆变器驱动信号，推动逆变器功放板产生能够输出功率为20W、电压范围为012V、频率范围为50Hz150Hz连续可调的交流电压源，其交流电压频率只能在低频范围内调节。

二、创新设想

教材中明确指出：“正弦式电流是最简单又最基本的交变电流，电力系统中应用的大多是正弦式电流。在电子技术中也常遇到其他形式的交流，如示波器中的锯齿形扫描电压，电子电路中的矩形脉冲，这些都是交流电。”在电感器和电容器对电流影响的演示实验中，既然要做低频可调正弦波电源比较困难，造价较高，可用脉冲方波代替正弦波完成上述实验。

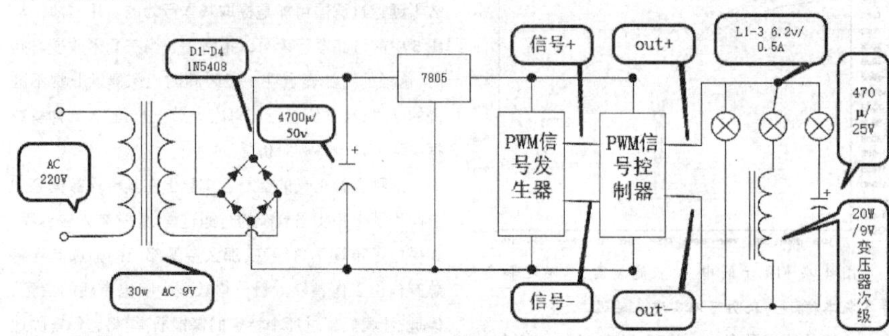

图1 数码显示电容电感特性演示器原理图

电路设计：利用数码显示PWM脉冲频率可调模块，产生频率可调的脉冲信号，去控制PWM控制模块，输出方波信号，驱动三路指示灯发光，从而，显示电容电感对交流电的影响。

三、主要模块参数

(一)PWM脉冲频率可调模块

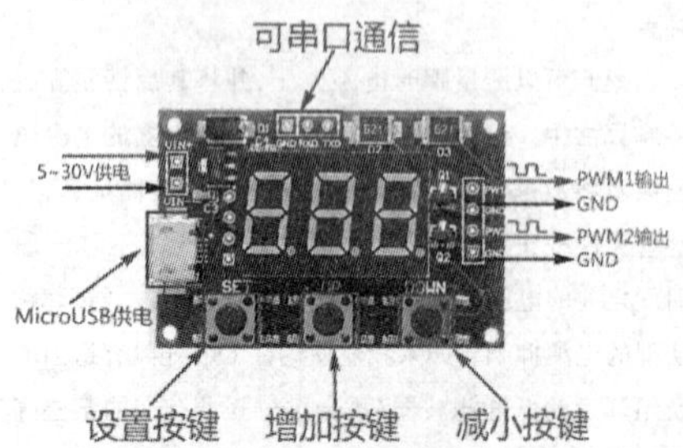

图2 PWM脉冲频率可调模块接线图

工作电压：530V；

频率范围：1150kHz、占空比可调；

信号负载能力：输出电流可在830MA左右；

输出幅度：5V；

频率精度：在每个范围上的精度是2%；

模块有3路设置按键：Set、Up、Down；

(1)通过短按设置按键Set，可以切换显示四个参数值，FR1:pwm1的频率、bu1：占空比，FR2:pwm2的的频率、bu2:占空比，切换前有对应参数名闪烁提示。

(2)增加按键Up、减小按键Down改变当前参数值。

(3)两路PWM各预设3种频率值，在该频率下长按设置按键Set，可以切换下一个设置频率，并且占空比不变。(XXX：范围1Hz999Hz;XX.X：范围0.1kHz99.9kHz;X.X.X.:范围1KHz150kHz，)。

(二)PWM控制模块

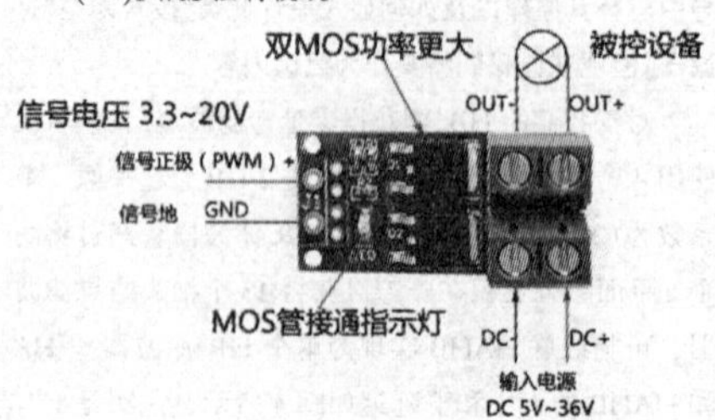

图3 PWM控制模块接线图

PWM控制模块参数及应用：

(1)工作电压：DC 5V36V；

(2)触发信号源：数字量高低电平(DC3.3V20V)，可以接单片机IO口，PLC接口，直流电源等，可以接PWM信号，信号频率020kHz支持。

(3)输出能力：直流DC 5V36V，常温下持续电流15A，功率400W，辅助散热条件下，最大电流可达30A。

(4)应用：输出端可以控制大功率的设备，可以输入PWM，控制电机转速，灯的亮度等。

(三)电源模块

如原理图所示，电源模块可以自制变压器整流稳压电路，也可以使用5V2A开关稳压模块或5V2A成品开关电源适配器。

四、电路连接与调节

PWM脉冲可调模块530V供电输入正、负极，接电源模块正、负极；PWM1信号输出端，接PWM控制模块信号正极输入端；PWM脉冲可调模块输出GND端，接PWM控制模块信号输入GND端。

其他电路接线按照原理图连接无误，接通电源，通过短按设置按键Set，切换显示FR1参数值闪烁，FR1即pwm1的频率，再按增加按键Up、减小按键Down，改变当前频率值(调整占空比为方波)。三路6.2V/0.5A的小灯泡发出不同的光亮，反映出电容电感对交流电阻碍的特性，同时PWM脉冲频率可调模块能数码显示当前脉冲方波频率，即三路小灯泡的亮度对应着数码显示的脉冲方波的频率。

图4 数码显示电容电感特性演示器实物图

PWM脉冲可调模块9元，PWM控制模块6元，电感10元，电容0.5元，小灯泡1.5元，电源16元，不计板材导线价格，自制数码显示电容电感特性演示器成本约43元。

参考文献：

庞杰.数字化电容电感特性演示仪.中国科技教育，2013.11

林健.电感和电容对交变电流的影响演示器.教学仪器与实验，2009.06

庞杰.自制数字化教具在电容、电感教学中的应用.教学仪器与实验，2014.02

王富民. 声光显示电容电感对交流电的影响演示器.中学物理，2019.01

◇山东省济宁市实验中学 王富民 胡荣勋 胡小刚

用电脑鼠标diy一个发报机自动键

CW所用的电键有手键和自动键之分。简单说，手键就是一个常开的开关，发信时，短按发出“嘀”声，用“.”表示，长按发出“嗒”声，用“–”表示；自动键则是两个常开的开关串联(或者称为左右开关)，中心为公共触点，假设短按左键，发出“嘀”声，那么短按右键则发出“嗒”声，如果分别长按左右键，则分别发出“滴滴滴...”或者“嗒嗒嗒---”声。

老式的发报机只识别手键，现在的新式发报机，会自动识别手键或者自动键。

理解这些常识后，我们就不难自己DIY一个手键或者自动键了。下面就是用电脑的鼠标改制的CW自动键，方法十分简单：

找一个电脑的鼠标，里面有主键和次键，即通常说的左键右键。其实就是两个微动开关组，每组开关由一个常闭和一个常开开关组成。详见微动开关组示意图。

根据前述的原理，我们选择每组开关的常开开关，并将两个开关串联起来。

机械部分，仍然使用鼠标原来的带弹性的外壳做键，位置都是比较准确的。需要注意的是，要用小锉刀将两个开关组与其他元件的PCB线路全部断开。因为是双面板，可以一边锉一边用万用表的欧姆挡检查通断，直到两个常开触点不与任何线路有关联。最后，按照图示的接线图链接即可，电极线仍然使用原来鼠标的三心线，换一个立体声3.5的插头。一套CW专用的自动键就可以投入使用了。如果你的CW设备没有自动键功能，依然可以使用其中一组作为手键使用。下面是接线示意图：

◇路神

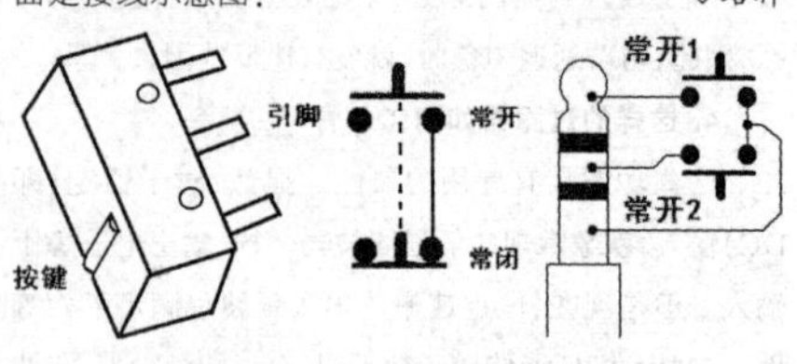

微动开关组示意　　自动键接线示意图

中职升学系列1:电子电工类专业综合知识考纲及真题解读(一)

2017年以来,针对中职校的高校对口升学招生考试中,电子电工类专业综合知识考试大纲无明显变化,稳定的考试指向有利于该专业类别的科目复习教学。

一、考试大纲内容及要求

电子电工类的专业综合知识考试包括基本知识与基本技能考试,从元器件的识别与应用、仪器仪表的使用和操作、典型电路的连接与应用、常用电子电气设备的维护与使用四个方面入手,以典型案例、项目、任务为载体,将知识、技能、态度的考核融入考试中,对学生知识运用能力和专业核心能力进行成绩评分。考试试题类别见图1。

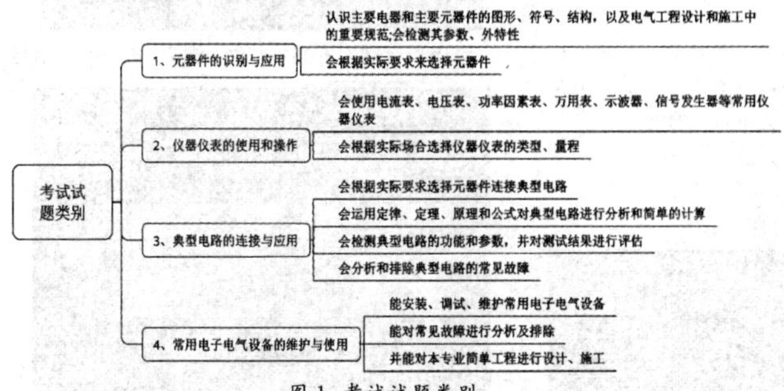

图1 考试试题类别

电子电工类的专业综合知识考试内容包括电工技术模块和电子技术模块,其中电工技术模块内含七个必考内容和两个选考内容,电子技术模块内含十四个必考内容和一个选考内容,选考内容根据考生所属专业不同进行选择。考生可依据考纲,通过系统的梳理,使普遍的知识规律化、零碎的知识系统化。电子电工类的专业综合知识考试内容及要求见图2。

根据电子电工类的专业综合知识考试考纲要求,对试卷的考试形式、内容配分、题型分值、难易程度四个方面的规定如图3所示。

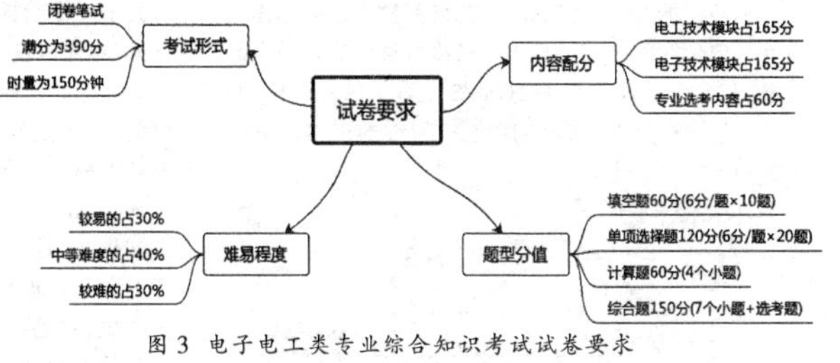

图3 电子电工类专业综合知识考试试卷要求

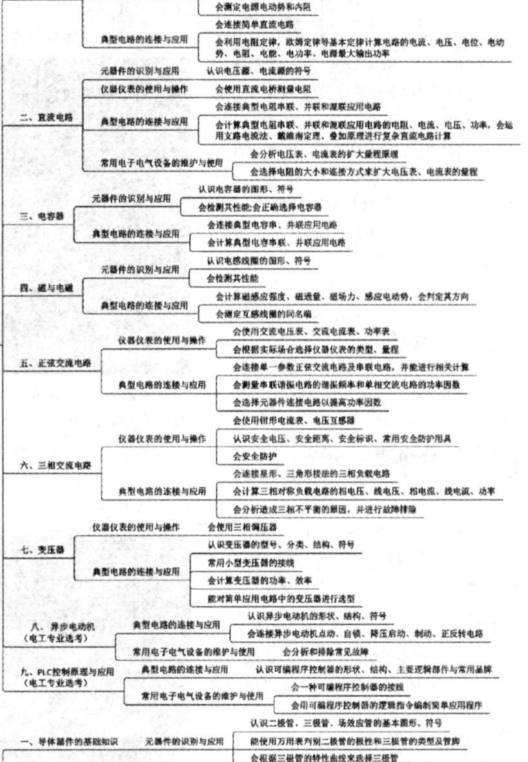

图2 电子电工类专业综合知识考试内容及要求

二、真题试卷解读与分析

1. 关注配分重点及高频考点

统计近三年高考试卷出题情况,电工技术模块考纲内容配分平均值见图4,电子技术模块考纲内容配分平均值见图5。从配分图可知,电工技术模块中电路基础、直流电路、磁与电磁、正弦交流电路、异步电动机、可编程控制器这六项内容三年平均配分均高于20分,其中正弦交流电路部分平均配分高达40分。电子技术模块中放大电路基础、集成运算放大电路、直流稳压电源、数字逻辑基础、组合逻辑电路这五项内容三年平均配分均高于18分,其中组合逻辑电路部分平均配分高达37分。从上述统计结果可知,这11个部分内容既是配分的高点,也是历次高频考点。这就为复习备考指明了方向,考生应在认真复习主干知识的前提下,重点关注这11个部分的内容。

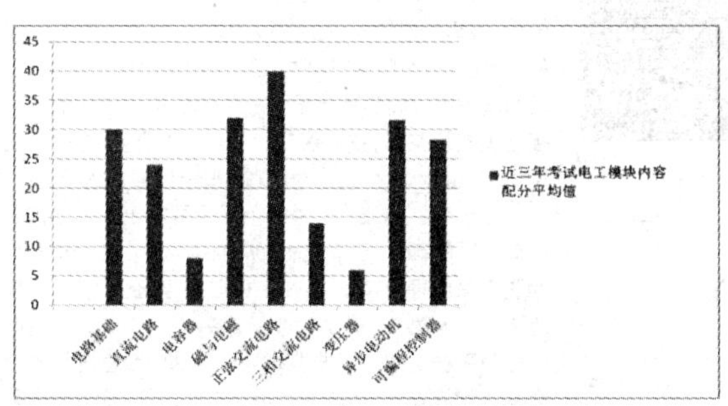

图4 近三年高考试卷电工技术模块考纲内容配分

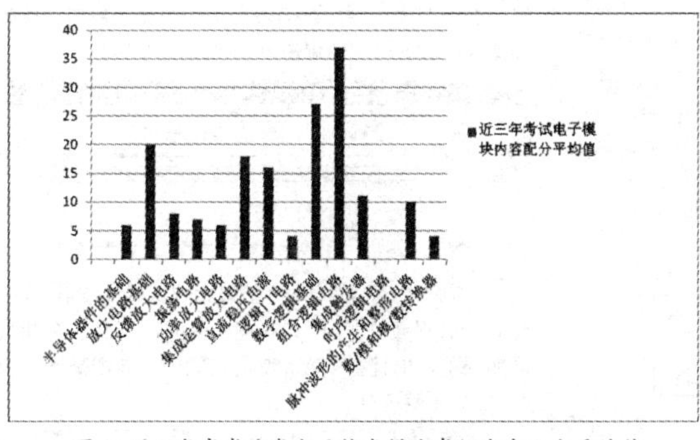

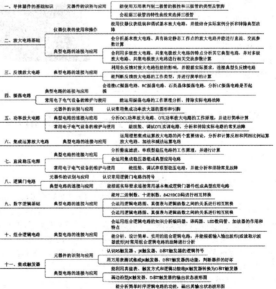

图5 近三年高考试卷电子技术模块考纲内容配分平均值

(未完待续)(下转第367页)

◇华容县职业中专 张政军

示波器应用基础技能(三)

(紧接上期本版)

八、采样率设定

示波器的“采样率”,顾名思义就是“采样的速率”,也就是单位时间内将模拟电平转换成离散的采样点的速率,我们常见的采样率 1GSa/S 就表示每秒采样 1G 个点,其中 Sa 是 Samples 的缩写。采样的过程如下图所示:

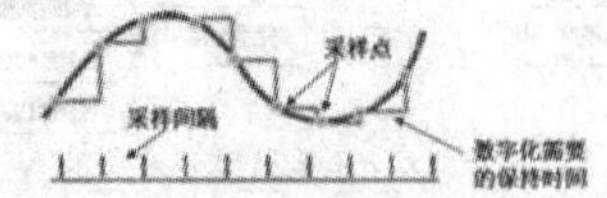

采样时发生了什么?

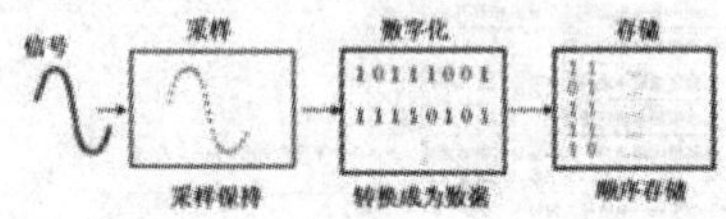

理解了采样的过程和定义,那么采样率对示波器测量会有哪些影响呢?

我们比较常见的奈奎斯特采样定理:当对一个最高频率为 f 的有限信号进行采样,采样率 SF 必须大于 f 的 2 倍以上才能从采样值完全重构原来的信号,这里 f 称为奈奎斯特频率,2f 成为奈奎斯特采样率,下面用正弦波为例来模拟这个采样过程:

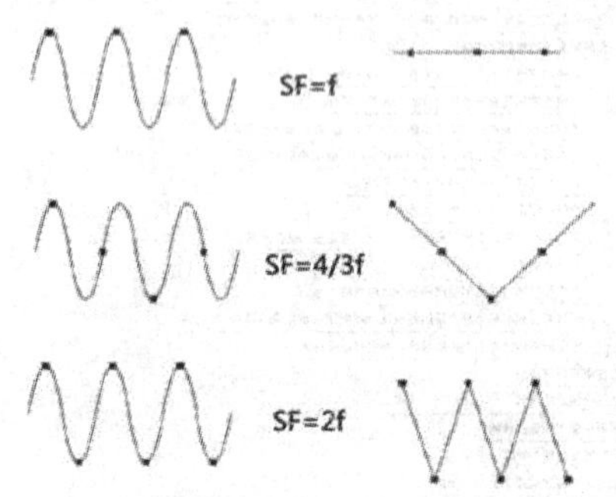

很显然我们可以看到,两倍的采样率下得到波形还是严重失真,这对于示波器来说,还原波形是远远不够的,那对于我们来说,如何选择合适的采样率呢?这里有两个条件可以供大家参考:

1. 带宽为所测方波最大频率的五倍;
2. 采样率为带宽的 10 倍。

讲到这里,我们需要还提一下这个概念:最高采样率 VS 实时采样率

一般来说,示波器的采样率指标都是指的这台示波器工作时能够达到的最高采样率。但是实际上示波器的“实时采样率”受到存储深度的限制,可能会随着示波器采样时间的增加,采样率会被迫下降,这里就需要讲到下一个指标:存储深度。

九、存储深度

示波器的存储深度是示波器中所采用存储器的最大容量吗?还是示波器能够记录数据的长度? 这是一个很多人都容易误解的概念。

其实示波器的存储深度是指示波器在屏幕上显示一条波形时,其波形的数据个数。我们看到的示波器屏幕上显示的波形,是由很多采样点组成的,所有采样点的个数,就是存储深度。假如一个示波器显示的存储深度是 10Mpts,表示该示波器的一条波形是由 10M(一千万)个采样点组成的,pts 是 points 的缩写。

另外示波器有一个重要的关系式:存储深度=采样率 × 采样时间

我们用一张图来表示他们的关系:

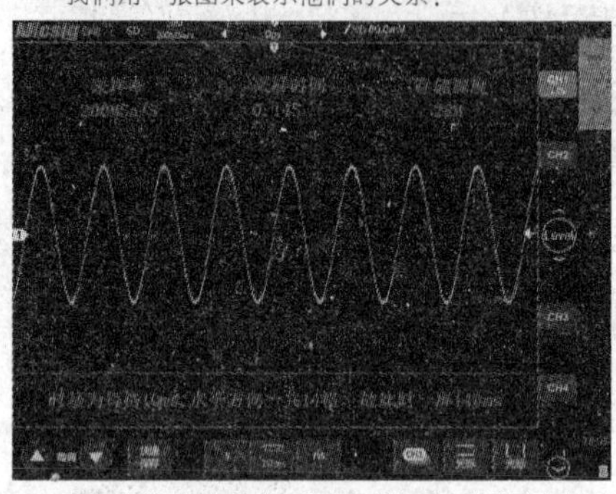

理解了这个关系式,那么存储深度对测量会有哪些影响呢,我们通过一个对比来体现:

首先,我们给示波器加上一个 频率为 1KHz,幅值为 2V 的方波

用 28M 存储深度的示波器,截取一屏 14S 的信号

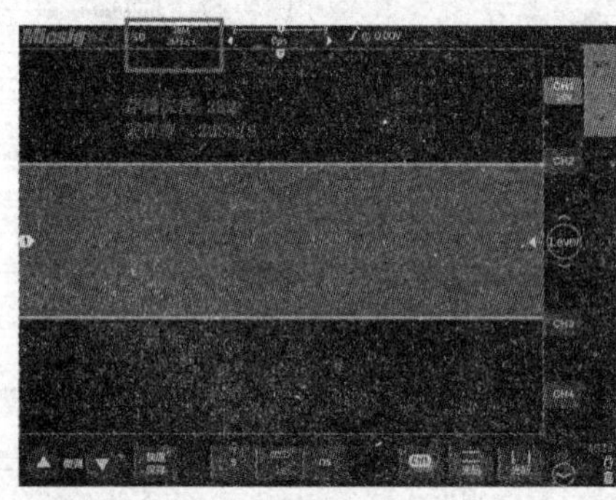

放大 2000 倍,依然还是方波

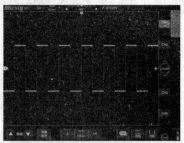

用 28K 存储深度的示波器,截取一屏 14S 的信号

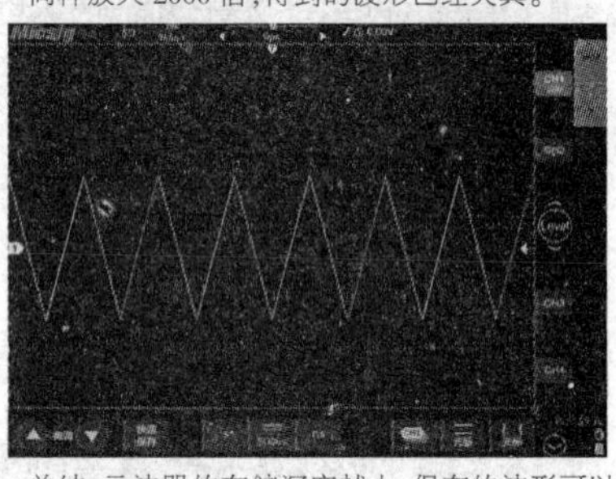

同样放大 2000 倍,得到的波形已经失真。

总结:示波器的存储深度越大,保存的波形可以看到更多的细节。

十、波形刷新率

很多时候电路明明有小概率的故障,但是接到示波器上看波形却完全“正常”,你就可能纳闷了,我的采样率这么高,为什么抓不到故障波形呢。其实这里不是示波器的采样率不够,而是示波器的波形刷新率不够。

如何理解示波器的波形刷新率?

形象化:我们把示波器比作一个给波形拍照的录像机。波形是连续的,时时刻刻都在发生,而录像机拍摄的只是图片,是瞬间。哪怕机器一秒钟能拍一百万次,但是两次拍摄之间还是会漏掉一些波形,我们为了看到更接近真实的波形,就要求一秒钟内拍摄更多的照片,这样才会更有可能看到百万分之一概率的异常信号。

原理化:示波器从采集信号到屏幕上显示出信号波形的过程,是由若干个捕获周期组成的。一个捕获周期包括采样时间和死区时间,模拟信号通过 ADC 采样量化变转为数字信号同时存储,整个采样存储过程的时间称为采样时间。示波器必须对存储的数据进行测量运算显示等处理,才能开始下一次的采样,这段时间称为死区时间。死区时间内,示波器并没有进行波形采集。当一个捕获周期完成就会进入下一个捕获周期。捕获周期的倒数就是波形刷新率,示意图如下所示:

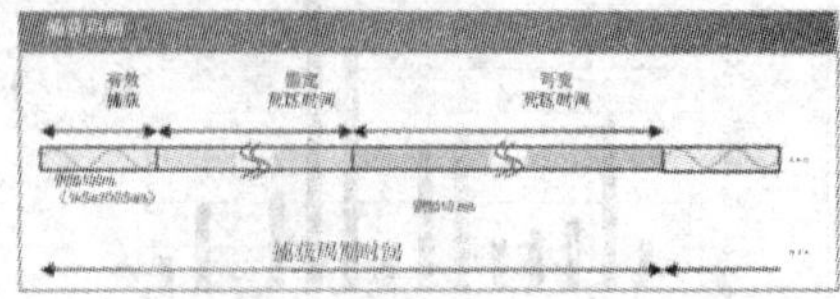

所以我们可以看出:刷新率比较低的示波器,死区时间一般都会很长,而有效捕获时间占不到一个捕获周期的 1%,也就意味着 99%的时间内示波器是不捕获的,二是在做运算。

总结:示波器刷新率越高,越有利于我们观察到信号中的异常成分。

(全文完) ◇李柏桥

单片机控制系统的 pcb 地线布局技巧(一)

在进行 pcb 布线时总会面临一块板上有两种、三种地的情况,傻瓜式的做法当然是不管三七二十一,只要是地,就整块敷铜了。这种对于低速板或者对干扰不敏感的板子来讲还是没问题的,否则可能导致板子就没法正常工作了。当然若碰到一块板子上有多种地时,即使板子没什么要求,但从做事严谨认真的角度来讲,咱们也还是有必要采用本文即将讲到的方法去布线,以将整个系统最优化,使其性能发挥到极致!当然关于这些地的一些基础概念、为什么要将它们分开,本文就不讲了,不懂的同学自己查哈!

最后,关于本问题的探讨网上也有不少帖子,但大都是文字描述,没有图解,让人看了总有种知其然但不知其所以然的感觉,故本人在此大胆的图解下自己的思想,不对的地方还望高人指教,同时希望有不同意见的朋友留言。感谢~

一、对于板子上有数字地、模拟地、电源地这种情况:

从这个图可以看出:模拟地和数字地是完全分开的,最后都单点接到了电源地,这样可以防止地信号的相互串扰而影响某些敏感元件,众所周知数字元件对干扰的容忍度要强于模拟元件,而数字地上的噪声一般比较大所以将它们的地分开就可以降低这种影响了。还有单点接地的位置应该尽量靠近板子电源地的入口(起始位置),这样利用电流总是按最短路径流回的原理可将干扰降到最小。

Vcc
模拟元件 数字元件
模拟地 数字地
单点接地
电源地

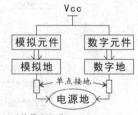

(未完待续)(下转第 368 页)

音柱系列功放破解与维修

朋友一款音柱系列功放在一次使用中出现自激，随后音质逐渐变差，音量逐渐减小，直到高音发毛低音消失，后自查故障无果且因人老眼花还损坏了一对TIP41、TIP42功放管，于是放弃了自行维修，选择了另配一套音柱音响，而该套音柱便闲置下来。在一次造访中朋友将该套音柱送给了我。音柱配置就是一台有源低音箱（内装一个雷顿NEWRETONE8英寸8Ω双磁钢长冲程低音喇叭）和左右声道的中高音音柱，每个音柱装有3个φ50mm12Ω纸盆号筒式高音喇叭并联成4Ω再串一电解电容。

整个系统的控制电路均在低音箱内，要摸清系统结构走向，只有拆下低音箱上的玻璃面板，方能顺利拔出音调和电源功放板间的插头，分别取出音量音调混响控制板和电源加三路功放板，逐一检查并绘制整理成图，现分述如下。

1. 前置放大及混响电路组成：从印刷电路清查整理成图见图1。

从插口CN3取出的立体声信号经音量电位器W1取出(W2为音调控制)分别送入运放1、2放大，放大倍数均为3K/2.2K≈1.5倍。放大信号经CN4插孔转入其后的左右声道功放。同时两路前置信号又分别经2个47K电阻混合送入运放3进行衰减放大，衰减量为5.6K/10K≈0.6倍。再经低通选频放大后由CN4插口送入下一级用作低音推动。

②

音柱系列功放

三路功放元件参数一样，故分散标注便于观看

CM1、CM2插口送入话筒信号并由T3、T4放大，再经混响集成处理也送入左右声道运放1、2进行混合放大，W4为话筒音量控制。CN2是提供2路无线话筒接收控制电路，电源及信号返回插口，因未配无线话筒在本机并未投入使用，故未对该电路板进行清理绘制。

2. 电源及左右声道和低音功放电路见图2。

图2中电源为三路功放共用电源并经7812、7912稳压输出±12V提供前置放大电源用。三路功放元件参数一样，放大倍数均为15K/1K=15倍。左右声道和低音的区别在前置，这里不再赘述。

① 音柱前置及混响

3. 电路整理完成后便着手巡查故障，开机前在路测功放输出与正负电源间有短路，逐一排查发现其中一路低音音放大功率管C41和C42均已短路，用同型号对管换后正常。通电测输出对称电压正常，整流滤波输出对称±26V。测前置放大±12V正常，音量调大用镊子碰触CN1插口输入端，感觉声音挺小，但还是接上信号源试听发现声音既小又发毛，低音无感觉，测LM324的1、7、8、14脚直流电压正常为0，试提高1、2号运放的放大倍数(将2、13脚输入电阻减小到1K，放大倍数为：3K/1K=3倍)声音约有增大，再提高到6倍，音量无甚变化且音质极差，怀疑LM324有问题，换LM324并恢复电路原有元件试机已恢复正常，只觉得低音力度不够，试将运放3的放大倍数由0.56提高到1即将10K电阻减小为5.6K，则有5.6/5.5≈1。用光碟再行试机试听《将军令》《古筝：梁祝》，感觉长冲程喇叭低音浑厚有力，左右两音柱中高音明亮清脆，至此完成修理。

该系统仅一对莲花插口用于输入信号连接，迫切需要改进的地方是信号源引入多样性，增设一块mp3无损解码板。解码板体积48×36×12，形状见图3，网购于深圳。

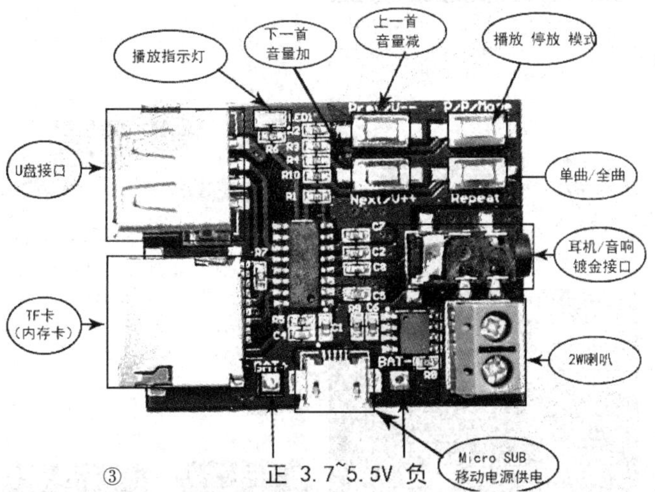

③

此板可插入U盘或TF内存卡，极大增加获取信号源的灵活性，信号从耳机插口引出到图1中的CN3上。在主机7812输出端串入78L05用于解码板工作电源。图4为安装在卧式低音箱上的照片。

④ 磁带合内装无损音频解码板并贴合在卧式低音箱体上

插入U盘或手机内存卡，打开磁带合盖即可按键选曲进行播放。改进暂告结束。下步想利用该机无线话筒接收进行配套改造。

◇重庆 李元林

海缔力、松下联袂发布，松下旗舰4K UHD蓝光机DP-UB9000上市

自OPPO Digital宣布退出蓝光机领域后，影音玩家瞬间堕入到惶恐和迷茫。在音质画质领域享誉全球的日本Panasonic松下，在联合海缔力推出了畅销经济型真4K UHD蓝光机新品DP-UB150GK后，针对近年高端影音市场的巨大需求，海缔力联合Panasonic松下正式推出更强的高端影音玩家关注的DP-UB9000 4K UHD HDR宇宙旗舰蓝光播放器，一举刷亮了影音玩家的眼睛。

Panasonic DP-UB9000旗舰蓝光播放器

从这些标签可以看到支持4K HDR PRO、ULTRA HD PREMIUM、ULTRA HD、HDR10+、DOLBY VISION、Hi-Res Audio、High Clarity Sound Premium和XLR输出，以及支持智能家居Control 4对接。

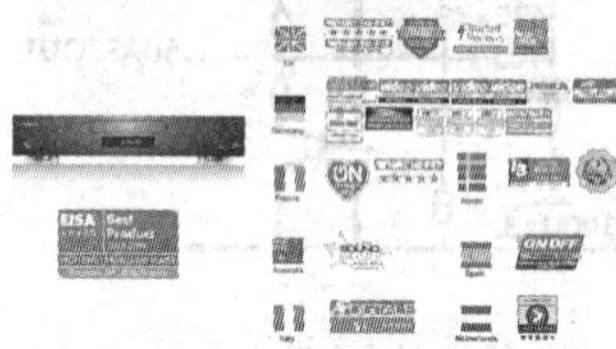

DP-UB9000包揽众多国际大奖，在日本荣获奖项无数，包括HTGP、VGP和HiVi，以及欧美的SOUND IMAGE AWARD、AVFORUMS、What's HiFi、HDTV、EISA AWARD(2018-2019)和VIDEO等。可见全球媒体对这款机型都青睐有加。从松下官网上，展示了DP-UB9000极度丰富的功能，而且整体音质画质上更是优于市面上出现过的其它高端蓝光机型。

作为松下旗舰机，DP-UB9000采用了松下自研的国际高端4K蓝光芯片，为了对电影有最好呈现，松下与好莱坞合作共同开发了HCX(Hollywood Cinema Experience)处理器，以及采用了原创4K高精度色度处理，同时DP-UB9000也取得了THX认证，力求最佳还原影片制作人想要表达的效果。DP-UB9000拥有最专业最强大的处理器，它能快速、无缝、精确地为您提供超高清惊艳图片、惊人的对比度、流畅的动作等。在OPPO Digital影音强大的光环底下，只有推出更高质量音画表现的产品，才能赢得高端影音玩家芳心，而松下DP-UB9000就做到了这一点，OPPO 203/205则采用了台湾联发科MTK85XX系列芯片，从先天来看，决定了松下DP-UB9000的表现更胜一筹。

在兼容性上，也是高端影音玩家考虑的重点，因此无论谁要挑战UDP-203/205，其出色的兼容性依然是对挑战者最重要的考验。据官网介绍，DP-UB9000在播放碟片方面从UHD BD上向下兼容直到CD，纠错强大，非常全面，今后还将扩展支持更多介质，这对HiFi玩家而言绝对是一大亮点，作为欧美高端蓝光销量第一名，松下DP-UB9000无愧被欧美玩家称为"全能机"的美誉。

音频系统方面，DP-UB9000支持Dolby Digital Plus、Dolby Digital、True-HD、DTS-HD Master Audio、DTS-HD High Resolution Audio、全景声含Dolby Atmos和DTS:X、DSD(2.8MHz/5.6MHz/11.2MHz)、支持主流高端无损音乐ALAC、DSF、FLAC、DFF、WAV、AIFF等，日本HI-RES金标。HIFI影音产品逐渐趋向同质化的今天，为避免这点，松下加入了众多原创技术，如4K高精度色度处理，HDR优化器包括2-投影机模式，以及针对各种观看条件的HDR调色等等。

同质化外的创新性技术

关于HDR方面，UDP-203/205仅有支持4K HDR功能，而DP-UB9000更支持HDR10+、DOLBY VISION以及HDR10和HLG(Hybrid Log-Gamma)，HDR10+是一种开放的动态元数据平台，适用于20世纪福克斯，三星和松下创建的高动态范围(HDR)。

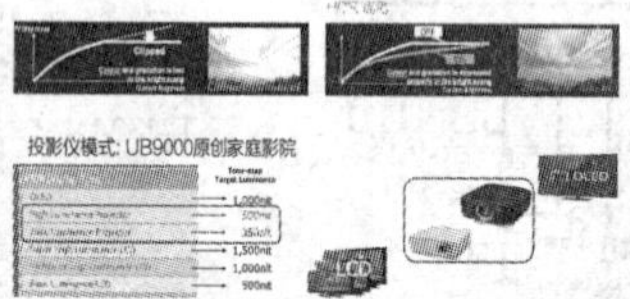

DP-UB9000还支持HLG(Hybrid Log-Gamma)标准，这个标准是BBC和NHK联合开发的高动态范围(HDR)标准，能够广播一段内容，这些内容将在HDR兼容的UHD电视和SDR UHD电视的SDR中以HDR显示，这点UDP-203/205不具备的。

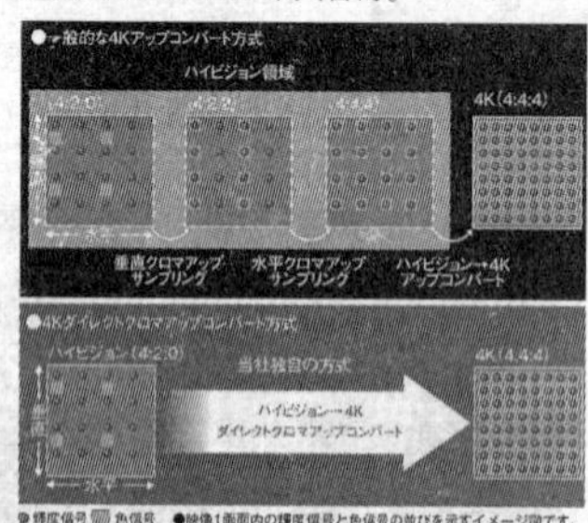

DP-UB9000原创技术的4K高精度色度处理

DP-UB9000所采用的4K高精度色度处理技术，是松下全新原创4K引擎技术，也是融合了松下与美国好莱坞实验室(PHL)培养的技术，基于高质量图像的蓝光，对原始多插值处理经过解码的4K(4:2:0)信号进行插值，以4:4:4实现清晰，自然和立体的4K图像。

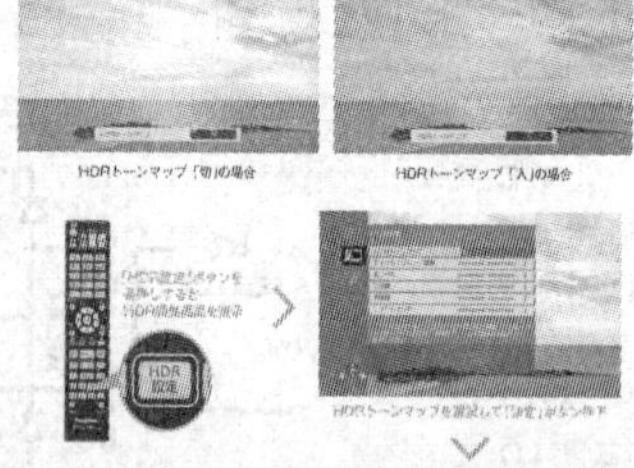

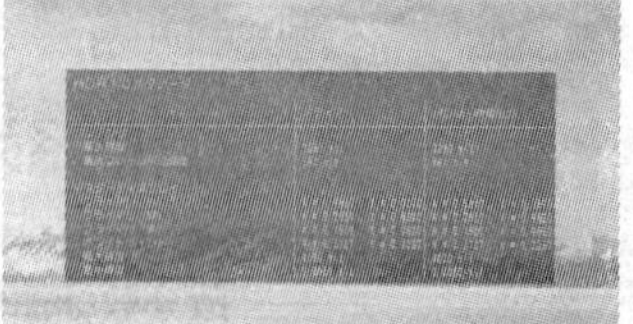

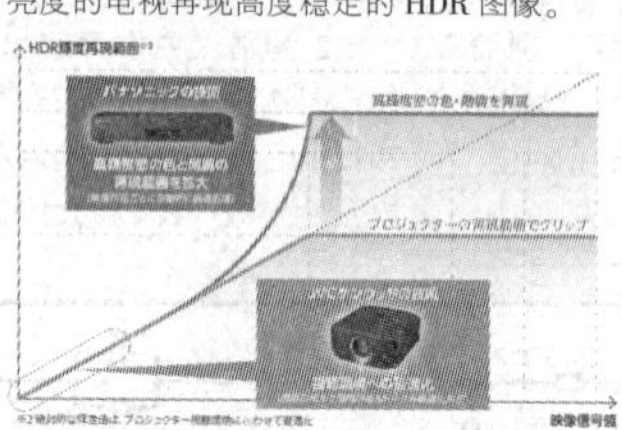

HDR调色优化，是基于兼容HDR电视使用色调映射所根据内容中的静态元数据匹配图像的亮度范围进行优化调整，由于制造商或型号未必能令画面达到最佳的效果，对于低峰亮度HDR电视和投影机，这种情况尤其普遍。而原创技术的HDR优化却令低峰值亮度的电视再现高度稳定的HDR图像。

官方投影机搭配调校以高端JVC投影为示例说明

另外还有投影机模式，是针对影音玩家家中投影机亮度的情况进行调整，例如高亮度投影机和基本亮度投影机，这种好处能改善图像高亮度部分的颜色和渐变。

另外影音玩家可以针对各种观看条件对HDR进行调整，该功能能允许用户根据日光查看环境选择最佳的HDR效果。

硬件体质

除了HCX处理器的高质素画面外，DP-UB9000还提供模拟音频电路，包括专用音频电源，高性能D/A转换器和XLR平衡输出，目前XLR输出基本针对顶级影音播放器，也属于高配设置，也是众多影音玩家所钟情的接口。

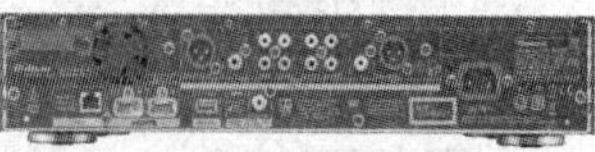

机身背面接口一应俱全，堪称惊艳

奢华硬件体质设计及底盘设计。为了高稳定性和低重心，DP-UB9000底盘进行全新开发，采用厚钢板将光驱固定到2层机箱的中心，以减少光驱旋转过程中的谐振和噪声发声，前面板和侧面板采用厚铝板，为了能让用户有更好观感和体验，对底盘刚性起到更好的加固作用。

顶级音频电源电路和高端音频元器件。内部众多电子元件也是为音频电源和模拟音频电路量身打造，电源组件应用到大容量的电解电容、红宝石云母电容器非感应型跨线电容器、高额定电压/大容量肖特基二极管等。而模拟电路方面则应用到AKM(最高支持32bit/768)的解码芯片、OFC铝电解电容器、表面安装的声电解电容器、非磁性碳膜电阻器。数字电路方面，针对网络电路更加入共模滤波器、镀金双HDMI端子以及极低抖动的音频PLL锁相环。

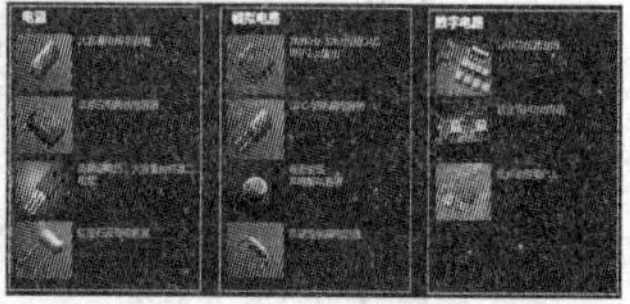

最后，DP-UB9000还支持Control 4智能家居影音智能控制，能切换不同的显示设备电视或投影仪，并将亮度等参数调整到最佳状态，这也符合目前智能家居智能影音流行生活方式。

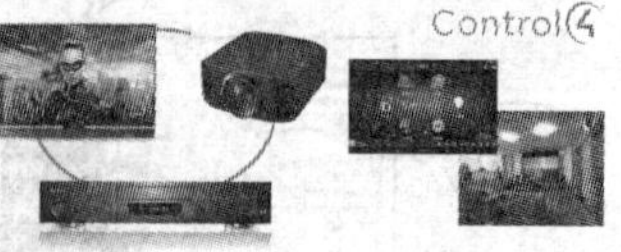

松下年度新品4K UHD蓝光播放机DP-UB150GK和高端旗舰蓝光DP-UB9000已经上市，影音玩家可以在海缔力京东、天猫、苏宁店咨询购买，经销商可以咨询海缔力全国渠道销售人员。

松下4K UHD蓝光播放机 DP-UB150GK(新品)　松下宇宙旗舰 4K UHD蓝光播放机 DP-UB9000(新品)

邮局订阅代号：61-75 国内统一刊号：CN51-0091

微信订阅**纸质版**
请直接扫描
邮政二维码
每份1.50元 全年定价78元
每周日出版

扫描添加**电子报微信号**
或在微信订阅号里搜索“电子报”

2020年6月28日出版
实用性 启发性 资料性 信息性
第26期
（总第2067期）
国内统一刊号:CN51-0091 定价:1.50元 邮局订阅代号:61-75
地址：(610041)成都市武侯区一环路南三段24号节能大厦4楼 网址：http://www.netdzb.com
让每篇文章都对读者有用

EDA专

我国EDA人才培养的新启航与新趋势(一)

作者介绍：邱志雄，博士，硕士研究生导师，西南交通大学信息学院电子工程系副系主任。CCF会员、中国图象图形学学会军民融合专委会成员、新工科联盟“可定制计算”专委会成员。研究方向为高性能图像编解码芯片技术研究、布局布线算法研究。近年来主持国家自然科学基金青年项目、四川省科技厅项高新重点项目等项目，参与完成了我国自主研制的首颗宇航级高速图像压缩芯片“雅芯-天图”。指导学生多次获得创芯大赛、全国大学生集成电路创新创业大赛、集成电路设计EDA精英挑战赛、全国大学生FPGA创新设计竞赛等国家级奖项。

1. 2019年国产EDA工具的新机遇与亮点

芯片设计是一个准入门槛极高的领域，对产品可靠性和历史口碑要求极其苛刻，在虚拟仿真阶段任何微小的瑕疵都有可能造成芯片流片失败，流片失败则意味着数年的工作毁于一旦，公司面临市场失守的悲惨境地。在芯片设计领域，全球几乎没有任何一家EDA公司有和三大公司抗衡的实力。曾经在EDA领域，创业最成功的结局就是被上述三大公司收购。

芯片设计环节繁多、精细且复杂，EDA工具在其中承载了极为重要的作用。摩尔定律中任何一代最先进工艺节点，无一不是由拥有最先进工艺制造条件的晶圆厂、顶尖EDA团队和设计经验丰富的Fabless公司三者协力共同推进的成果。这也是为什么台积电最先进制程的第一批产品总是由苹果、高通、华为来发布，只有顶尖的Fabless公司才具备参与调试最先进工艺节点的能力。

2019年，在众所周知的困境之下，国产EDA工具重新进入国内顶尖Fabless公司的视野，取得扩大市场份额的契机，进而获得与拥有先进制程的晶圆厂合作机会。我们也拭目以待并且充满希望，期望2020年国产EDA的风雨兼程能够催生未来EDA格局的重大变革。

尽管国产EDA工具在产业链中只能依靠个别点工具盈利，但是在重重困境之下，国产EDA工具依托我国产业崛起的优势，充分发挥创新能动性和产业协同创新优势，已经逐步打入全球一流芯片设计公司中，并对行业巨头形成了一定的压力。如华大九天的高速高精度并行晶体管级电路仿真工具ALPUS，彻底颠覆了传统晶体管电路仿真方法，已经成为业界标杆性创新产品。华大九天的Xtime物理设计时序优化与Sign-off工具和解决方案，得到了业界一线工程师的一致好评，成为数字全流程中的重要一环。成都奥卡思微在形式化验证工具这个sign off关键节点上推出了一系列工具，奥卡思微也是目前国内唯一专注于芯片数字前端的本土EDA公司。

2. 现有EDA领域的高校课程体系与人才培养困境

2019年重新唤醒了大众对EDA行业的关注，也给了国产EDA产业更多进入一线芯片设计公司和晶圆厂视野的机会。尽管机遇难得，但是EDA行业仍然要面对一个不容乐观甚至是尴尬的局面：国内目前并没有充足的EDA研发从业人员来充实和壮大国产EDA行业，国内高校也没有健全、完善的课程体系来稳定输出大量的EDA研发生力军。

为什么EDA人才数量少，个人认为主要有以下几个原因：

(1)学生少。EDA是集成电路、微电子、数学、计算机等多个领域的交叉融合，不仅仅是集成电路或者计算机单个领域的科学与技术问题。一般来说本科生很难有如此既宽泛又具体的知识储备和体系，以国际三大EDA公司为例，其研发工程师的平均学历都很高。同时，在硕士和博士阶段，单独从事数学、芯片设计、半导体器件和工艺的人较多，但是三者兼具的人又非常少。

(2)教师规模小。作为支持半导体产业的工业级软件，EDA内部也有着数量庞大的细分方向，从仿真、综合到版图，从前端到后端，从模拟到数字再到混合设计，以及后面的工艺制造等，EDA软件工具涵盖了IC设计、实现、验证，以及半导体工艺、半导体器件等等所有环节，是集成电路产业的“摇篮”。以EDA领域的三大巨头为例，三家公司共开发了上百款EDA工具。这也在一定程度上使得国内从事EDA领域研究的高校教师规模不大，且研究方向较为分散，较难形成合力。

(3)课程不完善。课程体系和教材建设的完善度均与微电子、集成电路设计、半导体工艺与器件等有较大差距。EDA研究背景的学者不论是在计算机领域还是集成电路领域都属于小众群体，从研究生院或者教务处的角度看，选课人数太少，直接限定了EDA领域专业课很难在本科阶段或者硕士阶段开出，使得难以输出大批量、规模化的EDA人才。因此数量有限，则进一步限制了我国EDA行业的壮大。

我国当前仅有清华大学、复旦大学、浙江大学、北京航空航天大学、电子科技大学、西安电子科技大学、福州大学、香港中文大学、HKUST、上海交大等少数学校从事EDA方向的研究和人才培养。上述大陆高校中，仅有清华大学计算机系（硕士课程：超大规模集成电路布图理论与算法）、复旦大学微电子学院（博士课程：模拟集成电路CAD技术、研究生课程：VLSI布图设计算法）、西安电子科技大学微电子学院、福州大学数学与计算机学院等几所高校在硕士或者博士阶段开设了相关课程。即使是这些能开出课的高校，也很难构建一个完整、系统的EDA人才培养方案和体系。

此外，我国长久以来对工业软件行业关注度和版权意识不够，导致大量的人才转向消费类、民用软件设计。

（未完待续，下转第256页）

（本文原载第4期2版）

电子科技博物馆专栏

编前语：或许，当我们使用电子产品时，都没有人记得或知道老一批电子科技工作者们是经过了怎样的努力才奠定了当今时代的小型甚至微型的诸多电子产品及家电；或许，当我们拿起手机上网、看新闻、打游戏、发微信朋友圈时，也没有人记得是乔布斯等人让手机体积变小、功能变强大；或许，有一天我们的子孙后代只知道电子科技的进步而遗忘了老一辈电子科技工作者的艰辛……

成都电子科技大学博物馆旨在以电子发展历史上有代表性的物品为载体，记录推动电子科技发展特别是中国电子科技发展的重要人物和事件。目前，电子科技博物馆已与102家行业内企事业单位建立了联系，征集到藏品12000余件，展出1000余件，旨在以“见人见物见精神”的陈展方式，弘扬科学精神，提升公民科学素养。

博物馆传真

索尼中国专业系统集团向电子科技博物馆捐赠藏品

近日，索尼中国专业系统集团向电子科技博物馆捐赠了8件包括模拟信号、数字标清和数字高清等不同制式的摄像机藏品，并举行了捐赠仪式。

党委宣传部部长杨敏代表学校感谢了索尼对电子科技博物馆的关注和支持，他说，索尼本次捐赠的摄像机都是公司发展历史上有代表性的产品，这些实物不仅丰富了电子科技博物馆藏品数量，也提升了馆内藏品价值，电子科技博物馆将充分挖掘藏品背后的故事，并对藏品进行全方位的展示。他讲到，今年9月，成都市政府与电子科技大学启动共建新的电子科技博物馆，新馆规划建设超过30000平方米的单体建筑，计划征集超过50000件藏品，将打造以电子科技为核心、集科技体验与休闲娱乐于一体的综合场所，新馆的建设离不开行业的支持，他希望索尼能继续关注并支持电子科技博物馆的发展，为博物馆捐赠更多的藏品。

电子科技博物馆办公室主任赵轲从藏品征集、陈列展览、教育活动和国际交流等方面介绍了电子科技博物馆的整体情况。随后双方签订了捐赠协议，杨敏向索尼集团代表颁发捐赠铜牌。

捐赠仪式上，索尼中国专业系统集团渠道销售总监赵继昌表示，索尼集团作为世界最早便携式数码产品的开创者，完整记录了人类影音设备领域的发展。得知电子科技博物馆正在征集广播电视设备，索尼集团立即行动起来，通过多方努力，从全国各地的仓库里挑选出了8件具有代表性的藏品，其中Digital Betacam（数字Betacam格式数字磁带录像机），是日本Sony公司1993年推出的首次采用压缩技术的分量数字录像机。他表示，希望通过电子科技博物馆这个窗口，能让更多人了解索尼，了解广播电视技术的发展。今后索尼也愿意发挥专业领域优势，在藏品数量、展示技术等方面继续支持电子科技博物馆，并希望博物馆建设得越来越好。

◇电子科技博物馆

（本文原载第6期2版）

电子科技博物馆“我与电子科技或产品”

本栏目欢迎您讲述科技产品故事，科技人物故事，稿件一旦采用，稿费从优，且将在电子科技博物馆官网发布。欢迎积极赐稿！

电子科技博物馆藏品持续征集：实物；文件、书籍与资料；图像照片、影音资料。包括但不限于下列领域：各类通信设备及其系统；各类雷达、天线设备及系统；各类电子元器件、材料及相关设备；各类电子测量仪器；各类广播电视、设备及系统；各类计算机、软件及系统等。

电子科技博物馆开放时间：每周一至周五9:00--17:00，16:30停止入馆。

联系方式

联系人：任老师 联系电话/传真：028--61831002

电子邮箱：bwg@uestc.edu.cn 网址：http://www.museum.uestc.edu.cn/

地址：(611731)成都市高新区（西区）西源大道2006号

电子科技大学清水河校区图书馆报告厅附楼

二合一电源 OB5269CP+AP3041 方案——原理与维修(四)

(紧接上期本版)

五、LED 背光驱动电路

长虹 32J2000、43J2000、LED42538N 机型在背光驱动控制电路上采用了 AP3041 方案，机型之间区别在于 LED 输出的路数不同，32 英寸只用了单路驱动，而 42 英寸用了 6 路驱动输出。

AP3041 是一个电流模式、高压侧沟道 MOSFET 控制器，是个理想的升压型稳压器。它包含了实现单端初级拓扑 DC/DC 转换器所需的全部功能。

- 输入电压范围为 5V 至 27V；
- 工作频率可调范围为 100kHz 至 1MHz；
- 具有 UVLO(欠压锁定)电路，通过两个外部电阻来设置 UVLO 电压；
- 具有输出过电压保护，以限制输出电压，该 OVP 电压可通过外部电阻设置。当输出电压高于过压保护高阈值点时，驱动信号停止，系统被闩锁；
- LED 短路保护；
- 过电流保护；
- 过温保护等。
- 该 AP3041 是采用 SOIC-16 封装。内部原理框图见图 12 所示。

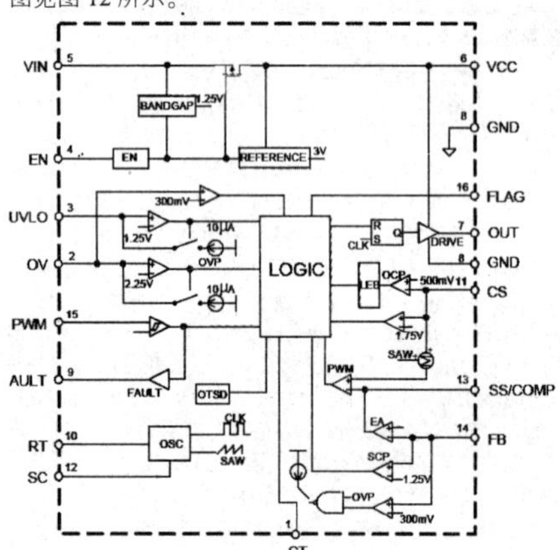

图 12 AP3041 内部原理框图

下表为 AP3041 引脚功能：

引脚	标注	功能
①	CT	保护功能计时设定(电容)
②	OV	过压保护检测
③	UVLO	输入欠压保护检测
④	EN	芯片使能
⑤	VIN	芯片供电
⑥	VCC	参考电压
⑦	OUT	驱动输出
⑧	GND	地
⑨	AULT	调光 MOS 控制
⑩	RT	工作频率设定
⑪	CS	电流检测
⑫	SC	斜坡补偿
⑬	SS/COMP	驱动及补偿
⑭	FB	反馈
⑮	PWM	调光输入
⑯	FLAG	故障输出检测

1. 芯片关键引脚工作原理

⑤脚 Vin：电压输入。AP3041 是电流模式控制的 LED 驱动 IC，开关脉宽调制转换器为恒定频率模式。控制器使用峰值电流模式控制方案(具有可编程斜坡补偿)，内部放大器精确控制所有线路和负载的输出电流。外部驱动 MOSFET 供电为(11V<VIN<27V)的标准方案。图 13 为典型应用原理图。

⑦脚：OUT 驱动输出。在每个振荡周期开始时，内部 SR 锁存器设置和外部电源开关 Q1(见图 13)打开，开关电流将线性增加。检测电阻 RCS 的电压(见图 13，CS 引脚经电阻到 GND)，与开关电流成正比。此电压被添加到一个稳定的斜坡，结果被送到非反转输入的脉宽调制比较器。当非反转输入电压超过脉宽调制比较器的反转输入电压时，误差放大器输出误差电压，这时锁存器关闭外部电源开关。当 AP3041 被启用，首先检查拓扑的连接，FLAG 引脚驱动外部 PMOS 在缓慢启动（实际电路用一颗电阻强制接地）。芯片还监视 OV 引脚外肖特基二极管 D1 是否正常连接或升压输出是否对地短路。如果电压低于 0.3V，芯片将被禁用关闭外部 PMOS。正常时，软启动工作升压转换器启动。

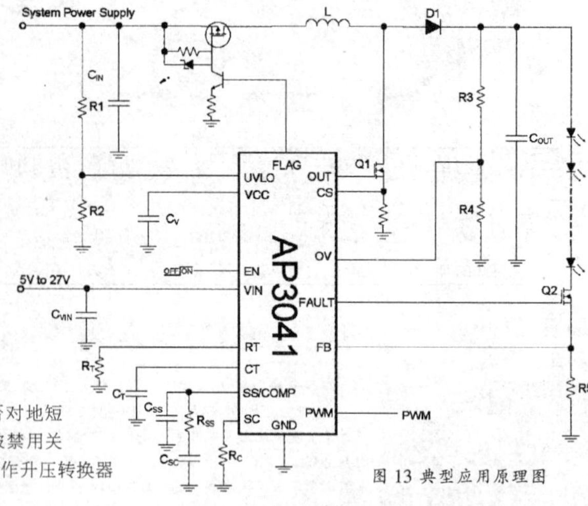

图 13 典型应用原理图

图 13 中由输入电容器 Cin、输出电容器 Cout、电感器 L、开关 Q1 和二极管 D1 构建成一个典型升压转换器。输出电流由 R5 和 AP3041 的内部 0.5V 参考电压决定。

④脚：EN 使能输入。AP3041 通过施加大于 2.0V 的电压给引脚 EN 启用。该 AP3041 还将检查其他保护机制，包括欠压保护、过压 OV、OCP 和 OTP。如果功能正常，然后从外部推动升压转换器软启动。AP3041 具有软启动电路，在启动过程中限制浪涌电流。启动时间是由一个内部 20μA 电流源和一个控制从 SS/COMP 引脚连接到 GND，外部软启动电容 CSS 见图 13。欠压锁定保护功能由 VCC 引脚提供。

当 VCC 脚电压低于约 4.7V 的阈值时，IC 将闭锁；

当 VCC 引脚上的电压超过 5.0V 左右的阈值时，IC 恢复操作。

该启动信号来自建立了输入电压和 PWM 调光信号之后。

在 AP3041 中提供了完整的保护功能如：功率 MOSFET 过流保护(OCP)，过电压保护(OVP)，输出接地短路保护，发光二极管的阳极短路保护，发光二极管阴极接地短路保护，整流二极管短路保护和热保护。

⑩脚：RT 工作频率设定。控制器工作在固定频率模式下，恒定的工作频率是通过外接电阻 RT 和 GND 之间阻值决定的，其频率如图 14 所示。工作频率可以通过曲线来展示，当外部电阻为 270KΩ 时，工作频率接近 100KHz。电阻阻值越小，工作频率越高。

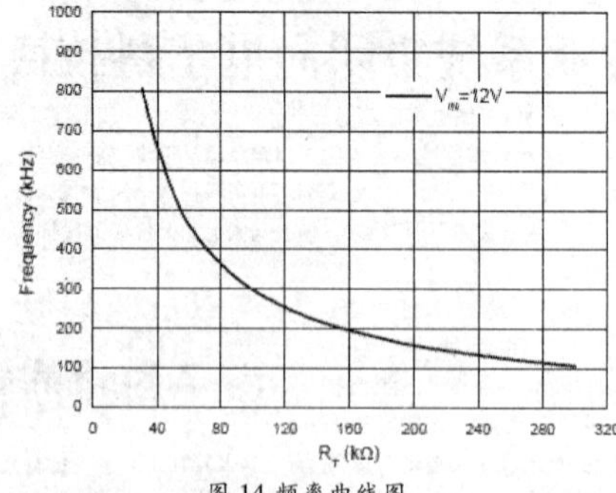

图 14 频率曲线图

⑫脚 SC：斜率补偿。斜率补偿是选择电感电流的下降斜率的一半，确保转换器所有工作周期的稳定。在 AP3041 斜坡补偿由引脚的 SC 和 GND（图 13）之间的一个外部电阻 RSC 进行调节。

⑪脚 CS：过流检测。用于检测 CS 引脚上电阻两端的电压和斜率补偿的电压。当电压在 CS 引脚(VCS)超过阈值约为 0.5V，功率 MOSFET 的过电流保护功能被触发，功率 MOSFET 立即关闭直到下一个运行周期。该 AP3041 CS 输入包括一个内置的 100ns(最小)消隐时间，防止误动作。

⑮脚 PWM：LED 电流调节和 PWM 调光控制。LED 电流通过反馈电阻 R5(在图 13 中)来控制。LED 电流精度是由调节器的反馈门限准确度决定的，是独立于 LED 的正向电压变化。因此，精密电阻是首选。R5 的电阻与 LED 电流成反比，因为反馈基准固定为 500mV。对于 R5 和 LED 电流的公式可表示如下边。

$$I_{LED}=\frac{500mV}{R5}(mA)$$

外部 PWM 调光控制是由具有高于 2.0V 的峰值和小于 0.5V 到 PWM 一个山谷施加外部 PWM 信号来实现的。

当引脚 PWM 的电压超过 2.0V 的阈值，则 LED 串被接通；

当引脚 PWM 的电压低于 0.5V 的阈值，LED 串关闭。

②脚 OV：过压保护。在正常的操作或软启动后，当引脚 OV 的电压小于大约 0.3V 阈值被触发，检测为输出对地有短路状态。此时，IC 内部处于锁定模式(OUT 和 FAULT 关闭）和 FLAG 引脚电压为变低状态。当短路条件被去除，在 OV 引脚的电压上升约 0.3V，返回到正常输出的状态。

③脚 UVLO：输入欠压保护。该 AP3041 包含一个欠压锁定(UVLO)电路，两个电阻 R1、R2 分压与 UVLO 引脚连接。只有当 UVLO 引脚上的电压高于 1.25V 或者更高时，满足系统电源电压工作在正常范围内。

⑭脚 FB：反馈输入端。此脚对 LED 低侧短路检测。当检测到 FB 电压低于 0.3V 时，触发内部 5μA 电流源开始对外部 CT 电容器充电至 2.6V，然后给出一个故障输出，来锁闭系统。LED 高端短路低侧检测，当检测到 FB 高于 1.25V 时，该 LED 调光 MOSFET Q2 和升压 MOSFET Q1 被立即关闭，以限制浪涌电流，然后系统关机和闭锁。只有当 OUT 和 FAULT 关闭和引脚 FLAG 变低时，触发 EN 或 VIN 引脚，重新启动系统。AP3041 的 FB 输入内置了一个 1μs 的(最小)消隐时间，以防止在 FB 引脚的噪音。

①脚 CT：保护功能计时设定。系统的延迟时间是由 CT 电容决定。

⑯脚 FLAG：故障输出检测。在正常运行期间，引脚输出高电平，当集成电路进入关闭或锁定模式，如上所述，引脚电压变低。此功能可以判断故障状态。

热保护：当 IC 芯片的温度≥160℃时保护电路启动，LED 开关 Q1 和 Q2 转换立即关闭，以防止损坏设备。

(未完待续)(下转第 362 页)

◇周强

ADAM ARTIST5 多媒体有源音箱电路全解析(一)

德国ADAM品牌推出的多款监听级和HI-FI级音箱深受广大专业用户及发烧友的推崇，互联网上的好评无数，在此不再罗列。ADAM ARTIST5(艺术家5号)多媒体有源音箱，低音单元采用伊顿产的复合材料编织盆的5.5英寸扬声器，而高音单元采用ADAM自产的X-ART气动高音扬声器（属于海尔气动高音类型），该气动扬声器的高音频响可达50kHz以上且失真率远低于普通高音扬声器。音箱整体钢琴漆涂装，光可鉴人（如图1所示）。由于该音箱外观及音质的优良，虽然其上市有些时间了，但淘宝卖家目前的报价还在8000元以上（一对）。

笔者通过对ADAM ARTIST5(艺术家5号)多媒体有源音箱电路的实测，对该音箱电路有了更多的了解，特此撰文，供读者们参考。

本音箱的信号流程如图2所示(电路只含其中一只音箱，另一只音箱电路用料相同)，音箱的音频信号通路中，运放的数量比一般有源音箱用得多，而且没有使用常见的4558运放，用的是高速运放33178(U1、U3、U25)、33078(U2、U3、U4、U5、U7、U8、U9、U10、U11、U12、U13、U14)和TL082(U16)，高音压限电路用于控制的运放也用TL084(U15、U20)，而高低音扬声器是各用一片TDA7294功放电路(UH1、UL1)来推动。该音箱标称RMS功率是高低音各50W，可见功放芯片有余量。从每个音箱中变压器的大小看，功率在100W左右。电路板上的电阻电容用的是贴片元件，大的电解电容使用的是普通规格，可见厂家对有源器件比无源器件重视，并没有使用发烧电阻电容。

根据信号流程图，对音箱电路分几部分给予介绍。

USB音频解码部分

该音箱具有USB接收功能，可以通过USB端口接收来自电脑主机的音频数据，利用音箱内置的USB音频DAC(48kHz/16Bit)芯片PCM2704把数据还原为音频信号播放出来。USB端口的D+、D-信号分别输入芯片⑨脚、⑧脚，经过解码的L、R音频信号从芯片⑭脚、⑮脚输出到音箱前级电路。该芯片利用USB的供电并免安装驱动程序，在连接上电脑后，音箱就能直接输出声音(电路如图3所示)。

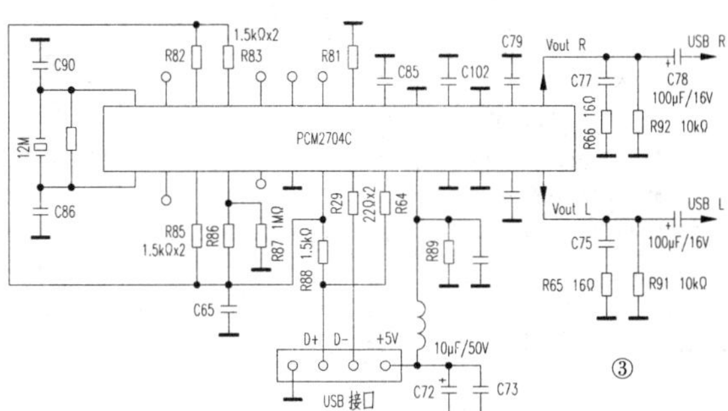

前级音量音调部分

该音箱前面板有3.5mm立体声输入端口，左声道信号输入到运放U25(2/2)缓冲。音箱后面板的非平衡RCA输入端口，输入单声道信号到运放U1(2/2)缓冲；音箱后面板的平衡XLR输入端口，输入单声道平衡信号到运放U1(1/2)转为非平衡信号；USB左声道信号也在此和上述三路信号输入。信号经过U2(1/2)缓冲后，在U29(1/2)和前面板音量电位器组成的反馈式音量放大电路调整音量(其实是改变U29的放大倍数)，再经过U5(2/2)和后面板高音音调电位器VR1组成的反馈式音调电路调整高音音调(>5kHz)，再经过U5(1/2)和U7(1/2)和后面板低音音调电位器VR2组成的反馈式音调电路调整低音音调(<300Hz)。电路中音量和音调调整都采用反馈式电路，使得音量小或音调调低时，电路增益较低。相对于衰减式音量控制电路，此举能提高电路在小音量时的信噪比。一般高低音调调整电路使用一个运放，而此电路中高低音调调整电路使用U5(2/2)、U7(1/2)和U5(1/2)三个运放，减轻了高低音电位器调整时的相互影响，降低了失真。另外，本音箱属于偏向于监听级设计，所以高低音调的调整范围只有±6dB，没有一般功放±10dB的调整幅度大。

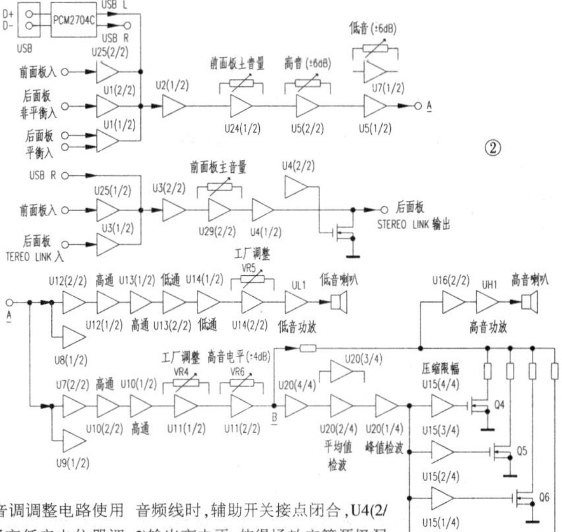

该音箱前面板有3.5mm立体声输入端口，右声道信号输入到运放U25(1/2)缓冲。音箱后面板有STEREO LINK INPUT RCA输入端口，输入单声道信号到运放U3(1/2)缓冲。USB右声道信号也在此和上述两路信号输入。信号再经过U3(2/2)缓冲后，在U29(2/2)和前面板音量电位器组成的反馈式音量放大电路调整音量(其实是改变U29的放大倍数)，信号再经过U4(1/2)放大后，通过后面板STEREO LINK OUTPUT RCA输出端口把信号输出给另一个音箱。STEREO LINK OUTPUT RCA输出端口有个辅助开关，该端口不插音频线时，辅助开关接点闭合，U4(2/2)输出高电平，使得场效应管源极漏极导通，将STEREO LINK OUTPUT端口下拉到地而静噪；插入音频线时，U4(2/2)输出低电平，使得场效应管源极漏极截止，STEREO LINK OUTPUT端口不静噪，同时面板上STEREO LINK指示灯D15点亮(电路如图4所示)。

(未完待续)(下转第363页)

◇浙江 方位

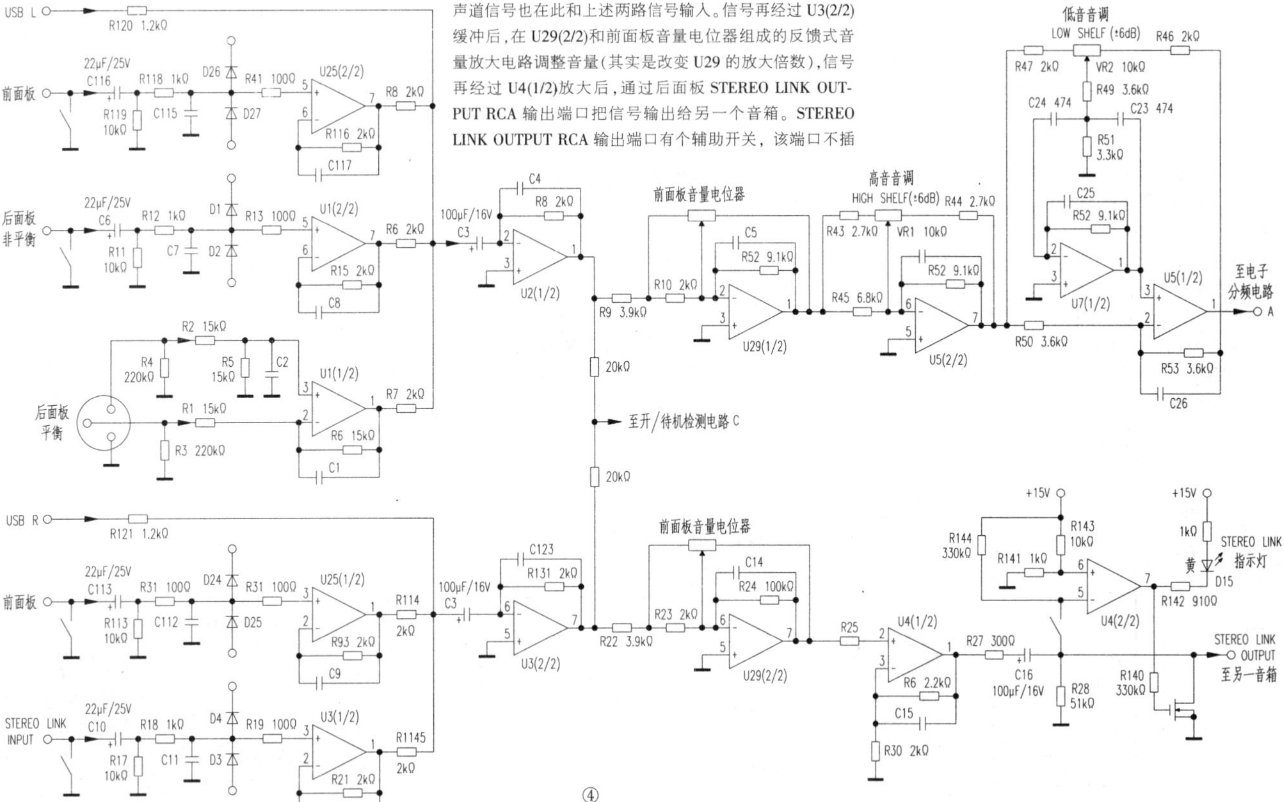

CA6150 型卧式车床电气控制电路故障维修实例(二)

(紧接上期本版)

5)刀架的快速移动与冷却泵控制

转动刀架快速移动手柄，压动限位开关 SQ（在图 2 中的 12 区)，接触器 KM5 线圈(在图 2 中的 12 区)通电，KM5 主触点(在图 2 中的 4 区)闭合，刀架快速移动电机 M3(在图 2 中的 4 区)接通电源启动。

M2(在图 2 中的 3 区)为冷却泵电机，启动和停止使用常规电路通过按钮 SB5 和 SB6(均在图 2 中的 11 区)控制。

6)其他辅助环节

监视主电路负载的电流表 A 通过电流互感器 TA(A 和 TA 均在图 2 中的 2 区)接入，为防止电机启动、点动和制动电流对电流表的冲击，电流表与时间继电器的延时动断触点 KT(在图 2 中的 2 区)并联，主轴电机启动时，KT 线圈通电，KT 的延时动断触点未动作，电流表被短接，启动后，KT 延时断开的动断触点打开，此时电流表接入互感器的二次回路对主电路的电流进行监视。

控制电路使用控制变压器 T(在图 2 中的 5 区)提供的隔离电源供电，使之更安全。此外，为便于工作，设置了工作照明灯 EL(在图 2 中的 13 区)，照明灯的电压为安全电压 36V，由开关 SA(在图 2 中的 13 区)控制。36V 电源由控制变压器 T 提供。

二、CA6150 车床的故障检修实例

例 1　一台 CA6150 车床在正向运转加工使用过程结束停机时，主轴电机不能快速制动。

分析与检修：主轴电机在正向运转加工工作时，接触器 KM1 和 KM3 均动作吸合，其中 KM1 是用来接通电源的，KM3 用于短接电阻 R。本例故障表现出来的现象，经过分析判断应是制动电路未工作。

正转停机时，须使接触器 KM2 线圈得电，主触点闭合，给主轴电机绕组加上反接制动电源方可实现反接制动，现在没有制动功能，说明接触器 KM2 线圈没有获得电源动作，应检查此种工作状态时，KM2 线圈获得电源的电路通道。

由图 2 可知，在正转停机反接制动时，KM2 线圈的电路通道是：控制变压器 T 二次绕组的热端→停机按钮 SB1→中间继电器 KA 的动断触点 KA-2→速度继电器 KS 的正向运转动合触点 KS-2→接触器 KM1 的辅助动断触点 KM1-2→接触器 KM2 的线圈→热继电器 FR1 的动断触点→控制变压器 T 的二次绕组接地端。在该通道中的任意一个触点不通，均会导致接触器 KM2 线圈失电而不工作。经仔细检测，是速度继电器 KS 的正向运转动合触点 KS-2 开路所致。速度继电器长年累月的持续工作，再加上车床会有一定的振动，导致速度继电器的触点发生不能接通的故障。更换相同型号的速度继电器后故障排除。

例 2　一台 CA6150 车床刀架和溜板不能快速移动。

分析与检修：需要刀架快速移动时，操作人员应转动刀架快速移动手柄，通过机械联动的方式压动限位行程开关 SQ(在图 2 中的 12 区)，从而给接触器 KM5 线圈供电，继而使电机 M3 运转，实现刀架和溜板的快速移动。现在操作刀架快速移动手柄后接触器 KM5 线圈未得电，自然电机 M3 不能驱动刀架和溜板快速移动。经检查，是由于刀架快速移动手柄与限位行程开关 SQ 位置配合关系不当，导致限位行程开关 SQ 拒绝动作。重新调整两者之间的位置关系，再次试机，刀架和溜板快速移动功能恢复正常。

(全文完)

◇山西 杨德印

贝亲牌多功能蒸气消毒器故障检修 1 例

故障现象：一台贝亲微电脑控制型多功能蒸气消毒器插上交流电源，按开机键无反应。

分析与检修：通过故障现象分析，怀疑电源电路或其负载异常。为了便于故障检修，根据实物画出了电路简图，如图 1、图 2 所示。

从图 1 可知，AC220V 市电电压从插头的 L、N 脚各经一支 250V/10A/175℃过热熔断器，到电源板 ETQ-13B-P13 上的 AC-L、AC-N 脚。在电源板上，AC-N 脚输入的市电电压分 2 路输出：一路输入到 500W 加热环的一个供电端；另一路经电阻 R、电容 C 降压，再通过整流滤波产生 5V 直流电压。5V 电压除了给电源板上的可控硅触发电路供电，而且经连接器 CN1 为控制板 ETQ-13B-D07 供电。而 AC-L 脚输入的市电为 8A 双向可控硅 BT138 供电，BT138 的 G 极受控制板上 CPU⑬脚输出的 PWM 信号控制。PWM 信号从控制板上 CN1 的 2 号线输出到电源板，利用触发放大电路控制可控硅(晶闸管)的导通程度，也就控制了它的阴极 P1 输出电压大小，进而控制加热环的加热温度。另外，此电路中还串联了一只温控开关 KSD301，其作用是防止加热环等元件因干烧而损坏。

检修时，用万用表蜂鸣挡测电源输入插头 L、N 脚与电源板上 AC-L、AC-N 脚时，蜂鸣器鸣叫，说明 2 支过热保护元件及线路正常；在路测温控开关 KSD301 和可控硅也正常。输入市电后，测电源板上的 AC-L、N 间有 220V 电压，按动控制面板左侧的 ON/OFF 键时，测可控硅 BT138 输出端 P1 脚电压为 0V，说明 BT138 未导通，怀疑微处理器电路、电源电路异常。此时，测 CN1 上的直流 5V 电压为 0，说明电源或负载异常。为区分故障部位，拔下 CN1 的 3 条连线，测电源板上 5V 电压恢复正常，怀疑故障发生在控制板电路。

控制板上主要由三星公司的微处理器 S3F9454BZZ-DK49 和一个软封装芯片及 LED 显示屏(型号是 K3428A)组成。CPU 有 20 个引脚，①脚接地，⑳脚是 VDD(5V 电压)输入脚，⑬脚为 PWM 信号输出脚。

用 5V/1A 的维修电源为控制板电路单独供电，发现电流很大，随后维修电源进入保护状态，确认控制板有短路故障。此时，用一支 9 号针头悬空 CPU 的供电端⑳脚后通电，测 5V 供电的电流降为几十毫安左右，说明 CPU 内部短路。该型号的 CPU 广泛应用在电磁炉、空调器、高档电风扇等微处理器电路中。因 CPU 都根据产品功能的不同，写入的程序也不同，所以互换性很差，而市场上虽有此型号的 CPU，但大多是空白的，也不能代换。因此，从厂家快递一块 ETQ-13B-D07 型控制板，更换后故障排除。

◇浙江　潘仁康

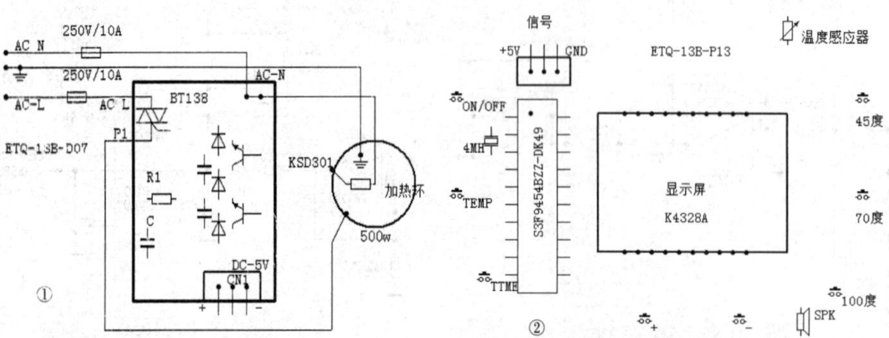

两台长虹空调显示 F7 故障代码的检修

故障现象：两台长虹空调不工作、显示屏显示 F7 故障代码。

分析与检修：来到现场察看，发现室内机的机壳已打开，里面的线路凌乱且排线多处已重新连接。用户在一旁解释道，使用空调时发现 2 台空调开不了机，在拆开室内机后发现一部分线路被老鼠咬断了，让员工去买相同的排线，但没买到，该员工回来后就将咬断的线路重新连接，虽然按键功能正常，但机器不工作，显示屏显示字符 F7。听完故障描述，察看该机系长虹柜机产品，其室内机型号为 KFR-50LW/DHR(W1-G)+2，经初步察看未见异样，仔细察看被咬断的排线也按正常的顺序及颜色连接。既然连接无误，通过故障代码 F7 分析，该机应进入温度传感器异常保护状态。于是，对室温、室内/室外机管温 3 个温度传感器进行逐一替换，但故障仍旧。奇怪了，难道问题出在控制电路板上？于是用遥控器控制该机进入故障自诊断程序。

【提示】自检进入的方法：长按遥控器上的空气清新或小时键，待其显示数字为 0 后，通过温度加、减键调到要诊断的数字代号后，再按开机键即可进入自检模式。其中主要的几个代码：数字 11 为室温检测，12 为管温检测，13 为室外温度检测，14 为故障代码，数字 3 为运行自检程序。每进行一项自检项目，遥控器上调到相应的数字代号后都要按开机键才能进入自检模式。检测完后，调到数字 4 后按开机键就可退出自诊断程序，再退出遥控器上的自检模式即可。

通过自检发现，室温、内盘管温、外盘管温 3 个温度传感器自检都无数据，真是奇怪了，3 只温度传感器均已换新且确认完好，为何不能检测到 3 只传感器呢？怀疑问题出在电路上。取下室内机电路板察看，未发现没有断线与接触不良现象，测量与传感器串联的阻容等元件也正常，通电后测各路温度检测输出电压，3 个电压均为 5V，难怪自检无数据，机器不工作。而电源板上的 5V、12V 电压均正常，无奈之下只好拆下显示板一起检查。

经过一番检测，仍未发现故障所在，仔细想想，难道问题出在连接线上？被咬断的排线恰好也是连接电源板与显示屏的，虽然察看排线已连接且色序对应无误，但可能连接的。于是，在路逐一测量各条连线的通断，结果第一条线就不通，仔细对应检测发现，居然排线的线序对应错误，完全搞反了！奇怪了！线的颜色不是对应无误么，咋还会出现这样的现象呢？于是找到正常空调的排线进行对比，比对后惊奇的发现，2 个线排端子导线的色序真的相反(见附图)！事后证实，2 个排线端子都被拔掉过，由于 2 个端子相同，所以员工没做好标记，重新插入排线时误将两台机子排线端子交换插上，从而产生显示 F7 的特殊故障。重新连线后，故障根除。

◇重庆　彭永川

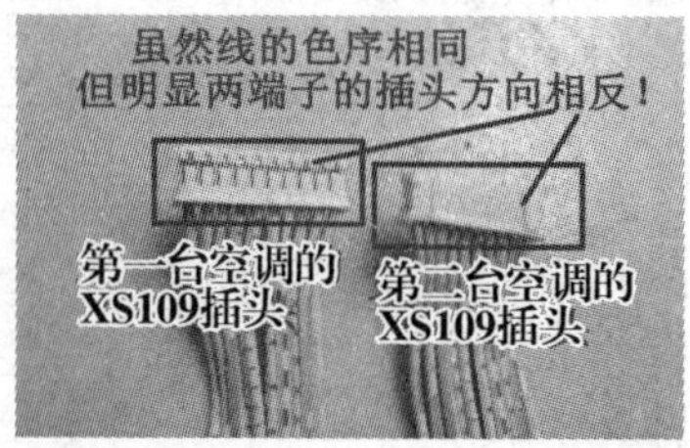

过压故障保护模拟开关的应用技术(一)

简介

设计具有鲁棒性的电子电路较为困难,通常会导致具有大量分立保护器件的设计的相关成本增加、时间延长、空间扩大。本文将讨论故障保护开关架构,及其与传统分立保护解决方案相比的性能优势和其他优点。下文讨论了一种新型开关架构,以及提供业界领先的故障保护性能以及精密信号链所需性能的专有高电压工艺。ADI 的故障保护开关和多路复用器新型产品系列(ADG52xxF 和 ADG54xxF)就是采用这种技术。

高性能信号链的模拟输入保护往往令系统设计人员很头痛。通常,需要在模拟性能(例如漏电阻和导通电阻)和保护水平(可由分立器件提供)之间进行权衡。

用具有过电压保护功能的模拟开关和多路复用器代替分立保护器件能够在模拟性能、鲁棒性和解决方案尺寸方面提供显著的优势。过电压保护器件位于敏感下游电路和受到外部应力的输入端之间。一个例子是过程控制信号链中的传感器输入端。

本文详细说明了由过电压事件引起的问题,讨论了传统分立保护解决方案及其相关缺点,还介绍了过电压保护模拟开关解决方案的特性和系统优势,最后介绍了 ADI 业界领先的故障保护模拟开关产品系列。

过电压问题—回顾基础

如果施加在开关上的输入信号超过电源电压(VDD 或 VSS)一个以上二极管压降,则 IC 内的 ESD 保护二极管将变成正向偏置,而且电流将从输入信号端流至电源,如图 1 所示。这种电流会损坏元件,如果不加以限制,还可能触发闩锁事件。

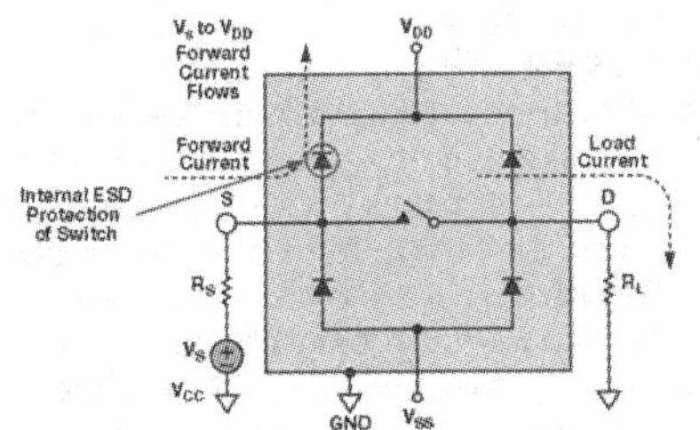

图 1 过压电流路径

如果开关未上电,则可能出现以下几种情形:

1. 如果电源浮动,输入信号可能通过 ESD 二极管停止向 V_{DD} 电轨供电。这种情况下,V_{DD} 引脚将处于输入信号的二极管压降范围内。这意味着能够对开关有效供电,就像使用相同 V_{DD} 电轨的其他元件一样。这可能导致信号链中的器件执行未知且不受控制的操作。

2. 如果电源接地,PMOS 器件将在负 V_{GS} 下接通,开关将把削减的信号传至输出端,这可能会损坏同样未上电的下游器件(参见图 2)。注:如果有二极管连接至电源,它们将发生正向偏置,把信号削减为+0.7 V。

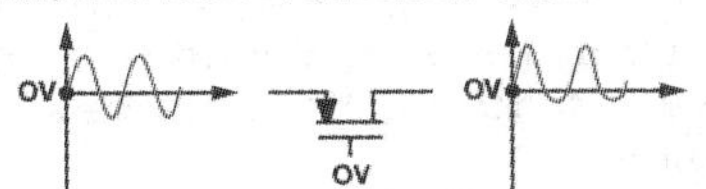

▶ PMOS turns on with negative V_{GS}
▶ PMOS is ON so signal passes through to output

图 2 电源接地时的过电压信号

分立保护解决方案

设计人员通常采用分立保护器件解决输入保护问题。

通常会利用大的串联电阻限制故障期间的电流,而连接至供电轨的肖特基或齐纳二极管将箝位任意过电压信号。图 3 所示为多路复用信号链中这种保护方案的一个示例。

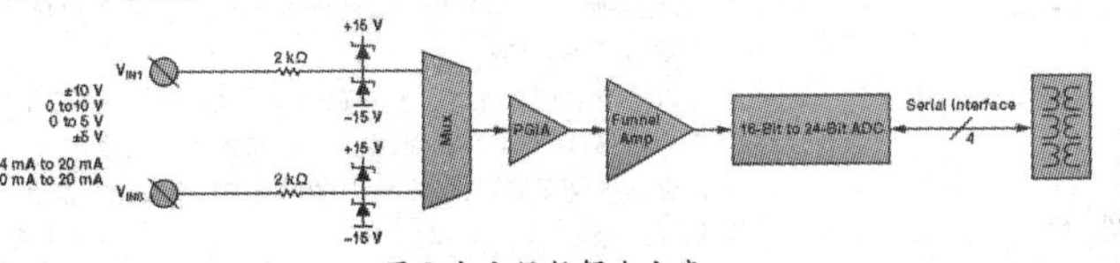

图 3 分立保护解决方案

但是,使用此类分立保护器件存在许多缺点。

1. 串联电阻会延长多路复用器的建立时间并缩短整体建立时间。

2. 保护二极管会产生额外的漏电流和不断变化的电容,从而影响测量结果的精度和线性度。

3. 在电源浮动情况时时没有任何保护,因为连接至电源的 ESD 二极管不会提供任何箝位保护。

传统开关架构

图 4 为一种传统开关架构的概览。在开关器件(在图 4 的右侧)中,ESD 二极管连接至开关元件输入和输出端的供电轨。图中还显示了外部分立保护器件—用于限制电流的串联电阻和用于实现过电压箝位的肖特基二极管(连接至电源)。在苛刻环境下,通常还需要利用双向 TVS 提供额外的保护。

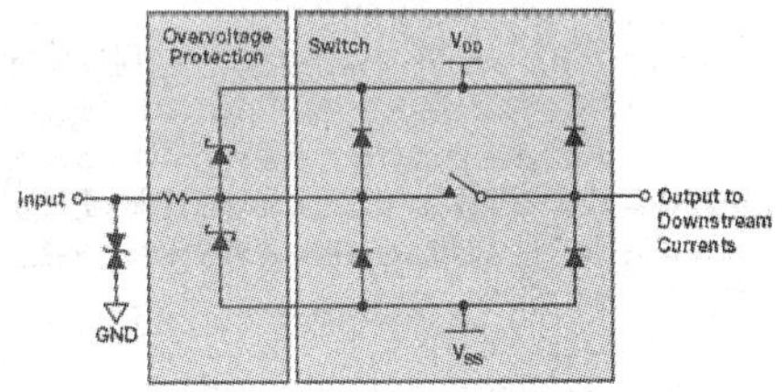

图 4 采用外部分立保护器件的传统开关架构

故障保护开关架构

故障保护开关架构如图 5 所示。输入端的 ESD 二极管用双向 ESD 单元代替,输入电压范围不再受连接至供电轨的 ESD 二极管限制。因此,输入端的电压可能达到工艺限值 (ADI 提供的新型故障保护开关的限值为±55 V)。

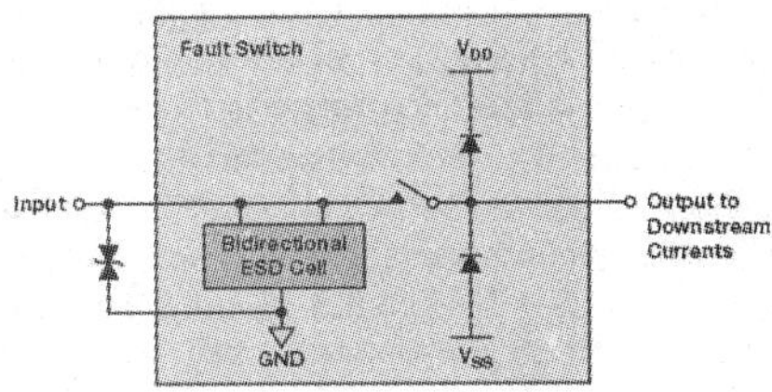

图 5 故障保护开关架构

大多数情况下,ESD 二极管仍然存在于输出端,因为输出端通常不需要过电压保护。

输入端的 ESD 单元仍然能够提供出色的 ESD 保护。使用此类 ESD 单元的 ADG5412F 过电压故障保护四通道 SPST 开关的 HBM ESD 额定值可达到 5.5 kV。

对于 IEC ESD(IEC 61000-4-2)、EFT 或浪涌保护等更严格的情况,可能仍然需要一个外部 TVS 或一个小型限流电阻。

开关的一个输入端发生过电压状况时,受影响的通道将关闭,输入将变为高阻态。其他通道上的漏电流仍然很小,因而其余通道能够继续正常工作,而且对性能的影响极小。几乎不用在系统速度/性能和过电压保护之间进行妥协。

因此,故障保护开关能够大幅简化信号链解决方案。很多情况下都需要使用限流电阻和肖特基二极管,而开关过电压保护消除了这种需要。整体系统性能也不再受通常会引起信号链漏电和失真的外部分立器件限制。

ADI 故障保护开关的特性

ADI 的故障保护开关新型产品系列采用专有高电压工艺打造而成,能够在上电和未上电状态下提供高达±55 V 的过电压保护。这些器件能够为精密信号链使用的故障保护开关提供业界领先的性能。

防闩锁性

专有高电压工艺也采用了沟槽隔离技术。各开关的 NDMOS 与 PDMOS 晶体管之间有一个绝缘氧化物层。因此,它与结隔离式开关不同,晶体管之间不存在寄生结,从而抑制了所有情况下的闩锁现象。例如,ADG5412F 通过了 1 秒脉宽±500 mA 的 JESD78D 闩锁测试,这是规范中最严格的测试。

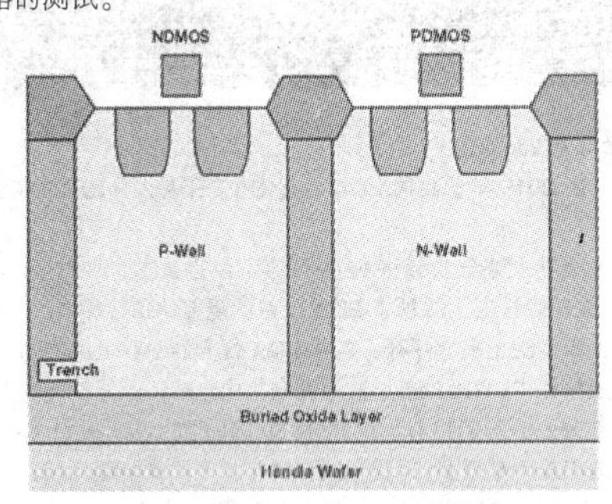

图 6 沟槽隔离工艺

模拟性能

新型 ADI 故障保护开关不仅能够实现业界领先的鲁棒性(过电压保护、高 ESD 额定值、上电时无数字输入控制时处于已知状态),而且还具有业界领先的模拟性能。模拟开关的性能总是要在低导通电阻和低电容/电荷注入之间进行权衡。模拟开关的选择通常取决于负载是高阻抗还是低阻抗。

低阻抗系统

低阻抗系统通常采用低导通电阻器件,其中模拟开关的导通电阻需要保持在最小值。在电等低阻抗系统中——例如源或增益级——导通电阻和源阻抗与负载处于并联状态会引起增益误差。虽然许多情况下能够对增益误差进行校准,但是信号范围内或通道之间的导通电阻(R_{ON})变化所引起的失真就无法通过校准进行消除。因此,低阻电路更受制于因 R_{ON} 平坦度和通道间的 R_{ON} 变化所导致的失真误差。

图 7 显示了一个新型故障保护开关在信号输入范围内的导通电阻特性。除了能够实现极低的导通电阻外,R_{ON} 平坦度和通道之间的一致性也非常出色。这些器件采用具有专利技术的开关驱动器设计,能够确保在信号输入电压范围内 V_{GS} 电压保持恒定从而导致平坦的 R_{ON} 性能。权衡就是信号输入范围略有缩小,开关导通性能实现优化,这可从 R_{ON} 图的形状看出。在对 R_{ON} 变化或 THD 敏感的应用中,这种 R_{ON} 性能可使系统具有明显的优势。

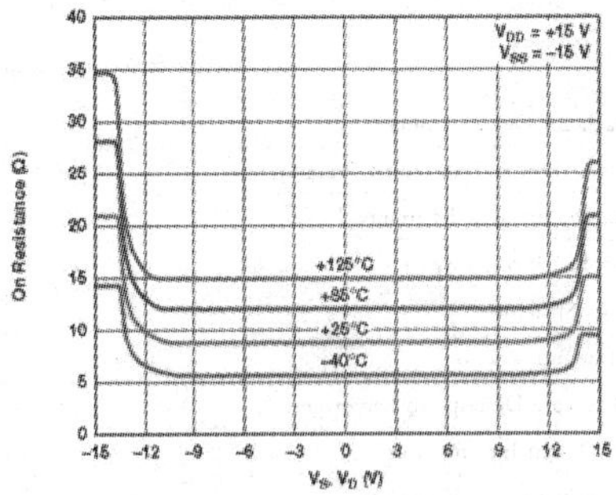

图 7 故障保护开关导通电阻

ADG5404F 是一款新型的具有防闩锁、过压故障保护功能的多路复用器。与标准器件相比,具有防闩锁功能和过电压保护功能的器件通常具有更高的导通电阻和更差的导通电阻平坦度。但是,由于 ADG5404F 设计中采用了恒定 V_{GS} 方案,R_{ON} 平坦度实际上优于 ADG1404(业界领先的低导通电阻)和 ADG5404(防闩锁,但没有过电压保护功能)。在很多应用中,例如 RTD 温度测量,R_{ON} 平坦度实际上比导通电阻的绝对值更重要,因此具有故障保护功能的模拟开关在此类系统中具有提高其产品性能的潜力。

低阻抗系统的典型故障模式是在发生故障时漏极输出变成开路。

(未完待续)(下转第 365 页)

◇湖北 朱少华

(紧接第256页)

3. 2019年，我国EDA的新定位、EDA人才培养的新启航

业界大部分人都将EDA行业定位为集成电路产业的附属,在一定程度上忽视了EDA行业的重要性和特殊性。2019年倪光南院士多次呼吁，应将EDA提升到工业软件的高度:工业软件中,我国最落后的是面向集成电路设计的工业软件,即EDA(电子设计自动化)软件。我国的芯片设计制造水平和美国相差不是很多,封装测试和材料装备虽有差距,但可以弥补,不过我们的芯片设计工具差得太远,会给我们造成比较大的被动。"EDA,电子工程设计,电子设计自动化工艺是最短的,短板中的短板。"

同时,在人才培养方面,研发人才存量和增量多已经无法匹配当前国产EDA行业蓬勃发展的需求,这已经成为行业的共识。因此,与过去的十几年相比,在2019年有更多的高校学者和领军企业不断呼吁并身体力行地推动人才培养工作。

(1)以EDA领域的学科竞赛为人才培养发起点和验收点，以暑期学校为方式合力探索和推动EDA人才培养新模式。

在学科竞赛方面,2019年8月2日-5日，中国研究生2019年8月中国研究生创新实践系列大赛"华为杯"第二届中国研究生创"芯"大赛聚集多家业界顶尖EDA公司举办前沿报告演讲和人才招聘;2019年12月初，集成电路EDA设计精英挑战赛总决赛在南京江北新区成功举办。EDA设计精英挑战赛是我国首个专注于EDA领域的学生竞赛,首次举办就引起了学术界和企业界的高度关注，并吸引了海内外知名高校的学生参与其中。

在暑期学校方面,2019年8月,复旦大学ASIC国家重点实验室主任曾璇教授联合国产EDA公司"华大九天"在北京举行了"EDA物理设计暑期学校"，期间邀请到了多位EDA领域国际知名学者为学生授课;同时间,北京航空航天大学微电子学院成元庆副教授在CCF"龙星计划"的支持下,邀请美国明尼苏达大学Sachin Sapatnekar教授在电子科技大学举办了"集成电路设计自动化技术基础"暑期学校。

也许在其他传统学科，学科竞赛和暑期学校都是人才培养的一个传统环节。但是,在EDA领域,这是意味深长的一步。如前文所述,各个高校EDA领域的学者在计算机、集成电路学科都偏小众,且由于产业链环节极其细分,导致国内高校研究方向也较为分散。因此,在大部分时候,单独依靠某个高校很难建立成体系的EAD人才培养机制。

此外,"集成电路EDA设计精英挑战赛"、香港高校的"EDAthon"、ICCAD算法大赛等，这些比赛中充分暴露了国内高校课程内容与产业界脱节较为严重。国内本科教学质量保障体系通常四年调整一次培养方案，面对传统工科行业基本上问题不大，但是面对新工科等新兴学科和领域，尤其是EDA、计算机、集成电路设计这些技术和知识体系快速迭代的领域,往往很难实时推出前沿的课程。

学科竞赛和暑期学校恰恰非常好地提供了这样的抓手和平台。一方面积极推动高校布局产教融合,落实交叉学科课程建设;另一方面,能够让EDA领域不同高校的学者在以此为平台,形成合力、共建课程,探索走出人才培养规模化的新方式;第三,检验人才培养结果,对课程建设和人才培养形成正反馈,优化课程建设方案。

(2)推动深度的产教融合。

以Synopsys公司为例，在技术研发不断探索无人区的同时,还设计和推出了大量且成体系的EDA专业课程,如表1所示。通过这些课程,构建了长学期和短学期结合、理论课与实验课相辅相成的人才培养体系。

国产EDA公司尽管面临巨大的生存压力,研发人员体量也有限,很难开出类似Synopsys公司这么完善的课程体系,但是已经意识到基础人才培养的重要性，并且也做出了大量的工作。

在2019年的"集成电路EDA设计精英挑战赛"中,华大九天公司发布了两个赛题:(1)波形压缩。将给定的电路仿真输出后的波形数据(简称为原始波形文件)进行压缩后存储到磁盘上,然后读取压缩后的文件,对给定的信号进行解压缩。(2)反求中心线。给定一个任意不含洞的多边形,指定这个多边形的不相邻的两条边。剩余的所有的边会自动分成两组。现求一条中心线，希望这条线上的任意一条边到这两组边的距离都尽可能相等。这两道题目兼具科研与竞赛价值,充分展示了国产EDA工具研发两个非常独特的切入角度,拓宽了学生的学术视野,吸引了不少博士队伍参加,同时也激发了更多非微电子专业或者研究方向的学生进入EDA行业。而且,题意简单明了,普适性最强,有C语言、C++基础的学生就可以报名参赛，极大地吸引了大量对数学、算法感兴趣的学生,对EDA推广有非常好的推动效果。

表1 Synopsys公司EDA课程体系

Bachelor Degree Courses:	Master Degree Courses:
Algorithms and Structural Programming	Compilers Design
Analog Integrated Circuits	Complex Functions
Applied Probability	Computational Geometry
Data Structures	Computer Language Engineering
EDA Introduction	Contemporary Software Development Kits
Hardware Description Languages	Database Management System
IC Design Introduction	Databases
Introduction to Algorithms	Design of Programming Languages
Linear Algebra	Discrete Mathematics and Probability
Memory Schematic Design Basics	EDA Mathematical Methods
Numerical Methods	Fourier Transformations
Operating Systems and System Programming	Fuzzy Logic
Probability Theory and Mathematical Statistics	IC Design Algorithms
Programming Languages and Compilers	IC Schematic Design Algorithms
Technical Writing	IC Verification Algorithms
Theory of Algorithms	Modeling and Optimization of IC Interconnects
Unix System Administration	Object-Oriented Programming
	Operational Research 2
	Programming C++
	Semiconductor Devices and Technology
	Software Development Technology

4. 未来EDA人才培养知识体系的新趋势

谈到EDA技术,更多时候映入我们脑海的词也许是"布局布线"、"逻辑综合"、"器件仿真"等等。但是,再过去的几年之间,随着AI、芯片制程、可定制计算技术的巨大革新,EDA领域也有了前所未有的新内涵。

(1)无所不在的AI

EDA问题具有高维度、不连续性、非线性和高阶交互等特性，学术界和工业界普遍认为机器学习等算法能够提高EDA软件的自主程度，提高IC设计效率，缩短芯片研发周期,给整个EDA行业、半导体行业带来巨大的机遇。

实际上,人工智能已经开始在EDA领域发挥作用,在过去的几年里出现了大幅的进步。在EDA领域的学术会议和期刊中,我们已经可以看到机器学习的应用实例包括:(1)建立更准确的参数模型,优化参数分析过程,提高DRC、绕线、拥塞等预测准确度;(2)探索物理设计空间，提升VLSI QoR(routability、timing、area、power)。

除学术界外，三大EDA公司均积极参与人工智能与EDA工具中的落地应用。Cadence的布局布线工具Innovus里面已有内置的AI算法取代传统的算法,并且有着非常优异的表现。据Mentor报道,Machine Learning OPC可以将光学邻近效应修正(OPC)输出预测精度提升到纳米级,同时将执行时间缩短3倍。而在此之前,完成同样的工作量,需要4000个CPU不间断地运行24小时。

(2)芯片敏捷设计与开源

芯片敏捷设计已经在美国各界成为一种共识——从学术界、企业界到DARPA这样的政府机构,都在积极投入到芯片敏捷开发方向的研究中。DARPA资助Synopsys和Cadence分别启动了POSH和IDEA项目，期望通过提出一种芯片敏捷设计平台克服芯片设计日益复杂化和成本的问题。阿里巴巴达摩院、中科院计算所、UCSD、DARPA等全球顶尖大学、企业和政府机构的专家都前瞻性地认为开源芯片与芯片敏捷开发将会是未来降低芯片设计门槛、缩短芯片开发周期的重要途径。而且更为重要的是,开源芯片不仅仅是一个技术问题,也将促进风投和创业,从而推动行业的创新。

作为DARPA IDEA计划的一部分,由加州大学圣地亚哥分校Andrew B. Kahng教授、高通、ARM领导的OpenROAD项目于2018年6月推出，以寻求数字芯片敏捷设计EDA工具链，期望实现24小时完成芯片设计的一种自动化解决方案。同时,在国内,我们看到越来越多的开源指令集和IP,比如阿里的无剑SoC开发平台。2019年,北京大学高能效计算与应用中心(CEDA)主任罗国杰副教授宣布了由国内自主发起的一个开源EDA框架——OpenBelt倡议,OpenBelt是由北京大学、中科院计算所、清华大学、复旦大学等EDA领域研究优势单位合作发起的一个开源EDA框架,目的是通过联合国内在EDA领域的学术界和工业界力量,构建自主、创新、满足后摩尔时代芯片设计的新型设计方法学生态和社区。

(3)EDA上云

而随着芯片规模增长、设计复杂度提升、工艺尺寸缩小以及EDA工具持续优化的机器学习技术和敏捷方法学的变革,传统IT愈发难以满足IC设计日益暴涨的算力需求。以Synopsys、Cadence、Mentor为代表的EDA厂商,以AWS、华为云、紫光云等代表的云计算提供商,已开始积极布局EDA上云。在2019年6月的Synopsys SNUG技术大会上,我们第一次看到AWS作为参展厂商来推动EDA云上部署方案。2019年9月,在阿里云栖大会上,Synopsys宣布携手阿里云研究中心和平头哥半导体共同发布《云端设计,与时间赛跑》云上IC设计白皮书,并展示了全球第一款利用云上EDA工具完成设计的芯片设计案例。EDA上云将会对EDA算法计算资源调度、弹性存储、安全等提出一系列新的问题,有望带来EDA算法创新的思路和方法学。

以上技术趋势决定了未来EDA人才培养需以学科融合为牵引,打破现有学科界限,探索非传统的人才培养方式,同时加强学术伦理培养,引导开源、共享意识,产教融合推进人才培养。

(全文完)

(本文原载第5期2版)

可换电池的充电宝

几乎所有的充电宝都不是可换电池型的，假如有一款可以根据需要更换不同容量的电池，当需求电量更大时，只带一个充电宝，然后带几个电池就可以了，比起带一堆充电宝方便多了。

今天就为大家推荐一款可换电池的充电宝——XSTAR爱克斯达（可换电池式）充电宝。

该充电宝支持QC3.0和PD3.0快充，快充功能能满足多数主流手机的快速充电要求。

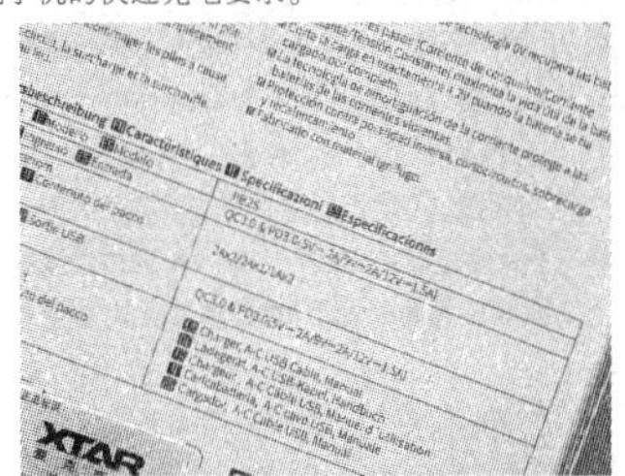

在侧面可以看到支持的电池型号，支持没保护板的18650,18700,20700,21700规格的电池和有保护板的18650电池。

打开盒子，里面有说明书、充电线，以及充电器本身，除了红色，还有其他各种颜色可以选择。

其中附送的充电线是USB-Type C。

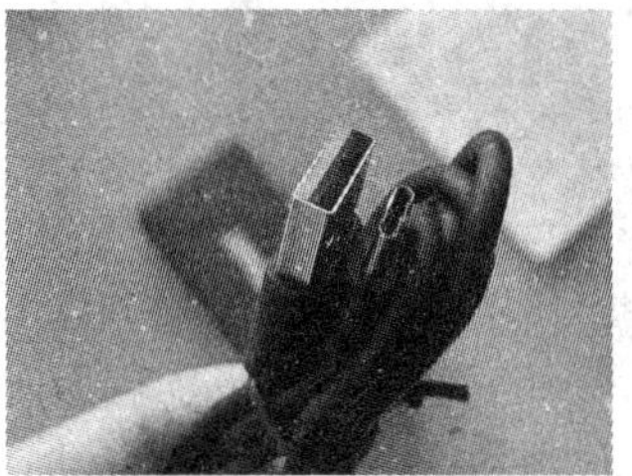

PB2S的外壳是塑料的，磨砂亚光色，前面黑色的是显示框，上面有XTAR四个英文字母，圆润四角不仅显得可爱也起到了落地缓冲作用。

外壳是可拆卸的，采用了磁吸方式，打开很容易。可以看见里面的电池仓和接触触点。这里正极是触点，而负极则是有弹性可伸缩的金属棒，这样可以容纳不同长度的电池（比如21700就比18650要长，要粗）。同时配有一根丝带，方便取出电池，使用十分方便。

在电池方面，18650电池大家都很熟悉了，是移动电源很常用的，也是其他产品也会用到的锂电池种类，18650和21700其实是产品尺寸的一个描述。分别代表电池的外径和18mm和21mm，而高度是65mm和70mm。

高密度的21700电池，相对于18650比较有如下提升：

1.电池单体容量提升35%。

2.电池系统能量密度提升约20%。

3.系统的成本预计下降约9%。

4.系统的重量预计下降约10%。

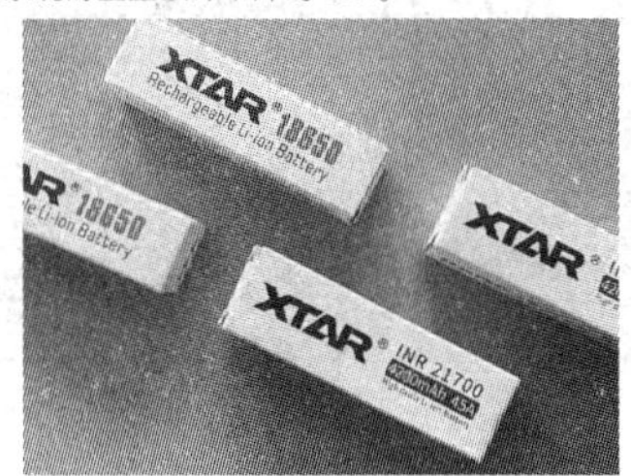

当然XTAR自己也配有单体的18650和21700电池，如图中的4200mAh的就是21700电池，而2600mAh的则是带有保护板的18650电池。可以看到2个直径明显不同。而长度，18650这款由于是带有保护板的，所以和没带保护板的21700长度相似。

当2颗21700电池放入电池仓时，可以看到伸缩金属棒已经到了底部了，电池表面45A的字样很大，意味着这款电池可提供高达45A的电流。

合上磁吸盖子，一个充电宝就做成了。

同时显示屏可以显示电池的容量百分比以及充放电电压、电流。

在显示屏一侧的顶部，是充电宝的输入输出接口，有个标准USB输出接口，还有一个Type-C输入/输出通用接口。

这是稍有遗憾的地方，接口偏少，不能同时给2个设备充电。

充电速度还是很快的，62%了电流依旧在2A的高速充电上，当充电到了90%的容量。充电电流才开始降低，从而可以给充电宝快速充电。

快充完的时候，99%的时候显示是9V0.2A，转为涓流充电，保护电池。

下面是对苹果11Pro Max充的电对比：

实际测试分别使用原装充电线、ANKER拉车线2代，分别测试，这里做了个图表，同时将使用充电器充电的测试结果一起附上，以便有个直观的参考。

开始充电的时候，电压在8.8V，电路1.5A，充电功率比用充电器略低，这大概也是考虑到，充电的时候，也许使用者还会继续使用，所以降低些，以便保证安全。

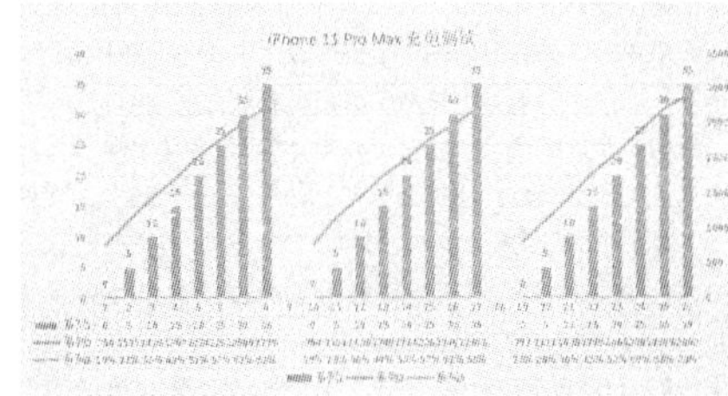

从图表中可以看到，在35分钟的测试充电过程中，原装线和anker拉车线体现的效果类似，基本相同。基本上35分钟可以充电50%，从19%到69%。

而用充电器的结果，是35分钟充电了53%，由于充电器的数据并不是同一个起点，所以实际上充电器比用充电宝还是要快一些的。不过半个小时可以充电到一半的电量，也还可以的。在充电到57%时，充电电流开始变小为1A，这也是一种自动保护设计。

总的来说，XTAR的这款可拆卸移动充电宝PB2S，提供了一种使用充电宝的不同思路，可持续使用，可以更换电池。毕竟携带1个充电宝+若干电池，总比带若干个充电宝要更便携一些。其次，购买的充电宝电池质量良莠不齐，都不知道里面是什么电芯的。而PB2S，可以让你自己选购合适的优品电芯，打造自己的可靠高质量的充电宝，对安全性掌控也要相对大一些。

（本文原载第13期11版）

比亚迪“刀片电池”或将改变新能源汽车市场发展

除了氢氧电池外，锂电电池是新能源汽车中动力组成的绝对主力，虽然由特斯拉汽车领衔的三元锂电池目前占据新能源汽车的主力位置。但从行车安全、寿命成本、环境保护等几个角度讲，三元锂一直备受争议；而如今即便是三元锂电池所擅长的续航里程也受到了冲击——这就是比亚迪带来的最新“刀片电池”技术。

三元锂电池具有能量密度高、输出功率大的优点。但是其劣势也很明显，安全性差、耐高温性差、充放电次数低、元素有毒等问题一直限制其发展。而磷酸铁锂技术则恰好具有寿命长、充放电倍率大、安全性好、高温性好、元素无害、成本低等诸多优点，只是由于此前的产品能量密度较低，所以才会在市场上不敌三元电池。比亚迪一直都在坚持研发改进磷酸铁锂电池，旗下的超级磷酸铁锂电池——“刀片电池”即将量产，该电池在一定程度上提升了能量密度，降低了生产成本，甚至可与三元锂电池一较高下。

3月29日，比亚迪“刀片电池”正式发布，目前“刀片电池”已经在重庆弗迪电池有限公司实现量产下线。比亚迪所推出的“刀片电池”属于磷酸铁锂电池的一种，不同的是将电芯进行扁平化设计，是一种采用全新结构的“超级磷酸铁锂电池”。

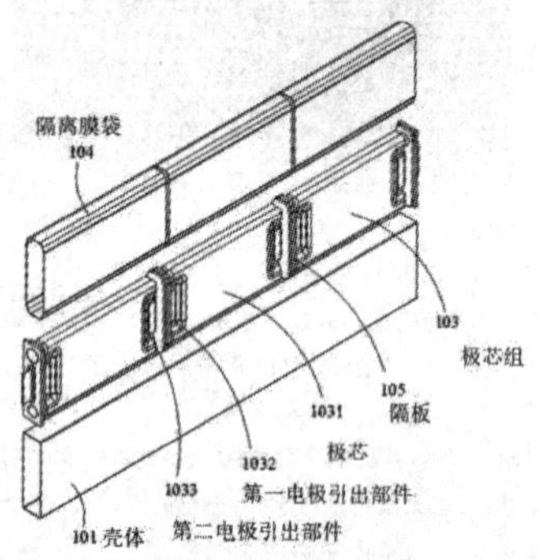

据比亚迪专利显示，“刀片电池”长度可达2500mm，是传统磷酸铁锂电池的10倍以上，可极大提升电芯的重组效率——这同时意味着可提高电池包的能量密度。据国家知识产权局公布的数据，比亚迪“刀片电池”可使普通电池包体积比能量密度从251Wh/L提升至332Wh/L，且由于制作工艺更加简单，也降低了生产成本。其实“刀片电池”是早前比亚迪申请的专利技术，将磷酸铁锂电芯长度阵列式排封装在“600mm≤第一尺寸≤2500mm”的电池包中，将大电芯通过阵列的方式排布在一起，就像“刀片”一样堆叠在电池包里面。

这种结构性设计方案不仅可以有效提高动力电池包的空间利用率，增加同一单位体积中的能量密度；而且还能保障电池内部的热扩散性能，从而达到安全的目的

“刀片电池”通过结构创新，在成组时可以跳过“模组”，大幅提高了体积利用率，最终达成在同样的空间内装入更多电芯的设计目标。

相较传统的有模电池包，“刀片电池”的重量比能量密度可达到180Wh/kg。相比此前有模电池组提升大约9%，电池在同等体积下能量密度上比传统铁电池提升了约50%。

对比传统的磷酸铁锂电池，“刀片电池”的最主要的升级便是将电芯内部实现无模组设计，电芯直接集成为电池包(即CTP技术)，从而大幅提升集成效率。

CPT(cell to pack)是直接将电芯集成在电池包内部的一种技术，与以往封装结构相比省去了电池模组组装环节，使得电池包零部件数量减少40%，CTP电池包体积利用率提高了15%-20%，生产效率提升了50%，大幅降低动力电池的制造成本。目前，CTP电池包体技术掌握在为数不多的几家电池制造商手中。

此外，“刀片电池”在安全性方面的也得到了大幅提升。据发布会现场播放的三种动力电池针刺实验视频显示，“刀片电池”在各方面的表现均优于另外两种实验电池(三元锂电池、传统磷酸铁锂电池)。

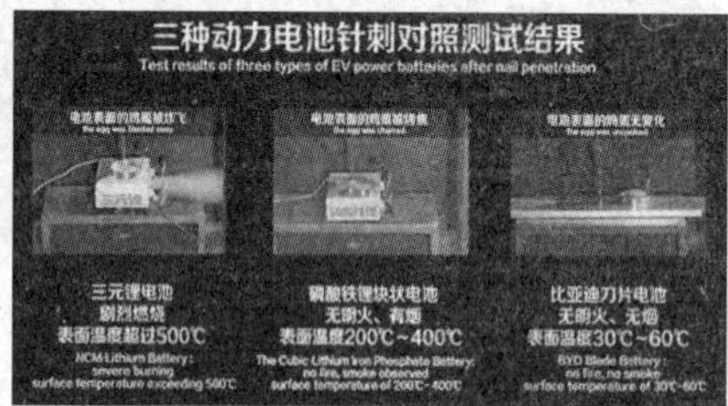

在同样的实验测试条件下，目前电动汽车最常用的三元锂电池在针刺瞬间，电池包内部出现剧烈的温度变化，表面温度迅速攀升至500℃，并发生极端的电池热失控，导致冒烟燃烧现象；传统块状磷酸铁锂电池在被钢针穿刺后段时间内没有出现明火，但是表面温度达到了200℃~400℃，电池表面的鸡蛋被高温烤焦。

比亚迪“刀片电池”在穿刺后无明火，无烟，电池表面的温度仅有30-60℃左右，电池表面的鸡蛋无变化，仍处于可流动的液体状态。这一结果足以证明“刀片电池”彻底摆脱了传统动力电池可能会发生的“热失控”的噩梦，其安全性相对更高。

并且碰撞强度方面，其结构设计借鉴蜂窝铝板结构，传统电池包有4-5根梁，而刀片电池里的100个电池相当于100根梁。安全性方面，由于使用了磷酸铁锂材料，电池具有放热启动温度高、放热慢、产热少、分解时不释氧等特点。

比亚迪集团董事长兼总裁王传福在发布会上表示：“‘刀片电池’体现了比亚迪彻底终结新能源汽车安全痛点的决心，更有能力将引领全球动力电池技术路线重回正道，把‘自燃’这个词从新能源汽车的字典里彻底抹掉。”

在新能源乘用车领域里面许多企业陷入对续驶里程的攀比之中，这种攀比的压力转嫁到动力电池身上，进而让行业对动力电池的能量密度产生非理性的追求。正是对电池能量密度不切实际的追求，彻底带偏了动力电池行业的发展路线，并且让新能源乘用车的安全口碑付出了极其惨重的代价。

凝结了比亚迪在动力电池领域近20年研发和应用经验的“刀片电池”将倒逼整个新能源汽车行业作出改变，让汽车行业进入良性发展的快车道。

生产“刀片电池”的重庆弗迪电池有限公司正是比亚迪在今年3月16日刚宣布成立的五家“弗迪”系公司之一。作为比亚迪旗下的独立的子品牌，弗迪系包括了弗迪电池、弗迪动力、弗迪科技、弗迪视觉和弗迪模具等五家子公司，是一个完整的汽车零部件配套体系。

据比亚迪副总裁、弗迪电池董事长何龙透露，几乎能想到的所有汽车品牌都在和比亚迪探讨关于‘刀片电池’技术合作的方案。据其表示：“大家很快就能看到、听到‘刀片电池’更多的消息。”

事实上，紧盯着磷酸铁锂电池的不只比亚迪一家。近期有消息指出，特斯拉将在国产Model 3上采用无钴电池，而磷酸铁锂电池作为无钴电池的一种，更是让人看好。

此外，此前一直潜心研发磷酸铁锂电池的国轩高科也于近日高调宣布，通过在正极材料制备过程中添加特殊添加剂，同时优化碳源及粒度匹配，改善材料碳包覆、结晶度、密实度，从而提高材料克容量及压实密度，同时对电池化学体系进行优化，并通过对PACK工艺技术改进以及电池包设计优化，使得磷酸铁锂电池单体能量密度在实验阶段已突破200Wh/kg。

不论是作为新能源汽车整车制造龙头的比亚迪和特斯拉，还是目前作为第三大动力电池厂商的国轩高科，都在此时不约而同地选择发力磷酸铁锂电池，显然会给目前占据主流市场的三元锂电池带来不小冲击。

宁德时代和比亚迪配套的三元电池多数能量密度集中在160Wh/kg，前者最高的为180Wh/kg，后者最高的为161Wh/kg。而目前国轩高科量产的磷酸铁锂电池，单体能量密度已经突破190Wh/kg，系统能量密度突破140Wh/kg。如果单体能量密度达到200Wh/kg，系统能量密度将超过160Wh/kg。

当然三元锂电池也在改进，主要在镍钴配比含量有所变换，即高镍三元电池，因其镍含量高、钴含量低，具备高能量密度和低成本优势，也是三元锂电池向高镍化发展的未来趋势之一。

最后，首款搭载刀片电池的比亚迪汉，(目前比亚迪其他车型还无搭载刀片电池的计划，当然可能后续会陆续更换宋、秦等车型)将在深圳下线。最高版本续航达到605km，百公里加速3.9S，最低版本也在500km以上。

比亚迪还在发布会上表示，今后比亚迪的电池技术对全球开放和共享。在奔驰、丰田之后，前段时间也传闻特斯拉将与比亚迪合作，主要是在磷酸铁锂电池的应用方面。

(本文原载第14期11版)

700M 将成为 5G 大带宽时代的终极利器

6 月 5 日消息，在由中国工信出版传媒集团主办，信通传媒·通信世界全媒体承办的“2020 新基建 5G 发展论坛”上，诺基亚贝尔广电事业部总经理刘英家、诺基亚贝尔 700MHz 技术专家李金鑫以及通信世界全媒体总编辑刘启诚共同探讨当前 700MHz 频段 5G 网络建设面临的机遇与挑战。

一直以来，700M 被称作“数字红利”，具有信号传播损耗低、覆盖广、穿透力强、组网成本低等优势特性，也因为被看作发展移动通信的黄金频段。

5 月份，工信部也依申请向中国广电颁发了频率使用许可证，许可其使用 703-733/758-788MHz 频段分批、分步在全国范围内部署 5G 网络。

目前国内已商用 2.6GHz、3.5GHz 频段的 5G 网络，且二者皆属于 5G 频谱中的中频段，主要面向城区和高价值场景的覆盖，具有超大带宽、超高速率等优势，可提供 Gbit/s 级的移动超宽带服务。

就目前运营商 5G 网络部署情况而言，李金鑫表示，5G 网络主要集中在城区，由于中高频段的覆盖有限、传播损耗、穿透损耗较高和成本高昂的影响，欠发达地区、偏远地区、农村等难以享受到信息技术发展红利。

基于以上因素，700MHz 从“默默无闻”成为“备受瞩目”的频段。作为“黄金频段”的 700MHz，它具有信号传播损耗低、穿透/绕射能力强、覆盖范围广、组网成本低，以及具有强大的生态系统加持等优势特性，能够更好地支持在 5G 高质量广域覆盖和高速移动场景下的通信体验以及海量的设备连接，可与中高频的频谱形成互补，提供适宜的 5G 网络覆盖方案。

当前我国5G频谱概览

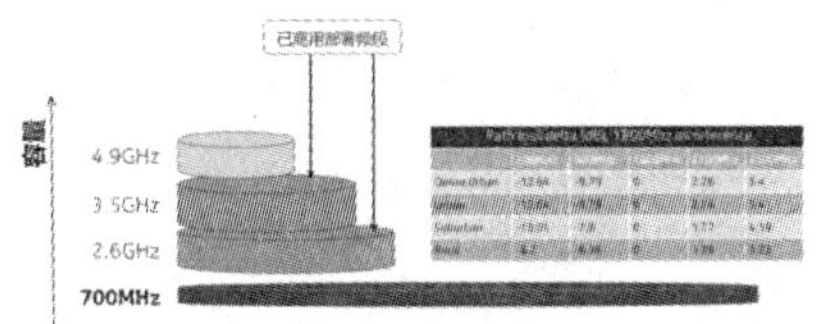

从 2C、2B 和 2G 三大业务场景来看，700MHz 频段在 2C 业务方面，除广覆盖外，能延伸至城区 5G 中高频覆盖盲区，如室内纵深、封闭空间和地下空间等场景；

在 2B、2G 业务方面，对比中频段的 TDD 5G 系统，700MHz FDD NR 也具有明显优的势，在公共安全、应急通信、公共服务、工业互联网等领域，可提高 5G 网络可达性、普适性。因此，700MHz 频段进一步加速我国 5G 网络建设，推进多场景应用。

李金鑫还表示，“700MHz 是我国电信普遍化服务一步迈入 5G 大带宽时代的终极利器。”

CHINA MOBILE LIMITED
中國移動有限公司
(根據公司條例在香港註冊成立之有限公司)
(股份代號：941)

母公司與中國廣播電視網絡有限公司訂立之
有關5G共建共享之合作框架協議

茲提述中國移動有限公司(「本公司」)日期為2019年6月6日有關(其中包括)控股股東中國移動通信集團有限公司(「母公司」)獲中華人民共和國工業和信息化部頒發「第五代數字蜂窩移動通信業務(5G)」基礎電信業務經營許可之公告。

本公司近期接獲母公司通知，其已經與中國廣播電視網絡有限公司(「中國廣電」)訂立有關5G共建共享之合作框架協議(「5G合作框架協議」)，有關協議主要內容如下。

5 月 20 日，中国移动官宣与中国广电 1:1 比例共同投资建设 700MHz 5G 无线网络，700MHz 5G 产业也会随着中国移动这个巨无霸的进场，装上“加速器”。

诺基亚贝尔广电事业部总经理刘英家表示从技术角度看，得益于 700MHz 的优质传播特性，中国移动和中国广电通过共建共享的方式可快速部署一张连续覆盖 5G 全国网，并且将大幅节约网络投资，提高频谱和网络的使用效率；

从市场角度看，中国移动和中国广电达成 700MHz 5G 建网和运维协议，预示 700MHz 5G 建设将进行到实质阶段；从业务角度看，700MHz 网络作为 5G 网络的“打底层”，可通过连续覆盖来提供高质量的 5G 数据和语音服务。

此外，刘英家讲道：“‘网络+内容’是中国移动和中国广电合作的特色，相信中国广电和中国移动一定会发挥各自的优势，同时，在生态建设中终端建设也将举足轻重。”

相较于国内外对 700MHz 频谱的管理及建设力度，刘英家表示：“预计欧盟将在 2022 年将宣布 700MHz 数字红利的释放计划，从这个时间来说，中国的 700MHz 5G 网络的建设也将给世界提供 5G 低频网络建设的经验借鉴。”

目前，目前诺基亚贝尔已经成功与数款商用 5G 手机完成 700MHz 独立组网模式下的端到端验证，为 700MHz 5G 商用做好相关准备工作。

在 700M 5G 网络建设上，诺基亚贝尔获得澳大利亚沃达丰 700MHz 5G 网络的合同，此举为国内 700M 5G 的建设积累了丰富的经验。

◇四川 秦上古

DAM 数字调幅发射机风机故障的分析与排除

在一次播出中发射机突然掉高压，面板上外部联锁下风指示灯为红色，初步断定为风机故障。属于一类故障，将关闭发射机。

下面简要分析风机故障电路的组成和工作原理。风机故障检测电路用于检测发射机冷却系统的工作是否正常，如冷却气流速度过低，功放模块的工作温度是否正常。风机出现故障后检测信号的输入电路故障均会出现“风故障”显示板上的风指示灯为红色，并输出一个一类故障信号去，去关闭发射机。

风故障逻辑电路由下列部分组成：A 禁止门 N13B，该门输出的是风故障逻辑高电平信号。这个高电平信号送到第一类故障或门 N10 的一个输入端。B. 由 N12B，N12C，N13A，N12D，N20A 组成封锁电路。从控制板(A38)的开/关机逻辑电路的“过激励禁止”高电平信号送入到封锁电路。从控制板(A38)的开/关机逻辑电路送来的’过激励禁止“高电平”信号送入封锁电路。其封锁逻辑为：在发射机开机启动期间和风机运转稳定之前的几秒钟时间内禁止风故障检测。在功放开启后，关闭风指示灯约 20 秒，直到风稳定后才指示绿色。由与门 N14D，D 触发器 N15A、N18D、N18E 组成状态锁存器和指示驱动电路；由与非门 N17C、N17D 组成状态禁止门，在发射机开机启动时关闭显示器一段时间。

风逻辑电路的工作原理简单说一下。气流及功放模块温度检测如最后图所示：

a. 电源分配板

A39X6　S7　S12

+8VDC —○╱ ○—○╱ ○—→ 去A32x-1

图 1 气流信号检测

S7 为风接点，它装在风机的进风口处；s12 为热敏继电器，它装在第一功放模块的散热片上。在发射机正常工作期间，在冷却气流和模块温度正常时，s7 和 s12 均接通，从低压电源分配板来的+8vDC 电源通过 s7 和 S12 加到 N12A-1，N12A-2 输出为低电平。禁止门 N13B 输出低电平，表示冷却气流及模块工作温度正常。当冷却气流不足(或者是风机没工作)，或者是功放模块温度过高时，

S7 或者是 S12 将切段+8VDC 电源，N12A-1 受电阻 R63 的下拉作用变为低电平，N12-2 输出高电平。该电平送到 N13B-4，N13B-5 是来自 N13A-3 的封锁信号，在发射机的运行之中，由于过激励禁止信号已经解除，所以到 N13B-5 的信号是一个逻辑高电平，此时 N13-B 输出高电平，即“气流故障”逻辑高电平信号。该信号一路送到 N10，由 N10 送出一个 1 类故障信号到控制板去关闭发射机，另一路经过复位门 N14D 到锁存器及显示驱动电路.

由于热敏继电器触点氧化历害，使从低压分配板来的+8VDC 电源无法通过 S7 加到 N12A-1，使 N12A-2 输出高电平，禁止门 N13B 输出高电平。当模块温度过高时，风机正常运转可以使温度降下来，但信号仍使 N12A-2 输出高电平，为不使功放模块受损，发射机只能关机保护。更换 S12 热敏继电器后恢复正常。

建议各中波机房平时要做好发射机过滤网的清洁，最少一周清洗一次，可以风吹也可水洗，看附着灰尘多少。再就是机房通风不要直接开窗户，最好安装空调换气。

◇河北 张强

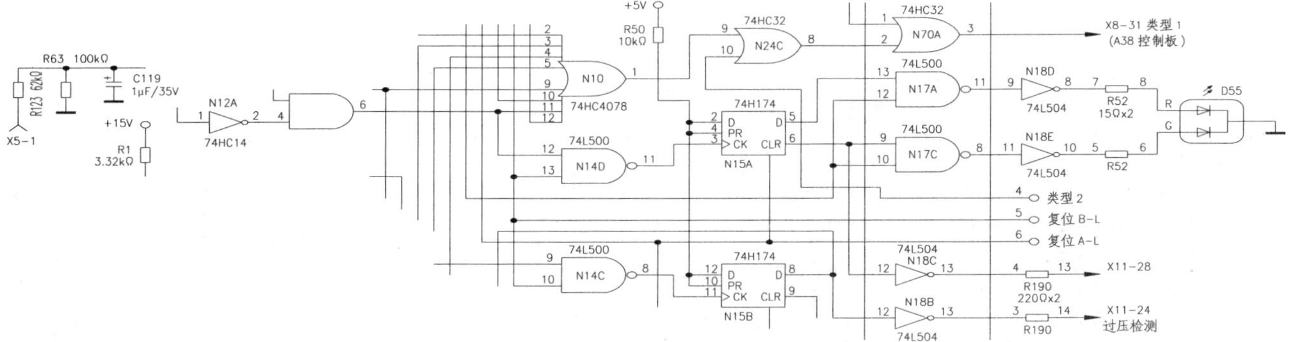

玩转AI修复照片

黑白上色

AI在图像和语音方面的运用越来越多,今天就为大家推荐一款可以上色的AI在线网站——Colourise.sg。

Colourise.sg是一个来自新加坡的网站,因此有时候连接速度会有点小问题,另外还需要一点点英语知识。

使用方法很简单,点击页面下方的交互框"Upload a black and white photo",就可以上传图片了。

Upload a black and white photo

Colourise.sg一次只能为一张黑白照片上色,上传黑白照片后,Colourise.sg很快就会给出结果。Colourise.sg给出的结果还是很好玩的,提供了原图和上色后图片的对比图,而且用户可以拖动原图和上色图片的分界线,进行详细的比较。

对于天空、海水、沙滩、绿植等风景场合,Colourise.sg能进行较为正确的色彩判断;但对于人工制造的产物,如食品、工业产品、书籍等没有固定颜色搭配的物品就惨不忍睹了。

老照片修复

此外,一些新出的智能手机也内置了AI上色老照片功能。在全新发布的OPPO Reno4 Pro内置的"AI修复"可以通过AI技术实现对于老照片的修复,普通人只需要提供老照片即可修复家中老照片。

首先在"OPPO Lab"软件中下载到"AI修复"功能,修复老照片,让照片更为清晰,从官方的示意图中可以看出,AI修复会对老照片的细节、颜色等方面进行修正。

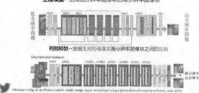

AI修复照片,主要是对照片中风景和人像特征补全和颜色还原。传统图像修复技术是人工根据老照片的着色分析缺失部位的色彩和细节,针对原有老照片保留的细节评估出具体的细节。

而AI修复照片则是将图片上传至云端,通过对抗网络(GAN,Generative Adversarial Networks)的深度学习(DL),对抗网络目前主要应用于图像生成、画面增强等领域。

生成模型--生成低分辨率图像块的高分辨率图像块

判别模型--发现生成的与真实高分辨率图像块之间的区别

AI修复照片的过程:"输入低分辨率(黑白)图像"→"云端AI根据高分辨率图像分析图像模型"→"寻找低分辨率图片与高分辨率的差异"→"根据差异填补低分辨率照片细节"。

这个过程很复杂,需要AI提前对很多图片中常见场景与人物进行记忆、学习与分析。实际的复原中,AI会对图片进行分割,区分图片的差异,如AI修复中对于人脸的识别与修复最为突出,再根据这些细节所对应的色彩与细节信息进行复原。

PULSE算法

AI修复技术也在不断改进升级中,杜克大学的研究团队于近期成功开发出了一款叫"PULSE"的AI修图技术,它能有效地处理图片像素过低而导致的不清晰问题。从介绍来看,PULSE能将原图像的分辨率放大64倍,甚至连图片上打的马赛克,都能清晰地还原出来。

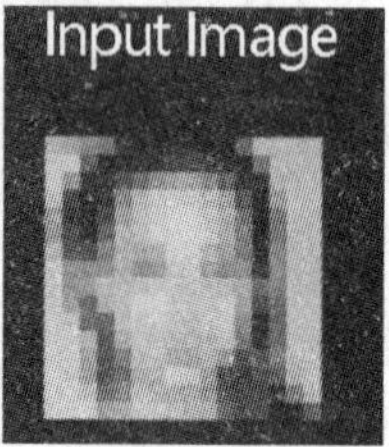

实际上,这个PULSE是一种新型的超分辨率算法,通过对图片采样能将原本16x16像素分辨率(Low Resolution,即LR)的图像,在短短的几秒内,放大到1024x1024像素的高分辨率(High Resolution,即HR),是原画的64倍,而传统方法最多只能放大8倍。

值得一提的是,PULSE算法可以准确定位出面部的关键特征,之后以更高的分辨率生成一组类似的细节。因此,就算图片中的头像被打了马赛克,PULSE算法也可以将其"想象"出眉毛、睫毛、头发、脸型等面部细节,形成高清逼真的人像。

这里需要说明的是,如果图片过于虚化,那么PULSE产生的人像只是一种虚拟的新面孔,而事实上这个人并不存在。鉴于这个原因,PULSE算法不能应用到身份识别当中,也就是说,监控摄像头拍摄的失焦或是无法辨别的图片时,生成的人像是不能通过PULSE还原成真实存在的人像。

不过,该研究团队的计算机专家Cynthia Rudin表示,过去从来没有如此超高分辨率的图像被制作出来,它能够产生不存在的新面孔,而且看起来非常逼真。这项研究所采取的技术,可以广泛地应用于医学、显微镜、天文学以及卫星图像等领域。

对于一个低分辨率图像来说,传统方法是将高分辨率部分匹配给低分辨率图像,从而获取超高分辨率(即SR)的方式,这样常常会导致高分辨率图像出现感光度差、不平滑、画面失真的情况。

在本次研究中,研究团队开拓了一种新思路,就是提出了新型超分辨率算法PULSE,它不是遍历低分辨率图像来慢慢添加细节,而是发现与高分辨率图像相对应的低像素部分,通过"缩减损失"的方式得到超高分辨率图像。

待进一步了解得知,PULSE使用的是生成对抗网络(GAN,是一种训练模型),通过对抗博弈的方式进行目标训练,主要包括一个生成器和一个鉴别器,在同一组照片训练中,一个负责训练接收到的图像并输出,一个负责接收该输出并检验其是否足够逼真。

此外,在该团队发布的论文中也有阐述,为了检验PULSE在SR方面的优势,团队采用了四种不同的图像缩放方法与其进行了比较研究。本次研究利用CelebA HQ数据集中的1440张图像,以x8,x64的比例因子对LR面部图像,尤其是对眼部、唇部以及头发等细节之处进行了试验。尽管现阶段来说,PULSE还不是很完美,其产生的高分辨率图像与专业原图像还有一定的差距,但相信随着未来技术和工具的改进,这项技术会得到进一步的完善。

AI智能语音音箱的进一步拓展

说到智能音箱,大多数人想到的只是"今天天气怎么样?""帮我设个闹钟""开启XX歌曲"等智能音箱最基本的功能,然而来自华盛顿大学的研究小组却找到一个新的使用场景,那就是用智能音箱来监测生理疾病。

近日,该研究小组已经在全球科学新闻服务平台EurekAlert!上发表了一篇文章,在Nature的合作期刊《NPJ Digital Medicine》上公布这项成果。

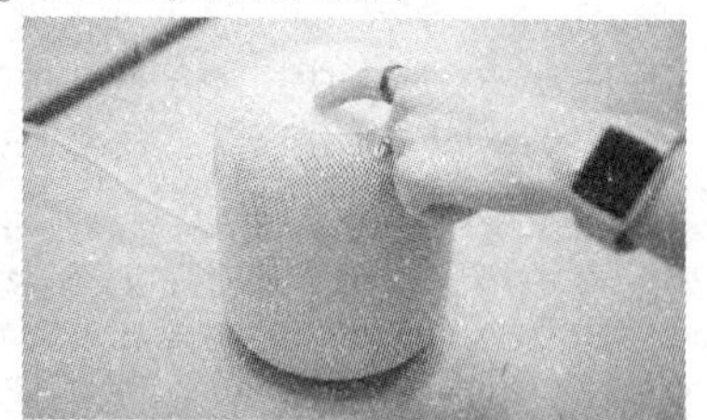

他们开发出的工具可以将智能音箱变成一个检测工具,主要用来预防心脏病发作与心脏骤停,同时还可以自动拨打本地的求救电话。

华盛顿大学医学院助理教授Jacob Sunshine表示,其实智能音箱是做这件事非常理想的设备,因为它们需要时刻保持对环境音源的监测,以便能及时识别类似"Hi Siri!"这样的命令。

另一名副教授Shyam Gollakota也称,之所以开发这套系统也是因为看到了当下智能音箱的普及率。统计数据显示,从2017年到2018年,美国智能音箱的普及率已经从21.5%增长到41%。

"致命性心梗多发于晚上,很多人在发作时甚至都不知道自己已经发病,但此时患者一般都会伴有呼吸急促、呼吸拉长等状况,声音也会发出相应的变化,而这种特征,是可以被识别和检测的。"

在开发过程中,研究小组先从美国医疗中心收集了911急救专线里的有关心脏骤停、急性心衰发作时的音源数据,这些声音大多是由发病者的亲朋好友拨打急救电话时提供的,以便让医疗人员分析是否需要进行心肺复苏抢救。

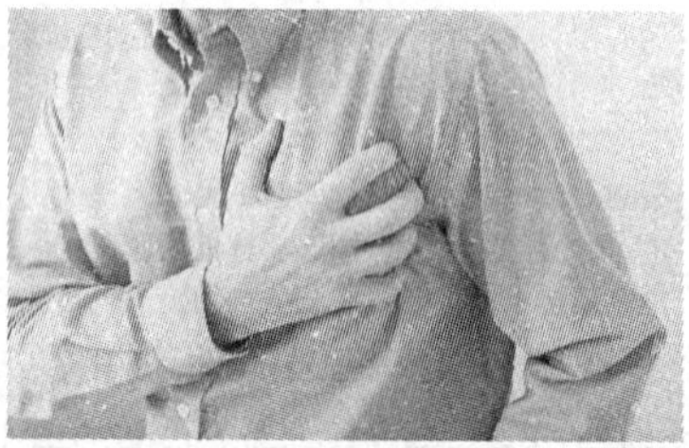

获得数据后,他们便开始在房间内的不同位置、距离播放这些声音,供音箱设备进行识别,期间还加入了像猫狗叫声、汽车喇叭等其他干扰音,以更真实地还原各种状况。

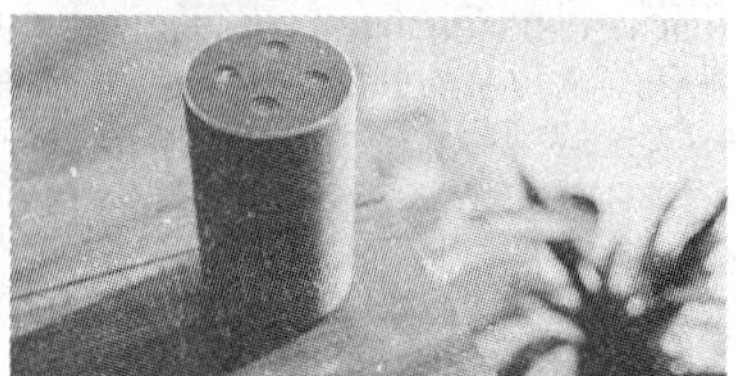

最终,研究小组总共获得了约7000个声音样本,其中就包含了一些特定的打鼾声,特别是一些不规律的鼾声,它们可能与冠心病、心律失常等心血管疾病有密切关系。

如今系统已经能在6米范围内对这种独特的呼吸声做出识别,识别率为97%左右。但准确度是研究小组更在意的因素,因为一旦出错,误拨了急救电话,也会对医院和用户造成不小的困扰。

不过,用户是否能接受自家音箱处于"非接触式实时监测"的状态,也是个问题。虽然研究人员称所有运算都只在本地运行,而不会被上传至服务器和云端,但这也关系到个人声音数据的安全。

目前,研究小组已经计划成立一个分支机构,准备将这项技术正式商业化:"我们还需要更多心脏骤停的音源,进一步提高算法的精准度,协助医疗机构和家庭尽早发现病症,获得及时的治疗。"

2020 视频直播助企业与个人脱困破局

一场疫情改变了众多商家的命运，餐饮、影院、KTV、酒吧、酒店、旅游、航空、外贸、工厂、商业……

覆巢之下，安有完卵？危机之下也催生了一些新型行业崛起与壮大，比如抗疫产业和网上交易持续火爆增长。疫情改变了我们的生活方式，也改变了我们很多传统观念，看看附近的工厂与商铺近况，很多人深有感触，工厂新招工的较少，很多工厂为了减少开支，开始放假或裁员；很多商铺关门转让或招租。在此疫情下商业如何转型？在此疫情下商业如何绝地求生？

今年所有重线下的生意可能较难开展，所以逼着大家转型到微信直播与短视频直播，如果你不转型前景可能不明朗。传统大企业疫情后都是上万人数量的裁员，从成本出发，被裁员后员工的主要出路是作微商或短视频直播新个体户创业，其他出路目前还很困难。

直播带货这几年一直很火，薇娅、李佳琦等大咖这两年的业绩与其收入有目共睹。今年天虹连锁5万导购即将“全员直播”，目前天虹5万导购连接着超过500万的数字会员。近期罗永浩六千万元签约抖音，向着电商直播高歌挺进，一场首秀带货销售达1.1个亿，个人获利数百万。苏宁副总裁朋友圈“卖内裤”，看来赚钱比面子重要。2020年，中国将真正进入IP时代，未来一个人就可以成为一家公司。当然超级网红只是个别，但每个超级网红后面都有一个带货能力的团队；直播带货做得好，一样可以带领组织重生。直播一看就买，看一次就买一次。

2020年3月21日，淘宝直播电商正式拉开序幕。2020年4月10日广州梁市长宣布：万商开播、云启未来，2020广州直播带货年启动。2020年4月14日，由东莞市政府、东莞个私协会等商协会牵头，阿里巴巴淘宝大学与东莞网红直播带货基地合作签约暨品牌企业入驻仪式，在东莞网红直播带货基地举行。同时国内更多城市建设电商网红培训中心、数据中心、网红孵化服务中心和直播网红街、网红镇等。

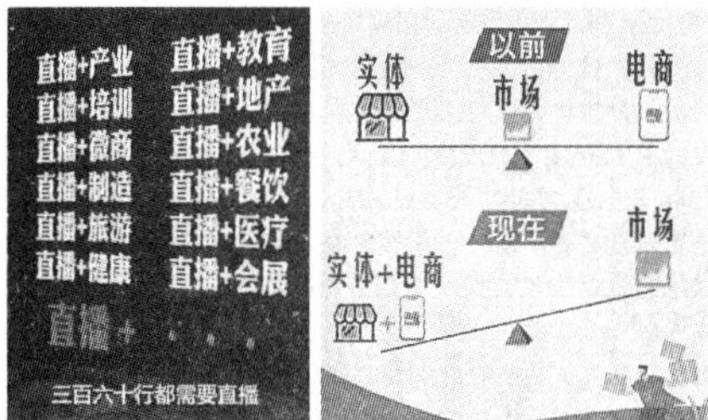

直播能用到哪些行业？很多！几乎三百六十行都可以做直播，疫情期间直播优势更明显。今年很多人的工作与直播有关，就连疫情之下，在课堂上课的教师都变成了直播老师，学生通过直播学习。很多商家与个人通过直播卖货，卖水果、卖土特产等。以前商家要么作实体、要么作电商，实体与电商之间寻求平衡点。现在商家可以实体+电商一起搞，从而可寻求更大的市场。

笔者用图表形式表述传统销售与直播销售，传统电商与直播电商的相关关系，以及传统企业为何要作直播的理由、作直播的注意事项，如图4、图5、图6、图7、图8、图9、图10所示。为什么电商要转型，在于直播互动性强，直播实时性强，内容上直播互动较多。

今年罗永浩把直播带货推向新的认知高度，如今中国的商业变化极大，传统的商业以商品为中心，未来的商业以人和平台为核心，未来商品和内容必须做到货真价实。2020年

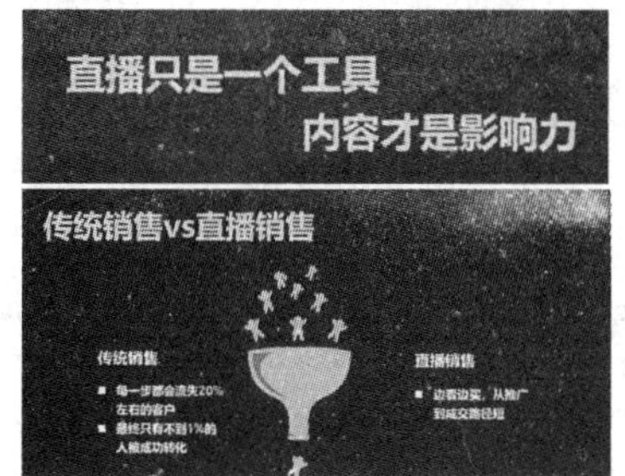

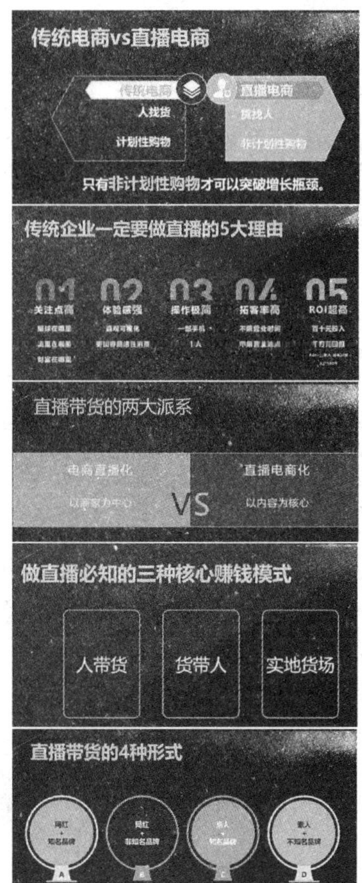

百分之八十的企业和实体商业进入直播带货，你准备好了吗？个人认为目前直播电商才是最廉价的商业变革，因为它不限行业，不限人群，只要你有货，都可随时开启。每个人都有自己的私有流量，光靠发朋友圈已成为过去式了。电商直播市场火爆，每个商家都应该拥有属于自己的电商直播系统，打造私有流量池！下面我谈谈私有流量直播与主流直播的关系：

1. ×宝直播、×音、×手都无法把你的私域流量发挥到极致，因为这3个平台都不能一键链接微信。也就是说，你把直播间发到朋友圈，看客不能一健打开直播间，需要保存图片，到APP去观看，这对大多数人来说太麻烦了，我为什么去看你的直播？

2. ×宝门槛较高，不是你开通直播就可以了，你还得去准备大笔资金进去投资、推广、引流，这个钱就是×宝要赚你的。

3. ×音、×手本身是属娱乐平台，里面没有精准客户，很多人都是去找乐的，你没有粉丝，也卖不了货，前期你得去花精力剪辑视频吸粉。等到你有粉丝了，真正直播时，看客太少了，你想变现太难了。若想找×音、×手谈合作，其条件不是一般公司与个人能接受的。后期×音、×手会从娱乐引流到商业直播，但规则一定是对平台有利，商家在平台上面商业变现一定会付出很多。

当然若大平台合作不了，可以找小平台合作，或者搞私有流量直播，微信朋友圈就是精准客户，可通过朋友圈实现锁粉与裂变。现在国内搞视频直播的公司与团队很多，客户可选择一个适合自己的平台。某些直播平台收取客户使用的年费，年费差别也较大，某些平台还另外收取客户销售产品的保证金与交易抽成。

对于某些小微企业、个体户、个人用户来说，降低营运成本是关键，当然费用越低越好，疫情期间若能免费使用一些直播平台能生产自救最好！一个不可多得的区块链项目：8KAV云平台系统，集合“5G短视频+直播+社交电商+社区拼团+区块链积分支付应用”为一体的新零售转化系统，它以直播电商为主要切入口，通过打通微信亿计流量客户群，并以高效、便利的销售工具多方位孰能线下中小商家，助其打开实体货源销量突破口，实现线下向线上的拓展。8KAV云平台系统采用模块化搭建，功能可根据需求组合与优化，成本根据预算可控制。如视频直播这块，除支持手机直播外，还可支持用电脑作直播，视频直播内容可保存后台后期可回放观看。

用电脑作直播，在专业场所使用更有优势，特别是在会展行业与教育培训这块。这时那些专业摄像机与专业图像编辑软件都派上用场了，比如那些4K超高清专业摄像机可以拍出比手机更清晰、更专业的画面。今年的广州专业音响灯光展推迟举行，今年上半年的广交会线下停办线上举行。暂以视频直播来说，手机、电脑等其他多媒体展示工具可随时随地搞新产品发布与展示，企业、事业单位宣传与培训、教学等，客户可随时远程观看与学习。

如降低成本也可以保留基本功能，以8KAV云平台直播系统为例来说明，该平台的搭建很容易，客户只需用手机号注册与登录相应的App进行后台管理，可上传资料或视频直播，生成一个二维码海报，可把该海报图片分享到微信朋友圈。以美妆首场秀为例，如图11所示，若有用户想观看视频，只需扫描识别图片中的二维码，如图12所示，进入小程序即可观看直播。类似例子很多，如卖窗帘的客户一场直播下来，意想不到的收获，一场直播近200万的营业额，如图13所示。视频直播应用很广，可各行各业，如图14所示。当然8KAV直播系统还有很多功能，如引流、锁粉、成交、裂变等功能。

专业的事让专业的人来作!主播一旦被标签化，基本上很难在其他类产品会有太大成效，某直播大咖在美妆这个类别无人可敌，但是汽车就不一定，就从用户定位上基本就有结论了。据《今日头条》消息，国内某汽车厂家：300万打了水漂！某大咖拿了300万代言费视频直播，一辆车都没卖出去。广州一音响大咖近期的直播内容，如图15所示，针对性很强。专业的事还是专业的人来作靠谱，各行各业人员通过直播发挥自身特长优势。

只要你愿意接触新事物，学习认知新科技、新技术年龄不是问题，例如《电子报》一个老读者，前两年经常用电话与短信与笔者交流，我说我用微信发照片、视频与你交流，他告诉我，年龄大了已82岁了，不会玩这些新潮社交工具。今年3月初这个读者主动加我微信，告诉我疫情期间他学会了使用微信，现在用微信交流方便多了，不久他又建了一个微信群，拉我进群交流。后期又托我买一台平价、实用的笔记本电脑，让我帮他装好音频DSP前级调试软件与7.1全景声功放调试软件，想把他家里的那些影音器材玩透，不懂的地方想通过微信视频来交流，笔者被这个老师傅的发烧执着精神感动，当然愿意交流并提供帮助，后期我们这些老读者、老朋友都有可能在直播间进行交流。

这个世界一直在“变”，引导潮流或紧跟潮流才不会无所适存。“未雨绸缪”可能是企业与个人最好的发展护航保证，可以通过WWW.8KAV.NET查询相关信息，还可以通过笔者的直播间与笔者交流互动。一个团队要想长远发展，必须有“分享”与“利他”精神作动力。2020我们准备很多，愿与好友一起分享、一起度过！

◇广州　秦福忠

(本文原载第17期11版)

光刻机一二

我们都知道来自荷兰ASML公司的光刻机最为先进，光刻机又被称为现代光学工业之花，制造难度非常大，全世界只有少数几家公司能够制造，其售价高达7000万美金（最贵的EUV光刻机单台售价已经超过6.3亿元，还需要排队订购）。

恰恰光刻机又是中国在半导体设备制造上最大的短板，国内晶圆厂所需的高端光刻机完全依赖进口。目前在全球45纳米以下高端光刻机市场当中，荷兰ASML市场占有率达到80%以上；比如2018年全球光刻机出货量大概是600台左右，其中荷兰的ASML出货量就达到了224台，出货量占全球的比例达到30%以上。目前全球知名芯片厂商包括英特尔、三星、台积电、SK海力士、联电、格芯、中芯国际、华虹宏力、华力微等等全球一线公司都是ASML的客户。

ASML前身是从1984年飞利浦与先进半导体材料国际（ASML）合资成立；1995年，ASML收购了菲利普持有的股份，成为完全独立的公司。

ASML对于研发的投入非常大，2019年ASML的销售额大概是21亿欧元，而研发费用支出就达到了4.8亿欧元，研发费用占营收的比例达到22.8%，这个比例是非常高的，正因为有大量资金的投入，所以ASML在关键技术领域一直处于领先地位。

从1991年PAS 5000光刻机面市取得巨大成功开始，再到2000~2001年具有双工作台、浸没式光刻技术的Twinscan XT、Twinscan NXT系列研制成功，ASML的技术一直处于全球领先。

目前ASML是全球唯一能够达到7纳米精度光刻机的提供商，国内自主知识产权的光刻机还停留在90纳米。为什么差距这么大，我们先从光刻机的结构简单说起。

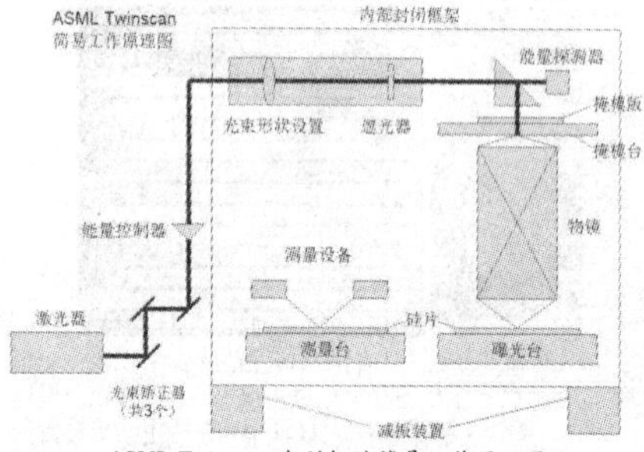

ASML Twinscan光刻机的简易工作原理图

以ASML Twinscan光刻机为例，其构造和功能分别为：

测量台、曝光台

承载硅片的工作台，也就是双工作台。一般的光刻机需要先测量，再曝光，只需一个工作台，而ASML有个专利，有两个工作台，实现测量与曝光同时进行。

激光器

也就是光源，光刻机核心设备之一。

光束矫正器

矫正光束入射方向，让激光束尽量平行。

能量控制器

控制最终照射到硅片上的能量，曝光不足或过足都会严重影响成像质量。

光束形状设置

设置光束为圆形、环形等不同形状，不同的光束状态有不同的光学特性。

遮光器

在不需要曝光的时候，阻止光束照射到硅片。

能量探测器

检测光束最终入射能量是否符合曝光要求，并反馈给能量控制器进行调整。

掩模版

一块在内部刻着线路设计图的玻璃板，贵的要数十万美元。

掩膜台

承载掩模版运动的设备，运动控制精度是nm级的。

物镜

物镜由20多块镜片组成，主要作用是把掩膜版上的电路图按比例缩小，再被激光映射的硅片上，并且物镜还要补偿各种光学误差。技术难度就在于物镜的设计难度大，精度的要求高。

硅片

用硅晶制成的圆片。硅片有多种尺寸，尺寸越大，产率越高。（由于硅片是圆的，所以需要在硅片上剪一个缺口来确认硅片的坐标系，根据缺口的形状不同分为两种，分别叫flat、notch。）

内部封闭框架、减振器

将工作台与外部环境隔离，保持水平，减少外界振动干扰，并维持稳定的温度、压力。

至于EUV（极紫外光源）光刻机，是生产7nm制程芯片必不可少的设备，华为麒麟芯片、高通骁龙芯片，三星Exynos芯片的制造都离不开该设备。可以说没有EUV光刻机就生产不出顶级的处理器，如果台积电不给华为代工，华为就得退出中高端手机市场！目前也仅有ASML可提供可供量产用的EUV光刻机，在全球市场处于绝对垄断地位。

从ASML Twinscan光刻机的简易工作原理图可以看出，光刻机的工作过程：首先是激光器发光，经过矫正、能量控制器、光束成型装置等之后进入光掩膜台，上面放的就设计公司做好的光掩膜，之后经过物镜投射到曝光台，这里放的就是8寸或者12英寸晶圆，上面涂抹了光刻胶，具有光敏感性，紫外光就会在晶圆上蚀刻出电路。

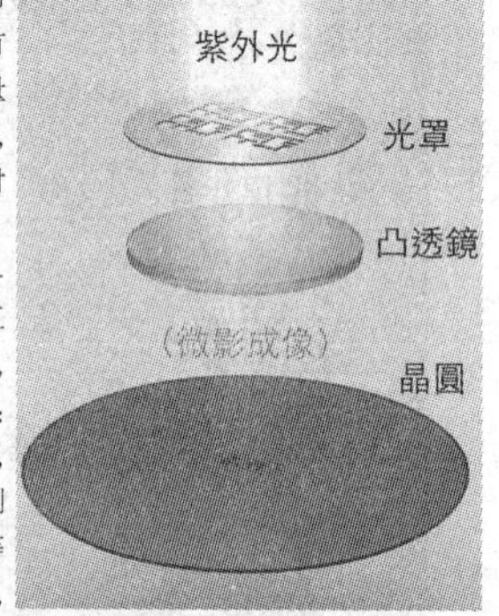

激光器负责光源产生，而光源对制程工艺是决定性影响的，随着半导体工业节点的不断提升，光刻机缩激光波长也在不断地缩小，从436nm、365nm的近紫外（NUV）激光进入到246nm、193nm的深紫外（DUV）激光，现在DUV光刻机是目前大量应用的光刻机，波长是193nm，光源是ArF（氟化氩）准分子激光器，从45nm到10/7nm工艺都可以使用这种光刻机，但是到了7nm这个节点已是的DUV光刻的极限，所以Intel、三星和台积电都会在7nm这个节点引入极紫外光（EUV）光刻技术，而GlobalFoundries当年也曾经研究过7nm EUV工艺，只不过现在已经放弃了。

2006年全球首台EUV光刻机原型

看似这一过程的原理很简单，但要知道第一台EUV光刻机原型从2006年就在ASML推出来了，2010年造出了第一台研发用样机NXE3100，到了2015年才造出了可量产的样机。而在这研发过程中，Intel、三星、台积电这些半导体大厂共同向ASML注资52.59亿欧元，用于支持EUV光刻机的研发。

EUV光刻机其技术难度有多大？一台EUV机台得经过十几面反射镜，将光从光源一路导到晶圆，最后大概只剩下不到2%的光线。反射镜的制造难度非常大，精度以皮米计（万亿分之一米）。ASML的总裁曾说过，如果反射镜面积有

光刻机工作原理：成像原理
Imaging Principle: Optical Projection

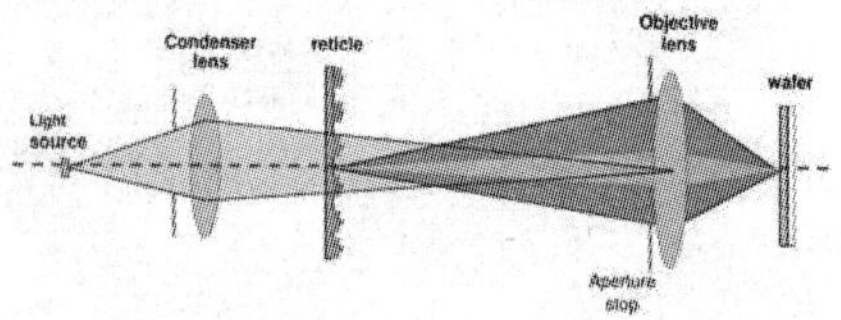

德国那么大，最高的凸起不能超过1厘米。光刻机光刻过程必须在真空中实现，原因是极紫外光很娇贵，在空气中容易损耗。同时，在光刻过程中，设备的动作时间误差以皮秒计。（备注：皮秒=兆分之一秒）EUV除了售价高昂，技术复杂之外，耗电能力也十分恐怖。驱动一台能输出250瓦功率的EUV的机台，需要输入0.125万千瓦的电力才能达到。

换句话来说，就是一台输出功率250W的EUV机器工作一天，将会消耗3万度电。由于极紫外光的固有特性，产生极紫外光的方式十分低效，世界第二大内存制造商、韩国的SK海力士代表曾表示，“EUV的能源转换效率（wall plug efficiency）只有0.02%左右。”

同样用同行的技术实力发展过程也可以看出EUV光刻机的难度。

2007年之前，作为全球顶尖的光刻机有三个厂家，分别是ASML，尼康和佳能。虽说193nm光源DUV早在2000年就开始使用的了，然而在更短波长光源技术上卡住了，157nm波长的光刻技术其实在2003年就有光刻机了，然而对比193nm波长的进步只有25%，但由于157nm的光波会比193nm所用的镜片吸收，镜片和光刻胶都要重新研制，再加上当时成本更低的浸入式193nm技术已经出来了，所以193nm DUV光刻一直用到现在。

我们经常吐槽Intel的“花式挤牙膏”，这也是因为光刻机的技术和成本决定了半导体工艺的制程工艺。光刻机的精度跟光源的波长、物镜的数值孔径是有关系的，有公式可以计算：

光刻机分辨率=k1*λ/NA

k1是常数，不同的光刻机k1不同，λ指的是光源波长，NA是物镜的数值孔径，所以光刻机的分辨率就取决于光源波长及物镜的数值孔径，波长越短越好，NA越大越好，这样光刻机分辨率就越高，制程工艺越先进。

最初的浸入式光刻就是很简单的在晶圆光刻胶上加1mm厚的水，水可以把193nm的光波长折射成134nm，后来不断改进高NA镜片、多光照、FinFET、Pitch-split以及波段铃木的光刻胶等技术，一直用到现在的7nm/10nm，但这已经是193nm光刻机的极限了。

在现有技术条件上，NA数值孔径并不容易提升，目前使用的镜片NA值是0.33，之前有过一个新闻，就是ASML投入20亿美元入股卡尔·蔡司公司，双方将合作研发新的EUV光刻机，许多人不知道EUV光刻机跟蔡司有什么关系，现在应该明白了，ASML跟蔡司合作就是研发NA 0.5的光学镜片，这是EUV光刻机未来进一步提升分辨率的关键，不过高NA的EUV光刻机至少是2025~2030年的事了，因为光学镜片的进步比电子产品更难得多！

NA数值一时间不能提升，所以光刻机就选择了改变光源，用13.5nm波长的EUV取代193nm的DUV光源，这样也能大幅提升光刻机的分辨率。

又回到在20世纪90年代后半期，大家都在寻找取代193nm光刻光源的技术，提出了包括157nm光源、电子束投射、离子投射、X射线和EUV，而从现在的结果来看只有EUV是成功了。当初由Intel和美国能源部牵头，集合了摩托罗拉、AMD等公司还有美国的三大国家实验室组成EUV LLC，ASML也被邀请进入成为EUV LLC的一分子。在1997到2003年间，EUV LLC的几百位科学家发表了大量论文，证明了EUV光刻机的可行性，然后EUV LLC解散。

而2007年ASML配合台积电的技术方向，推出了193纳米的光源浸没式系统，在光学镜头和硅晶圆片导入液体作为介质，在原有光源与镜头的条件下，能显著提升蚀刻精度，并成为高端科技的主流技术方案。而当时日本的尼康与佳能却主推157纳米光源的干式光刻，这个路线后来被市场所放弃，也成为尼康跟佳能迈入衰退的一个转折点，后来才有了ASML的垄断。

（本文原载第18期11版）

刻蚀机一二

上期讲到，作为芯片制造的三大核心设备（光刻机、刻蚀机和薄膜沉积设备）之一的光刻机，我国差距还很大，要想进入世界先进行业还需要更多的时间和技术积累。不过从刻蚀机角度来讲，我国的刻蚀设备还是有希望的；在台积电即将量产的5nm芯片工艺中，中微半导体的5nm蚀刻机已经打入台积电的供应链。这也是中国第一次在芯片制造设备上领先世界。

	2015	2016	2017	2018	2019	2020E	2021E
tsmc	16nm	16nm+	10nm 12nm	7nm 22nm	7nm+	5nm	4/3nm
SAMSUNG	14nm	28FDS	10nm	8nm LPU 28FDS+	7nm 14nm LPU 28FDS+	6/5nm 18FDS	4nm
intel					10nm		7nm

近几年台积电、三星、英特尔的制程发展历程及计划

芯片制造分为前道工艺设备（晶圆制造）、后道工艺设备（封装与检测）等。因生产工艺复杂，工序繁多，所以生产过程所需要的设备种类多样。

在晶圆制造中，共有七大生产区域，分别是扩散（Thermal Process）、光刻（Photo-lithography）、刻蚀（Etch）、离子注入（Ion Implant）、薄膜生长（Dielectric DepositIon）、抛光（CMP）、金属化（MetalizaTIon）。所对应的七大类生产设备分别为扩散炉、光刻机、刻蚀机、离子注入机、薄膜沉积设备、化学机械抛光机和清洗机，其中金属化是把集成电路里的各个元件用金属导体连接起来，用到的设备是薄膜生长设备。

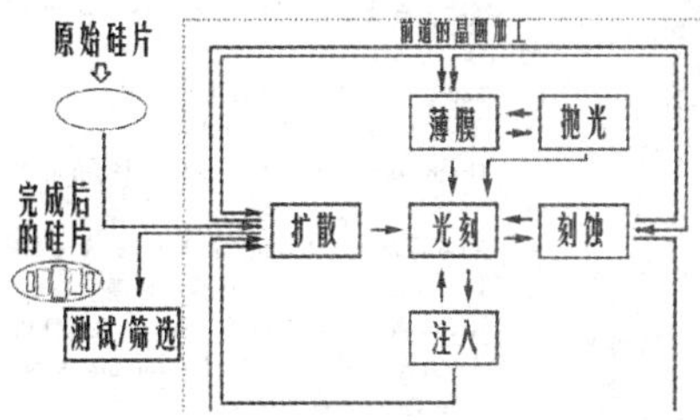

一些工序需要反复进行

前道的晶圆加工工艺包括氧化、扩散、退火、离子注入、薄膜沉积、光刻、刻蚀、化学机械平坦化（CMP）等，这些工艺并不是单一顺序执行，而是在制造每一个元件时选择性地重复进行。一个完整的晶圆加工过程中，一些工序可能执行几百次，整个流程可能需要上千个步骤，通常耗时六到八个星期。

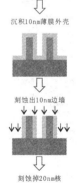

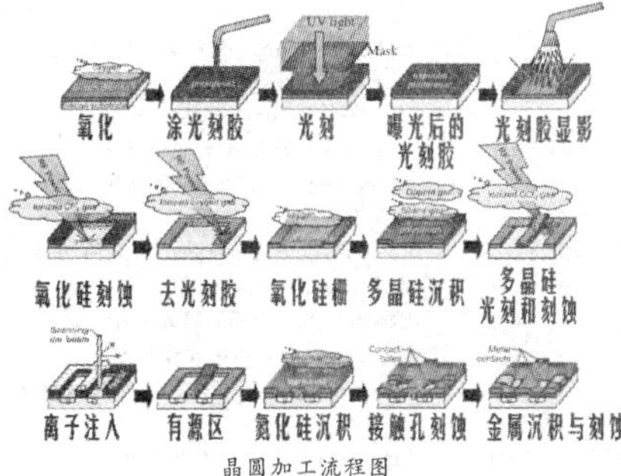

晶圆加工流程图

氧化、退火工艺的主要作用是使材料的特定部分具备所需的稳定性质；

扩散、离子注入工艺的主要作用是使材料的特定区域拥有半导体特性或其他需求的物理化学性质；

薄膜沉积工艺（包括ALD、CVD、PCD等）的主要作用是在现有材料的表明制作新的一层材料，用以后续加工；

光刻的作用是通过光照在材料表面以光刻胶留存的形式标记出设计版图（掩膜版）的形态，为刻蚀做准备；

刻蚀的作用是将光刻标记出来应去除的区域通过物理或化学的方法去除，以完成功能外形的制造；

CMP工艺的作用是对材料进行表面加工，通常在沉积和刻蚀等步骤之后；

清洗的作用是清除上一工艺遗留的杂质或缺陷，为下一工艺创造条件；

量测的作用主要是晶圆制造过程中的质量把控。

集成电路就在沉积、光刻、刻蚀、抛光等步骤的不断重复中成型，整个制造工艺环环相扣，任一步骤出现问题，都可能造成整个晶圆不可逆的损坏，因此每一项工艺的设备要求都很严格。

后道设备可以分为封装设备和测试设备，其中封装设备包括划片机、装片机、键合机等，测试设备包括中测机、终测机、分选机等。

后道设备的功能较易理解，划片机将整个晶圆切割成单独的芯片颗粒，装片机和键合机等完成芯片的封装，测试设备则负责各个阶段的性能测试和良品筛选。

在芯片制造过程中，光刻的精度直接决定了元器件刻画的尺寸，刻蚀和薄膜沉积的精度则决定了光刻的尺寸能否实际加工；因此光刻、刻蚀和薄膜沉积设备是芯片加工过程中最重要的三类主设备，价值占前道设备的近70%。

说得简单点，就是光刻技术是将晶体管雕刻上去（比如台积电代工的麒麟990高达100多亿晶体管）；而刻蚀技术则是将光刻过程中产生的不需要的材料从晶圆上抹去。

刻蚀技术又分为化学和物理方法，主要有两种基本的刻蚀工艺：干法刻蚀和湿法腐蚀。

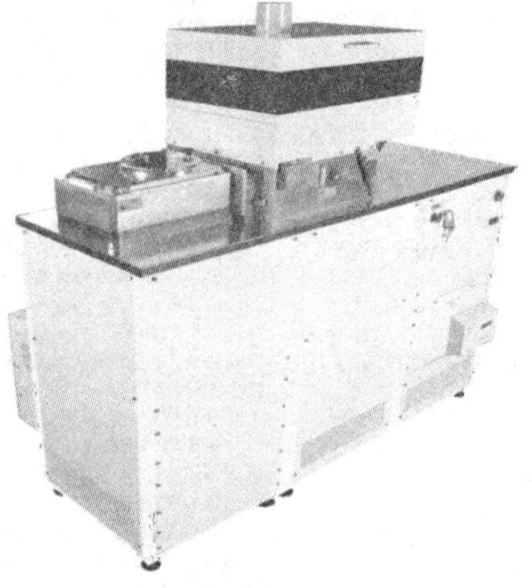

等离子体刻蚀机

目前主流所用的是干法刻蚀工艺，利用干法刻蚀工艺的叫等离子体刻蚀机。

由于在集成电路制造过程中需要多种类型的干法刻蚀工艺，应用涉及硅片上各种材料。蚀刻机也分为三大类，分别是介质刻蚀机（CCP电容耦合）、硅刻蚀机（ICP电感耦合）、金属刻蚀机（ECR电子回旋加速振荡），这主要是因为电容性等离子体刻蚀设备在以等离子体在较硬的介质材料（氧化物、氮化物等硬度高、需要高能量离子反应刻蚀的介质材料；有机掩模材料）上，刻蚀通孔、沟槽等微观结构；电感性等离子体刻蚀设备主要以等离子体在较软和较薄的材料（单晶硅、多晶硅等材料）上，刻蚀通孔、沟槽等微观结构。

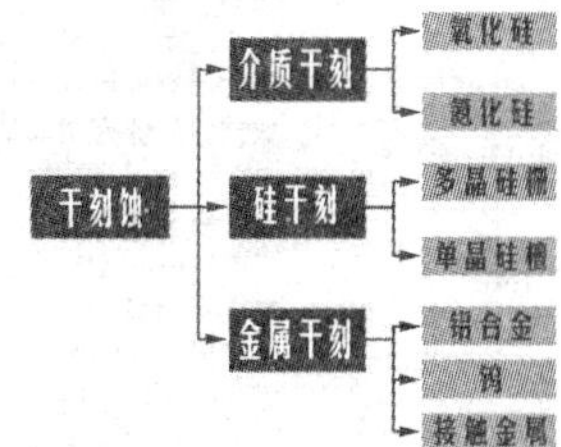

所以按材料来分，干刻蚀主要分成三种：介质干刻、硅干刻和金属干刻，彼此的应用并不相同，不能互相替代。其中电子回旋加速振荡等离子体刻蚀设备主要应用于金属互连线、通孔、接触金属等环节。金属互连线通常采用铝合金，对铝的刻蚀采用氯基气体和部分聚合物。钨在多层金属结构中常用作通孔的填充物，通常采用氟基或氯基气体。

通过与光刻、沉积等工艺多次配合可以形成完整的底层电路、栅极、绝缘层以及金属通路等。

从难度上讲，硅刻蚀最难，其次介质刻蚀，最简单的是金属刻蚀。

刻蚀机发展到干法刻蚀阶段以后，最重要的技术就是等离子体刻蚀。按照等离子体的生成方式，可以分为容性耦合等离子体（CCP/Capacitively Coupled Plasma）、感性耦合等离子体（ICP/Inductively Coupled Plasma）。由于等离子体产生的方式不同，刻蚀机的结构、性能和特点也存在较大的差异。

等离子干法刻蚀技术		
名称	特点	应用
CCP	等离子密度：中 等离子能量：高 可调节性：较差	介质刻蚀：氧化硅、氮化硅等 金属刻蚀：铝、钨等 形成线路
ICP	等离子密度：高 等离子能量：低 可调节性：可单独调节密度和能量	硅刻蚀：单晶硅、多晶硅、硅化物等刻器件

其中CCP属于中密度等离子体，ICP则属于高密度等离子体。CCP技术的发明早于ICP，但由于其特点的不同，两类技术并非相互取代，而是相互补充的关系。CCP的等离子密度虽然较低，但能量较高，适合刻蚀氧化物、氮氧化物等较硬的介质材料；ICP的等离子密度高，能量低，可以独立控制离子密度和能量，有更灵活的调控手段，适合刻蚀单晶硅、多晶硅等硬度不高或较薄的材料。

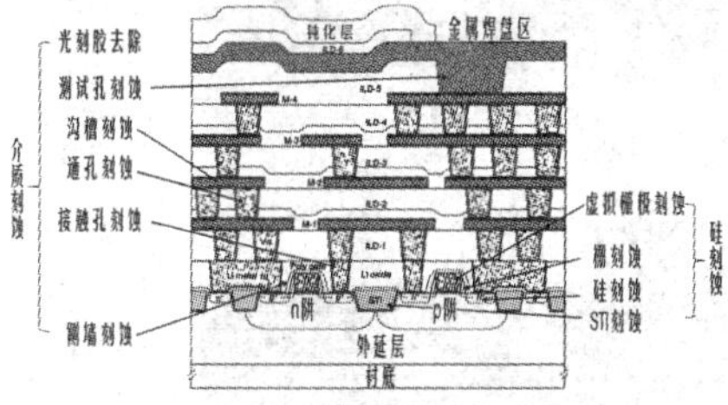

CMOS剖面和刻蚀工艺示意图（部分）

在上一篇《光刻机一二》中我们提到过，193nm波长DUV深紫外光产品在2000年左右就已经诞生，其理论上的最高精度为65nm，即便后来采用浸没式光刻使得光线经过液体折射后等效波长缩小至134nm，其理论上的最高精度也仅提升到28nm。

如果要继续提提升制程，主要有两个思路：“双重光刻+刻蚀”或“多重薄膜+刻蚀”。虽说具体采用哪种思路根据工艺需求来决定，但无论用哪种思路都离不开刻蚀步骤的增加。从65nm制程开始，每一次制程的精进都需要大幅增加刻蚀的步骤，如7nm制程中刻蚀步骤比28nm增加了3倍。这也是近些年来刻蚀设备在半导体设备中增长速度最快的原因之一。

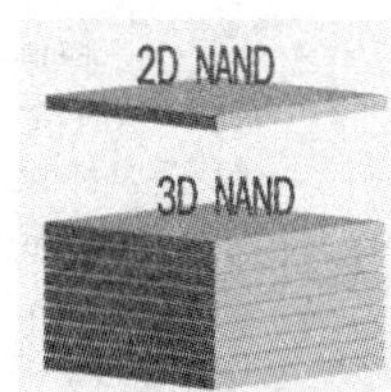

而近年来对于大容量存储器的需求（特别是国内几亿人的手机市场），虽说存储器不要求芯片处理器那么先进的顶级工艺，但也提升到10nm级别，工艺也从2D NAND变为3D NAND；3D NAND采用存储单元堆叠的布局，需要更多的通孔和导线等的刻蚀，相比于2D NAND的制造，3D NAND中刻蚀设备的支持占比由约15%提升到约50%。再加上芯片TSV封装技术的应用，刻蚀技术的应用更加广泛。

沉积20nm薄膜外壳

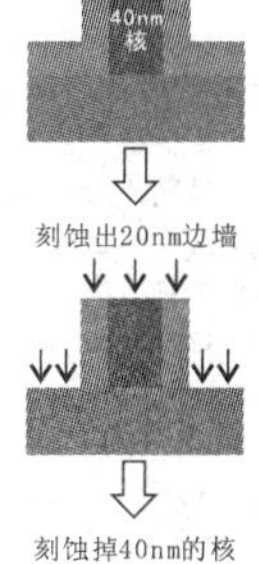

刻蚀掉40nm的核

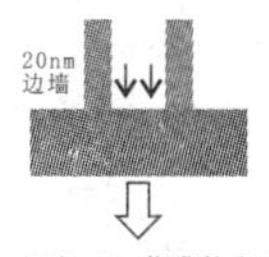

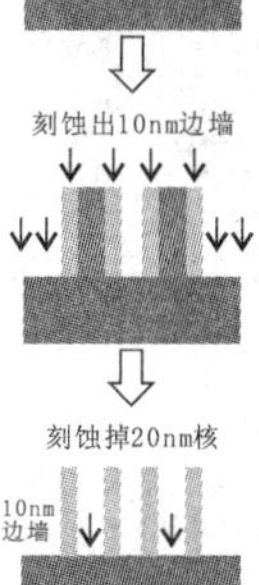

多次刻蚀提升制造精度的示意图

尽管我国半导体设备产业和国际顶尖厂商还有一定的差距，但我们的半导体市场很大。相比光刻机，我国在刻蚀技术方面，以中微、北方华创等半导体企业为代表，其技术已经接近甚至达到国际领先的水平，相信其他领域也会通过努力缩小与国际水平的差距。（本文原载第19期11版）

由原图信息说 Exif

很多人在微信与朋友发送照片时会看到一个选项就是"原图",由此引发了"微信发送原图会泄露位置信息"的争议。

事实上,微信所做的并没有这么复杂,该功能只是基于图片位置信息(即 Exif 的 GPS 定位信息)实现的。图片之所以会附带位置之类的额外信息,是由于图片支持 Exif。Exif 的全称是"Exchangeable image file format",翻译过来就是可交换图像文件格式的意思。Exif 能附带很多图片生成的信息,例如使用数码相机拍摄图片的话,那么相机型号、光圈、快门等信息都会被 Exif 记录下来。

目前绝大部分图片格式都支持 Exif,只有 JPEG2000、GIF 等少数格式不兼容 Exif。而 Exif 也不仅仅能用于图片文件,它也可以用于音频。从 Win7 开始,微软就在系统中默认提供了 Exif 信息的支持,只需要右击图片文件开启"属性",在"详细信息"一栏,就能利用 Exif 查询到图片是用什么相机、什么软件生成的等种种信息。

常规 | 安全 | 详细信息 | 以前的版本

属性	值
照相机	
照相机制造商	Xiaomi
照相机型号	MI 6
光圈值	f/1.8
曝光时间	1/24 秒
ISO 速度	ISO-203
曝光补偿	
焦距	8 毫米
最大光圈	
测光模式	偏中心平均
目标距离	
闪光灯模式	闪光
闪光灯能量	
35mm 焦距	26
高级照片	
镜头制造商	
镜头型号	

删除属性和个人信息

但是,并不是所有图片都能用这方法挖出各种信息。Exif 信息很容易就可以修改、破坏,例如一张相机拍摄的图片,只要开启后再次保存压缩,可能 Exif 信息就会损失一大部分。

到了这里,就可以明白"微信发送原图会泄露位置信息"的原理了。用手机拍摄照片,照片会附带 Exif 信息,其中包含了手机型号、拍摄时间、其他各种拍摄参数等信息;而如果手机拍照的时候开启了记录 GPS 位置的选项,那么照片还会附带有地理位置信息。利用微信发送原图,微信不会对这张图片有任何处理,Exif 信息自然也就原封不动地传输给了对方。

很多朋友用手机拍照,相机 APP 默认开启了保存地理信息位置,照片的 Exif 就会带有 GPS 信息。

而如果用微信发送的不是原图,那图片就会被压缩,从而丢失大量 Exif 信息,再也无法获知图片的原始拍摄参数,查看 GPS 定位信息也无从谈起。因此,如果想要保护隐私,就尽量不要在微信发送原图了,其他聊天工具也是一样的道理。

另外,有的朋友担心朋友圈发送图片会泄露隐私,其实朋友圈发送的图片都经过压缩,Exif 信息并不完整,不会附带地理位置之类的信息,因此不必太过担心。

现在手机拍照默认会生成 Exif 信息,如果你对隐私比较注重,不想让别人知道照片拍摄时的时间地点,那么发图前可以先把 Exif 删掉。

项目	资讯
制造厂商	……
相机型号	…………………
分辨率单位	dpi
Software	…………………
最后异动时间	2020:03:25 12:53:19
YCbCrPositioning	2
曝光时间	0.00800 (1/125) sec
光圈值	F1.6
拍摄模式	光圈优先
ISO 感光值	100
EXIF 资讯版本	30,32,32,31
影像拍摄时间	2020:03:25 15:00:18
影像存入时间	2020:03:25 15:00:18
曝光补偿(EV+-)	0
测光模式	点测光 (Spot)
闪光灯	关闭
镜头实体焦长	85 mm
Flashpix 版本	30,31,30,30
影像色域空间	sRGB
影像尺寸 X	800 pixel
影像尺寸 Y	533 pixel

另外,由于 Exif 可以记录各类摄影参数,因此有些摄影师将图片发布时,也会先删除 Exif,以免他人知道自己设定的快门、光圈等信息,从而偷师。

要如何才能删掉 Exif 信息?在电脑上,最简单的方法,自然是利用 Windows 自带的功能。开启图片文件的"属性"后,找到"详细信息",就可以在窗口左下角看到"删除属性和个人信息"的字样,点击即可进行 Exif 删除操作——既可以直接删除源文件的 Exif,也可以生成删除 Exif 后的图片文件,非常便利。

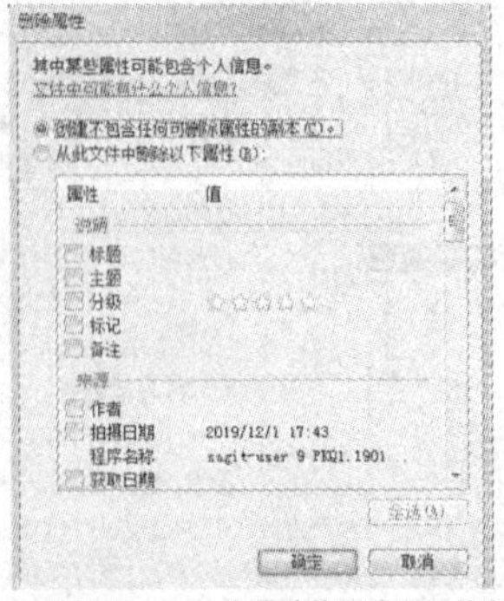

利用 Windows 自带功能删除 Exif 信息

另一种比较简单的方法,就是图片压缩。前面提到过,图片压缩是导致 Exif 丢失的一大原因,为数不少的图片压缩方法都不支持 Exif 回写,因此将图片压一次,往往就能将 Exif 删除掉了。例如微信发图片选择不发送原图,微信就会帮你压缩图片,Exif 信息就此丢失大半;又例如在 Windows 系统中用"画图"开启图片,然后将图片文件另存为另一个文件,Exif 也会丢失,相应的方法非常多,大家可以尝试发掘。

但要注意,Photoshop 这样的专业图像处理软件是可以回写 Exif 信息的,不要用 Photoshop 压缩图片的方法,来删除 Exif。

Exif 妙用:鉴定图片有没有被修改

Exif 可以让你了解图片背后的信息,但 Exif 并非加密信息,它可以轻易被删除,也可以被修改。每当图片被编辑,Exif 信息往往会发生变化,借助这一特性,我们可以来鉴定图片有没有被 PS 过!

不少专门编辑 Exif 信息的工具,都有提供原始照片鉴定功能。下面以 MagicEXIF 这款工具为例,给大家演示一下。

MagicEXIF 是一款比较专业的 Exif 修改工具,它带有鉴定照片是否被修改过的功能。利用 MagicEXIF 打开图片,即可看到右下角显示的鉴定结果。如果显示"未发现问题",说明这张照片就是原始图片,没有被 PS 过。

但如果显示的是"非原始照片",同时界面中的"软件"一栏还显示 PS 工具之类的信息,那么这张图片就是修改过了的。

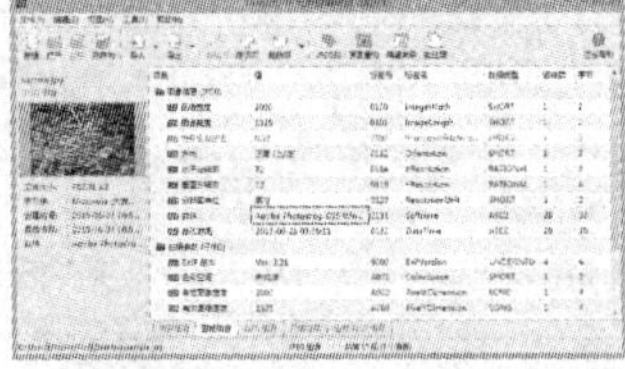

这是一张经过 Adobe Photoshop CS5 编辑后保存的照片,除了 Photoshop 插入的元数据,其他有用的拍摄参数已经全部不见踪影。

原图重构

MagicEXIF 元数据编辑器可以通过内置的高保真编码器对任何图像数据进行重构,以最大限度将照片还原到其原始状态,而无需任何原厂编码器支持。

要理解原图重构,首先需要定义什么是原图。MagicEXIF 将"原图"定义为"由数码相机直接出片得到的图像",简单来说,原图就是指任何未经软件加工和转存的 JPEG 图像。事实上,根据我们对于原图的定义,所有 RAW 格式的图像都应该被视为原图,但由于 RAW 格式的多样性高、解码编码难度大,而且普及性较 JPEG 图像低,我们谈及原图的时候暂且不论 RAW 图像。

根据以上定义,通过 RAW 后期转码而来的 JPEG 图像文件在严格意义上说已经不属于原图的范畴了,因为它已经被第三方软件所转存,即使未进行任何编辑,其编码特征已经与相机直接出片的结果不相同。

为什么编辑或转存后的图像会留下痕迹呢?这是因为被编辑过的图像往往会丢弃掉编辑软件无法识别的元数据,比如 EXIF2.3 标准中定义的新数据、厂商注释项目、其他 APPn 段元数据等,一般图像编辑器并不能正确处理类数据,因此经过编辑软件的保存后,这些数据将会永久丢失或损坏。

此外,即使元数据没有丢失而且被正确重编码,经过转存的图像的压缩特征也会不一样。众所周知,JPEG 图像格式采用的是有损压缩算法,为了完成压缩,JPEG 编码器需要对图像数据进行离散余弦变换和量化操作,因此这个过程会令不同的编码器留下不同的特征。

MagicEXIF 元数据编辑器不仅能够通过内置的原图模板对丢失的元数据进行恢复,还可以通过独有的高真度原厂编码器对图像压缩数据进行重编码,重构后的 JPEG 图像尽管在视觉上并没有任何差异,但是文件头数据已经被恢复为原始状态,因此可以通过多款检测软件(如 JPEGsnoop、izitru 等)的检测和鉴定。

Exif 作为图片的注释,能透露出许多信息,希望大家能够更加重视 Exif,减少泄露隐私的概率,并活用它吧!

附 Exif 信息含义:

Image Description 图像描述、来源,指生成图像的工具

Artist 作者 有些相机可以输入使用者的名字

Make 生产者 指产品生产厂家

Model 型号 指设备型号

Orientation 方向 有的相机支持,有的不支持

XResolution/YResolution X/Y 方向分辨率 本栏目已有专门条目解释此问题。

Resolution Unit 分辨率单位 一般为 PPI

Software 软件 显示固件 Firmware 版本

Date Time 日期和时间

YCbCrPositioning 色相定位

Exif Offset Exif 信息位置 定义 Exif 在信息在文件中的写入,有些软件不显示

Exposure Time 曝光时间 即快门速度

F Number 光圈系数

Exposure Program 曝光程序 指程序式自动曝光的设置,各相机不同,可能是 Shutter Priority(快门优先,Tv)、Aperture Priority(光圈优先,Av)等等。

ISO speed ratings 感光度

Exif Version Exif 版本

DateTime Original 创建时间

DateTime Digitized 数字化时间

Components Configuration 图像构造(多指色彩组合方案)

Compressed Bits per Pixel (BPP) 压缩时每像素色彩位 指压缩程度

Exposure Bias Value 曝光补偿。

Max Aperture Value 最大光圈

Metering Mode 测光方式、平均式测光、中央重点测光、点测光等。

Light source 光源 指白平衡设置

Flash 是否使用闪光灯。

Focal Length 焦距,一般显示镜头物理焦距,有些软件可以定义一个系数,从而显示相当于 35mm 相机的焦距

Maker Note (User Comment) 作者标记、说明、记录

Flash Pix Version Flash Pix 版本(个别机型支持)

Color Space 色域、色彩空间

ExifImage Width (Pixel X Dimension) 图像宽度 指横向像素数

ExifImage Length (Pixel Y Dimension) 图像高度 指纵向像素数

Interoperability IFD 通用性扩展项定义指针 和 TIFF 文件相关,具体含义不详

File Source 源文件

Compression 压缩比

(本文原载第 21 期 11 版)

为自主可控的国产 EDA 软件而努力

——访《电子报》EDA 专栏组织者清华大学教授周祖成

《电子报》将开辟EDA专栏

EDA，即电子设计自动化(Electronics Design Automation)的缩写。EDA 是芯片之母，是芯片产业皇冠上的明珠，是 IC 设计最上游、最高端的产业。近年来随着全球芯片和软件产业规模的不断扩大，以及芯片技术的更新升级，对 EDA 的需求越来越大，市场规模稳步提高。纵观国内的 EDA 发展历程，从过去的平起平坐，到后来的落寞，再到如今的奋起直追。而今随着国内厂商国产替代的意愿逐渐强烈，也为国产 EDA 创造了更多的机会。

最近作为国家战略，要抓"自主可控的国产 EDA 软件"，在此形势感召下，周祖成教授联合《电子报》开辟了 EDA 专题介绍(讲座)，将邀约业界的专家，全面系统地介绍国内外 EDA 的状况和国产 EDA 的发展。

周祖成教授是国内 EDA 应用事业的开创者。在周教授的努力下，清华大学电子工程系 EDA 中心于 1995 年建立起来，很快就成为北京地区乃至全国最好的 EDA 实验室。同时，为了培养产业人才，周老师还于 1996 年发起了中国研究生电子设计竞赛，到今年已经举办了十四届了。周老师每年都要为大赛四处奔走，进行宣传，组织人力，积累题库。23 年过去，可谓是"桃李满天下，春晖遍四方"。2018 年，当美国开始围剿我国的集成电路行业时，周祖成教授毅然举起民族工业发展大旗，在有关部门支持下，于厦门成功举办了首届中国研究生创"芯"大赛。在 2019 年 6 月份的时候，周老师更以耄耋之年，再次促成了新思科技清华大学人工智能合作项目。

本期文章是"EDA"栏目的开栏之作。本报衷心希望该栏目的开展能为大家提供一个增进横向交流学习的平台。

周祖成：清华大学教授、博导，微波与数字通信国家重点实验室 EDA 室主任，深圳清华大学研究院 EDA 实验室常务主任，深圳市软件协会集成电路专业委员会会长，中国通信协会通信专用集成电路专业委员会副主任，《中国集成电路大全》丛书编委会成员，国务院和中央军委"国家空中交通管制办公室专家组"成员，中国研究生电子设计竞赛发起人暨总设计师，中国研究生创"芯"大赛发起人暨总设计师，中国研究生 EDA 竞赛发起人兼秘书长。

EDA，即电子设计自动化(Electronics Design Automation)的缩写。一般来说，EDA 设计工具的形态是一套计算机软件，所以在电子信息产业中，无论是进行集成电路的设计，还是进行 PCB(印刷电路板)的设计，都离不开 EDA 工具。

周祖成教授，是我国一位德高望重的 EDA 专家，对我国 EDA 事业的发展倾注了大量心血和努力。近日，周教授满怀激情地对我国及国际上的 EDA 的技术、现状和将来做了介绍。

对 EDA 的观察及所见

EDA 为我们打开了一扇窗口，让我们能去观察 20 世纪八九十年代集成电路带动信息产业飞速地发展，印证了摩尔对集成电路每 18 个月特征尺寸缩小一半而集成度翻一倍(造价不变)的预言。实际上集成电路产业处在信息产业的上游，它要把行业的(IP)知识产权(标准、规范和协议)映射到电路与系统这样一个可实现的架构上，信息产业的中游则是提供一个信息产品(软、硬件)的实现的解决方案，而信息产业下游的制造业生产出的产品，除了元器件和加工成本，还要为使用的 IP 付出知识产权的费用。

集成电路产业链是一个包括设计业、制造业、封测业、材料和装备在内的完整产业链，它不同于半导体器件产业，主要是受半导体工艺和材料的制约，因而更多的是半导体专业人士唱主角。而集成电路产业链更多的是以设计业为龙头，即使是 IDM(集成器件制造商)，如英特尔也是大量的人才集中于前端的设计。

20 世纪 90 年代，我国集成电路产业虽然在一批半导体(1956 北大半导体专业)大咖指导下，做了"907""908"工程……引进了大量工艺制造线，但设计业却跟不上，等于是"无米之炊"，最后也是无效的投资。直到 2000 年国务院出台了 8 号文件，明确了集成电路设计业是集成电路产业链的龙头，又在全国建了八个产业化 IC 设计中心才有了转变。因此在中国，所谓集成是集"官员、资本和产学研"之大成，即中国政府主导(产业政策和土地与财政的支持)，民间资本的投资紧跟，再加上产(集成电路产商)\ 学(高等院校)和研(研究所)的通力协作。

人才和 EDA 工具——集成电路设计业的两个要素

人才，对集成电路产业而言不仅仅是科技人才、工艺人才，还包括经营与管理人才。应该说，改革开放以来，我们教育部门的贡献是在人才培养上基本上满足了改革开放对人才的需求，不足的是高端人才欠缺，尤其是领军人物奇缺！王阳元院士曾对集成电路人才的培养支招，指出"一是微电子专业培养；二是支持电子设计工程师跨界进入集成电路设计业；三是引进高端集成电路领军的海外归国人才"是非常有建设性的，以及后来建设"示范性微电子学院"，把微电子学科从二级升级为"一级学科"都是在人才培养上下功夫。

但集成电路设计业除了人才，EDA 才是 IC 研发的拳头产品，"工欲善其事，必先利其器"！尽管我们在 20 世纪 80 年代就集中力量在北京组织了"熊猫系统"的研发，但 35 年快过去了，国内 EDA 市场仍然被国外三大厂商(Synopsys、Cadence、Mentor Graphics)所垄断。究其原因不是我们的人不行，而是研发的方针出了问题。

一个是"总是仿"，仿得连界面都差不多，殊不知用户习惯了三大外商的 EDA 工具，你就是和他们差不多，用户也不想换国产的 EDA 工具。再加上三大厂商在大学开展"大学计划"，让大学生习惯了三大厂商的 EDA 工具，而且会用三大厂商工具的大学生就业也是个优势。

另一个是方向不对，和国外三大厂商争后端(自动化)的 EDA 工具的研发，别人已经有了固定的优势，通常集成电路制造商需要解决的问题，三大厂商的技术储备和服务都有优势。所以，要发展国内的 EDA 产业，只能变道超车，走集成电路设计前端的设计智能化的路。其中看准 AI 的巨大市场和各 AI 产业的专有的 IP 包，把 AI 各行各业的 IP 包转换成集成电路可实现的电路架构，实现电子设计的智能化(EDI)，可能是一个值得关注的发展方向！

如果说 EDA 解决电子设计工程师跨越"半导体"工艺的障碍，进入集成电路设计，这是向集成电路设计的后端的工艺映射，解决电子设计自动化(Automation)的问题。那么 EDA 工具发展的另一个方向是在设计的前端，解决大量 IP 包映射到集成电路的架构设计，这种高层次的综合解决的是电子设计智能化，即 EDI(Intellinge)。

集成电路产业是需要集成电路产品的量的支持的，移动通信的平台为集成电路的发展提供了一个巨大的平台(数以几十亿计的手机)，因此无论从 4G 到 5G，还是在现有的移动平台上，集成电路产品的量不会有实质性的变化，只能瞄准下一个市场——AI，人工智能是下一个巨大的集成电路市场，车载移动平台对集成电路的需求远远地超过手机，还有万物互联、智能制造，基于声音和图像的智能处理和机器人……都会对集成电路提出产业化的需求。可以说"AI is Chip"一点也不过分，AI 的各种 IP，通过 EDI 映射到电路与系统的架构，然后通过 EDA 映射到芯片制造。反过来实现了 AI 的各种 IP 包的芯片又支持 AI 的产业化。总之，需要更多更好的 IP，芯片才能上市快、成本低。

IP 会成为 EDA 公司的重要创利点，而 fabless 会沦为组装公司。IP 年营业额 2.5 亿美元的 Synopsys 认为，整个系统该怎么验证只有该项目的设计人员才知道该芯片要实现什么样的功能；另外，软硬件协同验证也发生了变化：一款有一百万行软件代码的芯片，而 fabless 却没有一百万行的 RTL 代码，在芯片中的软件比硬件更复杂时，芯片设计厂商必须自己做芯片中的软件。

在 EDA 工具从自动化向智能化发展的过程中，电子设计逐渐"软化"，即"软件定义的芯片"，越来越有利于解决"可重构"和"异构并存"的架构定义。以过去我们在 FPGA 平台上做电路与系统为例，因为硬件是可编程的，所以设计主要是编程，实现不同设计规范的算法到 FPGA 架构的映射，为此去开发在 FPGA 架构上运行的各种 IP 包！同理，在多核的 CPU、GPU 的架构上开发电路与系统也是做编程，实现软件定义的硬件设计。

只不过现在我们从专用集成电路设计的角度，实现"算法到架构的映射"，需要一个更高层次的编译平台(姑且我们把它称 AI Compiler)。那么，这个平台的普惠性、时效性和安全性都是我们十分关注的！

"近几年人工智能、机器学习快速发展，加上量子运算等更为先进的技术，对于解决过去的问题带来了全新的视野。"新思科技 AI 研究室主任廖仁亿表示，"但随着大家对人工智能的期望越来越高，加上海量数据的持续增长和无处不在的场景应用，人工智能加上人类智能的赋能，帮助我们用更智能的工具，来设计日益复杂且更为强大的人工智能芯片，为芯片设计带来全新的挑战和机会。"

周教授又介绍了全球三大(Cadence、Mentor Graphics 和 Synopsys)EDA 软件巨头眼里的芯片设计挑战，EDA 云平台(云-边缘-终端)、IDEA(全自动芯片版图生成器)、POS(H 针对开源硬件项目)、SDH(software defined hardware)DARPA 关注的第三个重点是软件定义架构 SDH 和 domain-specific 片上系统，RISC-V 很可能是第一个进行软硬件协同设计的架构，Open AI 平台 Sutskever 最初研究的序列建模应用于语音、文本和视频，非常实际的应用就是机器翻译等专业技术介绍。

对 EDA 专业人才的观察和寄语

EDA 是 IC 设计必需的也是最重要的工具。随着 IC 设计复杂度的提升，新工艺的发展，EDA 行业有非常大的发展空间。虽然 EDA 行业需求的人才(工具软件开发人才、工艺及器件背景的工程师、熟悉 IC 卡设计流程的工程师、数学专业人才、应用及技术支持人和销售类人才)的就业面相对窄，但稳定性非常高。

◇本报记者 徐惠民

(本文原载第 1 期 2 版)

EDA 专栏

人工智能赋能半导体制造业——从OPC说开去(一)

作者简介：

韩明，现任全芯智造业务拓展总监，负责市场拓展和营销工作。韩明本科毕业于西安交通大学微电子系，现在上海交通大学攻读 EMBA 学位。韩明在半导体业有超过 18 年工作经验，曾在 Foundry 中芯国际、EDA 公司 Synopsys 和设计服务公司世芯电子任职，在 EDA 和制造领域有丰富的市场经验。

一、引言

过去十年人工智能的发展日新月异，从 2012 年 ImageNet 图像识别挑战赛上，CNN 算法大放异彩开始，人工智能的研究在图像识别、语音识别、自然语言处理等领域取得巨大进步。这些进步推动在安防监控、自动驾驶等场景落地，进而延伸到工业互联网、智能制造等领域。这一切得益于三点，芯片算力的不断提升，可供训练的大数据爆发增长，和日益复杂的神经网络算法。根据咨询公司 Tractica 的市场报告，全球 AI 软件市场将从 2018 年的 95 亿美元，到 2025 年将增长到 1186 亿美元，成长性惊人。

在半导体制造业中，人工智能尤其是机器学习有全面的应用场景，如装备监控、流程优化、工艺控制、器件建模、光罩数据校正、版图验证等等。接下来，本文重点讨论人工智能在光刻技术与光学临近校正(Optical Proximity Correction)的应用。

二、光刻技术简介

表 1 主流逻辑工艺演进的光刻技术路线

工艺节点(单位：纳米)	光刻技术	光源	光源等效波长 λ(单位：纳米)	数值孔径(NA)
180	干法	KrF	248	0.8
90	干法	KrF	193	0.85
65	干法	ArF	193	0.93
40	浸润式	ArF	134	1.35
22	浸润式+多重图案化	ArF	134	1.35
14	浸润式+多重图案化	ArF	134	1.35
7 以下	EUV+多重图案化	EUV	13.5	0.33/0.55

过去六十年，摩尔定律带来集成电路器件持续微缩，这需要在晶圆片上制作出更小尺寸的图形，对晶圆图案化(Wafer Patterning)带来极大的挑战，而其中光刻技术是晶圆图案化的主要手段。光刻的原理大致是这样的，光刻机的光源发出紫外光，透过光罩(光罩包含芯片版图的镂空图形，制作在石英基板上，会挡住穿过石英的光线)照射在晶圆片上，由于晶圆片表面涂覆了光敏感性的光刻胶，被照射到的光刻胶会发生化学反应，就此实现了从光罩图形到晶圆片的图形的转移。光刻机的分辨率是由以下公式决定的。

其中 W_{min} 即为分辨率，λ 代表光源波长，K_1 是数值小于 1 的工艺参数，NA 是数值孔径，代表一个光学系统能够收集的光的角度范围。不难发现，光的波长越小，数值孔径越大，分辨率越高。

如表 1 所示，早期的 180 纳米工艺使用 248nm 波长的光源，到 90 和 65 纳米工艺使用 193nm 的光源，但是单靠 193nm 光源，其分辨率没有办法支持更先进的工艺了。这时业界引入了浸润式光刻(Immersion Lithography)技术，通过在光刻胶上方铺上一层薄薄的水作为介质，光在水中折射，使得 NA 增加到原来的 1.43 倍，即等效波长缩短到了 134nm。就这样 40 纳米工艺也被攻克了。接下来一种叫多重图案化(Multiple Patterning)的技术帮助光刻技术发展到 22nm 以下工艺。这个技术实际上是一种光罩图形拆解技术，通过将原来密度较大的图形拆解成两个或多个密度较低的图形，增加光刻蚀刻步骤，从而实现了更小尺寸的效果。有了 Immersion Lithography 和 Multiple Patterning 两大法宝，光刻技术来到了 7nm 这个关键的节点。这时业界研究很久的极紫外(EUV)技术准备商用了，EUV 的波长为 13.5nm，比浸润式光刻技术的等效波长 134nm 缩小了 10 倍，理论上分辨率更好。但是 EUV 的光极其容易被周围材料吸收，对整个光刻系统的设计提出了更高要求。不仅光刻机的光源、镜头需要重新设计，光刻胶成分和对光罩的保护也要重新考虑，以应对 EUV 极短的波长带来的挑战。举个形象的例子，光刻机的精度相当于从地球发射一束光到月球，需要精准地照在月球表面一枚一元硬币上面。目前国际领先的光刻机公司 ASML 已经开发出了 NA=0.33 和 0.55 的 EUV 光刻机，未来还将推出 NA 大于一的 EUV 光刻机，推动摩尔定律继续向前发展。

三、点工具 OPC 简介

刚才主要介绍的是光刻技术的发展，其实早在 180 纳米技术节点上，随着光学图像失真的日益严重，光刻机的光学图像分辨率就已经跟不上工艺的发展了。为了补偿光学图像失真，业界引入了光学邻近校正(OPC)技术，为了补偿光学畸变效应而主动改变光罩图形数据，使得摩尔定律继续向前推进。如图 1 左下图所示，没有经过 OPC 的光罩版图，在经过光刻机曝光后的硅片图形(灰色阴影部分)严重偏离了原来的设计(红色虚线表示)。而经过 OPC 校正过的光罩版图，图形边缘变成了不规则的形状(图 1 右上)，目的恰恰是为了使得硅片上的图形最接近原始的设计图形。

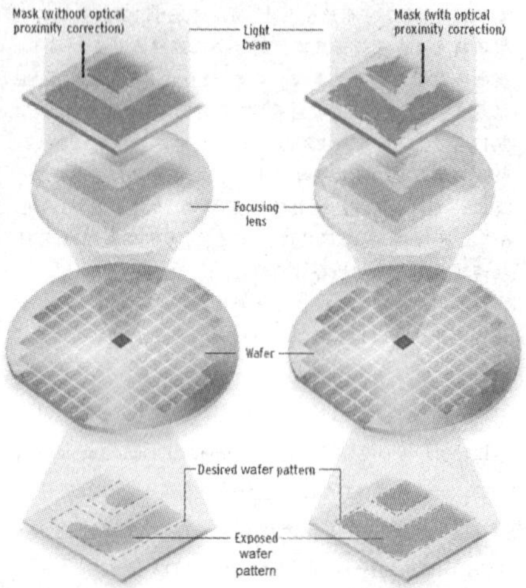

图 1 没有使用 OPC(左侧)和使用 OPC(右侧)的硅片图形对比

(未完待续，下转第 267 页)

(本文原载第 2 期 2 版)

◇全芯智造技术有限公司 韩明

电子科技博物馆专栏

编前语：或许，当我们使用电子产品时，都没有人记得或知道老一批电子科技工作者们是经过了怎样的努力才奠定了当今时代的小型甚至微型的诸多电子产品及家电；或许，当我们拿起手机上网、看新闻、打游戏、发微信朋友圈时，也没有人记得是乔布斯等人让手机体积变小、功能变强大；或许，有一天我们的子孙后代只知道电子科技的进步而遗忘了老一辈电子科技工作者的艰辛……

成都电子科技大学博物馆旨在以电子发展历史上有代表性的物品为载体，记录推动电子科技发展特别是中国电子科技发展的重要人物和事件。目前，电子科技博物馆已与102家行业内企事业单位建立了联系，征集到藏品12000余件，展出1000余件，旨在以“见人见物见精神”的陈展方式，弘扬科学精神，提升公民科学素养。

博物馆传真

电子科大校友助力电子科技博物馆征集“重量级”藏品

近日，中电科光电科技有限公司向电子科技博物馆捐赠了国内第一个百万像素红外线平面探测器组件等多件藏品。

电子科大校党委副书记申小蓉表示，本次捐赠的藏品都是电子科技发展史上极为重要的藏品，藏品背后的人、故事和精神都是中国电子科技发展的历史见证。电子科技博物馆将充分挖掘藏品背后的故事并尽快布展，充分发挥这些藏品的历史价值。申小蓉还表示，成都市政府与学校即将共建新的电子科技博物馆，打造以电子科技为核心、集科技体验与休闲娱乐于一体的综合场所，希望广大校友和企业继续支持博物馆建设，捐赠更多藏品。

中电科光电科技有限公司党委副书记、1982 级校友田陆屏说，母校建设电子科技博物馆非常有意义，电子科技博物馆是行业代表性博物馆，不仅完整保存记录了中国电子工业发展的设备、仪器，也能激励更多人投身电子技术领域，推动社会进步。此次捐赠的三代藏品，代表着国家水平，是电子科技人智慧的结晶。作为成电培养的学子，自己很荣幸见证学校保存和记录电子科技历史的宏伟计划，将不遗余力支持博物馆建设。

随后，申小蓉一行赴北京应用物理与计算数学研究所，对接了银河-IV 号巨型计算机等设备在电子科技博物馆展出相关事宜。据介绍，银河-IV 号巨型计算机将落户电子科技博物馆长期展出。

据悉，为促成本次藏品征集工作，北京校友会张定越、杨爱民校友积极协助联系中电科光电科技有限公司。他们表示，能参与博物馆藏品征集工作很振奋，母校建设电子科技博物馆，留存了电子工业的发展痕迹，保留了一代代电子工业从业者的记忆，是民族电子工业精神的象征。绵德广校友会、1987 级校友吴军联系了银河-IV 号巨型计算机展出事宜，他说，“电子科技博物馆是一个非常好的教育平台，可以帮助当代学生了解历史，指导他们未来的发展方向。我觉得这是一项十分有使命感的事业。”

据统计，目前已有北京校友会、河南校友会、绵德广校友会和陕西校友会等 13 家地区校友会和 42 位校友向电子科技博物馆捐赠藏品 835 件，通过广大校友提供的线索征集藏品 9526 件，丰富了藏品数量，为建设新馆奠定了基础。

◇电子科技博物馆

(本文原载第 2 期 2 版)

人工智能赋能半导体制造业——从OPC说开去(二)

(紧接第266页)

实现OPC的方法主要有基于规则的OPC(Rule-Based OPC)和基于模型的OPC(Model-Based OPC)两种。早期的基于规则的OPC,由于其简单和计算快速的特点被广泛使用。然而这种方法需要人为制定OPC规则,随着光学畸变加剧,这些规则变得极为庞杂而难以延续。这时基于模型的OPC(Model Based OPC)应运而生。这种方法通过光学仿真建立精确的计算模型,然后调整图形的边沿不断仿真迭代,直到逼近理想的图形。基于模型的OPC使得OPC流程变得更加复杂,对计算资源的需求呈指数级别增长。而且随着器件尺寸向10纳米以下发展,各种不常见的物理现象层出不穷。例如从光罩表面散射的电磁波需要更严格地建模,通常我们称之为"Mask 3D效应",以表示Mask表面立体结构对光衍射的影响。OPC工程师不仅要考虑光学畸变,还要考虑光刻胶工艺的影响,例如烘烤和显影。这时的OPC已经不再是单纯的数据处理,而是综合考虑物理、化学、光学、高性能计算的跨学科应用,使得实现OPC的EDA工具也非常复杂。举个例子,一款7nm芯片需要高达100层的光罩,每层光罩数据都需要使用EDA工具进行OPC的过程。整个过程对硬件算力要求很高,EDA工具需要运行在几千核的服务器CPU上,运行时间以天计算。另外,EDA工具使用复杂,要求综合考虑多种因素,需要至少几十人的工程团队支持。可见OPC作为跨学科的高性能运算应用,对人力和算力资源都有极高的要求。

四、人工智能在OPC的应用

传统的基于模型的OPC需要精准的光刻建模,一般包含光学建模和光刻胶建模两个部分。通过光刻胶模型可以把光学图像转换为光刻胶图形,而光刻胶模型直接决定了模型的精准度。为了解决模型精准度的问题,早在21世纪初神经网络算法就被引入了。例如图2所示的两层神经网络,将光学图像作为输入,继而输出一维的光刻胶图像。这里使用恒定阈值光刻胶(CTR)模型来计算出关键尺寸(CD)值。CTR模型使用恒定的阈值从光刻胶图像中提取图形轮廓,光刻胶CD值可以从光刻胶图像和阈值计算出来。图3显示了一维光刻胶图像以及阈值(红线)。对于正向极性的光刻胶,在显影过程中,密度超过阈值的光刻胶将被洗掉。不过由于当时的神经网络规模都很小,而本例只有两层,其功能受到很大限制。这也反映了21世纪初人工智能的发展状况。

过去十年来,计算机技术的进步使得深度学习大放异彩。卷积神经网络(CNN)已广泛用于图像处理上,OPC的研究人员也将该技术应用于光刻建模。例如可以使用2D光学图像作为CNN模型的输入,来生成变化阈值光刻胶(VTR)模型的阈值。所谓变化阈值,就是将不同阈值用于在不同位置计算CD值。使用CNN将传统的光刻模型误差减少了70%。不过,虽然使用CNN在光刻模型精度方面有了显著改进,但它需要很大的数据量用于训练,而且训练时间长且成本高昂。

为了减少训练新技术节点模型所需的数据量,迁移学习也被引入了,即利用旧技术节点的模型进行新节点的光刻胶建模。在使用新数据训练旧模型时,前k个卷积层是固定的,其余层针对新技术节点进行微调。除了使用迁移学习的方法外,还采用K-Medoids聚类进行数据选择,以选择每个数据组的典型数据,而不是使用所有数据来训练新模型,以节省训练时间。通过迁移学习和数据聚类技术,实验表明,在模型精度不变的情况下,新数据量的要求减少了3~10倍。

上述机器学习的方法主要用于提高光刻建模的准确性。然而使用这些方法去计算光刻胶图像的算力成本仍然很高。文献提出了一种利用生成对抗网络(GAN)进行光刻建模,以加速光刻胶图像的计算。如图4所示,在训练生成器(Generator)时,判别器(Discriminator)是固定的,反之亦然。生成器以光罩版图和随机矢量z作为输入,生成器训练的成本函数加上了生成图像与光刻胶图像的差异。判别器则以光罩版图和两个图像(生成图像或光刻胶图像)之一作为输入。这种叫Conditional GAN(cGAN)的架构,训练完成的生成器,用以生成光刻胶图形,训练完成的判别器,用来判定该图像是真正的光刻胶图像还是生成的,这种生成器后来在LithoGAN架构中与CNN结合使用,该CNN网络经过训练,可以得到接触孔中心的精确值。LithoGAN架构实现了光刻胶模型的快速仿真。

如前所述,光刻模型的准确性决定了光罩数据修正和验证的准确性。OPC广泛用于光罩数据修正,以补偿光学图像失真。OPC是通过精确调整版图的边沿凹凸来执行的。更进一步的修正,是用一种新型技术叫反向光刻技术(ILT),是通过像素级别来实现修正的。由于ILT具有更高的自由度和更强的图形修正能力,在近些年受到普遍关注。但是,ILT比OPC速度慢一到两个数量级。因为非常需要缩短ILT的计算时间,将机器学习应用于ILT更加紧迫。此外,ILT是基于像素(而不是基于边沿的)的校正的,这种模式很像图像识别,更接近于机器学习的范式。

最近一种叫GAN-OPC的架构被提出,使用GAN来生成光罩版图,其类似于ILT之后的版图。生成器网络使用ILT目标版图(设计版图)作为输入,在训练时,生成的版图,会与ILT修正后的版图做比较,并将差别加入成本函数之中。训练判别器时,输入层中有两种版图,一种是ILT目标版图,另一种是以下版图之一:生成的版图或者ILT修正后的版图。网络训练完成后,生成器用于生成ILT的初始光罩版图。这样,ILT的迭代次数大大减少,可以减少一半ILT的计算时间。

综合近年来的人工智能的在OPC上的进展就会发现,一方面,集成电路制造随着摩尔定律演进,OPC也向数据密集型和计算密集型方向发展,光刻建模的问题越来越复杂,可以说是牵一发而动全身。另一方面,人工智能最新的研究成果不断在OPC领域得到应用,从两层神经网络,到迁移学习乃至GAN,OPC领域已经成为人工智能应用的试验田。现在的情况是机遇与挑战并存,然而毋庸置疑的是,OPC已经来到了人工智能应用的奇点,在性能和速度上取得突破式进展,现在看起来只是时间问题。

五、关于人工智能和专家知识的一点思考

半导体制造业是高端制造业的明珠,早在30年前就已经实现流水线自动化,有成熟的自动化生产方式。但这仍是人为设计的、通过计算机精确控制的自洽式的系统,在海量数据智能分析、跨学科智能建模等多个方面,还有很大的创新空间。值得欣喜的是,由于半导体制造的高度自动化,奠定了人工智能在此领域发展的基础,人工智能在半导体制造上有天然的落地场景。

另一方面,现在人工智能领域有一种偏见,比如看到了谷歌的AlphaGo Zero不需要人类专家知识就能下围棋,就错误地认为专家知识无用甚至摒弃,相信AI至上,这种无视客观发展规律的想法是不切实际的。目前的人工智能还达不到一个两岁小孩的智力,尤其对物理世界的理解严重不足。人工智能在现实世界的落地需要站在巨人的肩膀上,而不是从零开始。

过去的半个世纪,半导体的分工协作推动了摩尔定律不断延续,使得半导体方面的专家知识不断膨胀。但是无形当中,也将专家知识进行了切割而碎片化,无法高效的传播和形成系统化的知识图谱。在人工智能发展的下一个阶段,如何将专家知识赋能AI"大脑",将是我们面临的一大难题。这需要同时具有专家知识和人工智能实践经验的先行者,去探索一条新的道路。在这方面巨头们具有先发优势,但是初创公司没有任何包袱,在当前产业协同创新的大环境下,同样有机会。没有产业协同创新,半导体业的创新就会走进死胡同。中国半导体制造业目前正处在加紧追赶世界先进水平的征途之中,更迫切需要产业协同创新,糅合专家知识赋能智能制造,落实人工智能落地,实现跨越式发展。前方道阻且长,唯有"只争朝夕,不负韶华",才能走得更远。

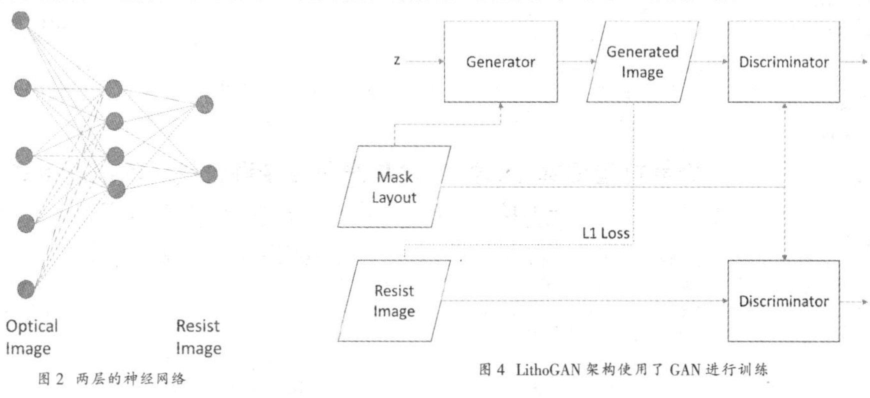

图2 两层的神经网络

图4 LithoGAN架构使用了GAN进行训练

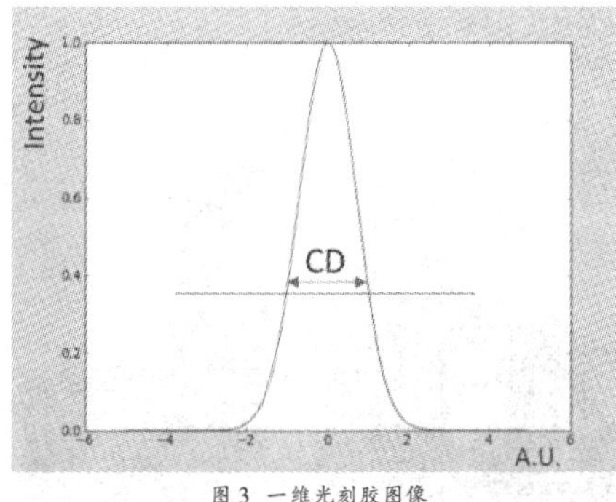

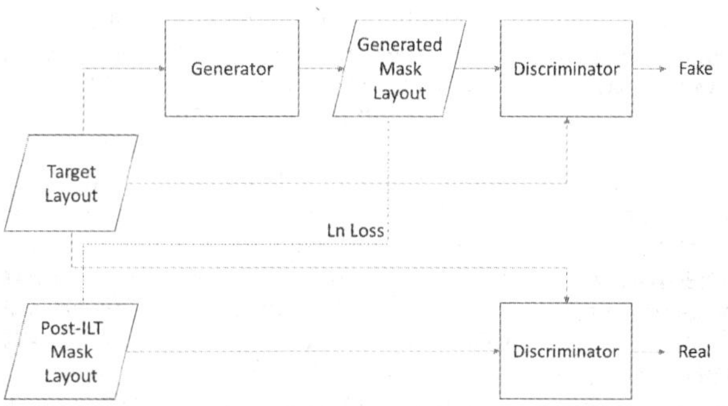

图3 一维光刻胶图像

图5 GAN-OPC架构

附:全芯智造公司简介

全芯智造成立于2019年9月,由国际领先的EDA公司Synopsys、国内知名创投武岳峰资本与中电华大、中科院微电子所等联合注资成立。公司注册资本1亿元人民币,总部位于合肥,在上海和北京设有分公司。

全芯智造汇集了一批EDA、晶圆制造和人工智能等领域的领军人才,平均从业年限超过20年,具备覆盖产业链的专家知识,和丰富的智能制造落地经验。

全芯智造致力于通过人工智能等新兴技术改造半导体制造业,实现由专家知识到人工智能的进化。从OPC和器件仿真等EDA点工具出发,未来将打造大数据+人工智能驱动的半导体智能制造平台。此举将填补中国半导体制造业缺乏核心支撑软件和智能"大脑"的空白,完善全产业链,有力地提升中国半导体制造的产业竞争力和国际地位。

全芯智造将以开放共赢的初心,与合作伙伴们一起合力共建产业链生态,加速产业协同创新,为实现半导体业智能制造的共同目标而努力。

(全文完)

◇全芯智造技术有限公司 韩明

(本文原载第3期2版)

EDA 专栏

混合信号SOC设计验证方法学介绍(一)

邵亚利 模拟混合信号设计验证专家。浙江大学本硕，"模拟混合信号设计验证"公众号(yaliDV)创始人。曾就职于德州仪器(TI)，现就职于亚德诺(ADI)半导体公司。ADI(Analog Devices)是全球领先的高性能模拟技术公司，凭借杰出的检测、测量、电源、连接和解译技术，搭建连接现实模拟世界和数字世界的智能化桥梁。

1. 片上系统(SOC)混合信号含量越来越高

集成电路从模拟电路开始，到后来数字电路蓬勃发展，再到而今为了能够满足多种场合的不同复杂应用，例如高集成/低成本/可移动/多接口等要求，混合信号片上系统SOC(System On Chip)日益流行，SOC中的数模混合信号含量已经从10%~20%增加到50%或更高。

例如，在以数字为主的SOC中，离不开连接真实世界的ADC(Analog-to-Digital-Converter)，DAC(Digital-To-Analog-Converter)，还有提供高速时钟的PLL (Phase-Locked-Loop)以及射频收发器、存储器接口等。在以模拟为主的SOC中，也增加了Control/Trim/Calibration等数字逻辑，来补偿PVT(Process,Voltage,Temperature)的变化，提高性能指标和良率。数模电路甚至在不同层次中紧密结合。

本文就从混合SOC的设计，验证和实现的方法流程三方面做介绍，并重点介绍了验证所需要了解的仿真器原理，和行为级建模相关的知识。

1.1 混合信号SOC典型框图

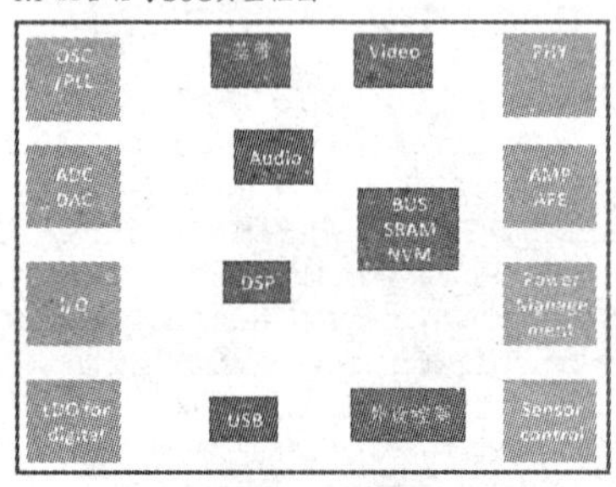

图1 典型SOC框图

这张图是一颗混合SOC芯片，蓝色部分是数字部分，通常有微处理器、基带(BB)、总线、SRAM(缓存，或者叫内存)、有NVM(非易失性存储器)，比如说像FLASH、EEPROM，或者OTP，还有Video、Audio、USB以及外设的一些接口控制电路，像SPI、I2C、HDMI接口或者UART、GPIO、PWM控制等。

绿色部分是模拟或者模拟为主的混合模块，通常有OSC/PLL振荡器，有作为数字和外界的窗口ADC或者DAC，有逻辑控制的GPIO作为通用的I/O接口，为了给数字电路供电有LDO，因为数字电路需要比较稳定的电源。

右边第一个是PHY，是协议物理层，通常它本身也是一个数模混合的模块，它既有数字电路也有模拟电路，把它放在这里就表示需要模拟工程师对它进行重点的关注。还有作为对微弱信号处理的放大器和模拟前端AFE (Analog Front End)，AFE将模拟信号经过放大处理，把它输入到ADC或者数字电路当中。Power Management是经常会用到的一个模块，包括BUCK、BOOST或Charge Pump等模块，另外就是传感器的控制电路。前面这几个模块每个芯片都不一样，有可能有，有可能没有。但是左边这一列，基本上每个SOC芯片都会有。

2. 数模混合SOC设计常用流程与工具

既然数模混合SOC市场需求越来越大，那么如何设计与实现一款混合SOC呢？本章节主要探讨数模集成电路设计常用的流程与工具。

1.以数字为主的SOC设计流程

常用文档编辑工具，从高级描述开始，采用Verilog、System Verilog或者C语言，去设计数字电路并制作Test Bench (TB)和层次化的模型，再用仿真工具去仿真模型，然后通过标准单元库，自动综合成门级电路，生成网表，再对网表进行布图并生成三个文件 (GDS、Netlist和Timing信息的SDF)，设计告一段落。

在验证阶段需要模拟的Model，供数字控制模拟或者模拟返回到数字的模拟验证，也需要固件的二进制码供给TB对SOC进行仿真。

2.以模拟为主的SOC设计流程

区别于写代码，模拟IC设计通常是以电路图来做设计，电路图中包括电阻电容/MOS管等基本元件，和相关拓扑连接关系。模拟工程师通常先设计子模块，电路图的顶层则是由一个模拟顶层的线路图和一个空的数字模块构成。

顶层仿真开始阶段用Digital的RTL的IP模块和Firmware组合，加之模拟电路，进行Analog On Top的仿真。仿真验证通过后，RTL进行PR，再由Schematic Verilog-in组成最终顶层的线路图，结合数字的SDF的Timing约束，完成PR后的仿真。

从后端看，顶层仿真后进行Analog layout将等在Digital PR完成，然后Stream-in进来一起形成TOP的Layout，即使有些IP可能不会给底层的GDS，通过Phantom View形成TOP的Layout，再对它进行LVS。

3.数模集成电路设计的常见工具

- 数模混合设计需要综合使用两套设计流程
  - 模拟设计流程是schematic based
  - 数字设计使用RTL module
- 前端设计环境不同
  - 模拟设计工具 Virtuoso schematic + Spectre
  - 数字设计工具
    - Vcs+Verdi (S)
    - Xrun+Simvision (C)
  - Firmware 环境
    - ARMCC or GCC等编译工具
- 后端设计环境不同
  - 模拟设计环境 Virtuoso Layout + Calibre
  - 数字设计环境 DC, PT, ICC or Encounter, FM

图2 数模混合设计与实现的常见工具

数模混合验证需要在顶层同时整合两套设计流程。模拟工程师熟悉的流程是Schematic Based，数字设计师使用RTL module。

通常熟悉Cadence Virtuoso schematic+Spectre的是模拟设计者。数字设计工具Synopsys用VCS+Verdi，Cadence用的是Xrun+Simvison，此外还要搭建Firmware的设计环境。当然，写程序和编译还要用到ARM CC或者像GCC之类的工具。

后端设计，模拟往往用Virtuoso Layout，再加上Calibre，做LVS和DRC；数字设计要用DC综合，时序分析PT (Prime Time)，布图用ICC(或Encounter)，还有FM(形式验证)，Patten(测试矢量的自动生成)工具。

4.数模混合SOC并行协同设计流程

公开的/工业标准的数据库的出现，例如Open Access (OA)，对数模混合SOC方法学的开发与应用做出了重要贡献。OA是一种层次化的数据库，能同时存储数字和模拟，从而不需要将数据从一种格式转换到另外一种格式。公共数据库是同步混合信号设计的基本要求，否则在以前单独的模拟或者数字方法学中，每个区域对对方而言都是黑盒子，就非常容易出错，甚至是低级错误，因为复杂的功能，不同的Background，模糊的"Common Sense"，都增加了芯片出bug的风险，一些简单错误可能会导致很严重的后果，例如功能不正常，过长的流片后的debug时间，昂贵的再流片成本，更重要的是Delay的研发周期，错失的市场窗口。

通过OA数据库的支持，数字和模拟之间完全透明，从而诞生了数模混合并行协同设计的流程，它可以同时汲取数模流程中的优点，回避其缺点，从而最高效率地设计混合SOC。

以下表格对比和总结了以上三种数模混合IC的设计验证与实现流程。

表1 数模混合IC的设计/验证/实现流程

name	以模拟为中心的混合IC	混合SOC并行协同设计流程	以数字为中心的混合IC
方法	一般自下而上	同步协同设计	一般自上而下
设计	Analog On Top: Block中有Standard Cell	模拟和Standard Cell在同一级混合	Digital On Top: Analog as block integrated
顶层连接	Schematic	Schematic & Netlist	Netlist
验证	Spice混合信号仿真 模拟行为模型	混合信号仿真，行为模型； MDV	Analog部分用RNM等模型来代替，做数字仿真，MDV
布图	手工为主，可控，约束驱动	控制和自动化	高度自动化，时序驱动，功耗驱动
模拟Part	主要设计	协同设计	黑盒子
数字Part	分割模块	协同设计	主要设计
布线	顶层和模拟定制设计； 数字采用时序驱动网格布线	非网格定制设计和数字网格化组合	顶层模拟基于间隔布线； 其他布线采用纳米规则布线
芯片集成	定制环境	定制或者数字	数字环境
Sign off	混合信号寄生仿真	静态时序分析和/或混合信号寄生仿真	静态时序分析

3.混合SOC验证的挑战与方法介绍

验证是在流片前，保证芯片的设计满足客户应用的指标要求。数模混合SOC的验证面临很多挑战，Time To Market的压力，芯片的研发周期Schedule在不断被压缩，成本也越来越低，且IC人才又相对有限。验证更需要一些对应的技巧与流程规范来达到验证目的。

一个好的验证，需要达到什么目的呢？首先是最起码保证芯片的质量，以便First Silicon Sample。在保证质量的基础上，需要提高效率。主要有三个维度：首先是Automatic，如何让验证环境自动化产生，Test Bench自动产生，甚至Model自动产生等；其次是Reusable，例如Stimulus，Checker等，又或是DV/AE (Application Engineer)和TE(Test Engineer)之间的Reuse。第三是Scalable，高度集成的数模混合验证，通常需要很多人参与。如何让新资源快速的Ramp Up起来缩短适应时间；这么多人工作在同一个项目上，且做到彼此不相互影响，不Block Other's work，那就更需要验证环境和整个流程的分配协调，从而保证大家能够"各自为战"。

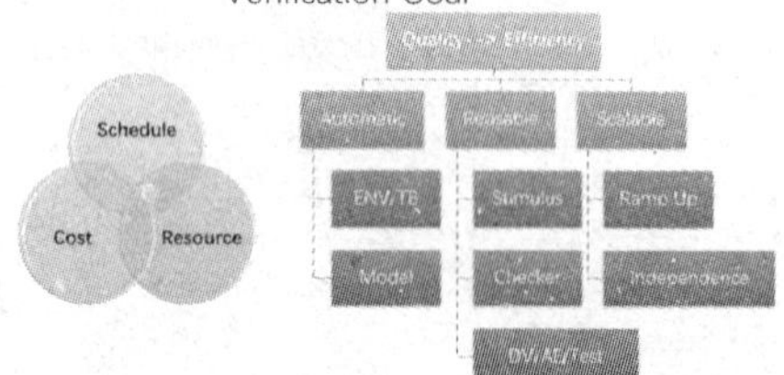

图3 验证目标

(未完待续，下转第269页)

(本文原载第7期2版)

力争打造资本、人才、研发与产业四者融合统一的创新生态体系

——记EDA专栏合作方清华海峡研究院(厦门)

清华海峡研究院于2015年9月由厦门市人民政府与两岸清华大学三方共同成立，是清华大学继深圳、北京、河北、浙江之后与地方共建的第五个地方研究院。旨在依托两岸清华在技术、人才、资源、教育等方面的优势，面向国际竞争，以两岸经济社会发展需求为导向，重点选取优势学科设立实验室、研究中心、博士后工作站、创新创业孵化基地、智库机构、文化交流和继续教育机构等，支持厦门市及福建省经济的快速发展，推进福建自贸区建设，促进海峡两岸融合，系统打造创新生态，深度服务地方发展，推进国家加快海峡西岸经济区和"一带一路"核心区建设战略的顺利实施。

海峡院自成立以来，布局大数据、半导体、新工业、大健康与大文化五大重点产业，发挥厦门两岸合作支点与海上丝绸之路支点优势，力争打造资本(C)、人才(T)、研发(R)与产业(I)四者融合统一的创新生态体系，系统营造高科技创新支点。目前，海峡院设立研究中心34个；由顶尖专家和两院院士组成的专家委员会4个；孵化引进数十个优质项目，其中包括朗新科技、泰豪科技、世纪星源等一批上市企业，以厦门为核心打造两岸桥梁、人才摇篮与创新生态。

清华海峡研究院作为中国研究生创"芯"大赛秘书处，围绕大赛"创芯·选星"的宗旨，服务集成电路相关专业人才，旨在为师生提供展示集成电路设计能力的舞台，进行良好的创新实践训练的平台，以及知识交流和实践探索的宝贵机会。经过两年的发展，大赛初赛从全国71所高校和科研院所254支研究生队伍报名，增长至94所研究生培养单位468支队伍报名。参赛单位基本涵盖了所有开设微电子专业的国内一流院校以及香港、澳门等地区院校。

◇清华海峡研究院(厦门)

(本文原载第7期2版)

EDA专栏

混合信号SOC设计验证方法学介绍(二)

(紧接第268页)

(1)混合SOC验证的挑战

混合信号设计的复杂度急剧增长，促使设计队伍需要各种技能的工程师紧密合作；随工艺尺寸变小，需要电路抽象级别更高，以便在系统级进行分析和验证；为缩小数模之间的设计差距，需要更多采纳软硬件结合的自动化方法；数模之间数据交互，需要EDA工具和设计方法学支持，以加速数模混合验证的收敛。但是正如上文所述，数字模拟IC采用了不同的设计流程和工具，加之SOC复杂的功能性能要求，然而模拟工程师和数字工程师的背景却很不相同，任何一个环节出错，都可能造成严重的后果。

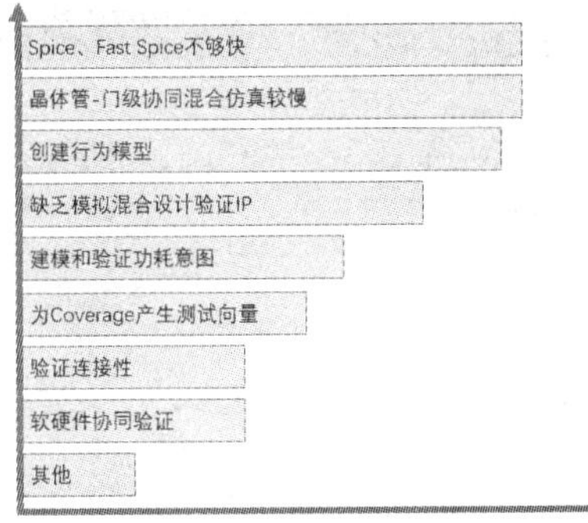

图4 数模混合设计验证的挑战

图4列出来了目前公认的混合信号SOC所面临的挑战：模拟Spice/Fast Spice在复杂的SOC系统中仿真速度显然不够快，使得如果用最精确的模拟仿真会严重影响研发周期。晶体管-门级协同混合仿真比全Spice仿真要快，但是依然比较慢。对模拟电路去创建模型，则需要人才储备、知识积累以及模型开发与验证时间。这是混合IC验证面临的前三大挑战。另外还有缺乏模拟混合设计验证IP、功耗意图、为覆盖率(Coverage)产生测试向量、软硬件协同验证等挑战。

另外物联网在低功耗方面的要求越来越高。造成芯片测试成本超过硅片本身，可测性设计就应该在设计过程中考虑。为此在保证正常功能与性能不降低的同时，增加片内自建的测试电路(Scan，IDDQ等)，会使芯片尺寸增大10%左右，加上冗余修复等电路，都为提高产品品质和Debug提供了良好的基础，但也增大了数模混合的验证难度，因为不仅要验证正常功能，还需要验证可测试性功能。

(2)混合SOC验证的方法流程

为了模拟和数字仿真同步的、平行的运行，解决混合信号验证的问题，有以下几项选择方案：

表2 混合SOC仿真验证方案

No.	方案	优点	缺点
1	全Spice仿真	精准	设计规模增大后，速度太慢
2	全数字逻辑仿真	快速验证连接性	对数模之间的相互作用很不精准
3	混合仿真	模拟晶体管、数字逻辑仿真	设计规模增大后，模拟矩阵求解影响速度
4	模拟模型Based的仿真	速度与精度的折中，提高了仿真性能	模拟行为级建模需要人才与时间

显然这四种方案各有优缺点，经常需要几种方案交互使用。这就诞生了基于Model的验证方法，以及层次化的验证技巧。

行为建模使得仿真在速度与精度之间做了非常好的折中，极大地提高了仿真效率；而且也能够让验证在项目的早期就介入其中，与设计并行，缩短整体研发周期。所以接下来本文第五部分将重点介绍Model知识。

层次化的验证方法，是将Block级设计者与验证者的工作，纳入了整体验证考量因素之中。哪些性能指标是应该在Block级进行验证，无须在Sub-System再验证，是需要有经验的工程师进行验证规划的。层次化的验证，重点是强调每个级别上验证的侧重点的不同，使其形成一种整体的互补策略。同时也在层次化的Reuse验证部分的相同环节，减少Test Case中Stimulus与Checker的创建。

- Regression Test in mixed signal chip
  - Check each mode/setting
  - Automated PASS/FAIL
- Model based verification
  - Speed VS accuracy
  - Moves earlier in design cycle
- Hierarchical Verification
  - Block/Sub-System/Top DV

图5 数模混合SOC验证的方法

芯片的PVT变化，加之数字Random的概念，要求混合SOC必须做Regression测试，以便能够遍历所有的Mode和Setting，同时自动化的检查PASS或者FAIL的仿真结果，以应对设计变化时候的快速验证迭代。基于覆盖率Coverage和断言Assertion的指标驱动验证(MDV)，是数模混合验证的重要内容。这在纯数字验证中，已经作为Sign Off标准。数字覆盖率主要有代码覆盖率，有限状态机覆盖率，功能覆盖率和结构覆盖率。混合信号的覆盖率通过采用数据分级(bin)的概念，将连续的电压电流等模拟值，转换为离散的用户自定义的范围，从而实现覆盖率的概念。断言Assertion，就是捕捉设计的预期行为，来判断数模混合属性是否满足Spec需求。标准的Assertion语言有PSL和SVA。为了满足混合信号，IC标准委员会正在致力于模拟SVA(ASVA)和System-Verilog的AMS(SV-AMS)。

FPGA验证对于验证数字模块有用，简单的数字模块仿真能够覆盖。复杂的数字模块，比如有上位机软件互动等，可以有效减少仿真验证工作量。对于提前开发软件、烧录工具、自动测试有帮助。对于数模混合部分，FPGA验证环境很难搭建。形式验证和硬件加速目前还没有针对模拟电路大量使用。所以以模拟为主的混合SOC主要以仿真验证为主。

数字验证已经有了比较流行的UVM(Universal Verification Methodology)方法学，混合信号领域的UVM-MS方法扩展包括模拟模块的验证计划，模拟信号的产生，模拟属性的检查和断言技术，以及模拟功能覆盖的分析。

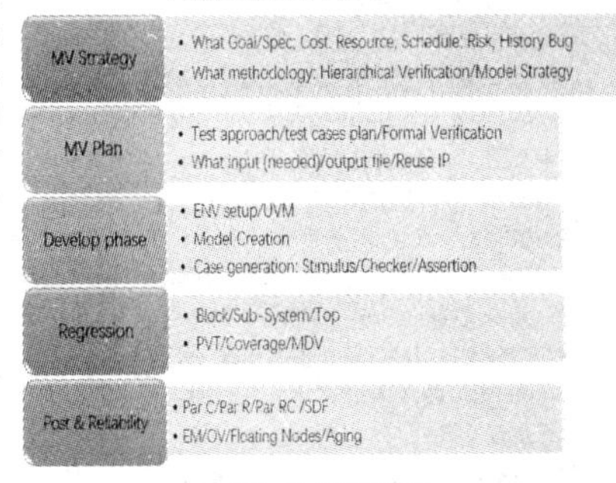

图6 验证流程介绍

(未完待续，下转第270页)

(本文原载第8期2版)

电子科技博物馆专栏

编前语：或许，当我们使用电子产品时，都没有人记得或知道老一批电子科技工作者们是经过了怎样的努力才奠定了当今时代的小型甚至微型的诸多电子产品及家电；或许，当我们拿起手机上网、看新闻、打游戏、发微信朋友圈时，也没有人记得是乔布斯等人让手机体积变小、功能变强大；或许，有一天我们的子孙后代只知道电子科技的进步而遗忘了老一辈电子科技工作者的艰辛……

成都电子科技大学博物馆旨在以电子发展历史上有代表性的物品为载体，记录推动电子科技发展特别是中国电子科技发展的重要人物和事件。目前，电子科技博物馆已与102家行业内企事业单位建立了联系，征集到藏品12000余件，展出1000余件，旨在以"见人见物见精神"的陈展方式，弘扬科学精神，提升公民科学素养。

科学史话

程控交换机——利用电子技术替代人工交换

在电子科技博物馆中，展示着我国第一台研制成功的C&C08交换机。提起程控交换机，如今的年轻人可能觉得平平常常，并没有什么特别之处。可是在20世纪八九十年代，它可是如同今天的芯片一样是通信领域的核心技术装备。

程控交换机，全称为存储程序控制交换机，也称为程控数字交换机或数字程控交换机。随着半导体技术的发展和开关电路技术的成熟，人们发现可以利用电子技术替代人工交换。利用现代计算机技术，电话终端用户只要向电子设备发送一串电信号，电子设备就可以根据预先设定的程序，将请求方和被请求方的电路接通，并且独占此电路，不会与第三方共享，这种交换方式被称为"程控交换"。而这种设备也就是"程控交换机"。

早在50年代末就由美国BELL(贝尔)实验室发表了数字电路交换实验成果，并指出了数字交换和数字传输综合的发展前景，但限于当时的元器件条件，仅能停留在实验室而无法投入实际应用。1965年，由美国贝尔公司研发成功的第一台程控交换机No.1问世，但它的接续部分并没有采用电子器件，也就是没有实现全电子交换，所以并不算是真正意义上的程控式交换机。直到1970年，法国拉尼翁才开通了第一台真正意义上的程控数字电话交换机E-10。这种全电子数字程控交换技术，表现出种种优点，促使世界各国都竞相发展这种程控数字交换技术，其优越性不断得到改进而成本却不断下降。进入80年代，程控数字电话交换机开始在世界上普及，逐步取代了落后的人工接线方式以及话务员这个曾经辉煌一时的职业。

在我国，由于程控交换的技术长期被发达国家垄断，设备昂贵，使得电话初装费居高不下，在八九十年代，电话初装费甚至可以达到5000元，这个价格在那个年代是非常高昂的，因此，在一段时间内，我国的电话普及率一直不高。直到1993年，深圳华为技术有限公司独立研制成功了C&C08数字程控式交换机，打破了外国的技术封锁和垄断，才使得高昂的电话初装费大幅下降，大大加快了电话"飞入寻常百姓家"的步伐。

◇电子科技博物馆

(本文原载第8期2版)

电子科技博物馆"我与电子科技或产品"

本栏目欢迎您讲述科技产品故事，科技人物故事，稿件一旦采用，稿费从优，且将在电子科技博物馆官网发布。欢迎积极赐稿！

电子科技博物馆藏品持续征集：实物；文件、书籍与资料；图像照片、影音资料。包括但不限于下列领域：各类通信设备及其系统；各类雷达、天线设备及系统；各类电子元器件、材料及相关设备；各类电子测量仪器；各类广播电视、设备及系统；各类计算机、软件及系统等。

电子科技博物馆开放时间：每周一至周五9:00--17:00，16:30停止入馆。

联系方式

联系人：任老师 联系电话/传真：028--61831002

电子邮箱：bwg@uestc.edu.cn 网址：http://www.museum.uestc.edu.cn/

地址：(611731)成都市高新区(西区)西源大道2006号

电子科技大学清水河校区图书馆报告厅附楼

混合信号SOC设计验证方法学介绍(三)

(紧接第269页)

最后,从项目研发进度的角度谈一下验证的流程。在项目刚开始阶段,需要考虑混合验证的策略(Strategy),主要包括验证目标是什么,客户要求Spec有哪些,项目周期,开发人员数量与技能等。项目风险在哪里,以前类似产品有哪些Bug。在方法学上采用自上而下与自下而上的结合么?怎么样做层次化的验证?建立Model的策略是什么?

清楚了策略之后,就需要开始具体制定验证计划。包括验证需要哪些Input File,哪些Output result,采用什么样的验证工具与手段,是否需要形式验证等。哪些通过RTL进行,哪些需要通过混合仿真,哪些需要通过晶体管仿真进行。

制定完计划后就是具体的实施阶段。主要包括验证环境(ENV)的搭建,UVM的引入,基于Model验证的Model本身的创建,以及Test Case所涉及的Stimulus、Checker与Assertion。

当Test Case建立完成以后,就需要开始跑Regression,分析Coverage,做MDV验证。

最后还要做一些后仿真。模拟的寄生R,C的仿真,数字基于SDF的门级仿真。也需要做一些和可靠性相关的检查,例如电子迁移EM,过压OV,浮点Floating,Nodes,与老化Aging等检查。

4.数模仿真器介绍

"工欲善其事必先利其器",做好数模混合验证必须了解EDA工具的工作原理。EDA仿真器是在干两件事情(时间和数值),即在什么样的时间,该出什么样的数值(表现);数字和模拟的差别在要解的方程组是完全不同的。

(1)数字仿真器

Event Driven的逻辑方程是顺序和并发执行的,有很清晰的信号流和事件发生顺序,可以同一个时刻多个Event并发执行,但是不会回头计算,所以它快。由于时间和数值都是离散的,所以不容易出现不收敛性的问题。完成代码编程后,应该知道有哪些Event要发生,等待那个时刻的反馈,如果没有其他事情抵消掉(就不发生了),就只和逻辑方程打交道。问题是现实世界(对象是Transistor),并非是非黑即白的0、1世界,所以它的精度会低些;只要做好协议和纠错功能,倒是不会出错的。所以SOC的顶层,如果用数字仿真器,也是因为它快。

(2)模拟仿真器

需要解决模拟大环境、大矩阵(System Matrix),而且要在仿真的每一步都站在全局的角度,看各种需求是否被满足。模拟仿真器考虑的是真实的信号(电压和电流)与系统。KCL、KVL,节点电流为0,回路电压为0,往往用简单逻辑方程果不清楚,必须建立大型的矩阵。任何一个Analog环境里的元素/器件(Element)都直接影响到其他元件,正所谓的"牵一发而动全身"。即使EDA工具可以对Analog电路做分割(Partition),以减小矩阵的规模。

Analog仿真器每往下走一步,都先试一试是否满足Tolerance要求,满足则往下继续;不符合,修改后再试,直到最终各种要求满足;但是想满足所有限制,有时候是比较困难的,所以大规模模拟仿真会经常出现Convergence Issue,即仿真不收敛,这就需要考虑是否需要修改仿真设置与参数,或者考虑电路哪里有薄弱点,再进行反复迭代。由于时间和数值都是连续量且相互影响,所以Analog仿真很慢,但比较精确,故高性能的Analog IC,都离不开Analog仿真器。

SPICE是一个解非线性常微分方程的工具,其快速仿真(Fast Spice,XPS)可以将整个电路分成几个独立的小块单独求解矩阵,然后再把各块联接起来。这样速度比原来Spice快上几十倍,而精度差别在Spice的5%-10%之内。

(3)数模混合仿真

当DUT同时包含模拟电路(schematic)和数字电路(RTL)或者模拟模型(Verilog-AMS,SystemVerilog)的时候,仿真会同时使用模拟仿真器和数字仿真器,进行数模混合仿真。模拟电路和Verilog-AMS模型中的Analog Statement部分,会由模拟仿真器进行矩阵计算,有较高的精度。数字电路和模拟模型中的离散部分,则有数字仿真器进行Event-Driven的逻辑方程计算。最终模拟和数字仿真器相互协调完成对DUT的整体仿真。当信号需要在模拟(连续时间域)和数字(离散时间域)进行穿梭时,则需要通过Connect Module(CM)。对于从数字到模拟的转换,CM定义了信号的具体电特性,例如:阻抗,上升沿下降沿速率,电压钳位等等。对于从模拟到数字的转换,CM决定了量化精度和采样率。由此可见,Connect Module的设置对混合仿真的速度和准确性都有很大的影响。

典型的混合信号交互过程融合了包含迭代算法和后向步长功能的模拟求解器和沿前向计算的数字求解器。这种功能组合定义了模拟的即时方程求解和数字的事件驱动求解,必须在系统的DC工作点和瞬态Trans分析中协同工作。

A、DC工作点分析

模拟的静态工作点和数字在零时刻的初始化工作。在数模混仿工具上的顺序是:

1)运行所有离散的初始化

2)在零时刻执行所有离散initial模块

3)在零时刻执行所有离散always模块

4)模拟迭代得到所有电压电流结果

B、Trans工作点分析

模拟部分从0时刻工作点计算出发,按时间步长重复计算。模拟仿真器用Spice,由牛顿-拉夫逊迭代技术反复迭代;数字求解逻辑方程。如果他们两个各自运行/没有数据交换,那就在下一个步长重复。一般而言,每次模拟求解器的时间轴先向前移动,数字仿真器在后面跟上,这是因为数字仿真器只能向前,而模拟仿真器允许退回操作(重新计算之前时间点的数值)。因此如果数字在追赶的过程中,有离散数据或者事件变化了,模拟仿真器需要退回到数字改变数据的时间点,重新和数字同步。

总之,无论是DC还是Trans瞬态工作点分析,混合信号的同步过程都可以概括为防止任意一个仿真器计算出另外一个仿真器不能够接受的敏感数据。

5.Model介绍

"对于先进的数模混合验证而言,行为建模对模拟设计的高级抽象起到了至关重要的作用。"-Alberto Sangiovanni-Vincentelli,美国工程院院士。

基于模型的模拟验证方法,是唯一能够验证复杂模拟设计的验证方法,可以帮助模拟设计工程师进行模拟集成电路设计验证。-Ken Kundert博士,Spectre的发明者。

可见Model是非常重要的。在这里,我们以独特的视角、丰富的设计经验,做数模混合信号里面Model的全面剖析。做Model的目的是什么?Model有哪些级别?与Model相关的概念有哪些?现有EDA工具中有哪些和Model相关的产品?这些都是我们应该关注的。

(1)Model的本质目的

Model的本质目的是为了"洞见"(就是明察),清楚的看到,而且提前看到。"明察、清楚"是对"精度"的要求;"提前"是对时间的要求。所以做Model的本质目标就是"时间和精度"。谁在控制"时间"和"精度"?显然是仿真器。所以搞清楚仿真器之后,通常事半功倍。

(2)Model的级别

仿真器所需的"时间"和"精度"怎么协调?想快就向Digital仿真器靠拢;想准就向Analog靠拢。做Model不是做加法就是做减法。做Analog出身的熟悉Schematic,对Schematic的加法得到:Critical Part Model、BA Model;对Schematic的减法得到:VerilogA;VerilogAMS;Real Number Model (RNM);Verilog;Reference Model等。

图7 Model的等级

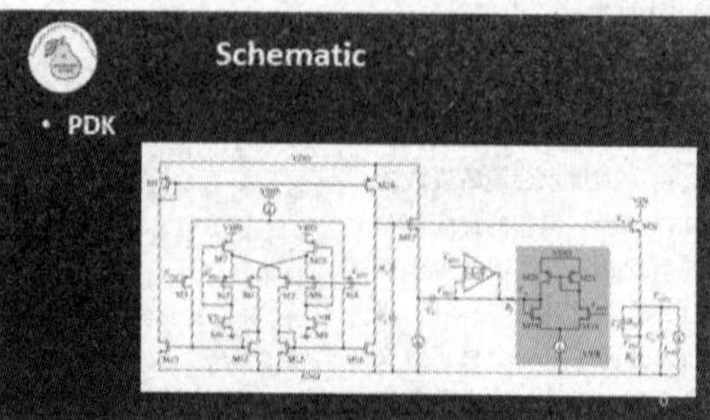

图8 Schematic

工艺给出PDK,用EDA工具直接仿真,这也是Model!它通过EDA工具把环境和数据设置好,Schematic直接用就行了。所以划分Model等级的时候它可以作为Golden标准。

①对schematic的加法

PDK总能cover到我们想要的吗?什么情况下Schematic Model做加法呢?

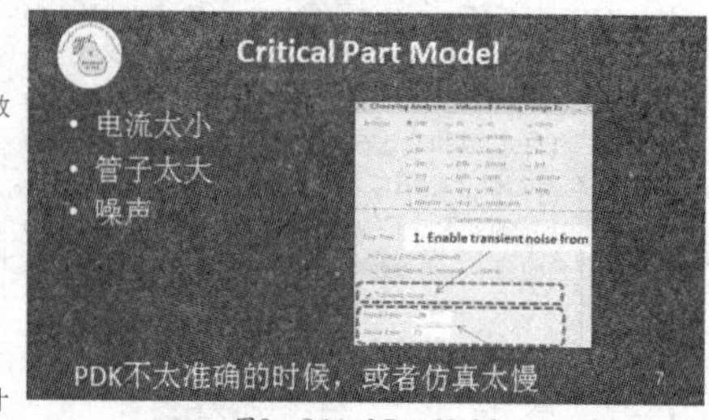

图9 Critical Part Model

A.Critical Part Model

工艺PDK也是一种Model,它是经Fab验证的较精准的Model。PDK上给出常用的范围内的数据是比较准确的,当超出时,例如电流太小时,PDK曲线上的数据会导致Model和实际的silicon之间不吻合。当Analog要求处理的数据是连续的,即各种大小的电流、尺寸都满足时,对数学表达式的要求就比较复杂,导致仿真器会更慢。当要求低功耗减小电流时,必须考虑PDK建Model时数据的真实性,而不是表达式外推臆断(extrapolate)的虚假数值而已。相反,对大管子,(powerFET)本身的走线电阻、电容形成的网络,对其Model也要相应调整。

又例如,对于器件的噪声,Cadence的仿真工具有trans noise、ac noise等模型,但trans noise一开启,仿真时间就上涨了。所以仿真器有Option可以设置某个时间点turn on,还是turn off噪声,来分析电路中关键的、敏感的节点。到那时整体速度还是慢。为了能够快速地得到噪声的影响结果,可以用VerilogA/VerilogAMS去写一个随机变化的噪声源的Model,而不用打开trans noise,就可以得到有noise时候芯片的一个预判。这就是所谓的Critical Part Model。

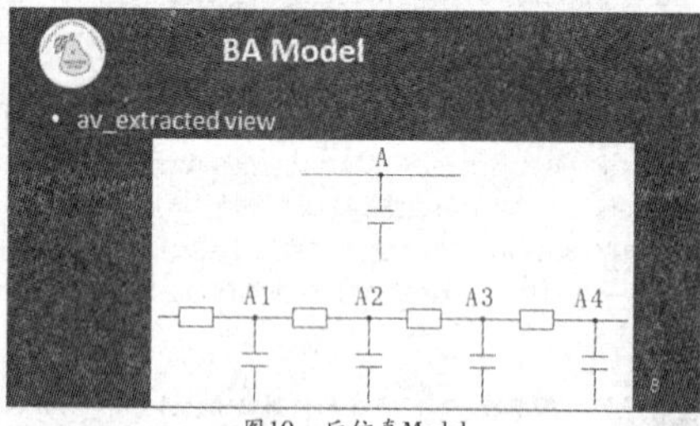

图10 后仿真Model

B.BA Model

Layout后,EDA(LVS、DRC)工具帮你提取R、C和RC等寄生参数,做(av_extracted view)参数提取后仿真(BA sim),不过仿真就更慢了。而Layout都出来了,把一些不重要的block换成schematic甚至Model,这时只关心重要block的性能。如果只提取C,而不提取R的话,这时整个电路的仿真时间并不会增加多少。因为提取R,则大大地增加了求解矩阵的复杂程度,所以仿真时间也长了很多。

对Schematic做加法的目的在于提高精度。这是高性能的模拟IC、模拟IC占很大比重的混合IC所在乎的。如果再加上Thermal Model、Package Model、Board Model、Transmission Line Model等,就是更精准的实际IC应用环境了。如果关心速度和时间,就需要对所设计的芯片一层层地对Schematic做各种减法。

②对schematic的减法

显然对Schematic做加法的弊端就在于其速度。如果关心速度,就需要做减法的Model。

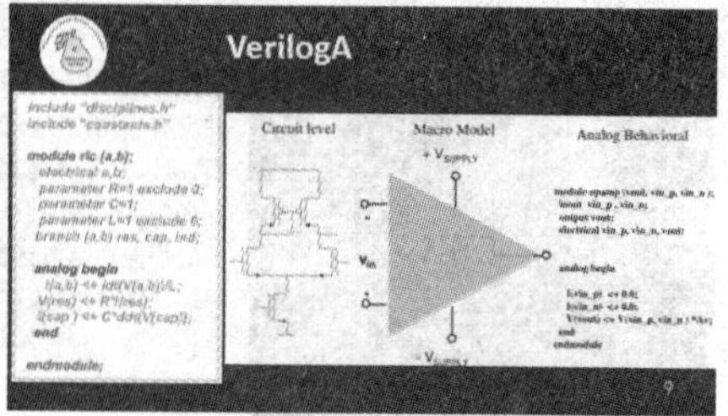

图11 VerilogA Model

(未完待续,下转第271页) (本文原载第9期2版)

混合信号SOC设计验证方法学介绍(四)

(紧接第270页)

A. VerilogA

如果不涉及工艺PDK,VerilogA比Schematic要快。VerilogA Model和VerilogAMS相比,它是纯Analog仿真器,但引入digital时、接口处理不好会导致收敛性问题,缺点还是慢。习惯了Verilog的人,去看纯VerilogA的程序,当Control等信号太多的时候,有时候会觉得VerilogA太啰嗦。

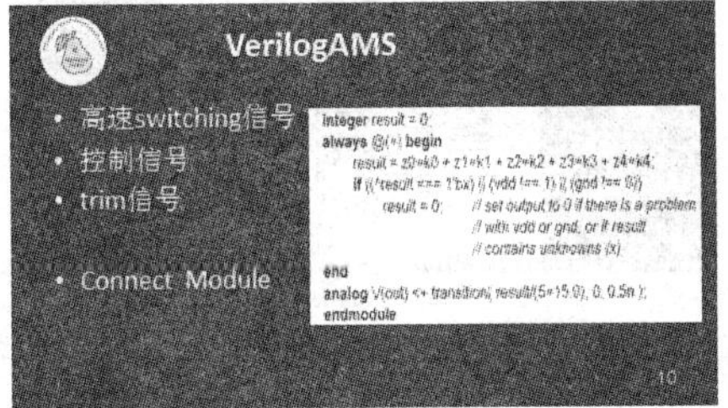

图12 VerilogAMS

B. VerilogAMS

VerilogA还是纯Spice的模拟仿真器,纯模拟仿真器的劣势是矩阵求解要多控制信号。这些控制信号又给Analog仿真器增加了负担,Analog最讨厌高频扰动信号,尤其是方波。所以AMS横空出世,于是高速Switching信号、控制信号、trim信号都Model化。于是像cross、above和Analog的transition、timer等关键字,把这A-2-D,D-2-A的事情做了。

为了把Analog和digital仿真器做成Mix-signal的仿真器,需要引入Connect Module,当然它提高了做Model人的经验要求。因为它和仿真器契合度太低,就不可能提高仿真的速度,即使降低了精度要求。有的时候A到D,D到A写不好会相互缠绕和给仿真器带来不收敛问题。

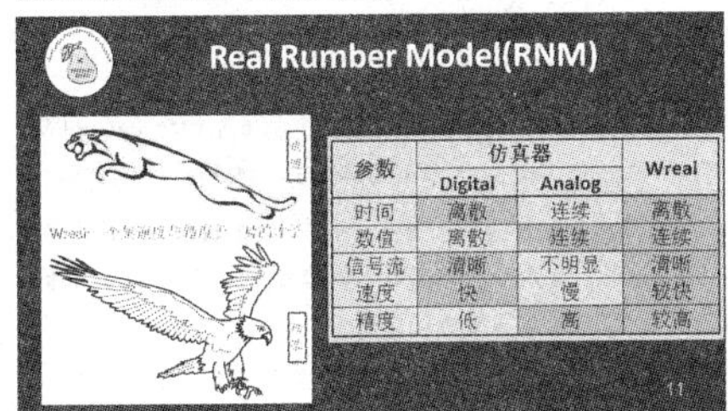

图13 RNM-Wreal

C. Real Number Model(RNM)

Real Number Model(RNM)是解决混合仿真快和准的手段:用实数来表示电气信号,用离散Solver替代模拟Solver,在更抽象层级上端口间传送的电压/电流信号可以描述为单个实数。在VerilogAMS,System Verilog(SV)和VHDL中RNM得到支持。

在VAMS中"wreal"的定义就是"A real valued wire",言简意赅,一个能够做wire,又能连续变化的variable。作用是做model和用来做verification。

仿真器怎么处理一根wreal的线呢?因为wreal在时间上是离散的:它只根据离散的event来变化;故它用digital solver来解决问题。而同时又有Analog的痕迹的(它不是0,1,x,z时是一串浮点数,和连续变化的模拟信号非常接近的)。用wreal做RNM(下表绿色填充色为优势点),它将Digital和Analog仿真器两者的优点给综合到了一起,并在仿真速度和精度之间取得了折中(Wreal的Analog痕迹保证了精度,它数字化处理的机会保证速度)。还可以把random、coverage、assertion-based verification等概念利用到Analog信号上,集速度和精度于一身。

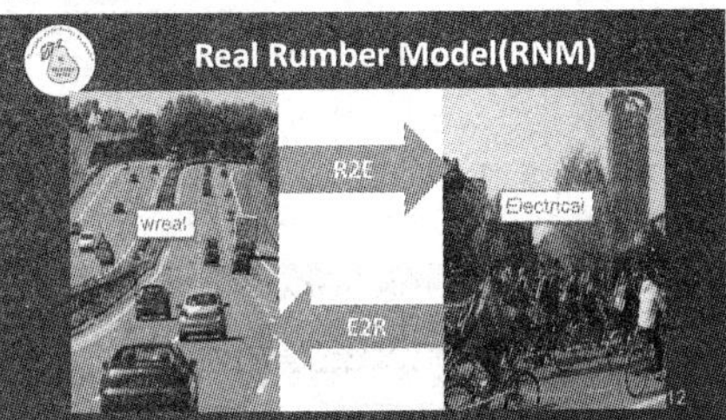

图14 RNM-Connection Module 1

Wreal和electrical如何通信呢?由R2E(wreal to electrical),and E2R(Electrical to wreal)实现。他们转换关系总结如下表:

表3 RNM-Connection Module 2

Connection Module	Key word	Simple example
R2E	transition	V(w_electrical) <+ transition (w_wreal, td, tr, tf, ttol)
E2R	absdelta	always @(absdelta(V(w_electrical), vdelta, ttol, vtol)) W_wreal =V(w_electrical);

RNM的缺点是在离散域要定义一些基本模块。因为标准的模拟建模语言中的内嵌函数(上升时间/转换/积分/微分和模拟滤波)离散实数域没有,需要按时间步长格式去实现。

Wreal由于忽略了阻抗效应的,只用于没有直接强反馈的模块的输入输出传输,所以在处理Inout端口时候比较吃力。所以在用SystemVerilog写的RNM中,支持用户自定义的Nettype(User Defined Nettype),Cadence利用这个标准引入了EEnet。在这个自定义的Nettype中,包含三个实数变量,分别用来表示电压、电阻和电流,进而实现戴维南或者诺顿等效。当多个EEnet连接到一起时,就形成了一个局域的电压源,电流源和电阻的网络。因为该网络只有有限节点,而且只求解当前状态,因此可以在一次运算中根据基尔霍夫电流和电压定律求解出连接点的电压,和流入/出各个模块的电流。由于求解EEnet构成的局域网络不需要进行迭代,因此可以有数字仿真器来进行数值求解。进而EEnet提供在离散模型中对loading effect的建模,从而在不牺牲速度的情况下提高模型精度。

D. Verilog

很多人都懂Verilog,不再详细介绍。

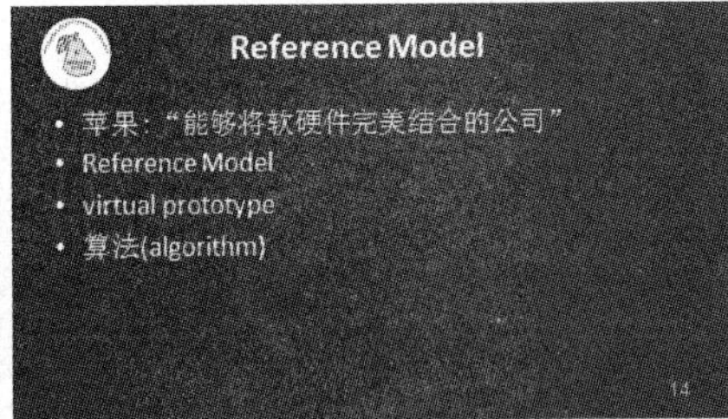

图15 Reference Model

E. Reference Model

对于模拟IC了解Verilog就够了,但做数字的对Verilog形成的Model仍不满意。如何打通软件和硬件之间的联系?让一个软件工程师去懂硬件描述语言,显然太苦了,对Verilog进行再抽象就很有必要,很多验证工程师熟悉UVM,搞出Reference Model,或者系统工程师的Virtual Prototype或算法模型Model就是进一步的做减法而得到的Model。System Verilog,System C,都有支持你需求的描述Model,实现硬、软件工程师的一次跨界。

(未完待续,下转第272页) (本文原载第10期2版)

电子科技博物馆专栏

编前语:或许,当我们使用电子产品时,都没有人记得或知道老一批电子科技工作者们是经过了怎样的努力才奠定了当今时代的小型甚至微型的诸多电子产品及家电;或许,当我们拿起手机上网、看新闻、打游戏、发微信朋友圈时,也没有人记得是乔布斯等人让手机体积变小、功能变强大;或许,有一天我们的子孙后代只知道电子科技的进步而遗忘了老一辈电子科技工作者的艰辛……

成都电子科技大学博物馆旨在以电子发展历史上有代表性的物品为载体,记录推动电子科技发展特别是中国电子科技发展的重要人物和事件。目前,电子科技博物馆已与102家行业内企事业单位建立了联系,征集到藏品12000余件,展出1000余件,旨在以"见人见物见精神"的陈展方式,弘扬科学精神,提升公民科学素养。

科学史话

工程师的眼睛——示波器

示波器是电子测试中最基础也是最重要的测量仪器。在电子科技博物馆中收藏了一台优利德数字存储示波器,据悉,它是在该类产品方面我国最早出口的产品。本期让我们来看看示波器的发展历史。

示波器是以短暂扫迹的形式显示一个量的瞬时值的仪器,也是一种常用的测量、观察、记录用的仪器。它利用一个或多个电子束的偏转,得到表示某变量函数瞬时值的显示,直观表示二维、三维及多维变量之间的瞬态或稳态函数关系、逻辑关系,以及实现对某些物理量的变换或存储。

世界上第一台原始示波器是在1897年由德国的K·F·布劳恩研制成功的,而第一台实用的商用示波器则是在1931年由美国通用无线电公司制造的。

20世纪30-50年代是电子管示波器阶段,到1958年示波器的带宽达到100MHz(这里我们使用示波器的一项重要技术指标"带宽"来衡量一下示波器在各个阶段的大致水平)。六十年代是晶体管示波器阶段,由于采用了晶体管元件,示波器的带宽达到了300MHz。七十年代是集成化示波器阶段,集成电路技术为示波器的小型化和向高性能、高可靠发展创造了条件。1971年,示波器的带宽提高到500MHz,1979年达到了1GHz的高峰。

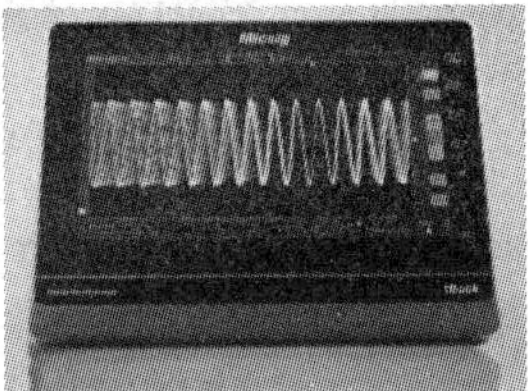

20世纪80年代以来,示波器进入了数字化、智能化的发展阶段。"带宽"不断提高,目前已达到几十个GHz的水平。数字智能化示波器具有更好的存储功能,能够实现自动化测量;对数据进行各种统计分析,函数分析功能;有的高档示波器直接工作在Windows平台上,与计算机合为一体,操作更为简便,功能更强大。总之,数字技术和计算机技术在示波器上的应用,使得示波器面貌日新月异,进入崭新的发展阶段。

◇电子科技博物馆

(本文原载第10期2版)

混合信号SOC设计验证方法学介绍(五)

(紧接第271页)

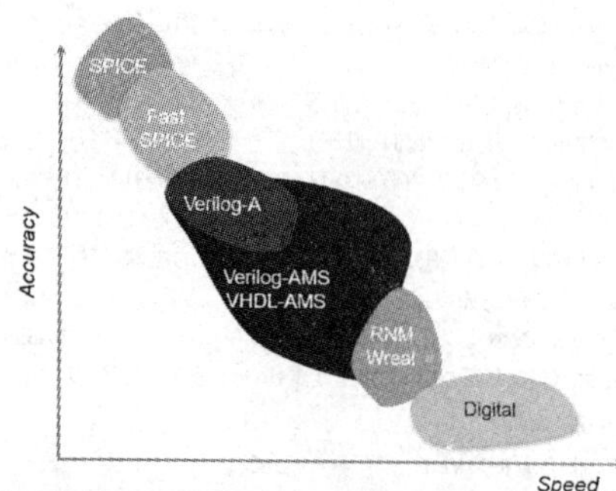

图16 不同建模类型的速度精度对比图

上述Model做减法(VerilogA、VerilogAMS、RVM、Verilog和Reference Model),一步步脱离Analog,一步步走进Digital,甚至硬件迈向软件,这就是Model做减法的魔力。可以参见图16经典的不同仿真模型的速度与精度对比图。

图17 Table Model

3.Table Model

有点类似于大数据的概念。既然传统的Model和硅工艺联系不怎么紧了,那么直接把Silicon测试出来的数据都列举出来,建立一个数据库(温度、电压和Silicon数值)表格,仿真器用的时候直接查表就行了。你只要关心输入什么值,能输出来什么值就行了,一表在手,有input有output。

放弃对因果关系的过分渴求,取而代之去关注"相关关系",只是根据实际测试到的silicon的数值,直接做一个数据库,当外界加什么电压、有什么温度时候,就来什么对应的输出电流等。这就类似于大数据的概念,不关心为什么,只在乎是什么。对于不在table里面的数据,仿真器需要插入数值(interpolate)或者外推推断数值(extrapolate)。短板是离散数据的连续性和光滑性差,需要Analog仿真器做些处理。

4.建模前要plan! Plan! plan!

在做Model之前,一定要想清楚做Model的目的是什么。

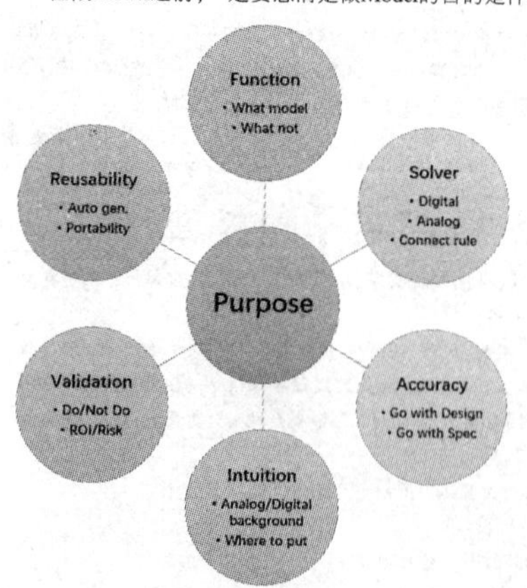

图18 建模需要考虑的因素

Model是否需要统一的规范?因为验证本身希望能够Reuse。但是一旦想统一规范,可能就需要花费更长的时间和精力,项目是否有时间/值得付出不?哪些Model是需要放弃建模的?例如对于非线性(Non-linear)的因素,是否可以转化为线性。对于弱相关因子(weak dependencies)是否可以忽略;如果进入一个Model的input control/signal不符合Model里面的预期,需要有Assertion来报错。

Model到底是让Analog Background的人来写?还是Digital的工程师?放在电路的哪个层级?

对于Model要不要做Validation?怎么做Validation?对Model的验证,包括利用相同的Test Bench,对于Model和Schematic出来的结果的验证。验证Model和电路类似,有Block级Schematic和Model的吻合,还有Sub-System能够通畅的利用Model仿真、以及Model和Sub-System的吻合,更有Model和整个Top的吻合度。为了提高项目效率,是不是可以跳过某些层级?

总之就是做Model也是一门艺术,需要在服务其目的的情况下,做各种trade off。

5.与Model相关的工具

图19 SMG-1

A.SMG

Schematic Model Generator的工具在Virtuoso里面,只要用图形的界面填写一下pin的性质,IO代码就自动生成。

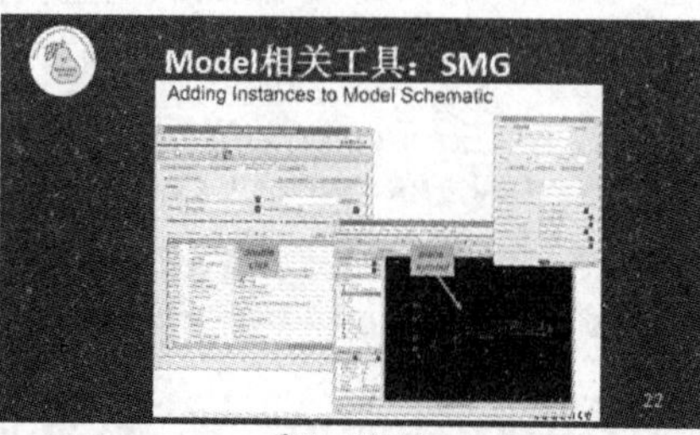

图20 SMG-2

很多内置的小模块BBT(Building Block Text),提供了例示的code,你根据自己的schematic,去搭建设计。

在Model自动化的道路上,设计者和EDA工具开发者需要进一步努力,例如电路设计时候的合理Partition,和考虑标准化Model的电路分层等。

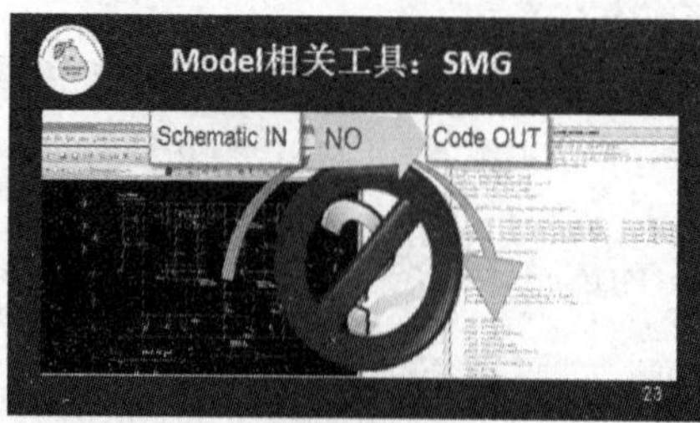

图21 SMG-3

B.amsDmv

Model要和Schematic吻合,amsDmv (AMS Design and Model Validation)提供Model的验证功能。

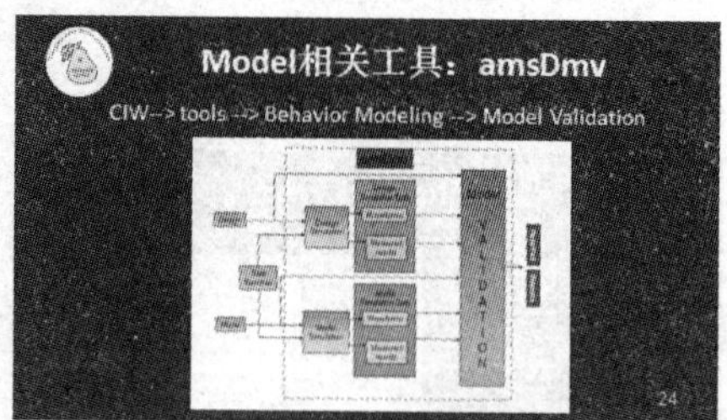

图22 amsDmv

它利用ADE的结果按一定的误差精度(Tolerance),对比schematic和Model仿真的波形,也可以做最基本的Pin check,以及设置不需要对比的参数(exclude)等信息。

C.Xmodel

有一个xmodel的工具,集成于Cadence Virtuoso环境,有Python和Skill的接口,也是方便做Model的小工具,生成SV语言的Model。

6.数模混合芯片的物理实现

物理实现将电路转换成芯片物理版图,称之为Tape Out(TO)。数字设计把相同的节距和高度标准单元,通过综合工具得到门级网表,再通过自动布局布线工具(P&R)实现版图。模拟设计将自动生成的参数化的MOS管搭建Pcell。Pcell搭建模块,模块组成定制单元模块,自动邻接、器件走线、虚拟单元并插入阱单元。模拟版图一般是定制的。

对于复杂的数模混合SOC,芯片布局至关重要。在物理实现的初始要有自上而下的大局观,定制单元和数字单元同时考虑。自上而下设计中,各模块的面积和摆放位置需要预估,信号流方向和电源布线需要考虑,端口需要优化。在自下而上的Layout中,首先实现包括电阻电容和MOS管的基本器件的版图,然后再考虑其摆放和连线,从而形成一个版图单元;再与其他模块联合。对于低功耗设计,由于输入电源数目不断增加,所以需要自上而下设计。对于较小设计或者可以复用的AMS IP,一般用自下而上的流程。当然目前越来越多的在混合使用两种流程。版图的IP包括硬模块和软模块两类。

基于约束(Constraints)的方法学,正在用于模拟和数字物理实现。约束可以捕捉设计者的意图,并将其传递给掩模版工程师,从而知道和验证版图是否和符合要求。常见模拟约束有:匹配器件,敏感信号的标记和处理,高电压或高功耗信号,保护环和其他隔离结构。数字IC中,设计定义时序约束,从而进行门级网表综合。布线结束后,会抽取线上寄生,进行静态时序分析STA,来检查物理实现是否符合要求。

物理实现之后,需要进行后仿真。模拟IC常见的抽取方法有只提取电容C,只提取电阻R,电阻电容都提取(RC),电阻电容电感(RCL)提取。数字IC,将线延迟转换到标准延迟格式(Standard Delay Format)SDF当中,从而进行后仿真,获知寄生对电路性能的影响。

到真正流片之前,还要做设计规则检查DRC(Design Rule Check);电学规则检查ERC(Electrical Rule Check);版图对照电路检查LVS(Layout Versus Schematic)来保证版图符合电路的连接关系;和针对制造的设计检查DFM(Design For Manufacture)来发现影响制造质量与良率的因素。

电学特性感知设计(Electrically Aware Design)EAD代表了范式转移的方法,将电学特性分析和验证前馈到设计过程中。

例如,考虑先进工艺引入的邻阱效应(Well Proximity Effect、WPE);浅沟隔离效应(Shallow Trench Isolation、STI),和电迁移效应。为数模混合验证提供电学特性感知设计的解决方案以及方法学的优化将是一场持久战。 (全文完)

(本文原载第11期2版)

EDA 专栏

浅谈DTCO的意义和如何用DTCO助力中国半导体腾飞(一)

李严峰 博达微科技创始人兼CEO,博达微于2019年底被概伦电子收购,现任概伦电子执行副总裁同时继续担任博达微CEO。毕业于清华大学电子工程系和美国范德堡大学电机工程和计算机专业,从业EDA 20年,连续成功创业者,曾任本土EDA创业公司艾克赛利(Accelicon)研发副总裁及总经理,Accelicon于2012年被安捷伦收购,并在Cadence和PDF Solutions任研发职位。李严峰是EDA及半导体行业专家,在业界率先应用学习算法驱动半导体测试和建模;领导开发多款世界领先的EDA工具和测试仪器,服务全球超过100多家半导体客户;发表过十数篇国际会议和期刊论文,包含DATE2018最佳论文;拥有软件著作权和发明专利22项,具有丰富的EDA工具开发、测试和仿真算法研究经验及国际高科技企业管理经验。

今年与往年春节的欢乐祥和不同,几乎所有人都在继续为持续攀升的冠状病毒肺炎感染数量担忧,街道冷清,商业停滞。但悲伤过后生活还要继续,作为半导体从业者,我无法像那些奔赴一线的医务人员在此时为国效力,能做的就是在保护好自己和家人的同时利用难得的假期认真思考和加强业务能力。这篇文章清华周祖成教授催了我很久(非常抱歉),如今才得以落笔,完成老师任务的同时希望在担忧和悲伤之余分享点正能量,为还不确定何时结束的疫情期间提供些阅读内容,继续聊聊EDA,聊聊DTCO,一家之言,请多指教。

前言

DTCO很热,但却并不是个新概念,DTCO是Design Technology Co-optimization的缩写,在IDM时代,DTCO可以说是标准方法学,当前DTCO落地最好,最有效的也是在三星等领先的IDM中。高端设计公司,如高通、ARM,DTCO方法学已经有多年的应用,其核心目标是通过工艺目标和芯片设计目标协同优化降低工艺开发投入,加速量产,实现芯片产品更快的TTM,优化PPA和提高良率。从制造的角度上,DTCO的目标是帮助Fab减少工艺开发迭代(成本)实现更快的TTM;从设计的角度,deploy DTCO方法学可以帮助设计公司提高芯片产品PPA,加快TTM,提高竞争门槛,通常只有大型和高端设计公司才具备DTCO的主动需求和能力。在设计端,DTCO也经常与COT(Customer Owned Tooling)相关,核心都是设计公司深入参与到工艺开发和封装等其他供应链环节中。中国设计公司众多,市场空间巨大,但我们同时也常听到具备COT能力设计公司不多;中国规划的新的半导体Fab也非常多,这貌似也给DTCO提供了巨大的施展空间,到底DTCO在中国是概念还是可以真实产生价值的方法学或EDA工具链?本文的目标是结合中国市场,谈谈DTCO的意义、挑战和我们本土企业如何能付诸行动,同时产业如何真实地从DTCO中受益。

DTCO的意义和挑战

1. DTCO是朝阳需求但投入成本是障碍

Design(设计)和Technology(此处为工艺)在早期的IDM时代就是在一起的,所以协同优化是存在多年的。但由于半导体产业以成本和规模为核心驱动,除了Memory、CPU等领域,大部分芯片设计的规模已经不足以支撑专属制造,也就催生了设计和制造分开和以台积电为主导的代工产业,而且过去30年,Fabless与foundry的模式也十分成功。但随着工艺复杂度持续演进,工艺波动,可靠性等带来的不确定性(variabilities)及设计复杂度的不断提升(如大型的SoC、大规模数字、射频及混合信号芯片)极大的压缩了设计margin,单纯依赖Foundry提供的设计平台和设计输入很难真正从工艺演进中受益,这也是为什么领先的设计公司率先应用DTCO。值得注意的是,领先的设计公司的产品也通常具备足够规模能够平衡DTCO的投入成本,中国设计企业缺乏COT/DTCO能力核心还是缺乏规模,从EDA的角度看,能真实帮助中国企业建立DTCO/COT能力需要能降低DTCO的投入成本。让COT由设计公司自己大量投入资源建立到由商业EDA公司提供。

2.沟通障碍

我们再来看看DTCO的两个关键字母CO,C代表的是Co(协同),这个在当前Fabless时代我个人认为只是表达了一

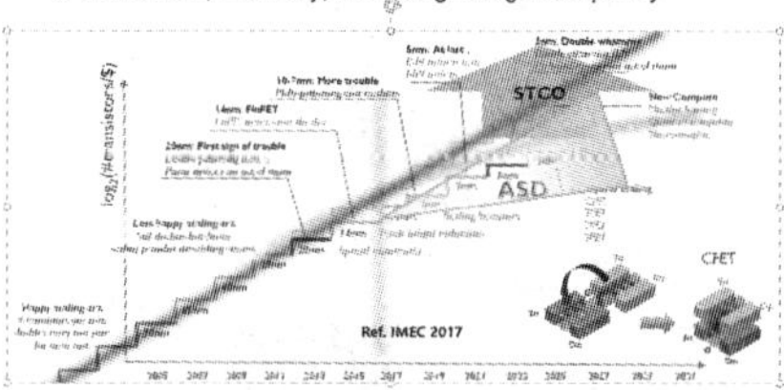

➢ "DTCO" compensate the margin loss of continuous scaling
❖ Variabilities, Reliability, increasing Design Complexity
STCO
ASD
CFET
Ref. IMEC 2017

Fig.1 工艺演进带来的挑战

个美好的愿景,因为协同需要双向沟通,即使是最领先的设计公司也无法从Foundry获得真实的工艺信息,所以其TCAD仿真只是具有参考性;同样foundry也无法获得真实的设计需求,因为foundry不是产品的owner;回到IDM老路是一个解决方案,当前不现实。另外一条路是基于双方可以提供的信息做解决方案,比如设计公司可以针对设计优化需求来要求foundry工艺提供的器件SPEC,foundry能真实提供给设计公司的还是传统的设计平台(模型、PDK、IP等)。

O代表的是Optimization(优化),优化的基础一定要有快速的迭代,DTCO方案真实落地的核心瓶颈也就在如何加速迭代上。

(未完待续,下转第274页)

◇概伦电子 博达微 李严峰

(本文原载第273页)

电子科技博物馆专栏

编前语:或许,当我们使用电子产品时,都没有人记得或知道老一批电子科技工作者们是经过了怎样的努力才奠定了当今时代的小型甚至微型的诸多电子产品及家电;或许,当我们拿起手机上网、看新闻、打游戏、发微信朋友圈时,也没有人记得是乔布斯等人让手机体积变小、功能变强大;或许,有一天我们的子孙后代只知道电子科技的进步而遗忘了老一辈电子科技工作者的艰辛……

成都电子科技大学博物馆旨在以电子发展历史上有代表性的物品为载体,记录推动电子科技发展特别是中国电子科技发展的重要人物和事件。目前,电子科技博物馆已与102家行业内企事业单位建立了联系,征集到藏品12000余件,展出1000余件,旨在以"见人见物见精神"的陈展方式,弘扬科学精神,提升公民科学素养。

科学史话

雷达——军事之眼

雷达是"radar"的音译。这个单词来源于"radio detection and raging"的缩写,即"无线电探测与测距",意思是用无线电的方法发现目标,并测量与目标的距离。因此,雷达又叫作"无线电定位"。其中全天候、全天时探测目标及其距离正是雷达的优点,雷达在白天晚上均能工作,且不受雾、雨、云的影响,并且具有一定的穿透力。

在电子科技博物馆的室外景观区,展示着一辆由黄河集团捐献的860型高射炮射击瞄准雷达,这种雷达车曾在援越抗美战争中协助击落600多架飞机,是当时战场上唯一能全天候开机运作的雷达车。

雷达所起的作用类似于眼睛和耳朵,它可以探测目标,并跟踪其位置和速度,并且雷达能探测到的目标类型非常广泛,包括飞机、舰艇、装甲车辆、导弹、卫星以及建筑物、桥梁、铁路、山川、雨云等。

雷达在早期能迅速地发展,很大程度上是由于战争。如今,雷达也依旧在军事上发挥着重要的作用,并且由于其全天候、全天时以及其他的一些优点,目前在军事上有着无可替代的重要地位。

军用雷达种类繁多,分类方式也有很多,例如,按照其装载的平台可分为地基雷达、机载雷达、舰载雷达和星载雷达;或者按其任务可有侦查雷达、预警雷达、武器控制雷达、引导雷达、气象观测雷达等等。

此外,在博物馆中还收藏了一个空警2000预警机的模型,空警2000是大型预警指挥机,可以作为战时空中指挥中心,今年的大阅兵中就有它的身影,而其上就搭载着我国自主研发的相控阵雷达,这就是机载雷达的一种。

现如今,除了军用,雷达也广泛地应用在社会其他方面,小到我们身边的倒车雷达,大到气象预报、资源探测、环境监测以及关于天体、大气的科学研究,还有作为遥感中十分重要传感器的机载或星载合成孔径雷达。

不止如此,在洪水监测、海冰监测、土壤湿度调查、森林资源清查、地质调查等方面,雷达也显示出了很好的应用潜力。

◇电子科技博物馆

(本文原载第273页)

电子科技博物馆"我与电子科技或产品"

本栏目欢迎您讲述科技产品故事,科技人物故事,稿件一旦采用,稿费从优,且将在电子科技博物馆官网发布。欢迎积极赐稿!

电子科技博物馆藏品持续征集:实物;文件、书籍与资料;图像照片、影音资料。包括但不限于下列领域:各类通信设备及其系统;各类雷达、天线设备及系统;各类电子元器件、材料及相关设备;各类电子测量仪器;各类广播电视、设备及系统;各类计算机、软件及系统等。

电子科技博物馆开放时间:每周一至周五9:00--17:00,16:30停止入馆。

联系方式

联系人:任老师 联系电话/传真:028--61831002

电子邮箱:bwg@uestc.edu.cn 网址:http://www.museum.uestc.edu.cn/

地址:(611731)成都市高新区(西区)西源大道2006号

电子科技大学清水河校区图书馆报告厅附楼

浅谈 DTCO 的意义和如何用 DTCO 助力中国半导体腾飞(二)

(紧接第273页)

3. DTCO 科研和 DTCO 相关 EDA 工具现有挑战

DTCO 当前是个热门科研"buzz",但翻阅相关论文大多围绕 Compact Modeling 或 TCAD,因为 SPICE model 确实是链接工艺与设计的桥梁之一,TCAD 也是设计公司为数不多的工具可以联系工艺。但就如之前所述,设计公司或科研单位的 TCAD 很难有真实工艺基础,另外实际的器件建模比科研解决的具体物理问题建模也要复杂得多。一套完整的器件模型建立通常要花费数周甚至数月来完成。

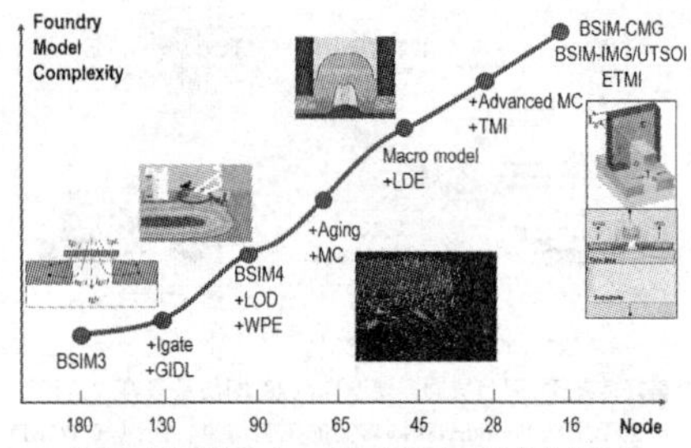

Fig.2 完整的 foundry model 提取时间通常花费数月

我们再来看看 EDA 公司的现有方案,Synopsys 是最早宣布 DTCO EDA 方案的公司,其相对完整的工具集也确实实现了大规模的流程覆盖,如下图所示。

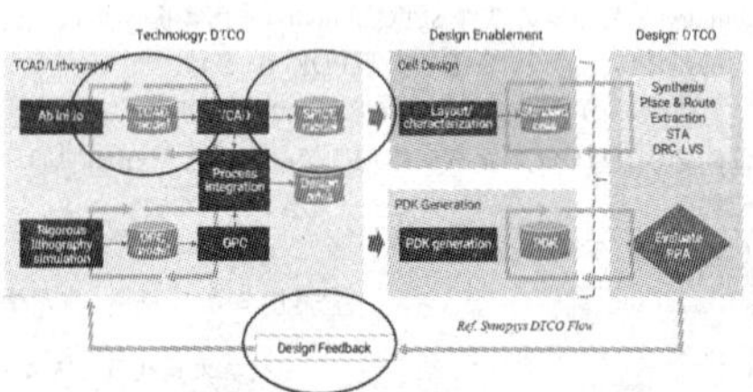

Fig.3 Synopsys DTCO Flow(from Synopsys website)

我相信 Synopsys 作为领先 EDA 公司的产品实力和技术前瞻能力,下面只是从用户和市场的角度结合之前所述的挑战做一些评价:

a. 到底相互反馈的信息是什么?Foundry 能给的无非还是 model、PDK 等,如图 TCAD 输出还是要转成 SPICE model。Design Feedback 到底是什么?

b. SPICE model 生成就要超过一个月,如何增加迭代实现优化目标?

c. Ownership 问题,这个 flow 覆盖了很多部门,在不同部门间能产生真正的协调性是不是一定要用来自一家 EDA 公司的完整方案?是解决 DTCO 流程中的 enabler 重要还是追求完整性重要?

4. 器件模型提取是 DTCO 流程落地的核心瓶颈之一

如上图所示,如果 SPICE Model 生成时间超过一个月,那 Optimization 就失去了基础,商业 EDA 公司都是具有非常强的并行基因,无论是 TCAD、SPICE 仿真、寄生提取、后道仿真等我们都会通过简化 model 或并行去获得提速,但我们始终绕不开的就是模型提取这一步,特别是具备能准确描述工艺器件 SPEC 的工业级器件模型提取。从一个世界领先的存储 IDM 的 Device、Fab、Design 和 PE/QA 团队的协同流程(未获得客户授权之前无法提供)上也 highlight 了 SPICE model 这个核心瓶颈。

Correlating Circuit/System with Device Spec is possible

Instant Model generation Enables correlation of device/circuit/system specs

Benefit both foundry and design

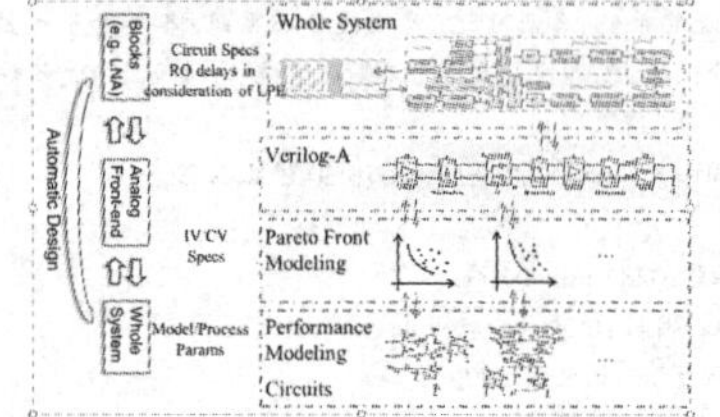

Fig.4 器件 spec 与电路/系统 spec 的 Correlation 成为可能

同时假设这个问题可以解决,从产品落地的角度,foundry 可以把更多的工艺 spec 反馈成仿真输入,设计公司可以通过海量仿真去优化设计同时反馈 foundry 对工艺 spec 的准确需求。近年来的相关性网络和回归技术日趋完善,系统/芯片/器件/工艺之间的相关性网络建立的成本越来越可行,可以大幅减少设计成本。

在中国落地 DTCO 助力中国半导体

中国的设计公司大多依赖 EDA 和工艺制程去获得产品竞争力,除个别高端设计公司外,完全不能受益相关方法带来的性能和良率提升,所以如果能在 EDA 层面实现真实有效的 DTCO 方法落地,解决 DTCO 的瓶颈问题,降低 DTCO 方法落地的投入成本,在中国市场产生的价值是巨大的,最终真实解决中国集成电路产业两头在外的问题:

1. 可以帮助中国 Fab/IDM 加快先进工艺开发,缩短 TTM

2. 让中国设计公司的高端成熟产品在本土 foundry 更快的 porting 和量产

3. 大幅缩短工艺/设计优化成本和迭代周期

4. 提升良率和可靠性

同时中国的制造和设计市场增长非常清楚,除了高端设计和制造需求持续旺盛,存储器 IDM,特色工艺如功率半导体,CIS 等 Fab 或 IDM 将会在未来几年保持高速增长,这些都为 DTCO 落地提供了巨大的市场空间(越收缩的应用 Scope,越有利于 DTCO 落地)。中国本土 EDA 公司也具备 DTCO 所需的全部关键配方(见下图),本土 EDA 公司在数据测试和器件建模(关键 DTCO 瓶颈)和电路仿真方面也建立了国际领先的竞争力。

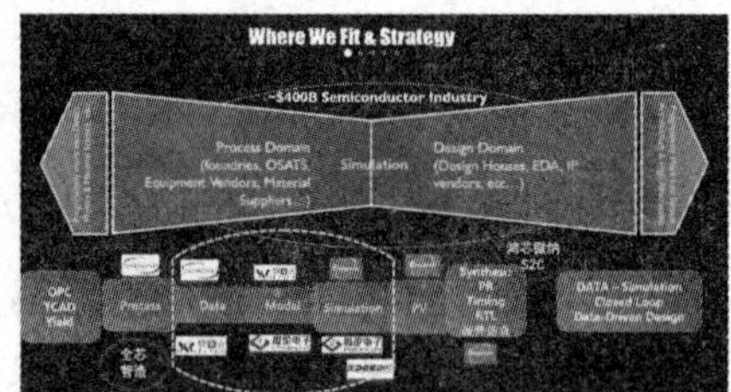

Fig.5 本土 EDA 公司行业定位

争当 DTCO 的 Enabler

跟提供 DTCO 全流程相比,解决流程中的瓶颈和关键问题更具有实际的产品落地意义和让客户真实受益。之前提到的器件模型是 DTCO 付诸实践的共同瓶颈,作为在器件模型领域耕耘数十年同时作为行业领导者的概伦电子推出了 AI 驱动的自动模型提取平台 SDEP(Spec Driven Extraction Platform),把模型提取时间压缩了数十倍,同时通过整合博达微,建立了从测试、建模到仿真,特别是针对存储器仿真的完整 EDA 生态。通过整合博达微在算法加速通用测试的能力(模型提取的依据就是测试数据)和进一步加强 AI 算法在模型提取的应用,可以进一步压缩模型提取时间,最终实现从 SPEC 到 model 的瞬时自动 synthesis,让模型不再成为 DTCO 的瓶颈。

在市场层面,SDEP 也有清晰的市场定位,IDM、Foundry 和设计公司都是潜在客户,覆盖多个部门包含 Device、Fab、design enablement、foundry interface 等。同时加速模型提取不仅仅是解决 DTCO 流程的瓶颈,这也会增加工艺端 TCAD 的使用量,因为可以做更多的工艺仿真迭代,同理在设计端,会让需要更多的电路仿真器,解决客户问题同时创造更多的 EDA 工具 license 采购空间,我始终认为 DTCO 落地首先要能解决客户问题,另外一定要靠创造好的和新的市场回报才能持续。

本土企业携手成为 DTCO 的领路者

2019 年 EDA 重要性被推到空前高度,各方报道也一直在讲本土 EDA 公司的差距和水平之低,其实中国 EDA 之前的差距还是市场造成的,本土 EDA 从业者素质不差,EDA 重要性被认识有助于我们打开市场,事实证明近年来本土 EDA 公司发展迅猛,在测试、建模和仿真领域也摆脱了跟随的老路,利用人工智能加速测试,工业级大规模器件模型库自动提取和借助异构计算加速电路仿真都是中国公司的首创,而且

AI驱动的自动模型提取平台 - SDEP

Spec Driven Extraction Platform

- SPEC驱动的模型自动生成平台
- 覆盖全部先进工艺效应,包括可靠性,版图效应等等
- 在世界领先的IDM已经证明可以把完整模型库提取时间从6周压缩到几个小时

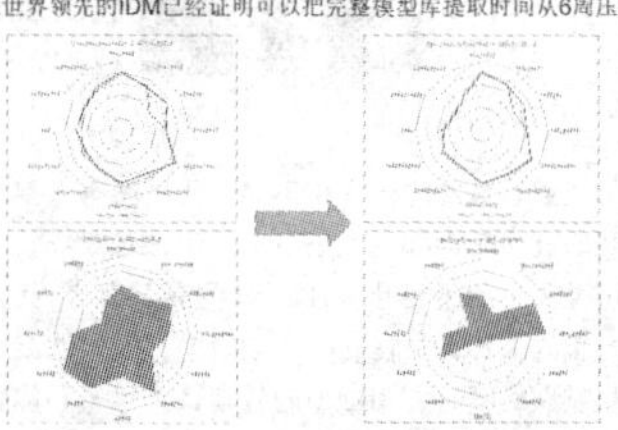

Fig.6 SDEP 综述

Algorithm Highlight

The methodology mainly consists two stages.

- Stage I: Build a neural network to find the relationship between input and output from training data.
- Stage II: Evaluate the target using the pretrained network by optimization.

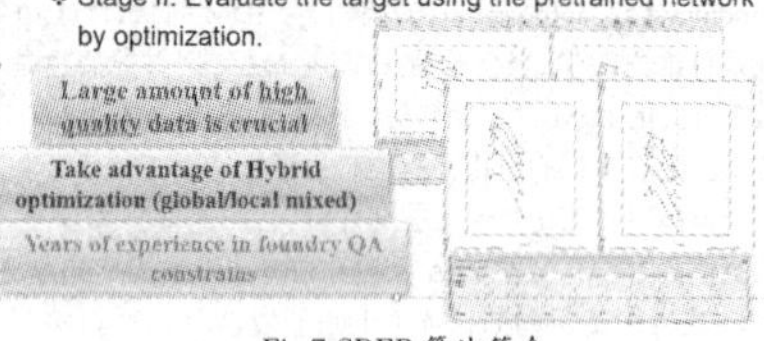

Fig.7 SDEP 算法简介

SDEP: Spec Driven Extraction Platform

- Commercially Available
  - DTCO enabler for both Design and Technology
  - Instant Model Synthesis now possible with SDEP

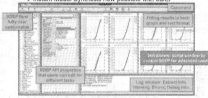

SDEP flow fully user customizable
Fitting results in both graph and text format
Not shown: script window to control SDEP for advanced users
SDEP API properties that users can edit for different tasks
Log window: Extract Info, Warning, Errors, Debug Info

Fig.8 SDEP 简介

都取得了不错的市场成绩,同时这三个板块也是 DTCO 流程中重要的组成部分,而且上下联动互为竞争力。

同时我们也需要认识到 DTCO flow 中还有很多看起来是点但需要解决的问题,比如寄生、IR drop 等,以 TCAD 为例,能够考虑寄生的 TCAD 无疑是 DTCO 流程中的刚需,这些问题需要业界携手发挥各家所长,共同协作和正确的利用资本来解决。当前和未来几年的中国市场需求为我们提供非常好的市场机遇,也为 DTCO 落地提供了土壤,特别存储器行业提供了非常好的落地点,相比大规模 SOC,存储在后端的变化相对收缩很多,补全流程和实现实际价值的周期也快很多。

立足市场,从解决实际问题和创造价值开始,协助、共赢,我相信,中国公司有望引领 DTCO 在 EDA 层面的产品落地,用中国原创技术和商业模式在全球市场上获得成功,不仅为中国集成电路解决两头在外的问题,也为世界半导体技术的持续发展贡献力量。

写在最后

2019 年对中国半导体业是不平凡的一年,但对大多数行业不是个好年,在我们期待 2020 年会变好的时候新冠肺炎暴发又让我们沮丧,武汉也是半导体重镇,有我们重要的客户长江存储、新芯和同行新思的中国研发中心,为所有坚守岗位和以大局为重的从业者点赞,为大家祈祷健康。令我更加钦佩的是逆流奔赴一线的医务人员,我们不具备医疗技能,想帮忙有心无力,期待疫情早日控制,大家平安归来。最后引用我司同事"名言":"轮到我上场的时候,一定不给祖国掉链子。"我也相信各行各业的从业者都有为国分忧的机会,加油!

(全文完)

◇概伦电子 博达微 李严峰

(本文原载第 13 期 2 版)

形式验证介绍(一)

袁军 清华大学热能与汽车工程系学士，德州奥斯汀大学电子与计算机系博士。先后在AMD、Motorola和Cadence等公司从事集成电路设计自动化研发和管理。他的科研方向是形式验证方法在集成电路功能验证、软件验证和信息安全方面的应用。奥卡思微电科技2018年成立于成都高新区，专注于芯片形式化验证平台的开发和设计服务。其自由知识产权的形式化验证工具达到国际先进水平并已被国内多家芯片企业采用。

前言

形式验证是基于形式逻辑的功能正确性验证，近期在芯片设计以及软件开发中得到越来越多的应用。功能验证是芯片按照设计意图工作的第一个保证。当然在后期的优化，布局布线和生产过程都会有功能正确性的考虑。和仿真这项传统的验证方法相比，形式验证不需要生成测试案例。一旦设计属性被严格的逻辑推理证明，那么仿真中不论用怎样的测试案例这个属性都不会出错。所以形式验证具有不同于仿真的完备性。据一项Collett International的研究，由于设计规模和复杂度的不断增加，芯片一次流片的成功率已稳步下降到35%，而70%的流片失败是功能错误造成的(图1)。所以在今天低纳米工艺的高成本和不断缩短的市场窗口的双重压力下，完备的功能验证变得十分重要。

①

形式逻辑具有很长的历史，可以说集成电路本身就是形式逻辑的一种实现。那么为什么形式验证到近期才得到重视呢？原因是多方面的。一是仿真从EDA诞生的初期就是设计输入和验证的标准环境，形式验证只是在仿真不能满足需求的时候才能偶露峥嵘，比如已经说烂的英特尔浮点除法事件。二是形式验证本身的复杂度。理论上形式验证和现在的硬件工程师们的EE背景不大兼容，使用难度也因为算法的特殊性而需要比较多的人工干预。一个流行的段子就是英特尔曾经拥有一支70个博士组成的形式验证团队。第三就是直到近期底层算法和计算机算力的大幅提升才促进了形式验证的推广。

今天EDA成为卡脖子技术的原因，就是芯片设计流程中的仿真、验证、综合、时序、布局布线、DRC和LVS每个环节，都荟萃了当今几乎所有学科的最前沿成果，包括数学、逻辑、物理、化学、材料、光学等等。就形式验证理论而言，时态逻辑和基于符号的模型验证分别获得1996和2007年两个图灵奖。形式验证的应用也从广义的逻辑验证，向更细分的领域发展，比如信息安全、自动驾驶、人工智能甚至区块链。接下来我们介绍形式逻辑的发展史，形式验证的主要概念和技术，及其应用及趋势。希望在文章结束的时候读者对形式验证有个比较完整的了解。

形式逻辑

把逻辑推理和数学运算的机械化自动化一直是人类认知过程的一个趋势。文艺复兴时期帕斯卡发明计算器是这个趋势的一个标志性事件。利比尼兹为计算器增加了乘法，同时也意识到逻辑推理和数学一样是可以机械化的。逻辑形式化就是基于逻辑语言的形式或者语法来表达语意进行推理，是逻辑机械化的前提条件。利比尼兹读过易经和论语的译本，深受太极生两仪，两仪生四象，大道至简的中国哲学思想的影响，认为逻辑应该由简单的原理按定法生成。而第一件事，就是找到一个他称之为“普遍特征”的形式语言。这种语言类似埃及和中国象形文字，是一套形和意高度统一的符号系统，能准确传递人类的认知。这和当时阿拉伯数字的推广一样，符合全球贸易的兴起对于信息标准化的需求。

逻辑是先验性的，既基于推断而不是观察。这一点上形式逻辑有别于科学，却和数学不谋而合。逻辑方法是从已知的前提条件出发，运用一系列的推理而得出有效结论。例如

因为:

- 所有的狗都是哺乳动物
- 有的四足动物是狗

所以:

- 有的四足动物是哺乳动物

就是一个逻辑推理。而形式逻辑把上述的狗，哺乳动物，四足动物等具体但是和推理无关的特性抽象掉，代之以符号:

- 所有的X都是Y
- 有的Z是X
- 有的Z是Y

这里的符号X、Y、Z等同于代数中的变量。把变量符号还原为狗、哺乳动物、四足动物的过程称为逻辑解释或变量赋值。给定的逻辑解释中每个变量会有一个值域。比如上面的Y值域是哺乳动物。另外，赋值是可以有约束的。比如“有的”指至少一个，叫作存在量化，“所有”指值域中的所有值，叫作全称量化。只使用命题的逻辑称为命题逻辑。命题逻辑加上对命题变量量化的逻辑统称为一阶逻辑，如果量化对象为函数或者集合，则称为二阶或更高阶逻辑。引入这些概念的现代逻辑较之亚里士多德的经典逻辑已经有了长足的发展。

下面我们定义形式逻辑。一个形式逻辑系统包括一组符号和一组定义符号组合规则的语法。符号包括变量和被赋予了一定语意的运算符号，比如逻辑的与非，和上面例子中的量化。按语法组成的符号串叫作“明确定义的项或者公式”。逻辑推理要求对逻辑系统的“原理化”，即指定系统中的一些公式作为原理，并制定一组推理规则。这样的系统也称为逻辑算子，具备了从原理推导出新定理的能力。比如Peano用了这样两个原理来定义自然数:

- 0是自然数
- 如果n是自然数，那么n+1也是

一个理想的原理化逻辑系统应该具有自洽性和可决定性。自洽就是系统不会同时推导出一个定理和这个定理的反定理(逻辑非)，即不存在逻辑悖论;可决定就是一个定理的是与非可以经过有限步数推导出来。这样的系统正是Hilbert和Russell在尝试把数学逻辑化原理化时所追求的。Hilbert乐观地认为，把所有的数学体系逻辑化所需要做的就是找到足够的原理和推理规则，而这只是个时间问题。

但随后Godel、Church、Turing、Tarski等人的发现给了这种尝试致命的一击。Godel在他著名的两个不完整定理中证明，一个可以有效定义的(比如通过有限语法规则定义的)，包含了基本数学运算(比如加法和乘法)的逻辑系统是不可决定的，即存在语意上有效但是从语法上无法推导的定理，包括系统自身的自洽性定理。前面讲的一阶逻辑和Peano逻辑都是不可决定的。这些逻辑的自洽只能从更高阶的或其他系统得到证明。Church和Turing把“有效定义”更明确的表述为Lambda算子或图灵机。图灵机停机问题的不可决定性和Godel的不完整理论是等价的。这些结果反映了人类在机械运算和自动逻辑系统上无法逾越的理论缺陷。

虽然完全基于形式逻辑的数学和逻辑推理被证明不可行，但是这个过程中人类对于形式逻辑理论和其在特定系统的应用都有了更深的认识。定理证明，基于规则的专家系统，软硬件设计的形式证明等等，都得益于这场理论的较量和升华。

本文所关心的软硬件设计的形式验证就是建立在一系列自洽又可决定的逻辑系统上的。纯布尔逻辑或命题逻辑可以通过满足性求解(SAT)来决定。实数线性方程可以用Simplex算法。描述有限精度数学运算的矢量逻辑(bit-vector logic)可以用综合多种逻辑系统的SMT解法。另外用来描述被验证属性的时态逻辑，比如LTL和CTL都是可决定的。

(未完待续，下转第275页) (本文原载第14期2版)

电子科技博物馆专栏

编前语：或许，当我们使用电子产品时，都没有人记得或知道老一批电子科技工作者们是经过了怎样的努力才奠定了当今时代的小型甚至微型的诸多电子产品及家电；或许，当我们拿起手机上网、看新闻、打游戏、发微信朋友圈时，也没有人记得是乔布斯等人让手机体积变小、功能变强大；或许，有一天我们的子孙后代只知道电子科技的进步而遗忘了老一辈电子科技工作者的艰辛……

成都电子科技大学博物馆旨在以电子发展历史上有代表性的物品为载体，记录推动电子科技发展特别是中国电子科技发展的重要人物和事件。目前，电子科技博物馆已与102家行业内企事业单位建立了联系，征集到藏品12000余件，展出1000余件，旨在以“见人见物见精神”的陈展方式，弘扬科学精神，提升公民科学素养。

科学史话

相遇在太空——天宫二号与神舟十一号对接

2019年10月19日凌晨，天宫二号与神舟十一号在太空中成功牵手，实现了自动交会对接，这标志着中国在真正意义上有了自己的空间实验室。下图是电子科技博物馆内展示的天宫二号和神舟十一号对接模型。

2011年9月，中国成功发射了“天宫一号”目标飞行器。天宫二号是在天宫一号目标飞行器备份的基础上，根据天宫二号的任务的需要改装研制而成。规模与天宫一号基本一致，也是一个长期在轨自动运行、短期载人的飞行器，是我国建造空间站之前进行技术验证的重要阶段。天宫二号空间实验室相对于天宫一号目标飞行器，其上搭载了全新配套的空间应用系统载荷设备，无论配套设备数量还是安装复杂度均创造了历次载人航天器任务之最，是我国最终要建设的基本型空间站。基本型空间站大致包括一个核心舱、一架货运飞船、一架载人飞船和两个用于实验等功能的其他舱，总重量在100吨以下。其中的核心舱需长期有人驻守，能与各种实验舱、载人飞船和货运飞船接。

神舟十一号飞船是中国于2016年10月17日在中国酒泉卫星发射中心发射的神舟载人飞船，目的是更好地掌握技术，开展地球观测和空间地球系统科学、空间应用新技术、空间技术和航天医学等领域的应用和试验。神舟十一号由长征二号F运载火箭发射，是中国载人航天工程三步走中从第二步到第三步的一个过渡，为中国建造载人空间站做准备。飞行乘组由两名男性航天员景海鹏和陈冬组成，景海鹏担任指令长。神舟十一号飞船入轨后，经过两天独立飞行完成了与天宫二号空间实验室自动对接形成组合体。

◇电子科技博物馆

(本文原载第14期2版)

形式验证介绍(二)

(紧接第275页)

形式验证

形式逻辑推理就是一个验证问题。给定一个定理,利用原理和推理规则推导出这个定理或者定理的反定理，就是证明和证伪的过程。一个定理既能证明又能证伪就出现了悖论,系统就不自洽。一个定理不能证明也不能证伪就是不可决定。所以逻辑证明决定了逻辑系统的基本特性。

逻辑系统基于原理和推理规则去证明一个定理，传统上叫定理证明。比如早期基于一阶逻辑的定理证明系统ACL2,被用来证明了AMD的浮点运算。近期的高价定理证明系统比如Coq也做过浮点运算的证明。

广义上讲，现在所有的形式验证方法都可以称作定理证明，只是逻辑和推理规则各有不同。比如SAT是基于CNF(conjunctive normal form,合取范式)逻辑,运用消除法(resolution)的完整的逻辑推理系统。插值算法用的是克雷格插值推理。BDD算法是基于二叉树的集合操作等等。但是通常形式验证是完全自动的，这一点上和需要比较多人工干预的定理证明不同。

芯片设计的形式验证需要三大要素,对设计的建模、验证属性的描述和验证设计模型是否满足属性。当k'k'p'p属性被另一个设计所取代,验证目标就成了两个设计的等价性。这种形式验证也称作等价验证。下面我们就这几个要素进行介绍。

数字电路建模

数字电路的底层逻辑是布尔逻辑，即所有变量的值域都是{0,1}的命题逻辑。和其他命题逻辑一样,布尔也可以量化成为一阶逻辑。布尔逻辑的两个基本操作(语法)是逻辑与和非。语意可以用真值表来定义。DeMorgan法则和Shannon展开是布尔逻辑常用的操作。比如存在和全称量化都可以用Shannon展开来描述。如果把布尔逻辑表达式看作一个集合的特征函数的话,集合为空集,全集或者介于两者之间,是可决定的,方法就是SAT。

布尔逻辑有时候又称为组合逻辑。只包含布尔逻辑器件的电路叫作组合电路。组合电路加入带存储功能的时序器件,比如触发器后,就成为时序电路。时序电路等同于状态机。状态机的状态即触发器的赋值，状态转换函数即代表触发器的驱动函数的组合逻辑。状态机有一个或多个指定的初始状态。形式验证理论中，这样的设计状态机通常被称为Kripke结构。

对于形式验证,数字电路状态机有两个重要概念,一个是可达状态集合,一个是状态路径。简称可达状态和路径。可达状态就是设计状态机从初始状态经过状态跳转所能到达的所有状态的集合。路径就是从初始状态开始的连续状态跳转所经过的状态链。

电路设计描述语言HDL (Hardware Description Language)常用的有Verilog和VHDL。除了底层的布尔逻辑,这些语言还引入了其他有限精度的数据类型和操作,比如整数、浮点数和相关运算。HDL中最终转换为芯片器件的部分叫可综合逻辑,其他部分用于描述仿真、延迟、时间约束等设计辅助功能和参数。

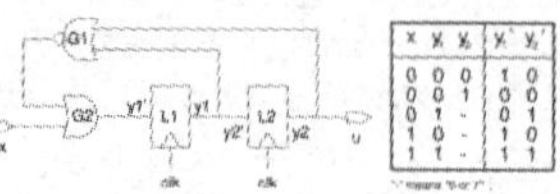

(上图为一个电路网表例子,对应的真值表和状态机。)

属性描述语言

电路功能验证是证明电路设计满足一定的设计规范,或者属性。形式验证中的属性通常用基于自动机(automaton)的形式语言来描述。自动机是一个特殊的状态机。给定一组字符,自动机的每个跳转用一个字符来标注。除了初始状态,自动机还有一个接受状态。自动机的状态路径代表了标注字符按顺序组成的字符串,或者一个语句。从初始到接受状态的所有语句,就是这个自动机所代表的语言。如果把前述设计状态机的全部状态路径看成是设计所代表的语言，那么形式验证就是要证明属性语言包含了设计语言，即所谓形式验证的语言包含方法。语言包含一般通过测试属性语言的补集和设计语言的交集是否为空来决定。为空的话则包含关系成立,或者讲设计满足了属性，也可以讲设计是属性的一个模型。不为空,那至少有一条设计语句违反了属性,形式验证算法会生成这么一条语句作为反例。

自动机分为确定(DFA,deterministic finite automaton)和不确定(NFA,nondeterministic finite automaton)两种。确定自动机从每个状态出发,同一个字符只能标注一个跳转,而不确定自动机,一个字符可以标注多个跳转。不确定自动机可以通过一个叫"子集构造"的算法转换为等价的确定自动机,即两者代表同一个语言。但是转换结果可能造成状态的指数级增长,或状态爆炸。这种转换后能表达同一语言的特性被称为两个状态机或对应的逻辑具有相同的表述力。

字符搜索中用到的(欧米茄)正则表达式(RE,regular expression)和不确定自动机就具有相同的表述力。实际上从正则表达式的语法可以直接构建一个对应的自动机。布奇状态机(Buchi automaton)和不确定自动机也有相同表述力。这种状态机的一个特点是所接受的语句为无限长。而硬件设计的状态路径也是无限长的，所以形式验证中属性语言或自动机一般先转换为布奇或类似的自动机。

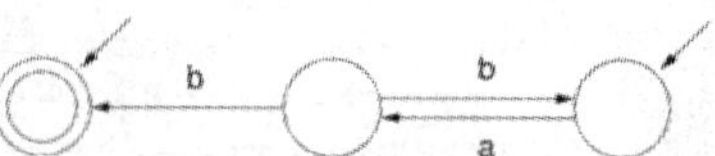

(上图为RE语言(a.b)*的DFA,最右边是初始状态,最左边是接受状态)

上述自动机语言还局限于传统的形式逻辑，这些自动机的表述力都等同于一元二阶逻辑(MSO,Monadic second order logic)。在逻辑中引入时态(tense,time modality)是形式验证语言的一大突破。时态逻辑主要分为线性时态逻辑(LTL,linear temporal logic)和分叉时间逻辑(CTL,branching time logic)两种。LTL认为时间上分离的事件可以用一条条线性的状态路径来表述,而CTL则认为每一个时间节点上事件的发生会分叉,所以这些路径是以树的形式出现。

时态逻辑的发展造就了形式验证的两个图灵奖。一是1996年Pnueli的LTL及形式验证方法，一个是2007年Clark、Emerson和Sifakis的CTL及符号形式验证方法。LTL形式验证一般是先将LTL转换为布奇自动机(可能出现状态爆炸),然后运用言语包含方法进行验证。CTL是运用Emerson-Lei的mu-算子，在设计状态机上根据CTL表达式进行相应的状态集合计算来决定表达式的真伪。

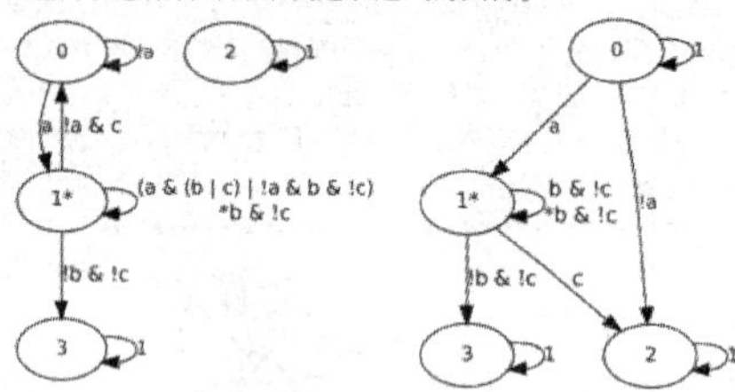

(SVA表达式 al=>(b[*0:$]##1c)的状态机,左图为NFA,右图为对应的DFA)

在工业应用中，硬件形式验证属性语言的标准化结果是两个集合了多种逻辑的混合语言PSL (property specification language)和SVA(system verilog assertion)。和大多数EDA工具的历史一样，新型的算法和工具首先出现在学校或大型的芯片厂商内部。当EDA厂商决定介入的时候,第一件事就是标准化,以便于后面的市场推广。和5G标准一样,大的制造商和大客户基本决定了标准的内容。PSL和SVA就是集结了英特尔的ForSpec,IBM的Sugar,摩托罗拉的CBV和Vericity的e,包含了LTL、CTL和RE。注意以上提到的自动机和属性逻辑都是可决定的。虽然综合多种时态逻辑，理论上PSL和SVA的表述力依然等同于不确定自动机。但不管怎么说,属性语言的标准化极大地推动了形式验证的普及。　(全文完)

(本文原载第15期2版)

浅析EDA与人工智能(一)

熊晓明　教授、首席科学家,1988年毕业于加州大学伯克利分校，获得博士学位。毕业后在美国半导体和EDA公司工作25年。2013年起担任广东工业大学"百人计划"特聘教授,广东工业大学集成电路设计联合学院首席教授，集成电路设计产业学院院长，广州国家集成电路设计产业化基地首席科学家，广东省科技厅重大科技专项咨询专家。主要研究方向为:集成电路与片上系统软硬件协同设计，计算机辅助设计，电子设计自动化,人工智能及其应用,信息安全技术与应用,图论,计算几何学等。

1. 简介

EDA(电子设计自动化)是广泛应用于整个集成电路(IC)产业链的软件系统,涉及材料、物理、电子、计算机等领域的多专业融合。由于摩尔定律的发展限制,单位面积上晶体管的集成度越来越高,电路之间的交互、工艺复杂度、热物理效应等在不断变化,芯片设计流程也将随之变化,传统EDA工具已经无法满足工程师们的需求,EDA工具也势必朝着智能化方向发展。近年来,人工智能(AI)的部署在诸多应用中发挥着重要的作用,在EDA领域也是如此。

2. 发展和研究现状

市场研究机构ABI Research发布最新报告,云端AI芯片市场将从2019年的42亿美元增长至2024年的100亿美元的规模；边缘AI芯片也将以31%的年平均增长率持续扩张。而EDA作为AI芯片中必不可少的角色，也迎来了新的机遇和挑战。就目前国内外的研究现状来看,台积电已经开始在布局和布线阶段使用机器学习的方法进行路径分组以改善时序,并采用Synopsys ML预测潜在的DRC热点。在采用更智能的解决方案来平衡高密度和高精度工艺技术的复杂性方面,台积电正走在正确的轨道上。美国国防部主导的15亿美元的"电子复兴计划",第一个支持的项目就是EDA项目,重点突破优化算法、7nm以下芯片设计支持、布线和设备自动化等关键技术难题。Synopsys于2018年9月初宣布,推出一种基于AI的最新形式验证应用,即回归模式加速器,可将设计和验证周期中的性能验证速度提高10倍,以验证复杂的片上系统(SoC)设计。Cadence已经为其EDA工具提供了超过110万种机器学习模型用于加速计算，其下一阶段的产品开发就是将人工智能应用到布局与布线工具上，通过机器学习的方法推荐加速优化方案。为了帮助企业提供更完备的AI技术,Mentor正在开发工具帮助公司更快地设计AI加速器。利用机器学习算法来改进集成电路设计工具，以便更快地为客户提供更优的结果。在先进工艺节点上,采用现有算法的全局布线(global routing)工具已经达到极限,Nvidia则用机器学习来提供芯片设计的全面覆盖。到2020年,AI芯片和系统的设计需求一定会持续增长,EDA若要实现全自动化，芯片设计周期若要缩短至24小时,AI技术将必不可少,它可以大大提高设计效率和自动化程度。EDA的AI化可能促使IC行业发生巨大变革。由此可见,人工智能将对EDA技术产生巨大的影响,EDA结合人工智能进行技术升级实现100%自动化将势在必行。

图1 微处理器发展趋势

图2 EDA需要实现100%的自动化

(未完待续,下转第277页)

(本文原载第15期2版)

浅析EDA与人工智能(二)

(紧接第276页)

3. 应用场景

目前EDA技术已经在多种产业广泛应用,无论是人工智能、云计算、自动驾驶技术、智慧医疗,还是5G技术,从设计性能测试、特性分析、产品模拟等,皆可在EDA环境下进行开发与验证,同时EDA领域均有对应其应用特点的芯片设计解决方案,最主要的目的则是通过EDA工具更快地实现创新,而AI技术在不同的应用领域也同样发挥着重要的作用。综合来看,AI技术在EDA工具中的应用主要体现在以下几个方面:数据快速提取模型、布局中的热点检测、布局与布线、高层次综合工具、电路仿真模型、功能与时序验证、PCB设计工具等。此外,软硬件协同设计的重要性在AI SoC设计中越来越高,而且需要协同设计的不只有软件与硬件,还有存储器与处理器;这类因AI衍生的协同设计需求,也需要新一代的EDA工具来支撑。

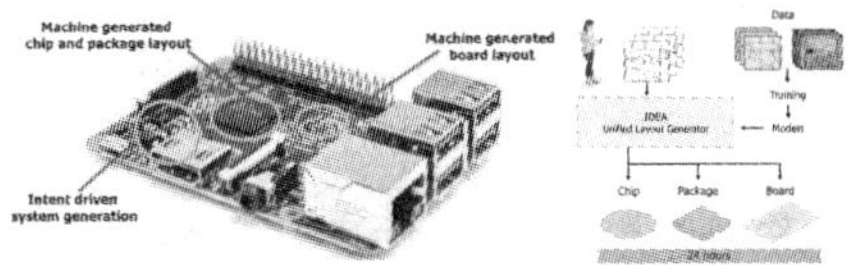

图3 EDA结合AI技术的应用

4. EDA结合人工智能的优势

EDA工具中引入AI技术可以提高设计效率,减少芯片设计周期,实现自适应学习。知识和经验在减少时间方面起着非常重要的作用,这就是机器学习可以应用的地方,以提高有经验的工程师的生产力。例如在7纳米的关键层,客户使用多达8000个CPU运行12到24小时来执行一次运算。通过使用机器学习,我们可以将CPU数量降低到三分之一,并限制时间的增长,这对于将来生成每个高级节点是必要的。另一方面,所有设计师面临的最大挑战之一是功能扩展。在实际的设计过程中,如果在后期添加新功能,通常会导致很多设计工作丢失,并且几乎可以肯定,他们将无法从初始设计中受益。引入机器学习的变化在于,由于投入到优化每个模块的所有设计工作都具有残值,通过训练可提供更快更准确的预测模型。与传统的自动布局布线流程相比,使用训练后的机器学习时序预测模型进行的一些典型的7nm设计性能改进,所有关键设计指标均显示出机器学习的优势。如果没有某种直接从整个设计过程中受益的方法,即使不进行功能扩展,迭代设计的时间和成本也会使项目快速脱轨。但是随着AI的发展,每个设计决策都具有更大的价值。

机器学习应用于EDA工具可以分为内外两种方式。内部的机器学习方法用于减少到达设计结束的时间,改善一部分流程的结果。而外部的机器学习方法使用专家系统来关闭迭代设计的循环,加速整个设计流程。这两种类型的AI技术都适用于EDA,在未来的IC设计中都将变得越来越重要。在机器学习中,推理是非常强大的,因为它允许模型不必使用数据集中的每一个点就可以得到结果。通过机器学习能够在相对较短的时间内进行模型训练,以提供更好的结果。因此,当遇到该设计或与之非常相似的设计时,它将能够以更高的准确性进行预测,使得布线前阶段的结果更准确,也为布线后阶段更快地提供更好的结果。此外,每个设计都将生成布线前和布线后的数据,更重要的是,数据还将包含该设计的变化过程,显示工程师为实现时序目标所做的工作。

在某些情况下,甚至可以透过AI,将晶片生产力提高十倍。在未来五年,将会出现更多的通过机器学习增强的EDA工具来产生更多的创新。以AI来提升EDA的设计能力不再是问题,只是两种技术之间的运作,在未来还有一段很长的路要走。

5. 融合技术存在的不足

从20世纪80年代开始,EDA经过近四十年的发展,市场上已经形成了众多的EDA工具,但参差不齐的设计平台也导致行业一致性的缺失,阻碍了设计结果的数据交换与共享。目前AI与EDA技术的融合存在的不足之处主要表现在以下几个方面。

1)AI技术是EDA工具开发的一种新方法,需要对数据集进行训练。如果数据量不足或不完整,训练将产生不准确的模型。没有良好的训练数据,就不可能建立良好的神经网络模型。如果用无用数据训练一个模型,就会得到一个无用模型。首先,在将数据用于训练之前,必须对其进行预处理。其次,机器学习方法具有快速解决高维问题的独特能力。纯EDA问题通常具有高维性。多年来,EDA开发人员已经完善了将问题分割为低维解决方案的技术。AI技术可以处理数千维的问题,但太高的维度容易产生混乱或不准确的结果。

2)选择何种AI开发工具是决定将人工智能和机器学习集成到EDA工具中的难易程度的一个重要因素。AI研究人员已经研发了许多用于开发人工智能和机器学习软件的框架、库和语言,例如TensorFlow、Caffe和MXNet等框架和库在开发深度学习模型方面最受欢迎。但是,这些工具尚未在EDA开发社区中流行。另一方面,EDA社区中选择的开发语言普遍是C和C++,而Tcl用于原型设计和创建用户界面。目前软件设计已经转向了更新的开发语言,例如Python、Java、R等。

3)EDA在整个软件市场中只占很小的份额。相对而言,很少有软件开发人员熟悉编写EDA工具。最好选择能够提供与EDA所选开发工具兼容的界面的AI和深度学习开发工具。一些AI框架具有较低级别的C和C++接口层,为经验丰富的EDA开发人员提供了熟悉的入口点。

6. 未来的发展方向

EDA属于典型的投资周期长、见效慢的基础性产业,是我国集成电路产业亟待解决的"卡脖子"问题。我国EDA长期依赖美国进口,三大巨头Synopsys、Cadence、Mentor Graphics高度垄断。目前我国EDA水平虽然仍较低,也要积极尝试人工智能在EDA工具上的创新发展。

从现阶段来看,从AI向云端运算的扩展,或许是EDA领域值得探索的一个方向。例如Synopsys近期的整体战略,就是利用机器学习来加速分析。而Cadence Design Systems也已经将机器学习应用于函数库。早期阶段通过机器学习进行热点分析从而加速芯片整体设计流程,但由于温度和过程效应的影响越来越大,函数库和标准单元的模拟需要考虑比以往更多的影响因素。而且,由于引入AI技术对计算要求不断提高,对于不断消耗的机器运作周期,AI技术的新兴应用对处理能力提出了进阶需求,这将推动运算架构发生天翻地覆的变化,并急剧改变着SoC设计模式。从AI向云端运算扩展,EDA+云计算将成为新的突破口。

另一方面,构建启发式的学习也是未来AI在EDA工具上值得研究的新方向。2017年底,西门子的Mentor事业部收购了Solido Design Automation,它推出了一个函数库工具,作为机器学习长期开发计划的一部分。Mentor认为,所有参数的模拟结果会占用大量的机器资源。而采用启发式算法可以带来更快的结果。Cadence将机器学习应用于晶片设计中,通过学习的启发式方法,根据函数库的一小部分区块,来识别和预测设计流程中的关键部分。EDA和其他机器学习应用的关键区别在于数据的性质。就EDA来说,并不会尝试采取大量历史数据并从中学习经验。通常EDA设计会在运行中收集数据,使其在自适应的机器学习循环上运行。训练数据的生成器通常是模拟器,然而,模拟设计通常不是EDA中唯一适合机器学习的领域。就这点来看,Synopsys一直在密切关注使用机器学习以构建启发式的学习方法,这将可以帮助加快验证的运行效率。

7. 总结

在芯片开发过程中,机器学习可以发挥作用的环节非常多,从产生设计细则到执行设计模拟,乃至大数据分析等,都有机器学习可以发挥的地方。机器学习本质上适用于EDA设计流程。其部分价值在于无需显式编程即可运行的能力。对于EDA而言,其价值要高得多。在单个设计模块上训练的模型几乎可以立即用于提高布线前数据的布线后精度,性能也会有显著改善。IC设计一直是计算和数据密集型行为,而且由于采用机器学习方法,可以通过更快地提供更好的结果并最终减少芯片设计周期来加快设计过程的方式将数据反馈到设计流程中。

不过,虽然用机器学习或AI技术来设计芯片将是未来的发展趋势,而且有越来越多芯片设计开发的环节开始使用相关技术手段,但AI技术只是众多方法中的一种,并不能解决所有存在的问题。因此,人在芯片设计的整个过程中,还是会扮演非常重要的角色,只是专注的工作有所差异。学习终究是一项工具,使用者必须先理清什么问题最适合用AI技术来解决,才能逐步展开后续的研究。EDA的昨天是计算机辅助设计点工具,今天是从平台到整套工具助力设计流程的自动化,而明天是跨越电子领域的EDA-SDA系统设计自动化。

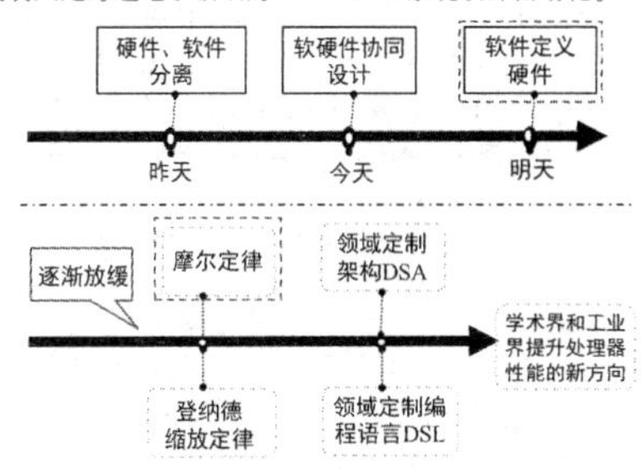

图4 EDA未来发展变迁

也许在未来,机器学习能力不再是EDA额外添加的技术手段,而是从核心架构上机器学习就与EDA工具相辅相成、融为一体,形成新一代的智能EDA工具。改进传统的EDA流程,融合机器学习技术,使得EDA工具的结果更加可预测是一条未来需要不断被研究、探索、实践和证明的道路。

(全文完) (本文原载第16期2版)

电子科技博物馆专栏

编前语:或许,当我们使用电子产品时,都没有人记得或知道老一批电子科技工作者们是经过了怎样的努力才奠定了当今时代的小型甚至微型的诸多电子产品及家电;或许,当我们拿起手机上网、看新闻、打游戏、发微信朋友圈时,也没有人记得是乔布斯等人让手机体积变小、功能变强大;或许,有一天我们的子孙后代只知道电子科技的进步而遗忘了老一辈电子科技工作者的艰辛……

成都电子科技博物馆旨在以电子发展历史上有代表性的物品为载体,记录推动电子科技发展特别是中国电子科技发展的重要人物和事件。目前,电子科技博物馆已与102家行业内企事业单位建立了联系,征集到藏品12000余件,展出1000余件,旨在以"见人见物见精神"的陈展方式,弘扬科学精神,提升公民科学素养。

科学史话

彩电攻关大会战

本期来介绍下我国20世纪70年代的彩电攻关大会战。1970年,国家决定在北京、天津、上海、成都四地以"大会战"方式在全国范围内开展彩色电视技术集体攻关。成都会战的主战场则选定在成电。1970年5月19日,来自广东、广西、湖北、四川等十个省(区)参加彩色电视会战的210人齐聚成电,彩电攻关大会战拉开帷幕。

在这样的氛围下,1970年底,国产化的彩色电视成套设备诞生。1971年底,攻关连队研制出了1035行顺序制的主要设备,开始了试播台的筹建。1972年12月8日,成立了"四川彩色电视试播台安装调试领导小组"。顾德仁教授担任领导小组的顾问,并代表成电参加了国家组成的彩色电视制式赴欧洲考察团,他详细考察比较了PAL及SECAM两种彩色电视制式,最终选定了PAL制式作为国家规定的暂行制式,并一直沿用至今。1973年10月1日,彩色电视试播如期在成都电视台进行。在三年多的彩电攻关大会战中,成电共完成了彩色电视中心立柜、35mm电视电影设备、彩色接收机等设备的设计、研制和调试工作。以这些设备为支撑,成都筹建了第一座彩色电视试播台,真正实现了从无到有。

◇摘编自电子科技博物馆

(本文原载第16期2版)

电子科技博物馆"我与电子科技或产品"

本栏目欢迎您讲述科技产品故事,科技人物故事,稿件一旦采用,稿费从优,且将在电子科技博物馆官网发布。欢迎积极赐稿!

电子科技博物馆藏品持续征集:实物;文件、书籍与资料;图像照片、影音资料。包括但不限于下列领域:各类通信设备及其系统;各类雷达、天线设备及系统;各类电子元器件、材料及相关设备;各类电子测量仪器;各类广播电视、设备及系统;各类计算机、软件及系统等。

电子科技博物馆开放时间:每周一至周五9:00--17:00,16:30停止入馆。

联系方式

联系人:任老师 联系电话/传真:028--61831002

电子邮箱:bwg@uestc.edu.cn 网址:http://www.museum.uestc.edu.cn/

地址:(611731)成都市高新区(西区)西源大道2006号

电子科技大学清水河校区图书馆报告厅附楼

EDA 专栏

漫谈EDA产业投资(一)

李敬 中军中科基金管理(北京)有限公司投资总监。清华大学电子工程系本科毕业,中国人民大学MBA。曾于清华永新、泰美世纪等公司任职工程师,参与国家CMMB技术标准制订工作。后为北京云加速技术有限公司、北京鉴芯微技术有限公司的联合创始人。之后分别于有研鼎盛投资发展有限公司、北京腾翮投资管理有限公司任职投资经理和投资总监,期间主导或参与一系列项目投资,包括深圳新星(603978.SH)等成功上市项目。

中军中科基金管理(北京)有限公司隶属于北京泰德基金管理有限公司(以下简称泰德基金)。泰德基金专注于机器人与智能制造、集成电路与物联网、人工智能与TMT、军民融合及相关产业转型升级等行业研究和基金投资管理,目前已经在北京亦庄经济开发区设立规模为10亿元的TMT产业投资基金。

一、EDA产业及其现状

EDA,即电子设计自动化(Electronics Design Automation)的缩写。一般来说,EDA设计工具的形态是一套计算机软件,所以我们通常将"EDA工具"或"EDA软件"混着叫。在电子信息产业中,无论是进行集成电路的设计,还是进行PCB(印刷电路板)的设计,都离不开EDA工具:

1)电子工程师们不但可以用EDA工具进行设计的输入,同时还可以利用它们进行设计的分析和仿真,找出设计中的错误和问题所在,不断的进行优化,以此来保证芯片流片或是印刷电路投版的一次成功。

2)当前主流的EDA工具中还提供了很多集成电路IP核(即具有知识产权的芯片功能模块设计),大大缩短了集成电路的设计周期,提升了设计的稳定性。

3)EDA工具不但是工程师进行设计的帮手,同时也是设计工程师同生产线(包括企业内部生产线及外部代工厂)进行技术沟通的平台。生产线通过PDK(Process Design Kit,工艺设计工具包,其实质是EDA软件可以调用的一系列元件库、参数库和技术规则)的方式,将其工艺能力传递给设计工程师。设计工程师在PDK的基础上做出的设计,并通过了PDK的相关规则验证,才能够保证在生产线上以较高的良率生产出来。

EDA工具的产业规模并不大,数据显示,2018年全球EDA市场规模仅有97.15亿美元而已,2014-2018年复合年均增长率也仅有6.89%。相对于几千亿美金的集成电路产业来说似乎不值一提。但如前所述,EDA产业是电子设计产业的最上游,也是整个电子信息产业的基石之一。具体到集成电路产业,则更是如此。一家集成电路企业如果不用EDA工具的话,那是一点事情都做不了的。但在目前,EDA产业是一个非常明显的寡头垄断结构。最大的三家EDA厂商——Synopsys、Cadence和Mentor Graphics的市场占有率达到了60%以上。而在集成电路设计领域,三家大厂的市场占有率就更高了。在中国市场,EDA销售额的95%由以上三家瓜分,剩余的5%还有部分被Ansys等其它外国公司占据。所以,如果这三家大厂对某个集成电路厂商关闭工具供应的话,那就直接下手"掐死"这个厂商是没什么两样的。所以,我们在集成电路领域投了那么多资,建起了那么多晶圆厂、封装厂,扶植起了一批集成电路设计企业、装备企业、材料企业,但是我们的脖子还是被美国人抓在手里的。这里的关键就是EDA产业是被美国人牢牢把控着的。

二、国内EDA产业状况

国产EDA产业相对落后的状况,并不能归因于从业者的缺乏远见或是没有努力。事实上,在1986年的时候,国内就已经在组织研发集成电路的辅助设计系统——"熊猫系统"了,与国外三大厂基本上是同步启动。但后来国产EDA产业没有发展起来,在我看来,有三方面的原因。首先是受限于当时我国经济整体发展水平的限制,国家在对EDA产业基础研究、技术成果转化,以及政府及军队订单扶植方面的投入比较少,而且也缺乏持续性。从美国EDA产业发展的历史来看,政府的持续投入和引导是产业能够快速发展的重要推力,来自政府和军队的订单也对产业的发展起到重要的拉动作用。像EDA产业的重要基础VHDL语言就是美国国防部开发出来的。而最近美国DARPA也在持续的对EDA方向进行投入。所以国产EDA产业在政府扶植这块是急需补课的。其二是受国内集成电路产业整体发展水平的拖累,导致产品缺乏需求,人才供给也跟不上;其三则是同之前国内硬科技创业氛围不佳有关。须知,国际上的三大厂商能够形成现在这样完整的产品线,并不是靠着他们自己内生式的发展,埋头研发,单打独斗得来的。而是有一批从事EDA工具研发的人,开发出了先进的点工具,成立了个小公司。三大厂商认为这个工具不错,就会将小公司收购,然后将新的工具融合到他们的集成电路设计流程定义中来。如此的反复迭代,才使得三大厂商能够始终站在EDA产业发展的前沿。国内在这方面,一来科研院所研发人员创业的政策环境还是不够开放,二来资本方面支持的力度也不足。所以在前一阶段,能够做EDA点工具创业的公司就很少,遑论在这个基础上进行工具链的整合了。所以国产EDA行业目前的发展状况,也就是顺理成章的了。

当然,在这种万马齐喑的状况下,我国的EDA产业依旧是有人在奋斗,在坚持的。在当下,据不完全统计,国内从事EDA产业的企业大约有20来家,其中华大九天、济南概伦、芯禾科技、广立微、博达微等几个企业,在某些专业的领域也站住了脚。(*本文完成后获知济南概伦已同博达微达成企业收购协议,两家公司强强联合,将打造更为完整,更具特色也更有竞争力的产品线,在此祝贺刘志宏老师和李严峰学长!*)

但无论如何,在当下,国产EDA产业同国际先进水平相比,还是有着巨大的差距的。这主要体现在以下几个方面:

1. 国外大厂,尤其是S厂和C厂,是有着完整的产品线的,可以支撑集成电路设计的全流程。同时,S厂进行数字电路设计综合的工具DC和进行静态时序分析的工具PT可说是独步天下,牢牢的掌控着集成电路设计的核心环节。C厂的工具集中,也是有着同等地位的工具的。而国产的EDA产品,一方面在全流程支持方面尚有欠缺,另一方面在一些关键环节上的工具还没有可用的产品供应。

2. 国外的大厂积累了一批经过反复优化和验证的IP库,并同他们的工具产品紧密结合起来。这极大的提升了他们产品的可用性,并帮助他们的客户提升了芯片设计的工作效率。由于发展的时间尚短,国内的厂商在这方面的积累还是不够的。

3. 国内电子设计工程师的EDA应用培训及相关教材和参考书籍主要是以国外大厂的工具为基础的,这使得工程师们天然的就对国外大厂的产品就能够熟练使用,充满信任。而工程师们要使用国内厂商的产品,就需要经历一段时间的学习,之后还要反复的试用练习,才能将这些产品融入到他们的设计工作流程中来。所以,在产业生态方面,国内EDA厂商也面临着挑战。

总而言之,国内EDA产业要想实现自主可控,把我们在电子信息产业的这个"脖子"从美国人手中解放出来,还是需要巨大的努力与耐心的。所幸者,在我国集成电路产业不断发展,美国又不断对我国施压的背景下,EDA产业已经获得越来越多的重视,相关的一些工作也正在进行中。正是基于对这些工作的了解,我才会认为,开展国产EDA产业的早前期投资正当其时。

三、国产EDA产业的发展驱动因素

我为什么会认为目前是国产EDA产业发展的好时机呢?一个大的背景是我国集成电路产业的快速发展,从需求端对国产EDA的发展起到了极大的拉动作用。一些国内领先的集成电路企业将国产EDA工具融合到自身的工作流程中来,一方面给国产EDA企业提供了业务,同时也促进了国产EDA产品的优化迭代。除此之外,还有三点理由:

1. EDA产业整体的发展面临转折点,在一些领域存在弯道超车的机会。我国EDA产业有可能抓住机会,在一些前沿领域上实现突破,取得领先地位;

2. 国产EDA产业的人才供给情况正在逐步改善,尤其是一些高端领军人才回国创业,为产业注入了新的发展动力;

3. 国家层面开始关注EDA产业的发展,相应的一些资本扶持也将落实,在国家资本的引导下,社会资本也将形成一个EDA产业投资的小高潮。同时,华大九天这样的行业领军企业肯定会在不远的将来登陆A股市场,打通EDA产业的资本通道。在这些因素的作用下,国产EDA产业的资本环境将得到极大改善,产业发展将获得极大助力。

下面我将就这三点详细展开说说。

1. 国产EDA产业的弯道超车

随着集成电路规模的不断扩张,集成度的不断增加,芯片设计业对EDA工具提出了新的要求,也就成为国产EDA产业弯道超车的契机。这些要求主要体现在:

1)要求EDA工具的抽象能力更强。

具体而言,就是要求EDA工具具有从系统级描述直接进行逻辑综合生成RTL级网表,并生成物理综合结果的能力。同时EDA的形式验证工具也应具有从物理层向上穿透至系统层的能力。前段时间,业内提出了AI Compiler的概念,亦即新的数字集成电路设计综合器应当具有从人工智能网络结构图直接生成RTL网表的能力。而在通信芯片领域,综合器也应当具有从通信算法描述直接生成芯片设计的能力。同时,上述所生成的设计应当是具有商业意义的,经过充分优化的。如果讨论更高级的要求的话,EDA工具还应当根据集成电路通用性的要求,自动进行系统架构中软硬件部分的划分,或至少给出具有参考意义的建议。

事实上,EDA产业内面向这个目标已经做过多年的努力了。早在15年前,业内就提出过SystemC这样的可综合系统级建模语言,但实际的效果并不尽如人意。如果国内的团队有能力做出具有更强抽象能力的先进工具,那就可以抢占EDA产业发展新的制高点了。

2)要求将人工智能、云计算、大数据等领域的新技术融合到EDA工具中来。

2017年美国DARPA推出了电子复兴计划(Electronics Resurgence Initiative,ERI),其中关于EDA产业的项目有两个,分别为电子设备智能设计(IDEA,Intelligent Design of Electronic Assets)计划和高端开源硬件(POSH,Posh Open Source Hardware)计划,其目的是应对先进系统级芯片(SoC)、系统级封装(SiP)和PCB的设计所需成本和时间的急剧增加。这两个计划的核心在于将人工智能和大数据技术更好的应用于EDA产品中,进一步提升集成电路设计的自动化水平和工作效率。这很好的指明了EDA产业未来的发展方向。

而在国产EDA领域,华大九天的ALPS工具应用了在人工智能和云计算技术中成熟起来的并行计算加速技术,将电路仿真的时间缩短为国外同类产品的1/3,同时还提升了仿真精度。博达微将人工智能技术应用于PDK建库和器件性能测量中,形成了自身独特的竞争力。由此可知,把我国具有优势的AI、云计算和大数据技术融合到EDA产品中来,确实是实现我国产业技术突破的一条重要路径。

3)要求EDA工具与各种工艺做更紧密的融合,提供更多物理量的综合建模与仿真环境。

这里的一些具体的要求包括:对3D芯片相关技术进行建模,并对其进行电气仿真及热仿真能力的要求;随着系统级封装的发展,将芯片级仿真与封装级仿真更为紧密结合起来的要求;对于MEMS这样的器件,将机械仿真与电气仿真的一体化的要求;在硅光子领域,进行光电一体化建模与仿真的要求;电路仿真与电磁场仿真更为紧密融合的要求等。

上面所述的每一个方向都有可能成为EDA产业创业的契机,培育出新的EDA产品,并帮助EDA企业在行业内站稳脚跟。再拿华大九天举个例子,他们在FPD(平板显示器件)方面的EDA工具产品在行业内独树一帜,帮助他们建立了一个稳定的营收来源,提升了企业的业绩和抗压能力。

综上所述,目前集成电路产业内对EDA产业所提出的这些新的要求,使得EDA产业的发展面临一些新的方向。在这些方向上,我们的历史欠账没有那么多,同国外大厂的差距没有那么大。所以,把握好这些方向,并在相关领域进行深耕,是我国实现EDA产业弯道超车的重要抓手,也是开展EDA产业投资的重点方向。

(未完待续,下转第279页)

(本文原载第17期2版)

漫谈EDA产业投资(二)

(紧接第278页)

2. EDA产业人才供给的改善

有了方向而没有能做事的人,产业的发展也是纸上谈兵。所幸者目前EDA产业人才紧缺的状况正在逐步得到改善。

根据统计,在2019年年中,国内11家EDA企业的总人数为823人。考虑到未能包含在统计范围内的企业,我估计国内EDA产业总的从业人数应该在1300人左右。如果按产品研发人员(排除用作客户服务的FAE人员)占比50%左右计算的话,则产业内研发人员队伍总的规模应当在650人左右,这应当是比较乐观的估计。与之对比的,仅国外三大厂之一的Synopsys一家即有7000多人的研发队伍,其中有5000多人从事EDA方向的研发。可见我们面临的形势有多么严峻。

造成这一形势的主要原因,还是EDA产业实在是太穷了,人员待遇上不去,人才流失就很厉害。前段时间常听到EDA企业培养的专业人才被"互联网+"挖走、被平头哥挖走、被华为挖走。但这毕竟是市场法则,还是得从体制的角度下手,以资本为手段,才能扭转这种局面。

目前的一个好的形势,是国外三大厂的一些中高层华人员工开始归国任教或创业了,这将给国产EDA产业带来极大的推动作用。可以预见的是,在不远的将来会有一个EDA产业高端人才回国的小高潮,并带动本土EDA人才的成长。这个事情将成为我国EDA产业人才供给改善的关键性转折点。

前段时间,有一个海外EDA核心技术团队要回国创业,先同武岳峰资本的潘建岳学长见了面,前两天也同我进行了沟通。还有一位清华大学计算机系的老师,设计了一套寄生参数提取的新算法,效率很高,也在寻求创业机会。这些事例都说明了有更多的高端人才在投入国产EDA事业,也将带来更多的创业投资机会。

3. EDA产业资本环境的改善与国家级产业投资基金的设立

据统计,华大九天过去十年间所投入研发资金只有几个亿,而S厂在2018年的研发投入就达10.8亿美元,C厂2018年的研发投入约为8.7亿美元。在资金投入方面,国产EDA产业同国外相比,实在是差得太远了。

在国外大厂已经获得巨大先发优势的情况下,国产EDA产业要想实现自主经营、自我造血、循环发展,必须先有大规模的持续性的资金投入。在投入的强度和持久性方面,必须参照京东方、中芯国际这些企业的发展历程。当然,同上面两家重资产企业相比,EDA这样的知识密集型产业所需要的资金,相对来说还是比较少的。一般认为,在集成电路总投资额中拨出约5%的比例,就足以支撑国产EDA产业的良好发展了。

然而过去几年的集成电路产业投资热潮中,EDA产业颇有些向隅之憾。除了国家大基金领衔于2018年9月给了华大九天一笔投资外,国家级的大规模投资基本没有。当然,前几年国家把投资重点放在集成电路的设计和制造领域,也是正常的做法。毕竟我们首先要防备的是现有主流集成电路产品的断供问题。另外,EDA产业属于集成电路和计算机软件双跨的产业,对它的扶持应该归在哪个条块里,这问题(虽然有些无厘头)不解决,有些事情就无法落实。但在当下,对国产EDA产业的大规模投入是应当解决的问题了。

目前了解到的信息是,国家级对EDA产业的投资基金正在筹备中。关于其资金结构、组织架构、管理模式等,目前不好公开来讲,以免横生枝节,只能说华大九天会在其中起到重要的作用。这样一个基金设立后,必然会形成杠杆,带动各个地方与社会资本的投资,撬动总额上百亿的资金进入产业。

另外,华大九天这样的行业领军企业,肯定会在不远的将来登陆A股主板市场(主要是科创板,但不好讲太死)。这样一来,一方面国产EDA产业的资本通道整个打通了,被上市公司并购将成为EDA产业投资的一条现实的渠道。另一方面这也将成为EDA企业上市的一个示范性案例,并为预估其他项目的上市前景和二级市场估值水平提供可靠的参照。这将使更多的社会资本愿意投入到国产EDA产业中来,带动EDA产业创业活动的进一步繁荣发展。

事实上,对于上述两件事情的预期,已经成为具有远见的硬科技产业投资机构的共识。这一共识在业内不断地扩散,将使更多的资本关注到EDA产业,并将逐步推高EDA产业项目的估值水平。在上面这些因素的共同作用下,EDA产业实现自主可控、弯道超车所需的发展资金应当可以得到满足。而先期在产业进行了布局的投资机构,也将获得丰厚的投资收益。

综合本章的论述,应当看到,无论是从产业发展方向的角度,还是从国内市场需求的角度,还是从产业人才与资金供给的角度来看,国产EDA产业都面临着良好的发展势态。具有远见的科技产业投资机构,是应当将国产EDA产业纳入投资视野中来,并针对这一方向进行项目储备,募集投资基金,开展布局工作了。

四、EDA产业投资的要点

如果接受了我们对于国产EDA产业投资前景的判断,那么接下来的问题就是如何进行EDA产业的投资了。对此,我认为至少有4个要点:

1. 紧密围绕国产EDA产业的发展驱动因素

我在第三部分花那么大篇幅去讨论国产EDA产业发展的驱动因素,就是因为做这个产业的投资,必须紧密围绕这些驱动因素。

譬如说,做什么产品方向的EDA项目更适合我们这样的社会资本进行投资呢?这就要从前面所讲的"弯道超车"方向来入手,要考虑这个项目的产品是否具有更强的系统抽象描述能力;要考虑这个项目是否将先进的人工智能和计算加速技术引入到EDA工具中来;要考虑这个项目是否融合了云计算和大数据的技术,以及项目为何能实现数据资源方面的优势;要考虑这个项目是否面向了新工艺或特种工艺的融合,是否面向了多种物理量的复合仿真。如果一个项目能够在上面的某一项中回答"是",那么它才是一个值得考虑的项目。

(未完待续,下转第280页) (本文原载第18期2版)

编前语:或许,当我们使用电子产品时,都没有人记得或知道老一批电子科技工作者们是经过了怎样的努力才奠定了当今时代的小型甚至微型的诸多电子产品及家电;或许,当我们拿起手机上网、看新闻、打游戏、发微信朋友圈时,也没有人记得是乔布斯等人让手机体积变小、功能变强大;或许,有一天我们的子孙后代只知道电子科技的进步而遗忘了老一辈电子科技工作者的艰辛……

成都电子科技博物馆旨在以电子发展历史上有代表性的物品为载体,记录推动电子科技发展特别是中国电子科技发展的重要人物和事件。目前,电子科技博物馆已与102家行业内企事业单位建立了联系,征集到藏品12000余件,展出1000余件,旨在以"见人见物见精神"的陈展方式,弘扬科学精神,提升公民科学素养。

科学史话

世界上第一颗人造地球卫星——斯普特尼克一号

电子科技博物馆通信单元大事记
就有斯普特尼克一号在太空的照片

1957年10月4日,世界上第一颗人造地球卫星——斯普特尼克一号,在前苏联拜科努尔航天中心发射升空了。自此,人类对太空的探索翻开了崭新而辉煌的一页。

斯普特尼克一号(俄语:Спутник-1,又称"卫星一号",俄语名原意"旅行者"),由前苏联火箭专家科罗廖夫利用导弹改制而成,为铝制球体,直径58厘米,重83.6千克,球体,有4根鞭状天线,内装有科学仪器。

需要注意的是,斯普特尼克一号发射时正值冷战,前苏联发射第一颗人造地球卫星的主要任务并非科学考察,而是进行政治宣传,显然最后完美地达到了目的。当时这个消息震撼了整个西方,在美国国内引发了一连串事件,如斯普特尼克危机、华尔街发生小股灾,同时亦开始了美、苏两国之间的太空竞赛。斯普特尼克一号是航天启蒙时代的产物,也是冷战时期太空竞争的标志。

为什么卫星对一个国家而言这么重要?人造地球卫星可分为科学卫星、技术试验卫星、应用卫星三类。他们的用途很多,可广泛运用于科学探测和研究、天气预报、土地资源调查、土地利用、区域规划、通信、跟踪、导航等各个领域。这样也难怪各国都这么重视卫星领域的发展了。

除卫星外,飞船也是大家所熟悉的。卫星和飞船最主要的区别就在于一个是无人的,一个是可以载人的。此外,电子科技博物馆内也有天宫二号和神舟十一号在2016年载人交会对接的模型,感兴趣的小伙伴们不妨去看看。

结语:卫星无疑是人类发展史上的一大步,它将人们的视野完完全全地放在整个宇宙中去。宇宙浩渺无际,充满着未知和瑰丽的想象,相信在一代代科学家的不断努力之下,我们对宇宙的了解的掌握会越来越多。

◇电子科技博物馆

(本文原载第18期2版)

漫谈EDA产业投资(三)

(紧接第 279 页)

这里需要补充说明的一点是，事实上国产 EDA 产业的产品发展逻辑有两个，一个是我讲的"弯道超车"，另一个是"补齐短板"。譬如说有一个项目是一个很强的团队想要重新设计一个静态时序分析工具，也就是补齐国产 EDA 产业在这个关键环节上的短板，同时也是跟 S 厂的同类领先产品正面硬刚。像这样的项目，我们社会资本方面恐怕就要慎重考虑，它的投资强度和投资周期都在我们的承受能力之外，这更多的属于国家资本所应考虑的范畴。但是对于一个已经建立起来的"补齐短板"项目，如果有个项目是给它提供服务，帮助它建立"弯道超车"能力的话，这种项目就是应当考虑的。

其次，在对 EDA 创业项目的团队进行考察的时候，同样要考虑我前面所讲的产业发展在人力方面的驱动因素。也就是要看团队成员里是否有海外归来的知名厂商核心科学家或中高层研发管理人员。如果有，项目成功的概率就大一些，如果没有，就需要项目的其他要素更强一些，才能保证项目的成功。

最后一点就是，在进行 EDA 产业投资时，一定要看准国家级资本和行业领军企业的指挥棒。当然这种看准不是简单的项目跟投，也不是听了一两句话就去赶热潮，而是要正确地理解这些核心机构对产业发展战略的思考和安排，辅之以自身富于远见的思考才可以的。这里的要求又引出了下面的一点，就是与产业核心机构和核心人员的关系问题。

2. 紧密围绕产业核心机构与核心人员

要做好一个产业的投资，对该产业内部的各个企业做全景式的扫描是必要的先导性工作。而国产 EDA 产业有一个好，那就是里面的企业最多几十家而已，只要抓住产业里的核心机构和核心人员，对整个产业进行覆盖式的调查，也就是几个月的事情。

进行 EDA 产业投资的另一个问题，就是对产业发展方向的把握和对项目本身进行评判。这里固然需要投资机构有独立的思考，但很多问题也就是在行业里问一圈的事。产业里的人一句话，比我们做投资的研究三个月都管用。譬如一个 EDA 项目是否符合产业大的发展方向？技术实力够不够强？有没有应用意义？这些事情，找产业界的核心人员问一下就好了。把这个人脉的平台建起来，不但解决了项目研究的问题，连投后管理乃至项目退出的问题都解决了。

其实在 EDA 行业里做投资，我觉得最核心的问题不是拿到项目、看准项目。而是要同那些资深的投资机构去争夺优质项目的份额。这个产业毕竟不大，几家大型的投资机构足以瓜分这个市场了。那我们怎么办？只好背靠着产业核心机构和核心人员，拼对产业的理解、拼获取项目的速度、拼投资后的服务。这种情况下，你不搞个"紧密围绕"，就硬是不行的呢。

3. 建立具有产业和投资复合经验的投资团队

当然，即使有了很好的外部资源环境，投资机构还是要建立自己的专业团队。一方面投资机构有自己的立场，从外面获取的信息和思想，还是要经过自主的加工，才能形成对产业和具体项目的独立判断，这就需要在机构内部有相应的研究人员；另一方面，我们从产业界所能获取的仅仅是对项目业务发展前景的判断，在资本业务上，机构内部也需要具有符合经验的人员。

从事 EDA 产业投资的人员应当切实的具有较长时间的产业从业经验(而不是仅仅有投资经验)，有过 EDA 工具的较为广泛的使用经验(集成电路研发岗出身，而不是战略岗或者市场岗)，在行业内有较为广泛的人脉资源，对 EDA 产业有深入的了解，最后就是有进行项目投资的经验。

4. 理解 EDA 产业投资的规律和准则

与集成电路设计业相比，EDA 产业的投资相对更少，因为企业只需要维护一支精干的研发队伍而已，不需要像集成电路设计企业那样一上来先要购买或租用昂贵的 EDA 工具，也不需要采购 IP 和实验设备。在企业成长周期方面，EDA 企业相对消费类芯片的周期可能要长一些，但是应当同传感芯片、功率半导体、汽车电子类 IC 的设计企业类似。经过这样的对比，可以得出的结论是，如果一个投资机构可以对前述三个门类的集成电路项目进行投资的话，那么它对 EDA 项目进行投资，是不应当存在特别的障碍的。

这里的核心是要建立 EDA 行业的投资准则——给 EDA 项目们划分发展阶段，明确融资节点，建立一个估值持续提升的过程。随着博达微、概伦、芯禾等行业标杆案例的日渐成熟，以及 EDA 产业逐步进入投资行业的视野，这些软性的准则我估计在一两年内就会建立起来。

EDA 产业投资准则的具体形式，我们可以给出一个大致的估计。首先，EDA 项目的发展阶段划分是比较简单的——从团队与产品定义成型，到核心功能 Demo 开发完成并启动测试，到初版产品完成、确立灯塔客户、启动产品优化，到最终形成具有竞争力的 EDA 产品、形成稳定业务收入。之后，我们可以估计每个阶段的时间周期大约在 1.5 年到 2 年左右(事实上，目前除华大九天外，其他比较成熟的国产 EDA 企业大致都是在 2010 年到 2012 年左右成立的，发展到成熟期的时间周期一般在 6–8 年左右)，估值增长大约在 2~3 倍左右，基于这些数据从项目成熟后的最终估值逆推每一阶段的估值水平，得出项目每一阶段融资可能需要增发的股权比例。基于此，项目资本运作的总体规划和估值增长的大致过程就清晰了。投资方也可以根据自身的投资和风控风格，以及基金运营周期等，确立自己投资与退出的时点和方式。另外，EDA 项目本身如果能够基于这个框架制定发展规划，保证投资机构能够持续获得"可见的"投资收益，对于自身的发展也是有好处的。

总而言之，其实投资国产 EDA 产业并不是什么困难的事。首先是要看清这个产业上国家的政策、发展的趋势和投资的逻辑，树立在这个产业里进行投资的信心和决心。然后在机构内部确定投资的政策和风格，安排相应团队；在外部广泛的收集各种资源，积累起优质的项目库。之后就是一般性的募投管退业务了。所以也希望更多的投资机构能够加入 EDA 产业投资的队伍中来，共同促进产业的快速健康发展。

(全文完)

(本文原载第 19 期 2 版)

射频模拟电路 EDA 的过去与将来(一)

集成电路自 1958 年问世以来至现在，其工艺节点已经从 10 微米发展到 3 纳米。其中，台积电、三星等先进的半导体制造厂商已经开始研发 2nm 工艺。集成电路又可分为数字集成电路、模拟集成电路、数/模混合集成电路，因为设计流程、生产工艺的不同，数字集成电路和模拟集成电路呈现了截然不同的发展情况。

在这几十年来数字集成电路的集成化程度越来越高。以英特尔为例，自从其创始人戈登摩尔自 1975 年发表了摩尔定律以来，几十年间，英特尔的研究人员一直都是根据摩尔定律设定目标和指标。在摩尔定律的指导下，计算机集成电路芯片变得越来越小，运算速度却越来越快。

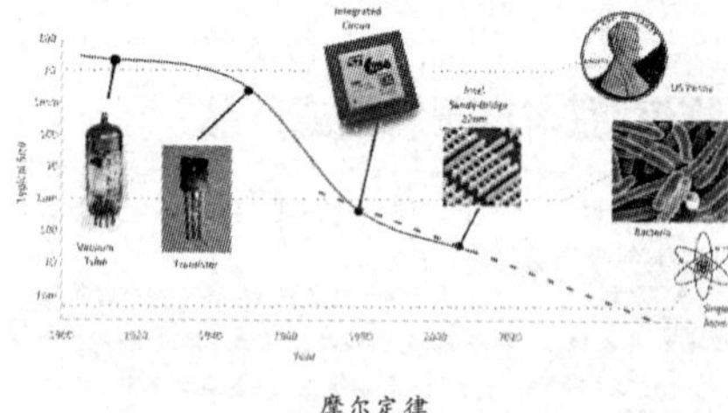

摩尔定律

英特尔 1971 年开发的第一个商用处理器 Intel 4004，片内集成了 2300 个晶体管，采用五层设计、10 微米制程，能够处理 4bit 的数据，每秒运算 6 万次，经历了几十年的发展，现在已经到了 10nm 制程工艺，最高可配置 48 颗核心，以 2019 年最新发布的 i9-9980HK 为例，能够处理 64bit 的数据，CPU 主频可高达 5GHz。

Intel 4004

数字集成电路迅速发展带动了 EDA 工具的自动化发展历史。EDA(Electronic Design Automation)工具从 20 世纪 60 年代出现到 20 世纪 80 年代，设计方法发生了很大的变化。

CAD (Computer–aided Design) 是 20 世纪 70 年代的技术，可以称作是第一代 EDA 工具，主要功能是交互图形编辑、设计规则检查、解决晶体管级版图设计、PCB 布局布线、门级电路模拟和测试。

20 世纪 80 年代是进入到 CAE (Computer–aided Engineering)阶段，由于集成电路规模的逐步扩大和电子系统的日趋复杂，人们进一步开发设计软件，将各个 CAD 工具集成为系统，从而加强了电路功能设计和结构设计。

20 世纪 90 年代以后微电子技术突飞猛进，一个芯片上可以集成几百万、几千万乃至上亿个晶体管，这给 EDA 技术提出了更高的要求，也促进了 EDA 技术的大发展。各公司相继开发出了大规模的 EDA 软件系统，这时出现了以高级语言描述、系统级仿真和综合技术为特征的 EDA 技术。

随着近年来智能手机、5G、物联网等技术的发展，模拟集成电路尤其是射频集成电路越来越被大家重视。但是，相比于数字集成电路的迅猛发展，模拟射频集成电路的技术进步较为缓慢，其设计设计难度也非常高。

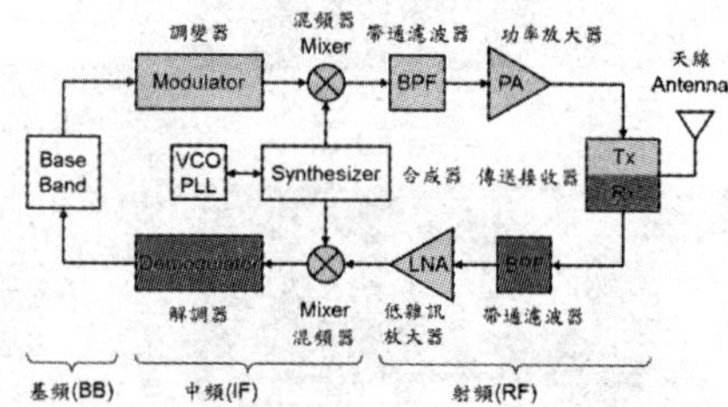

无线通信系统框架

(未完待续，下转第 281 页)

(本文原载第 19 期 2 版)

EDA 专栏

提升 EDA 软件水平应从建立“工业软件意识”开始(一)

黄乐天 电子科技大学电子科学与工程学院副教授,电子科技大学博士,CCF 集成电路设计专业组委员。主要研究方向为计算机系统架构与系统级芯片设计方法学,已在 IEEE Transactions on Computers(CCF A 类期刊)等高水平期刊和 CODE+ISSS、FCCM、ASPDAC 等顶级会议上发表高水平论文 50 余篇,申请专利 11 项,出版学术著作 1 部。参加工作以来主持和参与过国家自然科学基金项目重点项目、装备预研重点项目、国家科技重大专项、国家“863”重点研究计划等国家级重点科研项目,曾荣获 Altera 公司(Intel PSG)金牌培训师、第七、第八、第十二届研究生电子设计大赛优秀指导教师、电子科大网络名师等称号。先后担任过多个国际会议的 TPC Co-Chair、Special Session Chair、Session Chair 等学术职务。

前言

随着中美竞争对抗的加剧,EDA 软件的关键作用凸显,引起了专家、从业人员甚至是普罗大众的关注。就如何发展 EDA 软件,诸多专家学者也多次发表意见建言献策,其中也不乏大有见地的发言。然而就笔者看来,仅仅将目光局限在 EDA 软件一处很难厘清我国 EDA 软件落后的真正原因。对待 EDA 软件应该从整个“工业软件”的视角入手,从我国长期以来缺乏“工业软件意识”中去寻找落后的根源和改变的方法。本文将从这一问题入手,探讨如何更好的发展 EDA 软件。

一、从几个故事开始

在开始这个沉重而严肃的话题之前,笔者准备先讲述几个身边的小故事。

故事一:“编程大神”的落寞

15 年前,笔者还是一名本科生,笔者的班上有一位“编程大神”。为了行文方便,以下将其简称为“B 大神”。B 大神一早就展现出很强的编程能力。大三时 B 大神参与了学校一个科研团队的流片后的 IC 测试项目,测试项目的内容是手动的使用测试仪器测得一些数据后填写到 Excel 中加以分析。一共有 5 位本科和硕士学生在参与该项目上。B 大神辛苦的干了两天以后觉得这种方法实在是过于劳苦,在认真熟悉了各种测试仪器半天后,B 大神又用了一天左右的时间编写了一个程序实现了自动测试与分析。一时间 B 大神被惊为天人。

后来该芯片团队的老师了解到 B 大神的成果也赞叹不已,极力劝说 B 大神到自己的麾下读研。然而临近毕业之时,B 大神居然发现自己只能以“嵌入式软件开发”的名义去应聘各类工作。几经辗转只能被成都的一家本土 IC 公司录用为“嵌入式软件工程师”。而当年那些技术水平不如他的同学,由于选择了纯软件或者 IC 设计方向,在毕业之时都有比较明确的去向。为此 B 大神苦恼不已,也后悔不已。此后的岁月中他几经波折,也曾经在 App 最疯狂的那几年自主创业过几次,但很可惜都无果而终。几经波折以后他最终还是又回到了另外一家“知名”IC 公司在成都的分部上班。还是从事 IC 应用开发和嵌入式系统设计。

(未完待续,下转第 282 页)

(本文原载第 20 期 2 版)

射频模拟电路 EDA 的过去与将来(二)

(紧接第 280 页)

这主要是因为高频电路中存在大量的寄生效应、串扰、非线性等因素。模拟集成电路从平面图纸变成实际电路的过程中,需要严格依靠设计师的丰富经验,如何布局、如何消除元件之间的各种负面的影响,兼容不理想的元件,都需要依靠设计师手工来解决。造成该现状的重要原因之一,就是缺乏很好的 EDA 工具作为支撑。

那么,在没有好的 EDA 工具支持的情况下,设计工程师是如何来解决这些问题呢?通常的做法是在设计时将设计余量留大,比如本来可以靠得很近的两条走线拉得比较远,这样能使芯片工作,但会增加芯片的面积;或者使用降频的方式,比如本来在 2G 工作的芯片,降到 1GHz 看看是否工作,如果 1GHz 还是不工作,那再降到 500MHz 可能就工作了,这样芯片的实际工作频率只有 500MHz,这样做就会损失了芯片的性能。

总得来说,随着各种通信制式的迅猛发展,无线设备工作频率不断提升,高频芯片设计的难度也不断增大。

现阶段,一般的电路级仿真已经无法准确表述芯片内部真实的场分布情况,为了得到准确的仿真结果,使用全波 3 维电磁场算法对芯片进行仿真是一种非常有效的手段。但是,目前市面上存在的普通仿真软件无法完成高复杂度版图的仿真任务。常用的模拟仿真工具要求使用者必须具备坚实的电磁场理论基础,否则无法进行准确的建模和设置正确的边界条件,上述技术要求让大部分电路设计师望而却步。另外在高频时或者处理多层电路版图时,常用的模拟仿真工具的计算复杂度变得很高,这导致运算速度非常慢。

在这方面,杭州法动科技的三维全波电磁仿真工具 UltraEM 具有很大的优势,该软件不仅使用了全波电磁场分析来保证计算精度,而且解决了全波分析致命的计算复杂度高的缺陷。另外,UltraEM 结合另外一款系统级自动优化工具 Circuit Compiler,可以极大地提高射频芯片设计领域的自动化程度,增加流片成功率。

UltraEM:三维全波电磁仿真软件,用于仿真射频芯片中的无源器件,如下图显示的低通滤波器和低噪声放大器。

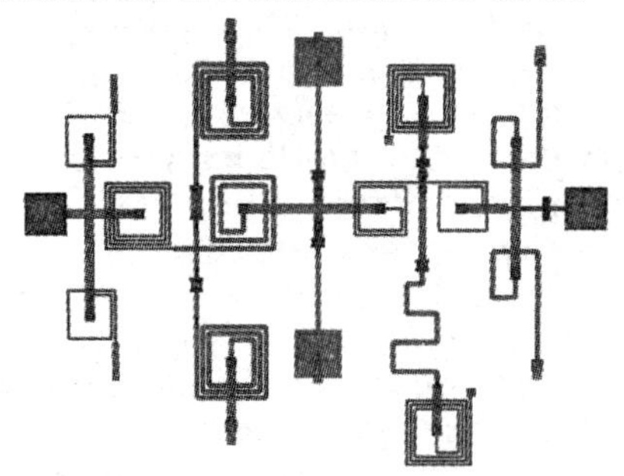

Low Pass Filter

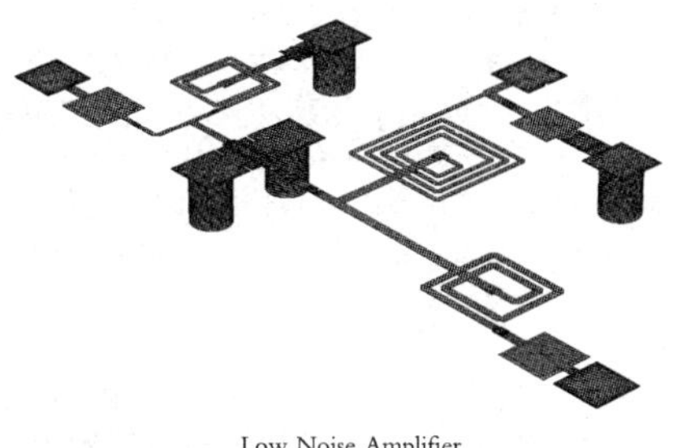

Low Noise Amplifier

Circuit Compiler:用于系统级的电路自动优化平台,可以支持三种类型的器件模型输入,分别是 S 参数模型、AI 模型、集总元件模型(如下图)。由这些器件连接成的电路系统,可以进行目标优化,并给出最终优化完的电路。

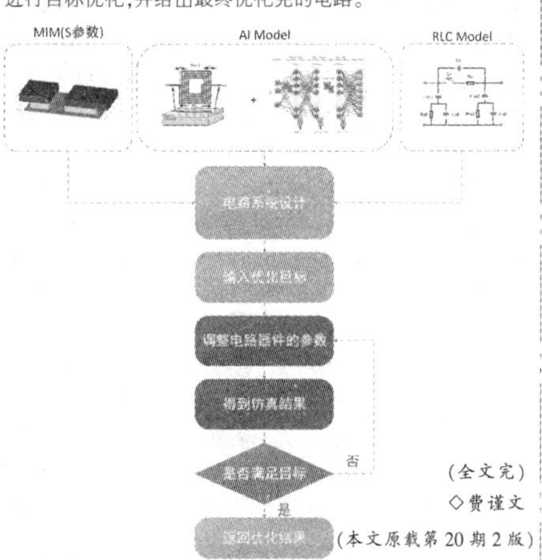

(全文完)

◇费谨文

(本文原载第 20 期 2 版)

电子科技博物馆专栏

编前语:或许,当我们使用电子产品时,都没有人记得或知道老一批电子科技工作者们是经过了怎样的努力才奠定了当今时代的小型甚至微型的诸多电子产品及家电;或许,当我们拿起手机上网、看新闻、打游戏、发微信朋友圈时,也没有人记得是乔布斯等人让手机体积变小、功能变强大;或许,有一天我们的子孙后代只知道电子科技的进步而遗忘了老一辈电子科技工作者的艰辛……

成都电子科技博物馆旨在以电子发展历史上有代表性的物品为载体,记录推动电子科技发展特别是中国电子科技发展的重要人物和事件。目前,电子科技博物馆已与 102 家行业内企事业单位建立了联系,征集到藏品 12000 余件,展出 1000 余件,旨在以“见人见物见精神”的陈展方式,弘扬科学精神,提升公民科学素养。

科学史话

光刻机——半导体制造业皇冠上的明珠

光刻机是集成电路制造中最庞大、最精密复杂、难度最大、价格最昂贵的设备,被誉为人类 20 世纪的发明奇迹之一,其研发的技术门槛和资金门槛非常高。

光刻机,简单来说,就像一台投影仪,首先由光刻机把需要的光源通过带有图案的掩模投射出来,再经过透镜或镜子将图案聚焦在晶圆上。这一系列的光刻工艺过程在芯片生产过程中需要重复 25 次左右。整个流程决定了半导体线路纳米级的加工精度,对于功率以及光源的要求也十分复杂,对光刻机的技术要求十分苛刻,对误差和稳定性的要求极高,相关部件需要集成材料、光学、机电等领域最尖端的技术。因而光刻机的分辨率、精度也成为其性能的评价指数,直接影响到芯片的工艺精度以及芯片功耗、性能水平。

目前业界主要有 5 大生产销售光刻机的公司,分别是荷兰的 ASML、日本的 Nikon 和 canon、美国的 ultratech 以及我国的 SMEE(上海微电子装备有限公司)。其中荷兰的 ASML 占据了全球超过 70%的光刻机市场。相比之下,国内光刻机厂商则稍显劣势,即便是处于技术领先的上海微电子装备有限公司(SMEE)已量产的光刻机中性能最好的 90nm 光刻机,在制程上与国外差距还是很大。由于国内晶圆厂所需的高端光刻机尚完全依赖进口,这不仅使国内晶圆厂要耗费巨资购买设备,而且对产业发展和自主技术的成长也带来很大不利影响——ASML 在向国内晶圆厂出售光刻机时有保留条款,那就是禁止用 ASML 出售给国内的光刻机给国内自主 CPU 做代工……这很大程度上影响了自主技术和中国集成电路产业的发展。

随着步入 5G 时代,芯片在科技发展中变得越来越重要,目前我国在半导体行业下了重筹码,大力推进半导体行业的发展,我们期待有这么一天,中国芯片能够让世界为之喝彩!

◇电子科技博物馆

(本文原载第 20 期 2 版)

电子科技博物馆“我与电子科技或产品”

本栏目欢迎您讲述科技产品故事,科技人物故事,稿件一旦采用,稿费从优,且将在电子科技博物馆官网发布。欢迎积极赐稿!

电子科技博物馆藏品持续征集:实物;文件、书籍与资料;图像照片、影音资料。包括但不限于下列领域:各类通信设备及其系统;各类雷达、天线设备及系统;各类电子元器件、材料及相关设备;各类电子测量仪器;各类广播电视、设备及系统;各类计算机、软件及系统等。

电子科技博物馆开放时间:每周一至周五 9:00--17:00,16:30 停止入馆。

联系方式

联系人:任老师　联系电话/传真:028--61831002

电子邮箱:bwg@uestc.edu.cn　网址:http://www.museum.uestc.edu.cn/

地址:(611731)成都市高新区(西区)西源大道 2006 号

电子科技大学清水河校区图书馆报告厅附楼

提升EDA软件水平应从建立"工业软件意识"开始(二)

(紧接第281页)

前不久有机会和B大神闲聊，谈到目前他觉得国内IC设计公司从业人员最缺乏的能力是什么时。他说道："应该说还是IT技术能力太低。和我们合作的国外工程师(这家IC设计公司的IP来源和技术源头之一)可以很熟练地利用各种IT技术搭建自动化的设计、验证平台，并把一些重复的流程用IT技术固化为自有的一些小工具。而我们的工程师普遍缺乏这样的能力，业务主管往往也缺乏这种能力创建的概念。"

那一刻他的眼中闪烁着光芒，不知道他是否想起15年前的那个夏天，他用自己的IT技术能力，一天之内完成了别人一个星期的工作量。而此刻，他依然只是一个"资深"的技术人员而非技术主管，只能在自己多年的好友面前敞开心扉谈论着一些看法。

故事二：那个"硬件不通，软件不精"的女生

故事二的主角是我指导过的一位女生，当时我还在读博士期间。虽然我那时已留校任教，但说起来她更应该算是我的师妹而非学生。师妹当时做的方向是偏向片上多核系统设计方法学，具体说来就是根据设计目标研究如何确定设计方案的"方法"。确定设计方案的过程显然是不可能靠拍脑门，可行的方法是首先对于系统进行抽象建模，而后利用各种搜索算法在众多参数中，确定最为恰当的参数值。师妹当时做的也很努力，我们之间合作的文章发表在IEEE Embedded System Letter上。

但当就业季来临，相比于其他做FPGA开发的、嵌入式系统设计的同学，师妹的就业之路和B大神一样艰难。在师妹面试国内某通信大厂的时候，被面试官下了"硬件不通，软件不精"的定语。师妹回来以后大哭一场，后有机会进入某金融机构，从此了断与技术的瓜葛。比较讽刺的是，通信大厂后来多次以"社招"名义邀请师妹面试，被师妹很有涵养的婉拒。

故事三："不要砸了别人的饭碗"

说了两个久远的故事，再说两个近一点的。我校示范性微电子学院实施"三个一"工程，即："完成一条龙IC综合实验，参与一年工程实践教育，实现一次芯片流片"。其中参与一年的工程实践教育中最为重要的就是到企业参加为期半年的实习。

作为校内导师，有一天一位学生突然找到我想聊一下他实习的感想。学生非常不解地问："我看这帮工程师好像都在混日子，他们每天都在进行一些重复和无效的工作"。我愣了一下，问他何出此言。他说他发现该公司的大部分工程师每天都在改各自脚本文件，但他观察了一个月以后发现其实大部分脚本文件可以合并和参数化。他自己又用了不到一个月的时间，通过完成了这项工作。再后续完成不同的任务时仅需要进行少量修改，就可以完成项目。如果时间再多一点他会再做一个界面，把参数都通过界面输入后自动生成各种脚本。

他对此疑问的是："我一个实习生都能想到的办法，为什么这么多老工程师想不到？这样可以显著提升工作效率啊!!"听罢我呵呵一笑："回去好好干吧，不过你做的东西自己用用就好，以后还可以留个纪念，别砸了别人的饭碗。"

故事四："你不是来实习的，你是来扶贫的"

如果说故事三的同学还是只发现了一般的工程师对于工作的懈怠和对IT技术的轻视。那么故事四的同学的经历就着实有些"打脸"，打的是我们国内的某些IC设计公司了。

故事四的同学在国内某知名IC设计公司实习，在实习期间发现该公司的流程过于"手工"，很多IC设计流程都没有打通。这位同学于是在实习的业余时间，利用自己自学的软件编程知识实现了一套基于云平台的IC设计流程整合系统。每个参与流程的设计人员都可以在这套整合系统中看到自己的工作流程、进度，还可以把各种工具取得的数据可视化。从他在实习答辩上展示的成果来看，这套系统的可用程度很高。我问他说："实习单位对此什么评价？"他哈哈一笑说："我的那些师傅和同事们都说我不是来实习的，是来扶贫的。"但是这一笑过后，他这套颇有建树的系统也就没有然后了。

二、树立"工业软件意识"应从改造观念入手

上面讲的四个故事虽然主角不同、经历不同，但都反映出来我们国家的集成电路产业界甚至整个工业领域的"工业软件意识"极其淡泊，对于以信息技术支撑工业设计理解极不到位。

EDA软件本质是一种工业软件，其目的是提升设计能力、加快设计自动化程度的软件。广义上任何一种对于工业设计、生产、组织、流通环节的软件都可以称为"工业软件"。这种软件本质上和"工业母机"一样，是工业能力的体现。以最新被"阿森纳协议"纳入管制名单的"计算光刻软件Computational lithography software"就是一个典型的例子。在纳米级集成电路工艺条件下，光刻机要生成芯片必须依赖于计算光刻软件先行计算、仿真确定生产参数。离开了计算光刻软件，光刻机生产芯片的良率就无法得到保障。

长期以来我们对于EDA软件的认识局限化、刻板化，在意识和观念中存在很大不足。我国的领导人早在10多年前就高瞻远瞩的提出"以信息化带动工业化，以工业化促进信息化"的方针政策，而目前在EDA领域的认识偏差恰恰是对这一方针认识不到位的体现。我们更多的重视一些有型的、可以直接作用于生产的设备或工具，而对提升设备能力、加快生产流程的信息化技术重视程度非常有限。

这种工业软件思维的缺乏导致国内学界和产业界对于EDA的错误观念偏差主要体现在以下几点：

1. 对EDA软件理解"窄化"和"片面化"，没有从信息技术促进设计能力的提升角度来理解EDA软件，更没有从工业软件的全局来衡量和定义EDA软件。其实信息技术在多个设计/验证环节均能够起到加强设计能力、提升生产效率的作用，提升这些能力必然要以某种软件或者程序作为载体，而这些软件和程序都是广义上的EDA软件。但长期以来这些软件和程序不被承认为EDA软件，也得不到足够的重视。其实国内EDA软件的起步完全可以走"服务信息产业"的道路，先从一些能够提升设计效率的环节、流程入手。目前没有把这些软件、程序纳入EDA工业软件的范畴予以重视和支持。使得一些原生性的EDA工业软件，在一开始就得不到承认和支持，以至于"胎死腹中"，这使得我国具有原创性的EDA技术研发找不到生存的土壤。

2. 长期以来在高校和业界将EDA技术更多视为"学习如何使用EDA软件做不同层次的电子系统设计"的工具，很少从工业软件的角度，研究EDA的设计方法学。在高校的课程中冠名"EDA技术"的课程一般不讲EDA背后的运行原理，主要介绍硬件描述语言和各种工具的使用方法。出版的"EDA技术"的书籍大多也是同样的情况。全国各地的所谓"EDA协会"本身不研究EDA技术本身，大多是国外EDA公司/FPGA公司的"推广协会"。这种名不符实的现象不但挤占了原本属于真正的EDA技术的学术资源和课程资源，也在青年学子中造成了长期的概念混乱。这种"挤占效应"使得本就不够"肥沃"的土壤杂草丛生，进一步恶化了本土EDA软件的生态环境。

3. 由于观念的缺失，现有的各种考评机制并不鼓励发展各种自主的EDA技术。由于我国在信息技术上是后发国家，我国的信息技术处于"吸收、消化、赶超"的阶段。在发展电子信息产业也长期处于"有所为有所不为"的状态。长期以来无论是在产业界还是在学术界我们更加注重那些能够直接"产出"的技术和工作，而对于能力建设重视程度偏低。具体在集成电路领域，长期习惯依赖既有的、现成的工具软件来产出成果，而对于自主建设一些EDA软件、哪怕是辅助性的、广义的EDA软件也持否定态度。这种观念在学术界的表现就是"五唯"，而在产业界的表现就是KPI导向的公司短视化的发展策略。这种短视化的考核机制只监督"砍柴"，不鼓励"磨刀"，更不鼓励去"制造伐木锯"。虽然"伐木锯"造好以后会更好的"砍柴"，传播制造"伐木锯"的技术可以帮更多人更好更快的"砍柴"。但大量一线的科研人员、工程师由于时刻担心每天要上交足够的"柴"而无法真正有时间、精力和心思去思考如何造"伐木锯"。少部分有兴趣、有追求的科研人员和工程师在这种机制下也备受折磨，逐渐熄灭了研究EDA软件的热情。

从以上分析可以看出，由于观念上的偏差对我国包括EDA软件在内的工业软件造成了长期的损害。无论是在人才培养、学术研究、产品研发以及各个公司内部IT能力建设上都造成了非常不良的影响。因此必须要从意识上，从思想根源上对这个问题加以解决。

三、正本清源，从思想源头上做好EDA人才队伍建设

通过以上分析可以看出，从认识上进行"纠偏"是我国发展EDA软件发展急需解决的一个重要问题。而首要是培养出一批具备"工业软件"思想的人才，通过这样一支稳定的人才队伍去把正确的理念运用到国产EDA软件以及更为广泛的工业软件开发上。

要想从思想源头上做好EDA人才队伍建设，需要从几个方面排除不利影响，造就培养、发掘人才队伍的良好环境。个人建议应从以下几个方面入手：

1. 建议教育部、新闻出版署和国家标准化委员会等做好EDA技术名词的规范工作。对于出版的教材、书籍中对"EDA技术"的滥用、乱用的行为应尽快予以规范。对于内容中并不包含讲授"EDA技术"的教材、书籍(包括翻译过的书籍)的书名应予以改正，用"数字系统设计"、"电路设计工具应用"等更为符合的书名加以替代。

2. 建议科技部、自然基金委等科技主管部门，明确包含EDA软件在内的工业软件研究范畴与范式，保证各级科研范畴中对工业软件的研究支持不滥用、不乱用，切实落到实处。对于工业软件这种既不能马上产生经济效益又不能发表论文和申请专利的提供稳定的研究经费支持并进行合理的考核研究，为这类研究保留足够的持续发展空间。

3. 建议教育部、教指委等部门从专业认证的角度对各校所谓的"EDA技术"的课程大纲、教学内容进行严格核查，对实际上没有讲授EDA技术的课程要予以整改。在此基础上推动高校开设"真正的EDA技术"课程，释放被占用的教育资源来培养真正学习过EDA技术的后备技术人才。

4. 建议各级学会、科协组织对于挂靠/下属的"EDA学会"进行清查和规范，对于没有真正从事EDA学术研究、交流与推广的学会应予以限期整改。

5. 以赛促学，产教融合。通过竞赛搭建国内真正从事EDA相关技术的学者、学生、产业公司之间交流的平台。通过公司出题、学校参与、学生答题的形式，让学生真正认识到产业需求和真正的EDA技术上在关注什么问题。通过"真刀真枪"的比拼，考查各个学校在EDA软件领域的培养成果。以此推动培养一批真正具备"工业软件"意识、熟悉EDA技术背后关键科学理论的年轻学子，为产业培养足够的后备军。

6. 通过网络课堂、直播讲座等方式对已经工作的年轻从业人员进行培训，将工业软件的意识更加广泛的传播开，鼓励他们尝试在工作中利用信息技术提升设计自动化水平。

7. 对于企业中开展的EDA软件等工业软件研究应予以扶持，通过知识产权保护、高新企业认定等政策鼓励企业对自身员工自主开展相关研究予以保护和支持。从而推动国内EDA技术的原发性生长。

(全文完)

◇黄乐天

(本文原载第21期2版)

集成电路成品率测试芯片的自动化设计(一)

集成电路产品是在一个相当复杂的产业链中产生的，前端的集成电路设计业的验证，在保证设计构思的正确性；集成电路制造业接收工艺映射并经过设计规则验证和电气规则验证的布图(P&R)数据；那么对集成电路制造过程工艺的验证和控制，并实现集成电路产品所需的成品率控制，正是本文将要介绍的。

一、集成电路成品率测试芯片

读者朋友在本系列讲座中应该已了解到集成电路芯片、集成电路的设计和制造流程等基本知识。集成电路从系统级设计开始到物理设计完成后，版图设计数据就从设计厂商交到制造厂商。经过版图数据处理，掩模厂会相应制造出一套(几十张)掩模。在硅晶圆制造过程中，每一张掩模上的二维图形经过一次一次光刻，被逐层转移到最初空白的晶圆表面，累叠成三维的晶体管、连线等结构。由于光刻机一次曝光视野场的范围有限，需要多次步进移动晶圆曝光。在所有层制造处理完成后，可以看到晶圆表面有大批重复排列的图形区域，每一块区域都和原始设计版图一致对应，用钻石锯刀从晶圆上将之纵横切割下来后就成为单个的集成电路芯片；根据不同芯片的尺寸大小，一片300mm直径的晶圆可以切下数百上千甚至上万的芯片。切下来的芯片是不是每颗都能够正常工作？能够正常工作的芯片百分比被称为“成品率”，也可称为“良率”。

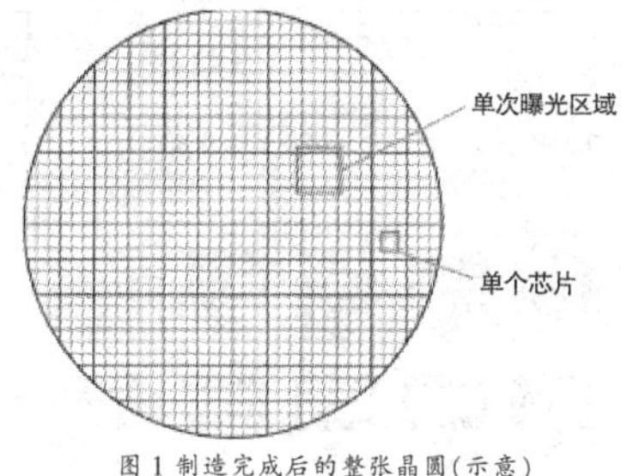

图1 制造完成后的整张晶圆(示意)

成品率是集成电路芯片产品成熟与否的最重要指标。在同一种集成电路工艺下，不同的芯片设计、不同的产品批次、甚至晶圆上不同的位置，芯片都可能会有不同的成品率值，这些林林总总的成品率概括起来，就是该种集成电路工艺的成品率总体表现。

对于集成电路设计公司和晶圆厂来说，成品率是公司的重要商业机密，读者朋友很难了解到。这里可以给大家提供一个虚拟示例：某人工智能处理芯片，采用14nm工艺，第一次生产5片晶圆后，经测试成品率仅有10%，经过成品率测试分析以后，设计方修改两层掩模的设计，制造方调整一层掩模的光学校正参数，再生产10片晶圆后，成品率达到70%，这时候芯片产品就可以进入小批量试产，安排高价试销了。经进一步的成品率测试分析，设计方调整部分标准单元，制造方微调PDK中的设计规则和模型参数，再制版生产10片晶圆后，成品率提升到90%，然后就可以进入大批量的量产准备了。在量产过程中还会持续不断进行成品率测试、分析和提升，最后有望将之提升到95%以上，产品成本也随之不断降低。

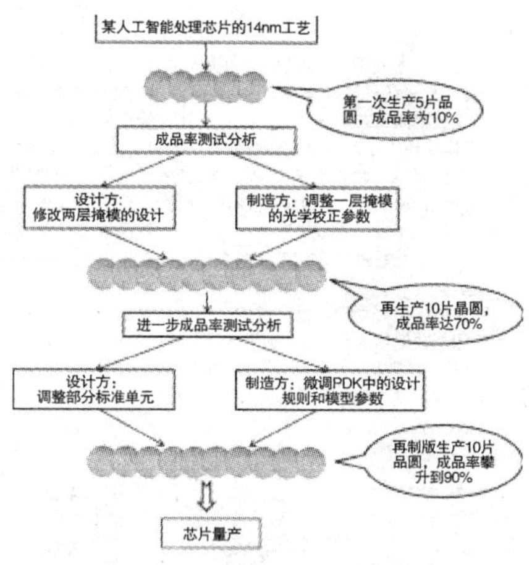

图2 成品率提升技术应用示意图

(未完待续，下转第284页)

◇杨慎知 史峥

(本文原载第22期2版)

电子科技博物馆专栏

编前语：或许，当我们使用电子产品时，都没有人记得或知道老一批电子科技工作者们是经过了怎样的努力才奠定了当今时代的小型甚至微型的诸多电子产品及家电；或许，当我们拿起手机上网、看新闻、打游戏、发微信朋友圈时，也没有人记得是乔布斯等人让手机体积变小、功能变强大；或许，有一天我们的子孙后代只知道电子科技的进步而遗忘了老一辈电子科技工作者的艰辛……

成都电子科技博物馆旨在以电子发展历史上有代表性的物品为载体，记录推动电子科技发展特别是中国电子科技发展的重要人物和事件。目前，电子科技博物馆已与102家行业内企事业单位建立了联系，征集到藏品12000余件，展出1000余件，旨在以“见人见物见精神”的陈展方式，弘扬科学精神，提升公民科学素养。

博物馆传真

博物馆日　电子科技博物馆6场“云上活动”邀请大家云观展

5月18日是“国际博物馆日”，主题是“致力于平等的博物馆：多元和包容”。受疫情影响，今年的博物馆活动呈现出与往年不同的特色。为了让尚未回校复学的师生能够享受到博物馆的文化盛宴，也为了让更多观众感受走进博物馆、感受博物馆文化。5月8日—18日，电子科技博物馆启动了6场“云活动”，邀请大家“云上观展”。据了解，6场活动包括四场云直播、一场云开展和一场云课堂。

川博、成博大咖云聚首 直播讲述策展故事

5月8日—16日，电子科技博物馆连续举办了四场云分享活动。

四川博物院、成都博物馆、上海交通大学钱学森图书馆的策展人与电子科技博物馆学生策展人，进行了四场直播活动。来自国家一级博物馆四川博物院陈列展览部主任任卓博士讲述《物色——明代女子的生活艺术》展览的策划缘起、布展经历、亮点文物、艺术家创作等台前幕后的故事。上海交通大学钱学森图书馆的陆敏洁老师，以“人生选择”为线索，讲述了钱学森一生成长的故事。成都博物馆的周询老师，讲述《“人与自然：贝林捐赠展”》筹展札记，分享了成都生物的多样性，也解释了为什么一个没有“人”的展览叫“人与自然”。电子科技博物馆的学生策展人宫新策、校亚楠和张旭辉，讲述学生策展人们在“我是策展人”的一物一展微展览活动中的策展思路与过程。四场直播展示了行业年轻人的创造力和活力，博物馆和教育事业发展的多样与包容。

一台老收音机能换多少稻谷？看下学生策展就知道了

5月18日当天，电子科技博物馆的3场一物一展微展览在云端正式开展，此次微展览的对象包括了中国第一台全天候开机的炮瞄雷达、中国第一款出口的电子测量仪器、以及5台代表着收音机进化历史的系列收音机，关注电子科技博物馆的微信公众号，就能看到相关展览内容。

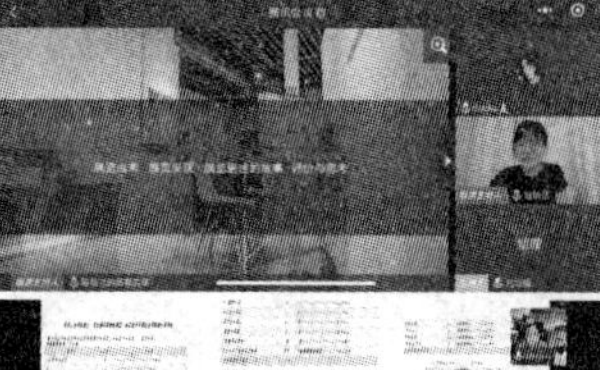

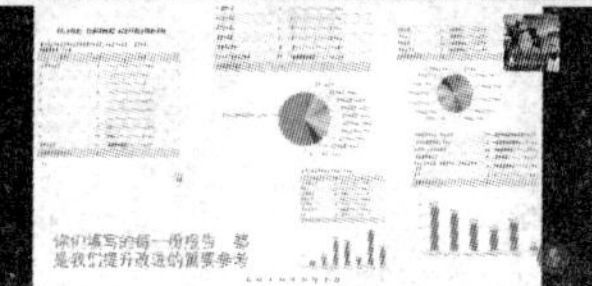

与其他展览不同的是，此次一物一展的微展览由电子科技大学学生自主策划，学生们针对馆藏中相关藏品，通过观察研究、访谈科研团队、档案挖掘等方式深入探索，找出藏品背后的历史故事进行讲述，展示出藏品在历史中的意义，策划微展览。有趣的是，为了让公众能够更直观的了解收音机在不同时代中的价格，学生策展人祁春玲将5台收音机都根据当时的物价，换算成能够买稻谷的斤数。

电子科技大学党委宣传部部长杨敏表示，此次活动是电子科技博物馆在教育方面的大胆尝试，鼓励让电子学科的学生走进博物馆工作中来，发挥学科优势，感受科学精神，用理性、科学、研究的态度独立策划完成展览，扩展思路，提高历史底蕴，提升综合素质。

除此之外，电子科技博物馆还联合电子科大外国语学院龙梅副教授，把“博物馆+课堂”搬上云端，在《电子信息类科技口译》的云课堂上，学生应用“科技英语”对博物馆藏品进行云上导览。

业内人士评价 这是很有意义的尝试

活动中，成都博物馆自然部副主任周询表示：“博物馆教育是青少年教育不可或缺的一部分，但并不是所有中国孩子都能亲眼见到来自北非、极地的动物，此次电子科技博物馆的线上展览分享活动，让更多的青少年们参与进来，意识到自然正在一点点消亡，每个人都应该有意识地去保护它、崇敬它。这是很有意义的尝试。”电子科技大学计算机学院的学生张博隆表示：“我作为一名工科学生，平时繁忙的课业让我无暇顾及除学业外的活动，这次博物馆举办的线上直播活动，让我了解并感受到博物馆的魅力与乐趣，如果有机会，我也想要参与到博物馆的学生策展人活动中去。”

近年来，电子科技博物馆在实现资源的互通共享、多元文化的激活创新上进行了尝试，不断满足公众多样化文化需求。电子科技大学党委副书记申小蓉表示，此次“5.18国际博物馆日”的系列活动，展示了社会博物馆策展人、高校博物馆策展人以及学生策展人的多元活动与思路，彰显了博物馆的社会作用与功能，带动更多人关心、支持与参与博物馆事业中来，增进了全社会对博物馆文化的认识与了解。

◇电子科技博物馆

(本文原载第22期2版)

电子科技博物馆“我与电子科技或产品”

本栏目欢迎您讲述科技产品故事，科技人物故事，稿件一旦采用，稿费从优，且将在电子科技博物馆官网发布。欢迎积极赐稿！

电子科技博物馆藏品持续征集：实物；文件、书籍与资料；图像照片、影音资料。包括但不限于下列领域：各类通信设备及其系统；各类雷达、天线设备及系统；各类电子元器件、材料及相关设备；各类电子测量仪器；各类广播电视、设备及系统；各类计算机、软件及系统等。

电子科技博物馆开放时间：每周一至周五9:00--17:00，16:30停止入馆。

联系方式

联系人：任老师　联系电话/传真：028--61831002

电子邮箱：bwg@uestc.edu.cn　网址：http://www.museum.uestc.edu.cn/

地址：(611731)成都市高新区(西区)西源大道2006号

电子科技大学清水河校区图书馆报告厅附楼

集成电路成品率测试芯片的自动化设计(二)

(紧接第283页)

那么在上述成品率测试、分析和提升过程中，数据从哪里获得呢?在先进的纳米级集成电路工艺下，这些数据需要依靠专门的成品率测试芯片来提供。这就好比是读者朋友们做健康体检，体检报告上既有身高体重血压等一目了然的数据，也有抽血分析获得的循环系统、呼吸系统、免疫系统等复杂数据报告，更有B超、CT、心电图等的图像数据和结论等等。如果我们将成品率比喻成集成电路产品和工艺的健康程度，集成电路成品率测试芯片的作用就是医院检测实验室中的各种试剂和仪器。

图3是杭州广立微电子完成的一款集成电路成品率测试芯片版图。在测试芯片上，摆满了各种各样的测试结构，每一块小区域的测试结构大致可以帮助完成一种“体检指标”的测试：例如测试某一层的器件和电路参数（如电阻率、阈值电压)、检测工艺缺陷(如微细图形粘连概率)、确定版图设计规则、评估可靠性及制造设备性能等。

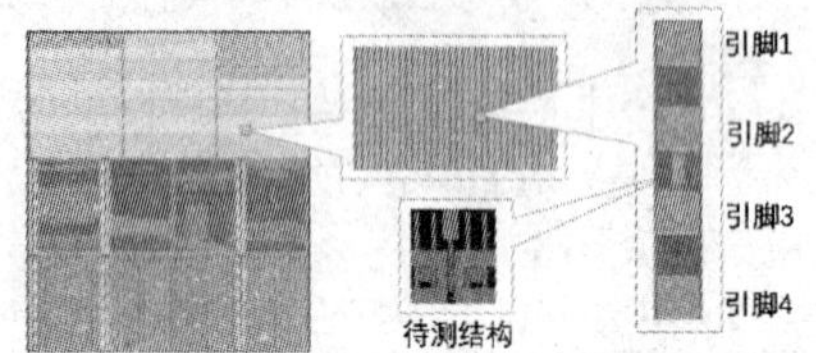

图3 测试芯片版图局部逐步放大示例

在医院的疑难病诊断中，医生除常见的检测手段外，还会根据病人特点定制各种各样的专业试剂盒。在集成电路设计和制造中，我们也会根据具体集成电路产品的特点设计出独特的测试结构，专门用来进行具有针对性的成品率测试和诊断。

图4是集成电路测试芯片在从工艺研发到产品量产过程中三阶段(工艺研发阶段、试产阶段、量产阶段)的典型应用。

(1)在新工艺开发阶段，如图4(a)所示，整个晶圆面积都用来摆放测试芯片，评估工艺步骤中必须控制的关键参数，抓获主要工艺缺陷，使成品率快速提高，进入试产阶段。

(2)进入试产阶段后，如图4(b)所示，测试芯片会包含更多的测试结构用于监控和诊断整个工艺过程，并用于建立工艺/器件模型；测试芯片与产品靠近并列或者嵌入到产品版图中，还可以同步跟踪产品具体问题。

(3)在量产阶段，如图4(c)所示，通常在划片槽中摆放具有产品代表性的测试结构加强生产质量控制；传统上，划片槽区域在晶圆切割后就毁坏了，现在正好全部利用起来。

工艺技术进入28纳米以下后，复杂的制造步骤和巨幅版图使芯片成品率更难以控制，因此对成品率测试芯片的要求飞速提高，测试芯片中测试结构数目几乎按指数级增长。如何在有限的晶圆面积上摆放大批量测试结构并快速完成测量，已成为集成电路工艺和设计领域的最重要瓶颈之一。

二、可寻址测试芯片

读者从图3可以看到，测试芯片表面安放着一排排的测试引脚(pad)，测试芯片通过引脚实现与外部测试机的电学连接。传统上，要测一个电阻值，需要2只引脚；要测一个晶体管特性，需要4只引脚。如果想回答两个简单的成品率测试问题：1)100万只FinFET阈值电压统计分布的标准偏差是多少? 2)分两次成型的两段平行金属线在相距10纳米时，每一亿对中有几对会粘连? 解答两个问题各需要400万只和2亿只引脚!而一片晶圆表面即使全部布满测试引脚的话，其数目也仅能达到1000万只。

图5是针对上述问题的“可寻址测试芯片”解决方案示意图。图中右侧是数十只测试引脚，分别为左侧测试阵列引入地址线和测试信号线。其中地址线用来选择某个测试结构单元，信号线将该单元的引线端通过一些选择开关连接到右侧的测试引脚上。

回到前面问到的两个成品率测试问题。理想情况下，20条地址线可以选中2^{20}=1024K只FinFET之一，加上4条信号线，一共24只引脚可以解答问题一。问题二也可采用24只引脚，分别连接22条地址线加上2条信号线；这22条地址线用来选择2^{22}=4096K个测试单元，而每个单元都含有以串联方式连接的24对平行金属线(假设单粘连发生在合理范围内)。

上述可寻址测试芯片的原理看似简单，在设计实现中却是困难重重。首先，测试单元的结构不像单一的RAM位单元，而是多种多样，有不少还是经过可变参数定制的PCell批量实例。其次，测量精度要求高，而信号值可能很弱。第三，开关电路和寻址电路的引入，又引入了不小的开关电阻与引线电阻。另外，有的测试结构需要精确的电偏置、有的测试结构漏电等二阶量显著，有的测试任务又要求采用环形振荡器等有源结构。因此，需要采用各种电路设计技术，以实现测试性的误差消除。由于大型可寻址测试芯片往往用在最先进的产品工艺中，掩模和晶圆价格昂贵，在保证测试功能和精度外，在设计实现时还需要重点考虑面积、可靠性、冗余度等要素。

根据上述设计目标和设计约束，可寻址测试芯片的设计也和其他先进集成电路的设计相似，需要依靠完整科学的设计方法学，形成一套自动化的EDA设计流程，其主要功能包括测试结构设计、阵列设计、单元布局、信号布线、电路仿真和物理验证等。

三、测试芯片的自动化设计

图6是广立微电子的大型成品率测试芯片EDA工具和流程图例子。

图6中，SmtCell是参数化单元创建工具，可以创建多种类型的参数化单元。TCMagic是测试芯片的整合设计平台，能够导入SmtCell中完成设计的测试结构，为设计划片槽和MPW测试芯片提供完整的解决方案。

ATCompiler是可寻址测试芯片设计平台，提供了一个完整的大型可寻址及划片槽内可寻址测试芯片的设计解决方案。

Semitronix Tester是用于快速工艺监控的专用测试机系列，在与可寻址测试芯片结合使用时，能够大幅减少电学测量时间。使用多通道并行测试机，实际测试速度最高可达每小时上亿个测试项。

DataExp是WAT(晶圆允收测试)和测试芯片数据分析工具，用于方便地分析测量数据并快速构建多种数据分析图表。

Dense Array是一种超高密度测试芯片设计与芯片快速测试IP技术，允许单个测试芯片容纳上百万个DUTs，每秒可测试数万个DUTs，为先进半导体工艺研发和成品率提升提供超高器件密度的芯片构架。

ICSpider是基于实际产品版图的自动化测试芯片设计工具，可以自动识别和选择FEOL器件，并通过自动化绕线实现实际产品版图环境下大批量独立器件的特性测量。

针对芯片产品采用这一整套自动化设计流程，就好比医生使用了一套量身定制的体检方案，能够有效地实现对症检查。在某代工厂的新型FinFET工艺开发中，使用该流程后显著加快了工艺开发过程。由于该工艺采用了新器件构架，准确定位分解工艺风险的难度非常高，经厂方和广立微电子共同分析后发现需要包含的测试结构数以万计，无法采用传统的测试芯片方案。为此我们采用了全套EDA工具流程：先使用SmtCell生成存疑单元的测试结构，再通过ATCompiler将数万个单元及变种单元的实例整合到待测单元阵列中，然后自动连接上定制设计的寻址测量电路，形成高密度的设计版图，最后嵌入客户的掩模设计中。相关的选址和测试命令也同时自动生成，传送给Semitronix Tester设备实现自动测试。测量结果导入DataExp后完成数据分析，产生了完整的分析报告。项目过程中，根据分析报告对每种工艺方案的选择性实验进行打分，评判其优劣得失。厂方也发现测试分析结论与其SRAM产品的实测成品率几乎完全吻合。完成以上研究过程后，厂方得以快速调整工艺试验的方向，顺利解决了工艺缺陷、窗口裕量不足和器件特性偏移等多个问题，超出业界预期，在数月内便实现了128兆位芯片的成品率突破，超出业界预期。

上述整套成品率测试芯片EDA工具和流程现已在多家世界领先的集成电路企业中成熟应用，见证了一批批先进集成电路工艺和知名芯片产品的成品率提升过程，是目前世界领先的成品率测试芯片解决方案。

四、成品率测试大数据的获取、分析和管理

集成电路经过设计、制造、测试的各个步骤，直到被客户使用的过程中，不断产生着海量数据。基于大数据技术有效获取并收集、整理、分析这些数据，不但是新一代集成电路成品率管理的目标，也是未来整个集成电路产业完成工业4.0升级的关键。

以各个阶段集成电路成品率测试芯片的测量数据为核心，成品率大数据系统容纳了包括产品数据、工艺数据、生产过程数据、在线监测数据、使用过程数据等在内的集成电路全生命周期大数据。同时，这些数据也表现出分布离散、维度多且数据量巨大的特点。借助于机器学习等AI技术和云计算技术，该系统可以有效地发现制造过程的异常和其他成品率瓶颈问题，并反馈到制造和设计中去。图7展示该系统在集成电路制造过程中多点收集设备数据和测量数据，深度分析成品率缺陷的复杂因果关系，成功定位了缺陷根源并通知生产车间对问题设备(tool)进行干预的一个过程示例。从图7中“机器学习分析与控制系统”下方晶圆小图上也可以看到缺陷小红点在两片晶圆上的位置分布示例；每个小红点代表一个经过电学参数测试所发现的缺陷。

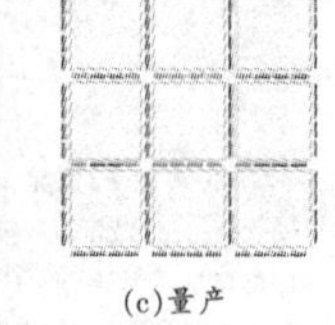

表示测试芯片　表示产品

(a)新工艺开发　(b)试产　(c)量产

图4

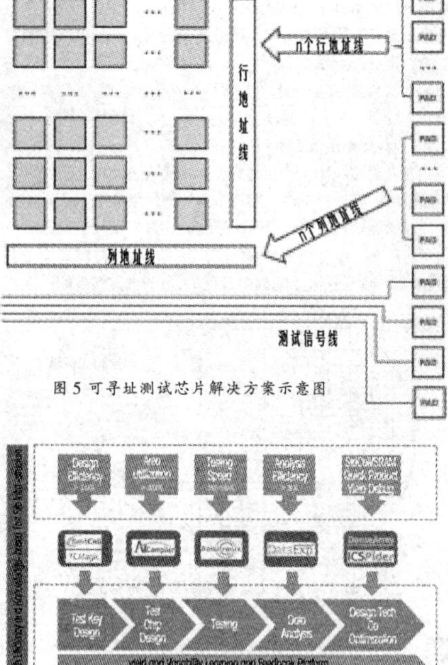

图5 可寻址测试芯片解决方案示意图

图6 广立微电子成品率提升流程图

集成电路设计企业和晶圆厂均启用成品率大数据系统后，可以实现更高级别的成品率协同管理。以“手机中的某款芯片在使用中约1%会在软件系统升级后出现过热问题”为例：

(1)在取得部分问题样品后，基于封装时配置的芯片追溯标号，设计企业使用大数据系统分析该产品封装前后测试的历史数据，排除问题可能的来源；后续将芯片位置、产品级电学测试数据等信息传递给晶圆厂。晶圆厂得到设计企业的反馈后，也启动大数据系统，分析硅片出厂时测量和各工艺阶段监控的历史大数据；对制造中的数据进行分析后，数据趋势显示所在晶圆某些静态电流指标的测量值略偏大，且芯片位置靠近晶圆边缘，初步怀疑问题由芯片内器件特性造成，进而去追踪造成该批芯片出现问题的原因。

(2)利用ICSpider工具设计产品诊断芯片，新的两层掩模能将产品中出现频繁的大批器件从产品版图连接到上层引脚，通过快速晶圆测试机进行实测。测试结果导入数据分析系统与相关器件的仿真结果比较分析，发现部分器件漏电高于模型较明显，其他器件与模型基本吻合，而且漏电路径都是从源端到漏端。将所有器件的设计参数导入DataExp，进一步发现这些高漏电的器件全部都有最小的栅极-有源区边界距离(minSA)；由此推断该类器件和标准模型存在偏差，使部分电路在频繁开启时功耗异常。

(3)针对这个问题，重新设计了一层掩模，对这类器件进行专门的修正。重新流片后，产品芯片在同样使用条件下功耗明显下降。相关的风险器件因此成为可寻址电路单元被并入划片槽工艺监控设计中，在后续产品的量产中进行实时监控。有关的技术经验也在晶圆厂沉淀下来，带入今后其他产品的生产开发中。

通过以上的示例可以看到，更巨大的数据量、更深度的数据挖掘方法与先进的数据管理引擎，一起造就了更强大的成品率管理EDA工具系统，可以由集成电路设计企业和晶圆厂协同使用。该系统的一些子系统，如支持大量数据扩展性的分布式数据平台、支持fabless设计公司数据分析的网络系统，已经被合作客户使用。展望不久的将来，产业界领先的集成电路设计和晶圆厂都能将生产过程和产品数据便捷地管理起来并且有效利用，让曾经棘手的成品率问题在大数据和人工智能时代迅速解决。

(全文完)　◇杨慎知 史峰

(本文原载第23期2版)

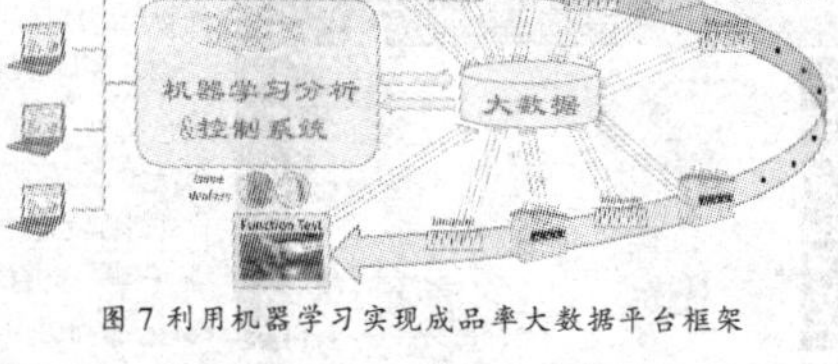

图7 利用机器学习实现成品率大数据平台框架

EDA 专栏

SystemC 电子系统级设计方法在航天电子系统设计中的应用(一)

引言

近年来,电子系统设计日益复杂。一个典型的电子系统通常包括不止一个基于嵌入式处理器和FPGA,还需要一个基于通用处理器或者高性能嵌入式处理器的图形界面系统进行前台处理、显示、调试。以星载北斗导航接收机的设计为例,嵌入式处理被用于导航解算和遥控遥测处理,FPGA被用于导航信号处理,包括信号的快速捕获和跟踪;而通用处理则至少被用于遥控遥测的显示和过程调试。不同的处理平台的灵活性和设计工具不同,所需的设计时间和应用性能也不同,其定性比较如图1。基于处理器的设计平台(包括x86、GPU和DSP等)通常能够提供非常高的软件灵活性和较短的设计时间,但其局限性是体积大、功耗大,对外接口受限;基于FPGA的设计能够提供良好的接口灵活性和最高的应用性能,但设计所需时间远远超过基于处理器的平台。

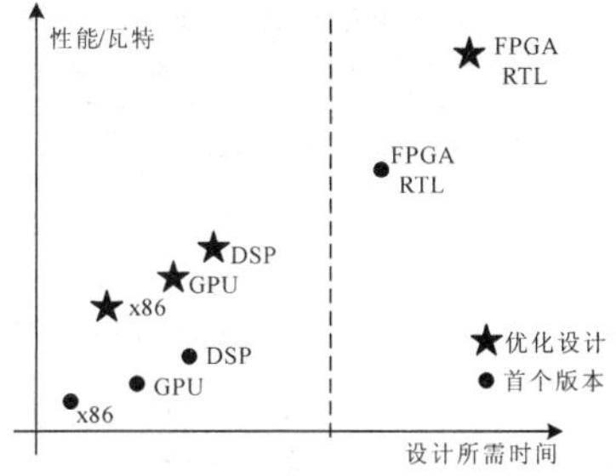

图1 不同处理平台所需设计时间和应用性能比较

在现代航天系统中,为确保计算能力,并降低空间环境对系统可靠性的影响,通常采用多个嵌入式处理器加FPGA的计算处理平台,在可靠性和性能之间实现有效平衡。多处理器和FPGA带来的首要问题就是设计变得更加复杂。在传统的设计流程中,整个系统的设计需要经历系统设计、处理器软件设计、FPGA设计、系统调试、系统测试等流程。通常,这一设计过程是一个迭代过程。传统的系统设计阶段通常以文档形式形成概要设计和详细设计文档。为了降低设计风险,通常采用比需求高得多的处理器和大规模FPGA,这种方法导致了很多系统的过设计。而且,复杂算法也难以通过文档清晰表述,算法设计专家所设计的算法通常以C/C++甚至MATLAB表述,实现工程师理解算法通常需要时间,且往往会出现偏差。

对于多数项目而言,FPGA的设计通常是最大设计延迟路径和工程难点。近年来,为提升设计效率,设计语言不断发展,SystemVerilog、SystemC比原有的Verilog/VHDL具有更高设计输入效率,高层次综合(High Level Synthesis)、系统IP生成(System Generator)等工具和UVM、OVM等验证方法学进一步提高了FPGA的设计效率。就整个电子系统而言,能否用一种统一的语言描述从系统设计规范到RTL的整个设计,并能够自动通过工具自动翻译为FPGA设计,能够直接使用的RTL级设计、脚本,以及处理器编译器所需C/C++设计?在本文中,我们面向Xilinx FPGA设计,探讨基于SystemC的电子系统级设计方法在多处理器航天电子系统中的应用。该方法针对航天电子系统的特点,采用SystemC作为整个电子系统的统一设计语言,在系统层次描述和评估整个系统的行为。设计完成的SystemC设计进一步通过工具自动翻译为处理器所需要的C++代码和Xilinx Vivado FPGA设计工具所需要的设计输入。这种方法可有效提升复杂电子系统的设计效率。

基于SystemC的电子系统级设计

SystemC介绍

SystemC始于1999年,是一种基于C++的硬件描述库,并于2005年成为IEEE Std 1666标准,是与VHDL/Verilog/SystemVerilog并列的硬件描述语言。由于是基于C++的标准,因此SystemC可以描述系统级、事务处理级、寄存器传输级、门级、模拟级各个等级的电子系统,SystemC还定义了专门的验证库和事务处理库。尽管如此,SystemC的最佳实践是建模系统级、事务处理级和算法级的设计。在新一代的设计语言中,SystemVerilog大大提高了RTL设计效率、设计准确性和验证效率,而SystemC更擅长描述

复杂的算法和控制流程,描述整个复杂的电子系统的复杂行为。由于设计工具仍然在发展中,SystemC的应用主要在大型设计中,因此不如语言SystemVerilog应用广泛。近年来,常见的电子设计自动化工具如Vivado、Catapult都支持SystemC,在设计仿真阶段,也可以使用Visual Studio作为工具开发SystemC设计。

目标设计平台

如下图所示,本文所描述的基于SystemC的电子系统级设计面向目标多处理器+FPGA,航天硬件电路包括CPU子系统、FPGA、存储器和其他外围电路。与地面系统不同的是,为了兼顾计算性能和可靠性,低成本航天系统通常采用多个处理器来构成处理器子系统,比如多个ARM单片机来构成处理器子系统,每一个单片机都具有独立的内置Flash和SRAM,都支持浮点运算,且典型主频不低于300MHz。

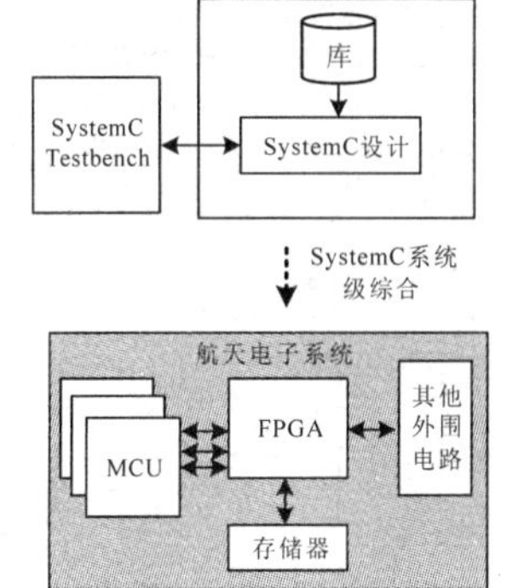

图2 基于SystemC的航天电子系统级设计框架

在图2所示的框架中,系统的详细设计以SystemC的形式体现,包括软件、算法和FPGA外围电路的行为。SystemC代码可以像传统C++可执行文件的方式执行,既可以生成波形文件,也可以输出MATLAB可读的数据文件。在SystemC设计时,可以调用各种事务处理级的抽象模型,如存储器模型、各种通信接口。

(未完待续,下转第286页)

◇李挥 陈曦

(本文原载第24期2版)

电子科技博物馆专栏

编前语:或许,当我们使用电子产品时,都没有人记得或知道老一批电子科技工作者们是经过了怎样的努力才奠定了当今时代的小型甚至微型的诸多电子产品及家电;或许,当我们拿起手机上网、看新闻、打游戏、发微信朋友圈时,也没有人记得是乔布斯等人让手机体积变小、功能变强大;或许,有一天我们的子孙后代只知道电子科技的进步而遗忘了老一辈电子科技工作者的艰辛……

成都电子科技博物馆旨在以电子发展历史上有代表性的物品为载体,记录推动电子科技发展特别是中国电子科技发展的重要人物和事件。目前,电子科技博物馆已与102家行业内企事业单位建立了联系,征集到藏品12000余件,展出1000余件,旨在以"见人见物见精神"的陈展方式,弘扬科学精神,提升公民科学素养。

科学史话

电子测量仪器之"AVO"经典万用表

万用表是一种带有整流器的,可以测量交、直流电流、电压及电阻等多种电学参量的磁电式仪表。电子科技博物馆于电子测量仪器单元所展出的万用表是AVO 8 MKII型号的。"AVO"是英国的一个经典万用表品牌,即"AVOMETER"。

谈及AVOMETER的历史,可追溯至20世纪20年代。指针万用表的众多可能发明者之——Donald Macadie将万用表这项发明卖给了一家叫作Automatic Coil Winder and Electrical Equipment Company的公司(简称ACWEEC)。1923年,第一只Avometer开始发售,其设计风格一直延续到第八代产品都基本未发生改变。

AVOMETER主要的外形特征包括:1)香蕉型表盘,度盘配置反光镜,挡位切换采用双拨轮设计;2)高精度:后期(Model 7/Model 8)均为1%的高精度表;3)配置高,功能全,Model 7/8两款型号的表交流测量均配互感器、交流电流挡、高压测量挡、大电流测量挡位等功能,十分齐全。

英国MEGGER公司万用表(电子科技博物馆馆藏)

后来,AVO品牌被Megger公司拥有,生产一直持续到2008年,期间一共产生了8代产品。虽然随着科技的进步,AVO采用的元件、版型设计等都有变化,但一直保持着英式的贵族风格,不惜用料,不惜成本,设计独特且性能优越。

AVO 8系列曾在我国指针万用表的引进、使用、模仿生产中有着独特的地位。新中国成立后,因为西方的封锁,我国的仪表行业主要起步于修理、仿制二战期间的美式及日式万用表。其中英国较早承认新中国并与新中国建交,因此我国得以在20世纪50年代引进一批AVO万用表,主要型号包括Model 7、Model 8 MK二代、三代,其中以Model 8 MK二代为主。当时,这部分表一般在高端科研机构使用。六十年代中叶,通过完全拷贝AVO 8 MK二代的表头参数、电路图、内部结构、外形尺寸,我国沈阳卫星仪电厂设计生产了'581'型万用表。

时至如今,随着科技的发展,中国在测量仪器方面逐渐完成了由进口到仿制再到自主研发的过程。而在电子科技博物馆电子测量仪器展柜中,也向大家展示了部分这一历史进程。

◇电子科技博物馆

(本文原载第24期2版)

SystemC 电子系统级设计方法在航天电子系统设计中的应用(二)

(紧接第 285 页)

SystemC 代码综合

SystemC 代码综合,即将 SystemC 设计分解、转化为在 FPGA 开发工具如 Vivado 和处理器代码编译程序如 KeilC 可以支持的设计表现形式,进一步最终由相应的工具综合、映射、编译为可执行文件,是基于 SystemC 的电子系统级设计自动化的关键步骤。

图 3 是 SystemC 代码综合流程。如图所示,SystemC 设计编译为可执行文件实时运行,验证算法的正确性,验证设计的各个方面满足预期。进一步,通过 Vivado 提供的高层次综合工具将关键算法函数和 SystemC RTL 子集综合为 Verilog RTL 代码,而需要在处理器上执行的代码则通过一个自研的翻译软件翻译为面向 MCU 的编译环境的 C++代码,提供给 MCU 的编译工具。

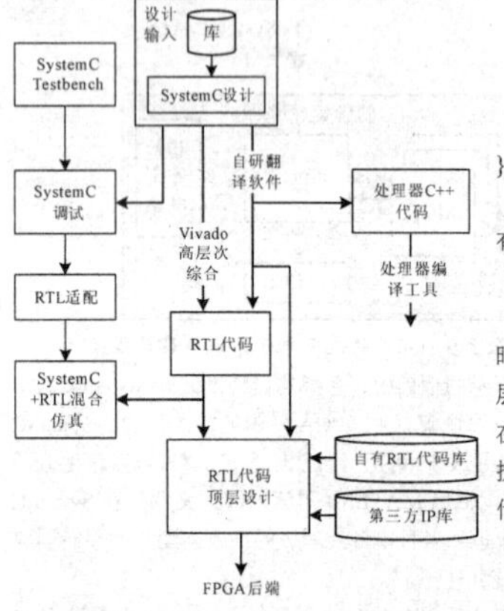

图 3 SystemC 代码综合流程

设计映射关系

SystemC 代码综合是基于 SystemC 的航天电子系统级设计的重要步骤。

表 2 基于 SystemC 的航天电子系统级设计框架

SystemC语法单元	映射目标
SystemC 可综合子集语法	经 Vivado SystemC 综合成 RTL 代码,用于描述特定功能模块、FPGA 顶层设计等
SystemC 算法函数	经 Vivado HLS 综合为 RTL 代码
sc_method sc_sensitive<< interrupt	MCU 外部中断
sc_thread	MCU 静态进程
sc_semphore, sc_mutex, sc_fifo,..	MCU 之间的通信和同步
sc_uart,sc_dpram, sc_gtx...	用户自定义的外部接口模块

应用案例

目标设计

这里以设计一个星载电子系统为例。我们假设所设计的星载电子系统有3个MCU作为处理单元,1个FPGA,一个低速外部通信串口,一个高速外部通信GTX接口,一路信号采样输入。设计需要对采样信号进行捕获、跟踪和解调处理,其中信号的捕获需要快速傅立叶变换算法。

SystemC设计

目标设计的SystemC顶层描述如下:

```
SC_MODULE(top)
{
sc_in_clk clk;
sc_in<bool> reset;
sc_in<int<8> > data_sample_i;
MCU0 mMCU0;//例化处理器模块
MCU1 mMCU1;
MCU2 mMCU2;
FPGA mFPGA;//例化FPGA模块
//FPGA到处理器的中断
sc_signal<bool> int_ext0, int_ext01,
int_ext02;
…//其他信号
SC_CTOR(top)
{
SC_METHOD(add);
mMCU0.extint.bind(int_ext0);
mMCU1.extint.bind(int_ext1);
mMCU1.extint.bind(int_ext2);
//所有MCU都可以访问FPGA。
mMCU0->mFPGA(mFPGA);
mMCU1->mFPGA(mFPGA);
mMCU2->mFPGA(mFPGA);
…//其他捆绑.
}
}
```

可以看到在顶层设计中,我们例化了所有的目标模块。

Testbench 设计

在 Testbench 中,需要初始化系统的所有时钟,初始化复位信号,连接数据源模块和顶层设计,从而构成完整的设计。顶层模块最终在 sc_main()函数中调用,从而可以编译为可执行文件,进行运行、调试。Testbench 的示例代码如下:

```
SC_MODULE(testbench)
{
sc_clk clk(…);
sc_in<int<8> > data_sample;
DataSource mDataSource;
Top mTop;
SC_CTOR(…)
{
mTop.
data_sample_i.bind(data_sample);
mTop.clk(clk);
mDataSource.
data_sample_o.bind(data_sample);
//其他捆绑
}
}
```

2.4 CPU 代码设计

```
SC_MODULE(testbench)
{
FPGA * mFPGA;
void main() {
mFPGA.write(addr,data);//FPGA 事务处理接口
…
}
void isp(){…}
SC_CTOR(…)
{
//中断服务程序
SC_METHOD (isp); sensitive<<
extint.pos();
SC_THREAD(main);//main 函数;
//其他捆绑
} FPGA. clk.bind(clk);
//其他捆绑
}
}
```

可以看出,在基于 SystemC 的 FPGA 设计中,更关注的是顶层的行为,而 IP 模块则被抽象为各种接口和行为。

SystemC 代码综合

在传统的 RTL 综合中,综合的输入是 RTL 级设计,描述的是简单组合逻辑(门电路)、复杂组合逻辑(如乘法器)和时序逻辑(触发器、锁存器和存储器)之间的调用和连接关系。在 SystemC 代码综合过程中,SystemC 的 RTL 子集代码仍然按照 RTL 综合的思路进行综合,而 SystemC 代码中的处理器行为则被翻译为在处理器上可以执行的 C++代码,如从本例中的 MCU 可以看出,在基于 SystemC 的 FPGA 设计中,更关注的是顶层的行为,而 IP 模块则被抽象为各种接口和行为。

SystemC 代码综合

在传统的 RTL 综合中,综合的输入是 RTL 级设计,描述的是简单组合逻辑(门电路)、复杂组合逻辑(如乘法器)和时序逻辑(触发器、锁存器和存储器)之间的调用和连接关系。在 SystemC 代码综合过程中,SystemC 的 RTL 子集代码仍然按照 RTL 综合的思路进行综合,而 SystemC 代码中的处理器行为则被翻译为在处理器上可以执行的 C++代码,如本例中的 MCU main 函数和 isp 函数;在 FPGA 模块中的所有算法函数则被综合为具有特定输入接口(如 data_sample_i)和总线(如 ARM 的 AXI 总线)接口,FPGA 中的事务处理则被翻译为基于总线的寄存器访问,而多个 MCU 之间的通信如 sc_fifo 则根据实际的定义变长了预定义的参数化的模块如 Xilinx FPGA 的内置 FIFO。

总结

设计方法、设计语言和设计工具在不断演进,以适应日益复杂的电子系统的设计要求。本文抛砖引玉,面向多处理器+FPGA的航天电子系统设计平台,讲述了一种基于 SystemC 的电子系统级设计方法。从本文的例子可以看出,基于 SystemC 的电子系统级设计方法,是利用事务处理级接口来调用更多的现成 IP 模块、可以通过高层次综合翻译为 RTL 的 IP 的算法模块作为基础的积木来构成整个系统设计,积木之间的通信包括总线、专门的通信和模块如 sc_fifo,软硬件在一起共同设计共同迭代,而不是像传统 RTL 代码那样只有组合逻辑和时序逻辑。在实现阶段,最大化利用高层次综合、SystemC RTL 综合、成熟 IP 和软件翻译等设计工具,将抽象复杂的描述自动转化为 RTL 设计。SystemC 从 2005 年成为 IEEE 标准至今已经 15 年,随着电子设计工具对其支持的不断深入和电子系统设计的日益复杂,相信基于 SystemC 电子设计自动化将会在实践迭代中得到更多的认可和应用。(全文完)

◇李挥 陈曦

(本文原载第 25 期 2 版)

中国联通开通 eSIM 服务

2019 年 12 月 31 日,中国联通宣布中国联通 eSIM 一号双终端业务即将全国开通,用户可以通过一号双终端业务,实现手机与可穿戴智能设备的绑定,共享同一个号码、话费及流量套餐。

"一号双终端"就是通过 eSIM 附属的可穿戴智能设备,让智能手机和这一设备共享一个号码和套餐资源,实现独立的蜂窝移动通信,开通这一业务后,无论主叫或是被叫对外均呈现同一号码。

由此一来,即使用户的手机不在身边,也能通过可穿戴智能设备接收到电话和短信,成功打破手机作为唯一移动通信载体的舒服,多场景通话及智能应用的发展更进一步。

以智能手表和手机为例,为大家展示一下如何办理 eSIM 业务。

第一步,智能手表和手机绑定后,在联通手机营业厅 App"服务>办理>eSIM 手表"中找到独立号码业务开通入口(苹果手机通过 iWatch App 开通);第二步,填写实名制信息,选择归属地、号码及套餐后点击"下一步",下单成功,随即进行实名制认证;第三步,拍摄绑定本人的身份证正反两面,上传成功后进入本人检测界面,根据页面的实时要求做出相应的动作;第四步,通过实名制认证后,进入卡数据下载界面,点击"卡数据下载",当页面提示卡数据下载完成后,返回可穿戴设备进行相关的服务激活;第五步,手机显示数据下载成功后,进入可穿戴设备查看是否下载成功,再尝试拨打以证明卡是否激活成功。

此前曾有不少 Apple Watch 用户购买了蜂窝版的手表,现在伴随着 eSIM 一号双终端业务的开通,也会有越来越多的用户使用这项服务。需要注意的是,开通一号双终端业务后,手表将与主套餐共享资源,同时体验 12 个月后,联通将收取每月 10 元的月功能费。

eSIM 卡,即 Embedded-SIM,嵌入式 SIM 卡。eSIM 是指一种支持运营商用户鉴权数据远程配置和管理(包括下载、变更、删除等)的技术,也是移动物联网的核心技术。eSIM 使传统 SIM 卡具有了电子化、互联网化的特点,可实现远程即时发卡开卡。

eSIM 卡有以下优势:

1.号码可以远程下载,带来了用户随时随地人网的自由,实现网络通信服务自助开通。2.通过 eSIM,移动端可以独立使用移动网络上网、打电话。3.手机空间寸土寸金,卡槽制约了外形设计和电池容量,高度集成 eSIM,可免除 SIM 卡槽占用大量的手机空间。4.手机机身无需开槽,有助于进一步提高手机的防水等级。5.在高温、低温、高振动的环境下运行,插拔卡更易损坏,而 eSIM 则没有这种问题。

(本文原载第 4 期 11 版)

长虹8K液晶电视Q7ART系列电源原理与维修

周强

1. 概述

长虹8K液晶电视55/65Q7ART电源型号为PDM3A30（物料JUC6.692.00259173）和LED驱动板（物料JUC6.692.00259188）两块独立的印制板组成整机供电和背光控制，安装在整机底部。主电源结构方案采用：富士电机公司的FA1A00 PFC电源管理芯片+开关电源控制FA6A30电流谐振IC；LED驱动部分为：MP4010电流模式控制器及外围控制电路。

2. 电源实物图（如图2-1）

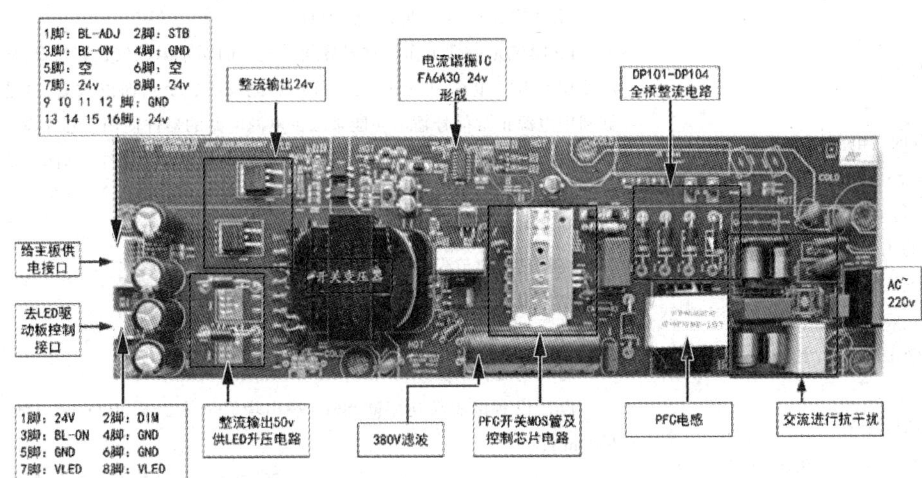

图2-1 电源实物图

3. 进线抗干扰、整流、PFC电路分析

1）流抗干扰、整流电路

交流抗干扰电路采用两级EMI（干扰）低通滤波器，把50Hz的电源功率毫无衰减地传输到整机，经过衰减电源传入的EMI信号，保护整机免受其干扰，同时，又能有效地控制整机本身产生的EMI信号，防止它进入电网，污染电磁环境，危害其他设备。如：手机信号、路由器的无线信号，广播信号，发射塔信号等，这些信号相互之间都会产生一定的干扰，这种无线干扰进入到电路中，对整个开关电源电路造成影响。开关电源本身就工作在高频状态，会产生干扰信号进入电网，为此所有电源都采用此类似的抗干扰电路，具体电路如图3-1所示。

FLP103、FLP105、FLP107为共模扼流圈，它是绕在同一磁环上的两只独立的线圈，圈数相同，绕向相反，在磁环中产生的磁通相互抵消，磁芯不会饱和，主要抑制共模干扰，感值愈大对低频干扰抑制效果愈好。

CYP103、CYP104为共模电容；CXP101、CXP103、CXP102为差模电容，主要抑制共模干扰，即火线和零线分别与地之间的干扰，电容值愈大对低频干扰抑制效果愈好。

RP106、RP107、RP108、RP109对抗干扰电容起泄放作用，在关机后迅速消耗掉CXP101、CXP103、CXP102储存的电能，防止带电损坏元件或对人造成电击伤害。

RV101（MYN12-621K）为压敏电阻，当瞬间高电压或有雷电进入时，压敏电阻两端电压升高，超过保护电压值620V时，漏电电流增大，接近短路，使FP101保险管（4A）因过流而熔断，对后级电路起到保护作用。

FLP102（MF72-1R5）为热敏电阻，避免电路在开机瞬间产生的浪涌电流，在完成抑制浪涌电流后，由于通过其电流不断下降，NTC热敏电阻的电阻值将下降到非常小的程度，不会对正常的工作电流造成影响，在电源回路中，使用的功率型NTC热敏电阻，同时也防止保险丝被轻易烧断。

FP101（T4AL）为快断保险丝，以F字母开头，电流超过其额定值瞬间即熔断，只作短路保护。而慢断保险丝也叫延时保险丝，以T字母开头，有些电路在开关瞬间的电流大于几倍正常工作电流，尽管这种电流峰值很高，但是它出现的时间很短，为冲击电流，不会瞬间熔断保险丝。

经两级滤波后的交流电再由DP101、DP102、DP103、DP104二极管组成的桥式整流电路整流。图3-2，当正半周交流电ACL加到DP103正极正偏而导通，经负载后流向DP102正极正偏而导通返回ACN端；当正半周交流电ACN加到DP104正极正偏导通，经负载后流向DP101正极正

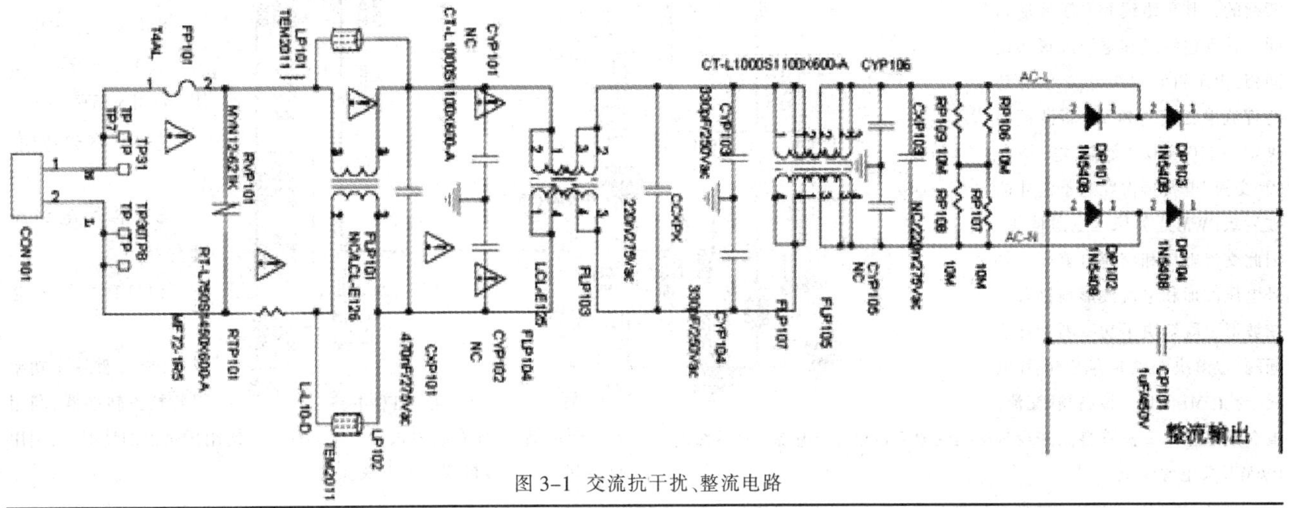

图3-1 交流抗干扰、整流电路

偏而导通返回ACL端,如此循环形成全波整流脉动的直流电压,提供给PFC电路。

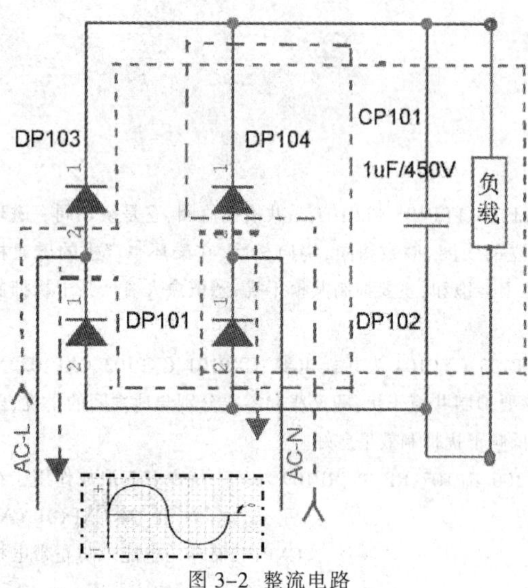

图 3-2 整流电路

2)PFC电路工作原理

电路上桥式整流之后没接200uF左右的大电解，而是接CP101为1uF的小容量电容,然后加到后面的PFC电路,由于这个电容容量很小仅1uF,不会对整流后的100Hz脉动电压进行滤波,因此,加到PFC电路的电压波形是全波整流波形。PFC电路的工作频率很高大约60kHz。PFC电路的特点是不论交流电处于波峰,还是处于波谷,连续的从电网吸取电能为整机提供供电。

PFC电路由LP201、UP201、QP201、DP201等组成,具体如下图④所示。

(1)PFC形成电路原理图(如图3-3所示)

经整流二极管整流以后未加滤波大电容器,把未经滤波的脉动正半周电压作为斩波器的供电源,由于斩波器的一连串的做“开关”工作脉动的正电压被“斩”成电流波形,其波形的特点是:电流波形是断续的,其包络线和电压波形相同,并且包络线和电压波形相位同相;由于斩波的作用,半波脉动的直流电变成高频(由斩波频率决定,约100kHz)“交流”电,该高频“交流”电要再次经过整流才能被后级PWM开关稳压电源使用。因此交流电压和交流电流同相并且电压波形和电流波形均符合正弦波形,既解决了功率因素补偿问题,也解决电磁兼容(EMC)和电磁干扰(EMI)问题。该高频“交流”电在经过整流二极管整流并经过滤波变成直流电压(电源)向后级的PWM开关电源供电。

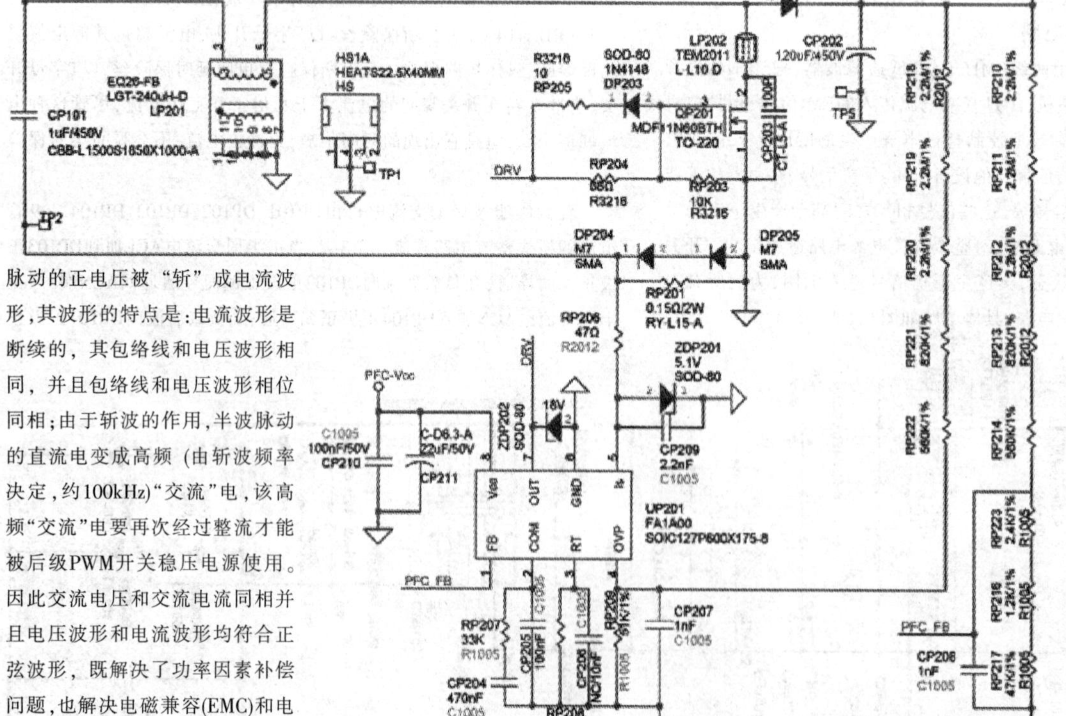

图 3-3 PFC 电路

PFC电路大部分都采用升压boost拓扑结构，原理上是把整流电路和大滤波电容分割，通过控制PFC开关管的导通使输入电流随输入电压变化,如图3-4所示。

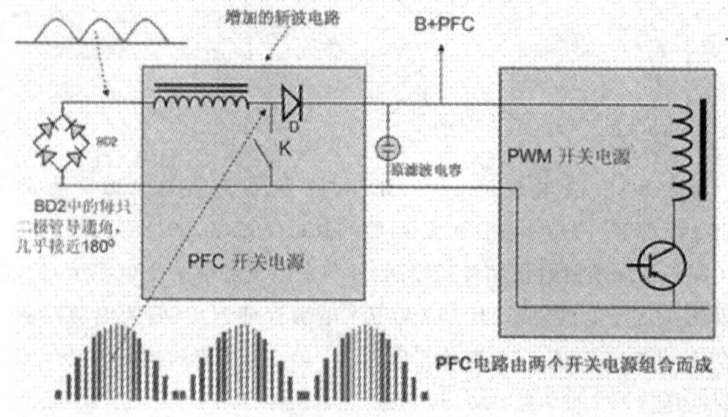

图 3-4 PFC 拓扑图

(2)PFC芯片UP201(FA1A00)

FA1A00是一款工作在临界导通模式下的功率因数校正转换器,广泛使用在开关电源中,利用底部跳过功能改善轻负荷时的效率,并能够利用电源正常信号输出功能来减少电源电路的器件使用。芯片设置许多故障保护功能,例如FB短路检测电路和双重OVP功能,具体功能如下:

利用电阻检测输入电压,实现非常低的待机功率;

高精度过电流保护:0.6V±2%;

由于最大频率限制,提高了轻负载时的电源效;

软启动和Soft-OVP功能时无噪音;

启动电流:500μA(典型值),工作:1.5mA(典型值);

启用以直接驱动功率MOSFET输出峰值电流，源:1000mA，灌:1000mA;

输出检测发生故障,可以通过双重OVP功能保护输出电解电容;

反馈(FB)引脚上的开路/短路保护;

防止旁路二极管短路的保护电路;

电流检测电阻短路保护电路;

欠压锁定:9.6V开/9V关;

8引脚封装(SOP)。

(3)芯片内部框图(如图3-5所示)

(4)引脚功能(表1)

3)芯片电路原理分析

(1)PFC转换电路

PFC电路一个功率因数校正转换器,利用升压斩波器,工作在临界模式。该器件在不使用振荡器的情况下,利用自振荡实现临界模式下的开关操作。

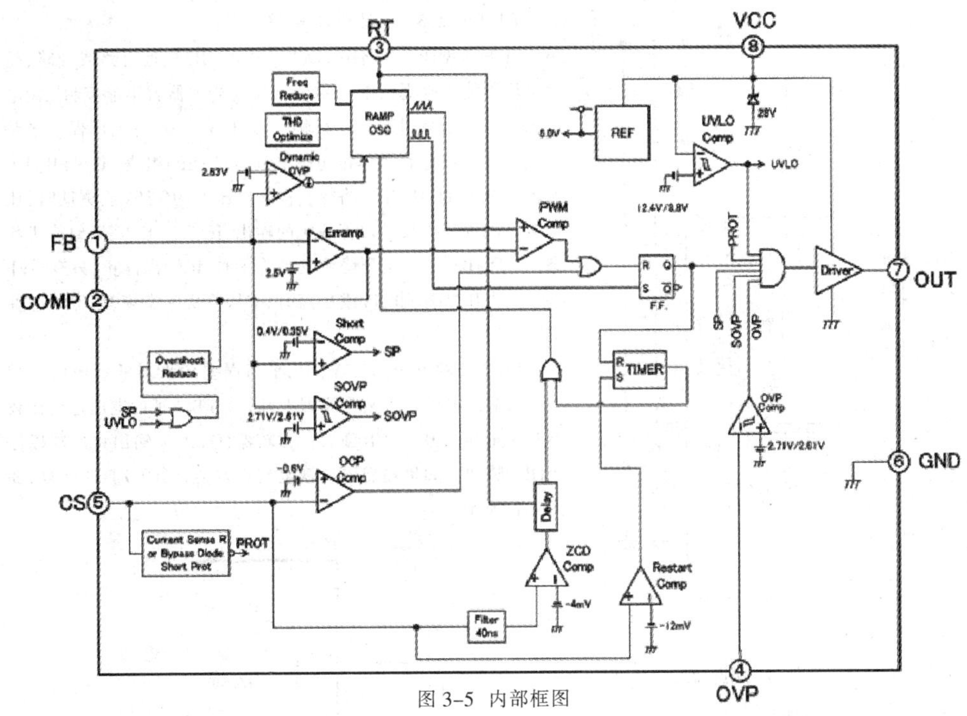

图 3-5 内部框图

表 1

管脚	管脚名称		管脚功能描述
1	FB	反馈电压输入	用于监测 PFC 输出电压
2	COMP	误差放大补偿	反馈输入的误差放大补偿网络，用于调整反馈环路
3	RT	导通时间控制	通过外接电阻，设置最大导通时间
4	OVP	过压保护	通过外接电阻，设置过压保护
5	IS	导通电流检测	开关导通电流检测，通过设置电阻可设定过流点
6	GND	地	地
7	OUT	开关管驱动	输出开关管驱动信号
8	Vcc	芯片供电	Vcc 电压超过 9.6V 时，IC 启动；当 Vcc 电压下降到 9V 以下时，IC 停止工作。正常工作电压 10V-26V

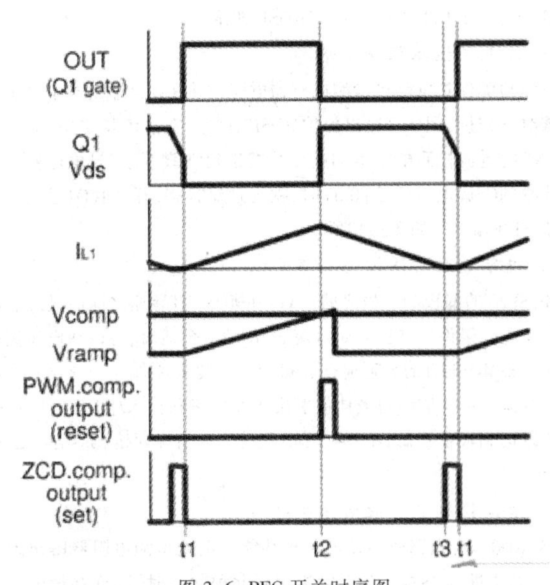

图 3-6 PFC 开关时序图

开关周期：

t1阶段：Q1开关管开启，通过电感(LP201)的电流从零开始上升。在第一阶段的时间去Q1导通，斜坡发生器状态的输出上升。

t2阶段：pwm 比较器对误差放大器的输出进行比较，当vramp > vcomp 时，Q1关断，斜坡发生器的输出下降。当QP201关闭时，L1的电压反转，通过 LP201的电流减小，而电流通过 D1提供给输出端。

t3阶段：芯片⑤脚IS检测到流经L1的电流，当电流变为零时，电流检测比较器的输出变大，在延迟电路给出延迟后开启 Q1，从而进入下一个开关周期 (t1)。流过电感器的电流以三角波形重复，通过控制使电感电流峰值与正弦波连接并消除开关纹波电流，从交流输入电源流出的平滑电流为正弦波形，如图3-6所示。

当电感峰值电流较小时，如输入电压相角较小、输入电压较高、负载较轻时，功率因数降低。该集成电路具有检测MOSFET关断周期的功能，当关断期变为5us或更短的校正起始宽度时，增加导通宽度，并增大峰值电流，从而提高功率因数。

如图3-7中的⑦脚输出通过电阻连接到MOSFET的栅极。在MOSFET的导通过程中，输出状态较高，输出电压几乎为Vcc。在关闭MOSFET的过程中，输出状态较低，输出电压几乎为0V。

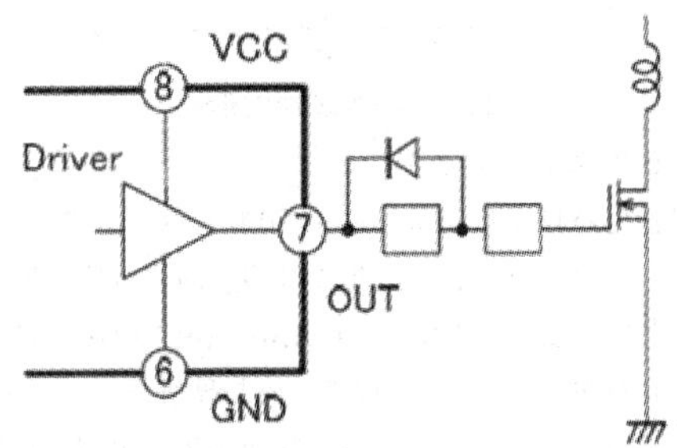

图 3-7 输出驱动 MOSF 管

连接栅极电阻以限制输出端的电流并防止栅极端电压振荡。对于源极，输出电流的额定值为1.0A，对于宿电流为1A。

(2)误差放大器

误差放大器是用反馈控制使输出电压恒定，FA1A00芯片采用跨导式误差放大器同相输入端子连接到内部基准电压2.5V(典型值)。反相输入端由功率因数校正变换器的输出电压供电，采用分压电阻R1 和R2供电。在反相输入端，芯片内部连接了1.8μA的内部恒流源，用于FB开路检测功能。同时，控制PFC的输出电压Vout，使FB电压与内部参考电压(2.5V)匹配。内部误差放大器(comp)的输出与 pwm 比较器相连，控制输出的通电时间。PFC的输出电压中含有大量2倍频率的纹波(50或60Hz)。当该纹波分量在误差放大器输出端大量出现时，功率因数校正变换器不能稳定工作，为了获得稳定的运行，与2脚外接电容和电阻的补偿。同时，为防止噪声引起的故障，在FB端子和GND之间连接1000pF电容C3，如图3-8所示。

为了抑制启动时输出电压的过冲，FA1A00具有降低过冲的功能。在重置UVLO或待机模式后电压开始上升，过冲降低达到(FB电压(0.98 * Vfb))，则过冲减小，电路会暂时拉低COMP引脚电压并限制OUT引脚的ON宽度，从而抑制输出电压的增加并减少过冲。一旦启动过冲减少

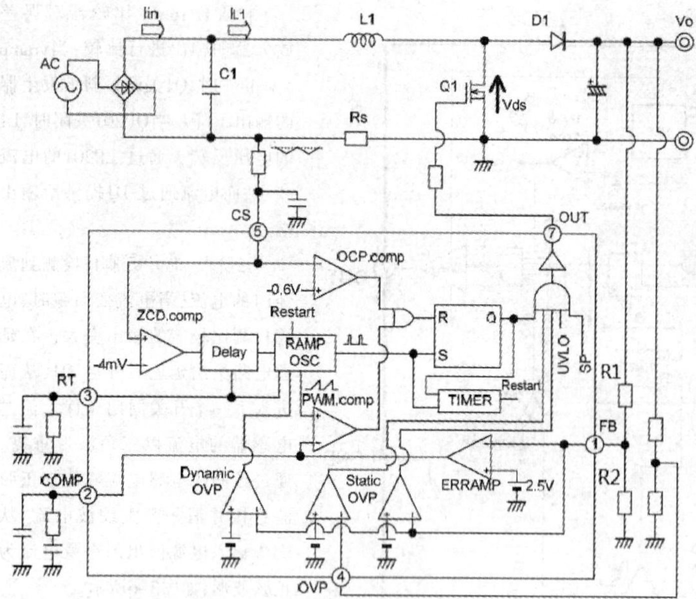

图 3-8 FB 脚误差放大器电路

功能，除非通过进入UVLO或待机模式将其复位否则它将保持启用状态，如图3-9所示。C5，R3连接到COMP脚，抑制FB输出中出现的纹波。

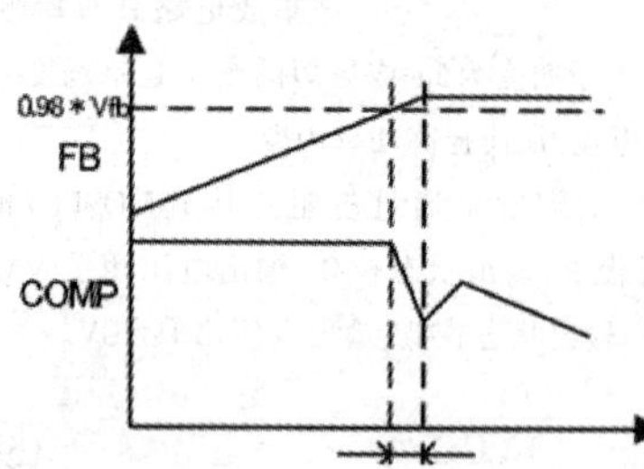

图 3-9 减少过冲波形图

(3)过电压保护电路(OVP)

过压保护电路用于控制输出电压，限制功率因数校正变换器输出电压超过设定值时的电压，当该集成电路启动或负载急剧变化时，变换器的输出电压可能超过设定值。FA1A00具有2个OVP功能：

当输出超过参考电压时，它将线性控制导通宽度。引脚当输出超过参考电压的1.08倍时，它将停止输出脉冲。FB引脚电压通常与基准电压相同，为2.5V，如图3-10所示。

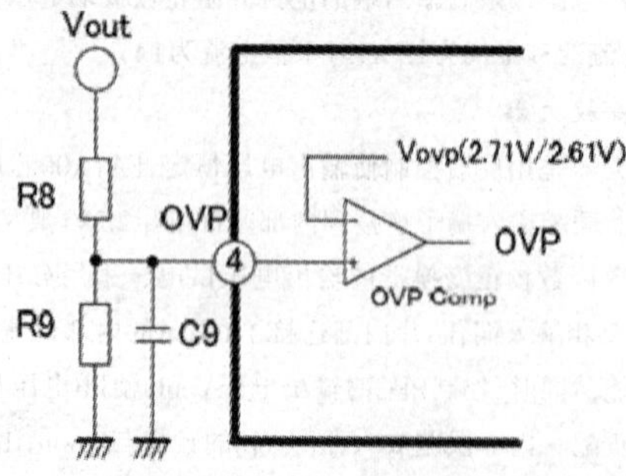

图 3-10 过压导通时间

当启动或负载突然变化时，FB引脚电压会上升并超过2.5V，在这种情况下，将根据FB引脚电压限制导通宽度的功能生效。如果FB引脚电压上升得更多并且超过比较器的参考电压(Vfb * 1.08)，则另一个功能将激活，并在超过参考电压期间停止输出脉冲。当FB引脚电压降至参考电压的1.040倍或更低时，IC再次输出脉冲。

分压匹配电阻R8、R9，该电压检测输出PFC的过电压并停止开关运行。为避免噪声引起故障，检测电路的电阻均有多颗电阻串联。如图3-11所示。

(4)FB短路/开路检测电路

在升压型PFC电路中，如果由于R1、R2接近短路或开路，反馈电压不能正确提供给FB端子，误差放大器就不能控制恒定电压，输出电压异常升高。由于输出电压检测异常，过电压保护电路不能工作。该电路由基准电压和比较器(SP)组成，如果FB端子的输入电压R1、R2开短路等，检测电压变为0.35V或更低时，比较器(SP)的输出反转以停止IC的输出，IC停止工作，导致待机状态。一旦FB端子的电压降到几乎为零时，IC输出停止，只有当FB端子的电压恢复到0.4V或更高时，IC从待机状态恢复，输出脉冲重新启动。

FB端子的电压为2.5V，几乎与误差放大器的参考电压相同。当输出电压由于某种原因上升并且FB端子的电压达到比较器参考电压(1.08 * VREF)时，比较器(OVP)的输出将反转以停止OUT脉冲。如果输出电压恢复到正常值，则OUT脉冲恢复，如图3-11所示。

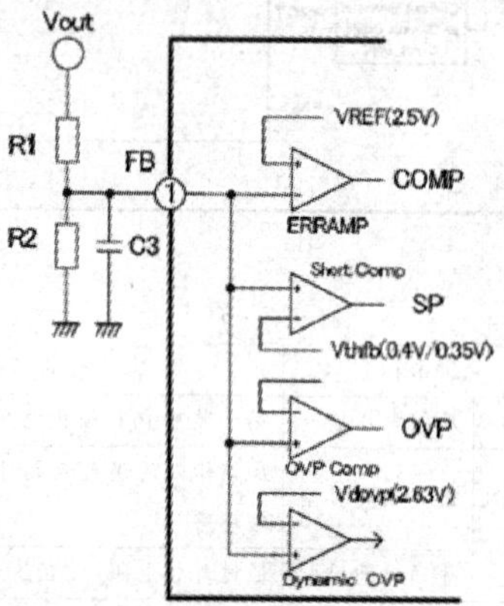

图 3-11 脚反馈内部图

(5) 电流检测电路

由零电流检测和过电流检测组成。零电流检测电路(ZCD)，电路通过在临界模式下自振荡来代替固定频率的振荡器来实现开关工作，OCP.Comp检测到电感器电流变为零以执行临界模式工作。在零电流检测中，电压穿过电流连接到GND线路的检测电阻器Rs被馈送至CS脚，通过零电流检测比较器进行比较，当电流达到-4mV或更大时，电感电流被视为零电平。当检测到零电平时，由零交叉延迟检测电路产生延迟Tzcd，然后将F/F设置为OUT，使MOSFET导通。

(6)过电流检测保护电路

过流检测保护电路可检测电感器电流，并在OUT输出高于设定电流标准时，通过关闭OUT输出保护MOSFET管。在过流检测中，通过连接到GND的电流检测电阻Rs的电压被馈送到CS脚⑤，当过电流检测放大器检测到CS脚电压低于-0.6V时，视为过流状态，开关管Q1过电流而关闭MOSF/F输出。如图3-13所示。

(7)过零延时时间设定电路

MOSFET的漏极和源极之间的Vds在MOSFET导通之前通过L1和电路上寄生电容组件的谐振开始振荡。当Rt的值合适时，可以在电压振荡的底部调整MOSFET的导通时序，可以最小化开关损耗和导通时产生的浪涌电流。由于该Rt的最佳值取决于在电路和输入/输出条件下，需要调整以达到最佳状态，根据实际电路的工作情况而定，如图3-12、3-13所示。

(8)电流检测电阻短路保护电路

FA1A00具有短路时启动的保护功能，电流检测电阻器Rs出现短路，电压无法进入CS脚，CS引脚检测到此种状态时，降低补偿电压并强制允许间歇操作，从而抑制二极管的温度升高。

(9)斜坡振荡电路

斜坡振荡电路接收来自零电流检测电路或重启电路的信号，并输

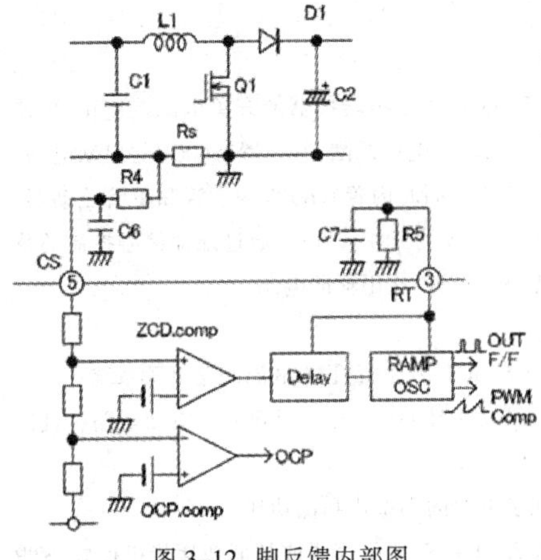

图 3-12 脚反馈内部图

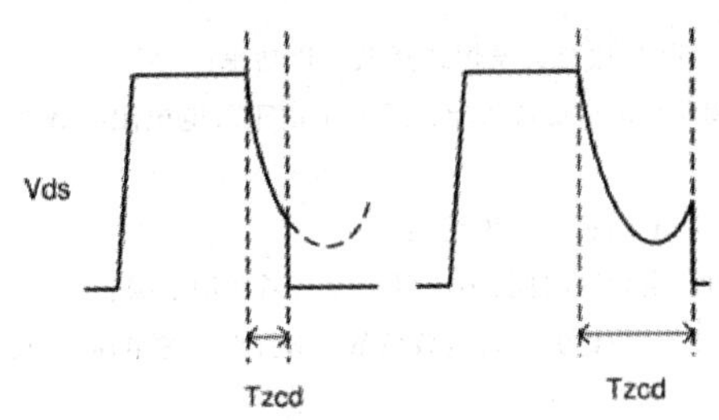

图 3-13 RT 足够时开启 Vds 波形

出F / F的设置信号用于OUT输出，并输出锯齿波信号来确定PWM比较器的占空比。

(10)降频功能

FA1A00具有频率降低功能，以增加效率高，限制频率增加。轻载下从MOSFET设置为ON(高)的时间段输出)到从CS引脚检测到零电流的时间(开/关间隔)，并根据开/关时间确定MOSFET的导通时序。如果开关间隔为4.2us或更长，则不启动频率降低功能。当在检测到电感器电流的零电平之后过了零电流检测延迟时间Tzcd时，MOSFET被导通，从而打开底部的Vds。如果开关时间小于4.2μs且频率降低功能启动。

(11)供电/欠压锁定(UVLO)

在Vcc端子和电压线之间连接启动电阻R7，在IC运行之前，由它供电。在运行期间，电源是通过D2从变压器的辅助绕组提供电压，并为平滑电容C5和C9充电，当Vcc电压上升到UVLO的接通阈值电压时，IC开始工作。UVLO具有防止电源电压下降时电路故障的功能。当电源电压从零上升时，FA1A00的工作电压为9.6V(典型值)。当运行开始后电源电压降低时，电路在9V(典型值)下停止运行。当UVLO开启且IC停止工作时，OUT端子将变为LOW并切断输出，IC的电流消耗降至80μA或更低，如图 3-14 所示。

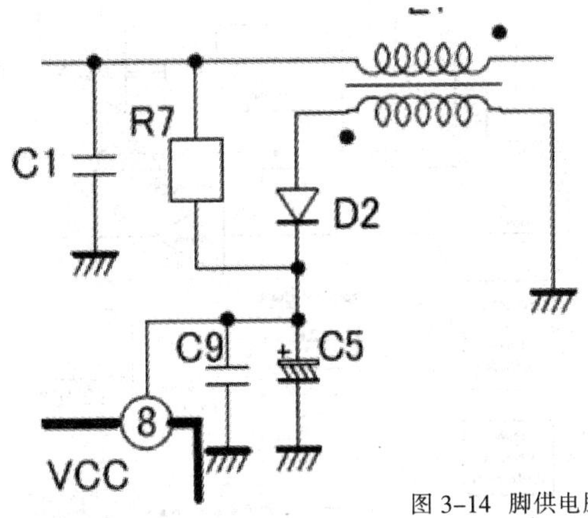

图 3-14 脚供电脚

4)芯片FA1A00引脚与外围电路分析

在此电路中，PFC电感LP201在MOS开关管QP201导通时储存能量，在开关管截止时，电感LP201感应出右正左负的电压，将储存的能量通过升压二极管DP201对大的滤波电容充电，PFC电路后的储能滤波电容CP202和PFC电感LP201串联，因为LP201上的电流不能突变，对大滤波电容CP202的浪涌电流起到限制作用，PFC电感是PFC电路的核心组件。

由于开关管是在电感电流不为零的时关断的，需要承受更大的应力，要求二极管有极低甚至为零的反向恢复电流，在每一个开关周期，二极管的恢复电流流经MOS晶体管，这导致开关中高的“开关通导”功率损耗。对于这种PFC电路，需要更快的二极管，而PFC电路电压相对较高，选择快恢复二极管或者超快恢复二极管。DP201 (MUR460)是MOTOROLA公司生产的超快恢复整流二极管，MUR是该系列的字母代号，460为系列号。其反向耐压600V、额定工作电流4A、最大瞬时正向压降1V、最大反向恢复时间75ns、最大正向恢复时间50ns，用于高频整流和续流。

UP201的⑧脚经过CP211、CP210滤波后，提供正常的供电IC启动，芯片⑦脚输出PWM控制信号，经电阻RP204到MOS管QP201栅极使其导通。整流后的电压流过电感LP201—QP201—地，并在电感形成左正右负的电流；当MOST管QP201栅极无PWM控制信号时处于截止状态，电流无法在QP201上形成，由于电感的电流不能突变，也就是说流经电感LP201的电流不会马上变为零，而是缓慢的由充电完毕时的值变为零，电感LP201流向反相，形成左负右正电流，电流经二极管DP201导通整流为电容CP201充电，电容两端电压升高，此时电压已经高于输入电压，这样在输出端放电过程中保持一个持续的电流，这两个过程不断重复，输出端得到高于输入电压的电压约为380~395V。

电路中RP205、DP203只有在QP201截止状态时，二极管DP203正偏导通，使其MOS管栅极电压快速降低，使MOS管快速截止。

电容CP203并联在MOS管的D S极间起阻尼作用和保护MOS管，同时还有均压的作用，可以保证串联的管子的工作电压。

电阻RP204、RP203为场效应管，提供偏置电压和泻放的作用，并保护栅极G-源极S。场效应管的G-S极间的电阻值非常大，只要有少量的静电就能G-S极间的等效电容两端产生很高的电压，如不及时把这些少量的静电泻放掉，两端的高压就有可能使场效应管产生误动作，甚至有可能击穿其G-S极;这时栅极与源极之间加的电阻就能把上述的静电泻放掉，从而起到了保护场效应管的作用。

QP201(MDF11N60BTH)为增强型N-FET硅N沟道绝缘栅MOSFET管，作用为输入电压栅极对输出电流的控制。

UP201的⑤脚，用于PFC电路的电流检测，RP201(0.15Ω/2W)为电流检测电阻，限制输出电流，以防止有故障时(负载发生局部短路或输出端短路、电源输出电压升高等)产生过流而造成更大损失，检测到有过流发生时，可以控制关断电源或负载开关，或以限制的电流输出。在限流电阻上并联的2支串联普通二极管DP204、DP205用于最大电流限制0.7V*2，保护电阻烧损。RP206为电流取样电阻。⑤脚外接ZDP201反相稳压管起到稳定的限位直流电压，并联CP209电容起到滤波、消除电源的耦合。

UP201的④脚，为过压保护输入，PFC电压经RP218、RP219、RP220、RP221、RP222分压，CP207、RP209组成的RC滤波，与芯片内部基准电压2.5V比较，超过基准电压1倍时，PFC电压达到420V时过压保护启动，芯片直接停止工作。

UP201的③脚，通过外接电阻RP208，可设置MOS管，每个开关周期中的导通最大时间，在电阻上并联0.01μF电容CP206，用于稳定RT电压，此电阻精确测算阻值严禁改动。

UP201的②脚，为内部ERRAMP(误差放大器)输出的相位补偿，外接电容CP204、CP205、电阻RP207组成RC网络，可抑制FB输出中出现的纹波干扰，避免误动作。

UP201的①脚，为输入输出电压设定的反馈信号，检测FB脚短路和输出过电压，外接电阻RP210、RP211、RP212、RP213、RP214、RP223、RP216、RP217对PFC 395V分压后与芯片内部误差放大器基准电压2.5V比较，如果出现过压5V左右或者FB脚短路，电压下降至0.35V时芯片停止工作。CP208电容为防止噪声引起误动作而保护。

4. 开关电源24V、50V电压形成电路分析

24V、50V电压形成电路主要由开关电源控制IC FA6A30、开关变压器、整流电路、PC817 和TL431及其他器件组成的取样电路、Vcc控制电路等组成。

1) 开关电源

开关电源是利用现代电力电子技术，控制开关管开通和关断的时间比率，维持稳定输出电压的一种电源，开关电源一般由脉冲宽度调制(PWM)控制IC和MOSFET构成，如图 4-1 所示。利用电子开关器件(如晶体管、场效应管、可控硅闸流管等)，通过控制电路，使电子开关器件不停地“接通”和“关断”，让电子开关器件对输入电压进行脉冲调制，从而实现DC/AC、DC/DC电压变换，以及输出电压可调和自动稳压。

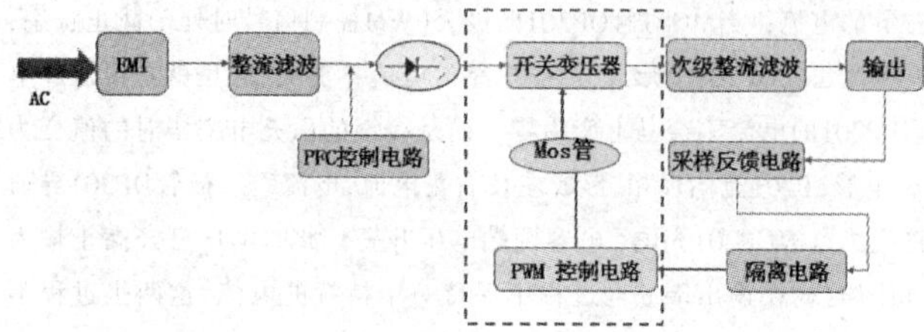

图4-1 开关电源框图

普通变压器输入的交流电压或电流的正、负半周波形都是对称的，并且输入电压和电流波形一般都是连续的，在一个周期之内，输入电压和电流的平均值等于0。而开关变压器是工作于开关状态，其输入电压或电流一般都不是连续的，而是断续的，输入电压或电流在个周期之内的平均值大多数都不等于0，因此，开关变压器也称为脉冲变压器。 通过PWM(脉冲宽度调制)控制开关管，将整流后的直流电压进行高频开关导通，使得高频电流流入开关电源的高频变压器原边，从而是变压器副边产生感应电流，经过整流后就可以得出需要的电压或多路电压。

2)芯片FA6A30

FA6A30是一款用于LLC电流谐振转换器的开关电源控制IC，可使LLC电流谐振转换器用于宽输入电压范围，其内置有600V的启动电路，可实现电路小型化和低功耗。同时内置有600V的上管和下管驱动器，可直接驱动上管和下管，占空比为50%。另外，通过外部信号控制的待机模式实现低待机功耗，从而无需使用辅助电源。

具体功能如下：

宽输入电压范围，可配置不带PFC的LLC电流谐振电源系统；

集成了可直接连接至功率MOSFET的上管和下管驱动电路，且以50%的占空比进行工作；

集成启动电路实现了电源的小型化和低功耗；

可选择正常工作模式、低功耗待机模式或超低功耗待机模式(STB引脚)；

低功耗待机模式期间，通过突发模式降低待机功率；

集成了输入滤波器X电容放电功能，降低了由于放电电阻导致的损耗；

低消耗电流，0.65mA (Vcc静态电流)；

由于IC内部自动设定死区时间，因此可避免直通和硬切换；

各种保护功能：过电流(IS引脚)、过载(VW、FB引脚)、过电压(VH、Vcc引脚)和过热；

集成了固定电平Brown-In/Out功能(VH引脚)；

可调电平Brown-In/Out功能(BO引脚)；

可进行各种条件设定，包括外部锁定功能、过电流保护(通过IS引脚检测)延迟时间设定、待机模式时的工作设定，以及带/不带PFC设定(MODE引脚)；

内置UVLO电路(Vcc、VB引脚)；

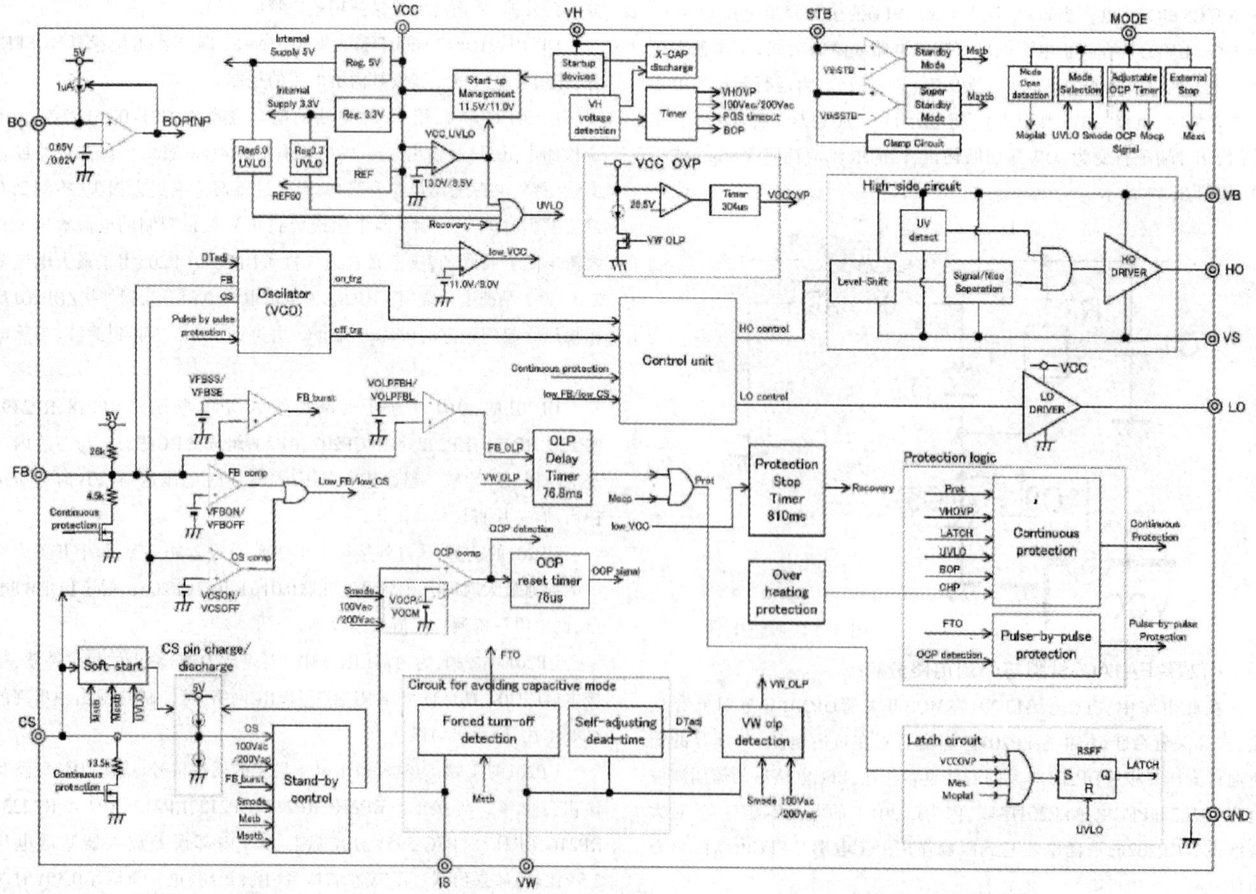

图4-2 FA6A30内部框图

封装:SOP-16。

3)芯片引脚功能

引脚	管脚名称	管脚功能描述	引脚	管脚名称	管脚功能描述
1	VH	高压输入	9	VW	绕组电压检测
2	NC	空	10	Vcc	低侧电源
3	BO	Brown-In/OUT	11	LO	下管栅极驱动输出
4	FB	反馈输入	12	GND	接地
5	CS	软启动和软关闭	13	NC	空
6	STB	待机信号输入	14	VS	高侧基准电位(高侧地))
7	MODE	工作模式设定和过流保护延迟时间设定	15	HO	上管栅极驱动输出
8	IS	电流检测	16	VB	高侧浮地电源

4)芯片内部框图(如图4-2所示)

5)芯片电路原理分析

(1)LLC电流谐振转换器工作原理

FA6A30为LLC电流谐振转换器的控制IC。LLC电流谐振转换器具有,减小变压器的励磁电感以及开关频率随负载变化的变化量。开关频率的变化量减小时,输出电压的精度提高。如果将该LLC电流谐振转换器用于多路输出转换器,则会提高基于其他输出负载变化的输出电压调整,即交叉调整。由于LLC电流谐振转换器由半桥电路驱动,因此,除下管驱动电路外,还需高侧浮地驱动电路。图4-3所示为LLC电流谐振转换器的电路。上管和下管开关元件Q1和Q2以50%的等占空比交替打开和关闭。在该图中,Cr为谐振电容、Lr为谐振漏电感、T为变压器、Lm为变压器的励磁电感。Np为变压器初级绕组的绕组匝数,Ns为变压器次级绕组的绕组匝数。

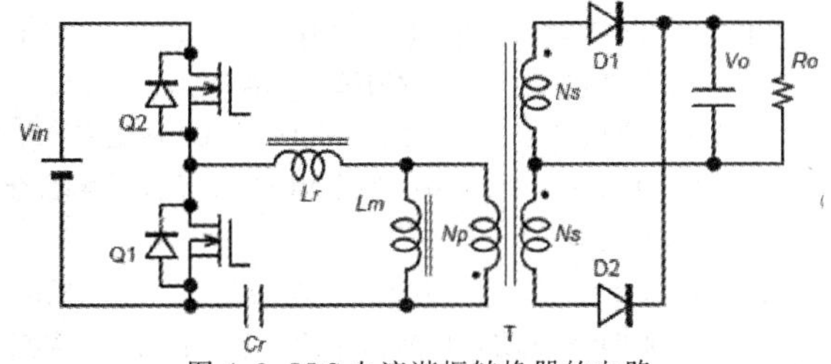

图 4-3 LLC 电流谐振转换器的电路

图4-4所示为最大增益频率高低频率范围之间的工作模式。在低于最高电压增益频率的频率范围内,半桥电路的高侧和低侧短路,该现象称为直通。此情况下MOSFET可能损坏。因此,设定在频率高于最高电压增益频率的范围内工作,可避免引起直通而损坏MOS管。

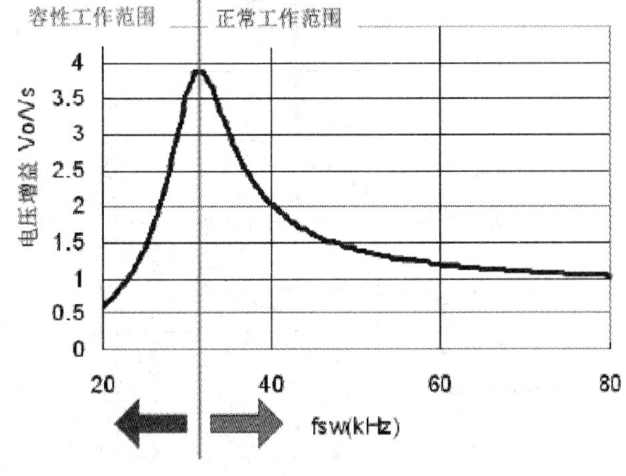

图 4-4 LLC 工作模式

① 容性工作范围状态(如图4-5所示)

(d) 如果频率变低,则有可能发生直通。Q1打开时,电流ID1达到最大值后开始减小,最终导致谐振电流Icr由正转负(即反向),ID1也由正转负。

(c) 在此状态下,Q1关闭时,电流流经Q1的寄生二极管。另一侧的Q2打开时,Q1的寄生二极管进入反向恢复状态并可能损坏。

(b) Q2打开时,电流ID2达到最大值后开始减小,最终导致谐振电流Icr由负转正,而ID2由正转负。

(a) 在此状态下,如果Q2关闭,则电流流经Q2的寄生二极管。另一侧的Q1打开时,Q2的寄生二极管进入反向恢复状态并可能损坏。

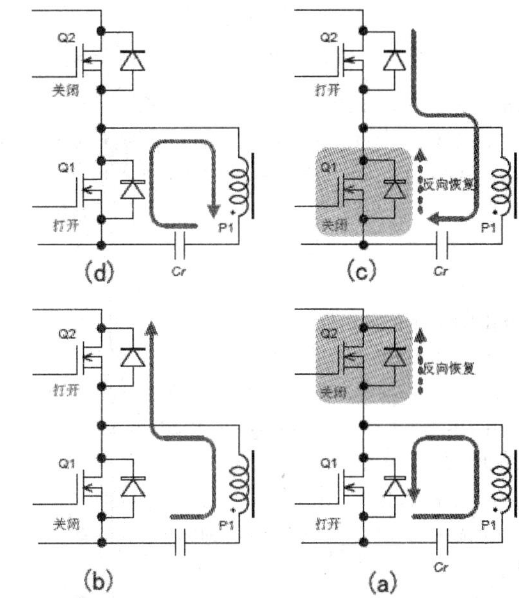

图4-5 容性工作范围状态

② 正常区域工作状态(如图4-6所示)。

(a) Q1打开时,电流ID1在达到最大值后开始减小。

(b) 在ID1还处于正向流通时已关闭Q1,则电流流经Q2侧。另一侧的Q2打开,谐振电流Icr持续流动。

(c) Q2打开时,电流ID2由负转正,并在达到最大值后开始减小。

(d) 在ID2还处于正向流通时关闭Q2,则电流流经Q1侧。另一侧的

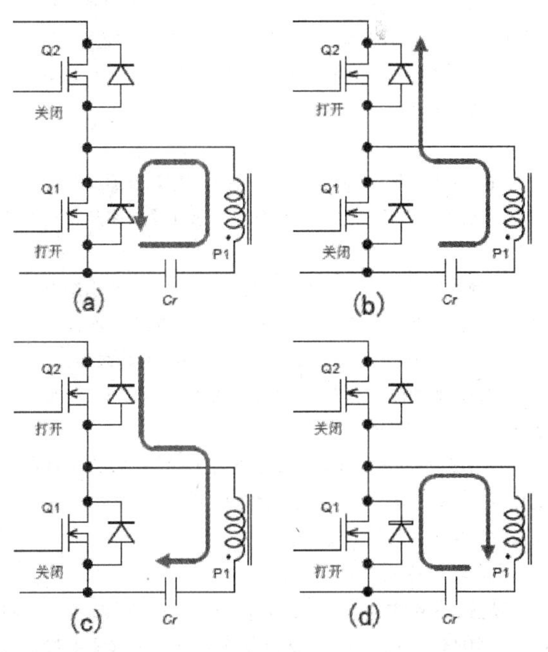

图 4-6 正常区域工作状态

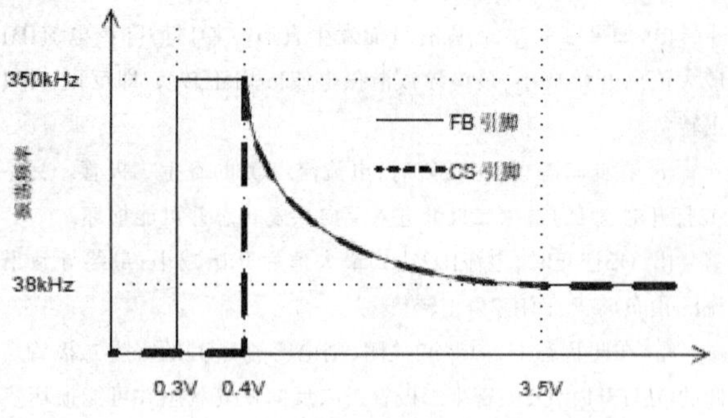

图4-7 基于FB和CS引脚电压的振荡频率

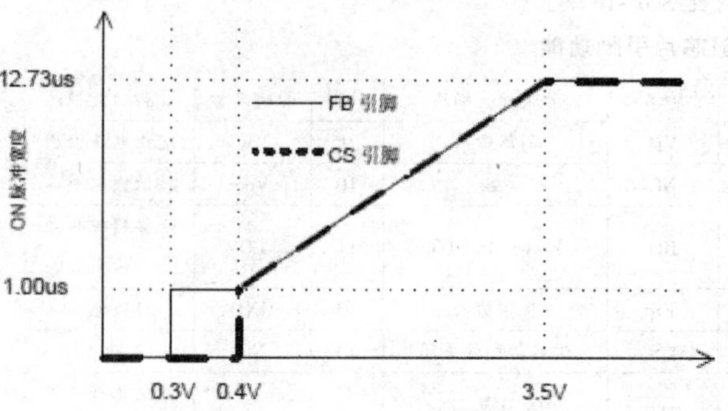

图4-8 基于FB和CS引脚电压的ON脉冲宽度

Q1打开，谐振电流Icr持续流动。

重复以上过程，谐振电流Icr持续流动。换言之，Q1和Q2的电流ID1和ID2变负前，MOFET关闭并切换为另一侧的MOSFET。因此，不会出现直通的现象。

(2)芯片保护脚功能状态

(a) Q1打开时，电流ID1在达到最大值后开始减小。

(b) 在ID1还处于正向流通时已关闭Q1，则电流流经Q2侧。另一侧的Q2打开，谐振电流Icr持续流动。

(c) Q2打开时，电流ID2由负转正，并在达到最大值后开始减小。

(d) 在ID2还处于正向流通时关闭Q2，则电流流经Q1侧。另一侧的Q1打开，谐振电流Icr持续流动。

重复以上过程，谐振电流Icr持续流动。换言之，Q1和Q2的电流ID1和ID2变负前，MOFET关闭并切换为另一侧的MOSFET。因此，不会出现直通的现象。

(2)芯片保护脚功能状态

引脚保护功能	锁定状态	引脚保护功能	锁定状态
VW 引脚过载保护	自动恢复	VH 引脚 Brown-In/Out	自动恢复
FB 引脚过载保护	自动恢复	MODE 引脚外部故障停止	锁定
IS 引脚过流保护	自动恢复	热切断保护	自动恢复
VH 引脚过压保护	自动恢复	Mode 选择电阻断路检测	锁定
Vcc 引脚过压保护	自动恢复	Vcc 电压跌落保护	自动恢复

注：过电流、过载和 Vcc 电压跌落的自动恢复保护功能，使控制 IC 在暂停一段时间后恢复开关工作。其他自动恢复保护功能在各引脚的温度或电压超出 IC 的设定阈值范围时，将停止工作；当温度或电压值下降至允许范围内时，恢复正常工作。

(3)振荡频率

通过开关频率调制(SFM)对 LLC 电流谐振转换器进行控制。因此，IC 配备可根据来自输出电压的反馈信号对开关频率进行控制的振荡器。

谐振频率根据 FB 引脚电压和设定软启动的 CS 引脚电压变化而变化。由 FB 引脚电压和CS 引脚电压中更低者确定频率。振荡频率最高设定为 350kHz 且最低设定为 38kHz，图4-7和图4-8显示了振荡频率和 FB 引脚电压或 CS 引脚电压之间的关系。(图中 ON 脉冲宽度为最小死区时间对应的值。)

一般情况下，反馈控制频率线性变化，而本 IC 则控制 ON-脉宽线性变化。对于该方法，工作点附近的频率变化小于前者。因此，可限制转换器的环路增益且使工作更稳定。

(4) 软启动功能

启动前，CS 引脚电压和 FB 引脚电平保持在 GND 电位。刚启动时，输出电压不足，因此 FB 引脚电压立刻升高，而 CS 引脚的电容开始充电且 CS 脚电压由小逐渐增大，频率会从高逐渐降低，即软启动。从低功耗待机模式切换至正常工作模式时，或低功耗待机模式的突发运行，也会执行软启动过程。

(5) 低功耗待机模式

通常，轻负载时 LLC 电流谐振转换器的效率将降低，空载时也会有好几瓦的损耗。因此，在待机工作模式下，为达到节能目的，一般需要辅助电源，从而导致无法缩小电源尺寸。

本 IC 采用 STB 引脚可将正常工作模式切换至低功耗待机模式，从而无需使用辅助电源来实现低待机功耗。切换至低功耗待机模式时，IC工作在突发模式下，且 IC 反复启动和停止开关。也就是CS 引脚的电容根据 FB 引脚电压进行充电/放电，并且根据 CS引脚电压改变频率。因此，IC 在突发模式下工作，并在启动/停止开关时，激活软启动和软关闭。

(6) 防直通功能

在电流谐振电路中，如果电流 ID1 和 ID2 变负且另一侧的 MOSFET导通，则会发生直通进而导致上管和下管短路损坏开关管。

通常情况下会限制最低频率以防止直通。然而，在输入电压和负载发生改变时，这并非最佳方法，因为同时会限制工作点的设定。

在本 IC 中，会始终监视谐振电流 Icr，Q1 和 Q2 的电流 ID1 和 ID2 变负前 MOFET 会被关断，且另一侧的 MOSFET 导通。因此，会继续工作，而不会发生直通。

如图4-9所示，谐振电流经分流电容Crd进行分流，通过电阻Ris转换为电压Vis，并通过IS引脚进行检测。使用本 IC 时，将变压器的初级绕组和谐振电容连接起来后与低电压侧 Q2 并联。防直通功能具体分两种情况，分别为强行关断功能和死区时间自动调整功能。

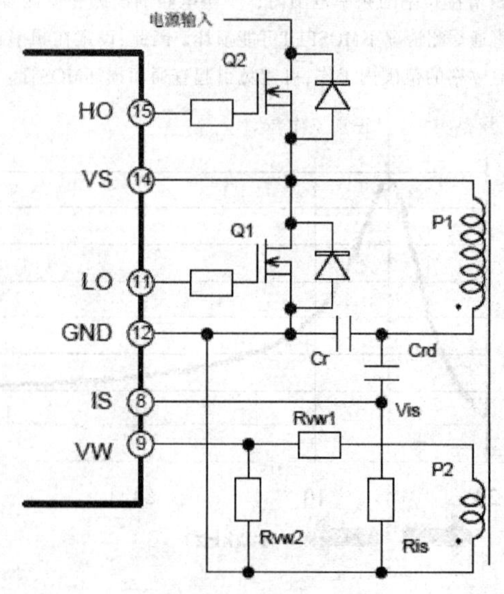

图 4-9 防直通功能电路图

a. 强行关断功能。

正常工作期间,MOSFET 根据振荡器信号关断。然而,在下列两种情况下,由于可能发生直通,IC 会强行关断 MOSFET。VW引脚电压升至高于强行关断阈值VTHVWP(阈值电压在正常工作模式为VTHVWPN,低功耗待机模式为VTHVWPS)且检测到谐振电流Icr的IS引脚电压超过VTHISM时。

VW引脚电压降至低于强行关断阈值VTHVWM(阈值电压在正常工作模式为VTHVWMN,低功耗待机模式为VTHVWMS)且IS引脚电压降至低于VTHISP时。

图4-10显示了 VW 辅助绕组、谐振电流 Icr 和强行关断阈值之间的关系。

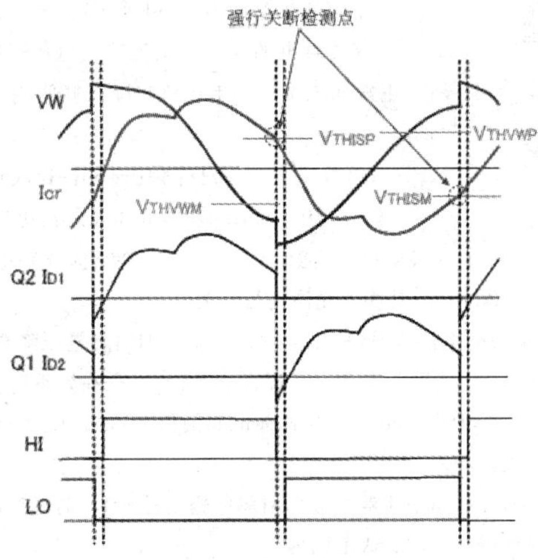

图4-10 防桥臂直通功能波形

b. 死区时间自调整功能。

启动或突发启动期间,开关频率接近最高频率时,极有可能出现直通电流或硬切换。本IC配备死区时间自调整功能以防止发生此类问题。

通过检测VW辅助绕组电压变化率dV/dt,该功能检测VS引脚电压的变化并接通上管或下管MOSFET。根据振荡器的OFF信号,关断MOSFET。

死区时间在IC内部自动设定,最短为430ns且最长为20us。

如图4-11所示,在变压器设计中,VW 辅助绕组的极性必须与初级绕组P1的极性相反。VW 辅助绕组也可用作 Vcc辅助绕组为 Vcc 引脚供电。

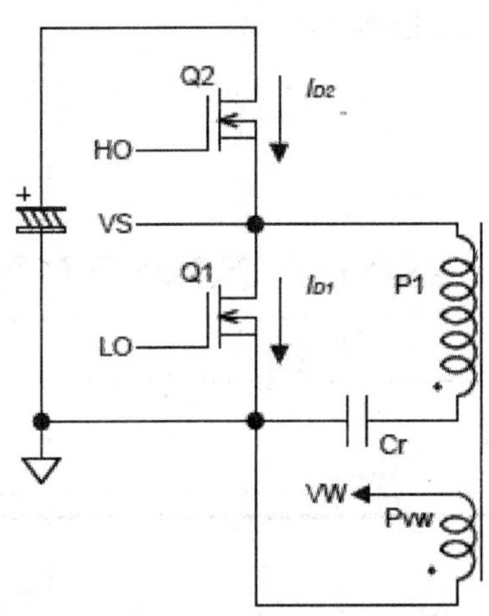

图4-11 初级侧电路概图

(7) 启动电路和启动过程

电源接通时,通过电流(从启动电路流经 VH 引脚提供给 Vcc 引脚)给与 Vcc 引脚连接的电容充电,然后 Vcc 电压升高。Vcc 电压达到 11.5V 时,内部电路的偏置电压启动,且首先进行工作模式设定。

使用本 IC 时,在工作模式设定期间,MODE 引脚输出恒定电流,并根据与 MODE 引脚连接的电阻值设定各工作模式。在此期间,通过启动电路的 ON/OFF 控制将 Vcc 引脚电压保持在 11V 至 11.5V 之间的范围内,工作时序如图4-12所示。

工作模式设定(40ms)后,MODE 引脚电压下降,并且在降至 0.6V 时,Vcc 引脚电压再次开始升高且 MODE 引脚电压限制在 0.48V。Vcc 引脚电压达到开始工作电压 13V 时,CS 引脚电压开始升高。CS 引脚电压达到 0.4V 时,以软启动(频率从最高振荡频率 350kHz 逐渐降低)形式启动开关。

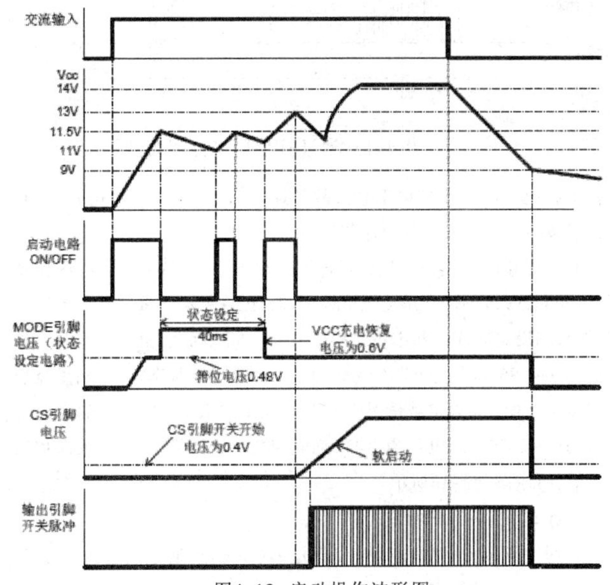

图4-12 启动操作波形图

如果 Vcc 辅助绕组提供的电压高于 11V,则启动电路仅在启动时工作,且启动后,由辅助绕组供电并使工作继续。

(8) 动态自供电(DSS)功能

在诸如过压和过载等保护状态导致控制器停止工作时,Vcc引脚电压将会降至启动电路的启动阈值电压11V,此时,IC会通过DSS功能,将启动电路设置成ON/OFF状态,从而保持Vcc引脚电压为11V至11.5V。由于IC在正常工作状态下仅由启动电路提供电流时无法工作,因此,必须由辅助绕组提供Vcc电压。

(9)工作模式设定功能

根据启动时MODE引脚和GND之间的电阻,修正低功耗待机模式下和带/不带PFC设定情况下的突发工作设定(高频模式或低频模式)。下表列出了工作模式设定的详情。如果启动时电阻断路,则IC在锁定模式下停止。

电阻(RMODE)	模式	突发模式设定	带/不带 PFC
56K	A	高频模式(HM)	带
100K	B	高频模式(HM)	不带
200K	C	高频模式(HM)	带
330K	D	高频模式(HM)	不带

(10)通过外部信号进行保护(锁定型)

MODE 引脚还具有保护功能,可通过外部信号停止开关。如果MODE引脚电压被外部信号降至阈值电压0.35V以下,且延迟时间达到304ms,则IC停止工作。

(11)过载保护

自动恢复型(FA6A30N):如果VW引脚电压超过其过载阈值,或FB引脚电压超过其过载阈值达过载延迟时间76.8ms,则强行停止开关。如

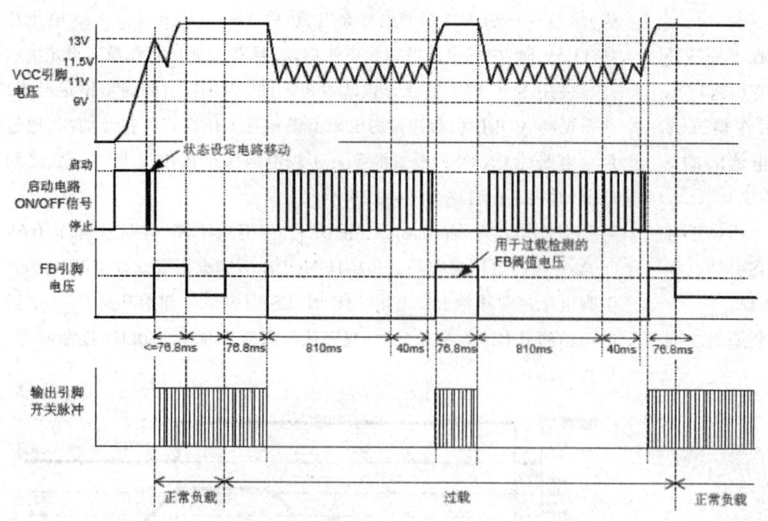

图4-13 通过FB引脚进行过载检测操作

果各引脚电压降至阈值以下且过载延迟时间达108ms或更长时间，将重置过载检测。图㉙过载时序图。

开关停止时，切断辅助绕组电源且启动电路将Vcc引脚电压保持在11V至11.5V范围内。开关停止810ms后，IC将重置并重复该启动时序(工作状态设定时序)。状态设定操作需要 40ms。因此，由于过载开关将停止850ms。850ms后，开关将恢复。此时，如果过载状态持续，则重复启动和停止操作。如果负载情况恢复正常，则IC恢复正常工作。启动时的软启动(直至CS引脚电压增至4V)期间，根据FB引脚电压，过载保护功能无效，时序图如4-13所示。

(12) 过电流保护功能

如图㉚所示，谐振电流通过旁路电容Crd分流，通过电阻Ris转换为电压Vis，并通过IS引脚进行检测。

如果IS引脚电压超出过电流阈值电压，则每个振荡周期都会断开MOSFET。

如果IS引脚电压超过过电流阈值达延迟时间，则强行停止开关。如果IS引脚电压降至阈值以下达过电流检测重置时间76ms或更长时间，则将重置过电流检测。可使用MODE引脚(具有内置CR振荡器和计时器)的电容和电阻，将过电流的延迟时间设定在1至40ms范围内。

对于自动恢复型，开关停止后经过810ms后，IC将重置并重复该启动时序(工作状态设定时序)。状态设定操作需要40ms。因此，由于过电流，开关将停止850ms。达到过电流重启时间后，重新启动开关。

对于锁定型，达到过电流延迟时间后，锁定保护执行。

(13) 过电压保护(Vcc引脚)

如果次级输出过电压，则辅助绕组电压也会升高。Vcc引脚具有检测该辅助绕组电压的功能，如果Vcc引脚电压超出过电压阈值28.5V达304ms，则关停止。

(14)过电压保护功能(VH引脚)

如果VH引脚峰值电压升至过电压阈值525Vdc，则停止开关，且在VH引脚电压降至重新启动电压500Vdc时恢复开关。

(15)欠压锁定功能

为防止由于Vcc降低导致电路故障，集成了欠压锁定电路。Vcc引脚电压从0V开始升高时，如果电压达到启动工作电压13V，则开始工作。Vcc电压降低时，如果电压达到切断电压9V，则停止工作。

此外，也会检测VB引脚和VS引脚之间的电压(称为高侧Vcc)。高侧Vcc升至VBS开关启动电压8.8V时，开始工作，降至VBS开关停止电压7.5V时，停止工作。

(16)内部防过热切断功能

如果IC温度升至136°C，则停止开关。温度降至120°C时，恢复开关。

(17)交流电源中断时输入滤波器X电容的放电功能

通过全波整流将VH引脚连接至交流线路滤波器的X电容，交流输入电源切断时，X电容可进行放电。该功能可消去用于X电容的放电电阻，从而降低待机功率。

X电容的推荐大小为2mF或更低。

(有关触电的要求：交流输入电压切断后1秒内，电源输入部位的电压值应降至峰值的37%或更低。)

(18)固定电平VH引脚Brown-In/Out功能

集成了Brown-Out功能和Brown-In功能。交流线路电压降低时，Brown-Out功能使开关停止，且在交流线路电压升至规定电压前，Brown-In功能不允许进行开关。

通过该功能直接监视VH引脚电压。如果VH引脚电压降至Brown-out阈值90Vdc以下，则开关不会立即停止工作，而是在延迟时间107ms后停止。如果VH引脚电压超出Brown-In阈值93Vdc，则在延迟时间144ms后开关启动。

通过Brown-Out功能停止输出引脚的输出脉冲时，通过启动电路，Vcc电压保持在11V至11.5V范围内。

(19)可调电平BO引脚Brown-In/Out功能

AC整流后通过电阻分压，连接BO脚，可禁用固定电平VH引脚Brown-In/Out功能，并可通过BO引脚电阻的分压随意设定Brown-In/Out电压。此时，BO引脚判断Brown-In/Out电压。

如果BO引脚进入开路状态，正常的固定电平VH引脚Brown-In/Out功能有效。此时，启动时在工作模式设定期间，BO脚判断是否连接有电阻，并在VH和BO引脚之间切换Brown-In/Out功能。

(20)Vcc电压跌落保护功能

图4-14的时序图，输出短路等情况下，Vcc电压降至9V或更低时，IC停止开关并通过

内部启动电路保持Vcc电压。停止后经过810ms后，IC将重置并按照启动时序(工作状态设定时序)重新启动。状态设定操作需要40ms。因此，过电压开关停止时间为850ms。

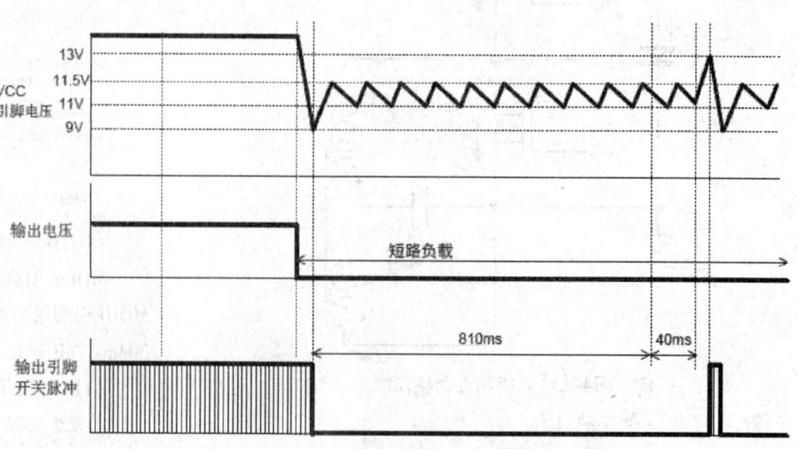

图4-14 Vcc电压跌落保护功能

5. 24V、50V电路分析

图5-1 24V、50V形成电路原理图 1)24V、50V形成电路原理图，如下图5-1所示。

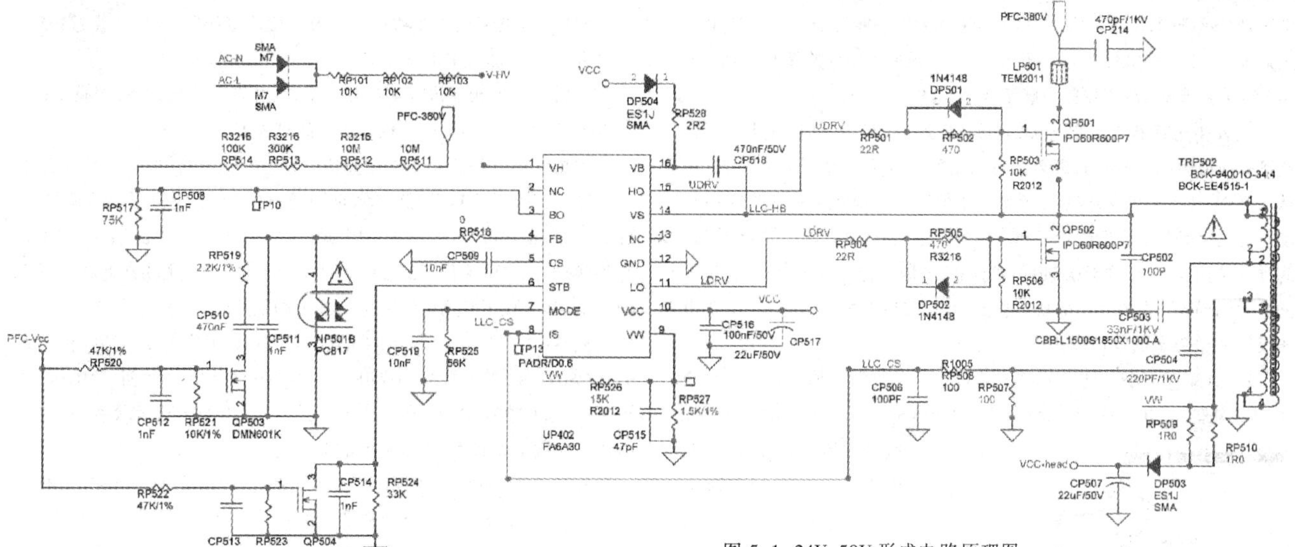

图 5-1 24V、50V 形成电路原理图

2)芯片FA6A30引脚与外围电路

图5-2 芯片VH、Vcc连接电路PFC电路后端接入LLC电流谐振开关电源电路，图5-2中的FA6A30①脚VH，为芯片提供初次启动电压，内部启动电路向①脚外连接的电容充电，使Vcc电压升高。Vcc超过欠压锁定电路(UVLO)的13V启动工作电压时，内部供电启动IC。如果从开关变压器的辅助绕组供给Vcc，则启动电路保持关闭状态。在正常工作状态下，不使用辅助绕组而使用启动电路提供的电流无法使IC保持工作，因此应由辅助绕组供给Vcc电压。启动电压来自EMI电路，经2支二极管DP105、DP107全波整流，RP101、RP101、RP101电阻降压后输入，VH脚还对输入电压进行校正检测各功能电平和检测交流线路的过电压情况。

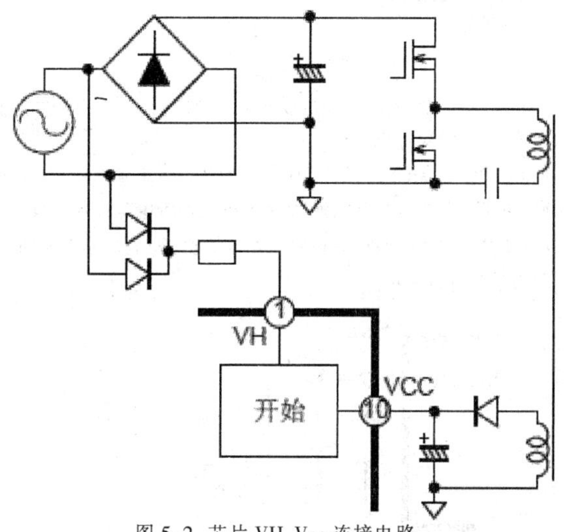

图 5-2 芯片 VH、Vcc 连接电路

当VH脚电压增至93V或高于Brown-In电压，且在该状态下VH脚Brown-In检测延迟144ms时，开关启动。同时，交流输入电压降至低于90V的VH脚Brown-Out电压，且在该状态下VH引脚Brown-Out电压延迟107ms时，输出开关停止。Brown-Out功能抑制开关时，启动电路控制为ON和OFF以将Vcc电压保持在11V至11.5V的范围内。VH引脚电压达到VH引脚Brown-In电压时，开关恢复工作。

如果VH引脚电压超过525V，则判断为过电压并停止开关。开关停止且VH引脚电压低于500V时，判断为过电压状态解除，并重新启动开关。VH脚外接电阻不能用于调节控制启动时间和启动电压。

【由于交流供电电网存在波动或者跌落的情况，在模块实际使用中，当交流输入电压波动或跌落到模块正常工作电压范围以下时，模块为了维持输出功率，这时输入有效值电流将会增加，势必增大了输入线路上相关器件工作时的电流应力和热应力，影响到模块的可靠性工作，带来安全隐患；于是，产生了Brownout保护电路，即当输入电压低于模块的最低安全工作电压时，Brownout保护电路动作，即刻将模块关断。同时，为了不让模块在交流输入电压过低时启动，造成器件电流应力过大而损坏，因此，产生了Brownin保护电路，即当输入电压达到模块最低安全工作电压以上时，Brownin保护电路动作，开启模块。但启动和关断电压应不在同一个交流电压点上，应产生一定的滞洄，避免模块在同一电压点上反复开启和关断，产生来回的振荡过程。所以需要对输入交流供电电压进行监测，从而根据监测到的交流输入电压大小来控制后面模块是否开通或关断，以实现对模块的保护作用，提高其工作可靠性，及对输入交流供电电压的适应性。】

FA6A30②脚NC，由于该引脚位于高压引脚(VH)附近，因此其未内接至IC。

FA6A30③脚BO，具有可调Brown-In/Out功能(针对输入电压侦测，多少V时电源启动，低于多少V时电源就关闭，同时有输出过压保护，掉电保护功能)。通过电阻RP511、RP512、RP513、RP514对PFC 380V分压(经整流滤波平滑处理的交流线路电压)输入至BO引脚Brown-In/Out电压，固定电平时VH引脚Brown-In/Out功能禁用。

在工作模式设定为启动期间，BO引脚输出1μA电流。如果BO引脚处于开路状态，则BO引脚电压升高至高于启动时的开路检测电压-

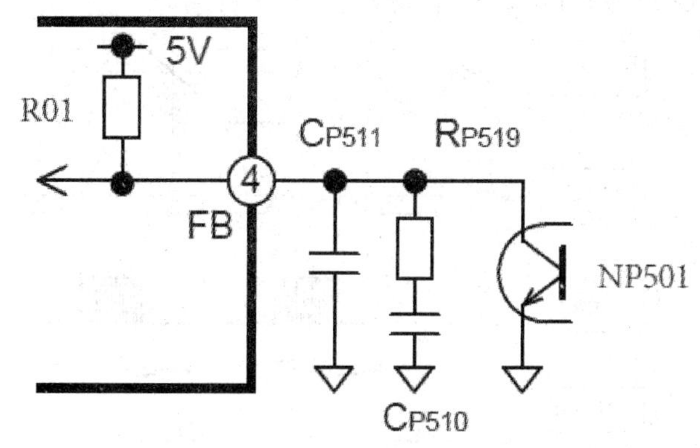

图5-3 芯片FB脚连接图

4.4V，固定电平VH引脚Brown-In/Out功能激活。CP508接在BO引脚和GND之间,消除输入电压PFC中包含的交流波纹。

FA6A30④脚FB,反馈信号输入,由内部电压经电阻R01为FB引脚提供偏置电压,如图5-3所示,FB引脚电压输入至振荡器,且由FB引脚电压或CS引脚电压确定频率,以较低者为准。④脚电压升至0.3V时开关启动,频率为350kHz。电压升至0.4V时,开关频率开始降低。电压升至3.5V或更高时,振荡器频率降至最小38kHz 。

当发生过载状态且电源输出电压降至低于设定值时,④脚电压升高到4.3V或更高并持续过载延迟时间达76.8ms,则开关停止;④脚电压从大约0V升高到低于0.3V时开关工作停止,在电压不低于0.3V时启动。开关启动后,④脚电压低于0.26V时停止。在FB引脚和GND引脚之间加入了由RP519、CP510组成的滤波器,防因噪音而引起故障。④脚外的光耦NP501接开关变压器次级整流输出的24V取样稳压电路,用于电压反馈调整稳定的电压输出。

FA6A30⑤脚CS,为启动期间的软启动和突发工作模式及其软启动/结束功能。,IC工作后,从CS 引脚输出5.5μA的电流为电容C509充电,如图5-4所示。CS引脚电压升至0.4V以350kHz的频率启动开关,且随着CS引脚电压的升高,工作频率降低,从而确保软启动工作,在低功耗待机模式下,根据FB引脚电压对CS引脚充电/放电,从而确保突发工作。

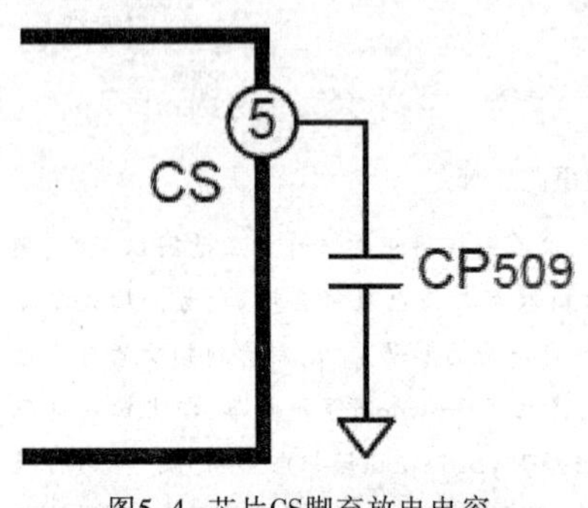

图5-4 芯片CS脚充放电电容

FB引脚电压降至突发模式软关闭-启动电压4.1时,CS引脚进入放电模式并对连接至CS引脚的CP509电容放电。即使CS引脚电压升高,也会被箝位在5V。

(b) CS引脚电压降低时,开关频率增大且CS引脚降至低于CS引脚开关停止电压1.1V时,开关停止工作。该工作为软结束。最后,CS引脚电压几乎达到0V。

(c) 开关停止工作后,输出电压降低且FB引脚电压开始升高。

(d) FB引脚电压增至突发模式软启动-启动电压4.3V时,CS引脚进入充电模式并对CS引脚的电容充电。

(e) CS引脚电压升高并超过CS引脚开关启动电压1.2V时, 开关以软启动模式启动。

(f) CS引脚电压升高时,开关频率逐渐减小。

(g) 随着开关动作,输出电压升高且FB引脚电压降低。最终从(g)所述状态返回至(a)所述状态,实现低待机功耗的突发工作模式,如5-5所示。

FA6A30⑥脚STB,根据此引脚的电压,可在正常模式和低功耗待机模式(突发工作时低功耗待机模式激活)之间切换。

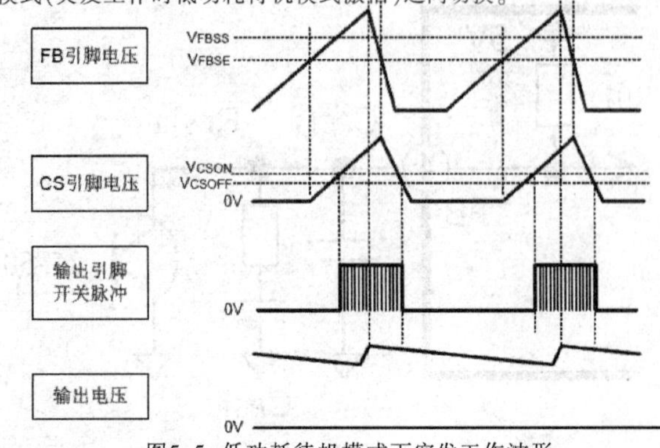

图5-5 低功耗待机模式下突发工作波形

STB引脚电压降至低于0.3V时,低功耗待机模式启动,IC将在正常模式下工作。

STB引脚电压降至0.35V到1.5V间时,IC工作在低功耗待机模式和超低功耗待机模式下工作之间。

STB引脚电压达到低功耗待机模式检测电压0.35V后, 经过105ms的延迟时间,突发工作模式启动。

正常工作模式下执行正常开关工作,超低待机模式下,根据STB脚的电压,IC处于悬浮状态消耗电流大约55 mA 。

STB 引脚开路状态下电压被钳位到5.2V, 另外, 输入一个外部电源比如辅助电源到Vcc引脚,将VH 脚连到GND, 通过BO脚的电阻设定brown-in/out 功能,从而停止VH引脚的brown-in/out 功能。这时IC进入悬浮状态,工作电流低至55mA。因为VH引脚的启动电路在此状态下不消耗电流,实现了辅助电源供电情况下的低待机。

图5-6中,STB引脚外接电阻RP524(33kΩ)工作于低功耗待机模式时,QP504、QP503的栅极都接PFC_Vcc,在正常工作期间两只MOS管经偏置电阻PR520、PR521、PR522、PR523分压,均处于导通状态,直接影响IC④⑥脚工作状态,使IC处于正常模式下工作。

在待机下,QP504、QP503栅极由于无PFC_Vcc无供电,均处于截止状态.使IC处于超低功耗待机模式.在应急维修中.此电路可以取消.不

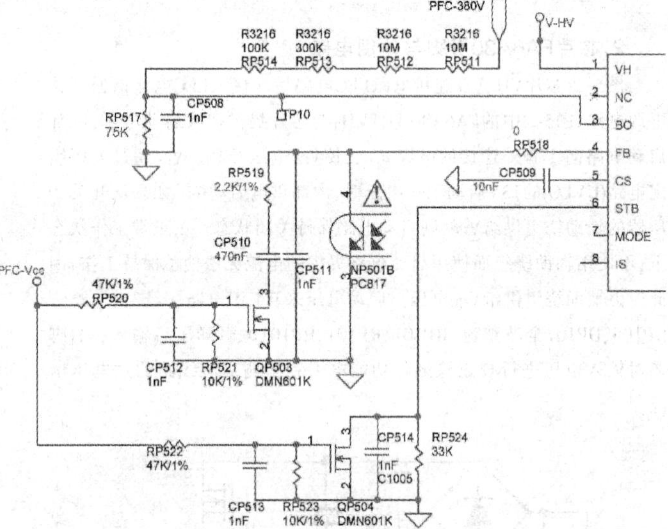

图 5-6 超低待机模式电路

影响开关机,只影响待机功耗。

FA6A30⑦脚MODE, 在MODE引脚外并联电阻RMODE和电容CMOED,如图5-7所示。其功能:根据MODE引脚电阻选择突发模式状态和PFC状态(带/不带PFC); 设定过电流保护(IS引脚)延迟时间;通过外部输入信号进行保护。

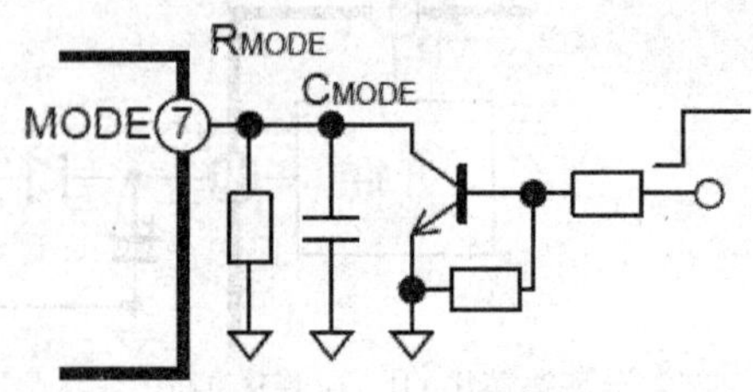

图 5-7 MODE 连接电路图

(a)启动期间Vcc引脚电压升至11.5V时,从MODE引脚输出10mA的模式选择拉电流, 并根据MODE引脚和GND之间电阻产生的电压来进行模式设定。如果工作模式设定时电阻处断开,则MODE引脚电压升至高于模式选择电阻断开检测电 压的4.4V,此时IC停止在锁定模式。

工作模式设定时间设定为40ms。经过设定时间后,Vcc引脚电压再次升高,达到13V的启动工作电压时,开关启动。一般情况下,MODE引

脚保持为0.48V，有四种可选模式。

(b)设定过电流保护(IS引脚)延迟时间：MODE引脚电压限制在0.48V，如果IS引脚检测到过电流状态，则从MODE引脚输出26.5mA的恒定电流为电容充电。MODE引脚电压达到0.8V时，恒定电流输出停止，并通过电阻为电容放电。MODE引脚电压降至0.6V时，再次输出恒定电流。MODE引脚重复该振荡状态，且振荡次数达到36次时，开关停止工作。

(c)通过外部输入信号进行保护：MODE引脚保持在0.48V，此时，从MODE引脚输出25mA的拉电流。如果MODE引脚电压降至低于外部故障停止阈值电压0.35V并持续304ms，则输出开关停止工作。

本电路中，只在⑦脚外并联了电阻电容。

FA6A30⑧脚IS，该引脚通过检测谐振电流，强制关断以防止直通，及通过检测谐振电流进行过电流保护。

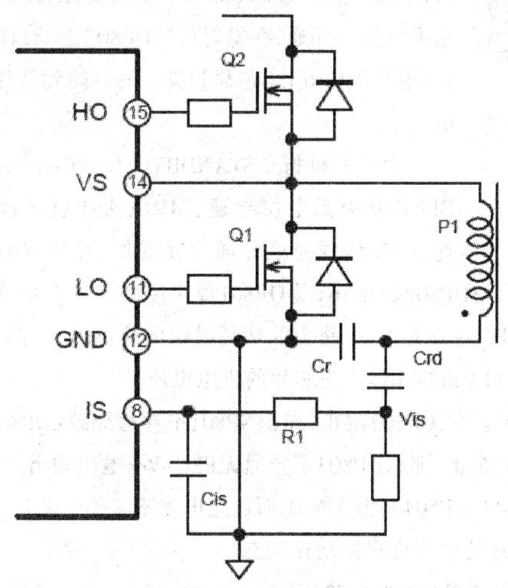

图5-8 IS引脚电路图

检测谐振电流防直通功能：由于直接检测流入谐振电容Cr的电流时损耗增加，利用旁路电容Cis、谐振Cr电容比，对过电流进行分流，并通过电流电阻R1将电流转换为电压来检测谐振电流。同时Cis、R1组成CR噪音滤波器，如图5-8所示。因MOSFET的开关噪音可能导致IS引脚的过电流检测功能和防直通功能故障，并且工作可能会变得不稳定。

过电流保护：如果IS引脚电压超过过电流检测电压，则Mos管在对应的谐振周期关断，然后经过死区时间后另外的Mos管开启。如果过电流状态持续，则重复上述操作。

如果该过电流检测状态的持续时间达到由MODE引脚的CR常数设定的过电流延迟时间，则开关停止。在过电流重启时间810ms期间，

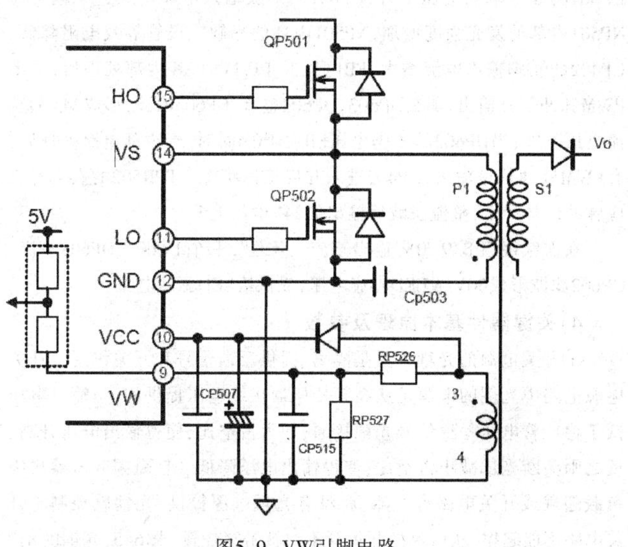

图5-9 VW引脚电路

开关暂停，经过过电流重启时间后，开关恢复工作。如果在过电流检测的复位时间76ms期间未检测到过电流，则过电流检测复位。

FA6A30⑨脚VW，检测开关工作时的电流状态，监视与主绕组反极性的辅助绕组电压，防止直通；检测过载状态。

开关变压TPR502的主绕组反极性的辅助绕组③④端电压经分压电阻PR526、PR527输入VW引脚，如图5-9所示。

过载检测，由于初级侧辅助绕组的峰值电压与次级侧的负载成比例，因此通过检测辅助绕组的峰值电压可实现高精度的过载保护功能。辅助绕组电压经分压电阻输入VW引脚，并根据过载检测电压调整分压器。如果⑨脚电压超过过载检测VW电压的时间达到过载延迟时间76.8ms，则开关停止。

对于自动恢复类型，在过载的情况下进行间歇工作，过载状态复位后，恢复正常工作。对于定时锁定类型，到达过载状态时开关停止，从而发生锁定。过载检测状态持续期间，如果未检测时间等于或大于过载检测复位时间108ms，则过载检测复位。电容CP515防止噪音干扰。

FA6A30⑩脚Vcc，为IC供电、通过检测低电压防止出现故障、次级侧过电压保护。如图5-10所示，Vcc电压通过变压器中的辅助绕组③脚，经电阻RP509、RP5010、二极管DP503整流、CP507滤波，平滑处理后连接Vcc供电电路(后文另做介绍)。正常工作期间的辅助绕组电压处于14~27V范围内。因为启动电路停止电压为12.1V(最大值)，所以Vcc引脚电压应为14V或更高，以防止启动电路在正常工作期间激活。

在正常工作状态下，仅使用启动电路供给的电流时无法使IC保持工作，因此需要从辅助绕组供给Vcc电压。防止Vcc电压降低时电路故障，集成欠压锁定电路。启动时，Vcc脚电压升高至启动工作电压13V，开关启动。(VB引脚和VS引脚间的电压需高于VBS开关启动电压8.8V。)Vcc电压降至低于9V时，IC停止工作。IC通过欠压锁定电路停止工作时，输出脚被强制拉低。

次级侧过电压保护：如果Vcc引脚电压超过过电压的阈值电压28.5V达过电压保护延迟时间304ms，则开关在锁定模式下停止。驱动MOSFET时，Vcc引脚内流过大电流，在Vcc引脚会产生较大噪音。另外，辅助绕组供给的电流也会产生噪音。如果噪音较大，IC可能发生故障。在Vcc与地间，除电解电容CP517外，还接旁路电容CP516。

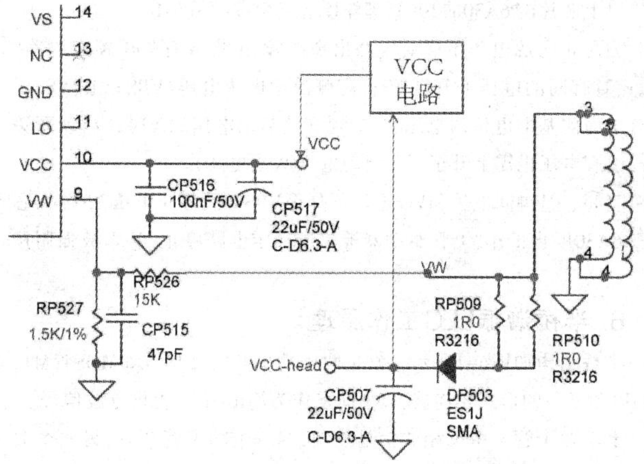

图5-10 Vcc电路

FA6A30⑪脚LO，为驱动MOSFET下管的输出端，LO脚经电阻RP504、RP505(限制输出引脚电流并防止栅极引脚电压振荡。)到QP502栅极。LO引脚为正半周脉冲，QP502导通，输出接近Vcc电压；LO引脚为负半周脉冲，QP502关断，输出接近0V。

FA6A30⑫脚GND，为芯片内部各器件接地端。

FA6A30⑬脚NC，紧邻高压引脚(VS)，未连接至IC内。

FA6A30⑭脚VS，上管驱动器的浮动接地脚，在电流谐振转换器的主电路中，上管QP501的源极和下管QP502的漏极连接，连接点以低阻

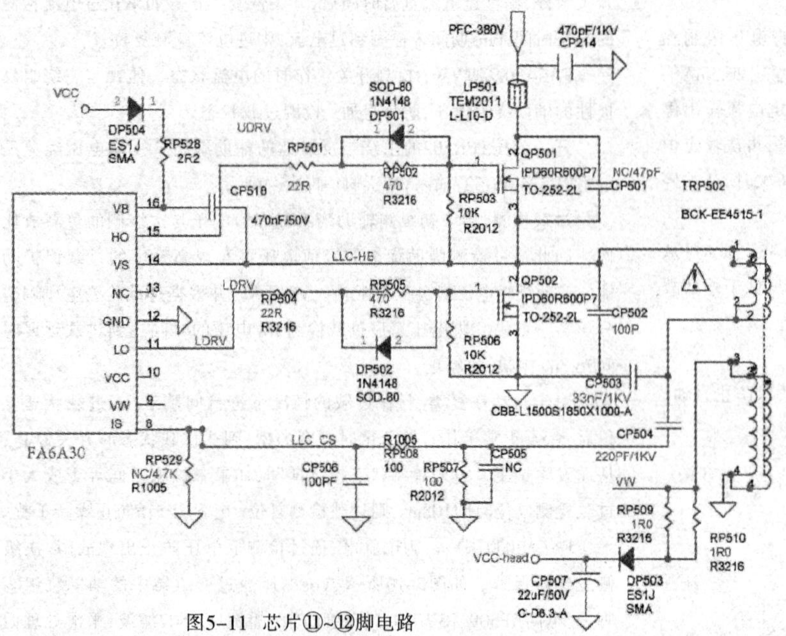

图5-11 芯片⑪~⑫脚电路

抗输入VS引脚。由于上管QP501和下管QP502交替导通和关断，VS引脚电压会发生变化。上管驱动器以VS引脚为基准电压并通过自举电路进行工作。上管QP501关断时，电流流过QP502内二极管。根据电感和主电流的电流变化率，上管关断时，在数百纳秒内，VS引脚电压可能会下降数十伏。VS引脚的较大负电压导致故障或IC损坏。在⑭脚和地间连接电容CP502用于降低开关速度、降低感抗。

FA6A30⑮脚HO，为驱动MOS上管QP501的输出端。如图㊴所示，HO脚经电阻RP501、RP502(限制输出引脚电流并防止栅极引脚电压振荡。)到QP501栅极。HO引脚为正脉冲，QP501导通，输出接近Vcc电压；HO引脚为负脉冲，QP501关断，输出接近0V。

FA6A30⑯脚VB，提供上管驱动器的电源和低电压检测。CP518、DP50为自举电容和自举二极管。下管QP502导通期间，自举电容CP518由Vcc经自举二极管DP504充电，通过CP518的充电电压，上管驱动器开始工作。

以上芯片FA6A30的⑪~⑯脚外接电路均参考图5-11。

为防止电源电压下降时电路出现故障，IC集成有欠压锁定电路。当⑯、⑭脚间的电压上升至VBS(高侧浮地电源电压(VBS=VB-VS，即相对于高侧基准电位的电压)）达到开关启动电压8.8V时，启动开关(Vcc引脚电压也需上升至开关启动电压9V或更高)。

当⑯、⑭脚间电压和Vcc电压下降至VBS开关停止电压7.5V时，芯片FA6A30停止工作，上管驱动器被欠压锁定电路停止，⑮脚被强制拉低。

6. 半桥谐振LLC工作原理

半桥结构如图6-1所示，它是两个功率开关器件（如MOS管M1、M2)以图腾柱的形式相连接，以中间点作为输出OUT，提供方波信号。

上下两个管子由反相的信号控制，当一个功率管开时，另一个关断，这样在输出点OUT就得到电压从0到VHV的脉冲信号。

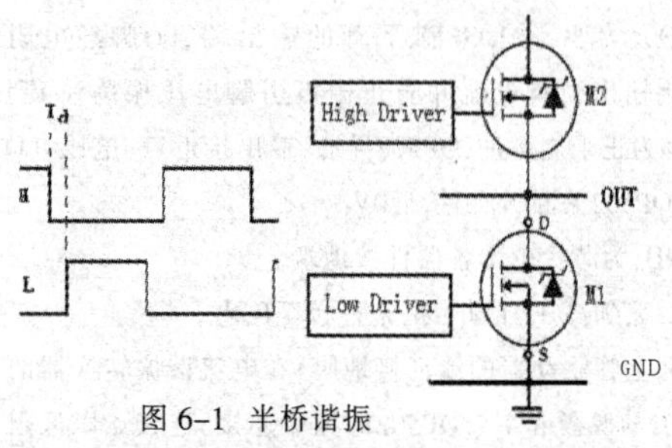

图 6-1 半桥谐振

由于开关延时的存在，当其中的一个管子栅极信号变为低时，它并不会立刻关断，因此一个管子必须在另一个管子关断后一定时间方可开启，以防止同时开启造成的电流穿通，这个时间称为死区时间，图中Td所示为半桥电路结构及高低侧驱动信号。半桥电路的变压器输入电压仅为约正负(1/2)Vin，相比全桥电路当输入电压输出电压相同时，传递相同的功率半桥电路原边开关管承受的电流应力要比全桥电路大得多(约为两倍)，半桥电路一般应用于中小功率(1KW以下)电路上。

2)Vcc、开待机电路

(1)Vcc、开待机控制电路(如图6-2所示)

(2)Vcc、开待机电路分析

开关变压器次级绕组③④端感应电流经限流电阻PR509、PR510二极管DP503整流、CP507滤波为Vcc_head电压，接QP802在其基极稳压管ZDP801的22V基准电压下导通，在发射极经DP802、PR811限位后输出Vcc电压到FA6A30芯片⑩脚，另一路到芯片⑩脚VB供电。

发出开机指令STANDBY，如图6-3所示，三极管DP803基极高电位导通，24V电压通过光耦NP801A到地，电流增强光耦导通力度增加，在NP801B端处于导通状态，由于ZDP802稳压16V为QP801提供基准电压而导通，经DP803缓冲输出PFC-Vcc电压，一路为低功耗模块电路供电；一路提供给PFC控制电路FA1A00的⑧脚作为芯片的供电电压。

待机状态下，QP803截止，光耦NP801不导通导致ZDP802无基准电压，使QP801截止，那么DP803不导通无PFC-Vcc电压输出。在低功耗电路中的QP503、QP504基极无电压而截止电路不工作，芯片④⑥脚电压控制下，芯片处于待机超低功耗状态。

3)24V、50V整流电路。

在图6-4中，24V、50V整流电路中，24V整流电路由DP603、DP604、CP603、取样稳压电路NP501、UP601等器件组成。开关变压器TPR502次级绕组⑧⑦⑥脚和整流二极管DP603、DP604组成全桥整流后经CP603滤波输出24V电压，提供给主板电路。

在输出的24V线路上接入取样稳压电路，当24V电压上升或者处于空载待机状态时经RP604、RP606分压，由于负载需求电流很少，要求电源输出功率低，FA6A30芯片与外部电路组成超低耗待机模式控制电路，以降低功率输出。当次级整流出的24V电压升高时，经光耦合器NP501内部的发光二极管、RP601限流后，加到UP601的阴极电压也升高；同时，经RP604和RP605、RP606分压后的电压也跟着升高，加到UP601的参考端的电压上升，UP601的阴极输入电流增大，光耦合器NP501内部的发光强度增加，NP501内部的光敏三极管等效电阻降低。UP402的④脚输出电流增大，FB电压低于0.3V时，经内部处理后，关闭PWM脉冲信号输出，那么DP603、DP604整流、CP603滤波，形成24V的直流电压下降；当UP402的④脚电压FB大于0.4时时，经内部电路处理后，有PWM脉冲信号输出，UP402进入开启工作状态。TPR502的次级有感应脉冲信号产生，整流滤波后输出的24V电压上升。

在次级绕组⑧⑨⑩脚输出感应电流经二极管DP607、DP608整流，CP602滤波形成50V-VLED直流电压，提供给LED驱动电路。

4)关键器件基本原理及参数

①开关电源的光耦主要是隔离、提供反馈信号和开关作用。开关电源电路中光耦的电源是从高频变压器次级电压提供的，当输出电压低于稳压管电压是给信号光耦接通，加大占空比，使得输出电压升高；反之则关断光耦减小占空比，使得输出电压降低。旦高频变压器次级负载超载或开关电路有故障，就没有光耦电源提供，光耦就控制着开关电路不能起振，从而保护开关管不致被击穿烧毁。图6-5，光耦PC817

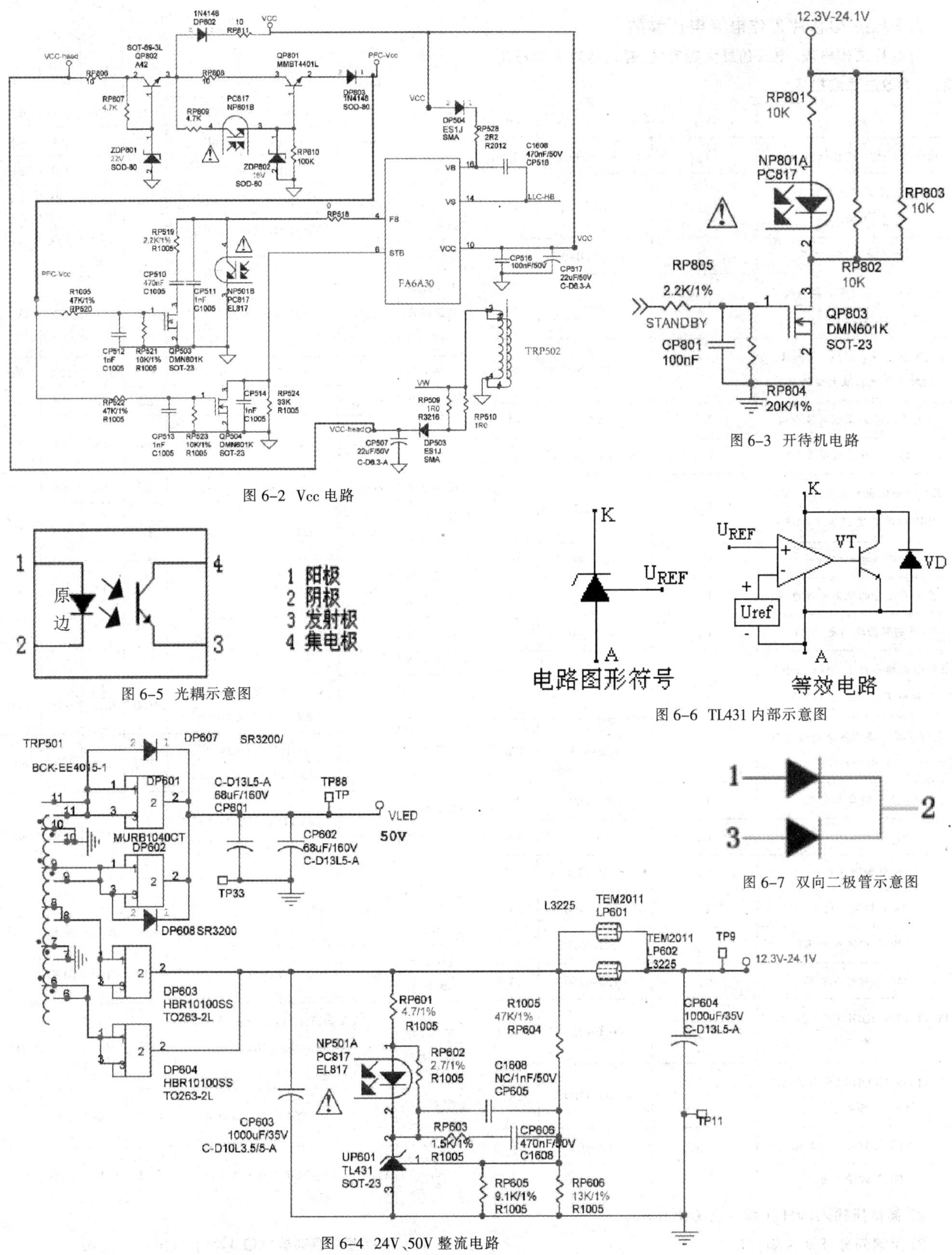

图 6-2 Vcc 电路

图 6-3 开待机电路

图 6-5 光耦示意图

图 6-6 TL431 内部示意图

图 6-7 双向二极管示意图

图 6-4 24V、50V 整流电路

原边相当于一个发光二极管，原边电流If越大，光强越强，副边三极管的电流Ic越大，在作反馈用时光耦正就是利用“原边电流变化将导致副边电流变化”来实现反馈。

②图6-6为TL431是热稳定性能的三端可调分流基准电压源，它的输出电压用两个电阻就可以任意地设置到从Vref(2.5V)到36V范围内的任何值，相当于一个内部基准为2.5 V的电压误差放大器(输出的电压进行误差放大比较，然后将取样电压经过光电耦合器反馈控制脉宽占空比，达到稳定电压的目的)。

③DP607、DP608(SR3200)属于肖特基二极管作整流管使用，其最大反向重复峰值电压:200V，最大直流阻断电压200V，最大正向平均整流电流3.0A。

④图6-7为DP603、DP604双二极管整流，主要用在高频开关电源和低压续流电路和保护电路，其最大反向重复峰值电压100V，最大直流阻断电压100V。

7. FA6A30芯片工作电流电压参数

1)芯片工作电流、电压的最大额定值,超过绝对最大额定值,可导致故障或损坏

描述	符号	值	单位
高侧浮地电源对地绝对电压	V_B	−0.3~630	V
开关停止时高侧供电脚的绝对电流	I_{VB}	0.05	mA
高侧浮地的偏置电压	V_S	VB−30~VB+0.3	V
开关停止时高侧基准脚的偏置电流	I_{VS}	0.05	mA
高侧浮地电源电压($V_{BS}=V_B-V_S$,即相对于高侧基准电位的电压)	V_{BS}	−0.3~30	V
开关停止时的高侧电源电流	I_{BS}	1.5	mA
高侧驱动浮地电压	V_{HO}	V_S−0.3~V_B+0.3	V
高侧驱动输出电流 *1(V_B-V_S=30V、脉冲宽度<1us、1 脉冲)	I_{HO}	−1.1/2.5	A
低侧电源电压	V_{CC}	−0.3~30	V
开关停止时的低侧电源电流	I_{CC}	3.0	mA
低侧驱动输出电压 *3	V_{LO}	−0.3~V_{CC}+0.3	V
低侧驱动输出电流 *1(V_{CC}=30V、脉冲宽度<1us、1 脉冲)	I_{LO}	−1.1/1.7	A
允许的瞬时高侧基准电位电压变化率 dv/dt	dV_S/dt	−50~+50	kV/us
VH 引脚输入电压	V_H	−0.3~600	V
VH 引脚输入电流	I_{VH}	12	mA
IS 引脚输入电压	V_{IS}	−5.3~+5.3	V
IS 引脚输入电流	I_{IS}	−100~+100	uA
VW 引脚输入电压	V_{VW}	−5.3~+5.3	V
VW 引脚输入电流	I_{VW}	−150~+150	uA
PGS/BO/FB/MODE/CS 引脚输入电压	V_{IL}	−0.3~+5.3	V
PGS/BO/FB/MODE/CS 引脚输入电流	I_{IL}	−100~+100	uA
STB 引脚输入电压	V_{STB}	−0.3~+6.0	V
STB 引脚输入电流	I_{STB}	−100~+100	uA

2) 高低压输入(VH ①脚、Vcc⑩脚)(表2)

表2

描述	符号	工作条件	最小	典型	最大	单位
VH 引脚输入电流	I_{HRUN1}	V_H=100V、Vcc >V_{STOFF}	2.0	3.0	4.0	uA
	I_{HRUN2}	V_H=400V、Vcc >V_{STOFF}	5	10	15	uA
	I_{VH0}	V_H=100V、Vcc =0V	0.7	1.4	2.4	mA
	I_{VH6}	V_H=100V、Vcc =6V	2.8	4.2	6.0	mA
Vcc 引脚的充电电流	I_{PRE6}	VH=100V、Vcc =6V	−5.5	−3.8	−2.5	mA
	I_{PRE12}	VH=100V、Vcc =Vcc_{ON} −0.2V	−6.3	−4.3	−2.8	mA
VH 引脚的最低开启电压	V_{VHMIN}	VH 增大、Vcc 开路	12	25	50	V
启动电压	Vcc_{ON}	Vcc 增大、开关启动点	11.4	12.0	12.6	V
停止电压	Vcc_{OFF}	Vcc 减小、开关停止点	8.5	9.0	9.5	V
IC 复位电压	Vcc_{RST}	Vcc 减小、IC 重置	8.0	8.5	9.0	V
迟滞电压	Vcc_{HYS}	$Vcc_{HYS}=Vcc_{ON}-Vcc_{OFF}$	3.5	4.0	4.5	V
低侧最低工作电压	Vcc_{MIN}	LO 引脚灌电流 1mA	1.0	2.8	4.0	V
启动电路启动电压	V_{STON}	Vcc 减小	10.4	11.0	11.6	V
启动电路停止电压	V_{STOFF}	Vcc 增大	10.9	11.5	12.1	V
Vcc 工作电流	I_{CC2}	Vcc =19V、V_{CS}=3V、V_{FB}=3V、以最低频率运行	0.60	0.75	0.90	mA
	I_{CC3}	Vcc =19V、V^{CS}=3V、V_{FB}=0.3V、以最高频率运行	0.75	0.95	1.15	mA
锁定模式下的消耗电流	I_{CCLAT}	Vcc =11V,通过 OVP 停止锁定后	0.50	0.65	0.80	mA

3) 反馈部分(FB ④脚)(表3)

表3

描述	符号	工作条件	最小	典型	最大	单位
FB 引脚拉电流	I_{FB}	V_{FB}=0V	−250	−190	−130	uA
FB 引脚输入电阻	R_{FB}	V_{FB}=1V 时 $I_{FB\_1V}=I_{FB}$、V_{FB}=2V 时 $I_{FB\_2V}=I_{FB}$、$R_{FB}=1V/(I_{FB\_1V}-I_{FB\_2V})$	18	26	34	kΩ
开关启动电压	V_{FBON}	V_{FB} 增大、开关启动点	0.25	0.30	0.35	V
开关停止电压	V_{FBOFF}	V_{FB} 减小、开关停止点	0.22	0.26	0.30	V

4)软启动操作(CS ⑤脚)(表4)

5)低功耗待机模式和超低功耗待机模式(STB ⑥脚)(表5)

6)模式选择(MODE ⑦脚)(表6)

7)过电流保护(IS ⑧脚、MODE ⑦脚)(表7)

8) 过载保护(VW、FB 引脚)(表8)

9) 过电压保护(Vcc ⑩脚)(表9)

10) 下管栅极驱动器(LO ⑪脚)(表10)

11) 上管栅极驱动器(HO ⑮脚)(表11)

12) 高侧电源(VB⑯脚)(表12)

13) Brown-Out 保护(VH ①脚)(表13)

8. 电源信号流程框图

本机电源信号流程:AC输入—EMI滤波电路—PFC电路—LLC谐振电路—二次整流输出电路—背灯驱动电路。如图8-1所示。

表4

描述	符号	工作条件	最小	典型	最大	单位
CS 引脚拉电流	I_{CSSO1}	启动	-7.2	-5.5	-3.8	uA
	I_{CSSO21}	待机→正常 V_H=100V	-58.0	-44.0	-30.0	uA
	I_{CSSO22}	待机→正常 V_H=300V	-29.0	-22.0	-15.0	uA
开关启动电压	V_{CSONS}	启动	0.35	0.40	0.45	V
开关停止电压	V_{CSOFFS}	启动	0.25	0.30	0.35	V
软启动解除电压	V_{CSSF}	V_{CS} 增大	3.6	4.0	4.4	V

表5

描述	符号	工作条件	最小	典型	最大	单位
STB 引脚拉电流	I_{STBSO}	Vstb=0	-35	-30	-25	uA
待机模式检测电压	V_{THSTBH}		0.30	0.35	0.40	V
	V_{THSTBL}	_	0.25	0.30	0.35	V
超低功耗待机模式检测电压	$V_{THSSTBH}$	V_{STB} 增大	1.35	1.50	1.65	V
	$V_{THSSTBL}$	V_{STB} 减小	1.25	1.40	1.55	V
超低功耗待机模式检测电压	V_{CLPSTB}	STB 引脚：开路	4.5	5.2	5.9	V

表6

描述	符号	工作条件	最小	典型	最大	单位
MODE 脚拉电流	I_{MODE}	Mode 引脚拉电流	-11.2	-10.0	-8.8	uA
模式设定时间	t_{MODE}		32	40	48	ms
Mode 脚电阻开路检测电压	V_{modeO}	如果 Vmode>VmodeO，则无开关	4.10	4.40	4.70	V
VCC 充电恢复电压	V_{modeF}	Vmode 减小	0.54	0.60	0.66	V

表7

描述	符号	工作条件	最小	典型	最大	单位
低侧的过电流检测电压	V_{OCM2}	带 PFC 或 200Vac 线路不带 PFC	-3.7	-3.5	-3.3	V
	V_{OCM1}	100Vac 线路不带 PFC	-4.3	-4.0	-3.7	
高侧的过电流检测电压	V_{OCP2}	带 PFC 或 200Vac 线路不带 PFC	3.3	3.5	3.7	V
	V_{OCP1}	100Vac 线路不带 PFC	3.7	4.0	4.3	
过电流延迟时间（MODE 引脚）	$V_{OCPDLYL}$	充电阈值电压	0.54	0.60	0.66	V
	$V_{OCPDLYH}$	放电阈值电压	0.72	0.80	0.88	V

表8

描述	符号	工作条件	最小	典型	最大	单位
过载检测 FB 阈值电压	V_{OLPFBH}	V_{FB} 增大开关停止点	4.1	4.3	4.5	V
过载检测 FB 解除电压	V_{OLPFBL}	V_{FB} 减小、反复重启的返回点	3.9	4.1	3	V

表9

描述	符号	工作条件	最小	典型	最大	单位
过电压阈值	V_{CCOVP}	V_{CC} 增大、V_{FB}=2V、开关停止点	27.5	28.5	29.5	V
跌落保护阈值电压	VDVCCL	VCC 减小	8.5	9.0	9.5	V
跌落保护解除电压	VDVCCH	VCC 增大	10.4	11.0	11.6	V

表10

描述	符号	工作条件	最小	典型	最大	单位
高电平输出电压	V_{OH_LO}	V_{CC}=19V、V_{FB}=2V、I_{OL}=-100mA	14.5	17.5	18.7	V
低电平输出电压	V_{OL_LO}	V_{CC}=19V、V_{FB}=2V、I_{OL}=+100mA	0.15	0.6	1.5	V

表11

描述	符号	工作条件	最小	典型	最大	单位
高电平输出电压	V_{OH_HO}	V_{BS}=19V、V_S=0V、V_{FB}=2V、I_{OH}=-100mA	13.3	17.1	18.7	V
低电平输出电压	V_{OL_HO}	V_{BS}=19V、V_S=0V、V_{FB}=2V、I_{OH}=+100mA	0.12	0.5	1.3	V

表12

描述	符号	工作条件	最小	典型	最大	单位
开关启动电压	V_{BSON}	V_B 增大、V_{FB}=2V、V_S=0V、HO 开关启动点	7.8	8.8	9.8	V
开关停止电压	V_{BSOFF}	V_B 减小、V_{FB}=2V、V_S=0V、HO 开关停止点	7.0	7.5	8.1	V
高侧最低工作电压	V_{BSMIN}	HO 引脚灌电流 1mA	0.6	2.2	3.0	V

表13

描述	符号	工作条件	最小	典型	最大	单位
Brown-In 电压	V_{BI}	V_H 增大、V_{FB}=2V 开关启动点	87 (61.5)	93 (65.8)	99 (70.9)	V (V_{ac})
Brown-Out 电压	V_{BO}	V_H 减小、V_{FB}=2V 开关停止点	85 (60.0)	90 (60.0)	95 (67.2)	V (V_{ac})
迟滞电压	$V_{BO\text{-}HYS}$	$V_{BOHYS}=V_{BI}-V_{BO}$	1.4	3	6	V
BO 引脚的保护阈值电压	V_{BOH}	V_{BO} 增大	0.615	0.650	0.685	V
	V_{BOL}	V_{BO} 减小	0.600	0.635	0.670	V
BO 引脚开路检测电压	V_{BOOP}		4.1	4.4	4.7	V

图 8-1 电源信号流程

9. 电源工作原理阐述

1）电源初次启动（待机状态）

（1）220V交流电压从插座CON101输入后，经FLP104、FLP106两级进线抗干扰滤波电路滤波后，直接送入桥式整流电路DP101~DP104整流，变成100Hz的脉动直流电压。经CP101、LP201组成的LC滤波电路滤除高频干扰后，送入功率因素校正电路。由于功率因素校正电路控制集成电路UP201的⑧脚没有工作电压，整流滤波的PFC电压是300V不稳定的直流电压。此电压输出到LLC电路和开关变压器TRP502电路，在开关变压器次级绕组输出感应电流经DP603、DP604整流滤波，CP603滤波输出低功耗24V电压，为开待机电路和主板提供偏压。在开关变压器初级绕组的副绕组感应电流经DP503整流、CP503滤波输出Vcc_head 19V电压提供给Vcc控制电路，并作为QP802的偏压，且输出Vcc 18V电压。

（2）220V交流电压在整流前经2支二极管DP105、DP107整流输出206V电压，电压输入到U402的①脚作为高压启动电压，同时芯片内部向⑩脚外CP517提供充电电压，形成初次Vcc电压，为芯片内部电路供电，此时芯片处于低功耗待机模式。

2）电源启动（开机状态）

（1）发出开机指令后，QP803导通，NP801内部的发光二极管发光增强，QP801导通输出PFC-Vcc 18.6V电压，此电压1路接低功耗模式选择电路QP503、QP504，此电路由于基极电压都处于高到位2.5V，分别均导通，相当于不接该电路。另1路输入到UP201（FA1A00）的⑧脚供电14.6，V芯片启动MOS管QP201进入开关状态，PFC电感LP201储能和反向经二极管DP201整流CP202滤波及续流产生380V的PFC电压供后级电路。同时在PFC线路上提供3路保护电路，第1路经四颗电

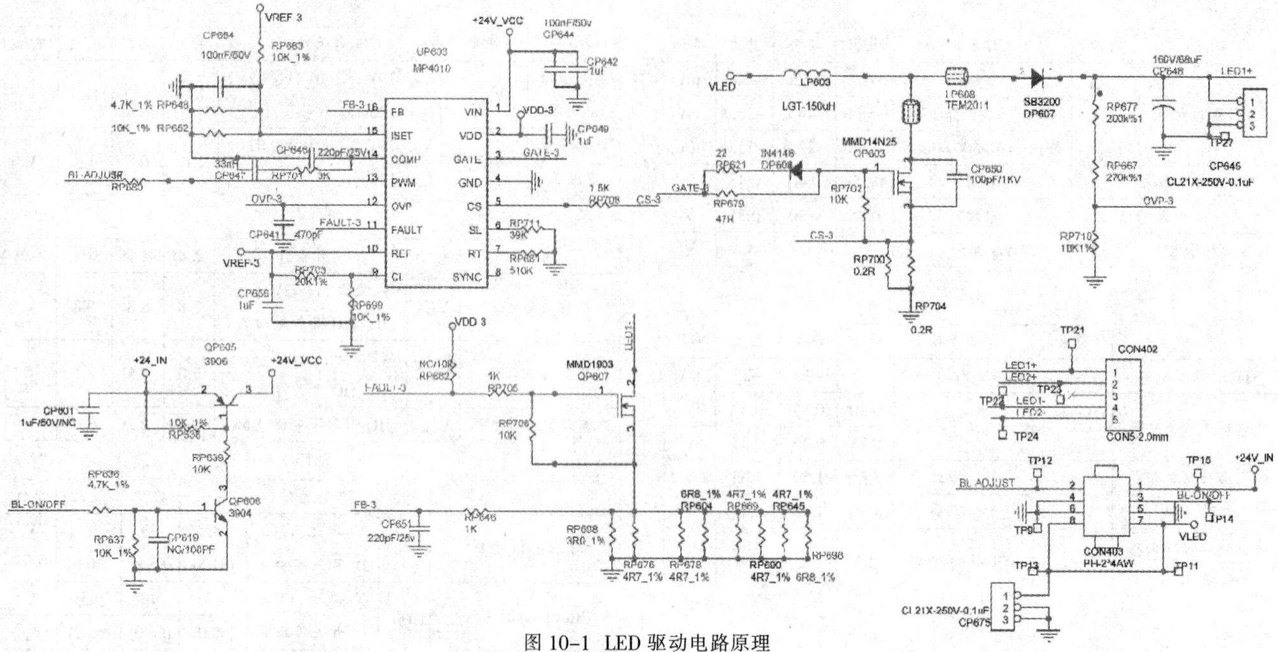

图 10-1 LED 驱动电路原理

阻PR218~PR222限压输入到芯片④脚OVP作为过压保护，防止PFC电源过压损坏后级电路。第2路经八颗电阻PR210~RP223分压输入到芯片①脚FB作为电压反馈，检测PFC电压过低或者过高控制芯片输出脉冲占比。第3路经四颗电阻RP511~RP514限压后输入到芯片UP402的③脚BO,侦测PFC电压状态来启动芯片工作状态。

(2)380V PFC电压加载到半桥谐振电路，由于QP501上管在芯片UP402输出脉冲正半周周期导通(QP502截止),电压流经开关变压器初级绕组并产生较大感应电流,并向CP503充电;在芯片输出负半周脉冲QP502导通(QP501截止),CP503上的电流经QP502到地放电,按芯片原理循环控制。在初级的辅助绕组上产生高的电流1路经DP503整流、CP507滤波输出19.7V的Vcc-head,提供给Vcc控制电路,在DP802限位后输出18V电压提供给芯片UP402的⑩脚,此时电压的增高芯片由低功耗转入正常工作状态,①脚将不在提供启动电压,由副绕组提供。

(3)开关变压器高频工作起后,在次级绕组上产生2路感应脉冲,1路经DP607、DP608(SR3200)肖特基二极管整流管、CP602滤波输出50V VLED电压,输送到后级LED驱动电路。另1路经DP603、DP604双向二极管整流、CP603滤波后输出24V电压,为后级电路(主板)提供工作电压。

10. LED驱动电路分析

LED驱动电路把电源输送的直流电压通过开关器件等电路，升压至实际需要的高电压，驱动LED灯串工作，通过驱动电路控制电压恒压、恒流,使LED灯串工作在稳定的状态下。

1) LED驱动电路原理图10-1 LED驱动电路原理图

（如图10-1所示,所展示为其中1路LED驱动电路）

2)电感型升压电路基本工作原理

图10-2为所示为简化的电感型DC-DC转换器电路,VT开关管导通将引起通过电感的电流增加。截止关会促使电流通过二极管流向输出电容。因储存来自电感的电流,多个开关周期以后输出电容的电压升高,结果输出电压高于输入电压。电路中的电感L作用：是将电能和磁场能相互转换的能量转换器件，当VT开关管导通后,电感将电能转换为磁场能储存起来。当VT断开后电感将储存的磁场能转换为电场能,且这个能量在和输入电源电压叠加后通过二极管VD和电容C的滤波后得到平滑的直流电压Uo提供给负载。

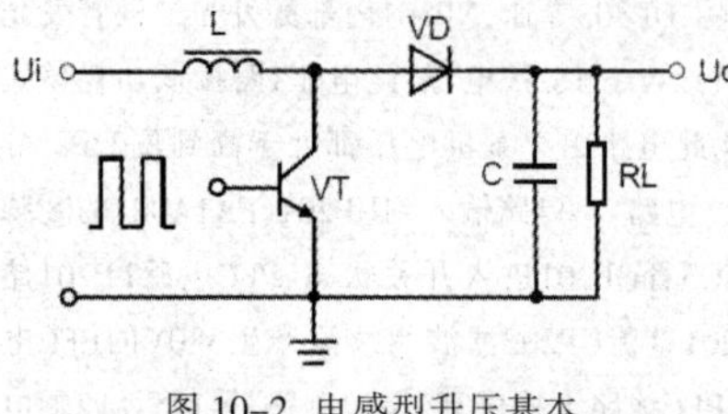

图 10-2 电感型升压基本

由于这个电压是输入电源电压和电感的磁场能转换为电能的叠加后形成的,所以输出电压高于输入电压,既升压过程的完成。 肖特基二极管VD主要起隔离作用,即在VT开关管导通时,肖特基二极管VD的正极电压比负极电压低,此时二极管反偏截止,使此电感的储能过程不影响输出端电容C对负载RL的正常供电;因在VT(MOS)管截止时,两种叠加后的能量通过二极VD向负载供电,此时二极管正向导通,正向压降越小越好,更大的能量供给到负载端。升压转换器为快速肖特基整流二极管比与普通二极管正向压降小,使其功耗低并且效率高。

MOSFET的开、关由脉宽调制 (PWM) 电路控制输出电压始终由PWM占空比决定,占空比为50%时,输出电压为输入电压的两倍。

电感型升压转换器主要应用领域是为白光LED供电，该白光LED能为液晶显示(LCD)面板提供背光。

3)LED驱动板实物图

此电路中主要由2个相同的电路组成LED 驱动（如图10-3所示）,一路LED1主要由:UP603、DP607、QP603、QP607、LP603等器件;另一路LED2主要由:UP604、LP604、QP604、QP609、LP604等器件。他们工作方式及参数一致,掌握其中1路便可清楚电路的工作原理。

4)LED驱动芯片工作原理分析

(1) 芯片MP4010概述

MP4010是一块高精度电流控驱动控制IC,能为高亮度LED发光二极管提供8V~40V直流供电,广泛用在LED液晶显示器的背光驱动电路中。用此IC设计的驱动电路架构有多种,升压和降压。Mp4010驱电路工作模式可设计成对外挂的MOSFET管驱动采取恒定工作频率方式,也可设计成恒定的关时间工作模式。

MOSFET对LED电流调节是通过芯片外一颗电阻来检测电流实现;还通过调节反馈电压来实现模拟调光;可将SYNC引脚连接在一起使多个IC同步;它具有欠压锁定、过 压保护、开启和 短暂停止模式保护、过载保护和热保护,以防止发生故障时损坏。

(2)芯片MP4010引脚功能(如图10-4所示)

芯片①脚(Vin):为输入电源脚,输入电压范围从8V至40V,通过芯

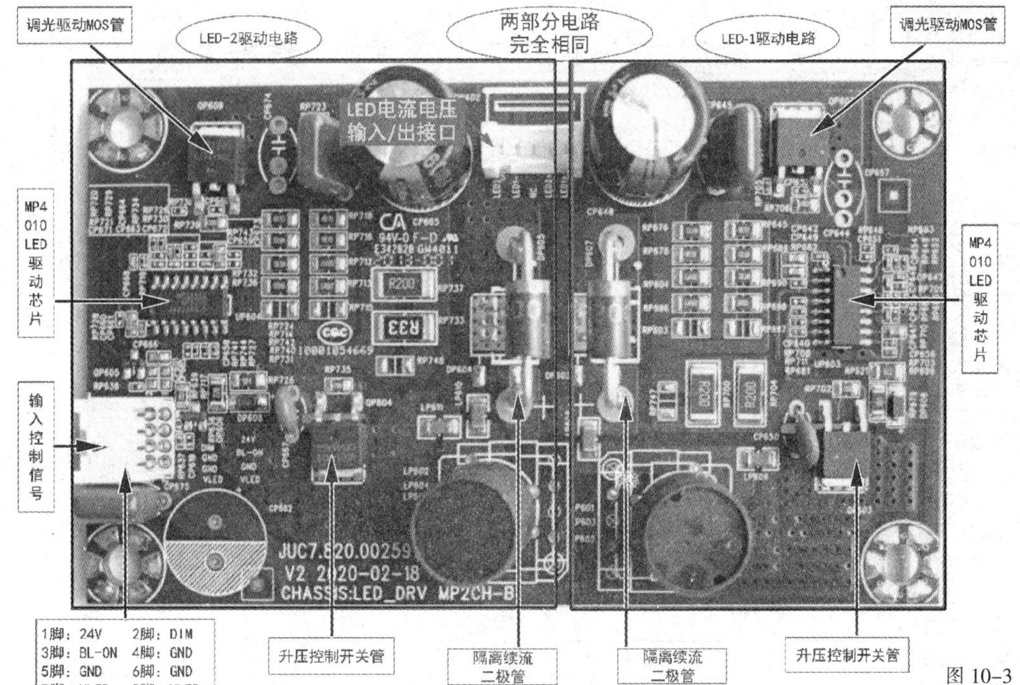

图 10-3 LED 驱动板实物

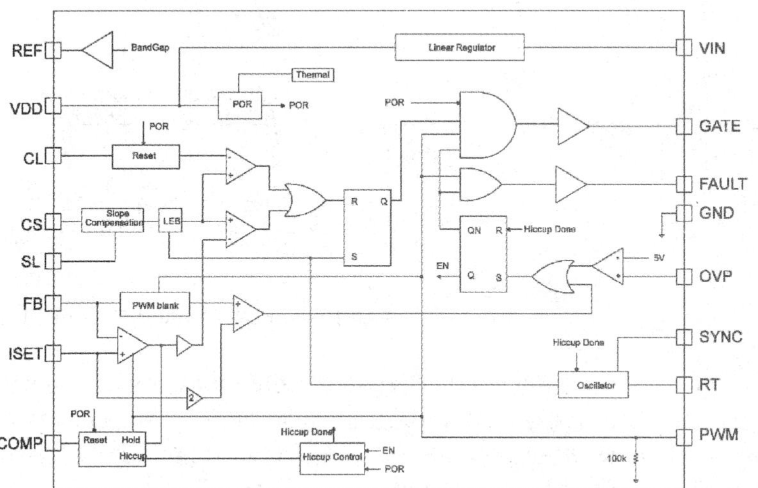

图 10-4 MP4010 内部框

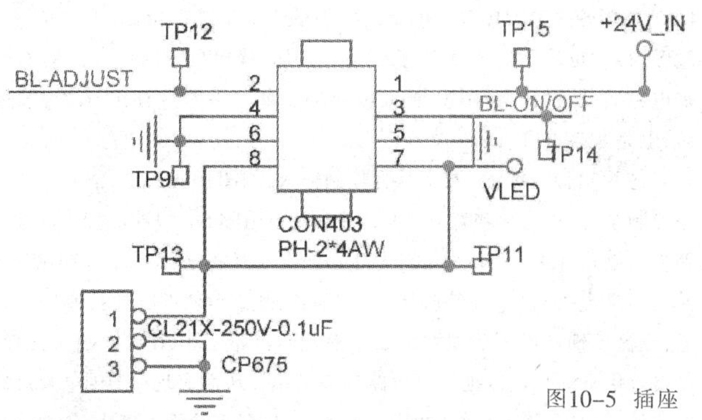

图10-5 插座

片内部的线性稳压器连接至②脚，内部的7.75V线性稳压器为内部电路和外部MOSFET栅极驱动能量提供电源。主板在正常开启后，经插座（如图10-5所示），CON403的（3）脚输出BL-ON/OFF背光开关控制信号，其高电位经电阻RP636、RP637分压，QP606基极大于0.6V时导通，QP605基极电压经电阻RP638被拉低，低于其发射极24V时导通，此时电源输出的+24V_IN经QP605的集电极输出为+24V_Vcc电压（如图10-6所示），分两路分别输入到2个相同芯片MP4010的①脚供电，外接CP644、CP661为滤波电容。

芯片②脚（VDD）：为内部线性稳压器的滤波端，VDD为外部MOSFET栅极驱动器和内部控制电路提供电源，如果低于6.7V时，芯片因欠压而将保护。芯片外通过1μF陶瓷电容CP649将VDD旁路到地。

芯片③脚（GATE）：外接MOSFET栅极驱动器脚。③脚所接电路为电感型BOOST升压电路，由MOSFET管QP603、升压储能电感LP603、隔离二极管DP607和滤波电容CP648组成，如图10-7所示。

当③脚输出正向驱动脉冲时，经电阻RP679缓冲到QP603的栅极使其导通，电源输入过来的VLED 50V电压，经过电感LP603、QP603的D、S极、并联的RP704、RP700电阻到地形成电流回路，电感LP603的电流方向为左正右负储能，二极管DP607反偏截止，负载由电容CP648提供供电。

当③脚输出负向驱动脉冲时，QP603栅极上电位经二极管DP606、电阻RP621快速释放掉，使MOS管QP603由导通快速变为截止，LP603产生感应电动势，由于电流突然失去流向，其极性为左负右正，二极管DP607正偏导通，电容CP648充电与VLED_50V电压叠加，形成约109V

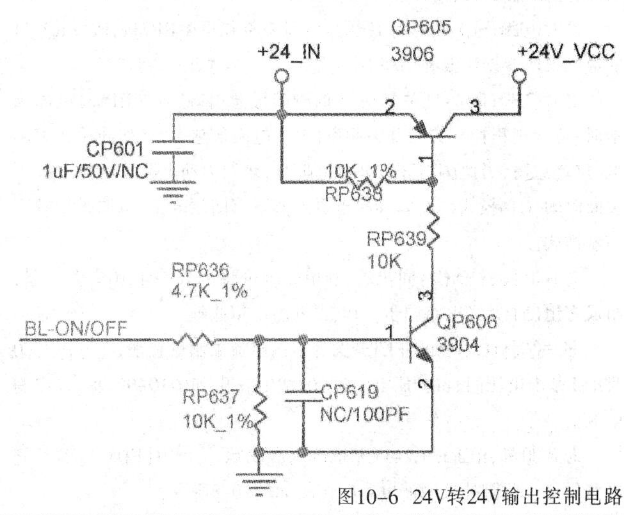

图10-6 24V转24V输出控制电路

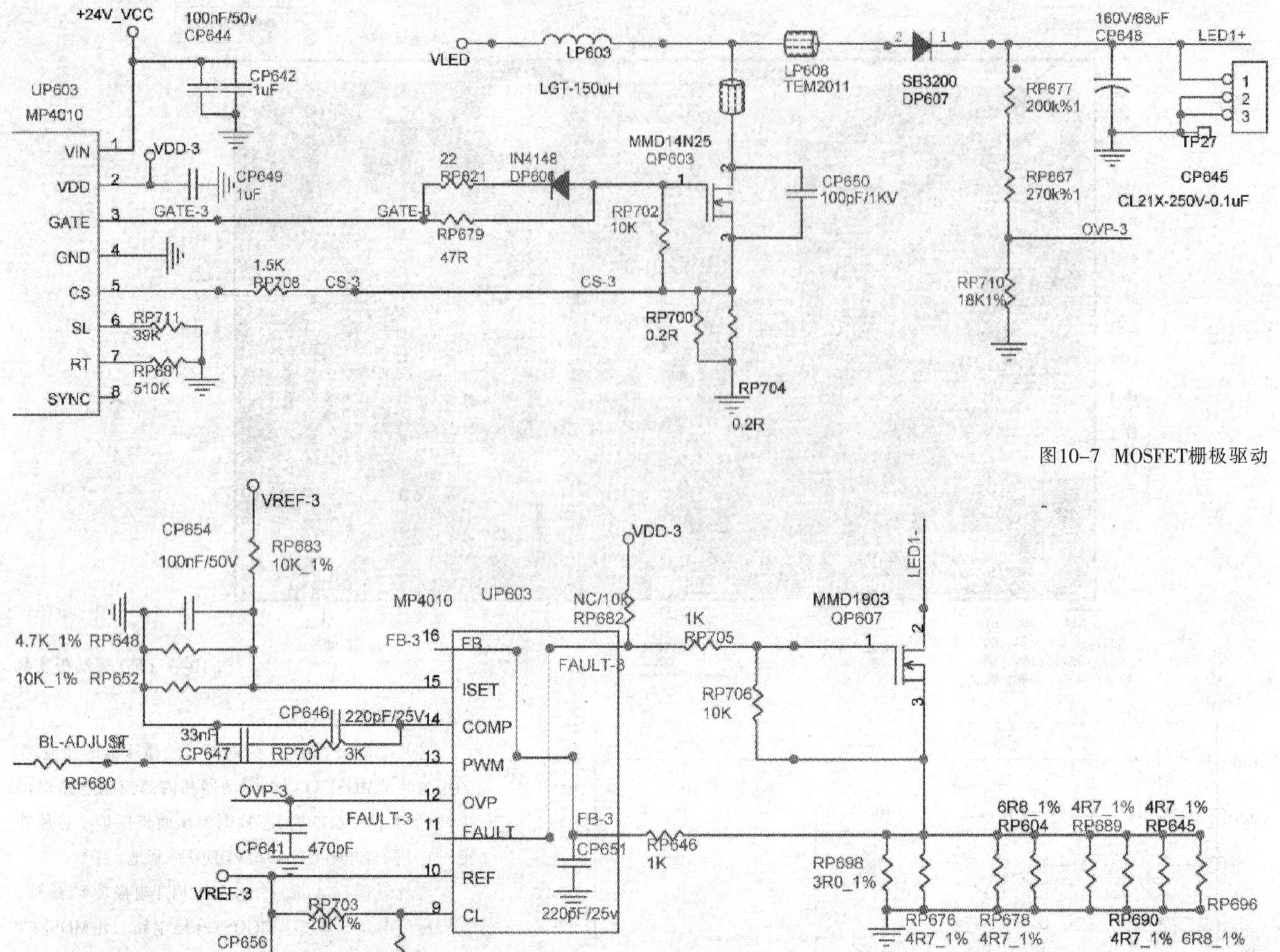

图10-7 MOSFET栅极驱动

图10-8 LED驱动MP4010芯片9-16脚电路

的电压，供LED灯串工作。

芯片④脚(GND)：接地

芯片⑤脚(CS)：为开关电流检测输入引脚，它用于检测外部功率场效应管的电流。在图9中，流过电阻RP700、RP704的电流即为开关管工作电流，建立电压送入⑤脚。⑤脚内接快速电流比较器，用于校正振荡锯齿波斜率。为防止电路瞬间产生突发尖峰电流引起电路误控，在比较器后端设置有100ns消隐延时电路LEB。⑤脚还具有大电流限制功能，即过流检测功能，其闭值由④脚电平决定。当⑤脚输入电压超过闭值时，过流检测将启动而进入锁死状态。

芯片⑥脚(SL)：外接振荡锯齿波斜率补偿电阻RP711，改变RP711的值则可改变锯齿波补偿率。

芯片⑦脚(RT)：开关频率/关断时间设置引脚，外接RP681电阻到地时，可实现程控开关管开关频率(F)。电阻值越大，工作开关频率越低，反之愈高，当此脚与③脚间接电阻时，表明驱动电路采用对开关管关断时间(CT)模式。此脚外接电阻阻值不可随便改变，电源采用频率控制模式。

芯片⑧脚(SYNC)：同步端，利用此脚可将多个MP4010集合一起，组成多组LED背光电路同步工作，本电源未用此脚。

芯片⑨脚(CL)：MOSFET开关管工作电流限制设置端，在⑨脚与⑩脚REF基准电压间，接分压电阻RP703和RP699，如图10-9所示，以限制电流值。

芯片⑩脚(REF)：1.243V基准电压形成端，给IC内LED灯电流控制电路供电。此脚外接滤波电容CP656，如图10-8所示。

芯片⑪脚(FAULT)：故障指示输出脚。当电路出现过流或过压情况时，此脚电压将被拉低，经电阻RP705、RP706分压加入到QP607的栅极。此脚也用于LED灯电流控制端，控制MOSFET管QP607电流，也就是LED灯串电流，如图10-9所示。

芯片MP4010的⑫脚 (OVP)：过压检测，检测LED+的电压，通过RP677、RP667、RP710分压电阻与灯串的正端供电端相连，正常时约为3.9V。12脚也用于灯开路检测，当灯串开路，该电压升到超过4.8V时，保护电路启动，关闭MP4010，同时⑪脚输出低电平。只有在当故障排除后，电路才会再次启动。

芯片⑬脚(PWM)：数字脉宽控制输入，如图10-9所示，信号来自主板控制系统，作为数字背光亮度控制。经电阻RP680缓冲后接入内部误差放大电路(EA)、故障指示(FAULT)输出电路和驱动电路。在PWM脉冲变为高电平时，③和⑪脚激活，同时EA电路与外部补偿控制网络接通(电流反馈和电压反馈网络)，反馈检测电路工作，GATE及FAULT脚所接灯供电和灯电流控制端电路启动工作，从而实现LED供电及灯串电流精准校正。当PWM脉冲变为低电平时，栅驱动输出停止，FAULT脚被内电路下拉到地端，以关闭FAULT脚所接灯串电流控制的MOSFET管QP607。由于PWM高低电平变化速度快，通过这种快速判断QP607和GATE驱动，从而实现背光亮度校正。与此同时，EA电路也与外接反馈补偿网络中断，此时COMP脚电压因外接电容的存在而保持，这有助获得高频PWM背光控制，从而精准调整LED背光。

芯片⑭脚(COMP)：转换器补偿端，作用等同传统电路的软启动控制端。在IC启动期间，IC建立VDD电压后电路将对此脚外接电容充电达到5V时，IC内部电流源对建立的电压进行放电；当电压降至1V时，电流源与COMP脚脱离，转而与EA误差放大电路连通，允许栅驱动电路输出开关信号。同时FAULT脚与外部LED灯电流控制隔离MOSFET管QP607连接，即MP4010所组成的电路全被激活工作。该脚电平的变化与IC工作状态有关，此脚为高平5V时，IC停止工作。

芯片⑮脚(ISET)，灯电流设定控制脚，也可用于灯亮度模拟控制。在⑩脚REF脚与⑮脚间接分压电阻RP683，如图10-9所示，用于作为灯电流校正基准电流闭值设定。分压电阻所得基准电压与⑯脚所接灯电流检测电阻反馈电压比较，其误差信号一路去校正③脚驱动GATE脉冲的占空比，实现灯串供电校正；另一路送入灯串电流控制转换电路，从⑪脚输出灯电流校正信号去控制QP607的电流大小，由于QP607串接在灯串回路上，QP607上电流改变，即改变了加在灯串上的电压，实现灯供电流的校正。图10-8中的RP696、RP645、RP690、RP689、RP678、RP604、RP676、RP698并联，接入QP607的S极与地间，当通过八只电阻的电流过大时，电路将判定灯过流而保护，也可称为恒流电阻。

芯片⑯脚(FB)：灯串工作电流反馈端，该脚还作为灯串短路检测，当反馈电压超过阈值时，灯电流保护功能将启动，IC停止工作。(⑨~⑯脚均可参考图10-9)

4)背光开关控制电路

主板正常开启后，各路工作信号启动，从主板CON403的(3)脚输出BL-ON/OFF背光开关控制信号，经QP606、QP605把+24IN转换成+24_Vcc为芯片供电。(具体参考芯片①脚供电分析)

11. LED驱动工作原理简述

电源正常开启，整机进入工作状态，电源的VLED 31V电压加入升压路，LP603、QP603、DP607、UP603；背光亮度控制信号(BL_ADJUST)接入UP603的13脚—背光开关信号(BL_BN/OFF)经转换电路输出+24_Vcc电压给芯片MP4010提供电压—芯片的3脚输出脉冲方波控制MOS管QP603的导通截止—电感型升压电路工作输出LED+105V电压—给灯串提供供电。

灯串二极管正向电压的加入后，在负端接入QP607来实现灯串的电流控制，也就是芯片的⑪脚。通过恒流电阻检测MOS管上的电流变化，反馈至芯片⑯脚，迅速控制他的周期脉冲，保持灯串电流恒定。

由于电路上UP604 MP4010与UP603工作电路和方式一致，这就不在阐述，请参考。

12. LED驱动芯片MP4010引脚功能、正常工作电

表14

引脚	符号	功能	工作电压	二极管档黑笔接地所测
1	Vin	输入电源引脚，内部线性调节器的输入端。	24V	1.472
2	VDD	内部线性调节器输出引脚，VDD为外部MOSFET栅极驱动器和内部控制电路提供电源。通过0.47μF陶瓷电容将VDD旁路到GND。	7.6V	1.472
3	GATE	外部MOSFET栅极驱动器引脚.	2.3V	1.36
4	GND	接地	0	0
5	CS	开关电流检测输入引脚，它用于检测外部功率场效应管的电流，内置100ns(min)消隐时间。	0	833
6	SL	电流检测的斜率补偿引脚，在SL和GND之间连接电阻可对斜率补偿进行设置。在恒定的关断时间工作模式下，不需要斜率补偿，并让该引脚断开。	0	1.939
7	RT	开关频率/关断时间设置引脚，连接在此引脚和GND / GATE之间的电阻可设置频率/关闭时间。	6.7V	1.927
8	SYNC	同步引脚，将多个MP4010的SYNC引脚连接在一起以实现同步工作模式。	0.8V	1.878
9	CL	限流设置引脚，该引脚设置MOSFET管电流限制。通过在REF引脚至GND之间的电阻分压来设置电流限制。	0.4v	1.763
10	REF	参考输出引脚，通过一个0.1μF的陶瓷电容旁路至GND。	1.2V	1.758
11	FAULT	故障指示输出引脚，如果发生短路或过压情况，此引脚将下拉至GND。还用于驱动MOSFET管，以断开升压转换器的Vin负载。	7.6V	1.485
12	OVP	过压保护输入引脚，通过在输出到该引脚之间的电阻分压以设置OVP阈值。当该引脚的电压达到4.95V时，MP4010触发过压保护。	3.8V	∞
13	PWM	PWM调光输入引脚，在该引脚上施加PWM信号以进行亮度控制。PWM信号为低电平时，GATE被禁用，当PWM信号为高电平时，GATE启用。	0.93V	∞
14	COMP	转换器补偿引脚，该引脚用于补偿调节控制回路。在COMP到GND之间连接电容和电阻串联成RC网络。补偿引脚也用于打嗝计时器。在IC启动、短路保护或过电压保护时，5uA电流源充电至5V，然后5μA电流源放电补偿电压。当补偿电压降至1V时，IC启动。	4.4V	1.917
15	ISET	ALED电流设置引脚，从REF引脚连接电阻分压，以设置LED基准电流。模拟调光功能通过调整ISET引脚上的电压控制。	0.3V	1.228
16	FB	反馈输入引脚，在FB和GND之间连接电流检测电阻，感应电流检测电阻两端的电压，调节ISET电压。	0.29V	629

压、二极管档黑笔接地所测阻值(表14)

13. 芯片FA1A00IC引脚功能和、正常工作电压、二极管档红笔接地所测阻值(表15)

14. 芯片FA6A30引脚功能、正常工作电压、二极管档红笔接地所测阻值(表16)

15. 故障案例

故障现象:图像一半亮一半暗

分析检修:从故障现象判断疑是背光灯串问题,拆机检测两路LED驱动电压,DP605正端48V,负端91V跳变;DP607正端31V,负端105V,两路电压明细不正常。此LED驱动电路是由2块同样的驱动芯片驱动,对UP604(MP4010)芯片外围引脚工作电压检测,③、⑪脚无电压,⑧脚7.5V均不正常,测⑫脚OVP电压4.9V跳变,怀疑灯串有短路或者开路造成过压保护而关闭UP604(MP4010),故障在灯串,更换后通电亮度正常,测插座CON402的LED1-、LED2-电压均在0.3V,LED1+105V、LED2+85V,都恢复正常。由于此机型背光驱动2路略有差异不平衡式的恒定电流、电压。根据FB电路反馈端5脚、16脚的阻值不同而控制电流电压大小,在维修中需要注意这点。具体差异如图15-1所示。

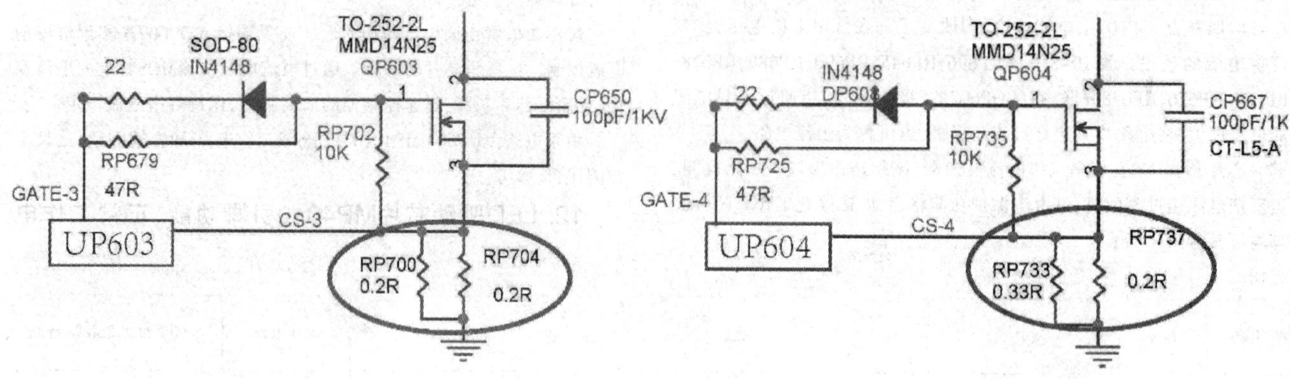

图15-1 背光驱动板差异

表15

管脚	管脚名称		管脚功能描述	工作电压	二极管档红笔接地所测
1	FB	反馈电压输入	用于监测PFC输出电压	2.5V	669
2	COMP	误差放大补偿	反馈输入的误差放大补偿网络,用于调整反馈环路	0.8V	670
3	RT	导通时间控制	通过外接电阻,设置最大导通时间	2.48V	669
4	OVP	过压保护	通过外接电阻,设置过压保护	2.43V	668
5	IS	导通电流检测	开关导通电流检测,通过设置电阻可设定过流点	0V	0
6	GND	地	接地端	0V	0
7	OUT	开关管驱动	输出开关管驱动信号	0.27V	620
8	Vcc	芯片供电	Vcc电压超过9.6V时,IC启动;当Vcc电压下降到9V以下时,IC停止工作。正常工作电压10V-26V	14.6V	560

表16

引脚	管脚名称	管脚功能描述	工作电压	二极管档红笔接地所测
1	VH	高压输入	204v	637
2	NC	空	0	∞
3	BO	Brown-In/OUT	1.52v	672
4	FB	反馈输入	1.16v	690
5	CS	软启动和软关闭	0v	691
6	STB	待机信号输入	0v	564
7	MODE	工作模式设定和过流保护延迟时间设定	0.47v	691
8	IS	电流检测	0v	159
9	VW	绕组电压检测	0v	780
10	Vcc	低侧电源	18v	542
11	LO	下管栅极驱动输出	7.9v	563
12	GND	接地	0v	0
13	NC	空	0v	∞
14	VS	高侧基准电位(高侧地))	189v	551
15	HO	上管栅极驱动输出	199v	1.091
16	VB	高侧浮地电源	190v	544

LED液晶彩电三合一板原理与维修

孙德印

随着电视产业的发展,LED液晶彩电不断采用新技术,从原来采用独立的电源板、背光灯板、主板,发展到采用电源+背光灯二合一板、主板,到目前普遍采用的电源+背光灯+主板的三合一板,即省掉了三者之间的导线连接,又使液晶彩电组成的板块减少,增加了电视机的可靠性;同时三合一板功耗大大减小,更加节能、绿色、环保。但是由于三个单元电路合为一体,没有连接器和导线,为维修时测量输出输入电压造成困难,是液晶彩电维修的一个新课题。

一、三合一板故障特点与维修

(一)三合一板的故障特点

1. 故障种类多

由于三合一板将主板+电源+背光灯驱动电路三个单元电路合为一体,也将主板+电源+背光灯电路故障合为一体,故障种类包含的三无、不开机、电压不稳定等电源电路故障,显示屏不亮、亮度不均匀等背光灯电路故障,无图像、无伴音等主板电路故障。

由于开关电源电路和背光灯电路,工作于高电压、大电流的状态,其故障率较高。维修时应该首先排除开关电源的故障,确保电路板的供电电压恢复正常,再对背光灯板和主板电路进行维修。

为了保证维修安全,维修电源电路时,最好在市电输入端采用隔离变压器供电。

2. 测试点难寻

由于三个单元电路合为一体,三个电路之间的供电、控制、信号传输在电路板上直接相通,没有电路板之间的连接器和导线,维修时测量三个电路板之间的输出输入电压时,很难找到相关的测试点,造成测试困难。

部分三合一板,在电路板上设有关键部位的测试点,测试点为不涂漆的铜箔圆点,为维修时测量电压、波形提供方便。多数三合一板没有测试点,维修时,供电电压测量,可测量相关供电电路滤波、退耦电容两端的电压或三端、四端稳压器的输入输出电压;三合一板的信号追踪,可通过测量相关信号处理电路的信号输入端、信号输出端的电压和波形,由于集成电路引脚密集,测量点选择相关引脚外部电阻、电容等器件的焊点为宜,避免测量时表笔移动造成短路故障。

3. 维修难度大

由于三合一板采用了新技术、新工艺、新器件,电路板的面积减小、元件的体积减小、集成电路的功能增加、电路板上的走线密集,多数三合一电路板采用两面走线或带中间夹层的三面走线,给元件测量、拆卸、更换造成很大难度。

维修三合一板,不断学习新技术,熟悉新器件,掌握新方法,总结新经验。维修时小心谨慎,确保万无一失。测量仪器的表笔、探讨要精细,测量位置要选择准确,测量时要保证表笔、探头和测试点接触良好,不要产生错位和滑动;拆卸元件最好采用可调温的焊台,焊枪温度调整适宜,焊接时间和距离适宜,避免造成元件和电路板过热损坏。

4. 软件资料少

三合一电路板中的主板电路,既要和输入电路相适应,又要与输出电路相配合,还要符合显示屏数据要求,不同的品牌、不同的机型,其软件数据各不相同,甚至同一机型,由于其电路配置和采用的显示屏不同,软件数据也不相同。相关的调整方法和软件数据,掌握在厂家手中,维修人员很少掌握,当出现软件数据故障时,造成维修调整困难。

维修三合一板软件故障,要联系相关厂家售后或网上搜索资料,积累三合一板的维修方法和数据,掌握三合一板软件的恢复、调整方法和调整项目相关数据,调整前要记录准备调整的项目名称和数据,在有针对性地对错误数据进行调整和恢复。千万不要随意调整和故障无关联的项目数据,避免造成新的软件故障。

5. 疑难故障多

三合一电路板大量采用新器件、新技术,电路板上的元件多,体积小,布线密集,当电视机工作环境潮湿时,容易发生漏电短路故障;再加上各个单元电路之间距离近,容易产生相互干扰现象,引发非常规的疑难故障现象,给维修判断造成困难。

维修疑难故障时,应首先排除电视机潮湿引发的漏电故障,检查电路板是否有霉点、变色、短路现象,必要时用电吹风对电路板进行干燥处理,然后再进行维修。

需要注意的是:主板电路采用低电压、大电流供电,对供电电压的精度和电流要求较高,往往低于正常电压零点几伏,就会造成主板相关电路工作失常,引发疑难故障。维修时应首先排除主板供电故障,确保供电达标稳定。

(二)电源板常见故障维修

电源电路发生故障,主要引发不开机、开机三无故障,一是PFC电路或开关电源大功率开关管击穿,抗干扰电路或市电整流滤波电路电容器或整流管击穿,造成保险丝熔断;二是启动电路和开关电源电路元件变质、开路,造成开关电源不工作,故障现象为开机三无,指示灯不亮;三是开关机电路故障,造成PFC电路不工作,开关电源输出电压降低,故障现象是指示灯亮,开机三无。

判断开关电源电路是否正常的方法是:测量电源电路输出(常见为+24V、+12V)电压是否正常,如果无电压输出,说明电源电路未工作;输出电压降低,故障在稳压电路和开关机控制电路。可通过观察待机指示灯是否点亮,测量关键的电压,解除保护的方法进行维修。

1. 待机指示灯不亮

指示灯不亮主要故障在电源电路中。首先测量PFC电路输出滤波电容器两端是否有300V电压(如果设有PFC电路,则该电压所示的开机380V左右),无电压故障在市电输入抗干扰电路和市电整流滤波电路,先检查保险丝是否熔断。

如果测量保险丝是否熔断,如果已经熔断,说明开关电源存在严重短路故障,主要对以下电路进行检测。一是检查交流抗干扰电路和整流滤波是否击穿漏电;二是如果设有PFC电路,则检查PFC功率因数校正电路开关管是否击穿;四是检查主电源开关管是否击穿。如果击穿,进一步检查开关变压器的初级绕组并接尖峰吸收件是否失效开路;检查稳压控制驱动集成电路是否良好,检查驱动控制电路外部过流检测电路的是否连带损坏。

如果测量保险丝未断,测量电源有无电压输出,指示灯不亮,主要是开关电源电路未工作。检查测量电源驱动控制电路的启动电压和VDD电压。无启动电压多为外部启动电路开路;无VDD电压,检查VDD整流滤波电路和VDD稳压电路。

如果启动和VDD供电电压正常,测量开关电源驱动控制电路有无激励脉冲输出,无脉冲输出检测驱动控制集成电路其外部电路元件;有激励脉冲输出,检查开关管、开关变压器及其次级整流滤波电路。电源的输出端的负载电路发生严重短路故障，也会造成电源无电压输出。

2. 待机指示灯亮

指示灯亮，说明开关电源基本正常。可按遥控“POWER”键，测开关电源有无开机高电平，无开机高电平故障在微处理器控制系统；有开机高电平，测主电源开关变压器的次级有无+24V、+12V直流电压输出，如果测量开关电源始终输出低电压，说明开关电源稳压电路和开关机控制电路发生故障。

如果开关电源380V供电由PFC电路提供，先查PFC输出端大滤波电容的电压是否正常，如果仅为300V左右，则PFC电路未工作，检查PFC驱动电路有无VCC-PFC电压，无VCC-PFC电压检查开关机控制电路是否正常，检查PFC驱动电路是否正常，注意检查PFC滤波电容是否开路时效。

如果待机采用降压模式，测量开关电源输出电压，始终输出低电平，多为开关机取样电压控制电路故障。检查取样电压控制电路。

3. 自动关机维修

发生自动关机故障，一是开关电源接触不良，二是保护电路启动。维修时，可采取测量关键的电压，判断是否保护和解除保护，观察故障现象的方法进行维修。

在开机的瞬间，测量保护电路触发电压，该电压正常时为低电平0V。如果开机时或发生故障时，触发电压变为高电平0.7V以上，则是过压保护电路启动。一是检查引起过压的主电源稳压控制电路，二是检查过压保护取样电路稳压管是否漏电。

确定保护之后，可采解除保护的方法，通电测量开关电源输出电压，确定故障部位。了防止开关电源输出电压过高，引起负载电路损坏，建议先接假负载测量开关电源输出电压，在输出电压正常时，再连接负载电路。解除保护方法是：将触发电压对地短路。

(三)背光灯板常见故障维修

背光灯电路发生故障时，会造成背光灯不亮或亮后熄灭，产生开机后有伴音、无图像、无光栅故障。常见为升压MOSFET开关管损坏，背光灯串开路、短路，输出连接器接触不良，造成保护电路启动等。

显示屏LED背光灯串全部不亮，主要检查背光灯电路供电、驱动电路等共用电路，也不排除一个背光灯驱动电路发生短路击穿故障，造成共用的供电电路发生开路等故障。

1. 检查背光灯板工作条件

显示屏始终不亮，伴音、遥控、面板按键控制均正常，黑屏幕。此故障主要是LED背光灯电路未工作，需检测以下几个工作条件：

一是检测背光灯电路的供电是否正常，供电不正常，首先检测排除开关电源故障；如果开关电源输出电压正常，背光灯板驱动电路无供电输入，则是限流电阻阻值变大或烧断，引发限流电阻烧断，是驱动电路内部短路、滤波电容器击穿等。背光灯板供电电压不正常，检查相关供电的整流滤波电路。需要注意的是：当供电电压过低时，会造成驱动电路取样电压降低，驱动电路内部欠压保护电路启动，背光灯电路停止工作。

二是测量驱动电路的点灯控制电压是否为高电平；点灯控制和调光电压不正常，检修主板控制系统相关电路。

2. 检修升压输出电路

如果工作条件正常，背光灯电路仍不工作，则是背光灯驱动控制电路和升压输出电路发生故障。通过测量驱动电路是否有激励脉冲输出判断故障范围。无激励脉冲输出，则是驱动电路内部电路故障。

如果驱动电路有激励脉冲输出，升压输出电路仍不工作，则是升压输出电路发生故障，常见为储能电感内部绕组短路、升压开关管击穿短路或失效、输出滤波电容等击穿或失效、续流管击穿短路等。通过电阻测量可快速判断故障所在。

3. 检修调流电路

检查调流电路供电是否正常，如果正常，测量调流电路输出的基准电压是否正常。如果无电压输出或低于正常值，则是调流电路内部稳压电路发生故障或外部滤波电容及其负载电路发生短路、漏电故障。

如果发生光栅局部不亮或暗淡故障，多为个别LED背光灯串发生故障，或调流电路内部个别调流MOSFET损坏。由于LED灯串调流电路相同，可通过测量各LED灯串的负极电压或对地电阻，并将相同部位的电压和电阻进行比较的方法判断故障范围。哪路LED负极电压或对地电阻异常，则是该LED灯串或调流电路发生故障。正常时LED负极电压在2V左右。

如果显示屏一直闪烁，则是调流电路过热保护了，多为LED背光灯串有多个LED灯发生短路故障。

(四)主板常见故障维修

主板图像处理电路发生故障，主要引发无图像和图像不正常故障，常见为超级单片电路或存储器接触不良，LVDS输出连接器接触不良、连接线断线等故障；主板音频处理电路和音频功放电路发生故障，主要引发有图像无伴音故障，常见为伴音功放电路损坏或静音控制电路误动作；主板供电系统发生故障，引发不开机、自动关机、无图像、无伴音等故障，常见为DC-DC稳压电路损坏，开焊，负载电路或相关滤波电容漏电失效等；主板控制系统发生故障，会造成死机，自动关机，功能紊乱等故障，常见为晶振不良、复位电路损坏、矩阵电路漏电、程序或用户存储器损坏或数据出错等。

判断图像处理电路是否正常的方法是测量主板到逻辑板之间的连接器输出的LVDS输出信号；判断伴音电路是否正常，可在输入端输入音频信号，在输出电路测量音频信号波形；判断MCU控制系统故障可采用测量供电、复位、晶振、矩阵输入、遥控输入电压和程序存储器或用户存储器的引脚电压和数据；判断供电系统故障可测量各个供电控制电路和三端稳压器的输出电压。

1. 测量主板供电电压

如果无电压或电压过低，检查电源板电路是否供电正常，检查主板的各路DC-DC稳压降压电路输出电压是否正常，如果某路无电压输出或输出电压过低、过高，则是该DC-DC降压稳压电路发生故障，或相关滤波退偶电容、负载电路发生短路漏电、开路故障。

2. 输入信号检查

用电视信号发生器向高频头输入RF彩色电视信号，或向AV输入端输入8级竖彩条信号。也可用影碟机播放影碟，向AV或S端子输入图像信号。用示波表或示波器，观察主板输出LVDS输出信号、SDA和SCL控制信号波形、测量屏12V供电电压。无波形检查单片处理电路和DDR3存储器电路，测量图像处理电路的供电和引脚电压，对地电阻等，判断故障范围。常见为数字图像处理电路接触不良，引脚开焊；与DDR存储器之间发生开路、短路故障，连接线中的过孔开路或接触不良，数字板到逻辑板之间的连接线接触不良或开路等；个别引脚无波形，检查LVDS信号输出电路，主板到逻辑板之间的连接器和连接线是否接触不良。

3. 测量信号电压和波形

无示波表或示波器可用DCV：10V挡测量数字板与逻辑板连接器的引脚电压，正常时在1V~1.4V之间们如果哪个引脚电压不正常，检查相关电路。

如果发生仅是某个信号通道输入的图像不正常或无图，其他输入接口图像正常，说明超级单片电路共用的图像处理电路和DDR存储电路、LVDS信号输出电路正常，故障在无图像的相关输入接口电路。如USB高清图像不正常，其他接口图像正常，检测USB接口电路和相关供电电路，USB外部输入和供电电路正常，且USB设备也正常，故障在超

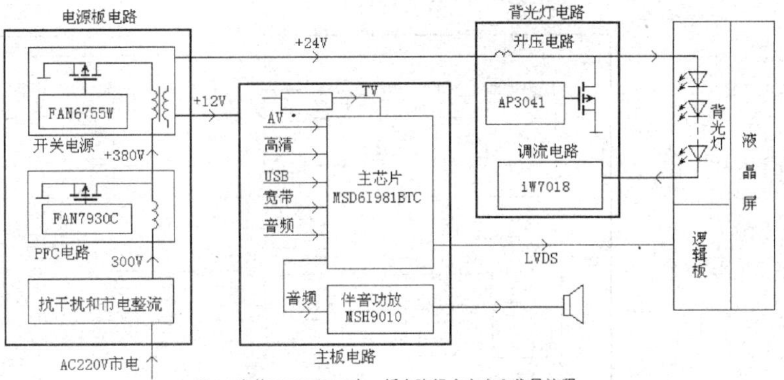

级单片电路内部电路。首先确定其信号源和连接线是否正常，用示波表或示波器测量相应输入电路的波形，判断是否有信号输入，无信号检测相应的输入连接器和输入电路。

4. 检查伴音电路

如果发生无伴音，则故障在音频信号处理电路和伴音功放电路，区别故障部位的方法插入耳机听听耳机是否发声，如果耳机发声正常，故障在功放电路。首先测量功放电路供电是否正常，电压不正常检查开关电源电路；如果供电正常测量功放电路的各脚电压和对地电阻，常见为内部击穿损坏。测量功放电路供电和输出电压正常，用信号发生器输出1000Hz音频信号，在AV等各个端子音频输入端输入左右声道音频信号，用示波表或示波器，从前向后逐级观察伴音通道的信号波形，判断故障范围。也可用DVD、VCD输入图像和音频信号，代替信号源对音频通道进行测试。如果输出端有音频信号输出，但扬声器无伴音，故障为伴音功放电路故障；如果AV输出端无伴音输出，故障在音频输入和音频处理电路内外电路。

5. 检查控制电路

如果发生电视机失控故障，用DCV:10V挡，测量超级单片的MCU系统的工作条件：供电、晶振、复位引脚电压是否正常；检查IIC总线控制系统SDA、SCL电压是否正常；检查LASH程序存储器和用户存储器各脚电压是否正常；测量MCU的键控和遥控输入接口电压是否正常；测量MCU系统的开关机控制、屏供电控制、背光开关控制等控制电路输出电压是否正常。参见为晶振失效，复位电路故障，接口电路按键短路漏电，开关机和屏供电控制、背光控制电路三极管损坏等等。

二、康佳35018669型三合一板原理与维修

康佳LED液晶彩电采用的35018669型三合一板，应用于康佳

PFC电路：由驱动电路FAN7930C(NF903)和大功率MOS开关管VF903、储能电感LF902为核心组成。二次开机后，开关机控制电路为NF903的8脚提供VCC-PFC供电，该电路启动工作，NF903从7脚输出激励脉冲，推动VF903工作于开关状态，与LF902和PFC整流滤波电路VDF902//VDF903、CF919//CF917配合，将供电电压和电流校正为同相位，提高功率因数，减少污染，并将供电电压提升到+380V，输出PFC电压，为主电源电路开关管供电。
LED背光灯电路：由三部分电路组成，一是由驱动电路AP3041(N701)、储能电感L701、开关管V701//V702、续流管VD701、滤波电容C702//C750//C733等为核心组成的升压输出电路；二是由专用调流集成电路iW7018(N702)为核心组成的LED背光灯串均流控制电路。开关电源输出的+24V为升压输出电路供电，VCC12V为N701、N702供电，同时为N701的4脚和15脚提供点灯和调光电压；遥控开机后主板送来的BKLTEN点灯电压送到N702的9脚，背光灯电路启动工作，N701从7脚输出升压激励脉冲，推动V701//V702工作于开关状态，与储能电感L701和续流管、滤波电容配合，将+24V电压提升到33V左右，为8路LED背光灯串正极供电；8路LED背光灯串负极回路与N702的3、8、15、20、26、31、36、41脚相连接，N702据此对8路LED背光灯串电流进行调整，确保LED背光源亮度可调。
CF901
LF901
电感LF902
均流N702
电源开关管VW702
升压滤波电容
LED连接器
逻辑板接口
续流VD701
均流N702
整流BD901-904
PFC开关管VF903
续流VDF902/3
变压器TW901
升压V701/2
储能L701
主芯片
L903
CX903
RT901
L902
CX901
L901
F901
抗干扰电路
PFC滤波CF917
PFC滤波CF919
+12V整流
+24V整流
+24V滤波
高清和SD接口
XS901
AC220V输入
+12V滤波
喇叭接口
宽带接口
视频和Y/C接口
TV接口
抗干扰和市电整流滤波电路：利用电感线圈L901~L903和电容器CX9011、CX9022和CY901~CY904组成的共模、差模滤波电路，一是滤除市电电网干扰信号，二是防止开关电源产生的干扰信号窜入电网；滤除干扰脉冲后的市电通过全桥BD901~BD904整流、电容CF901、CF902滤波后，产生100Hz脉动300V的VAC电压，送到PFC电路。
开关电源电路：以驱动控制电路FAN6755W(NW907)、大功率MOSFET开关管VW907、变压器TW901为核心组成。通电后，PFC电路滤波电容输出的+300V电压通过TW901的初级绕组为VW907供电，AC220V经整流后输出的VAC电压经RW911、RW910向NW907的8脚提供启动电压，开关电源启动工作，NW907从5脚输出激励脉冲，推动VW907工作于开关状态，其脉冲电流在输出变压器TW901中产生感应电压，次级感应电压经整流滤波，输出VCC12V、+24V电压，VCC12V电压为主板和背光灯驱动电路供电，+24V电压为背光灯升压电路供电。
主板：主芯片采用多功能处理电路MSD6I981BTC。电源输出电路VCC12V电源经DC-DC降压后为主板电路供电，MSD6I981BTC的控制系统，对整机进行控制和切换。各种输入接口和高频头电路对输入信号进行放大，经过切换后送到主芯片MSD6I981BTC，由主芯片对各路输入信号进行处理后，通过逻辑电路驱动显示屏显示图像；伴音信号经过切换后由数字功放MSH9010放大后，驱动扬声器发声。
图1 康佳35018669三合一板实物图解

电源板电路
FAN6755W
开关电源
+24V
+12V
+380V
FAN7930C
PFC电路
300V
抗干扰和市电整流
AC220V市电
TV
AV
高清
USB
宽带
音频
主芯片
MSD6I981BTC
音频
伴音功放
MSH9010
主板电路
背光灯电路
升压电路
AP3041
调流电路
iW7018
背光灯
液晶屏
逻辑板
LVDS
图2 康佳35018669三合一板电路组合方案和信号流程

LED47M3500PDF、LED47F3530F、LED47R3530F、LED47F3500PD、LED40R5500FX等液晶彩电中。康佳35018669型三合一板实物和工作原理图解见图1所示，电路组成方框图和信号电压流程见图2所示。

主板核心电路采用超级单片MSD6I981BTC平台，对各种输入信号进行放大处理，显示图像和伴音；电源板的PFC电路采用FAN7930C、开关电源驱动电路采用FAN6755W，输出+24V和VCC12V电压，为主板和背光灯电路供电；LED背光灯板升压电路采用AP3041，将+24V电压提升后，为两路LED背光灯串供电，调流电路采用Iw7018，对背光灯串的电流进行调整和均衡。

(一)电源电路

电源电路将市电输入的AC220V电压转换为电视机需要的+24V和VCC12V电压，为主板和背光灯板、逻辑板等整机电路供电。

1. 工作原理

电源电路方框图见图3所示，工作原理见图4所示，由市电输入整流滤波电路、PFC电路和开关电源电路、开关机电路组成，工作原理介绍见图1所示。

2. 故障维修

例1：开机黑屏幕，指示灯不亮。

分析与检修：测量市电输入电路的保险丝F901未断，测量开关电源无电压输出，判断该开关电源电路发生故障。

对开关电源进行检测，测量驱动电路NW907的8脚无启动电压，对8脚外部的启动电路RW911、RW910进行检测，发现RW910烧断，更换RW910后，故障排除。

例2：开机黑屏幕，指示灯不亮。

分析与检修：测量市电输入电路的保险丝F901烧黑且断路，说明电源板有严重短路故障。对电源板大功率元件进行电阻检测，发现MOSFET开关管VW907的D极对地电阻最小，为5Ω，拆下VW907测量其极间电阻，内部击穿。检查容易引发开关管击穿的尖峰脉冲吸收电路发现CW903变色，且表明有裂纹，更换CW903和VW907后，故障彻底排除。

(二)背光灯电路

康佳35018669三合一板的LED背光灯驱动电路，将开关电源电路提供的+24V电压提升到+33V左右，为8路LED背光灯串供电，将液晶屏点亮。

1. 工作原理

组成方框图见图5所示，电路原理如图6所示，由升压输出电路和调流控制电路两部分组

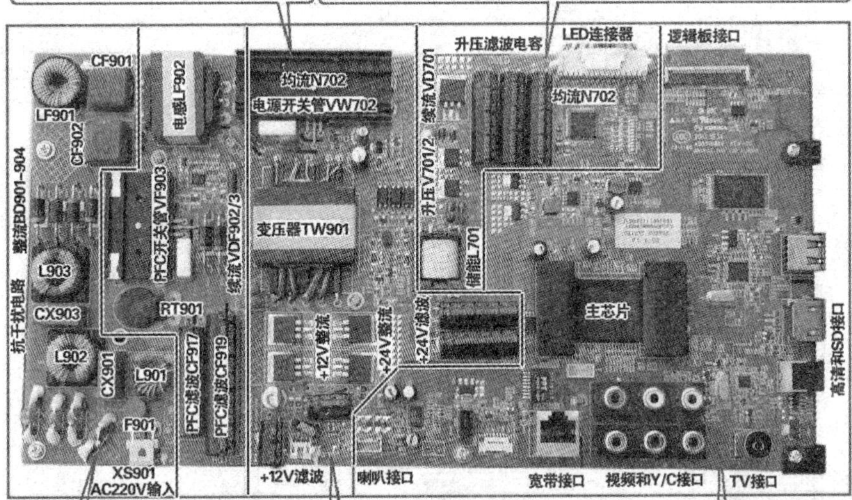

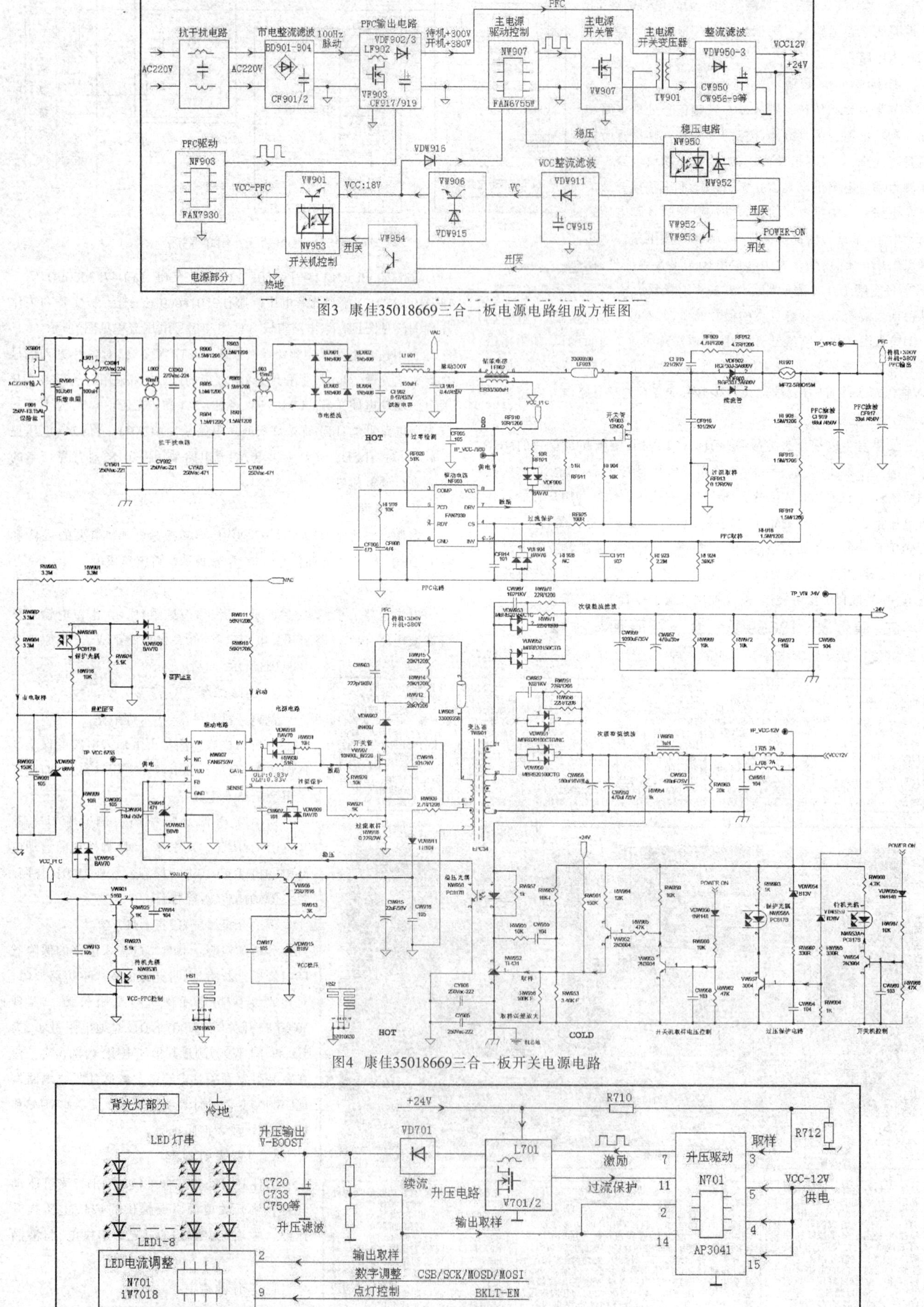

图3 康佳35018669三合一板电源电路组成方框图

图4 康佳35018669三合一板开关电源电路

图5 康佳35018669三合一板背光灯电路组成方框图

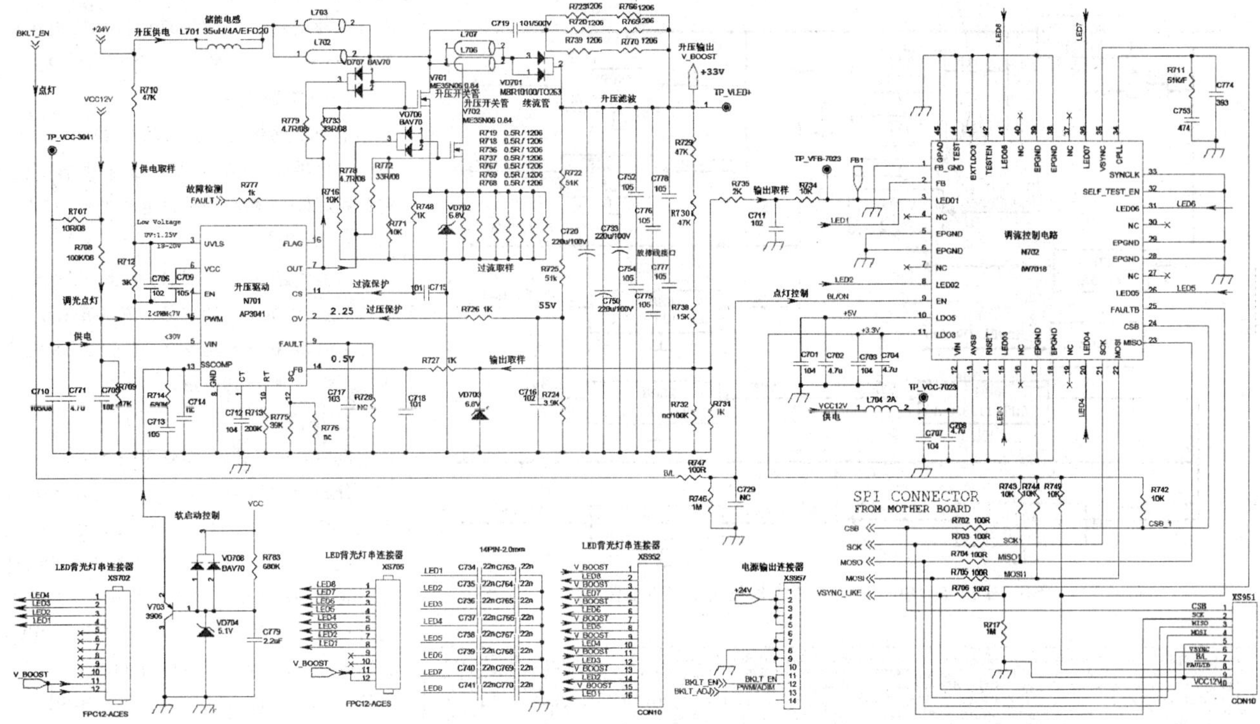

图6 康佳35018669三合一板背光灯驱动电路

成,工作原理介绍见图1所示。

2. 故障维修

例3:开机有伴音,显示屏不亮。

分析与检修:遇到显示屏不亮,一是背光灯板工作条件不具备,二是背光灯板发生严重短路、击穿故障。

首先测量背光灯板的VCC12V和+24V供电正常,测量升压大滤波电容两端电压为+24V,与供电电压相同,说明升压电路未工作。测量N701各脚电压,发现3脚电压仅为0.5V左右,低于正常值,内部欠压保护电路启动。检查3脚外部取样电路,发现R710阻值变大到150k左右,更换R710故障排除。

(三)主板电路

主板对各种信号源输入的图像、伴音信号进行切换、解码、放大、A/D转换、处理,输出LVDS低压差信号,送到逻辑板,处理后驱动显示屏显示图像;输出音频信号,经功放电路放大后,推动扬声器发声。

1. 工作原理

三合一板中的主板电路采用超级单片电路MSD6I981BTC,内部设有集成CPU控制系统、TV中放电路、图像处理电路、伴音处理电路。

主要功能带有1路HDMI输入、1路AV输入、1路USB输入、1路YPbPr输入、1路射频输入、1路耳机输出,部分机型还具有3D功能。

主板上单片集成电路MSD6I981BTC图像和伴音处理流程方框图见图7所示,主板包含了:(1)TV信号处理电路;(2)AV、YpbPr、USB输入和视频、耳机输出电路;(3)HDMI高清信号输入电路;(4)高清电视信号解调电路;(5)以太网信号输入电路;(6)MCU控制系统;(7)图像处理电路;(8)音频处理与功放电路;(9)供电电路。

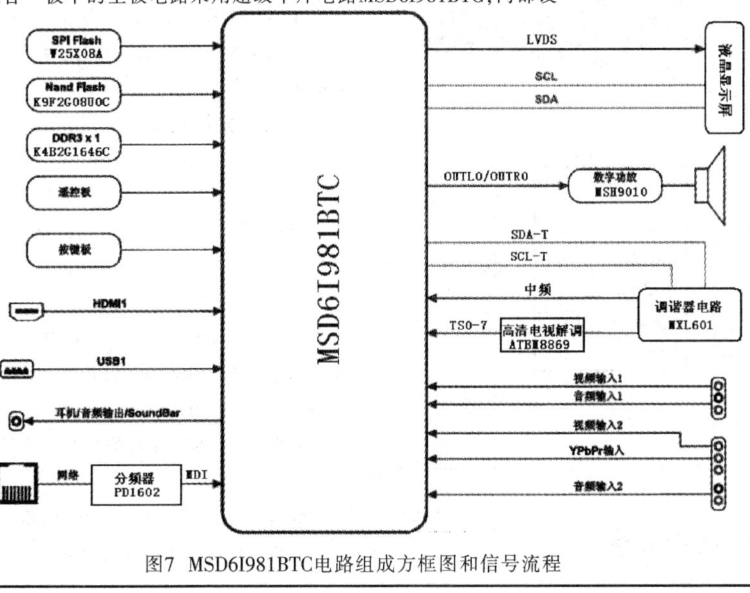

2. 故障维修

例4:开机有伴音,有图像,自动更换节目源。

分析与检修:遇到该类故障,多为MCU控制系统的矩阵按键漏电所致,导致自动向控制系统输入不正常的指令,自动进行节目源切换。更换全部矩阵开关后,故障排除。

例5:开机指示灯亮,但无图像,无伴音。

分析与检修:遇到该类故障,多为图像和伴音共用的超级单片MSD6I981BTC发生故障,检查超级单片电路的供电,见图8所示。发现N803无1.5V_DDR3电压输出,测量其3脚无3.3V_Normol电压输入,检查3.3V_Normol稳压电路N807,3脚有5VA电压输入,但2脚无电压输出,测量N807的输出端引脚电阻未见异常,更换N807后,故障排除。

SPI Flash W25X08A
Nand Flash K9F2G08U0C
DDR3 x 1 K4B2G1646C
遥控板
按键板
HDMI1
USB1
耳机/音频输出/SoundBar
网络
分频器 PD1602
MDI
MSD6I981BTC
LVDS
SCL
SDA
液晶显示屏
OUTL0/OUTR0
数字功放 MSH9010
SDA-T
SCL-T
中频
调谐器电路 MXL601
TS0-7
高清电视解调 ATBM8869
视频输入1
音频输入1
视频输入2
YPbPr输入
音频输入2

图7 MSD6I981BTC电路组成方框图和信号流程

三、康佳35018270三合一板原理与维修

康佳LED液晶彩电采用的35018270主板+电源+背光灯三合一板,应用于康佳LED42M3820AF、LED42M1200AF、LED42M1230AF、LED42M1370AF、LED40M1200AF等液晶彩电中。实物图解和电路工作原理见图9所示,电路组成方框图和信号电压流程见图10所示。

主板核心电路采用超级单片6A800HTAB平台,对各种输入信号进行放大处理,显示图像和伴音;开关电源驱动电路采用FAN6755W,输出+65V

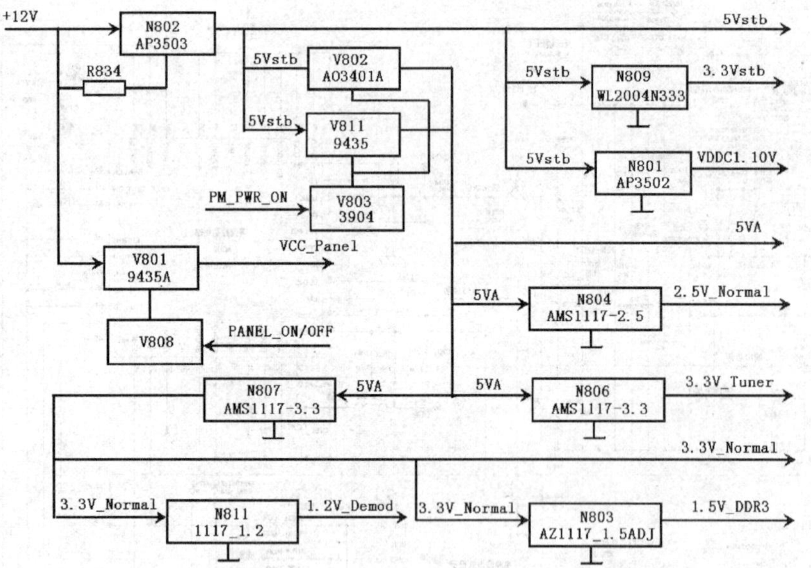

图8 康佳35018669三合一板主板供电电路方框图

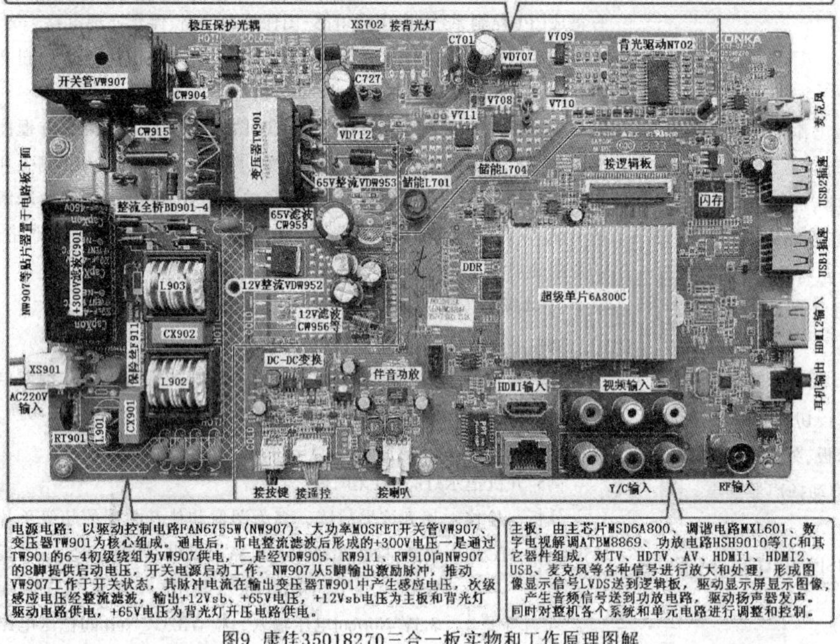

背光灯驱动电路：由三部分电路组成，一是由OZ9902A(N701)为核心组成的升压和恒流控制驱动电路；二是由储能电感L701/L704、开关管V711/V708、续流管VD712/VD707、滤波电容CW727/CW701为核心组成的2个升压输出电路；三是由开关管V710/V709为核心组成的2个LED背光灯恒流控制电路。开关电源输出的+65V为升压输出电路供电，+12Vsb为N701供电；遥控开机后主板送来的BL/ON点灯电压送到N701的3脚，亮度调整PWM电压送到N701的7、8脚，背光灯电路启动工作，N701从23和22脚输出升压激励脉冲，推动开关管V711/V708工作于开关状态，与储能电感L701/L704和续流管VD712/VD707、滤波电容CW727/CW701配合，将+65V电压提升到100V左右，为两路LED背光灯串供电；同时N701从18、14脚输出调光激励脉冲，控制开关管V710/V709的导通时间，对两路LED背光灯串进行控制恒流控制，确保LED背光源均匀稳定。
稳压保护光耦
XS702 接背光灯
C701
VD707
V709
背光驱动N702
开关管VW907
CW904
C727
V708
V710
V711
CW915
VD712
变压器TW901
65V整流VDW953
储能L701
储能L704
接逻辑板
闪存
整流全桥BD901-4
65V滤波CW959
12V整流VDW952
12V滤波CW956
DDR
超级单片6A800C
L903
CX902
L902
XS901
AC220V输入
RT901
L901
CX901
保险丝F911
DC-DC变换
伴音功放
HDMI输入
视频输入
接按键
接遥控
接喇叭
Y/C输入
RF输入
USB2插座
USB1插座
HDMI2输入
耳机输出
麦克风
电源电路：以驱动控制电路FAN6755W(NW907)、大功率MOSFET开关管VW907、变压器TW901为核心组成。通电后，市电整流滤波后形成的+300V电压一是通过TW901的6-4初级绕组为VW907供电，二是经VDW905、RW911、RW910向NW907的8脚提供启动电压，开关电源启动工作，NW907从5脚输出激励脉冲，推动VW907工作于开关状态，其脉冲电流在输出变压器TW901中产生感应电压，次级感应电压经整流滤波，输出+12Vsb、+65V电压，+12Vsb电压为主板和背光灯驱动电路供电，+65V电压为背光灯升压电路供电。
主板：由主芯片MSD6A800、调谐电路MXL601、数字电视解调ATBM8869、功放电路HSH9010等IC和其它器件组成，对TV、HDTV、AV、HDMI1、HDMI2、USB、麦克风等各种信号进行放大和处理，形成图像显示信号LVDS送到逻辑板，驱动显示屏显示图像，产生音频信号送到功放电路，驱动扬声器发声。同时对整机各个系统和单元电路进行调整和控制。

图9 康佳35018270三合一板实物和工作原理图解

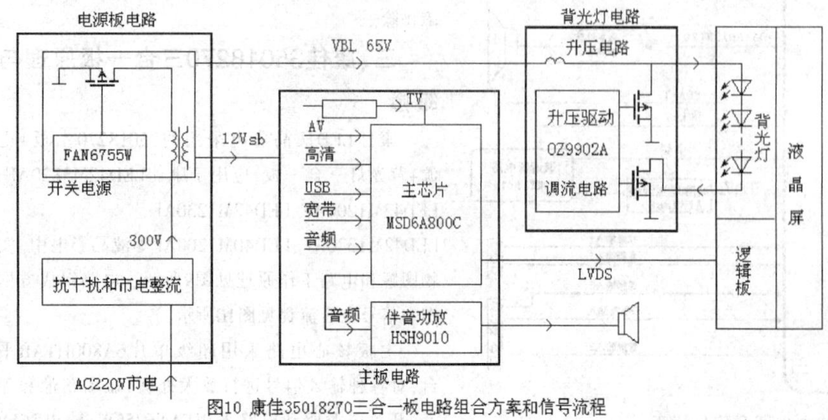

图10 康佳35018270三合一板电路组合方案和信号流程

和+12V电压，为主板和背光灯电路供电；LED背光灯驱动电路采用OZ9902A，将+65V电压提升到+105V左右，为两路LED背光灯串供电。

(一)电源电路

电源电路将市电输入的AC220V电压转换为电视机需要的VBL 65V和12Vsb电压，为主板和背光灯板、逻辑板等整机电路供电。

1. 工作原理

电源电路方框图见图11所示，工作原理见图12所示，由抗干扰和市电整流滤波电路、开关电源主电路、稳压控制电路、开关机控制电路组成。工作原理见图9所示。

2. 维修案例

例6：开机三无，指示灯不亮。

分析与检修：测量大滤波电容C901两端无+300V电压，测量市电输入电路的保险丝F911烧断，说明抗干扰和市电整流滤波电路有开路故障。对抗干扰电路和市电整流滤波电路进行检测，发现全桥整流电路的二极管BD901有漏电现象，正反向电阻均为500欧姆左右。电阻检测其它元件未见异常，更换BD911、F911后，通电试机，彻底排除。

例7：开机三无，指示灯不亮。

分析与检修：测量市电输入电路的保险丝F911未断，测量大滤波电容C901两端有+300V电压，但电源次级无电压输出，说明开关电源未启动。测量驱动电路NW907的8脚电压仅为50V，正常时为200V以上，检查8脚外部的启动电阻，发现RW911阻值变大，更换RW911，故障排除。

例8：开机三无，指示灯微亮。

分析与检修：能开机时一切正常，通电测量大滤波电容C901两端有+300V电压，但电源次级输出电压过低，+65V电压仅为5V左右，+12Vsb电源为3V左右，且不稳定，变压器有轻微的吱吱声。测量开关电源次级的滤波电容，发现+65V滤波电容CW957正反向电阻仅为7欧姆左右，拆下CW957测量正常，拆下检查+65V整流管VDW953检查，已经击穿短路，更换VDW953，测量开关电源输出电压恢复正常，故障排除。

(二)背光灯电路

康佳35018270三合一板的LED背光灯驱动电路，将开关电源电路提供的VBL65V电压提升到+105V左右，为LED背光灯串供电，将液晶屏点亮。

1. 工作原理

组成方框图见图13所示，电路原理如图14所示，由升压输出电路和调流控制电路两部分组成，驱动电路采用OZ9902A，由二个升压电路和二个调流电路组成。工作原理介绍见图9所示。

2. 故障维修

例9：开机后，屏幕亮一下即灭，然后闪烁。

分析与检修：开机背光能亮一下，然后闪

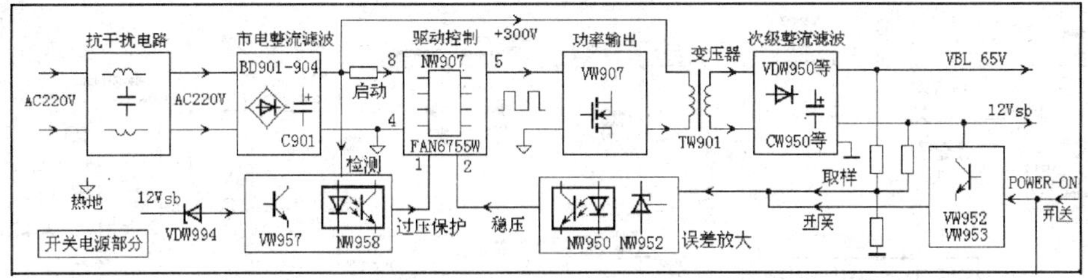

图11　康佳35018270三合一板电源电路方框图

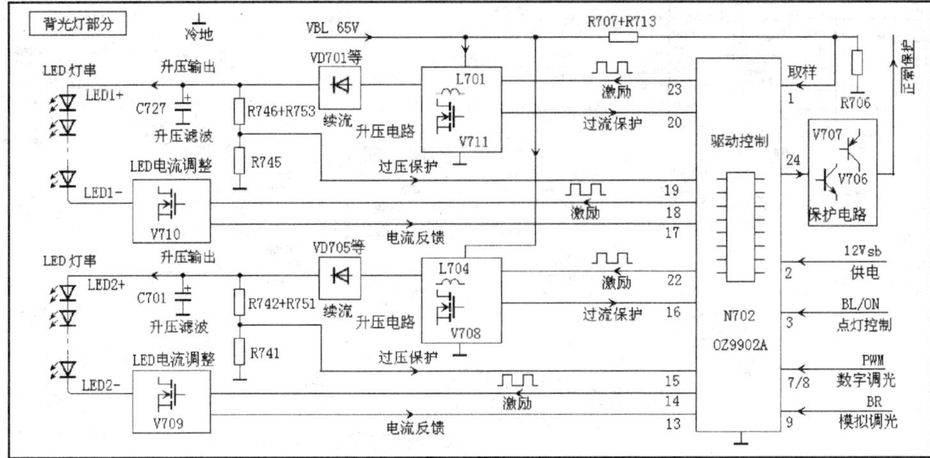

图13　康佳35018270三合一板背光灯电路方框图

烁，判断背光灯保护电路启动，测量OZ9902A的24脚输出高电平，判断背光灯保护电路启动。采取解除保护的方法维修：断开OZ9902A的24脚，开机测量12V电压正常，发现屏上边亮、下边暗，是屏上的灯条不能正常点亮引起电源保护。仔细观察发现均流控制开关管V709焊点开路，补焊后试机图声正常，测量OZ9902A的24脚恢复正常低电平，接通24脚后，试机半小时，一切正常。

例10：开机黑屏幕，指示灯亮。

分析与检修：指示灯亮，说明开关电源正常，有伴音，但液晶屏不亮，仔细观察LED灯串根本不亮。检查LED驱动电路的工作条件，OZ9902A的2脚12V供电和3脚点灯控制使能端电压正常，检查OZ9902A的1脚+65V取样电压仅为1.1V，低于正常值3.0V，测量1脚外部的降压、分压取样电路，发现R707阻值变大，用2.2M电阻更换R707后，故障排除。

（三）主板电路

主板对各种信号源输入的图像、伴音信号进行切换、解码、放大、A/D转换、处理，输出LVDS低压差信号，送到逻辑板，处理后驱动显示屏显示图像；输出音频信号，经功放电路放大后，推动扬声器发声。

1. 工作原理

康佳35018270三合一板中的主板电路采用超级单片电路MSD6A800HTAB平台，图像和伴音处理流程方框图见图15所示。MSD6A800HTAB是一款高集成度、高性能的智能TV处理芯片，内置中频解码、音视频解码、MCU、De-interlace、Scaler、LVDS、网络接口等；支持PAL、NTSC、SECAM等多种ATV制式；支持HDMI1.3/1.4、USB2.0；带有网络功能；支持HDMI1.4a 3D输入，支持Android 4.0操作系统。可以实现

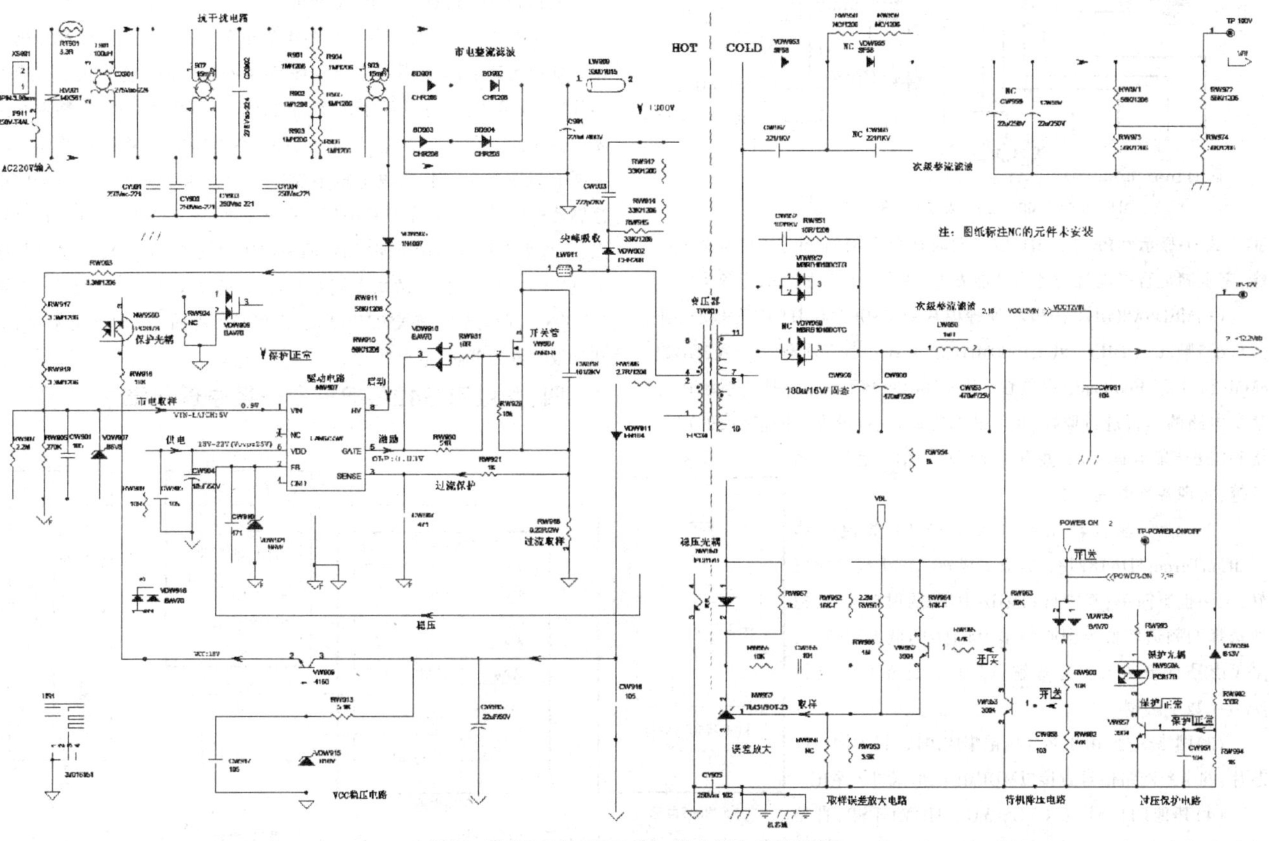

图12　康佳35018270三合一板电源电路原理图

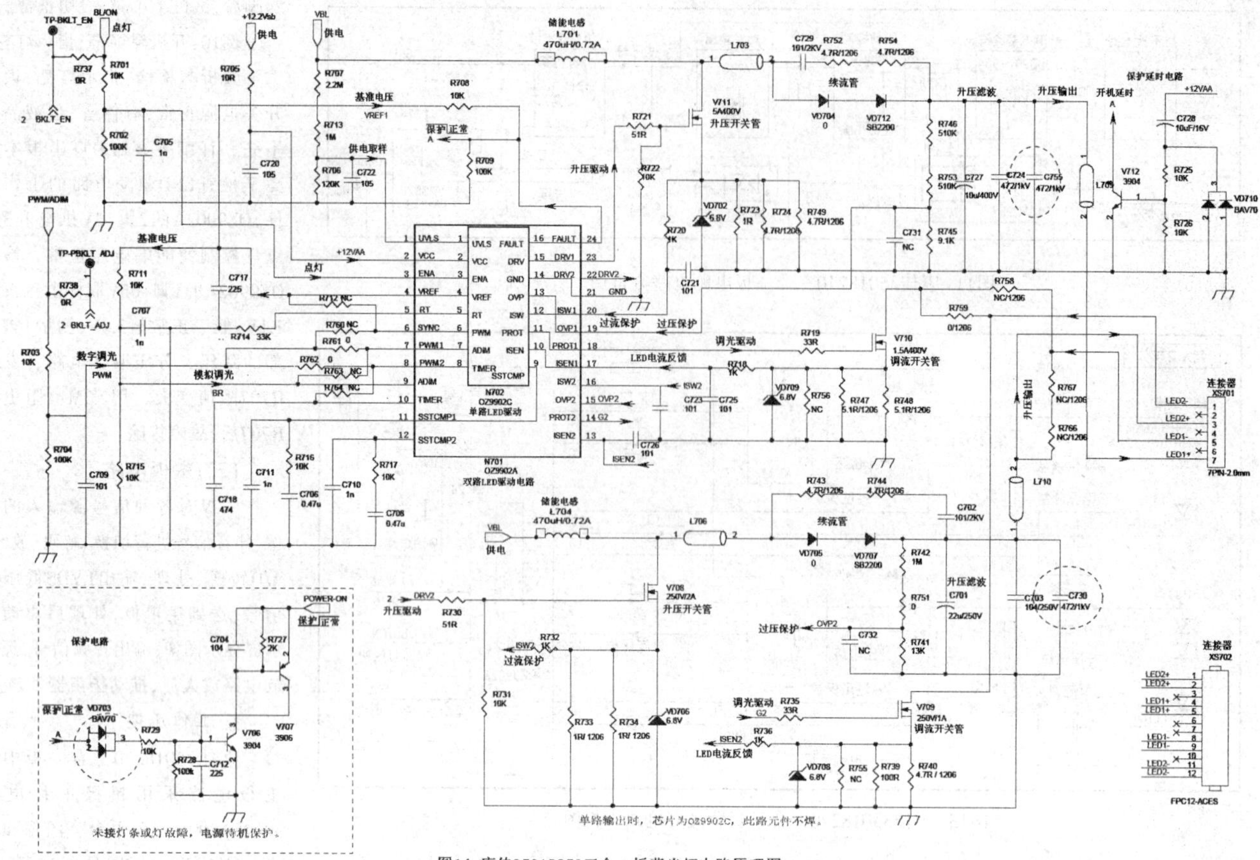

图14 康佳35018270三合一板背光灯电路原理图

图15 MSD6A800C电路组成方框图和信号流程

SG方式3D显示和PR方式3D显示，同时还具有网络、卡拉OK等娱乐功能，完全满足智能电视的各大功能需求，使产品具备强劲的竞争力。

(1)MSD6A800HTAB核心处理模块以MSD6A800HTAB为核心，外围搭配2颗2GbDDR3（8bit,1600MHz），系统主程序存储在一颗2GB的eMMCflash中，Bootloader存储在一颗8Mbit的SPIflash中；核心系统还对整个电路的运行进行监控，接收和响应遥控、按键发出的信号，处理网络和USB传输数据，对一些有时序要求的信号进行控制等等，实现各种电视功能。

(2) 信号输入输出部分采用NXP的数模一体SILIConTurnerTDA18273，方案更成熟，抗干扰性能更好，架构也更简单；其接收44MHz-1GHz的射频信号，把所选择的频道转换为中心频率为4MHz的低中频信号；ATV信号直接送入主芯片解调处理，此系列不支持DVB-C数字解调。

(3)网络信号，由于芯片内部集成PHY（以太网PHY芯片，网卡），网络信号直接以MDI/MDIX形式进入主IC。

(4)其他的信号，如CVBS、VGA、HDMI、USB，直接送入主芯片处理；视频信号通过LVDS端口输出图像数据；音频信号，由于芯片驱动能力增加，耳机经过LC滤波滤去载波后直接驱动耳机，另一路则直接进入功放后输出到喇叭，AV-OUT信号也经过一级三极管放大直接输出。

2. 故障维修

例11：开机后，指示灯亮，不开机

分析检修：通电测得主芯片各组供电与复位均正常，查看开机打印信息却无显示，重新升级引导程序(MBOOT)后仍不能开机。代换主芯片后，故障依旧；对主程序升级，不能成功。手摸主芯片，感觉其温度一会儿高一会儿低，根据经验这是CPU在不断启动的表现，具体原因主要有以下几种：(1)供电电压不稳定，(2)检测不到主程序，(3)DDR存储器电路异常，(4)主芯片损坏。根据上面的检查，可以排除(1)、(4)点，于是重点检查DDR电路，测量两块DDR存储器N502、N503供电与参考电压均正常，手摸这两块存储器的表面，感觉N503有明显温升，怀疑是N503内部短路，代换N503后开机，出现开机画面后自动重新启动，对其升级软件后开机，故障排除。

四、长虹ZLS42A-P三合一板原理与维修

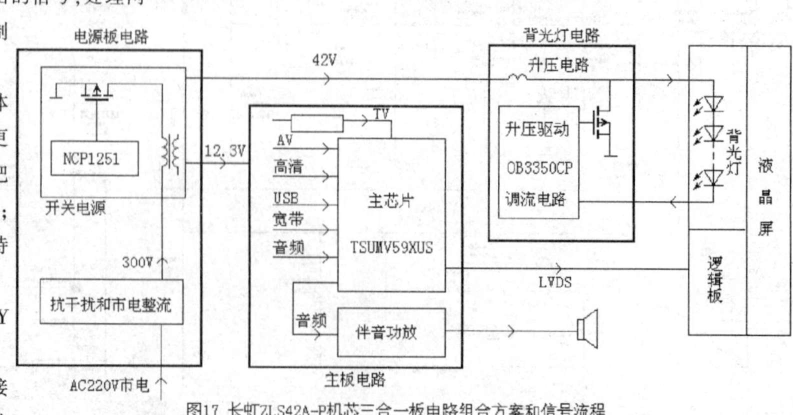

图17 长虹ZLS42A-P机芯三合一板电路组合方案和信号流程

LED背光灯驱动电路：由集成电路OB3350（UP401）为核心组成的驱动控制电路、由LP402、QP401、DP401、CP401为核心组成的升压输出电路两部分组成。遥控开机后，开关电源输出的+42V电压为升压输出电路供电；主电路控制系统送来的BL-ON高电平，控制QP402和QP411导通，开关电源输出的+12.3V电压经QP411输出VIN电压，为驱动电路UP401的1脚提供工作电压；主电路控制系统送来的DIM调光控制电压送到UP401的8脚。背光灯电路启动工作，UP401从2脚输出升压激励脉冲，推动QP401工作于开关状态，与储能电感LP402、整流滤波DP401、CP401配合，将+42V电压提升，输出LED+电压，为LED背光灯串正极供电；同时LED背光灯串负极回路电压LED-反馈到UP401的5脚，UP401根据反馈电压的高低，对LED背光灯串负极回路电流进行调整，达到调整显示屏亮度的目的。
抗干扰和市电整流滤波电路：利用电感线圈FLP101、FLP102和电容器CXP101、CXP102、CYP103、CYP104组成的共模、差模滤波电路，一是滤除市电电网干扰信号，二是防止开关电源产生的干扰信号窜入电网；滤除干扰脉冲后的市电通过全桥DP101~DP104整流、电容CP105滤波后，产生+300V的直流电压，送到开关电源电路。RTP101为限流电阻，限制开机冲击电流；RV01为压敏电阻，市电电压过高时击穿，烧断保险丝FP101断电保护；RP101~RP104为泄放电路，关机时泄放抗干扰电路电容器两端电压，同时与RP105分压，经DP105整流，RP107限流产生启动电压，送到开关电源驱动电路UP101的5脚。
L/R喇叭插座
J151上屏插座
接灯串
CON402
J5遥控插座
伴音功放电路
TPA3110
J4按键插座
驱动UP401
OB3350CP
升压CP401
升压QP401
储能LP402
整流DP401
CXP102
FLP101
FLP102
CXP101
RTP101
压敏RV01
CON101
AC220V输入
保险FP101
HDMIN输入插座
J10
U13主芯片
TSUMV59XUS-S1
U26程序
42V滤波电容
整流DP101-104
+300V滤波CP105
J3
12.3V输出
变压器TP201
尖峰吸收
S电阻
MOS管
QP201
42V整流
DP301/303
12.3V滤波电容
J12
AV输出插座
U41/1.8V
XS800高频头
RF输入
U25/3.3V
12.3V整流D302/D305
光耦NP202
驱动UP101
NCP1251A
三合一板型号
J7
J11
J14
J16
USB输入插座
YPBPR输出插座
AV输入插座
主板：由主芯片TSUMV59XUS、调谐电路R620D、功放电路TPA3110LD、DDR电路和Flash存储器等IC和其它器件组成，对TV、HDTV、AV、HDMI、HDTV（YPbPr）、USB、VGA等各种信号进行放大和处理，形成图像显示信号LVDS送到逻辑板，驱动显示屏显示图像，产生音频信号送到功放电路，驱动扬声器发声。同时对整机各个系统和单元电路进行调整和控制。
开关电源电路：以集成电路NCP1251A(UP101)、开关管QP201、变压器TP201、稳压控制电路UP808、光电耦合器NP202为核心组成。开机后，市电整流滤波后产生的+300V电压经TP201的初级绕组为QP201的D极供电，同时AC220V市电经泄放电阻分压和DP105、CP205整流滤波后，为UP101的5脚提供启动电压，开关电源启动工作，UP101从6脚输出激励脉冲，推动QP201工作于开关状态，其脉冲电流在TP201中产生感应电压，次级感应电压经整流滤波后，一是产生42V直流电压，为LED背光灯升压电路供电；二是产生12.3V电压，为主板等负载电路供电，同时经点灯电路控制后输出VIN电压，为背光灯驱动UP401电路供电。

图16 长虹ZLS42A-P机芯三合一板实物图解和工作原理

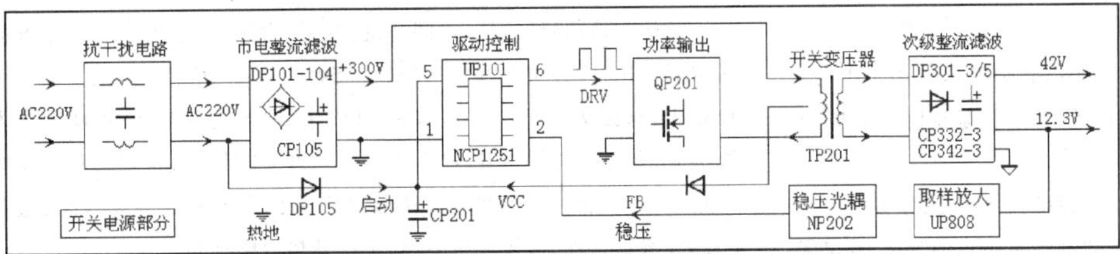
抗干扰电路
市电整流滤波
DP101-104
+300V
AC220V
AC220V
CP105
驱动控制
UP101
NCP1251
5
6
1
2
DRV
功率输出
QP201
开关变压器
TP201
次级整流滤波
DP301-3/5
CP332-3
CP342-3
42V
12.3V
DP105
启动
CP201
VCC
FB
稳压
稳压光耦
NP202
取样放大
UP808
开关电源部分
热地

图18 长虹ZLS42A-P机芯三合一板电源电路方框图

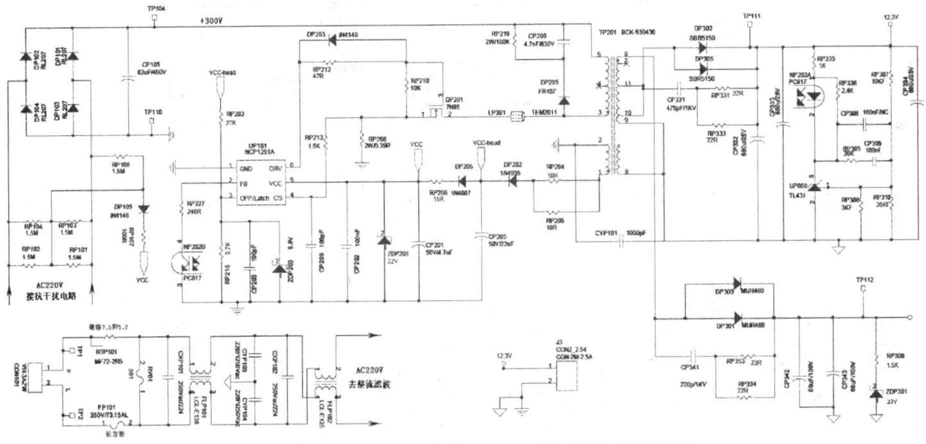

图19 长虹ZLS42A-P机芯三合一板电源电路原理图

长虹公司采用型号为ZLS42A-P机芯开发的LED液晶彩电，其主电路板型号为JUC7.820.00086129，是集主板、开关电源、背光灯为一体的三合一板。应用于长虹LED32C2000、LED32560、LED32568、LED32B2100C、LED32E40、LED32B100C等ZLS42A-P机芯LED液晶彩电中。实物图解和电路工作原理见图16所示，电路组成方框图和信号电压流程见图17所示。

开关电源集成电路采用NCP1251A，输出12.3V和42V电压，为主板和背光灯驱动电路供电；背光灯驱动电路采用OB3350CP，将42V电压提升后，为LED背光灯串供电，并对灯串电流进行调整和控制。主板核心电路采用TSUMV59XUS，与其他IC和器件配合，对各种信号进行放大和处理，形成图像显示信号LVDS送到逻辑板，驱动显示屏显示图像，产生音频信号送到功放电路，驱动扬声器发声，同时对整机各个系统和单元电路进行调整和控制。

(一)电源电路

电源电路将市电输入的AC220V电压转换为电视机需要的42V和12.3V电压，为主板和背光灯板、逻辑板等整机电路供电。

1. 工作原理

电源电路方框图见图18所示，工作原理见图19所示，由抗干扰和市电整流滤波电路、开关电源主电路、稳压控制电路、开关机控制电路组成。工作原理见图16所示。

2. 维修案例

例12：开机后三无，指示灯不亮。

分析与检修：指示灯不亮，测试电源板无12.3V和42V电压输出。判断故障在开关电源电路。测试保险丝完好，整流滤波后的+300V电压正常，测量UP101的5脚VCC电压为6V，远远低于启动的18V电压，说明启动电路不良。

测试UP101的5脚外部的启动电路，发现降压电阻RP217阻值变大。更换RP217后，故障排除。

例13：开机后三无，指示灯不亮。

分析与检修：测试电源板无12.3V和42V电压输出。测量大滤波电容CP101两端无+300V电压输出，向前检查发现保险丝FP101烧断，判断电源板有严重短路故障。经过电阻测量法，为MOSFET开关管QP201击穿，过流保护电阻RP208烧焦，检查稳压环路和尖峰脉冲吸收电路，发现CP209裂纹。更换FP101、QP201、RP208、CP209后，故障排除。

(二)背光灯电路

LED背光灯驱动电路，将开关电源电路提供的42V电压提升到75V左右，为LED背光灯串供电，将液晶屏点亮。

1. 工作原理

组成方框图见图20所示，电路原理如图21所示，由升压输出电路和调流控制电路两部分组成，驱动电路采用OB3350，由升压电路和调流电路组成。工作原理介绍见图16所示。

2. 故障维修

例14：开机屏幕闪亮一下熄灭，声音正常。

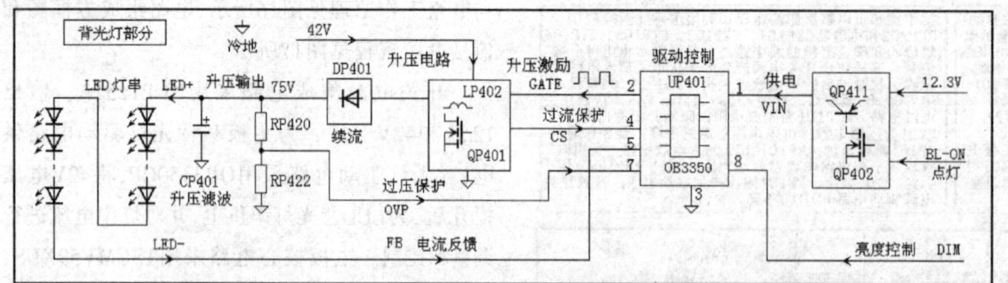

图20 长虹ZLS42A-P机芯三合一板背光灯电路方框图

分析与检修：仔细观察背光灯在开机的瞬间点亮，然后熄灭。检查LED驱动电路的工作条件正常，判断保护电路启动。观察屏幕，隐约能看到图像，背光不亮。测量背光灯驱动电路输出的LED+电压，开机瞬间电压75伏，慢慢下降到43V。判断保护电路启动。

根据维修经验，当LED背光灯条损坏或接触不良，由于灯管电流发生变化，容易引起保护电路启动。本着先简后繁的原则，检查LED背光灯条连接器，发现一只引脚接触不良，将引脚刮净处理后，故障排除。

例15：为开机背光闪一下后黑屏，声音正常。

分析与检修：首先测量VIN和背光供电42V均正常，主板送来的BL-ON和 DIM电压也正常，背光闪一下就黑屏，说明LED背光恒流供电电路部分能够瞬间工作，后因电路不正常造成进入保护状态；开机瞬间测试OVP电压高于正常值，显然是过压保护电路动作导致电路停止工作，证明判断正确。检查背光灯连接器接触良好。接下来采用接假负载的方法，判断是升压电路部分引起的过压还是屏内部灯条异常引起电压升高。

我的背光灯假负载是LED灯串串联可调电阻。根据背光灯板输出LEC+电压范围，估算调整假负载LED灯串串联可调电阻值后，接电源板背光灯输出插座后开机，假负载的LED灯串依然是闪亮一下就灭，确定故障在电源板上，接下来对升压电路的过压保护取样部分进行检测，在路测试发现RP422阻值不稳定。更换RP422，通电假负载的LED灯条全部点亮。拆除假负载电源板装机测试，故障排除。

例16：开机屏幕微闪一下，声音正常。

分析与检修：开机检测U401的1脚VIN供电和为升压电路供电42V电压均正常，测试二次升压电压，在开机瞬间有上升，随即降为42V，判断为过压保护电路动作。

检查背光灯连接器接触良好。采用上例脱板接假负载灯条的方法维修，开机假负载上的灯条亮度正常，测试电压为稳定的75V，断定问题出在屏内LED灯条。小心拆屏后，发现底部灯条挨近插座的第4颗灯珠变黑。因手头无合适的灯条和灯珠更换，考虑只有一颗灯珠损坏并且其所处位置对屏亮度影响不明显，于是应急修理将第一颗灯珠用导线短接后，接上电源板试机，灯条点亮装机交付使用。

(三)主板电路

该机芯的主芯片采用MSTAR公司生产的单芯片TSUMV59XUS(U13)，主板对各种信号源输入的图像、伴音信号进行切换、解码、放大、A/D转换、处理，输出LVDS低压差信号，送到逻辑板，处理后驱动显示屏显示图像；输出音频信号，经功放电路放大后，推动扬声器发声。

1. 工作原理

U13(TSUMV59XUS)是对各种信号进行处理的核心器件，并内置CPU电路，控制整机各个功能电路协调工作。从高频头输入的中频信号，AV端子输入的CVBS信号，VGA端输入的RGB信号，HDMI端输入的数字多媒体信号，HDTV端输入的分量信号(YPbPr)、USB端输入的多媒体数字信号，均直接进入U13中进行处等处理后，编码产生LVDS信号，通过上屏线送给逻辑板。从各端口输入的声音信号进入U13进行音量控制、音效处理后，送给伴音功放块U302，经其放大后推动扬声器发声。

2. 故障维修

例17：无伴音

分析与检修：通电开机首先检测了静音电路1.2脚10.9V正常，测量伴音电压输出只有3.5V(还会跳变)明显不正常，通过观察发现伴音快7脚12V供电电阻RA2有烧毁的痕迹，通过对当地阻止测量，阻止只有40多欧也是不正常的，怀疑有电容损坏，通过检测发现是7脚CA3接地电容问题，更换后故障排除。

例18：不开机

分析与检修：红灯亮，不能开机，换了有数据的存储器U26(25Q64)偶尔能开机，怀疑主芯片U13(TSUMV59XUS-SJ)，搜索一下网上没有这种MCU，只能买到TSUMV59XUS-Z1代用，图像出现花屏，可能是屏参数不对，要进入总线调整才行，调整方法是：先按本机音量键将音量减小到0，再按遥控器的菜单，按数字键0816进入总线调整状态，选择C320屏参数选项，遥控关机退出，再次开机故障排除。

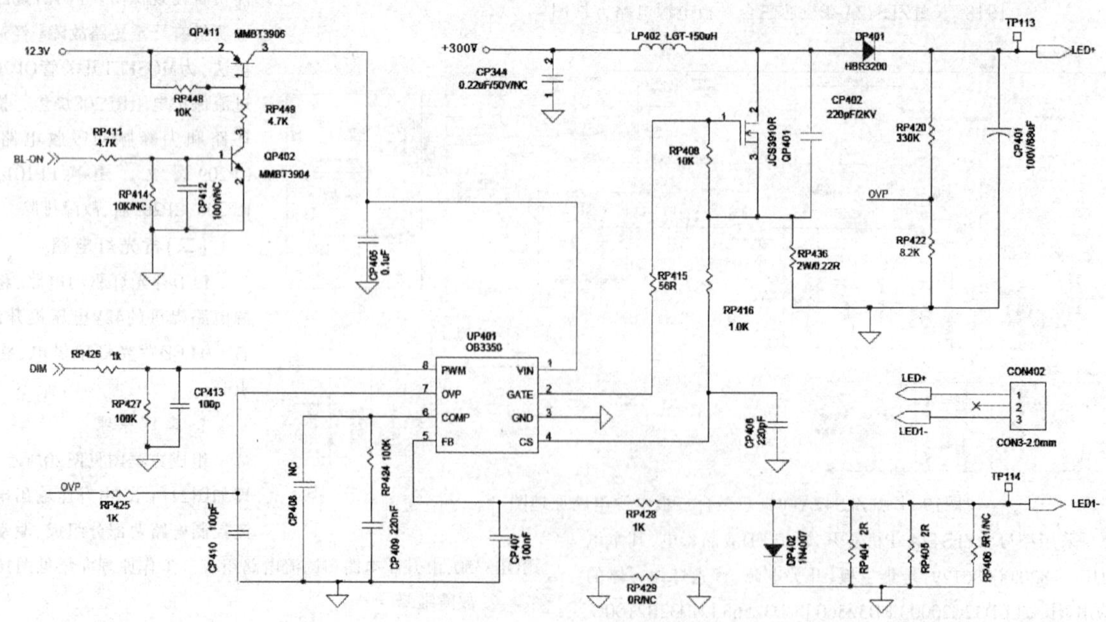

图21 长虹ZLS42A-P机芯三合一板背光灯电路原理图

飞利浦液晶彩电MSD6A628-T4C1机芯供电电路分析与故障检修

贺学金

飞利浦液晶彩电MSD6A628-T4C1机芯采用三合一主板，即将电源、LED背光灯驱动电路、主板电路做在一块板上，如图1所示。该主板具有电源AC-DC转换、背光灯升压调光控制、信号解调处理等功能。

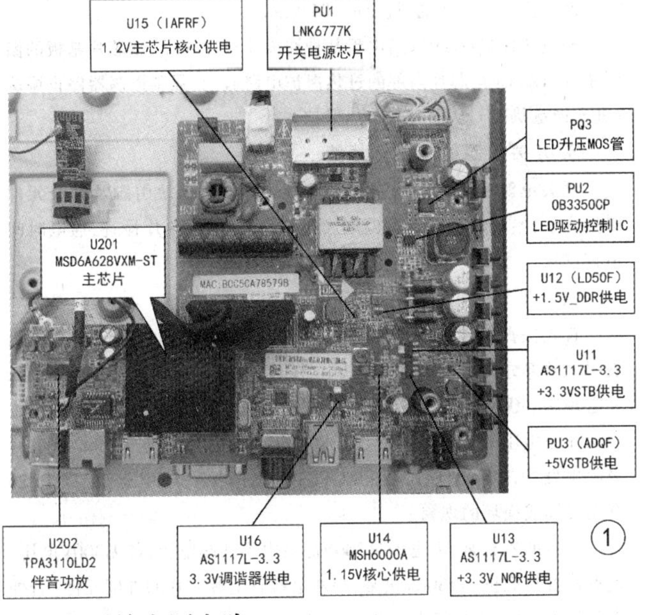

①

一、开关电源电路

该机芯的开关电源电路主要由集成块PU1(LNK6777K)、开关变压器PT1等元件组成，如图2所示。该开关电源输入电压范围宽(为交流85V~265V)，输出电压为直流12V，输出电流可达2.5A，230V交流时空载消耗低于30mW。该开关电源只输出一路+12V(实测为12.8V)的电压，为主板电路和LED背光驱动电路供电。该开关电源的电路结构比较特别，没有使用传统开关电源电路中的光耦合器和三端精密稳压器，其稳压控制电路全设计在变压器的初级侧，使得该开关电源的电路非常简洁。

1. 进线抗干扰和整流滤波电路

接通电源后，AC220V市电首先进入抗干扰和市电整流滤波电路。

T3为熔断器，在输入电流过大时熔断，以保护电路。PNTC1是负温度系数的热敏电阻(常温下3Ω，热机后电阻接近0，可以视为短路)，作用是冷开机时防止电源瞬间浪涌电流损坏其他元器件。PL1是共模线圈，滤除电网或电源产生的对称干扰信号。PCX1滤除电网或电源产生的差模干扰信号。PCY3、PCY2、PCY1的一端与冷地相连，作用是消除共模干扰，多采用高压瓷片电容。PRXA、PRXB、PRXC PRXD是泄放电阻，在交流输入关断时，对PCX1电容放电，用于防止电源线拔掉后电源插头带电。

整流桥堆PD3对50~60Hz交流市电进行整流，将交流电整流成脉动直流电。PEC5对前端整流后的脉动直流电进行滤波，使脉动直流电变成平滑的300V直流电，供后级电路使用。

2. PWM电路

PWM电路主要由集成块LNK6777K(PU1)和开关变压器PT1及外围元器件组成。由LNK6777K构成的开关电源，其电路非常简洁，且很有特点，取消了传统开关电源稳压电路中的光耦合器和三端精密稳压器。

(1) LNK6777K简介

LNK6777K是美国Power Integrations公司生产的LinkSwitch-HP系列交流-直流转换器中的一款。该系列电源IC单个封装中包含初级侧

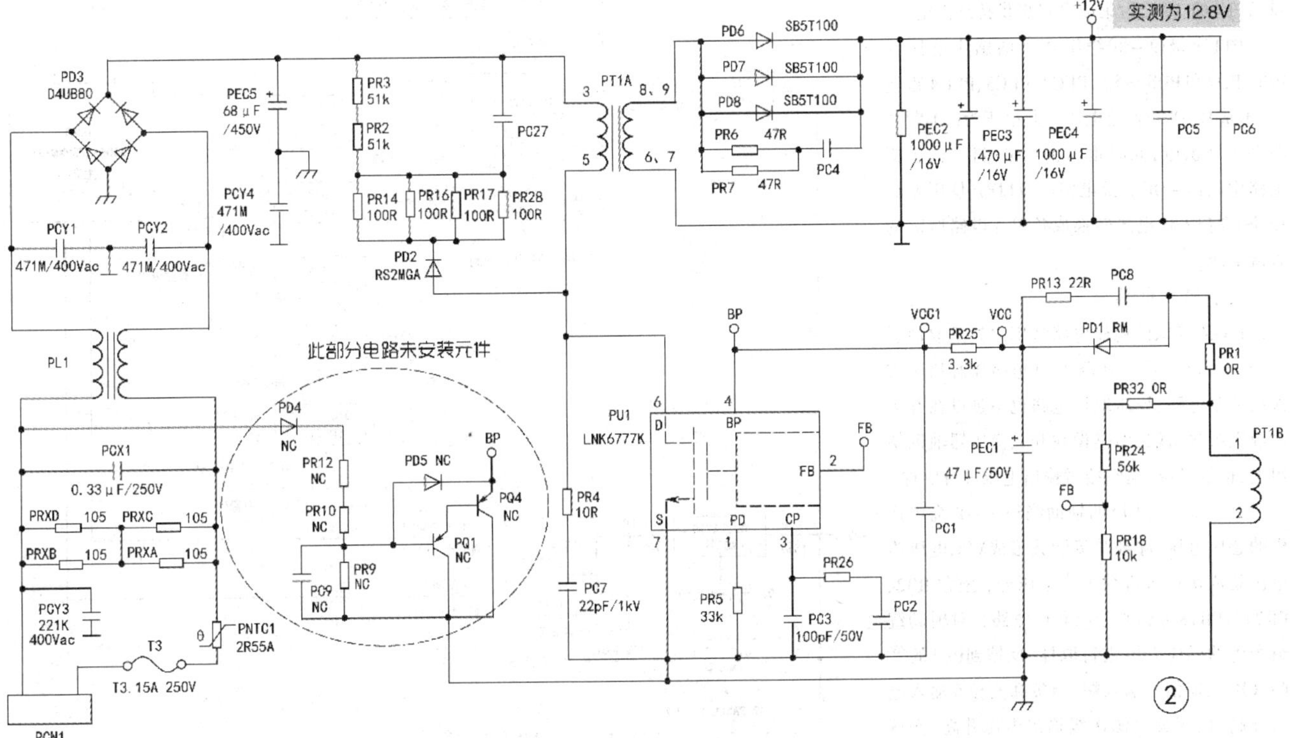

②

调节控制器和高压电源MOSFT，具有±5% CV精确度、可选电流限制、可编程闭锁或滞后过电压和过温保护、快速AC重置和可编程关闭延时等功能。LNK6777K具有以下功能特点：

1）显著减化了电源设计，最大限度地减少了元件数量和电路空间，消除了光耦合器和所有次级控制电路。

2)±5%或更佳的电源容差。

3)开关频率为132kHz，减小了变压器和电源体积；补偿限制线路过载功率。

4)频率抖动减小了EMI滤波成本。

5)完全集成软启动用于最小化启动压力。

6)过载故障期间自动重启限制电源传输至3%。

LNK6777K采用ESOP-12B封装，引脚功能与实测数据见表1。

表1 LNK6777K引脚功能与实测数据

引脚	符号	功能	在路电阻(kΩ)	
			红笔测	黑笔测
①	PB	多功能引脚	7.8	19
②	FB	反馈脚，用于稳压控制	6.5	8.2
③	CP	补偿端	7.8	18
④	BP	软启动端和持续供电端，启动电压高于5.75V，停止电压低于4.9V	5.3	140
⑤	NC	空脚	—	—
⑥	D	芯片内部MOS管漏极	5	1000
⑦~⑫	S	芯片内部MOS管源极	0	0

（2）启动工作

桥式整流滤波电容输出的+300V电压经开关变压器PT1的③-⑤绕组直接加到PU1的⑥脚，此电压一方面加到PU1内部MOS开关管的D极，另一方面还通过PU1内部电路对④脚(BP)外接电容PC1充电，PC1两端电压逐渐升高，PU1的④脚电压也跟着升高，当该脚电压升至5.75V时，PU1启动工作。

当有交变的电流流过开关变压器PT1的③-⑤绕组时，变压器的次级绕组均会产生相应的感应电压。PT1的辅助绕组即①-②绕组产生的感应电压经PD1整流、PR25限流、PEC1滤波后，得到约14V的直流电压VCC，再经PR25降压后得到6.3V的VCC1电压，供给PU1的④脚，为集成电路提供持续供电。

PT1次级⑨-⑥绕组产生的感应电压经PD6、PD7和PD8整流，PEC2、PEC3、PEC4滤波后，形成12.8V的直流电压。此电压为LED背光驱动电路供电，同时也为主板电路供电，主板电路中的DC-DC变换电路以及LDO(低压差稳压块)将12.8V电压转换成各单元电路所需的直流电压。

（3）稳压电路

LNK6777K的稳压电路特别之处是取消了传统开关电源稳压环路中的光耦合器和所有次级控制电路，稳压取样电路也不是设在开关电源次级输出端，而是设在开关变压器辅助绕组上，也就是说，是间接对输出电压进行取样。

开关变压器PT1的辅助绕组①-②绕组产生的感应电压，除经整流滤波形成VCC电压为电源集成块提供持续工作电压外，还经PR32、PR24与PR18组成的分压联样电路，对辅助绕组产生的感应电压进行取样，反馈到PU1的②脚(FB)反馈信号输入端。当负载变轻或输入电压升高时，开关电源次级输出电压升高，变压器PT1辅助绕组产生的感应电压也会升高，经过PR32、PR24与PR18分压所得电压也跟着升高，加到PU1的②脚的电压升高，经PU1内部电路处理后，控制内部MOS开关管的导通时间减少，则PT1的储能时间减少，次级整流输出的12.8V电压降低，达到稳压的目的。

当开关电源次级输出电压降低时，其稳压过程与上述相反。

（4）保护电路

LNK6777具有多种保护功能，防止非正常状态下损坏电路。

1)过压保护(OVP)。主要通过LNK6777内部电路检测BP脚的VCC1电压变化，只要VCC1电压超过过压保护阈值电压(6.4V)，过压保护电路起控，强迫振荡器停止振荡，从而停止电源的开关MOS工作。

2)过流保护主要通过内部电路实现。

3)过热保护(OTP)。当由于某种原因使得LNK6777K芯片基板的温度超过+125℃时，芯片内部的过热保护电路起控，强制振荡器停止振荡(进入锁定状态)，从而实现过热保护。

3. 开关电源故障检修思路

开关电源电路电源控制块带的散热片将集成块引脚及部分元件遮挡住了，给维修带来不少困难，维修时可拆下散热片检查，通电时间不宜过长。

（1）开关电源无12V电压输出

首先检查熔断器T3和热敏电阻NTC1是否损坏。如T3或NTC1开路，表明电源部分有严重短路的地方，常见原因有整流桥堆PD3中某些二极管短路、300V滤波电容漏电、电源控制块LNK6777K击穿等，可通过测量在路电阻的方法来判断。若电源芯片击穿，则需进一步检查尖峰吸收电路中的各元件(PR2、PR3、PR14、PR16、PR17、PR28、PC27、PD2)有无虚焊或损坏的现象。

若熔断器正常，上电测量300V滤波电容两端电压，若无300V电压，重点检查整流桥。若300V正常，则断电检查电源芯片的外围元件。若外围元件无异常，则更换电源芯片试之。

（2）开关电源输出电压偏高或偏低

此类故障多为电压取样、稳压电路中元件异常所致，应重点检查LNK6777K的②脚外接的取样电阻PR32、PR24、PR18。

二、DC-DC电路

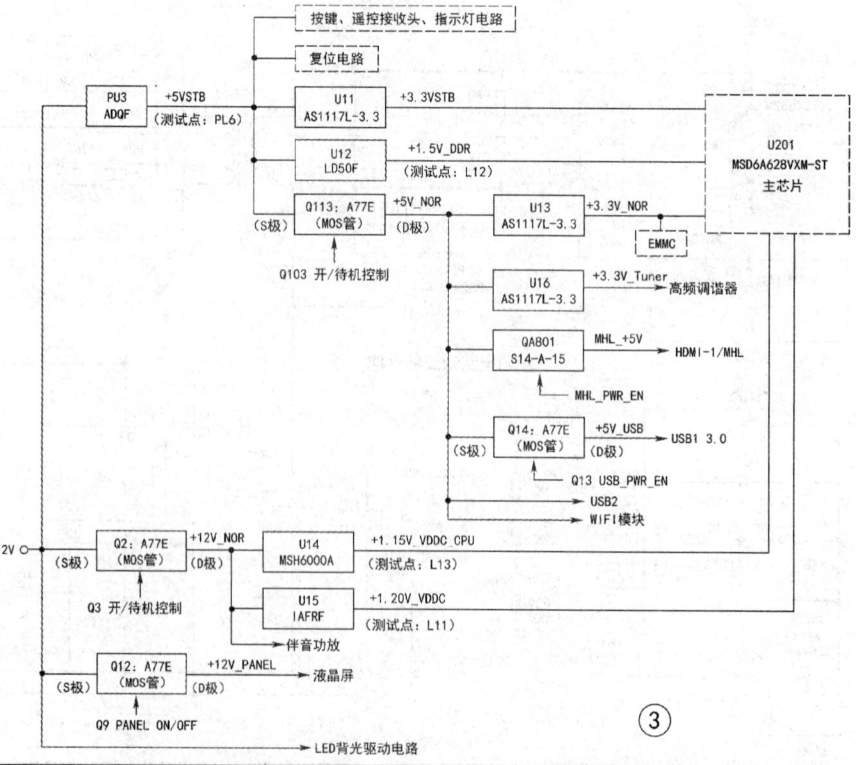

③

开关电源只输出一组+12V的电压，整机所需的+5V、+3.3V、+1.15V、+1.20V、+1.5V等直流电压由主板电路中的DC-DC电路形成。DC-DC电路使用了多块DC/DC变换块和LDO块(低压差稳压IC)，将+12V电压变换为各种电压值的直流电压，为主板各单元电路供电。DC-DC电路的供电走向如图3所示。

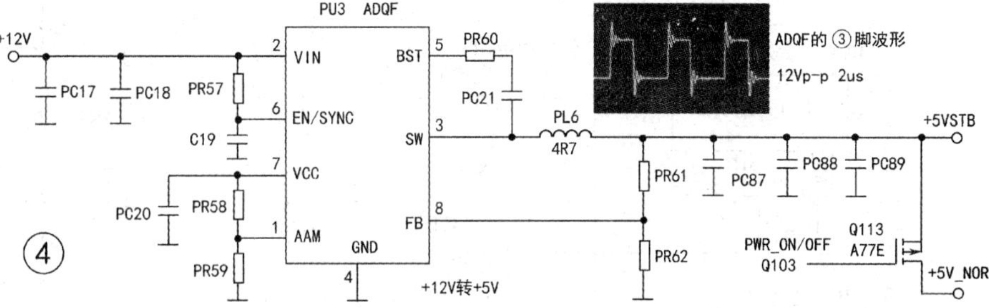

④

说明：

(1)+5VSTB、+3.3VSTB电压是待机、开机均存在的电压。主芯片内的CPU供电、按键电路、遥控接收电路、复位电路、时钟振荡电路等需要这两组电压。+5VSTB、+3.3VSTB电压异常或没有，控制系统不工作，其他电路也不会工作。

(2) +12V_NOR、+5V_NOR、+3.3V_NOR、+1.15V_VDDC_CPU、+1.20V_VDDC电压是受控电压，其输出受主芯片内的CPU控制，待机状态无电压输出，二次开机后才会有电压输出。需注意的是，接通电源后，开关电源输出的12V电压送到DC-DC电路，产生+5VSTB和+3.3VSTB电压，加到主芯片U201、复位电路，主芯片中的CPU得电、复位后，先执行固化在ROM内的一段程序，这时系统会瞬间启动，主芯片的CPU输出开机信号，控制DC-DC电路中的几个MOS开关管瞬间导通，瞬间输出+12V_NOR、+5V_NOR、+3.3V_NOR、+1.15V_VDDC_CPU、+1.20V_VDDC电压，为主芯片U201、EMMC等供电，随后控制系统进行自动检测，检测成功后便按程序自动关闭开机信号，控制系统返回到待机状态，等待真正意义上的开机指令。

各路DC和LDO输出电压值见表2。

表2 各路DC-DC和LOD输出电压值

功能	位号	测量器件	测量电压值	说明
+12V	Q2(A77E)	Q2的S极	12.72V	
+12V_NOR	Q2(A77E)	Q2的D极	12.72V	
+5VSTB	PU3(ADQF)	PL6	5.03V	
+3.3VSTB	U11(AS1117L-3.3)	U11的②脚	3.25V	此电压不正常会造成整机不启动或启动困难
+3.3V_NOR	U13(AS1117L-3.3)	U13的②脚	3.23V	主芯片和EMMC芯片供电电压，电压异常导致无法正常运行
+3.3V_Tuer	U16(AS1117L-3.3)	U16的②脚	3.23V	
+1.5V_DDR	U12(LD50F)	L12	1.47	DDR工作电压，此电压过高或过低会导致死机、花屏等
+1.20V_VDDC	U15(IAFRF)	L11	1.16V	主芯片内核电压，此电压最高不能超过1.25V
+1.15_VDDC_CPU	U14(MSH6000A)	L13	1.13V	
+5V_NOR	Q113(A77E)	Q113的D极	4.98V	最高电压不超过5.4V
VCC_PANEL	Q12(A77E)	Q12的D极	12.75V	上屏电压
5V_USB	Q14(A77E)	Q14的D极	4.98V	USB供电电压
OPWR_+5V	QA801(S14-A-15)	QA801的⑤脚	4.98V	HDMI-1/MHL供电

1. +5VSTB待机电压形成电路

+5VSTB电压为不受控5V，常称为5V待机电压。+5VSTB电压形成电路以PU3(ADQF)为核心构成，其作用是将开关电源送来的+12V不受控电压进行DC-DC变换，产生+5V不受控电压(+5VSTB)，如图4所示。

ADQF是集成块的丝印号，其型号全称为MP1495。MP1495是一款高频率、同步整流、降压型开关模式转换器，内置功率MOSFET。MP1495的特点是：(1)输入电压范围宽，为4.5V~16V；(2)输出电压从0.8V可调；(3)3A的连续输出电流；(4) 内部软启动；(5)80mΩ/30mΩ低RDS(ON)内部功率MOSFET；(6)固定的500kHz开关频率；(7)具有同步模式，效率更高，同步到200kHz至2MHz的外部时钟；(8)电流模式工作提供了快速瞬态响应和简化环路稳定性；(9)AAM节电模式；(10)完善的保护功能包括过电流保护和热关断保护；采用8引脚TSOT-23封装。ADQF引脚功能与实测数据见表3。

表3 ADQF引脚功能与实测数据

引脚	符号	功能	电压(V)
①	AAM	工作模式选择端	0.45
②	VIN	电源电压输入端(供电端)	12.74
③	SW	开/关信号输出端，外接LC滤波电路和自举电容	5.04
④	GND	接地端	0
⑤	BST	自举升压端	9.75
⑥	EN/SYNC	使能/同步端。高电平开启，低电平关闭	6.18
⑦	VCC	内部LDO输出	4.79
⑧	FB	反馈端，外接分压电阻	0.77

PU3(ADQF)的②脚的+12V输入电压(为不受控电压)来自开关电源。+12V电压还经PR57为PU3的⑥脚提供开启电压，PU3内部振荡电路启动，产生的激励脉冲推动其内部的开关管，使之工作于开关状态，从③脚输出开关脉冲信号，经PL6储能并输出，再经PC87、PC88、PC89滤波，产生+5V电压。此电压标为“+5VSTB”。PU3的①脚为工作模式选择端，在本机芯电路中，该脚通过电阻PR58接在⑦脚，表明PU3工作于非同步模式。

维修提示：+5VSTB电压是一个非常重要的电压，除为控制系统的遥控接收头、按键电路、指示灯电路、复位电路供电外，还为后级的DC-DC块和LDO块供电以及为开/待机控制电路的MOS开关管Q113(控制+5V_NOR电压的输出)供电，此电压无输出或输出电压不正常，会引起后级的DC-DC块和LDO块无电压输出或输出异常，造成系统不启动。实修时，先测PU3各脚电压是否正常。若异常，先检查外部电路，然后更换稳压块PU3。

2. +3.3VSTB电压形成电路

+3.3VSTB电压为不受控3.3V，常称为待机3.3V。该电压形成电路如图5所示，+5VSTB电压经U11 (AS1117L-3.3) 进行LDO电压转换，得到+3.3VSTB电压，主要为主芯片U201内部的CPU供电。

维修提示：+3.3VSTB电压不正常会造成系统不启动。若U11输出端对地短路(测量输出端对地电阻很小)，需检查主芯片U201的多个+3.3VSTB供电脚接的滤波电容，如C244、C245等，如图6所示。

3. +1.5V_DDR电压形成电路

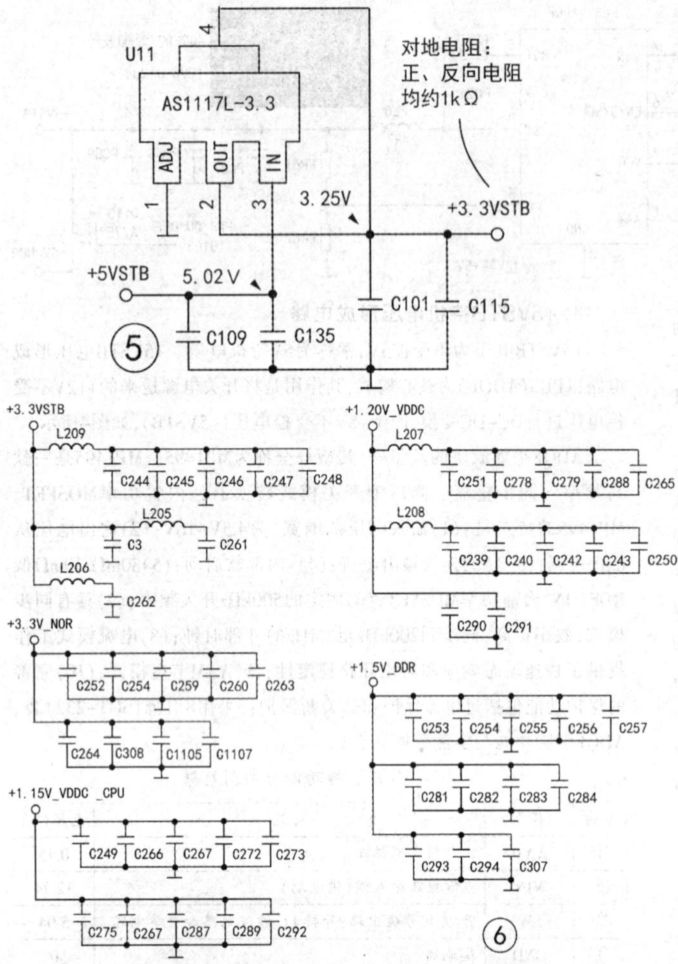

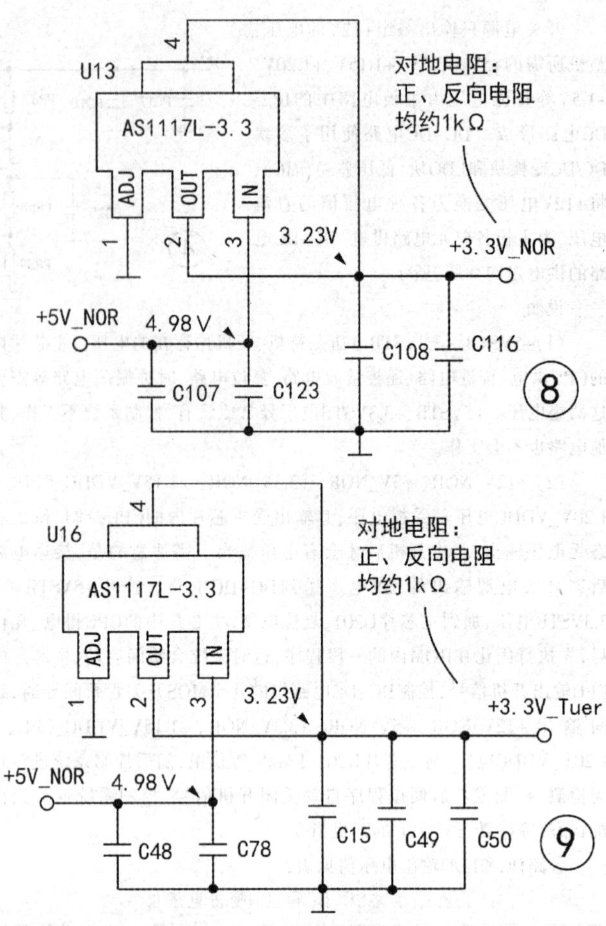

该电路以U12(LD50F)为核心构成，此DC-DC转换电路简单，如图7所示。U12的④脚为供电端，①脚(EN)为使能端，高电平IC启动工作，低电平停止工作；③脚为开/关信号输出端，经外接LC网络形成1.5V直流电压；⑤脚(FB)为稳压端，输出的1.5V电压通过分压电阻分得的电压送入该脚，与IC内部基准电压比较，输出误差电压控制③脚输出信号的脉宽，从而实现稳压控制。U12将+5VSTB电压进行DC-DC电压转换，得到+1.5V_DDR电压，提供给主芯片内部的DDR电路。

4. +3.3V_NOR电压形成电路

+3.3V_NOR电压形成电路如图8所示，+5V_NOR电压经U13(AS1117L-3.3)进行LDO电压转换，得到+3.3V_NOR电压，提供给主芯片U201和EMMC程序存储器U1101。+5V_NOR电压是由+5VSTB电压经开/待机控制电路的MOS开关管Q113输送而来的。+3.3V_NOR电压为主芯片及EMMC供电。

5. +3.3V_Tuer电压形成电路

+3.3V_Tuer电压形成电路如图9所示，+5V_NOR电压经U16(AS1117L-3.3)进行LDO电压转换，得到+3.3V_Tuer电压，提供给高频头。

6. +1.15V_VDDC _CPU电压形成电路

+1.15V_VDDC _CPU电压是主芯片内核工作的重要电压。该电压形成电路以U14(MSH6000A)为核心构成，如图10所示。

MSH6000A是Mstar(晨星半导体)公司出品的一款DC-DC电源管理芯片，其内置MOSFET管，输入电压为4.5V~16V，最大输出电流为5A，采用I²C总线控制。MSH6000A采用8引脚SOP-8封装工艺。MSH6000A引脚功能与实测数据见表4。

表4 MSH6000A引脚功能与实测数据

引脚	符号	功能	电压(V)
①	EN	使能端。高电平IC启动工作，低电平停止工作	12.35
②	FB	反馈端，外接分压电阻	0.99
③	5V	IC内部LDO调整控制输出端	4.92
④	SDA	总线数据输入端。接主芯片的总线端，根据主芯片负载变化调整输出电压	3.24
⑤	SCL	总线时钟输入端。	3.23
⑥	LX	开/关信号输出端，外接LC滤波电路和自举电容	1.13
⑦	BST	自举端，将输出端高频开关电压通过自举电容接入该脚，给内部高边驱动器供电	5.87
⑧	PVDD	供电端	12.73

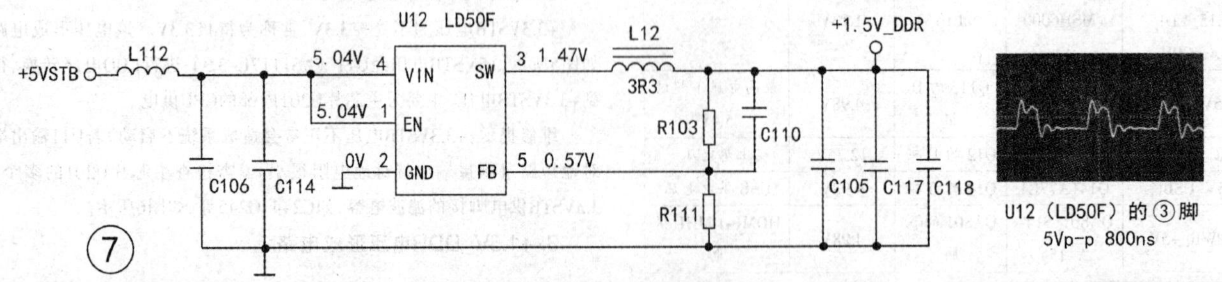

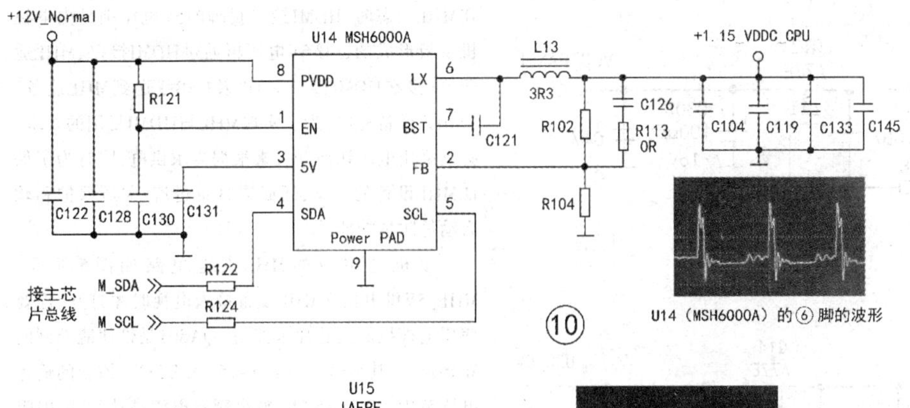

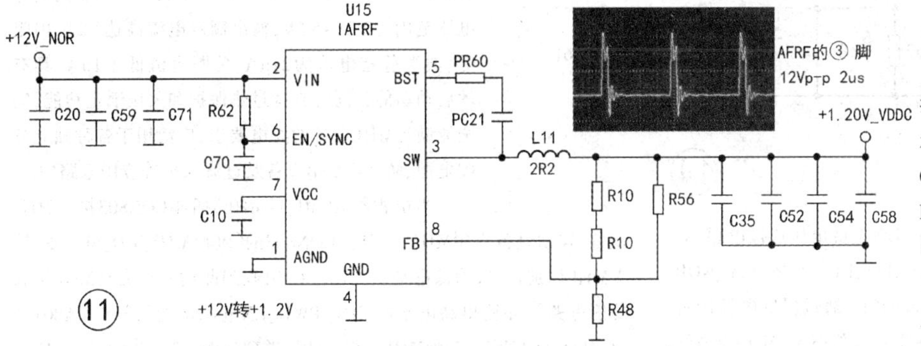

U14的⑧脚的供电是+12V_NOR电压，该电压是受控电压，它不是直接来自开关电源输出端，而是来自于开/待机控制电路的MOS管Q2输出的+12V受控电压。+12V_NOR电压还经R121接入 U14的①脚，为其提供开启电压。⑥脚为开/关信号输出端，经外接LC网络形成+1.15V直流电压。在+1.15V输出端接有分压取样电阻R102、R104，分得的电压送入②脚，与内部0.83V基准电压进行比较，输出误差电压控制⑥脚输出信号脉宽，实现输出+1.15V_VDDC _CPU稳定。U14还受④、⑤脚总线控制，此总线与主芯片总线相连接，用于接收主芯片的送来的控制数据，控制数据经U14内译码器转换后，控制U14内部调整输出端电压，从而达到根据主芯片负载变化调整DC-DC电路的输出电压的目的。

7. +1.20V_VDDC电压形成电路

+1.20V_VDDC电压也是主芯片内核的关键电压。该电压形成电路是以U15(IAFRF)为核心构成，如图11所示。

IAFRF是丝印号，其型号全称为MP2225。MP2225 是一款内置功率MOSFET 的高效同步整流降压开关转换器，具有极好的负载和线性调节性能。MP2225的特点是：(1)输入电压范围宽，为4.5V~18V；(2)输出电压从0.6V可调；(3)输出电流可达5A；(4)2.4ms 内部软启动时间；(5)47mΩ/18mΩ 低RDS(ON)内部功率MOSFET；(6)固定的500kHz开关频率；(7)具有同步模式，同步到200kHz至2MHz的外部时钟，在全负载范围内实现更高效率，效率高达97%；(8)电流控制模式提供了快速瞬态响应，并使环路更易稳定；(9)内部节电模式；(10)完善的保护功能包括过流保护(带打嗝保护模式的 OCP 保护)和过温保护；采用8引脚TSOT-23封装。IAFRF引脚功能与实测数据见表5。

表5 IAFRF引脚功能与实测数据

引脚	符号	功能	电压(V)
①	AGND	模拟地	0
②	VIN	电源电压输入端(供电端)	12.78
③	SW	开/关信号输出端，外接 LC 滤波电路和自举电容	1.16
④	GND	电源地	0
⑤	BST	自举升压端	6.39
⑥	EN/SYNC	使能/同步端。高电平开启，低电平关闭	5.95
⑦	VCC	内部 LDO 输出	5.01
⑧	FB	反馈端，外接分压电阻	0.57

+12V_NOR电压(MOS管Q2输出的受控12V)送到U15(IAFRF)的②脚，为U15提供工作电压。+12V_NOR还经R62接入⑥脚使能/同步端，为U15提供开启电压。当U15得到供电和高电平的使能控制电压后，⑦脚内的5V基准电压形成电路工作，产生5V电压供内部电路工作，从③脚输出开关脉冲，经L11及C35、C52等电容滤波后产生+1.20V_VDDC电压，为主芯片内核心电路供电。

8. +12V_NOR电压、+5V_NOR电压形成电路

+12V_NOR和+5V_NOR电压均为受控电压，这两个电压的形成电路如图12所示。Q2是+12V_NOR电压控制MOS管，Q113是+5V_NOR电压控制MOS管，这两只MOS管的通/断都是受主芯片的CPU输出的开/待机控制信号的控制。因此，这部分电路也叫开/待机控制电路。开机时，主芯片的CPU输出开机指令，PWR_ON/OFF信号为高电平，使Q103、Q3饱和导通，两管的c极都变为低电平，P沟道场效应管Q113、Q2的G极电平都被拉低而导通。+5VSTB电压经Q113的S、D极输出，此输出电压为+5V_NOR电压。开关电源输出的+12V电压经Q2的S、D极输出，此输出电压为+12V_NOR电压，送后级DC/DC转换块U14(MSH6000A)、U15(IAFRF)，同时还为伴音功放集成块提供工作电压。待机时，主芯片的CPU输出待机指令，PWR_ON/OFF信号为低电平，Q103和Q3截止，Q113、Q2因G极为高电平而截止，关闭了+5V_NOR、+12V_NOR电压的输出，EMMC存储器电路和图像、伴音信号处理电路无供电而停止工作，实现待机低功耗。另外，电视机上电瞬间即系统自检期间，主芯片的CPU也会输出高电平的PWR_ON/OFF信号，控制+12V_NOR、+5V_NOR电压瞬间输出；系统自检完成后，CPU输出的PWR_ON/OFF信号由高电平变为低电平，切断+12V_NOR和+5V_NOR电压输出，转入待机状态。

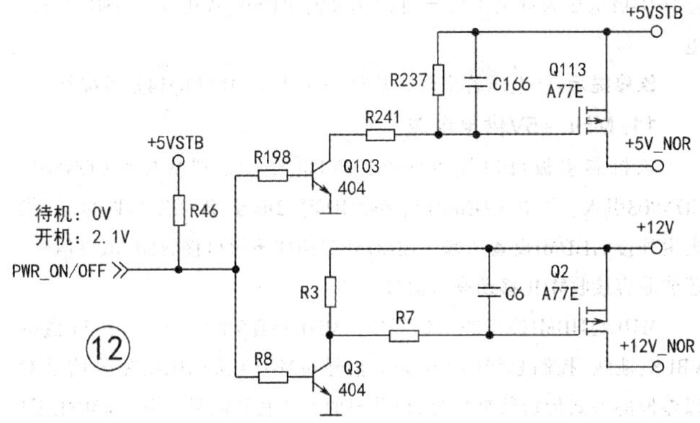

维修提示：此部分电路有问题，会出现指示灯亮，但不能二次开机故障。维修此类故障时，首先要检查+12V_NOR、+5V_NOR电压输出是否正常。若无电压输出，应先检查主芯片的CPU有无开机指令输出，可在按遥控或本机键控开机时(也可在上电瞬间)，测量Q103、Q3基极电压来判断，正常时应由低电平跳变为高电平。否则，说明说明主芯片内置CPU未工作，没有发出开机指令，需要检测主芯片的工作条件(供电、复位、时钟振荡)，如果工作条件正常，则可能是主芯片虚焊、内部相关电路出现故障等，需要进行全面检查。如果主芯片的CPU已输出开机指令，则要检查Q103、Q113、Q3、Q2这几个控制管。

9. 上屏电压形成电路

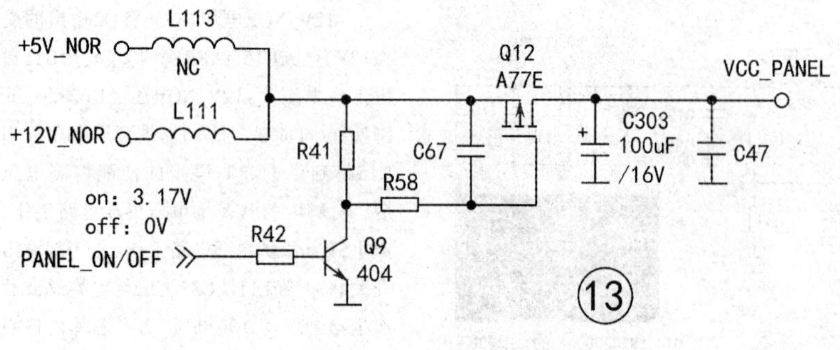

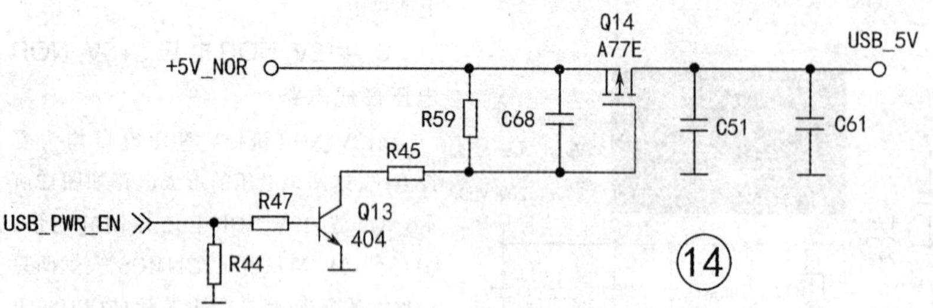

该电路如图13所示。L113和L111为5V、12V上屏电压选择电感，对于上屏电压为12V的逻辑板，电路中只需接L111，L113不接，12V_NOR电压提供给Q12的S极。开机后，主芯片内部的CPU通过屏供电控制脚输出高电平控制电压，使Q9饱和导通，Q9集电极为低电平，MOS开关管控制栅极电平下降，Q12导通工作，其漏极输出12V电压送往TCON板，作为TCON板的工作电压。

维修提示：屏供电电路没有上屏电压输出会导致无图像显示，如电压降低会导致光暗有干扰条纹。上屏电压若出现异常时，重点检查三极管Q99和MOS开关管Q12。

10. USB_5V供电电路

该机芯主板可以接收两路USB信号，分别从插座CON602、CON317引入。其中，CON317是USB2.0接口，接收USB_2信号，此接口的USB_5V供电采用+5V_NOR，来自MOS管Q113的D极（参见图12）。CON602插座为USB3.0接口，接收USB_1信号，CON602插座的+5V供电受MOS管Q14（A77E）控制，相关电路如图14所示。当使用USB_1端口时，主芯片将输出USB_PWR_EN使能高电平信号，使Q13饱和导通，Q14（P沟道场效应管）因G极电压为低电平而导通，其D极输出USB_5V电压给USB设备供电。

维修提示：该电压若出现异常时，重点检查Q13和Q14是否损坏。

11. MHL_+5V供电电路

该机芯主板可以接收两路HDMI信号，分别从插座CON801、CON803引入。其中，CON801只接收HDMI-2信号，该插座⑱脚的+5V供电由外接的HDMI设备送来，而CON803插座不仅可接收HDMI-1信号，还能兼容接收MHL移动高清信号。

MHL与HDMI接口的脚位复用。MHL共有5个信号，包括5V供电VBUS、地线、控制总线CBUS、差分信号对MHL+和MHL-，差分信号对以差模的方式传送数据信号，以共模的方式传送时钟信号，即MHL用1对差分信号完成了HDMI 4对差分信号（3对差分数据+1对差分时钟）所传输的数据，对于同样分辨率的视频，MHL的信号速率是HDMI的3倍。当移动设备与电视机建立MHL连接后，除了移动设备传送音视频信号到电视机外，电视机还可以为移动设备充电，这一点与HDMI接口完全不同。专用的HDMI接口，它的⑱脚是接入电视机的外设提供给电视机的5V电压，而非电视机自身的5V供电。MHL与HDMI兼容应用时，当电视机工作在MHL状态时，HDMI接口⑱脚的5V电压则是由电视机主板形成的，该5V电压再通过HDMI接口、MHL适配器（接在HDMI接口上）以及USB线送到MHL设备，为MHL设备充电。为了实现MHL与HDMI复用的要求，必须采用电源切换开关来根据需求供电，同时为了保证MHL设备的安全，还必需具备过流、欠压保护和软启动等防护功能。

该机芯主板的MHL供电电路如图5所示，MHL_5V供电仅在MHL设备接入电视时才打开，需要使用电视机的主芯片来控制。QA801是带使能控制的MOS开关，其型号是S14-A-15 ASU58V。该管的输入电压范围为2.2V~5.5V，输出额定电流高达1.2A，内阻低，典型静态电流为21μA，关断电流低于1μA，具有软启动功能，同时支持过热保护和欠压锁定功能，完全能满足MHL设备的充电要求，广泛用于各种独立分配电源、防倒灌USB设备及过流保护等应用电路中。

当电视机HDMI_1（MHL）插座CON803接上MHL设备，移动设备启用MHL功能时，CON803的②脚（MHL_CD_SENSE）输入MHL识别信号（为低电平），主芯片U201收到此信号后启动MHL接收功能电路，并输出高电平的MHL_PWR_EN电源使能信号使QA801导通，从QA801的①、⑤脚MHL_+5V电压，送到CON803的⑱脚，通过MHL适配器以及USB线送到MHL设备的USB端口的①脚（VBUS），实现电视机对移动设备充电。

三、LED背光灯驱动电路

LED背光驱动电路主要由两大部分组成：一是以背光灯驱动控制芯片PU2（OB3350CP）为核心构成的背光驱动控制电路，二是由MOSFET开关管PQ3、储能电感PL47、续流二极管PD10、输出滤波电容PEC6组成的Boost升压电路。LED背光驱动电路见图16。

1. OB3350CP简介

OB3350CP是昂宝公司（On Bright）推出的LED背光驱动控制芯片，内部集成有峰值电流控制器及跨导放大器，可以在不同的输入及负载的条件下精确地控制输出电流。此芯片具有复杂的保护机制，包括输出过压保护、过流保护、开路保护、过温度保护等。OB3350CP采用SOP-8脚封装，工作电压为8V~35V，引脚功能与实测数据见表6。

表6 OB3350CP引脚功能与实测数据

引脚	符号	功能	电压(V)
①	VIN	供电。启动电压高于10V，停止电压低于8V	12.82
②	GATE	栅极驱动脉冲输出	3.52
③	GND	接地脚	0
④	CS	输出电流监测端	0.04
⑤	FB	LED灯条电流反馈输入脚	0.19
⑥	COMP	误差放大器的补偿引脚，连接RC网络到GND	1.18
⑦	OVP	过压保护和短路保护检测引脚	1.29
⑧	PWM	外部调光控制端。该引脚与外部调光PWM信号相连，能够接收100Hz到1kHz的低频PWM信号，信号幅度最大范围为2.5V	2.78

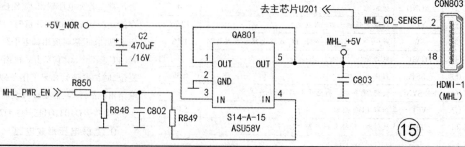

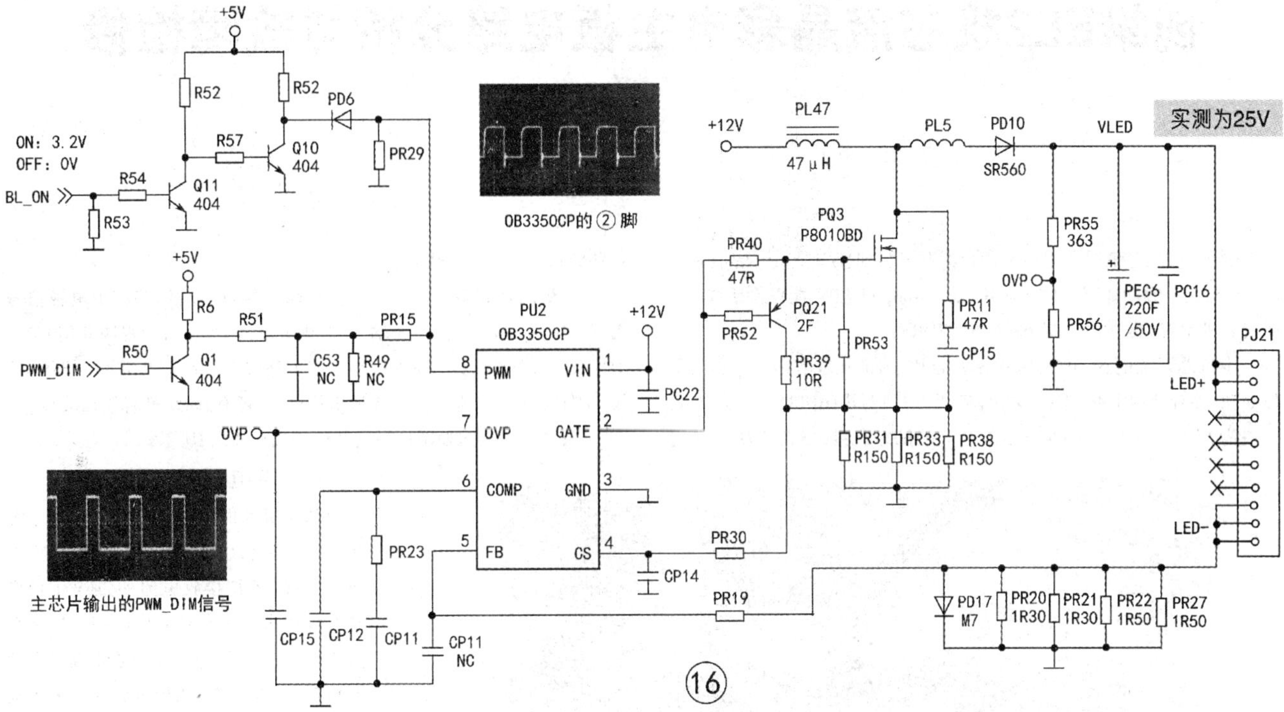

⑯

2. 启动工作过程

开关电源输出的12V为升压电路供电，同时为PU2的①脚供电。OB3350利用⑧脚PWM脚作为使能脚，当该脚的电压大于2.5V时，IC才开始工作。二次开机后，主芯片送来背光开启信号BL_ON由低电来跳变为高电平，使Q11饱和导通，Q10截止，Q11和Q10不影响PU2的⑧脚亮度调整脉冲信号的输入。主芯片送来的亮度控制信号PWM_DIM经R50加至Q1的基极，经Q1倒相放大后输出到PU2的⑧脚，IC启动工作。OB3350启动工作后，首先会进行逻辑连接检查，芯片内置的监测器会检测OVP引脚电压，若OVP引脚的电压低于0.1V，芯片将停止工作。同时OB3350也会检查其他故障（如UVLO、OCP和OTP），如果没有故障，芯片就会通过内置的软启动电路开始升压电路的工作。

3. 升压电路

OB3350正常工作后，从PU2的②脚输出驱动脉冲信号，通过PR40加到MOS开关管PQ3的栅极，使PQ3工作在开关状态。当PU2的②脚输出高电平驱动脉冲时，PQ3导通，电感PL47储能；当②脚输出低电平驱动脉冲时，PQ3截止，反向的电感电压与12V电压叠加，通过二极管PD10续流和电容PEC6滤波后，得到25V左右的VLED电压，为LED灯条供电。

流过LED灯条的电流大小取决于PR20、PR21、PR22、PR27。

4. 保护电路

(1)升压开关管过流保护电路

升压开关管PQ3的S极电阻PR31∥PR33∥PR38两端电压，反映了PQ3电流的大小。该电压经PR30反馈到PU2的④脚CS电流检测输入端。当背光灯电路发生短路故障，造成开关管PQ3电流过大时，反馈到PU2的④脚电压上升，达到保护设计值时，PU2内部保护电路启动，停止输出升压驱动脉冲。

(2)升压输出过压保护电路

升压输出电路滤波电容PEC6两端并联了PR55与PR56组成的分压联样电路，对升压电路输出电压VLED电压进行取样，反馈到PU2的⑦脚(OVP)过压检测输入脚。当LED灯条开路或插座接触不良时，VLED输出电压过高，电阻PR55与PR56分压取样的OVP电压也随之升高，PU2根据⑦脚电压对输出脉冲占空比进行调整，以稳定输出电压。当OVP电压达到保护门限电压2.0V时，IC内部保护电路启动，停止输出升压驱动脉冲。

5. 背光灯电路故障检修思路

LED背光驱动电路发生故障，引起LED背光灯不亮或LED背光灯闪一下就黑屏的故障。

(1)背光灯始终不亮

1)检查背光灯驱动电路工作条件。首先测量升压电路供电、驱动控制芯片供电是否正常，正常都应有12.7V的工作电压。如果工作电压正常，二次开机后，测量点灯控制BL_ON电压是否为高电平，亮度调整脉冲信号是否送至OB3350的⑧脚。如果⑧脚无脉冲信号输入，则查主芯片有无PWM_DIM亮度控制信号输出，如有则查Q1及外围元件。

2)检查驱动控制电路。检查背光灯驱动电路工作条件正常，背光灯电路仍不工作，测量OB3350的②脚有无激励脉冲输出。无激励脉冲输出，检查OB3350及外围电路；有激励脉冲输出，检查以PQ3为核心的升压输出电路和恒流电阻PR20、PR21、PR22、PR27。

(2)背光灯亮后熄灭

如果开机的瞬间，背光灯亮一下就灭，多为保护电路启动所致。原因有：一是LED背光灯串发生开路、短路故障；二是升压电路元件发生变质故障，造成过压、过流等保护电路启动。

过压保护电路检查方法。开机瞬间，测量升压电路输出的VLED电压是否超过正常值25V，OB3350CP的⑦脚(OVP)检测电压是否达到门限电压2.0V。若VLED电压过高，应检查升压电路和OB3350CP的供电是否升高，LED灯串及其插座是否开路。若VLED电压基本正常，而OVP检测电压高于正常值，重点检查过压检测电路分压取样电阻PR55、PR56是否变质或开路。

过流保护电路检查方法。开机瞬间测量OB3350CP的④脚(CS)电压，如该电压瞬间升高，然后背光灯停止工作，多为过流保护电路启动，常为过流取样电阻PR31、PR33、PR38中的某个电阻开路或阻值增大。

创维EL2机芯液晶彩电主板电路分析与故障检修

贺学金

创维EL2机芯液晶彩电，采用台湾联发科即MTK公司的智能芯片MT5505，是一颗功能强大的单芯片，采用Andriod 4.0智能操作系统。主要代表机型有47E7BRE、47E680E、55E7BRE。

本机芯系统配置：MT5505作为主芯片，内部集成有CPU、中放、图像处理、伴音处理电路，支持多媒体解码；采用两块DDR3，一块为4GB，一块为2GB，一共是6GB；采用2GB 的EMMC芯片；数字伴音功放采用TAS5711，支持2.1声道。

本机芯具有多种信号接口：(1)输入接口，包括1路模拟电视信号输入、2路AV输入、1路分量输入(其中分量的Y与AV1的视频共用)、2路HDMI输入、1路 VGA 输入接口、1路网络接口、2路USB 接口、1路SD接口；(2)输出接口，除有1路AV输出接口外，还有1路重低音输出接口。

该主板实物图如图1所示，其信号流程如图2所示。

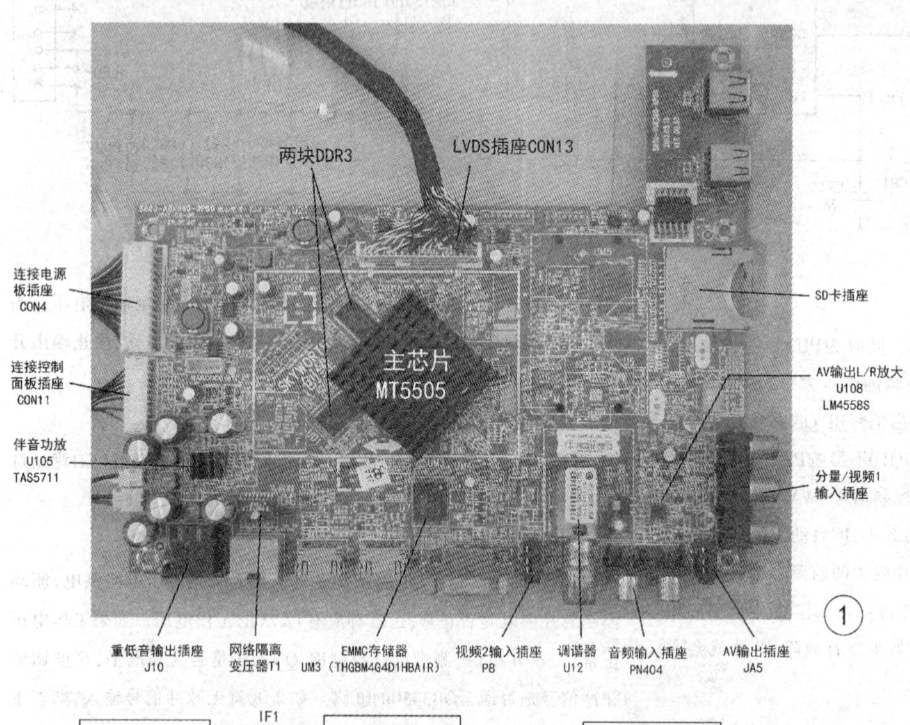

①

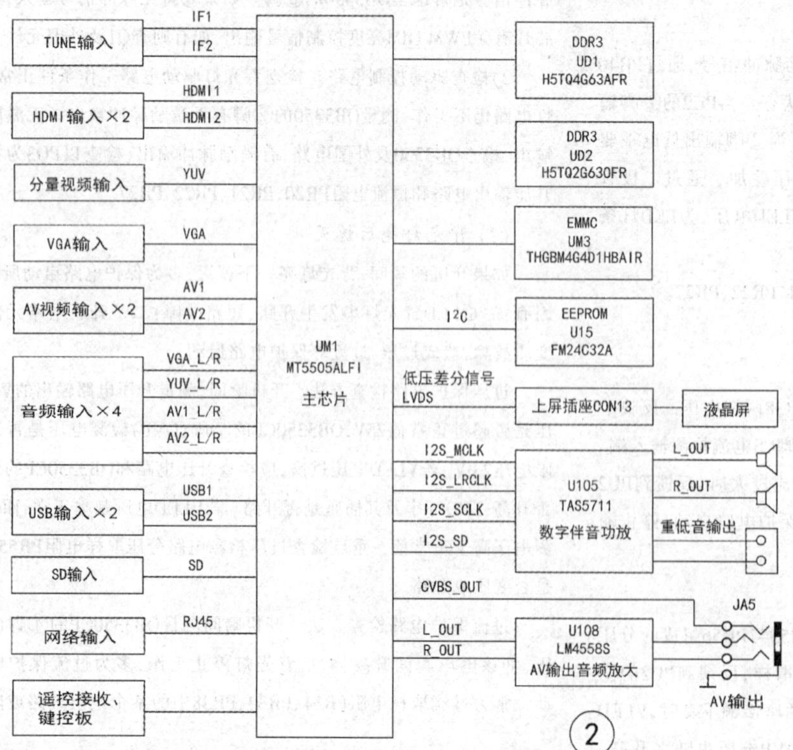

②

一、供电系统

该主板的供电系统如图3所示。电源板送来的待机电压STB5V在主板上除提供给键控、遥控接收电路外，还经U13形成3.3VSB供主芯片和复位电路，控制系统工作。二次开机后，主板输出高电平的开机信号POWER_ON到电源板，电源板输出12V和24V电压到主板，经DC-DC转换电路和低压差线性稳压器LDO形成各路工作电压，为各单元电路供电。各路DC和LDO输出电压值见表1。

1. STB5V、3.3VSB供电

接通电源后，电源板上的副电源工作，输出+5V待机电压(STB5V)经CON4插座送入主板。在主板上，STB5V电压一路送往键控电路、遥控接收头，还有一路送DC-DC转换电路U13（MB7j）形成3.3VSB电压，如图4所示。U13的使能控制③脚必须接高电平才有电压输出，该机芯中U13的③脚通过电阻R857接到5V高电平上。3.3VSB电压提供给主芯片UM1(MT5505)内部的CPU和复位电路。

维修提示：3.3VSB电压不正常会造成整机不启动或开机困难。若该电压异常，重点检查U13和滤波电容。

2. 12V、24V供电

参考图3，二次开机后，主板输出高电平的开机控制信号(POWER_ON)送到电源板，电源板上的主电源工作，输出12V、24V电压，经CON4插座送入主板。其中，12V电压(标为+12V_Normal)分别送往DC-DC转换器U19、U21、U20以及上屏电压形成电路U31(MOS管)，另外，还送往AV输出音频放大双运放U108。24V电压(标为24VAMP)送数字伴音功放电路U105。

3. VCCK_1.20V供电

如图5所示，+12V经U19(MP9415EN)进行12V转1.20V稳压，得到VCCK_1.20V，为主芯片内核供电。MP9415EN是MPS公司的BUCK式压降的DC/DC转换器，采用

CON4
STB5V
KEY、IR
U13 MB7J
3.3VSB
复位电路
POWER_ON
+12V_Normal
U19 MP9415EN
VCCK_1.20V
EN
UM1 MT5505ALFI
主板电源板接口
12V
U21 ACSD
5V_Normal
U12 TJ4210G
3.3V_Normal
U20 ACWD
1.5V_DDR
U10 DH 3KC
AVDD_1.15V
1.5V_DDR
U31 (MOS管)
12V_Panel
UM3 EMMC
EEPROM
去双运放U108
去SD卡槽
24VAMP
伴音功放电路 U105
U11 AM1117L 33
高频头
U33 (MOS管)
5V_USB

③

表1 各路DC-DC和LOD输出电压值

功 能	位 号	测量器件	测量电压值	说 明
3.3VSB	U13(MB7J)	U13 的⑤脚	3.26V	此电压不正常会造成整机不启动或启动困难
VCCK_1.20V 供电	U19 (MP9415EN)	L1	1.21V	主芯片核电压，此电压最高不能超过1.25V
+5V_Normal	U21(ACSD)	L2	5.12V	最高电压不超过5.4V
+3.3V_Normal	U12 (TJ4210G)	U12 的⑥脚	3.25V	
AVDD _+ 1.15V	U10	U10 的②脚	1.16V	主芯片的信号处理单元供电
+1.5V_DDR	U20(ACWD)	L10	1.46V	DDR 工作电压，此电压过高或过低会导致死机、花屏等
功放 IC 供电电压	U105 (TAS5711)	F1	23.5V	电压异常会导致无声、断音
EMMC 芯片供电电压	UM3 (THGBM4G4 D1HBAIR)	CM81	3.3V	电压异常导致无法正常运行
USB 供电电压	U33 (ME9435A)	U33 的⑤脚		

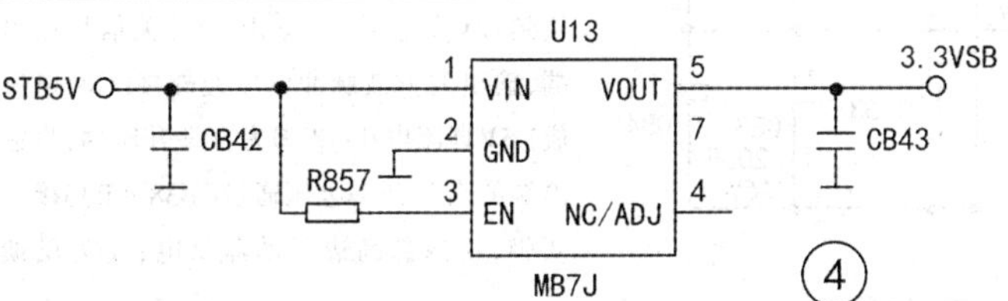

同步整流方式，最高可输出5A的电流，输入电压范围为4.75~16V，输出电压范围为0.805~19V。MP9415EN的引脚功能见表2。

维修提示：内核供电能够提供较大且稳定的负载电流与电压，该电压精度要求高，要求1.16V≤VCCK≤1.25V，且输出电压中纹波幅度不能过大。内核供电部分中产板故障的高发区，电压稍有异常或者负载能力变差都会造成二次不开机、死机、自动开关机等多种故障。实修时，若测得VCCK不正常，应先查U19及外围电路，并检查储能电感L1和滤波电容CE2、CB16，同时还注意检查主芯片多个VCCK _1.2V供电脚的滤波元件C6、CM19等，见图6。

4. +5V_Normal供电

+5V_Normal是系统主5V，该电压形成电路如图6所示。+12V经U21（ACSD）进行DC-DC转换，得到+5V_Normal电压，作为下级稳压电路（U12、U11）和屏供电开关U33的输入电压。

ACSD型号全称是MP1495，是一只高频、同步整流、降压的小型开关模式DC-DC变换器，内置MOS开关管，固定500kHz开关频率，同步至200kHz至2MHz外部时钟，输入电压范围为4.5V~16V，输出电流3A，具备过流、过热保护功能。MP1495的引脚功能见表3。

表2 MP9415EN的引脚功能和实测数据

引脚	符 号	功 能	电压(V)
①	IN	输入电压供应端	11.63
②	SW	开关输出端	1.21
③	SW	开关输出端	1.21
④	BST	电位拉高端。一般在 BST 与 SW 间加一只 10nF 的电容	8.47
⑤	EN	使能输入端。当为高电平时，集成电路正常工作。当为低电平时，集成电路关断不工作	4.62
⑥	FB	反馈输入端	0.77
⑦	COMP	控制电路补偿端	5.00
⑧	GND	地端	0

表3 MP1495引脚功能和维修数据

脚号	符 号	功 能	电压(V)
①	AAM	工作模式选择。外接分压电阻，从 VCC 脚获取 0.5V 左右电压，使 IC 在轻负载下进入非同步模式，进而处于节能状态。若该脚直接连接到 VCC 脚高电平，将使 IC 强制工作在 CCM 模式	0.45
②	IN	电源电压输入端	11.67
③	SW	开关输出端	5.12
④	GND	接地端	0
⑤	BST	自举端	9.94
⑥	EN/SYNC	使能/同步端	4.56
⑦	VCC	内部 5V 偏置电压输出	4.81
⑧	FB	误差电压反馈，输出电压高低由该脚反馈电压大小决定	0.78

U21的使能控制⑥脚必须接高电平才有电压输出，该脚接有三极管Q30、Q31，Q30的基极通过电阻R55接到VCCK_1.20V上。二次开机后，U19形成的VCCK_1.2V电压经R55加到Q30的基极，通过Q30、Q31电平转换，从Q31的集电极输出高电平信号电压（约4.5V）加至U21的使能脚⑥脚，U21启动工作。因此，VCCK_1.2V和+5V_Normal两个输出电压的时序关系是，先有VCCK_1.2V输出，而后才有+5V_Normal输出，也就是说输出+5V_Normal的必要条件是AVDD_1.2V电压要正常。U21 ③脚输出的不是直流电压，而是方波脉冲电压，在该脚外围储能电感L2和

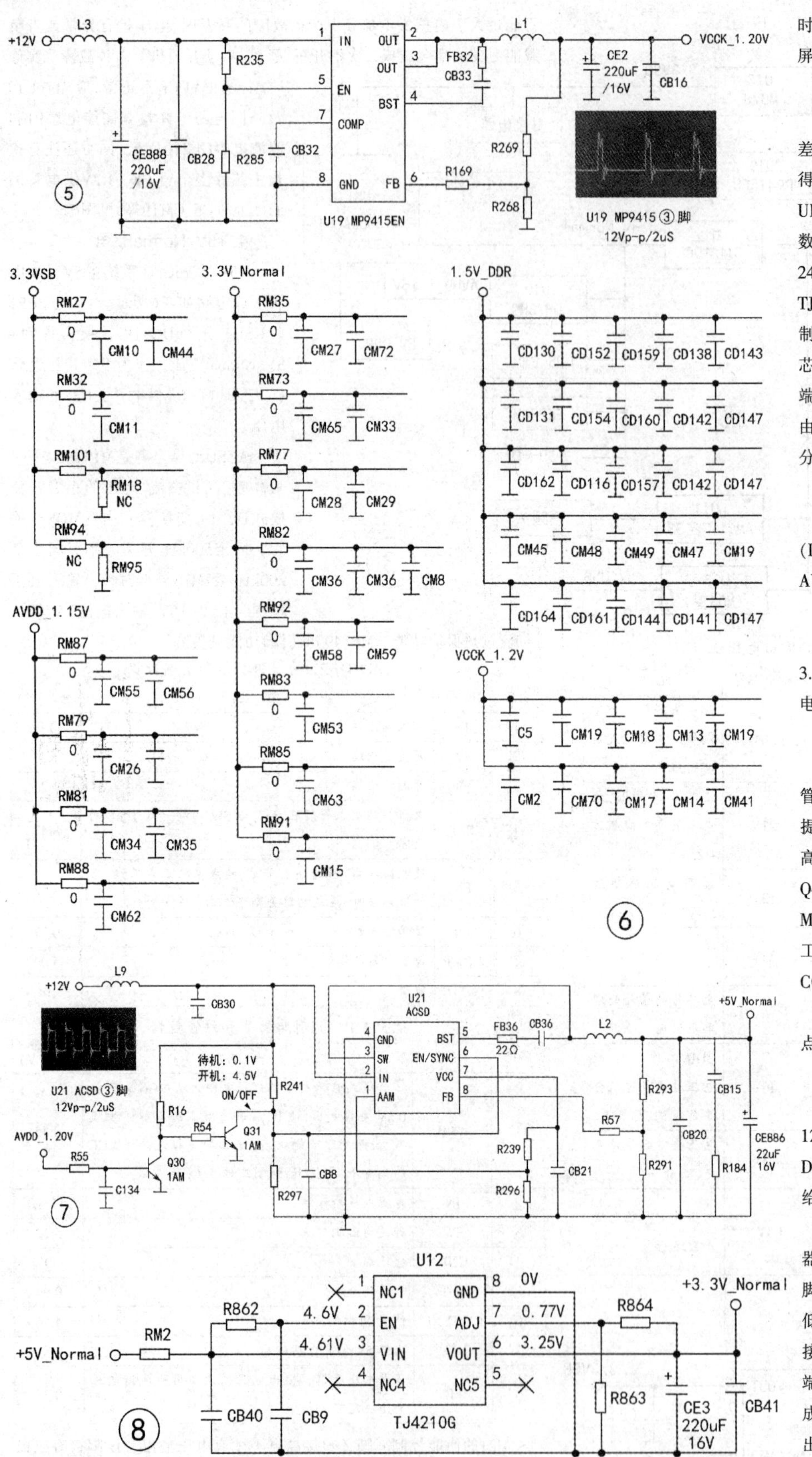

滤波电容CE886、CB20的作用下，得到5V直流电压。

维修提示：+5V_Normal电压不正常，必然也导致了下级稳压电路输入、输出电压不正常。由于+5V _Normal的负载较多，同时该电压的输出还受U19输出的VCCK_1.2V电压的控制。因此，+5V _Normal电压出现异常时，先检查ACCK_1.20V是否正常和Q30、Q31是否损坏，再检查U21是否损坏，并注意检查⑧脚外部取样电阻及③脚外接滤波元件，同时也要检查下一级的稳压电路U12、U11及屏供电开关U33是否损坏。

5. +3.3V_Normal供电

如图8所示，+5V_Normal电压经低压差稳压块U12(TJ4210G)进行+5V转+3.3V，得到+3.3V_Normal电压，提供给主芯片UM1、用户存储器 U15和EEMC，同时还为数字伴音功放芯片U105（TAS5711，采用24V和3.3V两组供电）提供3.3V的供电。TJ4210G的输出标称电流为1A。其使能控制②脚必须接高电平才有电压输出，该机芯中②脚通过电阻R862接到③脚（输入端）的高电平上。⑦脚(ADJ脚)的反馈电压由外接的分压电阻R864、R863设定，改变分压电阻的阻值就能改变输出电压。

6. AVDD_+1.15V供电

如图9所示，+3.3V_Normal电压经U10（DH 3CK）进行LDO电压转换，得到AVDD_+1.15V电压，提供给主芯片UM1。

7. +3.3V_Tuner供电

+5V_Normal电压经U11（AS1117L 3.3)进行LDO电压转换，得到+3.3V_Tuner电压，提供给高频头(参见图21)。

8. 5V_USB供电

如图10所示，+5V_Normal电压经MOS管U33(ME9435A)电压控制，得到5V_USB，提供给USB。主芯片UM1内部的CPU输出高电平的控制电压USB_EN，使Q45导通，Q45集电极为低电平，U33的④脚（内部MOS开关管控制栅极)电平下降，U33导通工作，漏极⑤~⑧脚输出5V电压，经接插件CON9送往USB接口。

维修提示：该电压若出现异常时，重点检查Q45和U23是否损坏。

9. +1.5V_DDR供电

+1.5V_DDR形成电路见图11，+12V_Normal电压经U20(ACWD)进行DC-DC电压转换，得到+1.5V_DDR电压，提供给主芯片UM1和DDR3芯片。

ACWD是BUCK降压式的DC-DC转换器，采用同步整流方式。⑦脚为供电端；②脚为IC使能输入端，高电平时IC正常工作，低电平时IC不工作，本电路通过电阻R188接到12V高电平上；⑥脚为开关信号输出端，输出的方波脉冲电压经外接LC网络形成1.5V直流电压；⑧脚为自举升压端，将输出端的高频开关电压通过CB38、FB35接入⑧脚，给内部高边驱动器供电；④为反馈输入端。

维修提示：+1.5V_DDR电压为主芯片和DDR3供电。此电压不正常，会出现不能开机、死机、花屏等故障。实修时，测输入脚、使能脚、输出脚、反馈脚电压，若不正常，先检查外部电路，然后更换DC-DC块。若输出端对地短路，需检查主芯片、DDR3芯片供电脚外接滤波电容（参见图6)以及主芯片、DDR3芯片是否损坏。

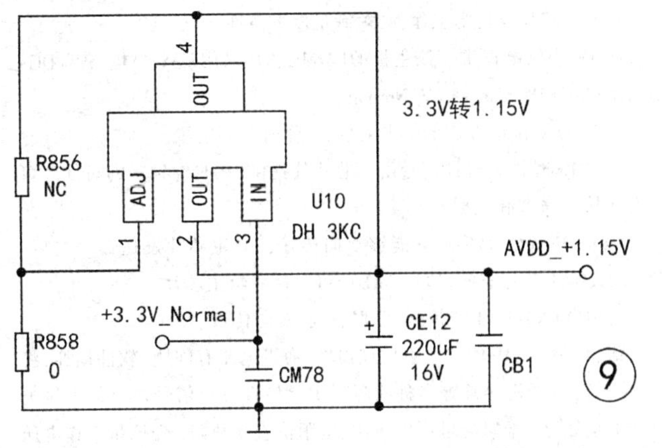

⑨

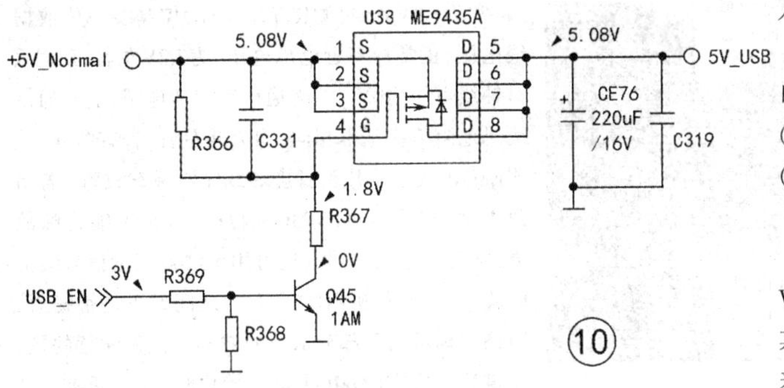

⑩

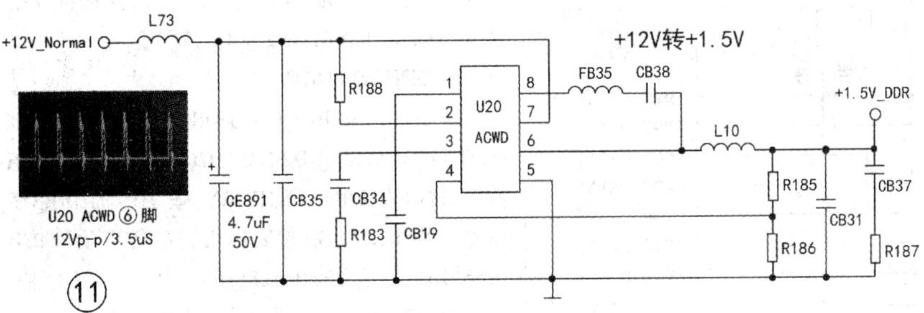

⑪

二、控制电路

该机芯控制系统由主芯片UM1（MT5505）、EMMC（UM3，THGBM4G4D1HBAIR）、EEPROM（U15，FM24C32A）、DDR3（UD1、UD2）组成。

控制系统工作过程是：接通电源后，STB5V送到主板，经U13产生3.3VSB电压，加到主芯片UM1、复位电路，主芯片中的CPU得电、复位后，先执行固化在ROM内的一段程序，这时系统会瞬间启动。主芯片输出开机信号对电源板进行控制，电源板输出12V、24V电压到主板，主板上DC-DC电路输出相应电压，为主芯片UM1、DDR3、EMMC等供电。接着控制系统对DDR3进行自动检测，检测成功后便按程序自动关闭开机信号，控制系统返回到待机状态，等待真正意义上的开机指令。当遥控或本机键控开机后，CPU输出开机信号，同时控制系统还输出背光控制信号及屏供电控制信号，整个控制系统全部工作，将程序从EMMC块调入DDR3中，读取EEPROM中的信息，这样整机便开始工作了。

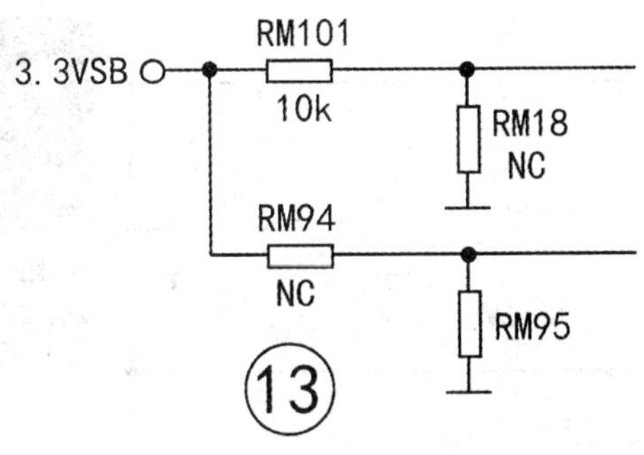

⑬

控制系统工作条件有：(1)各芯片的供电必须正常，该工作电压来自DC-DC电路；(2)UM1的复位信号必须正常；(3)UM1的(AD21)、(AD22)脚内外时钟振荡必须正常；(4)UM1的外接键控电路必须正常；(5)各总线接口及挂接在各组总线上的被控器件正常。

1. 供电

主芯片MT5505的供电有多组，有+3.3VSB、+3.3V_Normal、VCCK_1.2V、AVDD_1.15V以及1.5V_DDR。主芯片是BGA贴片封装块，其引脚供电可通过测量主芯片各供电脚电路上的滤波电容一侧电压来判定，也可测量为其供电的DC-DC转换器或LDO块输出电压作初步判断。EMMC、DDR3芯片是FBGA贴片封装块，其引脚供电也是测量滤波电容一侧电压。另外，主芯片安装有一块较大的散热片，给测量带来困难，有时需要在主板底面的滤波电容一端进行测量。

2. 复位电路

主芯片MT5505可采用外部复位方式，也可采用内部复位方式。MT5505的(W9)脚是复位方式设置端，见图13。电路中RM101接入电路，而RM18不用，(W9)脚为高电平，主芯片内复位电路启动；RM101不用，RM18接入电路，(W9)脚为低电平，主芯片采用外部复位方式，需要由外部复位电路为主芯片提供复位信号。实际该机芯主芯片使用内复位方式。

此电路异常，会出现整机不开机，指示灯不闪烁现象。故障时需查RM101。

3. 时钟电路

主芯片MT5505外接27MHz晶体X1和移相电容CM5、CM6，如图14所示。该时钟振荡为控制系统提供时钟，也为图像处理系统提供各类基准时钟。

维修提示：时钟电路有故障会导致不开机或自动关机，也会引发TV/AV信号或其他信号源出现彩色异常、色斑等故障。检查晶体是否脱焊或性能不良，测量晶体两脚的对地电压是否正常，如果有示波器，分别测量CM5、CM6一端的波形是否正常，既简单又可靠的方法是选用同型号的晶体予以代换试之。

4. EMMC通信电路

该主板采用的EMMC芯片是UM3（THGBM4G4D1HBAIR），它作为整机控制程序存储器，存储有整机启动程序和主程序。

+1.5V_DDR 测试点CD159
AVDD_1.15V 测试点RM88
+3.3V_Normal 测试点（FBD1）
+1.5V_DDR 测试点CD162
3.3VSB 测试点（RM32）

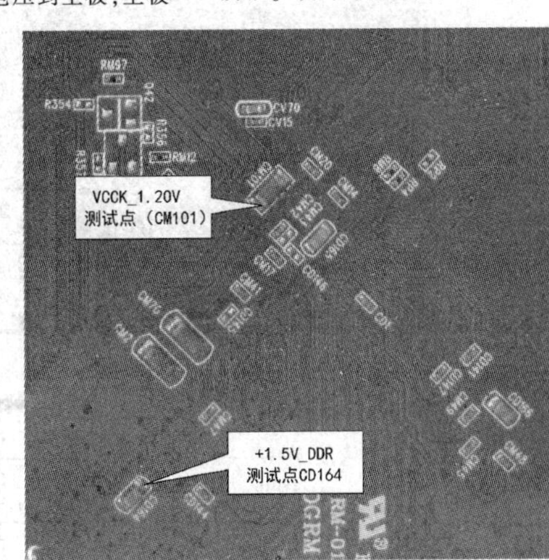

⑫

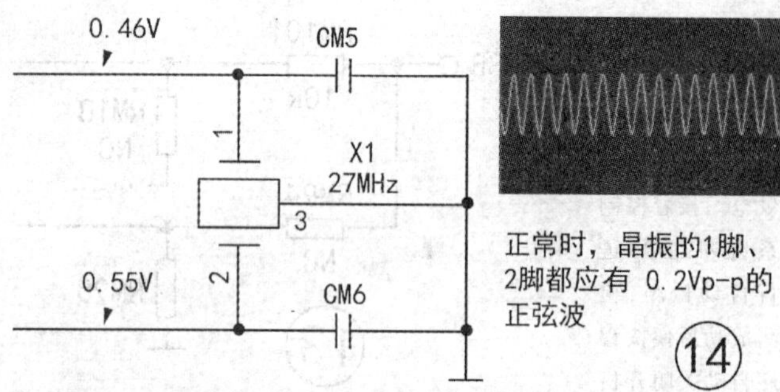

THGBM4G4D1HBAIR是东芝公司生产存储器件，容量为2GB，典型工作电压3.3V，最大工作电压3.6V，最低工作电压2.7V，采用FBGA封装形式。EMMC芯片与主芯片连接如图15所示。

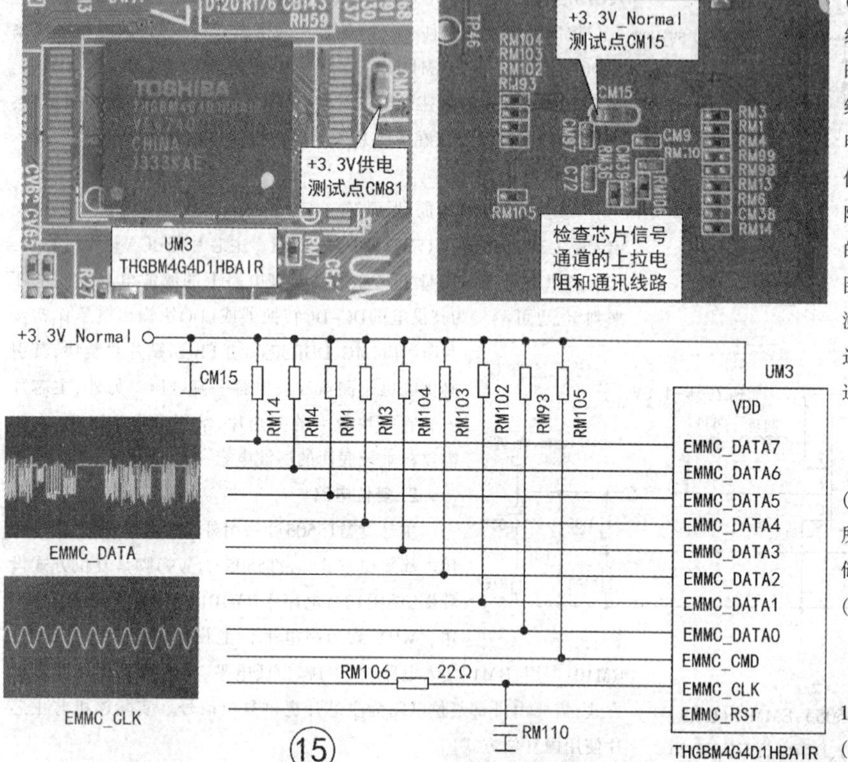

EMMC芯片要正常工作，必须满足以下条件：

(1)VDD供电正常。该主板的EMMC芯片采用3.3V供电，来自DC-DC电路的U12输出的+3.3V_Normal。

(2)RST复位正常。低电平复位，工作时为高电平。

(3)CLK时钟。时钟信号由主芯片片提供，在时钟到来的时候才可以发送接收命令和数据。

(4)CMD控制指令。它能够双向传输，当主芯片发送命令之后，EMMC会给主芯片应答，通过CMD线可以返回给主芯片。

(5)DATA0~DATA7是8位数据总线，双向传输。

维修提示：EMMC芯片不良或损坏、通讯电路有问题、软件损坏，将出现不开机、开机异常等多种故障。主要检查芯片信号通道的上拉电阻和通信线路。维修时可用电压法、电阻法查找故障。先测量工作电压(正常为3.3V)，再测RST线、CMD控制线、8位数据线电压，正常均接近电源电压，为3.2V左右，而CLK时钟线电压为0V。检查通讯线对地电阻，这些通讯线对地阻值应基本相同，均为5k左右，若有差异，表明EMMC或主芯片引脚虚焊或印制板有故障。若阻值正常，则重新对EMMC刷程序，若仍不能排除故障，则替换主板。另外，还可用示波器测量信号线上的波形，判断EMMC与主芯片之间通讯是否畅通，图15中标示出了部分信号的波形。值得注意的是，测量波形应在EMMC上电初始化时(通电开机启动过程中)进行，因为这时EMMC与主芯片进行数据通信，而正常工作时一般测不到波形。

5. DDR3通讯电路

该主板采用两块DDR3，分别为UD1(H5TQ4G63AFR)、UD2(H5TQ2G63DFR)，如图16所示。这两块DDR3均为HYNIX(海力士)的DDR3存储器，均采用FBGA封装形式，前者容量为4GB(256*16)，后者为2GB(128*16)。

DDR3芯片正常工作必备条件有以下几点：

(1)供电正常。UD1和UD2的供电为1.5V(标为1.5V_DDR)。该电压是由+12V电压通过U20(ACWD)进行DC-DC转换形成的。1.5V_DDR供电不仅供给两片DDR3，同时也为主芯片中的DDR部分供电。

(2)基准电压正常。每一块DDR3有两个基准电压端子，主芯片也有一个基准电压端子，需要为基准电压端子加上正常的电压即基准电压。基准电压都是从DDR3供电通过电压分压得到，一般为DDR3供电的一半，供电为1.5V，则基准电压就应为0.75V。

(3)DDR3与主芯片之间的通讯正常。DDR3与主芯片之间的通讯线有地址线、数据线、控制线三类，每一类信号线都有多条，总共有几十条，这里不做详细介绍。两块DDR3与主芯片之间的通讯线有些是直接相连接，有些是中间接有串联电阻(也称匹配电阻，包括排阻RND1~RND11、RND19和电阻RD7、RD8)，用于防电磁干扰和电压匹配。

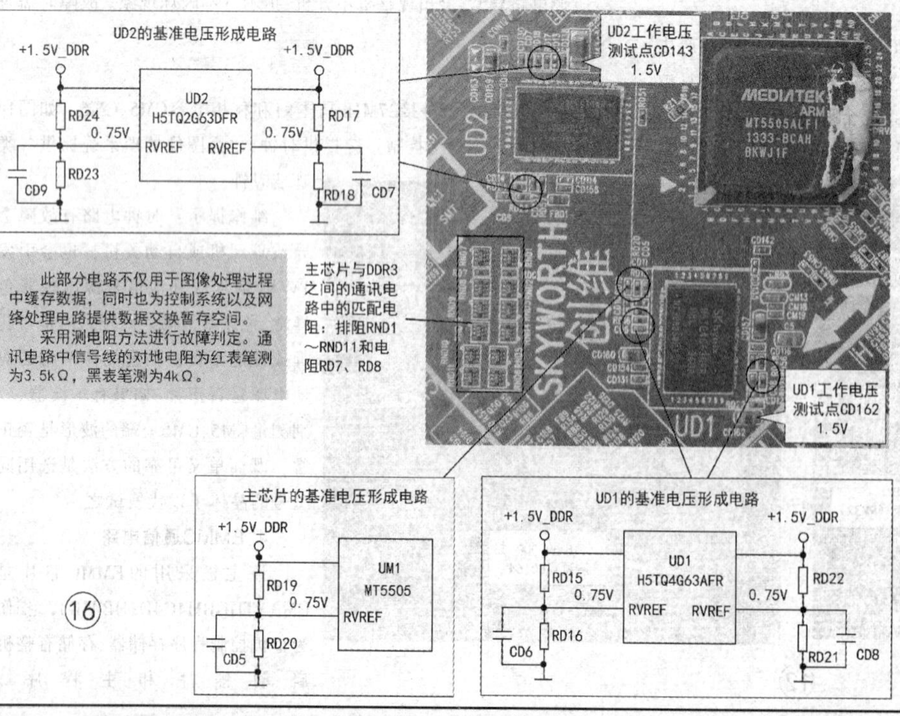

维修提示：DDR3芯片不良或损坏、供电和基准电压异常、DDR3引脚虚焊、

匹配电阻虚焊以及主芯片引脚虚焊等，会出现图像上有干扰、马赛克、花屏、显示错乱(并伴有刺耳尖叫)、机器卡死、死机以及不开机、开机异常等现象。维修时，应先检查DDR3芯片和主芯片的供电和基准电压是否正常。电路中对DDR供电和基准电压要求较高，不仅要求电压值准确，而且要求纹波要小。否则，可能出现图像上有干扰、伴音异常、不开机或自动关机等故障。若这两个电压正常，接下来应检查DDR3通讯电路，先测量串接在通讯线上的排阻和电阻的阻值(均为56Ω)，判断是否虚焊、变质或开路。再对比测量信号线对地电阻，对于串接有排阻或电阻的信号线，在串联排阻或电阻引脚处测；对于没有串接排阻或电阻的信号线，那只能在信号线的过孔处测了。正常时，各信号线的对地电阻应相等，红表笔测为3.5kΩ，黑表笔测为4kΩ。若实测值偏大，通常是由于串联电阻虚焊开路或过孔不通，或芯片引脚虚焊引起的；若实测值偏小，通常是DDR3或主芯片引脚短路引起的。另外，还可以根据打印信息判断是否是DDR3电路的故障。

6. E²PROM存储器

E²PROM存储器U15(FM24C32A)，主要用于存储用户常用操作数据（如图像亮度、对比度等）和HDMI的KEY数据，以及网络功能需要的MAC地址数据、待机功能设置、节目源识别及总线调整相关数据。该存储器与主芯片及其他电路的连接关系如图17所示。U15的⑤脚为串行数据输入/输出脚，⑥脚为串行时钟输入脚。⑦脚为写保护控制脚，一般情况下，该脚为高电平，即处于只读状态，以免误操作，当有数据要写入时，需要控制该脚为低电平。U15的⑤脚、⑥脚分别与主芯片的有关脚相连构成IC总线，主芯片通过I²C总线读取U15中存储的用户数据。U15⑦脚连接到主芯片的(Y6)脚，该脚是用户存储器的数据写入控制信号M_WP输出端。

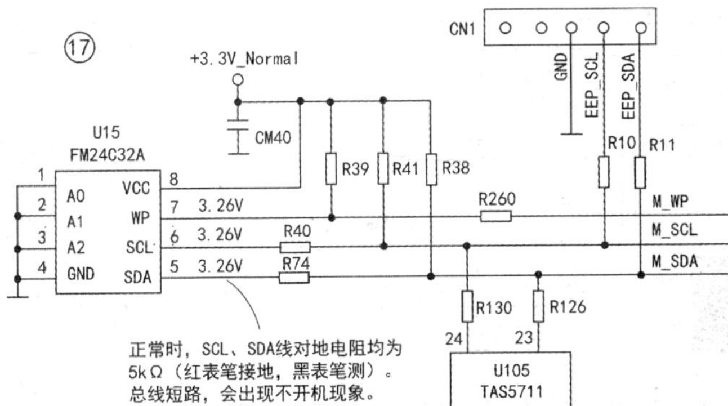

维修提示：E²PROM存储器损坏，或者存储的数据丢失，主芯片不能正常读取E²PROM中的信息，会出现接收部分信号源图像不正常、黑屏、花屏、不能连接网络等现象，甚至出现二次不开机现象。维修时，应检查U15的供电是否正常，总线电压是否正常，以及检查总线是否有开路现象和总线对地短路。

7. I²C总线控制电路

本机芯共有五组I²C总线，分别连接不同的电路。第一组总线参见图17，这组总线不仅连接有用户存储器U15（主芯片通过这组总线与U15进行数据交换，实现节目、功能等存储)，还连接有插座CN1(CN1是数据写入工装插座，在流水线上，通过插座CN1连接调试工装，完成电视机的调试工作)和数字伴音功放块U105(实现对U105的控制，包括音量、平衡、均衡、低音开关、重低音音量等控制)；第二组总线是主芯片与高频调谐器U6间的总线，通过这组总线实现主芯片对高频调谐器调谐、频道转换等功能控制；第三组总线是主芯片与VGA接口间的总线，用于ISP在线升级；第四、五组总线是主芯片与两路HDMI接口的总线，分别用于检测两路HDMI输出设备，若两路总线异常，会导致HDMI信号接收无效。

维修提示：某一组I²C总线断路，会造成这路总线上挂接的电路不工作或工作异常，而总线短路，会出现二次不开机故障。维修时，先检查总线串联电阻是否虚焊、开路，再测量总线电压是否正常，正常应为3.2V左右，若电压偏低，需要查上拉电阻是否开路，以及检查总线上所挂接的被控元器件是否对地路短。总线对地短路通过测量总线对地电阻即可判断。若测得某总线对地电阻很小或为零，需要逐一断开挂接的被控元器件(一般断开总线上的串联电阻)后再测，直到找到短路的元器件。

8. 面板控制及其接口电路

面板控制及其接口电路主要有按键输入电路、遥控接收电路、光检测电路和LED指示灯控制电路组成，如图18所示。

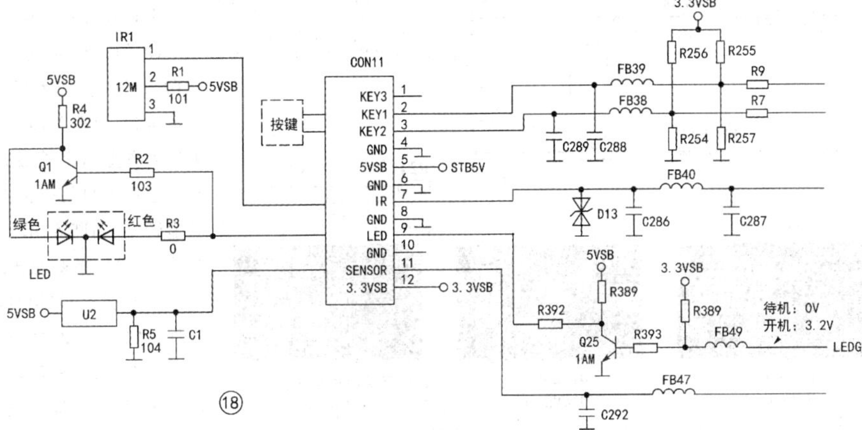

按键输入电路：按键采用机械轻触式，电路结构采用串联分压的方式。按键电路形成的KEY1、KEY2模拟电压从CON11的②、③脚送入主板，经FB39、R9或FB38、R7送至主芯片UM1，实现相应的控制功能。

遥控接收电路：红外遥控编码信号由红外接收头IR1接收后，从IR1的①脚输出，经CON11⑦脚、FB407送至主芯片UM1，由UM1内部译码后执行相应控制功能。

光检测电路：该机芯液晶彩电具有“光感屏变”功能，电视可根据周围光线的明暗变化自动调节背光亮度。面板上安装有一只光检测器U2，光检测器把光信号转化成电信号，当入射光变化时，形成的电信号随之变化。U2输出信号经CON11⑪脚(SENSOR)、FB47送到主芯片，主芯片根据SENSOR信号的大小对背光亮度进行自动调整。

LED指示灯控制电路：LEDG信号是主芯片输出的LED指示灯控制电压，待机时为低电平，Q25截止，5VSB电压经R389、R392、CON11⑨脚(LED)、R3加到双色发光二极管的红色管，红色指示灯亮；二次机时LEDG由低电平跳变为高电平，Q25导通，使Q1截止，5VSB电压经R4加到双色发光二极管的绿色管，绿色指示灯亮。

9. 开机/待机控制电路

该电路如图19所示。PWRSB控制信号来自主芯片，待机为高电平，开机为低电平。PWRSB信号经Q29电平转换，从Q29的c极输出POWER_ON控制电压，经插座CN4的④脚送到电源板组件，以便控制电源组件在开机状态下输出12V和24V电压到主板，待机状态下关闭12V和24V电压的输出。

10. 背光开关控制和背光亮度控制电路

该电路如图20所示。

背光开关控制：二次开机后，主芯片UM1输出低电平的背光启动控制信号VBL_CTRL，经Q2电平转换，从Q2的c极输出高电平的BL-ON/

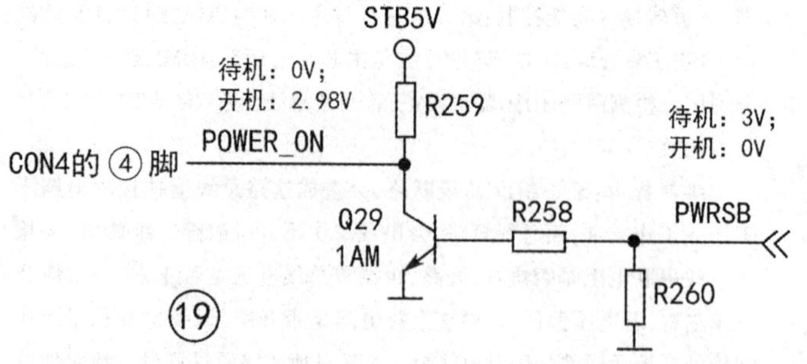

OFF控制电压，经插座CON4的①脚送到LED背光驱动板，LED背光驱动电路被开启工作，点亮背光灯。该机芯具有"单独听"功能，当启用"单独听"功能后，主芯片输出的VBL_CTRL信号由低电平跳变为高电平，LED背光驱动电路被关闭，关闭背光灯。

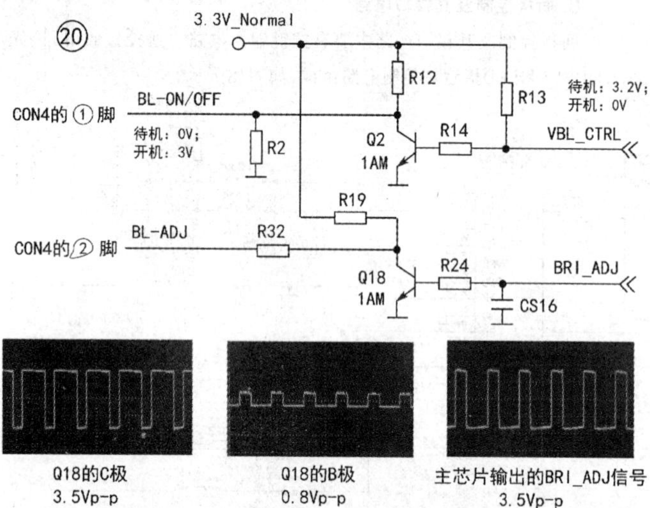

Q18的C极
3.5Vp-p

Q18的B极
0.8Vp-p

主芯片输出的BRI_ADJ信号
3.5Vp-p

背光亮度控制：二次开机后，主芯片输出的背光亮度控制脉冲信号BRI_ADJ经Q18倒相放大后，从Q18的c极输出BL-ADJ控制脉冲，经插座CON4的②脚送往LED背光驱动电路，以实现背光亮度调整。当进行亮度调整时，亮度控制信号的占空比会随之发生变化。另外，该机芯彩电还有光感屏变功能，当设置为"光感屏变"时，主芯片输出的BRI_ADJ背光亮度控制脉冲信号的占空比也会随周围光线的明暗变化自动调整，实现电视根据周围光线的明暗变化自动调节背光亮度。

11. 屏供电控制电路

屏供电控制电路主要由U15组成，如图21所示。12V_Normal电压提供给U31的①~③脚。开机后，主芯片UM1内部的CPU输出高电平的PANEL_ON控制电压，使Q41饱和导通，Q41集电极为低电平，U31的④脚(内部MOS开关管控制栅极)电平下降，U31导通工作，漏极⑤~⑧脚输出12V送往TCON板，作为TCON板的工作电压。

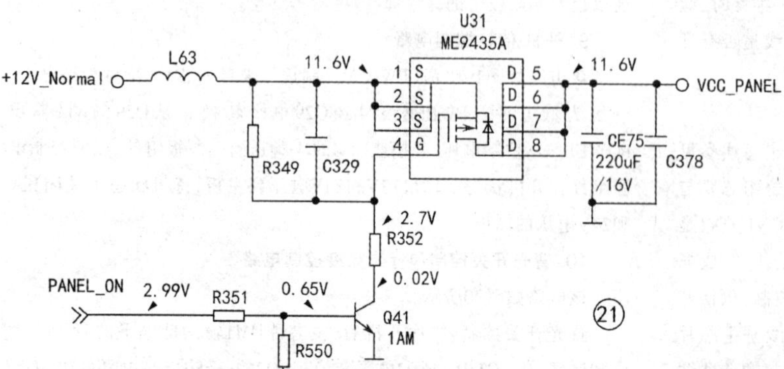

维修提示：屏供电电路没有上屏电压输出会导致无图像显示，如电压降低会导致光暗有干扰条纹。上屏电压若出现异常时，重点检查三极管Q41和U31。

12. 单独听控制电路

该机芯有"单独听"功能，在"单独听"模式下，机器只有部分电路工作。CPU主要对两个部分的电路进行控制：一是关闭LED驱动电路，通过背光开关电路来实现，将电视设置成单独听模式后，主芯片输出的背光启动控制信号VBL_CTRL由低电平跳变高电平，即可关闭LED驱动电路；二是关断主芯片LVDS信号的输出。

三、信号处理电路

1. TV信号接收电路

TV信号接收电路如图22所示。该机芯采用旭光公司生产的高频调谐器HFT-96S/W116CW。外电路为高频调谐器提供的工作条件有：3.3V电压，AGC电压，SDA和SCL总线信号。高频调谐器在总线控制下，输入射频电视信号，输出图像中频信号送往主芯片，由主芯片进行图像中频放大和视频检波等处理。

U6的①脚是高频调谐器供电端，其供电电压为3.3V，标为+3.3V_Tuner，由5V_Normal电压经U11(AS1117L-33)进行LDO电压转换得到。②脚为AGC电压输入端，用于控制高频放大器的增益，AGC电压来自主芯片，C62是AGC滤波电容。③、④脚为I²C总线通道，分别与主芯片UM1的相关脚相连，UM1通过该组总线对高频调谐器的进行频道转换、调谐等功能控制。⑦、⑧脚是中频信号输出端，输出一对差分信号，再经平衡滤波网络、隔离电容送给主芯片。

维修提示：当出现收不到台故障，应重点检查高频调谐器的工作条件：(1)查3.3V供电是否正常，若异常需检查稳压块U11；(2)查I²C总线是否有断路、短路现象(正常时总线对地电阻约3.6kΩ)，测量总线电压是否正常(正常电压均为3.2V)，若无正常总线信号对高频调谐器进

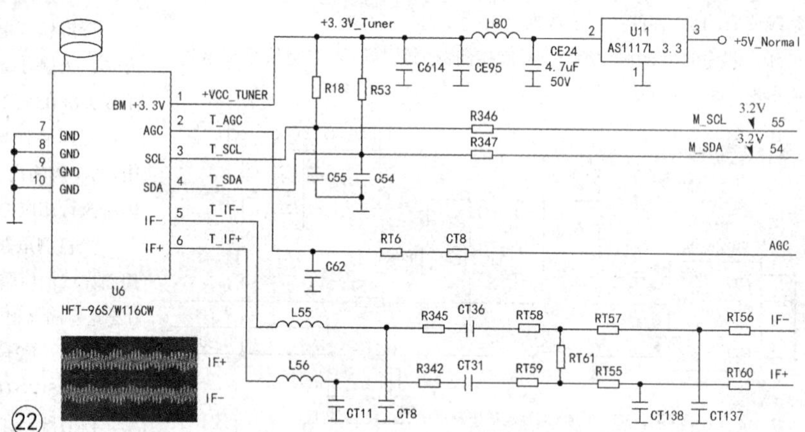

行控制，高频调谐器不能正常工作，就会出现TV无图、无声故障，该路总线短路，总线电压低至1V以下，还将引起二次不开机；(3)查中频信号输出电路有无断路或漏电现象，测量是否有中频信号输出，高频调谐器在正常工作的时候，其⑤脚和⑥脚直流电压基本为零，在判定的时候最好测试引脚波形，图21中标出了中频信号的波形。当出现TV图像扭曲、噪点干扰、图像无色等故障，重点检查AGC电路，U6的②脚AGC电压在接收TV信号时一般在0.9V~1.2V之间，搜索节目时在0.7V~1.5V之间变化，没有信号输入时为1.5V左右，有信号输入时电压下降，信号越强，电压越低。

2. 分量/视频1(YUV/AV1)信号输入电路

分量视频信号(YUV，也标为YCrCb或YPrPb)和AV1信号输入电路共用了一个信号输入接口PN5，如图23所示。电视机接收分量视频信号时，Y信号一路经磁珠

FB20、匹配电阻RV59和RV49、隔离电阻RV62、电容CV73耦合送入主芯片UM1；另一路隔离经RV5、CV78耦合至主芯片UM1，作为Y同步信号输入。UM1的Y信号的差分信号Y-信号输入端外接电阻RV65和电容CV50。U信号（Cr）经磁珠FB22、匹配电阻RV54和RV56、隔离电阻RV55、电容CV77耦合送入主芯片UM1。V信号（Cb）经磁珠FB31、匹配电阻RV58和RV68、电阻RV57隔离、电容CV66耦合送入主芯片UM1。

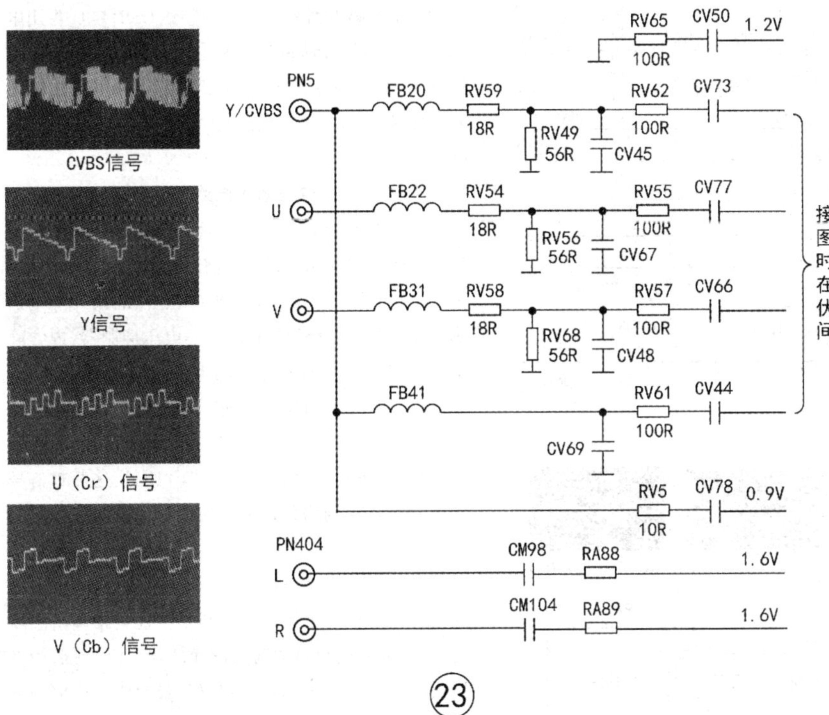

23

当电视机接收视频1时，AV1的视频信号CVBS经磁珠FB41、电阻RV61隔离、CV44耦合送入主芯片UM1。

分量和视频1两种信号源共用一个音频信号输入接口PN404。L、R音频信号分别经CM98、RA88和CM104、RA89送入主芯片UM1内部进行处理。

维修提示：Y信号（或CVBS）输入异常，会出现分量（或视频1）无图像，同时无伴音现象。若输入的色差信号U或V不正常，将引起彩色异常现象。检修时测量信号波形比较容易确定故障部分。测量电压也可大概判断是否有信号输入，正常情况下，将播放设备输出的活动图像信号接到电视机的此接口，分量视频、复合视频通道上的电压会在零点几伏到1V之间波动，否则为信号输入异常。

3. AV信号输入电路

该机芯可接收两路AV信号，AV1信号接收电路上面已经介绍了，这里介绍AV2信号接收电路，相关电路如图24所示。AV2信号接收（信号源设置为“视频2”）时，视频信号从接口P8输入，经磁珠匹配FB34、电阻RV43后，通过电容CV43隔直耦合至主芯片。音频信号分别经CM102、RA104和CM103、RA105送入主芯片UM1内部进行处理。

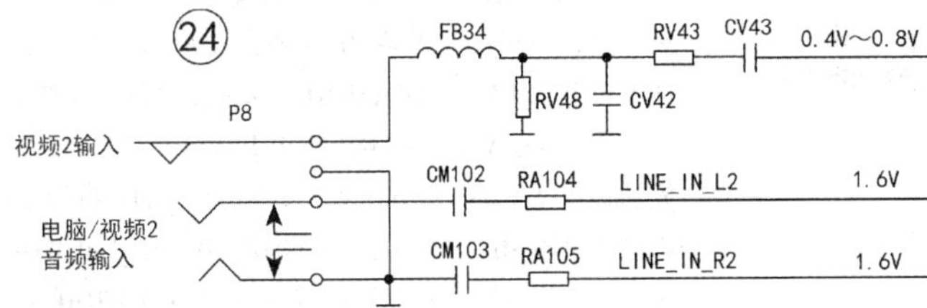

4. VGA接口电路

VGA接口一方面作为PC机的图像信号输入接口，另一方面也是ISP在线升级的连接口。

该接口电路如图25所示，由接插件P15接入VGA信号的视频信号（包括R、G、B基色信号和行、场同频信号）。VGA基色信号经接插件P15的①、②、③脚，分别经磁珠FB30/FB35/FB29、电阻RV94/RV70/RV67隔离，电容CV75/CV64/CV74耦合至主芯片UM1。经插件行P15②脚输入的G基色信号另一方面通过RV6、CV72耦合至主芯片，作为同步信号使用；RV93、CV79是RGB输入信号参考地电位的外接元件。行、场同步信号从接插件P15的⑬、⑭脚输入，经电阻R331、R332送至主芯片UM1。P15的④、⑪脚作为串口端，连接至主芯片，还连接至J3，通过TX、RX来实现查看打印信息，或通过串口读写程序。

VGA接收状态的音频信号由接插件P8接入（参见图24）。

维修提示：VGA信号接收状态的设置是将电视机接收信号源设置成“电脑”。这种状态下，若输入主芯片的行、场同步信号、G同步信号不正常，将引起VGA无图像故障。若输入的某一路基色信号不正常，将引起VGA图像彩色不正常。检修时，重点检查输入电路中的耦合电容和测量主芯片信号输入端的对地电阻（在外接电容一端测量）。正常时，主芯片基色信号输入端对地电阻应基本相同，均为16kΩ，而SOGIN0端对地电阻为无穷大（均为红笔表接地，黑表笔测量的结果）。如果相差很大，则说明主芯片或信号通道有元件变质。TX、RX线有问题，会出现查看不到打印信息，也不能通过VGA接口进行程序升级故障。

5. HDMI信号输入电路

该机接收两路HDMI信号，HDMI1信号由插座P21输入，HDMI2信号由插座P14输入，两路信号输入电路基本相同，这里以HDMI1这路为例分析。

HDMI1信号输入接口电路如图26所示，当P21外接HDMI输出设备后，外设将为P21的⑱脚提供+5V电压，此电压经RH146、RH48为热插拔控制三极管QH8、QH5的c极提供偏置电压。QH8导通，QH5截止，QH5的c极为高电平，此高电平的电压作为HDMI1_HDP热插拔识别信号，一路送主芯片UM1，另一路经RH57送到P21的⑲脚，输出到HDMI输出设备作为识别信号。输出设备检测到正常的热插拔信号后就通过总线读取电视机的EDID和HDCP协议，读取校验正确后，输出图、声编码信号，经P21的①~⑫脚送往电视机主芯片UM1。

维修提示：在此机芯液晶彩电不能接收HDMI信号故障时，首先分别从JA16、JA14端口输入信号，如果都不能显示HDMI图像，有可能是HDMI KEY的问题，重新刷新软件。如果只是其中一个接口不能接收HDMI信号或显示异常，就要检查该接口插座及通道电路上的元件。如HDMI1不能接收HDMI信号，应重点检查P21⑱脚供电（正常应约4.9V），⑲脚HDMI热插拔识别电压（正常应约4.8V），⑮脚和⑯脚总线电压（正常都应约3V）和1对时钟信号是否正常。HDMI状态有图像，但颜色异常、花屏，一般是3对数据信号之中的部分信号中断或异常导致的，重点检查主芯片输入的3对HDMI数据信号是否丢失或异常。正常工作时，HDMI时钟线和数据线上电压都在3V左右。用示波器测波形，可判断有无信号输入。另外，判断主芯片的HDMI接口是否损坏，可分别测量每条HDMI时钟、数据线的对地电阻，测试结果应基本相同，正反向测都约为5.5kΩ，如果差异很大，则表明信号通道有断路现象或主芯片有故障。

6. USB接口电路

本机芯设置2个USB接口，相关电路如图27所示。USB插座①脚的

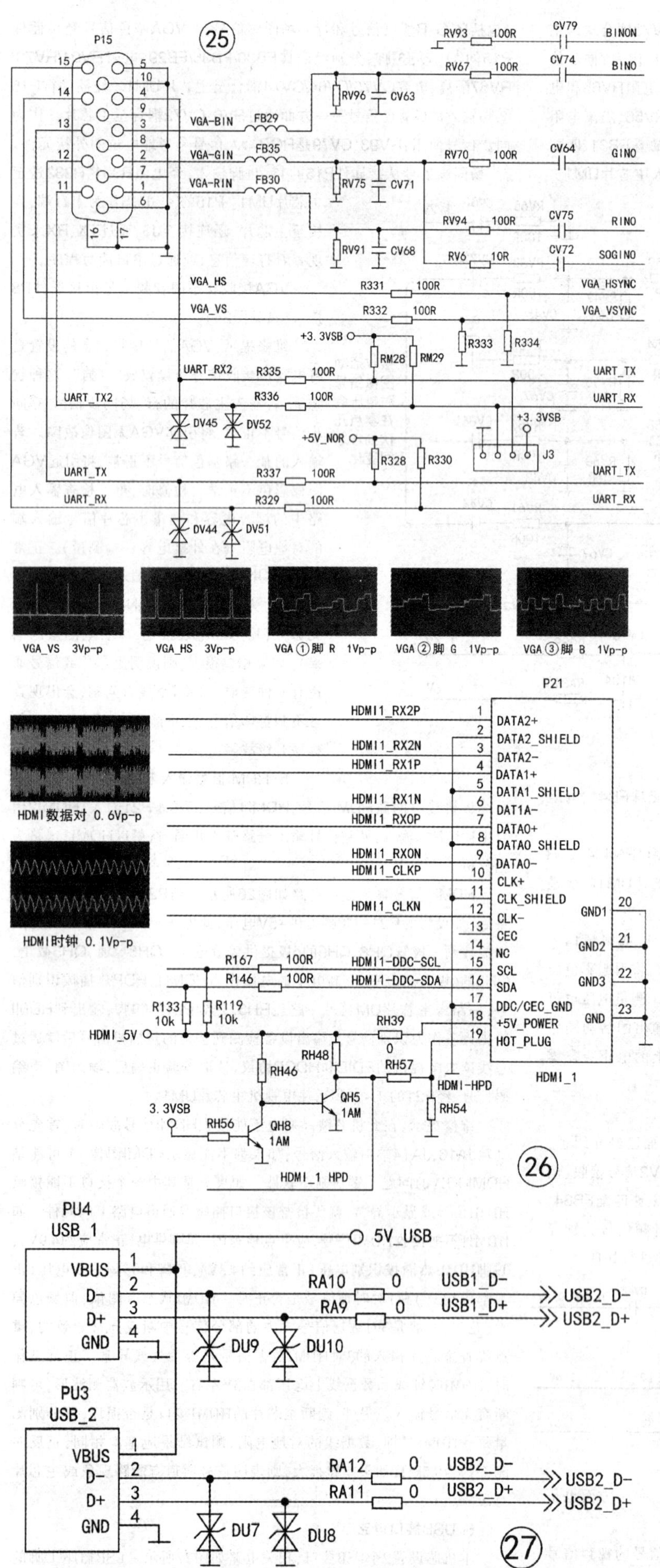

5V_USB供电来自开关管U33。USB插座的②、③脚为数据负、数据正端，一对差分数据信号分别经串接电阻后送到主芯片。双向限幅二极管UD7~UD10起保护作用，防止因静电或输入电压异常损坏集成块。

维修提示：这部分电路异常，会出现USB端口不能使用故障。此故障原因通常是5V_USB供电或主芯片内USB解码电路异常。先检测5V_USB供电，再用电阻法测量两信号通道是否断路，最后测量两数据线对地电阻，判断主芯片是否损坏，正常时4条数据线对地电阻相同，正向电阻均为5kΩ、反向电阻均为6kΩ。

7. 有线网络信号输入电路

网络接口电路如图28所示。PN1为RJ4标准网络信号(LAN)输入端口，用于连接外部有线以太网。T1为网络变压器，作用是信号电平耦合、隔离外部干扰和阻抗匹配。U1(111NH)是瞬态电压抑制器，内含静电保护二极管阵列电路，用于防静电尖峰脉冲干扰。有线网络信号通过RJ45插座、网络阻抗匹配变压器T1后，输出两对成正反输入的数字信号(TXP0、(TXN0)和(RXP1、RXN1)去主芯片UM1，这两对信号其实就是代表网络传送和电视机反馈给网络的控制信号。

维修提示：要实现网络接收功能除硬件电路外，还需要网络设置正常。因此，维修不能连接网络故障时，首先检查电视机的网络设置是否正常。然后检查网线与接口PN1的连接是否良好，最后检查这部分电路中的元件是否损坏。雷击等原因易造成隔离变压器T1甚至主芯片损坏。网络变压器检查可测量初级、次级之间电阻判断，正常时为∞。主芯片是否损坏，可分别测量4路信号线(TXP0、(TXN0、RXP1、RXN1)对地电阻判定，正常应相同，正、反向测都为4.5kΩ左右。

8. LVDS信号形成和上屏接口电路

各种格式的图像信号经主芯片MT5505与外挂的DDR3组成的格式转换电路后，再经LDVS接口电路，将数字RGB信号转换成LVDS格式信号从插座CON13去液晶屏TCON电路，经TCON电路处理后，在屏上显示相应节目图像。

该主板应用在创维55E7BRE液晶彩电的LDVS接口电路如图29所示。该机采用高清屏，屏上贴的标签是创维RD55OFO-LDF001，配套的逻辑板型号为LG的LC470DUE-SFR1。为再现RGB原色和屏显示速率，该LVDS通道采用双通道LVDS传送，每一通道有4对LVDS正反数据信号和1对时钟信号。CON13插座主要引脚功能：①~④脚为PANEL供电(12V)，来自上屏电压开关U31。㉔脚(MODE)为传输协议定义脚，低电平为VESA格式，高电平为JEIDA格式，该主板设置为低电平，即VESA格式。⑪~⑳脚、㉛~㊵脚为RA0+/RA0-~RA3+/RA3-和RB0+/RB0-~RB3+/RB3-共8对LVDS数据信号和2对时钟信号(RAC+/RAC-、RBC+/RBC-)。⑨、⑩脚(RA4+/RA4-)和㉙、㉚脚(RB4+/RB4-)无信号波形，说明该机没应用这两对信号输出。

维修提示：当出现有伴音、背光亮、灰屏或花屏

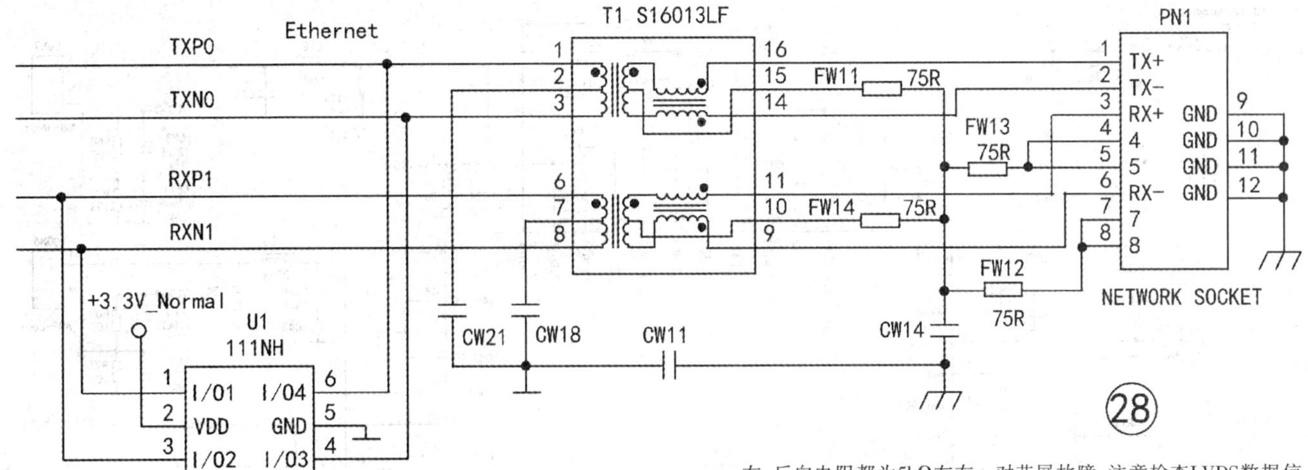

注：

正常时，LVDS信号输出通道对地电阻相同，正向电阻均为6kΩ，反向电阻均为5kΩ。

工作时，⑪～⑳脚、㉛～㊵脚电压在 1V～1.5V间波动，可用示波器测波形；⑨、⑩、㉙、㉚脚电压为0V，无波形。

LVDS RA3+和RA3-
200mV

LVDS RAC+和RAC-
40mV

29

等故障时，都可能是此电路造成。对于灰屏、光栅暗有干扰故障，一是检查上屏插座CON13的①~④脚的PANEL供电是否正常，若电压异常应检查上屏电压开关U31及其控制电路是否损坏；二是检查主芯片是否有LVDS信号输出，可测量LVDS信号通道每一信号线电压来进行判定，正常应在1V~1.5V之间，使用示波器观察信号波形，可以更直接看到是否有LVDS信号输出，不管有无信号源输入主芯片UM1，只要UM1控制系统、DDR、LVDS形成电路正常工作，便可测出波形。若主芯片输出LVDS信号异常，可测量LVDS信号线对地电阻判断主芯片是否有问题，正常时，22条信号线对地电阻值应基本相同，正向电阻都为6kΩ左右，反向电阻都为5kΩ左右。对花屏故障，注意检查LVDS数据信号线是否有某一条或几条中断或短路。需注意的是：采用该主板的电视机，具有单独听功能，机器工作在单独听模式时，主芯片无LVDS信号输出是正常的。

9. AV信号输出电路

该电路如图20所示。主芯片UM1输出的彩色全电视信号CVBS经RV89、LV5、RV4后送往AV输出插座JA5，作为AV视频输出。主芯片UM1输出两路模拟音频信号，经运算放大器U108（LM4558S）放大后，作为AV音频信号送往AV输出插座JA5。Q20、Q22是静音控制管，静音控制信号来自两路，一是来自主芯片输出的静音控制信号AVOUT-MUTE，另一种是开关机静音信号POWER_MUTE。需注意的是：此接口的视频信号输出，只对TV状态和AV状态有效，即电视机只有工作在TV状态和AV状态（AV1和AV2）才会有视频信号输出，在分量视频、VGA视频、HDMI状态均无视频输出，但音频信号输出则在各种信号源状态下都有。

维修提示：AV输出无声音故障，注意检查运算放大器LM4558S⑧脚的供电情况。检修这部分的音频电路，可采用干扰法缩小故障范围。

10. 数字音频功放电路

该主板采用数字音频功放TAS5711构成2.1声道数字音响系统，驱动左右声道扬声器和重低音扬声器，如图31所示。

TAS5711是德州仪器（简称TI）公司生产的一块输出功率达20W（8Ω负载）的高效数字音频功放集成电路，采用48脚HTQFP封装形式。该IC内置串行音频端口，数字音频处理DAP、采样频率转换SRC、微控制、保护逻辑等电路，并集成由MOSFET管组成的半桥功率放大电路，支持两路单通道和一路半桥输出模式，具有效率高、噪音低、非线性失真小等优点。TAS5711引脚功能和维修数据见表4。

TAS5511工作条件有：(1) 供电必须正常，该IC的供电有AVDD（模拟电路供电）、DVDD（数字电路供电）和PVDD（功率放大电路供电）三类，其中，AVDD、DVDD供电均采用3.3V（主板上DC-DC电路中的U12输出的3.3V_Normal），PVDD供电范围较宽，为8V至26V，该主板采用24V（由电源板送来）；(2)复位信号必须正常，㉕脚（RESET）为复位端，低电平有效，正常工作为高电平；(3)⑲脚（PDN）掉电检测脚必须为高电平；(4)输入的IIS数字音频信号必须正常，⑮脚为主时钟（MCLK）输入端、⑳脚为左/右声道时钟（LRCLK）输入端、㉑脚为位时钟（SCLK）输入端、㉒脚为串行音频数据（SDIN）输入端，输入的4个信号来自主芯片MT5505，这4个信号中的任一信号输入异常，均会出现无声故障；(5)I²C总线控制要正常，音量、左右声道平衡、高低音控制、重低音开关和重低音音量控制等均采用I²C总线控制，I²C总线通讯异常，会造成TAS5511不工作，总线短

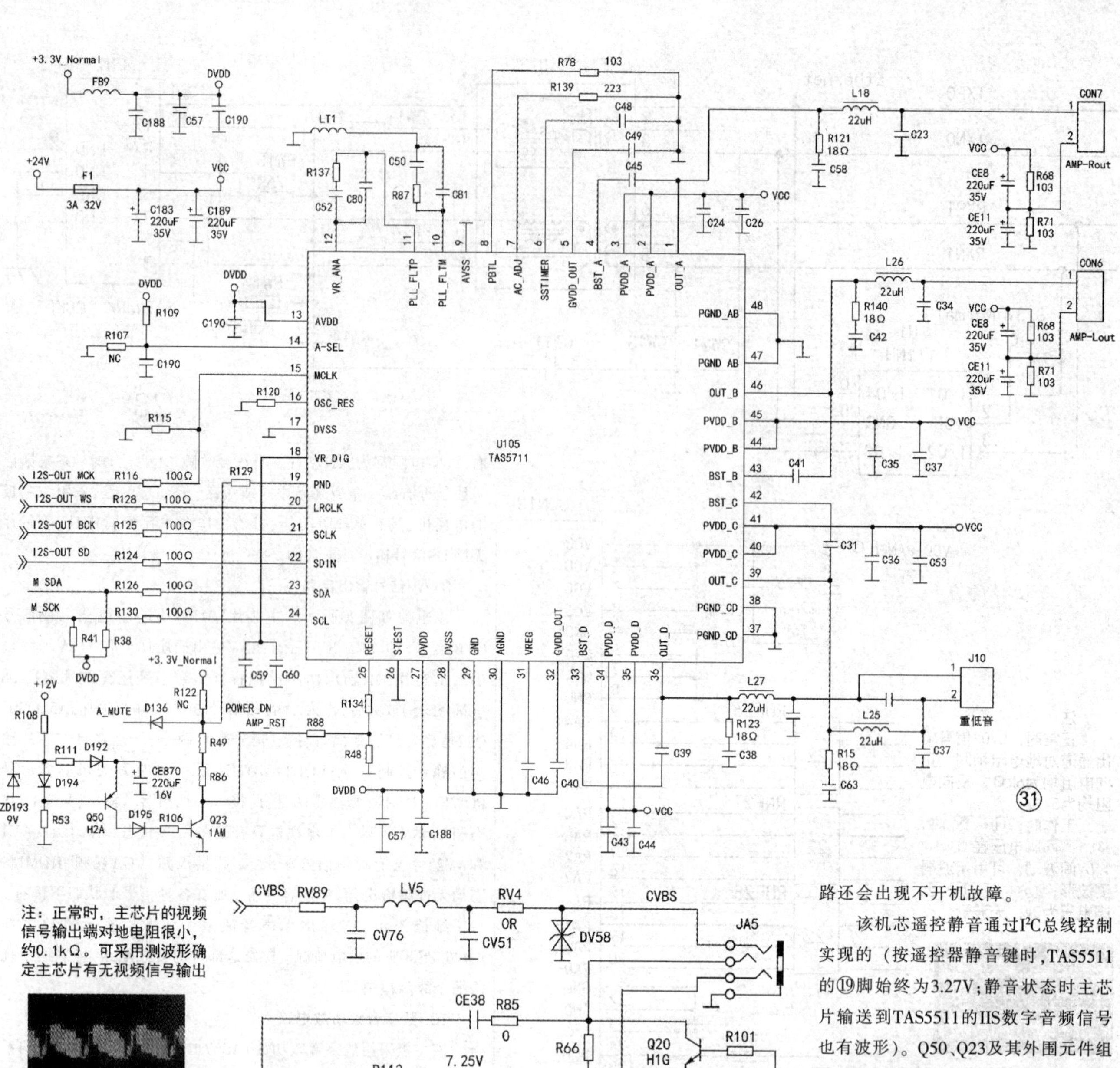

㉛

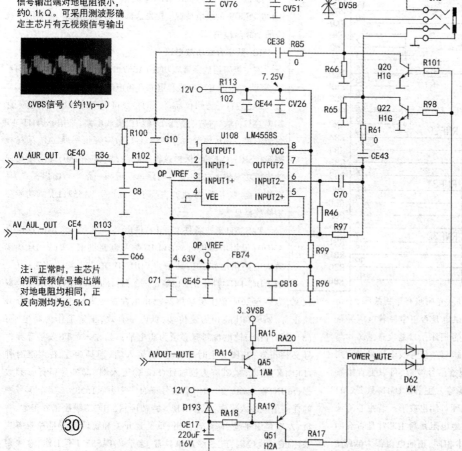

注：正常时，主芯片的视频信号输出端对地电阻很小，约0.1kΩ。可采用测波形确定主芯片有无视频信号输出

CVBS信号（约1Vp-p）

注：正常时，主芯片的两音频信号输出端对地电阻均相同，正反向测均为6.5kΩ

㉚

路还会出现不开机故障。

该机芯遥控静音通过I²C总线控制实现的（按遥控器静音键时，TAS5511的⑲脚始终为3.27V；静音状态时主芯片输送到TAS5511的IIS数字音频信号也有波形）。Q50、Q23及其外围元件组成关机静音控制电路。电视机正常工作时，12V电压通过R108、ZD193稳压得到9V电压，此电压通过R111、D192向CE870充电，CE870上充得8.8V电压。同时，9V电压经D194为Q50的基极提供8.6V电压，Q50处于截止状态，Q23也为截止，对TAS5511正常工作无影响。遥控关机或交流关机时，12V消失，Q50基极为低电平，Q50饱和导通，CE870充电电压通过Q50的e-c极、D196、R106加到Q23的基极，使Q23短时饱和导通，使TAS5511的⑲脚电压拉低而静音。

TAS5511 ㊻、①脚输出的左、右声道音频信号送插座CON6、CON7，驱动机内扬声器发声，㊱、㊴脚输出重低音音频信号送到插座J10，用于外接无源重低音音箱，这样就可以组成2.1声道的音响。

维修提示：当出现有图像无伴音、小声或噪声大等故障时，都可能是此电路造成。应重点检查数字伴音功放

表4 TAS5711引脚功能和维修数据

脚号	符号	功能	电压(V)
①	OUT_A	半桥A输出	11.70
②、③	PVDD_A	半桥A电源输入	23.5
④	BST_A	半桥A高端自举供电	20.7
⑤	GVDD_OUT	栅极驱动器内部稳压器输出，外接滤波电容	10.05
⑥	SSTIMER	定时电容，控制输出端脉冲的斜坡时间	3.23
⑦	AC_ADJ	模拟过电流调节，内接过流检测电路，外接接地电阻	1.13
⑧	PBTL	工作模式选择。该脚为低电平时，表示为BTL(桥式输出)或SE(单端输出)模式；为高电平时，表示为PBTL，即双声道并联。	0
⑨	AVSS	模拟电路接地端	0
⑩	PLL_FLTM	PLL锁相环滤波器终端(负)	0.66
⑪	PLL_FLTP	PLL锁相环滤波器终端(正)	1.06
⑫	VR_ANA	内部调整电路1.8V模拟电源输出	1.77
⑬	AVDD	模拟电路供电，通常为3.3V	3.26
⑭	A-SEL	总线识别地址电平设置。若为低电平，总线识别地址为0x34；若为高电平，总线识别地址为0x36	3.25
⑮	MCLK	主时钟输入	1.56
⑯	DVSS	接振荡器定时电阻	0.91
⑰	DVSS	振荡器的接地端	0
⑱	VR_DIG	数字电路VR稳压调整	1.81
⑲	PDN	掉电检测，当该脚为低电平时，IC内部电路进入低功耗状态(可用于静音控制)	3.27
⑳	LRCLK	左/右声道时钟	1.60
㉑	SCLK	位时钟	1.60
㉒	SDIN	串行音频数据输入	0.59
㉓	SDA	总线数据线	3.26
㉔	SCL	总线时钟线	3.26
㉕	RESET#	复位，低电平有效	3.25
㉖	STEST	进入工厂测试状态，通常将该脚连接到DVSS端	0
㉗	DVDD	数字电路供电(3.3V)	3.27
㉘	DVSS	数字电路接地	0
㉙	GND	接地	0
㉚	AGND	模拟电路接地	0
㉛	VREG	数字调节器输出	3.23
㉜	GVDD_OUT	栅极驱动器内部稳压器输出，外接滤波电容	10.06
㉝	BST_D	半桥D高端自举供电	20.9
㉞、㉟	PVDD_D	半桥输出D电源输入	23.5
㊱	OUT_D	半桥D输出	11.68
㊲、㊳	PGND_CD	半桥C和D的电源地	0
㊴	OUT_C	半桥C输出	11.72
㊵、㊶	PVDD_C	半桥C电源输入	23.4
㊷	BST_C	半桥C高端自举供电	20.8
㊸	PVDD_B	半桥B高端自举供电	20.8
㊹、㊺	PVDD_B	半桥输出B电源输入	23.5
㊻	OUT_B	半桥B输出	11.71
㊼、㊽	PGND_AB	半桥A和半桥B的电源地	0

块TAS5511的供电、复位、总线、掉电检测、数字音频信号输入与功放输出脚的电压与波形。正常时，TAS5511输入的4个数字音频信号波形如图32所示。

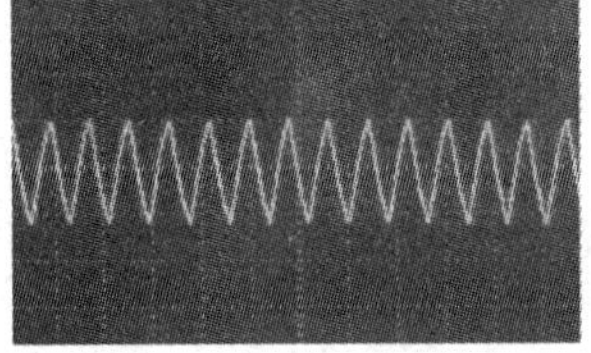

TAS5711 ⑮ 脚MCLK 1.5Vp-p

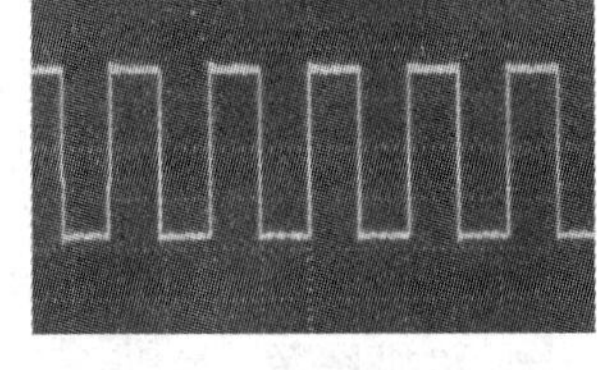

TAS5711 ⑳ 脚LRCLK 3.5Vp-p

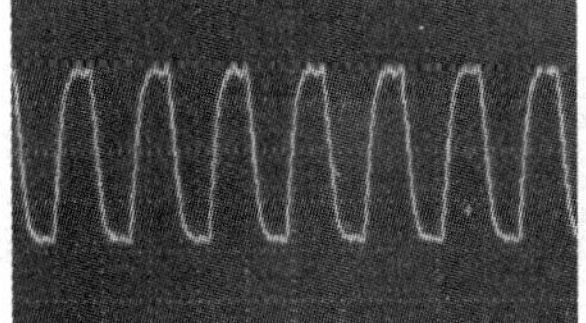

TAS5711 ㉑ 脚SCLK 3.5Vp-p

TAS5711 ㉒ 脚SDIN 3.5Vp-p

四、常见故障检修思路

1. 不开机

首先观察接通电源后指示灯是否亮。如果不亮，在确定开关电源输出STB5V正常时，重点检查面板及其接口电路

如果指示灯红灯亮，按下开/待机键后，不能改变为绿色，又不能开机，测量开/待机控制电路中的Q29基极电平没变化，说明主芯片没有输出开/待机控制信号或信号传输电路有故障。检查信号传输电路正常情况下，可判断是以主芯片为核心构成的控制电路没有工作。接下来应该先根据电压网络检查U13输出3.3VSB电压，后查时钟振荡电路和复位电路，同时也需要检查按键输入电路和遥控接收电路。

如果接通电源后指示灯绿灯亮，且电源板有12V、24V输出到主板，但不能正常开机，应先检查主板上DC-DC电路，再检查DDR3、EMMC电路以及总线电路。

2. 无图像故障

如果液晶彩电在TV和所有外接信号输入端输入信号都无图像，应首先检查液晶屏背光是否点亮，有无屏显(开机画面和字符等信息)。

对于背光不亮(表现为黑屏)故障，检查主板上的背光开关控制和背光亮度控制电路，以及检查LED背光驱动板。

对于背光亮，但无图无屏显(通常表现为灰屏)故障，测量上屏电压、LVDS信号直流电压和波形判断故障范围。若主板无上屏电压、LVDS信号输出，检查主板上的屏供电控制电路和LVDS接口电路，以及检查DDR3、EMMC电路等；若主板上屏电压、LVDS信号输出正常，则检查逻辑板和液晶屏。

若只某一种信号源无图像，则检查该信号的输入电路，如果没有问题，可能是主芯片内部的该信号选择处理电路存在故障。只能更换主芯片或更换主板来排除故障。

3. 伴音故障

伴音故障指图像正常，但无伴音或伴音异常。检修这类故障时，应先通过改变接收的信号源试机，以便缩小故障范围。如果是接收所有信号源都是无伴音或伴音异常，则故障通常发生在数字功放电路；如果只某一种信号源无伴音或伴音异常，则检查该信号的输入电路，如果没有问题，可能是主芯片内部的该信号选择处理电路存在故障。只能更换主芯片或更换主板来排除故障。

5款AOC液晶电视图解集锦

何金华

第1款　LE32K07M液晶电视图解及维修参考数据

一、整机图解

LE32K07M液晶电视整机包括显示屏、逻辑组件、二合一电源组件、主板组件、按键板组件、遥控接收板组件。

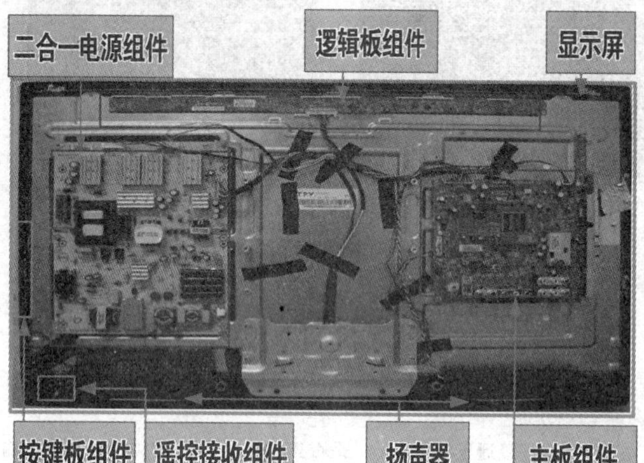

图1　LE32K07M整机组件分布图

二、电源组件图解

LE32K07M液晶电视电源采用A6069H+LD7523GS+SSC9512S+LM258D方案，为开关电源+背光驱动二合一方案，其印制板号为：715G4078。

1. 电源组件正面图解

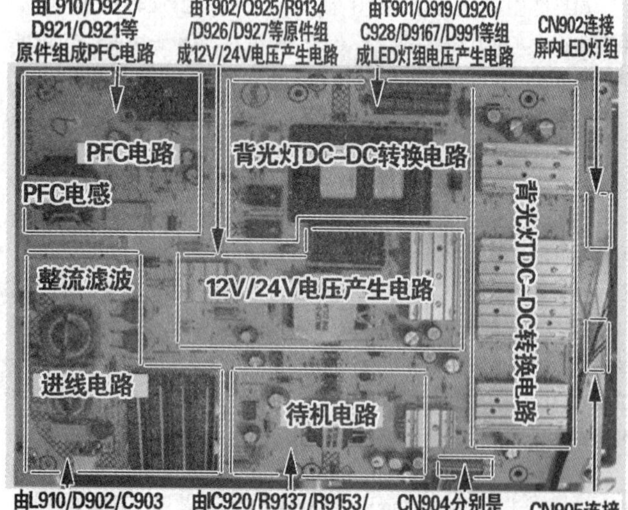

图2　LE32K07M液晶电视电源组件正面图解

2. 电源组件背面图解(图3)

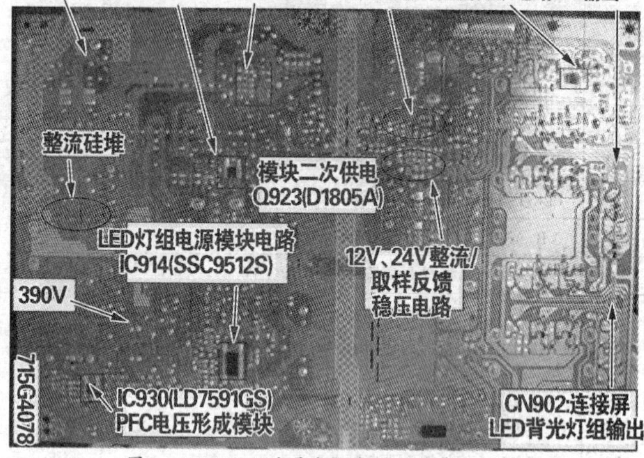

图3　LE32K07M液晶电视电源组件背面图解

三、主板组件功能图解

LE32K07M液晶电视主板组件采用MT8222AH机芯方案，其印制板板号：715G4089。

1. 主板组件接口图解(图4)

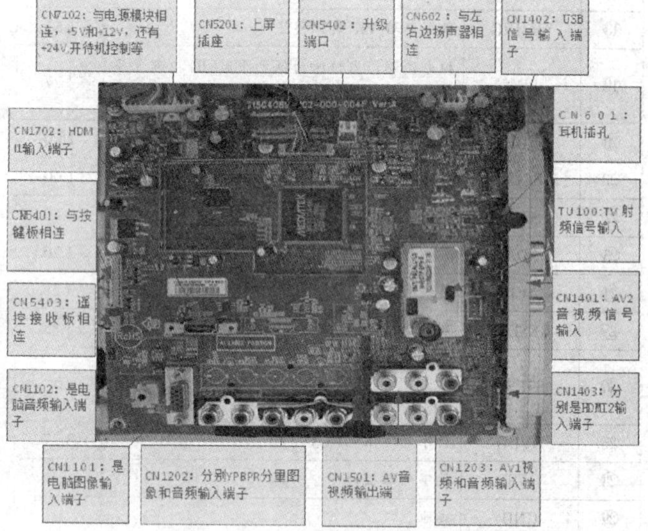

图4　LE32K07M液晶电视主板组件接口图解

2. 主板组件主要器件分布图解(图5)

3. 主板组件信号流程框图(图6)

4. 主板组件电源供电系统框图(图7)

四、LE32K07M液晶电视各组件故障注解

1. 电源组件故障检修注解(图8)

2. 主板组件故障注解(图9)

3. 逻辑组件(V315B5-XCN1)故障注解(图10)

五、LE32K07M液晶电视各组件接口维修参考数据

1. 电源组件接口维修参考数据

(1)接口CN904(表1)

2. 主板组件接口维修参考数据

(1)接口CN7102(表2)

图5 LE32K07M液晶电视主板组件主要器件分布图

图8 LE32K07M液晶电视电源组件故障检修注解

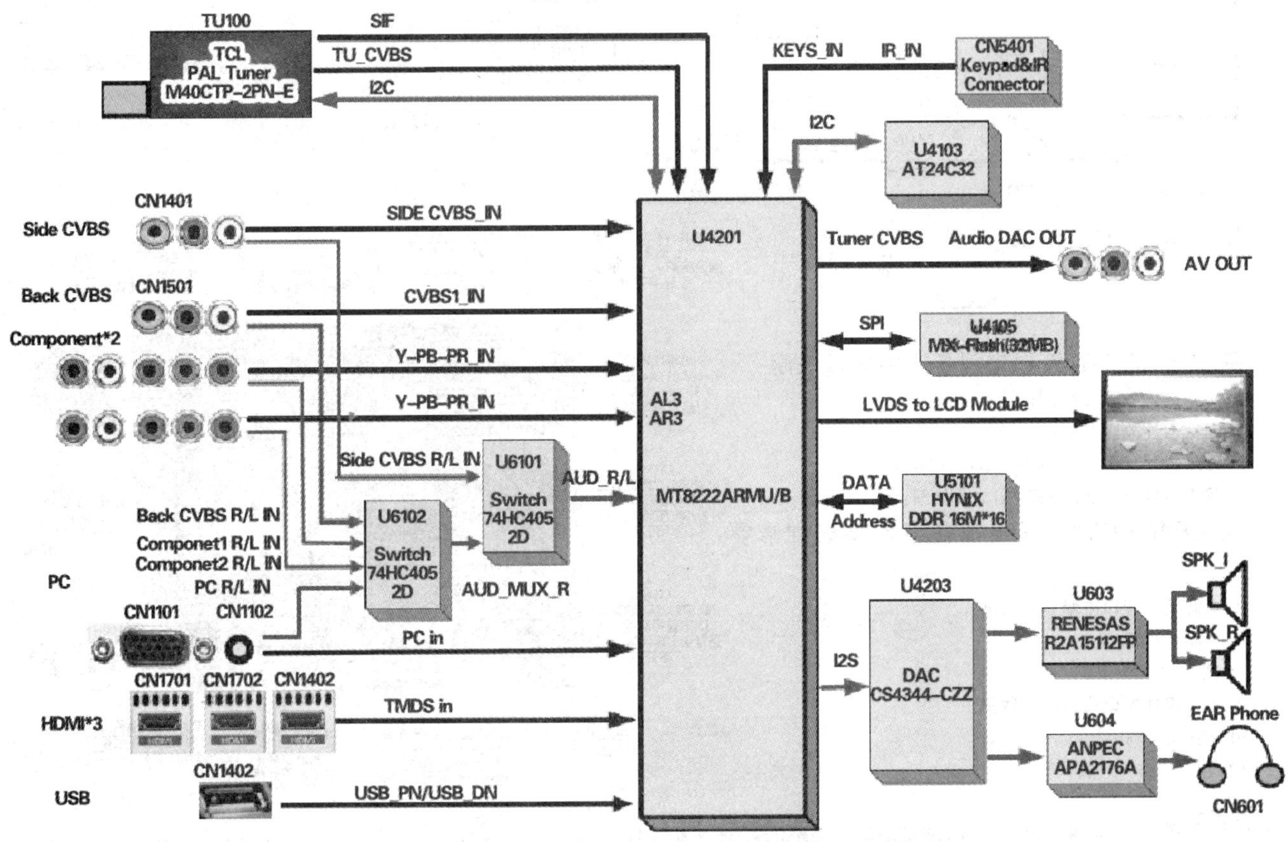

图6 LE32K07M液晶电视主板信号流程框图

(2)接口CN5401(表3)

(3)接口CN5403(表4)

(4)接口CN5201(表5)

(5)接口CN602(表6)

第2款 LE40R17M 液晶电视图解及维修参考数据

一、整机图解

LE40R17M 液晶电视整机包括显示屏、逻辑组件、背光组件、电源组件、主板组件、触摸按键板组件、遥控接收板组件。(图11)

二、电源组件图解

LE40R17M液晶电视电源采用A6069H+LD7591GS+SSC9512S方案,电源印制板号为:715G4564。

1. 电源组件正面图解(图12)

2. 电源组件背面图解(图13)

三、主板组件图解

LE40R17M液晶电视主板组件采用RTD2684S机芯方案,其印制板板号为:715G4561。

1. 主板组件接口图解(图14)

2. 主板组件主要器件分布图解(图15)

3. 主板组件信号流程框图(图16)

4. 主板组件电源供电系统框图(图17)

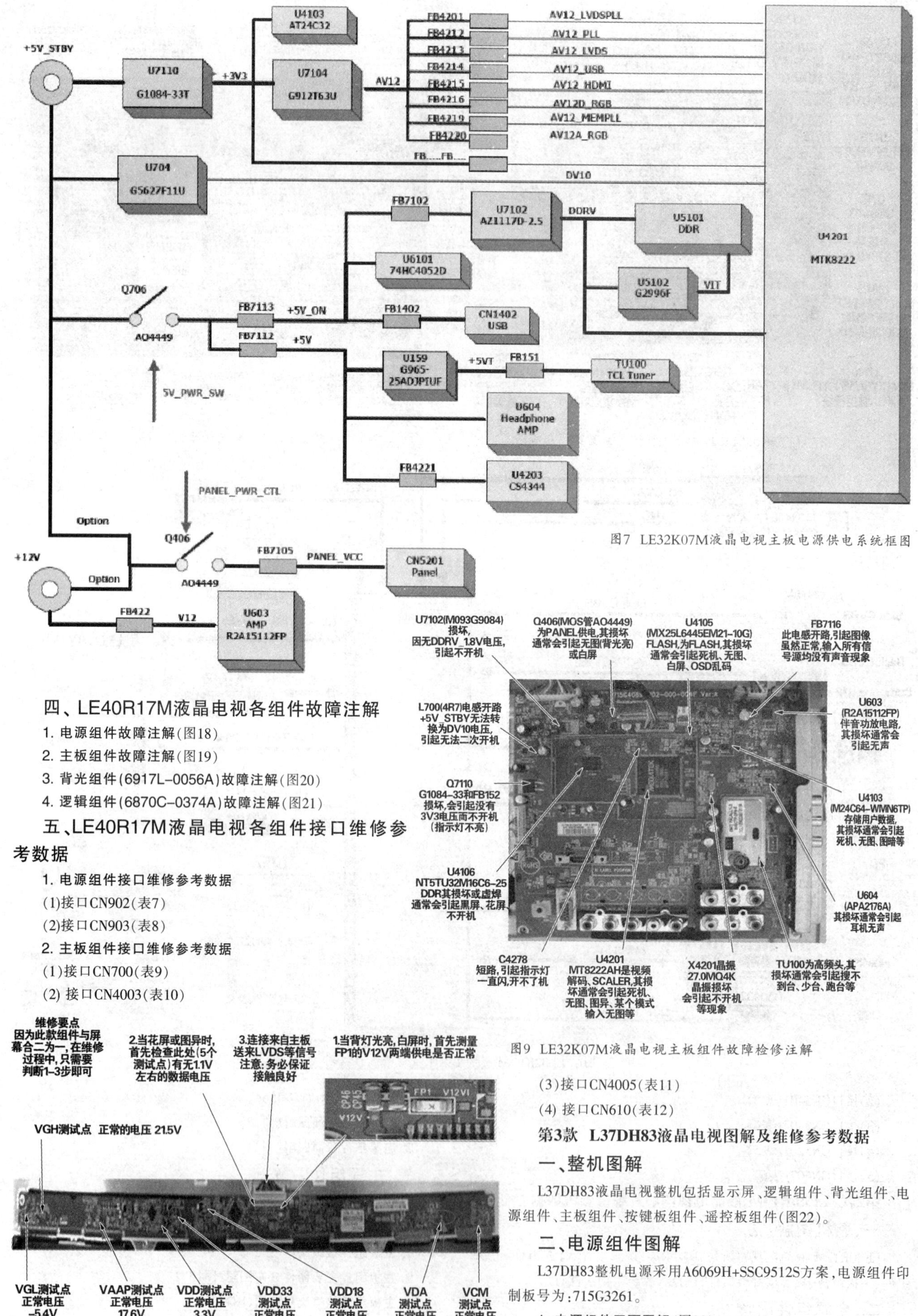

图7 LE32K07M液晶电视主板电源供电系统框图

四、LE40R17M液晶电视各组件故障注解

1. 电源组件故障注解(图18)

2. 主板组件故障注解(图19)

3. 背光组件(6917L-0056A)故障注解(图20)

4. 逻辑组件(6870C-0374A)故障注解(图21)

五、LE40R17M液晶电视各组件接口维修参考数据

1. 电源组件接口维修参考数据

(1)接口CN902(表7)

(2)接口CN903(表8)

2. 主板组件接口维修参考数据

(1)接口CN700(表9)

(2) 接口CN4003(表10)

图9 LE32K07M液晶电视主板组件故障检修注解

图10 LE32K07M液晶电视逻辑组件故障检修注解

(3)接口CN4005(表11)

(4) 接口CN610(表12)

第3款 L37DH83液晶电视图解及维修参考数据

一、整机图解

L37DH83液晶电视整机包括显示屏、逻辑组件、背光组件、电源组件、主板组件、按键板组件、遥控板组件(图22)。

二、电源组件图解

L37DH83整机电源采用A6069H+SSC9512S方案,电源组件印制板号为:715G3261。

1. 电源组件正面图解(图23)

2、电源组件背面图解(图24)

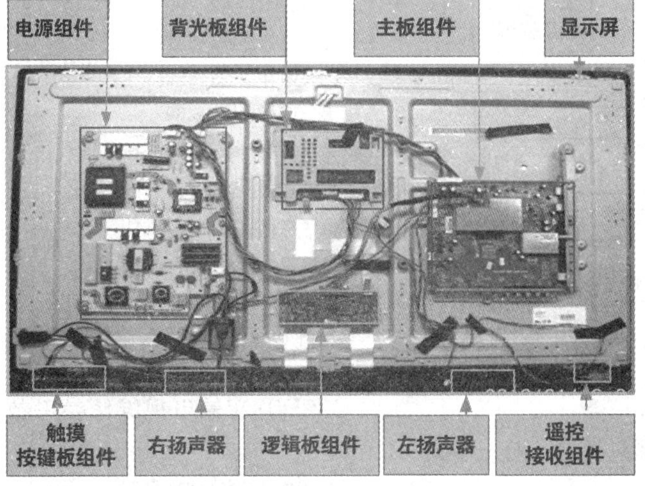

图11 LE40R17M整机组件分布图

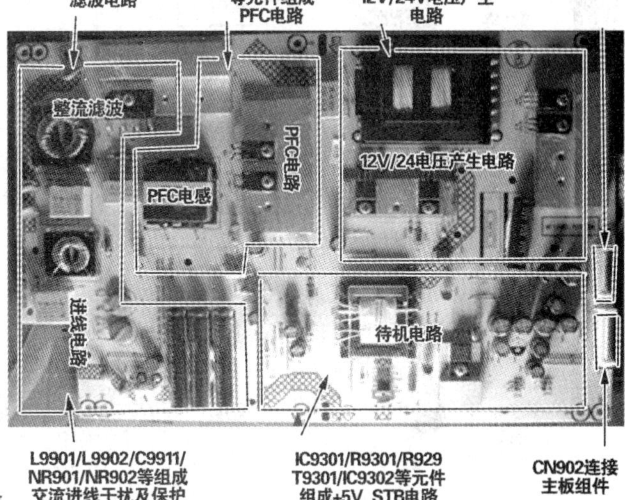

图12 LE40R17M液晶电视电源组件正面图解

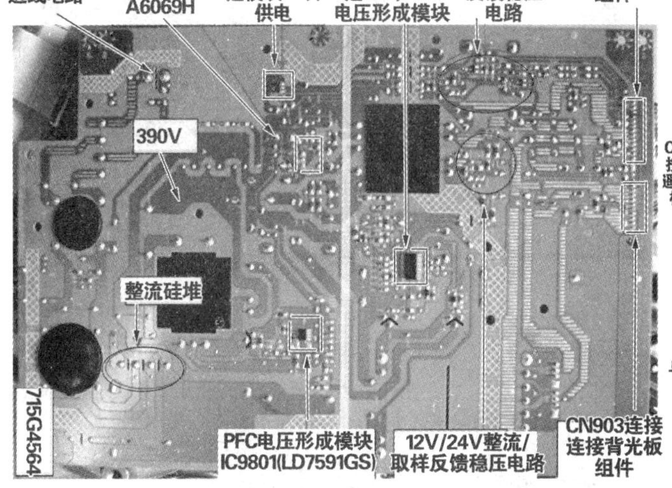

图13 LE40R17M液晶电视电源组件背面图解

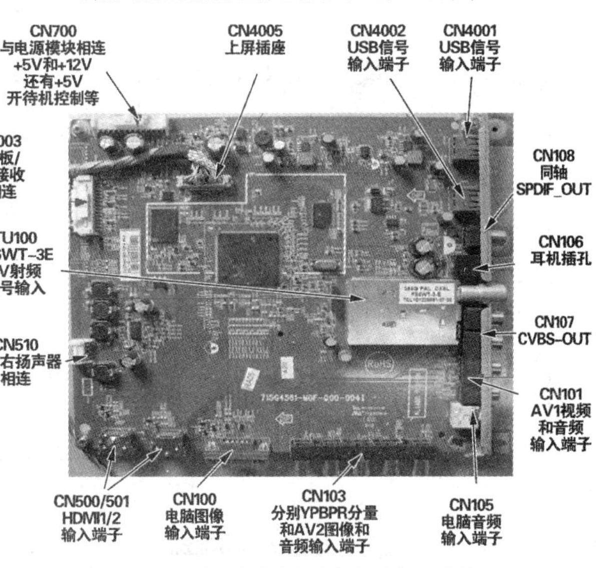

图14 LE40R17M液晶电视主板组件接口图解

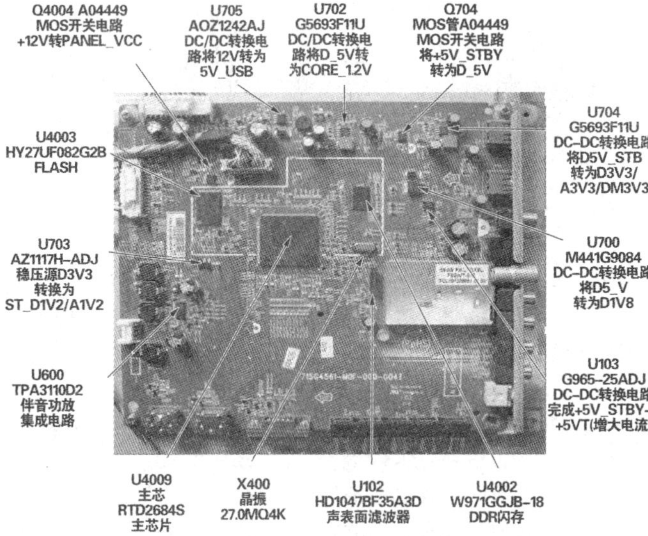

图15 LE40R17M液晶电视主板组件主要器件分布图

三、主板组件图解

L37DH83整机主板为HX6202机芯方案，主板组件印制板板号：715G3639。

1. 主板组件各接口图解(图25)
2. 主板组件主要器件分布图解(图26)
3. 主板组件信号流程框图(图27)
4. 主板组件电源供电系统框图(图28)(图29)

四、L37DH83整机各组件常见故障注解

1. 电源组件常见故障注解(图30)
2. 主板组件常见故障注解(图31)
3. 背光组件故障图解(图32)
4. 逻辑组件常见故障注解(图33)

五、L37DH83液晶电视维修参考数据

1. 电源组件主要接口维修参考数据

(1)CN902接口(表13)

(2)接口CN903(表14)

2. 电源组件主要芯片维修参考数据

(1)芯片FAN7529维修参考数据(表15)

(2)、芯片A6069H维修参考数据(表16)

(3)芯片SSC9512S维修参考数据(表17)

3. 主板组件主要接口维修参考数据

(1)接口CN400(表18)

(2)接口CN700(表19)

(3)接口CN602(表20)

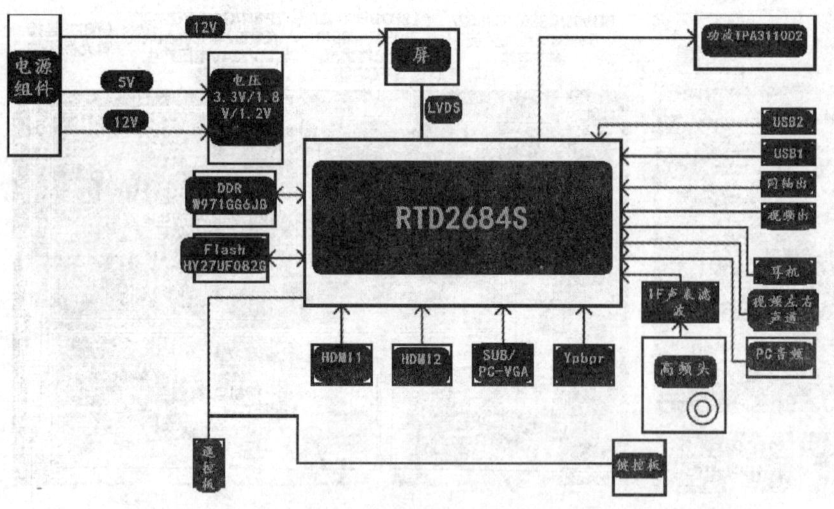

图16 LE40R17M液晶电视主板信号流程框图

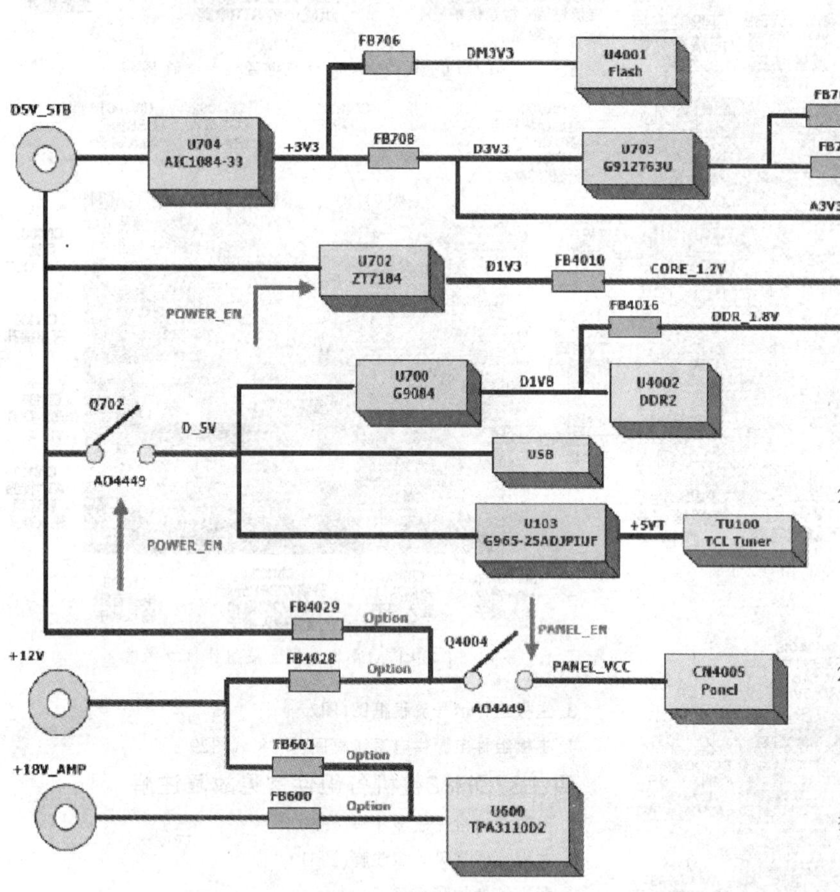

图17 LE40R17M液晶电视电源供电系统框图

(4)接口CN405(表21)

第4款 LC32R03液晶电视图解及维修参考数据

一、整机图解

LC32R03液晶电视整机包括显示屏、逻辑组件、逆变器组件、电源组件、主板组件、按键板组件、遥控接收板组件。(图34)

二、电源组件图解

LC32R03液晶电视整机电源采用A6069H+LD7591GS+SSC9502S方案，电源组件印制板号为：715G4088。

1. 电源组件正面图解(图35)

2. 电源组件背面图解(图36)

三、主板组件图解

LC32R03液晶电视主板组件采用RTD2674U机芯方案，主板印制板板号为：715G3934。

1. 主板主要接口图解(图37)

2. 主板主要器件图解(图38)

3. 主板信号流程框图(图39)

4. 主板电源供电系统框图(图40)

四、各组件常见故障注解

1. 主板组件常见故障注解(图41)

2. 电源组件常见故障注解(图42)

3. 背光组件故障注解(图43)

4. 逻辑组件(6870C-0313B)故障检修注解(图44)

五、LC32R03液晶电视维修参考数据

1. 电源组件维修参考数据

(1) 接口CN902 (与主板组件CN701连接)(表22)

(2)接口CN904(与背光组件CN1连接)(表23)

2. 主板组件维修参考数据

(1)接口CN401(表24)

(2) 接口CN701 (与电源组件CN902连接)(表25)

(3)接口CN405(表26)

(4)接口CN601(表27)

第5款 L32DS99X液晶电视图解及维修参考数据

一、整机图解

L32DS99X液晶电视整机包括显示屏、逻辑组件、逆变器组件、电源组件、主板组件、网络模块组件、按键板组件、遥控接收板组件(图45)。

二、电源组件图解

L32DS99X液晶电视电源采用A6069H+LD7523AGS+OZ9976GN方案，电源印制板号为：715G3332。

1、电源组件正面图解(图46)

2、电源组件背面图解(图47)

三、主板组件图解

L32DS99X液晶电视主板组件采用MST9A885GL-LF机芯方案，主板印制板板号为：715G3422-2。

1. 主板主要接口图解(图48)

2. 主板主要器件图解(图49)

3. 主板组件信号流程框图(图50)

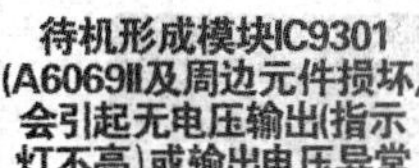
待机形成模块IC9301
(A6069Ⅱ及周边元件损坏,
会引起无电压输出(指示
灯不亮)或输出电压异常

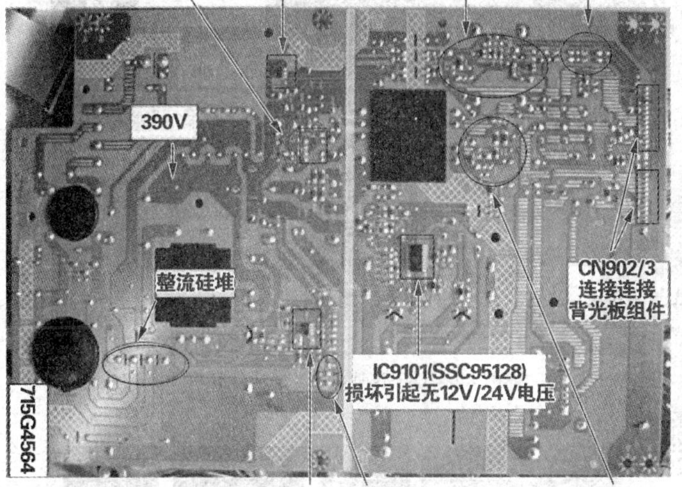
Q905(2SD1824T)
损坏,引起PFC和
12V/24V电压
起不来
IC9303(KA431)
损坏,引起待机
电压或异常
ZD9102/ZD9101
ZD9110/ZD9109
变质引起误保
390V
整流硅堆
CN902/3
连接连接
背光板组件
IC9101(SSC95128)
损坏引起无12V/24V电压
715G4564
PFC电压形成模块IC9801(LD7591GS)
或周围元件损坏,引起无PFC电压异常
(正常400W,异常300W)
R9814/R981/9816
漏电或变质,
会引起不开机
IC9103(KA431)
损坏,引起无12V/
24V或电压异常

图18 LE40R17M液晶电视电源组件故障检修注解图

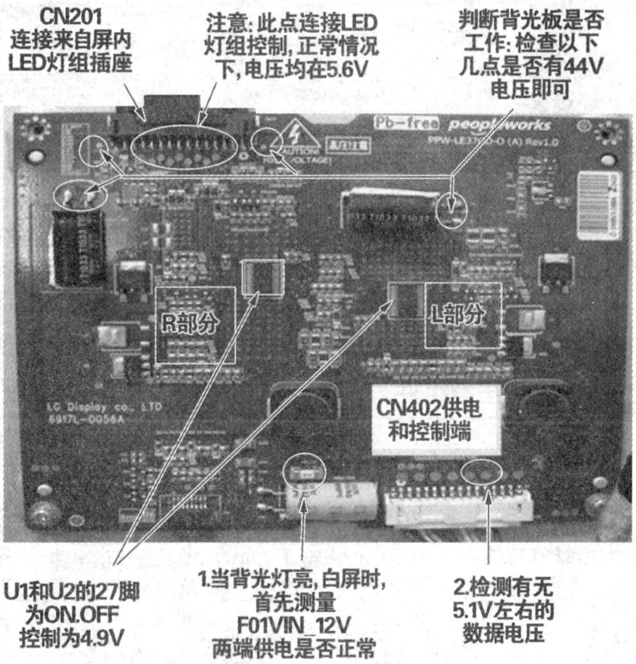

CN201
连接来自屏内
LED灯组插座
注意:此点连接LED
灯组控制,正常情况
下,电压均在5.6V
判断背光板是否
工作:检查以下
几点是否有44V
电压即可
R部分
L部分
CN402供电
和控制端
U1和U2的27脚
为ON.OFF
控制为4.9V
1.当背光灯亮,白屏时,
首先测量
F01VIN_12V
两端供电是否正常
2.检测有无
5.1V左右的
数据电压

图20 LE40R17M液晶电视背光组件故障检修图

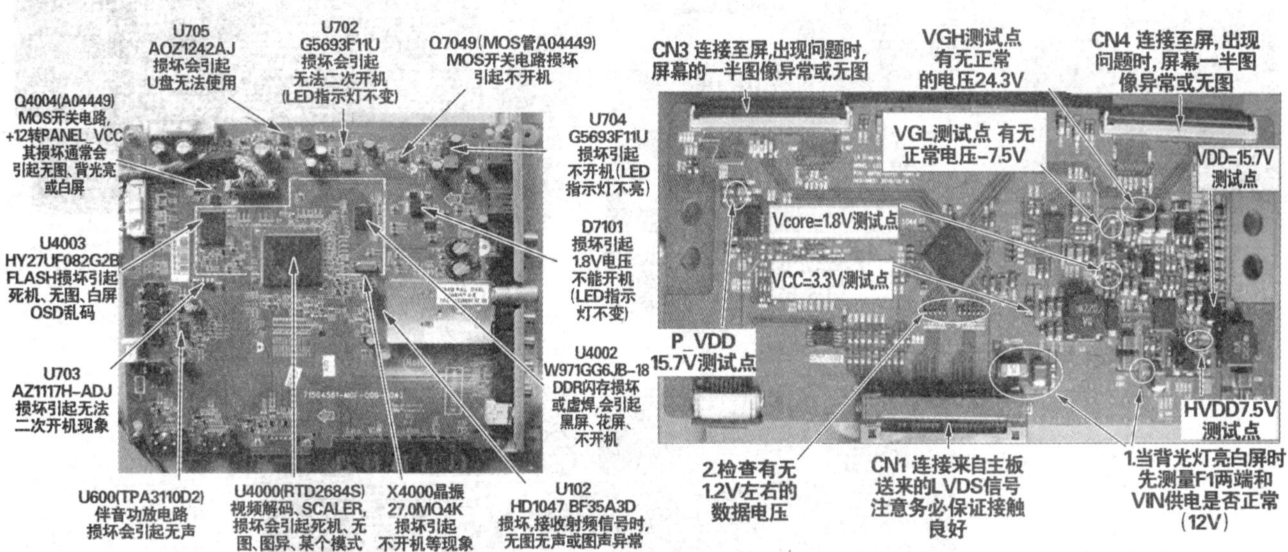
U705
AOZ1242AJ
损坏会引起
U盘无法使用
U702
G5693F11U
损坏会引起
无法二次开机
(LED指示灯不变)
Q7049(MOS管A04449)
MOS开关电路损坏
引起不开机
Q4004(A04449)
MOS开关电路,
+12转PANEL_VCC
其损坏通常会
引起无图、背光亮
或白屏
U704
G5693F11U
损坏引起
不开机(LED
指示灯不亮)
U4003
HY27UF082G2B
FLASH损坏引起
死机、无图、白屏
OSD乱码
D7101
损坏引起
1.8V电压
不能开机
(LED指示
灯不变)
U703
AZ1117H-ADJ
损坏引起无法
二次开机现象
U4002
W971GG6JB-18
DDR闪存损坏
或虚焊,会引起
黑屏、花屏、
不开机
U600(TPA3110D2)
伴音功放电路
损坏会引起无声
U4000(RTD2684S)
视频解码、SCALER,
损坏会引起死机、无
图、图异、某个模式
输入无图等
X4000晶振
27.0MQ4K
损坏引起
不开机等现象
U102
HD1047 BF35A3D
损坏,接收射频信号时,
无图无声或图声异常
CN3 连接至屏,出现问题时,
屏幕的一半图像异常或无图
VGH测试点
有无正常
的电压24.3V
CN4 连接至屏,出现
问题时,屏幕一半图
像异常或无图
VGL测试点 有无
正常电压-7.5V
VDD=15.7V
测试点
Vcore=1.8V测试点
VCC=3.3V测试点
P_VDD
15.7V测试点
HVDD7.5V
测试点
2.检查有无
1.2V左右的
数据电压
CN1 连接来自主板
送来的LVDS信号
注意务必保证接触
良好
1.当背光灯亮白屏时
先测量F1两端和
VIN供电是否正常
(12V)

图19 LE40R17M液晶电视主板组件故障检修注解图

图21 LE40R17M液晶电视逻辑组件故障检修注解图

4. 主板组件电源系统框图(图51)

四、L32DS99X液晶电视各组件故障注解

1. 主板组件故障注解(图52)

2. 电源组件故障注解(图53)

3. 背光组件故障检修注解(图54)

4. 逻辑组件故障检修注解(图55)

5. 网络模块组件故障注解(图56)

五、L32DS99X液晶电视各组件接口维修参考数据

1. 电源组件接口维修参考数据

(1)接口CN902(表28)

2. 主板组件接口维修参考数据

(1)接口CN7201(表29)

(2)接口CN7306(表30)

(3)接口CN7301(表31)

(4)接口CN7503(表32)

(5)接口CN6101(表33)

(6)接口CN9901(表34)

(7)接口CN9902(表35)

(8)接口CN8801(表36)

3. 网络模块组件主要接口维修参考数据

(1)接口CN701(表37)

(2)接口CN301(表38)

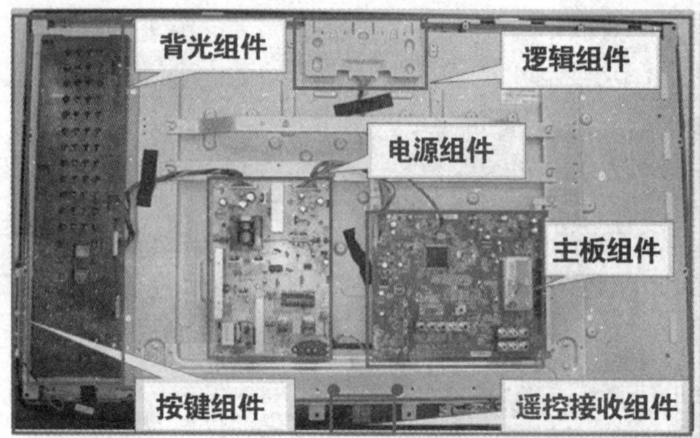

图22 L37DH83整机各组件分布图

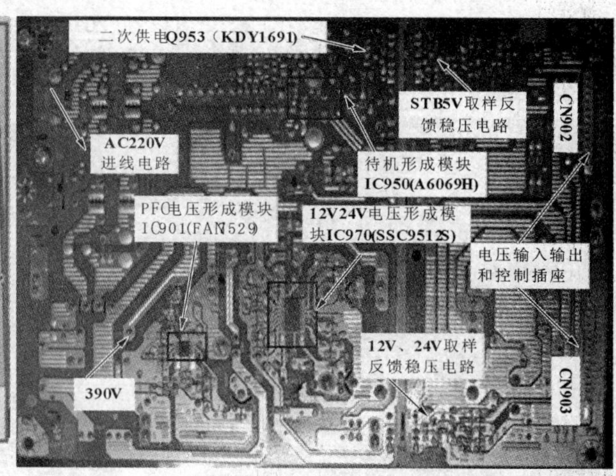

图24 L37DH83液晶电视电源组件背面图

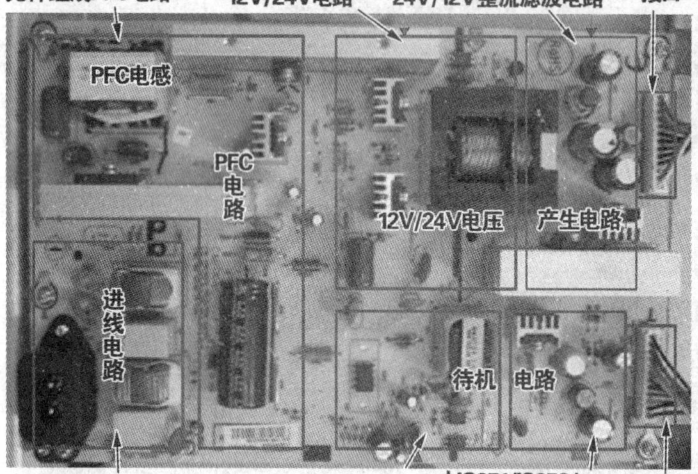

图23 L37DH83液晶电视电源组件正面图

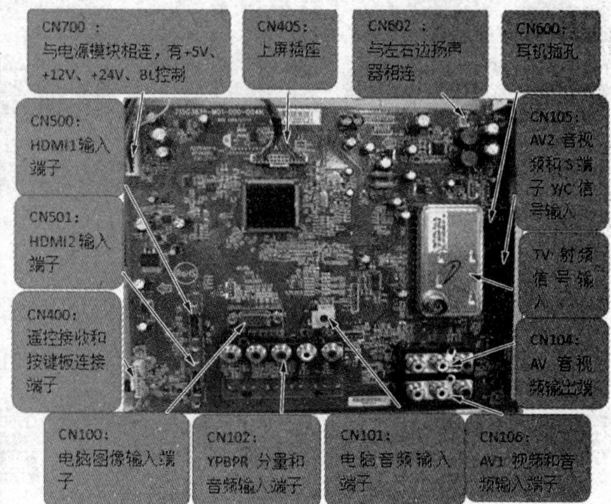

图25 L37DH83液晶电视主板组件接口图

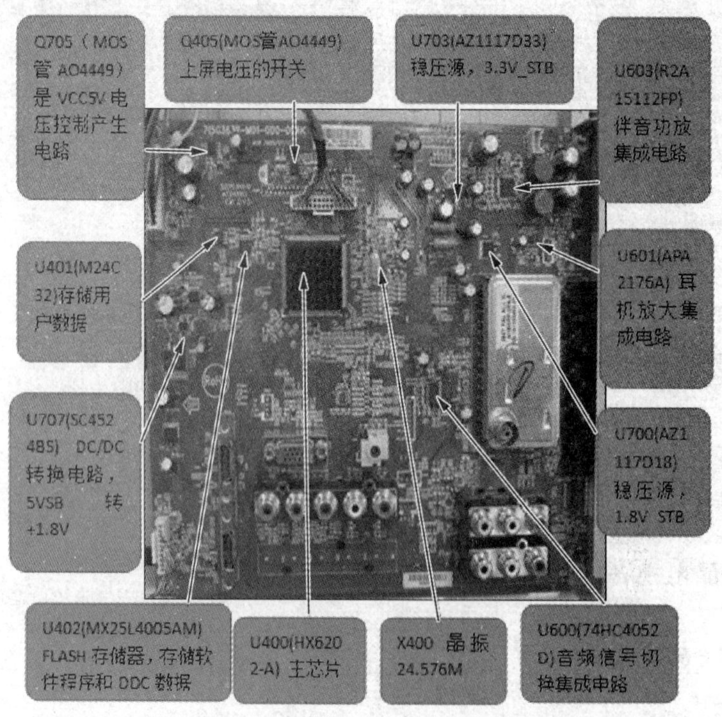

图26 L37DH83液晶电视主板组件主要器件分布图

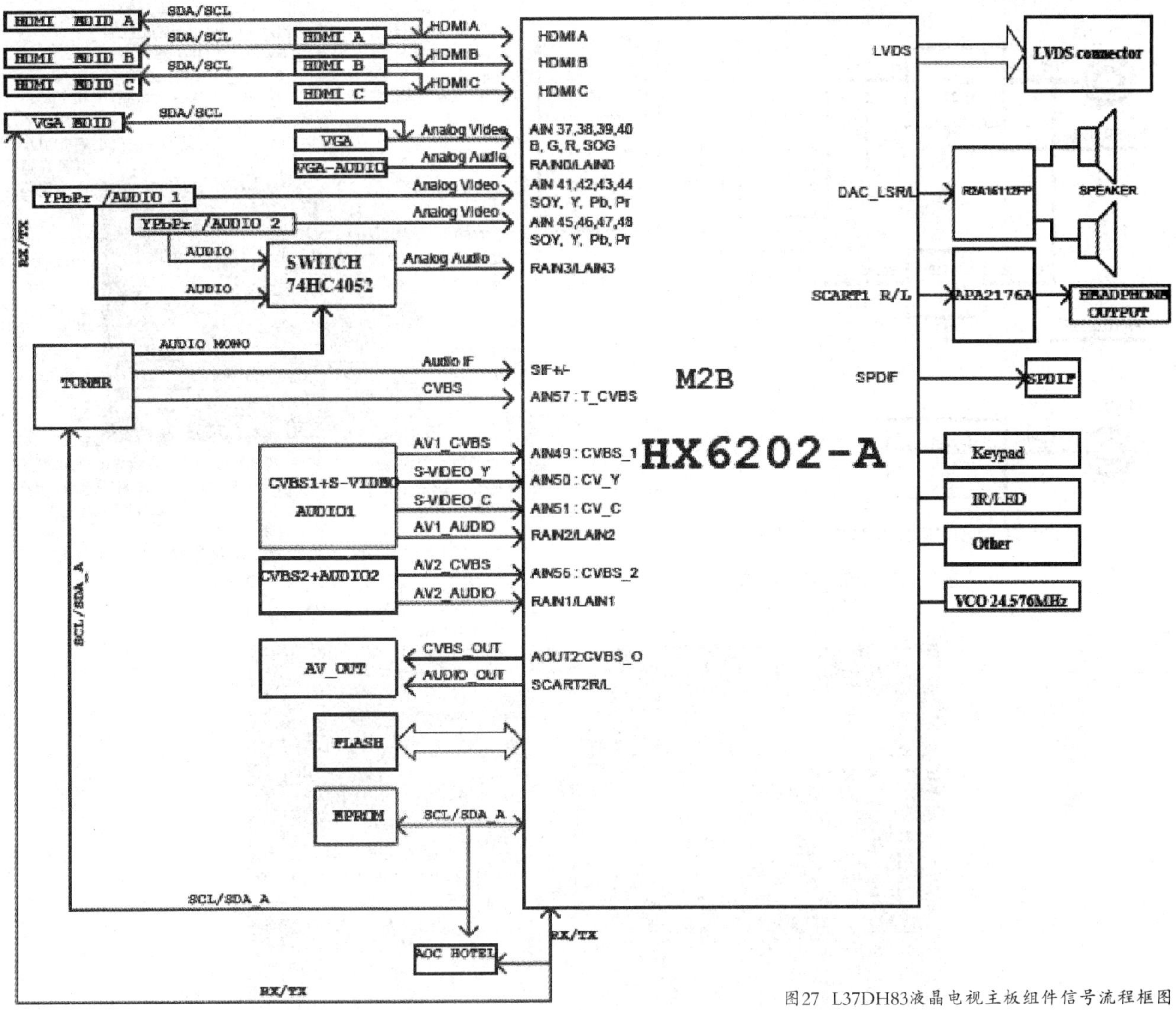

HDMI EDID A
HDMI EDID B
HDMI EDID C
SDA/SCL
SDA/SCL
SDA/SCL
HDMI A
HDMI B
HDMI C
HDMI A
HDMI B
HDMI C
VGA EDID
SDA/SCL
VGA
VGA-AUDIO
Analog Video
Analog Audio
YPbPr /AUDIO 1
YPbPr /AUDIO 2
Analog Video
Analog Video
AUDIO
AUDIO
SWITCH 74HC4052
Analog Audio
RX/TX
TUNER
AUDIO MONO
Audio IF
CVBS
CVBS1+S-VIDEO AUDIO1
AV1_CVBS
S-VIDEO_Y
S-VIDEO_C
AV1_AUDIO
CVBS2+AUDIO2
AV2_CVBS
AV2_AUDIO
SCL/SDA_A
AV_OUT
CVBS_OUT
AUDIO_OUT
FLASH
EPROM
SCL/SDA_A
SCL/SDA_A
AOC HOTEL
RX/TX
RX/TX
HDMI A
HDMI B
HDMI C
AIN 37,38,39,40
B, G, R, SOG
RAIN0/LAIN0
AIN 41,42,43,44
SOY, Y, Pb, Pr
AIN 45,46,47,48
SOY, Y, Pb, Pr
RAIN3/LAIN3
SIF+/-
AIN57 : T_CVBS
AIN49 : CVBS_1
AIN50 : CV_Y
AIN51 : CV_C
RAIN2/LAIN2
AIN56 : CVBS_2
RAIN1/LAIN1
AOUT2:CVBS_O
SCART2R/L
M2B
HX6202-A
LVDS
LVDS connector
DAC_LSR/L
R2A15112FP
SPEAKER
SCART1 R/L
APA2176A
HEADPHONE OUTPUT
SPDF
SPDIF
Keypad
IR/LED
Other
VCO 24.576MHz

图27 L37DH83液晶电视主板组件信号流程框图

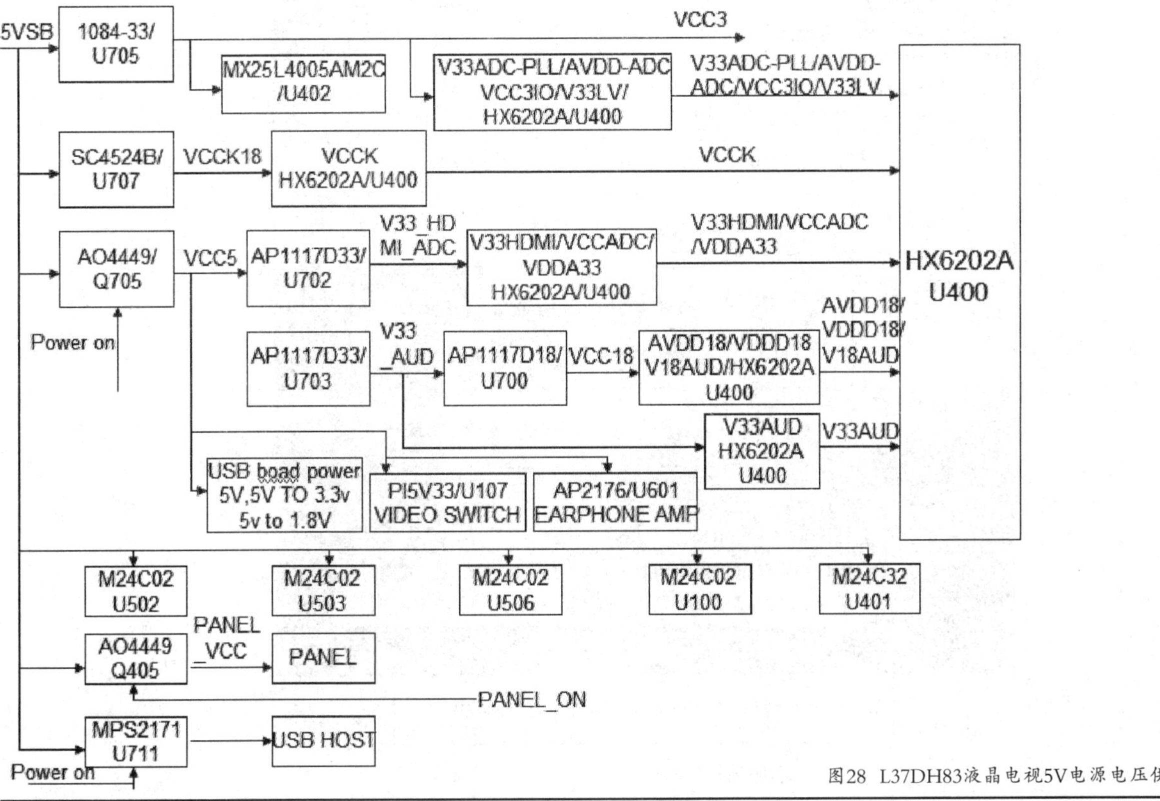

图28 L37DH83液晶电视5V电源电压供电系统框图

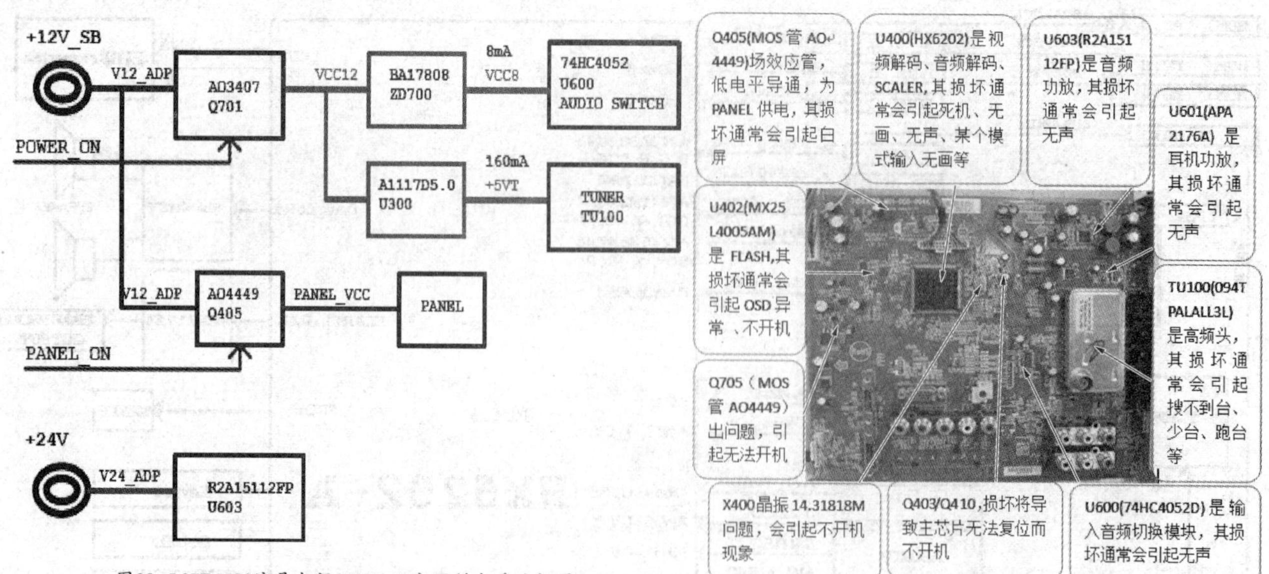

图29 L37DH83液晶电视12V/24V电压供电系统框图

图31 L37DH83液晶电视主板组件常见故障注解图

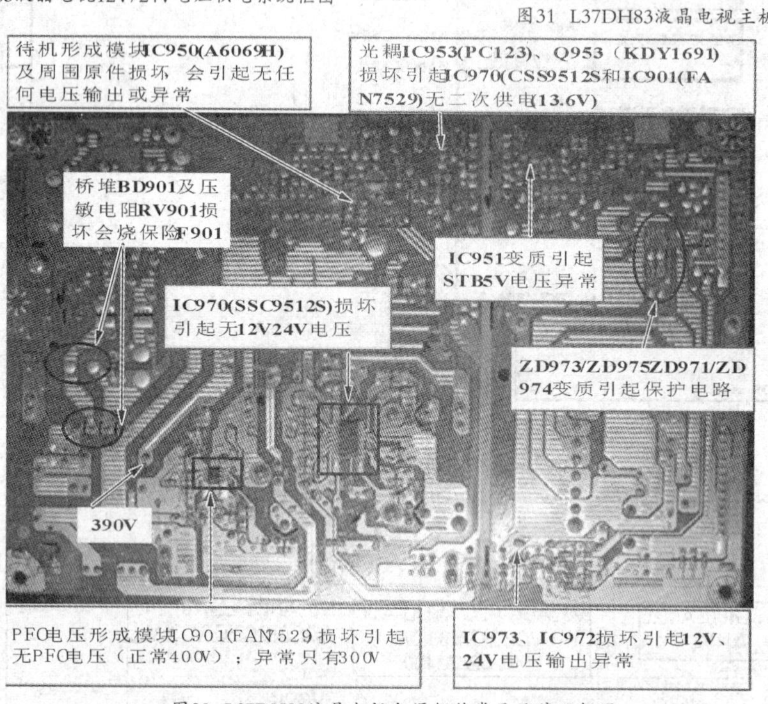

图30 L37DH83液晶电视电源组件常见故障注解图

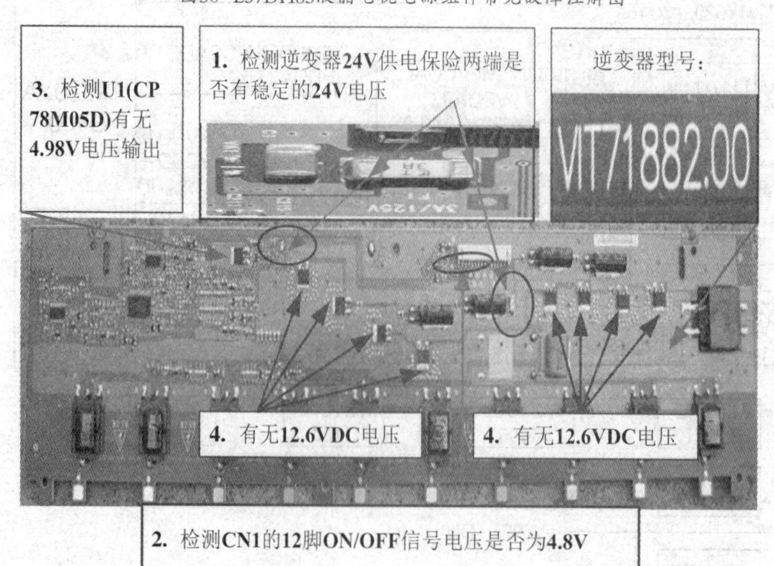

图32 L37DH83液晶电视背光组件常见故障注解图

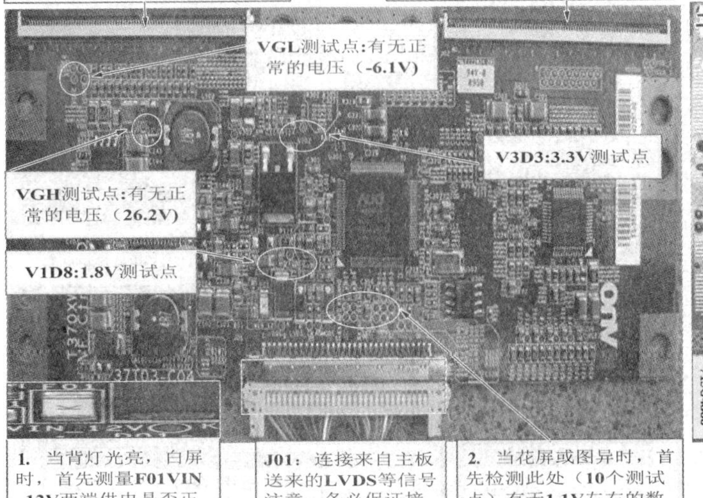
J03：连接至屏，出现问题时，屏幕的一半图像异常或无图
J02：连接至屏，出现问题时，屏幕的一半图像异常或无图
VGL测试点：有无正常的电压（-6.1V）
V3D3:3.3V测试点
VGH测试点：有无正常的电压（26.2V）
V1D8:1.8V测试点
1. 当背灯光亮，白屏时，首先测量F01VIN_12V两端供电是否正常
J01：连接来自主板送来的LVDS等信号 注意：务必保证接触良好
2. 当花屏或图异时，首先检测此处（10个测试点）有无1.1V左右的数据电压

图33 L37DH83液晶电视逻辑组件常见故障注解

二次供电Q921(KDY1691)
AC220V进线电路
待机形成模块IC902(A6069H)
STB5V取样反馈稳压电路
CN902
整流硅堆
PFC电压形成模块IC901(LD7591GS)
电压输入输出和控制插座
12V/24V取样反馈稳压电路
12V/24V电压形成模块IC970(SSC9502S)
390V
CN904
715G4088

图36 LC32R03液晶电视电源组件背面图解

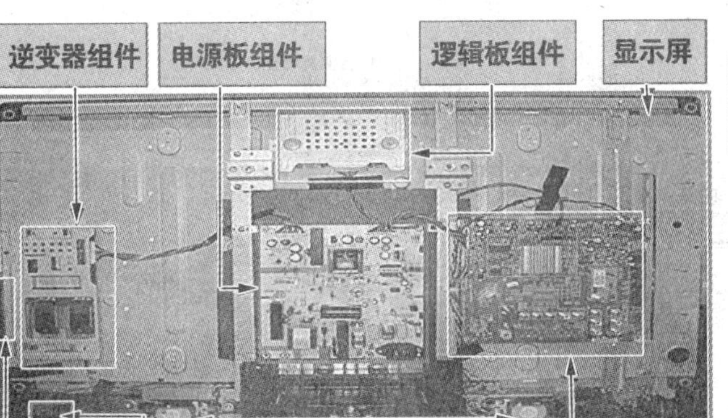
逆变器组件
电源板组件
逻辑板组件
显示屏
按键板组件
遥控接收组件
扬声器
主板组件

图34 LC32R03整机各组件分布图

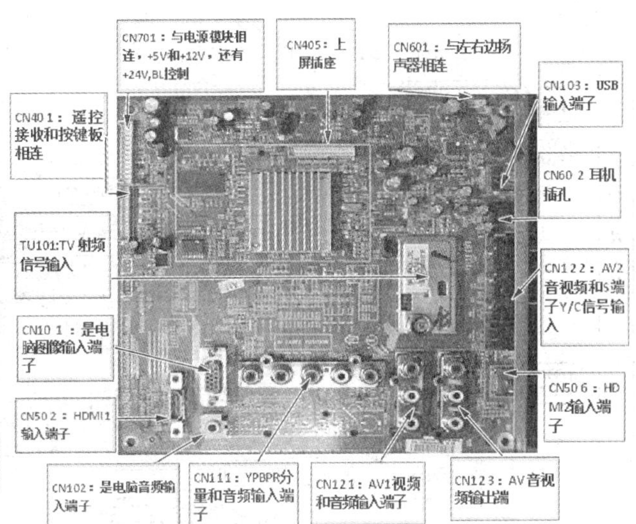
CN701：与电源模块相连，+5V和+12V，还有+24V,BL控制
CN405：上屏插座
CN601：与左右边扬声器相连
CN103：USB输入端子
CN401：遥控接收和按键板相连
CN602 耳机插孔
TU101:TV射频信号输入
CN122：AV2音视频和S端子Y/C信号输入
CN101：是电脑图像输入端子
CN506：HDMI2输入端子
CN502：HDMI1输入端子
CN102：是电脑音频输入端子
CN111：YPBPR分量和音频输入端子
CN121：AV1视频和音频输入端子
CN123：AV音视频输出端

图37 LC32R03液晶电视主板组件各接口分布图

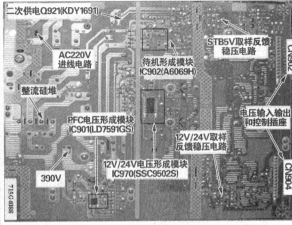

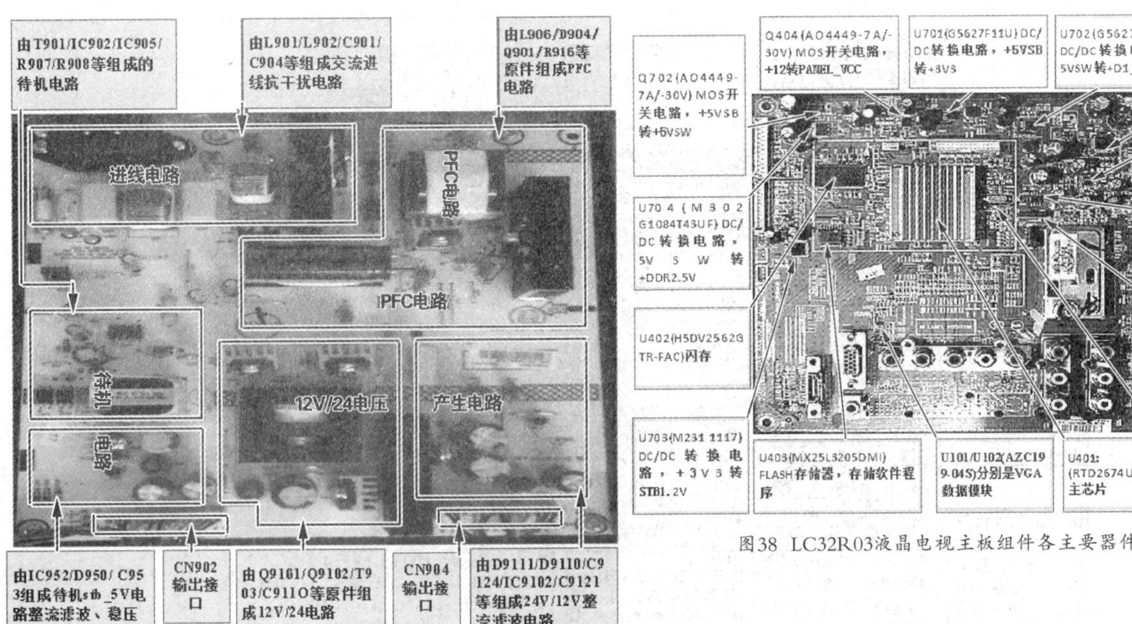
由T901/IC902/IC905/R907/R908等组成的待机电路
由L901/L902/C901/C904等组成交流进线抗干扰电路
由L906/D904/Q901/R916等原件组成PFC电路
进线电路
PFC电路
PFC电路
待机
电路
12V/24V电压
产生电路
由IC952/D950/C953组成待机stb_5V电路整流滤波、稳压
CN902输出接口
由Q9161/Q9102/T903/C911O等原件组成12V/24电路
CN904输出接口
由D9111/D9110/C9124/IC9102/C9121等组成24V/12V整流滤波电路

图35 LC32R03液晶电视电源组件正面图解

Q404(AO4449-7A/-30V) MOS开关电路，+12转PANEL_VCC
U701(G5627F11U) DC/DC转换电路，+5VSB转+3VS
U702(G5627F11U) DC/DC转换电路，5VSW转+D1_2V
U602(R2A15112FP)伴音功放集成电路
Q702(AO4449-7A/-30V) MOS开关电路，+5VSB转+5VSW
U104(CBD8012) MOS开关电路，5VSTB转USB_5V
U704(MB02G1084T43UF) DC/DC转换电路，5V S W 转 +DDR2.5V
U105(G96525ADPIU) DC/DC转换电路，5VSW转TUN_5V
U402(H5DV2562GTR-FAC)闪存
U106(HDBF35A3D)是声表面滤波器
U703(M231 1117) DC/DC转换电路，+3V3转STB1.2V
U403(MX25L3205DMI) FLASH存储器，存储软件程序
U101/U102(AZC199-04S)分别是VGA数据模块
U401:(RTD2674U)主芯片
X401晶振27M

图38 LC32R03液晶电视主板组件各主要器件分布图

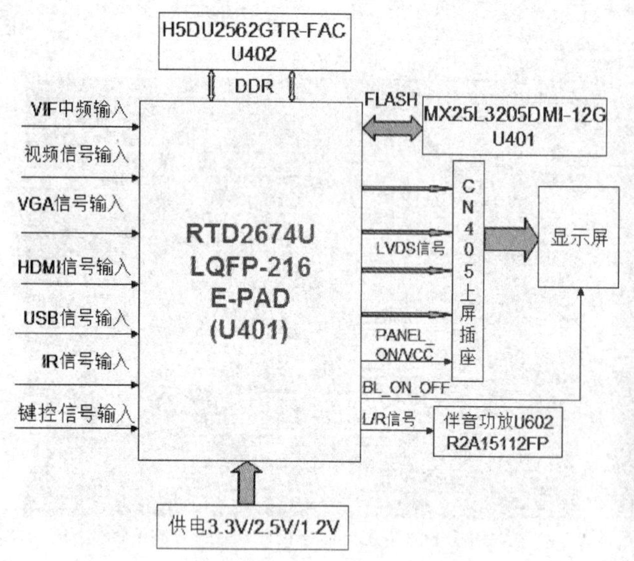

图39 LC32R03液晶电视主板信号流程框图

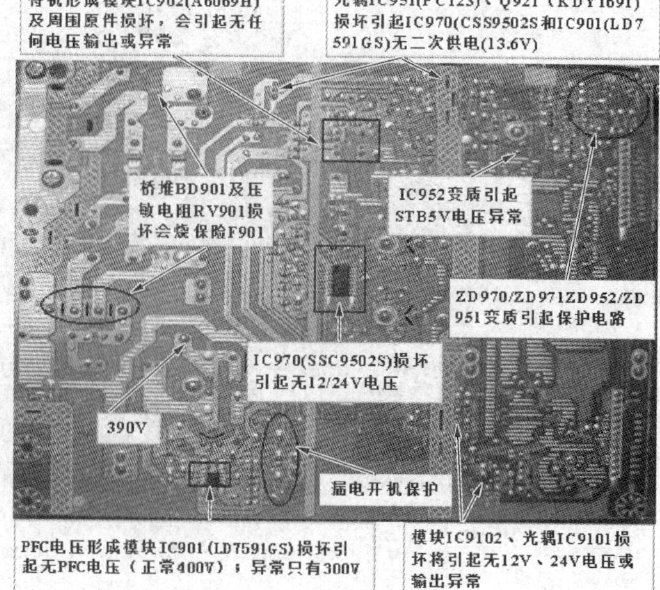

图42 LC32R03液晶电视电源组件常见故障注解

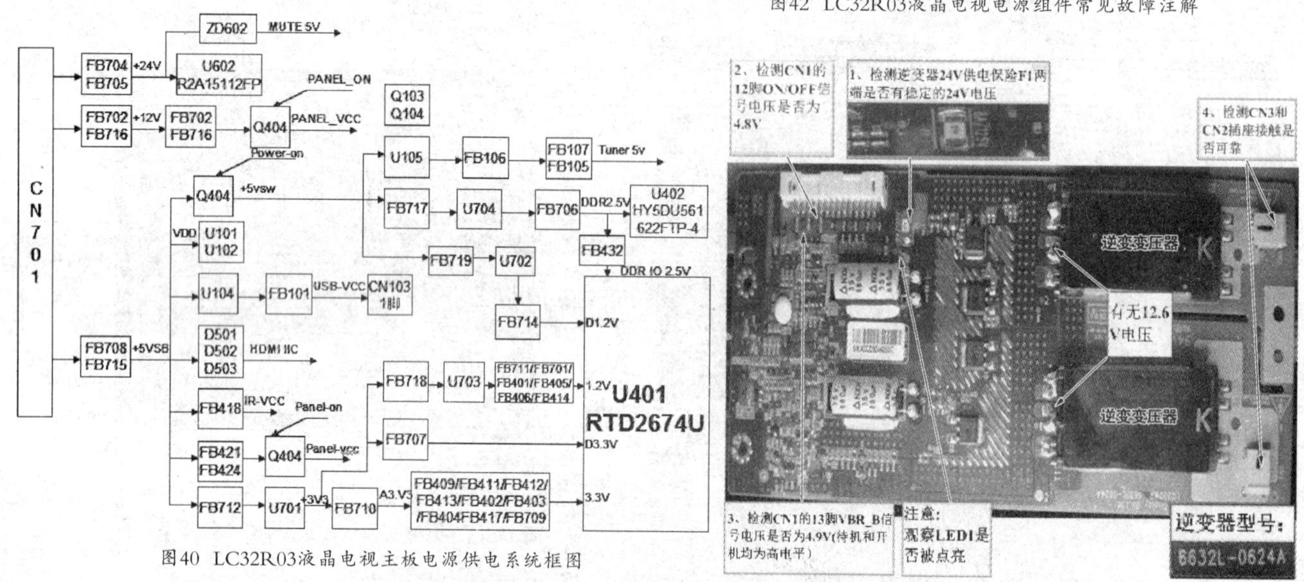

图40 LC32R03液晶电视主板电源供电系统框图

图43 LC32R03液晶电视背光组件故障检修注解图

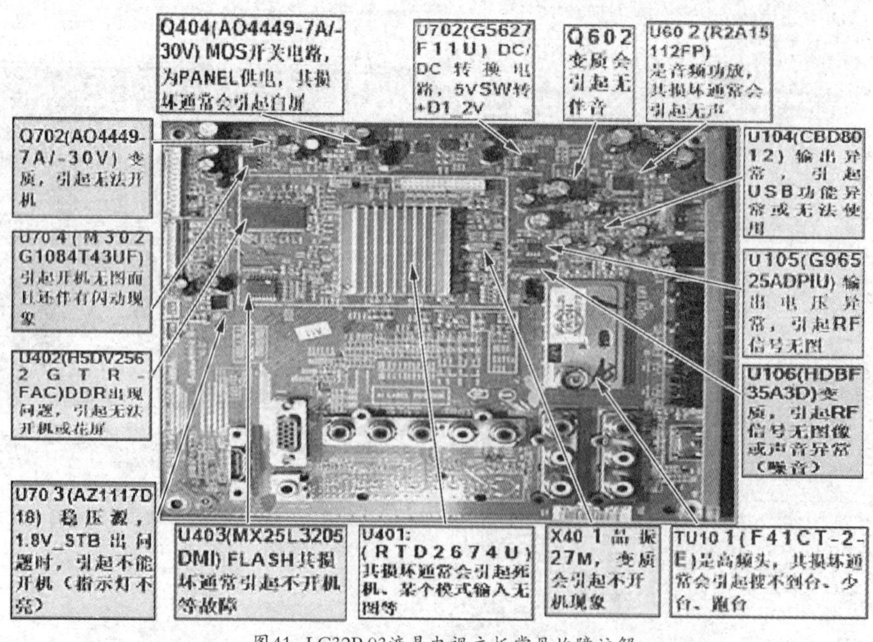

图41 LC32R03液晶电视主板常见故障注解

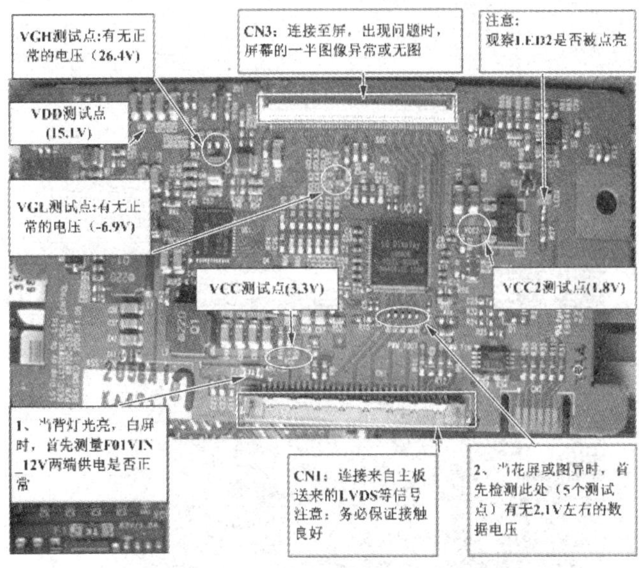

VGH测试点:有无正常的电压（26.4V）
CN3：连接至屏，出现问题时，屏幕的一半图像异常或无图
注意：观察LED2是否被点亮
VDD测试点(15.1V)
VGL测试点:有无正常的电压（-6.9V）
VCC测试点(3.3V)
VCC2测试点(1.8V)
1、当背灯光亮，白屏时，首先测量F01VIN_12V两端供电是否正常
CN1：连接来自主板送来的LVDS等信号 注意：务必保证接触良好
2、当花屏或图异时，首先检测此处（5个测试点）有无2.1V左右的数据电压

图44 LC32R03液晶电视逻辑组件故障检修注解图

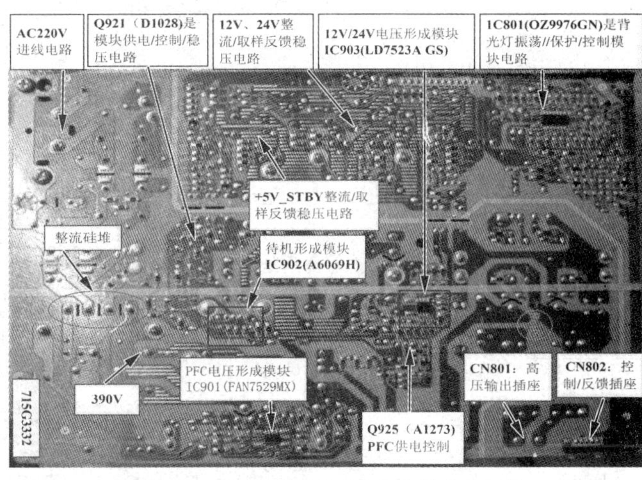

AC220V进线电路
Q921（D1028)是模块供电控制/稳压电路
12V、24V整流/取样反馈稳压电路
12V/24V电压形成模块IC903(LD7523A GS)
IC801(OZ9976GN)是背光灯振荡/保护/控制模块电路
+5V_STBY整流/取样反馈稳压电路
整流硅堆
待机形成模块IC902(A6069H)
PFC电压形成模块IC901(FAN7529MX)
390V
CN801：高压输出插座
CN802：控制/反馈插座
Q925（A1273）PFC供电控制
715G3332

图47 L32DS99X液晶电视电源组件背面图解

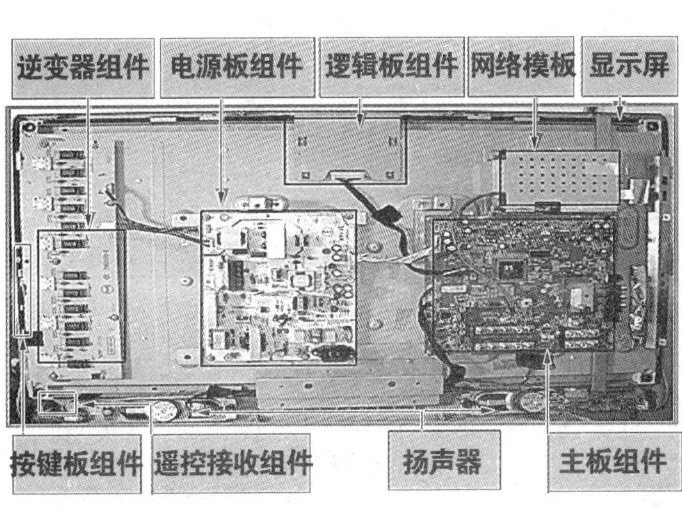

逆变器组件
电源板组件
逻辑板组件
网络模板
显示屏
按键板组件
遥控接收组件
扬声器
主板组件

图45 L32DS99X液晶电视整机各组件分布图

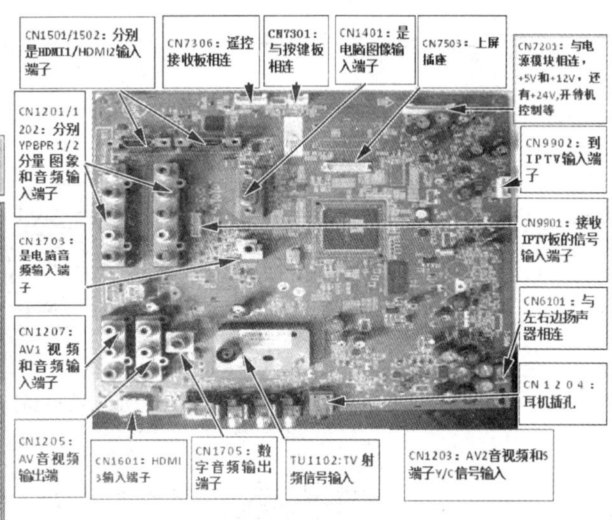

CN1501/1502：分别是HDMI1/HDMI2输入端子
CN7306：遥控接收板相连
CN7301：与按键板相连
CN1401：是电脑图像输入端子
CN7503：上屏插座
CN7203：与电源模块相连，+5V和+12V，还有+24V，开待机控制等
CN1201/1202：分别YPBPR1/2分量图象和音频输入端子
CN9902：到IPTV输入端子
CN1703：是电脑音频输入端子
CN9901：接收IPTV板的信号输入端子
CN6101：与左右边扬声器相连
CN1207：AV1视频和音频输入端子
CN1204：耳机插孔
CN1205：AV音视频输出端
CN1601：HDMI3输入端子
CN1705：数字音频输出端子
TU1102：TV射频信号输入
CN1203：AV2音视频和S端子Y/C信号输入

图48 L32DS99X液晶电视主板组件接口图解

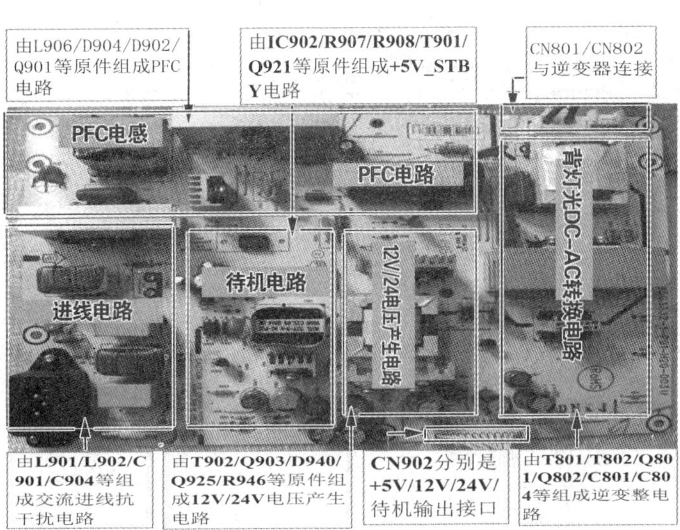

由L906/D904/D902/Q901等原件组成PFC电路
由IC902/R907/R908/T901/Q921等原件组成+5V_STBY电路
CN801/CN802与逆变器连接
PFC电感
PFC电路
背灯光DC-AC转换电路
待机电路
进线电路
12V/24电压产生电路
由L901/L902/C901/C904等组成交流进线抗干扰电路
由T902/Q903/D940/Q925/R946等原件组成12V/24V电压产生电路
CN902分别是+5V/12V/24V/待机输出接口
由T801/T802/Q801/Q802/C801/C804等组成逆变整电路

图46 L32DS99X液晶电视电源组件正面图解

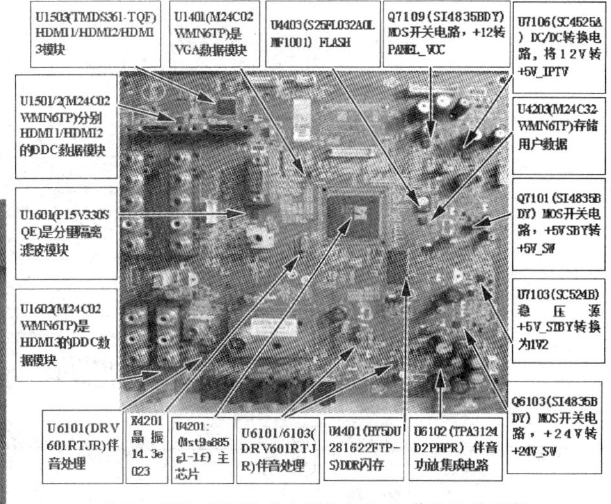

U1503(TMDS361-TQF)HDMI1/HDMI2/HDMI3模块
U1401(M24C02WMN6TP)是VGA数据模块
U4403(S25FL032A0LMF1001) FLASH
Q7109(SI4835BDY)MOS开关电路，+12转PANEL_VCC
U7106(SC4525A) DC/DC转换电路，将12V转+5V_IPTV
U1501/2(M24C02WMN6TP)分别HDMI1/HDMI2的DDC数据模块
U4203(M24C32WMN6TP)存储用户数据
U1601(P15V330SQE)是分量隔离滤波模块
Q7101(SI4835BDY) MOS开关电路，+5VSBY转+5V_SW
U1602(M24C02WMN6TP)是HDMI3的DDC数据模块
U7103(SC524B)稳压源+5V_STBY转换为1V2
Q6103(SI4835BDY) MOS开关电路，+24V转+24V_SW
U6101(DRV601RTJR)伴音处理
X4201晶振14.3e023
U4201主芯片
U6101/6103(DRV601RTJR)伴音处理
U4401(H5DU281622FTP-5)DDR闪存
U6102(TPA3124D2PHPR) 伴音功放集成电路

图49 L32DS99X液晶电视主板组件主要器件图解

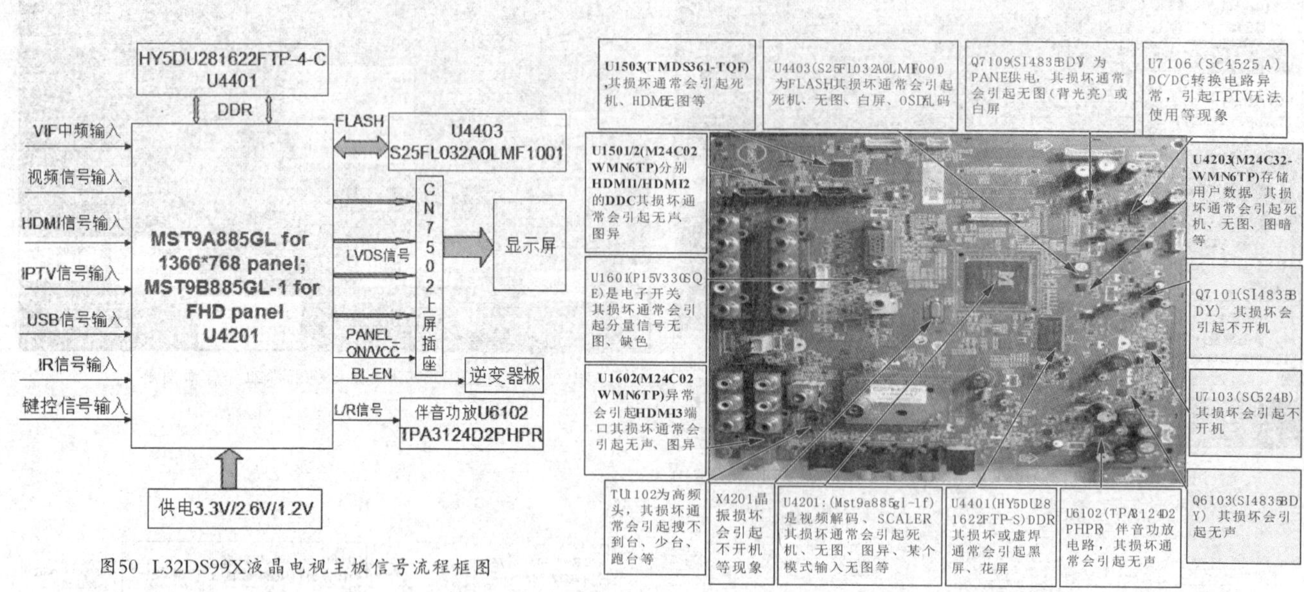

HY5DU281622FTP-4-C
U4401
DDR
VIF中频输入
视频信号输入
HDMI信号输入
IPTV信号输入
USB信号输入
IR信号输入
键控信号输入
MST9A885GL for 1366*768 panel;
MST9B885GL-1 for FHD panel
U4201
FLASH
U4403
S25FL032A0LMF1001
LVDS信号
CN7502上屏插座
显示屏
PANEL_ON/VCC
BL-EN
逆变器板
L/R信号
伴音功放U6102
TPA3124D2PHPR
供电3.3V/2.6V/1.2V
U1503(TMDS361-TQF),其损坏通常会引起死机、HDMI无图等
U4403(S25FL032A0LMF001)为FLASH其损坏通常会引起死机、无图、白屏、OSD乱码
Q7109(SI4835BDY)为PANEL供电，其损坏通常会引起无图（背光亮）或白屏
U7106（SC4525A）DC/DC转换电路异常，引起IPTV无法使用等现象
U1501/2(M24C02WMN6TP)分别HDMI1/HDMI2的DDC其损坏通常会引起无声图异
U4203(M24C32-WMN6TP)存储用户数据，其损坏通常会引起死机、无图、图暗等
U1601(P15V330SQE)是电子开关其损坏通常会引起分量信号无图、缺色
Q7101(SI4835BDY) 其损坏会引起不开机
U1602(M24C02WMN6TP)异常会引起HDMI3端口其损坏通常会引起无声、图异
U7103(SC524B)其损坏会引起不开机
TU1102为高频头，其损坏通常会引起搜不到台、少台、跑台等
X4201晶振损坏会引起不开机等现象
U4201:(Mst9a885gl-1f)是视频解码、SCALER其损坏通常会引起死机、无图、图异、某个模式输入无图等
U4401(HY5DU281622FTP-S)DDR其损坏或虚焊通常会引起黑屏、花屏
U6102(TPA3124D2PHPR) 伴音功放电路，其损坏通常会引起无声
Q6103(SI4835BDY) 其损坏会引起无声

图50 L32DS99X液晶电视主板信号流程框图

图52 L32DS99X液晶电视主板组件故障注解

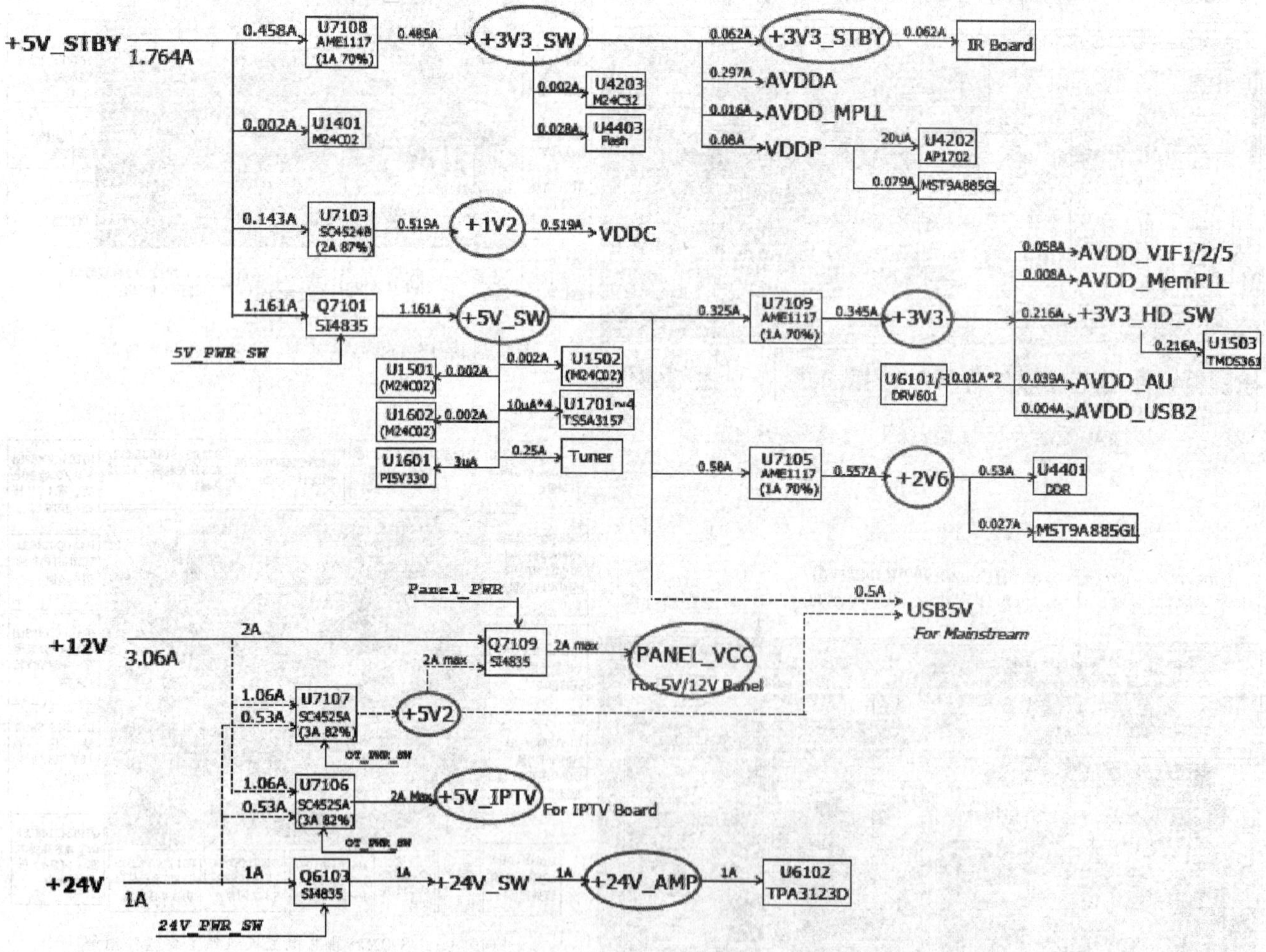

+5V_STBY 1.764A
0.458A → U7108 AME1117 (1A 70%) → 0.485A → +3V3_SW
+3V3_SW → 0.062A → +3V3_STBY → 0.062A → IR Board
+3V3_SW → 0.297A → AVDDA
+3V3_SW → 0.016A → AVDD_MPLL
+3V3_SW → 0.08A → VDDP → 20uA → U4202 AP1702; 0.079A → MST9A885GL
+3V3_SW → 0.002A → U4203 M24C32
+3V3_SW → 0.028A → U4403 Flash
0.002A → U1401 M24C02
0.143A → U7103 SC4524B (2A 87%) → 0.519A → +1V2 → 0.519A → VDDC
1.161A → Q7101 SI4835 (5V_PWR_SW) → 1.161A → +5V_SW
+5V_SW → 0.325A → U7109 AME1117 (1A 70%) → 0.345A → +3V3
+3V3 → 0.058A → AVDD_VIF1/2/5
+3V3 → 0.008A → AVDD_MemPLL
+3V3 → 0.216A → +3V3_HD_SW → 0.216A → U1503 TMDS361
U6101/3 DRV601 → 0.01A*2
+3V3 → 0.039A → AVDD_AU
+3V3 → 0.004A → AVDD_USB2
+5V_SW → 0.002A → U1501 (M24C02)
+5V_SW → 0.002A → U1502 (M24C02)
+5V_SW → 0.002A → U1602 (M24C02)
+5V_SW → 10uA*4 → U1701~4 TS5A3157
+5V_SW → 0.25A → Tuner
+5V_SW → 3uA → U1601 PI5V330
+5V_SW → 0.58A → U7105 AME1117 (1A 70%) → 0.557A → +2V6 → 0.53A → U4401 DDR; 0.027A → MST9A885GL
+5V_SW → 0.5A → USB5V For Mainstream

+12V 3.06A
2A → Q7109 SI4835 (Panel_PWR) → 2A max → PANEL_VCC For 5V/12V Panel
1.06A / 0.53A → U7107 SC4525A (3A 82%) (OT_PWR_SW) → +5V2 → 2A max → Q7109; → USB5V
1.06A / 0.53A → U7106 SC4525A (3A 82%) (OT_PWR_SW) → 2A Max → +5V_IPTV For IPTV Board

+24V 1A
1A → Q6103 SI4835 (24V_PWR_SW) → 1A → +24V_SW → 1A → +24V_AMP → 1A → U6102 TPA3123D

图51 L32DS99X液晶电视主板电源系统框图

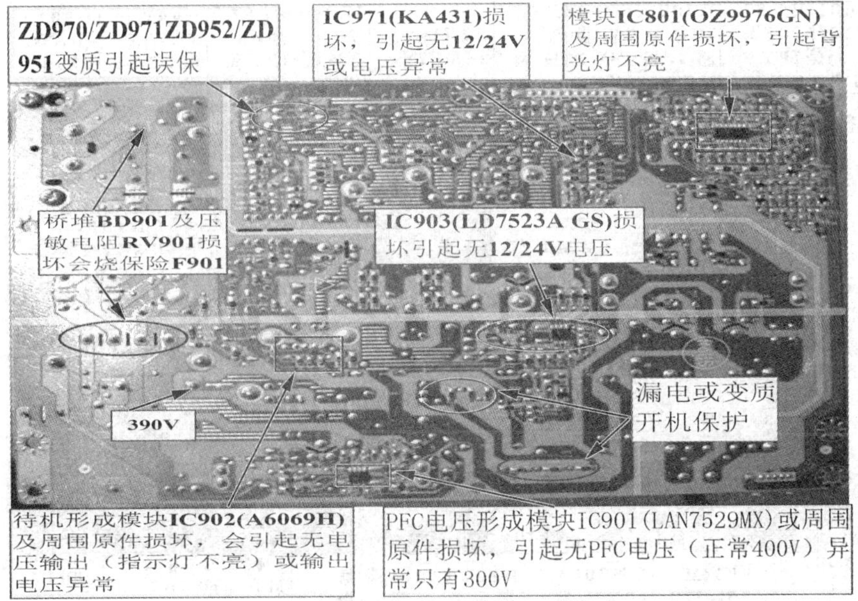
ZD970/ZD971ZD952/ZD951变质引起误保
IC971(KA431)损坏，引起无12/24V或电压异常
模块IC801(OZ9976GN)及周围原件损坏，引起背光灯不亮
桥堆BD901及压敏电阻RV901损坏会烧保险F901
IC903(LD7523A GS)损坏引起无12/24V电压
漏电或变质开机保护
390V
待机形成模块IC902(A6069H)及周围原件损坏，会引起无电压输出（指示灯不亮）或输出电压异常
PFC电压形成模块IC901(LAN7529MX)或周围原件损坏，引起无PFC电压（正常400V）异常只有300V

图53 L32DS99X液晶电视电源组件故障检修注解

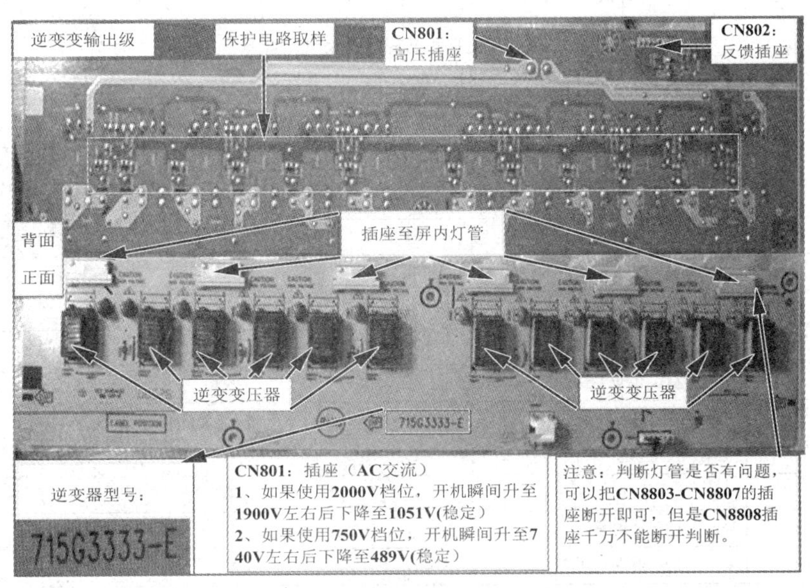
逆变变输出级
保护电路取样
CN801：高压插座
CN802：反馈插座
背面
正面
插座至屏内灯管
逆变变压器
逆变变压器
715G3333-E
逆变器型号：
715G3333-E
CN801：插座（AC交流）
1、如果使用2000V档位，开机瞬间升至1900V左右后下降至1051V(稳定)
2、如果使用750V档位，开机瞬间升至740V左右后下降至489V(稳定)
注意：判断灯管是否有问题，可以把CN8803-CN8807的插座断开即可，但是CN8808插座千万不能断开判断。

图54 L32DS99X液晶电视背光组件故障检修注解

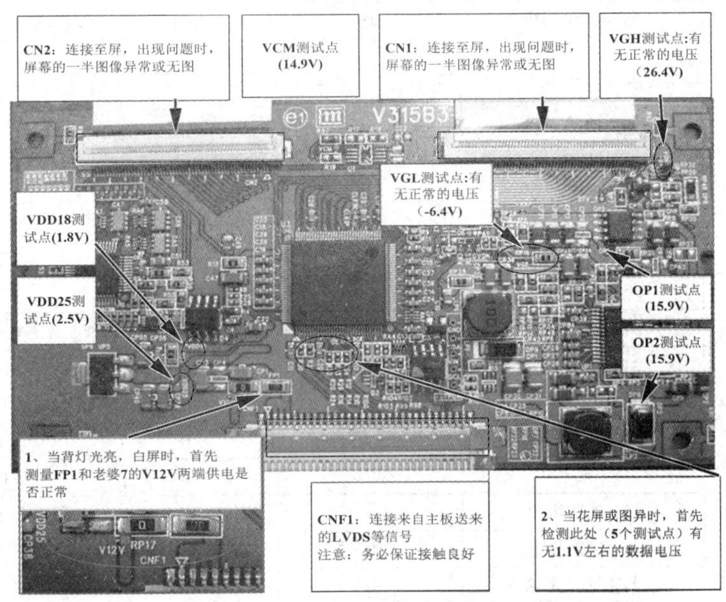
CN2：连接至屏，出现问题时，屏幕的一半图像异常或无图
VCM测试点(14.9V)
CN1：连接至屏，出现问题时，屏幕的一半图像异常或无图
VGH测试点:有无正常的电压(26.4V)
V315B3
VGL测试点:有无正常的电压(-6.4V)
VDD18测试点(1.8V)
VDD25测试点(2.5V)
OP1测试点(15.9V)
OP2测试点(15.9V)
1、当背灯光亮，白屏时，首先测量FP1和老婆7的V12V两端供电是否正常
CNF1：连接来自主板送来的LVDS等信号
注意：务必保证接触良好
2、当花屏或图异时，首先检测此处（5个测试点）有无1.1V左右的数据电压
V12V
RP17
CNF1

图55 L32DS99X液晶电视逻辑组件故障检修注解

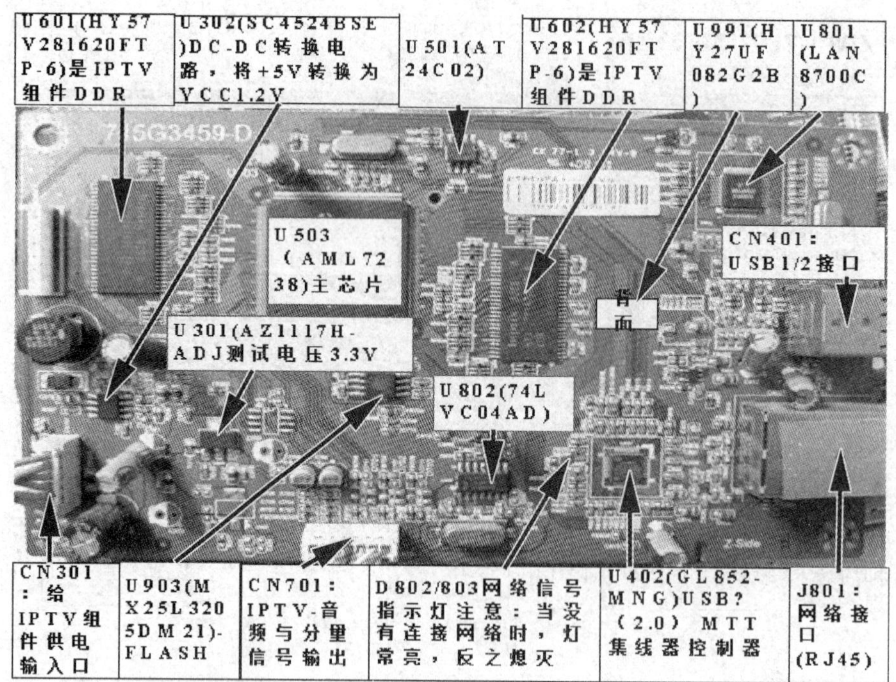

图56 L32DS99X液晶电视网络模块故障检修注解

表1

引脚	符号	功能	工作电压(V)		电阻(kΩ)(二极管档测试)	
			待机	开机	正向	反向
1	NC	空	–	–	–	–
2	5V	5v供电输出	5	5	0.93	0.13
3	5V	5v供电输出	5	5	0.93	0.13
4	PS_ON	开待机控制脚	0	2.8	1.78	1.11
5	24V	24V供电输出	0	25.6	0.49	0.19
6	24V	24V供电输出	0	25.6	0.49	0.19
7	GND	地	0	0	0	0
8	GND	地	0	0	0	0
9	GND	地	0	0	0	0
10	12V	12v供电输出	0	12	0.39	0.22
11	12V	12v供电输出	0	12	0.39	0.22
12	DIM	背光亮度控制输入	0	0.6	1.49	1.19
13	BL_ON/OFF	背光开关控制输入	0	3.4	0.73	0.68

表2

引脚	符号	功能	工作电压(V)		电阻(kΩ)(二极管档测试)	
			待机	开机	正向	反向
13	NC	空	–	–	–	–
12	5V	5v供电输出	5	5	0.93	0.13
11	5V	5v供电输出	5	5	0.93	0.13
10	PS_ON	开待机控制脚	0	2.8	1.78	1.11
9	24V	24V供电输出	0	25.6	0.49	0.19
8	24V	24V供电输出	0	25.6	0.49	0.19
7	GND	地	0	0	0	0
6	GND	地	0	0	0	0
5	GND	地	0	0	0	0
4	12V	12v供电输出	0	12	0.39	0.22
3	12V	12v供电输出	0	12	0.39	0.22
2	DIM	背光亮度控制输入	0	0.6	1.49	1.19
1	BL_ON/OFF	背光开关控制输入	0	3.4	0.73	0.68

表 3

引脚	符号	功能	工作电压(V)		电阻(kΩ)(二极管档测试)	
			待机	开机	正向	反向
1	LED_R	空	–	–	–	–
2	LED_G	空	–	–	–	–
3	RC_IR_3V3	遥控信号输入	3.3	3.3	0.93	0.53
4	GND	地	0	0	0	0
5	3.3V	3.3V	3.3	3.3	0.49	0.12
6	3.3V	空	–	–	–	–
7	GND	地	0	0	0	0
8	KEY1	按键控制键	3.3	3.3	0.65	0.49
9	KEY2	按键控制键	3.3	3.3	0.65	0.49
10	PWR_ON/OFF	按键开待机控制输出	3.3	3.3	0.65	0.49
11	NC	空	–	–	–	–
12	L_SEN	空	–	–	–	–
13	NC	空	–	–	–	–

表 4

引脚	符号	功能	工作电压(V)		电阻(KΩ)(二极管档测试)	
			待机	开机	正向	反向
1	GND	地	0	0	0	0
2	LED_R	红色指示灯控制	0.4	2.8	1.75	0.76
3	LED_G	绿色指示灯控制	-3.3	-3.2	1.75	∞

表 5

引脚	符号	功能	工作电压(V)		电阻(KΩ)(二极管档测试)	
			待机	开机	正向	反向
1/8/9/18/19	GND	地	0	0	0	0
28/29/30	PANEL_VCC	屏供电	0	12	0.83	0.52
14~17/20~27	NC	空	0	0	0.63	0.48
2~7/9~12	TX+TX-	LVDS 信号输出	0	1.4	0.65	0.47

表 6

引脚	符号	功能	工作电压(V)		电阻(KΩ)(二极管档测试)	
			待机	开机	正向	反向
1	R-	地	0	0	0	∞
2	R+	R 声道输出(C640+端)	0	12.7	0.9	0.55
3	L-	地	0	0	0	∞
4	L+	L 声道输出(C666+端)	0	12.7	0.9	0.55

表 7

引脚	符号	功能	工作电压(V)		电阻(kΩ)(二极管档测试)	
			待机	开机	正向	反向
1	NC	空	–	–	–	–
2	5V	5v 供电输出	5	5	1.26	0.13
3	5V	5v 供电输出	5	5	1.26	0.13
4	PS_ON	开待机控制输入	0	2.8	1.69	1.11
5	24V	24V 供电输出	0	25.6	1.09	0.19
6	24V	24V 供电输出	0	25.6	1.09	0.19
7	GND	地	0	0	0	0
8	GND	地	0	0	0	0
9	GND	地	0	0	0	0
10	12V	12v 供电输出	0	12	0.76	0.22
11	12V	12v 供电输出	0	12	0.76	0.22
12	DIM	背光亮度控制输入	0	0.6	1.96	0.18
13	BL_ON/OFF	背光开关控制输入	0	3.4	1.86	1.05

表 8

引脚	符号	功能	工作电压(V)		电阻(kΩ)(二极管档测试)	
			待机	开机	正向	反向
1	BL_ON	背光开关控制输出	0	0.6	1.49	1.19
2	PWW	背光亮度控制输出	0	3.4	0.73	0.68
3	GND	地	0	0	0	0
4	GND	地	0	0	0	0
5	GND	地	0	0	0	0
6	GND	地	0	0	0	0
7	GND	地	0	0	0	0
8	24V	24V 供电输出	0	24.6	1.11	0.11
9	24V	24V 供电输出	0	24.6	1.09	0.11
10	24V	24V 供电输出	0	2.8	1.79	0.11
11	24V	5v 供电输出	5	5	1.11	0.11
12	24V	5v 供电输出	5	5	1.11	0.11

表 9

引脚	符号	功能	工作电压(V)		电阻(kΩ)(二极管档测试)	
			待机	开机	正向	反向
13	NC	空	–	–	–	–
12	5V	5v 供电输入	5	5	1.26	0.13
11	5V	5v 供电输入	5	5	1.26	0.13
10	PS_ON	开待机控制脚输出	0	2.8	1.69	1.11
9	24V	24V 供电输入	0	25.6	1.09	0.19
8	24V	24V 供电输入	0	25.6	1.09	0.19
7	GND	地	0	0	0	0
6	GND	地	0	0	0	0
5	GND	地	0	0	0	0
4	12V	12v 供电输入	0	12	0.76	0.22
3	12V	12v 供电输入	0	12	0.76	0.22
2	DIM	背光亮度控制输出	0	0.6	1.96	0.18
1	BL_ON/OFF	背光开关控制输出	0	3.4	1.86	1.05

表 10

引脚	符号	功能	工作电压(V)		电阻(kΩ)(二极管档测试)	
			待机	开机	正向	反向
1	LED_R	R_ 指示灯控制	2.6	0.71	1.21	∞
2	LED_G	R_ 指示灯控制	0.4	2.81	1.43	∞
3	IR	遥控信号输入	3.3	3.31	1.97	0.47
4	DGND	地	0	0	0	
5	IR_VCC	3.3V	3.3	3.3	0.49	0.29
6	IR_VCC	3.3V	3.3	3.3	0.49	0.29
7	DGND	地	0	0	0	0
8	ADC1	按键控制键	3.3	2.8	0.78	0.56
9	ADC2	按键控制键	3.3	3.3	0.9	0.56
10	PW	空	–	–	–	–
11	nc	空	–	–	–	–
12	光传感器	空	–	–	–	–
13	KEY_SCL	时钟线	3.0	3.1	1.63	0.58
14	KEY_SDA	数据线	3.0	3.1	1.63	0.58

表 11

序号	描述	功能	工作电压(V)		电阻(kΩ)(二极管档测试)	
			待机	开机	正向	反向
1/2/4	PANEL_VCC	屏供电	0	12	∞	0.45
3/5	BL_PMM1	空	0	0	∞	1.8
6/7/19/20	DGND	地	0	0	0	0
8	SELLVDS	空	0	0	0	0
9~18/ 21~30	TX+TX-	LVDS 信号输出	0	1.12	0.9	0.37

表 12

引脚	符号	功能	工作电压(V)		电阻(kΩ)(二极管档测试)	
			待机	开机	正向	反向
1	R-	R-声道输出	0	0	1.37	0.48
2	R+	R+声道输出	0	12.7	1.37	0.48
3	L-	L-声道输出	0	0	1.37	0.48
4	L+	L+声道输出	0	12.7	1.37	0.48

表 13

引脚	符号	功能	工作电压(V)		电阻(kΩ)(二极管档测试)	
			待机	开机	正向	反向
1	BL_ON	背光开关控制	0	4.9	1.11	1.39
2	PWW	背光亮度控制	0	4.9	∞	∞
3	12V	12v 供电	0	12	0.14	0.98
4	12V	12v 供电	0	12	0.14	0.98
5	GND	地	0	0	0	0
6	GND	地	0	0	0	0
7	GND	地	0	0	0	0
8	24V	24V 供电	0	24	0.19	2.4
9	24V	24V 供电	0	24	0.19	2.4
10	PW_ON	开待机控制脚	0	4.5	1.12	1.36
11	5V	5v 供电	5	5	0.15	0.65
12	5V	5v 供电	5	5	0.15	0.65

表 14

引脚	符号	功能	工作电压(V)		电阻(二极管档)(kΩ)	
			待机	开机	正向	反向
1	24V	24V 供电	0	24.2	0.17	1.15
2	24V	24V 供电	0	24.2	0.17	1.15
3	24V	24V 供电	0	24.2	0.17	1.15
4	24V	24V 供电	0	24.2	0.17	1.15
5	24V	24V 供电	0	24.2	0.17	1.15
6	GND	地	0	0	0	0
7	GND	地	0	0	0	0
8	GND	地	0	0	0	0
9	GND	地	0	0	0	0
10	GND	地	0	0	0	0
11	DET	NC	0	0	∞	∞
12	ON/OFF	背光开关控制	0	4.8	0.65	0.94
13	DIM	背光亮度控制	0	4.9	0.81	1.13

表 15

引脚	符号	功能	工作电压(V)		电阻(kΩ)(二极管档测试)	
			待机	开机	正向	反向
1	inv	误差放大器反向输入信号	1.9	2.5	∞	0.57
2	comp	误差放大器反向输出补偿	0	1.5	∞	0.56
3	mot	锯齿波发生器外接 RC 网络	0	2.9	1.59	0.57
4	cs	过流检测	0	0	0.36	0.36
5	zcd	零电流检测	0	3.2	∞	0.56
6	gnd	地	0	0	0	0
7	out	驱动信号输出	0	5.1	1.84	0.46
8	vcc	电源输入	0	13.8	∞	0.5

表 16

引脚	符号	功能	工作电压(V)		电阻(kΩ)(二极管档测试)	
			待机	开机	正向	反向
1	S/OCP	过流检测	0	0	0	0
2	BR	检测	6.2	6.2	∞	0.65
3	gnd	地	0	0	0	0
4	FB	反馈信号	0.9	1.6	∞	0.64
5	vcc	电源输入	16.6	15.9	∞	0.53
6	NC	空	–	–	–	–
7	D/ST	内部 MOS 管栅极	300	380	∞	0.51
8	D/ST	内部 MOS 管栅极	300	380	∞	0.51

表 17

引脚	符号	功能	工作电压(V)		电阻(kΩ)(二极管档测试)	
			待机	开机	正向	反向
1	VSEN	输入电压检测	1.3	1.8	∞	0.64
2	VCC	电源输入	0	13.7	∞	0.5
3	FB	反馈信号/过负载检测	0	3.1	∞	0.63
4	GND	地	0	0	0	0
5	CSS	软启动端	0	5.5	∞	0.62
6	OC	过电流检测	0	0	0.55	0.54
7	RC	共振电流检测	0	0	0.08	0.08
8	REG	回路用输入电源	0	10.2	∞	0.52
9	RV	共振电压检测	0.9	3	∞	0.72
10	com	电源地	0	0	0	0
11	VGL	低端门驱动输出	0	4.3	0.96	0.61
12	NC	空	0	0	∞	∞
13	NC	空	0	0	∞	∞
14	VB	高端门极浮动电源	0.2	210	∞	0.53
15	VS	驱动浮动地	0.2	200	∞	0.48
16	VGH	高端悬浮门驱动输出	0	204	∞	1
17	NC	空	0	0	∞	∞
18	NC	空	0	0	∞	∞

表 18

引脚	符号	功能	工作电压(V)		电阻(kΩ)(二极管档测试)	
			待机	开机	正向	反向
1	NC	空	0v	0	∞	∞
2	PW	按键开关键	3.3	3.3	0.86	0.71
3	ADC	按键控制键	3.3	3.3	0.86	0.71
4	GND	地	0	0	0	0
5	L_Y	指示灯	1.8	0.28	1.89	∞
6	L_B	指示灯	0.53	1.9	1.89	∞
7	IR_D	遥控信号输出	3.3	3.3	0.81	0.62
8	IRVCC	遥控接收供电	3.3	3.3	0.28	0.28
9	GND	地	0v	0	0	0
10	NC	空	0	0	0.86	0.71

表 19

引脚	符号	功能	工作电压(V)		电阻(kΩ)(二极管档测试)	
			待机	开机	正向	反向
1	BL_ON	背光开关控制	0	4.9	1.11	1.39
2	PWW	背光亮度控制	0	4.9	∞	∞
3	12V	12v 供电	0	12	0.14	0.98
4	12V	12v 供电	0	12	0.14	0.98
5	GND	地	0	0	0	0
6	GND	地	0	0	0	0
7	GND	地	0	0	0	0
8	24V	24V 供电	0	24	0.19	2.4
9	24V	24V 供电	0	24	0.19	2.4
10	PW_ON	开待机控制脚	0	4.5	1.12	1.36
11	5V	5v 供电	5	5	0.15	0.65
12	5V	5v 供电	5	5	0.15	0.65

表 20

引脚	符号	功能	工作电压(V)		电阻(kΩ)(二极管档测试)	
			待机	开机	正向	反向
1	R-	地	0	0	∞	∞
2	R+	R 声道输出	0	12	∞	∞
3	L-	地	0	0	∞	∞
4	L+	L 声道输出	0	12	∞	∞

表 21

引脚	符号	功能	工作电压(V)		电阻(kΩ)(二极管档测试)	
			待机	开机	正向	反向
1~3、9~10	GND	地	0	0	0	0
5~8	PANEL_VCC	屏供电	0	12	1.61	0.51
11~20	NC	空	0	0	0.67	0.65
21~30	TX+TX-	LVDS 信号输出	0	1.1	0.632	0.541

表 22

引脚	符号	功能	工作电压(V)		电阻(kΩ)(二极管档测试)	
			待机	开机	正向	反向
1	ON/OFF	背光开关控制	0	4.8	∞	1.28
2	DIM	背光亮度控制	0	4.9	1.55	0.95
3	12V	12v 供电	0	12	1.12	0.14
4	12V	12v 供电	0	12	1.12	0.14
5	GND	地	0	0	0	0
6	GND	地	0	0	0	0
7	GND	地	0	0	0	0
8	24V	24V 供电	0	24	1.09	0.12
9	24V	24V 供电	0	24	1.09	0.12
10	PS_ON	开待机控制脚	0	4.5	1.81	1.29
11	5V	5v 供电	5	5	1.11	0.15
12	5V	5v 供电	5	5	1.11	0.15
13	NC	空	∞	∞	∞	∞

表 23

引脚	符号	功能	工作电压(V)		电阻(kΩ)(二极管档测试)	
			待机	开机	正向	反向
1	24V	24V 供电	0	24.2	1.17	0.12
2	24V	24V 供电	0	24.2	1.17	0.12
3	24V	24V 供电	0	24.2	1.17	0.12
4	24V	24V 供电	0	24.2	1.17	0.12
5	24V	24V 供电	0	24.2	1.17	0.12
6	GND	地	0	0	0	0
7	GND	地	0	0	0	0
8	GND	地	0	0	0	0
9	GND	地	0	0	0	0
10	GND	地	0	0	0	0
11	NC	NC	0	0	∞	∞
12	ON/OFF	背光开关控制	0	4.8	∞	1.28
13	DIM	背光亮度控制	0	4.9	1.55	0.95

表 24

引脚	符号	功能	工作电压(V)		电阻(kΩ)(二极管档测试)	
			待机	开机	正向	反向
1	L_R	指示灯控制	1.8	16.6	1.64	∞
2	L_B	指示灯控制	0	2.6	1.84	0.77
3	IRRX	遥控信号输出	4.3	4.3	∞	0.55
4	GND	地	0	0	0	0
5	POWER	5V	5.2	5.2	1.12	0.14
6	NC	空	–	–	–	–
7	GND	地	0	0	0	0
8	NC	空				0.71
9	KEY_1	按键控制键	3.3	3.3	1.02	0.67
10	P0_KEY	按键开关键	3.3	3.3	1.02	0.67
11	NC	空	–	–	–	–
12	L_SEN	空	–	–	–	–
13	NC	空	–	–	–	–

表 25

引脚	符号	功能	工作电压(V)		电阻(kΩ)(二极管档测试)	
			待机	开机	正向	反向
1	ON/OFF	背光开关控制	0	4.8	∞	1.28
2	DIM	背光亮度控制	0	4.9	1.55	0.95
3	12V	12v 供电	0	12	1.12	0.14
4	12V	12v 供电	0	12	1.12	0.14
5	GND	地	0	0	0	0
6	GND	地	0	0	0	0
7	GND	地	0	0	0	0
8	24V	24V 供电	0	24	1.09	0.12
9	24V	24V 供电	0	24	1.09	0.12
10	PS_ON	开待机控制脚	0	4.5	1.81	1.29
11	5V	5v 供电	5	5	1.11	0.15
12	5V	5v 供电	5	5	1.11	0.15
13	NC	空	∞	∞	∞	∞

表 26

引脚	符号	功能	工作电压(V)		电阻(kΩ)(二极管档测试)	
			待机	开机	正向	反向
1~3/9~10	GND	地	0	0	0	0
5~8	PANEL_VCC	屏供电	0	12	1.3	0.42
11~20	NC	空	0	0	1.22	0.57
21~30	TX+TX-	LVDS 信号输出	0	2.1	0.74	0.36

表 27

引脚	符号	功能	工作电压(V)		电阻(kΩ)(二极管档测试)	
			待机	开机	正向	反向
1	R-	地	0	0	∞	∞
2	R+	R 声道输出(C606+端)	0	12	∞	0.52
3	L-	地	0	0	∞	∞
4	L+	L 声道输出(C619+端)	0	12	∞	0.52

表 28

引脚	符号	功能	工作电压(V)		电阻(kΩ)(二极管档测试)	
			待机	开机	正向	反向
1	BL_ON/OFF	逆变开关控制	0	3.6	1.8	1.2
2	PDIM	逆变器亮度控制	0	1.6	∞	∞
3	12V	12V 供电	0	12	0.36	0.27
4	12V	12V 供电	0	12	0.36	0.27
5	GND	地	0	0	0	0
6	GND	地	0	0	0	0
7	GND	地	0	0	0	0
8	24V	24V 供电	0	24.6	0.49	0.46
9	24V	24V 供电	0	24.6	0.49	0.46
10	PS_ON	开待机控制脚	0	2.8	0.66	0.63
11	5V	5V 供电	5	5	0.88	0.13
12	5V	5V 供电	5	5	0.88	0.13

表 29

引脚	符号	功能	工作电压(V)		电阻(kΩ)(二极管档测试)	
			待机	开机	正向	反向
1	5V	5v 供电	5	5	0.88	0.13
2	5V	5v 供电	5	5	0.88	0.13
3	PS_ON	开待机控制脚	0	2.8	0.66	0.63
4	24V	24V 供电	0	24.6	0.49	0.46
5	24V	24V 供电	0	24.6	0.49	0.46
6	GND	地	0	0	0	0
7	GND	地	0	0	0	0
8	GND	地	0	0	0	0
9	12V	12v 供电	0	12	0.36	0.27
10	12V	12v 供电	0	12	0.36	0.27
11	PDIM	背光亮度控制	0	1.6	∞	∞
12	BL_ON/OFF	背光开关控制	0	3.6	1.8	1.2

表 30

引脚	符号	功能	工作电压(V)		电阻(kΩ)(二极管档测试)	
			待机	开机	正向	反向
1	PWR_ON/OFF	NC	-	-	-	-
2	Led1_on	指示灯	0	3.28	1.67	0.69
3	RC_IR	遥控信号输出	3.3	3.3	0.26	0.21
4	LED2_STBY	指示灯	0	0	1.52	0.69
5	3.3V_STBY	3.3V	3.3	3.3	0.93	0.69
6	GND	地	0	0	0	0
7	L_SEN	感光	0.23	0.23	0.25	0.25

表 31

引脚	符号	功能	工作电压(V)		电阻(kΩ)(二极管档测试)	
			待机	开机	正向	反向
1	GND	地	0	0	0	∞
2	KEY2	按键控制键	3.3	3.3	0.92	0.86
3	KEY2	按键控制键	3.3	3.3	0.96	0.95
4	PWR_ON/OFF	按键开待机控制	3.3	3.3	1.93	0.69

表 32

引脚	符号	功能	工作电压(V)		电阻(kΩ)(二极管档测试)	
			待机	开机	正向	反向
1/8/9/18/19	GND	地	0	0	0	0
28/29/30	PANEL_VCC	屏供电	0	12	1.78	0.53
14~17 /20~27	NC	空	0	0	0.68	0.52
2~7/9~12	TX+TX-	LVDS 信号输出	0	1.1	0.65	0.53

表 33

引脚	符号	功能	工作电压(V)		电阻(kΩ)(二极管档测试)	
			待机	开机	正向	反向
1	R-	地	0	0	∞	∞
2	R+	R 声道输出(C6127+端)	0	12	0.53	0.72
3	L-	地	0	0	∞	∞
4	L+	L 声道输出(C6130+端)	0	12	0.54	0.73

表 34

引脚	符号	功能	工作电压(V)		电阻(kΩ)(二极管档测试)	
			待机	开机	正向	反向
1	GND	地	0	0	0	0
2	AR	音频	0	0	∞	1.96
3	AL	音频	0	0	∞	1.96
4	GND	地	0	0	0	0
5	PR	R_分量	0	0.6	0.06	0.03
6	PB	B_分量	0	0.7	0.06	0.03
7	Y	Y 信号	0	0.3	0.06	0.03

表 35

引脚	符号	功能	工作电压(V)		电阻(KΩ)(二极管档测试)	
			待机	开机	正向	反向
1	VCC	供电	0	5	∞	0.16
2	VCC	供电	0	5	∞	0.16
3	GND	地	0	0	0	0
4	GND	地	0	0	0	0
5	TX	数据	0	3.3	1.93	0.66
6	RX	数据	0	3.3	1.93	0.66

表 36

引脚	符号	功能	工作电压(V)		电阻(KΩ)(二极管档测试)	
			待机	开机	正向	反向
1	GND	地	0	0	0	0
2	NC	空	–	–	–	–
3	IS2	反馈	0	AC14.4	0.54	0.53
4	GND	地	0	0	0	
5	IS1	反馈	0	AC15.1	0.53	0.53
6	VS	反馈	0	0	0	0

表 37

引脚	符号	功能	工作电压(V)		电阻(kΩ)(二极管档测试)	
			待机	开机	正向	反向
1	Y	Y 信号	0	0.3	0.06	0.03
2	PB	B_ 分量	0	0.7	0.06	0.03
3	PR	R_ 分量	0	0.6	0.06	0.03
4	GND	地	0	0	0	0
5	AL	音频	0	0	∞	1.96
6	AR	音频	0	0	∞	1.96
7	GND	地	0	0	0	0

表 38

引脚	符号	功能	工作电压(V)		电阻(kΩ)(二极管档测试)	
			待机	开机	正向	反向
1	VCC	供电	0	5	∞	0.16
2	VCC	供电	0	5	∞	0.16
3	GND	地	0	0	0	0
4	GND	地	0	0	0	0
5	TX	数据	0	3.3	1.93	0.66
6	RX	数据	0	3.3	1.93	0.66